Odile Desbois

Principes d'anatomie et de physiologie

Principes d'anatomie et de physiologie

Édition revue et corrigée

Gerard J. Tortora

Bergen Community College

Nicholas P. Anagnostakos (1924-1981)

Bergen Community College

traduit par

Pierrette Mathieu
et
François Galan

consultant scientifique
Jean-Claude Parent

Centre Éducatif et Culturel inc
8101, boul. Métropolitain, Montréal (Québec) H1J 1J9 Tél. (514) 351-6010

La cinquième édition de *Principes d'anatomie et de physiologie* est dédiée à Lynne Marie, Gerard Joseph, Jr. et Kenneth Stephen Tortora

101 108 92
(2-88, 6-89, 1-91)

Principes d'anatomie et de physiologie

Traduction de:
Principles of Anatomy and Physiology, 5e édition
de Gerard J. Tortora et Nicholas P. Anagnostakos

Page couverture: Photographie composite d'un rayon X du crâne et de l'encéphale par Bill Longcore/Longcore Maciel Studio. Prolongement antéro-postérieur de l'omoplate droite et extrémité proximale de l'humérus. Gracieuseté de Garret J. Pinke, Sr., R.T. Micrographie électronique par balayage de filaments de fibrine et d'hématies. Gracieuseté de Fisher Scientific Company et S.T.E.M. Laboratories, Inc. Copyright 1975. Les trois photographies ont été coloriées par Bill Longcore/Longcore Maciel Studio. Conception graphique: Ron Gross.

traduit par: Pierrette Mathieu et François Galan

Révision linguistique: Antonine Cimon

Composition typographique et montage: Graphiti

Production: Zapp

Dépôt légal 1er trimestre 1988
Bibliothèque nationale du Québec
Bibliothèque nationale du Canada

Le CEC remercie les Éditions Reynald Goulet inc. de leur collaboration dans l'obtention des droits de traduction du présent ouvrage et dans la planification de sa réalisation.

ISBN 2-7617-0419-3

Imprimé au Canada

Résumé de la table des matières

Table des matières détaillée

Préface

La cinquième édition de *Principes d'anatomie et de physiologie* a été conçue pour un cours d'introduction en anatomie et en physiologie, et son étude ne nécessite aucune connaissance préalable du corps humain. Le volume s'adresse aux étudiants en sciences infirmières, en assistance médicale, en techniques de laboratoire, en techniques radiologiques, en inhalothérapie, en hygiène dentaire, en physiothérapie et en archives médicales. L'envergure de ce volume lui permet également d'être utile aux étudiants en sciences biologiques, en technologie scientifique, en arts libéraux, en éducation physique, et à ceux qui suivent des cours préparatoires en médecine, en médecine dentaire et en chiropraxie.

LES OBJECTIFS

Les objectifs de la cinquième édition sont les mêmes que ceux des éditions précédentes: (1) permettre une compréhension et une connaissance de base du corps humain et (2) présenter des connaissances de base à un niveau accessible à l'étudiant moyen.

Depuis le début, notre objectif a été d'éliminer les barrières pouvant empêcher une compréhension rapide de la structure et de la fonction du corps humain. Toutefois, nous sommes conscients du fait que certains termes techniques et certains concepts difficiles doivent nécessairement faire partie du cours. Les explications de ces termes et de ces concepts sont présentées étape par étape, de façon simple, afin d'éviter l'utilisation inutile de termes non techniques et de tournures syntaxiques difficiles.

LES THÈMES

Deux thèmes principaux dominent encore le volume: l'**homéostasie** et la **pathologie**. Tout au long du texte, nous démontrons au lecteur la façon dont des forces dynamiques en équilibre maintiennent l'anatomie et la physiologie normales. La pathologie est vue comme une perturbation de l'homéostasie. De la même façon, nous présentons un certain nombre d'applications cliniques que nous mettons en parallèle avec des processus normaux.

L'ORGANISATION

Dans la cinquième édition, les parties et les sujets sont présentés dans le même ordre que dans les quatre éditions précédentes. Le volume est divisé en cinq parties. Dans la première partie, l'organisation du corps humain, nous présentons les niveaux structural et fonctionnel du corps humain, des molécules aux systèmes et aux appareils organiques. Dans la deuxième partie, les principes du soutien et du mouvement, nous analysons l'anatomie et la physiologie du système osseux, des articulations et du système musculaire. Dans la troisième partie, les systèmes de régulation du corps humain, nous mettons l'accent sur l'importance de l'influx nerveux dans le maintien à brève échéance de l'homéostasie, sur le rôle des récepteurs dans l'apport de renseignements concernant les milieux interne et externe, ainsi que sur le rôle des hormones dans le maintien à longue échéance de l'homéostasie. Dans la quatrième partie, le maintien du corps humain, nous illustrons la façon dont l'organisme se maintient, quotidiennement, par l'intermédiaire des mécanismes de la circulation, de la respiration, de la digestion, du métabolisme cellulaire, de la production d'urine et des systèmes tampons. Dans la cinquième partie, la transmission de la vie, nous voyons l'anatomie et la physiologie des appareils reproducteurs, le développement sexuel et les principes de base de la génétique.

LES CHANGEMENTS GÉNÉRAUX

1. Nous ne présentons plus le développement embryonnaire dans un seul chapitre (chapitre 29), mais dans chacun des chapitres appropriés.

2. Nous ne présentons plus les effets du vieillissement sur les systèmes et appareils de l'organisme dans un seul document au chapitre 3, mais plutôt dans chacun des chapitres appropriés.
3. Nous présentons les caractéristiques histologiques générales des os, du sang, des muscles et du tissu nerveux au chapitre 4, en même temps que l'épithélium et les autres tissus conjonctifs.
4. Nous avons ajouté des définitions de spécialités médicales et les avons placées dans les chapitres qui y sont liés. Ainsi, nous présentons l'hématologie dans le chapitre qui traite du sang, la cardiologie dans le chapitre qui traite du cœur, la dermatologie dans le chapitre qui traite de la peau, et ainsi de suite.
5. Dans le chapitre 8, nous avons remplacé les dessins illustrant la plupart des os par des photos en couleurs.
6. Nous avons ajouté une annexe portant sur les valeurs normales liées à certains composants du sang et de l'urine.

Dans la cinquième édition, nous avons conservé les aspects positifs des éditions précédentes. Lors de la révision, nous avons concentré nos efforts sur la mise à jour de certains sujets et sur l'amélioration de l'étude de la physiologie. Les changements suivants se trouvent parmi les changements spécifiques apportés dans l'étude des sujets.

PREMIÈRE PARTIE L'ORGANISATION DU CORPS HUMAIN

Dans le chapitre 1, nous avons ajouté des sections portant sur les processus vitaux, l'autopsie et l'imagerie statique par tomographie axiale. Dans le chapitre 2, nous avons ajouté une section portant sur la théorie des collisions des réactions chimiques, et nous avons déplacé au chapitre 25 la section traitant en détail des enzymes. Le chapitre 3 contient une section mise à jour sur le cancer. Dans ce même chapitre, nous avons ajouté des sections portant sur la microtomographie et l'endocytose par récepteur interposé. En termes de réorganisation, l'action génétique vient maintenant avant la division cellulaire, et la méiose fait partie du chapitre 3 (et non plus du chapitre 29), où on la compare à la mitose. Dans le chapitre 4 se trouve une nouvelle section portant sur la lipectomie par aspiration et les caractéristiques histologiques générales des os, du sang, des muscles et du tissu nerveux. La section détaillée portant sur l'inflammation se trouve maintenant au chapitre 22, avec les autres aspects de la résistance non spécifique. Dans le chapitre 5, les changements consistent en sections révisées portant sur la structure histologique de l'épiderme, le cancer de la peau et les greffes cutanées, ainsi qu'un texte supplémentaire traitant de l'exfoliation chimique, de la cicatrisation et du développement embryonnaire de la peau.

DEUXIÈME PARTIE LES PRINCIPES DU SOUTIEN ET DU MOUVEMENT

Dans le chapitre 6, nous avons ajouté des sections portant sur l'ostéosarcome et le développement du tissu osseux. La section traitant de l'ostéoporose a été révisée. Dans le chapitre 7, on trouve de nouvelles sections portant sur l'extension par gravité, l'anesthésie épidurale et les fractures des côtes. Une nouvelle section traitant du syndrome de la loge tibiale antérieure se trouve dans le chapitre 8. Dans le chapitre 9, nous avons ajouté des sections traitant de la luxation de l'épaule, du syndrome fémoro-patellaire, de la tuméfaction et de la luxation du genou. Dans le chapitre 10 se trouvent de nouvelles sections portant sur les stéroïdes anabolisants, la longueur des muscles et la force de la contraction ainsi que le développement du tissu musculaire. Les sections révisées portent sur la structure histologique du tissu musculaire, la jonction neuromusculaire, la physiologie de la contraction des muscles squelettiques et les types de fibres musculaires squelettiques. Dans le chapitre 11, on trouve un nouveau document qui décrit et illustre les muscles du plancher de la cavité buccale.

TROISIÈME PARTIE LES SYSTÈMES DE RÉGULATION DU CORPS HUMAIN

Le chapitre 12 a été mis à jour et comprend maintenant des sections révisées portant sur les potentiels de membrane, la génération des influx nerveux, la conduction des influx à travers les synapses, et les neurotransmetteurs. Dans le chapitre 13, les sections traitant du réflexe myotatique, des lésions de la moelle épinière et du zona ont été révisées, et on trouve également de nouvelles sections traitant des réflexes tendineux et des plexus. Dans le chapitre 14, les sections portant sur le liquide céphalo-rachidien, les neurotransmetteurs, la maladie de Parkinson et la maladie d'Alzheimer ont été révisées, et de nouvelles sections portant sur la mort cérébrale, les tumeurs cérébrales et le développement embryonnaire du système nerveux ont été ajoutées. Le chapitre 15 contient une section détaillée portant sur l'adaptation, l'acupuncture, les propriocepteurs, la mémoire et le sommeil à ondes lentes. Nous avons ajouté des sections traitant des liens entre l'information sensorielle et les réactions motrices et la narcolepsie. Dans le chapitre 16 se trouvent de nouvelles sections portant sur les comparaisons entre les systèmes nerveux somatique et autonome, ainsi que les récepteurs nicotiniques, muscariniques, alpha et bêta. Dans le chapitre 17, nous avons ajouté la kératotomie radiaire, la prothèse auditive et le vertige. Les sections portant sur la structure histologique de l'épithélium olfactif, les bourgeons du goût et la rétine, le cycle de la rhodopsine et le mécanisme de l'audition ont été révisées. Le chapitre 18 contient des textes révisés portant sur la composition chimique des hormones, le mécanisme de l'action hormonale, la structure histologique de la glande thyroïde, le diabète sucré et le stress. Nous y avons également ajouté des sections traitant des récepteurs, du stress et de la maladie, ainsi que du développement embryonnaire du système endocrinien.

QUATRIÈME PARTIE LE MAINTIEN DU CORPS HUMAIN

Le chapitre 19 contient une section révisée portant sur l'érythropoïèse, le temps de coagulation, le temps de saignement, la coagulation sanguine, les transfusions sanguines et la drépanocytose, ainsi que de nouvelles sections traitant du myélome multiple, des greffes de la moelle osseuse, de l'aphérèse et de l'activateur tissulaire du plasminogène. Dans le chapitre 20, on trouve des sections révisées sur le péricarde, la révolution cardiaque, la loi de Starling, le cœur artificiel et l'athérosclérose. Nous avons ajouté du texte portant sur le remplissage ventriculaire, la contraction et la relaxation isovolumétriques, la syncope, le diagnostic des cardiopathies, le pontage coronarien, la coarctation de l'aorte et le développement embryonnaire du cœur. L'insuffisance coronarienne, l'athérosclérose, le spasme coronarien et le cœur pulmonaire ont été déplacés du chapitre 21 au chapitre 20. La thrombose veineuse profonde et le développement embryonnaire des vaisseaux sanguins sont les nouveaux sujets abordés dans le chapitre 21. Nous avons également ajouté plusieurs schémas de montage illustrant la distribution des artères et le drainage des veines. Les sections portant sur les échanges capillaires, l'exercice physique et l'appareil cardio-vasculaire, l'anévrisme et l'hypertension ont été révisées. Le chapitre 22 contient de nouvelles sections portant sur l'organisation du système lymphatique, la structure histologique des capillaires lymphatiques, les types de lymphocytes T, la peau et l'immunité, l'hypersensibilité (allergie), le déficit immunitaire combiné sévère (DICS), la maladie de Hodgkin et le développement embryonnaire du système lymphatique. Parmi les sujets révisés, on trouve l'interféron, les lymphocytes T, les lymphocytes B et les macrophages, les anticorps monoclonaux et le syndrome d'immuno-déficience acquise (SIDA). Le chapitre 23 contient de nouvelles sections portant sur l'apnée du sommeil, l'hypoxie, l'insuffisance respiratoire, l'embolie pulmonaire, l'œdème pulmonaire et le développement embryonnaire de l'appareil respiratoire. Dans le chapitre 24, nous avons ajouté de nouvelles sections portant sur la régulation de l'apport alimentaire, la digestion dans l'intestin grêle, l'endoscopie et le développement embryonnaire de l'appareil digestif. Le chapitre 25 contient des sections allongées et réorganisées traitant de l'anabolisme, du catabolisme, des réactions d'oxydoréduction, du métabolisme et des enzymes, de la production de chaleur corporelle, du métabolisme basal ainsi que de la fièvre. Ce chapitre comprend également du nouveau texte portant sur les pathologies associées à des doses massives de vitamines, ainsi que sur l'obésité et l'inanition. La section détaillée portant sur les enzymes a été déplacée du chapitre 2 au chapitre 25. Le chapitre 26 contient de nouvelles sections traitant des mécanismes de la dilution et de la concentration de l'urine, de la cystoscopie, de l'insuffisance rénale, des infections urinaires et du développement embryonnaire de l'appareil urinaire. La section portant sur l'appareil juxtaglomérulaire et la réabsorption tubulaire a été révisée.

CINQUIÈME PARTIE
LA TRANSMISSION DE LA VIE

Les nouveaux sujets abordés dans le chapitre 28 comprennent la barrière sang-testicule, le spermogramme, l'insémination artificielle et le développement embryonnaire des appareils reproducteurs. La spermatogenèse, l'ovogenèse, la relation sexuelle et la régulation des naissances ont été déplacées du chapitre 29 au chapitre 28. Dans le chapitre 29, nous avons allongé les sections portant sur la fécondation et la gestation. On trouve également dans ce chapitre de nouvelles sections traitant du transfert d'embryon, du transfert intratubaire de gamètes, de la récupération transvaginale d'ovocytes, du prélèvement d'échantillons de villosités choriales, ainsi que des prématurés.

LES PARTICULARITÉS

Tout comme les éditions précédentes, la cinquième édition contient de nombreux guides d'apprentissage. Les lecteurs des éditions précédentes considèrent que ces guides d'apprentissage constituent l'un des nombreux avantages offerts par le volume. Nous avons conservé tous les guides des éditions précédentes, et nous en avons ajouté quelques-uns. Les particularités sont :

1. Les objectifs. Au début de chaque chapitre, le lecteur trouve une liste d'objectifs. Chacun de ces objectifs décrit une connaissance ou une habileté que l'étudiant devrait acquérir lors de l'étude du chapitre. (Pour connaître la façon d'utiliser les objectifs, voir la **note à l'étudiant**).

2. Le résumé. À la fin de chaque chapitre, on trouve un bref résumé des principaux sujets abordés dans le chapitre. Cette section rassemble les sujets essentiels abordés dans le chapitre, ce qui permet à l'étudiant de se les rappeler et de les relier les uns aux autres. Chaque titre important est accompagné du numéro de la page où se trouve cette section ; ainsi, il est plus facile de retrouver les sections à l'intérieur du volume.

3. La révision. À la fin de chaque chapitre, les questions de révision permettent à l'étudiant de vérifier si les objectifs énumérés au début du chapitre ont été atteints. Après avoir répondu aux questions, l'étudiant devrait relire les objectifs afin de déterminer s'il a atteint les objectifs fixés pour le chapitre.

4. Les documents. En règle générale, les étudiants en sciences de la santé doivent approfondir l'étude de l'anatomie de certains systèmes et appareils organiques, notamment des muscles squelettiques, des articulations, des vaisseaux sanguins et des nerfs. Afin d'éviter d'interrompre les sections et pour rassembler les données importantes, nous présentons les détails anatomiques sous la forme de documents, dont la plupart sont accompagnés d'illustrations. Nous avons ajouté certains documents à la cinquième édition, notamment en ce qui concerne les principes physiologiques.

5. Les affections : déséquilibres homéostatiques. Nous avons regroupé les anomalies structurales ou fonctionnelles à la fin des chapitres appropriés dans des sections intitulées « Les affections : déséquilibres homéostatiques ». Dans ces sections, nous résumons les processus corporels normaux et nous démontrons l'importance de l'étude de l'anatomie et de la physiologie pour un étudiant en sciences de la santé. Nous avons mis à jour les connaissances sur toutes les affections, et nous avons ajouté du nouveau matériel.

6. Les glossaires des termes médicaux. Des glossaires de termes médicaux choisis apparaissent à la fin des chapitres appropriés. Dans la cinquième édition, tous les glossaires ont été révisés.

7. Les applications cliniques. Dans le texte, nous avons placé les applications cliniques dans des encadrés, afin qu'elles soient plus visibles. La cinquième édition contient plusieurs nouvelles applications cliniques.

8. Les dessins. Les dessins sont gros, de façon à être bien visibles. Dans la cinquième édition, nous avons refait une partie des dessins et nous avons ajouté un grand nombre d'illustrations. Tout au long du volume, nous avons utilisé plusieurs couleurs afin de distinguer les structures et les régions de l'organisme.

9. Les photographies. Les photographies complètent le texte et les dessins. De nombreuses photomicrographies en couleurs, micrographies électroniques par balayage et micrographies électroniques en transmission illustrent les sections portant sur les structures histologiques. Des photographies en couleurs de spécimens et des coupes régionales viennent illustrer les sections portant sur l'anatomie macroscopique.

10. L'annexe. L'annexe, valeurs normales liées à certaines analyses de sang et d'urine, contient une liste de valeurs normales liées aux principaux composants de ces liquides.

11. Les glossaires. À la fin du volume se trouvent deux glossaires. Le premier contient des préfixes, des suffixes et des formes combinées, et le deuxième est un glossaire complet des termes, révisé et allongé.

Les transparents acétates. Cent vingt-cinq transparents acétates en couleurs seront disponibles. Ils contiennent des illustrations tirées du volume, que le professeur a souvent besoin de présenter et de discuter en classe. Nous avons pris soin de les rendre clairs et faciles à utiliser à l'aide d'un projecteur.

REMERCIEMENTS

Je tiens à remercier les réviseurs dont les noms apparaissent plus bas, pour leur contribution extraordinaire à la cinquième édition de *Principes d'anatomie et de physiologie*. Ils m'ont fait bénéficier de leur savoir, de leur expérience en enseignement et de leur intérêt pour les étudiants. Leur aide a été précieuse.

Wayne W. Carley
Lamar University

Anthony N.C. Chee
Houston Community College

Victor P. Eroschenko
University of Idaho

Richard T. Fraga
Lane Community College

Bonnie K. Gordon
Memphis State University

Gayle Dranch Insler
Adelphi University

Elden W. Martin
Bowling Green State University

Robert E. Nabors
Tarrant County Junior College

Richard E. Welton
Southern Oregon State College

En plus des personnes qui ont révisé la totalité du manuscrit de la cinquième édition, un grand nombre de personnes ont bien voulu prendre le temps d'offrir leurs commentaires et leurs suggestions sur l'édition précédente. La plupart d'entre elles m'ont écrit directement, et quelques-unes m'ont écrit plusieurs fois. Je désire les remercier publiquement pour leurs efforts et pour m'avoir encouragé à écrire une cinquième édition améliorée. Les personnes auxquelles je désire exprimer ma gratitude la plus profonde sont: Norman L. Abel, Shelton, CT; William R. Belzer, Clarion University of Pennsylvania; Bob Boettcher, Lane Community College; Steve Borecky, Carlow College; Joyce Bork, Central Oregon Community College; Ray D. Burkett, Shelby State Community College; Maureen Carney, Oakton Community College; Kenneth Carpenter, Shelby State Community College; David S. Castelan, R.N., San Gabriel, CA; Anthony N. C. Chee, Houston Community College; Charles D. Cornell, West Liberty State College; John G. Deaton, University of Texas at Austin; Charles J. Ellis, Iowa State University; John H. Emes, British Columbia Institute of Technology; Daniel S. Fertig, East Los Angeles College; Carol Gerding, Cuyahoga Community College; Norman Goldstein, California State University (Hayward); John Gwinn, University of Akron; Rebecca Halyard, Clayton Jr. College; Martin L. Heath, North Dakota State School of Science; Abraham A. Held, Herbert H. Lehman College; Julius J. Ivanus, University of Belgrade; Charles Jeffrey, Harrisburg Area Community College; Victor R. Johnson, Madison Area Technical College; John Martin, Clark College; Molly F. Mastrangelo, Allegany Community College; Denis J. Meerdink, University of Arizona; Dean Milligan, Anchorage Community College; Robert R. Montgomery, Oakland Community College; George Newman, Hardin-Simmons University; Patricia Palanker, Middlesex County College; Izak Paul, Mount Royal College; Mike Postula, Parkland College; Louis Renaud, Prince George's Community College; Jack Segurson, Tucson, Arizona; Eddie J. Shellman, Central Florida Community College; Bette C. Slutsky, Truman College; Judith Carroll Stanton, Georgia State University; Russell Stullken, Augustana College; Robert B. Tallitsch, Augustana College; Patricia B. Taylor, R.N., St Francis Hospital and Medical Center; Robert Tiplady, Brainerd Community College; Robert C. Wall, Lake-Sumter Community College; Paul Weaver, Muhlenberg College; Richard E. Welton, Southern Oregon State College; Margurite Zemek, College of Du Page.

Je remercie encore une fois les personnes qui ont participé aux éditions précédentes. Je remercie également les personnes dont les noms accompagnent les photographies qui apparaissent dans le volume. Je remercie spécialement le docteur Michael H. Ross, de University of Florida, pour les excellentes photographies en couleurs des os, dans le chapitre 8, le docteur Michael C. Kennedy de Hahnemann Medical College, pour son aide dans la révision des illustrations, et le professeur John Lo Russo de Bergen Community College, pour la recherche et la remise des données sur les valeurs normales apparaissant dans l'annexe. Enfin, je remercie Geraldine C. Tortora qui a dactylographié les brouillons du manuscrit et a accompli de nombreuses tâches cléricales associées à la mise sur pied d'un volume.

Comme il est possible de le constater par la liste des noms apparaissant dans les remerciements, la production d'un volume de cette ampleur et de cette complexité nécessite la participation d'un grand nombre de personnes possédant des ressources et des expériences diverses. C'est pourquoi j'invite les lecteurs et les utilisateurs de la cinquième édition à me faire part de leurs réactions et de leurs suggestions, pour la préparation des éditions à venir.

Gerard J. Tortora
Natural Sciences and Mathematics, S229
Bergen Community College
400 Paramus Road
Paramus, NJ 07652

Note à l'étudiant

Au début de chaque chapitre, vous trouverez une liste d'**objectifs**. Avant de lire le chapitre, lisez attentivement les objectifs. Chacun correspond à une connaissance ou à une habileté que vous devriez acquérir. Pour atteindre ces objectifs, vous devrez remplir plusieurs tâches. Il est évident que vous devez lire le chapitre attentivement. S'il arrive que vous ne compreniez pas certaines sections du chapitre après une lecture, vous devriez relire ces sections avant de passer au chapitre suivant. Tout en lisant, attardez-vous aux figures et aux documents, qui sont coordonnés avec le texte.

À la fin de chaque chapitre, vous trouverez deux et, parfois, trois autres guides d'apprentissage qui pourront vous être utiles. Le premier, le **résumé**, est un sommaire des sujets importants abordés dans le chapitre. Cette section vise à rappeler et à interrelier les points essentiels apparaissant dans le chapitre. Le deuxième, la **révision**, consiste en une série de questions ayant pour but de vous aider à maîtriser les objectifs. Le troisième, le **glossaire des termes médicaux**, apparaît dans certains chapitres. Ces glossaires contiennent des listes de termes visant à vous aider à acquérir un certain vocabulaire médical. Après avoir répondu aux questions de révision, vous devriez retourner au début du chapitre et relire les objectifs afin de vérifier si ces derniers ont été atteints.

Principes d'anatomie et de physiologie

PREMIÈRE PARTIE

L'organisation du corps humain

Cette partie vise à démontrer les divers niveaux d'organisation du corps humain. Après avoir étudié les régions et les parties du corps, nous verrons l'importance des substances chimiques qui le composent. Nous étudierons ensuite la façon dont les cellules, les tissus et les organes forment des systèmes et des appareils qui permettent à l'organisme de survivre et de rester en santé.

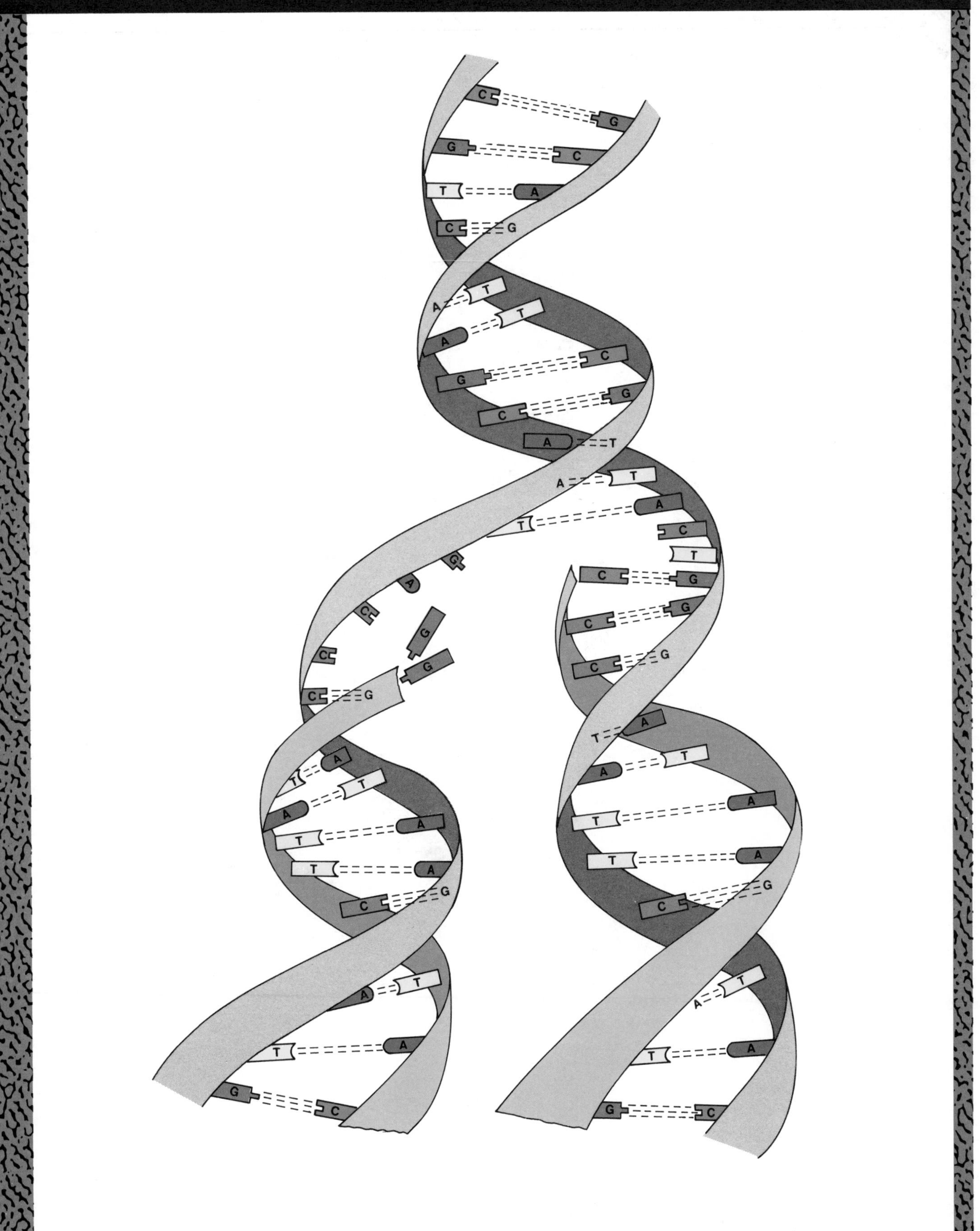

1

Une introduction au corps humain

OBJECTIFS

- Définir l'anatomie et ses subdivisions, ainsi que la physiologie.
- Expliquer les liens qui existent entre structure et fonction.
- Définir chacun des niveaux d'organisation structurale du corps humain : chimique, cellulaire, tissulaire, organique, systémique et de l'organisme.
- Identifier les principaux systèmes et appareils du corps humain ; nommer les organes appartenant à chacun des systèmes et des appareils, et décrire la fonction de chacun des systèmes et des appareils.
- Nommer et décrire certains des processus vitaux importants chez l'être humain.
- Décrire les caractéristiques anatomiques générales du plan structural du corps humain.
- Définir la position anatomique.
- Comparer les termes courants et les termes anatomiques employés pour décrire les régions du corps humain.
- Définir les principaux plans anatomiques qui traversent le corps humain.
- Faire la distinction entre une coupe transversale, une coupe frontale et une coupe sagittale médiane.
- Définir les liens qui existent entre l'anatomie radiographique et le diagnostic d'une maladie.
- Nommer les principales cavités corporelles et les principaux organes qu'elles contiennent, et en donner l'emplacement.
- Expliquer de quelle façon la cavité abdomino-pelvienne est divisée en neuf régions et en quatre quadrants.
- Comparer les principes de base de la radiographie conventionnelle et ceux de la tomographie axiale assistée par ordinateur.
- Reconnaître la différence entre un radiogramme et une image obtenue par la tomographie axiale assistée par ordinateur.
- Expliquer le fonctionnement du reconstructeur spatial dynamique et l'importance de ce dernier en anatomie radiologique.
- Définir l'homéostasie et expliquer en quoi elle correspond au fonctionnement normal de l'organisme ; dire pourquoi l'incapacité de maintenir l'homéostasie provoque de nombreux problèmes.
- Définir le stress et identifier ses effets sur l'homéostasie.
- Décrire la corrélation des systèmes corporels en vue de maintenir l'homéostasie.
- Comparer le rôle des systèmes endocrinien et nerveux dans le maintien de l'homéostasie.
- Comparer l'homéostasie de la pression artérielle par l'intermédiaire de la régulation nerveuse et celle du taux de glucose sanguin par l'intermédiaire de la régulation hormonale.
- Définir un système de rétroaction et expliquer le rôle de ce dernier dans le maintien de l'homéostasie.
- Comparer les systèmes de rétroaction négative et de rétroaction positive.

Nous allons aborder l'étude de l'organisation et du fonctionnement du corps humain. Un grand nombre de domaines scientifiques entrent dans cette étude. Chacun d'entre eux contribue à une compréhension globale du fonctionnement du corps humain, que celui-ci se trouve dans des conditions normales, qu'il soit blessé, malade ou sous l'influence du stress.

LA DÉFINITION DE L'ANATOMIE ET DE LA PHYSIOLOGIE

L'anatomie et la physiologie sont deux branches de la science qui permettent de comprendre le corps humain et son fonctionnement. L'**anatomie** (*anatome* : disséquer) porte sur l'étude des *structures* et des liens qui existent entre les structures. L'anatomie est un domaine vaste, et l'étude des structures prend une signification accrue lorsqu'on en étudie séparément les diverses facettes. Dans le document 1.1, nous présentons différentes branches de l'anatomie.

Alors que les diverses branches de l'anatomie traitent des structures de l'organisme, la **physiologie** porte sur le *fonctionnement* de ce dernier. Comme il n'est pas possible de séparer la physiologie de l'anatomie, nous allons étudier à la fois les structures et le fonctionnement du corps humain, et nous allons voir de quelle façon chacune des structures est conçue pour accomplir une fonction particulière. La structure d'une partie du corps détermine souvent la fonction qu'elle remplira. De même, les fonctions corporelles influent fréquemment sur les dimensions, la forme et la santé des structures.

DOCUMENT 1.1 BRANCHES DE L'ANATOMIE

BRANCHE	DESCRIPTION
Anatomie topographique	Étude des formes (morphologie) et des caractéristiques de la surface du corps
Anatomie macroscopique	Étude des structures que l'on peut étudier sans l'aide d'un microscope
Anatomie systémique	Étude des systèmes et des appareils de l'organisme, comme le système nerveux et l'appareil respiratoire
Anatomie régionale	Étude d'une région particulière du corps, comme la tête ou la poitrine
Anatomie du développement	Étude du développement de l'organisme, de la fécondation de l'ovule à la maturité
Embryologie	Étude du développement à partir de l'ovule fécondé jusqu'à la huitième semaine de vie intra-utérine
Anatomie pathologique (*patho* : maladie)	Étude des changements structuraux liés à la maladie
Histologie (*histo* : tissu)	Étude microscopique de la structure des tissus
Cytologie (*cyto* : cellule)	Étude microscopique de la structure des cellules
Anatomie radiologique	Étude de la structure de l'organisme à l'aide de techniques radiologiques

LES NIVEAUX D'ORGANISATION STRUCTURALE

Le corps humain comprend plusieurs niveaux d'organisation structurale, qui sont liés les uns aux autres de plusieurs façons. Nous nous arrêterons ici aux principaux niveaux qui pourront nous aider à comprendre l'organisation du corps humain (figure 1.1). Le niveau le plus simple de l'organisation du corps humain, le **niveau chimique**, comprend toutes les substances chimiques nécessaires au maintien de la vie. Elles sont toutes constituées d'atomes liés les uns aux autres de diverses façons.

À leur tour, les substances chimiques se combinent entre elles pour former le **niveau cellulaire**. Les **cellules** sont les unités structurales et fonctionnelles de base d'un organisme. Les cellules musculaires, les cellules nerveuses et les cellules sanguines sont quelques-unes des nombreuses sortes de cellules que comprend le corps humain. À la figure 1.1, nous présentons quelques cellules isolées provenant de la muqueuse de l'estomac. Chacune d'entre elles a une structure différente et accomplit une fonction différente.

Après le niveau cellulaire vient le **niveau tissulaire**. Les **tissus** sont constitués de groupes de cellules semblables ainsi que de leur substance intercellulaire, jouant un rôle particulier. Lorsque les cellules isolées, illustrées à la figure 1.1, sont liées les unes aux autres, elles forment un tissu, appelé épithélium, qui tapisse l'estomac. Chacune des cellules composant le tissu joue un rôle particulier. Les cellules muqueuses produisent le mucus, une sécrétion qui lubrifie les aliments à mesure qu'ils traversent l'estomac. Les cellules pariétales produisent de l'acide dans l'estomac. Les cellules principales sécrètent les enzymes nécessaires à la digestion des protéines. Parmi les autres types de tissus corporels, on trouve le tissu musculaire, le tissu conjonctif et le tissu nerveux.

Dans de nombreux endroits de l'organisme, différents types de tissus se joignent les uns aux autres pour former un niveau d'organisation encore plus complexe, le **niveau organique.** Les **organes** sont des structures composées de deux ou de plusieurs tissus différents, possédant des formes et des fonctions définies. Ils sont habituellement facilement identifiables par leur forme. Le cœur, le foie, les poumons, l'encéphale et l'estomac sont des organes. À la figure 1.1, nous présentons trois des tissus qui composent l'estomac. La séreuse est une couche de tissu conjonctif et d'épithélium qui recouvre l'extérieur de l'estomac, protège celui-ci et réduit la friction entre l'estomac et les autres organes. Les couches de tissu musculaire de l'estomac se contractent pour mêler les aliments qui sont ensuite acheminés vers l'organe digestif suivant. La couche de tissu épithélial qui tapisse l'estomac produit du mucus, de l'acide et des enzymes.

Le **niveau systémique** est un peu plus complexe que le niveau organique. Un **système** est composé de plusieurs organes ayant une structure analogue. Un **appareil** est un ensemble d'organes concourant à la même fonction. L'appareil digestif, qui décompose les aliments, comprend la bouche, les glandes salivaires, qui produisent la salive, le pharynx (la gorge), l'œsophage, l'estomac, l'intestin grêle, le gros intestin, le rectum, le foie, la vésicule biliaire et le pancréas.

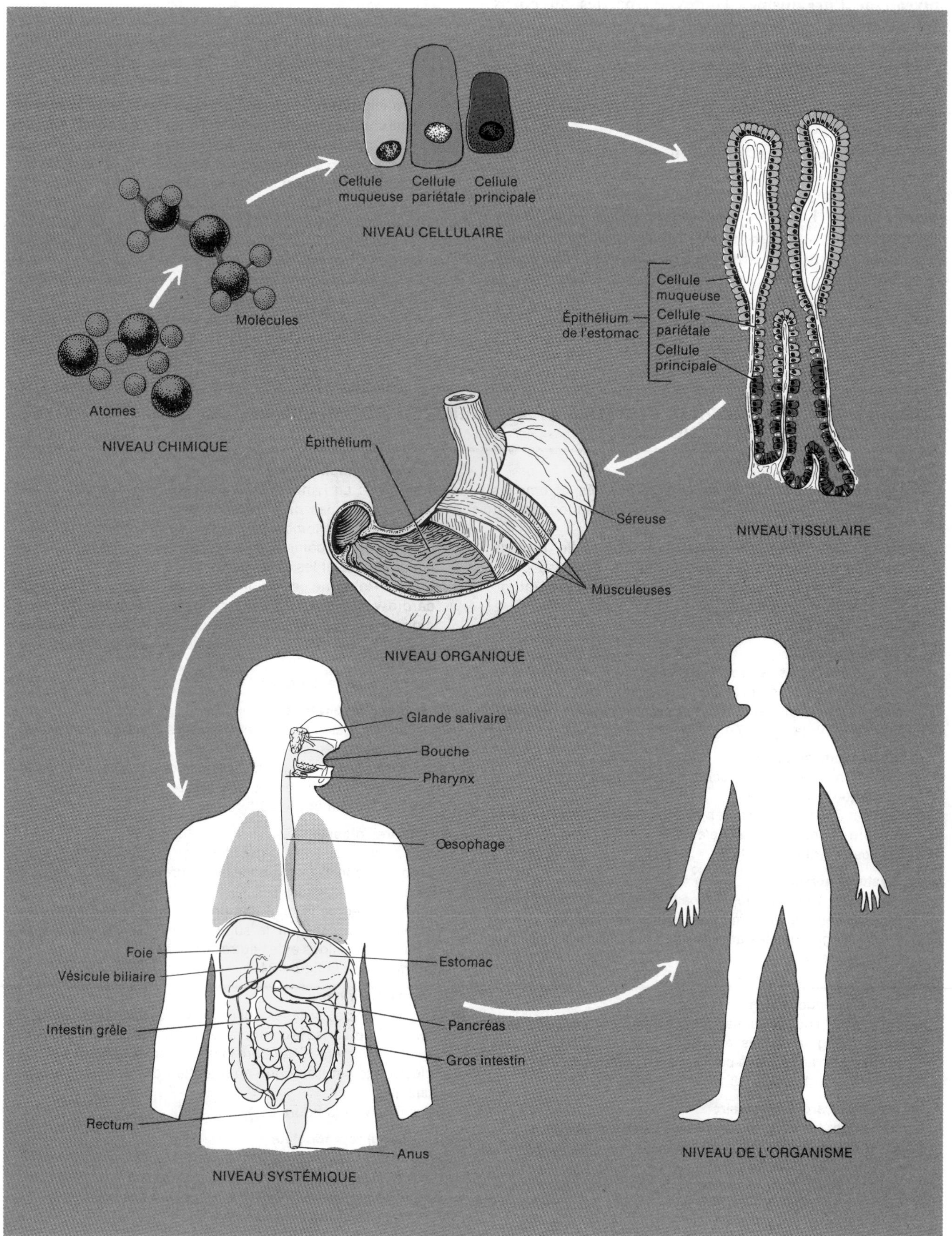

FIGURE 1.1 Niveaux d'organisation structurale du corps humain.

Le niveau le plus élevé d'organisation structurale est le **niveau de l'organisme**. Toutes les parties du corps fonctionnant en rapport les unes avec les autres constituent l'**organisme**, l'être vivant global.

Dans les chapitres qui suivent, nous étudierons l'anatomie et la physiologie des principaux systèmes et appareils du corps humain. Dans le document 1.2, nous présentons ces systèmes et ces appareils, les organes qui les composent et les fonctions qu'ils remplissent. Le corps de l'homme et celui de la femme sont identiques sur plusieurs points; lorsque ce n'est pas le cas, nous le mentionnons. Dans les documents qui suivent, nous présentons les systèmes et les appareils dans le même ordre que nous les aborderons dans les chapitres ultérieurs.

LES PROCESSUS VITAUX

Tous les organismes vivants possèdent certaines caractéristiques qui les distinguent des objets inanimés. Voici certains des processus vitaux les plus importants chez l'être humain:

1. Le métabolisme. Le métabolisme est la somme de tous les processus chimiques qui s'effectuent dans l'organisme. Une des étapes du métabolisme, le **catabolisme**, fournit l'énergie nécessaire à la vie. L'autre étape, l'**anabolisme**, utilise l'énergie produite pour fabriquer diverses substances qui forment les éléments structuraux et fonctionnels de l'organisme. Parmi les nombreux processus qui contribuent au métabolisme, on trouve : l'*ingestion*, l'introduction d'aliments par la bouche; la *digestion*, la dégradation des aliments en formes plus simples pouvant être utilisées par les cellules; l'*absorption*, la capture de substances par les cellules; l'*assimilation*, la transformation de substances absorbées en différentes substances nécessaires aux cellules; la *respiration*, la production d'énergie, habituellement

DOCUMENT 1.2 PRINCIPAUX SYSTÈMES ET APPAREILS DU CORPS HUMAIN, LES ORGANES QUI LES COMPOSENT ET LEURS FONCTIONS

1. Appareil tégumentaire
Composition: La peau et les appendices cutanés, comme les poils et les cheveux, les ongles, les glandes sudoripares et les glandes sébacées
Fonction: Aide à régler la température corporelle, protège l'organisme, élimine les déchets, fait la synthèse de la vitamine D et reçoit certains stimuli, comme la température, la pression et la douleur
Référence: Voir la figure 5.1

2. Système osseux
Composition: Les os, les cartilages et les articulations
Fonction: Soutient et protège l'organisme, sert de levier, élabore les cellules sanguines et entrepose les minéraux
Référence : Voir la figure 7.1

3. Système musculaire
Composition: Tous les muscles squelettiques, viscéraux et cardiaque
Fonction: Contribue à créer le mouvement, maintient la posture et produit de la chaleur
Référence: Voir la figure 11.3

4. Système nerveux
Composition: L'encéphale, la moelle épinière, les nerfs et les organes sensoriels, comme les yeux et les oreilles
Fonction: Régularise les activités de l'organisme à l'aide des influx nerveux
Référence: Voir les figures 13.1 et 14.1

5. Système endocrinien
Composition: Toutes les glandes qui élaborent des hormones
Fonction: Régularise les activités corporelles à l'aide des hormones transportées par l'appareil cardio-vasculaire
Référence: Voir la figure 18.1

6. Appareil cardio-vasculaire
Composition: Le sang, le cœur et les vaisseaux sanguins
Fonction: Distribue l'oxygène et les nutriments aux cellules, élimine le dioxyde de carbone et les déchets des cellules, maintient l'équilibre acido-basique de l'organisme, protège contre la maladie, prévient les hémorragies par la formation de caillots sanguins et aide à régulariser la température corporelle
Référence: Voir les figures 20.1, 21.12 et 21.17

7. Système lymphatique
Composition: La lymphe, les vaisseaux lymphatiques et les structures ou les organes contenant du tissu lymphoïde (contenant un nombre important de leucocytes, appelés lymphocytes), comme la rate, le thymus, les ganglions lymphatiques et les amygdales
Fonction: Retourne les protéines et le plasma à l'appareil cardio-vasculaire, transporte les graisses de l'appareil digestif à l'appareil cardio-vasculaire, filtre les liquides corporels, produit les lymphocytes et protège contre la maladie
Référence: Voir la figure 22.2

8. Appareil respiratoire
Composition: Les poumons et les divers conduits permettant d'y entrer et d'en sortir
Fonction: Fournit l'oxygène, élimine le dioxyde de carbone et aide à régler l'équilibre acido-basique de l'organisme
Référence: Voir la figure 23.1

9. Appareil digestif
Composition: Le tube digestif et les organes qui y sont associés, comme les glandes salivaires, le foie, la vésicule biliaire et le pancréas
Fonction: Effectue la dégradation physique et chimique des aliments qui sont par la suite utilisés par les cellules, et élimine les solides et les autres déchets
Référence: Voir la figure 24.1

10. Appareil urinaire
Composition: Les organes qui élaborent et éliminent l'urine
Fonction: Régularise la composition chimique du sang, élimine les déchets, règle l'équilibre et le volume des liquides et des électrolytes et contribue au maintien de l'équilibre acido-basique
Référence: Voir la figure 26.1

11. Appareil reproducteur
Composition: Les organes (testicules et ovaires) qui produisent les cellules reproductrices (spermatozoïdes et ovules) et les organes qui transportent et entreposent ces cellules
Fonction: Reproduit l'organisme
Référence: Voir les figures 28.1 et 28.11

en présence d'oxygène, et accompagnée de la libération de dioxyde de carbone; la *sécrétion*, la production et la libération d'une substance utile par les cellules; et l'*excrétion*, l'élimination des déchets produits par l'action du métabolisme.

2. L'excitabilité. L'excitabilité est notre capacité de ressentir les changements qui se produisent en nous et autour de nous. Nous réagissons ainsi à des stimuli (changements qui se produisent dans le milieu) comme la lumière, la pression, la chaleur, les bruits, les substances chimiques et la douleur. Nous réagissons constamment à notre environnement et faisons les ajustements nécessaires au maintien de notre santé.

3. La conductivité. La conductivité est la capacité de déplacer l'effet d'un stimulus d'une partie d'une cellule à une autre. Cette caractéristique est développée à un degré très élevé dans les neurones et les cellules musculaires.

4. La contractilité. La contractilité est la capacité des cellules de raccourcir et de modifier leur forme. Les cellules musculaires possèdent un degré élevé de contractilité.

5. La croissance. La croissance correspond à un accroissement du volume. Elle peut impliquer un accroissement du nombre de cellules ou une augmentation du volume des cellules existantes.

6. La différenciation. La différenciation est le mécanisme de base par lequel les cellules non spécialisées deviennent spécialisées. Les cellules spécialisées sont dotées de caractéristiques structurales et fonctionnelles différentes de celles des cellules dont elles proviennent. Grâce à la différenciation, un ovule fécondé se développe normalement en un embryon, un fœtus, un nouveau-né, un enfant et un adulte; chacun d'eux contient un grand nombre de cellules diversifiées.

7. La reproduction. La reproduction correspond à la formation de nouvelles cellules servant à la croissance, à la réparation ou au remplacement, ou à la production d'un être nouveau. C'est par la reproduction que la vie est transmise d'une génération à l'autre.

LE PLAN STRUCTURAL

Le corps humain possède certaines **caractéristiques anatomiques** générales qui aident à comprendre le plan structural global. Ainsi, l'être humain possède une **colonne vertébrale**, ce qui le classe parmi les *vertébrés*. Une autre caractéristique du corps humain est qu'il est constitué d'un **conduit à l'intérieur d'un conduit**. Les parois du corps forment le conduit externe, et le tube digestif, le conduit interne. De plus, le corps humain présente, en grande partie, une **symétrie bilatérale,** c'est-à-dire que les côtés gauche et droit sont des reflets l'un de l'autre.

LES TERMES RELATIFS À L'ORIENTATION

Pour expliquer l'emplacement exact des différentes structures du corps, ainsi que les liens qui existent entre ces structures, les anatomistes utilisent certains **termes relatifs à l'orientation**. Par exemple, si l'on veut montrer le sternum à une personne qui connaît déjà l'emplacement de la clavicule, on peut dire que le sternum est une structure inférieure (plus éloignée de la tête) et médiane (se rapprochant de la ligne médiane du corps) par rapport à la clavicule. L'usage des termes *inférieur* et *médian* évite d'avoir à donner des explications compliquées. Le lecteur trouvera un grand nombre de termes relatifs à l'orientation dans le document 1.3; les parties du corps que nous mentionnons dans les exemples sont présentées à la figure 1.2. Un examen minutieux du document et de la figure devraient éclairer le lecteur sur les liens relatifs à l'orientation qui existent entre les différentes parties du corps.

DOCUMENT 1.3 TERMES RELATIFS À L'ORIENTATION

TERME	DÉFINITION	EXEMPLE
Supérieur (en direction céphalique ou crânienne)	Près de la tête ou de la partie supérieure d'une structure; concerne habituellement les structures du tronc	Le cœur est en position supérieure par rapport au foie
Inférieur (en direction caudale)	Éloigné de la tête ou se rapprochant de la partie inférieure d'une structure; concerne habituellement les structures du tronc	L'estomac est en position inférieure par rapport aux poumons
Antérieur (ventral)	Près de la face ventrale du corps ou sur celle-ci	Le sternum est en position antérieure par rapport au cœur
Postérieur (dorsal)	Près de la face dorsale du corps ou sur celle-ci	L'œsophage est en position postérieure par rapport à la trachée
Médian	Près de la ligne médiane du corps ou d'une structure	Le cubitus est situé sur la face médiane de l'avant-bras
Latéral	Éloigné de la ligne médiane du corps ou d'une structure	Le côlon ascendant est en position latérale par rapport à la vessie
Intermédiaire	Entre deux structures, une médiane et une latérale	L'annulaire est en position intermédiaire par rapport au majeur et à l'auriculaire
Ipsilatéral	Du même côté du corps	La vésicule biliaire et le côlon ascendant sont ipsilatéraux
Controlatéral	Du côté opposé du corps	Les côlons ascendant et descendant sont controlatéraux
Proximal	Près du point d'attache d'un membre au tronc ou d'une structure; près du point d'origine	L'humérus est en position proximale par rapport au radius

DOCUMENT 1.3 TERMES RELATIFS À L'ORIENTATION [*Suite*]

TERME	DÉFINITION	EXEMPLE
Distal	Éloigné du point d'attache d'un membre au tronc ou d'une structure ; éloigné du point d'origine	Les phalanges sont en position distale par rapport aux os du carpe
Superficiel	Près de la surface du corps ou sur celle-ci	Les muscles de la paroi thoracique sont en position superficielle par rapport aux viscères de la cavité thoracique (voir la figure 1.7)
Profond	Éloigné de la surface du corps	Les muscles du bras sont en position profonde par rapport à la peau
Pariétal	Formant la paroi externe d'une cavité corporelle ou relatif à celle-ci	La plèvre pariétale forme le feuillet externe des cavités pleurales qui entourent les poumons (voir la figure 1.7)
Viscéral	Relatif au revêtement extérieur d'un organe	La plèvre viscérale forme le feuillet interne des cavités pleurales et recouvre la face externe des poumons (voir la figure 1.7)

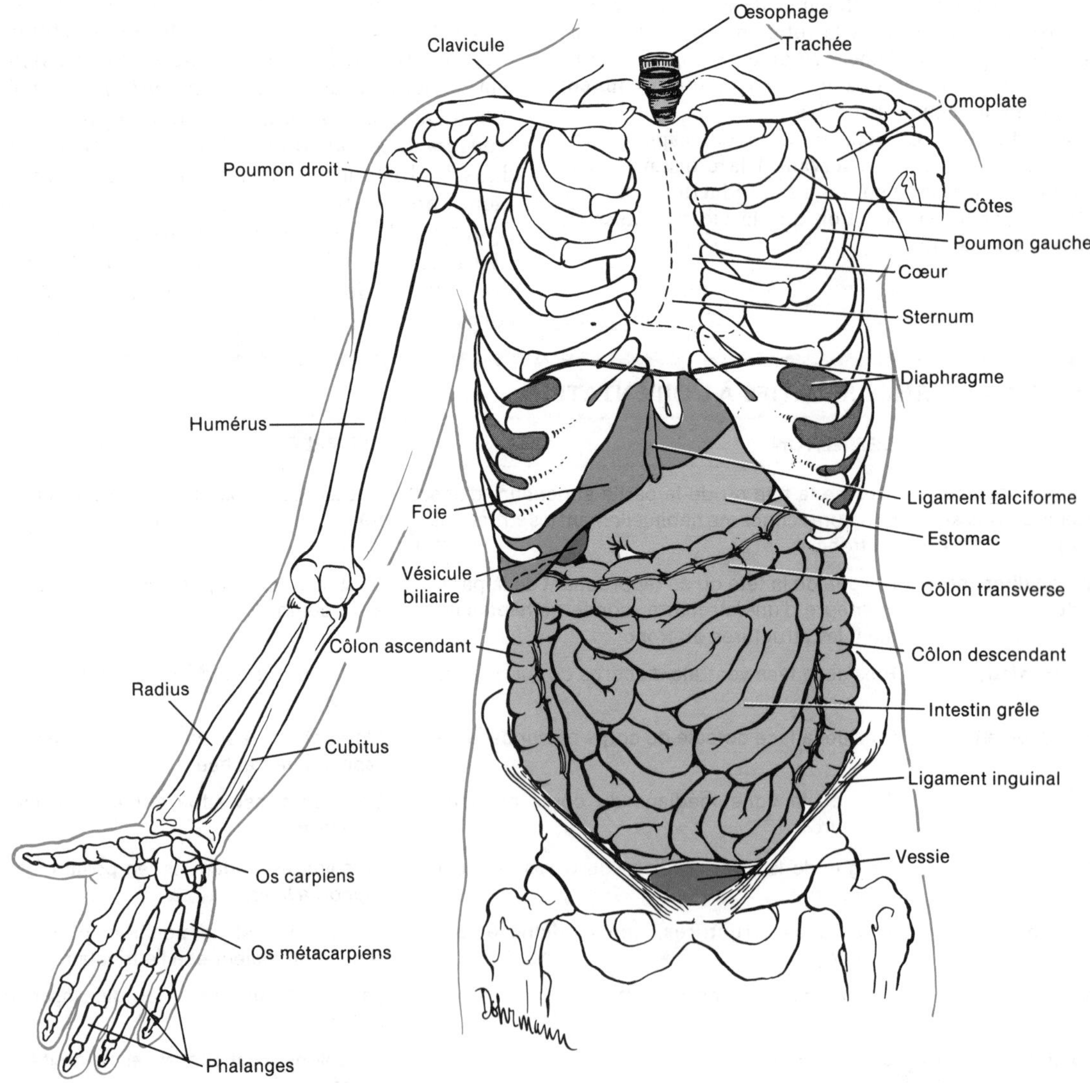

FIGURE 1.2 Termes anatomiques et termes relatifs à l'orientation. L'étude du document 1.3 et de la figure ci-dessus devrait permettre la compréhension des termes suivants : *supérieur*, *inférieur*, *antérieur*, *postérieur*, *médian*, *latéral*, *intermédiaire*, *ipsilatéral*, *controlatéral*, *proximal* et *distal*.

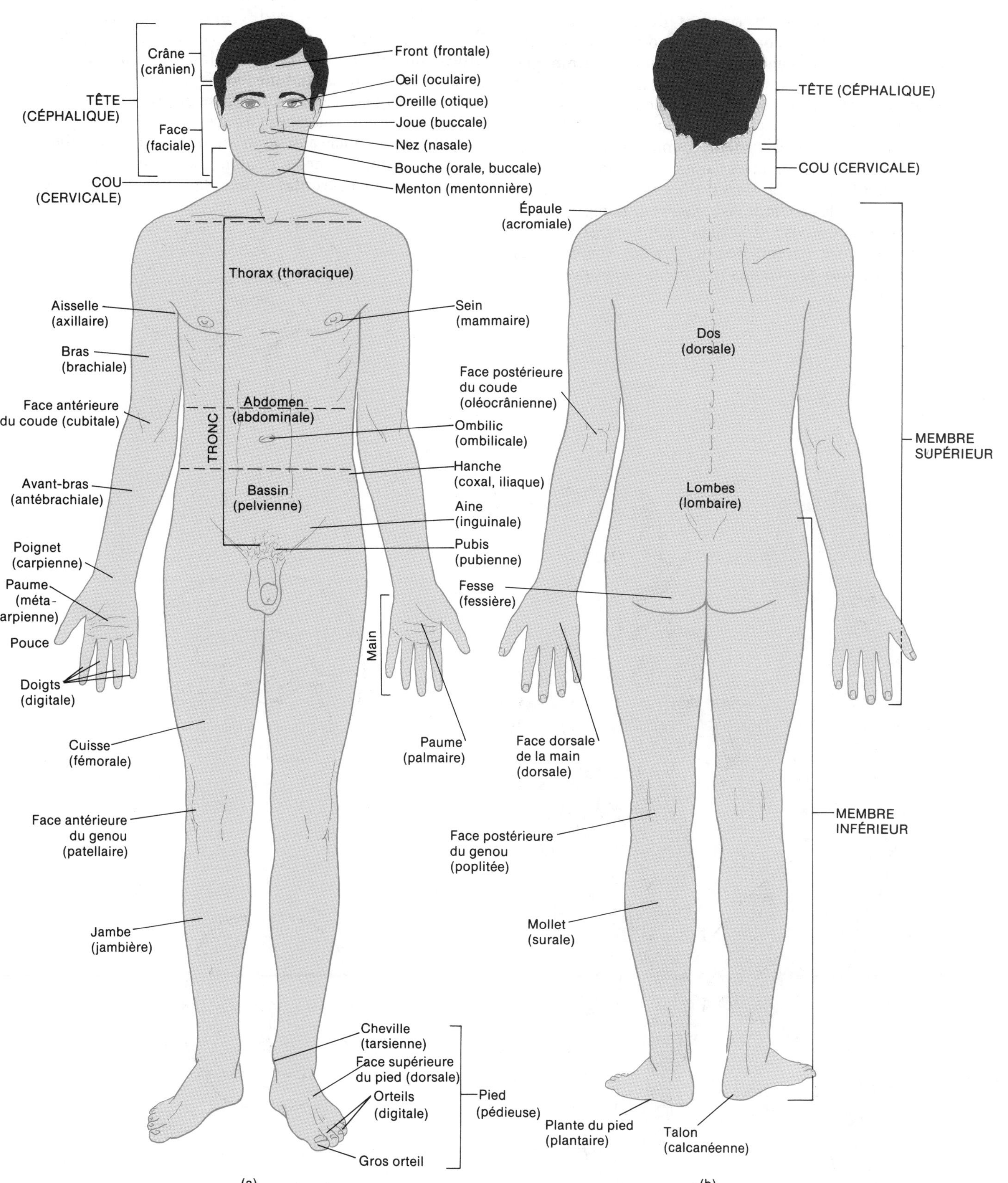

FIGURE 1.3 Position anatomique. Dans plusieurs cas, les termes anatomiques liés aux régions du corps sont indiqués entre parenthèses. (a) Vue antérieure. (b) Vue postérieure.

LA POSITION ET LES TERMES ANATOMIQUES

Dans tous les volumes traitant de l'anatomie, la description des parties ou des régions du corps est basée sur une position particulière, appelée **position anatomique**, qui permet d'utiliser des termes relatifs à l'orientation et de considérer les différentes parties du corps les unes par rapport aux autres. Dans la position anatomique, le sujet est debout, face à l'observateur, les membres supérieurs de chaque côté du corps et les paumes des mains tournées vers l'avant (figure 1.3). Lorsque le corps est dans cette position, il est plus facile de visualiser et de comprendre la façon dont il est divisé. À la figure 1.3, nous présentons également, entre parenthèses, les termes anatomiques s'appliquant aux principales régions du corps humain.

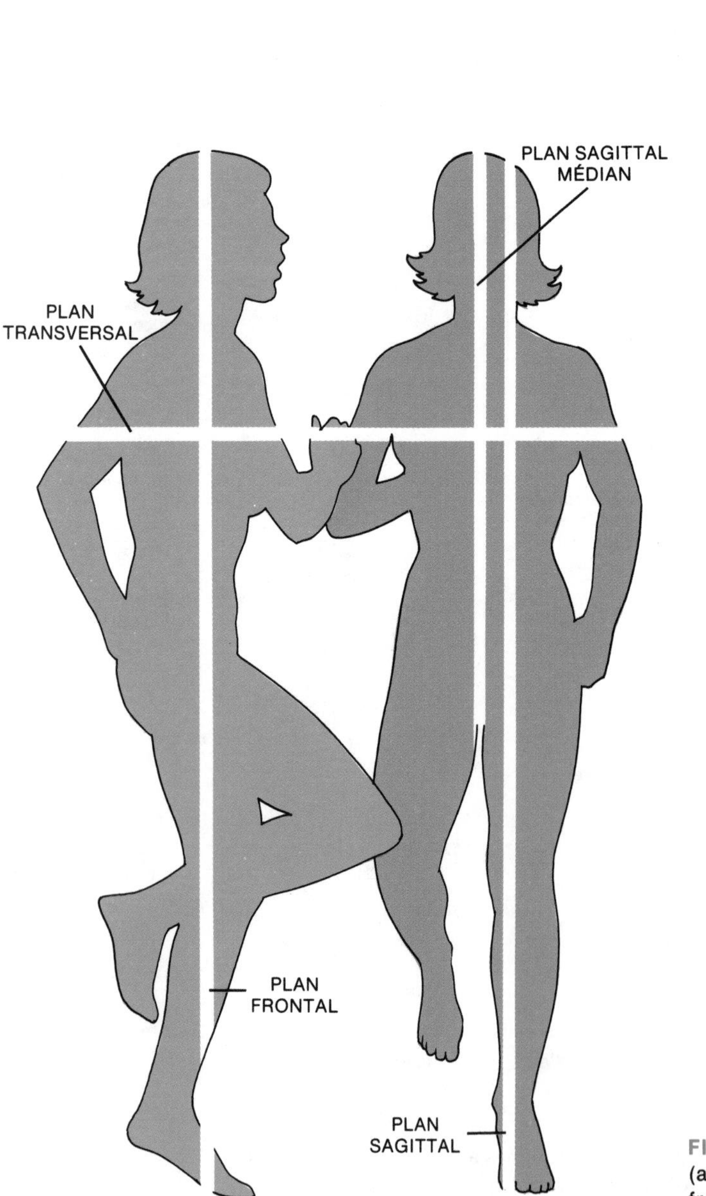

FIGURE 1.4 Plans corporels.

LES PLANS ET LES COUPES

Il est également possible d'étudier le plan structural du corps humain à l'aide des **plans** (surfaces planes imaginaires) qui le traversent. À la figure 1.4, nous illustrons plusieurs des plans les plus couramment utilisés. Un **plan sagittal médian** est un plan vertical qui traverse la ligne médiane du corps et qui divise le corps ou un organe en côtés gauche et droit égaux. Un **plan sagittal** est un plan parallèle à un plan sagittal médian, qui divise le corps ou un organe en deux parties, gauche et droite, inégales. Un **plan frontal** est un plan situé à angle droit

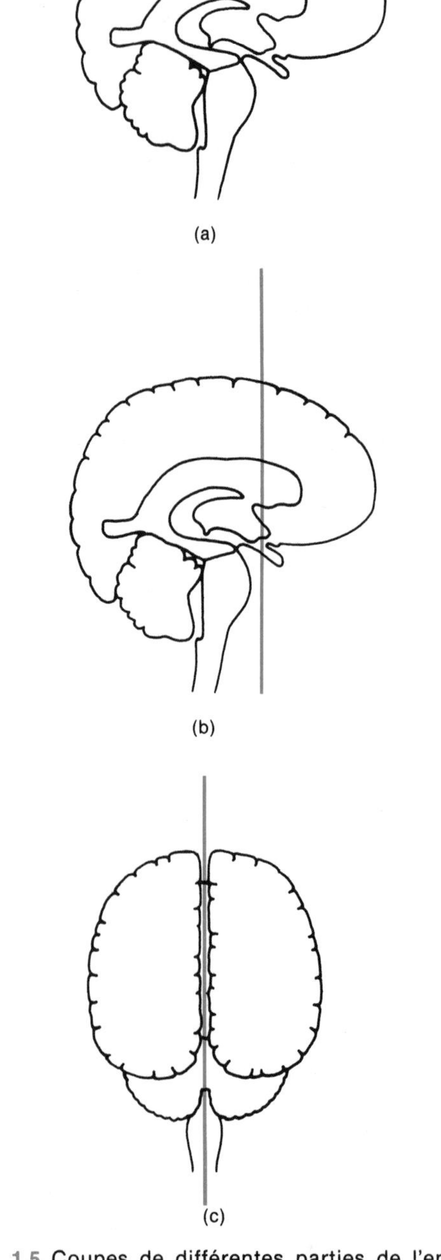

FIGURE 1.5 Coupes de différentes parties de l'encéphale. (a) Coupe transversale; voir aussi la figure 14.7,d. (b) Coupe frontale; voir aussi la figure 14.6,a. (c) Coupe sagittale médiane; voir aussi la figure 14.1,b.

par rapport à un plan sagittal médian (ou à un plan sagittal), qui divise le corps ou un organe en parties antérieure et postérieure. Enfin, un **plan transversal** est un plan parallèle au sol, à angle droit par rapport aux plans sagittal médian, sagittal et frontal. Il divise le corps ou un organe en portions supérieure et inférieure.

Lorsqu'on étudie une structure du corps, cette dernière est souvent présentée comme si l'on avait sectionné une partie du corps pour obtenir une vue des organes internes. Par conséquent, il est important de reconnaître les différents plans utilisés, de façon à comprendre les liens anatomiques qui existent entre les structures étudiées. À la figure 1.5, nous présentons trois coupes différentes, une *coupe transversale*, une *coupe frontale* et une *coupe sagittale médiane*, effectuées dans différentes parties de l'encéphale.

LES CAVITÉS CORPORELLES

Les espaces internes du corps, contenant des organes, sont appelés **cavités corporelles**. On peut reconnaître certaines cavités lorsque le corps est divisé en deux moitiés gauche et droite. À la figure 1.6, nous présentons les cavités corporelles les plus importantes. La **cavité dorsale** est située près de la face dorsale (postérieure) du corps. Elle comprend la **cavité crânienne**, une cavité osseuse formée par les os du crâne et contenant l'encéphale, et le **canal rachidien (vertébral)**, une cavité osseuse formée par les vertèbres et contenant la moelle épinière, qui donne naissance aux nerfs rachidiens.

L'autre cavité corporelle la plus importante est la **cavité ventrale**. Elle est située sur la face ventrale (antérieure) du corps. Les organes qu'elle contient sont les **viscères**. La peau, du tissu conjonctif, des os, des muscles et une membrane appelée péritoine délimitent cette cavité. Tout comme la cavité dorsale, la cavité ventrale a deux subdivisions principales: une partie supérieure, la **cavité thoracique**, et une partie inférieure, la **cavité abdomino-pelvienne**. Ces deux dernières sont séparées par le diaphragme.

La cavité thoracique comprend plusieurs divisions. Il y a d'abord les deux **cavités pleurales** (figure 1.7). Chacune constitue un petit espace virtuel entre les plèvres viscérale et pariétale, les membranes recouvrant les poumons. Le **médiastin** est la région du thorax située entre les plèvres pulmonaires, s'étendant du sternum jusqu'à la colonne vertébrale (figure 1.7). Il contient tous les organes de la cavité thoracique, à l'exception des poumons. La **cavité péricardique** (*péri*: autour; *cardi*: cœur) est un petit espace virtuel entre le péricarde viscéral et le péricarde pariétal, les membranes recouvrant le cœur (figure 1.7).

Comme son nom l'indique, la cavité abdomino-pelvienne se divise en deux parties, bien qu'aucune structure ne les sépare (voir la figure 1.6). La partie supérieure, la **cavité abdominale**, contient l'estomac, la rate, le foie, la vésicule biliaire, le pancréas, l'intestin grêle, la plus grande partie du gros intestin, les reins et les uretères. La partie inférieure, la **cavité pelvienne**, contient la vessie, le côlon sigmoïde, le rectum et les organes reproducteurs internes de l'homme ou de la femme. Pour diviser les cavités abdominale et pelvienne, on peut tracer une ligne imaginaire allant de la symphyse pubienne au promontoire sacré.

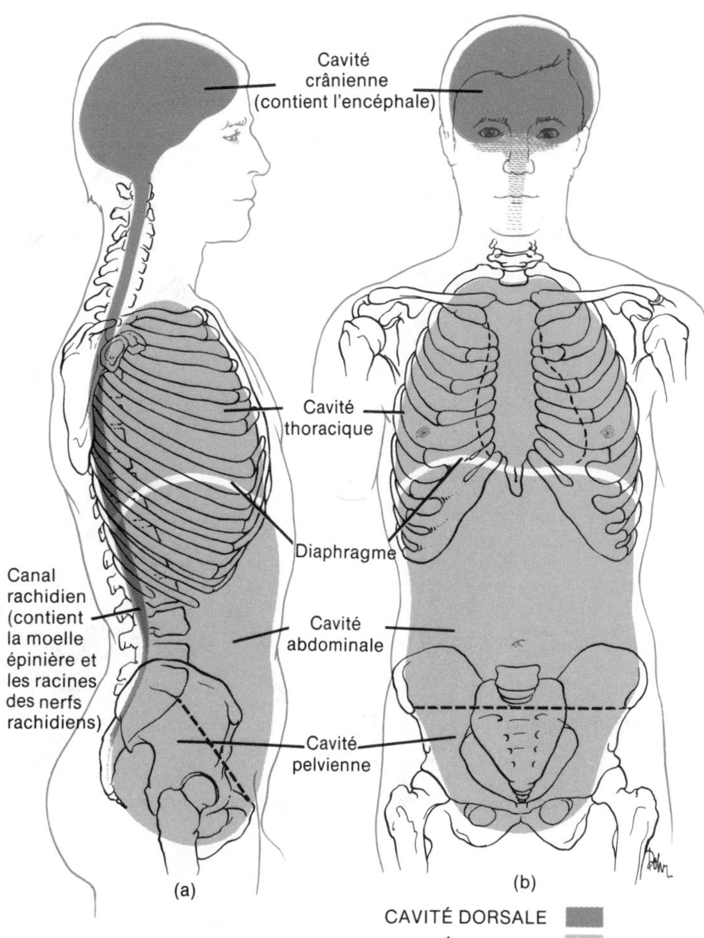

FIGURE 1.6 Cavités corporelles. (a) Emplacement des cavités dorsale et ventrale. (b) Subdivisions de la cavité ventrale.

LES RÉGIONS ABDOMINO-PELVIENNES

Afin de faciliter la description de l'emplacement des organes, on peut diviser la cavité abdomino-pelvienne en **neuf régions** (figure 1.8,a). Remarquez quels organes et quelles parties d'organes se trouvent dans les différentes régions en examinant attentivement la figure 1.8, b à d. Les termes employés pour décrire ces régions peuvent ne pas vous être familiers; cependant, nous les expliquerons en détail dans les chapitres qui suivront.

LES QUADRANTS ABDOMINO-PELVIENS

On peut également diviser la cavité abdomino-pelvienne en quatre **quadrants** (*quad*: quatre). Nous montrons ces quadrants à la figure 1.9. Cette méthode, fréquemment utilisée par les cliniciens, consiste à tracer une ligne horizontale et une ligne verticale passant par l'ombilic. Ces deux lignes divisent l'abdomen en **quadrant supérieur droit**, **quadrant supérieur gauche**, **quadrant inférieur droit** et **quadrant inférieur gauche**. La classification en neuf régions est plus souvent utilisée pour les études anatomiques; toutefois, la classification en quatre quadrants permet d'identifier l'emplacement d'une douleur abdomino-pelvienne, d'une tumeur ou de toute autre anomalie.

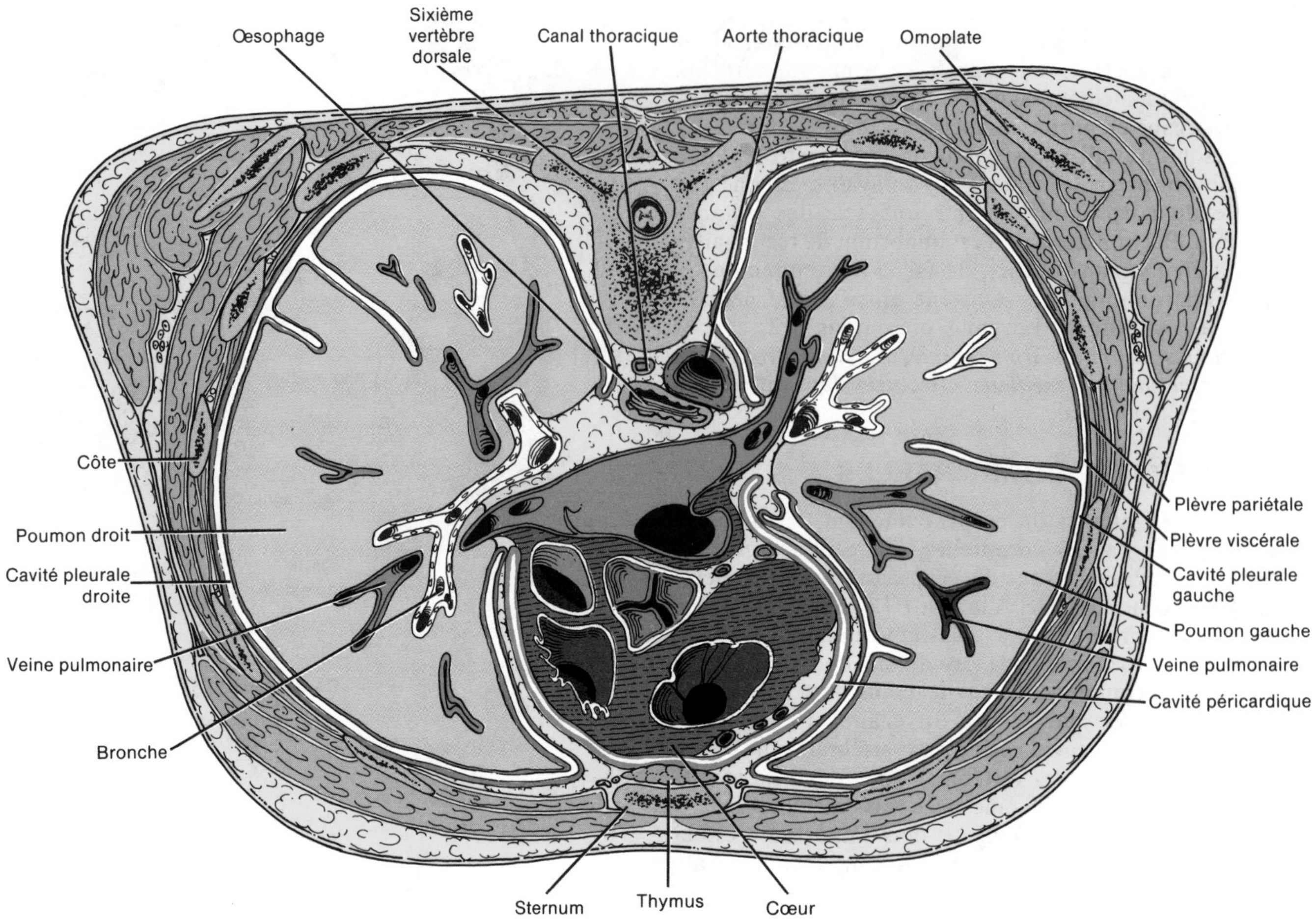

Œsophage
Sixième vertèbre dorsale
Canal thoracique
Aorte thoracique
Omoplate
Côte
Poumon droit
Cavité pleurale droite
Veine pulmonaire
Bronche
Plèvre pariétale
Plèvre viscérale
Cavité pleurale gauche
Poumon gauche
Veine pulmonaire
Cavité péricardique
Sternum
Thymus
Cœur

FIGURE 1.7 Coupe transversale du thorax découvrant le médiastin. Certaines des structures illustrées peuvent être, pour le moment, inconnues du lecteur. Elles seront présentées en détail dans les chapitres qui suivent.

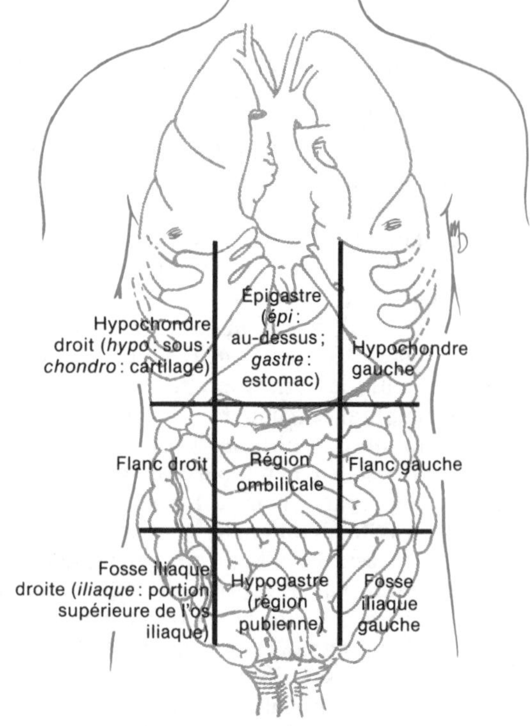

FIGURE 1.8 Cavité abdomino-pelvienne. (a) Les neuf régions. La ligne horizontale supérieure est tracée sous l'extrémité inférieure de la cage thoracique, à travers la portion inférieure (pylore) de l'estomac. La ligne horizontale inférieure est tracée sous les sommets des os iliaques. Les deux lignes verticales (latérales gauche et droite) sont tracées médialement par rapport aux mamelons. Les lignes horizontale et verticale divisent la région en une grande région intermédiaire et en petites régions gauches et droites.

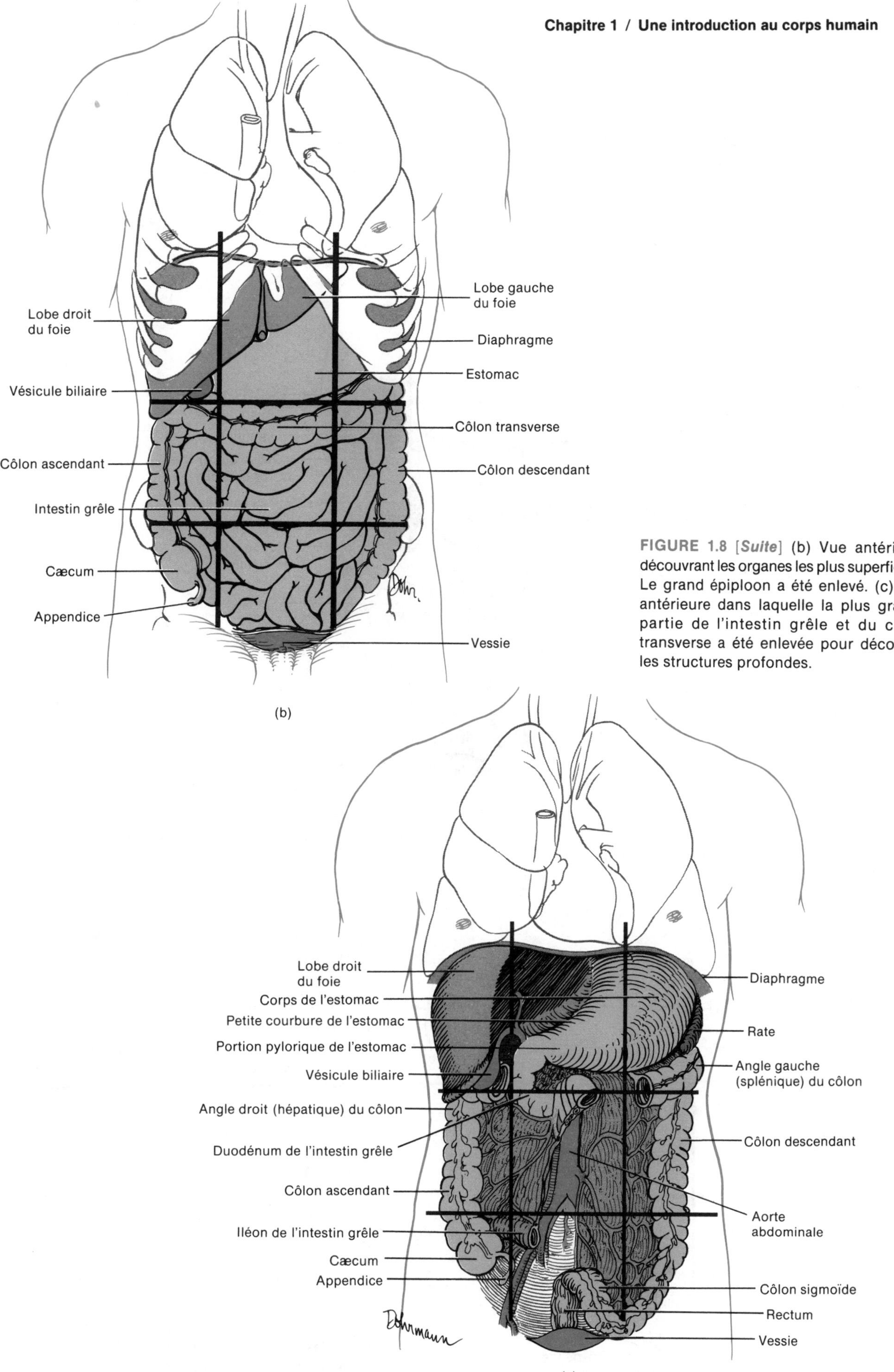

FIGURE 1.8 [*Suite*] (b) Vue antérieure découvrant les organes les plus superficiels. Le grand épiploon a été enlevé. (c) Vue antérieure dans laquelle la plus grande partie de l'intestin grêle et du côlon transverse a été enlevée pour découvrir les structures profondes.

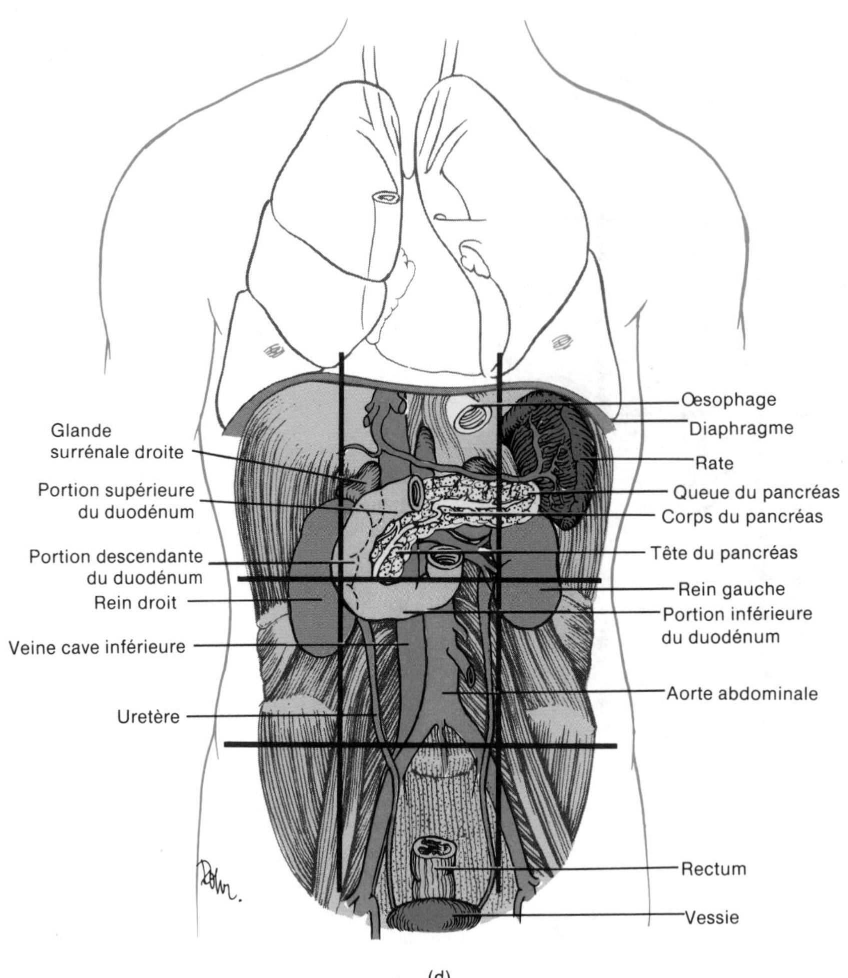

FIGURE 1.8 [*Suite*] (d) Vue antérieure où plusieurs organes sont absents, ce qui permet de voir les structures postérieures.

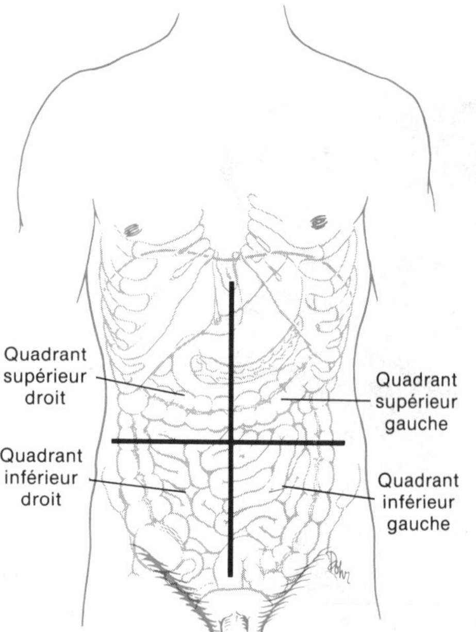

FIGURE 1.9 Quadrants de la cavité abdomino-pelvienne. Les deux lignes se rencontrent au niveau de l'ombilic.

APPLICATION CLINIQUE

Lorsqu'on veut déterminer, de façon précise, la cause d'un décès, il est nécessaire de pratique une **autopsie** (*auto*: soi; *opsis*: regarder), c'est-à-dire un examen post-mortem du corps. On peut également pratiquer une autopsie pour découvrir l'existence de maladies qui n'ont pas été décelées durant la vie, pour prouver la justesse de certaines épreuves diagnostiques, pour déterminer l'efficacité et les effets secondaires de certains médicaments, pour analyser les effets des influences environnementales sur le corps et pour fournir une expérience pratique aux étudiant(e)s en médecine.

Une autopsie typique comprend trois phases principales. La première est l'examen externe du corps, visant à déceler la présence de lésions, de cicatrices, de tumeurs ou d'autres anomalies. La deuxième phase comprend la dissection et l'examen macroscopique des principaux organes. La troisième phase consiste à examiner au microscope des tissus provenant des organes, afin de prouver la présence d'une maladie. Selon les circonstances, on peut également utiliser certaines techniques pour déceler et récupérer certains microbes, et pour déterminer la présence de substances étrangères dans le corps.

L'autopsie complète commence par une incision en forme de Y, visant à exposer les viscères thoraciques, abdominaux et pelviens. Les parties supérieures du Y commencent devant chaque épaule, s'étendent vers le bas jusqu'aux mamelons, et se rencontrent sous le sternum. On agrandit ensuite l'incision, du milieu de la paroi abomino-pelvienne jusqu'à la symphyse pubienne. On enlève le sternum en découpant les côtes afin d'exposer les viscères thoraciques, et on replie les tissus de la paroi abdomino-pelvienne pour mettre à nu le contenu de la cavité abdomino-pelvienne. À moins d'indications contraires, on ne dissèque habituellement pas la face et les membres.

Une autopsie dure habituellement de deux heures à quatre heures, selon l'importance de l'examen. Lorsque l'autopsie est terminée, on replace les organes dans le corps, sauf ceux qui ont été donnés ou utilisés pour fournir une substance pharmaceutique particulière, et on recoud toutes les incisions.

L'ANATOMIE RADIOLOGIQUE

L'**anatomie radiologique** (*radius*: rayon), qui comprend l'utilisation de plusieurs techniques radiographiques, est une branche de l'anatomie qui est essentielle au diagnostic d'un grand nombre de maladies.

LA RADIOGRAPHIE CONVENTIONNELLE

En anatomie radiologique, la technique la plus fréquemment employée est l'utilisation de rayons X, permettant d'obtenir un cliché appelé **radiogramme**. Ce cliché est une image bidimensionnelle de l'intérieur du corps (figure 1.10,a). Bien qu'ils soient d'une aide précieuse dans l'établissement d'un diagnostic, les rayons X conventionnels donnent une image plane; toutefois, les organes et les tissus se chevauchent, ce qui peut rendre le diagnostic difficile à établir. De plus, les rayons X ne permettent pas toujours de déceler les différences minimes qui existent entre les masses volumiques des tissus.

LA TOMOGRAPHIE AXIALE ASSISTÉE PAR ORDINATEUR

La **tomographie axiale assistée par ordinateur** a presque complètement éliminé les problèmes posés par la radiographie conventionnelle. Cette technique, apparue en 1971, joint aux principes de base de la radiographie conventionnelle les avantages de l'informatique. Une source de rayons X forme un arc qui balaie la partie du corps examinée et émet constamment des faisceaux de rayons. Lorsque ces faisceaux traversent le corps, les tissus, selon leur masse volumique, absorbent des quantités plus ou moins importantes de radiations. Après leur passage, les rayons sont transformés par des détecteurs en signaux électroniques qui sont alors transmis à l'ordinateur. Ce dernier projette ensuite une image, un **scintigramme**, sur un moniteur. On obtient ainsi une image transversale très précise d'une partie du corps (figure 1.10,b). Une série d'images permet au médecin d'examiner, couche après couche, les tissus de son client. Il peut également obtenir d'autres images à partir d'angles différents pour déceler des anomalies minimes dans les tissus.

La tomographie axiale assistée par ordinateur permet une différenciation des parties du corps que la radiographie conventionnelle ne pouvait pas offrir. Le processus entier ne dure que quelques secondes, est parfaitement indolore, et la quantité de rayons X administrée est égale ou inférieure à celle qui est émise par beaucoup d'autres procédés diagnostiques.

L'**imagerie statique par tomographie axiale** est une variation de la tomographie axiale assistée par ordinateur, récemment mise au point. Cette technique permet de prendre des photographies statiques et cinétiques du cœur, de mesurer le flux sanguin dans des artères coronaires greffées, d'évaluer la masse de différentes parties du cœur, de déceler, avant de pratiquer une intervention chirurgicale, des anomalies chez des enfants atteints de cardiopathies congénitales et de dépister des obstructions des voies respiratoires.

LE RECONSTRUCTEUR SPATIAL DYNAMIQUE

Le **reconstructeur spatial dynamique (dynamic spatial reconstructor [DSR]**) constitue l'une des découvertes les plus récentes dans le domaine de la radiologie anatomique. C'est l'appareil médical le plus complexe et le plus polyvalent construit jusqu'à maintenant. Il est capable de produire des images *mobiles*, *tridimensionnelles* et grandeur nature de n'importe quel organe interne, de tous les angles possibles. Il peut découper visuellement un organe et dévoiler sa face interne. L'appareil permet également d'agrandir, de donner une image fixe, une reprise, et de fonctionner à grande ou à faible vitesse. Le taux d'exposition aux radiations est d'environ le double de celui d'une radiographie conventionnelle du thorax.

Le reconstructeur spatial dynamique est conçu pour produire des images tridimensionnelles du cœur, des poumons et de l'appareil circulatoire. On peut l'utiliser pour mesurer les volumes et les mouvements du cœur et des poumons ainsi que d'autres organes internes, pour dépister un cancer ou une anomalie cardiaque, et pour déterminer l'étendue des atteintes tissulaires après une crise cardiaque, un accident vasculaire cérébral ou toute autre maladie.

L'HOMÉOSTASIE

Nous avons examiné jusqu'à présent quelques-unes des principales caractéristiques anatomiques du corps humain. Nous allons maintenant aborder une caractéristique physiologique importante, l'homéostasie, qui constitue l'un des thèmes majeurs de ce volume.

L'**homéostasie** est l'état dans lequel le milieu interne de l'organisme demeure constant, à l'intérieur de certaines

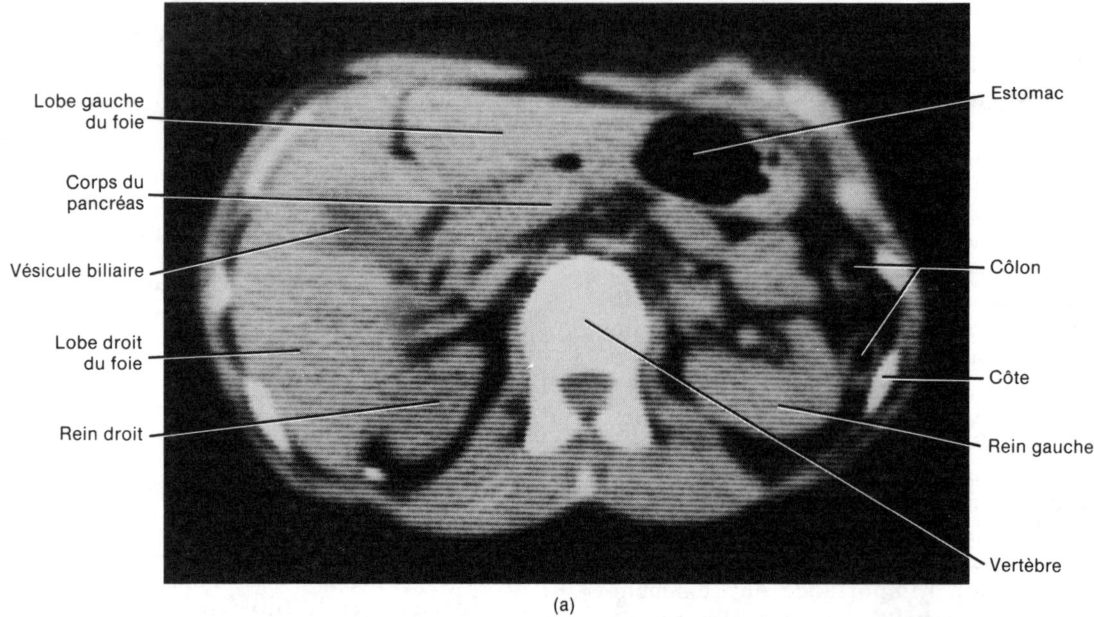

(a)

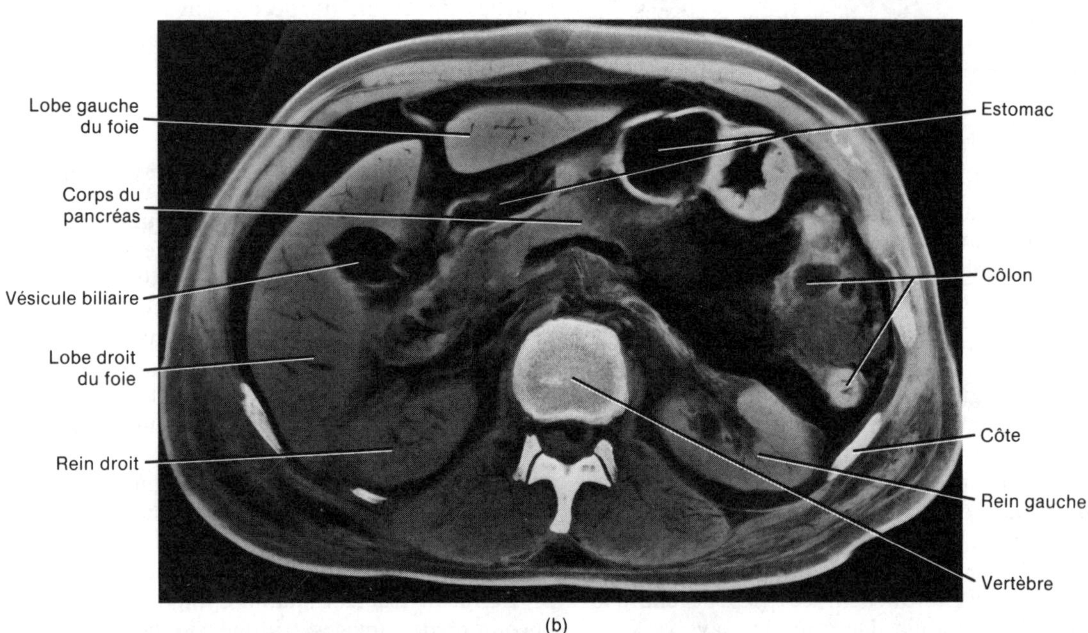

(b)

FIGURE 1.10 Anatomie radiologique. (a) Radiogramme de l'abdomen. (b) Image obtenue à l'aide de la tomographie axiale assistée par ordinateur. Noter que les détails sont beaucoup plus clairs en (b). [Gracieuseté de Stephen A. Kieffer et E. Robert Heitzman, *An Atlas of Cross-Sectional Anatomy*, Harper & Row, Publishers, Inc., Hagerstown, MD, 1979.]

limites (*homéo*: même; *stasie*: position). Pour que les cellules corporelles puissent survivre, la composition des liquides qui les entourent doit être constamment maintenue. Le **liquide extracellulaire** (*extra*: extérieur) est le liquide qui se trouve à l'extérieur des cellules corporelles; il est présent à deux endroits principaux. Le *liquide interstitiel* (*inter*: entre) est le liquide qui remplit les espaces microscopiques entre les cellules. Le *plasma* est le liquide extracellulaire présent dans les vaisseaux sanguins (figure 1.11). Le **liquide intracellulaire** (*intra*: intérieur) est le liquide présent à l'intérieur des cellules. Ce dernier contient des gaz, des nutriments et des particules chargées positivement, appelées ions; toutes ces substances sont nécessaires au maintien de la vie. Le liquide extracellulaire circule dans les vaisseaux sanguins et lymphatiques et, de là, se dirige dans les espaces intercellulaires. Il circule donc constamment dans l'organisme. Toutes les cellules corporelles baignent dans le même milieu liquidien. C'est pour cette raison qu'on appelle souvent le liquide extracellulaire le milieu interne de l'organisme.

L'homéostasie existe dans un organisme lorsque son milieu interne (1) contient exactement la concentration optimale de gaz, de nutriments, d'ions et d'eau; (2) a une température optimale; et (3) a une pression optimale pour la santé des cellules. Lorsque l'homéostasie est

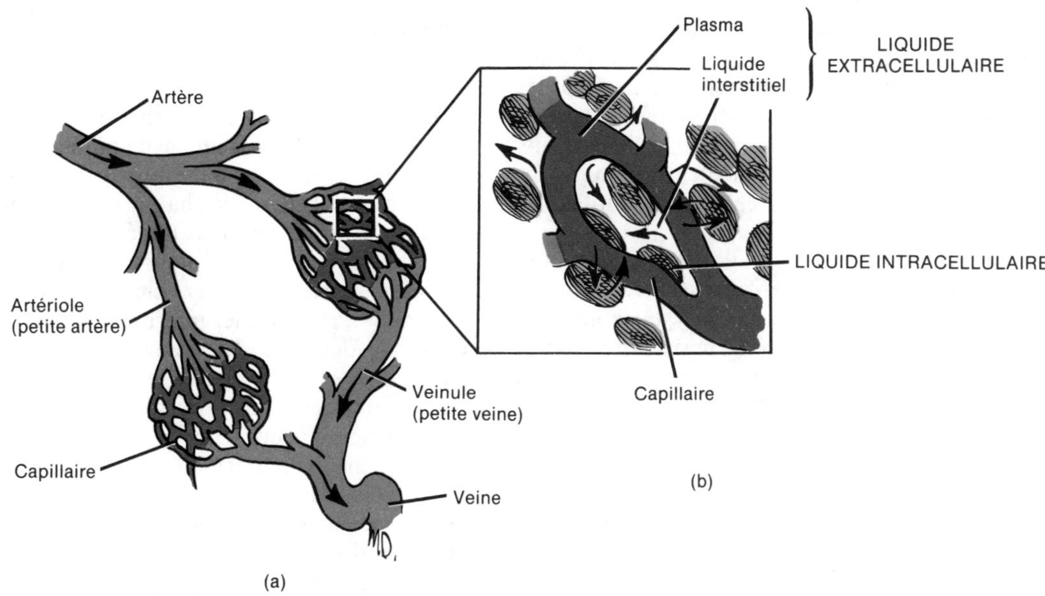

FIGURE 1.11 Milieu interne de l'organisme. (a) Le liquide extracellulaire est présent dans deux endroits principaux : dans les vaisseaux sanguins (plasma) et entre les cellules (liquide interstitiel). Le plasma circule dans les artères et les artérioles, puis dans des vaisseaux sanguins microscopiques, les capillaires. De là, il se déplace dans les espaces situés entre les cellules, où il prend le nom de liquide interstitiel. Ce liquide retourne ensuite aux capillaires (plasma) et passe dans les veinules et dans les veines. (b) Détail agrandi.

perturbée, la santé de l'organisme peut être altérée. Si les liquides corporels ne sont pas rééquilibrés, la mort peut survenir.

LE STRESS ET L'HOMÉOSTASIE

L'homéostasie de tous les organismes est sans cesse perturbée par le **stress** ; on peut décrire ce dernier comme un stimulus provoquant un déséquilibre du milieu interne. Le stress peut provenir du milieu externe, sous forme de chaleur, de froid, de bruits intenses ou de manque d'oxygène. Il peut également provenir du milieu interne, sous forme d'hypertension artérielle, de douleur, de tumeurs ou de pensées désagréables. La plupart du temps, le stress est léger et fait partie de la vie quotidienne. L'intoxication, la surexposition, les infections graves et les interventions chirurgicales sont des exemples de stress extrême.

Heureusement, l'organisme possède un grand nombre de mécanismes régulateurs d'homéostasie qui permettent de rééquilibrer le milieu interne. La résistance élevée au stress est une caractéristique importante de tous les organismes. Certaines personnes vivent dans des déserts où la température diurne atteint fréquemment 49 °C. D'autres travaillent quotidiennement à l'extérieur, à des températures inférieures à 0 °C. Pourtant, la température corporelle interne de toutes ces personnes demeure d'environ 37 °C. Les alpinistes font des exercices exténuants à des altitudes élevées, où l'oxygène est peu abondant. Cependant, une fois que leur organisme s'est habitué à cette altitude, ils ne souffrent pas du manque d'oxygène. Les températures extrêmes et les taux changeants d'oxygène dans l'air ambiant constituent un stress externe, et les exercices, un stress interne ; pourtant, l'organisme parvient à sauvegarder l'homéostasie. Walter B. Cannon (1871–1945), un physiologiste américain qui créa le terme *homéostasie*, a remarqué que la chaleur produite par les muscles durant un exercice exténuant ferait coaguler les protéines corporelles et les rendrait inactives si l'organisme ne dissipait pas rapidement cette chaleur. Les muscles soumis à l'exercice produisent, en plus de la chaleur, une grande quantité d'acide lactique. Si l'organisme ne possédait pas un mécanisme d'homéostasie capable de réduire la quantité d'acide, le liquide extracellulaire s'acidifierait et détruirait les cellules.

Toutes les structures corporelles, du niveau cellulaire au niveau systémique, contribuent à maintenir le milieu interne à l'intérieur de limites normales. Une des fonctions régulatrices de l'appareil cardio-vasculaire, par exemple, est de maintenir la circulation constante des liquides dans l'organisme. Lorsque l'organisme est au repos, le sang frais accomplit un circuit complet dans le corps entier environ une fois par minute. Mais lorsque l'organisme est actif et que les muscles ont un besoin urgent de nutriments, le cœur accélère sa fréquence et propulse du sang frais aux organes cinq fois par minute. De cette façon, l'appareil cardio-vasculaire aide à compenser le stress occasionné par l'activité.

L'appareil respiratoire offre un autre exemple de mécanisme d'homéostasie. Les cellules utilisent plus d'oxygène et produisent plus de dioxyde de carbone lorsqu'elles sont très actives. Par conséquent, l'appareil respiratoire doit travailler plus rapidement durant les périodes d'activité pour empêcher le taux d'oxygène du liquide extracellulaire de tomber sous la limite normale, et les taux de dioxyde de carbone de s'accumuler.

L'appareil digestif et les organes qui y sont associés aident à maintenir l'homéostasie en fournissant des nutriments et en éliminant les déchets. À mesure que le sang circulant traverse les organes digestifs, les produits de la digestion sont éliminés dans les liquides corporels et utilisés comme nutriments par les cellules. Le foie, les reins, les glandes endocrines et les autres organes aident, de diverses façons, à modifier ou à entreposer les produits de la digestion. Les reins aident également à éliminer les déchets cellulaires après que les cellules ont utilisé les nutriments.

Les mécanismes d'homéostasie de l'organisme, comme ceux des appareils cardio-vasculaire, respiratoire et digestif, sont eux-mêmes régis par le système nerveux et le système endocrinien. Le système nerveux régularise l'homéostasie en détectant les déséquilibres de l'organisme et en envoyant des messages aux organes intéressés pour contrebalancer le stress. Ainsi, lorsque les cellules musculaires sont actives, elles prennent une grande quantité d'oxygène dans le sang. Elles éliminent également du dioxyde de carbone dans le sang. Certaines cellules nerveuses décèlent les modifications chimiques survenant dans le sang et envoient un message à l'encéphale. Ce dernier envoie à son tour un message au cœur pour qu'il propulse plus rapidement le sang aux poumons, afin que le sang puisse se débarrasser du surplus de dioxyde de carbone et s'approprier une plus grande quantité d'oxygène. En même temps, l'encéphale donne aux muscles qui règlent la respiration l'ordre de se contracter plus rapidement. Par conséquent, le dioxyde de carbone peut être exhalé, et une plus grande quantité d'oxygène, inhalée.

L'homéostasie est également réglée par le système endocrinien, un ensemble de glandes qui sécrètent dans le sang des régulateurs chimiques appelés hormones. Alors que les influx nerveux coordonnent rapidement l'homéostasie, les hormones agissent lentement. Ces deux moyens de régulation poursuivent le même objectif.

L'HOMÉOSTASIE DE LA PRESSION ARTÉRIELLE

La pression artérielle est la force exercée par le sang sur les parois des vaisseaux sanguins, notamment des artères. Elle est déterminée principalement par trois facteurs : la fréquence et l'intensité des battements cardiaques, le volume de sang et la résistance offerte par les artères au sang circulant. La résistance des artères est déterminée par les propriétés chimiques du sang et par les dimensions des artères.

Lorsqu'un stress, externe ou interne, provoque l'accélération de la fréquence cardiaque, voici ce qui se produit (figure 1.12) : à mesure que le cœur travaille plus rapidement, il envoie, à chaque minute, un volume accru de sang dans les artères. L'élévation de la pression est décelée par des intérocepteurs, situés dans les parois de certaines artères, qui envoient des influx nerveux à l'encéphale. Ce dernier interprète le message et réagit en envoyant des influx au cœur pour ralentir la fréquence cardiaque, ce qui fait baisser la pression artérielle. La surveillance constante de la pression artérielle par le système nerveux constitue une tentative de maintenir une pression artérielle normale et utilise la rétroaction.

La **rétroaction** est un système circulaire qui permet que des renseignements concernant l'état d'un tissu, d'un système, d'un organe, etc., soient constamment envoyés vers un centre de régulation. La régulation nerveuse qui permet une pression artérielle constante en est un exemple. Dans ce cas, le **stimulus** est le renseignement capté par les intérocepteurs (hypertension artérielle) et la **réponse** est le retour à la normale de la pression artérielle, causé par une réduction de la fréquence cardiaque. À la figure 1.12, nous démontrons que le système est circulaire. Les intérocepteurs continuent à surveiller la pression artérielle et à envoyer les renseignements qui la concernent à l'encéphale, même après le début du processus de retour à l'homéostasie. En d'autres termes, les intérocepteurs envoient à l'encéphale des influx concernant les modifications de la pression artérielle et, si la pression est encore trop élevée, l'encéphale continue à envoyer des influx ayant pour but de ralentir la fréquence cardiaque.

Ce type de rétroaction inverse la direction de l'état initial (élévation, puis chute de la pression artérielle) ; on l'appelle **rétroaction négative**. La réaction de l'organisme contrebalance le stress en vue de rétablir l'homéostasie. Un tel système est donc un système stimulateur-inhibiteur. Si l'encéphale avait plutôt demandé au cœur d'accélérer sa fréquence et que la pression artérielle ait continué à monter, le système serait une **rétroaction**

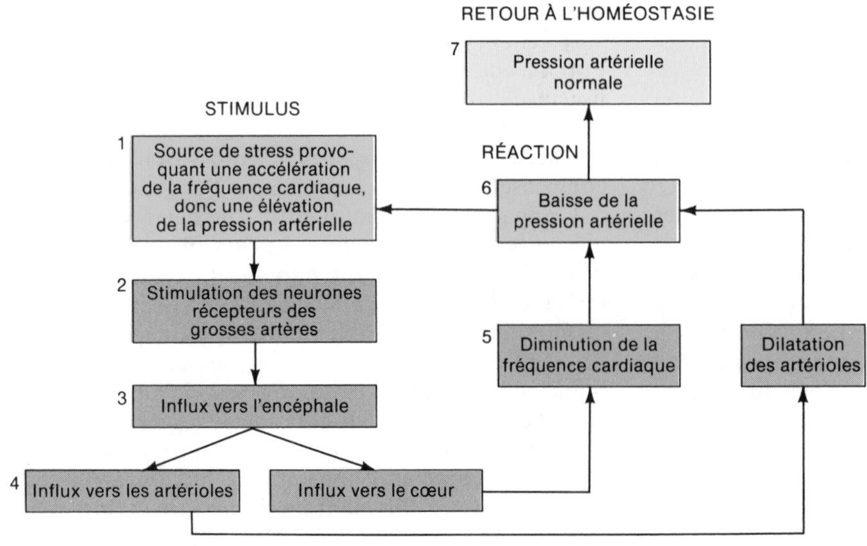

FIGURE 1.12 Homéostasie de la pression artérielle. Le processus se poursuit jusqu'à ce que la pression artérielle soit revenue à la normale.

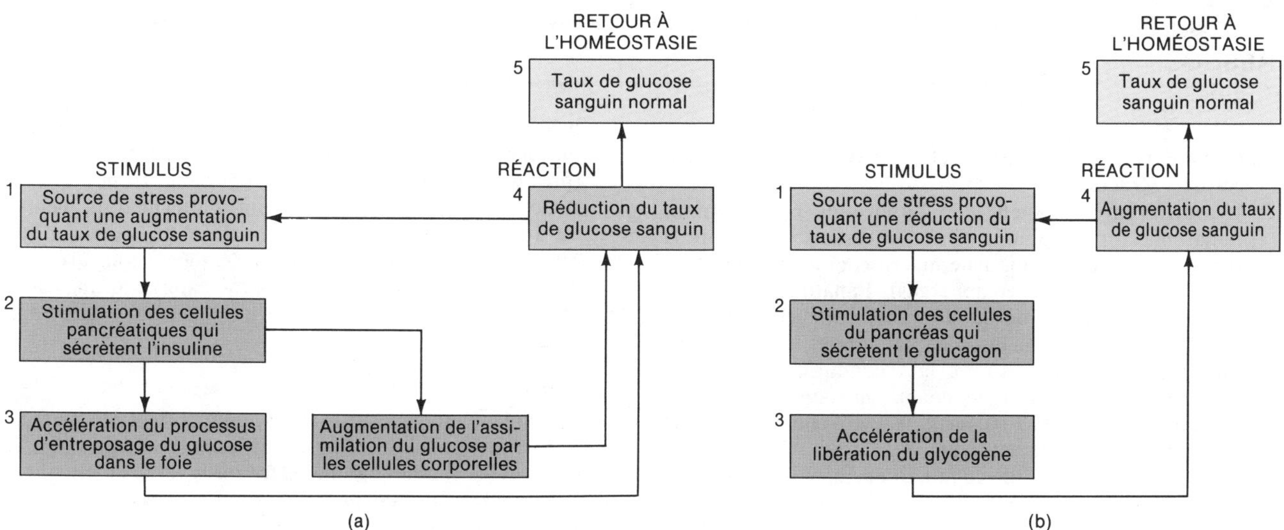

FIGURE 1.13 Homéostasie du taux de glucose sanguin. (a) Mécanisme d'homéostasie qui abaisse le taux élevé de glucose sanguin jusqu'à la normale. (b) Mécanisme d'homéostasie qui élève le taux abaissé de glucose sanguin jusqu'à la normale.

positive. Dans ce cas, la réaction **intensifie** le stimulus. Il s'agit donc d'un système stimulateur-stimulateur. La plupart des systèmes de rétroaction positive sont nocifs et provoquent de nombreux problèmes. La plupart des systèmes de rétroaction de l'organisme sont négatifs.

À la figure 1.12, nous montrons également qu'un deuxième système de rétroaction négative contribue au maintien de la pression artérielle. Les petites artères, appelées artérioles, possèdent des parois musculaires qui peuvent se contracter ou se relâcher lorsqu'elles reçoivent le signal approprié de l'encéphale. Lorsque la pression artérielle s'élève, les intérocepteurs de certaines artères envoient des messages à l'encéphale. Ce dernier interprète les messages et répond en envoyant des influx aux artérioles, les amenant ainsi à se dilater. Par conséquent, le sang circulant dans les artérioles rencontre moins de résistance, et la pression artérielle revient à la normale.

L'HOMÉOSTASIE DU TAUX DE GLUCOSE SANGUIN

Le maintien du taux de glucose sanguin est un exemple de mécanisme d'homéostasie hormonal. Le glucose, sucre présent dans le sang, est l'une des principales sources d'énergie de l'organisme. Dans des conditions normales, la concentration de glucose dans le sang est d'environ 90 mg/100mL de sang. Ce taux est maintenu principalement par deux hormones sécrétées par le pancréas: l'insuline et le glucagon. Lorsqu'une personne mange un bonbon, le sucre contenu dans ce bonbon est décomposé par les organes digestifs et pénètre dans le sang. Ce sucre devient ensuite une source de stress parce qu'il élève le taux de glucose au-dessus de la normale. En réaction à ce stress, les cellules du pancréas sont stimulées pour sécréter de l'insuline (figure 1.13,a). Une fois que l'insuline pénètre dans le sang, elle produit deux effets principaux. D'abord, elle augmente l'assimilation du glucose par les cellules, ce qui réduit le taux de glucose. Ensuite, l'insuline accélère le processus par lequel le glucose est entreposé dans le foie et les muscles. Par conséquent, le sang est débarrassé d'une quantité encore plus importante de glucose. L'insuline réduit donc la concentration de glucose dans le sang, jusqu'à ce qu'elle revienne à la normale.

L'autre hormone produite par le pancréas, le glucagon, provoque un effet contraire à celui de l'insuline. Lorsqu'une personne n'a pas mangé depuis plusieurs heures et que son taux de glucose sanguin décroît régulièrement, c'est la carence en sucre qui devient une source de stress. Dans ce cas, d'autres cellules du pancréas sont stimulées pour sécréter du glucagon (figure 1.13,b). Cette hormone accélère le processus par lequel le sucre entreposé dans le foie est renvoyé dans la circulation sanguine. Par conséquent, le taux de sucre dans le sang est augmenté, jusqu'à ce qu'il revienne à la normale.

LES MESURES DU CORPS HUMAIN

La **mesure** est un moyen important de décrire le corps humain et de comprendre son fonctionnement. Les mesures sont liées aux dimensions d'un organe, à la masse d'un organe, au temps requis pour qu'une réaction physiologique survienne et à la quantité de médicaments qui doit être administrée. Les mesures concernant le temps, la masse, la température, les dimensions, la longueur et le volume sont des mesures de routine utilisées dans les programmes scientifiques médicaux.

RÉSUMÉ

La définition de l'anatomie et de la physiologie (page 6)

1. L'anatomie est l'étude des structures et des liens qui existent entre les structures.
2. Les différentes branches de l'anatomie comprennent l'anatomie topographique (forme et caractéristiques de la surface du corps), l'anatomie macroscopique , l'anatomie systémique (systèmes et appareils), l'anatomie régionale (régions), l'anatomie du développement (développement à partir de la fécondation jusqu'à l'âge adulte), l'embryologie (développement à partir de la fécondation jusqu'à la huitième semaine de vie intra-utérine), l'anatomie pathologique (maladies), l'histologie (tissus), la cytologie (cellules) et l'anatomie radiologique (rayons X).
3. La physiologie est l'étude du fonctionnement des structures corporelles.

Les niveaux d'organisation structurale (page 6)

1. Le corps humain comprend plusieurs niveaux d'organisation structurale: ce sont les niveaux chimique, cellulaire, tissulaire, organique, systémique et de l'organisme.
2. Les cellules sont les unités structurales et fonctionnelles de base d'un organisme.
3. Les tissus sont composés de groupes de cellules spécialisées semblables et de leur substance intercellulaire, qui effectuent certaines fonctions particulières.
4. Les organes sont des structures composées de deux ou de plusieurs tissus différents, et possédant des formes et des fonctions définies.
5. Les systèmes sont des groupements d'organes ayant une structure analogue. Les appareils sont des groupements d'organes concourant à la même fonction.
6. L'organisme humain est fait de systèmes et d'appareils intégrés aux points de vue structural et fonctionnel.
7. Les systèmes et les appareils du corps humain sont: les systèmes osseux, musculaire, nerveux, endocrinien et lymphatique, et les appareils tégumentaire, cardio-vasculaire, respiratoire, digestif, urinaire et reproducteur (voir le document 1.2).

Les processus vitaux (page 8)

1. Tous les organismes vivants possèdent certaines caractéristiques qui les distinguent des objets inanimés.
2. Le métabolisme, l'excitabilité, la conductivité, la contractilité, la croissance, la différenciation et la reproduction sont quelques-uns des processus vitaux chez l'être humain.

Le plan structural (page 9)

1. Le corps humain possède certaines caractéristiques générales.
2. Parmi ces caractéristiques, on trouve une colonne vertébrale, un conduit à l'intérieur d'un conduit et une symétrie bilatérale.

Les termes relatifs à l'orientation (page 9)

1. Les termes relatifs à l'orientation indiquent les liens existant entre les diverses parties du corps.
2. Termes relatifs à l'orientation fréquemment utilisés: supérieur (plus près de la tête ou partie la plus haute d'une structure), inférieur (éloigné de la tête ou en direction d'une partie plus basse d'une structure), antérieur (près de la face ventrale ou sur celle-ci), postérieur (près de la face dorsale ou sur celle-ci), médian (près de la ligne médiane du corps ou d'une structure), latéral (éloigné de la ligne médiane du corps ou d'une structure), intermédiaire (entre une structure médiane et une structure latérale), ipsilatéral (du même côté du corps), controlatéral (du côté opposé du corps), proximal (près du point d'attache d'un membre au tronc ou d'une structure), distal (éloigné du point d'attache d'un membre au tronc ou d'une structure), superficiel (près de la surface du corps ou sur celle-ci), profond (éloigné de la surface du corps), pariétal (relatif à la paroi externe d'une cavité corporelle) et viscéral (relatif au revêtement extérieur d'un organe).

La position et les termes anatomiques (page 12)

1. Le sujet qui est en position anatomique se tient debout face à l'observateur, les membres supérieurs de chaque côté du corps et les paumes des mains tournées vers l'avant.
2. Les régions du corps portent des noms particuliers permettant de trouver facilement leur emplacement. Exemples: les régions crânienne (crâne), thoracique (thorax), brachiale (bras), patellaire (rotules), céphalique (tête) et fessière (fesses).

Les plans et les coupes (page 12)

1. Les plans corporels sont des surfaces planes imaginaires servant à diviser le corps ou un organe en régions définies. Un plan sagittal médian est un plan vertical traversant la ligne médiane du corps et séparant le corps ou un organe en parties gauche et droite égales; un plan sagittal est un plan parallèle au plan sagittal médian, qui divise le corps ou un organe en parties gauche et droite inégales; un plan frontal est un plan situé à angle droit par rapport à un plan sagittal médian ou à un plan sagittal, divisant le corps ou un organe en parties antérieure et postérieure; un plan transversal est un plan parallèle au sol et situé à angle droit par rapport aux plans sagittal médian, sagittal et frontal, qui divise le corps ou un organe en parties supérieure et inférieure.
2. Les coupes sont des surfaces planes résultant d'incisions effectuées dans les structures corporelles. Leurs noms sont déterminés par le plan utilisé: coupes transversale, frontale et sagittale médiane.

Les cavités corporelles (page 13)

1. Les cavités sont des espaces situés dans le corps et contenant des organes.
2. Les cavités dorsale et ventrale sont les deux principales cavités corporelles. La cavité dorsale contient l'encéphale et la moelle épinière. Les organes de la cavité ventrale sont appelés viscères.
3. La cavité dorsale comprend la cavité crânienne, qui contient l'encéphale, et le canal rachidien (vertébral), qui contient la moelle épinière et les racines des nerfs rachidiens.
4. La cavité ventrale comprend la cavité thoracique (supérieure) et la cavité abdomino-pelvienne (inférieure), qui sont séparées par le diaphragme.
5. La cavité thoracique contient deux cavités pleurales et le médiastin, qui comprend la cavité péricardique.
6. Le médiastin est la région du thorax entre les plèvres pulmonaires, s'étendant du sternum à la colonne vertébrale; il comprend tout le contenu de la cavité thoracique, à l'exception des poumons.
7. La cavité abdomino-pelvienne comprend la cavité abdominale (supérieure) et la cavité pelvienne (inférieure), qui sont séparées par une ligne imaginaire allant de la symphyse pubienne au promontoire sacré.
8. Les viscères de la cavité abdominale sont: l'estomac, la rate, le pancréas, le foie, la vésicule biliaire, les reins, l'intestin grêle et la majeure partie du gros intestin.

9. Les viscères de la cavité pelvienne sont : la vessie, le côlon sigmoïde, le rectum et les organes reproducteurs de l'homme et de la femme.

Les régions abdomino-pelviennes (page 13)

1. Pour trouver facilement l'emplacement des organes,on peut diviser la cavité abdomino-pelvienne en neuf régions, en traçant quatre lignes imaginaires (deux lignes verticales et deux lignes horizontales).
2. Les neuf régions abdomino-pelviennes sont : l'épigastre, l'hypochondre droit, l'hypochondre gauche, la région ombilicale, le flanc droit, le flanc gauche, l'hypogastre, la fosse iliaque droite et la fosse iliaque gauche.

Les quadrants abdomino-pelviens (page 13)

1. Pour localiser les anomalies abdomino-pelviennes lors d'examens cliniques, on divise la cavité abdomino-pelvienne en quatre quadrants, en traçant des lignes horizontale et verticale imaginaires passant par l'ombilic.
2. Les quatre quadrants abdomino-pelviens sont : les quadrants supérieur droit, supérieur gauche, inférieur droit et inférieur gauche.

L'anatomie radiologique (page 17)

1. L'anatomie radiologique est une branche de l'anatomie qui utilise les rayons X.
2. L'anatomie radiologique joue un rôle important dans les procédés diagnostiques.

La radiographie conventionnelle (page 17)

1. La radiographie conventionnelle utilise une seule source de rayons X.
2. Le cliché bidimensionnel produit par la radiographie conventionnelle est appelé radiogramme.
3. La radiographie conventionnelle comporte plusieurs inconvénients, comme le chevauchement des organes et des tissus sur le cliché et l'impossibilité de déceler les différences minimes qui existent entre les masses volumiques des tissus.

La tomographie axiale assistée par ordinateur (page 17)

1. La tomographie axiale assistée par ordinateur joint aux principes des rayons X les avantages de l'informatique.
2. La tomographie axiale assistée par ordinateur produit une image transversale très précise de n'importe quelle partie du corps.

Le reconstructeur spatial dynamique (page 17)

1. Le reconstructeur spatial dynamique est un appareil radiographique très sophistiqué capable de produire des images mobiles et tridimensionnelles des organes du corps.
2. Le reconstructeur spatial dynamique a été conçu pour produire des images du cœur, des poumons et de l'appareil circulatoire.

L'homéostasie (page 17)

1. L'homéostasie est un état dans lequel le milieu interne (liquide extracellulaire) du corps demeure relativement constant, aux points de vue de la composition chimique, de la température et de la pression.
2. Tous les systèmes et les appareils corporels tentent de maintenir l'homéostasie.
3. L'homéostasie est réglée principalement par les systèmes nerveux et endocrinien.

Le stress et l'homéostasie (page 19)

1. Le stress est un stimulus externe ou interne qui provoque des modifications dans le milieu interne.
2. Lorsqu'un stress agit sur l'organisme, des mécanismes d'homéostasie tentent de contrebalancer les effets de ce stress et de rétablir l'équilibre du milieu interne.

L'homéostasie de la pression artérielle (page 20)

1. La pression artérielle est la force exercée par le sang lorsqu'il circule dans les artères et tente d'en dilater les parois. Elle est déterminée par la fréquence et l'intensité des battements cardiaques, par le volume sanguin et par la résistance des artères.
2. Lorsqu'un stress provoque une augmentation de la fréquence cardiaque, la pression artérielle augmente également ; des intérocepteurs, situés dans certaines artères, en informent l'encéphale, et ce dernier réagit en envoyant des influx qui réduisent la fréquence cardiaque et, par conséquent, la pression artérielle, ramenant celle-ci à la normale ; une élévation de la pression artérielle amène aussi l'encéphale à envoyer des influx visant à dilater les artérioles, ce qui contribue également à ramener la pression artérielle à la normale.
3. On appelle système de rétroaction tout système circulaire dans lequel des renseignements concernant l'état d'une partie du corps sont constamment envoyés vers un centre de régulation.
4. Dans le cas du système de rétroaction négative, la réaction de l'organisme contrebalance le stress en vue de maintenir l'homéostasie ; la plupart des systèmes de rétroaction de l'organisme sont négatifs. Dans le cas du système de rétroaction positive, la réaction intensifie le stimulus ; ces systèmes sont habituellement nocifs.

L'homéostasie du taux de glucose sanguin (page 21)

1. Deux hormones pancréatiques, l'insuline et le glucagon, maintiennent un taux normal de glucose dans le sang.
2. L'insuline réduit le taux de glucose sanguin en augmentant l'assimilation du glucose par les cellules et en accélérant l'entreposage du glucose, sous forme de glycogène, dans le foie et les muscles squelettiques.
3. Le glucagon élève le taux de glucose sanguin en accélérant le taux de glucose libéré à partir du glycogène du foie.

Les mesures du corps humain (page 21)

1. Divers types de mesures sont importants en vue de comprendre le corps humain.
2. Ces mesures sont liées aux dimensions et à la masse des organes, au temps requis pour qu'une réaction physiologique survienne et à la quantité de médicament devant être administrée.

RÉVISION

1. Définissez l'anatomie. Nommez et définissez les différentes branches de l'anatomie. Définissez la physiologie.
2. Donnez plusieurs exemples des liens existant entre structure et fonction.

3. Définissez chacun des termes suivants: cellule, tissu, organe, système, appareil et organisme.
4. En vous servant du document 1.2, définissez brièvement les fonctions de chacun des systèmes et des appareils de l'organisme, et nommez plusieurs organes qui composent chacun de ces systèmes et de ces appareils.
5. Nommez et définissez les processus vitaux chez l'être humain.
6. Définissez la position anatomique. Pourquoi l'utilise-t-on?
7. Regardez la figure 1.2. Essayez de trouver l'emplacement de chaque région sur votre propre corps, et de les nommer en utilisant les termes courants et les termes anatomiques.
8. Qu'est-ce qu'un terme relatif à l'orientation? Pourquoi ces termes sont-ils importants? Utilisez chacun des termes relatifs à l'orientation énumérés dans le document 1.3 à l'intérieur d'une phrase complète.
9. Définissez les divers plans corporels. Expliquez de quelle façon chaque plan divise le corps. Définissez une coupe transversale, une coupe frontale et une coupe sagittale médiane.
10. Définissez une cavité corporelle. Nommez les cavités corporelles énumérées et dites quels sont les organes les plus importants contenus dans chacune d'elles. Par quoi les différentes cavités corporelles sont-elles séparées les unes des autres? Qu'est-ce que le médiastin?
11. Décrivez de quelle façon la région abdomino-pelvienne est subdivisée en neuf régions. Nommez chaque région et donnez-en l'emplacement; nommez les organes, ou parties d'organes, qu'elles contiennent.
12. Décrivez de quelle façon la cavité abdomino-pelvienne est divisée en quatre quadrants, et nommez chacun de ces quadrants.
13. Pour quelles raisons pratique-t-on une autopsie? Décrivez la marche à suivre.
14. Expliquez le principe régissant la tomographie axiale assistée par ordinateur. Comparez cette dernière à la radiographie conventionnelle aux points de vue du principe de base et de la valeur diagnostique.
15. Expliquez le principe et l'application clinique du reconstructeur spatial dynamique.
16. Définissez l'homéostasie. Qu'est-ce que le liquide extracellulaire? Pourquoi ce dernier est-il appelé milieu interne de l'organisme?
17. Quand peut-on dire que le milieu interne répond aux normes de l'homéostasie?
18. Qu'est-ce qu'un stress? Donnez plusieurs exemples. De quelle façon le stress est-il lié à l'homéostasie?
19. De quelle façon l'homéostasie est-elle liée aux états normaux et anormaux de l'organisme?
20. Justifiez cet énoncé: « L'homéostasie résulte d'un effort commun de toutes les parties du corps. »
21. Quels systèmes et quels appareils règlent l'homéostasie? Expliquez. Parlez brièvement de la façon dont la régulation de la pression artérielle et du taux de glucose sanguin est un exemple d'homéostasie.
22. Définissez un système de rétroaction. Expliquez la différence qui existe entre la rétroaction positive et la rétroaction négative.
23. Décrivez plusieurs situations qui nécessitent les mesures du corps humain.

2

Le niveau d'organisation chimique

OBJECTIFS

- Donner le nom et le symbole de chacun des principaux éléments chimiques de l'organisme humain.
- Expliquer la structure de l'atome à l'aide d'un diagramme.
- Décrire le principe de l'imagerie par résonance magnétique (IMR) et son importance diagnostique.
- Définir une réaction chimique sur le plan des électrons placés sur des niveaux d'énergie incomplets.
- Décrire la formation d'une liaison ionique dans une molécule de chlorure de sodium (NaCl).
- Décrire la formation d'une liaison covalente sur le plan du partage des électrons situés sur le niveau d'énergie le plus éloigné du noyau.
- Expliquer la nature et l'importance des liaisons hydrogène.
- Définir un radio-isotope et expliquer le principe de la tomographie par émission de positons (TEP) et son importance sur le plan diagnostique.
- Expliquer les différences essentielles entre les réactions de dégradation, les réactions de substitution et les réactions réversibles.
- Expliquer les liens qui existent entre les réactions chimiques et le métabolisme.
- Définir et comparer les composés inorganiques et les composés organiques.
- Décrire les fonctions de l'eau en tant que solvant, milieu de suspension, réactif chimique, absorbeur de chaleur et lubrifiant.
- Nommer et comparer les propriétés des acides, des bases et des sels.
- Définir le pH au point de vue du degré d'acidité ou d'alcalinité d'une solution.
- Expliquer le rôle d'un système tampon en tant que mécanisme d'homéostasie visant à assurer le maintien du pH d'un liquide corporel.
- Comparer la structure et les fonctions des glucides, des lipides et des protéines.
- Comparer la structure et les fonctions de l'acide désoxyribonucléique (ADN) et de l'acide ribonucléique (ARN).
- Connaître la fonction et l'importance de l'adénosine-triphosphate (ATP) et de l'adénosine monophosphate-3',5' cyclique (AMP cyclique).

Un grand nombre des substances que nous mangeons et buvons, l'eau, le sucre, le sel, l'huile à cuisson, jouent un rôle primordial dans le maintien de la vie. Dans ce chapitre, nous verrons comment les molécules de ces substances fonctionnent dans notre organisme. Pour entreprendre cette étude, il est essentiel de connaître les principes de base de la chimie et des processus chimiques. Pour comprendre la nature de la matière dont nous sommes faits et les transformations que subit cette matière dans notre organisme, il nous faut connaître les éléments chimiques qui sont présents dans l'organisme humain et la façon dont ils interagissent.

L'INTRODUCTION AUX PRINCIPES DE BASE DE LA CHIMIE

LES ÉLÉMENTS CHIMIQUES

Les êtres vivants et les objets inanimés sont faits de **matière**; cette dernière peut être définie comme étant « tout ce qui occupe un espace et possède une masse ». La matière peut exister sous forme solide, liquide ou gazeuse. Toutes les formes de matière sont constituées d'un nombre limité d'unités appelées **éléments chimiques**; ce sont des substances qui ne peuvent être décomposées en substances plus simples par des réactions chimiques ordinaires. Jusqu'à aujourd'hui, on a identifié 106 éléments différents, dont 92 sont naturels. Les éléments sont désignés par des lettres, habituellement la première ou les deux premières lettres de la dénomination latine de cet élément. Ces lettres portent le nom de **symboles chimiques**. En voici quelques exemples: H (hydrogène), C (carbone), O (oxygène), N (azote), Na (sodium), K (potassium), Fe (fer) et Ca (calcium).

L'organisme humain contient environ 24 éléments. Le carbone, l'hydrogène, l'oxygène et l'azote constituent environ 96% de la masse corporelle. Si l'on y ajoute le phosphore et le calcium, on arrive à environ 99% de la masse corporelle totale. Ce qui reste (1%) est composé de dix-huit éléments chimiques, appelés oligo-éléments, qui sont présents en très faible quantité dans l'organisme.

LA STRUCTURE DES ATOMES

Chaque élément est constitué d'unités de matière, les **atomes**, les plus petites unités de matière susceptibles de se combiner chimiquement. Un élément n'est qu'une certaine quantité de matière composée d'atomes du même type. Une poignée de l'élément appelé carbone, comme le charbon pur, ne contient que des atomes de carbone. Le contenu d'un réservoir d'oxygène ne comporte que des atomes d'oxygène. Le diamètre des plus petits atomes est inférieur à 0,000 000 01 cm, et celui des atomes les plus gros est de 0,000 000 05 cm. Si l'on mettait 50 millions des plus gros atomes bout à bout, ils occuperaient un espace d'environ 2 cm de longueur.

Un atome est formé de deux éléments de base: le noyau et les électrons (figure 2.1). Le **noyau**, situé au centre, comprend la plus grande partie de la masse atomique et contient des particules chargées positivement, les **protons** (p^+) et des particules non chargées (neutres), les **neutrons** (n^0). Comme chacun des protons possède une charge positive, le noyau est également chargé positivement. Le deuxième élément de base de l'atome est constitué par les **électrons** (e^-). Ces particules chargées négativement gravitent autour du noyau. Le nombre d'électrons d'un atome est toujours égal au nombre de protons. Comme chacun des électrons possède une charge négative, les électrons chargés négativement et les protons chargés positivement s'équilibrent, et l'atome est neutre.

Qu'est-ce qui fait que les atomes d'un même élément diffèrent les uns des autres? La réponse se trouve dans le nombre de protons. À la figure 2.2, nous démontrons que l'atome d'hydrogène contient un proton. L'atome d'hélium en contient deux, l'atome de carbone, six, et ainsi de suite. Le noyau de chaque type d'atome différent contient un nombre différent de protons. Le nombre de protons contenu dans un atome est appelé le **numéro atomique**. Par conséquent, on peut dire que chaque type d'atome ou d'élément possède un numéro atomique différent. Le nombre total de protons et de neutrons d'un atome correspond à sa **masse atomique**.

APPLICATION CLINIQUE

L'**imagerie par résonance magnétique (IRM),** nouvelle dénomination pour la **résonance magnétique nucléaire (RMN),** est une nouvelle technique diagnostique. Elle met l'accent sur les noyaux des atomes d'un seul élément présent dans un tissu à un certain moment, et elle détermine si les noyaux se comportent normalement vis-à-vis d'une force extérieure, comme un champ magnétique. Jusqu'à maintenant, dans la plupart des études, cette technique permettant d'illustrer les noyaux d'hydrogène a été populaire à cause de l'important volume d'eau contenu dans l'organisme. La partie du corps qui doit être examinée, qu'il s'agisse d'un doigt ou du corps tout entier, est placée dans l'appareil, exposant les noyaux à un champ magnétique uniforme (figure 2.3,a). L'image produite illustre la masse volumique et la perte d'énergie (potentiel électrique) des noyaux d'un élément particulier; elle ressemble un peu à un scintigramme (figure 2.3,b). Les images peuvent être en couleurs et

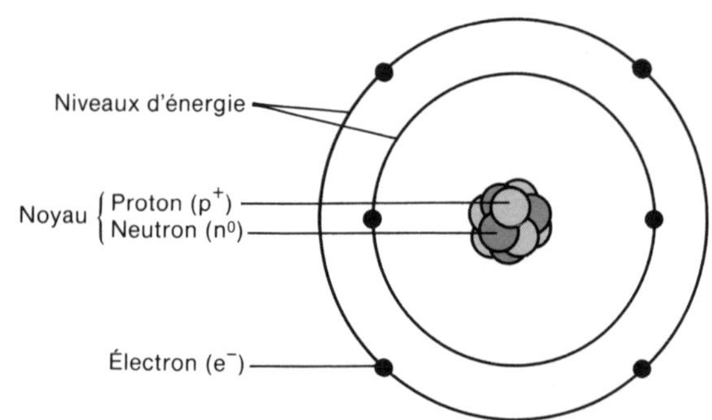

FIGURE 2.1 Structure d'un atome. Dans cette version très simplifiée d'un atome de carbone, on peut voir le noyau au centre. Ce noyau contient six neutrons et six protons, bien qu'ils ne soient pas tous visibles, puisque certains sont situés derrière les autres. Les six électrons gravitent autour du noyau à différentes distances.

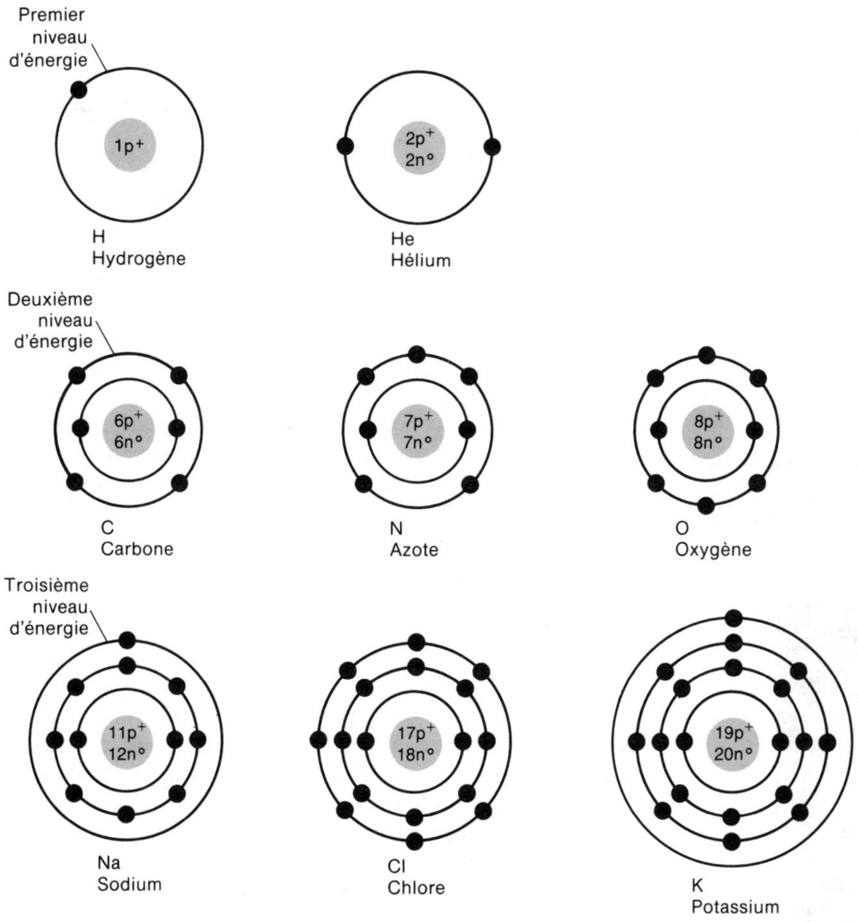

FIGURE 2.2 Structures atomiques de certains atomes représentatifs.

bidimensionnelles ou tridimensionelles ; elles constituent un schéma directeur biochimique de l'activité cellulaire.

Sur le plan diagnostique, l'avantage de l'imagerie par résonance magnétique est que, tout en produisant des images des organes et des tissus malades, elle donne aussi des renseignements concernant les produits chimiques présents dans ces organes et ces tissus. Une telle analyse peut indiquer qu'une maladie est en voie d'évolution, avant même que les symptômes n'apparaissent. Cette technique offre également les avantages suivants: elle est non sanglante (pas d'incision ni de ponction, pas d'introduction d'un instrument ou d'une substance étrangère dans l'organisme), elle n'utilise pas de radiations et elle permet d'obtenir des renseignements de nature biochimique sans qu'il soit nécessaire de faire de longues analyses chimiques.

Dans des essais cliniques et précliniques, les études d'imagerie par résonance magnétique ont confirmé les découvertes apportées par d'autres techniques diagnostiques comme la tomographie axiale assistée par ordinateur et, dans certains cas, ont permis de connaître plus de détails. Ainsi, l'imagerie par résonance magnétique s'est avérée utile dans l'identification de pathologies existantes. Les scientifiques espèrent que l'imagerie par résonance magnétique pourra également être utilisée pour effectuer des « biopsies » de tumeurs sans intervention chirurgicale, évaluer des troubles mentaux, mesurer le flux sanguin, étudier l'évolution d'hématomes et d'infarcissements de l'encéphale après un accident vasculaire cérébral, identifier les situations «à risque» pour un accident vasculaire cérébral, surveiller les progrès et le traitement d'une maladie, étudier les effets des médicaments toxiques sur les tissus, mesurer le pH intracellulaire, étudier le métabolisme et déterminer de quelle façon les organes en provenance de donneurs fonctionnent après la transplantation.

LES ATOMES ET LES MOLÉCULES

Lorsque des atomes s'associent à d'autres atomes ou s'en dissocient, une **réaction chimique** se produit. Au cours du processus, de nouveaux produits, possédant des propriétés différentes, sont formés. Les réactions chimiques sont à la base de tous les processus vitaux.

Les électrons d'un atome participent activement aux réactions chimiques. Les électrons gravitent autour du noyau (figure 2.2), formant des cercles concentriques à diverses distances du noyau. On appelle ces orbites **niveaux d'énergie.** Chacun des orbites possède le nombre maximal d'électrons qu'il peut contenir. Ainsi, l'orbite le plus près du noyau ne contient jamais plus de deux électrons, quel que soit l'élément. On peut appeler cet orbite le premier niveau d'énergie. Le deuxième niveau d'énergie contient un maximum de huit électrons. Le troisième niveau d'énergie des atomes dont le numéro atomique est inférieur à 20 peut également contenir un

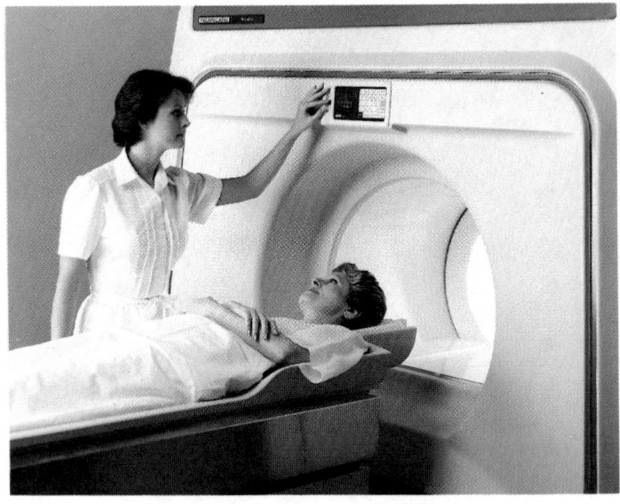

(a)

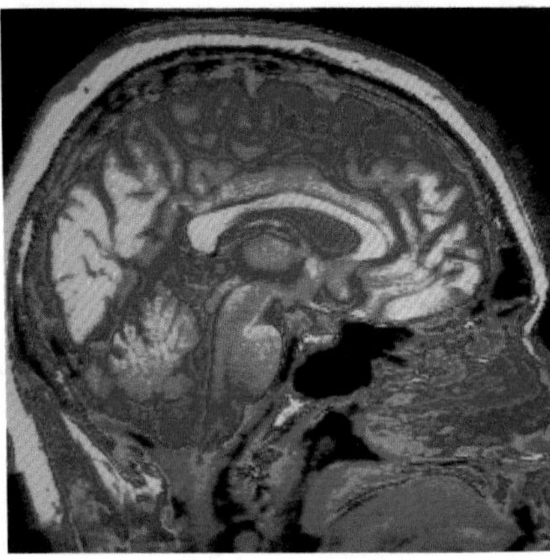

(b)

FIGURE 2.3 Imagerie par résonance magnétique (IMR). (a) Appareil permettant d'effectuer l'imagerie par résonance magnétique. (b) Image de l'encéphale humain. [Gracieuseté de Technicare Corporation, Cleveland, Ohio.]

maximum de huit électrons. Le troisième niveau des atomes plus complexes peut contenir un maximum de 18 électrons.

Un atome fait toujours en sorte que son dernier niveau d'énergie contienne le plus grand nombre possible d'électrons. Pour y arriver, l'atome peut abandonner un électron, en prendre un ou partager un électron avec un autre atome, en choisissant le procédé le plus facile. La **valence**, ou valeur de combinaison, correspond au nombre d'électrons supplémentaires ou manquants dans le niveau d'énergie le plus éloigné du noyau. Regardons, par exemple, l'atome de chlore. Son dernier niveau d'énergie qui, en l'occurrence, est le troisième niveau, contient sept électrons. Comme le troisième niveau d'un atome peut contenir jusqu'à huit électrons, on peut dire de l'atome de chlore qu'il lui manque un électron. En fait, l'atome de chlore essaie habituellement de s'approprier un autre électron. Le sodium, au contraire, n'a qu'un électron sur son dernier niveau d'énergie qui, encore une fois, est le troisième niveau. Il est beaucoup plus facile pour l'atome de sodium de se débarrasser d'un électron que de remplir le troisième niveau en ajoutant sept électrons. Les atomes de certains éléments, comme l'hélium, ont des niveaux d'énergie externes complètement remplis et n'ont pas besoin d'ajouter ou d'enlever des électrons. Ce sont des éléments **inertes**.

Les atomes dont le dernier niveau d'énergie n'est pas complètement rempli, comme ceux du sodium et du chlore, tentent de s'associer à d'autres atomes dans une réaction chimique. Au cours de la réaction, les atomes peuvent échanger ou partager des électrons et, par conséquent, remplir leurs niveaux d'énergie. Les atomes dont le niveau d'énergie le plus éloigné du noyau est rempli ne participent généralement pas aux réactions chimiques, tout simplement parce qu'ils n'ont pas besoin de donner ou de prendre des électrons. Lorsque deux ou plusieurs atomes s'unissent dans une réaction chimique, il en résulte une **molécule**. Une molécule peut contenir deux atomes du même type, comme dans le cas de la molécule d'hydrogène : H_2. Le chiffre 2 indique qu'il y a deux atomes d'hydrogène dans la molécule. Les molécules peuvent également être formées par la réaction de deux ou de plusieurs types d'atomes différents, comme dans le cas de la molécule d'acide chlorhydrique : HCl. Dans ce cas, un atome d'hydrogène est attaché à un atome de chlore. Une molécule contenant au moins deux types d'atomes différents est un **composé**. L'acide chlorhydrique, qui est présent dans les sucs digestifs de l'estomac, est un composé, ce qui n'est pas le cas de la molécule d'hydrogène.

Les atomes d'une molécule sont retenus ensemble par des forces d'attraction appelées **liaisons chimiques**. Nous allons voir les liaisons ioniques, covalentes et hydrogène.

Les liaisons ioniques

Les atomes sont neutres parce que le nombre de protons chargés positivement est égal au nombre d'électrons chargés négativement. Cependant, lorsqu'un atome gagne ou perd des électrons, cet équilibre est détruit. Si l'atome gagne des électrons, il devient chargé négativement. Si l'atome perd des électrons, il devient chargé positivement. Un atome, ou un groupe d'atomes, chargé négativement ou positivement est appelé **ion**.

Regardons l'ion sodium (figure 2.4,a). L'atome de sodium (Na) possède 11 protons et 11 électrons, dont un électron dans le dernier niveau d'énergie. Lorsque l'atome de sodium abandonne l'électron situé sur ce niveau, il lui reste 11 protons et 10 électrons seulement. L'atome a maintenant une charge positive totale de un (+1). Cet atome de sodium chargé positivement est un ion sodium (Na^+).

Un autre exemple est la formation de l'ion chlorure (figure 2.4,b). Le chlore possède un total de 17 électrons, dont sept sur le dernier niveau d'énergie. Comme ce niveau d'énergie peut contenir jusqu'à huit électrons, le chlore tente de s'approprier un électron en provenance d'un autre atome. Ce faisant, il possède un total de 18 électrons. Toutefois, son noyau ne contient toujours que 17 protons. L'ion chlorure a donc une charge négative de un (−1) et son symbole est Cl^-.

L'ion sodium chargé positivement et l'ion chlorure chargé négativement s'attirent électriquement. Cette attraction, appelée **liaison ionique**, retient ensemble les

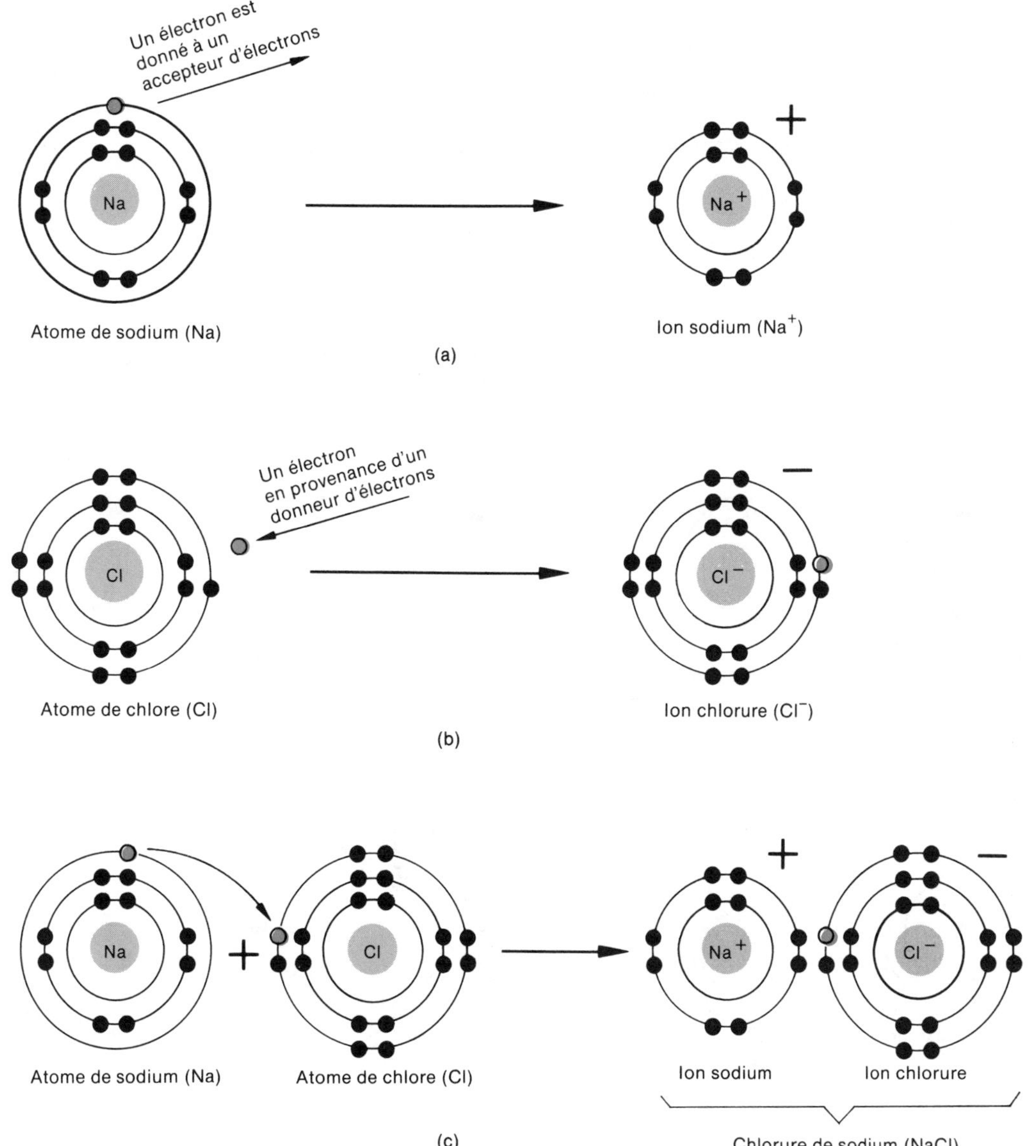

FIGURE 2.4 Formation d'une liaison ionique. (a) Un atome de sodium se stabilise en donnant un électron à un accepteur d'électrons. La perte de cet électron produit la formation d'un ion sodium (Na^+). (b) Un atome de chlore se stabilise en acceptant un électron d'un donneur d'électrons, ce qui produit un ion chlorure (Cl^-). (c) Après leur union, Na^+ et Cl^- sont maintenus ensemble par une force d'attraction, la liaison ionique, et une molécule de NaCl est formée.

deux atomes, et une molécule est formée (figure 2.4,c). La formation de cette molécule, chlorure de sodium (NaCl) ou sel de table, constitue l'un des exemples les plus courants de liaison ionique. Ainsi, une liaison ionique est une attraction entre deux atomes, dans laquelle un des atomes perd des électrons et l'autre en gagne. Habituellement, les atomes dont le dernier niveau d'énergie est rempli à moins de la moitié de sa capacité perdent des électrons et forment des ions chargés positivement appelés **cations**. En voici quelques exemples : l'ion potassium (K^+), l'ion calcium (Ca^{2+}), l'ion fer (Fe^{2+}) et l'ion sodium (Na^+). Au contraire, les atomes dont le dernier niveau d'énergie est rempli à plus de la moitié de sa capacité essaient de s'approprier des électrons et forment des ions chargés négativement, les **anions**, parmi lesquels on trouve l'ion iode (I^-), l'ion chlorure (Cl^-) et l'ion soufre (S^{2-}).

Il est à noter qu'un ion est toujours symbolisé par l'abréviation chimique suivie du nombre de charges positives (+) ou négatives (–) acquises par l'ion.

L'atome d'hydrogène est un exemple d'atome dont le dernier niveau d'énergie est rempli exactement à la moitié de sa capacité. Le premier niveau d'énergie peut contenir deux électrons, mais, dans le cas de l'atome d'hydrogène, il n'en contient qu'un. L'atome d'hydrogène peut perdre son électron et devenir un ion chargé positivement (H^+). C'est précisément ce qui arrive lorsque l'atome d'hydrogène s'unit à l'atome de chlore pour former l'acide chlorhydrique (H^+Cl^-). Cependant, l'atome d'hydrogène est également capable de former un autre type de liaison, la liaison covalente.

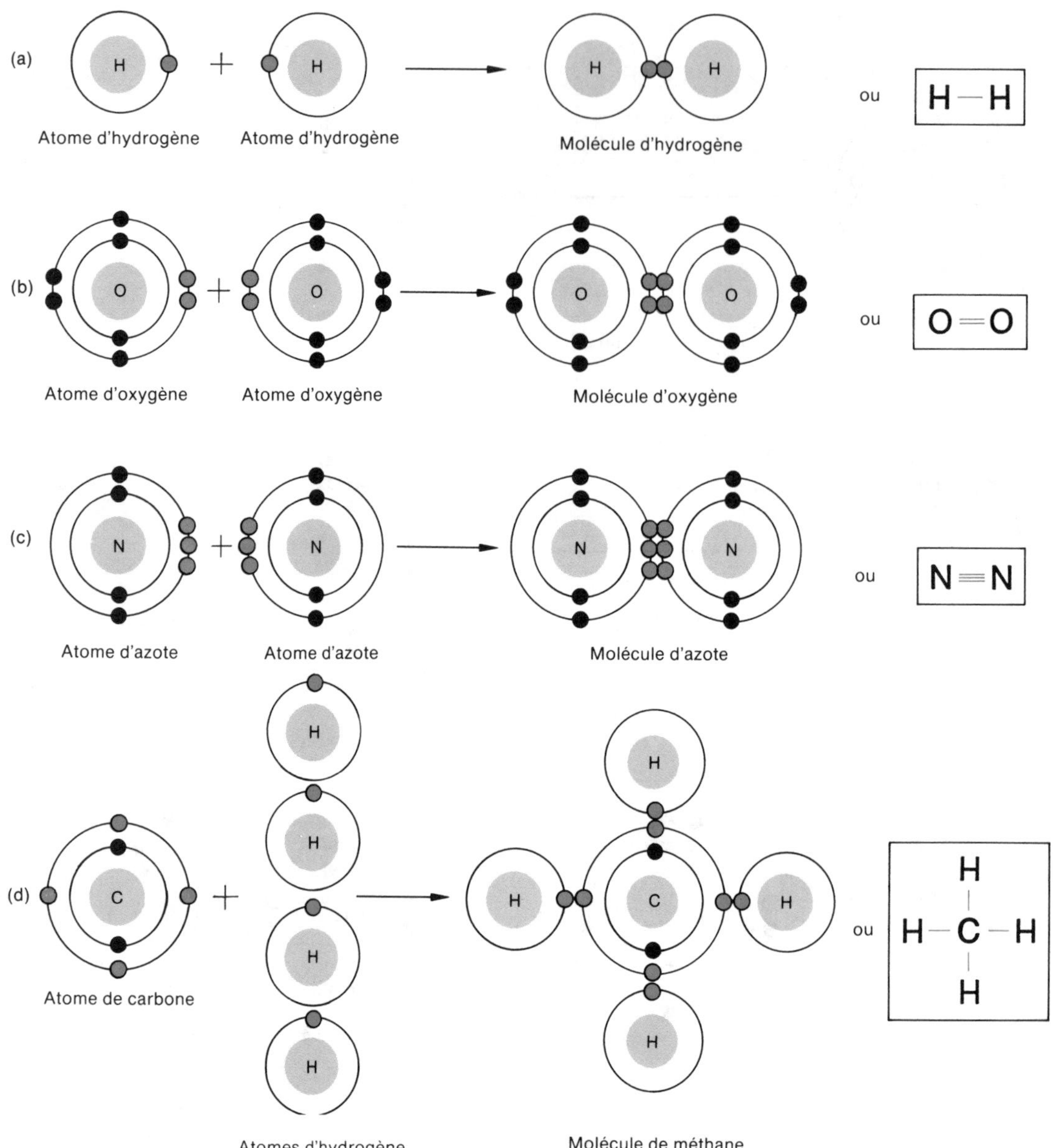

FIGURE 2.5 Formation d'une liaison covalente entre atomes d'un même élément et entre atomes d'éléments différents. (a) Liaison covalente simple entre deux atomes d'hydrogène. (b) Liaison covalente double entre deux atomes d'oxygène. (c) Liaison covalente triple entre deux atomes d'azote. (d) Liaisons covalentes simples entre un atome de carbone et quatre atomes d'hydrogène. À droite, chacune des liaisons covalentes est représentée par une ligne droite entre les atomes.

Les liaisons covalentes

La **liaison covalente** est le deuxième type de liaison que nous allons étudier. Ce type de liaison est beaucoup plus courant dans les organismes que la liaison ionique. Lorsqu'une liaison covalente se forme, aucun des atomes associés ne perd ou ne gagne d'électrons. Les deux atomes partagent plutôt une, deux ou trois paires d'électrons. Regardons encore une fois l'atome d'hydrogène. Une des façons pour l'atome d'hydrogène de remplir son dernier niveau d'énergie est de s'associer à un autre atome d'hydrogène pour former la molécule H_2 (figure 2.5,a). Dans cette molécule, les deux atomes partagent une paire d'électrons. Chacun des atomes d'hydrogène possède son propre électron plus un électron de l'autre atome. La paire d'électrons partagée gravite autour des noyaux des deux atomes. Par conséquent, les derniers niveaux d'énergie des deux atomes sont remplis. Lorsqu'une paire d'électrons est partagée entre deux atomes, comme dans le cas de la molécule H_2, une *liaison covalente simple* est formée. Une liaison covalente simple est exprimée par un trait entre les atomes [H—H]. Lorsque deux paires d'électrons sont partagées entre deux atomes, une *liaison covalente double* est formée, laquelle est exprimée par deux traits parallèles [=] (figure 2.5,b). Une *liaison covalente triple*, exprimée par trois traits parallèles [≡], se produit lorsque trois paires d'électrons sont partagées (figure 2.5,c).

Les principes qui s'appliquent aux liaisons covalentes entre les atomes d'un même élément s'appliquent également aux atomes d'éléments différents. Le méthane (CH_4) est un exemple de liaison covalente entre atomes d'éléments différents (figure 2.5,d). Le dernier niveau d'énergie de l'atome de carbone peut contenir jusqu'à huit électrons, mais il n'en possède que quatre. Chaque atome d'hydrogène peut contenir deux électrons, mais n'en contient qu'un. Dans la molécule de méthane, l'atome de carbone partage quatre paires d'électrons. Une paire est partagée avec chacun des atomes d'hydrogène. Chacun des quatre électrons de l'atome de carbone gravite autour du noyau de l'atome de carbone et de celui de l'atome d'hydrogène. Chacun des électrons de l'atome d'hydrogène tourne autour de son propre noyau et de celui de l'atome de carbone.

Les éléments dont le dernier niveau d'énergie est rempli à la moitié de sa capacité, comme les atomes d'hydrogène et de carbone, forment des liaisons covalentes assez facilement. En fait, le carbone forme toujours des liaisons covalentes. Il ne devient jamais un ion. Toutefois, de nombreux atomes dont le dernier niveau d'énergie est rempli à plus de la moitié de sa capacité forment également des liaisons covalentes, comme c'est le cas pour l'atome d'oxygène.

Les liaisons hydrogène

Une **liaison hydrogène** comprend un atome d'hydrogène lié par une liaison covalente à un atome d'oxygène ou d'azote, mais attiré par un autre atome d'oxygène ou d'azote. Comme les liaisons hydrogène sont faibles, leur force n'étant égale qu'à environ cinq pour cent de celle des liaisons covalentes, elles ne forment pas de molécules à partir d'atomes. Toutefois, elles servent de ponts entre des molécules différentes ou entre les diverses parties d'une même molécule. Les liaisons faibles peuvent être formées et brisées très facilement. À cause de cela, certains atomes au sein de grosses molécules complexes, comme les protéines et les acides nucléiques, ne se lient que temporairement. On doit cependant noter que, même si les liaisons hydrogène sont relativement faibles, ces grosses molécules peuvent en contenir plusieurs centaines, ce qui les rend finalement considérablement fortes et stables.

Les réactions chimiques ne sont rien de plus que la formation ou la rupture de liaisons entre atomes. Et ces réactions se produisent constamment dans toutes les cellules de notre organisme. Comme nous pourrons le voir, les réactions sont des processus qui permettent la formation des structures du corps et l'accomplissement des fonctions corporelles.

LES RADIO-ISOTOPES

Les atomes d'un même élément, s'ils sont semblables sur le plan chimique, peuvent avoir des masses atomiques différentes à cause de la présence d'un ou de deux neutrons surnuméraires dans certains d'entre eux; la masse atomique attribuée à un élément est donc approximative. Chacun des atomes d'un élément, identiques sur le plan chimique et ayant une masse atomique particulière, est un **isotope** de cet élément. Les noyaux de tous les isotopes d'un élément contiennent le même nombre de protons, mais leurs masses atomiques diffèrent à cause de la différence du nombre de neutrons. Ainsi, dans un échantillon d'oxygène, la plupart des atomes possèdent huit neutrons, mais certains en possèdent neuf ou dix, même s'ils ont tous huit protons. Les isotopes d'oxygène sont appelés ^{16}O, ^{17}O et ^{18}O. Le nombre indique leur masse atomique.

Certains isotopes, appelés **radio-isotopes**, sont instables; ils «se désintègrent» ou modifient leur structure nucléaire pour arriver à une configuration plus stable. En «se désintégrant», ils émettent des radiations que peuvent détecter certains instruments. À l'aide de ceux-ci, on peut estimer la quantité de radio-isotopes présente dans une partie du corps ou dans un échantillon d'une substance, et obtenir une image de la façon dont ils sont distribués.

Les radio-isotopes d'iode ont été parmi les premiers qu'on a découverts, et leur spécificité vis-à-vis de la glande thyroïde en a fait la pierre angulaire de l'étude de la physiologie thyroïdienne. La médecine nucléaire utilise maintenant le phosphore 32 (^{32}P) pour traiter la leucémie et le fer 59 (^{59}Fe) pour étudier la production des hématies. De plus, certains agents à vie courte, comme le pertechnétate de technétium 99m (^{99m}Tc), ont amélioré la qualité des images et réduit les doses de radiations imposées aux clients.

APPLICATION CLINIQUE

Dans le premier chapitre, nous avons vu que la radiographie conventionnelle, la tomographie axiale assistée par ordinateur et le reconstructeur spatial dynamique utilisaient des radiations sous forme de rayons X pour produire des images permettant de diagnostiquer certaines maladies. La **scintigraphie**, elle, permet d'enregistrer l'activité chimique des divers tissus corporels. Le médecin peut diagnostiquer certaines maladies en suivant le trajet d'un radio-isotope injecté dans l'organisme et en observant la quantité de substance qui se concentre et l'endroit où cela se produit. Les scintigrammes, comme ceux qui sont produits par le reconstructeur spatial dynamique, peuvent déceler de façon précoce la présence d'une maladie. La **médecine nucléaire** est la branche de la

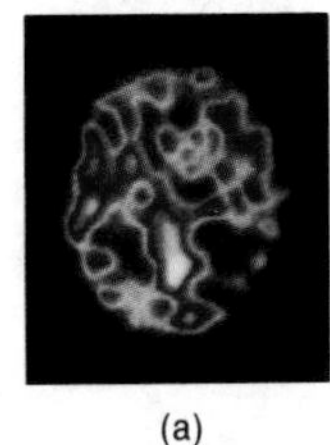
(a)

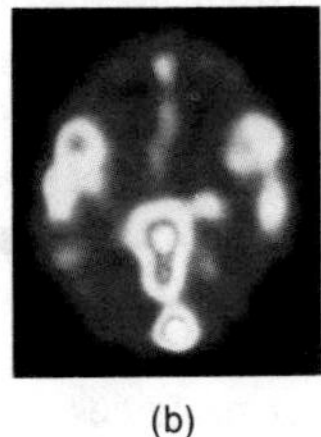
(b)

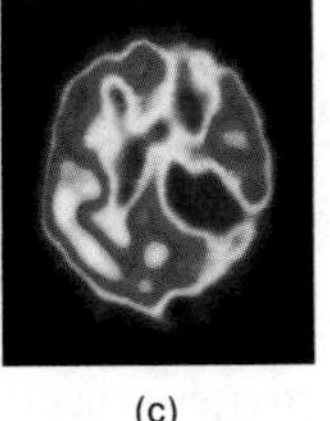
(c)

FIGURE 2.6 Scintigrammes obtenus par TEP. (a) Métabolisme de l'oxygène dans l'encéphale. (b) Volume sanguin de l'encéphale. (c) Flux sanguin à travers l'encéphale. [Gracieuseté du Dr Michel M. Ter-Rogossian, Washington University, School of Medicine.]

médecine qui étudie l'utilisation des radio-isotopes dans le diagnostic et le traitement des maladies.

Bien que la scintigraphie soit utilisée comme technique diagnostique depuis les années 1950, son apport a été limité par la distorsion des images permettant de visualiser la distribution des radio-isotopes. Au cours des dernières années, de nouvelles techniques, semblables à la tomographie axiale assistée par ordinateur, ont vu le jour et permettent de trouver de façon plus précise l'emplacement des radio-isotopes dans l'organisme. Le résultat final de ces découvertes est une version sophistiquée de la scintigraphie, la **tomographie par émission de positons (TEP)**.

Le principe régisseur de la TEP est le suivant : des radio-isotopes à vie courte, comme ^{11}C, ^{13}N ou ^{15}O, sont produits et incorporés à une solution que l'on peut injecter dans l'organisme. À mesure que le radio-isotope circule dans l'organisme, il émet des électrons chargés positivement, appelés *positons*. Ces positons se heurtent à des électrons chargés négativement dans les tissus corporels, provoquant leur élimination et la libération de rayons gamma. Ces rayons gamma voyagent dans des directions opposées et sont détectés et enregistrés par les récepteurs. Un ordinateur recueille ensuite les renseignements et élabore un scintigramme en couleurs qui illustre l'endroit où les radio-isotopes sont utilisés dans l'organisme (figure 2.6).

Même si la TEP ne deviendra peut-être pas un outil clinique avant plusieurs années, elle a déjà permis d'obtenir des renseignements impossibles à obtenir par d'autres techniques. L'utilisation de la TEP permet aux médecins d'étudier les effets des médicaments dans les organes, de mesurer le flux sanguin dans certains organes, comme l'encéphale et le cœur, d'identifier l'étendue des lésions causées par un accident vasculaire cérébral ou une crise cardiaque, de déceler les cancers et de mesurer les effets du traitement. Les études effectuées à l'aide de la TEP auprès de clients schizophrènes et maniaco-dépressifs ont révélé que les schizophrènes avaient tendance à utiliser moins de glucose dans certaines régions de l'encéphale, alors que les sujets maniaco-dépressifs utilisaient plus de glucose durant les phases maniaques. Maintenant, on utilise également la TEP pour étudier les modifications chimiques qui se produisent durant les crises d'épilepsie et chez les personnes souffrant de démence sénile. On espère que la TEP pourra devenir partie intégrante de l'examen psychiatrique, en aidant à examiner les clients qui présentent des symptômes de plus d'un type de maladie mentale. De plus, on peut utiliser la TEP pour explorer l'encéphale sain. Ainsi, en décelant et en enregistrant les modifications de la consommation de glucose dans l'encéphale, les scientifiques peuvent identifier quelles régions particulières de l'encéphale sont liées à certaines activités sensorielles et motrices.

LES RÉACTIONS CHIMIQUES

Comme nous l'avons déjà mentionné, les **réactions chimiques** impliquent la formation ou la rupture de liaisons entre des atomes. Après une réaction chimique, le nombre total d'atomes reste le même ; toutefois, parce que les atomes sont disposés de façon différente, ils forment d'autres molécules possédant des propriétés nouvelles. Dans cette section, nous étudierons les réactions chimiques de base communes à toutes les cellules vivantes. La compréhension de ces réactions permettra au lecteur de comprendre les réactions chimiques qui seront présentées plus loin.

Les réactions de synthèse — l'anabolisme

Lorsque deux ou plusieurs atomes, ions ou molécules s'unissent pour former de nouvelles et plus grosses molécules, le processus est appelé **réaction de synthèse**. Ces réactions sont liées à la *formation de nouvelles liaisons*. On peut les exprimer de la façon suivante :

A	+	B	s'unissent pour former →	AB
Atome, ion ou molécule A		atome, ion ou molécule B		la nouvelle molécule AB

Les substances qui s'unissent, A et B, sont les **réactifs** ; la substance formée par la combinaison est le **produit final**. La flèche indique la direction suivie par la réaction. Voici un exemple de réaction de synthèse :

N	+	3H	→	NH_3
Atome d'azote		atomes d'hydrogène		molécule d'ammoniac

On appelle réactions anaboliques ou, plus simplement, **anabolisme**, l'ensemble des réactions de synthèse qui se produisent dans l'organisme. La combinaison de molécules de glucose pour former du glycogène et la combinaison d'acides aminés pour former des protéines sont deux exemples d'anabolisme. Le lecteur trouvera, au chapitre 25, plus de détails concernant l'importance de l'anabolisme.

Les réactions de dégradation — le catabolisme

Le contraire d'une réaction de synthèse est une **réaction de dégradation**. Lors d'une réaction de ce type, les *liaisons sont rompues*. De grosses molécules sont dégradées en petites molécules, en ions ou en atomes. Une réaction de dégradation se produit de la façon suivante :

AB	se dégrade en →	A	+	B
La molécule AB		atome, ion ou molécule A		atome, ion ou molécule B

Lorsque les conditions s'y prêtent, le méthane peut se dégrader en carbone et en hydrogène :

CH_4	→	C	+	4H
Molécule de méthane		atome de carbone		atomes d'hydrogène

Le chiffre 4, sur le côté gauche de l'équation, signifie que quatre atomes d'hydrogène sont liés à un atome de carbone dans la molécule de méthane. Le chiffre 4, du côté droit de l'équation, signifie que quatre atomes d'hydrogène ont été libérés.

On appelle réactions cataboliques ou, plus simplement, **catabolisme**, l'ensemble des réactions de dégradation qui se produisent dans l'organisme. La digestion et l'oxydation des molécules d'aliments sont des exemples de catabolisme. Le lecteur trouvera, au chapitre 25, plus de détails concernant l'importance du catabolisme.

Les réactions de substitution

Toutes les réactions chimiques sont basées sur des processus de synthèse ou de dégradation. En d'autres termes, les réactions chimiques ne sont que la formation ou la dégradation (ou les deux) de liaisons ioniques ou covalentes. Un grand nombre de réactions, comme les **réactions de substitution**, sont partiellement anaboliques et partiellement cataboliques. Voici un exemple de ce type de réaction :

$$AB + CD \longrightarrow AD + BC \text{ ou } AC + BD$$

Les liaisons entre A et B et entre C et D ont été détruites. De nouvelles liaisons sont alors formées entre A et D et entre B et C, ou entre A et C et entre B et D, dans un processus de synthèse.

Les réactions réversibles

Lorsqu'une réaction chimique est réversible, le produit final peut être inversé et reprendre la forme des molécules originales. Une **réaction réversible** est exprimée par deux flèches :

$$A + B \underset{\text{se dégrade en}}{\overset{\text{se lie à}}{\rightleftharpoons}} AB$$

Certaines réactions réversibles se produisent parce que ni les réactifs ni les produits finals ne sont stables. D'autres réactions ne sont réversibles que dans certaines conditions :

$$A + B \underset{\text{eau}}{\overset{\text{chaleur}}{\rightleftharpoons}} AB$$

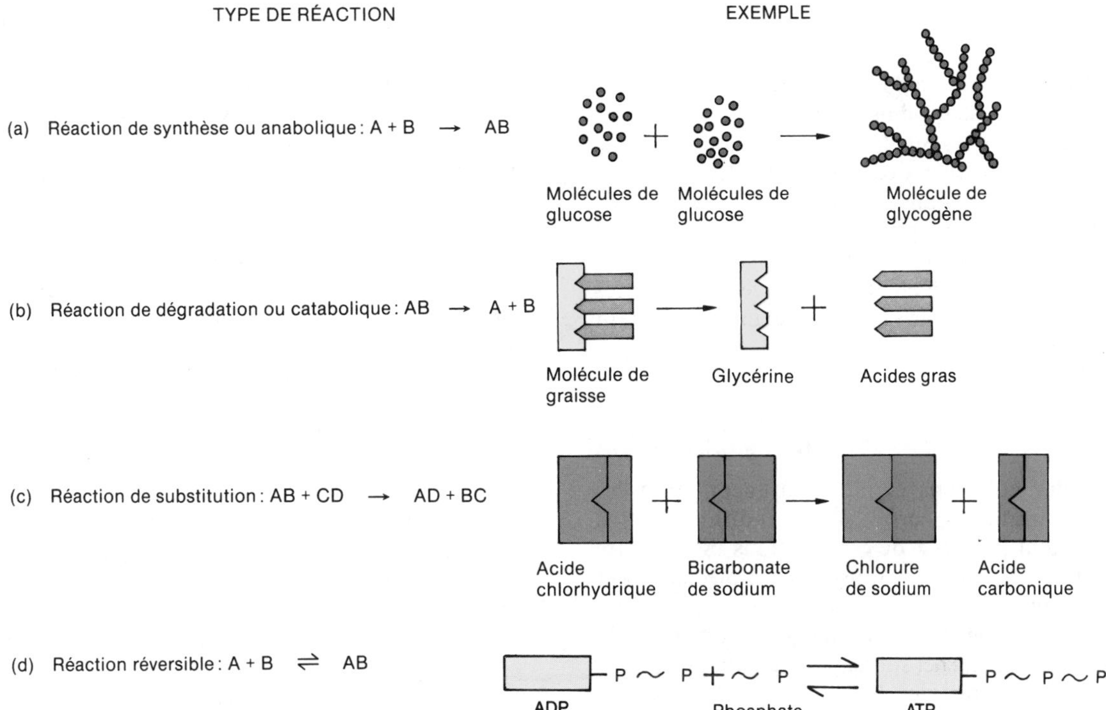

FIGURE 2.7 Types de réactions chimiques. (a) Réaction de synthèse, ou anabolique. Lorsqu'elles sont liées les unes aux autres, les molécules de glucose forment une molécule de glycogène. Le glucose est un sucre qui constitue la source principale d'énergie. Le glycogène est une forme emmagasinée de sucre dans le foie et les muscles squelettiques. (b) Réaction de dégradation, ou catabolique. Ci-dessus, une molécule de graisse dégradée en glycérine et en acides gras. Cette réaction se produit durant la digestion des aliments contenant des graisses. (c) Réaction de substitution. Dans cette réaction, les atomes de différentes molécules changent mutuellement de place. On voit ci-dessus une réaction tampon dans laquelle l'organisme élimine des acides forts pour maintenir l'homéostasie. (d) Réaction réversible. L'ATP (adénosine-triphosphate) est une importante source d'énergie emmagasinée. Lorsque l'organisme a besoin d'énergie, l'ATP se dégrade en ADP (adénosine- diphosphate) et en PO_4^{3-} (groupement phosphate), et la réaction libère de l'énergie. Le groupement phosphate est symbolisé par P. Les cellules corporelles reconstruisent l'ATP en utilisant l'énergie des aliments pour lier ADP à PO_4^{3-}.

Ce qui est écrit au-dessus ou au-dessous des flèches indique la condition spéciale qui doit exister pour que la réaction se produise. Dans le cas ci-haut, A et B réagissent pour produire AB sous l'effet de la chaleur, et AB se dégrade en A et B lorsqu'on ajoute de l'eau. À la figure 2.7, nous donnons un résumé des réactions chimiques de base qui peuvent se produire.

Le métabolisme

Le terme **métabolisme** représente la somme de toutes les réactions anaboliques et cataboliques qui se produisent dans l'organisme. Lorsqu'on dit que le taux de métabolisme d'une personne est élevé, à cause d'une perturbation de l'homéostasie, on veut dire que les réactions chimiques de l'organisme se produisent à une vitesse supérieure à la normale. Les réactions de dégradation surviennent si rapidement que les aliments se dégradent complètement avant que l'organisme ait eu la chance de les emmagasiner. Par conséquent, les personnes dont le taux de métabolisme est élevé peuvent habituellement manger de grandes quantités de nourriture sans qu'il en résulte un gain de masse. Comme les réactions de dégradation rapides produisent beaucoup d'énergie, y compris de la chaleur, ces personnes semblent avoir beaucoup d'énergie « nerveuse » et se plaignent souvent de la chaleur.

Chez les personnes dont le taux de métabolisme est bas à cause d'une perturbation de l'homéostasie, les réactions chimiques se produisent plus lentement que la normale. Les aliments se dégradent lentement. Une grande partie n'est dégradée que partiellement puis, emmagasinée. Ces personnes ont tendance à prendre de la masse facilement, ont peu d'énergie et ont souvent froid. Comme leurs réactions anaboliques sont également ralenties, leur organisme n'élabore de nouvelles structures que très lentement. Les blessures, par exemple, mettent souvent du temps à guérir.

La façon dont les réactions chimiques se produisent

La **théorie des collisions** explique la façon dont les réactions chimiques se produisent et dont certains facteurs affectent la vitesse de ces réactions. Selon cette théorie, tous les atomes, les ions et les molécules sont constamment en mouvement et se heurtent les uns les autres. L'énergie transférée par les particules dans la collision pourrait perturber suffisamment leurs structures électroniques pour que les liaisons chimiques soient rompues ou que de nouvelles liaisons soient formées.

Plusieurs facteurs déterminent si une collision causera ou non une réaction chimique. Parmi ces facteurs se trouvent la vitesse des particules qui se heurtent, leur énergie et leurs configurations chimiques particulières. Jusqu'à un certain point, plus les particules se déplacent rapidement, plus les chances d'obtenir une réaction chimique sont élevées. De plus, chaque réaction chimique nécessite un niveau particulier d'énergie. L'énergie, émanant de la collision, nécessaire pour qu'une réaction chimique se produise est son énergie d'activation, qui est la quantité d'énergie nécessaire pour perturber la configuration électronique stable d'une molécule particulière, de façon que les électrons soient disposés de façon différente. (Au chapitre 25, nous présentons le lien existant entre les enzymes et l'énergie d'activation.) Toutefois, même si les particules qui se heurtent possèdent l'énergie minimale nécessaire à la réaction, celle-ci n'aura lieu que si les particules sont orientées de façon adéquate les unes par rapport aux autres.

L'énergie et les réactions chimiques

L'**énergie** est la capacité d'effectuer un travail. Les deux principaux types d'énergie sont l'**énergie potentielle** (inactive ou entreposée) et l'**énergie cinétique** (énergie du mouvement). Qu'elle soit potentielle ou cinétique, l'énergie existe sous différentes formes.

L'**énergie chimique** est l'énergie libérée ou absorbée lors de la rupture ou de la formation de liaisons chimiques. Lorsqu'une liaison chimique est formée, il y a dépense d'énergie. Lorsqu'une liaison chimique est dégradée, il y a libération d'énergie. Ce qui signifie que les réactions de synthèse ont besoin d'énergie pour se produire, et que les réactions de dégradation libèrent de l'énergie. Les processus de croissance de l'organisme (la formation des os, la croissance des cheveux et des ongles, le remplacement des cellules lésées) se produisent par l'intermédiaire de réactions de synthèse. La dégradation des aliments se produit par l'intermédiaire de réactions de dégradation. Lorsque les aliments sont dégradés, ils libèrent de l'énergie qui peut être utilisée par l'organisme pour favoriser les processus de croissance.

L'**énergie mécanique** est l'énergie directement reliée au déplacement d'une partie du corps. Ainsi, lorsque les muscles squelettiques se contractent, ils exercent une traction sur les os afin de provoquer un mouvement.

L'**énergie rayonnante**, comme la chaleur et la lumière, se propage sous forme d'ondes. Une partie de l'énergie libérée durant les réactions de dégradation est de l'énergie thermique, qui est utilisée pour favoriser le maintien de la température corporelle normale.

L'**énergie électrique** est le résultat du courant de charges, d'électrons ou de particules chargées électriquement, les ions. Comme nous le verrons plus loin, l'énergie électrique est essentielle à la conduction des influx nerveux par les neurones.

Les différentes formes d'énergie peuvent passer d'une forme à l'autre.

LES COMPOSÉS CHIMIQUES ET LES PROCESSUS VITAUX

La plupart des produits chimiques de l'organisme existent sous forme de composés. Les biologistes et les chimistes divisent ces composés en deux classes principales : les composés inorganiques, qui ne contiennent habituellement pas de carbone, et les composés organiques, qui contiennent toujours du carbone. Les **composés inorganiques** sont habituellement de petites molécules formées par des liaisons ioniques, et ils sont essentiels au fonctionnement de l'organisme. Parmi ces composés, on trouve l'eau, un grand nombre de sels, d'acides et de bases. Les **composés organiques** sont maintenus ensemble, en totalité ou en partie, par des liaisons covalentes. Ce sont souvent de très grosses molécules et ils constituent par conséquent des unités structurales pour l'organisme. Les composés organiques présents dans l'organisme comprennent les glucides, les lipides, les protéines, les acides nucléiques et l'ATP.

LES COMPOSÉS INORGANIQUES

L'eau

Une des substances les plus importantes et les plus abondantes de l'organisme humain est l'**eau**. En fait, sauf quelques exceptions comme l'émail des dents et le tissu osseux, l'eau est de loin la substance la plus abondante de tous les tissus. L'eau constitue environ 60 % des hématies, 75 % du tissu musculaire et 92 % du plasma sanguin. Si on regarde les différents rôles que joue l'eau, on comprend pourquoi celle-ci constitue un composant essentiel des systèmes vivants :

1. L'eau constitue un excellent solvant et un milieu de suspension extraordinaire. Un *solvant* est un liquide ou un gaz dans lequel une autre substance (solide, liquide ou gaz), appelée *soluté*, a été dissoute. L'union d'un solvant et d'un soluté donne une **solution** ; un exemple courant de solution est l'eau salée. Un soluté, comme le sel dans l'eau, ne se dépose pas. Le soluté peut être récupéré par une réaction chimique ou, dans certains cas, par ébullition du solvant. Au contraire, dans une **suspension**, la subtance en suspension se mêle au liquide ou au milieu de suspension, mais finit par se déposer. L'amidon de maïs dans l'eau constitue un exemple de suspension. Si les deux substances sont brassées, on obtient un mélange laiteux. Après que le mélange a reposé pendant quelques instants, cependant, l'eau remonte à la surface et l'amidon de maïs se dépose au fond.

La propriété solvante de l'eau est essentielle à la santé et à la survie. Ainsi, l'eau dans le sang forme une solution avec une petite partie de l'oxygène que nous respirons, permettant à l'oxygène d'être transporté aux cellules de notre organisme. L'eau qui est présente dans le sang dissout également une petite partie du dioxyde de carbone qui est transporté à partir des cellules jusqu'aux poumons pour y être exhalé. De plus, si les surfaces des sacs alvéolaires des poumons n'étaient pas humides, l'oxygène ne pourrait pas être dissous et ne pourrait pas se rendre dans le sang pour être distribué à travers l'organisme. De plus, l'eau est le solvant qui transporte les nutriments dans les cellules corporelles et qui élimine les déchets.

L'eau est également essentielle à la survie en tant que milieu de suspension. Un grand nombre de grosses molécules organiques sont en suspension dans l'eau contenue dans les cellules de l'organisme. Ces molécules sont par conséquent capables d'entrer en contact avec d'autres produits chimiques, provoquant ainsi diverses réactions chimiques.

2. L'eau peut participer aux réactions chimiques. Au cours de la digestion, par exemple, l'eau peut s'ajouter aux grosses molécules d'aliments afin de les dégrader en molécules plus petites. Cette forme de dégradation est nécessaire si l'organisme doit utiliser l'énergie fournie par les aliments. Les molécules d'eau sont également utilisées dans les réactions anaboliques. Ces réactions surviennent au cours du processus d'élaboration d'hormones et d'enzymes.

3. L'eau absorbe et libère la chaleur très lentement. Si on la compare à d'autres substances, l'eau a besoin d'une grande quantité de chaleur pour augmenter sa température, et d'une déperdition de chaleur importante pour la réduire. Ainsi la présence d'un grand volume d'eau tempère les effets des fluctuations dans la température ambiante et, par conséquent, contribue au maintien d'une température corporelle normale.

4. L'eau a besoin d'une grande quantité de chaleur pour passer de l'état liquide à l'état gazeux. Lorsque l'eau s'évapore (transpiration), elle apporte avec elle de grandes quantités de chaleur et constitue ainsi un excellent mécanisme de refroidissement.

5. L'eau agit comme un lubrifiant dans diverses régions de l'organisme. Elle est un constituant important du mucus et d'autres liquides lubrifiants. La lubrification est particulièrement importante au niveau du thorax et de l'abdomen, où les organes se touchent et se chevauchent. Elle est également nécessaire dans les articulations, où les os, les ligaments et les tendons se frottent les uns aux autres. Dans le tube digestif, l'eau humidifie les aliments afin d'en faciliter le passage.

Les acides, les bases et les sels

Lorsque les molécules des acides, des bases ou des sels inorganiques sont dissoutes dans l'eau contenue dans les cellules corporelles, elles traversent un processus appelé **ionisation** ou **dissociation**, c'est-à-dire qu'elles se différencient en ions. On appelle également ces molécules des **électrolytes**, parce que la solution conduit un courant électrique (nous présentons en détail la chimie et l'importance des électrolytes au chapitre 27). On peut définir un **acide** comme une substance qui se dissocie en un ou plusieurs *ions hydrogène* (H^+) et en un ou plusieurs ions négatifs (anions). On peut également définir un acide comme un donneur de protons (H^+). Une **base**, au contraire, se dissocie en un ou plusieurs *ions hydroxyle* (OH^-) et en un ou plusieurs ions positifs (cations). On peut également considérer une base comme un accepteur de protons. Les ions hydroxyle, tout comme d'autres ions négatifs, sont fortement attirés par les protons. Un **sel**, lorsqu'il est dissous dans l'eau, se dissocie en cations et en anions ; aucun de ces deux derniers n'est H^+ ou OH^- (figure 2.8). Les acides et les bases réagissent les uns avec les autres pour former des sels. Ainsi, l'union de l'acide chlorhydrique (HCl), un acide, et de l'hydroxyde de sodium (NaOH), une base, produit le chlorure de sodium (NaCl), un sel, et de l'eau (H_2O).

Un grand nombre de sels sont présents dans l'organisme. Certains se trouvent dans les cellules, alors que d'autres sont présents dans les liquides corporels, comme la lymphe, le sang et le liquide extracellulaire. Les ions des sels sont la source d'un grand nombre d'éléments chimiques essentiels. Dans le document 2.1, nous démontrons la façon dont les sels se dissocient en ions qui fournissent ces éléments. Des analyses chimiques révèlent que les ions sodium et chlorure sont présents en concentrations plus élevées que les autres ions dans le liquide extracellulaire. Les ions phosphate et potassium sont plus abondants que les autres ions à l'intérieur des cellules. Les éléments chimiques comme le sodium, le phosphore, le potassium ou l'iode ne sont présents dans l'organisme qu'en combinaison chimique avec d'autres éléments, ou en tant qu'ions. Leur présence en tant qu'atomes libres et non ionisés pourrait causer une mort

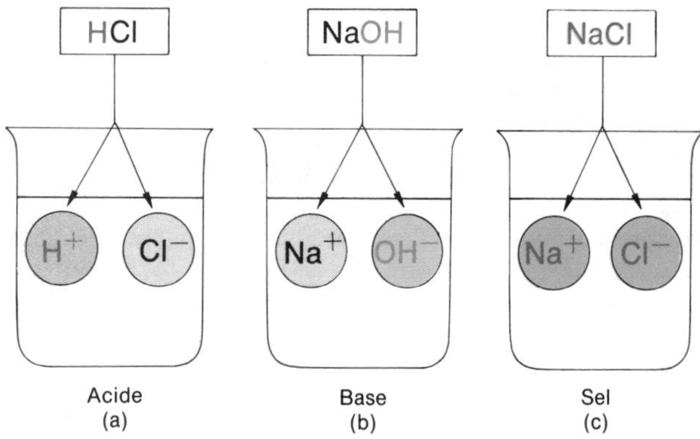

FIGURE 2.8 Ionisation d'acides, de bases et de sels. (a) Dans l'eau, l'acide chlorhydrique (HCl) se dissocie en ions H^+ et en ions Cl^-. Les acides sont des donneurs de protons. (b) Dans l'eau, l'hydroxyde de sodium (NaOH) se dissocie en ions OH^- et en ions Na^+. Les bases sont des accepteurs de protons. (c) Dans l'eau, le sel de table (NaCl) se dissocie en ions positifs et en ions négatifs (Na^+ et Cl^-), dont aucun n'est H^+ ou OH^-.

immédiate. Dans le document 2.2, nous présentons une liste des éléments représentatifs présents dans l'organisme.

L'équilibre acido-basique : le pH

Les liquides corporels doivent maintenir un équilibre constant entre les acides et les bases. Dans certaines solutions, comme celles qu'on trouve dans les cellules corporelles ou les liquides extracellulaires, les acides se dissocient en ions hydrogène (H^+) et en anions. Les bases, par contre, se dissocient en ions hydroxyle (OH^-) et en cations. Plus une solution contient d'ions hydrogène, plus elle est acide ; inversement, plus elle contient d'ions hydroxyle, plus elle est basique (alcaline). On utilise le terme **pH** pour décrire le degré d'*acidité* ou d'*alcalinité* d'une solution.

Les réactions biochimiques, réactions survenant dans les systèmes vivants, sont extrêmement sensibles aux plus petites modifications de l'acidité ou de l'alcalinité de leur milieu. En fait, les ions H^+ et OH^- participent à presque tous les processus biochimiques, et les fonctions des

DOCUMENT 2.1 DISSOCIATION DE CERTAINS SELS EN IONS QUI FOURNISSENT À L'ORGANISME DES ÉLÉMENTS CHIMIQUES ESSENTIELS

SEL	SE DISSOCIE EN	CATION		ANION
NaCl Chlorure de sodium	⟶	Na^+ Ion sodium	+	Cl^- Ion chlorure
KCl Chlorure de potassium	⟶	K^+ Ion potassium	+	Cl^- Ion chlorure
$CaCl_2$ Chlorure de calcium	⟶	Ca^{2+} Ion calcium	+	$2Cl^-$ Ions chlorures
$MgCl_2$ Chlorure de magnésium	⟶	Mg^{2+} Ion magnésium	+	$2Cl^-$ Ions chlorures
$CaCO_3$ Carbonate de calcium	⟶	Ca^{2+} Ion calcium	+	CO_3^{2-} Ion carbonate
$Ca_3(PO_4)_2$ Phosphate de calcium	⟶	$3Ca^{2+}$ Ions calcium	+	$2PO_4^{3-}$ Ions phosphates
Na_2SO_4 Sulfate de sodium	⟶	$2Na^+$ Ions sodium	+	SO_4^{2-} Ion sulfate

DOCUMENT 2.2 ÉLÉMENTS CHIMIQUES REPRÉSENTATIFS PRÉSENTS DANS L'ORGANISME

ÉLÉMENT CHIMIQUE	COMMENTAIRE
Oxygène (O)	Composant de l'eau et des molécules organiques ; joue un rôle dans la respiration cellulaire
Carbone (C)	Présent dans toutes les molécules organiques
Hydrogène (H)	Composant de l'eau, de tous les aliments et de la plupart des molécules organiques
Azote (N)	Composant de toutes les molécules protéiques et des molécules d'acides nucléiques
Calcium (Ca)	Composant des os et des dents ; nécessaire à la coagulation du sang, à l'ingestion (endocytose) et à l'excrétion (exocytose) de substances à travers les membranes cellulaires, à la motilité cellulaire, au mouvement des chromosomes avant la division cellulaire, au métabolisme du glycogène, à la synthèse et à la libération des neurotransmetteurs, ainsi qu'à la contraction musculaire
Phosphore (P)	Composant de nombreuses protéines, d'acides nucléiques, de l'ATP et de l'AMP cyclique ; nécessaire aux structures normales des os et des dents ; présent dans le tissu nerveux
Chlore (Cl)	Cl^- est un anion de NaCl, un sel qui joue un rôle important dans le mouvement de l'eau entre les cellules
Soufre (S)	Composant d'un grand nombre de protéines, notamment des protéines contractiles des muscles
Potassium (K)	Nécessaire à la croissance ; joue un rôle important dans la conduction des influx nerveux et la contraction musculaire
Sodium (Na)	Na^+ est un cation de NaCl ; composant structural du tissu osseux ; essentiel dans le sang pour le maintien de l'équilibre hydrique ; nécessaire à la conduction des influx nerveux
Magnésium (Mg)	Composant d'un grand nombre d'enzymes
Iode (I)	Essentiel au fonctionnement de la glande thyroïde
Fer (Fe)	Composant essentiel de l'hémoglobine et des enzymes respiratoires

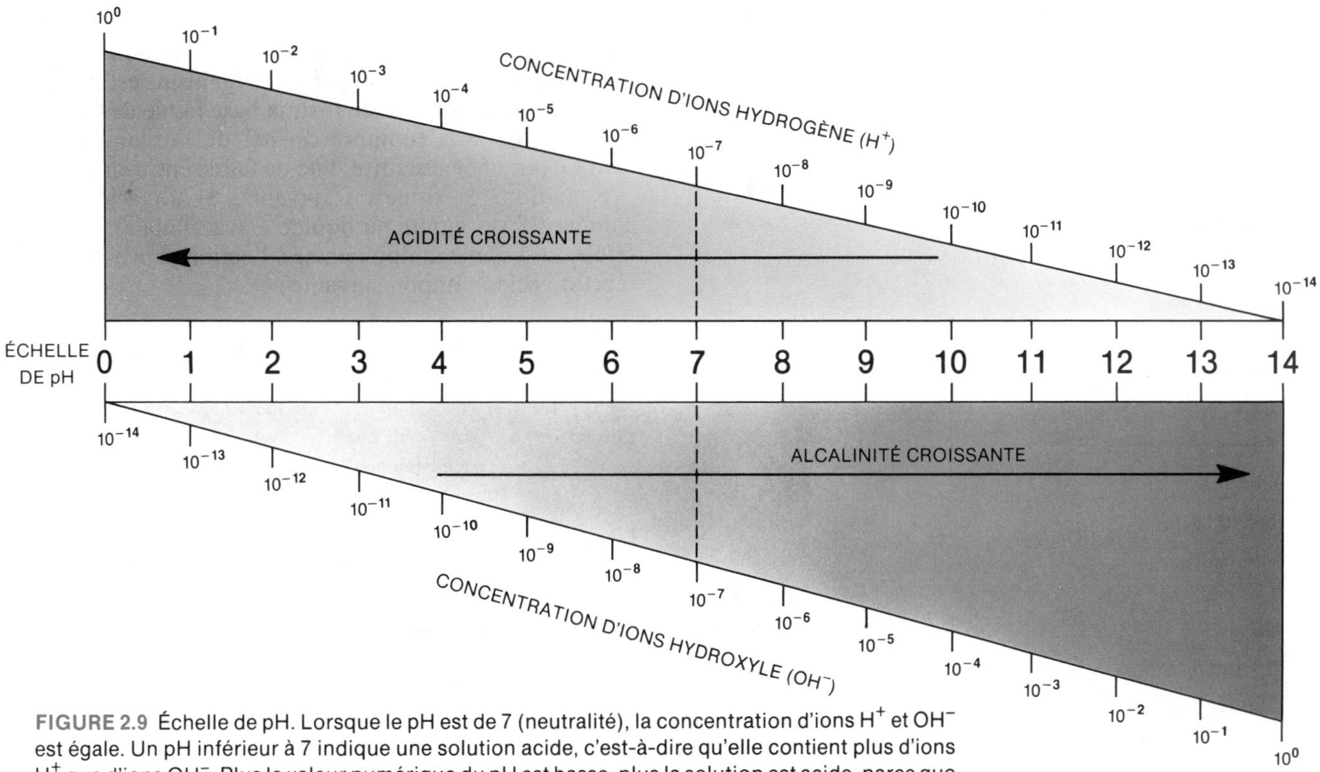

FIGURE 2.9 Échelle de pH. Lorsque le pH est de 7 (neutralité), la concentration d'ions H^+ et OH^- est égale. Un pH inférieur à 7 indique une solution acide, c'est-à-dire qu'elle contient plus d'ions H^+ que d'ions OH^-. Plus la valeur numérique du pH est basse, plus la solution est acide, parce que la concentration d'ions H^+ augmente progressivement. Un pH supérieur à 7 indique une solution alcaline, c'est-à-dire qu'elle contient plus d'ions OH^- que d'ions H^+. Plus la valeur numérique du pH est élevée, plus la solution est alcaline, parce que la concentration d'ions OH^- augmente progressivement. Le passage d'un nombre entier à un autre sur l'échelle de pH signifie que la concentration est 10 fois plus élevée, ou plus basse, que la précédente (10^0 = 1,0, 10^{-1} = 0,1, 10^{-2} = 0,01, 10^{-3} = 0,001, etc.).

cellules sont modifiées de façon importante lorsque les concentrations H^+ et OH^- subissent le plus petit écart par rapport à la normale. C'est pourquoi les acides et les bases qui sont constamment formés dans l'organisme doivent être maintenus en équilibre constant.

Le degré d'acidité ou d'alcalinité d'une solution est exprimé par une **échelle de pH** allant de 0 à 14 (figure 2.9). L'échelle de pH est basée sur le nombre d'ions H^+ d'une solution exprimé en unités chimiques, les moles *. Un pH de 7 signifie qu'une solution contient un dix-millionième (0,000 000 01) d'une mole d'ions H^+ par litre. Le nombre 0,000 000 01 s'écrit (10^{-7}) sous forme exponentielle. Pour convertir cette valeur en pH, on convertit l'exposant (-7) en un nombre positif (7). Une solution ayant une concentration de 0,000 01 (10^{-4}) d'ions H^+ par litre a un pH de 4, une solution ayant une concentration de 0,000 000 001 (10^{-9}) a un pH de 9, etc.

Une solution dont le pH est de 0 sur l'échelle de pH contient un grand nombre d'ions H^+ et peu d'ions OH^-. Par contre, une solution dont le pH est de 14 contient un grand nombre d'ions OH^- et peu d'ions H^+. Au centre de l'échelle se trouve la valeur 7, où la concentration d'ions H^+ est égale à la concentration d'ions OH^-. Une substance dont le pH est de 7, comme celui de l'eau distillée, est neutre. Une solution qui contient plus d'ions H^+ que d'ions OH^- est une *solution acide*, et son pH est inférieur à 7. Une solution qui contient plus d'ions OH^- que d'ions H^+ est une *solution alcaline*, et son pH est supérieur à 7. Le passage d'un nombre entier à un autre sur l'échelle de pH représente un changement égal à 10 fois la concentration précédente. C'est-à-dire qu'un pH de 2 signifie que la solution contient 10 fois moins d'ions H^+ que la solution dont le pH est de 1. Un pH de 3 signifie que la solution contient 10 fois moins d'ions H^+ que celle dont le pH est de 2, et 100 fois moins d'ions H^+ que la solution dont le pH est de 1.

Le maintien du pH : les systèmes tampons

Bien que le pH des liquides corporels puisse varier, les limites normales sont généralement assez étroites. Dans le document 2.3, nous donnons le pH de certains liquides corporels, comparés à des substances courantes. Même si des bases et des acides forts sont constamment introduits dans l'organisme, le pH de ces liquides corporels demeure relativement constant. On appelle **systèmes tampons** les mécanismes qui maintiennent le pH près de la normale.

Le rôle principal d'un **système tampon** est de réagir avec les bases ou les acides forts de l'organisme et de les remplacer par des acides ou des bases faibles qui ne peuvent modifier le pH de façon importante. Les acides (ou les bases) forts se dissocient facilement et apportent

* Une **mole** est la masse, en grammes, des masses atomiques combinées des atomes qui forment une molécule d'une substance donnée. Exemple : Une mole de H_2O a une masse de 18 g (2 pour les deux atomes d'hydrogène et 16 pour l'atome d'oxygène).

DOCUMENT 2.3 pH NORMAUX DE SUBSTANCES REPRÉSENTATIVES

SUBSTANCE	pH
Sucs gastriques (sucs digestifs de l'estomac)	1,2 à 3,0
Jus de citron	2,2 à 2,4
Jus de pamplemousse	3,0
Cidre	2,8 à 3,3
Jus d'ananas	3,5
Jus de tomates	4,2
Café	5,0
Soupe aux huîtres	5,7
Urine	5,0 à 7,8
Salive	6,35 à 6,85
Lait	6,6 à 6,9
Eau distillée	7,0
Sang	7,35 à 7,45
Sperme (liquide contenant les spermatozoïdes)	7,35 à 7,50
Liquide céphalo-rachidien (liquide associé au système nerveux)	7,4
Sucs pancréatiques (sucs digestifs du pancréas)	7,1 à 8,2
Œufs	7,6 à 8,0
Bile (sécrétion du foie, qui aide à la digestion des graisses)	7,6 à 8,6
Lait de magnésie	10,0 à 11,0
Eau de chaux	12,3

un grand nombre d'ions H^+ (ou OH^-) dans une solution. Ils peuvent donc modifier le pH de façon importante. Les acides (ou les bases) faibles ne se dissocient pas aussi facilement. Ils n'apportent pas un nombre aussi grand d'ions H^+ (ou OH^-) et ils ont une influence minime sur le pH. Les produits chimiques qui transforment les acides ou les bases forts en acides ou bases faibles sont des **tampons**, et se trouvent dans les liquides corporels. Nous n'étudierons ici qu'un seul système tampon, qui est le plus important dans le liquide extracellulaire, le *système tampon acide carbonique—bicarbonate*.

Le système tampon acide carbonique—bicarbonate est constitué d'une *paire* de composés. L'un est un *acide faible*, et l'autre, une *base faible*. L'acide faible est l'*acide carbonique* (H_2CO_3) et la base faible, le *bicarbonate de sodium* ($NaHCO_3$). L'acide carbonique est un donneur de protons (H^+) et l'ion bicarbonate du bicarbonate de sodium est un accepteur de protons. Dans une solution, les composants de cette paire se dissocient comme suit :

Composant acide	H_2CO_3 acide carbonique	$\rightleftharpoons$	H^+ ion hydrogène	+	HCO_3^- ion bicarbonate
Composant basique	$NaHCO_3$ bicarbonate de sodium	$\rightleftharpoons$	Na^+ ion sodium	+	HCO_3^- ion bicarbonate

Chacun des composants de la paire joue un rôle particulier pour aider l'organisme à maintenir un pH constant. Si l'équilibre du pH de l'organisme est menacé par la présence d'un acide fort, la base faible de la paire entre en jeu. Si l'équilibre du pH de l'organisme est menacé par une base forte, l'acide faible entre en action.

Regardons la situation suivante. Si un acide fort, comme HCl, s'ajoute au liquide extracellulaire, la base faible du système tampon passe à l'action et provoque la réaction acide-tampon suivante :

$$HCL + NaHCO_3 \rightleftharpoons NaCl + H_2CO_3$$

Acide chlorhydrique (acide fort) — bicarbonate de sodium (base faible du système tampon) — chlorure de sodium (sel) — acide carbonique (acide faible)

L'ion chlorure du HCl et l'ion sodium du bicarbonate de sodium s'unissent pour former le chlorure de sodium (NaCl), une substance qui n'a pas d'effet sur le pH. L'ion hydrogène de l'acide chlorhydrique (HCl) pourrait abaisser le pH de façon plus importante en acidifiant davantage la solution, mais cet ion H^+ s'unit à l'ion bicarbonate (HCO_3^-) du bicarbonate de sodium pour former de l'acide carbonique, un acide faible qui n'abaisse que légèrement le pH. En d'autres termes, grâce à l'action de la base faible du système tampon, l'acide fort (HCl) a été remplacé par un acide faible et un sel, et le pH demeure relativement stable.

Maintenant, supposons qu'une base forte, comme l'hydroxyde de sodium (NaOH), s'ajoute au liquide extracellulaire. Dans ce cas, l'acide faible du système tampon se met au travail et provoque la réaction base-tampon suivante :

$$NaOH + H_2CO_3 \rightleftharpoons H_2O + NaHCO_3$$

Hydroxyde de sodium (base forte) — acide carbonique (acide faible du système tampon) — eau — bicarbonate de sodium (base faible)

Dans cette réaction, l'ion OH^- de l'hydroxyde de sodium pourrait élever le pH de la solution de façon plus importante en la rendant plus alcaline. Toutefois, l'ion OH^- s'unit à un ion H^+ d'acide carbonique et produit de l'eau, une substance qui n'a pas d'effet sur le pH. De plus, l'ion Na^+ de l'hydroxyde de sodium s'unit à l'ion bicarbonate (HCO_3^-) pour produire du bicarbonate de sodium, une base faible qui n'a que peu d'effet sur le pH. Ainsi, grâce à l'action du système tampon, la base forte est remplacée par de l'eau et une base faible, et le pH demeure relativement stable.

Toutes les fois qu'une réaction tampon se produit, la concentration d'un des composants de la paire est augmentée, alors que celle de l'autre est abaissée. Lorsqu'un acide fort est soumis à l'action d'un système tampon, par exemple, la concentration d'acide carbonique est augmentée, mais celle du bicarbonate de sodium est abaissée. Ce phénomène survient parce que de l'acide carbonique est produit et que du bicarbonate de sodium est utilisé dans la réaction acide-tampon. Lorsqu'une base forte est soumise à l'action d'un système tampon, la concentration de bicarbonate de sodium est augmentée, mais celle de l'acide carbonique est abaissée, parce que du bicarbonate de sodium est produit et que de l'acide carbonique est utilisé dans la réaction base-tampon. Lorsque les substances soumises à l'action du système tampon, dans ce cas, HCl et NaOH, sont éliminées de l'organisme par les poumons ou les reins, l'acide carbonique et le bicarbonate de sodium formés par les réactions redeviennent des composants de la paire. On comprend maintenant pourquoi on appelle quelquefois les tampons des «éponges chimiques».

LES COMPOSÉS ORGANIQUES

Les composés organiques contiennent du carbone et, habituellement, de l'hydrogène et de l'oxygène. Le carbone possède plusieurs propriétés qui le rendent particulièrement utile aux organismes vivants. D'abord, il est capable de réagir avec l'un des quelques centaines d'autres atomes de carbone pour former de grosses molécules de formes différentes. Ce qui veut dire que l'organisme peut former un grand nombre de composés à partir du carbone, de l'hydrogène et de l'oxygène. Chacun des composés peut convenir spécialement à une structure ou à une fonction particulière. Les dimensions relativement importantes de la plupart des molécules contenant du carbone, ajoutées au fait que ces molécules ne se dissolvent pas facilement dans l'eau, font de ces dernières des matériaux utiles pour construire des structures corporelles. Les composés carboniques sont, en grande partie ou en totalité, retenus ensemble par les liaisons covalentes et ont tendance à se décomposer facilement. Les composés organiques sont donc également une bonne source d'énergie. Les composés ioniques ne constituent pas une bonne source d'énergie parce qu'ils produisent de nouvelles liaisons ioniques aussitôt que les anciennes liaisons sont détruites.

Les glucides

Les **glucides** (sucres et amidons) constituent un groupe important et diversifié de composés organiques. Les glucides jouent plusieurs rôles importants dans les systèmes vivants. Certains d'entre eux constituent même des unités structurales. Ainsi, un sucre, le désoxyribose, fait partie des gènes, ces molécules qui transportent l'information génétique. D'autres sont transformés en protéines et en graisses ou en substances semblables aux graisses, qui servent à construire des structures et constituent une source d'énergie en cas d'urgence. D'autres encore servent de réserves alimentaires, comme le glycogène, qui est entreposé dans le foie et les muscles squelettiques. Le rôle principal des glucides, cependant, est de fournir la source d'énergie la plus rapidement accessible pour le maintien de la vie.

Le carbone, l'hydrogène et l'oxygène sont les éléments qui composent les glucides. La proportion des atomes d'hydrogène par rapport aux atomes d'oxygène est toujours de 2/1. Cette proportion est présente dans certains glucides, comme le ribose ($C_5H_{10}O_5$), le glucose ($C_6H_{12}O_6$) et le saccharose ($C_{12}H_{22}O_{11}$). Sauf quelques exceptions, la formule générale pour les glucides est $(CH_2O)n$; le *n* signifie qu'il existe trois unités CH_2O ou plus. On peut diviser les glucides en trois groupes principaux: les oses, les diholosides et les polyosides.

1. Les oses. Les **oses**, ou sucres simples, sont des composés contenant de trois atomes à sept atomes de carbone. Les sucres simples dont la molécule comprend trois atomes de carbone sont des trioses. Le préfixe *tri* indique le nombre d'atomes de carbone compris dans la molécule. On trouve également les tétroses (sucres à quatre atomes de carbone), les pentoses (sucres à cinq atomes de carbone), les hexoses (sucres à six atomes de carbone) et les heptoses (sucres à sept atomes de carbone). Les pentoses et les hexoses sont très importants pour l'organisme humain. Le désoxyribose, un pentose, est un composant des gènes. Le glucose, un hexose, est la molécule qui constitue la principale source d'énergie de l'organisme.

2. Les diholosides. Un autre groupe de glucides, les **diholosides**, contient deux oses chimiquement liés. Durant la formation d'un diholoside, deux oses s'unissent pour former une molécule de diholoside, et une molécule d'eau est perdue. Cette réaction est appelée **déshydratation**. La réaction ci-dessous démontre comment se forme un diholoside. Les molécules de glucose et de fructose (des oses) s'unissent pour former une molécule de saccharose (le sucre de table, un diholoside):

$$\underset{\substack{\text{Glucose}\\ \text{(ose)}}}{C_6H_{12}O_6} + \underset{\substack{\text{fructose}\\ \text{(ose)}}}{C_6H_{12}O_6} \longrightarrow \underset{\substack{\text{saccharose}\\ \text{(diholoside)}}}{C_{12}H_{22}O_{11}} + \underset{\text{eau}}{H_2O}$$

On peut être étonné de constater que le glucose et le fructose ont les mêmes formules chimiques. En fait, ce sont des oses différents, puisque les positions relatives des atomes d'oxygène et de carbone diffèrent (voir la figure 2.10). La formule du saccharose est $C_{12}H_{22}O_{11}$, et non $C_{12}H_{24}O_{12}$, puisqu'une molécule de H_2O est perdue dans le processus de la formation du diholoside. Dans une déshydratation, une molécule d'eau est toujours perdue. Il se produit également une synthèse de deux petites molécules, comme celles du glucose et du fructose, en une seule molécule plus grosse et plus complexe, comme la molécule de saccharose (figure 2.10). De même, la déshydratation des deux oses, le glucose et le galactose, forme le lactose (le sucre contenu dans le lait, un diholoside).

Les diholosides peuvent également se dégrader en molécules plus petites et plus simples, par addition d'eau. Cette réaction chimique inversée est appelée **hydrolyse**, ce qui signifie «diviser par fixation d'une molécule d'eau». Ainsi, une molécule de saccharose peut être hydrolysée en glucose et en fructose par addition d'eau. Nous présentons également le mécanisme de cette réaction à la figure 2.10.

APPLICATION CLINIQUE

Au cours des dernières années, on a utilisé des **édulcorants de synthèse** dans les boissons gazeuses, dans les aliments et sous forme de sachets et de comprimés. On utilise maintenant l'aspartame, en remplacement de la saccharine, dans plusieurs de ces produits. L'aspartame (Nutra Sweet ou Égal) est environ 180 fois plus sucré que le saccharose et ne produit pas, semble-t-il, l'arrière-goût amer provoqué par la saccharine. Comme on n'en utilise qu'une très faible quantité, l'aspartame n'apporte que très peu de kilojoules aux boissons et aux aliments; l'équivalent d'une cuillérée à thé de sucre ne contient que 2,1 kJ. De

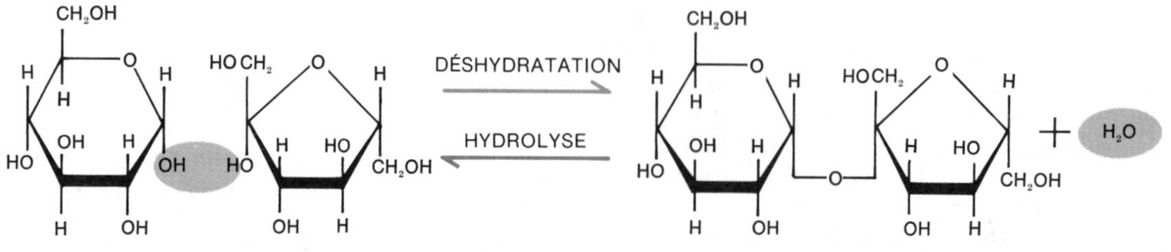

FIGURE 2.10 Déshydratation et hydrolyse d'une molécule de saccharose. Dans la réaction de déshydratation (lire de gauche à droite), les deux molécules les plus petites, le glucose et le fructose, s'unissent pour former une molécule plus grosse, le saccharose. À noter, la perte d'une molécule d'eau. Dans l'hydrolyse (lire de droite à gauche), la molécule de saccharose est dégradée en deux molécules plus petites, le glucose et le fructose. Ici, une molécule d'eau est ajoutée.

plus, il ne comporte aucun risque de formation de caries dentaires ; toutefois, certaines études suggèrent qu'il peut provoquer une réaction allergique (urticaire) chez certaines personnes.

3. **Les polyosides.** Le troisième groupe important de glucides, les **polyosides**, comprend trois oses ou plus, liés par la déshydratation. La formule des polyosides est $(C_6H_{10}O_5)n$. Tout comme les diholosides, les polyosides peuvent se dégrader en sucres simples par hydrolyse. Toutefois, contrairement aux oses ou aux diholosides, ils n'ont habituellement pas le goût caractérisque des sucres comme le fructose ou le saccharose, et ne sont habituellement pas hydrosolubles. Le glycogène est un des principaux polyosides.

Les lipides

Les **lipides** sont un autre groupe de composés organiques essentiels à l'organisme humain. Tout comme les glucides, les lipides sont composés de carbone, d'hydrogène et d'oxygène, mais le rapport de l'hydrogène par rapport à l'oxygène n'est pas de 2/1. La plupart des lipides ne sont pas hydrosolubles; toutefois, ils se dissolvent rapidement dans des solvants comme l'alcool, le chloroforme ou l'éther. Les graisses, les phospholipides (lipides contenant du phosphore), les stéroïdes, les carotènes, les vitamines E et K et les prostaglandines sont des lipides. Dans le document 2.4, nous présentons différents types de lipides, ainsi que leurs liens avec l'organisme humain. Comme les lipides constituent un groupe important et diversifié de composés, nous limiterons notre étude à deux types de lipides, les graisses et les prostaglandines.

Une molécule de **graisse** (triclycéride) est faite de deux composants de base: la **glycérine** et les **acides gras** (figure 2.11). Une molécule simple de graisse est formée lorsqu'une molécule de glycérine s'unit à trois molécules d'acides gras. Cette réaction, comme celle qui est liée à la formation des diholosides, est une réaction de déshydratation. Au cours de l'hydrolyse, une molécule simple de graisse est dégradée en acides gras et en glycérine.

Dans les chapitres suivants, nous aborderons les graisses saturées, non saturées et poly-non saturées. Les *graisses saturées* ne contiennent qu'une liaison covalente entre leurs atomes de carbone et tous les atomes de carbone sont liés à un nombre maximal d'atomes d'hydrogène ; elles sont saturées d'atomes d'hydrogène. On les trouve surtout dans les aliments d'origine animale riches en cholestérol, comme le bœuf, le porc, le beurre, le lait entier, les œufs et le fromage. Elles sont également présentes dans certains végétaux, comme le beurre de cacao, l'huile de palme et l'huile de noix de coco. Les *graisses non saturées* contiennent au moins une liaison covalente double entre leurs atomes de carbone ; elles ne sont pas complètement saturées d'atomes d'hydrogène. L'huile d'olive et l'huile d'arachides sont des graisses non saturées, et elles n'ont pas d'effet important sur le taux de cholestérol. Dans les *graisses poly-non saturées*, chaque atome de carbone peut encore se lier à deux atomes d'hydrogène ou plus. L'huile de maïs, l'huile de sésame et l'huile de soya sont des graisses poly-non saturées. Un grand nombre de chercheurs croient que ces substances contribuent à réduire le taux de cholestérol sanguin.

Les graisses constituent la source d'énergie la plus concentrée de l'organisme. Elles produisent plus de deux fois autant de kilojoules, comparativement à la masse, que les glucides ou les protéines. En règle générale, toutefois, les graisses sont d'environ 10% à 12% moins efficaces que les glucides en tant que carburants corporels. Une grande quantité des kilojoules contenus dans les graisses sont perdus et, par conséquent, ne peuvent pas être utilisés par l'organisme.

Les **prostaglandines** sont un groupe important de lipides composés d'acides gras à 20 atomes de carbone comportant un anneau cyclopentanique. Les prostaglandines ont été découvertes dans les sécrétions de la prostate, mais on sait maintenant qu'elles sont élaborées dans toutes les cellules nucléées de l'organisme et qu'elles peuvent influencer le fonctionnement de tous les types de cellules.

Les prostaglandines sont élaborées dans les membranes cellulaires et sont rapidement dégradées par des enzymes cataboliques. Bien qu'elles soient synthétisées en quantités infimes, elles sont puissantes et exercent une grande variété d'effets sur l'organisme. Fondamentalement, les prostaglandines imitent les hormones. Elles participent à la modulation d'un grand nombre de réactions hormonales (chapitre 18), déclenchent la menstruation et les avortements qui surviennent au cours du deuxième trimestre de la grossesse. Elles participent également à la réaction inflammatoire (chapitre 4) en prévenant les ulcères gastro-duodénaux, en libérant les voies bronchiques

DOCUMENT 2.4 QUELQUES LIPIDES REPRÉSENTATIFS ET LEUR RÔLE DANS L'ORGANISME HUMAIN

LIPIDES	RÔLE
GRAISSES	Protection, isolement, source d'énergie
PHOSPHOLIPIDES	
Lécithine	Élément lipidique majeur des membranes cellulaires; composant du plasma
Céphaline et sphingomyéline	Présentes en concentrations élevées dans les nerfs et les tissus de l'encéphale
STÉROÏDES	
Cholestérol	Élément des cellules, du sang et du tissu nerveux; on croit qu'il a un lien avec les cardiopathies et l'athérosclérose; précurseur des sels biliaires, de la vitamine D et des hormones stéroïdes
Sels biliaires	Substances qui mettent les graisses en suspension ou en émulsion avant la digestion et l'absorption; nécessaires à l'absorption des vitamines liposolubles (A,D,E,K)
Vitamine D	Élaborée sur la peau exposée aux rayons ultra-violets; nécessaire à la croissance, au développement et à la régénération des os
Œstrogènes	Hormones sexuelles élaborées en grandes quantités par l'organisme de la femme
Androgènes	Hormones sexuelles élaborées en grandes quantités par l'organisme de l'homme
AUTRES SUBSTANCES LIPOÏDIQUES	
Carotène	Pigment présent dans le jaune d'œuf, les carottes et les tomates; la vitamine A est formée à partir du carotène; le rétinène, formé à partir de la vitamine A, est un photorécepteur de la rétine
Vitamine E	Peut favoriser la guérison des blessures, prévenir les cicatrices et contribuer à la structuration et au fonctionnement du système nerveux; une carence cause la stérilité chez les rats et la dystrophie musculaire chez les singes; chez l'être humain, on croit qu'une carence en vitamine E provoque l'oxydation de certaines graisses non saturées, produisant une structure et un fonctionnement anormaux de certaines parties des cellules (mitochondries, lysosomes et membranes cellulaires); peut réduire la gravité d'une déficience visuelle associée à la fibroplasie rétrolentale (maladie de l'œil affectant le prématuré, causée par une quantité d'oxygène excessive dans les incubateurs), en jouant le rôle d'un anti-oxydant
Vitamine K	Favorise la coagulation du sang et prévient les hémorragies
Prostaglandines	Lipides qui stimulent les contractions utérines, provoquent le travail et l'avortement, transmettent les influx nerveux, règlent le métabolisme, régularisent les sécrétions gastriques, inhibent la dégradation des lipides et régularisent les contractions musculaires du tube digestif

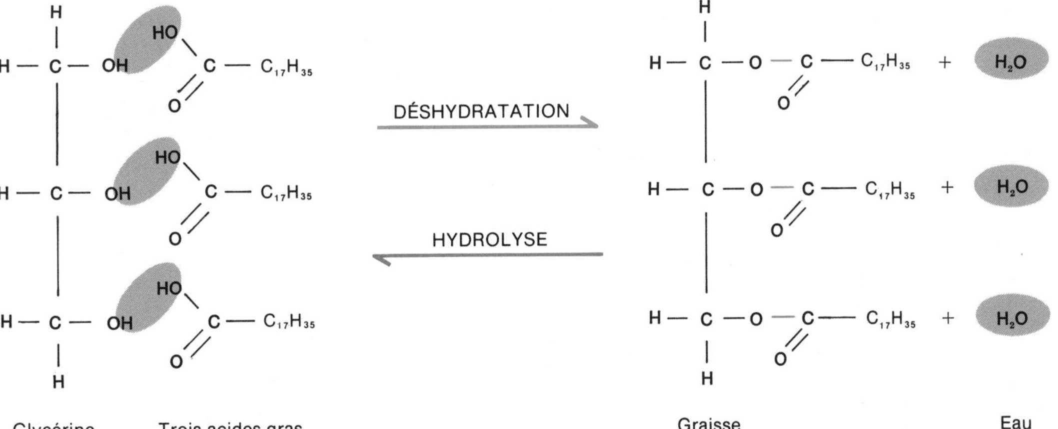

FIGURE 2.11 Déshydratation et hydrolyse d'une molécule de graisse. Dans la réaction de déshydratation (lire de gauche à droite), une molécule de glycérine s'unit à trois molécules d'acides gras, et trois molécules d'eau sont perdues. Dans l'hydrolyse (lire de droite à gauche), une molécule de graisse est dégradée en une molécule de glycérine et trois molécules d'acides gras, après l'addition de trois molécules d'eau. L'acide gras est un acide stéarique, un composant de l'huile de maïs, de l'huile de noix de coco, de la graisse de bœuf et de la graisse de porc.

et nasales, et contribuent à la formation et à l'inhibition de l'agrégation plaquettaire, et à la régulation de la température corporelle.

Les protéines

Les **protéines** sont un autre groupe de composés organiques dont la structure est beaucoup plus complexe que celle des glucides ou des lipides. Elles sont également responsables d'une grande partie de la structure des cellules corporelles et elles sont reliées à un grand nombre d'activités physiologiques. Ainsi, sous la forme d'enzymes, elles accélèrent un grand nombre de réactions biochimiques essentielles. D'autres protéines jouent un rôle nécessaire dans la contraction musculaire. Les anticorps sont des protéines qui donnent à l'organisme humain des défenses contre les microbes envahisseurs. Et certaines hormones qui régularisent les fonctions corporelles sont également des protéines. Dans le document 2.5, nous présentons certaines protéines classées d'après leurs fonctions.

Sur le plan chimique, les protéines contiennent toujours du carbone, de l'hydrogène, de l'oxygène et de l'azote. Un grand nombre d'entre elles contiennent également du soufre et du phosphore. Tout comme les oses sont les unités de base des sucres, et que les acides gras et la glycérine sont les unités de base des graisses, les **acides aminés** constituent les unités structurales des protéines. Durant la formation d'une protéine, des acides aminés s'unissent pour former des molécules plus complexes, et des molécules d'eau sont perdues. Ce processus est une réaction de déshydratation, et les liaisons formées entre les acides aminés sont des *liaisons peptidiques* (figure 2.12).

Lorsque deux acides aminés s'unissent, ils forment un **dipeptide**. En ajoutant un autre acide aminé à un dipeptide, on obtient un **tripeptide**. Et si l'on ajoute d'autres acides aminés, on forme des **polypeptides**, qui sont de grosses molécules protéiques. On trouve au moins vingt acides aminés différents dans les protéines. Une telle variété de protéines est possible parce que toute modification du nombre ou de la séquence des acides aminés peut produire une protéine différente. Prenons pour exemple le fait d'utiliser un alphabet de vingt lettres pour former des mots. Chaque lettre pourrait être comparée à un acide aminé différent, et chaque mot serait une protéine différente.

Les protéines ont quatre niveaux d'organisation structurale. La *structure primaire* est la séquence des acides aminés qui forment la protéine. Une modification au niveau de la structure primaire peut avoir des conséquences graves. Par exemple, une seule substitution d'un acide aminé dans une protéine sanguine peut produire une molécule d'hémoglobine déformée qui provoque une anémie à cellules falciformes, ou drépanocytose. La *structure secondaire* d'une protéine est constituée par l'enroulement de la chaîne d'amines en hélice. La *structure tertiaire* s'applique à la chaîne repliée en une forme tridimensionnelle. La *structure quaternaire*, elle, est formée de deux ou de plusieurs chaînes tertiaires liées les unes aux autres.

DOCUMENT 2.5 CLASSIFICATION DES PROTÉINES SELON LEURS FONCTIONS

TYPE DE PROTÉINE	DESCRIPTION
Structurales	Protéines qui forment la structure de certaines parties du corps. Exemples : la kératine de la peau, des cheveux et des ongles, et le collagène du tissu conjonctif (chapitre 5)
Régulatrices	Protéines qui jouent le rôle d'hormones et régularisent différents processus physiologiques. Exemples : l'insuline, qui régularise le taux de glucose sanguin, et l'adrénaline, qui régularise le diamètre des vaisseaux sanguins (chapitre 18)
Contractiles	Protéines qui servent d'éléments contractiles dans le tissu musculaire. Exemples : la myosine et l'actine (chapitre 10)
Immunitaires	Protéines qui jouent le rôle d'anticorps pour protéger l'organisme des microbes envahisseurs. Exemple : la gammaglobuline (chapitre 22)
Transporteuses	Protéines qui transportent les substances vitales dans l'organisme. Exemple : l'hémoglobine, qui transporte l'oxygène et le dioxyde de carbone dans le sang (chapitre 19)
Catalytiques	Protéines qui jouent le rôle d'enzymes et règlent les réactions biochimiques. Exemples : l'amylase salivaire, la pepsine et la lactase (chapitres 24 et 25)

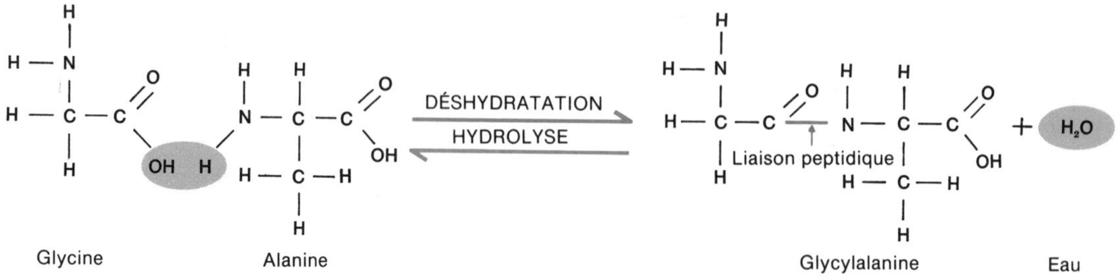

Glycine + Alanine — DÉSHYDRATATION / HYDROLYSE — Glycylalanine (Liaison peptidique) + Eau (H_2O)

FIGURE 2.12 Formation d'une protéine. Lorsque deux ou plusieurs acides aminés s'unissent chimiquement, il se produit une liaison peptidique. Dans l'exemple ci-haut, la glycine et l'alanine, les deux acides aminés, s'unissent pour former le dipeptide glycylalanine. La liaison peptidique se forme au moment où l'eau est perdue.

Les acides nucléiques : l'acide désoxyribonucléique (ADN) et l'acide ribonucléique (ARN)

Les **acides nucléiques**, composés découverts dans les noyaux des cellules, sont des molécules organiques très grosses contenant du carbone, de l'hydrogène, de l'oxygène, de l'azote et du phosphore. Ils sont divisés en deux types principaux: l'**acide désoxyribonucléique (ADN)** et l'**acide ribonucléique (ARN).**

Alors que les unités structurales de base des protéines sont les acides aminés, celles des acides nucléiques sont les **nucléotides**. Une molécule d'ADN est formée de deux chaînes enroulées en double hélice, et chaque chaîne est un polymère de mononucléotides. Chacun de ces derniers est composé de trois éléments de base (figure 2.13,a):

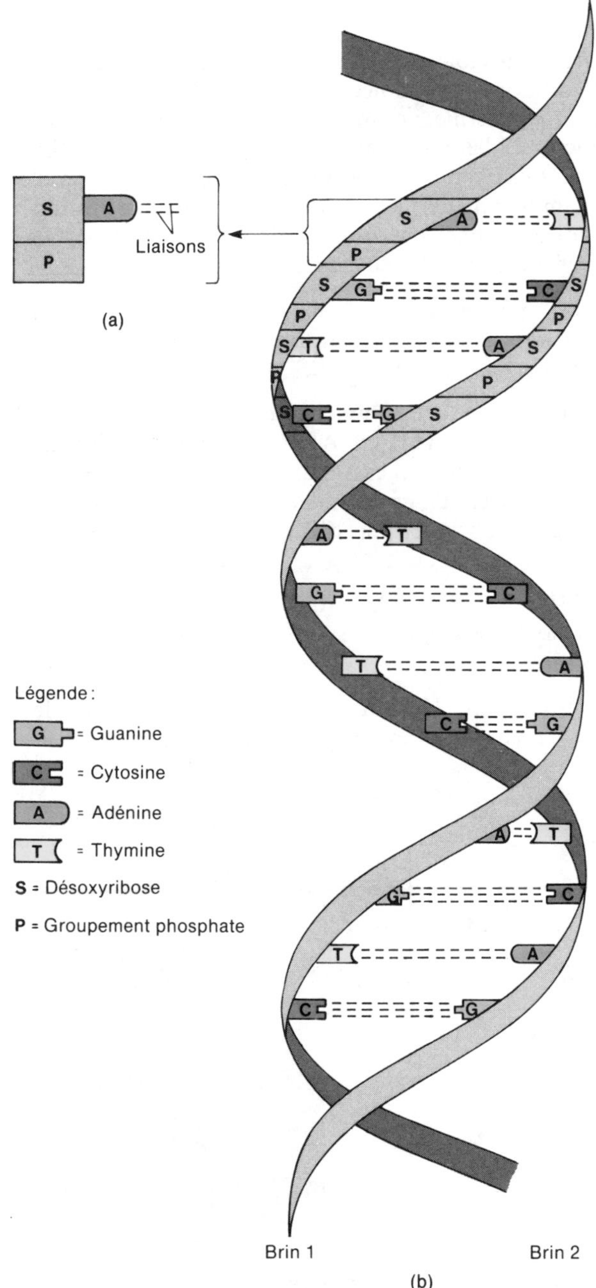

1. Il contient une des quatre *bases azotées* possibles, qui sont des structures en forme d'anneau contenant des atomes de C, H, O et N. Les bases azotées présentes dans l'ADN sont l'adénine, la thymine, la cytosine et la guanine.
2. Il contient un pentose, le *désoxyribose*.
3. Il contient également un *groupement phosphate*.

On distingue les mononucléotides selon la nature de la base azotée qu'ils contiennent. Ainsi, un mononucléotide contenant de la guanine est un *acide guanylique* et un mononucléotide contenant de l'adénine est un *acide adénylique*.

Avant 1900, on connaissait les éléments chimiques qui composent la molécule d'ADN, mais ce n'est qu'en 1953 qu'on a construit un modèle de l'organisation chimique de la molécule. Ce modèle a été proposé par J.D. Watson et F.H.C. Crick; ces derniers avaient construit leur modèle en se basant sur les données obtenues après de longues recherches. À la figure 2.13,b, nous illustrons les caractéristiques structurales de la molécule d'ADN que nous allons maintenant étudier.

1. La molécule est faite de deux brins ayant des barres transversales. Les brins s'enroulent les uns aux autres sous la forme d'une *double hélice*; la molécule ressemble à une échelle enroulée. Durant de nombreuses années, on a cru que toutes les molécules d'ADN avaient la forme d'une double hélice qui s'enroulait régulièrement vers la droite (ADN à brin dextrogyre). On a découvert plus tard que la molécule d'ADN pouvait

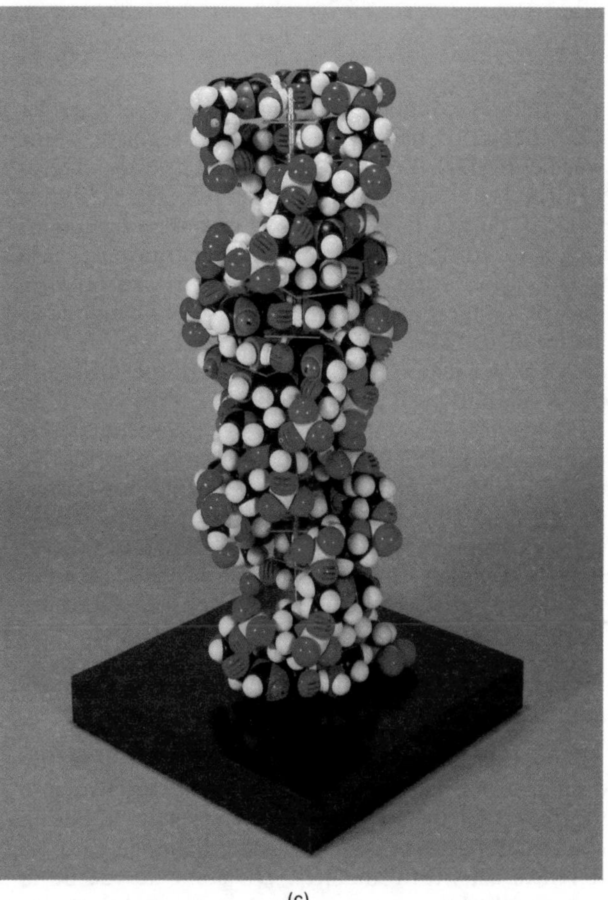
(c)

FIGURE 2.13 Molécule d'ADN. (a) Acide adénylique. (b) Portion d'une molécule d'ADN assemblée. (c) Modèle tridimensionnel démontrant la grosseur relative et l'emplacement des atomes. [Gracieuseté de Ealing Corporation.]

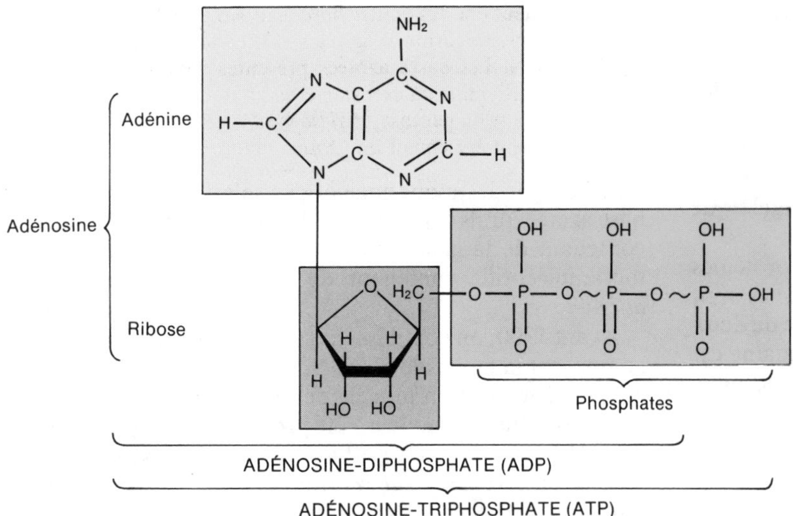

FIGURE 2.14 Structure de l'ATP et de l'ADP. Les liaisons riches en énergie son représentées par ~.

également s'enrouler irrégulièrement vers la gauche (ADN à brin lévogyre). Cette autre forme d'ADN peut aider à expliquer la façon dont les gènes se transforment, et comment certaines cellules peuvent devenir malignes.

2. Les montants de l'échelle d'ADN sont composés de groupements phosphate qui alternent avec des portions désoxyribose des mononucléotides.

3. Les échelons de l'échelle contiennent des paires de bases azotées. Comme nous pouvons le voir sur l'illustration, l'adénine s'associe toujours à la thymine, et la cytosine, à la guanine.

Les cellules contiennent du matériel génétique, les *gènes*, chacun d'entre eux formant un segment d'une molécule d'ADN. Les gènes déterminent les caractères héréditaires, et ils règlent l'ensemble des activités cellulaires durant la vie entière. Lorsqu'une cellule se divise, ses informations génétiques sont transmises à la nouvelle génération de cellules. Cette transmission d'informations est possible grâce à la structure unique de la molécule d'ADN.

L'ARN, le deuxième type d'acide nucléique, diffère de l'ADN sur plusieurs plans. L'ARN ne possède qu'un brin alors que l'ADN en a deux. Le sucre contenu dans le mononucléotide de l'ARN est le ribose, un pentose. De plus, l'ARN ne contient pas de thymine, une base azotée, mais de l'uracile, une base azotée également. On a identifié au moins trois types d'ARN différents dans les cellules. Chacun de ces types a un rôle particulier à jouer avec l'ADN sur le plan des réactions de synthèse protéique (chapitre 3).

L'adénosine-triphosphate (ATP)

L'**adénosine-triphosphate (ATP)** est une molécule indispensable à la vie de la cellule. Elle est présente universellement dans les systèmes vivants et assume la tâche très importante d'emmagasiner l'énergie pour les différentes activités cellulaires. Du point de vue de la structure, l'ATP est composée de trois groupements phosphate et d'une unité d'adénosine contenant de l'adénine et un sucre à cinq atomes de carbone, le ribose (figure 2.14). L'ATP est considérée comme une molécule à haut potentiel énergétique à cause de la quantité totale d'énergie utilisable qu'elle libère lorsqu'elle est dégradée par l'addition d'une molécule d'eau (hydrolyse).

Lorsque le dernier groupement phosphate est hydrolisé, la réaction libère une grande quantité d'énergie. La cellule utilise cette énergie pour ses activités de base. L'élimination du dernier groupement phosphate produit une molécule appelée **adénosine-diphosphate (ADP)**. On peut représenter cette réaction de la façon suivante :

$$\underset{\text{Adénosine-triphosphate}}{\text{ATP}} \rightleftharpoons \underset{\text{adénosine-diphosphate}}{\text{ADP}} + \underset{\text{phosphate}}{\text{P}} + \underset{\text{énergie}}{\text{É}}$$

La cellule utilise constamment l'énergie fournie par le catabolisme de l'ATP en ADP. Comme les réserves d'ATP sont limitées, il existe un mécanisme qui permet de les remplacer : un groupement phosphate est ajouté à l'ADP pour fabriquer plus d'ATP. On peut représenter cette réaction comme suit :

$$\underset{\text{Adénosine-diphosphate}}{\text{ADP}} + \underset{\text{phosphate}}{\text{P}} + \underset{\text{énergie}}{\text{É}} \rightleftharpoons \underset{\text{adénosine-triphosphate}}{\text{ATP}}$$

Logiquement, la fabrication d'ATP requiert de l'énergie. L'énergie nécessaire pour attacher un groupement

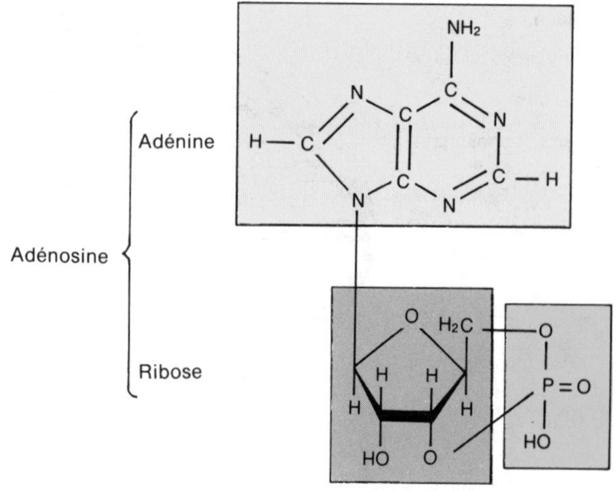

FIGURE 2.15 Structure de l'AMP cyclique.

phosphate à l'ADP est fournie par les différentes réactions cataboliques qui ont lieu dans la cellule, notamment par la dégradation du glucose. L'ATP peut être entreposée dans toutes les cellules, où elle assure une énergie potentielle qui n'est libérée qu'en cas de besoin.

L'adénosine monophosphate-3',5' cyclique (AMP cyclique)

L'**adénosine monophosphate-3',5' cyclique** est une substance étroitement liée à l'ATP. Il s'agit d'une molécule d'adénosine monophosphate dont le phosphate est attaché au ribose en deux endroits (figure 2.15). Les points d'attache forment une structure en forme d'anneau, d'où le nom d'AMP cyclique.

L'AMP cyclique est formée à partir de l'ATP par l'action d'une enzyme spéciale, l'*adénylcyclase*, située dans la membrane cellulaire. L'AMP cyclique a été découverte en 1958; toutefois, ce n'est que récemment qu'on a compris parfaitement son rôle. Une des fonctions de l'AMP cyclique est reliée à l'action des hormones, un sujet que nous verrons en détail au chapitre 18.

RÉSUMÉ

L'introduction aux principes de base de la chimie (page 26)

Les éléments chimiques (page 26)

1. La matière est « tout ce qui occupe un espace et possède une masse ». Elle est faite d'unités appelées éléments chimiques.
2. Le carbone, l'hydrogène, l'oxygène et l'azote composent 96% de la masse corporelle. Ces éléments, ajoutés au phosphore et au calcium, constituent 99% de la masse corporelle totale.

La structure des atomes (page 26)

1. Les unités de matière des éléments chimiques sont les atomes.
2. Les atomes sont composés d'un noyau, qui contient des protons et des neutrons, et d'électrons qui gravitent autour du noyau sur des niveaux d'énergie.
3. Le nombre total de protons d'un atome constitue son numéro atomique.
4. L'imagerie par résonance magnétique (IRM) est basée sur la réaction des noyaux atomiques au magnétisme.
5. L'IRM peut identifier des pathologies existantes, évaluer un traitement médicamenteux, mesurer le métabolisme et évaluer les risques liés à certaines maladies.

Les atomes et les molécules (page 27)

1. Les électrons sont la partie de l'atome qui participe activement aux réactions chimiques.
2. Une molécule est la plus petite unité composée par la combinaison de deux ou de plusieurs atomes. Une molécule qui contient deux ou plusieurs types d'atomes différents est un composé.
3. Dans une liaison ionique, les électrons du niveau d'énergie le plus éloigné du noyau se déplacent d'un atome à un autre. Le transfert forme des ions qui s'attirent électriquement les uns les autres et forment des liaisons ioniques.
4. Dans une liaison covalente, il se produit un partage des électrons situés sur le niveau d'énergie le plus éloigné du noyau.
5. La liaison hydrogène produit une liaison temporaire entre certains atomes au sein de grosses molécules complexes, comme les protéines et les acides nucléiques.

Les radio-isotopes (page 31)

1. Les radio-isotopes émettent des radiations que peuvent détecter certains instruments.
2. La tomographie par émission de positons (TEP) est une version sophistiquée de la scintigraphie.
3. La tomographie par émission de positons produit des images de l'activité chimique au sein des tissus.

Les réactions chimiques (page 32)

1. Les réactions de synthèse comportent la combinaison de réactifs pour produire une nouvelle molécule. Ces réactions sont anaboliques : elles forment des liaisons.
2. Dans les réactions de dégradation, une substance se dégrade en d'autres substances. Ces réactions sont cataboliques : elles brisent des liaisons.
3. Les réactions de substitution impliquent le remplacement d'un ou de plusieurs atomes par un ou plusieurs autres atomes.
4. Dans les réactions réversibles, les produits finals peuvent être inversés et reprendre la forme des molécules originales.
5. La somme des réactions de synthèse et de dégradation qui surviennent dans l'organisme constitue le métabolisme.
6. Lorsque des liaisons chimiques sont formées, de l'énergie est utilisée ; lorsque des liaisons chimiques sont brisées, de l'énergie est libérée. C'est l'énergie chimique de liaison.
7. D'autres formes d'énergie comprennent l'énergie mécanique, l'énergie rayonnante et l'énergie électrique.

Les composés chimiques et les processus vitaux (page 34)

1. Les substances inorganiques ne contiennent habituellement pas de carbone, mais elles contiennent des liaisons ioniques, résistent à la dégradation et se dissolvent rapidement dans l'eau.
2. Les substances organiques contiennent toujours du carbone et, généralement, de l'hydrogène. La plupart des substances organiques contiennent des liaisons covalentes et ne sont pas hydrosolubles.

Les composés inorganiques (page 35)

1. L'eau constitue la substance la plus abondante dans l'organisme. C'est un excellent solvant et un très bon milieu de suspension. Elle participe aux réactions chimiques, absorbe et dégage la chaleur lentement, et sert de lubrifiant.
2. Les acides, les bases et les sels se dissocient en ions dans l'eau. Un acide se dissocie en ions H^+ ; une base se dissocie en ions OH^-. Un sel ne se dissocie ni en ions H^+ ni en ions OH^-. Les cations sont des ions chargés positivement et les anions sont des ions chargés négativement.
3. Le pH des différentes parties de l'organisme doit demeurer relativement constant pour que l'organisme demeure sain. Sur l'échelle de pH, 7 représente la neutralité. Les valeurs inférieures à 7 indiquent une solution acide, et les valeurs supérieures à 7 indiquent une solution alcaline.
4. Le pH des différentes parties de l'organisme est maintenu par des systèmes tampons, qui sont habituellement composés d'un acide faible et d'une base faible. Les systèmes tampons éliminent le surplus d'ions H^+ et d'ions OH^- en vue de maintenir l'équilibre du pH.

Les composés organiques (page 39)

1. Les glucides sont des sucres ou des amidons qui fournissent la plus grande partie de l'énergie nécessaire à la vie. Ils peuvent être des oses, des diholosides ou des polyosides. Les glucides, et d'autres molécules organiques, se lient pour former des molécules plus grosses et perdent de l'eau au

cours d'un processus appelé déshydratation. Le processus inverse, appelé hydrolyse, permet à de grosses molécules de se dégrader en molécules plus petites avec l'addition d'eau.
2. Les lipides sont un groupe diversifié de composés qui comprennent les graisses, les phospholipides, les stéroïdes, les carotènes, les vitamines E et K, et les prostaglandines. Les graisses protègent, isolent, fournissent de l'énergie et sont parfois emmagasinées pour être utilisées selon les besoins. Les prostaglandines imitent l'effet des hormones et participent à la réaction inflammatoire et à la modulation des réactions hormonales.
3. Les protéines sont faites d'acides aminés.Elles structurent l'organisme, régularisent les différents processus, protègent, contribuent à la contraction musculaire et transportent certaines substances.
4. L'acide désoxyribonucléique (ADN) et l'acide ribonucléique (ARN) sont des acides nucléiques contenant des bases azotées, un sucre et un groupement phosphate. L'ADN est une hélice double et constitue le composant chimique principal des gènes. L'ARN possède une structure et une composition chimiques différentes, et est surtout relié aux réactions de synthèse protéique.
5. L'adénosine-triphosphate (ATP) est la principale molécule qui emmagasine l'énergie de l'organisme. Lorsque l'énergie est libérée, elle se dégrade en adénosine-diphosphate (ADP). L'ATP est composé à partir de l'ADP, en utilisant l'énergie fournie par différentes réactions de dégradation, notamment celle du glucose.
6. L'AMP cyclique est étroitement reliée à l'ATP et joue un rôle dans certaines réactions hormonales.

RÉVISION

1. Quel est le lien entre la matière et l'organisme ?
2. Définissez un élément chimique. Nommez les symboles chimiques de dix éléments chimiques différents. Quels sont les éléments chimiques qui forment la plus grande partie de l'organisme humain ?
3. Qu'est-ce qu'un atome ? Faites un diagramme démontrant la position du noyau, des protons, des neutrons et des électrons dans un atome d'oxygène et dans un atome d'hydrogène. Qu'est-ce qu'un numéro atomique ?
4. Expliquez le principe de l'imagerie par résonance magnétique. De quelle façon cette technique est-elle utile dans le diagnostic des maladies ?
5. Qu'est-ce qu'un niveau d'énergie ?
6. Comment se forment les liaisons chimiques ? Quelle est la différence entre une liaison ionique et une liaison covalente ? Donnez au moins un exemple de chacune.
7. Dites de quelle façon une molécule de $MgCl_2$ est le produit d'une liaison ionique. Le magnésium possède deux électrons sur son niveau d'énergie le plus éloigné du noyau. Faites un diagramme pour vérifier votre réponse.
8. Regardez les figures 2.5,b et 2.5,c. Essayez de déterminer pourquoi il existe une liaison covalente double entre les atomes d'une molécule d'oxygène (O_2) et une liaison covalente triple entre les atomes d'une molécule d'azote (N_2).
9. Définissez une liaison hydrogène. Pourquoi les liaisons hydrogène sont-elles importantes ?
10. Définissez un radio-isotope. Expliquez le principe de la tomographie par émission de positons. Quelle est l'importance diagnostique de cette technique ?
11. Quels sont les quatre principaux types de réactions chimiques ? De quelle façon l'anabolisme et le catabolisme sont-ils liés aux réactions de synthèse et de dégradation ? De quelle façon l'énergie est-elle reliée aux réactions chimiques ?
12. Dites quel type de réaction est représenté par chacune des équations suivantes :

    a. $H_2Cl_2 \rightarrow 2HCl$
    b. $3\ NaOH + H_3PO_4 \rightarrow Na_3PO_4 + 3\ H_2O$
    c. $CaCO_3 + CO_2 + H_2O \rightarrow Ca(HCO_3)_2$
    d. $HNO_3 \rightarrow H^+ + NO_3^-$
    e. $NH_3 + H_2O \rightleftharpoons NH_4 + OH^-$

13. De quelle façon les composés inorganiques diffèrent-ils des composés organiques ? Nommez et définissez les principaux composés inorganiques et organiques de l'organisme humain.
14. Quels rôles essentiels l'eau joue-t-elle dans l'organisme ? Quelle est la différence entre une solution et une suspension ?
15. Définissez un acide, une base et un sel. De quelle façon l'organisme acquiert-il certaines de ces substances ? Nommez quelques-unes des fonctions des éléments chimiques qui agissent comme des ions de sels.
16. Qu'est-ce que le pH ? Pourquoi est-il important de maintenir un pH relativement constant ? Qu'est-ce que l'échelle de pH ? Si 100 ions OH^- correspondent à un pH de 8,5, combien d'ions OH^- correspondront-ils à un pH de 9,5 ?
17. Nommez les valeurs normales de pH de certains liquides courants, de solutions biologiques et d'aliments. À l'aide du document 2.3, dites quelles sont les deux substances dont le pH est le plus près de la neutralité. Le pH du lait est-il plus près de 7 que celui du liquide céphalo-rachidien ? Le pH de la bile est-il plus éloigné de 7 que celui de l'urine ?
18. Quels sont les éléments d'un système tampon ? Quel rôle joue une paire ? Faites un diagramme et expliquez comment le système tampon acide carbonique—bicarbonate du liquide extracellulaire maintient un pH constant, même en présence d'un acide fort ou d'une base forte. De quelle façon ce phénomène est-il un exemple d'homéostasie ?
19. Pourquoi les réactions des paires sont-elles plus importantes lorsqu'elles surviennent avec des acides et des bases forts plutôt qu'avec des acides et des bases faibles ?
20. Qu'est-ce qu'un glucide ? Pourquoi les glucides sont-ils nécessaires à l'organisme ? De quelle façon classe-t-on les glucides ?
21. Comparez la déshydratation à l'hydrolyse. Pourquoi ces phénomènes sont-ils importants ?
22. De quelle façon les lipides diffèrent-ils des glucides ? Nommez quelques-uns des liens qui existent entre les lipides et l'organisme.
23. Qu'est-ce qu'une prostaglandine ? Nommez quelques-uns des effets physiologiques des prostaglandines.
24. Qu'est-ce qu'une protéine ? Qu'est-ce qu'une liaison peptidique ? Discutez de la classification des protéines d'après leurs fonctions.
25. Qu'est-ce qu'un acide nucléique ? De quelle façon l'acide désoxyribonucléique (ADN) diffère-t-il de l'acide ribonucléique (ARN) sur les plans de la composition chimique, de la structure et de la fonction ?
26. Qu'est-ce que l'adénosine-triphosphate (ATP) ? Quel est le rôle essentiel joué par l'ATP dans l'organisme humain ? De quelle façon l'ATP joue-t-elle ce rôle ?
27. De quelle façon l'AMP cyclique est-elle reliée à l'ATP ? Quel est le rôle de l'AMP cyclique ?

3

Le niveau d'organisation cellulaire

OBJECTIFS

- Définir et nommer les parties de la cellule animale généralisée.
- Expliquer la chimie, la structure et les fonctions de la membrane cellulaire.
- Décrire la façon dont les substances traversent la membrane cellulaire par l'intermédiaire de la diffusion, de la diffusion facilitée, de l'osmose, de la filtration, de la dialyse, du transport actif et de l'endocytose.
- Décrire la composition chimique et les fonctions du cytoplasme.
- Décrire la structure et les fonctions d'un noyau.
- Définir la structure et la fonction des ribosomes.
- Comparer le réticulum endoplasmique granuleux et le réticulum endoplasmique lisse sur les plans de la structure et de la fonction.
- Décrire la structure et les fonctions de l'appareil de Golgi.
- Discuter de la structure et de la fonction des mitochondries en tant que « centrales électriques » de la cellule.
- Expliquer la structure et la fonction des lysosomes.
- Expliquer la structure et la fonction des peroxysomes.
- Comparer la structure et la fonction des microfilaments, des microtubules et des filaments intermédiaires en tant que composants du cytosquelette.
- Expliquer la structure et la fonction des centrioles dans la reproduction cellulaire.
- Connaître la différence entre les cils et les flagelles.
- Définir une inclusion cellulaire et donner quelques exemples.
- Définir les substances extracellulaires et donner quelques exemples.
- Définir un gène et expliquer la suite d'événements liée à la synthèse protéique.
- Décrire le principe du génie génétique et son importance.
- Décrire les principaux événements de l'interphase, l'étape qui se trouve entre deux divisions cellulaires.
- Parler des étapes, des événements et de la signification de la division cellulaire somatique et de la division cellulaire sexuelle.
- Décrire le cancer sur le plan du déséquilibre homéostatique des cellules.
- Expliquer le lien qui existe entre le vieillissement et les cellules.
- Définir les termes médicaux associés aux cellules.

L'étude du niveau d'organisation cellulaire de l'organisme est importante, car un grand nombre d'activités vitales ont lieu dans les cellules, et la plupart des processus pathologiques y ont leur origine. On peut définir une **cellule** comme étant l'unité de base vivante, structurale et fonctionnelle de tous les organismes vivants. La **cytologie** est la branche de la science qui étudie les cellules. Dans ce chapitre, nous mettons l'accent sur la structure, la fonction et la reproduction des cellules.

Des illustrations accompagnent chacune des structures cellulaires étudiées dans ce chapitre. Un diagramme d'une cellule animale généralisée montre l'emplacement de la structure intracellulaire. Une photomicrographie électronique illustre l'apparence réelle de la structure*. Un diagramme effectué à partir de la même image rend les détails plus clairs en les faisant paraître plus gros. Finalement, un diagramme agrandi de la structure permet d'en voir les détails.

APPLICATION CLINIQUE

La microscopie électronique offre des avantages considérables en aidant les scientifiques à comprendre les détails de la structure cellulaire ; cependant, il est dommage que les spécimens utilisés, que l'on place dans un vacuum, doivent mourir. On a maintenant résolu ce problème grâce à un procédé appelé **microtomographie**, qui combine les principes de la microscopie électronique et de la tomographie axiale assistée par ordinateur. La microtomographie permet d'obtenir des images agrandies et tridimensionnelles de cellules *vivantes*.

Les applications éventuelles de la microtomographie comprennent l'étude des mouvements, de la croissance et de la reproduction des cellules normales et cancéreuses. On l'utilisera également pour suivre les changements qui se produisent à mesure que l'embryon franchit les étapes de son développement. De plus, elle permettra aux scientifiques d'observer les effets microscopiques de certains médicaments sur les cellules vivantes et la façon dont les substances cancérogènes affectent ces dernières.

LA CELLULE ANIMALE GÉNÉRALISÉE

Une **cellule animale généralisée** est l'amalgame d'un grand nombre de cellules différentes. Regardons la cellule généralisée illustrée à la figure 3.1, mais rappelons-nous que cette cellule n'existe pas réellement.

Nous pouvons diviser cette cellule en quatre parties principales :

1. La membrane cellulaire, ou plasmique. Membrane externe séparant la partie interne de la cellule du liquide extracellulaire et du milieu externe.

2. Le cytoplasme. Substance présente entre le noyau et la membrane cellulaire.

3. Les organites. Composants cellulaires hautement spécialisés dans certaines activités cellulaires.

4. Les inclusions. Sécrétions et lieux d'entreposage de la cellule.

LA MEMBRANE CELLULAIRE

La **membrane cellulaire**, ou **plasmique**, est une membrane très mince qui sépare la cellule des autres cellules et du milieu externe (figure 3.2,a). Elle mesure entre 6,5 nm et 10 nm d'épaisseur.

LA CHIMIE ET LA STRUCTURE

Les protéines forment le composant principal de presque toutes les membranes cellulaires, représentant de 50 % à 70 % de leur masse. Après les protéines, les phospholipides constituent la substance la plus abondante. Du cholestérol, de l'eau, des glucides et des ions sont également présents, en quantités moins importantes. Des études récentes portant sur la structure de la membrane suggèrent une nouvelle façon de concevoir la disposition des différentes molécules. On appelle ce nouveau concept le **modèle de la mosaïque fluide** (figure 3.2,b).

Les molécules de phospholipides sont disposées en deux rangées parallèles, formant une **couche bimoléculaire de phospholipides**. Une molécule de phospholipide comprend une « tête » polaire contenant du phosphate hydrophile et des « queues » non polaires d'acides gras hydrophobes. Les molécules sont orientées dans la couche de phospholipides de façon que les « têtes » regardent l'extérieur des deux côtés et que les « queues » se regardent l'une l'autre à l'intérieur de la membrane. La couche bimoléculaire de lipides constitue la charpente de la membrane cellulaire.

Les protéines de la membrane sont classées en deux catégories : structurales et périphériques. Les **protéines structurales** sont nichées dans la couche bimoléculaire de phospholipides parmi les « queues » d'acides gras. Certaines d'entre elles se trouvent aux surfaces interne et externe de la membrane, ou près de ces surfaces. D'autres pénètrent complètement dans la membrane. Comme la couche bimoléculaire de phospholipides est quelque peu fluide et flexible, et que les protéines structurales se déplacent d'un endroit à un autre dans la membrane, on a comparé les protéines à des icebergs flottant dans la mer que constitue la couche bimoléculaire. Les sous-unités de certaines protéines structurales forment des canaux minuscules dans lesquels des substances peuvent être transportées à l'intérieur et à l'extérieur de la cellule (description sommaire). D'autres protéines structurales transportent des chaînes ramifiées de glucides. Ces combinaisons de glucides et de protéines, appelées *glycoprotéines*, constituent des sites récepteurs qui rendent la cellule capable de reconnaître d'autres cellules du même type, ce qui leur permet de s'unir pour former un tissu ; de reconnaître les cellules étrangères éventuellement dangereuses, et d'y réagir ; de reconnaître les hormones, les nutriments et les autres produits chimiques, et de s'y rattacher. Les hématies possèdent également des

* Une **photomicrographie électronique** est une photographie obtenue au moyen d'un microscope électronique. Ce dernier peut agrandir un objet plus de 200 000 fois. Le microscope optique que vous utilisez probablement dans votre laboratoire agrandit les objets environ 1 000 fois.

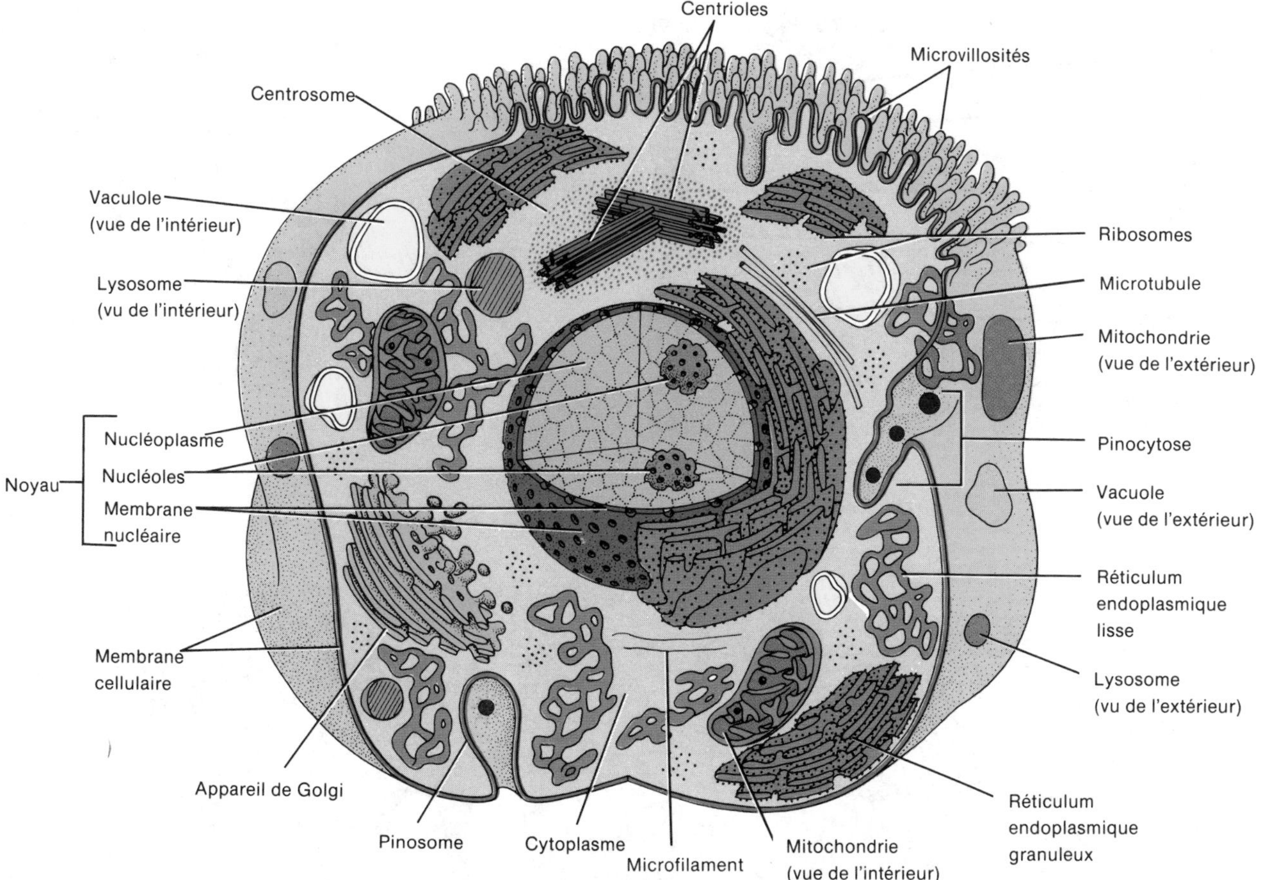

FIGURE 3.1 Cellule animale généralisée basée sur des études effectuées au microscope électronique.

récepteurs glycoprotéiques qui les empêchent de se coaguler et de produire des caillots. On croit que le diabète sucré est causé par des récepteurs cellulaires défectueux.

Les **protéines périphériques** sont attachées lâchement à la surface de la membrane et s'en séparent facilement. On en connaît beaucoup moins à leur sujet qu'à celui des protéines structurales, et on ne comprend pas encore complètement le rôle qu'elles jouent. Ainsi, on croit que certaines protéines périphériques, comme le cytochrome c, qui participe à la respiration cellulaire, jouent le rôle d'enzymes qui catalysent les réactions cellulaires. D'autres, comme la spectrine des hématies, pourraient servir de structure de soutien à la membrane cellulaire. On croit également que les protéines périphériques pourraient jouer un rôle dans les modifications de la forme de la membrane au cours de certains processus comme la division, la locomotion et l'ingestion.

LES FONCTIONS

Nous pouvons maintenant décrire les fonctions principales de la membrane cellulaire. Premièrement, celle-ci constitue une frontière flexible qui entoure le contenu de la cellule et le sépare du milieu externe. Deuxièmement, la membrane facilite le contact avec les autres cellules de l'organisme, ou avec des cellules ou des substances étrangères. Troisièmement, la membrane possède des récepteurs pour les substances chimiques, comme les hormones, les enzymes, les nutriments et les anticorps. Quatrièmement, la membrane cellulaire joue un rôle dans l'entrée et la sortie des substances. On appelle **perméabilité sélective** la capacité de la membrane cellulaire de permettre le passage de certaines substances, mais d'empêcher d'autres substances d'entrer ou de sortir. Voyons ce mécanisme de plus près.

On dit qu'une membrane est *perméable* à une substance lorsqu'elle permet le passage de celle-ci. Bien que les membranes cellulaires ne soient complètement perméables à aucune substance, elles facilitent le passage de certaines d'entre elles. Ainsi, l'eau traverse les membranes cellulaires plus facilement que la plupart des autres substances. La perméabilité d'une membrane cellulaire semble dépendre de plusieurs facteurs :

1. **Les dimensions des molécules.** Les grosses molécules ne peuvent pas traverser une membrane cellulaire. L'eau et les acides aminés sont faits de petites molécules et peuvent entrer facilement dans la cellule et en sortir. Toutefois, la plupart des protéines, qui sont composées d'un grand nombre d'acides aminés liés ensemble, paraissent trop volumineuses pour traverser la membrane. La plupart des scientifiques croient que les molécules géantes ne pénètrent pas dans la cellule parce qu'elles sont plus grosses que les minuscules canaux présents dans les protéines structurales.
2. **La liposolubilité.** Les substances qui se dissolvent facilement dans les lipides traversent plus aisément les membranes que d'autres substances, parce qu'une partie importante de la membrane cellulaire est composée de

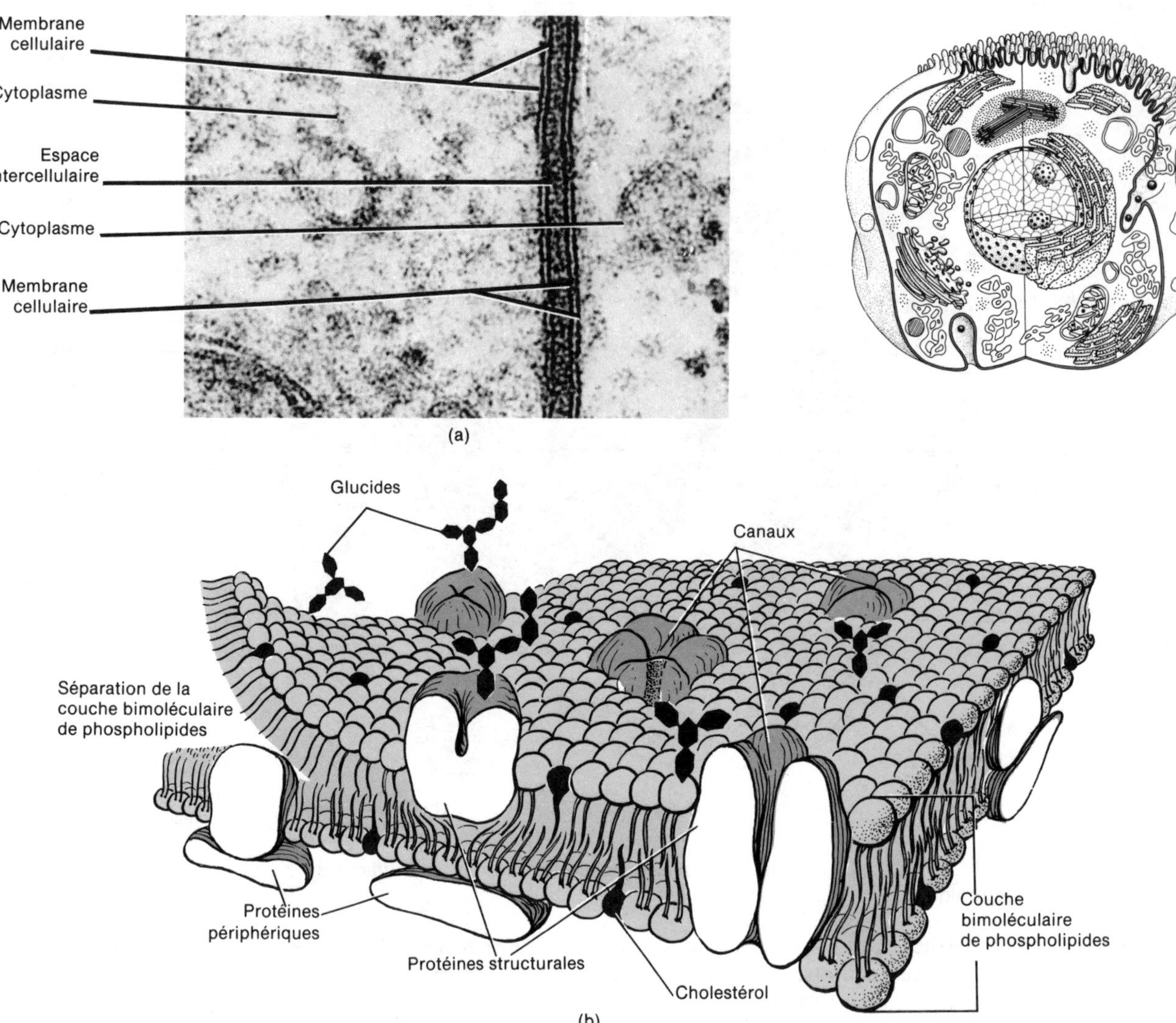

FIGURE 3.2 Membrane cellulaire. (a) Photomicrographie électronique de portions de deux membranes cellulaires séparées par un espace intercellulaire, agrandie 200 000 fois. [Copyright © Dr Donald Fawcett, Science Source/Photo Researchers.] (b) Agrandissement de la membrane cellulaire illustrant le concept le plus récent concernant le lien existant entre la couche bimoléculaire de phospholipides et les molécules de protéines. La séparation de la couche bimoléculaire ne vise qu'à illustrer notre propos.

molécules de lipides. L'oxygène, le dioxyde de carbone et les hormones stéroïdes font partie de ces substances.

3. Les charges des ions. La charge d'un ion peut déterminer la facilité avec laquelle il pourra entrer dans la cellule ou en sortir. La portion protéique de la membrane est capable de se dissocier. Si la charge de l'ion est contraire à celle de la membrane, l'ion est attiré par celle-ci et la traverse plus rapidement. Si la charge de l'ion est la même que celle de la membrane, l'ion est repoussé par la membrane et il ne peut passer. Ce phénomène est conforme à la loi de la physique qui veut que les charges opposées s'attirent et que les charges semblables se repoussent.

4. La présence de molécules transporteuses. Certaines protéines structurales, appelées transporteuses, sont capables d'attirer et de transporter des substances à travers la membrane, quels que soient la dimension ou le degré de liposolubilité de la substance, ou la charge de la membrane. Leur but est de modifier la perméabilité de la membrane. Voyons brièvement le mécanisme qui permet aux molécules transporteuses de fonctionner.

LE PASSAGE DE SUBSTANCES À TRAVERS LES MEMBRANES CELLULAIRES

Les mécanismes par lesquels des substances traversent une membrane cellulaire revêtent une importance vitale pour la cellule. Ainsi, certaines substances doivent pénétrer dans la cellule pour maintenir la vie, alors que les déchets et les substances dangereuses doivent être évacués. Les membranes cellulaires favorisent les mouvements de ces substances. On peut classer les processus qui interviennent dans ces mouvements en processus passifs ou actifs. Dans les **processus passifs**, les substances traversent les membranes cellulaires sans l'aide de la cellule. Leurs mouvements sont dus à l'énergie cinétique des molécules. Ces substances se déplacent elles-mêmes, avec un gradient de concentration, d'une région où leur concentration est élevée à une région où leur concentration est plus faible. Les substances peuvent également être transportées à travers la membrane cellulaire par la pression, d'une région où la pression est plus importante à une région où la pression est moins importante. Dans les **processus actifs**, la cellule fournit de l'énergie pour transporter la substance à travers la membrane, parce que la substance se déplace contre un gradient de concentration.

Les processus passifs

• ***La diffusion*** Un processus passif, la **diffusion**, survient lorsqu'il se produit un mouvement *net* de molécules ou d'ions à partir d'une région de concentration élevée jusque dans une région de faible concentration. Le mouvement se poursuit jusqu'à ce que les molécules soient distribuées également. À ce moment, les molécules se déplacent dans les deux directions à une vitesse égale. On appelle *équilibre de Donnan* ce point de distribution uniforme. La différence entre les concentrations élevée et faible constitue le *gradient de concentration*. Les molécules qui se déplacent à partir d'une région où la concentration est élevée jusqu'à une région où la concentration est faible se déplacent *avec* le gradient de concentration.

Si l'on place une pastille de colorant dans un bécher rempli d'eau, on aperçoit immédiatement une coloration autour de la pastille. Plus le regard s'éloigne de la pastille, plus la couleur pâlit (figure 3.3). Par la suite, la solution aqueuse prendra une couleur uniforme. Les molécules du colorant possèdent de l'énergie cinétique et se déplacent au hasard. Elles se déplacent avec le gradient de concentration à partir d'une région où la concentration du colorant est élevée jusqu'à une région où la concentration est faible. Les molécules d'eau se déplacent de la même façon. Lorsque les molécules de colorant et les molécules d'eau sont distribuées également, l'équilibre est atteint, et le processus de diffusion cesse, même si les mouvements des molécules se poursuivent. Voici un autre exemple de diffusion: qu'arriverait-il si l'on ouvrait un flacon de parfum dans une pièce? Les molécules de parfum diffuseraient jusqu'à ce qu'un équilibre soit atteint entre les molécules de parfum et les molécules d'air contenues dans la pièce.

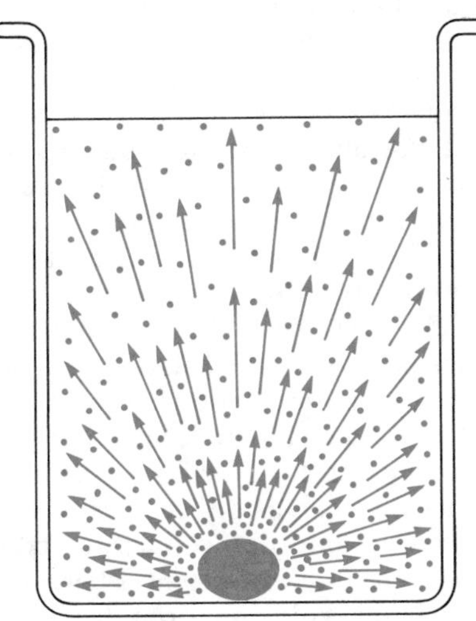

FIGURE 3.3 Diffusion. Les molécules de colorant (soluté) dans un bécher rempli d'eau (solvant) se déplacent le long du gradient de concentration, d'une région où la concentration est forte à une région où la concentration est faible.

Dans les exemples mentionnés plus haut, les membranes ne participaient pas au processus. Cependant, la diffusion peut se produire à travers des membranes sélectivement perméables de l'organisme. De grosses et de petites molécules liposolubles traversent la couche bimoléculaire de phospholipides de la membrane. Prenons pour exemple le mouvement de l'oxygène à partir du sang jusque dans les cellules, et le mouvement du dioxyde de carbone à partir des cellules vers le sang. Ce processus vise essentiellement à maintenir l'homéostasie.Il permet aux cellules de recevoir des quantités adéquates d'oxygène et d'éliminer le dioxyde de carbone, ce qui fait partie de leur métabolisme normal. Les petites molécules non liposolubles, comme certains ions (sodium, potassium, chlorure), peuvent diffuser dans des canaux formés par les protéines structurales dans la membrane.

• ***La diffusion facilitée*** Un autre type de diffusion survenant à travers une membrane sélectivement perméable est la **diffusion facilitée**. Ce processus s'accomplit avec l'aide des protéines structurales de la membrane, qui jouent le rôle de transporteuses. Bien que certaines substances chimiques soient de grosses molécules non liposolubles, elles peuvent quand même traverser la membrane cellulaire. Parmi ces substances, on trouve certains sucres, notamment le glucose. On croit que, dans le processus de diffusion facilitée, le glucose est pris en charge par un transporteur. La combinaison glucose-transporteur est soluble dans la couche bimoléculaire de phospholipides de la membrane, et le transporteur conduit le glucose à l'intérieur de la membrane, puis à l'intérieur de la cellule. Le transporteur rend le glucose soluble dans la couche bimoléculaire de phospholipides de la membrane de façon qu'il puisse traverser la membrane. Seul, le glucose est insoluble et ne peut pas traverser la membrane. Dans ce processus, la cellule ne dépense pas d'énergie, et le mouvement de la substance se produit à partir de la région où la concentration est la plus importante jusque dans la région où la concentration est la moins importante.

La diffusion facilitée est considérablement plus rapide que la diffusion ordinaire simple, et elle dépend de (1) la différence de concentration de la substance des deux côtés de la membrane, (2) la quantité de transporteurs disponibles pour transporter la substance et (3) la vitesse à laquelle le transporteur et la substance s'unissent. Le processus est accéléré de façon considérable par l'insuline, une hormone élaborée par le pancréas. Une des fonctions de l'insuline est d'abaisser le taux de glucose sanguin en accélérant le transport du glucose, du sang aux cellules de l'organisme. Ce transport, comme nous l'avons vu, s'accomplit au moyen de la diffusion facilitée.

• ***L'osmose*** L'**osmose** est un autre processus passif permettant à certaines substances de traverser les membranes cellulaires. L'osmose est le mouvement net de molécules d'eau à travers une membrane sélectivement

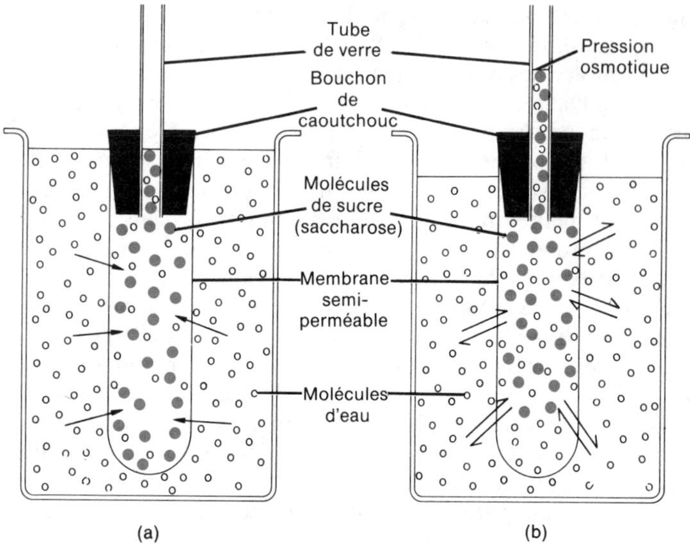

FIGURE 3.4 Principe de l'osmose. (a) État du dispositif au début de l'expérience. (b) Dispositif ayant atteint le point d'équilibre. En (a), le tube de cellophane contient une solution comportant 20 % de sucre, et il est immergé dans un bécher d'eau distillée. La solution sucrée à 20 % contient 20 parties de sucre et 80 parties d'eau, alors que l'eau distillée contient 0 partie de sucre et 100 parties d'eau. La flèche indique que les molécules d'eau peuvent pénétrer librement dans le tube, mais que les molécules de sucre (saccharose) sont retenues par la membrane sélectivement perméable. À mesure que l'eau pénètre dans le tube par osmose, la solution sucrée est diluée, et le volume de la solution contenue dans le tube de cellophane augmente. Ce volume accru est illustré en (b), la solution sucrée se déplaçant vers le haut dans le tube de verre. La solution atteint une hauteur maximale au point d'équilibre, ce qui représente la pression osmotique. À ce point, le nombre de molécules d'eau sortant du tube de cellophane est égal au nombre de molécules d'eau qui entrent dans le tube.

perméable au soluté à partir d'une région de forte concentration d'eau jusqu'à une région de faible concentration d'eau. Les molécules passent dans les canaux des protéines de la membrane. Encore une fois, on peut faire une expérience très simple pour démontrer le processus. Le dispositif illustré à la figure 3.4 consiste en un tube de cellophane qui joue le rôle de la membrane sélectivement perméable. Le tube de cellophane est rempli d'une solution colorée contenant 20 % de sucre (saccharose). La solution contient 20 parties de sucre pour 80 parties d'eau. Dans la partie supérieure du tube de cellophane se trouve un bouchon de caoutchouc dans lequel on a inséré un tube de verre. On place le tube de cellophane dans un bécher d'eau distillée, contenant 0 partie de sucre et 100 parties d'eau. Au début, les concentrations d'eau de chaque côté de la membrane sélectivement perméable sont différentes. La concentration d'eau est plus faible à l'intérieur du tube de cellophane qu'à l'extérieur. À cause de cette différence, l'eau se déplace du bécher dans le tube de cellophane. La force qui déplace l'eau est la pression osmotique. En gros, la **pression osmotique** est la force qui amène un solvant (habituellement de l'eau) à se déplacer d'une solution à forte concentration d'eau vers une solution à faible concentration d'eau lorsque les solutions sont séparées par une membrane sélectivement perméable. Le sucre ne pénètre pas dans le tube de cellophane, puisque le cellophane est imperméable aux molécules de sucre (les molécules de sucre sont trop grosses pour traverser les pores de la membrane). À mesure que l'eau pénètre dans le tube de cellophane, la solution sucrée devient de plus en plus diluée, et l'augmentation du volume pousse le mélange dans le tube de verre. Plus tard, l'eau accumulée dans le tube de cellophane et dans le tube de verre exerce une pression descendante qui force les molécules d'eau à sortir du tube de cellophane et à entrer dans le bécher. Lorsque les molécules d'eau sortent du tube de cellophane et y entrent à la même vitesse, l'équilibre est atteint. La pression osmotique constitue une force importante dans le mouvement de l'eau entre différents compartiments de l'organisme.

• ***Les solutions isotoniques, hypotoniques et hypertoniques*** On peut également comprendre le processus de l'osmose en regardant les effets de différentes concentrations d'eau sur les hématies. Pour que l'hématie conserve sa forme normale, la cellule doit être placée dans une **solution isotonique**, c'est-à-dire une solution dans laquelle les concentrations totales de molécules d'eau et de molécules de soluté sont égales des deux côtés de la membrane cellulaire semi-perméable. Les concentrations d'eau et de soluté du liquide extracellulaire à l'extérieur de l'hématie doivent être égales à la concentration du liquide intracellulaire. Normalement, une solution à 0,85 % de NaCl est une solution isotonique pour des hématies. Dans ce cas, les molécules d'eau entrent dans la cellule et en sortent à la même vitesse, ce qui permet à la cellule de conserver sa forme.

La situation est différente si on place les hématies dans une solution dont la concentration en soluté est plus faible et, par conséquent, dont la concentration d'eau est plus élevée. On est alors en présence d'une **solution hypotonique**. Dans ce cas, les molécules d'eau pénètrent dans les cellules plus rapidement qu'elles n'en peuvent sortir ; les hématies augmentent de volume et, par la suite, éclatent. Cette rupture des hématies est appelée **hémolyse**. L'eau distillée est une solution fortement hypotonique.

Une **solution hypertonique** a une concentration de soluté plus élevée et une concentration d'eau plus faible que celle des hématies. Une solution contenant 10 % de NaCl est un exemple de solution hypertonique. Dans une solution de ce type, les molécules d'eau sortent des cellules plus rapidement qu'elles n'y peuvent entrer, ce qui réduit les dimensions des cellules. On appelle cette réduction du volume des cellules la **crénelure**. Les hématies peuvent être gravement atteintes si elles sont placées dans une solution dont les concentrations solvant/soluté s'éloignent trop de la proportion idéale.

• ***La filtration*** La **filtration** est un troisième processus passif lié aux mouvements de substances à l'intérieur et à l'extérieur des cellules. Ce processus comporte le mouvement de solvants, comme l'eau, et de substances dissoutes, comme le sucre, à travers une membrane sélectivement perméable par gravité ou par pression hydrostatique, habituellement une pression hydrostatique. Ce mouvement se produit toujours à partir d'une région où la pression est élevée jusqu'à une région où la pression est faible, et il se poursuit aussi longtemps qu'il existe une différence entre les pressions. La plupart des petites ou des moyennes molécules peuvent être poussées de force à travers une membrane cellulaire.

On a un exemple de filtration dans les reins, où la pression sanguine exercée par le cœur pousse les molécules d'eau et les petites molécules, comme l'urée, à travers les minces membranes des minuscules vaisseaux sanguins et dans les tubules rénaux. Dans ce processus de base, les molécules protéiques sont retenues par l'organisme puisqu'elles sont trop grosses pour être poussées à travers les membranes cellulaires des vaisseaux sanguins. Cependant, les molécules de substances nuisibles, comme l'urée, sont suffisamment petites pour être éliminées.

• ***La dialyse*** Le dernier processus passif que nous allons étudier est la **dialyse**. La dialyse est la diffusion de particules de soluté à travers une membrane sélectivement perméable et comporte la séparation des petites molécules des molécules plus volumineuses. Supposons qu'une solution contenant des molécules de différentes grosseurs soit placée dans un tube qui n'est perméable qu'aux petites molécules. On place ensuite le tube dans un bécher d'eau distillée. Les molécules les plus petites se déplacent du tube jusque dans l'eau contenue dans le bécher, et les molécules les plus grosses restent en place.

La dialyse, qui ne survient pas à l'intérieur de l'organisme humain, est utilisée dans les reins artificiels. On fait passer le sang du malade à travers une membrane de dialyse à l'extérieur de l'organisme. À mesure que le sang traverse la membrane, de petites particules de déchets quittent le sang pour se rendre dans une solution entourant la membrane de dialyse. En même temps, certains nutriments peuvent être transportés de la solution jusque dans le sang. Le sang retourne ensuite dans l'organisme.

Les processus actifs

Lorsque les cellules participent activement au déplacement de substances à travers les membranes, elles doivent dépenser de l'énergie. Les cellules sont même capables de déplacer des substances contre un gradient de concentration. Les processus actifs que nous allons maintenant étudier sont : le transport actif et l'endocytose (phagocytose, pinocytose et endocytose par récepteur interposé).

• ***Le transport actif*** Le **transport actif** est le processus par lequel des substances, habituellement des ions, sont transportées à travers les membranes cellulaires, d'une région de faible concentration à une région de forte concentration. Pour transporter une substance contre un

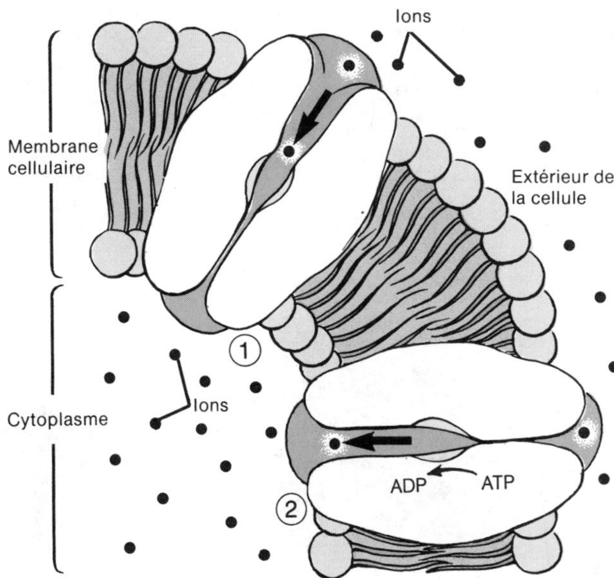

FIGURE 3.5 Mécanisme suggéré du transport actif. Le chiffre ① indique une étape se déroulant au début du processus, alors que le chiffre ② indique une étape ultérieure.

gradient de concentration, la membrane utilise de l'énergie en provenance de l'ATP. En fait, une cellule corporelle type dépense probablement jusqu'à 40% de son ATP pour le transport actif. On ne comprend pas encore complètement les événements moléculaires qui se produisent dans le transport actif ; toutefois, on sait que les protéines structurales de la membrane cellulaire jouent un rôle.

Comme nous l'avons mentionné plus haut, le glucose peut être transporté à travers une membrane cellulaire grâce à la diffusion facilitée. Le glucose peut également être déplacé par les cellules qui tapissent le tube digestif, à partir de la cavité de ce dernier jusque dans le sang, même si le taux de glucose dans le sang est plus élevé. Ce phénomène est un exemple de transport actif. Une des théories proposées est que le glucose (ou une autre substance) pénètre dans un canal d'une protéine structurale de la membrane (figure 3.5). Lorsque la molécule de glucose entre en contact avec un site actif dans le canal, l'énergie de l'ATP provoque une modification dans la protéine de la membrane qui expulse le glucose du côté opposé de la membrane. Comme nous le verrons plus loin, les cellules rénales sont également capables de retourner le glucose dans le sang, grâce au transport actif, de façon qu'il ne soit pas perdu dans l'urine.

Le transport actif est également un processus important pour le maintien de la concentration de certains ions à l'intérieur des cellules corporelles, et d'autres ions à l'extérieur de ces cellules. Ainsi, avant qu'une cellule nerveuse puisse conduire un influx, la concentration d'ions potassium (K^+) doit être beaucoup plus élevée à l'intérieur de la cellule qu'à l'extérieur, même lorsque la concentration intracellulaire de K^+ est plus élevée que la concentration extracellulaire. Ce phénomène s'accomplit grâce à la pompe à potassium, dans laquelle une protéine structurale joue le rôle de la « pompe », mue par l'ATP (voir la figure 12.7,a). La conduction des influx nerveux

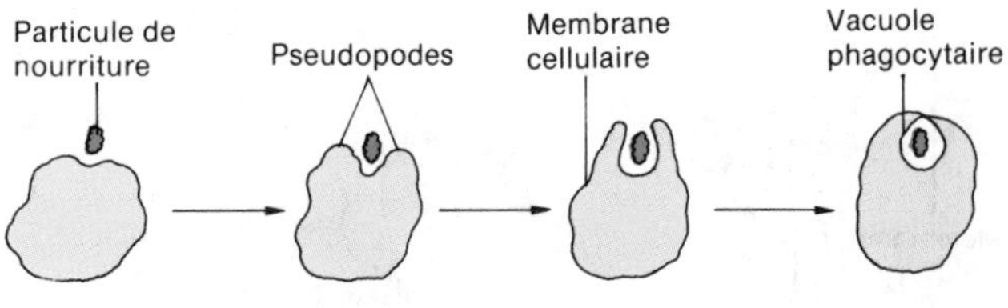

(a)

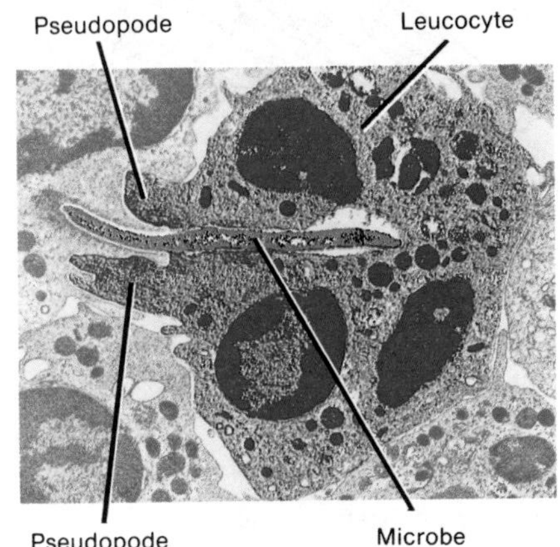

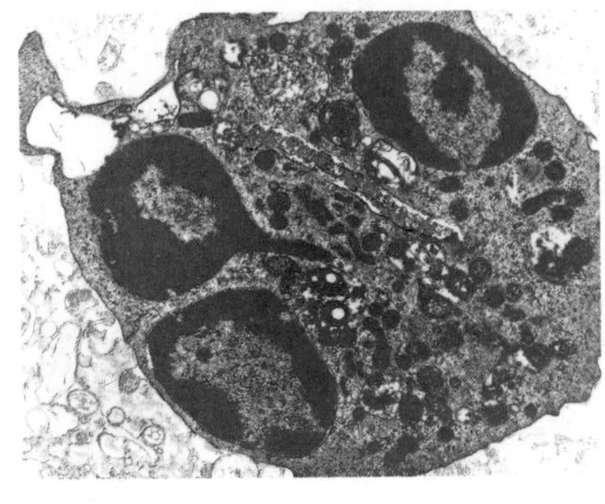

(b)

Petite particule dans une gouttelette de liquide

Membrane cellulaire

Membrane cellulaire

Vacuole pinocytaire

(c)

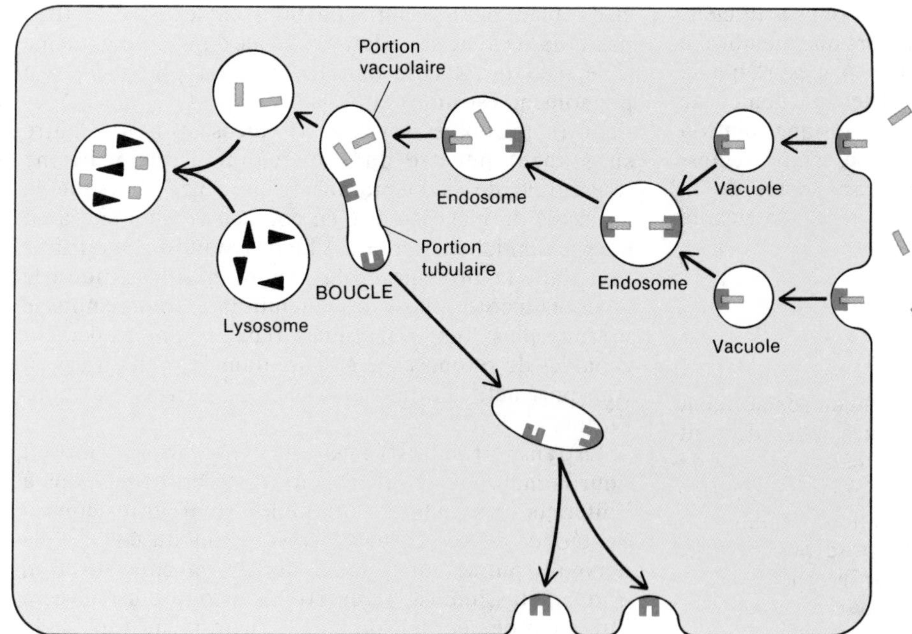

Légende :

- Coordinat intact
- Récepteur protéique
- Enzyme digestive
- Coordinat dégradé

(d)

FIGURE 3.6 Endocytose. (a) Diagramme illustrant la phagocytose. (b) Photomicrographies coloriées illustrant la phagocytose. La photomicrographie de gauche montre un leucocyte humain (granulocyte neutrophile) englobant un microbe ; la photomicrographie de droite montre une étape ultérieure de la phagocytose dans laquelle le microbe englobé est détruit. [Gracieuseté de Abbott Laboratories]. (c) Deux variantes de la pinocytose. À gauche, la substance ingérée pénètre dans un canal formé par la membrane cellulaire et est englobée dans une vacuole pinocytaire à la base du canal. À droite, la substance ingérée est englobée dans une vacuole pinocytaire qui se forme à la surface de la cellule et se détache. (d) Endocytose par récepteur interposé.

nécessite également que la concentration d'ions sodium (Na^+) des cellules nerveuses soit plus élevée à l'extérieur qu'à l'intérieur, même lorsque la concentration de Na^+ extracellulaire est plus élevée que la concentration intracellulaire. C'est la pompe à sodium qui se charge de ce travail, en collaboration avec la pompe à potassium. La pompe à sodium est, elle aussi, une protéine structurale mue par l'ATP (voir la figure 12.7,a).

• ***L'endocytose*** L'**endocytose** est un processus par lequel les grosses molécules et particules traversent les membranes cellulaires. Au cours de ce processus, un segment de la membrane cellulaire entoure la substance, l'englobe et l'apporte dans la cellule. L'**exocytose** est le déplacement de substances hors de la cellule par le processus inverse ; ce processus est très important pour les cellules sécrétrices. Il y a trois types d'endocytose : la phagocytose, la pinocytose et l'endocytose par récepteur interposé.

Dans la **phagocytose**, des prolongements cytoplasmiques, les *pseudopodes*, englobent de grosses particules solides qui se trouvent à l'extérieur de la cellule (figures 3.6,a,b). Lorsque la particule est entourée, la membrane s'invagine et forme un sac membranaire autour de celle-ci. Ce sac, la *vacuole phagocytaire*, se détache de la membrane externe de la cellule, et la particule solide qui se trouve à l'intérieur est digérée. Les particules non digestibles et les produits cellulaires sont éliminés de la cellule par un processus inverse. Ce processus est important parce que les molécules et les particules qui, normalement, ne pourraient pas traverser la membrane cellulaire à cause de leur volume, peuvent le faire, dans un sens comme dans l'autre. Les leucocytes phagocytaires de l'organisme constituent un mécanisme de défense vital. Grâce à la phagocytose, les leucocytes englobent et détruisent les bactéries et les autres substances étrangères.

Dans la **pinocytose**, la substance englobée est liquide plutôt que solide (figure 3.6,c). De plus, il n'y a pas de formation de prolongements cytoplasmiques. Une minuscule gouttelette de liquide est attirée à la surface de la membrane. Celle-ci s'invagine, forme une vacuole pinocytaire qui entoure le liquide, et se détache du reste de la membrane. Peu de cellules sont capables de phagocytose, mais un grand nombre de cellules, comme celles des reins et de la vessie, effectuent la pinocytose.

L'**endocytose par récepteur interposé** est un processus très sélectif dans lequel les cellules peuvent assimiler de grosses molécules ou particules. Le processus s'effectue de la façon suivante. La membrane cellulaire contient des récepteurs protéiques dotés de sites de liaison pour les grosses molécules ou particules extracellulaires. Ces substances extracellulaires sont appelées *coordinats* (figure 3.6,d). La liaison entre le récepteur et le coordinat provoque une invagination de la membrane cellulaire, ce qui entraîne la formation d'une *vacuole* autour du coordinat. À mesure que les vacuoles se déplacent vers

DOCUMENT 3.1 RÉSUMÉ DES PROCESSUS PAR LESQUELS DES SUBSTANCES TRAVERSENT DES MEMBRANES

PROCESSUS	DESCRIPTION
PROCESSUS PASSIFS	Les substances se déplacent d'elles-mêmes le long d'un gradient de concentration à partir d'une région de haute concentration ou pression à une région de faible concentration ou pression ; la cellule ne dépense pas d'énergie
Diffusion	Un mouvement net de molécules ou d'ions grâce à leur énergie cinétique, d'une région de forte concentration à une région de faible concentration jusqu'à ce qu'un équilibre soit atteint
Diffusion facilitée	La diffusion de grosses molécules à travers une membrane sélectivement perméable, avec l'aide des protéines structurales de la membrane, qui jouent le rôle de transporteuses
Osmose	Un mouvement net de molécules d'eau grâce à l'énergie cinétique à travers une membrane sélectivement perméable d'une région de forte concentration d'eau à une région de faible concentration d'eau jusqu'à ce qu'un équilibre soit atteint
Filtration	Un mouvement de solvants (comme l'eau) et de solutés (comme le glucose) à travers une membrane sélectivement perméable, grâce à la gravité ou à la pression hydrostatique d'une région de haute pression à une région de basse pression
Dialyse	La diffusion de particules de soluté à travers une membrane sélectivement perméable dans laquelle les petites molécules sont séparées des molécules plus volumineuses
PROCESSUS ACTIFS	Les substances se déplacent contre un gradient de concentration d'une région de faible concentration à une région de forte concentration ; la cellule doit dépenser de l'énergie
Transport actif	Un mouvement de substances, habituellement des ions, à travers une membrane sélectivement perméable d'une région de faible concentration à une région de forte concentration, par l'interaction avec les protéines structurales de la membrane ; le processus nécessite une dépense d'énergie sous forme d'ATP
Endocytose	Un mouvement de grosses molécules et de particules à travers les membranes cellulaires, dans lequel la membrane entoure la substance, se referme sur elle et l'emmène dans la cellule. Exemples : phagocytose, pinocytose et endocytose par récepteur interposé
Exocytose	Processus inverse de l'endocytose, permettant de faire sortir des substances de la cellule

l'intérieur, elles s'unissent les unes aux autres et forment des structures appelées *endosomes*. Chaque endosome donne naissance à une structure plus grosse appelée *compartiment de découplage du récepteur et du coordinat*. À l'intérieur du compartiment, les coordinats se séparent des récepteurs. Les coordinats sont distribués dans la portion vacuolaire du compartiment et les récepteurs s'accumulent dans la portion tubulaire du compartiment. Après cette séparation, la portion vacuolaire s'unit à un lysosome, et les coordinats sont dégradés par de puissantes enzymes digestives. La portion tubulaire ramène les récepteurs vers la membrane cellulaire où ils seront réutilisés.

Dans le document 3.1, nous résumons les différents processus passifs et actifs par lesquels des substances traversent les membranes cellulaires.

LE CYTOPLASME

Le **cytoplasme** est la substance présente entre la membrane cellulaire et le noyau (figure 3.7,a). Il constitue la substance fondamentale, dans laquelle se trouvent différents composants cellulaires. Sur le plan physique, on peut décrire le cytoplasme comme un liquide épais, semi-transparent et élastique, contenant des particules en suspension et une série de tubules et de filaments minuscules qui forment le cytosquelette. Sur le plan chimique, le cytoplasme contient de 75% à 90% d'eau ainsi que des composants solides, dont la plus grande partie est composée de protéines, de glucides, de lipides et de substances inorganiques. Les substances inorganiques et la plupart des glucides sont hydrosolubles et constituent une solution. La plus grande partie des composés organiques, cependant, se trouve sous forme de colloïdes, particules qui restent en suspension dans la substance fondamentale. Comme les particules d'un colloïde portent des charges électriques qui se repoussent, elles restent en suspension et ne s'agglutinent pas.

Sur le plan fonctionnel, le cytoplasme est la substance dans laquelle se produisent des réactions chimiques. Le cytoplasme reçoit des produits bruts du milieu externe et les transforme en énergie utilisable au moyen des

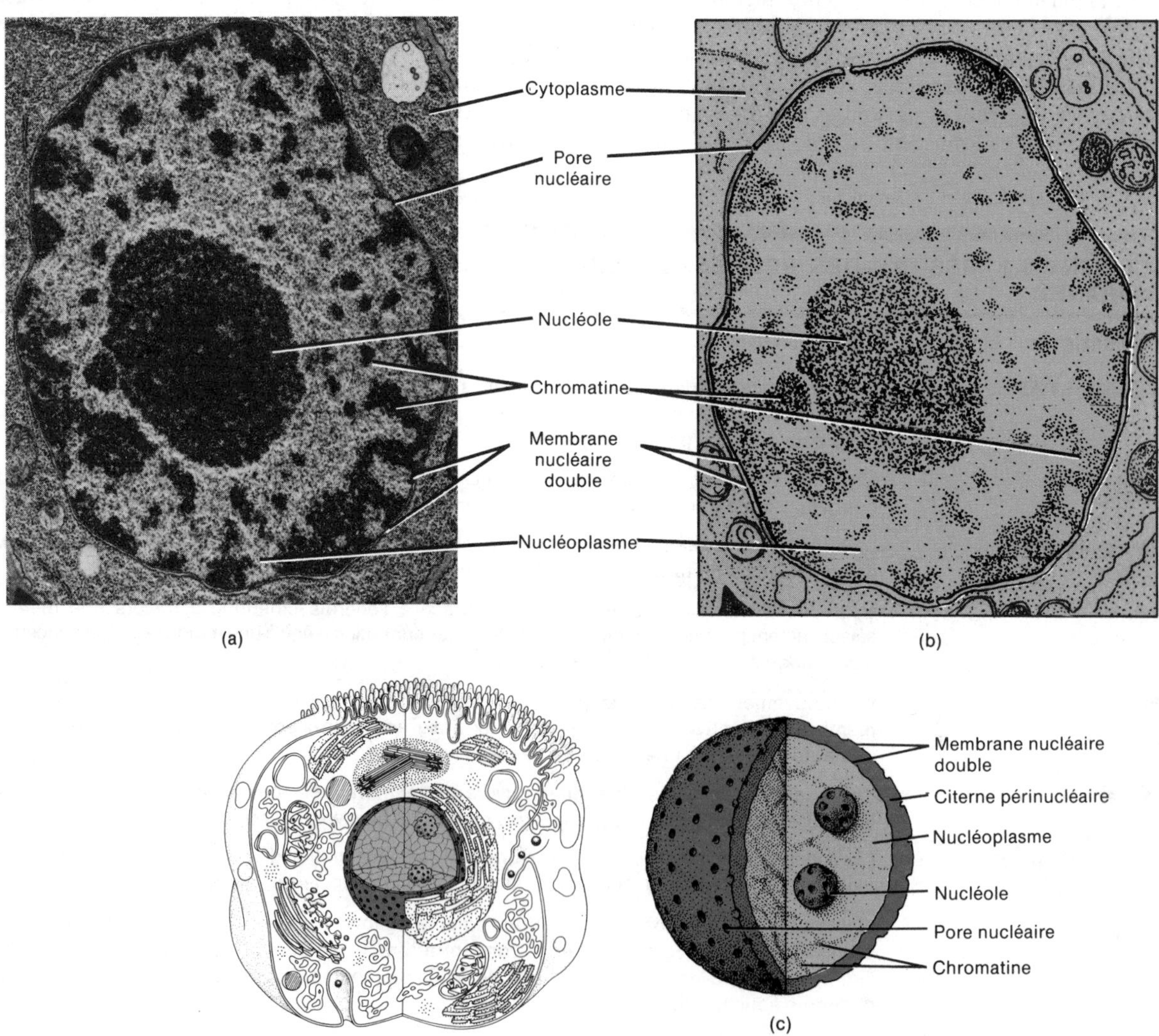

FIGURE 3.7 Cytoplasme et noyau. (a) Photomicrograhie du cytoplasme et du noyau, agrandie 31 600 fois. [Copyright © Dr Myron C. Ledbetter, Biophoto Associates/Photo Researchers.] (b)Diagramme d'une photomicrographie électronique. (c) Diagramme représentant le noyau et deux nucléoles.

réactions de dégradation. Le cytoplasme est également l'emplacement où de nouvelles substances sont synthétisées pour être utilisées par la cellule. Il prépare des produits chimiques qui seront transportés vers d'autres parties de la cellule ou vers d'autres cellules de l'organisme, et facilite l'excrétion des déchets.

LES ORGANITES

Malgré le nombre effarant d'activités chimiques qui ont lieu simultanément dans la cellule, il n'y a pas d'interférence entre les diverses réactions. La cellule est dotée d'un système de compartimentation constitué par des structures appelées **organites**. Ces structures sont des portions spécialisées de la cellule, qui jouent des rôles particuliers dans la croissance, le maintien, la réparation et la régulation.

LE NOYAU

Le **noyau** est généralement un organite sphérique ou ovale, et il constitue la plus grande structure de la cellule (figure 3.7,a à c). Il contient les facteurs héréditaires de la cellule, les gènes, qui régissent les structures cellulaires et dirigent un grand nombre d'activités cellulaires. Les hématies adultes ne possèdent pas de noyau. Ces cellules effectuent un nombre restreint d'activités chimiques et sont incapables de croître ou de se reproduire.

Le noyau est séparé du cytoplasme par une membrane double appelée *membrane nucléaire* (figure 3.7,c). Entre les deux couches de la membrane nucléaire se trouve un espace, la *citerne périnucléaire*. La structure de chacune des membranes nucléaires ressemble à celle de la membrane cellulaire. De minuscules pores situés dans la membrane nucléaire permettent au noyau de communiquer avec un réseau membraneux du cytoplasme, le réticulum endoplasmique. On croit que les substances qui entrent dans le noyau et qui en sortent passent à travers ces minuscules pores.

À l'intérieur de la membrane nucléaire, trois structures importantes sont visibles. La première est un liquide gélatineux qui remplit le noyau, le *nucléoplasme* (*caryolymphe*). On y trouve également un ou plusieurs corps sphériques, les *nucléoles*. Ces structures sont composées de protéines, d'ADN et d'ARN. L'ADN synthétise l'ARN qui est emmagasiné dans les nucléoles. L'ARN, comme nous le verrons bientôt, joue un rôle dans la synthèse protéique. Enfin, on trouve le *matériel génétique*, composé principalement d'ADN. Lorsque la cellule n'est pas en train de se reproduire, le matériel génétique apparaît comme une masse filamenteuse appelée *chromatine*. Avant la division cellulaire, la chromatine raccourcit et s'enroule en forme de bâtonnets, les *chromosomes*.

Les chromosomes sont faits d'ADN et de protéines, appelées *histones*, organisées de façon très particulière. Les sous-unités élémentaires de la structure chromosomique sont les **nucléosomes**. Un nucléosome est fait de différentes histones associées à un segment relativement fixe d'ADN (environ 200 paires azotées). Les études actuelles révèlent que l'ADN est enroulé autour des histones. Un type d'histone maintient les nucléosomes adjacents en une spirale (*solénoïde*). Les nucléosomes sont séparés par des bandes d'ADN et ressemblent à des perles enfilées. La signification fonctionnelle de la structure des nucléosomes est encore inconnue. On croit que les histones pourraient faciliter les modifications de la structure chromosomique qui amène les gènes activés (ADN) à effectuer une tâche particulière au sein de la cellule.

LES RIBOSOMES

Les **ribosomes** sont de minuscules granules mesurant 25 nm dans leur diamètre le plus grand, composées d'un type d'ARN appelé ARN ribosomique (ARNr) et d'un certain nombre de protéines ribosomiques spécifiques. L'ARNr est fabriqué par l'ADN dans le nucléole. Les ribosomes ont été appelés ainsi à cause de leur contenu élevé en ARNr. Sur le plan de la structure, un ribosome est composé de deux sous-unités, l'une ayant environ la moitié de la taille de l'autre. Récemment, des scientifiques ont présenté des modèles tridimensionnels de la structure d'un ribosome (figure 3.8,d). Sur le plan fonctionnel, les ribosomes sont les sites de la synthèse protéique : ils reçoivent des directives génétiques et les traduisent en protéines. Un peu plus loin dans ce chapitre, nous présentons le mécanisme de la fonction ribosomique.

Certains ribosomes, les *ribosomes libres*, sont éparpillés dans le cytoplasme : ils ne sont attachés à aucune partie de la cellule. Ces ribosomes se présentent seuls ou en groupes, et ils sont principalement reliés à la synthèse des protéines qui seront utilisées à l'intérieur de la cellule. D'autres ribosomes sont attachés à une structure cellulaire, le réticulum endoplasmique. Ces ribosomes sont reliés à la synthèse des protéines qui doivent être transportées hors de la cellule.

LE RÉTICULUM ENDOPLASMIQUE

À l'intérieur du cytoplasme se trouve un système constitué de paires de membranes parallèles entourant d'étroites cavités de formes diverses. Ce système est le **réticulum endoplasmique** (figure 3.8). Il s'agit d'un réseau de *canalicules* parcourant le cytoplasme. Ces canaux prolongent la membrane nucléaire.

Si l'on se base sur son association avec les ribosomes, on peut diviser le réticulum endoplasmique en deux types principaux. Le **réticulum endoplasmique granuleux** est parsemé de ribosomes, alors que le **réticulum endoplasmique lisse** n'en contient pas. Des études récentes effectuées à l'aide de traceurs radioactifs suggèrent que le réticulum lisse est synthétisé à partir du réticulum granuleux.

De nombreuses fonctions reliées à l'homéostasie sont attribuées au réticulum endoplasmique. Ce dernier contribue au soutien mécanique et à la distribution du cytoplasme. Le réticulum endoplasmique participe à l'échange intracellulaire de produits avec le cytoplasme et constitue le terrain où se produisent les réactions chimiques. Différents produits sont transportés d'une portion de la cellule à une autre par l'intermédiaire du réticulum endoplasmique, de sorte que ce dernier est considéré comme un système circulatoire intracellulaire. Le réticulum endoplasmique sert également à emmagasiner les molécules synthétisées. De plus, en collaboration avec une structure cellulaire, l'appareil de Golgi, le réticulum endoplasmique joue un rôle dans la synthèse et la préparation des molécules.

L'APPAREIL DE GOLGI

L'**appareil de Golgi**, une autre structure présente dans le cytoplasme, est généralement situé près du noyau. Il comprend de quatre à huit sacs membraneux aplatis, empilés les uns sur les autres et dotés de régions plus développées à leurs extrémités. Les éléments empilés sont

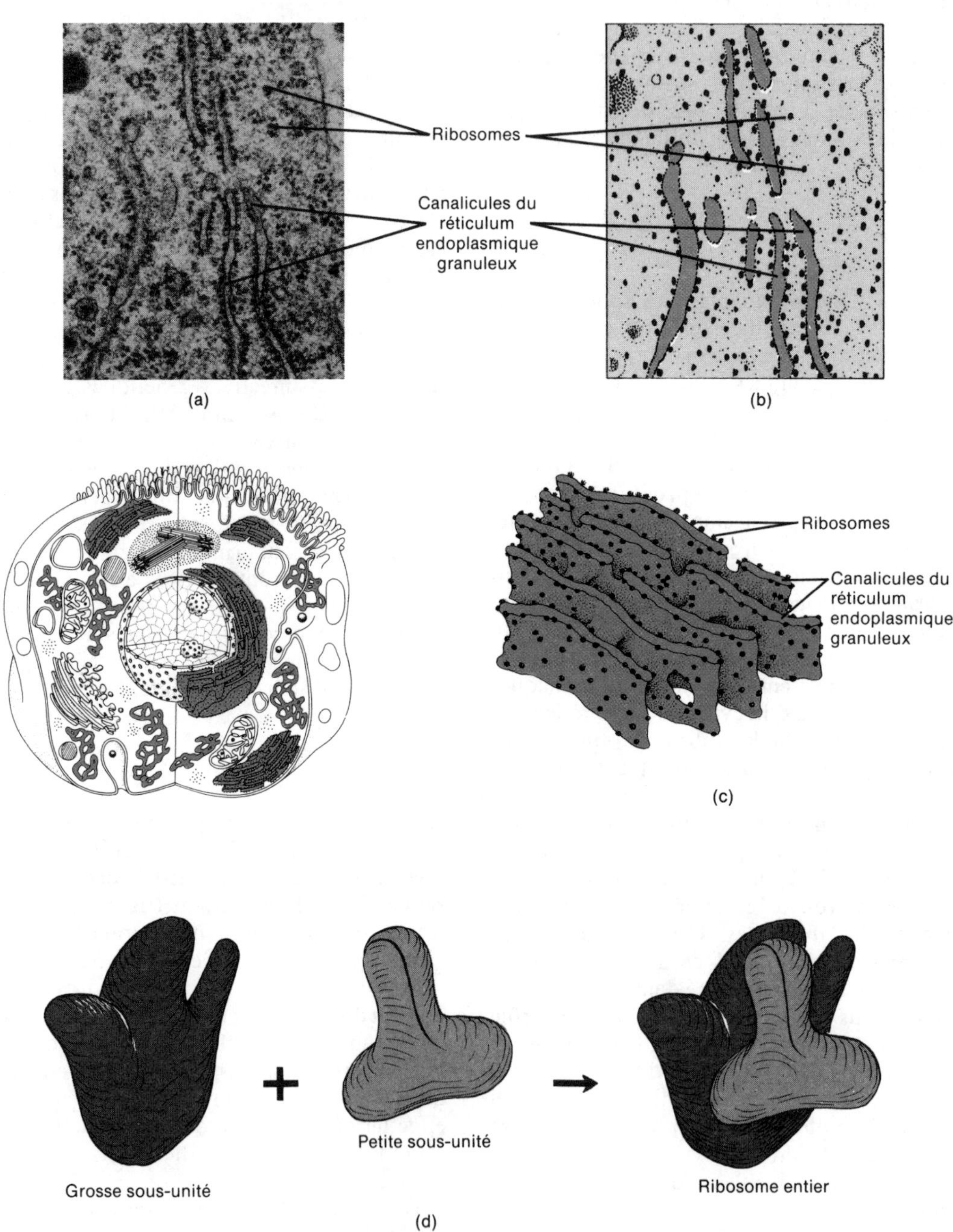

FIGURE 3.8 Réticulum endoplasmique et ribosomes. (a) Photomicrographie électronique du réticulum endoplasmique et des ribosomes, agrandie 76000 fois. [Copyright © Dr Myron C Ledbetter, Biophoto Associates/Photo Researchers.] (b) Diagramme effectué à partir de la photomicrographie électronique. (c) Diagramme du réticulum endoplasmique et des ribosomes. Essayez de trouver le réticulum endoplasmique lisse dans la figure 3.9,a. (d) Diagramme de la structure tridimensionnelle des ribosomes.

appelés *citernes*, et les portions terminales sont des *vésicules* (figure 3.9) Selon leur fonction, les citernes sont appelées cis, moyennes et trans (description sommaire).

La principale fonction de l'appareil de Golgi est de préparer et de sélectionner les protéines et de les envoyer vers différentes parties de la cellule. Les protéines synthétisées au niveau des ribosomes associés au réticulum endoplasmique granuleux sont transportées dans les canalicules du réticulum endoplasmique (figure 3,10). Dans le réticulum endoplasmique granuleux, des molécules de sucre s'ajoutent aux protéines, si nécessaire (glycoprotéines). Puis, les protéines sont entourées par une vésicule formée par une portion de la membrane du réticulum endoplasmique granuleux, la vésicule se détache et s'unit à la citerne cis de l'appareil de Golgi. Les citernes cis sont situées le plus près du réticulum endoplasmique lisse. Par suite de cette fusion, les protéines pénètrent dans l'appareil de Golgi. Une fois dans l'appareil de Golgi, les protéines sont transportées, des citernes cis aux citernes moyennes, aux citernes trans, les plus éloignées du réticulum endoplasmique granuleux, par d'autres vésicules formées par l'appareil de Golgi. À mesure que les protéines défilent à travers les citernes, elles sont modifiées de différentes façons, selon leur fonction et leur destination. Les protéines sont sélectionnées et préparées (dans les vésicules) dans les citernes trans. Certaines vésicules deviennent des *granules de sécrétion*, qui se rendent vers la surface de la cellule, où la protéine est libérée. Le contenu des granules est déversé dans l'espace extracellulaire, et la membrane est incorporée à la membrane cellulaire. Les cellules du tube digestif qui sécrètent des enzymes protéiques utilisent ce mécanisme. La granule de sécrétion empêche la «digestion» du cytoplasme des cellules par les enzymes lorsqu'il se déplace vers la surface de la cellule. D'autres vésicules qui se détachent de l'appareil de Golgi sont remplies d'enzymes digestives spéciales et restent dans la cellule. Elles deviennent des structures cellulaires appelées lysosomes.

L'appareil de Golgi est également relié à la sécrétion de lipides. Les lipides synthétisés par le réticulum endoplasmique lisse passent du réticulum endoplasmique à l'appareil de Golgi. Les lipides préparés sont éliminés à la surface de la cellule. Tout en se déplaçant à travers le cytoplasme, la vésicule peut libérer des lipides dans le cytoplasme avant d'être excrétée. Ces lipides apparaissent dans le cytoplasme comme des gouttelettes de lipides. Les stéroïdes sont des lipides sécrétés de cette façon (voir le document 2.4).

LES MITOCHONDRIES

Les **mitochondries** sont des structures sphériques, allongées ou filamenteuses présentes dans le cytoplasme. Sectionnée et examinée au microscope électronique, la mitochondrie révèle une organisation interne élaborée (figure 3.11). Une mitochondrie est composée de deux membranes, dont la structure est semblable à celle de la membrane cellulaire. La membrane mitochondriale externe est lisse, mais la membrane interne contient des

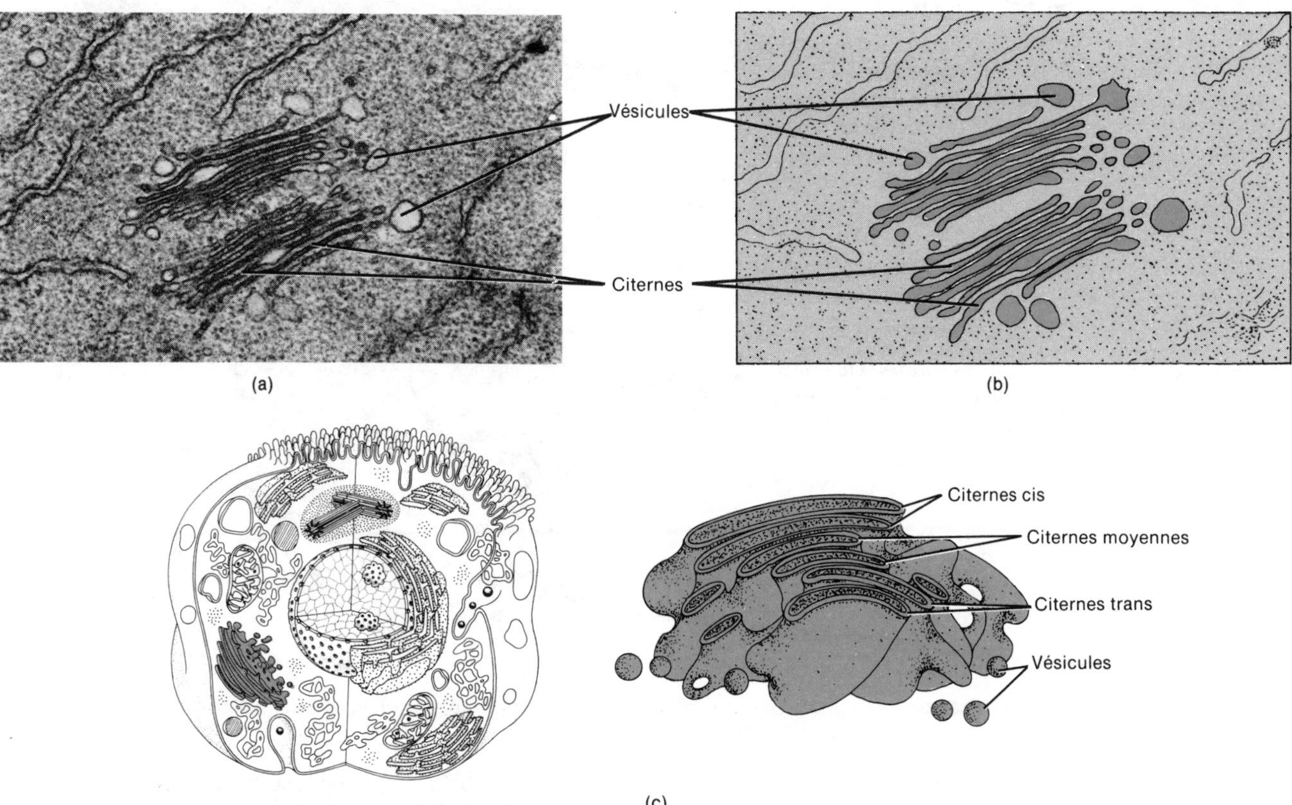

FIGURE 3.9 Appareil de Golgi. (a) Photomicrographie électronique de deux appareils de Golgi, agrandie 78 000 fois. [Copyright Dr Myron C. Ledbetter, Biophoto Associates/Photo Researchers.] (b) Diagramme illustrant la photomicrographie électronique. (c) Diagramme représentant un appareil de Golgi.

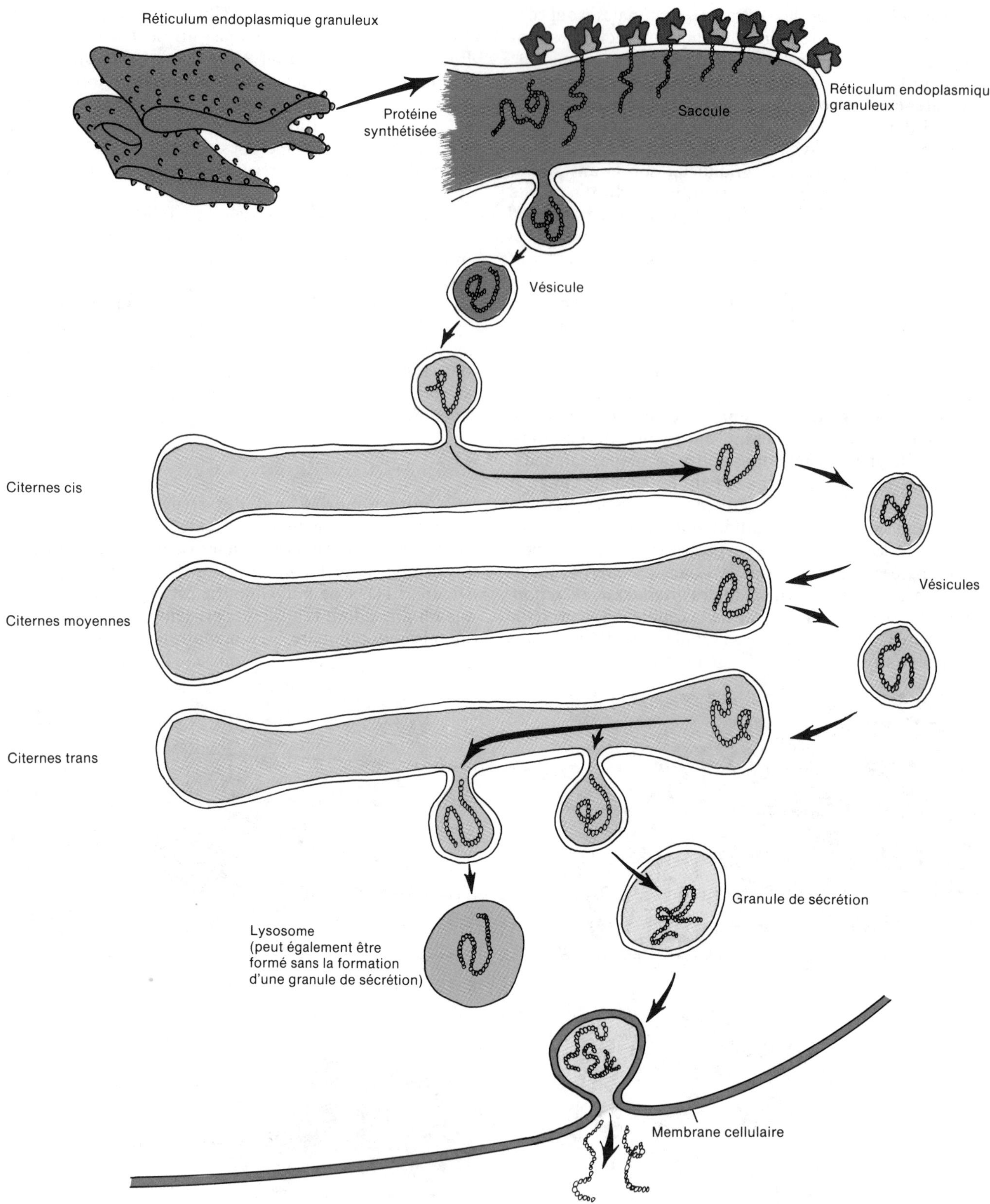

FIGURE 3.10 Préparation d'une protéine synthétisée devant être transportée hors de la cellule.

replis appelés *crêtes*. Le centre de la mitochondrie est la *matrice*.

Grâce à la nature et à la disposition des crêtes, la membrane interne constitue une surface importante pour les réactions chimiques. Les enzymes intervenant dans les réactions de libération d'énergie qui forment l'ATP sont situées sur les crêtes. On appelle souvent les mitochondries les « centrales énergétiques » de la cellule, parce qu'elles constituent le site de production de l'ATP. Les cellules actives, comme les cellules musculaires et hépatiques, possèdent un grand nombre de mitochondries parce qu'elles dépensent beaucoup d'énergie.

Les mitochondries se reproduisent en se divisant. Le processus de replication est réglé par l'ADN qui est incorporé dans la structure mitochondriale. La replication se produit habituellement en réaction à un besoin d'ATP.

LES LYSOSOMES

Au microscope électronique, les **lysosomes** apparaissent comme des sphères entourées de membranes (figure 3.12). Ils sont formés à partir des appareils de Golgi, possèdent une double membrane, et leur structure est simple. Ils contiennent des enzymes digestives puissantes capables de dégrader un grand nombre de types de molécules. Nous verrons, au chapitre 14, que la maladie de Tay-Sachs est causée par un déficit d'une enzyme lysosomiale. Ces enzymes sont également capables de digérer les bactéries qui pénètrent dans la cellule (voir la figure 22.8). Les leucocytes, qui ingèrent les bactéries par phagocytose, contiennent de nombreux lysosomes.

On s'est longtemps demandé pourquoi des enzymes puissantes ne détruisaient pas également leurs propres cellules. On croit que la membrane lysosomiale d'une cellule saine est imperméable aux enzymes et que, par conséquent, ces dernières ne pourraient pas atteindre le cytoplasme. Toutefois, lorsqu'une cellule est lésée, les lysosomes libèrent leurs enzymes. Ces dernières favorisent alors des réactions qui dégradent la cellule en ses différents composants chimiques. Ce processus d'autodestruction par les cellules est l'**autolyse**. Les produits chimiques qui restent sont soit réutilisés par l'organisme, soit excrétés.

Les lysosomes sont d'une importance capitale dans l'élimination de parties de cellules, de cellules entières et même de produits extracellulaires, laquelle pourrait être le processus à l'origine de la désintégration osseuse. Au cours de la désintégration osseuse, notamment durant le processus de croissance, des cellules destructrices d'os, les ostéoclastes, sécrètent des enzymes extracellulaires qui dissolvent l'os. Les cultures de tissu osseux auxquelles on administre des quantités excessives de vitamine A semblent désintégrer le tissu osseux par un processus d'activation auquel participeraient les lysosomes.

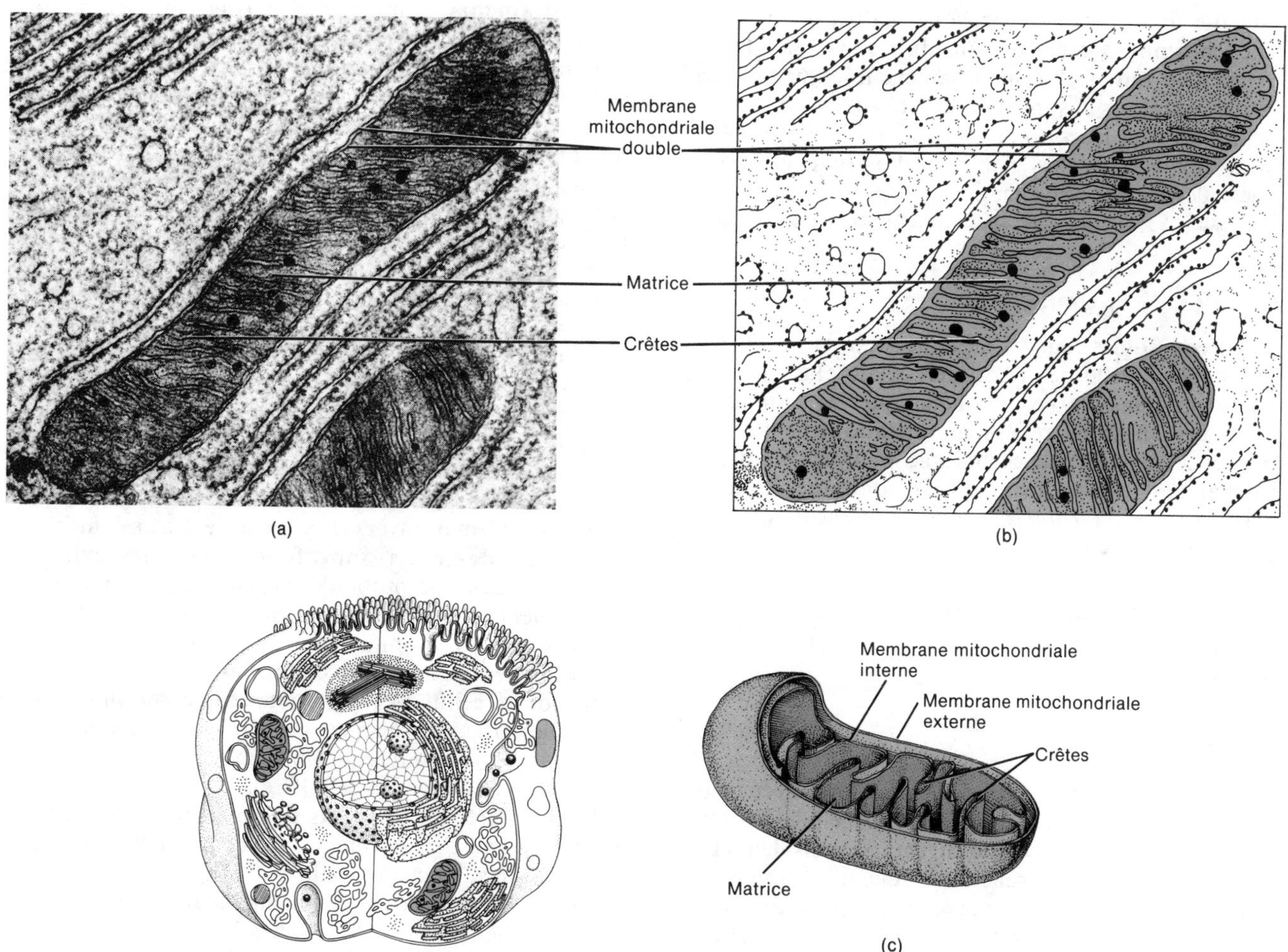

FIGURE 3.11 Mitochondries. (a) Photomicrographie électronique d'une mitochondrie entière (en haut) et d'une partie d'une autre (en bas). [Gracieuseté de Lester V. Bergman & Associates, Inc.] (b) Diagramme de la photomicrographie électronique. (c) Diagramme illustrant une mitochondrie.

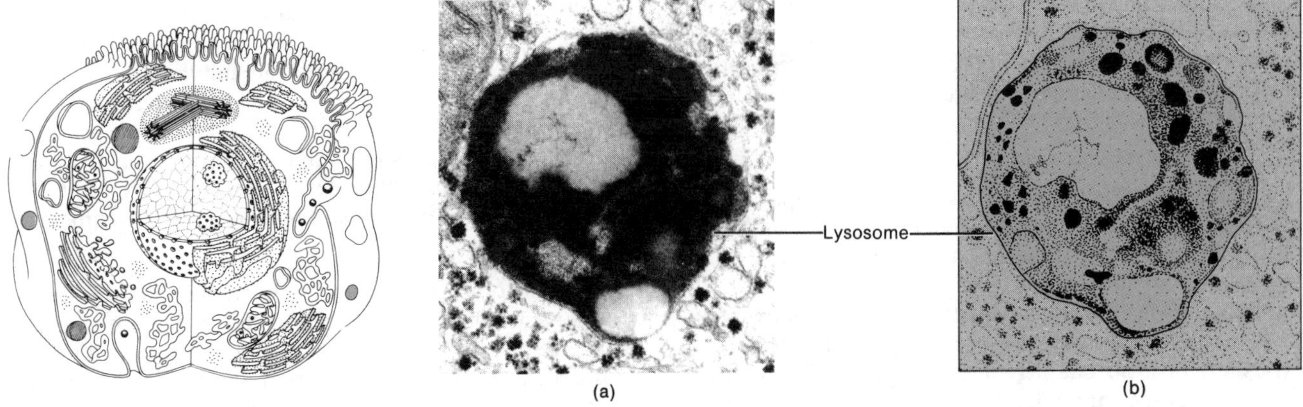

FIGURE 3.12 Lysosome. (a) Photomicrographie électronique d'un lysosome, agrandie 55 000 fois. [Gracieuseté de F. Van Hoof, Université catholique de Louvain.] (b) Diagramme effectué à partir de la photomicrographie électronique.

APPLICATION CLINIQUE

Les animaux à qui l'on donne des quantités excessives de vitamine A subissent des fractures spontanées, ce qui suggère une activité lysosomiale considérablement accrue. Par contre, la cortisone et l'hydrocortisone, des hormones stéroïdes produites par la glande surrénale, ont un effet stabilisateur sur les membranes lysosomiales. Les hormones stéroïdes sont bien connues pour leurs propriétés anti-inflammatoires, ce qui suggère qu'elles réduisent l'activité cellulaire destructrice des lysosomes.

LES PEROXYSOMES

Les **peroxysomes** sont des organites dont la structure est semblable à celle des lysosomes, mais plus petite. Ils abondent dans les cellules hépatiques et contiennent plusieurs enzymes reliées au métabolisme de l'eau oxygénée, une substance toxique pour les cellules de l'organisme. Une des enzymes contenues dans les peroxysomes, la *catalase*, dégrade immédiatement la H_2O_2 en eau et en oxygène :

$$\underset{\text{Eau oxygénée}}{2H_2O_2} \xrightarrow{\text{catalase}} \underset{\text{eau}}{2H_2O} + \underset{\text{oxygène}}{O_2}$$

LE CYTOSQUELETTE

Au cours des dernières années, la microscopie électronique a permis de savoir que le cytoplasme des cellules était plus qu'un milieu dépourvu de structure dans lequel les différents composants cellulaires étaient en suspension. On a démontré que le cytoplasme possédait vraiment une structure interne complexe, comprenant une série de microfilaments, de microtubules et de filaments intermédiaires excessivement petits qui forment le **cytosquelette** (voir la figure 3.1).

Les **microfilaments** sont des structures en forme de bâtonnets, dont le diamètre varie de 3 nm à 12 nm. Ils sont de longueur variable et peuvent se présenter en bouquets, éparpillés au hasard à travers le cytoplasme ou disposés en filet, selon le type de cellule à laquelle ils appartiennent. Certains microfilaments sont faits d'une protéine appelée *actine* ; d'autres sont composés d'une protéine appelée *myosine*. Dans le tissu musculaire, les microfilaments composés d'actine (myofilaments fins) et les microfilaments composés de myosine (myofilaments épais) participent à la contraction des cellules musculaires. Nous décrirons ce mécanisme au chapitre 10. Dans les cellules non musculaires, les microfilaments aident à procurer soutien et forme, et participent au déplacement de cellules entières (phagocytes et cellules d'embryons en cours de développement) et aux mouvements qui se produisent à l'intérieur de la cellule (sécrétion, phagocytose, pinocytose).

Les **microtubules** sont des structures relativement droites, minces et cylindriques, dont le diamètre varie entre 18 nm et 30 nm, la moyenne étant d'environ 24 nm. Ils sont composés d'une protéine, la *tubuline*. Les microtubules dispersés dans le cytoplasme et les microfilaments assurent soutien et forme aux cellules. Certains résultats d'études suggèrent que les microtubules formeraient des canaux par lesquels diverses substances se déplaceraient à travers le cytoplasme. Ce mécanisme a été étudié de façon approfondie dans les cellules nerveuses. Les microtubules participent également aux mouvements des pseudopodes qui sont caractéristiques des phagocytes. Comme nous le verrons bientôt, les microtubules forment la structure des flagelles et des cils (appendices cellulaires participant à la motilité), des centrioles (organites qui peuvent diriger l'assemblage des microtubules) et du fuseau achromatique (structures qui participent à la division cellulaire).

Le diamètre des **filaments intermédiaires** varie entre 7 nm et 11 nm. Leurs protéines varient selon les types des cellules. Ainsi, dans les cellules épithéliales, elles sont faites de kératine. Les filaments intermédiaires sont habituellement dispersés à travers le cytoplasme. Dans certaines cellules, ils se présentent seuls ; dans d'autres, ils se présentent en groupes. On ne connaît pas encore parfaitement les fonctions des filaments intermédiaires ; toutefois, ils semblent offrir un renforcement structural dans certaines cellules.

LE CENTROSOME ET LES CENTRIOLES

Le **centrosome** est une région dense du cytoplasme, habituellement sphérique et située près du noyau. À l'intérieur du centrosome se trouve une paire de structures cylindriques, les **centrioles** (figure 3.13). Chaque centriole est composé d'un anneau constitué de neuf tubules également espacés. Chaque tubule est fait de trois microtubules. Les deux centrioles sont disposés de façon que l'axe long de l'un soit à angle droit par rapport à l'axe long de l'autre. Les centrioles jouent un rôle dans la reproduction cellulaire en étant les centres autour desquels sont organisés les microtubules qui participent aux mouvements des chromosomes. Nous présenterons brièvement ce processus dans la section traitant de la division cellulaire. Certaines cellules, commes les cellules nerveuses adultes, ne possèdent pas de centrosome et, par conséquent, ne se reproduisent pas. C'est pourquoi elles ne peuvent pas être remplacées lorsqu'elles sont détruites. Tout comme les mitochondries, les centrioles contiennent de l'ADN qui règle leur replication.

LES FLAGELLES ET LES CILS

Certaines cellules corporelles possèdent des prolongements qui servent à déplacer la cellule entière ou certaines substances le long de la surface de la cellule. Ces prolongements contiennent du cytoplasme et sont délimités par la membrane cellulaire. Lorsque les prolongements sont peu nombreux et longs par rapport aux dimensions de la cellule, on les appelle des **flagelles**. La queue du spermatozoïde, utilisée pour la locomotion (voir la figure 28.5), constitue le seul exemple de flagelles dans l'organisme humain. Lorsque les prolongements sont nombreux et courts, semblables à une chevelure, on les appelle des **cils**. Chez l'être humain, les cellules ciliées des voies respiratoires déplacent le mucus qui retient des particules étrangères sur la surface du tissu (voir la figure 23.4,a). La microscopie électronique n'a révélé aucune différence structurale fondamentale entre les cils et les flagelles. Ils sont pareillement composés de neuf paires de microtubules qui forment un anneau autour de deux microtubules situés au centre.

LES INCLUSIONS CELLULAIRES

Les **inclusions cellulaires** sont un groupe nombreux et diversifié de substances chimiques, dont certaines possèdent des formes reconnaissables. Ces produits sont principalement organiques et peuvent apparaître ou disparaître à divers moments de la vie de la cellule. La *mélanine* est un pigment emmagasiné dans certaines

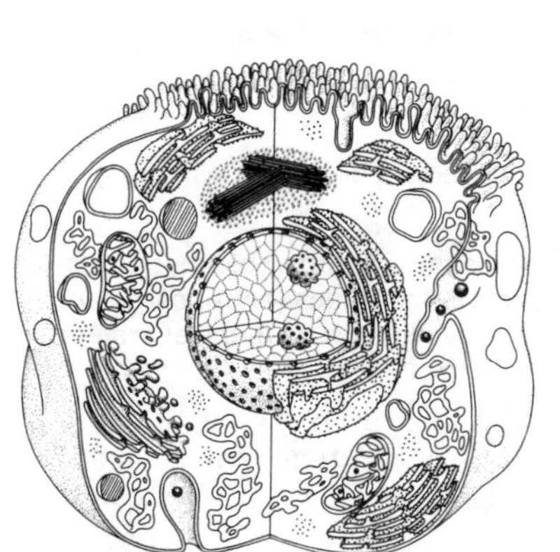

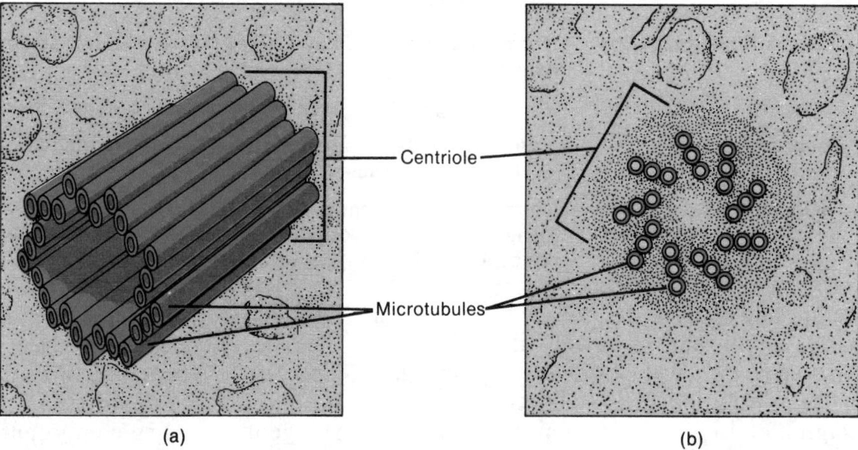

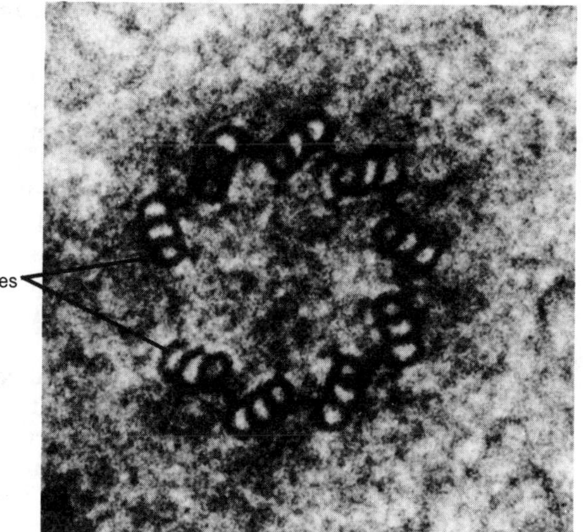

FIGURE 3.13 Centrosome et centrioles. (a) Diagramme d'un centriole en coupe longitudinale. (b) Diagramme d'un centriole en coupe transversale. (c) Photomicrographie électronique d'un centriole en coupe transversle, agrandie 67 000 fois. [Gracieuseté de Biophoto Associates/Photo Researchers.]

DOCUMENT 3.2 PARTIES DE LA CELLULE ET LEURS FONCTIONS

PARTIE	FONCTIONS
MEMBRANE CELLULAIRE	Protège le contenu de la cellule; permet le contact avec les autres cellules; contient des récepteurs pour les hormones, les enzymes et les anticorps; sert de médiatrice à l'entrée et à la sortie des substances
CYTOPLASME	Sert de substance fondamentale dans laquelle les réactions chimiques se produisent
ORGANITES	
Noyau	Contient les gènes et règle les activités cellulaires
Ribosomes	Sites de la synthèse protéique
Réticulum endoplasmique	Contribue au soutien mécanique; conduit les influx électriques intracellulaires dans les cellules musculaires; facilite l'échange extracellulaire de substances avec le cytoplasme; offre une surface pour les réactions chimiques; offre une voie pour le transport des substances chimiques; sert d'entrepôt; avec l'appareil de Golgi, synthétise et prépare les molécules qui doivent sortir de la cellule
Appareil de Golgi	Prépare les protéines synthétisées pour la sécrétion, à l'aide du réticulum endoplasmique; forme les lysosomes; sécrète des lipides; synthétise des glucides; unit les glucides aux protéines pour former des glycoprotéines qui seront sécrétées
Mitochondries	Sites de la production de l'ATP
Lysosomes	Digèrent les substances et les microbes étrangers; peuvent participer à la désintégration osseuse
Peroxysomes	Contiennent plusieurs enzymes, comme la catalase, liées au métabolisme de l'eau oxygénée
Microfilaments	Forment une partie du cytosquelette; participent à la contraction des cellules musculaires; offrent soutient et forme; participent aux déplacements cellulaires et intracellulaires
Microtubules	Forment une partie de cytosquelette; offrent soutien et forme; forment les canaux conducteurs intracellulaires; participent aux déplacements cellulaires; forment la structure des flagelles, des cils, des centrioles et des fibres fusoriales
Filaments intermédiaires	Forment une partie du cytosquelette; offrent probablement un renforcement structural dans certaines cellules
Centrioles	Aident à organiser le fuseau achromatique durant la division cellulaire
Flagelles et cils	Permettent le déplacement de la cellule entière (flagelles) ou le mouvement de particules le long de la surface de la cellule (cils)
INCLUSIONS	La mélanine (pigment de la peau, des cheveux et des yeux) filtre les rayons ultra-violets; le glycogène (glucose entreposé) peut être dégradé pour produire de l'énergie; les lipides (entreposés dans les cellules adipeuses) peuvent être dégradés pour produire de l'énergie; le mucus lubrifie et protège

cellules de la peau, des poils et des yeux. Elle protège le corps en filtrant les rayons ultra-violets du soleil. Le *glycogène* est un polyoside emmagasiné dans le foie, les cellules des muscles squelettiques et la muqueuse vaginale. Lorsque l'organisme a un besoin urgent d'énergie, les cellules hépatiques peuvent dégrader le glycogène en glucose et le libérer. Les *lipides*, qui sont emmagasinés dans les cellules adipeuses, peuvent être dégradés pour produire de l'énergie. Enfin, le *mucus*, qui est produit par les cellules qui tapissent les organes, est aussi un exemple d'inclusion cellulaire. Sa fonction est de lubrifier et de protéger.

Dans le document 3.2, nous résumons les parties principales de la cellule ainsi que leurs fonctions.

LES SUBSTANCES EXTRACELLULAIRES

Les substances qui se trouvent à l'extérieur des cellules sont des **substances extracellulaires**. Elles comprennent les liquides corporels, qui constituent un milieu servant à dissoudre, à mêler et à transporter les substances. Parmi les liquides corporels, on trouve le liquide interstitiel, qui remplit les espaces interstitiels, et le plasma, qui forme la partie liquide du sang. Les substances extracellulaires comprennent également les inclusions sécrétées, comme le mucus, et les substances de soutien qui forment la substance fondamentale dans laquelle certaines cellules sont enfouies.

Les composants de la substance fondamentale sont élaborés par certaines cellules et déposés à l'extérieur de leurs membranes cellulaires. La substance fondamentale soutient les cellules, les maintient ensemble, et donne force et élasticité au tissu. Certains composants de la substance fondamentale sont *amorphes*; ils n'ont pas de forme particulière. Parmi eux se trouvent l'acide hyaluronique et la chondroïtine sulfate. L'**acide hyaluronique** est une substance visqueuse, d'aspect liquide, qui maintient les cellules ensemble, lubrifie les articulations et préserve la forme des globes oculaires. La **chondroïtine sulfate** est une substance gélatineuse qui procure soutien et adhésion au cartilage, aux os, aux valvules du cœur, à la cornée et au cordon ombilical.

D'autres composants de la substance fondamentale sont *fibreux*, ou filamenteux. Les composants fibreux donnent de la force aux tissus et les soutiennent. Parmi ces composants se trouvent les **fibres collagènes**, faites d'une protéine, le *collagène*. Ces fibres sont présentes dans tous les types de tissu conjonctif, notamment dans les os, le cartilage, les tendons et les ligaments. Les **fibres**

réticulées, composées de collagène et d'une couche de glycoprotéine, forment un réseau autour des cellules adipeuses, des fibres nerveuses, des cellules musculaires et des vaisseaux sanguins. Elles forment également la structure, ou le stroma, de la plupart des organes mous de l'organisme, comme la rate. Les **fibres élastiques**, faites d'une protéine, l'*élastine*, donnent de l'élasticité à la peau et aux tissus qui forment les parois des vaisseaux sanguins.

L'ACTION GÉNÉTIQUE

LA SYNTHÈSE DES PROTÉINES

Bien que les cellules synthétisent de nombreuses substances chimiques en vue de maintenir l'homéostasie, la plus grande partie des éléments de la cellule est reliée à la production des protéines. Certaines protéines sont des protéines structurales; elles contribuent à la formation des membranes cellulaires, des microfilaments, des microtubules, des centrioles, des flagelles, des cils, du fuseau achromatique et d'autres parties de la cellule. D'autres protéines jouent le rôle d'hormones, d'anticorps et d'éléments contractiles dans le tissu musculaire. D'autres encore jouent le rôle d'enzymes qui régularisent les innombrables réactions chimiques qui se produisent dans les cellules. Les cellules sont des usines qui synthétisent constamment de nombreuses protéines différentes qui déterminent les caractéristiques physiques et chimiques des cellules et, par conséquent, des organismes.

Les directives génétiques nécessaires à la fabrication des protéines se trouvent dans l'ADN. Les cellules fabriquent des protéines en traduisant l'information génétique encodée dans l'ADN en protéines spécifiques. Durant ce processus, l'information génétique d'une région de l'ADN est copiée pour produire une molécule spécifique d'ARN. Par une série complexe de réactions, l'information contenue dans l'ARN est traduite en une séquence spécifique correspondante d'acides aminés dans une molécule protéique nouvellement produite. Voyons de quelle façon l'ADN dirige la synthèse des protéines, en analysant les deux étapes principales de ce processus, la transcription et la traduction.

LA TRANSCRIPTION

La **transcription** est le processus par lequel l'information génétique encodée dans l'ADN est copiée par un brin de l'ARN appelé **ARN messager (ARNm)**. On appelle ce processus transcription à cause de sa ressemblance avec la transcription d'une phrase, d'un ruban magnétique à un autre. En utilisant une portion particulière de l'ADN de la cellule comme modèle, l'information génétique emmagasinée dans la séquence des bases azotées de l'ARN est récrite, de façon que la même information apparaisse dans les bases azotées de l'ARN. Comme dans la replication de l'ADN (voir la figure 3.15), une cytosine (C) de l'ADN modèle dicte une base guanine (G) dans le brin d'ARNm en fabrication; une G de l'ADN modèle nécessite une C dans le brin d'ARNm, et une thymine (T) dans l'ADN modèle signifie qu'il faut une adénine (A) dans l'ARNm. Comme l'ARN contient de l'uracile (U) plutôt que de la T, une A dans l'ADN modèle nécessite un U dans l'ARNm. Par exemple, si la portion modèle de l'ADN a comme séquence de base ATGCAT, le brin d'ARNm transcrit possède la séquence complémentaire UACGUA. Il est à noter qu'un seul des deux brins d'ADN sert de modèle pour la synthèse de l'ARN. Ce brin est appelé *brin parental*. L'autre brin, celui qui n'est pas transcrit, est le complément du brin parental et est appelé *brin complémentaire*.

L'ADN synthétise également deux autres types d'ARN: ce sont l'**ARN ribosomique (ARNr)** qui, avec les protéines ribosomiques, compose les ribosomes, et l'**ARN de transfert (ARNt)**. Une fois synthétisés, l'ARNm, l'ARNr et l'ARNt quittent le noyau de la cellule. Dans le cytoplasme, ils participent à l'étape suivante de la synthèse des protéines, la traduction.

LA TRADUCTION

La **traduction** est le processus par lequel l'information de la séquence des bases azotées de l'ARNm est utilisée pour spécifier la séquence des acides aminés d'une protéine. Les événements principaux qui surviennent au cours de la traduction sont les suivants (figure 3.14).

1. Dans le cytoplasme, la petite sous-unité ribosomique se lie à une extrémité de la molécule d'ARNm (figure 3.14,a). En ce sens, les ribosomes constituent les sites où se produit la synthèse protéique.

2. Dans le cytoplasme, il y a 20 acides aminés différents qui peuvent participer à la synthèse protéique. Les acides aminés qui participent à la formation d'une protéine particulière sont recueillis par l'ARNt (figure 3.14,b). Il existe un type différent d'ARNt pour chaque type d'acide aminé. Une des extrémités d'une molécule d'ARNt s'unit à un acide aminé particulier. L'activation de l'acide aminé nécessite de l'énergie produite par la dégradation de l'ATP. L'autre extrémité possède une séquence spécifique de trois bases azotées (triplet), appelée *anticodon*. Le triplet complémentaire sur un brin d'ARNm est appelé *codon*.

3. C'est à la façon dont les bases sont appariées que l'anticodon d'un ARNt particulier reconnaît le codon correspondant de l'ARNm et s'y attache. Si l'anticodon de l'ARNt est UAC, le codon de l'ARNm sera AUG (figure 3.14,c). Au cours du processus, l'ARNt apporte également avec lui l'acide aminé spécifique. L'appariement de l'anticodon et du codon ne se produit que lorsque l'ARNm est attaché à un ribosome.

4. Lorsque le premier ARNt s'attache à l'ARNm, le ribosome se déplace le long de l'ARNm, et l'ARNt suivant, avec son acide aminé, se met en place (figure 3.14,d).

5. Les deux acides aminés sont unis par une liaison peptidique, et le premier ARNt se détache du brin d'ARNm. La sous-unité ribosomique la plus grosse contient les enzymes qui unissent les acides aminés (figure 3.14,e). L'ARNt libéré peut alors recueillir un autre acide aminé semblable, si cela est nécessaire.

6. À mesure que les acides aminés appropriés sont alignés, un par un, des liaisons peptidiques se forment entre ces derniers, et la protéine s'allonge progressivement (figure 3.14,f).

7. Lorsque la protéine est complète, le processus de synthèse est arrêté par un *codon de terminaison* spécial. La protéine assemblée est libérée du ribosome et celui-ci se décompose en ses différentes sous-unités (figure 3.14,g,h).

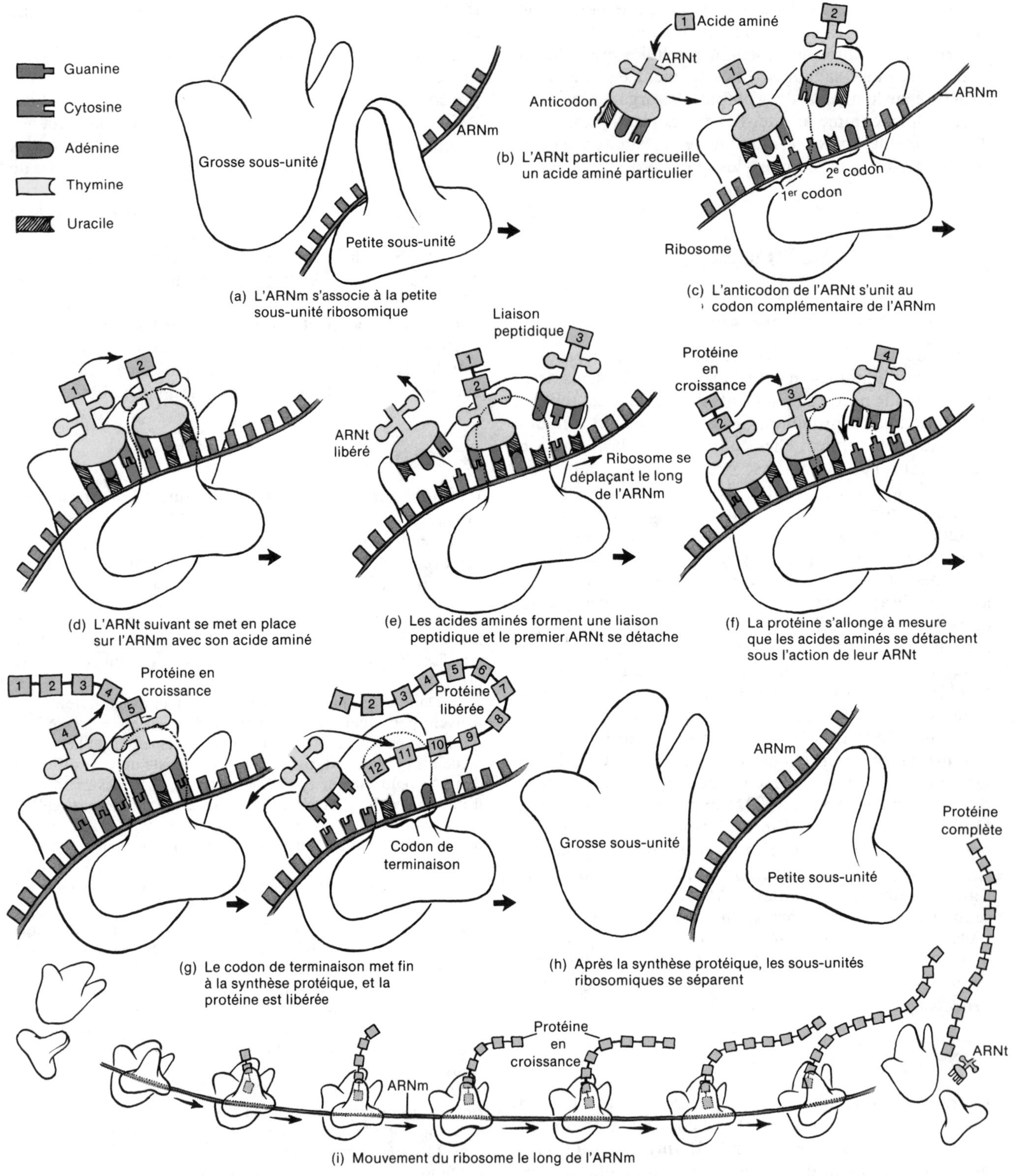

FIGURE 3.14 Traduction. Durant la synthèse protéique, les sous-unités ribosomiques s'unissent. Lorsqu'elles ne participent pas à la synthèse protéique, les sous-unités constituent des entités séparées.

À mesure que chacun des ribosomes se déplace le long du brin d'ARNm, il « lit » l'information qui y est encodée et synthétise une protéine qui correspond à cette information; le ribosome synthétise la protéine en traduisant la séquence du codon en une séquence d'acides aminés.

La synthèse protéique progresse au rythme d'environ 15 acides aminés par seconde. À mesure que le ribosome se déplace le long du brin d'ARNm et avant qu'il ait terminé la traduction d'un gène, un autre ribosome peut s'attacher et commencer la traduction du même brin d'ARNm ; par conséquent, plusieurs ribosomes peuvent être rattachés au même brin d'ARNm. Un brin d'ARNm auquel sont attachés plusieurs ribosomes est un **polyribosome**. Plusieurs ribosomes se déplaçant simultanément en tandem le long de la même molécule d'ARNm permettent la traduction simultanée d'un brin d'ARNm en plusieurs protéines identiques.

À partir de la description de la synthèse protéique présentée plus haut, nous pouvons dire qu'un **gène** est un groupe de mononucléotides sur une molécule d'ADN qui sert de moule pour la fabrication d'une protéine particulière. Les gènes contiennent environ 1 000 paires de mononucléotides, qui apparaissent dans une séquence particulière d'une molécule d'ADN. Il n'y a pas deux gènes qui aient exactement la même séquence de mononucléotides ; ce phénomène constitue la clé de l'hérédité.

Il est important de se rappeler que la séquence des bases du gène détermine la séquence des bases de l'ARNm. La séquence des bases de l'ARNm détermine ensuite l'ordre et le type d'acides aminés qui formeront la protéine. Ainsi, chaque gène est responsable de la formation d'une protéine particulière de la façon suivante :

$$\text{ADN} \xrightarrow{\text{transcription}} \text{ARN} \xrightarrow{\text{traduction}} \text{protéine}$$

« SOS » GÈNES : LA RÉPARATION DE L'ADN

Les activités quotidiennes normales d'une cellule et la continuité de la vie d'une génération à l'autre dépendent de la replication stable et précise de la molécule d'ADN dans laquelle l'information génétique est encodée. Malheureusement, l'architecture de l'ADN est ainsi faite qu'elle est vulnérable aux lésions causées par des radiations nocives et divers agents chimiques. Si les lésions provoquent l'incorporation d'une base azotée erronée ou modifiée, ou toute autre modification structurale pouvant changer la molécule d'ADN, la capacité de cette dernière de se reproduire et de synthétiser des protéines est entravée. Si les lésions ne sont pas réparées, la cellule fonctionne de façon anormale et peut mourir. Les lésions semblent parfois déclencher une série d'événements menant à un cancer.

Au cours des dernières années, on a appris que certaines enzymes pouvaient réparer des lésions importantes causées à l'ADN. D'après ce qu'on sait, il semble que les lésions causées à l'ADN provoquent une **réaction d'alarme**. Une partie de cette réaction est due au fait que certains gènes produisent des quantités accrues de protéines enzymatiques qui opèrent ensemble pour réparer les lésions génétiques. Les scientifiques essaient maintenant de comprendre les mécanismes des différents systèmes de réparation et les conditions dans lesquelles ils opèrent. On espère que ces renseignements apporteront des indices quant à la nature du cancer et d'autres maladies, ainsi qu'au processus de vieillissement.

APPLICATION CLINIQUE

Des types différents de cellules produisent des protéines différentes selon les directives encodées dans l'ADN de leurs gènes. Depuis 1973, les scientifiques ont pu modifier ces directives dans les cellules bactériennes en y ajoutant des gènes provenant d'autres organismes. Comme conséquence de cette modification, les cellules bactériennes produisent des protéines qu'elles ne synthétisent pas en temps normal. Les bactéries modifiées de cette façon sont dites **recombinantes** et leur ADN, une combinaison d'ADN provenant de sources différentes, est l'**ADN de recombinaison**. Lorsqu'on introduit de l'ADN de recombinaison dans une bactérie, celle-ci synthétise les protéines du nouveau gène, quel qu'il soit. La manipulation du matériel génétique a donné naissance à une nouvelle technologie, le **génie génétique**. La bactérie qui joue le rôle le plus important est *Escherichia coli*, souvent présente dans l'intestin humain.

Un des objectifs importants de la recherche portant sur l'ADN de recombinaison est de mieux comprendre la façon dont les gènes sont organisés, comment ils fonctionnent et comment ils sont réglés. Ces renseignements permettraient d'identifier chacun des 10 000 gènes présents dans la cellule humaine, et pourraient être utilisés pour trouver un moyen de remplacer les gènes défectueux responsables de l'hémophilie, de la drépanocytose et d'autres maladies. La technologie de l'ADN de recombinaison pourrait également aider à comprendre pourquoi des cellules normales deviennent malignes.

Les applications pratiques de l'ADN de recombinaison sont stupéfiantes. À l'heure actuelle, on peut produire plusieurs substances thérapeutiques importantes à partir de brins de bactéries recombinantes. Parmi ces substances, on trouve la *somatotrophine (hormone de croissance)*, nécessaire à la croissance de l'enfant ; la *somatostatine*, une hormone de l'encéphale qui aide à régulariser la croissance ; l'*insuline*, une hormone qui aide à régulariser le taux de glucose sanguin et qui est utilisée par les diabétiques ; l'*hormone chorionique gonadotrophique (hCG)*, une hormone nécessaire au maintien de la grossesse ; l'*interféron*, une substance antivirale (et peut-être anticancéreuse) ; le *surfactant*, un phospholipide qui abaisse la tension de surface dans les poumons ; le *facteur VIII*, un facteur de coagulation absent chez les personnes atteintes d'hémophilie A, la principale forme de l'affection héréditaire ; l'*activateur tissulaire du plasminogène*, une substance utilisée pour dissoudre les caillots sanguins dans les artères coronaires ; et la *bêta-endorphine*, un peptide de l'encéphale qui a des propriétés morphinomimétiques (semblables à celles de la morphine) qui suppriment la douleur. On utilise également les techniques de l'ADN de recombinaison pour mettre au point des vaccins contre plusieurs virus, dont ceux qui causent l'herpès, l'hépatite B, l'influenza et la malaria. De plus, cette technologie pourrait servir à produire des protéines capables de combattre la famine, d'augmenter la production d'alcool du maïs, d'éponger les nappes de pétrole répandues dans l'océan et d'extraire du sol des minéraux rares.

LA DIVISION CELLULAIRE NORMALE

La plupart des activités cellulaires mentionnées jusqu'à maintenant assurent le maintien constant de la vie de la cellule. Toutefois, les cellules peuvent être lésées, malades ou usées, et elles meurent. De nouvelles cellules doivent être produites pour remplacer celles qui sont mortes et pour assurer la croissance de l'organisme.

La **division cellulaire** est le processus par lequel les cellules se reproduisent. Elle comprend une division nucléaire et une division cytoplasmique (cytocinèse). Comme la division nucléaire peut prendre deux formes différentes, il existe deux types différents de division cellulaire.

Dans le premier type de divison, souvent appelé **division cellulaire somatique**, une cellule mère se reproduit. Ce processus comprend une division nucléaire, la **mitose,** et une cytocinèse. Ce processus permet à chaque nouvelle cellule fille de posséder le même *nombre* et le même *type* de chromosomes que la cellule mère originale. Lorsque le processus est terminé, les deux cellules filles possèdent le même matériel héréditaire et le même potentiel génétique que la cellule mère. Ce genre de division cellulaire provoque une augmentation du nombre des cellules de l'organisme. Au cours d'une période de 24 h, l'adulte moyen perd des billions de cellules en différentes parties de son organisme. Il est évident que ces cellules doivent être remplacées. Les cellules à vie courte, cellules de la couche externe de la peau, de la cornée ou du tube digestif, sont constamment remplacées. La mitose et la cytocinèse sont les moyens par lesquels les cellules mortes ou lésées sont remplacées, et de nouvelles cellules sont produites pour assurer la croissance de l'organisme.

Le deuxième type de division cellulaire est le mécanisme par lequel les spermatozoïdes et les ovules sont produits, avant la formation d'un nouvel organisme. Ce processus comprend une division nucléaire, la **méiose**, et une cytocinèse. On l'appelle souvent **division cellulaire sexuelle**. Voyons d'abord la division cellulaire somatique.

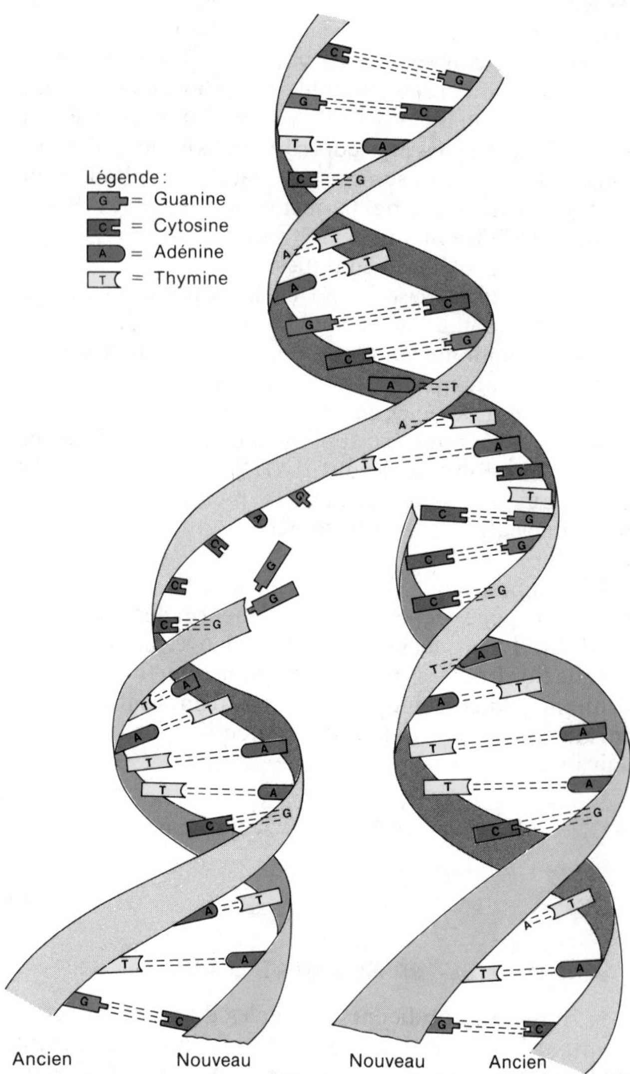

FIGURE 3.15 Replication de l'ADN. Les deux brins de la double hélice se séparent en brisant les liaisons qui existent entre les mononucléotides. Les nouveaux mononucléotides s'attachent aux endroits appropriés, et un nouveau brin d'ADN s'unit avec chacun des brins originaux. Après la replication, les deux molécules d'ADN, chacune comportant un ancien et un nouveau brin, reprennent leur forme hélicoïdale.

LA DIVISION CELLULAIRE SOMATIQUE

Lorsqu'une cellule se reproduit, elle doit reproduire ses chromosomes de façon que ses caractères héréditaires soient transmis à la génération suivante. Un **chromosome** est une molécule d'ADN étroitement enroulée, partiellement recouverte de protéines. Les protéines modifient la longueur et l'épaisseur du chromosome. Des informations génétiques sont contenues dans la portion ADN du chromosome, sous forme d'unités appelées **gènes**.

La période au cours de laquelle une cellule se trouve entre deux périodes de division est l'**interphase (phase métabolique)**. C'est au cours de cette phase que s'effectue la duplication (synthèse) des chromosomes et que sont fabriqués l'ARN et les protéines nécessaires pour produire les structures que requiert la reproduction des composants cellulaires.

Durant la replication de l'ADN, la structure hélicoïdale se déroule partiellement (figure 3.15). Les portions de l'ADN qui restent enroulées prennent une coloration plus foncée que les portions déroulées. À cause de cette coloration inégale, l'ADN prend l'apparence d'une masse granulaire appelée **chromatine** (figure 3.16,a). Tout en se déroulant, l'ADN se sépare aux endroits où les bases azotées sont reliées. Chaque base azotée exposée prend ensuite une base azotée complémentaire (contenant un sucre associé et un groupement phosphate) du cytoplasme de la cellule. Ce déroulement et cet appariement de bases complémentaires se poursuivent jusqu'à ce que

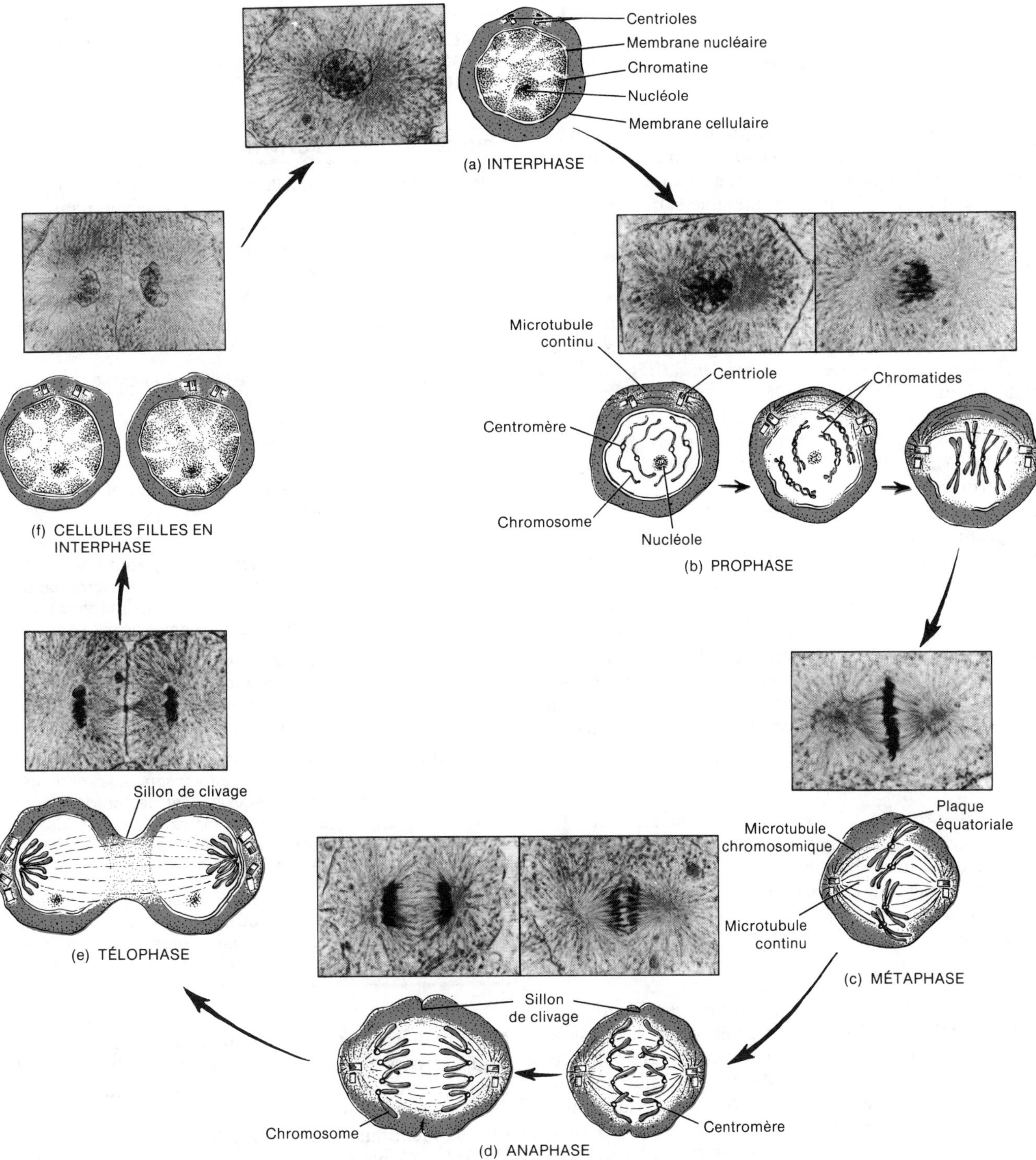

FIGURE 3.16 Division cellulaire : la mitose et la cytocinèse. Photomicrographies et diagrammes des étapes de la division cellulaire dans des œufs de corégone. [Photographies de Carolina Biological Supply Company.]

chacun des deux brins originaux de l'ADN soient assortis et unis à deux brins d'ADN nouvellement formés. La molécule originale d'ADN est devenue deux molécules d'ADN.

Si l'on observe une cellule au microscope durant l'interphase, on aperçoit la membrane nucléaire, les nucléoles, le nucléoplasme, la chromatine et une paire de centrioles. Une fois que la cellule a terminé la replication de l'ADN et la synthèse de l'ARN et des protéines au cours de l'interphase, la mitose commence.

La mitose

La série d'événements qui surviennent durant la mitose et la cytocinèse est très visible au microscope, après que les cellules ont été colorées en laboratoire.

La **mitose** est la distribution des deux groupes de chromosomes en deux noyaux séparés et égaux, consécutivement à la duplication des chromosomes du noyau mère. Les biologistes divisent le processus en quatre phases : la prophase, la métaphase, l'anaphase et la télophase. Il s'agit là d'une classification arbitraire. En réalité, la mitose est un processus continu, les différentes phases se chevauchant de façon presque imperceptible.

• ***La prophase*** Au cours de la **prophase** (figure 3.16,b), les filaments de chromatine raccourcissent et s'enroulent pour former des chromosomes. Les nucléoles deviennent moins distincts et la membrane nucléaire disparaît. Chacun des « chromosomes » de la prophase est en réalité composé d'une paire de structures appelées **chromatides**. Chaque chromatide est un chromosome complet composé d'une molécule d'ADN à double brin, et est attachée à une autre chromatide par une petite structure sphérique, le **centromère**. Durant la prophase, les paires de chromatides se rassemblent près de la région de la plaque équatoriale de la cellule.

Également au cours de la prophase, les paires de centrioles se séparent, et chaque paire se dirige vers les pôles opposés de la cellule. Entre les centrioles, une série de microtubules s'organise en deux groupes de fibres. Les *microtubules continus* proviennent du voisinage de chaque paire de centrioles et croissent en direction les uns des autres. Ainsi, ils s'étendent d'un pôle à l'autre de la cellule. Pendant ce temps, le deuxième groupe de microbutules se développe. Ces derniers sont des *microtubules chromosomiques*, et ils se développent à partir des centromères ; ils s'étendent d'un centromère à un des pôles de la cellule. Ensemble, les microtubules continus et chromosomiques constituent le **fuseau achromatique** qui, avec les centrioles, forme l'**appareil mitotique**.

• ***La métaphase*** Au cours de la **métaphase** (figure 3.16,c), les centromères des chromatides s'alignent sur la plaque équatoriale de la cellule. Les centromères de chacune des paires de chromatides forment un microtubule chromosomique qui attache le centromère à un des pôles de la cellule.

• ***L'anaphase*** La troisième phase de la mitose, l'**anaphase** (figure 3.16,d), est caractérisée par la division des centromères et le déplacement de groupes de chromatides parfaitement identiques, maintenant appelés chromosomes, vers les pôles opposés de la cellule. Au cours de ce déplacement, les centromères attachés aux microtubules chromosomiques semblent entraîner les parties traînantes des chromosomes vers des pôles opposés. Bien que plusieurs théories aient été proposées, on ne comprend pas encore vraiment le mécanisme par lequel les chromosomes se déplacent vers les pôles opposés.

• ***La télophase*** La **télophase** (figure 3.16,e) comprend une série d'événements qui vont dans le sens contraire de ceux qui se déroulent durant la prophase. À ce moment, deux groupes identiques de chromosomes ont atteint les pôles opposés de la cellule. À mesure que la télophase progresse, de nouvelles membranes nucléaires commencent à entourer les chromosomes, ces derniers commencent à prendre leur forme de chromatides, les nucléoles réapparaissent et les fuseaux achromatiques disparaissent. Les centrioles se reproduisent également ; chaque cellule a donc deux paires de centrioles. La formation de deux noyaux identiques à ceux des cellules de l'interphase met fin à la télophase. Le cycle mitotique est complété (figure 3.16,f).

DOCUMENT 3.3 RÉSUMÉ DES ÉVÉNEMENTS ASSOCIÉS À L'INTERPHASE ET À LA DIVISION CELLULAIRE SOMATIQUE

PÉRIODE OU PHASE	ACTIVITÉ
Interphase	La cellule se trouve entre deux périodes de division. Elle s'engage dans des activités de croissance, de métabolisme et de production de substances nécessaires à la division ; il se produit une duplication chromosomique
Division cellulaire	La cellule mère produit deux cellules filles identiques
Prophase	La chromatine raccourcit et s'enroule en chromosomes (chromatides), les nucléoles et la membrane nucléaire deviennent moins distincts, les centrioles se séparent et se rendent vers les pôles opposés de la cellule, et le fuseau achromatique se forme
Métaphase	Les centromères des paires de chromatides se placent sur la plaque équatoriale de la cellule et forment les microtubules chromosomiques qui attachent les centromères aux pôles de la cellule
Anaphase	Les centromères se divisent et des ensembles identiques de chromosomes se rendent vers les pôles opposés de la cellule
Télophase	La membrane nucléaire réapparaît et entoure les chromosomes, les chromosomes redeviennent des chromatides, les nucléoles réapparaissent, le fuseau achromatique disparaît et les centrioles se dédoublent
Cytocinèse	Le sillon de clivage se forme autour de la plaque équatoriale de la cellule, croît vers l'intérieur et sépare le cytoplasme en deux portions distinctes et égales

• ***La durée de la mitose*** La durée de la mitose varie selon le type de la cellule, son emplacement et l'influence de certains facteurs, comme la température. De plus, les différentes phases de la mitose ne sont pas d'égale durée. La prophase est généralement la phase qui dure le plus longtemps, d'une heure à plusieurs heures. La métaphase ne dure que de 5 min à 15 min. L'anaphase est la phase la plus courte, de 2 min à 10 min. Quant à la télophase, elle dure de 10 min à 30 min. Ces durées varient considérablement selon le type de cellule. En tout, la mitose ne représente qu'une petite fraction de la vie d'une cellule.

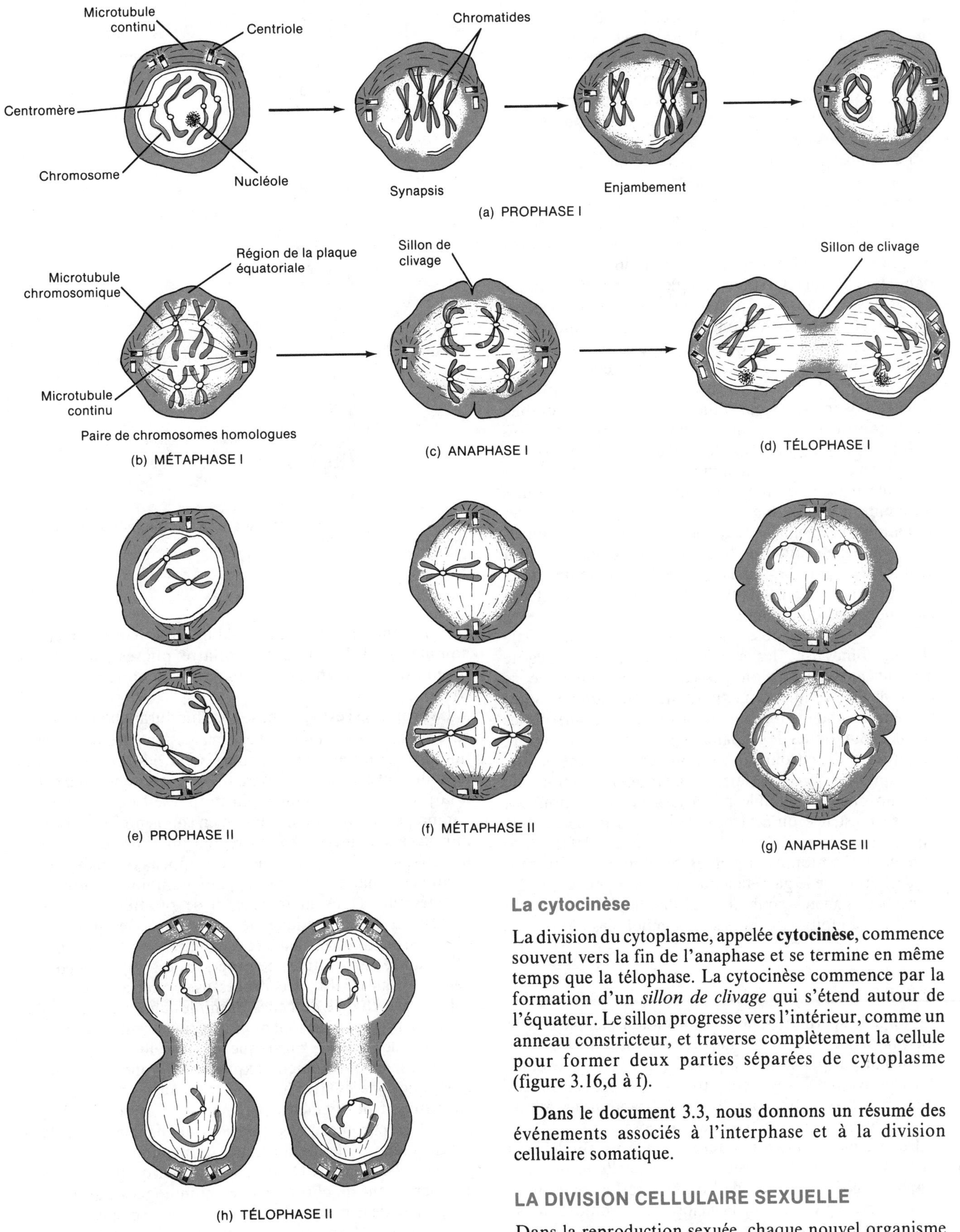

Microtubule continu
Centriole
Centromère
Chromosome
Nucléole
Chromatides
Synapsis
Enjambement

(a) PROPHASE I

Région de la plaque équatoriale
Microtubule chromosomique
Microtubule continu
Paire de chromosomes homologues

(b) MÉTAPHASE I

Sillon de clivage

(c) ANAPHASE I

Sillon de clivage

(d) TÉLOPHASE I

(e) PROPHASE II

(f) MÉTAPHASE II

(g) ANAPHASE II

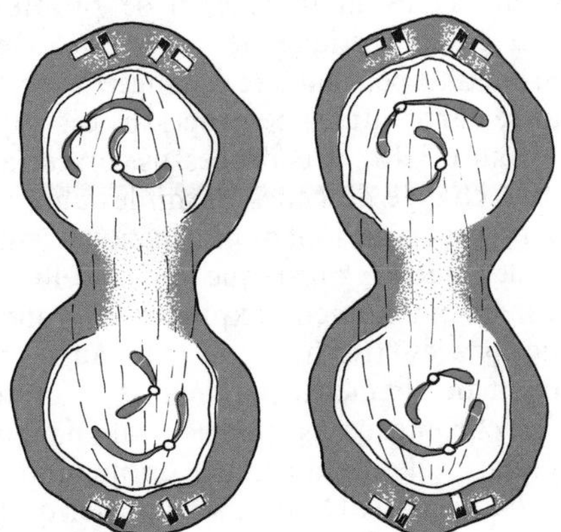

(h) TÉLOPHASE II

FIGURE 3.17 Méiose. Pour plus de détails, voir le texte.

La cytocinèse

La division du cytoplasme, appelée **cytocinèse**, commence souvent vers la fin de l'anaphase et se termine en même temps que la télophase. La cytocinèse commence par la formation d'un *sillon de clivage* qui s'étend autour de l'équateur. Le sillon progresse vers l'intérieur, comme un anneau constricteur, et traverse complètement la cellule pour former deux parties séparées de cytoplasme (figure 3.16,d à f).

Dans le document 3.3, nous donnons un résumé des événements associés à l'interphase et à la division cellulaire somatique.

LA DIVISION CELLULAIRE SEXUELLE

Dans la reproduction sexuée, chaque nouvel organisme est produit par l'union et la fusion de deux cellules sexuelles différentes, dont chacune provient d'un des parents. Les cellules sexuelles, appelées **gamètes**, sont les ovules produits dans les ovaires et les spermatozoïdes produits dans les testicules. L'union et la fusion des gamètes est la fécondation ; la cellule ainsi produite est appelée zygote. Le zygote contient un mélange de chromosomes (ADN) provenant des deux parents et, par des divisions mitotiques répétées, se développe en un nouvel organisme.

Les gamètes diffèrent des autres cellules corporelles (cellules somatiques) à cause du nombre de chromosomes présents dans leurs noyaux. Les cellules somatiques, comme les cellules de l'encéphale, de l'estomac et des reins, ainsi que toutes les autres cellules somatiques possédant un seul noyau, contiennent 46 chromosomes dans leurs noyaux. Certaines cellules somatiques, comme les cellules des muscles squelettiques, possèdent plusieurs noyaux et contiennent donc plus de 46 chromosomes. Toutefois, comme la plupart des cellules somatiques ne contiennent qu'un seul noyau, ce sont elles qui sont concernées dans la section qui suit. Parmi les 46 chromosomes, 23 constituent un ensemble complet contenant tous les gènes nécessaires aux activités cellulaires. Dans un sens, les 23 autres chromosomes constituent un double du premier ensemble. On utilise le symbole n pour désigner le nombre de chromosomes différents présents dans le noyau. Comme les cellules somatiques contiennent deux ensembles de chromosomes, on les appelle **cellules diploïdes** (*di*: deux), et elles sont symbolisées par $2n$. Dans une cellule diploïde, deux chromosomes appartenant à une paire constituent des **chromosomes homologues**.

Si les gamètes possédaient le même nombre de chromosomes que les cellules somatiques, le zygote produit par leur fusion posséderait le double de ce nombre. Les cellules somatiques de l'être ainsi produit posséderaient deux fois plus de chromosomes ($4n$) que les cellules somatiques de ses parents et, à chaque génération, le nombre de chromosomes doublerait. Grâce à une division nucléaire spéciale, la **méiose**, le nombre de chromosomes ne double pas à chaque génération. La méiose n'est liée qu'à la production des gamètes. Elle amène le spermatozoïde ou l'ovule en cours de développement à abandonner son ensemble double de chromosomes, afin que le gamète adulte n'en contienne que 23. Ainsi les gamètes sont des **cellules haploïdes**, ce qui signifie « la moitié », et elles sont symbolisées par n.

La méiose

On appelle spermatogenèse la formation par méiose de spermatozoïdes haploïdes dans les testicules, et ovogenèse la formation, par le même procédé, d'ovules haploïdes dans les ovaires. Dans le chapitre 28, nous présentons ces deux processus en détail. Pour l'instant, nous allons étudier les principes de base de la méiose.

Le méiose comprend deux divisions nucléaires successives appelées **division réductionnelle** et **division équationnelle**. Au cours de l'interphase qui précède la division réductionnelle de la méiose, les chromosomes se reproduisent. Cette reproduction est semblable à celle qui, au cours de l'interphase, précède la mitose de la division cellulaire somatique. Une fois que la duplication

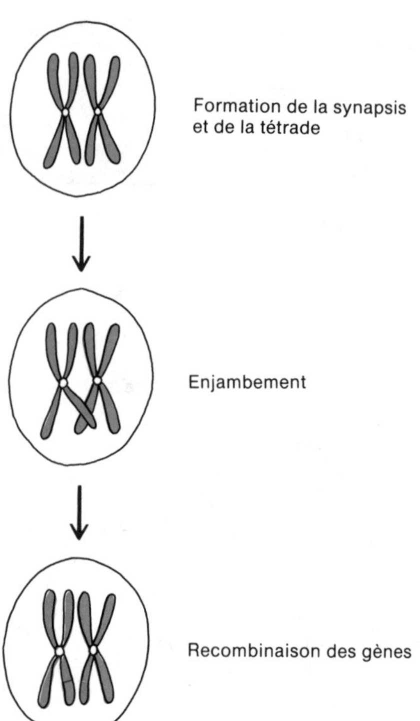

FIGURE 3.18 Enjambement dans une tétrade, entraînant une recombinaison des gènes.

chromosomique est terminée, la division réductionnelle commence. Elle comprend quatre phases, appelées prophase I, métaphase I, anaphase I et télophase I (figure 3.17).

La prophase I est une phase étendue durant laquelle les chromosomes raccourcissent et s'épaississent, la membrane nucléaire et les nucléoles disparaissent, les centrioles se reproduisent et le fuseau apparaît. Toutefois, contrairement à la prophase de la mitose, la prophase I de la méiose comprend un événement unique en son genre. Les chromosomes s'alignent dans la région nucléaire en paires homologues. Cet appariement est appelé **synapsis**. Les quatre chromatides de chaque paire homologue forment une **tétrade**. Dans la tétrade, il se produit un autre événement caractéristique de la méiose. Des portions d'une chromatide peuvent être échangées avec des portions d'une autre chromatide ; ce processus est appelé **enjambement** (figure 3.18). Ce processus, et certains autres, permet un échange de gènes parmi les chromatides ; les cellules ainsi produites sont donc génétiquement différentes les unes des autres, ainsi que de la cellule qui les a produites. Ce phénomène explique la grande diversité génétique chez les êtres humains et les autres organismes qui forment des gamètes par méiose. Durant la métaphase I, les chromosomes appariés s'alignent le long de la plaque équatoriale de la cellule, un membre de chaque paire de chaque côté. On doit se rappeler qu'il n'y a pas d'appariement de chromosomes homologues durant la métaphase de la mitose. Les centromères de chaque paire de chromatides forment les microtubules chromosomiques qui attachent les centromères aux pôles opposés de la cellule. L'anaphase I est caractérisée par la séparation

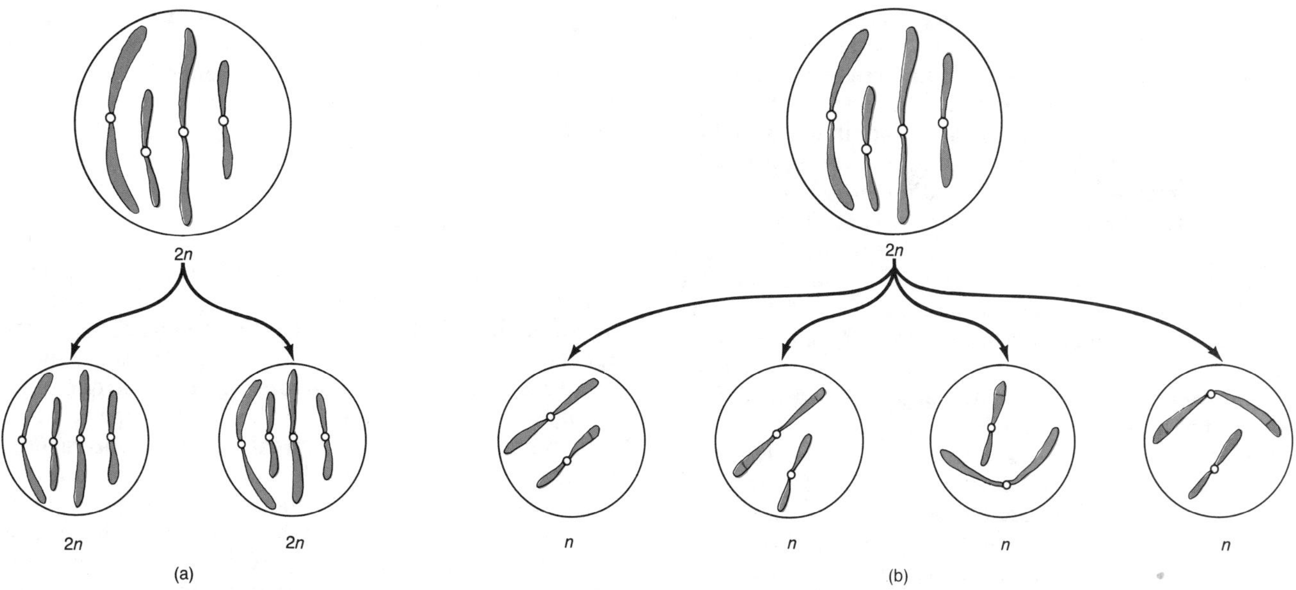

FIGURE 3.19 Comparaison très simplifiée entre (a) la mitose et (b) la méiose.

des membres de chaque paire, chacun des membres se rendant vers des pôles opposés de la cellule. Durant l'anaphase I, contrairement à ce qui se passe au cours de l'anaphase mitotique, les centromères ne se séparent pas et les chromatides, maintenues par un centromère, restent ensemble. Le déroulement de la télophase I et de la cytocinèse est semblable à celui de la télophase et de la cytocinèse de la mitose. Le résultat net de la division réductionnelle est que chaque cellule fille contient un nombre haploïde de chromosomes; chaque cellule ne contient qu'un membre de chaque paire des chromosomes homologues originaux de la cellule mère.

L'interphase entre la division réductionnelle et la division équationnelle peut être brève ou complètement absente. Elle diffère cependant de l'interphase qui précède la mitose en ce qu'il n'y a pas replication de l'ADN entre les deux phases de la méiose.

La division équationnelle de la méiose comprend quatre phases appelées prophase II, métaphase II, anaphase II et télophase II. Ces phases sont semblables à celles de la mitose; les centromères se divisent et les chromatides se séparent et se rendent vers les pôles opposés de la cellule.

Résumons le processus de la méiose. Durant la division réductionnelle il y a, à l'origine, une cellule mère comprenant un nombre diploïde et, à la fin, deux cellules filles contenant un nombre haploïde. Durant la division équationnelle, chaque cellule haploïde formée durant la phase précédente se divise, ce qui donne naissance à quatre cellules haploïdes. Comme nous le verrons plus loin, chez l'homme, les quatre cellules haploïdes se développent pour former des spermatozoïdes dans les testicules, mais, chez la femme, une seule des cellules haploïdes forme un ovule dans les ovaires. Les trois autres cellules deviennent des globules polaires qui ne jouent pas le rôle de gamètes.

LA DIVISION CELLULAIRE ANORMALE: LE CANCER

LA DÉFINITION

Lorsque les cellules d'une région de l'organisme se reproduisent de façon anormalement rapide, l'excédent de tissu qui se développe est appelé **excroissance**,**tumeur** ou **néoplasme**. La **cancérologie** est l'étude des tumeurs, et le médecin qui se spécialise dans cette branche de la médecine est un **cancérologue**. Les tumeurs peuvent être cancéreuses et quelquefois mortelles, ou elles peuvent être inoffensives. Une excroissance cancéreuse est une **tumeur maligne**. Une excroissance non cancéreuse est une **tumeur bénigne**. Les tumeurs bénignes sont faites de cellules qui ne s'étendent pas à d'autres parties de l'organisme, et on peut les enlever si elles nuisent au fonctionnement normal de l'organisme ou si elles ne sont pas esthétiques.

LA PROLIFÉRATION

Les cellules des tumeurs malignes se reproduisent constamment, et souvent très rapidement, sans qu'on puisse maîtriser ce phénomène. La plupart des personnes atteintes d'un cancer ne meurent pas de la **tumeur primaire** qui se développe, mais des infections bactériennes et virales secondaires liées à une réduction de la résistance causée par la présence de **métastases**, c'est-à-dire la prolifération des cellules malades dans d'autres parties de l'organisme. Une des propriétés caractéristiques d'une tumeur maligne est sa facilité à former des métastases. Les groupes de cellules métastatiques sont plus difficiles à déceler et à éliminer que les tumeurs primaires.

Au cours du processus de la métastase, il se produit une invasion initiale des cellules malignes dans les tissus environnants. À mesure que le cancer progresse, il s'étend et commence à empiéter sur l'espace et les nutriments des tissus normaux. Par la suite, le tissu normal s'atrophie et meurt. La nature envahissante des cellules malignes peut être reliée à la pression mécanique de la tumeur en croissance, à la mobilité des cellules malignes et aux enzymes produites par ces cellules. Celles-ci manquent également d'*inhibition de contact*. Lorsque les cellules normales de l'organisme se divisent et migrent (par exemple, les cellules cutanées qui se multiplient pour guérir une coupure superficielle), le contact des autres cellules de la peau les empêche d'aller plus loin. Malheureusement, les cellules malignes ne se conforment pas aux lois de l'inhibition de contact; elles envahissent les tissus sains de l'organisme, et les cellules environnantes ne peuvent les en empêcher.

Après l'invasion des cellules malignes, certaines d'entre elles peuvent se détacher de la tumeur primaire et envahir une cavité corporelle (abdominale ou thoracique) ou pénétrer dans le sang ou la lymphe. Dans ce dernier cas, les métastases peuvent se répandre dans tout l'organisme. Durant l'étape suivante, les cellules malignes qui survivent dans le sang ou dans la lymphe envahissent les tissus corporels adjacents et forment des **tumeurs secondaires**. On croit que certaines des cellules envahissantes qui participent à la métastase ont des propriétés différentes de celles de la tumeur primaire, qui favorisent la métastase. Ces propriétés peuvent être d'ordre mécanique, enzymatique ou superficiel. Durant le stade final de la métastase, les tumeurs secondaires deviennent vascularisées, c'est-à-dire qu'elles forment de nouveaux réseaux de vaisseaux sanguins qui les nourrissent et favorisent leur croissance. Tout tissu nouvellement formé, qu'il résulte d'une réparation, d'une croissance normale ou de tumeurs, a besoin d'être alimenté en sang. L'*angiogénine*, une protéine qui a été isolée à partir de tumeurs du côlon chez des humains, sert de déclencheur chimique à la croissance des vaisseaux sanguins. Dans tous les stades de la métastase, les cellules malignes résistent aux défenses antitumeurs de l'organisme. La douleur associée au cancer apparaît lorsque la croissance des tumeurs exerce une pression sur les nerfs ou bloque un passage; dans ce dernier cas, ce sont les sécrétions qui exercent une pression.

LES TYPES

Aujourd'hui, les cancers sont classés d'après leur apparence au microscope et l'endroit où ils commencent à se développer. On a identifié de cette façon au moins 100 types différents de cancers. Si l'on tient compte de détails moins importants liés à l'apparence, on peut en compter 200 ou même plus. Le cancer tire son nom du type de tissu dans lequel il se développe. Un **carcinome** (*carc*: cancer; *ome*: tumeur) est une tumeur maligne faite de cellules épithéliales. Un **adénosarcome** (*adéno*: glande) est une tumeur qui se développe aux dépens d'une glande. Un **sarcome** est un cancer du tissu conjonctif. Les **sarcomes ostéogènes,** ou **ostéosarcomes** (*ostéo*: os; *gène*: origine), qui sont les plus répandus chez l'enfant, détruisent le tissu osseux et se répandent par la suite à d'autres régions de l'organisme. Les **myélomes** (*myélo*: moelle) sont des tumeurs malignes qui atteignent les personnes d'âge moyen et les personnes âgées; elles nuisent à la fabrication des cellules sanguines par la moelle osseuse et provoquent de l'anémie. Les **chondrosarcomes** (*chondro*: cartilage) sont des excroissances cancéreuses du cartilage.

LES CAUSES POSSIBLES

Qu'est-ce qui amène une cellule parfaitement normale à devenir anormale? Les scientifiques sont divisés sur la question. Il faut d'abord prendre en considération les agents liés à l'environnement: les substances que nous respirons, l'eau que nous buvons, les aliments que nous mangeons. Un agent chimique ou un agent lié à l'environnement qui produit un cancer est dit **cancérogène**. L'Organisation mondiale de la santé estime que les agents cancérogènes sont associés dans une proportion de 60 % à 90 % à tous les types de cancers humains. À titre d'exemple, les hydrocarbures présents dans le goudron de la cigarette sont des agents cancérogènes. Quatre-vingdix pour cent de tous les sujets atteints de cancer du poumon sont des fumeurs. Un autre facteur lié à l'environnement est la radiation. Les rayons ultra-violets émanant du soleil, par exemple, peuvent provoquer des mutations génétiques dans les cellules cutanées exposées et provoquer un cancer, notamment chez les personnes qui ont la peau pâle.

Les virus sont la deuxième cause de cancer, du moins chez les animaux. Ces agents sont de minuscules paquets d'acides nucléiques, ADN ou ARN, capables d'infecter les cellules et de les transformer en cellules productrices de virus. Les virologistes estiment qu'il existe un lien entre les virus oncogènes et le cancer chez un grand nombre d'espèces d'oiseaux et de mammifères, y compris les primates. Commes ces expériences n'ont pas été effectuées sur des sujets humains, il n'est pas prouvé que les virus puissent provoquer le cancer chez l'être humain. Toutefois, puisque nous savons qu'il existe plus de cent virus différents qui se sont révélés des agents cancérogènes chez un grand nombre d'espèces et dans les tissus animaux, il est également probable qu'au moins quelques-uns des cancers chez l'être humain soient dus à des virus. Ainsi, le *HTLV-I* (*human T-cell leukemia-lymphoma virus-1*) est étroitement associé à la *leucémie*, un cancer des tissus sanguinoformateurs, et au *lymphome*, un cancer du tissu lymphoïde. Un autre virus, le *HIV-I* (*human immune deficiency virus-I*), constitue l'agent causal du syndrome d'immuno-déficience acquise (SIDA). On a récemment relié le *virus* d'*Epstein-Barr*, l'agent pathogène de la mononucléose infectieuse, à trois cancers qui atteignent l'être humain: le *lymphome de Burkitt* (un cancer des leucocytes appelés lymphocytes B), le *cancer rhinopharyngien* (fréquent chez les Chinois de sexe masculin) et la *maladie de Hodgkin* (un cancer du système lymphatique). De plus, on a relié le *virus de l'hépatite B* au cancer du foie. On a également relié le *virus de l'herpès simplex de type 2*, l'agent causal de l'herpès génital, au cancer du col de l'utérus, et le *virus du papillome*, un virus qui provoque des verrues, a été relié au cancer du col et au cancer du côlon.

Une grande partie de la recherche sur le cancer est maintenant centrée sur l'étude des **oncogènes**, des gènes capables de transformer une cellule normale en une cellule cancéreuse. Les oncogènes sont des versions légèrement modifiées des gènes normaux, les **proto-oncogènes**. Chaque cellule humaine contient des oncogènes. En fait, il semble que les oncogènes remplissent des fonctions cellulaires normales jusqu'à ce qu'un changement de nature maligne se produise. On croit que certains proto-oncogènes sont transformés en oncogènes par différents types de mutations dans lesquels l'ADN des proto-oncogènes est modifié. Ces mutations sont provoquées par des agents cancérogènes. D'autres proto-oncogènes sont activés par des virus. Certains peuvent également être activés par une réorganisation des chromosomes d'une cellule, dans lesquels des segments de l'ADN sont échangés. Cette réorganisation est suffisante pour activer les oncogènes en les plaçant à proximité de gènes qui favorisent leur activité. Ce mécanisme se produit dans le cas du lymphome de Burkitt.

On a également commencé à découvrir de nouveaux indices démontrant que certains cancers n'étaient pas causés par des oncogènes, mais par l'absence d'un gène normal. Le rétinoblastome, une tumeur héréditaire de la rétine qui affecte l'enfant, est un exemple de ce type de cancer.

Actuellement, les scientifiques tentent d'établir un lien entre le stress et le cancer. Certains croient que le stress pourrait jouer un rôle non seulement dans le développement du cancer, mais également dans la métastase.

LE TRAITEMENT

Il est difficile de traiter le cancer parce qu'il s'agit d'une maladie complexe, et parce que toutes les cellules d'une même population (tumeur) ne se comportent pas de la même façon. Une même tumeur peut contenir une population diversifiée de cellules lorsqu'elle atteint un volume suffisant pour qu'on puisse la déceler. Les cellules cancéreuses se ressemblent lorsqu'on les observe au microscope; toutefois, elles ne se comportent pas nécessairement de la même façon dans l'organisme. Ainsi, certaines produisent des métastases et d'autres n'en produisent pas. Certaines se divisent et d'autres, non. Certaines sont vulnérables aux médicaments et d'autres sont résistantes. À cause des différences qui existent au point de vue de la résistance aux médicaments, un médicament chimiothérapeutique peut détruire des cellules vulnérables, mais également permettre à des cellules résistantes de proliférer. Il s'agit probablement là d'une des raisons pour lesquelles la chimiothérapie combinée est habituellement plus efficace. En plus de la chimiothérapie, on peut utiliser la radiothérapie, la chirurgie et l'hyperthermie (températures anormalement élevées) soit seules, soit combinées.

Les scientifiques se rapprochent du moment où ils découvriront un vaccin contre le cancer. Le cancer est caractérisé par une incapacité du système immunitaire de protéger l'organisme. L'objectif du vaccin contre le cancer est donc de stimuler le système immunitaire afin qu'il sorte vainqueur de la bataille contre les cellules cancéreuses.

Au cours des dernières années, on a beaucoup discuté de l'utilisation du **Laetrile** dans le traitement du cancer chez l'être humain. Le Laetrile est une substance naturelle préparée à partir de noyaux d'abricots. En réaction aux pressions exercées par la population, le National Cancer Institute (NCI) et la Food and Drug Administration (FDA) ont mené une enquête clinique afin de déterminer l'efficacité du Laetrile dans le traitement du cancer avancé. Les résultats de cette enquête ont été publiés en 1982 et indiquent que le Laetrile n'est pas efficace et constitue un médicament toxique.

LES CELLULES ET LE VIEILLISSEMENT

Le **vieillissement** est une dégénérescence progressive des réactions d'adaptation homéostatiques de l'organisme. Il s'agit d'une réaction généralisée qui produit des modifications observables sur le plan de la structure et de la fonction, ainsi qu'une vulnérabilité accrue à la maladie et au stress lié à l'environnement. Il est probable que le vieillissement et la maladie s'accélèrent l'un l'autre. La **gériatrie** (*géri*: vieillesse; *iatrie*: chirurgie, médecine) est la branche de la médecine qui étudie les problèmes médicaux et les soins liés aux personnes âgées.

On connaît les caractéristiques importantes du vieillissement: les cheveux grisonnent et tombent, les dents se déchaussent, la peau se ride, la masse musculaire réduit et les réserves graisseuses augmentent. Les signes physiologiques du vieillissement sont une détérioration progressive sur le plan de la fonction et de la capacité de réagir au stress lié à l'environnement. Ainsi, le taux du métabolisme basal des reins et du tube digestif diminue, tout comme la capacité de réagir efficacement aux changements qui surviennent dans la température, l'alimentation et l'apport en oxygène en vue de maintenir un milieu interne constant. Ces manifestations du vieillissement sont reliées à une diminution marquée du nombre de cellules dans l'organisme (des milliers de cellules de l'encéphale sont perdues chaque jour) et au fonctionnement désordonné des cellules qui restent.

Les composants extracellulaires des tissus se modifient également avec l'âge. Le nombre des fibres collagènes, responsables de la force des tendons, augmente, et leur qualité diminue. Ces modifications du collagène des parois des artères sont tout aussi responsables de la perte d'extensibilité de ces dernières que le sont les dépôts associés à l'athérosclérose. L'élastine, un autre composant extracellulaire, est à l'origine de l'élasticité des vaisseaux sanguins et de la peau. Elle épaissit, se fragmente et acquiert une affinité accrue pour le calcium: ces changements peuvent être associés au développement de l'athérosclérose.

Plusieurs types de cellules de l'organisme, cellules du cœur, cellules des muscles squelettiques, neurones, ne peuvent pas être remplacés. Des expériences récentes ont prouvé que certains autres types de cellules sont limités sur le plan de la reproduction. Des cellules qu'on a fait croître in vitro se sont divisées un certain nombre de fois, puis le processus s'est arrêté. Le nombre de divisions était lié à l'âge du donneur. Il était également relié à la durée de vie normale de diverses espèces desquelles provenaient les cellules, ce qui renforce l'hypothèse voulant que la cessation de la mitose soit un événement normal et génétiquement programmé. Selon cette théorie, le « gène vieillissant » fait partie du plan génétique présent dès la naissance, et il est activé à une période prédéterminée, ralentissant ou arrêtant les processus vitaux.

Une autre théorie est celles des radicaux libres. Les radicaux libres, des molécules d'oxygène qui portent des électrons libres, sont très sensibles et peuvent aisément s'amalgamer et affaiblir les protéines. Par conséquent, les cellules deviennent rigides à mesure que les nutriments sont éliminés et que les déchets sont enfermés. Ces effets se manifestent sous la forme d'une peau ridée, d'articulations raides et d'artères durcies. Les radicaux libres peuvent également léser l'ADN. La pollution, la radiation et certains aliments sont parmi les facteurs qui produisent des radicaux libres. D'autres substances alimentaires, comme la vitamine E, la vitamine C, la bêta-carotène et le sélénium sont des anti-oxydants et inhibent la formation des radicaux libres.

Alors que certaines théories du vieillissement expliquent le processus sur le plan cellulaire, d'autres se concentrent sur les mécanismes de régulation qui opèrent dans l'organisme entier. Ainsi, une de ces théories soutient que le système immunitaire, qui fabrique des anticorps pour combattre les substances étrangères, se retourne contre ses propres cellules. Cette réponse immunitaire pourrait être causée par des changements qui se produisent à la surface des cellules, amenant les anticorps à attaquer les cellules mêmes de l'organisme. À mesure que les changements augmentent à la surface des cellules, la réponse immunitaire s'intensifie, produisant les caractéristiques bien connues du vieillissement. Une autre théorie, portant sur l'organisme dans son ensemble, suggère que le vieillissement est programmé dans l'hypophyse, une glande élaborant des hormones, attachée sous la face inférieure de l'encéphale. Selon cette théorie, à un moment de la vie, l'hypophyse libérerait une hormone qui provoquerait les perturbations liées à l'âge.

Les effets du vieillissement sur les différents systèmes et appareils de l'organisme sont présentés dans les chapitres consacrés à chacun des systèmes et des appareils.

GLOSSAIRE DES TERMES MÉDICAUX

NOTE

Chaque chapitre portant sur un système ou un appareil important de l'organisme est suivi d'un **glossaire des termes médicaux**. Ces glossaires contiennent les états normaux et les affections liés aux systèmes ou aux appareils. Le lecteur devrait se familiariser avec ces termes, qui jouent un rôle essentiel dans le vocabulaire médical.

Certaines des affections présentées dans les glossaires et dans le texte sont appelées locales ou systémiques. Une **affection locale** n'atteint qu'une partie ou une région limitée de l'organisme. Une **affection systémique** atteint l'organisme entier ou plusieurs parties de l'organisme.

L'**épidémiologie** (*épidémio* : répandu ; *logie* : étude de) est la science qui étudie le pourquoi, le quand et le comment des maladies et la façon dont elles sont transmises chez les êtres humains. La **pharmacologie** (*pharmaco* : remède ; *logie* : étude de) est la science qui étudie les effets et les utilisations des médicaments dans le traitement des maladies.

Atrophie (*a* : privé de ; *trophie* : nutrition) Diminution du volume des cellules, suivie d'une réduction du volume du tissu ou de l'organe affecté.

Biopsie (*bio* : vie ; *opsie* : vision) Prélèvement d'un fragment de tissu de l'organisme vivant en vue de l'examiner au microscope et d'établir un diagnostic.

Détérioration (*deterior* : pire) État qui s'aggrave.

Dysplasie (*dys* : anormal ; *plas* : croître) Modification du volume, de la forme et de l'organisation des cellules, causée par une irritation ou une inflammation chronique ; peut se transformer en néoplasie ou revenir à la normale si le stress est éliminé.

Hyperplasie (*hyper* : au-delà) Augmentation du nombre des cellules, causée par une fréquence accrue de la division cellulaire.

Hypertrophie Augmentation du volume des cellules sans division cellulaire.

Insidieux Caché, non apparent, comme dans le cas d'une affection qui n'est pas accompagnée de symptômes évidents.

Métaplasie (*méta* : changement) Transformation d'une cellule en une autre.

Métastase (*stase* : qui ne progresse pas) Transfert d'une maladie d'une partie de l'organisme à une autre, qui n'est pas directement associée à la première.

Nécrose (*nécro* : mort ; *ose* : état) Mort d'un groupe de cellules.

Néoplasme (*néo* : nouveau) Toute formation ou croissance anormale, habituellement une tumeur maligne.

Progéniture (*progignere* : donner naissance) Descendance.

RÉSUMÉ

La cellule animale généralisée (page 48)

1. Une cellule est l'unité de base vivante, structurale et fonctionnelle de l'organisme.
2. Une cellule généralisée est un amalgame de plusieurs cellules de l'organisme.
3. La cytologie est la branche de la science qui étudie les cellules.
4. Les parties principales d'une cellule sont la membrane cellulaire (plasmique), le cytoplasme, les organites et les inclusions. Les substances extracellulaires sont fabriquées par la cellule et déposées à l'extérieur de la membrane cellulaire.

La membrane cellulaire ou plasmique (page 48)

La chimie et la structure (page 48)

1. La membrane cellulaire entoure la cellule et la sépare des autres cellules et du milieu externe.
2. Elle est composée principalement de protéines et de phospholipides. D'après le modèle de la mosaïque fluide, la membrane consiste en une couche bimoléculaire de phospholipides et en protéines structurales et périphériques.

Les fonctions (page 49)

1. Sur le plan fonctionnel, la membrane cellulaire facilite le contact avec les autres cellules, contient des récepteurs et favorise le passage de substances.
2. La membrane étant sélectivement perméable, elle empêche le passage de certaines substances. Les facteurs qui déterminent le passage des substances à travers la membrane cellulaire sont les dimensions des molécules, la liposolubilité, les charges électriques et la présence de transporteurs.

Le passage de substances à travers les membranes cellulaires (page 50)

1. Dans les processus passifs, la molécule est mue par sa propre énergie cinétique.
2. La diffusion est le mouvement net de molécules ou d'ions à partir d'une région de concentration élevée jusqu'à une région de faible concentration, jusqu'à ce qu'un équilibre soit atteint.
3. Dans la diffusion facilitée, certaines molécules, comme celles du glucose, s'unissent à un transporteur afin de pouvoir se dissoudre dans la portion phospholipidique de la membrane.
4. L'osmose est le mouvement de molécules d'eau à travers une membrane sélectivement perméable, à partir d'une région de forte concentration d'eau jusqu'à une région de faible concentration d'eau.
5. Dans une solution isotonique, les hématies préservent leur forme; dans une solution hypotonique, elles subissent le processus de l'hémolyse ; et dans une solution hypertonique, elles deviennent crénelées.
6. La filtration est le mouvement de molécules d'eau et de substances dissoutes à travers une membrane sélectivement perméable, sous la force exercée par la pression.
7. La dialyse est la diffusion de particules de soluté à travers une membrane sélectivement perméable, et comporte la séparation des petites molécules des molécules plus volumineuses.
8. Dans les processus actifs, la cellule utilise son ATP.
9. Le transport actif est le mouvement d'ions à travers une membrane cellulaire, d'une région de faible concentration à une région de forte concentration.
10. L'endocytose est le mouvement de substances à travers des membranes cellulaires, dans lequel la membrane entoure la substance, l'englobe et l'apporte dans la cellule.
11. L'endocytose par récepteur interposé est la capture sélective de grosses molécules ou particules par les cellules.
12. La pinocytose est l'ingestion d'un liquide par la membrane cellulaire. Au cours du processus, le liquide est entouré par une vacuole.
13. Lorsque la phagocytose et la pinocytose comportent le mouvement de substances de l'extérieur vers l'intérieur, il s'agit d'une endocytose ; lorsque les substances voyagent à partir de l'intérieur vers l'extérieur, il s'agit d'une exocytose.

Le cytoplasme (page 56)

1. Le cytoplasme est la substance qui se trouve à l'intérieur de la cellule, entre la membrane cellulaire et le noyau, et qui contient les organites et les inclusions.
2. Il est composé principalement d'eau, ainsi que de protéines, de glucides, de lipides et de substances inorganiques, en quantités moins importantes. Les produits chimiques du cytoplasme peuvent être en solution ou en suspension.
3. Sur le plan fonctionnel, le cytoplasme est le milieu dans lequel se produisent des réactions chimiques.

Les organites (page 57)

1. Les organites sont des portions spécialisées de la cellule, qui effectuent des tâches particulières.
2. Ils jouent un rôle particulier dans la croissance, le maintien, la réparation et la régulation.

Le noyau (page 57)

1. Le noyau est habituellement l'organite le plus volumineux ; il régit les activités cellulaires et contient l'information génétique.
2. Les cellules qui ne contiennent pas de noyau, comme les hématies adultes, ne croissent ni ne se reproduisent.
3. Les différentes parties du noyau sont la membrane nucléaire, le nucléoplasme, les nucléoles et le matériel génétique (ADN), que contiennent les chromosomes.
4. Les chromosomes sont faits d'ADN et d'histones, et contiennent des sous-unités appelées nucléosomes.

Les ribosomes (page 57)

1. Les ribosomes sont des structures granulaires faites d'ARN ribosomique et de protéines ribosomiques.
2. Ils peuvent être libres (seuls ou en groupes) ou faire partie du réticulum endoplasmique.
3. Sur le plan fonctionnel, les ribosomes sont les sites de la synthèse protéique.

Le réticulum endoplasmique (page 57)

1. Le réticulum endoplasmique est un réseau de membranes parallèles, adjacentes à la membrane cellulaire et à la membrane nucléaire.
2. Le réticulum endoplasmique granuleux est doté de ribosomes, alors que le réticulum endoplasmique lisse n'en contient pas.
3. Le réticulum endoplasmique procure un soutien mécanique, conduit les influx électriques intracellulaires dans les cellules musculaires, effectue des échanges de substances avec le cytoplasme, transporte des substances à l'intérieur des cellules, entrepose les molécules synthétisées et participe au

transport des produits chimiques vers l'extérieur de la cellule.

L'appareil de Golgi (page 58)

1. L'appareil de Golgi est composé de quatre à huit sacs membraneux empilés et aplatis, les citernes cis, moyennes et trans.
2. La fonction principale de l'appareil de Golgi est de préparer, de sélectionner et de libérer les protéines à l'intérieur de la cellule. Il sécrète également des protéines.

Les mitochondries (page 59)

1. Les mitochondries sont faites d'une membrane externe lisse et d'une membrane interne repliée entourant la matrice. Les replis internes sont des crêtes.
2. Les mitochondries sont appelées les « centrales énergétiques » de la cellule, parce qu'elles sont les sites de production de l'ATP.

Les lysosomes (page 61)

1. Les lysosomes sont des structures sphériques qui contiennent des enzymes digestives. Ils sont formés à partir de l'appareil de Golgi.
2. Les lysosomes sont présents en grand nombre dans les leucocytes, qui effectuent la phagocytose.
3. Lorsque la cellule est lésée, les lysosomes libèrent des enzymes et digèrent la cellule.
4. On croit que les lysosomes pourraient participer à la désintégration osseuse.

Les persoxysomes (page 62)

1. Les peroxysomes ressemblent aux lysosomes, mais ils sont plus petits.
2. Les peroxysomes contiennent des enzymes (comme la catalase) qui participent au métabolisme de l'eau oxygénée.

Le cytosquelette (page 62)

1. Les microfilaments, les microtubules et les filaments intermédiaires forment le cytosquelette.
2. Les microfilaments sont des structures allongées faites d'actine ou de myosine (des protéines). Ils participent à la contraction, au soutien et au mouvement des cellules.
3. Les microtubules sont des structures cylindriques faites de tubuline (une protéine). Ils soutiennent, permettent les mouvements, et forment la structure des flagelles, des cils, des centrioles ainsi que du fuseau achromatique.
4. Les filaments intermédiaires semblent offrir un renforcement structural dans certaines cellules.

Le centrosome et les centrioles (page 63)

1. Le centrosome est une région dense du cytoplasme contenant les centrioles.
2. Les centrioles sont des structures cylindriques qui se présentent par paires et qui sont disposées à angle droit les unes par rapport aux autres. Ils jouent un rôle important dans la reproduction des cellules.

Les flagelles et les cils (page 63)

1. Les flagelles et les cils sont des prolongements cellulaires qui ont la même structure de base et qui participent aux mouvements.
2. Les flagelles sont des prolongements longs et peu nombreux. Les cils sont nombreux et filamenteux.
3. Le flagelle du spermatozoïde déplace la cellule entière. Les cils des cellules de l'appareil respiratoire transportent les corps étrangers retenus dans le mucus le long des surfaces cellulaires jusqu'à la gorge pour qu'ils soient éliminés.

Les inclusions cellulaires (page 63)

1. Les inclusions cellulaires sont des substances chimiques produites par les cellules. Elles sont habituellement de nature organique et peuvent avoir des formes reconnaissables.
2. Exemples d'inclusions : la mélanine, le glycogène, les lipides et le mucus.

Les substances extracellulaires (page 64)

1. Les substances extracellulaires sont présentes à l'extérieur de la membrane cellulaire.
2. Elles procurent un soutien et constituent un milieu pour la diffusion des nutriments et des déchets.
3. Certaines de ces substances, comme l'acide hyaluronique et la chondroïtine sulfate, sont amorphes. D'autres, comme les fibres collagènes, réticulées et élastiques, sont fibreuses.

L'action génétique (page 65)

La synthèse des protéines (page 65)

1. La plupart des éléments de la cellule sont liés à la synthèse des protéines.
2. Les cellules fabriquent des protéines en traduisant l'information génétique encodée dans l'ADN en protéines particulières. Ce processus comprend la transcription et la traduction.
3. Dans la transcription, l'information génétique encodée dans l'ADN est copiée par un brin de l'ARN messager (ARNm) ; le brin d'ADN qui sert de modèle est appelé brin parental.
4. L'ADN synthétise également l'ARN ribosomique (ARNr) et l'ARN de transfert (ARNt).
5. La traduction est le processus par lequel l'information contenue dans la séquence des bases azotées de l'ARNm est utilisée pour dicter la séquence des acides aminés d'une protéine.
6. L'ARNm s'associe aux ribosomes, qui sont faits d'ARNr et de protéines.
7. Des acides aminés particuliers sont attachés aux molécules d'ARNt. Une autre portion de l'ARNt contient un triplet de bases appelé anticodon ; un codon est un segment des trois bases d'ARNm.
8. L'ARNt remet un acide aminé spécifique au codon ; le ribosome se déplace le long d'un brin d'ARNm pendant que les acides aminés se joignent pour former un polypeptide.

« SOS » gènes : la réparation de l'ADN (page 67)

1. La structure de l'ADN est vulnérable aux lésions causées par les radiations nocives et les produits chimiques.
2. Les lésions peuvent causer un dysfonctionnement de la cellule pouvant provoquer un cancer.
3. Lorsque l'ADN est lésé, il se produit une réaction d'alarme : certains gènes produisent des enzymes qui réparent les lésions génétiques.

La division cellulaire normale (page 68)

1. La division cellulaire est le processus par lequel les cellules se reproduisent. Elle comprend une division nucléaire et une division cytoplasmique, la cytocinèse.
2. La division cellulaire somatique est une division cellulaire qui entraîne une augmentation des cellules corporelles et elle comprend une division nucléaire appelée mitose et une cytocinèse.
3. La division cellulaire sexuelle est une division cellulaire qui entraîne la production de spermatozoïdes et d'ovules et elle comprend une division nucléaire appelée méiose et une cytocinèse.

La division cellulaire somatique (page 68)

1. Avant la mitose et la cytocinèse, les molécules d'ADN, ou chromosomes, se reproduisent de façon que les mêmes chromosomes puissent être transmis à la génération suivante.
2. L'interphase (phase métabolique) est la période durant laquelle la cellule effectue tous les processus vitaux, sauf la division.
3. La mitose est la distribution de deux groupes de chromosomes en deux noyaux séparés et égaux, consécutivement à leur duplication.
4. La mitose comprend la prophase, la métaphase, l'anaphase et la télophase.
5. La cytocinèse commence vers la fin de l'anaphase et prend fin durant la télophase.
6. Un sillon de clivage se forme à l'équateur de la cellule et traverse l'intérieur de la cellule pour former deux parties séparées de cytoplasme.

La division cellulaire sexuelle (page 71)

1. Les gamètes contiennent un nombre haploïde de chromosomes et les cellules somatiques mononucléées contiennent un nombre diploïde de chromosomes.
2. La méiose est le processus qui entraîne la production de gamètes haploïdes. Elle comprend deux divisions nucléaires successives, la division réductionnelle et la division équationnelle.
3. Au cours de la division réductionnelle, les chromosomes homologues subissent une synapsis et un enjambement; le résultat final est la formation de deux cellules filles haploïdes.
4. Au cours de la division équationnelle, les deux cellules filles haploïdes subissent une mitose, et le résultat final est la formation de quatre cellules haploïdes.

La division cellulaire anormale: le cancer (page 73)

1. Les tumeurs cancéreuses sont des tumeurs malignes, et les tumeurs non cancéreuses sont des tumeurs bénignes; la cancérologie est l'étude des tumeurs.
2. La métastase est la prolifération des cellules cancéreuses à partir de la tumeur primaire.
3. Les agents cancérogènes comprennent les facteurs liés à l'environnnement et les virus.
4. Il est difficile de traiter un cancer parce que les cellules d'une même population ne se conduisent pas toutes de la même façon.

Les cellules et le vieillissement (page 75)

1. Le vieillissement est une dégénérescence progressive des réactions d'adaptation homéostatiques de l'organisme.
2. Un grand nombre de théories concernant le vieillissement ont été proposées: arrêt du processus de la division cellulaire génétiquement programmé et réponses immunitaires excessives; cependant, aucune d'entre elles ne peut répondre adéquatement aux objections expérimentales.
3. Tous les systèmes et les appareils de l'organisme manifestent des changements définitifs et parfois importants liés au vieillissement.

RÉVISION

1. Qu'est-ce qu'une cellule? Quelles sont les quatre parties principales d'une cellule? Qu'entend-on par cellule généralisée?
2. Quels sont les rapports de la chimie et de la structure de la membrane cellulaire avec le modèle de la mosaïque fluide?
3. Sur le plan fonctionnel, quelles différences y a-t-il entre les protéines périphériques et les protéines structurales de la membrane cellulaire?
4. Énumérez les différentes fonctions de la membrane cellulaire. Quels sont les facteurs qui déterminent le degré de perméabilité de la membrane?
5. Quelles sont les différences principales entre les processus passifs et les processus actifs lorsqu'il s'agit de transporter des substances à travers la membrane cellulaire?
6. Définissez les termes suivants et donnez un exemple de chacun: diffusion, diffusion facilitée, osmose, filtration, transport actif, phagocytose, pinocytose et endocytose par récepteur interposé.
7. Comparez les effets des solutions isotonique, hypertonique et hypotonique sur les hématies. Qu'est-ce que la pression osmotique?
8. Décrivez la composition chimique et la nature physique du cytoplasme. Quelle est sa fonction?
9. Qu'est-ce qu'un organite? À l'aide d'un diagramme, énumérez les parties d'une cellule animale généralisée.
10. Décrivez la structure et les fonctions du noyau cellulaire. Que sont les nucléosomes?
11. Comment les ribosomes sont-ils distribués? Quelle est leur fonction?
12. Qu'est-ce qui distingue le réticulum endoplasmique granuleux du réticulum endoplasmique lisse? Quelles sont les fonctions du réticulum endoplasmique?
13. Décrivez la structure et les fonctions de l'appareil de Golgi.
14. Pourquoi appelle-t-on les mitochondries les «centrales électriques» de la cellule?
15. Énumérez et décrivez les différentes fonctions des lysosomes.
16. Pourquoi les peroxysomes sont-ils importants?
17. Comparez la structure et les fonctions des microfilaments, des microtubules et des filaments intermédiaires.
18. Décrivez la structure et la fonction des centrioles.
19. Sur les plans de la structure et de la fonction, qu'est-ce qui distingue les flagelles des cils?
20. Qu'est-ce qu'une inclusion? Donnez des exemples et indiquez leurs fonctions.
21. Qu'est-ce qu'une substance extracellulaire? Donnez des exemples et définissez leurs fonctions.
22. Résumez les étapes de l'action génétique dans la synthèse des protéines.
23. De quelle façon s'effectue la réparation de l'ADN?
24. Qu'est-ce que l'ADN de recombinaison? Quelle est son importance sur le plan clinique?
25. Quelle est la différence entre les deux types de division cellulaire? Quelle est l'importance de chacun?
26. Qu'est-ce que l'interphase?
27. Comment l'ADN se reproduit-il?
28. Décrivez les principaux événements accompagnant chacune des phases de la mitose.
29. Qu'est-ce qui distingue les cellules haploïdes des cellules diploïdes?
30. Qu'est-ce que la méiose? Comparez les principaux événements liés à la division réductionnelle et à la division équationnelle.
31. Qu'est-ce qu'une tumeur? Quelle est la différence entre une tumeur maligne et une tumeur bénigne? Décrivez les principaux types de tumeurs malignes.

32. Qu'est-ce que la métastase? Quels sont les facteurs qui contribuent à la métastase?
33. Parlez des causes possibles du cancer.
34. Nommez quelques-uns des problèmes liés au traitement du cancer.
35. Qu'est-ce que le vieillissement? Énumérez quelques-unes des caractéristiques du vieillissement.
36. Décrivez brièvement les théories portant sur le vieillissement.
37. Examinez le glossaire des termes médicaux portant sur les cellules. Assurez-vous que vous connaissez bien la définition de chacun des termes.

4

Le niveau d'organisation tissulaire

OBJECTIFS

- Définir ce qu'est un tissu.
- Classer les tissus corporels en quatre types principaux et définir chacun des types.
- Discuter des caractéristiques distinctives du tissu épithélial.
- Faire ressortir les différences structurales et fonctionelles entre l'épithélium de revêtement et l'épithélium glandulaire.
- Comparer la disposition des couches et les formes des cellules de l'épithélium de revêtement.
- Dire quels sont la structure, l'emplacement et la fonction des tissus épithéliaux suivants : pavimenteux simple, cubique simple, prismatique simple (cilié et non cilié), pavimenteux stratifié, cubique stratifié, prismatique stratifié, transitionnel et pseudostratifié.
- Définir une glande et nommer les différences qui existent entre les glandes exocrines et les glandes endocrines.
- Classer les glandes exocrines d'après la complexité de leur structure et de leur fonction et donner un exemple de chacune.
- Identifier les caractéristiques distinctives des tissus conjonctifs.
- Faire ressortir les différences structurales et fonctionnelles entre les tissus conjonctifs embryonnaire et adulte.
- Parler de la substance fondamentale, des fibres et des cellules qui forment le tissu conjonctif.
- Dire quels sont la structure, la fonction et l'emplacement du tissu conjonctif lâche (aréolaire), du tissu adipeux et des tissus conjonctifs dense, élastique et réticulé.
- Dire quels sont la structure, la fonction et l'emplacement des trois types de cartilage.
- Faire la distinction entre la croissance interstitielle et la croissance par apposition du cartilage.
- Décrire la structure et les fonctions du tissu osseux (os) et du tissu vasculaire (sang).
- Comparer les trois types de tissu musculaire sur les plans de la structure et de l'emplacement.
- Décrire les caractéristiques structurales et les fonctions du tissu nerveux.
- Définir une membrane épithéliale.
- Donner l'emplacement et la fonction des membranes muqueuses, séreuses, cutanées et synoviales.
- Nommer les facteurs nécessaires à la réparation des tissus.
- Expliquer l'importance de l'alimentation, de la circulation sanguine et de l'âge par rapport à la réparation des tissus.

Les cellules sont des unités hautement organisées qui ne fonctionnent pas de façon isolée. Elles travaillent ensemble au sein d'un groupe de cellules semblables, les tissus.

LES TYPES DE TISSUS

Un **tissu** est composé d'un groupe de cellules semblables et de leur substance intercellulaire, fonctionnant ensemble pour effectuer une tâche spécialisée. L'**histologie** (*histo* : tissu ; *logie* : étude de) est la science qui traite de l'étude des tissus. Certains tissus ont pour rôle de faire bouger les différentes parties du corps. D'autres transportent les aliments dans les organes. Certains protègent et soutiennent la charpente de l'organisme. D'autres élaborent des substances chimiques, comme les enzymes et les hormones. On classe les tissus corporels en quatre types principaux, d'après leur fonction et leur structure.

1. Le **tissu épithélial** recouvre les surfaces ou les tissus de l'organisme, tapisse les cavités corporelles et forme des glandes.
2. Le **tissu conjonctif** protège et soutient le corps et les organes, et maintient ces derniers en place.
3. Le **tissu musculaire** est responsable des mouvements.
4. Le **tissu nerveux** amorce et transmet les influx nerveux qui coordonnent les activités corporelles.

Nous étudierons les tissus epithéliaux et les tissus conjonctifs, à l'exception des os et du sang, dans ce chapitre. Nous allons présenter les caractéristiques générales des tissus osseux et vasculaire, mais nous en parlerons plus en détail dans d'autres chapitres. De la même façon, nous verrons plus loin la présentation détaillée des tissus musculaire et nerveux.

LE TISSU ÉPITHÉLIAL

Les tissus épithéliaux effectuent un grand nombre de tâches dans l'organisme, depuis la protection des tissus sous-jacents contre les invasions microbiennes, l'assèchement et les facteurs environnementaux nocifs, jusqu'à la sécrétion. Le **tissu épithélial** ou, plus simplement, l'**épithélium**, contient deux sous-types : (1) *l'épithélium de revêtement* et (2) *l'épithélium glandulaire*. L'épithélium de revêtement constitue l'enveloppe extérieure des surfaces corporelles et de certains organes internes. Il tapisse les cavités corporelles ainsi que l'intérieur des voies respiratoires et du tube digestif, des vaisseaux sanguins et des canaux ou conduits. Il constitue, avec le tissu nerveux, les parties des organes sensoriels qui sont sensibles aux stimuli produisant les sensations liées à l'odorat et à l'audition. Les gamètes (spermatozoïdes et ovules) se développent à partir du tissu épithélial. L'épithélium glandulaire constitue la portion sécrétrice des glandes.

Les deux types d'épithélium sont composés, entièrement ou en grande partie, de cellules étroitement entassées où la substance intercellulaire est presque (ou entièrement) inexistante. Cette substance intercellulaire est également appelée matrice. On appelle **jonctions cellulaires** les points d'attache entre les membranes cellulaires adjacentes des cellules épithéliales. Non seulement celles-ci permettent-elles aux cellules de s'attacher les unes aux autres, mais elles inhibent également le mouvement de substances dans certaines cellules et constituent des canaux de communication entre les cellules. Les cellules épithéliales sont disposées en couches simples ou multiples. Les nerfs peuvent s'étendre à travers ces couches, mais non les vaisseaux sanguins ; elles sont *non vascularisées.* Les vaisseaux qui fournissent les nutriments et éliminent les déchets sont situés dans le tissu conjonctif sous-jacent.

Les deux types d'épithélium sont situés au-dessus du tissu conjonctif et y adhèrent fermement, ce qui maintient l'épithélium en place et le protège. Le point d'attache entre l'épithélium et le tissu conjonctif est une mince couche extracellulaire appelée **membrane basale**. Dans presque tous les cas, les cellules épithéliales sécrètent, à la surface basale, une substance composée d'un type spécial de collagène et de glycoprotéines. Cette structure a de 50 nm à 80 nm d'épaisseur et est appelée **couche basale**. Cette dernière est souvent renforcée par une **couche réticulée** sous-jacente, composée de fibres réticulées et de glycoprotéines. Cette couche est produite par des cellules du tissu conjonctif sous-jacent. La couche basale et la couche réticulée constituent la membrane basale.

Certains tissus de l'organisme, comme les tissus musculaire et nerveux, sont tellement spécialisés qu'ils ont perdu leur capacité d'effectuer la mitose. D'autres tissus, comme l'épithélium, qui sont vulnérables à l'usure, aux lésions et aux traumatismes peuvent se renouveler constamment parce qu'ils contiennent des cellules souches capables de renouveler le tissu. L'examen de cellules qui se détachent des tissus sert de base au test de Papanicolaou, une épreuve permettant de diagnostiquer le cancer de l'utérus (chapitre 28).

L'ÉPITHÉLIUM DE REVÊTEMENT

La disposition des couches

La disposition des cellules qui constituent l'épithélium de revêtement varie selon l'emplacement et la fonction de celui-ci. Lorsque l'épithélium est spécialisé dans l'absorption et la filtration, et qu'il est situé dans une région où les risques d'usure et de lésions sont minimes, les cellules ne forment qu'une seule couche. C'est l'**épithélium simple**. Lorsque l'épithélium n'est pas spécialisé dans l'absorption ou la filtration et qu'il se trouve dans une région où les risques d'usure et de lésions sont élevés, les cellules forment plusieurs couches. Il s'agit alors d'**épithélium stratifié**. On trouve également, mais plus rarement, de l'**épithélium pseudostratifié** qui, comme l'épithélium simple, ne comporte qu'une couche de tissu. Toutefois, dans ce type de tissu, certaines cellules atteignent la surface, ce qui donne au tissu une apparence stratifiée. Les cellules pseudostratifiées qui n'atteignent pas la surface sécrètent du mucus ou contiennent des cils qui transportent le mucus et les corps étrangers devant être éliminés.

La forme des cellules

On peut également classer les cellules d'après leur forme. La cellule peut être aplatie, cubique ou cylindrique, ou

DOCUMENT 4.1 TISSUS ÉPITHÉLIAUX

ÉPITHÉLIUM DE REVÊTEMENT

Épithélium pavimenteux simple (agrandi 250 fois)

Description: Couche simple de cellules aplaties et squameuses; noyaux volumineux situés au centre

Emplacement: Tapisse les sacs alvéolaires des poumons, la capsule glomérulaire (de Bowman) des reins, et les surfaces internes du labyrinthe membraneux et du tympan. On l'appelle endothélium lorsqu'il tapisse le cœur ainsi que les vaisseaux sanguins et lymphatiques, et forme des capillaires. On l'appelle mésothélium lorsqu'il tapisse la cavité ventrale et recouvre les viscères en tant que composant d'une séreuse

Fonction: Filtration, absorption et sécrétion dans les séreuses

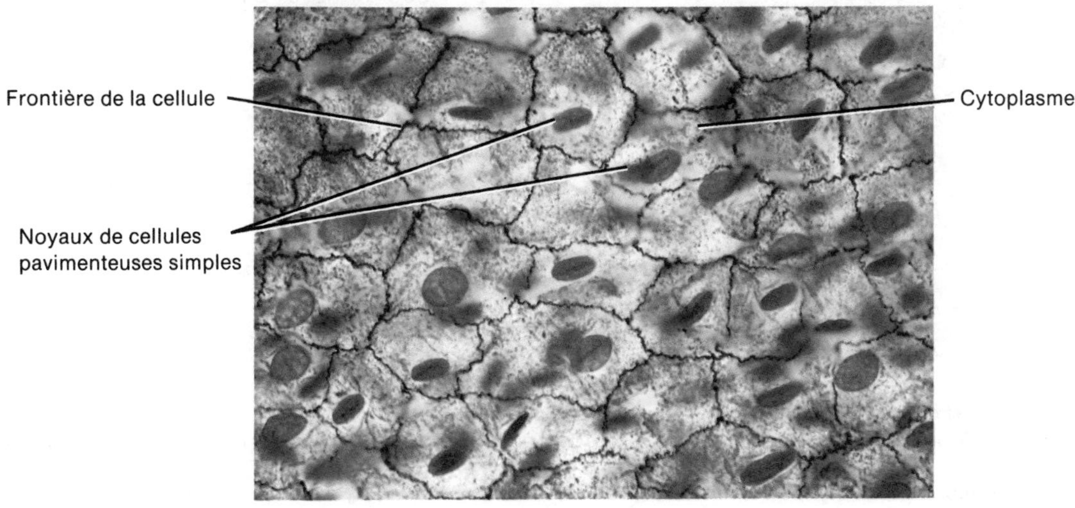

emprunter plusieurs de ces caractéristiques. Les cellules **pavimenteuses** sont aplaties et ont une apparence squameuse. Elles sont liées les unes aux autres en formant une mosaïque. Les cellules **cubiques** ont habituellement une forme cubique lorsqu'on en fait une coupe transversale. Elles ressemblent parfois à des hexagones. Les cellules **cylindriques** sont longues et de forme cylindrique. Les cellules **transitionnelles** possèdent souvent plusieurs des caractéristiques déjà mentionnées, et on les trouve dans les endroits du corps où le degré de distension est élevé. La forme des cellules transitionnelles situées dans la couche inférieure d'un tissu épithélial varie entre le cube et le cylindre. Dans la couche intermédiaire, elles peuvent être cubiques ou polyédriques. Dans la couche superficielle, la forme de ces cellules varie entre la forme cubique et la forme squameuse, selon le degré de déformation qu'elles subissent lors de certaines activités corporelles.

La classification

En nous basant à la fois sur les types de cellules et les différentes dispositions de celles-ci, nous pouvons classer les épithéliums de revêtement de la façon suivante:

Épithélium simple

1. Pavimenteux
2. Cubique
3. Prismatique ou cylindrique

Épithélium stratifié

1. Pavimenteux
2. Cubique
3. Prismatique ou cylindrique
4. Transitionnel

Épithélium pseudostratifié

Les tissus épithéliaux décrits dans les sections qui suivent sont illustrées dans le document 4.1.

L'épithélium simple

• ***L'épithélium pavimenteux simple*** Ce type d'épithélium simple comprend une seule couche de cellules aplaties, ayant une apparence squameuse. Sa surface ressemble à un plancher recouvert de tuiles. Le noyau de chaque cellule est ovale ou sphérique, et il est situé au centre. Comme l'épithélium pavimenteux simple ne comprend qu'une seule couche de cellules, il se prête facilement à la diffusion, à l'osmose et à la filtration. Ainsi, il tapisse les sacs alvéolaires des poumons, où se produisent les échanges entre l'oxygène et le dioxyde de carbone. On le trouve également dans la portion du rein qui filtre le sang. Il tapisse également les surfaces internes du labyrinthe membraneux et du tympan. L'épithélium pavimenteux simple est présent dans les parties de l'organisme où les risques d'usure et de lésions sont faibles.

L'**endothélium** est une variété d'épithélium pavimenteux simple. Il tapisse le cœur, les vaisseaux sanguins et lymphatiques, et forme la paroi des capillaires. Le **mésothélium** est également un épithélium pavimenteux simple qui forme la couche épithéliale des séreuses. Ce tissu tapisse les cavités thoracique et abdomino-pelvienne et recouvre les viscères contenus dans ces cavités.

DOCUMENT 4.1 TISSUS ÉPITHÉLIAUX [*Suite*]

Épithélium cubique simple (agrandi 450 fois)

Description : Couche simple de cellules cubiques ; noyaux situés au centre

Emplacement : Recouvre la surface des ovaires, tapisse la face antérieure de la capsule du cristallin, forme l'épithélium pigmentaire de la rétine et tapisse les tubules rénaux et les petits canaux d'un grand nombre de glandes

Fonction : Sécrétion et absorption

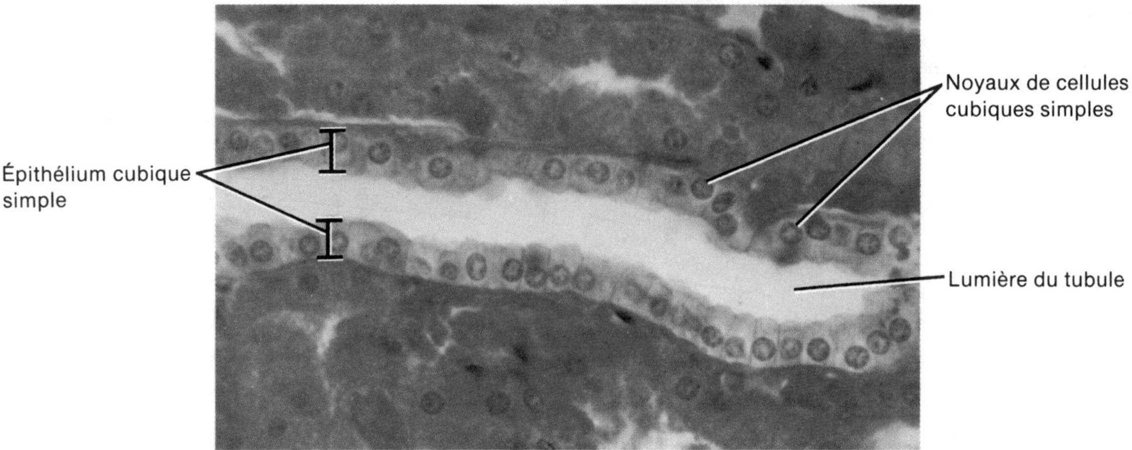

Épithélium prismatique simple, non cilié (agrandi 600 fois)

Description : Couche simple de cellules rectangulaires non ciliées ; contient des cellules caliciformes ; les noyaux sont situés à la base des cellules

Emplacement : Tapisse le tube digestif, du cardia (orifice œsophagien de l'estomac) à l'anus, les canaux excréteurs d'un grand nombre de glandes, ainsi que la vésicule biliaire

Fonction : Sécrétion et absorption

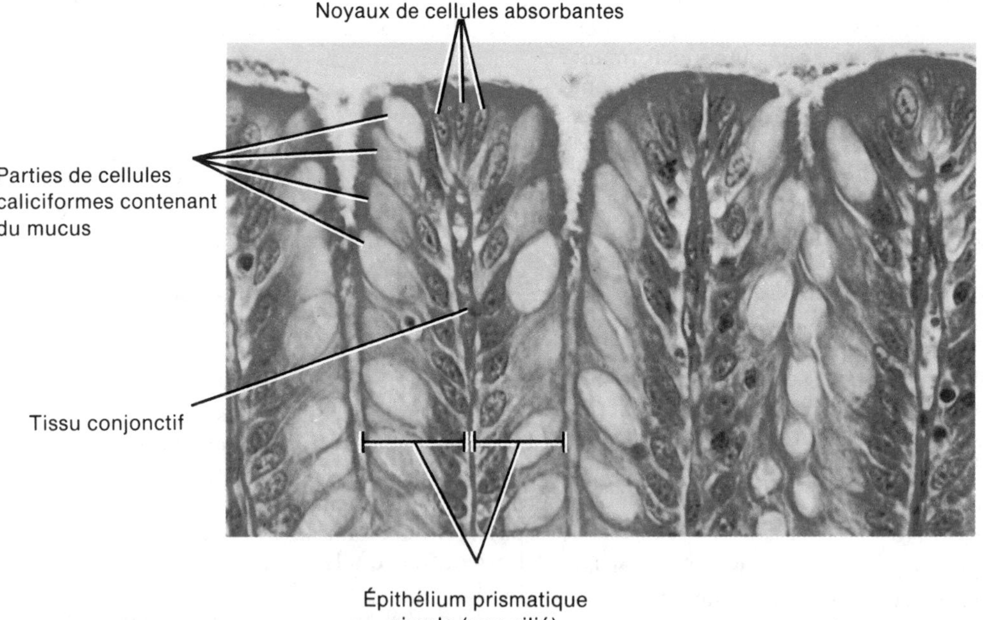

• ***L'épithélium cubique simple*** Vues du dessus, les cellules de l'épithélium cubique simple ressemblent à des polygones étroitement agencés. La forme cubique des cellules n'est apparente que lorsque le tissu est coupé transversalement. Comme celles de l'épithélium pavimenteux simple, ces cellules sont dotées d'un noyau central. L'épithélium cubique simple recouvre la surface des ovaires, tapisse la face antérieure de la capsule du cristallin et constitue l'épithélium pigmentaire de la rétine. Dans les reins, où il forme les tubules rénaux et contient des microvillosités, il joue un rôle dans la réabsorption de l'eau. Il tapisse également les petits canaux de certaines glandes et les unités sécrétrices de certaines autres glandes, comme la thyroïde.

DOCUMENT 4.1 TISSUS ÉPITHÉLIAUX [*Suite*]

Épithélium prismatique simple,cilié (agrandi 400 fois)
Description : Couche simple de cellules cylindriques ciliées ; contient des cellules caliciformes ; les noyaux sont situés à la base des cellules
Emplacement : Tapisse certaines portions des voies respiratoires supérieures, les trompes de Fallope, l'utérus, certains sinus de la face, ainsi que le canal de l'épendyme.
Fonction : Transporte le mucus par le mouvement des cils

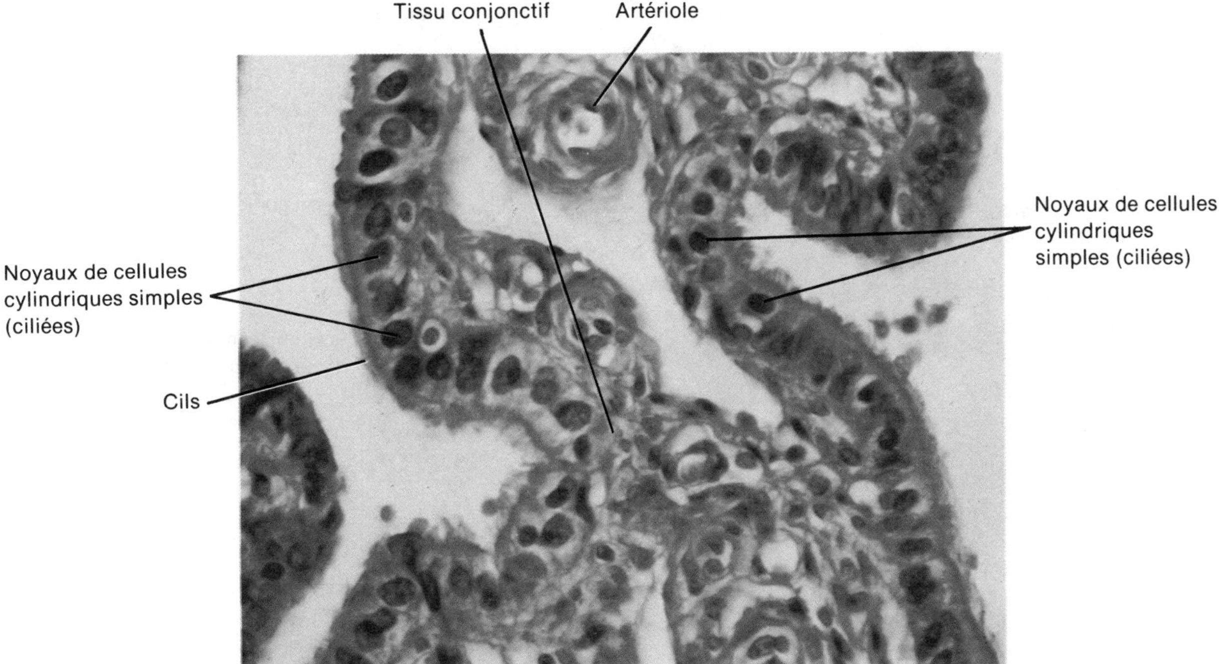

Épithélium pavimenteux stratifié (agrandi 185 fois)
Description : Couches multiples de cellules dont la forme varie entre le cube et le cylindre dans les couches profondes ; les cellules des couches superficielles sont squameuses ; les cellules basales remplacent les cellules superficielles à mesure qu'elles meurent
Emplacement : Les cellules non kératinisées tapissent les surfaces humides comme le revêtement de la bouche, de la langue, de l'œsophage, d'une partie de l'épiglotte et du vagin ; les cellules kératinisées forment la couche externe de la peau
Fonction : Protection

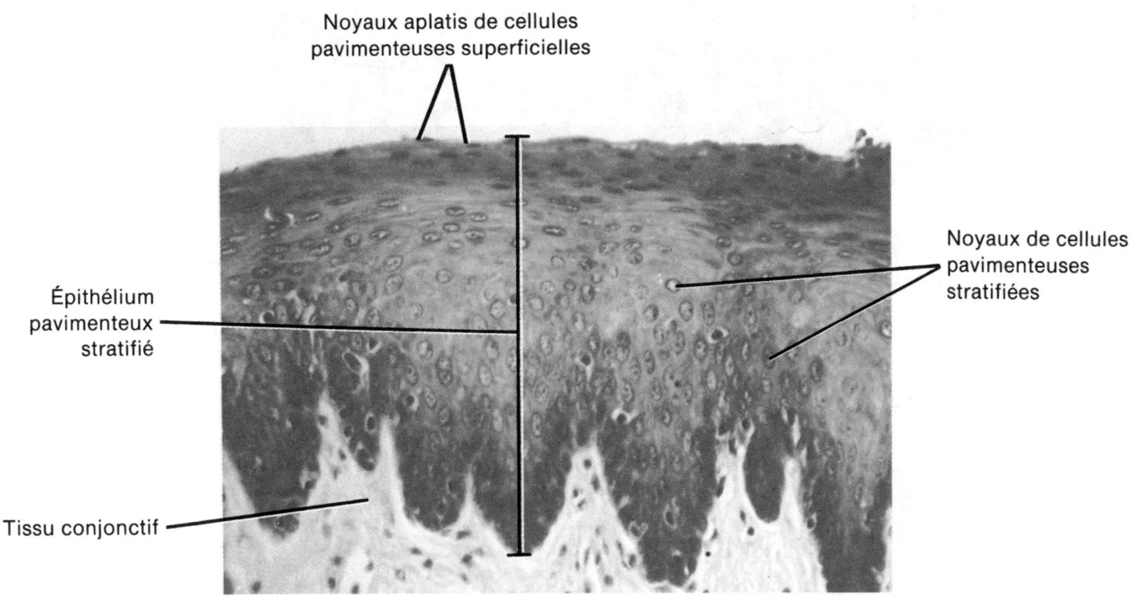

DOCUMENT 4.1 TISSUS ÉPITHÉLIAUX [*Suite*]

Épithélium cubique stratifié (agrandi 185 fois)
Description : Deux ou plusieurs couches de cellules, dont les cellules superficielles sont cubiques
Emplacement : Canaux des glandes sudoripares adultes, fornix des paupières, urètre caverneux de l'appareil génito-urinaire de l'homme, pharynx et épiglotte
Fonction : Protection

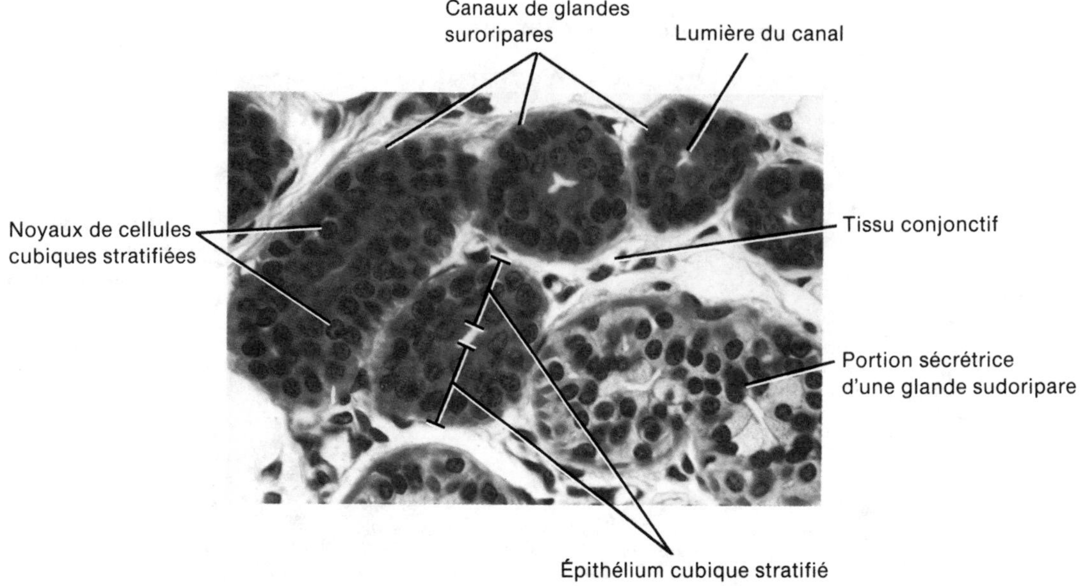

Épithélium prismatique stratifié (agrandi 600 fois)
Description : Plusieurs couches de cellules polyédriques ; les cellules cylindriques ne se trouvent que dans les couches superficielles
Emplacement : Tapisse une partie de l'urètre de l'homme, les canaux excréteurs importants de certains glandes et de petites régions de la muqueuse anale
Fonction : Protection et sécrétion

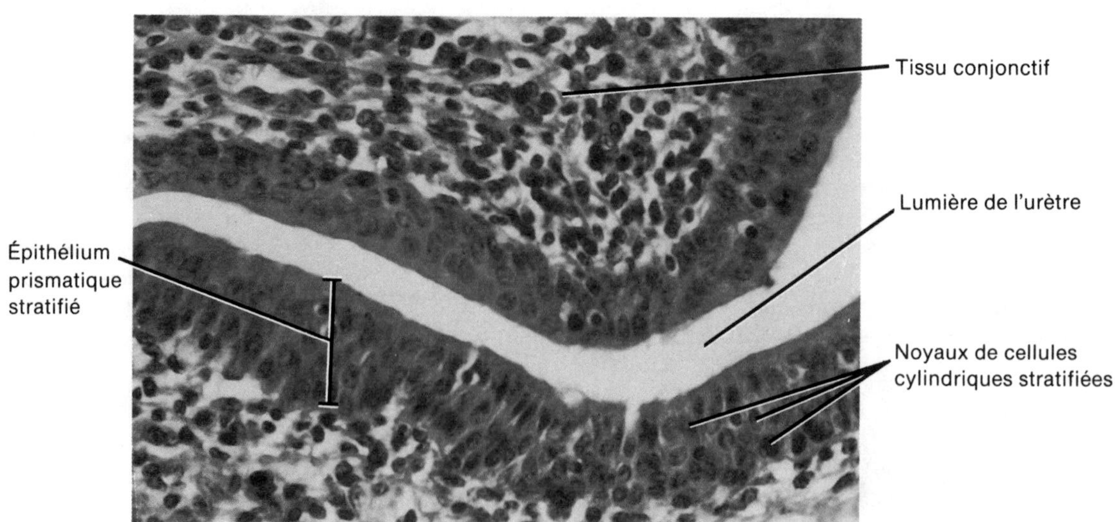

DOCUMENT 4.1 TISSUS ÉPITHÉLIAUX [*Suite*]

Épithélium transitionnel stratifié (agrandi 185 fois)
Description : Ressemble au tissu pavimenteux stratifié non kératinisé, sauf que les cellules superficielles sont plus volumineuses et plus arrondies
Emplacement : Tapisse la vessie
Fonction : Permet la distension

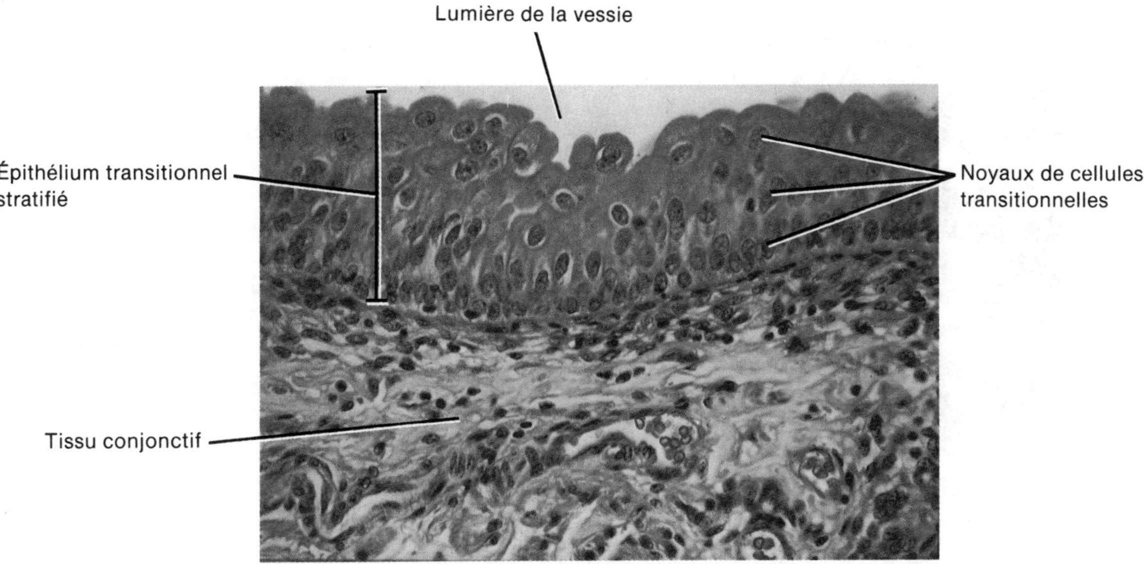

Épithélium pseudostratifié (agrandi 500 fois)
Description : Ne constitue pas un véritable tissu stratifié ; les noyaux des cellules se trouvent à différents niveaux ; toutes les cellules sont rattachées à la membrane basale, mais elles n'atteignent pas toutes la surface
Emplacement : Tapisse les canaux excréteurs importants d'un grand nombre de grosses glandes, l'urètre de l'homme et les trompes d'Eustache ; les cellules ciliées et les cellules caliciformes tapissent la plus grande partie des voies respiratoires supérieures et certains canaux de l'appareil reproducteur de l'homme
Fonction : Sécrétion et transport du mucus par le mouvement des cils

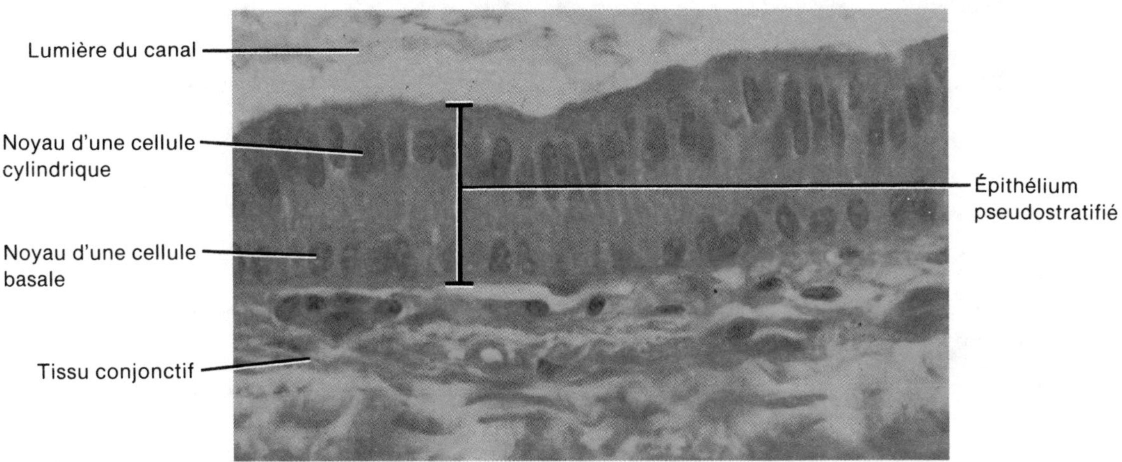

L'épithélium cubique simple exerce des fonctions de sécrétion et d'absorption. La **sécrétion**, qui est généralement une fonction épithéliale, est l'élaboration et la libération par les cellules d'un liquide pouvant contenir différentes substances, comme du mucus, de la sueur ou des enzymes. L'**absorption** est l'ingestion de liquides ou d'autres substances par les cellules de la peau ou des muqueuses.

• ***L'épithélium prismatique simple*** La surface de l'épithélium prismatique, ou cylindrique, simple est semblable à celle de l'épithélium cubique simple. Toutefois, lorsqu'elles sont coupées transversalement, les cellules sont plutôt rectangulaires. Les noyaux des cellules sont situés près de la base.

Les faces luminales (faces ajacentes à la lumière ou à la cavité d'un organe creux, d'un vaisseau ou d'un canal)

DOCUMENT 4.1 TISSUS ÉPITHÉLIAUX [*Suite*]

ÉPITHÉLIUM GLANDULAIRE

Glande exocrine (agrandie 300 fois)
Description : Déverse ses sécrétions dans des canaux
Emplacement : Glandes sudoripares, sébacées, cérumineuses et mammaires de la peau ; glandes digestives, comme les glandes salivaires qui sécrètent leurs produits dans la cavité buccale
Fonction : Produit du mucus, de la sueur, de l'huile, de la cire, du lait ou des enzymes digestives

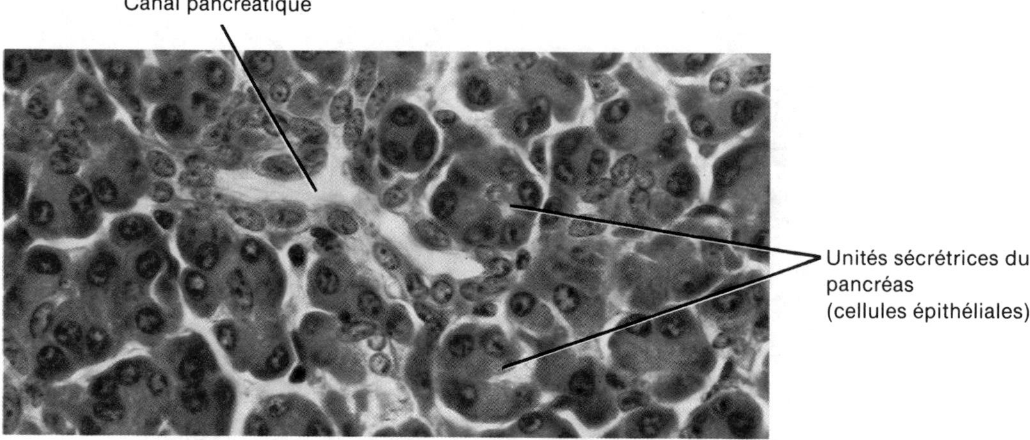

Glande endocrine (agrandie 180 fois)
Description : Sécrète des hormones dans le sang
Emplacement : Hypophyse, à la base de l'encéphale ; thyroïde et parathyroïdes, près du larynx ; glandes surrénales, au-dessus des reins ; pancréas, sous l'estomac ; ovaires, dans la cavité pelvienne ; testicules, dans le scrotum ; épiphyse, à la base de l'encéphale ; et thymus, entre les poumons
Fonction : Sécrète des hormones qui régularisent les différentes activités corporelles

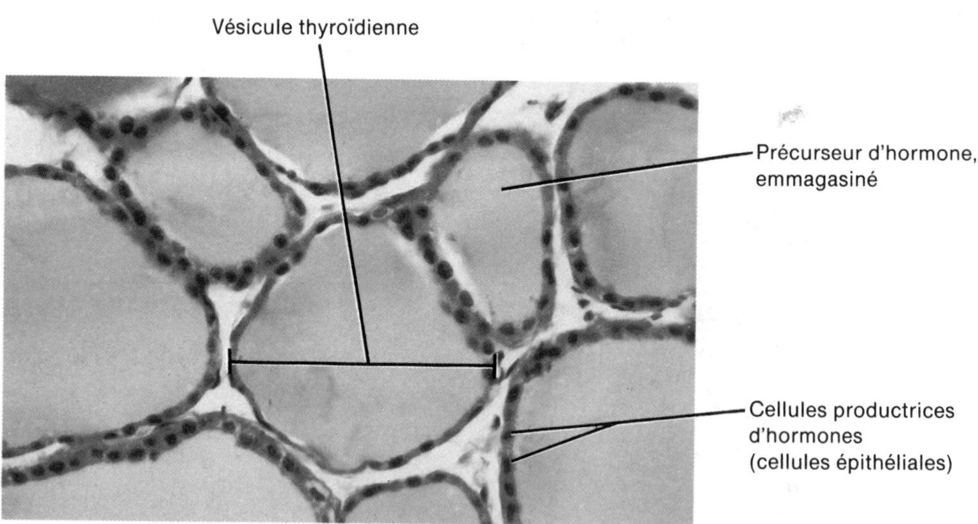

des cellules cylindriques simples diffèrent selon leur emplacement et leur fonction. L'épithélium prismatique simple tapisse le tube digestif, du cardia (orifice œsophagien de l'estomac) à l'anus, la vésicule biliaire, ainsi que les canaux excréteurs d'un grand nombre de glandes. Dans ce cas, les cellules protègent les tissus sous-jacents. La plupart d'entre elles sont également modifiées pour participer aux activités liées à l'alimentation. Dans l'intestin grêle, notamment, les membranes cellulaires sont repliées pour former des **microvillosités** (voir la figure 3.1). L'agencement des microvillosités augmente la surface de la membrane cellulaire, permettant ainsi à de plus grandes quantités d'aliments et de liquides digérés d'être absorbés dans l'organisme.

D'autres cellules cylindriques modifiées, les **cellules caliciformes**, sont dispersées parmi les cellules cylindriques typiques de l'intestin. Ces cellules, qui sécrètent du mucus, sont appelées ainsi parce que le mucus s'accumule dans la moitié supérieure de la cellule et forme un renflement. La cellule ressemble à un verre (calice) à vin. Le mucus sécrété lubrifie les parois du tube digestif.

Les **cellules ciliées**, qui sont des cellules dotées de prolongements filamenteux, constituent un autre type d'épithélium prismatique. Dans certaines portions des voies respiratoires supérieures, les cellules cylindriques ciliées sont dispersées parmi les cellules caliciformes. Le mucus sécrété par ces dernières forme une pellicule sur la surface respiratoire. Cette pellicule recueille les corps étrangers qui sont inhalés. Les cils se déplacent ensemble et transportent le mucus et les corps étrangers en direction de la gorge, où ils sont avalés ou éliminés. L'air est filtré par ce processus avant d'entrer dans les poumons. L'épithélium prismatique cilié est également présent dans l'utérus et les trompes de Fallope, dans certains sinus de la face et dans le canal de l'épendyme.

L'épithélium stratifié

L'épithélium stratifié contient au moins deux couches de cellules. Il est donc résistant et capable de protéger les tissus sous-jacents du milieu extérieur, de l'usure et des traumatismes. Certaines cellules de l'épithélium stratifié élaborent également des sécrétions. Le nom des tissus épithéliaux stratifiés change selon la forme des cellules situées en surface.

• ***L'épithélium pavimenteux stratifié*** Dans les couches superficielles de l'épithélium pavimenteux stratifié, les cellules sont aplaties, alors que dans les couches profondes, leur forme varie entre le cube et le cylindre. Les cellules basales sont constamment reproduites par division cellulaire. À mesure que les nouvelles cellules croissent, elles compriment les cellules à la surface et les repoussent vers l'extérieur. Les cellules basales effectuent constamment ce mouvement vers le haut et vers l'extérieur. À mesure qu'elles s'éloignent de la couche profonde et de leur source d'approvisionnement en sang, elles se déshydratent, rapetissent et durcissent. À la surface, les cellules sont éliminées. De nouvelles cellules émergent constamment, puis sont éliminées et remplacées.

Une des formes de l'épithélium pavimenteux stratifié est l'**épithélium pavimenteux stratifié non kératinisé**. Ce type de tissu se trouve sur les surfaces humides où les risques d'usure et de traumatismes sont élevés (surface de la langue, parois internes de la bouche, de l'œsophage et du vagin), et ne participe pas au processus d'absorption. Il existe une autre forme d'épithélium pavimenteux stratifié, appelée **épithélium pavimenteux stratifié kératinisé**. Les cellules superficielles de ce tissu consistent en une couche résistante faite d'une substance contenant de la kératine. La **kératine** est une protéine résistante à l'eau et à la friction, et elle joue un rôle dans la résistance aux invasions bactériennes. Le tissu kératinisé forme la couche externe de la peau.

• ***L'épithélium cubique stratifié*** Ce type d'épithélium relativement rare est présent dans les canaux des glandes sudoripares chez l'adulte, dans le fornix des paupières, dans l'urètre caverneux de l'appareil génito-urinaire de l'homme, dans le pharynx et dans l'épiglotte. Ce tissu est parfois composé de plus de deux couches de cellules. Il joue surtout un rôle de protection.

• ***L'épithélium prismatique stratifié*** Comme l'épithélium cubique stratifié, ce type de tissu est rare dans l'organisme. Habituellement, la ou les couches basales sont faites de cellules basales polyédriques irrégulières. Seules les cellules superficielles ont une forme cylindrique. Cet épithélium tapisse une partie de l'urètre de l'homme, certains canaux excréteurs importants, comme les canaux galactophores des glandes mammaires, ainsi que de petites régions de la muqueuse anale. Il joue un rôle de protection et de sécrétion.

• ***L'épithélium transitionnel*** L'épithélium transitionnel ressemble beaucoup à l'épithélium pavimenteux stratifié non kératinisé, sauf que les cellules de la couche externe de l'épithélium transitionnel ont tendance à être volumineuses et arrondies, plutôt qu'aplaties. Cette caractéristique permet au tissu d'être étiré sans que les cellules extérieures se séparent les unes des autres. Lorsqu'elles sont étirées, elles prennent la forme de cellules pavimenteuses. L'épithélium transitionnel tapisse donc les structures creuses où le degré d'expansion interne est élevé, comme la vessie. Son rôle est d'aider à prévenir la rupture de l'organe.

L'épithélium pseudostratifié

La troisième catégorie d'épithélium de revêtement, l'épithélium pseudostratifié, est composée de cellules cylindriques. Les noyaux des cellules sont situés à des profondeurs variées. Même si toutes les cellules sont reliées à la membrane basale en une couche simple, certaines d'entre elles n'atteignent pas la surface. Cette caractéristique donne l'impression que le tissu comporte plusieurs couches; c'est pourquoi ce tissu est appelé épithélium *pseudo*stratifié. Ce dernier tapisse les canaux excréteurs importants de la plupart des glandes, certaines parties de l'urètre de l'homme, ainsi que les trompes d'Eustache, canaux qui relient la cavité de l'oreille moyenne à la partie supérieure de la gorge. Il peut être cilié et il peut contenir des cellules calififormes. Sous cette forme, il tapisse la plus grande partie des voies respiratoires supérieures et certains canaux de l'appareil reproducteur de l'homme.

L'ÉPITHÉLIUM GLANDULAIRE

L'épithélium glandulaire joue un rôle de sécrétion, que remplissent les cellules glandulaires présentes par grappes au plus profond de l'épithélium de revêtement. Une **glande** peut être composée d'une seule cellule ou d'un groupe de cellules épithéliales hautement spécialisées qui sécrètent des substances dans des canaux, sur une surface ou dans le sang. L'élaboration de ces substances nécessite toujours un travail actif de la part des cellules glandulaires et occasionne une dépense d'énergie.

Les glandes de l'organisme sont dites exocrines ou endocrines, selon qu'elles sécrètent des substances dans des canaux (ou directement sur une surface libre) ou dans le sang. Les **glandes exocrines** sécrètent leurs produits dans des canaux qui se déversent à la surface de l'épithélium de revêtement ou directement sur une surface libre. Le produit d'une glande exocrine peut être libéré à la surface de la peau ou dans la lumière d'un organe creux. Les glandes exocrines sécrètent du mucus, de la sueur, de l'huile, de la cire et des enzymes digestives. Les glandes sudoripares, qui éliminent la sueur et refroidissent la peau, les glandes salivaires, qui sécrètent une enzyme digestive, et les cellules caliciformes, qui produisent du mucus, sont des glandes exocrines. Les **glandes endocrines** sont dépourvues de canaux et sécrètent leurs produits dans le sang. Les sécrétions des glandes endocrines sont toujours des hormones, des substances chimiques qui régularisent les différentes activités physiologiques. L'hypophyse, la thyroïde et les glandes surrénales sont des glandes endocrines.

La classification structurale des glandes exocrines

On classe les glandes exocrines en deux types structuraux : les glandes exocrines unicellulaires et les glandes exocrines multicellulaires. Les **glandes unicellulaires** ne contiennent qu'une seule cellule. La cellule caliciforme est un exemple de glande unicellulaire (voir le document 4.1, prismatique simple, non cilié). Les cellules caliciformes sont présentes dans le revêtement épithélial des appareils digestif, respiratoire, urinaire et reproducteur. Elles produisent du mucus qui lubrifie les surfaces libres de ces membranes.

Les **glandes multicellulaires** se présentent sous différentes formes (figure 4.1). Lorsque les portions sécrétrices d'une glande sont tubulaires, la glande est dite **tubulaire**. Lorsque les portions sécrétrices sont en forme de flacon, la glande est dite **acineuse**. Lorsque la glande contient des portions sécrétrices qui sont à la fois tubulaires et en forme de flacon, elle est dite **tubulo-acineuse**. De plus, si le canal de la glande ne contient pas de ramifications, il s'agit d'une **glande simple**, alors que si le canal possède des ramifications, c'est une **glande composée**. Si l'on se base sur la forme de la portion sécrétrice et la présence ou l'absence de ramifications du canal, nous arrivons à la classification structurale suivante :

I. **Unicellulaire**. Glande ne possédant qu'une seule cellule, qui sécrète du mucus. Exemple : les cellules caliciformes des appareils digestif et respiratoire.

II. **Multicellulaire**. Glande composée de plusieurs cellules.
   - A. *Simple*. Canal unique dépourvu de ramifications.
     1. **Tubulaire**. La portion sécrétrice est droite et tubulaire. Exemple : les glandes intestinales.
     2. **Tubulaire ramifiée**. La portion sécrétrice est tubulaire et dotée de ramifications. Exemples : les glandes gastriques et utérines.
     3. **Tubulaire enroulée**. La portion sécrétrice est enroulée. Exemple : les glandes sudoripares.
     4. **Acineuse**. La portion sécrétrice est en forme de flacon. Exemple : les glandes des vésicules séminales.
     5. **Acineuse ramifiée**. La portion sécrétrice est en forme de flacon et pourvue de ramifications. Exemple : les glandes sébacées.
   - B. *Composée*. Canaux pourvus de ramifications.
     1. **Tubulaire**. La portion sécrétrice est tubulaire. Exemples : les glandes bulbo-urétrales (de Cowper), les testicules et le foie.
     2. **Acineuse**. La portion sécrétrice est en forme de flacon. Exemple : les glandes salivaires (sublinguales et sous-maxillaires).

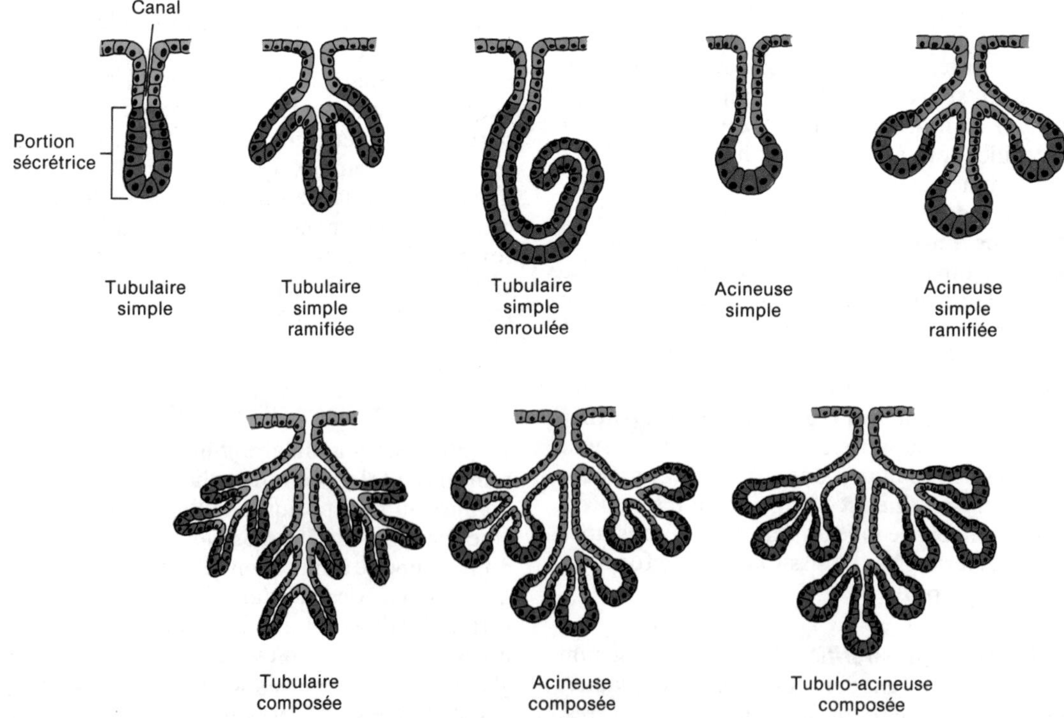

FIGURE 4.1 Types structuraux des glandes exocrines multicellulaires. Les régions violettes représentent les portions sécrétrices des glandes, et les régions bleues, les canaux des glandes.

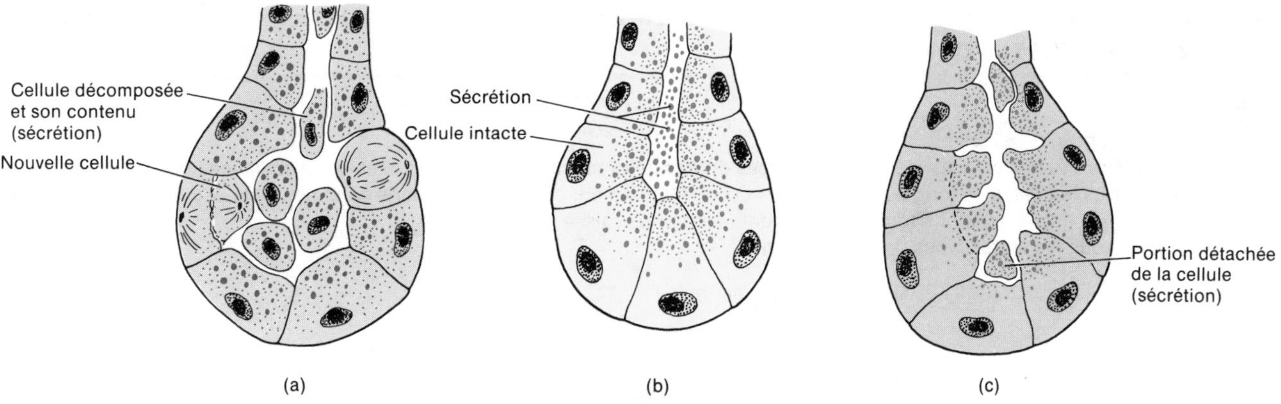

FIGURE 4.2 Classification fonctionnelle des glandes exocrines multicellulaires. (a) Glande holocrine. (b) Glande mérocrine. (c) Glande apocrine.

3. **Tubulo-acineuse**. La portion sécrétrice est à la fois tubulaire et en forme de flacon. Exemples: les glandes salivaires (parotides) et le pancréas.

La classification des glandes exocrines selon leur fonction

La classification fonctionnelle des glandes exocrines est basée sur la façon dont la glande libère ses sécrétions. Il en existe trois catégories: les glandes holocrines, mérocrines et apocrines. Les **glandes holocrines** accumulent une sécrétion dans leur cytoplasme. Puis, la cellule meurt et est déversée avec son contenu pour former la sécrétion glandulaire (figure 4.2,a). La cellule déversée est remplacée par une nouvelle cellule. Les glandes sébacées de la peau sont des glandes holocrines. Les **glandes mérocrines** produisent des sécrétions et les éliminent de la cellule (figure 4.2,b). Les glandes salivaires et le pancréas sont des glandes mérocrines. Les **glandes apocrines** accumulent leurs sécrétions à la partie superficielle de la cellule sécrétrice. Cette portion de la cellule se détache du reste pour former la sécrétion (figure 4.2,c). La partie qui reste se répare d'elle-même et répète le processus. Les glandes mammaires sont des glandes apocrines.

LE TISSU CONJONCTIF

Le **tissu conjonctif** est le tissu le plus abondant de l'organisme. Ce tissu, qui a pour rôle de lier et de soutenir, est habituellement richement vascularisé et bénéficie, par conséquent, d'un apport sanguin important. Le cartilage, cependant, constitue une exception; il est non vascularisé. Ses cellules sont éparpillées et il contient une quantité considérable de substance fondamentale, ou matrice. Contrairement à l'épithélium, le tissu conjonctif n'est pas présent sur les surfaces libres, comme les surfaces des cavités corporelles ou à la surface externe du corps. Les tâches du tissu conjonctif sont de protéger, de soutenir et de relier les organes.

La substance fondamentale d'un tissu conjonctif détermine en grande partie les qualités de ce tissu. Cette substance n'est pas vivante et peut être liquide, semi-liquide, mucoïde ou fibreuse. Dans le cartilage, la substance fondamentale est ferme, mais flexible. Dans le tissu osseux, elle est considérablement plus dure et rigide. Les cellules du tissu conjonctif produisent les substances fondamentales. Les cellules peuvent également emmagasiner les graisses, ingérer les bactéries et les débris cellulaires, former des anticoagulants ou produire des anticorps contre les maladies.

LA CLASSIFICATION

Il existe plusieurs façons de classer les tissus conjonctifs. Nous les classerons de la façon suivante:

- **I. Tissu conjonctif embryonnaire**
  - **A.** Mésenchyme
  - **B.** Tissu conjonctif muqueux
- **II. Tissu conjonctif adulte**
  - **A.** Tissu conjonctif proprement dit
    - **1.** Tissu conjonctif lâche (aréolaire)
    - **2.** Tissu adipeux
    - **3.** Tissu conjonctif dense
    - **4.** Tissu conjonctif élastique
    - **5.** Tissu conjonctif réticulé
  - **B.** Cartilage
    - **1.** Cartilage hyalin
    - **2.** Fibrocartilage
    - **3.** Cartilage élastique
  - **C.** Tissu osseux (os)
  - **D.** Tissu vasculaire (sang)

Les tissus conjonctifs décrits dans les paragraphes suivants sont illustrés dans le document 4.2.

LE TISSU CONJONCTIF EMBRYONNAIRE

Le tissu conjonctif qui se trouve principalement dans l'embryon ou le fœtus est appelé **tissu conjonctif embryonnaire**. On appelle *embryon* l'être humain dont le développement commence lors de la fécondation et se termine au début du troisième mois de la grossesse. Le *fœtus* est l'être humain dont le développement commence à partir du troisième mois de la grossesse et se termine à la naissance.

Le **mésenchyme** est un exemple de tissu conjonctif embryonnaire présent presque exclusivement dans l'embryon; il s'agit du tissu qui donne naissance à tous les autres tissus conjonctifs. Le mésenchyme est présent sous la peau et le long des os en cours de développement

DOCUMENT 4.2 TISSUS CONJONCTIFS

EMBRYONNAIRE

Mésenchyme(agrandi 180 fois)
Description : Comprend des cellules mésenchymateuses dotées de ramifications, enfouies dans une substance liquide
Emplacement : Sous la peau et le long des os en cours de développement de l'embryon ; dans certaines cellules mésenchymateuses présentes dans le tissu conjonctif adulte, notamment le long des vaisseaux sanguins
Fonction : Forme tous les autres types de tissu conjonctif

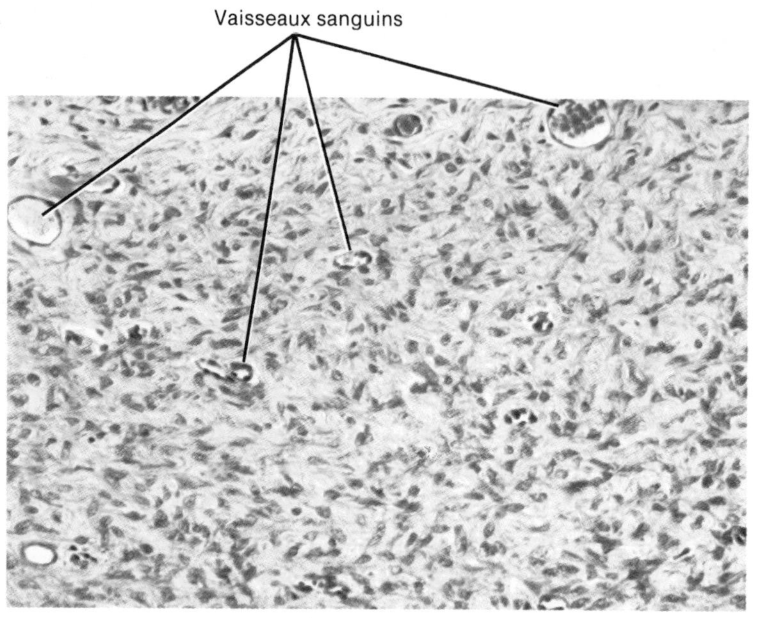

Muqueux (agrandi 320 fois)
Description : Comprend des cellules aplaties ou en forme de fuseau, enfouies dans une substance mucoïde contenant des fibres collagènes fines
Emplacement : Cordon ombilical du fœtus
Fonction : Soutien

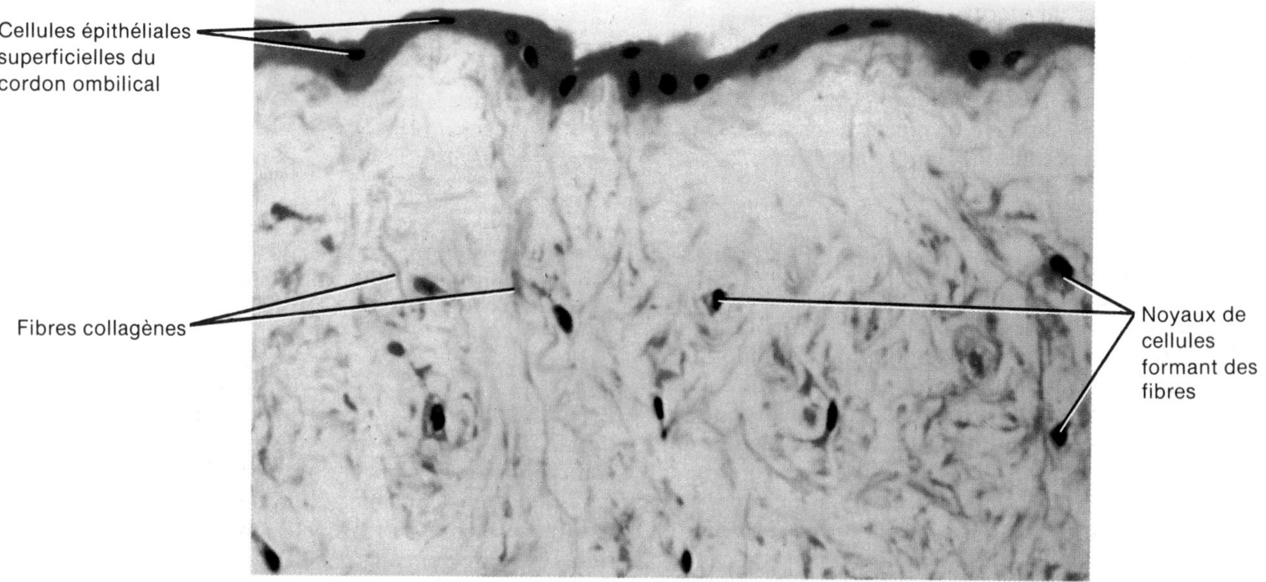

DOCUMENT 4.2 TISSUS CONJONCTIFS [*Suite*]

ADULTE

Lâche ou aréolaire (agrandi 180 fois)

Description: Comprend des fibres (collagènes, élastiques et réticulées) ainsi que plusieurs types de cellules (fibroblastes, macrophages, plasmocytes et mastocytes) enfouies dans une substance fondamentale semi-liquide

Emplacement: Dans la couche sous-cutanée de la peau, les muqueuses, les vaisseaux sanguins, les nerfs et les organes

Fonction: Force, élasticité et soutien

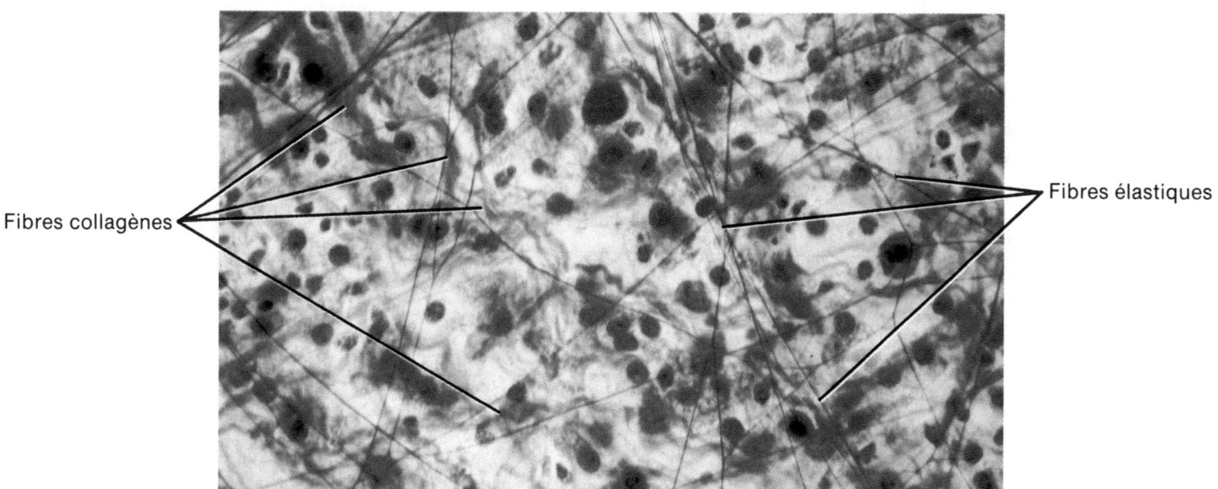

Adipeux (agrandi 250 fois)

Description: Comprend des adipocytes, des cellules en forme de « chevalière » dont les noyaux sont situés près de la périphérie, et qui sont spécialisées dans l'entreposage des graisses

Emplacement: Dans la couche sous-cutanée, autour du cœur et des reins, dans la moelle des os longs et autour des articulations

Fonction: Réduit la perte de chaleur par la peau, constitue une réserve d'énergie, soutient et protège

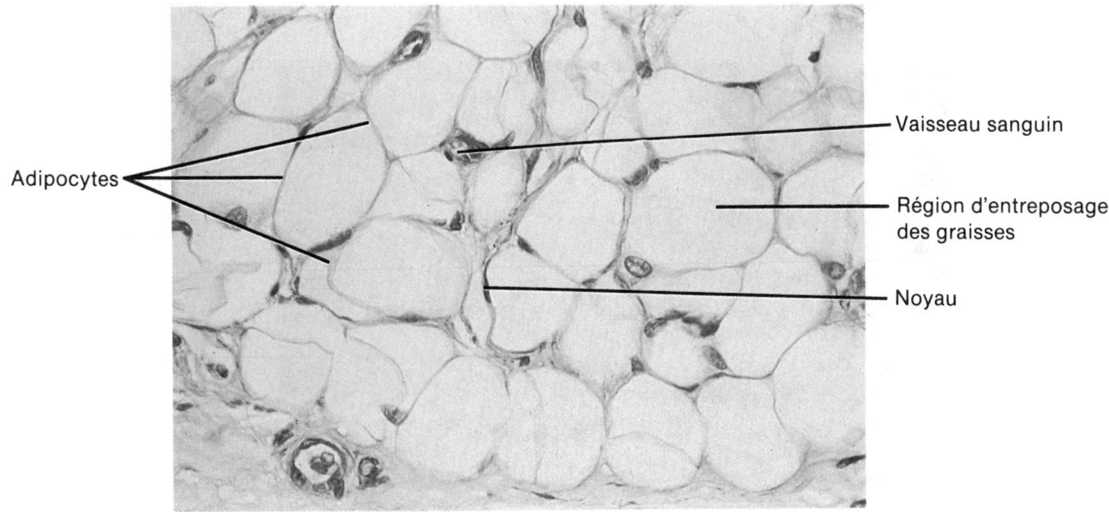

de l'embryon. Certaines cellules mésenchymateuses sont dispersées irrégulièrement dans le tissu conjonctif adulte, le plus souvent autour des vaisseaux sanguins. Dans ce dernier cas, les cellules mésenchymateuses se différencient en fibroblastes qui favorisent la cicatrisation.

Le **tissu conjonctif muqueux**, présent principalement chez le fœtus, est un autre type de tissu conjonctif embryonnaire. Ce tissu, aussi appelé **gelée de Wharton**, est situé dans le cordon ombilical dont il soutient la paroi.

LE TISSU CONJONCTIF ADULTE

Le **tissu conjonctif adulte** est présent chez le nouveau-né et ne change pas après la naissance. Il comporte plusieurs types.

Le tissu conjonctif proprement dit

Le tissu conjonctif qui possède une quantité plus ou moins importante de substance fondamentale et dont les

DOCUMENT 4.2 TISSUS CONJONCTIFS [*Suite*]

Dense (agrandi 250 fois)

Description : Comprend surtout des fibres collagènes disposées en faisceaux ; les fibroblastes sont disposés en rangées entre les faisceaux

Emplacement : Forme les tendons, les ligaments, les aponévroses, les membranes entourant divers organes et les fascias

Fonction : Procure un point d'attache solide entre diverses structures

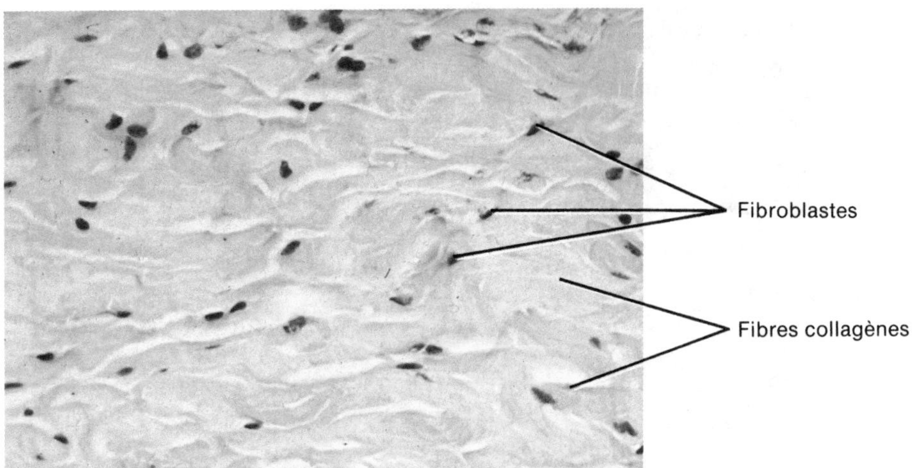

Élastique (agrandi 180 fois)

Description : Comprend surtout des fibres élastiques dotées de ramifications libres ; des fibroblastes sont présents entre les fibres

Emplacement : Dans le tissu pulmonaire, le cartilage du larynx, les parois des artères, la trachée, les voies bronchiques, les vraies cordes vocales et le ligament jaune des vertèbres

Fonction : Soutient ; maintient la forme

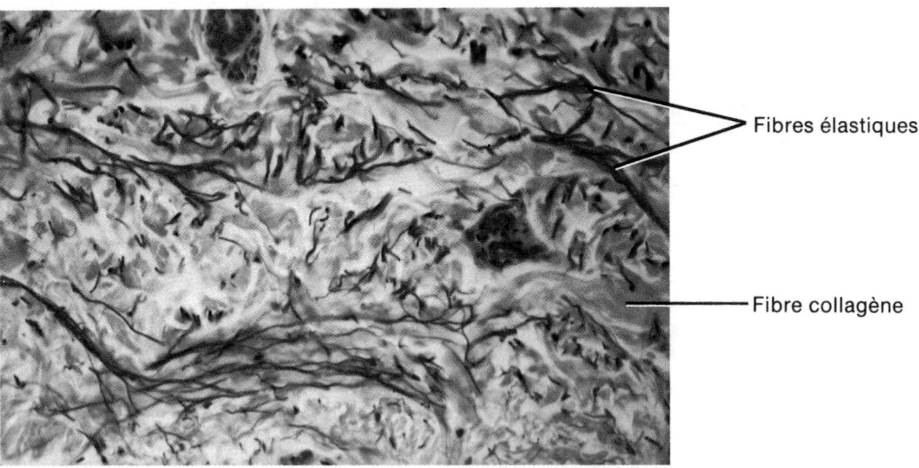

cellules sont des fibroblastes est appelé **tissu conjonctif proprement dit**. Il existe cinq types de ces tissus.

• ***Le tissu conjonctif lâche (aréolaire)*** Le tissu conjonctif lâche est un des tissus conjonctifs les plus abondants dans l'organisme. Sur le plan de la structure, il est composé de fibres et de plusieurs sortes de cellules enfouies dans une substance fondamentale semi-liquide. On dit que le tissu est « lâche » à cause de l'agencement lâche des fibres de la substance fondamentale. Les fibres ne sont ni abondantes ni disposées de façon à prévenir l'étirement.

La substance fondamentale est faite d'une substance visqueuse appelée **acide hyaluronique**. Cet acide facilite le passage des nutriments depuis les vaisseaux sanguins du tissu conjonctif jusqu'aux cellules et tissus adjacents, bien que la consistance épaisse de cet acide puisse empêcher le passage de certains médicaments. Toutefois, si l'on injecte une enzyme appelée **hyaluronidase** dans le tissu, la consistance de l'acide hyaluronique devient

DOCUMENT 4.2 TISSUS CONJONCTIFS [*Suite*]

Réticulé (agrandi 250 fois)
Description : Comprend un réseau de fibres réticulées entrelacées et de cellules minces et aplaties enveloppant les fibres
Emplacement : Foie, rate et ganglions lymphatiques
Fonction : Forme le stroma des organes ; relie les cellules du tissu musculaire lisse

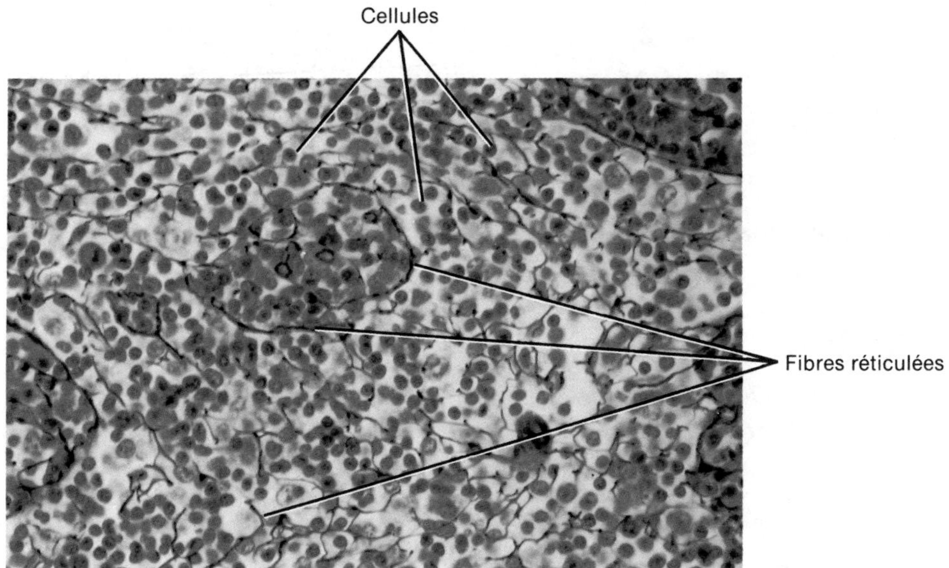

Cartilage hyalin (agrandi 350 fois)
Description : Masse bleuâtre et luisante ; contient de nombreux chondrocytes ; constitue le type de cartilage le plus abondant
Emplacement : Extrémités des os longs et des côtes, certaines parties du larynx, trachée, bronches, voies bronchiques et squelette de l'embryon
Fonction : Permet les mouvements des articulations ; flexibilité et soutien

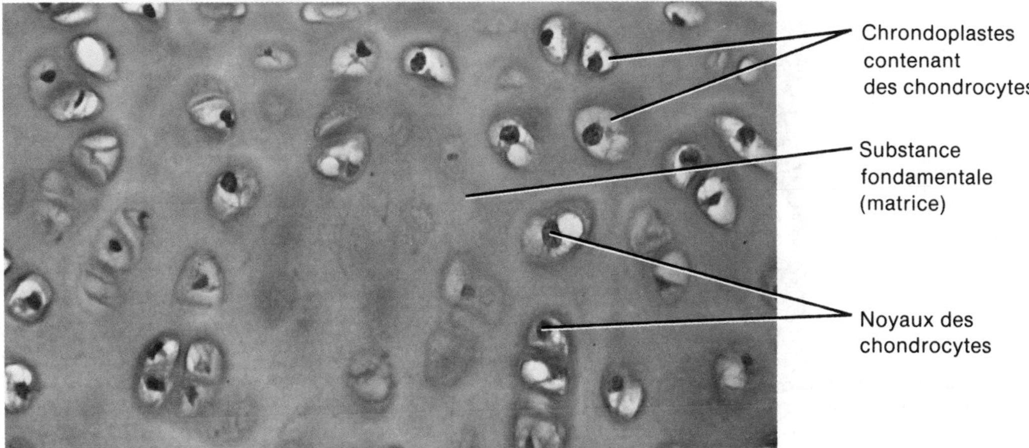

aqueuse. Ce phénomène revêt une importance clinique considérable, parce que la réduction de la viscosité accélère l'absorption et la diffusion des médicaments et des liquides injectés dans le tissu, ce qui permet de réduire la tension et la douleur. Certaines bactéries, les leucocytes et les spermatozoïdes produisent de l'hyaluronidase.

Les trois types de fibres enfouies entre les cellules du tissu conjonctif lâche sont les fibres collagènes, élastiques et réticulées. Les **fibres collagènes** sont très résistantes à la traction, mais malgré tout flexibles parce qu'elles sont habituellement ondulées. Ces fibres se présentent souvent en grappes. Elles sont faites d'un grand nombre de fibres minuscules appelées fibrilles, situées parallèlement les unes aux autres. L'agencement en grappes leur donne une force considérable. Sur le plan chimique, les fibres collagènes sont faites de collagène, une protéine. Les **fibres élastiques**, elles, sont plus petites, se ramifient librement et se rejoignent les unes les autres. Elles sont faites d'une protéine, l'élastine. Ces fibres possèdent également de la force et sont dotées d'une grande

DOCUMENT 4.2 TISSUS CONJONCTIFS [*Suite*]

Fibrocartilage (agrandi 180 fois)
Description : Comprend des chondrocytes éparpillés dans les faisceaux de fibres collagènes
Emplacement : Symphyse pubienne, disques intervertébraux et ménisques des genoux
Fonction : Soutien et fusion

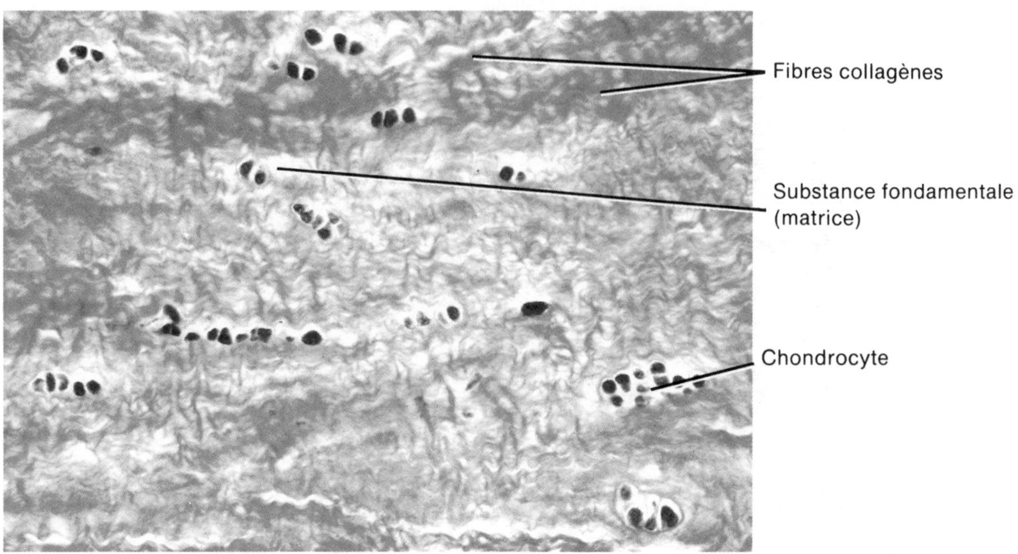

Cartilage élastique (agrandi 350 fois)
Description : Comprend des chondrocytes situés dans un réseau filamenteux de fibres élastiques
Emplacement : Épiglotte, oreille externe et trompes d'Eustache
Fonction : Soutient ; maintient la forme

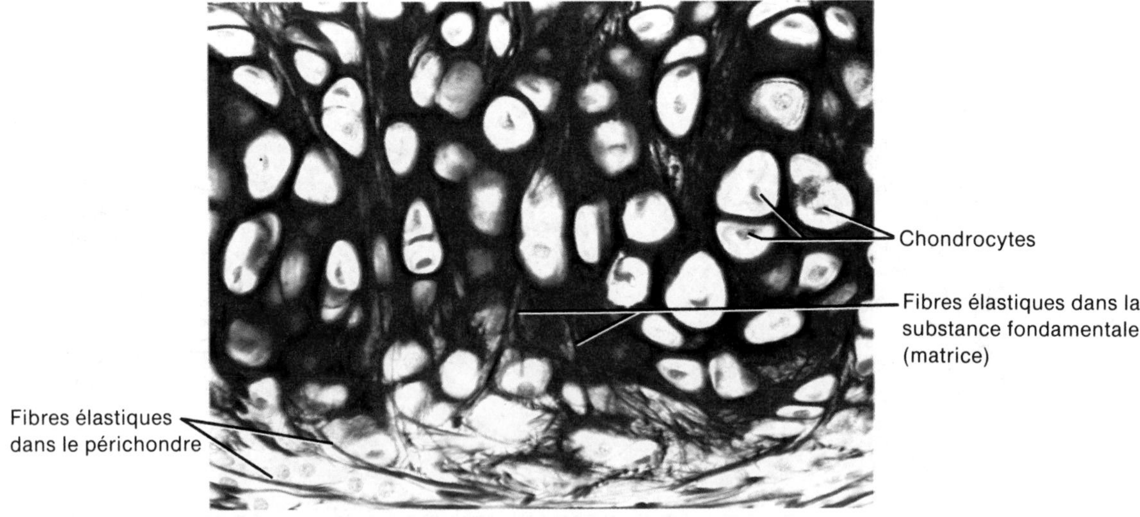

élasticité, jusqu'à 50% de leur longueur. Les **fibres réticulées** sont également faites de collagène, ainsi que de quelques glycoprotéines. Ce sont des fibres très minces qui se ramifient abondamment et ne sont pas aussi fortes que les fibres collagènes. Certains croient que les fibres réticulées sont des fibres collagènes immatures. Tout comme les fibres collagènes, les fibres réticulées procurent force et soutien, et forment le stroma (charpente) de plusieurs organes mous.

Les cellules du tissu conjonctif lâche sont nombreuses et variées. La plupart d'entre elles sont des **fibroblastes**, des cellules volumineuses et aplaties dotées de ramifications. On croit que, lorsque le tissu est lésé, les fibroblastes forment des fibres collagènes et élastiques, ainsi que de la substance fondamentale visqueuse. Les fibroblastes adultes sont des **fibrocytes**. La principale distinction entre les deux est que les fibroblastes (et toutes les cellules en « blastes ») participent à la formation de tissu

DOCUMENT 4.2 TISSUS CONJONCTIFS [*Suite*]

Osseux [os] (agrandi 150 fois)
Description : Les os compacts sont faits d'ostéons (système de Havers) qui contiennent des lamelles, des ostéoplastes, des ostéocytes, des canalicules et des canaux de Havers
Emplacement : Les os compacts et les os spongieux constituent les os du corps
Fonction : Soutien, protection, mouvement, entreposage et formation des cellules sanguines

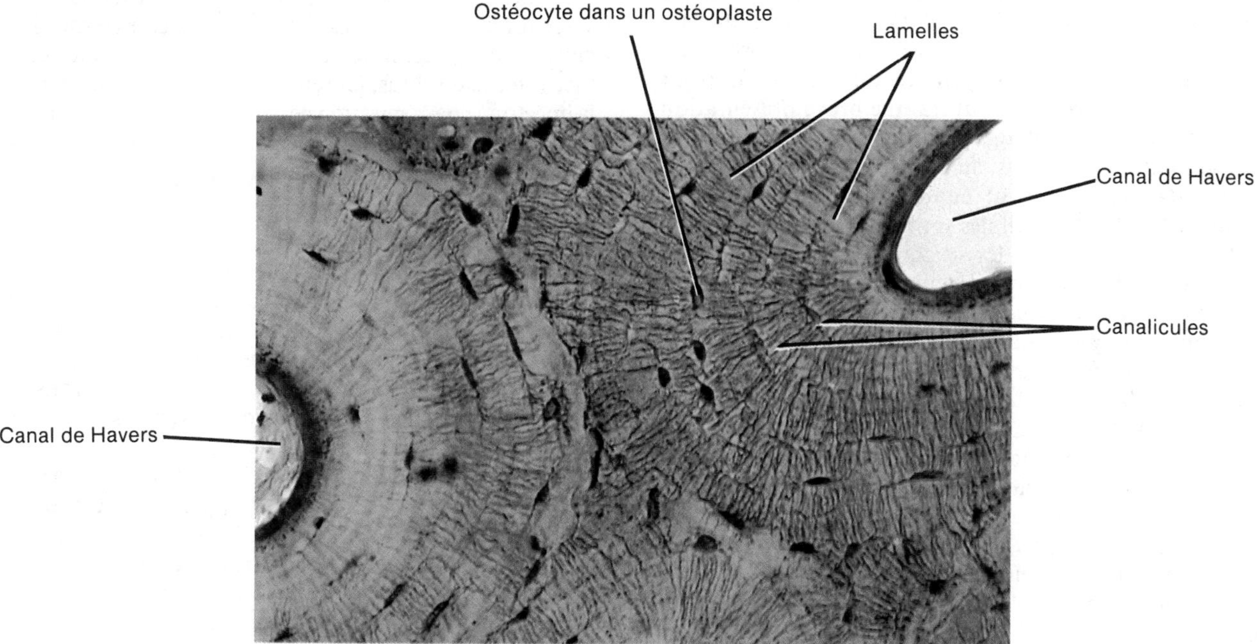

Vasculaire [sang] (agrandi 1 800 fois)
Description : Fait de plasma, substance fondamentale, et d'éléments figurés, hématies, leucocytes et plaquettes
Emplacement : Dans les vaisseaux sanguins, comme les artères, les artérioles, les capillaires, les veinules et les veines
Fonction : Les hématies transportent l'oxygène et le dioxyde de carbone, les leucocytes effectuent la phagocytose et participent aux réactions allergiques et à l'immunité, et les plaquettes sont nécessaires à la coagulation du sang

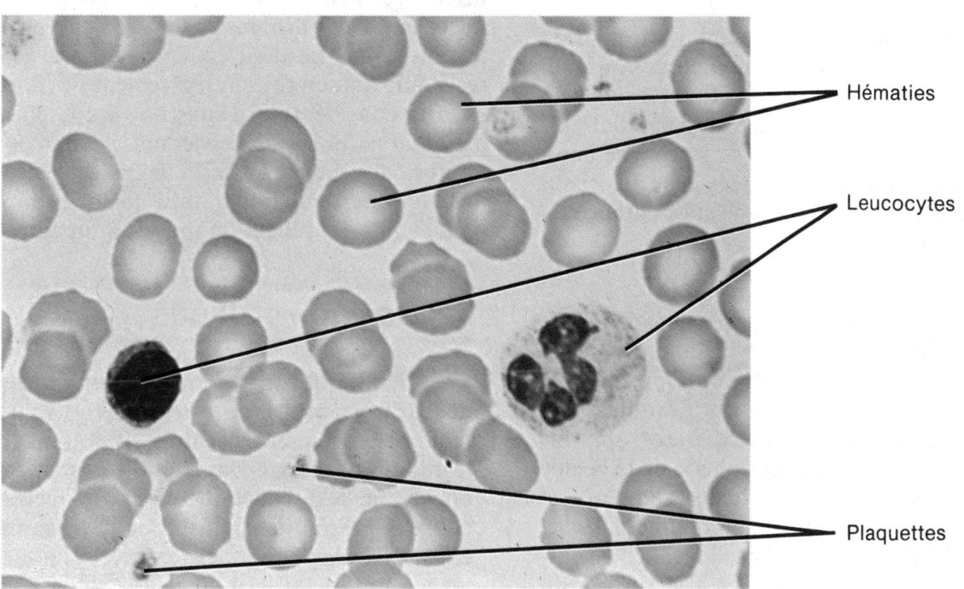

immature ou à la réparation de tissu adulte, et que les fibrocytes (ou toutes les cellules en «cytes») sont des cellules inactives qui ne produisent plus de fibres ni de substance fondamentale.

Le tissu conjonctif lâche contient un autre type de cellules, les **macrophages** (*macro* : gros ; *phage* : manger), qui sont dérivés des monocytes, une variété de leucocytes. Ces cellules sont de formes irrégulières et possèdent de courtes ramifications ; elles sont capables d'englober les bactéries et les débris cellulaires par phagocytose. Elles constituent donc un moyen de défense vital pour l'organisme. Le lecteur trouvera une brève présentation des types de macrophages dans la section traitant de l'inflammation des tissus, au chapitre 22.

Les **plasmocytes** font également partie du tissu conjonctif lâche. Ces cellules sont petites et arrondies ou de forme irrégulière. Elles se développent à partir des lymphocytes B, une variété de leucocytes. Elles produisent des anticorps et constituent par conséquent un mécanisme de défense. Les plasmocytes sont présents dans plusieurs endroits de l'organisme ; toutefois, la plupart d'entre eux se trouvent dans le tissu conjonctif, notamment celui du tube digestif et des glandes mammaires.

Le tissu conjonctif lâche contient aussi des **mastocytes**. Ces cellules peuvent se développer à partir d'un autre type de leucocytes, les granulocytes basophiles. Le mastocyte est un peu plus gros que le granulocyte basophile et il abonde le long des vaisseaux sanguins. Il forme l'héparine, un anticoagulant qui prévient la coagulation du sang dans les vaisseaux sanguins. On croit que les mastocytes produisent également de l'histamine et de la sérotonine, des substances chimiques qui dilatent les petits vaisseaux sanguins.

Le tissu conjonctif contient encore d'autres types de cellules : des **mélanocytes (cellules pigmentaires)**, des **adipocytes (cellules adipeuses)** et des **leucocytes (globules blancs)**.

Le tissu conjonctif lâche est présent partout dans l'organisme. On le trouve dans les muqueuses et autour des vaisseaux sanguins et des nerfs. Il est également présent autour des organes et dans la région papillaire du derme. Avec le tissu adipeux, il forme la **couche sous-cutanée**, la couche de tissu qui rattache la peau aux tissus et aux organes sous-jacents. La couche sous-cutanée est aussi appelée **hypoderme**.

• ***Le tissu adipeux*** Le tissu adipeux est une forme de tissu conjonctif lâche dans lequel les cellules, appelées **adipocytes**, sont spécialisées dans l'entreposage des graisses. Les adipocytes sont dérivés des fibroblastes et ont la forme d'une « chevalière », parce que le cytoplasme et le noyau sont repoussés vers la périphérie de la cellule par une grosse gouttelette de graisse. Le tissu adipeux est présent partout où se trouve du tissu conjonctif lâche. Plus précisément, on le trouve dans la couche sous-cutanée, autour des reins, à la base et à la surface du cœur, dans la moelle des os longs, autour des articulations et derrière les globes oculaires. Le tissu adipeux constitue un mauvais conducteur de chaleur et, par conséquent, réduit la perte de chaleur par la peau. Il constitue également une réserve d'énergie importante et il soutient et protège divers organes.

APPLICATION CLINIQUE

La **lipectomie par aspiration** (*lipo* : graisse ; *ectomie* : excision) est une intervention chirurgicale consistant à aspirer de petites portions de graisses dans certaines régions du corps. On peut utiliser cette technique dans certaines régions du corps où la graisse a tendance à s'accumuler, comme les faces interne et externe des cuisses, les fesses, la région située derrière le genou, la face interne des bras, les seins et l'abdomen. Toutefois, la lipectomie par aspiration ne constitue pas un traitement de l'obésité, puisqu'elle n'entraîne pas de réduction permanente de la graisse dans la région opérée.

• ***Le tissu conjonctif dense*** Le tissu conjonctif dense est caractérisé par l'entassement des fibres et une quantité de substance fondamentale moins importante que dans le tissu conjonctif lâche. Les fibres peuvent être disposées de façon régulière ou irrégulière. Dans les régions de l'organisme où des tensions sont exercées dans des directions différentes, les faisceaux de fibres sont entrelacés et ne possèdent pas d'orientation régulière. Ce type de tissu conjonctif dense est appelé **tissu conjonctif dense non orienté** et se présente en couches. Il forme la plupart des fascias, la région réticulée du derme, le périoste des os, le périchondre du cartilage et les *capsules fibreuses* entourant certains organes, comme les reins, le foie, les testicules et les ganglions lymphatiques.

Dans d'autres parties du corps, le tissu conjonctif dense est adapté à la tension exercée dans une seule direction, et les fibres sont disposées parallèlement les unes aux autres. Ce type de tissu conjonctif dense est dit **orienté**. La variété la plus fréquente de tissu conjonctif orienté contient surtout des fibres collagènes disposées en faisceaux. Des fibroblastes sont disposés en rangées entre les faisceaux. Le tissu est de couleur argentée et il est résistant, tout en restant légèrement flexible. À cause de sa force considérable, il constitue le composant principal des *tendons*, qui attachent les muscles aux os ; d'un grand nombre de *ligaments*, qui retiennent les os ensemble au niveau des articulations ; ainsi que des *aponévroses*, des bandelettes qui relient un muscle à un autre ou à un os.

APPLICATION CLINIQUE

Les scientifiques ont mis au point un implant de fibres de carbone pour **reconstruire les ligaments et les tendons gravement déchirés**. L'implant est fait de fibres de carbone recouvertes d'une matière plastique appelée acide polylactique. Les fibres recouvertes sont cousues à l'intérieur et autour des ligaments et des tendons déchirés pour les renforcer et pour constituer un support autour duquel les fibres collagènes de l'organisme croissent. En moins de deux semaines, l'acide polylactique est absorbé par l'organisme et les fibres de carbone se rompent. À ce moment, les fibres sont complètement recouvertes du collagène produit par les fibroblastes.

• ***Le tissu conjonctif élastique*** Contrairement au tissu conjonctif dense, le tissu conjonctif élastique contient surtout des fibres élastiques qui se ramifient librement. Ces fibres donnent au tissu une coloration jaunâtre. On ne trouve des fibroblastes que dans les espaces situés entre les fibres. Le tissu conjonctif élastique peut être étiré et reprendre sa forme. Il est un composant des cartilages du larynx, des parois des artères élastiques, de la trachée, des voies bronchiques qui se rendent aux poumons, ainsi que des poumons eux-mêmes. Il apporte élasticité et force, permettant aux structures d'effectuer leurs tâches de façon efficace. Les ligaments jaunes élastiques, contrairement aux ligaments collagènes, sont composés principalement de fibres élastiques ; ils forment le ligament jaune des vertèbres (ligaments entre les vertèbres), le ligament suspenseur du pénis, ainsi que les vraies cordes vocales.

• ***Le tissu conjonctif réticulé*** Le tissu conjonctif réticulé est constitué de fibres réticulées entrelacées. Il contribue à la formation du stroma d'un grand nombre d'organes, dont le foie, la rate et les ganglions lymphatiques. Le tissu conjonctif réticulé aide également à relier les cellules du tissu musculaire lisse.

Le cartilage

Un autre type de tissu conjonctif, le cartilage, est capable de supporter une tension beaucoup plus considérable que les tissus que nous venons de décrire. Contrairement aux autres tissus conjonctifs, le cartilage ne possède pas de vaisseaux sanguins (sauf dans le cas du périchondre) ni de nerfs. Le **cartilage** est fait d'un réseau dense de fibres collagènes et de fibres élastiques enfouies dans la chondroïtine-sulfate, une substance gélatineuse. Alors que le cartilage tire sa force de ses fibres collagènes, il doit sa résilience (capacité de reprendre sa forme originale) à la chondroïdine-sulfate. Les cellules du cartilage adulte, les **chondrocytes**, se présentent seules ou en groupes dans des logettes de la substance fondamentale, les **chondroplastes**. La surface du cartilage est entourée de tissu conjonctif dense non orienté, le **périchondre**. Il existe trois types de cartilage : le cartilage hyalin, le fibrocartilage, et le cartilage élastique (document 4.2).

• ***La croissance du cartilage*** La croissance du cartilage suit deux modèles de base. Dans le processus de **croissance interstitielle**, le cartilage grossit rapidement par la division des chondrocytes et les dépôts continuels de quantités croissantes de substance fondamentale par les chondrocytes. La formation de nouveaux chondrocytes et la production de nouvelle substance fondamentale fait croître le cartilage de l'intérieur, d'où le terme *croissance interstitielle*. Ce modèle de croissance survient lorsque le cartilage est jeune et flexible, durant l'enfance et l'adolescence.

Dans le processus de **croissance par apposition**, ou **périchondrale**, la croissance du cartilage est causée par l'activité de la couche chondrogénique interne du périchondre. Les cellules les plus profondes du périchondre, les fibroblastes, se divisent. Certaines se différencient en chondroblastes (cellules immatures qui deviennent des cellules spécialisées), puis en chondrocytes. À mesure que la différenciation se produit, les chondroblastes sont entourés de substance fondamentale et deviennent des chondrocytes. Par conséquent, la substance fondamentale est déposée sur la surface du cartilage, ce qui augmente son volume. La nouvelle couche de cartilage est ajoutée sous le périchondre à la surface du cartilage, ce qui augmente la largeur de ce dernier. La croissance par apposition débute plus tardivement que la croissance interstitielle et se poursuit durant toute la vie.

• ***Le cartilage hyalin*** Le cartilage hyalin est une masse bleuâtre, luisante et homogène. Les fibres collagènes, bien que présentes, n'apparaissent pas avec les techniques de coloration ordinaires, et les chondrocytes importants se trouvent dans les chondroplastes. Le cartilage hyalin est le plus abondant de l'organisme. Il est présent aux articulations des extrémités des os longs, où on l'appelle *cartilage articulaire*, et forme les *cartilages costaux* aux extrémités ventrales des côtes. Le cartilage hyalin participe également à la formation du nez, du larynx, de la trachée, des bronches et des voies bronchiques conduisant aux poumons. La plus grande partie du squelette de l'embryon est faite de cartilage hyalin. Au chapitre 6, nous présentons le rôle du cartilage hyalin dans la formation des os. Le cartilage hyalin offre flexibilité et soutien.

• ***Le fibrocartilage*** Les chondrocytes éparpillés à travers un grand nombre de fibres collagènes visibles sont présents dans ce type de cartilage. Le fibrocartilage se trouve dans la symphyse pubienne, l'endroit où les os iliaques se fusionnent vers l'avant au niveau de la ligne médiane. Il est également présent dans les disques qui séparent les vertèbres et dans les ménisques des genoux. Ce tissu allie la force à la rigidité.

• ***Le cartilage élastique*** Dans le cartilage élastique, les chondrocytes forment un réseau filamenteux de fibres élastiques. Le cartilage élastique offre de la force et maintient la forme de certains organes : l'épiglotte, la partie externe de l'oreille (le pavillon), ainsi que les trompes d'Eustache.

Le tissu osseux (os)

Ensemble, le cartilage et le **tissu osseux (os)** forment le système osseux. Comme les autres tissus conjonctifs, le tissu osseux contient une substance fondamentale abondante entourant des cellules très éloignées les unes des autres. Les cellules osseuses adultes sont des **ostéocytes**. Les substances fondamentales sont faites de sels minéraux, principalement le phosphate de calcium et le carbonate de calcium, et de fibres collagènes. La dureté des os est due à la présence des sels.

Le tissu osseux est compact (dense) ou spongieux, selon la façon dont la substance fondamentale et les cellules sont disposées. Dans cette section, nous n'étudierons que le tissu osseux compact. L'**ostéon**, ou **système de Havers**, constitue l'unité de base de l'os compact. Chaque ostéon comprend des **lamelles**, des anneaux concentriques de substance fondamentale dure ; des **ostéoplastes**, de petits espaces situés entre les lamelles, contenant des ostéocytes ; des **canalicules**, de minuscules canaux rayonnants qui constituent de nombreuses voies servant à l'alimentation des ostéocytes et à l'élimination des déchets ; et un **canal de Havers**, qui contient des vaisseaux sanguins et des nerfs. Il est à noter qu'alors que le tissu osseux est vascularisé, le cartilage ne l'est pas. De plus, les ostéoplastes du tissu osseux sont interreliés par des canalicules ; les chondroplastes du cartilage ne le sont pas.

Sur le plan de la fonction, le système osseux soutient les tissus mous, protège les structures délicates, collabore avec les muscles squelettiques pour produire les mouvements, entrepose le calcium et le phosphore, et abrite la moelle osseuse rouge, qui forme plusieurs types de cellules sanguines.

Dans le chapitre 6, nous présentons en détail les os compacts et les os spongieux.

Le tissu vasculaire (sang)

Le **tissu vasculaire (sang)** est un tissu conjonctif liquide qui comprend une substance fondamentale, appelée plasma, et des éléments figurés (des cellules et des structures semblables à des cellules). Le **plasma** est un liquide couleur paille qui comprend surtout de l'eau, ainsi que certaines substances dissoutes (nutriments, enzymes, hormones, gaz respiratoires et ions). Les éléments figurés sont les hématies (globules rouges), les leucocytes (globules blancs) et les plaquettes (thrombocytes).

Les **hématies** transportent l'oxygène aux cellules et éliminent le dioxyde de carbone qu'elles contiennent. Les **leucocytes** participent à la phagocytose et aux réactions immunitaire et allergique. Les **plaquettes** participent à la coagulation du sang.

Le sang est présenté en détail au chapitre 19.

LE TISSU MUSCULAIRE

Le **tissu musculaire** est fait de cellules hautement spécialisées, modifiées en vue de la contraction. Grâce à cette caractéristique, le tissu musculaire permet le mouvement, le maintien de la posture et la production de chaleur. Selon certaines caractéristiques structurales et fonctionnelles, on classe le tissu musculaire en trois types : squelettique, cardiaque et lisse (document 4.3).

Le **tissu musculaire squelettique** est ainsi nommé à cause de son emplacement ; en effet, il est attaché aux os. Il est également *strié*, c'est-à-dire que ses cellules contiennent des stries alternativement pâles et foncées, perpendiculaires aux axes longs des cellules. Les stries sont visibles au microscope. Le tissu musculaire squelettique est également *volontaire* ; on peut l'amener volontairement à se contracter. La cellule, ou fibre, musculaire striée est cylindrique, et les cellules sont parallèles les unes aux autres dans le tissu. Chaque fibre musculaire contient une membrane cellulaire, le *sarcolemme*, entourant le cytoplasme, ou *sarcoplasme*. Les

DOCUMENT 4.3 TISSU MUSCULAIRE

Tissu musculaire squelettique (agrandi 800 fois)

Description : Fibres cylindriques et striées contenant plusieurs noyaux périphériques ; volontaire

Emplacement : Attaché aux os

Fonction : Mouvement, posture et production de chaleur

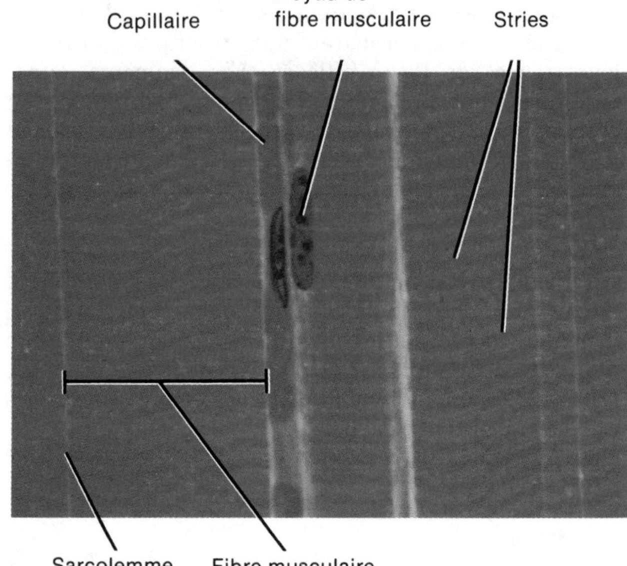

Tissu musculaire cardiaque (agrandi 400 fois)

Description : Fibres quadrangulaires, ramifiées et striées contenant un noyau situé au centre ; contient des pièces intercalaires ; habituellement involontaire

Emplacement : Paroi du cœur

Fonction : Mouvement (contraction du cœur)

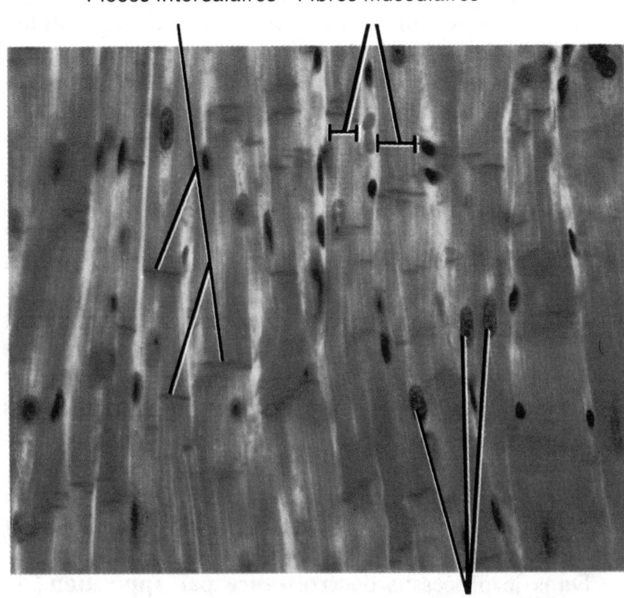

DOCUMENT 4.3 TISSU MUSCULAIRE [*Suite*]

Tissu musculaire lisse (agrandi 840 fois)

Description : Fibres non striées en forme de fuseaux, contenant un noyau situé au centre ; habituellement involontaire

Emplacement : Parois de structures internes creuses, comme les vaisseaux sanguins, l'estomac, les intestins et la vessie

Fonction : Mouvement (constriction des vaisseaux sanguins, propulsion des aliments dans le tube digestif, contraction de la vésicule biliaire)

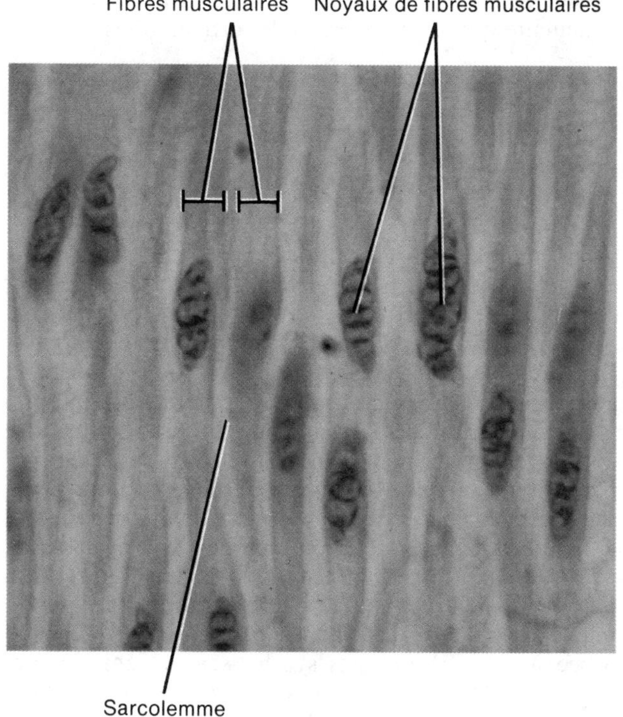

fibres musculaires squelettiques sont multinucléées (elles contiennent plusieurs noyaux), et les noyaux se trouvent à proximité du sarcolemme. Les éléments contractiles des fibres musculaires sont des protéines appelées **myofibrilles**. Celles-ci contiennent de larges bandes transversales foncées et d'étroites bandes pâles qui donnent aux fibres leur apparence striée.

Le **tissu musculaire cardiaque** forme la plus grande partie de la paroi du cœur. Il est également strié. Toutefois, contrairement au tissu musculaire squelettique, il est habituellement involontaire, c'est-à-dire qu'il est habituellement impossible de le contracter volontairement. Les fibres musculaires cardiaques sont quadrangulaires et se ramifient pour former des réseaux à travers le tissu. Les fibres ne possèdent généralement qu'un seul noyau situé au centre. Les fibres musculaires cardiaques sont séparées les unes des autres par des épaississements transversaux du sarcolemme, les *pièces intercalaires*. Ces pièces ne se trouvent que dans le muscle cardiaque, et elles servent à renforcer le tissu et à favoriser la conduction des influx nerveux.

DOCUMENT 4.4 TISSU NERVEUX(agrandi 640 fois)

Description : Les neurones (cellules nerveuses) comprennent un corps cellulaire et des prolongements du corps cellulaire appelés dendrites ou axones

Emplacement : Système nerveux

Fonction : Reçoit les stimuli, transforme les stimuli en influx nerveux et conduit les influx nerveux à d'autres neurones, à des fibres musculaires ou à des glandes

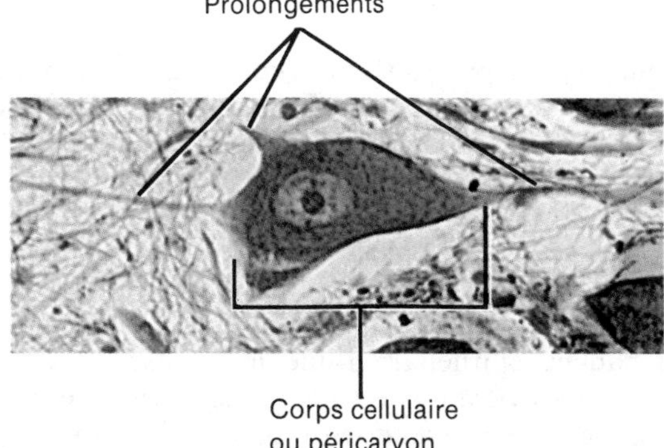

La photomicrographie est une gracieuseté de Biophoto Associates/Photo Researchers.

Le **tissu musculaire lisse** se trouve dans les parois des structures internes creuses, comme les vaisseaux sanguins, l'estomac, les intestins et la vessie. Les fibres musculaires lisses sont habituellement involontaires et elles ne sont pas striées, mais *lisses*. Chaque cellule musculaire lisse a la forme d'un fuseau aux extrémités effilées et contient un seul noyau, situé au centre.

Le tissu musculaire lisse est présenté en détail au chapitre 10.

LE TISSU NERVEUX

Bien qu'il soit extrêmement complexe, le système nerveux ne contient que deux types principaux de cellules : les neurones et la névroglie. Les **neurones**, ou cellules nerveuses, sont des cellules hautement spécialisées capables de recevoir les stimuli, de convertir les stimuli en influx nerveux et de conduire les influx nerveux à d'autres neurones, à des fibres musculaires ou à des glandes. Les neurones sont les unités structurales et fonctionnelles du système nerveux. Chaque neurone comprend trois parties principales : le corps cellulaire et deux types de prolongements, les dendrites et les axones (document 4.4). Le *corps cellulaire*, ou *péricaryon*, contient le noyau et d'autres organites. Les *dendrites* sont des prolongements abondamment ramifiés du corps cellulaire, qui conduisent les influx nerveux vers le corps cellulaire. Les *axones* sont de longs prolongements individuels du corps cellulaire qui éloignent les influx nerveux du corps cellulaire.

La **névroglie** est faites de cellules qui protègent et soutiennent les neurones. Elles sont importantes sur le plan clinique, parce qu'elles sont fréquemment les sites de tumeurs du système nerveux.

Au chapitre 12, nous présentons en détail la structure et la fonction des neurones et de la névroglie.

LES MEMBRANES

Une couche de tissu épithélial et une couche de tissu conjonctif sous-jacente forment une **membrane épithéliale**. Les principales membranes épithéliales de l'organisme sont les muqueuses, les séreuses et la peau. Un autre type de membrane, la **synoviale**, ne contient pas d'épithélium.

LES MUQUEUSES

Une **muqueuse** tapisse une cavité corporelle qui débouche directement sur l'extérieur. Les muqueuses tapissent entièrement le tube digestif, les voies respiratoires, les canaux excréteurs et l'appareil reproducteur (voir la figure 24.2). Les tissus superficiels d'une muqueuse peuvent différer ; l'œsophage est couvert d'un épithélium pavimenteux stratifié et l'intestin est tapissé d'un épithélium prismatique simple.

La couche épithéliale d'une muqueuse sécrète du mucus, qui prévient l'assèchement des cavités. Le mucus recueille également la poussière dans les voies respiratoires et lubrifie les aliments dans le tube digestif. De plus, la couche épithéliale sécrète des enzymes digestives et absorbe les aliments.

Le *chorion* est la couche de tissu conjonctif d'une muqueuse. Il unit l'épithélium aux structures sous-jacentes et donne un certain degré de flexibilité à la membrane. Il maintient également en place les vaisseaux sanguins, protège les muscles sous-jacents de l'abrasion et des perforations, assure un apport d'oxygène et de nourriture à l'épithélium qui le recouvre et élimine les déchets.

LES SÉREUSES

Les **séreuses** tapissent les cavités corporelles qui ne débouchent pas directement sur l'extérieur, et recouvrent les organes qui se trouvent dans les cavités. Elles sont faites de minces couches de tissu conjonctif lâche recouvertes d'une couche de mésothélium et elles ont la forme de sacs invaginés à double paroi. La partie rattachée à la cavité est appelée *feuillet pariétal*. La partie qui recouvre les organes est le *feuillet viscéral*. La séreuse qui tapisse la cavité thoracique et recouvre les poumons s'appelle la *plèvre* (voir la figure 1.7). La membrane qui tapisse la cavité cardiaque et recouvre le cœur est le *péricarde* ; celle qui tapisse la cavité abdominale et recouvre les organes abdominaux et certains organes pelviens est le *péritoine*.

La couche épithéliale d'une séreuse sécrète un liquide lubrifiant qui permet aux organes de glisser facilement les uns contre les autres ou contre les parois des cavités. La couche de tissu conjonctif d'une séreuse consiste en une couche relativement mince de tissu conjonctif lâche.

LA PEAU

La **peau** fait partie de l'appareil tégumentaire et nous la présentons au chapitre 5.

LES SYNOVIALES

Les **synoviales** tapissent les cavités des articulations (voir la figure 9.1,a). Comme les séreuses, elles tapissent des structures qui ne débouchent pas sur l'extérieur. Contrairement aux muqueuses, aux séreuses et à la peau, elles ne contiennent pas d'épithélium et, par conséquent, ne constituent pas des membranes épithéliales. Les synoviales sont faites de tissu conjonctif lâche contenant des fibres élastiques et du tissu adipeux. Elles sécrètent le *liquide synovial* qui lubrifie les extrémités des os lors des mouvements des articulations et nourrit le cartilage articulaire qui recouvre les os des articulations.

LA RÉPARATION DES TISSUS

La **réparation des tissus** est le processus par lequel les tissus remplacent les cellules mortes ou lésées. Les nouvelles cellules sont produites par duplication cellulaire et émergent du **stroma**, tissu conjonctif de soutien, ou du **parenchyme**, tissu fonctionnel de l'organe. Par exemple, les cellules épithéliales qui sécrètent et absorbent sont les cellules parenchymateuses de l'intestin. La régénération de l'organe ou du tissu traumatisé dépend entièrement du type de cellules, soit celles du parenchyme ou du stroma, qui y participent. Lorsque les seuls éléments parenchymateux effectuent la réparation, le tissu blessé peut être reconstruit de façon parfaite, ou presque. Toutefois, si les fibroblastes du stroma participent à la réparation, le tissu sera remplacé par du nouveau tissu conjonctif appelé *tissu cicatriciel*. Dans ce processus, les fibroblastes synthétisent du collagène et des polyosides protéiques qui s'amalgament pour former du tissu cicatriciel. Il s'agit alors d'une **fibrose**. Comme le tissu cicatriciel ne peut pas effectuer les mêmes tâches que le tissu parenchymateux, le fonctionnement du tissu est entravé. Lorsque, dans une cicatrice, le collagène se dégrade plus rapidement qu'il n'est produit, la cicatrice devient plus molle et moins grosse. Par contre, si le collagène est produit plus rapidement qu'il n'est dégradé, une **cicatrice hypertrophique** se développe. Une telle cicatrice est nettement élevée et de forme irrégulière.

APPLICATION CLINIQUE

Le tissu cicatriciel formé par la fibrose peut provoquer des **adhérences**, c'est-à-dire des associations anormales de tissus. Les adhérences sont fréquentes dans l'abdomen et peuvent survenir autour de l'emplacement d'une inflammation antérieure, comme un appendice enflammé, ou, encore, elles peuvent apparaître après une intervention chirurgicale. Leur présence rend plus difficile, par la suite, la pratique d'interventions chirurgicales. Il peut être nécessaire de pratiquer une intervention chirurgicale pour éliminer les adhérences.

La réparation tissulaire dépend de la capacité du tissu parenchymateux de se régénérer, laquelle est déterminée par la capacité des cellules parenchymateuses de se reproduire rapidement.

LE PROCESSUS DE RÉPARATION

Les lésions tissulaires bénignes peuvent être réparées par le drainage et la réabsorption du pus, suivis de la régénération parenchymateuse. Lorsque la perte de tissu est importante, les liquides sortent des capillaires et la région s'assèche. La fibrine bouche l'ouverture du tissu en formant une **croûte**.

Lorsque les lésions tissulaires et cellulaires sont importantes et graves, comme dans le cas de grandes blessures ouvertes, les deux sortes de cellules, du stroma et du parenchyme, participent à la réparation. Celle-ci comprend la division cellulaire rapide d'un grand nombre de fibroblastes, la production de nouvelles fibres collagènes qui assurent la résistance du tissu, ainsi qu'une augmentation, par la division cellulaire, du nombre de petits vaisseaux sanguins de la région atteinte. Tous ces processus créent un tissu conjonctif appelé **tissu de granulation**. Ce dernier se forme dans une blessure ou une incision chirurgicale afin d'assurer une charpente au tissu (stroma). Cette structure soutient les cellules épithéliales qui migrent dans la région ouverte et la remplissent. Le tissu de granulation nouvellement formé sécrète également un liquide qui tue les bactéries.

LES FACTEURS AFFECTANT LA RÉPARATION

Trois facteurs affectent la réparation des tissus: l'alimentation, la circulation sanguine et l'âge de la personne atteinte. L'alimentation joue un rôle vital dans le processus de cicatrisation, parce que la régénération nécessite une partie importante des nutriments emmagasinés dans l'organisme. Les régimes alimentaires riches en protéines sont importants, parce que la plus grande partie de la structure de la cellule est faite de protéines. Les vitamines jouent aussi un rôle direct dans la cicatrisation. Voici quelques-unes de ces vitamines et leurs rôles:

1. La vitamine A est essentielle dans le remplacement des tissus épithéliaux, notamment dans les voies respiratoires.

2. Les vitamines B (thiamine, niacine et riboflavine) sont requises par un grand nombre de systèmes enzymatiques des cellules. Elles sont nécessaires particulièrement aux enzymes qui participent à la décomposition du glucose en CO_2 et en H_2O (qui est vitale pour le cœur et le tissu nerveux). Ces vitamines peuvent, dans certains cas, soulager la douleur.

3. La vitamine C affecte directement la production normale et le maintien des substances fondamentales. Elle est nécessaire à la production des éléments qui assurent la cémentation des tissus conjonctifs, notamment le collagène. La vitamine C renforce et favorise également la formation de nouveaux vaisseaux sanguins. En présence d'une carence en vitamine C, même les blessures superficielles ne se cicatrisent pas, et les parois des vaisseaux sanguins deviennent fragiles et se rompent facilement.

4. La vitamine D est nécessaire à l'absorption adéquate du calcium de l'intestin. Le calcium assure la dureté des os et est nécessaire à la consolidation des fractures.

5. On croit que la vitamine E favorise la guérison des tissus lésés et peut prévenir l'apparition de cicatrices.

6. La vitamine K participe à la coagulation du sang et, par conséquent, empêche les hémorragies.

Une circulation sanguine adéquate est indispensable à la régénération des tissus. C'est le sang qui transporte l'oxygène, les nutriments, les anticorps et un grand nombre de cellules de défense à l'emplacement de la blessure. Le sang joue également un rôle important dans l'élimination du liquide tissulaire, des cellules sanguines qui ont été vidées de leur oxygène, des bactéries, des corps étrangers et des déchets. Autrement, ces éléments nuiraient à la cicatrisation.

En règle générale, les tissus se cicatrisent plus rapidement et laissent moins de cicatrices visibles chez la personne jeune que chez la personne âgée. L'organisme jeune est habituellement dans un état nutritionnel nettement meilleur, ses tissus reçoivent un apport sanguin plus adéquat, et la vitesse du métabolisme de ses cellules est plus élevée. Par conséquent, les cellules peuvent se reproduire plus rapidement.

RÉSUMÉ

Les types de tissus (page 82)

1. Un tissu est constitué d'un groupe de cellules semblables et de leur substance intercellulaire, spécialisées dans une fonction particulière.
2. Les tissus corporels sont classés en quatre types principaux, d'après leur fonction et leur structure; ce sont les tissus épithélial, conjonctif, musculaire et nerveux.

Le tissu épithélial (page 82)

1. L'épithélium comprend un grand nombre de cellules, une quantité peu importante de substance intercellulaire et ne contient pas de vaisseaux sanguins (il est non vascularisé). Ce tissu est rattaché au tissu conjonctif par une membrane basale. Il peut se remplacer lui-même.
2. Les sous-types d'épithélium comprennent l'épithélium de revêtement et l'épithélium glandulaire.

L'épithélium de revêtement (page 82)

1. Le tissu peut être simple (une seule couche), stratifié (plusieurs couches) et pseudostratifié (une seule couche qui semble en comporter plusieurs); les cellules sont pavimenteuses (aplaties), cubiques (en forme de cubes), cylyndriques (rectangulaires) et transitionnelles (de formes pouvant varier).
2. L'épithélium pavimenteux simple est adapté pour la diffusion et la filtration; il est présent dans les poumons et les reins. L'endothélium tapisse le cœur et les vaisseaux sanguins. Le mésothélium tapisse les cavités thoracique et abdomino-pelvienne et recouvre les organes qui y sont contenus.
3. L'épithélium cubique simple est adapté pour la sécrétion et l'absorption. Il recouvre les ovaires, est présent dans les reins et les yeux, et tapisse certains canaux glandulaires.

4. L'épithélium prismatique simple non cilié tapisse la plus grande partie du tube digestif. Des cellules spécialisées contenant des microvillosités effectuent l'absorption. Des cellules caliciformes sécrètent du mucus. Dans certaines parties de l'appareil respiratoire, les cellules sont ciliées et transportent à l'extérieur les corps étrangers retenus par le mucus.
5. L'épithélium pavimenteux stratifié joue un rôle de protection. Il tapisse les voies digestives supérieures et le vagin, et forme la couche externe de la peau.
6. L'épithélium cubique stratifié est présent dans les glandes sudoripares adultes, dans une partie de l'urètre, dans le pharynx et dans l'épiglotte.
7. L'épithélium prismatique stratifié joue un rôle de protection et de sécrétion. Il est présent dans l'urètre de l'homme et dans les canaux excréteurs importants.
8. L'épithélium transitionnel tapisse la vessie et est capable de s'étirer.
9. L'épithélium pseudostratifié ne comporte qu'une seule couche de cellules, mais semble en posséder plusieurs. Il tapisse les canaux excréteurs importants, certaines parties de l'urètre, les trompes d'Eustache et la plupart des structures des voies respiratoires supérieures, où il joue un rôle de protection et de sécrétion.

L'épithélium glandulaire (page 89)

1. Une glande est une cellule unique ou une masse de cellules épithéliales adaptées à la sécrétion.
2. Les glandes exocrines (glandes sudoripares, sébacées et digestives) déversent leurs sécrétions dans des canaux ou directement sur une surface libre.
3. Classées selon leur structure, les glandes exocrines sont unicellulaires ou multicellulaires ; les glandes multicellulaires peuvent être tubulaires, acineuses, tubulo-acineuses, simples ou composées.
4. Classées selon leur fonction, les glandes exocrines sont holocrines, mérocrines ou apocrines.
5. Les glandes endocrines sécrètent des hormones directement dans le sang.

Le tissu conjonctif (page 91)

1. Le tissu conjonctif est le tissu le plus abondant de l'organisme. Il comporte peu de cellules, beaucoup de substance fondamentale et un apport sanguin important (il est vascularisé), sauf dans le cas du cartilage. Il n'est pas présent sur les surfaces libres.
2. La substance fondamentale détermine les qualités du tissu.
3. Le tissu conjonctif protège et soutient les organes et les relie les uns aux autres.
4. Le tissu conjonctif comprend deux types principaux : le tissu conjonctif embryonnaire et le tissu conjonctif adulte.

Le tissu conjonctif embryonnaire (page 91)

1. Le mésenchyme est à l'origine de tous les autres tissus conjonctifs.
2. Le tissu conjonctif muqueux est présent dans le cordon ombilical du fœtus, où il joue un rôle de soutien.

Le tissu conjonctif adulte (page 93)

1. Le tissu conjonctif adulte est présent chez le nouveau-né et ne change pas après la naissance. On en compte plusieurs types : le tissu conjonctif proprement dit, le cartilage, le tissu osseux et le tissu vasculaire.
2. Le tissu conjonctif proprement dit contient une quantité plus ou moins importante de substance fondamentale ; sa cellule est le fibroblaste. On compte cinq types de tissu conjonctif proprement dit.
3. Le tissu conjonctif lâche (aréolaire) est un des tissus conjonctifs les plus abondants de l'organisme. Sa substance fondamentale (acide hyaluronique) contient des fibres (collagènes, élastiques et réticulées) et différentes cellules (fibroblastes, macrophages, plasmocytes, mastocytes et mélanocytes). Le tissu conjonctif lâche est présent dans les muqueuses, autour des organes et dans la couche sous-cutanée.
4. Le tissu adipeux est une forme de tissu conjonctif lâche dans lequel les cellules, appelées adipocytes, sont spécialisées dans l'entreposage des graisses. Il est présent dans la couche sous-cutanée et autour de certains organes.
5. Le tissu conjonctif dense comporte des fibres étroitement entassées (orientées ou non orientées). Il est un composant des fascias, des membranes des organes, des tendons, des ligaments et des aponévroses.
6. Le tissu conjonctif élastique contient un grand nombre de fibres élastiques pourvues de ramifications libres qui lui donnent une coloration jaunâtre. Il est présent dans les cartilages du larynx, les artères élastiques, la trachée, les voies bronchiques et les vraies cordes vocales.
7. Le tissu conjonctif réticulé comprend des fibres réticulées entrelacées et forme le stroma du foie, de la rate et des ganglions lymphatiques.
8. Le cartilage est doté d'une matrice gélatineuse contenant des fibres collagènes et élastiques, ainsi que des chondrocytes.
9. La croissance du cartilage se fait par la croissance interstitielle (de l'intérieur) et par la croissance par apposition (de l'extérieur).
10. Le cartilage hyalin est présent dans le squelette de l'embryon, aux extrémités des os, dans le nez et dans l'appareil respiratoire. Il est flexible, permet le mouvement et procure un soutien.
11. Le fibrocartilage relie les os iliaques et les vertèbres. Il procure de la force.
12. Le cartilage élastique maintient la forme d'organes comme l'épiglotte, les trompes d'Eustache et l'oreille externe.
13. Le tissu osseux (os) est fait de sels minéraux et de fibres collagènes, qui contribuent à la dureté de l'os, et de cellules appelées ostéocytes. Il soutient, protège, favorise les mouvements, entrepose des minéraux et abrite la moelle osseuse rouge.
14. Le tissu vasculaire (sang) est fait de plasma et d'éléments figurés (hématies, leucocytes et plaquettes). Sur le plan de la fonction, ces cellules jouent un rôle de transport, effectuent la phagocytose, participent aux réactions allergiques, assurent l'immunité et entraînent la coagulation du sang.

Le tissu musculaire (page 100)

1. Le tissu musculaire est modofié pour assurer la contraction et, par conséquent, le mouvement, le maintien de la posture et la production de chaleur.
2. Le tissu musculaire squelettique est attaché aux os ; il est strié et volontaire.
3. Le tissu musculaire cardiaque forme la plus grande partie de la paroi du cœur ; il est strié et habituellement involontaire.
4. Le tissu musculaire lisse est présent dans les parois des structures internes creuses (vaisseaux sanguins et viscères) ; il n'est pas strié et il est habituellement involontaire.

Le tissu nerveux (page 101)

1. Le système nerveux est composé de neurones (cellules nerveuses) et de la névroglie (cellules de protection et de soutien).
2. Les neurones comprennent un corps cellulaire et deux types de prolongements, les dendrites et les axones.

3. Les neurones sont spécialisés dans la réception des stimuli, dans la conversion des stimuli en influx nerveux et dans la conduction des influx nerveux.

Les membranes (page 102)

1. Une membrane épithéliale est une couche de tissu épithélial recouvrant une couche de tissu conjonctif. Exemples: les muqueuses, les séreuses et la peau.
2. Les muqueuses tapissent les cavités qui débouchent sur l'extérieur. Exemple: le tube digestif.
3. Les séreuses (plèvre, péricarde, péritoine) tapissent les cavités fermées et recouvrent les organes contenus dans les cavités. Ces membranes comportent un feuillet pariétal et un feuillet viscéral.
4. Les synoviales tapissent les cavités articulaires et ne contiennent pas d'épithélium.

La réparation des tissus (page 102)

1. La réparation des tissus est le remplacement des cellules lésées ou détruites par des cellules saines.
2. La réparation des tissus commence au cours de la phase active de l'inflammation et ne se termine pas avant que les substances nocives présentes dans la région enflammée aient été neutralisées ou éliminées.

Le processus de réparation (page 103)

1. Lorsque la blessure est superficielle, la réparation du tissu comprend l'élimination du pus (s'il y a présence de pus), la formation d'une croûte et la régénération parenchymateuse.
2. Lorsque la blessure est importante, le tissu de granulation intervient.

Les facteurs affectant la réparation (page 103)

1. L'alimentation est importante dans la réparation des tissus. Diverses vitamines (certaines vitamines du groupe B, les vitamines A, D, C, E et K) ainsi qu'un régime riche en protéines sont nécessaires.
2. Une circulation sanguine adéquate est essentielle.
3. Les tissus des sujets jeunes se réparent rapidement et efficacement ; plus le sujet est âgé, plus le processus est lent.

RÉVISION

1. Qu'est-ce qu'un tissu? Quels sont les quatre principaux types de tissus corporels?
2. Quelle est la différence entre l'épithélium de revêtement et l'épithélium glandulaire? Quelles sont les caractéristiques communes à tous les tissus épithéliaux?
3. Décrivez l'origine et la composition de la membrane basale.
4. Décrivez les différentes dispositions des couches et les formes des cellules qui composent l'épithélium.
5. Comment classe-t-on les tissus épithéliaux? Nommez les différents types de tissus épithéliaux.
6. Décrivez l'apparence microscopique, l'emplacement et la fonction des types de tissus épithéliaux suivants : pavimenteux simple, cubique simple, prismatique simple (cilié et non cilié), pavimenteux stratifié, cubique stratifié, prismatique stratifié, transitionnel et pseudostratifié.
7. Définissez les termes suivants : endothélium, mésothélium, sécrétion, absorption, cellule caliciforme et kératine.
8. Qu'est-ce qu'une glande? Qu'est-ce qui distingue les glandes endocrines des glandes exocrines?
9. Énumérez les types de glandes exocrines d'après leur structure et leur fonction, et donnez au moins un exemple de chacune des catégories.
10. Dites de quelle façon le tissu conjonctif diffère du tissu épithélial.
11. Comment classe-t-on les tissus conjonctifs? Nommez les différents types.
12. De quelle façon le tissu conjonctif embryonnaire et le tissu conjonctif adulte diffèrent-ils?
13. Décrivez les tissus conjonctifs suivants selon leur apparence microscopique, leur emplacement et leur fonction: lâche (aréolaire), adipeux, dense, élastique, réticulé, cartilage hyalin, fibrocartilage, cartilage élastique, tissu osseux (os) et tissu vasculaire (sang).
14. Qu'est-ce qui distingue la croissance interstitielle de la croissance par apposition du cartilage?
15. Définissez les termes suivants: acide hyaluronique, fibre collagène, fibre élastique, fibre réticulée, fibroblaste, macrophage, plasmocyte, mastocyte, mélanocyte, adipocyte, chondrocyte, chondroplaste, ostéocyte, lamelles et canalicules.
16. Décrivez les composantes cellulaires du tissu musculaire. De quelle façon ce tissu est-il classé? Quelles sont ses fonctions?
17. Qu'est-ce qui distingue les neurones de la névroglie? Décrivez la structure et la fonction des neurones.
18. Définissez les types de membranes suivants: muqueuse, séreuse, peau et synoviale. Où ces membranes sont-elles situées dans l'organisme? Quelles sont leurs fonctions?
19. Voici certaines descriptions s'appliquant à différents tissus corporels. Nommez le tissu correspondant à chacune des descriptions.
    a. Un épithélium qui permet la distension (étirement).
    b. Une couche simple de cellules aplaties liée à la filtration et à l'absorption.
    c. Forme tous les autres types de tissus conjonctifs.
    d. Spécialisé dans l'entreposage des graisses.
    e. Un épithélium à l'épreuve de l'eau.
    f. Forme la structure d'un grand nombre d'organes.
    g. Produit de la sueur, de la cire, de l'huile ou des enzymes digestives.
    h. Cartilage qui forme l'oreille externe.
    i. Contient des cellules caliciformes et tapisse l'intestin.
    j. Le type de tissu conjonctif le plus abondant dans l'organisme.
    k. Forme les tendons, les ligaments et les aponévroses.
    l. Spécialisée dans la sécrétion hormonale.
    m. Soutient le cordon ombilical.
    n. Tapisse les tubules rénaux et est spécialisé dans l'absorption et la sécrétion.
    o. Permet l'extensibilité du tissu pulmonaire.
    p. Entrepose la moelle osseuse rouge, protège et soutient.
    q. Tissu musculaire non strié et habituellement involontaire.
    r. Composé d'un corps cellulaire, de dendrites et d'axones.
20. Qu'entend-on par réparation des tissus? Qu'est-ce qui différencie une réparation par les cellules du parenchyme d'une réparation par les cellules du stroma?
21. Quelle importance le tissu de granulation revêt-il?
22. Quels sont les facteurs qui affectent la réparation des tissus?

5

L'appareil tégumentaire

OBJECTIFS

- Définir l'appareil tégumentaire.
- Décrire les différentes fonctions de la peau.
- Nommer les couches de l'épiderme et décrire leur structure et leurs fonctions.
- Décrire la composition et la fonction du derme.
- Expliquer pourquoi la coloration de la peau diffère d'un individu à un autre.
- Expliquer comment sont disposées les papilles de l'épiderme.
- Nommer les étapes de la cicatrisation de lésions épidermiques et de la cicatrisation de brèches profondes.
- Décrire le développement, la distribution et la structure des poils.
- Comparer la structure, la distribution et les fonctions des glandes sébacées, des glandes sudoripares et des glandes cérumineuses.
- Nommer les différentes parties d'un ongle et décrire leur composition.
- Expliquer le rôle que joue la peau dans la thermorégulation.
- Décrire les effets du vieillissement sur l'appareil tégumentaire.
- Décrire le développement de l'épiderme, de ses dérivés et du derme.
- Décrire les causes et les effets des maladies de la peau qui suivent : acné, lupus érythémateux disséminé (LED), psoriasis, escarres de décubitus, coups de soleil et cancer de la peau.
- Dire en quoi consiste une brûlure et nommer les effets qu'elle entraîne dans l'organisme.
- Classer les brûlures selon leurs degrés : premier, deuxième et troisième. Dire comment on peut évaluer l'étendue d'une brûlure.
- Définir les termes médicaux associés à l'appareil tégumentaire.

Un **organe** est un ensemble de tissus effectuant une tâche particulière. Un **système** est un groupe d'organes ayant une structure analogue. Un **appareil** est un groupe d'organes travaillant ensemble pour effectuer des tâches spécialisées. La peau et les structures qui en dérivent (cheveux, ongles, glandes et certains récepteurs spécialisés) constituent l'**appareil tégumentaire**.

À la fin de ce chapitre, nous étudierons le développement embryonnaire de l'appareil tégumentaire.

LA PEAU

Parce qu'elle est composée de tissus réunis pour effectuer des tâches particulières, la **peau** est un organe. Si l'on considère la surface qu'elle occupe, c'est l'un des organes les plus importants de l'organisme. Chez l'adulte moyen, la peau occupe une surface d'environ 19 355 cm^2. Elle est plus qu'un mince revêtement qui maintient et protège l'organisme. C'est une structure plutôt complexe qui effectue plusieurs tâches essentielles à la survie. La **dermatologie** (*dermato*: peau; *logie*: étude de) est la branche de la médecine qui étudie le diagnostic et le traitement des troubles cutanés.

LES FONCTIONS

On peut regrouper comme suit les nombreuses fonctions de la peau:

1. Le maintien de la température corporelle. En réaction à une température externe élevée ou à un exercice épuisant, la production de sueur par les glandes sudoripares aide à ramener la température corporelle à la normale. Nous décrivons ce processus en détail un peu plus loin dans ce chapitre.

2. La protection. La peau recouvre le corps et constitue une barrière physique qui protège les tissus sous-jacents de l'abrasion, des invasions bactériennes, de la déshydratation et des rayons ultra-violets.

3. La perception des stimuli. La peau contient de nombreuses terminaisons nerveuses et des récepteurs qui détectent les stimuli liés à la température, au toucher, à la pression et à la douleur (chapitre 15).

4. L'excrétion. La transpiration joue un rôle en favorisant le maintien de la température corporelle normale et l'excrétion de petites quantités d'eau, de sels et de plusieurs composés organiques.

5. La synthèse de la vitamine D. Le terme *vitamine D* correspond en fait à un groupe de composés étroitement liés, synthétisés naturellement à partir d'un précurseur présent dans la peau lors d'une exposition aux rayons ultra-violets. Dans la peau, le précurseur , le 7-déhydrocholestérol, est transformé en cholécalciférol (vitamine D_3) en présence de rayons ultra-violets. Dans le foie, le cholécalciférol est transformé en 25-hydroxycholécalciférol. Puis, dans les reins, cette substance est transformée en 1,25-dihydroxycalciférol (calcitriol), la forme la plus active de vitamine D, qui stimule l'absorption du calcium et du phosphore contenus dans les aliments. Dans les chapitres qui suivent, lorsque nous parlerons de la vitamine D, nous parlerons en fait du 1,25-dihydroxycalciférol. En réalité, la vitamine D est une hormone, puisqu'elle est produite à un endroit de l'organisme, qu'elle est transportée par le sang et qu'elle exerce ensuite son effet dans un autre endroit.

6. L'immunité. Comme nous le verrons au chapitre 22, certaines cellules de l'épiderme jouent un rôle dans le soutien de l'immunité.

LA STRUCTURE

La peau comprend deux parties principales (figure 5.1). La portion externe, qui est plus mince et composée d'épithélium, est l'**épiderme**. Ce dernier est attaché à la partie conjonctive interne plus épaisse, le **derme**. L'épiderme d'une peau épaisse est relativement épais, alors que celui d'une peau mince est relativement mince. Sous le derme se trouve le **tissu sous-cutané**, ou **hypoderme**, fait de tissu conjonctif lâche et de tissu adipeux. Les fibres du derme s'étendent jusque dans l'hypoderme et fixent la peau au tissu sous-cutané. L'hypoderme est également attaché fermement aux tissus et aux organes sous-jacents.

L'ÉPIDERME

L'**épiderme** est fait d'épithélium pavimenteux stratifié, et il contient quatre types de cellules différentes. Le type le plus abondant, le *kératinocyte*, est une cellule qui subit la kératinisation. Nous allons décrire brièvement ce processus. Les fonctions de ces cellules sont de produire de la kératine, qui aide à imperméabiliser et à protéger la peau et les tissus sous-jacents, et qui participe à l'immunité. Le deuxième type de cellule de l'épiderme est le *mélanocyte*. Son rôle consiste à produire de la mélanine, un des pigments responsables de la coloration de la peau. Le troisième type de cellule est la *cellule de Langerhans*, qui provient de la moelle osseuse et qui envahit l'épiderme et les autres endroits où se trouvent de l'épithélium pavimenteux stratifié, où elle participe à l'immunité (chapitre 22). La *cellule de Granstein*, le quatrième type de cellule de l'épiderme, participe également à l'immunité.

L'épiderme est disposé en quatre ou cinq couches de cellules selon l'endroit où il se trouve (voir les figures 5.1 et 5.2). Dans les régions les plus exposées à la friction, comme les paumes des mains et les plantes des pieds, l'épiderme comprend cinq couches. Dans toutes les autres parties du corps, il n'en compte que quatre. En partant de la couche la plus profonde, ces couches portent les noms suivants:

1. Le stratum germinativum. Cette couche unique de cellules cubiques ou cylindriques est capable de se diviser constamment. À mesure que ces cellules se multiplient, elles montent vers la surface et s'intègrent aux couches moins profondes. Leurs noyaux dégénèrent, et les cellules meurent. Par la suite, les cellules sont éliminées de la couche superficielle de l'épiderme.

2. Le stratum spinosum. Cette couche de l'épiderme contient de huit à dix rangées de cellules polyédriques (à plusieurs côtés) qui s'agencent étroitement les unes avec les autres. Les surfaces de ces cellules peuvent avoir une apparence épineuse lorsqu'on les prépare en vue d'un examen au microscope (*spinosum*: épineux). Les couches plus profondes de l'épiderme, dépourvues de poils, contiennent des terminaisons nerveuses sensibles au toucher, appelées *disques de Merkel* (voir la figure 15.1).

3. Le stratum granulosum. La troisième couche de l'épiderme comprend de trois à cinq rangées de cellules aplaties contenant des granules fortement teintées par les colorants basiques, faites d'une substance appelée *kératohyaline*. Ce composé intervient dans la première étape de la formation de la kératine. La *kératine* est une scléroprotéine présente dans la couche superficielle de l'épiderme. Les noyaux des cellules du stratum granulosum se trouvent à des stades divers de dégénérescence. À mesure que ces noyaux se dégradent, les cellules ne sont plus

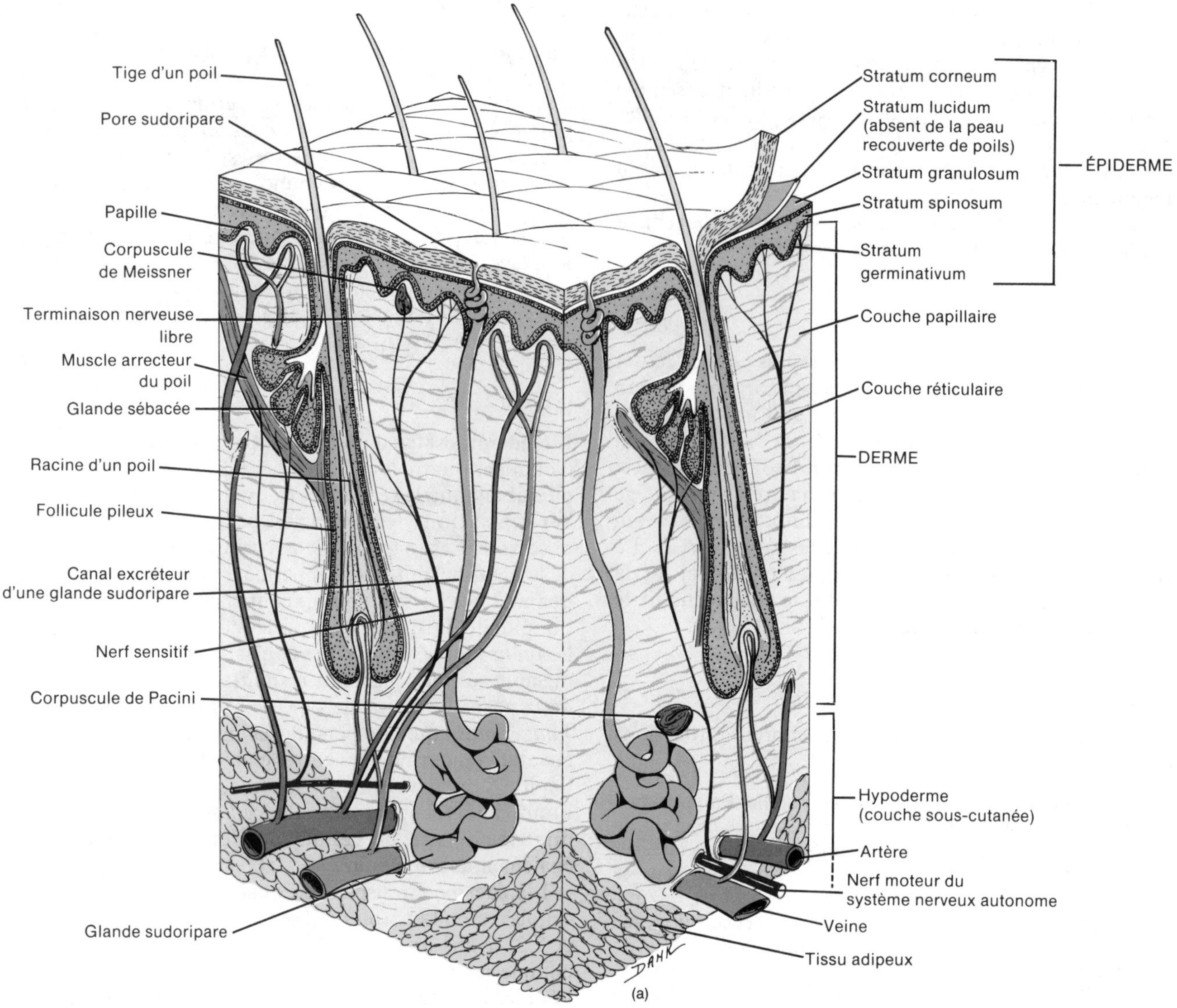

Tige d'un poil
Pore sudoripare
Papille
Corpuscule de Meissner
Terminaison nerveuse libre
Muscle arrecteur du poil
Glande sébacée
Racine d'un poil
Follicule pileux
Canal excréteur d'une glande sudoripare
Nerf sensitif
Corpuscule de Pacini
Glande sudoripare
Stratum corneum
Stratum lucidum (absent de la peau recouverte de poils)
Stratum granulosum
Stratum spinosum
Stratum germinativum
ÉPIDERME
Couche papillaire
Couche réticulaire
DERME
Hypoderme (couche sous-cutanée)
Artère
Nerf moteur du système nerveux autonome
Veine
Tissu adipeux
(a)

Tiges de poils
ÉPIDERME
DERME
Vaisseaux sanguins
(b)

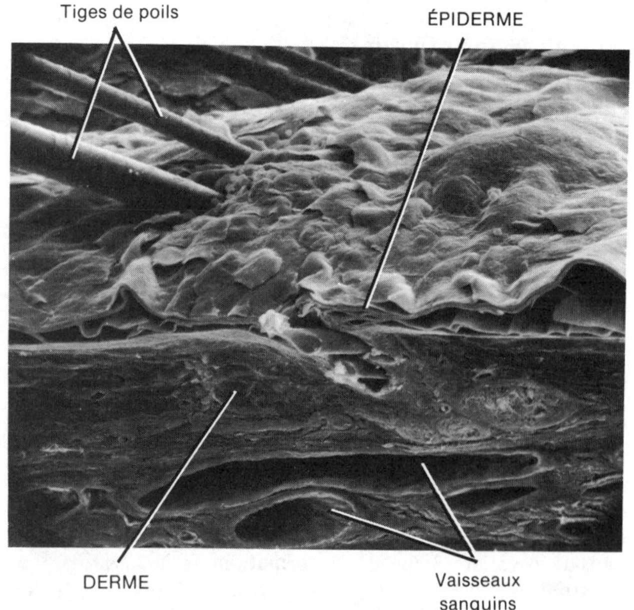

FIGURE 5.1 Peau. (a) Structure de la peau et de l'hypoderme. (b) Photomicrographie électronique par balayage de la peau et de plusieurs poils, agrandie 260 fois. [Extrait de *Tissues and Organs: A Text-Atlas of Scanning Electron Microscopy* de Richard G. Kessel et Randy H. Kardon. W.H. Freeman and Company. Copyright © 1979.]

capables d'effectuer les réactions métaboliques vitales, et elles meurent.

4. Le stratum lucidum. Cette couche occupe une place assez importante dans la peau épaisse des paumes des mains et des plantes des pieds. Elle est généralement absente dans la peau mince. Elle comprend plusieurs rangées de cellules mortes, transparentes et aplaties contenant des gouttelettes d'*éléidine*. Le stratum lucidum est ainsi appelé parce que l'éléidine est transparente (*lucidum*: transparent). L'éléidine est formée à partir de la kératohyaline et est finalement transformée en kératine.

5. Le stratum corneum. Cette couche comprend de 25 à 30 rangées de cellules mortes aplaties, complètement remplies de kératine. Ces cellules sont constamment éliminées et remplacées. Le stratum corneum constitue une barrière efficace contre la lumière, la chaleur, les bactéries et un grand nombre de produits chimiques.

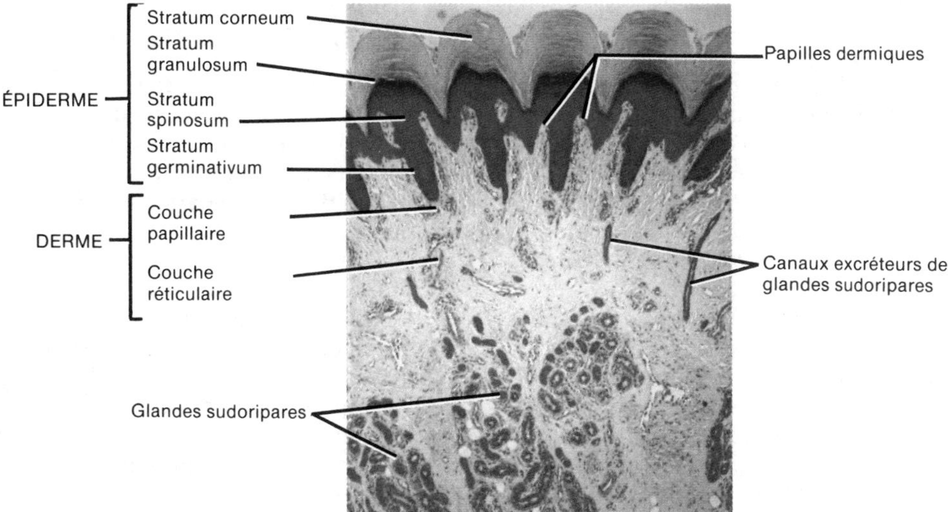

FIGURE 5.2 Photomicrographie d'une peau épaisse agrandie 50 fois. Le stratum lucidum, absent ici, est illustré à la figure 5.1,a. [Copyright © 1983 by Michael H. Ross. Reproduction autorisée.]

Dans le processus de la **kératinisation**, les cellules nouvellement formées produites dans les couches basales sont repoussées vers les couches superficielles. À mesure que les cellules s'approchent de la surface, le cytoplasme, le noyau et les autres organites sont remplacés par de la kératine, et les cellules meurent. Par la suite, les cellules kératinisées tombent et elles sont remplacées par les cellules sous-jacentes qui, à leur tour, sont kératinisées. Le processus par lequel une cellule se forme dans les couches basales, monte vers la surface, devient kératinisée et tombe dure environ deux semaines.

LE DERME

Le **derme** est composé de tissu conjonctif contenant des fibres collagènes et élastiques (figure 5.1). Il est très épais dans les paumes des mains et les plantes des pieds, et très mince dans les paupières, le pénis et le scrotum. Il a aussi tendance à être plus épais sur la face dorsale du corps que sur la face ventrale. Il est également plus épais sur les faces latérales des membres que sur les faces médianes. Le derme contient un grand nombre de vaisseaux sanguins, de nerfs, de glandes et de follicules pileux.

La région supérieure du derme, qui comprend environ le cinquième de l'épaisseur de la couche, est appelée **couche papillaire**. Sa surface est considérablement augmentée par de petites éminences en forme de doigts, les **papilles dermiques**. Ces structures s'étendent dans les espaces situés entre les crêtes dans la surface profonde de l'épiderme, et la plupart d'entre elles contiennent des anses capillaires. Certaines papilles dermiques contiennent des *corpuscules de Meissner*, qui sont des terminaisons nerveuses sensibles au toucher. La couche papillaire est faite de tissu conjonctif lâche contenant des fibres élastiques minces.

L'autre partie du derme, la **couche réticulaire**, est faite de tissu conjonctif dense non orienté contenant des faisceaux entrelacés de fibres collagènes et de grosses fibres élastiques. On l'appelle couche réticulaire parce que les faisceaux de fibres collagènes s'entrelacent à la manière d'un réticule. Les espaces entre les fibres sont occupés par une petite quantité de tissu adipeux, des follicules pileux, des nerfs, des glandes sébacées et des canaux de glandes sudoripares. L'épaisseur de la couche réticulaire détermine, entre autres facteurs, l'épaisseur de la peau.

La combinaison de fibres collagènes et élastiques dans la couche réticulaire donne à la peau de la force, de l'extensibilité et de l'élasticité. (L'extensibilité est la capacité de s'étirer; l'élasticité est la capacité de reprendre sa forme originale après un étirement ou une contraction.) La capacité de la peau de s'étirer est facile à vérifier chez la femme enceinte, la personne obèse et la personne souffrant d'un œdème. Les petites déchirures qui surviennent durant un étirement extrême sont d'abord rougeâtres et se transforment ensuite en bandes blanchâtres, les *vergetures*.

La couche réticulaire est rattachée aux organes sous-jacents, comme les os et les muscles, par l'hypoderme. Ce dernier contient également des terminaisons nerveuses, les *corpuscules de Pacini*, ou *corpuscules lamellaires*, qui sont sensibles à la pression (voir la figure 15.1).

APPLICATION CLINIQUE

Les fibres collagènes du derme s'étendent dans toutes les directions; toutefois, dans certaines régions de l'organisme, elles ont tendance à s'étendre dans une direction particulière. L'orientation principale des fibres collagènes sous-jacentes est indiquée à la surface de la peau par les **lignes de Langer (lignes de tension)**. Ces lignes sont particulièrement évidentes sur la suface palmaire des doigts, où elles sont parallèles à l'axe long du doigt. Les lignes de Langer intéressent particulièrement le chirurgien, parce qu'une incision pratiquée parallèlement aux fibres collagènes ne laissera qu'une fine cicatrice. Une incision pratiquée transversalement dans les rangées de fibres rompt le collagène, et la blessure a tendance à béer et à laisser une cicatrice large et épaisse.

LA COLORATION DE LA PEAU

La coloration de la peau est due à la mélanine, un pigment de l'épiderme, à la carotène, un pigment présent surtout dans le derme, et au sang qui se trouve dans les vaisseaux capillaires du derme. La quantité de **mélanine** donne une coloration allant du jaune pâle au noir. Ce pigment est particulièrement présent dans les stratum germinativum et spinosum. La mélanine est synthétisée dans des cellules appelées **mélanocytes**, situées en dessous des cellules du stratum germinativum, ou entre ces cellules. Comme le nombre de mélanocytes est à peu près égal chez toutes les races, les différences dans la coloration de la peau sont déterminées par la quantité de pigment que les mélanocytes produisent et dispersent. L'incapacité héréditaire de produire de la mélanine, quelle que soit la race de la personne, provoque l'**albinisme**. Un individu atteint d'albinisme est un **albinos**. Dans ce cas, la mélanine est également absente des cheveux et des yeux. Le **vitiligo** est une absence partielle ou complète des mélanocytes dans les régions cutanées, qui entraîne la formation de taches. Chez certaines personnes, la mélanine forme des **taches de rousseur**.

Les mélanocytes synthétisent la mélanine à partir de la *tyrosine*, un acide aminé, en présence d'une enzyme appelée *tyrosinase*. L'exposition aux rayons ultra-violets augmente l'activité enzymatique des mélanocytes et entraîne une production accrue de mélanine. Les corps cellulaires des mélanocytes sont dotés de longs prolongements qui s'infiltrent entre les cellules de l'épiderme. Lorsqu'elles entrent en contact avec les prolongements, les cellules englobent la mélanine par phagocytose. Par la suite, lorsque la peau est exposée aux rayons ultra-violets, la quantité de mélanine augmente, et le pigment devient plus foncé, ce qui produit un bronzage qui protège la peau contre les rayons. Ainsi, la mélanine joue un rôle de protection vital. L'hormone mélanotrope (MSH) produite par l'adénohypophyse, accroît la synthèse de la mélanine et sa dispersion dans l'épiderme.

APPLICATION CLINIQUE

L'exposition excessive de la peau aux rayons ultra-violets du soleil peut provoquer un cancer de la peau. Parmi les cancers de la peau les plus malins et les plus mortels, on trouve le **mélanome** (*melano* : foncé; *ome* : tumeur), cancer des mélanocytes. Heureusement, la plupart des cancers de la peau sont curables.

Chez les Orientaux, un autre pigment, la **carotène**, est présent dans le stratum corneum et les régions adipeuses du derme. La présence de la carotène et de la mélanine est à l'origine de la coloration jaunâtre de la peau.

La coloration rosée de la peau des personnes de race blanche est causée par le sang des vaisseaux capillaires du derme. La rougeur des vaisseaux n'est pas complètement masquée par le pigment. L'épiderme ne contient pas de vaisseaux sanguins, ce qui est une caractéristique de tous les épithéliums.

LES PAPILLES DE L'ÉPIDERME ET LES SILLONS INTERPAPILLAIRES

La surface externe de la peau des paumes des mains, des doigts, des plantes des pieds et des orteils est marquée par des papilles, disposées en lignes plutôt droites ou arrondies (sur le bout des doigts, par exemple).

Les **papilles de l'épiderme** se développent au cours du troisième et du quatrième mois de la grossesse, période pendant laquelle l'épiderme suit les contours des papilles dermiques sous-jacentes (voir la figure 5.1,a). Comme les canaux des glandes sudoripares s'ouvrent sur les sommets des papilles, nous laissons des empreintes lorsque nous touchons un objet. Le dessin formé par ces papilles, qui est déterminé génétiquement, est différent pour chaque individu. Il ne change pas, sauf pour s'agrandir, et permet ainsi d'identifier un individu à l'aide de ses empreintes digitales ou plantaires. Le rôle des papilles de l'épiderme est d'assurer une meilleure prise aux mains et aux pieds en augmentant la friction.

Les **sillons interpapillaires**, présents sur d'autres parties de la peau, divisent la surface en régions ayant la forme de losanges. Regardons, par exemple, le dos de notre main. Nous pouvons remarquer que des poils émergent aux points d'intersection des sillons. Nous voyons également que les sillons sont plus nombreux et plus profonds près des articulations.

APPLICATION CLINIQUE

Grâce aux progrès de la science, on peut maintenant améliorer, dans un grand nombre de cas, l'apparence des cicatrices laissées par l'acné, la varicelle, les brûlures, les fissures labiales et d'autres maladies ou traumatismes; on peut également faire disparaître les rides dues au vieillissement. La substance qui rend ces améliorations possibles est appelée **implant de collagène**. Le collagène est la principale substance structurale de l'organisme. Il est présent dans la peau, les os, le cartilage, les tendons, les ligaments et plusieurs viscères; il représente presque un tiers du contenu total de l'organisme en protéines.

L'implant de collagène est préparé à partir de collagène animal en suspension dans une solution saline contenant de la lidocaïne, un anesthésique local. Injectée dans la peau, la solution disparaît, et le collagène, sous l'influence de la température corporelle, se transforme en une substance semblable à de la chair, qui est incorporée dans la peau. L'implant se dote de vaisseaux sanguins et de cellules, et il agit comme une structure naturelle dans la peau.

On utilise un autre procédé, l'**exfoliation chimique**, dans les cas de problèmes superficiels comme les plis du front, les rides, les taches liées à la vieillesse et les cicatrices superficielles. Le sujet reçoit une sédation ou une anesthésie légère. Dans ce procédé, on élimine les huiles naturelles de la peau à l'aide de solvants. Puis, on mêle des agents kératolytiques (substances chimiques capables de dissoudre la kératine) à un savon chirurgical ou à de l'huile de coton, on applique une couche épaisse du mélange, et on entoure la région d'un pansement qu'on laisse en place durant quelques jours. Lorsqu'on enlève le pansement, les couches de l'épiderme qui contiennent de la kératine se décollent. Lorsque les nouvelles couches superficielles repoussent, le problème est considérablement réduit ou entièrement disparu.

LA CICATRISATION DE LA PEAU

Nous allons maintenant aborder les mécanismes de base par lesquels les plaies cutanées sont réparées. Nous allons d'abord étudier les plaies qui affectent surtout l'épiderme. Nous décrirons ensuite les plaies qui s'étendent aux tissus profonds de l'épithélium, comme le derme et l'hypoderme.

LA CICATRISATION DE LÉSIONS ÉPIDERMIQUES

Le fait que la peau et les muqueuses soient exposées rend celles-ci vulnérables aux traumatismes physiques et chimiques. Un exemple courant de traumatisme épidermique est l'abrasion, comme un genou ou un coude écorché. Un autre exemple est une brûlure du premier degré ou du deuxième degré. Dans un traumatisme de ce genre, la portion centrale de la plaie s'étend habituellement profondément dans le derme, alors que les rebords n'atteignent que la surface des cellules épidermiques.

En réaction à un traumatisme, les cellules basales de l'épiderme de la région affectée perdent contact avec la membrane basale. Puis, elles s'hypertrophient et migrent à travers la blessure (figure 5.3). Les cellules semblent migrer ensemble jusqu'à ce que les cellules des côtés opposés de la plaie se rencontrent. Lorsque les cellules épidermiques se rencontrent, leur avance est arrêtée par l'*inhibition de contact*. Grâce à ce phénomène, lorsqu'une cellule épidermique en rencontre une autre, sa direction est modifiée jusqu'à ce qu'elle rencontre une autre cellule semblable, et ainsi de suite. La migration de la cellule épidermique est inhibée lorsque tous ses côtés sont en contact avec d'autres cellules épidermiques. L'inhibition de contact semble ne se produire que parmi les cellules semblables ; en d'autres termes, elle ne se produit pas entre des celllules épidermiques et d'autres types de cellules. Nous avons vu, au chapitre 3, que les cellules malignes ne se conformaient pas aux règles de l'inhibition de contact, et pouvaient donc envahir librement les tissus corporels.

Pendant la migration de certaines cellules épidermiques basales, les cellules épidermiques basales stationnaires se divisent pour remplacer les cellules qui ont migré. La migration se poursuit jusqu'à ce que la plaie soit réparée. Par la suite, les cellules migratoires elles-mêmes se divisent pour former de nouvelles couches, ce qui épaissit le nouvel épiderme. Lorsque la région située sous la croûte est suffisamment recouverte, la croûte tombe et les cellules épidermiques superficielles deviennent kératinisées (voir la figure 5.4,b). Les différents événements qui sont liés à la cicatrisation de lésions épidermiques se produisent de 24 h à 48 h après que le traumatisme a eu lieu.

LA CICATRISATION DE BRÈCHES PROFONDES

Les traumatismes qui s'étendent aux tissus profonds de l'épiderme, après un accident ou une incision chirurgicale, par exemple, nécessitent un processus de réparation plus complexe que la cicatrisation de lésions épidermiques, ainsi que la formation d'une cicatrice. La première étape de la cicatrisation de brèches profondes comprend l'inflammation (chapitre 22). L'inflammation est une réaction vasculaire et cellulaire qui sert à éliminer les microbes, les substances étrangères et le tissu mort, en vue de la réparation. Au cours de la **phase d'inflammation**, un caillot sanguin se forme dans la blessure et réunit lâchement les rebords de la plaie, les cellules épithéliales commencent leur migration à travers la plaie (voir la figure 5.3), la vasodilatation et la perméabilité accrue des vaisseaux sanguins libèrent des neutrophiles et des monocytes qui phagocytent les microbes, et les cellules mésenchymateuses se transforment en fibroblastes (figure 5.4,a).

Durant l'étape suivante, la **phase de migration**, le caillot se transforme en croûte et les cellules épithéliales migrent sous la croûte pour refermer la plaie, les fibroblastes se déplacent le long des fils de fibrine et commencent à synthétiser du tissu cicatriciel (des fibres collagènes et des polyosides), et les vaisseaux sanguins lésés recommencent à se développer. Au cours de cette phase, le tissu qui remplit la plaie est appelé *tissu de granulation*.

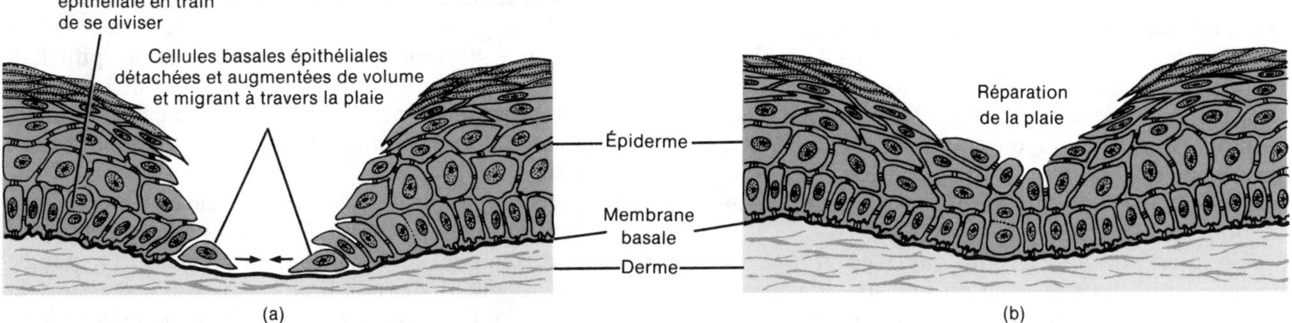

FIGURE 5.3 Cicatrisation de lésions épidermiques. (a) Division de cellules épidermiques et leur migration à travers la plaie. (b) Réparation de la plaie.

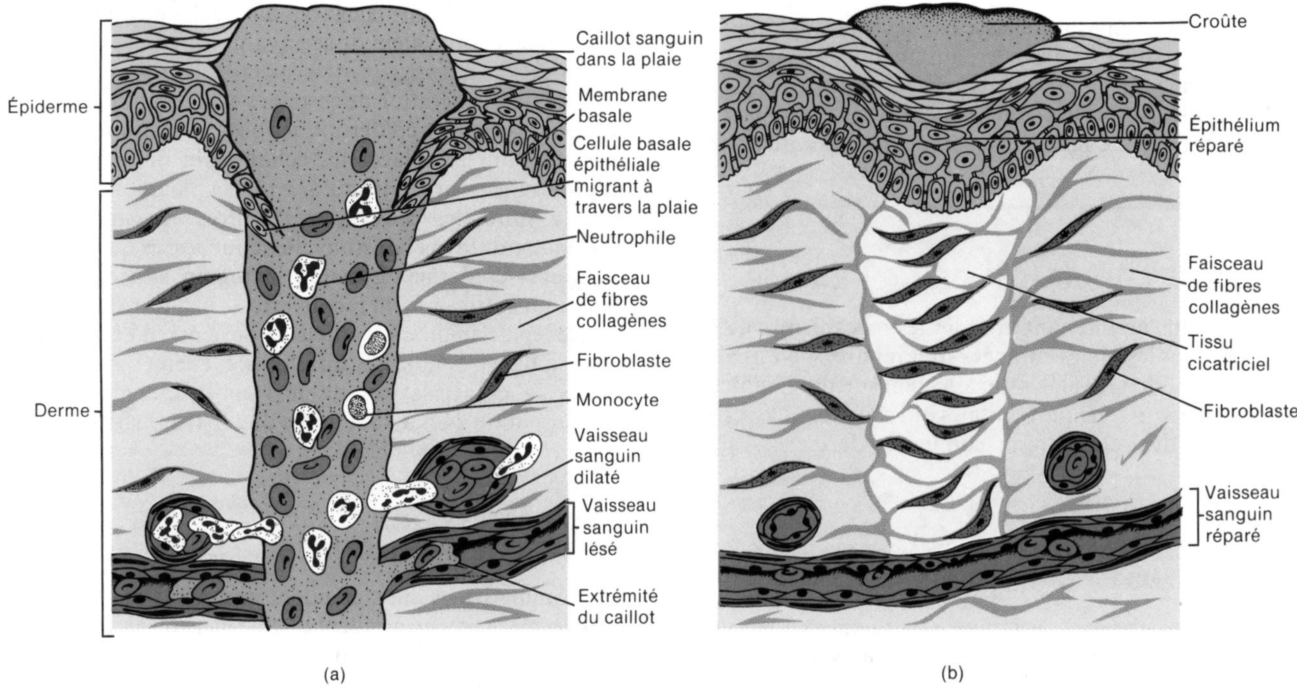

FIGURE 5.4 Cicatrisation de brèches profondes. (a) Phase d'inflammation. (b) Phase de maturation.

La **phase de prolifération** est caractérisée par une croissance importante de cellules épithéliales sous la croûte, par des dépôts de fibres collagènes disposés au hasard par les fibroblastes, et par la croissance constante des vaisseaux sanguins.

Dans la phase finale, la **phase de maturation**, la croûte tombe lorsque l'épiderme a retrouvé une épaisseur normale, les fibres collagènes deviennent mieux organisées et les vaisseaux sanguins reviennent à la normale (figure 5.4,b).

LES STRUCTURES DÉRIVÉES DE LA PEAU

Les structures qui se développent à partir de l'épiderme embryonnaire, les poils, les glandes,les ongles, effectuent des tâches qui sont nécessaires et, parfois, vitales. Les poils et les ongles protègent le corps. Les glandes sudoripares aident à régler la température corporelle.

LES POILS

Les **poils** sont des excroissances de l'épiderme distribuées sur la surface du corps. Le rôle principal des poils est de protéger l'organisme. Bien que cette protection soit limitée, les cheveux protègent le cuir chevelu des traumatismes et des rayons solaires. Les sourcils et les cils protègent les yeux des corps étrangers. Les poils des narines et du conduit auditif externe protègent ces derniers des insectes et de la poussière.

Chaque poil comprend une tige et une racine (figure 5.5,a). La **tige** est la portion superficielle ; elle se projette en grande partie au-dessus de la surface de la peau. La tige des poils épais comprend trois parties principales. La **medulla**, la partie interne, est composée de rangées de cellules polyédriques contenant des granules d'éléidine et des espaces aérifères. Le **cortex**, la partie intermédiaire, forme la plus grande partie de la tige et comprend des cellules allongées contenant des granules pigmentées dans le cas des poils foncés, et surtout de l'air dans le cas des poils blancs. La **cuticule**, la couche externe, consiste en une couche unique de cellules pavimenteuses minces et aplaties, qui sont les cellules les plus fortement kératinisées. Elles sont disposées comme des bardeaux posés sur un mur ; toutefois, les cuticules regardent vers le haut plutôt que vers le bas, comme dans le cas des bardeaux (figure 5.5,c).

La **racine** est la portion située sous la surface, qui pénètre dans le derme et même dans l'hypoderme ; comme la tige, elle contient une medulla, un cortex et une cuticule (figure 5.5,a).

Autour de la racine se trouve le **follicule pileux**, qui est fait d'une gaine épithéliale externe et d'une gaine épithéliale interne. La **gaine épithéliale externe** est un prolongement descendant des stratum germinativum et spinosum de l'épiderme. Près de la surface, elle contient toutes les couches de l'épiderme. Dans la partie inférieure du follicule pileux, la gaine épithéliale externe ne contient plus que le stratum germinativum. La **gaine épithéliale interne** est formée de cellules proliférantes de la matrice (décrit plus loin) et prend la forme d'une gaine cellulaire tubulaire enfoncée profondément dans la gaine épithéliale externe.

La base du follicule pileux est élargie en une structure en forme d'oignon, le **bulbe**. Ce dernier contient la **papille pileuse**, remplie de tissu conjonctif lâche. La papille pileuse contient de nombreux vaisseaux sanguins et nourrit le poil. Le bulbe contient également des cellules formant la **matrice**, une couche germinative. Les cellules de la matrice produisent de nouveaux poils par division

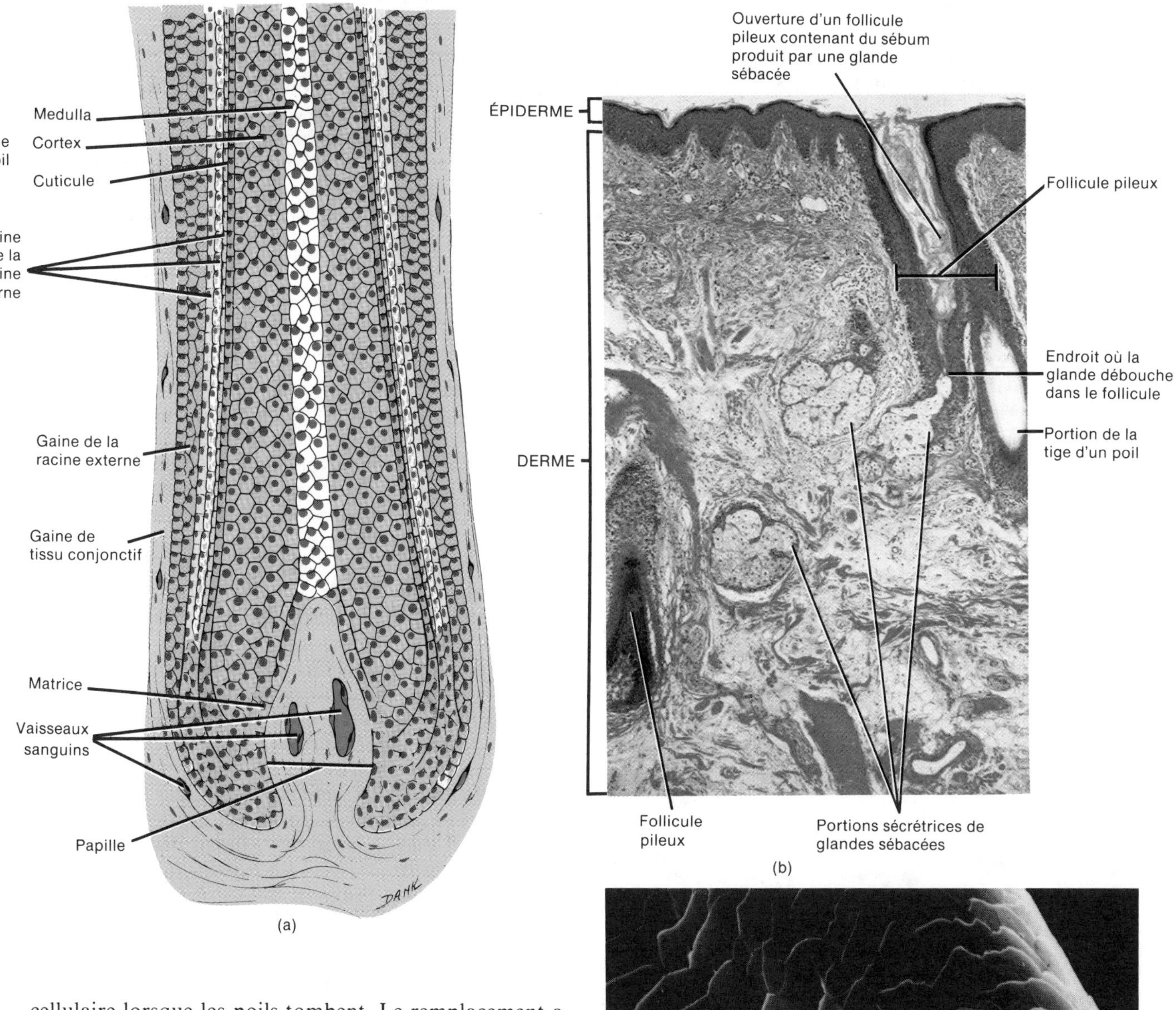

cellulaire lorsque les poils tombent. Le remplacement a lieu dans le même follicule.

Chez l'adulte, la perte normale se situe entre 70 et 100 poils par jour. Le taux de croissance des poils et le cycle de remplacement peuvent être affectés par la maladie, le régime alimentaire et d'autres facteurs. Ainsi, une fièvre élevée, une maladie importante, une intervention chirurgicale, une perte sanguine ou un stress affectif grave peuvent augmenter la perte des poils. Les régimes alimentaires qui provoquent une perte rapide de masse par une restriction importante de kilojoules ou de protéines augmentent également la perte des poils. Les poils peuvent également tomber de façon plus importante durant les trois ou quatre mois qui suivent un accouchement. Certains médicaments et traitements par radiations sont aussi des facteurs qui affectent la perte des poils.

Un **dépilatoire** est une substance qui élimine les poils superflus. Le dépilatoire dissout les protéines présentes dans la tige du poil et transforme ce dernier en une masse gélatineuse facile à enlever. Comme la racine du poil n'est pas affectée, le poil repousse. Dans l'**électrolyse**, le bulbe pileux est détruit par un courant électrique, et le poil ne peut pas repousser.

FIGURE 5.5 Poil. (a) Parties principales du poil et structures associées, en coupe longitudinale. Le lien entre le poil et l'épiderme, les glandes sébacées et le muscle arrecteur des poils est présenté à la figure 5.1,a. (b) Photomicrographie de la peau mince du visage montrant l'emplacement de glandes sébacées, agrandie 60 fois. [Copyright © 1983 by Michael H. Ross. Reproduction autorisée.] (c) Photomicrographie électronique par balayage de la surface de la tige d'un poil, montrant les écailles semblables à des bardeaux, agrandie 1 000 fois. [Gracieuseté de Fisher Scientific Company et S.T.E.M. Laboratories, Inc., Copyright © 1975.]

Les glandes sébacées et un faisceau de muscles lisses sont également associés aux poils. Nous ne ferons qu'un bref exposé des glandes sébacées. Le muscle lisse est appelé **muscle arrecteur du poil**; il s'étend à partir du derme jusqu'au follicule pileux (voir la figure 5.1,a). Dans sa position normale, le poil forme un angle avec la surface de la peau. Sous l'effet de la peur ou du froid, les muscles arrecteurs des poils se contractent et dressent les poils en position verticale. Cette contraction produit la «chair de poule», parce que la peau qui entoure la tige forme de légères élévations.

Autour du follicule pileux se trouvent des terminaisons nerveuses, les *plexus du follicule pileux*, qui sont sensibles au toucher (voir la figure 15.1). Ils réagissent lorsque la tige d'un poil est déplacée.

APPLICATION CLINIQUE

L'âge, le degré de raréfaction et la perte finale des cheveux liés à l'**alopécie séborrhéique masculine** sont déterminés par des des hormones mâles, les androgènes, et par l'hérédité. Les androgènes favorisent le développement sexuel. Au cours des dernières années, on a effectué des applications locales de minoxidil, un médicament utilisé pour traiter l'hypertension artérielle, afin de stimuler la repousse des cheveux chez certains sujets atteints d'alopécie séborrhéique masculine.

LES GLANDES

Les glandes sébacées, sudoripares et cérumineuses sont les trois types de glandes associés à la peau.

Les glandes sébacées

Sauf quelques exceptions, les **glandes sébacées** sont reliées aux follicules pileux (figure 5.5,b). La portion sécrétrice se trouve dans le derme, et les glandes qui sont associées aux poils débouchent dans le follicule pileux. Les glandes sébacées qui ne sont pas liées à un follicule pileux débouchent directement à la surface de la peau (lèvres, pénis, petites lèvres et glandes de Meibomius des paupières). Les glandes sébacées sont des glandes acineuses simples ramifiées. Absentes des paumes des mains et des plantes des pieds, elles varient aux points de vue des dimensions et de la forme dans les autres régions de l'organisme. Ainsi, elles sont petites dans la plupart des régions du tronc et des membres, mais volumineuses dans la peau des seins, du visage, du cou et de la partie supérieure de la poitrine.

Les glandes sébacées sécrètent une substance huileuse appelée **sébum**; c'est un mélange de graisses, de cholestérol, de protéines et de sels inorganiques. Le sébum empêche les cheveux de s'assécher et de se casser, forme une pellicule protectrice qui prévient une évaporation excessive d'eau, maintient la peau douce et souple, et inhibe la croissance de certaines bactéries.

APPLICATION CLINIQUE

Lorsqu'une accumulation de sébum augmente le volume des glandes sébacées du visage, des **comédons (points noirs)** se développent. Comme le sébum nourrit certaines bactéries, des **boutons** ou des **furoncles** apparaissent fréquemment. La coloration des points noirs est causée par la mélanine et par l'huile oxydée, et non par la poussière.

Les glandes sudoripares

Les **glandes sudoripares** se divisent en deux catégories, selon leur structure et leur emplacement. Les **glandes sudoripares apocrines** sont des glandes tubulaires simples ramifiées. Elles sont surtout situées dans les aisselles, la région pubienne et les régions pigmentées des seins (aréoles). La portion sécrétrice des glandes sudoripares apocrines est située dans le derme, et le canal excréteur débouche dans les follicules pileux. Ces glandes commencent à fonctionner lors de la puberté et produisent une sécrétion plus visqueuse que les glandes sudoripares eccrines.

Les **glandes sudoripares eccrines**, beaucoup plus nombreuses que les glandes sudoripares apocrines, sont des glandes tubulaires simples enroulées. Elles sont distribuées sur toute la surface de la peau, exception faite des lèvres, des lits des ongles des doigts et des orteils, du pénis, du clitoris, des petites lèvres et des pavillons des oreilles. Les glandes sudoripares eccrines sont plus nombreuses dans la peau des paumes des mains et des plantes des pieds; on peut en trouver jusqu'à 500/cm^2 dans les paumes. La portion sécrétrice des glandes sudoripares eccrines est située dans l'hypoderme, et le canal excréteur se projette vers le haut à travers le derme et l'épiderme, pour déboucher sur un pore à la surface de l'épiderme (voir la figure 5.1). Ces glandes fonctionnent toute la vie durant et produisent une sécrétion plus aqueuse que celle des glandes sudoripares apocrines.

La **sueur** est la substance sécrétée par les glandes sudoripares. C'est un mélange d'eau, de sels (notamment du NaCl), d'urée, d'acide urique, d'acides aminés, **d'ammoniaque, de sucre, d'acide lactique et d'acide** ascorbique. Sa fonction principale est de participer au maintien de la température corporelle. Elle aide également à éliminer les déchets.

Comme les glandes mammaires sont en fait des glandes sudoripares modifiées, nous pourrions les présenter ici. Toutefois, à cause de leur lien avec l'appareil reproducteur, nous allons les étudier au chapitre 28.

Les glandes cérumineuses

Dans certaines parties de la peau se trouvent des glandes sudoripares modifiées, les **glandes cérumineuses**. Ce sont des glandes tubulaires simples enroulées, présentes dans le conduit auditif externe. La portion sécrétrice des glandes cérumineuses se trouve dans la sous-muqueuse, dans les couches profondes des glandes sébacées, et le

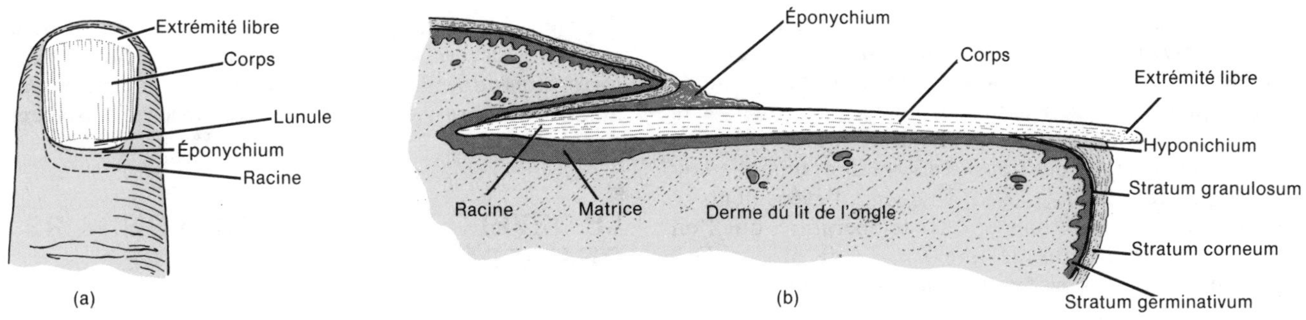

FIGURE 5.6 Structure de l'ongle. (a) Ongle vu du dessus. (b) Coupe sagittale de l'ongle et du lit de l'ongle.

canal excréteur débouche directement à la surface du conduit auditif externe ou dans les canaux sébacés. Le mélange des sécrétions des glandes cérumineuses et sébacées est appelée **cérumen** (*cérumen*: cire). Celui-ci, avec les poils du conduit auditif externe, constitue une barrière collante qui prévient l'entrée des corps étrangers.

APPLICATION CLINIQUE

Certaines personnes produisent des quantités anormales de cérumen dans le conduit auditif externe. Le cérumen s'accumule et empêche les ondes sonores d'atteindre le tympan. Le traitement d'un **bouchon de cérumen** consiste généralement à effectuer une irrigation périodique de l'oreille ou à enlever le cérumen à l'aide d'un instrument ; ce dernier procédé doit cependant être effectué par une personne qualifiée.

LES ONGLES

Les **ongles** sont des cellules dures et kératinisées de l'épiderme. Les cellules forment un revêtement transparent et solide sur les faces dorsales des extrémités des doigts et des orteils. Chaque ongle (figure 5.6) comprend un corps, une extrémité libre et une racine. Le **corps** est la portion visible de l'ongle ; l'**extrémité libre** est la partie qui s'étend au-delà de l'extrémité distale du doigt ; la **racine** est la portion cachée dans la gouttière unguéale. Le tissu vasculaire (sang) sous-jacent donne une coloration rosée à la plus grande partie du corps de l'ongle. La région blanchâtre en forme de croissant, située à l'extrémité proximale du corps est la **lunule**. La coloration blanchâtre de cette région est due au fait que le tissu vasculaire sous-jacent n'est pas visible à travers cette partie de l'ongle.

Le repli de peau qui s'étend autour des bords proximal et latéral de l'ongle constitue le **repli cutané**, et l'épiderme situé sous l'ongle est le **lit de l'ongle**. Le sillon qui sépare ces deux composants est appelé **gouttière unguéale**.

L'**éponychium**, ou **cuticule**, est une étroite bande d'épiderme qui s'étend à partir du bord latéral de l'ongle et y adhère. Il recouvre la partie proximale de l'ongle ; il est fait de stratum corneum. La région épaissie de stratum corneum située sous l'extrémité libre de l'ongle est l'**hyponychium**.

L'épithélium de la partie proximale du lit de l'ongle est la **matrice**. Sa fonction est de favoriser la croissance des ongles. Essentiellement, la croissance est causée par la transformation de cellules superficielles de la matrice en cellules unguéales. Au cours de ce processus, la couche extérieure dure est poussée vers l'avant au-dessus du stratum germinativum. En moyenne, l'ongle s'allonge d'environ 1 mm par semaine. Les ongles des orteils poussent un peu plus lentement. Plus le doigt est long, plus l'ongle pousse rapidement. Le fait d'ajouter des suppléments, comme de la gélatine, à un régime alimentaire équilibré n'a aucun effet sur le taux de croissance des ongles.

Sur le plan de la fonction, les ongles aident à saisir les petites objets et à les manipuler.

L'HOMÉOSTASIE

Le maintien de la température corporelle par la peau est un des meilleurs exemples d'homéostasie chez l'être

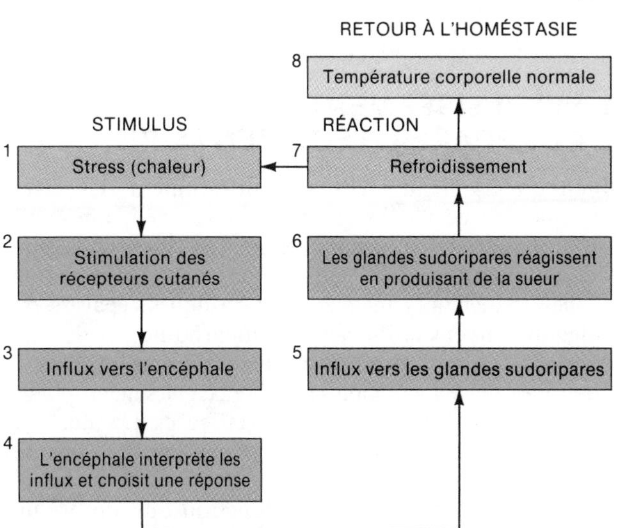

FIGURE 5.7 Rôle de la peau dans le maintien de l'homéostasie de la température corporelle.

humain. Ce dernier, comme d'autres mammifères, est *homéotherme*, un organisme à sang chaud. Ce qui signifie qu'il peut maintenir une température corporelle remarquablement constante (autour de 37° C), même si la température ambiante peut passer d'un extrême à l'autre.

Supposons que nous nous trouvons dans un milieu où la température est de 37,8° C. Une série d'événements se déclenche pour faire baisser cette température, que l'on peut considérer comme une source de stress. Des récepteurs cutanés reçoivent le stimulus (en l'occurence la chaleur) et activent des nerfs qui envoient le message à l'encéphale. Un centre thermorégulateur de l'encéphale envoie alors des influx nerveux aux glandes sudoripares qui produisent une plus grande quantité de sueur. À mesure que la sueur s'évapore de la surface de la peau, cette dernière se refroidit, ce qui maintient la température du corps. À la figure 5.7, nous illustrons cette série d'événements.

Il est à noter que, dans la thermorégulation de l'organisme par la peau, un système de rétroaction intervient; en effet, la réaction (refroidissement de la peau) est signalée aux récepteurs cutanés, et elle entre ensuite dans un nouveau cycle stimulus-réaction. En d'autres termes, après que les glandes sudoripares sont activées, les récepteurs cutanés continuent à envoyer à l'encéphale des messages concernant la température externe. L'encéphale, à son tour, continue à envoyer des messages aux glandes sudoripares jusqu'à ce que la température corporelle soit revenue à 37° C. Comme la plupart des systèmes de rétroaction corporelle, la régulation de la température est un système de rétroaction négative: la réaction (refroidissement) est opposée à la situation originale (chaleur excessive).

Le maintien de la température par la transpiration ne représente qu'un des mécanismes par lesquels nous maintenons une température corporelle normale. Parmi les autres mécanismes de thermorégulation, on trouve l'ajustement du débit sanguin à la peau, la régulation du taux du métabolisme et la régulation des contractions musculaires. Au chapitre 25, nous présentons en détail ces mécanismes ainsi que l'élévation de température que constitue la fièvre.

LE VIEILLISSEMENT ET L'APPAREIL TÉGUMENTAIRE

Bien que la peau vieillisse constamment, les effets marqués de ce vieillissement ne deviennent apparents qu'aux abords de la cinquantaine. Les fibres collagènes deviennent plus rigides, se décomposent et deviennent un enchevêtrement informe. Les fibres élastiques s'épaississent, s'agglutinent et s'effilochent, ce qui produit les rides. Les fibroblastes, qui produisent les fibres collagènes et élastiques, deviennent moins nombreux, et les macrophages deviennent des phagocytes moins efficaces. De plus, il se produit une perte de gras sous-cutané, une atrophie des glandes sébacées produisant une peau sèche et brisée, vulnérable à l'infection, une réduction du nombre des mélanocytes fonctionnels produisant des cheveux gris et une pigmentation cutanée atypique, ainsi qu'une augmentation du volume de certains mélanocytes, entraînant des taches pigmentées. La peau âgée devient également vulnérable à certaines affections comme le prurit sénile, les escarres de décubitus et le zona. L'exposition prolongée aux rayons ultra-violets du soleil accélère le vieillissement de la peau.

LE DÉVELOPPEMENT EMBRYONNAIRE DE L'APPAREIL TÉGUMENTAIRE

À la fin de ce chapitre et des chapitres subséquents qui porteront sur les systèmes et les appareils du corps humain, nous présenterons le développement embryonnaire du système ou de l'appareil concerné. Comme les caractéristiques principales du développement embryonnaire ne sont pas traitées en détail avant le chapitre 29, il sera nécessaire d'expliquer certains termes afin que le lecteur puisse comprendre le développement des systèmes et des appareils présentés d'ici là.

Au cours de la première étape du développement de l'ovule fécondé, une portion de l'embryon en cours de développement se différencie en trois feuillets de tissu appelés feuillets embryonnaires. Selon leur position, ces feuillets sont appelés **ectoblaste**, **mésoblaste** et **endoblaste**. Ils constituent les tissus embryonnaires à partir desquels tous les tissus et les organes de l'organisme se développent (voir le document 29.1).

L'*épiderme* est dérivé de l'**ectoblaste**. Au début du deuxième mois de la gestation, l'ectoblaste est un épithélium simple. Les cellules épithéliales deviennent aplaties et sont appelées **épitrichium**. Au quatrième mois, toutes les couches de l'épiderme sont formées et chaque couche possède sa structure caractéristique.

Les *ongles* se développent durant le troisième mois. Au début, ils sont faits d'une couche épaisse d'épithélium. L'ongle lui-même est un épithélium kératinisé et croît vers l'avant à partir de la base. Ce n'est qu'au neuvième mois que les ongles atteignent les bouts des doigts.

Les *follicules pileux* se développent entre les troisième et quatrième mois sous la forme d'excroissances descendant du stratum germinativum dans le derme. Les excroissances forment bientôt un bulbe, des papilles, les portions épithéliales des glandes sébacées, et d'autres structures associées aux follicules pileux. Vers le cinquième ou le sixième mois, les follicules produisent le **lanugo** (duvet fœtal), d'abord sur la tête, puis sur d'autres parties du corps. Habituellement, le lanugo tombe avant la naissance.

Les portions épithéliales (sécrétrices) des *glandes sébacées* se développent à partir des côtés des follicules pileux et restent liées aux follicules.

Les portions épithéliales des *glandes sudoripares* sont également dérivées d'excroissances descendant du stratum germinativum dans le derme. Elles apparaissent, durant le quatrième mois, sur les paumes des mains et les plantes des pieds et, un peu plus tard, dans d'autres régions. Le tissu conjonctif et les vaisseaux sanguins associés à ces glandes se développent à partir du **mésoblaste**.

Le *derme* est dérivé des **cellules mésoblastiques**. Le mésenchyme s'organise en une zone sous l'ectoblaste et là, il se transforme en tissus conjonctifs qui forment le derme.

LES AFFECTIONS : DÉSÉQUILIBRES HOMÉOSTATIQUES

L'acné

L'**acné** est une inflammation des glandes sébacées et se manifeste habituellement lors de la puberté. Durant cette période, les glandes sébacées, sous l'action des androgènes (hormones mâles) grossissent et augmentent leur production de sébum. La testostérone, une hormone mâle, semble être l'androgène le plus puissant pour stimuler les cellules sébacées ; toutefois, les androgènes sécrétés par les surrénales et les ovaires peuvent aussi stimuler les sécrétions sébacées.

L'acné se produit surtout dans les follicules pilo-sébacés. Les quatre principaux types d'acné sont, par ordre de gravité croissante, les comédons (points noirs), les papules, les pustules et les kystes. Les follicules pilo-sébacés sont rapidement envahis par des bactéries qui survivent dans le milieu riche en lipides des follicules. Lorsque cela se produit, les kystes des cellules du tissu conjonctif peuvent détruire et déplacer les cellules de l'épiderme, provoquant des cicatrices permanentes. Ce type d'acné, appelé *acné kystique*, peut être traité avec succès à l'aide d'un nouveau médicament puissant, l'Accutane, une forme synthétique de vitamine A. On doit éviter de pincer ou de gratter les lésions.

Le lupus érythémateux disséminé (LED)

Le **lupus érythémateux disséminé (LED)** est une maladie inflammatoire auto-immune, atteignant surtout les femmes en âge de procréer. Une *maladie auto-immune* est une maladie au cours de laquelle l'organisme attaque ses propres tissus et devient incapable de distinguer ce qui est étranger de ce qui ne l'est pas. Dans le lupus érythémateux disséminé, les lésions infligées aux parois des vaisseaux sanguins provoquent la libération de substances chimiques qui favorisent la réaction inflammatoire. Les lésions aux vaisseaux sanguins peuvent atteindre presque tous les systèmes et les appareils de l'organisme.

On ne connaît pas la cause de cette maladie, dont l'installation peut être brutale ou graduelle. Elle n'est pas contagieuse, et on croit qu'elle est héréditaire. Il semble exister une forte incidence d'autres problèmes liés aux tissus conjonctifs, notamment la polyarthrite rhumatoïde et le rhumatisme articulaire aigu, chez les parents des victimes du lupus érythémateux disséminé. La maladie peut être provoquée par des médicaments, comme la pénicilline, les sulfamides ou la tétracycline, l'exposition excessive aux rayons solaires, un traumatisme, un trouble émotif, une infection ou une autre forme de stress. Une fois connus, ces facteurs doivent être évités par la personne atteinte.

Les symptômes comprennent une fièvre légère, des douleurs articulaires, de la fatigue, une sensibilité à la lumière, une perte rapide de grandes quantités de cheveux et, parfois, une éruption se manifestant sur le nez et les joues, appelée «érythème en papillon». D'autres lésions cutanées peuvent apparaître, accompagnées de vésicules et d'ulcérations. La nature érosive de certaines lésions occasionnées par le lupus ressemble aux blessures infligées par la morsure d'un loup, d'où le terme *lupus*. Les complications les plus graves de la maladie sont l'inflammation des reins, du foie, de la rate, des poumons, du cœur et du système nerveux central.

Le psoriasis

Le **psoriasis** est une maladie cutanée chronique, parfois aiguë, non contagieuse et récurrente. Le psoriasis est caractérisé par des plaques ou des papules (petites élévations arrondies de la peau) distinctes, rougeâtres et légèrement surélevées, recouvertes de squames. Le prurit est rarement important, et les lésions disparaissent sans laisser de cicatrices. Le psoriasis atteint habituellement le cuir chevelu, les coudes et les genoux, le dos et les fesses. Il arrive que la maladie soit généralisée.

Des études récentes ont associé les causes complexes du psoriasis à un taux anormalement élevé de mitose dans les cellules épidermiques, qui pourrait être lié à une substance transportée dans le sang, à un défaut du système immunitaire ou à un virus. Des facteurs déclenchants, comme un traumatisme, une infection, des changements saisonniers et hormonaux et une tension affective peuvent déclencher et intensifier les éruptions cutanées.

Il existe plusieurs façons de traiter le psoriasis, dont l'application d'onguents ou de crèmes à base de stéroïdes, de préparations à base de goudron, les dérivés rétinoïques (des substances chimiques semblables à la vitamine A), l'exposition à la lumière du soleil et la PUVA thérapie, un traitement qui combine l'application de psoralène (une substance chimique qui intensifie la réaction de la peau à la lumière) et l'exposition aux rayons ultra-violets artificiels.

Les escarres de décubitus

Les **escarres de décubitus** (plaies de lit) sont causées par un déficit constant de sang aux tissus qui recouvrent une saillie osseuse ayant été soumise à une pression prolongée contre un objet, comme un lit, un plâtre ou une attelle. Le déficit provoque une ulcération du tissu. De petites déchirures de l'épiderme s'infectent, et les tissus sous-cutanés et profonds sensibles sont lésés. Par la suite, le tissu est détruit.

Les escarres de décubitus se manifestent surtout chez les personnes qui doivent garder le lit pendant de longues périodes. Les régions le plus fréquemment affectées sont la peau qui recouvre la région sacrée, les talons, les chevilles, les fesses et les autres grosses saillies osseuses importantes. Les principales causes sont la pression due à l'immobilité de la personne alitée, le traumatisme et la macération de la peau, ainsi que la malnutrition. La macération de la peau est souvent causée par le fait que les draps et les vêtements trempent dans la sueur, l'urine ou les fèces.

Les coups de soleil

Un **coup de soleil** est une blessure cutané résultant d'une exposition prolongée aux rayons ultra-violets du soleil. Les lésions infligées aux cellules cutanées sont dues à l'inhibition de la synthèse de l'ADN et de l'ARN, qui provoque la mort de la cellule. Les vaisseaux sanguins et les autres structures du derme peuvent également être lésés. L'exposition excessive s'étendant sur des années donne à la peau l'aspect et la texture du cuir, provoque des rides, des replis cutanés, une peau affaissée, des excroissances verruqueuses appelées kératoses actiniques, des taches de rousseur, une coloration jaunâtre due à un tissu élastique anormal, un vieillissement prématuré de la peau et un cancer de la peau.

Le cancer de la peau

Une exposition excessive aux rayons du soleil peut provoquer un **cancer de la peau**. Quelle que soit la pigmentation de la peau, une exposition suffisamment intense et constante aux rayons solaires peut provoquer un cancer de la peau. Une pigmentation naturelle n'offre jamais une protection complète. Comme nous l'avons déjà mentionné, un **mélanome** est un cancer de la peau causé par des mélanocytes. Ce cancer se développe habituellement dans une peau dont l'apparence est normale, le plus souvent entre 35 et 50 ans. Il affecte environ six fois plus souvent les personnes de race blanche que celles de race noire ou d'origine asiatique ; plus de 14 000 nouveaux cas sont rapportés chaque

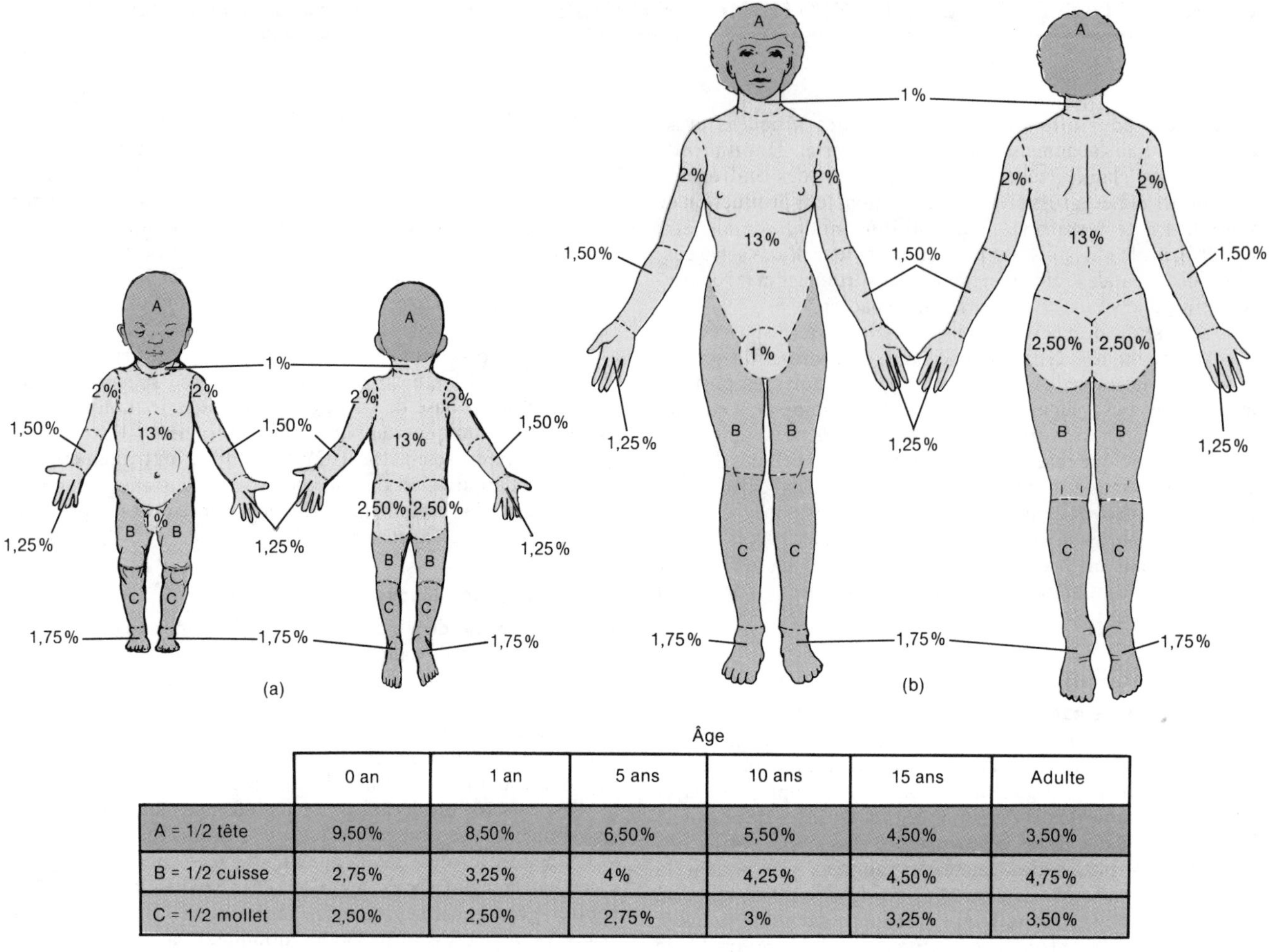

	0 an	1 an	5 ans	10 ans	15 ans	Adulte
A = 1/2 tête	9,50%	8,50%	6,50%	5,50%	4,50%	3,50%
B = 1/2 cuisse	2,75%	3,25%	4%	4,25%	4,50%	4,75%
C = 1/2 mollet	2,50%	2,50%	2,75%	3%	3,25%	3,50%

FIGURE 5.8 Règle des neuf servant à évaluer l'étendue des brûlures. Proportions relatives des diverses parties du corps chez (a) l'enfant, (b) l'adulte.

année chez les personnes de race blanche. Les rayons ultra-violets sont la principale cause du mélanome. L'épaisseur du mélanome et la profondeur de l'invasion des mélanocytes dans la peau constituent les principaux facteurs qui déterminent si, oui ou non, le cancer est curable.

Il faut utiliser une lotion solaire adéquate lorsqu'on doit s'exposer au soleil durant de longues périodes. Un des meilleurs agents de protection contre l'exposition excessive aux rayons ultra-violets du soleil est l'acide para-aminobenzoïque (PABA). Les préparations d'acide para-aminobenzoïque à base d'alcool sont les plus efficaces, parce que l'ingrédient actif qu'elles contiennent s'agglutine au stratum corneum.

Les brûlures

Des agents thermiques (chaleur), électriques, radioactifs ou chimiques peuvent léser les tissus. Ces agents peuvent détruire les protéines contenues dans les cellules exposées et provoquer un traumatisme cellulaire ou la mort. Ces lésions constituent une **brûlure**. Les lésions infligées aux tissus qui sont directement ou indirectement en contact avec l'agent nocif, comme la peau ou le revêtement des voies respiratoires et du tube digestif, constitue l'effet local de la brûlure. En règle générale, toutefois, les effets systémiques d'une brûlure sur l'organisme constituent une menace plus grave pour la vie que les effets locaux. Une brûlure peut entraîner les effets suivants dans l'organisme: (1) une perte importante d'eau, de plasma et de protéines plasmatiques, qui provoque un choc; (2) une infection bactérienne; (3) une réduction de la circulation sanguine; et (4) une réduction de la production d'urine.

La classification

Une **brûlure du premier degré** n'atteint que la surface de l'épithélium. Elles est caractérisée par une douleur légère, un érythème (rougeur), une peau sèche, un léger œdème et l'absence de vésicules. Les fonctions cutanées demeurent intactes. En règle générale, une brûlure du premier degré guérit en deux ou trois jours et peut entraîner une desquamation. Un coup de soleil typique (de faible intensité) constitue un exemple de brûlure du premier degré.

Une **brûlure du deuxième degré** atteint les couches plus profondes de l'épiderme ou les couches superficielles du derme, et il y a perte des fonctions cutanées. Dans le cas d'une brûlure superficielle du deuxième degré, les couches les plus profondes de l'épiderme sont lésées, et un érythème caractéristique, la formation de vésicules, un œdème prononcé et de la douleur se manifestent. Les vésicules qui se trouvent sous l'épiderme ou dans l'épiderme sont appelées *bulles*. Une lésion de ce genre prend habituellement de sept à dix jours à guérir et ne laisse que des cicatrices légères. Dans le cas d'une brûlure profonde du deuxième degré, l'épiderme et les couches supérieures du derme sont détruits. Les structures dérivées de la peau, comme les follicules pileux, les glandes sébacées et sudoripares, ne sont habituellement pas atteintes. En l'absence d'infection, une brûlure de ce genre guérit en trois ou quatre semaines, sans qu'il soit nécessaire d'effectuer une greffe, et peut laisser des cicatrices.

Les brûlures du premier degré sont des **brûlures superficielles** et celles du deuxième degré sont des **brûlures partiellement profondes**. Une **brûlure du troisième degré**, ou **brûlure très profonde**, entraîne la destruction de l'épiderme, du derme et des structures dérivées de la peau, et il y a perte des fonctions cutanées. La coloration de ces brûlures peut varier entre le blanc et le noir ou ressembler à des blessures sèches et carbonisées. L'œdème est prononcé, et la brûlure n'est pas sensible au toucher, les terminaisons nerveuses étant détruites. La régénération est lente, et il se forme une grande quantité de tissu de granulation qui se couvre par la suite d'épithélium. Même si l'on effectue rapidement une greffe de la peau, une brûlure du troisième degré se contracte rapidement et entraîne des cicatrices.

La gravité d'une brûlure est déterminée selon la quantité de surface cutanée atteinte et la profondeur de la lésion. La *règle des neuf* constitue une façon assez précise de mesurer l'étendue de la brûlure. Elle permet d'évaluer l'étendue de la brûlure en comparant les surfaces atteintes au pourcentage total de surface d'une partie du corps (figure 5.8). Par exemple, si la partie antérieure de la tête et du cou d'un adulte est atteinte, la brûlure recouvre 4,50 % de la surface corporelle. Comme les proportions corporelles changent avec la croissance, le pourcentage varie d'un âge à l'autre. Ainsi, on peut mesurer de façon assez précise l'étendue d'une brûlure pour chacun des groupes d'âge.

Le traitement

En cas de brûlure grave, on doit amener la personne blessée aussi rapidement que possible dans un centre hospitalier. Le traitement suit, en gros, les étapes suivantes :

1. Nettoyer la brûlure à fond.

2. Exciser les tissus morts (débridement) de façon que les agents antibactériens puissent entrer directement en contact avec la surface lésée et prévenir ainsi l'infection.

3. Remplacer les liquides corporels et les électrolytes (ions) perdus.

4. Recouvrir, aussi rapidement que possible, les plaies à l'aide d'une protection temporaire.

5. Enlever une mince couche de peau d'une autre partie du corps de la victime et la greffer sur la région blessée (greffe cutanée). Lorsque la brûlure est tellement étendue qu'il ne reste pas suffisamment de peau saine pour permettre un prélèvement et une greffe, il est nécessaire de trouver une autre façon d'effectuer un prélèvement cutané. Tout récemment, on a développé un nouveau procédé qui consiste à prélever des cellules cutanées humaines à partir d'un petit échantillon cutané de la victime, et de le faire croître en laboratoire afin d'obtenir de minces feuillets de peau qui serviront à recouvrir les régions brûlées. Une fois que les feuillets adhèrent aux régions brûlées, ils produisent une nouvelle peau permanente. L'avantage le plus évident de ce procédé est qu'il n'y a pas de limites à la quantité de nouvel épithélium qu'on peut obtenir à partir d'un très petit échantillon.

GLOSSAIRE DES TERMES MÉDICAUX

Anhidrose (*an*: sans; *hidr*: transpiration; *ose*: affection) Affection héréditaire rare caractérisée par une incapacité de transpirer.

Anthrax Inflammation dure, arrondie, profonde et douloureuse du tissu sous-cutané qui provoque une nécrose (mort des cellules) et la formation de pus (abcès). L'anthrax est constitué par l'amas de plusieurs furoncles.

Antisudoral (*anti*: contre; *sudor*: sueur) Agent qui inhibe ou prévient la transpiration; comprend habituellement un ingrédient actif fait de composés d'aluminium.

Comédon (*comedere* : manger) Amas de sébum et de cellules mortes dans le follicule pileux et le canal excréteur d'une glande sébacée. Les comédons se trouvent habituellement sur la face, la poitrine et le dos, et sont plus fréquents au cours de l'adolescence. On les appelle également **points noirs**.

Cor Épaississement conique douloureux de la peau se manifestant principalement sur les articulations des orteils et entre les orteils. Selon l'endroit où il se trouve, il peut être dur ou mou. Les cors durs se trouvent habituellement sur les articulations des orteils, alors que les cors mous se trouvent entre les quatrième et cinquième orteils.

Dermabrasion (*derm* : peau) Élimination d'acné, de cicatrices, de tatouages ou de nævi (voir ci-dessous) à l'aide d'un papier de verre ou d'une brosse à rotation très rapide.

Dermatome (*tome*: exciser) Instrument utilisé pour exciser la peau qui doit être utilisée pour effectuer une greffe cutanée.

Désodorisant Agent qui masque les odeurs désagréables; contient habituellement un ingrédient actif à base de composés d'aluminium. Les odeurs corporelles ne sont pas causées par la sueur, mais plutôt par les activités des bactéries qui y croissent.

Détritus (*deterere*: éliminer) Particules produites par la décomposition d'une substance ou d'un tissu, ou particules qui restent après ce processus: squames, croûtes et peau lâche.

Durillon Peau dure et épaisse qu'on trouve habituellement dans les paumes des mains et les plantes des pieds et qui est causée par la pression et la friction.

Eczéma (*ek*: en dehors; *zein*: bouillir) Inflammation cutanée superficielle, aiguë ou chronique, caractérisée par de la rougeur, des suintements, la formation de croûtes et une desquamation.

Érythème Rougeur de la peau causée par l'engorgement des vaisseaux capillaires des couches profondes de la peau. L'érythème accompagne les traumatismes, les infections et les inflammations.

Furoncle Abcès résultant de l'infection d'un follicule pileux.

Herpès (*herpês*: dartre) Lésion, habituellement située dans la muqueuse orale, causée par l'herpèsvirus de type 1, transmis par les voies orale ou respiratoire. Les facteurs déclenchants comprennent l'exposition aux rayons ultraviolets, les changements hormonaux et les tensions affectives. Également appelé **bouton de fièvre**.

Hypodermique (*hypo* : sous) Relatif à la région situé sous la peau ; on dit aussi **sous-cutané**.

Impétigo Infection cutanée superficielle d'origine staphylococcique ou streptococcique ; plus fréquent chez l'enfant.

Intradermique (*intra* : à l'intérieur) Dans la peau.

Kératose (*kera*: corne) Formation d'une excroissance de tissu de consistance dure.

Kyste (*cyst* : sac contenant du liquide) Sac doté d'une paroi de tissu conjonctif, contenant une substance liquide ou autre.

Nævus Région cutanée ronde, pigmentée, aplatie ou surélevée, allant du brun jaunâtre au noir. Peut être présent dès la naissance ou se développer par la suite. On l'appelle également **tache de naissance** ou **grain de beauté**.
Nodule (*nodulus* : petit nœud) Amas de cellules apparaissant à la surface de la peau, mais s'étendant dans les couches profondes des tissus.
Papule Petite élévation arrondie de la peau, dont la grosseur varie entre celle d'une tête d'épingle et d'un pois cassé.
Pied d'athlète Infection fongique superficielle de la peau des pieds.
Polype Tumeur présente notamment sur les muqueuses.
Prurit (*pruritus* : démangeaison) Démangeaison constituant un des troubles cutanés les plus fréquents. Peut être causée par des problèmes cutanés (infections), par des troubles systémiques (cancer, insuffisance rénale) ou par des facteurs psychogènes (tensions affectives).
Pustule Petite élévation arrondie de la peau, contenant du pus.
Sous-cutané Sous la peau ; on dit aussi **hypodermique**.
Topique Relatif à une région déterminée ; local. Dans le cas d'un médicament, appliqué sur la surface de la peau plutôt qu'administré par voie orale ou sous-cutanée.
Verrue Masse produite par une croissance anormale de cellules épithéliales ; causée par un virus (*Papovaviridæ*). La plupart des verrues sont bénignes.

RÉSUMÉ

La peau (page 107)

1. La peau et les structures qui en dérivent (poils, glandes et ongles) constituent l'appareil tégumentaire.
2. Si l'on considère la surface qu'elle occupe, la peau est l'un des organes les plus importants de l'organisme. Elle effectue les tâches suivantes : thermorégulation, protection, réception des stimuli, excrétion de l'eau, des sels et de plusieurs composés organiques et synthèse de la vitamine D.
3. Les principales parties de la peau sont l'épiderme, partie externe, et le derme, partie interne. Le derme est situé au-dessus de l'hypoderme.
4. Les couches de l'épiderme, des plus profondes aux plus superficielles, sont les stratum germinativum, spinosum, granulosum, lucidum et corneum. Les stratum germinativum et spinosum effectuent une division cellulaire constante et produisent toutes les autres couches.
5. Le derme est composé d'une couche papillaire et d'une couche réticulaire. La couche papillaire est faite de tissu conjonctif contenant des vaisseaux sanguins, des nerfs, des follicules pileux, des papilles dermiques et des corpuscules de Meissner. La couche réticulaire est faite de tissu conjonctif dense non orienté contenant du tissu adipeux, des follicules pileux, des nerfs, des glandes sébacées et des canaux de glandes sudoripares.
6. Les lignes de Langer indiquent la direction des faisceaux de fibres collagènes dans le derme ; on en tient compte au cours des interventions chirurgicales.
7. La coloration de la peau est due à la mélanine, à la carotène et au sang contenu dans les vaisseaux capillaires du derme.
8. Les papilles de l'épiderme augmentent la friction et permettent une meilleure prise sur les objets; elles permettent de prendre les empreintes digitales et plantaires.

La cicatrisation de la peau (page 111)

La cicatrisation de lésions épidermiques (page 111)

1. Dans une blessure épidermique, la portion centrale de la blessure s'étend habituellement profondément dans le derme, et les rebords de la blessure ne constituent que des lésions superficielles aux cellules épidermiques.
2. Les blessures épidermiques sont réparées par l'hypertrophie et la migration de cellules basales, l'inhibition de contact et la division de cellules basales migratoires et stationnaires.

La cicatrisation de brèches profondes (page 111)

1. Au cours de la phase d'inflammation, un caillot sanguin réunit les rebords de la plaie, des cellules épithéliales migrent à travers la plaie, la vasodilatation et la perméabilité accrue des vaisseaux sanguins libèrent des phagocytes, et des fibroblastes se forment.
2. Durant la phase de migration, les cellules épithéliales situées sous la croûte referment la plaie, les fibroblastes commencent à synthétiser du tissu cicatriciel et les vaisseaux sanguins lésés recommencent à croître.
3. Durant la phase de prolifération, les événements de la phase de migration s'intensifient et le tissu de la plaie ouverte est applé tissu de granulation.
4. Durant la phase de maturation, la croûte tombe, l'épiderme reprend son épaisseur normale, les fibres collagènes deviennent mieux organisées, les fibroblastes commencent à disparaître et les vaisseaux sanguins reprennent leur apparence normale.

Les structures dérivées de la peau (page 112)

1. Les structures dérivées de la peau sont formées à partir de l'épiderme embryonnaire.
2. Parmi les structures dérivées de la peau, on trouve les poils, les glandes sébacées, sudoripares et cérumineuses, ainsi que les ongles.

Les poils (page 112)

1. Les poils sont des excroissances de l'épiderme qui jouent un rôle de protection.
2. Les poils sont composés d'une tige visible à la surface de la peau, d'une racine qui pénètre dans le derme et dans l'hypoderme, et d'un follicule pileux.
3. Les glandes sébacées, les muscles arrecteurs des poils et les plexus des follicules pileux sont des structures associées aux poils.
4. De nouveaux poils se développent par la division cellulaire de la matrice située dans le bulbe pileux ; le remplacement et la croissance des poils se font selon un modèle cyclique. L'alopécie séborrhéique masculine est due aux androgènes et à l'hérédité.

Les glandes (page 114)

1. Les glandes sébacées sont habituellement reliées aux follicules pileux ; elles sont absentes des paumes des mains et des plantes des pieds. Les glandes sébacées produisent le sébum qui humidifie les poils et imperméabilise la peau. Des glandes sébacées qui augmentent de volume peuvent provoquer des points noirs, des boutons et des furoncles.
2. Les glandes sudoripares se divisent en glandes apocrines et eccrines. Les glandes sudoripares apocrines se trouvent dans les aisselles, le pubis et les aréoles ; leurs canaux débouchent dans les follicules pileux. Les glandes sudoripares eccrines

sont distribuées sur presque toute la surface du corps ; leurs canaux débouchent sur les pores situés à la surface de l'épiderme. Les glandes sudoripares produisent la sueur, qui transporte de petites quantités de déchets à la surface de la peau et favorise le maintien de la température corporelle.
3. Les glandes cérumineuses sont des glandes sudoripares modifiées qui sécrètent le cérumen. Elles sont situées dans le conduit auditif externe.

Les ongles (page 115)

1. Les ongles sont des cellules épidermiques dures et kératinisées situées sur la face dorsale des extrémités des doigts et des orteils.
2. Les principales parties d'un ongle sont le corps, l'extrémité libre, la racine, la lunule, l'éponychium, l'hyponychium et la matrice. La division des cellules de la matrice permet aux ongles de pousser.

L'homéostasie (page 115)

1. Une des tâches de la peau est de maintenir la température corporelle à 37°C.
2. Lorsque la température ambiante est élevée, des récepteurs cutanés reçoivent le stimulus (chaleur) et envoient des influx qui sont transmis à l'encéphale. Ce dernier demande ensuite aux glandes sudoripares de produire de la transpiration. À mesure que la sueur s'évapore, la peau se refroidit.
3. La réaction de refroidissement de la peau constitue un système de rétroaction négative.
4. La thermorégulation est également assurée par l'adaptation du débit sanguin à la peau, la régulation du taux du métabolisme et des contractions musculaires.

Le vieillissement et l'appareil tégumentaire (page 116)

1. La plupart des effets du vieillissement apparaissent aux abords de la cinquantaine.
2. Les effets du vieillissement comprennent l'apparition de rides, la perte de gras sous-cutané, l'atrophie des glandes sébacées et la réduction du nombre des mélanocytes.

Le développement embryonnaire de l'appareil tégumentaire (page 116)

1. L'épiderme est dérivé de l'ectoblaste. Les poils, les ongles et les glandes cutanées sont des structures dérivées de la peau.
2. Le derme est dérivé des cellules mésoblastiques.

Les affections : déséquilibres homéostatiques (page 117)

1. L'acné est une inflammation des glandes sébacées.
2. Le lupus érythémateux disséminé est une maladie auto-immune du tissu conjonctif.
3. Le psoriasis est une maladie chronique de la peau caractérisée par des plaques rouges et surélevées.
4. Les escarres de décubitus sont causées par un déficit chronique de sang aux tissus soumis à une pression prolongée.
5. Un coup de soleil est une blessure cutanée causée par une exposition prolongée aux rayons ultra-violets du soleil.
6. Le cancer de la peau peut être causé par une exposition excessive aux rayons solaires.
7. Une brûlure est un traumatisme des tissus qui détruit les protéines. Selon la profondeur de la lésion, on classe les brûlures en brûlures du premier degré, du deuxième degré ou du troisième degré. Une des méthodes utilisées pour déterminer l'étendue d'une brûlure est la règle des neuf. Le traitement des brûlures comprend le nettoyage de la plaie, l'élimination des tissus morts, le remplacement des liquides corporels, l'application d'une protection temporaire sur la plaie et la greffe cutanée.

RÉVISION

1. Qu'est-ce que l'appareil tégumentaire ?
2. Nommez les principales fonctions de la peau.
3. Comparez la structure de l'épiderme à celle du derme. Qu'est-ce que l'hypoderme ?
4. Nommez et décrivez les couches de l'épiderme en partant des couches les plus profondes jusqu'aux couches superficielles. Quelle importance chacune de ces couches revêt-elle ?
5. Comparez les différences structurales entre la couche papillaire et la couche réticulaire du derme.
6. Que sont les lignes de Langer? Quelle importance prennent-elles au cours d'une intervention chirurgicale ?
7. Expliquez les facteurs qui déterminent la coloration de la peau. Qu'est-ce qu'un albinos ?
8. Décrivez la façon dont la mélanine est synthétisée et distribuée aux cellules épidermiques.
9. Comment se forment les papilles de l'épiderme ? Pourquoi sont-elles importantes ?
10. Nommez les récepteurs de l'épiderme, du derme et de l'hypoderme, et indiquez l'emplacement et le rôle de chacun.
11. Résumez les phases de la cicatrisation de lésions épidermiques et de la cicatrisation de brèches profondes.
12. Décrivez le développement et la distribution des poils.
13. Décrivez la structure d'un poil. De quelle façon les poils sont-ils humidifiés ? Qu'est-ce qui produit la « chair de poule » ?
14. Comparez les emplacements et les fonctions des glandes sébacées, sudoripares et cérumineuses. Quels sont les noms et les composants chimiques des sécrétions de chacun de ces types de glandes ?
15. Quelle différence y a-t-il entre une glande sudoripare apocrine et une glande sudoripare eccrine ?
16. À partir de quelle couche de la peau les ongles se forment-ils ? Décrivez les principales parties d'un ongle.
17. À l'aide d'un diagramme, expliquez de quelle façon la peau contribue à maintenir la température corporelle normale.
18. Décrivez les effets du vieillissement sur l'appareil tégumentaire.
19. Décrivez l'origine de l'épiderme, des structures qui en dérivent, ainsi que du derme.
20. Définissez chacune des affections de l'appareil tégumentaire suivantes : acné, lupus érythémateux disséminé, psoriasis, escarres de décubitus, coup de soleil et cancer de la peau.
21. Qu'est-ce qu'une brûlure ? Classez les brûlures selon leur degré.
22. Expliquez la façon dont on utilise la règle des neuf pour évaluer l'étendue d'une brûlure. Comment traite-t-on les brûlures ?
23. Lisez le glossaire des termes médicaux reliés à l'appareil tégumentaire. Assurez-vous que vous pouvez définir chacun des termes.

DEUXIÈME PARTIE

Les principes du soutien et du mouvement

Dans cette partie, nous étudions deux thèmes : le soutien et le mouvement. Nous voyons les façons dont le corps est soutenu, et les mouvements que celui-ci peut accomplir. Le soutien et les mouvements sont assurés par la collaboration des os, des articulations et des muscles.

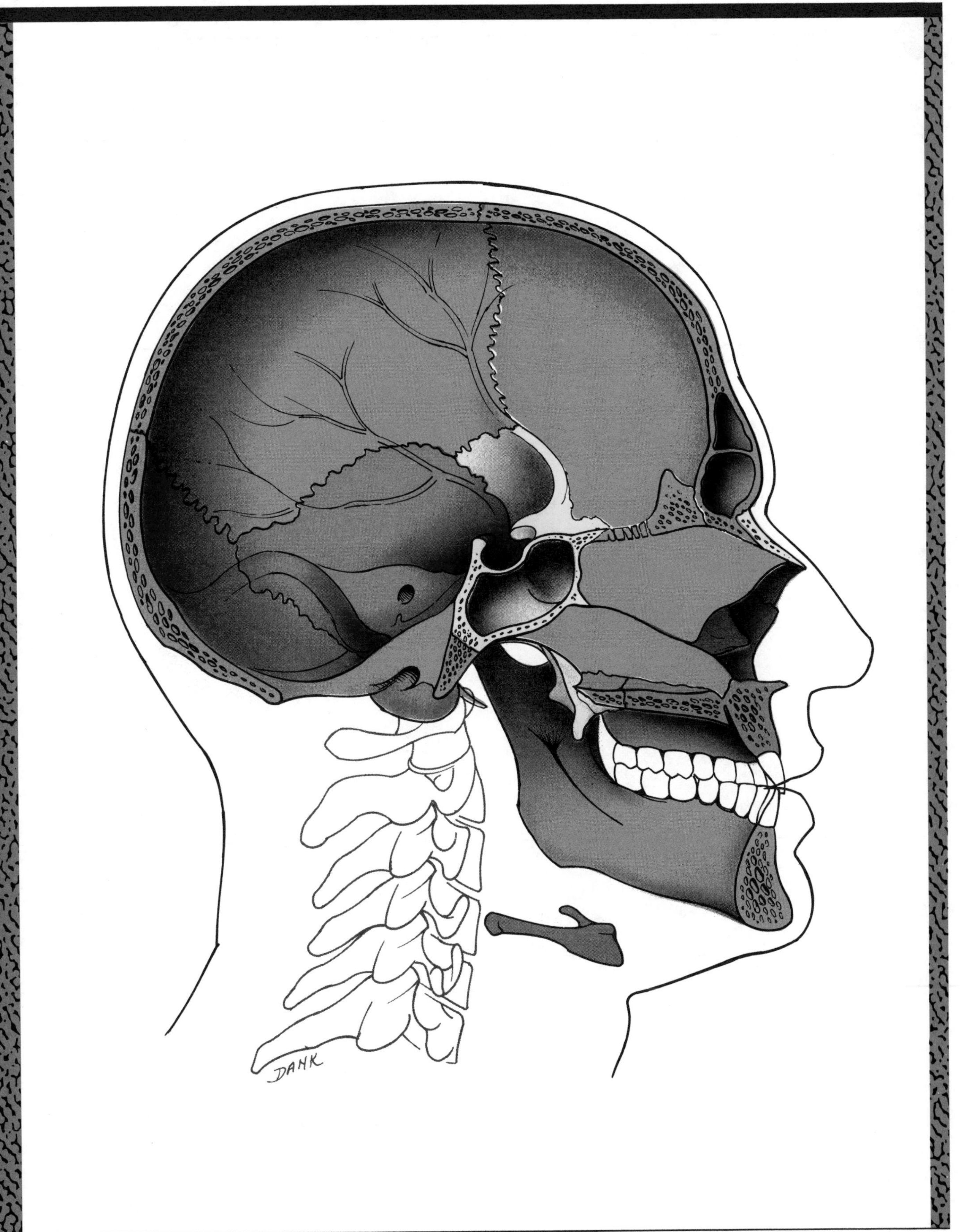
DANK

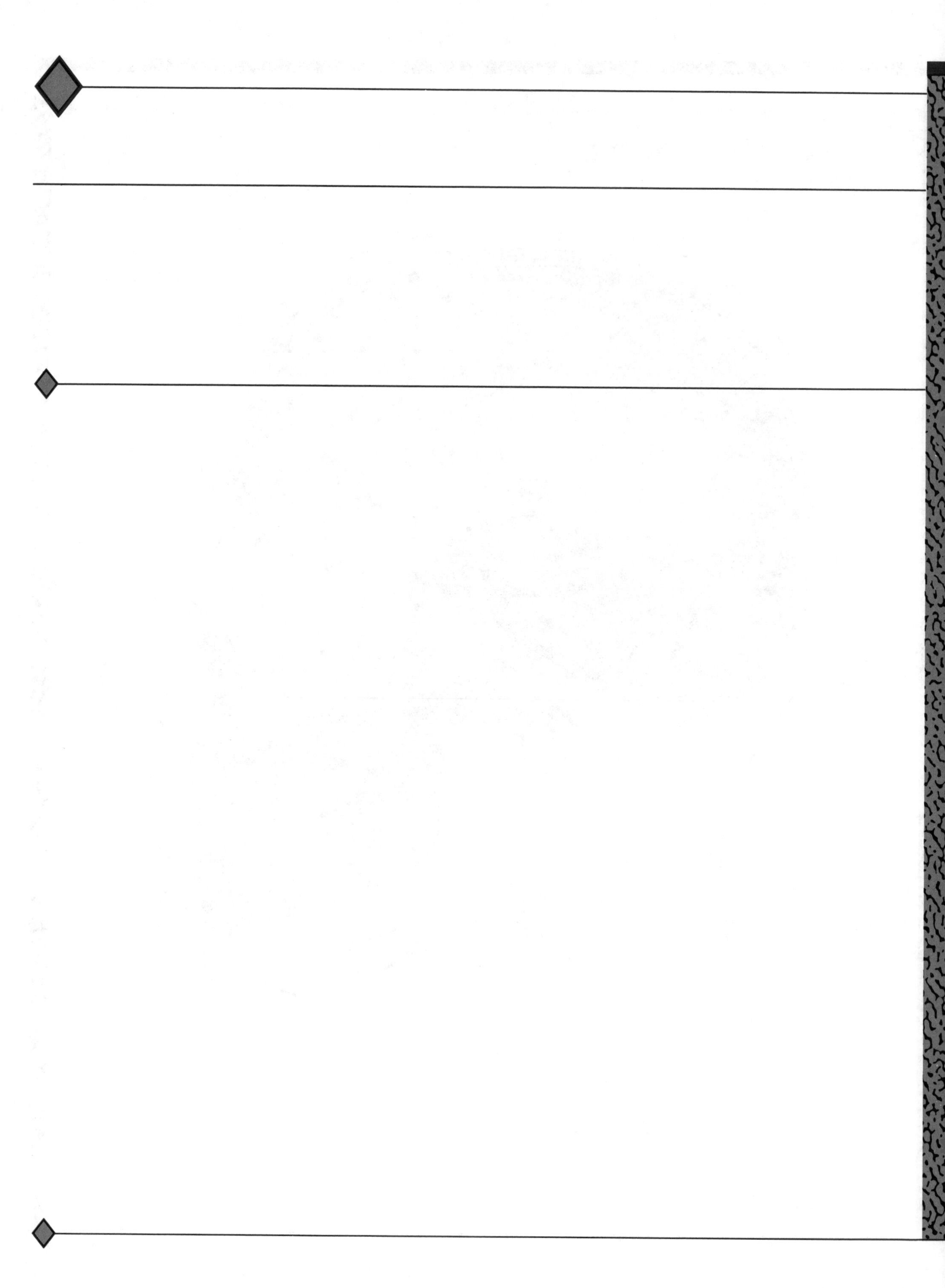

6

Les tissus squelettiques

OBJECTIFS

- Discuter des éléments constitutifs et des fonctions du système osseux.
- Nommer et décrire les principales caractéristiques d'un os long.
- Décrire les caractéristiques histologiques des tissus osseux compact et spongieux.
- Comparer les étapes de l'ossification endomembraneuse et endochondrale.
- Identifier les couches et le processus de croissance du cartilage de conjugaison.
- Décrire les processus de formation et de résorption osseuse qui interviennent dans l'homéostasie du remaniement osseux.
- Décrire les facteurs nécessaires à la croissance et au renouvellement normal des os.
- Expliquer les effets du vieillissement sur le système osseux.
- Expliquer le développement du système osseux.
- Définir le rachitisme et l'ostéomalacie, deux affections provenant d'une carence en vitamines.
- Comparer les causes et les symptômes de l'ostéoporose, de la maladie de Paget et de l'ostéomyélite.
- Définir une fracture ; décrire les types de fractures les plus courants.
- Décrire les étapes de la réparation d'une fracture.
- Définir quelques termes médicaux relatifs au système osseux.

On appelle **système osseux** l'ensemble des os et des cartilages qui protègent les organes et permettent le mouvement. S'il n'avait pas de squelette, l'être humain serait incapable du moindre mouvement; il ne pourrait ni marcher, ni saisir un objet, ni même mâcher ses aliments. Son cœur et son cerveau seraient à la merci du plus petit choc. L'**orthopédie** est la branche de la médecine qui étudie et traite les affections du système osseux, des articulations et des structures adjacentes.

Nous verrons, en fin de chapitre, le développement embryonnaire du système osseux.

LES FONCTIONS

Le système osseux remplit plusieurs fonctions fondamentales.

1. **Le soutien.** Le squelette soutient le corps et les tissus mous, et sert de point d'attache à de nombreux muscles.
2. **La protection.** Le squelette procure une protection aux organes internes. Ainsi, l'encéphale est protégé par la boîte crânienne; la moelle épinière, par les vertèbres; le cœur et les poumons, par la cage thoracique; et les organes internes de reproduction, par les os du bassin.
3. **Le mouvement.** Les os, auxquels viennent se fixer les muscles, servent de levier et produisent le mouvement lorsque les muscles se contractent.
4. **Le stockage des sels minéraux.** Les os emmagasinent des sels minéraux qui sont ensuite distribués dans l'organisme lorsque celui-ci en a besoin. Les principaux sels minéraux emmagasinés sont le calcium et le phosphore.
5. **La formation de cellules sanguines.** On appelle **hématopoïèse** la formation de cellules sanguines dans la moelle rouge que renferment certains os. La moelle rouge est composée de cellules sanguines immatures, de cellules adipeuses et de macrophages; elle fabrique des hématies, quelques leucocytes et des plaquettes.

L'HISTOLOGIE

Du point de vue structural, le système osseux est formé de deux types de tissu conjonctif: le tissu osseux et le tissu cartilagineux. Dans ce chapitre, nous n'étudierons que la structure microscopique du tissu osseux, puisque nous avons déjà analysé celle du cartilage au chapitre 4.

L'**os**, ou **tissu osseux**, comme tout tissu conjonctif, est formé d'une grande quantité de substance fondamentale entourant des cellules éparses et isolées. Les cellules osseuses adultes sont appelées **ostéocytes**. Mais, contrairement à d'autres tissus conjonctifs, la substance fondamentale du tissu osseux renferme une quantité importante de sels minéraux, surtout du phosphate de calcium $[Ca_3(PO_4)_2 \cdot (OH)_2]$ et un peu de carbonate de calcium ($CaCO_3$). Le mélange de ces deux sels forme un *hydroxyapatite*. Quand ce sel se dépose sur la trame des fibres collagènes de la substance fondamentale, le tissu se durcit, s'ossifie. L'os est formé de 67 % d'hydroxyapatites et de 33 % de fibres collagènes.

Il est possible d'analyser en détail la structure du tissu osseux en observant l'anatomie d'un os long tel que l'humérus (figure 6.1,a). Un os long se divise habituellement en plusieurs parties.

1. **La diaphyse.** Corps ou partie principale de l'os.
2. **Les épiphyses.** Extrémités de l'os.
3. **La métaphyse.** Segment de l'os adulte compris entre l'épiphyse et la diaphyse. Pour un os en formation, c'est l'endroit où le cartilage calcifié est renforcé puis remplacé par de l'os; nous étudierons le cartilage de conjugaison un peu plus loin.
4. **Le cartilage articulaire.** Mince couche de cartilage hyalin recouvrant la surface des os formant une articulation.
5. **Le périoste.** Membrane compacte et fibreuse de couleur blanche qui enveloppe le reste de l'os. Le périoste (*péri*: autour; *ostéon*: os) est formé de deux couches. La couche externe, fibreuse, est formée de tissu conjonctif qui renferme les vaisseaux sanguins et lymphatiques ainsi que les nerfs traversant l'os. À l'intérieur se trouve la **couche ostéogénique** qui contient les fibres élastiques, les vaisseaux et les **ostéoblastes**, cellules qui fabriquent du tissu osseux durant la croissance ou la guérison. Le mot *blaste* signifie germe et désigne une forme jeune de cellule ou de tissu qui se transformera en un élément spécialisé. Le périoste joue un rôle essentiel dans la croissance, la réparation et la nutrition de l'os. Il sert aussi de point d'attache aux ligaments et aux tendons.
6. **Le canal médullaire ou cavité de la moelle.** Espace à l'intérieur de la diaphyse qui renferme la **moelle jaune** adipeuse chez l'adulte. La moelle jaune est composée principalement de cellules adipeuses et de quelques cellules sanguines éparses.
7. **L'endoste.** Couche d'ostéoblastes qui tapisse le canal médullaire et qui contient quelques ostéoclastes épars, cellules intervenant dans la résorption du tissu osseux.

L'os n'est pas une substance totalement solide ni homogène. Entre ses constituants solides, se trouvent des espaces qui servent de canaux aux vaisseaux sanguins qui nourrissent les ostéocytes. Ces espaces allègent l'os et, selon leur quantité ou leur répartition, une section de l'os sera spongieuse ou compacte (figure 6.2; voir aussi la figure 6.1,a,b).

Le tissu osseux **spongieux** contient plusieurs grands espaces remplis de moelle rouge. Il forme une grande partie du tissu osseux des os courts, plats et irréguliers, de même que les épiphyses des os longs. Le tissu spongieux constitue une réserve de moelle. Le tissu osseux **compact** contient, au contraire, très peu de ces espaces. Il forme une couche à la surface de l'os spongieux; cette couche est plus épaisse sur la diaphyse que sur les épiphyses. Le tissu osseux compact protège et soutient les os longs, et contribue à leur solidité.

L'OS COMPACT

Comparons maintenant les tissus osseux spongieux et compact à l'aide de la figure 6.3. Chez l'adulte, l'os compact présente une structure annulaire concentrique. Les vaisseaux sanguins et les nerfs du périoste traversent l'os compact par les **canaux de Volkmann**. Les vaisseaux sanguins de ces canaux sont reliés aux nerfs du canal médullaire et à ceux des **canaux de Havers**. Les canaux de Havers sont parallèles à l'axe longitudinal de l'os. Ils sont entourés de **lamelles concentriques**, anneaux de substance fondamentale dure et calcifiée. Les **ostéoplastes**, ou **lacunes ostéocytaires**, petites logettes comprises entre les lamelles, renferment des ostéocytes. Les **ostéocytes** sont des ostéoblastes adultes qui ne sont plus en mesure de

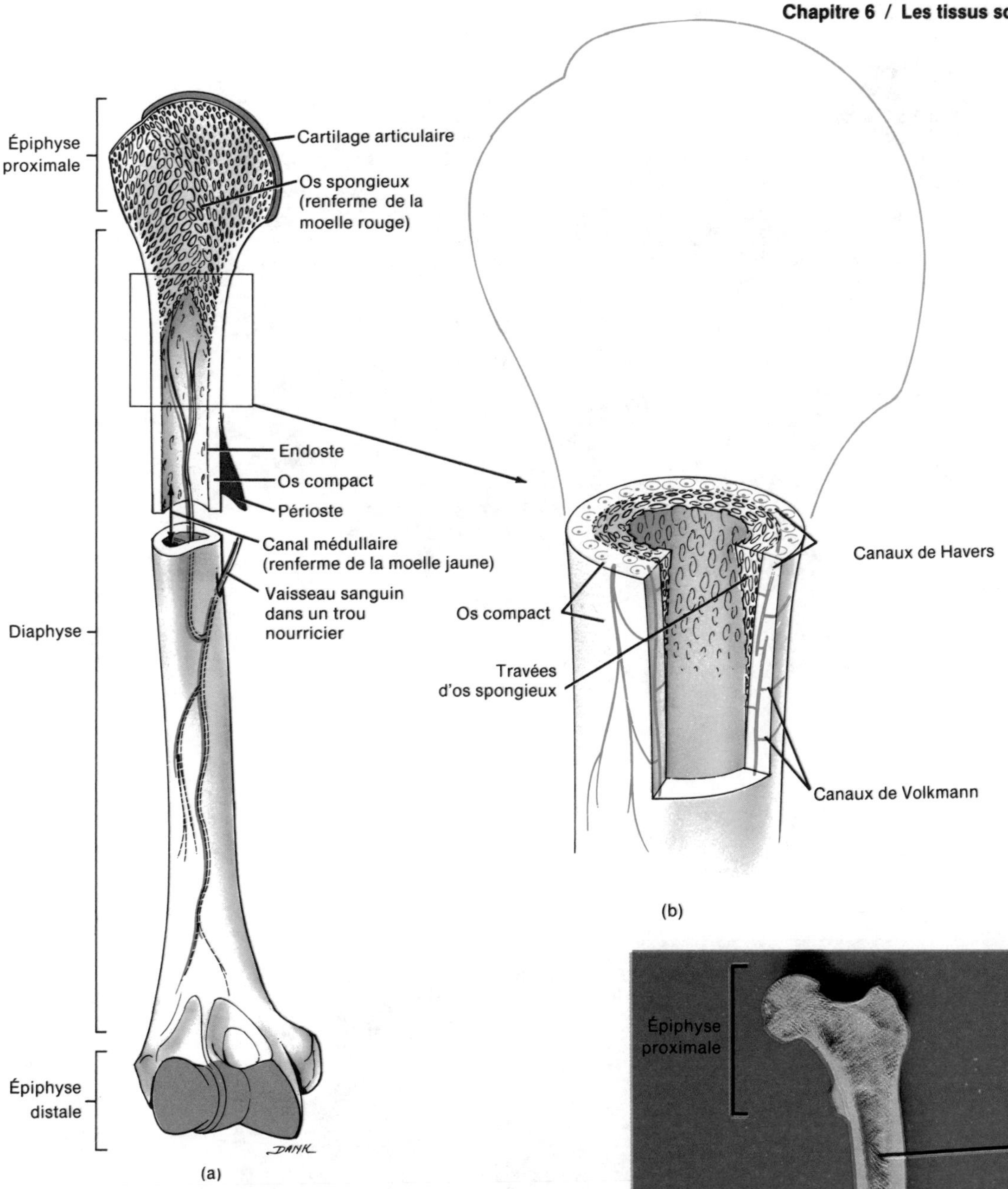

Épiphyse proximale
Cartilage articulaire
Os spongieux (renferme de la moelle rouge)
Endoste
Os compact
Périoste
Canal médullaire (renferme de la moelle jaune)
Vaisseau sanguin dans un trou nourricier
Diaphyse
Épiphyse distale
(a)
Canaux de Havers
Os compact
Travées d'os spongieux
Canaux de Volkmann
(b)

FIGURE 6.1 Tissu osseux. (a) Aspect macroscopique d'un os long partiellement sectionné. (b) Structure d'un os.

fabriquer du tissu osseux; ils favorisent l'activité cellulaire quotidienne du tissu osseux. De minuscules canaux, les **canalicules**, irradient dans toutes les directions depuis les ostéoplastes. Ces canalicules contiennent de fins prolongements d'ostéocytes. Ils se rattachent à d'autres ostéoplastes ainsi qu'aux canaux de Havers; il se forme donc un réseau complexe à l'intérieur de l'os. C'est grâce à ce réseau de canalicules que les nutriments peuvent être apportés aux ostéocytes et que les déchets peuvent être évacués. On appelle **ostéon**, ou

Épiphyse proximale
Canal médullaire de la diaphyse
Os compact
Os spongieux
Épiphyse distale

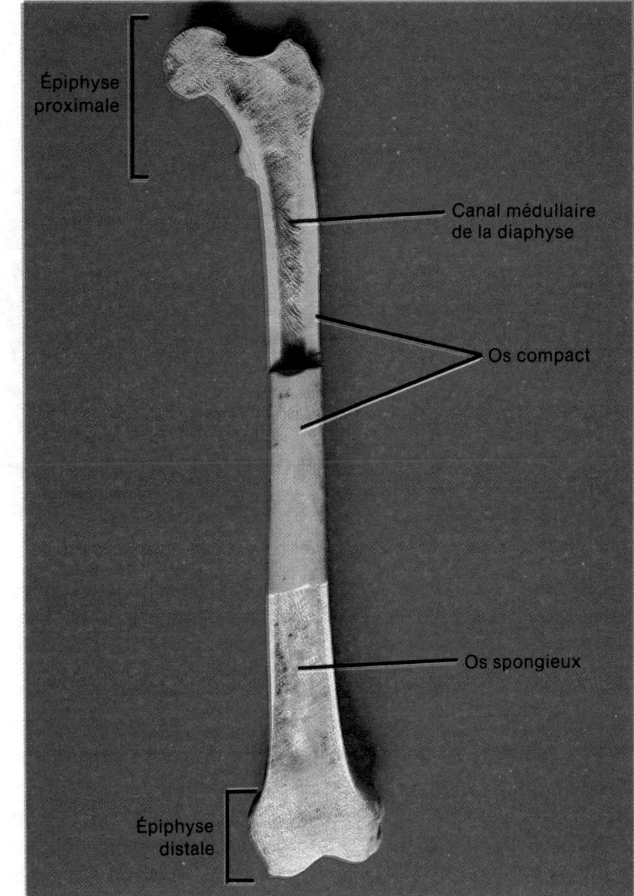

FIGURE 6.2 Tissu spongieux et compact. Photographie d'une coupe du fémur montrant l'emplacement du tissu osseux spongieux et du tissu osseux compact ainsi que leurs différences structurales. [Gracieuseté de Lester V. Bergman & Associates, Inc.]

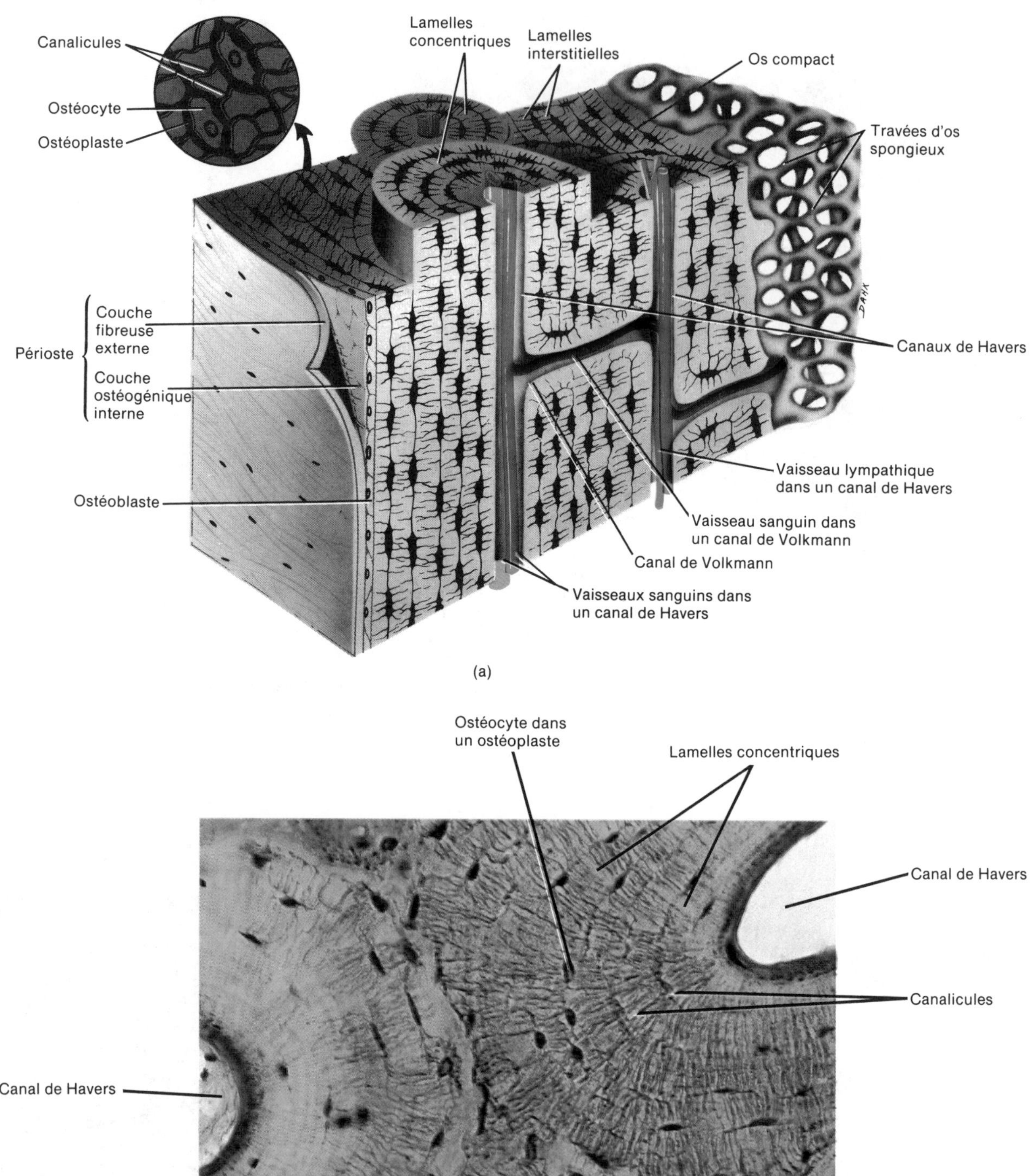

FIGURE 6.3 Structure du tissu osseux. (a) Schéma d'un os compact montrant quelques ostéons. (b) Photomicrographie d'une partie de quelques ostéons et des lamelles interstitielles, agrandie 150 fois. [Gracieuseté de Biophoto Associates/Photo Researchers.]

système de Havers, l'ensemble formé par le canal de Havers, les lamelles, les ostéoplastes, les ostéocytes et les canalicules. Seuls les os adultes possèdent des ostéons. Les **lamelles interstitielles** occupent les espaces entre les ostéons. Ces lamelles sont aussi pourvues d'ostéoplastes contenant des ostéocytes et des canalicules, mais leur lamelles ne sont habituellement pas reliées aux ostéons. Les lamelles interstitielles sont des fragments d'anciens ostéons qui ont été partiellement détruits durant le remaniement osseux.

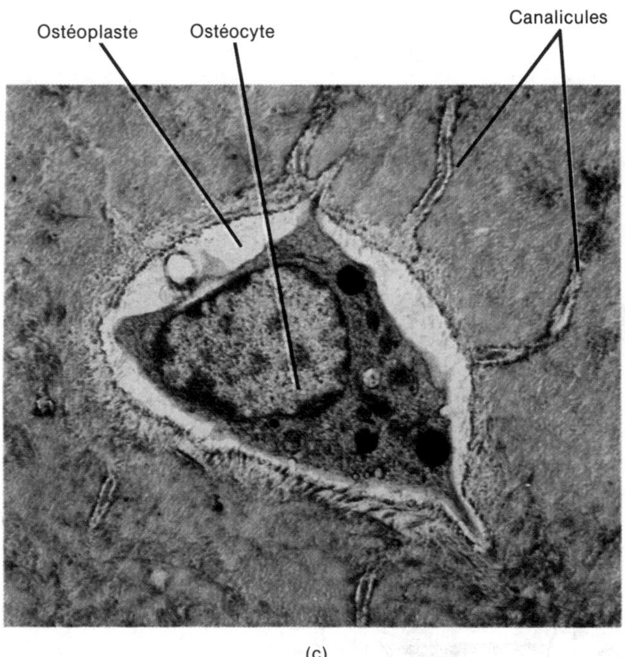

(c)

FIGURE 6.3 [*Suite*] (c) Micrographie électronique d'un ostéocyte, agrandie 10 000 fois. [Gracieuseté de Biophoto Associates/ Photo Researchers.]

L'OS SPONGIEUX

L'os spongieux, contrairement à l'os compact, n'a pas d'ostéon proprement dit. Il est formé de minces plaques d'os entrecroisées de façon irrégulière et qu'on appelle **travées osseuses** (voir la figure 6.1,b). Dans certains os, l'espace entre les travées osseuses est rempli de moelle rouge. Les cellules de la moelle rouge produisent les cellules sanguines. Les ostéoplastes, qui contiennent les ostéocytes, se trouvent à l'intérieur des travées osseuses. Les vaisseaux sanguins du périoste pénètrent jusqu'à l'os spongieux; les ostéocytes de la travée sont nourris directement par le sang qui circule à travers les canaux médullaires.

On croit généralement que les os sont durs et très solides. Mais les os d'un enfant ne sont pas durs du tout et sont habituellement plus flexibles que ceux d'un adulte. Il faut des années à l'os adulte pour acquérir sa forme définitive et sa dureté, qui dépendent d'une série de transformations chimiques complexes. Voyons maintenant la façon dont se forment et croissent les os.

L'OSSIFICATION : FORMATION DU TISSU OSSEUX

On appelle **ossification**, ou **ostéogenèse**, le processus de formation des os. Le « squelette » d'un embryon humain est formé de membranes fibreuses et de cartilage hyalin. Tous les deux ont la forme des os et servent de milieu à l'ossification. L'ossification s'amorce vers la sixième ou la septième semaine de la vie embryonnaire et se poursuit pendant l'âge adulte. La formation de tissu osseux peut se faire de deux façons. L'ossification endomembraneuse est la formation de tissu osseux directement sur les membranes fibreuses ou à l'intérieur de celles-ci. L'ossification endochondrale est la formation de tissu osseux dans le cartilage. Ces deux processus d'ossification n'entraînent aucune différence du point de vue de la structure de l'os adulte; ce ne sont que des processus destinés à remplacer le tissu conjonctif préexistant par du tissu osseux.

La croissance de l'os débute par la migration des cellules mésenchymateuses, cellules du tissu conjonctif embryonnaire, vers les régions où l'ossification est sur le point de commencer. Ces cellules grossissent et se multiplient. Dans certaines structures osseuses, quelques cellules mésenchymateuses se transforment en chondroblastes s'il n'y a pas de capillaires, et en ostéoblastes si les capillaires sont présents. Les **chondroblastes** sont responsables de la formation du cartilage. Les ostéoblastes forment le tissu osseux par ossification endomembraneuse ou endochondrale.

L'OSSIFICATION ENDOMEMBRANEUSE

L'**ossification endomembraneuse** est le processus de formation de tissu osseux le plus simple et le plus direct. C'est la façon dont sont formés les os plats du crâne et les clavicules. Voici les étapes importantes du processus.

Les ostéoblastes, formés à partir de cellules mésenchymateuses, s'accumulent dans la membrane fibreuse. L'endroit où se groupent ces cellules est appelé *centre d'ossification*. Les ostéoblastes sécrètent ensuite des substances fondamentales composées en partie de fibres collagènes qui forment une charpente, ou matrice, dans laquelle les sels de calcium se déposent rapidement. On appelle *calcification* ces dépôts de calcium. Lorsque l'amoncellement d'ostéoblastes est complètement recouvert de matrice calcifiée, il porte le nom de *travée osseuse*. Les travées osseuses qui se forment en des centres d'ossification rapprochés construisent le treillis caractéristique du tissu osseux spongieux. Lorsque les couches d'os se forment, quelques ostéoblastes restent emprisonnés dans les ostéoplastes et perdent leur capacité de former du tissu osseux; on les appelle ostéocytes. Les espaces entre les travées sont remplis de moelle rouge. Le tissu conjonctif original qui enveloppe la masse osseuse en formation se transforme en périoste. La région ossifiée est alors du tissu osseux spongieux véritable. Par la suite, les couches superficielles de l'os spongieux se transforment en os compact, mais une grande partie de ces couches nouvellement formées est détruite et remaniée pour permettre à l'os d'atteindre sa grandeur et sa forme définitive.

L'OSSIFICATION ENDOCHONDRALE

On appelle **ossification endochondrale** le remplacement de cartilage par de l'os. La plupart des os du squelette, dont quelques-uns de la tête, sont formés de cette façon. Examinons de plus près le tibia, car c'est dans les os longs que s'observe le mieux ce type d'ossification (figure 6.4).

Tout au début de la vie embryonnaire, une ébauche cartilagineuse des futurs os apparaît; une membrane, appelée *périchondre*, l'entoure. Au centre du corps de cette ébauche, un vaisseau sanguin pénètre dans le périchondre et favorise la croissance des cellules de la

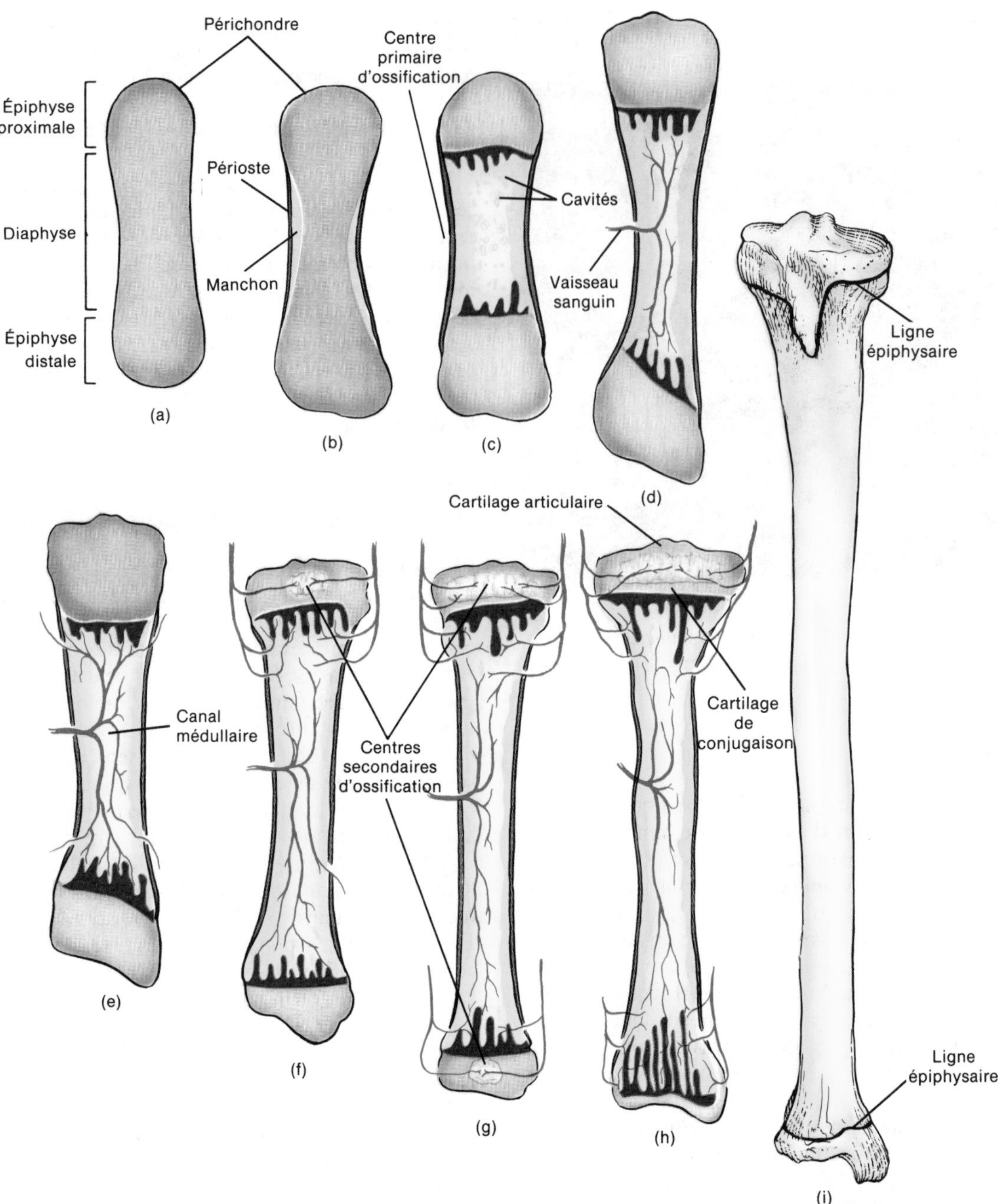

FIGURE 6.4 Ossification endochondrale du tibia. (a) Ébauche cartilagineuse. (b) Formation du manchon. (c) Apparition du centre primaire d'ossification. (d) Pénétration de vaisseaux sanguins. (e) Formation du canal médullaire. (f) Épaississement et allongement du manchon. (g) Apparition des centres secondaires d'ossification. (h) Les seules régions cartilagineuses restantes sont le cartilage articulaire et le cartilage de conjugaison. (i) Formation des lignes épiphysaires.

couche interne. Ces cellules se transforment en ostéoblastes et commencent à former un manchon d'os compact autour du centre de la diaphyse de l'ébauche cartilagineuse. Le périchondre, dès qu'il commence à produire du tissu osseux, est appelé *périoste*. La formation du manchon osseux et la pénétration du vaisseau sanguin se produisent en même temps qu'une série de transformations du cartilage au centre de la diaphyse. Dans cette région, appelée **centre primaire d'ossification**, les cellules cartilagineuses s'hypertrophient (augmentent de volume), sans doute à cause de l'accumulation de glycogène, source d'énergie de l'organisme, et de la production d'enzymes destinées à catalyser les réactions chimiques subséquentes. Lorsque ces cellules éclatent, le pH extracellulaire devient alcalin, ce qui entraîne la *calcification* de la substance fondamentale, c'est-à-dire le dépôt de sels minéraux. Une fois que le cartilage est calcifié, les éléments nutritifs requis par les cellules cartilagineuses ne peuvent plus circuler à travers la substance fondamentale; la calcification peut donc entraîner la mort des cellules. La substance fondamentale commence ensuite à dégénérer et laisse de grandes cavités dans l'ébauche. Des vaisseaux sanguins apparaissent aux endroits où les cellules cartilagineuses ont été détruites, puis agrandissent les cavités. Ces espaces, au milieu du corps, se rejoignent graduellement et forment le canal médullaire.

Durant toutes ces transformations, les ostéoblastes du périoste déposent des couches de tissu osseux sur la surface externe pour que le manchon s'épaississe, devenant plus épais dans la diaphyse. L'ébauche cartilagineuse continue de s'accroître en longueur de façon régulière. Par la suite, des vaisseaux sanguins pénètrent dans les épiphyses; les **centres secondaires d'ossification** apparaissent et l'os spongieux se forme. Dans l'épiphyse proximale du tibia, l'un des centres secondaires d'ossification se développe peu après la naissance. L'autre centre, situé dans l'épiphyse distale, se développe à l'âge de deux ans.

Lorsque les deux centres secondaires d'ossification sont formés, le tissu osseux a complètement remplacé le cartilage, sauf en deux endroits. Le cartilage continue à recouvrir les surfaces articulaires des épiphyses, où il porte le nom de **cartilage articulaire**. Il demeure aussi entre l'épiphyse et la diaphyse, où la couche qu'il forme est appelée **cartilage de conjugaison** (métaphyse d'un os en croissance).

LA CROISSANCE DES OS

Afin de bien comprendre la façon dont l'os s'accroît en longueur, il est nécessaire de connaître en détail la structure du cartilage de conjugaison.

Le cartilage de conjugaison comprend quatre couches (figure 6.5). La *couche cartilagineuse de réserve*, adjacente à l'épiphyse, contient de minuscules chondrocytes éparpillés dans la matrice intercellulaire. Ces cellules ne jouent aucun rôle dans la croissance de l'os. La couche cartilagineuse de réserve est chargée de fixer le cartilage de conjugaison à l'os de l'épiphyse.

La *couche de cartilage sérié* contient des chondrocytes de taille légèrement supérieure. Disposées en colonnes, ces cellules se multiplient par mitose afin de remplacer celles qui meurent à l'extrémité diaphysaire du cartilage de conjugaison.

La *couche de cartilage hypertrophié* contient des chondrocytes de taille encore supérieure disposés, eux aussi, en colonnes et que l'on trouve à différents stades de formation. Toutefois, les cellules adultes tendent à se grouper près de l'extrémité diaphysaire. L'accroissement en longueur du cartilage de conjugaison s'explique par la multiplication des cellules de la couche de cartilage sérié et par la maturation des cellules de la couche de cartilage hypertrophié.

La *couche de matrice calcifiée* est très mince et les cellules qu'elle contient sont presque toutes mortes à cause de la calcification de la substance fondamentale. Les ostéoclastes remplacent la matrice, puis les ostéoblastes et les capillaires de la diaphyse s'y accumulent. Ces cellules déposent de l'os sur le cartilage restant, ce qui a pour effet de cimenter solidement l'extrémité diaphysaire du cartilage de conjugaison à l'os de la diaphyse.

On appelle *métaphyse* le segment compris entre la diaphyse et l'épiphyse, où l'os remplace la matrice calcifiée. L'activité du cartilage de conjugaison est seule responsable de l'allongement de l'os. La croissance de l'os ne s'effectue que par apposition, alors que celle du cartilage peut également se faire de façon interstitielle.

La diaphyse de l'os, sous l'action du cartilage de conjugaison, s'accroît en longueur jusqu'au début de la vie adulte. Le rythme de croissance est réglé par des hormones, comme la somatotrophine (STH) sécrétée par l'hypophyse. Durant la croissance, les cellules cartilagineuses se reproduisent par mitose du côté épiphysaire du cartilage de conjugaison. Ces cellules sont ensuite détruites et remplacées par de l'os, cette fois, du côté diaphysaire. L'épaisseur du cartilage de conjugaison reste donc sensiblement le même, mais la diaphyse s'allonge.

L'os s'accroît également en épaisseur. Le tissu osseux tapissant le canal médullaire est détruit, ce qui augmente le diamètre de la cavité. De leur côté, les ostéoblastes du périoste ajoutent du tissu osseux à la surface externe de l'os. Au début, le tissu osseux est de nature spongieuse, mais, durant le remaniement, la surface de l'os spongieux se transforme en tissu compact.

Les cellules du cartilage de conjugaison cessent de se reproduire et le cartilage est remplacé par du tissu osseux vers l'âge de 18 ans chez la femme, et de 20 ans chez l'homme. La nouvelle structure osseuse, appelée **ligne épiphysaire**, remplace l'ancien cartilage de conjugaison. La croissance des os par apposition s'arrête avec l'apparition de la ligne épiphysaire. La clavicule est le dernier os qui cesse de croître. L'ossification de la plupart des os se termine habituellement vers l'âge de 25 ans.

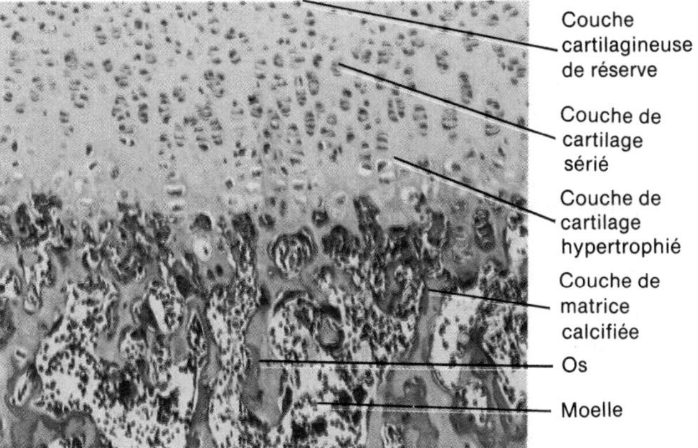

FIGURE 6.5 Cartilage de conjugaison. Photomicrographie de l'épiphyse d'un os long montrant les différentes couches du cartilage de conjugaison, agrandie 160 fois. [Copyright © 1983 by Michael H. Ross. Reproduction autorisée.]

APPLICATION CLINIQUE

L'**ostéosarcome** est une tumeur maligne des os qui atteint principalement les ostéoblastes. L'âge de la majorité de ses victimes varie entre 10 ans et 25 ans. Cette affection est un peu plus fréquente chez les hommes que chez les femmes. Les tumeurs se manifestent souvent dans la métaphyse des os longs tels que le fémur, le tibia et l'humérus. L'ostéosarcome, s'il n'est pas traité, donne des métastases et peut entraîner très rapidement la mort. Les métastases se forment souvent dans les poumons. On traite l'ostéosarcome par la chimiothérapie après une amputation ou une résection.

L'HOMÉOSTASIE

Les os, élaborés par ossification endomembraneuse ou par ossification endochondrale, sont en continuel remaniement, depuis la calcification initiale jusqu'à l'apparition de la structure finale. On appelle **remaniement** le renouvellement du tissu osseux. L'os compact provient de la transformation de l'os spongieux. La croissance en épaisseur d'un os long est due à la résorption du tissu osseux entourant le canal médullaire et à la formation de tissu osseux à la surface externe de la diaphyse. Cependant, le remaniement se poursuit même après que l'os a atteint sa taille adulte et sa forme définitive.

L'os, de même que la peau, se renouvelle constamment. La vitesse de remaniement n'est pas la même pour tous les os. La partie distale du fémur, par exemple, se remplace tous les quatre mois environ. Par contre, certaines parties de la diaphyse ne sont jamais entièrement remplacées. Le remaniement assure le remplacement de tissu osseux lésé et permet à l'os d'emmagasiner le calcium. L'organisme est formé de nombreux tissus pour lesquels le calcium est essentiel : le tissu nerveux a besoin de calcium pour conduire les influx nerveux ; le tissu musculaire, pour se contracter ; et le sang, pour se coaguler. Le sang échange continuellement du calcium avec les os. En effet, il est capable de retirer du calcium aux os lorsque lui-même ou d'autres tissus n'en reçoivent pas suffisamment, et de réapprovisionner les os en calcium provenant du régime alimentaire afin qu'ils ne perdent pas trop de leur masse osseuse.

On estime que les **ostéoclastes** (*claste* : brisé) sont les cellules chargées de la résorption osseuse (destruction de l'os par un processus physiologique ou pathologique). Chez un adulte en bonne santé, on observe une homéostasie précaire entre la destruction de calcium par les ostéoclastes et la production par les ostéoblastes. La surproduction de tissu rend les os anormalement lourds et épais ; l'accumulation d'une quantité excessive de calcium entraîne la formation de dépôts qui peuvent nuire au bon fonctionnement des articulations. Par contre, la perte d'une trop grande quantité de tissu ou de calcium affaiblit les os et les rend fragiles ou très flexibles. Comme nous le verrons plus loin, un processus de remaniement très accéléré est une caractéristique de la maladie de Paget.

Durant le processus de résorption, on croit que les ostéoclastes émettent des prolongements qui sécrètent des enzymes protéolytiques, provenant des lysosomes, et plusieurs acides (lactiques ou citriques). On suppose que les enzymes digèrent le collagène et diverses substances organiques, tandis que les acides causent la dissolution des sels. On croit en outre que ces prolongements sont capables de détruire les sels osseux et les fragments entiers de collagène par phagocytose.

La croissance normale des os chez l'enfant et le renouvellement chez l'adulte dépendent de plusieurs facteurs. Pour commencer, l'organisme doit recevoir une quantité suffisante de calcium et de phosphore, éléments du sel primaire qui procure aux os leur dureté.

L'organisme doit en outre recevoir une quantité suffisante de vitamines, particulièrement de vitamine D. Les vitamines assurent le transfert du calcium, du tube digestif au sang, favorisent le prélèvement de calcium sur les os et la réabsorption rénale du calcium qui, autrement, serait perdu dans l'urine.

Enfin, l'organisme doit produire, en quantité suffisante, des hormones chargées de la transformation du tissu osseux (chapitre 18). La croissance générale des os est attribuable à la somatotrophine (STH), ou hormone de croissance (GH), sécrétée par l'hypophyse. Si, durant l'enfance, l'hypophyse produit une quantité excessive ou insuffisante de cette hormone, l'adulte sera anormalement grand ou petit. Certaines hormones ont pour unique fonction de régler l'activité des ostéoclastes. La calcitonine (CT), élaborée par la glande thyroïde, inhibe l'activité des ostéoclastes et favorise l'absorption rapide de calcium par les os, tandis que la parathormone (PTH), sécrétée par la glande parathyroïde, augmente le nombre et l'activité des ostéoclastes. La parathormone transfère dans le sang le calcium et le phosphate des os, transporte le calcium, de l'urine au sang, et transporte les phosphates, du sang à l'urine. Un autre groupe d'hormones, les hormones sexuelles, favorisent l'activité des ostéoblastes et, par conséquent, la formation de tissu osseux. Mais les hormones sexuelles jouent un double jeu. Elles favorisent la croissance de l'os, mais causent aussi la dégénérescence des cellules du cartilage de conjugaison. L'accroissement du nombre d'hormones sexuelles durant la puberté provoque, chez l'adolescent, une croissance subite. Le processus de croissance s'effectue rapidement pendant que disparaît le cartilage de conjugaison. Une puberté précoce peut donc empêcher l'adolescent d'atteindre la taille normale d'un adulte à cause de la détérioration prématurée du cartilage de conjugaison.

LE VIEILLISSEMENT ET LE SYSTÈME OSSEUX

Le vieillissement produit deux effets majeurs sur le squelette. Les os accusent une diminution de leur taux de calcium. Chez les femmes, cette perte de calcium s'amorce généralement après 40 ans ; lorsqu'elles atteignent 70 ans, la teneur en calcium des os est réduite de 30 %. Chez les hommes, la diminution du taux de calcium commence rarement avant l'âge de 60 ans. Nous verrons plus loin que la carence en calcium des os est une cause de l'ostéoporose.

Le vieillissement a également pour effet de diminuer le rythme de fabrication protéique qui, à son tour, entraîne une réduction de la partie organique de la trame osseuse. La quantité de sels inorganiques présente dans la trame osseuse est donc plus importante que celle de la substance organique. Chez les personnes agées, cette disproportion rend les os fragiles et plus susceptibles de se fracturer.

LE DÉVELOPPEMENT EMBRYONNAIRE DU SYSTÈME OSSEUX

Les os se forment vers la sixième ou septième semaine par **ossification endomembraneuse** ou par **ossification endochondrale**. La croissance de l'os s'amorce lorsque les **cellules mésenchymateuses** migrent vers les futurs centres d'ossification. Parfois, les cellules mésenchymateuses se transforment en **chondroblastes** qui forment le *cartilage*. Elles peuvent également se transformer en **ostéoblastes** qui forment le *tissu osseux* par les processus d'ossification endomembraneuse ou endochondrale que nous avons vus.

Étudions maintenant le développement embryonnaire des membres. Les *membres* apparaissent vers la cinquième semaine sous la forme de petites élévations situées sur les côtés du tronc; ce sont des **bourgeons de membres** (figure 6.6). Les bourgeons de membres sont formés de masses de **mésoblaste** entourées d'**ectoblaste**. À ce stade du développement, le squelette des futurs membres est formé de cellules mésenchymateuses. Les muscles squelettiques se développent à partir de quelques-unes des masses de mésoblaste entourant les ébauches osseuses. Vers la sixième semaine, la partie médiane des bourgeons se rétrécit; le segment distal des bourgeons supérieurs est appelé **lame de la main**, et celui des

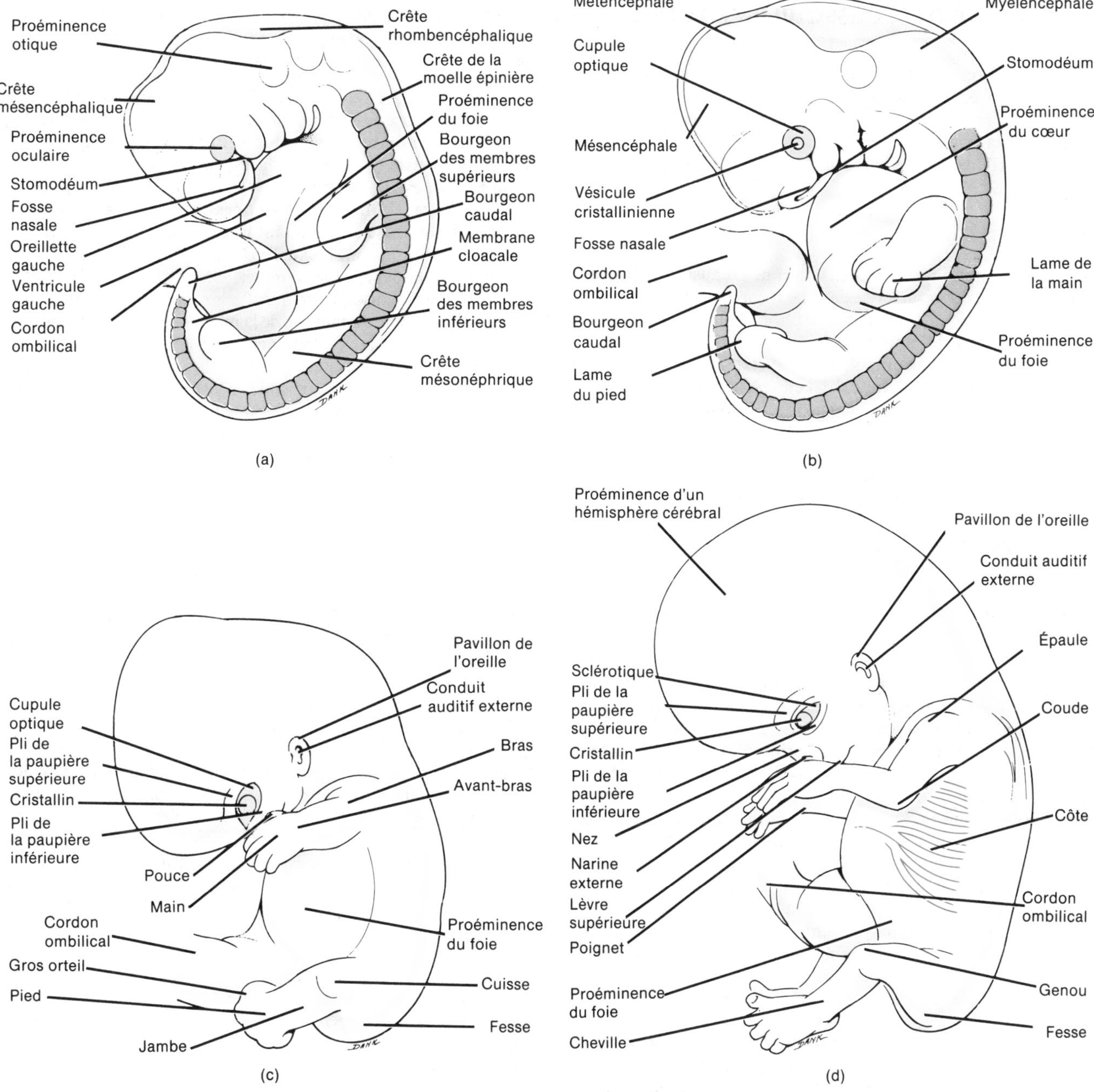

FIGURE 6.6 Caractéristiques externes de l'embryon à différents stades de développement. (a) Cinquième semaine. (b) Sixième semaine. (c) Septième semaine. (d) Huitième semaine. Nous étudierons la plupart de ces caractéristiques dans les chapitres subséquents.

bourgeons inférieurs, **lame du pied**. Ces lames sont la forme primitive des *mains* et des *pieds*. Le squelette est maintenant formé de substance cartilagineuse. Vers la septième semaine, on peut déjà distinguer les *bras*, les *avant-bras*, les *mains*, les *cuisses*, les *jambes* et les *pieds*. L'ossification endochondrale a commencé. Vers la huitième semaine, les bourgeons supérieurs sont appelés *membres supérieurs*, avec l'apparition de l'*épaule*, du *coude* et du *poignet*; les bourgeons inférieurs sont appelés *membres inférieurs* lorsque le *genou* et la *cheville* apparaissent.

La **notochorde**, ou **chorde dorsale**, est un cordon flexible de tissu qui occupe la place de la future colonne vertébrale (voir la figure 10.13,b). Lorsque les vertèbres se développent, les corps vertébraux en formation entourent la notochorde qui, par la suite, disparaît presque entièrement; le *nucleus pulposus* des disques intervertébraux est le reste de la notochorde (voir la figure 7.19).

LES AFFECTIONS: DÉSÉQUILIBRES HOMÉOSTATIQUES

De nombreuses affections du système osseux sont causées par une carence en vitamines ou en sels minéraux, ou par une production insuffisante ou excessive des hormones chargées de régler l'homéostasie des os. Les infections et les tumeurs sont aussi à l'origine de quelques troubles.

Le rachitisme

Chez les enfants, une carence en vitamine D cause le **rachitisme**. Le rachitisme est caractérisé par une incapacité de l'organisme de transporter le calcium et le phosphore depuis le tube digestif jusqu'aux os, par l'entremise du sang. La dégénérescence du cartilage de conjugaison s'interrompt, tandis que le nouveau cartilage continue de se former; il en résulte un épaississement anormal du cartilage de conjugaison. En outre, la substance fondamentale sécrétée par les ostéoblastes dans la diaphyse ne se calcifie pas; les os restent donc mous. Lorsque l'enfant marche, la masse du corps fait plier les os des jambes. Le rachitisme entraîne également des malformations de la tête, de la poitrine et du bassin.

Le rachitisme se prévient et se guérit par l'absorption de grandes quantités de calcium, de phosphore et de vitamine D. L'exposition du corps aux rayons ultra-violets du soleil favorise la production de vitamine D.

L'ostéomalacie

Chez les adultes, l'avitaminose D entraîne la *déminéralisation*, ou perte de calcium et de phosphore. La déminéralisation est fréquemment observée dans les os du bassin, des jambes et de la colonne vertébrale. La déminéralisation causée par une carence en vitamine D est appelée **ostéomalacie** (*malacie*: mollesse). La masse du corps provoque la courbure des os des jambes, le raccourcissement de la colonne vertébrale et l'applatissement des os du bassin. L'ostéomalacie atteint principalement les femmes dont le régime alimentaire céréalier, pauvre en éléments nutritifs, exclut le lait. Cette maladie atteint aussi les femmes qui se protègent constamment du soleil et celles dont les grossesses répétées appauvrissent les réserves de calcium de l'organisme. On traite l'ostéomalacie de la même façon que le rachitisme. Lorsque la maladie atteint un stade avancé, au point de mettre la vie en danger, on administre à l'organisme de grandes quantités de vitamine D.

L'ostéomalacie peut aussi provenir de la faible absorption de lipides par l'organisme (la stéatorrhée), car la vitamine D est soluble dans les graisses et le calcium se combine aux graisses. Quand l'organisme n'absorbe pas les graisses, celles-ci sont évacuées dans les fèces avec la vitamine D et le calcium qu'elles contiennent.

L'ostéoporose

L'**ostéoporose**, affection causée par le vieillissement, est caractérisée par une diminution de la masse osseuse qui rend les os sujets à de nombreuses fractures. Elle atteint principalement les adultes et les personnes âgées, les femmes plus que les hommes et les Blancs plus que les Noirs. Depuis la puberté jusqu'à l'âge adulte, les hormones sexuelles favorisent la production osseuse en stimulant l'activité des ostéoblastes. La production d'hormones sexuelles (œstrogènes) diminue durant la vieillesse, mais, chez les femmes, elle commence à décroître après la ménopause. Il en résulte une baisse d'activité des ostéoblastes, et une diminution de la masse osseuse. L'ostéoporose peut survenir durant l'allaitement et la grossesse; elle touche également les personnes qui suivent un long traitement nécessitant l'emploi de cortisone. L'ostéoporose s'attaque au squelette entier, mais particulièrement à la colonne vertébrale, aux hanches, aux jambes et aux pieds. On lui attribue le rétrécissement de la colonne vertébrale, la diminution de la taille, l'hypercyphose, les fractures de la hanche et les douleurs intenses.

Parmi les facteurs responsables d'une diminution de la masse osseuse, mentionnons la réduction des taux d'œstrogènes, la carence en calcium et son absorption déficiente, l'avitaminose D, la perte de la masse musculaire et l'inactivité. On traite l'ostéoporose par une thérapie visant à remplacer les œstrogènes, par un apport de calcium et par l'exercice physique.

La maladie de Paget

La **maladie de Paget** est caractérisée par un épaississement irrégulier et un amolissement des os, et par une forte augmentation de la vascularisation, particulièrement dans les os du crâne, du bassin et des membres. Cet état pathologique est dû à un processus de remaniement très accéléré, au cours duquel les ostéoclastes effectuent une résorption massive du tissu osseux, et les ostéoblastes, une formation importante de nouveau tissu osseux. Cette maladie apparaît rarement chez les individus de plus de 50 ans. Les causes de la maladie sont inconnues.

L'ostéomyélite

Le terme **ostéomyélite** désigne toutes les maladies infectieuses des os. Ces maladies peuvent être localisées ou généralisées, et elles peuvent aussi toucher le périoste, la moelle ou le cartilage. Divers micro-organismes peuvent causer l'infection des os, mais les bactéries *Staphyloccus aureus*, mieux connues sous le nom de staphylocoques, sont les plus fréquentes. Ces bactéries empruntent divers chemins pour s'infiltrer jusqu'à l'os: la circulation sanguine, une fracture ou autre blessure, une

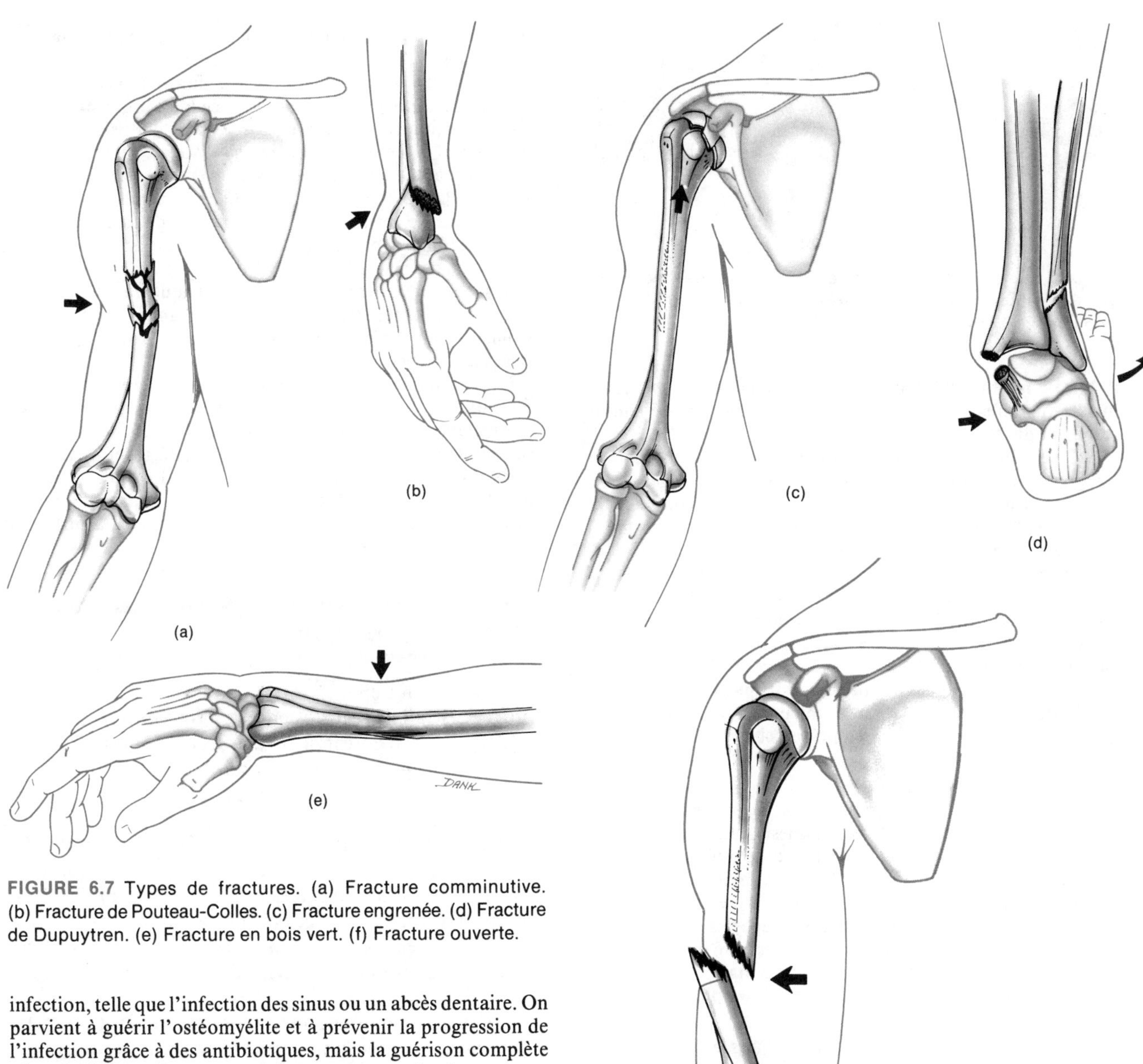

FIGURE 6.7 Types de fractures. (a) Fracture comminutive. (b) Fracture de Pouteau-Colles. (c) Fracture engrenée. (d) Fracture de Dupuytren. (e) Fracture en bois vert. (f) Fracture ouverte.

infection, telle que l'infection des sinus ou un abcès dentaire. On parvient à guérir l'ostéomyélite et à prévenir la progression de l'infection grâce à des antibiotiques, mais la guérison complète nécessite habituellement un traitement long et douloureux.

Les fractures

Une **fracture** est tout simplement la rupture d'un os. On réduit généralement une fracture sans intervention chirurgicale ; on parle alors de *réduction fermée.* La réduction de fracture qui nécessite une opération chirurgicale est appelée *réduction ouverte.*

Les types de fracture

Les types de fractures peuvent être classés de différentes manières ; voici celle que nous vous proposons (figure 6.7).

1. **La fracture incomplète.** Rupture partielle de l'os.
2. **La fracture complète.** Séparation de l'os en deux morceaux.
3. **La fracture fermée ou simple.** Fracture dans laquelle les fragments osseux ne s'enfoncent pas dans la peau.
4. **La fracture ouverte ou compliquée.** Fracture dans laquelle les fragments osseux font saillie dans la peau.
5. **La fracture comminutive.** Fracture dans laquelle l'os se casse au point d'impact et se sépare en de nombreux fragments.
6. **La fracture en bois vert.** Fracture incomplète dans laquelle un côté de l'os est cassé et l'autre, plié ; ce type de fracture ne s'observe que chez les enfants.
7. **La fracture spiroïde.** Fracture de l'os par torsion.
8. **La fracture transverse.** Fracture formant un angle droit avec l'axe longitudinal de l'os.
9. **La fracture engrenée.** Fracture dans laquelle un fragment osseux est enfoncé dans l'autre.
10. **La fracture de Dupuytren.** Fracture de l'extrémité distale du péroné, associée à un traumatisme grave de l'articulation distale du tibia.

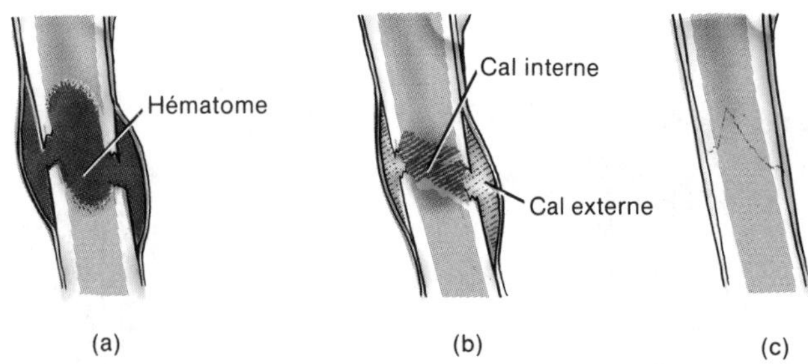

FIGURE 6.8 Réparation de fracture. (a) Formation de l'hématome. (b) Formation du cal externe et du cal interne. (c) Fracture complètement consolidée.

11. La fracture de Pouteau-Colles. Fracture de l'extrémité distale du radius accompagnée d'un déplacement postérieur du fragment distal.

12. La fracture avec déplacement. Fracture dans laquelle l'alignement anatomique des fragments osseux change.

13. La fracture sans déplacement. Fracture dans laquelle l'alignement anatomique des fragments osseux est conservé.

14. La fracture de tension. Fracture incomplète causée par l'incapacité de résister longtemps à divers facteurs de tension, tels qu'un changement de méthode d'entraînement, des courses plus longues sur des surfaces plus dures et à un rythme plus rapide. Environ 25% de ces fractures touchent le péroné, surtout le tiers distal.

15. La fracture spontanée ou pathologique. Fracture causée par l'affaiblissement d'un os durant une maladie, comme la néoplasie, l'ostéomyélite, l'ostéoporose et l'ostéomalacie.

La réparation des fractures

La période de renouvellement de la peau ou des muscles se compte en jours ou en semaines. Mais les os, eux, ont besoin de plusieurs mois pour se ressouder. La consolidation d'une fracture du fémur, par exemple, demande environ six mois. La calcification du nouveau tissu osseux s'effectue graduellement. La croissance et la reproduction des ostéocytes est également lente. De plus, la longueur du temps de guérison d'un os infecté s'explique par la diminution de l'apport sanguin.

La réparation d'une fracture s'effectue en plusieurs étapes (figure 6.8).

1. La fracture entraîne la rupture des vaisseaux sanguins du périoste, des ostéons et du canal médullaire. Le sang, qui continue de s'échapper des vaisseaux, se coagule et forme un caillot autour du foyer de fracture et à l'intérieur de celui-ci. Ce caillot, appelé **hématome**, se forme de 6 h à 8 h après la fracture. L'hématome entraîne l'arrêt de la circulation sanguine et, par conséquent, la mort des cellules osseuses et périostiques. L'hématome sert de foyer aux futures proliférations cellulaires.

2. Une néoformation de tissu osseux, appelée cal, apparaît autour du foyer de fracture et à l'intérieur de celui-ci pour relier les fragments osseux. On appelle *cal externe* la portion du cal élaborée à partir des cellules ostéogéniques du périoste lésé et qui se forme autour du foyer de fracture. On appelle *cal interne* la portion du cal élaborée à partir des cellules ostéogéniques de l'endoste et qui se forme entre les deux extrémités des fragments osseux et entre les deux canaux médullaires.

Environ 48 h après la fracture, les cellules chargées de souder les os se multiplient par mitose. Ces cellules proviennent de la couche ostéogénique du périoste, de l'endoste du canal médullaire et de la moelle osseuse. Grâce à leur activité mitotique accélérée, les cellules convergent vers le foyer de fracture. Pendant la première semaine, les cellules de la moelle et de l'endoste forment de nouvelles travées osseuses dans le canal médullaire, près du trait de fracture ; c'est le cal interne. Au cours des jours suivants, les cellules ostéogéniques du périoste forment un anneau autour de chaque fragment osseux. Cet anneau, ou cal externe, est ensuite remplacé par des travées osseuses. Les parties mortes et vivantes de l'os original sont reliées aux travées osseuses des deux cals.

3. Le remaniement des cals est la dernière étape de la réparation d'une fracture. Les fragments morts disparaissent graduellement par résorption ostéoclastique. L'os spongieux est remplacé par de l'os compact autour du foyer de fracture. Dans les cas de consolidation complète, il est impossible de détecter le trait de fracture, même par une radiographie. Cependant, une région légèrement plus épaisse à la surface de l'os rappelle l'endroit de la fracture.

APPLICATION CLINIQUE

Jusqu'à maintenant, lorsqu'une fracture tardait à guérir, il fallait soit attendre le bon vouloir de mère nature, soit recourir à la chirurgie. Aujourd'hui, il existe une autre solution : la réparation de la fracture par l'application de **champs électromagnétiques pulsatoires**.

Ce mode de consolidation consiste à soumettre la fracture à un faible courant électrique généré par des bobines d'induction fixées tout autour du plâtre. Les stimuli électriques accélèrent le métabolisme des ostéoblastes autour du foyer de fracture. L'augmentation de l'activité des ostéoblastes semble accélérer la calcification, la vascularisation et l'ossification endochondrale, donc la réparation de la fracture. Comme nous le savons, la parathormone augmente l'activité des ostéoclastes qui détruisent le tissu osseux. Selon une hypothèse récente, le courant électrique favoriserait la formation d'os en annihilant l'effet de la parathormone sur les ostéoclastes.

L'utilisation première du courant était de traiter les cas de fractures difficiles, mais on tente maintenant de déterminer s'il est possible d'employer la stimulation électrique pour régénérer les membres, arrêter la croissance de cellules tumorales, réduire les enflures postopératoires et améliorer la cicatrisation des tendons et des ligaments.

GLOSSAIRE DES TERMES MÉDICAUX

Achondroplasie (*a*: sans; *chondro*: cartilage; *plasie*: modelage) Ossification anormale du cartilage interne des os longs, durant la vie fœtale; cette affection est également appelée **rachitisme fœtal**.

Craniotomie (*tomie*: couper) Opération chirurgicale consistant à ouvrir la boîte crânienne.

Mal de Pott Inflammation de la colonne vertébrale causée par le bacille de la tuberculose.

Nécrose (*nécro* : mort ; *ose* : maladie non inflammatoire) Mort d'un tissu ou d'un organe ; dans le cas des os, provient de l'interruption de l'apport sanguin causée par de nombreux facteurs dont une fracture, un prélèvement trop important de périoste ou une exposition à des substances radioactives.

Ostéite (*ostéo* : os) Inflammation ou infection des os.

Ostéoarthrite (*arthro* : articulation) Affection dégénérative des os et des articulations.

Ostéoblastome (*ome* : tumeur) Tumeur bénigne des ostéoblastes.

Ostéochondrome (*chondro* : cartilage) Tumeur bénigne des os et du cartilage.

Ostéome Tumeur bénigne des os.

Ostéosarcome (*sarcome* : tumeur du tissu conjonctif) Tumeur maligne composée de tissu osseux.

RÉSUMÉ

Les fonctions (page 126)

1. Le système osseux se compose des os formant les articulations et du cartilage articulaire.
2. Parmi les fonctions du système osseux, mentionnons la protection, le soutien, la formation de cellules sanguines, le rôle de levier et de réserve en sels minéraux.

L'histologie (page 126)

1. Le tissu osseux est formé de cellules éparses et isolées entourées de substance fondamentale. Cette substance contient des fibres collagènes et une grande quantité d'hydroxyapatites (sels minéraux).
2. Les principales parties d'un os long sont : la diaphyse ou corps, les épiphyses ou extrémités, la métaphyse, le cartilage articulaire, le périoste, le canal médullaire et l'endoste.
3. L'os compact contient des ostéons (systèmes de Havers) ayant peu d'espaces entre eux. Il recouvre l'os spongieux et forme la majeure partie du tissu osseux de la diaphyse. Il procure protection et soutien, et résiste aux grandes tensions.
4. L'os spongieux est formé de travées osseuses entourant plusieurs espaces remplis de moelle rouge. Les os plats, courts et irréguliers, de même que les épiphyses des os longs sont en grande partie formés d'os spongieux. L'os spongieux est une réserve de moelle ; il a également un rôle de soutien.

L'ossification : formation du tissu osseux (page 129)

1. On appelle ossification, ou ostéogenèse, le processus de formation des os qui prend naissance lorsque les cellules mésenchymateuses se transforment en ostéoblastes.
2. L'ossification débute à la sixième ou septième semaine de la vie embryonnaire et se poursuit jusqu'à l'âge adulte. L'ossification endomembraneuse et endochondrale implique le remplacement du tissu conjonctif préexistant par du tissu osseux.
3. L'ossification endomembraneuse s'effectue au sein des membranes fibreuses de l'embryon et de l'adulte.
4. L'ossification endochondrale a lieu à l'intérieur de l'ébauche cartilagineuse. Le centre primaire d'ossification d'un os long se trouve dans la diaphyse. Le cartilage, à mesure qu'il dégénère, laisse des espaces qui se rejoignent pour former le canal médullaire. Les ostéoblastes forment du tissu osseux. Les centres secondaires d'ossification se trouvent dans les épiphyses, où l'os remplace le cartilage, sauf le cartilage de conjugaison.

La croissance des os (page 131)

1. Les quatre couches du cartilage de conjugaison sont : la couche cartilagineuse de réserve, la couche de cartilage sérié, la couche de cartilage hypertrophié et enfin la couche de matrice calcifiée.
2. La croissance en longueur de la diaphyse s'effectue par apposition grâce au cartilage de conjugaison.
3. La croissance en épaisseur est causée par l'activité des ostéoblastes du périoste qui déposent des couches de tissu osseux à la surface de l'os.

L'homéostasie (page 132)

1. L'homéostasie de la croissance des os repose sur l'équilibre entre la formation et la résorption osseuse.
2. On appelle remaniement le processus continuel de résorption osseuse par les ostéoclastes et de formation par les ostéoblastes.
3. La croissance normale dépend de la quantité de calcium, de phosphore et de vitamines ingérée. Certaines hormones règlent la croissance en intervenant dans la minéralisation et la résorption des os.

Le vieillissement et le système osseux (page 132)

1. Le vieillissement provoque la décalcification des os, qui entraîne l'ostéoporose.
2. Il a aussi pour effet de réduire la production de substance organique, ce qui rend les os très friables.

Le développement embryonnaire du système osseux (page 133)

1. Les os sont formés à partir du mésoblaste par ossification endomembraneuse et endochondrale.
2. Les membres se développent à partir de bourgeons formés de mésoblaste et d'ectoblaste.

Les affections : déséquilibres homéostatiques (page 134)

1. Le rachitisme est une carence en vitamine D chez l'enfant dont l'organisme n'absorbe plus ni calcium ni phosphore. Les os se ramolissent et plient sous la masse du corps.
2. L'ostéomalacie est causée par l'avitaminose D, qui entraîne la déminéralisation des os.
3. L'ostéoporose est la perte de tissu osseux et la diminution de sa résistance, causées par une baisse de la production d'hormones.
4. La maladie de Paget est l'épaississement et l'amollissement anormaux des os, vraisemblablement causés par un processus de remaniement très accéléré.
5. L'ostéomyélite est une maladie infectieuse des os, de la moelle et du périoste, souvent causée par les staphylocoques.
6. Une fracture est la rupture d'un os.
7. Une fracture peut être : incomplète, complète, fermée, ouverte, comminutive, en bois vert, spiroïde, transverse, de Dupuytren, de Pouteau-Colles, avec déplacement, sans déplacement, de tension et spontanée.
8. La réparation d'une fracture s'effectue en trois étapes : formation d'un hématome, formation d'un cal et remaniement.
9. L'utilisation de champs électromagnétiques pulsatoires pour le traitement des fractures délicates a donné d'excellents résultats. On étudie actuellement la possibilité d'employer cette technique pour régénérer les membres et arrêter la progression des cellules tumorales.

RÉVISION

1. Définissez le système osseux et nommez ses cinq fonctions principales.
2. Pourquoi le tissu osseux est-il considéré comme un tissu conjonctif? De quoi est-il formé?
3. Tracez le schéma d'un os long et dressez la liste des fonctions de chaque partie.
4. Comparez l'aspect général, l'emplacement et les fonctions des os compacts et spongieux.
5. Dessinez un schéma de l'aspect microscopique d'un os compact; indiquez les fonctions des divers éléments.
6. Qu'entend-on par ossification? Décrivez les phases initiales de l'ossification.
7. Décrivez les principales étapes de l'ossification endomembraneuse et endochondrale, puis expliquez les différences fondamentales.
8. Décrivez la structure des couches de cartilage de conjugaison. Expliquez la façon dont s'effectue la croissance du cartilage de conjugaison. Qu'est-ce que la ligne épiphysaire?
9. Définissez le remaniement. De quelle façon l'équilibre entre l'activité des ostéoblastes et celle des ostéoclastes démontre-t-il l'homéostasie des os?
10. Dressez la liste des principaux facteurs intervenant dans la croissance et le renouvellement des os.
11. Expliquez les effets du vieillissement sur le système osseux.
12. Décrivez le développement embryonnaire du système osseux.
13. Faites la distinction entre rachitisme et ostéomalacie. Qu'y a-t-il de commun aux deux maladies?
14. Quels sont les causes et les principaux symptômes de l'ostéoporose, de la maladie de Paget et de l'ostéomyélite?
15. Qu'est-ce qu'une fracture? Énumerez quelques types de fractures et résumez les trois étapes fondamentales de la réparation d'une fracture.
16. Expliquez l'utilité des champs électromagnétiques pulsatoires dans la réparation d'une fracture.
17. Assurez-vous de pouvoir définir les termes médicaux relatifs au système osseux.

7

Le système osseux : le squelette axial

OBJECTIFS

- Définir les quatre principaux types d'os du squelette.
- Décrire les différentes caractéristiques structurales apparaissant à la surface des os.
- Définir la relation existant entre les caractéristiques structurales et leurs fonctions.
- Énumérer les composants des squelettes axial et appendiculaire.
- Identifier les os de la tête et les principales caractéristiques structurales qui y sont associées.
- Identifier les principales sutures et fontanelles du crâne.
- Identifier les sinus de la face.
- Identifier les principaux trous et canaux de la tête.
- Identifier les os de la colonne vertébrale et leurs principales caractéristiques structurales.
- Énumérer les caractéristiques et les courbures de chacune des régions de la colonne vertébrale.
- Identifier les os du thorax et leurs principales caractéristiques structurales.
- Comparer la hernie discale, les troubles statiques rachidiens, le spina bifida et les fractures de la colonne vertébrale en tant que troubles associés au système osseux.

Le système osseux constitue la charpente du corps. Il est donc important de connaître le nom, la forme et l'emplacement des os pour comprendre certains des systèmes et des appareils de l'organisme. Ainsi des mouvements simples, comme le fait de lancer une balle, de dactylographier un texte ou de marcher, nécessitent la coordination des os et des muscles. Pour comprendre la façon dont les muscles produisent les mouvements, il est nécessaire de connaître la structure des os auxquels ils s'attachent. L'appareil respiratoire dépend aussi en grande partie de la structure des os. Les os des fosses nasales forment des conduits qui aident à nettoyer, à humidifier et à réchauffer l'air inhalé. La forme et l'emplacement des os du thorax permettent à la cage thoracique de s'agrandir au cours de l'inspiration. Un grand nombre d'os servent également de points de repère aux étudiants en anatomie ainsi qu'aux chirurgiens. Comme nous le verrons, on peut utiliser ces points de repère pour localiser les contours des poumons et du cœur, des viscères abdominaux et pelviens, et des structures contenues dans le crâne. Les vaisseaux sanguins et les nerfs sont souvent parallèles aux os. L'identification des os permet de trouver plus facilement l'emplacement de ces structures.

Nous allons aborder l'étude des os en suivant les différentes régions du corps. Nous allons commencer par la tête et regarder la façon dont les os du crâne et de la face sont reliés les uns aux autres. Puis, nous allons examiner la colonne vertébrale et le thorax. Cette approche régionale nous permettra de comprendre de quelle façon les os du corps sont reliés les uns aux autres.

LES TYPES D'OS

On peut classer presque tous les os, selon leur forme, en quatre types principaux : les os longs, les os courts, les os plats et les os irréguliers. Les **os longs** sont plus longs que larges et comprennent une diaphyse et deux épiphyses. Ils sont légèrement incurvés, ce qui leur donne de la force. Un os incurvé est conçu pour absorber la tension exercée par la masse corporelle à différents points du corps, de façon que la tension soit distribuée uniformément. Si ces os n'étaient pas incurvés, la masse corporelle ne serait pas distribuée uniformément et les os se rompraient facilement. Parmi les os longs, on compte les os des cuisses, des jambes, des orteils, des bras, des avant-bras et des doigts. À la figure 6.1,a, nous illustrons les différentes parties d'un os long.

Les **os courts** ont une forme presque cubique, et leur longueur est presque égale à leur largeur. Ils sont spongieux, exception faite de la surface qui est recouverte d'une mince couche d'os compact. Parmi les os courts se trouvent les os des poignets et des chevilles.

Les **os plats** sont habituellement minces et ils sont composés de deux plaques d'os compact plus ou moins parallèles renfermant une couche d'os spongieux. La *diploé* est une couche d'os spongieux située dans les os de la voûte crânienne. Les os plats permettent un degré élevé de protection et constituent une surface importante pour les points d'attache des muscles. Parmi les os plats, on compte les os crâniens, qui protègent l'encéphale, le sternum et les côtes, qui protègent les organes de la cavité thoracique, et les omoplates.

Les **os irréguliers** sont de formes différentes et ne peuvent entrer dans les catégories mentionnées plus haut. Ils diffèrent également quant à la proportion d'os spongieux et d'os compact qu'ils contiennent. Parmi les os irréguliers, on trouve les vertèbres et certains os de la face.

Deux types d'os n'entrent pas dans les quatre catégories mentionnées plus haut. Les **os wormiens** sont de petits os présents entre certains os crâniens (voir la figure 7.2,e). Leur nombre varie de façon importante d'une personne à une autre. Les **os sésamoïdes** sont de petits os présents dans les tendons où la pression est considérable, comme dans les tendons du poignet. Leur nombre varie d'une personne à une autre. Deux os sésamoïdes, les rotules, sont présents chez tous les individus.

LES CARACTÉRISTIQUES STRUCTURALES DES OS

Les surfaces des os révèlent des **caractéristiques structurales** permettant une adaptation à des fonctions particulières. Les os longs qui doivent supporter une masse importante sont dotés d'extrémités volumineuses et arrondies qui forment des articulations solides. D'autres os comportent des dépressions qui reçoivent les extrémités arrondies. Les régions rugueuses servent de points d'attache aux muscles, aux tendons et aux ligaments. Les gouttières permettent le passage des vaisseaux sanguins. Des ouvertures sont visibles aux endroits où les vaisseaux sanguins et les nerfs traversent les os. Dans le document 7.1, nous décrivons ces caractéristiques ainsi que leurs fonctions.

LES DIVISIONS DU SYSTÈME OSSEUX

Le squelette de l'adulte comprend habituellement 206 os regroupés à l'intérieur de deux divisions principales : le squelette **axial** et le squelette **appendiculaire**. L'*axe* longitudinal du corps humain est une ligne droite qui parcourt verticalement le centre de gravité du corps. Cette ligne imaginaire part du sommet de la tête et se rend jusqu'à l'espace situé entre les pieds. La coupe sagittale médiane est effectuée à travers cette ligne. Le squelette axial comprend les os qui se trouvent près de l'axe : les côtes, le corps du sternum, les os de la tête et la colonne vertébrale.

Le squelette appendiculaire comprend les os des *membres inférieurs* et *supérieurs*, et les *ceintures osseuses*, qui relient les membres au squelette axial.

On groupe habituellement les 80 os formant le squelette axial et les 126 os formant le squelette appendiculaire de la façon qui est illustrée dans le document 7.2.

Regardons maintenant, à la figure 7.1, la façon dont les deux divisions osseuses se joignent pour former le squelette proprement dit. Les os qui forment le squelette axial sont en jaune. Assurez-vous que vous pouvez trouver l'emplacement des groupements osseux suivants :

DOCUMENT 7.1 CARACTÉRISTIQUES STRUCTURALES DES OS

CARACTÉRISTIQUE	DESCRIPTION	EXEMPLE
DÉPRESSIONS ET OUVERTURES		
Fente	Ouverture étroite entre les parties adjacentes d'un os, permettant le passage de vaisseaux sanguins et de nerfs	Fente sphénoïdale (figure 7.2)
Trou	Ouverture permettant le passage de vaisseaux sanguins, de nerfs ou de ligaments	Trou sous-orbitaire du maxillaire (figure 7.2)
Conduit	Passage à l'intérieur d'un os	Conduit auditif externe (figure 7.2)
Sinus de la face (*sin*: cavité)	Cavité remplie d'air à l'intérieur d'un os, reliée aux fosses nasales	Sinus frontal (figure 7.8)
Gouttière ou sillon	Sillon ou dépression faisant place à une structure molle comme un vaisseau sanguin, un nerf ou un tendon	Gouttière bicipitale de l'humérus (figure 8.4)
Cavité ou fosse (*fossa*: dépression)	Dépression sur ou dans un os	Cavité glénoïde du temporal (figure 7.4)
APOPHYSES	Éminence ou saillie	Apophyse mastoïde de l'os temporal (figure 7.2)
Apophyses formant des articulations		
Condyle (*condyle*: éminence)	Éminence articulaire volumineuse et arrondie	Condyle fémoral interne (figure 8.10)
Tête	Saillie articulaire arrondie soutenue par le col d'un os	Tête du fémur (figure 8.10)
Facette	Surface plane et lisse	Facette articulaire, sur une vertèbre, recevant la tubérosité d'un côte (figure 7.14)
Apophyses auxquelles s'attachent des tendons, des ligaments et d'autres tissus conjonctifs		
Tubercule	Petite apophyse arrondie	Tubercule conoïde de la clavicule (figure 8.2)
Tubérosité	Apophyse volumineuse, arrondie et généralement rugueuse	Tubérosité ischiatique de l'os iliaque (figure 8.8)
Trochanter	Saillie volumineuse et émoussée, présente seulement dans le fémur	Grand trochanter (figure 8.10)
Crête	Rebord proéminent	Crête iliaque (figure 8.7)
Ligne	Rebord moins proéminent qu'une crête	Ligne âpre du fémur (figure 8.10)
Apophyse épineuse	Apophyse pointue et mince	Apophyse épineuse d'une vertèbre (figure 7.12)
Épicondyle (*épi*: au-dessus)	Éminence située au-dessus d'un condyle	Épicondyle de l'humérus (figure 8.4)

tête, crâne, face, os hyoïde, colonne vertébrale, thorax, ceinture scapulaire, membres supérieurs, ceinture pelvienne et membres inférieurs.

LA TÊTE

La **tête**, qui contient 22 os, est située sur l'extrémité supérieure de la colonne vertébrale et comprend deux groupes d'os: les os crâniens et les os de la face. Les **os crâniens** entourent et protègent l'encéphale et les organes de la vision, de l'audition et de l'équilibre. Les os crâniens, au nombre de huit, sont l'os frontal, les os pariétaux (2), les os temporaux (2), l'os occipital, le sphénoïde et l'ethmoïde. Les **os de la face** sont au nombre de 14: les os propres du nez (2), les maxillaires supérieurs (2), les os malaires (2), les unguis ou os lacrymaux (2), les palatins (2), les cornets inférieurs (2), le vomer et la mandibule ou maxillaire inférieur. Assurez-vous que vous pouvez trouver l'emplacement de tous les os dans les vues antérieure, latérale, médiane et postérieure de la tête, illustrées à la figure 7.2.

LES SUTURES

Une **suture** est une articulation immobile présente exclusivement entre les os du crâne. On trouve très peu de

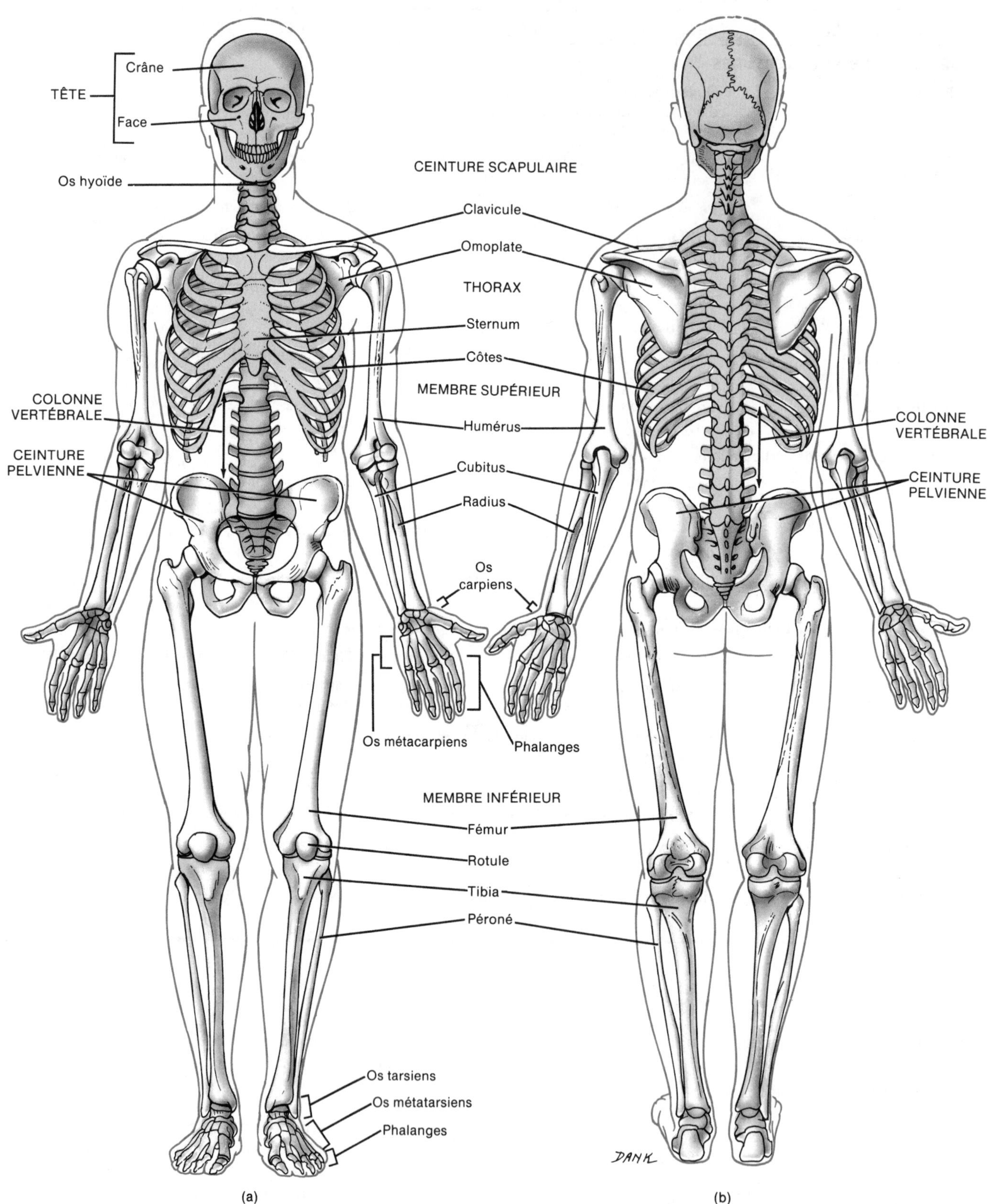

FIGURE 7.1 Divisions du système osseux. Le squelette axial est illustré en jaune. (a) Vue antérieure. (b) Vue postérieure.

DOCUMENT 7.2 DIVISIONS DU SYSTÈME OSSEUX

RÉGIONS DU SQUELETTE	NOMBRE D'OS
SQUELETTE AXIAL	
Tête	
Crâne	8
Face	14
Os hyoïde	1
Osselets (3 par oreille)*	6
Colonne vertébrale	26
Thorax	
Sternum	1
Côtes	24
	80
SQUELETTE APPENDICULAIRE	
Ceinture scapulaire	
Clavicules	2
Omoplates	2
Membres supérieurs	
Humérus	2
Cubitus	2
Radius	2
Os carpiens	16
Os métacarpiens	10
Phalanges	28
Ceinture pelvienne	
Os iliaques	2
Membres inférieurs	
Fémurs	2
Tibias	2
Péronés	2
Rotules	2
Os tarsiens	14
Os métatarsiens	10
Phalanges	28
	126
Total =	206

* Pour des raisons d'ordre pratique, nous avons placé les osselets dans le squelette axial ; toutefois, ces os ne font proprement partie ni du squelette axial ni du squelette appendiculaire, mais constituent un groupe d'os séparé. Les osselets sont de très petits os, nommés d'après leur forme : le marteau, l'enclume et l'étrier. La partie moyenne de chaque oreille contient trois osselets maintenus ensemble par des ligaments. Les osselets vibrent en réaction aux ondes sonores qui frappent le tympan, et jouent un rôle important dans le mécanisme de l'audition. Pour de plus amples détails, voir le chapitre 17.

tissu conjonctif entre les os de la suture. Les quatre sutures principales du crâne sont :

1. La **suture coronale**, entre l'os frontal et les os pariétaux.
2. La **suture sagittale**, entre les os pariétaux.
3. La **suture lambdoïde**, entre les os pariétaux et l'os occipital.
4. La **suture écailleuse**, entre les os pariétaux et les os temporaux.

Aux figures 7.2 et 7.3, nous illustrons les emplacements de ces sutures, ainsi que plusieurs autres. Les sutures portent le nom des os qu'elles relient. Ainsi, la suture naso-frontale se trouve entre les os du nez et l'os frontal. Nous illustrons ces sutures aux figures 7.2 à 7.5.

LES FONTANELLES

Le « squelette » de l'embryon est fait de structures membraneuses cartilagineuses ou fibreuses, ayant la forme d'os. Petit à petit, le cartilage ou la membrane fibreuse est remplacé par du tissu osseux. À la naissance, des espaces membraneux, les **fontanelles**, sont présents entre les os crâniens (figure 7.3). Ces « points mous » sont des régions où l'ossification n'est pas encore terminée. Ils permettent la compression du crâne au moment de la naissance. Les fontanelles sont utiles pour déterminer la position de la tête du fœtus avant l'accouchement. À la naissance, l'enfant peut avoir un grand nombre de fontanelles ; toutefois, la forme et l'emplacement des six fontanelles principales sont habituellement les mêmes.

La **fontanelle antérieure**, ou **bregmatique**, est située entre les angles des os pariétaux et les deux segments de l'os frontal. Elle ressemble à un losange et constitue la plus grande des six fontanelles. Elle se referme habituellement de 18 mois à 24 mois après la naissance.

La **fontanelle postérieure**, ou **lambdatique**, est située entre les os pariétaux et l'os occipital. Cette fontanelle, également en forme de losange, est plus petite que la fontanelle antérieure. Elle se referme généralement environ deux mois après la naissance.

Les **fontanelles antéro-latérales**, ou **ptériques**, sont au nombre de deux. Elles sont situées de chaque côté du crâne, à la jonction des os frontal, pariétal, temporal et sphénoïde. Ces fontanelles sont plutôt petites et de forme irrégulière. Elles se referment normalement trois mois après la naissance.

Les **fontanelles postéro-latérales**, ou **astériques**, sont également au nombre de deux. Elles sont situées de chaque côté du crâne, à la jonction des os pariétal, occipital et temporal. Leur forme est irrégulière. Elles commencent à se refermer de un à deux mois après la naissance, mais le processus n'est habituellement terminé qu'après 12 mois.

LES OS CRÂNIENS

L'os frontal

L'**os frontal** forme le front (la partie antérieure du crâne), les voûtes des *orbites* et la plus grande partie de l'étage antérieur de la base du crâne. Peu de temps après la naissance, les parties gauche et droite de l'os frontal sont reliées par une suture, qui disparaît habituellement vers l'âge de six ans. Toutefois, lorsque la suture persiste toute la vie durant, on l'appelle **suture métopique**.

Si l'on regarde attentivement la figure 7.2, on remarque la **partie verticale du frontal**. Cette partie, qui correspond au front, descend progressivement à partir de la suture coronale, puis suit brusquement une pente verticale.

L'**arcade orbitaire** est un épaississement de l'os frontal. Ce dernier s'étend vers l'arrière à partir de cette arcade pour former la voûte orbitaire et une partie de la base de la boîte crânienne.

APPLICATION CLINIQUE

Juste au-dessus de l'arcade orbitaire se trouve une crête relativement aiguë qui surplombe le sinus frontal. Un coup atteignant cette crête provoque souvent une lacération de la peau qui la recouvre et, par conséquent, un saignement. Les meurtrissures infligées à la peau entraînent une accumulation de liquide et de sang dans le tissu conjonctif environnant et dans la paupière supérieure. L'œdème et la coloration qui en résultent constituent un **« œil au beurre noir »**.

Près du centre de l'arcade orbitaire se trouve une ouverture appelée **trou sus-orbitaire**, dans lequel passent le nerf et l'artère sus-orbitaires. Les **sinus frontaux** sont profondément enfouis dans la partie verticale du frontal. Ces cavités tapissées de mucus donnent à la voix sa résonance.

Les os pariétaux

Les deux **os pariétaux** (*parié*: paroi) forment la plus grande partie des côtés et de la voûte de la boîte crânienne (figure 7.2). Les surfaces internes de ces os comportent des élévations et des dépressions permettant le passage des vaisseaux sanguins qui irriguent la *dure-mère* (méninge extérieure).

Les os temporaux

Les deux **os temporaux** forment les côtés inférieurs de la voûte crânienne et une partie de l'étage supérieur de la base du crâne.

À la figure 7.2,c, on peut voir une région mince, large et étendue, formant les parties antérieure et supérieure de la tempe, l'**écaille du temporal**. L'**apophyse zygomatique** se projette à partir de la partie inférieure de l'écaille du temporal; cette structure s'articule avec l'apophyse temporale du malaire. L'apophyse zygomatique et

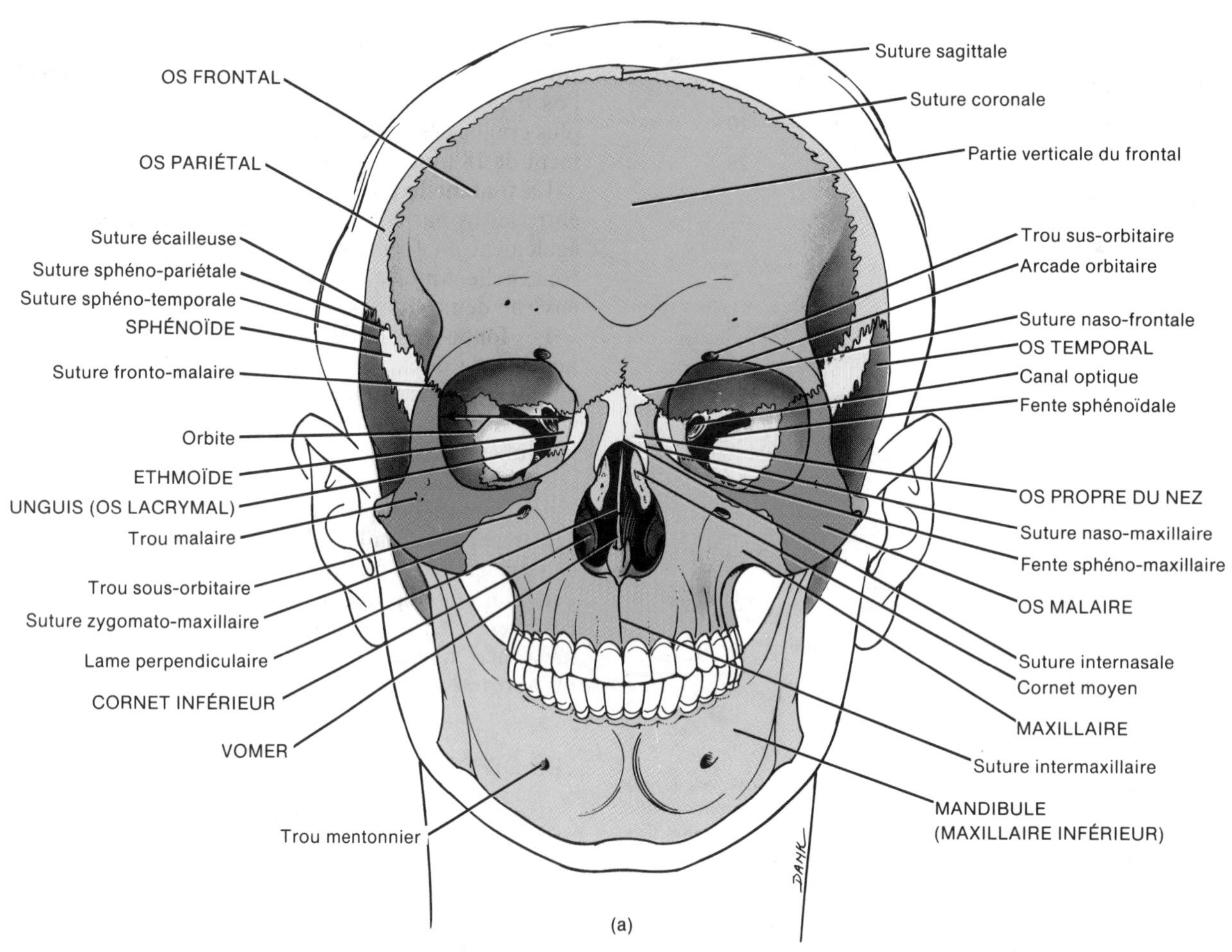

FIGURE 7.2 Tête (a) Vue antérieure.

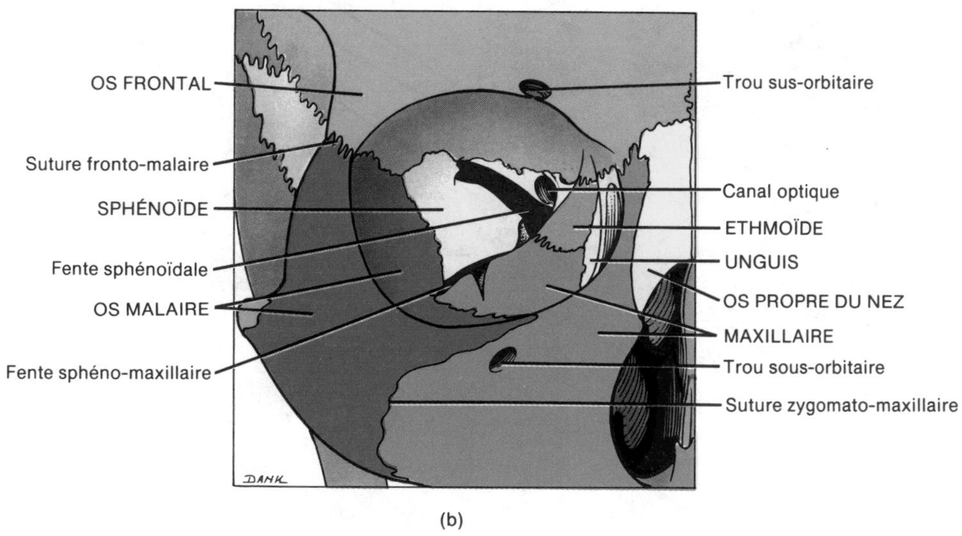

(b)

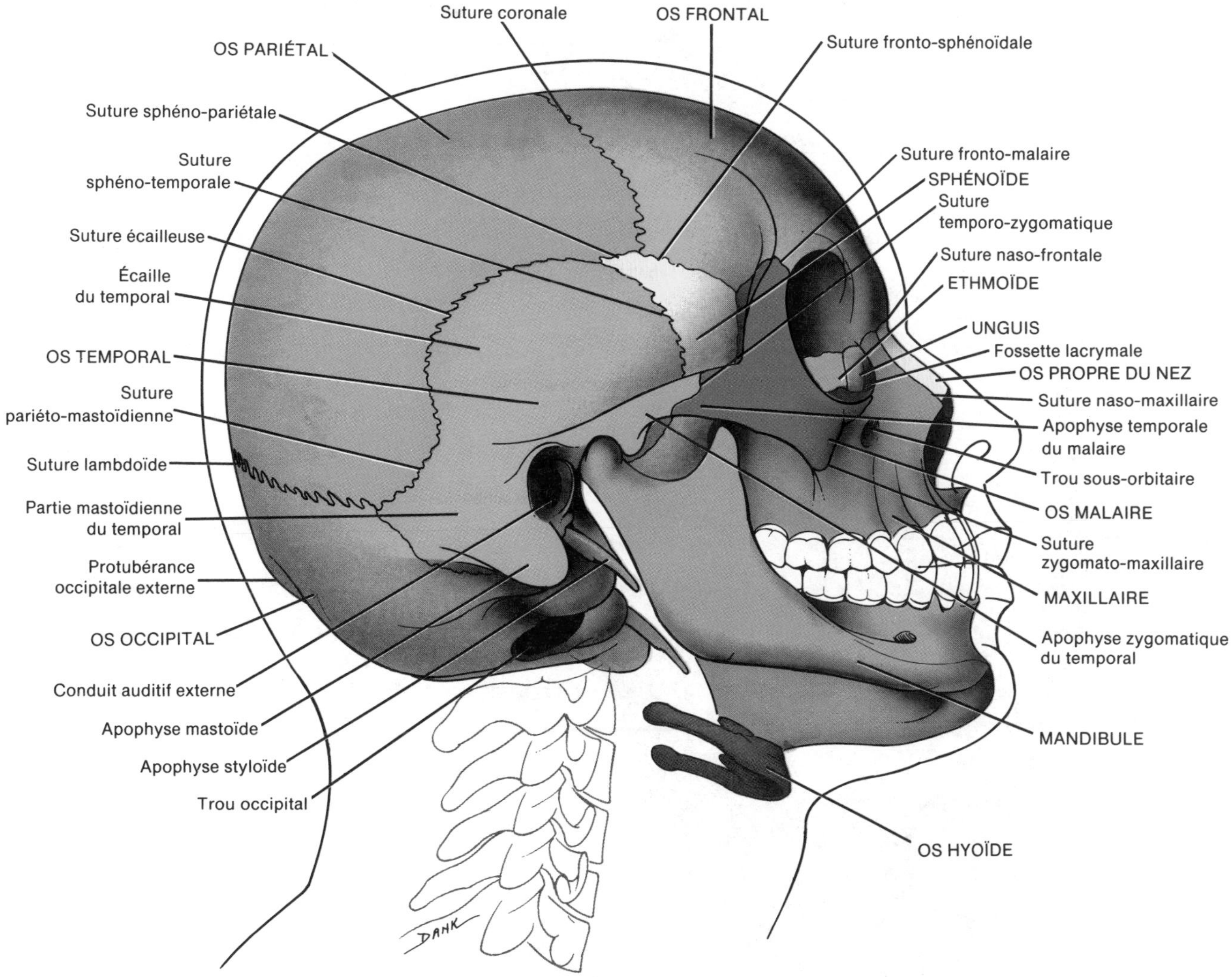

Suture coronale
OS FRONTAL
Suture fronto-sphénoïdale
OS PARIÉTAL
Suture sphéno-pariétale
Suture sphéno-temporale
Suture écailleuse
Écaille du temporal
OS TEMPORAL
Suture pariéto-mastoïdienne
Suture lambdoïde
Partie mastoïdienne du temporal
Protubérance occipitale externe
OS OCCIPITAL
Conduit auditif externe
Apophyse mastoïde
Apophyse styloïde
Trou occipital
Suture fronto-malaire
SPHÉNOÏDE
Suture temporo-zygomatique
Suture naso-frontale
ETHMOÏDE
UNGUIS
Fossette lacrymale
OS PROPRE DU NEZ
Suture naso-maxillaire
Apophyse temporale du malaire
Trou sous-orbitaire
OS MALAIRE
Suture zygomato-maxillaire
MAXILLAIRE
Apophyse zygomatique du temporal
MANDIBULE
OS HYOÏDE
DANK

(c)

FIGURE 7.2 [*Suite*] (b) Vue antérieure de l'orbite droit, en détail. (c) Vue latérale droite.

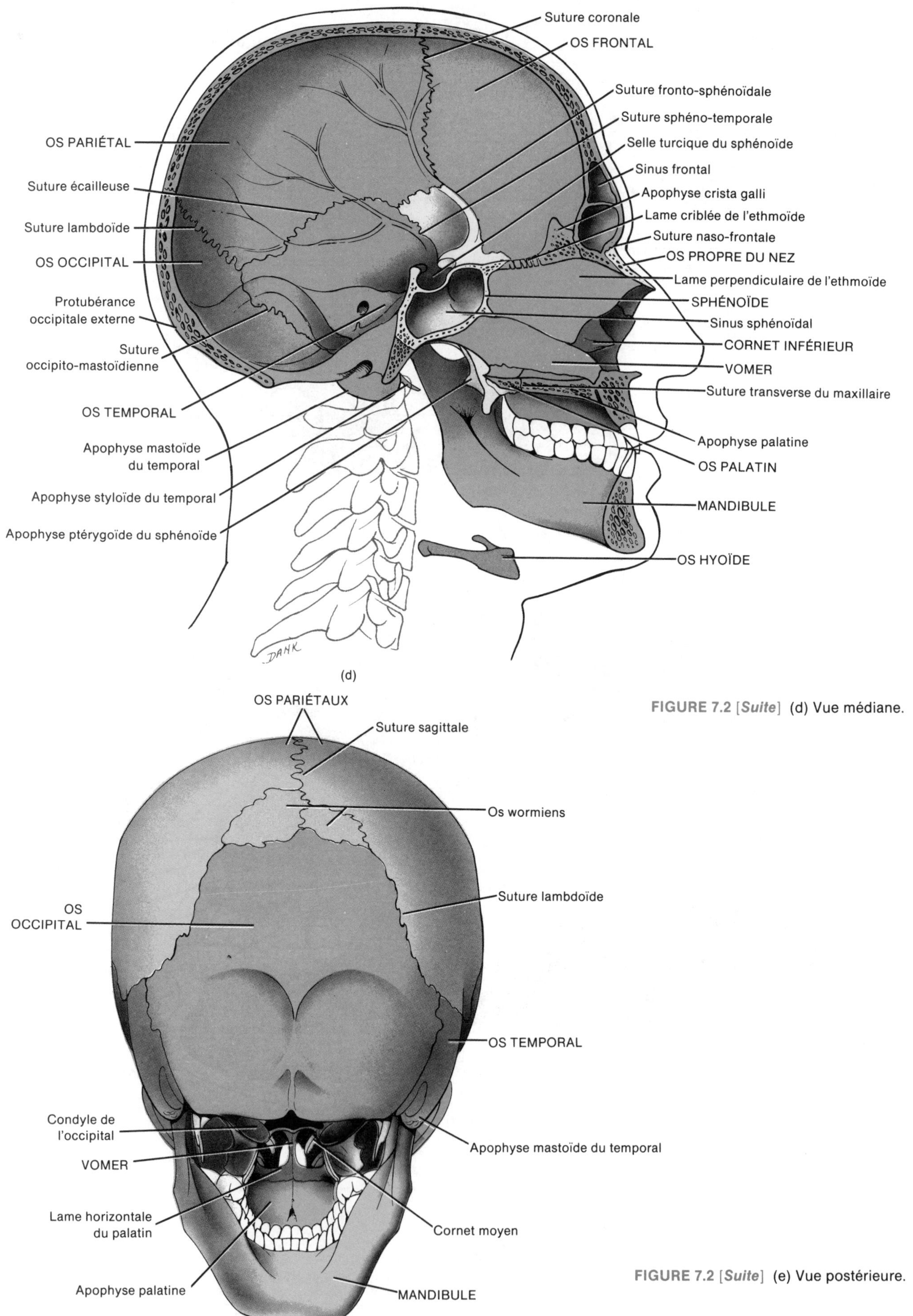

FIGURE 7.2 [*Suite*] (d) Vue médiane.

FIGURE 7.2 [*Suite*] (e) Vue postérieure.

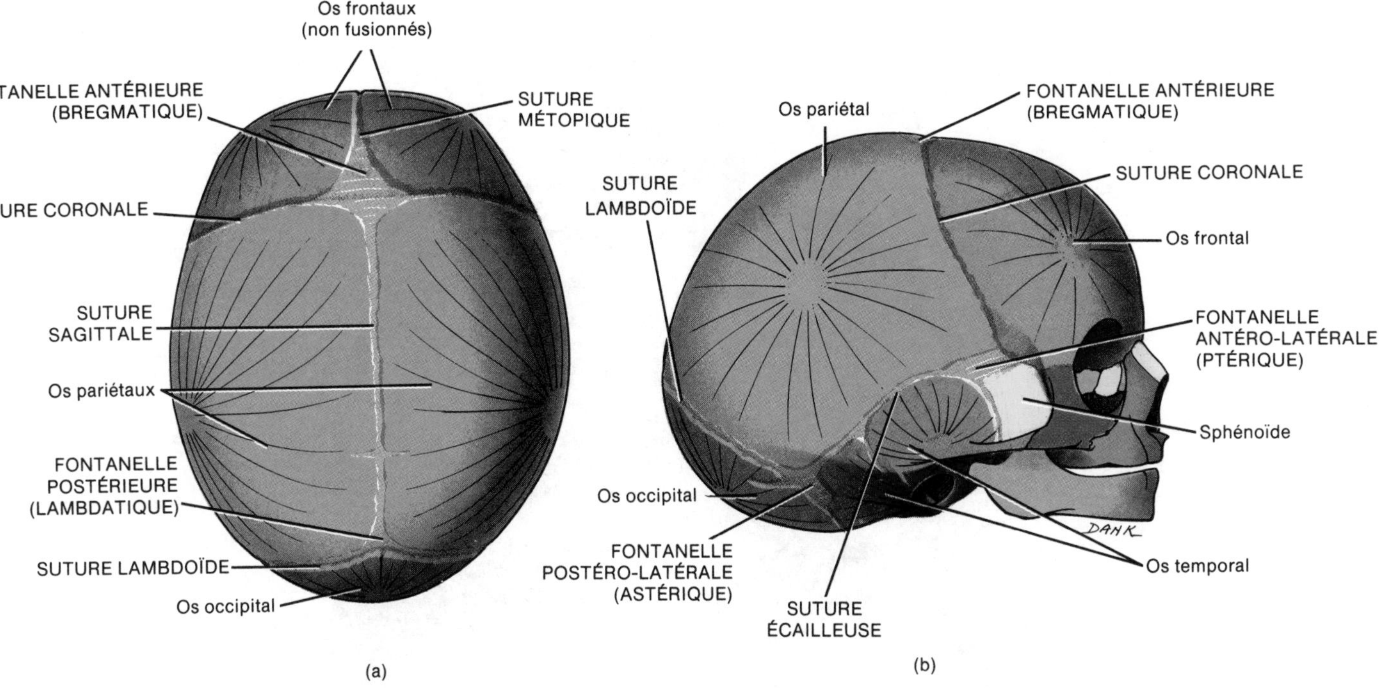

FIGURE 7.3 Fontanelles du crâne à la naissance. (a) Vue supérieure. (b) Vue latérale droite.

l'apophyse temporale du malaire forment l'**arcade zygomatique**.

À la base de la boîte crânienne, illustrée à la figure 7.5, se trouve le **rocher,** ou **pyramide pétreuse**, de l'os temporal. Cette portion est quadrangulaire et elle est située à la base du crâne, entre l'os sphénoïde et l'os occipital. Le rocher contient l'oreille interne, la partie essentielle de l'organe de l'audition. Il contient également le **canal carotidien** par lequel passe l'artère carotide interne (figure 7.4). Derrière le canal carotidien et devant l'os occipital se trouve le **trou déchiré postérieur** par lequel passent la veine jugulaire interne, les nerfs glosso-pharyngien (IX), pneumogastrique (X) et spinal (XI). (Comme nous le verrons plus loin, les chiffres romains associés aux nerfs crâniens indiquent l'ordre dans lequel les nerfs émergent de l'encéphale, de l'avant à l'arrière.)

Entre l'écaille et le rocher se trouve la **cavité glénoïde**, devant laquelle se trouve une éminence arrondie, le **condyle du temporal**. La cavité glénoïde et le condyle du temporal s'articulent avec le condyle de la mandibule pour former l'articulation temporo-mandibulaire. La cavité glénoïde et le condyle du temporal sont illustrés à la figure 7.4.

À la figure 7.2,c, on peut voir la **partie mastoïdienne** de l'os temporal, située derrière et sous le conduit auditif externe. Chez l'adulte, cette portion contient des **cellules mastoïdiennes**, cavités remplies d'air séparées de l'encéphale par de minces cloisons osseuses.

APPLICATION CLINIQUE

Lorsqu'une **mastoïdite**, inflammation des cellules mastoïdiennes, survient, l'infection peut atteindre l'encéphale ou son enveloppe extérieure. Contrairement aux sinus de la face, les cellules mastoïdiennes ne déversent pas leur contenu.

L'**apophyse mastoïde** est une éminence arrondie de l'os temporal, derrière le conduit auditif externe. Elle sert de point d'attache à plusieurs muscles du cou. Près du bord postérieur de l'apophyse mastoïde se trouve le **trou mastoïdien** dans lequel passent une veine émissaire du sinus latéral et une petite ramification de l'artère occipitale de la dure-mère. Le **conduit auditif externe** est le canal situé dans l'os temporal, conduisant à l'oreille interne. Le **conduit auditif interne** est situé au-dessus du trou déchiré postérieur (figure 7.5,a). Il permet le passage des nerfs facial (VII) et auditif (VIII), et de l'artère auditive interne. L'**apophyse styloïde** se projette vers le bas à partir du dessous de l'os temporal et sert de point d'attache aux muscles et aux ligaments de la langue et du cou.

L'os occipital

L'**os occipital** forme la partie postérieure et une portion importante de la base du crâne (figure 7.4).

Le **trou occipital** est un orifice large situé dans la partie inférieure de l'os, dans lequel passent le bulbe rachidien et ses membranes, la portion rachidienne du nerf spinal (XI) ainsi que les artères vertébrales et spinales.

Les **condyles de l'occipital** sont des saillies ovales aux surfaces convexes, situées de chaque côté du trou occipital, qui s'articulent avec les cavités glénoïdes de la première vertèbre cervicale.

La **protubérance occipitale externe** est une éminence située à la face postérieure de l'os, juste au-dessus du trou

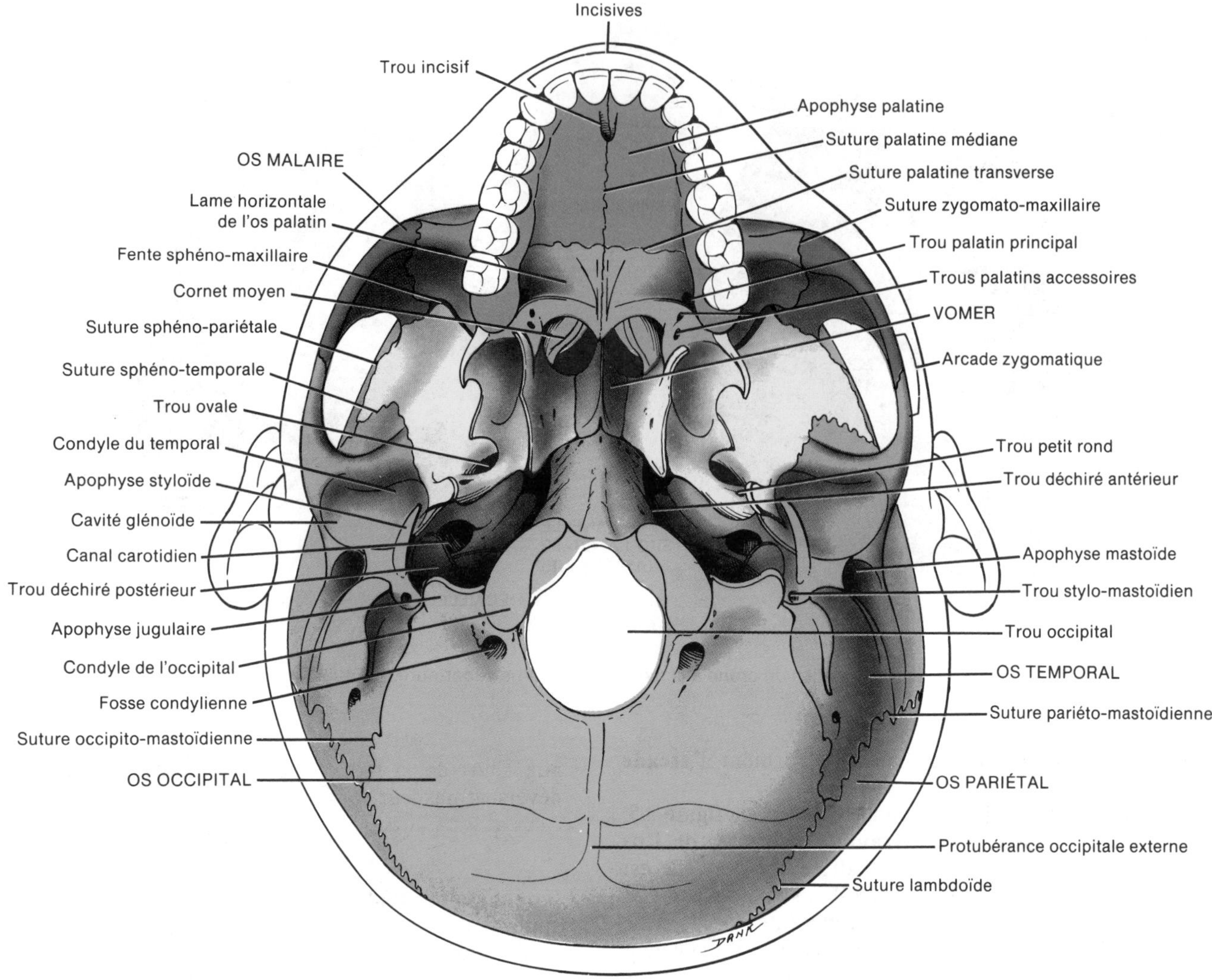

FIGURE 7.4 Vue inférieure de la tête.

occipital. On peut palper cette structure à la base de la nuque (figure 7.2,d).

Le sphénoïde

Le **sphénoïde** est situé dans la partie centrale de la base du crâne (figure 7.5). Cet os est considéré comme la clef de voûte de la base du crâne parce qu'il s'articule avec tous les autres os crâniens. Si l'on regarde la base du crâne du dessus, on voit que le sphénoïde s'articule avec les os temporaux à l'avant et avec l'os occipital à l'arrière. Il se trouve en arrière et légèrement au-dessus des fosses nasales et forme une partie du plancher et des côtés des orbites. La forme du sphénoïde est souvent comparée à une chauve-souris aux ailes déployées.

Le **corps** du sphénoïde est la portion centrale, de forme cubique, qui se trouve entre l'ethmoïde et l'os occipital. Il contient les **sinus sphénoïdaux**, qui se déversent dans les fosses nasales (figure 7.8). À la face supérieure du corps du sphénoïde se trouve la **selle turcique**, qui abrite l'hypophyse.

Les **grandes ailes** du sphénoïde sont des apophyses émanant des côtés de l'os et formant la base latérale antérieure du crâne. Elles forment également une partie de la paroi latérale du crâne, juste devant le temporal. Les **petites ailes** sont situées en avant et au-dessus des grandes ailes. Elles forment une partie de la base du crâne et la partie postérieure de l'**orbite**.

Entre le corps et la petite aile se trouve le **canal optique**, dans lequel passe le nerf optique (II) et l'artère ophtalmique. À côté du corps, entre la grande aile et la petite aile, se trouve la **fente sphénoïdale**, qui permet le passage des nerfs moteur oculaire commun (III), pathétique (IV), moteur oculaire externe (VI) et la division ophtalmique du trijumeau (V). Cette fente apparaît également à la figure 7.2,a.

Sur la partie inférieure du sphénoïde, on peut voir les **apophyses ptérygoïdes**. Ces structures se projettent vers le bas à partir des points d'attache du corps et des grandes ailes. Les apophyses ptérygoïdes forment une partie des parois latérales des fosses nasales.

L'ethmoïde

L'**ethmoïde** est un os léger et spongieux situé dans la partie antérieure de la base du crâne, entre les orbites. Il se trouve devant le sphénoïde et derrière les os propres du nez (figure 7.6). Cet os forme une partie de l'étage

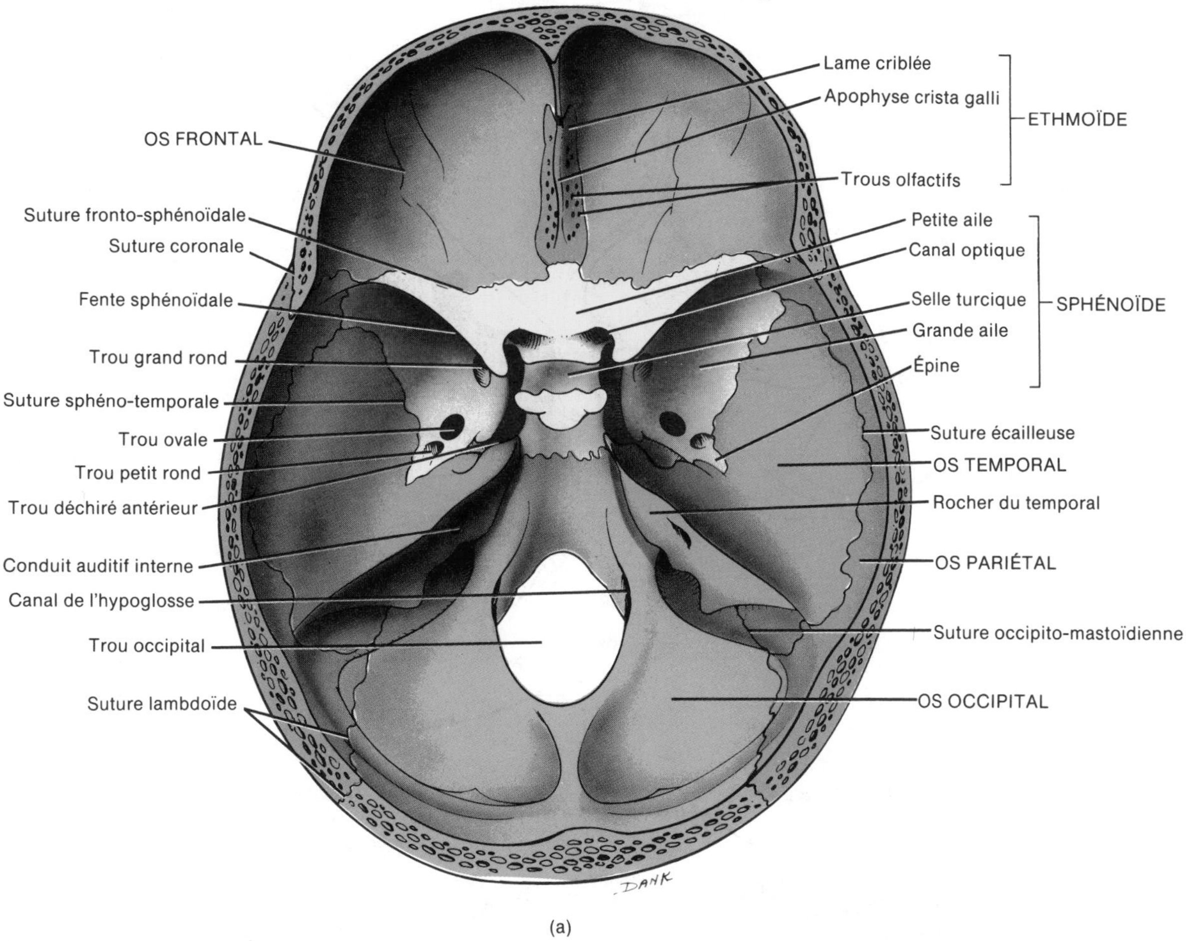

Lame criblée
Apophyse crista galli
ETHMOÏDE
Trous olfactifs
OS FRONTAL
Suture fronto-sphénoïdale
Suture coronale
Petite aile
Canal optique
Selle turcique
SPHÉNOÏDE
Grande aile
Épine
Fente sphénoïdale
Trou grand rond
Suture sphéno-temporale
Trou ovale
Trou petit rond
Trou déchiré antérieur
Suture écailleuse
OS TEMPORAL
Rocher du temporal
Conduit auditif interne
Canal de l'hypoglosse
OS PARIÉTAL
Trou occipital
Suture occipito-mastoïdienne
Suture lambdoïde
OS OCCIPITAL
DANK
(a)

Petites ailes
Corps
Canal optique
Fente sphénoïdale
Trou grand rond
Canal vidien
Épine du sphénoïde
Grandes ailes
Apophyse ptérygoïde
DANK
(b)

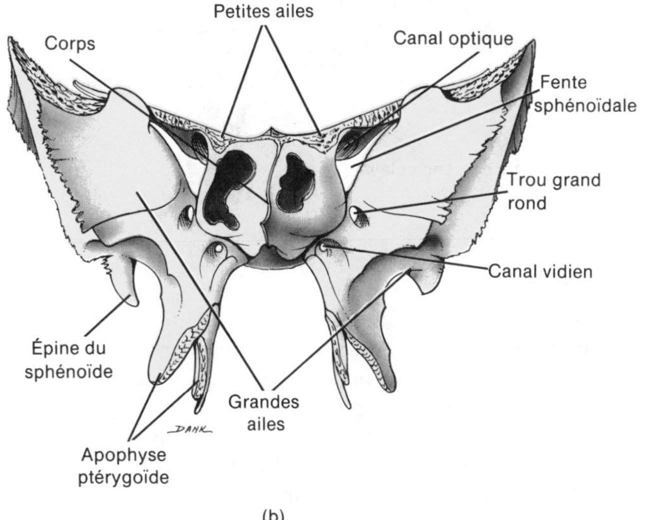

FIGURE 7.5 Sphénoïde. (a) Vue de dessus dans la base du crâne. (b) Vue antérieure.

antérieur de la base du crâne, la paroi interne des orbites, les portions supérieures de la cloison nasale et la plus grande partie des parois du plafond des fosses nasales. L'ethmoïde constitue la principale structure de soutien des fosses nasales.

Les **masses latérales** de l'ethmoïde composent la plus grande partie de la paroi située entre les fosses nasales et les orbites. Elles contiennent plusieurs cavités remplies d'air, ou «cellules», dont le nombre varie entre 3 et 18. L'ensemble des «cellules» ethmoïdales forme les **sinus ethmoïdaux** qui apparaissent à la figure 7.8. La **lame perpendiculaire** forme la partie supérieure de la cloison nasale (figure 7.7). La **lame criblée** se trouve dans l'étage antérieur de la base du crâne et forme le plafond des fosses nasales. Un éperon triangulaire, l'**apophyse crista galli**, se projette vers le haut à partir de la lame criblée. Elle sert de point d'attache aux membranes (méninges) qui recouvrent l'encéphale.

Les masses latérales contiennent deux os minces et enroulés, situés de chaque côté de la cloison nasale. Ce sont les **cornets supérieur** et **moyen**, qui permettent à l'air inhalé de circuler et d'être filtré avant de passer dans la trachée, les bronches et les poumons.

LES OS DE LA FACE

Les os propres du nez

Les deux **os propres du nez** sont de petits os oblongs qui se joignent à la partie centrale et supérieure du visage (figures 7.2 et 7.7). La fusion de ces os forme une partie de l'arête du nez. La partie inférieure du nez, qui est la plus importante, est faite de cartilage.

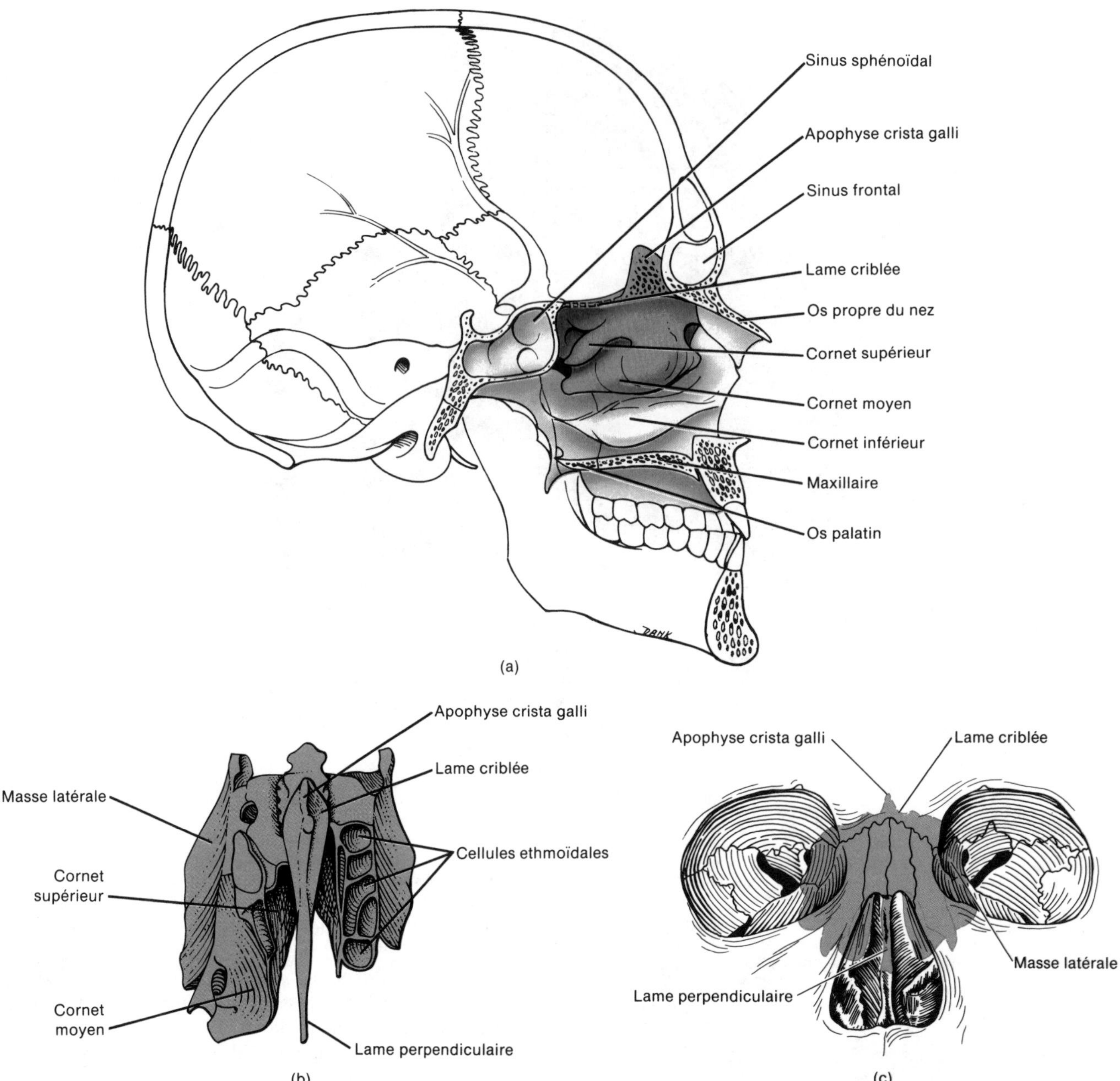

FIGURE 7.6 Ethmoïde. (a) Vue médiane montrant l'os ethmoïde sur la face interne de la partie gauche du crâne. (b) Vue antérieure. On a effectué une coupe frontale dans le côté gauche de l'os pour exposer les cellules ethmoïdales. (c) Diagramme sommaire illustrant, dans une vue antérieure, la position approximative de l'ethmoïde dans le crâne.

Les maxillaires

Les **maxillaires** se joignent pour former la mâchoire supérieure. Ils s'articulent avec tous les os de la face, sauf avec la mandibule, ou maxillaire inférieur. Ils forment une partie des planchers des orbites, une partie de la paroi supérieure de la cavité buccale (la plus grande partie du palais dur) et une partie des parois latérales et du plancher des fosses nasales.

Chacun des maxillaires contient un **sinus maxillaire** qui débouche dans les fosses nasales (figure 7.8). Les **rebords alvéolaires** (*alvéole*: cavité) contiennent les **alvéoles** dans lesquelles les dents de la mâchoire supérieure sont implantées. L'**apophyse palatine** est une saillie horizontale du maxillaire supérieur qui forme les trois quarts antérieurs du palais dur, ou la partie antérieure de la paroi supérieure de la cavité buccale. Les deux portions des os maxillaires se joignent, et la fusion s'effectue habituellement avant la naissance.

APPLICATION CLINIQUE

Lorsque les apophyses palatines des os maxillaires ne se joignent pas avant la naissance, on se trouve en présence d'une **fente palatine**. Celle-ci peut être accompagnée d'une fusion incomplète des lames horizontales du palatin (figure 7.4). La **fissure labiale** est une fente de la lèvre supérieure, et elle est souvent associée à la fente palatine. Selon son importance et

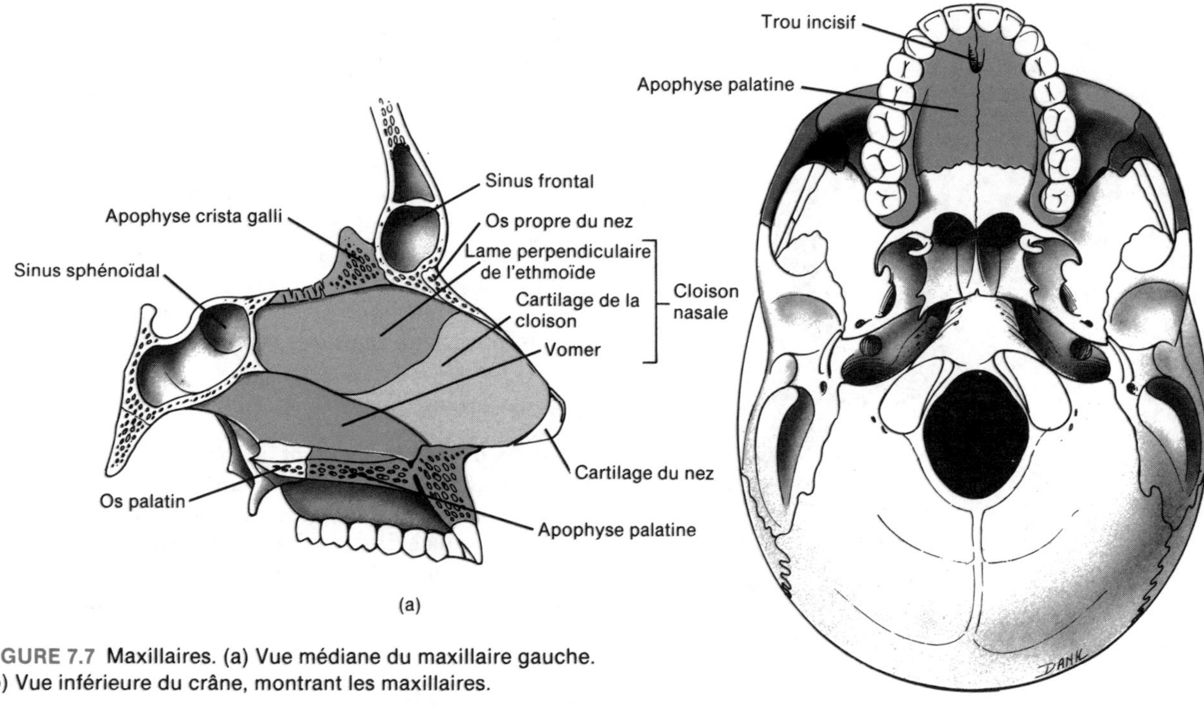

FIGURE 7.7 Maxillaires. (a) Vue médiane du maxillaire gauche. (b) Vue inférieure du crâne, montrant les maxillaires.

son emplacement, la fissure peut affecter la parole et la déglutition. Une intervention chirurgicale peut parfois améliorer l'apparence du visage.

La **fente sphéno-maxillaire**, associée au maxillaire supérieur et au sphénoïde, est située entre la grande aile du sphénoïde et le maxillaire supérieur (figure 7.4). Elle permet le passage du nerf trijumeau (V), des vaisseaux infra-orbitaires et du nerf temporo-malaire.

Les sinus de la face

Les **sinus de la face** sont des cavités se présentant par paires et se trouvant dans certains os situés près des fosses nasales (figure 7.8). Ils sont tapissés de muqueuses qui prolongent la muqueuse des fosses nasales. Les os crâniens contenant les sinus de la face sont le frontal, le sphénoïde, l'ethmoïde et les maxillaires. (Nous avons présenté les sinus dans les sections traitant de chacun de ces os.) Les sinus de la face produisent du mucus, allègent les os du crâne et servent de chambres de résonance.

APPLICATION CLINIQUE

Les sécrétions élaborées par les muqueuses des sinus de la face s'écoulent dans les fosses nasales. Une **sinusite** est une inflammation des muqueuses causée par une réaction allergique ou une infection. Lorsque les muqueuses enflent suffisamment pour empêcher l'écoulement des liquides dans les fosses nasales, les liquides s'accumulent dans les sinus de la face, ce qui entraîne des céphalées.

Les os malaires

Les deux **os malaires** (os des pommettes) forment les saillies des joues et une partie de la paroi externe et du plancher des orbites (figure 7.2,b).

L'**apophyse temporale** de l'os malaire se projette vers l'arrière et s'articule avec l'apophyse zygomatique du temporal. Ces deux apophyses forment l'**arcade zygomatique** (figure 7.4).

La mandibule

La **mandibule** est l'os de la face le plus volumineux et le plus fort (figure 7.9). C'est le seul os mobile de la tête.

À la figure 7.9, on peut voir que la mandibule comprend une partie horizontale incurvée, le **corps**, et deux segments perpendiculaires, les **branches**. L'**angle** est la région où les branches se joignent au corps. Chacune des branches est dotée d'un **condyle** qui s'articule avec la cavité glénoïde et le condyle du temporal, pour former l'articulation temporo-mandibulaire. Elle comprend également une **apophyse coronoïde** à laquelle s'attache le muscle temporal. La dépression entre l'apophyse coronoïde et le condyle est l'**échancrure sigmoïde**. Le **rebord alvéolaire** est un arc contenant les **alvéoles** des dents de la mâchoire inférieure.

Le **trou mentonnier** se trouve environ sous la première molaire. Le nerf et les vaisseaux mentonniers passent par cette ouverture. C'est par le trou mentonnier que le dentiste atteint parfois le nerf lorsqu'il injecte un anesthésique. Le **trou dentaire inférieur**, un autre trou associé à la mandibule et situé sur la face médiane du rameau, est également utilisé fréquemment par les dentistes comme point d'injection d'un anesthésique. Ce trou laisse passer le nerf et les vaisseaux dentaires inférieurs. Le trou dentaire inférieur est le commencement du **canal dentaire inférieur**, qui parcourt profondément le

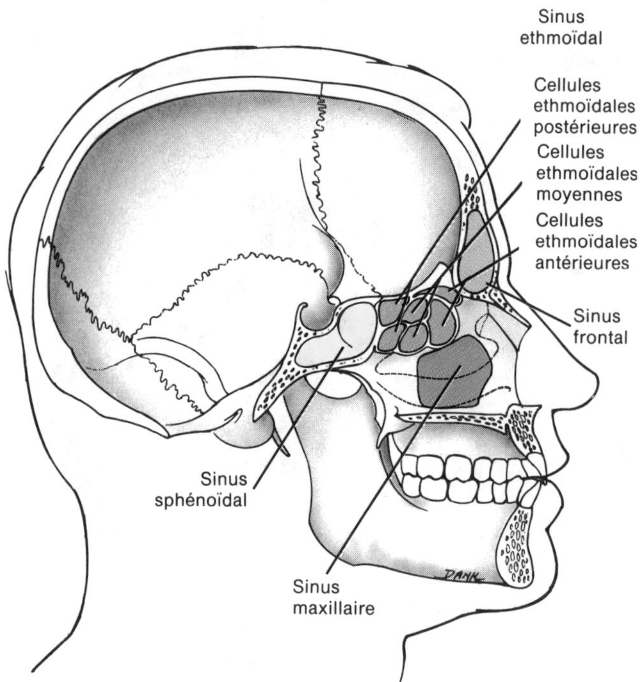

FIGURE 7.8 Vue médiane des sinus de la face.

rameau jusqu'aux racines des dents. Ce canal transmet les branches du nerf et des vaisseaux dentaires inférieurs jusqu'aux dents. Certaines parties de ces nerfs et de ces vaisseaux émergent par le trou mentonnier.

APPLICATION CLINIQUE

Si on ouvre la bouche très grande, comme dans le cas d'un bâillement démesuré, on peut déloger le condyle de la mandibule de la cavité glénoïde du temporal, ce qui provoque une **luxation de la mâchoire**. Le déplacement est habituellement bilatéral, et la personne atteinte est incapable de refermer la bouche.

Les unguis

Les deux **unguis**, ou **os lacrymaux** (*lacrima* : larme), sont des os minces ressemblant un peu, sur le plan du volume et de la forme, à un ongle. Ce sont les os les plus petits de la face. Ils sont situés en arrière et à côté des os du nez, dans la paroi médiane de l'orbite (figure 7.2,a,b,c). Les unguis forment une partie de la paroi médiane de l'orbite.

Les os palatins

Les deux **os palatins** ,qui ont la forme d'un L, forment la partie postérieure du palais dur, une partie du plancher et de la paroi latérale des fosses nasales, ainsi qu'une petite partie des planchers des orbites. La partie postérieure du palais dur, qui sépare les fosses nasales de la cavité buccale, est formée par les **lames horizontales** des os palatins (figure 7.4).

Les cornets inférieurs

Voyons les figures 7.2,a et 7.6,a. Les deux **cornets inférieurs du nez** sont des os enroulés qui forment une partie de la paroi latérale des fosses nasales et se projettent dans ces dernières sous les cornets supérieur et moyen de l'ethmoïde. Ils jouent le même rôle que les cornets supérieur et moyen, c'est-à-dire qu'ils permettent à l'air inhalé de circuler et d'être filtré avant de s'engager dans les poumons. Les cornets inférieurs sont des os distincts de l'ethmoïde.

Le vomer

Le **vomer** est un os de forme vaguement triangulaire, formant les parties inférieure et postérieure de la cloison nasale (figures 7.2,a et 7.4).

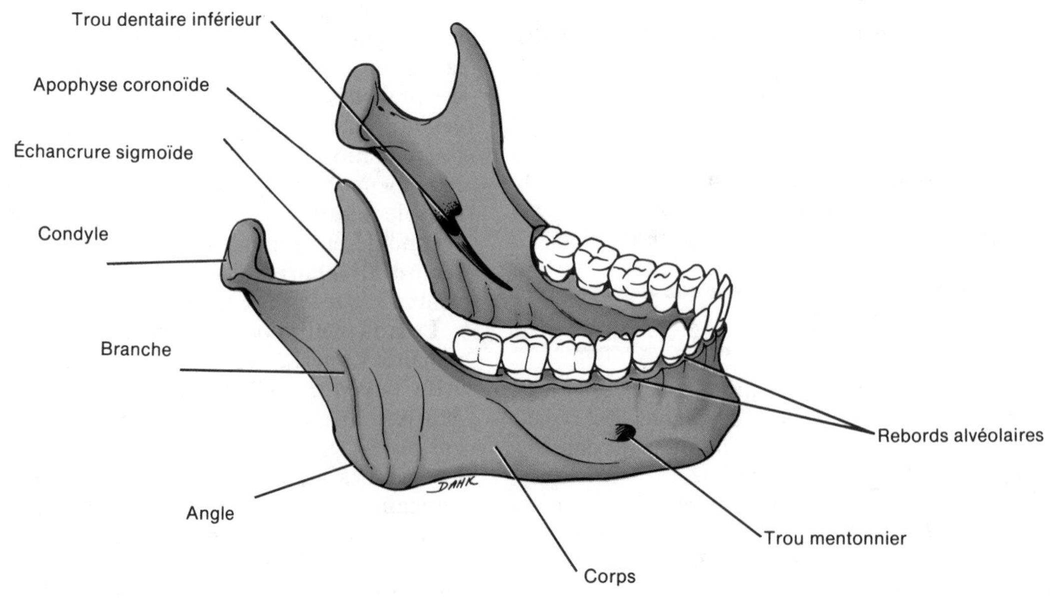

FIGURE 7.9 Vue latérale droite de la mandibule.

Le bord inférieur du vomer s'articule avec la cloison cartilagineuse qui sépare les deux fosses nasales. Son bord supérieur s'articule avec la lame perpendiculaire de l'ethmoïde. Ainsi, les structures qui forment la **cloison nasale** sont la lame perpendiculaire de l'ethmoïde, le cartilage de la cloison nasale et le vomer (figure 7.7,a).

APPLICATION CLINIQUE

Dans la **déviation de la cloison nasale**, la cloison est déviée latéralement. Elle se produit habituellement à la jonction de l'os et du cartilage de la cloison. Lorsque la déviation est très marquée, elle peut bloquer entièrement les voies nasales. Même en présence d'une obstruction incomplète, l'infection et l'inflammation se développent et provoquent de la congestion nasale, une obstruction des ouvertures des sinus de la face ainsi qu'une sinusite chronique.

LES TROUS ET LES CANAUX DE LA TÊTE

Certains des trous et des canaux de la tête ont été mentionnés lors des descriptions des os du crâne et de la face auxquels ils sont associés. Afin de préparer le lecteur à l'étude des autres systèmes et appareils de l'organisme, notamment le système nerveux et l'appareil cardio-vasculaire, ces trous et ces canaux (et d'autres), ainsi que les structures qui y passent, sont énumérés, par ordre alphabétique, dans le document 7.3.

L'OS HYOÏDE

L'**os hyoïde** (*hyoïde*: en forme de U) est unique en son genre dans le squelette axial parce qu'il ne s'articule avec aucun autre os. Il est lié à l'apophyse styloïde du temporal par des ligaments et des muscles. L'os hyoïde est situé dans le cou, entre la mandibule et le larynx. Il soutient la langue et sert de point d'attache à certains de ses muscles. (figure 7.2,c,d).

L'os hyoïde comprend un corps horizontal ainsi qu'une **petite corne** et une **grande corne** (figure 7.10). Des muscles et des ligaments sont rattachés à ces cornes.

Lorsqu'une personne est étranglée, l'os hyoïde est souvent fracturé. C'est pourquoi on examine soigneusement cet os lorsqu'on pratique une autopsie et qu'on soupçonne une mort par étranglement.

LA COLONNE VERTÉBRALE

LES DIVISIONS

La **colonne vertébrale**, ou **rachis dorsal**, forme, avec le sternum et les côtes, le squelette du **tronc**. La colonne vertébrale est composée d'os, les **vertèbres**. Chez l'adulte moyen, la colonne mesure environ 71 cm. C'est une tige solide et flexible qui peut se déplacer vers l'avant, vers l'arrière et vers les côtés. Elle renferme et protège la moelle épinière, soutient la tête et sert de point d'attache aux côtes et aux muscles du dos. Entre les vertèbres se

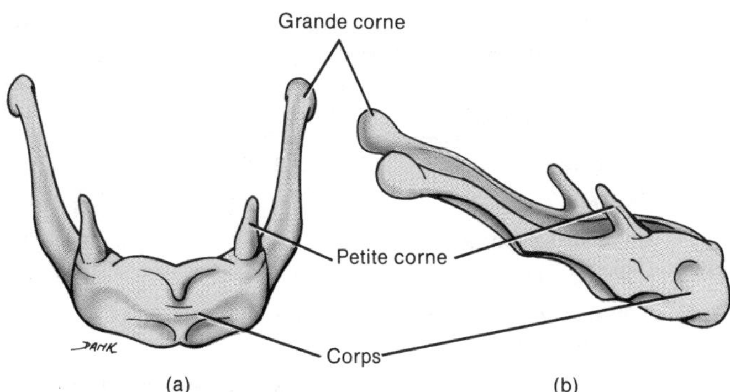

FIGURE 7.10 Os hyoïde. (a) Vue antérieure. (b) Vue latérale droite.

trouvent des ouvertures appelées **trous de conjugaison**. Les nerfs qui relient la moelle épinière aux différentes parties de l'organisme passent par ces ouvertures.

La colonne vertébrale de l'adulte contient 26 vertèbres (figure 7.11,a,b), distribuées comme suit: 7 **vertèbres cervicales** (*cervi*: cou), dans la région du cou; 12 **vertèbres dorsales** ou **thoraciques**, situées derrière la cavité thoracique; 5 **vertèbres lombaires**, soutenant la partie inférieure du dos; 5 **vertèbres sacrées**, réunies en un os, le **sacrum**; et, habituellement, 4 **vertèbres coccygiennes**, réunies en un ou deux os formant le **coccyx**. Si l'on ne tient pas compte de la fusion des vertèbres sacrées et coccygiennes, les vertèbres sont au nombre de 33.

Entre les vertèbres adjacentes, de l'axis au sacrum, se trouvent les **disques intervertébraux** fibrocartilagineux. Chaque disque est composé d'une partie périphérique lamellaire faite de fibrocartilage, appelée *anneau fibreux*, et d'une structure interne molle, pulpeuse et très élastique, le *nucleus pulposus* (voir la figure 7.19). Les disques constituent des articulations solides, permettent divers mouvements de la colonne et absorbent les chocs verticaux. Soumis à une compression, ils s'aplatissent, s'élargissent et sortent de leurs espaces intervertébraux (figure 7.11,c).

LES COURBURES

Vue de côté, la colonne vertébrale présente quatre **courbures** (figure 7.11,b). Deux de ces courbures sont convexes (elles s'incurvent vers l'arrière) et deux sont concaves (elles s'incurvent vers l'avant). Les courbures de la colonne, comme celles des os longs, sont importantes parce qu'elles augmentent la force de la colonne, aident à maintenir l'équilibre en position verticale, absorbent les chocs provoqués par la marche et favorisent la prévention des fractures.

Chez le fœtus, il n'existe qu'une courbure à concavité antérieure. Vers le troisième mois après la naissance, lorsque le nourrisson commence à soutenir sa tête, la **courbure cervicale** se développe. Plus tard, lorsque l'enfant se tient debout et marche, la **courbure lombaire** se développe. Les courbures cervicale et lombaire sont des courbures à convexité antérieure. Comme elles constituent des modifications des positions fœtales, on les appelle **courbures secondaires**. Les deux autres courbures, la **courbure dorsale** et la **courbure sacrée**, sont

DOCUMENT 7.3 PRINCIPAUX TROUS ET CANAUX DE LA TÊTE

TROU OU CANAL	EMPLACEMENT	STRUCTURES QUI LE TRAVERSENT
Canal carotidien (figure 7.4)	Rocher de l'os temporal	Artère carotide interne
Canal de l'hypoglosse (figure 7.5)	Au-dessus de la base des condyles de l'os occipital	Nerf grand hypoglosse (XII) et branche de l'artère pharyngienne ascendante
Canal lacrymo-nasal osseux (figure 7.2,c)	Unguis	Canal lacrymo-nasal membraneux
Canal optique (figure 7.5)	Entre les segments supérieur et inférieur de la petite aile du sphénoïde	Nerf optique (II) et artère ophtalmique
Fente sphénoïdale (figure 7.5)	Entre la grande aile et la petite aile du sphénoïde	Nerf moteur oculaire commun (III), nerf pathétique (IV), branche ophtalmique du nerf trijumeau (V) et nerf moteur oculaire externe (VI)
Fente sphéno-maxillaire (figure 7.4)	Entre la grande aile du sphénoïde et le maxillaire supérieur	Branche maxillaire du nerf trijumeau (V), nerf temporo-malaire et vaisseaux sous-orbitaires
Trou déchiré antérieur (figure 7.5)	Limité à l'avant par le sphénoïde, à l'arrière par le rocher du temporal et au centre par le sphénoïde et l'occipital	Artère carotide interne et artère pharyngienne ascendante
Trou déchiré postérieur (figure 7.4)	Derrière le canal carotidien, entre le rocher du temporal et l'occipital	Veine jugulaire interne, nerf glosso-pharyngien (IX), nerf pneumogastrique (X), nerf spinal (XI) et sinus latéral
Trou dentaire inférieur (figure 7.9)	Face médiane de la branche de la mandibule	Nerf dentaire inférieur et vaisseaux dentaires inférieurs
Trou grand rond (figure 7.5)	Jonction des parties antérieure et médiane du sphénoïde	Branche maxillaire du nerf trijumeau (V)
Trou incisif (figure 7.7,b)	Sous les incisives	Nerf vasopalatin et branches des vaisseaux palatins descendants
Trou malaire (figure 7.2,a)	Os malaire	Filet malaire du nerf et des vaisseaux temporo-malaires
Trou mastoïdien	Bord postérieur de l'apophyse mastoïde du temporal	Veine émissaire vers le sinus latéral et branche de l'artère occipitale vers la dure-mère
Trou mentonnier (figure 7.9)	Sous la deuxième prémolaire de la mandibule	Nerfs et vaisseaux mentonniers
Trou occipital (figure 7.4)	Os occipital	Bulbe rachidien et les membranes qui l'accompagnent, nerf spinal (XI), artères vertébrale et spinale, et méninges
Trou olfactif (figure 7.5)	Lame criblée de l'ethmoïde	Nerf olfactif (I)
Trou ovale (figure 7.5)	Grande aile du sphénoïde	Branche mandibulaire du nerf trijumeau (V)
Trou palatin accessoire (figure 7.4)	Derrière le trou palatin principal	Nerfs palatins moyen et postérieur et artères palatines mineures
Trou palatin principal (figure 7.4)	Angle postérieur du palais dur	Nerf palatin antérieur et vaisseaux palatins majeurs
Trou petit rond (figure 7.5)	Angle postérieur du sphénoïde	Veines méningées moyennes
Trou sous-orbitaire (figure 7.2,a)	Sous les orbites dans le maxillaire supérieur	Nerf et artère sous-orbitaires
Trou stylo-mastoïdien (figure 7.4)	Entre les apophyses styloïde et mastoïde du temporal	Nerf facial (VII) et artère stylo-mastoïdienne
Trou sus-orbitaire (figure 7.2,a)	Arcade orbitaire	Nerf et artère sus-orbitaires

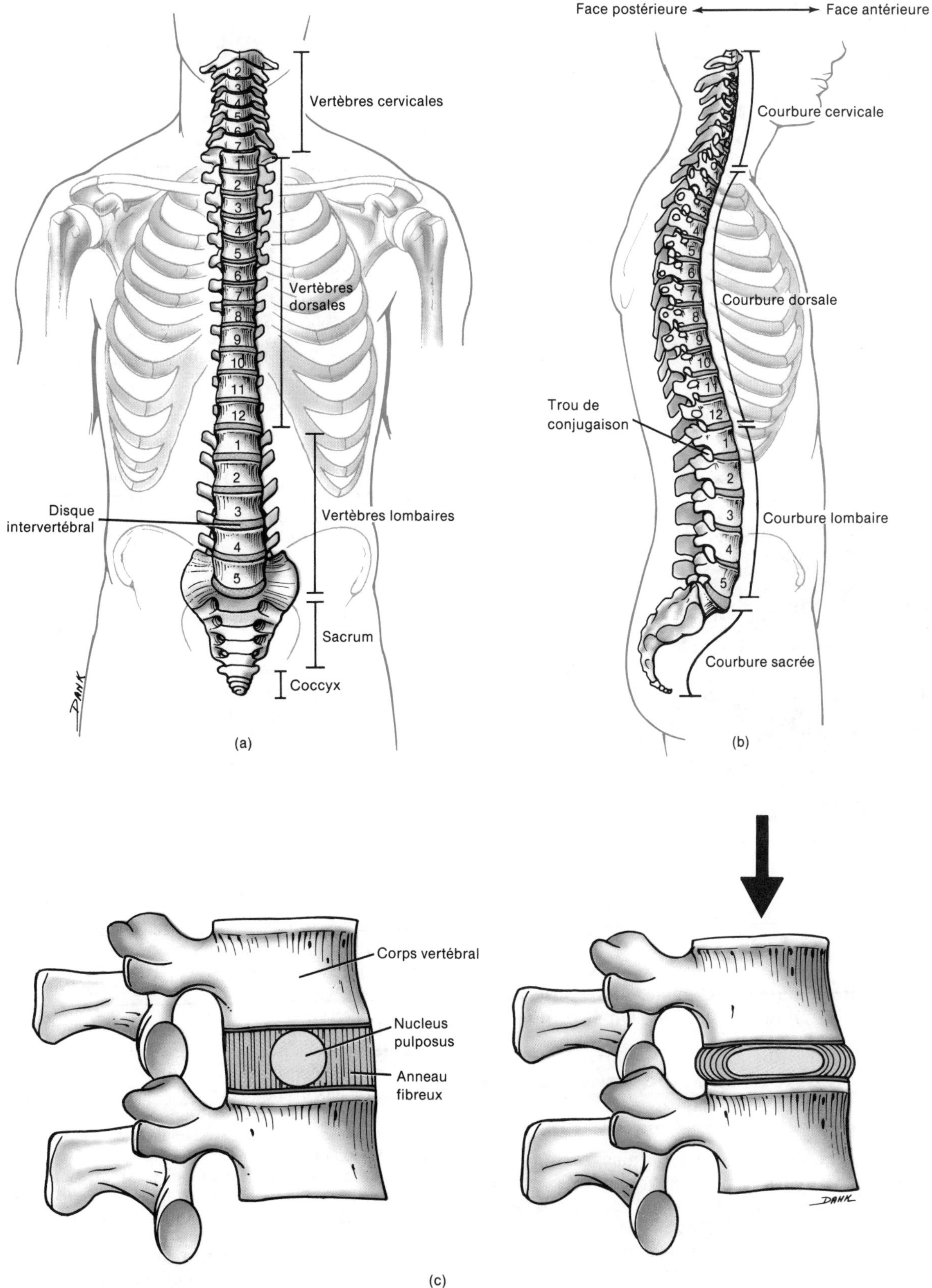

FIGURE 7.11 Colonne vertébrale. (a) Vue antérieure. (b) Vue latérale droite. (c) Disque intervertébral en position normale (à gauche) et comprimé (à droite). Le volume proportionnel du disque a été agrandi. On a percé une « fenêtre » dans l'anneau fibreux pour permettre de voir le nucleus pulposus.

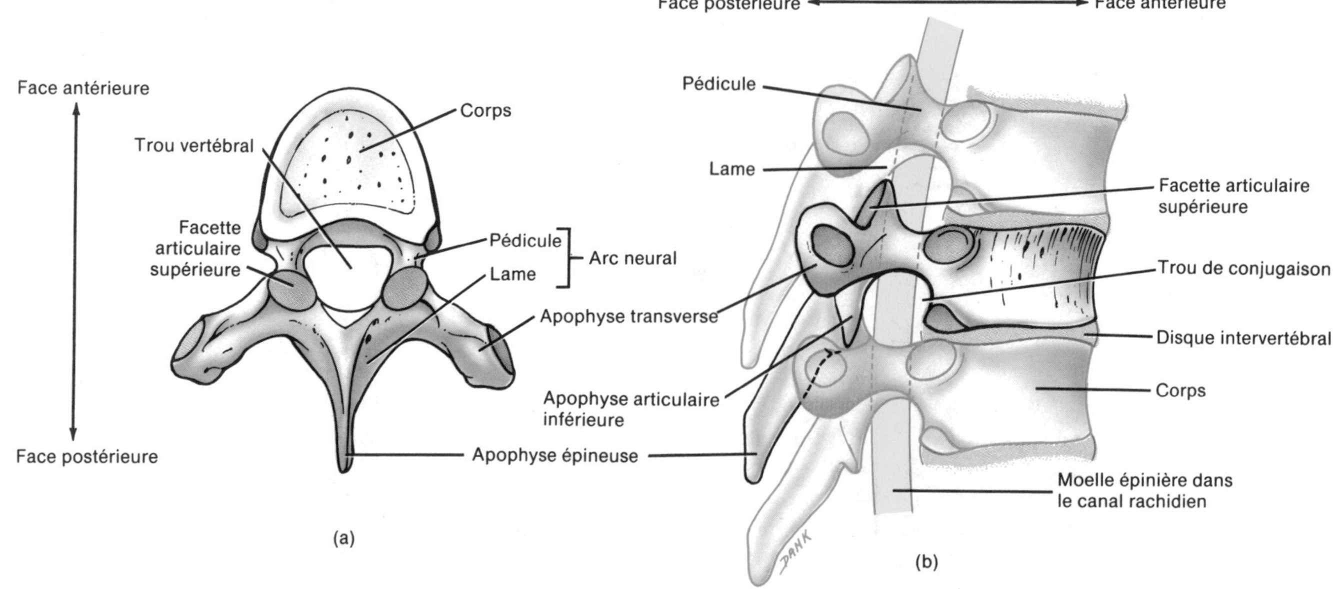

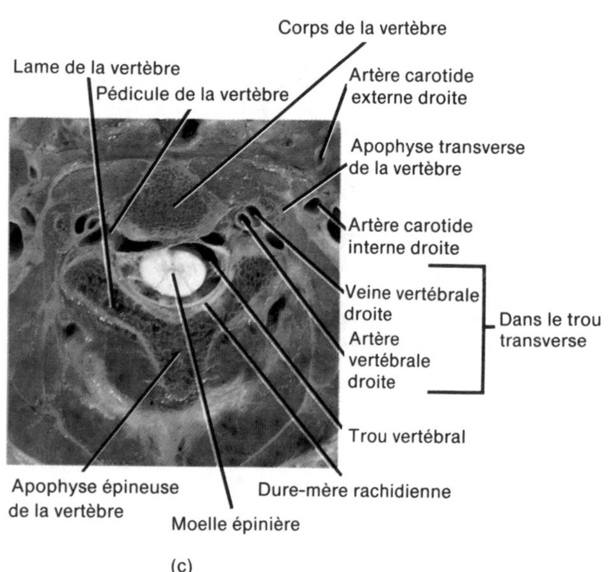

FIGURE 7.12 Vertèbre typique. (a) Vue supérieure. (b) Vue latérale droite. (c) Photographie d'une coupe transversale de la région cervicale supérieure. [Gracieuseté de Stephen A. Kieffer et E. Robert Heitzman, *An Atlas of Cross-Sectional Anatomy*, Harper & Row, Publishers, Inc., Hagerstown, MD, 1979.]

à concavité antérieure. Comme elles conservent la concavité antérieure du fœtus, on les appelle les **courbures primaires**.

APPLICATION CLINIQUE

Au cours des dernières années, certaines personnes ont utilisé l'**extension par gravité** pour réduire la compression de la colonne vertébrale en utilisant la gravité et la masse du corps. On effectue ce procédé en se suspendant la tête en bas, par les chevilles, les pieds emprisonnés dans des chaussures spéciales attachées à une barre horizontale. Cette méthode d'élongation et d'exercice est très populaire, mais comporte certains risques. Ainsi, on a découvert que certaines jeunes personnes en santé pouvaient souffrir d'une élévation de la pression artérielle, de la fréquence du pouls, de la pression intra-oculaire et de la pression artérielle dans les yeux. De plus, on déconseille l'extension par gravité chez les sujets atteints d'un glaucome, d'hypertension, de cardiopathies, de hernies hiatales ou de troubles de la colonne vertébrale.

LA VERTÈBRE TYPIQUE

Bien qu'il existe des différences quant au volume, à la forme et à certains détails des vertèbres situées dans les différentes régions de la colonne vertébrale, toutes les vertèbres sont essentiellement semblables sur le plan de la structure (figure 7.12). Une vertèbre typique comprend les parties suivantes :

1. Le **corps** est la portion antérieure épaisse, en forme de disque, qui constitue la partie de la vertèbre qui supporte la masse. Ses faces supérieure et inférieure sont rugueuses pour permettre aux disques intervertébraux de s'attacher. Les faces antérieure et latérale contiennent des trous nourriciers permettant le passage des vaisseaux sanguins.
2. L'**arc neural**, ou **vertébral,** s'étend vers l'arrière à partir du corps de la vertèbre. Avec celui-ci, il entoure la moelle épinière. Il est formé de deux saillies courtes et épaisses, les **pédicules**, qui se projettent vers l'arrière et s'unissent aux lames. Les **lames** sont les parties aplaties qui se joignent pour former la portion postérieure de l'arc neural. L'espace compris entre l'arc neural et le corps de la vertèbre contient la moelle épinière. Cet espace est le **trou vertébral**. Les trous vertébraux de toutes les vertèbres forment le **canal rachidien**, ou **vertébral**. Les pédicules sont échancrés vers le haut et vers le bas de façon qu'il y ait une ouverture entre les vertèbres de chaque côté de la colonne. Cette ouverture, le **trou de conjugaison**, permet le passage des nerfs rachidiens.

3. Sept **apophyses** se projettent à partir de l'arc neural. À l'endroit où se joignent une lame et un pédicule, une **apophyse transverse** s'étend latéralement de chaque côté. Une **apophyse épineuse** se projette vers l'arrière et vers le bas à la jonction des lames. Ces trois apophyses servent de points d'attache aux muscles. Les quatre autres apophyses forment des articulations avec les autres vertèbres. Les deux **apophyses articulaires supérieures** s'articulent avec la vertèbre située immédiatement au-dessus. Les deux **apophyses articulaires inférieures** s'articulent avec la vertèbre située au-dessous. Les faces articulaires des apophyses articulaires sont appelées **facettes**.

LA RÉGION CERVICALE

Lorsqu'on les regarde d'en dessus, on peut voir que les corps des **vertèbres cervicales** sont plus petits que ceux des vertèbres dorsales (figure 7.13). Les arcs, toutefois, sont plus gros. Les apophyses épineuses, de la deuxième à la sixième vertèbre cervicale, sont souvent *bifides*, c'est-à-dire qu'elles présentent une fissure. Toutes les vertèbres cervicales ont trois trous: un trou vertébral et deux trous transverses. Chaque apophyse transverse contient un **trou transverse** par lequel passent l'artère vertébrale et la veine qui l'accompagne, ainsi que des fibres nerveuses.

Les deux premières vertèbres cervicales diffèrent des autres de façon importante. La première vertèbre cervicale (C1), l'**atlas**, est ainsi nommée parce qu'elle soutient la tête. Essentiellement, l'atlas est un anneau osseux doté d'**arcs antérieur** et **postérieur** et de volumineuses **masses latérales**. Elle est dépourvue de corps et d'apophyse épineuse. Les faces supérieures des masses latérales, qu'on appelle **cavités glénoïdes de l'atlas**, sont concaves et s'articulent avec les condyles de l'os occipital. Cette articulation permet de hocher la tête. Les faces inférieures des masses latérales, les **facettes articulaires inférieures**, s'articulent avec la deuxième vertèbre cervicale. Les apophyses transverses et le trou transverse de l'atlas sont assez volumineux.

La deuxième vertèbre cervicale (C2), l'**axis**, est pourvue d'un corps. **L'apophyse odontoïde** se projette vers le haut dans l'anneau formé par l'atlas. L'apophyse forme un pivot sur lequel tourne l'atlas, ce qui permet les mouvements latéraux de la tête.

APPLICATION CLINIQUE

Lors d'un traumatisme, l'apophyse odontoïde de l'axis peut être déplacée dans le bulbe rachidien, ce qui provoque habituellement une mort instantanée. Ce type de traumatisme provoque habituellement la mort lors d'un **coup de fouet cervical antéro-postérieur (coup du lapin)**.

Les troisième, quatrième, cinquième et sixième vertèbres cervicales (C3 à C6) correspondent au modèle structural de la vertèbre cervicale typique décrite plus haut.

La septième vertèbre cervicale (C7), la **vertèbre proéminente**, est différente. Elle est marquée par une apophyse épineuse volumineuse et non bifide, qu'on peut voir et palper à la base du cou.

LA RÉGION THORACIQUE

Si l'on regarde une **vertèbre dorsale** typique d'en dessus, on constate qu'elle est considérablement plus grosse et plus forte qu'une vertèbre cervicale (figure 7.14). De plus, l'apophyse épineuse de chaque vertèbre est longue et aplatie latéralement, et elle se projette vers le bas. Les apophyses transverses des vertèbres dorsales sont plus longues et plus lourdes que celles des vertèbres cervicales.

Sauf dans le cas des onzième et douzième vertèbres dorsales, les apophyses transverses sont dotées de **facettes** qui s'articulent avec les tubérosités costales. Les corps des vertèbres dorsales ont également des **facettes** complètes ou des **demi-facettes** qui leur permettent de s'articuler avec les têtes des côtes. La première vertèbre dorsale (D1) est dotée, de chaque côté de son corps, d'une facette supérieure complète et d'une demi-facette inférieure. La facette supérieure s'articule avec la première côte; la demi-facette inférieure et la demi-facette supérieure de la deuxième vertèbre dorsale (D2) forment une facette permettant l'articulation avec la deuxième côte. De la deuxième à la huitième vertèbre dorsale (D2 à D8), on trouve deux demi-facettes de chaque côté, une demi-facette supérieure plus grosse et une demi-facette inférieure plus petite. Lorsque les vertèbres sont articulées, elles forment des facettes complètes pour les têtes des côtes. La neuvième vertèbre dorsale (D9) est dotée d'une seule demi-facette supérieure de chaque côté de son corps. Les dixième, onzième et douzième vertèbres dorsales (D10 à D12) sont dotées de facettes complètes de chaque côté de leurs corps.

LA RÉGION LOMBAIRE

Les **vertèbres lombaires** (L1 à L5) sont les vertèbres les plus grosses et les plus fortes de la colonne vertébrale (figure 7.15). Leurs apophyses sont courtes et épaisses. Les apophyses articulaires supérieures se projettent vers le centre plutôt que vers le haut. Les apophyses articulaires inférieures se projettent vers les côtés plutôt que vers le bas. L'apophyse épineuse est carrée, épaisse et large, et se projette presque en droite ligne vers l'arrière. Elle est faite de façon à s'attacher aux gros muscles du dos.

LE SACRUM ET LE COCCYX

Le **sacrum** est un os triangulaire formé par l'union des cinq vertèbres sacrées (figure 7.16, S1 à S5). Il sert de base solide à la ceinture pelvienne. Il est situé à la partie postérieure de la cavité pelvienne, entre les deux os iliaques.

Le côté antérieur concave du sacrum fait face à la cavité pelvienne. Il est lisse et contient quatre **lignes transverses** qui marquent la jonction des corps vertébraux. Aux extrémités de ces lignes se trouvent quatre paires de **trous sacrés antérieurs**.

La face postérieure convexe du sacrum est irrégulière. Elle contient une **crête sacrée** médiane, formée par les apophyses épineuses fusionnées des vertèbres sacrées supérieures, une **crista sacralis lateralis**, formée par les apophyses transverses des vertèbres sacrées, et quatre

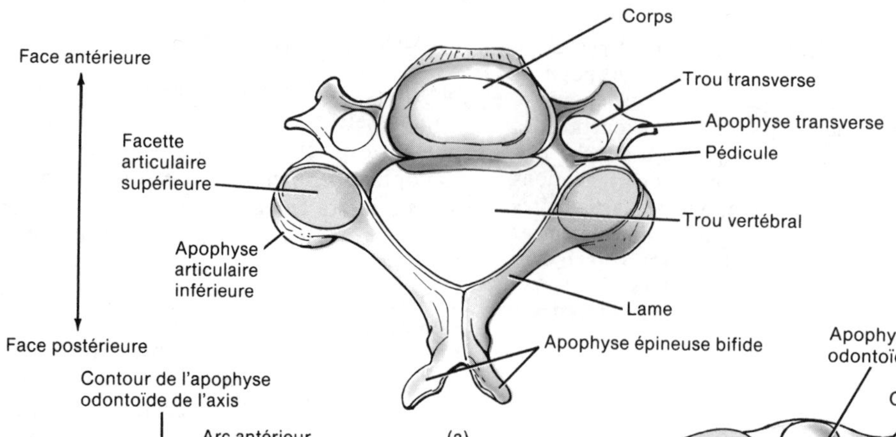

Face antérieure
Face postérieure
Corps
Trou transverse
Apophyse transverse
Pédicule
Facette articulaire supérieure
Trou vertébral
Apophyse articulaire inférieure
Lame
Apophyse épineuse bifide

(a)

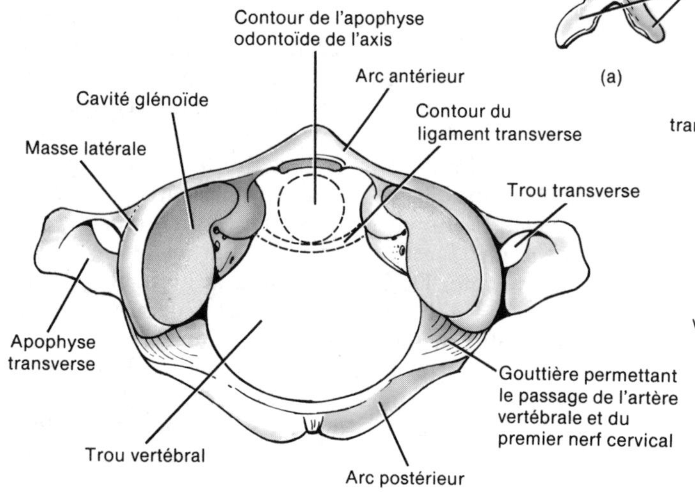

Contour de l'apophyse odontoïde de l'axis
Arc antérieur
Cavité glénoïde
Contour du ligament transverse
Masse latérale
Trou transverse
Apophyse transverse
Gouttière permettant le passage de l'artère vertébrale et du premier nerf cervical
Trou vertébral
Arc postérieur

(b)

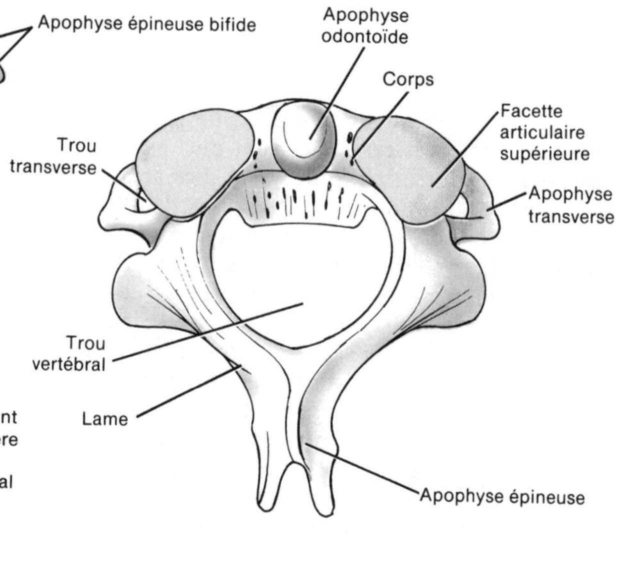

Apophyse odontoïde
Corps
Facette articulaire supérieure
Trou transverse
Apophyse transverse
Trou vertébral
Lame
Apophyse épineuse

(c)

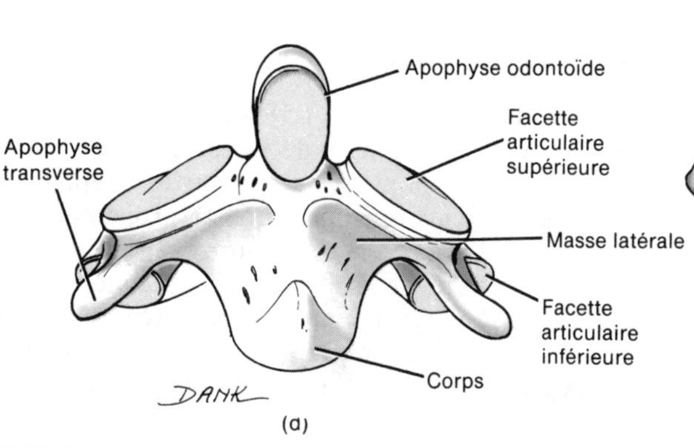

Apophyse odontoïde
Facette articulaire supérieure
Apophyse transverse
Masse latérale
Facette articulaire inférieure
Corps
DANK

(d)

Apophyse odontoïde
Gouttière permettant le passage de l'artère vertébrale et du premier nerf cervical
C1 (atlas)
C2 (axis)
C3
C4
C5
C6
C7 (vertèbre proéminente)
DANK

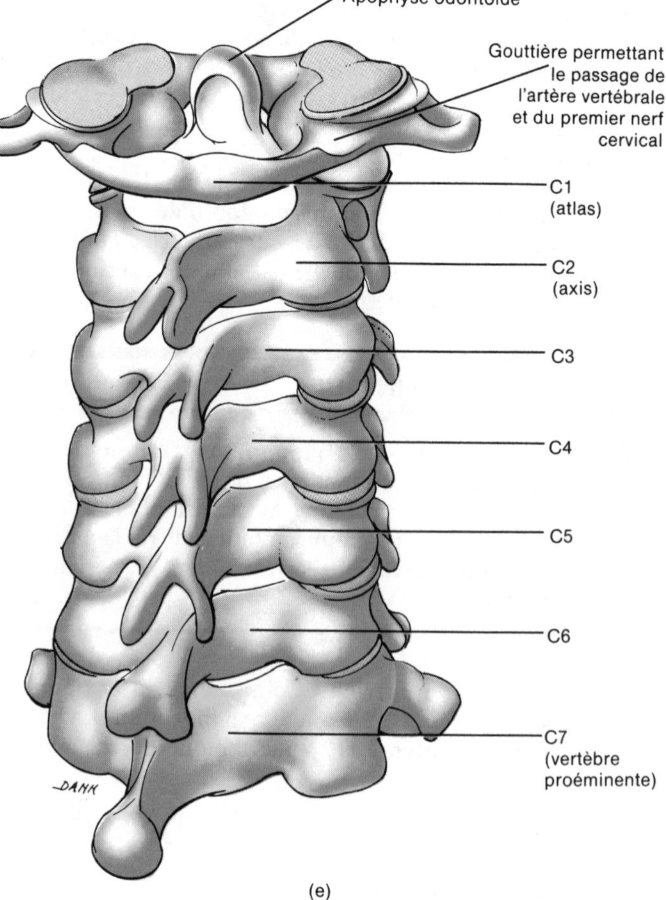

(e)

FIGURE 7.13 Vertèbres cervicales. (a) Vue supérieure d'une vertèbre cervicale. (b) Vue supérieure de l'atlas. (c) Vue supérieure de l'axis. (d) Vue antérieure de l'axis. (e) Vue postérieure de vertèbres articulées.

paires de **trous sacrés postérieurs**. Ces trous communiquent avec les trous sacrés antérieurs par lesquels passent les nerfs et les vaisseaux sanguins. Le **canal sacré** prolonge le canal rachidien. Les lames de la cinquième vertèbre sacrée, et parfois de la quatrième, ne se rejoignent pas. L'espace ainsi dégagé offre une ouverture inférieure au canal rachidien, l'**hiatus sacré**. De chaque côté de l'hiatus sacré se trouvent les **cornes du sacrum**, les apophyses articulaires de la cinquième vertèbre sacrée. Elles sont reliées aux cornes du coccyx par des ligaments.

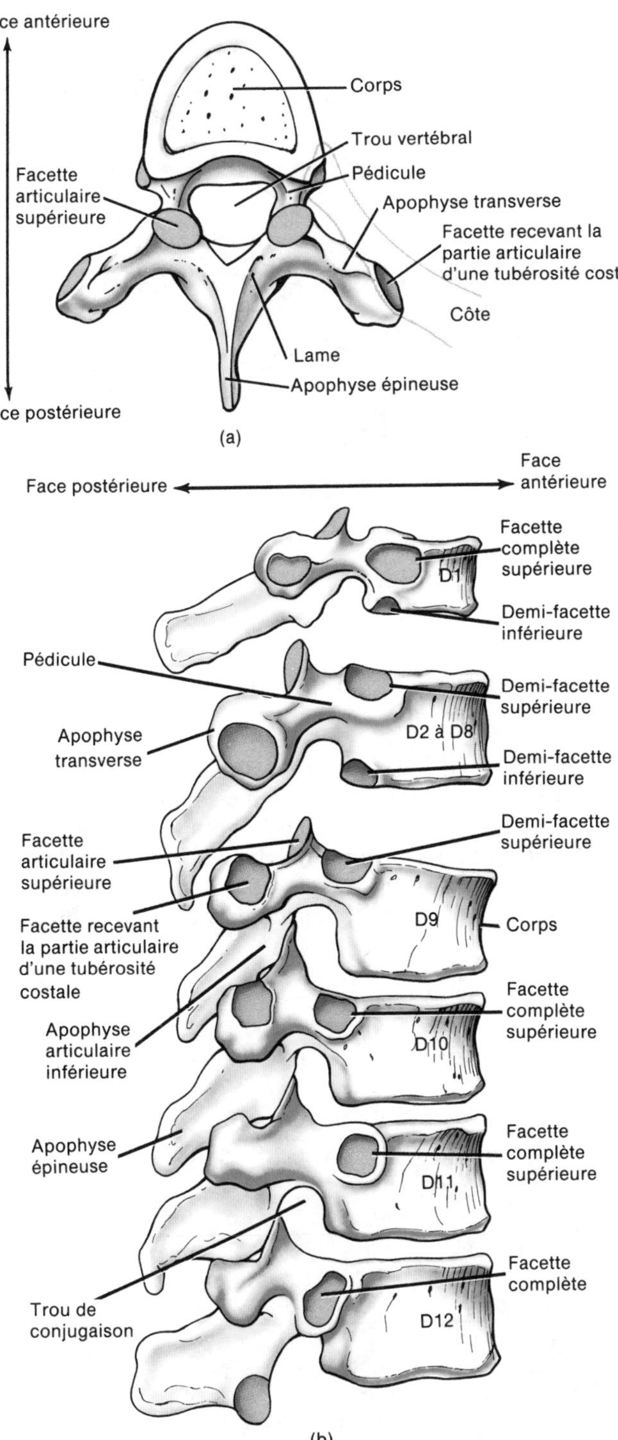

FIGURE 7.14 Vertèbres dorsales. (a) Vue supérieure. (b) Vue latérale droite de vertèbres articulées.

APPLICATION CLINIQUE

On injecte parfois des anesthésiques, qui agissent sur les nerfs sacrés et coccygiens, dans l'hiatus sacré ; c'est une **anesthésie épidurale**. Comme l'hiatus sacré est situé entre les cornes du sacrum, celles-ci constituent des points de repère importants dans la localisation de l'emplacement de l'hiatus. On peut également injecter l'anesthésique dans les trous sacrés postérieurs.

Le bord supérieur du sacrum présente un rebord qui se projette vers l'avant, le **promontoire sacré**, qui sert de point de repère pour mesurer le bassin de la femme enceinte. Une ligne imaginaire partant de la face supérieure de la symphyse pubienne et se rendant au promontoire sacré sépare les cavités abdominale et pelvienne. Latéralement, le sacrum possède une grande **surface auriculaire** lui permettant de s'articuler avec l'ilion de l'os iliaque. Ses **apophyses articulaires supérieures** s'articulent avec la cinquième vertèbre lombaire.

Le **coccyx** est également de forme triangulaire et est formé par la fusion des vertèbres coccygiennes, habituellement les quatre dernières (figure 7.16, Col à Co4). La face dorsale du corps du coccyx est dotée de deux longues **cornes** reliées par des ligaments aux cornes du sacrum. Les cornes du coccyx sont les pédicules et les apophyses articulaires supérieures de la première vertèbre coccygienne. Sur les faces latérales du corps du coccyx se trouvent plusieurs **apophyses transverses**, dont la première paire est la plus volumineuse. Le coccyx s'articule en haut avec le sacrum.

LE THORAX

Sur le plan anatomique, le terme **thorax** s'applique à la poitrine. La portion squelettique du thorax est une cage osseuse formée par le sternum, le cartilage costal, les côtes et les corps des vertèbres dorsales (figure 7.17).

La cage thoracique a vaguement la forme d'un cône, la portion la plus étroite étant la partie supérieure, et la portion la plus large, la partie inférieure. Elle est aplatie de l'avant à l'arrière. La cage thoracique renferme et protège les organes contenus dans la cavité thoracique. Elle constitue également un soutien pour les os de la ceinture scapulaire et des membres supérieurs.

LE STERNUM

Le **sternum** est un os plat et étroit mesurant environ 15 cm de longueur. Il est situé à la ligne médiane de la paroi thoracique antérieure.

Le sternum (figure 7.17) comprend trois parties principales : le **manubrium**, la partie supérieure triangulaire ; le **corps**, la partie centrale, la plus importante ; et l'**appendice xiphoïde**, la partie inférieure, la plus petite. Le bord supérieur du manubrium présente une échancrure, la **fourchette sternale**. De chaque côté de cette fourchette

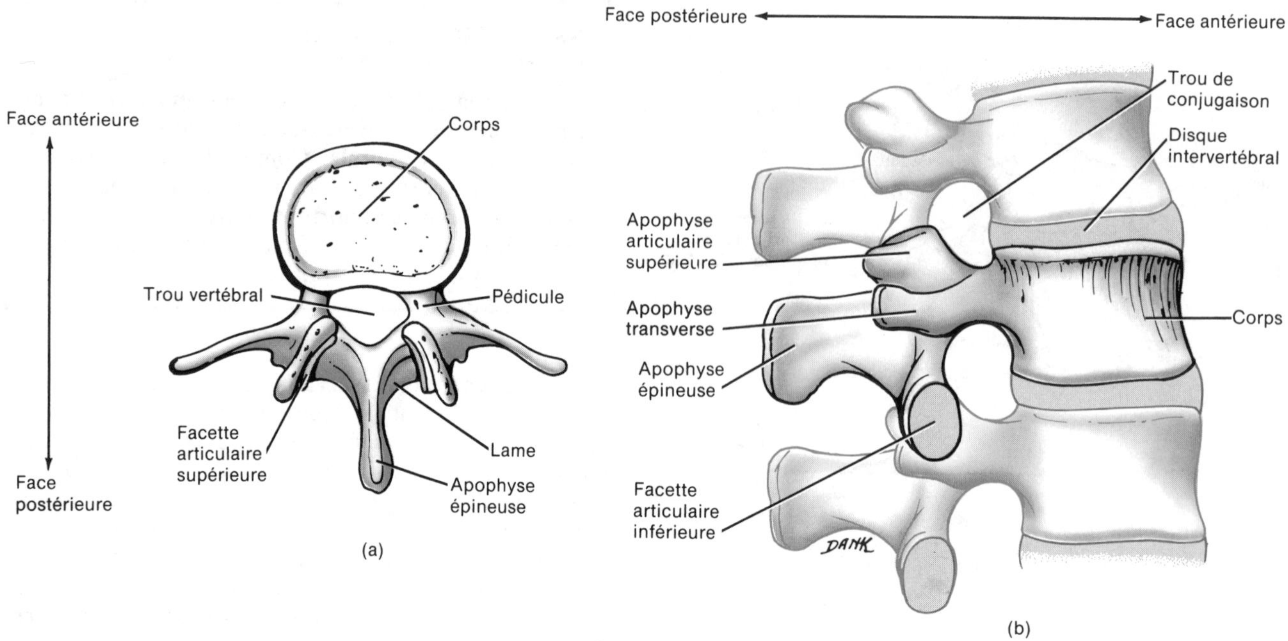

FIGURE 7.15 Vertèbres lombaires. (a) Vue supérieure. (b) Vue latérale droite de vertèbres articulées.

se trouvent les **échancrures claviculaires** qui s'articulent avec les extrémités médianes des clavicules. Le manubrium s'articule également avec les première et deuxième paires de côtes. Le corps du sternum s'articule directement ou indirectement avec les côtes (de la deuxième à la dixième paire). L'appendice xiphoïde n'est rattaché à aucune côte, mais il sert de point d'attache à certains muscles abdominaux. Il est fait de cartilage hyalin chez le nourrisson et l'enfant, et ne s'ossifie complètement qu'à l'âge de 40 ans environ. Si, au cours d'une manœuvre de réanimation cardio-respiratoire, les mains de l'opérateur sont mal placées, il y a risque de fracturer l'appendice xiphoïde ossifié, de le séparer du corps et de l'enfoncer dans le foie.

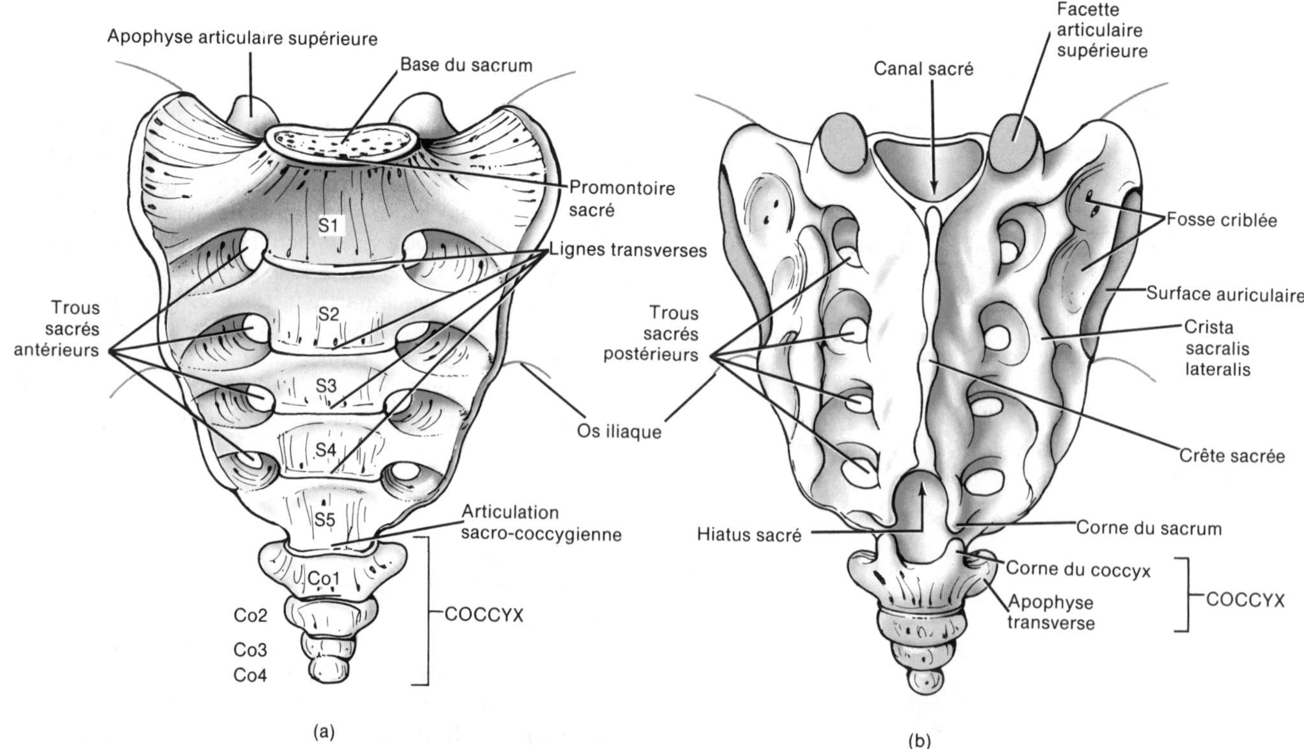

FIGURE 7.16 Sacrum et coccyx. (a) Vue antérieure. (b) Vue postérieure.

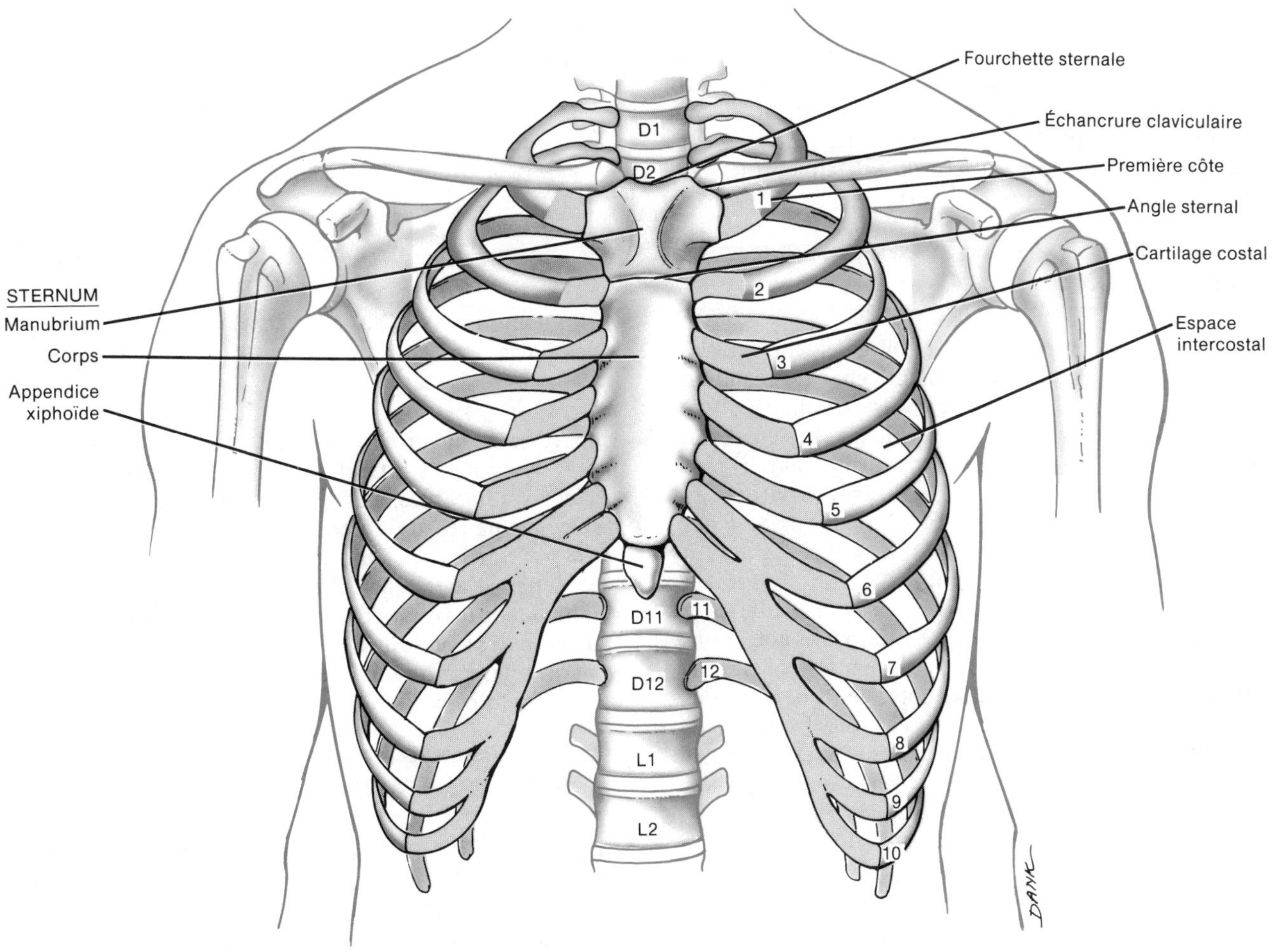

FIGURE 7.17 Vue antérieure du squelette du thorax.

APPLICATION CLINIQUE

Comme le sternum contient de la moelle osseuse rouge pendant toute la vie et qu'il est facile d'accès, c'est souvent l'endroit choisi pour effectuer une **biopsie de la moelle osseuse**. Pendant que le client est sous anesthésie locale, on introduit une aiguille (de gros calibre) dans la cavité médullaire du sternum, et on aspire un échantillon de moelle osseuse rouge. Ce processus est appelé **ponction sternale**.

On peut également ouvrir le sternum selon un plan sagittal médian pour avoir accès aux structures médiastinales comme le thymus, le cœur et les gros vaisseaux du cœur.

LES CÔTES

Les côtés de la cavité thoracique sont formés de douze paires de côtes (figure 7.17). De la première à la septième paire, les côtes sont de plus en plus longues. Puis, leur longueur décroît jusqu'à la douzième paire. Chaque paire de côtes s'articule à l'arrière avec la vertèbre dorsale correspondante.

Les sept premières paires de côtes sont rattachées directement au sternum, à l'avant, par une bande de cartilage hyalin, le **cartilage costal**. Ce sont les **vraies côtes**, ou **côtes sternales**. Les cinq paires qui restent sont appelées les **fausses côtes**, ou **côtes asternales**, parce que leurs cartilages costaux ne sont pas directement rattachés au sternum. Les cartilages des huitième, neuvième et dixième paires de côtes sont attachés les uns aux autres et au cartilage de la septième paire de côtes. Ce sont les **côtes vertébro-cartilagineuses**. Les onzième et douzième paires de côtes sont appelées **côtes flottantes**,ou **vertébrales**, parce que leurs extrémités antérieures ne sont pas rattachées, même indirectement, au sternum. Elles ne sont rattachées qu'à l'arrière aux vertèbres dorsales.

Il existe certaines différences d'une côte à une autre sur le plan de la structure ; nous allons toutefois regarder les parties d'une côte typique (de la troisième à la neuvième) vue du côté droit et de derrière (figure 7.18). La **tête** de la côte typique est une saillie située à l'extrémité postérieure. Elle a la forme d'un coin et comprend une ou deux **facettes** qui s'articulent avec les facettes des corps des vertèbres dorsales adjacentes. Les facettes de la tête de la côte sont séparées par une **crête interarticulaire** horizontale. La facette inférieure de la tête de la côte est plus grande que la facette supérieure. Le **col** est juste à côté de la tête. La **tubérosité** est une structure située sur la face postérieure, où le col se joint au corps. Elle comprend une **partie non articulaire**, qui permet au ligament de la tubérosité de s'attacher, et une **partie articulaire**, qui s'articule avec la facette de l'apophyse transverse de la plus basse des deux vertèbres auxquelles la tête de la côte est reliée. Le **corps** est la partie principale de la côte. Un peu au-delà de la tubérosité, l'incurvation change brusquement. Ce point est un **angle**. La face interne d'une côte est dotée d'une **gouttière costale** qui protège les vaisseaux sanguins et un petit nerf.

APPLICATION CLINIQUE

Les **fractures des côtes** sont habituellement causées par des chocs directs, notamment ceux qui résultent d'un accident de voiture (choc contre le volant), d'une chute ou d'un écrasement de la poitrine. Les côtes ont tendance à se fracturer au niveau du point le plus faible, c'est-à-dire la grande courbure située en position antérieure par rapport à l'angle costal. Chez l'enfant, les côtes sont très élastiques et se fracturent moins fréquemment que chez l'adulte. Les deux premières côtes sont protégées par la clavicule et le muscle grand pectoral, et les deux dernières côtes sont mobiles; ces quatre côtes se rompent donc moins fréquemment. Par contre, les côtes centrales sont les plus vulnérables. Dans certains cas, une fracture des côtes peut causer des lésions au cœur et à ses vaisseaux importants, aux poumons, à la trachée, aux bronches, à l'œsophage, à la rate ou au foie.

La partie postérieure de la côte est reliée à une vertèbre dorsale par sa tête et par la partie articulaire d'une tubérosité. La facette de la tête s'emboîte dans une facette située sur le corps d'une vertèbre, et la partie articulaire de la tubérosité s'articule avec la facette de l'apophyse

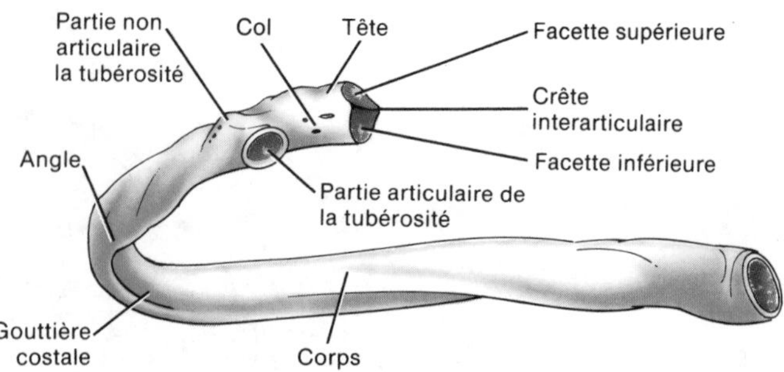

FIGURE 7.18 Côte typique. Vues inférieure et postérieure d'une côte gauche.

transverse de la vertèbre. De la deuxième à la neuvième paire, les côtes s'articulent avec les corps des deux vertèbres adjacentes. Les première, dixième, onzième et douzième paires de côtes ne s'articulent qu'avec une vertèbre. Sur les onzième et douzième paires de côtes, il n'y a pas d'articulation entre les tubérosités et les apophyses transverses des vertèbres correspondantes.

Les espaces situés entre les côtes, les **espaces intercostaux**, sont occupés par des muscles intercostaux, des vaisseaux sanguins et des nerfs.

APPLICATION CLINIQUE

Pour pratiquer une **intervention chirurgicale** sur les poumons ou les structures situées dans le médiastin, on pénètre habituellement par un espace intercostal. On utilise des écarteurs de côtes spéciaux. Les cartilages costaux sont suffisamment élastiques pour supporter une pression importante.

LES AFFECTIONS: DÉSÉQUILIBRES HOMÉOSTATIQUES

La hernie discale

Comme ils doivent absorber les chocs, les disques intervertébraux sont soumis à la compression. Les disques situés entre les quatrième et cinquième vertèbres lombaires et entre la cinquième vertèbre lombaire et le sacrum sont habituellement soumis à une pression plus importante que les autres disques. Lorsque les ligaments antérieurs et postérieurs des disques sont blessés ou affaiblis, la pression qui s'accumule dans le nucleus pulposus peut être suffisante pour rompre le fibrocartilage qui l'entoure. Lorsque cela se produit, le nucleus pulposus peut émerger par l'arrière ou dans le corps d'une des vertèbres adjacentes; il s'agit alors d'une **hernie discale**.

Dans la plupart des cas, le nucleus pulposus glisse vers l'arrière en direction de la moelle épinière et des nerfs rachidiens (figure 7.19). Ce mouvement exerce une pression sur les nerfs rachidiens, provoquant ainsi une douleur parfois très aiguë. Lorsque les racines du nerf sciatique, qui s'étend depuis la moelle épinière jusqu'au pied, sont comprimées, la douleur irradie derrière la cuisse, dans le mollet et, parfois, dans le pied. Si la pression est exercée sur la moelle épinière même, le tissu nerveux peut être détruit.

Pour soulager la douleur, on utilise l'élongation, le repos au lit et des analgésiques. Lorsque ces traitements restent inefficaces, il peut être nécessaire d'effectuer une décompression des nerfs rachidiens à l'aide d'une laminectomie ou par

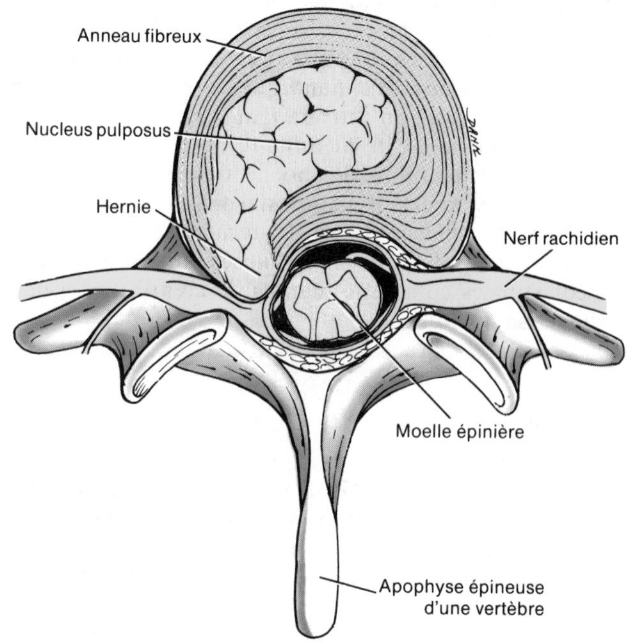

FIGURE 7.19 Vue supérieure d'une hernie discale.

l'élimination d'une partie du nucleus pulposus. Cette dernière opération peut s'effectuer à l'aide d'une intervention chirurgicale ou par *chimionucléolyse*, l'utilisation d'une enzyme protéolytique, la chymopapaïne. Cette enzyme est extraite du papayer et est injectée dans le disque déplacé où elle dissout le nucleus pulposus, soulageant ainsi la pression exercée sur les nerfs rachidiens et éliminant, par conséquent, la douleur.

Les troubles statiques rachidiens

Pour des raisons diverses, les courbures normales de la colonne vertébrale peuvent s'accentuer de façon anormale, ou la colonne peut se courber latéralement. On est alors en présence de **troubles statiques rachidiens**.

Une **scoliose** est une courbure latérale de la colonne vertébrale, habituellement dans la région thoracique. C'est le trouble statique rachidien le plus courant. La scoliose peut être congénitale; elle est alors causée par l'absence de la moitié latérale d'une vertèbre (hémivertèbre). Elle peut également être consécutive à une sciatique persistante grave. La poliomyélite peut provoquer une scoliose par la paralysie des muscles d'un côté du corps, qui produit une déviation latérale du tronc en direction du côté non atteint. Un maintien inadéquat peut également constituer un facteur prédisposant. La scoliose peut également être due au fait qu'une jambe est plus courte que l'autre.

Jusqu'à récemment, l'enfant atteint de scoliose progressive devait envisager des années de traitement et le port d'un corset ou encore une intervention chirurgicale majeure pour corriger son problème. Des équipes de recherche effectuent des expériences en utilisant la stimulation électrique des muscles pour limiter la progression de la scoliose et même, dans certains cas, pour réduire les incurvations anormales. Les muscles squelettiques situés du côté convexe de l'incurvation rachidienne sont stimulés électriquement.

Une **hypercyphose** est une exagération de l'incurvation dorsale normale de la colonne vertébrale. Dans le cas de la tuberculose vertébrale, les corps vertébraux peuvent s'effondrer partiellement, provoquant une incurvation angulaire prononcée de la colonne vertébrale. Chez la personne âgée, la dégénérescence des disques intervertébraux provoque une hypercyphose. Celle-ci peut également être causée par le rachitisme et un maintien inadéquat. Les «épaules voûtées» correspondent à une hypercyphose légère. On étudie actuellement les effets de la stimulation électrique des muscles sur l'hypercyphose.

Une **hyperlordose** est une exagération de la courbure lombaire normale de la colonne vertébrale. Elle peut résulter d'un accroissement de la masse du contenu abdominal, comme dans le cas d'une grossesse ou d'une obésité extrême. Parmi les autres causes, on trouve un maintien inadéquat, le rachitisme et la tuberculose vertébrale.

Le spina bifida

Le **spina bifida** est une anomalie congénitale de la colonne vertébrale, due au fait que les lames ne se rejoignent pas à la ligne médiane. Dans environ 50% des cas, les vertèbres lombaires sont atteintes. Dans les cas moins graves, l'anomalie est légère et la région atteinte est recouverte de peau. L'emplacement peut n'être marqué que par une fossette ou une touffe de poils. Les symptômes sont peu marqués et peuvent être accompagnés de troubles urinaires intermittents. Il n'est habituellement pas nécessaire de recourir à la chirurgie. Les anomalies plus graves atteignant les arcs neuraux, accompagnées d'une protrusion des membranes autour de la moelle épinière ou du tissu de la moelle épinière provoquent des problèmes graves, comme une paralysie partielle ou complète, une perte partielle ou totale de la maîtrise de la vessie, et l'absence de réflexes. Il est possible de déceler la présence du spina bifida avant la naissance à l'aide d'une analyse du sang de la mère, d'un examen échographique ou d'une amniocentèse.

Les fractures de la colonne vertébrale

Les **fractures** de la colonne vertébrale affectent, dans la plupart des cas, D12, L1 et L2. Elles résultent habituellement d'une blessure de type flexion-compression, comme celles qui surviennent lorsqu'on tombe sur les pieds ou sur les fesses, ou lorsqu'on porte un objet lourd sur les épaules. La force de compression coince la vertèbre. Si un fort mouvement vers l'avant s'ajoute à la compression, une vertèbre peut se déplacer vers l'avant sur la vertèbre adjacente située en dessous, ce qui provoque soit une luxation ou une fracture des facettes articulaires situées entre les deux vertèbres (fracture avec luxation) et la rupture des ligaments intervertébraux.

Les vertèbres cervicales peuvent se rompre ou, plus fréquemment, se déplacer à la suite d'une chute sur la tête lorsque le cou est fléchi, comme lorsqu'on plonge dans des eaux peu profondes. Une luxation peut même survenir à la suite d'une secousse soudaine vers l'avant, comme dans le cas d'un accident de voiture ou d'avion (coup de fouet cervical antéro-postérieur). La position relativement horizontale des facettes des vertèbres cervicales permet aux vertèbres de se déplacer sans se rompre, alors que la position relativement verticale des facettes intervertébrales des vertèbres dorsales et lombaires se rompent presque toujours dans le cas d'un déplacement vers l'avant de la région thoraco-lombaire. Les fractures de la colonne vertébrale peuvent entraîner des lésions aux nerfs rachidiens.

RÉSUMÉ

Les types d'os (page 140)

1. Selon leur forme, les os sont divisés en os longs, os courts, os plats et os irréguliers.
2. Les os wormiens se trouvent entre les sutures de certains os crâniens. Les os sésamoïdes se développent dans les tendons et les ligaments.

Les caractéristiques structurales des os (page 140)

1. Les caractéristiques structurales se trouvent à la surface des os.
2. Les caractéristiques structurales des os sont conçues pour jouer un rôle défini: formation articulaire, attache musculaire ou passage de nerfs et de vaisseaux sanguins.
3. Parmi les caractéristiques structurales des os, on compte: les fentes, les trous, les conduits, les fosses, les apophyses, les condyles, les têtes, les facettes, les tubérosités, les crêtes et les apophyses épineuses.

Les divisions du système osseux (page 140)

1. Le squelette axial comprend les os disposés le long de l'axe longitudinal: la tête, l'os hyoïde, les osselets, la colonne vertébrale, le sternum et les côtes.
2. Le squelette appendiculaire comprend les os des ceintures osseuses et des membres supérieurs et inférieurs: la ceinture scapulaire, les os des membres supérieurs, la ceinture pelvienne et les os des membres inférieurs.

La tête (page 141)

1. La tête comprend le crâne et la face. Elle contient 22 os.
2. Les sutures sont des articulations immobiles situées entre les

os du crâne. Exemples: sutures coronale, sagittale, lambdoïde et écailleuse.
3. Les fontanelles sont des espaces membraneux situés entre les os crâniens du fœtus et du nouveau-né. Les principales fontanelles sont les fontanelles antérieure ou bregmatique, postérieure ou lambdatique, antéro-latérales ou ptériques et postéro-latérales ou astériques.
4. Les 8 os crâniens sont l'os frontal, les os pariétaux (2), les os temporaux (2), l'os occipital, le sphénoïde et l'ethmoïde.
5. Les 14 os de la face sont les os propres du nez (2), les maxillaires (2), les os malaires (2), la mandibule, les unguis ou os lacrymaux (2), les os palatins (2), les cornets inférieurs du nez (2) et le vomer.
6. Les sinus de la face sont des cavités situées dans les os de la tête, qui communiquent avec les fosses nasales. Ils sont tapissés par des muqueuses. Ils sont contenus dans l'os frontal, le sphénoïde, l'ethmoïde et les maxillaires.
7. Les trous et les canaux des os de la tête permettent le passage de nerfs et de vaisseaux sanguins.

L'os hyoïde (page 153)

1. L'os hyoïde est un os en forme de U qui ne s'articule avec aucun autre os.
2. Il soutient la langue et sert de point d'attache pour certains de ses muscles.

La colonne vertébrale (page 153)

1. La colonne vertébrale, le sternum et les côtes constituent le squelette du tronc.
2. Chez l'adulte, les os de la colonne vertébrale sont les vertèbres cervicales (7), les vertèbres dorsales (12), les vertèbres lombaires (5), le sacrum (5 os fusionnés) et le coccyx (4 os fusionnés).
3. La colonne vertébrale comporte les courbures primaires (dorsale et sacrée) et secondaires (cervicale et lombaire). Ces courbures donnent de la force, du soutien et de l'équilibre.
4. Les vertèbres se ressemblent sur le plan de la structure; chacune d'elles comprend un corps, un arc neural et sept apophyses. Les vertèbres situées dans les différentes régions de la colonne varient sur le plan du volume, de la forme et de certains détails.

Le thorax (page 159)

1. Le squelette du thorax comprend le sternum, les côtes et les cartilages costaux, ainsi que les vertèbres dorsales.
2. Le thorax protège les organes vitaux contenus dans la cavité thoracique.

Les affections: déséquilibres homéostatiques (page 162)

1. La protrusion du nucleus pulposus d'un disque intervertébral vers l'arrière ou dans un corps vertébral adjacent constitue une hernie discale.
2. L'exagération d'une courbure normale ou une déviation de la colonne vertébrale est un trouble statique rachidien. Exemples: hypercyphose, hyperlordose et scoliose.
3. L'union incomplète des lames vertébrales à la ligne médiane est une anomalie congénitale appelée spina bifida.
4. Dans la majorité des cas, les fractures de la colonne vertébrale touchent D12, L1 et L2.

RÉVISION

1. Quels sont les quatre principaux types d'os? Donnez un exemple de chacun. Quelle est la différence entre une suture et un os sésamoïde?
2. Quelles sont les caractéristiques structurales des os? Donnez un exemple de chacune des catégories et décrivez-la.
3. Qu'est-ce qui différencie le squelette axial du squelette appendiculaire? Quelles subdivisions et quels os chacun contient-il?
4. Nommez les os de la tête, du crâne et de la face.
5. Qu'est-ce qu'une suture? Quelles sont les quatre principales sutures du crâne? Où sont-elles situées?
6. Qu'est-ce qu'une fontanelle? Donnez l'emplacement des six principales fontanelles.
7. Qu'est-ce qu'un sinus de la face? Quels sont les os de la tête qui contiennent des sinus de la face?
8. Définissez les termes suivants: mastoïdite, fente palatine, fissure labiale, sinusite, luxation de la mâchoire et déviation de la cloison nasale.
9. Qu'est-ce que l'os hyoïde? Pourquoi cet os est-il unique en son genre? Quelle est sa fonction?
10. Quels sont les os qui forment le squelette du tronc? Combien y a-t-il de vertèbres non fusionnées chez l'adulte? chez l'enfant?
11. Nommez les courbures normales de la colonne vertébrale. Qu'est-ce qui distingue les courbures primaires des courbures secondaires? Quel rôle ces courbures jouent-elles?
12. Quelles sont les principales caractéristiques des os des différentes régions de la colonne vertébrale?
13. Quels sont les os qui forment le squelette du thorax? Quelles sont les fonctions du squelette thoracique?
14. De quelle façon classe-t-on les côtes selon leur point d'attache au sternum?
15. Qu'est-ce qu'une hernie discale? Pourquoi cette affection est-elle douloureuse? Comment la traite-t-on?
16. Qu'est-ce qu'un trouble statique rachidien? Décrivez les symptômes et les causes de la scoliose, de l'hypercyphose et de l'hyperlordose.
17. Qu'est-ce que le spina bifida?
18. Nommez quelques-unes des causes les plus fréquentes de fractures de la colonne vertébrale.

8

Le système osseux : le squelette appendiculaire

OBJECTIFS

- Identifier les os de la ceinture scapulaire et leurs principales caractéristiques structurales.
- Identifier les membres supérieurs, les os qui les cómposent et les caractéristiques structurales associées à ces derniers.
- Identifier les composants de la ceinture pelvienne et leurs caractéristiques structurales.
- Identifier les membres inférieurs, les os qui les composent et les caractéristiques structurales associées à ces derniers.
- Définir les caractéristiques structurales et l'importance des arches plantaires.
- Comparer les principales différences structurales qui existent entre les squelettes de la femme et de l'homme, notamment celles qui ont trait au bassin.

Le présent chapitre porte sur le squelette appendiculaire, c'est-à-dire les os des ceintures scapulaire et pelvienne, ainsi que ceux des membres supérieurs et inférieurs. On y compare également les squelettes de l'homme et de la femme.

LA CEINTURE SCAPULAIRE

La **ceinture scapulaire** relie les os des membres supérieurs au squelette axial (figure 8.1). Chaque moitié de la ceinture scapulaire comprend deux os : une clavicule et une omoplate. La clavicule est la composante antérieure de la

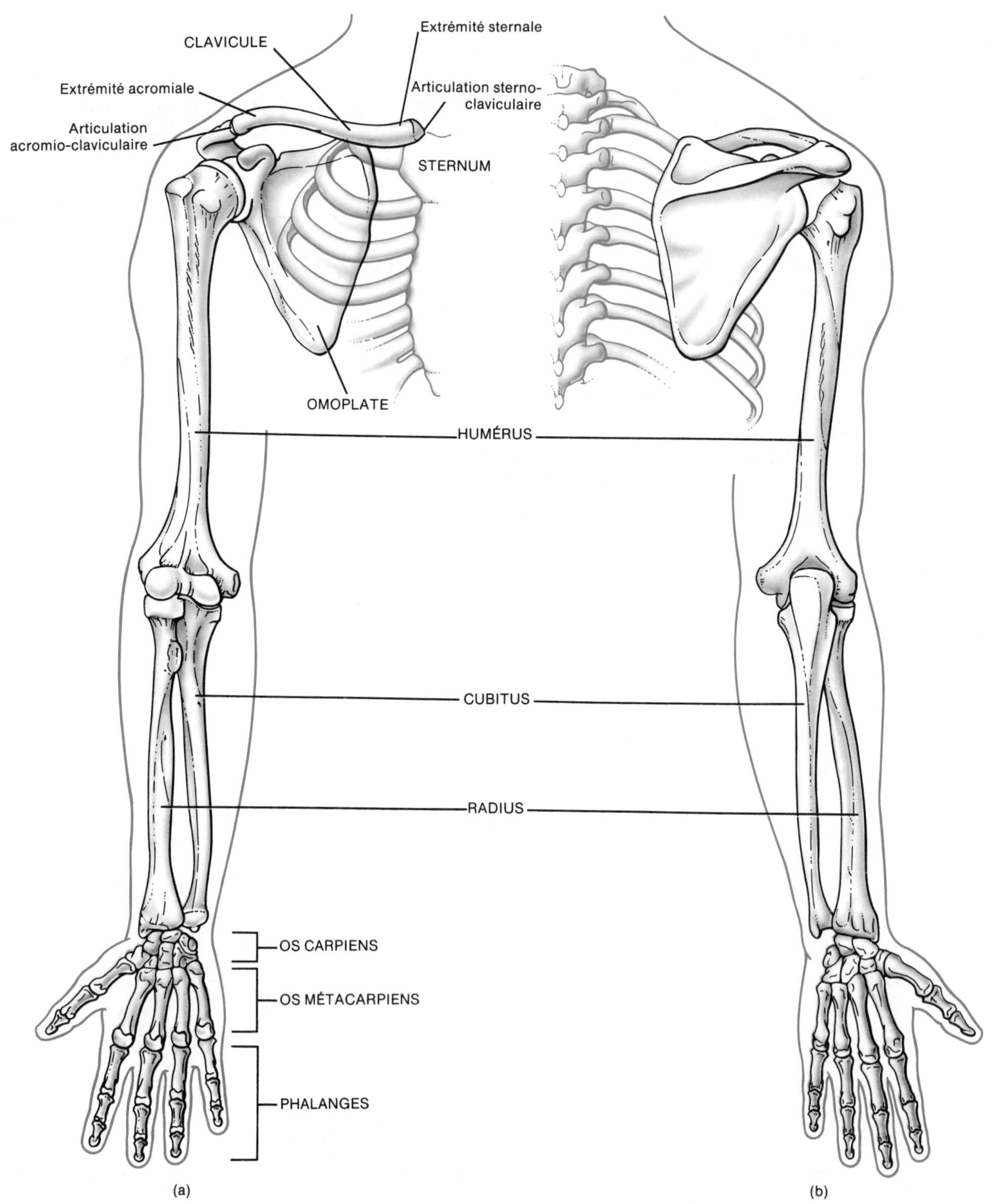

FIGURE 8.1 Ceinture scapulaire et membre supérieur droits. (a) Vue antérieure. (b) Vue postérieure.

ceinture et s'articule avec le sternum au niveau de l'articulation sterno-claviculaire. La composante postérieure, l'omoplate, qui est rattachée par un réseau complexe de muscles, s'articule avec la clavicule et l'humérus. La ceinture scapulaire n'est pas reliée à la colonne vertébrale. Sans être très stable, elle est mobile et permet d'effectuer des mouvements dans plusieurs directions.

LES CLAVICULES

Les **clavicules** sont des os longs et minces à double courbure (figure 8.2). Les deux os sont situés dans la partie supérieure et antérieure du thorax, au-dessus de la première côte.

L'extrémité médiane de la clavicule, l'**extrémité sternale**, est arrondie et s'articule avec le sternum. L'extrémité latérale, large et aplatie, l'**extrémité acromiale**, s'articule avec l'acromion de l'omoplate, formant l'**articulation acromio-claviculaire** (figure 8.1). Le **tubercule conoïde**, situé à la face inférieure de l'extrémité latérale de l'os, sert de point d'attache à un ligament. La **tubérosité costale**, située à la face inférieure de l'extrémité médiane, sert également de point d'attache à un ligament.

APPLICATION CLINIQUE

La position de la clavicule lui permet de transmettre au tronc les pressions provenant des membres supérieurs. Lorsque ces pressions sont excessives, comme dans le cas d'une chute sur un bras étendu, une **fracture de la clavicule** peut survenir. En fait, la clavicule est l'os qui se rompt le plus fréquemment.

Une **luxation de l'épaule** est un déplacement anormal de l'articulation acromio-claviculaire.

LES OMOPLATES

Les **omoplates** sont de gros os triangulaires et aplatis, situés dans la partie dorsale du thorax, entre les deuxième et septième paires de côtes (figure 8.3). Leurs bords médians se trouvent à environ 5 cm de la colonne vertébrale.

L'**épine**, une lame aiguë, traverse en diagonale la face dorsale du **corps**, aplati et triangulaire. L'extrémité de l'épine est une apophyse aplatie, l'**acromion**, qui s'articule avec la clavicule. Sous l'acromion se trouve une dépression, la **cavité glénoïde**. Cette cavité s'articule avec la tête de l'humérus pour former l'articulation scapulo-humérale.

La mince lame du corps, située près de la colonne vertébrale, est le **bord interne,** ou **spinal**. La lame épaisse, plus près du bras, est le **bord externe**, ou **axillaire**. Les bords interne et externe se rejoignent au niveau de l'**angle inférieur**. La lame supérieure du corps, le **bord supérieur**, ou **cervical**, rejoint le bord interne au niveau de l'**angle supérieur**. L'**échancrure coracoïdienne** est située le long du bord supérieur ; elle permet le passage du nerf sus-scapulaire.

À l'extrémité latérale du bord supérieur se trouve une saillie de la face antérieure, l'**apophyse coracoïde**, à laquelle s'attachent les muscles. Au-dessus et au-dessous de l'épine se trouvent les **fosses sus-épineuse** et **sous-épineuse**. Ces deux fosses servent de points d'attache aux muscles de l'épaule. Sur la face ventrale (costale) se trouve une région légèrement creusée, la **fosse sous-scapulaire**, qui sert également de point d'attache aux muscles de l'épaule.

LES MEMBRES SUPÉRIEURS

Les **membres supérieurs** comprennent 60 os. Le squelette du membre supérieur droit est illustré à la figure 8.1. Chacun des membres supérieurs comprend l'humérus (bras), le cubitus et le radius (avant-bras), le carpe (poignet), le métacarpe (main) et les phalanges (doigts).

L'HUMÉRUS

L'**humérus**, ou os du bras, est l'os le plus long et le plus gros du membre supérieur (figure 8.4). Il s'articule, à son extrémité proximale, avec l'omoplate et, à son extrémité distale, avec le radius et le cubitus.

L'extrémité proximale de l'humérus comprend une **tête**, qui s'articule avec la cavité glénoïde de l'omoplate. Elle comprend également un **col anatomique**, sillon oblique en position distale par rapport à la tête. La **grosse tubérosité** est une éminence latérale, en position distale par rapport au col. La **petite tubérosité** est une éminence antérieure. Entre ces tubérosités se trouve une **gouttière bicipitale**. Le **col chirurgical** est une portion comprimée de l'humérus, en position distale par rapport aux tubérosités. On l'appelle ainsi parce que c'est la partie de l'os la plus vulnérable aux fractures.

Le **corps**, ou **diaphyse**, de l'humérus est cylindrique à son extrémité proximale. Il prend progressivement une forme triangulaire et est aplati et large à son extrémité distale. Le long de la portion centrale du corps se trouve

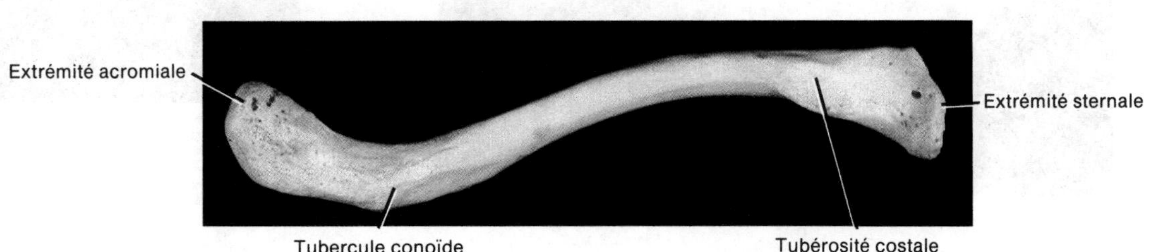

FIGURE 8.2 Vue inférieure de la clavicule droite. [Copyright © 1987 by Michael H. Ross. Reproduction autorisée.]

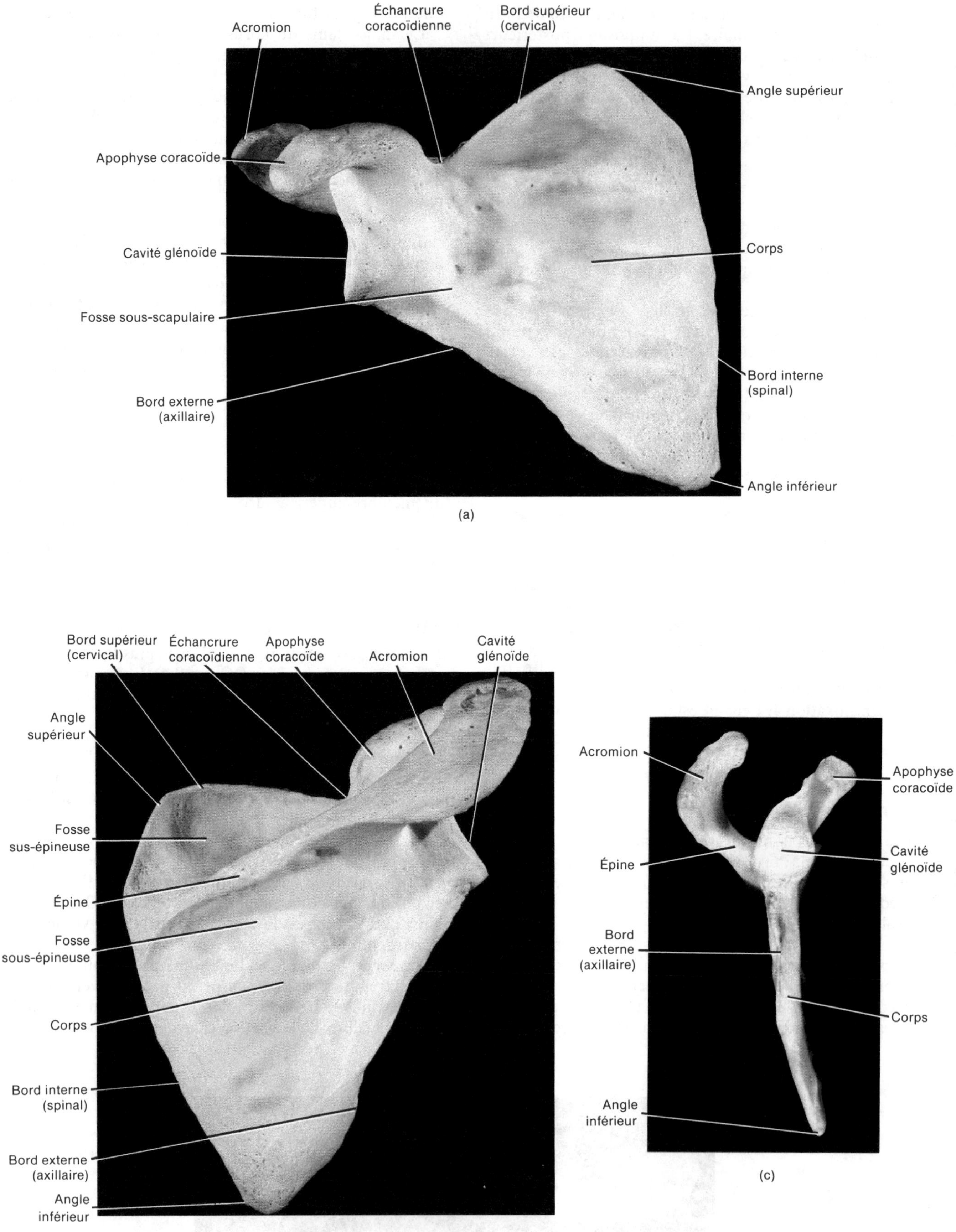

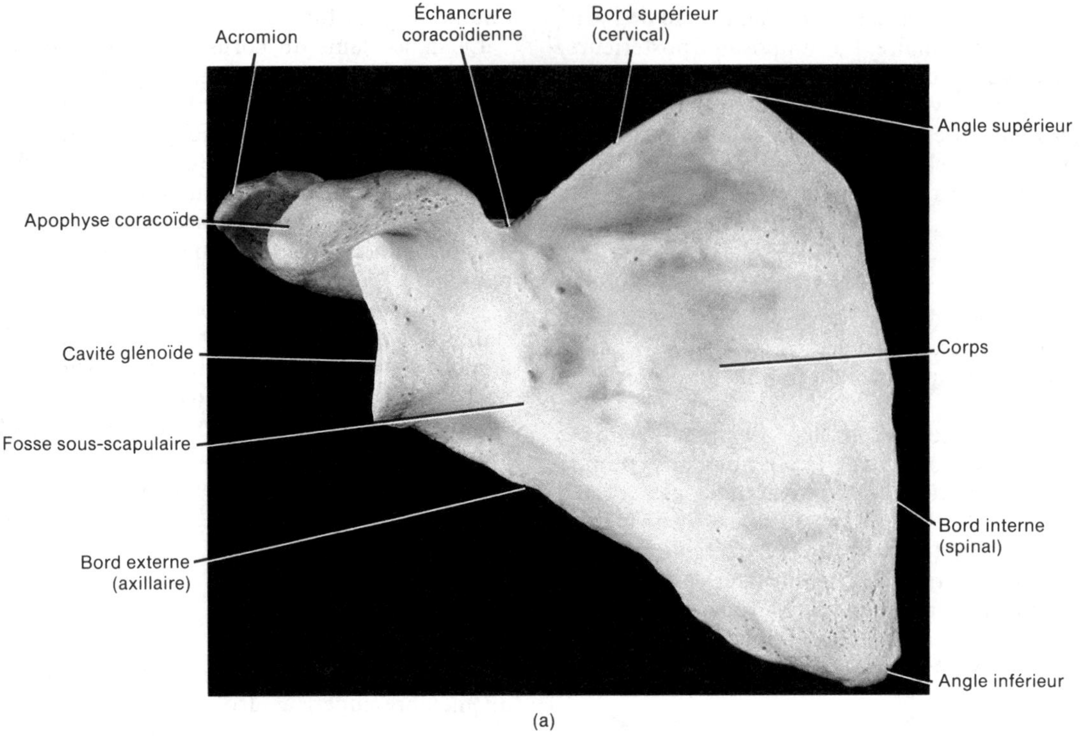

FIGURE 8.3 Omoplate droite. (a) Vue antérieure. (b) Vue postérieure. (c) Vue latérale. [Copyright © 1987 by Michael H. Ross. Reproduction autorisée.]

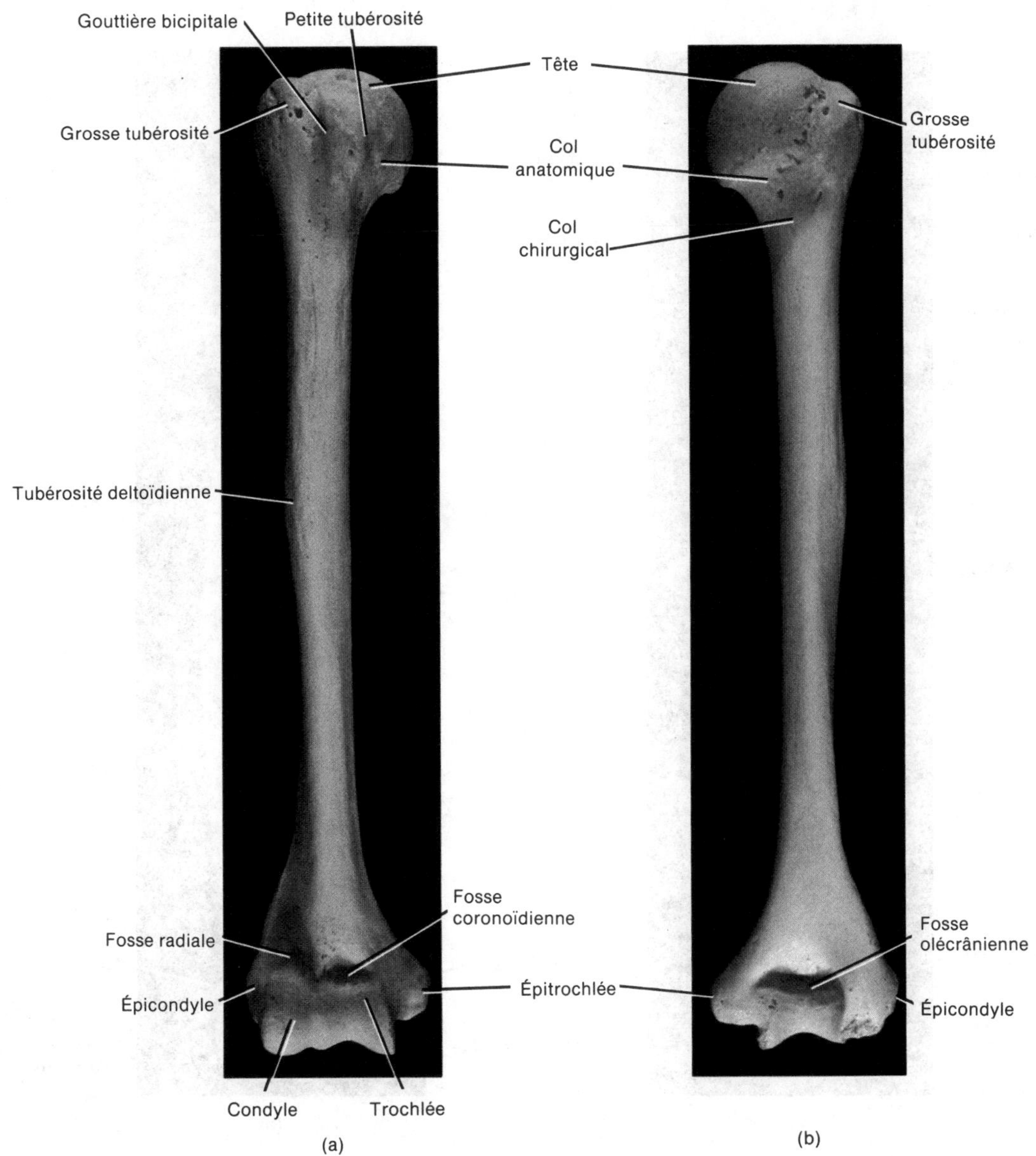

FIGURE 8.4 Humérus droit. (a) Vue antérieure. (b) Vue postérieure. [Copyright © 1987 by Michael H. Ross. Reproduction autorisée.]

une région rugueuse en forme de V, la **tubérosité deltoïdienne**. Celle-ci sert de point d'attache au muscle deltoïde.

L'extrémité distale comprend les parties suivantes : le **condyle**, qui s'articule avec la tête du radius ; la **fosse radiale**, dans laquelle s'emboîte la tête du radius lorsque l'avant-bras est fléchi ; la **trochlée**, qui s'articule avec le cubitus ; la **fosse coronoïdienne**, dans laquelle s'emboîte le cubitus lorsque l'avant-bras est fléchi ; la **fosse olécrânienne**, dans laquelle s'emboîte l'olécrâne du cubitus lorsque l'avant-bras est fléchi ; **l'épicondyle** et **l'épitrochlée**, des éminences rugueuses situées de chaque côté de l'extrémité distale.

LE CUBITUS ET LE RADIUS

Le **cubitus** est l'os médian de l'avant-bras, il se trouve du côté de l'auriculaire (figure 8.5). L'extrémité proximale du cubitus comprend l'**olécrâne**, qui forme la proéminence du coude. L'**apophyse coronoïde** est une saillie antérieure qui, avec l'olécrâne, reçoit la trochlée de l'humérus. La **grande cavité sigmoïde** est une région incurvée située entre l'olécrâne et l'apophyse coronoïde. La trochlée de l'humérus s'emboîte dans cette cavité. La **petite cavité sigmoïde** est une dépression située à côté et en dessous de la grande cavité sigmoïde. Elle reçoit la tête du radius. L'extrémité distale du cubitus comprend une **tête** qui est séparée du poignet par un disque fibrocartilagineux. L'**apophyse styloïde** se trouve sur le côté postérieur de l'extrémité distale.

Le **radius** est l'os latéral de l'avant-bras ; il est situé vis-à-vis du pouce. L'extrémité proximale du radius est dotée d'une **tête** en forme de disque qui s'articule avec le condyle de l'humérus et la petite cavité sigmoïde du cubitus. Elle possède également une région rugueuse du côté médian, la **tubérosité bicipitale**, qui sert de point d'attache aux biceps. Le corps du radius s'élargit vers le

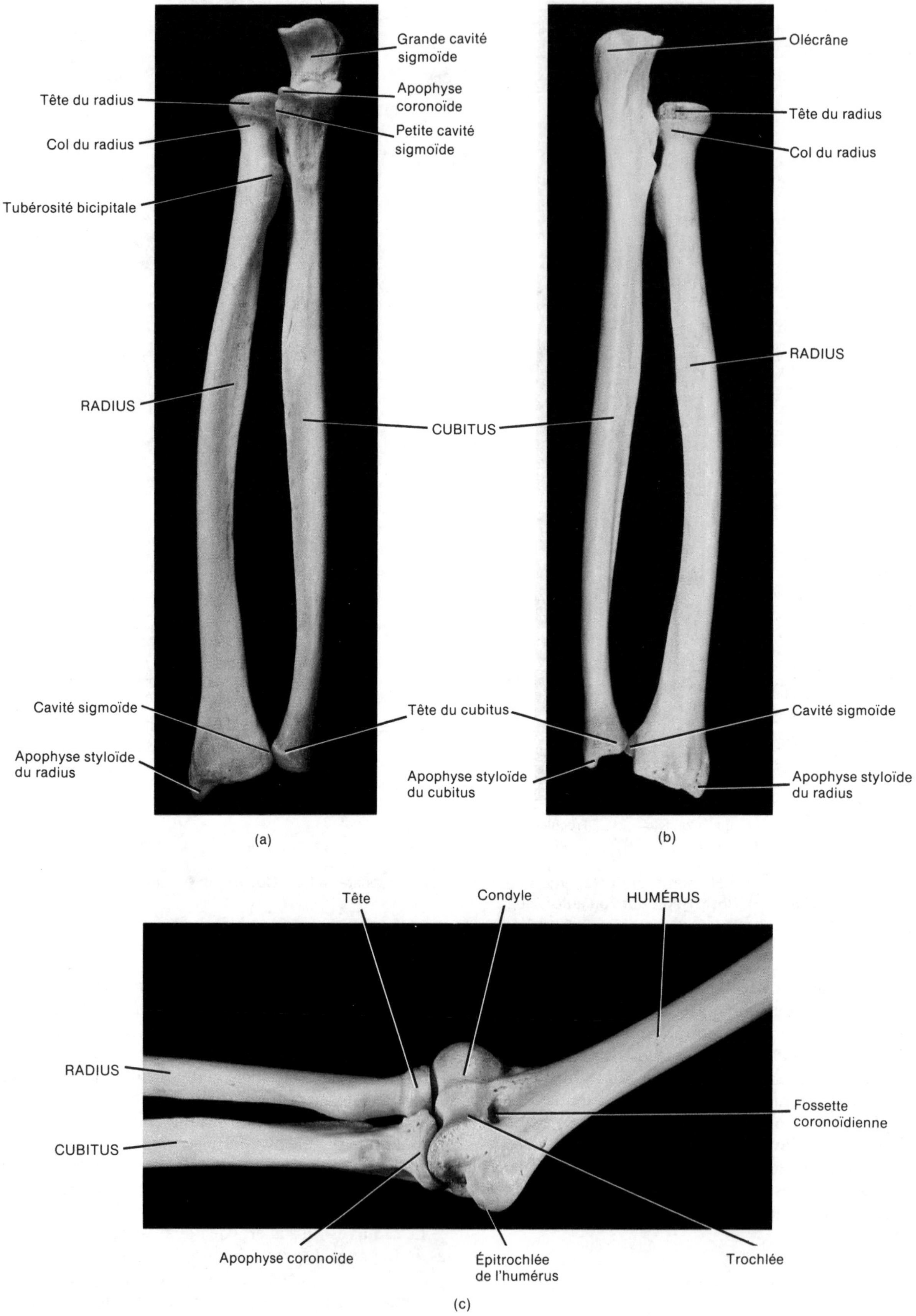

Grande cavité sigmoïde
Tête du radius
Apophyse coronoïde
Col du radius
Petite cavité sigmoïde
Tubérosité bicipitale
RADIUS
CUBITUS
Cavité sigmoïde
Tête du cubitus
Apophyse styloïde du radius

(a)

Olécrâne
Tête du radius
Col du radius
RADIUS
Cavité sigmoïde
Apophyse styloïde du cubitus
Apophyse styloïde du radius

(b)

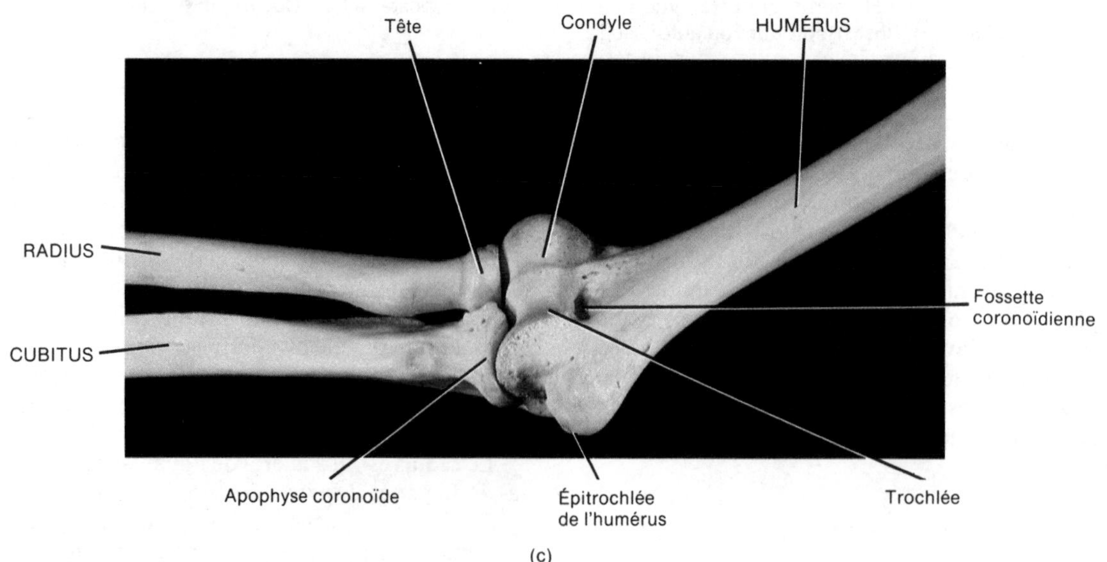

(c)

FIGURE 8.5 Radius et cubitus droits. (a) Vue antérieure. (b) Vue postérieure. (c) Vue médiane du coude droit. [Copyright © 1987 by Michael H. Ross. Reproduction autorisée.]

bas pour former une surface inférieure concave qui s'articule avec deux os du poignet, les os semi-lunaire et scaphoïde. À l'extrémité distale se trouve l'**apophyse styloïde**, du côté latéral, et la **cavité sigmoïde** médiane, concave, qui s'articule avec l'extrémité distale du cubitus.

APPLICATION CLINIQUE

Lorsqu'on fait une chute sur un bras étendu, le radius porte le plus gros du choc transmis par la main. Lorsqu'une fracture se produit, il s'agit habituellement d'une fracture transverse à environ 3 cm de l'extrémité distale de l'os. Dans ce type de fracture, la **fracture de Pouteau-Colles**, la main est déplacée vers l'arrière et vers le haut (voir la figure 6.7,b).

LE CARPE, LE MÉTACARPE ET LES PHALANGES

Le **carpe**, ou le poignet, comprend huit petits os, les **os carpiens**, unis les uns aux autres par des ligaments (figure 8.6). Les os sont disposés en deux rangées transversales de quatre os chacune. La rangée proximale, de l'extérieur vers l'intérieur, comprend le **scaphoïde, l'os semi-lunaire,** l'**os pyramidal** et l'**os pisiforme**. Dans environ 70% des fractures des os carpiens, seul le scaphoïde est atteint. La rangée distale, de l'extérieur vers l'intérieur, comprend le **trapèze,** le **trapézoïde**, le **grand os** et l'**os crochu**.

Les cinq os du **métacarpe** forment le squelette de la main. Chaque os métacarpien comprend une **base** proximale, un **corps** et une **tête** distale. Les os métacarpiens sont numérotés de I à V, en partant de l'os latéral. Les bases s'articulent les unes avec les autres et avec la rangée distale des os carpiens. Les têtes s'articulent avec les phalanges proximales. Les têtes des métacarpiens sont couramment appelées « jointures » et sont très visibles lorsque le poing est fermé.

Les **phalanges**, ou os des doigts, sont au nombre de 14 dans chaque main. Chaque phalange comporte une **base** proximale, un **corps** et une **tête** distale. Il y a deux phalanges dans le premier doigt (le pouce) et trois phalanges dans les autres doigts. Les cinq doigts sont le pouce, l'index, le majeur, l'annulaire et l'auriculaire. La première rangée de phalanges, la **rangée proximale**, s'articule avec les os métacarpiens et la deuxième rangée de phalanges. Cette dernière, la **rangée médiane**, s'articule avec la rangée proximale et la troisième rangée. Celle-ci, la **rangée distale**, s'articule avec la rangée médiane. Le pouce ne comporte pas de phalange médiane.

LA CEINTURE PELVIENNE

La **ceinture pelvienne**, qui comporte deux **os iliaques**, ou **os coxaux** (figure 8.7), constitue un soutien fort et stable pour les membres inférieurs, qui portent la masse du corps. Les os iliaques sont réunis en avant par la symphyse pubienne. En arrière, ils se joignent au sacrum.

Avec le sacrum et le coccyx, les os iliaques forment le **bassin**. Ce dernier comprend un grand bassin et un petit bassin, divisés par un plan oblique passant à travers le promontoire sacré (à l'arrière), les lignes innominées (sur

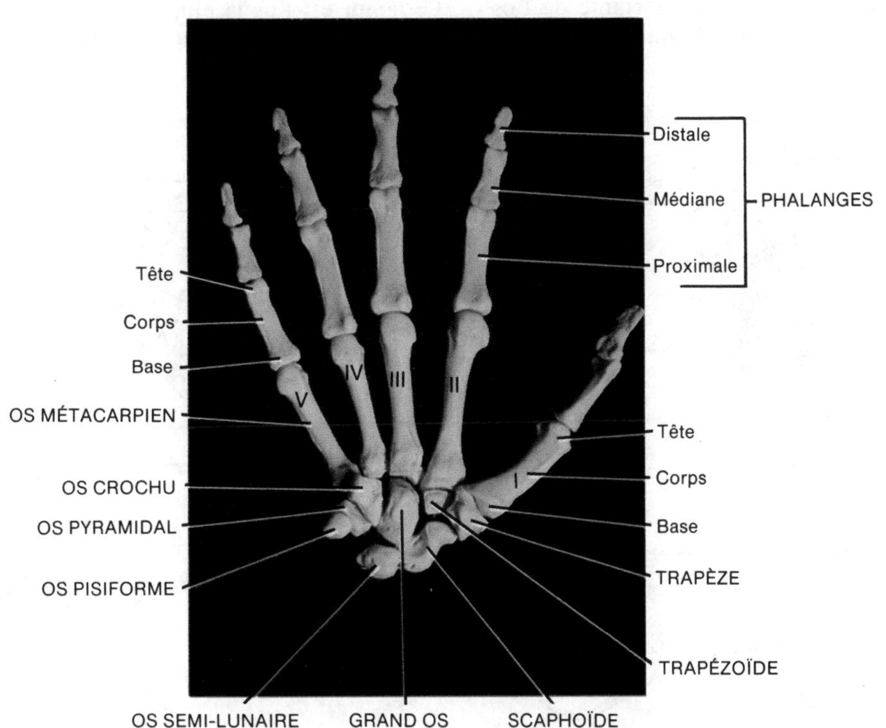

FIGURE 8.6 Vue antérieure de la main et du poignet droits. [Gracieuseté de J.A. Gosling *et al.*, *Atlas of Human Anatomy with Integrated Text*, Copyright © 1985 by Gower Medical Publishing Ltd.]

les côtés) et la symphyse pubienne (à l'avant). La circonférence de ce plan oblique est appelée **bord supérieur du bassin**.

Le **grand bassin** est la portion élargie située au-dessus du bord supérieur du bassin. Il comprend les portions supérieures des ilions (sur les côtés) et la portion supérieure du sacrum (à l'arrière). La partie antérieure du grand bassin ne comporte pas d'éléments osseux, mais est formée par les parois de l'abdomen.

Le **petit bassin** est situé en dessous et en arrière du bord supérieur du bassin. Il est formé par les portions inférieures des ilions et du sacrum, du coccyx et du pubis. Il contient deux ouvertures, le **détroit supérieur** et le **détroit inférieur**.

APPLICATION CLINIQUE

La **pelvimétrie** est la mensuration des détroits supérieur et inférieur du canal génital. La mesure de la cavité pelvienne est importante pour l'obstétricien, car le fœtus doit traverser l'ouverture la plus étroite du petit bassin.

Les **os iliaques** du nouveau-né comportent trois éléments : un **ilion** supérieur, un **pubis** antéro-inférieur, ainsi qu'un **ischion** postéro-inférieur (figure 8.8). Par la suite, les trois os séparés s'unissent pour n'en former qu'un. La région où se produit la fusion est une cavité latérale profonde, l'**acétabulum**, ou **cavité cotyloïde**. Chez l'adulte, les os iliaques sont des os fusionnés ; on en parle cependant couramment comme s'ils comprenaient toujours trois parties séparées.

L'ilion est la subdivision la plus importante de l'os iliaque. Son bord supérieur, la **crête iliaque**, se termine à l'avant dans l'**épine iliaque antéro-supérieure**, et à l'arrière dans l'**épine iliaque postéro-supérieure**. Les épines servent de points d'attache aux muscles de la paroi abdominale. Un peu en dessous de l'épine iliaque postéro-inférieure se trouve la **grande échancrure sciatique**. La face interne de l'ilion, vue du côté médian, est la **fosse iliaque**, une cavité où s'attache le muscle iliaque. Derrière cette fosse se trouve la **surface auriculaire**, qui s'articule avec le sacrum.

L'ischion est le segment postéro-inférieur de l'os iliaque. Il contient une **épine sciatique** proéminente, une **petite échancrure sciatique** située sous l'épine et une **tubérosité ischiatique**. La partie qui reste de l'ischion, la **branche ascendante**, se joint au pubis, et ces deux parties réunies entourent le **trou obturateur**.

Le pubis est le segment antéro-inférieur de l'os iliaque. Il comprend une **branche horizontale**, une **branche descendante** et un **corps** qui contribuent à la formation de la symphyse pubienne.

La **symphyse pubienne** est l'articulation située entre les deux os iliaques (figure 8.7). Elle est faite de fibrocartilage. L'**acétabulum** est la cavité formée par l'ilion, l'ischion et le pubis. Elle reçoit la tête du fémur. Deux cinquièmes de l'acétabulum sont formés par l'ilion, deux autres cinquièmes par l'ischion et le dernier cinquième par le pubis.

LES MEMBRES INFÉRIEURS

Les **membres inférieurs** comprennent 60 os (figure 8.9). Chaque membre comprend le fémur (cuisse), la rotule (genou), le péroné et le tibia (jambe), le tarse (cheville), le métatarse (pied) et les phalanges (orteils).

LE FÉMUR

Le **fémur** est l'os le plus long et le plus lourd du corps (figure 8.10). Son extrémité proximale s'articule avec l'os

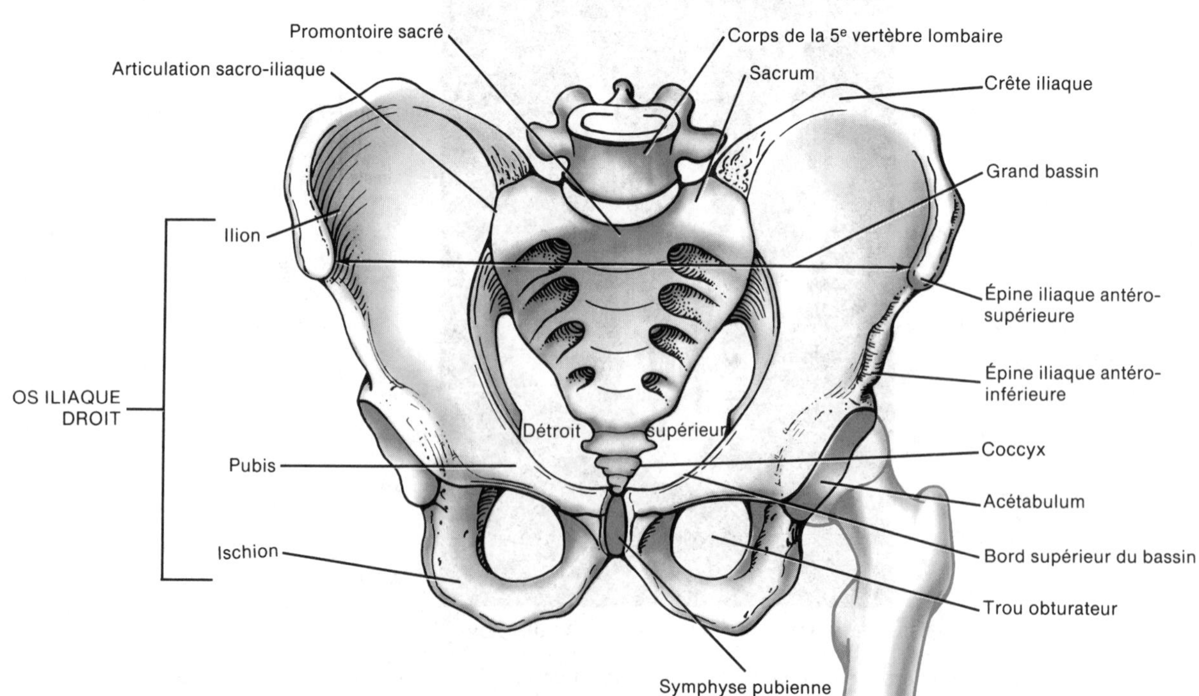

FIGURE 8.7 Vue antérieure de la ceinture pelvienne de la femme.

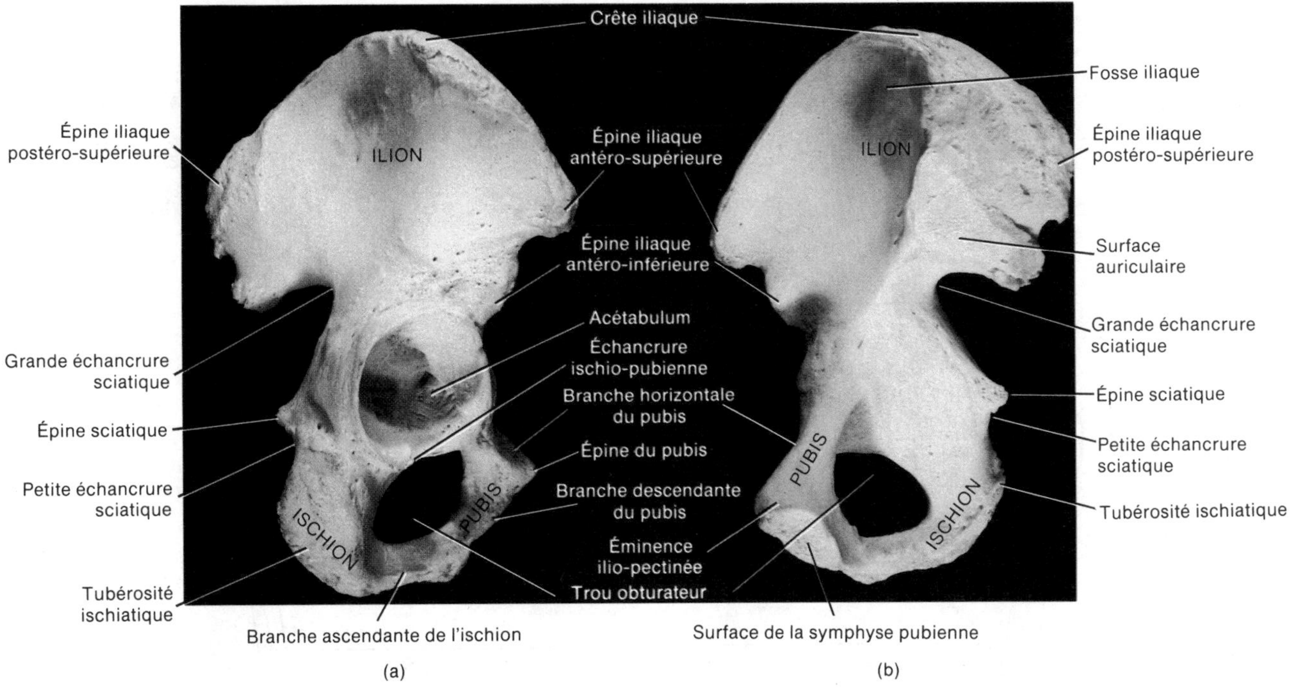

FIGURE 8.8 Os iliaque droit. (a) Vue latérale. (b) Vue médiane. Les lignes de fusion de l'ilion, de l'ischion et du pubis ne sont pas visibles chez l'adulte. [Copyright © 1987 by Michael H. Ross. Reproduction autorisée.]

iliaque. Son extrémité distale s'articule avec le tibia. Le corps du fémur est en position oblique, il s'approche donc du fémur opposé. Par conséquent, les articulations des genoux sont plus rapprochées de la ligne de gravité du corps. Le degré de convergence est plus élevé chez la femme, parce que le bassin de celle-ci est plus large.

L'extrémité proximale du fémur est une **tête** arrondie qui s'articule avec l'acétabulum de l'os iliaque. Le **col** du fémur est une région comprimée située en position distale par rapport à la tête. Chez la personne âgée, la fracture du col du fémur est assez fréquente. Il semble qu'avec l'âge, le col devienne trop faible pour soutenir le corps. Le **grand trochanter** et le **petit trochanter** sont des saillies qui servent de points d'attache à certains muscles des cuisses et des fesses.

Le corps du fémur contient une crête verticale rugueuse à sa face postérieure, la **ligne âpre**, qui sert de point d'insertion à plusieurs muscles de la cuisse.

L'extrémité distale du fémur est élargie et comprend les **condyles interne** et **externe**, qui s'articulent avec le tibia. Au-dessus des condyles se trouvent les **tubérosités interne** et **externe**. L'**échancrure intercondylienne** est une région creuse entre les condyles, à la face postérieure. La **surface rotulienne** est située entre les condyles, sur la face antérieure.

LA ROTULE

La **rotule** est un petit os triangulaire situé devant l'articulation du genou (figure 8.11). C'est un os sésamoïde qui se développe dans le tendon du muscle quadriceps crural. L'extrémité supérieure, large, de la rotule est la **base**. L'extrémité inférieure, pointue, est la **pointe**. La face postérieure comprend deux **facettes articulaires**, une pour le condyle interne et l'autre pour le condyle externe du fémur.

LE TIBIA ET LE PÉRONÉ

Le **tibia** est l'os le plus gros de la jambe ; il est situé à la partie médiane (figure 8.12) et supporte la plus grande partie de la masse de la jambe. Il s'articule à son extrémité proximale, ou plateau tibial, avec le fémur et le péroné, et à son extrémité distale, ou pilon tibial, avec le péroné et l'astragale de la cheville.

L'extrémité proximale du tibia s'élargit en **tubérosités externe** et **interne**, qui s'articulent avec les condyles du fémur. La face inférieure de la tubérosité externe s'articule avec la tête du péroné. Les tubérosités légèrement concaves sont séparées par une saillie vers le haut, l'**épine du tibia**. La **tubérosité,** située sur la face antérieure, est un point d'attache pour le ligament rotulien.

Le face médiane de l'extrémité distale du tibia forme la **malléole interne**, qui s'articule avec l'astragale et forme la proéminence qu'on peut palper à la face médiane de la cheville. L'**échancrure péronière** s'articule avec le péroné.

APPLICATION CLINIQUE

Le **syndrome de la loge tibiale antérieure** est caractérisé par une douleur localisée le long du tibia, probablement causée par une inflammation du périoste (périostite)

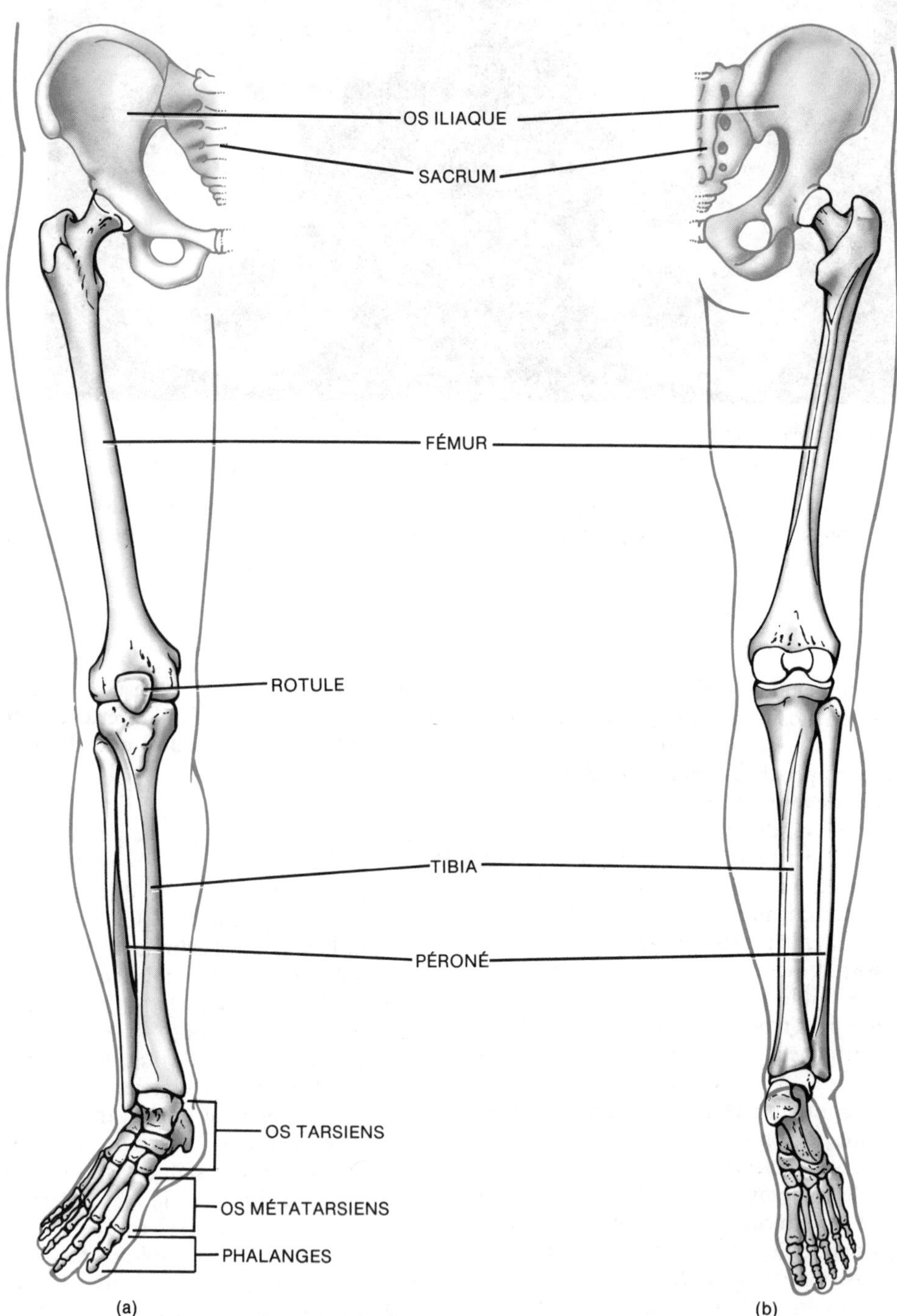

FIGURE 8.9 Côté droit de la ceinture pelvienne et membre inférieur droit. (a) Vue antérieure. (b) Vue postérieure.

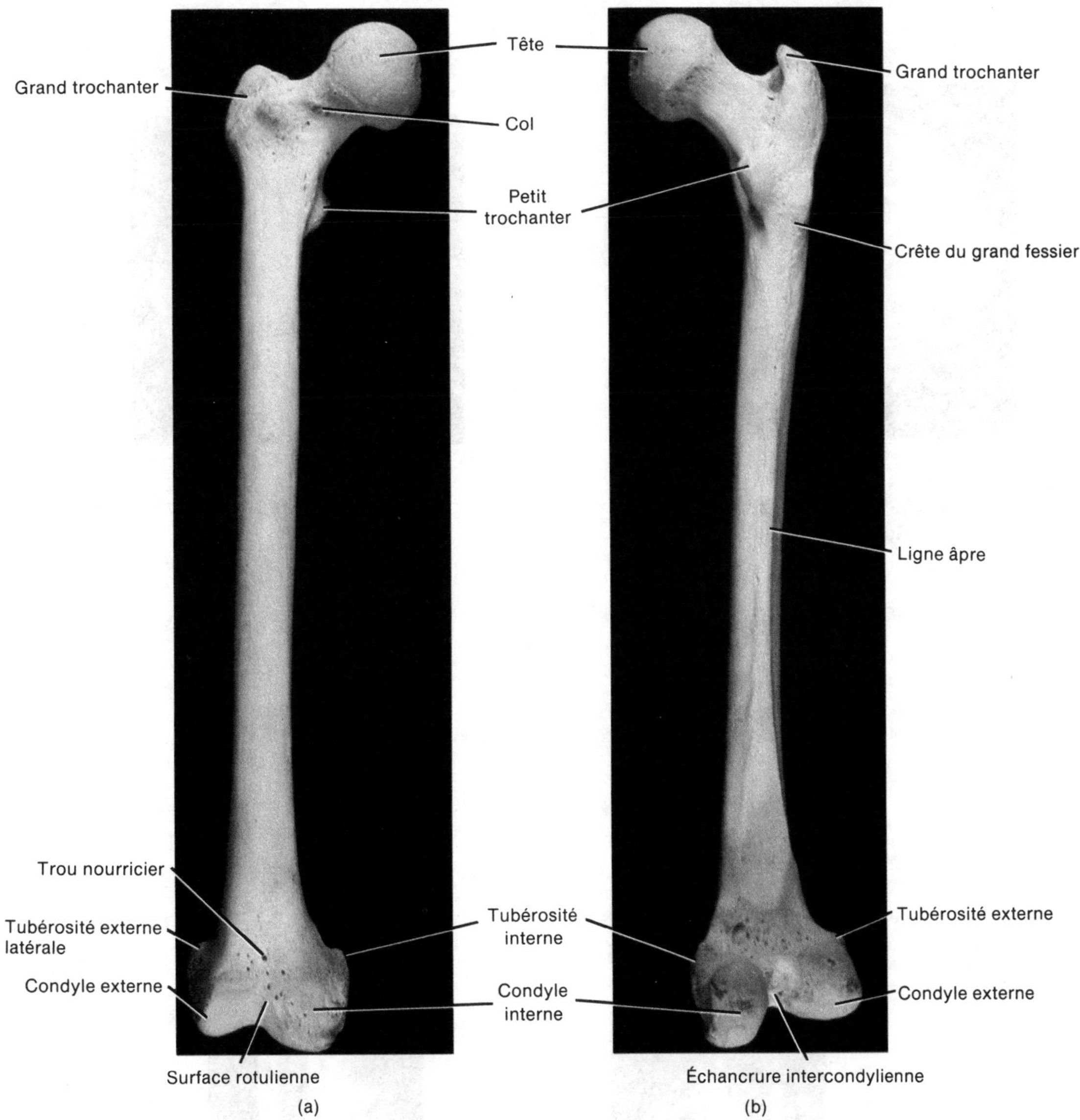

FIGURE 8.10 Fémur droit. (a) Vue antérieure. (b) Vue postérieure. [Copyright © 1987 by Michael H. Ross. Reproduction autorisée.]

dûe à des secousses répétées infligées aux muscles et aux tendons attachés au périoste. Il peut survenir à la suite d'une marche ou d'une course dans une région accidentée ou d'une activité vigoureuse des jambes après une période d'inactivité relative. Le repos suffit habituellement à soulager la douleur. Si le syndrome ne disparaît pas après une période de repos, on peut injecter des stéroïdes ou pratiquer une intervention chirurgicale mineure pour éliminer la pression imposée aux tissus mous qui entourent l'os.

Le **péroné** est situé à la partie latérale de la jambe, parallèlement au tibia, et il est beaucoup plus petit que ce dernier. Le **tête** du péroné, l'extrémité proximale, s'articule avec la face inférieure de la tubérosité externe du tibia, sous le niveau de l'articulation du genou. L'extrémité distale est dotée d'une éminence, la **malléole externe**, qui s'articule avec l'astragale. Cette structure forme la proéminence située sur la face latérale de la cheville. La portion inférieure du péroné s'articule également avec le tibia, au niveau de l'échancrure péronière. Une **fracture de Dupuytren** est une fracture de l'extrémité inférieure du péroné accompagnée d'un traumatisme de l'articulation inférieure du tibia.

LE TARSE, LE MÉTATARSE ET LES PHALANGES

Le **tarse** contient les sept os tarsiens de la cheville (figure 8.13). L'**astragale** et le **calcanéum** sont situés dans la partie postérieure du pied. La partie antérieure contient le **cuboïde**, l'**os naviculaire** et trois **os cunéiformes** appelés **premier**, **deuxième** et **troisième cunéiforme.** L'astragale, l'os tarsien le plus élevé, est le seul os du pied qui s'articule avec le péroné et le tibia. Il est entouré, d'un

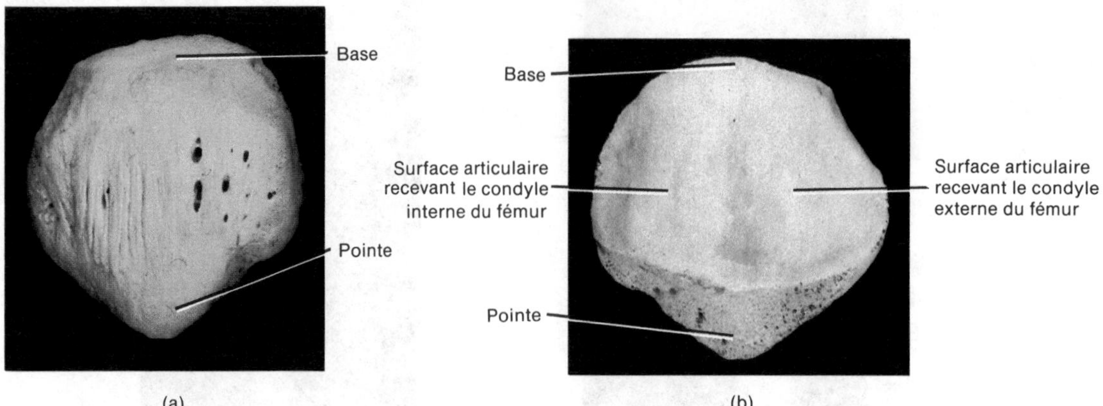

FIGURE 8.11 Rotule droite. (a) Vue antérieure. (b) Vue postérieure. [Copyright © 1987 by Michael H. Ross. Reproduction autorisée.]

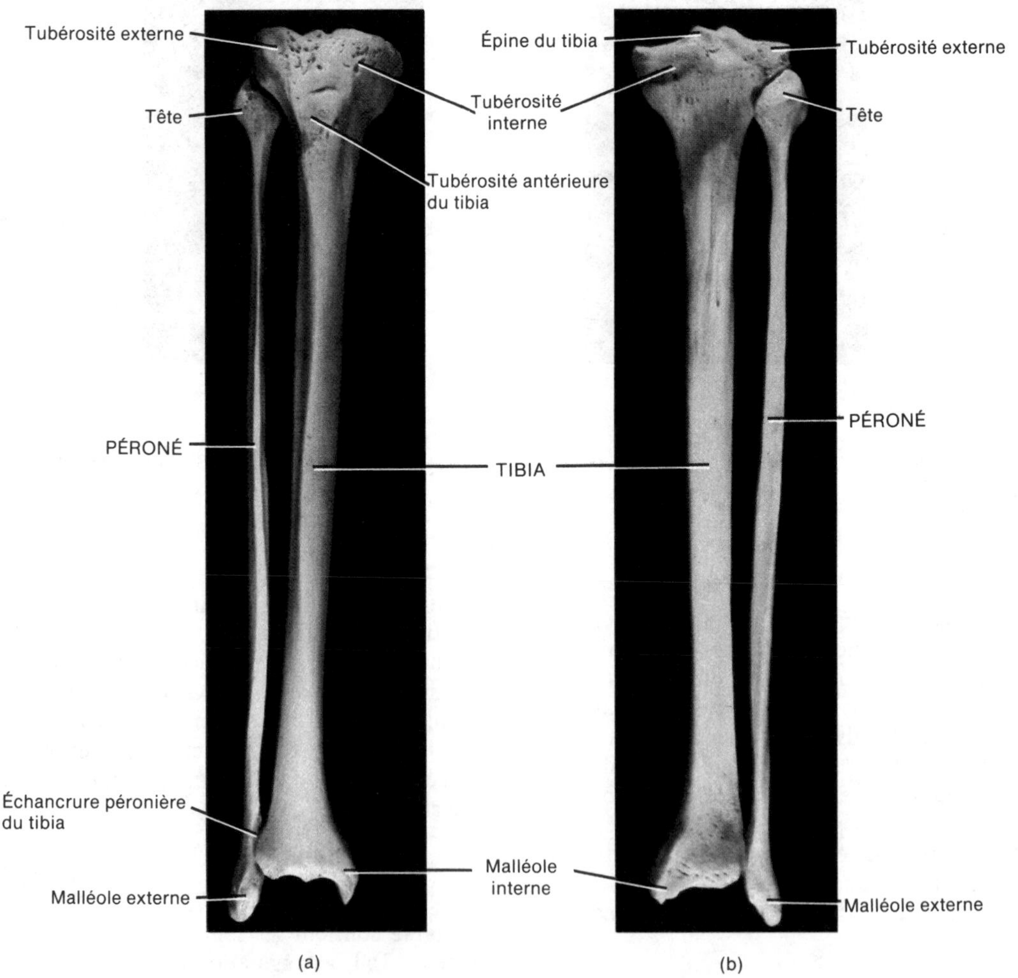

FIGURE 8.12 Tibia et péroné droits. (a) Vue antérieure. (b) Vue postérieure. [Copyright © 1987 by Michael H. Ross. Reproduction autorisée.]

côté par la malléole interne du tibia, et de l'autre côté par la malléole externe du péroné. Au cours de la marche, c'est d'abord l'astragale qui supporte la masse entière du membre. Par la suite, environ la moitié de cette masse est transmise au calcanéum. Les autres os tarsiens se partagent le reste de la masse. Le calcanéum est le plus gros et le plus fort des os tarsiens.

Le **métatarse** comprend cinq os métatarsiens, numérotés de I à V, de l'intérieur vers l'extérieur. Comme les os métacarpiens, chaque os métatarsien comprend une **base** proximale, un **corps** et une **tête** distale. Les os métatarsiens s'articulent, à leur extrémité proximale, avec les premier, deuxième et troisième os cunéiformes et avec le cuboïde. À leur extrémité distale, ils s'articulent avec la rangée proximale de phalanges. Le premier métatarsien est plus épais que les autres, parce qu'il doit supporter une masse plus importante.

Les **phalanges** du pied ressemblent à celles de la main, autant en ce qui concerne le nombre qu'en ce qui concerne la disposition. Chacune comprend une **base** proximale, un **corps** et une **tête** distale. Le gros orteil contient deux grosses phalanges (proximale et distale). Les autres orteils comportent chacun trois phalanges (proximale, médiane et distale).

LES ARCHES PLANTAIRES

Les os du pied sont disposés en deux **arches** (figure 8.14) qui permettent au pied de supporter la masse du corps et assurent une certaine prise lors de la marche. Les arches plantaires ne sont pas rigides. Elles s'affaissent lorsqu'une masse est appliquée et retrouvent leur forme lorsque la masse est enlevée.

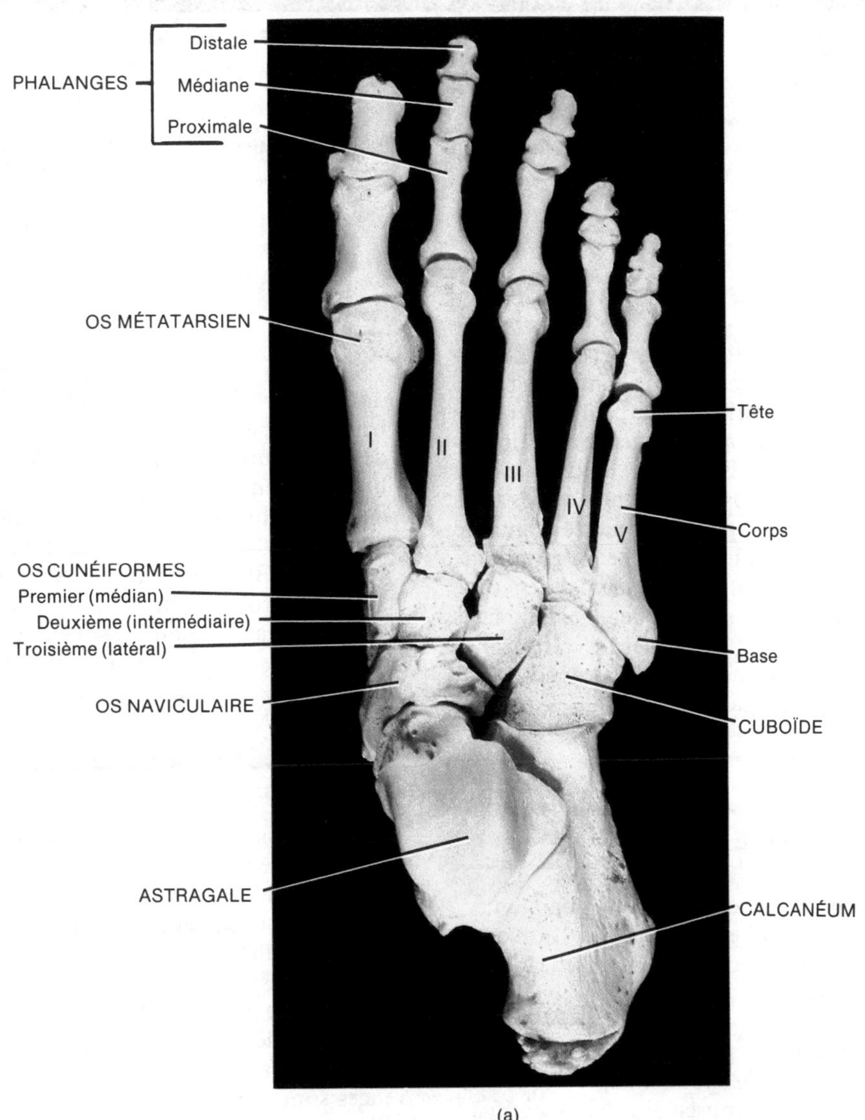

FIGURE 8.13 Pied droit. (a) Vue supérieure.

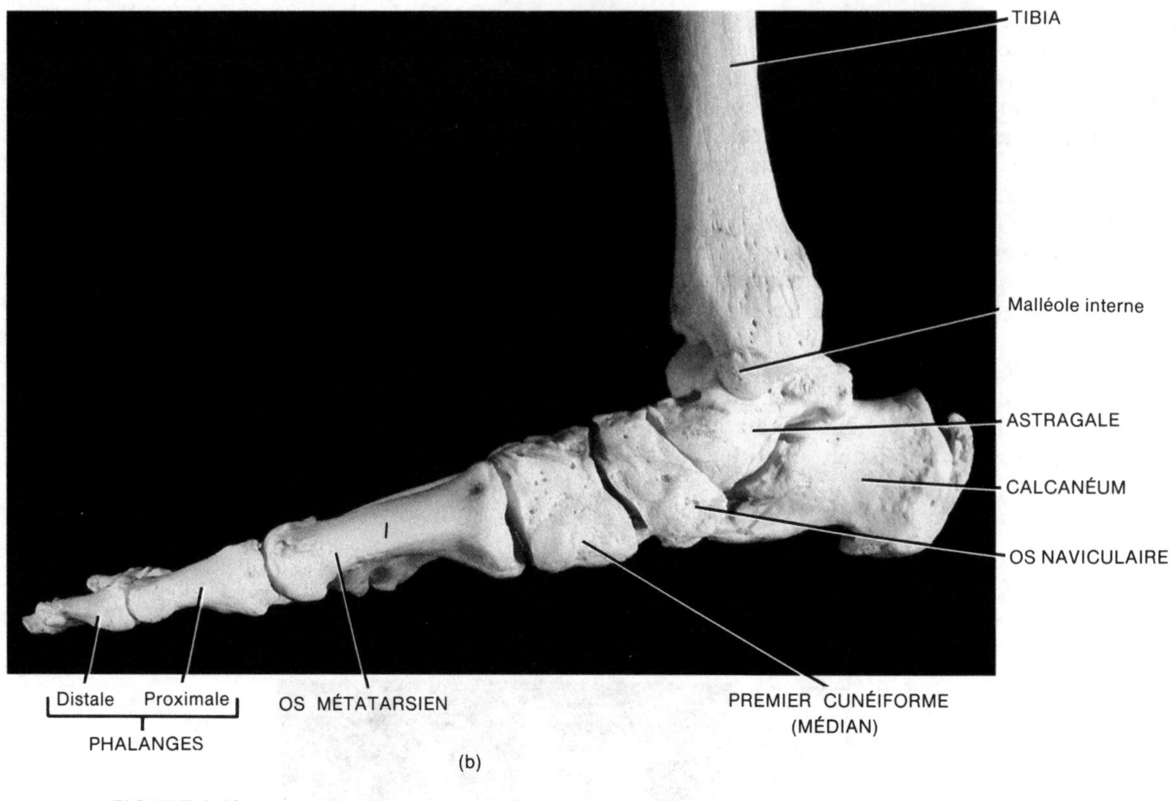

FIGURE 8.13 (b) Vue médiane. [Copyright © 1987 by Michael H. Ross. Reproduction autorisée.]

L'**arche longitudinale** est faite d'os tarsiens et métatarsiens disposés de façon à former un arc allant de la partie antérieure à la partie postérieure du pied. La partie **médiane** de l'arche longitudinale commence dans le calcanéum. Elle monte jusqu'à l'astragale et descend le long de l'os naviculaire, des trois os cunéiformes et des trois métatarsiens médians. L'astragale est la pierre angulaire de cet arche. La partie **latérale** de l'arche longitudinale commence également au niveau du calcanéum. Elle monte le long du cuboïde et descend jusqu'aux deux métatarsiens latéraux. L'os cuboïde constitue le pilier de cette arche.

L'**arche transverse** est formée par le calcanéum, l'os naviculaire, le cuboïde et les parties postérieures des cinq métatarsiens.

APPLICATION CLINIQUE

Les os qui composent les arches du pied sont maintenus en place par des ligaments et des tendons. Lorsque ceux-ci sont faibles, la partie médiane de l'arche longitudinale peut s'affaisser, ce qui produit un **pied plat**, ou **platypodie**.

Dans la **gampsodactylie**, la partie médiane de l'arche longitudinale est trop élevée. Cette anomalie est souvent causée par un déséquilibre musculaire (consécutif à une poliomyélite, par exemple).

Un **hallux valgus**, ou **oignon**, est une déformation du gros orteil. Bien que cette affection puisse être héréditaire, elle est souvent causée par le fait de porter des chaussures très serrées et elle est caractérisée par un déplacement latéral du gros orteil, accompagné d'une luxation partielle à la jonction du gros orteil et du premier métatarsien. Par conséquent, la tête du premier métatarsien est déplacée médialement. Cette affection provoque une inflammation des bourses (des sacs contenant du liquide, situés dans les articulations), des bavures osseuses et des durillons.

LES SQUELETTES DE LA FEMME ET DE L'HOMME

Les os de l'homme sont généralement plus gros et plus lourds que ceux de la femme. Les extrémités articulaires sont plus épaisses par rapport aux diaphyses. Et comme certains muscles sont plus gros chez l'homme, les points d'attache (tubérosités, lignes, crêtes) sont également plus volumineux.

Il existe de nombreuses différences structurales importantes entre le squelette de la femme et celui de l'homme, notamment au niveau du bassin ; la plupart de ces différences sont liées à la grossesse et à l'accouchement. Les différences typiques sont énumérées dans le document 8.1, et illustrées à la figure 8.15.

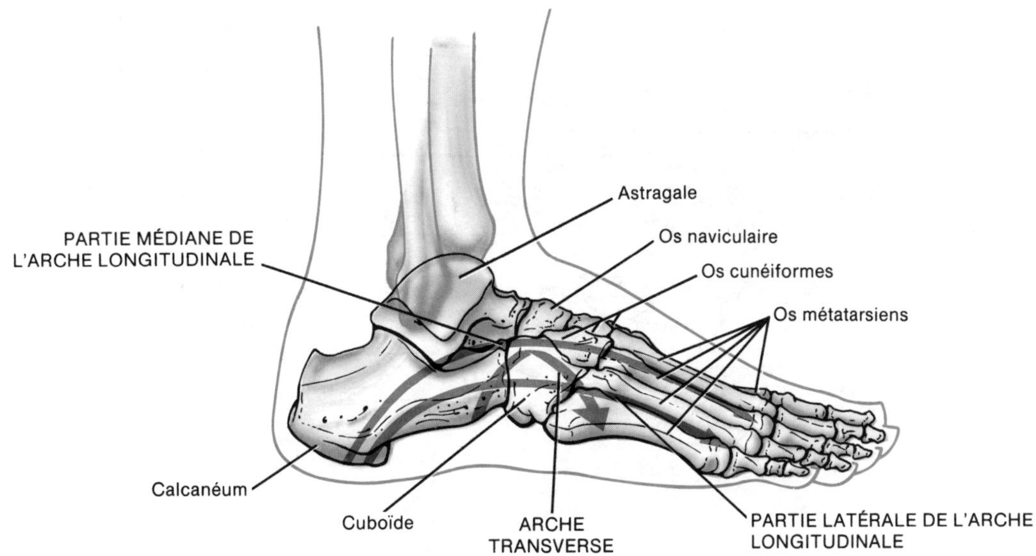

FIGURE 8.14 Vue latérale des arches du pied droit.

DOCUMENT 8.1 BASSINS DE LA FEMME ET DE L'HOMME

POINT DE COMPARAISON	FEMME	HOMME
Structure générale	Léger et mince	Volumineux et épais
Surfaces articulaires	Petites	Volumineuses
Attaches musculaires	Plutôt indistinctes	Bien marquées
Grand bassin	Peu profond	Profond
Détroit supérieur	Plus grand et plus ovale	En forme de cœur
Détroit inférieur	Comparativement grand	Comparativement petit
Première pièce du sacrum	La surface supérieure du corps égale environ le tiers de la largeur du sacrum	La surface supérieure du corps égale environ la moitié de la largeur du sacrum
Sacrum	Court, large, aplati, partie inférieure incurvée en avant	Long, étroit, légèrement concave
Surface auriculaire	Ne s'étend qu'au bord supérieur de la troisième pièce du sacrum	S'étend bien au-delà (vers le bas) de la troisième pièce du sacrum
Arcade pubienne	Angle sous-pubien supérieur à 90°	Angle sous-pubien inférieur à 90°
Branche descendante du pubis	Surface écartée	Surface rapprochée permettant l'insertion du pénis.
Symphyse pubienne	Moins profonde	Plus profonde
Épine sciatique	Moins tournée vers l'intérieur	Plus tournée vers l'intérieur
Tubérosité ischiatique	Tournée vers l'extérieur	Tournée vers l'intérieur
Ilion	Moins vertical	Plus vertical
Fosse iliaque	Peu profonde	Profonde
Crête iliaque	Moins incurvée	Plus incurvée
Épine iliaque antéro-supérieure	Largement écartée	Plus rapprochée
Acétabulum	Petit	Gros
Trou obturateur	Ovale	Rond
Grande échancrure sciatique	Large	Étroite

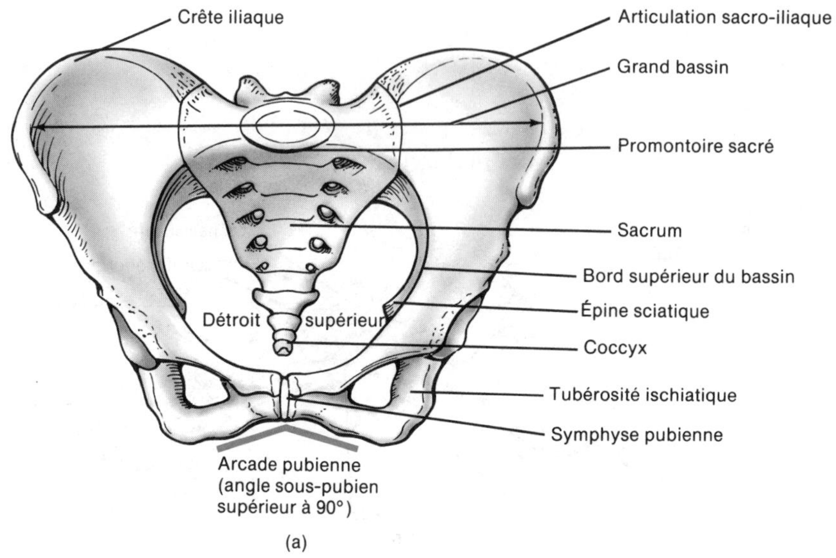

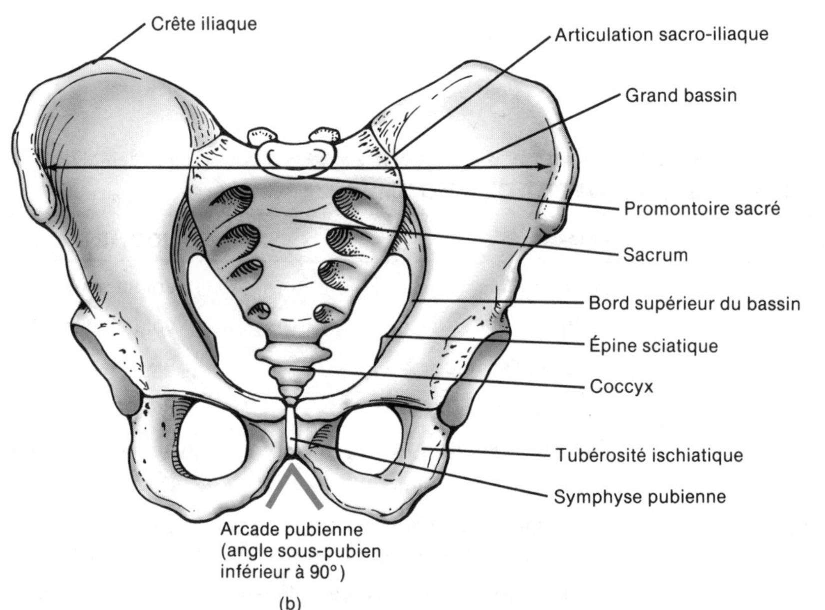

FIGURE 8.15 Bassin. (a) Vue antérieure du bassin de la femme. (b) Vue antérieure du bassin de l'homme.

RÉSUMÉ

La ceinture scapulaire (page 166)

1. Chaque moitié de la ceinture scapulaire comprend une clavicule et une omoplate.
2. La ceinture scapulaire relie les membres supérieurs au tronc.

Les membres supérieurs (page 167)

Les os de chacun des membres supérieurs sont l'humérus, le cubitus, le radius, le carpe, le métacarpe et les phalanges.

La ceinture pelvienne (page 171)

1. La ceinture pelvienne comprend deux os iliaques.
2. Elle relie les membres inférieurs au tronc, au niveau du sacrum.
3. Les os iliaques comprennent trois parties fusionnées : l'ilion, le pubis et l'ischion.

Les membres inférieurs (page 172)

1. Les os de chacun des membres inférieurs sont le fémur, le tibia, le péroné, le tarse, le métatarse et les phalanges.
2. Les os du pied sont disposés en deux arches, l'arche longitudinale et l'arche transverse, qui offrent soutien et prise.

Les squelettes de la femme et de l'homme (page 178)

1. Le bassin de la femme est conçu en fonction de la grossesse et de l'accouchement. Dans le document 8.1, nous énumérons les différences existant entre la structure du bassin de l'homme et celle du bassin de la femme.
2. Les os de l'homme sont généralement plus gros et plus lourds que ceux de la femme, et ils sont dotés de points d'attache musculaire plus importants.

RÉVISION

1. Qu'est-ce que la ceinture scapulaire ? Quelle importance revêt- elle ?
2. Quels sont les os qui composent un membre supérieur ? Qu'est-ce qu'une fracture de Pouteau-Colles ?
3. Qu'est-ce que la ceinture pelvienne ? Quelle importance revêt- elle ?
4. Quels sont les os qui composent les membres inférieurs ? Qu'est-ce qu'une fracture de Dupuytren ?
5. Qu'est-ce que la pelvimétrie ? Quelle importance revêt-elle sur le plan clinique ?
6. Quelles sont les différences structurales entre les membres supérieurs et les membres inférieurs ?
7. Décrivez la structure des arches plantaires longitudinale et transverse. Quelle est la fonction d'une arche plantaire ?
8. Comment les pieds plats (platypodie), la gampsodactylie et les hallux valgus se développent-ils ?
9. Quelles sont les principales différences structurales entre les squelettes de la femme et de l'homme ? Utilisez le document 8.1 pour vous aider.

Les articulations

OBJECTIFS

- Définir une articulation et identifier les facteurs qui déterminent l'amplitude du mouvement qu'elle permet.
- Comparer la structure, le mouvement et l'emplacement des articulations fibreuses, cartilagineuses et synoviales.
- Expliquer le principe et l'importance clinique de l'arthroscopie.
- Analyser et comparer les différents mouvements de diverses articulations synoviales.
- Décrire quelques articulations du corps en s'arrêtant principalement sur les os formant l'articulation, les éléments anatomiques et la classification structurale.
- Décrire les causes et les symptômes de quelques affections articulaires, dont le rhumatisme, la polyarthrite rhumatoïde, l'arthrose, l'arthrite goutteuse, la bursite, la luxation et l'entorse.
- Définir quelques termes médicaux relatifs aux articulations.

Les os, à cause de leur rigidité, ne peuvent plier sans danger de fracture. Le squelette est donc formé d'un grand nombre d'os solidement unis entre eux aux articulations par du tissu conjonctif flexible. Tous les mouvements qui modifient les positions des parties osseuses du corps se produisent aux articulations. Chaque articulation joue donc un rôle très important. Ainsi, un plâtre autour du genou interdit toute flexion de la jambe ; une éclisse à un doigt réduit la capacité de saisir les petits objets.

Une **articulation** est le point de contact entre les os ou entre le cartilage et les os. L'**arthrologie** (*arthro* : articulation ; *logie* : étude de) est l'étude des articulations. La structure d'une articulation détermine sa fonction. Il existe plusieurs sortes d'articulations : certaines interdisent tout mouvement, d'autres procurent une mobilité restreinte et d'autres permettent une très grande mobilité. Lorsque les os s'emboîtent bien, l'articulation est solide, mais le mouvement est restreint. Au contraire, l'articulation qui offre un certain jeu permet une grande liberté de mouvement, mais les risques de luxation sont accrus. Le mouvement dépend également de la flexibilité du tissu conjonctif qui relie les os et de la position des ligaments, des muscles et des tendons.

LA CLASSIFICATION

FONCTIONNELLE

La classification fonctionnelle des articulations tient compte de l'amplitude du mouvement qu'elles permettent. Les **synarthroses** sont des articulations immobiles, les **amphiarthroses**, des articulations semi-mobiles, et les **diarthroses**, des articulations mobiles.

STRUCTURALE

La classification structurale est fondée sur la présence ou l'absence d'une cavité articulaire et sur le type de tissu conjonctif qui unit les os. Une articulation peut être **fibreuse**, dépourvue de cavité articulaire, dont les os sont unis par du tissu conjonctif fibreux ; **cartilagineuse**, dépourvue de cavité articulaire, dont les os sont unis par du cartilage ; et **synoviale**, pourvue d'une cavité articulaire, dont les os sont réunis par une capsule articulaire et souvent par des ligaments accessoires (que nous décrirons en détail plus loin). Dans ce chapitre, nous étudierons les articulations tant selon leur classification structurale que fonctionnelle.

LES ARTICULATIONS FIBREUSES

Les **articulations fibreuses** n'ont pas de cavité articulaire et les os sont solidement unis par du tissu conjonctif fibreux ; le mouvement est donc très restreint. Il existe trois types d'articulations fibreuses : les sutures, les syndesmoses et les gomphoses.

LES SUTURES

Les **sutures** sont les articulations des os du crâne ; ceux-ci sont réunis par une couche fine, mais compacte, de tissu conjonctif fibreux. La structure irrégulière des sutures leur procure plus de force et diminue les risques de fracture. Les sutures sont des synarthroses, car elles sont immobiles. Certaines sutures, présentes pendant la croissance, sont remplacées par de l'os durant l'âge adulte ; on les appelle **synostoses** ou articulations osseuses. La soudure complète de deux os caractérise ce type d'articulation. La suture métopique qui réunit les côtés droit et gauche de l'os frontal et qui commence à se souder durant la première enfance en est un exemple (voir la figure 7.3,a). Du point de vue fonctionnel, les synostoses sont des synarthroses.

LES SYNDESMOSES

La **syndesmose** est une articulation fibreuse qui contient une plus grande quantité de tissu conjonctif fibreux que la suture ; l'emboîtement de ses os est aussi plus lâche. Le tissu conjonctif forme une membrane interosseuse ou ligament interosseux. La faible mobilité de la syndesmose est due à l'ajustement un peu plus lâche des os que dans la suture et à la présence de la membrane interosseuse. Du point de vue fonctionnel, les syndesmoses sont des amphiarthroses. Parmi les exemples de syndesmoses, mentionnons l'articulation distale du tibia et du péroné (voir la figure 8.12) et celle comprise entre les corps du cubitus et du radius (voir la figure 8.5).

LES GOMPHOSES

La **gomphose** est une articulation fibreuse dont une partie conique s'enfonce dans une partie creuse, et dans laquelle se trouve le ligament périodontique. Du point de vue fonctionnel, la gomphose est une synarthrose. Les articulations des racines des dents avec les alvéoles du maxillaire et de la mandibule en sont des exemples.

LES ARTICULATIONS CARTILAGINEUSES

Les **articulations cartilagineuses** sont, elles aussi, dépourvues de cavité articulaire. Les os qu'elles articulent sont solidement unis par du cartilage. Ce type d'articulation ne permet que peu de mouvement ou pas du tout. Il existe deux types d'articulations cartilagineuses : les synchondroses et les symphyses.

LES SYNCHONDROSES

Dans les **synchondroses**, le cartilage hyalin assure la solidité de l'articulation. Le cartilage de conjugaison est le type de synchondrose le plus courant (voir la figure 6.5). Les synchondroses unissent les épiphyses à la diaphyse dans un os en période de croissance. L'articulation est immobile ; c'est une synarthrose. Elle est aussi temporaire, car le cartilage hyalin est remplacé par de l'os après la période de croissance. L'articulation de la première côte et du sternum est un exemple de synchondrose. Le cartilage de cette articulation s'ossifie durant la vie adulte.

LES SYMPHYSES

Dans les **symphyses**, les os adjacents sont reliés par un disque large et plat de fibrocartilage. On trouve ce type d'articulation entre les corps des vertèbres (voir la figure 7.11). Une partie du disque intervertébral est composée de matière cartilagineuse. La symphyse pubienne, qui relie les faces antérieures des os iliaques, en est un exemple. Les symphyses sont des amphiarthroses, car elles sont semi-mobiles (voir la figure 8.15).

LES ARTICULATIONS SYNOVIALES

LA STRUCTURE

L'**articulation synoviale** est caractérisée par la présence d'un espace entre les os : la **cavité articulaire**, ou **cavité synoviale** (figure 9.1). Grâce à cette cavité, à la position de la capsule articulaire et à celle des ligaments accessoires, l'articulation est très mobile. Du point de vue fonctionnel, les articulations synoviales sont donc des diarthroses.

L'articulation synoviale est aussi caractérisée par la présence de **cartilage articulaire**. Ce cartilage recouvre la surface des os, mais il ne les unit pas. Le cartilage articulaire des articulations synoviales est un cartilage hyalin.

L'articulation synoviale est enveloppée d'une **capsule articulaire** qui emprisonne la cavité articulaire et unit les os. Cette capsule est composée de deux couches. La couche externe, la **capsule fibreuse**, est formée de tissu conjonctif dense (collagène). Elle est fixée au périoste des os adjacents, à distance variable des extrémités du cartilage articulaire. La souplesse de la capsule fibreuse permet le mouvement, tandis que sa grande résistance à la tension protège l'articulation contre les luxations. Les fibres de certaines capsules sont disposées en faisceaux parallèles afin de pouvoir résister aux tensions continuelles qui lui sont imposées. Ces fibres, appelées *ligaments*, ont des noms particuliers. La résistance des ligaments est un des plus importants facteurs de l'union interosseuse.

La couche interne de la capsule articulaire est formée d'une **membrane synoviale**, composée de tissu conjonctif lâche, de fibres élastiques et d'une quantité variable de tissu adipeux. Elle sécrète le *liquide synovial* qui lubrifie l'articulation et fournit les éléments nutritifs nécessaires au cartilage articulaire. Le liquide synovial contient en outre des phagocytes chargés d'éliminer les microbes et les débris provenant de l'usure de l'articulation. Le liquide synovial, formé d'acide hyaluronique et d'un liquide interstitiel provenant du plasma sanguin, est d'apparence et de consistance semblables au blanc d'œuf. Lorsque l'articulation est au repos, le liquide est visqueux, mais il se liquéfie au fur et à mesure qu'augmente l'activité de l'articulation. Toutes les articulations n'ont pas la même quantité de liquide synovial. Certaines d'entre elles ne renferment qu'une mince couche de liquide visqueux, alors que d'autres peuvent en contenir

FIGURE 9.1 Articulation synoviale. (a) Diagramme d'une coupe frontale. (b) Photographie d'une coupe frontale de la structure interne du genou droit. [Gracieuseté de C. Yokochi et J. W. Rohen, *Photographic Anatomy of the Human Body*, 2e éd., 1978, IGAKU-SHOIN, Ltd., Tokyo, New York.]

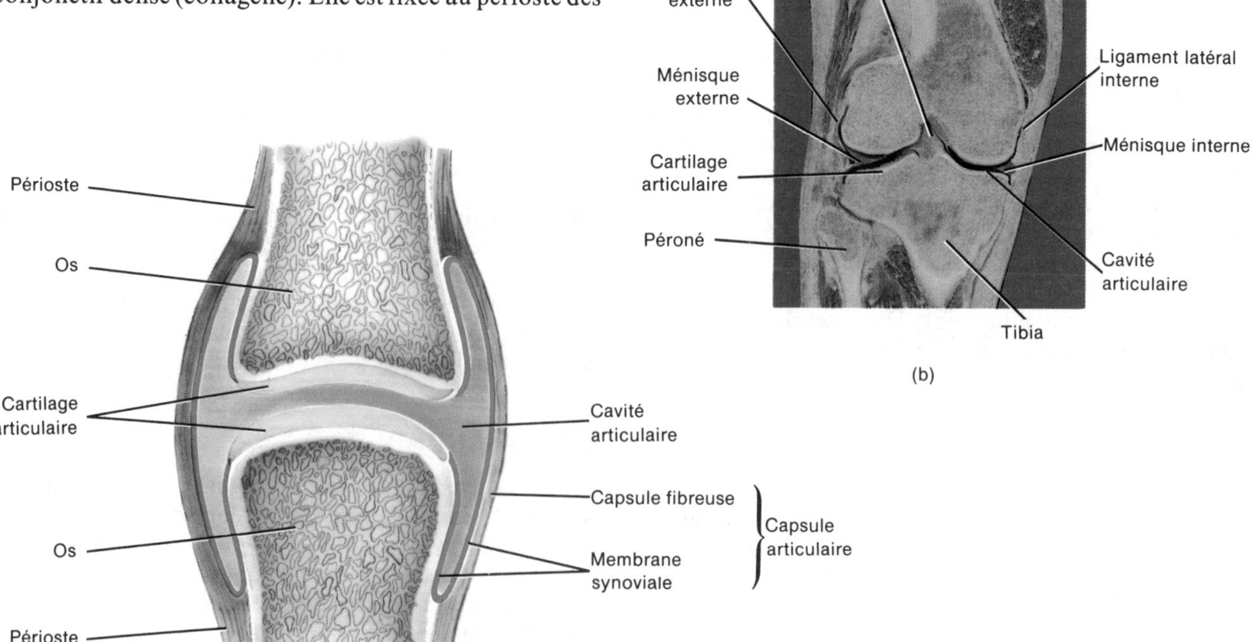

jusqu'à 3,5 mL; c'est le cas notamment des grosses articulations telles que celle du genou. Cependant, toutes les articulations ne renferment que la quantité de liquide nécessaire pour qu'une mince pellicule recouvre toutes les surfaces à l'intérieur de la capsule articulaire.

Un grand nombre d'articulations synoviales sont complétées par des **ligaments accessoires**, appelés ligaments externes et ligaments internes. Les *ligaments externes* sont à l'extérieur de la capsule articulaire. Le ligament latéral externe du genou est un exemple (voir la figure 9.8,e). Les *ligaments internes* sont à l'intérieur de la capsule articulaire, mais sont tenus hors de la cavité articulaire par la membrane synoviale. Les ligaments croisés du genou en sont un exemple (voir la figure 9.8,e).

À l'intérieur de quelques articulations synoviales se trouvent des disques de fibrocartilage, situés entre les surfaces articulaires des os et fixés à la capsule fibreuse; ce sont les **disques articulaires**, ou **ménisques**. Les ménisques divisent habituellement la cavité articulaire en deux. Ils font en sorte que deux os de forme différente puissent s'ajuster parfaitement, en modifiant leur surface articulaire. Ils procurent aussi une stabilité à l'articulation et orientent le liquide synovial vers les endroits de grande friction.

APPLICATION CLINIQUE

La déchirure des ménisques du genou est très fréquente chez les athlètes. Une opération chirurgicale, la méniscectomie, permet de retirer les morceaux susceptibles de provoquer l'arthrite. La méniscectomie consiste à couper plusieurs couches de tissus sains afin d'extraire tout le cartilage ou du moins une grande partie. Mais l'opération, douloureuse et onéreuse, ne garantit pas toujours la guérison complète.

Aujourd'hui, l'**arthroscopie** résout tous ces problèmes. L'arthroscope est un instrument en forme de crayon, long de plusieurs centimètres, pourvu d'un système d'optique. Ses fibres optiques donnent de la lumière, comme la lampe sur le casque d'un mineur. On l'introduit dans le genou par une incision d'à peine 0,60 cm. On pratique ensuite une deuxième incision afin d'introduire un tube permettant l'injection d'une solution salée. Enfin, une troisième incision permet d'introduire un instrument afin de gratter et de remodeler le cartilage lésé, puis d'en retirer les débris en même temps que la solution salée. Certains orthopédistes fixent même à l'arthroscope une caméra de télévision miniature qui permet de visualiser l'intérieur du genou sur un écran. La guérison est généralement très rapide et peu douloureuse, puisqu'il suffit de trois petites incisions pour pratiquer l'arthroscopie. Bien que l'arthroscopie soit employée le plus souvent pour retirer le cartilage déchiré, son usage s'étend également à d'autres types d'opérations du genou; on l'emploie pour prélever des échantillons de tissu à d'autres articulations, établir le diagnostic de certaines pathologies, décider si une intervention chirurgicale est nécessaire et préparer une opération chirurgicale.

Les différents mouvements du corps entraînent la friction de ses parties mobiles. De petites poches, appelées **bourses séreuses**, ont pour rôle de réduire cette friction. Les bourses sont comparables aux articulations, car leurs parois sont formées de tissu conjonctif tapissé par une membrane synoviale. Elles contiennent un liquide semblable au liquide synovial. Elles sont situées entre un os et un organe adjacent, comme la peau, les tendons, les muscles, les ligaments. La **bursite** est l'inflammation de ces bourses séreuses.

Plusieurs facteurs permettent de garder les surfaces articulaires des articulations synoviales en contact. Un premier facteur est l'ajustement des os adjacents. Cet emboîtement est très évident à l'articulation de la hanche, où la tête du fémur s'articule avec l'acétabulum de l'os iliaque. Un deuxième facteur est la solidité des ligaments. Ce facteur est surtout important dans l'articulation de la hanche. Un troisième facteur est la tension des muscles entourant l'articulation. La capsule fibreuse du genou, par exemple, est principalement formée à partir de distensions tendineuses par les muscles agissant sur l'articulation.

LES MOUVEMENTS

Les mouvements que permettent les articulations synoviales sont limités par plusieurs facteurs. L'**apposition des parties molles** limite la flexion de l'avant-bras en amenant l'une contre l'autre les faces antérieures du bras et de l'avant-bras. La **tension des ligaments** non seulement limite le mouvement, mais dirige aussi celui des os adjacents l'un par rapport à l'autre. Les différents composants d'une capsule fibreuse ne sont tendus que dans certaines positions de l'articulation. Les ligaments du genou, par exemple, sont lâches quand la jambe est pliée, mais tendus quand la jambe est droite. C'est aussi lorsque la jambe est droite qu'on obtient la plus grande surface de contact entre les os. La **tension musculaire**, ajoutée à l'action des ligaments, a pour but de réduire l'amplitude de mouvement d'une articulation. L'articulation de la hanche représente encore un excellent exemple. Si on lève la cuisse sans plier la jambe, la tension des muscles de la loge postérieure de la cuisse limite le mouvement. Il suffit de plier la jambe pour diminuer la tension de ces muscles et pouvoir lever la cuisse plus haut. La **structure des os adjacents** limite encore le mouvement d'une articulation synoviale.

Voici la description des mouvements précis que permet l'articulation synoviale.

Le glissement

Le **glissement** est le mouvement le plus élémentaire d'une articulation. Il est produit lorsqu'une surface se déplace latéralement ou d'avant en arrière sans mouvement angulaire ni rotatif. Les articulations du carpe et du tarse ont un mouvement par glissement. Les têtes et les tubérosités des côtes glissent sur les corps et les apophyses transverses des vertèbres.

Les mouvements angulaires

Les **mouvements angulaires** augmentent ou diminuent l'angle entre deux os. Parmi ces mouvements, mentionnons la flexion, l'extension, l'abduction et l'adduction (figure 9.2). La **flexion** entraîne généralement une diminution de l'angle entre les faces antérieures des os adjacents. Le mouvement du coude ou du genou ou celui de la tête vers l'avant en sont des exemples ; dans ce dernier cas, l'os occipital et l'atlas forment l'articulation. Il y a toutefois une exception ; la flexion du genou et des orteils entraîne une diminution de l'angle compris entre les faces postérieures des os.

L'**extension** est le mouvement qui augmente l'angle entre les faces antérieures des os adjacents, excepté pour les articulations du genou et des orteils. L'extension est le mouvement qui ramène un membre fléchi à sa position anatomique. On effectue une extension lorsqu'on replace la tête, le bras ou la jambe après une flexion. L'**hyperextension** est la poursuite du mouvement au-delà de la position anatomique, comme le mouvement de la tête vers l'arrière.

On appelle généralement **abduction** le mouvement qui *écarte* un membre du plan sagittal médian du corps. L'élévation du bras en l'éloignant du corps de façon à former un angle droit avec la poitrine est un mouvement d'abduction. Cependant, dans le cas des doigts et des orteils, le référent n'est plus le plan sagittal médian du corps, mais une ligne imaginaire passant par le majeur ou le deuxième orteil. Ainsi, l'abduction des doigts consiste à écarter les doigts, à les éloigner du majeur.

L'**adduction** est le mouvement qui *rapproche* un membre du plan sagittal médian du corps. L'adduction des doigts ou des orteils s'effectue, comme pour l'abduction, par rapport à une ligne imaginaire passant par le majeur ou le deuxième orteil. On effectue une adduction du bras lorsqu'on le ramène à sa position anatomique après une abduction.

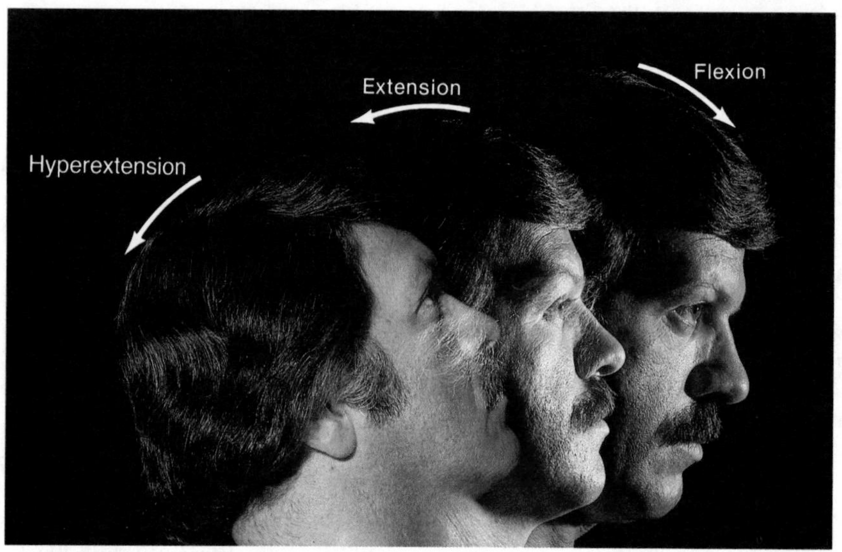

(a)

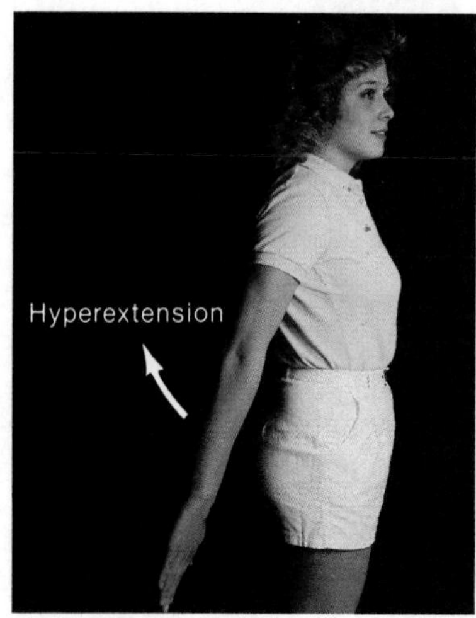

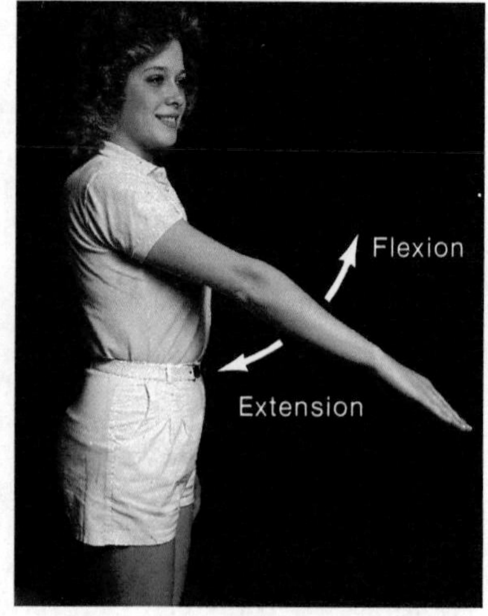

(b)

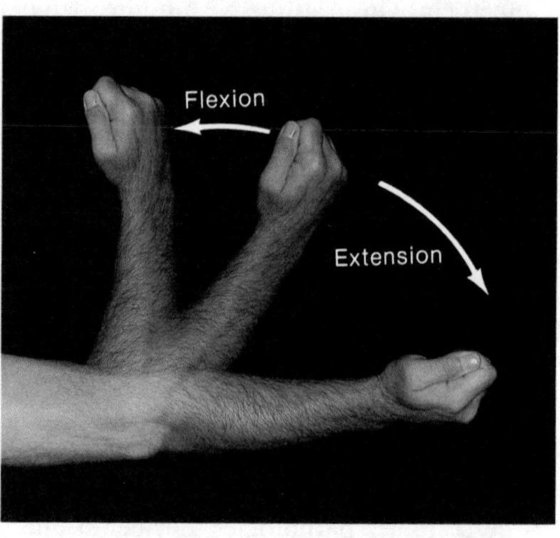

(c)

FIGURE 9.2 Mouvements angulaires aux articulations synoviales. [Copyright © 1983 by Gerard J. Tortora. Gracieuseté de Lynne Tortora et James Borghesi.]

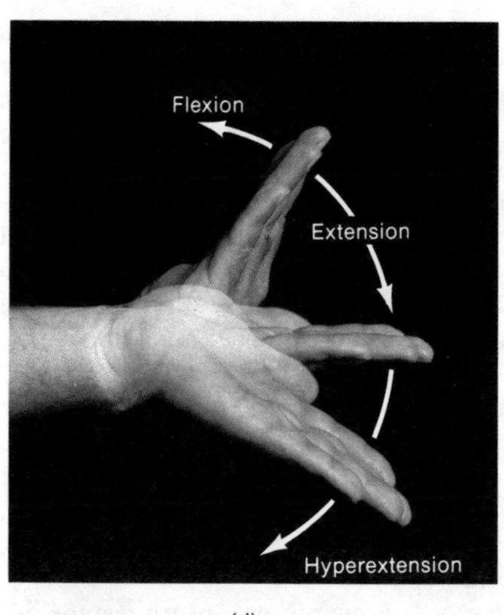
Flexion
Extension
Hyperextension
(d)

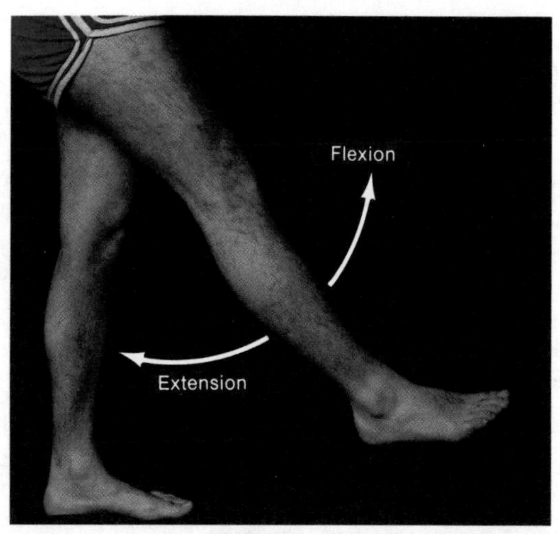
Flexion
Extension
(e)

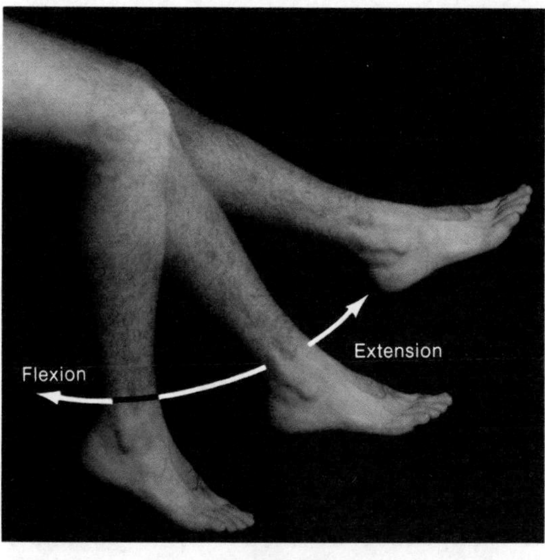
Extension
Flexion
(f)

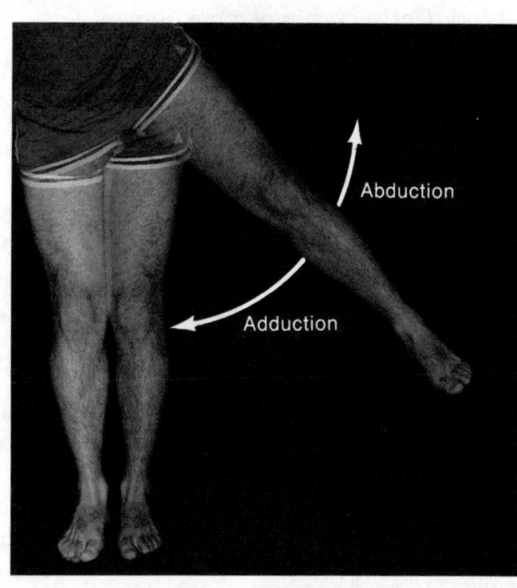
Abduction
Adduction
(g)

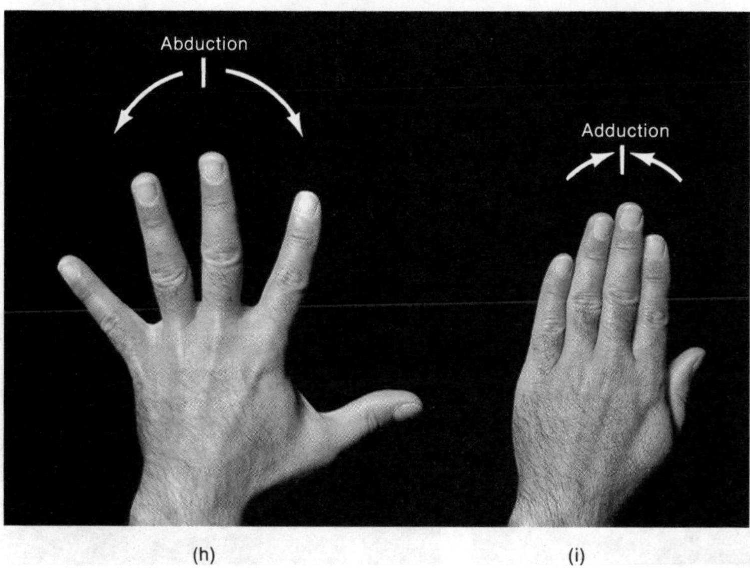
Abduction
Adduction
(h) (i)

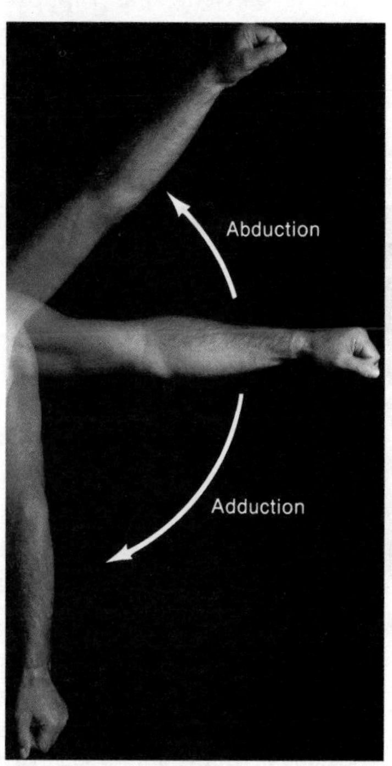
Abduction
Adduction
(j)

La rotation

La **rotation** est le mouvement d'un os qui se déplace autour de son axe longitudinal. La rotation ne permet aucun autre mouvement simultané. La *rotation interne* est le mouvement de la face antérieure d'un os ou de son extrémité en direction du plan sagittal médian du corps. La *rotation externe* est un mouvement qui éloigne la face antérieure d'un os ou son extrémité du plan sagittal du corps. Lorsqu'on fait non de la tête, l'atlas effectue une rotation autour de l'apophyse odontoïde. On obtient un exemple des deux types de rotation de l'humérus en faisant pivoter le bras de façon à tourner la paume vers l'avant, puis vers l'arrière (figure 9.3,a).

La circumduction

La **circumduction** est le mouvement dans lequel l'extrémité distale d'un os décrit un cercle tandis que l'extrémité proximale reste fixe. L'os décrit ainsi un cône dans l'espace. La circumduction comprend à la fois les mouvements de flexion, d'extension, d'abduction, d'adduction et de rotation, et permet une rotation de 360°. Le cercle que décrit le bras tendu, quand on veut lancer une balle, par exemple, illustre bien la circumduction (figure 9.3,b).

Les mouvements spéciaux

À la figure 9.4, nous indiquons les seules articulations qui permettent les **mouvements spéciaux**. L'**inversion** est le mouvement du pied, plante tournée vers l'intérieur, à l'articulation de la cheville. L'**éversion** est le mouvement du pied, plante tournée vers l'extérieur, à l'articulation de la cheville. La **dorsiflexion** est la flexion du pied à l'articulation de la cheville; la **flexion plantaire** est l'extension du pied à l'articulation de la cheville.

La **protraction** est le déplacement vers l'avant de la mandibule ou de la clavicule par rapport à un plan parallèle au sol. Le mouvement de la mâchoire vers l'avant est la protraction de la mandibule. Il y a protraction de la clavicule quand on déplace les bras vers l'avant jusqu'à ce que les coudes se touchent. La **rétraction** est le mouvement par lequel on replace une partie protractée dans sa position anatomique. On effectue une rétraction lorsqu'on ramène la mandibule vers l'arrière pour l'aligner avec le maxillaire supérieur.

La **supination** est le mouvement de rotation de l'avant-bras pour tourner la paume vers le haut. Le coude doit toutefois être plié pour éviter la rotation de l'humérus à l'articulation de l'épaule. La **pronation** est le mouvement de rotation de l'avant-bras pour tourner la paume vers le bas.

L'**élévation** est le mouvement ascendant effectué par une partie du corps. Quand on ferme la bouche, on élève la mandibule. L'**abaissement** est le mouvement descendant d'une partie du corps. On abaisse la mandibule quand on ouvre la bouche. L'élévation et l'abaissement peuvent aussi s'appliquer aux épaules.

Dans le document 9.1, nous présentons un résumé des mouvements aux articulations synoviales.

LES TYPES D'ARTICULATIONS SYNOVIALES

Si la structure de toutes les articulations synoviales se ressemble, il n'en va pas de même pour la forme des surfaces articulaires. On dénombre six sortes d'articulations synoviales : les articulations planes, à charnière, à pivot, ellipsoïdale, en selle et à surfaces sphériques.

L'articulation plane

La surface articulaire des os d'une **articulation plane**, ou **arthrodie**, est généralement plate. Ce type d'articulation ne permet que les mouvements latéraux et d'avant en arrière (figure 9.5,a). Les mouvements de torsion et de rotation sont exclus, car les ligaments et les os adjacents réduisent l'amplitude du mouvement. Comme le mouvement que permet cette articulation ne se fait pas autour d'un axe, on dit que c'est une articulation *non axiale*. Les articulations planes relient les os du carpe, ceux du tarse, le sternum à la clavicule et l'omoplate à la clavicule.

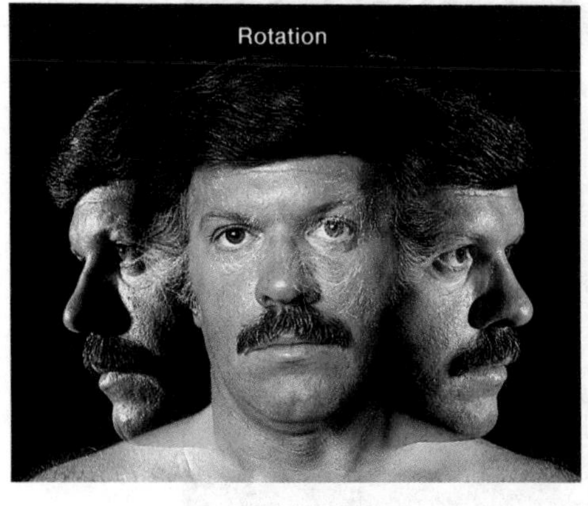

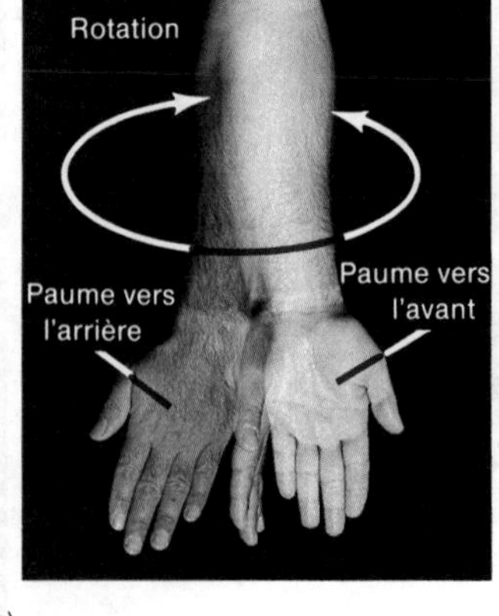

(a)

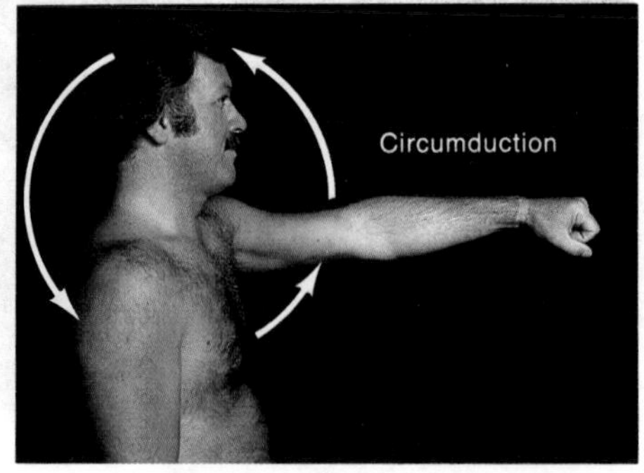

(b)

FIGURE 9.3 Rotation et circumduction. (a) Rotation de l'articulation atloïdo-axoïdienne (à gauche) et rotation de l'humérus (à droite). (b) Circumduction de l'humérus à l'articulation de l'épaule. [Copyright © 1983 by Gerard J. Tortora.]

DOCUMENT 9.1 RÉSUMÉ DES MOUVEMENTS AUX ARTICULATIONS SYNOVIALES

MOUVEMENT	DÉFINITION
GLISSEMENT	Mouvement sur deux plans perpendiculaires, sans mouvement rotatif, d'une surface sur une autre
ANGULAIRE	Augmentation ou diminution de l'angle entre deux os
Flexion	Comporte habituellement une diminution de l'angle entre les faces antérieures des os adjacents
Extension	Comporte habituellement une augmentation de l'angle entre les faces antérieures des os adjacents
Hyperextension	Poursuite de l'extension au-delà de la position anatomique
Abduction	Éloignement d'un os du plan sagittal médian du corps
Adduction	Rapprochement d'un os du plan sagittal médian du corps
ROTATION	Mouvement d'un os, vers l'intérieur ou l'extérieur, autour de son axe longitudinal
CIRCUMDUCTION	Mouvement dans lequel l'extrémité distale d'un os décrit un cercle tandis que l'extrémité proximale reste fixe
MOUVEMENTS SPÉCIAUX	Mouvements propres à certaines articulations
Inversion	Mouvement de la plante du pied vers l'intérieur à l'articulation de la cheville
Éversion	Mouvement de la plante du pied vers l'extérieur à l'articulation de la cheville
Dorsiflexion	Mouvement de flexion du pied à l'articulation de la cheville
Flexion plantaire	Mouvement d'extension du pied à l'articulation de la cheville
Protraction	Projection vers l'avant de la mandibule ou de la clavicule
Rétraction	Mouvement d'une partie protractée vers sa position normale
Supination	Mouvement de rotation de l'avant-bras amenant le radius et le cubitus en position parallèle (paume vers le haut)
Pronation	Mouvement de rotation de l'avant-bras amenant le croisement du radius et du cubitus (paume vers le bas)
Élévation	Mouvement ascendant d'une partie du corps
Abaissement	Mouvement descendant d'une partie du corps

L'articulation à charnière

L'**articulation à charnière**, ou **trochléenne**, est une articulation dans laquelle un os de surface convexe vient s'emboîter dans un autre de surface concave. Le mouvement n'est permis que sur un seul plan ; c'est une articulation *uniaxiale* (figure 9.5,b). La flexion et l'extension sont habituellement les seuls mouvements possibles. Les articulations du coude, de la cheville et des phalanges sont à charnière. À la figure 9.2,c, nous illustrons le mouvement de flexion et d'extension à l'articulation du coude.

L'articulation à pivot

L'**articulation à pivot**, ou **trochoïde**, est une articulation dans laquelle la partie arrondie, pointue ou conique d'un os passe dans un anneau formé d'os et de ligaments. Le principal mouvement qu'elle permet est la rotation ; c'est donc une articulation *uniaxiale* (figure 9.5,c). Les articulations entre l'atlas et l'axis (articulation atloïdo-axoïdienne) et entre les extrémités proximales du radius et du cubitus en sont des exemples. L'articulation à pivot permet la pronation et la supination des paumes des mains (voir la figure 9.4,g,h) et la rotation de la tête (voir la figure 9.3,a).

L'articulation ellipsoïdale

L'**articulation ellipsoïdale**, ou **condylienne**, est formée par l'emboîtement de deux os dont les surfaces articulaires sont concave pour l'un et convexe pour l'autre. Elle ne permet le mouvement que sur deux plans perpendiculaires ; c'est une articulation *biaxiale* (figure 9.5,d). L'articulation du poignet, entre le radius et les os du carpe, en est un exemple. Ce type d'articulation permet la flexion et l'extension (voir la figure 9.2,d) ainsi que l'abduction et l'adduction du poignet.

L'articulation en selle

Dans l'**articulation en selle**, ou **par emboîtement réciproque**, la surface articulaire des os est concave dans une direction et convexe dans l'autre. L'articulation en selle ressemble à l'articulation ellipsoïdale, mais elle assure une plus grande amplitude de mouvement. Elle permet les mouvements sur deux plans perpendiculaires ; c'est une articulation *biaxiale* (figure 9.5,e). L'articulation carpo-métacarpienne du pouce est un exemple d'articulation en selle.

L'articulation à surfaces sphériques

L'**articulation à surfaces sphériques**, ou **énarthrose**, est formée par la tête sphérique d'un os venant s'emboîter dans la cavité en forme de coupe d'un autre os. Cette articulation est *triaxiale* ; elle permet le mouvement sur trois plans : flexion-extension, abduction-adduction et rotation (figure 9.5,f). L'articulation de l'épaule et celle de la hanche en sont des exemples. À la figure 9.3,b, nous montrons, par la circumduction du bras, l'amplitude du mouvement que permet l'articulation à surfaces sphériques.

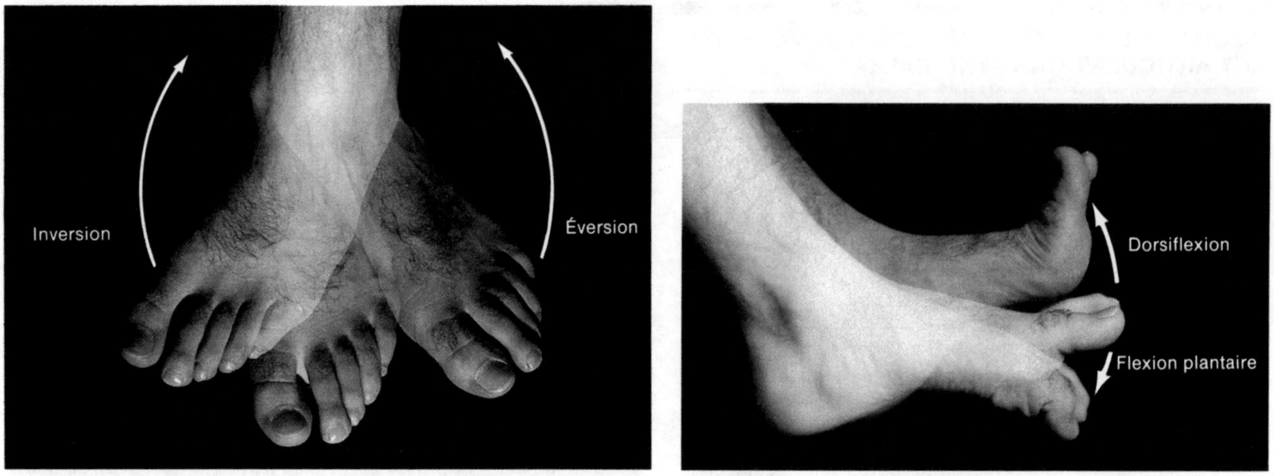

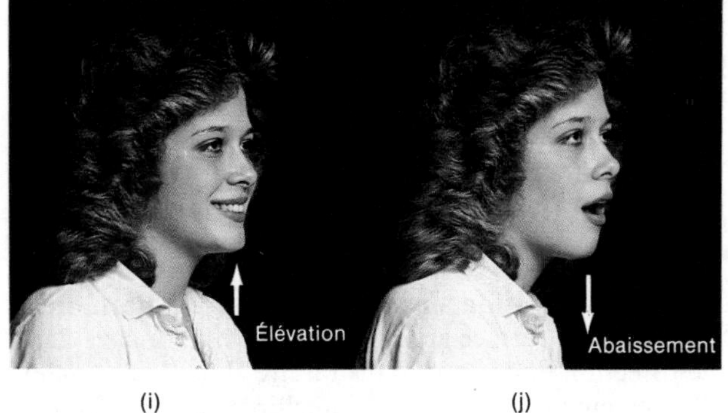

FIGURE 9.4 Mouvements spéciaux. (a) Inversion. (b) Éversion. (c) Dorsiflexion. (d) Flexion plantaire. (e) Rétraction. (f) Protraction. (g) Pronation. (h) Supination. (i) Élévation. (j) Abaissement.

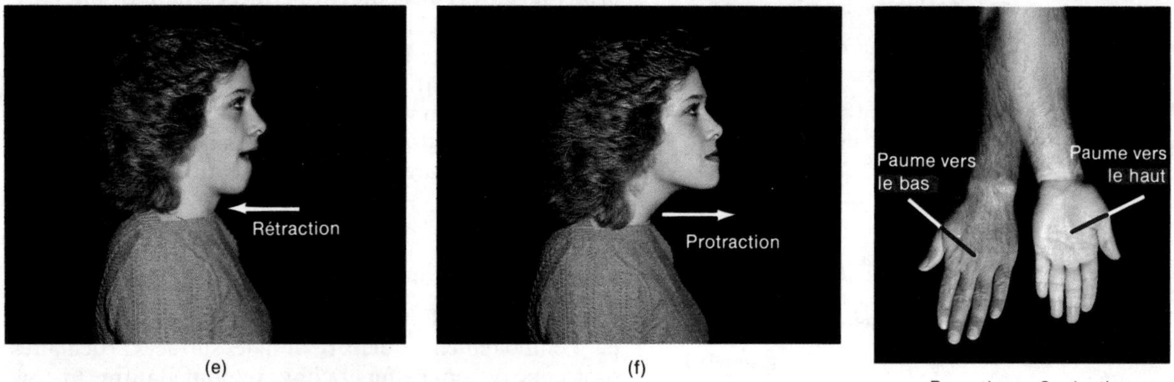

LE RÉSUMÉ DES ARTICULATIONS

Dans le document 9.2, nous présentons un résumé des articulations selon leur anatomie. Si l'on classait les articulations selon le mouvement qu'elles permettent, on obtiendrait le résumé suivant.

Synarthroses: articulations immobiles
1. **Suture**
2. **Synchondrose**
3. **Gomphose**

Amphiarthroses: articulations semi-mobiles
1. **Syndesmose**
2. **Symphyse**

Diarthroses: articulations mobiles
1. **Plane**
2. **À charnière**
3. **À pivot**
4. **Ellipsoïdale**
5. **En selle**
6. **À surfaces sphériques**

L'ÉTUDE DE TROIS ARTICULATIONS

Examinons en détail la structure de trois articulations: l'articulation scapulo-humérale, l'articulation coxo-fémorale et l'articulation du genou.

L'ARTICULATION SCAPULO-HUMÉRALE

L'**articulation scapulo-humérale**, ou **articulation de l'épaule**, est formée par la tête de l'humérus et la cavité glénoïde de l'omoplate (figure 9.6). C'est une articulation à surfaces sphériques. Voici ses éléments anatomiques.

1. **La capsule articulaire**. Gaine relativement lâche qui enveloppe complètement l'articulation, depuis le bord de la cavité glénoïde jusqu'au col anatomique de l'humérus.
2. **Le ligament coraco-huméral**. Ligament large et solide qui relie l'apophyse coracoïde à la grosse tubérosité de l'humérus.
3. **Les ligaments gléno-huméraux**. Trois épaississements de la capsule articulaire sur la face ventrale de l'articulation.

DOCUMENT 9.2 RÉSUMÉ DES ARTICULATIONS

TYPE	DESCRIPTION	MOUVEMENT	EXEMPLE
FIBREUSE	Pas de cavité articulaire ; les os sont unis par une mince couche de tissu fibreux ou de tissu fibreux dense		
Suture	Articulation des os du crâne ; une fine couche de tissu sépare les os adjacents	Nul (synarthrose)	Suture lambdoïde entre les os occipital et pariétaux
Syndesmose	Les os adjacents sont unis par du tissu fibreux dense	Faible (amphiarthrose)	Extrémités distales du tibia et du péroné
Gomphose	Emboîtement d'un cône dans une cavité ; les os adjacents sont séparés par des ligaments périodontiques	Nul (synarthrose)	Racine des dents dans les alvéoles
CARTILAGINEUSE	Pas de cavité articulaire ; les os sont unis par du cartilage		
Synchondrose	Les os adjacents sont unis par du cartilage hyalin	Nul (synarthrose)	Articulation temporaire entre les épiphyses et la diaphyse d'un os long ; articulation permanente entre la première côte et le sternum
Symphyse	Les os adjacents sont unis par un disque large et plat de fibrocartilage	Faible (amphiarthrose)	Articulations intervertébrales et symphyse pubienne
SYNOVIALE	Présence d'une cavité articulaire et de cartilage articulaire ; la capsule articulaire est formée d'une gaine fibreuse, à l'extérieur, et d'une membrane synoviale, à l'intérieur ; peut être pourvue de ligaments accessoires, de ménisques et de bourses séreuses	Très étendu (diarthrose)	
Plane (arthrodie)	Surfaces articulaires généralement plates	Non axial	Articulations intercarpiennes et intertarsiennes
À charnière (trochléenne)	Surface concave qui s'emboîte dans une surface convexe	Uniaxial (flexion-extension)	Articulations du coude, de la cheville et interphalangiennes
À pivot (trochoïde)	Surface arrondie, concave ou pointue s'adaptant dans un anneau formé en partie par l'os et en partie par un ligament	Uniaxial (rotation)	Articulations atloïdo-axoïdienne et radio-cubitale
Ellipsoïdale (condylienne)	Surface concave qui s'emboîte dans une surface convexe	Biaxial (flexion-extension, abduction-adduction)	Articulation radio-carpienne
En selle (par emboîtement réciproque)	Surfaces articulaires concaves dans une direction et convexe dans l'autre	Biaxial (flexion-extension, abduction-adduction)	Articulation carpo-métacarpienne du pouce
À surfaces sphériques (énarthroses)	Tête sphérique d'un os s'emboîtant dans la cavité en forme de coupe d'un autre os	Triaxial (flexion-extension, abduction-adduction, rotation)	Articulations de l'épaule et de la hanche

4. **Le ligament huméral transverse**. Ligament mince et étroit reliant la grosse tubérosité de l'humérus à la petite tubérosité.
5. **Le bourrelet glénoïdien**. Petit anneau de fibrocartilage situé sur le pourtour de la cavité glénoïde.
6. Parmi les **bourses séreuses** de l'articulation, mentionnons :
   a. La **bourse séreuse sous-scapulaire**, située entre le tendon du muscle sous-scapulaire et la capsule articulaire sous-jacente.
   b. La **bourse séreuse sous-deltoïdienne**, située entre le muscle deltoïde et la capsule articulaire.
   c. La **bourse sous-acromiale**, située entre l'acromion et la capsule articulaire.
   d. La **bourse séreuse sous-coracoïdienne**, située entre l'apophyse coracoïde et la capsule articulaire. Elle peut également être le prolongement de la bourse séreuse sous-acromiale.

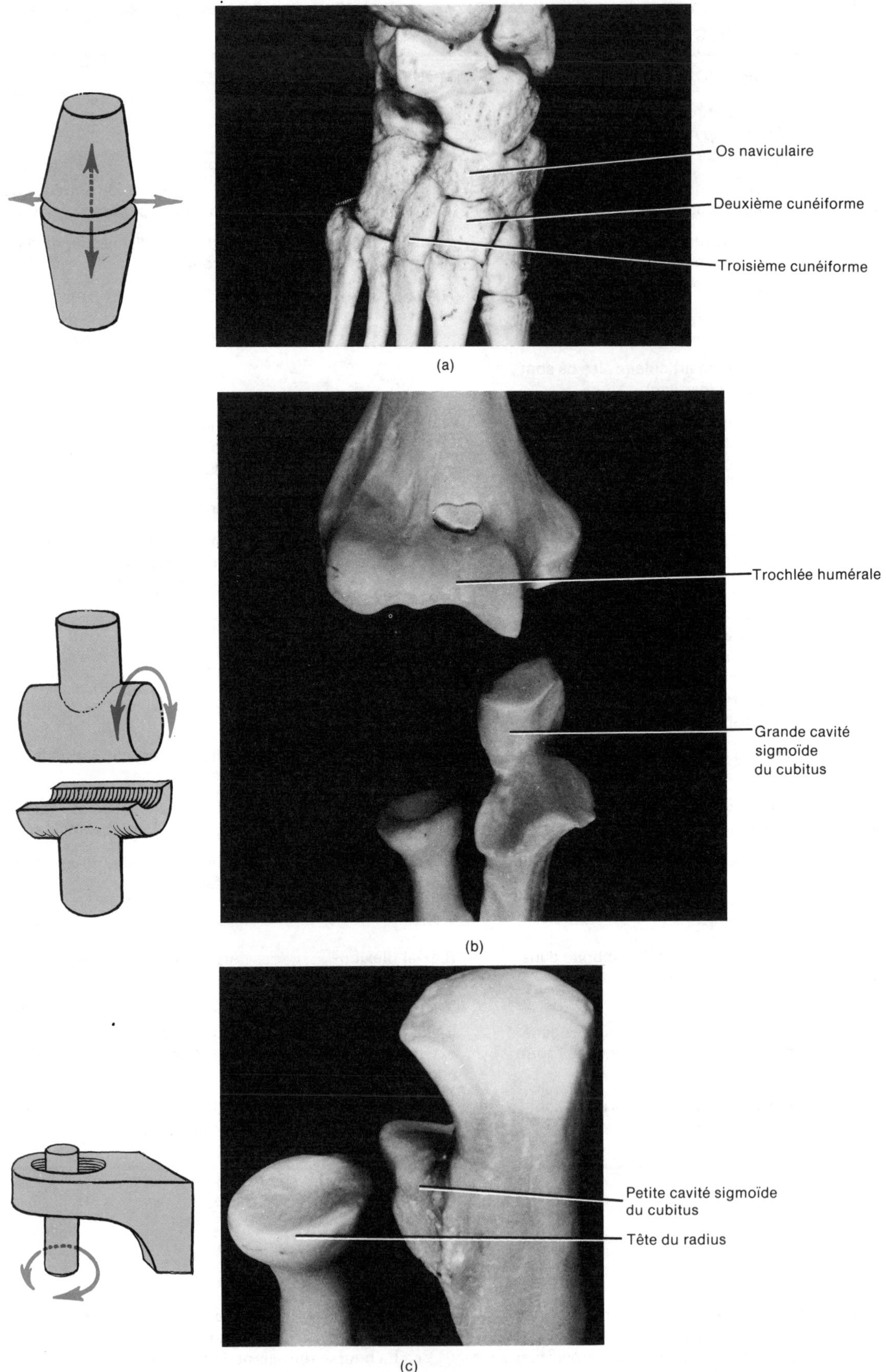

FIGURE 9.5 Types d'articulations synoviales. Diagramme et photographie de chaque type d'articulation. (a) Articulation plane entre l'os naviculaire et les deuxième et troisième os cunéiformes du tarse. (b) Articulation à charnière entre la trochlée humérale et la grande cavité sigmoïde du cubitus. (c) Articulation à pivot entre la tête du radius et la petite cavité sigmoïde du

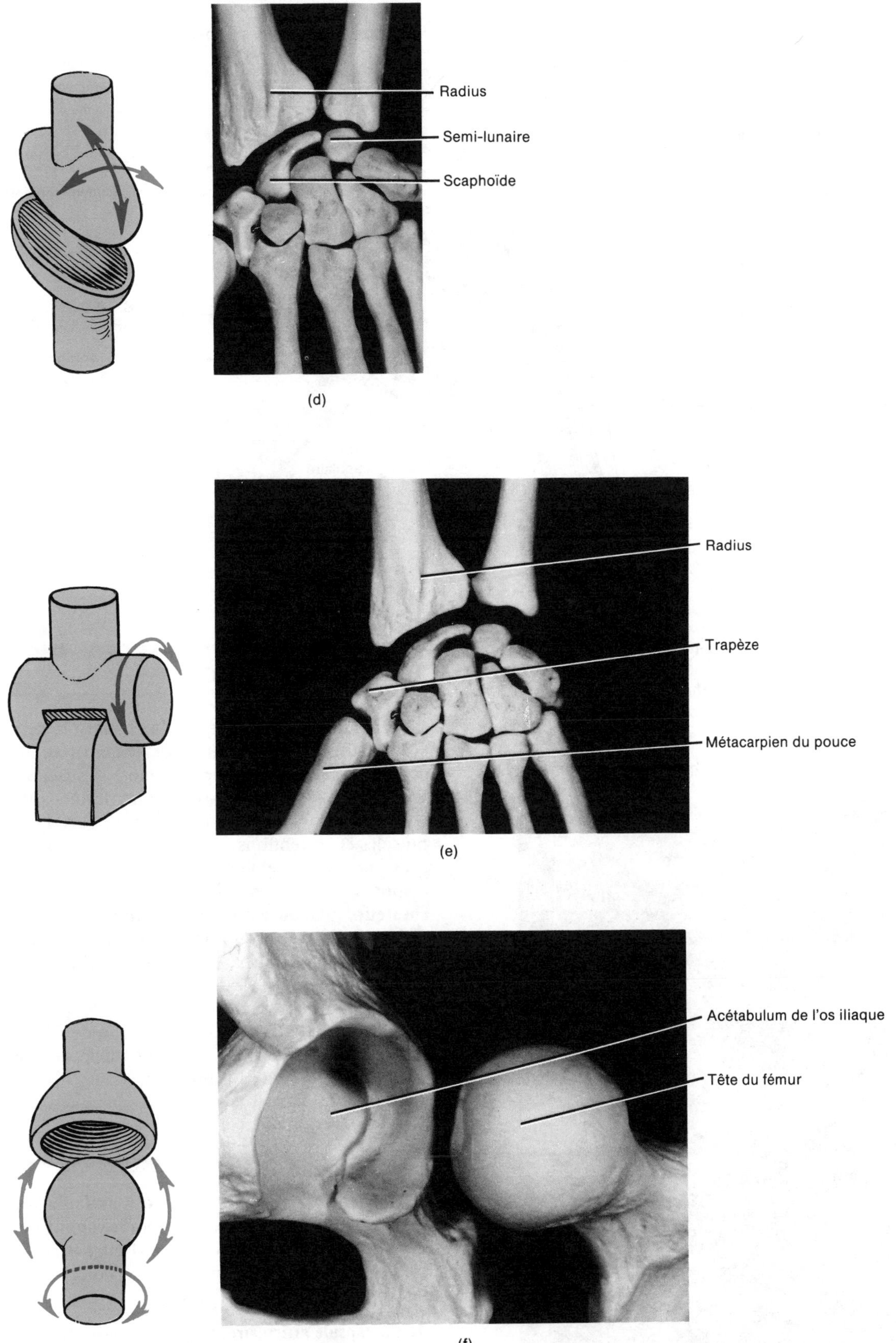

cubitus. (d) Articulation ellipsoïdale du poignet entre l'extrémité distale du radius, le scaphoïde et le semi-lunaire du carpe. (e) Articulation en selle entre le trapèze du carpe et le métacarpien du pouce. (f) Articulation à surfaces sphériques entre la tête du fémur et l'acétabulum de l'os iliaque. [Copyright © 1985 by Michael H. Ross. Reproduction autorisée.]

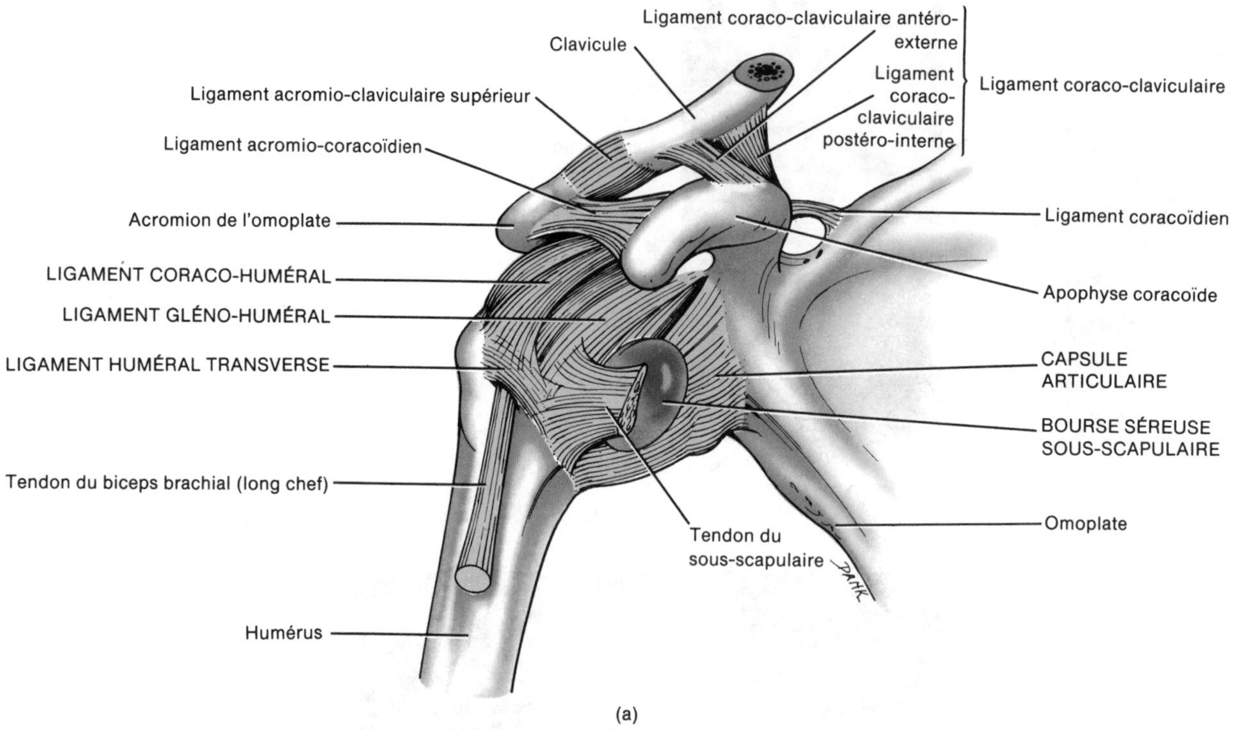

FIGURE 9.6 Articulation scapulo-humérale. (a) Schéma d'une vue antérieure. (b) Photographie d'une vue antérieure. [Gracieuseté de C. Yokochi et J. W. Rohen, *Photographic Anatomy of the Human Body*, 2e éd., 1978, IGAKU-SHOIN, Ltd., Tokyo, New York.]

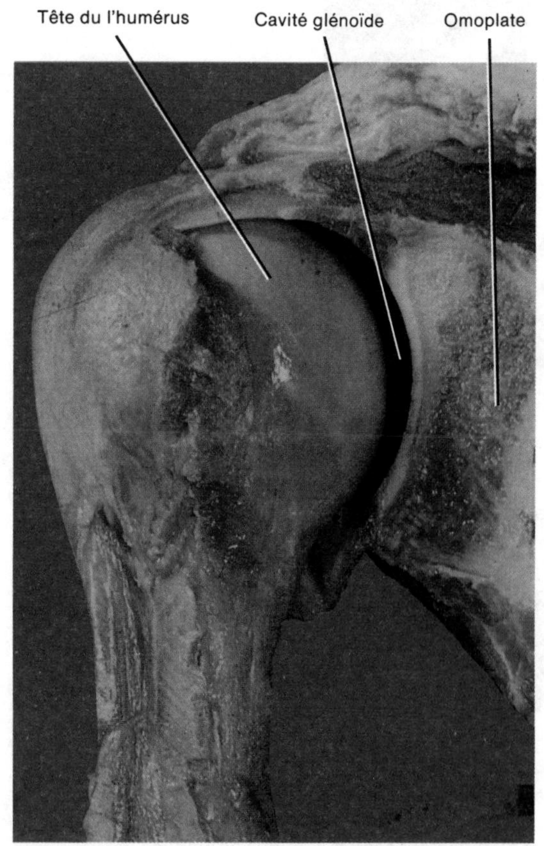

APPLICATION CLINIQUE

La résistance et la stabilité de l'articulation de l'épaule sont assurées non pas par la forme des os adjacents ni celle des ligaments, mais plutôt par les muscles et leurs tendons, tels que le sous-scapulaire, le sus-épineux, le sous-épineux et le petit rond (voir la figure 11.16). Les muscles et les tendons sont placés de façon à encercler presque complètement l'articulation. Les muscles, disposés de cette manière, sont appelés **coiffe des rotateurs**, ou **coiffe musculo-tendineuse**. Les lanceurs de baseball souffrent souvent d'une blessure à l'un de ces muscles, et tout particulièrement d'une déchirure du sus-épineux.

Une épaule est **luxée** lorsque la tête de l'humérus est déplacée par rapport à la cavité glénoïde. De tous les cas de luxation, le plus fréquent est le déplacement antérieur de la tête de l'humérus.

L'ARTICULATION COXO-FÉMORALE

L'**articulation coxo-fémorale**, ou **articulation de la hanche**, est formée par la tête du fémur venant s'emboîter dans l'acétabulum de l'os iliaque (figure 9.7). C'est une articulation à surfaces sphériques. Voici ses éléments anatomiques.

1. La capsule articulaire. S'étend du bord de l'acétabulum au col du fémur. Cette capsule, l'un des plus solides ligaments du corps, est composée de fibres circulaires et longitudinales. Les fibres circulaires, appelées **zones orbiculaires**, encerclent le col du fémur. Les fibres longitudinales sont renforcées par des ligaments accessoires, tels que le ligament de Bertin, le ligament pubo-fémoral et le ligament ischio-fémoral.

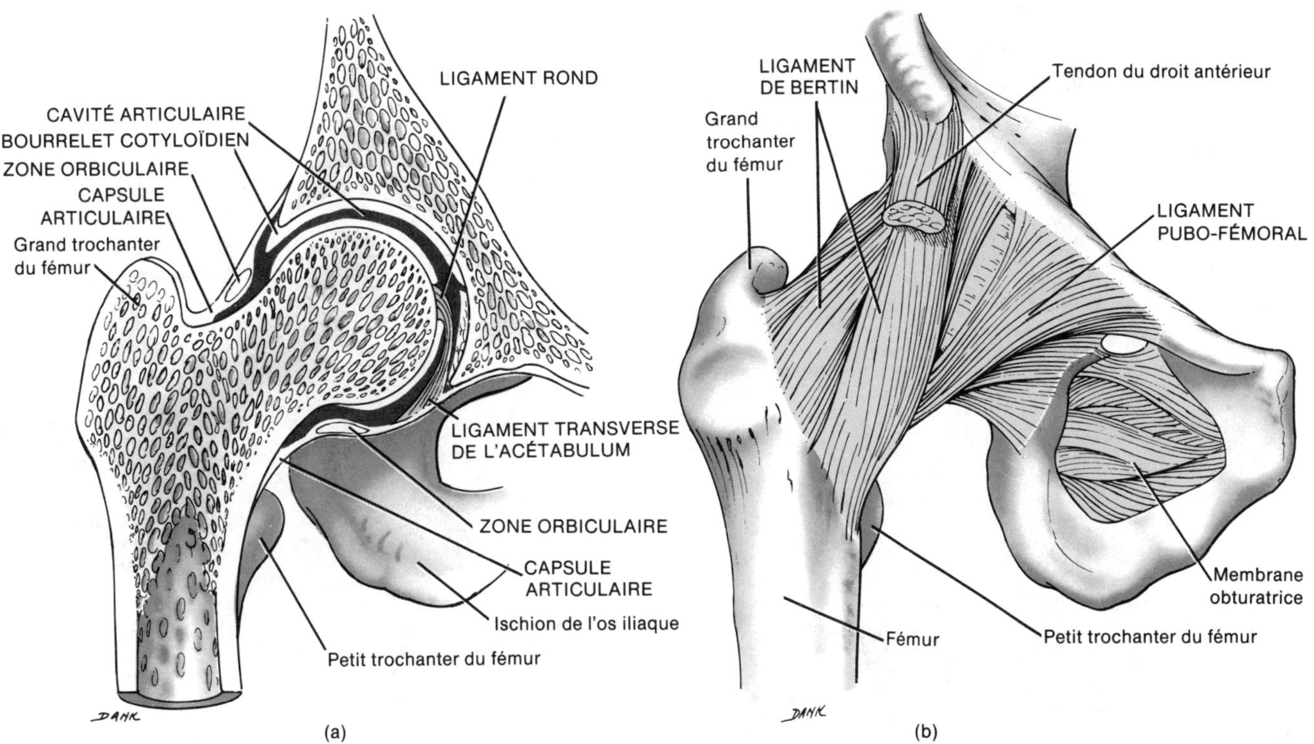

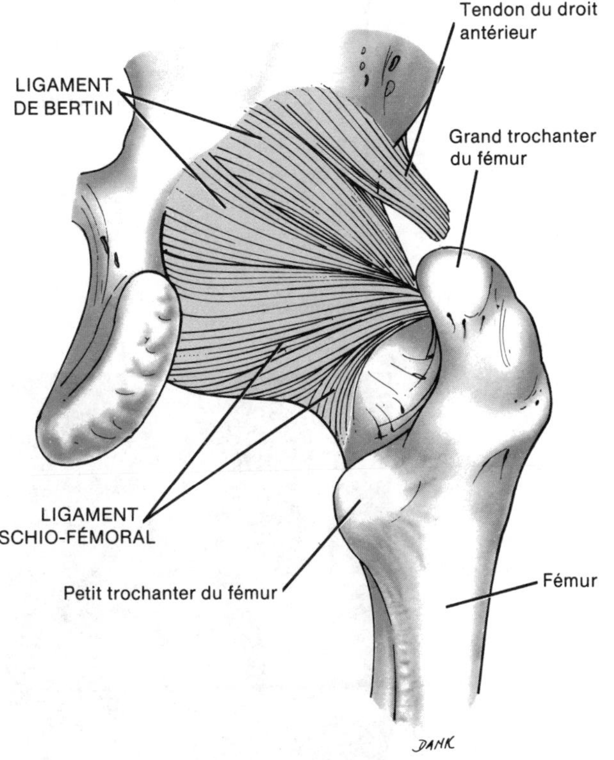

FIGURE 9.7 Articulation coxo-fémorale. (a) Coupe frontale. (b) Vue antérieure. (c) Vue postérieure.

2. Le ligament de Bertin. Portion épaissie de la capsule articulaire qui s'étend de l'épine iliaque antéro-inférieure de l'os iliaque à la ligne intertrochantérienne du fémur.

3. Le ligament pubo-fémoral. Portion épaissie de la capsule articulaire qui va de la partie pubienne de l'acétabulum au col du fémur.

4. Le ligament ischio-fémoral. Portion épaissie de la capsule articulaire qui s'étend de la paroi ischiatique de l'acétabulum au col du fémur.

5. Le ligament rond. Ligament plat, de forme triangulaire, qui s'étend de l'arrière-fond de l'acétabulum à la tête du fémur.

6. Le bourrelet cotyloïdien. Anneau fibrocartilagineux attaché à l'extrémité de l'acétabulum.

7. Le ligament transverse de l'acétabulum. Solide ligament passant par-dessus l'échancrure ischio-pubienne, la convertissant ainsi en un canal. Il soutient une partie du bourrelet cotyloïdien; il est relié au ligament rond et à la capsule articulaire.

APPLICATION CLINIQUE

Chez l'adulte, la **luxation de la hanche** est plutôt rare grâce à la stabilité que procure l'articulation à surfaces sphériques, à la résistance de la capsule articulaire, à la solidité des ligaments situés à l'intérieur de la capsule et au grand nombre de muscles entourant l'articulation.

L'ARTICULATION DU GENOU

L'**articulation du genou** est la plus volumineuse de toutes. Elle se compose en fait de trois articulations: (1) l'articulation intermédiaire fémoro-patellaire, entre la rotule et la surface rotulienne du fémur; (2) l'articulation fémoro-tibiale externe, entre le condyle fémoral externe, le ménisque externe et la tubérosité externe du tibia; (3) l'articulation fémoro-tibiale interne, entre le condyle fémoral interne, le ménisque interne et la tubérosité interne du tibia (figure 9.8; voir aussi la figure 9.1,b).

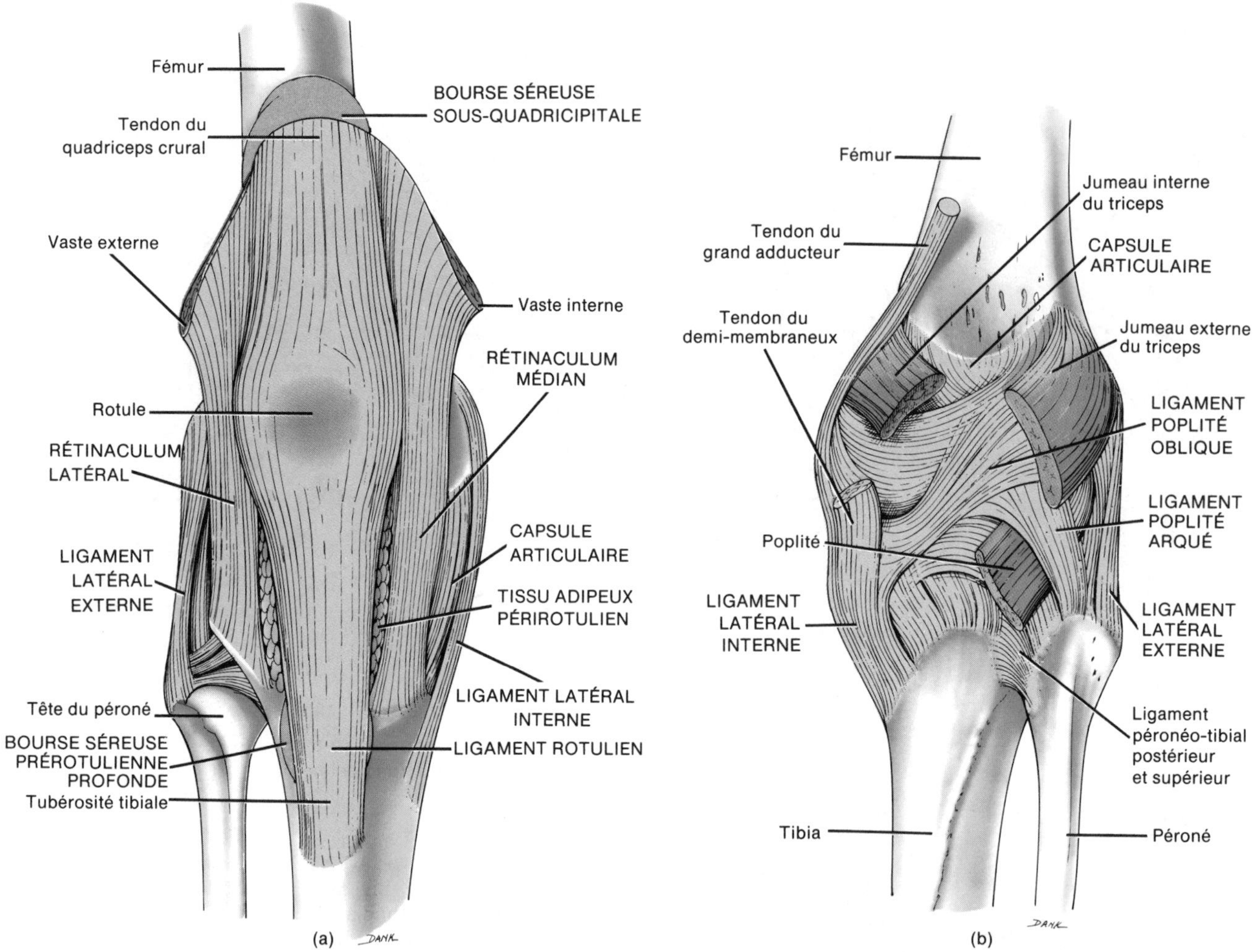

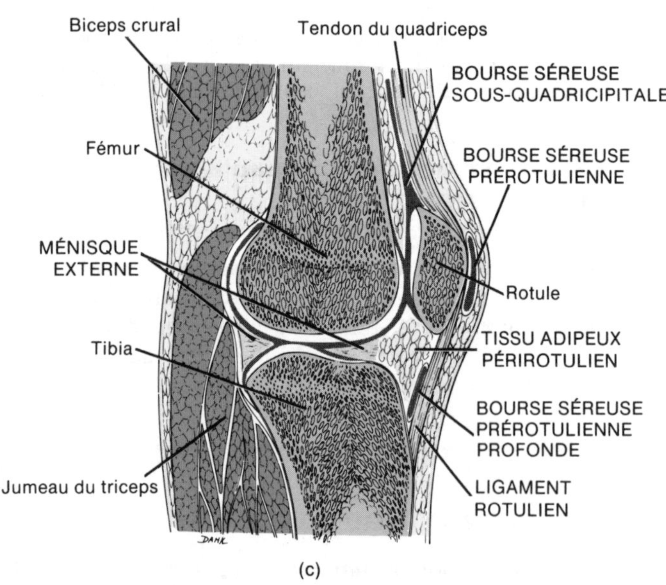

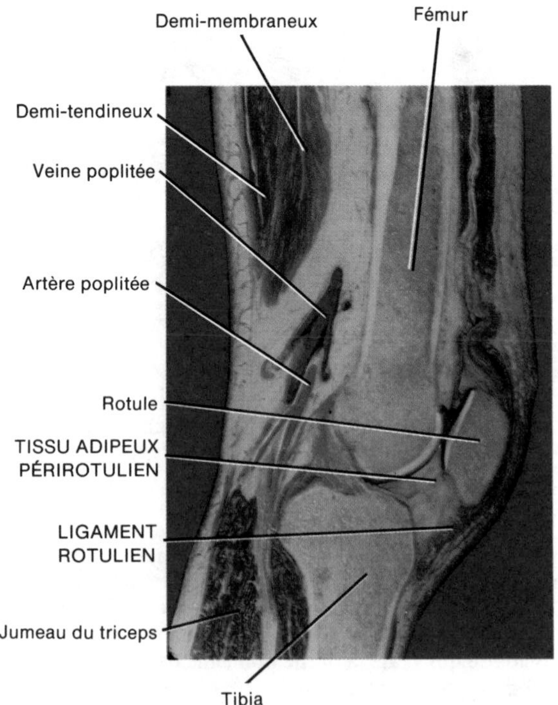

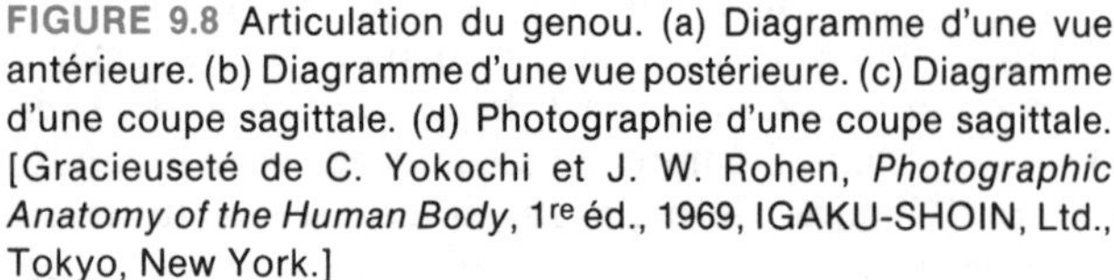
FIGURE 9.8 Articulation du genou. (a) Diagramme d'une vue antérieure. (b) Diagramme d'une vue postérieure. (c) Diagramme d'une coupe sagittale. (d) Photographie d'une coupe sagittale. [Gracieuseté de C. Yokochi et J. W. Rohen, *Photographic Anatomy of the Human Body*, 1re éd., 1969, IGAKU-SHOIN, Ltd., Tokyo, New York.]

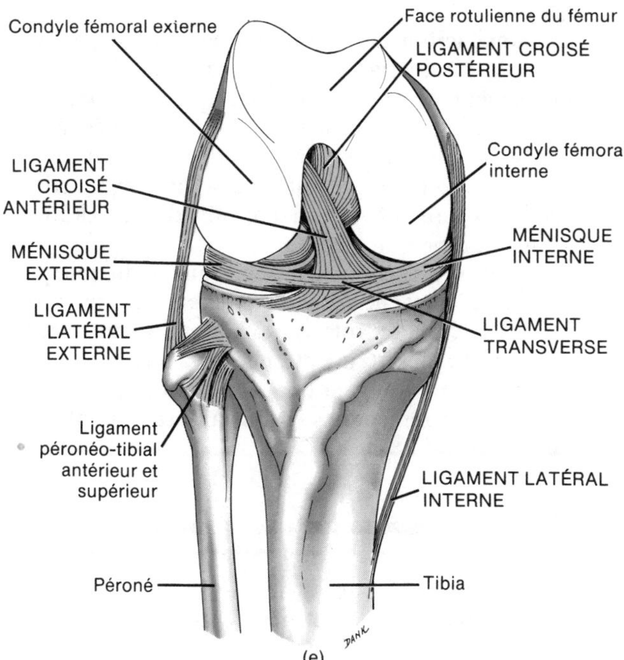

FIGURE 9.8 [*Suite*] (e) Diagramme d'une vue antérieure du genou, jambe pliée.

L'articulation fémoro-patellaire est plane, tandis que les deux articulations fémoro-tibiales sont à charnière. Voici les éléments anatomiques de l'articulation du genou.

1. **La capsule articulaire**. Une capsule indépendante, incomplète, unit les os. L'enveloppe ligamenteuse entourant l'articulation est formée en grande partie par les tendons des muscles ou par leurs prolongements. Quelques fibres capsulaires relient toutefois les os adjacents.
2. **Les rétinacula patellaires latéral et médian.** Tendons d'insertion fusionnés du muscle quadriceps crural et du fascia lata qui renforcent la face antérieure de l'articulation.
3. **Le ligament rotulien**. Partie centrale du tendon d'insertion du quadriceps crural qui s'étend de la rotule à la tubérosité antérieure du tibia. Ce ligament renforce également la face antérieure de l'articulation. La face postérieure du ligament est séparée de la membrane synoviale par un **tissu adipeux périrotulien**.
4. **Le ligament poplité oblique**. Ligament large et plat qui unit l'échancrure intercondylienne du fémur à la tête du tibia. Le tendon du demi-membraneux passe par-dessus le ligament poplité oblique et unit la tubérosité interne du tibia au condyle fémoral externe. Le ligament et le tendon renforcent la face postérieure de l'articulation.
5. **Le ligament poplité arqué**. S'étend du condyle fémoral externe à l'apophyse styloïde de la tête du péroné. Il renforce la partie inférieure externe de la face postérieure de l'articulation.
6. **Le ligament latéral interne**. Ligament large et plat, situé sur la face interne de l'articulation, qui s'étend du condyle fémoral interne à la tubérosité interne du tibia. Il est traversé par les tendons des muscles couturier, droit interne et demi-tendineux qui contribuent tous à renforcer la face interne de l'articulation.
7. **Le ligament latéral externe**. Ligament rond et solide, situé sur la face externe de l'articulation, qui s'étend du condyle fémoral externe à la partie externe de la tête du péroné. Il est recouvert par le tendon du biceps crural. Le tendon du muscle poplité est situé sous le ligament latéral externe.
8. **Les ligaments intra-articulaires**. Ligaments situés à l'intérieur de la capsule, qui unissent le tibia au fémur.
   a. **Le ligament croisé antérieur**. S'étend vers l'arrière et sur le côté à partir de la région en avant de l'épine du tibia jusqu'à la partie postérieure de la face médiane du condyle fémoral externe. Dans environ 70% des blessures graves au genou, c'est ce ligament qui est étiré ou déchiré.
   b. **Le ligament croisé postérieur**. S'étend vers l'avant et vers l'intérieur à partir de l'échancrure intercondylienne postérieure du tibia et du ménisque externe jusqu'à la partie antérieure de la face médiane du condyle fémoral interne.
9. **Les ménisques**. Disques fibrocartilagineux situés entre le condyle fémoral et la tubérosité du tibia. Ils assurent le bon ajustement des os dont les surfaces articulaires ne s'adaptent pas.
   a. **Le ménisque interne**. Pièce demi-circulaire de fibrocartilage. Son extrémité antérieure s'attache à l'échancrure intercondylienne antérieure du tibia, devant le ligament croisé antérieur. Son extrémité postérieure s'attache à l'échancrure intercondylienne postérieure du tibia entre les points d'attache du ligament croisé postérieur et du ménisque externe.
   b. **Le ménisque externe**. Pièce circulaire de fibrocartilage. Son extrémité antérieure s'attache en avant de l'épine du tibia, en arrière et à l'intérieur du ligament croisé antérieur. Son extrémité postérieure s'attache en arrière de l'épine du tibia, devant l'extrémité postérieure du ménisque interne. Les deux ménisques sont unis par le **ligament transverse** et s'attachent à la tête du tibia par les **ligaments coronaires**.
10. Voici les principales **bourses séreuses** de l'articulation du genou.
   a. **Les bourses séreuses antérieures** : (1) la **bourse séreuse prérotulienne**, entre la rotule et la peau ; (2) la **bourse séreuse prérotulienne profonde**, entre la partie supérieure du tibia et le ligament rotulien ; (3) entre la partie inférieure de la tubérosité du tibia et la peau ; et (4) la **bourse séreuse sous-quadricipitale**, entre la partie inférieure du fémur et la couche interne du quadriceps crural.
   b. **Les bourses séreuses internes** : (1) entre le muscle jumeau interne du triceps et la capsule articulaire ; (2) au-dessus du ligament latéral interne, entre le ligament et les tendons des muscles couturier, droit interne et demi-membraneux ; (3) sous le ligament latéral interne, entre le ligament et le tendon du demi-membraneux ; (4) entre le tendon du muscle demi-membraneux et la tête du tibia ; et (5) entre les tendons des muscles demi-membraneux et demi-tendineux.
   c. **Les bourses séreuses externes** : (1) entre le muscle jumeau externe du triceps et la capsule articulaire ; (2) entre le tendon du muscle biceps crural et le ligament latéral externe ; (3) entre le tendon du muscle poplité et le ligament latéral externe ; et (4) entre le condyle fémoral externe et le muscle poplité.

APPLICATION CLINIQUE

Au football, le type de blessure au genou le plus répandu est la rupture du ligament latéral interne, souvent compliquée d'une déchirure du ligament croisé antérieur et du ménisque interne. Un coup porté au côté externe du genou est la cause de cette blessure.

Durant l'examen de la blessure, on garde toujours en mémoire les trois éléments fondamentaux : ligament latéral, ligament croisé et cartilage.

Le **syndrome fémoro-patellaire** est, chez un coureur, la douleur persistante ressentie à l'avant du genou. Cette douleur peut être produite par la pronation excessive du pied ou par une tension des loges postérieures des cuisses. La douleur survient, de façon typique, après qu'une personne a été assise pendant un certain temps, surtout après un exercice. Marcher ou courir dans la rue, toujours du même côté, par exemple, est une cause fréquente du syndrome fémoro-patellaire, car le genou qui se trouve plus près du centre de la rue, légèrement bombée, est mis à rude épreuve.

La **tuméfaction du genou** peut être immédiate ou tardive. La tuméfaction immédiate est due à un épanchement de sang causé par une fracture, une rupture du ligament croisé antérieur, une déchirure des ménisques ou une entorse des ligaments latéraux. La tuméfaction tardive est due à une production excessive de liquide synovial, par suite d'une irritation de la membrane synoviale.

La **luxation du genou** est le déplacement du tibia par rapport au fémur ; elle peut être antérieure, postérieure, médiane, latérale ou rotative. La luxation antérieure est le type le plus fréquent ; elle est causée par une hyperextension du genou. La luxation du genou entraîne fréquemment des lésions à l'artère poplitée.

LES AFFECTIONS : DÉSÉQUILIBRES HOMÉOSTATIQUES

Le rhumatisme

On appelle **rhumatisme** (*rheuma* : fluxion) toute douleur des organes de soutien du corps : les os, les ligaments, les articulations, les tendons ou les muscles. L'arthrite est une forme de rhumatisme compliquée d'une inflammation des articulations.

L'arthrite

L'**arthrite** est un terme générique désignant plusieurs maladies différentes dont les plus courantes sont la polyarthrite rhumatoïde, l'arthrose et l'arthrite goutteuse. Toutes ces maladies sont caractérisées par une inflammation d'une ou de plusieurs articulations. Certaines parties qui entourent l'articulation, comme les muscles, peuvent devenir douloureuses, rigides ou enflammées. La douleur chronique accompagnant divers états arthritiques pourrait être liée à l'incapacité du malade de produire des endorphines, analgésiques naturels du corps (chapitre 14). Les causes de l'arthrite sont inconnues.

La polyarthrite rhumatoïde

La **polyarthrite rhumatoïde (PAR)** est la forme d'arthrite inflammatoire la plus répandue. Elle entraîne l'inflammation, la tuméfaction, la douleur et la perte de fonction de l'articulation. Ce type d'arthrite est généralement symétrique ; si le genou gauche est atteint, le droit le sera aussi, mais dans une moindre mesure.

Le premier symptôme de la polyarthrite rhumatoïde est l'inflammation de la membrane synoviale. Si cette inflammation n'est pas traitée, elle peut être suivie d'un épaississement de la membrane synoviale, puis d'une accumulation excessive de liquide synovial. La pression ainsi formée provoque la douleur et rend l'articulation fragile. La membrane synoviale fabrique ensuite un tissu anormal, appelé pannus, qui adhère à la surface du cartilage articulaire. Parfois, le pannus érode complètement le cartilage. Lorsque celui-ci est détruit, un tissu fibreux relie les extrémités osseuses dénudées. Ce tissu, en s'ossifiant, immobilise l'articulation, stade final de la polyarthrite rhumatoïde. Cette affection, même si elle atteint rarement le stade final, réduit considérablement l'amplitude du mouvement de l'articulation, à cause de l'inflammation et du gonflement.

Les articulations atteintes de polyarthrite rhumatoïde peuvent être remplacées, en tout ou en partie, par des articulations artificielles. Les parties de la nouvelle articulation sont mises en place après que les os et le cartilage atteints ont été retirés. La nouvelle articulation, faite de métal ou de plastique, est maintenue en place par une colle acrylique qui durcit au bout de quelques minutes. Cette articulation artificielle est presque aussi efficace qu'une articulation naturelle ; elle est, en tous cas, de loin préférable à une articulation malade.

L'arthrose

L'**arthrose**, maladie dégénérative des articulations, est beaucoup plus répandue que la polyarthrite rhumatoïde, mais elle est moins grave. Le vieillissement, l'irritation et l'usure des articulations en sont les causes.

Cette forme d'arthrite n'est pas inflammatoire ; elle entraîne la dégénérescence progressive des articulations mobiles, particulièrement de celles qui supportent la masse corporelle. Elle est caractérisée par la détérioration du cartilage articulaire et la formation d'os dans les régions sous-chondrales et sur les bords de l'articulation. Au fur et à mesure que le cartilage dégénère, de petites excroissances de tissu osseux se déposent sur les extrémités dénudées des os. Ces excroissances réduisent l'espace de la cavité articulaire et restreignent le mouvement. Contrairement à la polyarthrite rhumatoïde, l'arthrose atteint seulement le cartilage articulaire. La membrane synoviale est rarement détruite, et les autres tissus ne sont jamais atteints.

L'arthrite goutteuse

L'acide urique est un déchet de l'organisme produit au cours du métabolisme des acides nucléiques. Habituellement, tout l'acide est excrété dans l'urine. La *goutte* est causée par une surproduction ou une excrétion insuffisante d'acide urique. Il en résulte une augmentation du taux d'acide urique dans le sang. Cette accumulation d'acide réagit avec le sodium pour donner un sel, l'urate de sodium. Par la suite, ces cristaux de sel se déposent dans les tissus mous, notamment dans les reins et le cartilage des oreilles et des articulations.

L'**arthrite goutteuse** est causée par des dépôts d'urates de sodium dans les tissus mous des articulations. Les cristaux irritent le cartilage et provoquent l'inflammation, la tuméfaction et la douleur aiguë. Ils détruisent ensuite tous les tissus de l'articulation. Si cette affection n'est pas traitée, les extrémités des os adjacents fusionnent, rendant l'articulation immobile.

L'arthrite goutteuse est très fréquente chez les hommes. On estime qu'elle cause de 2% à 5% de toutes les maladies chroniques des articulations. De nombreuses recherches indiquent que la surproduction d'acide urique pourrait être attribuée à un défaut génétique héréditaire. On croit aussi que le régime alimentaire ou des facteurs de l'environnement, tels que le stress ou le climat, peuvent causer l'arthrite goutteuse.

Le traitement de l'arthrite goutteuse, contrairement à d'autres formes d'arthrite, s'est révélé efficace grâce à l'utilisation de divers médicaments. La colchicine est employée de façon périodique depuis le VIe siècle pour apaiser la douleur et réduire la tuméfaction et la destruction des tissus durant les crises d'arthrite goutteuse. Cet alcaloïde est un dérivé de la variété de crocus qui donne le safran. D'autres médicaments qui réduisent la production d'acide urique ou qui favorisent l'élimination de l'excès d'acide urique par les reins sont également utilisés pour prévenir les crises. L'allopurinol est employé pour le traitement de l'arthrite goutteuse, car il prévient la production d'acide urique sans perturber la synthèse des acides nucléiques.

La bursite

La **bursite** est l'inflammation aiguë ou chronique d'une bourse séreuse. Elle peut être causée par une lésion, une infection chronique ou aiguë, telle que la syphilis et la tuberculose, ou par la polyarthrite rhumatoïde. Une friction excessive et répétée cause souvent la bursite avec inflammation locale et accumulation de liquide synovial. La présence d'hallux valgus est fréquemment reliée à la bursite résultant de la friction de la bourse séreuse au-dessus de la tête du premier métatarsien. Parmi les symptômes, on note la douleur, la tuméfaction, la sensibilité et la restriction du mouvement à l'endroit de la bursite. Une personne qui reste longtemps à genoux risque une inflammation de la bourse séreuse prérotulienne et de la bourse séreuse prérotulienne sous-cutanée; cette bursite est appelée **hygroma prérotulien**.

Il peut devenir nécessaire de faire une succion pour abaisser la pression, évacuer le sang ou obtenir un échantillon de liquide synovial destiné à l'analyse. L'opération consiste à enfoncer une aiguille du côté externe de la rotule jusqu'au milieu de l'articulation, en la faisant traverser la partie tendineuse du vaste externe. On peut aussi anesthésier ou irriguer la cavité articulaire ou encore administrer des stéroïdes pour traiter les maladies du genou.

La luxation

La **luxation** est le déboîtement d'un os de son articulation, compliqué de déchirures des ligaments, des tendons et des capsules articulaires. La **subluxation** est une luxation incomplète. La luxation de l'épaule ou d'un doigt, le pouce, est très courante. Les luxations de la mandibule, du coude, du genou ou de la hanche sont plus rares. Les symptômes sont la restriction du mouvement, la paralysie temporaire de l'articulation, la douleur, la tuméfaction et, rarement, le choc. La luxation est le plus souvent attribuable à un coup ou à une chute, mais elle peut également résulter d'un effort physique inhabituel.

L'entorse et la foulure

L'**entorse** est la lésion d'une articulation avec rupture partielle ou d'autres lésions des ligaments, sans qu'il y ait luxation. Elle est causée par un effort excessif imposé à l'articulation. L'entorse peut être accompagnée de lésions aux vaisseaux sanguins, aux muscles, aux tendons, aux ligaments ou aux nerfs. La **foulure**, qui est l'étirement excessif d'un muscle, est moins grave que l'entorse. Certaines entorses sont si douloureuses qu'elles empêchent tout mouvement de l'articulation. L'articulation enfle alors considérablement; la rupture des vaisseaux sanguins entraîne une coloration rougeâtre ou bleue. Les entorses de la cheville et de la région lombaire sont les plus courantes.

GLOSSAIRE DES TERMES MÉDICAUX

Ankylose Diminution importante ou perte totale de mouvement d'une articulation.

Arthralgie (*arthron*: articulation; *algie*: douleur) Douleur articulaire.

Bursectomie (*ectomie*: ablation) Ablation d'une bourse séreuse.

Chondrite (*chondr*: cartilage) Inflammation du cartilage.

Rhumatologie (*rheuma*: écoulement d'humeur) Branche de la médecine qui étudie les différentes formes d'arthrite.

Synovite Inflammation d'une membrane synoviale.

RÉSUMÉ

La classification (page 183)

1. L'articulation est le point d'union entre deux ou plusieurs os.
2. La classification fonctionnelle divise les articulations selon l'amplitude du mouvement permis. Une articulation peut être une synarthrose, une amphiarthrose ou une diarthrose.
3. La classification structurale est la division des articulations selon la présence ou l'absence d'une cavité articulaire et selon le type de tissu unissant les os. Une articulation peut être fibreuse, cartilagineuse ou synoviale.

Les articulations fibreuses (page 183)

1. L'articulation fibreuse est une articulation sans cavité articulaire, dont les os sont reliés par du tissu conjonctif fibreux.
2. Parmi ces articulations, on trouve les sutures, articulations immobiles (dans le crâne); les syndesmoses, articulations semi-mobiles (articulation péronéo-tibiale); et enfin les gomphoses, articulations immobiles (racines des dents avec les alvéoles de la mandibule ou du maxillaire).

Les articulations cartilagineuses (page 183)

1. Les articulations cartilagineuses sont des articulations sans cavité articulaire, dont les os sont unis par du cartilage.
2. Parmi ces articulations, mentionnons les synchondroses, articulations immobiles, dont les os sont réunis par du cartilage hyalin (cartilage temporaire unissant la diaphyse et les épiphyses); les symphyses, articulations semi-mobiles, dont les os sont unis par du fibrocartilage (symphyse pubienne).

Les articulations synoviales (page 184)

1. Les articulations synoviales sont formées d'une cavité articulaire, de cartilage articulaire et d'une membrane synoviale; certaines d'entre elles possèdent aussi des ligaments, des ménisques et des bourses séreuses.
2. Toutes les articulations synoviales sont mobiles.
3. L'apposition de parties molles, la tension des ligaments et des muscles limitent le mouvement.

4. Parmi les types de mouvements que permet l'articulation synoviale, mentionnons le glissement, les mouvements angulaires, la rotation, la circumduction et les mouvements spéciaux.
5. Les principaux types d'articulations synoviales sont: les articulations planes (poignet), les articulations à charnière (coude), les articulations à pivot (radio-cubitale), les articulations ellipsoïdales (radio-carpienne), les articulations en selle (carpo-métacarpienne) et les articulations à surfaces sphériques (hanche et épaule).
6. Une articulation peut être non axiale, uniaxiale, biaxiale ou triaxiale, selon le nombre de plans sur lesquels le mouvement est permis.

L'étude de trois articulations (page 190)

1. L'articulation scapulo-humérale unit l'humérus à l'omoplate.
2. L'articulation coxo-fémorale unit le fémur à l'os iliaque.
3. L'articulation du genou unit la rotule et le tibia au fémur.

Les affections: déséquilibres homéostatiques (page 198)

1. Le rhumatisme est une affection douloureuse des organes de soutien du corps: os, ligaments, tendons, articulations et muscles.
2. L'arthrite désigne plusieurs maladies caractérisées par l'inflammation des articulations, souvent accompagnée d'une rigidité des structures adjacentes.
3. La polyarthrite rhumatoïde est l'inflammation d'une articulation, accompagnée de douleur, de tuméfaction et d'une perte de mouvement.
4. L'arthrose est une affection articulaire caractérisée par la dégénérescence du cartilage articulaire et la formation d'excroissances osseuses.
5. L'arthrite goutteuse est causée par des dépôts d'urates de sodium dans les tissus mous des articulations, ce qui entraîne leur destruction.
6. La bursite est l'inflammation aiguë ou chronique d'une bourse séreuse.
7. La luxation est le déboîtement d'un os de son articulation. La subluxation est une luxation incomplète.
8. L'entorse est la lésion d'une articulation avec rupture partielle des ligaments; la foulure est l'étirement d'un muscle.

RÉVISION

1. Définissez une articulation. Quels facteurs déterminent l'amplitude du mouvement à une articulation?
2. Qu'est-ce qui distingue les trois types d'articulations du point de vue structural et fonctionnel? Dressez la liste des types d'articulations synoviales; donnez, pour chacun d'eux, un exemple d'articulation et le mouvement qu'elle permet.
3. Quels sont les éléments d'une articulation synoviale? Indiquez comment les ligaments et les tendons renforcent l'articulation et restreignent son mouvement.
4. De quelle façon les os d'une articulation synoviale sont-ils unis?
5. Qu'est-ce qu'un ligament accessoire? Donnez une définition des deux principaux types.
6. Qu'est-ce qu'un ménisque? Pourquoi les ménisques sont-ils importants?
7. Décrivez le principe et l'importance de l'arthroscopie.
8. Qu'est-ce qu'une bourse séreuse? Quel est son rôle?
9. Définissez les mouvements suivants: le glissement, les mouvements angulaires, la rotation, la circumduction, les mouvements spéciaux. Donnez, pour chacun, un exemple d'articulation.
10. Faites exécuter par un partenaire tous les mouvements articulaires que nous avons vus, puis inversez les rôles.
11. Faites la distinction entre les mouvements non axial, uniaxial, biaxial et triaxial, et donnez, pour chacun d'eux, des exemples d'articulations.
12. Assurez-vous de pouvoir identifier les types d'articulations et les os de l'articulation. Vous devriez aussi être en mesure d'énumérer les éléments anatomiques des articulations scapulo-humérale, coxo-fémorale et du genou.
13. Quels sont les causes et les symptômes qui caractérisent les différentes formes d'arthrite: polyarthrite rhumatoïde, arthrose, arthrite goutteuse?
14. Qu'est-ce qu'une bursite? Par quoi est-elle causée?
15. Définissez la luxation. Énumérez les symptômes de la luxation.
16. Différenciez une foulure d'une entorse.
17. Assurez-vous de pouvoir définir tous les termes médicaux relatifs aux articulations que nous avons vus en fin de chapitre.

10

Le tissu musculaire

OBJECTIFS

- Énumérer les caractéristiques et les fonctions du tissu musculaire.
- Comparer l'emplacement, l'aspect microscopique, la régulation nerveuse et les fonctions des trois types de tissu musculaire.
- Définir les termes suivants: fascia, épimysium, périmysium, endomysium, tendon et aponévrose, et énumérer leurs modes d'attache.
- Expliquer la relation qui existe entre les vaisseaux sanguins, les nerfs et les muscles squelettiques.
- Expliquer la théorie du glissement des filaments.
- Décrire la structure et l'importance de la plaque motrice (jonction neuromusculaire) et de l'unité motrice.
- Identifier la source d'énergie nécessaire à la contraction musculaire.
- Énoncer la loi du tout-ou-rien de la contraction musculaire.
- Décrire les différentes sortes de contractions normales des muscles squelettiques.
- Décrire les phases de contraction relevées sur un myogramme durant la secousse musculaire.
- Comparer la structure et la fonction des trois types de fibres musculaires striées.
- Expliquer comment la dette d'oxygène, la fatigue et le dégagement de chaleur sont responsables de l'homéostasie.
- Expliquer les effets du vieillissement sur le tissu musculaire.
- Décrire le développement du système musculaire.
- Définir quelques affections musculaires courantes: la fibrose, la fibrosite, la foulure du quadriceps crural, la dystrophie musculaire et la myasthénie grave.
- Comparer quelques contractions musculaires anormales: les spasmes, les crampes, les convulsions, la fibrillation et les tics.
- Définir quelques termes médicaux relatifs au système musculaire.

Les os et les articulations, comme nous l'avons déjà vu, forment le squelette et servent de levier; mais ils ne peuvent, à eux seuls, produire le mouvement. Fonction essentielle du corps, le mouvement provient de la contraction et du relâchement des muscles.

Le tissu musculaire, qui représente environ 40% à 50% de la masse totale du corps, est formé de cellules spécialisées. La **myologie** (*myo*: muscle; *logie*: étude de) est l'étude scientifique des muscles.

Nous traiterons, en fin de chapitre, du développement embryonnaire du système musculaire.

LES CARACTÉRISTIQUES

Le tissu musculaire possède quatre propriétés essentielles au maintien de l'homéostasie.

1. L'**excitabilité** est la propriété du tissu musculaire de recevoir des stimuli et d'y réagir. Un stimulus est une modification du milieu interne ou externe capable d'amorcer un influx électrique (potentiel d'action).
2. La **contractilité** est la propriété du tissu musculaire de pouvoir raccourcir et s'épaissir, ou se contracter, sous l'effet d'un stimulus adéquat.
3. L'**extensibilité** est la propriété du tissu musculaire de s'allonger. Plusieurs muscles squelettiques sont antagonistes; l'un se contracte tandis que l'autre se relâche et s'allonge.
4. L'**élasticité** est la propriété du tissu musculaire de reprendre sa forme initiale après une contraction ou une extension.

LES FONCTIONS

Grâce à la contraction, le tissu musculaire remplit trois fonctions principales.

1. Le mouvement.
2. Le maintien de la posture.
3. Le dégagement de chaleur.

Les muscles produisent des mouvements du corps entier tels que la marche et la course, ou des mouvements localisés tels que la manipulation d'objets et les mouvements de la tête. Tous ces mouvements dépendent du parfait fonctionnement des os, des articulations et des muscles attachés aux os. Les muscles produisent aussi d'autres mouvements auxquels nous prêtons généralement moins attention: les battements du cœur, le brassage des aliments dans l'estomac, la poussée des aliments vers les intestins, la contraction de la vésicule biliaire pour libérer la bile et la contraction de la vessie pour excréter l'urine.

Le tissu musculaire permet aussi le maintien d'une posture. La contraction des muscles squelettiques permet de maintenir le corps en positions stationnaires, par exemple, la position assise ou debout.

Enfin, le tissu musculaire, en se contractant, dégage de la chaleur pour conserver la température normale du corps. On estime que 85% de la chaleur du corps est produite par la contraction musculaire.

LES TYPES

On classe le tissu musculaire selon trois critères: l'emplacement, l'aspect microscopique et la régulation nerveuse.

Le **tissu musculaire strié squelettique**, est attaché aux os et assure le mouvement de certaines parties du squelette. C'est un tissu **strié**, car ses stries sont visibles au microscope. C'est un tissu **volontaire**, car sa contraction est soumise à la volonté.

Le **tissu musculaire strié cardiaque** forme la majeure partie de la paroi du cœur. C'est un tissu **strié** et **involontaire**, car sa contraction est indépendante de la volonté.

Le **tissu musculaire lisse** intervient dans les processus liés au maintien du milieu interne. Il forme la paroi des organes creux tels que les vaisseaux sanguins, l'estomac et les intestins. C'est un tissu **non strié**, car il ne comporte pas de stries. Il est **involontaire**.

Le tissu musculaire est donc classé de la façon suivante: (1) le tissu musculaire squelettique, strié et volontaire; (2) le tissu musculaire cardiaque, strié et involontaire; et (3) le tissu musculaire lisse, non strié et involontaire.

LE TISSU MUSCULAIRE STRIÉ SQUELETTIQUE

Pour bien comprendre les mécanismes fondamentaux du mouvement, il importe de connaître les composants de tissu conjonctif du tissu, l'apport sanguin et nerveux, et de posséder quelques notions d'histologie.

LES COMPOSANTS DE TISSU CONJONCTIF

Le **fascia** est une large bande de tissu conjonctif fibreux situé sous la peau, ou autour des muscles et d'autres organes. Le **fascia sous-cutané**, l'**hypoderme**, se trouve directement sous la peau. Il est composé de tissu adipeux et de tissu conjonctif lâche et remplit plusieurs fonctions importantes. (1) Il sert de réserve à l'eau et surtout à la graisse. Chez une personne obèse, presque toute la graisse se trouve dans le fascia sous-cutané. (2) Il forme une couche isolante qui empêche la perte de chaleur corporelle. (3) Il protège le corps des chocs extérieurs. (4) Il permet le passage des nerfs et des vaisseaux sanguins.

Le **fascia profond** est un tissu conjonctif dense qui tapisse la paroi interne du corps et les membres; il a pour double rôle de maintenir les muscles ensemble, les séparant en unités fonctionnelles. Il permet le libre mouvement des muscles, le passage des nerfs et des vaisseaux sanguins, remplit les espaces entre les muscles et fournit parfois le point d'origine de certains muscles.

APPLICATION CLINIQUE

Les lignes de fusion des fascias sont essentiellement non vascularisées. C'est pourquoi elles sont souvent le site des **incisions chirurgicales**. Les chirurgiens préfèrent aussi les régions de jonction fasciale pour faire les points de sutures à cause de la résistance des fascias et de la cicatrice nette que laisse cette cicatrisation.

Plusieurs autres couches de tissu conjonctif protègent et renforcent les muscles squelettiques et les attachent à d'autres organes (figure 10.1). Le muscle est généralement enveloppé de tissu conjonctif fibreux appelé **épimysium**. L'épimysium est un prolongement du fascia profond. Les invaginations de l'épimysium, le **périmysium**, séparent les muscles en groupes de fibres (cellules) que l'on appelle **faisceaux**. Le périmysium est aussi un prolongement du fascia profond. Enfin, les invaginations du périmysium, appelées **endomysium** pénètrent à l'intérieur des faisceaux pour isoler les fibres. L'endomysium est également un prolongement du fascia profond.

L'épimysium, le périmysium et l'endomysium sont donc des prolongements du tissu conjonctif qui attache le muscle à un os, à un second muscle ou à tout autre organe. Ils peuvent former le prolongement des cellules musculaires pour donner un **tendon**, cordon de tissu conjonctif qui attache un muscle au périoste d'un os. Lorsque ce tendon est large et plat, on l'appelle **aponévrose**. Cet organe s'attache également à un os ou à un autre muscle. L'aponévrose épicrânienne, à la figure 11.4, en est un exemple. Quand un muscle se contracte, il tire vers lui le tendon de même que l'os ou le muscle auquel ce dernier est relié. C'est de cette façon que les muscles squelettiques produisent le mouvement. Certains tendons, notamment ceux du poignet et de la cheville, sont entourés par des enveloppes de tissu conjonctif fibreux appelées **gaines des tendons**. Leur structure est semblable à celle des bourses séreuses. La couche interne d'une gaine, la couche viscérale, est appliquée à la surface des tendons. La couche externe est appelée couche pariétale. Entre ces deux couches se trouve une cavité contenant une pellicule de liquide synovial. Les gaines des tendons assurent le parfait glissement des tendons et les empêchent de se détacher.

APPLICATION CLINIQUE

La **tendinite**, ou la **ténosynovite**, désigne souvent l'inflammation des gaines des tendons et de la membrane synoviale de certaines articulations : le poignet, l'épaule, le coude (épicondylite humérale), les doigts (doigts à ressort) et la cheville. Les gaines atteintes restent sèches ou enflent sous l'effet d'une accumulation de liquide synovial. Le mouvement de la partie atteinte peut entraîner la douleur. La tendinite survient souvent après certaines formes de traumatisme, une foulure ou un exercice violent.

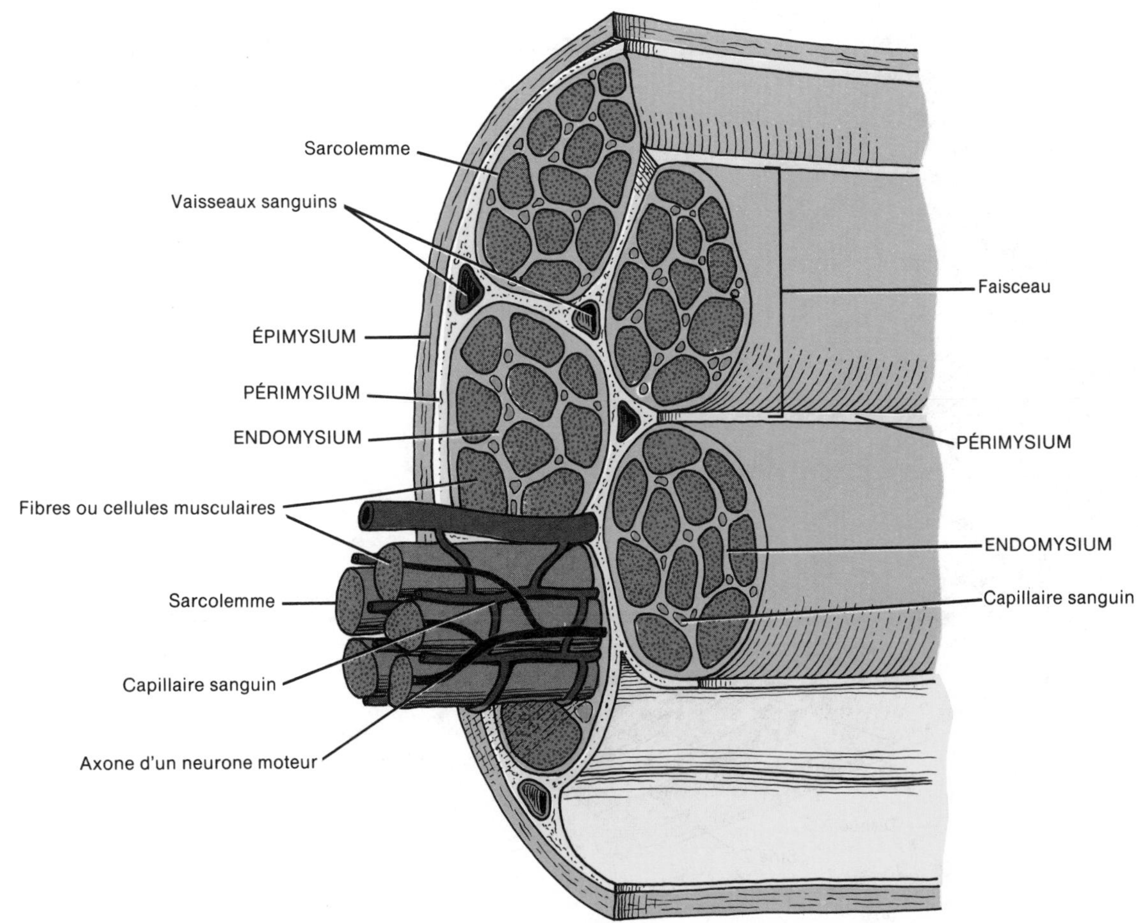

FIGURE 10.1 Disposition du tissu conjonctif dans le muscle squelettique. Coupes transversale et longitudinale d'un muscle squelettique montrant la position relative de l'épimysium, du périmysium et de l'endomysium.

L'APPORT NERVEUX ET SANGUIN

Les muscles squelettiques contiennent de nombreux nerfs et vaisseaux sanguins. L'innervation et la vascularisation sont en relation directe avec la contraction musculaire, principale caractéristique du muscle. Pour qu'une fibre musculaire striée se contracte, elle doit d'abord être stimulée par un influx nerveux. La contraction musculaire requiert une grande quantité d'énergie, donc une grande quantité de nutriments et d'oxygène. Par ailleurs, les déchets provenant de ces réactions productrices d'énergie doivent être éliminés. L'action prolongée d'un muscle dépend donc d'un apport sanguin suffisant pour amener les nutriments et l'oxygène et évacuer les déchets.

De façon générale, chaque nerf qui pénètre dans un muscle squelettique est accompagné d'une artère et d'une ou deux veines. Les grandes ramifications des vaisseaux sanguins et des nerfs pénètrent dans le tissu conjonctif du muscle. Les vaisseaux sanguins microscopiques, les capillaires, se trouvent à l'intérieur de l'endomysium. Chaque cellule musculaire est donc en contact étroit avec un ou plusieurs capillaires. Chaque fibre musculaire striée touche habituellement une partie d'un neurone appelée bouton synaptique.

L'HISTOLOGIE

L'intérieur d'un muscle squelettique est formé de milliers de cellules longues et cylindriques, appelées **fibres musculaires** ou **myocytes** (voir le document 4.3). Ces fibres sont disposées en rangs parallèles et mesurent entre 10 μm et 100 μm de diamètre. Certaines fibres peuvent atteindre 30 cm de longueur et même davantage. Chaque fibre musculaire est enveloppée d'une membrane plasmique, le **sarcolemme** (*sarco* : chair ; *lemme* : gaine). Le sarcolemme entoure une certaine quantité de cytoplasme qu'on appelle **sarcoplasme**. À l'intérieur du sarcoplasme, à la périphérie du sarcolemme, se trouvent plusieurs noyaux. Les fibres musculaires striées sont donc multinucléées. Le sarcoplasme renferme, en outre, des myofibrilles, des molécules à haute teneur énergétique, des enzymes et un **réticulum sarcoplasmique**, réseau de tubules bordés par une membrane, analogue à celui du

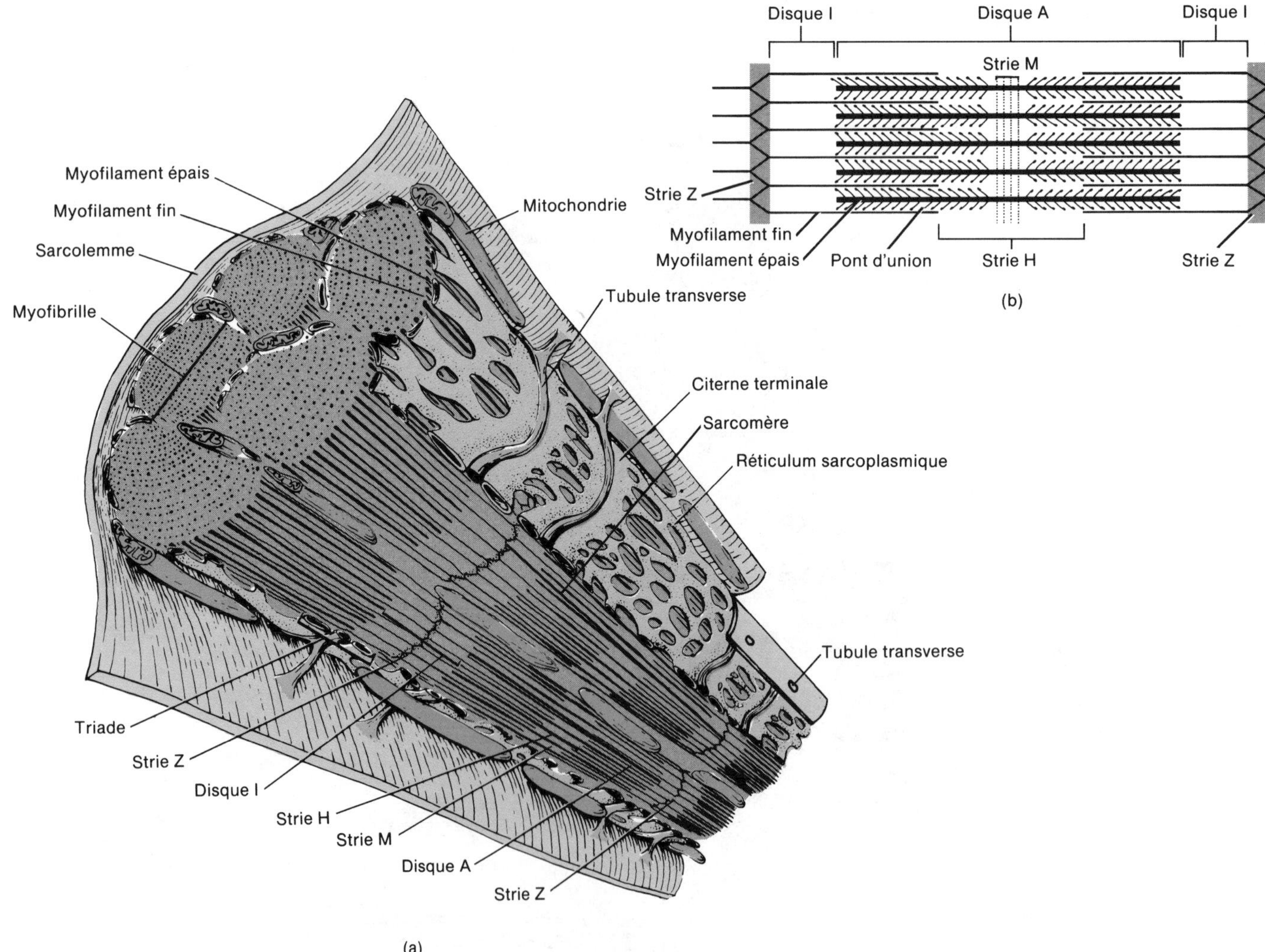

FIGURE 10.2 Structure microscopique du tissu musculaire strié. (a) Agrandissement de quelques myofibrilles d'une fibre musculaire d'après une micrographie électronique. (b) Agrandissement d'un sarcomère montrant des myofilaments fins et épais.

réticulum endoplasmique lisse (figure 10.2,a). Des **tubules transverses (tubules T)**, perpendiculaires au réticulum sarcoplasmique, traversent les fibres. Ces tubules sont des prolongements du sarcolemme, qui s'ouvrent à l'extérieur de la fibre. Une **triade** est formée d'un tubule transverse et des deux segments du réticulum sarcoplasmique qui le bordent.

Lorsqu'on observe les fibres d'un muscle squelettique dans un puissant microscope, on s'aperçoit qu'elles renferment des structures cylindriques, d'environ 1 µm ou 2 µm de diamètre, appelées **myofibrilles** (figure 10.2,a,b). Les myofibrilles, dont le nombre peut varier de quelques centaines à quelques milliers, courent parallèlement au grand axe de la fibre. Elle sont composées de deux éléments encore plus petits appelés **myofilaments**. Les **myofilaments fins** mesurent environ 6 nm de diamètre. Les **myofilaments épais** ont un diamètre d'environ 16 nm.

Les myofilaments d'une myofibrille ne s'étendent pas sur toute la longueur de la fibre musculaire; ils sont séparés en segments appelés **sarcomères**. Les sarcomères sont séparés les uns des autres par des lignes denses, les **stries Z**. Dans un sarcomère, plusieurs zones sont visibles (figure 10.2,b). Un disque sombre et dense, le **disque anisotrope**, ou **disque A**, correspond à la longueur des myofilaments épais. Les extrémités du disque A sont sombres à cause du chevauchement des myofilaments fins et épais. La longueur de ces régions sombres dépend de l'importance du chevauchement. Comme nous le verrons plus tard, plus le degré de contraction est élevé, plus le chevauchement des myofilaments fins et épais est important. Un disque clair, le **disque isotrope**, ou **disque I**, est formé uniquement de myofilaments fins. L'alternance des disques sombres A et des disques clairs I donne au muscle son apparence striée. Enfin, une bande étroite, la **strie H**, ne contient que des myofilaments épais. Au milieu de la strie H, se trouve la **strie M**, une série de fils fins semblant relier les parties médianes des myofilaments épais adjacents.

Les myofilaments fins se rattachent à la strie Z et se prolongent dans les deux directions. Ils se composent principalement d'une protéine, l'**actine**. Les molécules d'actine forment une double chaîne hélicoïdale et donnent aux myofilaments fins leur forme caractéristique (figure 10.3,a). Chaque molécule d'actine contient un *site de liaison de la myosine* qui interagit avec le pont d'union d'une molécule de myosine (description sommaire). Les myofilaments contiennent en outre deux autres molécules protéiques, la **tropomyosine** et la **troponine**, chargées de régler les contractions musculaires. La tropomyosine forme une double chaîne qui s'attache lâchement à la chaîne spiralée de l'actine. La troponine, située à intervalles réguliers à la surface de la tropomyosine, se compose de trois sous-unités: la troponine I, qui se lie à l'actine; la troponine C, qui se lie aux ions calcium; et la troponine T, qui se lie à la tropomyosine. La tropomyosine et la troponine se combinent pour donner le **complexe tropomyosine-troponine.**

Les myofilaments épais chevauchent les extrémités libres des myofilaments fins; ils occupent le disque A du sarcomère. Ces myofilaments contiennent surtout de la **myosine**, molécule en forme de sucette. Les tiges des molécules de myosine sont disposées de façon parallèle pour former le corps du myofilament épais. Les têtes font saillie à l'extérieur du corps et sont disposées en spirale à la surface du myofilament. Ces têtes sont appelées **ponts d'union**. Chacun de ces ponts d'union comporte un *site de liaison de l'actine* et un *site de liaison de l'ATP* (figure 10.3,b).

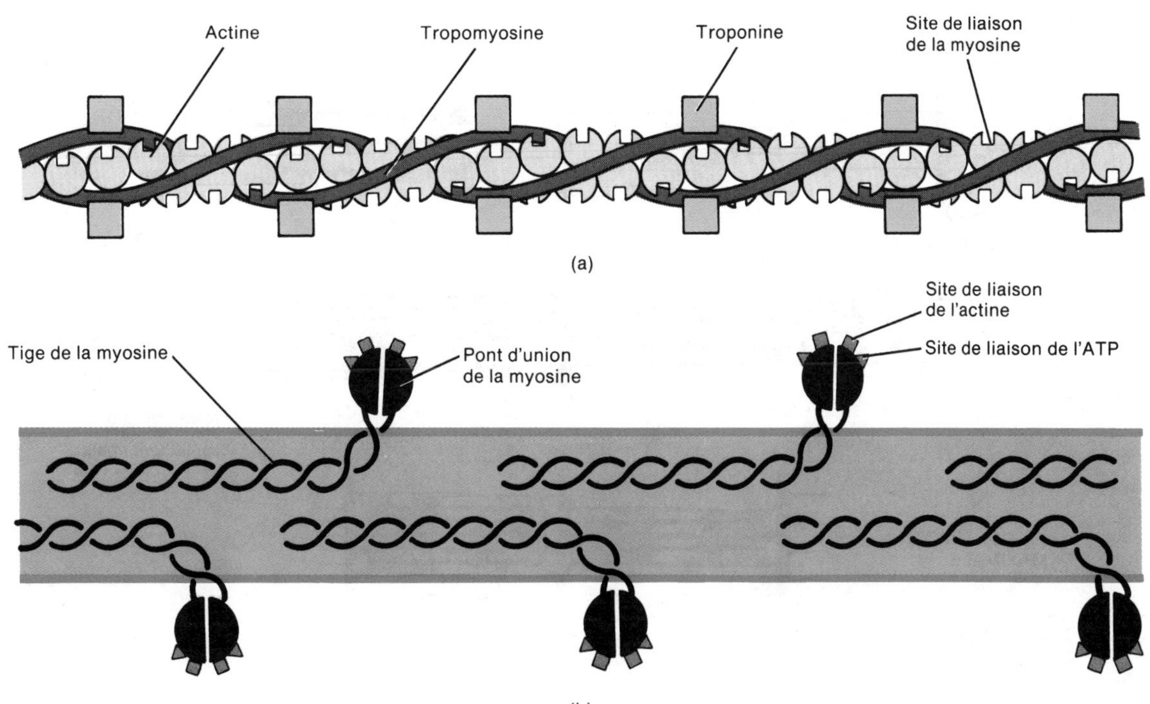

FIGURE 10.3 Structure détaillée des myofilaments. (a) Myofilament fin. (b) Myofilament épais.

APPLICATION CLINIQUE

Les stéroïdes sont des substances chimiques dérivées du cholestérol. La plupart des stéroïdes sont des hormones. Durant les IXe Jeux panaméricains de 1983, à Caracas, au Vénézuela, l'attention mondiale fut attirée sur l'utilisation de **stéroïdes anabolisants** par les athlètes amateurs. Les athlètes utilisaient ces stéroïdes, des variantes de l'hormone testostérone, pour augmenter la quantité de protéines musculaires et, par conséquent, accroître leur résistance et leur endurance durant les épreuves athlétiques. Mais des médecins ont découvert que ces stéroïdes anabolisants pouvaient avoir de nombreux effets secondaires, dont le cancer du foie, des lésions rénales, l'accroissement des risques de maladie cardiaque, l'augmentation de l'irritabilité et un comportement agressif, la stérilité, la production de poils faciaux et une modification du timbre de la voix chez la femme, le développement excessif des glandes mammaires et une diminution de la sécrétion hormonale et de la production de spermatozoïdes, chez l'homme.

LA CONTRACTION

LA THÉORIE DU GLISSEMENT DES FILAMENTS

Durant la contraction, les myofilaments fins glissent vers l'intérieur, vers la strie H. Le sarcomère diminue, mais la longueur des myofilaments fins et épais ne varie pas. Les ponts de la myosine des myofilaments épais se lient aux molécules d'actine des myofilaments fins. Les ponts d'union de la myosine se déplacent comme les rames d'un bateau sur la surface des myofilaments fins, et les myofilaments épais et fins glissent les uns sur les autres. La strie H rétrécit alors; elle peut même disparaître lorsque les myofilaments fins se rejoignent au centre du sarcomère (figure 10.4). En fait, les ponts d'union peuvent tirer les myofilaments fins de chaque sarcomère si loin vers l'intérieur que leurs extrémités se chevauchent. Pendant que les myofilaments fins glissent vers l'intérieur, les stries Z se rapprochent l'une de l'autre, et le sarcomère raccourcit. Tous ces mouvements ont pour effet de raccourcir les fibres musculaires; c'est la **théorie du glissement des filaments**.

LA PLAQUE MOTRICE (LA JONCTION NEUROMUSCULAIRE)

Pour qu'une fibre musculaire striée se contracte, elle doit recevoir un stimulus. Le **neurone**, ou la cellule nerveuse, transmet ce stimulus. Le neurone possède un prolongement filiforme, appelé fibre ou axone, dont la longueur peut atteindre 91 cm ou même davantage. Un nerf est l'ensemble des fibres provenant de nombreux neurones. On appelle **neurone moteur** un neurone qui stimule un tissu musculaire.

En entrant dans un muscle squelettique, l'axone d'un neurone moteur se ramifie en terminaisons axonales qui s'approchent du sarcolemme de la fibre musculaire; c'est la **plaque motrice**, ou **jonction neuromusculaire** (figure 10.5). Au bout de ces terminaisons axonales se trouve une sorte de renflement appelé **bouton synaptique** (voir la figure 12.3,a). Ces boutons renferment des sacs entourés

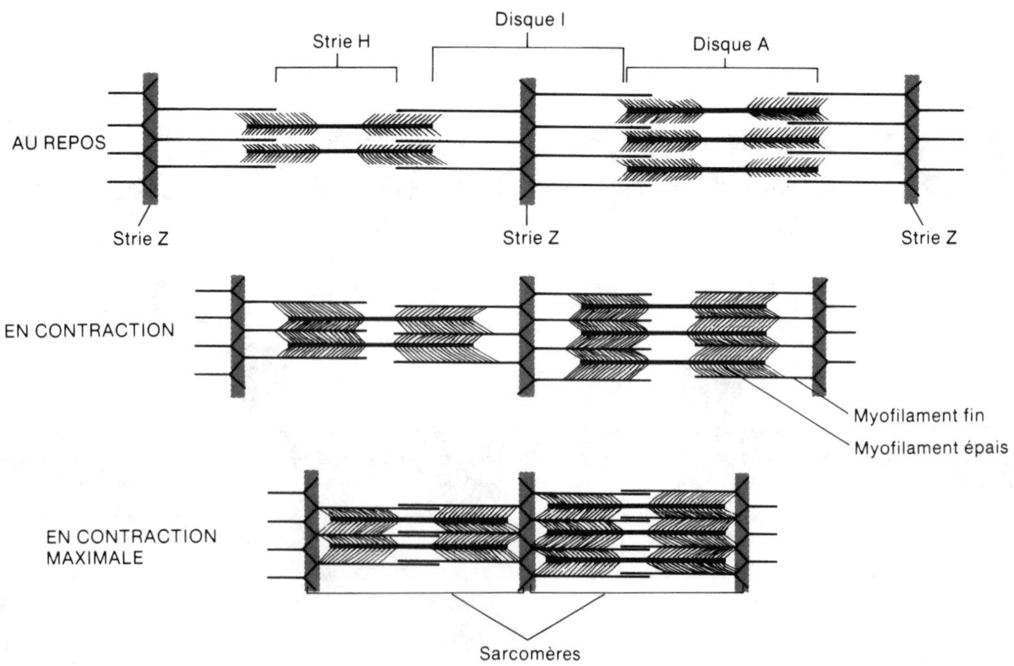

FIGURE 10.4 Théorie du glissement des filaments de la contraction musculaire. Position des diverses parties de deux sarcomères au repos, en contraction et en contraction maximale. Il faut remarquer le déplacement des myofilaments fins et la variation de la longueur de la strie H.

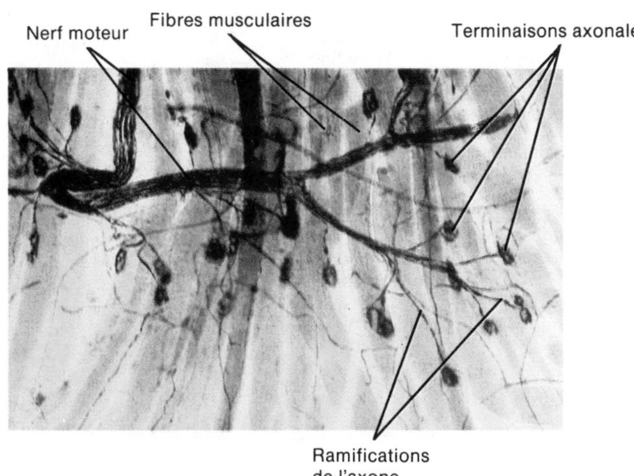

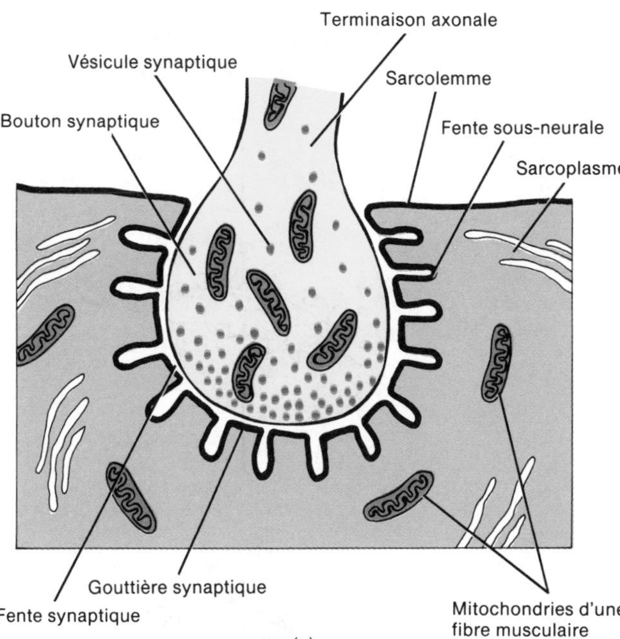

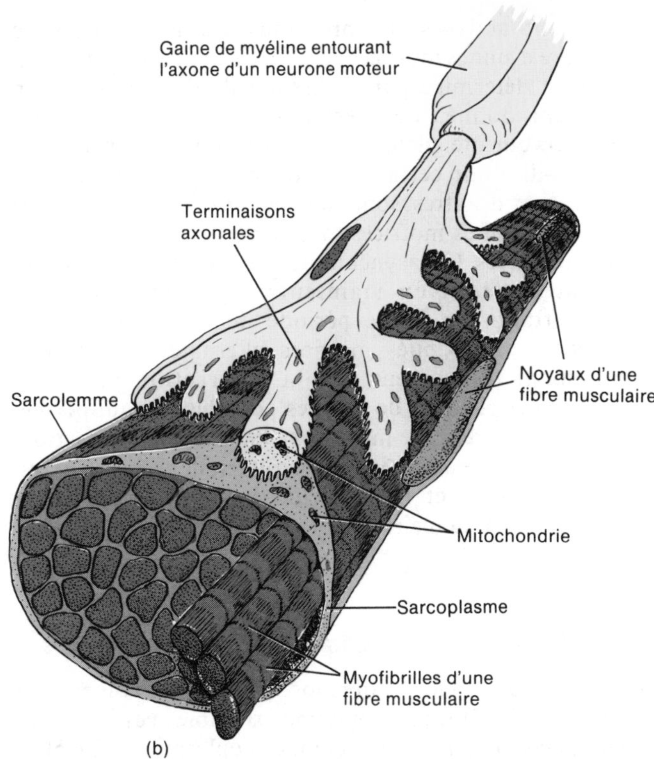

FIGURE 10.5 Plaque motrice (jonction neuromusculaire). (a) Photomicrographie agrandie 400 fois. [Gracieuseté de D. E. Kelly, extrait de *Introduction to the Musculoskeletal System* de Cornelius Rosse et D. Kay Clawson, Harper & Row, Publishers, Inc., New York, 1970.] (b) Diagramme réalisé à partir d'une photomicrographie. (c) Agrandissement réalisé à partir d'une micrographie électronique.

d'une membrane, les **vésicules synaptiques**, qui emmagasinent des substances chimiques appelées **neurotransmetteurs**, ou **médiateurs chimiques**. Ces substances chimiques déterminent si l'influx nerveux est transmis à un muscle, à une glande ou à un autre neurone. On appelle **gouttière synaptique** l'invagination du sarcolemme sous la terminaison axonale. L'espace entre la terminaison axonale et le sarcolemme est appelé **fente synaptique**. Les nombreux replis du sarcolemme le long de la gouttière synaptique, appelés **fentes sous-neurales**, augmentent grandement la zone superficielle de la gouttière synaptique.

Quand un influx nerveux (potentiel d'action) atteint la terminaison axonale, il amorce une séquence qui libère des molécules neurotransmettrices des vésicules synaptiques, et peut-être aussi du cytoplasme. Le neurotransmetteur libéré aux plaques motrices est l'**acétylcholine** (**ACh**). L'ACh se propage dans la fente synaptique et se combine aux sites récepteurs sur le sarcolemme de la fibre musculaire. Cette combinaison modifie la perméabilité du sarcolemme et entraîne finalement la production d'un influx électrique qui se propage le long du sarcolemme, déclenchant ainsi le processus de contraction. (Nous verrons, au chapitre 12, la production d'un influx nerveux).

L'UNITÉ MOTRICE

On appelle **unité motrice** l'ensemble formé par un neurone moteur et les fibres musculaires qu'il stimule. Un seul neurone moteur peut innerver jusqu'à 150 fibres musculaires, selon la région corporelle. Ce qui signifie que la stimulation d'un seul neurone provoquera la contraction simultanée d'environ 150 fibres musculaires. De plus, toutes les fibres musculaires d'une unité motrice qui sont suffisamment stimulées se contractent et se relâchent ensemble. Les muscles intervenant dans des mouvements précis, tels que les muscles des yeux, contiennent moins de 10 fibres par unité motrice. Par contre, les muscles responsables des mouvements moins précis, comme le biceps brachial ou les jumeaux du triceps, peuvent contenir jusqu'à 500 fibres par unité motrice.

La stimulation d'un neurone moteur provoque la contraction de toutes les fibres musculaires d'une unité motrice spécifique. On peut donc faire varier la tension d'un muscle en modifiant le nombre d'unités motrices qui sont activées. Le processus d'augmentation du nombre d'unités motrices activées est appelé **recrutement**, et il est déterminé par les besoins de l'organisme à un moment donné. Les décharges des divers neurones moteurs qui atteignent un muscle donné sont asynchrones, c'est-à-dire que certaines unités motrices sont excitées, alors que d'autres sont inhibées. Ce qui signifie que certaines unités motrices sont actives alors que d'autres sont inactives. Cet asynchronisme des décharges prévient la fatigue tout en maintenant la contraction, en permettant une brève période de repos aux unités inactives. Les unités motrices alternantes se relaient tellement doucement que la contraction peut être maintenue pendant de longues périodes. Ce qui permet aussi de maintenir le muscle en état de semi-contraction, appelé tonus musculaire. Le recrutement permet le mouvement souple et harmonieux des muscles durant la contraction musculaire, plutôt qu'une série de mouvements saccadés.

LA PHYSIOLOGIE DE LA CONTRACTION

Lorsque le muscle est au repos, la concentration en ions calcium (Ca^{2+}) du sarcoplasme est faible; ces ions sont emmagasinés dans le réticulum sarcoplasmique. De plus, dans la fibre musculaire au repos, la concentration d'ATP est élevée, et l'ATP est fixée aux sites de liaison des ponts d'union de la myosine. La liaison du complexe tropomyosine-troponine à l'actine et la liaison de l'ATP aux ponts d'union de la myosine empêchent les ponts d'union de s'unir à l'actine des myofilaments fins. En d'autres termes, la fibre musculaire demeure relâchée aussi longtemps que la concentration en ions calcium du sarcoplasme est faible, que le complexe tropomyosine-troponine est fixé à l'actine et que l'ATP est fixée au site de liaison de l'ATP des ponts d'union de la myosine (figure 10.6,a).

Quand une terminaison axonale reçoit un influx nerveux, une petite quantité de calcium pénètre à l'intérieur de la terminaison et amène les vésicules synaptiques (et peut-être aussi le cytoplasme) à libérer de l'acétylcholine. Cette dernière diffuse à travers la fente synaptique et s'unit aux sites récepteurs situés sur le sarcolemme de la fibre musculaire. L'ACh modifie le sarcolemme, ce qui entraîne la production d'un influx électrique qui se propage sur la surface du sarcolemme et à l'extérieur des tubules transverses. Lorsque l'influx est conduit des tubes transverses au réticulum sarcoplasmique, celui-ci libère ses ions calcium dans le sarcoplasme entourant les myofilaments.

Les ions calcium s'unissent à la troponine, provoquant une modification structurale de cette dernière. Cette modification entraîne la troponine à tirer la chaîne de tropomyosine. Le déplacement du complexe tropomyosine-troponine expose ainsi les sites de liaison de la myosine sur l'actine (figure 10.6,b).

La contraction musculaire nécessite, en plus d'un apport d'ions calcium, une source d'énergie; cette source provient de l'ATP. L'ATP se trouve dans les fibres musculaires fixées aux sites de liaison de l'ATP sur les ponts d'union de la myosine. Quand un influx nerveux stimule une fibre musculaire, une enzyme, l'ATPase,

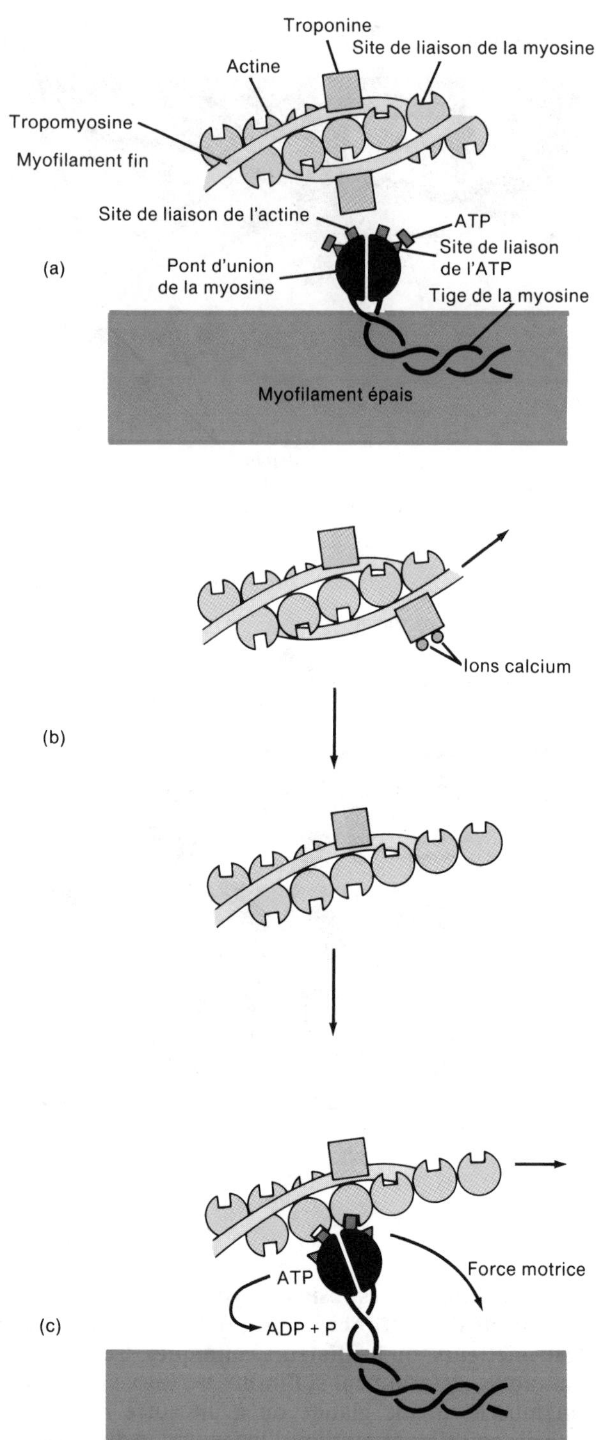

FIGURE 10.6 Mécanisme de la contraction musculaire. (a) Fibre musculaire au repos. Le complexe tropomyosine-troponine couvre les sites de liaison de la myosine sur l'actine; le site de liaison de l'ATP du pont d'union de la myosine est occupé. (b) Les ions calcium s'unissent à la troponine, et le complexe tropomyosine-troponine se déplace, exposant le site de liaison de la myosine. (c) L'énergie libérée par la dégradation de l'ATP, ATP → ADP + P, active le pont d'union de la myosine; le pont d'union s'unit au site de liaison de la myosine, et la force motrice entraîne le glissement du myofilament d'actine sur le myofilament de myosine.

contenue dans le pont d'union de la myosine, dégrade l'ATP en adénosine-diphosphate (ADP) et phosphate (P). Cette réaction libère de l'énergie qui est transmise aux ponts d'union de la myosine.

Les ponts d'union de la myosine activés se combinent ensuite aux sites de liaison de l'actine (figure 10.6,c). La libération de l'énergie emmagasinée dans les ponts d'union entraîne ces derniers à se déplacer vers la strie H au centre du sarcomère. Ce mouvement des ponts d'union, appelé *force motrice*, fait glisser les myofilaments fins d'actine et les myofilaments épais de myosine les uns sur les autres. Lorsque la force motrice est complète, l'ATP s'unit à un site de liaison de l'ATP sur les ponts d'union de la myosine, ce qui oblige le pont d'union à se détacher de l'actine. Un pont de la myosine s'unit alors à un autre site de liaison de la myosine plus loin sur la chaîne d'actine. De nouveau, l'ATP est dégradée, et le cycle se répète. Les ponts d'union de la myosine continuent leur mouvement de va-et-vient avec chaque force motrice, déplaçant les myofilaments fins d'actine vers la strie H. Ce mouvement continuel attire les stries Z du sarcomère l'une vers l'autre, et le sarcomère raccourcit. Les fibres musculaires se contractent alors, et le muscle lui-même se contracte. Durant les contractions musculaires maximales, la distance entre les stries Z peut être réduite jusqu'à 50% de la longueur de repos.

Que se produit-il lorsqu'une fibre musculaire passe d'un état de contraction à un état de relâchement? L'ACh est rapidement détruite par une enzyme, l'*acétylcholinestérase* (*AChE*), qui se trouve sur la surface de l'appareil sous-neural du sarcolemme des fibres musculaires. L'absence d'ACh interrompt la transmission de l'influx nerveux des terminaisons axonales au sarcolemme des fibres musculaires. Après que l'influx nerveux a cessé, les ions calcium retournent, par transport actif, du sarcoplasme au réticulum sarcoplasmique où ils sont emmagasinés. Ce transport des ions calcium se fait par deux protéines, la *calséquestrine* et le *calcium-ATPase*, et nécessite une certaine quantité d'ATP. Lorsque les ions calcium sont retirés du sarcoplasme, le complexe tropomyosine-troponine se rattache aux chaînes d'actine. Les sites de liaison de la myosine deviennent ainsi couverts, et les ponts d'union de la myosine se séparent de l'actine. Il faut aussi de l'ATP pour détacher les ponts d'union. Puisque les ponts d'union de la myosine sont brisés, les myofilaments fins reviennent à leur position de relâchement. Après que l'influx électrique a cessé, l'ADP est synthétisée de nouveau en ATP, qui se rattache à un site de liaison de l'ATP sur un pont d'union de la myosine. Les sarcomères reviennent à leur longueur de repos, et la fibre musculaire reprend son état de repos. Durant l'extensibilité, la longueur du sarcomère peut augmenter jusqu'à environ 20% de la longueur de repos.

APPLICATION CLINIQUE

Immédiatement après la mort, une série de transformations chimiques maintiennent les muscles en état de semi-contraction; c'est la **rigidité cadavérique**. À cause du manque d'ATP, les ponts d'union de la myosine restent attachés aux myofilaments d'actine, empêchant ainsi le relâchement des muscles. Le temps qui s'écoule entre la mort et le début de la rigidité varie beaucoup d'un individu à un autre. Ainsi, après une longue maladie, la rigidité cadavérique apparaîtra très rapidement.

Nous présentons un résumé des processus associés à la contraction et au relâchement d'une fibre musculaire dans le document 10.1.

DOCUMENT 10.1 RÉSUMÉ DU PROCESSUS DE CONTRACTION ET DE RELÂCHEMENT D'UNE FIBRE MUSCULAIRE STRIÉE

1. Les vésicules synaptiques d'un neurone moteur, sous l'effet d'un potentiel d'action, libèrent de l'ACh.
2. L'ACh diffuse à travers la fente synaptique à l'intérieur de la plaque motrice et déclenche un influx électrique qui se propage à la surface du sarcolemme.
3. L'influx nerveux pénètre dans les tubules transverses et le réticulum sarcoplasmique, et stimule celui-ci afin qu'il libère dans le sarcoplasme les ions calcium qu'il a emmagasinés.
4. Les ions calcium s'unissent à la troponine, entraînant le complexe tropomyosine-troponine à se déplacer, ce qui expose les sites de liaison de la myosine sur l'actine.
5. L'influx nerveux provoque aussi la réaction suivante: ATP → ADP + P. L'énergie libérée par cette réaction active les ponts d'union de la myosine qui s'unissent aux sites de liaison exposés de la myosine sur l'actine, amenant les ponts d'union à se déplacer vers la strie H. Ce mouvement entraîne le glissement des myofilaments fins et épais les uns sur les autres.
6. Les stries Z se rapprochent, le sarcomère raccourcit, les fibres musculaires se contractent et le muscle se contracte.
7. L'acétylcholinestérase (AChE) inactive l'acétylcholine, interrompant ainsi la conduction de l'influx nerveux à l'intérieur de la plaque motrice.
8. Lorsque l'influx nerveux a cessé, la calséquestrine et le calcium-ATPase retournent les ions calcium dans le réticulum sarcoplasmique, par transport actif, en utilisant l'énergie provenant de la dégradation de l'ATP.
9. La faible concentration en ions calcium du sarcoplasme permet au complexe tropomyosine-troponine de se rattacher à l'actine. Les sites de liaison de la myosine de l'actine sont donc couverts. Les ponts d'union de la myosine se séparent de l'actine, l'ADP est synthétisée de nouveau en ATP (qui se rattache au site de liaison de l'ATP sur le pont d'union de la myosine) et les myofilaments fins retournent à leur position de relâchement.
10. Les sarcomères retrouvent leur longueur de repos, les fibres musculaires se relâchent et le muscle se relâche.

L'ÉNERGIE NÉCESSAIRE À LA CONTRACTION

La contraction musculaire exige de l'énergie. Cette énergie est fournie par la dégradation de l'ATP. Quand un influx nerveux stimule une fibre musculaire, l'ATP, en présence d'ATPase, se dégrade en ADP + P, et il y a libération d'énergie. L'ATP est la source directe, immédiate d'énergie nécessaire à la contraction musculaire.

La fibre musculaire, comme beaucoup d'autres cellules, synthétise l'ATP de la façon suivante:

ADP + P + énergie → ATP

Mais les fibres musculaires, contrairement à la plupart des autres cellules corporelles, fonctionnent de façon intermittente, c'est-à-dire que leur activité est soit nulle, soit totale. Durant les contractions maximales, les réserves d'ATP s'épuisent en quelques secondes. Les fibres musculaires possèdent plusieurs mécanismes capables de produire continuellement de l'ATP. L'un de ces mécanismes comporte une molécule hautement énergétique, la **créatine-phosphate**. Les fibres musculaires renferment environ cinq fois plus de créatine-phosphate que d'ATP. La décomposition de la créatine-phosphate donne du phosphate et de la créatine, et libère de grandes quantités d'énergie.

Créatine-phosphate → créatine + phosphate + énergie

Cette énergie sert à transformer l'ADP en ATP. Le transfert d'énergie de la créatine-phosphate à l'ATP se fait en une fraction de seconde. La créatine-phosphate et l'ATP réunies ne fournissent que la quantité d'énergie nécessaire pour maintenir la contraction maximale des muscles pendant environ 15 s.

Quand l'activité musculaire se poursuit et que même les réserves de créatine-phosphate sont épuisées, l'énergie est fournie par la dégradation du glycogène. Le glycogène, qui est du glucose emmagasiné, est toujours présent dans le foie et les muscles squelettiques. La dégradation du glycogène permet de synthétiser de nouveau d'énormes quantités d'ATP et de maintenir la contraction maximale pendant plusieurs minutes. Si l'exercice se poursuit au point que même la plus grande partie du glycogène est dégradée, les fibres musculaires peuvent alors dégrader des graisses afin de fournir l'énergie nécessaire pour permettre de synthétiser de nouveau l'ATP. Cette source d'énergie est pratiquement inépuisable puisque les réserves se reconstruisent à chaque repas.

LA LONGUEUR D'UN MUSCLE ET LA FORCE DE CONTRACTION

Ayant déjà étudié la théorie du glissement de la contraction musculaire, nous pouvons maintenant examiner la relation entre la longueur d'un muscle et la force de contraction (tension). Comme nous l'avons vu précédemment, une fibre musculaire se contracte quand les ponts d'union de la myosine des myofilaments fins se lient à des portions de myofilaments épais à l'intérieur du sarcomère. En l'occurence, une fibre musculaire développe sa plus grande tension lorsque le chevauchement des myofilaments fins et épais est maximal. À cette longueur, la longueur optimale, le nombre maximal de ponts d'union de la myosine entre en contact avec les myofilaments fins pour provoquer la plus grande tension. Lorsqu'une fibre musculaire s'allonge, de moins en moins de ponts d'union de la myosine entrent en contact avec les myofilaments, et la tension décroît progressivement. En fait, si une fibre musculaire s'allonge à 175% de sa longueur optimale, aucun pont d'union de la myosine ne s'attache aux myofilaments fins, et il n'y a pas de contraction. À des longueurs moindres que la longueur optimale, la tension décroît aussi. Cela s'explique par le fait que le raccourcissement extrême des sarcomères entraîne le chevauchement des myofilaments fins et la rétraction des myofilaments épais lorsqu'ils heurtent les stries Z. Les ponts d'union de la myosine ont donc moins de contacts avec les myofilaments fins. En règle générale, les modifications de la longueur de repos d'une fibre musculaire excède rarement 30%.

LA LOI DU TOUT-OU-RIEN

On appelle **stimulus liminal** le plus faible stimulus capable de provoquer une contraction. Un stimulus dont l'intensité n'est pas assez forte pour provoquer une contraction est appelé **stimulus subliminal**. D'après la **théorie du tout-ou-rien**, les fibres musculaires d'une unité motrice, sous l'effet d'un stimulus, se contracteront au maximum ou ne se contracteront pas du tout, pourvu que les conditions demeurent constantes. En d'autres termes, les *fibres musculaires* ne se contractent pas partiellement. La loi ne signifie pas que tout le muscle doit être entièrement relâché ou entièrement contracté, car certaines des nombreuses unités motrices que contient un muscle sont contractées et d'autres sont relâchées. La fatigue, la carence alimentaire ou le manque d'oxygène peuvent diminuer la force de contraction.

LES SORTES DE CONTRACTIONS

Les muscles squelettiques peuvent produire différentes sortes de contractions, selon la fréquence de la stimulation.

La secousse musculaire

La **secousse musculaire** est la réaction rapide et brève d'un muscle à un stimulus unique. On peut provoquer une secousse dans les muscles d'un animal de façon artificielle. L'enregistrement d'une secousse permet d'illustrer les différentes phases d'une contraction unique; la courbe que l'on obtient est un **myogramme**

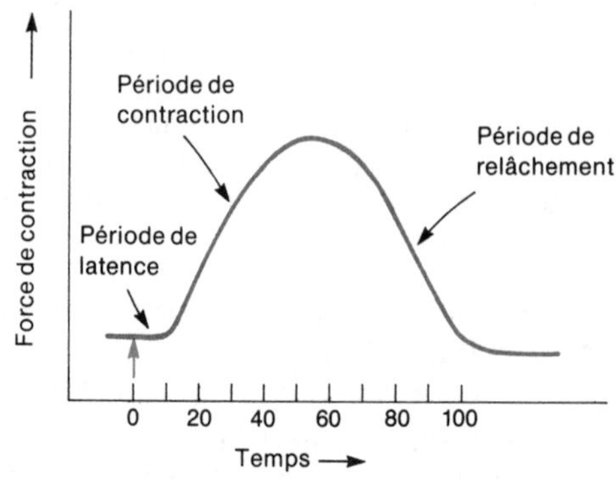

FIGURE 10.7 Myogramme d'une secousse musculaire. La flèche rouge indique le point où le stimulus est appliqué.

(figure 10.7). On appelle **période de latence** le temps compris entre l'application du stimulus et le début de la contraction. C'est durant cette période que les réserves d'ions calcium sont libérées et que s'amorce l'activité des ponts d'union de la myosine. Chez la grenouille, la période de latence dure environ 10 ms. La **période de contraction**, représentée par la ligne ascendante sur le graphique, dure environ 40 ms. La **période de relâchement**, représentée par la courbe descendante, dure quelque 50 ms. La durée de ces trois périodes varie selon les muscles ; elle est courte pour les muscles des yeux, mais elle s'allonge pour les muscles de la jambe.

L'application de plusieurs stimuli après le stimulus initial entraîne des réactions différentes de la part du muscle. Par exemple, si deux stimuli consécutifs sont appliqués, seul le premier obtiendra une réaction. Lorsqu'une fibre musculaire reçoit une stimulation suffisante pour se contracter, elle perd momentanément son excitabilité. Elle ne peut plus se contracter tant qu'elle n'a pas recouvré sa capacité de réagir. Cette période d'inexcitabilité, appelée **période réfractaire**, varie selon le type de muscle. Ainsi, la période réfractaire d'un muscle squelettique dure 5 ms, tandis que celle du muscle cardiaque peut atteindre 300 ms.

La contraction tétanique

Quand deux stimuli sont appliqués et que le deuxième est retardé jusqu'à ce que la période réfractaire soit passée, le muscle squelettique réagit aux deux stimuli. En fait, si le second stimulus est appliqué après la période réfractaire, mais avant la fin de la période de relâchement, la seconde contraction est plus forte ; c'est ce qu'on appelle la **sommation** (figure 10.8).

Si l'on applique à un muscle de grenouille de 20 à 30 stimuli par seconde, le muscle ne peut se relâcher complètement entre deux stimuli, et la contraction est continue ; on obtient alors une **contraction tétanique imparfaite** (figure 10.9,a). Si l'on applique maintenant de 35 à 50 stimuli par seconde, on obtient une **contraction tétanique parfaite**, c'est-à-dire une contraction continue sans aucune période de relâchement (figure 10.9,b). Ces deux sortes de contractions tétaniques sont causées par les ions calcium libérés du réticulum sarcoplasmique par le deuxième stimulus, et venant s'ajouter à ceux du premier, encore présents dans le sarcoplasme. Une contraction tétanique est donc une série de secousses musculaires dont les périodes de relâchement sont partielles ou inexistantes. Les contractions volontaires, telles que la contraction du biceps brachial amenant la flexion de l'avant-bras, sont tétaniques. En fait, la plupart des mouvements nécessitent des contractions tétaniques de courte durée.

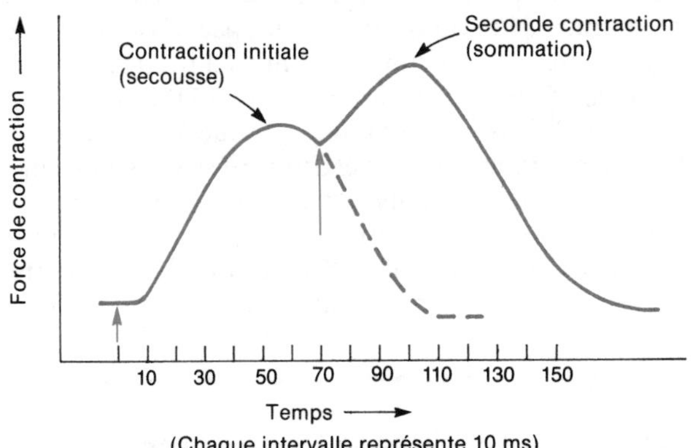

FIGURE 10.8 Myogramme d'une sommation. Le second stimulus, indiqué par la longue flèche rouge, est appliqué avant la fin de la période de relâchement. La seconde contraction est plus forte que la première. La ligne pointillée indique le prolongement de la secousse musculaire.

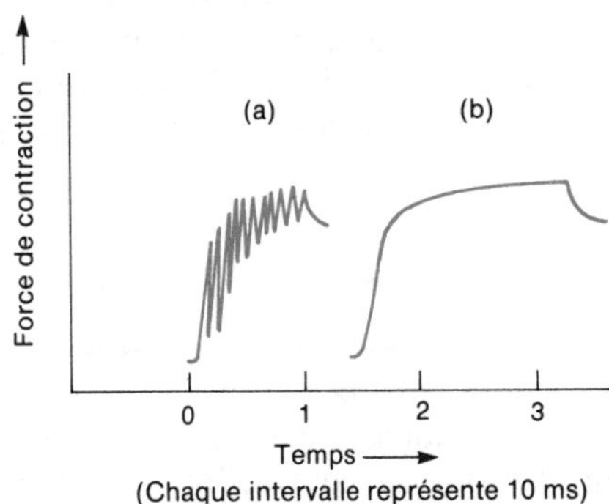

FIGURE 10.9 Myogrammes (a) d'une contraction tétanique imparfaite et (b) d'une contraction tétanique parfaite.

Le phénomène de l'escalier

Le **phénomène de l'escalier** est l'aptitude d'un muscle squelettique à augmenter sa force de contraction après s'être contracté plusieurs fois en réaction à un stimulus constant. On démontre ce phénomène en appliquant à un muscle isolé une série de stimuli de fréquence et d'intensité égales, mais dont la cadence n'est pas assez rapide pour provoquer des contractions tétaniques. Si on applique à un muscle de grenouille, dont les périodes de latence, de contraction et de relâchement durent 0,1 s, une série de stimuli liminaux à intervalles de 0,5 s, le myogramme montrera un accroissement de la force des premières contractions ; c'est le phénomène de l'escalier (figure 10.10). Durant leur période de réchauffement, les athlètes appliquent ce principe. Après les premiers

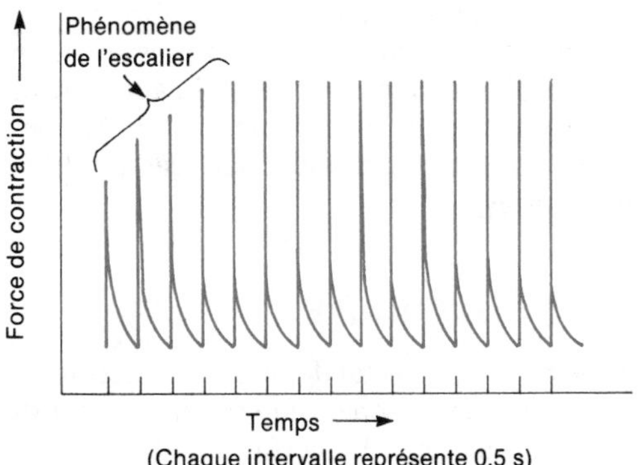

FIGURE 10.10 Myogramme du phénomène de l'escalier.

stimuli, les muscles atteignent leur meilleur rendement et développent leur tension maximale. On pense que le phénomène de l'escalier est dû à l'augmentation du nombre d'ions calcium qui font disparaître l'inhibition du complexe tropomyosine-troponine après plusieurs contractions.

Les contractions anisométrique et isométrique

Les **contractions anisométriques** sont les plus courantes. Durant une contraction, le muscle raccourcit et tire vers lui un autre organe, un os, par exemple, pour produire un mouvement. Ce type de contraction est caractérisé par une tension constante et une dépense d'énergie.

Durant une **contraction isométrique**, le muscle raccourcit très peu, mais la tension augmente considérablement. Les contractions isométriques, même si elles ne produisent aucun mouvement, consomment de l'énergie. On peut visualiser une contraction isométrique en plaçant une masse au bout des bras tendus. Cette masse tire les bras vers le sol et entraîne l'extension des muscles de l'épaule et des bras; ces muscles se contractent pour anihiler la force d'extension. Ces deux forces, extension et contraction, appliquées en directions contraires, produisent la tension. La tension d'un muscle dépend du nombre total de fibres musculaires qui se contractent simultanément et de la tension que chaque fibre musculaire est capable de produire.

Les méthodes d'entraînement préconisant les exercices isométriques et anisométriques sont toutes deux excellentes pour développer la force musculaire en peu de temps. Cependant, les études tendent à favoriser les exercices anisométriques, car ils possèdent le grand avantage de faire travailler tous les muscles nécessaires à la production d'un mouvement donné. Avec des exercices isométriques, il faudrait avoir recours à une série de mouvements.

Les exercices anisométriques comportent également un avantage psychologique; ils procurent la satisfaction de voir s'accomplir un mouvement. Les exercices isométriques sont plus ennuyeux, car il sont statiques.

Des expériences montrent que les exercices anisométriques favorisent l'augmentation de volume d'un muscle (hypertrophie) et son endurance.

Les exercices isométriques, quant à eux, ne requièrent que peu d'équipement, ils sont faciles à exécuter et demandent peu de temps. Ils permettent donc à un grand nombre de personnes de s'entraîner dans un endroit restreint et durant des périodes plus courtes.

Il faut toutefois se rappeler que les pressions sanguines systolique et diastolique augmentent beaucoup durant les exercices isométriques. Ils représentent donc une source de danger pour les cardiaques en réadaptation et les personnes agées.

LE TONUS MUSCULAIRE

Un muscle peut être en état de semi-contraction, même si les fibres musculaires fonctionnent selon la loi du tout-ou-rien. Dans un muscle, certaines fibres musculaires sont contractées alors que d'autres sont au repos. Cette contraction tend le muscle, mais le nombre de fibres qui se contractent est insuffisant pour produire un mouvement. L'asynchronisme des décharges permet de maintenir le muscle en état de semi-contraction pendant longtemps.

On appelle **tonus musculaire**, la légère contraction permanente d'un muscle squelettique qui s'oppose à une force d'extension. Le tonus est essentiel au maintien de la posture. Par exemple, la contraction tonique des muscles de la nuque développe une force suffisante pour maintenir la tête droite sans l'amener en hyperextension. Sans cette contraction, la tête roulerait sur la poitrine. Le degré de tonicité d'un muscle squelettique est réglé par des récepteurs situés dans le muscle, appelés **fuseaux neuromusculaires**. Ils envoient des informations à l'encéphale qui peut, par la suite, effectuer les ajustements nécessaires (chapitre 15).

APPLICATION CLINIQUE

Le terme **flasque** qualifie les muscles dont le tonus est insuffisant. Une perte de tonus peut être causée par une lésion ou une maladie du nerf qui transmet constamment les influx nerveux aux muscles. Si un muscle ne reçoit pas d'influx nerveux pendant une période prolongée, il passe graduellement de la flaccidité à l'**atrophie**. L'atrophie musculaire est la diminution de volume des fibres musculaires, résultant de la perte graduelle de myofibrilles. Les personnes alitées et celles devant porter un plâtre peuvent être atteintes d'atrophie, car les muscles inactifs ne reçoivent presque plus d'influx nerveux. Si l'on interrompt l'innervation d'un muscle, il s'atrophiera complètement. Ainsi, dans une période variant de 6 mois à 2 ans, un muscle peut perdre 75% de son volume initial. Les fibres musculaires seront alors remplacées par du tissu fibreux. Cette transformation, lorsqu'elle est complète, est irréversible. On emploie des stimulations faradiques par accumulateur afin de maintenir la force des muscles atrophiés immobilisés par un plâtre en stimulant les muscles à se contracter. Ces stimulations préviennent l'atrophie des muscles dont les neurones moteurs ont été lésés par un traumatisme ou un choc. Quelques athlètes les utilisent également pour renforcer certains muscles.

On appelle **hypertrophie musculaire** l'augmentation de volume d'un muscle par un accroissement du nombre de myofibrilles, de mitochondries et de molécules fournissant de l'énergie (ATP et créatine-phosphate) ainsi que par une production accrue de réticulum sarcoplasmique et de nutriments (glycogène et triglycérides). Les hypertrophies permettent une grande force de contraction. L'hypertrophie résulte d'une activité intense ou répétitive; une faible activité musculaire ne produit pas une hypertrophie significative.

LES TYPES DE FIBRES MUSCULAIRES STRIÉES

Toutes les fibres musculaires striées n'ont pas la même structure ni la même fonction. Ainsi, leur couleur peut varier selon leur teneur en **myoglobine**, un pigment rougeâtre semblable à l'hémoglobine. La myoglobine emmagasine l'oxygène jusqu'à ce que les mitochondries, organites à l'intérieur desquels est produite l'ATP, en aient besoin. Les fibres à haute teneur en myoglobine sont appelées **fibres musculaires rouges**; celles qui, au contraire, n'en renferment pas beaucoup sont appelées **fibres musculaires blanches**. Les fibres rouges ont un diamètre plus petit que les fibres blanches, mais elles ont plus de mitochondries et de capillaires. En revanche, le réticulum sarcoplasmique des fibres blanches est plus étendu.

La vitesse à laquelle les fibres musculaires striées se contractent dépend de leur capacité de dégrader l'ATP. Les fibres qui se contractent rapidement ont une plus grande capacité de dégrader l'ATP. Les fibres musculaires striées se distinguent aussi par les processus métaboliques qu'elles utilisent pour produire de l'ATP et par leur résistance à la fatigue, phénomène que nous étudierons à la fin du chapitre.

Si l'on se base sur les caractéristiques structurales et fonctionnelles, on classe les fibres musculaires striées en trois types.

1. **Les fibres rouges à contraction lente**. Elles contiennent une grande quantité de myoglobine, de mitochondries et de capillaires. Elles peuvent facilement produire de l'ATP grâce à des processus métaboliques oxydants (chapitre 25). Elles dégradent aussi l'ATP à vitesse réduite; elles se contractent donc lentement. Elles sont, par contre, très résistantes à la fatigue.
2. **Les fibres rouges à contraction rapide**. Ces fibres contiennent une très grande quantité de myoglobine, de mitochondries et de capillaires. Elles peuvent produire de l'ATP très facilement par des processus métaboliques oxydants. Elles dégradent aussi l'ATP de façon très rapide; leur vitesse de contraction est donc très élevée. Elles résistent un peu moins bien à la fatigue que les fibres à contraction lente.
3. **Les fibres blanches à contraction rapide**. Ces fibres contiennent une petite quantité de myoglobine, de mitochondries et de capillaires, mais ont une haute teneur en glycogène. Elles peuvent produire de l'ATP par des processus métaboliques anaérobies, mais ceux-ci ne peuvent fournir, de façon continuelle, suffisamment d'ATP aux fibres musculaires striées. Les fibres blanches à contraction rapide sont donc peu résistantes à la fatigue, mais elles dégradent rapidement l'ATP; elles se contractent donc rapidement.

Ces trois types de fibres forment la plupart des muscles squelettiques, mais leur proportion varie selon la fonction des muscles. Les muscles du cou, du dos et des jambes contiennent une plus grande proportion de fibres rouges à contraction lente. Les muscles des épaules et des bras ne sont pas constamment actifs, mais utilisés sporadiquement, habituellement pendant de courtes périodes de temps, afin de produire une grande tension, comme soulever ou lancer un objet. Ces muscles ont une proportion élevée de fibres blanches à contraction rapide. Les muscles des jambes, destinés à soutenir le corps et à produire le mouvement, sont en grande partie formés de fibres rouges à contraction lente et de fibres blanches à contraction rapide.

Même si la plupart des muscles squelettiques sont un mélange des trois types de fibres musculaires striées, les fibres musculaires d'une unité motrice sont toutes du même type. De plus, un muscle peut utiliser les différentes fibres qu'il contient de diverses façons, selon l'effort qu'il doit fournir. Par exemple, un effort léger nécessitant une faible contraction n'activera que les fibres rouges à contraction lente. Un effort plus soutenu demandant une contraction plus forte activera les unités motrices des fibres rouges à contraction rapide. Enfin, un effort intense nécessitant une contraction maximale activera en plus les fibres blanches à contraction rapide. L'encéphale et la moelle épinière déterminent les unités motrices qui doivent être activées.

Dans un muscle, le nombre de fibres musculaires striées ne varie pas. Toutefois, certains exercices peuvent modifier les caractéristiques d'une fibre. Les exercices d'endurance, la natation ou la course à pied transforment graduellement les fibres blanches à contraction rapide en fibres rouges à contraction rapide. Ces nouvelles fibres présentent un diamètre plus grand, un nombre de mitochondries et de capillaires plus élevé et une force accrue. Les exercices d'endurance entraînent des modifications respiratoires et cardio-vasculaires qui facilitent l'apport d'oxygène et de glucides vers les muscles, mais qui n'accroissent en rien la masse musculaire. Les exercices qui demandent un grand déploiement de force dans un court laps de temps, tels que l'haltérophilie, accroissent la taille et la force des fibres blanches à contraction rapide. L'augmentation de la taille est due à un accroissement de la synthèse des myofilaments fins et épais. Ces exercices favorisent le développement des muscles.

LE TISSU MUSCULAIRE CARDIAQUE

La paroi du cœur est composée principalement de **tissu musculaire cardiaque**. C'est un muscle involontaire, bien qu'il soit d'apparence striée comme le muscle squelettique. Les fibres du tissu musculaire cardiaque ont grossièrement la forme d'un quadrilatère. Elles ne possèdent habituellement qu'un seul noyau central (voir le document 4.3). Les fibres des muscles squelettiques ont plusieurs noyaux situés à la périphérie. Le sarcolemme des fibres cardiaques ressemble à celui du muscle squelettique, mais le sarcoplasme est plus abondant, et les mitochondries, plus grosses et plus nombreuses. La disposition de l'actine et de la myosine, les disques et les stries des fibres musculaires cardiaques sont identiques à celles des fibres musculaires striées (figure 10.11), mais la disposition des myofilaments n'est pas aussi harmonieuse. Les tubules transverses du muscle cardiaque des mammifères sont plus volumineux que ceux du muscle squelettique et sont situés sur les stries Z plutôt qu'à la jonction des disques A et I. Le réticulum sarcoplasmique du muscle cardiaque est moins développé que celui du muscle squelettique.

Nous avons vu, au document 4.3, que les fibres cardiaques se ramifient et s'anastomosent; les fibres squelettiques, par contre, sont disposées en rangs parallèles. Les fibres cardiaques s'attachent physiquement l'une à l'autre par des jonctions cellulaires, appelées nexus, qui assurent la transmission directe des influx nerveux d'une fibre à l'autre. Les fibres cardiaques forment deux réseaux bien distincts. Les parois et la cloison des cavités supérieures du cœur, les oreillettes, forment un réseau. Les parois et la cloison des cavités inférieures du cœur, les ventricules, forment l'autre réseau. Dans un même réseau, chaque fibre est séparée de

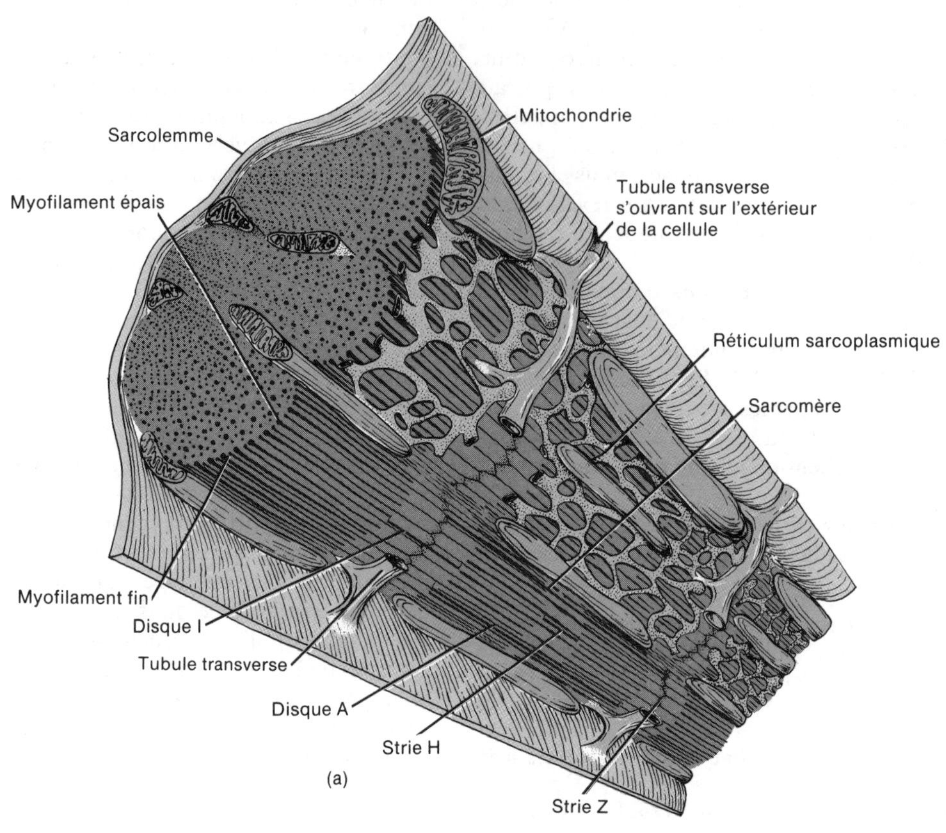

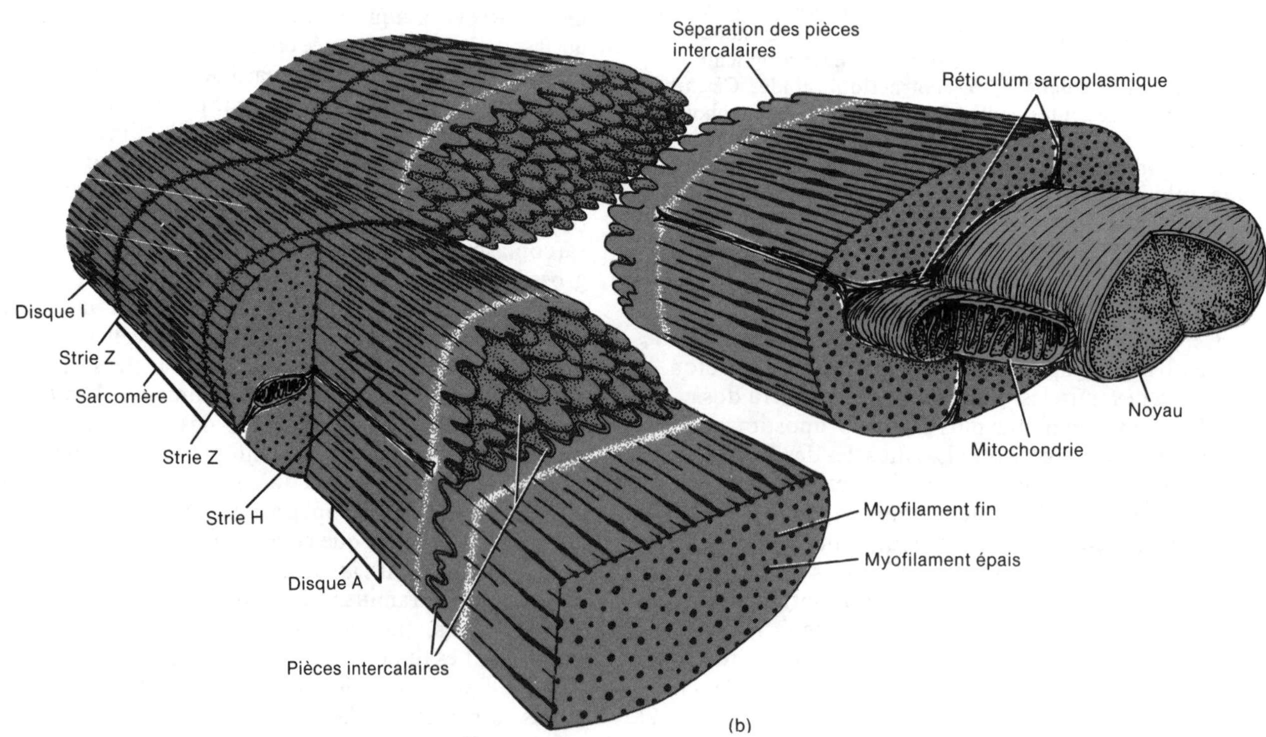

FIGURE 10.11 Structure microscopique du tissu musculaire cardiaque. (a) Diagramme réalisé à partir d'une micrographie électronique, montrant quelques myofibrilles. (b) Diagramme réalisé à partir d'une micrographie électronique, montrant des pièces intercalaires et leurs structures adjacentes.

la suivante par un épaississement transverse irrégulier du sarcolemme, appelé **pièce intercalaire**. Ces pièces renforcent le tissu musculaire cardiaque et facilitent la conduction de l'influx nerveux d'une fibre musculaire à l'autre. L'influx nerveux qui stimule une fibre se propage à toutes les fibres du réseau. Chaque réseau se contracte donc comme une unité fonctionnelle. Comme nous le verrons au chapitre 20, lorsque les oreillettes se contractent comme unité, le sang entre dans les ventricules. Quand les ventricules se contractent comme unité, le sang est pompé dans les artères.

Dans des conditions normales, le tissu musculaire cardiaque se contracte rapidement et de façon continuelle, à une fréquence d'environ 75 fois par minute, sans jamais s'arrêter. C'est là une différence physiologique importante entre les tissus musculaires strié et cardiaque. Le tissu musculaire cardiaque a donc un constant besoin d'oxygène. La production d'énergie s'effectue à l'intérieur des nombreuses et volumineuses mitochondries. La source de stimulation n'est pas la même pour le tissu musculaire cardiaque que pour le tissu musculaire strié. En effet, si le muscle squelettique a besoin d'un influx nerveux pour se contracter, le muscle cardiaque, lui, se contracte sans stimulus extrinsèque. La source de stimulation du muscle cardiaque est un tissu conducteur d'un muscle intrinsèque spécialisé, situé à l'intérieur du cœur. Un influx nerveux amène difficilement ce tissu conducteur à faire varier la fréquence cardiaque. Quelques types de cellules musculaires lisses et nerveuses de l'encéphale et de la moelle épinière sont aussi auto-excitées de façon spontanée et rythmique; c'est le phénomène de l'autorythmicité, que nous verrons en détail au chapitre 20.

Le temps de contraction (dépolarisation) du tissu musculaire cardiaque est de 10 à 15 fois plus long que celui du tissu musculaire strié. Ce phénomène est dû à la libération prolongée des ions calcium dans le sarcoplasme. Dans les fibres musculaires cardiaques, les ions calcium proviennent du réticulum sarcoplasmique, comme dans le tissu musculaire strié, et de liquides extracellulaires. La libération des ions calcium se fait très rapidement; par contre, le passage de ces ions à travers le sarcolemme est beaucoup plus lent. C'est pourquoi la contraction des fibres cardiaques est plus longue.

La période réfractaire du tissu cardiaque est très longue; elle peut durer plusieurs dixièmes de secondes. C'est ce qui permet au cœur de se détendre entre deux battements. Cette longue période réfractaire permet une augmentation significative de la fréquence cardiaque, mais elle empêche toute contraction tétanique du cœur. La contraction tétanique du muscle cardiaque arrêterait la circulation sanguine et provoquerait la mort.

LE TISSU MUSCULAIRE LISSE

Le **tissu musculaire lisse**, comme le tissu musculaire cardiaque, est involontaire, mais il n'est pas strié. Les fibres musculaires lisses sont beaucoup plus petites que les fibres musculaires striées. Une fibre musculaire lisse mesure de 5 µm à 10 µm de diamètre et de 30 µm à 200 µm de longueur. La fibre est de forme allongée et contient un seul noyau central ovale (figure 10.12; voir aussi le document 4.3). Le sarcoplasme renferme des myofilaments épais, plus longs que ceux des fibres musculaires striées, ainsi que des myofilaments fins, mais disposés de façon désordonnée. Dans les fibres musculaires lisses, la proportion de myofilaments fins chevauchant les myofilaments épais est de 10/1 à 15/1. Dans les fibres musculaires striées, le rapport est de 2/1. Les fibres musculaires lisses contiennent également des *filaments intermédiaires*. Comme les divers myofilaments n'ont pas de modèle régulier d'organisation et qu'il n'y a pas de disques A ni de disques I des sarcomères, les fibres musculaires lisses n'ont pas de stries caractéristiques. D'où le nom de fibres lisses.

Les filaments intermédiaires sont reliés à des structures appelées *lysosomes*, dont les caractéristiques s'apparentent aux stries Z des fibres striées. Certains lysosomes sont

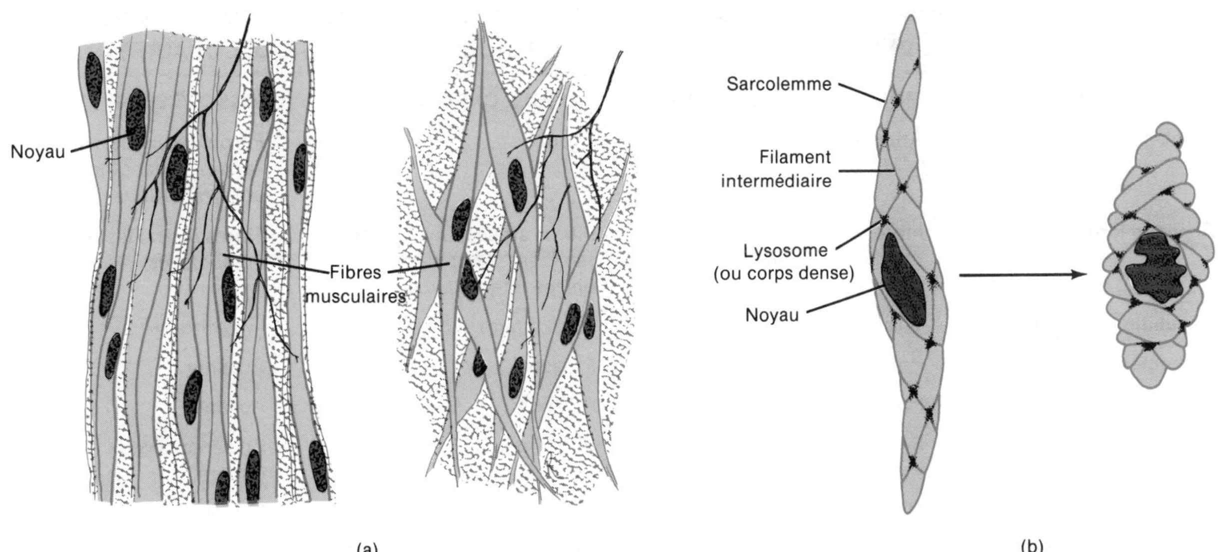

FIGURE 10.12 Structure microscopique du tissu musculaire lisse. (a) Diagramme du tissu lisse viscéral (à gauche) et du tissu multi-unitaire (à droite). (b) Agrandissement d'une fibre avant (à gauche) et après (à droite) la contraction.

dispersés dans le cytoplasme ; d'autres s'attachent au sarcolemme. Des faisceaux de filaments intermédiaires se tendent d'un lysosome à un autre (figure 10.12,b). Le mécanisme du glissement des myofilaments fins et épais durant la contraction produit une tension qui est transmise aux filaments intermédiaires. Ceux-ci, à leur tour, attirent les lysosomes attachés au sarcolemme, ce qui a pour effet de raccourcir la fibre. À la figure 10.12,b, nous pouvons voir que le raccourcissement de la fibre produit une dilatation du sarcolemme.

Le réticulum sarcoplasmique des fibres musculaires lisses est moins développé que celui des fibres musculaires striées. De petites vésicules internes, appelées *cavéoles*, s'ouvrent à la surface des fibres lisses ; on croit que leurs fonctions, notamment la conduction des influx nerveux jusqu'aux fibres, sont semblables à celles des tubules transverses des fibres striées. On compare les tubules du réticulum sarcoplasmique aux rangées de ces cavéoles.

On distingue deux types de tissu musculaire lisse : le tissu viscéral et le tissu multi-unitaire (figure 10.12,a). Le **tissu musculaire viscéral (mono-unitaire)** est le plus courant. Il forme des couches enveloppantes qui constituent une partie des parois des artérioles, des veines et des viscères creux tels que l'estomac, les intestins, l'utérus et la vessie. Les termes *tissu musculaire lisse* et *tissu musculaire viscéral* sont souvent synonymes. Les fibres du tissu viscéral sont solidement reliées entre elles pour former un réseau continu. Elles possèdent des nexus qui favorisent la conduction de l'influx nerveux entre les fibres. Lorsqu'un neurone stimule une fibre, l'influx parcourt les autres fibres de sorte que la contraction se produit en une onde sur les fibres adjacentes. Les fibres se contractent donc toutes au fur et à mesure que leur parvient l'influx nerveux, alors que la contraction des fibres musculaires striées se fait par unité.

Le **tissu musculaire lisse multi-unitaire** est formé de fibres distinctes, chacune possédant ses propres terminaisons nerveuses motrices. Alors que la stimulation d'une seule fibre musculaire viscérale provoque la contraction de plusieurs fibres adjacentes, la stimulation d'une fibre du tissu multi-unitaire provoque la contraction de cette seule fibre. Les fibres du tissu musculaire lisse multi-unitaire ressemblent donc, sur ce point, à celles du tissu musculaire strié. Le tissu musculaire lisse multi-unitaire se trouve dans les parois des grosses artères, des larges voies aériennes qui se rendent aux poumons, dans les muscles arrecteurs des poils qui s'attachent aux follicules et dans les muscles intrinsèques de l'œil, tels que l'iris.

Le processus de contraction est sensiblement le même pour les muscles striés que pour les muscles lisses ; toutefois, le muscle lisse possède quelques différences physiologiques importantes. Les fibres musculaires lisses demeurent contractées de 5 à 500 fois plus longtemps que les fibres musculaires striées. Les ions calcium nécessaires à leur contraction proviennent du réticulum sarcoplasmique et de liquides extracellulaires. L'absence de tubules transverses empêche les ions calcium d'atteindre rapidement les filaments profonds au centre de la fibre et de déclencher le processus contractile, ce qui justifie, en partie, la lente activation et la contraction prolongée du muscle lisse.

Non seulement les ions Ca^{2+} pénètrent-ils lentement dans les filaments profonds, mais ils sortent aussi lentement de la fibre musculaire après la contraction. Cela retarde le relâchement, et le séjour prolongé des ions Ca^{2+} dans les fibres assure le tonus, l'état de semi-contraction permanente. Le tissu musculaire lisse peut supporter un tonus soutenu et de longue durée, ce qui est important dans le tube digestif où les parois du tube maintiennent une pression constante sur le contenu du tube. C'est aussi une caractéristique importante dans les parois des vaisseaux sanguins, appelés artérioles, qui maintiennent une pression constante sur le sang, et dans la paroi de la vessie, qui maintient une pression constante sur l'urine.

Le tissu musculaire lisse est normalement involontaire. Ainsi, un influx nerveux du système nerveux autonome peut déclencher la contraction de certaines fibres muscu-

DOCUMENT 10.2 RÉSUMÉ DES PRINCIPALES CARACTÉRISTIQUES DES TISSUS MUSCULAIRES

CARACTÉRISTIQUE	MUSCLE SQUELETTIQUE	MUSCLE CARDIAQUE	MUSCLE LISSE
Emplacement	Attaché aux os	Cœur	Parois des viscères, des vaisseaux sanguins, de l'iris et l'arrecteur des poils
Aspect microscopique	Fibres striées, non ramifiées, multinucléées	Fibres striées, uninucléées, ramifiées, pourvues de pièces intercalaires	Fibres lisses, fusiformes, uninucléées
Régulation nerveuse	Volontaire	Involontaire	Involontaire
Sarcomères	Présents	Présents	Absents
Tubules transverses	Présents	Présents	Absents
Nexus	Présents	Présents	Présents dans le muscle viscéral
Cellules	Grandes	Grandes	Petites
Source de calcium	Réticulum sarcoplasmique	Réticulum sarcoplasmique et liquides extracellulaires	Réticulum sarcoplasmique et liquides extracellulaires
Vitesse de contraction	Rapide	Moyenne	Lente

laires lisses. Les hormones ou des facteurs locaux, tels que les taux d'oxygène et de dioxyde de carbone, le pH, la température et les concentrations d'ions, peuvent aussi provoquer la contraction de certaines fibres musculaires lisses.

Enfin, les fibres musculaires lisses, contrairement aux fibres musculaires striées, peuvent s'allonger considérablement sans produire de tension. Par exemple, lorsque les fibres lisses commencent à s'allonger, elles produisent une tension accrue. Toutefois, la tension décroît presque immédiatement; c'est le phénomène de l'*effort-relâchement*. Cette caractéristique du tissu musculaire lisse lui permet de modifier considérablement sa longueur sans diminuer sa force de contraction. Les muscles lisses de l'estomac, des intestins et de la vessie peuvent donc s'allonger lorsque les viscères se distendent, tout en conservant une pression interne constante.

Dans le document 10.2, nous donnons un résumé des principales caractéristiques des trois types de tissu musculaire.

L'HOMÉOSTASIE

Le tissu musculaire, par sa relation avec l'oxygène et la production de chaleur, joue un rôle vital dans l'homéostasie de l'organisme.

LA DETTE D'OXYGÈNE

L'énergie nécessaire à la conversion de l'ADP en ATP provient de la dégradation des matières digérées. La principale source d'énergie est le glucose. La réaction se fait de la façon suivante:

Glucose → acide pyruvique + énergie (petite quantité)

Lorsque le muscle squelettique est au repos, la dégradation du glucose s'effectue à vitesse réduite, afin de permettre au sang d'apporter suffisamment d'oxygène pour participer au catabolisme complet de l'acide pyruvique. Les déchets de cette réaction sont le dioxyde de carbone et l'eau. Le catabolisme de l'acide pyruvique est une réaction *aérobie*, car la réaction a besoin d'oxygène.

Acide pyruvique + O_2 → CO_2 + H_2O + énergie

Quand la contraction du muscle est très forte, la dégradation du glucose en acide pyruvique s'effectue trop rapidement; le sang n'est plus en mesure de fournir assez d'oxygène pour que le catabolisme complet de l'acide pyruvique en dioxyde de carbone et en eau se produise. Une grande partie de cet acide se transforme donc en acide lactique; cette réaction est *anaérobie* (sans oxygène). Environ 80% de l'acide lactique diffuse à partir des muscles squelettiques et est transporté au foie qui le synthétise ensuite en glycogène ou en glucose, qui peut être utilisé de nouveau ultérieurement. Mais une partie de l'acide lactique s'accumule dans le muscle. Les physiologistes pensent que cet acide est responsable de la fatigue musculaire. Finalement, l'acide lactique contenu dans les muscles et le sang doit être reconverti en CO_2 et en H_2O. Il faut, pour cela, un apport supplémentaire d'oxygène, la **dette d'oxygène**. Après une activité physique intense, la respiration difficile se poursuit afin de compenser la dette d'oxygène. L'accumulation d'acide lactique provoque donc une respiration pénible et assez de malaise pour diminuer l'activité musculaire jusqu'au rétablissement de l'homéostasie.

Si un muscle ou un groupe de muscles squelettiques est stimulé pendant une longue période, la force de contraction diminue progressivement, et le muscle finit par ne plus réagir; c'est la **fatigue musculaire**. Cette condition résulte en partie de la baisse du taux d'oxygène, et en partie des effets toxiques de l'acide lactique et du dioxyde de carbone qui s'accumulent durant l'exercice. Voici les principaux facteurs qui contribuent à la fatigue musculaire.

1. Une activité excessive, entraînant l'accumulation de produits toxiques.
2. La malnutrition, qui appauvrit les réserves de glucose, donc d'ATP.
3. Des troubles cardio-vasculaires, qui nuisent à l'apport des substances essentielles aux muscles et à l'élimination des déchets présents dans les muscles.
4. Des troubles respiratoires, qui diminuent l'apport d'oxygène et augmentent la dette d'oxygène.

LE DÉGAGEMENT DE CHALEUR

Le dégagement de chaleur est une fonction homéostatique très importante du muscle squelettique, destinée à maintenir la température normale du corps. La contraction musculaire proprement dite n'utilise qu'une faible partie de l'énergie produite durant la contraction; quelque 85% de l'énergie totale est dégagée sous forme de chaleur.

On divise le dégagement de chaleur des muscles en deux phases: (1) la **chaleur initiale** est dégagée par la contraction et le relâchement des muscles; (2) la **chaleur de récupération** est dégagée après le relâchement. La chaleur initiale est produite sans oxygène; elle est associée à la dégradation de l'ATP. La chaleur de récupération est associée à la reconstitution de l'ATP. Elle provient de la dégradation aérobie, du glucose en acide pyruvique et de celle de l'acide pyruvique en acide lactique. La chaleur de récupération provient également de la dégradation aérobie de l'acide pyruvique en CO_2 et en H_2O, et de la conversion aérobie de l'acide lactique en CO_2 et en H_2O.

LE VIEILLISSEMENT ET LE TISSU MUSCULAIRE

À partir de 30 ans, la masse de muscles squelettiques diminue progressivement pour être remplacée par des matières grasses. Cette perte de masse musculaire s'accompagne d'une diminution de la force maximale et des réflexes musculaires.

LE DÉVELOPPEMENT EMBRYONNAIRE DU SYSTÈME MUSCULAIRE

Dans ce bref exposé du développement du système musculaire, nous étudierons principalement les muscles

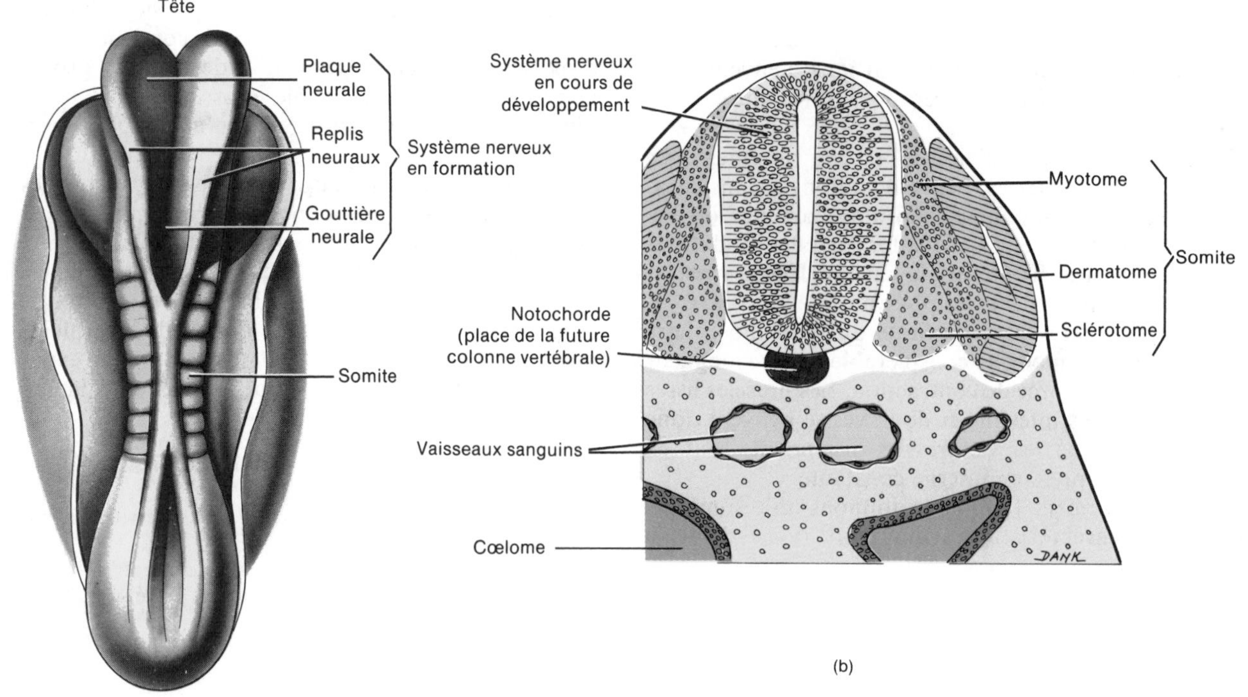

FIGURE 10.13 Développement du système musculaire. (a) Vue postérieure d'un embryon, montrant l'emplacement des somites. (b) Coupe transversale d'une partie d'un embryon, montrant un somite.

squelettiques. Tous les muscles du corps, à l'exception de l'arrecteur des poils et des muscles de l'iris, proviennent du **mésoblaste**. Au fur et à mesure que se développe le mésoblaste, une partie de celui-ci forme des séries de colonnes denses de chaque côté du système nerveux embryonnaire. Ces colonnes se segmentent en blocs de cellules appelées **somites** (figure 10.13,a). La première paire de somites apparaît le vingtième jour ; le trentième jour, 44 paires de somites sont formées.

Les *muscles squelettiques*, sauf ceux de la tête et des membres, se forment à partir du **mésoblaste des somites**. Étant donné que les somites sont rares dans la région de la tête de l'embryon, la plupart de ces muscles se développent à partir du **mésoblaste primitif**. Les muscles squelettiques des membres se forment à partir des masses de mésoblastes primitifs entourant les os en cours de développement dans les bourgeons des membres embryonnaires (voir la figure 6.6,a).

Les cellules d'un somite se divisent en trois régions : (1) le **myotome**, qui forme la plupart des muscles squelettiques ; (2) le **dermatome**, qui forme les tissus conjonctifs, dont le derme, situé sous l'épiderme ; et (3) le **sclérotome**, qui donne naissance aux vertèbres (figure 10.13,b).

Le développement des muscles squelettiques à partir du myotome peut se faire de plusieurs façons. Le myotome peut se séparer, sur son axe longitudinal, en deux parties ou plus ; c'est de cette façon que se forme le trapèze. D'autres myotomes se séparent en deux ou plusieurs couches ; c'est la manière dont le grand oblique, le petit oblique et le transverse se forment. Les myotomes peuvent aussi s'unir et former un seul muscle ; c'est le cas du grand droit de l'abdomen. Les muscles peuvent aussi migrer, en tout ou en partie, de leur lieu d'origine. Le grand dorsal, par exemple, commence aux myotomes cervicaux et descend jusqu'aux vertèbres dorsales et lombaires et à l'os iliaque. Les fibres musculaires, qui sont, à l'origine, parallèles à l'axe principal du myotome, peuvent changer de direction. Les fibres du grand oblique, par exemple, ne sont pas parallèles à l'axe du corps. Enfin, les *fascias*, les *ligaments* et les *aponévroses* semblent provenir de la dégénérescence de parties du myotome ou du myotome entier.

Les *muscles lisses* proviennent des **cellules mésoblastiques** qui migrent pour former l'enveloppe du tube digestif et des viscères qui se développent.

Le *muscle cardiaque* provient des **cellules mésoblastiques** qui migrent pour former l'enveloppe du cœur lorsqu'il est encore sous la forme de tubes cardiaques primitifs (voir la figure 20.14).

LES AFFECTIONS : DÉSÉQUILIBRES HOMÉOSTATIQUES

Les affections du système musculaire sont le résultat d'une rupture de l'homéostasie provoquée par la malnutrition, l'accumulation de substances toxiques, la maladie, les traumatismes, l'inactivité ou le mauvais fonctionnement du système nerveux.

La fibrose

On appelle **fibrose** la formation, en des endroits inhabituels, de tissu conjonctif fibreux (contenant des fibres). Les fibres musculaires striées et cardiaques, qui ne peuvent se reproduire par mitose, et les fibres musculaires mortes sont remplacées par du tissu conjonctif fibreux. La fibrose est souvent causée par une blessure ou par la dégénérescence du muscle.

La fibrosite

On appelle **fibrosite** l'inflammation du tissu fibreux. Dans la région lombaire, la fibrosite est appelée **lumbago**. La fibrosite est une affection courante, caractérisée par la douleur et la rigidité du tissu fibreux, particulièrement celui qui enveloppe les muscles. La fibrosite n'est ni destructive ni progressive. Elle peut durer des années ou disparaître subitement. Elle est causée par une blessure, des efforts musculaires intenses et répétés ou une tension musculaire prolongée.

La foulure du quadriceps crural

La **fibromyosite** désigne un groupe de symptômes parmi lesquels on remarque la douleur, la sensibilité à la palpation et la rigidité des articulations, des muscles ou des organes adjacents. Ces symptômes sont souvent combinés de différentes façons. Une des formes de fibromyosite est la **foulure du quadriceps crural**. Cette foulure est causée par une contusion ou une déchirure des fibres musculaires qui produisent un hématome (accumulation de sang). La foulure du quadriceps crural est caractérisée par l'apparition subite de la douleur, qui s'accentue durant le mouvement. Cette foulure est parfois accompagnée de spasmes. La chaleur, des massages et du repos permettent la guérison totale. Notons toutefois que, dans certains cas, cette affection peut devenir chronique ou réapparaître à de fréquents intervalles.

La dystrophie musculaire

Le terme **dystrophie musculaire** (*dystrophie*: dégénérescence) s'applique à de nombreuses maladies destructrices des muscles. La dystrophie musculaire est caractérisée par la dégénérescence de fibres musculaires, ce qui cause l'atrophie des muscles squelettiques. En règle générale, les muscles volontaires situés de part et d'autre du corps s'affaiblissent de façon égale, alors que les muscles internes, comme le diaphragme, ne sont pas atteints. Parmi les modifications histologiques, mentionnons la diminution de la taille des fibres, leur dégénérescence et le dépôt de matières grasses.

La dystrophie musculaire est causée par un défaut génétique, un mauvais métabolisme du potassium, une carence en protéines ou l'incapacité de l'organisme d'utiliser la créatine.

Il n'existe aucun traitement spécifique pour la dystrophie musculaire. On essaie de garder le malade sur pied le plus longtemps possible par des exercices physiques renforçant le muscles, par des interventions chirurgicales correctives et par des appareils orthopédiques.

La myasthénie grave

La **myasthénie grave** est caractérisée par une fatigue progressive des muscles squelettiques. Elle est causée par une anomalie de la plaque motrice qui empêche les fibres de se contracter. Rappelons-nous que les neurones moteurs stimulent la contraction des fibres musculaires striées en libérant de l'acétylcholine. Cette affection auto-immune est provoquée par des anticorps dirigés contre les récepteurs de l'ACh du sarcolemme des fibres musculaires. Les anticorps se lient aux récepteurs et empêchent l'ACh de se fixer aux récepteurs (chapitre 14). À mesure que la maladie progresse, le nombre de plaques motrices atteintes se multiplie. Le muscle s'affaiblit et peut complètement cesser de réagir.

La myasthénie grave est fréquente chez les femmes âgées entre 20 ans et 50 ans. Les muscles de la face et du cou sont les plus susceptibles d'être atteints. Parmi les premiers symptômes figurent la faiblesse des muscles des yeux et la difficulté à avaler. Vient ensuite la difficulté à mâcher et à parler. Les muscles des membres peuvent également être atteints. La paralysie des muscles respiratoires peut entraîner la mort, mais la maladie ne progresse habituellement pas jusqu'à ce stade.

On a toujours utilisé des médicaments anticholinestérasiques dérivés de la physostigmine, tels que la néostigmine et la pyridostigmine, pour traiter la myasthénie grave. Ces médicaments inhibent l'acétylcholinestérase, ce qui augmente le taux d'ACh pouvant se fixer aux récepteurs disponibles. On emploie, depuis peu, et avec grand succès, des médicaments stéroïdes, tels que la prednisone, pour réduire le taux d'anticorps. On utilise également des médicaments immunosuppresseurs destinés à diminuer la production d'anticorps qui empêchent la contraction normale du muscle. On traite aussi la myasthénie grave par la *plasmaphérèse*, procédé qui consiste à séparer les cellules sanguines du plasma sanguin contenant ces anticorps. On mélange ensuite ces cellules avec un substitut de plasma, puis on les réinjecte dans le sang. Chez certains malades, la thymectomie, ablation du thymus, est indiquée.

Les contractions anormales

Il existe plusieurs sortes de contractions anormales. Le **spasme** est une contraction de brève durée, involontaire et soudaine d'un muscle. La **crampe** est une contraction spasmodique douloureuse; c'est une contraction tétanique parfaite et involontaire. Les **convulsions** sont des contractions tétaniques violentes et involontaires d'un groupe de muscles. Les convulsions sont provoquées par la stimulation des neurones moteurs, sous l'effet de la fièvre, d'un poison, de l'hystérie ou d'une modification de la chimie de l'organisme par suite du retrait de certains médicaments. Les neurones envoient alors aux fibres musculaires plusieurs décharges d'influx nerveux apparemment désordonnés. La **fibrillation** est la contraction non coordonnée de fibres musculaires distinctes; elle empêche la contraction harmonieuse du muscle. Le **tic** est une secousse spasmodique involontaire d'un muscle volontaire. La contraction des muscles de la paupière et de la face en sont des exemples. Les tics ont, en règle générale, une origine psychologique.

GLOSSAIRE DES TERMES MÉDICAUX

Électromyographie ou **EMG** (*électro*: électricité; *myo*: muscle; *graphie*: écrire) Enregistrement et étude des changements électriques qui se produisent dans le tissu musculaire.

Gangrène (*gangræna*: pourriture) Nécrose des tissus mous, tels que les muscles, par suite d'une interruption de l'apport sanguin. Elle est causée par diverses espèces de *Clostridium*, bactéries anaérobies du sol.

Maladie de Volkmann État de contraction permanente d'un muscle dû au remplacement des cellules musculaires détruites par du tissu fibreux incapable de s'étirer. Les fibres musculaires se détruisent par suite d'une interruption de la circulation sanguine causée par un bandage serré, un élastique ou un plâtre.

Myalgie (*algie*: douleur) Douleur musculaire.

Myomalacie (*malaco*: mou) Amollissement d'un muscle.

Myome (*ome*: tumeur) Tumeur développée aux dépens du tissu musculaire.
Myopathie (*patho*: maladie) Toute maladie du tissu musculaire.
Myosclérose (*scler*: dur) Durcissement d'un muscle.
Myosite (*ite*: inflammation) Inflammation d'une fibre musculaire.
Myospasme Spasme musculaire.
Myotonie (*tonie*: tension) Accroissement de l'excitabilité et de la contractilité d'un muscle, et diminution du pouvoir de relâchement; spasme tonique d'un muscle.
Paralysie (*para*: à côté de; *lusis*: relâchement) Déficience ou perte de la fonction motrice causée par une lésion d'origine nerveuse ou musculaire.
Torticolis (*tortus*: tordu: *collum*: cou) Contraction spasmodique de plusieurs muscles superficiels et profonds du cou; torsion du cou et inclinaison anormale de la tête.
Trichinose Myosite provoquée par les larves de *Trichinella spiralis* disséminées dans le tissu musculaire de l'être humain, du rat et du porc, qui s'introduisent dans l'organisme humain par la consommation de viande de porc contaminée et insuffisamment cuite.

RÉSUMÉ

Les caractéristiques (page 202)

1. L'excitabilité est la propriété du tissu musculaire de recevoir un stimulus et d'y réagir.
2. La contractilité est la propriété du tissu musculaire de raccourcir et d'épaissir (se contracter).
3. L'extensibilité est la propriété du tissu musculaire de s'étirer.
4. L'élasticité est la propriété du tissu musculaire de reprendre sa forme initiale après une contraction ou une extension.

Les fonctions (page 202)

1. Grâce à la contraction, le tissu musculaire remplit trois fonctions importantes.
2. Ces fonctions sont le mouvement, le maintien de la posture et le dégagement de chaleur.

Les types (page 202)

1. Le tissu musculaire strié (squelettique) s'attache aux os; il est strié et volontaire.
2. Le tissu musculaire cardiaque forme la paroi du cœur; il est strié et involontaire.
3. Le tissu musculaire lisse se trouve dans les viscères; il est lisse et involontaire.

Le tissu musculaire strié (page 202)

Les composants de tissu conjonctif (page 202)

1. Le fascia est une large bande de tissu conjonctif fibreux, située sous la peau ou autour des muscles et des organes.
2. D'autres composants de tissu conjonctif sont: l'épimysium, autour des muscles; le périmysium, autour des faisceaux; et l'endomysium, autour des fibres; ce sont tous des prolongements du fascia profond.
3. Les tendons et les aponévroses sont des prolongements de tissu conjonctif au-delà des fibres musculaires qui attachent les muscles à un os ou à un autre muscle.

L'apport nerveux et sanguin (page 204)

1. Les nerfs transmettent les influx nerveux nécessaires à la contraction musculaire.
2. Le sang fournit les nutriments et l'oxygène nécessaires à la contraction.

L'histologie (page 204)

1. Le muscle squelettique est formé de fibres, ou cellules, recouvertes d'un sarcolemme. Les fibres contiennent du sarcoplasme, des noyaux, un réticulum sarcoplasmique et des tubules transverses.
2. Les fibres renferment des myofibrilles formées de myofilaments fins et épais. Les myofilaments sont segmentés en sarcomères.
3. Les myofilaments fins se composent d'actine, de tropomyosine et de troponine; les myofilaments épais renferment principalement de la myosine.
4. Les têtes de myosine faisant saillie vers l'extérieur sont appelées ponts d'union; elles contiennent des sites de liaison de l'actine et de l'ATP.

La contraction (page 206)

La théorie du glissement des filaments (page 206)

1. Un influx nerveux parcourt le sarcolemme et pénètre dans les tubules transverses et le réticulum sarcoplasmique.
2. L'influx nerveux amène la libération des ions calcium contenus dans le réticulum sarcoplasmique et déclenche le processus contractile.
3. La contraction proprement dite est produite lorsque les myofilaments du sarcomère glissent l'un sur l'autre.

La plaque motrice, ou jonction neuromusculaire (page 206)

1. Un neurone moteur transmet un influx nerveux à un muscle squelettique pour produire une contraction.
2. La plaque motrice, ou jonction neuromusculaire, est le point de jonction entre une terminaison axonale d'un neurone moteur et la portion du sarcolemme d'une fibre musculaire la plus rapprochée.

L'unité motrice (page 207)

1. Une unité motrice est l'ensemble formé par un neurone moteur et les fibres qu'il stimule.
2. Une seule unité motrice peut innerver jusqu'à 500 fibres musculaires.

La physiologie de la contraction (page 208)

1. Lorsqu'une terminaison axonale reçoit un influx nerveux, ses vésicules synaptiques libèrent de l'acétylcholine, qui transmet l'influx au sarcolemme de la fibre, puis se propage à travers les tubules transverses jusqu'au réticulum sarcoplasmique.
2. Cet influx nerveux libère des ions calcium qui s'unissent à la troponine pour tirer la chaîne de tropomyosine et exposer ainsi les sites de liaison de la myosine sur l'actine.
3. L'énergie libérée par la dégradation de l'ATP entraîne les ponts d'union de la myosine à s'attacher à l'actine, et leur mouvement provoque le glissement des myofilaments fins.

L'énergie nécessaire à la contraction (page 209)

1. La source directe, immédiate d'énergie nécessaire à la contraction musculaire est l'ATP.

2. Les fibres musculaires produisent continuellement de l'ATP grâce à la créatine-phosphate, et au métabolisme du glycogène et des graisses.

La longueur d'un muscle et la force de contraction (page 210)

1. Une fibre musculaire développe sa plus grande tension quand le chevauchement des myofilaments est maximal (longueur optimale).
2. Lorsqu'une fibre s'allonge ou raccourcit, la force de contraction diminue.

La loi du tout-ou-rien (page 210)

1. Le stimulus liminal est le plus faible stimulus capable de provoquer une contraction.
2. Un stimulus incapable d'amorcer une contraction est un stimulus subliminal.
3. Les fibres d'une même unité motrice se contractent au maximum ou ne se contractent pas du tout.

Les sortes de contractions (page 210)

1. La secousse musculaire, la contraction tétanique, le phénomène de l'escalier, les contractions anisométrique et isométrique sont toutes des formes de contraction différentes.
2. Un myogramme est l'enregistrement d'une contraction. La période réfractaire est la période durant laquelle un muscle perd momentanément son excitabilité. La période réfractaire des muscles squelettiques est courte, celle du muscle cardiaque est longue.
3. La sommation est l'augmentation de la force de contraction par l'application d'un deuxième stimulus avant le relâchement complet du muscle.

Le tonus musculaire (page 212)

1. Le tonus musculaire est l'état de semi-contraction permanente d'un muscle squelettique.
2. Le tonus musculaire est essentiel au maintien de la posture.
3. La flaccidité est l'état d'un muscle dont le tonus est insuffisant. L'atrophie est la dégénérescence du muscle ou une diminution de son volume. L'hypertrophie est l'augmentation de volume d'un muscle.

Les types de fibres musculaires striées (page 212)

1. On reconnaît trois types de fibres musculaires striées, selon leur structure et leur fonction : les fibres rouges à contraction rapide, les fibres rouges à contraction lente et les fibres blanches à contraction rapide.
2. La plupart des muscles squelettiques renferment un mélange de ces trois sortes de fibres, mais leur proportion varie selon la fonction du muscle.
3. Divers exercices peuvent modifier les caractéristiques des fibres musculaires striées.

Le tissu musculaire cardiaque (page 213)

1. Seul le cœur est formé de tissu musculaire cardiaque. Ce tissu est strié et involontaire.
2. Les cellules sont quadrangulaires et ne renferment généralement qu'un seul noyau central.
3. Le tissu musculaire cardiaque contient plus de sarcoplasme et de mitochondries que le tissu musculaire strié. Son réticulum sarcoplasmique est moins développé, mais ses tubules transverses sont plus volumineux et sont situés sur les stries Z plutôt qu'à la jonction des disques A et I. Les myofilaments ne sont pas disposés de façon aussi harmonieuse.
4. Les fibres, reliées par des nexus, se ramifient librement.
5. Les pièces intercalaires renforcent le tissu et facilitent la conduction de l'influx nerveux.
6. Le tissu musculaire cardiaque, contrairement au tissu musculaire squelettique, se contracte et se détend rapidement, de façon continuelle et rythmée. L'énergie est fournie par le glycogène et les matières grasses, qui se trouvent dans les nombreuses et volumineuses mitochondries.
7. Le tissu musculaire cardiaque se contracte sans stimulation extrinsèque ; sa durée de contraction est aussi plus longue que celle du tissu musculaire strié.
8. La longue période réfractaire du tissu cardiaque empêche toute contraction tétanique.

Le tissu musculaire lisse (page 215)

1. Les muscles lisses n'ont pas de stries et ils sont involontaires.
2. Les fibres musculaires lisses contiennent plus de myofilaments que les fibres musculaires striées. Elles renferment, en outre, des filaments intermédiaires, des lysosomes, qui remplacent les stries Z, et des cavéoles, qui jouent le même rôle que les tubules transverses.
3. Le tissu musculaire lisse viscéral (mono-unitaire) se trouve dans les parois des viscères. Les fibres sont disposées en réseaux.
4. Le tissu musculaire lisse multi-unitaire se trouve dans les vaisseaux sanguins et l'œil. Les fibres fonctionnent seules plutôt que comme une unité.
5. Les durées de contraction et de relâchement sont plus longues que celles du muscle squelettique.
6. Les fibres musculaires lisses se contractent en réaction aux influx nerveux, aux hormones et à certains facteurs locaux.
7. Les fibres musculaires lisses peuvent s'étirer considérablement sans produire de tension.

L'homéostasie (page 217)

1. La dette d'oxygène est la quantité d'oxygène nécessaire pour transformer l'acide lactique en CO_2 et en H_2O. Après un effort intense, la respiration difficile continue pendant un certain temps afin de compenser la dette d'oxygène. L'homéostasie se rétablira quand la dette d'oxygène sera compensée.
2. L'apport insuffisant d'oxygène ou les effets toxiques du dioxyde de carbone et de l'acide lactique accumulés durant l'exercice physique provoquent la fatigue musculaire.
3. La chaleur dégagée par l'activité musculaire assure l'homéostasie de la température du corps.

Le vieillissement et le tissu musculaire (page 217)

1. À partir d'environ 30 ans, les muscles squelettiques sont graduellement remplacés par de la graisse.
2. La force et les réflexes musculaires diminuent.

Le développement embryonnaire du système musculaire (page 217)

1. La plupart des muscles proviennent du mésoblaste.
2. Les muscles squelettiques de la tête et des membres proviennent du mésoblaste primitif ; les autres muscles se développent à partir du mésoblaste des somites.

Les affections : déséquilibres homéostatiques (page 218)

1. La fibrose est la formation de tissu fibreux dans des endroits inhabituels ; elle apparaît souvent à la suite d'une blessure au muscle.
2. La fibrosite est l'inflammation du tissu fibreux. Le lumbago est la fibrosite de la région lombaire.
3. La foulure du quadriceps crural est caractérisée par la douleur, la rigidité et la sensibilité à la palpation des articulations, des muscles et des structures adjacentes de la cuisse.

4. La dystrophie musculaire est une maladie héréditaire des muscles, caractérisée par la dégénérescence de cellules musculaires.
5. La myasthénie grave est caractérisée par une grande fatigue musculaire progressive causée par une mauvaise transmission neuromusculaire.
6. Les spasmes, les crampes, les convulsions, les fibrillations et les tics sont des contractions anormales.

RÉVISION

1. Quelle relation existe-t-il entre le système osseux et le système musculaire ? Quelles sont les quatre caractéristiques du tissu musculaire ?
2. Quelles sont les trois fonctions principales du système musculaire ?
3. Pour chaque type de tissu musculaire, précisez l'emplacement, l'aspect microscopique et la régulation nerveuse.
4. Définissez un fascia. Faites la distinction entre le fascia sous-cutané et le fascia profond.
5. Définissez les termes suivants : épimysium, périmysium, endomysium, tendon et aponévrose. Décrivez l'apport nerveux et sanguin à un muscle squelettique.
6. Décrivez la structure microscopique d'un muscle squelettique.
7. Énumérez quelques effets néfastes associés à l'ingestion de stéroïdes anabolisants favorisant le développement des muscles.
8. Décrivez une plaque motrice, une unité motrice, le rôle du calcium, les sources d'énergie et la théorie du glissement des filaments, par rapport à la contraction du tissu musculaire strié.
9. Expliquez la relation entre la longueur d'un muscle et la force de contraction.
10. Énoncez la loi du tout-ou-rien. Quelle est sa relation avec un stimulus liminal et un stimulus subliminal ?
11. Définissez la secousse musculaire, la contraction tétanique, le phénomène de l'escalier, les contractions anisométrique et isométrique, et précisez l'importance de chacune de ces contractions.
12. Qu'est-ce qu'un myogramme ? Décrivez la période de latence, la période de contraction et la période de relâchement d'une contraction musculaire. Illustrez votre réponse à l'aide d'un diagramme.
13. Définissez la période réfractaire. Comparez la période réfractaire des muscles squelettique et cardiaque. Qu'est-ce que la sommation ?
14. Définissez le tonus musculaire et précisez son importance. Faites la distinction entre l'atrophie et l'hypertrophie.
15. Comparez la fonction et la structure des fibres rouges à contraction lente, des fibres rouges à contraction rapide et des fibres blanches à contraction rapide.
16. Comparez la structure et la physiologie des muscles squelettique, cardiaque et lisse.
17. En quoi la dette d'oxygène, la fatigue musculaire et le dégagement de chaleur sont-ils responsables de l'homéostasie du muscle ?
18. Comment expliqueriez-vous la relation entre le tremblement (contractions involontaires) et la température corporelle ? Quel rapport existe-t-il entre la transpiration (refroidissement de la peau) et l'homéostasie de la température corporelle ?
19. Décrivez les effets du vieillissement sur le tissu musculaire.
20. Décrivez le développement embryonnaire du système musculaire.
21. Définissez la fibrose, la fibrosite et la foulure du quadriceps crural.
22. Qu'est-ce que la dystrophie musculaire ?
23. Qu'est-ce que la myasthénie grave ? Pourquoi les muscles atteints de myasthénie grave ne se contractent-ils pas normalement ?
24. Définissez les contractions anormales suivantes : les spasmes, les crampes, les convulsions, la fibrillation et le tic.
25. Revoyez le glossaire des termes médicaux relatifs au système musculaire et assurez-vous de pouvoir définir chaque terme.

11

Le système musculaire

OBJECTIFS

- Décrire les liens qui existent entre les os et les muscles squelettiques dans la production des mouvements corporels.
- Définir un levier et un point d'appui, et comparer les trois genres de leviers d'après l'emplacement du point d'appui, de la force et de la résistance.
- Identifier les différents agencements des fibres d'un muscle squelettique et relier ces agencements à la force de contraction et à l'amplitude des mouvements.
- Parler des mouvements corporels en tant qu'activités de groupes de muscles en expliquant les rôles de l'agoniste, de l'antagoniste, du synergique et du fixateur.
- Définir les critères utilisés pour nommer les muscles squelettiques.
- Identifier les principaux muscles squelettiques des différentes régions du corps par leur nom, leur origine, leur insertion, leur action et leur innervation.
- Parler de l'administration de médicaments par voie intramusculaire.

Le terme **tissu musculaire** s'applique à tous les tissus contractiles de l'organisme : le tissu squelettique (strié), le tissu cardiaque et le tissu lisse. Le terme **système musculaire**, par contre, s'applique aux muscles *squelettiques* : les tissus musculaires squelettiques et les tissus conjonctifs qui composent les organes musculaires, comme le muscle biceps brachial. Le tissu musculaire cardiaque est situé dans le cœur et est considéré, par conséquent, comme faisant partie de l'appareil cardio-vasculaire. Le tissu musculaire lisse de l'intestin fait partie de l'appareil digestif, alors que le tissu musculaire lisse de la vessie appartient à l'appareil urinaire. Dans ce chapitre, nous nous limitons à l'étude du système musculaire. Nous voyons de quelle façon les muscles squelettiques engendrent les mouvements et nous décrivons les principaux muscles squelettiques.

COMMENT LES MUSCLES SQUELETTIQUES ASSURENT-ILS LES MOUVEMENTS ?

L'ORIGINE ET L'INSERTION

Les muscles squelettiques assurent les mouvements en agissant sur les tendons ; ceux-ci, à leur tour, exercent une traction sur les os. La plupart des muscles traversent au moins une articulation et s'attachent aux os qui forment cette articulation (figure 11.1). Lorsqu'un muscle de ce genre se contracte, il rapproche l'un de l'autre les os de l'articulation. Habituellement, les deux os ne réagissent pas de la même façon à la contraction musculaire. L'un d'eux maintient presque sa position originale, parce que d'autres muscles se contractent pour l'entraîner dans la direction opposée, ou parce que sa structure le rend moins mobile. Généralement, le point d'attache d'un tendon à l'os le moins mobile est appelé l'**origine**. Le point d'attache du tendon relié à l'os le plus mobile est l'**insertion**. Un ressort attaché à une porte constitue un bon exemple de ce mécanisme. La partie du ressort qui est reliée à la porte représente l'insertion, alors que la partie attachée au cadre est l'origine. La portion charnue du muscle entre les tendons de l'origine et de l'insertion est le **ventre du muscle**. L'origine est habituellement en position proximale, et l'insertion, en position distale, notamment dans les membres. De plus, les muscles qui déplacent une partie du corps ne recouvrent généralement pas la partie mobile. À la figure 11.1,a, on constate que, bien que la contraction du muscle biceps brachial fasse mouvoir l'avant-bras, le ventre du muscle reste au-dessus de l'humérus.

LES LEVIERS

Dans la production des mouvements du corps, les os jouent le rôle de leviers, et les articulations agissent comme les points d'appui de ces leviers. Un **levier** est une tige rigide qui se déplace autour d'un point fixe, le **point d'appui** (pivot). Ce dernier peut être symbolisé par Ⓐ. Deux facteurs, la *résistance* Ⓡ et la *force* (F), agissent sur le levier à deux endroits différents. La résistance constitue la force à vaincre, alors que la force est l'effort exercé pour vaincre la résistance. La résistance peut être représentée par la masse de la partie du corps devant produire un mouvement. L'effort musculaire (contraction) est appliqué à l'os au niveau de l'insertion du muscle et entraîne un mouvement. À la figure 11.1,b, on peut voir le muscle biceps brachial fléchissant l'avant-bras au niveau du coude pendant qu'une masse est soulevée. Lorsque l'avant-bras est levé, le coude sert de point d'appui. La masse de l'avant-bras ajoutée à celle qui est dans la main constituent la résistance. Le raccourcissement du muscle biceps brachial qui élève l'avant-bras représente la force.

Les leviers sont divisés en trois genres, selon les positions du point d'appui, de la force et de la résistance.

1. **Leviers du premier genre.** Le point d'appui se trouve entre la force et la résistance (figure 11.2,a). Un mouvement de bascule en est un exemple. Il n'y a pas beaucoup de leviers du premier genre dans le corps humain ; un exemple de ce levier serait la position de la tête sur la colonne vertébrale. Lorsqu'on lève la tête, le massif facial constitue la résistance. L'articulation située entre l'atlas et l'os occipital (articulation occipito-atloïdienne) est le point d'appui. La contraction des muscles dorsaux correspond à la force.
2. **Leviers du deuxième genre.** Le point d'appui se trouve à une extrémité, la force est à l'extrémité opposée, et la résistance, entre les deux (figure 11.2,b). Ces éléments agissent comme une brouette. Il existe très peu d'exemples de leviers du deuxième genre dans le corps humain. L'élévation du corps sur les orteils en est un exemple. Le corps constitue la résistance, l'avant-pied, le point d'appui, et la contraction des muscles du mollet pour élever le talon représente la force.
3. **Leviers du troisième genre.** Le point d'appui se trouve à une extrémité, la résistance est à l'extrémité opposée, et la force, entre les deux (figure 11.2,c). Ce sont les types de leviers les plus nombreux du corps humain. La flexion de l'avant-bras au niveau du coude en est un exemple. Comme nous l'avons vu plus tôt, la masse de l'avant-bras constitue la résistance, la contraction du muscle biceps brachial représente la force, et l'articulation du coude, le point d'appui.

La **puissance**, l'avantage mécanique du levier, est en grande partie responsable de la force et de l'amplitude des mouvements du muscle. Voyons d'abord la force. Imaginons deux muscles de la même force traversant une articulation et agissant sur celle-ci. Imaginons également que l'un des muscles s'attache près de l'articulation, et l'autre, un peu plus loin. Le muscle situé le plus loin de l'articulation produit le mouvement le plus puissant. Ainsi, la force du mouvement dépend de la position du point d'attache du muscle.

Voyons maintenant l'amplitude des mouvements. Imaginons encore deux muscles de force égale traversant une articulation et agissant sur celle-ci, situés à inégale distance de l'articulation. Le muscle le plus près de l'articulation produit une amplitude des mouvements supérieure à l'autre. On voit donc que l'amplitude des mouvements dépend, elle aussi, de la position du point d'attache du muscle. Comme la force augmente avec la distance et que l'amplitude des mouvements décroît, l'amplitude des mouvements et la force sont inversement proportionnelles.

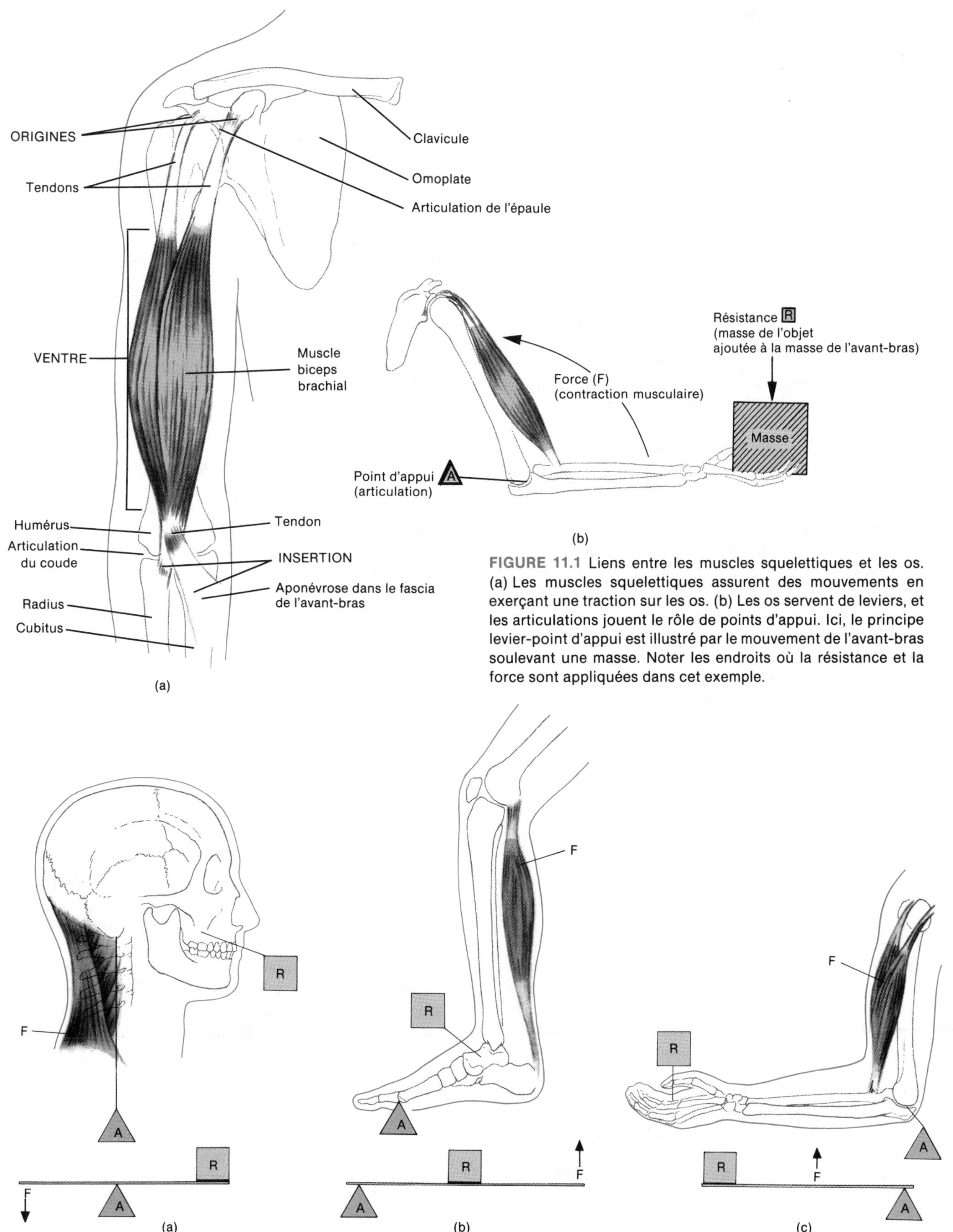

FIGURE 11.1 Liens entre les muscles squelettiques et les os. (a) Les muscles squelettiques assurent des mouvements en exerçant une traction sur les os. (b) Les os servent de leviers, et les articulations jouent le rôle de points d'appui. Ici, le principe levier-point d'appui est illustré par le mouvement de l'avant-bras soulevant une masse. Noter les endroits où la résistance et la force sont appliquées dans cet exemple.

FIGURE 11.2 Genres de leviers. Chacun est défini d'après l'emplacement du point d'appui, de la force et de la résistance. (a) Levier du premier genre. (b) Levier du deuxième genre. (c) Levier du troisième genre.

LA DISPOSITION DES FAISCEAUX MUSCULAIRES

Nous avons vu, au chapitre 10, que les fibres des muscles squelettiques étaient disposées à l'intérieur du muscle en groupes appelés faisceaux. Les fibres musculaires sont disposées de façon parallèle dans chaque groupe, mais l'agencement des faisceaux par rapport aux tendons peut suivre l'un des quatre modèles suivants.

Le premier modèle est le modèle **parallèle**. Les faisceaux sont disposés parallèlement à l'axe longitudinal et se terminent à une des extrémités des tendons plats. Le muscle a la forme d'un quadrilatère. Un exemple est le muscle stylo-hyoïdien (voir la figure 11.7). Il existe une forme modifiée de la disposition parallèle, la disposition *fusiforme*, dans laquelle les faisceaux sont situés presque parallèlement à l'axe longitudinal, et se terminent à une des extrémités des tendons plats; toutefois, le muscle diminue progressivement vers les tendons, où son diamètre est inférieur à celui de son ventre. Un exemple est le muscle biceps brachial (voir la figure 11.17).

Le deuxième modèle est le modèle **convergent**. Une large bande de faisceaux converge vers une insertion étroite et comprimée. Ce modèle donne au muscle une forme triangulaire. Un exemple est le muscle deltoïde (voir la figure 11.16).

Le troisième modèle est le modèle **penniforme**. Les faisceaux sont courts par rapport à la longueur du muscle, et le tendon couvre presque toute la longueur du muscle. Les faisceaux sont dirigés obliquement vers le tendon, comme les barbes d'une plume. Lorsque les faisceaux sont disposés sur un seul côté d'un tendon, comme dans le cas du muscle extenseur commun des orteils, le muscle est dit *unipenné* (voir la figure 11.22). Lorsque les faisceaux sont disposés sur les deux côtés d'un tendon central, comme dans le cas du muscle droit antérieur de la cuisse, le muscle est dit *bipenné* (voir la figure 11.21).

Le quatrième modèle est le modèle **circulaire**. Les faisceaux sont disposés en cercle et entourent un orifice. Un exemple est le muscle orbiculaire des paupières (voir la figure 11.4).

La disposition des faisceaux est reliée à la force et à l'amplitude des mouvements d'un muscle. Lorsqu'une fibre musculaire se contracte, elle raccourcit jusqu'à atteindre une longueur légèrement supérieure à la moitié de sa longueur au repos. Ainsi, plus les fibres d'un muscle sont longues, plus l'amplitude des mouvements est importante. Par contre, la force d'un muscle dépend du nombre total de fibres qu'il contient, puisqu'une fibre courte peut se contracter avec autant de force qu'une fibre longue. Comme un muscle peut contenir un petit nombre de fibres longues ou un grand nombre de fibres courtes, la disposition des faisceaux représente un compromis entre la force et l'amplitude des mouvements. Ainsi, les muscles penniformes ont un grand nombre de faisceaux distribués sur leurs tendons, ce qui leur donne beaucoup de force, mais peu d'amplitude de mouvements. D'autre part, les muscles parallèles possèdent un nombre comparativement peu élevé de faisceaux qui augmentent la longueur du muscle. Ainsi, ils ont une amplitude de mouvements plus grande, mais moins de force.

LES ACTIONS DES GROUPES DE MUSCLES

La plupart des mouvements sont coordonnés par plusieurs muscles squelettiques agissant en groupes plutôt qu'individuellement, et la plupart des muscles squelettiques sont constitués, aux articulations, de paires opposées : fléchisseurs-extenseurs, abducteurs-adducteurs, etc. Prenons, par exemple, la flexion de l'avant-bras au niveau du coude. Le muscle **agoniste** est celui qui produit l'action désirée. Dans le cas qui nous occupe, le muscle biceps brachial est l'agoniste (voir la figure 11.17). En même temps que le muscle biceps brachial se contracte, un autre muscle, dit **antagoniste**, se relâche. Dans ce mouvement, le muscle triceps brachial est le muscle antagoniste (voir la figure 11.17). Le muscle antagoniste produit un effet contraire à celui de l'agoniste, c'est-à-dire qu'il se relâche et cède au mouvement de l'agoniste. On ne doit pas en conclure, cependant, que le muscle biceps brachial joue toujours le rôle de l'agoniste et que le muscle triceps brachial est toujours l'antagoniste. Ainsi, lorsqu'on étend l'avant-bras au niveau du coude, le muscle triceps brachial est l'agoniste et le muscle biceps brachial est l'antagoniste ; les rôles sont inversés. Il est à noter que si l'agoniste et l'antagoniste se contractaient en même temps avec une égale force, aucun mouvement ne serait produit.

Dans la plupart des cas, les mouvements musculaires impliquent également l'action de muscles **synergiques**, qui servent à stabiliser un mouvement et à augmenter l'efficacité du muscle agoniste. Par exemple, si on fléchit la main au niveau du poignet et qu'on referme ensuite le poing, on se rend compte que le mouvement est difficile à effectuer. Par contre, si on étend la main au niveau du poignet et qu'on referme ensuite le poing, on constate qu'il s'agit d'un mouvement beaucoup plus facile à effectuer. Dans ce dernier cas, les muscles extenseurs du poignet sont synergiques, en collaboration avec les muscles fléchisseurs des doigts, qui sont les agonistes. Les muscles extenseurs des doigts jouent le rôle d'antagonistes (voir la figure 11.18).

Parmi les muscles d'un groupe, certains muscles agissent comme **fixateurs**; ils stabilisent l'origine de l'agoniste de façon à augmenter l'efficacité de ce dernier. Ainsi, l'omoplate est un os mobile situé dans la ceinture scapulaire, qui sert d'origine à plusieurs muscles servant à mouvoir le bras. Toutefois, pour que l'omoplate puisse constituer une origine ferme pour les muscles du bras, elle doit être stabilisée. Ce travail est accompli par les muscles fixateurs qui maintiennent fermement l'omoplate contre la partie postérieure du thorax. Lors d'un mouvement d'abduction du bras, le muscle deltoïde sert d'agoniste, alors que les muscles fixateurs (petit pectoral, rhomboïdes, sous-clavier et grand dentelé) maintiennent fermement l'omoplate (voir la figure 11.15). Ces muscles fixateurs stabilisent l'origine du muscle deltoïde sur l'omoplate, pendant que l'insertion du muscle excerce une traction sur l'humérus pour effectuer un mouvement d'abduction du bras. Un grand nombre de muscles peuvent agir comme agonistes, antagonistes, synergiques ou fixateurs, selon les circonstances et les mouvements effectués.

LES NOMS DES MUSCLES SQUELETTIQUES

Les noms de la plupart des quelque 700 muscles squelettiques sont basés sur différentes caractéristiques. Il est utile d'apprendre les termes employés pour indiquer des caractéristiques particulières si l'on veut retenir les noms des muscles.

1. Le nom du muscle peut indiquer la **direction des fibres musculaires**. Les fibres *droites* sont habituellement parallèles à la ligne médiane du corps. Les fibres *transversales* sont perpendiculaires à la ligne médiane, et les fibres *obliques* sont situées diagonalement par rapport à la ligne médiane. Parmi les muscles nommés d'après la direction des fibres, on trouve le muscle grand droit de l'abdomen, le muscle transverse de l'abdomen et le muscle grand oblique de l'abdomen.

2. Un muscle peut être nommé d'après son **emplacement**. Le muscle temporal est situé près de l'os temporal.

3. La **taille** des muscles est une autre caractéristique. Exemples : le muscle grand fessier, le muscle moyen fessier, le muscle court péronier latéral et le muscle long péronier latéral.

4. Certains muscles sont nommés d'après le **nombre d'origines** qu'ils possèdent. Ainsi, le muscle biceps brachial a deux origines, le triceps brachial a trois origines, et le quadriceps crural en a quatre.

5. D'autres muscles sont nommés d'après leur **forme**. Exemples : le deltoïde (triangulaire) et le trapèze.

6. Les muscles peuvent être nommés d'après leur **origine** et leur **insertion**. Le muscle sterno-cléido-mastoïdien prend naissance sur le sternum et la clavicule et s'insère dans l'apophyse mastoïde de l'os temporal. Le muscle stylo-hyoïdien prend naissance sur l'apophyse styloïde de l'os temporal et s'insère dans l'os hyoïde.

7. Une autre caractéristique se trouvant à l'origine des noms des muscles est l'**action**. Dans le document 11.1, nous énumérons les principales actions des muscles ainsi que leurs définitions et nous donnons des exemples de muscles qui effectuent ces actions. Pour plus de commodité, nous avons groupé les muscles en paires antagonistes lorsque c'était possible.

LES PRINCIPAUX MUSCLES SQUELETTIQUES

Dans les documents 11.2 à 11.21, vous trouverez la liste des principaux muscles du corps ainsi que leurs origines, leurs insertions, leurs actions et leurs innervations. (Les muscles du corps humain ne sont pas tous énumérés dans ces documents.) Revoyez les chapitres 7 et 8 pour réviser les caractéristiques structurales des os, puisque celles-ci servent de points d'origine et d'insertion aux muscles. Les muscles sont divisés en groupes selon la partie du corps sur laquelle ils agissent. Si vous connaissez les noms des muscles, vous comprendrez mieux leurs actions. À la figure 11.3, nous présentons des vues antérieure et postérieure du système musculaire. N'essayez pas de mémoriser tout de suite tous les noms des muscles. À mesure que vous étudiez les groupes de muscles dans les documents qui suivent, revoyez la figure 11.3 pour voir de quelle façon chaque groupe est relié à tous les autres.

Les figures qui accompagnent les documents contiennent des plans superficiels et profonds, antérieurs et postérieurs, ou encore médians et latéraux, afin de montrer aussi clairement que possible la position de chaque muscle. Nous avons tenté de montrer le lien qui existe entre les différents muscles.

DOCUMENT 11.1 PRINCIPALES ACTIONS DES MUSCLES

ACTION	DÉFINITION	EXEMPLE
Fléchisseur	Réduit habituellement l'angle antérieur au niveau d'une articulation ; certains réduisent l'angle postérieur	Muscle fléchisseur commun des orteils
Extenseur	Augmente habituellement l'angle antérieur au niveau d'une articulation ; certains augmentent l'angle postérieur	Muscle extenseur commun des doigts
Abducteur	Éloigne un os de la ligne médiane	Muscle abducteur du gros orteil
Adducteur	Rapproche un os de la ligne médiane	Muscle moyen adducteur
Releveur ou élévateur	Produit un mouvement vers le haut	Muscle releveur de la paupière supérieure Muscle élévateur propre de la lèvre supérieure
Abaisseur	Produit un mouvement vers le bas	Muscle abaisseur du sourcil
Supinateur	Tourne la paume de la main vers le haut ou vers l'avant	Muscle court supinateur
Pronateur	Tourne la paume de la main vers le bas ou vers l'arrière	Muscle rond pronateur
Sphincter	Réduit la largeur d'un orifice	Sphincter externe de l'anus
Tenseur	Donne de la rigidité à une partie du corps	Muscle tenseur du fascia lata
Rotateur	Déplace un os autour de son axe longitudinal	Muscles rotateurs du dos

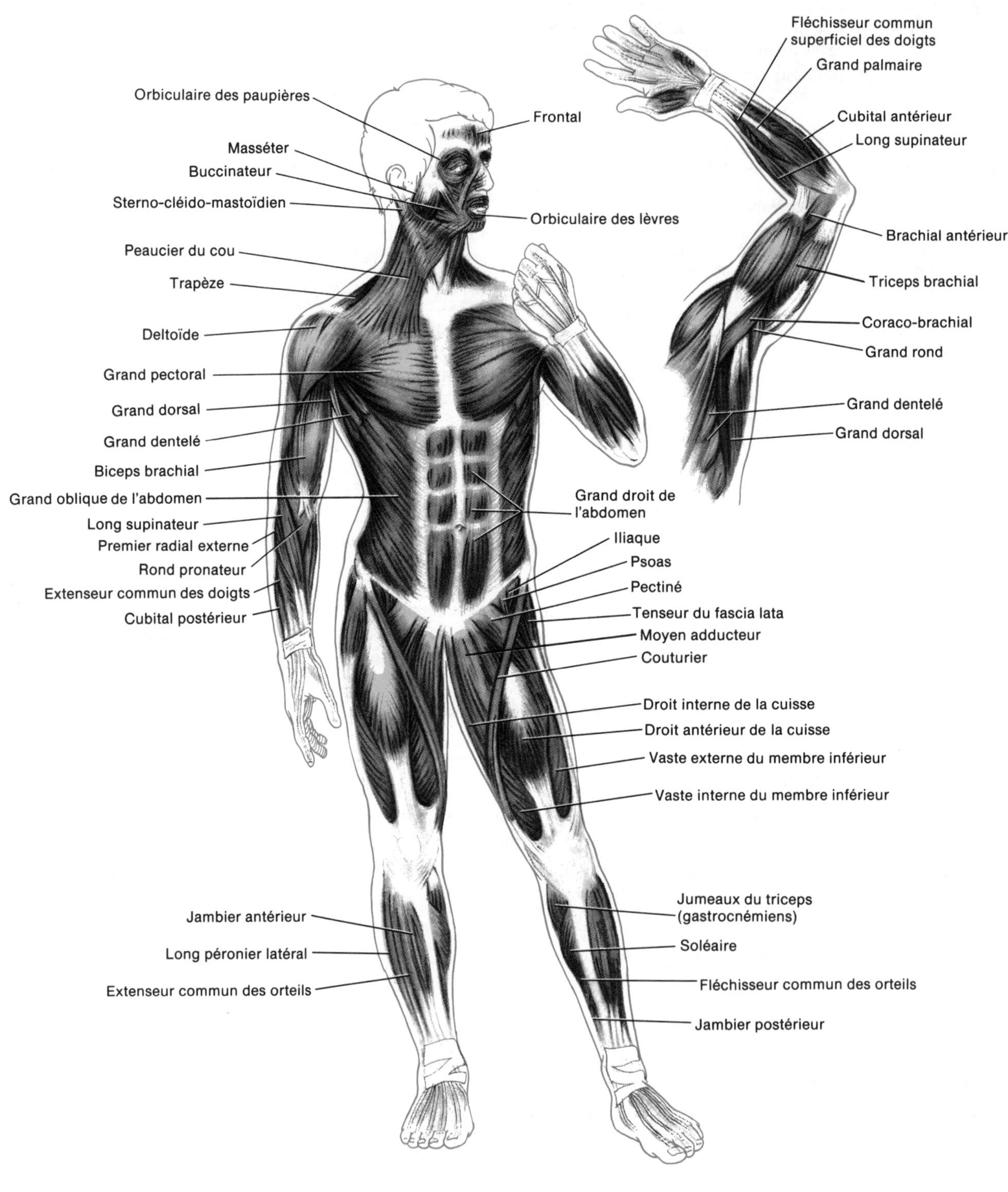

FIGURE 11.3 Principaux muscles squelettiques superficiels. (a) Vue antérieure.

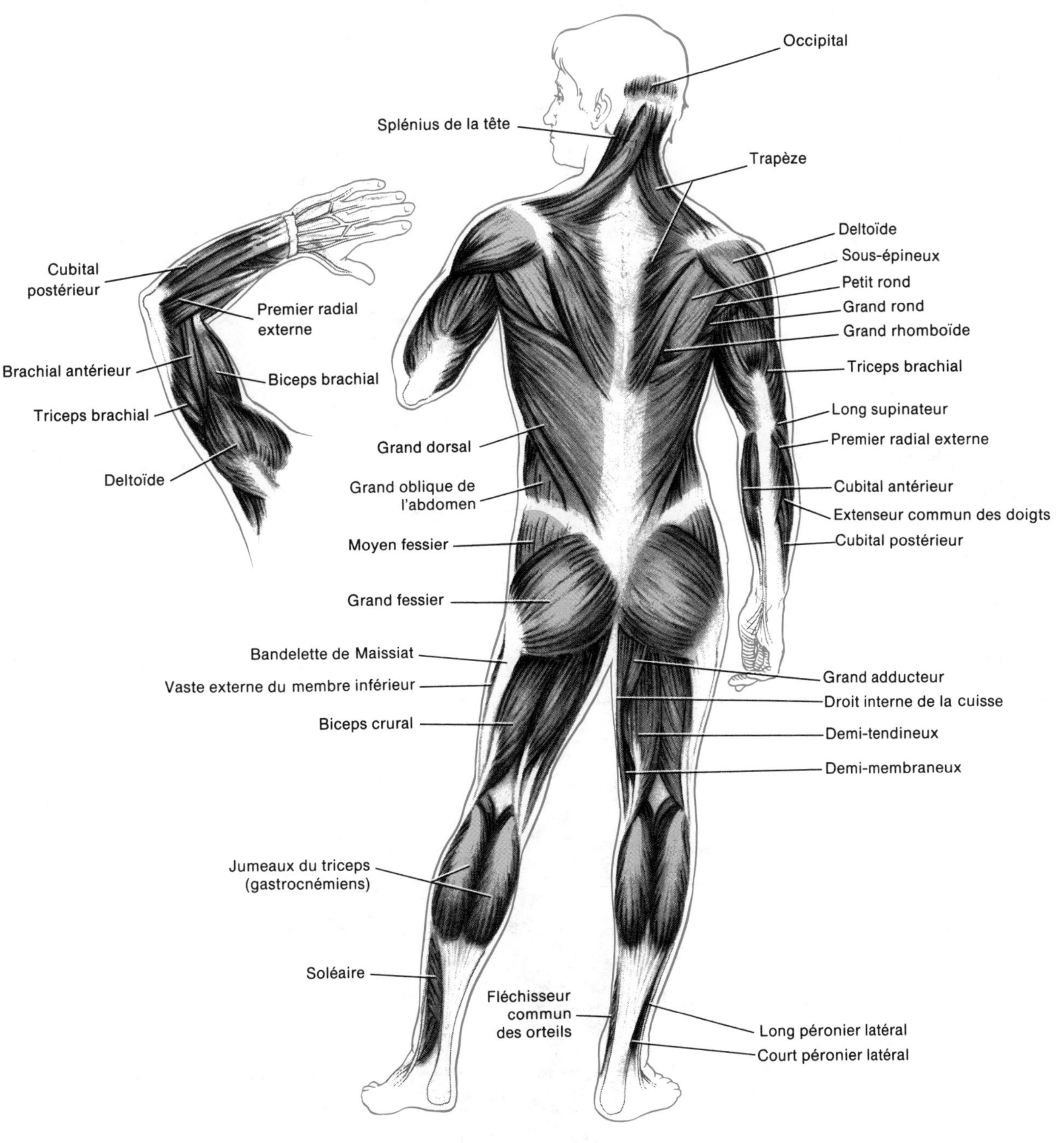

FIGURE 11.3 [*Suite*] (b) Vue postérieure.

DOCUMENT 11.2 MUSCLES DE L'EXPRESSION FACIALE (figure 11.4)

MUSCLE	ORIGINE	INSERTION	ACTION	INNERVATION
Occipito-frontal (*occipito*: derrière la tête; *front*: partie antérieure du crâne)	Ce muscle se divise en deux parties: le frontal, au-dessus de l'os frontal, et l'occipital, au-dessus de l'os occipital. Les deux muscles sont liés par une aponévrose solide, l'aponévrose épicrânienne, qui recouvre les faces supérieure et latérale du crâne			
Frontal	Aponévrose épicrânienne	Peau au-dessus de la ligne sus-orbitaire	Tire le cuir chevelu vers l'avant, élève les sourcils et plisse horizontalement la peau du front	Nerf facial (VII)
Occipital	Os occipital et apophyse mastoïde du temporal	Aponévrose épicrânienne	Tire le cuir chevelu vers l'arrière	Nerf facial (VII)
Orbiculaire des lèvres (*orbi*: en forme d'anneau)	Fibres musculaires entourant l'orifice buccal	Peau des commissures des lèvres	Ferme les lèvres, presse les lèvres contre les dents, avance les lèvres et forme les lèvres lorsqu'on parle	Nerf facial (VII)
Grand zygomatique (*zygoma*: pommette)	Os malaire	Peau des commissures des lèvres et orbiculaire des lèvres	Tire les commissures des lèvres vers le haut et vers l'extérieur (rire ou sourire)	Nerf facial (VII)
Élévateur propre de la lèvre supérieure	Au-dessus du trou sous-orbitaire	Peau des commissures des lèvres et orbiculaire des lèvres	Élève la lèvre supérieure	Nerf facial (VII)
Carré du menton	Mandibule	Peau de la lèvre inférieure	Abaisse la lèvre inférieure	Nerf facial (VII)

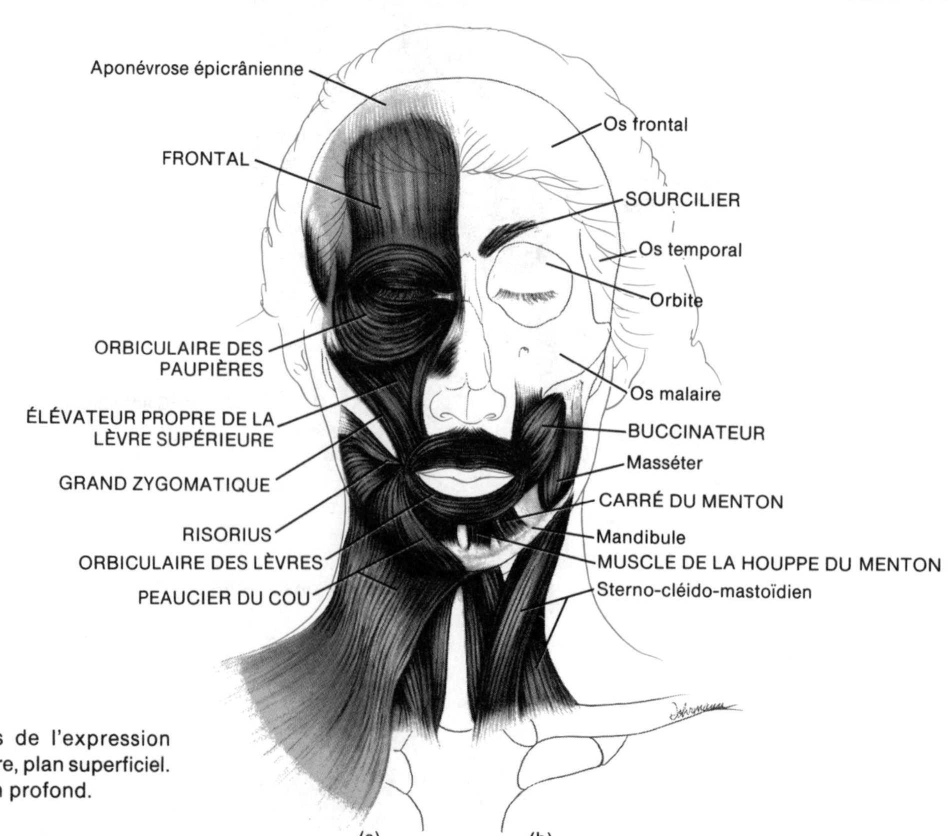

FIGURE 11.4 Muscles de l'expression faciale. (a) Vue antérieure, plan superficiel. (b) Vue antérieure, plan profond.

DOCUMENT 11.2 MUSCLES DE L'EXPRESSION FACIALE (figure 11.4) [*Suite*]

MUSCLE	ORIGINE	INSERTION	ACTION	INNERVATION
Buccinateur (*bucci* : joue)	Apophyses alvéolaires des mâchoires et ligament ptérygo-maxillaire (bandelette fibreuse allant de l'hamulus ptérygoïdien à la mandibule)	Orbiculaire des lèvres	Muscle le plus important de la joue ; gonfle les joues lorsqu'on exhale de l'air et les creuse lors des mouvements de succion	Nerf facial (VII)
Muscle de la houppe du menton	Mandibule	Peau du menton	Élève et avance la lèvre inférieure et étire la peau du menton lorsqu'on fait la moue	Nerf facial (VII)
Peaucier du cou	Fascia au-dessus des muscles deltoïde et grand pectoral	Mandibule, muscles entourant les commissures des lèvres et la peau de la portion inférieure de la face	Ramène la partie externe de la lèvre inférieure vers le bas et vers l'arrière (moue) ; abaisse la mandibule	Nerf facial (VII)
Risorius (*risorius* : riant)	Fascia au-dessus de la glande salivaire	Peau des commissures des lèvres	Tire les commissures des lèvres vers les côtés (tension)	Nerf facial (VII)
Orbiculaire des paupières	Paroi médiane de l'orbite	Autour de l'orbite	Ferme les yeux	Nerf facial (VII)
Sourcilier	Extrémité médiane de l'arcade orbitaire de l'os frontal	Peau des sourcils	Fronce les sourcils	Nerf facial (VII)
Releveur de la paupière supérieure (voir la figure 11.6,b)	Voûte de l'orbite (petite aile de l'os sphénoïde)	Peau de la paupière supérieure	Relève la paupière supérieure	Nerf moteur oculaire commun (III)

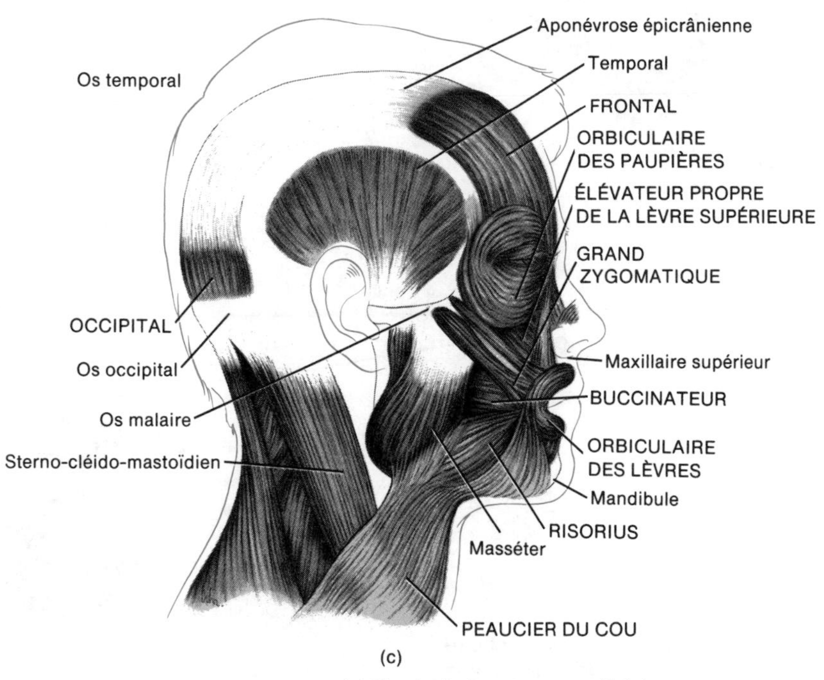

FIGURE 11.4 [*Suite*] (c) Vue latérale, plan superficiel.

DOCUMENT 11.3 MUSCLES QUI ASSURENT LA MOTILITÉ DE LA MÂCHOIRE INFÉRIEURE (figure 11.5)

MUSCLE	ORIGINE	INSERTION	ACTION	INNERVATION
Masséter (*masséter* : masticateur)	Maxillaire supérieur et arcade zygomatique	Angle et branche de la mandibule	Élève la mandibule en refermant la bouche et fait avancer la mandibule (protraction)	Branche mandibulaire du nerf trijumeau (V)
Temporal	Os temporal	Apophyse coronoïde de la mandibule	Élève et rétracte la mandibule	Nerf temporal de la division mandibulaire du nerf trijumeau (V)
Ptérygoïdien interne (*ptérygoïde* : en forme d'aile)	Face médiane de l'aile externe de l'apophyse ptérigoïde du sphénoïde ; maxillaire supérieur	Angle et branche de la mandibule	Élève et avance la mandibule et la déplace d'un côté à l'autre	Branche mandibulaire du nerf trijumeau (V)
Ptérygoïdien externe	Grande aile et face externe de l'aile externe de l'apophyse ptérygoïde du sphénoïde	Condyle de la mandibule ; articulation temporo-mandibulaire	Avance la mandibule, ouvre la bouche et déplace la mandibule d'un côté à l'autre	Branche mandibulaire du nerf trijumeau (V)

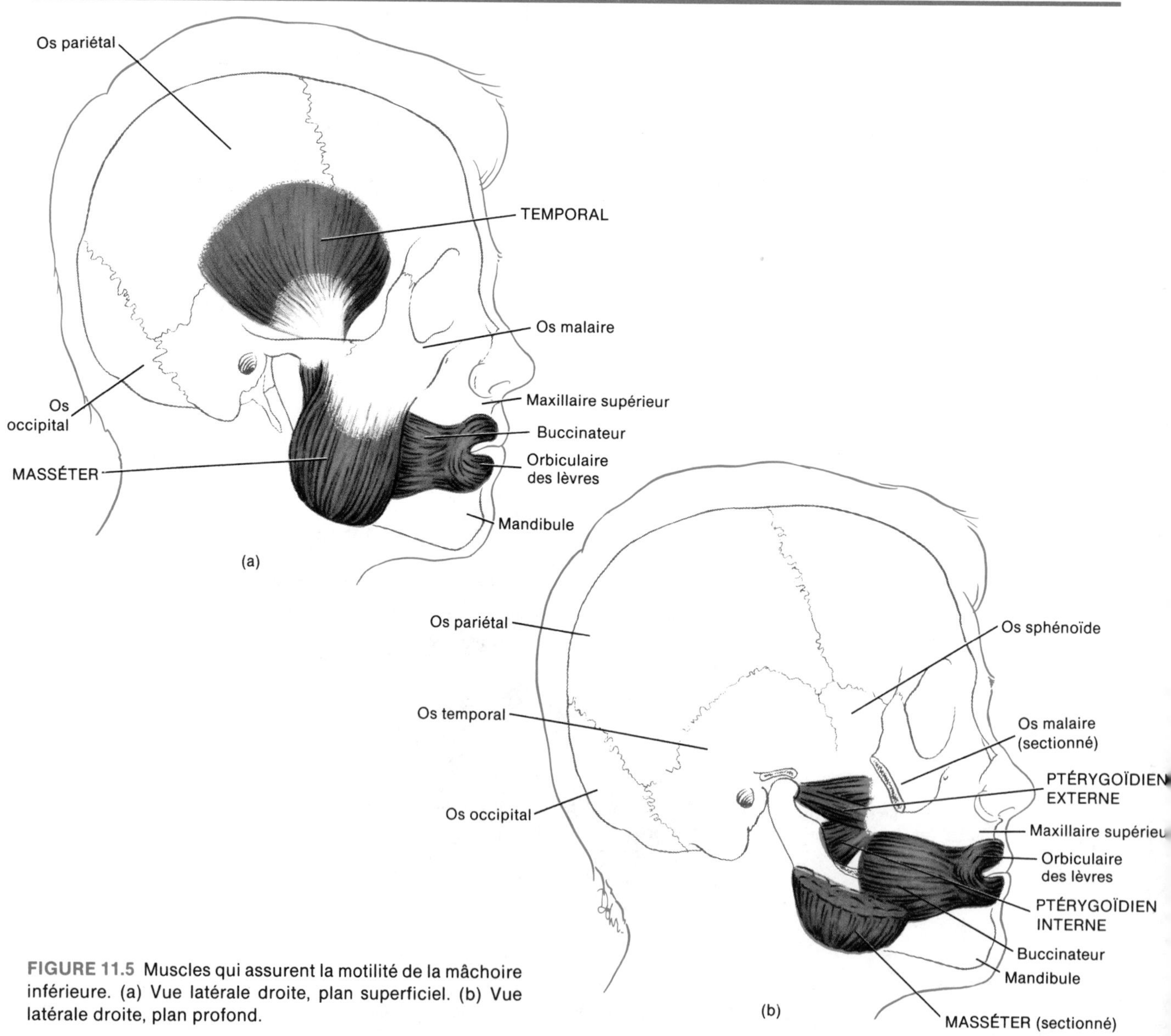

FIGURE 11.5 Muscles qui assurent la motilité de la mâchoire inférieure. (a) Vue latérale droite, plan superficiel. (b) Vue latérale droite, plan profond.

DOCUMENT 11.4 MUSCLES QUI ASSURENT LA MOTILITÉ DES GLOBES OCULAIRES — MUSCLES EXTRINSÈQUES * (figure 11.6)

MUSCLE	ORIGINE	INSERTION	ACTION	INNERVATION
Droit supérieur de l'œil	Anneau tendineux attaché à l'orbite osseuse autour du canal optique	Parties supérieure et centrale du globe oculaire	Élève le globe oculaire	Nerf moteur oculaire commun (III)
Droit inférieur de l'œil	Idem	Parties inférieure et centrale du globe oculaire	Abaisse le globe oculaire	Nerf moteur oculaire commun (III)
Droit externe de l'œil	Idem	Côté latéral du globe oculaire	Tourne le globe oculaire vers l'extérieur	Nerf moteur oculaire externe (VI)
Droit interne de l'œil	Idem	Côté médian du globe oculaire	Tourne le globe oculaire vers l'intérieur	Nerf moteur oculaire commun (III)
Grand oblique de l'œil	Idem	Globe oculaire entre les muscles droits supérieur et externe	Fait tourner le globe oculaire autour de son axe ; dirige la cornée vers le bas et vers les côtés ; se déplace dans un anneau de tissu fibro-cartilagineux, la poulie de réflexion du grand oblique	Nerf pathétique (IV)
Petit oblique de l'œil	Maxillaire supérieur (face antérieure de la cavité orbitaire)	Globe oculaire, entre les muscles droits inférieur et externe	Fait tourner le globe oculaire autour de son axe ; dirige la cornée vers le haut et vers les côtés	Nerf moteur oculaire commun (III)

* Muscles situés à l'extérieur du globe oculaire.

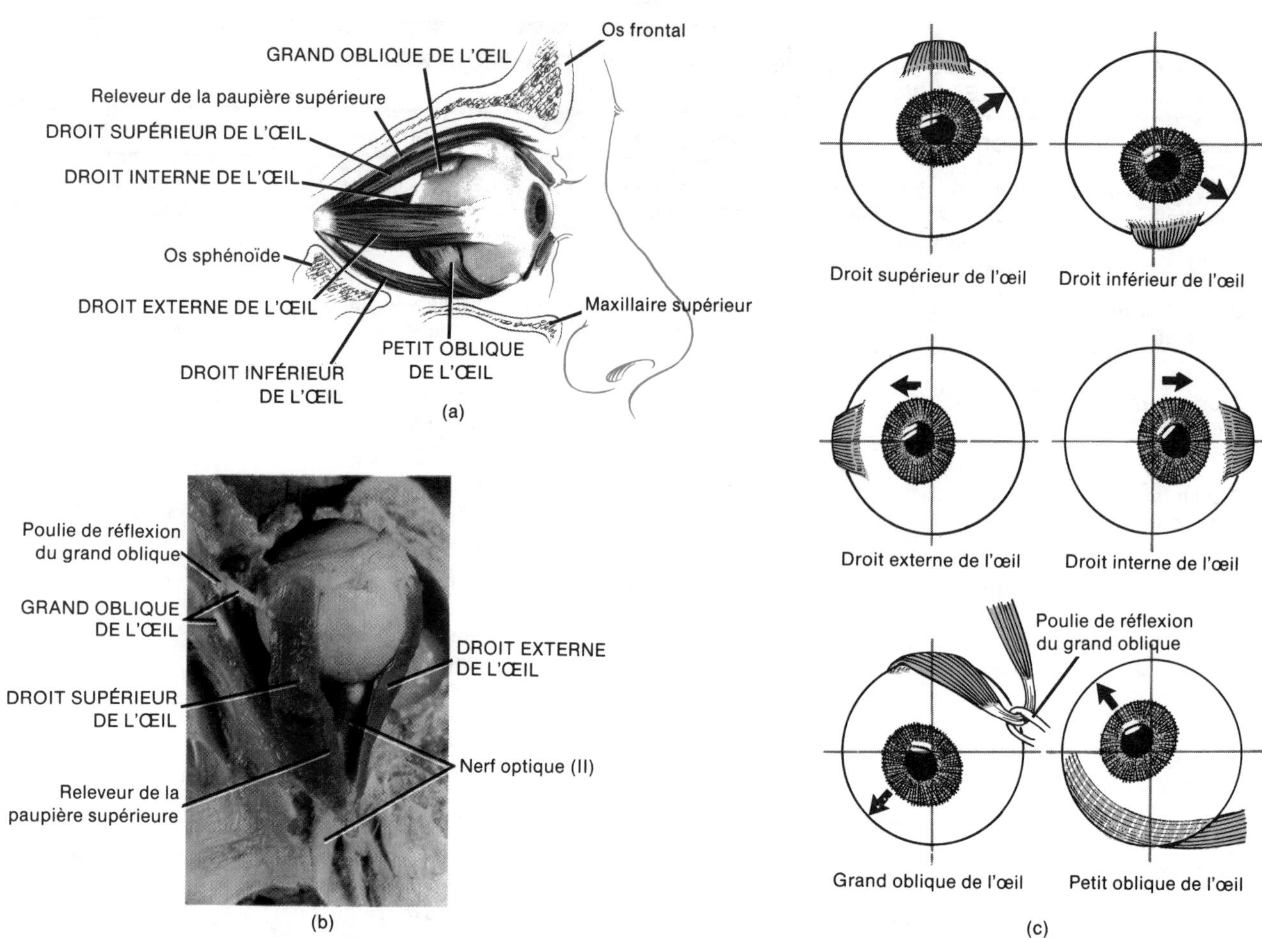

FIGURE 11.6 Muscles extrinsèques du globe oculaire. (a) Diagramme de la face latérale du globe oculaire droit. (b) Photographie de la face supérieure du globe oculaire droit. [Gracieuseté de C. Yokochi et J.W. Rohen, *Photographic Anatomy of the Human Body*, 2e éd., 1978, IGAKU-SHOIN, Ltd., Tokyo, New York.] (c) Mouvements du globe oculaire droit en réaction à la contraction des muscles extrinsèques.

DOCUMENT 11.5 MUSCLES QUI ASSURENT LA MOTILITÉ DE LA LANGUE (figure 11.7)

MUSCLE	ORIGINE	INSERTION	ACTION	INNERVATION
Génio-glosse (*genio :* menton ; *glosse :* langue)	Mandibule	Face inférieure de la langue et os hyoïde	Abaisse et pousse la langue vers l'avant (protraction)	Nerf hypoglosse (XII)
Stylo-glosse (*stulo :* qui ressemble à une colonne)	Apophyse styloïde du temporal	Côté et face inférieure de la langue	Élève la langue et la tire vers l'arrière (rétraction)	Nerf hypoglosse (XII)
Palato-glosse * (*palato :* palais)	Face antérieure du palais mou	Côté de la langue	Élève la langue et abaisse le palais mou sur la langue	Nerf hypoglosse (XII)
Hyo-glosse	Corps de l'os hyoïde	Côté de la langue	Abaisse la langue et tire ses côtés vers le bas	Nerf hypoglosse (XII)

* N'apparaît pas sur la figure.

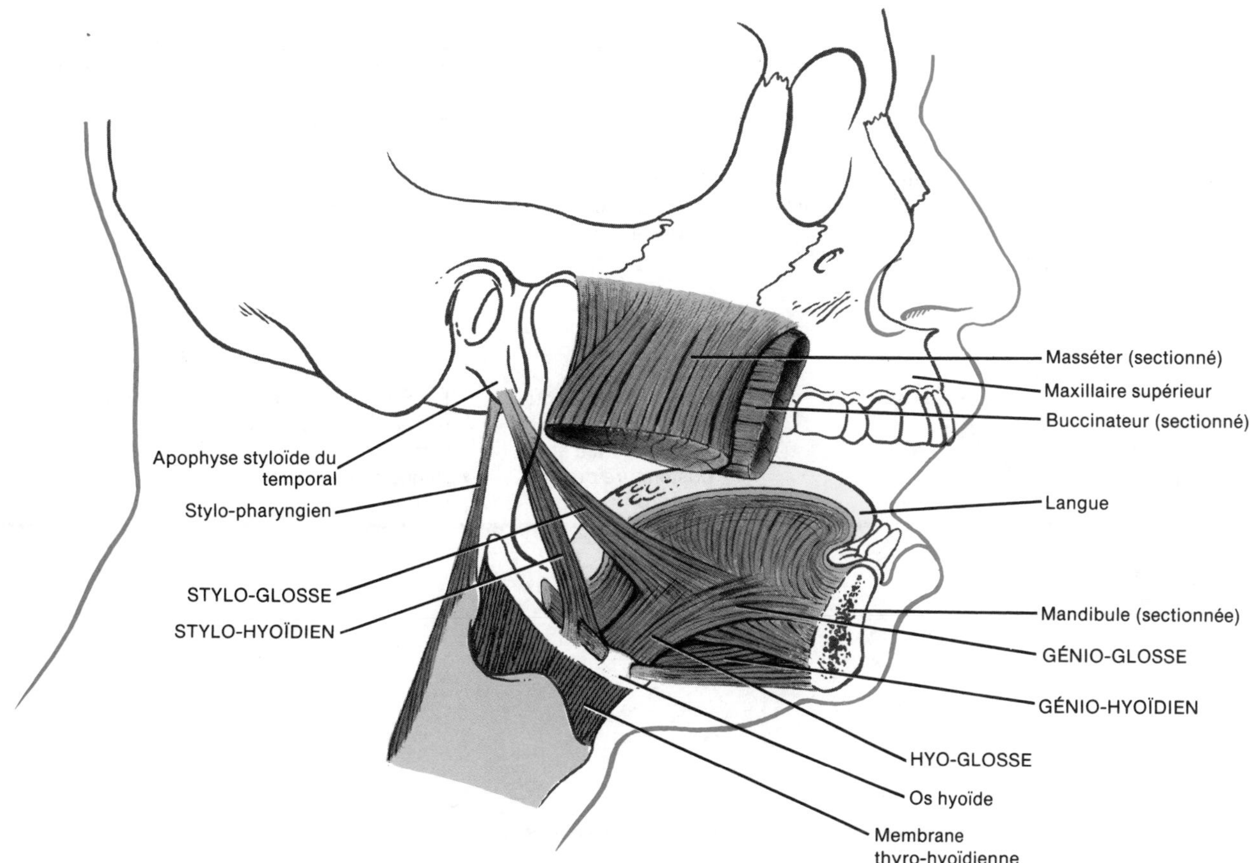

FIGURE 11.7 Muscles qui assurent la motilité de la langue, vus du côté droit.

DOCUMENT 11.6 MUSCLES DU PHARYNX (figure 11.8)

MUSCLE	ORIGINE	INSERTION	ACTION	INNERVATION
Constricteur inférieur (*constricteur :* qui serre)	Cartilages cricoïde et thyroïde du larynx	Raphé pharyngien postérieur médian	Resserre la portion inférieure du pharynx pour pousser le bol alimentaire dans l'œsophage	Plexus pharyngien
Constricteur moyen	Grande et petite corne de l'os hyoïde et ligament stylo-hyoïdien	Raphé pharyngien postérieur médian	Resserre la portion moyenne du pharynx pour pousser le bol alimentaire dans l'œsophage	Plexus pharyngien
Constricteur supérieur	Apophyse ptérygoïde, raphé ptérigo-mandibulaire et ligne oblique interne de la mandibule	Raphé pharyngien postérieur médian	Resserre la portion supérieure du pharynx pour pousser le bol alimentaire dans l'œsophage	Plexus pharyngien
Stylo-pharyngien	Côté médian de la base de l'apophyse styloïde	Faces latérales du pharynx et du cartilage thyroïde	Élève le larynx et dilate le pharynx pour favoriser la descente du bol alimentaire	Nerf glosso-pharyngien (IX)
Salpingo-pharyngien (*salpingo :* trompe)	Portion inférieure de la trompe d'Eustache	Fibres postérieures du muscle pharyngo-staphylin	Élève la portion supérieure de la paroi latérale du pharynx au cours de la déglutition et ouvre l'orifice de la trompe d'Eustache	Plexus pharyngien
Pharyngo-staphylin (*staphyl* : luette)	Palais mou	Bord postérieur du cartilage thyroïde et parois latérale et postérieure du pharynx	Élève le larynx et le pharynx et favorise la fermeture du rhinopharynx durant la déglutition	Plexus pharyngien

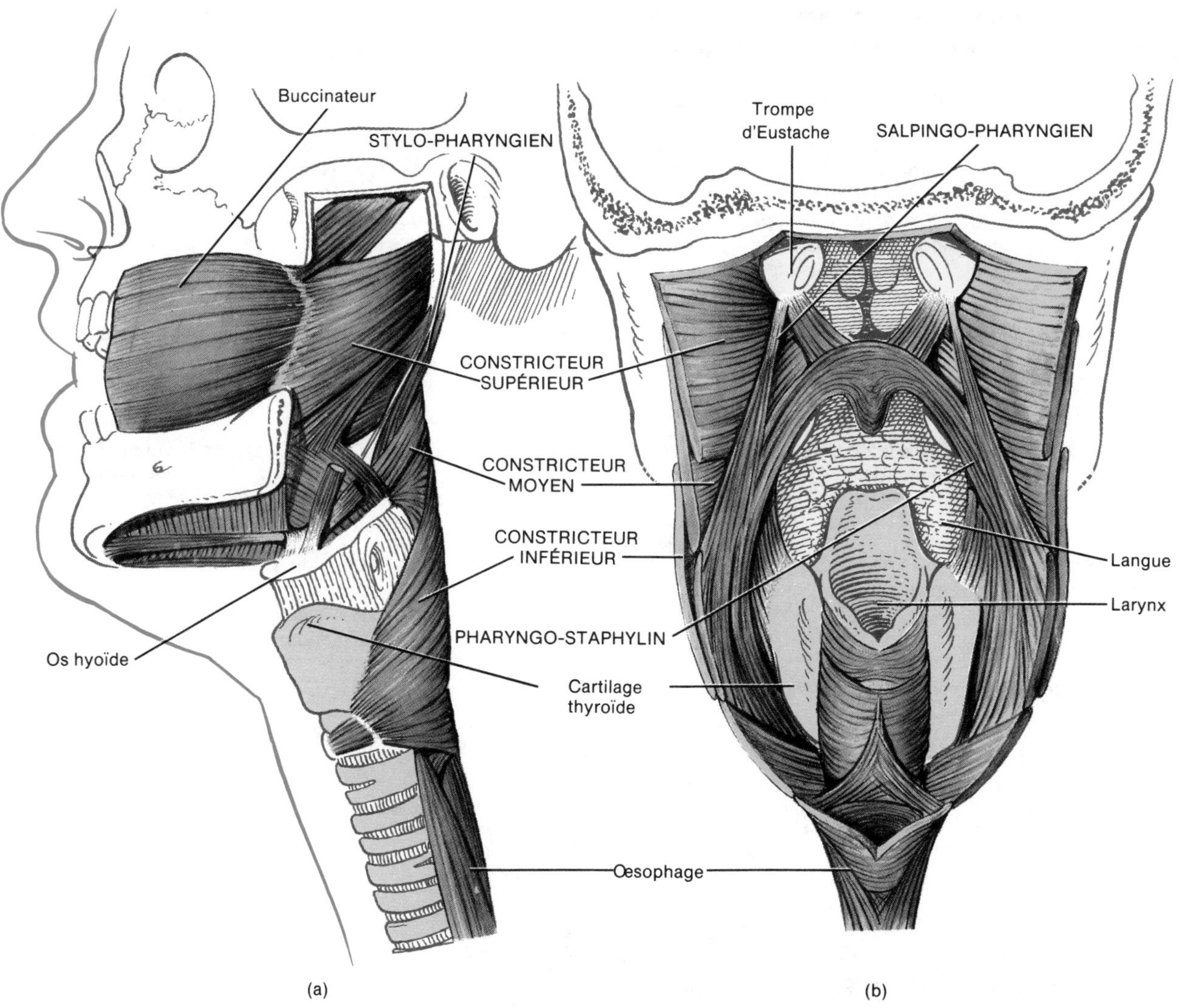

FIGURE 11.8 Muscles du pharynx. (a) Vue latérale droite. (b) Vue postérieure.

DOCUMENT 11.7 MUSCLES DU PLANCHER DE LA CAVITÉ BUCCALE * (figure 11.9)

MUSCLE	ORIGINE	INSERTION	ACTION	INNERVATION
Digastrique (*di:* deux; *gastrique:* estomac)	Ventre antérieur à partir du côté interne du bord inférieur de la mandibule; ventre postérieur à partir de l'apophyse mastoïde du temporal	Corps de l'os hyoïde par un tendon intermédiaire	Élève l'os hyoïde et abaisse la mandibule (action d'ouvrir la bouche)	Ventre antérieur à partir de la branche mandibulaire du nerf trijumeau (V); ventre postérieur à partir du nerf facial (VII)
Stylo-hyoïdien (*hyoïde:* os en forme de U; voir aussi la figure 11.7)	Apophyse styloïde du temporal	Corps de l'os hyoïde	Élève l'os hyoïde et le tire vers l'arrière	Nerf facial (VII)
Mylo-hyoïdien	Face interne de la mandibule	Corps de l'os hyoïde	Élève l'os hyoïde et le plancher de la bouche, et abaisse la mandibule	Branche mandibulaire du nerf trijumeau (V)
Génio-hyoïdien (*génio:* menton; voir la figure 11.7)	Face interne de la mandibule	Corps de l'os hyoïde	Élève l'os hyoïde, tire l'os hyoïde et la langue vers l'avant, et abaisse la mandibule	Nerf hypoglosse (XII)

*L'ensemble de ces muscles constitue les **muscles sus-hyoïdiens**.

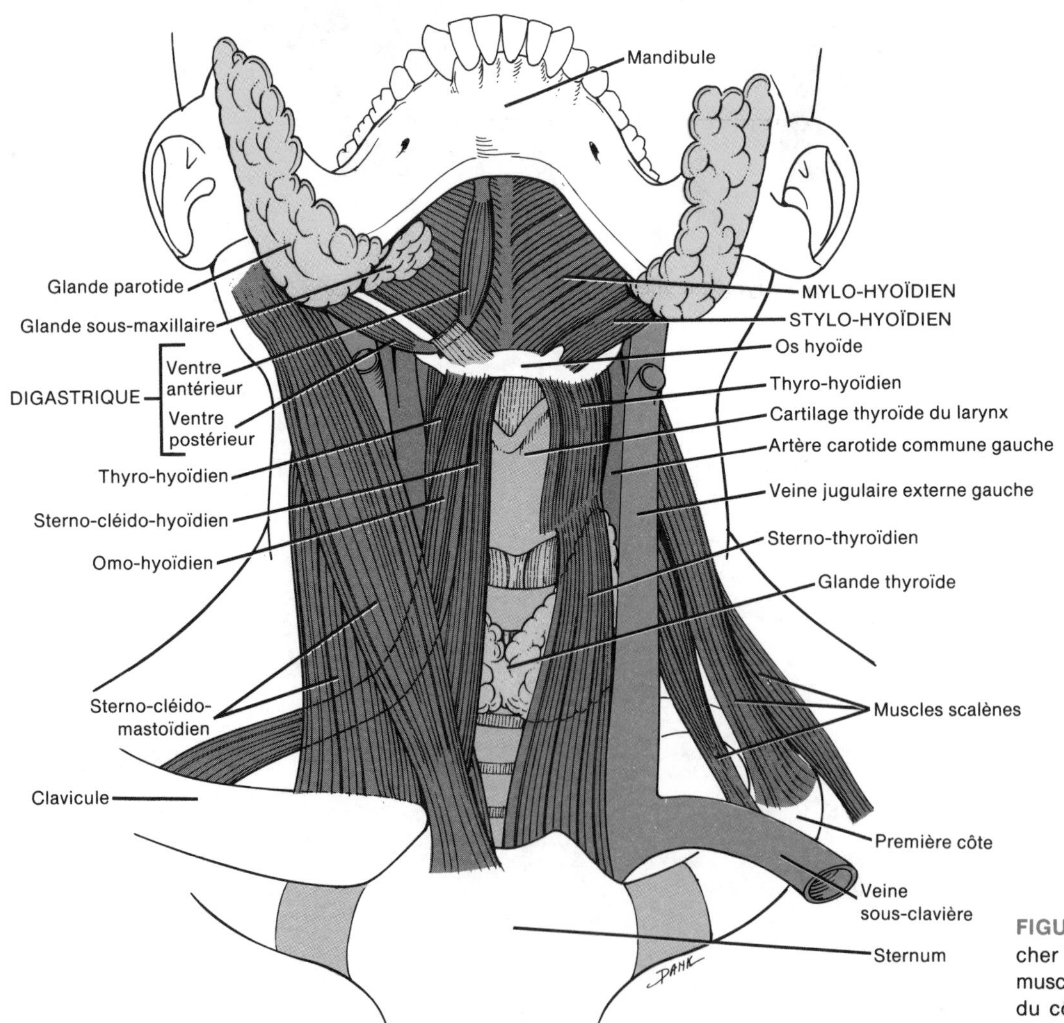

FIGURE 11.9 Muscles du plancher de la cavité buccale. Les muscles superficiels sont illustrés du côté gauche et les muscles profonds, du côté droit.

DOCUMENT 11.8 MUSCLES DU LARYNX (figure 11.10)

MUSCLE	ORIGINE	INSERTION	ACTION	INNERVATION
EXTRINSÈQUES				
Omo-hyoïdien * (*omo* : relatif à l'épaule)	Bord supérieur de l'omoplate et ligament coracoïdien	Corps de l'os hyoïde	Abaisse l'os hyoïde	Branches de l'anse cervicale de l'hypoglosse (C1 à C3)
Sterno-cléido-hyoïdien * (*sterno : sternum ; cléido :* clavicule)	Extrémité médiane de la clavicule et manubrium du sternum	Corps de l'os hyoïde	Abaisse l'os hyoïde	Branches de l'anse cervicale de l'hypoglosse (C1 à C3)
Sterno-thyroïdien *	Manubrium du sternum	Cartilage thyroïde et larynx	Abaisse le cartilage thyroïde	Branches de l'anse cervicale de l'hypoglosse (C1 à C3)
Thyro-hyoïdien	Cartilage thyroïde du larynx	Grande corne de l'os hyoïde	Élève le cartilage thyroïde et abaisse l'os hyoïde	Nerfs cervicaux C1 et C2, et branche descendante du nerf hypoglosse (XII)
Stylo-pharyngien	Voir le document 11.6			
Pharyngo-staphylin	Voir le document 11.6			
Constricteur inférieur	Voir le document 11.6			
Constricteur moyen	Voir le document 11.6			
INTRINSÈQUES				
Crico-thyroïdien (*crico :* cartilage cricoïde du larynx)	Portions antérieure et latérale du cartilage cricoïde du larynx	Bord antérieur de la corne inférieure du cartilage thyroïde du larynx et partie postérieure du bord inférieur de la lame du cartilage thyroïde	Tend et allonge les cordes vocales	Branche laryngienne externe du nerf pneumogastrique (X)

* L'ensemble de ces muscles constitue les **muscles sous-hyoïdiens**.

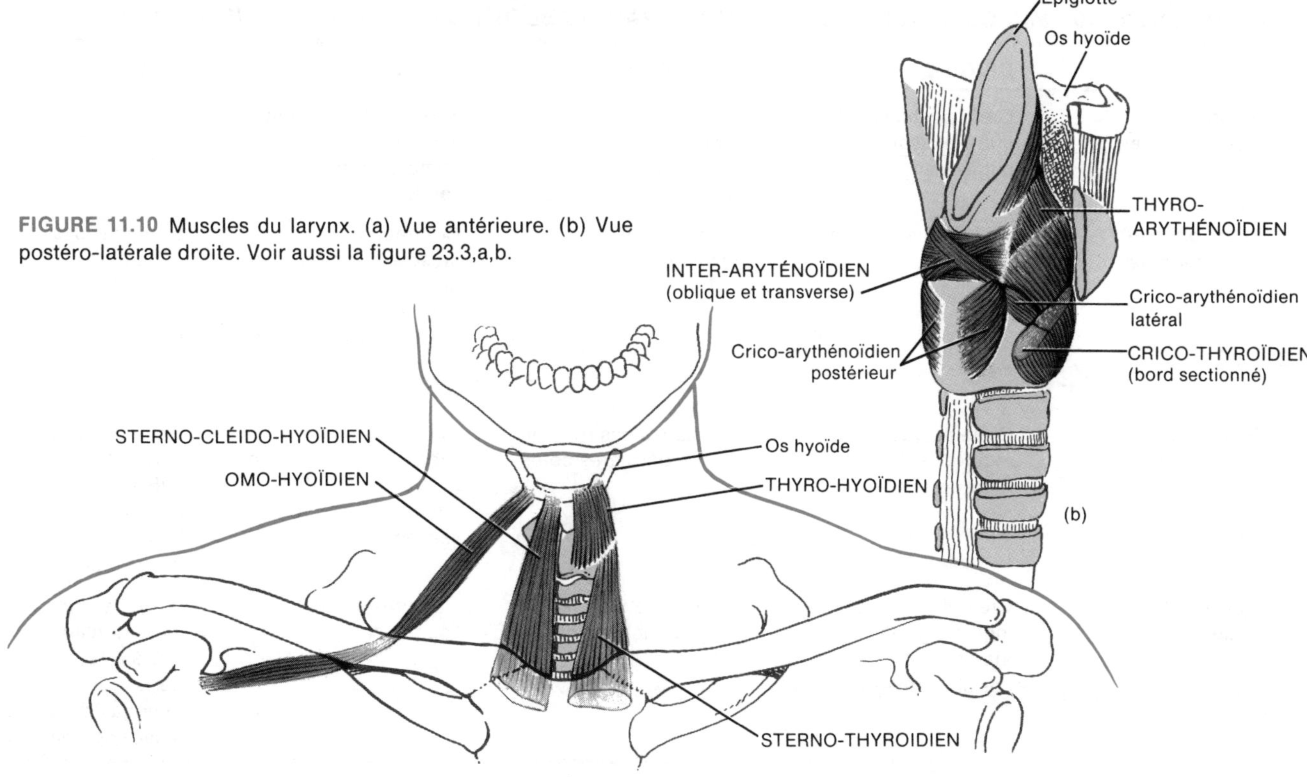

FIGURE 11.10 Muscles du larynx. (a) Vue antérieure. (b) Vue postéro-latérale droite. Voir aussi la figure 23.3,a,b.

DOCUMENT 11.9 MUSCLES QUI ASSURENT LA MOTILITÉ DE LA TÊTE

MUSCLE	ORIGINE	INSERTION	ACTION	INNERVATION
Sterno-cléido-mastoïdien *sterno:* sternum; (cléido: clavicule; *mastoïdien*: relatif à l'apophyse mastoïde de l'os temporal; (voir la figure 11.15)	Sternum et clavicule	Apophyse mastoïde du temporal	Contraction des deux muscles: fléchit la partie cervicale de la colonne vertébrale, ramène la tête vers l'avant et élève le menton; contraction d'un seul muscle: tourne la tête en direction opposée au muscle qui se contracte	Nerf spinal (XI); nerfs cervicaux (C2 et C3)
Grand complexus (voir la figure 11.19)	Apophyse articulaire de la septième vertèbre cervicale et apophyses transverses des six premières vertèbres dorsales	Os occipital	Les deux muscles étendent la tête; contraction d'un seul muscle: tourne la tête du côté du muscle qui se contracte	Branches postérieures des nerfs rachidiens
Splénius de la tête (*splénius:* bandage; voir la figure 11.19)	Ligament cervical postérieur et apophyses de la septième vertèbre cervicale et des quatre premières vertèbres dorsales	Os occipital et apophyse mastoïde de l'os temporal	Les deux muscles étendent la tête; contraction d'un seul muscle: tourne la tête du côté du muscle qui se contracte	Branches postérieures des nerfs cervicaux moyen et inférieur
Petit complexus (voir la figure 11.19)	Apophyses transverses des quatre dernières vertèbres cervicales	Apophyse mastoïde de l'os temporal	Étend la tête et la tourne du côté opposé au muscle qui se contracte	Branches postérieures des nerfs cervicaux moyen et inférieur

DOCUMENT 11.10 MUSCLES QUI AGISSENT SUR LA PAROI ABDOMINALE ANTÉRIEURE (figure 11.11)

MUSCLE	ORIGINE	INSERTION	ACTION	INNERVATION
Grand droit de l'abdomen	Crête pectinéale du pubis et symphyse pubienne	Cartilages des cinquième, sixième et septième côtes et appendice xiphoïde	Flexion de la colonne vertébrale; compression de l'abdomen	Branches des nerfs dorsaux (D7 à D12)
Grand oblique de l'abdomen	Huit dernières côtes	Crête iliaque et ligne blanche	Contraction des deux muscles: compression de l'abdomen; contraction d'un seul muscle: flexion latérale de la colonne vertébrale	Branches des nerfs dorsaux (D7 à D12) et nerf ilio-hypogastrique
Petit oblique de l'abdomen	Crête iliaque, ligament inguinal et fascia thoraco-lombaire	Cartilages des trois ou quatre dernières côtes	Compression de l'abdomen; contraction d'un seul côté: flexion latérale de la colonne vertébrale	Branches des nerfs dorsaux (D8 à D12) et nerfs ilio-hypogastrique et ilio-inguinal
Transverse de l'abdomen	Crête iliaque, ligament inguinal, fascia lombaire et cartilages des six dernières côtes	Appendice xiphoïde, ligne blanche et pubis	Compression de l'abdomen	Branches des nerfs dorsaux (D8 à D12), nerfs ilio-hypogastrique et ilio-inguinal

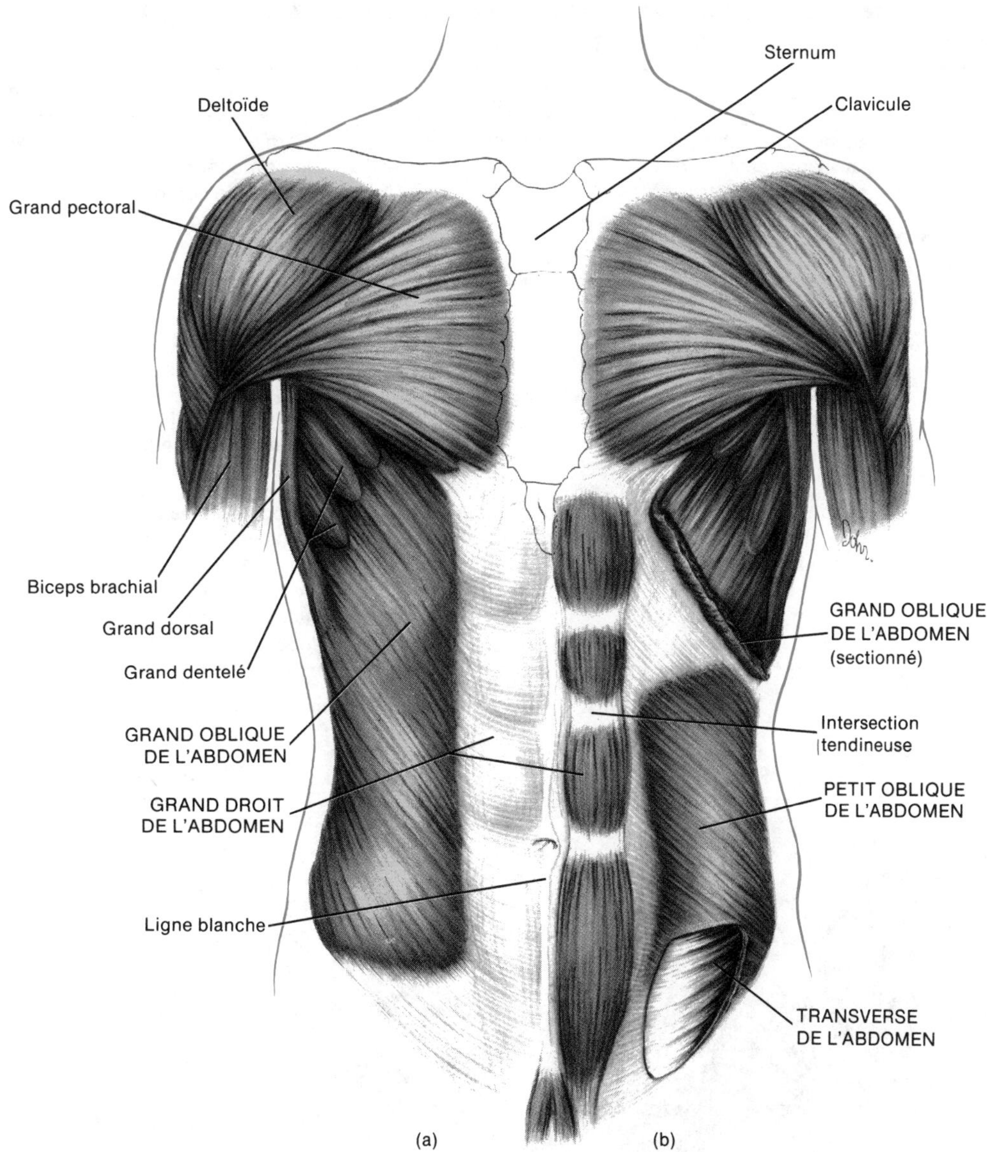

FIGURE 11.11 Muscles de la paroi abdominale antérieure. (a) Plan superficiel. (b) Plan profond.

DOCUMENT 11.11 MUSCLES DE LA RESPIRATION (figure 11.12)

MUSCLE	ORIGINE	INSERTION	ACTION	INNERVATION
Diaphragme (*diaphragme*: séparation, cloison)	Appendice xiphoïde, cartilages costaux des six dernières côtes et vertèbres lombaires	Centre phrénique	Forme le plancher de la cavité thoracique, abaisse le centre phrénique lors de l'inspiration et augmente la longueur du thorax	Nerf phrénique
Intercostaux externes	Bord inférieur de la côte située au-dessus	Bord supérieur de la côte situé au-dessous	Soulève les côtes durant l'inspiration et augmente les dimensions latérale et antéro-postérieure du thorax	Nerfs intercostaux
Intercostaux internes	Bord supérieur de la côte située au-dessous	Bord inférieur de la côte située au-dessus	Rapproche les côtes adjacentes durant l'expiration forcée et réduit les dimensions latérale et antéro-postérieure du thorax	Nerfs intercostaux

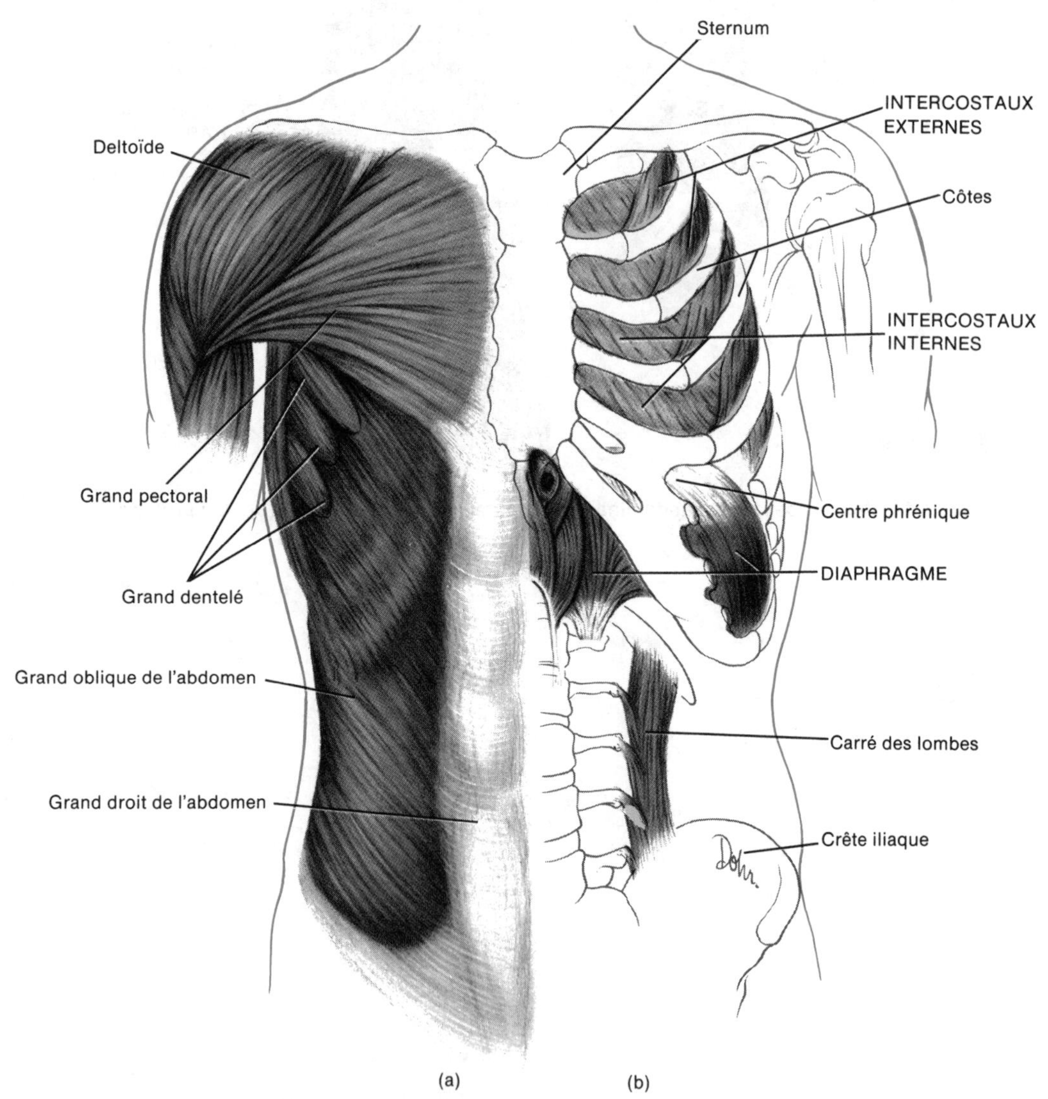

FIGURE 11.12 Muscles de la respiration. (a) Diagramme du plan superficiel. (b) Diagramme du plan profond.

DOCUMENT 11.12 MUSCLES DU PLANCHER PELVIEN * (figure 11.13; voir également la figure 11.14)

MUSCLE	ORIGINE	INSERTION	ACTION	INNERVATION
Releveur de l'anus	Ce muscle comprend deux parties, la partie élévatrice et la partie sphinctérienne. Il forme le plancher de la cavité pelvienne, en forme d'entonnoir, et soutient les structures pelviennes. Il contient des orifices permettant le passage du canal anal et de l'urètre, chez l'homme et chez la femme, et du vagin chez la femme.			
Partie élévatrice	Pubis	Coccyx, urètre, canal anal et centre tendineux du périnée	Soutient le plancher pelvien et l'élève légèrement, résiste aux pressions intra-abdominales, rapproche l'anus du pubis et le resserre	Nerfs sacrés S3 et S4 ou S4 et branche périnéale du nerf honteux interne
Partie sphinctérienne	Épine sciatique	Coccyx	Idem	Idem
Ischio-coccygien	Épine sciatique	Partie inférieure du sacrum et partie supérieure du coccyx	Soutient le plancher pelvien et l'élève légèrement, résiste aux pressions intra-abdominales, ramène le coccyx vers l'avant après la défécation ou l'accouchement	Nerf sacré S3 ou S4

* Les muscles du plancher pelvien et les fascias qui recouvrent leurs surfaces internes et externes constituent le **diaphragme pelvien principal**.

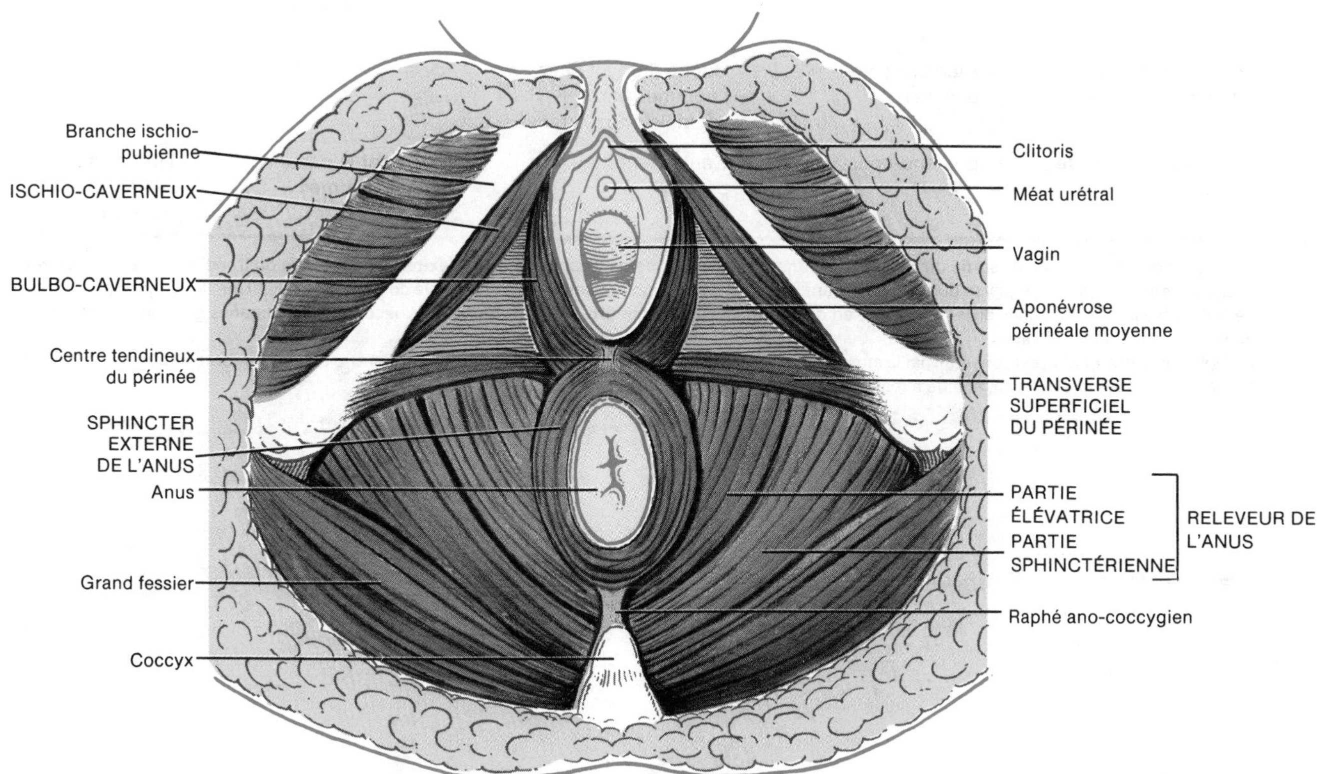

FIGURE 11.13 Muscles du plancher pelvien, vus dans le périnée de la femme.

DOCUMENT 11.13 MUSCLES DU PÉRINÉE * (figure 11.14 ; voir aussi la figure 11.13)

MUSCLE	ORIGINE	INSERTION	ACTION	INNERVATION
Transverse superficiel du périnée	Tubérosité ischiatique	Centre tendineux du périnée	Aide à stabiliser le centre tendineux du périnée	Branche périnéale du nerf honteux interne
Bulbo-caverneux	Centre tendineux du périnée	Fascia inférieur du diaphragme uro-génital, corps spongieux du pénis, et fascia profond du dos du pénis chez l'homme ; arcade pubienne, racine et dos du clitoris chez la femme	Aide à expulser les dernières gouttes d'urine lors de la miction, favorise le déplacement du sperme le long de l'urètre et l'érection du pénis chez l'homme ; réduit la taille de l'orifice vaginal et favorise l'érection du clitoris chez la femme	Branche périnéale du nerf honteux interne
Ischio-caverneux	Tubérosité ischiatique et branches ischio-pubiennes	Corps caverneux du pénis chez l'homme et du clitoris chez la femme	Maintient l'érection du pénis chez l'homme et du clitoris chez la femme	Branche périnéale du nerf honteux interne
Transverse profond du périnée +	Branches de l'ischion	Centre tendineux du périnée	Aide à expulser les dernières gouttes d'urine et de sperme chez l'homme ; aide à expulser les dernières gouttes d'urine chez la femme	Branche périnéale du nerf honteux interne
Sphincter strié de l'urètre +	Branches ischio-pubiennes	Raphé médian chez l'homme ; paroi vaginale chez la femme	Idem	Idem
Sphincter externe de l'anus	Raphé ano-coccygien	Centre tendineux du périnée	Maintient le canal anal et l'anus fermés	Nerf sacré S4 et nerf rectal inférieur

* Le **périnée** constitue l'orifice de sortie du bassin. C'est une région en forme de losange, située à l'extrémité inférieure du tronc, entre les cuisses et les fesses. Il est entouré par la symphyse pubienne en avant, les tubérosités ischiatiques sur les côtés et le coccyx en arrière. Une ligne transversale tracée entre les tubérosités ischiatiques divise le périnée en deux parties : le **triangle uro-génital** (antérieur), qui contient les organes génitaux externes, et le **triangle anal**, qui comprend l'anus.

\+ Le **diaphragme uro-génital** est constitué par le muscle transverse profond du périnée, le sphincter strié de l'urètre et une membrane fibreuse. Il entoure le canal de Müller et le canal primitif, et aide à renforcer le plancher pelvien.

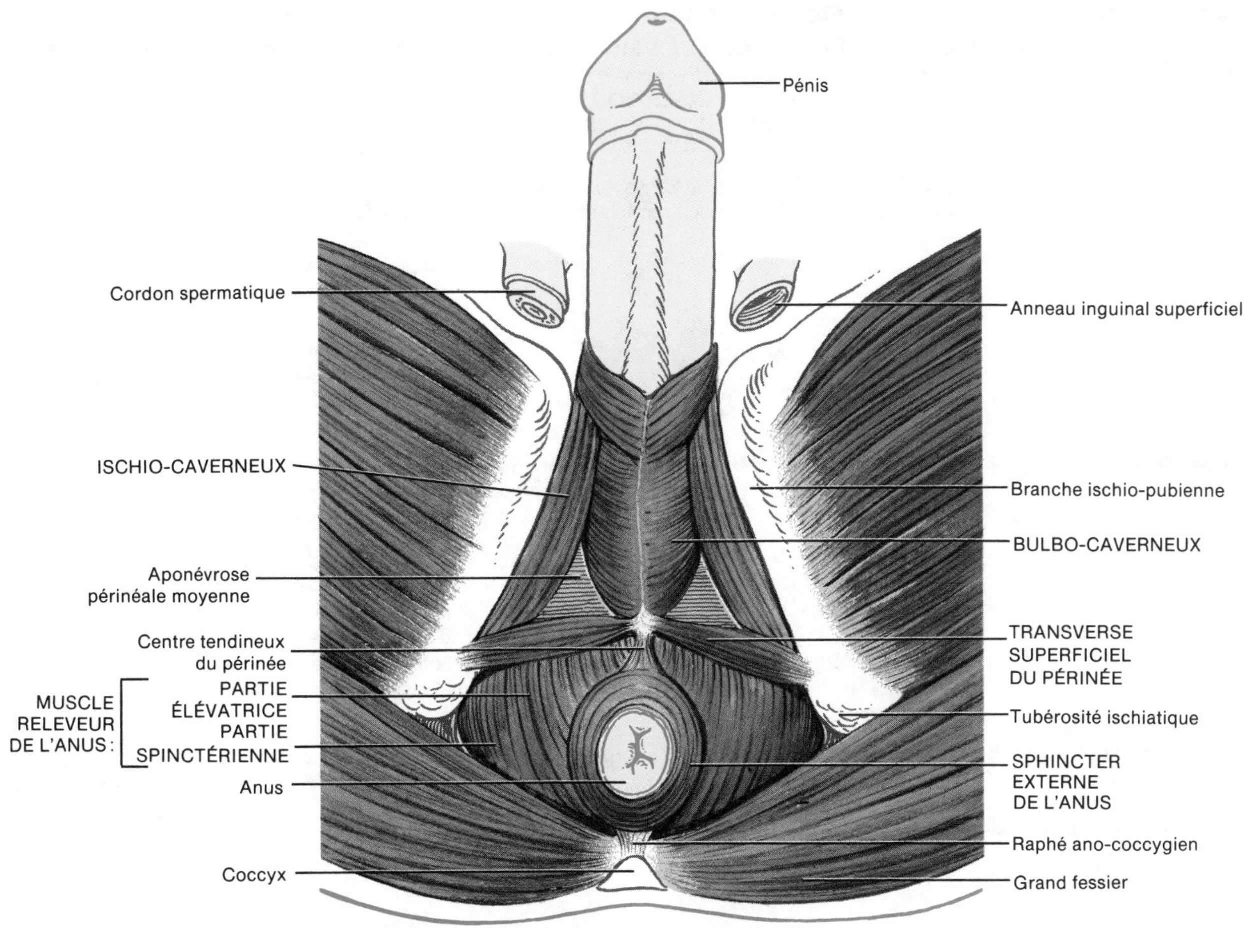

FIGURE 11.14 Muscles du périnée de l'homme.

DOCUMENT 11.14 MUSCLES QUI ASSURENT LA MOTILITÉ DE LA CEINTURE SCAPULAIRE (figure 11.15)

MUSCLE	ORIGINE	INSERTION	ACTION	INNERVATION
Sous-clavier	Première côte	Clavicule	Abaisse la clavicule	Nerf sous-clavier
Petit pectoral	De la troisième à la cinquième côte	Apophyse coracoïde de l'omoplate	Abaisse l'omoplate, fait tourner l'articulation scapulaire vers l'avant et élève les troisième, quatrième et cinquième côtes durant l'inspiration forcée lorsque l'omoplate est fixe	Nerf pectoral médian
Grand dentelé	Huit ou neuf premières côtes	Bord interne et angle inférieur de l'omoplate	Fait tourner l'omoplate latéralement et élève les côtes lorsque l'omoplate est fixe	Nerf thoracique long
Trapèze	Os occipital, ligament cervical postérieur et apophyses de la septième vertèbre cervicale et de toutes les vertèbres dorsales	Clavicule et acromion, et épine de l'omoplate	Élève l'omoplate, produit un mouvement d'adduction de l'omoplate, élève ou abaisse l'omoplate et étend la tête	Nerf spinal (XI) et nerfs cervicaux (C3 et C4)
Angulaire de l'omoplate	Quatre ou cinq premières vertèbres cervicales	Bord interne de l'omoplate	Élève l'omoplate	Nerf de l'omoplate et nerfs cervicaux (C3 à C5)

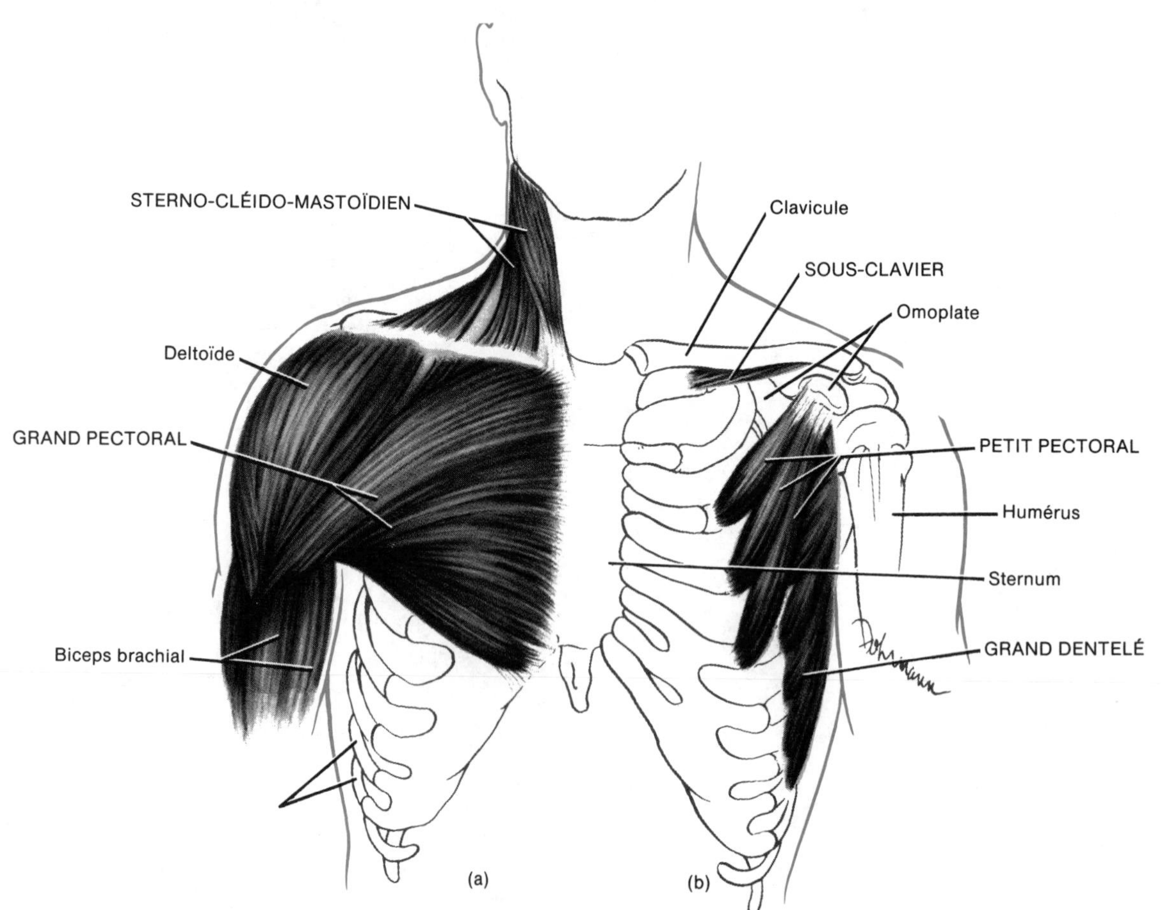

FIGURE 11.15 Muscles qui assurent la motilité de la ceinture scapulaire. (a) Vue antérieure, plan superficiel. (b) Vue antérieure, plan profond.

DOCUMENT 11.14 MUSCLES QUI ASSURENT LA MOTILITÉ DE LA CEINTURE SCAPULAIRE [*Suite*]

MUSCLE	ORIGINE	INSERTION	ACTION	INNERVATION
Grand rhomboïde	Apophyses des deuxième, troisième, quatrième et cinquième vertèbres dorsales	Bord interne de l'omoplate	Produit un mouvement d'adduction de l'omoplate et la fait tourner légèrement vers le haut	Nerf de l'omoplate
Petit rhomboïde	Apophyses de la septième vertèbre cervicale et de la première vertèbre dorsale	Angle supérieur de l'omoplate	Produit un mouvement d'adduction de l'omoplate	Nerf de l'omoplate

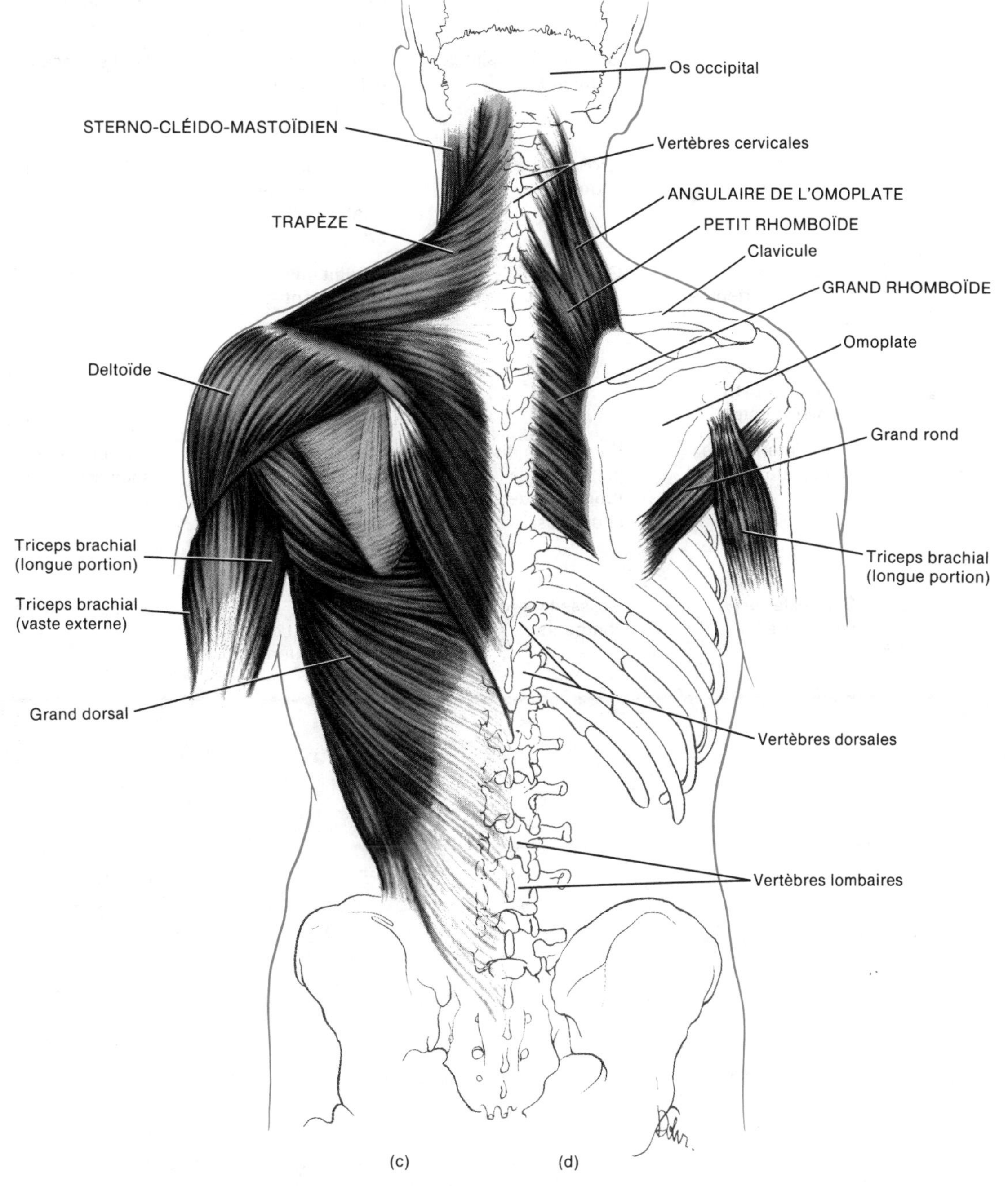

FIGURE 11.15 [*Suite*] (c) Vue postérieure, plan superficiel. (d) Vue postérieure, plan profond.

DOCUMENT 11.15 MUSCLES QUI ASSURENT LA MOTILITÉ DU BRAS (figure 11.16)

MUSCLE	ORIGINE	INSERTION	ACTION	INNERVATION
Grand pectoral	Clavicule, sternum, cartilages des deuxième, troisième, quatrième, cinquième et sixième côtes	Grosse tubérosité de l'humérus	Produit un mouvement de flexion, d'adduction et de rotation interne du bras	Nerfs pectoraux latéral et médian
Deltoïde	Clavicule, acromion et épine de l'omoplate	Tubérosité deltoïdienne de l'humérus	Produit un mouvement d'abduction, de flexion et d'extension du bras	Nerf circonflexe
Sous-scapulaire	Fosse sous-scapulaire	Petite tubérosité de l'humérus	Produit un mouvement de rotation interne du bras	Nerfs inférieur et supérieur du sous-scapulaire
Sus-épineux	Fosse supérieure à l'épine de l'omoplate	Grosse tubérosité de l'humérus	Aide le muscle deltoïde à produire un mouvement d'abduction du bras	Nerf sus-scapulaire
Sous-épineux	Fosse inférieure à l'épine de l'omoplate	Grosse tubérosité de l'humérus	Produit un mouvement de rotation externe du bras	Nerf sus-scapulaire
Grand dorsal	Apophyses des six dernières vertèbres dorsales, des vertèbres lombaires, crêtes du sacrum et de l'ilion, quatre dernières côtes	Gouttière bicipitale	Produit un mouvement d'extension, d'adduction et de rotation interne du bras ; abaisse l'épaule et la tire vers l'arrière	Nerf du grand dorsal
Grand rond	Angle inférieur de l'omoplate	En position distale par rapport à la petite tubérosité de l'humérus	Étend et abaisse le bras ; aide à produire un mouvement d'adduction et de rotation interne du bras	Nerf inférieur du sous-scapulaire
Petit rond	Bord externe de l'omoplate	Grosse tubérosité de l'humérus	Produit un mouvement de rotation externe du bras	Nerf circonflexe

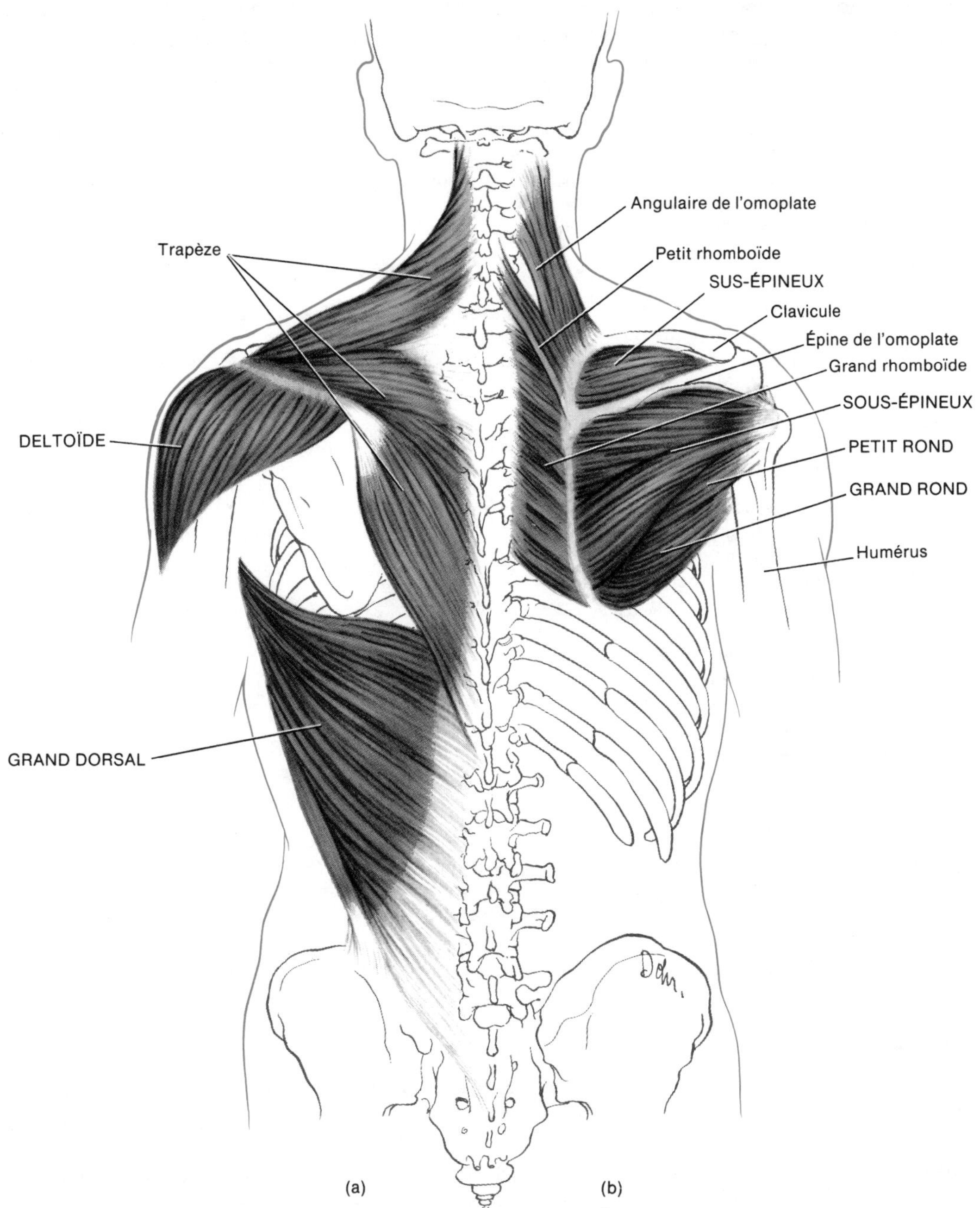

FIGURE 11.16 Muscles qui assurent la motilité du bras. (a) Vue postérieure, plan superficiel. (b) Vue postérieure, plan profond.

DOCUMENT 11.16 MUSCLES QUI ASSURENT LA MOTILITÉ DE L'AVANT-BRAS (figure 11.17)

MUSCLE	ORIGINE	INSERTION	ACTION	INNERVATION
Biceps brachial	Long chef : tubercule au-dessus de la cavité glénoïde ; court chef : apophyse coracoïde de l'omoplate	Tubérosité bicipitale et aponévrose anté-brachiale	Flexion et supination de l'avant-bras	Nerf musculo-cutané
Brachial antérieur	Distal, face antérieure de l'humérus	Tubérosité et apophyse coronoïde du cubitus	Flexion de l'avant-bras	Nerfs musculo-cutané, radial et médian
Long supinateur (voir aussi la figure 11.18)	Tiers inférieur du bord latéral de l'humérus	Au-dessus de l'apophyse styloïde du radius	Flexion de l'avant-bras	Nerf radial
Triceps brachial	Longue portion : tubérosité sous-glénoïdienne de l'omoplate ; vaste externe : face latérale et postérieure de l'humérus, au-dessus de la gouttière radiale ; vaste interne : face postérieure de l'humérus, sous la gouttière radiale	Olécrâne du cubitus	Extension de l'avant-bras	Nerf radial
Coraco-brachial (*coraco* : apophyse coracoïde)	Apophyse coracoïde de l'omoplate	Centre de la face médiane du corps de l'humérus	Flexion et adduction du bras	Nerf musculo-cutané
Anconé (anconé : relatif au coude ; voir la figure 11.18)	Épicondyle de l'humérus	Olécrâne et portion supérieure du corps du cubitus	Flexion de l'avant-bras	Nerf radial
Court supinateur	Épicondyle de l'humérus et crête du cubitus	Ligne oblique du radius	Supination de l'avant-bras	Nerf radial profond
Rond pronateur	Épitrochlée de l'humérus et apophyse coronoïde du cubitus	Face médio-latérale du radius	Pronation de l'avant-bras	Nerf médian
Carré pronateur	Portion distale du corps du cubitus	Portion distale du corps du radius	Pronation et rotation de l'avant-bras	Nerf médian

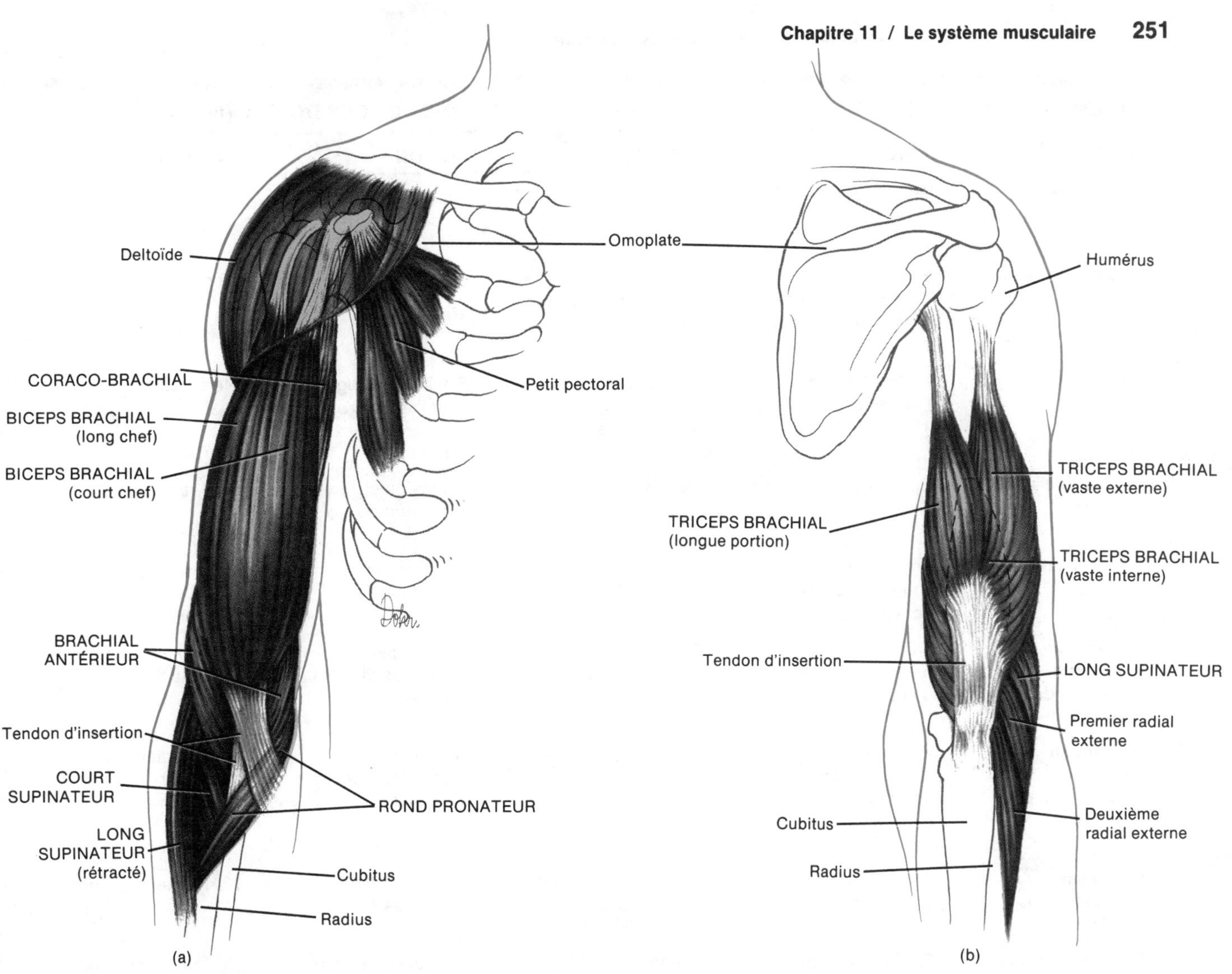

FIGURE 11.17 Muscles qui assurent la motilité de l'avant-bras. (a) Vue antérieure. (b) Vue postérieure.

DOCUMENT 11.17 MUSCLES QUI ASSURENT LA MOTILITÉ DU POIGNET ET DES DOIGTS (figure 11.18)

MUSCLE	ORIGINE	INSERTION	ACTION	INNERVATION
Grand palmaire	Épitrochlée de l'humérus	Deuxième et troisième os métacarpiens	Flexion et abduction du poignet	Nerf médian
Cubital antérieur	Épitrochlée de l'humérus et bord dorsal supérieur du cubitus	Os pisiforme, crochu et cinquième métacarpien	Flexion et adduction du poignet	Nerf cubital
Petit palmaire	Épitrochlée de l'humérus	Carpe et aponévrose palmaire superficielle	Flexion du poignet ; tend l'aponévrose palmaire superficielle	Nerf médian
Premier radial externe	Épicondyle de l'humérus	Deuxième os métacarpien	Extension et abduction du poignet	Nerf radial
Cubital postérieur	Épicondyle de l'humérus et bord dorsal du cubitus	Cinquième os métacarpien	Extension et adduction du poignet	Nerf radial profond
Fléchisseur commun profond des doigts	Face antérieure médiane du corps du cubitus	Bases des phalanges distales	Flexion des phalanges distales des doigts	Nerfs médian et cubital
Fléchisseur commun superficiel des doigts	Épitrochlée de l'humérus, apophyse coronoïde du cubitus et ligne oblique du radius	Phalanges médianes	Flexion des phalanges médianes des doigts	Nerf médian
Extenseur commun des doigts	Épicondyle de l'humérus	Phalanges médianes et distales des doigts	Extension des phalanges	Nerf radial profond
Extenseur propre de l'index	Face dorsale du cubitus	Tendon de l'extenseur commun des doigts de l'index	Extension de l'index	Nerf radial profond

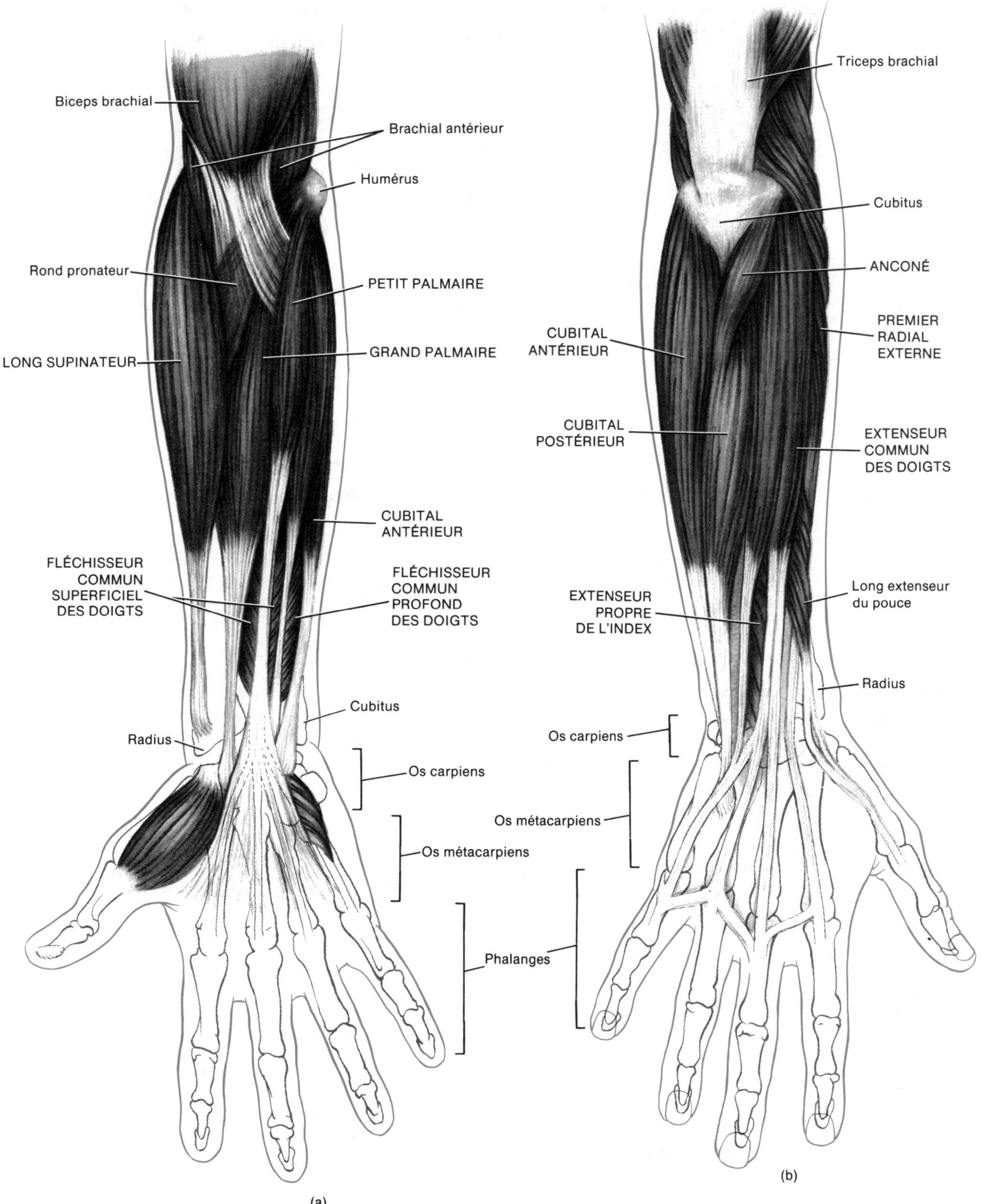

FIGURE 11.18 Muscles qui assurent la motilité du poignet et des doigts. (a) Vue antérieure. (b) Vue postérieure.

DOCUMENT 11.18 MUSCLES QUI ASSURENT LA MOTILITÉ DE LA COLONNE VERTÉBRALE (figure 11.19)

MUSCLE	ORIGINE	INSERTION	ACTION	INNERVATION
Grand droit de l'abdomen	Crête et symphyse pubiennes	Cartilages des cinquième, sixième et septième côtes, et appendice xiphoïde	Flexion lombaire de la colonne vertébrale et compression de l'abdomen	Nerfs intercostaux (D7 à D12)
Carré des lombes	Crête iliaque	Douzième côte et quatre premières vertèbres lombaires	Flexion latérale de la colonne vertébrale	Nerf dorsal D12 et nerf lombaire L1
Muscles spinaux	Cet ensemble de muscles postérieurs comprend trois groupes : les muscles ilio-costaux, les muscles long dorsal, transversaire du cou et petit complexus, et les muscles épineux, qui sont eux-mêmes constitués de muscles qui se chevauchent. Les muscles ilio-costaux sont situés latéralement, les muscles long dorsal, transversaire du cou et petit complexus occupent une position intermédiaire, et les muscles épineux sont situés au centre.			
POSITION LATÉRALE				
Ilio-costal des lombes	Crête iliaque	Six dernières côtes	Extension de la région lombaire de la colonne vertébrale	Branches dorsales des nerfs lombaires
Ilio-costal du thorax	Six dernières côtes	Six premières côtes	Maintien de la colonne vertébrale en position verticale	Branches dorsales des nerfs intercostaux
Ilio-costal du cou	Six premières côtes	Apophyses transverses des quatrième, cinquième et sixième vertèbres cervicales	Extension de la région cervicale de la colonne vertébrale	Branches dorsales des nerfs cervicaux
POSITION INTERMÉDIAIRE				
Long dorsal	Apophyses transverses des vertèbres lombaires	Apophyses transverses des vertèbres dorsales et des premières vertèbres lombaires, neuvième et dixième côtes	Extension de la région dorsale de la colonne vertébrale	Branches dorsales des nerfs rachidiens
Transversaire du cou	Apophyses transverses des quatrième et cinquième vertèbres dorsales	Apophyses transverses des deuxième, troisième, quatrième, cinquième et sixième vertèbres cervicales	Extension de la région cervicale de la colonne vertébrale	Branches dorsales des nerfs rachidiens
Petit complexus	Apophyses transverses des quatre vertèbres dorsales supérieures	Apophyse mastoïde de l'os temporal	Extension de la tête et rotation de la tête du même côté	Branches dorsales des nerfs cervicaux moyen et inférieur
POSITION MÉDIANE				
Épineux du dos	Apophyses épineuses des dernières vertèbres lombaires et des premières vertèbres dorsales	Apophyses épineuses des premières vertèbres dorsales	Extension de la colonne vertébrale	Branches dorsales des nerfs rachidiens

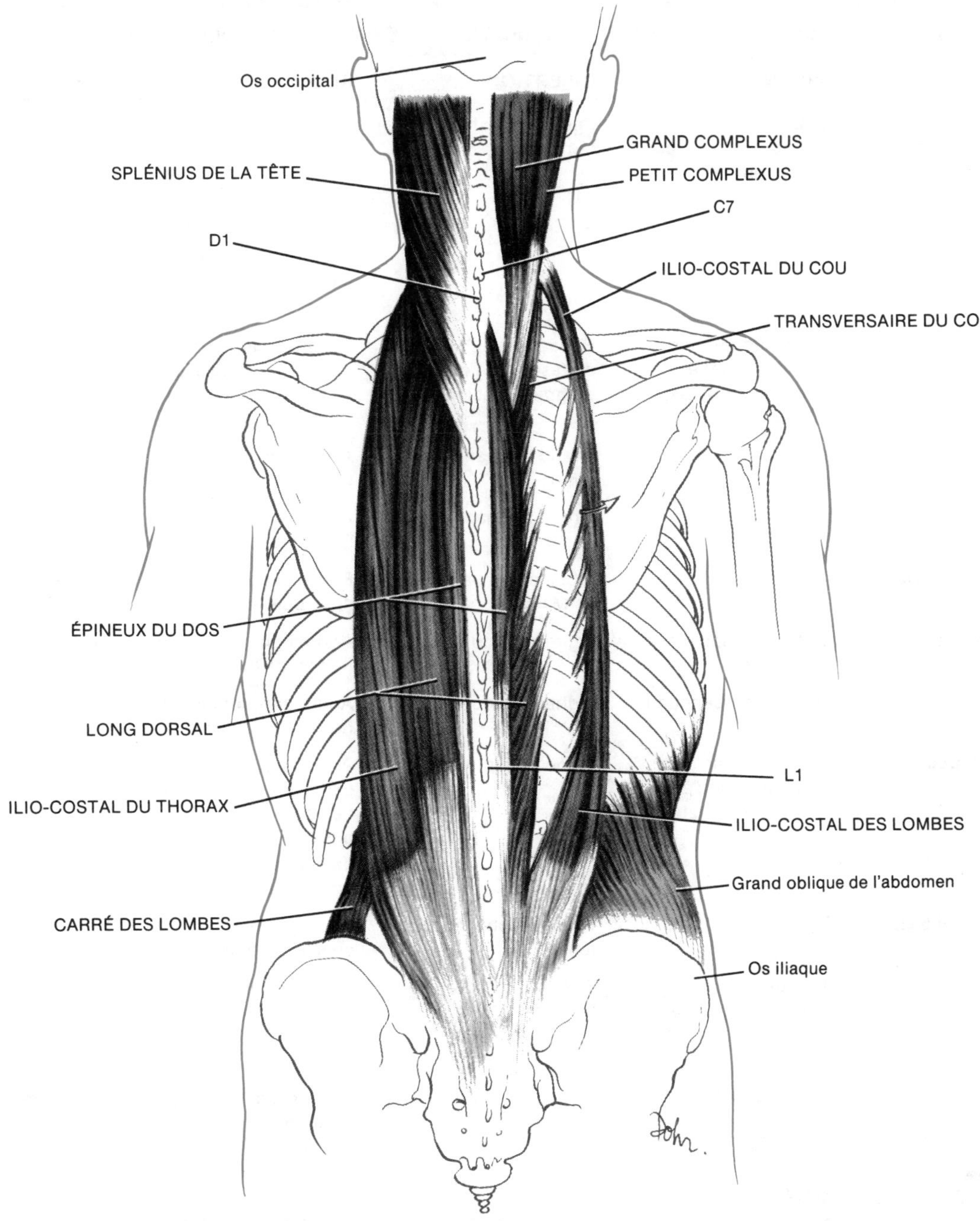

FIGURE 11.19 Muscles qui assurent la motilité de la colonne vertébrale.

DOCUMENT 11.19 MUSCLES QUI ASSURENT LA MOTILITÉ DE LA CUISSE (figure 11.20)

MUSCLE	ORIGINE	INSERTION	ACTION	INNERVATION
Psoas * (*psoas :* lombes)	Apophyses transverses et corps des vertèbres lombaires	Petit trochanter du fémur	Flexion et rotation latérale de la cuisse ; flexion de la colonne vertébrale	Nerfs lombaires L2 et L3
Iliaque *	Fosse iliaque	Tendon du psoas	Flexion et rotation latérale de la cuisse ; légère flexion de la colonne vertébrale	Nerf crural
Grand fessier	Crête iliaque, sacrum, coccyx et aponévrose du fascia thoraco-lombaire	Bandelette de Maissiat du fascia lata et crête du grand fessier	Extension et rotation latérale de la cuisse	Nerf fessier inférieur
Moyen fessier	Ilion	Grand trochanter du fémur	Abduction et rotation médiane de la cuisse	Nerf fessier supérieur
Petit fessier	Ilion	Grand trochanter du fémur	Abduction et rotation latérale de la cuisse	Nerf fessier supérieur
Tenseur du fascia lata	Crête iliaque	Tibia, par la bandelette de Maissiat	Flexion et abduction de la cuisse	Nerf fessier supérieur
Moyen adducteur	Crête et symphyse pubiennes	Ligne âpre du fémur	Adduction, rotation et flexion de la cuisse	Nerf obturateur
Petit adducteur	Branche descendante du pubis	Ligne âpre du fémur	Adduction, rotation et flexion de la cuisse	Nerf obturateur
Grand adducteur	Branche ischio-pubienne jusqu'à la tubérotisé ischiatique	Ligne âpre du fémur	Adduction, flexion et extension de la cuisse : flexion de la partie antérieure et extension de la partie postérieure	Nerfs obturateur et sciatique
Pyramidal du bassin	Sacrum	Grand trochanter du fémur	Rotation latérale de la cuisse et abduction	Nerfs sacrés S2 ou S1 et S2
Obturateur interne	Bord du trou obturateur, pubis et ischion	Grand trochanter du fémur	Rotation latérale de la cuisse et abduction	Cinquième nerf lombaire, premier et deuxième nerfs sacrés L5, S1, S2
Pectiné (*pectiné :* peigne)	Fascia du pubis	Crête pectinéale	Flexion, adduction et rotation latérale de la cuisse	Nerf crural

APPLICATION CLINIQUE

Le **claquage de l'aine** est une blessure qui se produit très fréquemment durant la pratique des sports. Il s'agit d'une distension, d'un étirement et probablement d'une déchirure des origines tendineuses des muscles adducteurs qui font mouvoir la cuisse.

* Le psoas et l'iliaque sont quelquefois appelés **muscle psoas-iliaque**.

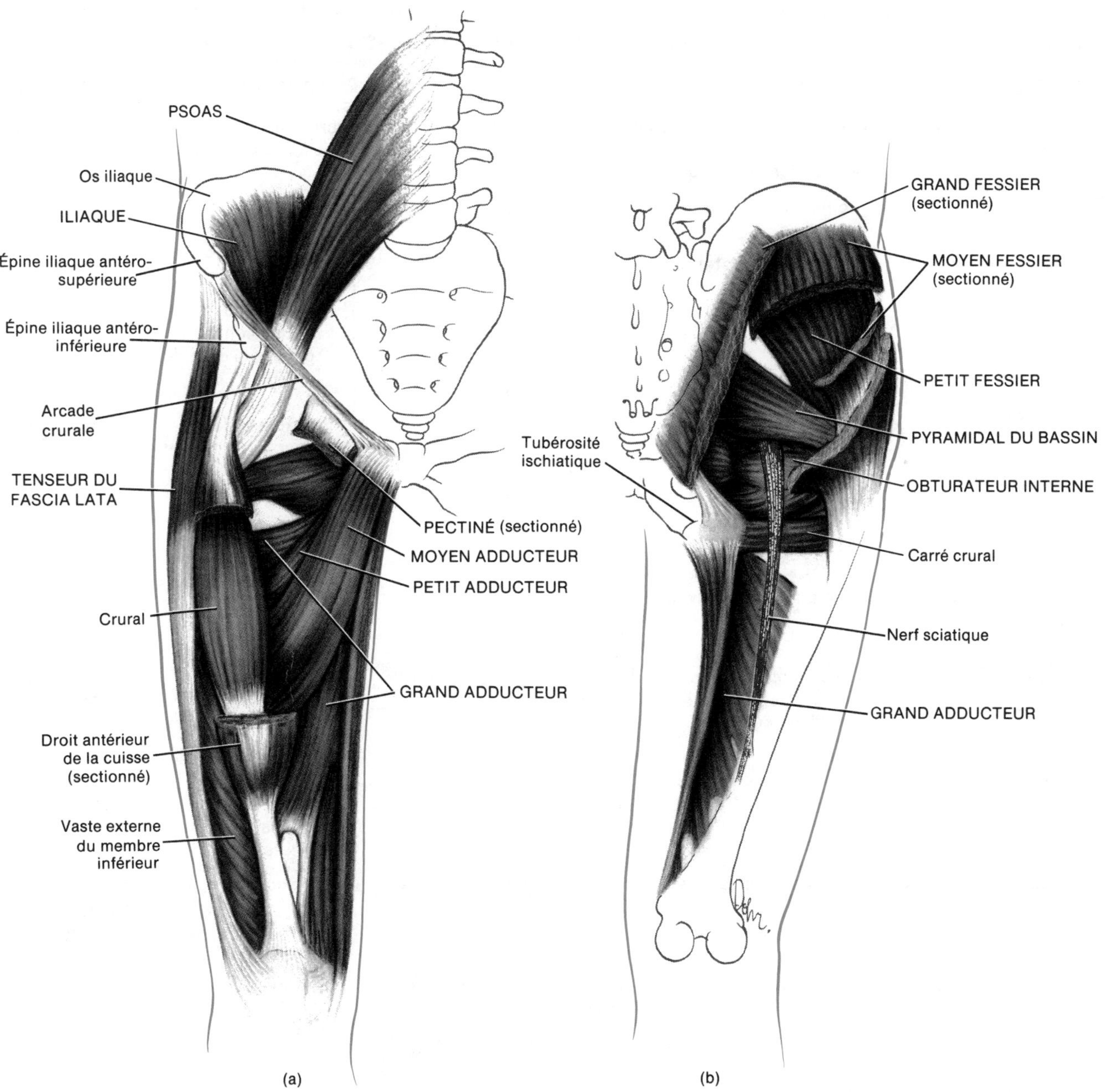

FIGURE 11.20 Muscles qui assurent la motilité de la cuisse. (a) Vue antérieure. (b) Vue postérieure.

DOCUMENT 11.20 MUSCLES QUI AGISSENT SUR LA JAMBE (figure 11.21)

MUSCLE	ORIGINE	INSERTION	ACTION	INNERVATION
Quadriceps crural (*crural:* jambe)	Ce muscle comprend quatre chefs distincts, habituellement présentés comme quatre muscles distincts. Le tendon commun qui comprend la rotule et qui est relié à la tubérosité tibiale antérieure est appelé ligament rotulien.			
Droit antérieur de la cuisse	Épine iliaque antéro-inférieure	Bord supérieur de la rotule	Les quatre chefs permettent l'extension du genou ; le droit antérieur assure la flexion de la hanche	Nerf crural
Vaste externe du membre inférieur	Grand trochanter et ligne âpre du fémur	Bord supérieur et côtés de la rotule ; tubérosité antérieure du tibia par le ligament rotulien (tendon du quadriceps)		Nerf crural
Vaste interne du membre inférieur	Ligne âpre du fémur			Nerf crural
Crural	Faces antérieure et latérale du corps du fémur			Nerf crural
Muscles de la loge postérieure de la cuisse	Nom collectif recouvrant trois muscles distincts.			
Biceps crural	Long chef: tubérosité ischiatique ; court chef : ligne âpre du fémur	Tête du péroné et tubérosité externe du tibia	Flexion de la jambe et extension de la cuisse	Nerf sciatique poplité interne
Demi-tendineux	Tubérosité ischiatique	Partie proximale de la face médiane du corps du tibia	Flexion de la jambe et extension de la cuisse	Nerf sciatique poplité interne
Demi-membraneux	Tubérosité ischiatique	Tubérosité interne du tibia	Flexion de la jambe et extension de la cuisse	Nerf sciatique poplité interne
Droit interne de la cuisse	Symphyse et arcade pubiennes	Face médiane du corps du tibia	Flexion de la jambe et adduction de la cuisse	Nerf obturateur
Couturier	Épine iliaque antéro-supérieure	Face médiane du corps du tibia	Flexion de la jambe, flexion de la cuisse et rotation latérale (jambes croisées)	Nerf crural

APPLICATION CLINIQUE

Le **claquage des muscles de la loge postérieure de la cuisse** est une affection courante chez les grands coureurs. Parfois, l'effort musculaire intense nécessaire pour accomplir un exploit déchire une partie des origines tendineuses des muscles de la loge postérieure de la cuisse au niveau de la tubérosité ischiatique. Cette déchirure est généralement accompagnée de contusions, du déchirement de certaines fibres musculaires et de la rupture de vaisseaux sanguins, ce qui produit un hématome.

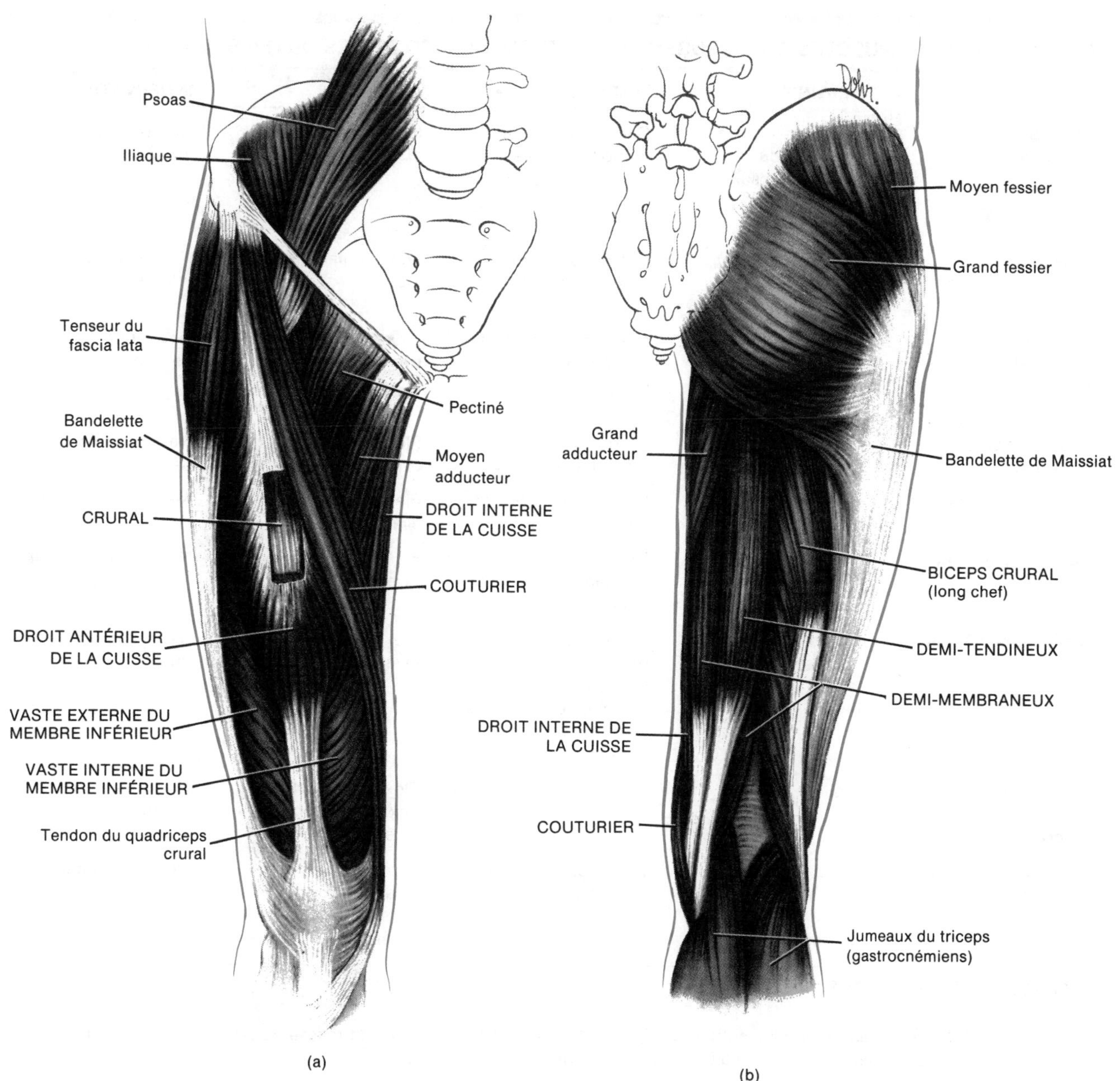

FIGURE 11.21 Muscles qui agissent sur la jambe. (a) Vue antérieure. (b) Vue postérieure.

DOCUMENT 11.21 MUSCLES QUI ASSURENT LA MOTILITÉ DU PIED ET DES ORTEILS (figure 11.22)

MUSCLE	ORIGINE	INSERTION	ACTION	INNERVATION
Jumeaux du triceps	Condyles externe et interne du fémur et capsule articulaire du genou	Calcanéum par le tendon d'Achille	Flexion plantaire du pied	Nerf sciatique poplité interne
Soléaire (*soléaire*: plante du pied)	Tête du péroné et bord médian du tibia	Calcanéum par le tendon d'Achille	Flexion plantaire du pied	Nerf sciatique poplité interne
Long péronier latéral	Tête et corps du péroné et tubérosité externe du tibia	Premier métatarsien et premier cunéiforme	Flexion plantaire et éversion du pied	Nerf musculo-cutané de la jambe
Court péronier latéral	Corps du péroné	Cinquième métatarsien	Flexion plantaire et éversion du pied	Nerf musculo-cutané de la jambe
Péronier antérieur	Tiers distal du péroné	Cinquième métatarsien	Flexion dorsale et éversion du pied	Nerf tibial antérieur
Jambier antérieur	Tubérosité externe et corps du tibia	Premier métatarsien et premier cunéiforme	Flexion dorsale et inversion du pied	Nerf tibial antérieur
Jambier postérieur	Membrane interosseuse entre le tibia et le péroné	Deuxième, troisième et quatrième métatarsiens ; naviculaire ; troisième cunéiforme ; et cuboïde	Flexion plantaire et inversion du pied	Nerf sciatique poplité interne
Fléchisseur commun des orteils	Tibia	Phalanges distales des quatre orteils extérieurs	Flexion des orteils ; flexion plantaire et inversion du pied	Nerf sciatique poplité interne
Extenseur commun des orteils	Tubérosité externe du tibia et face antérieure du péroné	Phalanges médianes et distales des quatre orteils extérieurs	Extension des orteils ; flexion dorsale et éversion du pied	Nerf tibial antérieur

APPLICATION CLINIQUE

Le tendon d'Achille, le **tendon le plus solide du corps**, est capable de supporter une masse de 500 kg sans se déchirer. Toutefois, le tendon d'Achille se déchire plus fréquemment que les autres tendons.

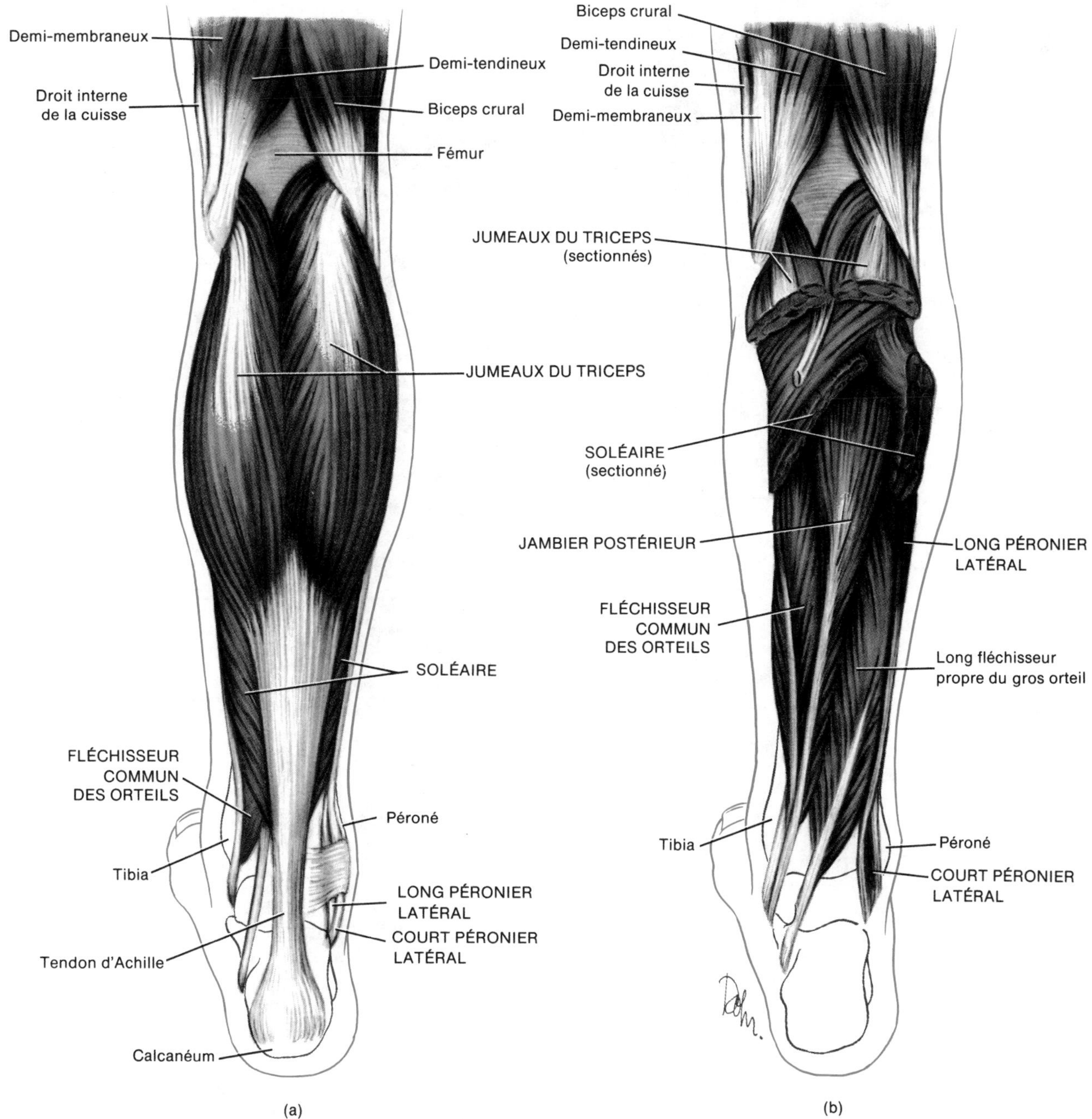

FIGURE 11.22 Muscles qui assurent la motilité du pied et des orteils. (a) Vue postérieure, plan superficiel. (b) Vue postérieure, plan profond.

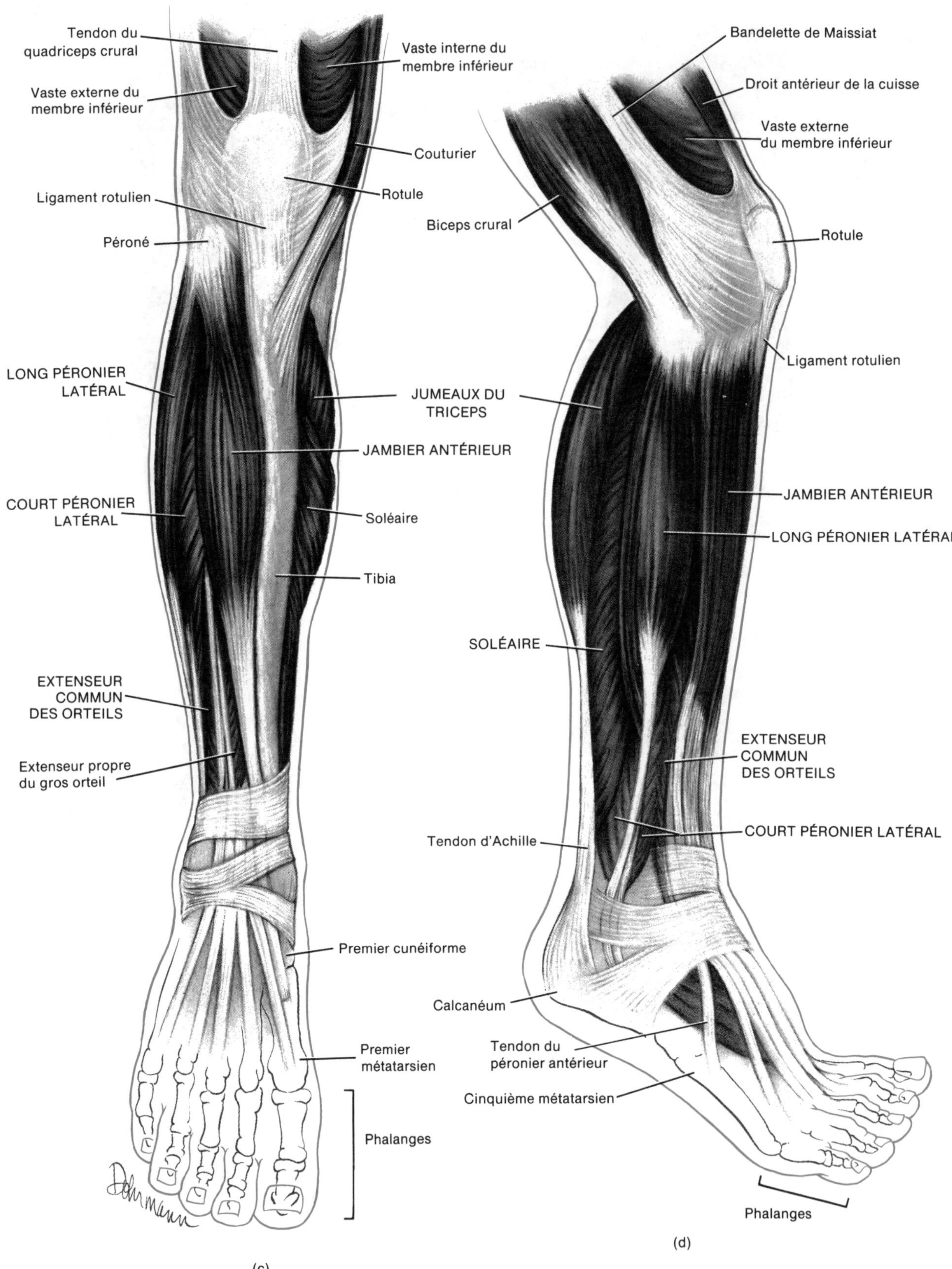

FIGURE 11.22 [*Suite*] (c) Vue antérieure, plan superficiel. (d) Vue latérale, plan superficiel.

LES INJECTIONS INTRAMUSCULAIRES

Une **injection intramusculaire** traverse la peau et le tissu sous-cutané pour entrer dans le muscle. Ces injections sont indiquées lorsqu'on désire une absorption rapide, lorsqu'on doit administrer des doses trop importantes pour être données en injections sous-cutanées ou lorsque le médicament prescrit est trop irritant pour être administré par voie sous-cutanée. Les injections intramusculaires sont habituellement données dans les fesses, le côté latéral de la cuisse et la région deltoïde du bras. Les muscles de ces régions, notamment les muscles fessiers, sont assez épais. Comme ces régions comportent un grand nombre de fibres musculaires et des fascias étendus, le médicament bénéficie d'une grande surface d'absorption. L'absorption est également favorisée par l'important apport sanguin aux muscles. Idéalement, les injections intramusculaires devraient être données profondément à l'intérieur du muscle, et loin des nerfs et des vaisseaux sanguins importants.

Pour la plupart des injections intramusculaires, le point le plus utilisé est le muscle moyen fessier (figure 11.23,a). La fesse est divisée en quatre quadrants, et c'est le quadrant supéro-externe que l'on utilise comme point d'injection. La crête iliaque sert de point de repère pour trouver ce quadrant. L'emplacement exact se trouve habituellement de 5,0 cm à 7,5 cm sous la crête iliaque. On choisit le quadrant supéro-externe parce que le muscle de cette région est passablement épais et contient peu de nerfs. Le fait d'injecter les médicaments dans cette région réduit donc les risques de blessures au nerf sciatique, qui pourraient provoquer une paralysie du membre inférieur. Cela réduit également les risques d'atteindre un vaisseau sanguin. Après qu'on a introduit l'aiguille dans le muscle moyen fessier, on retire le piston durant quelques secondes. Si la seringue se remplit de sang, cela signifie que l'aiguille se trouve dans un vaisseau sanguin, et on choisit alors un autre point d'injection sur l'autre fesse.

Lorsqu'on donne une injection dans le côté latéral de la cuisse, on introduit l'aiguille dans la portion centrale du muscle vaste externe du membre inférieur (figure 11.23,b). On repère cet endroit en utilisant le genou et le grand trochanter du fémur comme points de repère. On détermine l'emplacement de la portion centrale du muscle en mesurant la largeur d'une main au-dessus du genou, et la largeur d'une main sous le grand trochanter.

Lorsqu'on effectue une injection dans le muscle deltoïde, on introduit l'aiguille dans la portion centrale du muscle, à environ deux ou trois largeurs de doigts sous l'acromion de l'omoplate, à côté de l'aisselle (figure 11.23,c).

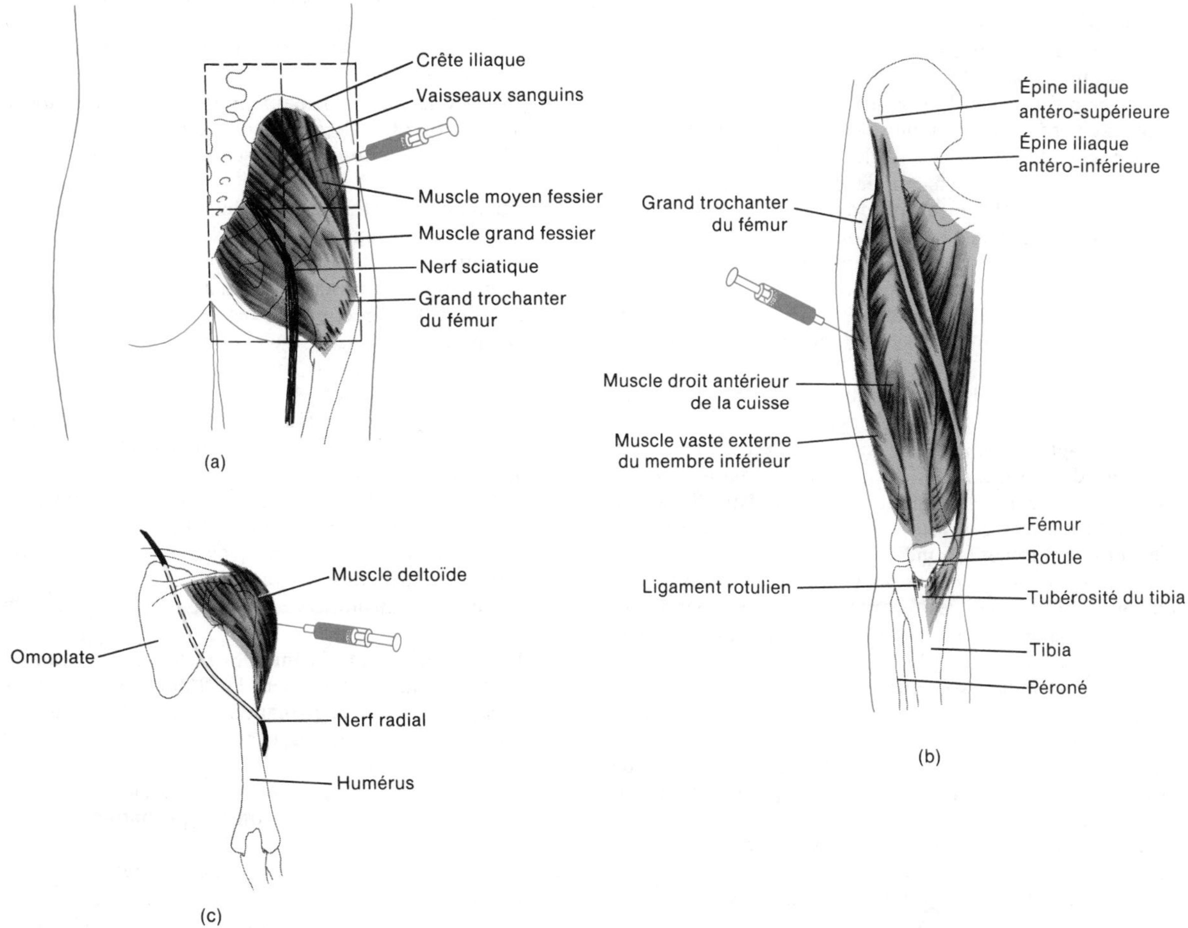

FIGURE 11.23 Injections intramusculaires. Les trois points d'injection les plus courants. (a) Fesse. (b) Face latérale de la cuisse. (c) Région deltoïde du bras.

RÉSUMÉ

Comment les muscles squelettiques assurent-ils les mouvements ? (page 224)

1. Les muscles squelettiques assurent les mouvements en exerçant une traction sur les os.
2. Le point d'attache à l'os immobile est l'origine. Le point d'attache à l'os mobile est l'insertion.
3. Les os jouent le rôle de leviers et les articulations servent de points d'appui. Deux facteurs agissent sur le levier : la résistance et la force.
4. Il existe trois genres de leviers : les leviers du premier genre, les leviers du deuxième genre et les leviers du troisième genre. Ils sont classés d'après la position du point d'appui, de la force et de la résistance.
5. Les faisceaux musculaires sont disposés selon quatre modèles : le modèle parallèle, le modèle convergent, le modèle penniforme et le modèle circulaire. La disposition des faisceaux est reliée à la force et à l'amplitude des mouvements d'un muscle.
6. Le muscle agoniste produit l'action désirée. Le muscle antagoniste produit l'action contraire. Le muscle synergique aide l'agoniste en réduisant les mouvements inutiles. Le muscle fixateur stabilise l'origine de l'agoniste, favorisant ainsi l'efficacité de ce dernier.

Les noms des muscles squelettiques (page 227)

Les muscles squelettiques sont nommés d'après certaines caractéristiques : la direction des fibres, l'emplacement, la taille, le nombre d'origines, la forme, l'origine et l'insertion, et l'action.

Les principaux muscles squelettiques (page 227)

Les principaux muscles squelettiques du corps sont regroupés en régions dans les documents 11.2 à 11.21.

Les injections intramusculaires (page 263)

1. L'injection intramusculaire offre les avantages suivants : absorption rapide, administration de doses supérieures à celles qui peuvent être données par voie sous-cutanée et irritation minimale.
2. Les points d'injection les plus courants sont la fesse, le côté latéral de la cuisse et la région deltoïde du bras.

RÉVISION

1. En utilisant les termes origine, insertion et ventre du muscle, décrivez de quelle façon les muscles squelettiques engendrent des mouvements corporels en exerçant une traction sur les os.
2. Qu'est-ce qu'un levier ? un point d'appui ? Appliquez ces termes au corps humain et indiquez la nature des forces qui agissent sur les leviers. Décrivez les trois genres de leviers et donnez un exemple de chacun dans le corps humain.
3. Décrivez les différentes dispositions des faisceaux musculaires. De quelle façon la disposition des faisceaux est-elle reliée à la force et à l'amplitude des mouvements d'un muscle ?
4. Quel est le rôle des muscles agoniste, antagoniste, synergique et fixateur dans la production des mouvements corporels ?
5. Choisissez au hasard quelques-uns des muscles présentés dans les documents 11.2 à 11.21, et tentez de trouver selon quel(s) critère(s) ils ont été nommés. Servez-vous des préfixes, des suffixes, des racines et des définitions de chaque document comme guide de votre travail. Choisissez autant de muscles que vous le désirez, mais assurez-vous que vous comprenez le concept en jeu.
6. Quels muscles utiliseriez-vous pour effectuer les mouvements suivants : (a) froncer les sourcils, (b) faire une moue, (c) prendre une expression de surprise, (d) montrer vos dents supérieures, (e) plisser vos lèvres, (f) loucher, (g) gonfler un ballon, (h) sourire ?
7. Qu'arriverait-il si vous perdiez le tonus des muscles masséter et temporal ?
8. Quels sont les muscles qui assurent la motilité du globe oculaire ? Dans quelle direction chacun des muscles fait-il mouvoir le globe oculaire ?
9. Quels muscles de la langue, de la face et des mâchoires utiliseriez-vous pour mâcher de la gomme ?
10. Quels sont les muscles qui resserrent le pharynx ? Quel est le muscle qui dilate le pharynx ?
11. Quels muscles utiliseriez-vous pour dire « oui » et « non » en remuant la tête ?
12. Quels sont les muscles qui compriment la paroi abdominale antérieure ?
13. Quels sont les principaux muscles qui participent à la respiration ? Quelles sont leurs actions ?
14. Décrivez les actions des muscles du plancher pelvien et du périnée.
15. Quels muscles utilise-t-on pour (a) soulever les épaules, (b) abaisser les épaules, (c) joindre les mains derrière le dos, (d) joindre les mains sur la poitrine ?
16. Quels sont les muscles qui assurent la motilité du bras ? Dans quelles directions les mouvements se produisent-ils ?
17. Quels sont les muscles qui assurent la motilité de l'avant-bras ? Quelles actions musculaires implique le geste de craquer une allumette ?
18. Combien pouvez-vous énumérer de muscles et d'actions musculaires du poignet et des doigts intervenant dans le geste de l'écriture ?
19. Pouvez-vous effectuer un exercice qui ferait travailler tous les muscles énumérés dans le document 11.18 ?
20. Pensez aux différents mouvements que vous effectuez lorsque vous dansez. Quels muscles énumérés dans le document 11.20 utiliseriez-vous et quelles actions effectueriez-vous ?
21. Voyez quels sont les muscles et les actions musculaires énumérés dans le document 11.21 que vous utiliseriez pour grimper une échelle menant à un tremplin, pour plonger, pour nager une longueur et pour vous asseoir sur le bord de la piscine.
22. Énumérez les muscles qui produisent des mouvements de flexion plantaire, d'éversion, de pronation et de flexion dorsale du pied.
23. Quels sont les avantages de l'injection intramusculaire ?
24. Dites comment vous vous y prendriez pour trouver le point d'injection dans la fesse, dans le côté de la cuisse et dans la région deltoïde du bras.

TROISIÈME PARTIE

Les systèmes de régulation du corps humain

Dans cette partie, nous voyons l'importance des influx nerveux, qui effectuent des ajustements rapides permettant le maintien de l'homéostasie. Nous étudions la façon dont le système nerveux décèle les changements dans le milieu, décide de l'action à entreprendre et réagit aux changements. Nous examinons également le rôle des hormones dans le maintien à longue échéance de l'homéostasie.

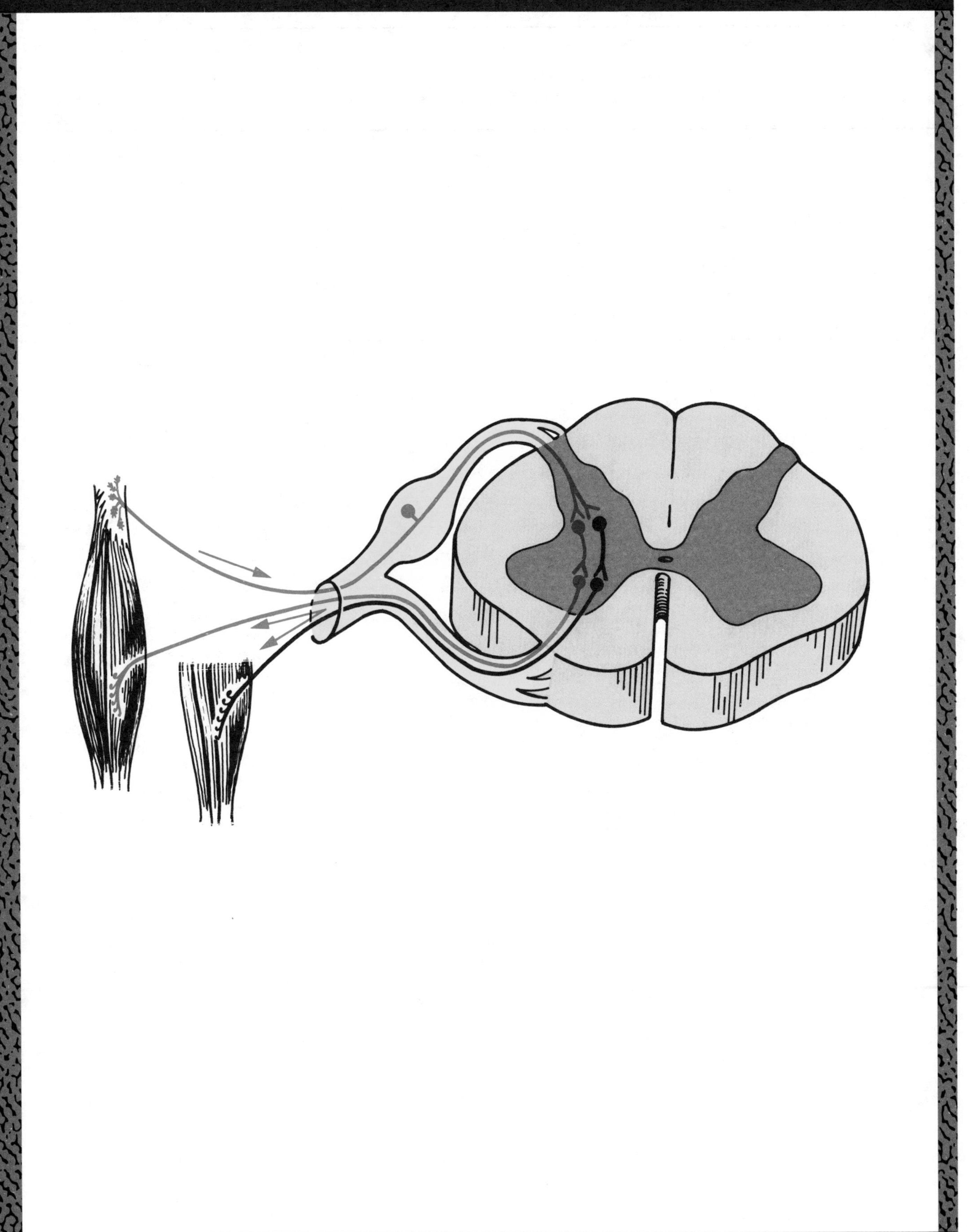

12

Le tissu nerveux

OBJECTIFS

- Identifier les trois fonctions principales du système nerveux qui concourent au maintien de l'homéostasie.
- Classer les organes du système nerveux en systèmes central et périphérique.
- Comparer les fonctions et les caractéristiques histologiques de la névroglie et des neurones.
- Classer les neurones selon leur structure et leur fonction.
- Décrire les facteurs qui maintiennent le neurone à l'état de repos.
- Décrire le processus de production et de conduction de l'influx nerveux.
- Définir la loi du tout-ou-rien de la conduction nerveuse.
- Discuter des facteurs qui interviennent dans la vitesse de conduction.
- Définir une synapse et énumérer les facteurs intervenant dans la conduction de l'influx nerveux à une synapse.
- Expliquer comment les interactions transmetteur-récepteur excitatrice et inhibitrice aident à maintenir l'homéostasie.
- Décrire le phénomène de l'intégration.
- Expliquer le rôle des neurotransmetteurs dans la conduction d'un influx nerveux à travers une synapse.
- Énumérer les facteurs susceptibles d'interrompre la conduction nerveuse.
- Énumérer les conditions nécessaires à la régénération du tissu nerveux.
- Expliquer l'organisation des neurones dans le système nerveux.

Le **système nerveux** est le centre de régulation et le réseau de communication du corps. Le système nerveux humain remplit trois fonctions de base: la sensibilité, l'intégration et la motricité. Premièrement, il détecte toute modification interne ou externe du corps; c'est sa fonction sensorielle. Deuxièmement, il interprète ces changements; c'est sa fonction d'intégration. Troisièmement, il réagit à l'interprétation en déclenchant l'action sous forme de contractions musculaires ou de sécrétions glandulaires; c'est sa fonction motrice.

Le système nerveux est donc capable de maintenir très rapidement l'homéostasie du corps. Ses réactions, transmises en une fraction de seconde sous forme d'influx nerveux, peuvent généralement apporter toutes les modifications nécessaires au parfait fonctionnement du corps. Nous verrons plus loin que l'homéostasie est assurée à la fois par le système nerveux et par le système endocrinien. La réaction des hormones sécrétées par les glandes endocrines, quoique moins rapide que celle des influx nerveux, n'en demeure pas moins efficace.

La **neurologie** (*neuro*: nerf; *logie*: étude de) est la branche de la médecine qui étudie le fonctionnement et les pathologies du système nerveux.

Nous étudierons, au chapitre 14, le développement embryonnaire du système nerveux.

L'ORGANISATION DU SYSTÈME NERVEUX

Le système nerveux peut être divisé en deux parties principales, le système nerveux central et le système nerveux périphérique, auxquelles s'ajoutent plusieurs subdivisions (figure 12.1).

Le **système nerveux central (SNC)**, formé de l'encéphale et de la moelle épinière, est le centre de régulation de tout le système. Toutes les sensations perçues par le corps sont transmises depuis les récepteurs jusqu'au système nerveux central. Tous les influx nerveux qui stimulent la contraction des muscles et la sécrétion des glandes prennent naissance dans le système nerveux central.

Les différents prolongements nerveux qui relient l'encéphale et la moelle épinière aux récepteurs, aux muscles et aux glandes constituent le **système nerveux périphérique (SNP)**. Le système nerveux périphérique se subdivise en deux parties: les voies afférentes et les voies efférentes. Les **voies afférentes** sont formées de cellules nerveuses, les *neurones afférents*, ou *sensitifs*, qui transmettent les influx nerveux à partir des récepteurs situés à la périphérie du corps jusqu'au système nerveux central. Ces neurones sont les premiers à capter l'information. Les **voies efférentes** sont formées de cellules nerveuses, les *neurones efférents*, ou *moteurs*, qui transmettent les influx nerveux depuis le système nerveux central jusqu'aux muscles et aux glandes.

Les voies efférentes sont, à leur tour, subdivisées en deux systèmes: le système nerveux somatique et le système nerveux autonome. Le **système nerveux somatique** (*soma*: corps) est formé de neurones efférents qui conduisent l'influx nerveux du système nerveux central aux tissus musculaires striés; c'est un système volontaire. Le **système nerveux autonome**, ou **SNA** (*auto*:soi-même; *nomos*: loi), est formé de neurones efférents qui assurent la propagation de l'influx nerveux depuis le système nerveux central jusqu'aux tissus musculaires lisse et cardiaque ainsi qu'aux glandes; c'est un système involontaire.

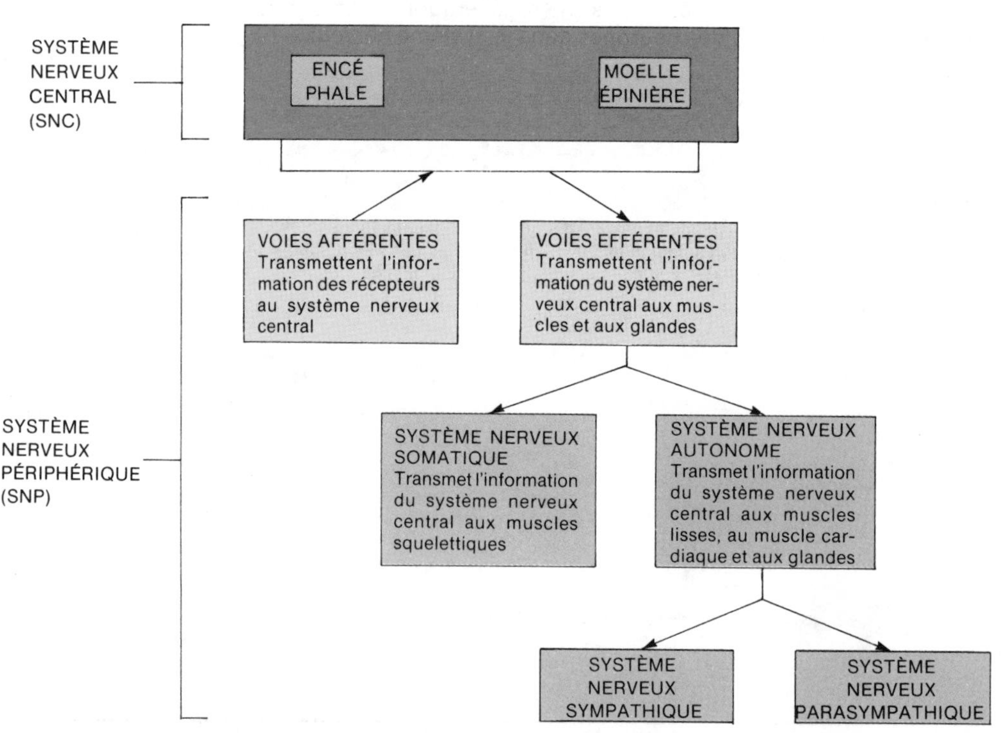

FIGURE 12.1 Organisation du système nerveux.

Le système nerveux autonome est formé de deux parties : le **système nerveux sympathique** et le **système nerveux parasympathique**. En règle générale, les viscères reçoivent des fibres nerveuses de ces deux systèmes ; certaines fibres stimulent ou accroissent l'activité d'un organe, tandis que d'autres l'inhibent (chapitre 16).

L'HISTOLOGIE

Le système nerveux est formé de deux principales sortes de cellules : les neurones et la névroglie. Les neurones forment le tissu nerveux qui constitue l'unité structurale et fonctionnelle du système. Ils conduisent l'influx nerveux et remplissent toutes les fonctions relatives au système nerveux : la pensée, la maîtrise de l'activité musculaire et la régulation des glandes. La névroglie soutient et protège le système nerveux.

LA NÉVROGLIE

Les cellules qui soutiennent et protègent le système nerveux s'appellent la **névroglie** (*névro* : nerf ; *glie* : glu), ou **cellules gliales** (figure 12.2). Les cellules gliales sont généralement plus petites que les neurones, mais leur

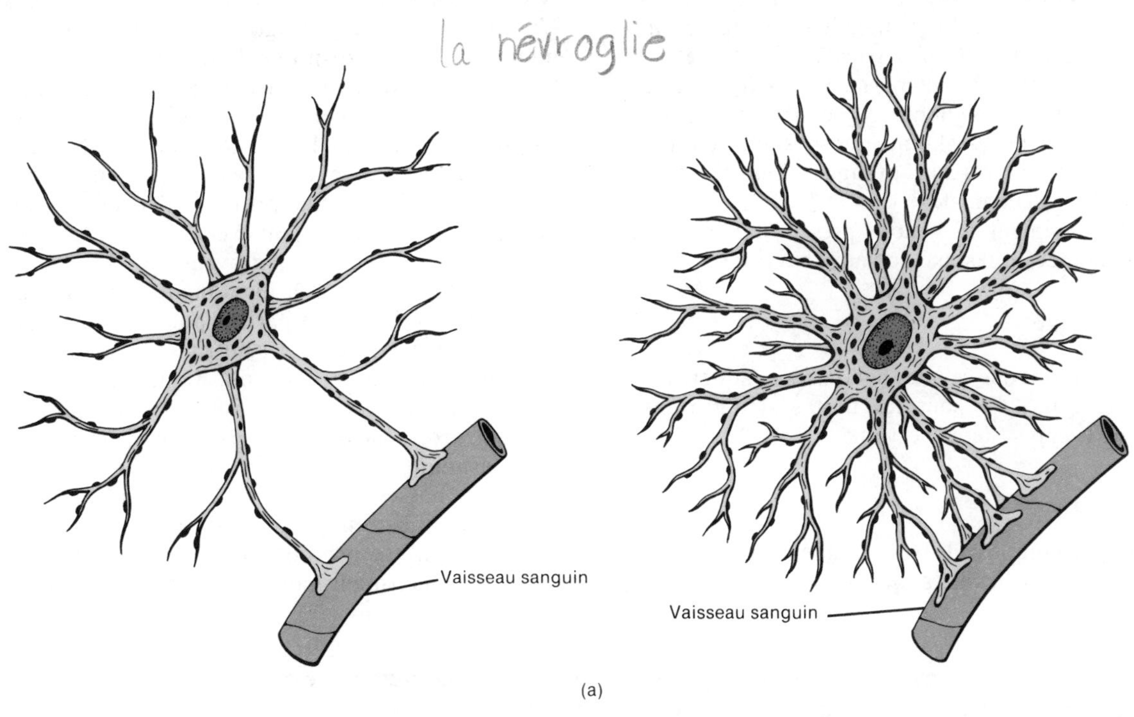

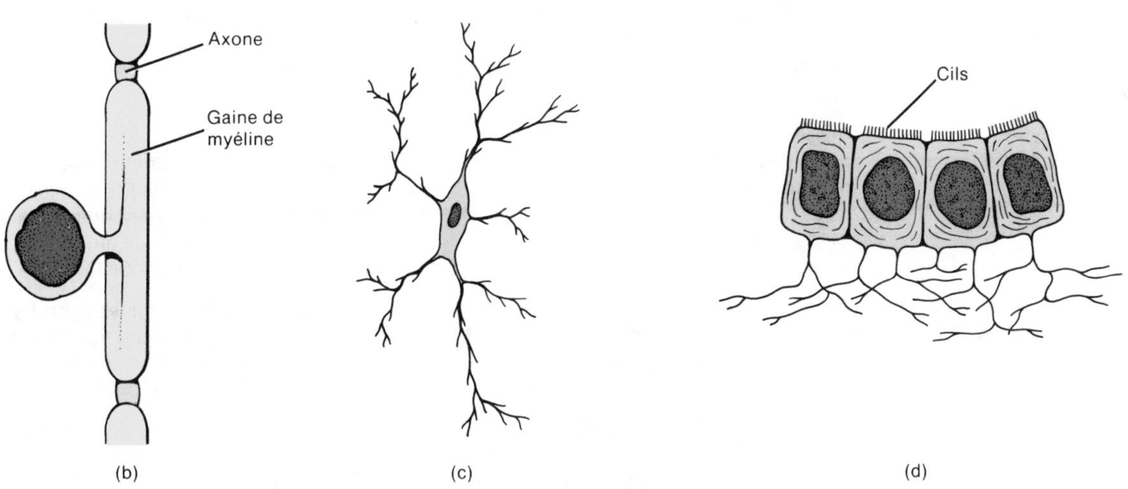

FIGURE 12.2 Types de cellules gliales. (a) Astrocyte fibrillaire (à gauche) et astrocyte protoplasmique (à droite) fixés à leur vaisseau sanguin. (b) Oligodendrocyte fixé à l'axone d'un neurone du système nerveux central. (c) Microglie. (d) Cellules épendymaires. Noter la présence de cils.

proportion est de cinq à dix fois plus élevée. De nombreuses cellules gliales forment un réseau de soutien en s'enroulant autour des neurones ou en tapissant certains organes de l'encéphale et de la moelle épinière. D'autres relient le tissu nerveux aux organes de soutien et soudent les neurones à leurs vaisseaux sanguins. En outre, quelques cellules gliales ont un rôle bien spécifique. Certaines fabriquent un revêtement phospholipidique, la gaine de myéline, qui entoure les fibres nerveuses du système nerveux central afin d'isoler les fibres et d'augmenter la vitesse de conduction du potentiel d'action, ou influx nerveux. Certaines petites cellules gliales ont des fonctions phagocytaires; elles protègent le système nerveux central des maladies en englobant les particules étrangères et en détruisant les déchets. Les cellules gliales offrent un intérêt médical, car les tumeurs du système nerveux, les gliomes, y prennent fréquemment naissance. On tient les gliomes responsables de 40% à 45% des tumeurs intracrâniennes. Les gliomes se propagent très facilement.

Dans le document 12.1, nous présentons la liste des cellules gliales et un résumé de leurs fonctions.

LES NEURONES

Les **neurones** sont des cellules nerveuses conductrices de l'influx nerveux. Ce sont les unités structurales et fonctionnelles du système nerveux.

La structure

Le neurone se compose de trois grandes parties: le corps cellulaire, les dendrites et l'axone (figure 12.3,a). Le **corps cellulaire**, **soma** ou **péricaryon**, renferme un noyau et un nucléole bien distincts, entourés d'un cytoplasme granulaire. Le cytoplasme renferme des organites, tels que des lysosomes, des mitochondries et des appareils de Golgi. De nombreux neurones renferment également des inclusions cytoplasmiques, comme la *lipofuscine*, un pigment qui apparaît sous forme de petits amas de granules brun-jaunâtre. La lipofuscine est sans doute un sous-produit élaboré par les lysosomes. On ignore le rôle de la lipofuscine, mais on sait que le nombre de pigments augmente avec l'âge. On trouve aussi, dans le cytoplasme, des structures caractéristiques des neurones: les corps de Nissl et les neurofibrilles. Les *corps de Nissl*, ou *substance chromatophile*, sont des agrégats de réticulum endoplasmique granuleux, disposés de façon ordonnée, dont la fonction consiste à synthétiser les protéines. Les protéines nouvellement synthétisées se déplacent du corps cellulaire vers les prolongements neuronaux, le plus souvent l'axone, à une vitesse d'environ 1 mm par jour. Elles remplacent les protéines détruites au cours du métabolisme; elles assurent la croissance des neurones et la régénération des fibres nerveuses périphériques. Les *neurofibrilles* sont des fibrilles longues et fines formées de microtubules. Elles ont parfois pour rôle de fournir un soutien et de transporter les nutriments. Les neurones ne renferment pas d'appareil mitotique; nous étudierons sous peu l'importance de l'absence de cet appareil.

Les neurones possèdent deux sortes de prolongements cytoplasmiques: les dendrites et les axones. Le corps cellulaire possède de nombreuses **dendrites** (*dendro*: arbre), ramifications épaisses du cytoplasme servant à conduire l'influx nerveux vers le corps cellulaire. Ces dendrites renferment habituellement des corps de Nissl,

DOCUMENT 12.1 NÉVROGLIE DU SYSTÈME NERVEUX CENTRAL

TYPE	DESCRIPTION	FONCTION
Astrocytes (*astro*: étoile; *cyte*: cellule)	Cellules en forme d'étoile qui possèdent de nombreux prolongements. Les *astrocytes protoplasmiques* se trouvent dans la substance grise du SNC, et les astrocytes fibrillaires, dans la substance blanche du SNC	S'enroulent autour des cellules de l'encéphale et de la moelle épinière; elles lient les neurones aux vaisseaux sanguins et ont un rôle de soutien
Oligodendrocytes (*oligo*: peu; *dendro*; arbre)	Ressemblent aux astrocytes, mais leurs prolongements sont moins nombreux et plus courts	Procurent un soutien en formant des rangées de tissu conjonctif semi-rigide entre les neurones dans l'encéphale et la moelle épinière; élaborent une gaine de myéline phospholipidique autour des axones des neurones du SNC
Microglie (*micro*: petit; *glie*: glu)	Petites cellules possédant très peu de prolongements; sont dérivées des monocytes; sont habituellement stationnaires, mais peuvent se déplacer vers les endroits lésés; elles sont aussi appelées macrophages de l'encéphale	Engouffrent et détruisent les microbes et les débris cellulaires; peuvent migrer vers les tissus nerveux lésés et servir de petits macrophages
Cellules épendymaires (*épi*: sur; *enduma*: vêtement)	Couche unique de cellules épithéliales dont la forme varie de squameuse à cylindrique; plusieurs sont ciliées	Forment le revêtement des ventricules de l'encéphale (cavités où se forme et circule le liquide céphalo-rachidien) et le canal de l'épendyme de la moelle épinière; favorise la circulation du liquide céphalo-rachidien

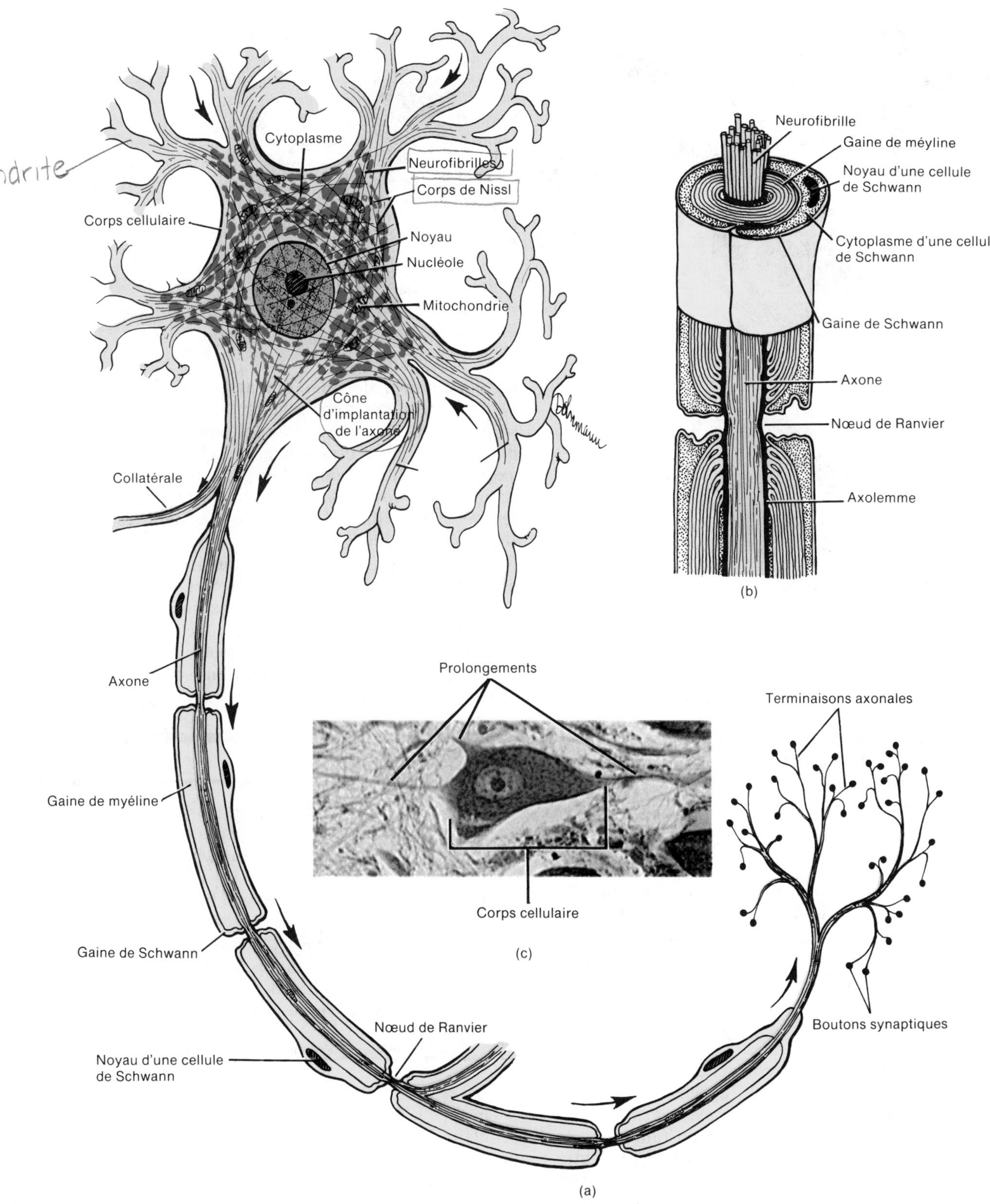

FIGURE 12.3 **Structure d'un neurone typique ; un neurone efférent (moteur) sert d'exemple. (a)** Un neurone efférent complet. Les flèches indiquent le sens de propagation de l'influx nerveux. (b) Coupe d'une fibre myélinique. (c) Photomicrographie d'un neurone efférent, agrandie 640 fois. [Gracieuseté de Biophoto Associates/Photo Researchers.]

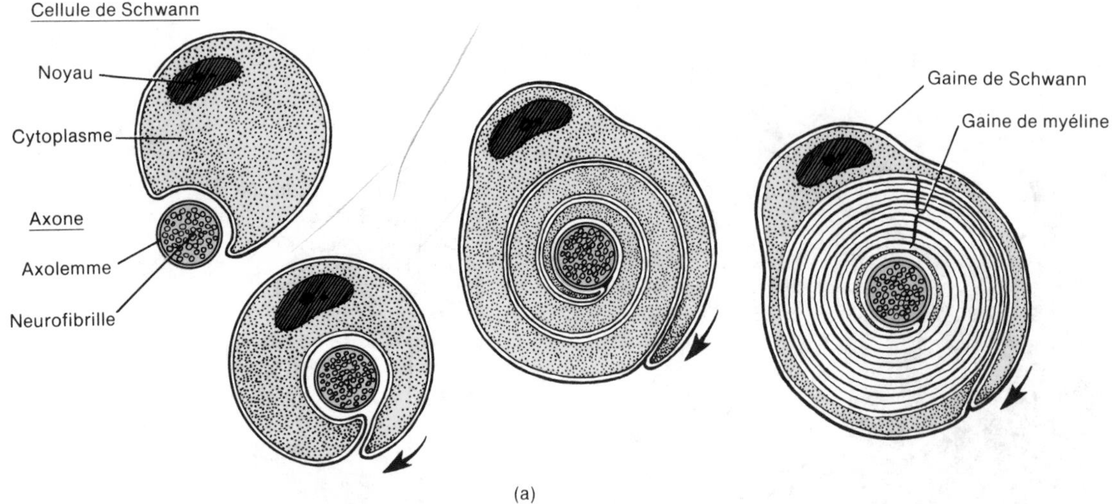

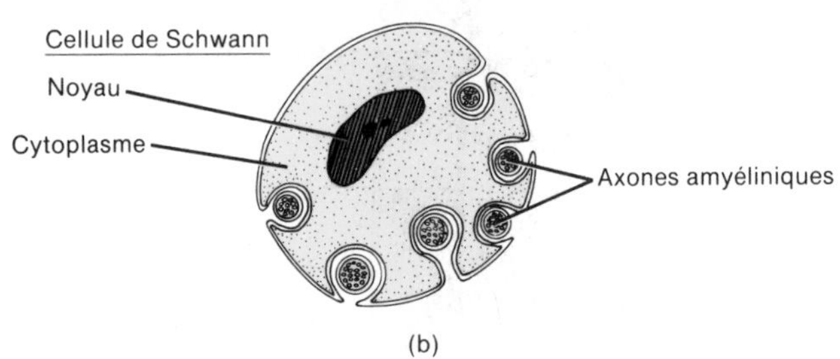

FIGURE 12.4 Comparaison entre un axone myélinique et un axone amyélinique. (a) Phases de formation de la gaine de myéline par une cellule de Schwann. (b) Axone amyélinique.

des mitochondries et d'autres organites cytoplasmiques. Un même neurone possède plusieurs dendrites principales.

L'**axone** est le prolongement long, fin et hautement spécialisé servant à conduire l'influx nerveux vers un neurone voisin ou un tissu. L'axone prend naissance sur une élévation de forme cônique du corps cellulaire, appelée *cône d'implantation*. L'axone contient des mitochondries et des neurofibrilles, mais pas de corps de Nissl ; il n'assure donc pas la synthèse des protéines. Son cytoplasme, l'*axoplasme*, est enveloppé d'une membrane appelée *axolemme* (*lemme* : gaine). Les axones sont de longueur variable ; ceux de l'encéphale ne mesurent que quelques millimètres, alors que ceux de la moelle épinière peuvent atteindre plus d'un mètre. Un axone peut posséder des branches latérales appelées *collatérales*. L'extrémité des axones et des collatérales se divise en un grand nombre de minces filaments appelés *terminaisons axonales*, au bout desquelles se trouvent des *boutons synaptiques*, qui jouent un rôle important dans la **transmission de l'influx nerveux d'un neurone à un autre** et d'un neurone aux tissus musculaire ou glandulaire. Ces boutons synaptiques renferment des *vésicules synaptiques*, petits sacs contenant des substances chimiques, appelées neurotransmetteurs, qui déterminent si la transmission de l'influx nerveux se fera ou non.

Le corps cellulaire joue un rôle vital durant la synthèse d'un grand nombre de substances essentielles à la vie du neurone. Les neurones possèdent deux sortes de systèmes intracellulaires destinés à transporter les matières synthétisées hors du corps cellulaire. Le **flux axoplasmique**, le plus lent, transporte l'axoplasme dans une seule direction, depuis le corps cellulaire jusqu'aux terminaisons axonales. Cet axoplasme, transporté probablement par écoulement protoplasmique, sert à développer ou à régénérer les axones. Le **transport axonal**, très rapide, sert à transporter des matières et divers organites dans les deux directions, hors du corps cellulaire et vers celui-ci, probablement le long des pistes formées par les microtubules et les filaments. Le transport axonal déplace divers organites et des matières qui forment les membranes de l'axolemme, les boutons synaptiques et les vésicules synaptiques. Les matières qui retournent vers le corps cellulaire sont dégradées ou recyclées.

APPLICATION CLINIQUE

Les virus de l'**herpès** et de la **rage** empruntent le même chemin que celui des matières qui retournent au corps cellulaire par transport axonal pour s'infiltrer jusqu'au corps cellulaire, où ils se multiplient et amorcent leur activité destructive. La toxine élaborée par le **bacille tétanique** utilise également la même voie pour atteindre le système nerveux central. Le décalage entre le moment où la toxine est libérée et l'apparition des premiers symptômes dépend, en partie, de la vitesse de propagation de la toxine par le transport axonal.

On appelle **fibre nerveuse** tout prolongement du corps cellulaire. Le terme fibre nerveuse désigne le plus souvent un axone et ses gaines. À la figure 12.3,b, nous présentons deux coupes d'une fibre nerveuse appartenant au système nerveux périphérique. De nombreux axones, en particulier les gros axones périphériques, sont protégés par plusieurs couches d'un revêtement phospholipidique de couleur blanche et divisé en segments appelé **gaine de myéline**. De tels axones sont dits *myéliniques*, alors que ceux qui ne possèdent pas de gaine de myéline sont appelés axones *amyéliniques* (figure 12.4). Cette gaine de myéline accroît la vitesse de propagation de l'influx nerveux, isole et protège l'axone. La couleur de la substance blanche des nerfs de l'encéphale et de la moelle épinière provient de la myéline.

La gaine de myéline des axones du système nerveux périphérique est élaborée par des cellules plates, appelées **cellules de Schwann**, situées le long des axones. Dans la formation d'une gaine, une cellule encercle l'axone jusqu'à ce que ses extrémités se touchent et se chevauchent (figure 12.4). La cellule s'enroule alors plusieurs fois autour de l'axone en repoussant le cytoplasme et le noyau vers la couche extérieure. La partie interne, qui compte parfois de 20 à 30 couches de cellules de Schwann, est la gaine de myéline. La couche cytoplasmique externe, qui contient le noyau, est appelée **gaine de Schwann**, ou **neurilemme**.

La gaine de Schwann entoure uniquement les fibres du système nerveux périphérique. Elle favorise la régénération des axones qui ont été lésés. On appelle **nœuds de Ranvier** les espaces amyéliniques entre les segments de la gaine de myéline. Les fibres amyéliniques sont entourées d'une seule couche de cellules de Schwann.

Les fibres nerveuses du système nerveux central peuvent également être myéliniques ou amyéliniques. Leurs axones sont myélinisés par les oligodendrocytes ; la myélinisation des axones des systèmes nerveux central et périphérique s'effectue de façon similaire (voir la figure 12.2,b). Les axones myéliniques du système nerveux central possèdent eux aussi des nœuds de Ranvier, mais dans une moindre proportion que les axones du système nerveux périphérique.

Les premières gaines de myéline apparaissent vers la fin de la vie fœtale et au cours de la première année. La quantité de myéline, chez l'être humain, augmente jusqu'à la maturité ; c'est pourquoi les réactions d'un enfant ne sont pas aussi rapides et aussi coordonnées que celles d'un adolescent ou d'un adulte.

La variation structurale

Les neurones possèdent des différences structurales importantes. Par exemple, le diamètre des corps cellulaires des gros neurones moteurs peut varier de 5 µm à 135 µm. La disposition des ramifications dendritiques n'est pas identique pour tous les neurones. Les axones de certains neurones minuscules n'atteignent pas 1 mm et n'ont pas de gaine de myéline, tandis que les neurones plus volumineux ont des axones myéliniques mesurant plus d'un mètre.

La classification

Les différents neurones du corps sont classés selon leur structure et leur fonction.

La classification structurale tient compte du nombre de ramifications du corps cellulaire. Les **neurones multipolaires** sont pourvus de plusieurs dendrites et d'un axone (voir la figure 12.3,a). On les trouve dans l'encéphale et la moelle épinière. Les **neurones bipolaires** ont une dendrite et un axone ; ce sont les neurones de la rétine de l'œil, de l'oreille interne et de l'aire olfactive. Les **neurones unipolaires** sont formés d'un corps

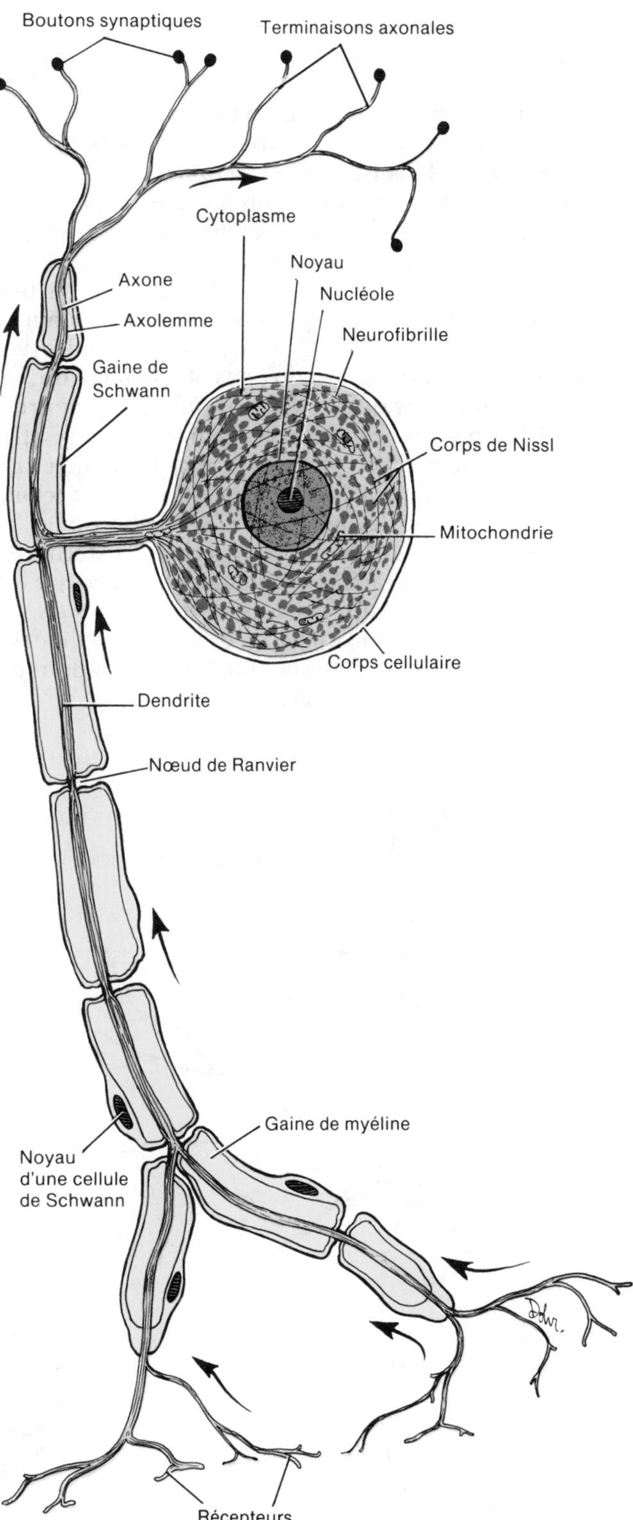

FIGURE 12.5 Structure d'un neurone afférent (sensitif) typique. Les flèches indiquent le sens de propagation de l'influx nerveux.

cellulaire qui ne compte qu'un prolongement. Ce prolongement se divise en une branche centrale qui joue le rôle d'un axone, et en une branche périphérique, qui joue le rôle d'une dendrite. Les neurones unipolaires sont, durant la période embryonnaire, des neurones bipolaires dont les branches se soudent pour former le prolongement unique. Les neurones unipolaires se trouvent dans les ganglions postérieurs (sensitifs) des nerfs rachidiens.

La classification fonctionnelle tient compte du sens de propagation de l'influx nerveux. Les **neurones sensitifs**, ou **neurones afférents**, sont des neurones unipolaires qui envoient l'influx nerveux depuis les récepteurs dans les organes des sens, la peau et les viscères jusqu'à l'encéphale et la moelle épinière (figure 12.5). Les **neurones moteurs**, ou **neurones efférents**, transmettent l'influx nerveux depuis l'encéphale et la moelle épinière jusqu'aux effecteurs, soit les muscles ou les glandes (voir la figure 12.3,a). Les **neurones d'association**, ou **interneurones**, transmettent l'influx d'un neurone sensitif à un neurone moteur ; les neurones d'association sont situés dans l'encéphale et la moelle épinière. Les cellules de Kupffer, de Martinotti, de Cajal et les cellules pyramidales sont des neurones d'association que l'on trouve dans le cortex cérébral, couche externe des hémisphères cérébraux. La microglie et les cellules de Purkinje sont des neurones d'association situés dans le cortex du cervelet. Environ 90% des neurones du corps sont des neurones d'association. Nous en donnons quelques exemples à la figure 12.6.

Les prolongements des neurones afférents et efférents se groupent en faisceaux pour former les *nerfs*. Les nerfs appartiennent au système nerveux périphérique, car ils sont situés hors du système nerveux central. Les fibres nerveuses, unités fonctionnelles des nerfs, peuvent être classées selon leur fonction.

1. Les **fibres afférentes somatiques** conduisent l'influx nerveux de la peau, des muscles squelettiques et des articulations au système nerveux central.

2. Les **fibres efférentes somatiques** conduisent l'influx nerveux du système nerveux central aux muscles squelettiques. La propagation de l'influx le long de ces fibres entraîne la contraction des muscles.

3. Les **fibres afférentes viscérales** conduisent les influx nerveux depuis les viscères et les vaisseaux sanguins jusqu'au système nerveux central.

4. Les **fibres efférentes viscérales** appartiennent au système nerveux autonome et sont appelées *fibres végétatives*. Elles conduisent les influx nerveux du système nerveux central, qui entraînent la contraction des muscles lisses et cardiaque et la sécrétion des glandes.

Le tissu nerveux forme également d'autres organes, comme les ganglions, les faisceaux, les noyaux et les cornes, que nous décrirons au chapitre 13.

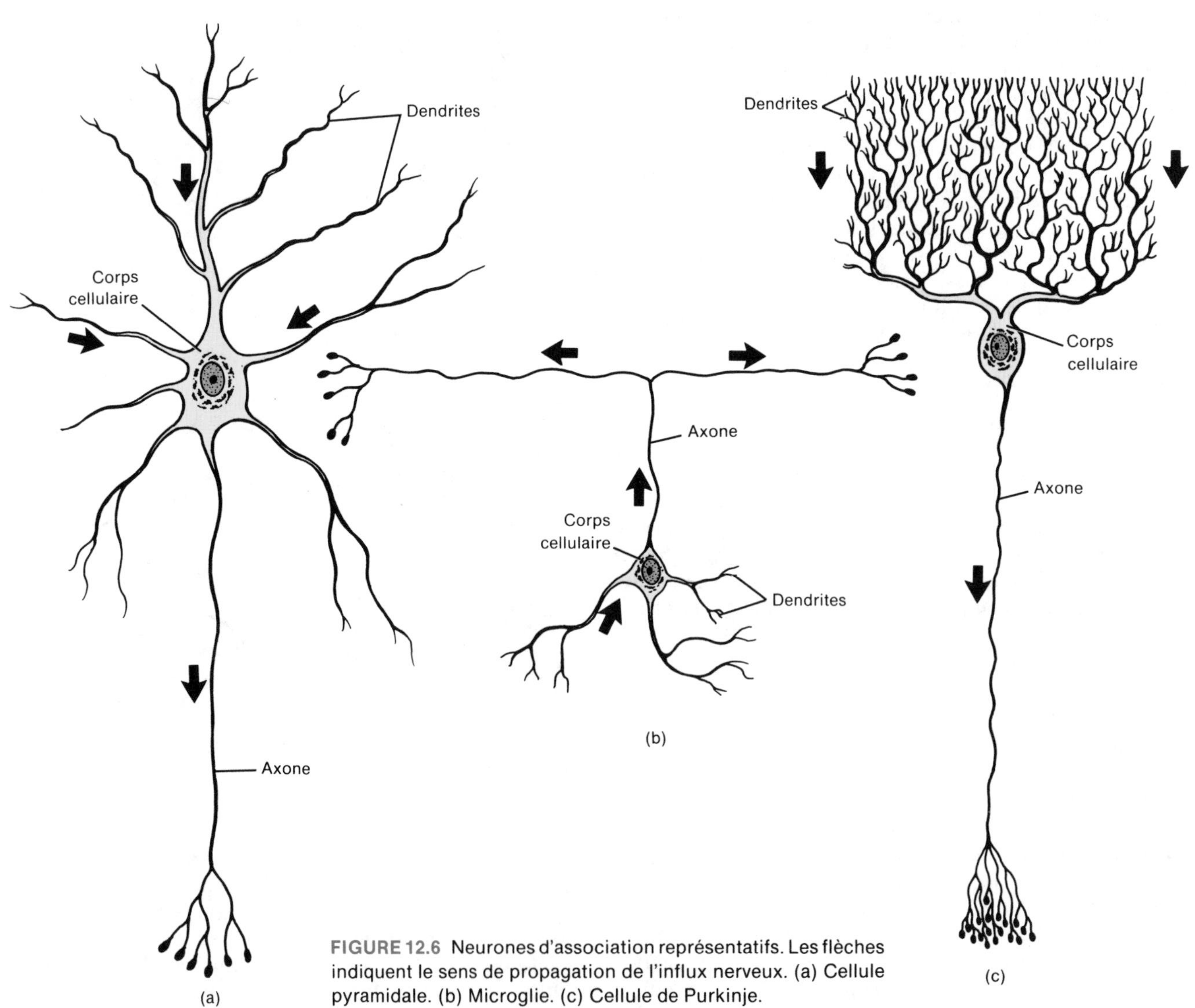

FIGURE 12.6 Neurones d'association représentatifs. Les flèches indiquent le sens de propagation de l'influx nerveux. (a) Cellule pyramidale. (b) Microglie. (c) Cellule de Purkinje.

LA PHYSIOLOGIE

Le tissu nerveux possède deux caractéristiques importantes : son pouvoir hautement développé d'émettre et de conduire des messages électriques appelés influx nerveux, et sa faible capacité de se régénérer.

L'INFLUX NERVEUX

On appellera ici influx nerveux, le moyen le plus rapide que possède le corps de régler et de maintenir l'homéostasie.

Les potentiels de membrane

Des études portant sur les membranes cellulaires, en particulier celles des nerfs et des muscles, indiquent que la concentration en ions de part et d'autre de la membrane cellulaire au repos diffère considérablement. Les deux faces de la membrane d'un neurone au repos, c'est-à-dire d'un neurone qui ne conduit pas d'influx nerveux, n'ont pas la même quantité de charges électriques. Cette différence s'explique en partie par la distribution inégale des ions potassium (K^+) et des ions sodium (Na^+) de chaque côté de la membrane. En effet, la concentration en ions K^+ à l'intérieur de la cellule est de 28 à 30 fois plus élevée qu'à l'extérieur. La concentration en ions Na^+ est environ 14 fois plus élevée à l'extérieur qu'à l'intérieur. Un autre facteur important est la présence d'anions (ions chargés négativement) statiques et volumineux, emprisonnés à l'intérieur de la cellule. La plupart de ces anions sont des protéines. Quels sont les facteurs qui causent cette différence de potentiel ?

Une cellule nerveuse, même quand elle est au repos, transporte activement des ions de part et d'autre de sa membrane. (Vous pouvez revoir le mécanisme du transport actif à la figure 3.5.) La **pompe à sodium** transporte simultanément les ions Na^+ vers l'extérieur et les ions K^+ vers l'intérieur (figure 12.7,a). Le fonctionnement de la pompe nécessite de l'ATP. Le transport actif des ions Na^+ et K^+ s'effectue de façon inégale ; pour deux ions K^+ qui pénètrent, trois ions Na^+ sont évacués.

Les neurones renferment également une grande quantité d'ions négatifs, des anions protéiques en majorité, qui ne diffusent pas ou presque pas à l'extérieur. Puisque les ions Na^+ sont positifs et qu'ils sont transportés activement à l'extérieur de la cellule, il se crée une charge positive sur la face externe de la membrane. Même si les ions K^+ sont aussi positifs et qu'il sont transportés activement à l'intérieur de la cellule, ils ne sont pas assez nombreux pour équilibrer la charge des anions emprisonnés à l'intérieur de la cellule.

La pompe à sodium établit les gradients de concentration et de potentiel des ions Na^+ et K^+. Les ions K^+ tendent donc à diffuser (fuir) à l'extérieur de la cellule, alors que les ions Na^+ diffusent à l'intérieur. Les ions empruntent des *vannes à sodium* et *à potassium* qui leur permettent de traverser la membrane. Mais puisque la membrane est environ 100 fois plus perméable aux ions K^+ qu'aux ions Na^+, le nombre d'ions potassium qui sortent de la cellule est environ 100 fois plus élevé que celui des ions sodium qui y pénètrent. La pompe, en plus d'assurer le transport actif des ions, fixe des gradients de concentration. C'est ce dernier facteur qui est responsable de la différence de potentiel de la membrane ; la face externe est positive et la face interne, négative. Lorsque le neurone est au repos, cette différence de potentiel est appelée **potentiel de repos** ; la membrane est alors **polarisée** (figure 12.7,b). La pompe à sodium est une **pompe électrogène**, car elle ne transporte pas un nombre égal d'ions K^+ et d'ions Na^+.

Des mesures électriques d'une membrane polarisée indiquent un voltage d'environ 70 mV. Ce qui signifie que la face interne de la membrane mesure 70 mV de moins que la face externe, c'est-à-dire que le potentiel de membrane est de - 70 mV. Dans les exposés ultérieurs sur les potentiels de membrane, nous utiliserons la valeur mV qui se rapporte à la face interne de la membrane, - 70 mV. La valeur mV établie est le résultat de la séparation active des charges de part et d'autre de la membrane par la pompe à sodium.

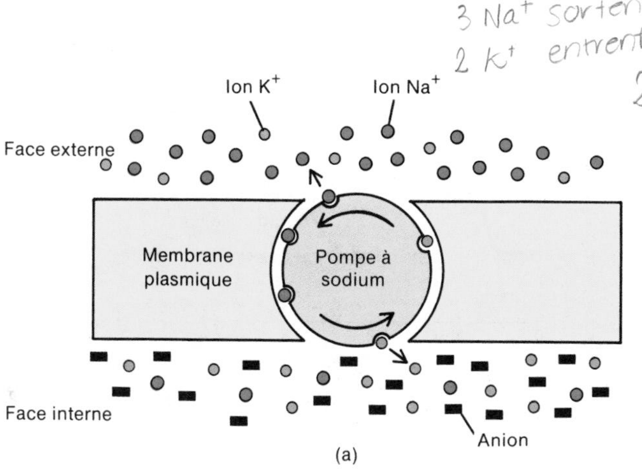

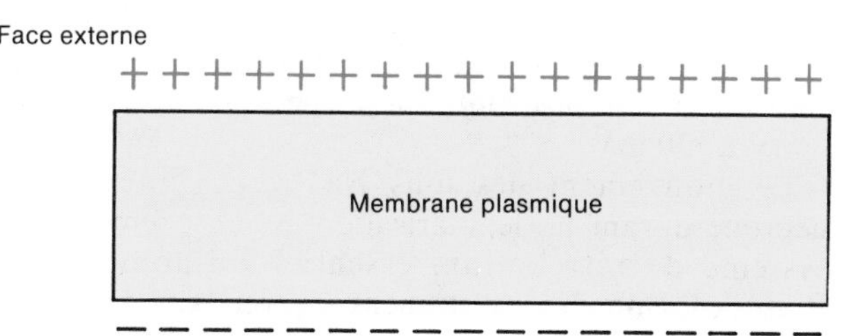

FIGURE 12.7 Développement d'un potentiel de repos. (a) Schéma d'une pompe à sodium et répartition des ions. La charge positive externe s'explique par la présence d'un grand nombre d'ions Na^+ à l'extérieur de la cellule. Les ions K^+, dont la majorité se trouvent à l'intérieur de la cellule, ne suffisent pas à équilibrer la charge négative des anions. La face interne de la membrane est donc chargée négativement. (b) Schéma d'une membrane polarisée.

L'excitabilité

Voyons maintenant quels sont les facteurs capables de créer un influx nerveux. On appelle **excitabilité** le pouvoir que possèdent les cellules nerveuses de réagir à un stimulus et de le convertir en influx nerveux. On appelle **stimulus** toute condition environnementale capable de modifier le potentiel de membrane.

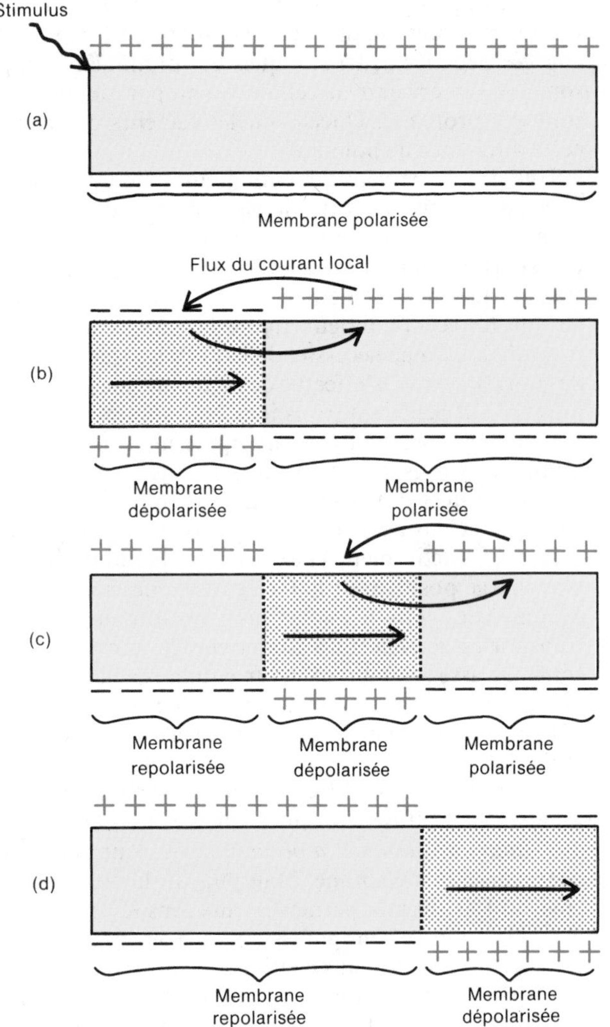

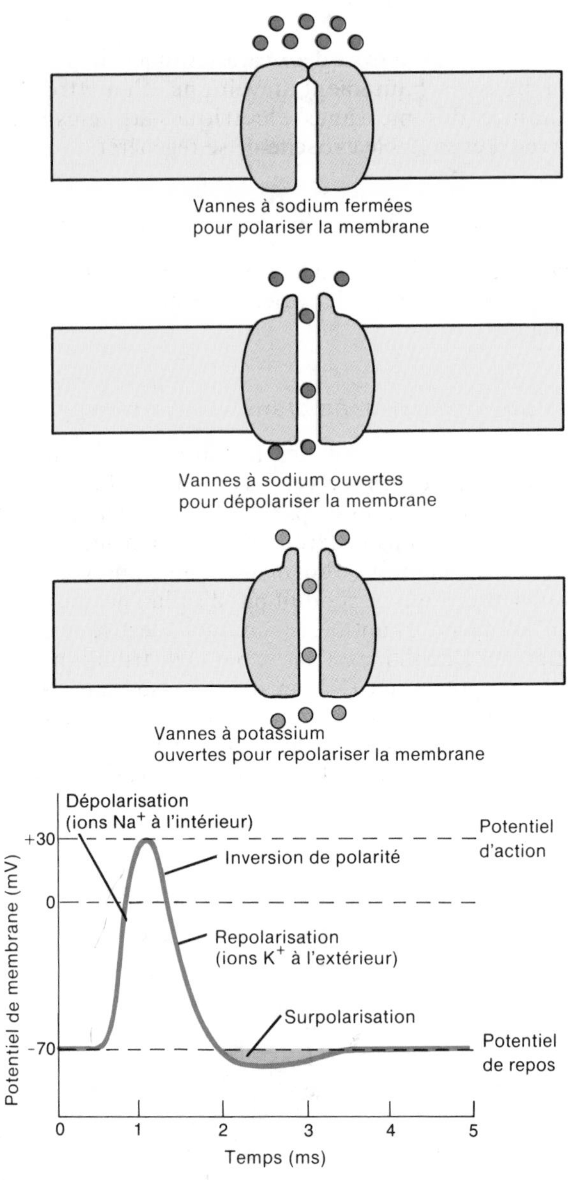

FIGURE 12.8 Déclenchement et conduction d'un influx nerveux. (a à d) La partie pointillée contenant la flèche représente la région de la membrane qui a déclenché l'influx nerveux et qui le conduit. (e) Graphique montrant les variations de potentiel d'une membrane soumise à un influx nerveux.

Si l'on applique un stimulus liminal à une membrane polarisée, la perméabilité de la membrane aux ions Na^+ augmente au point de stimulation (figure 12.8,a,b). Les vannes à sodium s'ouvrent alors, permettant l'afflux des ions Na^+ par diffusion. Le mouvement des ions Na^+ vers l'intérieur de la cellule dépend aussi de l'attraction des ions Na^+ par les ions négatifs présents sur la face externe de la membrane. Comme le nombre d'ions Na^+ qui entrent dans la cellule est plus grand que le nombre de ceux qui en sortent, le potentiel électrique de la membrane commence à changer. D'abord, le potentiel de la face interne de la membrane passe de -70 mV à 0 mV, puis prend une valeur positive. La perte de polarisation s'appelle **dépolarisation**. La dépolarisation commence à −69 mV, point à partir duquel la membrane est dite **dépolarisée**. Tout au long de la dépolarisation, les ions Na^+ continuent d'affluer à l'intérieur de la cellule, jusqu'à ce que le potentiel de membrane soit inversé ; la face interne de la membrane devient positive, et la face externe négative. Des mesures électriques indiquent que la face interne de la membrane atteint maintenant + 30 mV par rapport à la face externe. Le potentiel de la face interne de la membrane passe donc de −70 mV à 0 mV à +30 mV.

Le mouvement des ions Na^+ vers l'intérieur du neurone durant la dépolarisation est un exemple d'un système de rétroaction, essentiel à l'homéostasie. Puisque les ions Na^+ continuent à entrer dans le neurone, la dépolarisation augmente, ce qui entraîne l'ouverture d'un plus grand nombre de vannes à sodium. Comme il y a plus de vannes qui s'ouvrent, plus d'ions Na^+ pénètrent dans le neurone, accroissant encore la dépolarisation, et ainsi de suite. Le mouvement continu des ions Na^+ est donc indépendant du stimulus initial. Il fait partie d'un cycle de rétroactivation.

Lorsque la dépolarisation est terminée, un **potentiel d'action**, ou **influx nerveux**, s'amorce. Sa durée est d'environ 1 ms. Le point électronégatif qui est stimulé sur la face externe de la membrane envoie un courant électrique au point positif (encore polarisé) qui lui est adjacent. Ce courant local entraîne l'inversion du potentiel de la face interne adjacente de la membrane, de -70 mV à +30 mV. L'inversion se répète jusqu'à ce que l'influx nerveux soit conduit le long du neurone. L'influx nerveux est donc une onde de dépolarisation qui se propage le long de la face externe de la membrane du neurone. La dépolarisation et l'inversion de potentiel ne durent qu'environ 0,5 ms. De toutes les cellules de l'organisme, seules les cellules nerveuses et musculaires ont le pouvoir de produire un potentiel d'action ; c'est ce qu'on appelle l'excitabilité.

Lorsque l'influx nerveux s'est propagé d'un point à l'autre de la membrane, le point antérieur **se repolarise**, son potentiel de repos est rétabli. La repolarisation résulte de nouvelles séries de changements dans la perméabilité de la membrane. La membrane devient maintenant plus perméable aux ions K^+ qu'elle ne l'était à son potentiel de repos ; elle est relativement imperméable aux ions Na^+. La diffusion des ions K^+ à l'extérieur se fait par les vannes à potassium à cause de la forte concentration des ions K^+ à l'intérieur du neurone et du gradient électrique des ions K^+. À mesure que les ions K^+ diffusent par les vannes à potassium ouvertes, la face externe de la membrane devient électropositive. La face interne de la membrane redevient négative par suite des lourdes pertes d'ions positifs. Finalement, tous les ions qui ont diffusé à l'intérieur ou à l'extérieur sont rétablis à leurs positions originales.

La période de repolarisation ramène la cellule à son potentiel de repos, soit de + 30 mV à - 70 mV. Lorsque la repolarisation de la membrane est terminée, le neurone est prêt à recevoir un autre stimulus et à le transmettre de la même façon. Durant la repolarisation, le neurone ne peut réagir à un nouvel influx ; ce laps de temps est appelé **période réfractaire**. La **période réfractaire absolue** est la période durant laquelle aucun stimulus, quelle que soit son intensité, ne peut engendrer un deuxième potentiel d'action. La période réfractaire absolue correspond approximativement à la période de changements de la perméabilité au sodium. Les fibres de forte taille se repolarisent en 1 / 2 500 s environ ; leur période réfractaire absolue dure donc 0,4 ms. Cela revient à dire qu'elles peuvent transmettre 2 500 influx par seconde. Les petites fibres, dont le temps de repolarisation est de l'ordre de 1 / 250 s, ont une période réfractaire absolue de 4 ms. Elles ne peuvent donc transmettre que 250 influx par seconde. Dans des conditions normales, une fibre nerveuse peut transmettre entre 10 et 500 influx par seconde. La **période réfractaire relative** est la période durant laquelle seul un stimulus d'intensité supérieure au seuil d'excitation peut déclencher un second potentiel d'action. Cette période correspond à l'augmentation de la perméabilité au potassium.

Après la dépolarisation, tous les ions retournent à leur position initiale. La pompe à sodium fait pénétrer les ions K^+ dans la cellule et sortir les ions Na^+. Cependant, la pompe n'intervient pas dans la repolarisation initiale de la membrane après *chaque* potentiel d'action. La membrane se repolarise lorsque les ions K^+ diffusent vers l'extérieur par les vannes à potassium. En fait, chaque fois qu'un influx nerveux est transmis, seule une infime quantité d'ions sodium entre dans le neurone et une quantité égale de potassium sort du neurone. Il faudrait, pour ainsi dire, une infinité d'influx nerveux pour produire un mouvement significatif d'ions Na^+ et K^+ qui empêcherait la conduction de l'influx. La pompe n'entre en activité que lorsque des milliers d'influx nerveux ont provoqué le mouvement d'une grande quantité d'ions.

À la figure 12.8,e, nous présentons l'enregistrement de la variation du potentiel de membrane sous l'effet d'un influx nerveux.

Les récepteurs, situés à l'extrémité distale des neurones sensitifs, sont des structures sensibles aux modifications de l'environnement ; ce sont généralement ces récepteurs **qui forment les influx nerveux et les transmettent aux neurones. Pour les neurones d'association et les neurones moteurs, ce sont habituellement les dendrites et les corps cellulaires qui reçoivent les influx provenant d'un autre neurone. Un influx nerveux qui atteint la membrane en une zone inhabituelle se propagera le long du neurone dans les deux directions.**

La loi du tout-ou-rien

On appelle **stimulus liminal** tout stimulus capable de déclencher un influx nerveux. Un neurone atteint le seuil d'excitation lorsqu'il reçoit un stimulus liminal. La fibre nerveuse, à l'instar de la fibre musculaire, transmet l'influx nerveux selon la **loi du tout-ou-rien** : si un stimulus est assez fort pour engendrer un potentiel **d'action, (si un neurone reçoit un stimulus liminal quelconque), un influx nerveux d'intensité constante et maximale se propage le long du neurone entier. La conduction de l'influx est indépendante de l'intensité du stimulus.** Cependant, plusieurs facteurs, tels que la présence de substances toxiques à l'intérieur de la cellule, la fatigue ou un malaise, peuvent modifier la conduction. Pour illustrer la loi du tout-ou-rien, comparons le neurone à une traînée de poudre dont on enflammerait l'une des extrémités ; peu importe l'intensité de l'étincelle initiale, la flamme se propagerait le long de la traînée à une vitesse constante et maximale.

On appelle **stimulus subliminal** tout stimulus dont l'intensité est trop faible pour engendrer un influx nerveux. Cependant, si l'on applique un second stimulus ou une série de stimuli subliminaux au neurone, l'effet cumulatif suffit parfois à déclencher l'influx nerveux ; c'est le phénomène de la sommation, que nous verrons bientôt.

La conduction saltatoire

Nous avons vu que l'influx nerveux se propage à travers les fibres amyéliniques par dépolarisations successives des zones de la membrane ; ce phénomène est appelé **conduction continue**. La conduction de l'influx à travers les fibres myéliniques s'effectue différemment. La gaine de myéline enveloppant la fibre contient de la myéline, un phospholipide isolant qui empêche presque tout mouvement des ions. La gaine de myéline est interrompue à divers intervalles appelés nœuds de Ranvier. La dépolarisation de la membrane et la conduction de l'influx nerveux peuvent se produire aux nœuds de Ranvier. Sous la gaine de myéline, la dépolarisation est impossible, car tout mouvement ionique est interdit. L'influx nerveux se propage donc en sautant d'un nœud de Ranvier à l'autre à travers les liquides extracellulaires et l'axoplasme. Ce type de propagation de l'influx nerveux, caractéristique des fibres myéliniques, est appelé **conduction saltatoire** (*saltare* : sauter).

La conduction saltatoire est très avantageuse pour l'homéostasie. Puisque l'influx nerveux saute de longs intervalles en se déplaçant d'un nœud de Ranvier à l'autre, sa vitesse de conduction est grandement augmentée. L'influx se propage beaucoup plus rapidement que dans la conduction continue qui a lieu dans les fibres amyéliniques de même diamètre. Un autre avantage de la conduction saltatoire est sa plus grande efficacité due à la dépense d'énergie. La conduction saltatoire empêche la dépolarisation de grandes régions de la membrane plasmique de la fibre. Elle évite ainsi la fuite de grandes quantités d'ions Na^+ à l'intérieur du neurone et d'ions K^+ à l'extérieur, chaque fois qu'un influx nerveux est transmis. La pompe à sodium dépense donc moins d'énergie.

La vitesse de conduction

La vitesse de conduction d'un influx nerveux dépend de la température, du diamètre de la fibre, de la présence ou de l'absence de myéline, mais non de l'intensité du stimulus liminal.

La vitesse de conduction s'accroît avec l'échauffement de la fibre. Le refroidissement localisé d'un nerf interrompt la conduction. On peut soulager la douleur provenant d'un tissu lésé en appliquant du froid, car les fibres qui transmettent la sensation de douleur sont partiellement bloquées.

La vitesse de conduction dépend aussi du diamètre de la fibre ; plus le diamètre est grand, plus la vitesse est élevée. Les fibres de très grand diamètre sont appelées **fibres A** ; elles sont toutes myéliniques. Elles ont une période réfractaire absolue très brève et peuvent transmettre les influx nerveux par conduction saltatoire, à une vitesse de 130 m/s. On trouve les fibres A dans les axones des gros nerfs sensitifs chargés de transmettre des informations sur le toucher, la pression, la position des articulations, le froid et la chaleur. On les trouve également dans tous les nerfs moteurs qui transmettent l'influx nerveux aux muscles squelettiques. Les fibres A sensitives relient généralement l'encéphale et la moelle épinière aux organes sensoriels chargés de détecter les dangers extérieurs. Les fibres A motrices innervent les muscles susceptibles de rétablir la situation normale. Lorsqu'on touche un objet chaud, par exemple, la sensation de chaleur est transmise à la moelle épinière par les fibres A sensitives. À son tour, la moelle épinière envoie, par les fibres A motrices, un influx nerveux aux muscles de la main qui provoque le retrait instantané de celle-ci. Les fibres A sont situées là où une réaction en une fraction de seconde peut signifier la survie.

D'autres fibres, les fibres B et C, conduisent l'influx nerveux plus lentement. On les trouve généralement aux endroits où une réaction instantanée n'est pas une question de vie ou de mort. Les **fibres B** ont un diamètre plus petit que celui des fibres A, et leur période réfractaire absolue est plus longue. Ce sont des fibres myéliniques, donc capables de transmettre l'influx nerveux par conduction saltatoire, à une vitesse d'environ 10 m/s. On trouve les fibres B dans les nerfs qui transmettent les influx nerveux de la peau et des viscères à l'encéphale et à la moelle épinière. Elles forment aussi les axones des neurones viscéraux efférents situés dans les nerfs moteurs qui quittent la partie inférieure de l'encéphale et de la moelle épinière et se terminent dans des centres de relais appelés *ganglions*. Les ganglions se joignent finalement à d'autres fibres qui stimulent les muscles lisses et les glandes des viscères.

Les **fibres C** possèdent le plus petit diamètre et la plus longue période réfractaire absolue. Les fibres C sont amyéliniques, et leur vitesse de conduction est de l'ordre de 0,5 m/s. Elles sont incapables de transmettre l'influx nerveux par conduction saltatoire. On les trouve dans les nerfs de la peau et des viscères. Elles transmettent la sensation de douleur et peut-être aussi les sensations de toucher, de pression, de chaleur et de froid. Les fibres C se trouvent dans tous les nerfs moteurs qui relient les ganglions aux muscles lisses et aux glandes des viscères. La contraction et la dilatation des pupilles, l'augmentation et la diminution de la fréquence cardiaque, ainsi que la contraction et le relâchement de la vessie sont des exemples des fonctions motrices des fibres B et C, fonctions du système nerveux autonome.

LES SYNAPSES

La conduction d'un influx nerveux se fait non seulement le long d'un neurone, mais aussi d'un neurone à un autre ou à un effecteur comme un muscle ou une glande. La région de contact entre un neurone et une cellule musculaire est appellée **jonction neuromusculaire**, ou **plaque motrice** (chapitre 10). La région de contact entre un neurone et une cellule glandulaire est appelé **jonction neuroglandulaire**. Les jonctions neuromusculaire et neuroglandulaire font partie des **jonctions neuro-effectrices**.

L'aire de jonction entre deux neurones est appelée **synapse** (*synapsis* : liaison, point de jonction). Les synapses jouent un rôle homéostatique important, car elles ont le pouvoir de transmettre certains influx et d'en inhiber d'autres. La faculté d'apprentissage que possède l'organisme est liée à l'activité des synapses. La plupart des maladies cérébrales et de nombreuses maladies mentales découlent d'une interruption de l'influx à la synapse. C'est aussi aux synapses qu'agissent les médicaments qui affectent l'encéphale, incluant les substances thérapeutiques et celles qui créent l'accoutumance. À la figure 12.9, nous montrons qu'il existe une distance infime, d'environ 20 nm, entre les deux neurones de la synapse ; cette distance est appelée **fente synaptique**. Le neurone qui transmet l'influx est appelé **neurone présynaptique** ; celui qui reçoit l'influx est appelé **neurone postsynaptique**.

Les terminaisons axonales des neurones se terminent par des petits renflements appelés **boutons synaptiques**. Les boutons synaptiques d'un neurone présynaptique

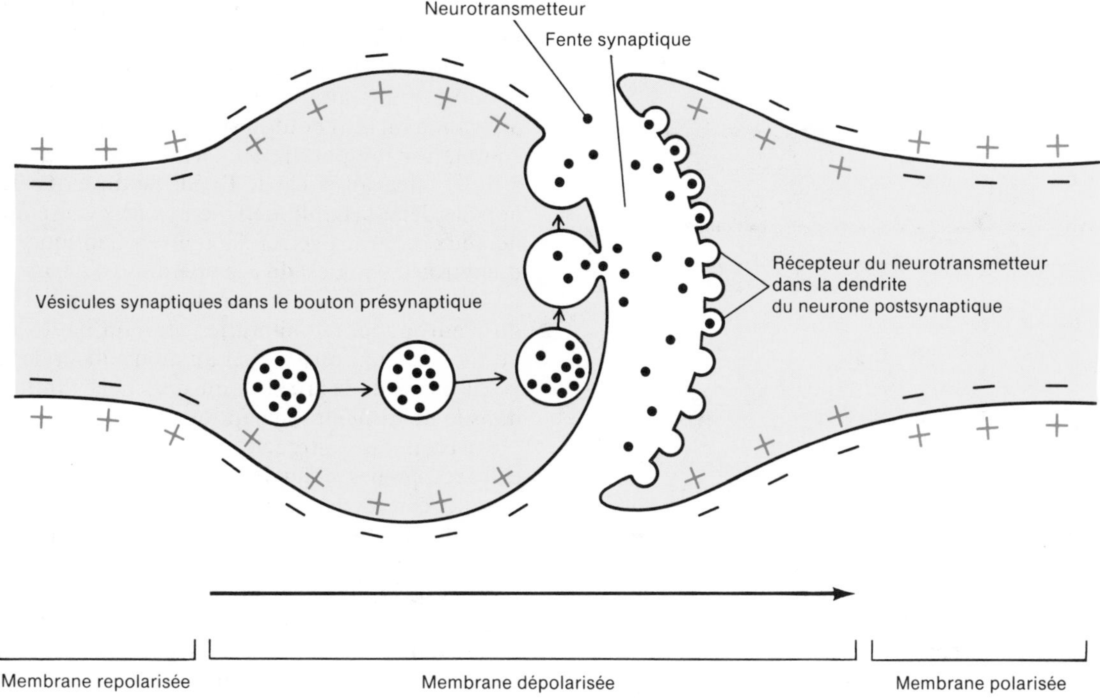

FIGURE 12.9 Transmission d'un influx nerveux entre un bouton présynaptique et une dendrite postsynaptique; les vésicules synaptiques fusionnent avec la membrane présynaptique et libèrent le neurotransmetteur dans la fente synaptique.

font généralement synapse avec les dendrites, le corps cellulaire ou le cône d'implantation d'un neurone postsynaptique. Une synapse peut donc être *axo-dendritique*, *axo-somatique* ou *axo-axonique*. Les boutons synaptiques d'un seul neurone présynaptique peuvent faire synapse avec plusieurs neurones postsynaptiques. Ce phénomène, appelé **divergence**, permet à un seul neurone présynaptique d'agir simultanément sur plusieurs neurones postsynaptiques ou sur plusieurs cellules musculaires ou glandulaires (voir la figure 12.13,a). Inversement, les boutons synaptiques de plusieurs neurones présynaptiques peuvent faire synapse avec un seul neurone postsynaptique; c'est le phénomène de **convergence** (voir la figure 12.13,b).

Les synapses ne permettent que la **transmission unidirectionnelle** de l'influx nerveux, c'est-à-dire depuis l'axone présynaptique jusqu'au corps cellulaire, au cône d'implantation ou aux dendrites postsynaptiques. L'influx ne peut, en aucun cas, revenir vers un neurone présynaptique. Cette caractéristique de la synapse assure la conduction de l'influx le long des neurones appropriés. Les synapses, les jonctions neuromusculaires et neuroglandulaires doivent renfermer des substances chimiques, appelées **neurotransmetteurs**, ou **médiateurs chimiques**, pour permettre la transmission de l'influx nerveux. Ces substances chimiques sont élaborées par le neurone, le plus souvent à partir d'acides aminés. Elles sont ensuite transportées aux boutons synaptiques où elles sont emmagasinées dans des sacs membraneux, les **vésicules synaptiques** (figure 12.9). Chacune de ces milliers de vésicules renferme de 10 000 à 100 000 molécules de neurotransmetteur.

Lorsque l'influx nerveux atteint le bouton synaptique d'un neurone présynaptique, on suppose qu'une faible quantité d'ions calcium du liquide interstitiel pénètre dans les boutons synaptiques, attire les vésicules synaptiques vers la membrane plasmique et favorise la libération des neurotransmetteurs contenus dans les vésicules. Certains scientifiques croient que les vésicules synaptiques fusionnent avec la membrane plasmique du neurone présynaptique et créent des ouvertures par lesquelles elles libèrent les neurotransmetteurs dans la fente synaptique. D'autres pensent que les neurotransmetteurs s'accumulent dans le cytoplasme plutôt que dans les vésicules synaptiques et diffusent dans la fente synaptique par de petites voies protéiques qui se forment sous l'action des ions calcium. Dans les deux cas, le neurotransmetteur entre dans la fente synaptique et, selon la nature chimique du neurotransmetteur et l'interaction du neurotransmetteur avec les récepteurs de la membrane plasmique postsynaptique, plusieurs choses peuvent survenir.

La synapse excitatrice

Une **interaction transmetteur-récepteur excitatrice** est celle qui peut abaisser (rendre moins négatif) le potentiel de membrane du neurone postsynaptique afin qu'un nouvel influx puisse être transmis à travers la synapse. Si le potentiel est suffisamment abaissé, la membrane devient dépolarisée, le potentiel de la face interne de la membrane devient positif et le potentiel de la face externe devient négatif, et un influx nerveux est amorcé. Habituellement, la libération d'un neurotransmetteur

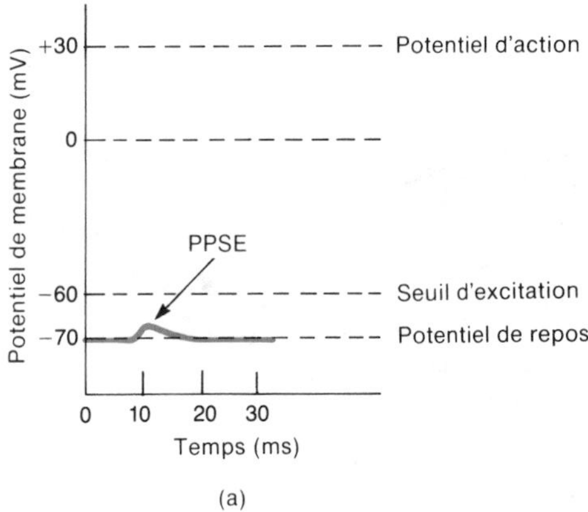

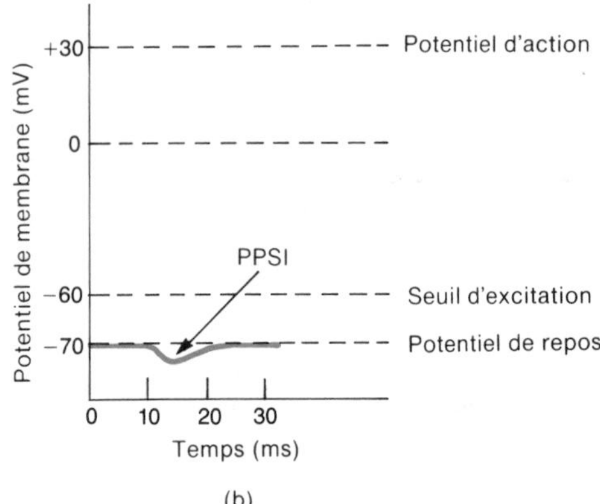

FIGURE 12.10 Comparaison entre (a) un PPSE et (b) un PPSI.

par un seul bouton présynaptique ne suffit pas à produire un potentiel d'action dans un neurone postsynaptique. Cependant, sa libération amène le potentiel de repos plus près du seuil d'excitation à mesure que les ions Na^+ pénètrent dans la cellule. Cette modification du seuil de potentiel de repos au seuil d'excitation s'appelle **potentiel postsynaptique excitateur**, ou **PPSE** (figure 12.10,a). Le PPSE est toujours moins négatif que le potentiel de repos du neurone, mais plus négatif que son seuil d'excitation. Même si la libération d'un neurotransmetteur par un seul bouton présynaptique ne suffit pas à amorcer un potentiel d'action dans un neurone postsynaptique, ce dernier devient plus excitable aux influx provenant des neurones présynaptiques. La possibilité de déclencher un influx est donc plus grande. Cet effet s'appelle la **facilitation**, c'est-à-dire près du seuil d'excitation. Les stimuli subséquents pourront donc engendrer un influx nerveux. En d'autres termes, le neurone postsynaptique est prêt à recevoir les stimuli subséquents qui pourront déclencher un influx.

Le PPSE ne dure que quelques millisecondes. Lorsque plusieurs boutons synaptiques libèrent leurs neurotransmetteurs en même temps, cependant, leur action combinée peut produire un influx nerveux ; c'est ce qu'on appelle la **sommation**. Si des centaines de boutons présynaptiques libèrent simultanément leur neurotransmetteurs, la probabilité qu'un influx nerveux se déclenche dans le neurone postsynaptique augmente. Plus grande est la sommation, plus grande est la probabilité qu'un influx soit déclenché. On appelle **sommation spatiale** l'effet produit par l'addition de plusieurs influx nerveux arrivant à plusieurs boutons synaptiques. On appelle **sommation temporelle** l'effet produit par l'addition de plusieurs influx nerveux arrivant à un seul bouton synaptique. Pour produire une sommation temporelle, les décharges doivent se succéder à brefs intervalles, car le PPSE ne dure que 15 ms. On appelle **délai synaptique** le temps nécessaire à un influx nerveux pour traverser la fente synaptique. Ce délai, d'environ 0,5 ms, est dû à la libération du neurotransmetteur, à son passage à travers la synapse, à la stimulation du neurone postsynaptique afin qu'il devienne plus perméable aux ions Na^+ et au mouvement des ions Na^+ vers l'intérieur de la cellule qui déclenche l'influx nerveux dans le neurone postsynaptique.

On croit que l'interaction entre les neurotransmetteurs et les récepteurs se fait de deux façons différentes. Dans le premier cas, les neurotransmetteurs se lient aux protéines de la membrane postsynaptique, les **récepteurs** (voir les figures 12.9 et 12.11). Cette liaison rend les vannes à sodium de la membrane plasmique plus perméables aux ions sodium. Le mouvement des ions Na^+ vers l'intérieur de la membrane entraîne la dépolarisation et le déclenchement de l'influx nerveux. Dans le second cas, les neurotransmetteurs se fixent aux récepteurs de la membrane postsynaptique et y activent une enzyme, l'**adénylcyclase**, chargée de transformer l'ATP en **AMP cyclique**. L'AMP cyclique active ensuite d'autres enzymes qui accroissent la perméabilité de la membrane aux ions Na^+ en ouvrant les vannes par lesquelles passent les ions Na^+. Ce mécanisme déclenche l'influx nerveux dans le neurone postsynaptique. Le neurotransmetteur est le premier messager ; l'AMP cyclique, le second. Nous verrons en détail, au chapitre 18, le rôle de l'AMP cyclique dans la transmission des réactions de certaines hormones.

Lorsqu'un neurotransmetteur est fixé à un site récepteur, il doit être rapidement inactivé, sinon il stimulera indéfiniment le neurone postsynaptique, le muscle ou la glande.

La synapse inhibitrice

Une **interaction transmetteur-récepteur inhibitrice** est celle qui peut inhiber la transmission synaptique d'un influx nerveux. Contrairement à l'interaction transmetteur-récepteur excitatrice qui rend le potentiel de repos de la membrane du neurone postsynaptique moins négatif, l'interaction transmetteur-récepteur inhibitrice le rend plus négatif. C'est ce qu'on appelle la **surpolarisation**. Lorsqu'il est au repos, l'intérieur de la cellule devient encore plus négatif par rapport à l'extérieur, rendant encore plus difficile pour le neurone de déclencher un potentiel d'action. La modification de la membrane postsynaptique dans laquelle le potentiel de repos est rendu plus négatif s'appelle **potentiel postsynaptique inhibiteur**, ou **PPSI** (figure 12.10,b). Lorsque le neurotransmetteur se fixe au site récepteur, la membrane devient moins perméable aux ions Na^+, mais plus perméable à la diffusion des ions K^+ à l'extérieur du neurone, et des ions Cl^- à l'intérieur. Il y a donc une augmentation de la négativité interne, ou surpolarisation.

Le PPSE est moins négatif que le potentiel de repos de la membrane du neurone, tandis que le PPSI est plus négatif que le potentiel de repos.

L'intégration

Un seul neurone postsynaptique fait synapse avec plusieurs neurones présynaptiques. Certains boutons synaptiques produisent l'excitation, d'autres l'inhibition. La somme de tous ces effets, excitateurs et inhibiteurs, détermine la réaction du neurone postsynaptique. Ce dernier est donc un **intégrateur**. Il reçoit les influx nerveux, les intègre et réagit alors de façon appropriée. Le neurone postsynaptique peut réagir de trois façons.

1. Lorsque l'effet excitateur est plus grand que l'effet inhibiteur, mais moins que le seuil d'excitation, il y a facilitation.
2. Lorsque l'effet excitateur est plus grand que l'effet inhibiteur, mais égal ou plus élevé que le seuil d'excitation, il y a production d'un influx nerveux.
3. Lorsque l'effet inhibiteur est plus grand que l'effet excitateur, il y a inhibition de l'influx nerveux.

LES NEUROTRANSMETTEURS

Le neurotransmetteur le plus connu est probablement l'**acétylcholine (ACh)**. Il est libéré par de nombreux neurones situés à l'extérieur de l'encéphale et de la moelle épinière et par certains neurones situés à l'intérieur. Nous avons vu, au chapitre 10, le rôle de l'ACh dans la transmission de l'influx nerveux d'un neurone moteur à une fibre musculaire à la jonction neuromusculaire. Quand une terminaison axonale reçoit un influx nerveux, elle laisse pénétrer des ions calcium qui libèrent l'ACh contenue dans les vésicules synaptiques ou le cytoplasme. L'ACh diffuse par groupes de molécules appelés *quanta*.

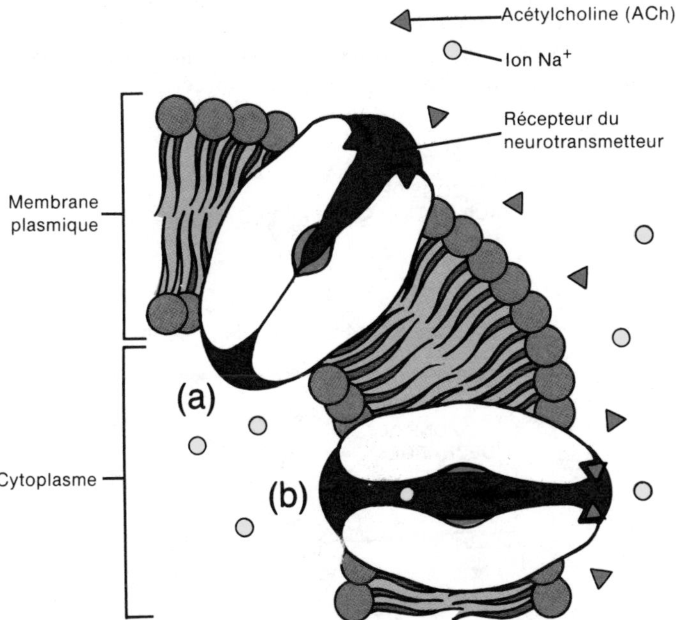

FIGURE 12.11 Récepteurs des neurotransmetteurs. Ces récepteurs sont des protéines intrinsèques de la membrane. (a) Sans ACh, la vanne demeure fermée. (b) Quand deux molécules d'ACh se fixent au récepteur, la vanne s'ouvre pour permettre le passage des ions Na^+.

Un quantum peut contenir de 1 000 à 10 000 molécules. Dans la jonction neuromusculaire, l'ACh se fixe aux récepteurs situés sur la membrane de la fibre musculaire et accroît la perméabilité de celle-ci aux ions Na^+ et K^+. Le récepteur du neurotransmetteur (ACh) est une protéine intrinsèque de la membrane plasmique des fibres musculaires (figure 12.11). L'ACh, en se fixant aux récepteurs, entraîne l'ouverture de sa vanne. Les ions Na^+ peuvent alors entrer. S'il n'y a pas d'ACh, la vanne du récepteur reste fermée. L'entrée des ions Na^+ dépolarise la membrane et déclenche un influx électrique qui amène la fibre musculaire à se contracter.

Tant que l'ACh est présente dans la jonction neuromusculaire, elle peut stimuler une fibre musculaire presque indéfiniment. Normalement, une enzyme appelée **acétylcholinestérase (AChE)**, ou simplement **cholinestérase**, empêche la transmission d'une succession continue d'influx par l'ACh. L'AChE se trouve sur la face externe des fentes sous-neurales de la membrane des fibres musculaires. En moins de 1/500 s, l'AChE inactive l'ACh en la dégradant en ses composants, l'acétate et la choline. Cette action permet à la membrane de la fibre musculaire de se repolariser presque immédiatement afin qu'un nouvel influx soit déclenché. Lorsque l'influx suivant passe, les vésicules synaptiques libèrent plus d'ACh, l'influx est transmis, et l'AChE inactive à nouveau l'ACh. Ce cycle se répète continuellement. L'acétate et la choline retournent dans la terminaison axonale, où ils sont synthétisés en nouvelle ACh en présence de l'enzyme choline acétyltransférase. De nouvelles vésicules synaptiques se forment alors, et l'ACh est distribuée à l'intérieur des vésicules et du cytoplasme de la terminaison axonale.

L'ACh intervient dans les jonctions neuromusculaires des muscles cardiaque, lisses et squelettiques, de même que dans quelques jonctions neuroglandulaires. Dans l'encéphale et la moelle épinière, l'action de l'ACh se transmet grâce à l'AMP cyclique. L'effet de l'ACh est excitateur dans de nombreuses parties du corps, mais inhibiteur dans la région du cœur (nerf pneumogastrique).

Il est fortement permis de croire que l'**acide gamma-aminobutyrique** a un effet inhibiteur dans le système nerveux central. Cet acide provoque probablement la surpolarisation de la membrane postsynaptique. Dans la moelle épinière, c'est la **glycine** qui produit l'effet inhibiteur.

Au chapitre 14, nous présentons une étude détaillée des neurotransmetteurs du système nerveux central.

APPLICATION CLINIQUE

Plusieurs facteurs peuvent intervenir à la synapse pour **modifier la transmission de l'influx nerveux**: la maladie, les médicaments, la pression. Au chapitre 10, nous avons vu comment, durant la *myasthénie grave*, les anticorps réagissent contre les récepteurs de l'ACh pour perturber l'activité musculaire. L'alcalose, une augmentation du pH au-dessus de 7,45 et jusqu'à 8,0, se traduit par un accroissement de l'excitabilité des neurones pouvant provoquer des convulsions cérébrales;

l'acidose, une diminution du pH au-dessous de 7,35 et jusqu'à 6,80, amène le ralentissement de l'activité neuronale pouvant causer un état comateux.

Le *curare*, poison utilisé par les Indiens d'Amérique du Sud, se fixe aux récepteurs de l'ACh et entraîne la mort par asphyxie, en empêchant la contraction des muscles respiratoires. La *néostigmine* et la *physostigmine* sont des agents anticholinestérasiques qui inactivent l'acétylcholinestérase pendant quelques heures. L'ACh qui s'accumule alors déclenche des spasmes musculaires; les spasmes du larynx peuvent même entraîner la mort. La *fluostigmine* est un gaz nerveux très puissant, et même mortel, qui inactive l'AChE pendant plusieurs semaines. La *toxine botulinique* inhibe la libération d'ACh et empêche ainsi toute contraction musculaire. Cette substance, extrêmement toxique, même en petites quantités (moins de 0,000 1 mg), est responsable du botulisme, une intoxication alimentaire. Les *hypnotiques*, les *tranquillisants* et les *anesthésiques* augmentent le seuil d'excitation des neurones, tandis que la *caféine*, la *benzédrine* et la *nicotine* l'abaissent et entraînent la facilitation du neurone.

L'application d'une *pression* excessive ou prolongée sur un nerf interrompt la conduction de l'influx nerveux et provoque l'engourdissement. Cette sensation de picotement est causée par l'accumulation de déchets et l'arrêt de la circulation sanguine.

LA RÉGÉNÉRATION

Les neurones, contrairement aux cellules épithéliales, ne se remplacent pas facilement ; leur capacité de **régénération** est très limitée. Après environ 6 mois, le corps cellulaire perd son appareil mitotique (centrioles et fuseaux) de même que sa capacité de reproduction. Un neurone lésé ou détruit ne peut être remplacé par les cellules filles des autres neurones; sa perte est donc définitive. Seulement quelques types de lésions peuvent être réparés.

Certains types d'axones myéliniques peuvent toutefois se régénérer si ni le corps cellulaire ni la cellule chargée de la myélinisation n'ont été touchés. Les neurones du système nerveux périphérique doivent leur gaine de myéline aux cellules de Schwann. Ces cellules se multiplient à la suite d'une lésion et participent à la régénération de l'axone en joignant leurs gaines de Schwann pour former un canal (chapitre 13). Les neurones de l'encéphale et de la moelle épinière sont myélinisés par les oligodendrocytes. Ces cellules ne forment pas de gaines de Schwann et ne survivent donc pas à une lésion axonale. Dans le système nerveux central, la prolifération des astrocytes transforme rapidement la région atteinte en une sorte de tissu cicatriciel qui interdit la régénération de l'axone. Donc, une lésion à l'encéphale et à la moelle épinière est aussi permanente, car la formation rapide de tissu cicatriciel empêche la régénération axonale. Dans le système nerveux périphérique, un nerf brachial, par exemple, qui a subi une lésion pourra se reconstituer avant la formation du tissu cicatriciel; ainsi, il retrouvera quelques-unes de ses fonctions nerveuses.

L'ORGANISATION DES NEURONES

Dans les chapitres suivants, nous aborderons la structure et la physiologie du système nerveux. Mais, afin de bien comprendre la façon dont le système nerveux aide à maintenir l'homéostasie, étudions d'abord l'organisation des synapses en unités fonctionnelles.

Le système nerveux central est formé de plusieurs millions de neurones soigneusement disposés en **groupes de neurones**. Chaque groupe de neurones est unique et joue un rôle précis dans la régulation de l'homéostasie.

Un groupe de neurones peut compter des milliers et même des millions de neurones. À la figure 12.12, nous proposons le schéma d'un groupe de neurones formé de deux neurones présynaptiques et de cinq neurones postsynaptiques. Les neurones postsynaptiques sont tous susceptibles d'être stimulés par les neurones présynaptiques. Cette stimulation peut provenir d'un seul ou de plusieurs boutons présynaptiques. Elle peut avoir un effet excitateur, inhibiteur ou simplement produire une facilitation. La disposition des neurones présynaptiques par rapport aux neurones postsynaptiques est l'une des principales caractéristiques des groupes de neurones. Examinons, par exemple, l'axone présynaptique 1 en relation avec le neurone postsynaptique B. Le neurone B recevra plus de boutons synaptiques que les neurones A ou C, puisqu'il est en ligne directe avec l'axone 1. On dit que le neurone postsynaptique B est situé au centre du champ d'action de l'axone présynaptique 1. Il reçoit donc suffisamment de boutons présynaptiques de l'axone 1 pour déclencher un influx nerveux. La région où se produit cette décharge est appelée **zone de décharges**.

Regardons maintenant à l'extérieur du champ d'action de l'axone présynaptique 1. Le neurone postsynaptique A reçoit peu de boutons présynaptiques, car il est décalé par rapport à l'axone présynaptique 1. Les décharges qui lui parviennent ne sont pas assez fortes pour déclencher un influx nerveux, mais suffisent à provoquer la facilitation ; c'est pourquoi cette synapse est

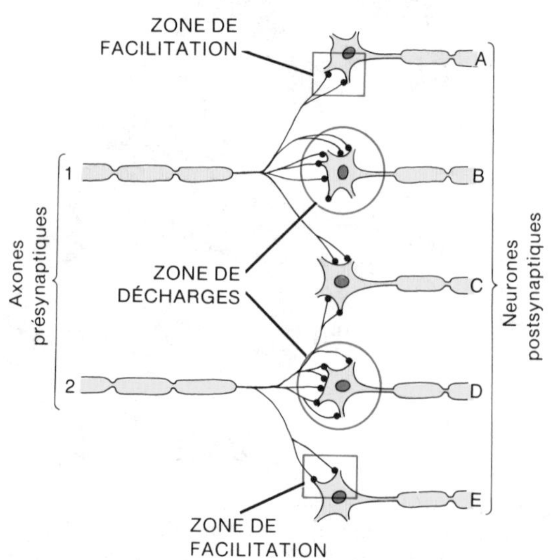

FIGURE 12.12 Schéma d'un groupe de neurones montrant l'emplacement des zones de décharges et de facilitation.

appelée **zone de facilitation**. L'axone présynaptique 1, lorsqu'il reçoit un influx nerveux, provoque donc l'excitation du neurone postsynaptique B et la facilitation du neurone postsynaptique A.

Dans le système nerveux central, les groupes de neurones sont disposés en modèles sur lesquels les influx nerveus sont conduits. On les appelle des **circuits**. Les **circuits en séries simples** sont disposés de telle façon qu'un neurone présynaptique ne stimule qu'un seul neurone dans un groupe. Ce neurone en stimule alors un autre, et ainsi de suite. En d'autres termes, l'influx passe successivement d'un neurone à un autre pendant qu'un nouvel influx est déclenché à chaque synapse.

La plupart des circuits sont toutefois plus complexes. Dans un **circuit divergent**, un neurone présynaptique stimule plusieurs neurones postsynaptiques (figure 12.13,a). Un seul neurone moteur de l'encéphale, par exemple, peut stimuler plusieurs neurones moteurs de la moelle épinière qui, à leur tour, vont stimuler simultanément un grand nombre de fibres musculaires striées. Un simple stimulus peut donc provoquer la contraction de plusieurs fibres musculaires striées. Dans un autre type de circuit divergent, l'influx nerveux suit différents parcours, de telle façon que l'information se propage simultanément dans plusieurs directions. Ce circuit est fréquent le long des voies sensitives du système nerveux.

Dans un **circuit convergent**, le neurone postsynaptique peut être excité par plusieurs fibres provenant de la même source (figure 12.13,b). L'effet d'excitation ou d'inhibition est alors puissant. Le neurone postsynaptique peut aussi recevoir un influx nerveux provenant de plusieurs sources ; différents stimuli peuvent donc provoquer une seule et même réaction. Supposons que le vomissement provoque chez vous une réaction de dégoût. Il est fort probable que l'odeur, la vue de vomissures ou seulement la lecture d'un article sur les vomissements provoqueront toutes une réaction de dégoût, bien que la source de l'influx nerveux soit différente.

Dans un **circuit réverbérant**, l'excitation du neurone présynaptique entraîne la transmission de plusieurs influx nerveux de la part du neurone postsynaptique (figure 12.13,c). L'influx nerveux provenant du premier neurone se transmet au deuxième, puis au troisième, et ainsi de suite. Les branches du deuxième et du troisième neurone font synapse avec le premier qui, à son tour, renvoie l'influx, et le cycle recommence. Dans les circuits réverbérants, la durée de l'influx varie de quelques secondes à plusieurs heures. En fait, elle est déterminée par le nombre de neurones qui forment le circuit et par leur disposition. On estime que la fréquence respiratoire, la coordination de l'activité musculaire, l'éveil et le sommeil sont réglés par des circuits réverbérants.

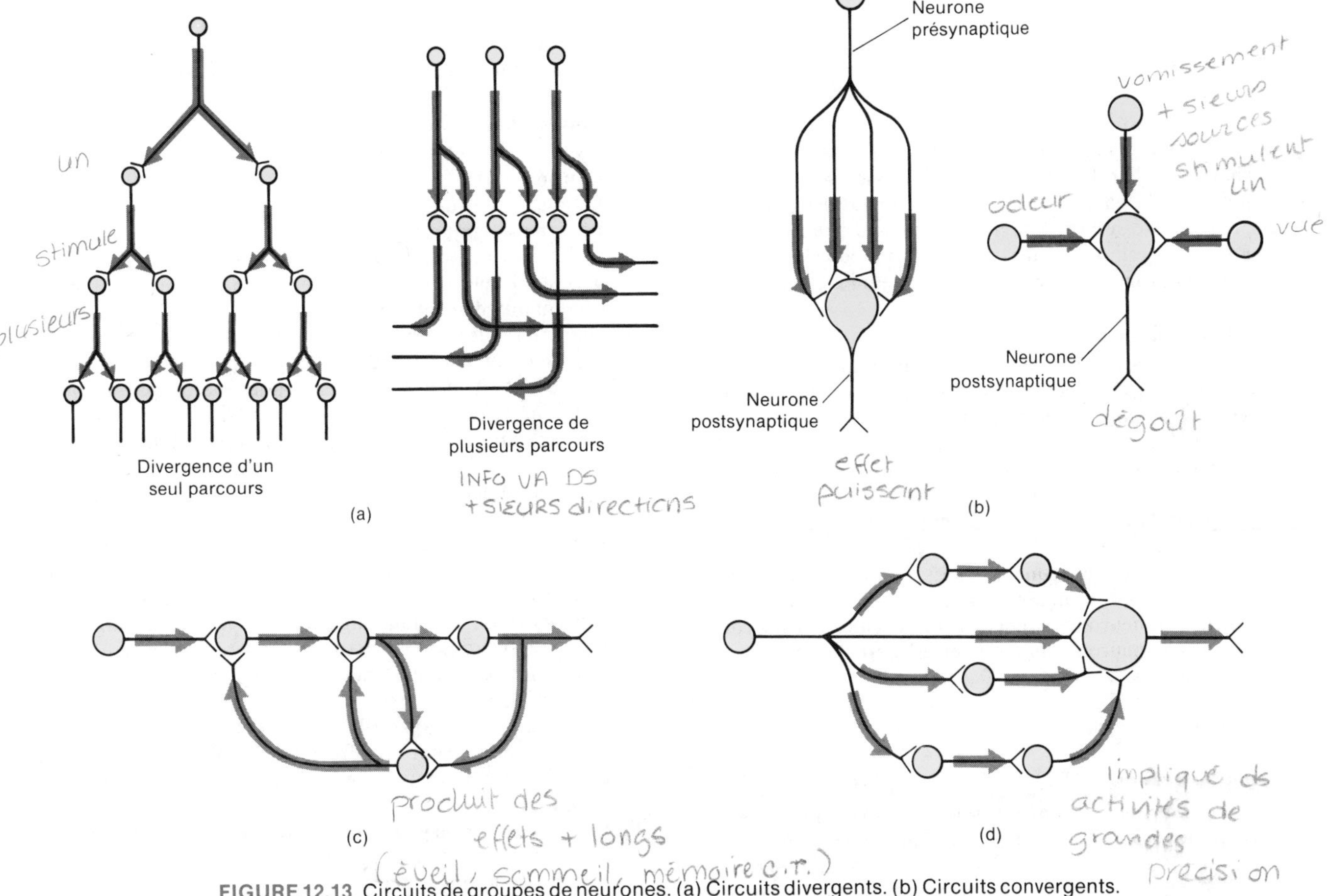

FIGURE 12.13 Circuits de groupes de neurones. (a) Circuits divergents. (b) Circuits convergents. (c) Circuit réverbérant. (d) Circuit parallèle postdécharge.

Certains scientifiques associent les circuits réverbérants à la mémoire à court terme. Une des formes d'épilepsie, le grand mal, est probablement causée par un mauvais fonctionnement des circuits réverbérants.

Enfin, dans les **circuits parallèles postdécharge**, le neurone postsynaptique transmet une série d'influx nerveux. Un seul neurone présynaptique stimule plusieurs neurones postsynaptiques qui, tous, font synapse avec un seul neurone postsynaptique. L'avantage de ce circuit réside dans le fait que le neurone postsynaptique envoie une succession d'influx nerveux au fur et à mesure qu'il les reçoit. Le neurone postsynaptique transmet 2 000 influx nerveux à la seconde. Ce type de circuit ne possède pas de système de rétroaction. Le cycle est brisé lorsque le neurone postsynaptique a reçu l'influx nerveux provenant de tous les neurones présynaptiques. On pense que le circuit parallèle postdécharge sert à des activités qui demandent une grande précision, telles que les calculs mathématiques.

RÉSUMÉ

L'organisation du système nerveux (page 270)

1. Le système nerveux règle et intègre toutes les activités de l'organisme; il perçoit les sensations, interprète les informations et réagit en conséquence.
2. Le système nerveux central (SNC) est formé de l'encéphale et de la moelle épinière.
3. Le système nerveux périphérique (SNP) se divise en voies afférentes et en voies efférentes.
4. Les voies efférentes se subdivisent en un système nerveux somatique et un système nerveux autonome.
5. Le système nerveux somatique est formé des neurones efférents qui conduisent l'influx nerveux du système nerveux central aux muscles squelettiques.
6. Le système nerveux autonome est formé des neurones efférents qui conduisent l'influx nerveux du système nerveux central aux muscles lisses, au muscle cardiaque et aux glandes.

L'histologie (page 271)

La névroglie (page 271)

1. Les cellules gliales sont les cellules d'un tissu spécialisé chargé de lier les neurones aux vaisseaux sanguins, de fabriquer la gaine de myéline, de détruire les déchets par phagocytose et de procurer un soutien aux neurones.
2. Parmi les cellules gliales, mentionnons les astrocytes, les oligodendrocytes, la microglie et les cellules épendymaires.

Les neurones (page 272)

1. Les neurones sont formés d'un corps cellulaire, le péricaryon, de dendrites, chargées de recevoir et de transmettre les influx nerveux au corps cellulaire, et d'un axone, habituellement unique. L'axone conduit les influx nerveux du neurone vers les dendrites ou le corps cellulaire d'un autre neurone, ou vers un organe effecteur.
2. Du point de vue structural, un neurone peut être unipolaire, bipolaire ou multipolaire.
3. Du point de vue fonctionnel, les neurones afférents conduisent les influx nerveux vers le système nerveux central; les neurones d'association, vers un autre neurone, y compris les neurones moteurs; et les neurones efférents, vers les effecteurs.

La physiologie (page 277)

L'influx nerveux (page 277)

1. L'influx nerveux est le moyen le plus rapide que possède le corps de régler et de maintenir l'homéostasie.
2. La membrane d'un neurone au repos a une charge positive sur sa face externe et une charge négative sur sa face interne; c'est la pompe à sodium qui produit cette polarisation.
3. Quand un stimulus entraîne l'inversion de polarité de la membrane, on dit qu'il déclenche un potentiel d'action. Ce potentiel d'action, qui se propage sur toute la surface de la membrane, est appelé influx nerveux. Le pouvoir que possède un neurone de réagir à un stimulus et de le transformer en influx nerveux est appelé excitabilité.
4. Le rétablissement du potentiel de repos est appelé repolarisation. La période réfractaire est la période durant laquelle la membrane ne peut déclencher un nouvel influx nerveux; elle correspond au temps de repolarisation de la membrane.
5. Selon la loi du tout-ou-rien, si un stimulus est assez fort pour engendrer un potentiel d'action, un influx nerveux d'intensité constante et maximale se propage le long de la membrane.
6. La conduction de l'influx nerveux par bonds successifs d'un nœud de Ranvier à l'autre est appelée conduction saltatoire.
7. La vitesse de conduction s'accroît lorsque le diamètre de la fibre augmente. Les fibres myéliniques ont une vitesse de conduction supérieure à celle des fibres amyéliniques.

Les synapses (page 280)

1. L'influx nerveux se transmet d'un neurone à l'autre ou d'un neurone à un effecteur.
2. La jonction de deux neurones est appelée synapse.
3. Les synapses ne permettent que la transmission unidirectionnelle de l'influx nerveux, c'est-à-dire depuis l'axone présynaptique jusqu'au corps cellulaire, au cône d'implantation ou aux dendrites postsynaptiques.
4. Une interaction transmetteur-récepteur excitatrice est celle qui peut abaisser (rendre moins négatif) le potentiel de membrane du neurone postsynaptique afin qu'un nouvel influx nerveux puisse être transmis à travers la synapse.
5. La facilitation est la diminution du potentiel de membrane jusqu'à un niveau proche du seuil d'excitation, afin qu'un potentiel d'action puisse facilement être déclenché par les stimuli subséquents.
6. Lorsque plusieurs boutons synaptiques libèrent leurs neurotransmetteurs en même temps, leur action combinée peut produire un influx nerveux; c'est ce qu'on appelle la sommation. Une sommation peut être spatiale ou temporelle.
7. Le délai synaptique correspond au temps nécessaire à un influx nerveux pour franchir la fente synaptique, soit environ 0,5 ms.
8. Une interaction transmetteur-récepteur inhibitrice est celle qui peut augmenter (rendre plus négatif) le potentiel de membrane du neurone postsynaptique, inhibant ainsi l'influx à la synapse.
9. Le neurone postsynaptique reçoit les influx nerveux et mesure les effets excitateurs et inhibiteurs avant de réagir; c'est donc un intégrateur.

Les neurotransmetteurs (page 283)

1. On suppose que l'acétylcholine est le neurotransmetteur qui entraîne l'excitation de la majeure partie du système nerveux central ; une enzyme, l'acétylcholinestérase, inactive l'ACh.
2. L'acide gamma-aminobutyrique et la glycine ont probablement un effet inhibiteur.

La régénération (page 284)

1. Après environ 6 mois, le corps cellulaire perd son appareil mitotique de même que sa capacité de reproduction.
2. Les fibres nerveuses pourvues d'une gaine de Schwann ont la possibilité de se régénérer.

L'organisation des neurones (page 284)

1. Les neurones du système nerveux central sont disposés par groupes. Chaque groupe de neurones est unique et joue un rôle particulier dans le maintien de l'homéostasie.
2. Ces groupes de neurones forment des circuits : circuits en séries simples, divergents, convergents, réverbérants et parallèles postdécharge.

RÉVISION

1. Décrivez les trois principales fonctions du système nerveux nécessaires au maintien de l'homéostasie.
2. Comparez les systèmes nerveux central et périphérique et décrivez les fonctions de chacun.
3. Expliquez les termes *volontaire* et *involontaire* par rapport au système nerveux.
4. Qu'est-ce que la névroglie ? Dressez la liste des principaux types de cellules gliales, précisez les fonctions de chacun et expliquez leur importance médicale.
5. Donnez la définition d'un neurone. Faites le schéma d'un neurone, identifiez ses principaux éléments et précisez leurs fonctions.
6. Comparez le flux axoplasmique et le transport axonal. Pourquoi accorde-t-on au transport axonal une grande importance médicale ?
7. Qu'est-ce qu'une gaine de myéline ? De quelle façon se forme-t-elle ?
8. Définissez une gaine de Schwann et précisez l'importance de son rôle.
9. Sur quels facteurs la classification structurale des neurones repose-t-elle ? Donnez un exemple de chaque type de neurone.
10. Quelles différences structurales voyez-vous entre un neurone afférent et un neurone efférent ? Donnez quelques exemples de neurones d'association.
11. Sur quels facteurs la classification fonctionnelle des neurones repose-t-elle ?
12. Faites la distinction entre les fibres afférentes somatiques, afférentes viscérales, efférentes somatiques et efférentes viscérales.
13. Définissez l'excitabilité.
14. Quelles sont les principales étapes de la production et de la conduction d'un influx nerveux ?
15. Définissez les termes suivants : potentiel de repos, membrane polarisée, potentiel d'action, membrane dépolarisée, membrane repolarisée et période réfractaire.
16. Énoncez la loi du tout-ou-rien. Quel rapport existe-t-il entre cette loi et le stimulus liminal, le stimulus subliminal et la sommation ?
17. Qu'est-ce que la conduction saltatoire ? Expliquez son importance.
18. Quels sont les facteurs qui déterminent la vitesse de conduction des influx nerveux ?
19. Quelles sont les étapes de la conduction trans-synaptique ?
20. Comparez les transmissions excitatrice et inhibitrice.
21. Pourquoi les synapses ne permettent-elles que la conduction unidirectionnelle de l'influx nerveux ?
22. De quelle façon l'effet d'inhibition se produit-il ? Quel est l'avantage d'un tel mécanisme ?
23. Pourquoi le neurone postsynaptique est-il appelé un intégrateur ?
24. Qu'est-ce qu'un neurotransmetteur ? Décrivez en détail la libération, l'action et l'inactivation de l'acétylcholine.
25. Dressez la liste de quelques neurotransmetteurs dont on soupçonne l'existence. Précisez dans quelle partie du système nerveux ils se trouvent et dites si leur effet est excitateur ou inhibiteur.
26. De quelle façon la maladie, les médicaments et la pression affectent-ils la conduction de l'influx nerveux ?
27. Quels sont les facteurs intervenant dans la régénération des neurones ?
28. Définissez zone de décharges, zone de facilitation et groupe de neurones.
29. Qu'est-ce qu'un circuit ? Établissez les différences qui existent entre les circuits en séries simples, divergent, convergent, réverbérant et parallèle postdécharge.

13

La moelle épinière et les nerfs rachidiens

OBJECTIFS

- Décrire la façon dont le tissu nerveux est structuré.
- Décrire les caractéristiques anatomiques globales de la moelle épinière.
- Expliquer la façon dont la moelle épinière est protégée.
- Décrire la structure et l'emplacement des méninges rachidiennes.
- Parler de l'emplacement, de la technique générale, du but et de la signification d'une ponction lombaire.
- Décrire la structure de la moelle épinière.
- Expliquer les fonctions de la moelle épinière en tant que voie de conduction et centre réflexe.
- Énumérer l'emplacement, l'origine, le point d'arrivée et la fonction des principaux faisceaux ascendants et descendants de la moelle épinière.
- Décrire les composants d'un arc réflexe et les liens qui existent entre celui-ci et l'homéostasie.
- Comparer l'anatomie fonctionnelle d'un réflexe myotatique, d'un réflexe tendineux, d'un réflexe nociceptif et d'un réflexe d'extension croisée.
- Nommer et décrire plusieurs réflexes importants sur le plan clinique.
- Nommer les 31 paires de nerfs rachidiens.
- Décrire la composition et les enveloppes d'un nerf rachidien.
- Expliquer la façon dont un nerf rachidien se ramifie lorsqu'il quitte le trou de conjugaison
- Définir un plexus et un nerf intercostal.
- Définir un dermatome et son importance sur le plan clinique.
- Décrire les lésions de la moelle épinière et nommer leurs conséquences à brève échéance et à longue échéance.
- Identifier les effets des lésions aux nerfs périphériques et les conditions nécessaires à leur régénération.
- Expliquer les causes et les symptômes de la névrite, de la sciatique et du zona.

Dans ce chapitre, nous allons aborder l'étude de la structure et de la fonction de la moelle épinière et des nerfs qui y prennent naissance. Il est important de se rappeler que la moelle épinière est un prolongement de l'encéphale, et que ces deux éléments, mis ensemble, constituent le système nerveux central.

LA STRUCTURE DU TISSU NERVEUX

La **substance blanche** est faite d'amas d'axones myéliniques d'un grand nombre de neurones, soutenus par la névroglie. La myéline, une substance lipidique, présente une coloration blanchâtre, d'où le nom de substance blanche. La **substance grise**, elle, contient soit des corps de cellules nerveuses et des dendrites, soit des groupes d'axones amyéliniques et de la névroglie. L'absence de myéline dans ces régions explique leur coloration grisâtre.

Un **nerf** est un groupe de fibres situé en dehors du système nerveux central. Comme les dendrites des neurones somatiques afférents et les axones des neurones somatiques efférents du système nerveux périphérique sont myéliniques, la plupart des nerfs sont constitués de substance blanche. Les corps des cellules nerveuses qui se trouvent en dehors du système nerveux central sont habituellement regroupés avec d'autres corps semblables, pour former les **ganglions**. Ceux-ci, qui sont faits principalement de corps de cellules nerveuses, sont des amas de substance grise.

Un **faisceau** est un groupe de fibres situé dans le système nerveux central. Les faisceaux peuvent monter ou descendre le long de la moelle épinière. Ils sont également présents dans l'encéphale et relient les différentes parties de l'encéphale entre elles et avec la moelle épinière. Les principaux faisceaux spinaux qui conduisent les influx nerveux le long de la moelle épinière vers le haut sont liés aux influx sensitifs ; ce sont les *faisceaux ascendants*. Les faisceaux spinaux qui conduisent les influx nerveux le long de la moelle épinière vers le bas sont des faisceaux moteurs ; on les appelle *faisceaux descendants*. Les principaux faisceaux sont faits de fibres myéliniques et, par conséquent, de substance blanche. Un **noyau** est un amas de corps de cellules nerveuses et de dendrites situé dans le système nerveux central ; tous ces corps de cellules nerveuses ont des fonctions similaires. Le noyau forme la substance grise. Les **cornes** sont les principaux sites de substance grise de la moelle épinière. On les appelle ainsi à cause de l'apparence que prend la substance grise dans la moelle épinière en coupe transversale.

LA MOELLE ÉPINIÈRE

LES CARACTÉRISTIQUES GÉNÉRALES

La **moelle épinière** est une structure cylindrique légèrement aplatie à l'avant et à l'arrière. À son extrémité supérieure, elle constitue un prolongement du bulbe rachidien, la partie inférieure du tronc cérébral, et elle s'étend à partir du trou occipital jusqu'à la deuxième vertèbre lombaire (figure 13.1). Chez l'adulte, la moelle épinière mesure de 42 cm à 45 cm. Son diamètre est d'environ 2,54 cm dans la région thoracique moyenne, mais un peu plus grand dans les régions cervicale inférieure et lombaire moyenne.

Vue de l'extérieur, la moelle épinière révèle deux renflements importants. Le **renflement cervical** s'étend de la quatrième vertèbre cervicale à la première vertèbre dorsale. Les nerfs qui innervent les membres supérieurs prennent naissance dans ce renflement. Le **renflement lombaire** s'étend de la neuvième à la douzième vertèbre dorsale. Les nerfs qui innervent les membres inférieurs émergent de ce renflement.

Sous le renflement lombaire, la moelle épinière diminue progressivement pour former une portion conique, le **cône médullaire**. Celui-ci se termine au niveau du disque intervertébral situé entre les première et deuxième vertèbres lombaires. Le **filum terminale** prend naissance dans le cône médullaire ; c'est un tissu fibreux non innervé qui s'étend vers le bas et qui est relié au coccyx. Le filum terminale est constitué principalement par la pie-mère, la plus profonde des trois membranes qui recouvrent et protègent la moelle épinière et l'encéphale. Certains nerfs qui émergent de la portion inférieure de la moelle épinière ne sortent pas directement de la colonne vertébrale, mais s'incurvent vers le bas dans le canal rachidien, comme des mèches de cheveux épais émergeant de l'extrémité de la moelle épinière. L'ensemble de ces nerfs forme la **queue de cheval**.

La moelle épinière est constituée de 31 segments ; chacun d'entre eux donne naissance à une paire de nerfs rachidiens. Le **segment médullaire** est une région de la moelle épinière d'où émerge une paire de nerfs rachidiens. La moelle épinière est divisée en côtés gauche et droit par deux sillons (voir la figure 13.3), le **sillon médian antérieur**, un large et profond sillon situé sur la face antérieure, et le **sillon médian postérieur**, un sillon moins profond et moins large, situé sur la face postérieure.

LES MOYENS DE PROTECTION ET LES ENVELOPPES DE LA MOELLE ÉPINIÈRE

Le canal rachidien

La moelle épinière est située dans le canal rachidien, ou canal vertébral. Ce canal est formé par les trous vertébraux superposés de chacune des vertèbres. Comme la paroi du canal rachidien consiste essentiellement en un anneau osseux entourant la moelle épinière, celle-ci est bien protégée. Les méninges, le liquide céphalo-rachidien et les ligaments vertébraux assurent également une certaine protection.

Les méninges

Les **méninges** recouvrent entièrement la moelle épinière et l'encéphale. Les méninges liées à la moelle épinière sont les **méninges rachidiennes** (voir la figure 14.2). La méninge rachidienne la plus externe est la **dure-mère**. Elle forme un tube à partir de la deuxième vertèbre sacrée, où elle se fusionne avec le filum terminale, jusqu'au trou occipital, où elle prolonge la dure-mère de l'encéphale. Elle est faite de tissu conjonctif dense et fibreux. Entre la

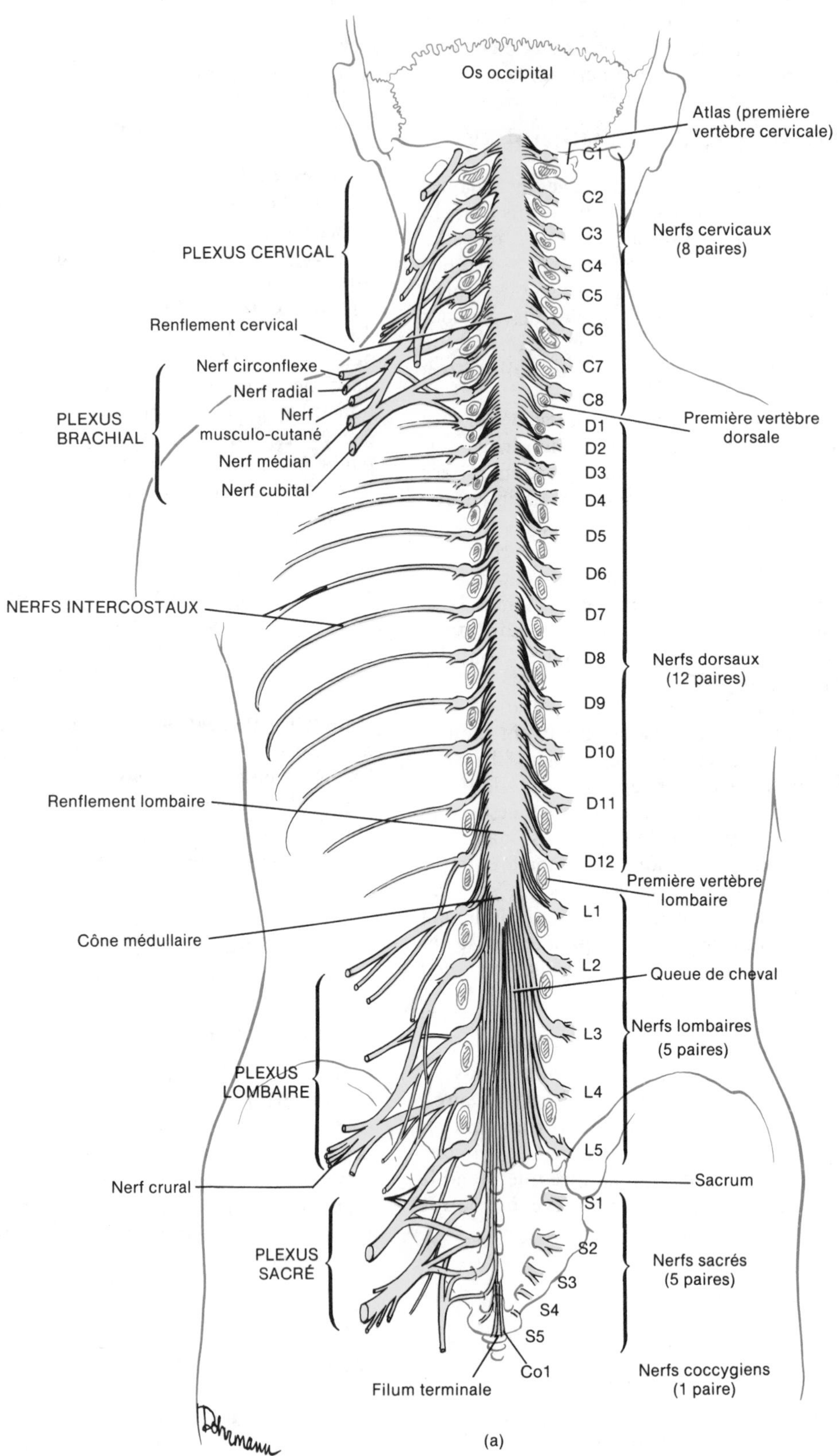

FIGURE 13.1 Moelle épinière et nerfs rachidiens. (a) Diagramme de la face postérieure.

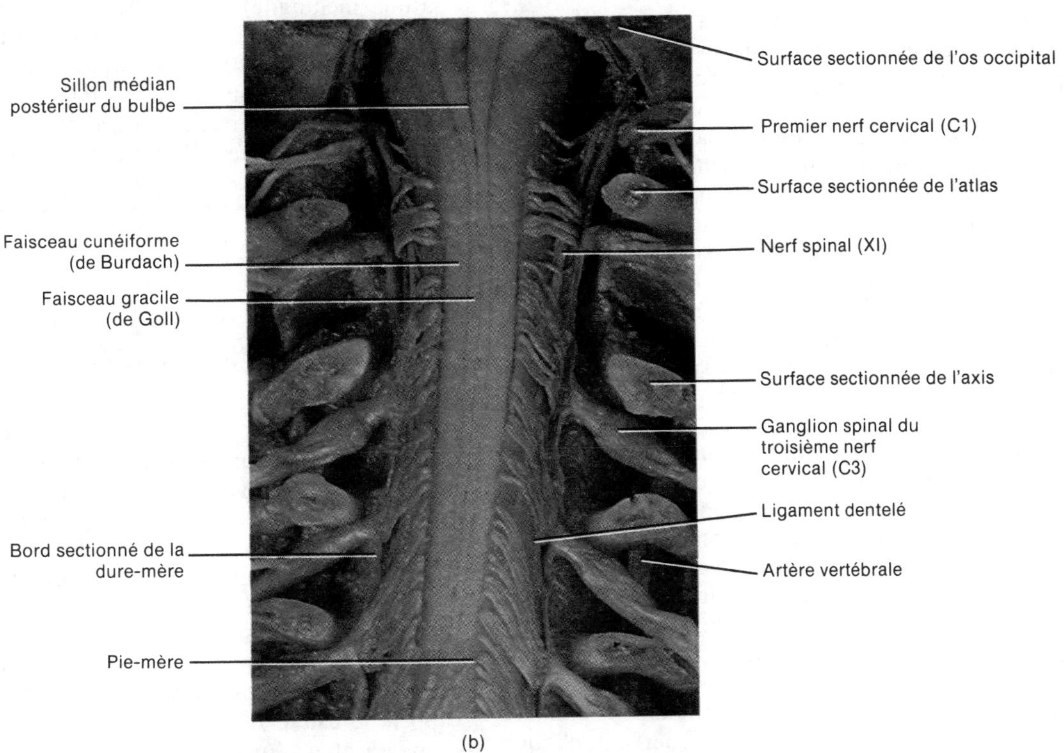

(b)

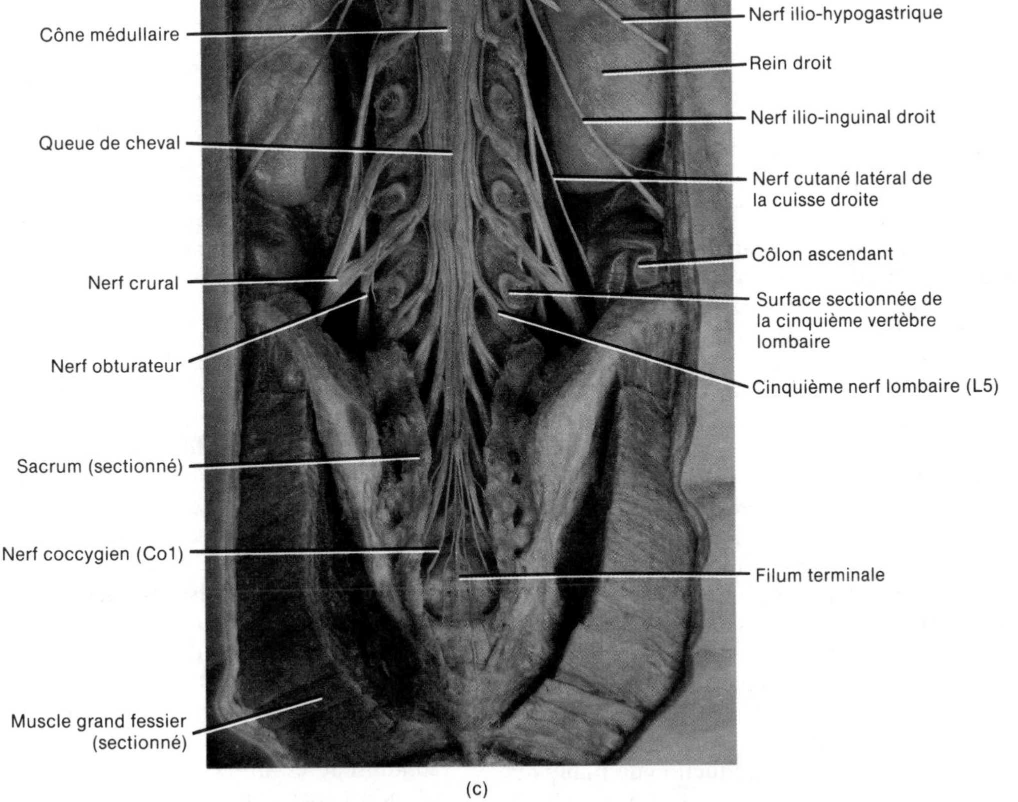

(c)

FIGURE 13.1 [*Suite*] (b) Photographie de la face postérieure de la portion inférieure du bulbe rachidien et des six segments supérieurs de la portion cervicale de la moelle épinière. (c) Photographie de la face postérieure du cône médullaire et de la queue de cheval. [Gracieuseté de N.Gluhbegovic et T.H. Williams, *The Human Brain: A Photographic Guide*, Harper & Row, Publishers, Inc., Hagerstown, MD, 1980.]

dure-mère et la paroi du canal rachidien se trouve l'*espace épidural*, rempli de graisse, de tissu conjonctif et de vaisseaux sanguins, qui coussine la moelle épinière. L'espace épidural situé sous la deuxième vertèbre lombaire sert de point d'injection pour l'administration de certains anesthésiques, comme l'anesthésie en selle effectuée au cours de certains accouchements.

La méninge rachidienne intermédiaire est l'**arachnoïde**, une délicate membrane de tissu conjonctif qui forme un tube à l'intérieur de la dure-mère. Elle prolonge également l'arachnoïde de l'encéphale. Entre la dure-mère et l'arachnoïde se trouve l'*espace sous-dural*, qui contient du liquide séreux.

La méninge interne, la **pie-mère**, est une membrane fibreuse transparente qui forme un tube autour de la surface de la moelle épinière et de l'encéphale, et y adhère. Elle contient de nombreux vaisseaux sanguins. Entre l'arachnoïde et la pie-mère se trouve l'*espace sous-arachnoïdien*, où circule le liquide céphalo-rachidien.

Les trois méninges rachidiennes recouvrent les nerfs rachidiens à partir de leur point de sortie de la colonne vertébrale au niveau des trous de conjugaison. La moelle épinière est suspendue au centre de son enveloppe durale par des prolongements membraneux de la pie-mère. Ces prolongements, les *ligaments dentelés*, sont attachés latéralement à la dure-mère le long de la moelle épinière entre les racines ventrales et dorsales des nerfs, de chaque côté. Les ligaments protègent la moelle épinière contre les chocs et les déplacements soudains. Essentiellement, la moelle épinière est maintenue en position dans le canal rachidien, puisqu'elle est reliée au coccyx par le filum terminale, à la dure-mère par les ligaments dentelés et à l'encéphale.

APPLICATION CLINIQUE

Une **méningite** est une inflammation des méninges. Lorsque seule la dure-mère est atteinte, il s'agit d'une *pachyméningite*. La forme la plus courante de méningite, la *leptoméningite*, est une inflammation de l'arachnoïde et de la pie-mère.

Une **ponction lombaire** consiste à prélever un peu de liquide céphalo-rachidien de l'espace sous-arachnoïdien de la région lombaire inférieure de la moelle épinière. Habituellement, on effectue ce prélèvement entre les troisième et quatrième ou entre les quatrième et cinquième vertèbres lombaires. Il est facile de trouver l'emplacement de l'apophyse épineuse de la quatrième vertèbre lombaire. Une ligne tracée entre les deux points les plus élevés des crêtes iliaques passe par cette apophyse épineuse. La ponction lombaire est faite sous la moelle épinière et ne risque donc pas de la léser. Lorsque le client est étendu sur le côté, les genoux ramenés sur la poitrine, les vertèbres se séparent légèrement, ce qui facilite l'introduction de l'aiguille. Celle-ci traverse la peau, les fascias superficiels, le ligament surépineux, le ligament interépineux, l'espace épidural et l'arachnoïde, pour s'introduire dans l'espace sous-arachnoïdien. On effectue des ponctions lombaires à des fins diagnostiques ou pour administrer des antibiotiques (comme dans le cas d'une méningite) ou des opacifiants radiologiques. Ainsi, une technique radiologique, la **myélographie**, consiste à introduire un opacifiant radiologique (habituellement du métrizamide) dans l'espace sous-arachnoïdien afin de déterminer la présence ou l'absence de lésions à l'intérieur et autour de la moelle épinière.

LA STRUCTURE DE LA MOELLE ÉPINIÈRE EN COUPE TRANSVERSALE

La moelle épinière est faite de substance grise et de substance blanche. À la figure 13.2, on peut voir que la substance grise forme une région en forme de H à l'intérieur de la substance blanche. La substance grise est faite essentiellement de corps de cellules nerveuses et d'axones amyéliniques, ainsi que de dendrites de neurones moteurs et d'association. La substance blanche est faite de groupes d'axones myéliniques de neurones moteurs et sensitifs.

La barre transversale du H est formée par la **commissure grise**. Au centre de celle-ci se trouve un petit espace appelé le **canal de l'épendyme**, qui parcourt la moelle épinière et prolonge le quatrième ventricule du bulbe rachidien. Il contient du liquide céphalo-rachidien. Devant la commissure grise se trouve la **commissure blanche**, qui relie la substance blanche des côtés gauche et droit de la moelle épinière.

Les portions droites du H sont divisées en régions. Celles qui se trouvent plus près de l'avant de la moelle épinière sont appelées les **cornes antérieures**; elles constituent la partie motrice de la substance grise. Les régions situées plus près du dos de la moelle épinière sont les **cornes postérieures**; elles constituent la partie sensitive de la substance grise. Les régions situées entre les cornes antérieures et postérieures sont les **cornes latérales**; elles sont présentes dans les segments thoracique, lombaire supérieur et sacré de la moelle épinière.

La substance grise de la moelle épinière contient également plusieurs noyaux qui servent de centres de relais aux influx, et d'origines à certains nerfs. Les noyaux sont des amas de corps de cellules nerveuses et de dendrites dans la moelle épinière et dans l'encéphale.

Comme la substance grise, la substance blanche est organisée en régions. Les cornes antérieures et postérieures de la substance grise divisent la substance blanche de chaque côté en trois grandes régions: les **cordons antérieurs**, **postérieurs** et **latéraux**. Chaque cordon contient des groupes distincts de fibres myéliniques qui parcourent la moelle épinière. Ces groupes de fibres constituent des **faisceaux**. Les **faisceaux ascendants** les plus longs comprennent des axones sensitifs qui conduisent les influx qui entrent dans la moelle épinière jusqu'à l'encéphale. Les **faisceaux descendants** les plus longs comprennent des axones moteurs qui conduisent les influx de l'encéphale dans la moelle épinière, où ils font synapse avec d'autres neurones dont les axones sont distribués aux muscles et aux glandes. Ainsi, les faisceaux ascendants sont des faisceaux sensitifs, et les faisceaux descendants sont des faisceaux moteurs. D'autres

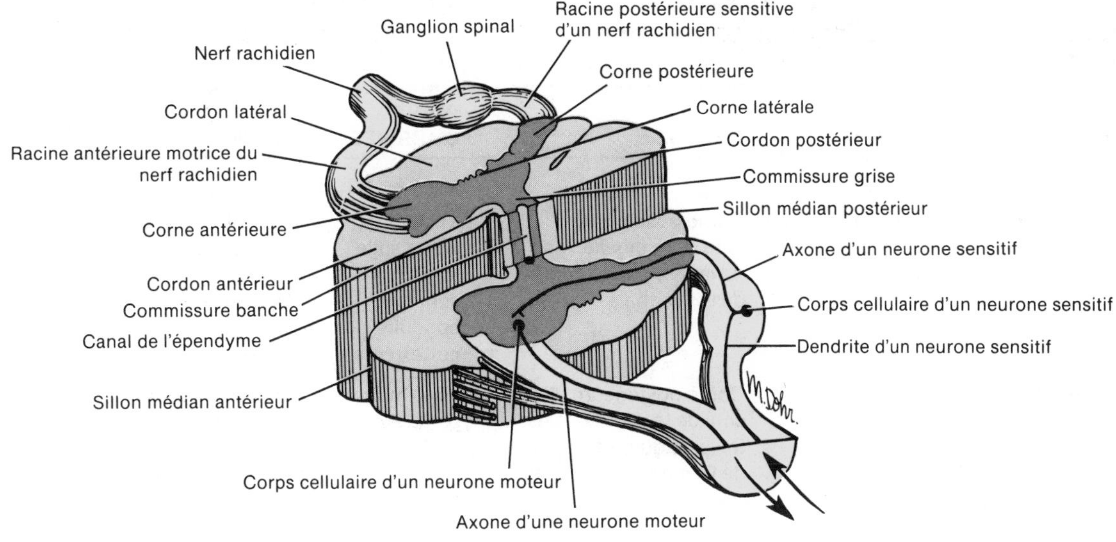

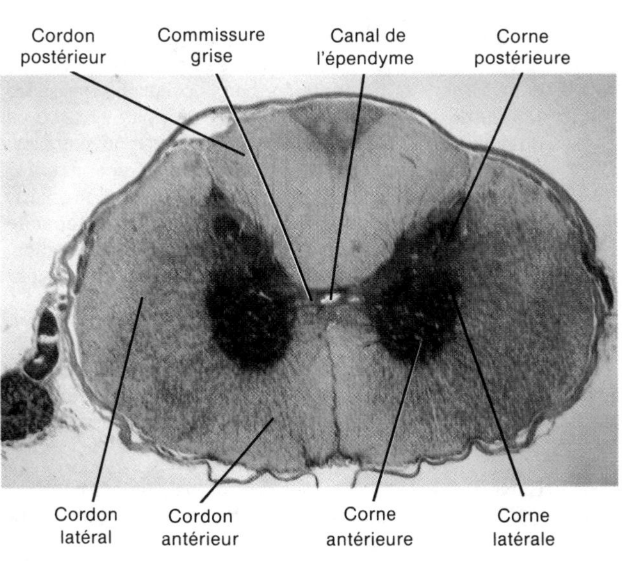

FIGURE 13.2 Moelle épinière. (a) Organisation de la substance grise et de la substance blanche de la moelle épinière, en coupe transversale. L'avant de la figure a été sectionné plus bas que l'arrière, de façon qu'on puisse voir l'intérieur du ganglion spinal, de la racine postérieure et de la racine antérieure du nerf rachidien, et du nerf rachidien. Dans cette illustration (et dans les autres) représentant des coupes transversales de la moelle épinière, et pour simplifier les choses, les dendrites ne sont pas montrées en relation avec les corps cellulaires des neurones moteurs ou d'association. (b) Photographie de la moelle épinière au niveau du septième segment cervical. [Gracieuseté de Victor B. Eichler, Ph.D., Wichita, Kansas.]

faisceaux, plus courts, contiennent des axones ascendants ou descendants qui conduisent les influx d'un niveau à l'autre de la moelle épinière.

LES FONCTIONS DE LA MOELLE ÉPINIÈRE

Une des fonctions principales de la moelle épinière consiste à conduire les influx sensitifs de la périphérie à l'encéphale et les influx moteurs de l'encéphale à la périphérie. Cette fonction est accomplie dans les faisceaux spinaux. Une autre fonction importante consiste à fournir un moyen de déclencher les réflexes. Ces deux fonctions sont essentielles au maintien de l'homéostasie.

Les faisceaux spinaux

La tâche importante de conduire l'information sensitive et motrice à partir de l'encéphale et vers l'encéphale revient aux faisceaux ascendants et descendants de la moelle épinière. Les noms de ces faisceaux sont liés aux cordons qu'ils parcourent, aux endroits où les corps des cellules du faisceau prennent naissance et aux endroits où les axones du faisceau se terminent. Comme l'origine et le point d'arrivée, la direction de l'influx est également indiquée par le nom du faisceau. Ainsi, le faisceau spino-thalamique antérieur est situé dans le *cordon antérieur*, il prend naissance dans la moelle *épinière* et se termine dans le *thalamus*. C'est un faisceau ascendant (sensitif), puisqu'il conduit les influx de la moelle épinière jusqu'à l'encéphale.

Les principaux faisceaux ascendants et descendants sont énumérés dans le document 13.1 et illustrés à la figure 13.3.

Le centre réflexe

L'autre fonction principale de la moelle épinière est de constituer un centre où se déclenchent les réflexes. Les nerfs rachidiens sont les voies de communication entre les faisceaux de la moelle épinière et la périphérie. À la figure 13.3, on peut voir que chaque paire de nerfs rachidiens est reliée à un segment de la moelle épinière par deux points d'attache, les racines. La **racine postérieure (sensitive)** ne contient que des fibres nerveuses sensitives et conduit les influx de la périphérie à

DOCUMENT 13.1 QUELQUES-UNS DES FAISCEAUX ASCENDANTS ET DESCENDANTS DE LA MOELLE ÉPINIÈRE

FAISCEAU	EMPLACEMENT	ORIGINE	POINT D'ARRIVÉE	FONCTION
FAISCEAUX ASCENDANTS				
Spino-thalamique antérieur	Cordon antérieur	Corne postérieure d'un côté de la moelle, mais traverse du côté opposé de l'encéphale	Thalamus ; par la suite, les influx sont conduits au cortex cérébral	Conduit les sensations liées au toucher et à la pression d'un côté du corps au côté opposé du thalamus. Par la suite, les sensations atteignent le cortex cérébral
Spino-thalamique latéral	Cordon latéral	Corne postérieure d'un côté de la moelle, mais traverse du côté opposé de l'encéphale	Thalamus ; par la suite, les influx sont conduits au cortex cérébral	Conduit les sensations liées à la douleur et à la température d'un côté du corps au côté opposé du thalamus. Par la suite, les sensations atteignent le cortex cérébral
Gracile (de Goll) et cunéiforme (de Burdach)	Cordon postérieur	Axones des neurones afférents de la périphérie qui pénètrent dans le cordon postérieur et émergent du même côté de l'encéphale	Noyau gracile (de Goll) et noyau cunéiforme (de Burdach) du bulbe rachidien ; par la suite, les influx sont conduits au cortex cérébral	Conduit les sensations d'un côté du corps au même côté du bulbe rachidien (toucher) ; discrimination spatiale (perception de deux points tactiles simultanés situés l'un près de l'autre) ; proprioception (conscience de la position exacte des parties du corps et de la direction de leurs mouvements) ; stéréognosie (capacité de reconnaître le volume, la forme et la texture d'un objet) ; discrimination de la masse (capacité d'évaluer la masse d'un objet) ; et vibration. Par la suite, les sensations peuvent atteindre le cortex cérébral
Cérébelleux direct (de Flechsig)	Portion postérieure du cordon latéral	Corne postérieure d'un côté de la moelle épinière et émerge du même côté de l'encéphale	Cervelet	Conduit les sensations d'un côté du corps au même côté du cervelet (proprioception subconsciente)
Cérébelleux croisé (de Gowers)	Portion antérieure du cordon latéral	Corne postérieure d'un côté de la moelle épinière ; contient des fibres croisées et non croisées	Cervelet	Conduit les sensations des deux côtés du corps au cervelet (proprioception subconsciente)

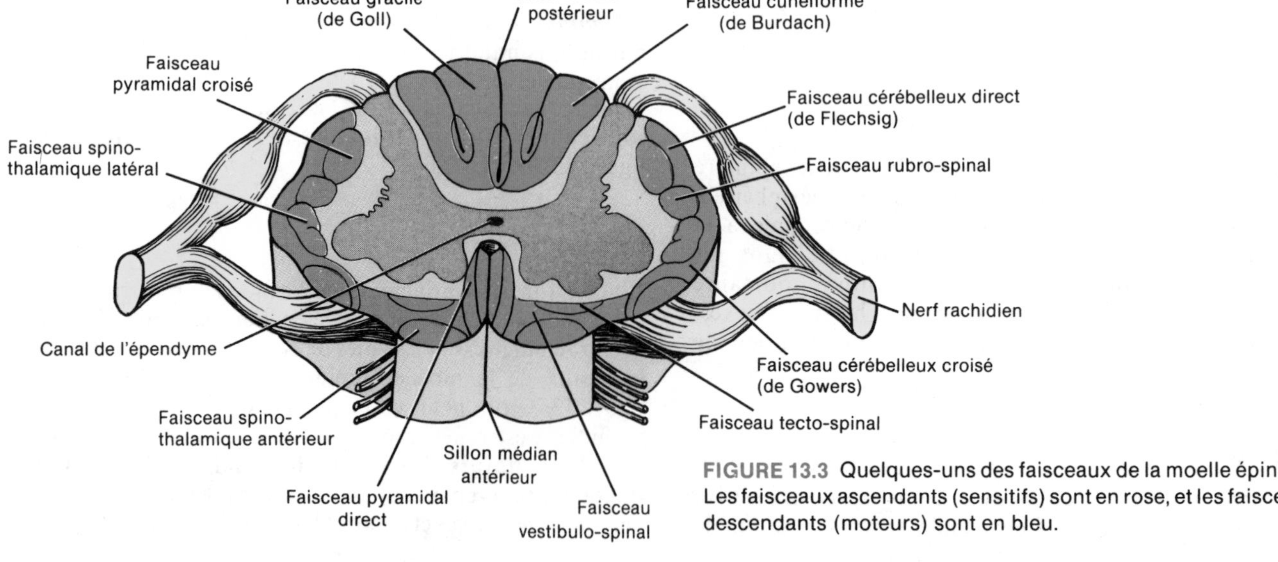

FIGURE 13.3 Quelques-uns des faisceaux de la moelle épinière. Les faisceaux ascendants (sensitifs) sont en rose, et les faisceaux descendants (moteurs) sont en bleu.

DOCUMENT 13.1 QUELQUES-UNS DES FAISCEAUX ASCENDANTS ET DESCENDANTS DE LA MOELLE ÉPINIÈRE [*Suite*]

FAISCEAU	EMPLACEMENT	ORIGINE	POINT D'ARRIVÉE	FONCTION
FAISCEAUX DESCENDANTS				
Pyramidal croisé	Cordon latéral	Cortex cérébral d'un côté de l'encéphale, mais traverse à la base du bulbe rachidien du côté opposé de la moelle épinière	Corne antérieure	Conduit les influx moteurs d'un côté du cortex à la corne antérieure du côté opposé. Par la suite, les influx atteignent les muscles squelettiques du côté opposé du corps, lesquels coordonnent la motricité fine
Pyramidal direct	Cordon antérieur	Cortex cérébral d'un côté de l'encéphale, reste du même côté dans le bulbe rachidien, mais traverse du côté opposé de la moelle épinière	Corne antérieure	Conduit les influx moteurs d'un côté du cortex à la corne antérieure du même côté. Les influx traversent du côté opposé dans la moelle épinière et atteignent les muscles squelettiques qui coordonnent la motricité fine
Rubro-spinal	Cordon latéral	Mésencéphale (noyau rouge) d'un côté de l'encéphale, mais traverse du côté opposé de la moelle épinière	Corne antérieure	Conduit les influx d'un côté du mésencéphale aux muscles squelettiques du côté opposé du corps, lesquels sont liés au tonus musculaire et à la posture
Tecto-spinal	Cordon antérieur	Mésencéphale d'un côté de l'encéphale, mais traverse du côté opposé de la moelle épinière	Corne antérieure	Conduit les influx moteurs d'un côté du mésencéphale aux muscles squelettiques du côté opposé du corps, lesquels contrôlent les mouvements de la tête en réaction aux stimuli auditifs, visuels et cutanés
Vestibulo-spinal	Cordon antérieur	Buble rachidien d'un côté de l'encéphale et descend du même côté de la moelle épinière	Corne antérieure	Conduit les influx moteurs d'un côté du bulbe rachidien aux muscles squelettiques du même côté du corps, lesquels régularisent le tonus corporel en réaction aux mouvements de la tête (équilibre)

la moelle épinière. Ces fibres s'étendent dans la corne postérieure. Chaque racine postérieure contient également un renflement, le **ganglion spinal**, qui contient les corps cellulaires des neurones sensitifs de la périphérie. L'autre point d'attache du nerf rachidien à la moelle épinière est constitué par la **racine antérieure (motrice)**. Elle ne contient que des fibres nerveuses motrices et conduit les influx de la moelle épinière à la périphérie.

Les corps cellulaires des neurones moteurs sont situés dans la substance grise de la moelle épinière. Lorsque l'influx moteur alimente un muscle squelettique, les corps cellulaires sont situés dans la corne antérieure. Par contre, lorsque l'influx alimente un muscle lisse, un muscle cardiaque ou une glande par l'intermédiaire du système nerveux autonome, les corps cellulaires sont situés dans la corne latérale.

L'arc réflexe et l'homéostasie

Le chemin qu'emprunte un influx à partir de son origine dans les dendrites ou le corps cellulaire d'un neurone d'une partie du corps jusqu'à son point d'arrivée dans une autre partie du corps est appelé **voie de conduction**. Toutes les voies de conduction sont faites de circuits de neurones. Une voie de conduction est un **arc réflexe**, l'unité fonctionnelle du système nerveux. Un arc réflexe contient deux neurones ou plus, par lesquels les influx sont conduits à partir d'un récepteur jusqu'à l'encéphale ou la moelle épinière, puis jusqu'à un effecteur. Les composants de base d'un arc réflexe sont les suivants (figure 13.4):

1. Un récepteur. L'extrémité distale d'une dendrite, ou une structure sensitive associée à l'extrémité distale d'une dendrite. Son rôle consiste à réagir à un changement du milieu interne ou externe en amorçant un influx nerveux dans un neurone sensitif.

2. Un neurone sensitif. Transmet l'influx nerveux du récepteur à sa terminaison axonale dans le système nerveux central.

3. Un centre. Une région du système nerveux central où un influx sensitif qui arrive produit un influx moteur qui part. Dans le centre, l'influx peut être inhibé, transmis ou réorienté. Dans le centre de certains arcs réflexes, le neurone sensitif produit habituellement l'influx dans le neurone moteur. Le centre peut également contenir un neurone d'association, ou

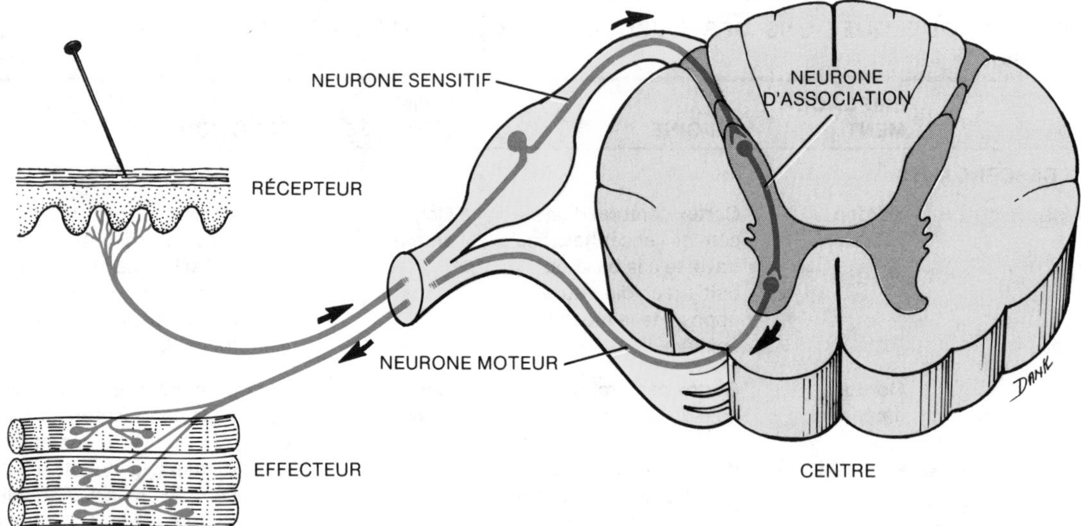

FIGURE 13.4 Composants d'un arc réflexe typique.

interneurone, entre le neurone sensitif et le neurone moteur, menant à un msucle ou à une glande.

4. Un neurone moteur. Transmet l'influx produit par le neurone sensitif ou d'association situé dans le centre jusqu'à l'organe qui va réagir.

5. Un effecteur. L'organe du corps, soit un muscle ou une glande, qui réagit à l'influx moteur. Cette réaction constitue un réflexe.

Les **réflexes** sont des réactions rapides aux changements qui se produisent dans le milieu interne ou externe; ils permettent de maintenir l'homéostasie de l'organisme. Les réflexes sont associés à la contraction des muscles squelettiques, mais aussi aux fonctions corporelles, comme la fréquence cardiaque, la respiration, la digestion, la miction et la défécation. Les réflexes déclenchés par la moelle épinière seulement sont des **réflexes spinaux**, alors que les réflexes qui provoquent la contraction des muscles squelettiques sont des **réflexes somatiques**. Les réflexes qui provoquent la contraction d'un muscle lisse ou cardiaque, ou des sécrétions glandulaires sont des **réflexes végétatifs**. Nous allons maintenant étudier certains réflexes spinaux somatiques : le réflexe myotatique, le réflexe tendineux, le réflexe nociceptif et le réflexe d'extension croisée.

• ***Le réflexe myotatique*** Le **réflexe myotatique**, ou **d'étirement**, est basé sur un *arc réflexe monosynaptique*. Deux neurones seulement participent à ce réflexe, et l'arc

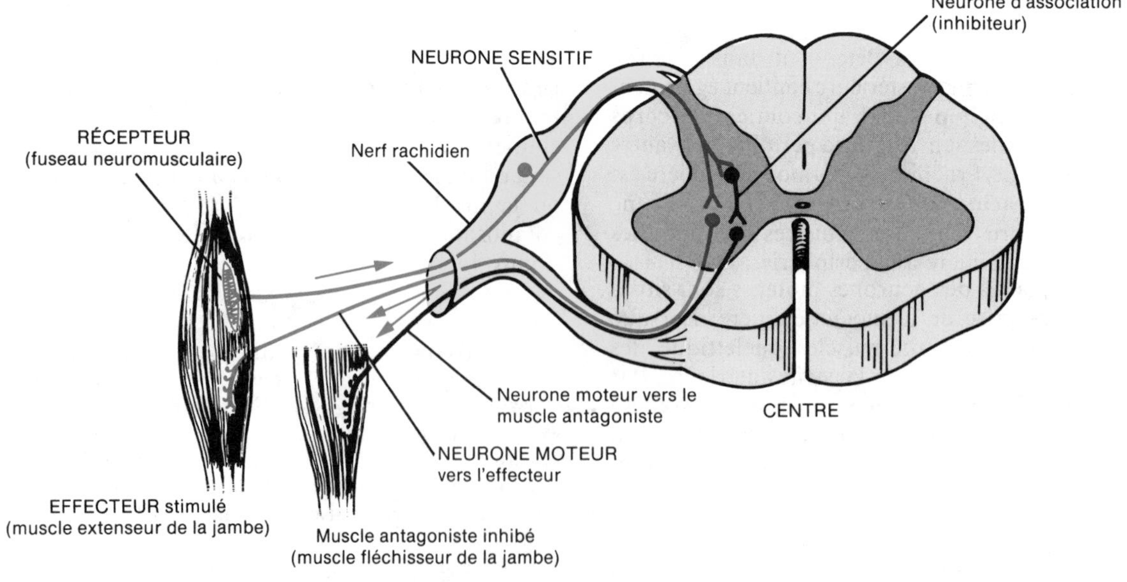

FIGURE 13.5 Réflexe myotatique, ou d'étirement. Les neurones de la voie de conduction du réflexe myotatique sont en couleurs. Un réflexe myotatique est monosynaptique, parce que son arc réflexe ne comprend qu'une synapse et deux neurones (neurones sensitif et moteur de l'effecteur). Ce réflexe est également ipsilatéral. Pourquoi ?

réflexe ne possède qu'une synapse (figure 13.5). Ce réflexe provoque la contraction d'un muscle lorsqu'il est étiré. L'étirement léger d'un muscle stimule les récepteurs du muscle, les *fuseaux neuromusculaires* (voir la figure 15.3,a). Les fuseaux surveillent les changements qui se produisent dans la longueur du muscle en réagissant à la vitesse et à l'importance du changement. Lorsque le fuseau est stimulé, un influx est envoyé le long d'un neurone sensitif par la racine postérieure des nerfs rachidiens jusqu'à la moelle épinière. Le neurone sensitif fait synapse avec un neurone moteur dans la corne antérieure. Le neurone sensitif produit un influx à la synapse, qui est transmis le long du neurone moteur. Le neurone moteur de la racine antérieure du nerf rachidien se termine dans un muscle squelettique. Lorsque l'influx atteint le muscle étiré, il le contracte. Ainsi, l'étirement est annulé par la contraction.

Comme l'influx sensitif pénètre dans la moelle épinière du côté où l'influx moteur la quitte, l'arc réflexe est un *arc réflexe ipsilatéral.* Tous les arcs réflexes monosynaptiques sont ipsilatéraux ; ce sont également des réflexes tendineux (description sommaire).

Le réflexe myotatique est essentiel au maintien du tonus musculaire et il joue un rôle important dans les fonctions musculaires au cours de l'exercice physique. Il aide également à prévenir les blessures causées par un étirement exagéré des muscles. De plus, il sert de base à plusieurs tests effectués lors des examens neurologiques. Un de ces réflexes est le *réflexe rotulien*, qui est recherché par la percussion du ligament rotulien (stimulus). Les fuseaux neuromusculaires du muscle quadriceps crural (muscle extenseur de la jambe) attachés au ligament envoient l'influx sensitif à la moelle épinière, et l'influx moteur qui en revient provoque la contraction du muscle. La réaction est constituée par l'extension de la jambe au niveau du genou (réflexe rotulien).

L'arc réflexe myotatique ne contient que deux neurones ; toutefois, d'autres neurones participent, de diverses façons, à ce réflexe. Ainsi, le neurone sensitif du fuseau neuromusculaire qui pénètre dans la moelle épinière fait également synapse avec un neurone moteur qui régit les muscles antagonistes. Ainsi, durant le réflexe myotatique, lorsque le muscle étiré est contracté, les muscles antagonistes qui résistent à la contraction sont inhibés. Ce phénomène, par lequel les influx stimulent la contraction d'un muscle et inhibent simultatément la contraction des muscles antagonistes, s'appelle l'**innervation réciproque**. Il empêche les conflits entre les agonistes et les antagonistes, et il est essentiel à la coordination des mouvements corporels. Nous avons déjà vu, au chapitre 11, que les muscles squelettiques agissaient en groupes plutôt qu'individuellement, et que chaque muscle du groupe jouait un rôle particulier dans la production du mouvement.

Le neurone sensitif du fuseau neuromusculaire fait également synapse avec les neurones qui transmettent les influx à l'encéphale. De cette façon, l'encéphale reçoit des renseignements concernant l'état d'étirement ou de contraction des muscles squelettiques, qui lui permettent de coordonner les mouvements musculaires et la posture.

• ***Le réflexe tendineux*** Les réflexes autres que le réflexe myotatique ajoutent la participation des neurones d'association à celle des neurones sensitifs et moteurs. Comme plus de deux neurones sont en jeu, il y a plus d'une synapse, et ces réflexes ont donc des *arcs réflexes polysynaptiques.* Un exemple de réflexe basé sur un arc réflexe polysynaptique est le **réflexe tendineux** qui, comme le réflexe myotatique, est ipsilatéral.

Le réflexe tendineux a pour tâche de protéger les tendons, ainsi que les muscles qui y sont associés, des lésions que pourrait provoquer une tension excessive. Les

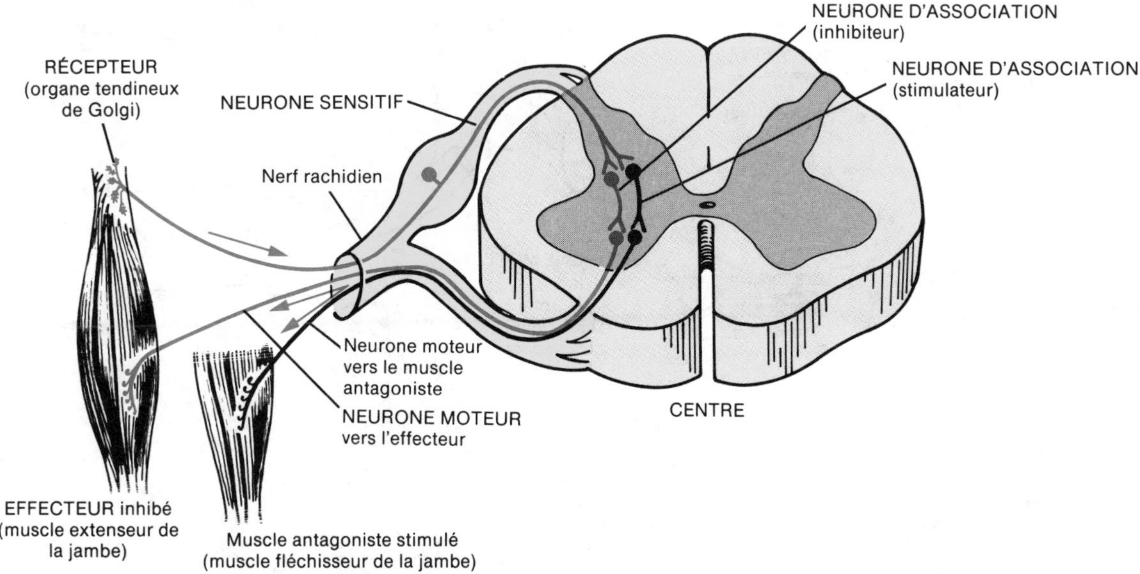

FIGURE 13.6 Réflexe tendineux. Les neurones de la voie de conduction du réflexe tendineux sont en couleurs. Cet arc réflexe est polysynaptique parce que plus d'une synapse et plus de deux neurones interviennent. Il y a une synapse entre le neurone sensitif et le neurone d'association (inhibiteur), et une autre entre le neurone d'association (inhibiteur) et le neurone moteur de l'effecteur.

récepteurs utilisés dans ce réflexe sont les *organes tendineux de Golgi* (voir la figure 15.3,b). Ceux-ci se trouvent dans les tendons des muscles, près de la jonction du tendon et du muscle. Alors que les fuseaux neuromusculaires sont sensibles aux changements qui se produisent dans la longueur du muscle, les organes tendineux de Golgi détectent les changements dans la tension musculaire, causés par la contraction ou l'étirement musculaires passifs, et y réagissent.

Lorsqu'une tension supplémentaire est appliquée à un tendon, l'organe tendineux de Golgi est stimulé, et des influx nerveux sont produits et transmis à la moelle épinière par l'intermédiaire d'un neurone sensitif (figure 13.6). Dans la moelle épinière, le neurone sensitif fait synapse avec un neurone d'association inhibiteur qui, à son tour, fait synapse avec un neurone moteur qui innerve le muscle associé à l'organe tendineux de Golgi. Ainsi, à mesure que la tension augmente sur l'organe tendineux de Golgi, la fréquence des influx inhibiteurs augmente, et l'inhibition provoque le relâchement du muscle. De cette façon, le réflexe tendineux protège le tendon et le muscle des lésions qu'une tension excessive pourrait causer. Le réflexe tendineux joue donc un rôle de protection.

Le neurone sensitif de l'organe tendineux de Golgi fait également synapse avec un neurone d'association stimulateur dans la moelle épinière. Celui-ci, à son tour, fait synapse avec les neurones moteurs qui régissent les muscles antagonistes. Ainsi, le réflexe tendineux provoque le relâchement du muscle contenant l'organe tendineux de Golgi, mais il provoque également la contraction des muscles antagonistes. Il s'agit là d'un autre exemple d'innervation réciproque. Le neurone sensitif fait également synapse avec les neurones qui transmettent les influx à l'encéphale et qui apportent à ce dernier des renseignements concernant la tension musculaire dans l'ensemble de l'organisme.

• ***Le réflexe nociceptif et le réflexe d'extension croisée*** Un autre réflexe basé sur un arc réflexe

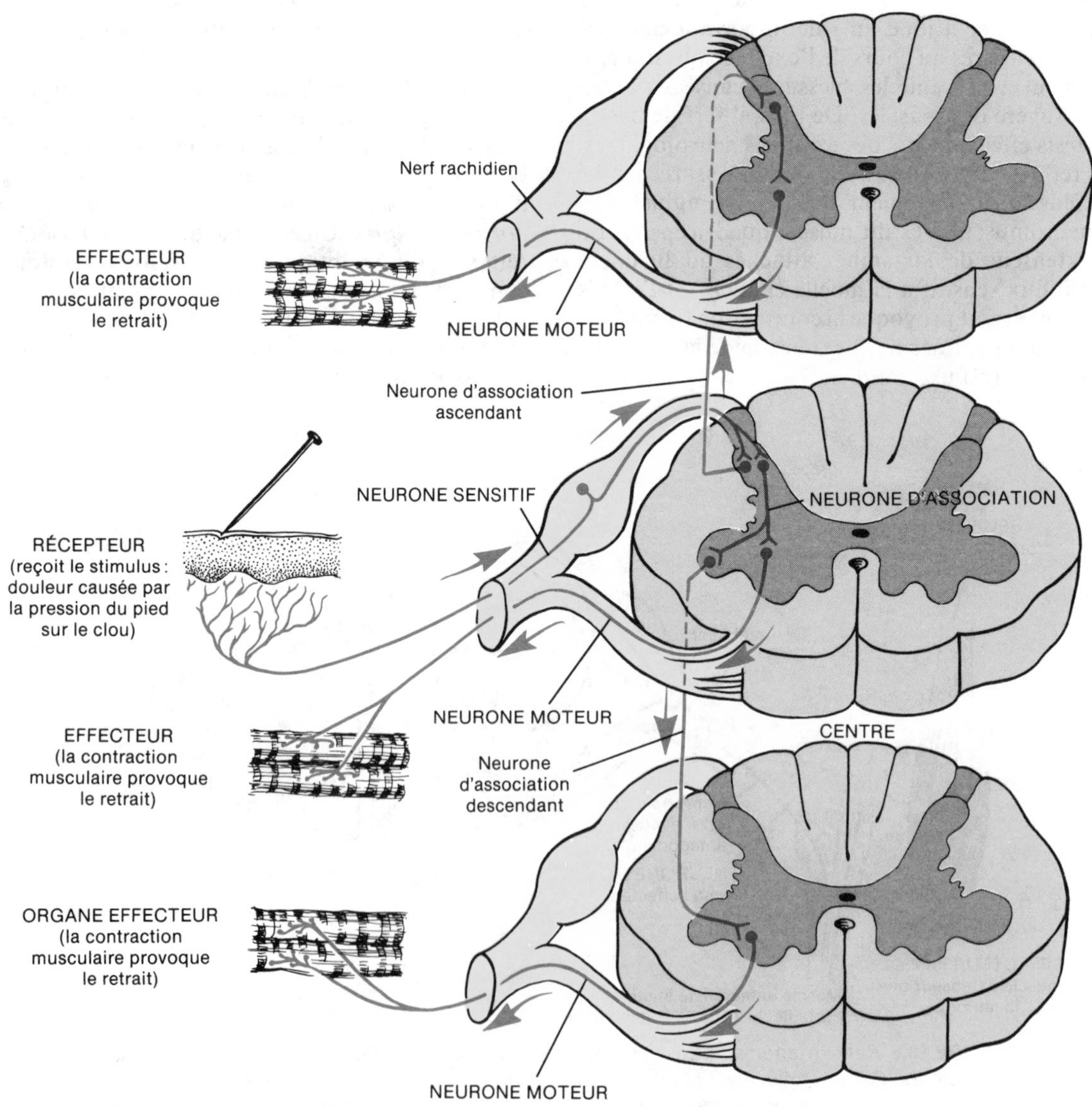

FIGURE 13.7 Réflexe nociceptif, ou de retrait. Cet arc réflexe est polysynaptique et ipsilatéral. Pourquoi est-il également un arc réflexe segmentaire ?

polysynaptique est le **réflexe nociceptif**, ou **de retrait** (figure 13.7). Lorsqu'on marche sur un clou, la douleur nous amène à retirer immédiatement le pied. Que se passe-t-il? Un neurone sensitif transmet un influx en provenance du récepteur jusqu'à la moelle épinière. Un deuxième influx est produit dans un neurone d'association, qui produit un troisième influx dans un neurone moteur. Celui-ci stimule les muscles du pied, et ce dernier s'éloigne du stimulus douloureux. Le réflexe nociceptif joue donc un rôle de protection, en ce sens qu'il provoque le mouvement d'un membre afin d'échapper à la douleur.

Tout comme le réflexe myotatique, le réflexe nociceptif est ipsilatéral. Les influx qui arrivent et qui partent se trouvent du même côté de la moelle épinière. Le réflexe nociceptif illustre également une autre caractéristique des arcs réflexes polysynaptiques. Dans le réflexe nociceptif monosynaptique, l'influx moteur qui revient n'affecte que le muscle quadriceps de la cuisse. Lorsqu'on éloigne le membre inférieur ou supérieur d'un stimulus nocif, plusieurs muscles interviennent, et plusieurs neurones moteurs retournent simultanément des influx à plusieurs muscles des membres supérieurs et inférieurs. Ainsi, un seul influx sensitif provoque plusieurs réactions motrices. Ce type d'arc réflexe, dans lequel un seul neurone sensitif se divise en branches ascendante et descendante, chacune faisant synapse avec des neurones d'association au niveau de différents segments de la moelle épinière, est appelé un *arc réflexe segmentaire* ou *régional.* Dans un arc réflexe de ce genre, un seul neurone sensitif peut activer plusieurs neurones moteurs et, par conséquent, stimuler plus d'un effecteur.

Un autre événement peut se produire lorsqu'on marche sur un clou. On peut perdre l'équilibre, et la masse corporelle peut glisser sur l'autre pied. On fait

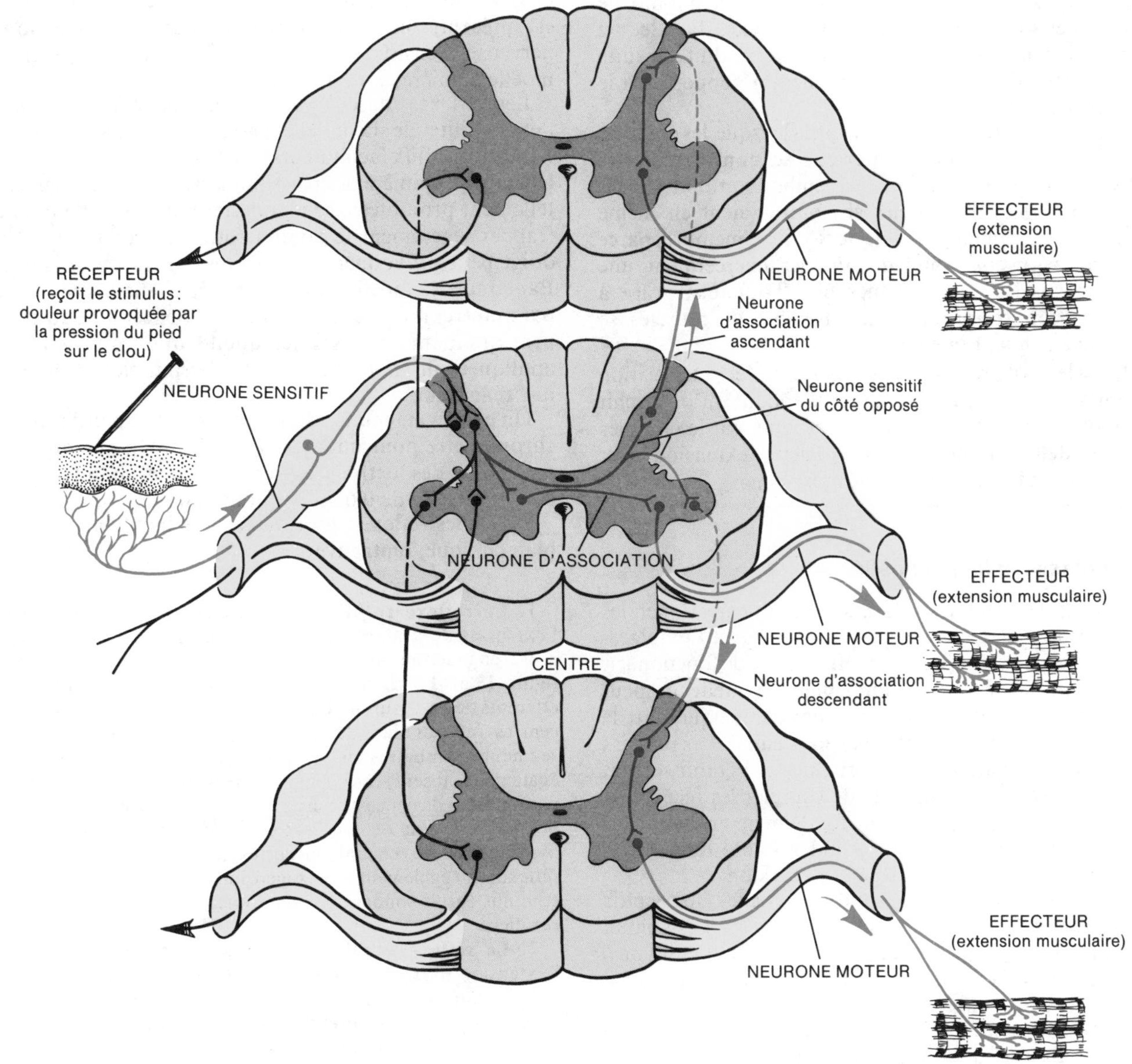

FIGURE 13.8 Réflexe d'extension croisée. Le réflexe nociceptif est illustré à la gauche du diagramme pour montrer de quelle façon il est lié au réflexe d'extension croisée à la droite du diagramme. Concentrez cependant votre attention sur le réflexe d'extension croisée. Pourquoi ce réflexe est-il considéré comme un arc réflexe controlatéral ?

alors ce qu'on peut pour retrouver l'équilibre et ne pas tomber. Ce qui signifie que des influx moteurs sont également envoyés au pied non stimulé et aux deux membres supérieurs. Les influx moteurs provoquent l'extension du genou, de façon qu'on puisse placer toute la masse corporelle sur un seul pied. Ces influx traversent la moelle épinière, comme on peut le voir à la figure 13.8. Non seulement l'influx sensitif qui arrive amorce-t-il le réflexe nociceptif qui provoque le retrait du pied, mais il amorce également un réflexe d'extension. L'influx sensitif qui arrive traverse de l'autre côté de la moelle épinière par l'intermédiaire de neurones d'association, à ce niveau et à plusieurs niveaux au-dessus et au-dessous du point de stimulation sensorielle. À partir de ces niveaux, les neurones moteurs provoquent l'extension du genou, maintenant ainsi l'équilibre. Contrairement au réflexe nociceptif, qui passe au-dessus d'un arc réflexe ipsilatéral, le réflexe d'extension passe par un *arc réflexe controlatéral*: l'influx entre d'un côté de la moelle épinière et sort du côté opposé. Ce réflexe, dans lequel l'extension des muscles d'un membre se produit par suite de la contraction des muscles du membre opposé, est le **réflexe d'extension croisée**.

Dans le cas du réflexe nociceptif, lorsque les muscles fléchisseurs du membre inférieur se contractent, les muscles extenseurs du même membre s'étirent. Si les deux ensembles de muscles se contractaient en même temps, il ne serait pas possible de fléchir le membre, parce que les deux ensembles de muscles exerceraient une traction sur les os de ce membre. Toutefois, grâce à l'innervation réciproque, un ensemble de muscles se contracte pendant que l'autre s'étire.

Dans le cas du réflexe d'extension croisée, l'innervation réciproque se produit également. Pendant qu'on fléchit les muscles du membre qui a été stimulé par le clou, les muscles de l'autre membre provoquent l'extension pour favoriser le maintien de l'équilibre.

Les réflexes et le diagnostic

On utilise souvent les réflexes pour diagnostiquer les troubles du système nerveux ou pour trouver l'emplacement de tissus lésés. Lorsqu'un réflexe cesse de fonctionner, ou fonctionne de façon anormale, le médecin peut soupçonner que les lésions se trouvent quelque part le long d'une voie de conduction en particulier. Les réflexes viscéraux, cependant, ne favorisent pas l'établissement des diagnostics. Il est difficile de stimuler les récepteurs viscéraux, puisqu'ils sont profondément enfouis. Par contre, on peut évaluer un grand nombre de réflexes somatiques à l'aide d'une légère percussion.

Les **réflexes superficiels** sont des réflexes nociceptifs provoqués par des stimuli tactiles ou nocifs. Les stimuli sont appliqués à la peau, aux membranes muqueuses ou à la cornée. Le réflexe cornéen, le réflexe cutané abdominal et le réflexe pharyngé en sont des exemples.

Habituellement, on peut stimuler la contraction de tous les muscles squelettiques par un étirement rapide et léger de leurs tendons (en appliquant une légère percussion, par exemple). Toutefois, un grand nombre de tendons sont profondément enfouis, et on ne peut les atteindre de cette façon. Les réflexes qui supposent un stimulus d'étirement du tendon sont appeelés **réflexes tendineux**. Ceux-ci fournissent des renseignements concernant l'intégrité et la fonction des arcs réflexes et des segments de la moelle épinière, sans atteinte des centres supérieurs.

Pour qu'on puisse obtenir une réponse satisfaisante lorsqu'on évalue un réflexe tendineux, le muscle doit être étiré légèrement avant qu'on frappe son tendon. S'il est suffisamment étiré, la percussion exercée sur le tendon provoque une contraction musculaire.

Lorsque les réflexes sont faibles ou absents, on peut utiliser la *technique de la facilitation*. Dans cette technique, les groupes de muscles qui ne sont pas évalués sont tendus volontairement à l'aide de contractions isométriques afin d'augmenter les réflexes dans les autres parties du corps. Ainsi, on peut demander à la personne examinée de croiser les doigts, puis d'essayer de les séparer. Ce geste peut augmenter la force des réflexes qui demandent la participation d'autres muscles. Si le réflexe est présent, on peut en déduire que les connexions nerveuses sensitives et motrices, entre le muscle et la moelle épinière, sont intactes.

Les réflexes musculaires peuvent aider à déterminer l'excitabilité de la moelle épinière. Lorsqu'un grand nombre d'influx facilitateurs sont transmis de l'encéphale à la moelle épinière, les réactions musculaires deviennent tellement promptes à se manifester que le simple fait de frapper légèrement le tendon rotulien avec le bout du doigt peut provoquer un fort mouvement de la jambe. Par contre, la moelle épinière peut être tellement inhibée par d'autres influx en provenance de l'encéphale qu'il est pratiquement impossible, quelle que soit la force appliquée sur les tendons ou sur les muscles, d'obtenir une réaction.

On peut évaluer une lésion neurologique en utilisant un chronomètre pour minuter la réaction. On démontre la sensibilité des extrémités sensorielles d'un muscle en étirant celui-ci de 0,05 mm durant 0,05 s.

Parmi les réflexes qui revêtent une importance sur le plan clinique, on trouve :

1. Le réflexe rotulien. Ce réflexe est caractérisé par l'extension de la jambe par la contraction du muscle quadriceps crural en réaction à une percussion du ligament rotulien (voir la figure 13.5). Le réflexe est bloqué par des nerfs afférents ou efférents lésés assurant l'innervation du muscle ou par des centres réflexes dans les deuxième, troisième ou quatrième segments lombaires de la moelle épinière. Ce réflexe est également absent chez les personnes souffrant de diabète chronique et de neurosyphilis. Le réflexe est exagéré dans les cas de maladies ou de traumatismes affectant les faisceaux pyramidaux descendant du cortex à la moelle épinière. Ce réflexe peut également être exagéré lorsqu'on applique un autre stimulus (bruit soudain) pendant que l'on frappe le ligament rotulien.

2. Le réflexe achilléen. Ce réflexe est caractérisé par l'extension (flexion plantaire) du pied par la contraction des muscles jumeaux du triceps et du muscle soléaire en réaction à un coup donné au tendon d'Achille. Le blocage de ce réflexe indique des lésions aux nerfs qui innervent les muscles postérieurs des jambes, ou au cellules nerveuses de la région lombo-sacrée de la moelle épinière. Ce réflexe est également absent chez les personnes qui souffrent de diabète chronique, de neurosyphilis, d'alcoolisme ou d'hémorragies sous-arachnoïdiennes. Un réflexe achilléen exagéré indique une

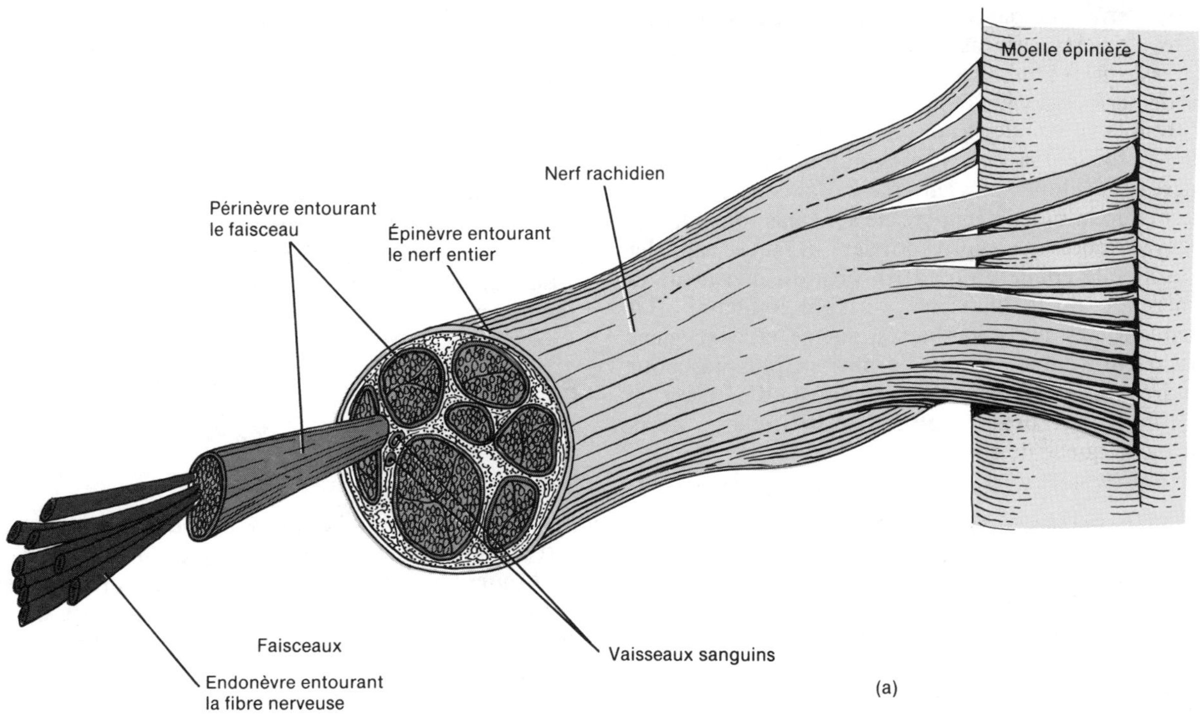

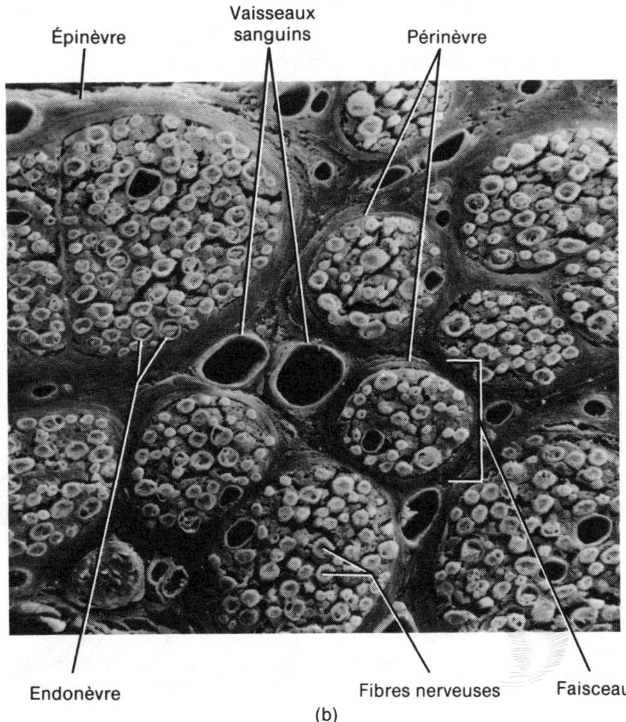

FIGURE 13.9 Enveloppes d'un nerf rachidien. (a) Diagramme. (b) Photomicrographie électronique par balayage, agrandie 900 fois. [Gracieuseté de Richard G. Kessel et Randy H. Kardon, tiré de *Tissues and Organs: A Text-Atlas of Scanning Electron Microscopy*. Copyright © 1979 by Scientific American, Inc.]

compression de la moelle cervicale ou une lésion des faisceaux moteurs du premier ou du deuxième segment de la moelle épinière.

3. Le signe de Babinski. Ce réflexe est provoqué par une légère stimulation du bord extérieur de la plante du pied. Il est caractérisé par une extension du gros orteil, accompagnée ou non d'une abduction des autres orteils. Ce phénomène est normal chez l'enfant âgé de moins de 18 mois, et est dû à un développement incomplet du système nerveux. La myélinisation des fibres du faisceau pyramidal n'est pas encore terminée. Un signe de Babinski positif après l'âge de 18 mois est considéré comme anormal et indique une interruption du faisceau pyramidal causée par une lésion, habituellement dans la portion supérieure. La réaction normale, après l'âge de 18 mois est le **réflexe plantaire**: les orteils se recroquevillent et la partie antérieure du pied subit une flexion et une légère rotation vers l'intérieur.

4. Le réflexe cutané abdominal. Ce réflexe provoque la compression de la paroi abdominale en réaction à la stimulation cutanée du côté de l'abdomen. Il est divisé en deux parties distinctes: le réflexe abdominal supérieur et le réflexe abdominal inférieur. La personne examinée devrait être en position horizontale, les muscles relâchés, les bras le long des flancs et les genoux légèrement fléchis. La réaction consiste en une contraction des muscles abdominaux, qui produit une déviation latérale de l'ombilic du côté opposé au stimulus. L'absence de ce réflexe est associée à des lésions du système pyramidal. Le réflexe peut également être absent à cause de lésions aux nerfs périphériques, aux centres réflexes de la partie thoracique de la moelle épinière ou de la présence d'une sclérose en plaques.

LES NERFS RACHIDIENS

LES NOMS DES NERFS RACHIDIENS

Les 31 paires de nerfs rachidiens sont nommées et numérotées d'après la région et le niveau de la moelle épinière d'où elles proviennent (voir la figure 13.1). La première paire cervicale émerge entre l'atlas et l'os occipital. Tous les autres nerfs rachidiens quittent la colonne vertébrale par les trous de conjuguaison. Il y a 8 paires de nerfs cervicaux, 12 paires de nerfs dorsaux, 5 paires de nerfs lombaires, 5 paires de nerfs sacrés et une paire de nerfs coccygiens.

Durant la vie fœtale, la colonne vertébrale et la moelle épinière croissent à des vitesses différentes; la moelle épinière se développe plus lentement. Par conséquent, les segments de la moelle épinière ne sont pas tous alignés avec les vertèbres qui y correspondent. Il faut se rappeler que la moelle épinière prend fin près du niveau de la première ou de la deuxième vertèbre lombaire. Par conséquent, les nerfs lombaires, sacrés et coccygiens inférieurs doivent descendre de plus en plus bas pour atteindre leurs trous de conjugaison avant d'émerger de la colonne vertébrale. Cette disposition des nerfs constitue la queue de cheval.

LA COMPOSITION ET LES ENVELOPPES DES NERFS RACHIDIENS

Un **nerf rachidien** possède deux points d'attache à la moelle épinière: une racine postérieure et une racine antérieure. Ces racines s'unissent pour former un nerf rachidien au niveau du trou de conjugaison. Comme la racine postérieure contient des fibres sensorielles et que la racine antérieure contient des fibres motrices, un nerf rachidien est un *nerf mixte*. Le ganglion spinal contient les corps cellulaires des neurones sensitifs.

À la figure 13.9, on peut voir qu'un nerf rachidien contient un grand nombre de fibres recouvertes par différentes enveloppes. Les fibres, qu'elles soient myéliniques ou non, sont enveloppées dans un tissu conjonctif appelé l'**endonèvre**. Des groupes de fibres recouvertes d'endonèvre sont disposés en bouquets appelés *faisceaux*, et chaque faisceau est enveloppé dans un tissu conjonctif, le **périnèvre**. L'enveloppe extérieure recouvrant le nerf est l'**épinèvre**. Les méninges rachidiennes s'unissent à l'épinèvre à l'endroit où le nerf quitte le canal rachidien.

LA DISTRIBUTION DES NERFS RACHIDIENS

Les branches

Près de l'endroit où il quitte son trou de conjugaison, le nerf rachidien se divise en plusieurs branches (figure 13.10). La **branche dorsale** innerve les muscles profonds et la peau du dos. La **branche ventrale** innerve les muscles dorsaux superficiels et toutes les structures des membres et des faces latérale et ventrale du tronc. Les nerfs rachidiens donnent également naissance à un **rameau méningé**, qui retourne dans le canal rachidien par le trou de conjugaison et alimente les vertèbres, les ligaments vertébraux, les vaisseaux sanguins de la moelle épinière et les méninges. D'autres branches, les **rameaux communi-**

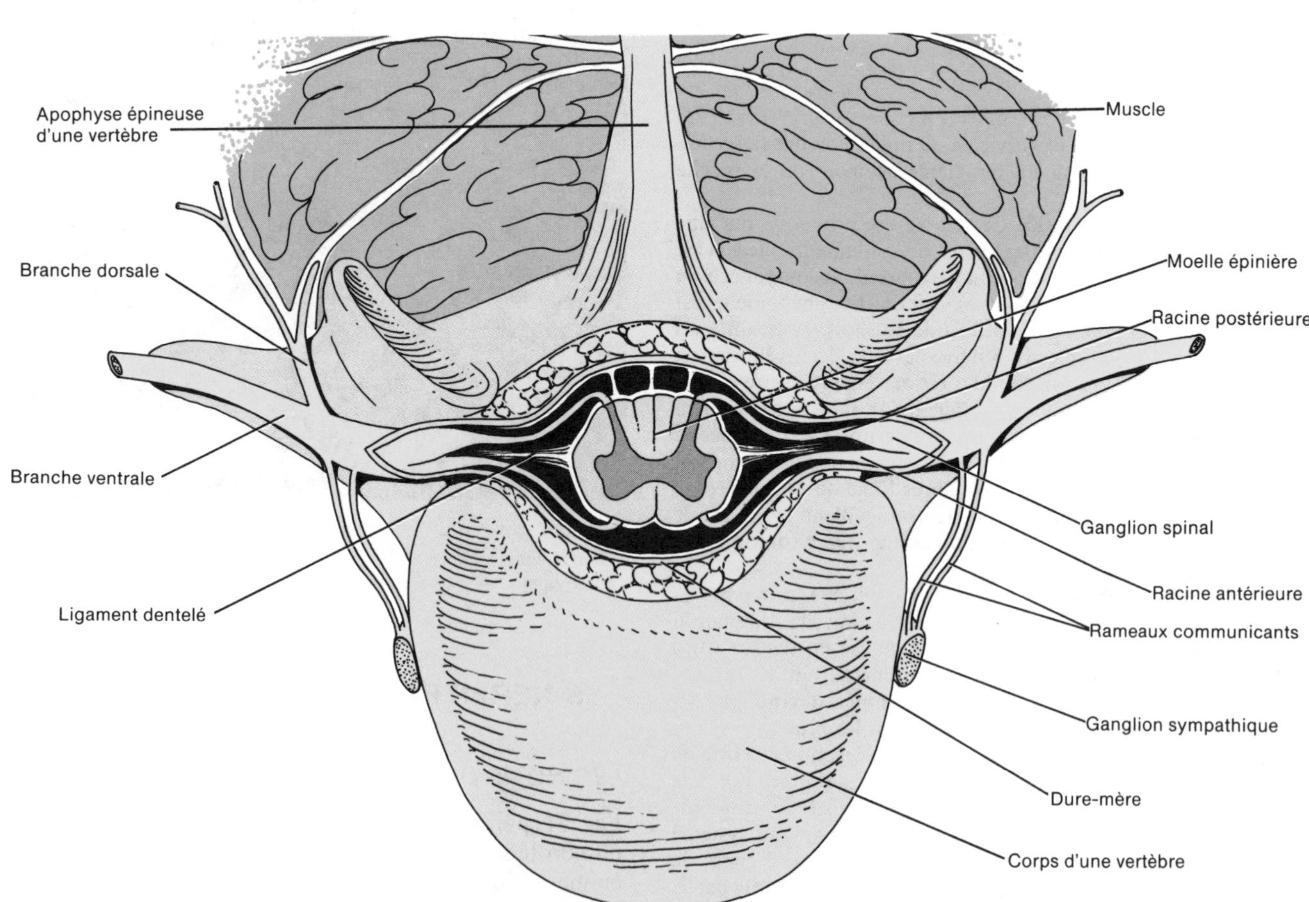

FIGURE 13.10 Branches d'un nerf rachidien typique.

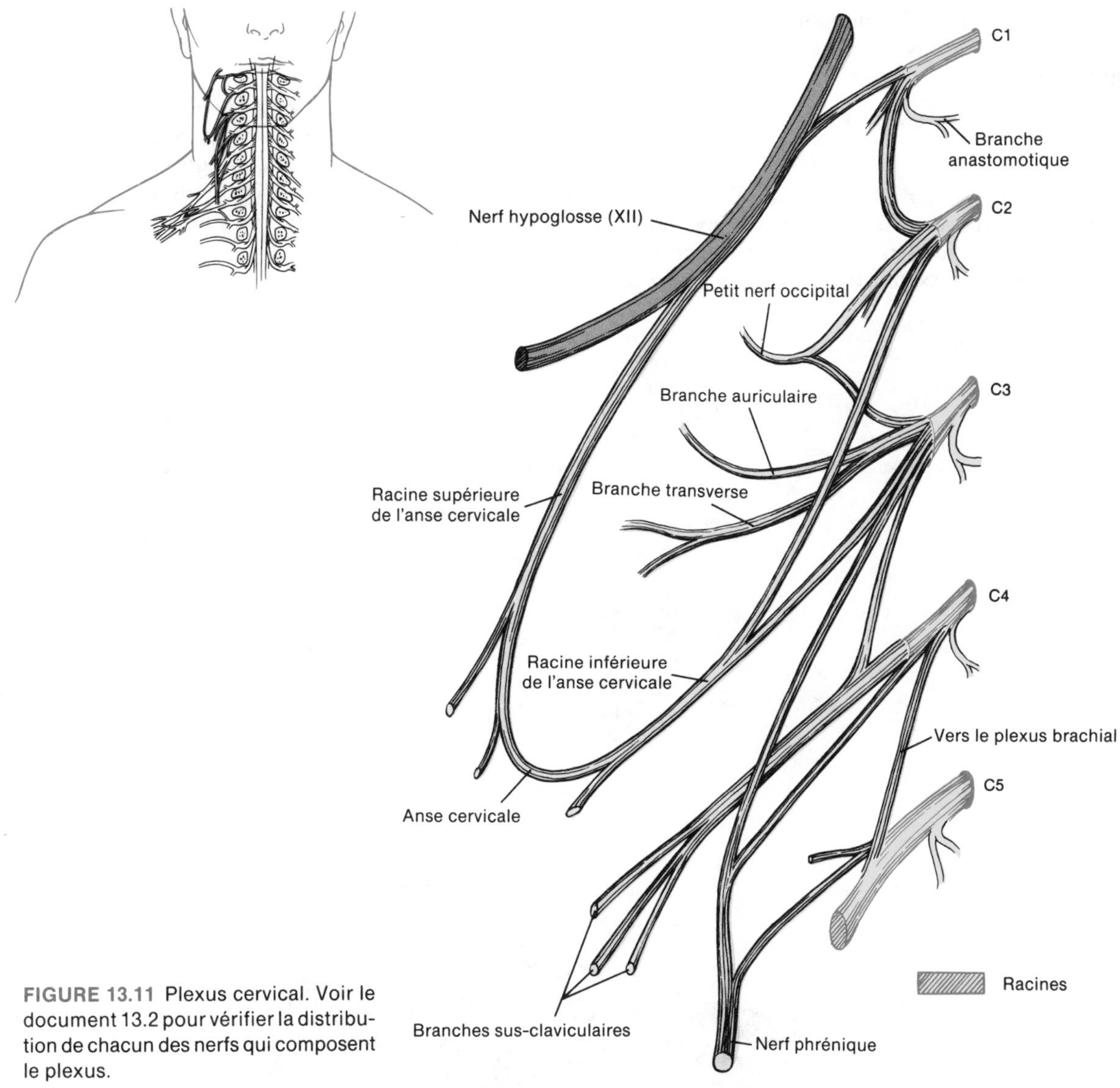

FIGURE 13.11 Plexus cervical. Voir le document 13.2 pour vérifier la distribution de chacun des nerfs qui composent le plexus.

DOCUMENT 13.2 PLEXUS CERVICAL

NERF	ORIGINE	DISTRIBUTION
BRANCHES SUPERFICIELLES OU CUTANÉES		
Petit occipital	C2 et C3	Peau du cuir chevelu derrière l'oreille et au-dessus de l'oreille
Branche auriculaire	C2 et C3	Peau de l'avant, du dessous et du dessus de l'oreille; peau recouvrant les glandes parotides
Branche transverse	C2 et C3	Peau recouvrant la face antérieure du cou
Branches sus-sternale, sus-claviculaire et sus-acromiale	C3 et C4	Peau recouvrant la partie supérieure du thorax et de l'épaule
BRANCHES PROFONDES OU MOTRICES		
Anse cervicale	Ce nerf se divise en racine supérieure et racine inférieure	
Racine supérieure	C1 et C2	Muscles sous-hyoïdien, thyro-hyoïdien et génio-hyoïdien du cou
Racine inférieure	C3 et C4	Muscles omo-hyoïdien, sterno-cléido-hyoïdien et sterno-thyroïdien du cou
Phrénique	C3 à C5	Diaphragme, entre le thorax et l'abdomen
Branches anastomotiques	C1 à C5	Muscles profonds du cou, muscle angulaire de l'omoplate et muscles scalènes moyens

cants, sont des composants du système nerveux autonome, dont nous présentons la structure et la fonction au chapitre 16.

Les plexus

Sauf dans le cas des nerfs dorsaux D2 à D11, les branches ventrales des nerfs rachidiens ne se rendent pas directement vers les structures qu'elles innervent. Elles forment plutôt des réseaux en s'unissant à des nerfs adjacents d'un côté ou de l'autre du corps. Ces réseaux sont des **plexus**. Les principaux plexus sont le plexus cervical, le plexus brachial, le plexus lombaire et le plexus sacré (voir la figure 13.1). De ces plexus émergent des nerfs dont les noms sont souvent représentatifs des régions qu'ils innervent ou de la direction qu'ils suivent. Chacun des nerfs, à son tour, peut être doté de plusieurs branches nommées d'après les structures particulières qu'ils innervent.

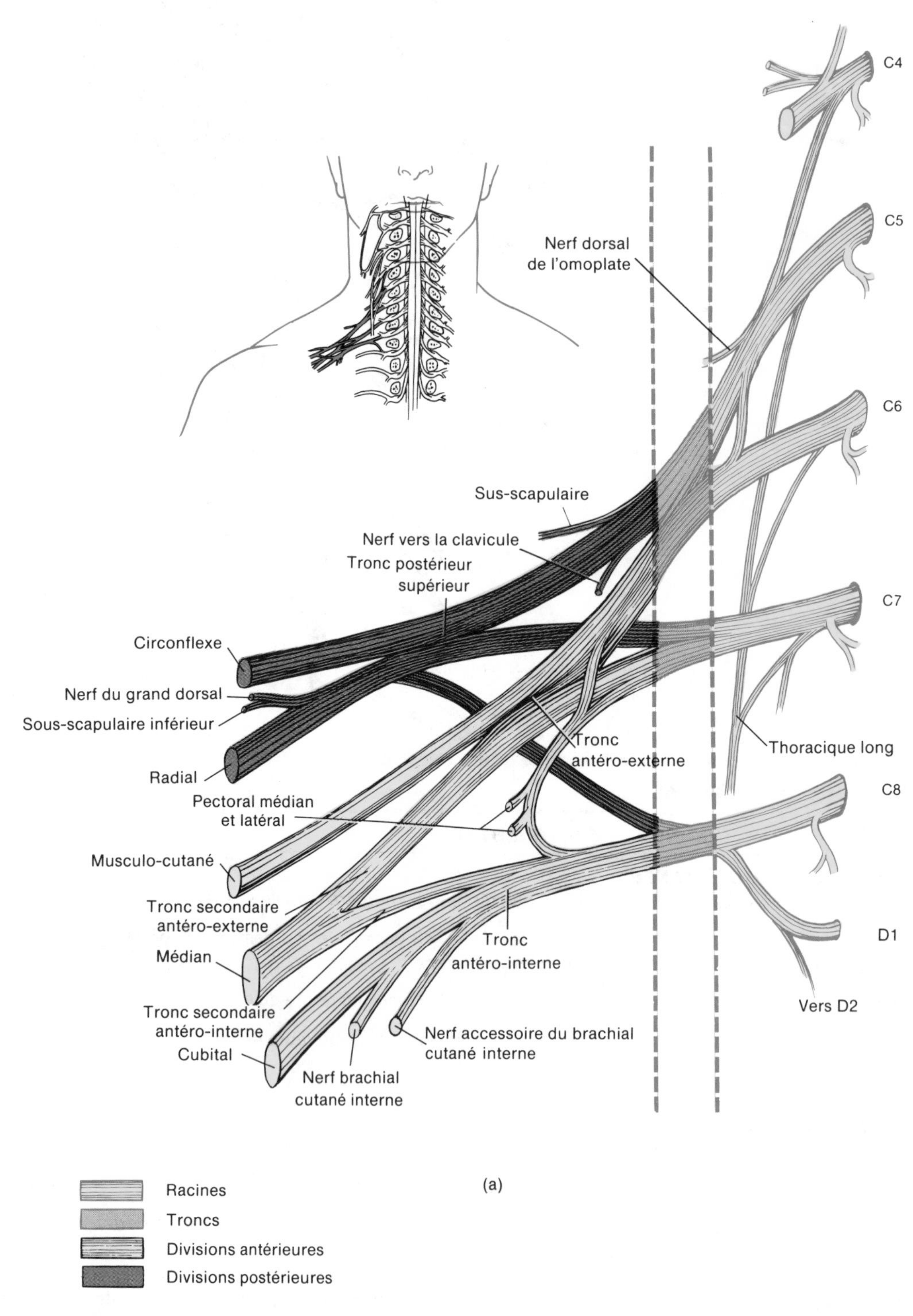

FIGURE 13.12 Plexus brachial. (a) Origine.

• ***Le plexus cervical*** Le **plexus cervical** est formé par les branches ventrales des quatre premiers nerfs cervicaux (C1 à C4) et d'une partie de C5. Ces nerfs sont situés de chaque côté du cou le long des quatre premières vertèbres cervicales (figure 13.11). Les *racines* du plexus indiquées dans le diagramme sont les branches ventrales. Le plexus cervical innerve la peau et les muscles de la tête, du cou et de la partie supérieure des épaules. Des branches du plexus cervical sont également reliées aux nerfs spinal (XI) et hypoglosse (XII). Le nerf phrénique est formé par deux branches prenant naissance dans le plexus cervical, qui alimentent les fibres motrices se rendant au diaphragme. Les lésions affectant la moelle épinière au-dessus de l'origine du nerf phrénique causent la paralysie du diaphragme, parce que le nerf phrénique ne peut plus envoyer d'influx au diaphragme. Les contractions du diaphragme sont essentielles à la respiration.

Dans le document 13.2, nous offrons un résumé des nerfs du plexus cervical et des régions qu'ils innervent. À la figure 13.1,a, nous illustrons le lien existant entre le plexus cervical et les autres plexus.

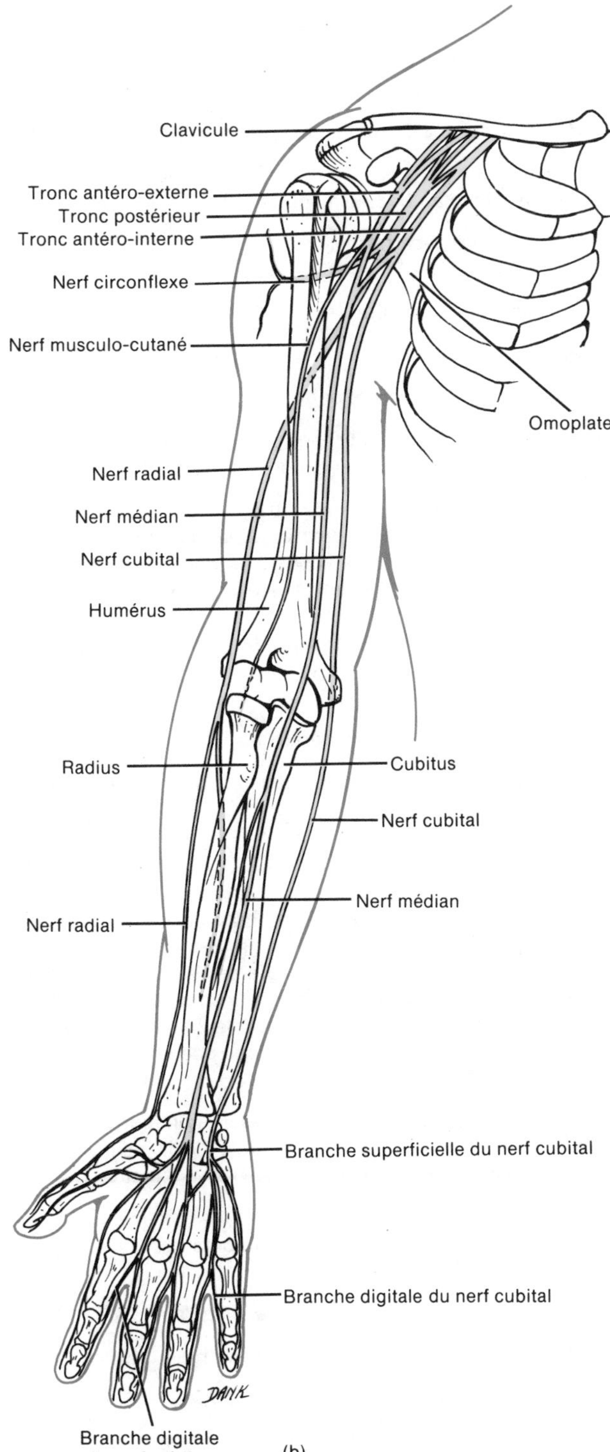

FIGURE 13.12 [*Suite*] (b) Distribution. Voir le document 13.3 pour vérifier la distribution de chacun des nerfs qui composent le plexus brachial.

• ***Le plexus brachial*** Le **plexus brachial** est formé par les branches ventrales des nerfs rachidiens C5 à C8 à D1, et d'une partie de C4 et de D2. D'un côté ou de l'autre des quatre dernières verbèbres cervicales et de la première vertèbre dorsale, le plexus brachial s'étend vers le bas et vers le côté, passe au-dessus de la première côte derrière la clavicule et pénètre ensuite dans le creux axillaire (figure 13.12). Le plexus brachial assure la totalité de l'innervation des membres supérieurs et de la région scapulaire.

Les *racines* du plexus brachial, comme celles du plexus cervical, sont les branches ventrales des nerfs rachidiens. Les racines de C5 et de C6 s'unissent pour former le *premier tronc primaire*, C7 constitue le *deuxième tronc primaire* et C8 et D1 forment le *troisième tronc primaire*. Chacun des troncs se divise en une *division antérieure* et une *division postérieure*. Ces divisions s'unissent pour former des troncs secondaires. Le *tronc secondaire postérieur* est formé par l'union des divisions postérieures des premier, deuxième et troisième troncs primaires. Le *tronc secondaire antéro-interne* constitue un prolongement de la division antérieure du troisième tronc primaire. Le *tronc secondaire antéro-externe* est formé par l'union de la division antérieure des premier et deuxième troncs primaires. Les nerfs périphériques émergent des troncs secondaires. Ainsi, le plexus brachial commence par des racines qui s'unissent pour former des troncs ; ceux-ci se séparent en divisions qui forment des troncs secondaires, et les troncs secondaires donnent naissance aux nerfs périphériques.

Les nerfs radial, médian et cubital sont trois nerfs importants qui émergent du plexus brachial. Le nerf radial innerve les muscles de la face postérieure du bras et de l'avant-bras. Le nerf médian innerve la plupart des muscles de la partie antérieure de l'avant-bras et certains muscles de la paume. Le nerf cubital innerve les muscles antéro-médians de l'avant-bras et la plupart des muscles de la main.

APPLICATION CLINIQUE

L'utilisation prolongée d'une béquille qui comprime l'aisselle peut affecter une partie du plexus brachial. La **paralysie des béquillards** atteint le tronc secondaire postérieur du plexus brachial ou, plus fréquemment, le

DOCUMENT 13.3 PLEXUS BRACHIAL

NERF	ORIGINE	DISTRIBUTION
RACINES		
Nerf de l'omoplate	C5	Muscle angulaire de l'omoplate, grand et petit rhomboïdes
Nerf thoracique long	C5 à C7	Muscle grand dentelé
TRONCS		
Nerf du muscle sous-clavier	C5 et C6	Muscle sous-clavier
Nerf sus-scapulaire	C5 et C6	Muscles sus-épineux et sous-épineux
TRONC SECONDAIRE ANTÉRO-EXTERNE		
Nerf musculo-cutané	C5 à C7	Muscles coraco-brachial, biceps brachial et brachial antérieur
Nerf médian (racine latérale)	C5 à C7	Voir Nerf médian (racine médiane, dans ce document)
Nerf pectoral latéral	C5 à C7	Muscle grand pectoral
TRONC SECONDAIRE POSTÉRIEUR		
Nerf supérieur du sous-scapulaire	C5 et C6	Muscle sous-scapulaire
Nerf du grand dorsal	C6 à C8	Muscle grand dorsal
Nerf inférieur du sous-scapulaire	C5 et C6	Muscles sous-scapulaire et grand rond
Nerf circonflexe	C5 et C6	Muscles deltoïde et petit rond ; peau recouvrant la région deltoïde et la face postéro-supérieure du bras
Nerf radial	C5 à C8 et D1	Muscles extenseurs du bras et de l'avant-bras (triceps brachial, long supinateur, premier radial externe, extenseur commun des doigts, cubital postérieur, extenseur propre de l'index) ; peau recouvrant la face postérieure du bras et de l'avant-bras, les deux tiers latéraux du dos de la main, et les doigts, au-dessus des phalanges proximales et médianes
TRONC SECONDAIRE ANTÉRO-INTERNE		
Pectoral médian	C8 et D1	Muscles grand et petit pectoraux
Nerf accessoire du brachial cutané interne	C8 et D1	Peau recouvrant les faces médiane et postérieure du tiers inférieur du bras
Nerf brachial cutané interne	C8 et D1	Peau recouvrant les faces médiane et postérieure de l'avant-bras
Nerf médian (racine médiane)	C5 à C8 et D1	La réunion des branches des troncs secondaires antéro-interne et antéro-externe forme le nerf médian. Il est distribué aux muscles fléchisseurs de l'avant-bras (rond pronateur, grand palmaire, fléchisseur commun superficiel des doigts), à l'exception du muscle cubital antérieur. Peau recouvrant les deux tiers latéraux de la paume de la main et les doigts
Nerf cubital	C8 et D1	Muscles cubital antérieur et fléchisseur commun profond des doigts ; peau de la face latérale de la main et de l'auriculaire et de la moitié médiane de l'annulaire
AUTRES NERFS INNERVANT LA PEAU		
Nerfs intercosto-brachiaux	Deuxième nerf intercostal	Peau recouvrant la face médiane du bras
Nerf cutané supérieur du bras	Nerf circonflexe	Peau recouvrant la région deltoïde, jusqu'au coude
Nerf cutané postérieur du bras	Nerf radial	Peau recouvrant la face postérieure du bras
Nerf cutané inférieur du bras	Nerf radial	Peau recouvrant la face latérale du coude
Nerf cutané latéral de l'avant-bras	Nerf musculo-cutané	Peau recouvrant la face latérale de l'avant-bras
Nerf cutané postérieur de l'avant-bras	Nerf radial	Peau recouvrant la face postérieure de l'avant-bras

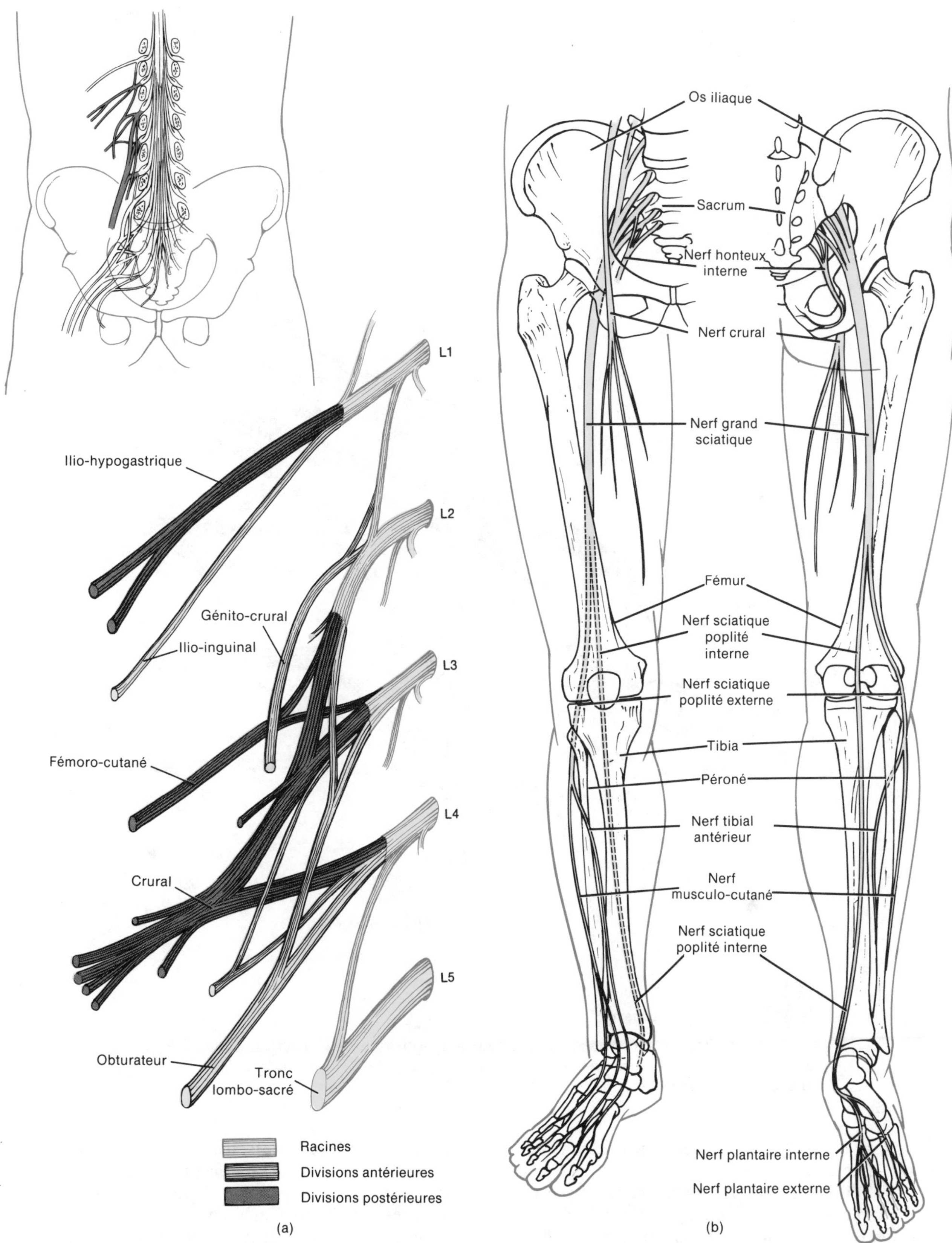

FIGURE 13.13 Plexus lombaire. (a) Origine. (b) Vue antérieure (à gauche) et vue postérieure (à droite) de la distribution des nerfs des plexus lombaire et sacré. Voir le document 13.4 pour vérifier la distribution des nerfs qui composent le plexus lombaire.

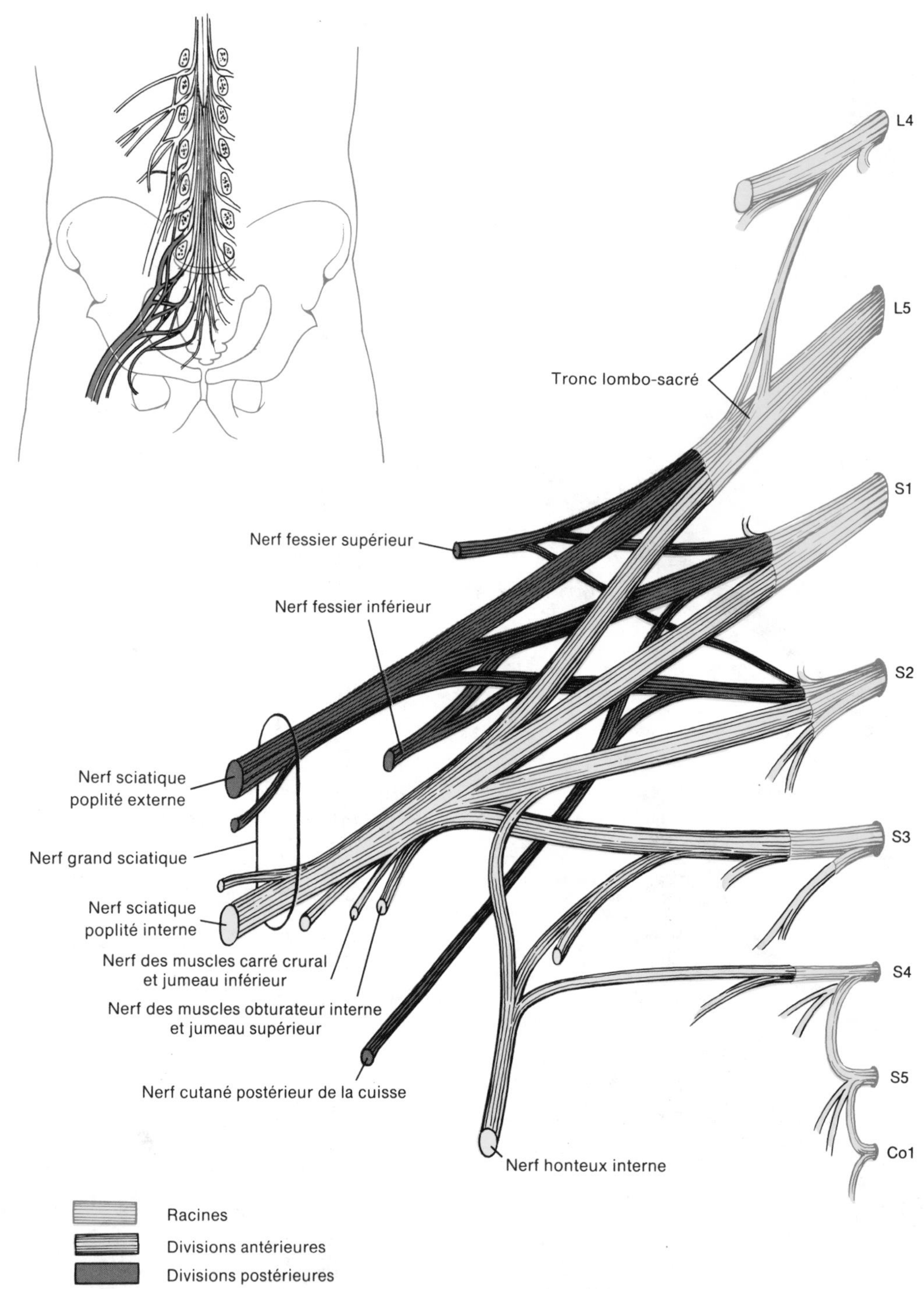

FIGURE 13.14 Plexus sacré. Voir la figure 13.13,b pour la distribution des nerfs qui composent le plexus sacré. Voir le document 13.5 pour vérifier la distribution de chacun des nerfs qui composent le plexus sacré.

nerf radial seulement, qui innerve généralement les muscles extenseurs.

Les **lésions au nerf radial** sont caractérisées par une main tombante: il devient impossible d'étendre la main au niveau du poignet. On doit prendre soin de ne pas léser le nerf radial lorsqu'on administre des injections intramusculaires dans la région deltoïde. Les **lésions au nerf médian** sont caractérisées par des engourdissements, des picotements et des douleurs dans la main et les doigts, des mouvements faibles du pouce et une incapacité d'effectuer un mouvement de pronation de l'avant-bras et de fléchir le poignet. La compression du nerf médian à l'intérieur du canal carpien, formé à l'avant par le ligament annulaire antérieur du carpe et à l'arrière par les os carpiens, porte le nom de **syndrome du canal carpien**. Tout ce qui peut aggraver la compression du contenu du canal carpien, comme un traumatisme, un œdème ou une flexion du poignet, risque de provoquer ce syndrome. Les **lésions au nerf cubital** sont caractérisées par une incapacité d'effectuer un mouvement de flexion et d'adduction du poignet et une difficulté à étendre les doigts.

Dans le document 13.3, nous donnons un résumé des nerfs du plexus brachial et de leur distribution. À la figure 13.1,a, nous illustrons le lien existant entre le plexus brachial et les autres plexus.

• ***Le plexus lombaire*** Le **plexus lombaire** est formé par les branches ventrales des nerfs rachidiens L1 à L4. Il diffère du plexus brachial en ce sens qu'il ne possède pas de réseau complexe de fibres. Il est également constitué de *racines* et de *divisions antérieures* et *postérieures*. D'un côté ou de l'autre des quatre premières vertèbres lombaires, le plexus lombaire passe obliquement par l'extérieur derrière le muscle psoas (division postérieure) et devant le muscle carré des lombes (division antérieure) ; il donne ensuite naissance à ses nerfs périphériques (figure 13.13). Le plexus lombaire alimente la paroi abdominale antéro-latérale, les organes génitaux externes, et une partie des membres inférieurs. Le nerf crural est le plus gros nerf émergeant du plexus lombaire.

APPLICATION CLINIQUE

Les **lésions au nerf crural** sont caractérisées par une incapacité d'étendre la jambe et par une perte de sensation dans la peau recouvrant la face antéro-médiane de la cuisse.

Dans le document 13.4, nous offrons un résumé des nerfs du plexus lombaire et de leur distribution. À la figure 13.1,a, nous illustrons le lien existant entre le plexus lombaire et les autres plexus.

• ***Le plexus sacré*** Le **plexus sacré** est formé par les branches ventrales des nerfs rachidiens L4 et L5 et S1 à S4. Il est situé, en grande partie, en avant du sacrum (figure 13.14). Tout comme le plexus lombaire, il contient des *racines* et des *divisions antérieures* et *postérieures*. Le plexus sacré innerve les fesses, le périnée et les membres inférieurs. Le nerf grand sciatique est le plus gros nerf émergeant du plexus sacré ; il est en fait le nerf le plus volumineux de l'organisme. Il innerve toute la musculature de la jambe et du pied.

APPLICATION CLINIQUE

Les **lésions occasionnées au nerf grand sciatique** et à ses branches sont caractérisées par un pied tombant et une incapacité d'effectuer un mouvement de flexion dorsale du pied. Ce nerf peut être lésé par suite d'une hernie discale, d'une luxation de la hanche, d'une pression exercée sur l'utérus au cours de la grossesse ou d'une injection intramusculaire mal administrée dans la région des fesses.

Dans le document 13.5, nous offrons un résumé des nerfs du plexus sacré et de leur distribution. À la figure 13.1,a, nous illustrons le lien existant entre le plexus sacré et les autres plexus.

DOCUMENT 13.4 PLEXUS LOMBAIRE

NERF	ORIGINE	DISTRIBUTION
Nerf ilio-hypogastrique	D12 et L1	Muscles de la face antéro-latérale de la paroi abdominale (grand et petit obliques, transverse) ; peau recouvrant la partie inférieure de l'abdomen et les fesses
Nerf ilio-inguinal	L1	Muscles de la face antéro-latérale de la paroi abdominale (voir plus haut) ; peau recouvrant la face médiane supérieure de la cuisse, racine du pénis et du scrotum chez l'homme et grandes lèvres et mont de Vénus chez la femme
Nerf génito-crural	L1 et L2	Muscle crémaster ; peau recouvrant la surface médiane antérieure de la cuisse, le scrotum chez l'homme et les grandes lèvres chez la femme
Nerf fémoro-cutané	L2 et L3	Peau recouvrant les faces latérale, antérieure et postérieure de la cuisse
Nerf crural	L2 à L4	Muscles fléchisseurs de la cuisse (iliaque, psoas, pectiné, droit antérieur et couturier) ; muscles extenseurs de la jambe (droit antérieur, vaste externe, vaste interne et crural) ; peau recouvrant l'avant et la surface médiane de la cuisse et la face médiane de la jambe et du pied
Nerf obturateur	L2 à L4	Muscles adducteurs de la jambe (obturateur externe, pectiné, moyen adducteur, petit adducteur, grand adducteur et droit interne de la cuisse) ; peau recouvrant la face médiane de la cuisse

DOCUMENT 13.5 PLEXUS SACRÉ

NERF	ORIGINE	DISTRIBUTION
Nerf fessier supérieur	L4 et L5, et S1	Muscles petit fessier, moyen fessier et tenseur du fascia lata
Nerf fessier inférieur	L5 à S2	Muscle grand fessier
Nerf du muscle pyramidal du bassin	S1 et S2	Muscle pyramidal du bassin
Nerf du muscle carré crural	L4 et L5, et S1	Muscles jumeau inférieur et carré crural
Nerf du muscle obturateur interne	L5 à S2	Muscles jumeau supérieur et obturateur interne
Nerf cutané perforant	S2 et S3	Peau recouvrant la face médiane inférieure de la fesse
Nerf cutané postérieur de la cuisse	S1 à S3	Peau recouvrant la région anale, la face latérale inférieure de la fesse, la face postérieure supérieure de la cuisse, la portion supérieure du mollet, le scrotum chez l'homme et les grandes lèvres chez la femme
Nerf grand sciatique	L4 à S3	Le nerf grand sciatique est formé par deux nerfs, les sciatiques poplités interne et externe, réunis par une gaine de tissu conjonctif. Il se sépare en deux, habituellement au niveau du genou (pour la distribution, voir plus bas). À mesure que le nerf grand sciatique descend dans la cuisse, il distribue ses ramifications aux muscles de la loge postérieure de la cuisse (biceps crural, demi-tendineux, demi-membraneux) et au muscle grand adducteur
Nerf sciatique poplité interne	L4 à S3	Muscles jumeaux du triceps, plantaire grêle, soléaire, poplité, jambier postérieur, fléchisseur commun des orteils et fléchisseur du gros orteil. Les branches du nerf sciatique poplité interne du pied sont les nerfs plantaires interne et externe
Nerf plantaire interne		Abducteur du gros orteil, court fléchisseur plantaire et fléchisseur du gros orteil; peau recouvrant les deux tiers médians de la face plantaire du pied
Nerf plantaire externe		Muscles du pied non innervés par le nerf plantaire interne; peau recouvrant le tiers latéral de la face plantaire du pied
Nerf sciatique poplité externe	L4 à S2	Se divise en deux branches: nerf musculo-cutané et nerf tibial antérieur
Nerf musculo-cutané		Muscles long péronier latéral et court péronier latéral; peau recouvrant le tiers distal de la face antérieure de la jambe et le dos du pied
Nerf tibial antérieur		Muscles jambier antérieur, extenseur propre du gros orteil, péronier antérieur et pédieux; peau recouvrant le gros orteil et le deuxième orteil
Nerf honteux interne	S2 à S4	Muscles du périnée; peau recouvrant le pénis et le scrotum chez l'homme, le clitoris, les grandes et les petites lèvres et la partie inférieure du vagin chez la femme

Les nerfs intercostaux

Les nerfs rachidiens D2 à D11 n'entrent pas dans la formation des plexus. Ce sont les **nerfs intercostaux**; ils sont distribués directement aux structures qu'ils innervent dans les espaces intercostaux (voir la figure 13.1). Lorsque le nerf D2 quitte le trou de conjugaison, sa branche ventrale innerve les muscles intercostaux du deuxième espace intercostal et la peau de l'aisselle et de la face postéro-médiane du bras. Les nerfs D3 et D6 passent dans les gouttières costales et sont distribués aux muscles intercostaux et à la peau de la paroi thoracique antérieure et latérale. Les nerfs D7 à D11 innervent les muscles intercostaux et les muscles abdominaux, et la peau qui les recouvre. Les branches dorsales des nerfs intercostaux innervent les muscles dorsaux profonds et la peau de la face postérieure du thorax.

LES DERMATOMES

La totalité de la peau est innervée de façon segmentaire par les nerfs rachidiens, c'est-à-dire que les nerfs rachidiens innervent constamment des segments particuliers de la peau. Tous les nerfs rachidiens, sauf C1, innervent des branches qui se rendent à la peau. Un **dermatome** est un territoire cutané innervé par la racine postérieure d'un nerf rachidien.

Dans le cou et le tronc, les dermatomes forment des bandelettes consécutives de peau. Dans le tronc, les dermatomes se chevauchent. Ainsi, la perte de l'innervation d'un seul nerf à un dermatome ne produit qu'une perte minime de sensation. La plus grande partie de la peau de la face et du cuir chevelu est innervée par le nerf trijumeau (V).

Comme le médecin sait quels nerfs rachidiens sont associés à chaque dermatome, il lui est possible de déterminer quel segment de la moelle épinière ou du nerf rachidien ne fonctionne pas adéquatement. Lorsqu'un dermatome est stimulé et que la sensation n'est pas perçue, on peut en conclure que les nerfs qui innervent ce dermatome sont atteints.

LES AFFECTIONS : DÉSÉQUILIBRES HOMÉOSTATIQUES

Les lésions de la moelle épinière

La moelle épinière peut être lésée par des tumeurs en expansion, des caillots sanguins, des troubles de dégénérescence et de démyélinisation, une fracture ou une luxation des vertèbres qui l'entourent, des blessures par pénétration causées par des fragments métalliques ou, encore, par d'autres traumatismes, comme ceux qui résultent d'un accident de voiture. Selon l'emplacement et la gravité de la blessure, une paralysie peut se manifester. On peut classer comme suit les différents types de paralysie : la **monoplégie**, paralysie d'un seul membre ; la **diplégie,** paralysie des deux membres supérieurs ou des deux membres inférieurs ; la **paraplégie**, paralysie des deux membres inférieurs ; l'**hémiplégie**, paralysie du membre supérieur, du tronc et du membre inférieur d'un seul côté du corps ; et la **quadriplégie**, ou **tétraplégie**, paralysie des deux membres supérieurs et des deux membres inférieurs.

Une **section transversale complète** de la moelle épinière signifie que cette dernière est sectionnée transversalement d'un côté à l'autre. Ce traumatisme provoque la perte de toutes les sensations et des mouvements volontaires sous le niveau de la section. Lorsque la section se produit au niveau de la moelle épinière cervicale, il en résulte une quadriplégie ; si elle se produit entre les renflements cervical et lombaire, elle provoque une paraplégie. Une **hémisection de la moelle** est une section partielle. Elle est caractérisée, sous le niveau de l'hémisection, par la perte de la proprioception, de la discrimination tactile, par une sensation de vibration du côté du traumatisme, une paralysie du même côté, et une perte de sensations de la douleur et de la température du côté opposé. Lorsque l'hémisection affecte la portion cervicale de la moelle épinière, il en résulte une hémiplégie ; lorsqu'elle atteint la partie thoracique de la moelle, une paralysie d'un membre inférieur (monoplégie) survient.

Après une section de la moelle épinière, il se produit une période de **choc spinal** qui peut durer de quelques jours à plusieurs semaines. Au cours de cette période, il se produit une *aréflexie*, c'est-à-dire que tous les réflexes sont absents. Plus tard, cependant, les réflexes réapparaissent. Le premier réflexe à réapparaître est le réflexe rotulien. Il peut mettre plusieurs jours à se manifester. Puis, les réflexes nociceptifs réapparaissent, après une période qui peut durer jusqu'à plusieurs mois. Par la suite, vient le réflexe de l'extension croisée. Les réflexes viscéraux, comme l'érection et l'éjaculation sont également affectés par la section. De plus, la miction et la défécation ne sont plus volontaires.

Jusqu'à récemment, on croyait que les lésions graves consécutives à une section de la moelle épinière étaient irréversibles. Toutefois, une équipe de chercheurs a mis au point une technique permettant de régénérer la moelle épinière lésée chez les animaux. Cette technique, appelée *greffe nerveuse retardée*, consiste à retrancher la partie lésée de la moelle épinière et à combler l'espace ainsi formé avec des segments de nerfs provenant du bras ou de la jambe. Les axones lésés qui se trouvent dans la moelle peuvent alors croître dans le pont ainsi constitué. La greffe nerveuse retardée constitue un espoir pour les paraplégiques qui ont subi la perte des mouvements volontaires des membres inférieurs et des fonctions urinaire, intestinale et sexuelle.

Les lésions des nerfs périphériques et leur régénération

Comme nous l'avons vu plus haut, les axones qui sont dotés d'une gaine de Schwann (neurilemme) peuvent être réparés si le corps cellulaire est intact, si les fibres sont associées aux cellules de Schwann, et si le tissu cicatriciel ne se forme pas trop rapidement. La plupart des nerfs qui se trouvent à l'extérieur de l'encéphale et de la moelle épinière sont faits d'axones recouverts d'une gaine de Schwann. Ainsi, lorsqu'un nerf d'un membre supérieur est lésé, les chances de recouvrer la fonction nerveuse sont bonnes. Les axones qui se trouvent dans l'encéphale et dans la moelle épinière ne sont pas recouverts d'une gaine de Schwann. Ces lésions sont donc permanentes.

Lorsqu'un axone, ou les dendrites de neurones somatiques afférents, subit des lésions, il se produit habituellement des changements dans le corps de la cellule. Dans les portions des prolongements nerveux situés en position distale par rapport à l'emplacement du traumatisme, ces changements sont toujours présents. Les modifications associées au corps cellulaire sont appelées **dégénérescence rétrograde**, alors que celles qui sont liées à la portion distale de la fibre sectionnée sont appelées **dégénérescence wallérienne**. La dégénérescence rétrograde se produit essentiellement de la même façon, que les fibres lésées se trouvent dans le système nerveux central ou dans le système nerveux périphérique. La dégénérescence wallérienne, cependant, suit des modèles différents, selon que la fibre lésée se trouve dans le système nerveux central ou dans le système nerveux périphérique.

La dégénérescence rétrograde

Lorsqu'un axone d'un neurone central ou périphérique est lésé, certaines modifications structurales surviennent dans le corps cellulaire. Une des caractéristiques les plus importantes de la dégénérescence rétrograde survient de 24 h à 48 h après le traumatisme. Le corps de Nissl, disposé de façon ordonnée dans le corps cellulaire intact, se décompose en masses de fines granules. Ce mode d'altération est appelé *chromatolyse*. Celle-ci commence entre le cône d'implantation de l'axone sur le corps neuronal et le noyau, et s'étend dans tout le corps de la cellule. Par suite de ce phénomène, le corps cellulaire se gonfle ; l'enflure atteint son volume maximal de 10 jours à 20 jours après le traumatisme (figure 13.15,b). La chromatolyse provoque une perte de ribosomes par le réticulum endoplasmique

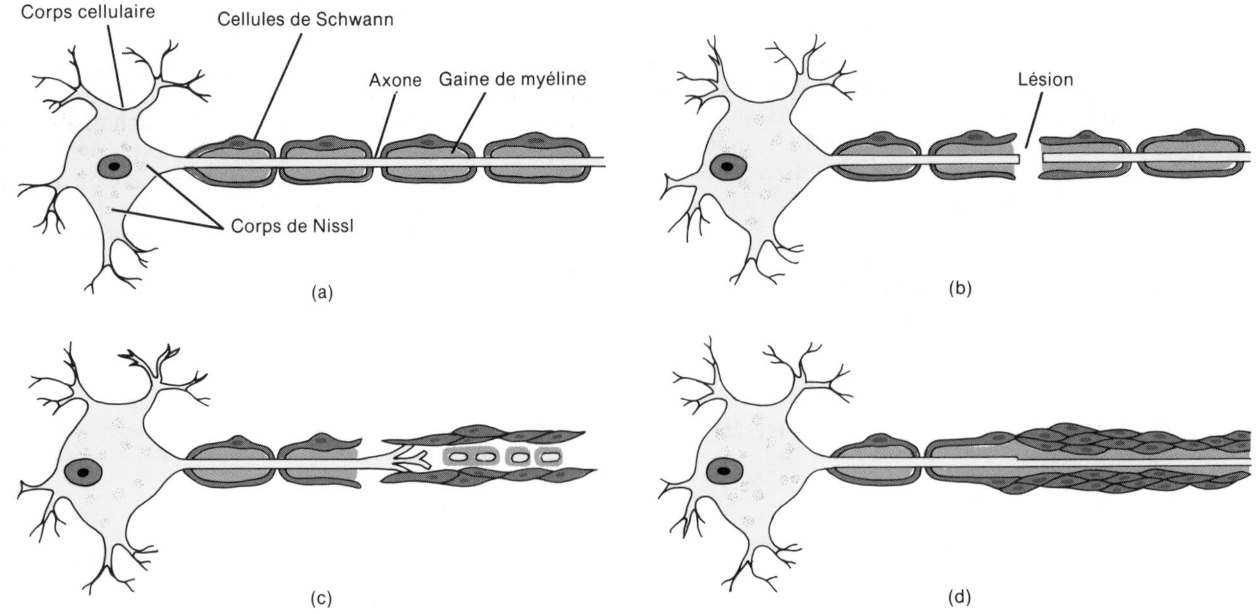

FIGURE 13.15 Lésion d'un nerf périphérique suivie de la régénération. (a) Neurone normal. (b) Chromatolyse. (c) Dégénérescence wallérienne. (d) Régénération.

granuleux et une augmentation du nombre de ribosomes libres. Le déplacement du noyau dans le corps cellulaire est une autre caractéristique de la dégénérescence rétrograde. Ce phénomène permet d'identifier, à l'aide du microscope, les corps cellulaires des fibres lésées.

La dégénérescence wallérienne

La partie de l'axone située en position distale par rapport au traumatisme se gonfle légèrement et se décompose en fragments après trois jours ou cinq jours. La gaine de myéline qui entoure l'axone subit également une dégénérescence (figure 13.15,c). La dégénérescence de la portion distale de l'axone et de la gaine de myéline est appelée dégénérescence wallérienne, qui est suivie d'une phagocytose des restes par les macrophages.

En dépit de la dégénérescence de l'axone et de la gaine de myéline, la gaine de Schwann reste intacte. Les cellules de Schwann situées de chaque côté du traumatisme se multiplient par mitose et croissent les unes en direction des autres jusqu'à former un tube à travers la région lésée. Ce tube permet à de nouveaux axones de croître à partir de la région proximale, à travers la région blessée et jusque dans la région distale préalablement occupée par la fibre nerveuse originale (figure 13.15,d). La croissance de nouveaux axones ne se produit pas si l'espace formé par la blessure est trop grand ou s'il se remplit de fibres collagènes denses.

La régénération

Après la chromatolyse, le corps cellulaire montre des signes de rétablissement. Il se produit une accélération de la synthèse de l'ARN et des protéines, qui favorise la régénération de l'axone. La guérison prend souvent plusieurs mois et comprend le retour des taux normaux de l'ARN, des protéines et du corps de Nissl.

L'accélération de la synthèse protéique est nécessaire à la réparation de l'axone lésé. Les protéines synthétisées dans le corps cellulaire passent dans l'axone par flux axoplasmique à la vitesse d'environ 1 mm par jour. Les protéines favorisent la régénération de l'axone. Au cours des jours qui suivent le traumatisme, les boutons des axones en voie de régénération commencent à envahir le tube formé par les cellules de Schwann. Les axones de la région proximale croissent d'environ 1,5 mm par jour à travers la région lésée, se rendent dans les gaines de Schwann situées en position distale et croissent ensuite en direction des récepteurs et des effecteurs situés en position distale. Ainsi, les connexions sensitives et motrices sont rétablies. Par la suite, une nouvelle gaine de myéline est produite par les cellules de Schwann. Toutefois, le rétablissement de la fonction n'est jamais complet.

La névrite

Une **névrite** est une inflammation d'un ou de plusieurs nerfs situés dans des régions distinctes, ou l'inflammation simultanée d'un grand nombre de nerfs. Elle peut résulter d'une irritation du nerf produite par des coups directs, des fractures osseuses, des contusions ou des blessures par pénétration. Il existe également d'autre causes, comme les carences vitaminiques (habituellement la thiamine) et les poisons, comme l'oxyde de carbone, le tétrachlorure de carbone, les métaux lourds et certains médicaments.

La sciatique

La **sciatique** est une forme de névrite caractérisée par des douleurs prononcées le long du trajet du nerf grand sciatique ou de ses ramifications. Le terme sciatique est couramment appliqué à nombre de troubles affectant le nerf grand sciatique. À cause de sa longueur et de son volume, le nerf grand sciatique est exposé à un grand nombre de blessures. Une inflammation ou une blessure atteignant ce nerf provoque des douleurs qui partent du dos ou de la cuisse et descendent dans la jambe, le pied et les orteils.

Il est probable que la cause la plus fréquente de la sciatique soit la hernie discale. Parmi les autres causes, on trouve l'irritation due à l'arthrose, les blessures au dos et la pression exercée sur le nerf par certains types d'exercices. La sciatique peut être liée au diabète sucré, à la goutte ou aux carences vitaminiques. Il existe également d'autres causes, d'origine inconnue.

Le zona

Le **zona** est une infection aiguë du système nerveux périphérique et correspond souvent à une récurrence de la varicelle contractée au cours de l'enfance. Le zona est causé par le virus de l'herpès zoster, qui est également le virus de la varicelle. Après la disparition de la varicelle, le virus se réfugie dans les ganglions spinaux, où il demeure. Si le virus est activé, le système immunitaire l'empêche généralement de se répandre. Toutefois, il arrive que le virus activé soit plus fort que le système immunitaire. Dans ce cas, le virus quitte le ganglion et descend le long des neurones sensitifs, provoquant des douleurs, et envahit la peau où les neurones prennent fin, ce qui produit une ligne caractéristique de vésicules et une coloration de la peau. La ligne formée par les vésicules suit la distribution d'un nerf particulier. Les nerfs intercostaux et les nerfs rachidiens dorsaux de la région de la taille sont les nerfs les plus fréquemment touchés.

RÉSUMÉ

La structure du tissu nerveux (page 289)

1. La substance blanche est formée par des amas d'axones myéliniques et par la névroglie qui les soutient.
2. La substance grise est composée soit d'amas de corps de cellules nerveuses et de dendrites, soit d'axones amyéliniques et de névroglie.
3. Un nerf est un groupe de fibres nerveuses situé en dehors du système nerveux central.
4. Un ganglion est un amas de corps cellulaires situé en dehors du système nerveux central.
5. Un faisceau est un groupe de fibres ayant des fonctions similaires, situé à l'intérieur du système nerveux central.
6. Un noyau est un amas de corps de cellules nerveuses et de dendrites situé dans la substance grise de l'encéphale et de la moelle épinière.
7. Une corne est une région de substance grise située dans la moelle épinière.

La moelle épinière (page 289)

Les caractéristiques générales (page 289)

1. À son extrémité supérieure, la moelle épinière est un prolongement du bulbe rachidien ; elle se termine au niveau de la deuxième vertèbre lombaire.
2. La moelle épinière contient les renflements cervical et lombaire qui servent de points d'origine aux nerfs des membres supérieurs et inférieurs.
3. La portion inférieure amincie de la moelle épinière est constituée par le cône médullaire, duquel émergent le filum terminale et la queue de cheval.
4. La moelle épinière est partiellement divisée en côtés gauche et droit par le sillon médian antérieur et le sillon médian postérieur.
5. La substance grise de la moelle épinière est divisée en cornes, et la substance blanche, en cordons.
6. Au centre de la moelle épinière se trouve le canal de l'épendyme, qui parcourt la moelle épinière et contient du liquide céphalo-rachidien.
7. La moelle épinière contient des faisceaux ascendants (sensitifs) et des faisceaux descendants (moteurs).

Les moyens de protection et les enveloppes de la moelle épinière (page 289)

1. La moelle épinière est protégée par le canal rachidien, les méninges, le liquide céphalo-rachidien et les ligaments vertébraux.
2. Les méninges, au nombre de trois, sont des enveloppes qui recouvrent entièrement la moelle épinière et l'encéphale : ce sont la dure-mère, l'arachnoïde et la pie-mère.
3. Une ponction lombaire consiste à prélever du liquide céphalo-rachidien de l'espace sous-arachnoïdien. On effectue une ponction lombaire pour diagnostiquer certaines maladies ou pour administrer des antibiotiques ou des opacifiants radiologiques.

La structure de la moelle épinière en coupe transversale (page 292)

1. Si l'on regarde une coupe transversale de la moelle épinière, on peut voir les structures suivantes : la commissure grise, le canal de l'épendyme, les cornes antérieure, postérieure et latérale de la substance grise, les cordons antérieur, postérieur et latéral de la substance blanche , ainsi que les faisceaux ascendants et les faisceaux descendants.
2. La moelle épinière transmet de l'information sensitive et motrice par l'intermédiaire des faisceaux ascendants et des faisceaux descendants.

Les fonctions de la moelle épinière (page 293)

1. Une des tâches principales de la moelle épinière est de transmettre les influx sensitifs de la périphérie à l'encéphale, et de conduire les influx moteurs de l'encéphale à la périphérie.
2. Une autre fonction de la moelle épinière est de servir de centre réflexe. La racine postérieure, le ganglion spinal et la racine antérieure participent à la transmission des influx.
3. Un arc réflexe est le chemin le plus court que peut prendre un influx entre un récepteur et un effecteur. Ses composants de base sont : un récepteur, un neurone sensitif, un centre, un neurone moteur et un effecteur.
4. Un réflexe est une réaction rapide et involontaire à un stimulus qui passe le long d'un arc réflexe. Les réflexes constituent les principaux mécanismes servant à réagir aux changements qui se produisent dans le milieu interne et externe.
5. Les réflexes spinaux somatiques comprennent le réflexe myotatique, le réflexe tendineux, le réflexe nociceptif et le réflexe d'extension croisée ; tous ces réflexes constituent des exemples d'innervation réciproque.
6. Un arc réflexe monosynaptique contient un neurone sensitif et un neurone moteur. Exemple : le réflexe rotulien.
7. Le réflexe nociceptif est ipsilatéral et joue un rôle important dans le maintien du tonus et de la coordination musculaire au cours de l'exercice physique.
8. Un arc réflexe polysynaptique contient un neurone sensitif, un neurone d'association et un neurone moteur. Exemples : le réflexe tendineux, le réflexe nociceptif et le réflexe d'extension croisée.
9. Le réflexe tendineux est ipsilatéral et prévient les lésions aux muscles et aux tendons par suite de l'étirement. Le réflexe nociceptif est ipisilatéral ; c'est également un réflexe de retrait. Le réflexe d'extension croisée est controlatéral.
10. Parmi les réflexes somatiques qui ont une importance sur le plan clinique, on trouve le réflexe rotulien, le réflexe achilléen, le signe de Babinski et le réflexe cutané abdominal.

Les nerfs rachidiens (page 301)

Les noms des nerfs rachidiens (page 301)

1. Les 31 paires de nerfs rachidiens sont nommées et numérotées selon la région et l'endroit de la moelle épinière où elles prennent naissance.
2. Il y a 8 paires de nerfs cervicaux, 12 paires de nerfs dorsaux, 5 paires de nerfs lombaires, 5 paires de nerfs sacrés et une paire de nerfs coccygiens.

La composition et les enveloppes des nerfs rachidiens (page 302)

1. Un nerf rachidien est attaché à la moelle épinière par une racine postérieure et une racine antérieure. Tous les nerfs rachidiens sont des nerfs mixtes.
2. Les nerfs rachidiens sont recouverts d'un endonèvre, d'un périnèvre et d'un épinèvre.

La distribution des nerfs rachidiens (page 302)

1. Les branches d'un nerf rachidien comprennent la branche dorsale, la branche ventrale, le rameau méningé et les rameaux communicants.
2. Sauf dans le cas de D2 à D11, les branches ventrales des nerfs rachidiens forment des réseaux nerveux appelés plexus.
3. Des nerfs émergent des plexus ; ils portent souvent des noms liés aux régions qu'ils innervent ou à la direction qu'ils suivent.
4. Le plexus cervical innerve la peau et les muscles de la tête, du cou et de la partie supérieure des épaules; il communique avec les nerfs crâniens et innerve le diaphragme.
5. Le plexus brachial innerve les membres supérieurs et certains muscles du cou et des épaules.
6. Le plexus lombaire innerve la partie antéro-latérale de la paroi abdominale, les organes génitaux externes et une partie des membres inférieurs.
7. Le plexus sacré innerve les fesses, le périnée et les membres inférieurs.
8. Les nerfs D2 à D11 ne font pas partie des plexus ; ce sont les nerfs intercostaux. Ils sont distribués directement aux structures qu'ils innervent dans les espaces intercostaux.

Les dermatomes (page 311)

1. Sauf dans le cas de C1, tous les nerfs rachidiens innervent des segments particuliers de la peau. Ces segments sont des dermatomes.
2. La connaissance des dermatomes aide le médecin à déterminer les segments de la moelle épinière ou d'un nerf rachidien qui sont affectés.

Les affections : déséquilibres homéostatiques (page 311)

1. Les lésions de la moelle épinière peuvent provoquer une paralysie (monoplégie, diplégie, paraplégie, hémiplégie ou quadriplégie).
2. Une section de la moelle épinière est toujours suivie d'une période d'aréflexie (absence de réflexes).
3. Lorsqu'un nerf périphérique est lésé, le processus de réparation comprend une dégénérescence rétrograde ou une dégénérescence wallérienne, suivie d'une régénération.
4. Une névrite est une inflammation d'un ou de plusieurs nerfs.
5. Une sciatique est une névrite du nerf grand sciatique et de ses ramifications.
6. Le zona est une infection aiguë des nerfs périphériques.

RÉVISION

1. Définissez les structures suivantes du tissu nerveux: substance blanche, substance grise, nerf, ganglion, faisceau, noyau et corne.
2. Où se trouve la moelle épinière? Qu'entend-on par renflements cervical et lombaire?
3. Définissez le cône médullaire, le filum terminale et la queue de cheval. Qu'est-ce qu'un segment médullaire? De quelle façon la moelle épinière est-elle divisée partiellement en côtés gauche et droit?
4. Décrivez les enveloppes osseuses de la moelle épinière.
5. Expliquez l'emplacement et la composition des méninges rachidiennes. Décrivez l'emplacement des espaces épidural, sous-dural et sous-arachnoïdien. Qu'est-ce qu'une méningite?
6. Qu'est-ce qu'une ponction lombaire? Pour quelles raisons pratique-t-on cette intervention?
7. À partir de votre connaissance de la structure de la moelle épinière en coupe transversale, définissez les termes suivants : commissure grise, canal de l'épendyme, corne antérieure, corne latérale, corne postérieure, cordon antérieur, cordon latéral, cordon postérieur, faisceau ascendant et faisceau descendant.
8. Décrivez la fonction de la moelle épinière en tant que voie de conduction.
9. En vous servant du document 13.1, assurez-vous que vous connaissez l'emplacement, l'origine, le point d'arrivée et la fonction des principaux faisceaux ascendants et descendants.
10. Dites de quelle façon la moelle épinière constitue un centre réflexe.
11. Qu'est-ce qu'un arc réflexe? Énumérez et définissez les composants d'un arc réflexe.
12. Qu'est-ce qu'un réflexe? De quelle façon les réflexes sont-ils liés au maintien de l'homéostasie?
13. Décrivez le mécanisme et la fonction d'un réflexe nociceptif, d'un réflexe tendineux et d'un réflexe d'extension croisée.
14. Définissez les termes suivants, qui sont reliés aux arcs réflexes: monosynaptique, ipsilatéral, polysynaptique, segmentaire, controlatéral et innervation réciproque.
15. Pourquoi les réflexes sont-ils importants lors de l'établissement d'un diagnostic? Indiquez l'importance que revêtent les réflexes suivants sur le plan clinique: le réflexe rotulien, le réflexe achilléen, le signe de Babinski et le réflexe cutané abdominal.
16. Qu'est-ce qu'un nerf rachidien? Pourquoi les nerfs rachidiens sont-ils tous des nerfs mixtes?
17. Décrivez la façon dont un nerf rachidien est attaché à la moelle épinière.
18. Expliquez la façon dont un nerf rachidien est recouvert par ses enveloppes.
19. De quelle façon les nerfs rachidiens sont-ils nommés et numérotés?
20. Décrivez les branches et les innervations d'un nerf rachidien typique.
21. Qu'est-ce qu'un plexus? Décrivez les principaux plexus et les régions qu'ils innervent.
22. Qu'est-ce qu'un nerf intercostal?
23. Qu'est-ce qu'un dermatome? Pourquoi est-il important de connaître l'emplacement des dermatomes?
24. Quelles sont les différences entre les types de paralysie suivants: monoplégie, diplégie, paraplégie, hémiplégie et quadriplégie.
25. Qu'est-ce qu'une section transversale complète de la moelle épinière? Qu'est-ce qu'une hémisection? Quelles sont les conséquences de chacune? Qu'est-ce qu'un choc spinal?
26. Nommez les principaux événements qui se produisent lors de la dégénérescence rétrograde, de la dégénérescence wallérienne et de la régénération consécutives à une lésion d'un nerf périphérique.
27. Quelle est la différence entre une sciatique et une névrite?
28. Qu'est-ce que le zona?

14

L'encéphale et les nerfs crâniens

OBJECTIFS

- Identifier les principales parties de l'encéphale.
- Décrire les éléments qui protègent l'encéphale.
- Expliquer la formation et la circulation du liquide céphalo-rachidien.
- Décrire l'apport sanguin au cerveau et le concept de la barrière hémato-encéphalique.
- Comparer la structure et les fonctions des éléments constitutifs du tronc cérébral.
- Identifier la structure et les fonctions du diencéphale.
- Décrire les éléments superficiels, les lobes, les faisceaux et les noyaux gris centraux du cerveau.
- Décrire la structure et les fonctions du système limbique.
- Comparer les aires sensitives, motrices et d'association du cerveau.
- Décrire les principales ondes cérébrales enregistrées sur un électro-encéphalogramme (EEG) et expliquer l'importance de ce dernier dans le diagnostic de certaines maladies.
- Expliquer le concept de la latéralisation cérébrale.
- Décrire les caractéristiques anatomiques et les fonctions du cervelet.
- Discuter des divers neurotransmetteurs et polypeptides de l'encéphale, et préciser leurs fonctions.
- Définir un nerf crânien et identifier les douze paires de nerfs crâniens en donnant le nom, le numéro, le type, l'emplacement et la fonction de chacun.
- Décrire les effets du vieillissement sur le système nerveux.
- Décrire le développement embryonnaire du système nerveux.
- Énumérer les symptômes caractérisant les maladies nerveuses suivantes : les tumeurs cérébrales, la poliomyélite, l'infirmité motrice cérébrale, la maladie de Parkinson, la sclérose en plaques, l'épilepsie, l'accident vasculaire cérébral, la dyslexie, la maladie de Tay-Sachs, la céphalalgie, la névralgie essentielle du trijumeau, le syndrome de Reye et la maladie d'Alzheimer.
- Définir quelques termes médicaux relatifs au système nerveux central.

Dans le présent chapitre, il sera question des principales parties de l'encéphale et de la façon dont celui-ci est protégé et relié à la moelle épinière et aux 12 paires de nerfs crâniens. Enfin, nous étudierons en détail le développement embryonnaire de l'encéphale.

L'ENCÉPHALE

LES PRINCIPALES PARTIES

Chez l'adulte moyen, l'**encéphale** peut atteindre une masse de 1,3 kg; c'est l'un des plus volumineux organes du corps. À la figure 14.1, nous voyons que l'encéphale a la forme d'un champignon et qu'il se divise en quatre parties principales: le tronc cérébral, le diencéphale, le cerveau et le cervelet. Dans certains cas, on utilise des termes d'embryologie pour désigner les différentes parties de l'encéphale. Le **tronc cérébral**, la tige du champignon, est formé du bulbe rachidien, de la protubérance annulaire et du mésencéphale. La moelle épinière est le prolongement inférieur du tronc cérébral. Le **diencéphale**, situé au-dessus du tronc cérébral, est principalement formé du thalamus et de l'hypothalamus. Derrière le tronc cérébral, on trouve le **cervelet** puis, finalement, le **cerveau** qui vient surmonter le tout. Le cerveau constitue environ les sept huitièmes de la masse totale de l'encéphale et occupe presque toute la cavité crânienne.

LES COUCHES PROTECTRICES

L'encéphale est protégé par les os du crâne (voir la figure 7.2). Le cerveau, tout comme la moelle épinière, reçoit une protection supplémentaire de la part des **méninges**. Les méninges crâniennes entourent l'encéphale et se prolongent par les méninges rachidiennes; elles ont la même structure de base et les mêmes noms que les méninges rachidiennes. Ce sont, du dehors au dedans, la **dure-mère**, l'**arachnoïde** et la **pie-mère** (figure 14.2).

La dure-mère crânienne se compose de deux couches. La couche externe épaisse (couche périostique) est solidement fixée aux os et sert de périoste. La couche interne mince (couche méningée) comprend une couche mésothéliale sur sa surface lisse. La dure-mère rachidienne correspond à la couche méningée de la dure-mère crânienne.

LE LIQUIDE CÉPHALO-RACHIDIEN

L'encéphale, comme le reste du système nerveux central, est en outre protégé par le **liquide céphalo-rachidien (LCR)**. Le liquide céphalo-rachidien circule dans

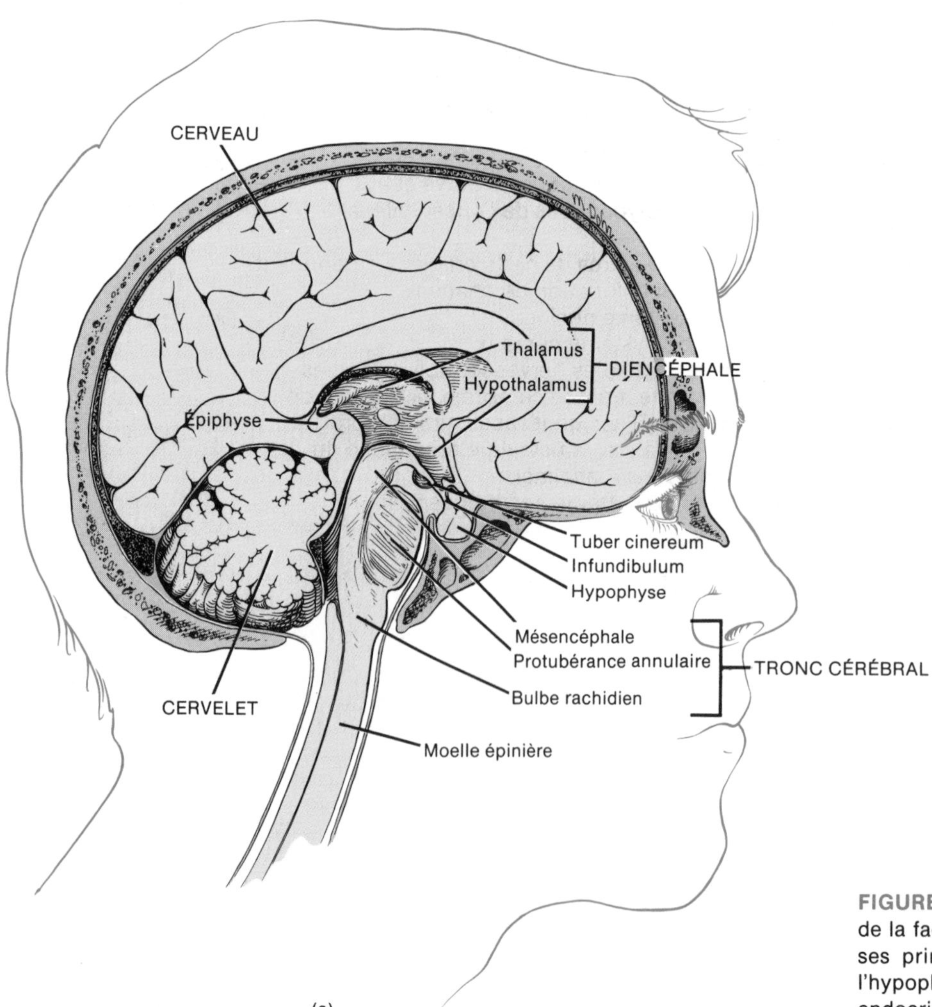

FIGURE 14.1 Encéphale. (a) Coupe sagittale de la face médiane de l'encéphale montrant ses principales parties. L'infundibulum et l'hypophyse seront étudiés avec le système endocrinien au chapitre 18.

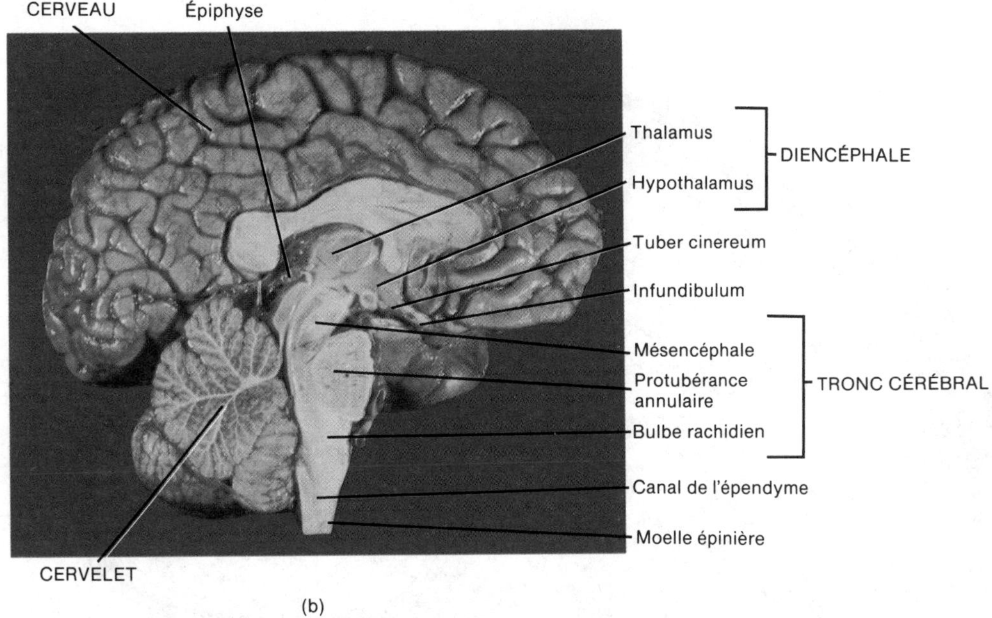

FIGURE 14.1 [*Suite*] (b) Photographie d'une coupe sagittale de la face médiane de l'encéphale. [Gracieuseté de C. Yokochi et J. W. Rohen, *Photographic Anatomy of the Human Body*, 2e éd., 1978, IGAKU-SHOIN, Ltd., Tokyo, New York.]

l'espace sous-arachnoïdien autour de l'encéphale et de la moelle épinière et dans les ventricules de l'encéphale. L'espace sous-arachnoïdien est situé entre l'arachnoïde et la pie-mère.

Les **ventricules** sont des cavités cérébrales qui communiquent entre elles, de même qu'avec le canal de l'épendyme et l'espace sous-arachnoïdien (figure 14.2). Les deux **ventricules latéraux** sont situés dans les hémisphères cérébraux, sous le corps calleux. Le **troisième ventricule** est une fente verticale sous le thalamus, entre les hémisphères de celui-ci, et entre les ventricules latéraux. Les ventricules latéraux communiquent avec le troisième ventricule par une ouverture ovale étroite, le **trou de Monro**. Le **quatrième ventricule** est situé entre le cervelet et la partie inférieure du tronc cérébral. Il communique avec le troisième ventricule par une ouverture traversant le mésencéphale, appelée **aqueduc de Sylvius**. Le toit du quatrième ventricule possède trois orifices, les **trous de Luschka** et le **trou de Magendie**, qui lui permettent de communiquer avec l'espace sous-arachnoïdien de l'encéphale et de la moelle épinière.

Le système nerveux central contient entre 80 mL et 150 mL de liquide céphalo-rachidien. Le liquide céphalo-rachidien est un liquide clair et incolore ayant la consistance de l'eau. Il renferme des protéines, du glucose, de l'urée, des sels et quelques lymphocytes. Le liquide céphalo-rachidien remplit deux fonctions qui concourent au maintien de l'homéostasie : protection et circulation. Il forme un coussin liquide qui protège l'encéphale et la moelle épinière des chocs contre la boîte crânienne ou le canal rachidien. Le liquide céphalo-rachidien soutient aussi l'encéphale, de sorte que celui-ci « flotte » dans la boîte crânienne. Le liquide céphalo-rachidien filtre les substances nutritives du sang et les transporte vers l'encéphale et la moelle épinière ; il évacue aussi les déchets et les substances toxiques produites par les cellules de l'encéphale et de la moelle épinière.

Le liquide céphalo-rachidien est formé dans les **plexus choroïdes**, réseaux de capillaires de chacun des ventricules (figure 14.2,a). Certains éléments des plexus choroïdes forment une barrière ne permettant qu'à certaines substances d'entrer dans le liquide céphalo-rachidien. Cette barrière protège l'encéphale et la moelle épinière contre les substances nocives. Le liquide céphalo-rachidien formé dans les plexus choroïdes des ventricules latéraux passe par le trou de Monro pour entrer dans le troisième ventricule où une certaine quantité de liquide est ajoutée par les plexus choroïdes du troisième ventricule. Il emprunte alors l'aqueduc de Sylvius pour se rendre dans le quatrième ventricule. Les plexus choroïdes du quatrième ventricule apportent aussi leur contribution. Le liquide quitte alors les ventricules par les trous de Luschka et de Magendie pour entrer dans l'espace sous-arachnoïdien autour de la face postérieure de l'encéphale. Il descend aussi dans l'espace sous-arachnoïdien autour de la face postérieure de la moelle épinière, monte à la face antérieure de la moelle épinière et autour de la partie antérieure de l'encéphale. De là, il est graduellement réabsorbé dans les veines. Les cellules épendymaires qui bordent le canal de l'épendyme de la moelle épinière peuvent sécréter une petite quantité de liquide céphalo-rachidien. Ce liquide monte vers le quatrième ventricule. Presque tout le liquide est absorbé par les **granulations de Pacchioni**, ou **villosités arachnoïdiennes**, saillies digitiformes de l'arachnoïde à l'intérieur des sinus de la dure-mère, surtout dans le sinus longitudinal supérieur (figure 14.2,b). Dans des conditions normales, la formation et l'absorption du liquide céphalo-rachidien s'effectuent au même rythme.

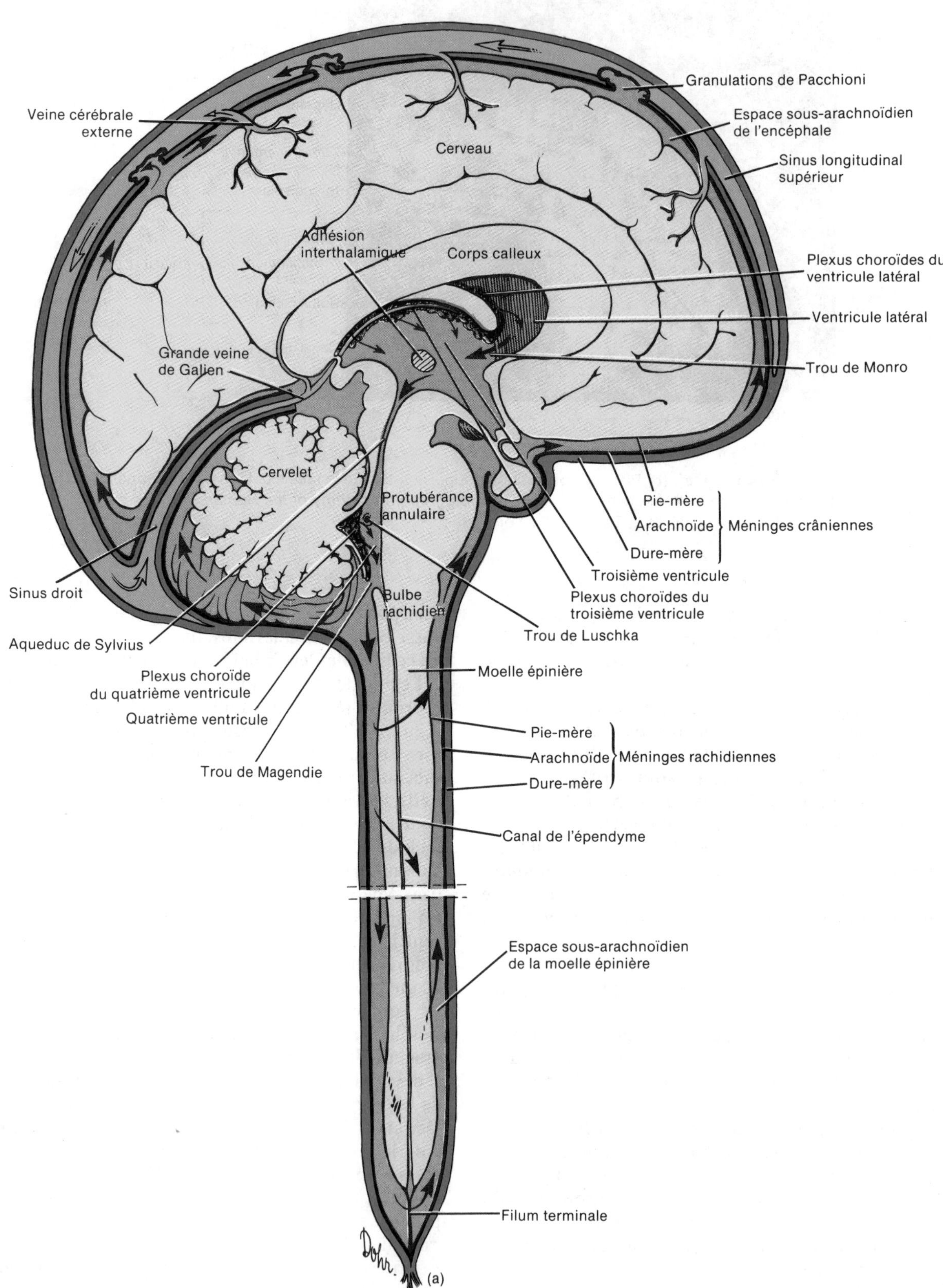

FIGURE 14.2 Méninges. (a) Coupe sagittale de l'encéphale, de la moelle épinière et des méninges. Les flèches indiquent le sens de l'écoulement du liquide céphalo-rachidien.

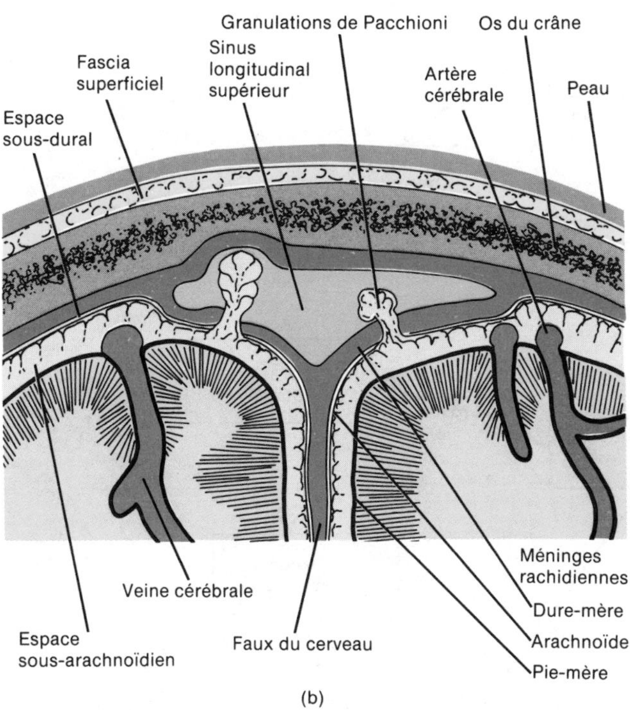

FIGURE 14.2 [*Suite*] (b) Coupe frontale de la partie supérieure de l'encéphale montrant la relation entre le sinus longitudinal supérieur et les granulations de Pacchioni.

À la figure 14.3, nous présentons un résumé du cycle de formation, de circulation et d'absorption du liquide céphalo-rachidien.

APPLICATION CLINIQUE

Si une obstruction, comme une tumeur ou un blocage congénital, survient dans l'encéphale et nuit à l'écoulement du liquide céphalo-rachidien depuis les ventricules jusque dans l'espace sous-arachnoïdien, de grandes quantités de liquide s'accumulent. La pression du liquide à l'intérieur de l'encéphale augmente et, si les fontanelles ne sont pas encore fermées, la tête se dilate pour soulager la pression. C'est ce que l'on appelle **hydrocéphalie** (*hydro*: eau; *céphalie*: tête) **interne**. Si une obstruction nuit à l'écoulement du liquide quelque part dans l'espace sous-arachnoïdien, le liquide céphalo-rachidien s'accumule à l'intérieur de l'espace; c'est ce que l'on appelle **hydrocéphalie externe**.

L'APPORT SANGUIN

L'encéphale reçoit une grande quantité d'oxygène et de nutriments des vaisseaux sanguins qui forment le cercle artériel de Willis. Dans les documents 21.4 et 21.9, et aux figures 21.14,c et 21.18, nous expliquons, dans les grandes lignes, la circulation cérébrale. Les vaisseaux sanguins qui entrent dans le tissu nerveux longent la surface de l'encéphale et, lorsqu'ils pénètrent dans l'encéphale, ils sont entourés d'une couche de pie-mère. L'espace compris entre les vaisseaux sanguins et la pie-mère est appelé *espace périvasculaire*.

L'encéphale ne représente que 2% de la masse totale du corps, mais il consomme environ 20% de tout l'oxygène qu'utilise l'organisme. L'encéphale est l'un des organes où s'effectuent le plus de transformations métaboliques. La quantité d'oxygène dont il a besoin varie avec l'intensité de l'activité mentale. Une brève interruption de l'apport sanguin peut entraîner une perte de connaissance. Une interruption d'une ou deux minutes affaiblira les cellules en les privant d'oxygène; enfin, si l'arrêt de la circulation sanguine se prolonge pendant quatre minutes, de nombreuses cellules seront définitivement détruites. Les lysosomes des cellules cérébrales perçoivent les variations de la concentration d'oxygène et libèrent des enzymes qui provoquent l'autodestruction des cellules lorsque l'irrigation de l'encéphale est interrompue pendant un laps de temps suffisant. Il arrive qu'à la naissance l'apport en oxygène par le sang maternel soit interrompu avant que l'enfant ne soit délivré et ne puisse respirer par lui-même. Ces enfants sont épileptiques, mort-nés, ou souffrent de paralysie ou de retard mental.

Le sang qui irrigue l'encéphale contient aussi du glucose, la principale source d'énergie des cellules nerveuses. L'apport en glucose ne doit jamais s'interrompre, car la quantité de glucides emmagasinée dans l'encéphale est limitée. L'apport insuffisant de glucose à l'encéphale se traduit par des étourdissements, des convulsions, un état de confusion mentale et la perte de connaissance.

Le dioxyde de carbone et l'oxygène facilitent tous deux la circulation sanguine cérébrale. Le dioxyde de carbone augmente le débit sanguin en se combinant avec l'eau pour donner de l'acide carbonique (H_2CO_3), qui se dégrade en ions hydrogène (H^+) et en ions bicarbonate (HCO_3^-). Les ions H^+ entraînent la dilatation des vaisseaux sanguins et augmentent le débit sanguin. La vasodilatation est presque toujours directement proportionnelle à une augmentation de la concentration en ions hydrogène. Une diminution du taux d'oxygène provoque également la vasodilatation et accélère le débit sanguin.

Plusieurs substances, telles que le glucose, l'oxygène et certains ions, passent rapidement du sang circulant dans les cellules nerveuses, tandis que la créatinine, l'urée, le chlorure, l'insuline et le saccharose pénètrent très lentement. Les cellules de l'encéphale sont cependant imperméables à d'autres substances, telles que les protéines et la majorité des antibiotiques. Le taux d'échange de ces substances, entre le sang et l'encéphale, est réglé par la **barrière hémato-encéphalique**. Dans l'hypothalamus et le toit du quatrième ventricule, cette barrière est absente ou très perméable. Des études réalisées à l'aide de micrographies électroniques indiquent que la structure des capillaires cérébraux diffère de celle des autres capillaires. Les capillaires cérébraux, amas de cellules entourés d'une grande quantité de cellules gliales et d'une membrane basale continue, forment une barrière qui s'oppose au passage de certaines substances. Les substances qui traversent la barrière sont soit de très petites molécules, soit des molécules qui nécessitent la présence d'une molécule

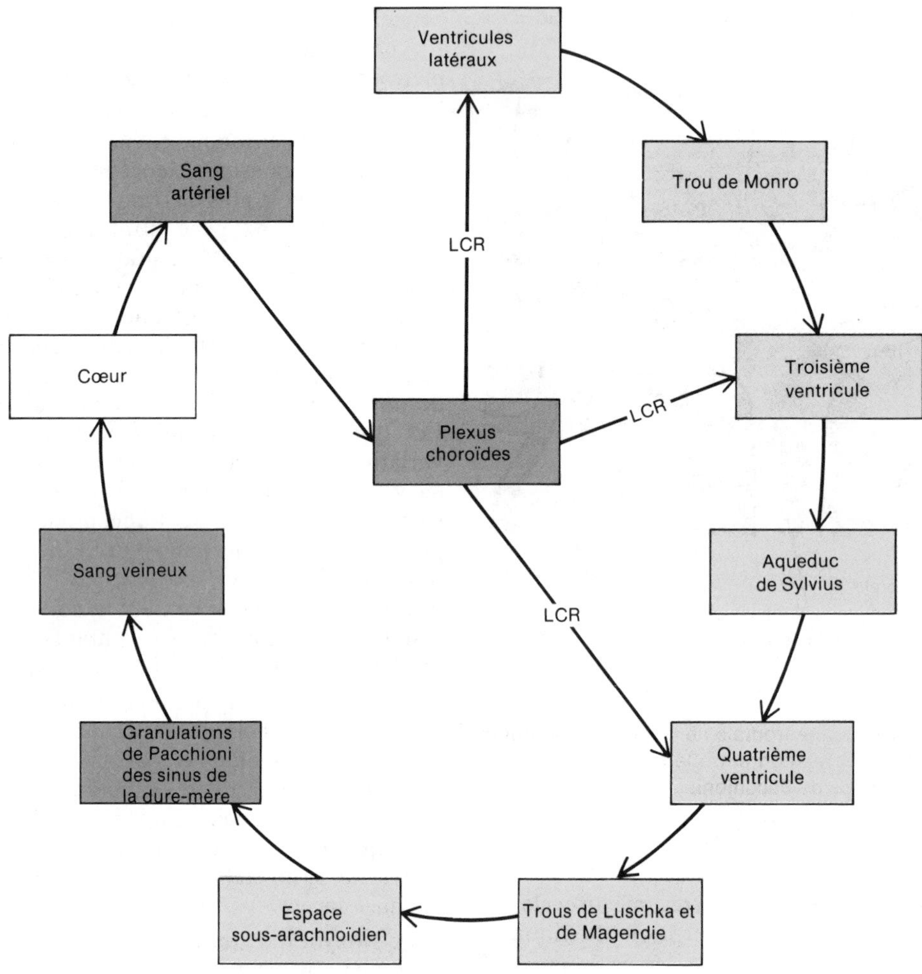

FIGURE 14.3 Organigramme résumant le processus de formation, de circulation et d'absorption du liquide céphalo-rachidien.

porteuse pour traverser la barrière par transport actif. La barrière hémato-encéphalique agit comme une barrière semi-perméable afin de protéger les cellules contre les substances nocives. Une lésion cérébrale, causée par un trauma, une inflammation ou des toxines, peut briser la barrière et entraîner la pénétration de substances nocives dans l'encéphale.

LE TRONC CÉRÉBRAL

Le bulbe rachidien

Le **bulbe rachidien**, ou simplement le **bulbe**, est le prolongement de la partie supérieure de la moelle épinière qui forme la partie inférieure du tronc cérébral (figure 14.4). À la figure 14.1, nous montrons sa position par rapport aux autres parties de l'encéphale. Le bulbe est situé au-dessus du trou occipital et se prolonge vers le haut jusqu'à la partie inférieure de la protubérance annulaire. Le bulbe mesure 3 cm de longueur.

Le bulbe contient tous les faisceaux ascendants et descendants qui relient la moelle épinière à diverses parties de l'encéphale. Ces faisceaux forment la substance blanche du bulbe. Certains faisceaux s'entrecroisent lorsqu'il traversent le bulbe rachidien. Voyons maintenant la façon dont s'effectue ce croisement et sa signification.

On distingue, sur la face ventrale du bulbe, deux structures triangulaires appelées **pyramides** (figures 14.4 et 14.5). Les pyramides sont composées des plus gros faisceaux moteurs allant du cortex cérébral à la moelle épinière. La plupart des fibres des pyramides droite et gauche se croisent et passent du côté opposé à l'intérieur même du bulbe, juste un peu avant la moelle épinière. Ce croisement est appelé **décussation des pyramides** ; on en ignore la valeur adaptative. Les principales fibres motrices qui s'entrecroisent font partie des faisceaux pyramidaux. Ces faisceaux prennent naissance dans le cortex cérébral et descendent vers le bulbe où ils se croisent. Ils poursuivent leur descente dans les cordons antéro-latéraux de la moelle épinière pour se terminer dans la corne antérieure. C'est à cet endroit que se produisent les synapses avec les neurones moteurs qui aboutissent dans les muscles squelettiques. Les fibres qui prennent naissance dans le cortex cérébral gauche provoquent donc la contraction des muscles situés sur le côté droit du corps ; et inversement, les fibres issues du cortex cérébral droit entraînent la contraction des

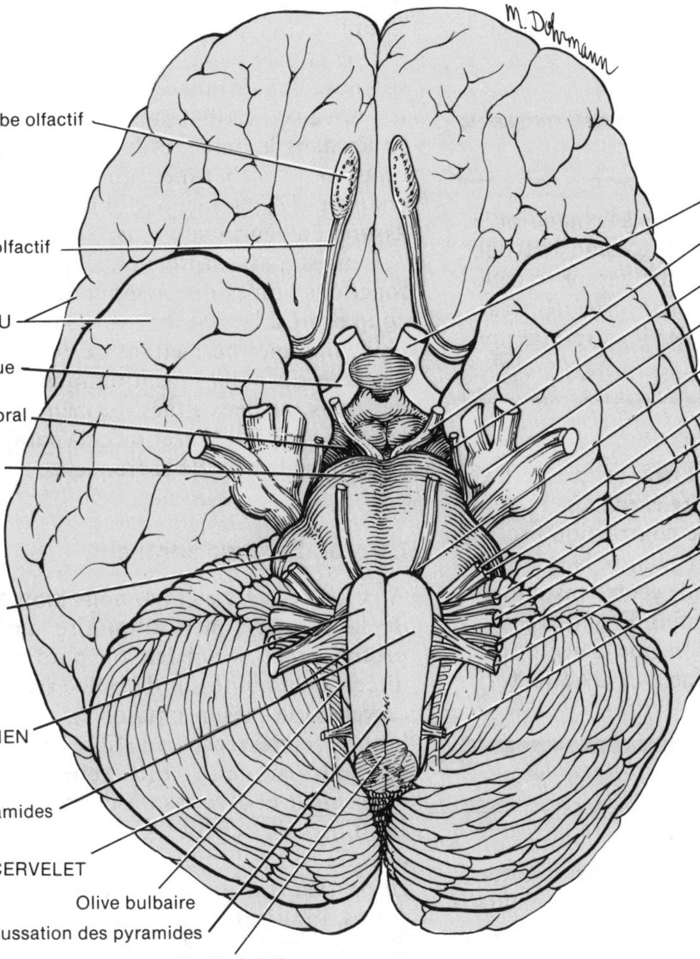

FIGURE 14.4 Tronc cérébral. Diagramme de la face ventrale de l'encéphale montrant la structure du tronc cérébral par rapport aux nerfs crâniens et aux structures adjacentes.

muscles situés sur le côté gauche du corps. La décussation explique donc pourquoi les aires motrices d'un côté du cortex cérébral règlent l'activité musculaire controlatérale.

Sur la face dorsale du bulbe se trouvent deux paires de noyaux proéminents: les **noyaux graciles** (*gracile*: mince), ou **noyaux de Goll**, et les **noyaux cunéiformes** (*cunéi*: coin), ou **noyaux de Burdach**, droits et gauches. Ces noyaux reçoivent les fibres sensitives des faisceaux ascendants (faisceau gracile et faisceau cunéiforme) de la moelle épinière et transmettent l'information sensitive vers le côté opposé du bulbe (voir la figure 15.7). L'information passe ensuite par le thalamus pour atteindre les aires sensitives du cortex cérébral. Presque tous les influx afférents perçus par un côté du corps se dirigent vers le côté opposé du cortex cérébral; le croisement s'effectue soit dans la moelle épinière, soit à l'intérieur du bulbe.

Le bulbe rachidien, outre ses fonctions consistant à relayer les influx afférents et efférents entre la moelle épinière et l'encéphale, renferme une région de substance grise dispersée contenant quelques fibres blanches; cette région est appelée **formation réticulée**. On la trouve également dans la moelle épinière, la protubérance

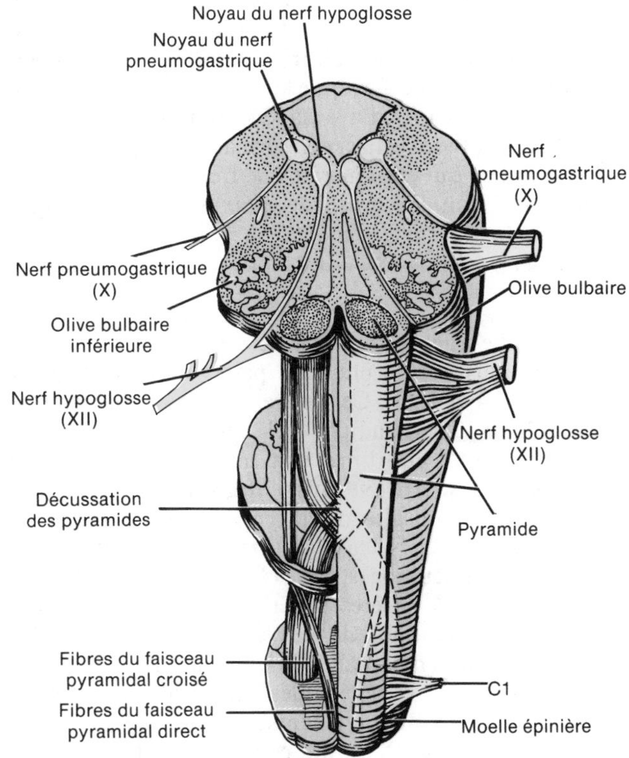

FIGURE 14.5 Partie du bulbe rachidien montrant la décussation des pyramides.

annulaire, le mésencéphale et le diencéphale. La formation réticulée joue un rôle dans le réveil et le maintien de l'état de veille.

APPLICATION CLINIQUE

Un boxeur qui reçoit un coup de poing à la mandibule s'écroule au tapis. Le choc entraîne la torsion du tronc cérébral et surcharge le système d'activation réticulé en déclenchant brusquement une série d'influx nerveux en direction de l'encéphale; il en résulte une **perte de connaissance**.

À l'intérieur du bulbe se trouvent trois centres réflexes vitaux du système réticulé. Le **centre cardiaque** règle les battements du cœur et sa force de contraction (voir la figure 20.9), le **centre respiratoire** régularise la fréquence respiratoire (voir la figure 23.20) et le **centre vasomoteur** règle le diamètre des vaisseaux sanguins. D'autres centres règlent des fonctions non vitales telles que la déglutition, la toux, le vomissement, l'éternuement et le hoquet.

APPLICATION CLINIQUE

Les neurochirurgiens utilisent, de nos jours, un appareil à ultrasons appelé **aspirateur ultrasonique Cavitron** qui pulvérise certains types de tumeurs cérébrales. Des ondes sonores de haute fréquence font vibrer l'extrémité mince de l'instrument à un rythme de 23 000 vibrations par son. Ce sont ces vibrations qui désintègrent les tumeurs. L'instrument libère également une solution saline qui aspire les fragments. L'utilisation de cet appareil offre l'avantage de diminuer les risques de léser les tissus adjacents normaux comme le tronc cérébral, ce qui entraînerait une fréquence cardiaque anormale, ou les gros vaisseaux sanguins, ce qui pourrait causer une hémorragie.

Le bulbe rachidien contient aussi les noyaux qui donnent naissance à plusieurs paires de nerfs crâniens (figures 14.4 et 14.5). Ce sont les branches cochléaire et vestibulaire du nerf auditif (VIII), qui jouent un rôle dans l'audition et l'équilibre (un noyau de la branche vestibulaire se trouve aussi dans la protubérance annulaire); le nerf glosso-pharyngien (IX), qui relaie les influx nerveux reliés à la déglutition, à la salivation et au goût; le nerf pneumogastrique (X), qui conduit les influx nerveux vers les viscères du thorax et de l'abdomen et ceux en provenance de ces viscères; les branches crâniennes du nerf spinal (XI), qui conduisent les influx nerveux de la tête et des épaules (une partie de ce nerf est issue des cinq premiers segments de la moelle épinière); et le nerf hypoglosse (XII), qui conduit les influx nerveux intervenant dans les mouvements de la langue.

Sur chaque face latérale du bulbe se trouve une saillie ovale appelée **olive** (figure 14.4) qui renferme une olive bulbaire inférieure et deux olives bulbaires accessoires. Ces olives bulbaires sont reliées au cervelet par des fibres.

Une grande partie du **complexe nucléaire vestibulaire** se trouve dans le bulbe. Ce complexe nucléaire comprend les noyaux vestibulaires *latéral*, *médian* et *inférieur*, situés dans le bulbe, et le noyau vestibulaire *supérieur*, dans la protubérance annulaire. Nous verrons, au chapitre 17, la façon dont les noyaux vestibulaires assurent au corps son sens de l'équilibre.

Il n'est pas surprenant, étant donné le nombre de fonctions vitales que remplit le bulbe rachidien, qu'un coup porté à la base du crâne soit parfois mortel. Parmi les symptômes permettant de détecter une blessure non mortelle du bulbe, mentionnons le dysfonctionnement des nerfs crâniens situés du même côté du corps que la lésion, la perte de sensation et la paralysie du côté opposé, et un dérèglement de la fréquence respiratoire.

La protubérance annulaire

Aux figures 14.1 et 14.4, nous montrons l'emplacement de la protubérance annulaire dans l'encéphale. La **protubérance annulaire**, ou **pont de Varole**, est située directement au-dessus du bulbe rachidien et en avant du cervelet. Elle mesure environ 2,5 cm de longueur. Comme le bulbe, elle est formée de fibres blanches dispersées et de plusieurs noyaux. Elle relie la moelle épinière à l'encéphale et diverses parties de l'encéphale entre elles. Les fibres de la protubérance sont orientées dans deux directions. Les fibres transversales rejoignent le cervelet, en passant par les *pédoncules cérébelleux moyens*. Les fibres longitudinales appartiennent aux faisceaux afférents et efférents qui relient la moelle épinière ou le bulbe rachidien à la partie supérieure du tronc cérébral.

La protubérance annulaire renferme également des noyaux donnant naissance à quelques paires de nerfs crâniens (figure 14.4). Parmi ceux-ci figurent le nerf trijumeau (V), qui transmet les influx nerveux concernant la mastication et la sensibilité de la tête et de la face; le nerf moteur oculaire externe (VI), qui règle certains mouvements des globes oculaires; le nerf facial (VII), qui conduit les influx nerveux reliés au goût, à la salivation et à l'expression faciale; et la branche vestibulaire du nerf auditif (VIII), qui joue un rôle dans l'équilibre.

La formation réticulée de la protubérance annulaire renferme d'autres noyaux importants: le **centre pneumotaxique** et le **centre apneustique**. Ces noyaux, conjointement avec le centre respiratoire bulbaire, aident à régler la respiration.

Le mésencéphale

Le **mésencéphale**, ou **cerveau moyen**, s'étend depuis la protubérance annulaire jusqu'à la partie inférieure du diencéphale (figures 14.1 et 14.4). Il mesure environ 2,5 cm de longueur. Il est traversé par l'aqueduc de Sylvius qui relie le troisième ventricule, en haut, et le quatrième ventricule, en bas.

La face ventrale du mésencéphale contient deux renflements fibreux appelés **pédoncules cérébraux**. Ces pédoncules renferment des fibres motrices chargées de conduire les influx nerveux depuis le cortex cérébral jusqu'à la protubérance annulaire et à la moelle épinière. Ils renferment en outre des fibres afférentes reliant la moelle épinière au thalamus. Les pédoncules cérébraux constituent le principal centre de relais pour les faisceaux entre les parties supérieures et les parties inférieures de l'encéphale et la moelle épinière.

La face dorsale du mésencéphale, appelée **lame quadrijumelle**, ou **tectum** (*tectum* : toit), présente quatre éminences arrondies : les **tubercules quadrijumeaux**. Deux de ces éminences, les tubercules quadrijumeaux antérieurs, servent de centres réflexes aux mouvements des globes oculaires et de la tête en réaction à des stimuli visuels ou autres. La paire de tubercules quadrijumeaux postérieurs sert de centre réflexe aux mouvements réflexes de la tête et du tronc en réaction à des stimuli auditifs. Le mésencéphale contient aussi le **locus niger**, noyau volumineux et fortement pigmenté situé près des pédoncules cérébraux.

La formation réticulée du mésencéphale renferme un noyau d'importance, le **noyau rouge**. Les fibres du cervelet et du cortex cérébral aboutissent au noyau rouge. Les corps cellulaires des fibres formant le faisceau rubro-spinal y prennent naissance. Le mésencéphale contient les noyaux de quelques nerfs crâniens (figure 14.4). Parmi ceux-ci figurent le nerf moteur oculaire commun (III), qui assure certains mouvements des globes oculaires et règle le diamètre de la pupille et la courbure du cristallin ; et le nerf pathétique (IV), qui conduit les influx nerveux destinés au mouvements des globes oculaires.

Le **ruban de Reil médian** est une bande de fibres blanches qui conduit les influx nerveux du toucher, de la sensibilité proprioceptive et des vibrations, depuis le bulbe jusqu'au thalamus. Le ruban de Reil médian est commun au bulbe rachidien, à la protubérance annulaire et au mésencéphale.

LE DIENCÉPHALE

Le **diencéphale** (*dien*: à travers; *céphale*: tête) est principalement formé du thalamus et de l'hypothalamus. À la figure 14.1, nous montrons la relation de ces deux structures avec le reste de l'encéphale.

Le thalamus

Le **thalamus** (*thalamus*: chambre interne) est une structure ovoïde, d'environ 3 cm de longueur, située au-dessus du mésencéphale ; il représente les quatre cinquièmes du diencéphale. Le thalamus est constitué de deux masses ovales composées principalement de substance grise disposée en noyaux formant les parois latérales du troisième ventricule (figure 14.6). Un petit pont de substance grise, appellé **adhésion interthalamique**, unit les deux masses. Chaque masse est profondément encastrée dans un hémisphère cérébral, et bordée latéralement par la **capsule interne**.

Le thalamus est formé en majorité de substance grise, mais contient également quelques zones de substance blanche. Parmi celles-ci, mentionnons le **stratum zonale**, qui recouvre la face dorsale ; la **lame médullaire externe**, recouvrant la face latérale ; et la **lame médullaire interne**, qui divise la substance grise en trois parties : les groupes nucléaires antérieur, médian et latéral.

À l'intérieur de ces groupes se trouvent des noyaux assurant diverses fonctions. Certains noyaux ont pour rôle de relayer tous les influx sensoriels, sauf ceux de

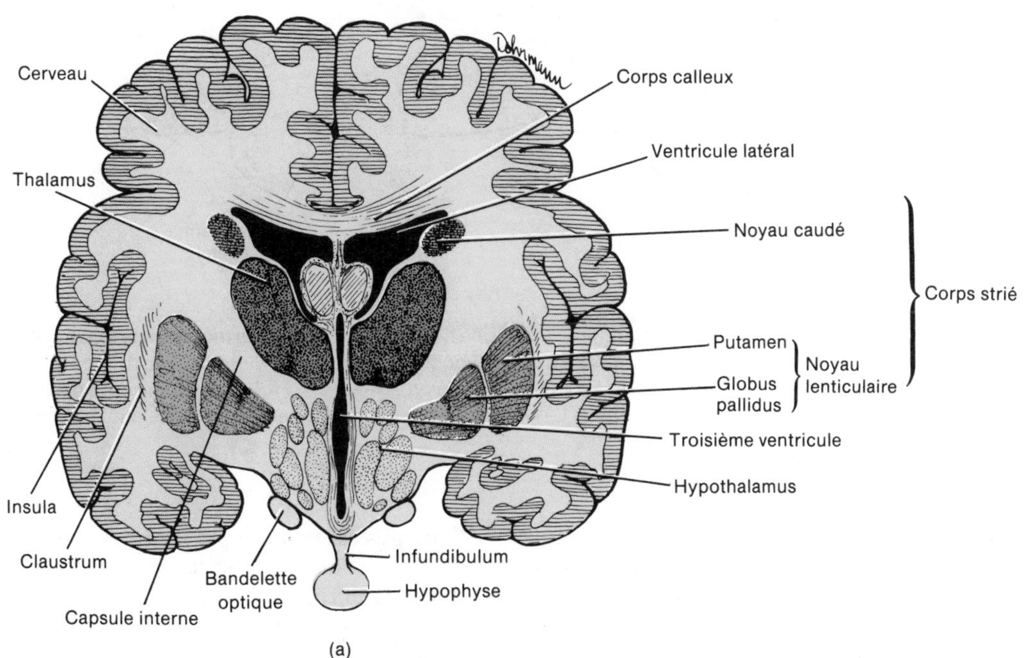

FIGURE 14.6 Thalamus. (a) Diagramme d'une coupe frontale de l'encéphale montrant le thalamus et les structures adjacentes.

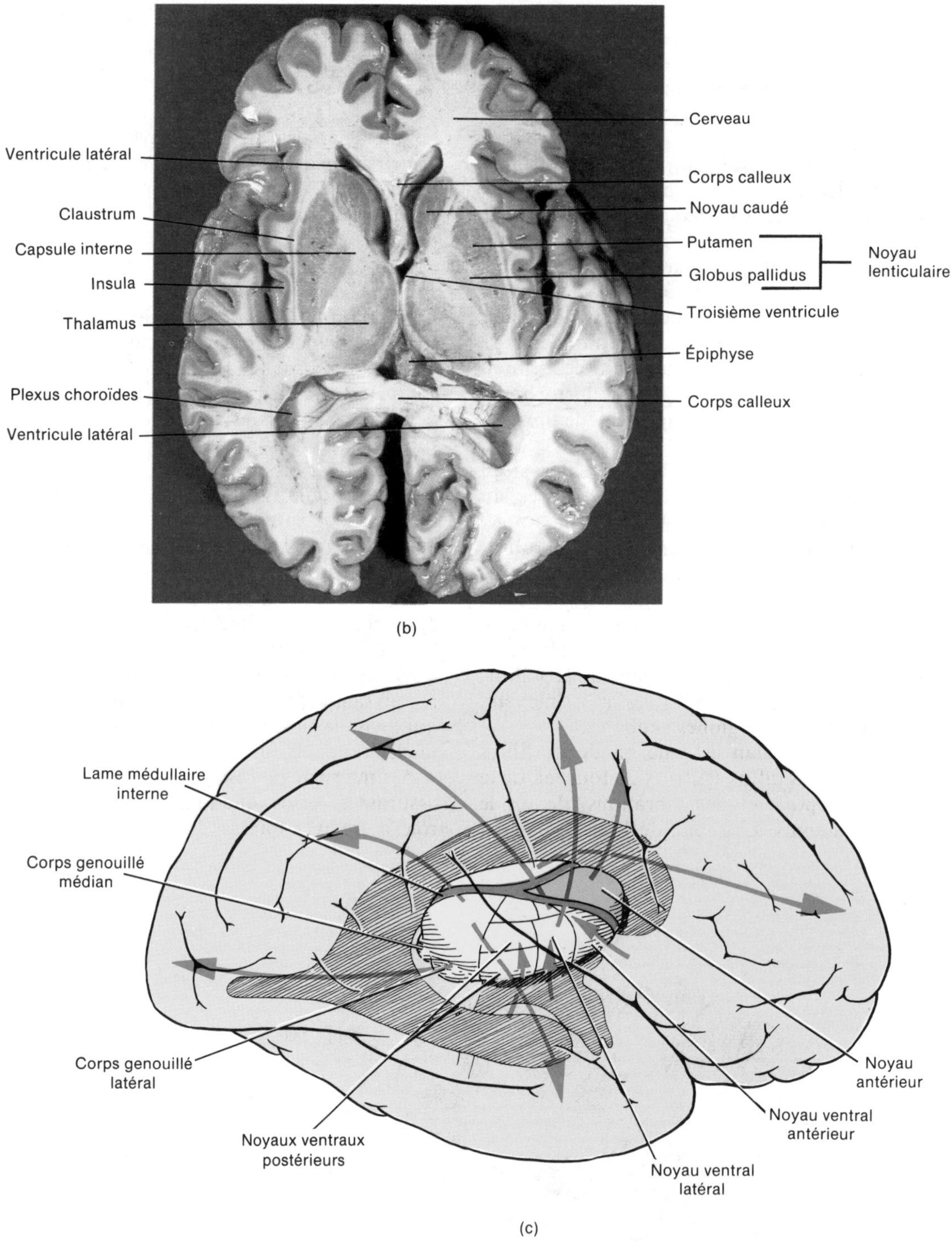

FIGURE 14.6 [*Suite*] (b) Photographie d'une coupe horizontale du cerveau montrant le thalamus et les structures adjacentes. [Gracieuseté de C. Yokochi et J. W. Rohen, *Photographic Anatomy of the Human Body*, 2e éd., 1978, IGAKU-SHOIN, Ltd., Tokyo, New York.] (c) Diagramme de la partie latérale droite des noyaux thalamiques. Les flèches indiquent quelques-unes des relations entre le thalamus et le cortex cérébral.

l'odorat, au cortex cérébral. Parmi ces noyaux, on trouve le **corps genouillé médian** (l'ouïe), le **corps genouillé latéral** (la vue) et le **noyau ventral postérieur** (le goût et les sensations en général). D'autres noyaux sont des centres de synapses dans le système somatique moteur : le **noyau ventral latéral** (mouvements volontaires) et le **noyau ventral antérieur** (éveil et mouvements volontaires). Le thalamus est le principal centre de relais qui permet aux influx sensoriels provenant de la moelle épinière, du tronc cérébral, du cervelet et de quelques parties du cerveau d'atteindre le cortex cérébral.

Le thalamus est un centre d'intégration de certains influx sensoriels tels que la douleur, la température, le contact léger et la pression. La formation réticulée du thalamus renferme un **noyau latéro-dorsal**, qui semble quelque peu modifier l'activité neuronale dans le thalamus, et un **noyau antérieur**, situé dans le plancher du ventricule latéral, relié aux émotions et à la mémoire.

L'hypothalamus

L'**hypothalamus** (*hypo* : au-dessous) est une petite partie du diencéphale. Son emplacement dans l'encéphale apparaît aux figures 14.1 et 14.6,a. L'hypothalamus forme le plancher et une partie des parois latérales du troisième ventricule. Il est en partie protégé par la selle turcique du sphénoïde.

Les informations du milieu externe parviennent à l'encéphale par les voies afférentes provenant des organes des sens périphériques. Les sensations somatiques, auditives, gustatives et olfactives se rendent toutes à l'hypothalamus. Les influx afférents, qui règlent le milieu interne, atteignent l'hypothalamus en provenance des viscères. Certaines parties de l'hypothalamus règlent les échanges d'eau, les concentrations hormonales et la température sanguine. Comme nous le verrons bientôt, l'hypothalamus entretient quelques rapports étroits avec l'hypophyse.

Malgré sa taille réduite, l'hypothalamus contient des noyaux chargés de régler un grand nombre d'activités dont la plupart contribuent au maintien de l'homéostasie. Tous les noyaux de l'hypothalamus n'ont pas encore été identifiés de façon précise. Cependant, ces noyaux sont facilement identifiables chez les animaux inférieurs; ils sont aussi plus distincts chez les fœtus que chez les adultes. De plus, un noyau peut contenir plusieurs types de cellules comportant des différences histologiques importantes. Les fonctions, sauf rares exceptions, ne sont pas propres à des noyaux particuliers, mais sont communes à plusieurs noyaux; c'est pourquoi on attribue plutôt les fonctions à des aires.

L'hypothalamus remplit plusieurs fonctions.

1. Il règle et intègre l'activité du système nerveux autonome qui stimule les muscles lisses, règle la fréquence de contraction du muscle cardiaque et la sécrétion d'un grand nombre de glandes. Ces fonctions sont accomplies par les axones des neurones dont les corps cellulaires et les dendrites sont situés dans les noyaux hypothalamiques. Les axones forment les faisceaux reliant l'hypothalamus aux noyaux sympathiques et parasympathiques situés dans le tronc cérébral et la moelle épinière. Grâce au système nerveux autonome, l'hypothalamus est le principal régulateur des activités viscérales. Il règle la fréquence cardiaque, le mouvement des aliments à l'intérieur du tube digestif et la contraction de la vessie.

2. Il reçoit et intègre les influx nerveux afférents provenant des viscères.

3. Il est le principal intermédiaire entre les systèmes nerveux et endocrinien, les deux plus importants systèmes régulateurs de l'organisme. L'hypothalamus est situé juste au-dessus de l'hypophyse, la principale glande endocrine. Lorsque l'hypothalamus perçoit des modifications dans l'organisme, il libère des corps chimiques, appelés hormones de régulation, qui stimulent ou inhibent l'adénohypophyse. L'adénohypophyse accélère ou modère la libération des hormones chargées de régler diverses activités physiologiques de l'organisme. L'hypothalamus élabore en outre deux hormones, l'ocytocine (OT) et l'hormone antidiurétique (ADH), qui sont transportées vers la neurohypophyse où elles sont emmagasinées. Ces hormones sont libérées lorsque le corps en a besoin.

4. Il est le centre de régulation du soma par le psyché. Quand le cortex cérébral interprète des émotions fortes, il envoie souvent des influx nerveux le long des faisceaux le reliant à l'hypothalamus. L'hypothalamus envoie ensuite ces influx par le système nerveux autonome, puis il libère des substances chimiques qui stimulent l'adénohypophyse. Il en résulte de nombreuses modifications dans les activités de l'organisme. Par exemple, dans les moments de panique, l'hypothalamus envoie des influx nerveux au cœur pour en accélérer la fréquence. De même, un état de tension prolongé peut entraîner des troubles fonctionnels qui sont à l'origine de graves maladies. Ces troubles psychosomatiques sont très réels.

5. Il est associé aux émotions de rage et de colère.

6. Il règle la température du corps. Certaines cellules de l'hypothalamus servent de thermostat. Lorsque la température du sang qui traverse l'hypothalamus est trop élevée, celui-ci envoie des influx nerveux le long du système nerveux autonome afin de stimuler les activités qui favorisent la déperdition de chaleur. Une déperdition de chaleur peut être produite par le relâchement du muscle lisse des vaisseaux sanguins; cette transformation entraîne la dilatation des vaisseaux cutanés, ce

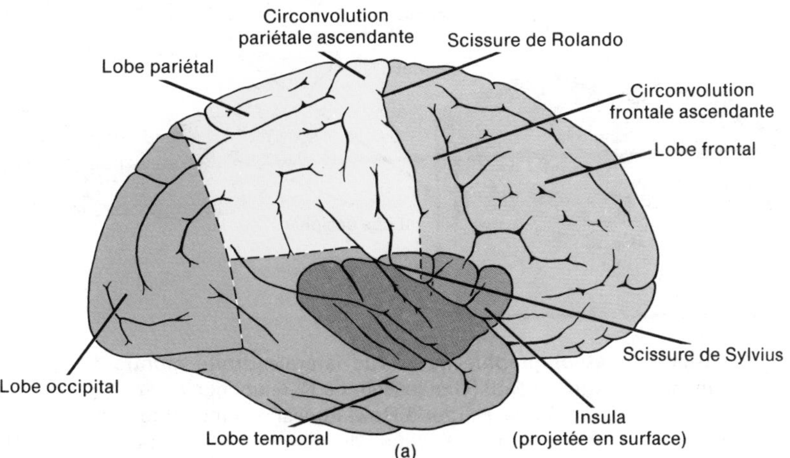

FIGURE 14.7 Lobes, circonvolutions et scissures du cerveau. (a) Diagramme de la vue latérale droite. L'insula a été projetée à la surface, car elle est invisible depuis l'extérieur. Elle apparaît à la figure 14.6,a.

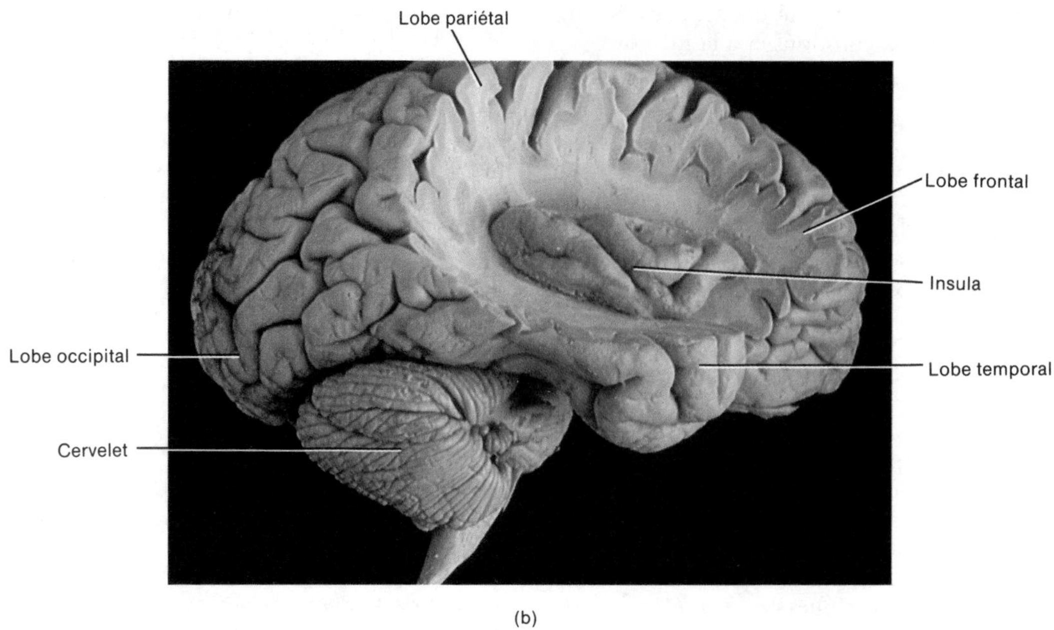

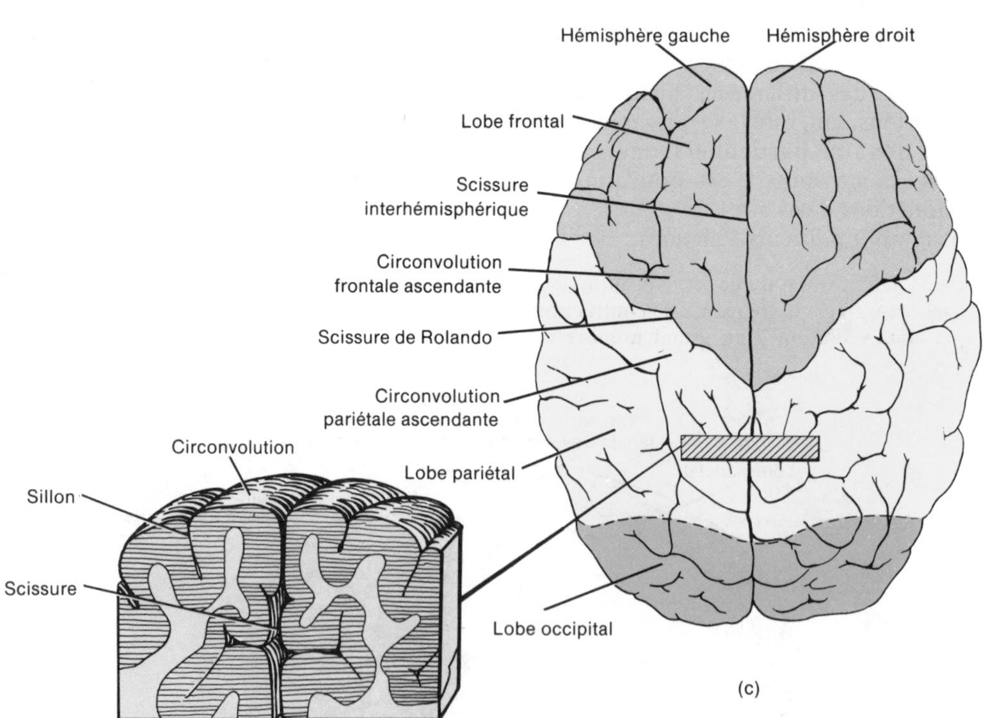

FIGURE 14.7 [*Suite*] (b) Photographie de la vue latérale droite montrant l'insula après l'enlèvement d'une portion du cerveau. [Gracieuseté de N. Gluhbegovic et T. H. Williams, *The Human Brain: A Photographic Guide*, Harper & Row, Publishers, Inc., Hagerstown, MD, 1980.] (c) Diagramme de la vue supérieure. Le détail de gauche montre la relation entre les circonvolutions, les sillons et les scissures.

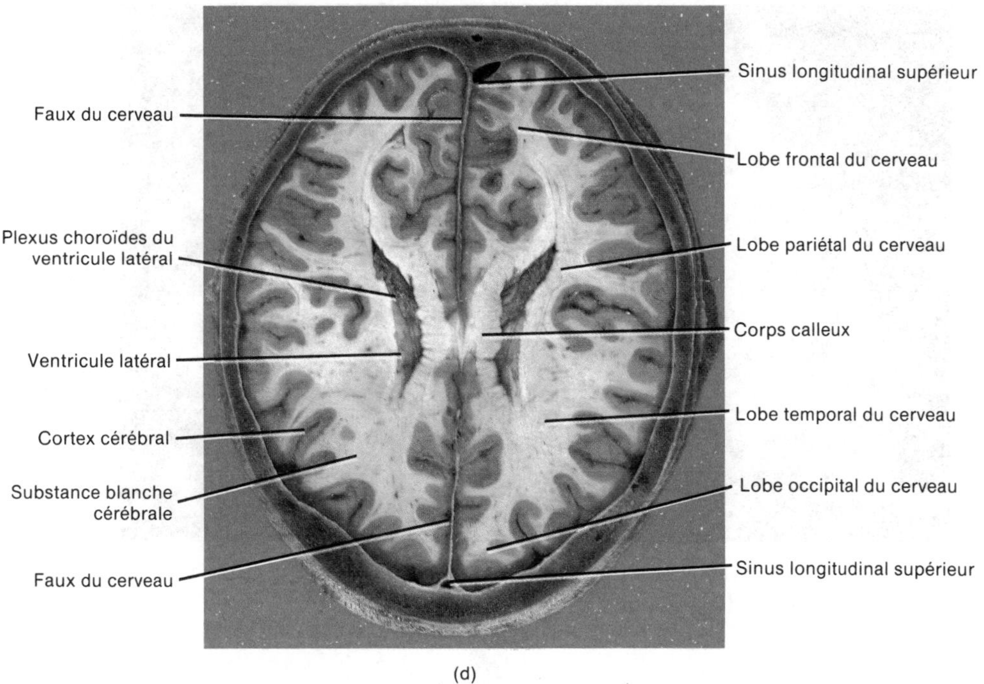

FIGURE 14.7 [*Suite*] (d) Photographie d'une coupe transversale du cerveau. [Gracieuseté de Stephen A. Kieffer et E. Robert Heitzman, *An Atlas of Cross-Sectional Anatomy*, Harper & Row, Publishers, Inc., Hagerstown, MD, 1979.]

qui permet à la peau d'accroître la déperdition de chaleur. La transpiration produit aussi une déperdition de chaleur. Inversement, si la température du sang est au-dessous de la normale, l'hypothalamus envoie des influx nerveux aux organes qui retiennent la chaleur. La constriction des vaisseaux sanguins cutanés, l'arrêt de la transpiration et le grelottement permettent la rétention de chaleur.

7. Il règle l'ingestion des aliments par deux centres. Le **centre de la faim** est stimulé par les sensations de faim provenant d'un estomac vide. Lorsqu'une quantité suffisante de nourriture a été ingérée, le **centre de la satiété** est stimulé et envoie des influx nerveux qui inhibent le centre de la faim.

8. Il contient un **centre de la soif**. Certaines cellules de l'hypothalamus sont stimulées quand le volume de liquide extracellulaire devient insuffisant. Ces cellules produisent la sensation de soif.

9. Il constitue l'un des centres chargés de maintenir les profils de rythmes veille-sommeil.

10. Il possède les propriétés d'un oscillateur indépendant ; il peut donc servir de stimulateur à de nombreux rythmes biologiques.

LE CERVEAU

Le **cerveau**, situé au-dessus du tronc cérébral, constitue la majeure partie de l'encéphale (voir la figure 14.1). La surface du cerveau est composée de substance grise, de 2 mm à 4 mm d'épaisseur, que l'on appelle **cortex cérébral** (*cortex* : écorce). Le cortex, formé de milliards de cellules, est composé de six couches de corps cellulaires de neurones dans la plupart des régions. Il recouvre la substance blanche.

Durant le développement embryonnaire, le volume cérébral augmente rapidement, et la proportion de substance grise du cortex est plus importante que celle de la substance blanche. Il se forme donc des replis sur la surface corticale. Ces replis sont appelés **circonvolutions** (figure 14.7). Les profondes rainures qui séparent les replis sont appelées **scissures**, tandis que celles de profondeur moindre portent le nom de **sillons**. La scissure la plus marquante, la **scissure interhémisphérique**, divise presque entièrement le cerveau en deux moitiés, ou **hémisphères**. Les hémisphères sont reliés intérieurement par un large faisceau de fibres transverses formé de substance blanche, le **corps calleux** (*calleux* : dur). Entre les deux hémisphères se trouve un prolongement de la dure-mère crânienne, la **faux du cerveau**. La faux du cerveau renferme les sinus longitudinaux supérieur et inférieur.

Les lobes du cerveau

Chaque hémisphère cérébral est divisé en quatre lobes par des scissures. La **scissure de Rolando** sépare le **lobe frontal** du **lobe pariétal**. La **circonvolution frontale ascendante** est située immédiatement en avant de la scissure de Rolando. Cette ciconvolution constitue un point de repère pour l'aire motrice primaire du cortex cérébral. La **circonvolution pariétale ascendante**, située immédiatement en arrière de la scissure de Rolando, constitue un point de repère pour l'aire somesthésique primaire du cortex cérébral. La **scissure de Sylvius** isole le **lobe frontal** du **lobe temporal**. La **scissure perpendiculaire interne** sépare le **lobe pariétal** du **lobe occipital**. Le cerveau et le cervelet sont séparés par la **scissure transverse**. Les lobes frontaux, pariétaux, temporaux et occipitaux portent le nom de l'os qui les recouvre.

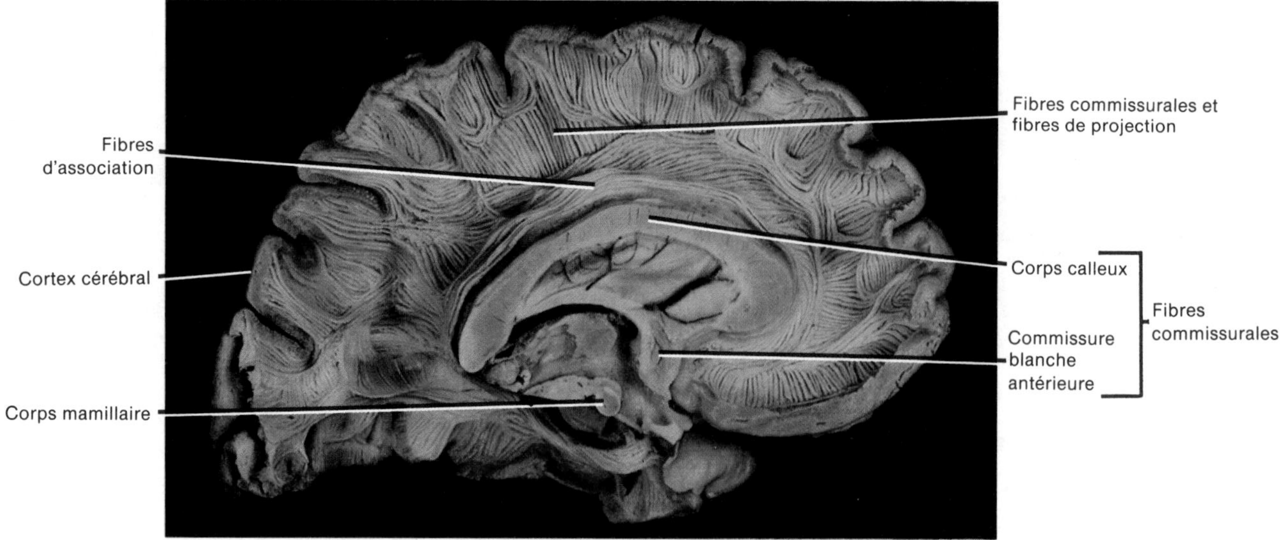

FIGURE 14.8 Coupe longitudinale de l'hémisphère gauche du cerveau montrant les faisceaux de substance blanche. [Gracieuseté de N. Gluhbegovic et T. H. Williams, *The Human Brain : A Photographic Guide*, Harper & Row, Publishers, Inc., Hagerstown, MD, 1980.]

L'**insula**, cinquième partie du cerveau, est située tout au fond de la scissure de Sylvius, sous les lobes pariétaux, frontaux et temporaux. L'insula est invisible de l'extérieur (figure 14.7,a, b).

Comme nous le verrons bientôt, les nerfs olfactif (I) et optique (II) sont liés à des lobes particuliers.

La substance blanche

La substance blanche, située sous le cortex cérébral, est formée d'axones myéliniques qui se projettent dans trois principales directions (figure 14.8).

1. Les **fibres d'association** relient les circonvolutions et transmettent les influx nerveux à l'intérieur d'un hémisphère.
2. Les **fibres commissurales** transmettent les influx nerveux des circonvolutions d'un hémisphère aux circonvolutions correspondantes de l'hémisphère opposé. Les trois principaux groupes de fibres commissurales sont le *corps calleux*, la *commissure blanche antérieure* et la *commissure blanche postérieure*.
3. Les **fibres de projection** forment des faisceaux ascendants et descendants qui transmettent les influx nerveux du cerveau aux autres parties de l'encéphale et à la moelle épinière. La capsule interne en est un exemple.

Les noyaux gris centraux

Les **noyaux gris centraux** sont des masses de substance grise à l'intérieur de chaque hémisphère (figures 14.6 et 14.9). Le **corps strié** est le plus volumineux de ces noyaux. Il est formé du **noyau caudé** (*caudé*: queue) et du **noyau lenticulaire** (*lenticulaire*: en forme de lentille). Le noyau lenticulaire est lui-même divisé en deux parties: une partie latérale, le **putamen** (*putamen*: coquille), et une partie médiane, le **globus pallidus** (*globus*: globe ; *pallid*: pâle).

La partie de la *capsule interne* comprise entre le noyau lenticulaire et le noyau caudé, et entre le noyau lenticulaire et le thalamus est parfois considérée comme faisant partie du corps strié. La capsule interne est formée d'un groupe de faisceaux sensitifs et moteurs de substance blanche, qui relient le cortex au tronc cérébral et à la moelle épinière.

Le claustrum et le noyau amygdalien font également partie des noyaux gris centraux. Le **claustrum** est une lame de substance grise située à côté du putamen. Le **noyau amygdalien** (*amygdale*: amande) se trouve à l'extrémité de la queue du noyau caudé. Certaines autorités estiment même que le **locus niger**, le **noyau sous-thalamique** et le **noyau rouge** font partie des noyaux gris centraux. Le locus niger est un noyau de forte taille, situé dans le mésencéphale, dont les axones aboutissent au noyau caudé et au putamen. Le noyau sous-thalamique se trouve contre la capsule interne ; il est principalement relié au globus pallidus.

Les noyaux gris centraux sont reliés entre eux par de nombreuses fibres. Ils sont aussi reliés au cortex cérébral, au thalamus et à l'hypothalamus. Le noyau caudé et le putamen règlent les mouvements involontaires des muscles squelettiques, tels que le balancement des bras pendant la marche. Ces mouvements sont aussi commandés volontairement par le cortex cérébral. Le globus pallidus intervient dans la régulation du tonus musculaire nécessaire à la réalisation de mouvements particuliers.

APPLICATION CLINIQUE

Une lésion aux noyaux gris centraux se traduit par des mouvements anormaux, tels que le **tremblement**, et par des **mouvements involontaires des muscles squelettiques**. De plus, la destruction d'une partie importante du noyau caudé **paralyse** presque entièrement le côté du corps opposé à l'endroit de la lésion.

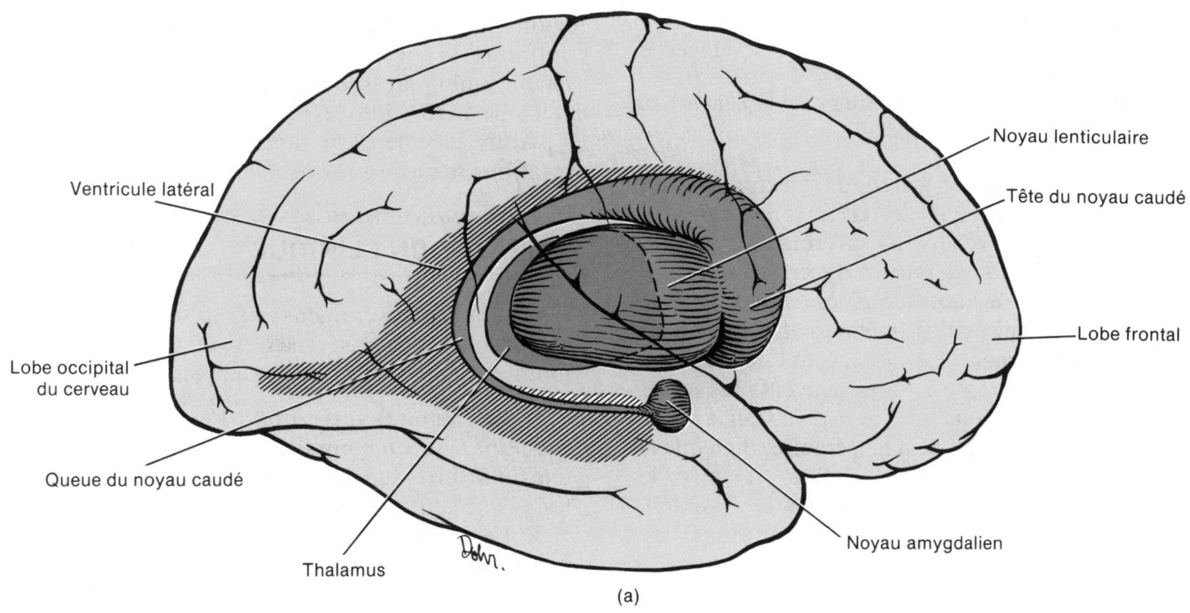

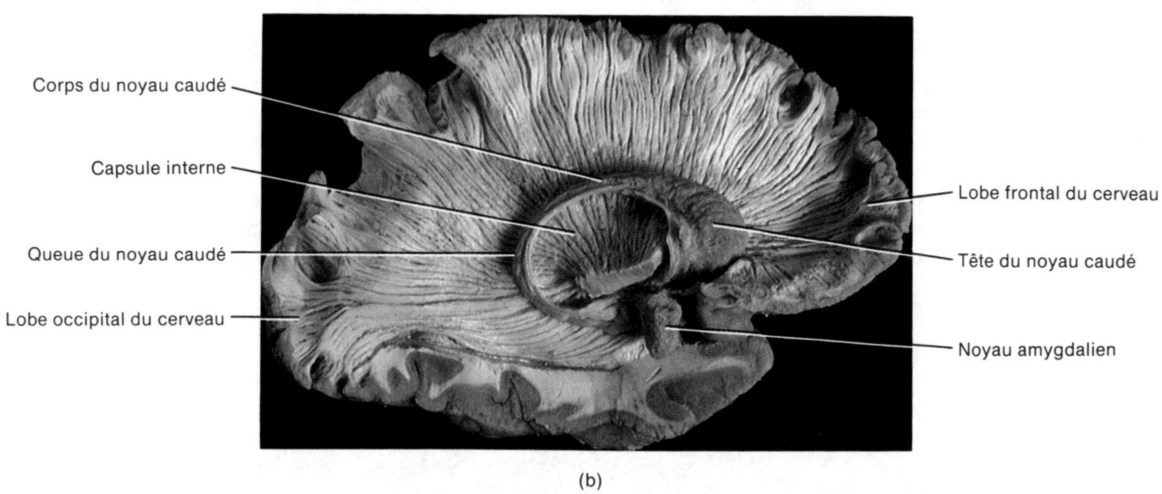

FIGURE 14.9 Noyaux gris centraux. (a) Diagramme de la vue latérale droite du cerveau ; les noyaux gris centraux sont projetés à la surface. Revoir la coupe horizontale du cerveau montrant la position des noyaux gris centraux, à la figure 14.6,b. (b) Photographie de la face médiane de l'hémisphère cérébral gauche montrant une partie des noyaux gris centraux. [Gracieuseté de N. Gluhbegovic et T. H. Williams, *The Human Brain : A Photographic Guide*, Harper & Row, Publishers, Inc., Hagerstown, MD, 1980.]

Un accident vasculaire cérébral atteint souvent le noyau caudé.

Une lésion au noyau sous-thalamique donne lieu à des troubles moteurs du côté opposé du corps. Ces troubles, appelés **hémiballisme** (*hémi* : moitié ; *ballisme* : sauter), sont caractérisés par des mouvements involontaires soudains, d'intensité et de vitesse très grandes. Ce sont des mouvements de retrait, bien qu'ils soient parfois saccadés, effectués sans but précis. Ils touchent surtout l'extrémité proximale des membres, particulièrement les bras.

Le système limbique

Le **système limbique** (*limbique* : lisière) est formé de plusieurs éléments du mésencéphale et des hémisphères cérébraux. Voici quelques-unes de ces régions de substance grise.

1. Le lobe limbique. Formé par deux circonvolutions de l'hémisphère cérébral : la circonvolution du corps calleux et la circonvolution de l'hippocampe (cinquième circonvolution temporale).

2. L'hippocampe. Prolongement de la circonvolution de l'hippocampe situé dans le plancher du ventricule latéral.

3. Le noyau amygdalien. Situé à l'extrémité de la queue du noyau caudé.

4. Les corps mamillaires de l'hypothalamus. Deux masses sphériques situées près de la ligne médiane, près des pédoncules cérébraux.

5. Le noyau antérieur du thalamus. Situé dans le plancher du ventricule latéral.

Le système limbique est un groupe de structures, ayant la forme d'une fourchette, qui encercle le tronc cérébral et intervient dans les réactions affectives vitales. L'hippocampe, et certaines parties du cerveau, jouent aussi un rôle dans la mémoire. Les lésions au système limbique entraînent une perte de mémoire. Les personnes dont le système limbique est atteint ont tendance à oublier les événements récents ; ils ne peuvent plus se fier à leur mémoire. On ne connaît pas avec précision la façon dont le système limbique est lié à la mémoire. Bien que le comportement relève de tout le système nerveux, le système limbique règle la plupart de ses aspects involontaires. Des expériences effectuées sur le système limbique des singes et d'autres animaux prouvent que le noyau amygdalien joue un rôle important dans la régulation du comportement général.

On a aussi découvert, grâce à ces expériences, que le système limbique est associé aux émotions de plaisir et de douleur. Lorsqu'on stimule certaines régions du système limbique de l'hypothalamus, du thalamus et du mésencéphale, chez les animaux, leurs réactions indiquent qu'ils éprouvent un sentiment de punition intense. Lorsqu'on stimule d'autres régions, les réactions des animaux indiquent qu'ils éprouvent un immense plaisir. La stimulation des noyaux périfornicaux entraîne la réaction de *rage*. L'animal adopte alors une position de défense ; il sort ses griffes, lève la queue, siffle, crache, grogne et ouvre grand les yeux. La stimulation d'autres régions du système limbique provoque des réactions contraires : la docilité, l'apprivoisement et l'affection. Le système limbique est souvent appelé cerveau émotionnel, car il joue un rôle dans les réactions affectives : la douleur, le plaisir, la colère, la rage, la peur, le chagrin, les sensations sexuelles, la docilité et l'affection.

APPLICATION CLINIQUE

Les traumatismes crâniens causent souvent des **lésions cérébrales** ; le tissu nerveux est déplacé ou tordu au moment de l'impact. Voici quelques types de lésions.

1. La commotion cérébrale. Perte de connaissance soudaine, mais temporaire, causée par un coup à la tête ou un arrêt brusque d'une tête en mouvement ; les lésions ne sont pas apparentes.

2. La contusion. Meurtrissure apparente de l'encéphale causée par un trauma et un écoulement hors des vaisseaux microscopiques. La pie-mère qui recouvre l'endroit de la lésion se détache de l'encéphale et peut se déchirer, laissant pénétrer le sang dans l'espace sous-arachnoïdien. La contusion entraîne une perte de connaissance dont la durée peut atteindre plusieurs heures.

3. La dilacération. Déchirure de l'encéphale causée par une fracture du crâne ou une balle d'arme à feu. La dilacération est caractérisée par la rupture de gros vaisseaux sanguins et une hémorragie dans l'encéphale et l'espace sous-arachnoïdien. La dilacération entraîne un hématome cérébral, un œdème et une augmentation de la pression intracrânienne.

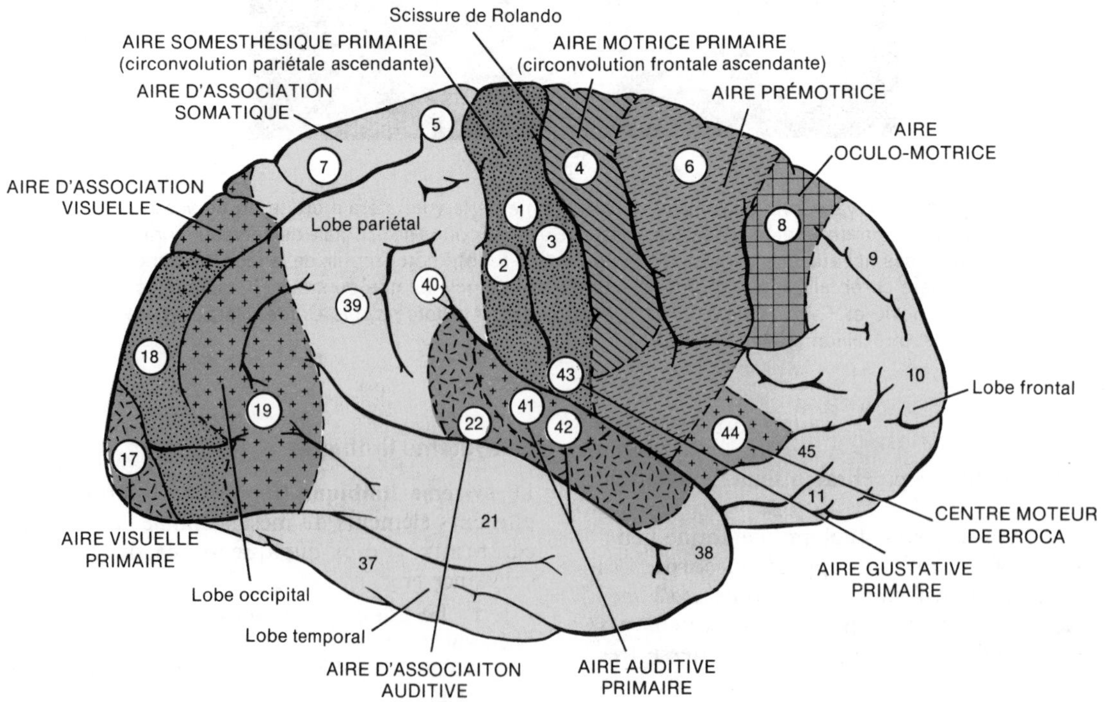

FIGURE 14.10 Aires cérébrales fonctionnelles. Vue latérale montrant les aires sensitives et motrices de l'hémisphère droit. Le centre moteur de Broca y est représenté, bien qu'il soit situé le plus souvent dans l'hémisphère gauche, afin de montrer son emplacement.

Les aires corticales fonctionnelles

Le cerveau remplit un grand nombre de fonctions complexes. De façon générale, le cortex est divisé en aires. Les **aires sensitives** interprètent les influx afférents, les **aires motrices** règlent l'activité musculaire et les **aires d'association** sont reliés à l'émotion et à l'intelligence.

• *Les aires sensitives* L'**aire somesthésique primaire** (*soma*: corps; *esthésie*: sensibilité), ou **aire sensitive somatique**, est située dans la circonvolution pariétale ascendante, derrière la scissure de Rolando. Elle s'étend depuis la scissure interhémisphérique, sur la partie supérieure du cerveau, jusqu'à la scissure de Sylvius. À la figure 14.10, l'aire somesthésique primaire est représentée par les aires 1, 2 et 3 *.

L'aire somesthésique primaire reçoit les sensations qui proviennent des récepteurs cutanés, musculaires et viscéraux répartis dans tout le corps. Chaque point de l'aire somesthésique reçoit des sensations issues de parties bien précises du corps; elle contient la représentation spatiale de tout l'organisme. La surface de l'aire sensitive qui reçoit les stimuli provenant des parties du corps dépend du nombre de récepteurs contenus dans la partie du corps à laquelle elle est reliée, et non pas de la taille de celle-ci. Par exemple, la surface de l'aire sensitive reliée aux lèvres est plus importante que celle reliée au thorax (voir la figure 15.4). La principale fonction de l'aire somesthésique primaire consiste à localiser avec précision le point d'origine des sensations. Le thalamus ne peut déterminer que de façon générale les régions de l'organisme d'où proviennent les sensations. Il est relié à de vastes surfaces et n'est donc pas en mesure de localiser avec précision les points de stimulation. Cette faculté est réservée à l'aire somesthésique primaire du cortex cérébral.

L'**aire somesthésique secondaire** est une petite région située dans la paroi postérieure de la scissure de Sylvius, le long de la circonvolution pariétale ascendante. Elle joue un rôle dans la perception des sensations générales.

L'**aire d'association somatique** est située derrière l'aire somesthésique primaire. Elle correspond aux aires 5 et 7 (figure 14.10). Elle reçoit des informations du thalamus, de certaines parties inférieures de l'encéphale et de l'aire somesthésique primaire. L'aire d'association somatique intègre et interprète les sensations. Elle permet de déterminer, de façon précise, la forme et la texture des objets sans les voir, l'orientation d'un objet par rapport à un autre et la position relative des diverses parties du corps. L'aire d'association somatique garde aussi en mémoire les expériences sensorielles antérieures afin de permettre leur comparaison.

Parmi les autres aires sensitives corticales, mentionnons:

1. L'aire visuelle primaire (aire 17). Située sur la face médiane du lobe occipital et s'étend parfois jusqu'à la face latérale. Elle reçoit les influx sensoriels en provenance de l'œil et interprète les formes, les couleurs et le mouvement.

2. L'aire d'association visuelle (aires 18 et 19). Logée dans le lobe occipital. Elle reçoit les influx sensoriels de l'aire visuelle primaire et du thalamus. Elle reconnaît et interprète les expériences visuelles présentes et les compare avec les expériences passées.

3. L'aire auditive primaire (aires 41 et 42). Occupe la partie supérieure du lobe temporal près de la scissure de Sylvius. Elle interprète les principales caractéristiques du son, telles que la hauteur du son et le rythme. La partie antéro-latérale de l'aire réagit aux sons graves, tandis que la partie postéro-latérale réagit aux sons aigus.

4. L'aire d'association auditive (aire 22). Située dans le cortex temporal, sous l'aire auditive primaire. Elle établit la distinction entre la parole, la musique et le bruit. Elle interprète également le sens du langage en traduisant les mots en pensées.

5. L'aire gustative primaire (aire 43). Située à la base de la circonvolution pariétale ascendante, au-dessus de la scissure de Sylvius. Elle interprète les sensations gustatives.

6. L'aire olfactive primaire. Située sur la face médiane du lobe temporal. Elle interprète les sensations olfactives.

7. L'aire commune de la gnosie (aires 5, 7, 39 et 40). Située entre les aires d'association somatique, visuelle et auditive, cette *aire commune d'intégration* reçoit leurs influx nerveux de même que ceux des aires gustative et olfactive, du thalamus et des parties inférieures du tronc cérébral. Elle intègre les interprétations sensorielles provenant des aires d'association et les influx nerveux issus des autres aires de façon à former une unité de pensée commune des différentes informations sensorielles. Elle les transmet ensuite aux parties du cerveau chargées de déclencher les réactions appropriées.

Nous avons vu, au chapitre 2, le principe et l'utilisation d'un nouveau procédé d'exploration radiologique par un balayage d'isotopes radioactifs, appelé **tomographie par émission de positons (TÉP)**. Cette technique sert à diagnostiquer de nombreuses maladies; les scientifiques l'utilisent aussi pour examiner attentivement l'encéphale sain (voir la figure 2.6). On parvient à identifier de façon précise les aires sensitives et motrices de l'encéphale en détectant et en enregistrant les modifications du métabolisme du glucose.

• *Les aires motrices* L'**aire motrice primaire** (aire 4) est située dans la circonvolution frontale ascendante (figure 14.10). L'aire motrice primaire, comme l'aire somesthésique primaire, renferme des régions qui commandent un muscle particulier ou des groupes de muscles (voir la figure 15.8). La stimulation d'un endroit précis de l'aire motrice primaire entraîne une contraction musculaire, généralement du côté opposé du corps.

L'**aire prémotrice** (aire 6) est située devant l'aire motrice primaire. Elle intervient dans les activités motrices apprises, de nature séquentielle et complexe. Elle produit des influx nerveux qui entraînent la contraction de groupes de muscles particuliers qui produisent des mouvements répétitifs tels que l'écriture. L'aire prémotrice commande donc les mouvements spécialisés.

L'**aire oculo-motrice** (aire 8) se trouve dans le cortex frontal; on la considère parfois comme une partie de l'aire prémotrice. L'aire oculo-motrice règle les mouvements de balayage des yeux, comme pour chercher un mot dans un dictionnaire.

Les **centres moteurs du langage** sont des parties importantes du cortex moteur. Les aires sensitives que

* Ces chiffres, et la plupart des autres, sont tirés de l'étude cytoarchitecturale du cortex cérébral de Brodmann. Sa carte du cortex cérébral, publiée pour la première fois en 1909, tente d'établir une corrélation entre la structure et la fonction.

nous venons de voir, les aires auditive et visuelle primaires, les aires d'association auditive et visuelle de même que l'aire d'association commune de la gnosie, interviennent toutes dans la traduction du langage parlé ou écrit en pensées. Le **centre moteur de Broca** (aire 44), ou **centre moteur du langage**, se trouve dans le lobe frontal, juste au-dessus de la scissure de Sylvius. Ce centre de l'encéphale traduit la pensée en paroles. Il envoie une série d'influx nerveux aux régions de l'aire prémotrice qui régissent les muscles du larynx, du pharynx et de la bouche. Les influx nerveux émis par l'aire prémotrice provoquent la contraction coordonnée et précise des muscles qui nous permettent de parler. Le centre moteur de Broca envoie aussi des influx nerveux à l'aire motrice primaire. Ces influx atteignent ensuite les muscles de la respiration afin de régler la quantité d'air destiné à faire vibrer les cordes vocales. Ces contractions coordonnées des muscles de la parole et de la respiration permettent de traduire la pensée en paroles.

APPLICATION CLINIQUE

Le centre moteur de Broca et d'autres centres moteurs du langage sont situés dans l'hémisphère gauche, chez la plupart des individus, qu'ils soient droitiers ou gauchers. La lésion des aires sensitives ou motrices du langage peut entraîner l'**aphasie** (*a*: sans; *phasie*: parole), perte de la capacité de parler, l'**agraphie** (*a*: sans; *graphie*: écriture), perte de la capacité d'écrire; la **surdité verbale**, incapacité de comprendre le langage parlé; ou la **cécité verbale**, incapacité de comprendre le langage écrit.

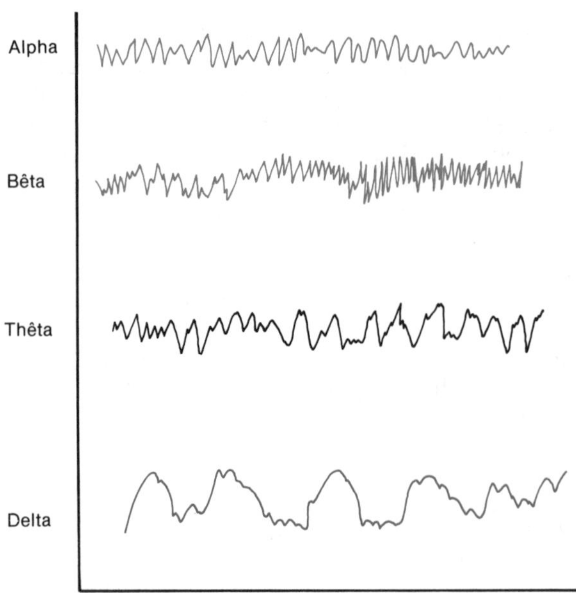

FIGURE 14.11 Types d'ondes cérébrales enregistrées sur un électro-encéphalogramme (EEG).

• ***Les aires d'association*** Les **aires d'association** du cerveau sont formées de faisceaux d'association qui relient les aires sensitives et motrices (voir la figure 14.8). Les aires d'association corticales occupent la majeure partie de la face latérale des lobes occipitaux, pariétaux et temporaux, de même que la région des lobes frontaux située en avant des aires motrices. Les aires d'association sont reliées à la mémoire, aux émotions, au raisonnement, à la volonté, au jugement, aux traits de personnalité et à l'intelligence.

L'électro-encéphalogramme

Les millions de potentiels d'action émis par chaque neurone de l'encéphale produisent une activité électrique. Ces potentiels électriques, appelés **ondes cérébrales**, témoignent de l'activité du cortex. Les ondes cérébrales traversent facilement la boîte crânienne; on les détecte grâce à des électrodes. L'**électro-encéphalogramme (EEG)** est l'enregistrement de ces ondes cérébrales par l'application d'électrodes sur le cuir chevelu et par l'amplification des ondes à l'aide d'un électro-encéphalographe. L'encéphale émet habituellement quatre types d'ondes (figure 14.11).

1. **Les ondes alpha**. Leur fréquence est d'environ 8 à 13 cycles par seconde. Le Hertz est fréquemment employé comme unité de base de la fréquence; 1 Hz = 1 cycle par seconde. Les ondes alpha se manifestent lorsque le sujet est éveillé, au repos, et qu'il garde les yeux fermés. Elles ne sont pas émises durant le sommeil.
2. **Les ondes bêta**. Leur fréquence varie entre 14 Hz et 30 Hz. Elles apparaissent habituellement lorsque le système nerveux est en activité, c'est-à-dire durant l'activité mentale et la perception de sensations.
3. **Les ondes thêta**. La fréquence des ondes thêta varie entre 4 Hz et 7 Hz. Elles sont enregistrées chez les enfants et les adultes dans des états de stress émotionnel. Elles indiquent un grand nombre de maladies cérébrales.
4. **Les ondes delta**. Elles ont une fréquence située entre 1 Hz et 5 Hz. Elles sont généralement perçues lorsque le sujet est dans un état de sommeil profond. Les ondes delta sont normales chez les enfants éveillés, mais elles indiquent des troubles cérébraux chez les adultes éveillés.

Certaines maladies produisent un électro-encéphalogramme particulier. On utilise cette technique pour diagnostiquer l'épilepsie, les maladies infectieuses, les tumeurs, les traumas et les hématomes. Les électro-encéphalogrammes fournissent également des informations concernant le sommeil et l'état de veille.

APPLICATION CLINIQUE

Pour déterminer la **mort cérébrale**, ou **coma dépassé**, lorsque des doutes subsistent, on a recours à plusieurs critères; l'activité électrique cérébrale nulle, appelée électro-encéphalogramme plat, est celui auquel on fait le plus souvent référence. Parmi les autres critères, mentionnons l'abolition complète de la conscience, l'abolition de la respiration spontanée, l'absence de

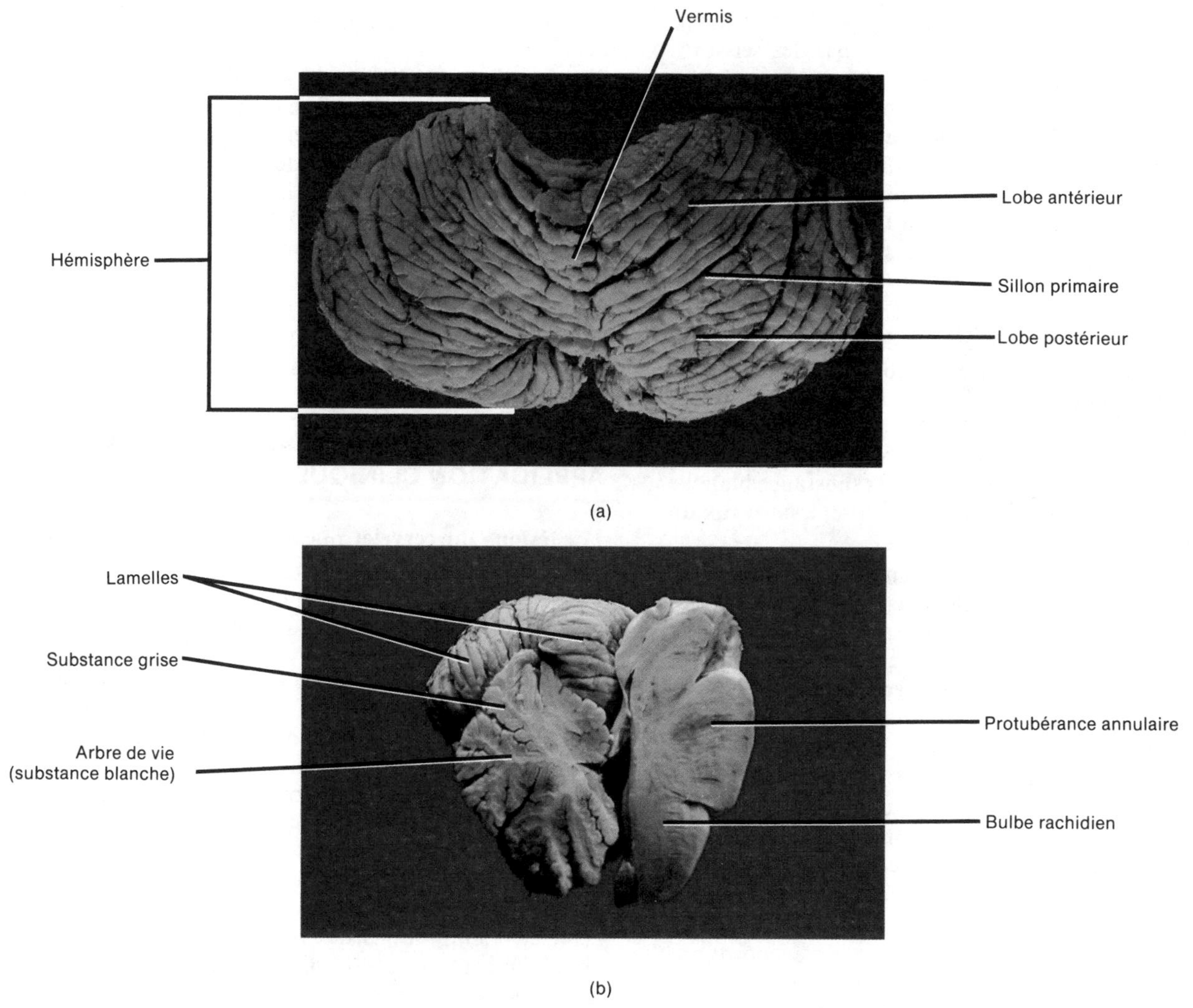

FIGURE 14.12 Cervelet. (a) Vue supérieure. (b) Coupe longitudinale ; l'arbre de vie est aussi représenté sur la figure 14.1,b. [Gracieuseté de Lester V. Bergman & Associates, Inc.]

réaction à la lumière et la dilatation des pupilles, l'absence de réflexes, de réactions, de tonus musculaire et de toute force.

LA LATÉRALISATION CÉRÉBRALE

À première vue, les hémisphères cérébraux semblent symétriques. Mais une étude approfondie, à l'aide de tomographies, met en relief certaines différences anatomiques. Chez les gauchers, par exemple, les lobes pariétal et occipital de l'hémisphère droit sont plus étroits que ceux de l'hémisphère gauche. En outre, le lobe frontal de l'hémisphère gauche, chez les gauchers, est habituellement plus étroit que celui de l'hémisphère droit.

Plusieurs différences fonctionnelles viennent s'ajouter à ces dissemblances structurales. En effet, on est parvenu à démontrer que, de façon générale, l'hémisphère gauche est très étroitement relié à la maîtrise de la main droite, au langage parlé et écrit, aux aptitudes mathématiques et scientifiques ainsi qu'au raisonnement. Quand à l'hémisphère droit, il est relié à la maîtrise de la main gauche, à l'appréciation musicale et artistique, à la perception de l'espace et des objets, à la perspicacité, à l'imagination et à la production d'images mentales visuelles, auditives, tactiles, gustatives et olfactives afin d'établir des comparaisons.

LE CERVELET

Le **cervelet** est la plus volumineuse partie de l'encéphale après le cerveau ; il représente environ un huitième de la masse totale de l'encéphale. Le cervelet occupe la partie inférieure et postérieure de la cavité crânienne. Il est situé, plus précisément, derrière le bulbe rachidien et la protubérance annulaire, sous les lobes occipitaux du cerveau (voir la figure 14.1). Il est séparé du cerveau par la **scissure transverse** et par la **tente du cervelet**, prolongement de la dure-mère crânienne. La tente du cervelet entoure partiellement les sinus latéraux et procure un soutien aux lobes occipitaux des hémisphères cérébraux.

La forme du cervelet ressemble à celle d'un papillon. Il est formé de deux **hémisphères** réunis par une éminence vermiculaire appelée **vermis** (figure 14.12). Les hémisphères sont formés de lobes, séparés par des scissures distinctes et profondes. Les **lobes antérieur** et **postérieur** sont reliés aux mouvements involontaires des muscles squelettiques. Le **lobe flocculonodulaire** est le centre de l'équilibration (chapitre 17). On trouve, entre les hémisphères, un autre prolongement de la dure-mère crânienne : la **faux du cervelet**. La faux du cervelet, qui contient le sinus occipital postérieur, ne franchit qu'une courte distance entre les hémisphères cérébelleux.

La surface du cervelet est formée d'une série de bourrelets de substance grise, les **lamelles**. Comparées aux circonvolutions du cortex cérébral, les lamelles sont de taille plus modeste. Sous la substance grise se trouvent des **faisceaux de substance blanche**, l'**arbre de vie**, dont la disposition fait penser à celle des branches d'un arbre. Enfin, profondément enfouies dans la substance blanche se trouvent des masses de substance grise, les **noyaux du cervelet**.

Le cervelet est rattaché au tronc cérébral par trois paires de **pédoncules cérébelleux** (figure 14.4). Les **pédoncules cérébelleux inférieurs** relient le cervelet au bulbe rachidien, à la base du tronc cérébral et à la moelle épinière. Les **pédoncules cérébelleux moyens** relient le cervelet à la protubérance annulaire. Les **pédoncules cérébelleux supérieurs** le relient au mésencéphale.

Le cervelet est un centre moteur de l'encéphale relié à certains mouvements involontaires des muscles squelettiques, nécessaires à la coordination, au maintien de la posture et à l'équilibre. Les pédoncules cérébelleux sont les faisceaux qui permettent au cervelet de remplir ses fonctions.

Voyons maintenant la façon dont le cervelet coordonne les mouvements. Nous ne verrons ici que le rôle du cervelet, bien que d'autres parties de l'encéphale, tels que les noyaux gris centraux, assurent également la coordination des mouvements. Les aires motrices du cortex cérébral déclenchent volontairement la contraction musculaire. Durant les mouvements, les aires sensitives corticales reçoivent des influx afférents provenant des nerfs situés dans les articulations. Ces influx nerveux renseignent sur la force de contraction musculaire et sur l'amplitude du mouvement de l'articulation. On appelle *proprioception* la faculté de l'encéphale de pouvoir déterminer la position relative de deux parties du corps. Le cortex cérébral utilise la sensibilité proprioceptive pour déterminer le prochain muscle qui doit se contracter, de même que sa force de contraction, afin de poursuivre le mouvement dans la direction voulue. Une série d'influx nerveux émis par le cortex cérébral est transmise par les faisceaux jusqu'à la protubérance annulaire et au mésencéphale, qui la relaient jusqu'au cervelet par les pédondules cérébelleux moyens et supérieurs. Le cervelet coordonne ensuite les contractions musculaires en retardant de quelques fractions de secondes l'envoi de ces influx. Les influx nerveux provenant du cervelet sont conduits le long des pédoncules cérébelleux inférieurs jusqu'au bulbe, descendent par la moelle épinière, puis atteignent les nerfs qui favorisent la contraction des muscles agonistes et synergiques, mais qui inhibent celle des antagonistes. Il en résulte un mouvement harmonieux et coordonné. Pour exécuter des mouvements précis et délicats, jouer du piano, par exemple, le cervelet doit être parfaitement intact.

Le cervelet transmet aussi les influx qui règlent les muscles posturaux, c'est-à-dire qu'il maintient un tonus musculaire normal. Le cervelet est également chargé de l'équilibration. Les organes de l'équilibre sont situés dans l'oreille interne. Lorsque le corps est penché vers la droite ou vers la gauche, l'information est captée par l'oreille interne qui la transmet au cervelet. Celui-ci envoie alors une série d'influx nerveux qui provoque la contraction des muscles chargés de maintenir l'équilibre.

On croit que le cervelet joue un rôle dans le développement des émotions en faisant varier les sensations de colère et de plaisir.

APPLICATION CLINIQUE

Les **lésions du cervelet** dues à un trauma ou à une maladie sont caractérisées par des troubles des muscles squelettiques situés sur le même côté du corps que celui de la lésion. Cet effet homolatéral est causé par le double croisement des faisceaux à l'intérieur du cervelet. Il en résulte une incoordination musculaire appelé *ataxie* (*ataxie*: désordre). Une personne atteinte d'ataxie et à qui on a bandé les yeux ne peut toucher le bout de son nez avec le doigt, car elle est incapable de coordonner ses mouvements uniquement avec le sens de la proprioception. La modification de l'expression orale, due à une incoordination des muscles de la parole, est un des symptômes de l'ataxie. Parmi les autres troubles résultant d'une lésion du cervelet, mentionnons des *troubles de la démarche*, chancellement ou incoordination des mouvements normaux de la marche, et des *étourdissements importants*.

Dans le document 14.1, nous présentons un résumé des fonctions de diverses parties de l'encéphale.

LES NEUROTRANSMETTEURS DE L'ENCÉPHALE

L'encéphale contient de nombreuses substances qui sont des neurotransmetteurs soit connus, soit fortement soupçonnés. Ces substances peuvent produire la facilitation, l'excitation ou l'inhibition des neurones postsynaptiques. Ce sont les agents de communication intercellulaire ; on les trouve dans diverses parties de l'encéphale. Nous avons vu, au chapitre 12, que l'**acétylcholine (ACh)** est libérée dans certaines jonctions neuromusculaires et neuroglandulaires, ainsi que dans les synapses entre certaines cellules de l'encéphale et de la moelle épinière. Dans la plupart des cas, l'ACh entraîne l'excitation. L'acétylcholinestérase (AChE) dégrade l'ACh en acétate et en choline. On croit aussi que deux acides aminés, l'**acide glutamique** et l'**acide aspartique**, ont un effet excitateur.

La **noradrénaline** est un neurotransmetteur libéré dans quelques jonctions neuromusculaires et neuroglandulaires.

DOCUMENT 14.1 RÉSUMÉ DES FONCTIONS DES PRINCIPALES PARTIES DE L'ENCÉPHALE

PARTIE	FONCTIONS
TRONC CÉRÉBRAL	
Bulbe rachidien	Relaie les influx nerveux afférents et efférents entre les autres parties de l'encéphale et la moelle épinière La formation réticulée, présente également dans la protubérance annulaire, le mésencéphale et le diencéphale, intervient dans le maintien de l'état de veille et le réveil Les centres réflexes vitaux règlent les battements cardiaques, le diamètre des vaisseaux sanguins et, conjointement avec la protubérance annulaire, la respiration Les centres réflexes non vitaux coordonnent la déglutition, le vomissement, la toux, l'éternuement et le hoquet Renferme les noyaux d'origine des nerfs crâniens VIII, IX, X, XI et XII Le complexe nucléaire vestibulaire concourt au maintien de l'équilibre
Protubérance annulaire	Relaie les influx nerveux à l'intérieur de l'encéphale et entre les diverses parties de l'encéphale et de la moelle épinière Renferme les noyaux d'origine des nerfs crâniens V, VI, VII et VIII Les centres pneumotaxique et apneustique, de même que le bulbe rachidien, contribuent à la régulation de la respiration
Mésencéphale	Relaie les influx efférents depuis le cortex cérébral jusqu'à la protubérance et à la moelle épinière ; il relaie les influx nerveux afférents depuis la moelle épinière jusqu'au thalamus Les tubercules quadrijumeaux antérieurs coordonnent les mouvements des globes oculaires en réaction à des stimuli visuels et autres ; les tubercules quadrijumeaux postérieurs coordonnent les mouvements de la tête et du tronc en réaction aux stimuli auditifs Renferme les noyaux d'origine des nerfs crâniens III et IV
DIENCÉPHALE	
Thalamus	Quelques noyaux relaient les influx afférents, sauf ceux de l'odorat, au cortex cérébral Relaie les influx efférents depuis le cortex cérébral jusqu'à la moelle épinière Interprète les sensations de douleur, de température, de contact léger et de pression Le noyau antérieur est relié aux émotions et à la mémoire
Hypothalamus	Règle et intègre le système nerveux autonome Reçoit les influx nerveux afférents provenant des viscères S'articule avec l'hypophyse Centre de régulation du soma par le phyché Relié aux sensations de rage et d'agressivité Règle la température du corps, la consommation des aliments et la soif Contribue au maintien de l'état de veille et du sommeil Sert d'oscillateur indépendant qui stimule de nombreux rythmes biologiques
CERVEAU	Les aires sensitives interprètent les influx afférents, les aires motrices règlent l'activité musculaire et les aires d'association sont reliées à l'émotion et à l'intelligence Les noyaux gris centraux règlent les mouvements musculaires généraux et le tonus musculaire Le système limbique est relié aux aspects émotionels du comportement reliés à la survie
CERVELET	Règle les contractions involontaires des muscles squelettiques nécessaires à la coordination, au maintien de la posture et à l'équilibre Intervient dans le développement des émotions et fait varier les sensations de colère et de plaisir

Ce neurotransmetteur produit le plus souvent un effet inhibiteur, mais peut aussi avoir un effet excitateur. Il est concentré dans un groupe de neurones, le *locus coeruleus*, situé dans le tronc cérébral, près du quatrième ventricule. Cette région, qui signifie littéralement lieu bleu, projette des axones dans l'hypothalamus, le cervelet, le cortex cérébral et la moelle épinière. C'est dans ces parties de l'encéphale qu'intervient la noradrénaline, dans les fonctions de réveil d'un sommeil profond, de rêve et de régulation de l'humeur. L'inactivation de la noradrénaline diffère de celle de l'ACh. En effet, la noradrénaline, après avoir été libérée des vésicules synaptiques, retourne rapidement dans les boutons synaptiques. Elle est ensuite détruite par des enzymes, la **catéchol-O-méthyl-transférase (COMT)** et la **monoamine-oxydase (MAO)**, ou recyclée à l'intérieur des vésicules synaptiques.

Les neurones qui renferment la **dopamine** se trouvent groupés dans le locus niger du mésencéphale. La dopamine produit généralement un effet inhibiteur. Plusieurs axones issus du locus niger se terminent dans le cortex cérébral, où l'on estime que la dopamine intervient dans les réactions émotionnelles. Certains axones se dirigent aussi vers le corps strié des noyaux gris centraux, où la dopamine joue un rôle dans les mouvements généraux involontaires des muscles squelettiques. La dégénérescence des axones des noyaux gris centraux entraîne la maladie de Parkinson, que nous étudierons à la fin du présent chapitre.

La **sérotonine**, neurotransmetteur qui produit un effet inhibiteur, est concentrée dans la partie du tronc cérébral appelée *noyau du raphé*. Les axones qui proviennent de ce noyau se terminent dans l'hypothalamus, le thalamus, diverses autres parties de l'encéphale et la moelle épinière. On estime que la sérotonine intervient dans l'endormissement, la perception sensorielle, la régulation de la température et la maîtrise de l'humeur.

L'**acide gamma-aminobutyrique (GABA)** est le neurotransmetteur le plus répandu dans l'encéphale; il produit un effet inhibiteur. Il est principalement concentré dans les tubercules quadrijumeaux, le thalamus, l'hypothalamus et les lobes occipitaux des hémisphères cérébraux. Certains médicaments, tels que le diazépam (Valium), amplifient l'activité de l'acide gamma-aminobutyrique pour soulager l'anxiété. La **glycine** est un neurotransmetteur qui produit un effet inhibiteur dans la moelle épinière.

On a découvert, il y a quelques années, un nouveau groupe de substances chimiques: les **polypeptides**. Les polypeptides sont formés d'une chaîne de 2 à 40 acides aminés; ce sont des substances naturelles de l'encéphale. Les polypeptides servent parfois de neurotransmetteurs, mais leur rôle premier consiste à régler les réactions destinées au neurotransmetteur ou en provenance de celui-ci. C'est en 1975 que furent découverts les premiers polypeptides, les **enképhalines** (*en*: sans; *keph*: tête). Ces substances chimiques ont une structure semblable à celle de la morphine, analgésique dérivé de l'opium. Les enképhalines sont concentrées dans le thalamus, diverses parties du système limbique et les voies de transmission de la moelle épinière chargées de relayer les sensations douloureuses. On a émis l'hypothèse que les enképhalines sont les analgésiques naturels de l'organisme. Elles calment la douleur en inhibant la conduction des influx douloureux et en se fixant sur les mêmes récepteurs cérébraux que la morphine.

L'hypophyse renferme également des substances polypeptidiques, les **endorphines**, qu'on a réussi à isoler un peu plus tard. Les endorphines, comme les enképhalines, sont des analgésiques qui possèdent des propriétés analogues à celles de la morphine, la suppression de la douleur. Les endorphines sont aussi reliées à la mémoire et à l'apprentissage; à l'activité sexuelle; à la régulation de la température corporelle; à la régulation des hormones qui influencent le début de la puberté, le désir sexuel et la reproduction; et aux maladies mentales telles que la dépression et la schizophrénie. L'endorphine la plus connue est sans doute la **bêta-endorphine** (**β-endorphine**). On croit que la **substance P**, un polypeptide, agit conjointement avec les endorphines. On trouve cette substance dans les nerfs afférents, les voies de transmission de la moelle épinière et diverses parties de l'encéphale reliées aux sensations douloureuses. La substance P, libérée par les neurones, conduit les influx nerveux afférents reliés à la douleur depuis les récepteurs périphériques de la douleur jusqu'au système nerveux central. On croit que les endorphines exercent leurs effets analgésiques en stoppant la libération de la substance P. On s'est en outre aperçu que la substance P peut inhiber l'action de certaines substances chimiques capables de léser les nerfs et qu'elle pourrait être utile dans le traitement de la dégénérescence des nerfs.

La **dynorphine** (*dynamis*: puissance), découverte en 1979, est 200 fois plus puissante que la morphine et 50 fois plus puissante que la bêta-endorphine. Mais ses fonctions restent à déterminer. Ce polypeptide intervient sans doute dans la régulation de la douleur et la mise en mémoire des émotions.

La liste des polypeptides s'allonge au fur et à mesure que les recherches se poursuivent. Mais il est intéressant de remarquer qu'on trouve aussi un grand nombre de polypeptides dans d'autres parties du corps, où ils jouent le rôle d'hormones ou de facteurs régulateurs des réactions physiologiques. Nous présentons ici la description de quelques polypeptides seulement, car nous les étudierons plus en détail dans les chapitres suivants.

1. **L'angiotensine**. Substance contenue dans le sang, qui a pour effet d'augmenter la pression artérielle; elle est produite par une enzyme rénale appelée rénine. On estime que l'angiotensine contenue dans l'encéphale fait partie d'un mécanisme de l'encéphale qui règle sa propre pression artérielle.
2. **La cholécystokinine, ou pancréozymine**. Substance produite par la muqueuse de l'intestin grêle, qui stimule la libération du suc digestif par le pancréas et la libération de la bile par la vésicule biliaire. On ne connaît pas avec précision le rôle de la cholécystokinine dans l'encéphale, mais on croit qu'elle est reliée à la régulation de l'alimentation. Parmi les polypeptides qui interviennent à l'intérieur du tube digestif, mentionnons la neurotensine, le peptide intestinal vaso-actif, la gastrine et la sécrétine.
3. **Les hormones de régulation**. Substances chimiques sécrétées par l'hypothalamus, qui règlent la libération des hormones par l'hypophyse. Parmi ces substances chimiques, mentionnons l'hormone de libération de la thyréostimuline (TRH), l'hormone de libération de l'hormone lutéinisante (LH-RH) et la somatostatine (GH-IH).

LES NERFS CRÂNIENS

Dix des douze paires de nerfs crâniens prennent naissance dans le tronc cérébral, mais tous quittent le crâne par des ouvertures de ce dernier (voir la figure 14.4). Tous les nerfs crâniens sont désignés par un chiffre romain et par un nom. Les chiffres romains indiquent l'ordre, d'avant en arrière, dans lequel les nerfs sortent de l'encéphale; les noms indiquent leur destination ou leur fonction.

Certains nerfs ne renferment que des fibres sensitives, ce sont des *nerfs sensitifs*. Les autres sont formés à la fois de fibres motrices et de fibres sensitives et sont appelés *nerfs mixtes*. On a d'abord cru que certains nerfs crâniens, les nerfs moteur oculaire commun, pathétique, moteur oculaire externe, spinal et hypoglosse, étaient formés uniquement de fibres motrices. Aujourd'hui, on sait qu'ils contiennent aussi des fibres sensitives reliées aux propriocepteurs des muscles qu'ils innervent. Ces nerfs mixtes ont principalement un rôle moteur; ils servent à stimuler la contraction des muscles squelettiques. Les corps cellulaires des fibres sensitives sont situés à l'extérieur de l'encéphale, tandis que ceux des fibres motrices se trouvent dans des noyaux à l'intérieur de l'encéphale.

Le système nerveux somatique est aussi appelé système *volontaire*, bien que certaines fibres motrices règlent les mouvements involontaires. On explique cette contradiction

DOCUMENT 14.2 RÉSUMÉ DES NERFS CRÂNIENS

NERF (TYPE)	EMPLACEMENT	FONCTION ET APPLICATION CLINIQUE
Olfactif I (sensitif)	Naît de la muqueuse nasale, traverse le bulbe olfactif et le pédoncule olfactif et se termine dans les aires olfactives primaires du cortex cérébral	Olfaction L'*anosmie*, perte de l'odorat, peut provenir d'une fracture de la lame criblée de l'ethmoïde ou d'une lésion le long des voies olfactives par suite de traumatismes crâniens
Optique II (sensitif)	Naît de la rétine de l'œil, forme le chiasma optique, passe par les bandelettes optiques, le corps genouillé latéral du thalamus et se termine dans les aires visuelles du cortex cérébral	Vision Les fractures de l'orbite, les lésions le long des voies visuelles et les maladies du système nerveux peuvent entraîner des défauts du champs visuel et une perte d'acuité visuelle. Les troubles visuels sont appelés *anopsie*
Moteur oculaire commun III (mixte, principalement moteur)	Partie motrice : naît du mésencéphale et innerve le muscle releveur de la paupière supérieure et quatre muscles extrinsèques (muscles droits externe, interne et inférieur, et muscle petit oblique) ; les fibres parasympathiques innervent le muscle ciliaire du globe oculaire et le muscle sphincter irien de la pupille Partie sensitive : formée de fibres afférentes situées dans les propriocepteurs des muscles du globe oculaire ; se termine dans le mésencéphale	Partie motrice : mouvements de la paupière et du globe oculaire, courbure du cristallin pour la vision rapprochée et contraction de la pupille Partie sensitive : sens musculaire (sensibilité proprioceptive) La lésion du nerf cause le *strabisme*, le *ptosis* (abaissement anormal de la paupière supérieure), la dilatation de la pupille, le déplacement vers le bas et vers l'extérieur du globe oculaire homolatéral à la lésion, une perte de l'accomodation pour la vision de près et la *diplopie*
Pathétique IV (mixte, principalement moteur)	Partie motrice : naît du mésencéphale et innerve le muscle grand oblique, un muscle extrinsèque Partie sensitive : formée de fibres afférentes situées dans les propriocepteurs du muscle grand oblique ; se termine dans le mésencéphale	Partie motrice : mouvements du globe oculaire Partie sensitive : sens musculaire (sensibilité proprioceptive) La paralysie du nerf pathétique entraîne l'inclinaison de la tête du côté atteint, la diplopie et le strabisme
Trijumeau V (mixte)	Partie motrice : naît de la protubérance annulaire et innerve les muscles de la mastication Partie sensitive : formée de la *branche ophtalmique*, qui contient les fibres afférentes provenant de la peau située au-dessus de la paupière supérieure, du globe oculaire, des glandes lacrymales, des fosses nasales, des faces du nez, du front et de la moitié antérieure du cuir chevelu ; de la *branche maxillaire*, qui contient les fibres afférentes provenant de la muqueuse nasale, du palais, d'une partie du pharynx, des dents et de la lèvre supérieures, des joues et de la paupière inférieure ; et de la *branche mandibulaire*, qui contient les fibres afférentes provenant des deux tiers antérieurs de la langue, des dents inférieures, de la peau recouvrant la mandibule et du côté de la tête devant l'oreille. Les trois branches se terminent dans la protubérance. La partie sensitive comprend aussi les fibres afférentes provenant des propriocepteurs des muscles de la mastication	Partie motrice : mastication Partie sensitive : conduit les sensations tactile, douloureuse et thermique ; sens musculaire (sensibilité proprioceptive) La lésion du nerf entraîne la paralysie des muscles de la mastication et la perte des sensations tactiles et thermiques. La *névralgie*, ou douleur, d'une ou de plusieurs branches du nerf est appelée *névralgie essentielle du trijumeau* (*tic douloureux de la face*)
Moteur oculaire externe VI (mixte, principalement moteur)	Partie motrice : naît de la protubérance et innerve le muscle droit externe, un muscle extrinsèque Partie sensitive : formée de fibres afférentes provenant des propriocepteurs situés dans le muscle droit externe et se termine dans la protubérance	Partie motrice : mouvement du globe oculaire Partie sensitive : sens musculaire (sensibilité proprioceptive) Une lésion empêche le globe oculaire atteint de se déplacer vers l'extérieur au delà du point central ; l'œil est habituellement dirigé vers l'intérieur

DOCUMENT 14.2 RÉSUMÉ DES NERFS CRÂNIENS [*Suite*]

NERF (TYPE)	EMPLACEMENT	FONCTION ET APPLICATION CLINIQUE
Facial VII (mixte)	Partie motrice : naît de la protubérance et innerve les muscles de la face, du cuir chevelu et du cou ; les fibres parasympathiques innervent les glandes lacrymales, sublinguales, sous-mandibulaires, nasales et palatines Partie sensitive : naît des bourgeons gustatifs des deux tiers antérieurs de la langue, passe par le ganglion géniculé, un noyau de la protubérance qui relaie les fibres au thalamus, et se termine dans les aires gustatives du cortex cérébral. Elle comprend aussi les fibres afférentes situées dans les propriocepteurs des muscles de la face et du cuir chevelu	Partie motrice : sécrétions lacrymale et salivaire, et expression faciale Partie sensitive : sens musculaire (sensibilité proprioceptive), goût Une lésion entraîne la paralysie des muscles de la face, appelée *paralysie de Bell*, et la perte du goût ; les yeux demeurent constamment ouverts, même durant le sommeil
Auditif VIII (sensitif)	Branche cochléaire : naît de l'organe de Corti, forme le ganglion spiral, passe par un noyau situé dans le bulbe et se termine dans le thalamus. Les fibres font synapse avec les neurones chargés de relayer les influx nerveux aux aires auditives du cortex cérébral Branche vestibulaire : naît des canaux semi-circulaires, du saccule et de l'utricule et forme les ganglions vestibulaires ; les fibres passent par le bulbe et la protubérance puis se terminent dans le thalamus	Branche cochléaire : conduit les influx nerveux reliés à l'audition Branche vestibulaire : conduit les influx nerveux reliés à l'équilibre La lésion de la branche cochléaire entraîne l'*acouphène* (bourdonnement, tintement d'oreille) ou la surdité. La lésion de la branche vestibulaire peut provoquer le *vertige*, l'*ataxie* et le *nystagmus* (mouvement rapide et involontaire du globe oculaire)
Glosso-pharyngien IX (mixte)	Partie motrice : naît du bulbe et innerve les muscles du pharynx chargés de la déglutition ; les fibres parasympathiques innervent la glande parotide Partie sensitive : naît des bourgeons du tiers postérieur de la langue et du sinus carotidien, puis se termine dans le thalamus. Elle comprend aussi les fibres afférentes provenant des propriocepteurs situés dans les muscles de la déglutition innervés par les fibres motrices	Partie motrice : mouvements de déglutition et sécrétion de salive Partie sensitive : goût et régulation de la pression sanguine ; sens musculaire (sensibilité proprioceptive) Une lésion entraîne la douleur durant la déglutition, la diminution de la sécrétion de salive, la perte de sensibilité de la gorge et la perte du goût
Pneumogastrique X (mixte)	Partie motrice : naît du bulbe et se termine dans les muscles du pharynx, du larynx, des voies respiratoires, des poumons, de l'œsophage, du cœur, de l'estomac, de l'intestin grêle, de la majeure partie du côlon et de la vésicule biliaire ; les fibres parasympathiques innervent les muscles involontaires et les glandes du tube digestif Partie sensitive : prend naissance dans les mêmes organes qui sont innervés par les fibres motrices et se termine dans le bulbe et la protubérance. Elle comprend aussi les fibres afférentes provenant des propriocepteurs situés dans les muscles qui sont innervés	Partie motrice : mouvement des muscles viscéraux et ceux de la déglutition Partie sensitive : sensations provenant des organes innervés et sens musculaire (sensibilité proprioceptive) Une lésion des deux nerfs dans la partie supérieure du corps perturbe la déglutition, paralyse les cordes vocales et rend insensibles certains organes. La lésion des deux nerfs dans la région abdominale a peu de répercussions, car les organes abdominaux sont aussi innervés par les fibres autonomes de la moelle épinière
Spinal XI (mixte, principalement moteur)	Partie motrice : formée de deux parties. La partie bulbaire prend naissance dans le bulbe et innerve les muscles volontaires du pharynx, du larynx et du palais mou. La partie spinale naît de la corne antérieure des cinq premiers segments de la moelle épinière et innerve les muscles sterno-cléido-mastoïdien et trapèze Partie sensitive : formée de fibres afférentes provenant des proprioceteurs situés dans les muscles qui sont innervés	Partie motrice : la partie bulbaire règle les mouvements de déglutition ; la partie spinale, les mouvements de la tête Partie sensitive : sens musculaire (sensibilité proprioceptive) Une lésion provoque la paralysie du muscle sterno-cléido-mastoïdien et du trapèze, qui empêche la rotation de la tête et le haussement des épaules

DOCUMENT 14.2 RÉSUMÉ DES NERFS CRÂNIENS [*Suite*]

NERF (TYPE)	EMPLACEMENT	FONCTION ET APPLICATION CLINIQUE
Hypoglosse XII (mixte, principalement moteur)	Partie motrice : naît du bulbe et innerve les muscles de la langue Partie sensitive : formée de fibres afférentes provenant des propriocepteurs des muscles de la langue, qui se terminent dans le bulbe	Partie motrice : mouvements de la langue permettant la déglutition et la production de la parole Partie sensitive : sens musculaire (sensibilité proprioceptive) Une lésion entraîne des troubles de mastication, d'expression orale et de déglutition. Lorsque la langue est tirée, elle s'enroule vers le côté atteint qui s'atrophie, rétrécit et se creuse de profonds sillons

apparente par le fait que certaines fibres du système nerveux autonome sont liées aux fibres somatiques des nerfs crâniens losqu'elles sortent de l'encéphale ; on observe le même phénomène avec les nerfs rachidiens. Par conséquent, les fonctions involontaires des fibres du système nerveux autonome sont décrites en même temps que les fonctions volontaires provenant des fibres somatiques des nerfs crâniens.

Dans le document 14.2, nous proposons une brève description des nerfs crâniens et des applications cliniques reliées au dysfonctionnement.

LE VIEILLISSEMENT ET LE SYSTÈME NERVEUX

Le vieillissement entraîne la perte de neurones. Cette diminution du nombre de cellules nerveuses se traduit par une baisse de la capacité de déclencher des influx nerveux vers l'encéphale et en provenance de celui-ci. La vitesse de conduction diminue, les mouvements volontaires se font moins rapides, tandis que le temps de réaction des muscles squelettiques augmente. La maladie de Parkinson est le plus connu des troubles du mouvement intéressant le système nerveux central. La dégénérescence des cellules et la maladie peuvent perturber la vue, l'ouïe, le goût, l'odorat et le toucher. La presbyopie (incapacité de distinguer les objets rapprochés), la cataracte (opacité du cristallin) et le glaucome (pression intra-oculaire excessive) sont les troubles visuels les plus fréquents ; ils entraînent souvent une perte considérable de la vision. La presbyacousie, perte de l'ouïe causée par le vieillissement, est due à d'importantes modifications des structures de l'oreille interne.

LE DÉVELOPPEMENT EMBRYONNAIRE DU SYSTÈME NERVEUX

Le développement du système nerveux s'amorce au début de la troisième semaine de la vie embryonnaire par un épaississement de l'**ectoblaste** appelé **plaque neurale** (figure 14.13,a à c). La plaque se replie vers l'intérieur pour former la **gouttière neurale**. Les bords élevés de la plaque neurale sont appelés **bourrelets neuraux**. Durant le développement, la hauteur des bourrelets neuraux s'accroît, puis ces derniers se rejoignent pour former le **tube neural**.

Les cellules qui forment la paroi du tube neural se différencient en trois types de cellules. La couche externe, ou **lame dorsale**, donnera la *substance blanche* du système nerveux ; la couche moyenne, ou **couche intermédiaire**, donnera la *substance grise* ; et la couche interne, ou **revêtement épendymaire**, formera le *revêtement intérieur des ventricules* du système nerveux central.

La **crête neurale** est une bande de tissu entre le tube neural et l'ectoblaste (figure 14.13). Elle se différencie et forme par la suite les *ganglions de la racine postérieure des nerfs rachidiens*, les *nerfs rachidiens*, les *ganglions des nerfs crâniens*, les *nerfs crâniens*, les *ganglions sympathiques* et la *médullosurrénale*.

Lorsque le tube neural est formé à partir de la plaque neurale, sa partie antérieure se transforme en trois vésicules : la **vésicule cérébrale antérieure**, ou **prosencéphale**, la **vésicule cérébrale moyenne**, ou **mésencéphale**, et la **vésicule cérébrale postérieure**, ou **rhombencéphale** (figure 14,14). Les vésicules sont des dilatations du tube neural ; elles sont remplies de liquide et apparaissent vers la quatrième semaine de la grossesse. On les appelle **vésicules primitives**, car ce sont les premières à se former. Cette formation vésiculaire subit une série de courbures qui ont pour effet de subdiviser les trois vésicules primitives ; l'encéphale est donc formé de cinq **vésicules secondaires**, vers la cinquième semaine de la vie embryonnaire. Le prosencéphale se divise en **télencéphale**, partie antérieure, et en **diencéphale**, partie postérieure ; le mésencéphale ne se transforme pas ; le rhombencéphale se divise en **métencéphale**, partie antérieure, et en **myélencéphale**, partie postérieure.

Enfin, le télencéphale se transforme pour donner les *hémisphères cérébraux* et les *noyaux gris centraux* ; le diencéphale est à l'origine du *thalamus*, de l'*hypothalamus* et de l'*épiphyse* ; le mésencéphale embryonnaire formera la *partie moyenne de l'encéphale* ; le métencéphale donne naissance à la *protubérance annulaire* et au *cervelet*, et le myélencéphale formera le *bulbe rachidien*. Les cavités internes des vésicules deviendront les *ventricules de l'encéphale*, tandis que le liquide qu'elles contiennent est le *liquide céphalo-rachidien*. La partie du tube neural située en arrière du myélencéphale donnera naissance à la *moelle épinière*.

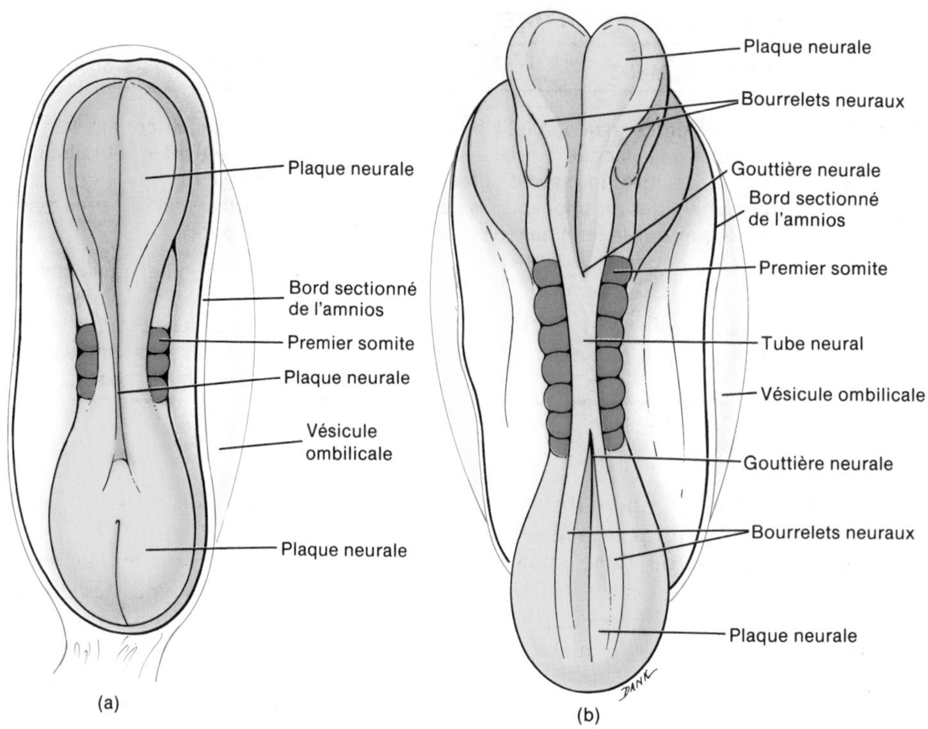

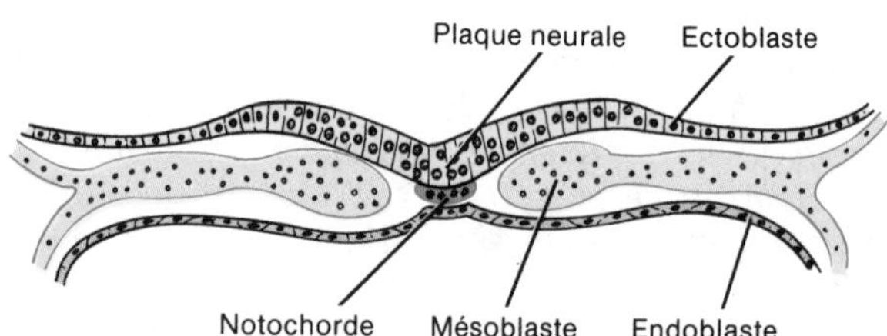

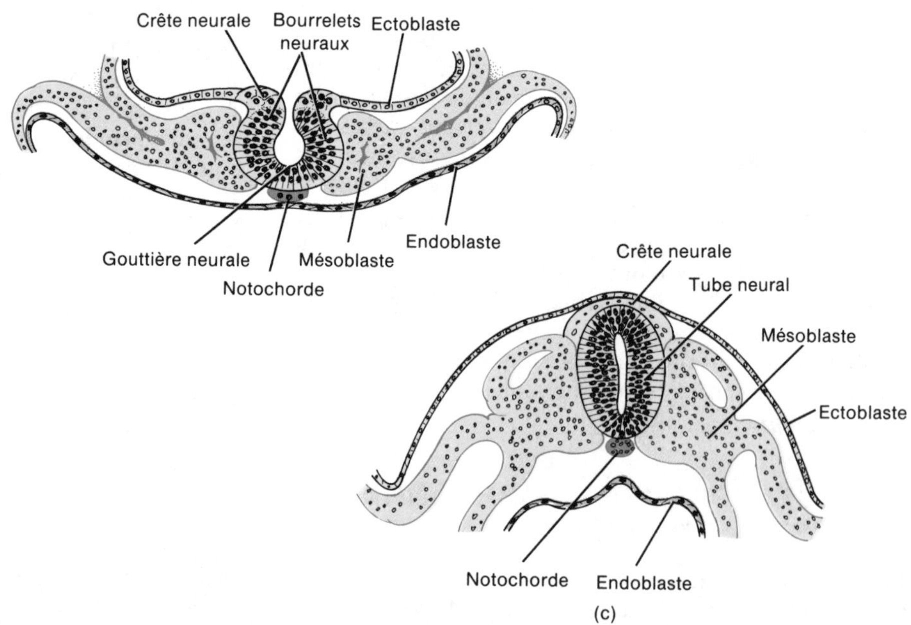

FIGURE 14.13 Origine du système nerveux. (a) Vue dorsale de l'embryon, montrant trois paires de somites et la plaque neurale. (b) Vue dorsale de l'embryon montrant la fusion des bourrelets neuraux, entre les sept paires de somites, pour former le tube neural. (c) Coupe transversale de l'embryon montrant la formation du tube neural.

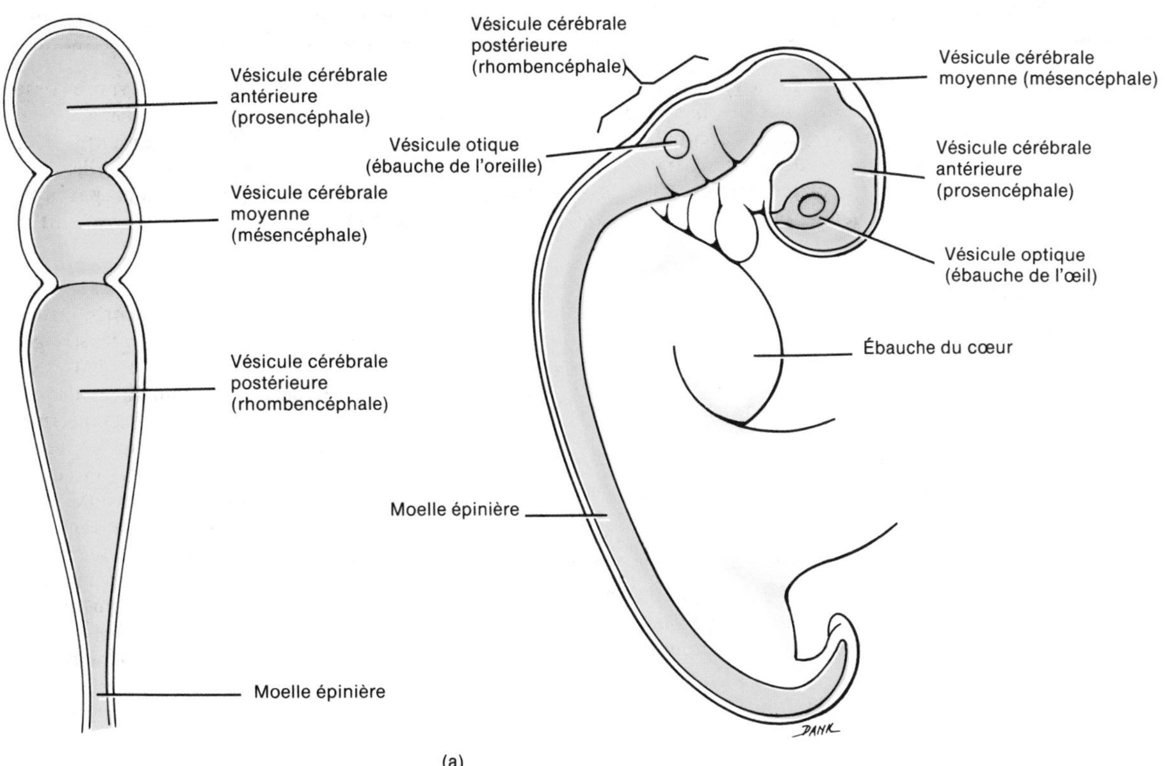

(a)

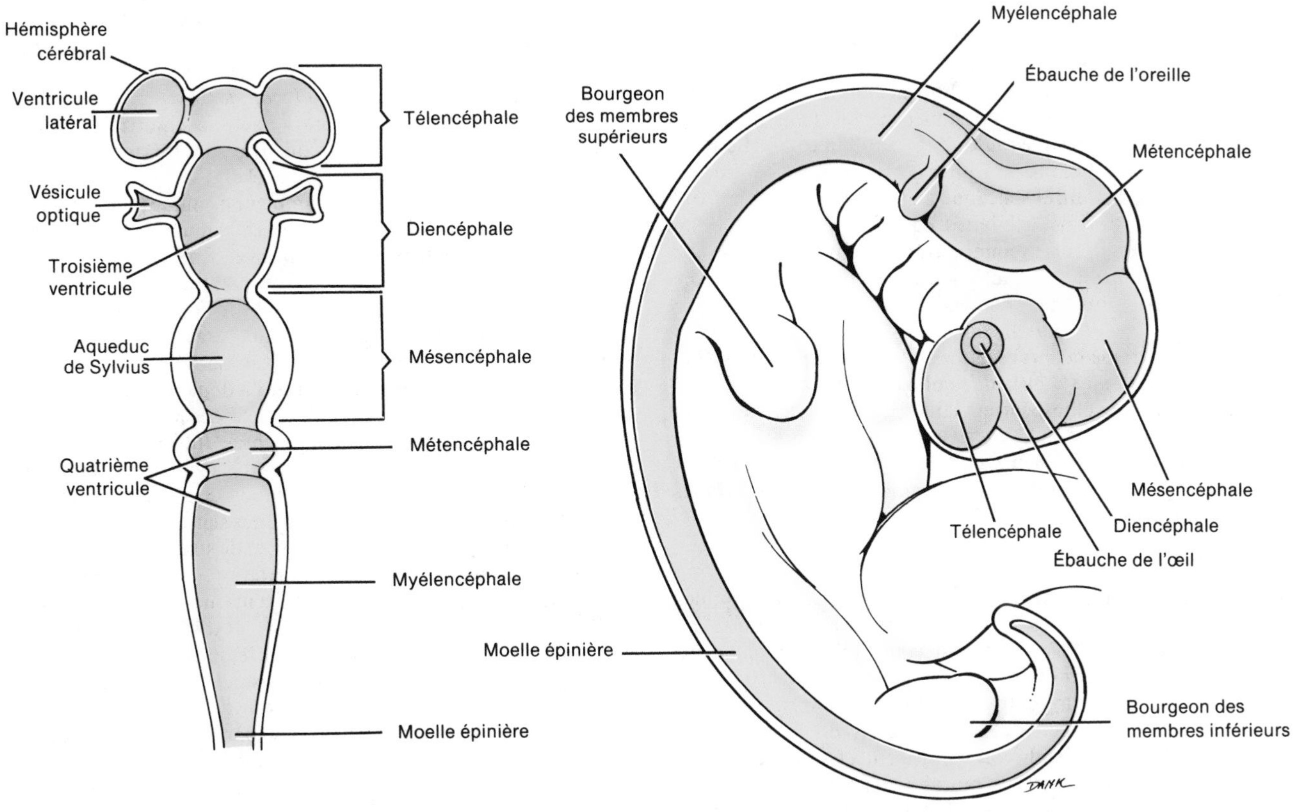

(b)

FIGURE 14.14 Développement de l'encéphale et de la moelle épinière. (a) Coupe frontale (à gauche) et vue latérale droite (à droite) des vésicules primitives après environ trois ou quatre semaines. (b) Coupe frontale (à gauche) et vue latérale droite (à droite) des vésicules secondaires vers la cinquième semaine.

LES AFFECTIONS : DÉSÉQUILIBRES HOMÉOSTATIQUES

De nombreuses affections peuvent perturber le système nerveux central. Elles sont causées par des virus ou des bactéries, de même que par des lésions au système nerveux à l'accouchement. Toutefois, l'origine de beaucoup de maladies reste inconnue. Voyons maintenant l'origine et les symptômes de quelques-unes des maladies les plus fréquentes du système nerveux central.

Les tumeurs cérébrales

On appelle **tumeur cérébrale** toute excroissance pathologique bénigne ou maligne à l'intérieur de la cavité crânienne. Les tumeurs se développent à partir des cellules gliales du cerveau, du tronc cérébral et du cervelet, ou des organes de soutien ou des organes adjacents tels que l'enveloppe des nerfs crâniens, les méninges et l'hypophyse. Les signes et les symptômes caractéristiques de la tumeur sont produits par la pression intracrânienne qui accompagne la tumeur ou l'œdème relié à la tumeur. Parmi ces signes et ces symptômes, on trouve la céphalée, la perturbation de la conscience, l'œdème des papilles optiques et le vomissement. Les tumeurs cérébrales peuvent aussi entraîner des crises d'épilepsie, des troubles visuels, des anomalies des nerfs crâniens, des syndromes hormonaux, des changements de personnalité, la démence et des troubles sensitifs ou moteurs. Les tumeurs cérébrales se traitent par des interventions chirurgicales, la radiothérapie et la chimiothérapie.

La poliomyélite

La **poliomyélite**, ou **polio**, fréquente chez les enfants, est causée par le poliovirus. Les premiers symptômes de la polio sont la fièvre, les céphalées intenses, la rigidité du cou et du dos, la douleur et les faiblesses musculaires, et la perte de certains réflexes somatiques. Le virus s'introduit dans l'organisme quand on absorbe de l'eau contaminée par des fèces porteuses du virus ; il touche presque toutes les parties du corps. Le virus de la **poliomyélite bulbaire**, la plus grave forme de polio, est transporté dans le sang et s'attaque au système nerveux central en détruisant les corps cellulaires des neurones moteurs, en particulier ceux des cornes antérieures de la moelle épinière et ceux des noyaux des nerfs crâniens. Le nom de la maladie provient de la lésion à la substance grise de la moelle épinière (*polio*: gris; *myél*: moelle). La destruction des cornes antérieures entraîne la paralysie. Les premiers symptômes de la poliomyélite bulbaire sont la difficulté à avaler, à respirer et à parler. La poliomyélite peut entraîner un arrêt cardiaque ou respiratoire et causer la mort si le virus envahit les centres bulbaires vitaux. L'ampleur de la maladie a considérablement diminué depuis la découverte des vaccins antipoliomyélitiques de Salk et de Sabin.

L'infirmité motrice cérébrale

On appelle **infirmité motrice cérébrale** l'ensemble des troubles moteurs causés par des lésions aux centres moteurs de l'encéphale durant la vie intra-utérine, à la naissance ou pendant l'enfance. Le nouveau-né souffrira d'infirmité motrice cérébrale si la mère a contracté la rubéole durant les trois premiers mois de la grossesse. Au début de la grossesse, certaines cellules de l'embryon se divisent et se différencient pour former les structures cérébrales de base. Ces cellules subissent des malformations sous l'effet de la toxine du virus de la rubéole. Les cellules cérébrales peuvent aussi être lésées par la radiation durant la vie intra-utérine, l'arrêt temporaire de l'apport en oxygène à la naissance et l'hydrocéphalie pendant l'enfance. Les infirmités motrices cérébrales se divisent en trois groupes selon l'endroit qui est le plus gravement atteint : le cortex, les noyaux gris centraux ou le cervelet. Environ 70 % des victimes d'infirmité motrice cérébrale sont atteints de retard mental. Cependant, les difficultés d'apprentissage qu'ils éprouvent sont souvent causées par l'incapacité de parler ou d'entendre correctement. Habituellement, ces personnes possèdent plus de facultés mentales qu'elles n'en laissent paraître. L'infirmité motrice cérébrale n'est pas progressive ; la maladie ne s'aggrave pas avec le temps, mais elle est irréversible.

La maladie de Parkinson

La **maladie de Parkinson** est une maladie progressive et latente du système nerveux central, fréquente chez les sexagénaires. Les causes de la maladie sont inconnues. La maladie de Parkinson est reliée à des modifications pathologiques des noyaux gris centraux et du locus niger. Le locus niger renferme des corps cellulaires de neurones qui élaborent la dopamine dans leurs terminaisons axonales. Les terminaisons libèrent la dopamine dans les noyaux gris centraux. Les noyaux gris centraux, comme nous le savons, règlent les contractions involontaires des muscles squelettiques, comme le balancement des bras durant la marche, qui sont aussi volontairement réglés par les centres moteurs du cortex cérébral. Dans la maladie de Parkinson, il se produit une dégénérescence des neurones du locus niger qui élaborent la dopamine ; la déplétion marquée de dopamine dans les noyaux gris centraux est à l'origine de la plupart des symptômes qui caractérisent cette maladie.

La diminution du taux de dopamine entraîne des mouvements inutiles des muscles squelettiques qui gênent les mouvements volontaires. Par exemple, les muscles des membres supérieurs, en se contractant et en se relâchant sans arrêt, peuvent produire le tremblement de la main. Ce *tremblement* est le plus courant des symptômes de la maladie de Parkinson. Le tremblement peut ensuite atteindre le membre inférieur homolatéral, puis les membres controlatéraux. La *bradycinésie* (*brady* : lent ; *cinésie* : mouvement) perturbe également les activités motrices ; ainsi il faut plus de temps et d'efforts que d'ordinaire pour se raser, couper ses aliments ou boutonner sa chemise. Les mouvements musculaires ralentissent, et leur ampleur diminue (*hypocinésie*). L'écriture d'une personne atteinte de cette maladie se détériore ; les lettres rapetissent, sont mal formées et, finalement, l'écriture devient illisible. Certains muscles restent contractés en permanence, ce qui entraîne la *rigidité* de la partie atteinte. La rigidité des muscles faciaux donne au visage l'apparence d'un masque : les yeux restent grands ouverts, ne clignent pas, et de la bave coule de la bouche entrouverte. La déplétion de dopamine se répercute sur la démarche ; la longueur des pas raccourcit, les pieds traînent et le balancement des bras diminue. La maladie de Parkinson est également à l'origine de la voussure, de la perte des réflexes posturaux, de la perturbation de quelques fonctions végétatives (constipation, rétention), des sensations de douleur, d'engourdissement et de picotement, et de spasmes musculaires prolongés. La maladie de Parkinson ne s'attaque pas au cortex cérébral, car la vue, l'ouïe et l'intelligence ne sont pas atteintes.

Le traitement de la maladie de Parkinson consiste à augmenter le taux de dopamine. Cependant, bien que la production de dopamine soit insuffisante chez les personnes atteintes de cette maladie, l'injection de cette substance est inefficace ; la dopamine est arrêtée par la barrière hémato-encéphalique. Un nouveau médicament, mis au point dans les années 1960, la lévodopa, est utilisé pour soulager les symptômes de la maladie. La lévopoda, administrée à l'état pur, peut élever le taux de dopamine dans l'encéphale, provoquant des effets secondaires tels que l'hypotension, la nausée, la déficience mentale et le dysfonctionnement du foie. On a combiné la lévodopa à la carbidopa, qui empêche la formation de dopamine à l'extérieur de l'encéphale. Combinés, ces médicaments diminuent les effets secondaires indésirables. On tente aujourd'hui de combiner les médicaments à des substances chimiques liposolubles pour qu'ils puissent traverser la barrière hémato-encéphalique. Une fois dans l'encéphale, les substances chimiques liposolubles se dégradent et sont excrétées, tandis que le médicament reste dans l'encéphale.

La sclérose en plaques

La **sclérose en plaques** est la destruction progressive de la gaine de myéline des neurones du système nerveux central, accompagnée de la disparition des oligodendrocytes et de la prolifération des astrocytes. Les gaines de myéline forment des *plaques de sclérose*, ou indurations, qui s'étendent sur plusieurs endroits. La destruction de ces gaines empêche la transmission des influx nerveux entre deux neurones, en court-circuitant la chaîne de neurones. Les premiers symptômes apparaissent habituellement entre 20 ans et 40 ans. Ils proviennent généralement de la formation de quelques plaques et sont donc bénins. La formation de plaques dans le cervelet peut provoquer le manque de coordination d'une main. L'écriture du malade devient serrée et irrégulière. Un court-circuit des chaînes de neurones du faisceau cortico-spinal peut entraîner la paralysie partielle des muscles de la jambe, ce qui obligera le malade à traîner la jambe en marchant. Parmi les premiers symptômes figurent aussi la diplopie et les infections des voies urinaires. Après une période de rémission, durant laquelle les symptômes disparaissent, survient une seconde attaque, caractérisée par la formation d'une nouvelle série de plaques. Les attaques se produisent habituellement tous les ans ou tous les deux ans. Chaque fois que se forme une nouvelle série de plaques, certains neurones sont lésés par le durcissement de leur gaine tandis que d'autres restent intacts. La sclérose en plaques est donc la perte progressive des fonctions, entrecoupée de périodes de rémission durant lesquelles la conductibilité des neurones intacts est restaurée.

Les symptômes de la sclérose en plaques varient selon l'endroit du système nerveux qui contient le plus grand nombre de plaques. La substance blanche de la moelle épinière est fréquemment atteinte. Au fur et à mesure que se détériorent les gaines de myéline des neurones situés dans le faisceau cortico-spinal, la capacité de contracter les muscles squelettiques diminue. La lésion des faisceaux ascendants entraîne l'engourdissement et l'interruption des influx afférents reliés à la sensibilité proprioceptive et à la flexion des articulations. Des lésions aux deux faisceaux détruisent également les réflexes médullaires.

Lorsque la maladie progresse, la régulation motrice des muscles volontaires diminue, et le malade doit être alité. La mort survient de 7 ans à 30 ans après l'apparition des premiers symptômes. La principale cause du décès est une grave infection provenant de la perte des fonctions motrices. Par exemple, sans la contraction des parois de la vessie, celle-ci ne peut se vider complètement et l'urine qui y reste emprisonnée fournit un excellent environnement à la croissance bactérienne. L'infection de la vessie peut ensuite gagner les reins, où elle amorce son action destructrice sur les cellules rénales.

Les causes de la sclérose en plaques sont inconnues, mais il est très probable qu'elle provienne d'une infection virale qui précipite une réaction auto-immune. Les virus peuvent déclencher la destruction des oligodendrocytes par les anticorps et les cellules « tueuses » du système immunitaire de l'organisme. La sclérose en plaques, comme la plupart des maladies démyélinisatrices, est incurable. Mais, étant donné le fait qu'elle pourrait être une maladie auto-immune, l'utilisation de substances thérapeutiques immunodépressives, les glucocorticoïdes tels que la prednisone, se répand sans cesse. On traite depuis peu la sclérose en plaques par l'administration d'un cyclophosphamide, un alcoylant antinéoplasique puissant qui détruit le système immunitaire, combiné à la corticotrophine (ACTH), hormone hypophysaire qui stimule la sécrétion d'hormones contenant de la cortisone. On traite aussi les troubles accompagnant la sclérose en plaques : la spasticité, la névralgie faciale et les brèves contractions de la face, les troubles de la vessie et la constipation. La stimulation électrique de la moelle épinière peut se révéler efficace chez certaines personnes. On a également remarqué une amélioration chez les clients à qui l'on administre de l'oxygène pur à haute pression à l'intérieur d'une chambre close (oxygénothérapie hyperbare). Cette pratique renforce l'hypothèse selon laquelle la destruction de la myéline s'effectue dans les endroits de l'encéphale où la quantité d'oxygène est insuffisante.

L'épilepsie

L'**épilepsie** est l'affection neurologique la plus commune après l'accident vasculaire cérébral. Elle est caractérisée par des attaques brèves, récurrentes et périodiques causées par des troubles moteurs, sensitifs ou psychologiques. Les attaques, appelées *crises d'épilepsie*, sont déclenchées par des décharges électriques anormales et irrégulières des millions de neurones cérébraux, résultant probablement d'une défectuosité des circuits réverbérants. Ces décharges envoient des influx nerveux le long de la chaîne de neurones et provoquent la contraction involontaire des muscles squelettiques. L'œil, l'oreille et le nez peuvent percevoir la lumière, les sons ou les odeurs sans avoir été stimulés. Les décharges neuroniques produisent un effet d'inhibition sur certains centres cérébraux. Par exemple, si le centre de l'éveil est atteint, il se produit un évanouissement.

Les causes de l'épilepsie sont très variées. L'activation périodique des neurones peut être produite par de nombreux facteurs. Parmi ceux-ci, mentionnons les désordres métaboliques (hypoglycémie, hypocalcémie, urémie, hypoxie), les infections (encéphalite ou méningite), les toxines (alcool, tranquillisants, hallucinogènes), les désordres vasculaires (hémorragie, hypotension), les traumatismes crâniens, de même que les tumeurs et les abcès cérébraux. La plupart des crises d'épilepsie sont *idiopathiques*, c'est-à-dire qu'elles n'ont pas de causes connues. Il est important de souligner que l'épilepsie n'affecte jamais l'intelligence. Cependant, si des crises fréquentes et importantes se produisent pendant plusieurs années, elles peuvent entraîner des lésions cérébrales. On parvient à prévenir ces lésions par l'administration de médicaments destinés à maîtriser les crises.

Il est possible d'éliminer ou d'atténuer les crises d'épilepsie à l'aide de médicaments qui augmentent le seuil d'excitation des neurones. La plupart de ces médicaments modifient la perméabilité de la membrane de façon à rendre la cellule plus difficile à dépolariser. L'acide valproïque, par exemple, augmente la quantité du neurotransmetteur inhibiteur GABA.

L'accident vasculaire cérébral

L'**accident vasculaire cérébral**, ou **accident cérébro-vasculaire** (**ACV**), est le trouble cérébral le plus courant. Il est caractérisé par l'apparition subite de symptômes neurologiques persistants, causés par la destruction du tissu cérébral (infarcissement), elle-même due à un trouble des vaisseaux sanguins qui irriguent l'encéphale. L'accident vasculaire cérébral est provoqué par une hémorragie cérébrale causée par un anévrisme, une embolie ou l'athérosclérose des artères cérébrales. L'*hémorragie cérébrale* est la rupture de vaisseaux sanguins dans la pie-mère ou l'encéphale. Le sang s'infiltre dans l'encéphale et détruit les neurones en augmentant la pression intracrânienne. Une *embolie* est l'obturation d'une artère par un embole, que ce soit un caillot de sang, une bulle gazeuse ou un corps étranger, le plus souvent les débris d'une inflammation. L'athérosclérose est la formation de plaques dans la tunique des artères. Les plaques ont pour effet de ralentir la circulation sanguine par vasoconstriction. L'embolie et l'athérosclérose sont à l'origine de lésions cérébrales causées par l'apport insuffisant d'oxygène et de glucose aux neurones de l'encéphale.

La dyslexie

La **dyslexie** (*dys*: difficulté; *lexie*: mots) n'affecte pas les capacités intellectuelles de base; c'est une difficulté à reconnaître et à comprendre les mots et les symboles. Le dyslexique est incapable de lire, d'écrire ou de compter correctement, probablement à cause d'un défaut dans l'organisation cérébrale. Il transpose les lettres et lit les mots en sens contraire ou à l'envers. Ainsi, le dyslexique lit *port* au lieu de *trop*; *310* au lieu de *OIE* et substitue le *b* et le *d*. La majorité d'entre eux sont incapables de se diriger dans l'espace tridimensionnel, et leurs mouvements sont maladroits.

Les causes exactes de la dyslexie sont inconnues, car la maladie n'est pas caractérisée par des lésions neurologiques visibles, et les symptômes varient d'une personne à une autre. La dyslexie est trois fois plus fréquente chez les garçons que chez les filles. On a longtemps attribué cette maladie à un défaut de la vue, à des lésions cérébrales, à la présence de plomb dans l'atmosphère, à un trauma ou à l'interruption de l'apport d'oxygène à la naissance. Selon une théorie nouvelle, la dyslexie serait reliée au dysfonctionnement de l'appareil vestibulaire et des canaux semi-circulaires de l'oreille (chapitre 17).

Les médecins disposent d'un procédé qui, à l'origine, était utilisé pour diagnostiquer la dyslexie, la **cartographie de l'activité électrique cérébrale**. C'est un procédé non sanglant qui permet de mesurer et de reproduire l'activité électrique de l'encéphale sur l'écran d'un téléviseur couleur, et de comparer les tracés. On peut également utiliser cette technique pour diagnostiquer les difficultés d'apprentissage, la schizophrénie, la dépression, la démence, l'épilepsie et les formes initiales de tumeurs.

La maladie de Tay-Sachs

La **maladie de Tay-Sachs** est une affection du système nerveux central qui entraîne la mort avant l'âge de cinq ans. C'est une maladie héréditaire très fréquente chez les Juifs polonais; elle fait environ une victime sur 3 600 de leurs descendants. La maladie de Tay-Sachs est caractérisée par la dégénérescence des neurones du système nerveux central causée par la présence d'une quantité excessive d'un lipide, le ganglioside, dans les neurones de l'encéphale. L'accumulation de cette substance est due à une déficience d'une enzyme lysosomiale. L'enfant atteint de la maladie de Tay-Sachs se développe normalement jusqu'à l'âge de 4 mois à 8 mois. Ensuite, les symptômes indiquent une dégénérescence progressive: paralysie, cécité, incapacité de se nourrir, escarre de décubitus et infection causant la mort. Il n'existe aucun remède.

La céphalalgie

La **céphalalgie**, ou **céphalée** (*céphale*: tête; *algie*: douleur), ou **mal de tête**, est l'une des affections humaines les plus fréquentes. On en distingue deux types, selon leur origine: les céphalalgies intracrâniennes et extracrâniennes. Les céphalalgies intracrâniennes douloureuses sont causées par les tumeurs cérébrales, les anomalies des vaisseaux sanguins, l'inflammation de l'encéphale ou des méninges, la diminution de l'apport d'oxygène à l'encéphale et les lésions aux neurones. Les céphalalgies extracrâniennes sont reliées aux infections des yeux, des oreilles, du nez et des sinus, et sont perçues comme des céphalées à cause de l'emplacement de ces organes.

La plupart des céphalalgies ne requièrent aucun traitement. Les analgésiques et les tranquillisants ne sont utiles que pour les céphalées causées par la tension, non pour les migraines. Des médicaments vasoconstricteurs peuvent soulager la migraine. Les méthodes de rétroaction biologique et une modification du régime alimentaire procurent aussi un soulagement. Il est très important d'étudier l'anamnèse du client afin de déterminer la cause ou les causes de ses céphalalgies.

La névralgie essentielle du trijumeau

On appelle **névralgie essentielle du trijumeau**, ou **tic douloureux de la face**, l'irritation du nerf trijumeau (V). Cette affection est caractérisée par une douleur unilatérale brève, mais très vive, de la face et du front. Habituellement, la personne atteinte ressent une série de piqûres vives qui ne durent que quelques secondes; mais, très vite, et pour une période variant de 10 s à 15 s, la douleur devient si intense qu'elle a l'impression d'avoir un tisonnier appliqué sur la face. Un grand nombre de personnes atteintes de névralgie essentielle du trijumeau font état de régions sensibles, autour de la bouche et du nez, qui sont susceptibles de déclencher une crise si elles sont touchées. L'action de manger, de boire, de se laver la figure et de s'exposer au froid peut aussi provoquer une crise.

Le traitement peut être palliatif, c'est-à-dire qu'il peut soulager les symptômes sans guérir la maladie, ou nécessiter une intervention chirurgicale. L'un de ces traitements consiste à injecter de l'alcool directement dans le ganglion semi-lunaire, qui commande le nerf trijumeau (V). Cette technique est moins risquée qu'une opération chirurgicale; elle procure un long soulagement de la douleur, conserve la sensibilité tactile de la face et permet la sortie de l'hôpital 24 h après le traitement. L'acupuncture s'est aussi révélée un traitement efficace pour quelques clients.

Le syndrome de Reye

Le **syndrome de Reye**, défini pour la première fois en 1963 par le pathologiste R. Douglas Reye, semble débuter après une infection virale, notamment la varicelle et la grippe. On estime que la consommation de doses normales d'aspirine risque de donner naissance au syndrome de Reye. La majorité des victimes sont les enfants et les adolescents. Cette maladie est caractérisée par des vomissements et des troubles cérébraux, désorientation, léthargie, modification de la personnalité, et peut mener au coma. En outre, des gouttelettes lipidiques s'infiltrent dans le foie qui perd sa capacité de détoxiquer l'ammoniac. La maladie ne dure que quelques jours.

Les troubles cérébraux et la mort sont habituellement causés par l'œdème des neurones de l'encéphale. La pression, en plus de tuer directement les cellules, entraîne l'hypoxie, qui détruit indirectement les neurones. Le taux de mortalité est d'environ 40%. L'œdème peut amener des lésions irréversibles de l'encéphale, dont le retard mental, chez les enfants qui survivent; c'est pourquoi les traitements ont pour but d'assécher l'œdème.

La maladie d'Alzheimer

La **maladie d'Alzheimer** est un trouble neurologique invalidant qui atteint approximativement 5% de la population âgée de plus de 65 ans, c'est-à-dire environ 1 million de personnes. Les causes sont obscures, les effets permanents, et le remède inconnu. Chaque année, la maladie d'Alzheimer fait à peu près 120 000 victimes; c'est, chez les personnes âgées, la maladie la plus dévastatrice après la crise cardiaque, le cancer et l'accident vasculaire cérébral.

Au début, les personnes atteintes de la maladie d'Alzheimer ont de la difficulté à se rappeler les événements récents. Ensuite, la confusion s'accentue, les oublis s'accumulent; elles répètent les questions ou se perdent dans des endroits familiers. Elles deviennent de plus en plus désorientées, les souvenirs s'effacent; surviennent alors des périodes de paranoïa, d'hallucinations ou de soudains changements d'humeur. Elles perdent ensuite la capacité de lire, d'écrire, de parler, de manger, de marcher et de s'auto-suffire. Finalement, elles perdent la raison et sombrent dans la démence. Mais généralement, elles meurent des suites d'une maladie, telle que la pneumonie, qui affecte les alités.

Actuellement, aucun test ne permet de diagnostiquer la maladie d'Alzheimer. Toutefois, les autopsies permettent de découvrir certaines caractéristiques de l'encéphale, propres aux victimes de cette maladie. Par exemple, le rythme de la dégénérescence cellulaire chez les personnes atteintes de la maladies d'Alzheimer est supérieur à celui qui caractérise le vieillissement, et particulièrement dans les régions de l'encéphale reliées à la mémoire et à l'intelligence, telles que le cortex et l'hippocampe. On a également découvert la présence d'**amas de neurofibrilles enchevêtrées**, faisceaux de protéines fibreuses, dans le corps cellulaire des neurones du cortex cérébral, de l'hippocampe et du tronc cérébral. On trouve aussi l'**amyloïde**, une accumulation pathologique protéique. Parfois, l'amyloïde entoure et envahit les vaisseaux sanguins; c'est l'**amyloïde cérébro-vasculaire**. Ce type d'amyloïde se groupe dans la couche musculaire moyenne des vaisseaux sanguins et provoque l'hémorragie. L'amyloïde apparaît aussi sous la forme de **plaques névritiques**, formées d'axones et de terminaisons axonales déformées entourant l'amyloïde. Les plaques névritiques sont abondantes dans le cortex cérébral, l'hippocampe et les noyaux amygdaliens.

On a formulé de nombreuses hypothèses au sujet des causes possibles de la maladie d'Alzheimer; l'une d'entre elles met en évidence le fait que l'encéphale des victimes de la maladie d'Alzheimer ne renferme qu'une très petite quantité d'enzyme choline acétyltransférase (CAT). Cette enzyme est nécessaire à la synthèse de l'acétylcholine (ACh) dans les terminaisons axonales. La quantité de CAT, à l'intérieur du cortex cérébral et de l'hippocampe, est très faible à cause d'une diminution du nombre de terminaisons axonales; la quantité d'acétylcholine est donc également limitée. Cette carence en acétylcholine perturbe la transmission des influx nerveux reliés à la mémoire.

D'autres hypothèses expliquent les causes de la maladie d'Alzheimer par la destruction des neurones due à un défaut génétique héréditaire, à une accumulation anormale de protéines dans l'encéphale, à des agents infectieux appelés prions (particules protéiques), à des toxines environnementales telles que l'aluminium et au ralentissement de la circulation sanguine qui entraîne l'apport de quantités insuffisantes d'oxygène et de glucose.

GLOSSAIRE DES TERMES MÉDICAUX

Agnosie (*a*: sans; *gnosie*: connaissance) Incapacité de reconnaître la signification des stimuli sensoriels auditifs, visuels, olfactifs, gustatifs et tactiles.

Analgésie (*an*: sans; *algie*: douleur) Insensibilité à la douleur.

Anesthésie (*esthésie*: sensation, sensibilité) Perte de la sensibilité.

Anesthésie par blocage nerveux Perte de sensibilité d'une région délimitée; les dentistes, par exemple, utilisent l'anesthésie locale.

Apraxie (*praxie*: action) Incapacité d'effectuer des mouvements musculaires volontaires adaptés à un but, bien que les fonctions motrices soient intactes.

Chorée de Huntington (*chorée*: danse) Maladie héréditaire rare caractérisée par des mouvements involontaires saccadés et une détérioration mentale qui aboutit à la démence.

Coma État pathologique caractérisé par une perte de conscience, la perte des fonctions sensitives et motrices et une activité végétative variable. Le coma peut être causé par une maladie ou une blessure.

Électrochocs Traitement consistant à provoquer des convulsions par le passage d'un courant électrique à travers l'encéphale. Avant le traitement, on anesthésie complètement le client et on lui administre un relaxant musculaire afin de réduire au minimum les convulsions. Les électrochocs sont un procédé thérapeutique très important pour le traitement des dépressions graves.

Encéphalite Inflammation aiguë de l'encéphale due à une invasion virale directe ou à une allergie à des virus qui sont habituellement inoffensifs pour le système nerveux central. Lorsque l'encéphale et la moelle épinière sont tous deux atteints, on lui donne le nom d'encéphalomyélite.

Léthargie État d'abattement et de torpeur.

Névralgie (*neur*: nerf) Brusques sensations douloureuses ressenties le long d'un nerf afférent périphérique.

Paralysie Diminution ou perte de la fonction motrice provenant d'une lésion du tissu nerveux ou d'un muscle.

Spasmodique Qui ressemble aux spasmes ou aux convulsions.

Stupeur État d'inertie, de torpeur ou de léthargie accompagné d'une insensibilité profonde.

Torpeur Diminution de l'activité et de la sensibilité.

RÉSUMÉ

L'encéphale (page 316)

Les principales parties (page 316)

1. Les vésicules qui se forment durant le développement embryonnaire sont à l'origine de diverses parties de l'encéphale.
2. Le diencéphale se transforme pour donner le thalamus et l'hypothalamus; le télencéphale forme le cerveau; le mésencéphale ne subit pas de transformation majeure; le myélencéphale donne le bulbe rachidien; et le métencéphale donne le cervelet et la protubérance annulaire.
3. Le tronc cérébral, le diencéphale, le cerveau et le cervelet sont les principales parties de l'encéphale.
4. L'encéphale est protégé par la boîte crânienne, les méninges et le liquide céphalo-rachidien.

Les couches protectrices (page 316)

1. L'encéphale est protégé par les os du crâne, les méninges et le liquide céphalo-rachidien.
2. Les méninges crâniennes, reliées aux méninges rachidiennes, sont la dure-mère, l'arachnoïde et la pie-mère.

Le liquide céphalo-rachidien (page 316)

1. Le liquide céphalo-rachidien est formé dans les plexus choroïdes; il circule dans l'espace sous-arachnoïdien, les ventricules et le canal de l'épendyme. Une grande quantité du liquide est absorbée par les granulations de Pacchioni, ou villosités arachnoïdiennes, du sinus longitudinal supérieur.
2. Le liquide céphalo-rachidien forme un coussin liquide destiné à protéger l'encéphale. Il évacue les déchets de l'encéphale et apporte à celui-ci les éléments nutritifs qu'il tire du sang.
3. On appelle hydrocéphalie l'accumulation de liquide céphalo-rachidien dans la cavité crânienne. Lorsque le liquide s'accumule dans les ventricules, c'est une hydrocéphalie interne; s'il s'accumule dans l'espace sous-arachnoïdien, c'est une hydrocéphalie externe.

L'apport sanguin (page 319)

1. Le sang est amené à l'encéphale par le cercle artériel de Willis.
2. L'interruption de l'apport d'oxygène vers l'encéphale peut entraîner un affaiblissement, des lésions permanentes ou la destruction de cellules nerveuses. Si, à la naissance, l'apport sanguin maternel est interrompu avant que l'enfant puisse respirer par lui-même, le nouveau-né sera atteint de paralysie, de retard mental, d'épilepsie ou sera mort-né.
3. Une carence en glucose peut produire des étourdissements, des convulsions et la perte de connaissance.
4. La barrière hémato-encéphalique permet de régler les taux d'échange entre le sang et l'encéphale.

Le tronc cérébral (page 320)

1. Le bulbe rachidien est le prolongement de la partie supérieure de la moelle épinière. Il contient les noyaux des centres réflexes chargés de régler les fréquences cardiaque et respiratoire, la vasoconstriction, la déglutition, la toux, le vomissement, l'éternuement et le hoquet. Il renferme également les noyaux d'origine des nerfs crâniens VIII à XII inclusivement.
2. La protubérance annulaire est située au-dessus du bulbe. Elle relie la moelle épinière à l'encéphale, de même que diverses parties de l'encéphale entre elles. Elle relaie, depuis le cortex cérébral jusqu'au cervelet, les influx nerveux destinés à contracter les muscles squelettiques. Elle renferme les noyaux des nerfs crâniens V à VII et la branche vestibulaire du nerf VIII. Sa formation réticulée contient le centre pneumotaxique qui contribue à régler la respiration.
3. Le mésencéphale est situé entre la protubérance et le diencéphale. Il conduit les influx nerveux moteurs depuis le cerveau jusqu'au cervelet et à la moelle épinière, relaie les influx sensitifs de la moelle épinière au thalamus et règle les réflexes auditifs et visuels. Il contient en outre les noyaux des nerfs III et IV.

Le diencéphale (page 323)

1. Le diencéphale est principalement formé du thalamus et de l'hypothalamus.
2. Le thalamus, situé au-dessus du mésencéphale, renferme les noyaux chargés de relayer tous les influx sensoriels, sauf ceux de l'odorat, au cortex cérébral. Il intègre les sensations douloureuse et thermique, de même que celles du contact léger et de la pression.
3. L'hypothalamus se trouve sous le thalamus. Il règle et intègre l'activité du système nerveux autonome, reçoit les influx nerveux sensitifs provenant des viscères, sert d'intermédiaire entre les systèmes nerveux et endocrinien, coordonne la régulation du soma par le psyché, est relié aux émotions de rage et de colère, règle la température du corps, l'ingestion des aliments et des liquides, maintient les profils de rythme veille-sommeil et sert de stimulateur à de nombreux rythmes biologiques.

Le cerveau (page 327)

1. Le cerveau est la plus volumineuse partie de l'encéphale; son cortex présente des circonvolutions, des scissures et des sillons.
2. Il est formé des lobes frontaux, pariétaux, temporaux et occipitaux.
3. La substance blanche, située sous le cortex, se compose d'axones myéliniques qui se projettent dans trois principales directions.
4. Les noyaux gris centraux sont des masses de substance grise à l'intérieur de chaque hémisphère. Ils contribuent à la régulation des mouvements musculaires.
5. Le système limbique est situé dans les hémisphères cérébraux et le diencéphale. Il est relié au comportement émotif et à la mémoire.
6. Les aires sensitives du cortex cérébral interprètent les influx afférents. Les aires motrices dirigent l'activité musculaire. Les aires d'association sont reliées à l'émotion et à l'intelligence.
7. La tomographie par émission de positons permet l'identification précise des aires sensitives et motrices.
8. L'électro-encéphalogramme (EEG) est l'enregistrement des ondes émises par le cortex cérébral. Il est utilisé pour diagnostiquer l'épilepsie, les infections et les tumeurs.

La latéralisation cérébrale (page 333)

1. On a récemment découvert que les hémisphères cérébraux ne sont pas symétriques, ni du point de vue anatomique, ni du point de vue fonctionnel.
2. L'hémisphère gauche est très étroitement lié à la maîtrise de la main droite, au langage parlé et écrit, aux aptitudes mathématiques et scientifiques et au raisonnement.
3. L'hémisphère droit est relié à la maîtrise de la main gauche, à l'appréciation musicale et artistique, à la perception des espaces et des objets, à la perspicacité, à l'imagination et à la production d'images mentales visuelles, auditives, tactiles, gustatives et olfactives.

Le cervelet (page 333)

1. Le cervelet occupe la partie inférieure et postérieure de la cavité crânienne. Il est formé de deux hémisphères au centre desquels se trouve le vermis.
2. Il s'attache à la protubérance annulaire par trois paires de pédoncules cérébelleux.
3. Le cervelet coordonne les mouvements des muscles squelettiques, règle le tonus musculaire et joue un rôle dans l'équilibration.

Les neurotransmetteurs de l'encéphale (page 334)

1. L'encéphale contient de nombreuses substances qui sont des neurotransmetteurs soit connus, soit fortement soupçonnés; ces substances peuvent produire la facilitation, l'excitation ou l'inhibition des neurones postsynaptiques.
2. Parmi les neurotransmetteurs, mentionnons l'acétylcholine, l'acide glutamique, l'acide aspartique, la noradrénaline, la dopamine, la sérotonine, l'acide gamma-aminobutyrique et la glycine.
3. Les enképhalines, les endorphines et la dynorphine sont des polypeptides qui servent d'analgésiques naturels.
4. D'autres polypeptides jouent le rôle d'hormones ou de régulateurs de réactions physiologiques. Parmi ceux-ci figurent l'angiotensine, la cholécystokinine et les hormones de régulation sécrétées par l'hypothalamus.

Les nerfs crâniens (page 337)

1. Douze paires de nerfs crâniens naissent de l'encéphale.
2. Le nom des nerfs crâniens indiquent leur destination tandis que le chiffre indique l'ordre dans lequel les nerfs quittent l'encéphale. (Voir le document 14.2 pour le résumé des nerfs crâniens.)

Le vieillissement et le système nerveux (page 338)

1. La vieillesse entraîne la perte de neurones et une diminution de la capacité de déclencher des influx nerveux.
2. La dégénérescence touche aussi les organes des sens.

Le développement embryonnaire du système nerveux (page 339)

1. Le développement du système nerveux s'amorce par un épaississement de l'ectoblaste appelé plaque neurale.
2. Les diverses parties de l'encéphale dérivent des vésicules cérébrales primitives et secondaires.

Les affections: déséquilibres homéostatiques (page 342)

1. Les tumeurs cérébrales sont des néoplasmes à l'intérieur de la cavité crânienne.
2. La poliomyélite est une maladie d'origine virale qui entraîne la paralysie.
3. L'infirmité motrice cérébrale est l'ensemble des troubles moteurs causés par des lésions aux centres moteurs du cortex cérébral, du cervelet ou des noyaux gris centraux durant la vie intra-utérine, à la naissance ou pendant l'enfance.
4. La maladie de Parkinson est la dégénérescence progressive des neurones du locus niger qui élaborent la dopamine; il en résulte une carence en dopamine dans les noyaux gris centraux.
5. La sclérose en plaques est la destruction de la gaine de myéline des neurones du système nerveux central. Cette dégénérescence interrompt la transmission nerveuse.
6. L'épilepsie est causée par des décharges électriques irrégulières des neurones de l'encéphale; l'électro-encéphalogramme permet de détecter l'épilepsie. Les troubles sensitifs, moteurs et psychologiques atteignent différents degrés, selon le type d'épilepsie.
7. L'accident cérébro-vasculaire (ACV) est la destruction du tissu encéphalique par une hémorragie, une thrombose, une embolie ou l'athérosclérose.
8. La dyslexie est l'incapacité de comprendre le langage écrit. On peut diagnostiquer cette maladie à l'aide de la cartographie de l'activité électrique cérébrale.
9. La maladie de Tay-Sachs est une affection héréditaire caractérisée par la dégénérescence des neurones du système nerveux central causée par la présence d'une quantité excessive de ganglioside.
10. Les céphalalgies peuvent être intracrâniennes ou extracrâniennes.
11. La névralgie essentielle du trijumeau est une irritation du nerf trijumeau (V).
12. Le syndrome de Reye est caractérisé par des vomissements, des troubles cérébraux et des lésions hépatiques.
13. La maladie d'Alzheimer est un trouble neurologique invalidant, chez les personnes âgées, caractérisée par des perturbations de l'activité intellectuelle, des changements de personnalité et parfois le délire.

RÉVISION

1. Identifiez les quatre parties principales de l'encéphale, donnez leur origine et précisez, selon le cas, les éléments constitutifs de chacune.
2. Où les méninges crâniennes sont-elles situées? Qu'est-ce qu'une hémorragie extradurale?
3. Expliquez le cycle de formation, de circulation et d'absorption du liquide céphalo-rachidien.
4. Faites la distinction entre l'hydrocéphalie interne et l'hydrocéphalie externe.
5. Expliquez l'importance de l'oxygène et du glucose pour les cellules nerveuses.
6. Donnez une définition de la barrière hémato-encéphalique. Décrivez la façon dont cette barrière règle le passage de diverses substances.
7. Donnez l'emplacement du bulbe rachidien et décrivez sa structure. Définissez la décussation des pyramides et précisez son importance. Énumérez les principales fonctions du bulbe rachidien.
8. Donnez l'emplacement de la protubérance annulaire, décrivez sa structure et énumérez ses fonctions.
9. Donnez l'emplacement du mésencéphale, décrivez sa structure et énumérez ses fonctions.
10. Donnez l'emplacement du thalamus, décrivez sa structure et énumérez ses fonctions.
11. Où l'hypothalamus est-il situé? Précisez quelques-unes de ses principales fonctions.
12. Donnez l'emplacement du cerveau. Décrivez le cortex, les circonvolutions, les scissures et les sillons.
13. Énumérez et localisez les lobes cérébraux. De quelle façon sont-ils séparés les uns des autres? Qu'est-ce que l'insula?
14. Décrivez l'organisation de la substance blanche du cerveau. Indiquez les fonctions de chaque groupe de fibres.
15. Qu'appelle-t-on noyaux gris centraux? Nommez les principaux noyaux et précisez le rôle de chacun. Quels sont les effets que produira une lésion aux noyaux gris centraux?
16. Définissez le système limbique et expliquez ses diverses fonctions.
17. Qu'est-ce qu'une aire corticale sensitive? Donnez le nom, l'emplacement et la fonction des aires sensitives du cerveau.
18. Décrivez le principe de la tomographie par émission de positons. Quelles sont ses applications cliniques?
19. Qu'est-ce qu'une aire corticale motrice? Donnez le nom, l'emplacement et la fonction des aires motrices du cerveau.
20. Quels sont les effets pouvant résulter d'une lésion aux aires motrice et sensitive du langage?
21. Qu'est-ce qu'une aire corticale d'association? Quelles sont ses fonctions?
22. Définissez un électro-encéphalogramme (EEG). Énumérez les principales ondes cérébrales qui y sont enregistrées et expliquez l'importance de chacune. Quelle est la valeur diagnostique de l'électro-encéphalogramme?
23. Expliquez la latéralisation du cerveau.
24. Donnez l'emplacement du cervelet et énumérez ses principaux constituants.
25. Qu'appelle-t-on pédoncules cérébelleux? Énumérez les différents pédoncules et précisez leurs fonctions.
26. Quelles sont les fonctions du cervelet? Quels sont les effets qu'entraîne une lésion du cervelet?
27. Que sont les neurotransmetteurs? Quels sont leurs effets sur les neurones postsynaptiques?

28. Énumérez quelques neurotransmetteurs et précisez leurs fonctions.
29. Décrivez les polypeptides de l'organisme qui servent d'analgésiques naturels. Donnez l'endroit de l'organisme où ils agissent, de même que leurs fonctions.
30. Définissez les nerfs crâniens. Sur quels facteurs se base-t-on pour nommer et numéroter les nerfs crâniens ? Établissez la distinction entre un nerf mixte et un nerf sensitif.
31. Dressez la liste des douze paires de nerfs crâniens en précisant le nom, le numéro, le type, l'emplacement et la fonction de chacun. Décrivez, s'il y a lieu, les effets produits par des lésions.
32. Décrivez les effets du vieillissement sur le système nerveux.
33. Expliquez le développement embryonnaire du système nerveux.
34. Définissez chacune des affections suivantes : les tumeurs cérébrales, la poliomyélite, l'infirmité motrice cérébrale, la maladie de Parkinson, la sclérose en plaques, l'épilepsie, l'accident vasculaire cérébral, la dyslexie, la maladie de Tay-Sachs, la céphalalgie, la névralgie essentielle du trijumeau, le syndrome de Reye et la maladie d'Alzheimer.
35. Qu'est-ce qu'une cartographie de l'activité électrique cérébrale ? Quelles sont les applications cliniques de cette technique ?
36. Assurez-vous de pouvoir définir tous les termes médicaux relatifs au système nerveux que nous avons vus.

15

Les fonctions sensorielles, motrices et d'intégration

OBJECTIFS

- Définir une sensation et nommer les quatre conditions nécessaires à sa transmission.
- Décrire les caractéristiques des sensations.
- Classer les récepteurs selon l'emplacement, le stimulus détecté et la simplicité ou la complexité du stimulus.
- Nommer l'emplacement et la fonction des récepteurs des sensations tactiles (toucher, pression, vibration), des sensations thermiques (chaleur et froid) et des sensations douloureuses.
- Connaître les différences qui existent entre l'algo-hallucinose, la douleur somatique, viscérale et projetée, et décrire les différentes méthodes utilisées pour soulager la douleur.
- Identifier les propriocepteurs et indiquer leurs fonctions.
- Décrire la composition de l'aire somesthésique.
- Parler de l'origine, des composants nerveux et de la destination du cordon postérieur et des faisceaux spino-thalamiques.
- Décrire et expliquer les voies nerveuses liées à la douleur et à la température, au toucher et à la pression, à l'acuité tactile, à la proprioception et à la vibration.
- Comparer les rôles des faisceaux spino-cérébelleux dans la transmission des sensations.
- Décrire la façon dont les stimuli sensoriels et les réactions motrices sont reliés dans le système nerveux central.
- Décrire la composition des aires motrices.
- Comparer les trajets des faisceaux pyramidaux et extrapyramidaux.
- Énumérer les fonctions des faisceaux pyramidal croisé, pyramidal direct, géniculé, rubro-spinal, tecto-spinal et vestibulo-spinal.
- Comparer certaines fonctions d'intégration, comme la mémoire, et les états de veille et de sommeil.

Maintenant que nous avons étudié la structure et le fonctionnement du système nerveux, nous allons voir de quelle façon les différents composants de ce système collaborent pour accomplir trois fonctions essentielles : (1) la réception de l'information sensorielle, (2) la transmission des influx moteurs qui produisent des mouvements ou des sécrétions, et (3) l'intégration, liée à la mémoire, au sommeil et aux émotions.

LES SENSATIONS

Pour qu'il soit en mesure de contrôler l'homéostasie et d'amorcer les réactions appropriées aux changements qui se produisent dans le milieu interne et externe, le système nerveux central doit être parcouru par un courant constant d'information. L'encéphale reçoit constamment une grande quantité d'informations et y répond. Toutefois, nous ne sommes conscients que de l'information sur laquelle nous concentrons notre attention de façon consciente. Le système nerveux central ne sélectionne que les bribes de renseignements qui sont importantes dans l'immédiat, et seules ces bribes de renseignements atteignent notre niveau de conscience. Il est évident que nous serions vite à bout de nerfs si notre esprit conscient devait s'occuper de tous les renseignements à la fois. L'esprit conscient filtre le courant d'information afin de se protéger de la surstimulation.

Notre capacité de percevoir les stimuli est essentielle à notre survie. Si nous ne percevions pas la douleur, nous nous brûlerions sans cesse. Une inflammation de l'appendice ou un ulcère gastrique pourraient évoluer sans que nous le sachions. Une perte de la vision augmenterait les risques de blessures entraînées par des obstacles que nous ne pourrions pas voir ; une perte de l'olfaction nous conduirait à inhaler des gaz toxiques ; une perte de l'audition nous empêcherait d'entendre les klaxons des voitures ; et une perte de la gustation nous conduirait à ingérer des substances toxiques. Bref, si nous ne pouvions pas « percevoir » notre environnement et faire les ajustements homéostatiques nécessaires, il nous serait impossible de survivre de façon autonome.

LA DÉFINITION

Dans son sens le plus large, une **sensation** signifie un état de conscience des conditions qui existent à l'extérieur et à l'intérieur de l'organisme. La **perception** s'applique à la représentation consciente d'un stimulus sensoriel. Pour qu'une sensation soit ressentie, quatre conditions doivent être réunies :

1. La présence d'un **stimulus**, ou un changement de l'environnement, capable d'amorcer une réaction de la part du système nerveux.

2. Un **récepteur**, ou *organe sensoriel*, doit recevoir le stimulus et le convertir en influx nerveux. On peut considérer un récepteur ou un organe sensoriel comme un tissu nerveux spécialisé, extrêmement sensible aux conditions qui existent à l'intérieur et à l'extérieur de l'organisme.

3. L'influx doit être **conduit** le long d'une voie neurale, à partir du récepteur ou de l'organe sensoriel jusqu'à l'encéphale.

4. Une région de l'encéphale doit **convertir** l'influx en sensation.

Les récepteurs sont capables de convertir un stimulus particulier en influx nerveux. Le stimulus peut être constitué par la lumière, la chaleur, la pression, l'énergie mécanique ou l'énergie chimique. Chaque stimulus est capable de provoquer la dépolarisation de la membrane du récepteur. Cette dépolarisation est un **potentiel générateur**.

Le potentiel générateur est un potentiel gradué ; jusqu'à un certain point, l'intensité du potentiel augmente avec la force et la fréquence du stimulus. Lorsque le potentiel générateur atteint le niveau d'excitation, il amorce un potentiel d'action (influx nerveux). Une fois amorcé, le potentiel d'action se propage le long de la fibre nerveuse. Le potentiel générateur est une réaction localisée et graduée, alors que le potentiel d'action obéit à la loi du tout ou rien. Le rôle du potentiel générateur est d'amorcer un potentiel d'action en transformant un stimulus en influx nerveux.

Un récepteur peut être doté d'une structure simple ou complexe. Il peut être constitué par les dendrites d'un seul neurone de la peau, sensibles aux stimuli liés à la douleur, ou se trouver dans un organe complexe, comme l'œil. Quel que soit leur degré de complexité, tous les récepteurs sensoriels contiennent les dendrites de neurones sensitifs. Les dendrites se présentent soit seules ou en association étroite avec les cellules spécialisées d'autres tissus.

Les récepteurs sont à la fois très sensibles et très spécialisés. Sauf dans le cas des récepteurs de la douleur, le seuil d'excitation de tous les récepteurs à leur stimulus particulier est peu élevé, et leur seuil d'excitation aux autres stimuli est très élevé.

Une fois que le récepteur a reçu un stimulus et qu'il l'a transformé en influx, ce dernier est conduit le long d'une voie afférente qui pénètre soit dans la moelle épinière soit dans l'encéphale. Un grand nombre d'influx sensoriels sont conduits vers les aires sensorielles du cortex cérébral. C'est dans cette région que les stimuli produisent les sensations conscientes. Les influx sensoriels qui atteignent la moelle épinière ou le tronc cérébral peuvent déclencher des activités motrices, mais ne produisent pas de sensations conscientes. Le thalamus détecte les sensations de douleur, mais il ne peut pas en évaluer l'intensité ou en déterminer la provenance. C'est là le rôle du cerveau.

LES CARACTÉRISTIQUES

La plupart des sensations ou des perceptions conscientes surviennent dans les aires du cortex cérébral. En d'autres termes, nous voyons, entendons et ressentons par l'encéphale. Nous avons l'impression de voir avec nos yeux, d'entendre avec nos oreilles et de sentir la douleur dans une certaine partie du corps parce que le cortex interprète la sensation comme si elle provenait du récepteur sensoriel stimulé. La **projection** est le processus par lequel l'encéphale projette les sensations à leur point de stimulation.

L'**adaptation** est une autre caractéristique d'un grand nombre de sensations ; il s'agit d'une diminution de la sensibilité à un stimulus constant. En fait, la perception d'une sensation peut disparaître, même lorsque le stimulus est encore présent. Ainsi, lorsque nous entrons dans une baignoire remplie d'eau chaude, nous ressentons une sensation de brûlure ; bientôt, la sensation diminue et se transforme en chaleur confortable, alors que le stimulus (eau chaude) est toujours présent. Par la suite, la sensation de chaleur disparaît complètement. Il existe bien d'autres exemples d'adaptation : mettre une bague à son doigt, mettre ses chaussures ou son chapeau, s'asseoir sur une chaise ou remonter ses lunettes sur le dessus de la tête. L'adaptation est due à un changement qui se produit dans un récepteur ou dans une structure liée à un récepteur, ou à une rétro-inhibition de l'encéphale. Les récepteurs ne possèdent pas tous le même niveau d'adaptation. Les *récepteurs d'adaptation rapide (phasique)*, comme ceux qui sont liés à la pression, au toucher et à l'olfaction, s'adaptent très rapidement. Ces récepteurs jouent un rôle important dans la communication des changements associés à une sensation particulière. Les *récepteurs d'adaptation lente (tonique)*, comme ceux qui sont liés à la douleur, à la position corporelle et à la détection de substances chimiques dans le sang, s'adaptent lentement. Ces récepteurs sont importants pour signaler les renseignements concernant les conditions stables de l'organisme.

Certaines sensations sont également caractérisées par des **images consécutives**, c'est-à-dire la persistance de la sensation après la disparition du stimulus. Ce phénomène est le contraire de l'adaptation. Un exemple d'image consécutive se produit lorsqu'on regarde une lumière vive, puis qu'on éloigne le regard ou qu'on ferme les yeux. On voit encore la lumière durant les quelques secondes ou minutes qui suivent.

Une autre caractéristique des sensations est la **modalité**, c'est-à-dire le type particulier de sensation perçue. La sensation peut être liée à la douleur, à la pression, au toucher, à la position du corps, à l'équilibre, à l'audition, à la vision, à l'olfaction ou à la gustation. En d'autres termes, la modalité est la propriété par laquelle nous pouvons distinguer une sensation d'une autre.

LA CLASSIFICATION DES RÉCEPTEURS

L'emplacement

Une méthode pratique de classification des récepteurs consiste à les classer selon leur emplacement. Les **extérocepteurs** fournissent des renseignements concernant le milieu externe. Ils sont sensibles aux stimuli en provenance de l'extérieur de l'organisme et transmettent les sensations liées à l'audition, à la vision, à l'olfaction, à la gustation, au toucher, à la pression, à la température et à la douleur. Les extérocepteurs sont situés près de la surface du corps.

Les **viscérocepteurs**, ou **intérocepteurs**, fournissent des renseignements concernant le milieu interne. Ces sensations proviennent de l'intérieur de l'organisme et sont liées à la douleur, à la pression, à la fatigue, à la faim, à la soif et aux nausées. Les viscérocepteurs sont situés dans les vaisseaux sanguins et dans les viscères.

Les **propriocepteurs** fournissent des renseignements concernant la position et les mouvements du corps. Ces sensations nous renseignent au sujet de la tension musculaire, de la position et de la tension de nos articulations, ainsi que de notre équilibre. Ces récepteurs sont situés dans les muscles, les tendons, les articulations et l'oreille interne.

Le stimulus détecté

On peut également classer les récepteurs selon le stimulus qu'ils détectent. Les **mécanorécepteurs** détectent les déformations mécaniques dans le récepteur lui-même ou dans les cellules adjacentes. Ces stimuli sont liés au toucher, à la pression, à la vibration, à la proprioception, à l'audition, à l'équilibre et à la pression sanguine. Les **thermorécepteurs** détectent les changements de température. Les **nocicepteurs** détectent la douleur qui résulte habituellement d'une lésion tissulaire de nature physique ou chimique. Les **photorécepteurs** détectent la lumière sur la rétine de l'œil. Les **chimiorécepteurs** détectent le goût dans la bouche, l'odeur dans le nez, et les substances chimiques, comme l'oxygène, le dioxyde de carbone, l'eau et le glucose, dans les liquides corporels.

La simplicité ou la complexité

Comme nous allons le décrire brièvement, on peut également classer les récepteurs selon la simplicité ou la complexité de leur structure et de la voie neurale qu'ils empruntent. Les **récepteurs simples**, et les voies neurales qui y sont associées, sont liés aux **sens en général**. Les récepteurs qui recoivent les sensations générales sont nombreux et répandus. Les sensations cutanées, comme le toucher, la pression, la vibration, la chaleur, le froid et la douleur en sont des exemples. Les **récepteurs complexes**, et les voies neurales qui y sont associées, sont liés aux **sens particuliers**. Les récepteurs de chaque sens particulier ne se trouvent que dans une ou deux régions spécifiques de l'organisme. Parmi les sens particuliers, on trouve l'odorat, le goût, la vue et l'ouïe.

LES SENS EN GÉNÉRAL

LES SENSATIONS CUTANÉES

Les **sensations cutanées** comprennent les sensations tactiles (toucher, pression, vibration), les sensations thermiques (froid et chaleur) et la douleur. Les récepteurs liés à ces sensations se trouvent dans la peau, dans le tissu conjonctif et dans les extrémités du tube digestif.

Les récepteurs cutanés sont distribués sur la surface du corps de façon inégale ; certaines parties du corps sont pourvues d'un grand nombre de récepteurs alors que d'autres parties n'en contiennent que quelques-uns. Les parties du corps qui ne sont dotées que de quelques récepteurs cutanés sont insensibles ; celles qui contiennent un grand nombre de récepteurs sont très sensibles.

On peut démontrer ce type de distribution en utilisant l'*épreuve de la discrimination spatiale*, qui s'applique au toucher. On applique un compas sur la peau, et l'on modifie la distance (calculée en millimètres) entre les deux pointes du compas. Le sujet doit indiquer s'il ressent la pression de deux pointes, ou d'une pointe seulement. On peut placer le compas sur le bout de la langue, une région où les récepteurs sont très nombreux. Si on les place à une distance de 1,4 mm l'une de l'autre, les pointes du compas sont capables de stimuler deux récepteurs différents, et le sujet ressent deux points de pression. Si la distance est inférieure à 1,4 mm, le sujet ne ressent qu'un seul point de pression, même si les deux pointes du compas touchent la langue, parce que les pointes sont tellement rapprochées qu'elles ne touchent qu'un seul récepteur. Si on place le compas à l'arrière du cou, le sujet ne ressent deux points de pression différents que si la distance entre les deux pointes du compas est d'au moins 36,2 mm, ou plus, parce que les récepteurs de cette région sont peu nombreux et distancés. Les résultats de cette épreuve indiquent que plus la région est sensible, plus les pointes du compas peuvent être rapprochées et être quand même ressenties comme deux points de pression séparés. On a classé les régions du corps selon leur degré de sensibilité, du plus élevé au plus bas, dans l'ordre suivant : le bout de la langue, le bout du doigt, le côté du nez, le dos de la main et la face dorsale du cou.

La structure des récepteurs cutanés est simple. Ces récepteurs sont faits de dendrites de neurones sensitifs qui peuvent être, ou non, entourés d'une capsule de tissu épithélial ou conjonctif. Les influx produits par les récepteurs cutanés passent le long de neurones somatiques afférents des nerfs rachidiens et crâniens, à travers le thalamus, et atteignent l'aire somesthésique générale du lobe pariétal du cortex.

Les sensations tactiles

Même si les **sensations tactiles** sont divisées en catégories distinctes, comme le toucher, la pression et la vibration, elles sont toutes détectées par les mêmes types de récepteurs.

• ***Le toucher*** Les **sensations tactiles** résultent généralement d'une stimulation des récepteurs tactiles de la peau ou des tissus situés immédiatement sous la peau. Le terme *acuité tactile* s'applique à la capacité de reconnaître exactement quel point du corps est touché. Le *contact léger* signifie la capacité de percevoir que quelque chose a touché la peau, sans pouvoir en déterminer l'emplacement, la forme, le volume ou la texture.

Les récepteurs tactiles liés au toucher comprennent les plexus des follicules pileux, les extrémités nerveuses libres, les disques tactiles (de Merkel), les corpuscules tactiles (de Meissner) et les corpuscules de Ruffini (figure 15.1). Les **plexus des follicules pileux** sont des dendrites disposées en réseaux autour des racines des poils. Ils ne sont pas entourés de structures de soutien ou

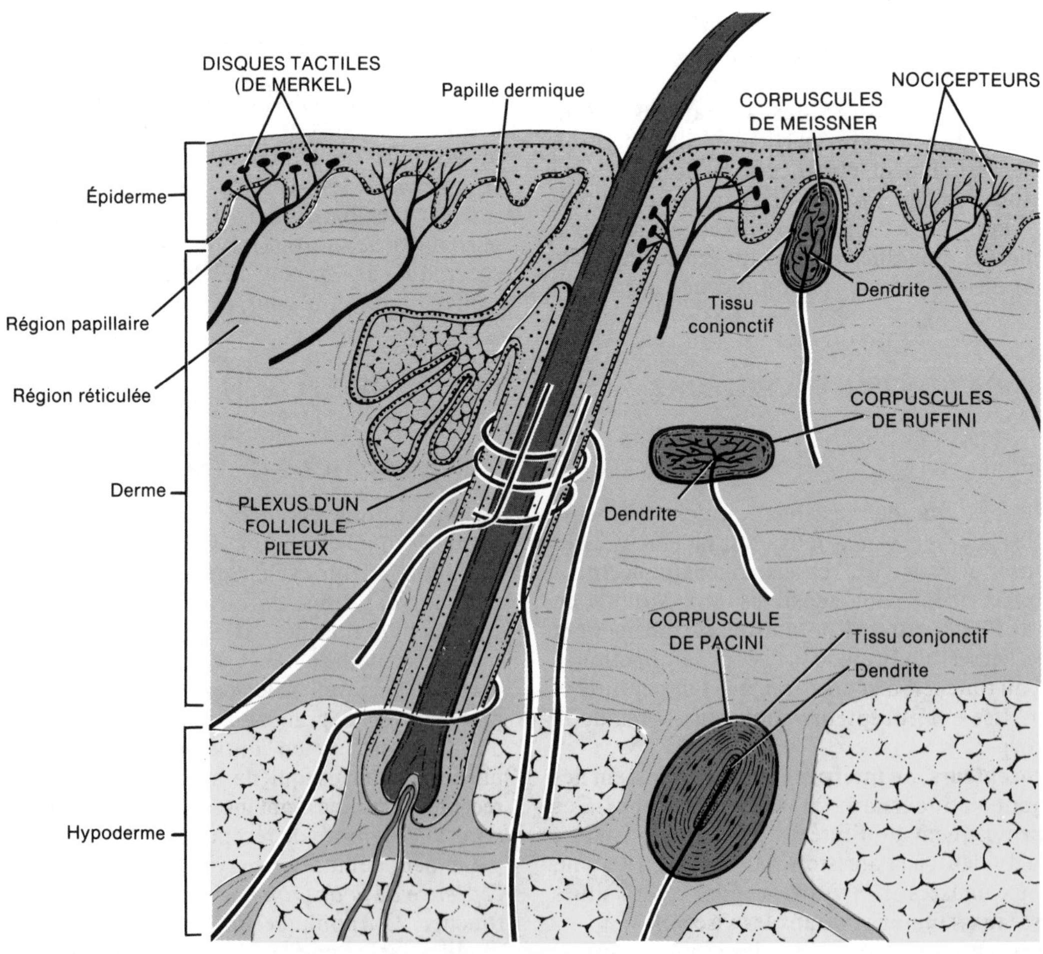

FIGURE 15.1 Structure et emplacement des récepteurs cutanés.

de protection. Si la tige d'un poil est déplacée, les dendrites sont stimulées. Les plexus des follicules pileux détectent surtout les mouvements à la surface du corps.

Les **extrémités nerveuses libres** sont également des récepteurs qui ne sont pas entourés de structures de soutien ou de protection. Ces récepteurs sont présents partout dans la peau et dans un grand nombre d'autres tissus.

Les **disques de Merkel** sont des récepteurs liés au toucher qui consistent en formations arrondies de dendrites attachées aux couches les plus profondes des cellules épidermiques. Ils sont distribués aux mêmes endroits que les corpuscules tactiles.

Les **corpuscules de Meissner** sont des récepteurs ovales contenant une masse de dendrites entourées de tissu conjonctif. Ils sont situés dans les papilles dermiques de la peau et se trouvent en très grand nombre dans les bouts des doigts, les paumes des mains et les plantes des pieds. Ils sont également abondants dans les paupières, le bout de la langue, les mamelons, le clitoris et le bout du pénis.

Les **corpuscules de Ruffini** sont enfouis profondément dans le derme et dans les tissus profonds de l'organisme. Ils détectent les sensations tactiles intenses et constantes.

• ***La pression*** Les **sensations liées à la pression** résultent généralement de la stimulation des récepteurs tactiles situés dans les tissus profonds ; elles durent plus longtemps et varient moins d'intensité que les sensations liées au toucher. De plus, la pression est ressentie sur une plus grande surface que le toucher.

Les récepteurs de la pression sont les extrémités nerveuses libres, les corpuscules de Ruffini et les corpuscules de Pacini. Les **corpuscules de Pacini** (figure 15.1) sont des structures ovales composées d'une capsule semblable à un oignon, faite de couches de tissu conjonctif entourant des dendrites. Les corpuscules de Pacini sont situés dans l'hypoderme, les tissus sous-cutanés profonds qui se trouvent sous les muqueuses, dans les membranes séreuses, autour des articulations et des tendons, dans le périmysium des muscles, dans les glandes mammaires, dans les organes génitaux externes chez les deux sexes, et dans certains viscères.

• ***La vibration*** Les **sensations liées à la vibration** sont produites par des signaux sensoriels rapides et répétés en provenance des récepteurs tactiles.

Les récepteurs sensoriels liés à la vibration sont les corpuscules tactiles et les corpuscules de Pacini. Les corpuscules tactiles détectent les vibrations à basse fréquence, alors que les corpuscules de Pacini détectent les vibrations à haute fréquence.

Les sensations thermiques

Les **sensations thermiques** sont liées à la chaleur et au froid. On ne connaît pas la nature exacte des **thermorécepteurs**. On croît cependant qu'il pourrait s'agir de terminaisons nerveuses libres.

Les sensations douloureuses

La douleur fait partie intégrante de notre vie. Elle nous renseigne sur les stimuli dangereux et, par conséquent, nous permet souvent de nous protéger d'atteintes encore plus graves. C'est la douleur qui nous amène à consulter un médecin, et c'est notre description subjective de la douleur et notre indication de son emplacement qui permettent de découvrir la cause sous-jacente de la maladie.

Les récepteurs de la **douleur**, les **nocicepteurs**, sont les ramifications de dendrites de certains neurones sensitifs (figure 15.1). Les récepteurs de la douleur se trouvent dans presque tous les tissus de l'organisme. Ils peuvent réagir à tous les types de stimuli. Lorsque les stimuli liés à d'autres sensations, comme le toucher, la pression, la chaleur ou le froid, atteignent un certain seuil d'excitation, ils stimulent également la sensation de douleur. La stimulation excessive d'un organe sensoriel provoque de la douleur. D'autres stimuli qui affectent les récepteurs de la douleur sont la distension ou la dilatation excessive d'une structure, les contractions musculaires prolongées, les spasmes musculaires, un débit sanguin inadéquat vers un organe, ou la présence de certaines substances chimiques. Les récepteurs de la douleur, à cause de leur sensibilité à tous les stimuli, jouent un rôle de protection en identifiant les changements qui peuvent mettre l'organisme en danger. Les nocicepteurs ne s'adaptent que légèrement ou pas du tout. L'adaptation est la diminution ou la disparition de la perception d'une sensation lorsque le stimulus est encore présent. Si l'adaptation pouvait s'appliquer à la douleur, celle-ci ne serait plus ressentie et cette situation pourrait causer des lésions irrémédiables à l'organisme.

Les influx sensoriels liés à la douleur sont conduits au système nerveux central le long des nerfs rachidiens et crâniens. Les faisceaux spino-thalamiques latéraux de la moelle épinière transmettent les influx au thalamus. De là, les influx peuvent être transmis à la circonvolution pariétale ascendante. La reconnaissance du type et de l'intensité de la plupart des douleurs est localisée dans le cortex cérébral. Parfois, la douleur atteint le niveau de la conscience dans les niveaux sous-corticaux.

La douleur peut être somatique ou viscérale. La **douleur somatique** est causée par la stimulation de récepteurs situés dans la peau, on l'appelle alors *douleur somatique superficielle*, ou par la stimulation de récepteurs situés dans les muscles squelettiques, les articulations, les tendons ou les fascias, on l'appelle alors *douleur somatique profonde*. La **douleur viscérale** est produite par la stimulation de récepteurs situés dans les viscères.

La capacité du cortex cérébral de localiser l'origine de la douleur est liée aux expériences antérieures. Dans la plupart des cas de douleur somatique et dans certains cas de douleur viscérale, le cortex projette la douleur vers la région stimulée. Si l'on se brûle un doigt, on sent la douleur dans le doigt. Si l'enveloppe de la cavité pleurale est enflammée, c'est dans cette région que la douleur se fait sentir. Dans la plupart des cas de douleur viscérale,

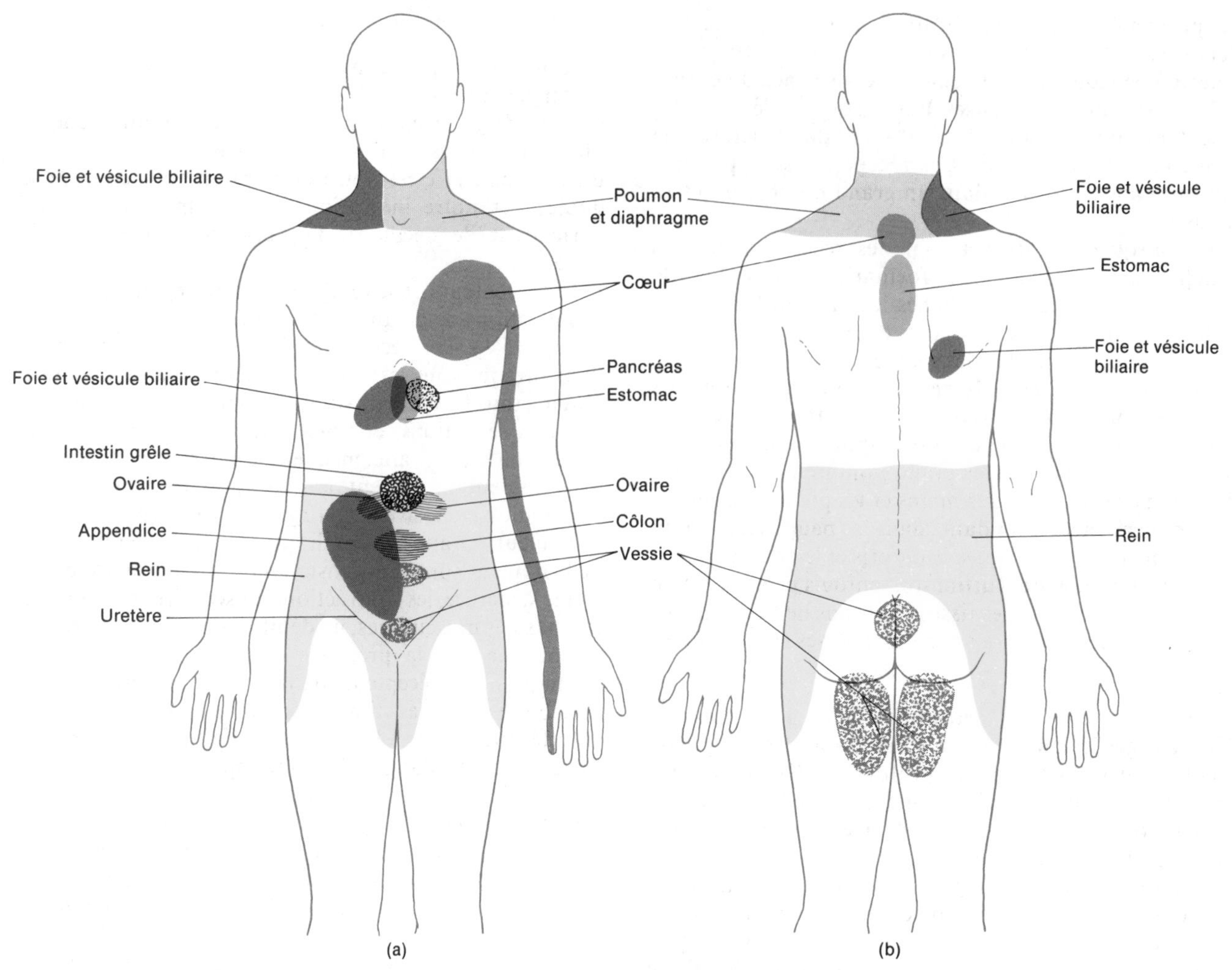

FIGURE 15.2 Douleur projetée. Les parties en couleurs indiquent les territoires cutanés où la douleur viscérale est projetée. (a) Vue antérieure. (b) Vue postérieure.

toutefois, la sensation n'est pas projetée vers le point de stimulation. Elle peut être ressentie dans la peau ou sous la peau qui recouvre l'organe stimulé. Elle peut également être ressentie dans une région éloignée de l'organe stimulé. C'est ce qu'on appelle une **douleur projetée**. En règle générale, la région vers laquelle la douleur est projetée et l'organe viscéral touché sont innervés par le même segment de la moelle épinière. Voyons un exemple. Les fibres afférentes du cœur et de la peau qui recouvre le cœur et qui parcourt la face médiane du membre supérieur gauche pénètrent dans les segments D1 à D4 de la moelle épinière. Par conséquent, la douleur occasionnée par une crise cardiaque est ressentie dans la peau qui recouvre le cœur et le long du bras gauche. À la figure 15.2, nous illustrons les régions cutanées vers lesquelles la douleur viscérale peut être projetée.

APPLICATION CLINIQUE

L'**algo-hallucinose** est un type de douleur que ressentent fréquemment les personnes ayant subi l'amputation d'un membre. Ces personnes ressentent de la douleur et d'autres sensations dans le membre disparu, tout comme si ce dernier était encore présent. On croit que ce phénomène est dû au fait que les portions proximales des nerfs sensoriels encore présents, qui recevaient auparavant des influx en provenance du membre, sont stimulées par le traumatisme lié à l'amputation. L'encéphale interprète les stimuli en provenance de ces nerfs comme s'ils venaient du membre disparu (fantôme).

On peut maîtriser les sensations de douleur en interrompant les influx douloureux entre les récepteurs et les centres d'interprétation de l'encéphale, ou en employant d'autres moyens, comme une intervention chirurgicale. La plupart des sensations douloureuses réagissent aux anesthésiques, qui, en règle générale, inhibent la conduction de l'influx nerveux aux synapses.

Il arrive parfois, cependant, que le seul moyen de maîtriser la douleur consiste à effectuer une intervention chirurgicale. L'objectif du traitement chirurgical est d'interrompre l'influx douloureux entre les récepteurs et les centres d'interprétation de l'encéphale, en sectionnant le nerf, sa racine sensitive ou certains faisceaux de la moelle épinière ou de l'encéphale. Une *sympathectomie* est l'excision de portions du tissu nerveux situé dans le système nerveux autonome; une *cordotomie* consiste à sectionner un faisceau de la moelle épinière, habituellement le faisceau spino-thalamique latéral; une *rhizotomie* consiste à sectionner les racines sensitives de certains nerfs; et une *lobotomie préfrontale* consiste à éliminer les faisceaux qui relient le thalamus et les lobes frontal et préfrontal du cortex cérébral. Dans chacun de ces cas, la voie de conduction est sectionnée de façon à empêcher les influx douloureux d'atteindre le cortex.

L'**acupuncture** est également une technique permettant d'inhiber les influx douloureux. Elle consiste à introduire des aiguilles dans certaines régions de la peau, et à les faire pivoter. Après 20 min ou 30 min, la douleur disparaît pendant une période de 6 h à 8 h. L'endroit où l'on introduit l'aiguille dépend de la partie du corps qui doit être anesthésiée. Lorsqu'il s'agit de l'extraction d'une dent, on introduit l'aiguille dans le tissu entre le pouce et l'index. Dans le cas d'une amygdalectomie, on introduit l'aguille à environ 5 cm au-dessus du poignet. Dans le cas de l'ablation d'un poumon, on introduit l'aiguille dans l'avant-bras, à mi-chemin entre le poignet et le coude.

On croit que l'acupuncture permet de tirer parti des influences inhibitrices naturelles du corps qui peuvent bloquer les voies de conduction de la douleur. Ainsi, on a démontré que les fibres sensitives liées à la douleur dans les ganglions spinaux libéraient un neurotransmetteur appelé substance P. Cette substance envoie des potentiels postsynaptiques excitateurs vers le prochain neurone conduisant aux neurones du faisceau qui transmet les influx douloureux (voir la figure 15.5). De petits neurones contenant de l'enképhaline frappent le bouton synaptique terminal de la fibre de la voie sensitive. L'enképhaline libérée par ces petits neurones empêche la libération de la substance P des terminaisons nerveuses des fibres sensitives liées à la douleur et, par conséquent, empêche la transmission de la douleur à l'encéphale. L'acupuncture favorise la libération de ces substances inhibitrices, comme l'enképhaline, à plusieurs endroits, et ces substances sont ensuite transportées par l'appareil circulatoire vers les fibres liées à la douleur. L'effet de l'acupuncture ne se fait sentir que lorsque le taux d'enképhaline est suffisant pour inhiber la douleur, et il se prolonge après qu'on a cessé de faire pivoter les aiguilles.

Aux États-Unis, on utilise fréquemment l'acupuncture dans les cas suivants: accouchements, névralgie faciale, arthrite et autres maladies ne nécessitant pas d'intervention chirurgicale. On commence également à l'utiliser pour activer les mouvements des membres chez les personnes atteintes de lésions médullaires et qui sont en voie de réadaptation, si toutefois il reste du tissu nerveux intact dans l'organisme.

LES SENSATIONS PROPRIOCEPTIVES

La **sensibilité proprioceptive**, ou **sensibilité kinesthésique**, nous permet d'être conscients des activités de nos muscles, de nos tendons, de nos articulations et de notre équilibre. Elle nous renseigne sur le degré de contraction de nos muscles, sur l'intensité de la tension créée dans les tendons, sur les changements de position d'une articulation, et sur l'orientation de la tête par rapport au sol et à nos mouvements (équilibre). La sensibilité proprioceptive nous permet de reconnaître l'emplacement et la vitesse des mouvements d'une partie du corps par rapport aux autres parties. Elle nous permet également d'évaluer la masse et de déterminer le travail musculaire nécessaire pour effectuer une tâche donnée. Grâce à elle, nous sommes en mesure de déterminer la position et les mouvements de nos membres sans l'aide de nos yeux lorsque nous marchons, que nous dactylographions un texte, ou que nous nous habillons dans l'obscurité.

Les récepteurs

Les propriocepteurs sont situés dans les muscles squelettiques, dans les tendons des diarthroses et dans l'oreille interne.

• ***Les fuseaux neuromusculaires*** Les **fuseaux neuromusculaires** sont des propriocepteurs délicats dispersés dans les fibres des muscles squelettiques et disposés parallèlement aux fibres (figure 15.3,a). Les extrémités des fuseaux sont rattachées à l'endomysium et au périmysium. Les fuseaux contiennent de trois à dix fibres musculaires striées spécialisées, appelées *fibres intrafusales*, qui sont partiellement entourées d'une capsule de tissu conjonctif remplie de lymphe. Les fuseaux sont entourés de fibres musculaires striées appelées *fibres extrafusales*. La région centrale de chaque fibre intrafusale possède peu de myofilaments d'actine et de myosine, ou pas du tout, et plusieurs noyaux. Dans certaines fibres intrafusales, les noyaux se regroupent au centre (*fibres à sac nucléaire)*; dans d'autres cas, les noyaux forment une chaîne au centre (*fibres à chaîne nucléaire)*. La région centrale des fibres intrafusales ne peut pas se contracter et constitue le récepteur sensitif du fuseau.

Si la région centrale réceptrice ne peut pas se contracter à cause de l'absence de myofilaments, elle contient tout de même deux types de fibres sensitives. Une fibre sensitive volumineuse, appelée *fibre de type Ia,* innerve le centre précis des fibres intrafusales. Les branches de cette fibre, appelées *terminaisons sensitives primaires*, s'enroulent autour du centre des fibres intrafusales. Lorsque la partie centrale du fuseau est étirée, les terminaisons sensitives primaires sont stimulées et elles envoient des influx à la moelle épinière à une vitesse considérable. La région réceptrice centrale est également innervée par deux fibres sensitives appelées *fibres de type II.* Leurs branches, les *terminaisons sensitives secondaires*, sont situées de chaque côté des terminaisons primaires. Les terminaisons secondaires sont également stimulées lorsque la partie centrale du fuseau est étirée, et elles envoient également des influx à la moelle épinière.

Les extrémités des fibres intrafusales contiennent des myofilaments d'actine et de myosine et constituent les portions contractiles des fibres. Les extrémités des fibres se contractent lorsqu'elles sont stimulées par des *neurones efférents gamma.* Ces neurones sont de petits neurones moteurs situés dans la corne antérieure de la moelle épinière. Leurs fibres se terminent en plaques motrices sur les extrémités des fibres intrafusales. Les fibres extrafusales sont innervées par de gros neurones moteurs appelés *neurones efférents alpha.* Ces neurones sont également situés dans la corne antérieure de la moelle épinière, près des neurones efférents gamma.

Les fuseaux neuromusculaires sont stimulés par un étirement soudain des régions centrales de leurs fibres intrafusales, aussi bien que par un étirement constant. Les fuseaux neuromusculaires surveillent les changements qui surviennent dans la longueur d'un muscle squelettique en réagissant à la vitesse et à l'intensité du changement. Ces renseignements sont transmis au système nerveux central, ce qui favorise la coordination et l'efficacité de la contraction musculaire. À la figure 15.7, nous illustrons la voie neurale chargée de transmettre les renseignements au système nerveux central, de faire traiter les données et de provoquer une réaction motrice.

• ***Les organes tendineux de Golgi*** Les **organes tendineux de Golgi** sont des propriocepteurs situés à la jonction d'un tendon et d'un muscle. Ils aident à protéger les tendons et les muscles qui y sont associés des lésions causées par une tension excessive. Chacun est composé d'une mince capsule de tissu conjonctif entourant quelques fibres collagènes (figure 15.3,b). Un ou plusieurs neurones sensitifs, dont les branches terminales s'entrelacent le long et autour des fibres collagènes, pénètrent dans la capsule. Lorsqu'une tension est appliquée à un tendon, les organes tendineux de Golgi sont stimulés et l'information est transmise au système nerveux central. À la figure 15.7, nous illustrons la voie neurale chargée de transmettre les renseignements au système nerveux central, de faire traiter les données et de provoquer une réponse motrice.

• ***Les propriocepteurs articulaires*** Il existe plusieurs types de **propriocepteurs articulaires** à l'intérieur et autour des capsules articulaires des diarthroses. Des récepteurs encapsulés, semblables aux corpuscules de Ruffini, sont présents dans les capsules des articulations et réagissent à la pression. Les corpuscules de Pacini situés dans le tissu conjonctif hors des capsules articulaires sont des récepteurs qui réagissent à l'accélération et à la décélération. Les ligaments articulaires contiennent des récepteurs semblables aux organes tendineux de Golgi, qui transmettent l'inhibition réflexe des muscles adjacents, lorsque l'articulation subit une tension excessive.

• ***Les maculas et les crêtes*** Les propriocepteurs situés dans l'oreille interne sont la macula du saccule et de l'utricule et les crêtes des canaux semi-circulaires. Au chapitre 17, nous présentons le rôle qu'elles jouent dans l'équilibre.

Les propriocepteurs ne s'adaptent que légèrement, ce qui représente un avantage, puisque l'encéphale doit être informé constamment de l'état des différentes parties du corps, de façon que les ajustements nécessaires soient faits en vue d'assurer la coordination.

La voie afférente du sens kinesthésique consiste en influx produits par des propriocepteurs par l'intermédiaire des nerfs crâniens et rachidiens jusqu'au système nerveux central. Les influx liés à la proprioception consciente

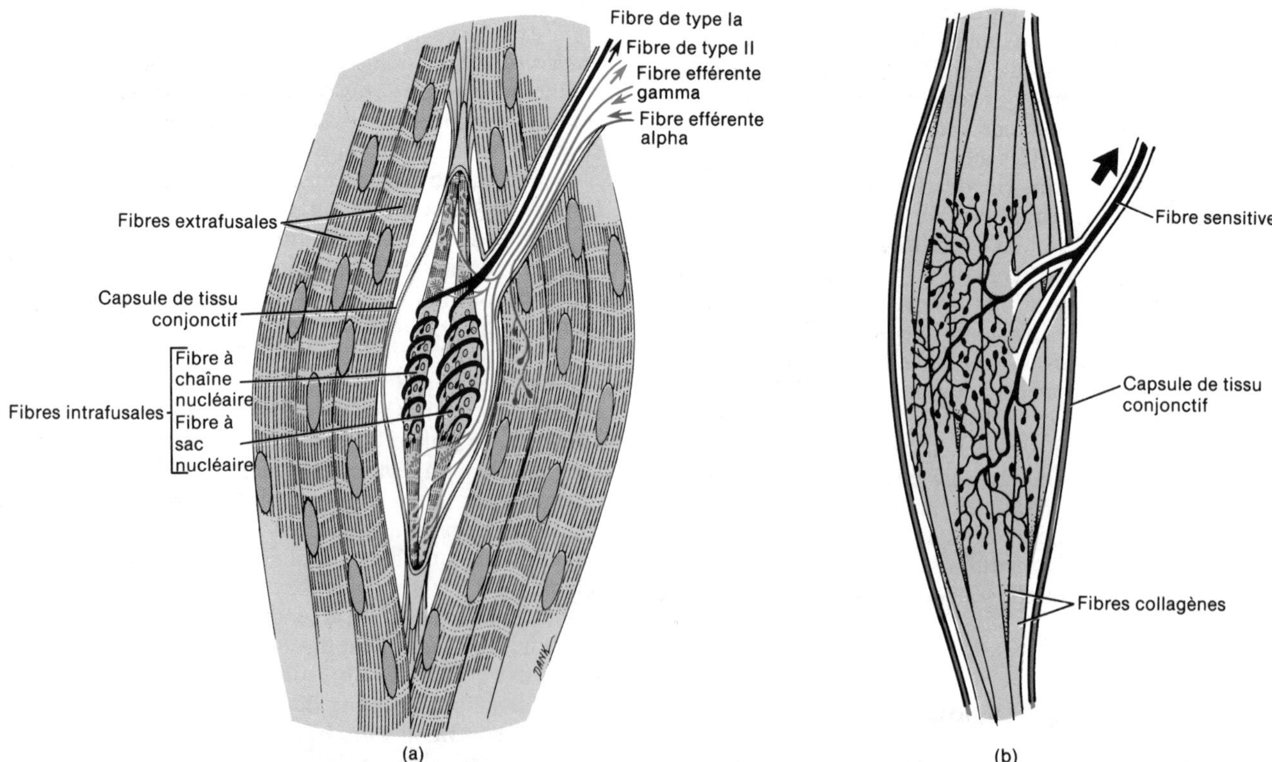

FIGURE 15.3 Propriocepteurs. (a) Fuseau neuromusculaire. (b) Organe tendineux de Golgi.

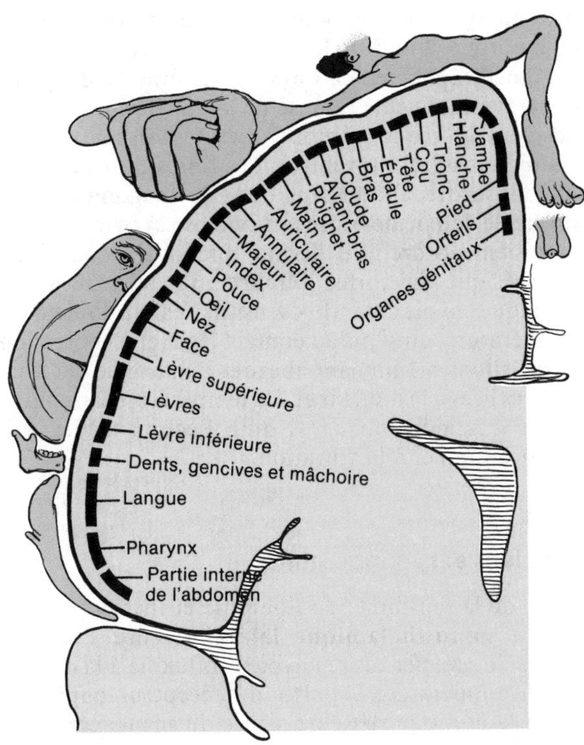

FIGURE 15.4 Aire somesthésique de l'hémisphère cérébral droit.

passent le long des faisceaux ascendants de la moelle épinière, où ils sont transmis au thalamus et au cortex cérébral. La sensation est enregistrée dans l'aire somesthésique générale du lobe pariétal du cortex cérébral, derrière la scissure de Rolando. Les influx proprioceptifs produits par l'action réflexe atteignent le cervelet par les faisceaux cérébelleux.

LES NIVEAUX DE SENSIBILITÉ

Comme nous l'avons déjà mentionné, un récepteur transforme un stimulus en influx nerveux; ce n'est qu'après que l'influx a été conduit vers une région de la moelle épinière ou de l'encéphale qu'il peut être transformé en sensation. La nature de la sensation et le type de la réaction varient selon le niveau du système nerveux central où la sensation est convertie.

Les fibres sensitives qui prennent fin dans la moelle épinière peuvent produire des réflexes médullaires sans l'aide immédiate de l'encéphale. Les fibres sensitives qui prennent fin dans le tronc cérébral inférieur provoquent des réactions motrices beaucoup plus complexes que les réflexes médullaires. Lorsque les influx sensitifs atteignent le tronc cérébral inférieur, ils provoquent des réactions motrices inconscientes. Les influx sensitifs qui atteignent le thalamus peuvent être localisés de façon approximative dans l'organisme. Au niveau du thalamus, les sensations sont classées selon leur modalité, c'est-à-dire qu'elles sont identifiées en tant que sensation *particulière* du toucher, de la pression, de la douleur, de la position, de l'ouïe, de la vue, de l'odorat ou du goût. Lorsque l'information sensorielle atteint le cortex cérébral, nous ressentons la sensation à un endroit précis. C'est à ce niveau que les souvenirs des renseignements sensoriels antérieurs sont emmagasinés et que la perception d'une sensation se produit à partir d'une expérience antérieure.

LES VOIES SENSITIVES

L'AIRE SOMESTHÉSIQUE

L'information sensorielle en provenance des récepteurs d'un côté du corps traverse du côté opposé de la moelle épinière ou du tronc cérébral et se rend à l'**aire somesthésique** du cortex cérébral, où les sensations conscientes sont produites (voir la figure 14.10). On a délimité les régions de l'aire somesthésique en fonction des parties de l'organisme dont elles constituent le point d'arrivée des informations sensorielles. À la figure 15.4, nous illustrons l'emplacement et les différentes régions de l'aire somesthésique de l'hémisphère cérébral droit. L'hémisphère cérébral gauche est doté d'une aire somesthésique similaire.

Il est à noter que certaines parties du corps, dont les lèvres, la face et les pouces, sont représentées par de grandes régions de l'aire somesthésique. D'autres parties du corps, comme le tronc et les membres inférieurs, sont représentées par des régions relativement petites. Les dimensions relatives de l'aire somesthésique sont directement proportionnelles au nombre de récepteurs sensoriels spécialisés de chaque partie du corps. Ainsi, il y a beaucoup de récepteurs dans la peau des lèvres, mais relativement peu dans la peau du tronc. Essentiellement, le volume de la région correspondant à une partie particulière du corps est déterminé par l'importance fonctionnelle de cette partie et de ses besoins sur le plan de la sensibilité.

Regardons maintenant de quelle façon l'information sensorielle est transmise depuis les récepteurs jusqu'au système nerveux central. Il peut être utile, à ce moment-ci, de revoir les principaux faisceaux ascendants et descendants de la moelle épinière (voir le document 13.1 et la figure 13.3). L'information sensorielle transmise de la moelle épinière à l'encéphale est conduite le long de deux faisceaux généraux: le cordon postérieur de la moelle épinière et le faisceau spino-thalamique.

LE CORDON POSTÉRIEUR

Dans le **cordon postérieur (faisceau gracile**, ou **de Goll**, et **faisceau cunéiforme**, ou **de Burdach)**, qui se rend au cortex cérébral, il y a trois neurones sensitifs distincts. Le **neurone de premier ordre** relie le récepteur à la moelle épinière et au bulbe rachidien d'un côté du corps. Le corps cellulaire du neurone de premier ordre est situé dans le ganglion spinal d'un nerf rachidien. Le neurone de premier ordre fait synapse avec un **neurone de deuxième ordre**, qui passe du bulbe rachidien vers le thalamus. Le corps cellulaire du neurone de deuxième ordre est situé dans les noyaux cunéiforme (noyau de Burdach) ou gracile (noyau de Goll) du bulbe. Avant de passer dans le thalamus, le neurone de deuxième ordre

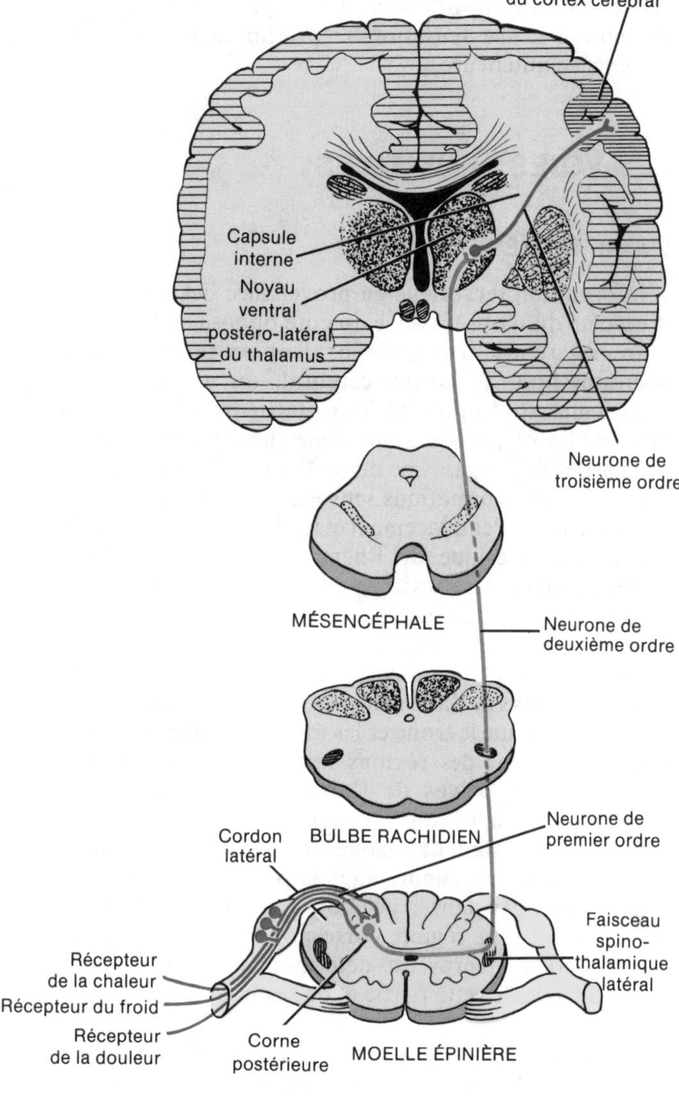

FIGURE 15.5 Voie sensitive de la douleur et de la température : le faisceau spino-thalamique latéral.

traverse du côté opposé du bulbe rachidien et pénètre dans le lemniscus médian, un faisceau ascendant qui débouche dans le thalamus. Dans le thalamus, le neurone de deuxième ordre fait synapse avec un **neurone de troisième ordre**, qui aboutit dans l'aire somesthésique du cortex cérébral.

Le cordon postérieur conduit les influx liés à la proprioception, à l'acuité tactile, à la discrimination spatiale et aux vibrations.

LE FAISCEAU SPINO-THALAMIQUE

Le **faisceau spino-thalamique** est également composé de trois neurones sensitifs. Le neurone de premier ordre relie un récepteur du cou, du tronc et des membres à la moelle épinière. Le corps cellulaire du neurone de premier ordre est situé dans le ganglion spinal. Le neurone de premier ordre fait synapse avec le neurone de deuxième ordre, dont le corps cellulaire se trouve dans la corne postérieure de la moelle épinière. La fibre du neurone de deuxième ordre traverse du côté opposé de la moelle épinière et se rend vers le tronc cérébral par le faisceau spino-thalamique latéral ou ventral. Les fibres du neurone de deuxième ordre aboutissent dans le thalamus. Là, le neurone de deuxième ordre fait synapse avec un neurone de troisième ordre. Ce dernier prend fin dans l'aire somesthésique du cortex cérébral. Le faisceau spino-thalamique envoie des influx sensitifs liés à la douleur et à la température, ainsi qu'au contact léger et à la pression.

Nous allons maintenant aborder l'anatomie des voies sensitives liées à la douleur et à la température, au contact léger et à la pression, ainsi qu'à l'acuité tactile, à la proprioception et à la vibration.

La douleur et la température

La voie de la sensibilité douloureuse et thermique est le **faisceau spino-thalamique latéral** (figure 15.5). Le neurone de premier ordre envoie l'influx lié à la douleur ou à la température à partir du récepteur approprié, jusqu'à la corne postérieure située du même côté de la moelle épinière. Dans la corne, le neurone de premier ordre fait synapse avec le neurone de deuxième ordre. L'axone du neurone de deuxième ordre traverse du côté opposé de la moelle épinière. Là, il devient partie intégrante du *faisceau spino-thalamique latéral* dans le cordon latéral. Le neurone de deuxième ordre remonte le faisceau par le tronc cérébral jusqu'à un noyau situé dans le thalamus, le noyau ventral postéro-latéral. La reconnaissance consciente de la douleur et de la température s'effectue dans le thalamus. L'influx sensitif est alors envoyé du thalamus, à travers la capsule interne, à l'aire somesthésique du cortex cérébral par le neurone de troisième ordre. Le cortex analyse l'information sensorielle afin de découvrir la source exacte, la gravité et la qualité des stimuli liés à la douleur et à la température.

Le contact léger et la pression

La voie neurale qui conduit les influx du contact léger et de la pression est le **faisceau spino-thalamique ventral** (figure 15.6). Le neurone de premier ordre conduit l'influx à partir d'un récepteur du contact léger ou de la pression jusqu'à la corne postérieure du même côté de la moelle épinière. Dans la corne, le neurone de premier ordre fait synapse avec un neurone de deuxième ordre. L'axone du neurone de deuxième ordre traverse du côté opposé de la moelle épinière et devient partie intégrante du faisceau spino-thalamique ventral du cordon antérieur. Le neurone de deuxième ordre suit le faisceau vers le haut à travers le tronc cérébral jusqu'au noyau ventral postéro-latéral du thalamus. L'influx sensoriel est alors transmis à partir du thalamus à travers la capsule interne de l'aire somesthésique du cortex cérébral par un neurone de troisième ordre. Bien qu'il y ait un certain degré de conscience du contact léger et de la pression au niveau thalamique, la sensation n'est perçue pleinement que lorsque les influx atteignent le cortex.

L'acuité tactile, la proprioception et la vibration

La voie neurale liée à l'acuité tactile, à la proprioception et à la vibration est le **cordon postérieur** (figure 15.7). Cette voie conduit les influx qui donnent naissance à plusieurs sens discriminatoires.

1. L'acuité tactile : la capacité de reconnaître l'emplacement exact de la stimulation et d'effectuer une discrimination spatiale.

2. La stéréognosie : la capacité de reconnaître, par le toucher, le volume, la forme et la texture d'un objet.

3. La proprioception : la conscience de la position exacte des parties du corps et de la direction des mouvements.

4. L'évaluation pondérale : la capacité d'évaluer la masse d'un objet.

5. La capacité de ressentir les vibrations.

Les neurones de premier ordre liés aux sens discriminatoires énumérés plus haut suivent une voie différente de ceux qui sont liés à la douleur, à la température, au contact léger et à la pression. Plutôt que de déboucher dans la corne postérieure, les neurones de premier ordre en provenance des récepteurs appropriés montent à l'intérieur du faisceau gracile ou du faisceau cunéiforme du cordon postérieur de la moelle épinière. De là, les neurones de premier ordre pénètrent soit dans le noyau gracile ou le noyau cunéiforme du bulbe rachidien, où ils font synapse avec les neurones de deuxième ordre. Les axones des neurones de deuxième ordre traversent du côté opposé de la moelle épinière et montent vers le thalamus par le lemniscus médian, un faisceau ascendant de fibres blanches passant dans le bulbe rachidien, la protubérance annulaire et le mésencéphale. Les axones des neurones de deuxième ordre font synapse avec les neurones de troisième ordre dans le noyau ventral postérieur du thalamus. Dans le thalamus, il ne se produit pas de sensation consciente liée aux sens discriminatoires, sauf peut-être une conscience rudimentaire des vibrations. Les neurones de troisième ordre conduisent les influx sensoriels vers l'aire somesthésique du cortex cérébral. C'est là que nous percevons le sens de la position, du mouvement et du contact léger.

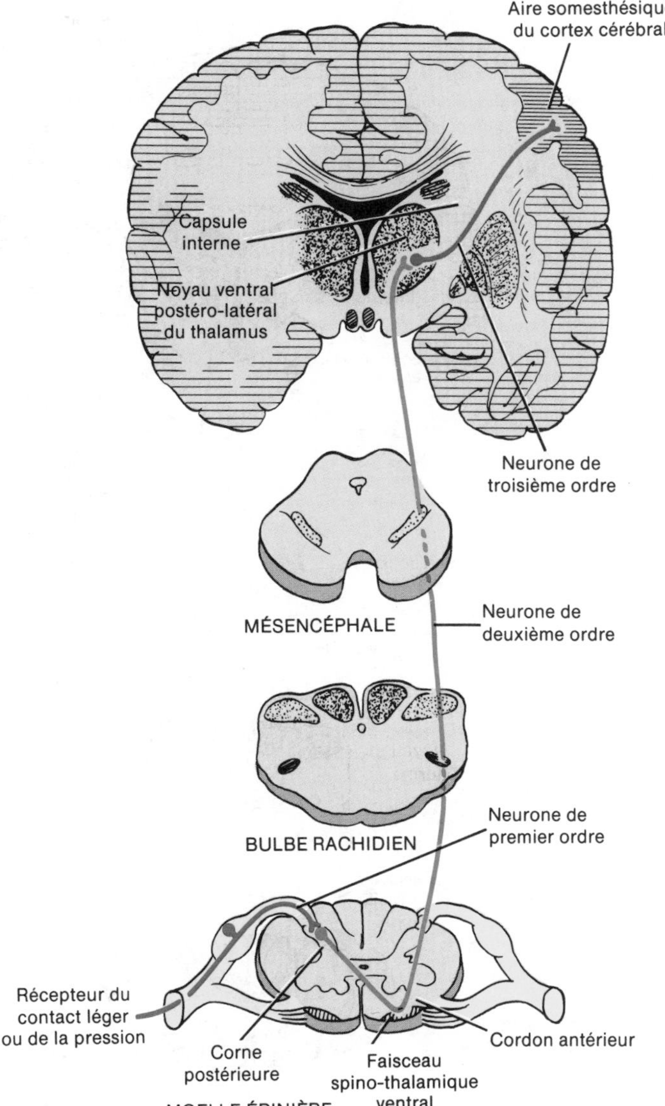

FIGURE 15.6 Voie sensitive du contact léger et de la pression : le faisceau spino-thalamique ventral.

LES FAISCEAUX CÉRÉBELLEUX

Le **faisceau cérébelleux direct (de Flechsig)** est un faisceau non croisé qui conduit les influx liés au sens kinesthésique inconscient et qui, par conséquent, joue un rôle dans les adaptations réflexes liées à la posture et au tonus musculaire. Les influx nerveux prennent naissance dans des neurones qui se trouvent entre les propriocepteurs des muscles, des tendons et des articulations et la corne postérieure de la moelle épinière. Là, les neurones font synapse avec des neurones afférents qui atteignent le cordon latéral ipsilatéral de la moelle épinière pour pénétrer dans le faisceau cérébelleux direct. Le faisceau pénètre dans les pédoncules cérébelleux inférieurs du bulbe rachidien et aboutit au cortex cérébelleux. Dans le cervelet, il se produit des synapses qui entraînent le retour des influx vers la moelle épinière et la corne antérieure, où ils font synapse avec les neurones moteurs inférieurs menant vers les muscles squelettiques.

Le **faisceau cérébelleux croisé (de Gowers)** conduit également des influx liés au sens kinesthésique inconscient. Toutefois, il est fait de fibres nerveuses croisées et non croisées. Les neurones sensitifs envoient des influx à partir des propriocepteurs jusqu'à la corne postérieure de la moelle épinière. Là, une synapse se produit avec les neurones qui composent les faisceaux cérébelleux croisés. Certaines fibres traversent du côté opposé de la moelle épinière dans la commissure blanche antérieure. D'autres passent latéralement vers le faisceau cérébelleux croisé ipsilatéral et montent à travers le tronc cérébral jusqu'à la protubérance annulaire, pour pénétrer dans le cervelet par les pédoncules cérébelleux supérieurs. Là encore, les influx liés au sens kinesthésique inconscient sont enregistrés.

LES VOIES MOTRICES

Après avoir reçu et interprété les sensations, le système nerveux central produit des influx pour envoyer ses

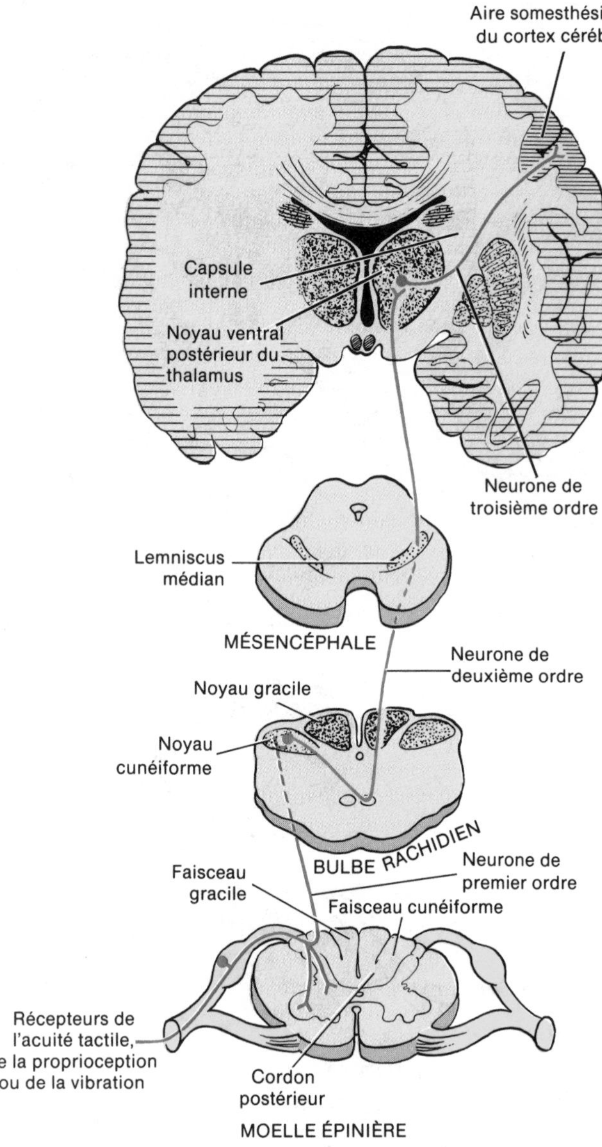

FIGURE 15.7 Voie sensitive de l'acuité tactile, de la proprioception et de la vibration : le cordon postérieur.

réactions au stimulus reçu. Nous avons déjà étudié les arcs réflexes somatiques et les voies efférentes viscérales. Nous allons maintenant aborder la transmission des influx moteurs qui entraînent les mouvements des muscles squelettiques.

LES LIENS ENTRE L'INFORMATION SENSORIELLE ET LES RÉACTIONS MOTRICES

Les systèmes sensoriels ont pour tâche de renseigner le système nerveux central sur le milieu externe et interne. L'appareil locomoteur, qui nous permet de nous déplacer et de modifier nos relations avec le monde qui nous entoure, suscite des réactions actives aux renseignements produits par le système sensoriel. À mesure que les renseignements d'ordre sensoriel sont transmis au système nerveux central, ils rejoignent un vaste réservoir de stimuli. Nous ne réagissons pas activement à toutes les bribes d'information que le système nerveux central reçoit. Les renseignements qui arrivent sont plutôt intégrés à d'autres renseignements en provenance des autres récepteurs sensoriels en fonction. Le processus d'intégration s'effectue dans un grand nombre de centres le long des voies du système nerveux central. Il s'effectue à l'intérieur de la moelle épinière, du tronc cérébral, du cervelet et des aires motrices du cortex cérébral. Par conséquent, une réaction motrice ayant pour but de contracter un muscle ou de produire une sécrétion peut être amorcée à n'importe lequel de ces niveaux. Les aires motrices du cortex cérébral effectuent la tâche importante de régler la motricité fine. Les noyaux gris centraux intègrent principalement les mouvements semi-volontaires comme la marche, la nage et le rire. Le cervelet, bien qu'il ne soit pas un centre de régulation, aide les aires motrices et les noyaux gris centraux en assurant la régularité et la coordination des mouvements corporels.

Le système des réactions motrices est conçu de façon très précise. Chacun des muscles squelettiques est relié à son propre groupe de fibres nerveuses ; celles-ci n'innervent que les fibres de ce muscle. Grâce à cet agencement, lorsque le système nerveux central amorce une réaction, seul le muscle intéressé se contracte. Rappelez-vous la description des unités motrices au chapitre 10.

Les actions musculaires et, par conséquent, le modèle d'activation des unités motrices, peuvent varier considérablement au point de vue de la complexité. Les unités motrices peuvent réagir simultanément pour produire un mouvement soudain et vigoureux, ou elles peuvent être orchestrées pour répondre de manière non synchronisée au cours d'une période donnée, afin que la force de contraction s'accumule de façon plus progressive. Lorsque plus d'une articulation est en cause, les modèles séquentiels de l'activation de l'unité motrice concernant toutes les autres articulations peuvent devenir très complexes. Toutefois, lorsque des mouvements complexes sont effectués par un gymnaste de calibre olympique, par exemple, la beauté du mouvement cache la complexité sous-jacente des innombrales interactions neuromusculaires.

Certaines réactions musculaires sont simples et se produisent au niveau subconscient. Le retrait rapide de la main lorsqu'elle touche un objet brûlant, ou le mouvement de retrait du genou consécutif à la percussion du ligament rotulien, constituent des réactions simples. Le fait de jouer du piano constitue une réaction beaucoup plus complexe. Qu'élles soient simples ou très complexes, toutes les réactions musculaires comprennent la contraction et la relaxation des groupes musculaires. L'innervation des muscles antagonistes agit toujours de façon réciproque. Un groupe de fibres nerveuses provoque la contraction des muscles agonistes, et l'autre ensemble de fibres provoque la relaxation des muscles antagonistes. La complexité des mouvements musculaires nécessaires pour jouer du piano peut atteindre un degré incroyable. Le stimulus sensoriel se modifie rapidement et constamment à mesure que les yeux parcourent la partition musicale. En quelques millisecondes, chaque bribe d'information amorce et modifie les modèles réciproques de l'innervation des muscles des doigts. L'information supplémentaire en provenance des récepteurs sensoriels liés au toucher, à la position, à la pression, à la vitesse et à la sonorité affectent également l'innervation réciproque. L'analyse

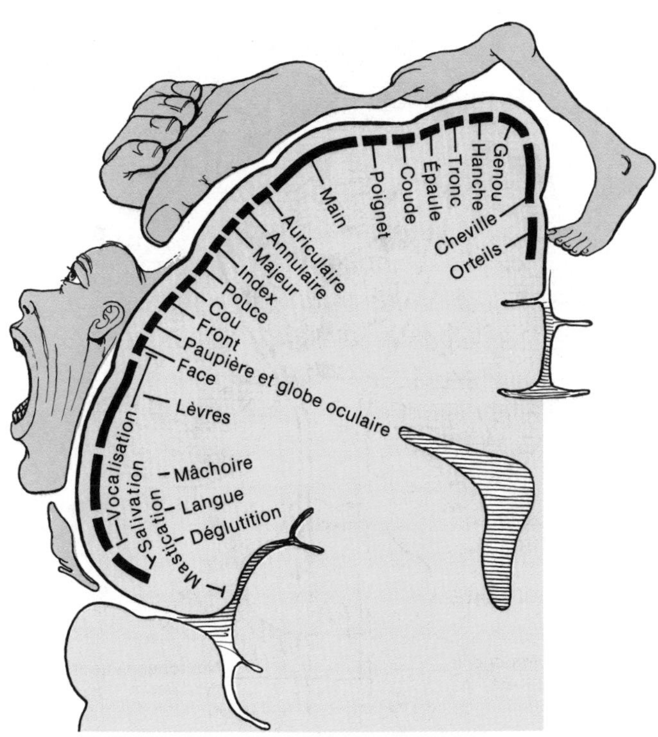

FIGURE 15.8 Aires motrices de l'hémisphère cérébral droit.

presque instantanée du stimulus sensoriel dans son ensemble produit l'agencement incroyable de réactions motrices qui permettent la production d'une musique merveilleuse. Le lien entre le stimulus sensoriel et la réaction motrice s'établit à plusieurs niveaux importants dans le système nerveux central, et chacun des niveaux peut ajouter à la richesse et à la variété du répertoire des mouvements.

À mesure que le lien sensori-moteur atteint des niveaux plus élevés du système nerveux central (de la moelle épinière au tronc cérébral au cervelet aux noyaux gris centraux aux aires motrices), des contributions supplémentaires, qui enrichissent l'inventaire grandissant des réactions motrices, sont introduites. Toute l'information concernant chacun des modes sensoriels provient du système nerveux périphérique et est dirigée dans la moelle épinière. À l'endroit où l'information pénètre dans la moelle épinière, il se produit une synapse qui dirige l'information vers des centres plus élevés du système nerveux central. Lorsque l'information atteint le niveau le plus élevé, le cortex cérébral, une sensation consciente est ressentie. La plupart des sensations conscientes prennent naissance dans les fibres reliées aux extérocepteurs.

D'autres stimuli qui atteignent le système nerveux central ne produisent pas de sensations conscientes. Ils ont pour tâche de moduler et de coordonner les contractions des groupes de muscles. Les fibres nerveuses qui relient les propriocepteurs situés dans les muscles et les tendons envoient constamment de l'information au système nerveux central, au sujet de la longueur du muscle, de la vitesse et de l'intensité de ses contractions. Ces fibres pénètrent dans la moelle épinière, font synapse et projettent leur information vers le haut le long de la moelle jusqu'au cervelet.

Le nombre d'interrelations entre les régions du système nerveux central est tellement élevé qu'il est impossible de définir l'emplacement final de l'information sensorielle. Une partie de cette information arrive d'abord au cortex cérébral, et une autre partie est envoyée au cervelet. Dans d'autres cas, l'information sensorielle est envoyée au cervelet, qui en transmet une partie au cortex cérébral.

Lorsque le stimulus atteint le centre le plus élevé, le processus d'intégration sensori-motrice commence. Ce processus comprend non seulement l'utilisation de l'information contenue dans ce centre, mais également l'information affectant ce centre, et qui est envoyée à partir d'autres centres situés dans le système nerveux central. Après que l'intégration a eu lieu, la réaction du centre est envoyée vers le bas le long de la moelle épinière dans deux faisceaux moteurs descendants : les faisceaux pyramidaux et les faisceaux extrapyramidaux.

LES AIRES MOTRICES

Tout comme on a délimité la partie somato-sensorielle du cortex cérébral en régions indiquant les endroits où aboutit l'information sensorielle provenant de toutes les parties du corps, on a délimité la **partie motrice** pour indiquer quels sont les groupes de muscles qui sont régis par ses aires (figure 15.8). L'hémisphère cérébral droit contient un double des aires motrices de l'hémisphère cérébral gauche. Il est à noter que les différents groupes de muscles ne sont pas représentés de façon égale dans les aires motrices. En règle générale, la représentation est proportionnelle à la précision du mouvement requis par une partie du corps en particulier. Par exemple, le pouce, les doigts, les lèvres, la langue et les cordes vocales sont largement représentés, alors que le tronc est relativement peu représenté. Si on compare les figures 15.4 et 15.8, on voit que les représentations somato-sensorielles et les représentations motrices ne sont pas identiques pour les mêmes parties du corps.

LES FAISCEAUX PYRAMIDAUX

Les influx moteurs volontaires sont envoyés à partir des aires motrices vers les neurones somatiques efférents qui se rendent aux muscles squelettiques en passant par les **faisceaux pyramidaux**. La plupart des fibres pyramidales prennent naissance dans les corps cellulaires de la circonvolution frontale ascendante. Elles descendent par la capsule interne du cerveau, et la plupart d'entre elles traversent du côté opposé de l'encéphale. Elles aboutissent dans les noyaux des nerfs crâniens qui innervent les muscles volontaires, ou dans la corne antérieure de la moelle épinière. Il est probable qu'un court neurone connecteur complète la connexion des fibres pyramidales avec les neurones moteurs qui activent les muscles volontaires.

Les voies que suivent les influx, des aires motrices du cortex cérébral aux muscles squelettiques, comportent deux composants : les **neurones moteurs supérieurs** de l'encéphale, et les **neurones moteurs inférieurs** de la moelle épinière. Voyons trois des faisceaux qui composent le système pyramidal.

1. **Le faisceau pyramidal croisé.** Ce faisceau prend naissance dans les aires motrices du cortex cérébral et descend par la capsule interne du cervelet, le pédoncule cérébral du mésencéphale, puis vers la protubérance annulaire, du même côté que le point d'origine (figure 15.9). Environ 85% des neurones moteurs supérieurs en provenance des aires motrices s'entrecroisent dans le bulbe rachidien. Après la décussation (croisement), les fibres descendent par la moelle épinière dans le cordon latéral, dans le faisceau pyramidal croisé. Ainsi, les aires motrices du côté droit de l'encéphale régissent les muscles du côté gauche du corps, et vice versa. La plupart des neurones moteurs supérieurs du faisceau pyramidal croisé font synapse avec les neurones d'association de la corne antérieure de la moelle épinière. Puis, ces derniers font synapse dans la corne antérieure avec les neurones moteurs inférieurs qui quittent la moelle épinière à tous les niveaux, par l'intermédiaire des branches ventrales des nerfs rachidiens. Les neurones périphériques aboutissent dans les muscles squelettiques.

2. **Le faisceau pyramidal direct.** Environ 15% des neurones moteurs supérieurs des aires motrices du cortex cérébral ne s'entrecroisent pas dans le bulbe. Ils passent dans le bulbe et poursuivent leur descente du même côté jusqu'au cordon antérieur, et deviennent partie intégrante du faisceau pyramidal (croisé ou direct). Les fibres de ces neurones moteurs supérieurs décussent et font synapse avec les neurones d'association de la corne antérieure de la moelle épinière, du côté opposé au point d'origine du faisceau pyramidal direct. Les neurones d'association de la corne font synapse avec les neurones moteurs inférieurs qui quittent les segments cervical et thoracique supérieur de la moelle, par l'intermédiaire des branches ventrales des nerfs rachidiens. Les neurones moteurs inférieurs aboutissent dans les muscles squelettiques qui régissent les muscles du cou et une partie du tronc.

3. **Le faisceau géniculé.** Les fibres de ce faisceau prennent naissance dans les neurones moteurs supérieurs des aires motrices. Elles accompagnent les faisceaux pyramidaux à travers la capsule interne jusqu'au tronc cérébral, où elles décussent et aboutissent dans les noyaux des nerfs crâniens situés dans la protubérance annulaire et le bulbe. Ces nerfs crâniens comprennent le nerf moteur oculaire commun (III), le nerf pathétique (IV), le nerf trijumeau (V), le nerf moteur oculaire externe (VI), le nerf facial (VII), le nerf glosso-pharyngien (IX), le nerf pneumogastrique (X), le nerf spinal (XI) et le nerf hypoglosse (XII). Le faisceau géniculé transmet les influx qui régissent en grande partie les mouvements volontaires de la tête et du cou.

Les différents faisceaux du système pyramidal transmettent des influx à partir du cortex; ces influx produisent des mouvements musculaires précis.

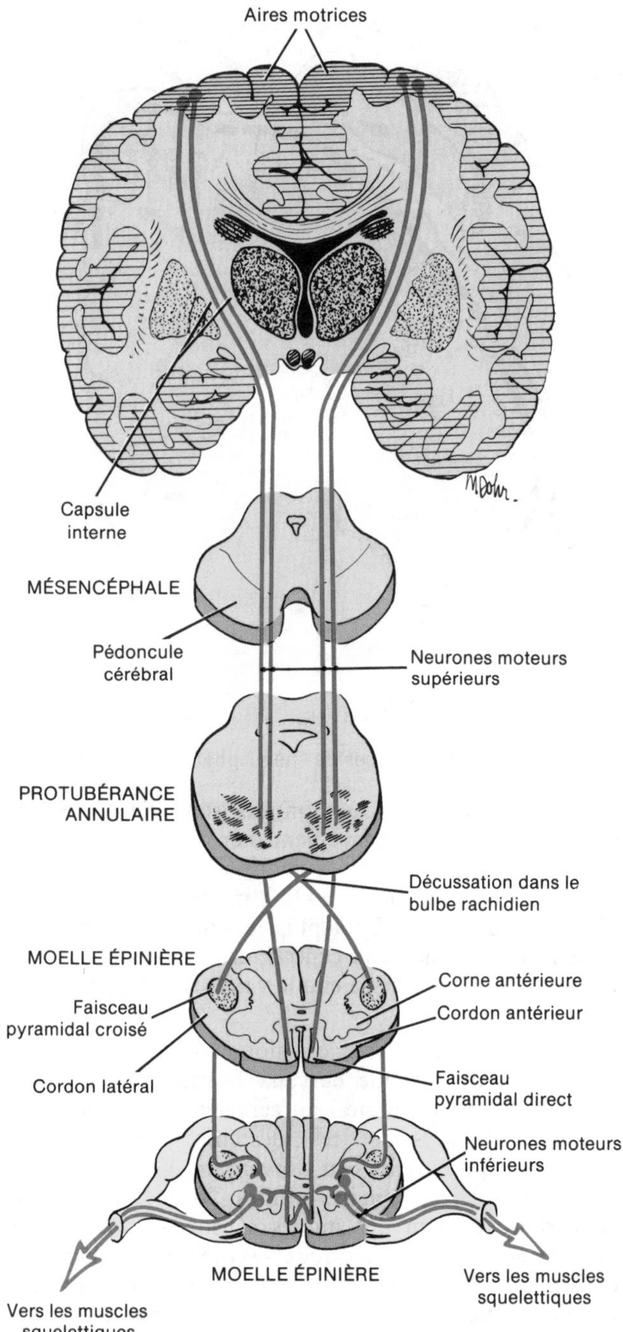

FIGURE 15.9 Faisceaux pyramidaux.

LES FAISCEAUX EXTRAPYRAMIDAUX

Les **faisceaux extrapyramidaux** comprennent tous les faisceaux descendants, à l'exception des faisceaux pyramidaux. En règle générale, ces faisceaux prennent naissance dans les noyaux gris centraux et la formation réticulée. Les principaux faisceaux extrapyramidaux sont:

1. **Le faisceau rubro-spinal.** Ce faisceau prend naissance dans le noyau rouge du mésencéphale (après avoir reçu des fibres du cervelet), traverse pour descendre dans le cordon latéral du côté opposé, et s'étend jusqu'à l'extrémité de la moelle épinière. Il transmet les influx aux muscles squelettiques liés au tonus et à la posture.

2. **Le faisceau tecto-spinal.** Ce faisceau prend naissance dans les tubercules quadrijumeaux antérieurs du mésencéphale, traverse du côté opposé, descend dans le cordon antérieur et pénètre dans les cornes antérieures des segments cervicaux de la moelle épinière. Il a pour tâche de transmettre les influx qui régissent les mouvements de la tête en réaction aux stimuli visuels.

3. **Le faisceau vestibulo-spinal.** Ce faisceau prend naissance dans le noyau vestibulaire du bulbe rachidien, descend du même côté de la moelle dans le cordon antérieur, et aboutit dans les cornes antérieures, notamment dans les segments cervical et lombo-sacré de la moelle épinière. Il transmet les influx qui régularisent le tonus musculaire en réaction aux mouvements de la tête. Il joue donc un rôle important dans l'équilibre.

Un seul neurone moteur, le **neurone moteur supérieur**, transporte l'influx du cortex cérébral aux noyaux du nerf crânien ou à la moelle épinière. Un seul neurone moteur, le **neurone moteur inférieur**, aboutit véritablement dans un muscle squelettique. Ce neurone, efférent somatique, s'étend toujours du système nerveux central au muscle squelettique. Comme il est le dernier neurone du faisceau, on l'appelle également la **voie commune finale**.

APPLICATION CLINIQUE

Les neurones moteurs supérieurs et inférieurs sont importants sur le plan clinique. Lorsque le neurone moteur inférieur est lésé ou malade, il ne se produit aucune action volontaire ou réflexe du muscle qu'il innerve, et le muscle reste relâché ; c'est ce qu'on appelle une **paralysie flasque**. Une blessure ou une maladie atteignant les neurones moteurs supérieurs d'un faisceau moteur est caractérisée par divers degrés de contraction continuelle du muscle, qu'on appelle une **spasticité**, ainsi que par des réflexes exagérés. Une autre caractéristique de cet état est le **signe de Babinski**, qui est caractérisé par une dorsiflexion du gros orteil accompagnée d'une abduction des autres orteils (signe de l'éventail) en réaction à une stimulation de la surface plantaire le long du bord externe du pied. Comme nous l'avons déjà vu, cette réaction n'est normale que chez le nourrisson ; la réaction normale chez l'adulte est une flexion plantaire des orteils.

Les neurones moteurs inférieurs sont soumis à la stimulation d'un grand nombre d'autres neurones présynaptiques. Certains signaux sont excitateurs, d'autres sont inhibiteurs. La somme algébrique des signaux opposés détermine la réaction finale du neurone périphérique. Il s'agit donc plus que d'un simple envoi d'influx par l'encéphale et d'une contraction musculaire.

Les neurones d'association jouent un rôle considérable dans les voies motrices. Les influx en provenance de l'encéphale sont envoyés aux neurones d'association avant d'être reçus par les neurones moteurs inférieurs. Ces neurones d'association intègrent le modèle de la contraction musculaire.

Les noyaux gris centraux ont plusieurs liens avec les autres parties de l'encéphale. Grâce à ces liens, ils aident à régler les mouvements inconscients. Le noyau caudé règle les mouvements intentionnels généraux. Le noyau caudé et le putamen, ainsi que le cortex cérébral, règlent les modèles de mouvements. Le pallidum règle la position du corps lorsqu'un mouvement complexe doit être effectué. On croit que le noyau sous-thalamique règle la marche et, peut-être, les mouvements rythmiques. Un grand nombre de fonctions potentielles des noyaux gris centraux sont réglées par le cervelet. Par exemple, si le cortex cérébral d'un jeune enfant est lésé, l'enfant peut quand même effectuer des mouvements musculaires généraux.

Le cervelet joue également un rôle important. Il est relié aux autres parties de l'encéphale qui sont liées aux mouvements. Le faisceau vestibulo-cérébelleux transmet les influx en provenance du centre de l'équilibre, dans l'oreille interne, jusqu'au cervelet. Le faisceau olivo-cérébelleux de Mingazzini transmet les influx en provenance des noyaux gris centraux jusqu'au cervelet. Le faisceau cortico-pontin et la voie ponto-cérébelleuse transmettent les influx du cerveau au cervelet. Les faisceaux spino-cérébelleux transmettent au cervelet les renseignements liés à la proprioception. Ainsi, le cervelet reçoit une quantité considérable d'information concernant l'état physique général de l'organisme. À partir de cette information, le cervelet produit des influx qui intègrent les réactions corporelles.

Prenons, par exemple, le tennis. Pour effectuer un bon service, il faut avancer sa raquette, juste assez loin pour obtenir un contact solide. Comment est-il possible d'arrêter ce mouvement au point désiré, sans aller trop loin ? C'est là que le cervelet entre en jeu. Pendant le service, il reçoit l'information liée à l'état de l'organisme. Avant que le joueur frappe la balle, le cervelet a déjà envoyé des renseignements au cortex cérébral et aux noyaux gris centraux, les informant que le mouvement doit s'arrêter à un point précis. En réaction à la stimulation du cervelet, le cortex et les noyaux gris centraux transmettent des influx moteurs aux muscles antagonistes, afin d'arrêter le mouvement. La fonction du cervelet consistant à assurer la précision d'un mouvement est appelée **fonction frénatrice**. Le cervelet aide également à coordonner différentes parties du corps lors de la marche, de la course et de la nage. Enfin, le cervelet favorise le maintien de l'équilibre.

LES FONCTIONS D'INTÉGRATION

Nous allons maintenant aborder une fonction du cerveau qui est fascinante, quoique mal connue, l'intégration. Les **fonctions d'intégration** comprennent des activités cérébrales comme la mémoire, les états de veille et de sommeil, ainsi que les réactions affectives. Nous avons présenté, au chapitre 14, le rôle du système limbique dans le comportement affectif.

LA MÉMOIRE

Si nous n'avions pas de mémoire, nous referions sans cesse les mêmes erreurs et nous serions incapables d'apprendre. De la même façon, nous ne serions pas capables de renouveler nos réussites ou nos réalisations, sauf, peut-être, par hasard. Bien que les scientifiques aient étudié la mémoire et l'apprentissage pendant des années, on ne peut pas encore expliquer de manière satisfaisante la façon dont la mémoire fonctionne. Toutefois, on a appris certaines choses concernant la façon dont l'information est acquise et emmagasinée.

L'**apprentissage** est la capacité d'acquérir des connaissances ou des habiletés par l'enseignement ou l'expérience. L'apprentissage est étroitement lié aux récompenses et aux punitions. La **mémoire** est la capacité de se souvenir. Pour qu'une expérience devienne partie intégrante de la mémoire, elle doit provoquer des changements dans le système nerveux central. Un changement de cette nature dans l'encéphale est appelé **engramme**. Les portions de l'encéphale qu'on croit être associées à la mémoire comprennent les aires d'association des lobes frontaux, pariétaux, occipitaux et temporaux, certaines parties du système limbique, notamment l'hippocampe et le noyau amygdalien, ainsi que le thalamus.

On peut généralement classer la mémoire en deux types: la mémoire à court terme et la mémoire à long terme. La **mémoire à court terme** est la capacité de retenir des bribes d'information; elle ne dure que quelques secondes ou quelques heures. Le fait de chercher dans l'annuaire un numéro de téléphone que l'on ne connaît pas et de le composer constitue un exemple de la mémoire à court terme. Si le numéro de téléphone n'est pas particulièrement important, on l'oublie généralement après quelques secondes. La **mémoire à long terme**, par contre, persiste pendant plusieurs jours ou même plusieurs années. Par exemple, un numéro de téléphone utilisé fréquemment, comme son propre numéro, devient partie intégrante de la mémoire à long terme. Dans ce cas, on peut le retrouver dans sa mémoire longtemps après. Le renforcement lié à l'usage fréquent du numéro de téléphone est appelé mémoire de rétention.

Comme nous l'avons déjà vu dans ce chapitre, l'encéphale humain reçoit des stimuli d'un grand nombre d'endroits, mais un faible pourcentage seulement de ces stimuli se rend à la conscience. On a évalué qu'environ 1% seulement des renseignements qui atteignent la conscience va dans la mémoire à long terme, et qu'une grande partie des renseignements contenus dans la mémoire à long terme sont oubliés. Il est heureux que notre encéphale ne sélectionne qu'une petite partie de nos pensées et perde une grande partie de ce que nous y emmagasinons; autrement, l'encéphale serait sursaturé d'informations.

Le fait de pouvoir se remémorer une liste courte plus facilement qu'une longue liste est une des caractéristiques de la mémoire. Cela peut sembler évident, mais la mémoire humaine n'enregistre pas tout comme un ruban magnétique sans fin. Elle ne peut pas enregistrer de longues listes de détails. Une autre caractéristique de la mémoire est le fait que, même lorsque certains détails sont oubliés, l'idée principale reste. Ainsi, nous pouvons souvent, contrairement au ruban magnétique, expliquer une idée ou un concept avec nos propres mots et à notre façon.

Même si l'on a effectué des recherches pendant plusieurs dizaines d'années, on ne peut pas encore expliquer les mécanismes de la mémoire. Cependant, en intégrant plusieurs observations cliniques et expérimentales, les scientifiques ont élaboré certaines théories qui peuvent aider à comprendre ces mécanismes.

Selon une des théories liées à la mémoire à court terme, les souvenirs pourraient être liés à des circuits neuronaux de résonance, un influx qui arrive stimule le premier neurone, celui-ci stimule le deuxième neurone qui, à son tour, stimule le troisième, etc. (voir la figure 12.13,c). Des ramifications des deuxième et troisième neurones font synapse avec le premier neurone, renvoyant constamment l'influx dans le circuit. Ainsi, le neurone émetteur produit des influx constants. Une fois lancé, le signal émetteur peut durer de quelques secondes à plusieurs heures, selon l'agencement des neurones dans le circuit. Si l'on applique ce modèle à la mémoire à court terme, une pensée qui survient (le numéro de téléphone dont il a été question plus haut) reste dans l'encéphale, même après la disparition du stimulus initial. Il n'est donc possible de se rappeler cette pensée qu'aussi longtemps que la résonance se poursuit.

Certaines preuves viennent soutenir la théorie voulant que la mémoire à court terme soit reliée aux événements électriques et chimiques plutôt qu'aux changements structuraux qui ont lieu dans l'encéphale. Parmi ces événements, on trouve l'anesthésie, le coma, l'électrochoc et l'ischémie (réduction de l'apport sanguin) de l'encéphale. Ces événements nuisent à la rétention des renseignements récemment acquis; ils n'affectent toutefois habituellement pas la mémoire à long terme établie avant que se produise l'interférence avec l'activité électrique. Il arrive souvent que les personnes affligées d'une amnésie rétrograde ne peuvent se rappeler les événements qui ont eu lieu au cours des 30 min qui ont précédé l'état d'amnésie. Par contre, à mesure que ces personnes se rétablissent, les souvenirs les plus récents sont les derniers à revenir. La perte de conscience n'affecte jamais les souvenirs emmagasinés avant que l'amnésie ne survienne.

La plus grande partie des recherches effectuées sur la mémoire à long terme est centrée sur les changements anatomiques ou biochimiques qui se produisent aux synapses, et qui pourraient favoriser la facilitation au niveau des synapses. Les changements anatomiques se produisent dans les neurones, lorsque ceux-ci sont stimulés ou rendus inactifs. Ainsi, des études effectuées au microscope électronique sur des neurones présynaptiques qui ont été soumis à une activité intense et prolongée ont révélé plusieurs changements anatomiques, comme une augmentation du nombre des terminaisons présynaptiques, un épaississement des boutons synaptiques et une augmentation des ramifications et de la conductance des dendrites. Il se produit également une augmentation du nombre des cellules gliales. De plus, avec le temps, les neurones développent de nouveaux boutons synaptiques, probablement par suite d'un usage accru. Ces changements, qui sont reliés à l'apprentissage rapide, suggèrent une stimulation de la facilitation au niveau des synapses. Ces changements ne se produisent pas lorsque les neurones sont inactifs. En fait, chez les animaux qui ont perdu la vision, il y a amincissement du cortex cérébral dans l'aire visuelle.

N'importe lequel des événements de la transmission synaptique pourrait être à l'origine de la stimulation de la communication entre les neurones. Certaines expériences ont prouvé que l'usage répété d'une synapse provoquait une surpolarisation de la membrane présynaptique; par conséquent, lorsque le potentiel d'action passe sur le bouton synaptique, son amplitude est considérablement augmentée. Plus l'amplitude est importante, plus le nombre des neurotransmetteurs est élevé. Pour favoriser davantage cette possibilité, la disponibilité du neurotransmetteur de la cellule présynaptique augmente de façon considérable et, par conséquent, chacun des potentiels d'action produit une libération. D'autres facteurs qu'on croit reliés à ce phénomène sont une augmentation du nombre des molécules réceptrices dans la membrane cellulaire postsynaptique, ou une réduction de la vitesse d'élimination de la substance neurotransmettrice.

Enfin, on s'intéresse beaucoup à l'action possible des acides nucléiques dans la mémoire à long terme. Les molécules d'ADN et d'ARN emmagasinent de l'information, et ces molécules, notamment les molécules d'ADN, ont tendance à durer toute la vie de la cellule. Des études ont démontré une augmentation du contenu d'ARN dans les neurones activés. Inversement, on possède certaines preuves démontrant que la mémoire à long terme ne peut pas s'exercer de façon valable si la formation de l'ARN est inhibée.

LES ÉTATS DE VEILLE ET DE SOMMEIL

Chez l'être humain, les périodes de veille et de sommeil suivent un rythme assez constant s'étalant sur 24 h, appelé le **rythme circadien**. Comme la fatigue nerveuse précède le sommeil et que les signes de fatigue disparaissent après une période de sommeil, on en déduit que la fatique est l'une des causes du sommeil. De plus, les enregistrements électro-encéphalographiques (EEG) indiquent que, durant l'état de veille, le cortex cérébral est très actif et qu'il envoie constamment des influx dans l'organisme. Au cours du sommeil, toutefois, le cortex cérébral envoie moins d'influx. On croit que l'activité du cortex cérébral est liée à la formation réticulée.

La formation réticulée possède de nombreux liens avec le cortex cérébral. La stimulation de certaines parties de la formation réticulée provoque une augmentation de l'activité corticale. C'est pourquoi la formation réticulée est aussi appelée **système d'activation réticulé**. Une partie du système, la partie mésencéphalique, est composée de régions de substance grise de la protubérance et du mésencéphale. Lorsque cette région est stimulée, un grand nombre d'influx montent dans le thalamus et se dispersent dans de vastes régions du cortex cérébral. Ce phénomène a pour effet de provoquer une augmentation généralisée de l'activité corticale. L'autre partie du système d'activation réticulé, la partie thalamique, est faite de substance grise du thalamus. Lorsque cette partie est stimulée, des signaux provenant de régions particulières du thalamus provoquent une activité dans des régions particulières du cortex cérébral. Il semble que la partie mésencéphalique de la formation réticulée suscite un état de veille (conscience) généralisé, et que la partie thalamique suscite le **réveil** (sortir d'un sommeil profond).

Pour que le réveil soit provoqué, la formation réticulée doit être stimulée par des signaux récepteurs. Presque n'importe quel stimulus sensoriel peut activer la formation réticulée: stimuli douloureux, signaux proprioceptifs, lumière vive ou bruit du réveille-matin. Une fois que la formation réticulée est activée, le cortex cérébral est également activé et nous nous réveillons. Les signaux en provenance du cortex cérébral peuvent également stimuler la formation réticulée. Ces signaux peuvent prendre naissance dans les aires somesthésiques ou motrices, ou dans le système limbique. Lorsque les signaux activent la formation réticulée, cette dernière active le cortex cérébral et nous nous réveillons.

Après le réveil, la formation réticulée et le cortex cérébral continuent à s'activer l'un l'autre par un système de rétroaction comprenant un grand nombre de circuits. La formation réticulée partage également, avec la moelle épinière, un système de rétroaction composé d'un grand nombre de circuits. Les influx provenant de la formation réticulée activée sont transmis vers le bas, le long de la moelle épinière, et ensuite aux muscles squelettiques. L'activation des muscles amène les propriocepteurs à retourner les influx qui activent la formation réticulée. Les deux systèmes de rétroaction maintiennent l'activation de la formation réticulée qui, à son tour, maintient l'activation du cortex cérébral. Il en résulte un état de veille appelé **conscience**. La formation réticulée constitue la base physique de l'état de conscience, la principale sentinelle de l'encéphale. Elle filtre et sélectionne constamment, ne transmettant à l'esprit conscient que les renseignements essentiels, extraordinaires ou dangereux. Comme il existe, chez l'être humain, différents niveaux de conscience (vigilance, attention, détente, inattention), on croit que le niveau de conscience dépend du nombre de circuits de rétroaction en opération. Au cours de l'état de veille au repos, des ondes alpha apparaissent sur l'EEG.

APPLICATION CLINIQUE

Plusieurs facteurs peuvent **affecter la conscience**. Les amphétamines activent probablement la formation réticulée pour produire un état de veille et de vigilance. La méditation produit une diminution de la conscience. Les anesthésiques suscitent l'anesthésie. Les lésions ou les maladies atteignant le système nerveux central peuvent produire une perte de la conscience,le coma. Certaines drogues comme le LSD peuvent également affecter la conscience.

Si l'on accepte cette théorie de l'état de veille, comment pouvons-nous expliquer que le sommeil puisse se produire, si les systèmes de rétroaction sont continuellement en marche? Une des explications possibles est que le système de rétroaction est ralenti de façon considérable, ou inhibé. L'inactivation de la formation réticulée provoque un état appelé **sommeil**.

Tout comme dans le cas de la conscience, il y a également différents niveaux de sommeil. Le sommeil normal comprend deux types: le sommeil à ondes lentes et le sommeil paradoxal (sommeil à activité rapide).

Le **sommeil à ondes lentes** comprend quatre étapes, dont chacune chevauche progressivement la suivante. Toutes les étapes ont été identifiées par des enregistrements EEG:

1. **La première étape.** Une étape de transition entre l'état de veille et l'état de sommeil, qui dure habituellement de une minute à sept minutes. Le sujet se détend, les yeux fermés. Durant cette période, la respiration est régulière, le pouls est régulier et les pensées sont floues. Il arrive souvent que le sujet affirme ne pas avoir dormi si on le réveille à ce moment.
2. **La deuxième étape**. La première étape du sommeil véritable, même si le sujet ne dort que légèrement. Il devient un peu plus difficile de réveiller le sujet. Celui-ci peut faire des rêves fragmentés et les yeux peuvent rouler lentement d'un côté à l'autre. La lecture de l'EEG démontre des fuseaux de sommeil, des ondes soudaines et brèves, qui surviennent à un rythme de 12 Hz/s à 14 Hz/s.

3. **La troisième étape**. Une période de sommeil relativement profond. Le sujet est très détendu. La température corporelle commence à baisser et la pression artérielle diminue. Il est difficile de réveiller le sujet, et l'EEG révèle un mélange de fuseaux de sommeil et d'ondes delta. Cette étape se produit environ 20 min après que le sujet s'est endormi.

4. **La quatrième étape**. Sommeil profond. Le sujet est très détendu et réagit lentement si on le réveille. Durant cette étape, le sujet peut mouiller son lit ou marcher dans son sommeil. L'EEG est dominé par les ondes delta.

Durant une période typique de sommeil de 7 h ou 8 h, nous passons de la première à la quatrième étape du sommeil à ondes lentes. Puis, nous revenons aux étapes 3 et 2, et passons au sommeil paradoxal en 50 min ou 90 min.

Dans le **sommeil paradoxal** (sommeil à mouvements oculaires rapides), les enregistrements EEG sont semblables à ceux de la première étape du sommeil à ondes lentes. Il existe toutefois des différences physiologiques importantes entre les deux formes de sommeil. Au cours du sommeil paradoxal, le tonus musculaire est réduit (sauf dans le cas des mouvements rapides des yeux), la fréquence de la respiration et du pouls augmente, et leur rythme est irrégulier. La pression artérielle fluctue également de façon considérable. C'est durant le sommeil paradoxal que la plupart des rêves surviennent. Après la période de sommeil paradoxal, nous retournons aux troisième et quatrième étapes du sommeil à ondes lentes.

Les périodes de sommeil paradoxal et de sommeil à ondes lentes alternent tout au long de la nuit, avec des intervalles d'environ 90 min entre les périodes de sommeil paradoxal. Ce cycle se répète de trois à cinq fois durant la période totale de sommeil. Au début, les périodes de sommeil paradoxal durent de 5 min à 10 min, et se prolongent graduellement; la dernière dure environ 50 min. Chez le nourrisson, la période de sommeil paradoxal constitue jusqu'à 50 % du sommeil total, alors que chez l'adulte, elle n'en constitue que 20 %. La plupart des sédatifs réduisent de façon importante les périodes de sommeil paradoxal.

À mesure que l'on vieillit, les périodes de sommeil nocturne raccourcissent. Le pourcentage de sommeil paradoxal décroît également. On croit que le pourcentage élevé de sommeil paradoxal chez le nourrisson et l'enfant reflète une activité nerveuse accrue, qui est importante pour la maturation de l'encéphale. Le nourrisson a apparemment besoin de cette stimulation interne, puisque les stimuli externes sont réduits. Le fait que les rêves, qui constituent un type particulier d'activité consciente dans l'encéphale, soient plus fréquents durant la période de sommeil paradoxal, vient soutenir cette théorie.

Des études récentes effectuées sur des animaux suggèrent que deux centres nerveux particuliers du tronc cérébral déterminent l'incidence du sommeil à ondes lentes et du sommeil paradoxal. Le centre lié au sommeil à ondes lentes est situé dans les noyaux du raphé. Ses neurones contiennent de grandes quantités de sérétonine, un médiateur chimique. Lorsque les réserves de sérotonine sont épuisées, il se produit une insomnie marquée et une réduction du sommeil à ondes lentes et du sommeil paradoxal. L'insomnie peut être soulagée par l'administration d'un précurseur de la sérotonine, 5-hydroxytryptophane. La sérotonine elle-même ne peut pas traverser la barrière hémato-encéphalique. Le centre lié au sommeil paradoxal est situé dans le locus coeruleus. Ses neurones contiennent de grandes quantités de lévartérénol, un médiateur chimique. La destruction des loci coerulei provoque la disparition complète du sommeil paradoxal, mais n'affecte pas le sommeil à ondes lentes. L'administration de réserpine, un médicament qui épuise les réserves de sérotonine et de lévartérénol, provoque l'élimination des deux formes de sommeil. Ces observations suggèrent que la sérotonine est importante pour le sommeil à ondes lentes, que le lévartérénol est important pour le sommeil paradoxal, et que, normalement, le sommeil paradoxal ne peut se produire que s'il est précédé du sommeil à ondes lentes.

Un **polysomographe** est un instrument doté d'électrodes pour enregistrer différentes variables physiologiques qui surviennent au cours du sommeil. Parmi ces variables figurent l'activité encéphalique enregistrée sur l'électroencéphalogramme (EEG), les mouvements des yeux enregistrés sur l'électro-oculogramme (EOG), et le tonus musculaire enregistré sur l'électromyogramme (EMG). Ces enregistrements indiquent de façon précise le moment où le sujet s'endort, le nombre de périodes de veille qu'il traverse, ainsi que la qualité et la durée du sommeil.

APPLICATION CLINIQUE

Il existe au moins trois troubles liés au sommeil ayant une importance clinique. La **narcolepsie** est caractérisée par des périodes de sommeil involontaire qui durent environ 15 min et qui peuvent se produire à presque n'importe quel moment de la journée. Il s'agit d'une incapacité, à l'état de veille, d'inhiber le sommeil paradoxal. L'**insomnie** est caractérisée par la difficulté à s'endormir et, souvent, par des réveils fréquents. Elle peut être liée à des troubles particuliers ou à des facteurs secondaires, de nature à la fois médicale et psychiatrique. L'**hypersomnie** est caractérisée par des périodes de sommeil exagérément longues; le sujet peut dormir 15 h ou plus par jour.

RÉSUMÉ

Les sensations (page 350)

La définition (page 350)

1. Une sensation est un état de conscience des conditions qui existent dans le milieu externe et interne de l'organisme.
2. Pour qu'une sensation soit perçue, les conditions suivantes doivent être réunies: la réception d'un stimulus; la conversion, par un récepteur, du stimulus en influx nerveux ; et la conversion, par une région de l'encéphale, de l'influx en sensation.
3. Chaque stimulus est capable de provoquer la dépolarisation de la membrane d'un récepteur. Ce phénomène est appelé potentiel générateur.

Les caractéristiques (page 350)

1. Lorsque l'encéphale projette une sensation à son point de stimulation, une projection s'effectue.
2. L'adaptation est une réduction de la sensation, même lorsque le stimulus est encore présent.
3. Les images consécutives sont la persistance d'une sensation, après que le stimulus a été enlevé.
4. La modalité est la propriété par laquelle une sensation se distingue des autres.

La classification des récepteurs (page 351)

1. Selon l'emplacement qu'ils occupent, les récepteurs sont des extérocepteurs, des viscérocepteurs ou des propriocepteurs.
2. Si l'on se base sur le stimulus détecté, on classe les récepteurs en mécanorécepteurs, thermorécepteurs, nocicepteurs, chimiorécepteurs et photorécepteurs.
3. Les récepteurs simples sont liés aux sens en général, et les récepteurs complexes sont associés aux sens spéciaux.

Les sens en général (page 351)

Les sensations cutanées (page 351)

1. Les sensations cutanées comprennent les sensations tactiles (toucher, pression et vibration), les sensations thermiques (chaleur et froid) et la douleur. Les récepteurs liés à ces sensations sont situés dans la peau, les tissus conjonctifs et les extrémités du tube digestif.
2. Les récepteurs du toucher sont les plexus des follicules pileux, les extrémités nerveuses libres, les disques de Merkel, les corpuscules de Meissner et les corpuscules de Ruffini. Les récepteurs de la pression sont les extrémité nerveuses libres, les corpuscules de Ruffini et les corpuscules de Pacini. Les récepteurs de la vibration sont les corpuscules de Meissner et les corpuscules de Pacini.
3. Les récepteurs de la douleur (nocicepteurs) sont situés dans presque tous les tissus corporels.
4. Les douleurs somatiques et viscérales sont converties dans le lobe pariétal du cortex cérébral.
5. La douleur projetée est ressentie dans la peau, près ou loin de l'organe qui envoie les influx douloureux.
6. L'algo-hallucinose est une sensation de douleur dans un membre qui a été amputé.
7. On peut inhiber les influx douloureux par des médicaments, une intervention chirurgicale ou l'acupuncture.
8. Lorsqu'on utilise l'acupuncture, les enképhalines bloquent la libération de la substance P et inhibent la transmission de la douleur à l'encéphale.

Les sensations proprioceptives (page 355)

1. Les récepteurs situés dans les muscles squelettiques, les tendons, les articulations et l'oreille interne envoient des influx liés au tonus musculaire, au mouvement et à la position du corps.
2. Les propriocepteurs comprennent les fuseaux neuromusculaires, les organes tendineux de Glogi, les propriocepteurs articulaires ainsi que les maculas et les crêtes.

Les niveaux de sensibilité (page 357)

1. Les fibres sensitives qui aboutissent dans le tronc cérébral inférieur provoquent des réactions motrices beaucoup plus complexes que les réflexes médullaires.
2. Lorsque les influx sensoriels atteignent le tronc cérébral inférieur, ils provoquent des réactions motrices inconscientes.
3. Les influx sensoriels qui atteignent le thalamus peuvent être localisés approximativement dans l'organisme.
4. Lorsque les influx sensoriels atteignent le cortex cérébral, ils peuvent être localisés de façon précise.

Les voies sensitives (page 357)

1. L'information sensorielle en provenance de toutes les parties du corps aboutit dans une région spécifique de l'aire somesthésique.
2. Le cordon postérieur et le faisceau spino-thalamique contiennent des neurones de premier ordre, de deuxième ordre et de troisième ordre.
3. La voie nerveuse liée à la douleur et à la température est le faisceau spino-thalamique latéral.
4. La voie nerveuse liée au contact léger et à la pression est le faisceau spino-thalamique ventral.
5. La voie nerveuse liée à l'acuité tactile, à la proprioception et à la vibration est le cordon postérieur.
6. Les voies qui se rendent au cervelet sont les faisceaux cérébelleux direct et croisé.

Les voies motrices (page 359)

1. L'information sensorielle qui arrive est ajoutée, enlevée ou intégrée aux autres informations en provenance de tous les autres récepteurs sensoriels en opération.
2. Le processus d'intégration s'effectue dans plusieurs centres le long des voies du système nerveux central; par exemple, dans la moelle épinière, le tronc cérébral, le cervelet ou le cortex cérébral.
3. Une réaction motrice visant à amorcer une contraction musculaire ou une sécrétion glandulaire peut être provoquée à n'importe lequel de ces centres ou niveaux.
4. À mesure que l'emplacement des liens sensori-moteurs atteint des niveaux plus élevés du système nerveux central, des contributions additionnelles, qui enrichissent l'inventaire croissant des réactions motrices, sont introduites.
5. Lorsque le stimulus atteint le centre le plus élevé, l'intégration sensori-motrice a lieu. Ce processus comprend non seulement l'utilisation de l'information contenue dans ce centre, mais également l'information affectant ce centre, en provenance d'autres centres du système nerveux central.
6. Les muscles de toutes les parties du corps sont régis par une région particulière des aires motrices.
7. Les influx moteurs volontaires sont envoyés de l'encéphale et passent par la moelle épinière, le long des faisceaux pyramidaux et extrapyramidaux.

8. Les faisceaux pyramidaux comprennent les faisceaux pyramidal croisé, pyramidal direct et géniculé.
9. Les faisceaux extrapyramidaux les plus importants sont les faisceaux rubro-spinal, tecto-spinal et vestibulo-spinal.

Les fonctions d'intégration (page 363)

1. La mémoire est la capacité de se remémorer des pensées ; on la classe généralement en deux types : la mémoire à court terme et la mémoire à long terme.
2. Un engramme est une marque laissée par la mémoire dans l'encéphale.
3. La mémoire à court terme est liée aux événements électriques et chimiques ; la mémoire à long terme est liée aux modifications anatomiques et biochimiques au niveau des synapses.
4. Les états de sommeil et de veille sont des fonctions d'intégration régies par le système d'activation réticulé (formation réticulée).
5. Le sommeil à ondes lentes comprend quatre étapes identifiées par des enregistrements EEG.
6. La plupart des rêves surviennent durant le sommeil paradoxal (sommeil à mouvements oculaires rapides).
7. La sérotonine et le lévartérénol sont des médiateurs chimiques qui affectent le sommeil.
8. Un polysomographe est un instrument servant à mesurer plusieurs variables physiologiques au cours du sommeil.

RÉVISION

1. Qu'est-ce qu'une sensation ? Qu'est-ce qu'un récepteur sensoriel ? Quelles sont les conditions nécessaires pour qu'une sensation soit ressentie ?
2. Décrivez les caractéristiques suivantes d'une sensation : projection, adaptation, images consécutives, modalité.
3. Donnez quelques exemples d'adaptation qui ne se trouvent pas dans le texte.
4. Classez les récepteurs en vous basant sur l'emplacement, le stimulus détecté et la simplicité ou la complexité.
5. Quelle est la différence entre les sens en général et les sens particuliers ?
6. Qu'est-ce qu'une sensation cutanée ? Quelles sont les différences entre les sensations tactiles, les sensations thermiques et les sensations douloureuses ?
7. De quelle façon les récepteurs cutanés sont-ils distribués à la surface du corps ? Dans votre réponse, parlez de l'épreuve de la discrimination spatiale.
8. Pour chacune des sensations cutanées qui suivent, décrivez le récepteur intéressé sur les plans de la structure, de la fonction et de l'emplacement : toucher, pression, vibration et douleur.
9. De quelle façon les sensations cutanées favorisent-elles le maintien de l'homéostasie ?
10. Pourquoi les nocicepteurs sont-ils importants ? Nommez les différences qui existent entre les douleurs somatiques, les douleurs viscérales, la douleur projetée et l'algo-hallucinose.
11. Pourquoi le concept de la douleur projetée est-il utile au médecin dans le diagnostic des troubles internes ?
12. Qu'est-ce que l'acupuncture ? Décrivez la façon dont l'acupuncture soulage la douleur.
13. Dans quels cas utilise-t-on fréquemment l'acupuncture aux États-Unis ?
14. Qu'est-ce que la proprioception ? Où sont situés les propriocepteurs ?
15. Décrivez la structure des fuseaux neuromusculaires, des organes tendineux de Glogi et des propriocepteurs articulaires.
16. Quels liens existe-t-il entre la proprioception et le maintien de l'homéostasie ?
17. Décrivez les divers niveaux de sensations du système nerveux central.
18. Décrivez la façon dont les parties du corps sont représentées dans l'aire somesthésique.
19. Quelles sont les différences entre le cordon postérieur et les faisceaux spino-thalamiques ?
20. Quelle est la voie sensitive de la douleur et de la température ? De quelle façon fonctionne-t-elle ?
21. Quel est le faisceau lié au contact léger et à la pression ? De quelle façon fonctionne-t-il ?
22. Quel est le faisceau lié à l'acuité tactile, à la proprioception et à la vibration ? De quelle façon fonctionne-t-il ?
23. Décrivez la façon dont les stimuli sensoriels et les réactions motrices sont liés dans le système nerveux central.
24. Décrivez la façon dont les différentes parties du corps sont représentées dans les aires motrices du cortex cérébral.
25. Quels sont les faisceaux qui régissent les influx moteurs volontaires de l'encéphale passant par la moelle épinière ? Comment peut-on les différencier ?
26. Qu'est-ce que la mémoire ? Quels sont les deux types de mémoire ?
27. Qu'est-ce qu'un engramme ? Qu'est-ce que la mémoire de rétention ?
28. Décrivez la théorie définissant les mécanismes probables de la mémoire.
29. De quelle façon les états de sommeil et de veille sont-ils reliés au système d'activation réticulé ?
30. Quelles sont les quatre étapes du sommeil à ondes lentes ? Quelles sont les différences entre le sommeil à ondes lentes et le sommeil paradoxal ?
31. Expliquez le rôle que jouent la sérotonine et le lévartérénol dans le sommeil.
32. Qu'est-ce que la narcolepsie, l'insomnie et l'hypersomnie ?

16

Le système nerveux autonome

OBJECTIFS

- Comparer les différences structurales et fonctionnelles qui existent entre le système nerveux somatique et le système nerveux autonome.
- Identifier les principales caractéristiques structurales du système nerveux autonome.
- Comparer les systèmes sympathique et parasympathique du système nerveux autonome, sur les plans de la structure, de la physiologie et des neurotransmetteurs utilisés.
- Décrire les différents récepteurs postsynaptiques qui interviennent dans les réactions autonomes.
- Décrire un réflexe autonome viscéral et ses composants.
- Expliquer le rôle de l'hypothalamus et les liens qui existent entre ce dernier et les systèmes sympathique et parasympathique.
- Expliquer les liens qui existent entre la rétroaction biologique et le système nerveux autonome.
- Expliquer les liens qui existent entre la méditation et le système nerveux autonome.

La partie du système nerveux qui règle les activités des muscles lisses, du muscle cardiaque et des glandes est le **système nerveux autonome**. Sur le plan de la structure, ce système comprend des neurones efférents viscéraux organisés en nerfs, en ganglions et en plexus. Sur le plan de la fonction, il opère habituellement sans maîtrise consciente. À l'origine, on l'a qualifié d'*autonome* parce que les physiologistes croyaient qu'il fonctionnait sans l'aide du système nerveux central et que, par conséquent, il était autonome. Nous savons maintenant que le système nerveux autonome n'est pas indépendant du système nerveux central, ni sur le plan de la structure ni sur le plan de la fonction. Il est réglé par des centres situés dans l'encéphale, notamment par le cortex cérébral, l'hypothalamus et le bulbe rachidien. Toutefois, le terme autonome est resté. Comme le système nerveux autonome diffère du système nerveux somatique de plusieurs façons, nous allons aborder ces deux systèmes séparément.

LES SYSTÈMES NERVEUX SOMATIQUE ET AUTONOME

Alors que le système nerveux somatique produit les mouvements des muscles squelettiques, le système nerveux autonome (neuro-végétatif) règle les activités viscérales, de façon habituellement involontaire et automatique. Parmi les activités viscérales réglées par le système nerveux autonome, on trouve les modifications du diamètre de la pupille, l'accomodation à la vision de près, la dilatation et la constriction des vaisseaux sanguins, l'ajustement de la fréquence et de la force des battements cardiaques, les mouvements du tube digestif et la sécrétion de la plupart des glandes. Ces activités sont habituellement inconscientes; elles s'effectuent de façon automatique.

On considère généralement que le système nerveux autonome est un système essentiellement moteur. Tous ses axones sont des fibres efférentes qui transmettent les influx en provenance du système nerveux central jusqu'aux effecteurs viscéraux. Les fibres autonomes sont appelées **fibres efférentes viscérales**. Les **effecteurs viscéraux** comprennent le muscle cardiaque, les muscles lisses et l'épithélium glandulaire. Ce qui ne veut pas dire qu'il n'y a pas d'influx afférents (sensitifs) en provenance des effecteurs viscéraux. Les influx qui donnent naissance aux sensations viscérales passent dans des neurones afférents viscéraux dont les corps cellulaires sont situés dans les ganglions spinaux des nerfs rachidiens. Certaines des fonctions de ces neurones afférents ont été décrites lors de la présentation des nerfs crâniens et rachidiens. L'hypothalamus, qui règle, en grande partie, le système nerveux autonome, reçoit également des influx en provenance des fibres sensitives viscérales.

Dans la portion motrice de la voie nerveuse du système nerveux somatique, un neurone efférent quitte le système nerveux central et fait synapse directement avec un muscle squelettique. Dans la voie nerveuse du système nerveux autonome, il y a deux neurones efférents et un ganglion entre eux. Le premier neurone quitte le système nerveux central et se rend vers un ganglion, où il fait synapse avec le deuxième neurone efférent. C'est ce neurone qui fait finalement synapse avec un effecteur viscéral. De plus, alors que les fibres des neurones efférents somatiques libèrent de l'acétylcholine comme médiateur chimique, les fibres des neurones efférents autonomes libèrent soit de l'acétylcholine (ACh) ou de la noradrénaline (NA).

Le système nerveux autonome comprend deux parties principales: le système **sympathique** et le système **parasympathique**. La plupart des organes innervés par le système nerveux autonome reçoivent des neurones efférents viscéraux des deux composants du système autonome: un ensemble de neurones du système sympathique, et un autre du système parasympathique. En règle générale, les influx transmis par les fibres d'un des systèmes stimulent l'organe à déclencher ou à intensifier son activité, alors que les influx de l'autre système réduisent l'activité organique. Les organes qui reçoivent des influx des fibres sympathiques et parasympathiques bénéficient d'une *innervation double*. Ainsi, l'innervation autonome peut être excitatrice ou inhibitrice. Dans le système nerveux somatique, un seul type de neurone moteur innerve un organe; ce dernier est toujours un muscle squelettique. De plus, l'innervation est toujours excitatrice. Lorsqu'un neurone somatique stimule un muscle squelettique, celui-ci devient actif. Lorsque le neurone cesse de stimuler le muscle, la contraction cesse également.

Dans le document 16.1, nous présentons un résumé des principales différences qui existent entre le système nerveux somatique et le système nerveux autonome.

DOCUMENT 16.1 SYSTÈMES NERVEUX SOMATIQUE ET AUTONOME

	SYSTÈME NERVEUX SOMATIQUE	SYSTÈME NERVEUX AUTONOME
Effecteurs	Muscles squelettiques	Muscle cardiaque, muscles lisses et épithélium glandulaire
Type de régulation	Volontaire	Involontaire
Voie nerveuse	Un neurone efférent quitte le SNC et fait synapse directement avec un muscle squelettique	Un neurone efférent quitte le SNC et fait synapse avec un autre neurone efférent dans un ganglion; le deuxième neurone fait synapse avec un effecteur viscéral
Action sur l'effecteur	Toujours excitatrice	Peut être excitatrice ou inhibitrice, selon l'origine de la stimulation (sympathique ou parasympathique)
Neurotransmetteurs	Acétylcholine	Acétylcholine ou noradrénaline

LA STRUCTURE DU SYSTÈME NERVEUX AUTONOME

LES VOIES EFFÉRENTES VISCÉRALES

Les voies efférentes viscérales du système nerveux autonome comprennent toujours deux neurones. L'un émerge du système nerveux central et se rend à un ganglion. L'autre provient directement du ganglion et se rend à l'effecteur (un muscle ou une glande).

Le premier des neurones efférents viscéraux d'une voie autonome est un **neurone préganglionnaire** (figure 16.1). Son corps cellulaire est situé dans l'encéphale ou la moelle épinière. Son axone myélinique, appelé **fibre préganglionnaire**, quitte le système nerveux central en tant que composant d'un nerf crânien ou rachidien. Puis, la fibre se sépare du nerf et se dirige vers un ganglion sympathique, où elle fait synapse avec les dendrites ou le corps cellulaire du neurone postganglionnaire, le deuxième neurone de la voie efférente viscérale.

Le **neurone postganglionnaire** se trouve entièrement à l'extérieur du système nerveux central. Son corps cellulaire et ses dendrites (s'il en a) sont situés dans le ganglion sympathique, où ils font synapse avec une ou plusieurs fibres préganglionnaires. L'axone du neurone postganglionnaire, appelé **fibre postganglionnaire**, est amyélinique et aboutit dans un effecteur viscéral.

Ainsi, les neurones préganglionnaires transmettent des influx efférents à partir du système nerveux central jusqu'aux ganglions sympathiques. Les neurones postganglionnaires transmettent les influx à partir des ganglions sympathiques jusqu'aux effecteurs viscéraux.

Les neurones préganglionnaires

Dans le système sympathique, les corps cellulaires des neurones préganglionnaires se trouvent dans les cornes latérales des douze segments thoraciques et des deux ou trois premiers segments lombaires de la moelle épinière (figure 16.2). C'est pourquoi on l'appelle également **système thoraco-lombaire**, et que les fibres des neurones préganglionnaires sympathiques sont appelées **efférences sympathiques thoraco-lombaires**.

Les corps cellulaires des neurones préganglionnaires du système parasympathique sont situés dans les noyaux des nerfs crâniens III, VII, IX et X, dans le tronc cérébral et dans les cornes latérales du deuxième au quatrième segment sacré de la moelle épinière. Par conséquent, le système parasympathique est également appelé **système cranio-sacré**, et les fibres des neurones préganglionnaires parasympathiques sont appelées **efférences parasympathiques cranio-sacrées**.

Les ganglions sympathiques

Les voies autonomes comprennent toujours des **ganglions sympathiques**, où s'effectuent les synapses entre les neurones efférents viscéraux. Les ganglions sympathiques sont différents des ganglions spinaux. Ces derniers contiennent les corps cellulaires de neurones sensitifs, et il ne s'y produit pas de synapses.

On peut diviser les ganglions sympathiques en trois groupes principaux. Les **ganglions sympathiques latéro-vertébraux** consistent en une série de ganglions disposés sur une rangée verticale de chaque côté de la colonne vertébrale, allant de la base du crâne au coccyx (figure 16.3). L'ensemble de ces ganglions forme la **chaîne sympathique**. Cette chaîne ne reçoit que les fibres préganglionnaires en provenance du système sympathique (figure 16.2). C'est pour cette raison que les fibres préganglionnaires sympathiques sont plutôt courtes.

Le second type de ganglion sympathique appartient également au système sympathique. On l'appelle **ganglion prévertébral** (figure 16.3). Les ganglions qui appartiennent à ce groupe se trouvent devant la moelle épinière, près des grosses artères abdominales dont leurs noms sont dérivés. Par exemple, le ganglion mésentérique supérieur se trouve près de l'origine de l'artère mésentérique supérieure, dans la partie supérieure de l'abdomen, et le ganglion mésentérique inférieur est situé près de l'origine de l'artère mésentérique inférieure, au centre de l'abdomen (figure 16.2). Les ganglions prévertébraux

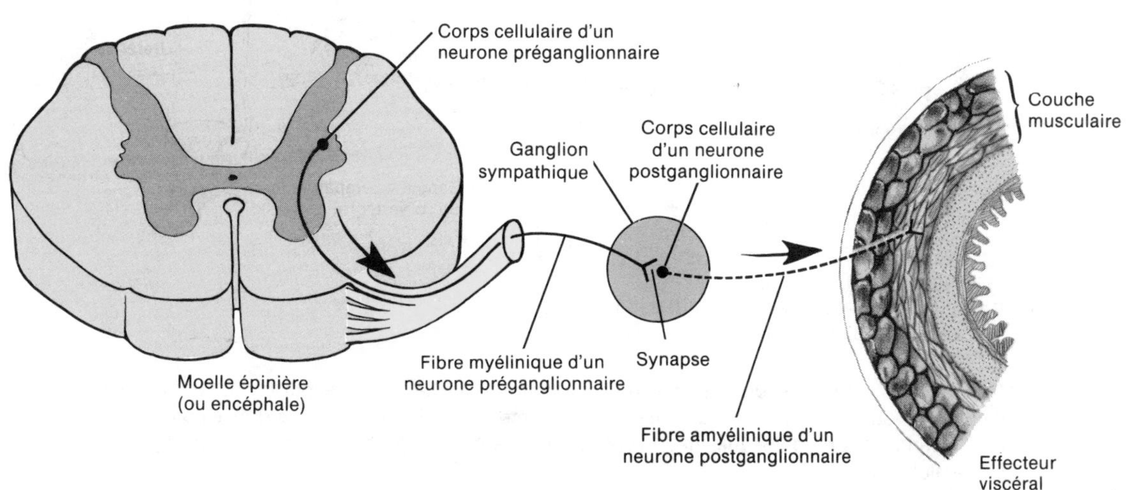

FIGURE 16.1 Liens entre les neurones préganglionnaires et les neurones postganglionnaires.

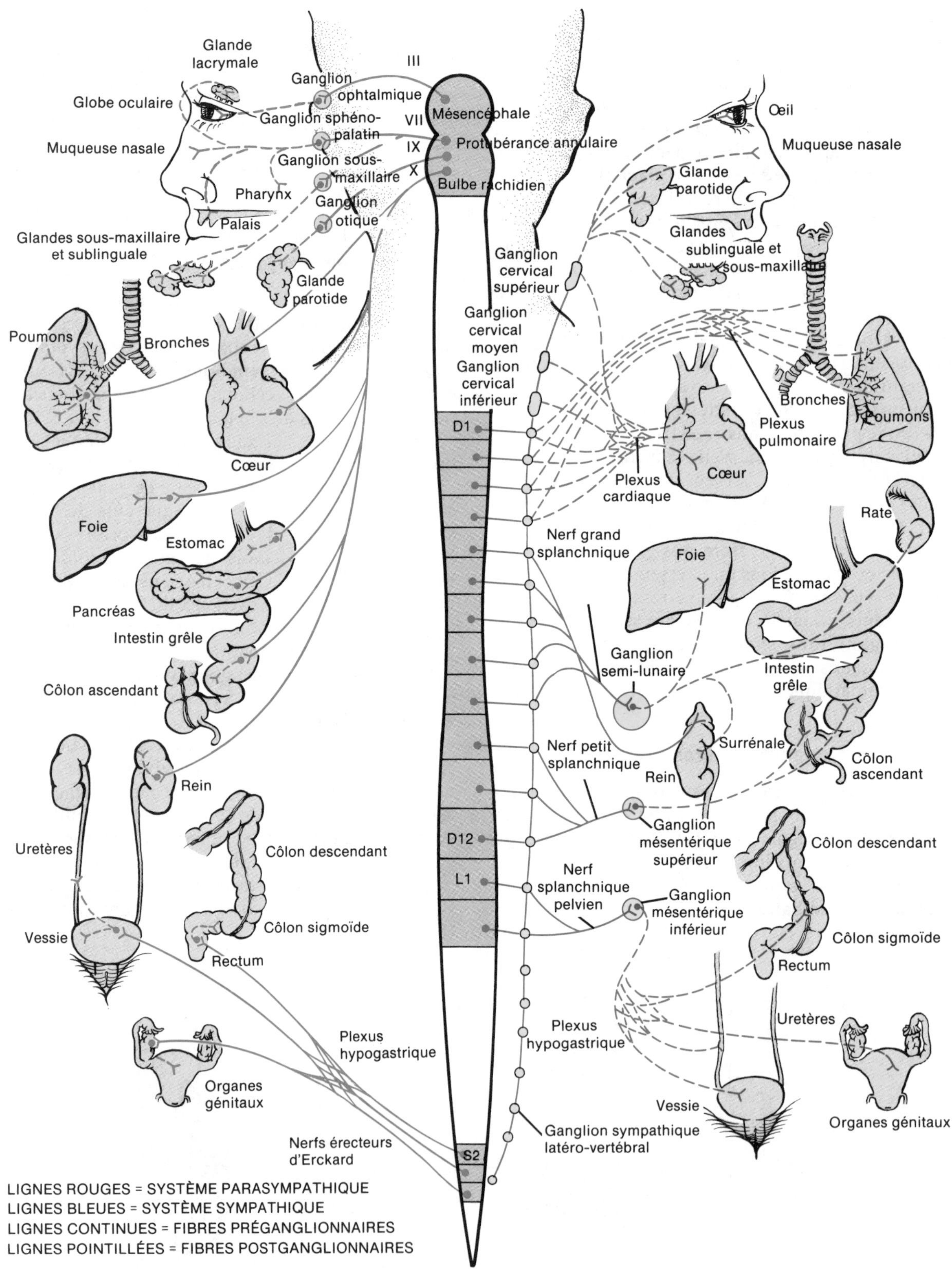

FIGURE 16.2 Structure du système nerveux autonome. Le système parasympathique n'est illustré que du côté gauche de la figure, et le système sympathique n'occupe que le côté droit ; il faut cependant se rappeler que chacun des systèmes se trouve des deux côtés du corps (symétrie bilatérale).

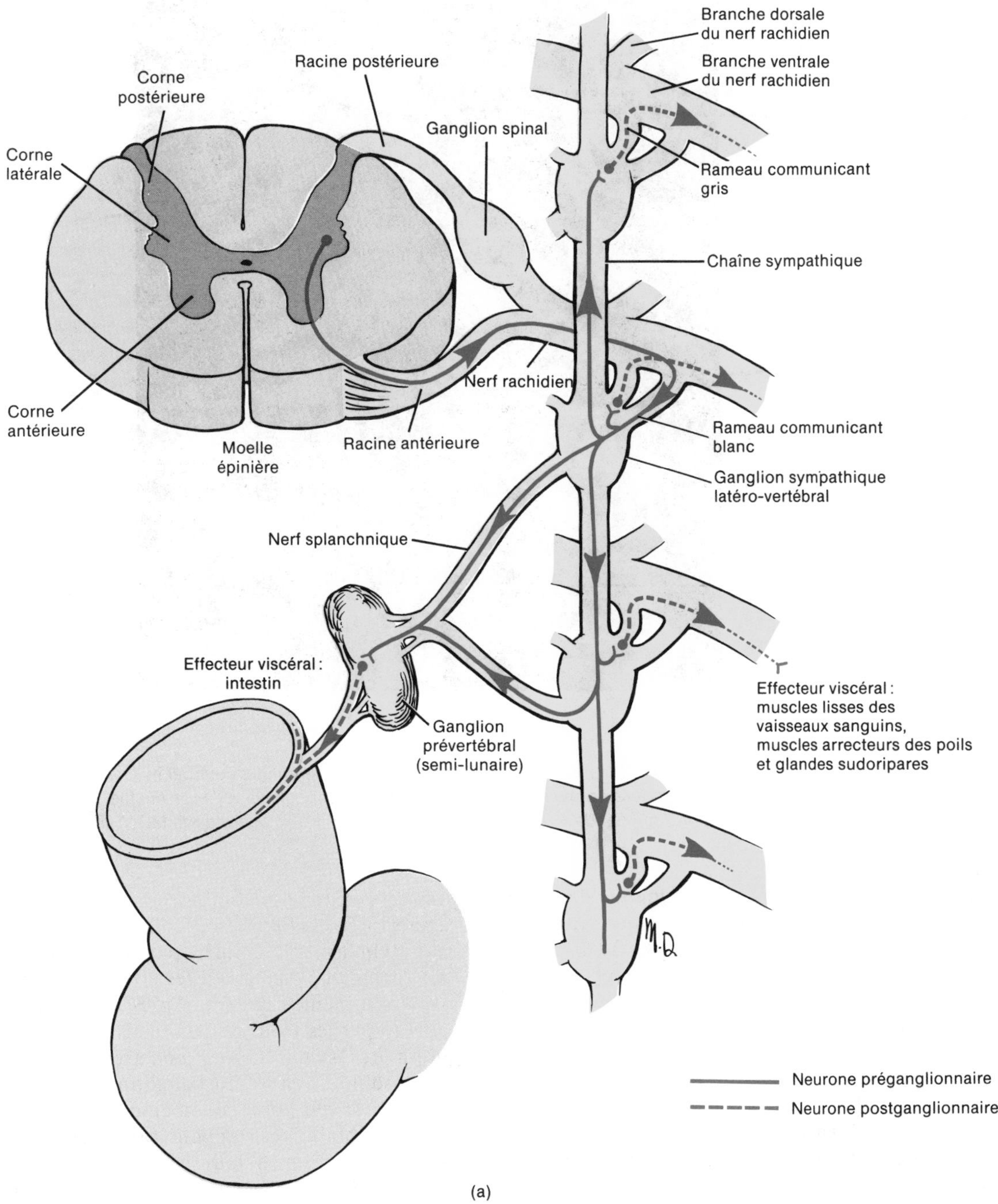

FIGURE 16.3 Ganglions et rameaux communicants du système sympathique du système nerveux autonome. (a) Diagramme.

reçoivent les fibres préganglionnaires en provenance du système sympathique.

Le troisième groupe de ganglions sympathiques appartient au système parasympathique; ces ganglions sont des **ganglions terminaux**, ou **pariétaux**. Ils sont situés au point d'arrivée d'une voie efférente viscérale très rapprochée des effecteurs, ou à l'intérieur même des parois de ces effecteurs. Les ganglions terminaux reçoivent les fibres préganglionnaires du système parasympathique. Les fibres préganglionnaires ne traversent pas les ganglions sympathiques latéro-vertébraux (figure 16.2). C'est pour cette raison que les fibres préganglionnaires parasympathiques sont plutôt longues.

Le système nerveux autonome contient également des **plexus végétatifs**. Un plexus végétatif est fait de minces fibres nerveuses émanant des ganglions contenant des corps de cellules nerveuses postganglionnaires, disposées en un réseau de ramifications.

Les neurones postganglionnaires

Les axones des neurones préganglionnaires du système sympathique passent dans les ganglions sympathiques

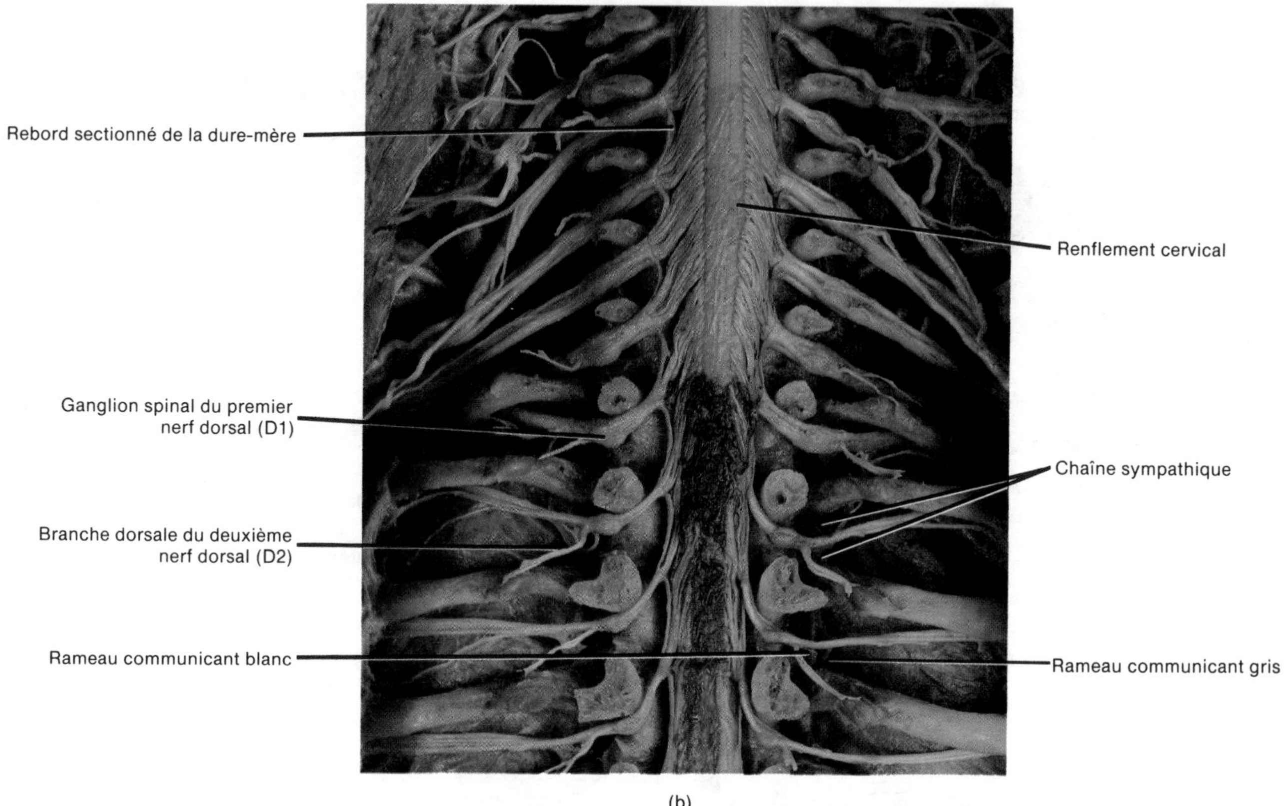

FIGURE 16.3 [*Suite*] (b) Photographie de la face postérieure des segments cervical inférieur et thoracique supérieur de la moelle épinière. [Gracieuseté de N. Gluhbegovic et T.H. Williams, *The Human Brain: A Photographic Guide*, Harper & Row, Publishers, Inc., Hagerstown, MD, 1980.]

latéro-vertébraux. Ils peuvent faire synapse dans ces derniers avec des neurones postganglionnaires, ou poursuivre leur chemin, sans faire synapse, à travers les ganglions de la chaîne sympathique et aboutir dans un ganglion prévertébral, où ils peuvent faire synapse avec des neurones postganglionnaires. Chacune des fibres préganglionnaires sympathiques fait synapse avec plusieurs fibres postganglionnaires dans le ganglion, et les fibres postganglionnaires se rendent vers plusieurs effecteurs viscéraux. Après avoir quitté leurs ganglions, les fibres postsynaptiques innervent leurs effecteurs viscéraux.

Les axones des neurones préganglionnaires du système parasympathique passent vers des ganglions terminaux situés près d'un effecteur viscéral ou à l'intérieur même de celui-ci. Dans le ganglion, le neurone préganglionnaire ne fait habituellement synapse qu'avec quatre ou cinq neurones postganglionnaires vers un seul effecteur viscéral. Après avoir quitté leurs ganglions, les fibres postsynaptiques innervent leurs effecteurs viscéraux.

Nous pouvons maintenant aborder certaines des caractéristiques structurales des systèmes sympathique et parasympathique du système nerveux autonome.

LE SYSTÈME SYMPATHIQUE

Les corps cellulaires des fibres préganglionnaires du système sympathique sont situés dans les cornes latérales de tous les segments thoraciques et des deux ou trois premiers segments lombaires de la moelle épinière (figure 16.2). Les fibres préganglionnaires sont myéliniques et quittent la moelle épinière par la racine antérieure d'un nerf rachidien, avec les fibres efférentes somatiques, au niveau du même segment. Après avoir quitté la moelle épinière par les trous de conjugaison, les fibres préganglionnaires sympathiques pénètrent dans un rameau blanc pour se rendre au ganglion sympathique latéro-vertébral le plus près, du même côté. L'ensemble des rameaux blancs est appelé **rameaux communicants blancs**. Leurs noms indiquent qu'ils contiennent des fibres myéliniques. Seuls les nerfs dorsaux et lombaires supérieurs ont des rameaux communicants blancs. Ces derniers relient la branche ventrale du nerf rachidien et les ganglions sympathiques latéro-vertébraux.

Les deux parties de la chaîne sympathique sont situées en position antéro-latérale par rapport à la moelle épinière, de chaque côté de celle-ci. Chacune d'elles comprend une série de ganglions disposés de façon plus ou moins segmentaire. Les divisions de la chaîne sympathique sont nommées d'après leur emplacement. Il y a 22 ganglions dans chaque chaîne: 3 cervicaux, 11 dorsaux, 4 lombaires et 4 sacrés. Bien que la chaîne descende à partir du cou, du thorax et de l'abdomen jusqu'au coccyx, elle ne reçoit que les fibres préganglionnaires des segments thoraciques et lombaires de la moelle épinière (figure 16.2).

La portion cervicale de chacune des parties de la chaîne sympathique est située dans le cou, devant les muscles prévertébraux. Elle est divisée en ganglions supérieur, moyen et inférieur (figure 16.2). Le *ganglion cervical supérieur* est situé derrière l'artère carotide interne et devant les apophyses transverses de la deuxième vertèbre cervicale. Les fibres postganglionnaires qui quittent le ganglion desservent la tête, où elles sont distribuées aux glandes sudoripares, aux muscles lisses de l'œil et aux vaisseaux sanguins de la face, à la muqueuse nasale et aux glandes salivaires sous-maxillaires, sublinguales et parotides. Les rameaux communicants gris (description sommaire) du ganglion passent également aux deux ou quatre nerfs rachidiens cervicaux supérieurs. Le *ganglion cervical moyen* est situé près de la sixième vertèbre cervicale, au niveau du cartilage cricoïde. Les fibres postganglionnaires qui en émergent innervent le cœur. Le *ganglion cervical inférieur* est situé près de la septième côte, devant les apophyses transverses de la septième vertèbre cervicale. Ses fibres postganglionnaires innervent également le cœur.

La portion thoracique de chacune des parties de la chaîne sympathique comprend habituellement 11 ganglions disposés de façon segmentaire, situés en position ventrale par rapport aux cols des côtes correspondantes. Cette portion de la chaîne sympathique reçoit la plupart des fibres préganglionnaires sympathiques. Les fibres postganglionnaires en provenance de la portion thoracique de la chaîne innervent le cœur, les poumons, les bronches et d'autres viscères de cette région.

La portion lombaire de chaque chaîne sympathique se trouve de chaque côté des vertèbres lombaires correspondantes. La portion sacrée de la chaîne sympathique est située dans la cavité pelvienne, sur le côté médian des trous sacrés. Les fibres postganglionnaires provenant des ganglions latéro-vertébraux lombaires et sacrés sont distribuées avec les nerfs rachidiens respectifs en passant par les rameaux communicants gris, ou elles peuvent rejoindre le plexus hypogastrique par les branches viscérales directes.

Lorsqu'une fibre préganglionnaire d'un rameau communicant blanc pénètre dans la chaîne sympathique, elle peut faire synapse de plusieurs façons. Certaines fibres font synapse dans le premier ganglion, au niveau de l'entrée. D'autres longent la chaîne vers le haut ou vers le bas pendant quelque temps pour former les fibres auxquelles les ganglions sont attachés. Ces fibres, appelées **chaînes sympathiques** (figure 16.3), peuvent ne pas faire synapse avant d'avoir atteint un ganglion de la région cervicale ou sacrée. La plupart d'entre elles rejoignent les nerfs rachidiens avant d'alimenter des effecteurs viscéraux périphériques, comme les glandes sudoripares, les muscles lisses des vaisseaux sanguins et ceux qui entourent les follicules pileux des membres. Le **rameau communicant gris** est une structure contenant les fibres postganglionnaires qui relient le ganglion sympathique latéro-vertébral au nerf rachidien (figure 16.3). Les fibres sont amyéliniques. Tous les nerfs rachidiens sont dotés de rameaux communicants gris. Ceux-ci sont plus nombreux que les rameaux communicants blancs, puisqu'un rameau gris conduit à chacune des 31 paires de nerfs rachidiens.

Dans la plupart des cas, une fibre préganglionnaire sympathique prend fin en faisant synapse avec un grand nombre (20 ou plus) de corps cellulaires postganglionnaires dans un ganglion. Souvent, les fibres postganglionnaires aboutissent alors dans des organes situés à une bonne distance l'un de l'autre. Ainsi, un influx qui commence dans un seul neurone préganglionnaire peut atteindre plusieurs effecteurs viscéraux. C'est pourquoi la plupart des réactions sympathiques ont des effets répandus dans tout l'organisme.

Certaines fibres préganglionnaires passent dans la chaîne sympathique sans y prendre fin. Au-delà de la chaîne, elles forment des nerfs appelés **nerfs splanchniques** (figure 16.2). Après avoir traversé la chaîne ganglionnaire, les nerfs splanchniques de la région thoracique aboutissent dans le *plexus solaire*. Dans le plexus, les fibres préganglionnaires font synapse, dans les ganglions, avec des corps cellulaires postganglionnaires. Ces ganglions sont des ganglions prévertébraux. Le nerf grand splanchnique se rend au ganglion semi-lunaire du plexus solaire. De là, les fibres postganglionnaires sont distribuées à l'estomac, à la rate, au foie, au rein et à l'intestin grêle. Le nerf petit splanchnique passe par le plexus solaire et se rend au ganglion mésentérique supérieur du plexus mésentérique supérieur. Les fibres postganglionnaires de ce ganglion innervent l'intestin grêle et le côlon. Le nerf petit splanchnique, qui n'est pas toujours présent, entre dans le plexus rénal. Les fibres postganglionnaires innervent l'artère rénale et l'uretère. Le nerf splanchnique pelvien entre dans le plexus mésentérique inférieur. Là, les fibres préganglionnaires font synapse avec les fibres postganglionnaires dans le ganglion mésentérique inférieur. Ces fibres traversent le plexus hypogastrique et innervent les portions distales du côlon et du rectum, la vessie et les organes génitaux. Comme nous l'avons mentionné plus haut, les fibres postganglionnaires qui quittent les ganglions prévertébraux suivent le trajet de diverses artères jusqu'à des effecteurs viscéraux abdominaux et pelviens.

LE SYSTÈME PARASYMPATHIQUE

Les corps cellulaires préganglionnaires du système parasympathique se trouvent dans les noyaux du tronc cérébral et de la corne latérale, du deuxième au quatrième segment sacré de la moelle épinière (figure 16.2). Leurs fibres émergent en tant que composants d'un nerf crânien ou de la racine antérieure d'un nerf rachidien. Le **parasympathique crânien** comprend des fibres préganglionnaires qui quittent le tronc cérébral par les nerfs moteur oculaire commun (III), facial (VII), glossopharyngien (IX) et pneumogastrique (X). Le **parasympathique sacré** comprend des fibres préganglionnaires qui quittent les racines antérieures du deuxième au quatrième nerf sacré. Les fibres préganglionnaires des parasympathiques crânien et sacré aboutissent dans les ganglions terminaux, où elles font synapse avec les neurones postganglionnaires. Voyons d'abord le parasymphatique crânien.

Le parasymphatique crânien comprend cinq composants : quatre paires de ganglions et les plexus associés au nerf pneumogastrique. Les quatre paires de ganglions parasympathiques crâniens innervent certaines structures de la tête et sont situées près des organes qu'elles alimentent. Les *ganglions ophtalmiques* sont situés près de la face dorsale des orbites, à côté de chacun des nerfs optiques (II). Les fibres préganglionnaires passent avec le nerf moteur oculaire commun (III) jusqu'au ganglion ophtalmique. Les fibres postganglionnaires du ganglion innervent les cellules musculaires lisses du globe oculaire. Chacun des **ganglions sphéno-palatins** est situé à côté d'un trou sphéno-palatin. Il reçoit les fibres préganglionnaires en provenance du nerf facial (VII) et transmet les fibres postganglionnaires à la muqueuse nasale, au palais, au pharynx et aux glandes lacrymales. Chacun des *ganglions sous-maxillaires* se trouve près du canal d'une glande salivaire sous-maxillaire. Il reçoit les fibres préganglionnaires en provenance du nerf facial (VII) et transmet les fibres postganglionnaires qui innervent les glandes salivaires sous-maxillaire et sublinguale. Les *ganglions otiques* sont situés juste au-dessous de chacun des trous ovales. Le ganglion otique reçoit les fibres préganglionnaires en provenance du nerf glossopharyngien (IX) et transmet les fibres postganglionnaires qui innervent la glande parotide. Les ganglions associés au parasympathique crânien sont classés comme étant des ganglions terminaux. Comme ces ganglions sont situés près de leurs effecteurs viscéraux, les fibres postganglionnaires parasympathiques sont courtes. Les fibres sympathiques postganglionnaires sont relativement longues.

Le dernier composant du parasympathique crânien comprend les fibres préganglionnaires qui quittent l'encéphale en passant par les nerfs pneumogastriques (X). Parmi les fibres parasympathiques, ces fibres sont celles qui sont le plus largement distribuées ; elles constituent environ 80 % du parasympathique crânien. Chaque nerf pneumogastrique (X) entre dans la formation de plusieurs plexus dans le thorax et l'abdomen. Lorsqu'il traverse le thorax, il envoie des fibres au *plexus cardiaque antérieur* dans la crosse de l'aorte et au *plexus cardiaque postérieur*, situé devant les ramifications de la trachée. Ces plexus contiennent des ganglions terminaux, et les fibres postganglionnaires parasympathiques qui en émergent innervent le cœur. Le thorax contient également le *plexus pulmonaire*, qui se trouve devant et derrière les pédicules pulmonaires, et à l'intérieur même des poumons. Il reçoit les fibres préganglionnaires en provenance du nerf pneumogastrique et transmet les fibres postganglionnaires parasympathiques aux poumons et aux bronches. Dans les chapitres qui suivent, nous décrirons d'autres plexus associés au nerf pneumogastrique (X) lorsque nous étudierons les viscères thoraciques, abdominaux et pelviens qui y sont liés. Les fibres postganglionnaires de ces plexus innervent des viscères comme le foie, le pancréas, l'estomac, les reins, l'intestin grêle et une partie du côlon.

Le parasympathique sacré comprend des fibres préganglionnaires des racines antérieures du deuxième au quatrième nerf sacré. L'ensemble de ces fibres forme les *nerfs érecteurs d'Erckard*. Ils passent dans le plexus hypogastrique. À partir des ganglions de ce plexus, des fibres postganglionnaires parasympathiques sont distribuées au côlon, aux uretères, à la vessie et aux organes reproducteurs.

Dans le document 16.2, nous comparons les caractéristiques structurales des systèmes sympathique et parasympathique.

DOCUMENT 16.2 CARACTÉRISTIQUES STRUCTURALES DES SYSTÈMES SYMPATHIQUE ET PARASYMPATHIQUE

SYMPATHIQUE	PARASYMPATHIQUE
Forme les efférences sympathiques thoraco-lombaires	Forme les efférences parasympathiques cranio-sacrées
Contient les ganglions sympathiques latéro-vertébraux et les ganglions prévertébraux	Contient les ganglions terminaux
Les ganglions sont situés près du SNC et loin des effecteurs viscéraux	Les ganglions sont situés près des effecteurs viscéraux ou à l'intérieur de ceux-ci
Chaque fibre préganglionnaire fait synapse avec un grand nombre de neurones postganglionnaires qui se rendent à un grand nombre d'effecteurs viscéraux	Chaque fibre préganglionnaire fait habituellement synapse avec quatre ou cinq neurones postganglionnaires qui se rendent vers un seul effecteur viscéral
Distribué dans tout l'organisme, y compris la peau	Distribution limitée surtout à la tête et aux viscères du thorax, de l'abdomen et du bassin

LA PHYSIOLOGIE DU SYSTÈME NERVEUX AUTONOME

LES NEUROTRANSMETTEURS

Les fibres autonomes, comme les autres axones du système nerveux, libèrent des neurotransmetteurs (médiateurs chimiques) aux synapses et aux points de contact avec les effecteurs viscéraux. Ces points de contact sont appelés **jonctions neuro-effectrices**. Celles-ci peuvent être neuromusculaires ou neuroglandulaires. Selon le neurotransmetteur produit, on peut classer les fibres autonomes en fibres cholinergiques et adrénergiques (figure 16.4).

Les **fibres cholinergiques** libèrent de l'**acétylcholine** et comprennent les composants suivants : (1) tous les axones préganglionnaires sympathiques et parasympathiques, (2) tous les axones postganglionnaires parasympathiques et (3) quelques axones postganglionnaires sympathiques. Les axones postganglionnaires sympathiques cholinergiques comprennent ceux qui se rendent aux glandes sudoripares et aux vaisseaux sanguins dans les muscles squelettiques, ainsi qu'à la peau et aux organes génitaux externes. Comme l'acétylcholine est rapidement inactivée par une enzyme, l'**acétylcholinestérase**, les effets des fibres cholinergiques sont locaux et de brève durée.

Les **fibres adrénergiques** produisent de la **noradrénaline.** La plupart des axones postganglionnaires sympathiques sont adrénergiques. Comme la noradrénaline est

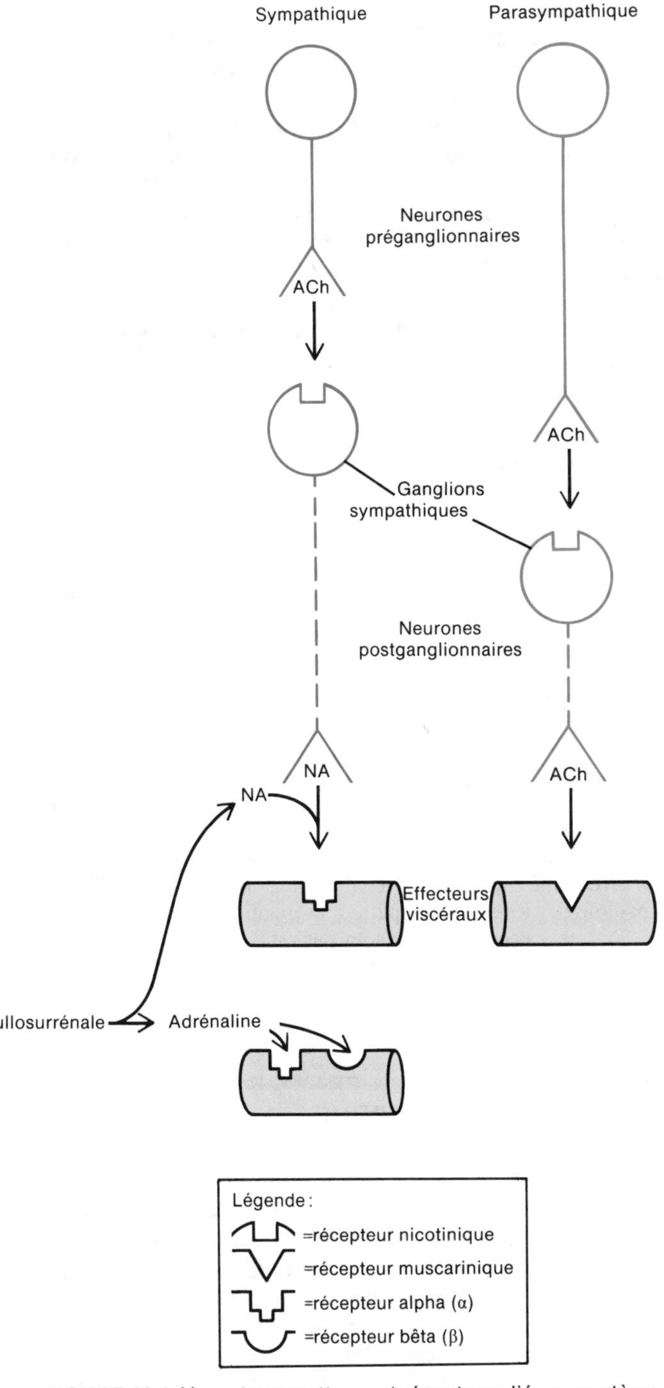

FIGURE 16.4 Neurotransmetteurs et récepteurs liés au système nerveux autonome.

inactivée beaucoup plus lentement par la **catéchol-O-méthyl-transférase** ou la **monoamine oxydase** que l'acétylcholine ne l'est par l'acétylcholinestérase, et comme elle peut pénétrer dans la circulation sanguine, les effets de la stimulation sympathique sont plus durables et plus étendus que ceux de la stimulation parasympathique. L'effet de la noradrénaline produite par les axones postganglionnaires sympathiques est augmenté par la noradrénaline et l'adrénaline sécrétées par la médullosurrénale. Comme ces deux substances sont sécrétées dans le sang, leurs effets sont plus soutenus que ceux de la noradrénaline libérée par les axones. La noradrénaline et l'adrénaline libérées par la médullosurrénale sont finalement détruites par les enzymes du foie, lorsqu'elles ont agi sur leurs effecteurs viscéraux.

LES RÉCEPTEURS

L'acétylcholine est synthétisée et emmagasinée sous forme inactive dans les vésicules synaptiques situées dans les terminaisons axonales des fibres cholinergiques. La libération de l'acétylcholine des terminaisons axonales nécessite des ions Ca^{2+} et implique l'éclatement de milliers de molécules. L'acétylcholine diffuse ensuite dans la courte distance à travers la fente synaptique pour se lier à une molécule réceptrice sur la membrane postsynaptique. La membrane est rapidement dépolarisée et l'acéthycholine est rapidement inactivée par l'acétylcholinestérase, une enzyme qui peut être inhibée par certains médicaments, comme la physostigmine et la néostigmine.

L'effet véritable que produit l'acétylcholine est déterminé par le type de récepteur postsynaptique avec lequel elle interagit (figure 16.4). Les deux types de récepteurs postsynaptiques de l'acétylcholine sont les récepteurs nicotiniques et muscariniques. Les **récepteurs nicotiniques** se trouvent dans les neurones postganglionnaires sympathiques et parasympathiques. On les appelle ainsi parce que les effets de l'acétylcholine sur eux sont semblables à ceux que produit la nicotine. Les **récepteurs muscariniques** se trouvent sur tous les effecteurs innervés par des axones postganglionnaires parasympathiques, et sur certains effecteurs innervés par des axones postganglionnaires sympathiques. On les appelle ainsi parce que les effets de l'acétylcholine sur eux sont semblables à ceux que produit la muscarine, une toxine élaborée par un champignon.

La noradrénaline est libérée par la plupart des fibres postganglionnaires sympathiques. Elle est synthétisée et emmagasinée dans les vésicules synaptiques situées dans les terminaisons axonales des fibres adrénergiques. Lorsqu'un potentiel d'action atteint la terminaison axonale, la noradrénaline est rapidement libérée dans la fente synaptique. Les molécules diffusent à travers la fente et s'unissent aux molécules réceptrices sur la membrane postsynaptique pour provoquer une réaction de l'effecteur.

Les effets de la noradrénaline et de l'adrénaline, comme ceux de l'acétylcholine, sont également déterminés par le type de récepteur postsynaptique avec lequel elles interagissent. Ces récepteurs se trouvent sur les effecteurs viscéraux innervés par la plupart des axones postganglionnaires sympathiques, et on les appelle **récepteurs alpha** [α] et **récepteurs bêta** [β] (figure 16.4). Ces récepteurs se distinguent par les réactions particulières qu'ils provoquent et par leur union sélective avec les médicaments qui les excitent ou les inhibent. En règle générale, la stimulation d'un récepteur alpha produit une augmentation de la perméabilité d'une membrane postsynaptique au Na^+, suivie d'une dépolarisation. C'est pourquoi les récepteurs alpha sont habituellement excitateurs. Inversement, la stimulation d'un récepteur bêta produit généralement une augmentation de la perméabilité d'une membrane postsynaptique au mouvement vers l'extérieur du K^+, et au mouvement vers l'intérieur du Cl^-, ce qui amène la surpolarisation d'une membrane postsynaptique. Par conséquent, les récepteurs bêta sont habituellement inhibiteurs.

Bien que les cellules de la plupart des effecteurs contiennent des récepteurs alpha ou bêta, certaines cellules d'effecteurs viscéraux contiennent les deux types de récepteurs. En règle générale, la noradrénaline stimule les récepteurs alpha de façon plus marquée que les récepteurs bêta, et l'adrénaline stimule les récepteurs alpha et bêta.

Dans le document 16.3, nous donnons les types de récepteurs présents sur les cellules des effecteurs viscéraux et leur réaction à la stimulation du système nerveux autonome. Il est important de noter qu'il existe certaines exceptions très importantes (et troublantes) à la règle générale des récepteurs alpha et bêta. Ainsi, le muscle cardiaque est doté de récepteurs bêta qui agissent comme excitateurs et provoquent une contraction plus vigoureuse du muscle cardiaque. D'autres cellules d'effecteurs viscéraux possèdent les deux types de récepteurs. Dans ce cas, c'est la majorité qui l'emporte. Les récepteurs bêta sont beaucoup plus nombreux que les récepteurs alpha dans les cellules musculaires lisses des vaisseaux sanguins qui parcourent les muscles squelettiques. Par conséquent, une injection de noradrénaline, qui ne s'unit qu'aux récepteurs alpha, s'attache à la surface de ces cellules musculaires et provoque une vasoconstriction. Une injection d'adrénaline, toutefois, provoque une vasodilatation, parce que l'adrénaline agit également sur les deux types de récepteurs. Mais, comme les récepteurs bêta sont plus nombreux, ce sont eux qui l'emportent en produisant une vasodilatation causée par le relâchement des cellules musculaires lisses.

LES ACTIVITÉS

La plupart des effecteurs viscéraux sont doublement innervés, c'est-à-dire qu'ils reçoivent des fibres du système sympathique et du système parasympathique. Dans ce cas, les influx en provenance d'un système stimule les activités organiques, alors que les influx en provenance de l'autre système inhibent ces activités. Le système stimulateur peut être le système sympathique, ou le système parasympathique, selon l'organe innervé. Ainsi, les influx sympathiques augmentent l'activité cardiaque, alors que les influx parasympathiques la réduisent. Par contre, les influx parasympathiques augmentent les activités digestives, alors que les influx sympathiques les inhibent. Les effets des deux systèmes sont soigneusement intégrés pour favoriser le maintien de l'homéostasie. Dans le document 16.3, nous présentons un résumé des activités du système nerveux autonome.

Le système parasympathique est principalement relié aux activités qui permettent le rétablissement et la conservation de l'énergie corporelle. C'est un **système d'entretien et de récupération**. Ainsi, dans des conditions normales, les influx parasympathiques vers les glandes digestives et les muscles lisses du tube digestif sont plus nombreux que les influx sympathiques. Par conséquent, les aliments énergétiques peuvent être digérés et absorbés par l'organisme.

Le système sympathique, par contre, est surtout relié aux processus qui impliquent une dépense d'énergie. Lorsque l'organisme est en homéostasie, la fonction principale du système sympathique est de combattre les effets du système parasympathique, afin de permettre les processus normaux nécessitant de l'énergie. Lors d'une tension extrême, toutefois, le système sympathique domine le système parasympathique. Ainsi, lorsque nous devons affronter une situation de stress, notre organisme devient vigilant et il fait parfois preuve d'une force qui nous étonne. La peur stimule le système sympathique.

L'activation du système sympathique provoque une série de réactions physiologiques, appelées **réaction de lutte ou de fuite**, qui entraîne les effets suivants :

1. Les pupilles se dilatent.

2. La fréquence cardiaque augmente.

3. Les vaisseaux sanguins de la peau et des viscères se contractent.

4. Les autres vaisseaux sanguins se dilatent, ce qui produit un flux sanguin plus rapide dans les vaisseaux sanguins dilatés des muscles squelettiques, du muscle cardiaque, des poumons et de l'encéphale, organes qui participent à la lutte contre le danger.

5. La respiration devient plus rapide à mesure que les bronchioles se dilatent pour accélérer le mouvement de l'air dans les poumons et hors des poumons.

6. Le taux de glucose sanguin s'élève à mesure que le glycogène contenu dans le foie est transformé en glucose pour répondre aux besoins énergétiques supplémentaires de l'organisme.

7. La médullosurrénale est stimulée pour produire de l'adrénaline et de la noradrénaline, hormones qui intensifient et prolongent les effets sympathiques mentionnés plus haut.

8. Les processus qui ne sont pas essentiels pour affronter la situation de stress sont inhibés. Ainsi, les mouvements musculaires du tube digestif et les sécrétions digestives sont ralentis, ou même arrêtés.

APPLICATION CLINIQUE

Lorsque la chaîne sympathique est sectionnée d'un côté, l'innervation sympathique vers ce côté de la tête est supprimée, ce qui entraîne le **syndrome de Claude Bernard-Horner**. Le sujet affligé de ce syndrome affiche les symptômes suivants (du côté atteint) : ptosis (abaissement de la paupière supérieure), élévation légère de la paupière inférieure, rétrécissement de la fente palpébrale, énophtalmie (retrait du globe oculaire), myosis (diminution du diamètre de la pupille), anhidrose (absence de sécrétion sudorale) et coloration rougeâtre de la peau.

LES RÉFLEXES VÉGÉTATIFS

Un **réflexe végétatif** ajuste l'activité d'un effecteur viscéral. En d'autres termes, ce réflexe provoque la contraction d'un muscle lisse ou cardiaque ou une sécrétion par une glande. Ces réflexes jouent un rôle clé dans des activités comme la régulation de l'activité cardiaque, de la pression artérielle, de la respiration, de la digestion, de la défécation et de la miction.

DOCUMENT 16.3 ACTIVITÉS DU SYSTÈME NERVEUX AUTONOME

EFFECTEUR VISCÉRAL	RÉCEPTEUR	EFFET DE LA STIMULATION SYMPATHIQUE	EFFET DE LA STIMULATION PARASYMPATHIQUE
Œil			
Muscle dilatateur de la pupille	α	Contraction provoquant la dilatation de la pupille (mydriase)	Pas d'innervation fonctionnelle connue
Sphincter irien	α	Pas d'innervation fonctionnelle connue	Contraction provoquant la contraction de la pupille (myosis)
Muscle ciliaire	β	Relaxation provoquant l'accomodation distale (vision de loin)	Contraction provoquant l'accomodation proximale (vision de près)
Glandes			
Sudoripares	α	Stimule la sécrétion locale	Stimule la sécrétion généralisée
Lacrymales	—	Pas d'innervation fonctionnelle connue	Sécrétion
Salivaires	α	Vasoconstriction qui réduit la sécrétion	Stimule la sécrétion et la vasodilatation
Gastriques	—	Vasoconstriction qui inhibe la sécrétion	Stimule la sécrétion
Intestinales	—	Vasoconstriction qui inhibe la sécrétion	Stimule la sécrétion
Surrénale	—	Pas d'innervation fonctionnelle connue	Favorise la sécrétion de l'adrénaline et de la noradrénaline
Cellules adipeuses	β	Favorise la lipolyse	Pas d'innervation fonctionnelle connue
Poumons (muscle bronchique)	β	Dilatation	Constriction
Cœur	β	Augmente la fréquence et la force de la contraction ; resserre les vaisseaux coronaires qui alimentent les cellules musculaires du cœur en sang	Réduit la fréquence et la force de la contraction ; dilate les vaisseaux coronaires
Artérioles			
Peau et muqueuse	α	Constriction	Pas d'innervation fonctionnelle connue, dans la plupart des cas
Muscles squelettiques	α β	Constriction ou dilatation	Pas d'innervation fonctionnelle connue
Viscères abdominaux	α β	Constriction	Pas d'innervation fonctionnelle connue, dans la plupart des cas
Cérébrales	α	Légère constriction	Pas d'innervation fonctionnelle connue
Veines systémiques	α β	Constriction et dilatation	Pas d'innervation fonctionnelle connue
Foie	β	Favorise la glycogénolyse et la gluconéogenèse ; réduit la sécrétion biliaire	Favorise la glucogenèse et la gluconéogenèse ; augmente la sécrétion biliaire
Vésicule biliaire et canaux	—	Relâchement	Contraction

DOCUMENT 16.3 ACTIVITÉS DU SYSTÈME NERVEUX AUTONOME [*Suite*]

EFFECTEUR VISCÉRAL	RÉCEPTEUR	EFFET DE LA STIMULATION SYMPATHIQUE	EFFET DE LA STIMULATION PARASYMPATHIQUE
Estomac	α β	Réduit la motilité et le tonus ; contracte les sphincters	Augmente la motilité et le tonus ; relâche les sphincters
Intestins	α β	Réduit la motilité et le tonus ; contracte les sphincters	Augmente la motilité et le tonus ; relâche les sphincters
Rein	β	Constriction des vaisseaux sanguins provoquant une diminution du volume de l'urine ; sécrétion de rénine	Pas d'innervation fonctionnelle connue
Uretère	α	Augmente la motilité	Réduit la motilité
Pancréas	α β	Inhibe la sécrétion d'enzymes et d'insuline ; favorise la sécrétion du glucagon	Favorise la sécrétion d'enzymes et d'insuline
Rate	—	Contraction et libération, dans la circulation générale, du sang emmagasiné	Pas d'innervation fonctionnelle connue
Vessie	α β	Relâchement de la paroi musculaire ; contraction du sphincter interne	Contraction de la paroi musculaire ; relâchement du sphincter interne
Muscles arrecteurs des poils (follicules pileux)	α	Contraction provoquant l'érection des poils	Pas d'innervation fonctionnelle connue
Utérus	α β	Inhibe la contraction en l'absence d'une grossesse ; stimule la contraction en présence d'une grossesse	Effet minime
Organes génitaux	α	Chez l'homme, vasoconstriction du canal déférent, de la vésicule séminale, de la prostate, provoquant une éjaculation. Chez la femme, péristaltisme utérin contraire	Vasodilatation et érection, chez les deux sexes ; chez la femme, sécrétion

Un arc réflexe végétatif comprend les composants suivants :

1. **Un récepteur.** Le récepteur est l'extrémité distale d'un neurone afférent dans un extérocepteur ou un intérocepteur.
2. **Un neurone afférent.** Ce neurone, afférent somatique ou afférent viscéral, conduit l'influx sensoriel vers la moelle épinière ou l'encéphale.
3. **Des neurones d'association.** Ces neurones se trouvent dans le système nerveux central.
4. **Un neurone préganglionnaire efférent viscéral.** Dans les régions thoracique et abdominale, ce neurone se trouve dans la corne latérale de la moelle épinière. L'axone passe par la racine antérieure du nerf rachidien, par le nerf lui-même et par le rameau communicant blanc. Il pénètre ensuite dans un ganglion sympathique latéro-vertébral ou dans un ganglion prévertébral, où il fait synapse avec un neurone postganglionnaire. Dans les régions crânienne et sacrée, l'axone préganglionnaire efférent viscéral quitte le système nerveux central et se rend vers un ganglion terminal, où il fait synapse avec un neurone postganglionnaire. Le rôle du neurone préganglionnaire efférent viscéral est de conduire un influx moteur de l'encéphale ou de la moelle épinière jusqu'à un ganglion sympathique.
5. **Un neurone postganglionnaire efférent viscéral.** Ce neurone conduit un influx moteur d'un neurone préganglionnaire efférent viscéral jusqu'à un effecteur viscéral.
6. **Un effecteur viscéral.** Un effecteur viscéral est constitué par un muscle lisse, un muscle cardiaque ou une glande.

La différence essentielle entre un arc réflexe somatique et un arc réflexe végétatif est que, dans un arc réflexe somatique, il n'y a qu'un seul neurone efférent. Dans un arc réflexe végétatif, il y a deux neurones efférents.

Les sensations viscérales n'atteignent pas toujours le cortex cérébral. La plupart restent au niveau subconscient. Dans des conditions normales, nous ne sommes pas conscients des contractions musculaires des organes digestifs, des battements cardiaques, des changements dans le diamètre des vaisseaux sanguins ni de la dilatation et de la contraction des pupilles. Notre organisme s'adape à ces activités viscérales par des arcs réflexes végétatifs, dont les centres se trouvent dans la moelle épinière ou dans les régions inférieures de l'encéphale. Parmi ces centres, on trouve les centres cardiaque, respiratoire, vasomoteur, de la déglutition et du vomissement dans le bulbe rachidien, et le centre thermorégulateur dans l'hypothalamus. Les stimuli envoyés par les neurones afférents somatiques ou viscéraux font synapse dans ces centres, et les influx moteurs qui reviennent, conduits par des neurones efférents viscéraux, opèrent un ajustement dans l'effecteur viscéral, sans participation de la conscience. Les influx sont interprétés et transmis au niveau subconscient. Certaines sensations viscérales donnent naissance à une perception consciente : la faim, les nausées, et la plénitude vésicale ou rectale.

LA RÉGULATION PAR LES CENTRES SUPÉRIEURS

Le système nerveux autonome ne constitue pas un système nerveux distinct. On connaît peu de choses sur les centres particuliers de l'encéphale qui règlent les fonctions autonomes particulières. On sait cependant que les axones en provenance d'un grand nombre de parties du système nerveux central sont liés aux systèmes sympathique et parasympathique du système nerveux autonome et, par conséquent, exercent une régulation importante sur ce dernier. Par exemple, les centres autonomes du cortex cérébral sont reliés au centres autonomes du thalamus. Ces centres, à leur tour, sont reliés à l'hypothalamus. Dans cette hiérachie de la régulation, le thalamus sélectionne les influx qui arrivent, avant qu'ils atteignent le cortex cérébral. Ce dernier passe ensuite la régulation et l'intégration des activités viscérales à l'hypothalamus. C'est au niveau de l'hypothalamus que le système nerveux autonome exerce la partie la plus importante de sa régulation et de son intégration.

L'hypothalamus reçoit des influx des régions du système nerveux liées aux émotions, aux fonctions viscérales, à l'olfaction, à la gustation, aux changements de température, à l'osmolarité et aux concentrations des diverses substances présentes dans le sang. Sur le plan anatomique, l'hypothalamus est relié aux systèmes sympathique et parasympathique du système nerveux autonome par les axones des neurones dont les dendrites et les corps cellulaires se trouvent dans les différents noyaux sous-thalamiques. Les axones forment des faisceaux qui s'étendent à partir de l'hypothalamus jusqu'aux noyaux sympathiques et parasympathiques dans le tronc cérébral et la moelle épinière, par des stations de relais dans la formation réticulée. D'une part, les portions postérieure et latérale de l'hypothalamus semblent régir le système sympathique. Lorsque ces régions sont stimulées, il se produit une augmentation des activités viscérales (une augmentation de la fréquence cardiaque, une élévation de la pression artérielle due à la vasoconstriction des vaisseaux sanguins, une augmentation de la fréquence et de l'amplitude de la respiration, une dilatation des pupilles et une inhibition des activités digestives). D'autre part, les portions antérieure et médiane de l'hypothalamus semblent régir le système parasympathique. La stimulation de ces régions entraîne une réduction de la fréquence cardiaque, une baisse de la pression artérielle, une contraction des pupilles et une motilité accrue du tube digestif.

La régulation qu'exerce le cortex cérébral sur le système nerveux autonome se produit principalement au cours des périodes de tensions affectives. Dans les situations d'anxiété extrême, qui peuvent résulter d'une stimulation consciente ou inconsciente du cortex cérébral, le cortex peut stimuler l'hypothalamus. Celui-ci, à son tour, stimule les centres cardiaque et vasomoteur du bulbe rachidien, ce qui provoque une augmentation de la fréquence cardiaque et une élévation de la pression artérielle. Lorsque le cortex est stimulé par une vision très désagréable, la stimulation provoque une vasodilatation des vaisseaux sanguins, une baisse de la pression artérielle et un évanouissement.

Les données recueillies d'après des études portant sur la rétroaction biologique et la méditation apportent de nouvelles preuves de la maîtrise directe des réactions viscérales.

LA RÉTROACTION BIOLOGIQUE

En termes simples, la **rétroaction biologique** est le processus par lequel nous recevons constamment des signaux, ou des réactions liées aux fonctions viscérales de notre organisme, comme la pression artérielle, la fréquence cardiaque et la tension musculaire. À l'aide d'appareils spéciaux de surveillance, on peut maîtriser ces fonctions viscérales de façon consciente.

Dans une étude effectuée à la Menninger Foundation *, des sujets souffrant de migraines ont reçu des directives concernant l'utilisation d'un moniteur qui enregistre la température de la peau de l'index droit. On a également remis aux sujets une feuille dactylographiée contenant deux ensembles de phrases. Le premier ensemble avait pour but de les aider à détendre le corps tout entier. Le deuxième ensemble devait provoquer un flux accru de sang dans les mains. Les sujets se sont exercés à élever leur température, à domicile, pendant des périodes de 5 min à 15 min par jour. Lorsque la température de la peau s'élevait, le moniteur émettait un son aigu. Plus tard, le moniteur fut abandonné.

Une fois que les sujets ont été capables de provoquer la vasodilatation de leurs vaisseaux sanguins, les migraines ont cessé. Comme on croit que les migraines impliquent une distension des vaisseaux sanguins de la tête, la dérivation de sang depuis la tête jusqu'aux mains soulageait la distension et, par conséquent, la douleur.

D'autres expériences ont démontré qu'on peut utiliser la rétroaction biologique lors de l'accouchement. On donna à certaines femmes des moniteurs qu'on attacha à leurs doigts et à leurs bras ; ces appareils devaient mesurer la conductivité électrique de la peau et la tension des muscles squelettiques. La conductivité et la tension s'élevaient proportionnellement au degré de nervosité, et rendaient le travail difficile. Sur la bande sonore, la tension musculaire était représentée par un son semblable à celui d'une sirène, qui devenait plus fort à mesure que la nervosité augmentait. La conductivité de la peau était

* La plus grande partie de la section portant sur l'utilisation de la rétroaction biologique dans le traitement des migraines est tirée de renseignements fournis par le Dr Joseph D. Sargent de la Menninger Foundation, Topeka, Kansas.

représentée par un bruit de craquement, qui devenait également plus fort à mesure que la nervosité augmentait. Grâce aux moniteurs, les femmes en travail étaient informées du degré de nervosité qu'elles éprouvaient. C'était là la rétroaction. Elles se sont efforcées de penser à des choses agréables, et les sons ont diminué d'intensité ; de plus, elles se sentaient moins nerveuses. Les résultats de cette étude indiquent que moins les femmes en travail sont nerveuses, moins elles ont besoin de médicaments ; de plus, le travail lui-même dure moins longtemps.

On ne sait pas jusqu'où la rétroaction biologique peut aller. Peut-être l'apport exceptionnel des recherches portant sur la rétroaction biologique a-t-il été de démontrer que le système nerveux autonome n'était pas autonome. On peut maîtriser les réactions viscérales. Aujourd'hui, on applique fréquemment la rétroaction biologique dans les cas suivants : asthme, maladie de Raynaud, hypertension, troubles gastro-intestinaux, incontinence fécale, anxiété, douleur et réadaptation neuromusculaire.

LA MÉDITATION

Le **yoga**, qui signifie littéralement union, est un état élevé de conscience atteint par un corps complètement reposé et détendu, et un esprit complètement éveillé et détendu. Une des techniques les plus répandues pour atteindre cet état élevé de conscience est la **méditation transcendentale**. On s'assoit confortablement et on ferme les yeux ; puis, on se concentre sur une pensée ou sur un son.

Les recherches indiquent que la méditation transcendentale peut modifier les réactions physiologiques. La consommation d'oxygène est réduite de façon considérable, ainsi que l'élimination de dioxyde de carbone. Chez certains sujets, on a observé une réduction de la pression artérielle et de la vitesse du métabolisme. Les chercheurs ont également observé une réduction de la fréquence cardiaque, une augmentation de l'intensité des ondes alpha de l'encéphale, une réduction marquée de la quantité d'acide lactique dans le sang et une augmentation de la résistance électrique de la peau. Ces quatre dernières réactions sont caractéristiques d'un état d'esprit très détendu. Les ondes alpha sont présentes sur les EEG de presque tous les sujets qui sont détendus, mais éveillés ; elles disparaissent au cours des périodes de sommeil.

Ces réactions sont appelées **réaction d'intégration** ; il s'agit essentiellement d'un état caractérisé par un métabolisme basal abaissé, causé par l'inactivation du système sympathique du système nerveux autonome. La réaction est exactement le contraire de la réaction de lutte ou de fuite, qui est un état hyperactif du système sympathique. L'existence de la réaction d'intégration suggère que le système nerveux central exerce une certaine régulation sur le système nerveux autonome.

RÉSUMÉ

Les systèmes nerveux somatique et autonome (page 370)

1. Le système nerveux somatique produit les mouvements volontaires des muscles squelettiques.
2. Le système nerveux autonome (ou végétatif) règle les activités viscérales, c'est-à-dire les activités des muscles lisses, du muscle cardiaque et des glandes ; il fonctionne habituellement de façon inconsciente.
3. Le système nerveux autonome est réglé par certains centres situés dans l'encéphale, notamment le cortex cérébral, l'hypothalamus et le bulbe rachidien.
4. Dans le système nerveux somatique, un seul neurone efférent fait synapse avec les muscles squelettiques ; dans le système nerveux autonome, il y a deux neurones efférents : un qui arrive du système nerveux central et qui se rend vers un ganglion, et un qui quitte le ganglion pour atteindre un effecteur viscéral.
5. Les neurones efférents somatiques libèrent de l'acétylcholine (ACh) et les neurones efférents autonomes libèrent de l'acétylcholine (ACh) ou de la noradrénaline (NA).

La structure du système nerveux autonome (page 371)

1. Le système nerveux autonome comprend des neurones efférents viscéraux disposés en nerfs, en ganglions et en plexus.
2. Le SNA est essentiellement moteur. Tous les axones autonomes sont des fibres efférentes.
3. Les neurones efférents peuvent être préganglionnaires (axones myéliniques) ou postganglionnaires (axones amyéliniques).
4. Le système autonome comprend deux divisions principales : le système sympathique (thoraco-lombaire) et le système parasympathique (cranio-sacré).
5. On classe les ganglions sympathiques de la façon suivante : les ganglions sympathiques latéro-vertébraux (sur les côtés de la colonne vertébrale), les ganglions prévertébraux (devant la colonne vertébrale) et les ganglions terminaux (près des effecteurs viscéraux ou à l'intérieur de ceux- ci).

La physiologie du système nerveux autonome (page 376)

1. Les fibres autonomes libèrent des neurotransmetteurs aux synapses. Selon le neurotransmetteur produit, ces fibres peuvent être cholinergiques ou adrénergiques.
2. Les fibres cholinergiques libèrent de l'acétylcholine (ACh). Les fibres adrénergiques produisent de la noradrénaline (NA).
3. L'acétylcholine (ACh) agit avec les récepteurs nicotiniques, situés sur les neurones postganglionnaires, et avec les récepteurs muscariniques, situés sur certains effecteurs viscéraux.
4. La noradrénaline (NA) agit habituellement avec les récepteurs alpha des effecteurs viscéraux ; l'adrénaline agit généralement avec les récepteurs alpha et bêta des effecteurs viscéraux.
5. Les réactions sympathiques sont étendues et, en règle générale, liées aux dépenses d'énergie. Les réactions parasympathiques sont restreintes et liées au rétablissement et à la conservation de l'énergie.

Les réflexes végétatifs (page 378)

1. Un réflexe végétatif ajuste l'activité d'un effecteur viscéral.
2. Un arc réflexe végétatif comprend un récepteur, un neurone afférent, un neurone d'association, un neurone préganglionnaire efférent, un neurone postganglionnaire efférent et un effecteur viscéral.

La régulation par les centres supérieurs (page 381)

1. L'hypothalamus assure la régulation et l'intégration du système nerveux autonome. Il est relié aux systèmes sympathique et parasympathique.
2. La rétroaction biologique est un processus par lequel on apprend à surveiller ses fonctions viscérales et à les maîtriser de façon consciente. Elle a été utilisée jusqu'ici pour maîtriser la fréquence cardiaque, soulager les migraines et faciliter l'accouchement.
3. Le yoga est un état de conscience élevé atteint par un corps complètement reposé et détendu, et un esprit complètement éveillé et détendu.
4. La méditation transcendentale provoque les réactions physiologiques suivantes: réduction de la consommation d'oxygène et de l'élimination du dioxyde de carbone, réduction de la vitesse du métabolisme et de la fréquence cardiaque, augmentation de l'intensité des ondes alpha de l'encéphale, réduction marquée du volume d'acide lactique dans le sang et augmentation de la résistance électrique de la peau.

RÉVISION

1. Quels sont les principaux composants du système nerveux autonome? Quelle est la fonction principale de ce système? Pourquoi dit-on qu'il est involontaire?
2. Quelles sont les principales différences entre le système nerveux volontaire et le système nerveux autonome?
3. Reliez le rôle des fibres efférentes viscérales et celui des effecteurs viscéraux par rapport au système nerveux autonome.
4. Qu'est-ce qui distingue les neurones préganglionnaires des neurones postganglionnaires, selon leur emplacement et leur fonction?
5. Qu'est-ce qu'un ganglion sympathique? Nommez l'emplacement et la fonction des trois types de ganglions sympathiques. Qu'est-ce qu'un rameau communicant blanc? un rameau communicant gris?
6. Sur les plans anatomique et fonctionnel, en quoi les systèmes sympathique et parasympathique du système nerveux autonome sont-ils différents?
7. Qu'est-ce qui différencie les fibres cholinergiques et les fibres adrénergiques du système nerveux autonome?
8. De quelle façon l'acétylcholine (ACh) est-elle reliée aux récepteurs nicotiniques et muscariniques?
9. De quelle façon les récepteurs alpha et bêta sont-ils reliés à la noradrénaline (NA) et à l'adrénaline?
10. Donnez des exemples des effets antagonistes des systèmes sympathique et parasympathique du système nerveux autonome.
11. Résumez les principales différences fonctionnelles entre le système nerveux volontaire et le système nerveux autonome.
12. Nommez les effets d'une *réaction sympathique* lors d'une situation de crainte, pour chacune des parties du corps qui suivent: follicules pileux, pupilles, poumons, rate, médullosurrénale, reins, vessie, estomac, intestins, vésicule biliaire, foie, cœur, artérioles des viscères abdominaux, muscles squelettiques, peau et muqueuses.
13. Qu'est-ce qu'un réflexe végétatif? Donnez-en trois exemples.
14. Décrivez un réflexe végétatif en suivant l'ordre chronologique.
15. De quelle façon l'hypothalamus assure-t-il la régulation et l'intégration du système nerveux autonome?
16. Qu'est-ce que la rétroaction biologique? Dans quels cas l'utilise-t-on?
17. Qu'est-ce que la méditation transcendentale? De quelle façon la réaction d'intégration est-elle liée au système nerveux autonome?

17

Les sens

OBJECTIFS

- Situer les récepteurs olfactifs et décrire les voies olfactives.
- Identifier les récepteurs gustatifs et décrire les voies gustatives.
- Expliquer la structure et la physiologie des organes annexes de l'œil.
- Énumérer et décrire les divisions structurales de l'œil.
- Décrire la formation des images sur la rétine en expliquant les phénomènes de réfraction, d'accomodation, de contraction de la pupille, de convergence et de formation des images renversées.
- Définir l'emmétropie, la myopie, l'hypermétropie et l'astigmatisme.
- Établir le diagramme du cycle de transformation de la rhodopsine, substance photosensible des bâtonnets, et expliquer ce cycle.
- Décrire les voies visuelles.
- Donner une description des subdivisions anatomiques de l'oreille.
- Énoncer les principales étapes du mécanisme de l'ouïe.
- Identifier les organes récepteurs de l'équilibre statique et dynamique.
- Comparer les causes et les symptômes des maladies suivantes : la cataracte, le glaucome, la conjonctivite, le trachome, la surdité, le syndrome labyrinthique, le syndrome de Ménière, le vertige, l'otite moyenne et le mal des transports.
- Définir quelques termes médicaux relatifs aux organes des sens.

Les récepteurs des sensations olfactives, gustatives, visuelles, auditives et statiques ont une structure plus complexe que celle des récepteurs des sensations générales. L'odorat est le moins développé des sens, tandis que la vue est le sens le plus spécialisé. Les organes des sens détectent les modifications de l'environnement.

LES SENSATIONS OLFACTIVES

LA STRUCTURE DES RÉCEPTEURS

Les récepteurs de l'**odorat** sont logés dans l'épithélium olfactif, dans la partie supérieure des fosses nasales et de chaque côté de la cloison des fosses nasales (figure 17.1). L'épithélium olfactif est formé de trois principaux types de cellules : les cellules de soutien, les cellules olfactives et les cellules basales. Les **cellules de soutien** sont des cellules épithéliales cylindriques de la muqueuse nasale. Les **cellules olfactives** sont des neurones bipolaires dont les corps cellulaires s'insèrent entre les cellules de soutien. L'extrémité distale des cellules olfactives est pourvue d'une dendrite terminée par un renflement, appelé **vésicule olfactive**, à partir duquel irradient de six à huit **cils olfactifs**. On estime que les cils réagissent aux odeurs véhiculées dans l'air et qu'ils stimulent ensuite les cellules olfactives pour déclencher l'influx nerveux. L'extrémité proximale des cellules olfactives présente un prolongement unique jouant le rôle d'axone. Les **cellules basales** sont situées à la base des cellules de soutien et entre celles-ci ; on les croit chargées de la reproduction des cellules de soutien. Les **glandes olfactives**, ou **glandes de Bowman**, situées dans le tissu conjonctif sous l'épithélium olfactif, élaborent le mucus. Cette sécrétion, transportée par des conduits vers l'épithélium, humidifie sa surface et dissout les substances odorantes. Elle a aussi pour rôle de refroidir la pellicule superficielle de liquide et d'empêcher la stimulation continuelle des cils olfactifs par la même odeur.

LA STIMULATION DES RÉCEPTEURS

Pour que les substances soient détectées par l'odorat, elles doivent être volatiles, c'est-à-dire capables de passer à l'état gazeux, afin que les particules gazeuses pénètrent dans les fosses nasales. Comme nous le savons, les odeurs sont perçues durant l'inspiration ; la sensibilité olfactive s'accroît aussi beaucoup lorsqu'on renifle. Les substances odorantes doivent être hydrosolubles, car elles doivent se dissoudre dans le mucus avant d'entrer en contact avec les cellules olfactives. Les substances odorantes doivent également être liposolubles. Comme les membranes plasmiques des cils olfactifs sont très lipidiques, les substances doivent se dissoudre dans la couche lipidique pour exciter les cils olfactifs et déclencher un influx nerveux.

On tente depuis longtemps de séparer et de classifier les odeurs de base. L'une de ces classifications propose sept odeurs : le camphre, le musc, les fleurs, la menthe, l'éther, le piquant et la putridité. On dénombre aujourd'hui plus de cinquante odeurs de base.

On estime que le processus de réaction des cellules olfactives est sensiblement le même que celui de la plupart des récepteurs sensitifs : un potentiel générateur déclenche un influx nerveux. Selon la **théorie chimique**, les membranes des cils olfactifs contiennent différents récepteurs chimiques, chacun pouvant réagir à une substance olfactive particulière (stimulus). Cette interaction accroît la perméabilité de la membrane et déclenche un potentiel générateur puis un influx nerveux.

L'ADAPTATION ET LA LIMITE MINIMALE OLFACTIVE

La perception des odeurs s'effectue rapidement, car la vitesse de réaction des cellules olfactives est de l'ordre de millisecondes. L'adaptation aux odeurs, également très rapide, semble être liée au système nerveux central. Les récepteurs olfactifs s'adaptent dans une proportion de 50% durant la première seconde suivant la stimulation, mais leur vitesse d'adaptation est ensuite très réduite. Cependant, les expériences nous enseignent que l'adaptation à une forte odeur est totale après une minute ; cette vitesse est beaucoup trop rapide pour pouvoir s'expliquer uniquement par l'adaptation des récepteurs. On a émis l'hypothèse que l'adaptation olfactive fait intervenir un élément psychologique du système nerveux central. Le mécanisme et le lieu de l'adaptation psychologique restent inconnus.

Une limite minimale olfactive basse est l'une des principales caractéristiques de l'odorat. L'odorat peut détecter une substance odorante même lorsque sa concentration dans l'air est infime. Le méthylmercaptan, par exemple, est perçu même lorsque sa concentration n'atteint que 1/25 000 000 000 mg/mL d'air.

LES VOIES OLFACTIVES

Les axones amyéliniques des cellules olfactives s'assemblent pour former le **nerf olfactif (I)**, qui traverse la lame criblée de l'ethmoïde (figure 17.1). Le nerf olfactif (I) se termine par deux masses de substance grise, les **bulbes olfactifs**. Les bulbes olfactifs sont logés sous le lobe frontal des hémisphères cérébraux, de part et d'autre de la crista galli de l'ethmoïde. La première synapse a lieu dans les bulbes olfactifs, entre les axones du nerf olfactif (I) et les dendrites des neurones situés à l'intérieur des bulbes. Le prolongement postérieur de ces axones forme le **pédoncule olfactif**. Les influx nerveux sont ensuite conduits vers l'aire olfactive primaire du cortex cérébral. C'est dans le cortex que les influx nerveux sont perçus et interprétés comme des odeurs. Les influx olfactifs ne traversent pas le thalamus.

Le nerf trijumeau (V) innerve à la fois les cellules de soutien de l'épithélium olfactif et les glandes lacrymales. Il reçoit les stimuli de la douleur, du froid, de la chaleur, de la démangeaison et de la pression. Des odeurs telles que le poivre, l'ammoniac et le chloroforme sont des substances irritantes qui provoquent le larmoiement, car elles stimulent les récepteurs des muqueuses nasale et lacrymale du nerf trijumeau (V) de même que les neurones olfactifs.

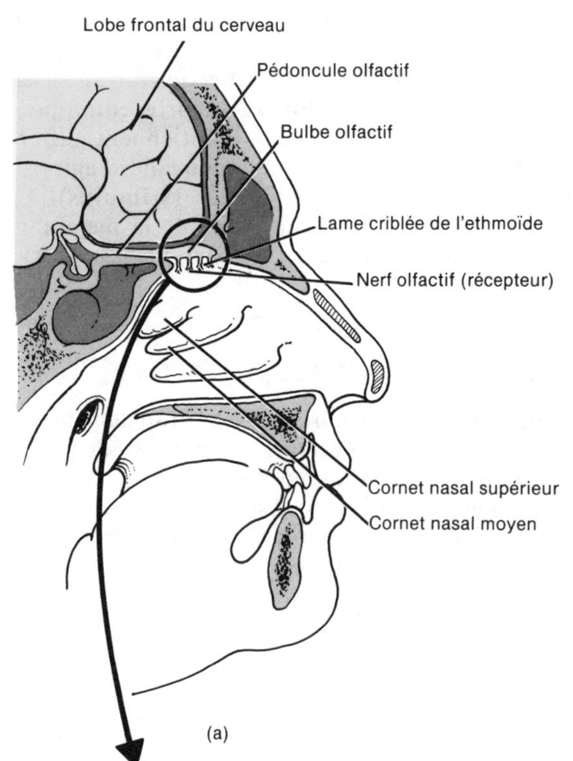

LES SENSATIONS GUSTATIVES

LA STRUCTURE DES RÉCEPTEURS

Les récepteurs **gustatifs** sont logés dans les bourgeons gustatifs (figure 17.2). La plupart de ces quelque 2 000 bourgeons du goût sont situés sur la langue, mais on en trouve aussi sur le palais mou et dans la gorge. Les **bourgeons gustatifs** sont des structures ovoïdes qui présentent trois types de cellules : les cellules de soutien, les cellules gustatives et les cellules basales. Les **cellules de soutien** sont des cellules épithéliales spécialisées, en forme de capsule, qui abritent entre 4 et 20 **cellules gustatives**. Chaque cellule gustative est pourvue de **cils gustatifs** qui s'ouvrent sur l'extérieur par une ouverture du bourgeon, appelée **pore gustatif**. Les stimuli gustatifs atteignent les cellules gustatives par les pores. On trouve les **cellules basales** autour des bourgeons gustatifs, près de la membrane basale. Elles sont chargées de produire les cellules de soutien et les cellules gustatives qui meurent après environ 10 jours.

Les bourgeons gustatifs sont logés dans des élévations de tissu conjonctif sur la langue : les **papilles**. Les papilles donnent à la langue son aspect rugueux. Les **papilles**

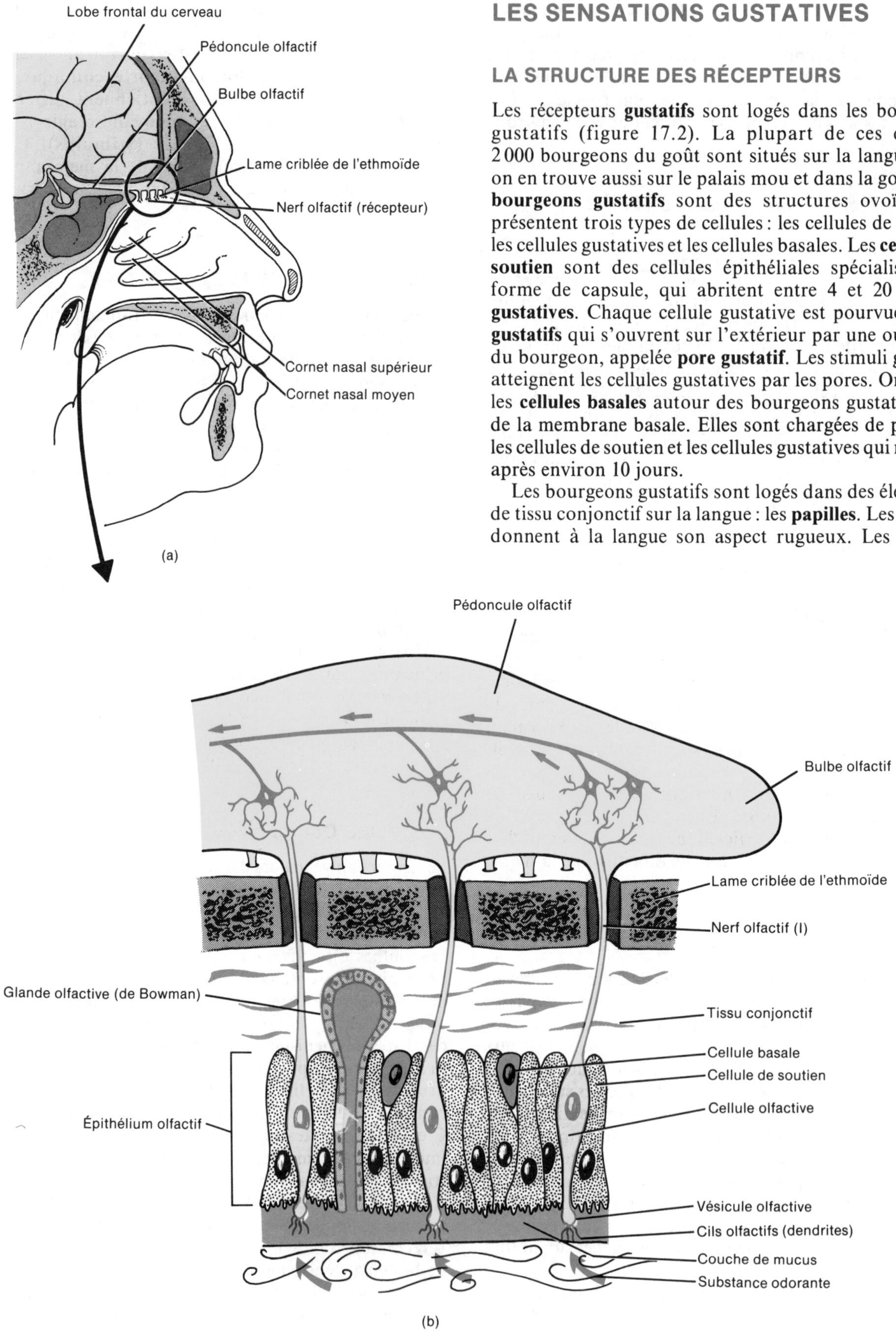

Pédoncule olfactif
Bulbe olfactif
Lame criblée de l'ethmoïde
Nerf olfactif (I)
Glande olfactive (de Bowman)
Tissu conjonctif
Cellule basale
Cellule de soutien
Cellule olfactive
Épithélium olfactif
Vésicule olfactive
Cils olfactifs (dendrites)
Couche de mucus
Substance odorante
(b)

FIGURE 17.1 Récepteurs olfactifs. (a) Emplacement des récepteurs olfactifs dans les fosses nasales. (b) Agrandissement des récepteurs olfactifs.

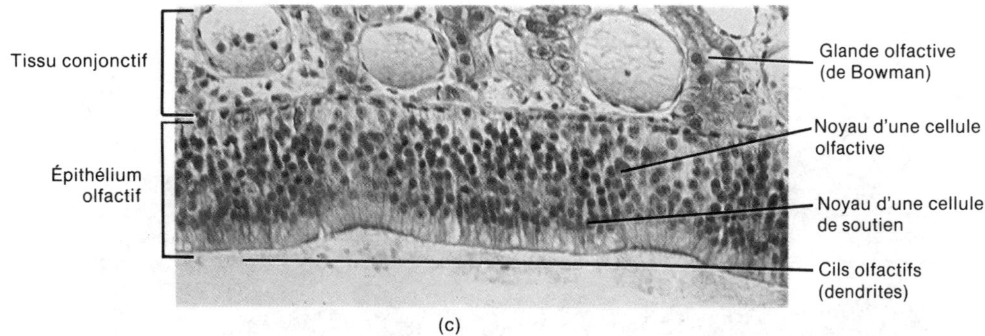

FIGURE 17.1 [*Suite*] (c) Photographie de la muqueuse olfactive, agrandie 300 fois. [Copyright © 1985 by Michael H. Ross. Reproduction autorisée.]

caliciformes, les plus volumineuses, ont une forme circulaire ; elles sont disposées en une rangée formant un V renversé, à la partie postérieure de la langue. Les **papilles fongiformes** sont en forme de champignon, d'où leur nom ; elles occupent la pointe et les bords de la langue. Toutes les papilles caliciformes et la plupart des papilles fongiformes renferment des bourgeons gustatifs. Les papilles filiformes sont des structures en forme de fil recouvrant les deux tiers antérieurs de la langue ; elles contiennent rarement des bourgeons gustatifs.

LA STIMULATION DES RÉCEPTEURS

Les substances que nous voulons goûter doivent absolument être solubles dans la salive pour pouvoir traverser les pores et stimuler les cellules gustatives. Lorsque les substances sapides entrent en contact avec la membrane des cils gustatifs, elles déclenchent un potentiel générateur. Ce potentiel, créé par l'interaction des récepteurs de la membrane et des substances sapides, produit un influx nerveux.

Malgré le grand nombre de saveurs que nous croyons percevoir, il n'existe que quatre saveurs fondamentales : l'acide, le salé, l'amer et le sucré. Tous les autres « goûts », tels que le chocolat, le poivre ou le café, sont une combinaison de ces quatre saveurs, accompagnées d'odeurs particulières.

Un rhume ou une allergie diminue la sensibilité gustative. Cet effet est souvent causé par une perturbation des sensations olfactives alors que les sensations gustatives sont normales. Voilà qui illustre bien qu'une saveur est en réalité une odeur. Les odeurs se dirigent vers le rhinopharynx et stimulent l'odorat. En fait, la sensibilité de l'odorat est des milliers de fois supérieure à celle du goût.

Les quatre saveurs fondamentales proviennent des nombreuses réactions aux différentes substances chimiques. Certaines régions de la langue sont plus sensibles à certaines saveurs. Le bout de la langue perçoit les quatre saveurs, mais il est très sensible au salé et au sucré. La partie postérieure de la langue réagit à l'amer, tandis que les bords de la langue sont plus sensibles à l'acide (figure 17.2,c).

L'ADAPTATION ET LE SEUIL DU GOÛT

L'adaptation au goût se fait rapidement. L'adaptation est totale après une stimulation continue de 1 min à 5 min. Comme pour l'odorat, cette vitesse est beaucoup trop rapide pour pouvoir s'expliquer uniquement par l'adaptation des récepteurs. Les récepteurs gustatifs s'adaptent rapidement durant les 2 s ou 3 s suivant la stimulation, mais cette vitesse diminue par la suite. L'adaptation des récepteurs olfactifs contribue à l'adaptation du goût, mais elle n'explique toujours pas la rapidité de l'adaptation gustative. Tout comme l'adaptation olfactive, l'adaptation gustative fait intervenir une adaptation psychologique du système nerveux central.

Le seuil du goût varie selon la saveur. Le seuil des substances amères, qu'on mesure à l'aide de la quinine, est le plus bas ; cette caractéristique procure sans doute une protection. Le seuil des substances acides, mesuré par l'acide chlorhydrique, est légèrement supérieur. Le seuil des substances salées, mesuré par le chlorure de sodium, et celui des substances sucrées, mesuré par le saccharose, sont à peu près égaux, mais supérieurs à celui des substances amères et acides.

LES VOIES GUSTATIVES

Les bourgeons gustatifs reçoivent des fibres afférentes de plusieurs nerfs crâniens : le nerf facial (VII), qui innerve les deux tiers antérieurs de la langue ; le nerf glosso-pharyngien (IX), qui innerve le tiers postérieur de la langue ; et le nerf pneumogastrique (X), qui innerve la gorge et l'épiglotte. Les influx gustatifs sont conduits par les nerfs depuis les cellules gustatives des bourgeons jusqu'au bulbe rachidien, puis au thalamus. Ils sont ensuite transportés vers l'aire gustative primaire du cortex cérébral, située dans le lobe pariétal.

LES SENSATIONS VISUELLES

L'appareil de la vision est formé de plusieurs organes : le globe oculaire, le nerf optique (II), l'encéphale et quelques organes annexes. L'**ophtalmologie** (*ophtalmo* : œil ; *logie* : étude de) est la branche de la médecine qui étudie la structure, la fonction et les maladies de l'œil.

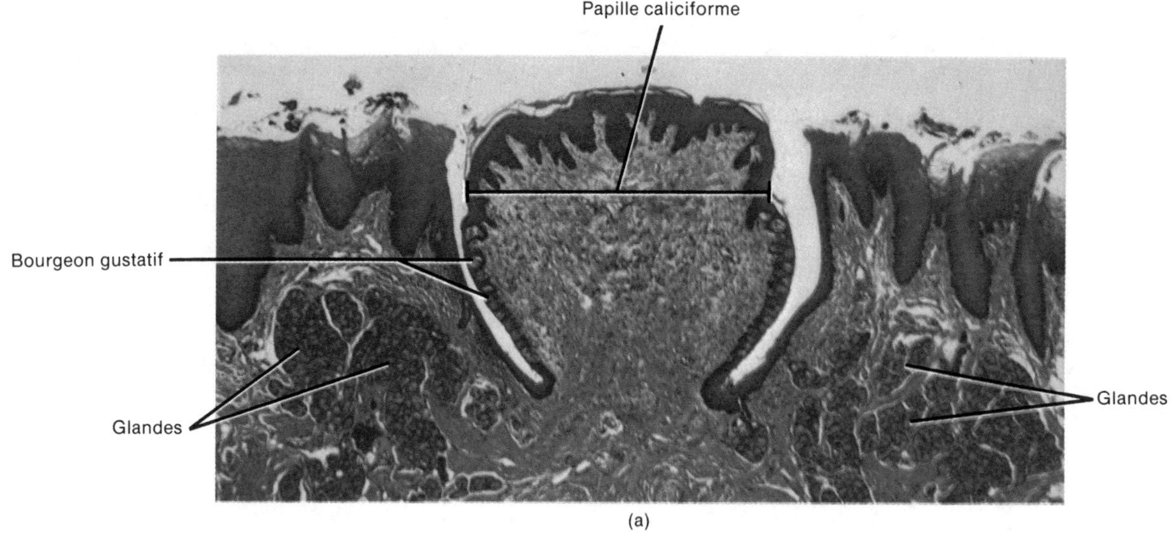

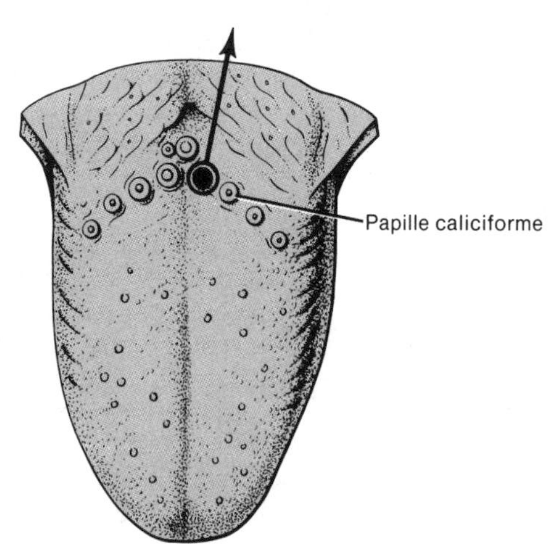

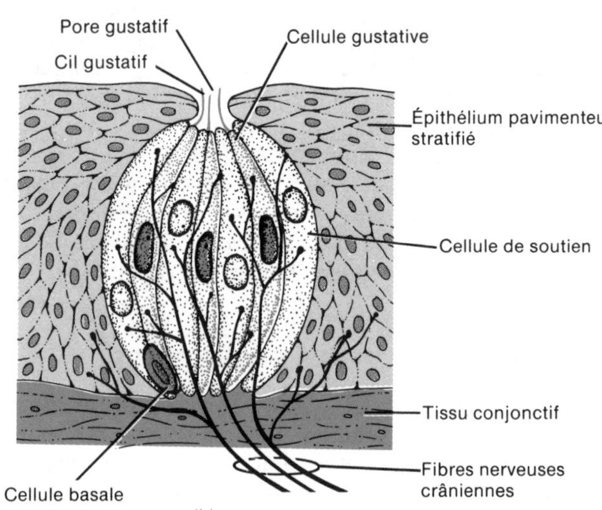

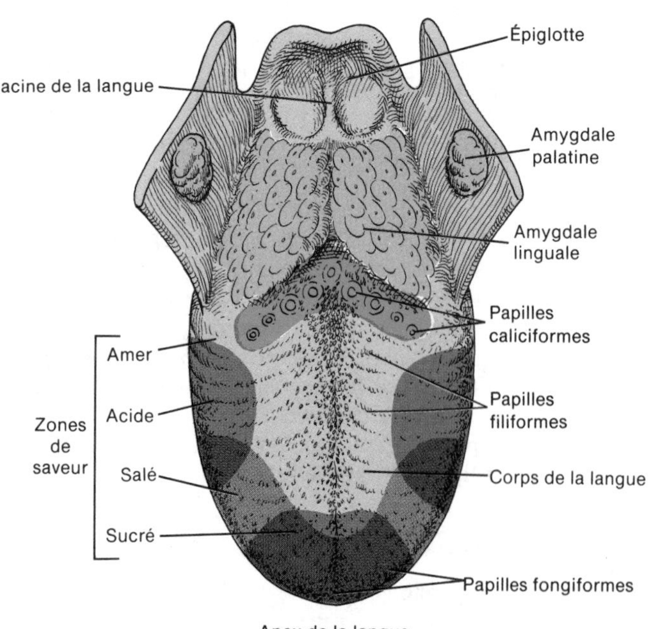

FIGURE 17.2 Récepteurs gustatifs. (a) Photomicrographie d'une papille caliciforme contenant des bourgeons gustatifs, agrandie 50 fois. [Copyright © 1983 by Michael H. Ross. Reproduction autorisée.] (b) Diagramme montrant la structure d'un bourgeon gustatif. (c) Emplacement des papilles et des quatre zones de saveur.

L'**ophtalmologiste**, ou **ophtalmologue**, est le médecin spécialisé dans le diagnostic et le traitement des maladies oculaires par des médicaments, des interventions chirurgicales ou l'utilisation de verres correcteurs. L'**optométriste** est un spécialiste qui examine les yeux et traite les défauts de la vue en prescrivant l'utilisation de verres correcteurs. L'**opticien** est le technicien qui fabrique, ajuste et vend des verres correcteurs sur prescription d'un ophtalmologiste ou d'un optométriste.

LES ORGANES ANNEXES DE L'ŒIL

Les sourcils, les paupières, les cils et l'appareil lacrymal sont des organes annexes de l'œil (figure 17.3). Les **sourcils** forment un arc à la jonction de la paupière supérieure et du front. Du point de vue structural, les

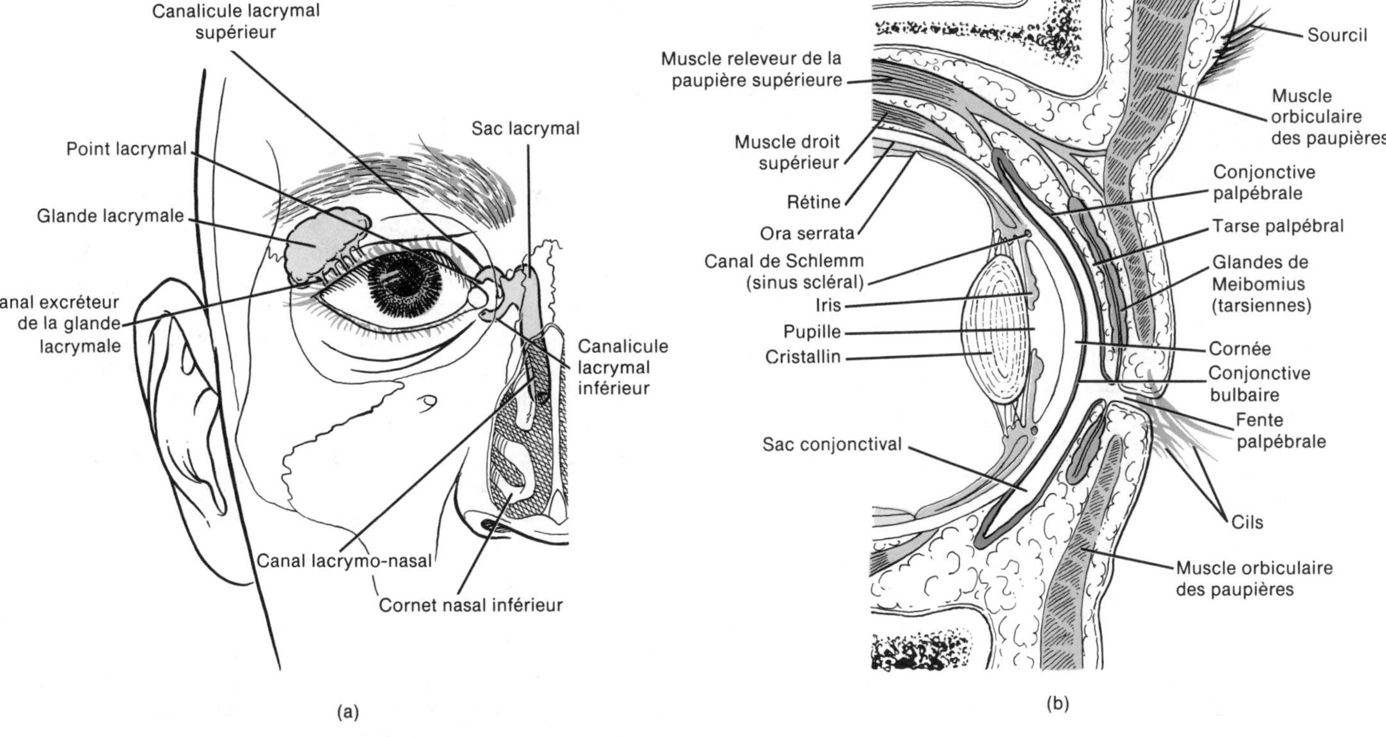

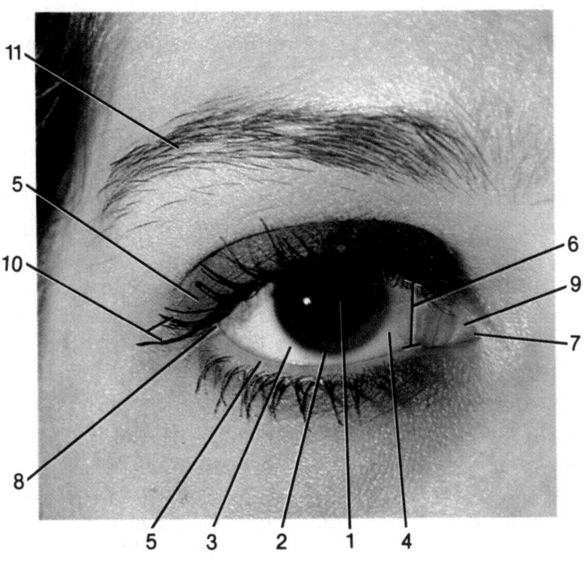

FIGURE 17.3 Organes annexes de l'œil. (a) Vue antérieure. (b) Coupe sagittale montrant les paupières et la partie antérieure du globe oculaire. (c) Organes superficiels de l'œil. [Copyright © 1982 by Gerard J. Tortora. Gracieuseté de Lynne Tortora.]

1. **La pupille**. Ouverture centrale de l'iris qui laisse pénétrer la lumière.
2. **L'iris**. Membrane musculaire pigmentée, de forme arrondie, située derrière la cornée.
3. **La sclérotique**. Couche de tissu fibreux recouvrant tout le globe oculaire sauf la cornée (blanc de l'œil).
4. **La conjonctive**. Membrane qui recouvre la face exposée du globe oculaire et tapisse la face interne des paupières.
5. **Les paupières**. Replis cutanés et musculaires dont la face interne est recouverte par la conjonctive.
6. **La fente palpébrale**. Espace entre les paupières lorsque ces dernières sont ouvertes.
7. **Le canthus interne**. Point de jonction des paupières, près du nez.
8. **Le canthus externe**. Point de jonction des paupières, loin du nez.
9. **La caroncule lacrymale**. Éminence cutanée jaunâtre du canthus interne contenant des glandes sébacées et sudoripares modifiées.
10. **Les cils**. Poils bordant les paupières, généralement disposés en deux ou trois rangées.
11. **Les sourcils**. Plusieurs rangées de poils au-dessus de la paupière supérieure.

sourcils ressemblent au cuir chevelu. La peau des sourcils renferme beaucoup de glandes sébacées. Les poils, orientés latéralement, sont habituellement fournis. Sous la peau des sourcils se trouvent les fibres des muscles orbiculaires des paupières. Le rôle des sourcils est de protéger le globe oculaire des particules nuisibles, de la transpiration et des rayons directs du soleil.

Les **paupières supérieures** et **inférieures** remplissent plusieurs fonctions. Elles empêchent la pénétration de lumière dans l'œil durant le sommeil, protègent l'œil de la lumière trop vive et des particules nuisibles, et lubrifient les globes oculaires. La paupière supérieure, beaucoup plus mobile que la paupière inférieure, renferme un muscle releveur, le **muscle releveur de la paupière supérieure**, dans sa partie supérieure. On appelle **fente palpébrale** l'espace compris entre les paupières supérieure et inférieure où l'œil est exposé. Les points de jonction des paupières sont appelés canthus, ou commissures des paupières. Le **canthus externe** forme un angle fermé et se trouve près de l'os temporal; le **canthus interne** forme un angle plus ouvert et se trouve près de l'os propre du nez. On remarque, dans le canthus interne, une petite protubérance rougeâtre, la **caroncule lacrymale**, qui renferme des glandes sébacées et sudoripares. Les caroncules sécrètent une substance blanchâtre qui s'accumule dans le canthus interne.

Les paupières sont formées, de la surface vers l'intérieur, d'un épiderme externe, d'un derme, d'un tissu conjonctif sous-cutané lâche, de fibres du muscle orbiculaire des paupières, d'un tarse palpébral, de glandes de Meibomius et d'une conjonctive. Le **tarse palpébral** est une épaisse lame de tissu conjonctif qui forme une grande partie de la paroi interne des paupières; il donne aux paupières leur forme et leur procure un soutien. Les **glandes de Meibomius**, ou **tarsiennes**, sont incrustées dans l'épaisseur de chaque tarse palpébral. Ce sont des glandes sébacées modifiées, dont la sécrétion grasse empêche les paupières d'adhérer l'une à l'autre. L'infection des glandes de Meibomius produit une tumeur ou kyste palpébral, un **chalazion**. La **conjonctive** est une mince muqueuse. La **conjonctive palpébrale** tapisse la face interne des paupières. La **conjonctive bulbaire**, ou **oculaire**, est le repli de la conjonctive palpébrale sur la face antérieure du globe oculaire, autour de la cornée. La dilatation des vaisseaux sanguins de la conjonctive bulbaire, causée par une infection ou une irritation, entraîne la rougeur des yeux.

Une rangée de poils courts et épais, les **cils**, bordent les paupières, en avant des glandes de Meibomius. Sur la paupière supérieure, les cils sont longs et tournés vers le haut; sur la paupière inférieure, ils sont courts et tournés vers le bas. Les glandes sébacées situées à la base des follicules pileux des cils sont appelées **glandes ciliaires**, ou **glandes de Zeiss**. Les glandes ciliaires sécrètent un liquide destiné à lubrifier les follicules. Un **orgelet** est l'infection de ces glandes.

L'**appareil lacrymal** est un groupe d'organes chargés de fabriquer et de drainer les larmes. Il est formé des glandes lacrymales, des canaux excréteurs des glandes lacrymales, des canalicules lacrymaux, des sacs lacrymaux et des canaux lacrymo-nasaux. Les **glandes lacrymales** sont des glandes tubulo-acineuses logées dans la partie supérieure latérale des orbites. Elles ont la forme et la taille d'une amande. De six à douze **canaux excréteurs** quittent les glandes lacrymales. Ces canaux servent à transporter le liquide lacrymal, ou larmes, sur la conjonctive de la paupière supérieure. Les larmes sont ensuite drainées vers le canthus interne où elles traversent deux pores, les **points lacrymaux**, situés dans les papilles lacrymales. Les larmes s'infiltrent dans deux canaux, les **canalicules lacrymaux**, jusqu'au sac lacrymal. Ces canalicules sont logés dans les fosses des sacs lacrymaux des unguis. Le **sac lacrymal** est le prolongement supérieur du **canal lacrymo-nasal**, chargé de transporter les larmes vers le méat inférieur du nez.

Les **larmes** sont une solution aqueuse qui contient des sels, un mucus et une enzyme bactéricide, le **lysozyme**. Les larmes nettoient et humectent le globe oculaire. Elles sont sécrétées par les glandes lacrymales puis étendues à la surface de l'œil durant les clignements des paupières. La production de larmes atteint généralement 1 mL par jour.

APPLICATION CLINIQUE

Dans des conditions normales, les larmes sont éliminées à mesure qu'elles sont produites, par évaporation ou par évacuation dans les canalicules lacrymaux, puis dans les fosses nasales. La production de larmes augmente lorsque des particules étrangères irritent la conjonctive. Les larmes qui s'accumulent offrent donc une protection à l'œil en diluant et en éliminant les substances irritantes. On a les **yeux embués** lorsqu'une inflammation de la muqueuse nasale, telle que le rhume, obstrue le canal lacrymo-nasal, empêchant le drainage des larmes.

LES STRUCTURES DU GLOBE OCULAIRE

Chez l'adulte, le **globe oculaire** mesure environ 2,5 cm de diamètre. Seul le sixième antérieur de sa surface est exposé. Le reste de sa surface est logé dans l'orbite qui le protège. Du point de vue anatomique, le globe oculaire peut être divisé en trois membranes: la tunique fibreuse, la tunique vasculaire et la rétine ou tunique nerveuse (figure 17.4).

La tunique fibreuse

La **tunique fibreuse** est la membrane externe du globe oculaire; elle est formée d'une partie postérieure, la sclérotique, et d'une partie antérieure, la cornée. La **sclérotique**, ou « blanc de l'œil », est une couche blanche de tissu fibreux dense qui enveloppe tout le globe oculaire sauf l'iris, la partie antérieure colorée de l'œil. La sclérotique donne sa forme au globe oculaire et protège ses parties internes. Sa face postérieure est percée par le nerf optique (II). La **cornée** est une couche transparente et non vascularisée qui recouvre la partie colorée de l'œil. La face externe de la cornée est recouverte d'un épithélium qui se prolonge par celui de la conjonctive bulbaire. À la jonction de la sclérotique et de la cornée se trouve le **canal de Schlemm**, ou **sinus scléral** (à la figure 17.3,c, nous montrons les organes externes de l'œil).

APPLICATION CLINIQUE

Chaque année, on effectue environ 10 000 **greffes de la cornée (kératoplastie)** aux États-Unis. Les greffes de la cornée ont le plus haut pourcentage de réussite. On pratique cette greffe à l'aide d'un microscope qui grossit l'œil de 6 à 40 fois. On utilise l'anesthésie générale ou locale. À l'aide de ciseaux microcornéens, on excise la cornée malade, dont le diamètre atteint environ 7 mm ou 8 mm, et on la remplace par une cornée de dimensions égales prélevée sur un donneur.

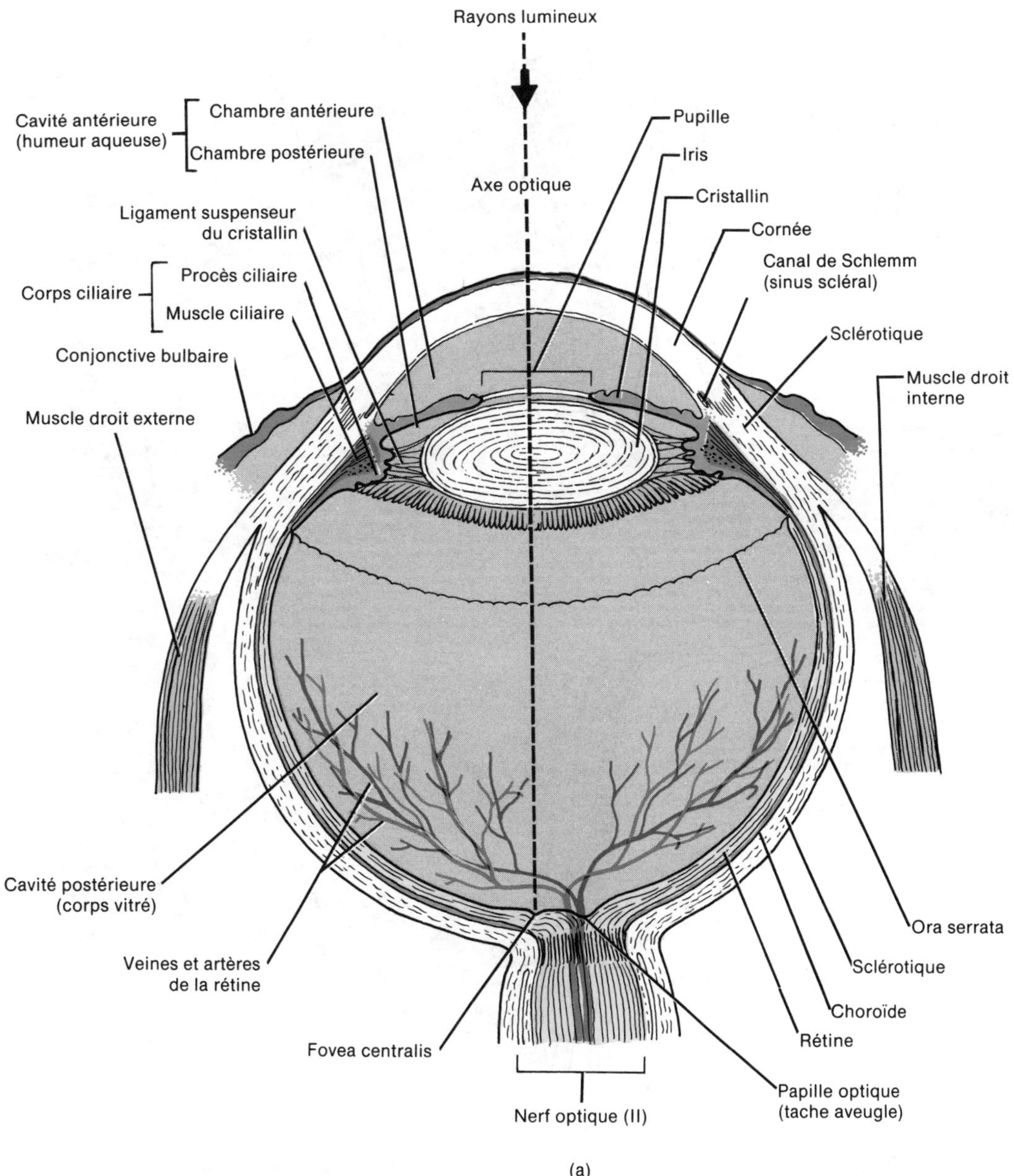

FIGURE 17.4 Structure du globe oculaire. (a) Diagramme d'une coupe transversale des principales parties.

La nouvelle cornée est maintenue en place par des sutures de nylon. La durée de l'hospitalisation varie de 3 jours à 5 jours ; les patients doivent ensuite porter des lunettes ou des lentilles cornéennes dures ou molles.

Lorsque la vision est normale, la lumière traverse diverses structures, dont la cornée, pour former une image claire sur la rétine (tunique nerveuse). Chez les myopes, la courbure de la cornée est trop prononcée ; les objets éloignés sont flous, car leur image se forme en avant de la rétine. On peut améliorer la vue des myopes grâce à une intervention chirurgicale appelée **kératotomie radiaire**. La kératotomie consiste à pratiquer, sur la cornée, plusieurs incisions microscopiques qui applatissent la cornée et améliorent la vision sans avoir recours à des verres correcteurs.

La tunique vasculaire

La **tunique vasculaire**, membrane moyenne du globe oculaire, est appelée **uvée**. Elle est formée de trois parties : la choroïde, le corps ciliaire et l'iris. La partie postérieure de la tunique vasculaire, la **choroïde**, est une fine membrane de couleur brun foncé qui tapisse presque toute la face interne de la sclérotique. Elle est fortement pigmentée et richement vascularisée. La choroïde absorbe la lumière afin d'empêcher toute réflexion à l'intérieur du globe oculaire. Ses vaisseaux sanguins nourrissent la rétine. Tout comme la sclérotique, elle est percée par le nerf optique (II) sur la partie postérieure du globe oculaire.

La choroïde devient le **corps ciliaire** à la partie antérieure de la tunique vasculaire. Le corps ciliaire est la couche la plus épaisse de la tunique vasculaire. Il s'étend

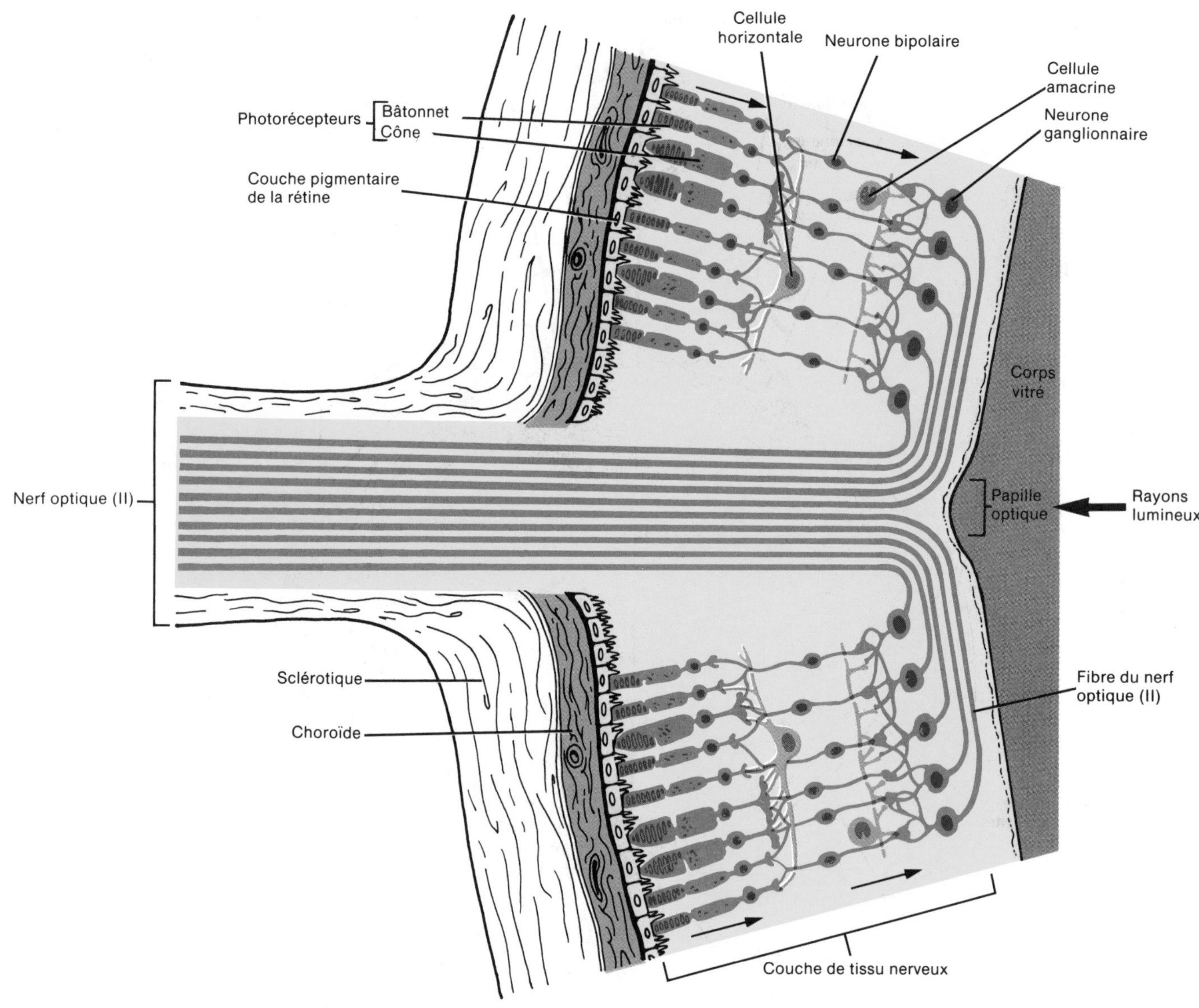

FIGURE 17.4 [*Suite*] (b) Diagramme agrandi des éléments microscopiques de la rétine. (c) Photomicrographie d'une partie de la rétine, agrandie 300 fois. La couche granuleuse externe contient les noyaux des photorécepteurs ; ceux-ci font synapse avec les neurones bipolaires de la couche plexiforme externe. La couche granuleuse interne renferme les noyaux des neurones bipolaires ; la couche plexiforme interne est l'endroit où les neurones bipolaires font synapse avec les neurones ganglionnaires. [Copyright © 1983 by Michael H. Ross. Reproduction autorisée.]

depuis l'**ora serrata** de la rétine (tunique interne) jusqu'à un point situé derrière la jonction scléro-cornéenne. L'ora serrata est la ligne brisée qui borde la rétine. Le corps ciliaire est formé des procès ciliaires et du muscle ciliaire. Les **procès ciliaires** sont des saillies ou des replis à la face interne du corps ciliaire, qui sécrètent l'humeur aqueuse. Le **muscle ciliaire** est un muscle lisse qui modifie la courbure du cristallin pour l'adapter à la vision de loin ou de près.

L'**iris** est la troisième partie de la tunique vasculaire. Elle est composée de fibres musculaires lisses radiaires et circulaires, disposées de façon à former un anneau. La

pupille, ouverture située au centre de l'iris, laisse passer la lumière. L'iris est compris entre le cristallin et la cornée; son extrémité externe se rattache au procès ciliaire. L'une des fonctions de l'iris consiste à régler l'entrée de lumière dans le globe oculaire. Lorsque l'œil est soumis à une lumière vive, les muscles circulaires de l'iris se contractent et diminuent le diamètre de la pupille; la pupille se contracte. Au contraire, lorsque la lumière est faible, les muscles radiaires de l'iris se contractent et accroissent le diamètre de la pupille; la pupille se dilate.

La rétine (tunique nerveuse)

La **rétine**, membrane interne du globe oculaire, ne recouvre que la partie postérieure de l'œil. Son rôle principal est la formation d'images. La rétine est le seul endroit du corps où les vaisseaux sanguins sont visibles à l'œil nu. Cet examen se fait à l'aide d'un appareil d'optique spécial appelé ophtalmoscope. L'ophtalmologiste peut examiner la rétine et détecter les modifications vasculaires liées à l'hypertension, à l'athérosclérose et au diabète. La rétine est formée d'une couche de tissu nerveux interne et d'une couche ou épithélium pigmentaire externe. La rétine recouvre la choroïde. Elle s'achève près de l'extrémité du corps ciliaire par une ligne dentelée, l'ora serrata. C'est à cet endroit que la couche de tissu nerveux, ou partie visuelle de la rétine, se termine. La couche pigmentaire, qui constitue la partie non visuelle de la rétine, s'étend vers l'avant et recouvre la partie postérieure du corps ciliaire et de l'iris.

APPLICATION CLINIQUE

Un trauma, tel qu'un coup à la tête, peut entraîner le **décollement de la rétine**. Cette lésion de la rétine entraîne une perte de la vision dans le champ visuel correspondant. Le décollement se produit entre la couche de tissu nerveux et la couche pigmentaire sous-jacente. Le liquide qui s'accumule entre ces deux couches force la rétine, mince et flexible, à se décoller et à s'enrouler vers le corps vitré. On parvient à recoller la rétine par photocoagulation à l'aide de rayons laser, par la cryochirurgie ou par une résection sclérale. (Le laser est un amplificateur de lumière permettant d'obtenir des faisceaux lumineux concentrés, de très grande puissance, capables de brûler les tissus.)

La couche de tissu nerveux de la rétine présente trois zones de neurones. Ces zones sont, dans l'ordre de conduction de l'influx nerveux, les **photorécepteurs**, les **neurones bipolaires** et les **neurones ganglionnaires**. Les dendrites des photorécepteurs sont appelées bâtonnets et cônes à cause de leur forme. Ce sont des récepteurs visuels hautement spécialisés. Du point de vue fonctionnel, les bâtonnets et les cônes déclenchent des potentiels générateurs. Les **bâtonnets** permettent de voir lorsque la lumière est faible. Ils permettent de différencier les tons de lumière et d'ombre et d'apprécier les formes et les mouvements. Les **cônes** sont des cellules spécialisées pour la vision des couleurs et la netteté de la vision (acuité visuelle). Ils ne sont stimulés que par la lumière vive ; c'est pourquoi on ne peut distinguer les couleurs après la tombée de la nuit. On estime le nombre de cônes à 7 millions, tandis que celui des bâtonnets serait de 10 à 20 fois plus élevé. La majorité des cônes est concentrée dans la **fovea centralis**, petite dépression au centre de la macula. La **macula**, ou tache jaune, est située exactement au centre de la partie postérieure de la rétine, correspondant à l'axe optique. C'est sur la fovea centralis que se forment les images les plus nettes, car sa concentration en cônes est très importante. Le nombre de bâtonnets, nul à la fovea centralis et à la macula, augmente vers les extrémités de la rétine.

APPLICATION CLINIQUE

La **dégénérescence maculaire sénile** est caractérisée par la formation de vaisseaux sanguins sur la macula. Les effets de cette maladie peuvent aller de la vision déformée à la cécité. La dégénérescence maculaire sénile est responsable de presque tous les cas de cécité chez les personnes de plus de 65 ans. Les causes sont inconnues. Dans certains cas, l'usage de rayons laser s'est révélé efficace pour arrêter la prolifération des vaisseaux et redonner au client une vue normale. On peut soi-même détecter la dégénérescence maculaire sénile par un examen simple qui ne nécessite aucun instrument particulier. Il suffit de regarder fixement une ligne droite, telle que le chambranle d'une porte, en maintenant un œil fermé à l'aide de la main. Si l'on perçoit autre chose qu'une ligne droite ou si un point noir apparaît, une visite chez l'ophtalmologiste est impérative.

Les signaux lumineux sont d'abord reçus par les photorécepteurs, puis conduits à travers des synapses vers les neurones bipolaires situés dans la zone intermédiaire de la couche de tissu nerveux de la rétine. Ils sont ensuite conduits vers les neurones ganglionnaires . Ces cellules transmettent les signaux lumineux par les fibres du nerf optique (II) jusqu'au cerveau, sous forme d'influx nerveux. Un grand nombre de bâtonnets font synapse avec un neurone bipolaire, et plusieurs de ces neurones transmettent l'influx nerveux à une cellule ganglionnaire. Ces circuits convergents diminuent considérablement l'acuité visuelle, mais ils produisent des effets de sommation qui permettent la stimulation d'une cellule ganglionnaire par une faible lumière. Cette cellule ne réagirait pas si elle était reliée directement à un cône. Les types de neurones jouent donc un rôle important sur le plan de l'acuité visuelle et de la sensibilité lumineuse.

Les axones des neurones ganglionnaires se prolongent vers l'arrière et atteignent une petite région de la rétine appelée **papille optique** (**tache aveugle** ou **tache de Mariotte**). Cette région est pourvue d'ouvertures par lesquelles les axones des neurones ganglionnaires, formant le nerf optique (II), quittent l'œil. Comme elle ne contient aucun bâtonnet ni aucun cône, les images ne peuvent s'y former; voilà pourquoi elle est appelée tache aveugle.

Le cristallin

Le globe oculaire, en plus de la tunique fibreuse, de la tunique vasculaire et de la rétine, contient le cristallin, situé immédiatement derrière la pupille et l'iris. Le **cristallin** est formé d'un grand nombre de couches de fibres protéiques dont la disposition rappelle celle des couches d'un oignon. Le cristallin est en règle générale parfaitement transparent. Il est enveloppé d'une capsule de tissu conjonctif hyalin et maintenu en position par des **ligaments suspenseurs**. La diminution de la transparence du cristallin est appelée **cataracte**.

L'intérieur de l'œil

L'intérieur du globe oculaire est une grande cavité divisée en deux par le cristallin. La **cavité antérieure**, devant le cristallin, se subdivise en **chambre antérieure**, espace compris entre la cornée et l'iris, et en **chambre postérieure**, espace compris entre l'iris et les ligaments suspenseurs du cristallin. La cavité antérieure est remplie d'un liquide aqueux, semblable au liquide céphalo-rachidien, appelé **humeur aqueuse**. On croit que l'humeur aqueuse est sécrétée dans la chambre postérieure par les plexus choroïdes des procès ciliaires des corps ciliaires situés derrière l'iris. L'humeur aqueuse s'infiltre dans la chambre postérieure; elle passe ensuite entre l'iris et le cristallin, puis traverse la pupille pour pénétrer dans la chambre antérieure. L'humeur aqueuse, dont la sécrétion est continuelle, est alors drainée vers le canal de Schlemm puis se déverse dans le sang. La chambre antérieure remplit donc une fonction semblable à celle de l'espace sous-arachnoïdien de l'encéphale et de la moelle épinière. Le canal de Schlemm joue le même rôle qu'un sinus veineux de la dure-mère. La pression à l'intérieur de l'œil, la **pression intra-oculaire**, est due en grande partie à l'humeur aqueuse. La pression intra-oculaire et le corps vitré maintiennent la forme du globe oculaire et gardent la rétine bien appliquée sur la choroïde afin que la rétine forme des images nettes. La pression intra-oculaire normale (environ 16 mm Hg) est maintenue par le drainage de l'humeur aqueuse à travers le canal de Schlemm. Le **glaucome**, augmentation de la pression intra-oculaire, entraîne la dégénérescence de la rétine et la cécité. L'humeur aqueuse, en plus de garder une pression intra-oculaire constante, constitue le principal lien entre l'appareil cardio-vasculaire, le cristallin et la cornée, car ces deux derniers organes ne contiennent pas de vaisseaux sanguins.

La plus grande cavité du globe oculaire est la **cavité postérieure**. Elle s'étend du cristallin à la rétine et contient une substance gélatineuse, le **corps vitré**. Le corps vitré contribue à maintenir la pression intra-oculaire, empêche l'affaissement du globe oculaire et garde la rétine collée aux parois internes de l'œil. Le corps vitré, contrairement à l'humeur aqueuse, n'est pas sécrété continuellement. Il se forme durant la vie embryonnaire et n'est jamais remplacé.

Dans le document 17.1, nous présentons un résumé des organes annexes du globe oculaire.

DOCUMENT 17.1 RÉSUMÉ DES ORGANES ANNEXES DU GLOBE OCULAIRE

ORGANE	FONCTIONS
Tunique fibreuse	
Sclérotique	Donne sa forme au globe oculaire et protège les organes internes
Cornée	Laisse pénétrer la lumière et dévie les rayons lumineux
Tunique vasculaire	
Choroïde	Assure l'apport sanguin et absorbe la lumière
Corps ciliaire	Sécrète l'humeur aqueuse et modifie la courbure du cristallin pour permettre la vision d'un objet éloigné ou rapproché (accommodation)
Iris	Règle la quantité de lumière qui pénètre dans le globe oculaire
Rétine (tunique nerveuse)	Reçoit la lumière, transforme les rayons lumineux en influx nerveux et transmet ces influx au nerf optique (II)
Cristallin	Réfracte les rayons lumineux
Cavité antérieure	Contient l'humeur aqueuse qui contribue à maintenir la forme du globe oculaire, garde la rétine contre la choroïde et réfracte la lumière
Cavité postérieure	Contient le corps vitré qui contribue à maintenir la forme du globe oculaire, garde la rétine contre la choroïde et réfracte la lumière

LE MÉCANISME DE LA VISION

Avant que la lumière puisse atteindre les bâtonnets et les cônes de la rétine, elle doit traverser la cornée, l'humeur aqueuse, la pupille, le cristallin et le corps vitré. Pour que la vision se produise, la lumière atteignant les bâtonnets et les cônes doit former une image sur la rétine. Les influx nerveux qui sont déclenchés doivent alors être conduits à l'aire visuelle du cortex cérébral. Dans l'étude du mécanisme de la vision, voyons d'abord la formation des images sur la rétine.

La formation des images sur la rétine

La mise au point des images sur la rétine s'effectue en quatre étapes: (1) la réfraction des rayons lumineux, (2) l'accomodation du cristallin, (3) la contraction de la pupille et (4) la convergence des yeux. L'accommodation et le diamètre de la pupille sont réglés par les fibres musculaires lisses du muscle ciliaire et par le muscle dilatateur de la pupille et le sphincter iridien. Ce sont les *muscles intrinsèques de l'œil*, car ils sont situés à l'intérieur du globe oculaire. La convergence est réglée par des muscles volontaires fixés à l'extérieur du globe oculaire, les *muscles extrinsèques de l'œil* (voir la figure 11.6).

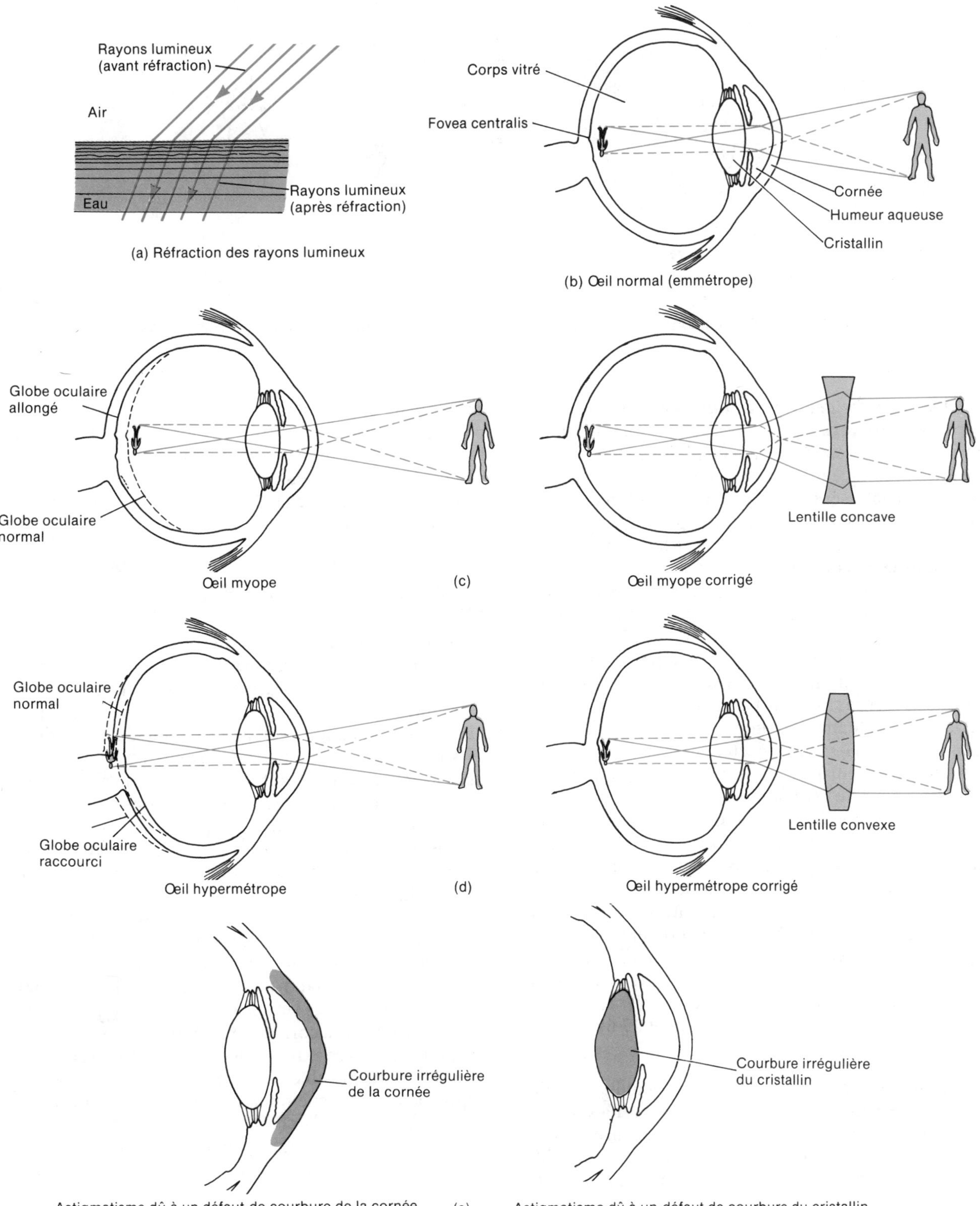

FIGURE 17.5 Réfractions normales et anormales dans le globe oculaire. (a) Réfraction des rayons lumineux au passage de l'air à l'eau. (b) L'œil normal, ou emmétrope, voit les images nettement. Les quatre milieux de réfraction dévient les rayons lumineux pour que ceux-ci convergent vers la fovea centralis. (c) Dans un œil myope, l'image se forme en avant de la rétine. Cette anomalie est due à une élongation du globe oculaire ou à un épaississement du cristallin. On corrige la myopie par l'emploi de verres concaves qui accentuent la divergence des rayons lumineux afin que l'image se forme plus loin derrière, sur la rétine. (d) Dans un œil hypermétrope, l'image se forme derrière la rétine. Cette anomalie est due au raccourcissement du globe oculaire ou à l'amincissement du cristallin. Pour corriger l'hypermétropie, on utilise des verres convexes qui accentuent la convergence des rayons lumineux afin que l'image se forme directement sur la rétine. (e) L'astigmatisme est un défaut de courbure de la cornée (à gauche) ou du cristallin (à droite). Les rayons lumineux horizontaux et verticaux forment deux images sur la rétine, sans toutefois atteindre la fovea centralis ; il en résulte une vision floue ou déformée. Pour corriger l'astigmatisme, on utilise des verres permettant de redonner à l'œil un indice de réfraction normal.

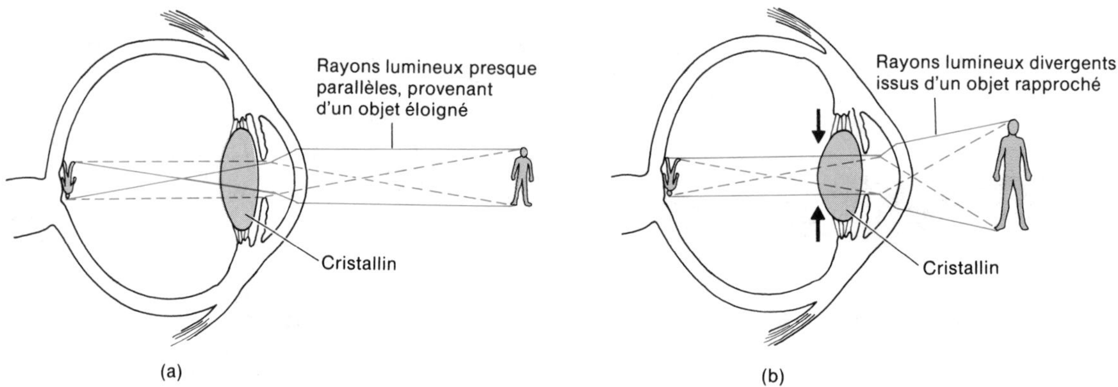

FIGURE 17.6 Accommodation. (a) Dans le cas d'un objet éloigné de 6 m ou plus. (b) Dans le cas d'un objet éloigné de moins de 6 m.

• ***La réfraction des rayons lumineux*** Lorsque les rayons lumineux voyageant à travers un milieu transparent (comme l'air) passent dans un second milieu transparent de masse volumique différente (comme l'eau), ils dévient lorsqu'ils franchissent la surface de séparation des deux milieux. C'est la **réfraction** (figure 17.5,a). L'œil possède quatre milieux réfringents : la cornée, l'humeur aqueuse, le cristallin et le corps vitré. Les rayons lumineux qui pénètrent dans l'œil sont réfractés aux points suivants : (1) la surface antérieure de la cornée, dont la masse volumique est supérieure à celle de l'air ; (2) la surface postérieure de la cornée, lorsqu'ils pénètrent dans l'humeur aqueuse dont la masse volumique est supérieure à celle de la cornée ; (3) la surface antérieure du cristallin, dont la masse volumique est inférieure à celle de l'humeur aqueuse ; et (4) la surface postérieure du cristallin, en pénétrant dans le corps vitré, dont la masse volumique est inférieure à celle du cristallin.

L'indice de réfraction de chacune des surfaces de l'œil est très précis. Les rayons lumineux réfléchis par un objet situé à 6 m ou plus de l'observateur sont presque parallèles ; ils doivent être déviés suffisamment pour converger directement sur la fovea centralis, où la vision est la plus nette. Les rayons lumineux provenant d'objets rapprochés sont divergents. Pour que l'image atteigne la fovea centralis, il faut que l'indice de réfraction augmente. Cette modification de la réfraction est effectuée par le cristallin (figures 17.5,b et 17.6).

• ***L'accommodation du cristallin*** Une lentille arrondie en dehors, c'est-à-dire convexe, fera converger les rayons qui s'entrecroiseront. Plus la courbure est prononcée, plus la déviation est importante. Inversement, une lentille dont la surface est creuse, ou concave, fera diverger les rayons. Le cristallin est biconvexe ; il a l'unique pouvoir de modifier la puissance réfringente de l'œil en devenant moyennement courbé à un moment et très courbé le moment suivant. Quand l'œil est fixé sur un objet rapproché, la courbure du cristallin est très prononcée de façon à faire converger les rayons lumineux vers la fovea centralis. Cette accentuation de la courbure cristallinienne est appelée **accommodation** (figure 17.6). Lorsque les objets sont rapprochés, le muscle ciliaire se contracte et tire le procès ciliaire et la choroïde vers le cristallin. Cette contraction a pour effet de relâcher les ligaments suspenseurs et le cristallin. Le cristallin est élastique ; il peut donc se raccourcir, s'épaissir ou se bomber facilement. Lorsque les objets sont éloignés, le muscle ciliaire se relâche et la courbure du cristallin diminue. L'âge réduit l'élasticité du cristallin et, partant, son pouvoir d'accommodation.

APPLICATION CLINIQUE

L'œil normal, ou **œil emmétrope**, est capable de réfracter les rayons lumineux provenant d'un objet éloigné de 6 m, de façon à produire une image nette sur la rétine. Mais cette capacité est souvent perturbée par diverses anomalies liées à un défaut de réfraction. Parmi celles-ci, mentionnons la **myopie**, l'**hypermétropie** et l'**astigmatisme**, défaut de courbure du cristallin ou de la cornée. À la figure 17.5,c à e, nous illustrons et expliquons ces anomalies. La **presbytie**, anomalie de la vision qui augmente avec l'âge, est l'incapacité de faire la mise au point sur les objets rapprochés, à cause d'une diminution de l'élasticité du cristallin.

Près de 100 millions d'Américains sont atteints de troubles de la vue. La plupart de ces anomalies sont corrigées à l'aide de lunettes, mais l'usage de lentilles cornéennes se répand de plus en plus. Les **lentilles cornéennes** sont des verres optiques que l'on applique directement sur la cornée, sous les paupières et devant la pupille. La face externe, de forme sphérique, corrige les différents troubles de vision ; la face interne est spécialement conçue pour s'adapter à la courbure de la cornée. Les lentilles cornéennes adhèrent à la cornée par action capillaire sur la pellicule de larmes.

• ***La contraction de la pupille*** Les fibres musculaires circulaires de l'iris ont aussi un rôle à jouer dans la formation d'images rétiniennes nettes. Durant l'accommodation, les muscles dilatateur de la pupille et sphincter iridien se contractent, ce qui entraîne la contraction de la pupille. La **contraction des pupilles** est le rétrécissement du diamètre de l'ouverture laissant passer la lumière. Ce mouvement de la pupille s'effectue en même temps que l'accommodation du cristallin, afin que les rayons lumineux ne puissent s'infiltrer autour du cristallin. Ces rayons ne donneraient pas une image nette sur la rétine ; la vue serait donc floue. La pupille, comme nous l'avons vu plus tôt, se contracte sous l'effet d'une vive lumière afin de protéger la rétine contre une stimulation soudaine et intense.

• ***La convergence*** À cause de l'alignement des orbites dans la boîte crânienne, la plupart des animaux voient un ensemble d'objets à gauche avec un œil et un ensemble complètement différent à droite avec l'autre œil. Cette caractéristique double leur champ visuel et leur permet de voir les objets situés derrière eux. Chez les humains, les deux yeux ne font la mise au point que sur un ensemble d'objets ; c'est ce qu'on appelle la **vision binoculaire**.

La vision binoculaire se produit lorsque des rayons lumineux provenant d'un objet sont dirigés vers le même point de la rétine des deux yeux. Quand on observe un objet éloigné situé droit devant soi, les rayons lumineux sont dirigés directement dans les pupilles et réfractés vers des points identiques sur les rétines des deux yeux. Mais quand la distance de l'objet diminue, les yeux effectuent une rotation vers l'intérieur pour que les rayons lumineux provenant de l'objet touchent les mêmes points sur les deux rétines. Ce mouvement des globes oculaires, appelé **convergence**, est nécessaire pour que les deux yeux soient fixés simultanément sur le même objet. Plus l'objet est près, plus l'indice de convergence doit être élevé pour conserver la vision binoculaire. La convergence s'effectue par la contraction coordonnée des muscles extrinsèques de l'œil.

• ***Le renversement de l'image*** Les images qui se forment sur la rétine sont renversées. Elles subissent aussi une réflexion, c'est-à-dire que les rayons provenant du côté droit de l'objet se projettent sur le côté gauche de la rétine, et inversement. Il faut remarquer, à la figure 17.5,b, que les rayons lumineux réfléchis par le haut de l'objet croisent les rayons provenant du bas et impressionnent la rétine au-dessous de la fovea centralis. Les rayons lumineux réfléchis par le bas de l'objet croisent les rayons provenant du haut et impressionnent la rétine au-dessus de la fovea centralis. Si nous ne voyons pas tous les objets à l'envers, c'est parce que le cerveau s'habitue très vite à associer les images avec la position réelle des objets. Le

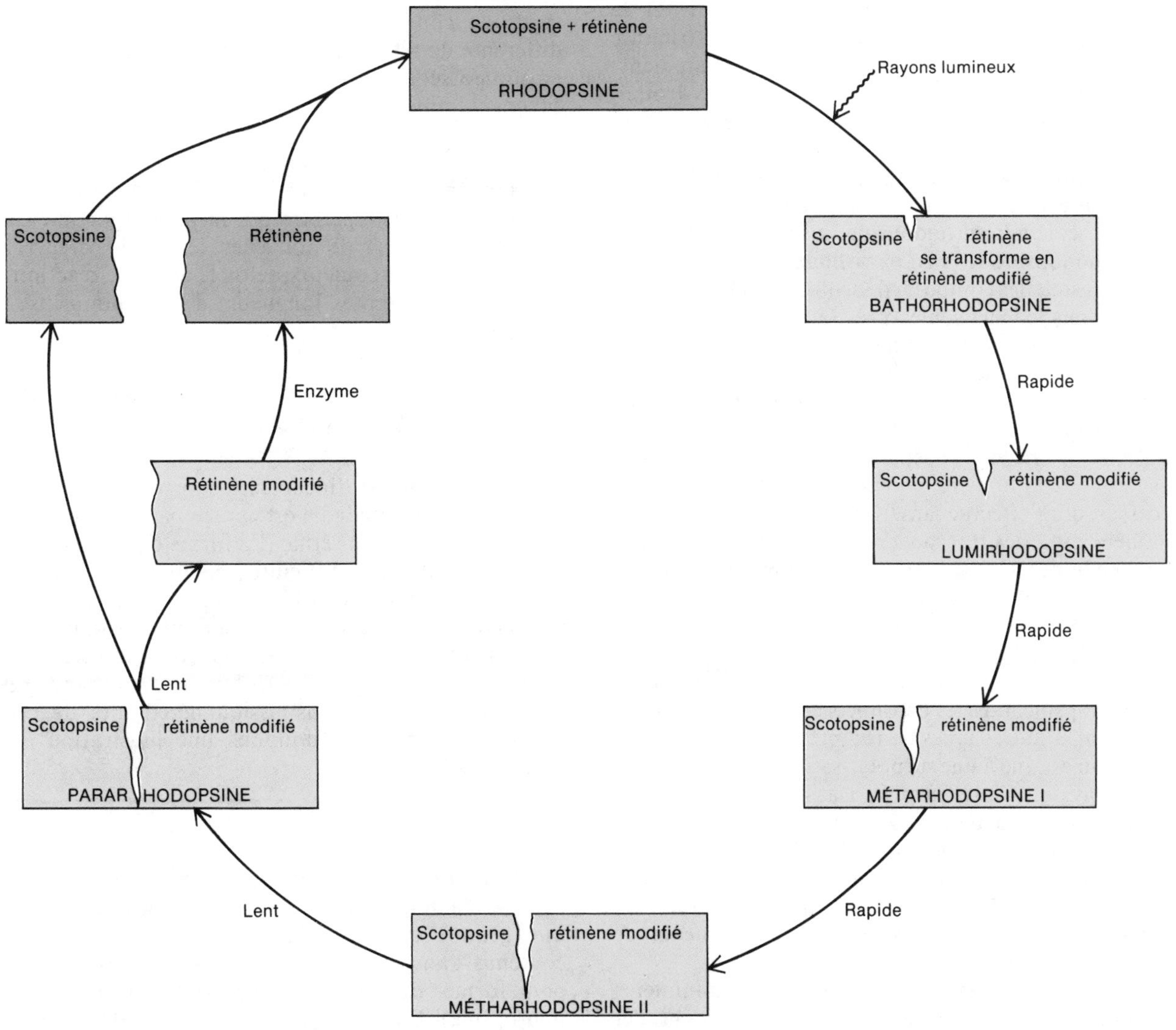

FIGURE 17.7 Cycle de la rhodopsine.

cerveau, qui se souvient de la distance et de la forme des objets, retourne les images dans le sens adéquat.

La stimulation des photorécepteurs

• ***La stimulation des bâtonnets*** Après la formation de l'image sur la rétine par réfraction, accommodation, contraction de la pupille et convergence, les signaux lumineux doivent être convertis en influx nerveux. Les bâtonnets et les cônes produisent des potentiels générateurs. Pour bien comprendre cette première étape de la formation des influx nerveux, examinons d'abord le rôle des pigments photosensibles.

On appelle **pigment photosensible**, toute substance susceptible de subir des transformations structurales et de produire un potentiel générateur sous l'effet de la lumière. Les pigments des bâtonnets, appelés **rhodopsine**, ou **pourpre rétinien**, sont sensibles aux lumières de faible intensité. La rhodopsine est formée d'une protéine, la **scotopsine**, et d'un aldéhyde de la vitamine A, le **rétinène** (figure 17.7). Le rétinène possède une caractéristique importante : il se présente sous deux formes, selon qu'il y a présence ou absence de lumière. En l'absence de lumière, il existe sous forme de rétinène. Il se combine alors parfaitement à la scotopsine pour former la rhodopsine. En présence de la lumière, la structure moléculaire du rétinène se transforme immédiatement ; ses molécules incurvées se changent en molécules droites, appelées rétinène modifié. À cause de sa structure modifiée, le rétinène modifié se détache de la scotopsine pour former une substance très instable, la **bathorhodopsine**. Cette substance se décompose ensuite graduellement en **lumirhodopsine**, en **métarhodopsine I**, en **métarhodopsine II** et en **pararhodopsine**. Toutes ces substances sont des composés de scotopsine et de rétinène modifié, mais leur liaison est très faible. Finalement, la pararhodopsine se sépare complètement pour donner la scotopsine et le rétinène modifié. Le potentiel générateur se déclence dans les bâtonnets lorsque la métarhodopsine I se transforme en métarhodopsine II.

La rhodopsine, après séparation de ses composants sous l'effet de la lumière, se reconstitue. Au cours de ce processus, qui s'effectue sans l'intervention de la lumière, le rétinène modifié est reconverti en rétinène, en présence d'une enzyme. Ce rétinène nouvellement formé se combine à la scotopsine pour reformer de la rhodopsine. Ce composé reste stable jusqu'à ce qu'un rayon lumineux vienne déclencher sa dégradation.

Le potentiel générateur déclenché par la dégradation de la rhodopsine dans les bâtonnets est différent de celui produit par d'autres types de récepteurs sensitifs, car la stimulation est due à une surpolarisation plutôt qu'à une dépolarisation. Cette surpolarisation des bâtonnets s'explique par l'évacuation continuelle des ions Na^+ hors de la cellule et par la diminution du taux de pénétration des ions Na^+. La diminution du nombre d'ions sodium à l'intérieur de la cellule a pour effet d'accroître la négativité de la face interne de la membrane et de provoquer la surpolarisation.

La rhodopsine est extrêmement sensible à la lumière ; la clarté lunaire ou même une bougie suffisent à dégrader un peu de cette substance et à permettre la vision. Les bâtonnets sont donc spécialisés dans la vision nocturne, mais d'utilité limitée pour la vision diurne. Lorsque la lumière est vive, la dégradation de la rhodopsine s'effectue plus rapidement que sa reconstitution, tandis que dans la pénombre les vitesses de dégradation et de production s'équivalent. Voilà pourquoi l'œil a besoin d'un moment d'ajustement au passage d'un endroit éclairé à une pièce obscure. Cette période d'ajustement correspond au temps nécessaire à la rhodopsine pour se reconstituer. L'**héméralopie** est la diminution de la vision nocturne normale après la période d'ajustement ; elle est souvent causée par une avitaminose A.

• ***L'excitation des cônes*** Les cônes sont les récepteurs de la lumière vive et des couleurs. Tout comme dans les bâtonnets, la dégradation des pigments photosensibles produit un potentiel générateur par surpolarisation. Les pigments photosensibles des cônes sont semblables à ceux des bâtonnets. Tous deux contiennent du rétinène, mais la substance protéique des cônes, la **photopsine**, diffère légèrement de la scotopsine des bâtonnets. Les pigments photosensibles des cônes, contrairement à la rhodopsine, se dégradent sous l'effet de la lumière vive et se reconstituent rapidement. On croit qu'il existe trois types de cônes, chacun contenant une combinaison différente de rétinène et de photopsine. Chaque combinaison possède une sensibilité maximale différente à des rayons lumineux d'une certaine longueur d'onde, et chacune réagit donc mieux à une couleur particulière. Un type de cône réagit mieux à la lumière rouge, le deuxième, à la lumière verte, et le troisième, à la lumière bleue. À l'instar de l'artiste-peintre qui mélange les couleurs de base pour en créer de nouvelles, les cônes percevraient une multitude de couleurs, selon le degré de réaction des cônes aux différentes longueurs d'onde lumineuse qui atteignent la rétine.

APPLICATION CLINIQUE

Le **daltonisme** est l'incapacité de percevoir certaines couleurs ; cette maladie est causée par l'absence d'un type de cônes de la rétine. La forme de daltonisme la plus courante est la difficulté à distinguer le rouge et le vert, car les cônes sensibles à la lumière rouge et à la lumière verte sont absents de la rétine. Le daltonisme est une affection héréditaire beaucoup plus fréquente chez les hommes que chez les femmes. Au chapitre 29, nous étudions la transmission héréditaire de cette maladie et nous en donnons une illustration à la figure 29.18.

• ***L'adaptation à la lumière et à l'obscurité*** Si l'œil est exposé à la lumière vive pendant une période prolongée, une grande quantité des pigments photosensibles contenus dans les bâtonnets et les cônes se dégradent pour former du rétinène et de l'opsine (scotopsine ou photopsine). En outre, la majeure partie du rétinène se transforme en vitamine A. La concentration des

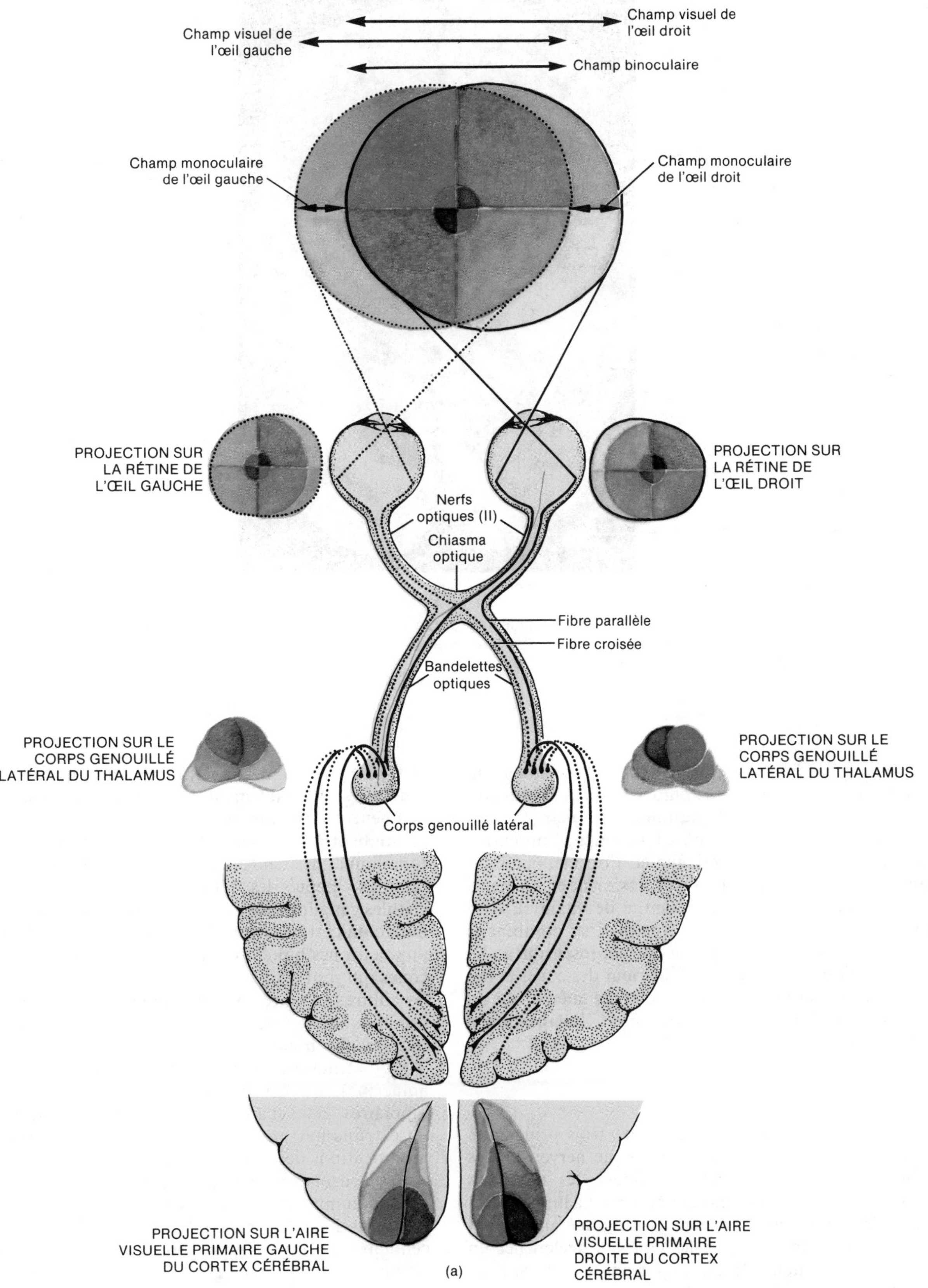

FIGURE 17.8 Voies afférentes des influx visuels. (a) Diagramme. Le cercle foncé au centre du champ visuel représente la macula. Au centre de la macula se trouve la fovea centralis, la région la plus sensible de la rétine.

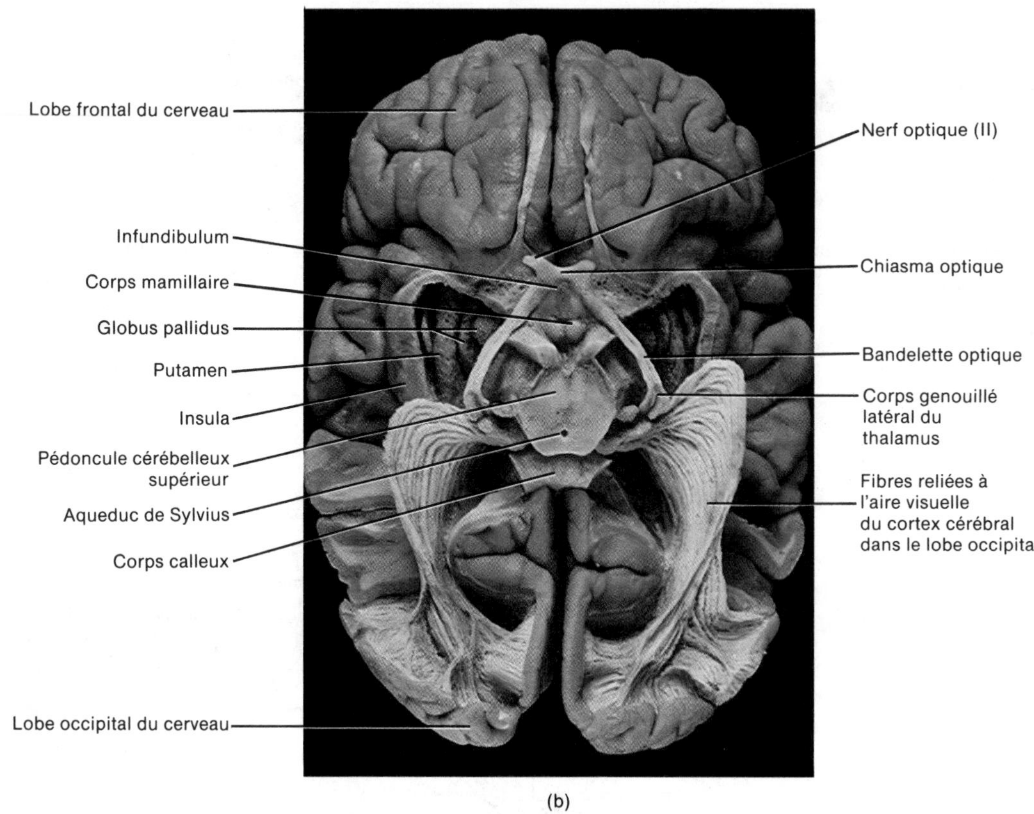

FIGURE 17.8 [*Suite*] (b) Photographie d'une vue ventrale de l'encéphale. [Gracieuseté de N. Gluhbegovic et T. H. Williams, *The Human Brain : A Photographic Guide*, Harper & Row, Publishers, Inc., Hagerstown, MD, 1980.]

pigments photosensibles est donc considérablement réduite, de même que la sensibilité de l'œil à la lumière ; c'est ce qu'on appelle l'**adaptation à la lumière**.

Inversement, si l'œil est exposé longtemps à l'obscurité, une forte proportion de rétinène et d'opsine, contenus dans les cônes et les bâtonnets, se transforme en pigments photosensibles. Une grande quantité de vitamine A se transforme en rétinène qui, lorsqu'il se combine à l'opsine, reconstitue les pigments photosensibles. La concentration des pigments à l'intérieur des cônes et des bâtonnets s'accroît donc fortement, de même que la sensibilité de l'œil à la lumière ; c'est l'**adaptation à l'obscurité**.

Les voies optiques

À la figure 17.4,b, nous montrons les trois principales zones de neurones de la rétine (tunique nerveuse) : les photorécepteurs (bâtonnets et cônes), les neurones bipolaires et les neurones ganglionnaires. La lumière doit traverser les neurones bipolaires et ganglionnaires avant de stimuler les bâtonnets et les cônes et déclencher un potentiel générateur. Il est important de remarquer, toutefois, que la rétine renferme deux types particuliers de cellules : les **cellules horizontales** et les **cellules amacrines**.

Les potentiels générateurs se propagent dans les corps des bâtonnets et des cônes sans avoir subi de modification. Ces potentiels sont relayés aux cellules horizontales et bipolaires, probablement par des neurotransmetteurs. Les neurotransmetteurs excitent les neurones bipolaires et inhibent les cellules horizontales. Du point de vue fonctionnel, les neurones bipolaires relaient les signaux lumineux depuis les bâtonnets et les cônes jusqu'aux cellules ganglionnaires (voir la figure 17.4,b). Les cellules horizontales transmettent les signaux lumineux inhibiteurs aux neurones bipolaires adjacents aux bâtonnets et aux cônes qui sont excités. Cette inhibition latérale accentue les contrastes entre les zones de la rétine soumises à de nombreux rayons lumineux et les zones adjacentes, plus faiblement stimulées. Les cellules horizontales contribuent à la distinction de diverses couleurs. Les cellules amacrines, qui sont aussi excitées par les neurones bipolaires, font synapse avec les cellules ganglionnaires et leur transmettent les influx nerveux relatifs aux modifications des intensités lumineuses de la rétine.

Les neurones ganglionnaires, quand ils reçoivent les signaux lumineux excitateurs des neurones bipolaires, se dépolarisent et déclenchent les influx nerveux. Les corps cellulaires des neurones ganglionnaires sont situés dans la rétine, et leurs axones forment le **nerf optique** (II) et quittent le globe oculaire (figure 17.8). Ces axones traversent le **chiasma optique**, un point de croisement des nerfs optiques (II). Certaines fibres se croisent ; d'autres demeurent du même côté. Après le chiasma optique, ces fibres, qui forment à présent la **bandelette optique**, pénètrent dans l'encéphale et atteignent le corps genouillé latéral du thalamus. Les fibres font ensuite synapse avec des neurones de troisième ordre dont les axones se rendent aux aires visuelles situées dans le lobe occipital du cortex cérébral.

L'analyse des voies afférentes vers l'encéphale montre que le champ visuel de chaque œil se divise en deux régions : la **moitié nasale (médiane)** et la **moitié temporale (latérale)**. Pour chaque œil, les rayons lumineux provenant d'un objet dans la moitié nasale du champ visuel atteignent la moitié temporale de la rétine. Inversement, les rayons lumineux provenant d'un objet dans la moitié temporale du champ visuel atteignent la partie droite de la rétine (figure 17.8). De même, les rayons lumineux provenant d'un objet à la partie supérieure du champ visuel atteignent la partie inférieure de la rétine; ceux d'un objet à la partie inférieure du champ visuel atteignent la partie supérieure de la rétine. Les fibres nerveuses issues des moitiés nasales des rétines se croisent dans le chiasma optique avant d'aboutir au corps genouillé du thalamus ; les fibres issues des moitiés temporales des rétines atteignent directement le corps genouillé sans se croiser dans le chiasma optique. L'aire visuelle primaire du cortex cérébral du lobe occipital droit interprète donc les sensations visuelles provenant du côté gauche d'un objet par la voie des influx provenant de la moitié temporale de la rétine de l'œil droit et de la moitié nasale de la rétine de l'œil gauche. L'aire visuelle primaire du cortex cérébral du lobe occipital gauche interprète les sensations visuelles provenant du côté droit d'un objet par la voie des influx provenant de la moitié nasale de l'œil droit et de la moitié temporale de l'œil gauche.

APPLICATION CLINIQUE

Un **scotome** dans le champ visuel indique parfois la présence d'une tumeur cérébrale le long des voies afférentes. Par exemple, l'incapacité de percevoir la partie gauche d'un champ visuel normal, sans bouger le globe oculaire, est l'un des symptômes d'une tumeur dans la bandelette optique droite.

LES SENSATIONS AUDITIVES ET L'ÉQUILIBRE

L'oreille contient à la fois les récepteurs des ondes sonores et ceux de l'équilibre. Du point de vue anatomique, l'oreille se divise en trois principales parties : l'oreille externe, l'oreille moyenne et l'oreille interne.

L'OREILLE EXTERNE

L'**oreille externe** est spécialement conçue pour capter les sons et les faire pénétrer dans le conduit auditif (figure 17.9, a, b). Elle est formée du pavillon, du conduit auditif externe et de la membrane du tympan, ou simplement tympan.

Le **pavillon** est une pièce de cartilage élastique, dont la forme rappelle le pavillon d'une trompette, recouverte d'une peau épaisse. Le bord du pavillon est appelé **hélix**, et la partie inférieure, **lobule**. Le pavillon est soudé à la tête par des ligaments et des muscles. À la figure 17.9,a, nous montrons la structure superficielle de l'oreille externe.

Le **conduit auditif externe** est un canal d'environ 2,5 cm de longueur percé dans l'os temporal. Il relie le pavillon au tympan. Les parois osseuses du conduit auditif sont recouvertes de cartilage formant, avec celui du pavillon, un prolongement continu. Le cartilage du conduit auditif externe est recouvert d'une couche de peau mince, très sensible. Il contient, près de l'ouverture externe, des poils et des glandes sébacées spécialisées, les **glandes cérumineuses**, qui sécrètent le **cérumen**. L'action combinée des poils et du cérumen contribue à empêcher les corps étrangers d'entrer dans l'oreille.

La **membrane du tympan** est une cloison de tissu conjonctif fibreux, fine et transparente, entre le conduit auditif externe et l'oreille moyenne. Sa face externe est concave et recouverte de peau ; sa face interne est convexe et recouverte d'une muqueuse.

APPLICATION CLINIQUE

La **rupture de la membrane du tympan** peut être causée par des corps étrangers, la pression ou une infection. Un saignement abondant et un écoulement de liquide céphalo-rachidien à travers la membrane du tympan rupturée peuvent se produire après un coup important à la tête; ils indiquent une fracture du crâne.

L'OREILLE MOYENNE

L'**oreille moyenne**, aussi appelée **caisse du tympan**, est une petite cavité remplie d'air, creusée dans l'os temporal, dont les parois sont recouvertes d'un épithélium (figure 17.9, b à d). Cette cavité est isolée de l'oreille externe par la membrane tympanique et de l'oreille interne par une cloison osseuse percée de deux petites ouvertures : la fenêtre ovale et la fenêtre ronde.

La paroi postérieure de la cavité communique avec les cellules mastoïdiennes de l'os temporal par une chambre appelée **antre mastoïdien**. C'est pourquoi les infections de l'oreille moyenne s'étendent parfois à l'os temporal (mastoïdites) ou même à l'encéphale.

La paroi antérieure de la cavité est percée d'un orifice s'ouvrant directement sur la **trompe d'Eustache**. La trompe d'Eustache relie l'oreille moyenne au rhinopharynx. Les infections de la gorge et du nez empruntent ce canal pour atteindre l'oreille. Le rôle de la trompe d'Eustache est de maintenir une pression atmosphérique égale de part et d'autre de la membrane tympanique. Si ce canal n'existait pas, une brusque altération de la pression interne ou externe causerait la rupture du tympan. Durant la déglutition et le bâillement, la trompe d'Eustache s'ouvre pour équilibrer la pression à l'intérieur et à l'extérieur de l'oreille moyenne. Une

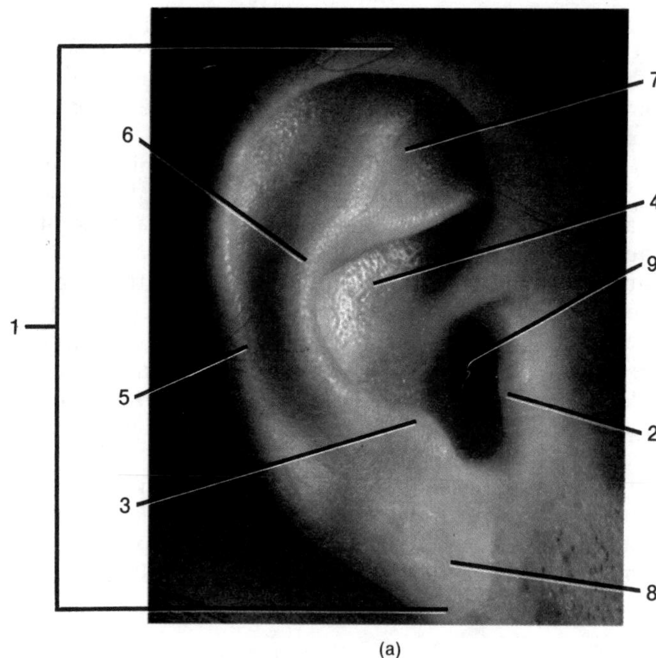

1. **Le pavillon**. Partie visible de l'oreille externe.
2. **Le tragus**. Saillie cartilagineuse située devant le conduit auditif externe.
3. **L'antitragus**. Saillie cartilagineuse située du côté opposé au tragus.
4. **La conque**. Cavité du pavillon.
5. **L'hélix**. Ourlet supérieur et postérieur du pavillon.
6. **L'anthélix**. Saillie semi-circulaire située derrière la conque et au-dessus de cette dernière.
7. **La fosse triangulaire**. Creux situé dans la partie supérieure de l'anthélix.
8. **Le lobule**. Partie inférieure du pavillon, dépourvue de cartilage.
9. **Le conduit auditif externe**. Conduit qui relie l'oreille externe au tympan.

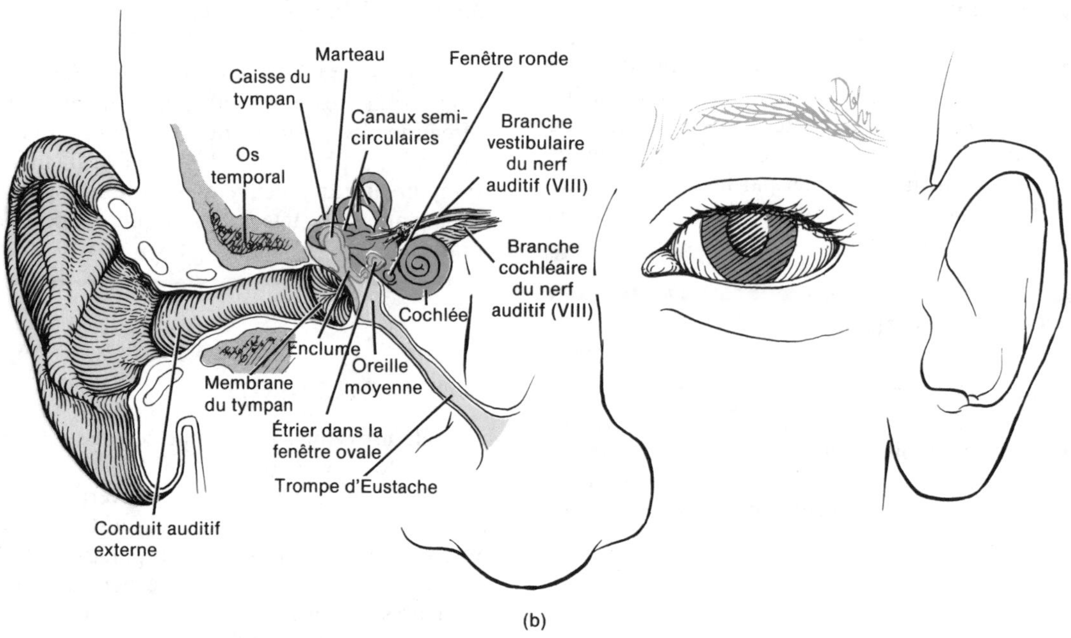

FIGURE 17.9 Structure de l'appareil auditif. (a) Vue latérale des structures superficielles de l'oreille droite. [Copyright © 1982 by Gerard J. Tortora. Gracieuseté de James Borghesi.] (b) Coupe frontale de l'appareil auditif montrant les subdivisions externe, moyenne et interne de l'oreille droite.

pression interne trop élevée entraîne de vives douleurs, une diminution de l'ouïe, l'acouphène et le vertige. On peut équilibrer toute pression soudaine de l'oreille moyenne soit en avalant, soit en expulsant l'air des poumons par le rhinopharynx tout en gardant la bouche et le nez fermés.

L'oreille moyenne renferme les **osselets**: le marteau, l'enclume et l'étrier, aussi appelés malleus, incus et stapes. Ces os sont reliés par des articulations synoviales. L'extrémité en forme de manche du **marteau** est fixée à la face interne de la membrane tympanique, tandis que la tête s'articule avec le corps de l'enclume. L'**enclume**, os intermédiaire de la chaîne des osselets, s'articule avec la tête de l'étrier. La base ou plateau de l'**étrier** s'insère dans une petite ouverture de la fine cloison osseuse qui sépare l'oreille moyenne de l'oreille interne. Cette ouverture est appelée **fenêtre ovale**, ou **fenestra vestibuli**. Une autre ouverture, la **fenêtre ronde**, ou **fenestra cochlea**, située

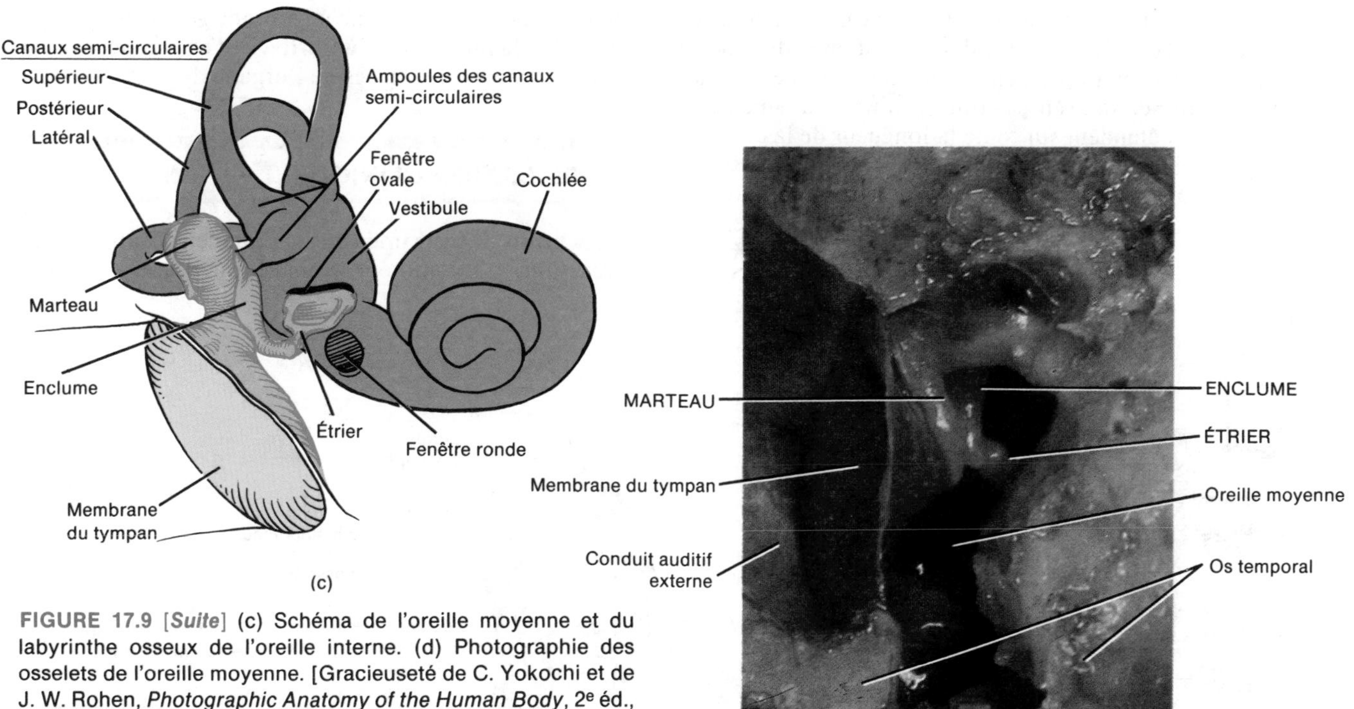

FIGURE 17.9 [*Suite*] (c) Schéma de l'oreille moyenne et du labyrinthe osseux de l'oreille interne. (d) Photographie des osselets de l'oreille moyenne. [Gracieuseté de C. Yokochi et de J. W. Rohen, *Photographic Anatomy of the Human Body*, 2e éd., 1978, IGAKU-SHOIN, Ltd., Tokyo, New York.]

immédiatement sous la fenêtre ovale, est pourvue d'une membrane appelée **tympan secondaire**. Les osselets sont reliés à la caisse du tympan par des ligaments.

En plus des ligaments, deux muscles viennent se fixer aux osselets. Le *muscle du marteau* sert à tirer le marteau sur le côté pour augmenter la tension exercée sur la membrane tympanique et réduire l'amplitude des vibrations. Ce muscle prévient les lésions de l'oreille interne lorsqu'elle est exposée à des sons intenses.

Le *muscle de l'étrier* est le plus petit des muscles squelettiques. Il sert à tirer l'étrier vers l'arrière pour réduire l'amplitude des vibrations, c'est-à-dire diminuer l'amplitude du mouvement. Le muscle de l'étrier, tout comme le muscle du marteau, protège l'oreille interne en amortissant les fortes vibrations produites par de grands bruits. La paralysie du muscle de l'étrier entraîne donc l'*hyperacousie*, augmentation anormale de l'acuité auditive.

L'OREILLE INTERNE

L'**oreille interne**, aussi appelée **labyrinthe**, est formée d'un système complexe de canaux (figure 17.10). Du point de vue structural, elle comprend deux divisions principales: le labyrinthe osseux, qui contient le labyrinthe membraneux. Le **labyrinthe osseux** est une série de cavités creusées dans le rocher de l'os temporal. Il peut être subdivisé en trois parties dont les noms rappellent leur forme: le vestibule, la cochlée et les canaux semi-circulaires. Le labyrinthe osseux, dont les parois sont recouvertes de périoste, renferme un liquide appelé **périlymphe**. Ce liquide entoure le **labyrinthe membraneux**, série de sacs et de canaux ayant la même forme que le labyrinthe osseux. Le labyrinthe membraneux, dont les parois sont recouvertes d'un épithélium, contient un liquide appelé **endolymphe**.

Le **vestibule** est la partie ovoïde centrale du labyrinthe osseux. Le labyrinthe membraneux, contenu dans le vestibule, comprend l'**utricule** et le **saccule**. Ces sacs sont reliés par un étroit conduit.

Les trois **canaux semi-circulaires** osseux se projettent vers le haut et vers l'arrière depuis le vestibule. Chacun forme un angle droit avec les deux autres. Selon leur position, on les appelle canal supérieur, canal postérieur et canal latéral. L'une des extrémités se termine par un renflement appelé ampoule. On appelle **canaux semi-circulaires membraneux** la partie du labyrinthe membraneux située à l'intérieur des canaux semi-circulaires osseux. Les canaux membraneux, qui épousent la forme des canaux osseux, communiquent avec l'utricule du vestibule.

La **cochlée**, ou **limaçon**, ainsi nommée à cause de sa ressemblance avec la coquille d'un escargot, est située devant le vestibule. C'est un canal osseux en forme de spirale qui effectue deux tours trois quarts autour d'une masse osseuse, la **columelle**. La cochlée est formée de trois rampes, isolées par des cloisons dont la forme rappelle celle d'un Y. La base du Y est une coquille osseuse qui pénètre à l'intérieur du canal, tandis que les deux bras sont principalement formés par le labyrinthe membraneux. La rampe située au-dessus de la cloison osseuse s'appelle **rampe vestibulaire**; celle du dessous est appelée **rampe tympanique**. La cochlée est contiguë au vestibule, dans lequel débouche la rampe vestibulaire. La rampe tympanique aboutit à la fenêtre ronde. La périlymphe du vestibule et celle de la rampe vestibulaire ne sont séparées par aucune cloison. La troisième rampe, entre les bras du Y, est le labyrinthe membraneux: le **canal cochléaire** (**rampe médiane**). Il est séparé de la rampe vestibulaire par la **membrane vestibulaire**; la **membrane basilaire** l'isole de la rame tympanique.

L'**organe de Corti**, l'organe de l'audition, repose sur la membrane basilaire. L'organe de Corti est un ensemble de cellules épithéliales sur la face interne de la membrane basilaire. Il est formé de cellules de soutien et de cellules ciliées, les récepteurs des sensations auditives. Les cellules ciliées internes sont en position médiane, sur une seule rangée, et s'étendent sur toute la longueur de la cochlée. Les cellules ciliées externes sont disposées sur plusieurs rangées tout le long de la cochlée. L'extrémité libre des cellules ciliées est pourvue de longs procès ciliaires qui pénètrent dans l'endolymphe du canal cochléaire. La base de ces cellules est innervée par la branche cochléaire du nerf auditif (VIII). Une membrane gélatineuse fragile et souple, la **membrane de Corti**, vient en contact avec les cellules sensorielles ciliées de l'organe de Corti.

APPLICATION CLINIQUE

Des **bruits de forte intensité**, tels que ceux d'un avion à réaction, d'un moteur emballé ou d'une musique

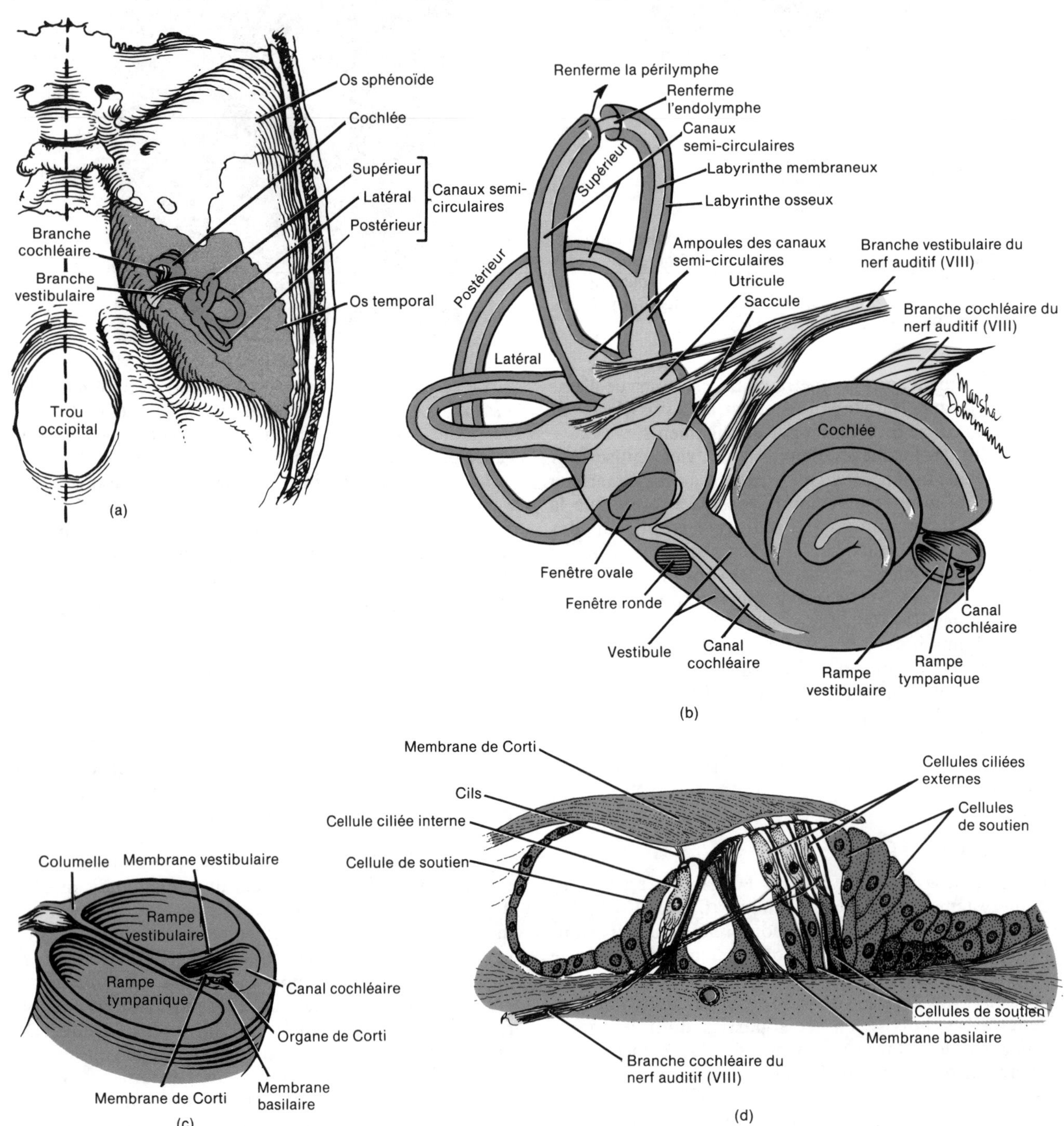

FIGURE 17.10 Oreille interne. (a) Position relative du labyrinthe osseux projeté sur la face interne du plancher de la boîte crânienne. (b) La partie externe, en bleu, représente le labyrinthe osseux. La partie interne, de couleur rouille, représente le labyrinthe membraneux. (c) Coupe transversale de la cochlée. (d) Agrandissement de l'organe de Corti.

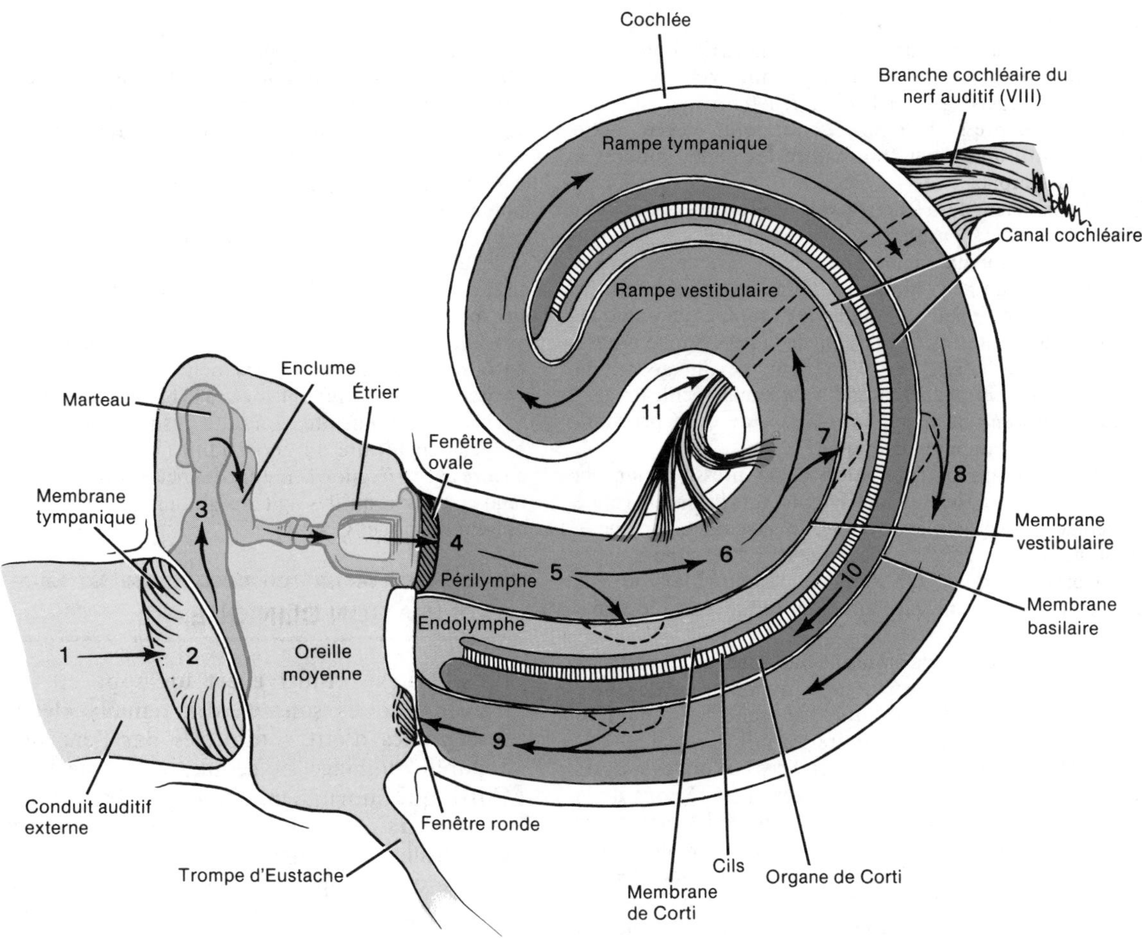

FIGURE 17.11 Mécanisme de l'audition. Les chiffres renvoient aux étapes décrites dans le texte.

assourdissante, blessent facilement les cellules ciliées de l'organe de Corti. Ces bruits ont pour effet de modifier la disposition des cellules ciliées et de les détruire en même temps que les cellules de soutien.

LES ONDES SONORES

La propagation des **ondes sonores** s'explique par l'augmentation ou la diminution de la pression des molécules d'air. Les vibrations d'un objet produisent des ondes sonores; celles-ci se déplacent dans l'air de façon semblable aux vagues à la surface de l'eau. L'oreille humaine perçoit les fréquences sonores comprises entre 20 et 20 000 cycles par seconde (Hz), mais elle est très sensible aux ondes dont la fréquence se situe entre 1 000 Hz et 4 000 Hz.

La fréquence des vibrations et la hauteur du son sont étroitement liées; plus les vibrations sont nombreuses, plus le son est élevé. En outre, plus les vibrations sont puissantes, plus le son est fort. Les puissances sonores relatives se mesurent en **décibels (dB)**. L'oreille humaine est capable de capter les variations de puissance sonore de l'ordre d'un décibel, à l'intérieur du champ d'intensité normal. Le seuil d'audition, c'est-à-dire le point où le silence est rompu par un bruit audible, chez un jeune adulte, est fixé à 0 dB. Le seuil de la douleur se situe entre 115 dB et 120 dB. Les exemples ci-dessous vous donneront une idée de l'intensité sonore de certains bruits: le bruissement des feuilles se situe à 15 dB; l'intensité normale de la voix à 45 dB; le bruit de foule à 60 dB; un aspirateur à 75 dB; et une foreuse pneumatique à 90 dB.

LE MÉCANISME DE L'AUDITION

Le mécanisme de l'audition se divise en plusieurs étapes (figure 17.11).

1. Les ondes sonores sont dirigées par le pavillon de l'oreille vers le conduit auditif externe.

2. Les perturbations de la pression de l'air font vibrer la membrane tympanique. L'amplitude du mouvement de la membrane est très réduite et est fonction de la force et de la vitesse des molécules d'air qui la frappent. Les vibrations sont lentes si la fréquence sonore est faible; elles sont rapides si la fréquence est élevée.

3. La partie centrale de la membrane tympanique est reliée au marteau qui, lui aussi, commence à vibrer. Les vibrations sont ensuite captées par l'enclume qui les transmet à l'étrier.

4. Le mouvement d'avant en arrière de l'étrier pousse la fenêtre ovale vers l'intérieur et vers l'extérieur.

Si les ondes sonores atteignaient la fenêtre ovale sans faire vibrer le tympan ni les osselets, l'acuité auditive s'en trouverait diminuée. Les ondes sonores doivent avoir une pression suffisante pour pouvoir se propager dans la périlymphe de la cochlée. Puisque la surface de la membrane tympanique est environ 22 fois supérieure à celle de la fenêtre ovale, elle peut donc capter une pression sonore 22 fois plus élevée. Cette pression est suffisante pour transmettre les ondes sonores à travers la périlymphe.

5. Le mouvement de la fenêtre ovale produit des ondes dans la périlymphe.

6. La fenêtre, lorsqu'elle bombe vers l'intérieur, pousse la périlymphe de la rampe vestibulaire ; les ondes se propagent le long de cette rampe jusqu'au liquide de la rampe tympanique.

7. Cette augmentation de pression de la périlymphe pousse la membrane vestibulaire vers l'intérieur, ce qui accroît la pression de l'endolymphe à l'intérieur du canal cochléaire.

8. La membrane basilaire, sous l'effet de cette pression, fait saillie dans la rampe tympanique.

9. Cette soudaine augmentation de la pression dans la rampe tympanique repousse la périlymphe vers la fenêtre ronde qui se déplace vers l'oreille moyenne. Inversement, lorsque le son diminue, l'étrier recule, et le processus s'effectue dans le sens contraire ; le liquide suit le même parcours dans le sens opposé, et la membrane basilaire fait saillie dans le canal cochléaire.

10. Les vibrations de la membrane basilaire font bouger les cellules ciliées de l'organe de Corti vers la membrane de Corti. C'est ce mouvement des cils qui déclenche les potentiels générateurs qui serviront à produire les influx nerveux. Les variations dans la hauteur du son sont reliées aux ondes sonores de diverses fréquences qui entraînent certaines régions de la membrane basilaire à vibrer plus que d'autres. La membrane basilaire est plus rigide à la base de la cochlée (partie située près de la fenêtre ovale) et plus flexible à l'apex. C'est donc dire que les sons de haute fréquence ou de grande intensité font vibrer la base de la membrane, alors que les sons de basse fréquence ou de faible intensité font vibrer l'apex. La puissance sonore est déterminée par l'intensité des ondes sonores. Les sons très forts entraînent une grande vibration de la membrane basilaire.

11. Les influx sont ensuite transmis à la branche cochléaire du nerf auditif (VIII) et au noyau cochléaire situé dans le bulbe rachidien (voir la figure 17.10,b). La plupart de ces influx changent de côté à cet endroit et poursuivent leur trajet vers le tubercule quadrijumeau postérieur du mésencéphale, le corps genouillé interne du thalamus pour finalement atteindre l'aire auditive du cortex cérébral située dans le lobe temporal.

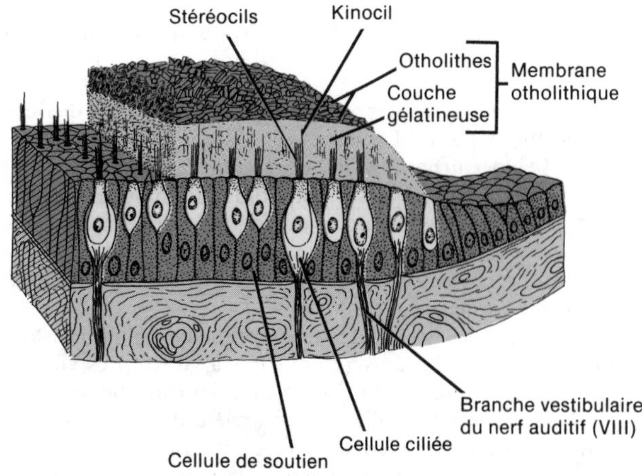

FIGURE 17.12 Structure de la macule.

Le rôle des cellules ciliées est de convertir un signal mécanique (stimulus) en un signal électrique (influx nerveux). On croit que la conversion s'effectue de la façon suivante. Lorsque les cils situés sur le dessus de la cellule se déplacent, les vannes à potassium de la membrane s'ouvrent pour permettre la pénétration rapide des ions potassium (K^+). Cette pénétration a pour effet de dépolariser la membrane et de produire un potentiel générateur. La dépolarisation se propage le long de la cellule et entraîne l'ouverture des vannes à calcium à la base de la cellule, provoquant la pénétration d'ions calcium (Ca^{2+}). À la base de la cellule se trouvent des vésicules qui emmagasinent des neurotransmetteurs. Les ions Ca^{2+} provoquent la fusion des vésicules avec la partie basale de la membrane cellulaire et entraînent la libération des neurotransmetteurs destinés à exciter une fibre afférente logée à la base de la cellule. Les influx nerveux sont ensuite conduits jusqu'à l'encéphale par la branche cochléaire du nerf auditif (VIII). On ne connaît pas encore avec précision la nature des neurotransmetteurs, mais on tend à penser qu'il s'agit de glutamate ou d'acide gamma-aminobutyrique (GABA).

APPLICATION CLINIQUE

La **prothèse auditive** est un appareil destiné à transformer les sons en des signaux électroniques susceptibles d'être interprétés par l'encéphale. Cet appareil remplace les cellules ciliées de l'organe de Corti qui, normalement, convertissent les ondes sonores en signaux électriques transportés à l'encéphale. On l'utilise surtout chez les personnes atteintes de surdité de perception, c'est-à-dire la perte de l'ouïe causée par la destruction des cellules ciliées de l'organe de Corti. C'est le type de surdité le plus courant chez les personnes atteintes de surdité totale.

Cet appareil consiste en des électrodes implantées dans la cochlée et reliées à une prise fixée à l'extérieur de la tête. Un ensemble de microprocesseurs, de la taille d'un petit transistor, se porte à la ceinture ou dans la poche de la chemise, et est également relié à la prise par un cordon. Les ondes sonores sont amplifiées par un minuscule microphone, semblable à celui d'un audiphone, placé dans l'oreille ; elles sont ensuite conduites par un fil jusqu'à la boîte contenant les microprocesseurs où elles sont converties en signaux électriques. Ces signaux atteignent ensuite les électrodes dans la cochlée où ils excitent les terminaisons nerveuses qui les transmettent jusqu'à l'encéphale par le nerf auditif (VIII). Malheureusement, les sons que l'on perçoit sont métalliques et froids.

LE MÉCANISME DE L'ÉQUILIBRE

Il existe deux sortes d'**équilibre**. On appelle **équilibre statique** l'orientation du corps, en particulier celle de la tête, par rapport au sol (gravité). On appelle **équilibre dynamique** le maintien de la position du corps, en particulier celle de la tête, en réaction à certains mouvements soudains tels que la rotation, l'accélération et la décélération. Les organes récepteurs de l'équilibre sont les macules du saccule et de l'utricule, ainsi que les crêtes ampullaires des canaux semi-circulaires.

L'équilibre statique

Les parois de l'utricule et du saccule présentent une petite surface plate, la **macule** (figure 17.12). Les macules sont les récepteurs de l'équilibre statique. Elles envoient des informations sensorielles concernant l'orientation de la tête dans l'espace ; elles jouent un rôle essentiel dans le maintien de la posture.

Les deux macules ont une apparence microscopique semblable à celle de l'organe de Corti. Elles sont formées de cellules neuro-épithéliales différenciées, innervées par la branche vestibulaire du nerf auditif (VIII). Du point de vue anatomique, les macules sont perpendiculaires et possèdent deux types de cellules : les **cellules ciliées réceptrices** et les **cellules de soutien**. On distingue deux formes de cellules ciliées : les unes sont cylindriques, les autres ont plutôt la forme d'une poire. Toutes deux présentent de longs prolongements de la membrane cellulaire formés de *stéréocils*, qui sont en fait des microvillosités, et d'un *kinocil*, ou cil normal, solidement ancré dans le corps basal et qui s'étend au-delà des plus longues microvillosités. La plupart des microvillosités mesurent plus de 100 μm, et certains récepteurs contiennent plus de 80 de ces prolongements.

Les cellules cylindriques de soutien de la macule sont dispersées parmi les cellules ciliées. Une épaisse couche gélatineuse de glycoprotéines, sécrétée sans doute par les cellules de soutien, s'étend directement au-dessus des cellules ciliées ; cette couche est appelée **membrane otolithique**. Les cristaux de carbonate de calcium qui recouvrent la membrane otolithique sont appelés **otolithes** (*oto* : oreille ; *lithe* : pierre). Les otolithes, de masse volumique d'environ 3, sont plus denses que l'endolymphe qui emplit le reste de l'utricule.

La membrane otolithique recouvre la macule tel un disque sur une surface plane et lisse. Lorsqu'on incline la tête, la membrane otolithique glisse dans la même direction sur les cellules ciliées. De même, dans un mouvement soudain de la tête vers l'avant, la membrane otolithique, à cause de son inertie, glisse vers l'arrière et stimule les cellules ciliées. À mesure que les otholites se déplacent, ils entraînent la couche gélatineuse qui, à son tour, entraîne les stéréocils et les fait plier. Ce mouvement des stéréocils déclenche un influx nerveux qui est transmis à la branche vestibulaire du nerf auditif (voir la figure 17.10,b).

La plupart des fibres de la branche vestibulaire pénètrent dans le tronc cérébral et se terminent dans le complexe nucléaire vestibulaire du bulbe rachidien. Les autres fibres pénètrent dans le lobe flocculonodulaire du cervelet par le pédoncule cérébelleux inférieur. Des voies bidirectionnelles relient les noyaux vestibulaires au cervelet. Les fibres provenant de tous les noyaux vestibulaires forment le faisceau longitudinal médian qui relie le tronc cérébral à la partie cervicale de la moelle épinière. Ce faisceau envoie les influx nerveux aux noyaux des nerfs crâniens qui règlent les mouvements des yeux, le nerf moteur oculaire commun (III), le nerf pathétique (IV) et le nerf moteur oculaire externe (VI) ; ainsi qu'au noyau du nerf spinal (XI) qui contribue au mouvement du cou et de la tête. En outre, les fibres issues du noyau vestibulaire latéral forment le faisceau vestibulo-spinal, chargé de conduire les influx nerveux

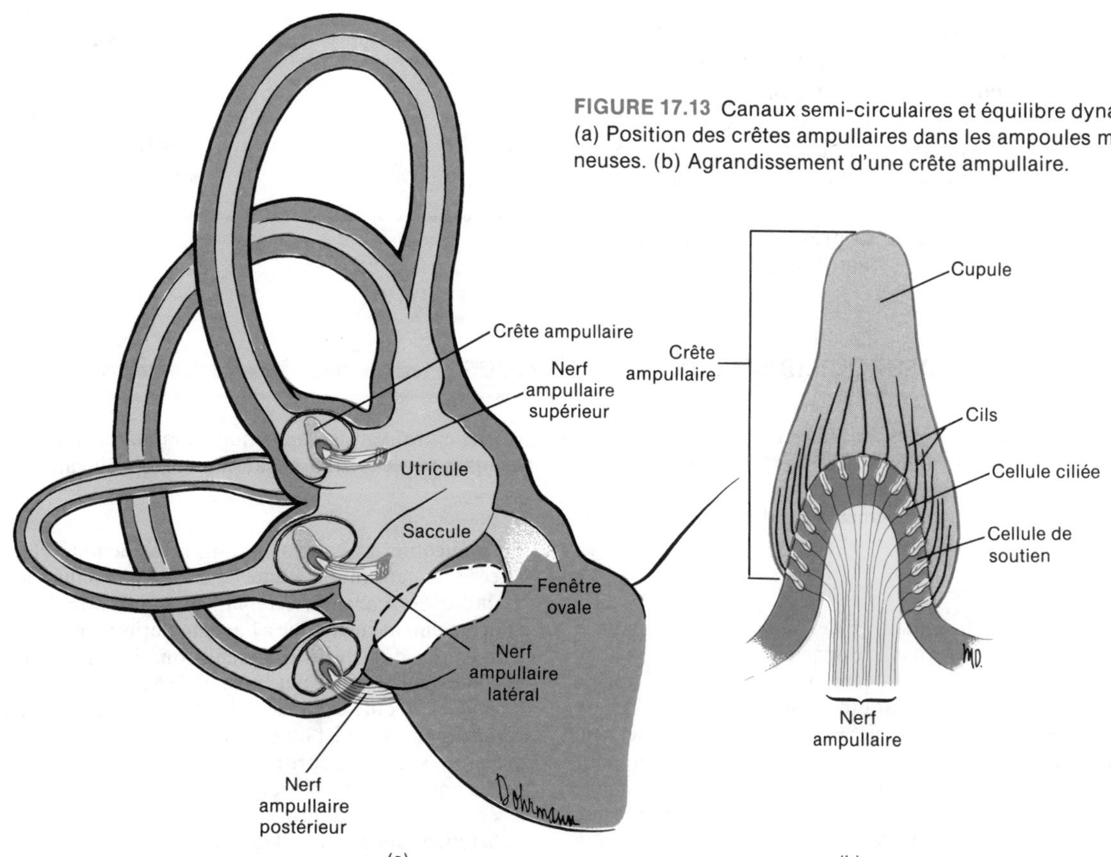

FIGURE 17.13 Canaux semi-circulaires et équilibre dynamique. (a) Position des crêtes ampullaires dans les ampoules membraneuses. (b) Agrandissement d'une crête ampullaire.

vers les muscles squelettiques qui règlent le tonus musculaire en réaction aux mouvements de la tête. Le cervelet joue un rôle-clé dans le maintien de l'équilibre statique, grâce aux diverses voies existant entre les noyaux vestibulaires, le cervelet et le cerveau. Le saccule et l'utricule envoient continuellement au cervelet des informations sensorielles concernant l'équilibre statique. Utilisant ces informations, le cervelet interprète et corrige les activités motrices qui prennent naissance dans le cortex cérébral. Le principal rôle du cervelet consiste à envoyer continuellement des influx nerveux aux aires motrices du cerveau, en réaction aux influx afférents qu'il reçoit de l'utricule et du saccule ; le nombre d'influx efférents vers certains muscles squelettiques augmente ou diminue de façon à maintenir l'équilibre statique.

L'équilibre dynamique

Les organes de l'équilibre dynamique sont contenus dans les crêtes ampullaires des canaux semi-circulaires (figure 17.13). Les canaux sont disposés en trois plans perpendiculaires : un plan frontal, le canal supérieur ; un plan sagittal, le canal postérieur ; et un plan latéral, le canal latéral. Cette disposition particulière permet la détection des déséquilibres sur trois faces. À l'intérieur de l'ampoule, la portion dilatée de chaque canal, se trouve une petite éminence, la **crête ampullaire**. La crête ampullaire est formée d'un groupe de **cellules ciliées réceptrices** et de **cellules de soutien** recouvertes d'une substance gélatineuse, la **cupule**. Lorsqu'on incline la tête, l'endolymphe contenue dans les canaux semi-circulaires circule au-dessus des cils et les fait plier. Ce mouvement entraîne la stimulation des neurones sensoriels qui transmettent les influx nerveux à la branche vestibulaire du nerf auditif (VIII). Les voies de conduction des sensations de l'équilibre dynamique sont les mêmes que celles de l'équilibre statique ; les réactions motrices sont transmises aux muscles qui doivent se contracter afin de maintenir l'équilibre dans la nouvelle position.

Dans le document 17.2, nous présentons un résumé des organes de l'audition et de l'équilibre.

DOCUMENT 17.2 RÉSUMÉ DES ORGANES DE L'AUDITION ET DE L'ÉQUILIBRE

ORGANE	FONCTION
Oreille externe	
Pavillon	Capte les ondes sonores
Conduit auditif externe	Conduit les sons vers la membrane tympanique
Membrane tympanique	Vibre sous l'action des ondes sonores et entraîne la vibration du marteau
Oreille moyenne	
Trompe d'Eustache	Équilibre la pression de part et d'autre de la membrane tympanique
Osselets	Transmettent les ondes sonores du tympan à la fenêtre ovale
Oreille interne	
Utricule	Renferme les macules, récepteurs de l'équilibre statique
Saccule	Renferme les macules, récepteurs de l'équilibre statique
Canaux semi-circulaires	Renferme les crêtes ampullaires, récepteurs de l'équilibre dynamique
Cochlée	Contient une quantité de liquides, de rampes et de membranes qui transmettent les ondes sonores à l'organe de Corti, organe de l'audition ; l'organe de Corti déclenche des influx nerveux et les transmet à la branche cochléaire du nerf auditif (VIII)

LES AFFECTIONS : DÉSÉQUILIBRES HOMÉOSTATIQUES

De nombreuses maladies peuvent affecter les organes des sens ou perturber leurs fonctions. Elles sont causées par divers facteurs, allant des anomalies congénitales aux effets du vieillissement. Voici quelques-unes des affections visuelles et auditives les plus courantes.

La cataracte

La **cataracte** est la plus courante des maladies entraînant la cécité. Elle est caractérisée par une opacité du cristallin ou de sa capsule. La cataracte peut être provoquée soit par la dégradation des protéines cristalliniennes, soit par un afflux d'eau dans le cristallin. La lumière provenant d'un objet, qui passe normalement directement à travers le cristallin pour produire une image nette, ne produit plus qu'une image dégradée. Si la cataracte est totale, aucune image ne se forme sur la rétine. Les rayons ultra-violets de la lumière solaire favorisent également la cataracte. En effet, les rayons ultra-violets entraînent la déposition de minuscules granules brunes opaques sur le cristallin, causant son opacification.

Le glaucome

Le **glaucome** est, après la cataracte, la plus commune des affections causant la cécité chez les personnes âgées. Cette maladie est caractérisée par une pression intra-oculaire anormalement élevée due à l'accumulation d'humeur aqueuse à l'intérieur de l'œil. L'évacuation de l'humeur aqueuse, normalement drainée par le canal de Schlemm et déversée dans le sang, s'effectue à vitesse réduite. Le liquide s'accumule et, en comprimant le cristallin contre le corps vitré, exerce une pression sur les neurones de la rétine. Si ces conditions persistent, la maladie progresse et les anomalies de la vision, légères au début, s'aggravent au fur et à mesure que les neurones de la rétine sont détruits ; le glaucome entraîne la dégénérescence de la papille optique, une diminution du champ visuel et, enfin, la cécité. On traite le glaucome par des médicaments ou une intervention chirurgicale au laser.

La conjonctivite

La conjonctive est la membrane qui recouvre la cornée et la face interne des paupières. La **conjonctivite**, une inflammation de la conjonctive, est la plus courante de toutes les inflammations oculaires. La conjonctivite peut être causée par des micro-organismes, le plus souvent par les pneumocoques et les staphylocoques. Dans ce cas, l'inflammation est très contagieuse. Par contre, la conjonctivite épidémique, courante chez les enfants, est rarement grave. Cette maladie peut également être causée par des substances irritantes, mais, dans ce cas, elle n'est pas contagieuse. Parmi les substances irritantes, mentionnons la poussière, la fumée, le vent, la pollution de l'air et l'éblouissement. La conjonctivite est soit aiguë, soit chronique.

Le trachome

Le **trachome** est une forme grave de conjonctivite chronique et contagieuse. Il est causé par un organisme, appelé agent TRIC, possédant à la fois les caractéristiques des virus et des bactéries. Le trachome est caractérisé par l'apparition de granules ou de follicules sur les paupières. S'ils ne sont pas traités, ces follicules peuvent causer l'irritation et l'inflammation de la cornée, et réduire la vision. Cette maladie entraîne une production excessive de tissu sous-conjonctival et l'invasion des vaisseaux sanguins dans la moitié supérieure de la partie avant de la cornée. La maladie progresse et finit par recouvrir toute la surface de la cornée; cette opacité de la cornée entraîne une perte de la vision.

On parvient à traiter cette affection grâce à des antibiotiques, tels que la tétracycline et les sulfamides, qui détruisent les micro-organismes du trachome.

La surdité

La **surdité** est la forte diminution ou la perte totale du sens de l'ouïe. On distingue deux types principaux de surdité : la surdité de perception et la surdité de transmission. La *surdité de perception* est due à une lésion de la cochlée ou de la branche cochléaire du nerf auditif (VIII). La *surdité de transmission* est causée par une lésion des organes de l'oreille externe et moyenne chargés de transmettre les sons vers la cochlée. Parmi les facteurs susceptibles d'entraîner la surdité, mentionnons l'athérosclérose, qui diminue l'apport sanguin aux oreilles; l'exposition continuelle à des sons de forte intensité, qui détruisent les cellules ciliées de l'organe de Corti; certains médicaments, tels que la streptomycine; les maladies; les bouchons de cérumen ; les lésions de la membrane tympanique ; et le vieillissement, qui entraîne l'épaississement du tympan, la rigidité des osselets et la réduction du nombre de cellules ciliées, causée par le ralentissement de la division cellulaire.

Le syndrome labyrinthique

Le **syndrome labyrinthique** est un mauvais fonctionnement de l'oreille interne caractérisé par la surdité, l'acouphène (tintement, bourdonnement d'oreilles), le vertige, la nausée et le vomissement. Ces symptômes sont parfois accompagnés d'une déformation de la vision, de nystagmus (mouvement rapide et involontaire des yeux) et d'une tendance à tomber dans une certaine direction.

Parmi les causes du syndrome labyrinthique, mentionnons (1) l'infection de l'oreille moyenne; (2) un trauma dû à une commotion cérébrale, qui entraîne une hémorragie ou la rupture des labyrinthes; (3) les maladies cardio-vasculaires, telles que l'athérosclérose et le mauvais fonctionnement des vaisseaux sanguins ; (4) une anomalie congénitale des labyrinthes ; (5) une production excessive d'endolymphe; (6) une allergie; (7) des anomalies sanguines; et (8) le vieillissement.

Le syndrome de Ménière

Le **syndrome de Ménière** est un type de syndrome labyrinthique, caractérisé par des variations de la capacité auditive, des attaques de vertige et de forts acouphènes. Les causes du syndrome de Ménière sont inconnues. On croit toutefois qu'il s'agit d'une production excessive ou d'une absorption insuffisante d'endolymphe dans le canal cochléaire. La perte de l'ouïe est due aux déformations de la membrane basilaire de la cochlée. Le type classique du syndrome de Ménière touche à la fois les canaux semi-circulaires et la cochlée. La maladie progresse au fil des ans et peut mener à la destruction totale de l'ouïe.

Le vertige

Le **vertige** est une sensation par laquelle une personne a l'impression de tourner ou de voir les objets se mouvoir. On classe les types de vertiges selon leur cause: (1) le *vertige périphérique* prend naissance dans l'oreille, sans avertissement, et peut durer quelques minutes ou quelques heures; (2) le *vertige central*, causé par une anomalie du système nerveux central, peut durer plus de trois semaines; et (3) le *vertige psychogène*, d'origine psychique.

L'otite moyenne

L'**otite moyenne** est une infection aiguë de l'oreille moyenne, accompagnée de l'inflammation et de l'accroissement de la convexité du tympan qui peuvent entraîner sa rupture. Il semble que le dysfonctionnement de la trompe d'Eustache soit le mécanisme principal dans la pathogénie des maladies de l'oreille moyenne. Cet état anormal permet aux bactéries provenant du rhinopharynx, l'une des principales sources d'infection de l'oreille moyenne, de pénétrer dans l'oreille moyenne. La perte de l'ouïe est de loin la plus sérieuse complication de l'otite moyenne.

Le mal des transports

Le mal des transports est un trouble fonctionnel causé par des mouvements répétitifs angulaires, linéaires ou verticaux et caractérisé par divers symptômes, dont les plus importants sont la nausée et le vomissement. Parmi les symptômes avant-coureurs de la maladie, mentionnons le bâillement, la salivation, la pâleur, l'hyperventilation, les sueurs froides abondantes et les torpeurs prolongées. Le mal de mer, le mal de l'air, le mal de la route, le mal de l'espace, le mal du train ou du balancement sont des types particuliers de mal des transports. Cette maladie est due à la stimulation excessive de l'appareil vestibulaire par le mouvement.

GLOSSAIRE DES TERMES MÉDICAUX

Achromatopsie (*a* :sans ; *chroma* : couleur) Incapacité totale de percevoir les couleurs.

Acouphène Bourdonnement ou tintement d'oreilles.

Agnosie tactile (*gnosie*: connaissance) Incapacité de reconnaître les objets ou leur forme par la palpation.

Amétropie (*amétro* : sans mesure ; *opie* : œil) Trouble de la réfraction oculaire qui empêche les images de se former directement sur la rétine.

Anopsie (*opsie* : vision) Anomalie de la vision.

Audiomètre (*audio*: entendre; *mètre*: mesurer) Appareil servant à mesurer l'acuité auditive par la production de stimuli acoustiques de fréquence et d'intensité connues.

Blépharite (*blépharo*: paupière; *ite*: inflammation de) Inflammation de la paupière.

Dyskinésie (*dys*: difficulté; *kinésie*: mouvement) Perturbation des fonctions motrices caractérisée par des mouvements involontaires inutiles.

Eustachite Inflammation ou infection de la trompe d'Eustache.

Kératite (*kérato*: cornée) Inflammation ou infection de la cornée.

Kinesthésie (*esthésie*: sensation) Sens de la perception du mouvement.

Labyrinthite Inflammation du labyrinthe (oreille interne).

Myringite (*myring*: tympan) Inflammation du tympan; aussi appelée tympanite.

Nystagmus Mouvement involontaire rapide et constant des globes oculaires, probablement causé par une maladie du système nerveux central.

Otalgie (*oto*: oreille; *algie*: douleur) Douleur d'oreille.

Otospongiose (*spongia*: éponge) Formation pathologique de tissu osseux autour de la fenêtre ovale, qui peut entraîner l'immobilisation du marteau, puis la surdité.

Presbyopie (*presby*: vieux) Incapacité de bien distinguer les objets rapprochés, causée par une réduction de l'élasticité du cristallin, laquelle est habituellement due au vieillissement.

Ptosis (*ptosis*: chute) Abaissement de la paupière supérieure.

Rétinoblastome (*blaste*: bourgeon; *ome*: tumeur) Tumeur provenant des cellules immatures de la rétine; cette maladie représente 2% de toutes les affections malignes infantiles.

Strabisme Trouble des muscles oculaires, communément appelé loucherie, dans lequel les globes oculaires ne bougent pas à l'unisson. Il peut être dû à un manque de coordination des muscles extrinsèques de l'œil.

RÉSUMÉ

Les sensations olfactives (page 385)

1. Les récepteurs de l'odorat, les cellules olfactives, sont logés dans l'épithélium olfactif.
2. Les substances odorantes doivent être volatiles, hydrosolubles et liposolubles.
3. L'adaptation aux odeurs s'effectue rapidement; la limite minimale olfactive est basse.
4. Les cellules olfactives conduisent les influx nerveux vers les nerfs olfactifs (I), les bulbes olfactifs, les pédoncules olfactifs et le cortex cérébral.

Les sensations gustatives (page 386)

1. Les récepteurs du goût, les cellules gustatives, sont logés dans les bourgeons gustatifs.
2. Les substances doivent être dissoutes dans la salive pour que soit perçue la sensation de goût.
3. Les quatre saveurs fondamentales sont: le salé, le sucré, l'amer et l'acide.
4. L'adaption au goût s'effectue rapidement; le seuil du goût varie avec la saveur.
5. Les cellules gustatives conduisent les influx nerveux vers les nerfs crâniens V, VII, IX et X, le bulbe rachidien, le thalamus et le cortex cérébral.

Les sensations visuelles (page 387)

1. Parmi les organes annexes de l'œil, on trouve les sourcils, les paupières, les cils et l'appareil lacrymal.
2. L'œil est formé de trois membranes: (a) la tunique fibreuse, qui comprend la sclérotique et la cornée; (b) la tunique vasculaire, qui comprend la choroïde, le corps ciliaire et l'iris; et (c) la tunique nerveuse, ou rétine, qui renferme les bâtonnets et les cônes.
3. La cavité antérieure contient l'humeur aqueuse; la cavité postérieure, le corps vitré.
4. Les milieux réfringents de l'œil sont: la cornée, l'humeur aqueuse, le cristallin et le corps vitré.
5. La formation des images sur la rétine s'effectue en plusieurs étapes: la réfraction des rayons lumineux, l'accommodation du cristallin, la contraction de la pupille, la convergence des yeux et la formation d'une image renversée.
6. La réfraction inadéquate des rayons lumineux se traduit par la myopie, l'hypermétropie et l'astigmatisme.
7. Les bâtonnets et les cônes produisent des potentiels générateurs; les cellules ganglionnaires déclenchent les influx nerveux.
8. Les influx nerveux provenant des cellules ganglionnaires traversent la rétine, rejoignent le nerf optique (II) et passent par le chiasma optique, la bandelette optique, le thalamus et le cortex.

Les sensations auditives et l'équilibre (page 401)

1. L'oreille se divise en trois parties: (a) l'oreille externe, qui comprend le pavillon, le conduit auditif externe et la membrane du tympan; (b) l'oreille moyenne, qui comprend la trompe d'Eustache, les osselets, la fenêtre ovale et la fenêtre ronde; et (c) l'oreille interne, formée des labyrinthes osseux et membraneux. L'oreille interne contient en outre l'organe de Corti, organe de l'audition.
2. Les ondes sonores pénètrent dans le conduit auditif externe, frappent la membrane tympanique, font vibrer les osselets, frappent la fenêtre ovale, déclenchent des ondes dans la périlymphe, frappent la membrane vestibulaire et la rampe tympanique, augmentent la pression de l'endolymphe, frappent la membrane basilaire et stimulent les cils de l'organe de Corti. Un influx auditif est alors déclenché.
3. L'équilibre statique est l'orientation du corps selon la force de gravité. Les macules de l'utricule et du saccule sont les organes récepteurs de l'équilibre statique.
4. L'équilibre dynamique est le maintien de la position du corps en réaction aux mouvements. Les crêtes ampullaires situées dans les canaux semi-circulaires sont les organes récepteurs de l'équilibre dynamique.

Les affections: déséquilibres homéostatiques (page 408)

1. La cataracte est l'opacité du cristallin ou de sa capsule.
2. Le glaucome est l'augmentation anormale de la pression intra-oculaire qui a pour effet de détruire les neurones de la rétine.
3. La conjonctivite est une inflammation de la conjonctive.
4. Le trachome est une inflammation chronique et contagieuse de la conjonctive.
5. La surdité est la diminution ou la perte totale du sens de l'ouïe. Il existe deux types de surdité: la surdité de perception et la surdité de transmission.

6. Le syndrome labyrinthique est le mauvais fonctionnement de l'oreille interne, causé par de nombreux facteurs.
7. Le syndrome de Ménière est un trouble de l'oreille interne susceptible d'entraîner la surdité et la perte du sens de l'équilibre.
8. Le vertige est une sensation de mouvement qui peut être périphérique, central ou psychogène.
9. L'otite moyenne est une infection aiguë de l'oreille moyenne.
10. Le mal des transports est un trouble fonctionnel soudain, causé par des mouvements linéaires, angulaires ou verticaux répétés.

RÉVISION

1. Énoncez les conditions nécessaires à la perception olfactive d'une substance.
2. Décrivez les étapes des deux théories concernant l'odorat.
3. Décrivez l'origine des influx olfactifs et les voies qu'ils empruntent pour atteindre le cortex cérébral.
4. De quelle façon les papilles sont-elles reliées au bourgeons gustatifs? Décrivez la structure et l'emplacement des papilles.
5. De quelle manière s'effectue la stimulation des récepteurs gustatifs?
6. Comment détermine-t-on le seuil du goût des quatre saveurs élémentaires?
7. Expliquez les étapes de la conduction des influx gustatifs depuis les bourgeons gustatifs jusqu'à l'encéphale.
8. Décrivez la structure des organes annexes de l'œil suivants: les paupières, les cils et les sourcils. Expliquez leur importance.
9. Quel est le rôle de l'appareil lacrymal? Expliquez son fonctionnement.
10. Dessinez le schéma d'un œil et indiquez ses principaux organes.
11. Qu'est-ce qui distingue les muscles intrinsèques et extrinsèques de l'œil?
12. Donnez l'emplacement des différentes chambres de l'œil et expliquez ce qu'elles renferment. Définissez la pression intra-oculaire. Quel est le lien entre cette pression et le canal de Schlemm?
13. Expliquez l'importance des étapes suivantes dans le mécanisme de la vision: (a) la réfraction de la lumière, (b) l'accommodation du cristallin, (c) la contraction de la pupille, (d) la convergence et (e) la formation des images renversées.
14. Expliquez l'emmétropie, la myopie, l'hypermétropie et l'astigmatisme à l'aide d'un diagramme.
15. Expliquez le processus de stimulation des bâtonnets et des cônes; établissez un lien avec le cycle de la rhodopsine à l'aide d'un diagramme.
16. Qu'est-ce que l'héméralopie? Quelles en sont les causes?
17. Qu'est-ce que l'adaptation à la lumière par opposition à l'adaptation à l'obscurité?
18. Décrivez le parcours suivi par un influx visuel depuis le nerf optique (II) jusqu'à l'encéphale.
19. Définissez le champ visuel. Expliquez le rapport qui existe entre le champ visuel et la formation des images sur la rétine.
20. Faites un diagramme des principales parties de l'oreille externe, moyenne et interne. Décrivez les fonctions de chacun des organes identifiés.
21. Qu'est-ce qu'une onde sonore? De quelle façon mesure-t-on les intensités sonores?
22. Expliquez les étapes intervenant dans la transmission des sons depuis le pavillon de l'oreille jusqu'à l'organe de Corti.
23. Quelles sont les voies afférentes des influx auditifs depuis la branche cochléaire du nerf auditif (VIII) jusqu'à l'encéphale?
24. Comparez le rôle des macules de l'utricule et du saccule, dans le maintien de l'équilibre statique, avec celui des crêtes ampullaires des canaux semi-circulaires, dans le maintien de l'équilibre dynamique.
25. Décrivez le parcours d'un influx nerveux destiné à maintenir l'équilibre statique ou dynamique.
26. Définissez les affections suivantes: la cataracte, le glaucome, la conjonctivite, le trachome, la surdité, le syndrome labyrinthique, le syndrome de Ménière, le vertige, l'otite moyenne et le mal des transports.
27. Assurez-vous de pouvoir définir les termes médicaux relatifs aux organes des sens.

18

Le système endocrinien

OBJECTIFS

- Discuter des fonctions du système endocrinien dans le maintien de l'homéostasie.
- Définir une glande endocrine et une glande exocrine, et nommer les glandes endocrines de l'organisme.
- Décrire la façon dont les hormones sont classées selon leur composition chimique.
- Expliquer les mécanismes de l'action hormonale effectués par l'interaction avec les récepteurs de la membrane cellulaire et par l'interaction avec les récepteurs intracellulaires.
- Identifier le rôle des prostaglandines dans l'action hormonale.
- Décrire la régulation des sécrétions hormonales par l'intermédiaire de systèmes de rétroaction et donner quelques exemples.
- Décrire les divisions structurales et fonctionnelles de l'hypophyse (adénohypophyse et neurohypophyse).
- Dire de quelle façon l'hypophyse et l'hypothalamus sont liés sur les plans de la structure et de la fonction.
- Nommer les hormones de l'adénohypophyse, leurs principales actions et les hormones de régulation hypothalamiques qui y sont associées.
- Décrire la libération et les principales actions des hormones emmagasinées dans la neurohypophyse.
- Décrire les symptômes du nanisme hypophysaire, du gigantisme, de l'acromégalie et du diabète insipide, qui sont des troubles liés à l'hypophyse.
- Décrire la synthèse, l'entreposage et la libération des hormones thyroïdiennes.
- Expliquer les principales actions des hormones thyroïdiennes et leur régulation.
- Décrire les symptômes du crétinisme, du myxœdème, de la maladie de Basedow et du goitre simple, qui sont des troubles liés à la glande thyroïde.
- Expliquer les principales actions et la régulation de la parathormone.
- Décrire les symptômes de la tétanie et de l'ostéite fibrokystique, qui sont des troubles liés aux glandes parathyroïdes.
- Décrire la division des glandes surrénales : la corticosurrénale et la médullosurrénale.
- Comparer les effets des minéralocorticoïdes, des glucocorticoïdes et des gonadocorticoïdes de la médullosurrénale sur les activités physiologiques, et expliquer la façon dont la sécrétion de ces hormones est réglée.
- Décrire les symptômes de l'hyperaldostéronisme, de la maladie d'Addison, du syndrome de Cushing et du syndrome d'Apert-Gallais, qui sont des troubles liés à la corticosurrénale.
- Décrire le rôle que jouent les sécrétions de la médullosurrénale en tant que compléments des réactions sympathiques.
- Décrire les symptômes des phéochromocytomes, un trouble lié à la médullosurrénale.
- Comparer les principales actions des hormones sécrétées par le pancréas et décrire la façon dont leur sécrétion est réglée.
- Décrire les symptômes du diabète sucré et de l'hyperinsulinisme, qui sont des troubles liés au pancréas.
- Décrire les fonctions possibles des hormones sécrétées par l'épiphyse.
- Décrire les fonctions des hormones thymiques sur le plan de l'immunité.
- Décrire le développement embryonnaire du système endocrinien.
- Décrire les effets du vieillissement sur le système endocrinien.
- Définir le syndrome général d'adaptation et comparer les réactions homéostatiques aux réactions liées au stress.
- Décrire les réactions de l'organisme durant la réaction d'alarme, la phase de résistance et la phase d'épuisement.
- Définir les termes médicaux associés au système endocrinien.

Deux systèmes régulateurs, le système nerveux et le système endocrinien, ont pour tâche de transmettre les messages et de mettre en corrélation les différentes fonctions corporelles. Le système nerveux règle l'homéostasie en envoyant des influx électriques par l'intermédiaire de neurones. Le système endocrinien influence les activités corporelles en libérant des messagers chimiques, appelés hormones, dans la circulation sanguine. Alors que le système nerveux envoie des messages en direction d'un ensemble particulier de cellules cibles (cellules musculaires, cellules glandulaires ou autres types de neurones), le système endocrinien envoie des messages aux cellules cibles de presque toutes les parties de l'organisme. Le système nerveux provoque la contraction des muscles et la sécrétion des glandes; le système endocrinien apporte des changements dans les activités métaboliques des tissus corporels. Les neurones agissent sur de courtes distances en quelques millisecondes, alors que les hormones peuvent mettre plusieurs heures à provoquer leurs réactions. De plus, les effets de la stimulation du système nerveux sont généralement de brève durée comparativement à ceux de la stimulation du système endocrinien.

Il est évident que l'organisme ne pourrait pas fonctionner si les deux principaux systèmes de régulation prenaient des directions opposées. Les systèmes nerveux et endocrinien coordonnent leurs activités comme un système d'engrenage sophistiqué. Certaines parties du système nerveux stimulent ou inhibent la libération des hormones et celles-ci, à leur tour, sont capables de stimuler ou d'inhiber les influx nerveux.

Les effets des hormones sont nombreux et variés; on peut toutefois les classer en quatre champs d'action principaux:

1. Elles aident à régler le milieu interne en régularisant sa composition chimique et son volume.

2. Elles réagissent aux changements importants qui se produisent dans le milieu, afin d'aider l'organisme à faire face aux demandes urgentes, comme une infection, un traumatisme, un stress affectif, une déshydratation, une famine, une hémorragie ou des températures extrêmes.

3. Elles jouent un rôle dans l'intégration régulière et séquentielle de la croissance et du développement.

4. Elles contribuent aux processus de base de la reproduction: production des gamètes, fécondation, alimentation de l'embryon et du fœtus, accouchement et alimentation du nouveau-né.

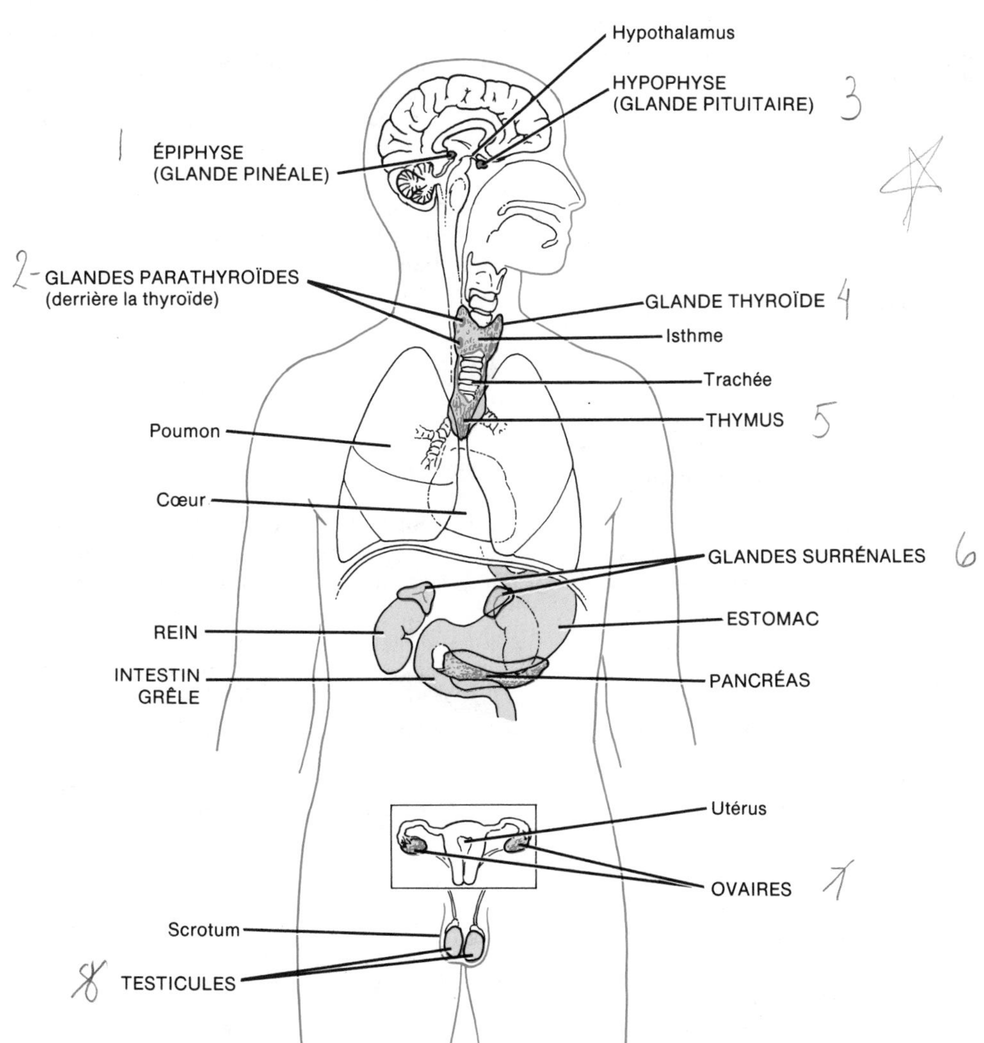

FIGURE 18.1 Emplacement de la plupart des glandes endocrines et des organes contenant du tissu endocrinien, et les structures qui y sont associées.

L'**endocrinologie** (*endo*: en dedans; *crino*: sécréter; *logie*: étude de) est la branche de la science qui s'intéresse à la structure et aux fonctions des glandes endocrines ainsi qu'au diagnostic et au traitement des troubles du système endocrinien.

Nous aborderons le développement embryonnaire du système endocrinien plus loin dans ce chapitre.

LES GLANDES ENDOCRINES

Les glandes endocrines forment le **système endocrinien.** L'organisme contient deux sortes de glandes : les glandes exocrines et les glandes endocrines. Les **glandes exocrines** sécrètent leurs produits sur une surface libre ou dans des canaux. Ces canaux transportent les sécrétions dans les cavités corporelles, dans les lumières de différents organes ou à la surface du corps. Ces glandes comprennent les glandes sudoripares, sébacées, muqueuses et digestives. Les **glandes endocrines**, elles, sécrètent leurs produits (les hormones) dans l'espace extracellulaire entourant les cellules sécrétrices, plutôt que dans des canaux. Les sécrétions se rendent ensuite dans des vaisseaux capillaires et sont transportées dans le sang. Ces glandes comprennent l'hypophyse (glande pituitaire), la glande thyroïde, les glandes parathyroïdes, les glandes surrénales, l'épiphyse (glande pinéale) et le thymus. Plusieurs organes contiennent également du tissu endocrinien. Ce sont le pancréas, les ovaires, les testicules, les reins, l'estomac, l'intestin grêle et le placenta. À la figure 18.1, nous donnons l'emplacement de plusieurs organes du système endocrinien et d'organes contenant du tissu endocrinien.

LA COMPOSITION CHIMIQUE DES HORMONES

Les sécrétions élaborées par les glandes endocrines sont appelées **hormones**. Bien que les hormones soient chimiquement différentes, on peut les classer en trois groupes principaux: les amines, les protéines et les peptides, et les stéroïdes.

1. Les amines. Sur le plan de la structure, ce sont les molécules hormonales les plus simples. Elles sont dérivées de la tyrosine, un acide aminé. Les hormones thyroïdiennes (triiodothyronine et tétraiodothyronine) sécrétées par la glande thyroïde, ainsi que l'adrénaline et la noradrénaline (catécholamines) sécrétées par la médullosurrénale (figure 18.2,a) sont des exemples d'amines.

2. Les protéines et les peptides. Ces hormones sont faites de chaînes d'acides aminés, qui peuvent être relativement simples sur le plan du volume, comme dans le cas de l'ocytocine sécrétée par l'hypothalamus, ou très complexes, comme dans le cas de l'insuline sécrétée par le pancréas (figure 18.2,b). Les protéines et les peptides suivent le même processus que la synthèse protéique décrite au chapitre 3.

D'autres glandes endocrines qui synthétisent des protéines ou des peptides sont l'adénohypophyse, la thyroïde, qui produit une hormone appelée calcitonine, et les parathyroïdes. Les protéines et les peptides sont hydrosolubles.

3. Les stéroïdes. Ces hormones sont dérivées du cholestérol. L'aldostérone, le cortisol et les androgènes sécrétés par la corticosurrénale, la testostérone sécrétée par les testicules, ainsi que les œstrogènes et la progestérone sécrétés par les ovaires sont des exemples de stéroïdes (figure 18.2,c). Les stéroïdes sont liposolubles et sont produits dans les mitochondries et le réticulum endoplasmique granuleux.

Comme nous le verrons au chapitre 29, tous les tissus et les organes du corps humain sont dérivés de trois tissus embryonnaires appelés l'endoblaste, le mésoblaste et l'ectoblaste. Les glandes endocrines qui prennent naissance dans l'endoblaste comprennent les glandes parathyroïdes et le pancréas. Les glandes endocrines d'origine ectoblastique comprennent la médullosurrénale et l'hypophyse. Les glandes endocrines d'origine mésoblastique comprennent la corticosurrénale, les ovaires et les testicules.

Toutes les hormones jouent un rôle commun; elles maintiennent l'homéostasie en modifiant les activités physiologiques des cellules.

LE MÉCANISME DE L'ACTION HORMONALE

UNE VUE D'ENSEMBLE

La quantité d'hormone libérée par une glande endocrine ou un tissu est déterminée par les *besoins* que l'organisme a de cette hormone à un moment donné (figure 18.3). Le

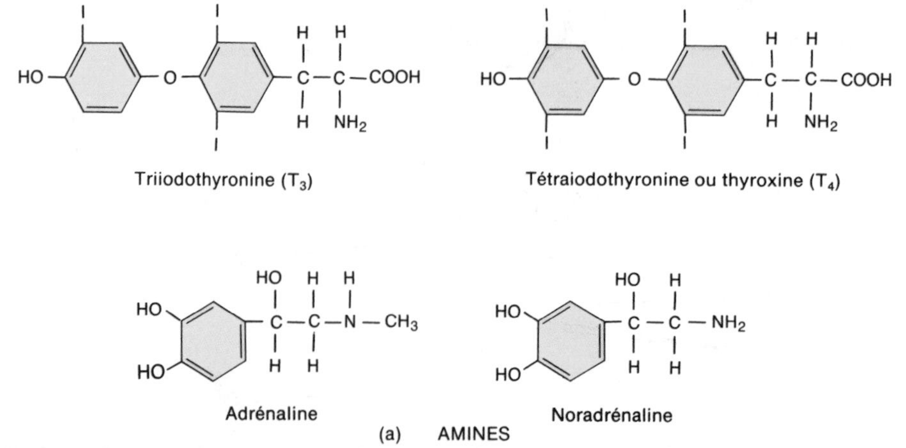

FIGURE 18.2 Structure chimique de certaines hormones représentatives du système endocrinien.

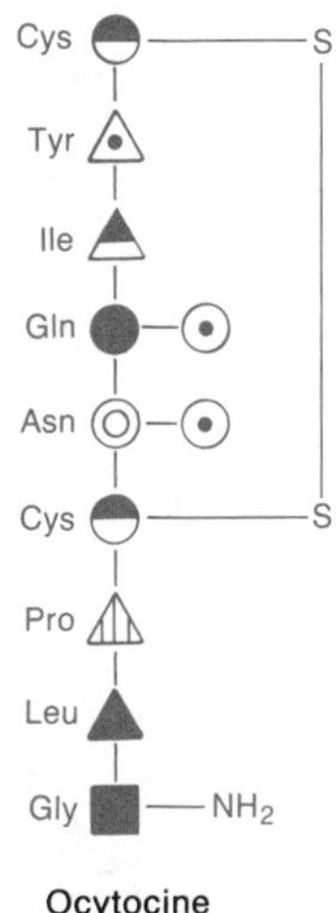

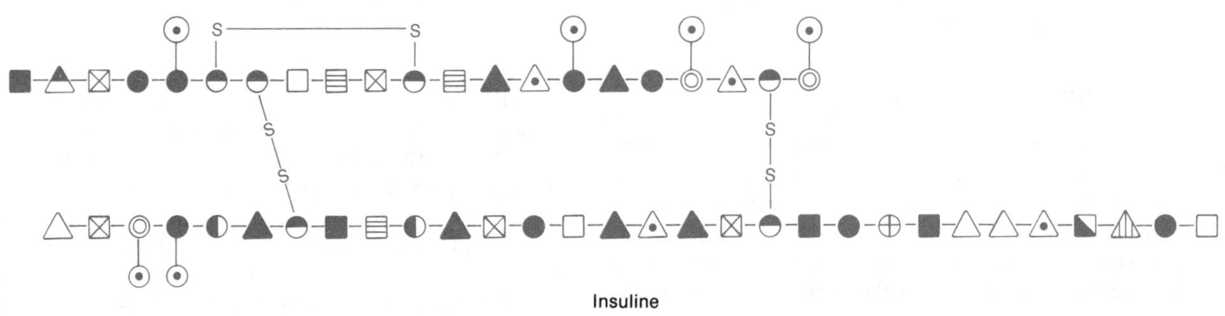

(b) PROTÉINES ET PEPTIDES

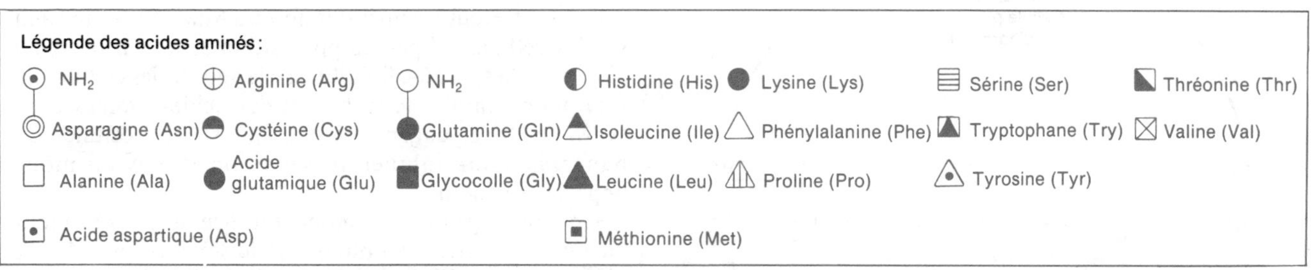

FIGURE 18.2 [*Suite*] Structure chimique de certaines hormones représentatives du système endocrinien.

système endocrinien fonctionne sur cette base. Les cellules productrices d'hormones possèdent des informations en provenance de systèmes récepteurs et signalisateurs qui permettent aux cellules productrices d'hormones de régler la quantité d'hormones libérées et la durée de la libération. La sécrétion est réglée de façon qu'il n'y ait pas de production excessive ou insuffisante d'une hormone en particulier.

Lorsqu'une hormone est libérée par une cellule sécrétrice, elle est transportée par le sang jusqu'à des **cellules cibles**, cellules qui réagissent à l'hormone. Alors que les catécholamines, les protéines et les peptides sont généralement transportés dans le sang à l'état libre, les hormones stéroïdes et thyroïdiennes sont transportées par une ou plusieurs protéines plasmatiques synthétisées dans le foie. Les cellules cibles contiennent des récepteurs qui lient l'hormone de façon qu'elle puisse produire son effet. Lorsque la réaction désirée de la cellule cible se produit, elle doit être reconnue par la cellule sécrétrice au moyen d'un signal rétroactif quelconque. Finalement, les hormones qui ont atteint leurs objectifs sont désintégrées par les cellules cibles ou éliminées par le foie ou les reins.

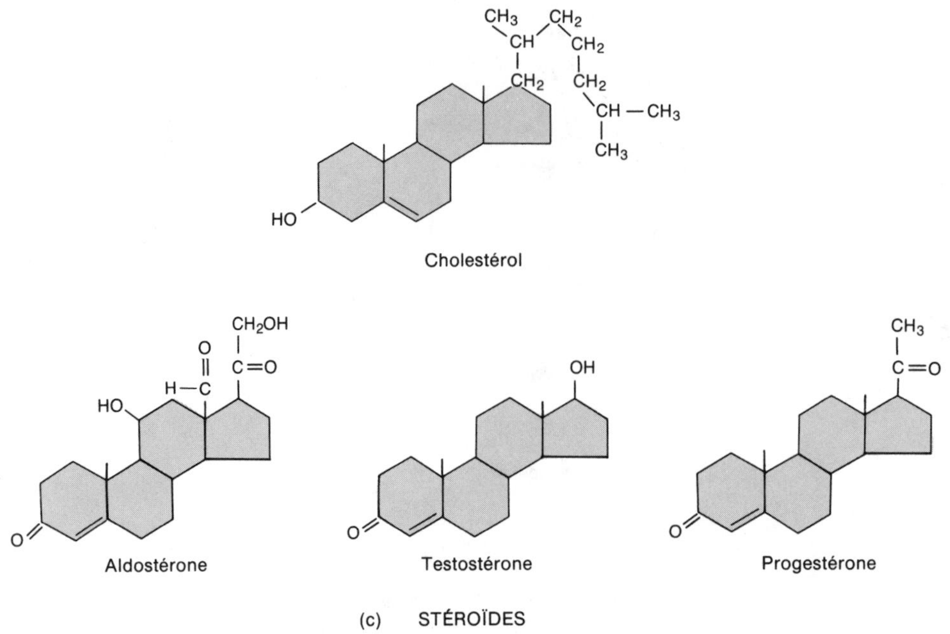

Cholestérol

Aldostérone

Testostérone

Progestérone

(c) STÉROÏDES

FIGURE 18.2 [*Suite*] Structure chimique de certaines hormones représentatives du système endocrinien.

LES RÉCEPTEURS

Les cellules qui produisent des hormones ne représentent qu'un certain pourcentage des nombreux types de cellules existants. Par contre, presque toutes les cellules de l'organisme sont des cellules cibles. En règle générale, la plupart des quelque 50 hormones, ou plus, affectent un grand nombre de types de cellules cibles. Comme toutes les cellules corporelles sont exposées à des concentrations égales d'hormones, comment peut-on expliquer que certaines cellules cibles y réagissent, et d'autres, non ? Ce sont les **récepteurs** qui font la différence ; ils sont constitués par de grosses molécules protéiques qu'on trouve dans la membrane cellulaire (protéines structurales), dans le cytoplasme et dans le noyau des cellules cibles. Les récepteurs ne reconnaissent que certaines hormones. À cause de la structure complémentaire particulière de l'hormone et du récepteur, seules certaines hormones se lient à certains récepteurs (figure 18.4). C'est pourquoi une hormone influence certaines cellules cibles, et pas les autres. De plus, des cellules cibles différentes peuvent posséder les mêmes récepteurs, mais les réactions des cellules diffèrent les unes des autres. Ainsi, l'insuline agit sur les cellules adipeuses pour stimuler le transport du glucose et la synthèse lipidique ; elle agit sur les cellules du foie pour stimuler le transport des acides aminés et la synthèse du glycogène, et elle agit sur les cellules du pancréas pour inhiber la sécrétion d'une hormone appelée glucagon.

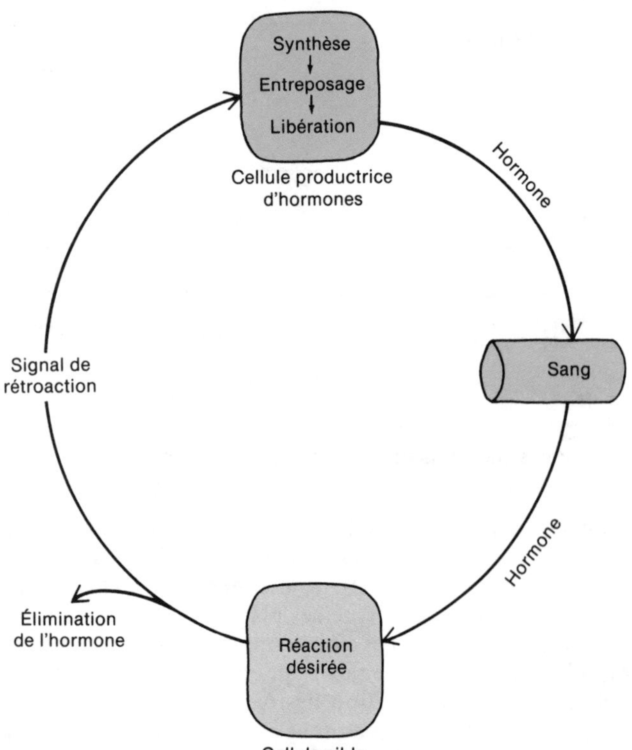

FIGURE 18.3 Vue d'ensemble de la structure physiologique du système endocrinien.

Une fois qu'une hormone est liée à un récepteur particulier, cette combinaison déclenche une chaîne d'événements à l'intérieur de la cellule cible dans laquelle se manifestent les effets physiologiques de l'hormone. Les récepteurs, comme les autres protéines cellulaires, sont constamment synthétisés et désintégrés, et ils modifient leur concentration et leurs affinités selon les changements qui se produisent dans l'organisme. Chaque cellule cible contient généralement de 2 000 à 100 000 récepteurs.

La liaison d'un grand nombre d'hormones à des récepteurs particuliers peut se produire de deux façons différentes. Une de ces façons implique l'interaction d'hormones avec les récepteurs de la membrane cellulaire, et l'autre suppose l'interaction d'hormones avec les récepteurs intracellulaires.

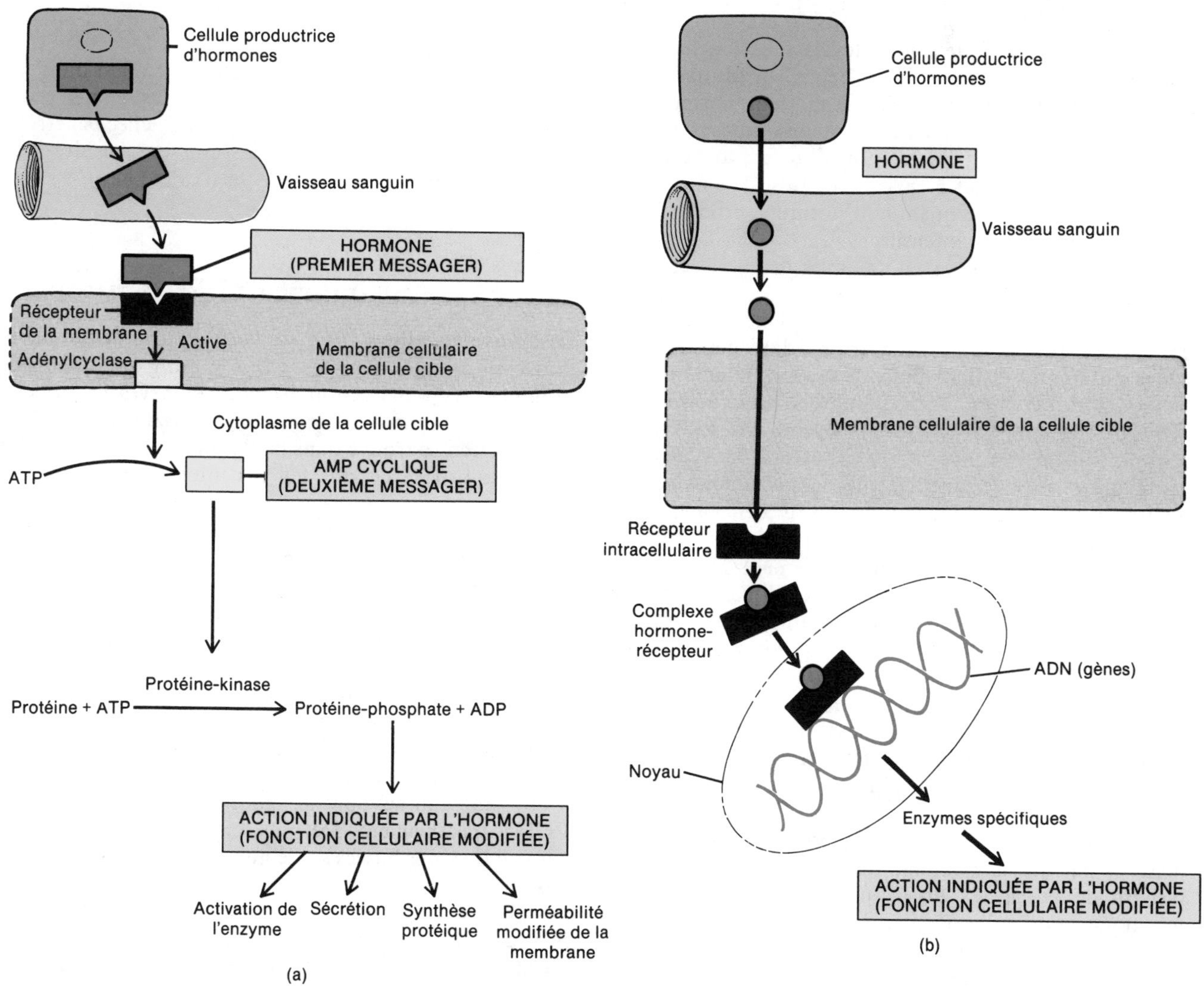

FIGURE 18.4 Mécanismes suggérés de l'action hormonale. (a) Interaction avec les récepteurs de la membrane cellulaire, dans laquelle se produit une augmentation de la synthèse de l'AMP cyclique. (b) Activation de gènes par une hormone stéroïde.

L'INTERACTION AVEC LES RÉCEPTEURS DE LA MEMBRANE CELLULAIRE

Un des mécanismes de l'action hormonale implique une interaction, à la surface de la cellule, entre l'hormone et un récepteur de la membrane cellulaire. Une hormone libérée par une glande endocrine circule dans le sang, atteint une cellule cible et lui transmet un message particulier. Cette hormone est appelée **premier messager**. Pour pouvoir transmettre son message à la cellule, l'hormone doit s'attacher à un site récepteur particulier (protéine structurale) sur la membrane cellulaire.

Lorsque l'hormone s'attache à un récepteur particulier, il se produit une intensification de la synthèse de l'adénosine monophostate -3', 5' cyclique, ou AMP cyclique (voir la figure 2.15). L'AMP cyclique est synthétisée à partir de l'ATP, la principale substance chimique qui emmagasine l'énergie dans les cellules, au cours d'un processus qui nécessite la présence d'une enzyme, l'*adénylcyclase*, sur la face interne de la membrane cellulaire. Lorsque le premier messager s'attache à son récepteur, il se produit une activation de l'adénylcyclase dans la membrane cellulaire. Puis, l'adénylcyclase transforme l'ATP en AMP cyclique dans le cytoplasme de la cellule (figure 18.4,a). L'AMP cyclique agit ensuite comme **deuxième messager**, modifiant la fonction de la cellule selon le message apporté par l'hormone. On sait que l'AMP cyclique sert également de deuxième messager pour certains neurotransmetteurs et d'autres substances.

L'AMP cyclique ne produit pas directement la réaction physiologique commandée par l'hormone. Elle active plutôt une ou plusieurs enzymes, appelées **protéines-kinases**, qui peuvent se trouver à l'état libre dans le cytoplasme, ou être limitées par la membrane. Les protéines-kinases sont capables d'ajouter un groupement phosphate (phosphorylation) de l'ATP à une protéine. Par conséquent, la protéine, habituellement elle-même une enzyme, est modifiée, ce qui catalyse une réaction physiologique transmise par l'hormone. Ces réactions comprennent l'activation d'enzymes, la production de sécrétions, l'activation de la synthèse protéique et certaines modifications dans la perméabilité de la membrane cellulaire. Si les hormones sont tellement efficaces en faibles concentrations, c'est parce que l'activation originale de l'adénylcyclase déclenche une réaction en chaîne dans laquelle les produits sont amplifiés. En d'autres termes, chaque molécule hormonale active la formation de plusieurs protéines-kinases qui, à leur tour, provoquent l'activation d'un grand nombre de molécules d'une autre enzyme, et ainsi de suite. Par conséquent, une petite quantité d'hormone produit une réaction d'une grande intensité.

Les protéines-kinases sont capables de catalyser une grande variété de réactions. Chacune des différentes protéines-kinases possède une protéine différente comme substrat, et chacune se trouve dans des cellules cibles différentes et dans des organites différents de la même cellule cible. Par conséquent, une protéine-kinase peut être liée à la synthèse du glycogène, une autre à la décomposition des lipides, une autre à la synthèse protéique, et ainsi de suite. De plus, les protéines-kinases peuvent inhiber, aussi bien qu'activer, des enzymes.

Les taux élevés d'AMP cyclique ne se maintiennent pas longtemps parce qu'ils sont rapidement désintégrés par la *phosphodiestérase*. Au moins quelques réactions physiologiques d'un grand nombre d'hormones exercent leurs effets par l'intermédiaire de la synthèse accrue de l'AMP cyclique. Ce sont l'hormone antidiurétique (ADH), l'ocytocine (OT), l'hormone folliculostimulante (FSH), l'hormone lutéinisante (LH), la thyréostimuline (TSH), la corticoptropine (ACTH), la calcitonine (CT), la parathormone (PTH), le glucagon, l'adrénaline et la noradrénaline.

Comme l'AMP cyclique, les ions calcium (CA^{2+}) peuvent parfois agir comme deuxièmes messagers. La liaison de certaines hormones à leurs récepteurs provoque l'entrée d'ions calcium dans les cellules par les vannes à calcium ouvertes de la membrane cellulaire. De plus, l'AMP cyclique provoque la libération d'ions calcium des mitochondries. Lorsque le taux d'ions calcium s'élève, ceux-ci se lient à une protéine intracellulaire appelée **calmoduline**. Une fois activée, la calmoduline peut, à son tour, activer ou inhiber l'activité de certaines enzymes, dont un grand nombre de protéines-kinases. En plus des ions calcium, la guanosine monophosphate cyclique (GMP cyclique) peut également servir de deuxième messager, suscitant des réactions physiologiques habituellement opposées à celles de l'AMP cyclique.

L'INTERACTION AVEC LES RÉCEPTEURS INTRACELLULAIRES

Les hormones stéroïdes et thyroïdiennes influencent toutes deux la fonction cellulaire en activant les gènes, mais elles utilisent des mécanismes différents pour y arriver. Comme les hormones stéroïdes sont liposolubles, elles traversent facilement la membrane cellulaire de la cellule cible. Lorsqu'elle pénètre dans la cellule, l'hormone stéroïde se lie à un site récepteur protéique intracellulaire dans le cytoplasme, activant celui-ci de façon que le complexe hormone-récepteur se déplace dans le noyau de la cellule (figure 18.4,b). Le complexe interagit avec les gènes particuliers de l'ADN nucléaire et les active pour former les protéines, habituellement des enzymes, nécessaires pour produire l'effet caractéristique de l'hormone.

Les hormones thyroïdiennes pénètrent aussi dans les cellules cibles et interagissent avec les gènes pour modifier la fonction cellulaire. Toutefois, elles pénètrent dans le noyau à l'état libre et s'unissent ensuite aux récepteurs nucléaires.

LES PROSTAGLANDINES ET LES HORMONES

Les **prostaglandines (PG)** sont des lipides actifs sur le plan biologique, sécrétés dans le sang en quantités minimes, et dont l'action est puissante. On les appelle également *hormones tissulaires ou locales*, parce que leur lieu d'action se trouve dans la région immédiate où elles sont produites, ce qui les distingue des *hormones circulantes*, qui agissent sur des cibles éloignées. De plus, les prostaglandines sont synthétisées non par des tissus endocriniens spécialisés, comme dans le cas des hormones circulantes, mais par presque tous les tissus et les cellules des mammifères. Les stimuli chimiques et mécaniques, tout comme l'anaphylaxie, provoquent la libération de prostaglandines.

Sur le plan chimique, les prostaglandines sont composées d'acides gras à 20 atomes de carbone contenant un noyau cyclopentanique. Elles sont classées en plusieurs groupes désignés par les lettres A à I. Ainsi, les prostaglandines sont désignées par les lettres PGA à PGI, respectivement. De plus, chaque groupe contient des subdivisions basées sur le nombre de liaisons doubles des acides gras. Ainsi PGE_2 contient deux liaisons doubles, et PGE_1 n'en a qu'une. On croit que les prostaglandines sont les régulateurs ou les modulateurs du métabolisme cellulaire. Selon le tissu et l'espèce, les prostaglandines augmentent ou réduisent la formation de l'AMP cyclique. De cette façon, les prostaglandines peuvent modifier les réactions des cellules à une hormone dont l'action nécessite la présence d'AMP cyclique. En ce sens, les prostaglandines peuvent être des modulateurs de réactions provoquées par l'AMP cyclique. Les prostaglandines sont rapidement inactivées, notamment dans les poumons, dans le foie et dans les reins. L'éventail de l'activité biologique des prostaglandines par rapport aux muscles lisses, à la sécrétion, à la circulation sanguine, à la reproduction, à la fonction plaquettaire, à la respiration, à la transmission des influx nerveux, au métabolisme des graisses, à la réaction immunitaire et à d'autres processus vitaux, tout comme leur présence lors d'une inflammation, de la formation de tumeurs et d'autres maladies, démontrent leur importance dans la physiologie normale et la pathologie. Certains médicaments, comme l'aspirine et l'acétaminophène (Tylenol), inhibent la synthèse des prostaglandines et, par conséquent, réduisent la fièvre et la douleur.

Plus encore que le rôle physiologique des prostaglandines, leurs effets pharmaceutiques et les possibilités qu'elles offrent sur le plan thérapeutique ont beaucoup intéressé les chercheurs. Ces effets comprennent la baisse ou l'élévation de la pression artérielle, la réduction de la sécrétion gastrique, la broncho-dilatation ou la bronchoconstriction, la stimulation ou l'inhibition de l'agrégation plaquettaire, la contraction ou le relâchement des muscles lisses des intestins et de l'utérus, le rétrécissement des conduits du nez, le blocage ou l'augmentation de la libération de noradrénaline, la médiation de l'inflammation, l'augmentation de la pression intra-oculaire, la sédation, la stupeur et la fièvre, le déclenchement du travail lors de la grossesse, la stimulation de la production de stéroïdes, la facilitation de la natriurèse (excrétion de sodium dans l'urine) et celle de la diurèse, l'intensification de l'effet douloureux des kinines, et beaucoup d'autres.

LA RÉGULATION DES SÉCRÉTIONS HORMONALES : LA RÉGULATION RÉTROACTIVE

Comme nous l'avons mentionné plus haut, la quantité d'hormone libérée par une glande endocrine ou par un tissu endocrinien est déterminée par les besoins que l'organisme a de cette hormone, à un moment donné. La plupart des hormones sont libérées en brèves bouffées, et il se produit très peu de libération hormonale entre les bouffées, ou pas du tout. Lorsqu'elle est stimulée de façon adéquate, une glande endocrine libère une hormone plus fréquemment ; par conséquent, les taux de cette hormone dans le sang augmentent. Inversement, en l'absence de stimulation, les bouffées sont peu fréquentes ou même inhibées ; par conséquent, les taux de cette hormone dans le sang s'abaissent. Normalement, la sécrétion est réglée de façon qu'il n'y ait pas de production excessive ou insuffisante d'une hormone en particulier. Cette régulation constitue l'un des moyens très importants qu'utilise l'organisme pour maintenir l'homéostasie. Malheureusement, il arrive que les mécanismes de régulation ne fonctionnent pas adéquatement, et que les taux d'hormones soient trop élevés ou pas assez. Lorsque cela se produit, des problèmes surviennent.

Les sécrétions hormonales sont réglées par des systèmes de **rétroaction négative** (chapitre 1). L'information concernant le taux hormonal ou ses effets est renvoyée à la glande, qui réagit alors en conséquence. Nous allons décrire trois systèmes de rétroaction négative dans lesquels le stimulus qui provoque ou inhibe la sécrétion hormonale diffère pour chacune des situations.

Dans certains cas de rétroaction négative, la régulation de la sécrétion hormonale ne nécessite pas la participation directe du système nerveux. Par exemple, le taux de calcium sanguin est réglé en partie par la parathormone (PTH), produite par les glandes parathyroïdes. Un taux insuffisant de calcium sanguin sert de stimulus aux glandes parathyroïdes qui libèrent plus de parathormone (voir la figure 18.14). La parathormone exerce ensuite ses effets dans différentes parties de l'organisme, jusqu'à ce que le taux de calcium sanguin revienne à la normale. Un taux élevé de calcium sanguin sert de stimulus aux glandes parathyroïdes qui cessent leur production de parathormone. En l'absence de l'hormone, d'autres mécanismes prennent la relève jusqu'à ce que le taux de calcium sanguin revienne à la normale. On doit se rappeler que, dans la rétroaction négative, les réactions de l'organisme (élévation ou baisse du taux de calcium) sont opposées au stimulus (taux de calcium élevé ou faible). La calcitonine, produite par la thyroïde, l'insuline, produite par le pancréas, et l'aldostérone, produite par la corticosurrénale, sont également des hormones dont la régulation ne nécessite pas la participation directe du système nerveux.

Dans d'autres cas, l'hormone est libérée directement par suite d'influx nerveux qui stimulent la glande endocrine. L'adrénaline et la noradrénaline sont libérées par la médullosurrénale en réaction à des influx nerveux sympathiques. L'hormone antidiurétique est libérée par la neurohypophyse en réaction à des influx nerveux en provenance de l'hypothalamus (voir la figure 26.10).

Il existe également des systèmes de rétroaction négative qui nécessitent la participation directe du système nerveux par l'intermédiaire de sécrétions chimiques, appelées **hormones de régulation**, produites par l'hypothalamus (voir la figure 18.7). Certaines de ces hormones, les **hormones de libération**, stimulent la libération de l'hormone dans le sang, pour qu'elle y joue son rôle. D'autres hormones de régulation, appelées **hormones d'inhibition**, empêchent la libération de l'hormone.

L'ocytocine constitue l'une des rares exceptions à la règle de la rétroaction négative dans la régulation hormonale. Le système de régulation permettant la libération de l'ocytocine par l'hypophyse en réaction à des influx nerveux en provenance de l'hypothalamus est une rétroaction positive ; c'est la réaction qui intensifie le stimulus, et non l'inverse (voir la figure 18.9). L'hormone lutéinisante (LH), qui provoque l'ovulation, constitue une autre de ces exceptions (chapitre 28).

À mesure que nous verrons les effets des différentes hormones, nous allons décrire la façon dont les sécrétions de ces hormones sont réglées. Après cela, il vous sera possible de reconnaître le type de rétroaction négative qui s'applique dans chacun des cas.

L'HYPOPHYSE

Les hormones de l'**hypophyse**, ou **glande pituitaire**, règlent un nombre tellement élevé d'activités corporelles que cette glande a été surnommée le « chef d'orchestre ». L'hypophyse est une structure arrondie et très petite ; son diamètre est d'environ 1,3 cm. Elle se trouve dans la selle turcique de l'os sphénoïde et est attachée à l'hypothalamus par une structure en forme d'entonnoir, l'**infundibulum tubérien** (figure 18.5).

L'hypophyse contient un lobe antérieur et un lobe postérieur. Ces deux lobes sont reliés à l'hypothalamus. Le **lobe antérieur** constitue environ 75% de la masse totale de la glande. Il est dérivé de l'ectoblaste, à partir d'une invagination embryonnaire de l'épithélium du pharynx (voir la figure 18.24,b). En conséquence, ce lobe contient un grand nombre de cellules épithéliales glandulaires et forme la portion glandulaire de la glande. Un réseau de vaisseaux sanguins relie le lobe antérieur à l'hypothalamus.

Le **lobe postérieur** est également dérivé de l'ectoblaste, à partir d'une excroissance de l'hypothalamus (voir la figure 18.24,b). Par conséquent, ce lobe contient les terminaisons axonales de neurones dont les corps cellulaires se trouvent dans l'hypothalamus. Les fibres

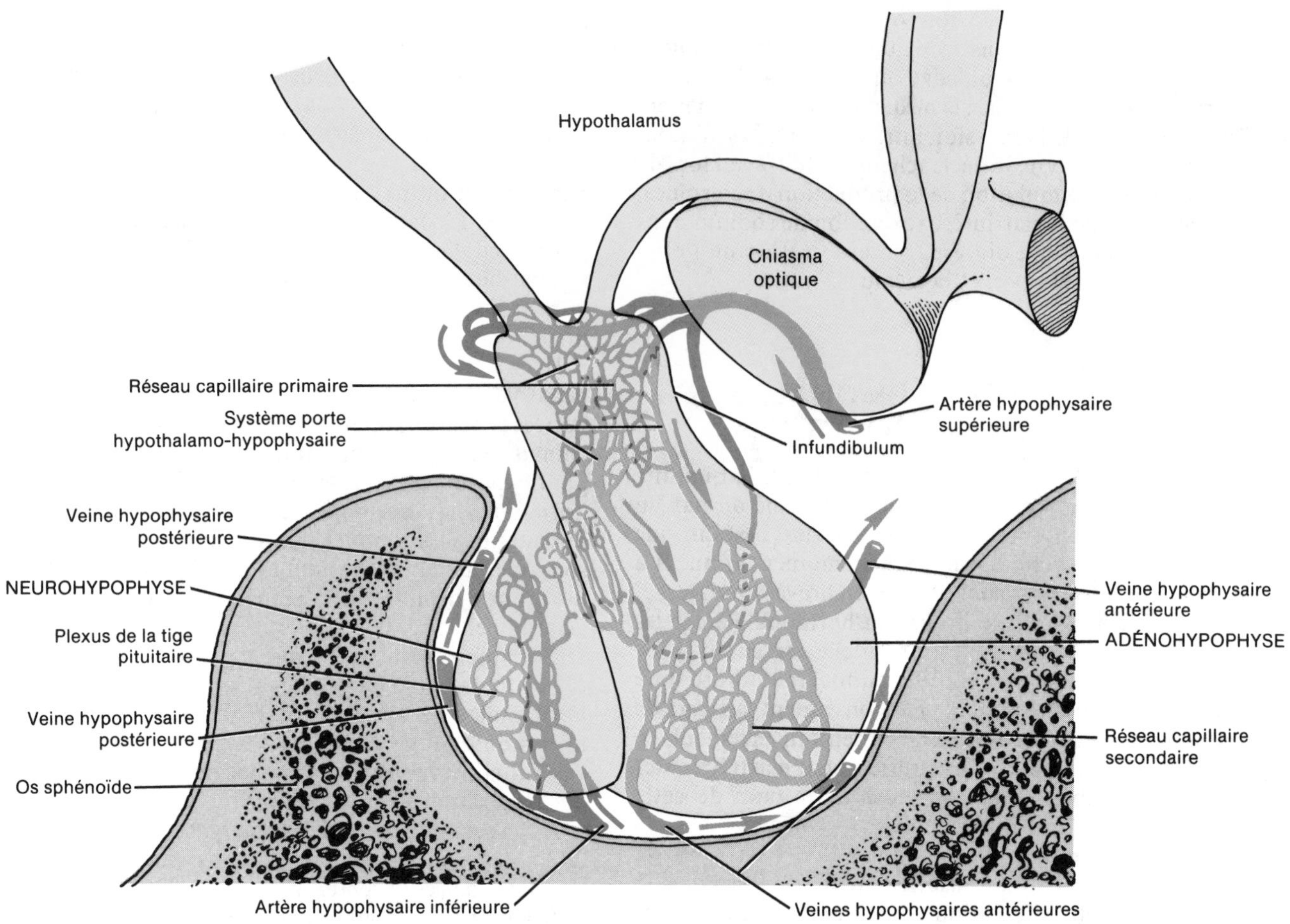

FIGURE 18.5 Apport sanguin à l'hypophyse.

nerveuses qui aboutissent dans le lobe postérieur sont soutenues par des cellules appelées pituicytes. D'autres fibres nerveuses relient directement le lobe postérieur à l'hypothalamus.

Entre les lobes se trouve une petite région relativement non vascularisée, la **pars intermedia**. Cette région est beaucoup plus volumineuse et beaucoup mieux délimitée sur les plans de la structure et de la fonction chez certains animaux inférieurs; toutefois, chez l'être humain, son rôle est mal connu.

L'ADÉNOHYPOPHYSE

Le lobe antérieur de l'hypophyse est également appelé **adénohypophyse**. Il libère les hormones qui règlent un grand nombre d'activités corporelles, allant de la croissance à la reproduction. La libération de ces hormones est stimulée ou inhibée par des sécrétions chimiques, les **hormones de régulation**, produites par l'hypothalamus. Ces hormones, que nous allons étudier en même temps que chacune des hormones de l'adénohypophyse, constituent un lien important entre les systèmes nerveux et endocrinien.

Les hormones de régulation de l'hypothalamus, ou neurohormones hypothalamiques, sont transportées jusqu'à l'adénohypophyse de la façon suivante. L'apport sanguin à l'adénohypophyse et à l'infundibulum tubérien provient principalement de plusieurs *artères hypophysaires supérieures*. Ces artères sont des branches de la carotide interne et des artères communicantes postérieures (figure 18.5). Les artères hypophysaires supérieures forment un réseau de capillaires, le *réseau primaire*, dans l'infundibulum, près de la portion inférieure de l'hypothalamus. Les hormones de régulation de l'hypothalamus diffusent dans ce réseau, qui se déverse dans le *système porte hypothalamo-hypophysaire*, qui passe le long de l'infundibulum. Au niveau de la portion inférieure de l'infundibulum, les veines forment un *réseau secondaire* dans l'adénohypophyse. À partir de ce réseau, les hormones de l'adénohypophyse se rendent dans les veines hypophysaires antérieures pour être distribuées aux cellules des tissus. Ce système permet aux hormones de régulation d'agir rapidement sur l'adénohypophyse sans avoir à passer d'abord par le cœur, ce qui prévient la dilution ou la destruction des hormones de régulation.

Lorsque l'adénohypophyse est stimulée de façon adéquate par les hormones de régulation, ses cellules glandulaires sécrètent une des sept hormones produites par cette glande. Récemment, on a mis au point des techniques spéciales de coloration qui ont permis de diviser les cellules glandulaires en cinq types principaux (figure 18.6):

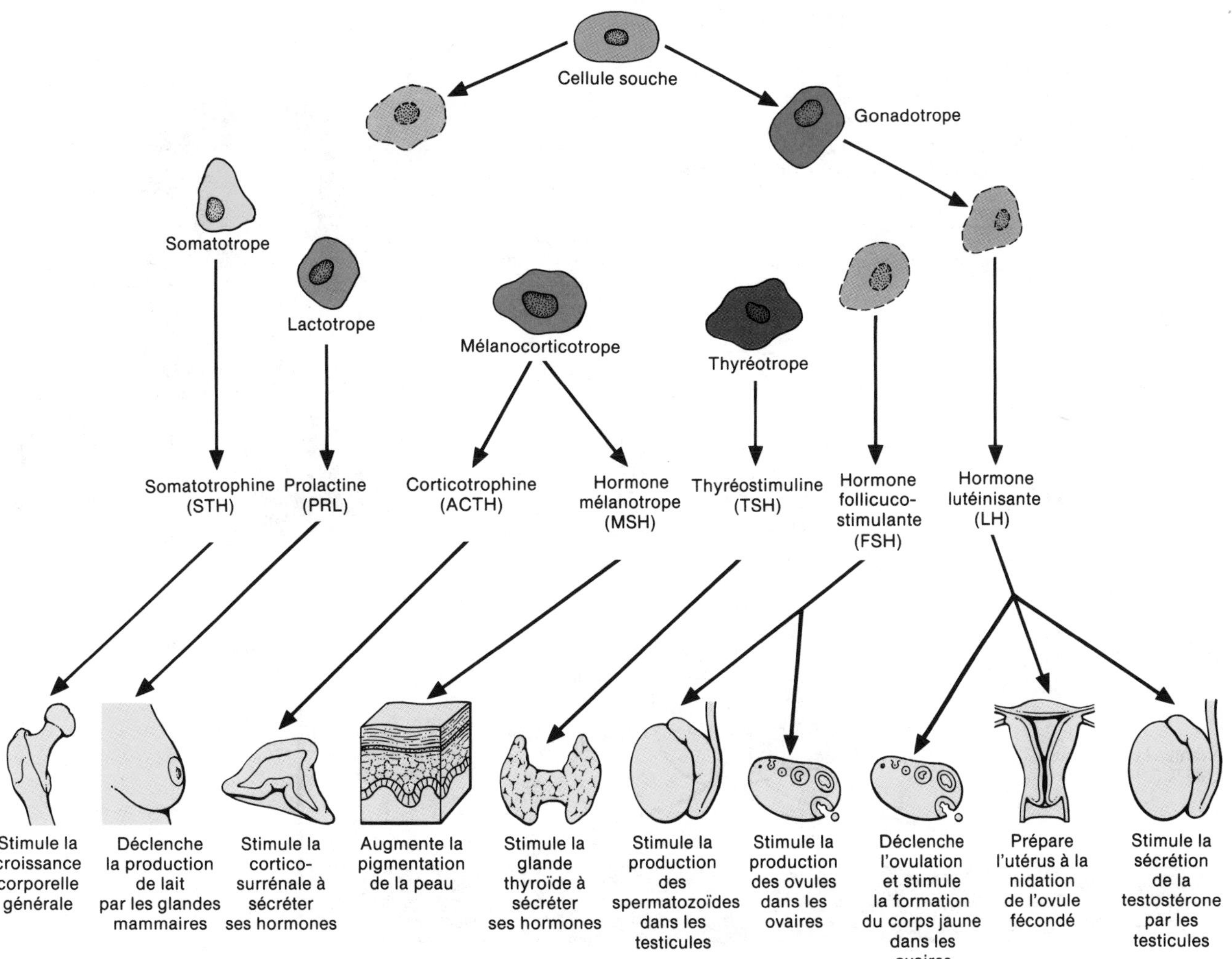

FIGURE 18.6 Cellules de l'adénohypophyse, telles qu'elles sont révélées par des souches spéciales. La plupart des cellules qui produisent la somatotrophine (somatotropes) et la prolactine (lactotropes) sont des cellules distinctes. Toutefois, certaines cellules normales et cancéreuses sont des cellules simples qui produisent à la fois de la somatotrophine et de la prolactine. La cellule mélanocorticotrope produit la corticotrophine et l'hormone mélanotrope. Les cellules thyréotropes synthétisent la thyréostimuline. La plupart des cellules gonadotropes produisent l'hormone folliculostimulante et l'hormone lutéinisante. Cependant, il peut exister certaines cellules distinctes, dont certaines produisent l'hormone folliculostimulante, et d'autres, l'hormone lutéinisante. [Adapté d'une diapositive fournie par Calvin Ezrin, M.D., professeur clinicien de médecine, U.C.L.A., et professeur adjoint de pathologie, Université de Toronto.]

1. Les **cellules somatotropes** produisent la **somatotrophine (STH)**, ou **hormone de croissance (GH)**, qui règle la croissance corporelle générale.
2. Les **cellules lactotropes** synthétisent la **prolactine (PRL)**, qui déclenche la production du lait par les glandes mammaires.
3. Les **cellules mélanocorticotropes** synthétisent la **corticotrophine (ACTH)**, qui stimule la corticosurrénale, et **l'hormone mélanotrope (MSH)**, reliée à la pigmentation de la peau.
4. Les **cellules thyréotropes** fabriquent la **thyréostimuline (TSH)**, qui régit la glande thyroïde.
5. Les **cellules gonadotropes** produisent **l'hormone folliculostimulante (FSH)**, qui stimule la production des ovules et des spermatozoïdes dans les ovaires et les testicules, et **l'hormone lutéinisante (LH)**, qui stimule les autres activités sexuelles et reproductrices.

Sauf dans le cas de la somatotrophine (STH), de l'hormone mélanotrope (MSH) et de la prolactine (PRL), toutes les sécrétions hormonales sont des **stimulines**, c'est-à-dire qu'elles stimulent d'autres glandes endocrines. L'hormone folliculostimulante et l'hormone lutéinisante sont également appelées **gonadotrophines hypophysaires**, parce qu'elles règlent les fonctions des gonades. Les gonades (les ovaires et les testicules) sont les glandes endocrines qui produisent les hormones stéroïdes sexuelles.

La somatotrophine (STH)

La **somatotrophine (STH)**, aussi appelée **hormone de croissance (GH)** et **hormone somatotrope**, stimule la croissance des cellules corporelles. Sa principale fonction est d'agir sur le squelette et les muscles squelettiques, notamment pour accélérer leur taux de croissance et

FIGURE 18.7 Somatotrophine (STH), ou hormone de croissance (GH). (a) Régulation de la sécrétion de la somatotrophine. Comme dans le cas des autres hormones de l'adénohypohyse, la sécrétion de la somatotrophine est réglée par des hormones de régulation. Comme dans le cas de la plupart des hormones de l'organisme, la sécrétion et l'inhibition de la somatotrophine nécessitent des systèmes de rétroaction négative. (b) Photographie d'une personne atteinte d'acromégalie. [Gracieuseté de Lester V. Bergman & Associates, Inc.]

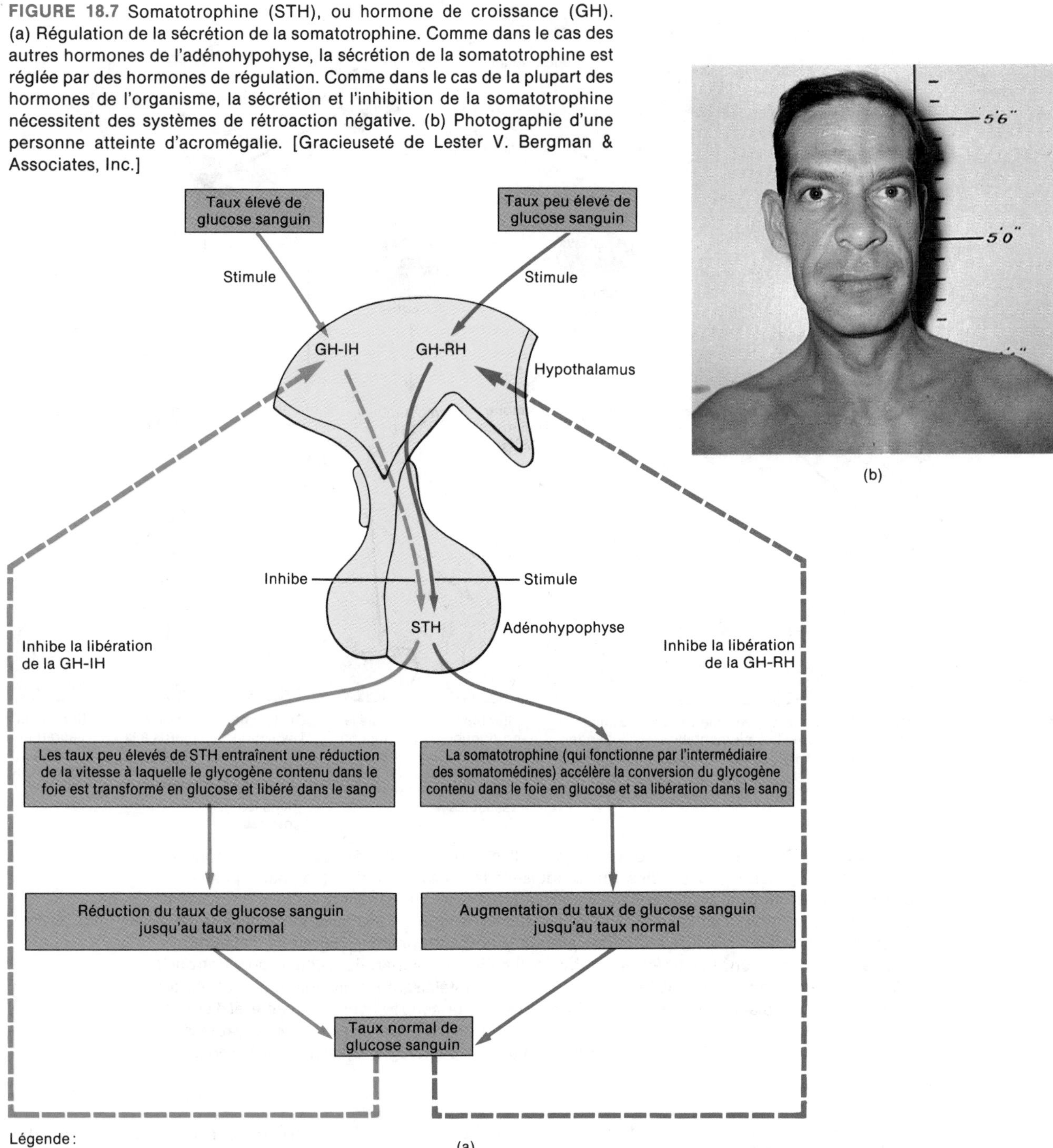

Légende:

STH = somatotrophine (hormone de croissance [GH])
GH-RH = hormone de libération de la somatotrophine
GH-IH = somatostatine (hormone d'inhibition de la somatotrophine)

maintenir leur taille une fois que la croissance est terminée. La somatotrophine provoque la croissance et la multiplication des cellules en augmentant directement la vitesse à laquelle les acides aminés pénètrent dans les cellules et sont transformés en protéines. On considère la somatotrophine comme une hormone qui favorise l'anabolisme des protéines, parce qu'elle augmente le taux de synthèse protéique. Elle favorise également le catabolisme des graisses, c'est-à-dire qu'elle amène les cellules à cesser de brûler des glucides pour brûler des graisses en vue de produire de l'énergie. Par exemple, elle stimule la libération des graisses par le tissu adipeux, et stimule d'autres cellules qui désintègrent les molécules de graisse ainsi libérées. En même temps, la somatotrophine accélère la vitesse à laquelle le glycogène emmagasiné dans le foie est converti en glucose et libéré dans le sang. Cependant, comme les cellules utilisent des graisses pour obtenir de l'énergie, elles ne consomment pas autant de glucose. Par conséquent, il se produit une élévation du taux de glucose sanguin, appelé **hyperglycémie**, Ce processus est appelé **effet diabétogène**, parce qu'il rappelle le taux élevé de glucose sanguin qui caractérise le diabète sucré.

Il semble que la somatotrophine produise la plupart de ses effets en transformant d'autres hormones en substances qui favorisent la croissance; ces substances sont appelées **somatomédines** et **facteurs de croissance pseudo-insuliniques**. Ce sont de petits peptides produits dans le foie sous l'influence de la somatotrophine. Ils influencent tous deux la plupart des effets de la somatotrophine et ressemblent, sur les plans de la structure et de la fonction, à l'insuline. Toutefois, leurs effets sur la croissance sont beaucoup plus puissants que ceux de l'insuline.

On ne comprend pas encore clairement le mécanisme de régulation de la sécrétion de la somatotrophine. Sa production à partir de l'adénohypophyse est, semble-t-il, réglée par au moins deux hormones de régulation de l'hypothalamus: l'**hormone de libération de la somatotrophine (GH-RH)** et l'**hormone d'inhibition de la somatotrophine (GH-IH)**, ou **somatostatine**. Lorsque la GH-RH est libérée par l'hypothalamus dans la circulation sanguine, elle se rend à l'adénohypophyse et stimule la libération de la somatotrophine. Par contre, la GH-IH inhibe la libération de l'hormone.

L'**hypoglycémie** (taux insuffisant de glucose sanguin) est un des stimuli qui favorisent la sécrétion de la somatotrophine. Dans le document 18.1, nous énumérons d'autres stimuli qui favorisent également cette sécrétion. Lorsque le taux de glucose sanguin est bas, l'hypothalamus est stimulé et sécrète la GH-RH (figure 18.7,a). Lorsqu'elle atteint l'adénohypophyse, la GH-RH stimule l'adénohypophyse qui libère de la somatotrophine. Les somatomédines, sous l'action de la somatotrophine, élèvent le taux de glucose en convertissant le glycogène en glucose et en le libérant dans le sang. Aussitôt que le taux de glucose sanguin est revenu à la normale, la sécrétion de GH-RH cesse.

L'**hyperglycémie** (taux trop élevé de glucose sanguin) est un des stimuli qui inhibent la sécrétion de la somatotrophine (figure 18.7,a). Dans le document 18.1, nous énumérons les autres stimuli qui inhibent la sécrétion de cette hormone. Un taux trop élevé de glucose sanguin stimule l'hypothalamus à sécréter de la somatostatine, qui inhibe la libération de la GH-RH et, par conséquent, la sécrétion de la somatotrophine. Il en résulte une baisse du taux de glucose sanguin. Nous allons voir plus loin que certaines cellules endocrines du pancréas, appelées cellules delta, sécrètent également de la somatostatine et peuvent inhiber la sécrétion des hormones pancréatiques (insuline et glucagon), tout comme elles inhibent la sécrétion de la somatotrophine.

La régulation de la sécrétion de la somatotrophine illustre deux phénomènes caractéristiques des sécrétions de l'adénohypophyse. D'abord, on croit que chacune des hormones est réglée par sa propre hormone de régulation hypothalamique. Dans certains cas, l'hormone de régulation stimule la sécrétion hormonale; dans d'autres cas, elle l'inhibe. Ensuite, la sécrétion est généralement réglée par des systèmes de rétroaction négative. Comme les hormones sont les régulateurs chimiques de l'homéostasie, on ne peut s'étonner de la présence de ces systèmes. La sécrétion abondante et constante d'une hormone dépasserait les objectifs visés et déséquilibrerait l'organisme.

APPLICATION CLINIQUE

En règle générale, les troubles du système endocrinien impliquent une **hyposécrétion** ou une **hypersécrétion** d'hormones.

Les troubles liés à la somatotrophine figurent parmi les troubles reliés à l'adénohypophyse suscitant un intérêt clinique. Lorsqu'il se produit une hyposécrétion de somatotrophine au cours de la période de croissance, la croissance osseuse est ralentie et les cartilages de conjugaison se referment avant que la taille normale soit atteinte. C'est ce qu'on appelle **le nanisme hypophysaire**. Dans ce cas, d'autres organes subissent également un ralentissement de la croissance, et, à plusieurs égards, l'aspect physique du sujet est celui d'un enfant. Le traitement nécessite l'administration de somatotrophine au cours de l'enfance, avant la fermeture des cartilages de conjugaison. Le nanisme peut également être causé par d'autres facteurs; dans ce cas, l'administration de somatotrophine est inefficace.

Une hypersécrétion de somatotrophine au cours de l'enfance provoque le **gigantisme**, un accroissement statural anormal. Le sujet devient très grand, mais les proportions corporelles restent à peu près normales. Une hypersécrétion de somatotrophine chez l'adulte provoque l'**acromégalie** (figure 18.7,b). L'acromégalie ne peut provoquer un accroissement statural excessif, parce que les cartilages de conjugaison sont déjà refermés. Mais les os des mains, des pieds, des joues et des mâchoires s'épaississent. D'autres tissus croissent également. Les paupières, les lèvres, la langue et le nez s'hypertrophient, et la peau s'épaissit et se plisse, notamment sur le front et sur les plantes des pieds.

DOCUMENT 18.1 STIMULI QUI INFLUENCENT LA SÉCRÉTION DE LA SOMATOTROPHINE (STH)

FAVORISE LA SÉCRÉTION	INHIBE LA SÉCRÉTION
Hypoglycémie	Hyperglycémie
Réduction des acides gras	Augmentation des acides gras
Augmentation des acides aminés	Réduction des acides aminés
Taux peu élevés de STH	Taux élevés de STH
Somatomédines	Hormone d'inhibition de la somatotrophine (GH-IH)
Stades 3 et 4 du sommeil à ondes lentes	Sommeil paradoxal
Stress	Carence affective
Exercices physiques vigoureux	Obésité
Œstrogènes	Hypothyroïdie
Glucagon	
Insuline	
Glucocorticoïdes	
Dopamine	
Acétylcholine (ACh)	

La thyréostimuline (TSH)

La **thyréostimuline (TSH)**, aussi appelée **hormone thyréotrope**, stimule la synthèse et la sécrétion des hormones produites par la glande thyroïde. La sécrétion est réglée par une hormone de régulation produite par l'hypothalamus, l'**hormone de libération de la thyréostimuline (TRH)**. La libération de la TRH dépend, entre autres facteurs, des taux de thyroxine dans le sang et de la vitesse du métabolisme de l'organisme; elle s'effectue par l'intermédiaire d'un système de rétroaction négative.

La corticotrophine (ACTH)

Le rôle de la **corticotrophine (ACTH)** consiste à régler la production et la sécrétion de certaines hormones de la corticosurrénale. La sécrétion de la corticotrophine est réglée par une hormone de régulation produite par l'hypothalamus, l'**hormone de libération de la corticotrophine (CRH)**. La libération de la CRH est déterminée par certains stimuli et certaines hormones, et s'effectue à l'aide d'un système de rétroaction négative.

L'hormone folliculostimulante (FSH)

Chez la femme, l'**hormone folliculostimulante (FSH)** est transportée par le sang depuis l'adénohypophyse jusqu'aux ovaires, où elle déclenche, chaque mois, le développement de l'ovule. Elle stimule également les cellules des ovaires à sécréter les œstrogènes, qui sont les hormones sexuelles femelles. Chez l'homme, l'hormone folliculostimulante stimule les testicules et provoquent la production de spermatozoïdes. La sécrétion de l'hormone folliculostimulante est réglée par une hormone de régulation produite par l'hypothalamus, l'**hormone de libération des gonadotrophines (Gn-RH)**. Cette dernière est libérée par l'action des œstrogènes et, chez la femme, peut-être par celle de la progestérone; chez l'homme, elle est libérée par l'action de la testostérone et s'effectue par un système de rétroaction négative.

L'hormone lutéinisante (LH)

Chez la femme, l'**hormone lutéinisante (LH)**, en collaboration avec les œstrogènes, stimule l'ovaire qui libère un ovule (ovulation) et prépare l'utérus à la nidation de l'ovule fécondé. Elle stimule également la formation du corps jaune dans l'ovaire, qui sécrète la progestérone, une autre hormone sexuelle femelle, et prépare les glandes mammaires à la sécrétion du lait. Chez l'homme, l'hormone lutéinisante stimule les cellules interstitielles des testicules qui développent et sécrètent de plus grandes quantités de testostérone. La sécrétion de l'hormone lutéinisante, comme celle de l'hormone folliculostimulante, est réglée par la Gn-RH. La libération de la Gn-RH est réglée par un système de rétroaction négative dans lequel les œstrogènes, la progestérone et la testostérone interviennent. On a découvert récemment que le placenta, formé durant la grossesse, pouvait constituer une source extrahypothalamique de Gn-RH, appelée **hormone de libération lutéotrope du placenta (pL-RH)**. Son rôle au cours de la grossesse sera abordé au chapitre 29.

La prolactine (PRL)

La **prolactine (PRL)**, ou **hormone lutéotrope**, en collaboration avec d'autres hormones, déclenche et maintient la sécrétion du lait par les glandes mammaires. L'éjection du lait par les glandes mammaires est réglée par une hormone, l'ocytocine, emmagasinée dans le lobe postérieur. L'ensemble des processus de sécrétion et d'éjection du lait constitue la lactation. La prolactine agit directement sur les tissus. Seule, elle a peu d'effet; le terrain doit d'abord être préparé par les œstrogènes, la progestérone, les corticostéroïdes, la somatotrophine, la thyroxine et l'insuline. Lorsque les glandes mammaires sont prêtes, la prolactine déclenche la sécrétion du lait.

La prolactine est liée à un système de rétroaction négative à la fois inhibiteur et excitateur. Au cours des cycles menstruels, l'**hormone d'inhibition de la prolactine (PIH)**, une hormone de régulation de l'hypothalamus, inhibe la libération de la prolactine de l'adénohypophyse. À mesure que les taux d'œstrogènes et de progestérone baissent durant la fin de la phase sécrétoire du cycle menstruel, la sécrétion de la PIH diminue, et le taux de prolactine dans le sang s'élève. Toutefois, ce taux élevé ne se maintient pas suffisamment longtemps pour produire un effet important sur les seins; cependant, ceux-ci peuvent devenir sensibles, à cause de la présence de la prolactine, dans la période qui précède immédiatement la menstruation. Lorsque le cycle menstruel recommence et que le taux d'œstrogènes s'élève à nouveau, la PIH est sécrétée et le taux de prolactine s'abaisse.

Au cours de la grossesse, les taux de prolactine s'élèvent. Il semble qu'une hormone de régulation en provenance de l'hypothalamus, l'**hormone de libération de la prolactine (PRH)**, stimule la sécrétion de la prolactine après de longues périodes d'inhibition. Les taux de prolactine s'abaissent après l'accouchement et s'élèvent de nouveau durant la période d'allaitement. La succion réduit la sécrétion hypothalamique de la PIH. La stimulation mécanique des seins de la mère qui n'allaite pas provoque une sécrétion accrue de prolactine; la stimulation des seins de l'homme n'a pas cet effet.

L'hormone mélanotrope (MSH)

L'**hormone mélanotrope (MSH)**, ou **hormone mélanostimulante**, augmente la pigmentation de la peau en stimulant la dispersion des granules de mélanine dans les mélanocytes. En l'absence de cette hormone, la peau peut être pâle. Un surplus d'hormone mélanotrope peut produire une peau foncée. La sécrétion de l'hormone mélanotrope est stimulée par une hormone de régulation de l'hypothalamus, l'**hormone de libération de l'hormone mélanotrope (MRH)**. Elle est inhibée par l'**hormone d'inhibition de l'hormone mélanotrope (MIH)**.

Avant de terminer cette section portant sur l'adénohypophyse, il serait utile de mentionner que plusieurs hormones, ainsi que certains neuropeptides, sont produites par des cellules de l'adénohypophyse, à partir d'un précurseur appelé **pro-opiocortine**. Lorsque cette molécule est divisée, elle peut produire de la corticotrophine, de l'hormone mélanotrope, de l'enképhaline, des endorphines et de la bêta-lipotropine (β-LPH). On croit que cette dernière substance joue un rôle dans la stimulation de la sécrétion de l'aldostérone par la glande surrénale et dans la dégradation des lipides dans les cellules.

Dans le document 18.2, nous présentons les hormones de l'adénohypophyse, leurs principales actions, les hormones de régulation hypothalamiques qui y sont associées et les troubles liés à l'adénohypophyse.

LA NEUROHYPOPHYSE

Au sens strict, le lobe postérieur, ou **neurohypophyse**, n'est pas une glande endocrine, puisqu'il ne synthétise pas d'hormones. Le lobe postérieur est constitué de cellules appelées **pituicytes**, qui ressemblent aux cellules gliales du système nerveux. Il contient également des terminaisons axonales de neurones sécréteurs de l'hypothalamus (figure 18.8). Ces neurones sont appelés **cellules neurosécrétrices**. Les corps cellulaires des neurones prennent naissance dans les noyaux de l'hypothalamus. Les fibres quittent l'hypothalamus, forment le **faisceau hypothalamo-hypophysaire** et aboutissent dans les capillaires sanguins de la neurohypophyse. Les corps cellulaires des cellules neurosécrétrices produisent deux hormones : l'**ocytocine (OT)** et l'**hormone antidiurétique (ADH)**. L'ocytocine est produite principalement dans le noyau paraventriculaire, et l'hormone antidiurétique est synthétisée surtout dans le noyau supra-optique.

Une fois produites, les hormones sont transportées par les fibres nerveuses jusqu'à la neurohypophyse, et emmagasinées dans les terminaisons axonales où elles se

DOCUMENT 18.2 HORMONES DE L'ADÉNOHYPOPHYSE, LEURS PRINCIPALES ACTIONS, LES HORMONES DE RÉGULATION HYPOTHALAMIQUES ET LES TROUBLES LIÉS À L'ADÉNOHYPOPHYSE

HORMONE	PRINCIPALES ACTIONS	HORMONES DE RÉGULATION HYPOTHALAMIQUES	TROUBLES
Somatotrophine (STH)	Croissance des cellules corporelles ; anabolisme des protéines	Hormone de libération de la somatotrophine (GH-RH) ; hormone d'inhibition de la somatotrophine (GH-IH)	Hyposécrétion de STH durant la croissance provoque un nanisme hypophysaire ; hypersécrétion de STH durant la croissance provoque le gigantisme ; hypersécrétion de STH chez l'adulte provoque l'acromégalie
Thyréostimuline (TSH)	Règle la sécrétion des hormones par la glande thyroïde	Hormone de libération de la thyréostimuline (TRH)	
Corticotrophine (ACTH)	Règle la sécrétion de certaines hormones par la corticosurrénale	Hormone de libération de la corticotrophine (CRH)	
Hormone folliculo-stimulante (FSH)	Chez la femme, déclenche le développement de l'ovule et provoque la sécrétion des œstrogènes par les ovaires. Chez l'homme, stimule les testicules à produire des spermatozoïdes	Hormone de libération des gonadotrophines (Gn-RH)	
Hormone lutéinisante (LH)	Chez la femme, stimule, conjointement avec les œstrogènes, l'ovulation et la formation du corps jaune producteur de progestérone, prépare l'utérus à la nidation et prépare les glandes mammaires à sécréter le lait. Chez l'homme, stimule les cellules interstitielles des testicules à développer et à produire la testostérone	Hormone de libération des gonadotrophines (Gn-RH)	
Prolactine (PRL)	Conjointement avec d'autres hormones, déclenche et maintient la sécrétion du lait par les glandes mammaires	Hormone d'inhibition de la prolactine (PIH) Hormone de libération de la prolactine (PRH)	
Hormone mélanotrope (MSH)	Stimule la dispersion des granules de mélanine dans les mélanocytes	Hormone de libération de l'hormone mélanotrope (MRH) ; hormone d'inhibition de l'hormone mélanotrope (MIH)	

lient à de petites protéines appelées *neurophysines*. Le transport à partir des corps cellulaires jusqu'aux terminaisons axonales dure environ 10 h. Les neurophysines aident à emmagasiner les hormones et jouent un rôle important dans le mécanisme de libération. L'hormone liée est libérée des terminaisons nerveuses sous l'action des potentiels d'action qui atteignent les terminaisons. Ces fibres effectuent donc deux tâches. D'abord, elles servent de conduits pour le transport des molécules hormonales à partir du lieu de la production dans le noyau hypothalamique jusqu'au lieu de la sécrétion dans la neurohypophyse. Ensuite, les fibres transportent les influx nerveux libérateurs vers le bas en direction des terminaisons axonales, où l'hormone est emmagasinée. Le mécanisme de la libération hormonale nous est connu. Le potentiel d'action dépolarise la membrane de la terminaison axonale, et le Ca^{2+} pénètre dans les terminaisons nerveuses. Lorsque l'hormone est libérée dans le sang, les liaisons hormone-neurophysine sont détruites ; on croit que ce phénomène est dû à une modification du pH.

Ce processus de synthèse, de transport et de sécrétion effectué sur une longue distance peut paraître extravagant, mais il comporte un avantage de taille : la neurohypophyse peut emmagasiner une quantité beaucoup plus grande d'hormones que l'hypothalamus. Ainsi, la neurohypophyse peut emmagasiner suffisamment d'ADH pour maintenir un état antidiurétique maximal durant une semaine entière. Le noyau supra-optique, situé dans l'hypothalamus, ne contient suffisamment d'ADH que pour environ huit ou neuf heures.

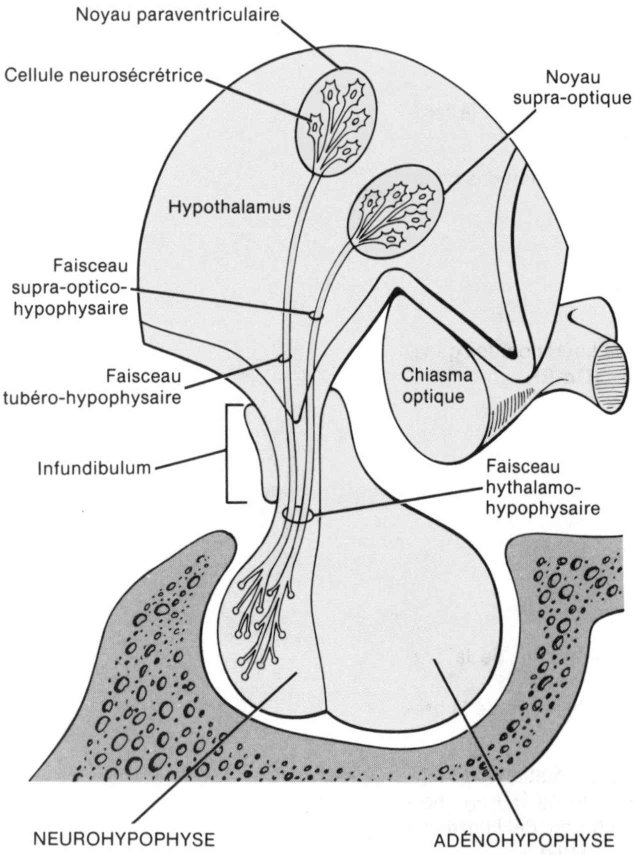

L'apport sanguin à la neurohypophyse provient des *artères hypophysaires inférieures*, qui sont dérivées des artères carotides internes. Dans la neurohypophyse, les artères hypophysaires inférieures forment un plexus de capillaires appelé *plexus de la tige pituitaire*. À partir de ce plexus, les hormones emmagasinées dans la neurohypophyse se rendent dans les veines hypophysaires postérieures afin d'être distribuées aux cellules des tissus.

Noyau paraventriculaire
Cellule neurosécrétrice
Noyau supra-optique
Hypothalamus
Faisceau supra-optico-hypophysaire
Faisceau tubéro-hypophysaire
Chiasma optique
Infundibulum
Faisceau hythalamo-hypophysaire
NEUROHYPOPHYSE
ADÉNOHYPOPHYSE

FIGURE 18.8 Faisceau hypothalamo-hypophysaire.

L'ocytocine (OT)

L'**ocytocine (OT)** stimule la contraction des cellules des muscles lisses dans l'utérus de la femme enceinte et les cellules contractiles entourant les alvéoles des glandes mammaires. Elle est libérée en grandes quantités durant la période qui précède immédiatement la naissance (figure 18.9). Lorsque le travail commence, le col de l'utérus est distendu. Cette distension déclenche des influx afférents vers les cellules neurosécrétrices du noyau paraventriculaire de l'hypothalamus, qui stimulent la synthèse de l'ocytocine. Celle-ci est transportée par les neurophysines jusqu'à la neurohypophyse. Les influx provoquent également la libération d'ocytocine dans le sang par la neurohypophyse. L'ocytocine est ensuite transportée par le sang jusqu'à l'utérus pour renforcer les contractions utérines. À mesure que les contractions s'intensifient, les influx afférents ainsi produits stimulent la synthèse d'une plus grande quantité d'ocytocine. De plus, lorsque la tête de l'enfant traverse le col de l'utérus, la distension accrue du col provoque la libération d'une quantité encore plus grande d'ocytocine. Un cycle de rétroaction positive est donc établi. Ce cycle s'arrête à la naissance de l'enfant. Il est à noter que la partie afférente du cycle est d'origine nerveuse, alors que la partie efférente est d'origine hormonale.

On utilise l'ocytocine pour provoquer le travail (la marque de commerce est Pitocin). On l'utilise également au cours du post-partum pour améliorer le tonus de l'utérus et réprimer l'hémorragie.

L'ocytocine influence l'éjection du lait. Le lait formé par les cellules glandulaires des seins est emmagasiné jusqu'à ce que l'enfant commence à téter activement. Lorsque l'enfant commence à téter, il n'obtient pas de lait durant les 30 ou 60 premières secondes. Durant cette période, des influx afférents sont transmis à l'hypothalamus par le mamelon. En suivant un mécanisme semblable à celui qui est utilisé dans la formation et la libération de l'ocytocine favorisant les contractions utérines, l'ocytocine quitte la neurohypophyse et est transportée dans le sang jusqu'aux glandes mammaires, où elle stimule les cellules des muscles lisses qui se contractent et éjectent le lait.

L'ocytocine est inhibée par la progestérone, mais fonctionne en collaboration avec les œstrogènes. Les œstrogènes et la progestérone, par l'intermédiaire de la PIH, inhibent la libération de la PRL, qui s'accumule dans l'hypophyse au cours de la grossesse. La succion qui provoque la libération de l'ocytocine a également pour effet d'inhiber la libération de la PIH.

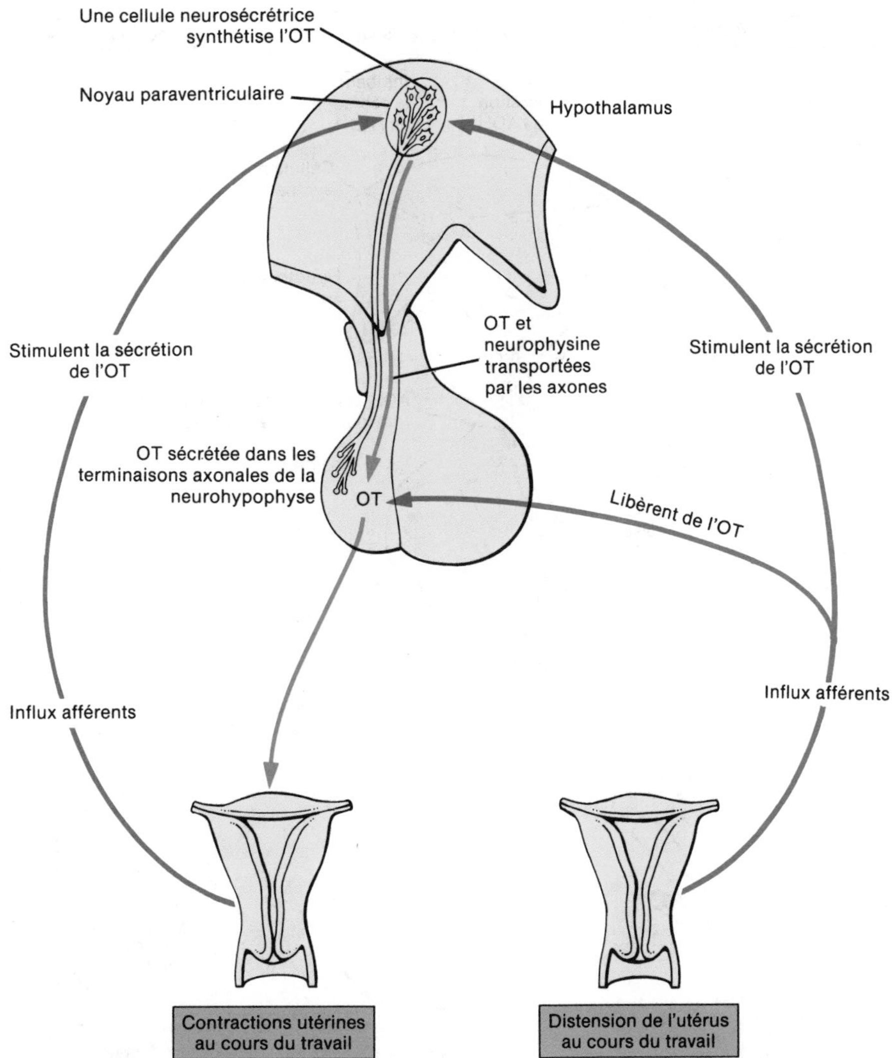

FIGURE 18.9 Régulation de la sécrétion de l'ocytocine (OT) durant le travail.

L'hormone antidiurétique (ADH)

Un **antidiurétique** est une substance chimique qui prévient une production excessive d'urine. L'activité physiologique principale de l'**hormone antidiurétique (ADH)** est son effet sur le volume urinaire (diurèse). Cette hormone amène les reins à éliminer l'eau de l'urine nouvellement produite et à la retourner dans la circulation sanguine, ce qui réduit le volume urinaire. Ce processus implique une augmentation de la perméabilité des membranes cellulaires des reins destinées à réabsorber l'eau de façon qu'une plus grande quantité d'eau passe de l'urine dans les cellules rénales. En l'absence de l'hormone antidiurétique, le volume d'urine peut être jusqu'à 10 fois plus important.

L'hormone antidiurétique peut également élever la pression artérielle en provoquant la constriction des artérioles. C'est pourquoi on l'appelle également **vasopressine**. On observe cet effet lors d'une réduction importante du volume sanguin, consécutive à une hémorragie.

La quantité d'hormone antidiurétique sécrétée normalement varie selon les besoins de l'organisme (figure 18.10). Lorsque l'organisme est déshydraté, la concentration d'eau dans le sang tombe sous les limites normales à mesure que le rapport sel/eau se modifie. Des récepteurs situés dans l'hypothalamus, les *osmorécepteurs*, détectent la baisse de la concentration d'eau dans le plasma et stimulent les cellules neurosécrétrices du noyau supra-optique de l'hypothalamus qui synthétisent l'hormone antidiurétique. L'hormone est transportée par les neurophysines jusqu'à la neurohypophyse. Elle est ensuite libérée dans la circulation sanguine et transportée vers les reins. Ceux-ci réagissent en réduisant le débit urinaire, ce qui permet la conservation de l'eau. Dans le cas d'une déshydratation, l'hormone antidiurétique réduit également la vitesse à laquelle la transpiration est produite. Par contre, si le sang contient une concentration d'eau anormalement élevée, les récepteurs détectent l'augmentation et provoquent la cessation de la sécrétion hormonale. Les reins peuvent alors libérer de grandes quantités d'urine, et le volume des liquides corporels revient à la normale.

D'autres facteurs peuvent influencer la sécrétion de l'hormone antidiurétique. La douleur, le stress, les

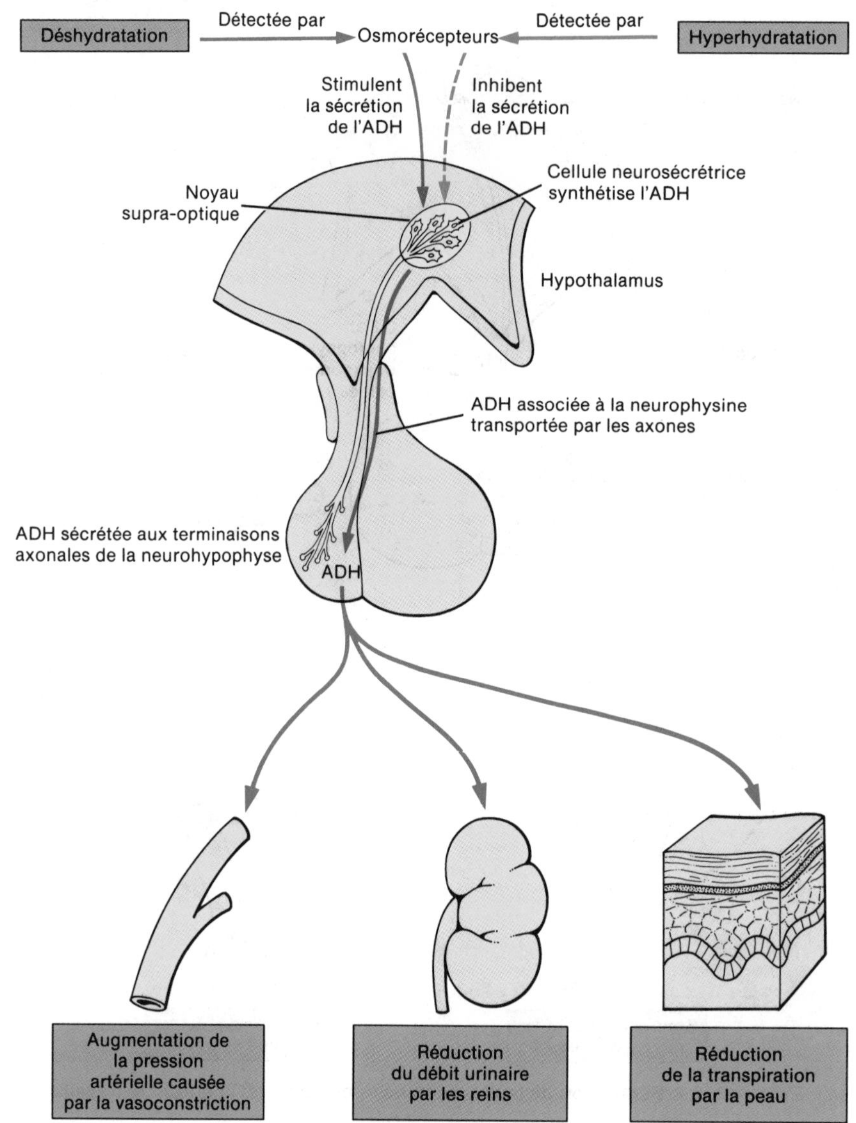

FIGURE 18.10 Régulation de la sécrétion de l'hormone antidiurétique (ADH).

traumatismes, l'anxiété, l'acétylcholine, la nicotine et certains médicaments comme la morphine, les tranquillisants et certains anesthésiques stimulent la sécrétion de cette hormone. L'alcool inhibe la sécrétion de l'hormone antidiurétique et, par conséquent, augmente le débit urinaire, ce qui explique peut-être le fait que la soif soit un des symptômes de la « gueule de bois ».

APPLICATION CLINIQUE

Le problème principal relié à une dysfonction de la neurohypophyse est le **diabète insipide**. On ne doit pas confondre ce type de diabète avec le diabète sucré, qui est un trouble du pancréas caractérisé par la présence de glucose dans l'urine. Le diabète insipide est causé par une hyposécrétion de l'hormone antidiurétique, habituellement due à un traumatisme de la neurohypophyse ou du noyau supra-optique de l'hypothalamus. Les symptômes comprennent l'excrétion de volumes importants d'urine et une soif qui résulte du premier symptôme. On traite cette maladie par l'administration d'hormone antidiurétique.

Dans le document 18.3, nous présentons les hormones du lobe postérieur de l'hypophyse, leurs principales actions, la régulation de la sécrétion et un trouble lié à la neurohypophyse.

LA GLANDE THYROÏDE

La **glande thyroïde** est située immédiatement sous le larynx. Les **lobes latéraux** gauche et droit se trouvent de chaque côté de la trachée. Les lobes sont reliés entre eux par une masse de tissu appelé **isthme** qui se trouve devant la trachée, immédiatement sous le cartilage cricoïde

DOCUMENT 18.3 HORMONES DE LA NEUROHYPOPHYSE, LEURS PRINCIPALES ACTIONS, LA RÉGULATION DE LA SÉCRÉTION ET LE TROUBLE LIÉ À LA NEUROHYPOPHYSE

HORMONE	PRINCIPALES ACTIONS	RÉGULATION DE LA SÉCRÉTION	TROUBLE
Ocytocine (OT)	Stimule la contraction des cellules des muscles lisses de l'utérus de la femme enceinte durant le travail, et stimule la contraction des cellules contractiles des glandes mammaires pour permettre l'éjection du lait	Cellules neurosécrétrices de l'hypothalamus sécrètent l'OT en réaction à la distension de l'utérus et à la stimulation des mamelons	
Hormone antidiurétique (ADH)	Effet principal : réduit le volume d'urine ; élève aussi la pression artérielle en comprimant les artérioles durant une hémorragie grave	Les cellules neurosécrétrices de l'hypothalamus sécrètent l'ADH en réaction à la réduction de la concentration d'eau dans le sang, à la douleur, au stress, aux traumatismes, à l'anxiété, à l'acétylcholine, à la nicotine, à la morphine et aux tranquillisants ; l'alcool inhibe la sécrétion	Hyposécrétion d'ADH provoque le diabète insipide

(figure 18.11). La **pyramyde de Lalouette**, lorsqu'elle est présente, s'étend vers le haut à partir de l'isthme. La thyroïde reçoit un apport sanguin important, de 80 mL/min à 120 mL/min.

Sur le plan histologique, la glande thyroïde est composée de sacs sphériques appelés **vésicules thyroïdiennes** (figure 18.12). La paroi de chacune des vésicules comprend deux types de cellules. Celles qui atteignent la surface de la lumière de la vésicule sont appelées **cellules folliculaires**, et celles qui ne se rendent pas jusqu'à cette lumière sont des **cellules parafolliculaires**, ou **cellules C**. Lorsque les cellules sont inactives, elles sont de forme

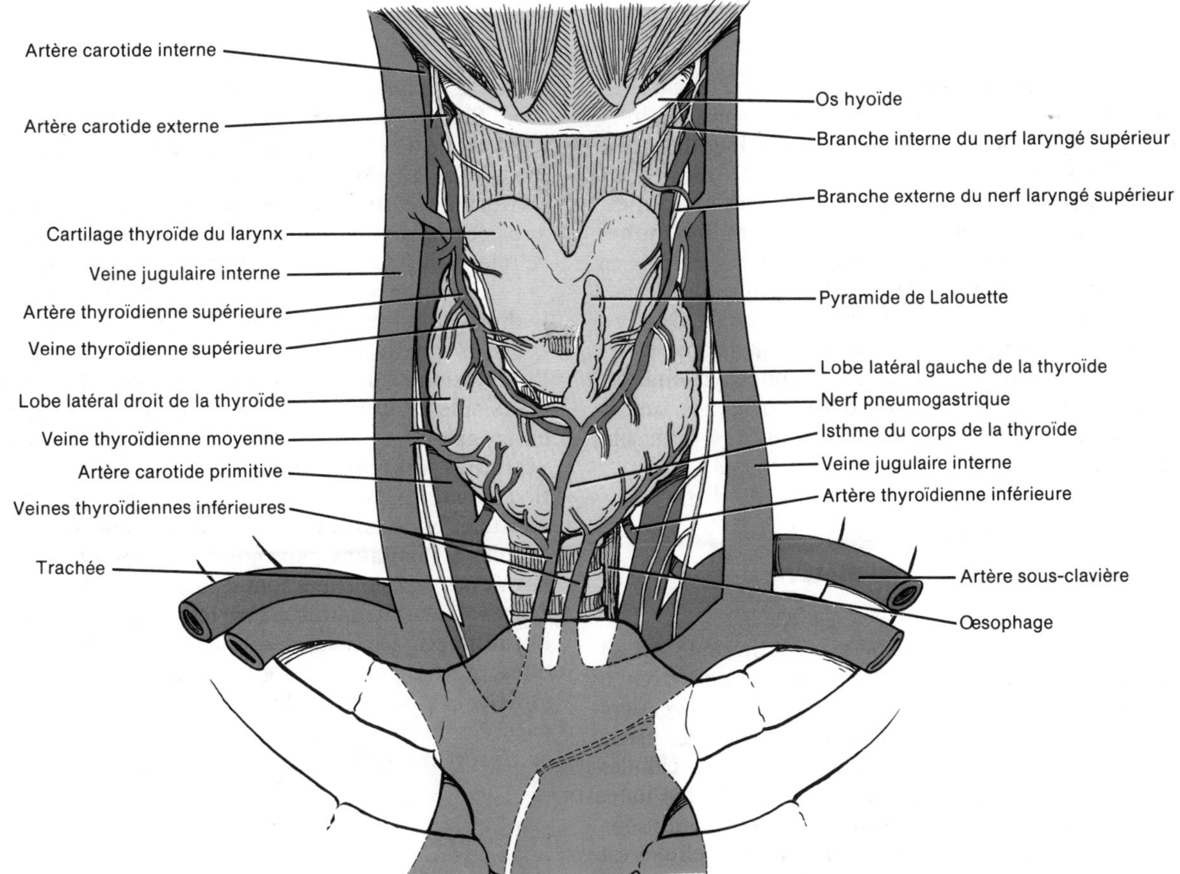

FIGURE 18.11 Emplacement de la glande thyroïde et son apport sanguin ; vue antérieure. La pyramide de Lalouette, lorsqu'elle est présente, peut être reliée à l'os hyoïde par un muscle.

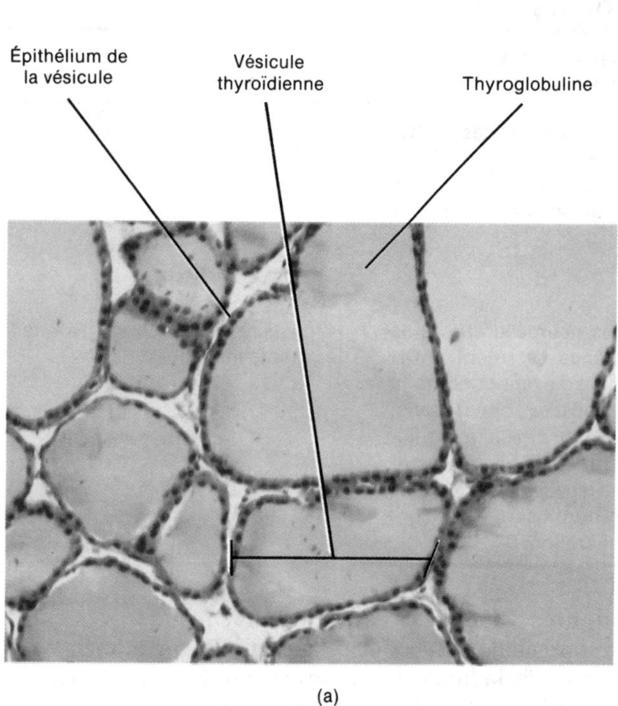

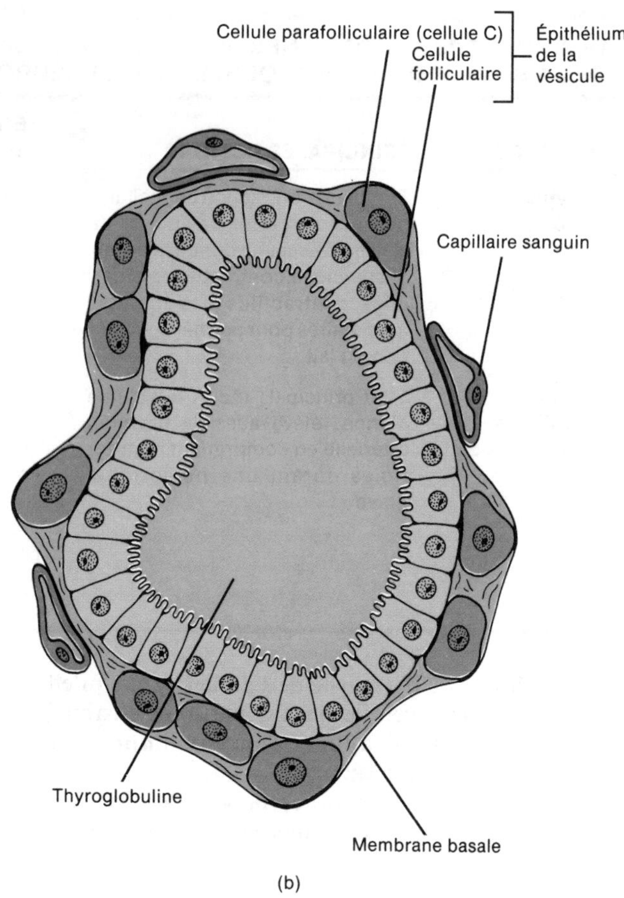

FIGURE 18.12 Structure histologique de la glande thyroïde. (a) Photomicrographie agrandie 230 fois. [Copyright © 1983 by Michael H. Ross. Reproduction autorisée.] (b) Diagramme illustrant la structure détaillée d'une vésicule thyroïdienne.

cubique; toutefois, lorsqu'elles sécrètent des hormones, elles prennent une forme cylindrique. Les cellules folliculaires fabriquent la **thyroxine**, ou **tétraiodothyronine (T_4)**, puisqu'elle contient quatre atomes d'iode, et la **triiodothyronine (T_3)**, qui contient trois atomes d'iode. L'ensemble de ces hormones forme les **hormones thyroïdiennes**. La thyroxine est normalement sécrétée en plus grandes quantités que la triiodothyronine, mais celle-ci est de trois à quatre fois plus puissante. De plus, dans les tissus périphériques, notamment le foie et les poumons, environ un tiers de la triiodothyronine est transformé en thyroxine. Ces deux hormones ont la même fonction. Les cellules parafolliculaires produisent la **calcitonine (CT)**.

LA FORMATION, L'ENTREPOSAGE ET LA LIBÉRATION DES HORMONES THYROÏDIENNES

Une des caractéristiques de la glande thyroïde est sa capacité d'emmagasiner des hormones et de les libérer en un flot constant durant une longue période. La première étape de la synthèse des hormones thyroïdiennes est le transport actif des ions iode du sang dans les cellules folliculaires. L'iodure (I^-) est la forme ionisée de l'iode, telle qu'elle apparaît dans le sang. Dans des conditions normales, la concentration en iodure dans les cellules est environ 40 fois plus élevée que celle qui se trouve dans le sang; au cours des périodes où l'activité est maximale, la concentration peut excéder jusqu'à 300 fois celle du sang.

Dans les cellules folliculaires, l'iodure est converti en iode. Par une série de réactions réglées par des enzymes, l'iode se lie à la tyrosine, un acide aminé, pour former les hormones thyroïdiennes. Cette union se produit à l'intérieur d'une grosse molécule de glycoprotéine appelée **thyroglobuline (TGB)** qui est sécrétée par les cellules folliculaires à l'intérieur de la vésicule.

Les hormones thyroïdiennes font partie intégrante de la thyroglobuline et, par conséquent, sont emmagasinées (parfois pendant des mois entiers) jusqu'à ce que l'organisme en ait besoin. Le complexe entier situé dans la vésicule, comprenant la thyroglobuline et les hormones emmagasinées, constitue la **substance colloïde des vésicules thyroïdiennes**. Avant que les hormones thyroïdiennes puissent être libérées dans le sang, des gouttelettes de substance colloïde sont absorbées dans les cellules folliculaires par endocytose (pinocytose), et les hormones thyroïdiennes sont séparées de la thyroglobuline. Après leur diffusion dans le sang, la plupart des hormones thyroïdiennes se lient à des protéines plasmatiques, notamment à la **globuline fixant la thyroxine (TBG)**. Les hormones thyroïdiennes qui s'unissent ainsi avec des protéines plasmatiques sont appelées **iode lié aux protéines (PBI)**.

LA FONCTION ET LA RÉGULATION DES HORMONES THYROÏDIENNES

Les hormones thyroïdiennes exercent trois effets principaux sur l'organisme: (1) la régulation du métabolisme, (2) la régulation de la croissance et du développement et (3) la régulation de l'activité du système nerveux. En ce qui concerne la régulation du métabolisme, les hormones thyroïdiennes stimulent presque tous les aspects du catabolisme des glucides et des lipides dans la plupart des cellules de l'organisme. Elles augmentent également la vitesse de la synthèse protéique. Comme leur effet principal consiste à augmenter le catabolisme, elles augmentent le taux du métabolisme basal. L'énergie produite élève la température corporelle à mesure que se produit la déperdition de chaleur; ce phénomène est appelé **effet thermique.**

Les hormones thyroïdiennes aident à régulariser la croissance et le développement des tissus, notamment chez l'enfant. Elles collaborent avec la somatotrophine pour accélérer la croissance de l'organisme, et plus particulièrement celle du tissu nerveux. Une carence en hormones thyroïdiennes au cours du développement du fœtus peut produire des neurones moins nombreux et plus petits, un défaut de myélinisation des axones et l'arriération mentale. Au cours des premières années de la vie, une carence en hormones thyroïdiennes provoque une taille sous la normale et le développement inadéquat de certains organes.

Enfin, les hormones thyroïdiennes augmentent la réactivité du système nerveux, ce qui provoque une augmentation du flux sanguin, des battements cardiaques plus nombreux et plus intenses, une élévation de la pression artérielle, un accroissement de la motilité du tube digestif et une nervosité accrue.

Plusieurs facteurs stimulent la sécrétion des hormones thyroïdiennes (figure 18.13,a). Lorsque les taux d'hormones thyroïdiennes dans le sang chutent sous la normale ou que la vitesse du métabolisme décroît, les récepteurs chimiques situés dans l'hypothalamus détectent le changement dans la composition chimique du sang et stimulent l'hypothalamus qui sécrète une hormone de régulation appelée hormone de libération de la thyréosti-

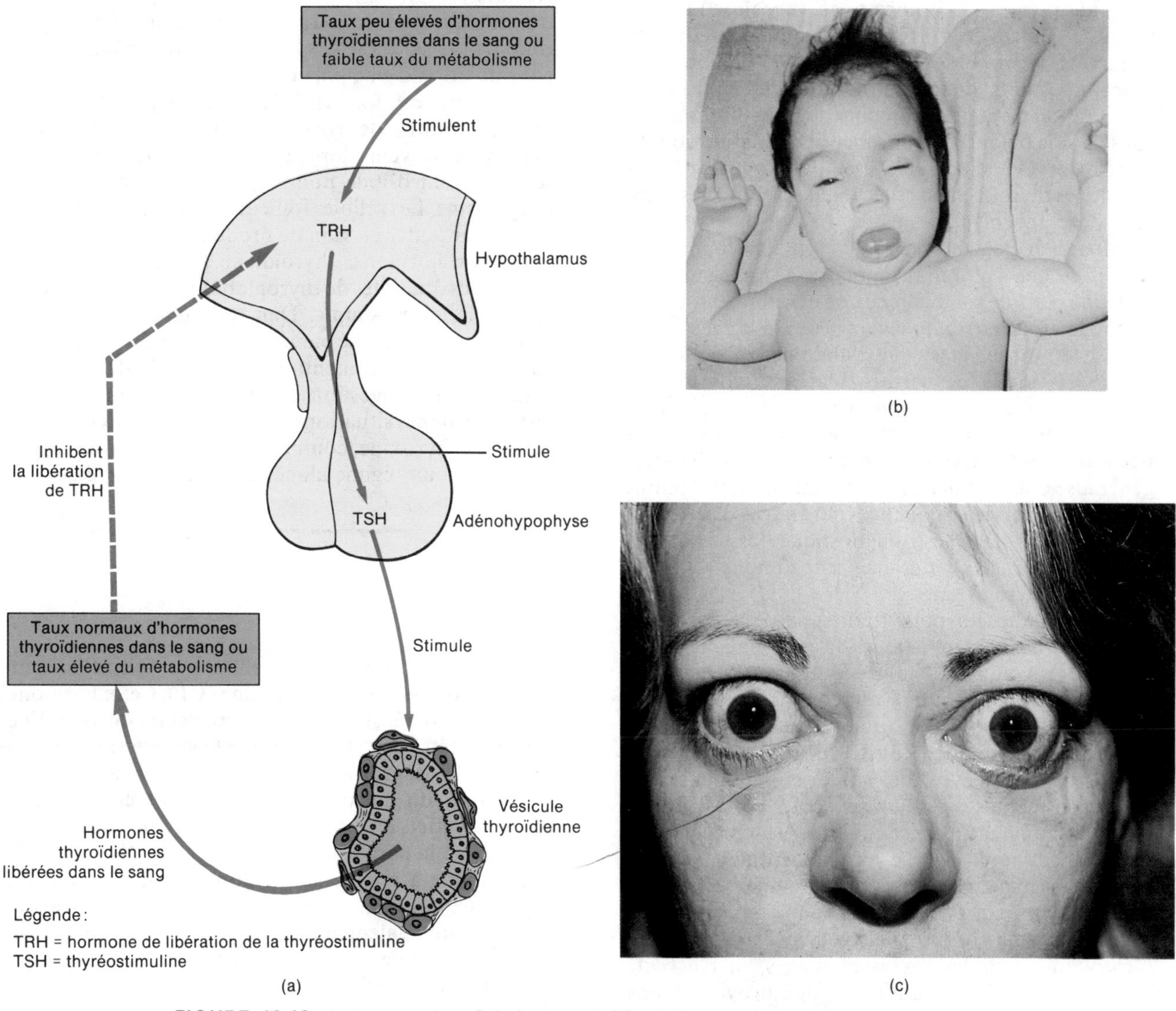

FIGURE 18.13 Hormones thyroïdiennes. (a) Régulation de la sécrétion des hormones thyroïdiennes. (b) Photographie d'une personne atteinte de crétinisme. (c) Photographie d'une personne atteinte de la maladie de Basedow. [Photographies, gracieuseté de Lester V. Bergman & Associates, Inc.]

muline (TRH). Cette dernière stimule l'adénohypophyse qui sécrète la TSH. Puis, celle-ci stimule la thyroïde qui libère les hormones thyroïdiennes jusqu'à ce que la vitesse du métabolisme revienne à la normale. Les situations qui augmentent les besoins énergétiques de l'organisme (le froid, les hautes altitudes, la grossesse) déclenchent également ce système de rétroaction et augmentent la sécrétion des hormones thyroïdiennes.

L'activité thyroïdienne peut être inhibée par certains autres facteurs. Ainsi, lorsque de grandes quantités de certaines hormones sexuelles (comme les œstrogènes et les androgènes) circulent dans le sang, la sécrétion de TSH diminue. Le vieillissement ralentit les activités de la plupart des glandes, et la production thyroïdienne peut décroître.

APPLICATION CLINIQUE

Une hyposécrétion d'hormones thyroïdiennes au cours des années de croissance provoque le **crétinisme** (figure 18.13,b). Les deux symptômes cliniques les plus importants du crétinisme sont le nanisme et l'arriération mentale. Le premier de ces symptômes est causé par le défaut de croissance et de maturation du squelette. On sait que l'une des fonctions des hormones thyroïdiennes est de régulariser la croissance et le développement des tissus. La personne atteinte manifeste également un retard du développement sexuel et une coloration jaunâtre de la peau. Des coussins plats de tissu adipeux se développent, ce qui donne le visage arrondi, le nez large, la langue large, épaisse et sortie, ainsi que l'abdomen protubérant caractéristiques de cette affection. Comme les réactions métaboliques productrices d'énergie sont lentes, la température corporelle est habituellement peu élevée, et la personne atteinte souffre de léthargie généralisée. Les glucides sont emmagasinés plutôt qu'utilisés, et la fréquence cardiaque est lente. Lorsque la maladie est diagnostiquée assez tôt, on peut éliminer les symptômes en administrant des hormones thyroïdiennes.

Chez l'adulte, l'hypothyroïdie provoque le **myxœdème**. Une des caractéristiques de cette maladie est un œdème provoquant l'enflure des tissus faciaux et donnant un visage bouffi. Tout comme dans le cas du crétinisme, la personne atteinte est affligée d'une fréquence cardiaque réduite, d'une température corporelle peu élevée, de faiblesse musculaire, de léthargie généralisée et d'une tendance à prendre de la masse. À longue échéance, une fréquence cardiaque réduite peut surcharger le muscle cardiaque, ce qui produit une hypertrophie du cœur. Comme l'encéphale a déjà atteint la maturité, la personne qui souffre de myxœdème n'est pas intellectuellement handicapée. Cependant, dans les cas assez graves, la réactivité nerveuse peut être réduite, ce qui provoque une certaine lenteur intellectuelle. Le myxœdème affecte les femmes huit fois plus souvent que les hommes. On traite cette maladie par l'administration de thyroxine.

Une hypersécrétion d'hormones thyroïdiennes provoque la **maladie de Basedow**. Comme le myxœdème, cette maladie touche plus fréquemment les femmes que les hommes. Un de ses principaux symptômes est une hypertrophie de la glande thyroïde, appelée **goitre** ; la glande peut devenir jusqu'à deux ou trois fois plus grosse que la normale. Parmi les symptômes, on trouve également un œdème qui se développe derrière le globe oculaire, ce qui le fait paraître exorbité (**exophtalmie**), comme on peut le voir à la figure 18.13,c, et un métabolisme anormalement rapide. Le métabolisme rapide provoque différents effets qui sont habituellement opposés à ceux du myxœdème (accélération du pouls, température corporelle élevée, et peau humide et rougeâtre). La personne atteinte perd de la masse et est habituellement pleine d'énergie « nerveuse ». Les hormones thyroïdiennes augmentent également la réactivité du système nerveux, et la personne atteinte devient irritable et manifeste des tremblements des mains lorsqu'elle étend les doigts. L'hyperthyroïdie est habituellement traitée par l'administration de médicaments qui éliminent la synthèse des hormones thyroïdiennes, ou par l'ablation d'une portion de la glande.

Le goitre est un symptôme caractéristique d'un grand nombre de troubles thyroïdiens. Il peut également survenir lorsque la glande ne reçoit pas suffisamment d'iode pour répondre aux besoins de l'organisme. Les cellules folliculaires s'hypertrophient alors pour tenter en vain de produire une plus grande quantité d'hormones thyroïdiennes, et elles sécrètent de grandes quantités de thyroglobuline. C'est ce qu'on appelle le **goitre simple**. Dans la plupart des cas, le goitre simple est causé par un apport insuffisant d'iode dans le régime alimentaire. Il peut également se manifester si l'ingestion d'iode n'est pas augmentée lors de certaines situations qui provoquent des besoins accrus en thyroxine, comme une exposition fréquente au froid ou un régime alimentaire riche en graisses et en protéines.

LA CALCITONINE (CT)

L'hormone produite par les cellules parafolliculaires de la glande thyroïde est la **calcitonine (CT)**. Cette hormone est reliée à l'homéostasie du taux de calcium sanguin. Elle abaisse les taux de calcium et de phosphate sanguins en inhibant la dégradation osseuse et en accélérant l'absorption du calcium par les os. On croit qu'elle produit ces effets en inhibant l'action ostéoclastique et la libération de la parathormone. Lorsqu'on administre de la calcitonine à une personne dont le taux de calcium sanguin est normal, on provoque une **hypocalcémie**. Celle-ci peut également constituer une complication consécutive à une carence en magnésium. Lorsqu'on administre de la calcitonine à une personne souffrant d'**hypercalcémie**, le taux de calcium sanguin revient à la normale. On utilise la calcitonine pour traiter l'ostéoporose post-ménopausique : le traitement est habituellement associé à un régime alimentaire adéquat en calcium et en

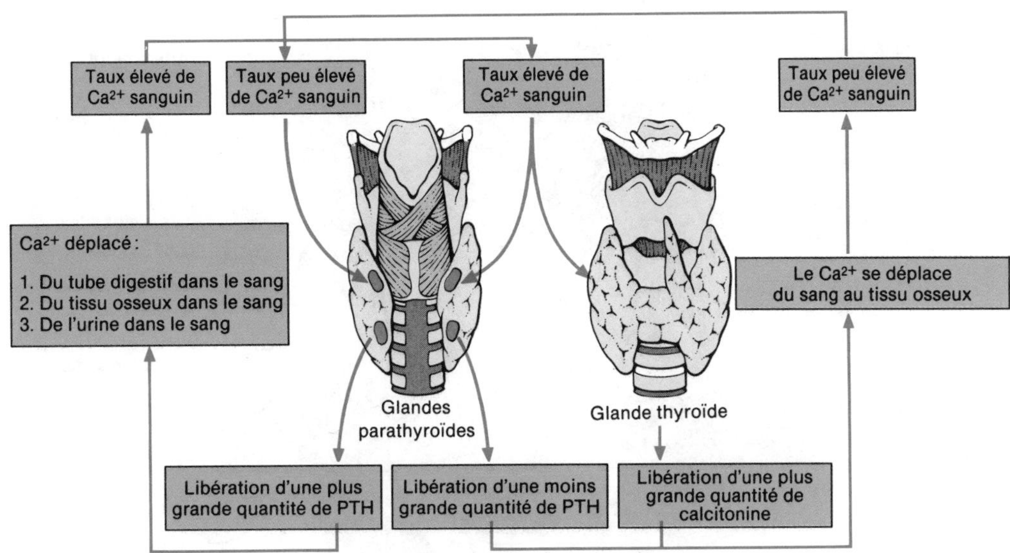

FIGURE 18.14 Régulation de la sécrétion de la parathormone (PTH) et de la calcitonine (CT).

vitamines. On croit que le taux de calcium sanguin règle directement la sécrétion de calcitonine, selon un système de rétroaction négative auquel l'hypophyse ne serait pas reliée (figure 18.14).

Dans le document 18.4, nous présentons les hormones élaborées par la glande thyroïde, leurs principales actions, la régulation de la sécrétion et les troubles liés à la glande.

LES GLANDES PARATHYROÏDES

Les **glandes parathyroïdes** sont deux petites masses arrondies nichées sur les faces postérieures des lobes latéraux de la glande thyroïde. En règle générale, les deux glandes, supérieure et inférieure, sont attachées à chacun des lobes thyroïdiens latéraux (figure 18.15).

Sur le plan histologique, les glandes parathyroïdes contiennent deux types de cellules épithéliales (figure 18.16).

DOCUMENT 18.4 HORMONES DE LA GLANDE THYROÏDE, LEURS PRINCIPALES ACTIONS, LA RÉGULATION DE LEUR SÉCRÉTION ET LES TROUBLES LIÉS À LA GLANDE THYROÏDE

HORMONE	PRINCIPALES ACTIONS	RÉGULATION DE LA SÉCRÉTION	TROUBLES
Hormones thyroïdiennes			
Thyroxine (T_4)	Régularise le métabolisme, la croissance et le développement, ainsi que l'activité du système nerveux	La TRH est libérée par l'hypothalamus en réaction aux taux insuffisants d'hormones thyroïdiennes, à une vitesse métabolique peu élevée, au froid, à la grossesse et aux hautes altitudes ; la sécrétion de la TRH est inhibée en réaction aux taux élevés d'hormones thyroïdiennes, à une vitesse métabolique élevée, à des taux excessifs d'œstrogènes et d'androgènes, et au vieillissement	L'hyposécrétion des hormones thyroïdiennes durant la croissance provoque le crétinisme ; l'hypothyroïdie chez l'adulte provoque le myxœdème ; l'hypersécrétion des hormones thyroïdiennes provoque la maladie de Basedow ; une carence en iode provoque le goitre simple
Triiodothyronine (T_3)	Voir plus haut	Voir plus haut	
Calcitonine (CT)	Abaisse les taux de calcium en accélérant l'absorption du calcium par les os	Des taux élevés de calcium sanguins stimulent la sécrétion ; des taux insuffisants inhibent la sécrétion	

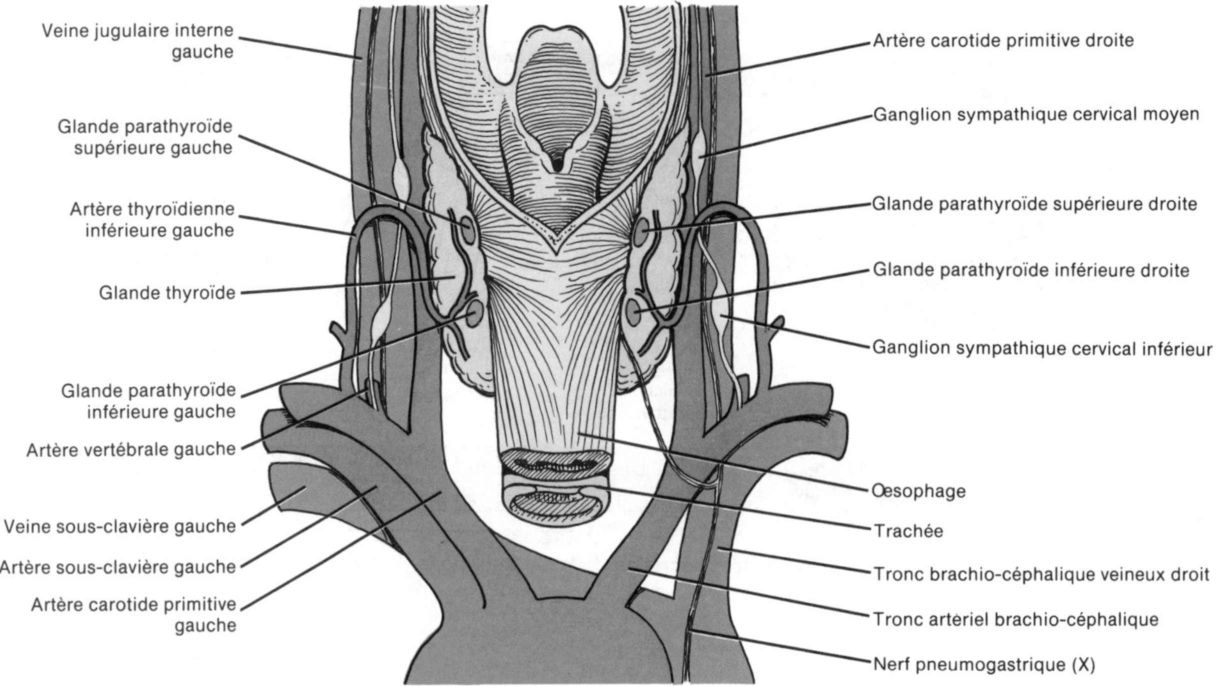

FIGURE 18.15 Emplacement des glandes parathyroïdes et leur apport sanguin ; vue postérieure.

On croit que les plus nombreuses, les **cellules principales**, constituent le facteur principal de la synthèse de la **parathormone (PTH)**. Certains chercheurs croient qu'un autre type de cellule, la **cellule acidophile**, est capable de constituer une réserve hormonale.

LA PARATHORMONE (PTH)

La **parathormone (PTH)**, ou **hormone parathyroïdienne**, règle l'homéostasie des ions dans le sang, notamment celle des ions calcium et phosphate. En présence de quantités adéquates de vitamine D, la parathormone

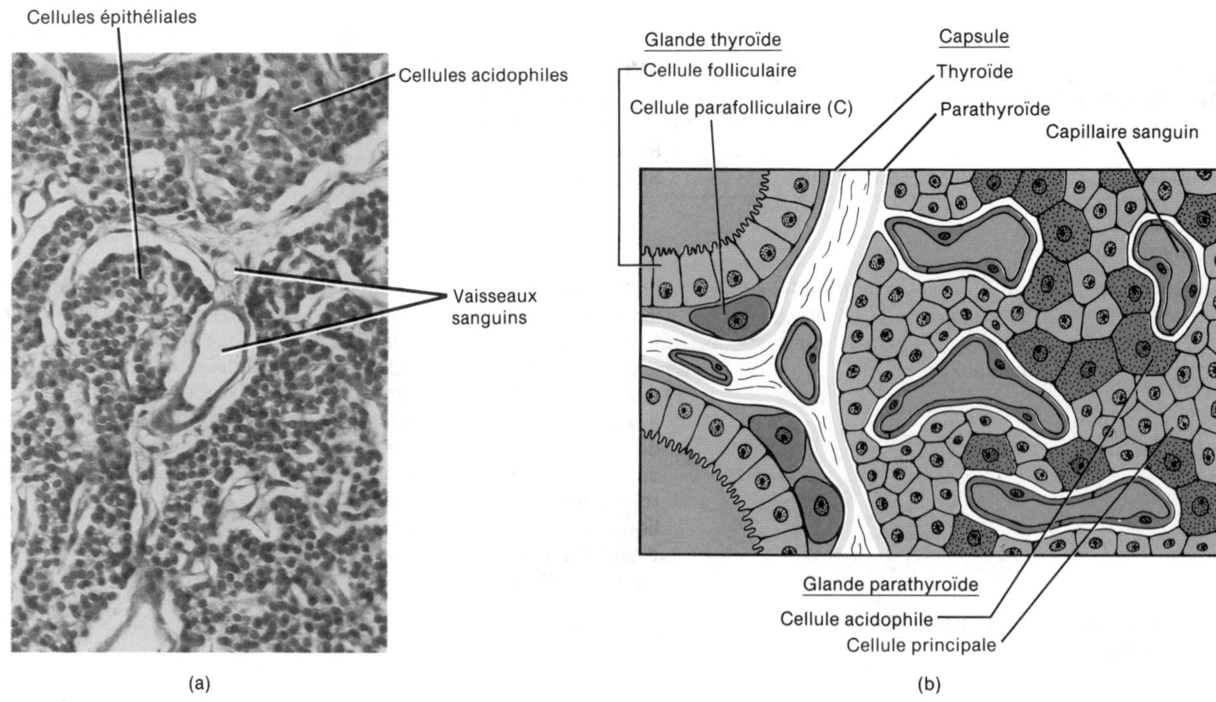

FIGURE 18.16 Structure histologique des glandes parathyroïdes. (a) Photomicrographie agrandie 180 fois. [Copyright © 1983 by Michael H. Ross. Reproduction autorisée.] (b) Diagramme illustrant la structure détaillée d'une portion d'une glande parathyroïde, reliée à une portion de la glande thyroïde.

augmente la vitesse d'absorption du calcium, d'une partie du magnésium et du phosphate depuis le tube digestif jusque dans le sang. Elle provoque également l'activation de la vitamine D. De plus, la parathormone augmente le nombre et l'activité des ostéoclastes, cellules qui détruisent le tissu osseux. Par conséquent, le tissu osseux est désintégré, et du calcium et du phosphate sont libérés dans le sang. La parathormone produit deux modifications au niveau des reins. Elle augmente la vitesse à laquelle les reins éliminent le calcium et le magnésium de l'urine en formation, et les retourne dans le sang. Elle accélère le transport du phosphate, depuis le sang jusqu'à l'urine, pour qu'il soit éliminé. L'urine perd plus de phosphate que les os n'en gagnent.

L'effet principal de la parathormone, en ce qui concerne les ions, est de réduire le taux de phosphate sanguin et d'augmenter le taux de calcium. En ce qui concerne le taux de calcium sanguin, la parathormone et la calcitonine sont des antagonistes.

La sécrétion de la parathormone n'est pas réglée par l'hypophyse. Lorsque le taux de calcium sanguin s'abaisse, une plus grande quantité de parathormone est libérée (voir la figure 18.14). Inversement, lorsque le taux de calcium sanguin s'élève, une moins grande quantité de parathormone (et une plus grande quantité de calcitonine) est sécrétée. Ce processus constitue un autre exemple de système de rétroaction négative dans lequel l'hypophyse n'intervient pas.

APPLICATION CLINIQUE

Pour que les neurones restent au repos, il est nécessaire qu'une quantité normale de calcium soit présente dans le liquide extracellulaire. Une carence en calcium causée par une *hypoparathyroïdie* provoque la dépolarisation des neurones, en l'absence du stimulus habituel. Par conséquent, les influx nerveux augmentent et provoquent des secousses musculaires, des spasmes et des convulsions. C'est ce qu'on appelle la **tétanie**. On peut observer les effets de la tétanie liée à une hypocalcémie par les *signes de Trousseau* et *de Chvostek*. Le signe de Trousseau se manifeste lorsque l'application d'un manchon de sphygmomanomètre autour du bras provoque la contraction des doigts et une incapacité d'ouvrir la main. Le signe de Chvostek est une contracture des muscles faciaux provoquée par la percussion des nerfs faciaux à l'angle de la mâchoire. L'hypoparathyroïdie peut être causée par l'ablation des glandes parathyroïdes, ou par des lésions entraînées par une maladie des parathyroïdes, une infection, une hémorragie ou une blessure mécanique.

L'hyperparathyroïdie provoque la déminéralisation osseuse. Cette maladie est appelé **ostéite fibrokystique**, parce que les régions de tissu osseux détruit sont remplacées par des cavités qui se remplissent de tissu fibreux. Les os se déforment donc et deviennent très vulnérables aux fractures. L'hyperparathyroïdie est habituellement causée par une tumeur affectant les glandes parathyroïdes.

Dans le document 18.5, nous présentons l'hormone parathyroïdienne (PTH), ses principales actions, la régulation de sa sécrétion et les troubles qui y sont reliés.

LES GLANDES SURRÉNALES

L'organisme possède deux **glandes surrénales**, chacune étant située au-dessus de chaque rein (figure 18.17). Chacune des glandes surrénales est divisée, sur les plans de la structure et de la fonction, en deux sections: la **corticosurrénale**, extérieure, qui constitue la plus grande partie de la glande, et la **médullosurrénale**, la portion interne de la glande (figure 18.18). La corticosurrénale prend naissance dans le mésoblaste, alors que la médullosurrénale naît de l'ectoblaste. Une épaisse couche interne de tissu conjonctif adipeux et une mince capsule externe de tissu fibreux recouvrent la glande. Les glandes surrénales, comme la thyroïde, sont parmi les organes les plus richement vascularisés de l'organisme.

DOCUMENT 18.5 HORMONE DES GLANDES PARATHYROÏDES, SES PRINCIPALES ACTIONS, LA RÉGULATION DE LA SÉCRÉTION ET LES TROUBLES LIÉS AUX GLANDES PARATHYROÏDES

HORMONE	PRINCIPALES ACTIONS	RÉGULATION DE LA SÉCRÉTION	TROUBLES
Parathormone (PTH)	Augmente le taux de calcium sanguin et réduit le taux de phosphate sanguin en augmentant la vitesse d'absorption du calcium, du tube digestif dans le sang; augmente le nombre des ostéoclastes et intensifie leur activité; augmente l'absorption du calcium par les reins, augmente l'excrétion du phosphate par les reins et active la production de la vitamine D	Des taux insuffisants de calcium sanguins stimulent la sécrétion ; des taux élevés inhibent la sécrétion	L'hypoparathyroïdie provoque la tétanie ; l'hyperparathyroïdie provoque l'ostéite fibrokystique

LA CORTICOSURRÉNALE

Sur le plan histologique, la corticosurrénale est divisée en trois zones (figure 18.18). Chaque zone est dotée d'un agencement cellulaire différent et sécrète des groupes différents d'hormones stéroïdes. La zone extérieure, située immédiatement sous la capsule de tissu conjonctif, est appelée **zone glomérulée**. Elle constitue environ 15% du volume cortical total. Ses cellules sont disposées en amas ovoïdes. Elle sécrète principalement un groupe d'hormones appelées minéralocorticoïdes.

La zone moyenne, la **zone fasciculée**, est la plus grande des trois zones, et comprend des cellules disposées en longs cordons étroits. Elle sécrète principalement des glucocorticoïdes.

La zone interne, la **zone réticulée**, contient des cordons de cellules qui se ramifient librement. Elle synthétise des quantités infimes d'hormones, surtout des hormones sexuelles appelées gonadocorticoïdes, principalement des hormones mâles appelées androgènes.

Les minéralocorticoïdes

Les **minéralocorticoïdes** aident à régler l'équilibre homéostatique hydro-électrolytique, notamment en ce qui concerne les concentrations de sodium et de potassium. La corticosurrénale sécrète au moins trois hormones différentes, qui constituent les minéralocorticoïdes. Cependant, une de ces hormones, l'**aldostérone**, est à l'origine d'environ 95% de l'activité minéralocorticoïde. L'aldostérone agit sur les cellules des tubules rénaux et augmente leur réabsorption de sodium. Par conséquent, les ions sodium sont éliminés de l'urine et retournés dans le sang. De cette façon, l'aldostérone prévient la déplétion rapide du sodium. D'autre part, l'aldostérone réduit la réabsorption du potassium; par conséquent, de grandes quantités de cette substance sont perdues dans l'urine.

Les deux fonctions de base énumérées plus haut, la conservation du sodium et l'élimination du potassium, provoquent un certain nombre d'effets secondaires. Ainsi, une proportion importante de la réabsorption du sodium s'effectue par une réaction de substitution par laquelle des ions hydrogène positifs passent dans l'urine pour remplacer les ions sodium positifs. Comme ce processus élimine les ions hydrogène, il réduit le taux d'acidité du sang et prévient ainsi l'acidose. Le déplacement des ions sodium produit également un champ chargé positivement dans les vaisseaux sanguins qui entourent les tubules rénaux. Par conséquent, les ions chlorures et bicarbonates sont retirés de l'urine et retournés dans le sang. Enfin, l'augmentation de la concentration en ions sodium dans les vaisseaux sanguins provoque, en présence de l'hormone antidiurétique, un déplacement de l'eau, par osmose, de l'urine jusque dans le sang. Bref, l'aldostérone suscite l'excrétion du potassium et la réabsorption du sodium. La réabsorption du sodium entraîne l'élimination des ions H^+, la rétention des ions Na^+, Cl^- et HCO_3^-, ainsi que la rétention de l'eau.

La régulation de la sécrétion d'aldostérone est un processus complexe. Il semble qu'il y ait plusieurs mécanismes en jeu. L'un d'entre eux est le **système rénine-angiotensine** (figure 18.19). Une réduction du volume sanguin, causée par une déshydratation, une carence en Na^+ ou une hémorragie, entraîne une chute de la pression artérielle. L'hypotension stimule certaines cellules rénales, les cellules juxtaglomérulaires, qui sécrètent dans le sang une enzyme appelée *rénine* (voir la figure 26.9). Dans ce système, la rénine transforme l'*angiotensinogène*, une protéine plasmatique produite par le foie, en *angiotensine I*, qui est ensuite convertie en *angiotensine II* par une enzyme plasmatique qui se trouve

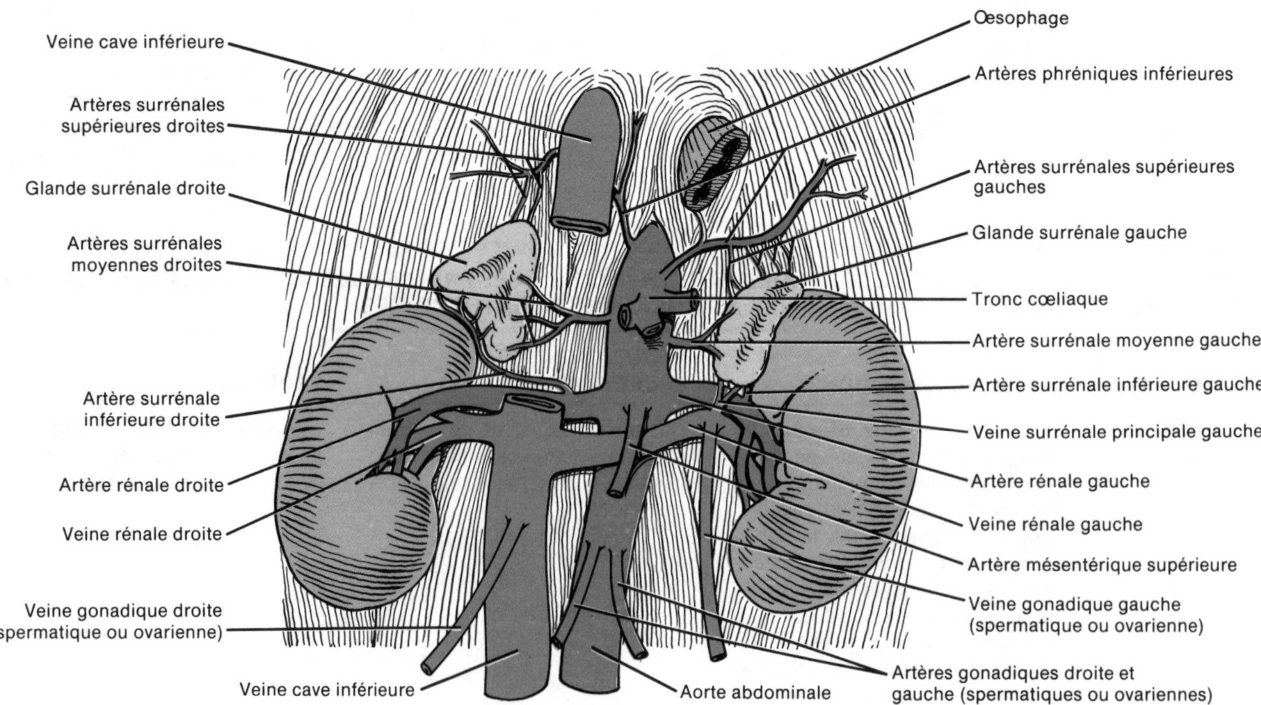

FIGURE 18.17 Emplacement des glandes surrénales et leur apport sanguin.

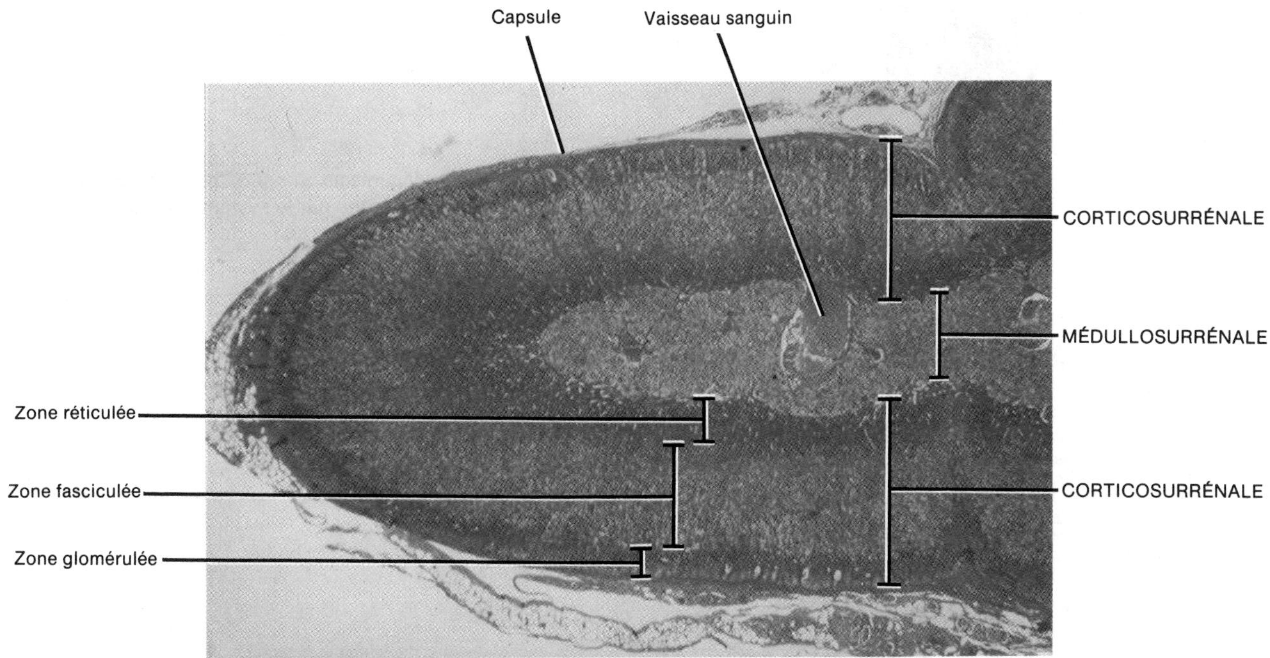

FIGURE 18.18 Structure histologique des glandes surrénales. Photomicrographie d'une coupe d'une glande surrénale, illustrant ses divisions et ses zones, agrandie 25 fois. [Copyright © 1983 by Michael H. Ross. Reproduction autorisée.]

dans les poumons. L'angiotensine II stimule la corticosurrénale qui produit une plus grande quantité d'aldostérone. L'aldostérone entraîne une augmentation de la réabsorption du Na^+ et de l'eau. Cette réabsorption entraîne une augmentation du volume du liquide extracellulaire, et ramène la pression artérielle à la normale. Comme l'angiotensine II est un vasoconstricteur puissant, ce processus favorise également l'élévation de la pression artérielle.

Un autre mécanisme de régulation de l'aldostérone est relié à la concentration des ions potassium. Une augmentation de la concentration de K^+ dans le liquide extracellulaire stimule directement la sécrétion de l'aldostérone par la corticosurrénale, et entraîne l'élimination, par les reins, du K^+ en surplus. Une réduction de la concentration de K^+ dans le liquide extracellulaire réduit la production d'aldostérone, et, par conséquent, une moins grande quantité de K^+ est éliminée par les reins.

La corticotrophine sécrétée par l'adénohypophyse n'exerce qu'un effet négligeable sur la sécrétion de l'aldostérone. Ce n'est qu'en l'absence totale de la corticotrophine qu'il se produit une carence (de légère à moyenne) en aldostérone. Le principal effet régulateur de la corticotrophine s'exerce sur les glucocorticoïdes, comme nous le verrons un peu plus loin.

APPLICATION CLINIQUE

Une hypersécrétion d'aldostérone produit l'**hyperaldostéronisme**, qui est caractérisé par une réduction de la concentration de potassium de l'organisme. Lorsque la déplétion est importante, les neurones ne peuvent pas se dépolariser, et une paralysie musculaire s'ensuit. Une hypersécrétion entraîne également une rétention excessive du sodium et de l'eau. L'eau augmente le volume sanguin et provoque de l'hypertension. Elle augmente également le volume du liquide interstitiel, ce qui cause un œdème.

Les glucocorticoïdes

Les **glucocorticoïdes** sont un groupe d'hormones liées au métabolisme normal et à la résistance au stress. Ils sont au nombre de trois, le **cortisol (hydrocortisone)**, la **corticostérone** et la **cortisone**. Le cortisol est le plus abondant des trois et il représente environ 95% de l'activité corticoïde. Les glucocorticoïdes exercent les effets suivants sur l'organisme :

1. Les glucocorticoïdes collaborent avec d'autres hormones pour favoriser le métabolisme normal. Leur rôle consiste à assurer un apport énergétique suffisant. Ils augmentent la vitesse du catabolisme des protéines et l'élimination des acides aminés des cellules, notamment des cellules musculaires, ainsi que leur transport vers le foie. Les acides aminés peuvent être transformés en protéines, comme les enzymes nécessaires aux réactions métaboliques. Lorsque les réserves de l'organisme en glycogène et en graisses sont à la baisse, le foie peut transformer les acides aminés en glucose. Cette conversion d'une substance (autre qu'un glucide) en glucose est appelée **gluconéogenèse**. Les glucocorticoïdes libèrent également de la glycérine du tissu adipeux afin qu'elle soit transformée en glucose.

2. Les glucocorticoïdes tentent, par différents moyens, de combattre le stress. Une augmentation soudaine du glucose disponible par l'intermédiaire de la gluconéogenèse à partir des

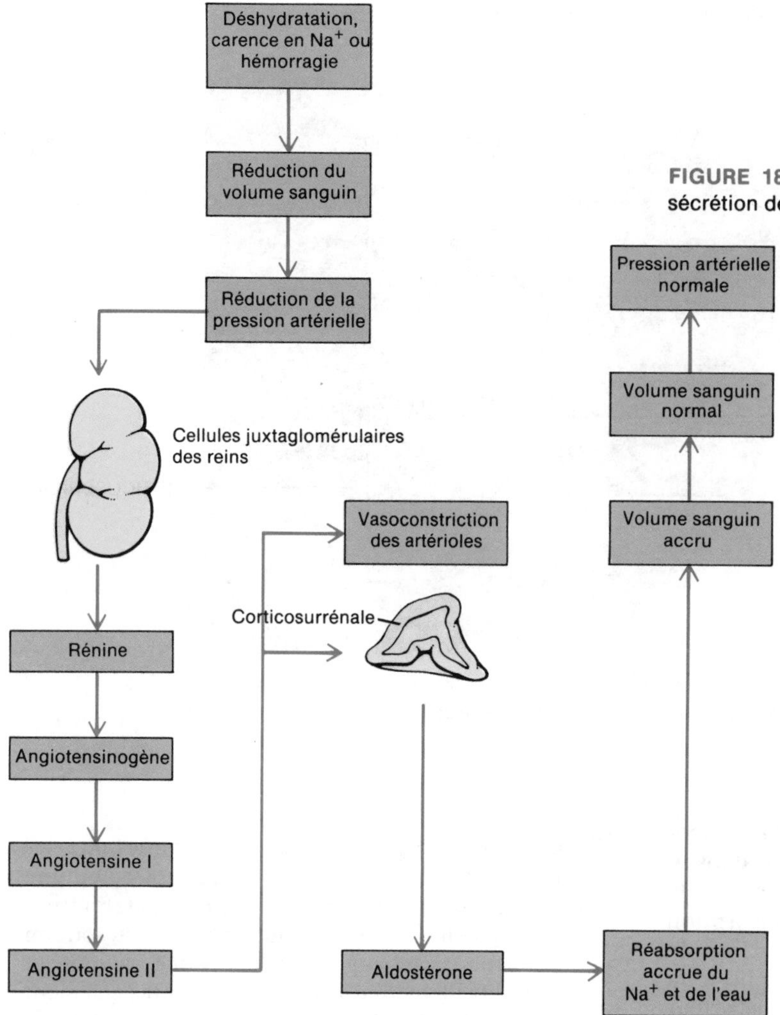

FIGURE 18.19 Mécanisme suggéré pour la régulation de la sécrétion de l'aldostérone par le système rénine-angiotensine.

acides aminés rend l'organisme plus vigilant. Un apport supplémentaire de glucose donne à l'organisme l'énergie nécessaire pour combattre différents types de stress: peur, températures extrêmes, hautes altitudes, hémorragies, infections, interventions chirurgicales, traumatismes, et presque toutes les maladies débilitantes. Les glucocorticoïdes rendent également les vaisseaux sanguins plus sensibles aux substances chimiques qui provoquent la constriction des vaisseaux. Par conséquent, ils élèvent la pression artérielle, ce qui représente un avantage si le stress est constitué par une perte de sang causant une chute de la pression artérielle.

3. Les glucocorticoïdes sont des composés anti-inflammatoires. Ils réduisent le nombre des mastocytes, stabilisent les membranes pour inhiber la libération des histamines, réduisent la perméabilité des capillaires sanguins et réduisent la phagocytose par les monocytes. Malheureusement, ils retardent également la régénération du tissu conjonctif et sont, par conséquent, responsables de la lenteur de la cicatrisation des plaies. De fortes doses de glucocorticoïdes entraînent l'atrophie du thymus, de la rate et des ganglions lympathiques, ce qui réduit les réactions immunitaires. Toutefois, de fortes doses peuvent être utiles dans le traitement du rhumatisme.

La régulation de la sécrétion des glucocorticoïdes est effectuée par un système de rétroaction négative (figure 18.20,a). Les deux principaux stimuli sont le stress et un taux peu élevé de glucocorticoïdes dans le sang. Ces deux facteurs stimulent l'hypothalamus qui sécrète une hormone de régulation appelée **hormone de libération de la corticotrophine (CRH)**. Cette sécrétion déclenche la libération de corticotrophine par l'adénohypophyse. La corticotrophine est transportée par le sang jusqu'à la corticosurrénale, où elle stimule la sécrétion des glucocorticoïdes.

APPLICATION CLINIQUE

Une hyposécrétion de glucocorticoïdes entraîne la **maladie d'Addison**, dont les symptômes cliniques comprennent une léthargie intellectuelle, une perte de masse et une hypoglycémie entraînant une faiblesse musculaire. Un taux accru de potassium et un taux réduit de sodium provoquent de l'hypotension et une déshydratation.

Le **syndrome de Cushing** est causé par une hypersécrétion de glucocorticoïdes, notamment du cortisol et de la cortisone (figure 18.20,b). Ce syndrome est caractérisé par une redistribution des graisses, qui produit des jambes fusiformes et un faciès lunaire, un cou de bison et un abdomen tombant. La peau du visage est rougeâtre et la peau de l'abdomen se couvre de vergetures. La personne atteinte est également vulnérable aux contusions, et ses blessures mettent du temps à guérir.

Les gonadocorticoïdes

La corticosurrénale sécrète des **gonadocorticoïdes (hormones sexuelles)** mâles et femelles, les œstrogènes et les androgènes. Les œstrogènes sont des hormones sexuelles femelles étroitement liées entre elles, qui sont également produites par les ovaires et le placenta. Les androgènes sont des hormones sexuelles mâles. La testostérone, un androgène important, est produite par les testicules. En règle générale, la concentration d'hormones sexuelles sécrétées par les glandes surrénales de l'adulte normal est tellement faible que leurs effets sont négligeables.

APPLICATION CLINIQUE

Le terme **syndrome d'Apert-Gallais** s'applique généralement à un groupe de carences enzymatiques qui bloquent la synthèse des glucocorticoïdes. Pour compenser ce bloquage, l'adénohypophyse sécrète une quantité plus grande de corticotrophine. Par conséquent, un surplus d'hormones sexuelles mâles est produit, ce qui entraîne le *virilisme*. Ainsi, la femme atteinte de ce syndrome manifeste des caractéristiques masculines, comme une barbe, une voix grave, une calvitie (parfois), une distribution typiquement masculine des poils sur le corps et sur le pubis, une hypertrophie du clitoris qui prend l'aspect d'un pénis, et un dépôt de protéines dans la peau et les

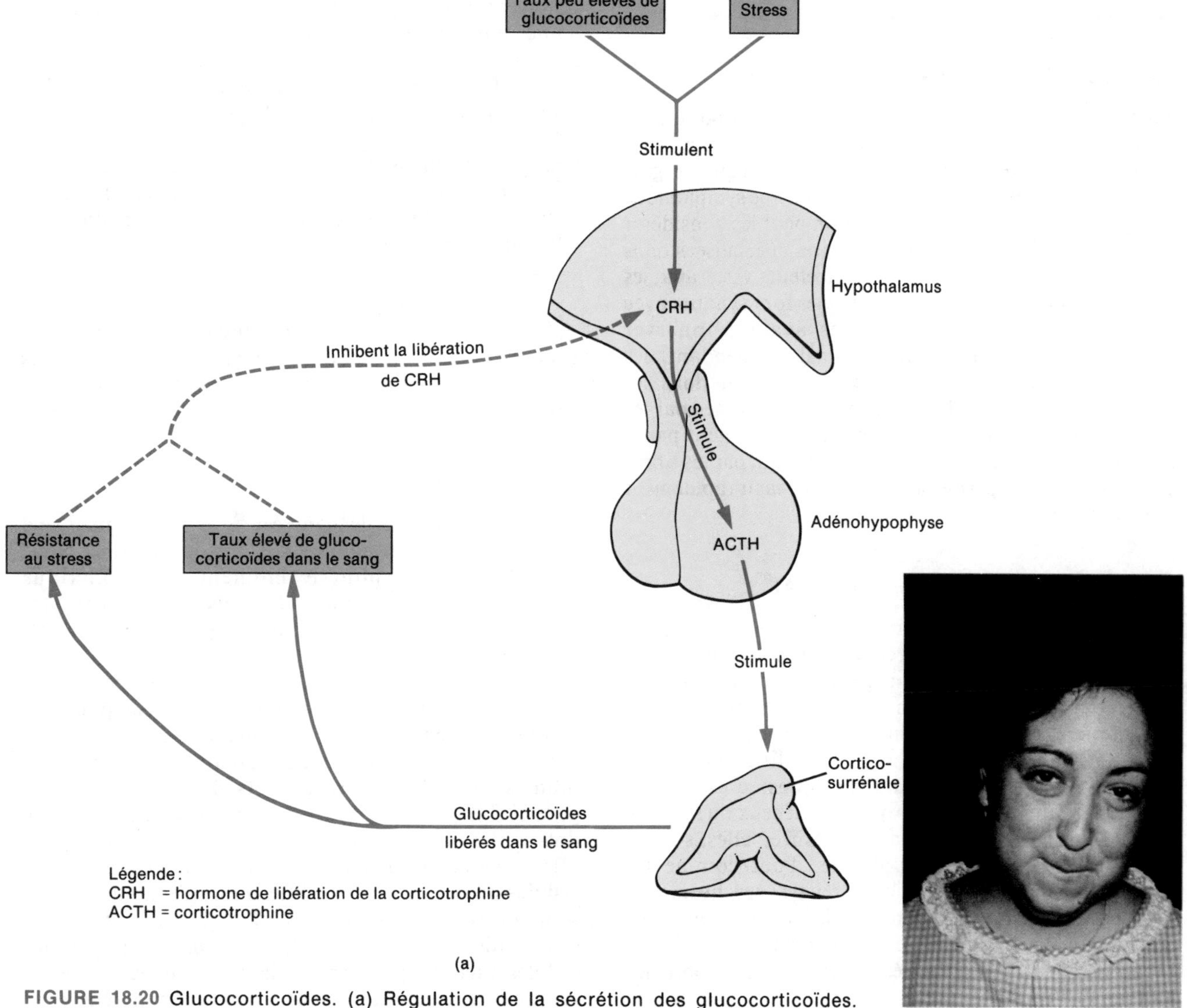

FIGURE 18.20 Glucocorticoïdes. (a) Régulation de la sécrétion des glucocorticoïdes. (b) Photographie d'une personne atteinte du syndrome de Cushing. [Gracieuseté de Lester V. Bergman & Associates, Inc.]

muscles qui entraîne des caractéristiques typiquement masculines. Ce syndrome peut également être causé par des tumeurs des glandes surrénales, appelées *tumeurs androgénosécrétantes*.

Chez le jeune garçon qui n'a pas encore atteint l'âge de la puberté, le syndrome provoque les mêmes caractéristiques que chez la femme ; il s'y ajoute un développement rapide des organes génitaux masculins et l'apparition de désirs sexuels. Chez l'homme adulte, les caractéristiques virilisantes du syndrome d'Apert-Gallais sont habituellement totalement masquées par les caractéristiques virilisantes normales produites par la testostérone sécrétée par les testicules. Par conséquent, il est souvent difficile d'établir un diagnostic de ce syndrome chez l'homme adulte. Toutefois, il arrive qu'une tumeur affectant les glandes surrénales sécrète suffisamment d'hormones féminisantes pour que l'homme atteint développe une **gynécomastie** (*gynéco* : femme ; *mastie* : mamelle), qui est caractérisée par une croissance excessive des glandes mammaires. Ce type de tumeur est appelé *tumeur féminisante*.

LA MÉDULLOSURRÉNALE

La médullosurrénale comprend des cellules productrices d'hormones, les **cellules chromaffines**, qui entourent des sinus contenant du sang. Ces cellules ont la même origine que les cellules postganglionnaires du système sympathique du système nerveux autonome, et on peut les considérer comme des cellules postganglionnaires spécialisées dans la sécrétion. Dans tous les autres effecteurs viscéraux, les fibres préganglionnaires sympathiques font synapse avec les neurones postganglionnaires avant d'innerver l'effecteur. Dans la médullosurrénale, cependant, les fibres préganglionnaires passent directement dans les cellules chromaffines. La sécrétion des hormones par les cellules chromaffines est commandée directement par le système nerveux autonome, et l'innervation par les fibres préganglionnaires permet à la glande de réagir rapidement à un stimulus.

L'adrénaline et la noradrénaline (NA)

Les deux principales hormones synthétisées par la médullosurrénale sont l'**adrénaline** et la **noradrénaline** (qu'on appelle également épinéphrine et norépinéphrine, ou lévartérénol). L'adrénaline représente environ 80 % de la sécrétion totale de la glande, et exerce un effet plus puissant que celui de la noradrénaline. Les deux hormones sont **sympathomimétiques**, c'est-à-dire qu'elles produisent des effets qui imitent ceux du système sympathique. Dans une large mesure, elles sont à l'origine de la réaction d'alarme. Tout comme les glucocorticoïdes de la corticosurrénale, ces hormones aident l'organisme à combattre le stress. Toutefois, contrairement aux hormones de la corticosurrénale, les hormones de la médullosurrénale ne sont pas essentielles au maintien de la vie.

En présence d'un stress, les influx reçus par l'hypothalamus sont envoyés aux neurones préganglionnaires sympathiques, qui amènent les cellules chromaffines à augmenter leur débit d'adrénaline et de noradrénaline. L'adrénaline élève la pression artérielle en accélérant la fréquence cardiaque et en comprimant les vaisseaux sanguins. Elle accélère la respiration, dilate les voies respiratoires, réduit la vitesse de la digestion, augmente l'efficacité des contractions musculaires, élève le taux de glucose sanguin et stimule le métabolisme cellulaire. L'hypoglycémie peut également stimuler la sécrétion d'adrénaline et de noradrénaline par la médullosurrénale.

APPLICATION CLINIQUE

Les tumeurs qui affectent les cellules chromaffines de la médullosurrénale, les **phéochromocytomes**, entraînent une hypersécrétion des hormones de la médullosurrénale. Ces tumeurs sont habituellement bénignes. L'hypersécrétion provoque une fréquence cardiaque rapide, des céphalées, de l'hypertension, des taux élevés de glucose sanguin et urinaire, une élévation de la vitesse du métabolisme basal, une coloration rougeâtre du visage, de la nervosité, de la transpiration, une réduction de la motilité du tube digestif et des vertiges. Comme les hormones sécrétées par la médullosurrénale exercent les mêmes effets que la stimulation sympathique, l'hypersécrétion produit une version prolongée de la réaction d'alarme. À la longue, cet état use l'organisme, et la personne atteinte finit par souffrir de faiblesse généralisée. Le seul traitement définitif consiste à effectuer une ablation de la (ou des) tumeur(s).

Dans le document 18.6, nous présentons les hormones produites par les glandes surrénales, leurs principales actions, la régulation de la sécrétion et les troubles liés à ces glandes.

LE PANCRÉAS

On peut considérer le **pancréas** à la fois comme une glande endocrine et comme une glande exocrine. Nous nous limiterons, pour le moment, aux fonctions endocriniennes du pancréas ; nous présenterons les fonctions exocrines dans le chapitre portant sur l'appareil digestif (chapitre 24). Le pancréas est un organe aplati situé en arrière et légèrement au-dessous de l'estomac (figure 18.21). Chez l'adulte, le pancréas comprend une tête, un corps et une queue.

La portion endocrine du pancréas est composée d'amas de cellules appelés **îlots de Langerhans** (figure 18.22). On trouve trois types de cellules dans ces îlots : (1) les **cellules alpha**, qui sécrètent le glucagon ; (2) les **cellules bêta**, qui sécrètent l'insuline ; et (3) les **cellules delta**, qui sécrètent l'hormone d'inhibition de la somatotrophine, ou somatostatine (GH-IH). Les îlots sont infiltrés par des capillaires sanguins et par des cellules (acini), qui forment la partie exocrine de la glande. Les sécrétions endocrines du pancréas sont l'insuline et le glucagon, qui sont reliés à la régulation du taux de glucose sanguin.

DOCUMENT 18.6 HORMONES PRODUITES PAR LES GLANDES SURRÉNALES, LEURS PRINCIPALES ACTIONS, LA RÉGULATION DE LA SÉCRÉTION ET LES TROUBLES LIÉS À CES GLANDES

HORMONE	PRINCIPALES ACTIONS	RÉGULATION DE LA SÉCRÉTION	TROUBLES
Hormones de la cortico-surrénale			
Minéralo-corticoïdes (notamment l'aldostérone)	Augmentent les taux de sodium et d'eau dans le sang et réduisent les taux de potassium	Un volume sanguin ou des taux de sodium réduits provoquent le système rénine-angiotensine à stimuler la sécrétion de l'aldostérone ; des taux élevés de potassium sanguins stimulent la sécrétion de l'aldostérone ; l'ACTH exerce un effet minime sur la production de l'aldostérone	L'hypersécrétion d'aldostérone provoque l'hyperaldostéronisme
Gluco-corticoïdes (notamment le cortisol)	Favorise le métabolisme normal et la résistance au stress, et combat la réaction inflammatoire	L'ACTH est libérée en réaction au stress et à des taux insuffisants de glucocorticoïdes dans le sang	L'hyposécrétion de glucocorticoïdes provoque la maladie d'Addison. L'hypersécrétion provoque le syndrome de Cushing
Gonado-corticoïdes	Les quantités sécrétées par l'adulte sont très faibles et leurs effets sont négligeables	Voir le chapitre 28	Le syndrome d'Apert-Gallais inhibe la synthèse des glucocorticoïdes qui entraîne une production excessive d'ACTH et d'androgènes, ce qui provoque le virilisme. Chez l'homme, la libération d'une quantité suffisante d'hormones féminisantes provoque la gynécomastie
Hormones de la médullo-surrénale			
Adrénaline	Sympathomimétique : produit des effets semblables à ceux du sympathique au cours des périodes de stress		L'hypersécrétion des hormones de la médullosurrénale entraîne une réaction d'alarme prolongée
Noradrénaline	Mêmes que l'adrénaline		

LE GLUCAGON

Le produit des cellules alpha est le **glucagon**, une hormone dont l'action physiologique principale consiste à augmenter le taux de glucose sanguin (figure 18.23). Le glucagon produit cet effet en accélérant la conversion du glycogène contenu dans le foie (glycogénolyse) en glucose, et la conversion, dans le foie, d'autres nutriments, comme les acides aminés, la glycérine et l'acide lactique, en glucose (gluconéogenèse). Le foie libère alors le glucose dans le sang, et le taux de glucose s'élève. La sécrétion du glucagon est réglée directement par le taux de glucose dans le sang, par l'intermédiaire d'un système de rétroaction négative. Lorsque le taux de glucose sanguin tombe sous la normale, les récepteurs chimiques situés dans les cellules alpha des îlots de Langerhans stimulent les cellules qui sécrètent le glucagon. Lorsque le taux de glucose sanguin s'élève, les cellules ne sont plus stimulées, et la production ralentit. Si, pour une raison ou pour une autre, le mécanisme d'autorégulation ne joue pas son rôle et que les cellules alpha sécrètent constamment du glucagon, une hyperglycémie peut survenir. L'activité physique et un régime alimentaire largement ou entièrement à base de protéines, qui élèvent le taux d'acides aminés dans le sang, entraînent également une augmentation de la sécrétion du glucagon. La sécrétion du glucagon est inhibée par la somatostatine (GH-IH).

L'INSULINE

Les cellules bêta des îlots de Langerhans produisent l'**insuline**, une hormone. L'insuline augmente aussi l'accumulation de protéines dans les cellules. L'action physiologique principale de l'insuline est opposée à celle du glucagon. L'insuline réduit, de plusieurs façons, le taux de glucose sanguin (figure 18.23). Elle accélère le transport du glucose à partir du sang jusque dans les cellules, notamment les cellules des muscles squelettiques. L'entrée du glucose dans les cellules dépend de la présence de récepteurs d'insuline sur les surfaces des cellules cibles. Elle accélère également la conversion du glucose en glycogène (glycogénogenèse). L'insuline réduit aussi la glycogénolyse et la gluconéogenèse, stimule la conversion du glucose ou d'autres nutriments en acides gras (lipogenèse) et favorise la stimulation de la synthèse protéique.

La régulation de la sécrétion de l'insuline, comme celle de la sécrétion du glucagon, est déterminée directement

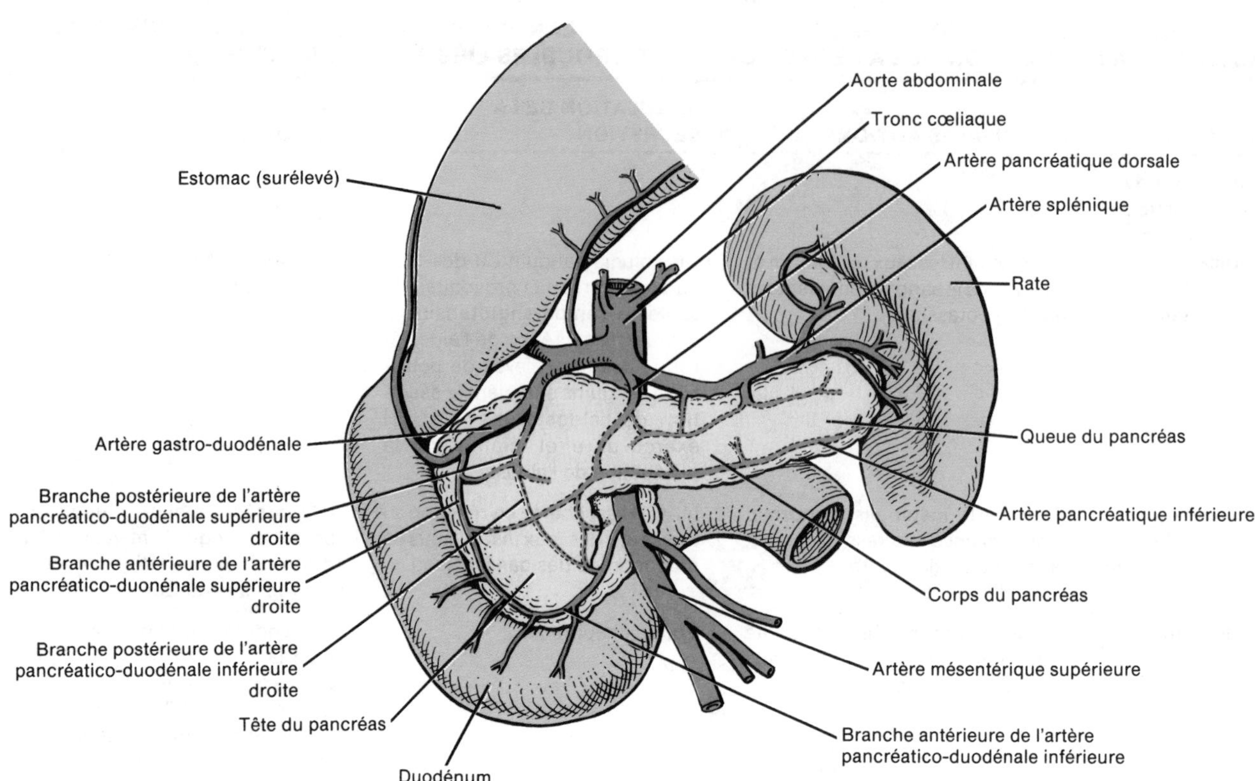

FIGURE 18.21 Emplacement du pancréas et son apport sanguin.

par le taux de glucose sanguin, et s'effectue par l'intermédiaire d'un système de rétroaction négative. Toutefois, d'autres hormones peuvent, de façon indirecte, influencer la production d'insuline. Ainsi, la somatotrophine (STH) élève le taux de glucose sanguin, et cette élévation provoque la sécrétion d'insuline. La corticotrophine (ACTH), en stimulant la sécrétion des glucocorticoïdes, entraîne une hyperglycémie et stimule indirectement la libération d'insuline. Certaines hormones gastro-intestinales, comme la gastrine, la sécrétine, la cholécystokinine (CCK) et le polypeptide inhibiteur gastrique (GIP), stimulent également la sécrétion de l'insuline. La somatostatine (GH-IH) inhibe la sécrétion de l'insuline.

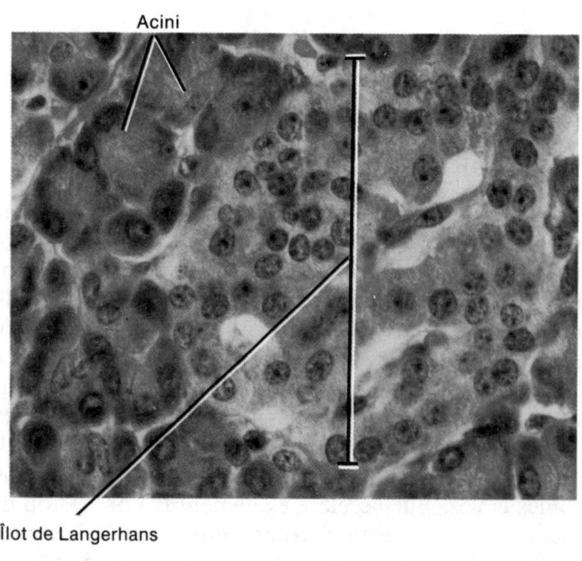

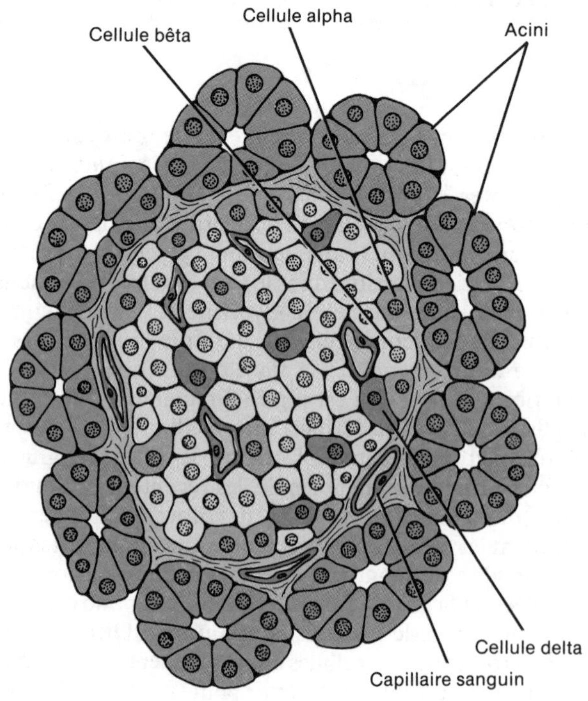

FIGURE 18.22 Structure histologique du pancréas. (a) Photomicrographie agrandie 600 fois. [Copyright © 1983 by Michael H. Ross. Reproduction autorisée.] (b) Diagramme.

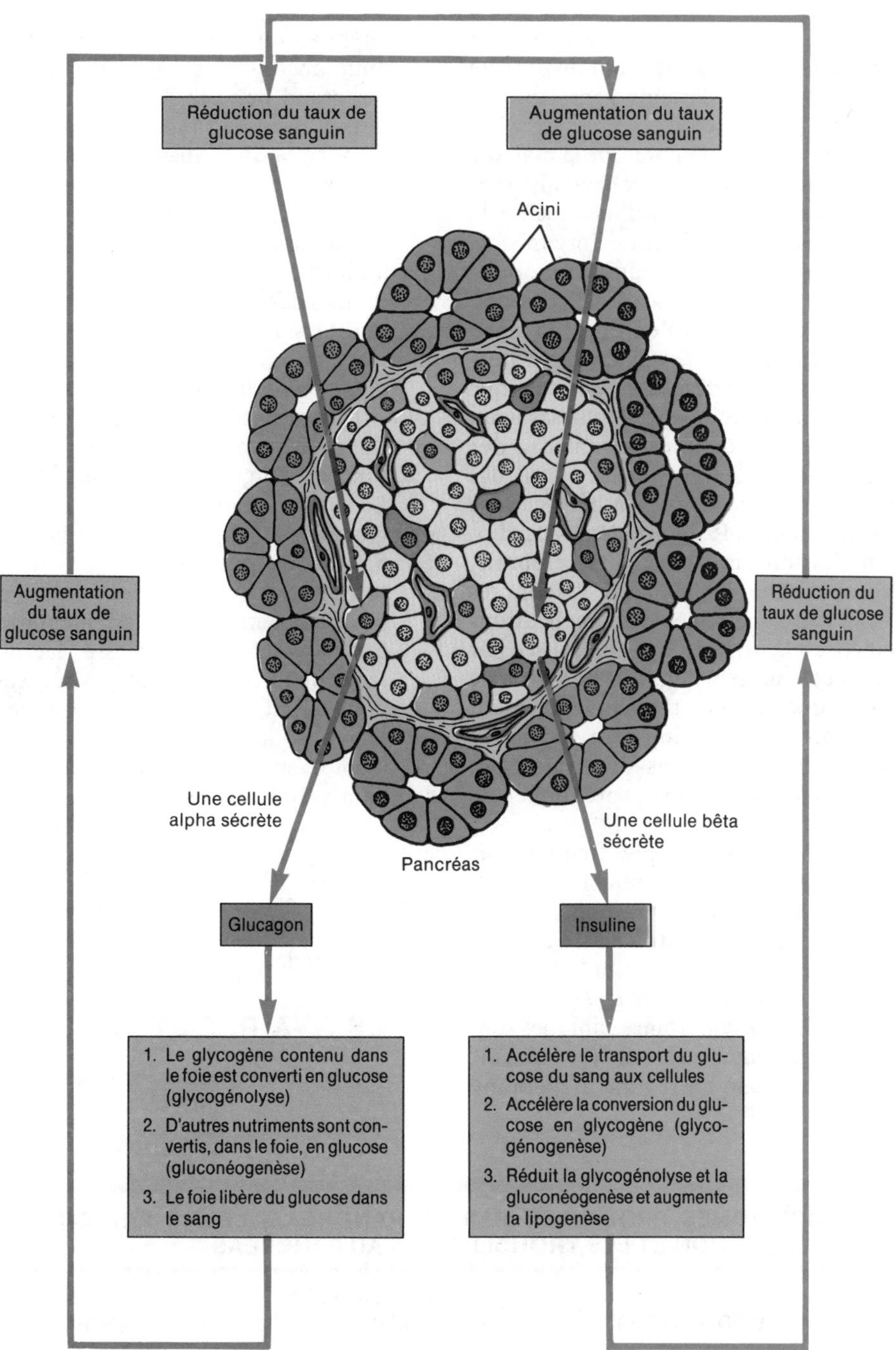

FIGURE 18.23 Régulation de la sécrétion du glucagon et de l'insuline.

APPLICATION CLINIQUE

Le **diabète sucré** n'est pas une maladie héréditaire simple, mais est constitué d'un groupe de maladies qui entraînent toutes une élévation du taux de glucose sanguin (hyperglycémie) et l'excrétion de glucose dans l'urine (glycosurie), à mesure que l'hyperglycémie s'aggrave. Le diabète sucré est également caractérisé par les trois « poly » : une incapacité de réabsorber l'eau, provoquant une production accrue d'urine (*polyurie*), une soif excessive (*polydipsie*) et un appétit excessif (*polyphagie*).

On distingue deux types principaux de diabète sucré : le type I et le type II. Le **diabète de type I**, qui survient de façon soudaine, est caractérisé par une carence absolue en insuline, causée par une réduction marquée du nombre des cellules bêta qui produisent l'insuline (peut-être elle-même causée par la destruction auto-immune des cellules bêta), en dépit du fait que les cellules cibles contiennent des récepteurs d'insuline. Le diabète de type I est appelé *insulinodépendant*, parce que son traitement nécessite une administration périodique d'insuline. On l'appelle également *diabète juvénile*, parce qu'il atteint le plus souvent les personnes âgées de moins de 20 ans ; il dure cependant toute la vie. Certaines personnes souffrant du diabète de type I semblent posséder certains gènes qui les rendent plus vulnérables ; toutefois, la présence d'un facteur déclenchant est nécessaire pour que la maladie se développe. Une infection virale semble constituer l'un de ces facteurs. La carence en insuline accélère la désintégration des réserves de graisses de l'organisme, entraînant la production d'acides organiques appelés cétones, qui provoque une forme d'acidose, la *cétose*, qui abaisse le pH du sang et risque d'entraîner la mort. Le catabolisme des graisses et des protéines entreposées provoque également une perte de masse. À mesure que les lipides sont transportés par le sang, depuis les lieux d'entreposage jusqu'aux cellules affamées, des particules lipidiques sont déposées sur les parois des vaisseaux sanguins. Ce dépôt entraîne l'athérosclérose de Marchand et une multitude de problèmes cardio-vasculaires, dont l'insuffisance vasculaire cérébrale, l'insuffisance coronarienne, les maladies vasculaires périphériques et la gangrène. Une des complications majeures du diabète est la perte de la vision causée par les cataractes (le glucose présent dans le sang s'attache chimiquement aux protéines du cristallin, entraînant une opacification) ou par des lésions aux vaisseaux sanguins de la rétine. Des lésions aux vaisseaux sanguins des reins peuvent également provoquer de graves problèmes rénaux.

Le **diabète de type II** est beaucoup plus fréquent que le diabète de type I ; en fait, il représente plus de 90 % des cas. Le diabète de type II atteint, le plus souvent, les personnes de plus de 40 ans dont la masse est trop élevée. Comme ce type de diabète survient habituellement après 40 ans, on l'appelle *diabète de l'adulte*, ou *de la maturité*, ou *tardif*. Les symptômes cliniques sont légers, et il est habituellement possible de régulariser le taux de glucose sanguin par un régime alimentaire adéquat ou par l'administration de médicaments antidiabétiques, comme le *glibenclamide (Diaßeta)*. Un grand nombre de diabétiques de type II ont un taux d'insuline sanguin suffisant, ou même excessif. Dans ce cas, le diabète n'est pas causé par une carence en insuline, mais probablement par un vice dans les structures moléculaires qui réduisent l'effet de l'insuline sur ses cellules cibles. Les cellules d'un grand nombre de parties de l'organisme, notamment les cellules des muscles lisses et du foie, deviennent moins sensibles à l'insuline parce qu'elles ont moins de récepteurs d'insuline. On l'appelle donc également *diabète non insulinodépendant*.

L'**hyperinsulinisme** est beaucoup plus rare que l'hyposécrétion, et est généralement causé par une tumeur maligne affectant un des îlots de Langerhans. Le symptôme principal est une réduction du taux de glucose sanguin, qui stimule la sécrétion de noradrénaline, de glucagon et de somatotrophine. Ces sécrétions provoquent de l'anxiété, de la transpiration, des tremblements, une augmentation de la fréquence cardiaque et de la faiblesse. De plus, les cellules de l'encéphale ne reçoivent pas suffisamment de glucose pour fonctionner de façon efficace. Cet état entraîne une confusion mentale, des convulsions, l'inconscience, le choc et, par la suite, la mort, lorsque les centres vitaux du bulbe rachidien sont atteints.

Dans le document 18.7, nous présentons les hormones sécrétées par le pancréas, leurs principales actions, la régulation de la sécrétion et les troubles qui sont reliés à cette glande.

LES OVAIRES ET LES TESTICULES

Les gonades femelles, les **ovaires**, sont deux structures ovales situées dans la cavité pelvienne. Les ovaires

DOCUMENT 18.7 HORMONES PRODUITES PAR LE PANCRÉAS, LEURS PRINCIPALES ACTIONS, LA RÉGULATION DE LA SÉCRÉTION ET LES TROUBLES LIÉS AU PANCRÉAS

HORMONE	PRINCIPALES ACTIONS	RÉGULATION DE LA SÉCRÉTION	TROUBLES
Glucagon	Élève le taux de glucose sanguin en accélérant la conversion du glycogène en glucose dans le foie (glycogénolyse) et la conversion d'autres nutriments en glucose dans le foie (gluconéogenèse), et en libérant le glucose dans le sang	Des taux peu élevés de glucose sanguins, l'exercice physique et une alimentation riche en protéines stimulent la sécrétion du glucagon ; la somatostatine inhibe la sécrétion du glucagon	
Insuline	Abaisse le taux de glucose sanguin en accélérant le transport du glucose dans les cellules, en transformant le glucose en glycogène (glycogénogenèse), en réduisant la glycogénolyse et la gluconéogenèse ; augmente la lipogenèse et stimule la synthèse protéique	Un taux élevé de glucose sanguin, la STH, l'ACTH et les hormones gastro-intestinales stimulent la sécrétion de l'insuline ; la somatostatine inhibe la sécrétion de l'insuline	Une carence absolue en insuline ou un vice au niveau des structures qui permettent l'action de l'insuline sur les cellules cibles produit le diabète sucré. Une hypersécrétion d'insuline provoque l'hyperinsulinisme

produisent des hormones sexuelles femelles, les **œstrogènes** et la **progestérone**. Ces hormones sont responsables du développement et du maintien des caractères sexuels secondaires féminins. Comme les hormones gonadotropes de l'hypophyse, les hormones sexuelles règlent le cycle menstruel, préservent la grossesse et préparent les glandes mammaires à la lactation. Les ovaires (et le placenta) produisent également une hormone appelée **relaxine**, qui relâche la symphyse pubienne, aide à dilater le col de l'utérus à la fin de la grossesse et favorise une meilleure motilité des spermatozoïdes.

L'homme est doté de deux glandes ovales, les **testicules**, situées dans le scrotum. Les testicules produisent la **testostérone**, la principale hormone sexuelle mâle, qui stimule le développement et le maintien des caractères sexuels secondaires masculins. Les testicules produisent également une hormone appelée **inhibine**, qui inhibe la sécrétion de FSH. Au chapitre 28, nous présentons la structure détaillée des ovaires et des testicules, ainsi que les rôles que jouent les hormones gonadotropes et sexuelles.

Dans le document 18.8, nous présentons les hormones sécrétées par les ovaires et les testicules ainsi que leurs principales actions.

DOCUMENT 18.8 HORMONES DES OVAIRES ET DES TESTICULES ET LEURS PRINCIPALES ACTIONS

HORMONE	PRINCIPALES ACTIONS
Hormones sécrétées par les ovaires	
Œstrogènes et progestérone	Développement et maintien des caractères sexuels secondaires féminins. Avec la gonadotrophine de l'adénohypophyse, elles règlent le cycle menstruel, préservent la grossesse et préparent les glandes mammaires à la lactation
Relaxine	Relâche la symphyse pubienne, favorise la dilatation du col de l'utérus à la fin de la grossesse et favorise l'augmentation de la motilité des spermatozoïdes
Hormones sécrétées par les testicules	
Testostérone	Développement et maintien des caractères sexuels secondaires masculins
Inhibine	Inhibe la sécrétion de FSH afin de régulariser la production de spermatozoïdes

L'ÉPIPHYSE (GLANDE PINÉALE)

La glande endocrine attachée au toit du troisième ventricule est appelée **épiphyse**, ou **glande pinéale**, à cause de sa ressemblance avec un pomme de pin (voir la figure 18.1). Elle est recouverte d'une capsule formée par la pie-mère, et est composée de masses de **cellules gliales** et de cellules sécrétrices parenchymateuses appelées **pinéalocytes**. Des fibres sympathiques postganglionnaires sont dispersées autour des cellules. L'épiphyse commence à se calcifier vers l'époque de la puberté. Les dépôts de calcium ainsi formés sont appelés **sable cérébral**. Contrairement à ce qu'on a longtemps cru, il n'existe aucune preuve que l'épiphyse s'atrophie avec l'âge et que la présence de sable cérébral soit un symptôme de cette atrophie. En fait, la présence de sable cérébral peut indiquer une activité sécrétrice accrue.

On connaît depuis longtemps un grand nombre de faits reliés à l'épiphyse, mais on ne sait pas encore tout sur la physiologie de cette glande. Une des hormones sécrétées par l'épiphyse est la **mélatonine**, qui semble inhiber les activités reproductrices en inhibant la libération des hormones gonadotropes. La mélatonine est produite dans l'obscurité ; la production est interrompue lorsque la lumière atteint les yeux. La lumière qui pénètre dans les yeux stimule les neurones de la rétine qui transmettent à l'épiphyse des influx qui inhibent la sécrétion de la mélatonine. La libération de cette hormone s'effectue selon un rythme circadien, c'est-à-dire un cycle comprenant des périodes d'activité et de non activité déterminées par des mécanismes internes et se reproduisant environ toutes les 24 h. On sait également que l'épiphyse sécrète une autre hormone, l'**adrénoglomérulotrophine**, qui peut stimuler la corticosurrénale qui, à son tour, sécrète de l'aldostérone. La noradrénaline, la sérotonine, l'histamine, la Gn-RH et le GABA (acide gamma-aminobutyrique) sont des substances également présentes dans l'épiphyse.

Dans le document 18.9, nous présentons les hormones sécrétées par l'épiphyse et leurs principales actions.

DOCUMENT 18.9 HORMONES DE L'ÉPIPHYSE ET LEURS PRINCIPALES ACTIONS

HORMONE	PRINCIPALES ACTIONS
Mélatonine	Peut inhiber les activités reproductrices en inhibant la production des hormones gonadotropes
Adréno-glomérulotrophine	Peut stimuler la corticosurrénale à sécréter de l'aldostérone

LE THYMUS

À cause du rôle que joue cette glande dans le système immunitaire, nous présenterons la structure et les fonctions détaillées du **thymus** au chapitre 22, qui porte sur le système lymphatique et l'immunité. Pour le moment, nous nous limiterons au rôle que joue le thymus dans l'immunité sur le plan hormonal.

Un des types de leucocytes est constitué de lymphocytes. Ceux-ci sont divisés en deux sous-types, les lymphocytes T et les lymphocytes B, à cause du rôle particulier qu'ils jouent dans le système immunitaire. Les hormones sécrétées par le thymus, la **thymosine**, le **facteur humoral**

thymique, le **facteur thymique sérique** et la **thymopoïétine**, favorisent la maturation des lymphocytes T.

Dans le document 18.10, nous présentons les hormones sécrétées par le thymus et leur principale action.

DOCUMENT 18.10 HORMONES PRODUITES PAR LE THYMUS ET LEUR PRINCIPALE ACTION

HORMONE	PRINCIPALE ACTION
Thymosine, facteur humoral thymique, facteur thymique sérique et thymopoïétine	Favorisent la maturation des lymphocytes T

LE DÉVELOPPEMENT EMBRYONNAIRE DU SYSTÈME ENDOCRINIEN

Le développement du système endocrinien n'est pas aussi localisé que celui des autres systèmes ou des autres appareils. Les organes endocriniens se développent dans des parties de l'embryon très éloignées les unes des autres.

L'*hypophyse* prend son origine dans deux endroits différents de l'**ectoblaste.** La *neurohypophyse* (lobe postérieur de l'hypophyse) prend naissance dans une excroissance de l'ectoblaste, le **bourgeon neuroypophysaire**, situé sur le plancher de l'hypothalamus (figure 18.24,b). L'*infundibulum*, qui est également une excroissance du bourgeon neurohypophysaire, relie la neurohypophyse à l'hypothalamus. L'*adénohypophyse* (lobe antérieur de l'hypophyse) prend naissance dans une excroissance de l'**ectoblaste** à partir du toit du stomodéum (bouche), la **poche de Rathke**. Cette poche croît en direction du

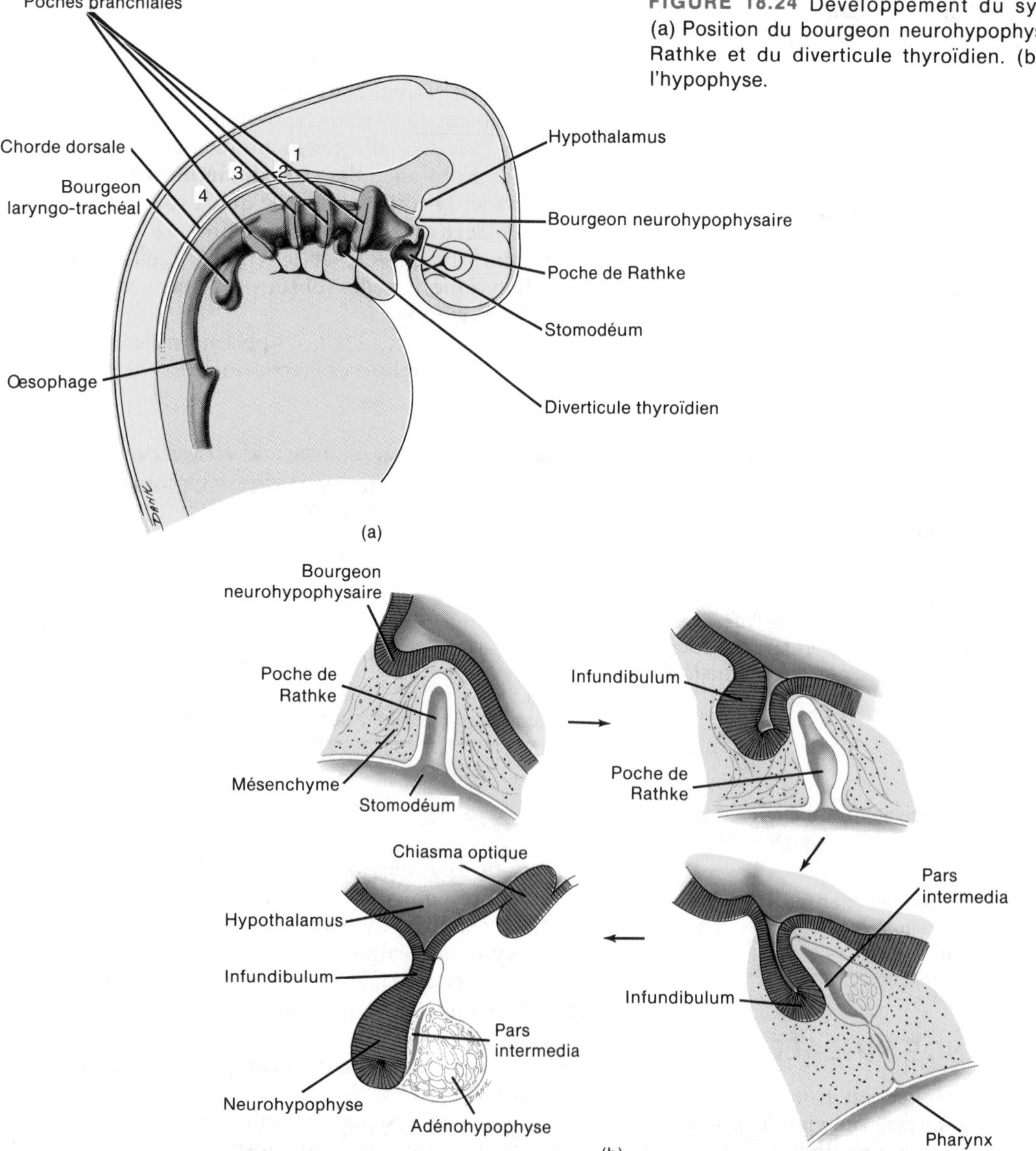

FIGURE 18.24 Développement du système endocrinien. (a) Position du bourgeon neurohypophysaire, de la poche de Rathke et du diverticule thyroïdien. (b) Développement de l'hypophyse.

bourgeon neurohypophysaire et se détache de la paroi supérieure de la cavité buccale.

La *glande thyroïde* se développe comme une excroissance du centre de la partie ventrale de l'**endoblaste**, le **diverticule thyroïdien**, à partir du plancher du pharynx, au niveau de la deuxième paire de poches branchiales (figure 18.24,b). L'excroissance se projette vers le bas et forme les lobes droit et gauche, et l'isthme de la glande.

Les *glandes parathyroïdes* sont des excroissances qui se développent à partir des troisième et quatrième **poches branchiales** (figure 18.24,a).

La corticosurrénale et la médullosurrénale ont des origines embryonnaires complètement différentes. La *corticosurrénale* est dérivée du **mésoblaste** intermédiaire de la même région qui produit les gonades (voir la figure 28.25). La *médullosurrénale* est d'origine **ectoblastique** et est dérivée de la **crête neurale**, qui produit également les ganglions sympathiques et d'autres structures du système nerveux (voir la figure 14.13,c).

Le *pancréas* naît de l'**endoblaste**, à partir des excroissances dorsale et ventrale de la partie de **l'intestin antérieur** qui devient par la suite le duodénum (voir la figure 24.23). Les deux excroissances s'unissent par la suite pour former le pancréas. Nous présentons l'origine des ovaires et des testicules dans la section portant sur l'appareil reproducteur.

L'*épiphyse* prend naissance dans l'**ectoblaste** du **diencéphale** (voir la figure 14.14,b) et forme une excroissance entre le thalamus et les tubercules quadrijumeaux.

Le *thymus* prend naissance dans l'**endoblaste**, à partir des troisièmes **poches branchiales** (figure 18.24,b).

LES AUTRES TISSUS ENDOCRINIENS

Avant de mettre fin à la section portant sur les hormones, il serait utile d'ajouter que les tissus corporels qui ne sont pas des glandes endocrines sécrètent également des hormones. Le tube digestif synthétise plusieurs hormones qui règlent la digestion dans l'estomac et l'intestin grêle. Parmi ces hormones, on trouve la **gastrine de l'estomac**, la **gastrine entérique**, la **sécrétine**, la **cholécystokinine**, l'**entérocrinine** et le **polypeptide inhibiteur gastrique (GIP)**. Dans le document 24.4, nous donnons un résumé des actions de ces hormones et des systèmes de régulation de leurs sécrétions.

Le placenta produit l'**hormone chorionique gonadotrophique (hCG)**, les **œstrogènes**, la **progestérone**, la **relaxine** et l'**hormone chorionique somatoamniotrophique (hCS)**, des hormones qui sont toutes reliées à la grossesse (chapitre 29).

Lorsque les reins (et, dans une moindre mesure, le foie) deviennent hypoxiques, on croit qu'ils libèrent une enzyme appelée **érythrogénine**. Cette enzyme est sécrétée dans le sang où elle agit sur une protéine plasmatique afin de provoquer la production d'une hormone appelée **érythropoïétine,** qui stimule la production des hématies (chapitre 19). Les reins favorisent également l'activation de la vitamine D.

La peau produit de la vitamine D en présence de rayonnements solaires (chapitre 5).

Des recherches récentes indiquent que les fibres du muscle cardiaque des oreillettes du cœur élaborent une hormone peptidique appelée **facteur natriurétique auriculaire (ANF).** Les fibres du muscle cardiaque sécrètent l'ANF lorsqu'elles sont étirées, comme cela peut arriver après une augmentation du volume sanguin, un facteur qui élève la pression artérielle. L'effet général de l'ANF consiste à modifier le système rénine-angiotensine en inhibant la sécrétion de la rénine par les cellules juxtaglomérulaires et, par conséquent, la sécrétion d'aldostérone par la corticosurrénale. Cette inhibition provoque une augmentation de l'excrétion du sodium et de l'eau et une dilatation des vaisseaux sanguins, ce qui entraîne une baisse de la pression artérielle. L'ANF agit également directement sur les reins pour provoquer une augmentation de l'excrétion du sodium et de l'eau, et sur l'hypothalamus pour inhiber la sécrétion d'ADH. Ici encore, le résultat est une baisse de la pression artérielle. La fonction principale de l'ANF est donc d'abaisser la pression artérielle.

LE VIEILLISSEMENT ET LE SYSTÈME ENDOCRINIEN

Le système endocrinien manifeste un grand nombre de modifications, et beaucoup de chercheurs l'étudient avec l'espoir d'y trouver la clé du processus de vieillissement. Les troubles du système endocrinien ne sont pas fréquents, mais lorsqu'ils surviennent, ils sont, la plupart du temps, liés à des modifications pathologiques plutôt qu'à l'âge. Le diabète sucré et les troubles thyroïdiens sont les problèmes endocriniens les plus importants ayant un effet significatif sur la santé et le fonctionnement de l'organisme.

LE STRESS ET LE SYNDROME GÉNÉRAL D'ADAPTATION

Les mécanismes de l'homéostasie visent à combattre le stress provoqué par la vie quotidienne. Lorsqu'ils y réussissent, le milieu interne maintient une composition chimique, une température et une pression uniformes. Cependant, en présence d'un stress extrême, inhabituel ou de longue durée, les mécanismes normaux peuvent ne pas suffire à la tâche. Dans ce cas, le stress provoque un ensemble de changements corporels, appelé **syndrome général d'adaptation**. Hans Selye, qui constitue l'autorité mondiale reconnue en matière de stress, est à l'origine du concept du syndrome général d'adaptation. Contrairement aux mécanismes de l'homéostasie, ce syndrome ne maintient pas un milieu interne normal. En fait, il produit l'effet contraire. Ainsi, la pression artérielle et le taux de glucose sanguin s'élèvent au-dessus de la normale. Le but de ces changements dans le milieu interne est de préparer l'organisme à affronter une urgence.

Il faut se rappeler qu'il est impossible d'éliminer le stress de la vie quotidienne. En fait, certains types de stress nous préparent à affronter certains défis. Par conséquent, certains types de stress sont positifs, alors que d'autres sont nocifs. On utilise le terme **eustress** pour désigner un stress positif, et le terme **détresse** pour

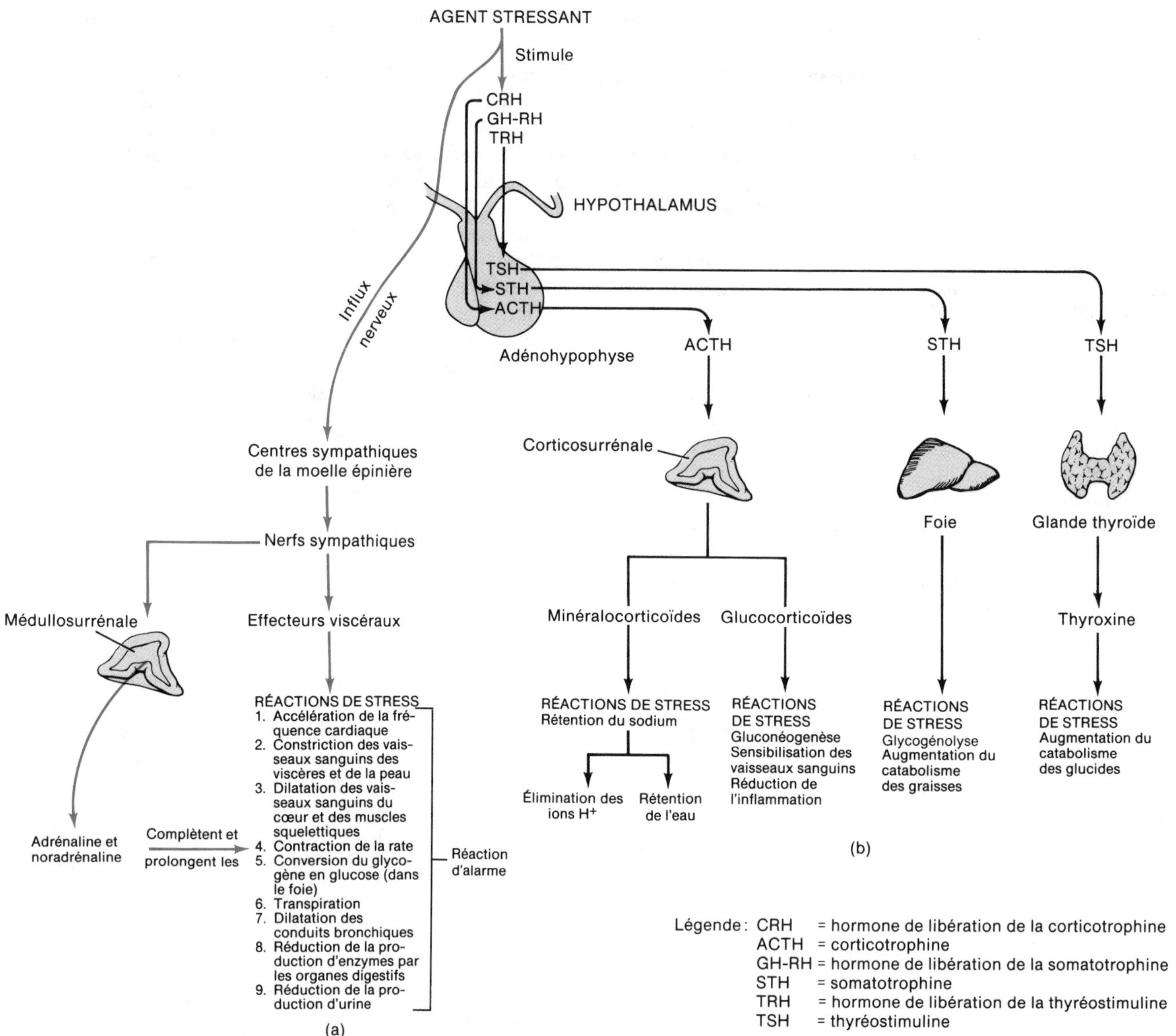

FIGURE 18.25 Réactions aux agents stressants au cours du syndrome général d'adaptation. (a) Durant la réaction d'alarme. (b) Durant la phase de résistance. Les flèches de couleur indiquent les réactions immédiates. Les flèches noires indiquent les réactions à longue échéance.

indiquer un stress négatif. Des recherches récentes suggèrent que la détresse réduit la résistance à l'infection en inhibant temporairement certains composants du système immunitaire.

LES AGENTS STRESSANTS

On pourrait considérer l'hypothalamus comme le « chien de garde » de l'organisme. En effet, l'hypothalamus possède des récepteurs qui détectent les changements au point de vue de la composition chimique, de la température et de la pression artérielle. Il reçoit des informations concernant les émotions par les faisceaux qui le relient aux centres du cortex cérébral liés aux émotions. Lorsque l'hypothalamus perçoit un stress, il déclenche une chaîne de réactions qui produisent le syndrome général d'adaptation. Les types de stress qui entraînent ce syndrome sont des **agents stressants**. Presque tous les facteurs perturbants peuvent être considérés comme des agents stressants : la chaleur ou le froid, les poisons liés à l'environnement, les poisons transmis par des bactéries durant une infection aiguë, les hémorragies importantes consécutives à une blessure ou à une intervention chirurgicale, ou une réaction affective intense. Les agents stressants diffèrent selon les individus et même, à des moments différents, chez la même personne.

Lorsqu'un agent stressant se manifeste, il stimule l'hypothalamus pour déclencher le syndrome par l'intermédiaire de deux voies. La première voie est la stimulation du système nerveux sympathique et de la médullosurrénale. Cette stimulation provoque immédiatement un ensemble de réactions, appelé réaction d'alarme. Dans la deuxième voie, appelée phase de résistance, l'adénohypophyse et la corticosurrénale interviennent. Cette réaction est plus lente à se manifester, mais ses effets durent plus longtemps.

LA RÉACTION D'ALARME

La **réaction d'alarme** constitue la réaction initiale de l'organisme à un agent stressant (figure 18.25,a). Il s'agit, en fait, d'un ensemble de réactions déclenché par la stimulation hypothalamique du système sympathique et de la médullosurrénale. Les réactions des effecteurs viscéraux sont immédiates et de courte durée. Elles ont pour but de combattre un danger en mobilisant les ressources de l'organisme en vue d'une activité physique immédiate. Essentiellement, la réaction d'alarme apporte des quantités énormes de glucose et d'oxygène aux organes qui participent le plus activement à combattre le danger. Ces organes sont l'encéphale, qui doit être très vigilant, les muscles squelettiques, qui peuvent devoir combattre un attaquant, et le cœur, qui doit travailler énergiquement pour répondre aux besoins de l'encéphale et des muscles. L'hyperglycémie associée à l'activité sympathique est produite par la glycogénolyse du foie, stimulée par l'adrénaline et la noradrénaline en provenance de la médullosurrénale, et par la gluconéogenèse du foie, stimulée par la mobilisation des graisses et la production limitée de glucose par la STH et la mobilisation des protéines par les glucocorticoïdes.

Voici quelques-unes des réactions qui caractérisent la réaction d'alarme.

1. La fréquence cardiaque et l'intensité des contractions du muscle cardiaque augmentent. Cette réaction transporte très rapidement des substances, par le sang, aux régions qui en ont besoin pour combattre le stress.

2. Les vaisseaux sanguins qui alimentent la peau et les viscères, sauf le cœur et les poumons, se contractent. En même temps, les vaisseaux sanguins qui alimentent les muscles squelettiques et l'encéphale se dilatent. Ces réactions permettent un apport accru de sang aux organes qui participent à la réaction et réduisent l'apport sanguin aux organes qui ne jouent pas un rôle immédiat et actif.

3. La rate se contracte et libère dans la circulation générale du sang emmagasiné pour fournir une quantité supplémentaire de sang. De plus, la production d'hématies est accélérée et la capacité du sang à se coaguler est augmentée. Ces préparatifs visent à combattre l'hémorragie.

4. Le foie transforme en glucose de grandes quantités de glycogène emmagasiné et le libère dans la circulation sanguine. Le glucose est dégradé par les cellules actives pour fournir l'énergie nécessaire pour affronter l'agent stressant.

5. La production de sueur augmente. Cette réaction aide à abaisser la température corporelle, qui s'élève lorsque la circulation et le catabolisme de l'organisme augmentent. Une transpiration abondante favorise également l'élimination des déchets produits par l'accélération du catabolisme.

6. La respiration s'accélère et les voies respiratoires se dilatent pour faciliter le passage de l'air. Cette réaction permet à l'organisme d'obtenir une plus grande quantité d'oxygène, dont il a besoin pour provoquer les réactions de dégradation du catabolisme. Elle permet également à l'organisme d'éliminer plus de dioxyde de carbone, qui est un produit secondaire résultant du catabolisme.

7. La production de salive, d'enzymes gastriques et intestinales décroît. Cette réaction est causée par le fait que l'activité digestive n'est pas essentielle pour combattre le stress.

8. Les influx sympathiques vers la médullosurrénale augmentent la sécrétion d'adrénaline et de noradrénaline de celle-ci. Ces hormones complètent et prolongent un grand nombre de réactions sympathiques, augmentation de la fréquence et de l'intensité des battements cardiaques, constriction des vaisseaux sanguins, accélération de la respiration, dilatation des voies respiratoires, augmentation de la vitesse du catabolisme, réduction de la vitesse de la digestion et élévation du taux de glucose sanguin.

Si l'on regroupe les réactions qui composent la réaction d'alarme selon leur fonction, on observe qu'elles ont pour but d'augmenter rapidement la circulation, de favoriser le catabolisme afin de produire de l'énergie et de réduire les activités non essentielles. Lorsque le stress est suffisamment intense, les mécanismes corporels peuvent être incapables d'y faire face, et la mort peut survenir. Il est à noter que, durant la réaction d'alarme, les activités digestives, urinaires et reproductrices sont inhibées.

LA PHASE DE RÉSISTANCE

La deuxième phase des réactions de stress est la **phase de résistance** (figure 18.25,b). Contrairement à la réaction d'alarme de courte durée qui est déclenchée par des influx nerveux en provenance de l'hypothalamus, la phase de résistance est déclenchée par des hormones de régulation sécrétées par l'hypothalamus, et constitue une réaction de longue durée. Ces hormones de régulation sont la CRH, la GH-RH et la TRH.

La CRH stimule l'adénohypophyse afin qu'elle augmente sa sécrétion d'ACTH. Cette dernière stimule la corticosurrénale pour qu'elle sécrète ses hormones en plus grandes quantités. La corticosurrénale est également stimulée indirectement par la réaction d'alarme. Au cours de cette réaction, l'activité rénale est diminuée, la circulation sanguine vers les reins étant réduite, puisqu'il ne s'agit pas d'une activité essentielle pour affronter la menace qui pèse sur l'organisme. La production urinaire réduite qui en résulte stimule la sécrétion des minéralocorticoïdes.

Les minéralocorticoïdes sécrétés par la corticosurrénale entraînent la conservation des ions sodium par l'organisme. Un effet secondaire de la conservation du sodium est l'élimination des ions hydrogène. Ceux-ci s'accumulent en concentrations élevées par suite de l'augmentation du catabolisme, et ont tendance à acidifier le sang. C'est ainsi que, au cours d'une période de stress, l'organisme prévient un abaissement de son pH. La rétention du sodium entraîne également une rétention d'eau, ce qui maintient la pression artérielle élevée, caractéristique de la réaction d'alarme. Elle aide également à compenser la perte liquidienne lors d'hémorragies importantes.

Les glucocorticoïdes, qui sont produits en concentrations élevées durant les périodes de stress, entraînent les réactions suivantes :

1. Les glucocorticoïdes accélèrent le catabolisme des protéines et la conversion des acides aminés en glucose ; l'organisme bénéficie donc d'un apport énergétique important, longtemps après que les réserves immédiates de glucose ont été utilisées. Les glucocorticoïdes stimulent également l'élimination des protéines des structures cellulaires et amènent le foie à les dégrader en acides aminés. Ceux-ci peuvent alors être reconstitués en enzymes nécessaires pour catalyser les activités chimiques accrues des cellules, ou être transformés en glucose.

2. Les glucocorticoïdes rendent les vaisseaux sanguins plus sensibles aux stimuli qui provoquent leur constriction. Cette réaction annule la chute de la pression artérielle causée par l'hémorragie.

3. Les glucocorticoïdes inhibent la production des fibroblastes, qui se développent dans les cellules du tissu conjonctif. Les fibroblastes lésés libèrent des produits chimiques qui favorisent la stimulation de la réaction d'alarme. Ainsi, les glucocorticoïdes réduisent l'inflammation et l'empêchent d'avoir un effet nocif, plutôt que bienfaisant. Malheureusement, à cause de leur effet sur les fibroblastes, les glucocorticoïdes empêchent également la formation de tissu conjonctif. Les blessures guérissent donc plus lentement lorsque la phase de résistance se prolonge.

Deux autres hormones de régulation sont sécrétées par l'hypothalamus en réaction à un agent stressant; ce sont la TRH et la GH-RH. La TRH amène l'adénohypophsye à sécréter de la TSH; la GH-RH l'amène à sécréter de la STH. La TSH stimule la thyroïde afin qu'elle sécrète de la thyroxine, qui augmente le catabolisme des glucides. Le somatotrophine stimule le catabolisme des graisses et la conversion du glycogène en glucose. Les effets combinés de la TSH et de la STH augmentent le catabolisme et, par conséquent, apportent de l'énergie supplémentaire à l'organisme.

La phase de résistance du syndrome général d'adaptation permet à l'organisme de continuer à combattre un agent stressant longtemps après que les effets de la réaction d'alarme se sont dissipés. Elle augmente la vitesse des processus vitaux. Elle fournit également l'énergie, les protéines fonctionnelles et les changements circulatoires nécessaires pour affronter les crises affectives, accomplir des tâches épuisantes, combattre l'infection ou résister à la menace d'une hémorragie mortelle. Au cours de la phase de résistance, la composition chimique du sang revient presque à la normale. Les cellules utilisent le glucose à la même vitesse qu'il entre dans la circulation sanguine. Ainsi, le taux de glucose sanguin revient à la normale. Le pH sanguin est réglé par les reins qui excrètent plus d'ions hydrogène. Toutefois, la pression artérielle reste anormalement élevée, parce que la rétention d'eau augmente le volume sanguin.

Nous avons tous à faire face à des agents stressants de temps à autre, et nous avons tous vécu cette phase de résistance. En règle générale, cette étape réussit à nous faire traverser une situation stressante, et notre organisme revient ensuite à son état normal. Parfois, elle ne réussit pas à vaincre le stress, et l'organisme « abandonne la partie ». Dans ce cas, le syndrome général d'adaptation passe à la phase d'épuisement.

LA PHASE D'ÉPUISEMENT

Une des causes principales de l'épuisement est la perte des ions potassium. Lorsque les minéralocorticoïdes stimulent les reins à retenir les ions sodium, les ions potassium et hydrogène sont échangés pour des ions sodium et sécrétés dans l'urine. Le potassium, qui est l'ion positif principal dans les cellules, est partiellement responsable de la régulation de la concentration d'eau dans le cytoplasme. À mesure que les cellules perdent des quantités de plus en plus grandes de potassium, elles sont de moins en moins efficaces. Finalement, elles commencent à mourir. Cet état est appelé **épuisement**. À moins que ce processus ne soit rapidement inversé, les organes vitaux cessent de fonctionner, et la mort survient. Une autre cause d'épuisement est la perte des glucocorticoïdes de la corticosurrénale. Dans ce cas, le taux de glucose sanguin s'abaisse soudainement, et les cellules ne reçoivent pas suffisamment de nutriments. L'affaiblissement des organes est également une cause d'épuisement. Une phase de résistance intense et prolongée épuise les composants de l'organisme, notamment le cœur, les vaiseaux sanguins et la médullosurrénale. Ces organes peuvent ne pas être capables de répondre aux exigences de la situation, ou peuvent soudainement succomber. En ce sens, la capacité de faire face aux agents stressants est déterminée, dans une large mesure, par l'état général de santé.

LE STRESS ET LA MALADIE

On connaît depuis longtemps les effets du stress lié à l'environnement sur les animaux de laboratoire. Bien qu'on ne connaisse pas encore le rôle précis du stress dans les maladies de l'être humain, il devient évident que le stress peut entraîner certaines maladies. Parmi les maladies reliées au stress, on trouve la gastrite, la rectocolite hémorragique, le syndrome d'irritation gastro-intestinale, les ulcères gastro-duodénaux, l'hypertension, l'asthme, la polyarthrite rhumatoïde, les migraines, l'anxiété et la dépression. Et, comme nous l'avons mentionné plus haut, on croit que le stress augmente la vulnérabilité aux infections en inhibant temporairement certains composants du système immunitaire. Il a également été démontré que les personnes menant une vie stressante risquaient plus que les autres de souffrir d'une maladie chronique ou de mourir prématurément.

GLOSSAIRE DES TERMES MÉDICAUX

Basedowisme aigu Aggravation des symptômes de l'hyperthyroïdie, caractérisée par un hypermétabolisme, accompagnée de fièvre et d'une fréquence cardiaque rapide; survient par suite d'un traumatisme, d'une intervention chirurgicale ou d'un stress affectif inhabituel.

Hyperplasie (*hyper*: au-delà; *plasie*: croître) Augmentation du nombre des cellules, due à des divisions cellulaires plus fréquentes.

Hypoplasie (*hypo*: sous) Développement insuffisant d'un tissu.

Neuroblastome (*neuro*: nerf) Tumeur maligne prenant naissance dans la médullosurrénale, associée à des métastases osseuses.

RÉSUMÉ

Les glandes endocrines (page 414)

1. Les systèmes endocrinien et nerveux jouent un rôle dans le maintien de l'homéostasie.
2. Les hormones favorisent la régulation du milieu interne, réagissent au stress, favorisent la régulation de la croissance et du développement, et participent aux processus de reproduction.
3. Les glandes exocrines (sudoripares, sébacées et digestives) sécrètent leurs produits dans des canaux qui débouchent dans des cavités corporelles ou à la surface du corps.
4. Les glandes endocrines sécrètent leurs hormones dans le sang.

La composition chimique des hormones (page 414)

1. Sur le plan chimique, les hormones sont classées en amines, en protéines et en peptides, et en stéroïdes.
2. Les amines sont modifiées à partir de la tyrosine, un acide aminé, (*v.g.*, les hormones thyroïdiennes). Les protéines et les peptides sont faits de chaînes d'acides aminés (*v.g.*, l'ocytocine) et les stéroïdes sont dérivés du cholestérol (*v.g.*, l'aldostérone).

Le mécanisme de l'action hormonale (page 414)

1. La quantité d'hormone libérée est déterminée par les besoins que l'organisme a de cette hormone.
2. Les cellules qui réagissent aux effets des hormones sont appelées cellules cibles.
3. Les récepteurs hormonaux se trouvent dans la membrane cellulaire, le cytoplasme et le noyau des cellules cibles.
4. La combinaison d'une hormone et d'un récepteur déclenche une chaîne d'événements à l'intérieur de la cellule cible dans laquelle se manifestent les effets physiologiques de l'hormone.
5. Un des mécanismes de l'action hormonale implique l'interaction d'une hormone avec les récepteurs de la membrane cellulaire ; le deuxième messager peut être l'AMP cyclique, les ions calcium ou la GMP cyclique.
6. Un autre mécanisme de l'action hormonale implique l'interaction d'une hormone avec des récepteurs intracellulaires.
7. Les prostaglandines sont des lipides qui peuvent augmenter ou réduire la formation d'AMP cyclique et, par conséquent, moduler les réactions hormonales liées à cette substance.

La régulation des sécrétions hormonales : la régulation rétroactive (page 419)

1. Un mécanisme de rétroaction négative prévient la production excessive ou insuffisante d'une hormone.
2. Les sécrétions hormonales sont réglées par les taux de l'hormone elle-même, par des influx nerveux et par des hormones de régulation.

L'hypophyse (page 419)

1. L'hypophyse (glande pituitaire) est située dans la selle turcique et comprend l'adénohypophyse (lobe antérieur et portion glandulaire), la neurohypophyse (lobe postérieur et portion nerveuse) et la pars intermedia (zone non vascularisée située entre les lobes).
2. Les hormones de l'adénohypophyse sont libérées ou inhibées par les hormones de régulation produites par l'hypothalamus.
3. L'apport sanguin à l'adénohypophyse est assuré par les artères hypophysaires supérieures. Le sang transporte les hormones de régulation hypothalamiques.
4. Sur le plan histologique, l'adénohypophyse comprend des cellules somatotropes qui produisent la somatotrophine (STH), ou hormone de croissance(GH), des cellules lactotropes qui produisent la prolactine (PRL), des cellules thyréotropes qui sécrètent la thyréostimuline (TSH), des cellules gonadotropes qui synthétisent l'hormone folliculostimulante (FSH) et l'hormone lutéinisante (LH), et des cellules mélanocorticotropes qui sécrètent la corticotrophine (ACTH) et l'hormone mélanotrope (MSH).
5. La somatotrophine (STH) stimule la croissance corporelle par l'intermédiaire des somatomédines et des facteurs de croissance pseudo-insuliniques, et est réglée par la GH-IH (hormone d'inibition de la somatotrophine, ou somatostatine) et la GH-RH (hormone de libération de la somatotrophine).
6. Le nanisme hypophysaire, le gigantisme et l'acromégalie sont des troubles reliés à des taux inadéquats de somatotrophine.
7. La TSH règle les activités de la glande thyroïde et est réglée par la TRH (hormone de libération de la thyréostimuline).
8. L'ACTH règle les activités de la corticosurrénale et est réglée par la CRH (hormone de libération de la corticotrophine).
9. La FSH règle les activités des ovaires et des testicules et est réglée par la Gn-RH (hormone de libération des gonadotrophines).
10. La LH règle les activités reproductrices de l'homme et de la femme et est réglée par la Gn-RH.
11. La PRL favorise le déclenchement de la sécrétion du lait et est réglée par la PIH (hormone d'inhibition de la prolactine).
12. La MSH augmente la pigmentation de la peau et est réglée par la MRH (hormone de libération de l'hormone mélanotrope) et la MIH (hormone d'inhibition de l'hormone mélanotrope).
13. La liaison nerveuse entre l'hypothalamus et la neurohypophyse se fait par le faisceau hypothalamo-hypophysaire.
14. L'ocytocine (OT), qui stimule les contractions de l'utérus et l'éjection du lait, et l'hormone antidiurétique (ADH), qui stimule la réabsorption de l'eau par les reins et la constriction des artérioles, sont des hormones sécrétées par l'hypothalamus et entreposées dans la neurohypophyse.
15. La sécrétion d'ocytocine est réglée par la distension de l'utérus et la succion durant l'allaitement ; l'hormone antidiurétique est réglée principalement par la teneur en eau.
16. Le diabète insipide est une affection liée au dysfonctionnement de la neurohypophyse.

La glande thyroïde (page 428)

1. La glande thyroïde est située sous le larynx.
2. Sur le plan histologique, la thyroïde comprend des vésicules thyroïdiennes composées de cellules folliculaires, qui sécrètent la thyroxine, ou tétraiodothyronine (T_4), et la triiodothyronine (T_3), des hormones thyroïdiennes, et de cellules parafolliculaires, qui sécrètent la calcitonine (CT).
3. Les hormones thyroïdiennes sont synthétisées à partir de l'iode et de la tyrosine, contenues dans la thyroglobuline (TGB), et transportées dans le sang avec des protéines plasmatiques, notamment la globuline fixant la thyroxine (TBG).

4. Les hormones thyroïdiennes régularisent la vitesse du métabolisme, la croissance et le développement de l'organisme ainsi que la réactivité du système nerveux. La sécrétion de ces hormones est réglée par la TRH.
5. Le crétinisme, le myxœdème, la maladie de Basedow et le goitre simple sont des affections liées à la glande thyroïde.
6. La calcitonine (CT) abaisse le taux de calcium sanguin. La sécrétion de cette hormone est réglée par son propre taux sanguin.

Les glandes parathyroïdes (page 433)

1. Les glandes parathyroïdes sont nichées sur les faces postérieures des lobes latéraux de la glande thyroïde.
2. Les glandes parathyroïdes sont composées de cellules épithéliales et de cellules acidophiles.
3. La parathormone (PTH) règle l'homéostasie du calcium et du phosphate en augmentant le taux de calcium sanguin et en réduisant le taux de phosphate. La sécrétion de la parathormone est réglée par son propre taux sanguin.
4. La tétanie et l'ostéite fibrokystique sont des troubles liés aux glandes parathyroïdes.

Les glandes surrénales (page 435)

1. Les glandes surrénales sont situées au-dessus des reins. Elles comprennent une partie corticale (externe) et une partie médullaire (interne).
2. Sur le plan histologique, la corticosurrénale comprend une zone glomérulée, une zone fasciculée et une zone réticulée. La médullosurrénale est faite de cellules chromaffines.
3. Les minéralocorticoïdes, les glucocorticoïdes et les gonadocorticoïdes sont les hormones sécrétées par la corticosurrénale.
4. Les minéralocorticoïdes (*v.g.*, l'aldostérone) augmentent la réabsorption du sodium et de l'eau et réduisent la réabsorption du potassium. La sécrétion de ces hormones est réglée par le système rénine-angiotensine et par le taux de potassium sanguin.
5. L'hyperaldostéronisme est un dysfonctionnement lié à la sécrétion de l'aldostérone.
6. Les glucocorticoïdes (*v.g.*, le cortisol) favorisent le métabolisme normal et la résistance au stress et jouent un rôle anti-inflammatoire. La sécrétion de ces hormones est régularisée par la CRH.
7. La maladie d'Addison et le syndrome de Cushing sont des affections liées à la sécrétion des glucocorticoïdes.
8. Les gonadocorticoïdes sécrétés par la corticosurrénale exercent des effets minimes. Une production excessive de ces hormones provoque le syndrome d'Apert-Gallais.
9. Les hormones sécrétées par la médullosurrénale sont l'adrénaline et la noradrénaline (NA), qui produisent des effets semblables à ceux de la stimulation sympathique. Elles sont libérées durant les périodes de stress.
10. Les tumeurs liées aux cellules chromaffines de la médullosurrénale sont appelées phéochromocytomes.

Le pancréas (page 440)

1. La pancréas est situé en arrière et légèrement au-dessous de l'estomac.
2. Sur le plan histologique, le pancréas est constitué des îlots de Langerhans (cellules endocrines) et des acini (cellules productrices d'enzymes). Les trois types de cellules contenus dans la portion endocrine du pancréas sont les cellules alpha, bêta et delta.
3. Les cellules alpha sécrètent du glucagon, les cellules bêta sécrètent de l'insuline, et les cellules delta sécrètent l'hormone d'inhibition de la somatotrophine, ou somatostatine (GH-IH).
4. Le glucagon élève le taux de glucose sanguin. La sécrétion de cette hormone est réglée par son propre taux sanguin.
5. L'insuline abaisse le taux de glucose sanguin. La sécrétion de cette hormone est réglée par son propre taux sanguin.
6. Le diabète sucré et l'hypersinsulinisme sont des troubles associés à la production de l'insuline.

Les ovaires et les testicules (page 444)

1. Les ovaires sont situés dans la cavité pelvienne; ils produisent les hormones sexuelles reliées au développement et au maintien des caractères sexuels secondaires féminins, au cycle menstruel, à la grossesse et à la lactation.
2. Les testicules se trouvent à l'intérieur du scrotum; ils produisent les hormones sexuelles liées au développement et au maintien des caractères sexuels secondaires masculins.

L'épiphyse [glande pinéale] (page 445)

1. L'épiphyse, ou glande pinéale, est attachée au toit du troisième ventricule.
2. Sur le plan histologique, cette glande est composée de cellules parenchymateuses appelées pinéalocytes, de cellules gliales et de fibres postganglionnaires sympathiques dispersées. Les dépôts calcifiés sont appelés sable cérébral.
3. L'épiphyse sécrète la mélatonine (qui règle probablement les activités reproductrices en inhibant les hormones gonadotropes) et l'adrénoglomérulotrophine (qui peut amener la corticosurrénale à sécréter de l'aldostérone).

Le thymus (page 445)

1. Le thymus sécrète plusieurs hormones reliées à l'immunité.
2. La thymosine, le facteur humoral thymique, le facteur thymique sérique et la thymopoïétine favorisent la maturation des lymphocytes T.

Le développement embryonnaire du système endocrinien (page 446)

1. Le développement du système endocrinien n'est pas aussi localisé que celui des autres systèmes et des autres appareils.
2. L'hypophyse, la médullosurrénale et l'épiphyse se développent à partir de l'ectoblaste; la corticosurrénale naît du mésoblaste, et la glande thyroïde, le pancréas et le thymus prennent leur origine dans l'endoblaste.

Les autres tissus endocriniens (page 447)

1. Le tube digestif synthétise la gastrine de l'estomac, la gastrine entérique, la sécrétine, la cholécystokinine, l'entérocrinine et le polypeptide inhibiteur gastrique (GIP).
2. Le placenta produit l'hormone chorionique gonadotrophique (hCG), les œstrogènes, la progestérone, la relaxine et l'hormone chorionique somatoamniotrophique (hCS).
3. Les reins libèrent une enzyme qui produit l'érythropoïétine.
4. La peau synthétise la vitamine D.

Le vieillissement et le système endocrinien (page 447)

1. La plupart des troubles endocriniens sont reliés à des maladies plutôt qu'à l'âge de la personne atteinte.
2. Le diabète sucré et les troubles liés à la glande thyroïde sont parmi les troubles endocriniens les plus importants.

Le stress et le syndrome général d'adaptation (page 447)

1. Lorsqu'un stress extrême ou inhabituel survient, il déclenche un ensemble de changements corporels appelé syndrome général d'adaptation.
2. Contrairement aux mécanismes homéostatiques, ce syndrome ne maintient pas un milieu interne constant.

Les agents stressants (page 448)

1. Les types de stress qui provoquent le syndrome général d'adaptation sont appelés agents stressants.
2. Parmi les agents stressants, on trouve les interventions chirurgicales, les intoxications, les infections, la fièvre et les réactions affectives intenses.

La réaction d'alarme (page 449)

1. La réaction d'alarme est déclenchée par des influx nerveux en provenance de l'hypothalamus, qui atteignent le système sympathique et la médullosurrénale. Les réactions d'alarme sont immédiates et de courte durée; elles augmentent la circulation et favorisent le catabolisme afin de produire de l'énergie, et réduisent les activités non essentielles.

La phase de résistance (page 449)

1. La phase de résistance est déclenchée par des hormones de régulation sécrétées par l'hypothalamus.
2. Ces hormones sont la CRH, la GH-RH et la TRH.
3. La CRH amène l'adénohypophyse à augmenter sa sécrétion d'ACTH, ce qui a pour effet de stimuler la corticosurrénale qui sécrète des hormones.
4. Les phases de résistance sont de longue durée et elles accélèrent le catabolisme afin de produire l'énergie nécessaire pour combattre le stress.
5. De grandes concentrations de glucocorticoïdes sont produites durant les périodes de stress. Ils exercent plusieurs effets physiologiques différents.

La phase d'épuisement (page 450)

1. La phase d'épuisement résulte des changements spectaculaires qui se produisent durant la réaction d'alarme et la phase de résistance.
2. L'épuisement est causé principalement par la perte de potassium, la déplétion des glucocorticoïdes de la corticosurrénale et l'affaiblissement des organes; lorsque le stress est trop intense, il peut provoquer la mort.

Le stress et la maladie (page 450)

1. Il semble que le stress puisse entraîner certaines maladies.
2. Les gastrites, les ulcères gastro-duodénaux, l'hypertension et les migraines sont parmi les maladies liées au stress.

RÉVISION

1. Comparez les façons dont le système nerveux et le système endocrinien règlent l'homéostasie.
2. Qu'est-ce qui distingue une glande endocrine d'une glande exocrine? Quelles sont les quatre principales actions des hormones?
3. Qu'est-ce qu'une hormone? Quelle est la différence entre les stimulines et les hormones gonadotropes?
4. De quelle façon classe-t-on les hormones sur le plan chimique? Donnez un exemple de chacun des types ainsi obtenus?
5. Expliquez la façon dont les récepteurs sont reliés aux hormones.
6. Décrivez le mécanisme de l'action hormonale comportant (a) l'interaction avec les récepteurs de la membrane cellulaire et (b) l'interaction avec les récepteurs intracellulaires.
7. Qu'est-ce qu'une prostaglandine? Énumérez quelques-unes des fonctions des prostaglandines. De quelle façon les prostaglandines sont-elles reliées à l'action hormonale?
8. De quelle façon les systèmes de rétroaction négative sont-ils reliés à la régulation hormonale? Décrivez trois de ces systèmes.
9. Pourquoi peut-on dire que l'hypophyse constitue, en réalité, deux glandes?
10. Décrivez la structure histologique de l'adénohypophyse. Pourquoi le lobe antérieur de l'hypophyse bénéficie-t-il d'un apport sanguin aussi riche?
11. Quelles sont les hormones sécrétées par l'adénohypophyse? Quelles sont leurs fonctions? De quelle façon sont-elles réglées?
12. Quelle est l'importance des hormones de régulation par rapport aux sécrétions de l'adénohypophyse?
13. Décrivez les symptômes cliniques du nanisme hypophysaire, du gigantisme et de l'acromégalie.
14. Décrivez la structure histologique, la fonction et le type de régulation des hormones de la neurohypophyse.
15. Quels sont les symptômes cliniques du diabète insipide?
16. Décrivez l'emplacement et la structure histologique de la glande thyroïde.
17. Comment les hormones thyroïdiennes sont-elles produites, emmagasinées et sécrétées?
18. Décrivez les effets physiologiques des hormones thyroïdiennes. De quelle façon la sécrétion de ces hormones est-elle réglée?
19. Décrivez les symptômes cliniques du crétinisme, du myxœdème, de la maladie de Basedow et du goitre simple.
20. Décrivez la fonction et la régulation de la sécrétion de la calcitonine (CT).
21. Où se trouvent les glandes parathyroïdes? Quelle est leur structure histologique?
22. Quelles sont les fonctions de la parathormone (PTH)?
23. Décrivez les symptômes cliniques de la tétanie et de l'ostéite fibrokystique.
24. Comparez la corticosurrénale et la médullosurrénale sur les plans de l'emplacement et de l'histologie.
25. Décrivez les hormones produites par la corticosurrénale (type, fonction normale et régulation).
26. Décrivez les symptômes cliniques de l'hyperaldostéronisme, de la maladie d'Addison, du syndrome de Cushing et du syndrome d'Apert-Gallais.
27. De quelle façon la médullosurrénale est-elle liée au système nerveux autonome? Quelle est l'action des hormones sécrétées par la médullosurrénale?
28. Qu'est-ce qu'un phéochromocytome?
29. Décrivez l'emplacement du pancréas et la structure histologique des îlots de Langerhans.
30. Quelles sont les actions du glucagon et de l'insuline? De quelle façon ces hormones sont-elles réglées?
31. Décrivez les symptômes cliniques du diabète sucré et de l'hyperinsulinisme. Quels sont les deux types de diabète sucré?
32. Pourquoi les ovaires et les testicules sont-ils considérés comme des glandes endocrines?
33. Où se trouve l'épiphyse? Quelles sont les fonctions de cette glande?
34. De quelle façon les hormones sécrétées par le thymus sont-elles reliées à l'immunité?
35. Décrivez le développement embryonnaire du système endocrinien.
36. Nommez les hormones sécrétées par le tube digestif, le placenta, les reins et la peau.

37. Décrivez les effets du vieillissement sur le système endocrinien.
38. Décrivez le syndrome général d'adaptation. Qu'est-ce qu'un agent stressant?
39. De quelle façon les réactions homéostatiques diffèrent-elles des réactions de stress?
40. Décrivez brièvement les réactions de l'organisme durant la réaction d'alarme, la phase de résistance et la phase d'épuisement dans des conditions de stress. Quel est le rôle principal de l'hypothalamus en cas de stress?
41. Relisez le glossaire de termes médicaux associés au système endocrinien. Assurez-vous que vous connaissez chacun des termes.

QUATRIÈME PARTIE

Le maintien du corps humain

Dans cette partie, nous expliquons la façon dont l'organisme maintient constamment l'homéostasie. Dans les chapitres qui suivent, nous étudierons les interrelations entre les appareils cardio-vasculaire, respiratoire, digestif et urinaire et le système lymphatique. Nous verrons également le métabolisme, l'équilibre hydro-électrolytique et l'équilibre acido-basique.

19

L'appareil cardio-vasculaire : le sang

OBJECTIFS

- Comparer les rôles principaux du sang, de la lymphe et du liquide interstitiel dans le maintien de l'homéostasie.
- Définir les principales caractéristiques physiques du sang et les fonctions de celui-ci dans l'organisme.
- Comparer les différentes origines des éléments figurés du sang.
- Parler de la structure des hématies et de leur fonction dans le transport de l'oxygène et du dioxyde de carbone.
- Expliquer l'importance de la réticulocytose et de l'hématocrite.
- Énumérer les différents types de leucocytes et les caractéristiques structurales de ces derniers.
- Expliquer la signification de la formule leucocytaire.
- Parler du rôle des leucocytes dans la phagocytose et la production des anticorps.
- Parler de la structure des plaquettes et expliquer le rôle de ces dernières dans la coagulation du sang.
- Nommer les composants du plasma et expliquer leur importance.
- Expliquer la façon dont l'organisme tente de prévenir les pertes sanguines.
- Nommer les étapes de la coagulation du sang.
- Expliquer les différents facteurs qui favorisent et inhibent la coagulation du sang.
- Définir le temps de coagulation, le temps de saignement et le temps de Quick.
- Expliquer les systèmes de détermination des groupes sanguins ABO et Rhésus.
- Définir la réaction antigène-anticorps en tant que base du système ABO.
- Définir la réaction antigène-anticorps du système Rhésus.
- Définir la maladie hémolytique du nouveau-né (érythroblastose fœtale) en tant que réaction antigène-anticorps nocive.
- Comparer l'emplacement, la composition et le rôle du liquide interstitiel et de la lymphe.
- Comparer les causes des anémies alimentaire, pernicieuse, hémorragique, hémolytique et aplasique, et de la drépanocytose.
- Définir la polyglobulie et décrire l'importance de l'hématocrite dans le diagnostic de cette maladie.
- Nommer les symptômes cliniques de la mononucléose infectieuse et de la leucémie.
- Définir les termes médicaux qui se rapportent au sang.

Plus les cellules sont spécialisées, moins elles sont capables de fonctionner de façon autonome. Ainsi, les cellules spécialisées sont moins capables que les autres de se protéger des températures extrêmes, des substances chimiques toxiques et des changements de pH. Elles ne peuvent pas se mettre à la recherche de nourriture ou dévorer des morceaux entiers d'aliments. Et, lorsqu'elles sont fermement implantées dans un tissu, elles sont incapables de s'éloigner de leurs propres déchets. La substance dans laquelle baigne les cellules, qui effectue ces fonctions vitales à leur place, s'appelle le **liquide interstitiel**, ou **intercellulaire**.

Le liquide interstitiel, lui, doit être alimenté par le sang et par la lymphe. Le sang recueille l'oxygène des poumons, les nutriments du tube digestif, les hormones des glandes endocrines et les enzymes d'autres parties de l'organisme. Il transporte ces substances vers tous les tissus, où elles diffusent à partir des capillaires jusqu'au liquide interstitiel. Là, elles sont distribuées aux cellules et échangées contre les déchets.

Comme le sang alimente tous les tissus de l'organisme, il peut constituer un milieu important pour le transport des micro-organismes pathogènes. Afin de se protéger de la maladie, l'organisme est doté d'un système lymphatique, un réseau de vaisseaux contenant un liquide, la lymphe. La lymphe recueille les substances, y compris les déchets, présentes dans le liquide interstitiel, élimine les bactéries qui s'y trouvent et les retourne dans le sang. Celui-ci transporte ensuite les déchets jusqu'aux poumons, aux reins et aux glandes sudoripares, où ils sont éliminés de l'organisme. Le sang transporte également des déchets jusqu'au foie, où ils sont purifiés.

Le sang qui se trouve dans les vaisseaux sanguins, le liquide interstitiel qui entoure les cellules corporelles et la lymphe qui se trouve dans les vaisseaux lymphatiques constituent le **milieu interne** de l'organisme. Comme les cellules corporelles sont trop spécialisées pour s'adapter à des changements importants dans leur environnement, le milieu interne doit rester relativement constant (homéostasie). Dans les chapitres qui précèdent, nous avons vu de quelle façon le milieu interne est gardé dans cet état. Nous allons maintenant aborder le milieu interne lui-même.

Le sang, le cœur et les vaisseaux sanguins forment l'**appareil cardio-vasculaire**. La lymphe, les vaisseaux lymphatiques ainsi que les structures et les organes contenant du tissu lymphoïde (un grand nombre de globules blancs appelés lymphocytes) constituent le **système lymphatique**. Nous allons d'abord examiner cette substance que nous appelons sang. La branche de la science qui étudie le sang, les organes hématopoïétiques et les troubles qui y sont associés est l'**hématologie** (*hémato* : sang ; *logie* : étude de).

Nous présenterons le développement embryonnaire du sang et des vaisseaux sanguins au chapitre 21.

LES CARACTÉRISTIQUES PHYSIQUES

Le liquide rouge qui circule dans tous les vaisseaux, à l'exception des vaisseaux lymphatiques, est appelé **sang**. Le sang est un liquide visqueux, il est plus épais et plus collant que l'eau. La viscosité de l'eau est de 1,0, alors que celle du sang varie entre 4,5 et 5,5. Le sang circule plus lentement que l'eau, et cela tient, en partie, à sa viscosité. On peut vérifier, au toucher, la viscosité, ou la propriété «collante» du sang. Le sang est également légèrement plus lourd que l'eau.

Parmi les autres caractéristiques physiques du sang, on trouve une température d'environ 38° C, un pH variant entre 7,35 et 7,45 (légèrement alcalin) et une concentration en sel (NaCl) variant entre 0,85% et 0,90%.

Le sang représente environ 8% de la masse totale du corps. Le volume sanguin d'un homme adulte de taille moyenne est de 5 L à 6 L. Chez la femme, il est de 4 L à 5 L.

Dans le document 19.1, nous présentons un résumé des caractéristiques physiques du sang.

LES FONCTIONS

En dépit de son apparente simplicité, le sang est un liquide complexe qui effectue plusieurs fonctions vitales.

1. **Il transporte :** l'oxygène depuis les poumons jusqu'aux cellules de l'organisme ; le dioxyde de carbone depuis les cellules jusqu'aux poumons ; les nutriments depuis les organes digestifs jusqu'aux cellules ; les déchets depuis les cellules jusqu'aux reins, aux poumons et aux glandes sudoripares ; les hormones depuis les glandes endocrines jusqu'aux cellules ; et les enzymes vers différents types de cellules.
2. **Il règle :** le pH au moyen de systèmes tampons ; la température corporelle grâce aux propriétés d'absorption de chaleur et de refroidissement de son contenu aqueux ; et le contenu aqueux des cellules, surtout par l'intermédiaire des ions sodium dissous.
3. **Il protège :** l'organisme contre les pertes sanguines grâce aux mécanismes de coagulation, contre les toxines et les microbes étrangers à l'aide de cellules spécialisées.

LES COMPOSANTS

Le sang est constitué de deux composants : les éléments figurés (les cellules et les structures semblables aux cellules) et le plasma (liquide contenant des substances dissoutes). Les éléments figurés constituent environ 45% du volume sanguin, et le plasma, environ 55% (figure 19.1).

LES ÉLÉMENTS FIGURÉS

En pratique clinique, la classification la plus courante des **éléments figurés** du sang est la suivante (figure 19.2).

Hématies (érythrocytes, globules rouges)
Leucocytes (globules blancs)
  Granulocytes
    Neutrophiles
    Éosinophiles
    Basophiles
  Agranulocytes
    Lymphocytes
    Monocytes
Plaquettes (thrombocytes)

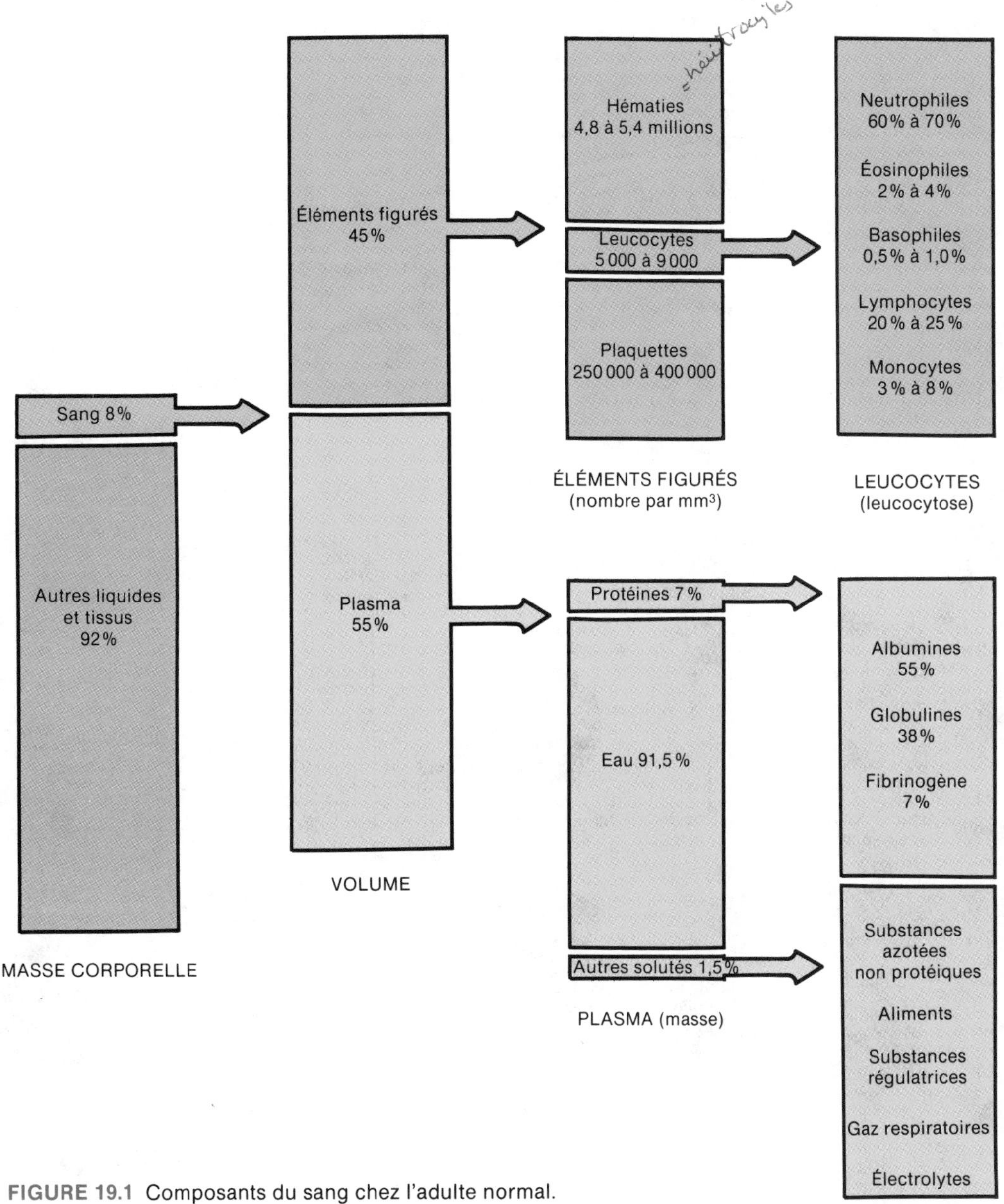

FIGURE 19.1 Composants du sang chez l'adulte normal.

DOCUMENT 19.1 RÉSUMÉ DES CARACTÉRISTIQUES PHYSIQUES DU SANG

Viscosité	4,5 à 5,5
Température	38° C
pH	7,35 à 7,45
Salinité	0,85 % à 0,90 %
Masse corporelle totale	8 %
Volume	5 L à 6 L chez l'homme ; 4 L à 5 L chez la femme

L'origine

Le processus par lequel les cellules sanguines sont formées est l'**hématopoïèse**. Au cours de la vie de l'embryon et du fœtus, il n'existe pas de centres définis pour la production des cellules sanguines. La vésicule ombilicale, le foie, la rate, le thymus, les ganglions lymphatiques et la moelle osseuse participent tous, à des moments différents, à la production des éléments figurés. Chez l'adulte, toutefois, le processus s'effectue dans la moelle osseuse rouge des épiphyses proximales de l'humérus et du fémur, dans le sternum, les côtes, les vertèbres et le bassin, et dans le tissu lymphoïde. Les hématies, les granulocytes et les plaquettes sont produits dans la moelle osseuse rouge. Les agranulocytes naissent des tissus myéloïde et lymphoïde (rate, amygdales et ganglions lymphatiques). Les cellules mésenchymateuses indifférenciées de la moelle osseuse rouge sont transformées en **hémocytoblastes**, des cellules immatures qui se développent par la suite en cellules sanguines adultes (figure 19.2,a). Les hémocytoblastes se différencient en cinq types de cellules, à partir desquelles se développent les principaux types de cellules sanguines.

1. Les **proérythroblastes** forment des hématies adultes.
2. Les **myéloblastes** forment des neutrophiles, des éosinophiles et des basophiles adultes.

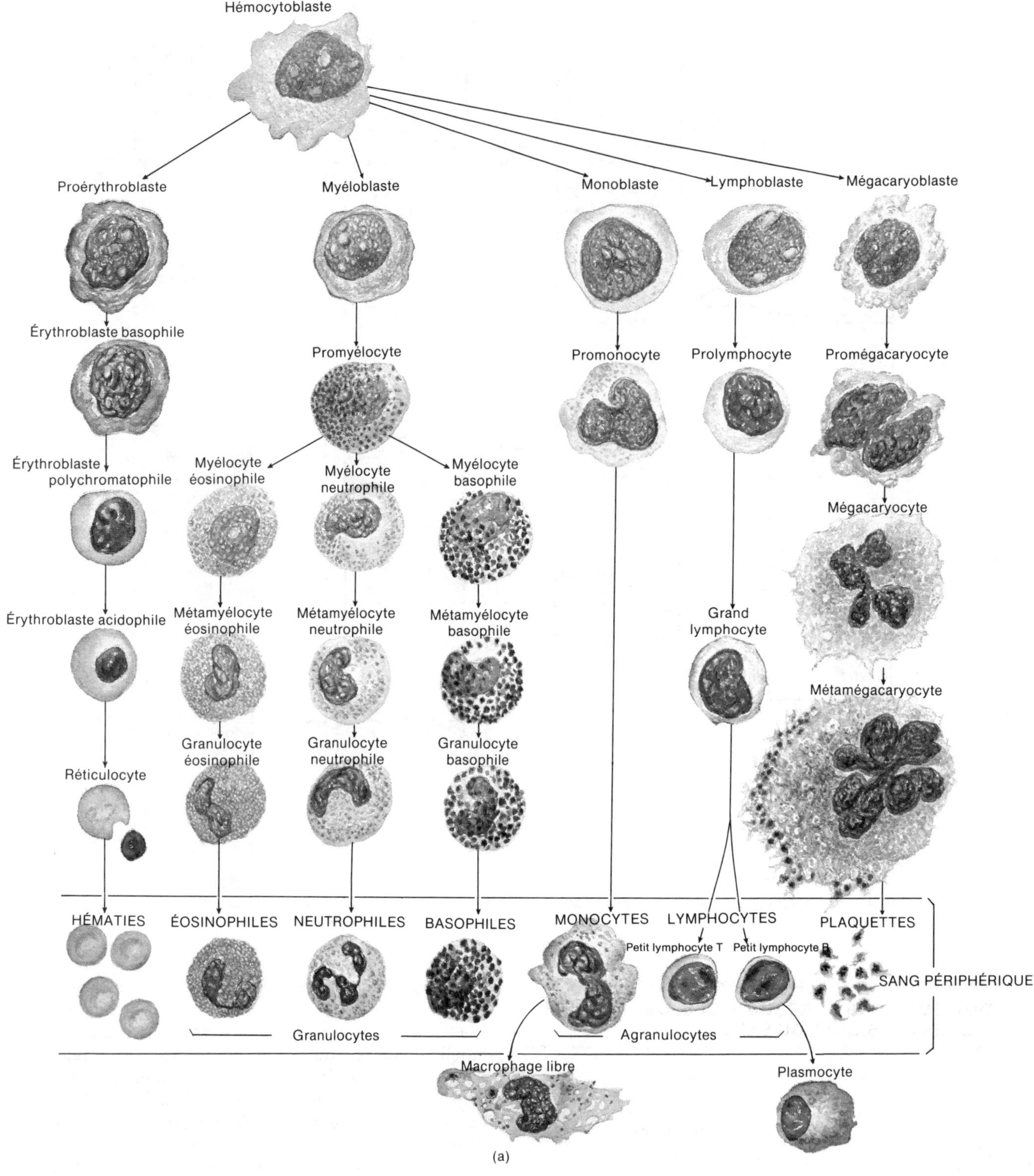

FIGURE 19.2 Cellules sanguines. (a) Diagramme illustrant l'origine, le développement et la structure.

3. Les **mégacaryoblastes** forment des plaquettes adultes.
4. Les **lymphoblastes** forment des lymphocytes.
5. Les **monoblastes** forment des monocytes.

Les hématies

• ***La structure*** Au microscope, les **hématies**, ou **globules rouges**, ou **érythrocytes**, sont des disques biconcaves dont le diamètre est d'environ 8 µm (figure 19.2,b). La structure des hématies adultes est assez simple. Ces cellules ne possèdent pas de noyau et ne peuvent pas se reproduire ni effectuer d'activités métaboliques importantes. La membrane cellulaire est sélectivement perméable et est faite de protéines (stromatine) et de lipides (lécithine et cholestérol). La

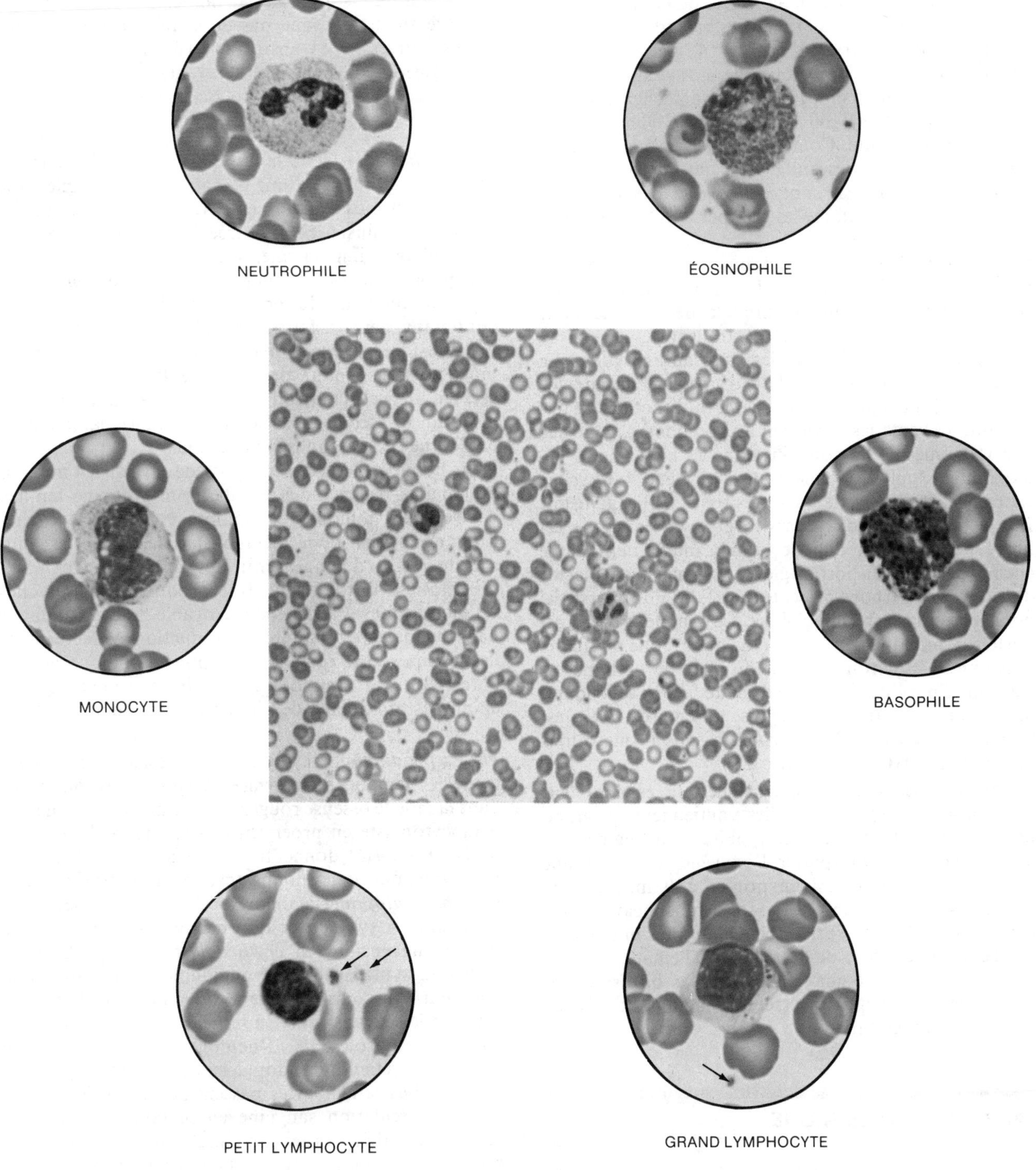

(b)

FIGURE 19.2 [*Suite*] (b) Photomicrographie illustrant des cellules sanguines. On aperçoit, au centre, un frottis de sang agrandi 400 fois. Les trois cellules plus grandes, aux noyaux plus foncés, sont des leucocytes ; les cellules les plus nombreuses, dépourvues de noyaux, sont des hématies, et les mouchetures sont des plaquettes. Les principaux types de leucocytes sont illustrés dans les grands cercles, et sont agrandis 1 800 fois. Les leucocytes sont entourés par les hématies. Les plaquettes sont indiquées par des flèches. [Gracieuseté de Michael H. Ross et Edward J. Reith, *Histology : A Text and Atlas*, Copyright © 1985, by Michael H. Ross et Edward J. Reith, Harper & Row, Publishers, Inc., New York.]

membrane renferme le cytoplasme ainsi qu'un pigment rougeâtre appelé **hémoglobine.** L'hémoglobine, qui représente environ 33% de la masse de la cellule, est à l'origine de la couleur du sang. Les valeurs normales de l'hémoglobine varient entre 14 gm/100mL et 20 gm/100 mL de sang chez le nouveau-né, entre 12 gm/100 mL et 15 gm/100 mL de sang chez la femme adulte et entre 14 gm/100 mL et 16,5 gm/100 mL de sang chez l'homme adulte. Comme nous le verrons plus loin, certaines protéines (les antigènes), qui se trouvent à la surface des hématies, sont à l'origine des différents groupes sanguins, comme les groupes ABO et Rhésus.

• ***Les fonctions*** L'hémoglobine présente dans les hématies s'unit à l'oxygène pour former l'oxyhémoglobine ; elle se joint également au dioxyde de carbone pour former la carbhémoglobine, et transporte ensuite la substance ainsi formée dans les vaisseaux sanguins. La molécule d'hémoglobine est faite d'une protéine appelée globine et d'un pigment appelé hème, qui contient du fer. Lorsque les hématies traversent les poumons, chacun des quatre atomes de fer contenus dans les molécules d'hémoglobine s'unit à une molécule d'oxygène. L'oxygène est transporté ainsi vers les autres tissus de l'organisme. Là, la réaction fer-oxygène s'inverse, et l'oxygène est libéré pour diffuser dans le liquide interstitiel. Sur le chemin du retour, la portion globine s'unit à une molécule de dioxyde de carbone présente dans le liquide interstitiel pour former la carbhémoglobine. Ce complexe est transporté aux poumons, où le dioxyde de carbone est libéré, puis expiré. Environ 23% du dioxyde de carbone est transporté par l'hémoglobine de cette façon ; cependant, la plus grande partie, qui représente environ 70%, est transportée dans le plasma sanguin sous forme d'ions bicarbonates, HCO_3^- (chapitre 23).

Les hématies sont hautement spécialisées pour leur fonction de transporteurs. Elles contiennent un grand nombre de molécules d'hémoglobine, qui augmentent leur capacité de transporter l'oxygène. On croit que chaque hématie peut transporter 280 millions de molécules d'hémoglobine. La forme biconcave d'une hématie lui offre une surface beaucoup plus importante que celle d'une sphère ou d'un cube. L'hématie est donc dotée de la surface maximale pour la diffusion des molécules de gaz qui traversent la membrane afin de s'unir à l'hémoglobine.

APPLICATION CLINIQUE

Le *Fluosol-DA*, un **transporteur d'oxygène pouvant remplacer les hématies**, est un liquide blanchâtre et visqueux doté d'une très grande capacité de contenir de l'oxygène. Comme sa seule tâche consiste à transporter de l'oxygène, il est, en réalité, un succédané de l'hémoglobine. Il peut éventuellement être utile pour alimenter en oxygène les tissus qui en manquent à cause d'une intoxication à l'oxyde de carbone, d'une drépanocytose, d'un accident vasculaire cérébral, d'une crise cardiaque ou d'une brûlure. Comme on doit le garder congelé jusqu'à ce qu'on l'utilise, et que l'oxygène doit être administré à l'aide d'un masque, son usage est limité. Toutefois, le fait que le sujet ne risque pas de souffrir des réactions consécutives à une transfusion ou d'une hépatite post-transfusionnelle constitue un avantage.

• ***La durée de vie et le nombre*** Après 120 jours, la membrane cellulaire d'une hématie devient fragile, et la cellule n'est plus fonctionnelle. La membrane cellulaire de l'hématie ainsi usée est retirée de la circulation par des macrophages dans la rate, le foie et la moelle osseuse. L'hémoglobine est décomposée en hémosidérine, un pigment contenant du fer, en bilirubine, un pigment ne contenant pas de fer, et en globine, une protéine. L'hémosidérine est emmagasinée ou utilisée dans la moelle osseuse pour produire de l'hémoglobine qui servira à la formation de nouvelles hématies. La bilirubine est sécrétée par le foie et éliminée par la bile, et la globine est métabolisée par le foie.

Un homme adulte en santé possède environ 5,4 millions d'hématies par millimètre cube (mm^3), et une femme, environ 4,8 millions. Le nombre est plus élevé chez l'homme parce que le métabolisme de celui-ci est plus rapide. Afin de maintenir des quantités normales d'hématies, l'organisme doit produire de nouvelles cellules adultes à la vitesse incroyable de deux millions par seconde. Chez l'adulte, la production s'effectue dans la moelle osseuse rouge des os spongieux du crâne, des côtes, du sternum, des corps des vertèbres et des épiphyses proximales de l'humérus et du fémur.

• ***La production*** L'**érythropoïèse** est le processus par lequel les hématies sont formées. Ce processus commence dans la moelle osseuse rouge avec la transformation d'un hémocytoblaste en proérythroblaste (figure 19.2,a). Le *proérythroblaste* donne naissance à un *érythroblaste basophile*, qui se développe ensuite en un *érythroblaste polychromatophile*, la première cellule de la séquence qui commence à synthétiser de l'hémoglobine. Celui-ci se transforme ensuite en *érythroblaste acidophile*, dans lequel la synthèse de l'hémoglobine atteint son taux maximal. Au cours de l'étape suivante, l'érythroblaste acidophile se transforme en *réticulocyte*, une cellule qui contient environ 34% d'hémoglobine, une certaine quantité de réticulum endoplasmique et dont le noyau est expulsé. Les réticulocytes passent de la moelle osseuse dans la circulation sanguine en se faufilant entre les cellules endothéliales des capillaires sanguins. Lorsque le réticulocyte tente de traverser la barrière endothéliale, le noyau est expulsé, puisqu'il est trop rigide pour traverser la barrière. Les réticulocytes deviennent généralement des *hématies* adultes, un ou deux jours après leur libération de la moelle osseuse. La proportion normale de réticulocytes dans le sang se situe entre 0,5% et 1,5%. Les hématies vieillies sont détruites par les macrophages fixes phagocytaires présents dans le foie et la rate. Les molécules d'hémoglobine sont séparées les unes des autres, le fer est réutilisé et le reste de la molécule est transformé en substances destinées à être réutilisées ou éliminées.

Normalement, l'érythropoïèse et la destruction des hématies s'effectuent au même rythme. Toutefois, si l'organisme a soudainement besoin d'un nombre accru d'hématies, ou si l'érythropoïèse ne s'effectue pas à un rythme aussi rapide que la destruction des hématies, un mécanisme homéostatique accélère la production des hématies. Ce mécanisme est déclenché par la réduction de l'apport d'oxygène aux cellules de l'organisme, résultant d'une réduction du nombre d'hématies. Si certaines cellules des reins manquent d'oxygène, elles libèrent une enzyme appelée **érythrogénine**, qui transforme une protéine plasmatique en **érythropoïétine,** une hormone. Celle-ci circule dans le sang jusqu'à la moelle osseuse rouge, où elle stimule la transformation d'un nombre accru d'hémocytoblastes en hématies. L'érythropoïétine est également produite par d'autres tissus de l'organisme, notamment le foie.

Une carence en oxygène dans les cellules, appelée **hypoxie**, peut survenir lorsque l'organisme ne reçoit pas suffisamment d'oxygène. Cette carence se rencontre fréquemment dans les altitudes élevées, où l'air contient moins d'oxygène. L'anémie peut également causer une carence en oxygène. Le terme **anémie** signifie que le nombre des hématies fonctionnelles ou leur contenu en hémoglobine se trouve sous la normale. Par conséquent, les hématies sont incapables de transporter suffisamment d'oxygène depuis les poumons jusqu'aux cellules. L'anémie peut avoir plusieurs causes, dont une carence en fer, en certains acides aminés ou en vitamine B_{12}. La partie de la molécule d'hémoglobine qui transporte l'oxygène a besoin de fer. Les acides aminés sont nécessaires à la partie protéique, ou globine. La vitamine B_{12} aide la moelle osseuse rouge à produire les hématies. Cette vitamine se trouve dans la viande, notamment le foie, mais elle ne peut pas être absorbée par la muqueuse de l'intestin grêle sans l'aide d'une autre substance, le **facteur intrinsèque,** produit par les cellules muqueuses de l'estomac. Le facteur intrinsèque facilite l'absorption de la vitamine B_{12}. Une fois absorbée, elle est emmagasinée dans le foie. (À la fin du chapitre, nous décrivons plusieurs types d'anémie.)

APPLICATION CLINIQUE

La **numération des réticulocytes** est un procédé qui permet de mesurer la vitesse de l'érythropoïèse. Des réticulocytes sont normalement libérés dans le sang avant de devenir des hématies adultes. Lorsque le nombre des réticulocytes d'un échantillon sanguin est inférieur à 0,5% du nombre des hématies adultes, l'érythropoïèse s'effectue à un rythme trop lent. Une numération insuffisamment élevée peut confirmer un diagnostic d'anémie ou indiquer une maladie rénale qui empêche les cellules des reins de produire de l'érythropoïétine. Si le nombre des réticulocytes est supérieur à 1,5% du nombre des hématies adultes, l'érythropoïèse s'effectue à un rythme trop rapide. Différents problèmes peuvent être à l'origine d'une numération trop élevée, comme une carence en oxygène ou un manque de régulation de la production d'hématies causé par un cancer de la moelle osseuse.

L'**hématocrite** est une autre épreuve comportant des applications cliniques importantes. L'hématocrite est le pourcentage de sang constitué d'hématies. On le mesure en centrifugeant le sang et en notant le pourcentage constitué par les hématies. L'hématocrite moyen, chez l'homme, varie entre 40% et 54%. Chez la femme, il varie entre 38% et 47%. Un sang anémique peut obtenir un hématocrite de 15%; un sang polyglobulique (une augmentation anormale du nombre des hématies fonctionnelles) peut donner un hématocrite de 65%. Chez l'athlète, cependant, un hématocrite plus élevé que la moyenne indique une activité physique constante plutôt qu'un état pathologique.

Les leucocytes

• ***La structure et les types*** Contrairement aux hématies, les **leucocytes**, ou **globules blancs**, sont dotés de noyaux et ne contiennent pas d'hémoglobine (figure 19.2). Les leucocytes se divisent en deux groupes principaux. Le premier groupe est constitué par les **granulocytes**. Ceux-ci se développent à partir de la moelle osseuse rouge, possèdent des noyaux lobés, et leurs cytoplasmes présentent des granulations. Les trois types de granulocytes sont les **neutrophiles** (diamètre de 10 µm à 12 µm), les **éosinophiles** (diamètre de 10 µm à 12 µm), et les **basophiles** (diamètre de 8 µm à 10 µm).

Le deuxième groupe de leucocytes est formé par les **agranulocytes**. Ceux-ci se développent à partir des tissus lymphoïde et myéloïde et ne présentent pas de granulations cytoplasmiques visibles au microscope optique. Les deux types d'agranulocytes sont les **lymphocytes** (diamètre de 7 µm à 15 µm) et les **monocytes** (diamètre de 14 µm à 19 µm).

Tout comme les hématies, les leucocytes et toutes les autres cellules nucléées de l'organisme possèdent des protéines sur leur surface. Ces protéines, appelées **antigènes HLA** (locus d'antigènes d'histocompatibilité), sont différentes chez chacun de nous (sauf chez les jumeaux identiques), et peuvent servir de base pour identifier un tissu. Si un tissu incompatible est greffé, il est rejeté par le receveur comme un corps étranger; ce rejet est dû, en partie, aux antigènes HLA différents du donneur et du receveur. On utilise les antigènes HLA pour classer les tissus afin de prévenir le rejet.

• ***Les fonctions*** La peau et les muqueuses de l'organisme sont constamment exposées aux microbes et à leurs toxines. Certains de ces microbes sont capables d'envahir des tissus profonds et de provoquer la maladie; une fois que les microbes ont pénétré dans l'organisme, le rôle principal des leucocytes est de les combattre par la phagocytose ou par la production d'anticorps. Les neutrophiles et les monocytes sont activement **phagocytaires**, c'est-à-dire qu'ils peuvent ingérer les bactéries et éliminer les matières mortes (voir la figure 3.6,a,b). Les neutrophiles sont les leucocytes qui travaillent le plus activement à réagir à la destruction des tissus par les bactéries. Ils libèrent également le lysozyme, une enzyme, qui détruit certaines bactéries. Il semble que les monocytes mettent plus de temps que les neutrophiles à atteindre le foyer d'infection ; cependant, une fois sur place, ils se retrouvent en plus grand nombre et détruisent une plus grande quantité de microbes. Les monocytes qui migrent vers des tissus infectés sont appelés **macrophages libres**. Ils éliminent les débris cellulaires après une infection.

Différentes substances chimiques présentes dans un tissu enflammé amènent les phagocytes à migrer en direction de ce tissu. Ce phénomène est appelé **chimiotactisme**. Parmi les substances qui stimulent le chimiotactisme, on trouve les toxines produites par les microbes et les produits en décomposition des tissus lésés.

La plupart des leucocytes possèdent, jusqu'à un certain point, la capacité de s'infiltrer dans les espaces minuscules entre les cellules qui forment les parois des capillaires et à travers les tissus épithélial et conjonctif. Ce déplacement, comme celui des amibes, est appelé **diapédèse**. D'abord, une partie de la membrane cellulaire se projette vers l'extérieur. Puis, le cytoplasme et le noyau s'écoulent dans la saillie ainsi formée. Enfin, le reste de la membrane suit le mouvement. Une autre saillie est formée, puis une autre, jusqu'à ce que la cellule soit parvenue à destination (voir la figure 22.9,b).

Les neutrophiles contiennent également des **phagocytines**, des acides aminés qui font preuve d'une grande activité antibiotique contre les bactéries, les champignons et les virus.

On croit que les éosinophiles libèrent des substances qui combattent les effets de l'histamine et d'autres médiateurs de l'inflammation liée aux réactions allergiques. Les éosinophiles quittent les capillaires, pénètrent dans le liquide interstitiel et phagocytent les complexes antigène-anticorps. Ils sont également efficaces contre certains vers parasites. Ainsi, un taux élevé d'éosinophiles indique fréquemment une allergie ou une infection parasitaire.

On croit que les basophiles participent également aux réactions allergiques. Les basophiles quittent les capillaires, pénètrent dans les tissus, deviennent les mastocytes de ces tissus, et y libèrent de l'héparine, de l'histamine et de la sérotonine. Ces substances intensifient la réaction inflammatoire générale et participent aux réactions allergiques (chapitre 22).

Les lymphocytes participent à la production des anticorps. Les **anticorps** sont des protéines spéciales qui inactivent les antigènes. Un **antigène** est une substance qui stimule la production des anticorps et qui est capable de réagir de façon spécifique avec l'anticorps. La plupart des antigènes sont des protéines et ne sont pas synthétisés par l'organisme. Un grand nombre des protéines qui constituent les structures cellulaires et enzymatiques des bactéries sont des antigènes. Les toxines libérées par les bactéries sont également des antigènes. Lorsque les antigènes pénètrent dans l'organisme, ils réagissent

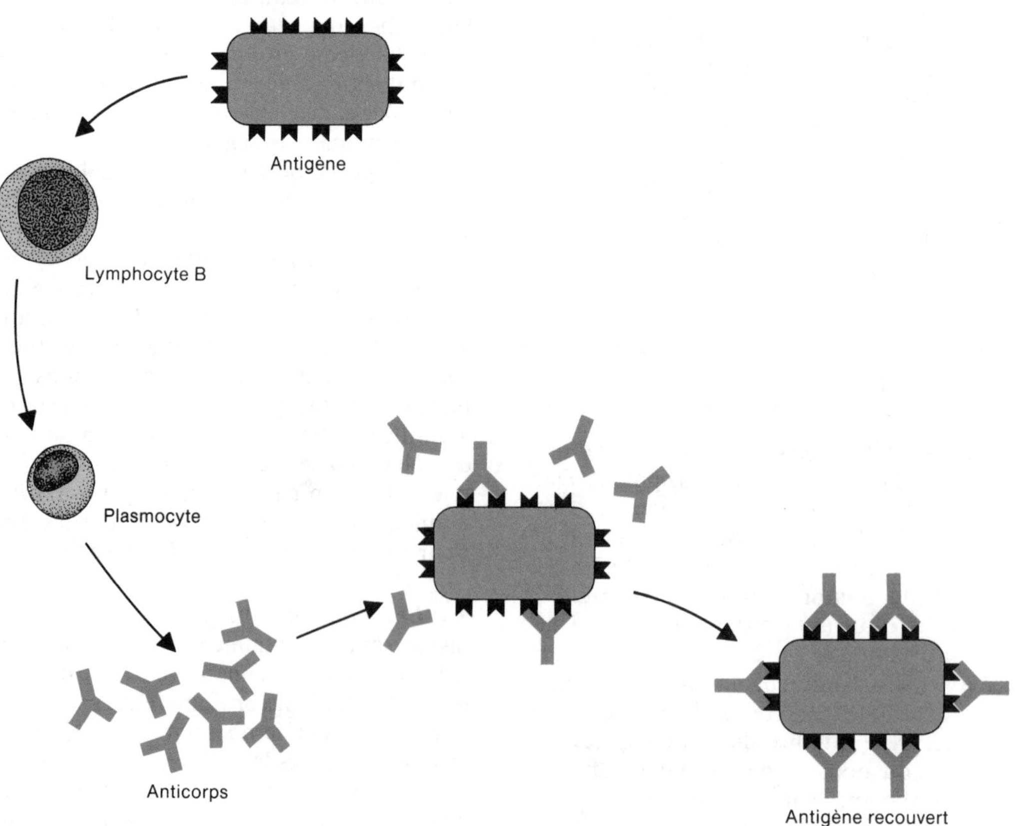

FIGURE 19.3 Réaction antigène-anticorps. L'antigène qui pénètre dans l'organisme entraîne la transformation d'un lymphocyte B en cellule plasmatique productrice d'anticorps. Les anticorps s'attachent à l'antigène, le recouvrent et le rendent inoffensif.

chimiquement avec les substances contenues dans les lymphocytes et stimulent certains lymphocytes, appelés lymphocytes B, qui deviennent alors des **plasmocytes** (figure 19.3). Ceux-ci produisent ensuite des anticorps, des protéines semblables à des globulines, qui s'attachent aux antigènes un peu comme les enzymes s'attachent aux substrats. Tout comme dans le cas des enzymes, un certain anticorps ne s'attache habituellement qu'à un certain antigène. Toutefois, contrairement aux enzymes, qui augmentent la réactivité des substrats, les anticorps « recouvrent » les antigènes, et ces derniers ne peuvent plus entrer en contact avec les autres produits chimiques présents dans l'organisme. De cette façon, les toxines émises par les bactéries sont emprisonnées et deviennent inoffensives. Les bactéries elles-mêmes sont détruites par les anticorps. Ce processus est appelé **réaction antigène-anticorps**. Les phagocytes présents dans les tissus détruisent les complexes antigène-anticorps. La réaction antigène-anticorps est présentée en détail au chapitre 22.

APPLICATION CLINIQUE

Le **myélome multiple** est une maladie cancéreuse affectant les plasmocytes de la moelle osseuse. Les symptômes sont causés par la masse des cellules cancéreuses et par les anticorps produits par ces cellules. Parmi les symptômes, on trouve de la douleur et une ostéoporose consécutives aux nombreuses lésions ostéolytiques dans le sternum, les côtes, la colonne vertébrale, les clavicules, le crâne, le bassin et les portions proximales des membres. On trouve également une hypercalcémie (taux excessif de calcium sanguin), une anémie, une leucopénie (taux anormalement bas de leucocytes), une thrombopénie (taux anormalement bas de plaquettes), une compression de la moelle épinière, une hypertrophie du foie, des lésions rénales et une vulnérabilité accrue à l'infection.

Certains lymphocytes sont appelés **lymphocytes T**. Un des types de lymphocytes T, les **cellules « tueuses »**, ou **cellules K**, est activé par certains antigènes et réagit en les détruisant, de façon directe ou indirecte, en recrutant d'autres lymphocytes et macrophages. Les lymphocytes T sont particulièrement efficaces contre les bactéries, les virus, les champignons, les cellules greffées et les cellules cancéreuses. Au chapitre 22, nous présentons d'autres types de cellules T ainsi que leurs fonctions.

La réaction antigène-anticorps aide à combattre l'infection et immunise l'organisme contre certaines maladies. Elle est également à l'origine des groupes sanguins, des allergies et du rejet de certains organes transplantés en provenance d'une personne ayant une constitution génétique différente de celle du receveur.

Une augmentation du nombre des leucocytes dans le sang indique généralement une inflammation ou une infection. Comme chaque type de leucocyte joue un rôle différent, la détermination du pourcentage de chaque type présent dans le sang favorise le diagnostic. Une **formule leucocytaire** est le nombre de chacun des types de leucocytes présents dans 100 leucocytes. Une formule leucocytaire normale donne les poucentages suivants :

Neutrophiles	60 % à 70 %
Éosinophiles	2 % à 4 %
Basophiles	0,5 % à 1 %
Lymphocytes	20 % à 25 %
Monocytes	3 % à 8 %
	100 %

Lorsqu'on détermine la formule leucocytaire, on doit accorder une attention spéciale aux neutrophiles. Le plus souvent, un taux élevé de neutrophiles indique des lésions causées par des bactéries. Une augmentation du nombre des monocytes indique généralement une infection chronique. Les réactions allergiques provoquent des taux élevés d'éosinophiles et de basophiles. Un taux élevé de lymphocytes correspond à des réactions antigène-anticorps.

• ***La durée de vie et le nombre*** Les bactéries sont présentes partout dans l'environnement et ont constamment accès à l'organisme par la bouche, le nez et les pores de la peau. De plus, un grand nombre de cellules, notamment celles du tissu épithélial, vieillissent et meurent, et leurs restes doivent être éliminés quotidiennement. Même dans un organisme sain, les leucocytes ingèrent activement des bactéries et des déchets. Toutefois, un leucocyte ne peut phagocyter qu'un certain nombre de substances avant que celles-ci n'interfèrent avec les activités métaboliques normales du leucocyte et n'entraînent sa mort. Par conséquent, la durée de vie de la plupart des leucocytes est très brève. Dans un organisme sain, certains leucocytes peuvent vivre jusqu'à plusieurs mois, mais la plupart ne vivent que quelques jours. Au cours d'une infection, ils peuvent ne survivre que quelques heures.

Les leucocytes sont beaucoup moins nombreux que les hématies ; le sang circulant en contient de 5 000/mm^3 à 9 000/mm^3. Par conséquent, les hématies sont 700 fois plus nombreuses que les leucocytes. La **leucocytose** est une augmentation du nombre des leucocytes. Si l'augmentation est supérieure à 10 000, cela signifie habituellement un état pathologique. Un taux anormalement bas de leucocytes (moins de 5 000/mm^3) correspond à une **leucopénie**.

• ***La production*** Les granulocytes sont formés dans la moelle osseuse rouge (tissu myéloïde) ; les agranulocytes sont produits dans les tissus myéloïde et lymphoïde. À la figure 19.2,a, nous illustrons les séquences du développement des cinq différents types de leucocytes.

APPLICATION CLINIQUE

Comme nous l'avons déjà mentionné, la moelle osseuse contient des hémocytoblastes qui se différencient en hématies, en leucocytes et en plaquettes. Parmi les leucocytes, se trouvent des cellules qui combattent l'infection et provoquent un rejet par les tissus. Jusqu'à récemment, pour effectuer une **greffe de la**

moelle osseuse (transfert de moelle osseuse d'un donneur à un receveur), il fallait que la moelle du donneur provienne d'un membre de la famille et soit identique à celle du receveur. Dans les cas où les tissus n'étaient pas identiques, les lymphocytes T du donneur, qui font partie du système immunitaire, considéraient les tissus du receveur comme des corps étrangers et les attaquaient. Les principaux tissus rejetés de cette façon se trouvent dans la peau, le foie et le tube digestif. Aujourd'hui, on peut effectuer des greffes de la moelle osseuse, même si les tissus du donneur et du receveur ne se ressemblent pas.

On aspire la moelle osseuse des os iliaques du donneur, on la mêle à de l'héparine (un anticoagulant) et on la filtre. On traite la suspension des cellules de la moelle osseuse afin d'éliminer les lymphocytes T et on l'administre au receveur comme une transfusion sanguine. Les cellules présentes dans la suspension traversent les poumons, pénètrent dans la grande circulation, et s'implantent et croissent dans les cavités des os du receveur.

On utilise la greffe de la moelle osseuse pour traiter l'anémie aplasique, certains types de leucémie et le déficit immunitaire combiné sévère (DICS), une carence héréditaire des cellules sanguines spécialisées pour combattre l'infection. On est maintenant à améliorer cette technique en vue de traiter d'autres types de leucémie, le lymphome non hodgkinien, la thalassémie, le myélome multiple, la drépanocytose et l'anémie hémolytique.

Les plaquettes

- ***La structure*** Les hémocytoblastes se différencient également en un autre type de cellule, appelé **mégacaryoblaste** (voir la figure 19.2,a). Les mégacaryoblastes sont transformés en mégacaryocytes, de grosses cellules qui perdent des fragments du cytoplasme. Chacun de ces fragments est alors entouré par une partie de la membrane cellulaire et est appelé **plaquette**, ou **thrombocyte**. Les plaquettes sont des disques arrondis ou ovales dépourvus de noyau. Leur diamètre varie entre 2 μm et 4 μm.

- ***La fonction*** Les plaquettes préviennent les pertes liquidiennes en déclenchant des réactions en chaîne qui provoquent la coagulation du sang. Ce mécanisme n'est décrit ici que brièvement.

- ***La durée de vie et le nombre*** Comme les autres éléments figurés du sang, les plaquettes ont une vie brève ; elles ne survivent probablement que de cinq jours à neuf jours. Chaque millimètre cube de sang contient entre 250 000 plaquettes et 400 000 plaquettes.

- ***La production*** Les plaquettes sont formées dans la moelle osseuse rouge, selon la séquence de développement que nous illustrons à la figure 19.2,a.

Dans le document 19.2, nous présentons un résumé des éléments figurés du sang.

DOCUMENT 19.2 RÉSUMÉ DES ÉLÉMENTS FIGURÉS DU SANG

ÉLÉMENT FIGURÉ	NOMBRE	DIAMÈTRE (en μm)	DURÉE DE VIE	FONCTION
Hématie (érythrocyte, globule rouge)	4,8 millions/mm³ (femmes) 5,4 millions/mm³ (hommes)	8	120 jours	Transporte l'oxygène et le dioxyde de carbone
Leucocyte (globule blanc)	5 000/mm³ à 9 000/mm³		De quelques heures à quelques jours	
Granulocytes				
Neutrophile	60 % à 70 % du total	10 à 12		Phagocytose
Éosinophile	2 % à 4 % du total	10 à 12		Combat les effets de l'histamine dans les réactions allergiques ; phagocyte les complexes antigènes-anticorps et détruit certains vers parasites
Basophile	0,5 % à 1,0 % du total	8 à 10		Libère de l'héparine, de l'histamine et de la sérotonine dans les réactions allergiques, qui intensifient la réaction inflammatoire
Agranulocytes				
Lymphocyte	20 % à 25 % du total	7 à 15		Immunité (réactions antigènes-anticorps)
Monocyte	3 % à 8 % du total	14 à 19		Phagocytose
Plaquette (thrombocyte)	250 000/mm³ à 400 000/mm³	2 à 4	5 à 9 jours	Coagulation du sang

APPLICATION CLINIQUE

L'épreuve hématologique la plus fréquemment prescrite est la **numération globulaire**, ou **hémogramme**. Elle comprend généralement la détermination de l'hémoglobine et de l'hématocrite, une numération érythrocytaire et leucocytaire, ainsi que des commentaires concernant la morphologie des hématies, des leucocytes et des plaquettes.

LE PLASMA

Lorsqu'on élimine les éléments figurés contenus dans le sang, il reste un liquide couleur paille appelé **plasma**. Dans le document 19.3, nous décrivons brièvement la composition chimique du plasma. Certaines des protéines présentes dans le plasma se trouvent également partout ailleurs dans l'organisme ; toutefois, dans le sang, on les appelle **protéines plasmatiques**. Les **albumines**, qui constituent 55% des protéines plasmatiques, sont responsables, en grande partie, de la viscosité du sang. La concentration des albumines est environ quatre fois plus élevée dans le plasma que dans le liquide interstitiel. Avec les électrolytes, les albumines aident à régler le volume sanguin en empêchant l'eau présente dans le sang de diffuser dans le liquide interstitiel. On doit se rappeler que l'eau se déplace par osmose d'une région où la concentration d'eau est élevée vers une région où la concentration d'eau est faible. Les **globulines**, qui constituent 38% des protéines plasmatiques, comprennent des protéines d'anticorps libérées par les plasmocytes. La gammaglobuline est particulièrement bien connue parce qu'elle est capable de former un complexe antigène-anticorps avec, entre autres substances, les protéines des virus de l'hépatite et des oreillons, ainsi qu'avec la bactérie responsable du tétanos. Le **fibrinogène** constitue environ 7% des protéines plasmatiques et participe, conjointement avec les plaquettes, à la coagulation du sang.

APPLICATION CLINIQUE

L'**aphérèse** est un processus par lequel on prélève une certaine quantité de sang, on sépare ses composants de façon sélective, on élimine le composant indésirable et on retourne le sang dans l'organisme. On prélève le sang à l'aide d'une aiguille ou d'une sonde, on le mêle à un anticoagulant, et on le pompe à l'aide d'un séparateur où les hématies, les leucocytes, les plaquettes et le plasma sont séparés par force centrifuge. Le processus dure habituellement de 3 h à 5 h, et on ne retire que 15% du volume sanguin total à la fois.

On peut utiliser l'aphérèse pour traiter certaines maladies comme l'anémie aplasique, l'anémie hémolytique, le myélome multiple, la thrombopénie,

DOCUMENT 19.3 COMPOSITION CHIMIQUE ET DESCRIPTION DES SUBSTANCES PRÉSENTES DANS LE PLASMA

COMPOSANT	DESCRIPTION
EAU	Portion liquide du sang ; constitue environ 91,5% du plasma. Quatre-vingt-dix pour cent de l'eau provient de l'absorption du tube digestif, et 10% de la respiration cellulaire. Agit comme solvant et milieu de suspension pour les composants solides du sang, et absorbe la chaleur
SOLUTÉS	Constituent environ 8,5% du plasma
Protéines	
Albumines	Les plus petites protéines plasmatiques. Produites par le foie ; assurent la viscosité du sang, un facteur lié au maintien et à la régulation de la pression artérielle. Exercent également une pression osmotique considérable afin de maintenir l'équilibre hydrique entre le sang et les tissus, et de régler le volume sanguin
Globulines	Groupe protéique auquel appartiennent les anticorps. Les gammaglobulines s'attaquent aux virus des oreillons, de l'hépatite et de la poliomyélite, ainsi qu'à la bactérie du tétanos
Fibrinogène	Produit par le foie. Joue un rôle essentiel dans la coagulation
Substances azotées non protéiques	Contiennent de l'azote, mais ne sont pas des protéines. Comprennent l'urée, l'acide urique, la créatine, la créatinine et les sels ammoniacaux. Constituent la substance de dégradation du métabolisme des protéines et sont transportées par le sang vers les organes d'excrétion
Substances alimentaires	Produits de la digestion qui passent dans le sang pour être distribués aux cellules de l'organisme. Comprennent les acides aminés (formés à partir des protéines), le glucose (formé à partir des glucides) et les acides gras et la glycérine (formés à partir des graisses)
Substances régulatrices	Enzymes produites par les cellules de l'organisme pour catalyser les réactions chimiques. Hormones produites par les glandes endocrines pour régler la croissance et le développement de l'organisme
Gaz respiratoires	Oxygène et dioxyde de carbone. L'oxygène est plus étroitement lié à l'hémoglobine ou aux hématies, alors que le dioxyde de carbone est plus étroitement lié au plasma
Électrolytes	Sels inorganiques du plasma. Les cations comprennent : Na^+, K^+, Ca^{2+}, Mg^2 ; les anions comprennent : Cl^-, PO_4^{3-}, SO_4^{2-}, HCO_3^-. Aident à maintenir la pression osmotique, le pH et l'équilibre physiologique entre les tissus et le sang

l'incompatibilité Rhésus post-transfusionnelle, les crises aiguës de drépanocytose, la myasthénie grave, les maladies rénales, le lupus érythémateux disséminé, la polyarthrite rhumatoïde, la sclérose en plaques et certains cas de doses excessives de médicaments. Comme l'aphérèse peut entraîner des complications graves (hypovolémie, choc, insuffisance cardiaque, œdème pulmonaire, fasciculation musculaire, thrombose), on ne doit utiliser ce procédé que lorsque les autres traitements ont échoué.

L'HÉMOSTASE

L'**hémostase** signifie l'arrêt des hémorragies. Lorsque des vaisseaux sanguins sont lésés ou rompus, trois mécanismes de base se mettent en marche pour prévenir la perte sanguine: (1) la constriction vasculaire, (2) la formation d'un clou plaquettaire et (3) la coagulation du sang. Ces mécanismes sont utiles pour prévenir les hémorragies qui affectent les petits vaisseaux sanguins; toutefois, les hémorragies plus graves nécessitent habituellement une intervention médicale.

LA CONSTRICTION VASCULAIRE

Lorsqu'un vaisseau sanguin est lésé, le muscle lisse présent dans sa paroi se contracte immédiatement. Cette **constriction vasculaire** réduit la perte de sang pendant 30 min; au cours de cette période, les autres mécanismes hémostatiques se mettent en marche. On croit que la constriction est causée par les lésions infligées à la paroi du vaisseau sanguin et par les réflexes déclenchés par les récepteurs de la douleur.

LA FORMATION D'UN CLOU PLAQUETTAIRE

Lorsque les plaquettes entrent en contact avec certaines parties du vaisseau sanguin lésé, comme le collagène ou l'endothélium, leurs caractéristiques se modifient de façon spectaculaire. Elles augmentent de volume, et leurs formes deviennent encore plus irrégulières. Elles deviennent également collantes et commencent à adhérer au fibres collagènes. La synthèse d'ADP et d'enzymes provoque la formation de substances qui activent d'autres plaquettes, ce qui fait adhérer celles-ci aux plaquettes originales. L'accumulation et l'agrégation d'un grand nombre de plaquettes forment un **clou plaquettaire (clou hémostatique** ou **thrombus blanc)**. Ce clou est très efficace pour prévenir la perte sanguine dans un petit vaisseau sanguin. Au début, le clou plaquettaire est lâche, mais il se resserre lorsqu'il est renforcé par les filaments de fibrine formés au cours du processus de coagulation.

LA COAGULATION

Normalement, le sang reste à l'état liquide aussi longtemps qu'il se trouve dans les vaisseaux. Lorsqu'on le retire de l'organisme, cependant, il s'épaissit et prend la consistance d'une gelée. Par la suite, la gelée se sépare du liquide. Ce liquide couleur paille, appelé **sérum**, n'est que du plasma, moins ses protéines coagulantes. Le gel constitue un **caillot** et comprend un réseau de fibres insolubles dans lesquelles les composants cellulaires du sang sont emprisonnés.

La **coagulation** est le processus par lequel le sang se coagule. Lorsque le sang se coagule trop facilement, il peut survenir une thrombose, formation d'un caillot dans un vaisseau sanguin intact. Lorsque le sang met trop de temps à se coaguler, une hémorragie peut survenir.

Différentes substances chimiques, appelées **facteurs de coagulation,** interviennent dans la coagulation. Dans le plasma, ces facteurs sont appelés *facteurs plasmatiques de coagulation.* Quelques *facteurs plaquettaires de coagulation* sont libérés par les plaquettes. Un facteur de coagulation est libéré par les tissus corporels lésés. Nous énumérons les différents facteurs plasmatiques de coagulation et leurs synonymes dans le document 19.4.

La coagulation est un processus complexe dans lequel la forme activée d'un facteur de coagulation catalyse l'activation du facteur suivant dans la séquence. Une fois que le processus est déclenché, il se produit une suite d'événements qui provoque la formation de grandes quantités de substances. Nous décrirons ici le mécanisme de la coagulation en nous basant sur trois étapes.

DOCUMENT 19.4 FACTEURS PLASMATIQUES DE COAGULATION ET LEURS SYNONYMES

FACTEUR DE COAGULATION	SYNONYME
I	Fibrinogène
II	Prothrombine
III	Thromboplastine tissulaire
IV	Ions calcium
V	Proaccélérine
VII	Proconvertine
VIII	Facteur antihémophilique A
IX	Facteur antihémophilique B
X	Facteur Stuart
XI	Facteur prothromboplastique C de Rosenthal
XII	Facteur Hageman (facteur de contact)
XIII	Facteur stabilisant de la fibrine (FSF)

Première étape. La formation d'un **activateur de la prothrombine.**

Deuxième étape. La **conversion de la prothrombine** (une protéine plasmatique formée par le foie) en **thrombine** (une enzyme), par l'activateur de la prothrombine.

Troisième étape. La **conversion du fibrinogène** (une autre protéine plasmatique formée par le foie) en **fibrine insoluble**, par la thrombine. La fibrine forme les filaments du caillot. (La fumée de cigarette contient au moins deux substances qui empêchent la formation de la fibrine.)

FIGURE 19.4 Coagulation du sang. (a) Mécanisme extrinsèque. (b) Mécanisme intrinsèque. (c) Micrographie électronique par balayage de filaments de fibrine et d'hématies, agrandie de 1 500 à 2 000 fois. [Gracieuseté de Fisher Scientific Company et S.T.E.M. Laboratories, Inc., Copyright © 1975.]

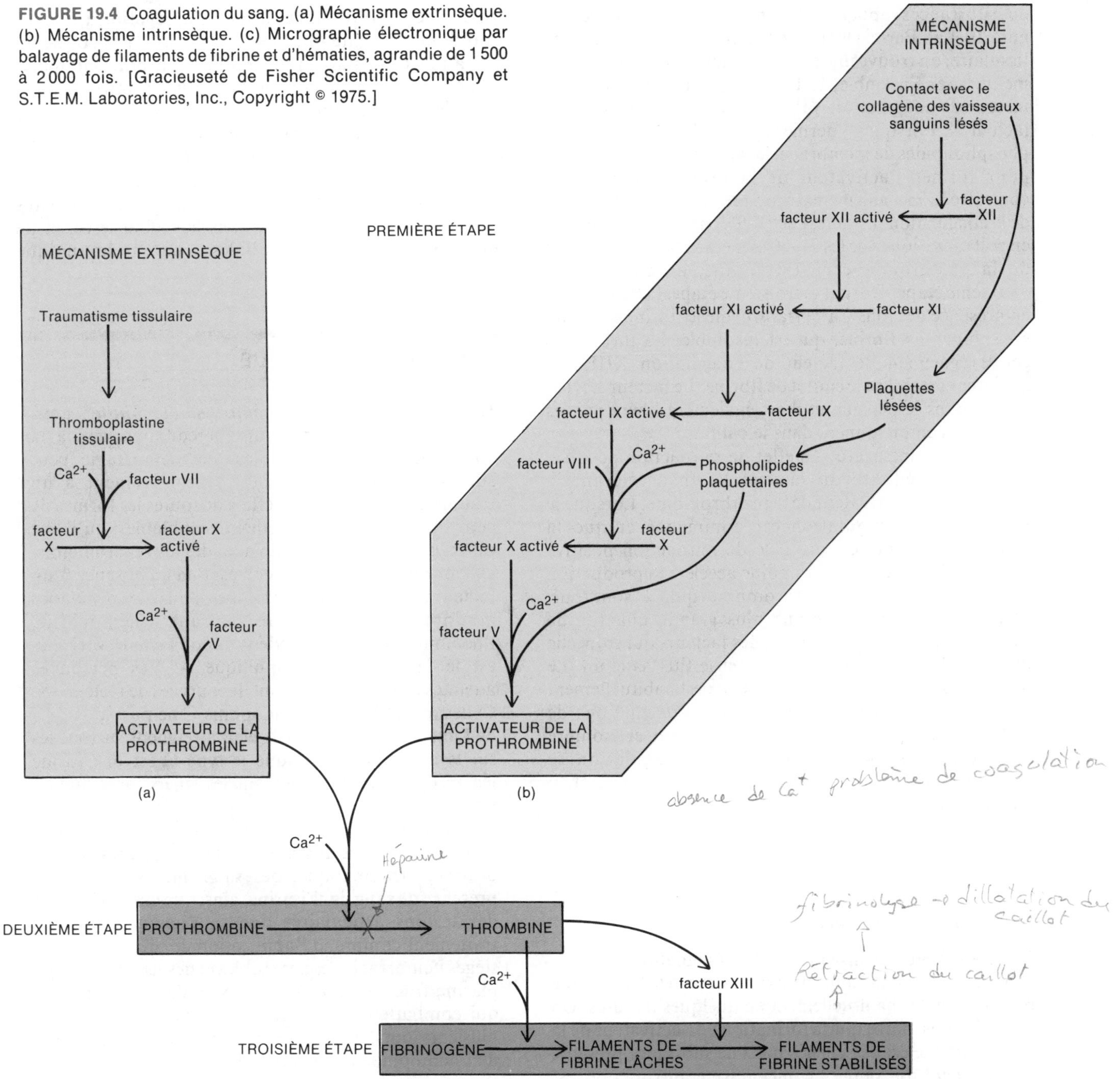

PREMIÈRE ÉTAPE
MÉCANISME EXTRINSÈQUE
Traumatisme tissulaire
Thromboplastine tissulaire
Ca^{2+}
facteur VII
facteur X
facteur X activé
Ca^{2+}
facteur V
ACTIVATEUR DE LA PROTHROMBINE
(a)
MÉCANISME INTRINSÈQUE
Contact avec le collagène des vaisseaux sanguins lésés
facteur XII
facteur XII activé
facteur XI
facteur XI activé
Plaquettes lésées
facteur IX
facteur IX activé
facteur VIII
Ca^{2+}
Phospholipides plaquettaires
facteur X
facteur X activé
Ca^{2+}
facteur V
ACTIVATEUR DE LA PROTHROMBINE
(b)
Ca^{2+}
Héparine
DEUXIÈME ÉTAPE
PROTHROMBINE
THROMBINE
Ca^{2+}
facteur XIII
TROISIÈME ÉTAPE
FIBRINOGÈNE
FILAMENTS DE FIBRINE LÂCHES
FILAMENTS DE FIBRINE STABILISÉS
absence de Ca+ problème de coagulation
fibrinolyse → dillatation du caillot
Rétraction du caillot

La formation de l'activateur de la prothrombine est déclenchée par l'interaction des mécanismes extrinsèque et intrinsèque de la coagulation.

Le mécanisme extrinsèque

Le **mécanisme extrinsèque** de la coagulation comprend moins d'étapes que le mécanisme intrinsèque et il s'effectue rapidement, en quelques secondes, dans le cas d'un traumatisme grave. On l'appelle ainsi parce que la formation de l'activateur de la prothrombine est déclenchée par des substances libérées par les vaisseaux sanguins lésés ou les tissus environnants, *à l'extérieur* du sang. Les vaisseaux ou tissus lésés libèrent un complexe

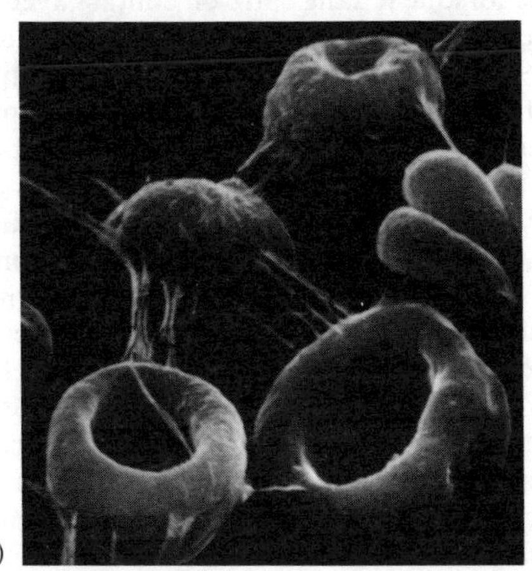

(c)

de substances appelé **thromboplastine tissulaire** (figure 19.4,a). Parmi les composants de la thromboplastine tissulaire, on trouve une enzyme et des phospholipides de membrane. Ensemble, la thromboplastine tissulaire, le facteur de coagulation VIII et les ions Ca^{2+} activent le facteur X. Lorsque ce dernier est activé, il réagit avec les phospholipides de membrane, le facteur V et les ions Ca^{2+} pour former l'activateur de la prothrombine. Cela complète le mécanisme extrinsèque et la première étape de la coagulation. Ensuite, l'activateur de la prothrombine, en collaboration avec les ions Ca^{2+}, entraîne la conversion de la prothrombine en thrombine, au cours de la deuxième étape. Durant la troisième étape, la thrombine, en présence des ions Ca^{2+}, transforme le fibrinogène, qui est soluble, en fibrine, qui est insoluble. La thrombine active également le facteur de coagulation XIII, qui renforce et stabilise le caillot de fibrine. Le facteur XIII se trouve dans le plasma, et il est également libéré par les plaquettes emprisonnées dans le caillot.

La thrombine exerce un effet de rétroaction positive, par l'intermédiaire du facteur V, en accélérant la formation de l'activateur de la prothrombine. Lorsque le processus de coagulation est commencé et que la thrombine est formée, un cycle de rétroaction positive s'établit, dans lequel la thrombine accélère la production de l'activateur de la prothrombine qui, à son tour, accélère la production d'une plus grande quantité de thrombine, et ainsi de suite. Un des facteurs qui empêche que le caillot continue à grossir est le flux sanguin. Le mouvement du sang dans les vaisseaux est habituellement suffisant pour éloigner les facteurs de coagulation ; de cette façon, ils ne peuvent pas se retrouver en nombre suffisant pour que le processus de coagulation se poursuive. De plus, comme nous le verrons bientôt, il existe, dans le sang, certaines substances qui inhibent ou détruisent les facteurs de coagulation.

Le mécanisme intrinsèque

Le **mécanisme intrinsèque** de la coagulation est plus complexe que le mécanisme extrinsèque, et il s'effectue plus lentement, habituellement en quelques minutes. On l'appelle ainsi parce que la formation de l'activateur de la prothrombine est déclenchée par une substance présente *à l'intérieur* du sang. Le mécanisme intrinsèque est déclenché lorsque le sang entre en contact avec les fibres collagènes sous-jacentes des vaisseaux sanguins lésés (figure 19.4,b). Ce phénomène provoque l'activation du facteur de coagulation XII et des lésions aux plaquettes qui entraînent à leur tour la libération des phospholipides par les plaquettes. Le facteur XII activé active le facteur XI qui, à son tour, active le facteur IX. Ce dernier, une fois activé, agit en collaboration avec le facteur VIII, les ions Ca^{2+} et les phospholipides plaquettaires pour activer le facteur X. Celui-ci, une fois activé, réagit avec les phospholipides plaquettaires, le facteur V et les ions Ca^{2+} pour former l'activateur de la prothrombine, ce qui complète le mécanisme intrinsèque et la première étape de la coagulation. À partir de ce moment, les réactions des deuxième et troisième étapes sont semblables à celles du mécanisme extrinsèque. Une fois formée, la thrombine entraîne l'agrégation d'un plus grand nombre de plaquettes, ce qui provoque la libération d'un plus grand nombre de phospholipides plaquettaires. Ce phénomène constitue un autre exemple de cycle de rétroaction positive.

Après la formation du caillot, ce dernier obstrue la région lésée du vaisseau sanguin et prévient ainsi l'hémorragie. La réparation permanente du vaisseau peut ensuite s'effectuer. Plus tard, les fibroblastes forment du tissu conjonctif dans la région lésée, et de nouvelles cellules endothéliales réparent la tunique interne.

APPLICATION CLINIQUE

Le terme **hémophilie** (*hémo*: sang; *philie*: ami) recouvre plusieurs affections héréditaires liées à la coagulation, dans lesquelles une hémorragie peut survenir spontanément ou consécutivement à un traumatisme mineur. Les effets de toutes les formes de cette affection sont tellement semblables qu'il est difficile de les distinguer les unes des autres ; toutefois, chacune de ces affections correspond à l'absence d'un facteur de coagulation particulier. Ainsi, les personnes atteintes du type le plus courant d'hémophilie, l'hémophilie A, ne possèdent pas de facteur VIII, qui est le facteur antihémophilique A. Les personnes atteintes d'hémophilie B sont dépourvues de facteur IX. Celles qui souffrent d'hémophilie C ne possèdent pas de facteur XI. Les types A et B atteignent surtout les sujets masculins, alors que le type C est une forme légère d'hémophilie affectant les sujets masculins et féminins.

L'hémophilie est caractérisée par des hémorragies sous-cutanées et intramusculaires spontanées ou d'origine traumatique, des saignements de nez, la présence de sang dans l'urine, ainsi que des douleurs et des lésions articulaires dues à l'hémarthrose. Le traitement comprend l'application de pression sur les sièges hémorragiques accessibles et des transfusions de plasma frais ou du facteur de coagulation approprié, qui combattent la tendance à l'hémorragie pendant plusieurs jours. Nous présentons le caractère héréditaire de l'hémophilie au chapitre 29.

La rétraction et la fibrinolyse

Le processus normal de la coagulation comprend deux événements qui se produisent après la formation du caillot : ce sont la rétraction du caillot et la fibrinolyse. La **rétraction du caillot** est la consolidation ou le resserrement du caillot de fibrine. Les filaments de fibrine attachés aux surfaces lésées du vaisseau sanguin se contractent progressivement. À mesure que le caillot se rétracte, il resserre les bords du vaisseau lésé. Ainsi, les risques d'hémorragie se trouvent encore plus réduits. Au cours de la rétraction, un peu de sérum s'infiltre entre les filaments de fibrine, mais les éléments figurés du sang y restent emprisonnés. Pour que le processus de rétraction se déroule normalement, il faut un nombre adéquat de plaquettes. Les plaquettes qui se trouvent dans le caillot lient entre elles différents filaments de fibrine et libèrent le facteur XIII, qui renforce et stabilise le caillot, et d'autres facteurs qui favorisent la compression du caillot.

Le deuxième événement qui suit la formation du caillot, la **fibrinolyse**, comprend la dissolution du caillot de fibrine. Lorsqu'un caillot est formé, une enzyme plasmatique inactive, appelée *plasminogène*, est incorporée dans le caillot. Les tissus de l'organisme et le sang contiennent des substances qui peuvent transformer le plasminogène en *plasmine*, une enzyme plasmatique active. Parmi ces substances, on trouve la thrombine, le facteur XII activé, les enzymes lysosomiales en provenance des tissus lésés et les substances qui proviennent de la tunique interne des vaisseaux sanguins. Une fois que la plasmine est formée, elle peut dissoudre le caillot en digérant les filaments de fibrine et en inactivant des substances comme le fibrinogène, la prothrombine, ainsi que les facteurs V, VIII et XII. La plasmine, qui peut dissoudre de gros caillots, constitue également une enzyme importante dans l'élimination des très petits caillots qui se forment dans les petits vaisseaux sanguins.

APPLICATION CLINIQUE

L'*activateur tissulaire du plasminogène* est un médicament servant à **dissoudre les caillots de sang**, qui a fait récemment son apparition sur le marché. Cette substance est une forme artificielle d'une enzyme qui se trouve normalement en très petites quantités dans l'organisme. Dans des conditions normales, cette substance dissout les petits caillots avant qu'ils ne deviennent des problèmes, et même, avant que la personne atteinte ne soit consciente de leur existence. Sur le plan physiologique, elle déclenche un processus qui transforme le plasminogène en plasmine, qui, elle, décompose le réseau de fibrine du caillot sanguin. Après la dissolution du caillot, la plasmine, l'activateur tissulaire et les filaments de fibrine décomposés sont transportés plus loin par le sang. L'activateur tissulaire du plasminogène est ensuite décomposé par le foie et excrété.

La streptokinase et l'urokinase sont d'autres enzymes utilisées pour dissoudre les caillots de sang. Toutefois, elles doivent être introduites directement dans le caillot à l'aide d'un cathéter, alors que l'activateur tissulaire peut être administré par voie intraveineuse. De plus, ce dernier n'agit que sur les caillots de sang, tandis que les autres enzymes agissent sur l'ensemble du flux sanguin et peuvent provoquer un saignement excessif. Et, comme l'activateur tissulaire constitue une protéine naturelle, il ne risque pas de produire des anticorps ou de provoquer des réactions allergiques.

La formation du caillot constitue un mécanisme vital qui prévient les pertes excessives de sang. Pour former des caillots, l'organisme a besoin de calcium et de vitamine K. Cette dernière ne participe pas à la formation du caillot, mais elle est nécessaire à la synthèse de la prothrombine (facteur II) et des facteurs VII, IX et X. Cette vitamine est normalement produite par des bactéries qui vivent dans le gros intestin. Comme elle est liposoluble, elle ne peut être absorbée par la muqueuse de l'intestin et dans le sang que si elle est attachée à des graisses. Les personnes souffrant de troubles qui empêchent l'absorption des graisses souffrent souvent d'hémorragies impossibles à réprimer. On peut favoriser la coagulation en appliquant un jet de thrombine ou de fibrine, une surface rugueuse comme de la gaze, ou encore, de la chaleur.

La prévention

La formation de masses contenant du cholestérol, appelées *plaques*, dans les parois des vaisseaux sanguins peut entraîner une coagulation non désirée. Ces plaques forment une surface rugueuse qui favorie l'adhérence des plaquettes et constitue souvent le site d'une coagulation par l'intermédiaire du mécanisme intrinsèque. Une **thrombose** est la formation d'un caillot dans un vaisseau sanguin intact. Le caillot lui-même est un **thrombus** (*thrombo*: caillot). Ce dernier peut se dissoudre spontanément; cependant, s'il reste intact, il peut léser les tissus en interrompant l'apport d'oxygène. Le thrombus peut également être délogé et transporté dans le sang jusque dans un vaisseau plus petit, où il peut bloquer la circulation en direction d'un organe vital. Un caillot sanguin, une bulle d'air, un amas de graisse en provenance d'os brisés ou un morceau de débris transportés par la circulation sanguine constituent un **embole** (*embole* : insertion, intercalation). Lorsque l'embole se loge dans un vaisseau et bloque la circulation sanguine, il se produit une **embolie**.

Même dans un organisme sain, il peut arriver que des régions rugueuses apparaissent sur les parois de vaisseaux sanguins intacts. En fait, on croit que la coagulation sanguine constitue un processus continuel à l'intérieur des vaisseaux sanguins, qui est constamment combattu par les mécanismes visant à prévenir la coagulation et à dissoudre les caillots. Le sang contient des substances qui préviennent la formation de thrombine.

En règle générale, une substance chimique qui prévient la coagulation est un **anticoagulant**. L'*héparine* est un anticoagulant à action rapide, qui bloque le mécanisme de la coagulation en inhibant la conversion de la prothrombine en thrombine, et qui prévient, en grande partie, la formation de thrombus. On l'utilise lors des interventions chirurgicales à cœur ouvert pour prévenir la coagulation. L'héparine est extraite de tissus pulmonaires provenant de bovins et de muqueuses intestinales provenant de bovins et de porcs. La *warfarine (Coumadin)*, une préparation pharmaceutique, peut être administrée aux personnes sujettes aux thromboses. Elle constitue un antagoniste de la vitamine K et réduit ainsi le taux de prothrombine. La warfarine agit plus lentement que l'héparine, et on l'utilise principalement comme mesure préventive. On utilise le CPD (*citrate phosphate dextrose)*, l'ACD (*acide-citrate-dextrose)* et l'EDTA (*éthylènediamine tétra-acétate*) dans les laboratoires et les banques de sang pour empêcher la coagulation des échantillons sanguins. Ces substances réagissent avec le Ca^{2+} pour former des composés insolubles. Ainsi, le Ca^{2+} contenu dans le sang est immobilisé et ne peut plus catalyser la conversion de la prothrombine en thrombine.

Les épreuves

• ***Le temps de coagulation*** Le **temps de coagulation** est le temps requis pour que le sang se coagule. On utilise cette épreuve pour déterminer les propriétés coagulantes du sang chez une personne donnée. Une des méthodes utilisées pour déterminer le temps de coagulation consiste à prélever 5 mL de sang d'une veine dans une seringue recouverte de silicone et d'en placer 1 mL dans deux tubes de verre non recouverts (1 mL dans chacun) et dans deux tubes recouverts de silicone (1 mL dans chacun). On place ensuite les tubes dans de l'eau à 37° C. On incline le premier tube de verre non recouvert à un angle de 45° toutes les minutes, jusqu'à ce qu'on puisse le renverser sans que le sang coule d'une extrémité à l'autre du tube. On incline l'autre tube non recouvert et les deux tubes recouverts de silicone de la même façon, toutes les trois minutes. Le processus de coagulation commence lorsque les plaquettes se décomposent en entrant en contact avec le verre. Lorsque le caillot adhère au tube, le processus est terminé, et on note le temps qui s'est écoulé depuis le début de l'opération. Le temps de coagulation normal dans le tube non recouvert varie entre 5 min et 10 min ; il est de 25 min à 45 min dans les tubes recouverts de silicone. Un temps de coagulation prolongé peut être causé par un problème survenu au cours d'une des étapes de la coagulation (ou toutes les étapes), une déficience d'un facteur de coagulation (habituellement le facteur VIII ou IX), ou encore par la présence d'anticoagulants. Le sang qu'on prélève chez les personnes atteintes d'hémophilie se coagule très lentement, ou même, pas du tout.

• ***Le temps de saignement*** Le **temps de saignement** est le temps requis pour que le sang cesse de couler d'une petite incision cutanée. L'une des techniques utilisées consiste à appliquer un manchon de sphygmomanomètre autour du bras du sujet et à le gonfler jusqu'à 40 mm Hg afin de produire une pression artérielle constante dans les capillaires. On pratique ensuite une incision dans la peau de l'avant-bras. On utilise le rebord d'un morceau de gaze pour recueillir le sang, en touchant l'incision toutes les 30 s. Le temps de saignement normal, au moyen de cette technique, est de 4 min à 8 min. Contrairement au temps de coagulation, qui ne comporte que la décomposition des plaquettes, le temps de saignement comprend également la constriction des vaisseaux sanguins lésés ainsi que toutes les étapes de la formation du caillot.

• ***Le temps de Quick*** Le **temps de Quick** est une épreuve utilisée pour déterminer la quantité de prothrombine présente dans le sang. On traite un échantillon sanguin à l'aide de CPD ou d'un composé semblable afin d'inactiver le Ca^{2+} et d'empêcher la coagulation du sang. Puis, on mêle le Ca^{2+}, la thromboplastine et les facteurs plasmatiques de coagulation V et VII à l'échantillon de sang. Le temps que met alors le sang à se coaguler correspond au temps de Quick et dépend de la quantité de prothrombine présente dans l'échantillon. Normalement, le temps de Quick varie entre 11 s et 15 s.

LA DÉTERMINATION DES GROUPES SANGUINS

Les surfaces des hématies contiennent des antigènes déterminés génétiquement, appelés **agglutinogènes.** On peut détecter au moins 300 systèmes de groupes sanguins à la surface des hématies. Nous exposons ici les deux principaux systèmes de classification, ABO et Rhésus. Parmi les autres systèmes, on trouve les systèmes Lewis, Kell, Kidd et Duffy.

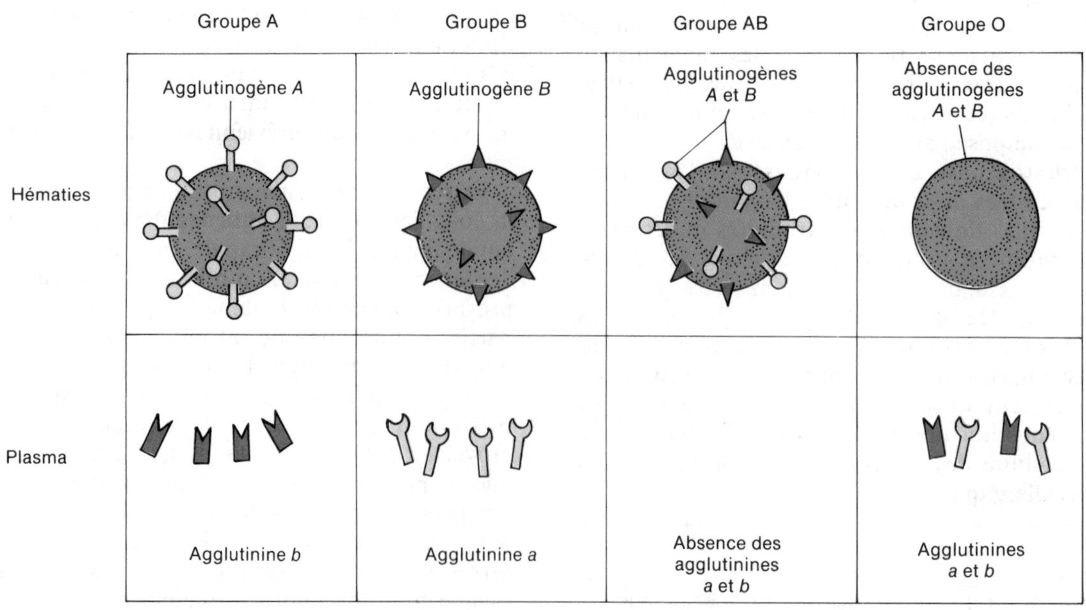

FIGURE 19.5 Agglutinogènes (antigènes) et agglutinines (anticorps) qui interviennent dans le système ABO.

LE SYSTÈME ABO

La détermination des **groupes sanguins ABO** est basée sur deux agglutinogènes symbolisés par les lettres *A* et *B* (figure 19.5). Les personnes dont les hématies ne contiennent que l'agglutinogène *A* appartiennent au groupe A; celles qui possèdent l'agglutinogène *B* appartiennent au groupe B; celles qui possèdent les deux agglutinogènes sont de groupe AB, et celles qui ne possèdent aucun de ces agglutinogènes appartiennent au groupe O.

Les quatre groupes sanguins énumérés plus haut ne sont pas distribués également. L'incidence, parmi la population au Canada, est la suivante : groupe A, 43 %, groupe B, 8 %, groupe AB, 3 %, et groupe O, 48 %.

Chez un grand nombre de personnes, le plasma sanguin contient des anticorps déterminés génétiquement appelés **agglutinines**. Ce sont l'agglutinine *a* (anti-A), qui s'attaque à l'agglutinogène A, et l'agglutinine *b* (anti-B), qui s'attaque à l'aggulinogène B. Les agglutinines formées par chacun des quatre groupes sanguins sont illustrées à la figure 19.5. Les agglutinines n'attaquent pas les agglutinogènes de nos propres hématies, mais nous possédons une agglutinine qui s'attaque aux agglutinogènes qui ne sont pas synthétisés par notre organisme. Lors d'une transfusion sanguine incompatible, les hématies du donneur sont attaquées par les agglutinines du receveur, ce qui entraîne l'**agglutination** des cellules sanguines. Les cellules agglutinées se logent dans de petits capillaires à travers l'organisme, et, au cours des heures qui suivent, les cellules se gonflent, se rompent et libèrent de l'hémoglobine dans le sang. Cette réaction, lorsqu'elle s'applique aux hématies, est appelée **hémolyse**. Le degré d'agglutination dépend du titre (la force ou la quantité) de l'agglutinine dans le sang. L'hémolyse constitue un exemple de la réaction antigène-anticorps (figure 19.6).

Dans la plupart des cas, on effectue une transfusion sanguine lorsque le volume sanguin du receveur est peu élevé (après un collapsus circulatoire, par exemple). Parmi les autres cas où une transfusion sanguine est indiquée, on trouve l'anémie, l'hémophilie et la maladie hémolytique du nouveau-né (érythroblastose fœtale). Lorsqu'on effectue une transfusion, on doit prendre soin d'éviter les incompatibilités qui pourraient provoquer l'agglutination. Les cellules agglutinées peuvent obstruer les vaisseaux sanguins et provoquer des lésions rénales ou cérébrales mortelles ; la libération d'hémoglobine peut également provoquer des lésions rénales.

Voyons un exemple de transfusion sanguine incompatible : qu'arrive-t-il si une personne du groupe A reçoit une transfusion d'un donneur du groupe B ? Le sang du receveur (groupe A) contient des agglutinogènes *A* et des agglutinines *b*. Le sang du donneur (groupe B) contient des agglutinogènes *B* et des agglutinines *a*. Deux événements peuvent se produire. D'abord, les agglutinines *b* présents dans le plasma du receveur s'attaquent aux agglutinogènes *B* des hématies du donneur, ce qui provoque l'hémolyse des hématies. Ensuite, les agglutinines *a* présentes dans le plasma du donneur s'attaquent aux agglutinogènes *A* des hématies du receveur, provoquant l'hémolyse. Toutefois, cette dernière réaction n'est habituellement pas grave, parce que les agglutinines *a* du donneur se diluent dans le plasma du receveur et ne peuvent provoquer une hémolyse importante des hématies du receveur. Ainsi, une personne du groupe A ne peut recevoir de sang d'un donneur du groupe B ou AB. Cependant, elle peut recevoir du sang d'un donneur du groupe A ou O. Nous donnons un résumé des interactions des quatre groupes sanguins du système ABO dans le document 19.5.

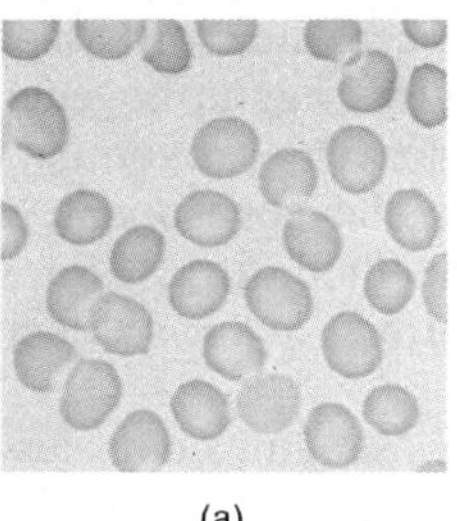

(a)

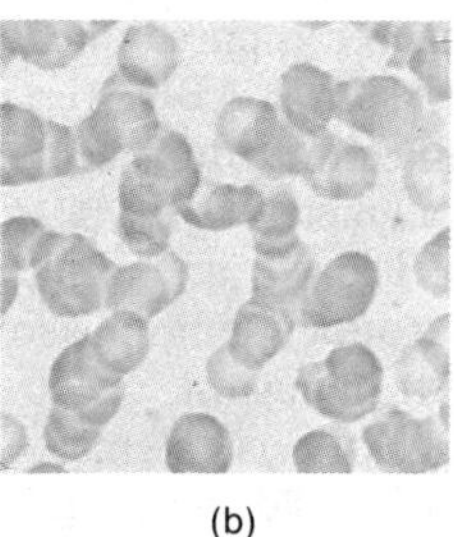

(b)

FIGURE 19.6 Compatibilité des groupes sanguins, vue au microscope. (a) Comme le groupe sanguin illustré ici ne possède pas d'agglutinines pouvant s'attaquer aux agglutinogènes, il ne se produit pas d'agglutination. (b) Si un groupe sanguin possède des agglutinines incompatibles, ces derniers s'attaquent aux agglutinogènes et provoquent une agglutination. [Photomicrographies Copyright © 1987 by Michael H. Ross. Reproduction autorisée.]

Les personnes du groupe AB ne possèdent pas d'agglutinines dans leur plasma ; on les appelle parfois receveurs universels, parce qu'elles peuvent, en théorie, recevoir du sang de donneurs des quatre groupes sanguins, puisqu'elles ne possèdent pas d'agglutinines pouvant s'attaquer aux hématies. Les personnes du groupe O ne possèdent pas d'agglutinogènes sur leurs hématies ; on les appelle parfois donneurs universels parce que, en théorie, elles peuvent donner du sang aux personnes appartenant aux quatres groupes sanguins. Ces personnes ne peuvent recevoir que du sang de groupe O. En pratique, cependant, les termes *receveur universel* et *donneur universel* sont trompeurs et

DOCUMENT 19.5 RÉSUMÉ DES INTERACTIONS DU SYSTÈME ABO

GROUPE SANGUIN	AGGLUTINOGÈNE (ANTIGÈNE)	AGGLUTININE (ANTICORPS)	GROUPES SANGUINS COMPATIBLES	GROUPES SANGUINS INCOMPATIBLES
A	*A*	*b*	A, O	B, AB
B	*B*	*a*	B, O	A, AB
AB	*A*, *B*	ni *a* ni *b*	A, B, AB, O	—
O	ni *A* ni *B*	*a*, *b*	O	A, B, AB

dangereux, parce que, en plus de ceux qui sont associés au système ABO, il existe d'autres agglutinogènes et agglutinines dans le sang, qui peuvent provoquer des problèmes lors de la transfusion. Par conséquent, sauf dans le cas d'une urgence extrême, on doit s'assurer que les groupes sanguins sont compatibles avant d'effectuer une transfusion.

On utilise également les groupes sanguins dans les cas de désaveu de paternité, pour déterminer les coupables de certains crimes, et, dans les études anthropologiques, pour établir un lien entre les races.

Chez certains sujets (environ 80% de la population), appelés « sécréteurs », des antigènes solubles de type ABO apparaissent dans la salive et les autres liquides corporels. Lors d'enquêtes criminelles, il a été possible de déterminer la présence de ces liquides à partir de résidus de salive sur un bout de cigarette, ou, dans les cas de viol, dans le sperme.

APPLICATION CLINIQUE

Récemment, on a réussi à transformer du sang de groupe B en groupe O à l'aide d'une enzyme appelée alpha galactosidase. Cette enzyme est isolée à partir de grains de café vert. Elle est capable d'éliminer un sucre de la surface des hématies, **transformant ainsi du sang de groupe B en sang de groupe O**. Des tests préliminaires effectués sur des animaux et certains volontaires humains n'ont montré aucune réaction défavorable. On espère que les tests qui seront effectués dans l'avenir confirmeront l'innocuité du sang ainsi transformé et qu'il sera possible d'opérer d'autres conversions de façon que les banques de sang aient toujours en réserve les quantités de sang nécessaires pour répondre à la demande.

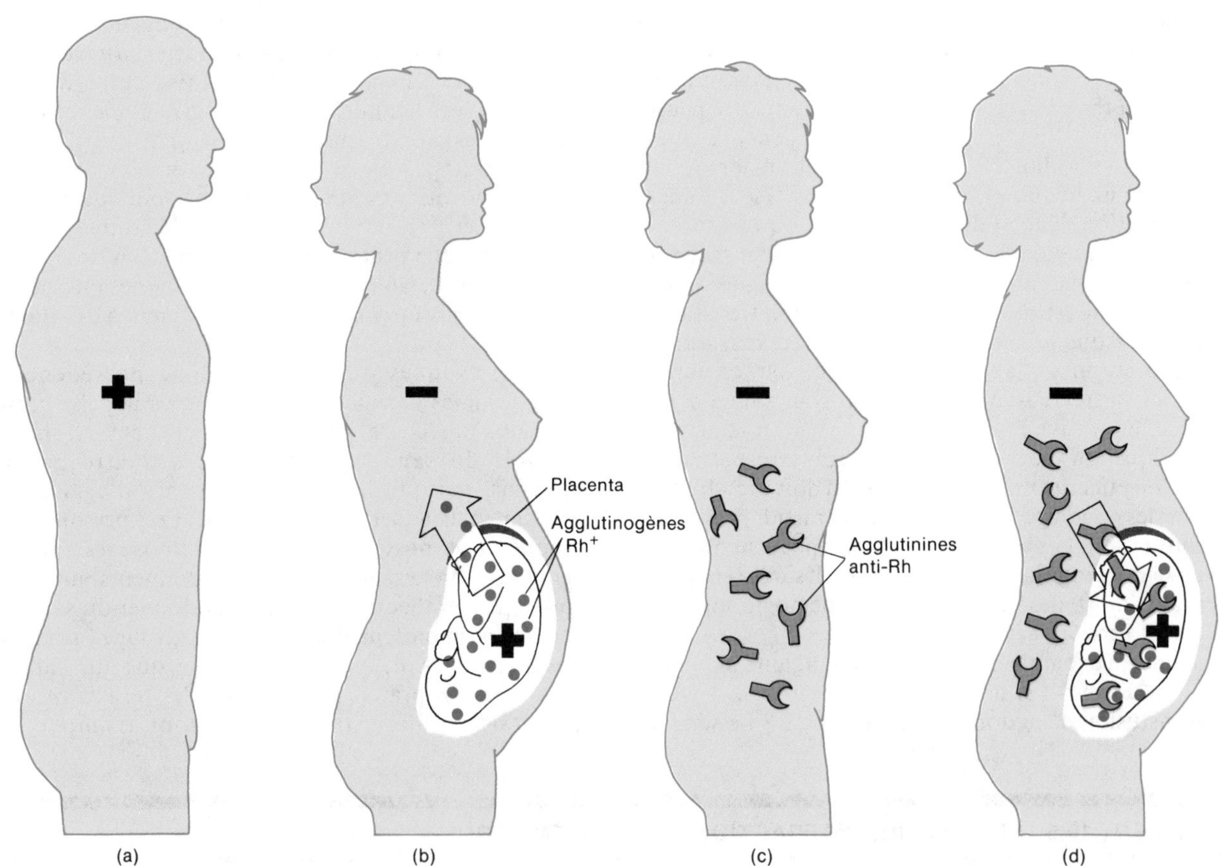

FIGURE 19.7 Développement de la maladie hémolytique du nouveau-né (érythroblastose fœtale). (a) Père Rh^+. (b) Mère Rh^- et fœtus Rh^+. Lorsqu'une femme Rh^- est fécondée par un homme Rh^+ et que le fœtus est Rh^+, les agglutinogènes Rh^+ du fœtus peuvent pénétrer dans le sang maternel, par l'intermédiaire du placenta, lors de l'accouchement. (c) Au contact des agglutinogènes Rh^+ du fœtus, la mère fabrique des agglutinines anti-Rh. (d) Si la femme devient enceinte de nouveau, ses agglutinines anti-Rh traversent le placenta et entrent dans la circulation sanguine du fœtus. Si ce dernier est Rh^+, il sera atteint de la maladie hémolytique du nouveau-né (érythroblastose fœtale).

LE SYSTÈME RHÉSUS

Le **système Rhésus** est ainsi appelé parce les premières expériences faites à ce sujet ont été effectuées sur le sang d'un singe *rhésus*. Tout comme le système ABO, le système Rhésus est basé sur des agglutinogènes présents à la surface des hématies. Les personnes dont les hématies possèdent des agglutinogènes Rh appartiennent au groupe Rh^+, et celles qui n'ont pas d'agglutinogènes Rh appartiennent au groupe Rh^-. On estime que 85% de la population sont Rh^+, et que 15% sont Rh^-.

Normalement, le plasma humain ne contient pas d'agglutinines anti-Rh. Toutefois, lorsqu'une personne Rh^- reçoit du sang Rh^+, l'organisme commence à fabriquer des agglutinines anti-Rh qui restent dans le sang. Si une deuxième transfusion de sang Rh^+ est effectuée plus tard, les agglutinines anti-Rh précédemment formées réagissent contre le sang du donneur et une réaction grave peut survenir.

APPLICATION CLINIQUE

Un des problèmes les plus courants liés à l'incompatibilité Rhésus survient durant la grossesse (figure 19.7). Au cours de la grossesse, une petite quantité du sang du fœtus peut s'infiltrer hors du placenta dans la circulation sanguine de la mère ; la plus grande partie du transfert s'effectue lors de l'accouchement. Si le fœtus est Rh^+ et que la mère est Rh^-, cette dernière, par suite de l'exposition aux cellules Rh^+ du fœtus, fabrique des agglutinines anti-Rh. Si la femme devient enceinte à nouveau, ses agglutinines anti-Rh traversent le placenta et se rendent dans la circulation sanguine du fœtus. Si ce dernier est Rh^-, il n'y a pas de problème, parce que le sang Rh^- ne contient pas d'agglutinogène Rh. Par contre, si le fœtus est Rh^+, une hémolyse peut se produire dans le sang de celui-ci. L'hémolyse entraînée par l'incompatibilité fœto-maternelle est appelée **maladie hémolytique du nouveau-né (érythroblastose fœtale)**. Lorsqu'un enfant est atteint de cette maladie à la naissance, on prélève lentement la totalité de son sang et on le remplace par du sang Rh^-. Il est même possible de donner du sang à l'enfant avant la naissance si l'on soupçonne qu'il est atteint. Ce problème peut cependant être prévenu à l'aide d'une injection de gammaglobuline anti-Rh (D), que l'on administre à la mère Rh^- immédiatement après un accouchement ou un avortement spontané ou thérapeutique. Ces agglutinines inactivent les agglutinogènes du fœtus, et la mère ne réagit plus aux agglutinogènes étrangers en produisant des agglutinines. Ainsi, lors de la grossesse suivante, le fœtus est protégé. Dans le cas d'une mère Rh^+ et d'un enfant Rh^-, il n'y a pas de complications, puisque le fœtus ne peut fabriquer d'agglutinines. Dans les cas où la maladie hémolytique du nouveau-né n'est pas liée à l'incompatibilité Rhésus, elle peut être associée aux autres groupes sanguins, comme les groupes Kell, Kidd ou Duffy.

LE LIQUIDE INTERSTITIEL ET LA LYMPHE

Le sang entier ne coule pas dans les espaces tissulaires ; il reste dans les vaisseaux fermés. Toutefois, certains composants du plasma traversent les parois des capillaires, et, une fois qu'ils sont sortis du sang, ils sont appelés liquide interstitiel. Le liquide interstitiel et la lymphe sont, à peu de choses près, identiques. La principale différence entre les deux est leur emplacement. Lorsque le liquide baigne les cellules, on l'appelle **liquide interstitiel**, et lorsqu'il coule dans les vaisseaux lymphatiques, on l'appelle **lymphe**.

Le liquide interstitiel et la lymphe ont sensiblement la même composition que le plasma. La principale différence, sur le plan chimique, est qu'ils contiennent moins de protéines que le plasma, parce que les grosses molécules protéiques ne peuvent pas traverser les cellules qui forment les parois des capillaires. Le transfert de substances entre le sang et le liquide interstitiel s'effectue par osmose, diffusion et filtration à travers les cellules qui forment les parois des capillaires.

Le liquide interstitiel et la lymphe diffèrent également du plasma en ce qu'ils contiennent des nombres variables de leucocytes. Ces derniers peuvent pénétrer dans le liquide interstitiel par diapédèse, et le tissu lymphoïde lui-même est un des sites de la production des agranulocytes. Tout comme le plasma, le liquide interstitiel et la lymphe ne contiennent pas d'hématies ni de plaquettes.

D'autres substances présentes dans le liquide interstitiel et la lymphe, notamment des molécules organiques, varient selon l'emplacement de l'échantillon analysé. Les vaisseaux lymphatiques qui drainent les organes du tube digestif, par exemple, contiennent un grand nombre de lipides absorbés à partir de la nourriture.

LES AFFECTIONS : DÉSÉQUILIBRES HOMÉOSTATIQUES

L'anémie

L'**anémie** est un signe et non un diagnostic. Elle existe sous un grand nombre de formes, et toutes sont caractérisées par un nombre insuffisant d'hématies ou une quantité insuffisante d'hémoglobine. Ces caractéristiques entraînent de la fatigue et une intolérance au froid, qui sont liées au fait que l'apport d'oxygène ne répond pas aux besoins énergétiques et ne réussit pas à produire suffisamment de chaleur, et à la pâleur, qui est causée par le taux peu élevé d'hémoglobine.

L'anémie alimentaire

L'**anémie alimentaire** est causée par un régime alimentaire inadéquat, qui ne contient pas suffisamment de fer, d'acides aminés nécessaires ou de vitamine B_{12}.

L'anémie pernicieuse

L'**anémie pernicieuse** est causée par une production insuffisante d'hématies résultant d'une incapacité de l'organisme de produire le facteur intrinsèque ou à cause d'une carence en vitamine B_{12}.

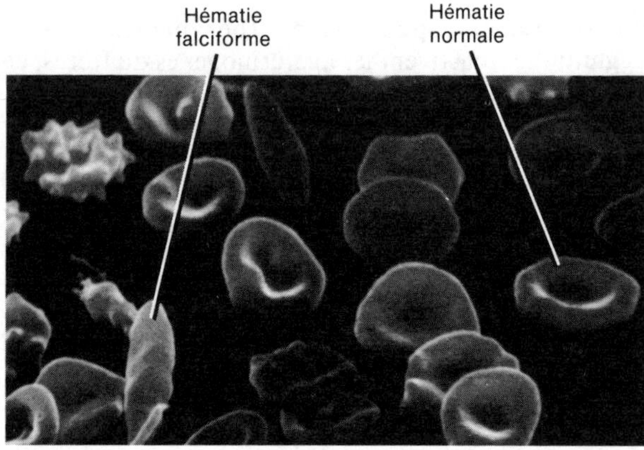

FIGURE 19.8 Micrographie électronique par balayage montrant des hématies atteintes de drépanocytose, agrandie environ 2 000 fois. [Gracieuseté de Fisher Scientific Company et S.T.E.M. Laboratories, Inc., Copyright © 1975.]

L'anémie hémorragique

L'**anémie hémorragique** est causée par une perte excessive d'hématies par suite d'une hémorragie. Les causes les plus fréquentes sont les grandes blessures, les ulcères gastriques et les menstruations abondantes. Lorsque l'hémorragie est très importante, l'anémie est dite aiguë. Une perte sanguine excessive peut entraîner la mort. Une hémorragie lente et prolongée peut entraîner une anémie chronique. Le principal symptôme de cette forme d'anémie est la fatigue.

L'anémie hémolytique

Lorsque les membranes cellulaires des hématies se rompent prématurément, l'hémoglobine des cellules s'écoule dans le plasma. Un signe caractéristique de cet état, appelé **anémie hémolytique**, est une distorsion de la forme des hématies qui progressent vers l'hémolyse. Il peut également se produire une augmentation importante du nombre des réticulocytes, puisque la destruction des hématies stimule l'érythropoïèse.

La destruction prématurée des hématies peut résulter d'anomalies de l'hémoglobine, des enzymes des hématies ou de la membrane cellulaire des hématies. Les parasites, les toxines et les anticorps formés par une incompatibilité sanguine (comme une incompatibilité mère Rh^- et fœtus Rh^+) sont des agents qui peuvent entraîner l'anémie hémolytique. La maladie hémolytique du nouveau-né constitue un exemple de cette forme d'anémie.

Le terme **thalassémie** recouvre un groupe d'anémies hémolytiques héréditaires, causées par un défaut de la synthèse de l'hémoglobine, qui produit des hématies extrêmement minces et fragiles. La thalassémie affecte principalement les populations des pays qui entourent la Méditerranée. Le traitement consiste généralement à effectuer des transfusions sanguines.

L'anémie aplasique (ou aplastique)

L'**anémie aplasique** est causée par la destruction ou l'inhibition de la moelle osseuse rouge. En règle générale, la moelle est remplacée par des tissus adipeux ou fibreux, ou des cellules cancéreuses. Les principales causes sont les toxines, les rayonnements gamma et certains médicaments. La plupart des médicaments inhibent les enzymes qui participent à l'hématopoïèse. On peut maintenant effectuer des greffes de la moelle osseuse, avec des chances de réussite assez élevées, chez les sujets atteints de cette forme d'anémie. On doit effectuer ces greffes au début de la maladie, avant que la victime ne soit sensibilisée par les transfusions. On administre des médicaments immunosuppresseurs quatre jours avant la greffe et, à une fréquence décroissante, au cours des 100 jours suivants.

La drépanocytose (anémie à hématies falciformes)

Les hématies de la personne atteinte de **drépanocytose** fabriquent un type anormal d'hémoglobine. Lorsqu'une hématie donne son oxygène au liquide interstitiel, son hémoglobine a tendance à perdre son intégrité aux endroits où la tension de l'oxygène est peu élevée, et elle forme des structures longues et raides, semblables à des bâtons, qui lui donnent la forme d'une faucille (figure 19.8). Les hématies falciformes se rompent facilement. Même stimulée par la perte des cellules, l'érythropoïèse ne peut pas suivre le rythme de l'hémolyse. La personne atteinte souffre donc d'une anémie hémolytique qui réduit l'apport d'oxygène aux tissus. Une carence prolongée en oxygène peut, à la longue, provoquer des lésions tissulaires importantes. De plus, à cause de leur forme, les hématies falciformes ont tendance à être bloquées dans les vaisseaux et peuvent interrompre complètement l'apport sanguin à un organe.

La drépanocytose est caractérisée par plusieurs symptômes. Le jeune enfant présente un œdème et des douleurs dans les poignets et dans les pieds. Les personnes plus âgées éprouvent des douleurs dans le dos et les membres, mais il n'y a pas d'œdème ni de douleurs abdominales. Parmi les complications possibles, on trouve des troubles neurologiques (méningite, crises d'épilepsie, accident vasculaire cérébral), un dysfonctionnement pulmonaire, des troubles orthopédiques (nécrose de la tête du fémur, ostéomyélite), des troubles de l'appareil génito-urinaire (miction involontaire, présence de sang dans l'urine, insuffisance rénale), des troubles oculaires (hémorragie, décollement de la rétine, cécité) et des complications obstétricales (convulsions, coma, infection).

La drépanocytose est une affection héréditaire. Le gène responsable de la tendance des hématies à prendre une morphologie falciforme au cours de l'hypoxie semble également empêcher les hématies de se rompre au cours d'un accès paludéen. Ce gène modifie également la perméabilité des membranes cellulaires des hématies falciformes, ce qui provoque une fuite de potassium. Les basses concentrations de potassium détruisent les parasites paludéens qui infectent les hématies falciformes. Les gènes drépanocytaires se rencontrent surtout parmi les populations, ou les descendants des populations, qui vivent dans les parties du monde où sévit le paludisme, ce qui comprend certaines parties de l'Europe méditerranéenne ainsi que l'Afrique et l'Asie subtropicales. Lorsqu'une personne ne possède qu'un seul gène drépanocytaire,on dit qu'elle a un trait drépanocytaire. Cette personne est très résistante au paludisme (un facteur qui peut constituer une valeur importante sur le plan de la survie), mais ne souffre pas de l'anémie. Seules les personnes qui héritent d'un gène drépanocytaire des deux parents contractent la drépanocytose.

Le traitement consiste à administrer des analgésiques pour soulager la douleur et des antibiotiques pour combattre l'infection, et à effectuer des transfusions sanguines.

La polyglobulie

La **polyglobulie** est une augmentation du nombre des hématies. L'hématocrite constitue une épreuve importante dans le diagnostic de cette maladie. Lorsque l'hématocrite augmente, et notamment s'il est supérieur à 55, il est très probable que le sujet soit atteint de polyglobulie. Une augmentation de la viscosité du sang accompagne le taux élevé d'hématocrite. Cette viscosité accrue provoque une élévation de la pression artérielle, et favorise la thrombose et l'hémorragie. La thrombose est causée par un nombre excessif d'hématies qui s'accumulent à l'entrée des petits vaisseaux sanguins. L'hémorragie est due à une hyperémie généralisée (quantités anormalement élevées de sang dans une partie d'un organe).

La mononucléose infectieuse

La **mononucléose infectieuse** est une maladie contagieuse affectant principalement le tissu lymphoïde. Elle est causée par le *virus* d'*Epstein-Barr*, qui est également à l'origine du lymphome de Burkitt, du carcinome rhinopharyngien et de la maladie de Hodgkin. Elle affecte principalement les enfants et les jeunes adultes ; l'incidence la plus élevée se situe chez les sujets âgés de 15 ans à 20 ans. Dans la plupart des cas, le virus pénètre dans l'organisme par contact oral, se multiplie dans les tissus lymphoïdes et envahit le sang, où il infecte les lymphocytes B, les principales cellules hôtes, et augmente leur nombre. Consécutivement à cette infection, les lymphocytes B s'hypertrophient et prennent la forme de monocytes ; c'est pourquoi la maladie est appelée mononucléose. La mononucléose infectieuse est caractérisée par une leucocytose élevée et un pourcentage anormalement élevé de lymphocytes. Les symptômes comprennent des maux de gorge, une adénopathie (hypertrophie et sensibilité des ganglions lymphatiques), de la fièvre, une coloration rouge et brillante de la gorge et du palais mou, une raideur de la nuque, de la toux et un malaise. La rate peut également s'hypertrophier. Des complications affectant le foie, les yeux, le cœur, les reins et le système nerveux peuvent se développer. Il n'existe pas de traitement particulier pour la mononucléose infectieuse ; on se borne à surveiller les complications et à les traiter, le cas échéant. Habituellement, la maladie dure quelques semaines, et la personne atteinte ne souffre généralement pas de séquelles.

La leucémie

Sur le plan clinique, on classe la **leucémie** en se basant sur la durée et le type de la maladie, qui peut être aiguë ou chronique. En gros, la leucémie aiguë est une maladie cancéreuse des organes hématopoïétiques, caractérisée par une production irrépressible et une accumulation de leucocytes immatures ; un grand nombre de ces cellules n'atteignent jamais la maturité. Dans le cas de la leucémie chronique, les leucocytes adultes s'accumulent dans la circulation sanguine parce qu'ils ne meurent pas à la fin de leur cycle de vie normal. Le *human T-cell leukemia-lymphoma virus-1 (HTLV-1)* est étroitement associé à la leucémie. On classe également cette maladie selon l'identité et l'emplacement de la cellule principalement affectée : myélocytaire (leucémie myéloïde, leucémie myéloblastique, leucémie granuleuse), lymphocytaire (leucémie lymphoïde, leucémie lymphoblastique) et monocytaire (leucémie monocytaire, leucémie monoblastique).

Dans le cas de la leucémie aiguë, les troubles liés à l'anémie et à l'hémorragie résultent de la prolifération des cellules de la moelle osseuse causée par une surproduction des cellules immatures qui empêche la production normale des hématies et des plaquettes. L'hémorragie interne est l'un des facteurs qui peuvent entraîner la mort, notamment l'hémorragie cérébrale qui détruit les centres vitaux situés dans l'encéphale. La cause la plus fréquente de mortalité est peut-être l'infection qu'on ne peut juguler, et qui est causée par la carence en leucocytes adultes ou normaux. On peut réduire l'accumulation anormale de leucocytes immatures à l'aide de rayons X et de médicaments antinéoplasiques. On peut également obtenir une rémission partielle ou complète pouvant durer jusqu'à 15 ans.

GLOSSAIRE DES TERMES MÉDICAUX

Concentré de plaquettes Préparation de plaquettes obtenue à partir de sang entier récemment prélevé, utilisée lors de transfusions destinées à des personnes atteintes de carences plaquettaires comme l'hémophilie.

Gammaglobulines Solution de globulines provenant de sang non humain, et comprenant des anticorps qui réagissent à des agents pathogènes particuliers, comme ceux qui sont associés aux oreillons, à l'hépatite épidémique, au tétanos et, peut-être, à la polyomyélite. On les prépare en injectant le virus spécifique à un animal, en prélevant du sang de l'animal après que les anticorps se sont accumulés, en isolant les anticorps et en les injectant à un être humain afin d'assurer une immunité de brève durée.

Hémochromatose (*hémo* : fer ; *chroma* : couleur) Affection liée au métabolisme du fer, caractérisée par des dépôts excessifs de fer dans les tissus, notamment dans le foie et le pancréas, qui entraînent une coloration bronzée de la peau, une cirrhose, un diabète sucré et des anomalies osseuses et articulaires.

Hémorragie (*rragie* : rupture) Extravasion de sang, interne (depuis les vaisseaux sanguins jusqu'aux tissus) ou externe (depuis les vaisseaux sanguins directement à la surface du corps).

Sang entier Sang contenant tous les éléments figurés, le plasma et les solutés du plasma en concentrations naturelles.

Sang entier citraté Sang entier auquel on a ajouté de l'acide-citrate-dextrose (ACD), ou un composé semblable, afin de prévenir la coagulation.

Septicémie (*septi* : corrompu ; *émie* : sang) Présence de toxines ou de bactéries pathogènes dans le sang.

Thrombopénie (*pénie* : manque, déficience) Taux très bas de plaquettes dans le sang, entraînant une tendance aux hémorragies.

Transfusion Perfusion de sang entier, d'éléments figurés (hématies seulement ou plasma seulement) ou de moelle osseuse, directement dans la circulation sanguine.

Transfusion autologue (*auto* : soi) Transfusion effectuée avec le sang donné par le receveur en vue d'une intervention chirurgicale non urgente, afin d'assurer une réserve suffisante et de réduire les complications liées à la transfusion.

Transfusion d'échange ou **exsanguino-transfusion** Prélèvement du sang du receveur et remplacement simultané par du sang du donneur. On utilise cette méthode dans les cas de maladie hémolytique du nouveau-né (érythroblastose fœtale) et d'intoxication.

Transfusion directe, ou **immédiate** ou **de bras à bras** (*trans* : à travers) Transfusion sanguine effectuée directement d'une personne à une autre, sans que le sang soit exposé à l'air.

Transfusion indirecte ou **médiate** Prélèvement sanguin déposé dans un récipient et transmis par la suite au receveur ; cette méthode permet d'entreposer du sang en cas d'urgence. On peut séparer le sang en ses différents composants, de façon que le receveur puisse ne recevoir que les éléments dont il a besoin.

Veinotomie ou **saignée** Incision d'une veine dans le but de prélever du sang. Bien que le terme **phlébotomie** (*phlébo* : veine ; *tomie* : incision) soit un synonyme de veinotomie, en pratique clinique, la phlébotomie correspond à un prélèvement sanguin thérapeutique, comme le fait de prélever un litre de sang afin d'abaisser la viscosité du sang d'une personne atteinte de polyglobulie.

RÉSUMÉ

Les caractéristiques physiques (page 460)

1. L'appareil cardio-vasculaire comprend le sang, le cœur et les vaisseaux sanguins. Le système lymphatique est formé de la lymphe et des vaisseaux et ganglions lymphatiques.
2. Sur le plan physique, le sang est caractérisé par une viscosité variant entre 4,5 et 5,5, une température de 38° C, un pH variant entre 7,35 et 7,45, et une concentration en sel (NaCl) variant entre 0,85% et 0,90%. Le sang représente environ 8% de la masse corporelle.

Les fonctions (page 460)

1. Le sang transporte de l'oxygène, du dioxyde de carbone, des nutriments, des déchets, des hormones et des enzymes.
2. Le sang aide à régler le pH, la température corporelle et le contenu aqueux des cellules.
3. Il prévient également les pertes sanguines grâce à la coagulation et combat les toxines et les microbes à l'aide de cellules spécialisées.

Les composants (page 460)

1. Les éléments figurés du sang comprennent les hématies (globules rouges ou érythrocytes), les leucocytes (globules blancs) et les plaquettes (thrombocytes).
2. Les cellules sanguines sont formées par un processus appelé hématopoïèse.
3. La moelle osseuse rouge (tissu myéloïde) est à l'origine de la production des hématies, des granulocytes et des plaquettes. Les tissus lymphoïde et myéloïde produisent les agranulocytes.

Les hématies (page 462)

1. Les hématies sont des disques biconcaves dépourvus de noyau et contenant de l'hémoglobine.
2. La fonction des hématies consiste à transporter de l'oxygène et du dioxyde de carbone.
3. La durée de vie des hématies est d'environ 120 jours. Un homme adulte en santé en possède environ 5,4 millions/mm^3, et une femme, environ 4,8 millions/mm^3.
4. La formation des hématies, appelée l'érythropoïèse, se produit dans la moelle osseuse rouge adulte de certains os.
5. La numération des réticulocytes est une épreuve diagnostique permettant de mesurer la vitesse de l'érythropoïèse.
6. L'hématocrite mesure le pourcentage des hématies dans le sang entier.

Les leucocytes (page 465)

1. Les leucocytes sont des cellules nucléées. Les deux principaux types de leucocytes sont les granulocytes (neutrophiles, éosinophiles et basophiles) et les agranulocytes (lymphocytes et monocytes).
2. La fonction générale des leucocytes consiste à combattre l'inflammation et l'infection. Les neutrophiles et les monocytes (macrophages libres) s'acquittent de cette tâche par la phagocytose.
3. Les éosinophiles combattent les effets de l'histamine dans les réactions allergiques, phagocytent les complexes antigène-anticorps et combattent les vers parasites. Les basophiles libèrent de l'héparine, de l'histamine et de la sérotonine dans les réactions allergiques; ces substances intensifient la réaction inflammatoire.
4. En réaction à la présence de substances étrangères appelées antigènes, les lymphocytes se différencient en cellules plasmatiques tissulaires qui produisent des anticorps. Les anticorps s'attachent aux antigènes et les rendent inoffensifs. La réaction antigène-anticorps combat l'infection et assure l'immunité.
5. La formule leucocytaire est une épreuve diagnostique permettant de connaître le nombre de leucocytes présents dans le sang.
6. Les leucocytes ne survivent habituellement que quelques heures, ou quelques jours. Normalement, le sang en contient de 5 000/mm^3 à 9 000/mm^3.

Les plaquettes (page 468)

1. Les plaquettes sont des structures en forme de disques, dépourvues de noyau.
2. Elles sont formées à partir des mégacaryocytes et participent au processus de la coagulation.
3. Normalement, le sang en contient de 250 000/mm^3 à 400 000/mm^3.

Le plasma (page 469)

1. La portion liquide du sang, le plasma, comprend 91,5% d'eau et 8,5% de solutés.
2. Les principaux solutés comprennent des protéines (albumines, globulines et fibrinogène), des substances azotées non protéiques, des aliments, des enzymes et des hormones, des gaz respiratoires et des électrolytes.

L'hémostase (page 470)

1. L'hémostase est liée à la prévention des pertes sanguines.
2. Elle comprend la constriction vasculaire, la formation d'un clou plaquettaire et la coagulation du sang.
3. Au cours de la constriction vasculaire, le muscle lisse d'un vaisseau sanguin se contracte afin d'arrêter l'hémorragie.
4. La formation du clou plaquettaire implique une agrégation des plaquettes permettant d'arrêter l'hémorragie.
5. Un caillot est un réseau de protéines insolubles (fibrine) dans lequel les éléments figurés du sang sont emprisonnés.
6. Les substances chimiques qui participent à la coagulation sont des facteurs de la coagulation. Il en existe deux types, qui sont liés au plasma ou aux plaquettes.
7. Le coagulation du sang se présente sous deux formes: les mécanismes intrinsèque et extrinsèque.
8. Normalement, la coagulation comprend également la rétraction du caillot (resserrement du caillot) et la fibrinolyse (dissolution du caillot).
9. Une thrombose est causée par un caillot qui se forme dans un vaisseau sanguin intact. Un thrombus qui quitte son lieu d'origine est un embole.
10. Les anticoagulants (*v.g.*, héparine) préviennent l'obstruction des vaisseaux sanguins.
11. Les épreuves de coagulation importantes sur le plan clinique sont le temps de coagulation (temps requis pour que le sang se coagule), le temps de saignement (temps requis pour que le sang cesse de couler d'une petite incision cutanée) et le temps de Quick (temps requis pour que le sang se coagule, déterminé par la quantité de prothrombine présente dans l'échantillon sanguin).

La détermination des groupes sanguins (page 474)

1. Les systèmes ABO et Rhésus sont basés sur les réactions antigène-anticorps.
2. Dans le système ABO, la présence des agglutinogènes (antigènes) A et B détermine le groupe sanguin. Le plasma contient des agglutinines (anticorps) qui provoquent l'agglutination des aggluginogènes étrangers.

3. Dans le système Rhésus, les personnes dont les hématies possèdent des agglutinogènes Rh appartiennent au groupe Rh^+. Celles dont les hématies ne possèdent pas ces agglutinogènes appartiennent au groupe Rh^-.
4. La maladie hémolytique du nouveau-né (érythroblastose fœtale) est un trouble lié à une incompatibilité Rhésus entre la mère et le fœtus.

Le liquide interstitiel et la lymphe (page 477)

1. Le liquide interstitiel baigne les cellules corporelles. La lymphe se trouve dans les vaisseaux lymphatiques.
2. La composition chimique de ces deux liquides est semblable. Ils diffèrent cependant du plasma ; tous deux contiennent moins de protéines et un nombre variable de leucocytes. Contrairement au plasma, ils ne contiennent pas de plaquettes ni d'hématies.

Les affections : déséquilibres homéostatiques (page 477)

1. L'anémie est liée à un nombre insuffisant d'hématies ou à une carence en hémoglobine. Parmi les formes d'anémie, on trouve les anémies alimentaire, pernicieuse, hémorragique, hémolytique, aplasique et la drépanocytose.
2. La polyglobulie est liée à une augmentation anormale du nombre des hématies.
3. La mononucléose infectieuse est une maladie contagieuse qui affecte principalement le tissu lymphoïde. Elle est caractérisée par une leucocytose élevée et un pourcentage anormalement élevé de lymphocytes. Le virus d'Epstein-Barr est à l'origine de cette maladie.
4. La leucémie est une maladie cancéreuse des organes hématopoïétiques caractérisée par une production irrépressible de leucocytes qui empêche la coagulation et les activités vitales de l'organisme.

RÉVISION

1. De quelle façon le sang, le liquide interstitiel et la lymphe sont-ils liés au maintien de l'homéostasie ?
2. Quelle est la différence entre l'appareil cardio-vasculaire et le système lymphatique ?
3. Nommez les principales caractéristiques physiques du sang.
4. Nommez les fonctions du sang et leurs liens avec les autres systèmes et les autres appareils de l'organisme.
5. Qu'est-ce qui distingue le plasma des éléments figurés ?
6. Décrivez l'origine des cellules sanguines.
7. Décrivez l'apparence des hématies au microscope. Quelle est la fonction essentielle des hématies ?
8. Qu'est-ce que l'érythropoïèse ? Quel lien existe-t-il entre l'érythropoïèse et la numération érythrocytaire ? Quels sont les facteurs qui accélèrent et ralentissent l'érythropoïèse ?
9. Qu'est-ce qu'une réticulocytose ? Quelle est sa signification sur le plan diagnostique ?
10. Qu'est-ce que l'hématocrite ? Comparez les hématocrites de personnes anémiques et polyglobuliques.
11. Décrivez la classification des leucocytes. Quelles sont les fonctions de ces derniers ?
12. Quelle est l'importance de la diapédèse, du chimiotactisme et de la phagocytose dans le combat contre les bactéries ?
13. Qu'est-ce que le myélome multiple ? Décrivez la greffe de la moelle osseuse et son utilisation dans le traitement de maladies comme le myélome multiple.
14. Qu'est-ce qu'une formule leucocytaire ? Quelle est sa signification ? Qu'est-ce qui distingue la leucocytose de la leucopénie ?
15. Décrivez la réaction antigène-anticorps. De quelle façon cette réaction constitue-t-elle une protection pour l'organisme ?
16. Décrivez la structure et la fonction des plaquettes.
17. Comparez les hématies, les leucocytes et les plaquettes en tenant compte de leur taille, de leur nombre par millimètre cube et de leur durée de vie.
18. Quels sont les principaux composants du plasma ? Quelles sont leurs fonctions ? Qu'est-ce qui distingue le plasma du sérum ?
19. Qu'est-ce que l'aphérèse ? Quelles sont ses applications cliniques ?
20. Qu'est-ce que l'hémostase ? Expliquez le mécanisme intervenant dans la constriction vasculaire et la formation d'un clou plaquettaire.
21. Décrivez brièvement la formation d'un caillot. Qu'est-ce que la fibrinolyse ? Pourquoi le sang ne reste-t-il habituellement pas coagulé dans les vaisseaux ?
22. Qu'est-ce qui distingue le mécanisme intrinsèque du mécanisme extrinsèque ?
23. Quels sont les mécanismes qui interviennent dans la coagulation du sang ?
24. Définissez les termes suivants : thrombus, embole, anticoagulant, temps de coagulation, temps de saignement et temps de Quick.
25. Sur quoi est basé le système ABO de détermination des groupes sanguins ? Définissez les agglutinogènes et les agglutinines.
26. Sur quoi est basé le système Rhésus ? De quelle façon la maladie hémolytique du nouveau-né (érythroblastose fœtale) survient-elle ? Comment peut-on la prévenir ?
27. Comparez le liquide interstitiel et la lymphe en tenant compte de leur emplacement, de leur composition chimique et de leur fonction.
28. Qu'est-ce que l'anémie ? Comparez les causes des anémies alimentaire, pernicieuse, hémorragique, hémolytique, aplasique et de la drépanocytose.
29. Qu'est-ce que la mononucléose infectieuse ?
30. Qu'est-ce que la leucémie ? Quelles sont les causes de certains de ses symptômes ?

20

L'appareil cardio-vasculaire : le cœur

OBJECTIFS

- Décrire l'emplacement du cœur et identifier les bords de cet organe.
- Décrire la structure du péricarde.
- Comparer la structure et l'emplacement de l'épicarde, du myocarde et de l'endocarde.
- Identifier et décrire les cavités, les gros vaisseaux et les valvules du cœur.
- Décrire les caractéristiques anatomiques superficielles du cœur.
- Décrire le trajet suivi par le sang dans la circulation coronarienne.
- Expliquer les caractéristiques structurales et fonctionnelles du système de conduction du cœur.
- Décrire un électrocardiogramme (ECG) et expliquer sa signification.
- Expliquer les changements de pression liés au flux sanguin dans le cœur.
- Décrire les principales phases d'une révolution cardiaque.
- Comparer les bruits du cœur et leur signification sur le plan clinique.
- Définir le débit cardiaque et expliquer la façon dont il est déterminé.
- Définir la loi de Starling.
- Comparer les effets de la stimulation sympathique et de la stimulation parasympathique du cœur.
- Définir le rôle des barorécepteurs dans les voies réflexes en ce qui concerne la régulation de la fréquence cardiaque.
- Expliquer la façon dont les substances chimiques, la température, les émotions, le sexe et l'âge affectent la fréquence cardiaque.
- Définir le collapsus circulatoire et expliquer les mécanismes homéostatiques qui permettent de le compenser.
- Décrire la structure et la fonction du cœur artificiel.
- Expliquer de quelle façon on peut diagnostiquer des cardiopathies à l'aide du cathétérisme cardiaque et de l'échocardiographie.
- Décrire le fonctionnement d'un cœur-poumon artificiel.
- Nommer les facteurs de risque liés aux cardiopathies.
- Décrire le développement embryonnaire du cœur.
- Décrire la façon dont l'athérosclérose et le spasme coronarien favorisent l'insuffisance coronarienne.
- Comparer les anomalies cardiaques congénitales suivantes : la coarctation de l'aorte, la persistance du canal artériel, la perforation du septum, le rétrécissement valvulaire et la tétralogie de Fallot.
- Définir le bloc auriculo-ventriculaire, le flutter auriculaire, la fibrillation auriculaire et la fibrillation ventriculaire, qui sont des anomalies du système de conduction du cœur (arythmies).
- Définir l'insuffisance cardiaque et le cœur pulmonaire.
- Définir les termes médicaux reliés au cœur.

Le **cœur** est le centre de l'appareil cardiovasculaire. Le terme *cardio* s'applique au cœur, et le terme *vasculaire*, aux vaisseaux sanguins (ou à un apport sanguin abondant). Le cœur est un organe musculaire creux, qui a une masse d'environ 342 g, bat plus de 100 000 fois par jour et propulse 3 784 L de sang dans plus de 100 000 km de vaisseaux sanguins. Les vaisseaux sanguins forment un réseau qui transporte le sang du cœur aux tissus corporels, et le retourne ensuite au cœur. Nous allons étudier principalement l'emplacement du cœur, ses enveloppes, ses parois et ses cavités, ses gros vaisseaux, ses valvules, son anatomie externe, son système de conduction, l'électrocardiogramme (ECG), la révolution cardiaque (battements cardiaques), le débit cardiaque et la régulation de celui-ci par le système nerveux autonome. Nous allons également aborder plusieurs affections associées au cœur.

La **cardiologie** est la branche de la médecine qui étudie le cœur et les maladies qui y sont associées.

Nous étudierons le développement embryonnaire du cœur à la fin de ce chapitre.

L'EMPLACEMENT DU CŒUR

Le cœur occupe une position oblique entre les poumons et fait partie du médiastin, cette masse de tissu située entre les plèvres pulmonaires, qui s'étend du sternum à la colonne vertébrale. Environ les deux tiers de la masse du cœur se trouvent à gauche de la ligne médiane du corps (figure 20.1). Cet organe a un peu la forme d'un cône, et son volume correspond à peu près à celui d'un poing fermé (12 cm de longueur, 9 cm de largeur à son point le plus large et 6 cm d'épaisseur).

L'extrémité du cœur, l'*apex*, est formée par le sommet du ventricule gauche, et se projette vers le bas, vers l'avant et vers la gauche. Le *bord gauche* est formé presque entièrement par le ventricule gauche ; l'oreillette gauche forme une partie de son extrémité supérieure. Le *bord supérieur*, où les gros vaisseaux pénètrent dans le cœur et en sortent, est composé des deux oreillettes. La *base* du cœur se projette vers le haut, vers l'arrière et vers la droite. Elle est formée par les oreillettes, notamment l'oreillette gauche. Le *bord droit* est formé par l'oreillette droite, et le *bord inférieur*, par le ventricule droit, et une

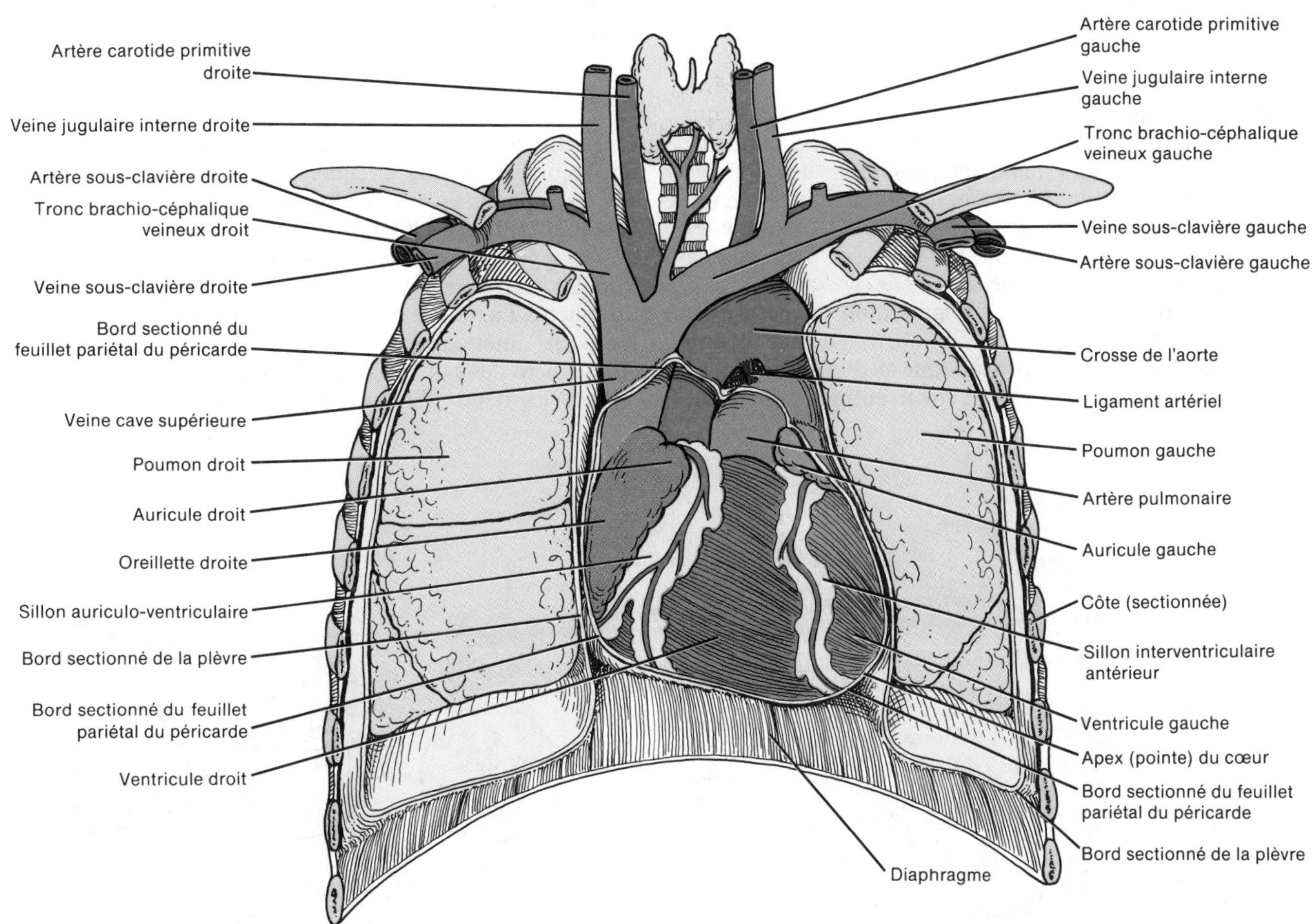

FIGURE 20.1 Position du cœur et des vaisseaux sanguins qui y sont associés dans la cavité thoracique. Dans cette illustration et dans celles qui suivent, les vaisseaux qui transportent du sang oxygéné sont en rouge, et ceux qui transportent du sang désoxygéné sont en bleu.

petite partie du ventricule gauche. La *face antérieure* (*sterno-costale*) est composée principalement du ventricule droit et de l'oreillette droite, et la *face inférieure* (*diaphragmatique*) est formée par les ventricules gauche et droit (surtout le gauche).

LE PÉRICARDE

Le cœur est entouré et maintenu en place par le **péricarde**, une structure conçue pour confiner le cœur dans sa position dans le médiastin, tout en lui laissant assez de liberté de mouvement pour qu'il puisse se contracter vigoureusement et rapidement lorsque c'est nécessaire.

Le péricarde comprend deux parties : le péricarde fibreux et le péricarde séreux (figure 20.2,a). Le *péricarde fibreux*, externe, est fait de tissu conjonctif fibreux très dense. Il ressemble à un sac posé sur le diaphragme, son extrémité ouverte reliée aux tissus conjonctifs des gros vaisseaux qui pénètrent dans le cœur et en sortent. Le péricarde fibreux prévient la surdistension du cœur, constitue une membrane protectrice résistante autour de cet organe, et le maintient en place dans le médiastin. Le *péricarde séreux*, interne, est une membrane plus mince et plus délicate, qui forme une double couche entourant le cœur (figure 20.2,b). Le *feuillet pariétal* du péricarde séreux se trouve directement sous le péricarde fibreux. Il constitue la couche externe du péricarde séreux. Le *feuillet viscéral* du péricarde séreux, aussi appelé *épicarde*, se trouve sous le feuillet pariétal, attaché au myocarde (muscle). Entre les feuillets pariétal et viscéral se trouve une mince pellicule de liquide séreux qui maintient ensemble les deux feuillets, un peu comme une fine pellicule d'eau maintient ensemble deux lames servant aux examens microscopiques. Le liquide séreux, appelé *liquide péricardique* prévient la friction entre les membranes. L'espace occupé par le liquide péricardique est un espace virtuel appelé *cavité péricardique*.

Une **péricardite** est une inflammation du péricarde. Non traitée, une péricardite accompagnée d'une accumulation de liquide péricardique ou d'une hémorragie importante dans le péricarde peut entraîner la mort. Comme le péricarde ne peut pas s'étirer pour contenir une accumulation de liquide ou de sang, le cœur est alors soumis à une compression, qu'on appelle **tamponade cardiaque**, qui peut provoquer une insuffisance cardiaque.

LA PAROI DU CŒUR

La paroi du cœur (figure 20.2,a) comprend trois couches : l'épicarde (couche externe), le myocarde (couche intermédiaire) et l'endocarde (couche interne). L'**épicarde** (feuillet viscéral du péricarde séreux) constitue la couche externe, mince et transparente. Il est fait de tissu séreux et de mésothélium.

Le **myocarde**, qui constitue la tunique musculaire cardiaque, forme la plus grande partie du cœur. Les fibres musculaires cardiaques sont involontaires, striées et ramifiées, et le tissu est disposé en faisceaux de fibres entrelacées. Le myocarde est à l'origine des contractions du cœur.

L'**endocarde** est une mince couche d'endothélium reposant sur une mince couche de tissu conjonctif. Il tapisse l'intérieur du myocarde et recouvre les valvules du cœur et les tendons qui permettent à celles-ci de rester ouvertes. Il constitue un prolongement de l'endothélium des gros vaisseaux sanguins du cœur.

L'**épicardite,** la **myocardite** et l'**endocardite** sont des inflammations de l'épicarde, du myocarde et de l'endocarde.

LES CAVITÉS DU CŒUR

La partie interne du cœur est divisée en quatre **cavités**, qui reçoivent le sang circulant (figure 20.3). Les deux cavités supérieures sont les **oreillettes** droite et gauche. Chaque oreillette est dotée d'un prolongement, l'*auricule*, qu'on appelle ainsi parce que sa forme rappelle celle de l'oreille d'un chien. L'auricule augmente la surface de l'oreillette. La tunique interne des oreillettes est lisse, sauf les parois antérieures et le revêtement des auricules, qui contiennent des saillies musculaires parallèles, disposées comme les dents d'un peigne, et formant les *muscles*

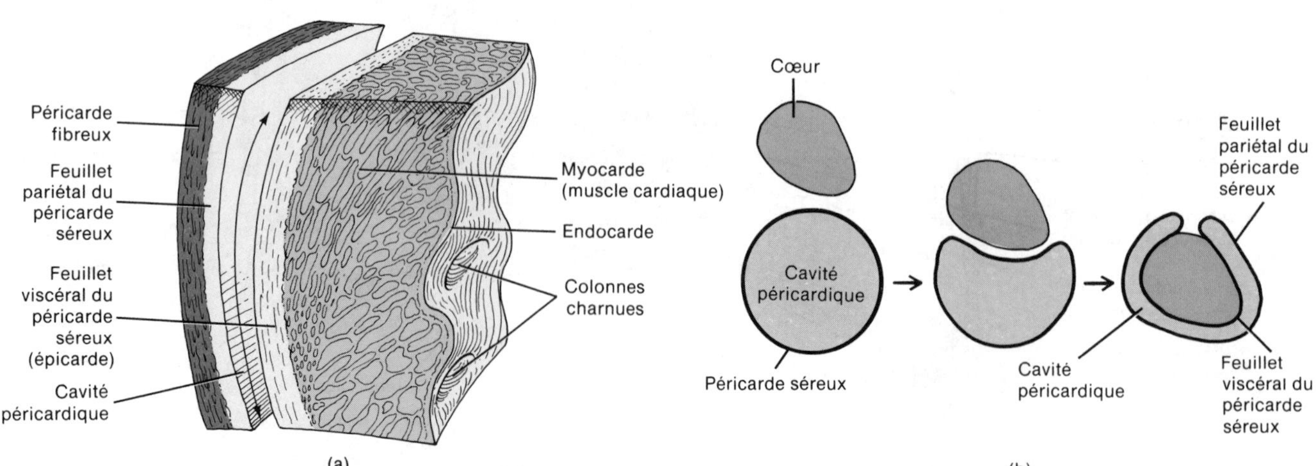

FIGURE 20.2 Péricarde et paroi du cœur. (a) Structure du péricarde et de la paroi du cœur. (b) Liens entre le péricarde séreux et le cœur.

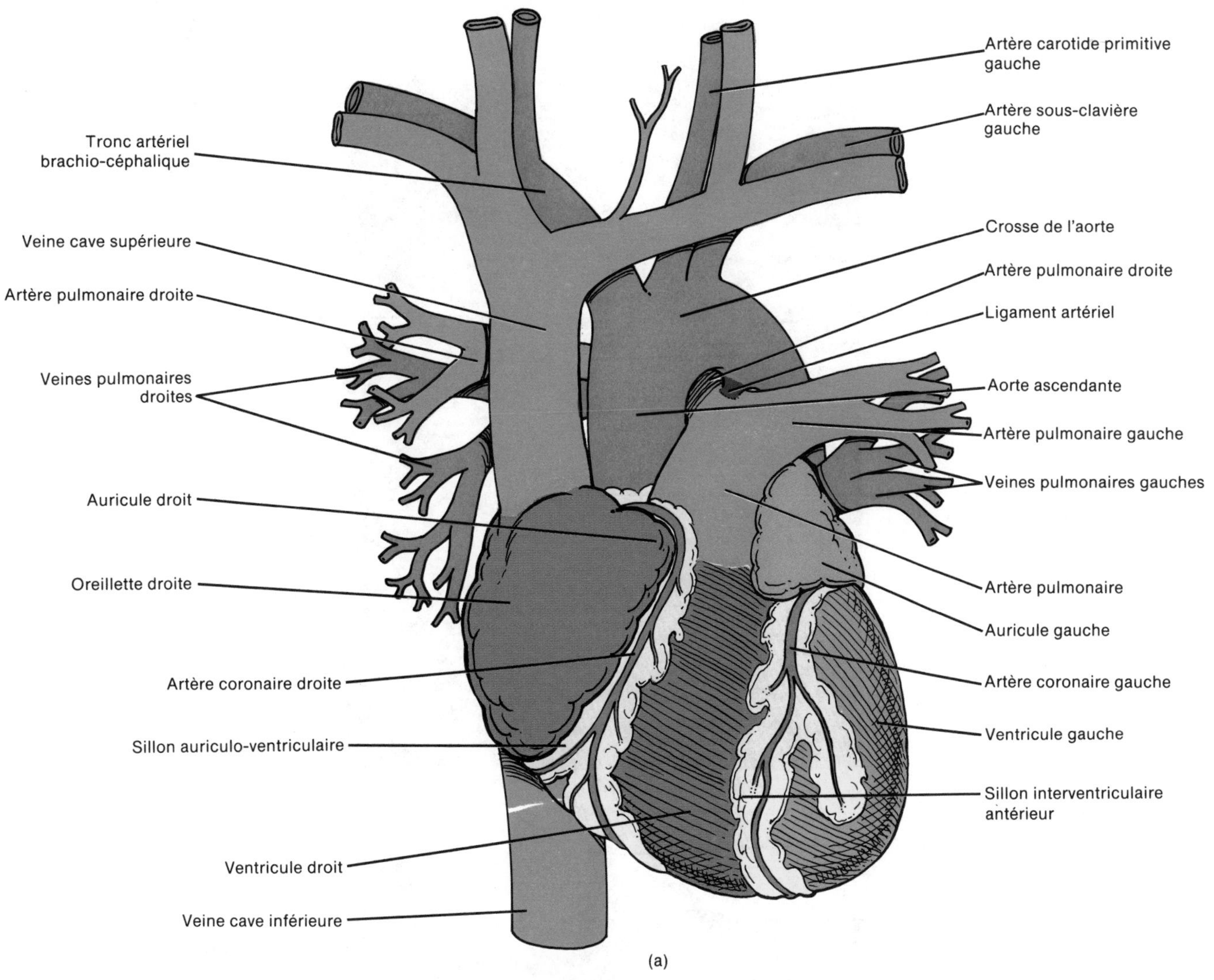

FIGURE 20.3 Structure du cœur. (a) Diagramme illustrant la face externe antérieure.

pectinés du cœur. Ces saillies donnent au revêtement des auricules une apparence crénelée.

Les oreillettes sont séparées par une cloison appelée *septum interauriculaire*. Une des caractéristiques importantes de cette cloison est une dépression, la *fosse ovale*, qui correspond à l'emplacement du foramen ovale du fœtus, un orifice présent dans le septum interauriculaire du cœur. La fosse ovale fait face à l'orifice de la veine cave inférieure, et est située dans la paroi septale de l'oreillette droite.

Les deux cavités inférieures sont les **ventricules** gauche et droit. Ils sont séparés par le *septum interventriculaire*.

Le tissu musculaire des oreillettes et des ventricules est séparé par le tissu conjonctif qui forme également les valvules. Ce « squelette cardiaque » divise le myocarde en deux masses musculaires distinctes. À l'extérieur, le *sillon auriculo-ventriculaire* sépare les oreillettes des ventricules. Il entoure le cœur et abrite le sinus coronaire et l'artère auriculo-ventriculaire, ou circonflexe, branche de l'artère coronaire gauche. Le *sillon interventriculaire antérieur* et le *sillon interventriculaire postérieur* séparent les ventricules gauche et droit, à l'extérieur. Les sillons contiennent les vaisseaux sanguins coronaires et une quantité plus ou moins importante de tissu adipeux (figure 20.3,a,c).

LES GROS VAISSEAUX DU CŒUR

L'oreillette droite reçoit du sang de toutes les parties de l'organisme, sauf des poumons. Elle reçoit ce sang par trois veines. En règle générale, la **veine cave supérieure** apporte le sang provenant des parties du corps situées au-dessus du cœur, la **veine cave inférieure** transporte le sang provenant des parties du corps situées au-dessous du cœur, et le **sinus coronaire** draine le sang de la plupart des vaisseaux qui alimentent la paroi du cœur (figure 20.3,c). L'oreillette droite envoie alors le sang dans le ventricule droit, qui le propulse dans l'**artère pulmonaire**. Cette dernière se divise en **artères pulmonaires droite** et **gauche**, qui transportent toutes deux le sang vers les poumons. Là, le sang est débarrassé du dioxyde de carbone et alimenté en oxygène. Puis, il retourne au cœur par les quatre **veines pulmonaires** qui se déversent dans l'oreillette gauche. Il passe ensuite dans le ventricule gauche, qui propulse le sang dans l'**aorte ascendante**. De

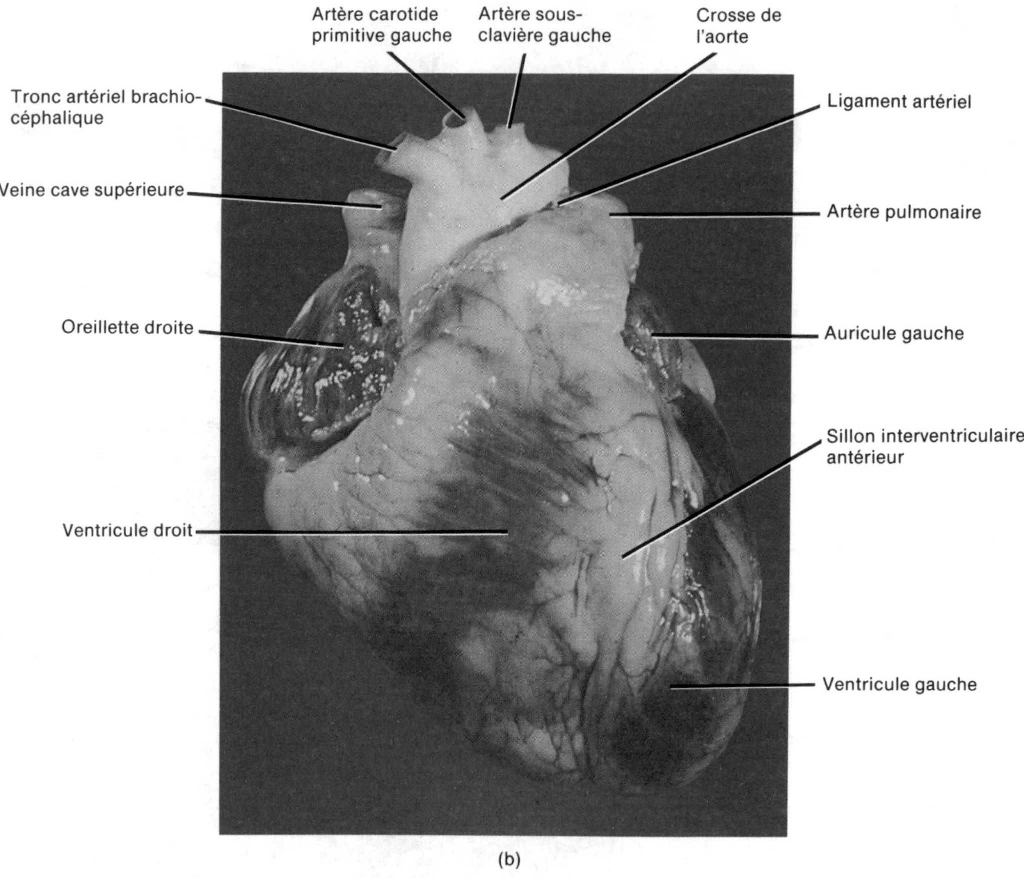

(b)

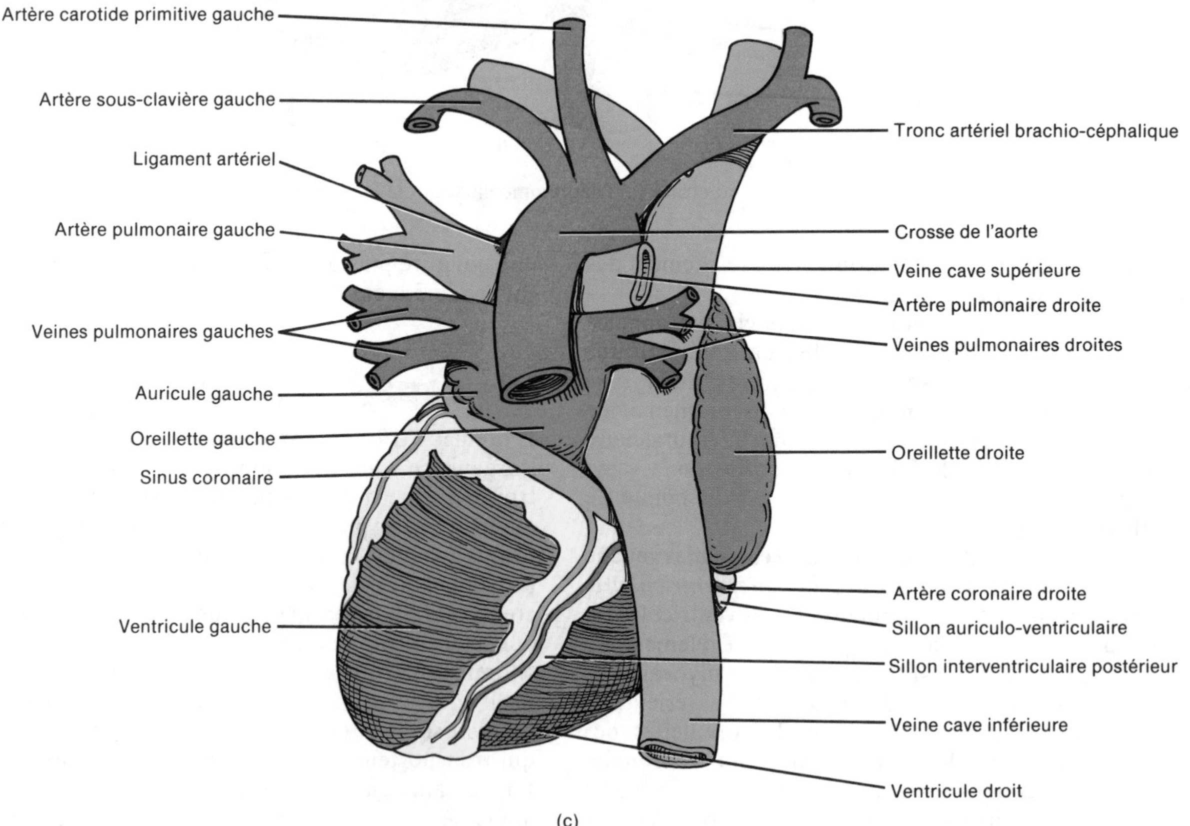

(c)

FIGURE 20.3 [*Suite*] (b) Photographie de la face externe antérieure. [Gracieuseté de C. Yokochi et J.W. Rohen, *Photographic Anatomy of the Human Body*, 2e éd., 1978, IGAKU-SHOIN, Ltd., Tokyo, New York.] (c) Diagramme de la face externe postérieure.

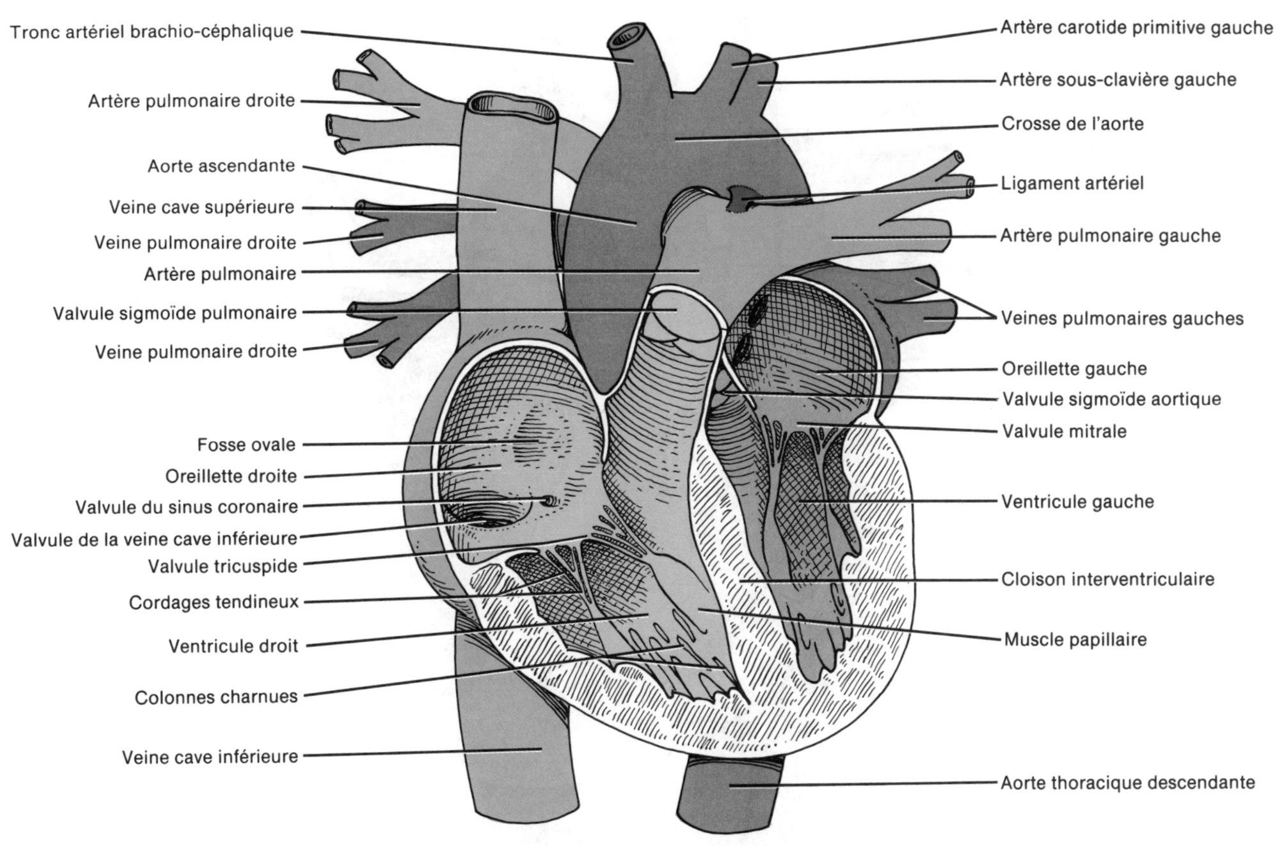

FIGURE 20.3 [*Suite*] (d) Diagramme de la face interne antérieure.

là, le sang se rend dans les **artères coronaires**, la **crosse de l'aorte**, l'**aorte thoracique** et l'**aorte abdominale**. Ces vaisseaux sanguins et leurs ramifications transportent le sang vers toutes les parties de l'organisme.

Chez le fœtus, il existe un vaisseau sanguin temporaire, appelé canal artériel, qui relie l'artère pulmonaire à l'aorte. Son rôle est de faire dévier le sang afin qu'il ne pénètre pas dans les poumons non fonctionnels du fœtus. Le canal artériel se referme normalement peu de temps après la naissance et laisse un reliquat appelé **ligament artériel**.

L'épaisseur des quatre cavités varie selon la pression exercée à l'intérieur (figure 20.3,d). Les oreillettes sont dotées de parois minces parce qu'elles n'ont besoin que de juste assez de tissu musculaire cardiaque pour envoyer le sang dans les ventricules, à l'aide de la gravité et d'une pression réduite créée par les ventricules en expansion. Le ventricule droit possède une couche de myocarde plus épaisse que les oreillettes, parce qu'il doit envoyer le sang jusqu'aux poumons et le ramener ensuite dans l'oreillette gauche. Le ventricule gauche possède la paroi la plus épaisse, parce qu'il doit propulser le sang sous une pression élevée à travers des milliers de kilomètres de vaisseaux sanguins dans la tête, le tronc et les membres.

LES VALVULES DU CŒUR

Lorsqu'une cavité du cœur se contracte, elle propulse une partie du sang dans un ventricule ou hors du cœur par une artère. Le cœur est doté de structures composées de collagène, les **valvules**, qui ont pour tâche d'empêcher le sang de refluer.

LES VALVULES AURICULO-VENTRICULAIRES

Les **valvules auriculo-ventriculaires** se trouvent entre les oreillettes et les ventricules (figure 20.3,d). La valvule auriculo-ventriculaire droite, située entre l'oreillette droite et le ventricule droit, est également appelée **valvule tricuspide**, parce qu'elle est composée de trois valves. Ces valves sont des tissus fibreux qui croissent à l'extérieur des parois du cœur et qui sont recouverts par l'endocarde. Les extrémités pointues des valves se projettent dans le ventricule. Des *cordages tendineux* relient les extrémités pointues à de petites saillies coniques, les *muscles papillaires,* situées à la surface interne des ventricules. La surface irrégulière du myocarde et des ventricules, formée de crêtes et de replis, est appelée *colonnes charnues*. Les cordages tendineux et leurs muscles papillaires permettent aux valves de pointer dans la direction du flux sanguin. La valvule auriculo-ventriculaire gauche située entre l'oreillette gauche et le ventricule gauche, est la **valvule mitrale**, ou **bicuspide**. Elle est dotée de deux valves qui jouent le même rôle que celles de la valvule tricuspide. Ses valves sont également attachées aux muscles papillaires à l'aide de cordages tendineux.

Pour que le sang puisse passer d'une oreillette à un ventricule, la valvule auriculo-ventriculaire doit s'ouvrir

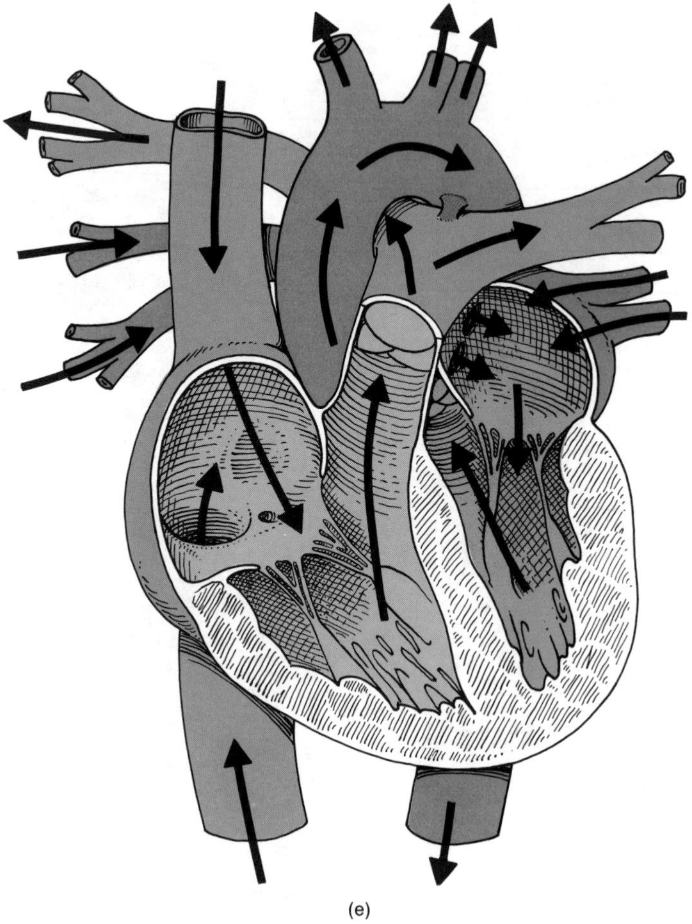

(e)

FIGURE 20.3 [*Suite*] (e) Chemin parcouru par le sang dans le cœur.

au moment où l'oreillette se contracte, et que les muscles papillaires et les cordages tendineux se relâchent (figure 20.4,a). Lorsque le ventricule propulse le sang hors du cœur dans une artère, le sang qui revient vers l'oreillette est poussé entre les valves et la paroi du ventricule (figure 20.4,b), ce qui permet aux valves de se replier vers le haut jusqu'à ce que les rebords se rejoignent et ferment l'ouverture. Au même moment, la contraction des muscles papillaires et le resserrement des cordages tendineux empêchent la valvule de remonter dans l'oreillette.

LES VALVULES SIGMOÏDES

Les deux artères qui quittent le cœur sont dotées d'une valvule qui empêche le sang de refluer vers le cœur. Ce sont les **valvules sigmoïdes**, ou **semi-lunaires** (figure 20.3,d). La **valvule sigmoïde pulmonaire** se trouve dans l'orifice où l'artère pulmonaire quitte le ventricule droit. La **valvule sigmoïde aortique** est située dans l'orifice qui se trouve entre le ventricule gauche et l'aorte.

Ces deux valvules sont composées de trois valves semi-lunaires. Chacune des valves est attachée à la paroi de l'artère par son rebord convexe. Les bords libres des valves se tournent vers l'extérieur et se projettent dans l'orifice du vaisseau sanguin. Comme les valvules auriculo-ventriculaires, les valvules sigmoïdes permettent au sang de ne couler que dans une direction, en l'occurrence, des ventricules aux artères.

LA LOCALISATION EXTERNE DU CŒUR

On peut identifier les valvules du cœur par la localisation externe (figure 20.5). Les valvules sigmoïdes pulmonaire et aortique sont représentées à la surface par une ligne d'environ 2,5 cm de longueur. La valvule sigmoïde pulmonaire occupe une position horizontale entre l'extrémité interne du troisième cartilage costal gauche et la partie adjacente du sternum. La valvule sigmoïde aortique occupe une position oblique derrière le côté gauche du sternum, au niveau du troisième espace intercostal. La valvule tricuspide se trouve derrière le sternum ; elle s'étend de la ligne médiane au niveau du quatrième cartilage costal et descend jusqu'à la sixième jonction chondro-sternale droite. La valvule mitrale est située derrière le côté gauche du sternum, en position oblique, au niveau du quatrième cartilage costal. Elle est représentée par une ligne d'environ 3 cm de longueur.

Les bruits du cœur sont produits en partie par la fermeture des valvules ; ce n'est cependant pas à ces endroits qu'on peut le mieux les entendre. Chaque bruit a tendance à être plus clair dans un emplacement légèrement différent à la surface du corps (figure 20.5).

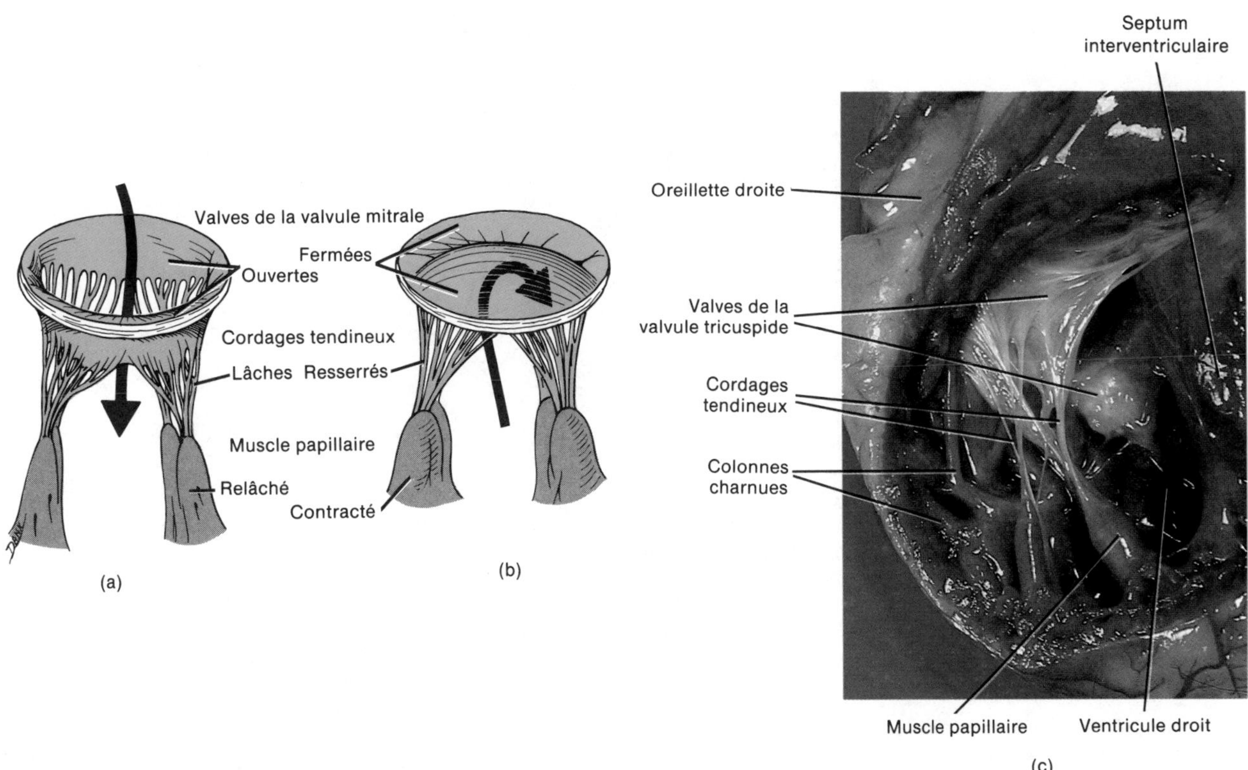

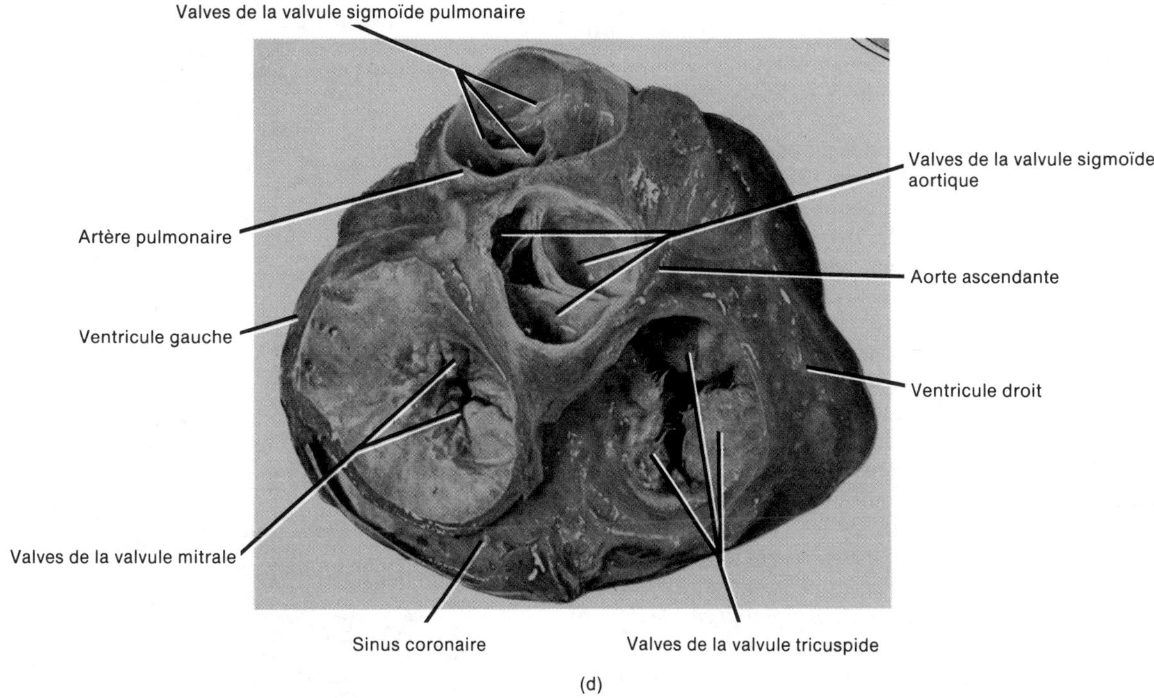

FIGURE 20.4 Fonction des valvules auriculo-ventriculaires. (a) Valvule mitrale ouverte. (b) Valvule mitrale fermée. La valvule tricuspide fonctionne de la même façon. (c) Photographie illustrant la valvule tricuspide. (d) Photographie illustrant les valvules du cœur ; les oreillettes ont été enlevées. [Photographies, gracieuseté de C. Yokochi et J.W. Rohen, *Photographic Anatomy of the Human Body*, 2e éd., 1978, IGAKU-SHOIN, Ltd., Tokyo, New York.]

FIGURE 20.5 Localisation externe du cœur. Les points rouges indiquent les endroits où l'on peut entendre les bruits cardiaques causés par les valvules.

L'APPORT SANGUIN

La paroi du cœur, comme tous les autres tissus, y compris les gros vaisseaux, possède ses propres vaisseaux sanguins. Les nutriments ne pourraient pas diffuser à travers toutes les couches de cellules qui composent le tissu cardiaque. La circulation dans les nombreux vaisseaux qui traversent le myocarde est appelée **circulation coronarienne** (figure 20.6). Le terme coronarien est lié au fait que les vaisseaux sanguins du cœur ont la forme d'une couronne.

Les vaisseaux qui alimentent le myocarde comprennent l'*artère coronaire gauche*, qui débute comme une ramification de l'aorte ascendante. Cette artère passe sous l'oreillette gauche et se divise en deux branches, l'artère interventriculaire antérieure et l'artère auriculo-ventriculaire, ou circonflexe. L'*artère interventriculaire antérieure* suit le sillon interventriculaire antérieur et fournit le sang oxygéné aux parois des deux ventricules. L'*artère auriculo-ventriculaire* distribue du sang oxygéné aux parois du ventricule gauche et de l'oreillette gauche.

L'*artère coronaire droite* commence également comme une ramification de l'aorte ascendante. Elle passe sous l'oreillette droite et se ramifie pour former l'artère interventriculaire postérieure et les artères marginales. L'*artère interventriculaire postérieure* suit le sillon interventriculaire postérieur et alimente en sang oxygéné les parois des deux ventricules. L'*artère marginale droite* transporte le sang oxygéné au myocarde du ventricule droit. Le ventricule gauche reçoit l'apport sanguin le plus important à cause du travail énorme qui lui est imposé.

Lorsque le sang traverse la circulation coronarienne, il distribue de l'oxygène et des nutriments et recueille le dioxyde de carbone et les déchets. La plus grande partie du sang désoxygéné, qui transporte du dioxyde de carbone et des déchets, est recueilli par une grosse veine, le *sinus coronaire*, qui se déverse dans l'oreillette droite. Un sinus vasculaire est une veine dotée d'une mince paroi

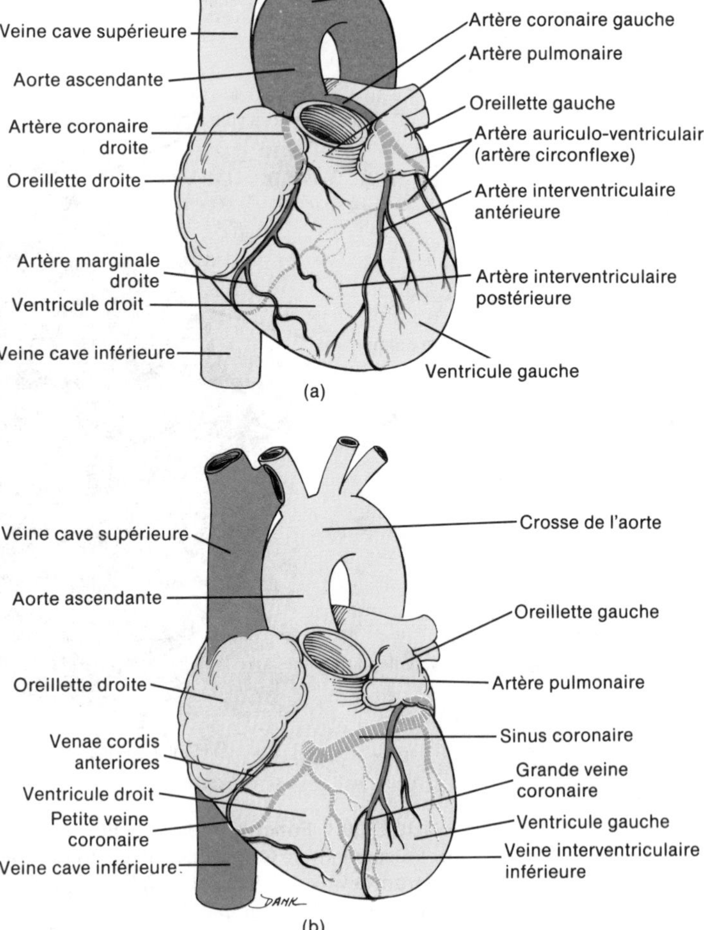

FIGURE 20.6 Circulation coronarienne. (a) Vue antérieure de la distribution artérielle. (b) Vue antérieure du drainage veineux.

dépourvue de muscles lisses; son diamètre ne change donc pas. Les principaux tributaires du sinus coronaire sont la *grande veine coronaire*, qui draine la face antérieure du cœur, et la *veine interventriculaire inférieure*, qui draine la face postérieure.

La plupart des parties de l'organisme reçoivent des ramifications provenant de plus d'une artère; dans les endroits où deux artères ou plus alimentent la même région, ces artères sont habituellement reliées les unes aux autres. C'est ce qu'on appelle l'*anastomose*. Les anastomoses entre les artères permettent au sang d'atteindre un organe ou un tissu particulier, en formant la circulation collatérale. Le myocarde contient de nombreuses anastomoses, qui relient les branches d'une même artère coronaire, ou celles de différentes artères. Lorsqu'une artère coronaire importante est osbruée à environ 90%, le sang passe dans les vaisseaux collatéraux. La plupart de ces vaisseaux sont plutôt petits; toutefois, le muscle cardiaque peut être maintenu en vie même s'il ne reçoit que de 10% à 25% de son apport normal.

APPLICATION CLINIQUE

La plupart des problèmes cardiaques sont liés à une insuffisance de la circulation coronarienne. Lorsqu'un apport d'oxygène réduit affaiblit les cellules, mais ne les détruit pas complètement, il se produit une **ischémie**. L'**angine de poitrine** est une ischémie du myocarde. (Des influx douloureux provenant de la plupart des muscles viscéraux sont transférés à une région de la surface du corps.) Les causes les plus courantes de l'angine de poitrine sont le stress, l'exercice physique après un repas lourd, l'athérosclérose, le spasme coronarien, l'hypertension, l'anémie, les maladies thyroïdiennes et le rétrécissement aortique. Les symptômes comprennent une douleur au niveau de la poitrine, accompagnée d'une constriction, une difficulté à respirer et une sensation d'angoisse. Parfois, la personne atteinte ressent de la fatigue et des étourdissements, et elle transpire abondamment.

L'**infarctus du myocarde** (crise cardiaque) constitue un problème beaucoup plus grave. L'**infarctus** indique la destruction d'une région tissulaire entraînée par l'interruption de l'apport sanguin. Il peut être provoqué par la présence d'un thrombus ou d'un embole dans une des artères coronaires. Le tissu situé en position distale par rapport à l'obstruction meurt et est remplacé par du tissu cicatriciel non contractile. Par conséquent, le muscle cardiaque perd un peu de sa force. Les effets secondaires dépendent, en partie, de la taille et de l'emplacement de la région détruite.

On a récemment découvert que, dans certaines conditions, la plus grande partie des lésions tissulaires se produisent lorsque la circulation sanguine est rétablie vers une région, et non lorsqu'elle est interrompue. Lorsque l'apport sanguin est interrompu, le tissu affecté produit une enzyme appelée *xanthine-oxydase*. Lorsque la circulation sanguine est rétablie, l'enzyme réagit avec l'oxygène contenu dans le sang pour produire des *radicaux libres superoxyde*, qui provoquent les lésions tissulaires. On tente maintenant de trouver un moyen de reconstituer le tissu qui manque d'oxygène en prévenant la formation des radicaux libres superoxyde à l'aide de médicaments comme le superoxyde dismutase et l'allopurinol (qui sont également utilisés dans le traitement de la goutte).

On a mis au point des épreuves diagnostiques permettant au médecin de diagnostiquer une crise cardiaque en quelques heures. Au cours d'une crise cardiaque, certaines enzymes sont libérées dans la circulation sanguine; elles constituent les signes les plus sûrs qu'une crise cardiaque a eu lieu. Parmi ces enzymes, on trouve l'isoenzyme MB de la créatine kinase (CK-MB), la lacticodéshydrogénase-1 (LDH-1), la transaminase glutamique-oxaloacétique sérique (SGOT) et la créatine phosphokinase (CPK).

LE SYSTÈME DE CONDUCTION

Le cœur est innervé par le système nerveux autonome (chapitre 16), mais les neurones de ce système ne font qu'augmenter ou réduire le temps requis pour compléter une révolution cardiaque (battement cardiaque); ce ne sont pas eux qui provoquent la contraction. Les parois des cavités peuvent continuer à se contracter et à se relâcher sans avoir besoin de stimulus direct du système nerveux, parce que le cœur est doté d'un système de régulation intrinsèque appelé **système de conduction**, ou **cardionecteur**. Ce système est composé de tissu musculaire spécialisé qui produit et distribue les influx électriques qui stimulent la contraction des fibres musculaires cardiaques. Ces tissus sont le nœud de Keith et Flack, ou nœud sinusal, le nœud d'Aschoff-Tawara, ou nœud auriculo-ventriculaire (AV), le faisceau de His, les branches de ce dernier et le réseau de Purkinje (myofibrilles de conduction). Les cellules du système de conduction se développent, chez l'embryon, à partir de certaines cellules musculaires cardiaques.

Avant d'aborder la transmission des influx électriques dans le système de conduction, qui provoque la contraction du cœur, nous allons examiner l'une des caractéristiques des cellules auriculo-ventriculaires, l'**auto-excitabilité**, ou leur capacité de produire spontanément, et de façon rythmée, des potentiels d'action (influx électriques). La plupart des fibres musculaires lisses et des neurones du système nerveux central sont également auto-excitables. Les membranes des cellules du nœud de Keith et Flack (décrit plus loin) sont très perméables aux ions sodium (Na^+), même au repos. Par conséquent, les ions sodium diffusent à travers les vannes à sodium dans la cellule, ce qui provoque le déplacement du potentiel de membrane vers une valeur plus positive. Lorsque le potentiel de membrane atteint son seuil d'excitation, un potentiel d'action est produit. Par la suite, la membrane devient moins perméable aux ions sodium, mais, en règle générale, plus perméable aux ions potassium (K^+). Lorsque les ions potassium diffusent hors de la cellule par les vannes à potassium, la charge à l'intérieur de la cellule devient plus négative. Ce renversement des charges interrompt le potentiel d'action. Grâce à l'action des pompes à sodium et à potassium, les ions sodium sont transportés activement hors des cellules, et les ions potassium sont transportés activement dans les cellules. Puis, l'influx des ions sodium déclenche un autre potentiel d'action, et le processus se répète. Chez l'homme, le taux normal d'auto-excitabilité au repos du nœud de Keith et Flack est d'environ 75 fois par minute.

Le **nœud de Keith et Flack**, également appelé **nœud sinusal**, ou **centre d'automatisme**, ou **entraîneur**, est une masse compacte de cellules située dans la paroi de l'oreillette droite, sous l'orifice de la veine cave supérieure (figure 20.7,a). Il amorce chacune des révolutions cardiaques et détermine ainsi la vitesse de base de la fréquence cardiaque. Il se dépolarise spontanément et produit des potentiels d'action plus rapidement que le myocarde et les autres composants du système de conduction. Par conséquent, les influx électriques en provenance du nœud de Keith et Flack s'étendent à d'autres régions du système de conduction et du myocarde, et les stimulent tellement fréquemment qu'ils ne peuvent pas produire de potentiels d'action à leur propre fréquence. La fréquence plus rapide de libération d'influx du nœud de Keith et Flack détermine donc la fréquence des autres parties du cœur (d'où le nom d'entraîneur). La fréquence établie par le nœud de Keith et Flack peut être modifiée par des influx nerveux provenant du système nerveux autonome ou par certaines substances chimiques transportées par le sang, comme les hormones thyroïdiennes et l'adrénaline.

Lorsqu'un potentiel d'action est amorcé par le nœud de Keith et Flack, il s'étend aux deux oreillettes, ce qui produit une contraction et dépolarise en même temps le **nœud d'Aschoff-Tawara**. Comme il est situé près de la portion inférieure du septum interauriculaire, ce nœud est une des dernières portions des oreillettes à être dépolarisées.

À partir du nœud d'Aschoff-Tawara, un faisceau de fibres conductrices, le **faisceau de His**, parcourt le squelette du cœur au sommet du septum interventriculaire. Il poursuit ensuite sa course vers le bas, le long des deux côtés du septum et forme les **branches gauche** et **droite**. Le faisceau de His distribue le potentiel d'action au-dessus des faces médianes des ventricules. La contraction des ventricules est stimulée par le **réseau de Purkinje**, qui émerge des branches du faisceau de His et pénètre dans les cellules du myocarde.

L'ÉLECTROCARDIOGRAMME

La transmission des influx par l'intermédiaire du système de conduction produit des courants électriques qu'on peut détecter à la surface du corps. Un enregistrement des modifications électriques qui accompagnent la révolution cardiaque est un **électrocardiogramme (ECG)**. L'appareil utilisé pour enregistrer ces changements est un *électrocardiographe*.

Chaque partie de la révolution cardiaque produit un influx électrique différent. Ces influx sont transmis par les électrodes à une plume enregistreuse qui transcrit les influx sous forme d'ondes ascendantes et descendantes appelées *ondes de déflexion*. Dans un enregistrement ECG typique (figure 20.7,b), trois ondes clairement reconnaissables accompagnent chacune des révolutions cardiaques. La première, appelée **onde P**, est une petite onde ascendante. Elle indique la dépolarisation auriculaire (la transmission d'un influx en provenance du nœud de Keith et Flack à travers le muscle des deux oreillettes). Une fraction de seconde après le début de l'onde P, les oreillettes se contractent. La deuxième onde, appelée **complexe QRS**, commence par une déflexion vers le bas, se poursuit sous la forme d'une grande onde triangulaire vers le haut, et se termine comme une onde descendante à la base. Cette déflexion représente la dépolarisation ventriculaire, c'est-à-dire la transmission de l'influx électrique dans les ventricules. La troisième déflexion est l'**onde T**, une onde en forme de dôme. Elle indique la repolarisation ventriculaire. L'onde qui indique la repolarisation auriculaire n'est pas visible, parce que le complexe QRS, plus fort, la masque.

Lorsqu'on fait la lecture de l'électrocardiogramme, il est important de noter le volume des ondes de déflexion à certains intervalles. Un élargissement de l'onde P, par exemple, indique une hypertrophie de l'oreillette, comme dans le cas d'un rétrécissement de la valvule mitrale. Dans ce cas, la valvule mitrale se rétrécit, le sang retourne dans l'oreillette, et la paroi de l'oreillette se distend.

L'*intervalle P-R* s'étend du début de l'onde P au début de l'onde R. Il représente le temps de conduction à partir du début de l'excitation auriculaire jusqu'au début de l'excitation ventriculaire. L'intervalle P-R correspond au temps requis pour qu'un influx traverse les oreillettes et le nœud de Keith et Flack, et atteigne les autres tissus du système de conduction. Une prolongation de cet intervalle, qui peut se produire dans le cas d'une cardiopathie athéroscléreuse ou d'un rhumatisme articulaire aigu, par exemple, est due au fait que le tissu cardiaque recouvert par l'intervalle P-R, notamment les oreillettes et le nœud d'Aschoff-Tawara, est cicatrisé ou enflammé. Par conséquent, l'influx doit se propager à une vitesse plus lente, et l'intervalle P-R est prolongé d'autant. L'intervalle P-R normal ne dure que 0,2 s.

Un élargissement de l'onde Q peut indiquer un infarctus du myocarde (crise cardiaque); dans le cas de l'onde R, il s'agit généralement d'une hypertrophie des ventricules.

Le *segment S-T* commence à la fin de l'onde S et se termine au début de l'onde T. Il représente le temps écoulé entre la fin de la transmission de l'influx dans les ventricules et la repolarisation ventriculaire. Le segment S-T est élevé dans le cas d'un infarctus du myocarde aigu, et abaissé lorsque le muscle cardiaque ne reçoit pas suffisamment d'oxygène.

L'onde T représente la repolarisation ventriculaire. Elle est plate lorsque le muscle cardiaque ne reçoit pas suffisamment d'oxygène, comme dans le cas d'une cardiopathie athéroscléreuse. Elle peut être élevée lorsque le taux de potassium de l'organisme est accru.

L'ECG est utile pour déceler les anomalies du rythme et de la conduction durant la période de rétablissement qui suit une crise cardiaque. Il permet également de détecter la présence d'une vie fœtale ou de déterminer la présence de plus d'un fœtus. Dans certains cas, on utilise

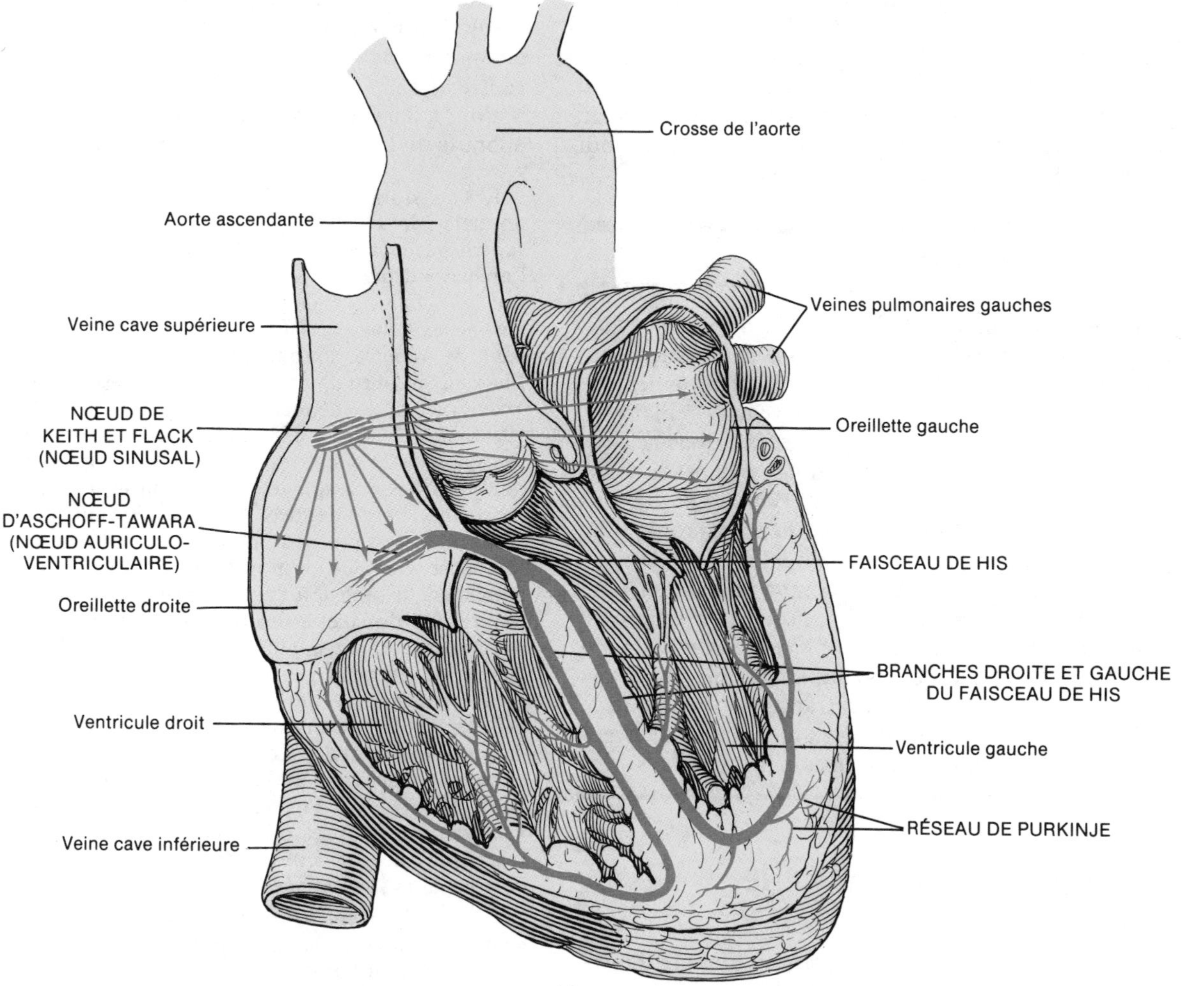

Crosse de l'aorte
Aorte ascendante
Veine cave supérieure
Veines pulmonaires gauches
NŒUD DE KEITH ET FLACK (NŒUD SINUSAL)
Oreillette gauche
NŒUD D'ASCHOFF-TAWARA (NŒUD AURICULO-VENTRICULAIRE)
FAISCEAU DE HIS
Oreillette droite
BRANCHES DROITE ET GAUCHE DU FAISCEAU DE HIS
Ventricule droit
Ventricule gauche
Veine cave inférieure
RÉSEAU DE PURKINJE

(a)

R
P
T
Q
S
Segment P-R
Segment S-T
Intervalle P-R
Intervalle S-T
Intervalle QRS
Intervalle Q-T
0
0,2
0,4
0,6
0,8
Secondes

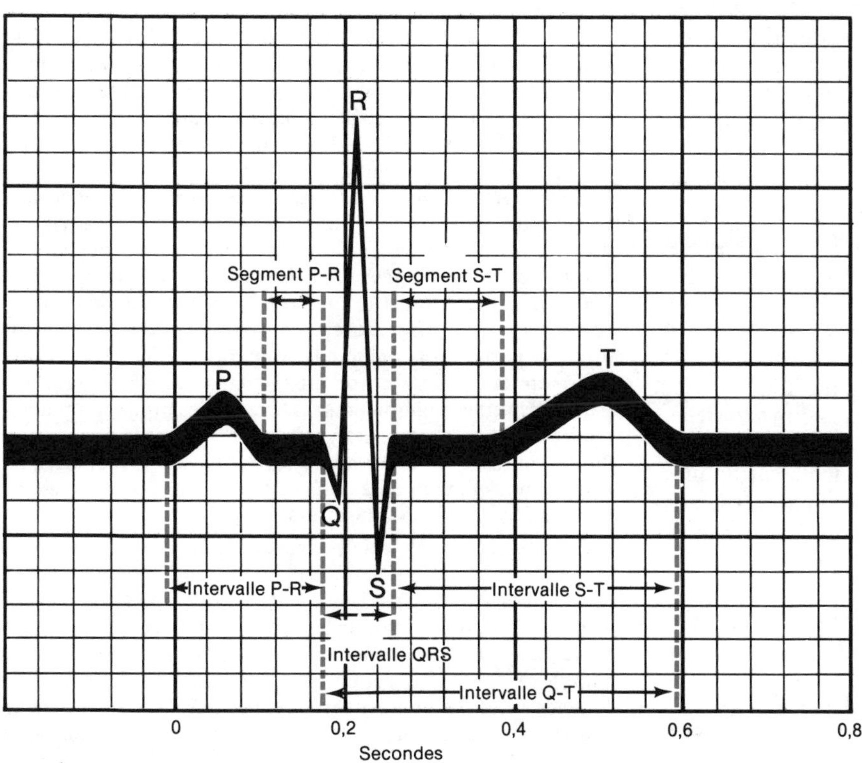

(b)

FIGURE 20.7 Système de conduction du cœur. (a) Emplacement des nœuds et des faisceaux du système de conduction. (b) Électrocardiogramme normal d'un battement cardiaque (agrandi).

P = dépolarisation auriculaire
complexe QRS : → ventriculaire
t = repolarisation ventriculaire

N.B. onde de repolarisation auriculaire masqué par le complexe QRS (plus fort)

un *système Holter*, un appareil portatif que le sujet porte sur lui tout en vaquant à ses activités quotidiennes. On utilise notamment cet appareil pour déceler les troubles du rythme dans le système de conduction. On peut également s'en servir pour interrelier les troubles du rythme et les symptômes manifestés, ainsi que pour déterminer l'efficacité de certains médicaments.

APPLICATION CLINIQUE

Lorsque des composants importants du système de conduction sont perturbés, le rythme cardiaque peut être irrégulier. Dans un de ces cas, les ventricules ne reçoivent pas les influx en provenance des oreillettes ; les ventricules et les oreillettes battent donc à des rythmes différents. Chez les personnes aux prises avec ce problème, on peut rétablir le rythme cardiaque normal à l'aide d'un **stimulateur cardiaque**, un appareil qui envoie de petites charges électriques qui stimulent le cœur. Cet appareil comprend trois parties importantes : un *générateur d'impulsions*, qui contient les piles et produit l'impulsion, un *élément conducteur*, qui consiste en un fil métallique flexible relié au générateur d'impulsions, et qui transmet l'impulsion à l'électrode, et une *électrode* qui établit le conctact avec une portion du cœur et lui transmet la charge.

LA CIRCULATION SANGUINE DANS LE CŒUR

Deux phénomènes règlent le mouvement du sang dans le cœur : l'ouverture et la fermeture des valvules, et la contraction et le relâchement du myocarde. Ces deux activités ne nécessitent pas de stimulation directe du système nerveux. Les valvules sont réglées par les changements de pression qui se produisent dans chacune des cavités du cœur. La contraction du muscle cardiaque est stimulée par le système de conduction.

Le sang circule d'une région où la pression est élevée jusqu'à une région où la pression est basse. La pression qui s'exerce dans une cavité du cœur est liée principalement aux dimensions de cette cavité. Par exemple, si le volume de la cavité décroît, la pression augmente. La pression contenue dans les oreillettes est appelée **pression auriculaire**, alors que dans les ventricules, on l'appelle **pression ventriculaire**. La pression contenue dans l'aorte et dans l'artère pulmonaire est appelée **pression artérielle**. À la figure 20.8,b, nous illustrons les liens qui existent entre ces types de pression et les battements cardiaques dans le côté gauche du cœur. Les pressions exercées dans le côté droit du cœur sont un peu plus faibles, mais suivent le même modèle.

LA RÉVOLUTION CARDIAQUE

Normalement, au cours d'un battement cardiaque, les deux oreillettes se contractent pendant que les deux ventricules se relâchent. Puis, lorsque les ventricules se contractent, les oreillettes se relâchent. La **systole** est liée à la contraction, et la **diastole**, au relâchement. Une **révolution cardiaque**, ou battement cardiaque complet, comprend une systole et une diastole des oreillettes et des ventricules.

Pour mieux comprendre la révolution cardiaque, nous allons la diviser de la façon suivante (voir la figure 20.8) :

1. La systole auriculaire (contraction). Dans des conditions normales, le sang s'écoule constamment de la veine cave supérieure, de la veine cave inférieure et du sinus coronaire dans l'oreillette droite, et des veines pulmonaires dans l'oreillette gauche. La plus grande partie du sang, environ 70 %, s'écoule passivement des oreillettes aux ventricules, même avant le début de la contraction auriculaire. Lorsque le nœud de Keith et Flack envoie une impulsion, les oreillettes se dépolarisent, puis se contractent. La dépolarisation auriculaire produit l'onde P visible sur l'ECG. La contraction auriculaire pousse dans les ventricules le sang qui reste dans les oreillettes. Cette poussée finale ne transporte qu'environ 30 % du sang qui passe dans les ventricules. Par conséquent, la contraction auriculaire n'est pas vraiment nécessaire pour remplir les ventricules, lorsque la fréquence cardiaque est normale. Au cours de la systole auriculaire, le sang désoxygéné passe, par la valvule tricuspide ouverte, de l'oreillette droite au ventricule droit, et le sang oxygéné passe, par la valvule mitrale ouverte, de l'oreillette gauche au ventricule gauche.

Si l'on regarde la courbe de la pression auriculaire illustrée à la figure 20.8,b, on constate qu'il se produit plusieurs élévations de pression (les ondes a,c et v). L'*onde a* est produite par la contraction auriculaire. L'*onde c* est due à la contraction ventriculaire, qui fait se gonfler les valvules auriculo-ventriculaires dans les oreillettes. L'*onde v* est causée par le remplissage des oreillettes au moment où les valvules auriculo-ventriculaires sont fermées durant la contraction ventriculaire.

2. Le remplissage ventriculaire. Lorsque les ventricules se contractent, les valvules auriculo-ventriculaires sont fermées, et la pression auriculaire augmente à mesure que le sang remplit les oreillettes. Au cours de la diastole auriculaire (relâchement), le sang désoxygéné en provenance des diverses parties de l'organisme pénètre dans l'oreillette droite, et le sang oxygéné provenant des poumons pénètre dans l'oreillette gauche. Toutefois, lorsque la contraction ventriculaire est terminée, la pression ventriculaire baisse. La pression auriculaire plus élevée provoque l'ouverture des valvules auriculo-ventriculaires, et le sang remplit les ventricules.

La plus grande partie du **remplissage ventriculaire** se produit immédiatement après l'ouverture des valvules auriculo-ventriculaires. Le premier tiers du remplissage ventriculaire est la *phase de remplissage rapide*. Au cours du deuxième tiers, le *diastasis*, seule une petite quantité de sang s'écoule dans les ventricules. Ce sang se déverse constamment dans l'oreillette droite à partir de la veine cave supérieure, de la veine cave inférieure et du sinus coronaire, et dans l'oreillette gauche à partir des veines pulmonaires ; il traverse les oreillettes pour se rendre directement dans les ventricules. Durant le dernier tiers du remplissage ventriculaire, les oreillettes se contractent. Comme nous l'avons déjà noté, cette dernière partie représente environ 30 % du remplissage total.

3. La systole ventriculaire (contraction). Vers la fin de la systole auriculaire, le potentiel d'action produit par le nœud de Keith et Flack passe dans le nœud d'Aschoff-Tawara et dans les ventricules, ce qui provoque la dépolarisation et la contraction de ces derniers. Ce phénomène est illustré sur l'ECG par le complexe QRS. Le début de la contraction ventriculaire coïncide avec le premier bruit cardiaque. Au début de la contraction ventriculaire, il se produit une augmentation soudaine de la pression ventriculaire, qui entraîne la fermeture des valvules auriculo-ventriculaires. Les 0,05 premières

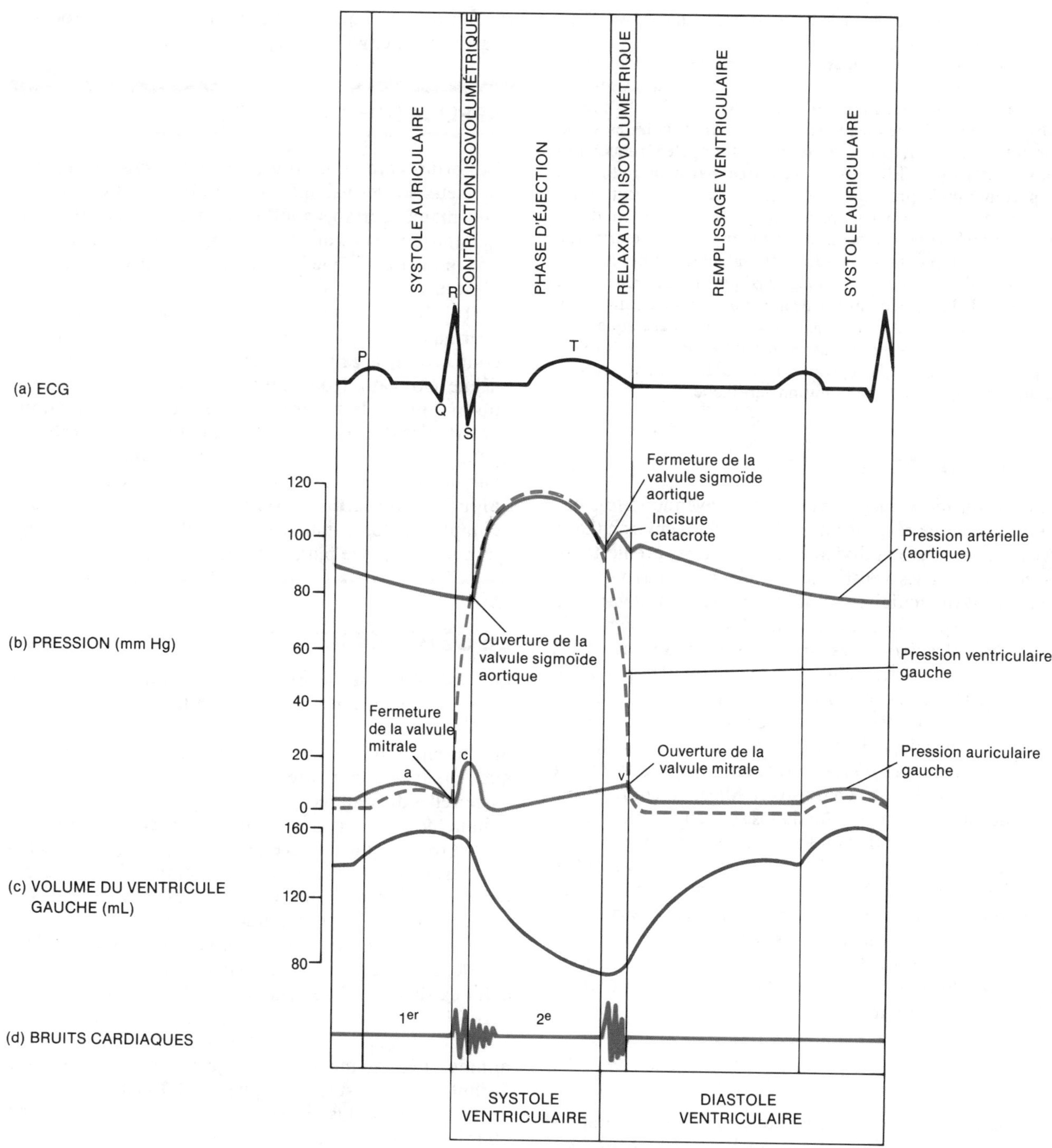

FIGURE 20.8 Révolution cardiaque. (a) ECG lié à la révolution cardiaque. (b) Les pressions auriculaire gauche, ventriculaire gauche et artérielle (aortique) changent avec l'ouverture et la fermeture des valvules au cours de la révolution cardiaque. Les lettres a, c et v représentent les ondes d'élévation de la courbe de pression auriculaire gauche. (c) Volume ventriculaire gauche au cours de la révolution cardiaque. (d) Bruits cardiaques reliés à la révolution cardiaque.

secondes de la systole ventriculaire sont appelées **contraction isovolumétrique**, parce que le volume ventriculaire est constant (figure 20.8,c). Elle représente l'intervalle entre le début de la systole ventriculaire et l'ouverture des valvules sigmoïdes. Au cours de cette phase, les ventricules se contractent, mais ne se vident pas ; la pression ventriculaire subit une élévation rapide.

Lorsque la pression ventriculaire excède la pression auriculaire, les valvules sigmoïdes s'ouvrent et le sang est poussé des ventricules dans les artères. C'est ce qu'on appelle la **phase d'éjection**, qui dure environ 0,25 s, c'est-à-dire jusqu'à la fermeture des valvules sigmoïdes. Le sang propulsé par chacun des ventricules durant cette période correspond à environ la moitié du contenu du ventricule et est appelé débit systolique (description sommaire).

4. La diastole ventriculaire (relâchement). À la fin de la contraction ventriculaire, les ventricules commencent soudainement à se relâcher. La période (environ 0,05 s) qui s'écoule entre l'ouverture des valvules auriculo-ventriculaires et la fermeture des valvules sigmoïdes est appelée **relaxation isovolumétrique**. Elle est caractérisée par une réduction importante de la pression ventriculaire, sans modification du volume ventriculaire (figure 20.8,c). L'augmentation de la pression artérielle entraîne le retour du sang vers les ventricules, ce qui provoque la fermeture des valvules sigmoïdes. La fermeture de la valvule sigmoïde aortique entraîne une brève élévation de la pression artérielle aortique (incisure catacrote), illustrée à la figure 20.8,b, et le deuxième bruit cardiaque.

La décharge du nœud de Keith et Flack provoque la dépolarisation auriculaire, suivie de la contraction auriculaire et du début d'une autre révolution cardiaque.

L'ORDRE DE DÉROULEMENT

Si l'on considère que le cœur bat en moyenne 75 fois par minute, chaque révolution cardiaque dure environ 0,8 s. Au cours du premier dixième de seconde, les oreillettes se contractent et les ventricules se relâchent. Les valvules auriculo-ventriculaires sont ouvertes, et les valvules sigmoïdes sont fermées. Durant les trois dixièmes de seconde qui suivent, les oreillettes se relâchent et les ventricules se contractent. Durant la première partie de cette phase, toutes les valvules sont fermées; durant la deuxième partie, les valvules sigmoïdes sont ouvertes. Les quatre derniers dixièmes de seconde de la révolution correspondent à la *phase de relaxation (quiescence)*, et toutes les cavités sont en diastole. Ainsi, au cours d'une révolution complète, les oreillettes sont en systole durant 0,1 s et en diastole durant 0,7 s. Les ventricules sont en systole durant 0,3 s et en diastole durant 0,5 s. Durant la première partie de la phase de relaxation, toutes les valvules sont fermées; durant la dernière partie, les valvules auriculo-ventriculaires sont ouvertes, et le sang commence à s'écouler dans les ventricules. Lorsque le cœur bat plus vite que la normale, la phase de relaxation est abrégée d'autant.

LES BRUITS DU CŒUR

L'**auscultation** (*ausculter*: écouter) consiste à écouter les bruits qui se produisent à l'intérieur du corps; on l'effectue généralement à l'aide d'un stéthoscope. Les bruits produits par les battements cardiaques proviennent principalement de la turbulence créée dans le flux sanguin par la fermeture des valvules, et non par la contraction du muscle cardiaque (figure 20.8,b,d). Le premier bruit, qu'on peut appeler **toc**, est un bruit long et retentissant. Le toc est le bruit créé par la fermeture des valvules auriculo-ventriculaires, peu après le début de la systole ventriculaire. Le deuxième son, le **tac**, est un bruit bref et aigu. C'est le bruit créé par la fermeture des valvules sigmoïdes, vers la fin de la systole ventriculaire. La pause entre le deuxième bruit et le premier bruit de la révolution suivante dure environ deux fois plus longtemps que la pause entre le premier et le deuxième bruit d'une même révolution. Par conséquent, les bruits de la révolution cardiaque se produisent comme suit: toc, tac, pause; toc, tac, pause; toc, tac, pause.

APPLICATION CLINIQUE

Les bruits cardiaques fournissent des renseignements précieux sur les valvules. Les **souffles** sont des bruits anormaux. Certains souffles sont causés par le bruit que fait un petit volume de sang en retournant dans une oreillette lorsque la valvule auriculo-ventriculaire n'est pas bien refermée.

Il arrive souvent qu'une partie de la valvule mitrale (normale) soit repoussée trop loin au cours de la contraction, à cause d'une expansion des valves et d'une élongation des cordages tendineux. C'est ce qu'on appelle le **syndrome de Barlow**, une affection héréditaire due à un trouble du collagène. Le souffle peut également être causé par un problème lié à la valvule mitrale, causé par un rhumatisme articulaire aigu (**cardiopathie valvulaire**). En l'absence de complications, la plupart des souffles n'ont aucune importance sur le plan clinique.

LE DÉBIT CARDIAQUE

Le cœur est doté de propriétés qui lui permettent de battre de façon autonome; cependant, les battements cardiaques sont réglés par des événements qui se produisent dans les autres parties de l'organisme. Pour que l'organisme demeure vivant et sain, toutes les cellules corporelles doivent recevoir, à chaque minute, un certain volume de sang oxygéné. Lorsque les cellules sont très actives (durant un exercice physique, par exemple), elles ont besoin d'un volume de sang accru. Au cours des périodes de repos, les besoins des cellules et, par conséquent, le débit cardiaque, sont réduits.

Le volume de sang éjecté du ventricule gauche dans l'aorte, à chaque minute, est appelé **débit cardiaque**. Le débit cardiaque est déterminé par (1) le volume de sang propulsé par le ventricule gauche durant chaque battement et (2) le nombre de battements cardiaques par minute. Le volume de sang éjecté par un ventricule durant chaque systole est appelé **débit systolique**. Chez un adulte au repos, le débit systolique est d'environ 70 mL, et la fréquence cardiaque est d'environ 75 battements par minute. Par conséquent, chez l'adulte au repos, le débit cardiaque moyen est le suivant:

$$\begin{aligned} \text{Débit cardiaque} &= \text{débit systolique} \times \text{nombre de battements par minute} \\ &= 70 \text{ mL} \times 75/\text{min} \\ &= 5\,250 \text{ mL/min ou } 5{,}25 \text{ L/min} \end{aligned}$$

Les facteurs qui augmentent le débit systolique ou la fréquence cardiaque ont tendance à augmenter le débit cardiaque. Les facteurs qui réduisent le débit systolique ou la fréquence cardiaque ont tendance à réduire le débit cardiaque.

APPLICATION CLINIQUE

Une **syncope** est une perte de connaissance temporaire causée, le plus souvent, par une ischémie cérébrale (apport sanguin insuffisant). Elle peut être précédée d'une sensation de gêne, de malaise, d'étourdissement, de nausées, de vertiges, de confusion, de troubles de la vision, de faiblesse, de transpiration ou d'acouphène. Parmi les facteurs qui contribuent à la syncope, on trouve une modification du débit cardiaque ou des taux d'oxygène dans le sang, et un fonctionnement inadéquat des mécanismes compensateurs de la circulation sanguine cérébrale. Une modification soudaine du débit cardiaque provoque un changement de la pression artérielle et, si le changement est trop rapide pour être compensé par les mécanismes d'autorégulation, la syncope se produit. Le degré de gravité de la syncope varie de la confusion à la perte de connaissance temporaire. Des convulsions des membres peuvent se manifester immédiatement après la syncope ; il ne s'agit cependant que d'un état temporaire, et il n'y a pas de perte de maîtrise des sphincters.

LE DÉBIT SYSTOLIQUE

Le volume réel de sang éjecté par un ventricule au cours d'un battement cardiaque dépend du volume de sang qui pénètre dans le ventricule durant la diastole et du volume de sang qui reste dans le ventricule après la systole.

Le volume télédiastolique

Le **volume télédiastolique** correspond au volume de sang qui pénètre dans un ventricule durant la diastole. Comme nous l'avons mentionné plus tôt, environ 70 % du sang s'écoulent des oreillettes dans les ventricules avant la systole auriculaire ; la contraction auriculaire pousse les 30 % qui restent dans les ventricules. Au cours de la diastole, le volume des ventricules augmente généralement jusqu'à 120 mL ou 130 mL, ce qui correspond au volume télédiastolique. Ce volume est déterminé principalement par la durée de la diastole ventriculaire et par la pression veineuse. Lorsque la fréquence cardiaque augmente, la diastole dure moins longtemps, les ventricules peuvent se contracter avant d'être remplis, et le volume télédiastolique est réduit. Lorsque la pression veineuse augmente, un volume accru de sang est poussé dans les ventricules, et le volume télédiastolique est augmenté. Comme nous le verrons plus loin, il en résulte une contraction ventriculaire plus vigoureuse.

Le volume télésystolique

Le **volume télésystolique** correspond au volume de sang qui reste dans un ventricule après la systole. Comme le volume télédiastolique est de 120 mL à 130 mL, et le débit systolique d'environ 70 mL, le volume télésystolique est de 50 mL à 60 mL (le volume télédiastolique moins le débit systolique).

Le volume télésystolique est déterminé principalement par la pression artérielle et par la force de la contraction ventriculaire. La pression contenue dans l'aorte et dans l'artère pulmonaire, immédiatement avant la systole ventriculaire, est la pression qui doit être vaincue pour que les valvules sigmoïdes puissent s'ouvrir. Lorsque la pression artérielle est très élevée, la résistance empêche les ventricules d'éjecter un volume de sang suffisant, et le débit systolique est réduit.

La longueur des fibres musculaires cardiaques est un des facteurs qui déterminent la force de la contraction ventriculaire. Dans certaines limites, plus les fibres sont étirées, plus la contraction est vigoureuse. C'est ce qu'on appelle la **loi de Starling**. Ce phénomène se rapproche un peu de l'étirement d'une bande élastique ; plus on l'étire plus elle se contracte. Il ressemble également au lien qui existe entre la longueur des fibres musculaires striées et la force de la contraction (chapitre 10). Lorsque les fibres musculaires cardiaques sont étirées modérément, il se produit plusieurs liaisons des ponts d'union entre les myofilaments fins et les myofilaments épais, et la contraction est assez vigoureuse. Toutefois, lorsque les fibres sont trop étirées, il se produit moins de liaisons des ponts d'union, et la contraction est plus faible. Pour que le débit sanguin provenant des deux ventricules soit égal, la loi de Starling doit être appliquée dans l'organisme. Par exemple, si le ventricule droit commence à propulser plus de sang que le ventricule gauche, le volume sanguin accru vers le ventricule gauche provoque l'étirement de ce dernier, ce qui entraîne un débit cardiaque accru égal à celui du ventricule droit. Si le ventricule droit propulse plus de sang que le ventricule gauche, sans que celui-ci puisse compenser, le sang s'accumule dans les poumons. L'application de cette loi est également importante chez les personnes dont les artères sont resserrées ou dont les valvules cardiaques ne fonctionnent pas adéquatement. La constriction des artères provoque une résistance au flux sanguin dans l'aorte ou dans l'artère pulmonaire, ce qui empêche le vidage normal du ventricule ; celui-ci est alors rempli d'une plus grande quantité de sang qu'il ne peut en contenir, et s'étire au-delà de la limite normale. Par conséquent, le ventricule se contracte plus vigoureusement et maintient ainsi un débit cardiaque normal. C'est ce qui arrive aux personnes qui souffrent d'hypertension. Une situation semblable se produit chez les personnes dont les valvules cardiaques ne fonctionnent pas adéquatement. Si le sang reflue vers une oreillette ou un ventricule, la cavité est surchargée de sang et se contracte plus fortement. Comme le volume accru de sang reflue durant la diastole (relâchement), le débit cardiaque net reste normal.

La force de la contraction ventriculaire est également déterminée par des facteurs comme la régulation nerveuse, les substances chimiques, la température, les émotions, le sexe et l'âge. Ces facteurs font partie de la section traitant de la régulation de la fréquence cardiaque.

APPLICATION CLINIQUE

La **réserve cardiaque** correspond au pourcentage maximal (au-dessus de la normale) que peut atteindre le débit cardiaque. Ainsi, au cours d'un exercice physique exténuant, le débit cardiaque, chez l'adulte normal, peut augmenter environ quatre fois au-dessus de la normale. Comme cela constitue une augmentation de 400 % par rapport à la normale, on dit que la réserve cardiaque est de 400%. La réserve cardiaque d'un athlète entraîné peut aller jusqu'à 600%, ce qui représente une augmentation du débit cardiaque d'environ six fois par rapport à la normale. La réserve cardiaque dépend d'un grand nombre de facteurs; toutefois, elle est influencée de façon importante par des maladies comme la cardiopathie ischémique, les troubles valvulaires et les lésions myocardiques.

LA FRÉQUENCE CARDIAQUE

Le débit cardiaque dépend tout autant de la fréquence cardiaque que du débit systolique. En fait, une modification de la fréquence cardiaque constitue le mécanisme principal de régulation du débit cardiaque et de la pression artérielle. Le nœud de Keith et Flack amorce la contraction et, s'il n'était pas réglé, il établirait une fréquence cardiaque constante. Toutefois, les besoins en sang de l'organisme varient selon les situations. Plusieurs mécanismes de régulation sont stimulés par des facteurs comme les substances chimiques présentes dans l'organisme, la température, l'état affectif et l'âge.

Durant certaines maladies, le débit systolique peut chuter dangereusement. Si le myocarde ventriculaire est faible ou lésé par un infarctus, il ne peut pas se contracter vigoureusement. Ou encore, le volume sanguin peut être réduit par suite d'une hémorragie. Le débit systolique est alors réduit parce que les fibres cardiaques ne sont pas suffisamment étirées. Dans ces cas, l'organisme tente de maintenir un débit cardiaque suffisant en augmentant la vitesse et la force de la contraction.

La fréquence cardiaque est réglée par plusieurs facteurs. Le système nerveux autonome constitue le facteur le plus important dans la régulation de la fréquence cardiaque et de la force de la contraction.

Le système nerveux autonome

Dans le bulbe rachidien se trouve un groupe de neurones appelé **centre cardio-accélérateur**. Des fibres sympathiques émergent de ce centre, descendent le long d'un faisceau de la moelle épinière, puis passent dans les *nerfs cardiaques* et innervent le nœud de Keith et Flack, le nœud d'Aschoff-Tawara et certaines parties du moycarde (figure 20.9). Lorsque le centre cardio-accélérateur est stimulé, des influx nerveux passent le long des fibres sympathiques, ce qui amène ces dernières à libérer de la noradrénaline qui augmente la fréquence des battements cardiaques et la force de la contraction.

Le bulbe rachidien contient également un groupe de neurones qui forment le **centre cardio-inhibiteur**. Des fibres parasympathiques émergent de ce centre et atteignent le cœur par l'intermédiaire du *nerf pneumogastrique (X)*. Elles innervent les nœuds de Keith et Flack et d'Aschoff-Tawara. Lorsque ce centre est stimulé, les influx nerveux transmis le long des fibres parasymphathiques provoquent la libération d'acétylcholine, ce qui réduit la fréquence des battements cardiaques.

La régulation du cœur par le système nerveux autonome est donc le résultat d'influences sympathiques (stimulatrices) et parasympathétiques (inhibitrices) qui s'opposent. Les influx nerveux provenant de récepteurs situés dans différentes parties de l'appareil cardiovasculaire agissent sur ces centres et assurent un équilibre entre la stimulation et l'inhibition. Les neurones (cellules nerveuses) capables de réagir aux changements de la pression artérielle sont appelés **barorécepteurs**, ou **récepteurs de la pression**. Ceux-ci influencent la vitesse des battements cardiaques et participent à trois voies réflexes : le réflexe sinu-carotidien, le réflexe aortique et le réflexe de MacDowall, ou de l'oreillette droite.

- ***Le réflexe sinu-carotidien*** Le **réflexe sinu-carotidien** est relié au maintien de la pression artérielle dans l'encéphale. Le *sinus carotidien* est un petit élargissement de l'artère carotide interne, au-dessus de l'endroit où elle émerge de l'artère carotide primitive (figure 20.9). Des barorécepteurs se trouvent dans la paroi du sinus carotidien, ou y sont attachés. Une augmentation de la pression artérielle étire la paroi du sinus, ce qui stimule les barorécepteurs. Les influx partent ensuite des barorécepteurs et passent par des neurones sensitifs des nerfs glosso-pharyngiens (IX). Dans le bulbe, les influx stimulent le centre cardio-inhibiteur et inhibent le centre cardio-accélérateur. Par conséquent, un nombre accru d'influx parasympathiques se rendent du centre cardio-inhibiteur jusqu'au cœur par l'intermédiaire des nerfs pneumogastriques (X), et un nombre réduit d'influx sympathiques quittent le centre cardio-accélérateur pour se rendre au cœur par l'intermédiaire des nerfs cardiaques. Par conséquent, la fréquence cardiaque et la force de contraction diminuent. Il se produit par la suite une réduction du débit cardiaque et une baisse de la pression artérielle, qui revient à la normale. Lorsque la pression artérielle chute, une accélération réflexe du cœur se produit. Les barorécepteurs présents dans le sinus carotidien ne stimulent pas le centre cardio-inhibiteur, et le centre cardio-accélérateur domine. Le cœur bat alors plus rapidement et plus vigoureusement afin de ramener la pression artérielle à la normale. Ce lien inversé entre la pression artérielle et la fréquence cardiaque est appelé **lois de Marey** (figure 20.10).

La capacité du réflexe sinu-carotidien (et du réflexe aortique qui sera décrit sommairement sous peu) de maintenir une pression artérielle relativement constante est très importante lorsqu'on s'asseoit ou qu'on se lève. Aussitôt que nous passons d'une position horizontale à une position verticale, la pression artérielle dans la tête et dans la partie supérieure du corps baisse. Cette baisse de pression est toutefois annulée par les réflexes. Si la pression tombait de façon marquée, une syncope se produirait.

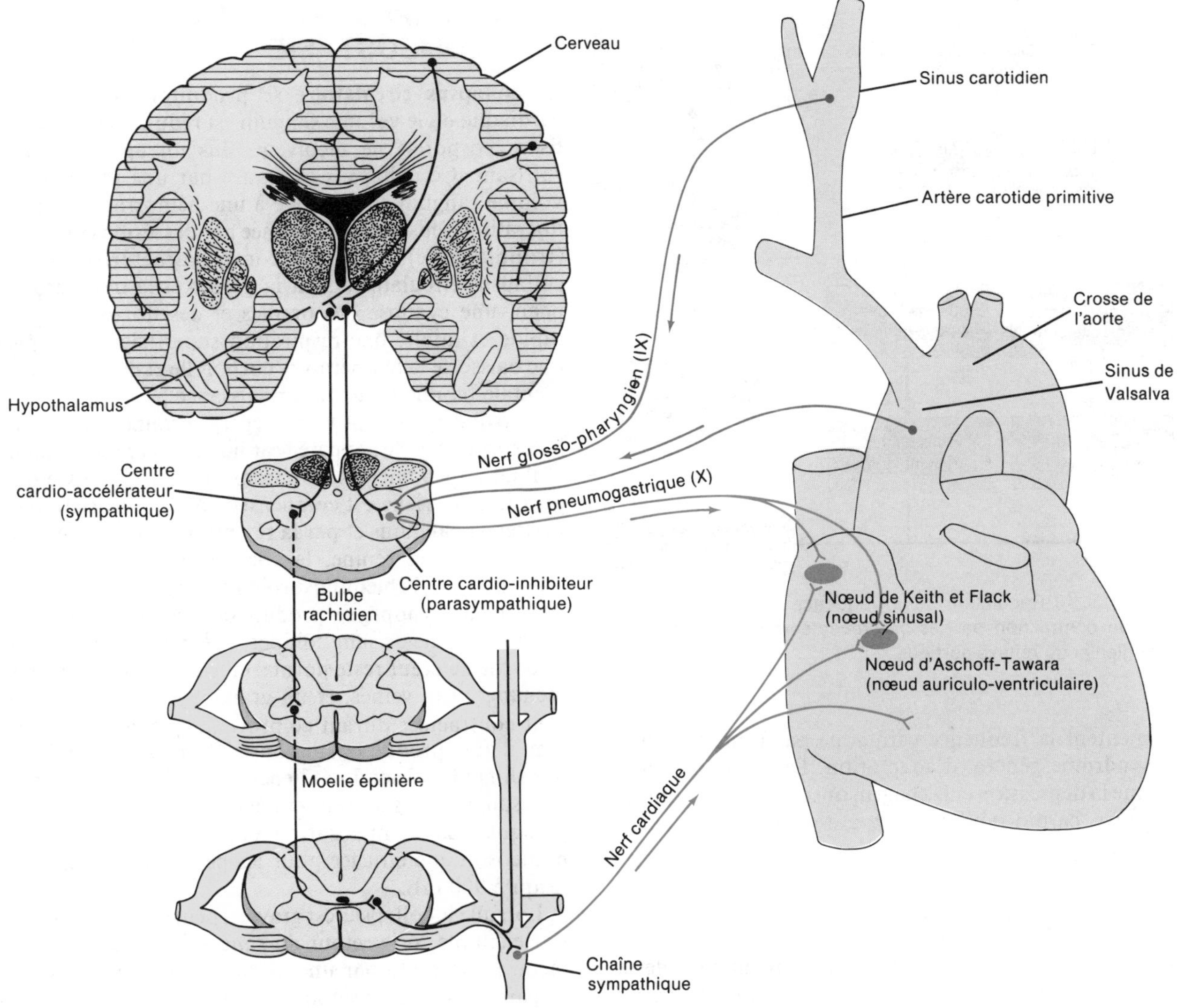

FIGURE 20.9 Innervation du cœur par le système nerveux autonome.

• ***Le réflexe aortique*** Le **réflexe aortique** est relié à la pression artérielle systémique. Il est déclenché par les barorécepteurs qui sont situés dans la paroi de la crosse de l'aorte ou qui y sont attachés (voir la figure 20.9), et il agit comme le réflexe sinu-carotidien.

• ***Le réflexe de MacDowall, ou de l'oreillette droite*** Le **réflexe de MacDowall**, ou **de l'oreillette droite** réagit à la pression veineuse. Il est déclenché par les barorécepteurs situés dans les veines caves inférieure et supérieure et dans l'oreillette droite. Lorsque la pression veineuse augmente, les barorécepteurs envoient des influx qui stimulent le centre cardio-accélérateur, ce qui fait augmenter la fréquence cardiaque. Ce mécanisme est appelé **réflexe de Bainbridge.**

Les substances chimiques

Certaines substances chimiques présentes dans l'organisme exercent également une influence sur la fréquence cardiaque. Ainsi l'adrénaline, produite par la médullo-surrénale en réaction à la stimulation sympathique, augmente l'excitabilité du nœud de Keith et Flack, ce qui augmente la vitesse et la force de la contraction. Un taux élevé de potassium ou de sodium réduit la fréquence cardiaque et la force de la contraction. Il semble qu'un surplus de potassium empêche la participation du calcium à la contraction musculaire. Un surplus de calcium augmente la fréquence cardiaque et la force de la contraction.

La température

Une élévation de la température corporelle, comme celle qui se produit lors d'une fièvre ou durant un exercice physique, entraîne une libération plus rapide d'influx du nœud d'Aschoff-Tawara, ce qui provoque une augmentation de la fréquence cardiaque. Une réduction de la température consécutive à une exposition au froid ou à un refroidissement volontaire du corps avant une intervention chirurgicale réduit la fréquence cardiaque et la force de la contraction.

Les émotions

Les émotions fortes comme la peur, la colère ou l'anxiété, ainsi qu'une multitude d'agents stressants physiologiques,

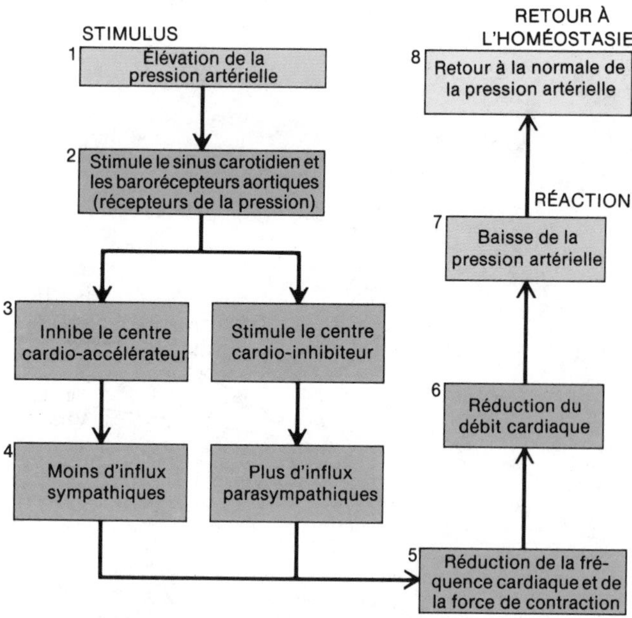

FIGURE 20.10 Régulation de la fréquence cardiaque et de la force de contraction par les barorécepteurs du réflexe sinu-carotidien et du réflexe aortique.

augmentent la fréquence cardiaque par l'intermédiaire du syndrome général d'adaptation. Des états mentaux comme la dépression et le chagrin ont tendance à stimuler le centre cardio-inhibiteur et à réduire la fréquence cardiaque.

Le sexe et l'âge

Le sexe constitue un autre facteur de régulation de la fréquence cardiaque ; en effet, les battements cardiaques sont un peu plus rapides chez les femmes. L'âge est un autre facteur; la fréquence cardiaque est rapide à la naissance, modérément rapide chez l'enfant et l'adolescent, moyenne chez l'adulte, et plus lente que la moyenne chez la personne âgée.

À la figure 20.11, nous présentons un résumé des facteurs qui influencent le débit cardiaque.

LE COLLAPSUS CIRCULATOIRE ET L'HOMÉOSTASIE

Le **collapsus circulatoire** se produit lorsque le débit cardiaque ou le volume sanguin est réduit au point où les tissus corporels ne reçoivent plus un apport sanguin suffisant. Ce collapsus est causé par une réduction du volume sanguin consécutive à une hémorragie ou à une libération d'histamine entraînée par des lésions tissulaires (traumatisme). Les symptômes caractéristiques du collapsus circulatoire sont la pâleur et la moiteur de la peau, une cyanose des oreilles et des doigts, un pouls rapide et faible, une respiration superficielle et rapide, une baisse de la température corporelle et de la confusion mentale ou une perte de connaissance.

Lorsque le collapsus est léger, certains mécanismes homéostatiques de l'appareil cardio-vasculaire compensent, et il ne se produit pas de lésions graves. La baisse de la pression artérielle est compensée par la constriction des vaisseaux sanguins et par la rétention de l'eau. Les reins sécrètent de la rénine, la corticosurrénale produit de l'aldostérone, la médullosurrénale sécrète de l'adrénaline et la neurohypophyse produit de l'ADH. Bien qu'un certain volume de sang soit perdu, le volume de sang qui retourne au cœur reste normal et le débit cardiaque reste inchangé. Les veines, et un grand nombre d'artérioles, sont contractées durant ce processus de compensation, mais il ne se produit pas de constriction dans les artérioles qui alimentent le cœur et l'encéphale. Par conséquent, le flux sanguin vers le cœur et l'encéphale reste normal, ou presque. La compensation constitue un mécanisme homéostatique efficace pour les pertes sanguines allant jusqu'à 900 mL.

Lorsque le collapsus est grave, il peut entraîner la mort. Par exemple, si le retour du sang veineux est réduit de façon importante par une perte sanguine excessive, les mécanismes compensatoires sont insuffisants. Lorsque le débit cardiaque baisse, le cœur ne propulse plus suffisamment de sang pour alimenter ses propres vaisseaux coronaires, et le muscle cardiaque s'affaiblit. De plus, une vasoconstriction prolongée finit par entraîner une hypoxie des tissus, qui atteint des organes vitaux comme les reins et le foie. Essentiellement, le collapsus initial favorise un collapsus encore plus grave et

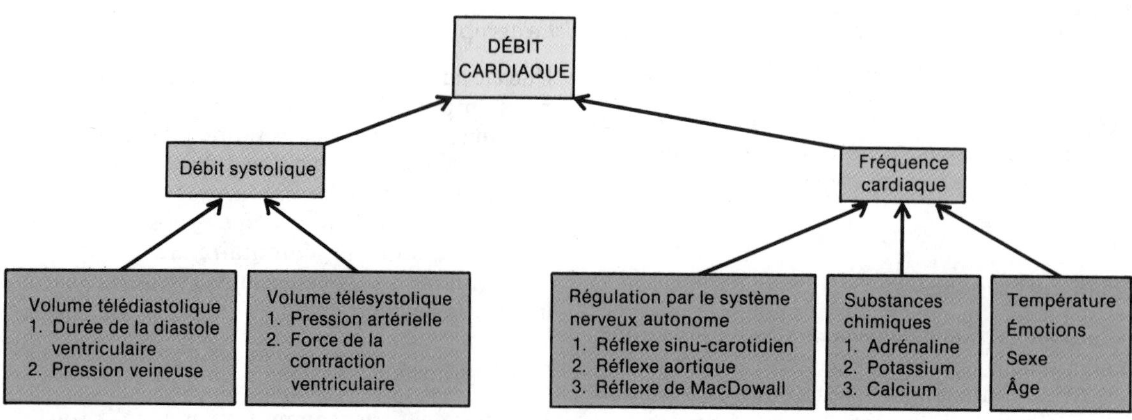

FIGURE 20.11 Résumé des facteurs qui influencent le débit cardiaque.

un **cycle** s'établit (figure 20.12). Lorsque le collapsus atteint un certain degré de gravité, les lésions aux organes circulatoires sont assez importantes pour entraîner la mort.

LE CŒUR ARTIFICIEL

Le 2 décembre 1982, le docteur Barney B. Clarke, un dentiste à la retraite âgé de 61 ans, entra dans l'histoire de la médecine en devenant le premier être humain à recevoir un **cœur artificiel**. L'intervention, qui dura 7 h 30 m, fut effectuée par le docteur William De Vries, qui était alors chirurgien au centre médical de l'Université de l'Utah.

Le cœur artificiel, appelé Jarvik-7 d'après son inventeur, le docteur Robert Jarvik, comprend une base d'aluminium et une paire de cavités rigides en matière plastique, qui jouent le rôle de ventricules (figure 20.13). Chaque cavité contient un diaphragme flexible (mû par de l'air comprimé) qui propulse le sang au-delà des valvules artificielles jusque dans les principaux vaisseaux sanguins. L'intervention chirurgicale consistait essentiellement à enlever les ventricules du cœur du docteur Clark, tout en laissant les oreillettes intactes. Puis, on sutura des connecteurs en Dacron sur les oreillettes, l'aorte et l'artère pulmonaire. On installa ensuite le cœur artificiel en place à l'aide des connecteurs. Essentiellement, le cœur artificiel est conçu pour propulser un volume de sang suffisant pour permettre une activité modérée.

Récemment, le cœur artificiel a fait l'objet de certaines controverses parce qu'il provoquerait des crises invalidantes ou même mortelles chez les receveurs. On poursuit les recherches et on effectue des essais cliniques dans l'espoir de mettre au point un cœur artificiel plus sûr, plus efficace et plus pratique.

LE DIAGNOSTIC DES CARDIOPATHIES

On peut établir un diagnostic des cardiopathies à l'aide de méthodes invasives ou non invasives. Les méthodes invasives comprennent l'incision cutanée ou l'introduction d'un corps étranger dans l'organisme. Les méthodes non invasives sont des méthodes non sanglantes.

Le **cathétérisme cardiaque** est une méthode invasive permettant l'étude de l'appareil cardio-vasculaire. On introduit le bout d'un long *cathéter* (ou sonde) de matière plastique dans une veine du bras ou de la jambe. Le cathéter étant radio-opaque, on peut le voir à l'aide d'un fluoroscope. On le pousse ensuite dans la veine cave jusque dans l'oreillette droite, le ventricule droit ou l'artère pulmonaire. On peut également introduire le cathéter dans une artère du bras ou de la jambe et le faire avancer, par l'aorte, jusqu'à l'oreillette ou jusqu'au ventricule gauche.

On utilise habituellement le cathétérisme cardiaque pour évaluer la pression dans le cœur et les vaisseaux

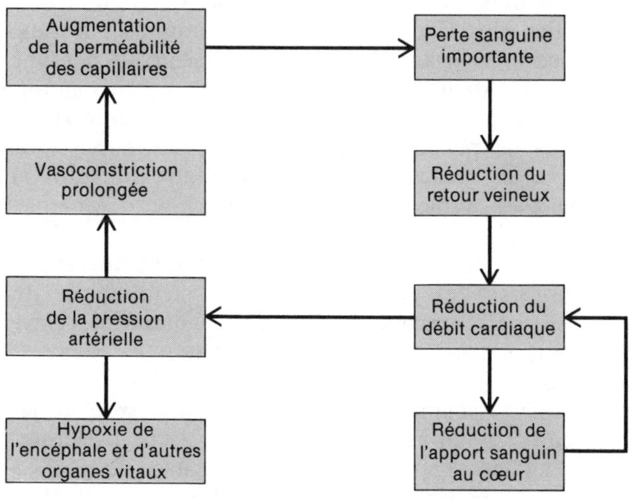

FIGURE 20.12 Cycle du collapsus circulatoire. Notez que le cycle se poursuit jusqu'à ce qu'il entraîne la mort.

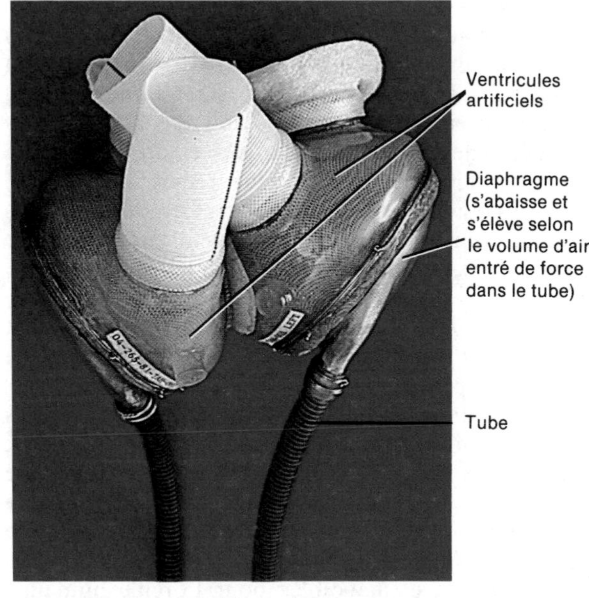

(a)

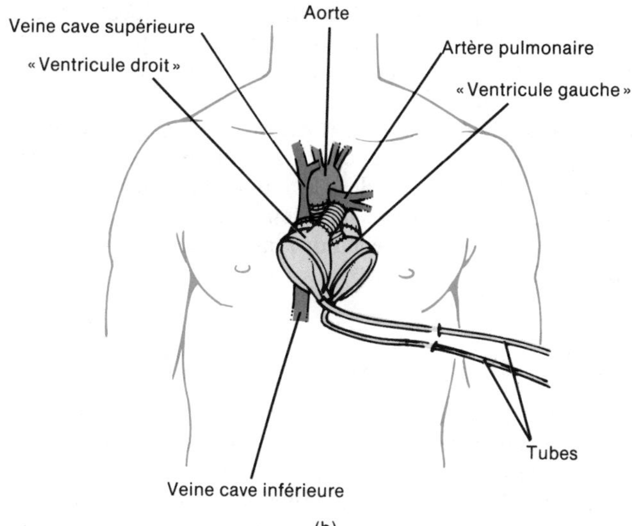

(b)

FIGURE 20.13 Cœur artificiel. (a) Photographie illustrant un cœur artificiel avant l'implantation. [Gracieuseté de Bradley Nelson, University of Utah.] (b) Diagramme illustrant un cœur implanté dans l'organisme.

sanguins. On s'en sert également pour évaluer la fonction ventriculaire gauche, le débit cardiaque et les propriétés diastoliques du ventricule gauche. Cette intervention permet également au médecin de mesurer le débit de sang dans le cœur et les vaisseaux, le contenu en oxygène du sang, l'état des valvules cardiaques et du système de conduction, ainsi que l'emplacement anatomique exact de diverses lésions cardio-vasculaires. Certains médecins l'utilisent pour injecter, immédiatement après une crise cardiaque, des enzymes qui dissolvent les caillots.

L'évolution du matériel utilisé pour le cathétérisme cardiaque et des techniques qui y sont reliées permet maintenant d'installer des cathéters dans le système vasculaire de presque tous les organes.

Les méthodes non invasives utilisées pour évaluer les affections cardio-vasculaires sont l'examen physique, l'électrocardiographie (ECG), les rayons X et une technique plus récente, appelée **échocardiographie** (*écho*: réflexion du son). Cette technique est une application spéciale de l'échographie; des ondes sonores à haute fréquence, inaudibles pour l'oreille humaine, sont utilisées pour obtenir des images du cœur. Les ondes sonores envoyées vers le cœur sont réfléchies sur un cristal qui convertit les ondes en une image qui apparaît sur un écran (semblable à celui d'un téléviseur). On peut alors photographier l'image, l'enregistrer sur bande magnétoscopique ou l'imprimer sur papier. Sur le plan clinique, on utilise l'échocardiographie pour évaluer les cardiopathies congénitales, les tumeurs et les troubles valvulaires, pour déceler la présence de liquide autour du cœur et pour évaluer les effets de l'insuffisance coronarienne sur le cœur.

LE CŒUR-POUMON ARTIFICIEL

Certains procédés chirurgicaux, comme ceux qui impliquent une transplantation cardiaque, une intervention à cœur ouvert ou un pontage coronarien, rendent nécessaire l'utilisation d'un **cœur-poumon artificiel**. Cet appareil joue simultanément deux rôles complexes: il propulse le sang (il joue alors le rôle du cœur), et élimine le dioxyde de carbone du sang et fournit de l'oxygène (il joue alors le rôle des poumons). Le principe qui régit le fonctionnement du cœur-poumon artificiel est assez simple. Le sang désoxygéné en provenance des veines caves est retiré du corps et passé dans un oxygénateur, qui élimine le dioxyde de carbone et ajoute de l'oxygène. Puis, le sang oxygéné est passé dans un échangeur thermique, où il est réchauffé à la température du corps, ou refroidi. Ensuite, le sang passe à travers un filtre qui élimine les emboles et est finalement retourné dans le corps, dans le système artériel, à la pression qui convient. Si cela est nécessaire, on peut ajouter, dans le circuit, des médicaments, des anesthésiques ou des transfusions.

Lorsqu'on veut réparer certaines anomalies par voie chirurgicale, on doit ralentir la fréquence cardiaque du sujet. Une des méthodes qui permettent d'atteindre cet objectif est l'**hypothermie** (basse température corporelle). Lors de certains procédés chirurgicaux, elle consiste à refroidir le corps afin de ralentir le métabolisme et de réduire ainsi les besoins en oxygène des tissus. Par conséquent, le cœur et l'encéphale peuvent supporter de brèves périodes où l'apport sanguin est interrompu ou réduit. Le sang perdu est remplacé par transfusion au cours de l'intervention, et après l'intervention.

LES FACTEURS DE RISQUE LIÉS AUX CARDIOPATHIES

On estime que, parmi les personnes qui atteignent l'âge de 60 ans, une sur cinq subit un infarctus du myocarde (crise cardiaque). Parmi les personnes âgées de 30 ans à 60 ans, une sur quatre risque d'être atteinte. Même si certaines causes des cardiopathies peuvent être prévues et évitées, les maladies du cœur ont atteint une dimension épidémique en Amérique du Nord. Les résultats des recherches indiquent que les personnes qui présentent des combinaisons de certains facteurs de risque finissent par subir une crise cardiaque. Les facteurs de risque sont des caractéristiques, des symptômes ou des signes présents chez une personne non atteinte; sur le plan statistique, ces facteurs sont associés à une vitesse excessive de l'évolution d'une maladie. Parmi les facteurs de risque associés aux cardiopathies, on trouve:

1. Un taux élevé de cholestérol dans le sang (hypercholestérolémie)
2. L'hypertension
3. L'usage du tabac
4. L'obésité
5. La sédentarité
6. Le diabète sucré
7. La prédisposition liée à l'hérédité (antécédents familiaux de maladies cardiaques chez des personnes jeunes)
8. Le sexe
9. L'âge

Les cinq premiers facteurs contribuent tous à augmenter la charge de travail du cœur. L'hypercholestérolémie est présentée brièvement ici, et l'hypertension, au chapitre 21. L'usage du tabac, à cause des effets de la nicotine, stimule la surrénale qui sécrète des quantités excessives d'aldostérone, d'adrénaline et de noradrénaline, qui sont des vasoconstricteurs puissants. Chez les personnes obèses, des kilomètres de capillaires sanguins supplémentaires se forment pour nourrir les tissus adipeux. Le cœur doit travailler plus vigoureusement pour propulser le sang dans un plus grand nombre de vaisseaux. Chez une personne sédentaire, le retour veineux reçoit moins d'aide de la part des muscles squelettiques en contraction. De plus, la pratique régulière de l'exercice physique renforce les muscles lisses des vaisseaux sanguins et permet à ces derniers de favoriser la circulation générale. Elle augmente également l'efficacité du cœur et le débit cardiaque. Chez une personne atteinte de diabète sucré, le métabolisme des graisses domine le métabolisme du glucose; par conséquent, le taux de cholestérol s'élève progressivement et provoque la formation de plaques; cette situation peut entraîner une hypertension. Celle-ci provoque l'accumulation de dépôts adipeux dans les vaisseaux sanguins, ce qui favorise l'athérosclérose. Jusqu'à l'âge de 50 ans, il existe un décalage de 10 ans à 15 ans, entre l'homme et la femme (en faveur de cette dernière) au point de vue de l'étendue de la maladie cardiaque. Après cet âge, le taux de la maladie est le même chez les deux sexes. Chez la femme aussi bien que chez l'homme, l'incidence des cardiopathies augmente avec l'âge.

LE DÉVELOPPEMENT EMBRYONNAIRE DU CŒUR

Le *cœur*, qui est dérivé du **mésoblaste**, commence à se développer avant la fin de la troisième semaine de la grossesse. Son développement commence dans la région ventrale de l'embryon, sous l'intestin antérieur (voir la figure 24.23). La première étape est constituée par la formation des **tubes endothéliaux (endocardiques)** à partir de cellules mésoblastiques (figure 20.14). Ces tubes s'unissent ensuite pour n'en former qu'un, le **tube cardiaque primitif**. Ensuite, ce dernier se divise en cinq régions : le **ventricule**, le **bulbus cordis**, l'**oreillette**, le **sinus veineux** et le **tronc artériel**. Comme le bulbus cordis et le ventricule croissent par la suite plus rapidement que les autres composants, et que le cœur croît plus rapidement que ses attaches supérieure et inférieure, le cœur prend la forme d'un U et, par la suite, celle d'un S. Les courbures du cœur réorientent les régions ; de cette façon, l'oreillette et le sinus veineux prennent une position supérieure par rapport au bulbus cordis, au ventricule et au tronc artériel.

Vers la septième semaine de la grossesse, le **septum interauriculaire** se forme dans la région auriculaire, et divise celle-ci en *oreillettes droite et gauche*. L'ouverture du septum est constituée par le **foramen ovale**, ou **trou de Botal**, qui se referme normalement après la naissance et forme une dépression appelée *fosse ovale*. Un **septum**

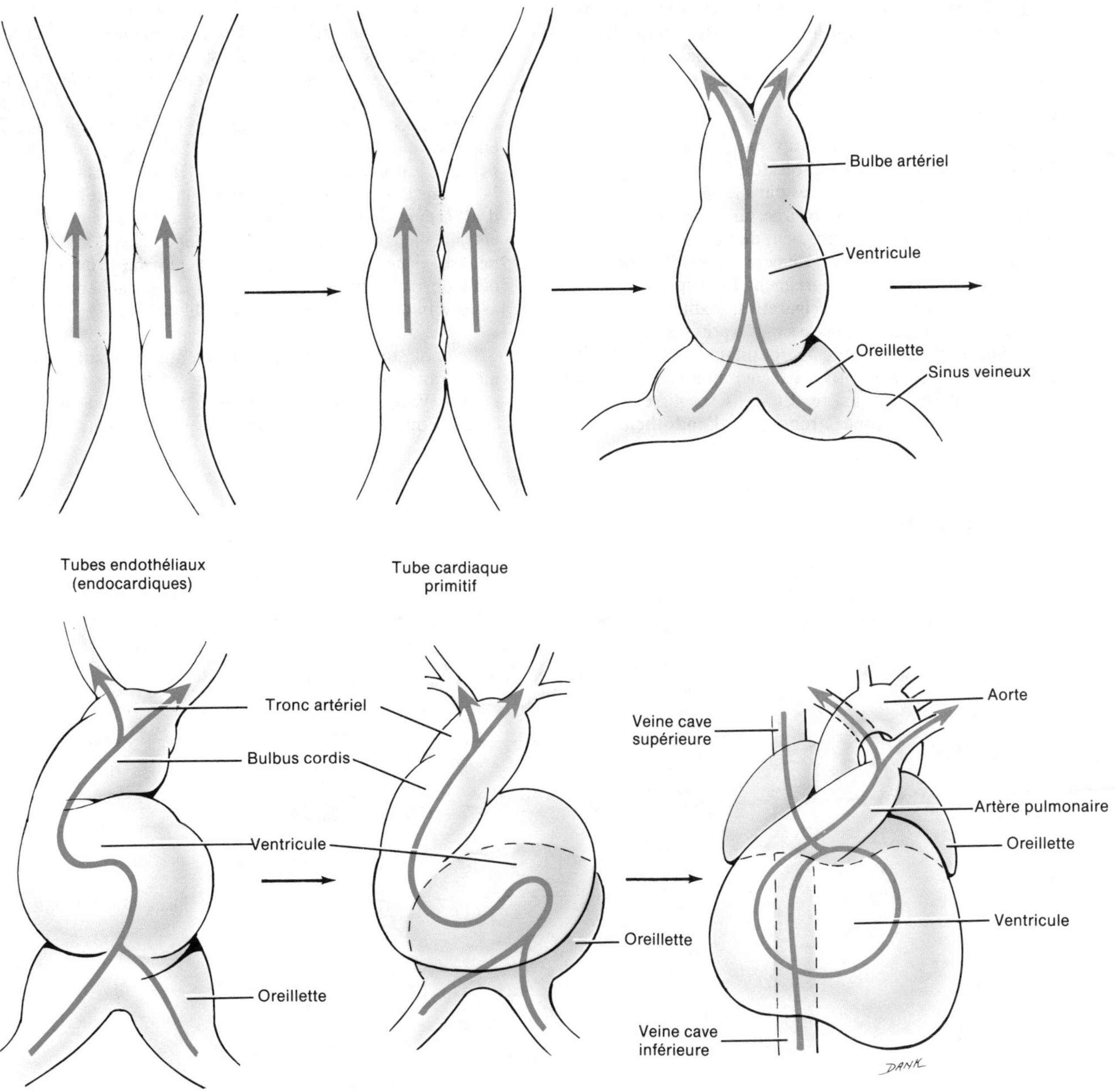

FIGURE 20.14 Développement embryonnaire du cœur. Les flèches rouges indiquent la direction du flux sanguin de l'extrémité veineuse à l'extrémité artérielle.

interventriculaire se développe également et divise la région ventriculaire en *ventricules droit* et *gauche*. Le bulbus cordis et le tronc artériel se séparent en deux vaisseaux, l'*aorte* (qui émerge du ventricule gauche) et l'*artère pulmonaire* (qui émerge du ventricule droit). Il faut se rappeler que le canal artériel est un vaisseau temporaire situé, jusqu'à la naissance, entre l'aorte et l'artère pulmonaire. Les grosses veines du cœur, les *veines caves supérieure* et *inférieure*, se développent à partir de l'extrémité veineuse du tube cardiaque primitif.

LES AFFECTIONS : DÉSÉQUILIBRES HOMÉOSTATIQUES

L'insuffisance coronarienne

Dans l'**insuffisance coronarienne**, le muscle cardiaque ne reçoit pas suffisamment de sang à cause de l'interruption de l'apport sanguin. Cette maladie constitue présentement la première cause de mortalité aux États-Unis. Selon la gravité de l'interruption, les symptômes vont de la douleur légère à la poitrine à la crise cardiaque complète. En règle générale, les symptômes se manifestent au moment où la lumière de l'artère coronaire est obstruée à environ 75%. Les causes sous-jacentes de l'insuffisance coronarienne sont nombreuses et variées. L'athérosclérose et le spasme coronarien sont deux des principales causes. La présence d'un thrombus ou d'un embole dans une artère coronaire en constitue une autre.

L'athérosclérose

L'**athérosclérose** est un processus par lequel des substances adipeuses, notamment du cholestérol et des triglycérides (graisses ingérées), sont déposées dans les parois des grosses et des moyennes artères en réaction à certains stimuli. On croit que la première étape du développement de l'athérosclérose est liée à des lésions atteignant le revêtement endothélial de l'artère. Les facteurs favorisants comprennent l'hypertension, l'oxyde de carbone contenu dans les cigarettes, le diabète sucré et un taux élevé de cholestérol dans le sang. Après que le revêtement endothélial a subi les lésions correspondant à la première étape, les monocytes commencent à s'attacher au revêtement lisse de la tunique interne de l'artère. Puis, ils se glissent entre les cellules endothéliales, pénètrent dans l'endothélium et se transforment en macrophages. Là, les macrophages commencent à prélever du cholestérol à partir de lipoprotéines de faible masse volumique (décrit plus loin). En même temps, les cellules musculaires lisses de la tunique moyenne de l'artère ingèrent elles aussi du cholestérol. Plus la quantité de cholestérol présente dans le sang est grande, plus le processus se déroule rapidement. L'accumulation du cholestérol et des cellules forme une lésion appelée **plaque d'athérome** (figure 20.15). Cette plaque ressemble à un amas de tissu grisâtre ou jaunâtre. En croissant, elle peut obstruer le flux sanguin dans l'artère atteinte et léser les tissus alimentés par cette artère. Un danger supplémentaire est présenté par le fait que la plaque offre une surface rugueuse qui amène les plaquettes du sang à libérer le *facteur mitotique des plaquettes (PDGF)*, un facteur de croissance qui favorise la division des cellules musculaires lisses. En fait, les macrophages et les cellules endothéliales produisent aussi du PDGF, ce qui complique un peu plus le processus, puisque le PDGF favorise la croissance de la lésion. Les plaquettes présentes dans la région de la plaque d'athérome libèrent également des substances chimiques qui entraînent la formation de caillots. Par conséquent, un thrombus peut se former. Si le caillot se rompt et forme un embole, celui-ci peut obstruer de petites artères et de petits capillaires situés assez loin du lieu de la formation du caillot.

Le cholestérol constitue un élément important de toutes les membranes cellulaires ; il représente également un élément clé pour la synthèse des hormones stéroïdes et des sels biliaires. Une certaine quantité de cholestérol est présente dans la nourriture

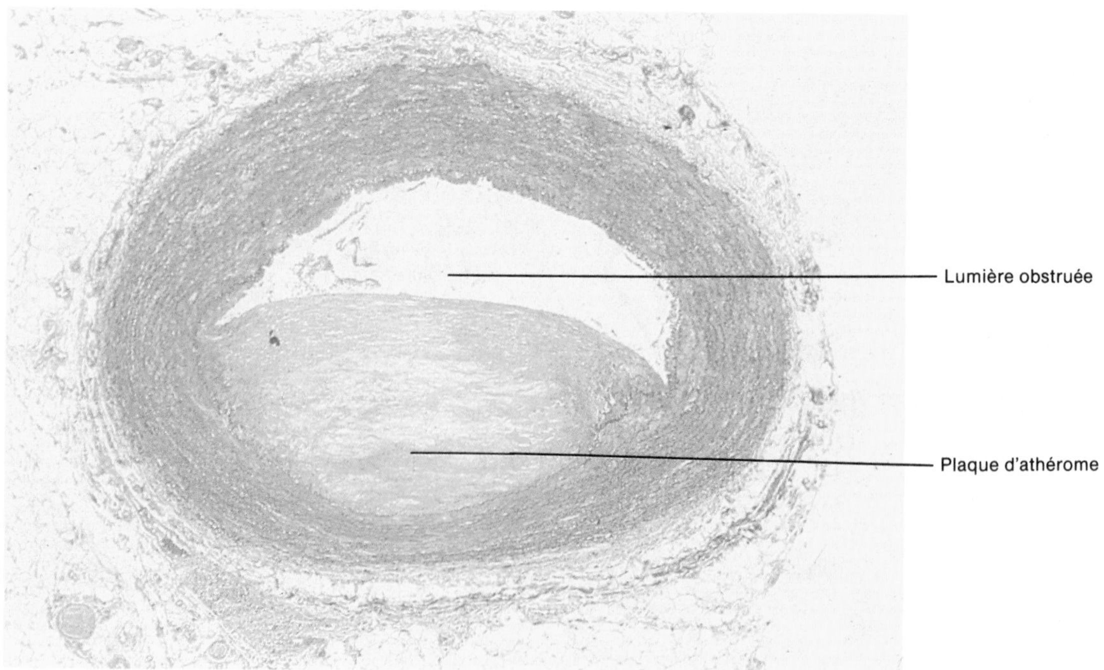

FIGURE 20.15 Photomicrographie d'une coupe transversale d'une artère partiellement obstruée par une plaque d'athérome. [Gracieuseté de Lester V. Bergman & Associates, Inc.]

(œufs, produits laitiers, viandes de bœuf et de porc et viandes préparées) ; la plus grande partie est synthétisée par le foie. En fait, ce ne sont pas les aliments contenant du cholestérol qui constituent la principale source de cholestérol dans le sang, mais plutôt le type de gras que nous consommons. Lorsque les graisses saturées sont décomposées dans l'organisme, le foie utilise une partie des produits de décomposition pour produire du cholestérol. Les graisses saturées (voir le chapitre 2) peuvent augmenter jusqu'à 25% le taux de cholestérol dans le sang.

Le cholestérol et les triglycérides ne sont pas hydrosolubles ; ils ne peuvent donc pas circuler dans le sang sous leur forme première. Ils deviennent hydrosolubles en s'unissant à des protéines produites par le foie et les intestins ; les complexes ainsi formés sont appelés **lipoprotéines**. Les deux principaux types de lipoprotéines sont les **lipoprotéines de faible masse volumique (LDL)** et les **lipoprotéines de haute masse volumique (HDL)**. Il existe une différence importante entre ces deux types : les LDL semblent recueillir le cholestérol et le déposer dans les cellules corporelles et, dans des conditions anormales, dans les cellules musculaires lisses présentes dans les artères. Il semble que les HDL recueillent le cholestérol des cellules corporelles et le transportent au foie, où il est éliminé. La plupart des tissus de l'organisme contiennent des récepteurs de lipoprotéines de faible masse volumique. À cause de leurs besoins importants en cholestérol, le foie, les glandes surrénales et les ovaires sont dotés de tels récepteurs. Lorsqu'une LDL s'attache à son récepteur, elle est amenée à l'intérieur de la cellule par endocytose (chapitre 3). Là, la LDL est décomposée, et le cholestérol qu'elle contient est libérée pour répondre aux besoins de la cellule. De cette façon, la LDL est retirée du sang. Lorsque la cellule a suffisamment de cholestérol pour répondre à ses besoins, un système de rétroaction négative empêche la cellule de synthétiser d'autres récepteurs de LDL. On croit que, pour différentes raisons liées à l'environnement et à l'hérédité, certaines personnes ne possèdent pas suffisamment de récepteurs de LDL ; elles sont donc plus vulnérables que les autres à l'athérosclérose. Un troisième type de lipoprotéine, appelé **lipoprotéine de très faible masse volumique (VLDL)**, contient un peu de cholestérol et une grande quantité de triglycérides (graisses). Cette lipoprotéine joue également un rôle dans la formation des plaques d'athérome ; on ne sait cependant pas encore en quoi consiste exactement ce rôle.

La quantité totale de cholestérol dans le sang (HDL, LDL et VLDL) constitue un important facteur de risque lié à l'insuffisance coronarienne. En règle générale, lorsque le taux total de cholestérol dépasse 150 mg/dL, le risque d'insuffisance coronarienne commence lentement à s'élever. Au-dessus de 200 mg/dL, le risque augmente rapidement. Souvent, le médecin ne prend pas de mesures visant à abaisser le taux de cholestérol avant que ce taux ne dépasse 250 mg/dL. L'équilibre entre les lipoprotéines de faible masse volumique et les lipoprotéines de haute masse volumique est encore plus important que le taux total de cholestérol. Il semble que plus le rapport entre les HDL et la quantité totale de cholestérol (et les LDL) est élevé, plus le risque d'insuffisance coronarienne est bas. La pratique régulière d'exercices physiques, un régime alimentaire adéquat (réduit en graisses animales, notamment) et l'abandon de l'usage du tabac sont des mesures permettant d'améliorer le rapport HDL/LDL.

Les huiles non saturées provenant du poisson, du phoque et de la baleine contiennent des acides gras appelés acides gras oméga-3. Ces acides gras semblent jouer un rôle dans la protection contre les cardiopathies. On croit qu'ils réduisent les taux de cholestérol sérique et de lipoprotéines de faible masse volumique dans le sang, qu'ils empêchent l'agrégation des plaquettes, réduisant ainsi les risques de formation de caillot, qu'ils suppriment la production des facteurs de coagulation, et qu'ils favorisent la production d'un agent anticoagulant. Les poissons gras, comme le saumon, le tassergal, le hareng, les sardines, les anchois et le maquereau, constituent de bonnes sources d'acides gras oméga-3. Les crustacés en contiennent également.

Pour établir un diagnostic d'athérosclérose, on effectue une évaluation de la pression artérielle, des épreuves sanguines visant à déterminer les taux de lipoprotéines et de glucose, un ECG d'effort, une angiographie et une épreuve de cardiologie nucléaire. L'*ECG d'effort* est effectué pendant que le sujet marche sur un tapis roulant ou pédale sur une bicyclette fixe ; de cette façon on peut déceler la présence de l'insuffisance coronarienne et sa gravité, ce qu'on ne pourrait peut-être pas faire si le sujet était au repos. L'*angiographie* consiste à injecter un colorant directement dans le sang et à radiographier les artères. Cette technique est également appelée *artériographie*, et la pellicule obtenue est un *artériogramme*. L'angiographie des vaisseaux sanguins du cœur est appelée *coronarographie*. L'*épreuve de cardiologie nucléaire* consiste à injecter une substance radioactive dans une veine, et à analyser la façon dont la substance est distribuée dans le cœur. La *scintigraphie au thallium* constitue un exemple de cardiologie nucléaire. Pendant que le thallium 201, un isotope radioactif, circule dans les artères coronaires, une caméra installée au-dessus de la poitrine du sujet recueille les signaux provenant de l'isotope et les transmet à un ordinateur qui les traduit. On obtient alors une image du cœur. La présence, dans le cœur, d'une région où le thallium circule mal, indique une obstruction d'une artère coronaire.

Le traitement de l'insuffisance coronarienne varie selon la nature et l'urgence des symptômes. Un traitement médicamenteux, un pontage coronarien ou une angioplastie coronarienne transluminale percutanée (ACTP) peuvent être indiqués. Les deux médicaments le plus fréquemment administrés sont la *nitroglycérine* et les *agents β-bloquants*. On est actuellement à évaluer l'action de médicaments antithrombotiques qui suppriment l'activité des plaquettes.

Le *pontage coronarien* constitue la façon la plus directe d'augmenter l'apport sanguin au cœur. Une intervention chirurgicale typique se déroule comme suit : on enlève une

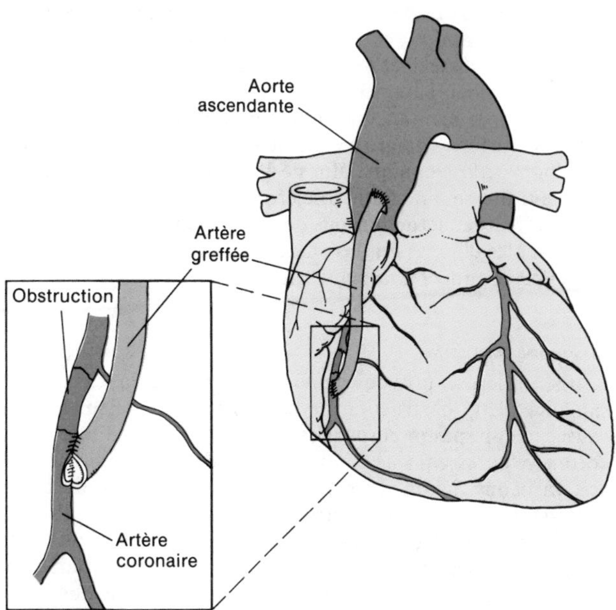

FIGURE 20.16 Pontage coronarien. On prélève l'artère mammaire interne du sujet, et on la suture à l'artère coronaire, à un point situé en position distale par rapport à l'obstruction.

portion d'un vaisseau sanguin situé dans une autre partie du corps. Il fut un temps où l'on utilisait fréquemment la veine saphène de la jambe. Aujourd'hui, toutefois, on utilise plutôt l'artère thoracique (ou mammaire) interne, située dans le thorax. Les recherches ont démontré que des obstructions peuvent se reformer plus facilement dans une veine que dans une artère. Lorsque le cœur est exposé, on maintient la circulation au moyen d'un cœur-poumon artificiel. Puis, on place un clamp dans l'aorte, au-dessus des orifices des artères coronaires, ce qui interrompt l'apport sanguin au cœur. On injecte ensuite dans le cœur une solution salée froide contenant du potassium, à l'aide d'une petite sonde introduite dans l'aorte. La solution salée permet de maintenir l'état du myocarde; la présence du potassium et la température de la solution empêchent le cœur de recommencer à battre prématurément. On suture un segment du vaisseau sanguin prélevé entre l'aorte et la portion non obstruée de l'artère coronaire, en position distale par rapport à l'obstruction (figure 20.16). Lorsque plus d'une artère est obstruée, on peut effectuer plusieurs pontages. Lorsque la réparation est terminée, on enlève le clamp et, à mesure que le sang, à la température normale, s'écoule dans les artères coronaires, la solution salée froide contenant du potassium est éliminée. Normalement, le cœur recommence alors à battre. Si ce n'est pas le cas, on applique un léger choc à l'aide d'un défibrillateur.

Bien que le pontage coronarien augmente le flux sanguin et réduise l'angine de poitrine, il n'augmente pas le taux de survie. Qu'ils reçoivent un traitement médicamenteux ou chirurgical, les sujets vivent aussi longtemps les uns que les autres. Les conditions qui ont entraîné l'intervention chirurgicale finissent souvent par favoriser la formation de nouveaux caillots, dans d'autres vaisseaux sanguins; ou encore, d'autres faiblesses de l'appareil circulatoire entraînent une élévation de la pression artérielle, une hypertrophie du cœur ou une crise cardiaque.

On peut également traiter l'insuffisance coronarienne à l'aide d'un procédé appelé *angioplastie coronarienne transluminale percutanée (ACTP)*. Tout comme dans le cas du pontage coronarien, il s'agit d'une intervention visant à augmenter l'apport sanguin au muscle cardiaque. Ce procédé consiste à introduire une sonde à ballonnet dans une artère du bras ou de la jambe, et à la guider doucement dans le système artériel sous observation radiographique. Lorsque la sonde est en place dans l'artère coronaire obstruée, on gonfle le ballonnet pendant quelques secondes, ce qui comprime les substances qui obstruent le vaisseau et permet donc au flux sanguin de mieux circuler. Malheureusement, les plaques calcifiées ne sont pas écrasées par le ballonnet; de plus, ce dernier risque de léser la paroi de l'artère. Malgré ces inconvénients, on espère pouvoir améliorer cette technique afin de l'utiliser de façon courante dans le traitement de l'athérosclérose.

On effectue actuellement des expériences consistant à vaporiser les plaques d'athérome à l'aide de rayons laser; cette technique est appelée *angioplastie au laser*.

Le spasme coronarien

L'athérosclérose provoque une obstruction à la circulation sanguine. Une obstruction de ce genre peut également être causée par un **spasme coronarien** : les muscles lisses d'une artère coronaire subissent une contraction soudaine, ce qui entraîne une vasoconstriction. Le spasme coronarien affecte de façon typique les personnes souffrant d'athérosclérose; il peut entraîner des douleurs à la poitrine lorsque le sujet est au repos (angor de Prinzmetal) ou lorsqu'il est actif (angine typique); il peut également provoquer une crise cardiaque ou une mort soudaine. On ne connaît pas les causes du spasme coronarien; toutefois, il existe plusieurs facteurs qui pourraient être à l'origine de cette affection. Parmi ceux-ci, on trouve l'usage du tabac, le stress et la présence d'un produit chimique vasoconstricteur libéré par les plaquettes. On croit que l'aspirine, ainsi que d'autres médicaments, pourraient inhiber la libération du produit chimique vasoconstricteur. Le traitement consiste à administrer des nitrates à action prolongée (nitroglycérine) et des inhibiteurs du calcium.

Les anomalies congénitales

Un enfant sur 100 naît avec une malformation cardiaque. Une malformation qui est présente à la naissance est une **anomalie congénitale**. La plupart des anomalies ne sont pas graves et peuvent passer inaperçues toute la vie durant. D'autres guérissent spontanément. Cependant, certaines anomalies peuvent entraîner la mort; par conséquent, on doit les traiter à l'aide de techniques chirurgicales pouvant aller de la simple suture au remplacement, à l'aide de substances synthétiques, des parties non fonctionnelles.

La **coarctation de l'aorte** constitue une anomalie congénitale dans laquelle un segment de l'aorte est excessivement étroit. Le flux de sang oxygéné à l'organisme est donc réduit, le ventricule gauche doit travailler plus vigoureusement, et de l'hypertension se manifeste. On peut remédier à cette situation en introduisant un greffon synthétique.

La **persistance du canal artériel** est une autre anomalie congénitale courante. Le canal artériel situé entre l'aorte et l'artère pulmonaire se referme normalement peu après la naissance, en réaction à l'oxygénation accrue de ce vaisseau. Quelques heures après la naissance, la paroi musculaire du canal artériel se contracte et, en une semaine, la constriction suffit à interrompre le flux sanguin. Au cours du deuxième mois, la formation de tissu fibreux dans la lumière du canal artériel obstrue ce dernier. Chez certains enfants, le canal artériel reste ouvert. Par conséquent, le sang de l'aorte s'écoule dans l'artère pulmonaire (où la pression est moins élevée), ce qui augmente la pression dans l'artère pulmonaire et entraîne une surcharge de travail pour les ventricules et le cœur. Le traitement consiste à ligaturer le canal artériel ou à le couper de façon que les extrémités ne se rejoignent pas.

Une **perforation du septum** qui sépare la partie interne du cœur en côtés gauche et droit constitue également une anomalie congénitale. La **communication interauriculaire** survient lorsque le foramen ovale, situé entre les deux oreillettes du cœur du fœtus, ne se referme pas après la naissance. Comme la pression de l'oreillette droite est peu élevée, la communication interauriculaire entraîne généralement l'écoulement d'un volume de sang important de l'oreillette gauche à l'oreillette droite, sans qu'il passe par la circulation systémique. Cette anomalie, qui est un exemple de shunt gauche-droite, surcharge la circulation pulmonaire, entraîne de la fatique et augmente les risques d'infections des voies respiratoires. Lorsqu'elle survient chez le très jeune enfant, elle empêche la croissance parce que la circulation systémique peut être privée d'une partie importante du sang destiné aux organes et aux tissus de l'organisme. La **communication interventriculaire** est causée par la fermeture incomplète du septum interventriculaire. À cause de la pression élevée du ventricule gauche, le sang est dévié directement du ventricule gauche dans le ventricule droit. Cette anomalie constitue un autre exemple de shunt gauche-droite. Aujourd'hui, on peut refermer les perforations des septums ou les recouvrir à l'aide de plaques synthétiques.

Le **rétrécissement valvulaire** est un rétrécissement, ou *sténose*, d'une des valvules qui règlent le flux sanguin dans le cœur. Le rétrécissement peut se produire dans la valvule elle-même, notamment dans la valvule mitrale, consécutivement à une cardite rhumatismale, ou dans la valvule aortique, après une sclérose ou un rhumatisme articulaire aigu. Il peut également se produire à proximité d'une valvule. Toutes les sténoses sont graves parce qu'elles surchargent le cœur qui doit pousser le sang dans les orifices trop étroits des valvules. Un rétrécissement mitral entraîne une élévation de la pression artérielle. Une angine de poitrine et une insuffisance cardiaque peuvent également accompagner cette anomalie. Dans la plupart des cas, on remplace les valvules atteintes par des valvules artificielles.

La **tétralogie de Fallot** comprend quatre anomalies : une communication interventriculaire, une émergence de l'aorte des deux ventricules (plutôt que du ventricule gauche seulement), une sténose de la valvule sigmoïde pulmonaire et une hypertrophie ventriculaire droite. Cette anomalie est un exemple de shunt droite-gauche, dans lequel le sang passe du ventricule droit au ventricule gauche sans passer par la circulation pulmonaire. À cause de la sténose de la valvule sigmoïde pulmonaire, la pression accrue du ventricule droit force le sang désoxygéné provenant du ventricule droit à pénétrer dans le ventricule gauche par la communication interventriculaire. Par conséquent, le sang désoxygéné se mêle au sang oxygéné qui est poussé dans la circulation systémique. De plus, comme l'aorte émerge du ventricule droit et que l'artère pulmonaire est rétrécie, seule une très petite quantité de sang atteint les poumons, et la circulation pulmonaire est presque entièrement déviée. Le volume insuffisant de sang oxygéné atteignant la circulation systémique entraîne une *cyanose*, une coloration bleuâtre ou violacée de la peau. C'est pourquoi la tétralogie de Fallot est une des affections qui produisent des « bébés bleus ». La cyanose peut également être causée par des troubles pulmonaires ou une suffocation.

Il est possible de corriger cette anomalie lorsque l'état et l'âge du sujet le permettent. On peut effectuer une intervention chirurgicale à cœur ouvert consistant à ouvrir la valvule pulmonaire rétrécie et à obstruer la communication interventriculaire à l'aide d'une plaque en Dacron.

Les arythmies

Le terme **arythmie** s'applique à toutes les anomalies ou irrégularités du rythme cardiaque. La plupart des médecins emploient le terme **dysrythmie**, puisqu'il implique un rythme anormal, alors que l'arythmie signifie l'absence de rythme. L'arythmie est causée par une perturbation du système de conduction du cœur, due à une production anormale d'influx électriques, ou à un défaut de la conduction des influx lorsqu'ils traversent le système.

Il existe un grand nombre de types d'arythmie ; certaines sont normales et d'autres peuvent être assez graves. La caféine, la nicotine, l'alcool, l'anxiété, certains médicaments, l'hyperthyroïdie, la carence en potassium et certaines cardiopathies sont des facteurs qui peuvent causer une arythmie. Une arythmie grave peut entraîner un arrêt cardiaque lorsque le cœur ne peut pas répondre à ses propres besoins en oxygène, ainsi qu'aux besoins du reste de l'organisme. Lorsque l'arythmie est détectée et traitée assez tôt, on peut la maîtriser et rétablir un rythme cardiaque normal.

Le bloc cardiaque

Le **bloc cardiaque** est une forme grave d'arythmie. Le blocage d'influx qui se produit le plus fréquemment est peut-être celui au niveau du nœud d'Aschoff-Tawara qui conduit les influx des oreillettes aux ventricules. Cette affection est appelée *bloc auriculo-ventriculaire*. Elle indique habituellement un infarctus du moycarde, une athérosclérose, une cardite rhumatismale, une diphthérie ou une syphilis. Dans le cas d'un bloc auriculo-ventriculaire complet, le sujet peut souffrir de vertiges, de syncopes ou de convulsions. Ces symptômes sont causés par une réduction du débit cardiaque accompagnée d'une réduction du flux sanguin cérébral et d'une hypoxie cérébrale (manque d'oxygène).

Une stimulation excessive des nerfs pneumogastriques (qui réduisent la conductibilité des fibres jonctionnelles), la destruction du faisceau de His, consécutive à un infarctus, l'athérosclérose, la myocardite ou la dépression consécutive à l'ingestion de certains médicaments sont tous des facteurs pouvant entraîner un bloc auriculo-ventriculaire.

Le flutter et la fibrillation

Le **flutter** et la **fibrillation** sont d'autres exemples d'arythmie. Dans le cas du **flutter auriculaire**, le rythme auriculaire varie entre 240 et 360 battements par minute. Cette affection consiste essentiellement en contractions auriculaires rapides accompagnées d'un bloc auriculo-ventriculaire du deuxième degré. Elle indique généralement des lésions graves du muscle cardiaque. Le flutter auriculaire se transforme habituellement en fibrillation après quelques heures, quelques jours ou quelques mois. La **fibrillation auriculaire** est une contraction asynchrone des muscles auriculaires, qui entraîne une contraction irrégulière et encore plus rapide. Le flutter et la fibrillation auriculaires se manifestent dans les cas d'infarctus du myocarde, de cardite rhumatismale aiguë et chronique, et d'hyperthyroïdie. La fibrillation auriculaire provoque une incoordination complète des contractions auriculaires ; les oreillettes cessent donc complètement de propulser le sang. Lorsque le muscle fibrille, les fibres musculaires de l'oreillette se contractent indépendamment les unes des autres. Ces contractions interrompent le travail de propulsion de l'oreillette. Lorsque le cœur est solide, la fibrillation auriculaire ne réduit l'efficacité de la propulsion cardiaque que de 25 % à 30 %.

La **fibrillation ventriculaire** est une autre anomalie qui indique presque toujours un arrêt cardiaque imminent et la mort, à moins qu'elle ne soit rapidement corrigée. Elle est caractérisée par des contractions musculaires ventriculaires asynchrones et désordonnées. Le rythme peut être rapide ou lent. L'influx atteint différentes parties du ventricule à des rythmes différents. Par conséquent, une partie du ventricule peut se contracter alors que d'autres parties ne sont pas stimulées. Les contractions ventriculaires deviennent inefficaces et le collapsus cardio-vasculaire et la mort s'ensuivent. La fibrillation ventriculaire peut être causée par une obstruction coronarienne. Elle survient parfois au cours d'interventions chirurgicales effectuées sur le cœur ou le péricarde. Elle peut être la cause de la mort dans les cas d'électrocution.

L'extrasystole ventriculaire

Une autre forme d'arythmie survient lorsqu'une petite région du cœur, à l'extérieur du nœud de Keith et Flack, devient plus excitable que la normale, ce qui produit des influx anormaux occasionnels entre les influx normaux. La région où les influx anormaux sont produits est appelée *foyer ectopique*. Lorsqu'une onde de dépolarisaton s'étend hors du foyer ectopique, elle provoque une **extrasystole**. La contraction se produit au début de la diastole, avant que le nœud de Keith et Flack envoie ses influx. La personne atteinte peut ressentir un coup dans la poitrine. Les contractions peuvent être relativement bénignes et peuvent être causées par un stress affectif, une consommation excessive de stimulants (comme la caféine ou la nicotine) ou un manque de sommeil. Dans d'autres cas, ces contractions peuvent indiquer une maladie sous-jacente.

L'insuffisance cardiaque

On peut définir l'**insuffisance cardiaque** comme un état chronique ou aigu qui survient lorsque le cœur est incapable de répondre aux besoins de l'organisme en oxygène. Les symptômes et les signes comprennent de la fatigue, un œdème périphérique et pulmonaire, et une congestion viscérale. Ces symptômes sont produits par la réduction du flux sanguin aux différents tissus de l'organisme et par l'accumulation de sang dans les organes, car le cœur est incapable de chasser le sang que lui retournent les grosses veines. La réduction du flux sanguin et l'accumulation de sang dans les organes surviennent en même temps, mais certains symptômes sont dus à la congestion, alors que d'autres sont causés par l'alimentation inadéquate des tissus. L'insuffisance cardiaque est habituellement causée par l'insuffisance coronarienne, dans laquelle l'athérosclérose entraîne une ischémie myocardique.

Le cœur pulmonaire

Le **cœur pulmonaire** est une hypertrophie ventriculaire droite due à des troubles qui entraînent de l'hypertension dans la circulation pulmonaire. Certains troubles, comme ceux qui affectent le centre respiratoire de l'encéphale, les maladies pulmonaires, les maladies qui affectent les voies respiratoires des poumons, les déformations de la cage thoracique et les troubles neuromusculaires, peuvent provoquer une hypoxie dans les poumons. Par conséquent, la vasoconstriction des artères et des artérioles pulmonaires survient, et le flux sanguin vers les poumons est réduit. De plus, les affections comme les tumeurs, les anévrismes et les maladies vasculaires pulmonaires peuvent entraîner une réduction du flux sanguin. Cette réduction, et l'augmentation de la résistance dans les poumons, provoque une hypertension pulmonaire. Finalement, ce dernier phénomène entraîne une augmentation de la pression dans les artères pulmonaires droite et gauche, et dans l'artère pulmonaire, ce qui provoque une hypertrophie ventriculaire droite.

Les personnes atteintes d'un cœur pulmonaire peuvent ressentir de la fatigue, de la faiblesse, une dyspnée, une douleur au niveau du quadrant supérieur droit (causée par une hypertrophie du foie), de la chaleur et de la cyanose dans les membres, une cyanose du visage, une distension des veines du cou, une douleur à la poitrine et un œdème.

GLOSSAIRE DES TERMES MÉDICAUX

Arrêt cardiaque Cessation complète des battements cardiaques.

Cardiomégalie (*méga*: grand, gros) Augmentation du volume du cœur. Les coureurs de fond et les haltérophiles présentent souvent une cardiomégalie, qui est une adaptation naturelle au surcroît de travail entraîné par la pratique régulière de l'exercice physique.

Commissurotomie Intervention chirurgicale visant à élargir l'orifice d'une valvule cardiaque encombrée par du tissu cicatriciel.

Compensation cardiaque Modification survenant dans l'appareil circulatoire, visant à compenser une anomalie ; ajustement du volume du cœur ou de la fréquence des battements cardiaques ayant pour but de contrebalancer un défaut de la structure ou de la fonction; terme souvent utilisé pour décrire le maintien d'une circulation adéquate en dépit de la présence d'une cardiopathie.

Compliance Expression de l'élasticité du ventricule gauche. Ainsi, la compliance d'un cœur hypertrophié ou fibreux, doté d'une paroi raidie, est réduite. Aussi, l'expression de l'élasticité pulmonaire.

Insuffisance aortique Fermeture inadéquate de la valvule sigmoïde aortique, permettant au sang de refluer.

Insuffisance valvulaire Problème de fermeture d'une valvule, permettant au sang de refluer.

Palpitation « Fluttering » du cœur, ou fréquence ou rythme cardiaque anormal.

Pancardite (*pan*: total) Inflammation des trois tuniques du cœur: l'endocarde (tunique interne), le myocarde (muscle cardiaque) et le péricarde (tunique externe).

Percussion Action de frapper sur une partie du corps, permettant de diagnostiquer l'état de cette partie par le son obtenu.

Péricardite constrictive Rétrécissement et épaississement du péricarde, empêchant le muscle cardiaque de se relâcher et de se contracter normalement.

Syndrome de Stokes-Adams Pertes de connaissance soudaines, parfois associées à des convulsions, pouvant accompagner un bloc cardiaque.

Tachycardie paroxystique Période de battements cardiaques rapides, commençant et se terminant soudainement.

RÉSUMÉ

L'emplacement du cœur (page 483)

1. Le cœur occupe une position oblique entre les poumons, dans le médiastin.
2. Environ les deux tiers de la masse du cœur se trouvent à gauche de la ligne médiane.

Le péricarde (page 484)

1. Le péricarde comprend une couche fibreuse externe et une couche séreuse interne (péricarde séreux).
2. Le péricarde séreux est composé d'un feuillet pariétal et d'un feuillet viscéral.
3. Entre les feuillets pariétal et viscéral du péricarde séreux, se trouve la cavité péricardique, un espace virtuel rempli de liquide péricardique qui prévient la friction entre les deux membranes.

La paroi, les cavités, les vaisseaux et les valvules (page 484)

1. La paroi du cœur comprend trois couches: l'épicarde, le myocarde et l'endocarde.
2. Les cavités du cœur comprennent les deux oreillettes (supérieures) et les deux ventricules (inférieurs).
3. Le sang passe dans le cœur à partir des veines caves supérieure et inférieure et du sinus coronaire jusqu'à l'oreillette droite, par la valvule tricuspide jusqu'au ventricule droit, dans l'artère pulmonaire jusqu'aux poumons, dans les veines pulmonaires jusqu'à l'oreillette gauche, dans la valvule mitrale jusqu'au ventricule gauche et sort par l'aorte.
4. Les valvules empêchent le reflux du sang dans le cœur.
5. Les valvules auriculo-ventriculaires, entre les oreillettes et les ventricules, sont la valvule tricuspide (du côté droit) et la valvule mitrale (du côté gauche).
6. Les cordages tendineux et leurs muscles permettent aux valves des valvules de pointer dans la direction du flux sanguin.
7. Les deux artères qui partent du cœur sont dotées d'une valvule sigmoïde.
8. On peut déterminer l'emplacement des valvules du cœur à la surface de la poitrine.

L'apport sanguin (page 490)

1. La circulation coronarienne recueille le sang oxygéné par l'intermédiaire du système artériel du myocarde.
2. Le sang désoxygéné retourne à l'oreillette droite par le sinus coronaire.
3. L'angine de poitrine et l'infarctus du myocarde sont des complications qui affectent ce système.

Le système de conduction (page 491)

1. Le système de conduction est fait de tissu spécialisé dans la conduction des influx.
2. Les composants de ce système sont le nœud de Keith et Flack, le nœud d'Aschoff-Tawara, le faisceau de His et ses branches, et le réseau de Purkinje.

L'électrocardiogramme (page 492)

1. Une révolution cardiaque comprend une systole (contraction) et une diastole (relâchement) des oreillettes et une systole et une diastole des ventricules.
2. Un électrocardiogramme (ECG) est un enregistrement des changements électriques durant chaque révolution cardiaque.
3. Un ECG normal comprent une onde P (transmission d'un influx en provenance du nœud de Keith et Flack dans les oreillettes), un complexe QRS (transmission d'un influx dans les ventricules) et une onde T (repolarisation ventriculaire).
4. L'intervalle P-R représente le temps de conduction à partir du début de l'excitation auriculaire jusqu'au début de l'excitation ventriculaire. Le segment S-T représente le temps écoulé entre la fin de la transmission de l'influx dans les ventricules et la repolarisation des ventricules.
5. L'électrocardiogramme constitue une aide précieuse pour diagnostiquer des troubles du rythme cardiaque et de la conduction, déceler la présence d'un ou de plusieurs fœtus, et suivre le rétablissement du sujet après une crise cardiaque.
6. On peut utiliser un stimulateur cardiaque pour corriger un rythme cardiaque anormal.

La circulation sanguine dans le cœur (page 494)

1. Le sang circule dans le cœur à partir d'une région où la pression est élevée jusqu'à une région où la pression est moins élevée.
2. La pression qui s'exerce dans une cavité dépend du volume de la cavité.
3. Le mouvement du sang dans le cœur est réglé par l'ouverture et la fermeture des valvules, et par la contraction et le relâchement du myocarde.

La révolution cardiaque (page 494)

1. Une révolution cardiaque comprend une systole (contraction) et une diastole (relâchement) des oreillettes, une systole et une diastole des ventricules, et une courte pause.
2. Les phases de la révolution cardiaque sont : (1) la systole auriculaire, (2) le remplissage ventriculaire, (3) la systole ventriculaire et (4) la diastole ventriculaire.
3. Dans le cas d'une fréquence cardiaque équivalant à 75 battements par minute, une révolution cardiaque complète dure 0,8 s.
4. Le premier bruit du cœur (toc) représente la fermeture des valvules auriculo-ventriculaires. Le deuxième bruit (tac) représente la fermeture des valvules sigmoïdes.
5. Un souffle est un bruit cardiaque anormal.

Le débit cardiaque (page 496)

1. Le débit cardiaque correspond au volume de sang éjecté par le ventricule gauche dans l'aorte en une minute. On le détermine de la façon suivante : débit cardiaque = débit systolique × nombre de battements par minute.
2. Le débit systolique est le volume de sang éjecté par un ventricule durant chaque systole.
3. Le débit systolique dépend du volume de sang qui pénètre dans un ventricule au cours de la diastole (volume télédiastolique) et du volume de sang qui reste dans un ventricule après la systole de ce dernier (volume télésystolique).
4. Selon la loi de Starling, plus les fibres cardiaques sont étirées (dans certaines limites) plus la contraction est forte.
5. La réserve cardiaque correspond au pourcentage maximal que le débit cardiaque peut atteindre au-dessus de la normale.
6. La fréquence cardiaque et la force de la contraction peuvent être augmentées par la stimulation sympathique du centre cardio-accélérateur, situé dans le bulbe rachidien, et réduites par la stimulation parasympathique du centre cardio-inhibiteur, également situé dans le bulbe.
7. Les barorécepteurs (récepteurs de la pression) sont des cellules nerveuses qui réagissent aux changements de la pression artérielle. Ils agissent sur les centres cardiaques du bulbe rachidien par l'intermédiaire de trois voies réflexes : le réflexe sinu-carotidien, le réflexe aortique et le réflexe de MacDowall, ou de l'oreillette droite.
8. Les substances chimiques (adrénaline, sodium, potassium), la température, les émotions, le sexe et l'âge influent également sur la fréquence cardiaque.

Le collapsus circulatoire et l'homéostasie (page 500)

1. Un collapsus se produit lorsque la réduction du débit cardiaque ou du volume sanguin provoque une hypoxie des tissus corporels.
2. Dans le cas d'un collapsus léger, la vasoconstriction et la rétention de l'eau permettent de compenser.
3. Dans le cas d'un collapsus grave, le retour veineux est réduit et le débit cardiaque décroît. L'hypoxie atteint d'abord le cœur et, après une vasoconstriction prolongée, se répand à d'autres organes, et le cycle s'intensifie.

Le cœur artificiel (page 501)

1. Le cœur artificiel comprend une base d'aluminium et des cavités rigides, en matière plastique, qui jouent le rôle des ventricules.
2. Lorsqu'on implante un cœur artificiel, on laisse intactes les oreillettes du receveur.

Le diagnostic des cardiopathies (page 501)

1. On peut établir un diagnostic de cardiopathies à l'aide de méthodes invasives ou non invasives.
2. Le cathétérisme cardiaque est une méthode invasive ; on l'utilise pour mesurer les pressions, le volume d'oxygène, la fonction ventriculaire et le débit cardiaque, pour localiser les lésions, pour injecter des enzymes permettant de dissoudre les caillots et pour dilater les vaisseaux coronaires.
3. L'échocardiographie est une nouvelle technique non invasive, qui consiste à transformer des ondes sonores en images permettant d'évaluer des cardiopathies congénitales, des tumeurs et des troubles valvulaires, de déceler la présence de liquide autour du cœur et d'évaluer les effets de l'insuffisance coronarienne.

Le cœur-poumon artificiel (page 502)

1. L'hypothermie (refroidissement volontaire du corps) et la circulation extracorporelle permettent d'effectuer une intervention à cœur ouvert.
2. Le cœur-poumon artificiel propulse le sang (comme le cœur) et oxygène le sang, et élimine le dioxyde de carbone (comme les poumons).

Les facteurs de risque liés aux cardiopathies (page 502)

1. Un taux élevé de cholestérol dans le sang (hypercholestérolémie), l'usage du tabac, l'obésité, la sédentarité, le diabète sucré, la prédisposition héréditaire, le sexe et l'âge sont des facteurs de risque associés aux cardiopathies.

Le développement embryonnaire du cœur (page 503)

1. Le cœur se développe à partir du mésoblaste.
2. Les tubes endothéliaux forment le cœur, doté de quatre cavités, et les gros vaisseaux.

Les affections: déséquilibres homéostatiques (page 504)

1. Dans l'insuffisance coronarienne, le myocarde ne reçoit pas un apport sanguin suffisant, à cause d'une athérosclérose, d'un spasme coronarien ou de la présence d'un thrombus ou d'un embole; on peut traiter cette maladie à l'aide de médicaments ou d'une intervention chirurgicale.
2. La coarctation de l'aorte, la persistance du canal artériel, la perforation du septum, le rétrécissement valvulaire et la tétralogie de Fallot sont des anomalies cardiaques congénitales.
3. Une arythmie peut provoquer un bloc cardiaque, un flutter et une fibrillation.
4. L'insuffisance cardiaque se produit lorsque le cœur ne peut pas répondre aux besoins en oxygène de l'organisme.
5. Le cœur pulmonaire est une hypertrophie ventriculaire droite consécutive à une hypertension pulmonaire.

RÉVISION

1. Décrivez l'emplacement du cœur dans le médiastin et identifiez les bords et les faces de cet organe.
2. Nommez les parties du péricarde. Quel est le rôle de cette structure?
3. Comparez les trois couches de la paroi du cœur selon leur composition, leur emplacement et leur fonction.
4. Que sont les oreillettes et les ventricules? Quels sont les vaisseaux qui entrent dans les oreillettes et les ventricules et qui en sortent?
5. Nommez les principales valvules cardiaques et décrivez leur fonction.
6. Dites de quelle façon on peut identifier les valvules cardiaques à la surface du corps.
7. Décrivez le trajet suivi par le sang dans la circulation coronarienne. Qu'est-ce qui distingue l'angine de poitrine de l'infarctus du myocarde? Comment traite-t-on l'angine de poitrine?
8. Décrivez la structure et la fonction du système de conduction du cœur.
9. Définissez et nommez les ondes qui apparaissent sur un électrocardiogramme normal. Expliquez pourquoi l'ECG constitue un outil diagnostique important.
10. Qu'est-ce qu'un système Holter? En quelles circonstances l'utilise-t-on?
11. Décrivez le fonctionnement d'un stimulateur cardiaque.
12. Parlez des changements de pression associés au flux sanguin dans le cœur.
13. Qu'est-ce qu'une révolution cardiaque?
14. Nommez les principaux événements liés à la systole auriculaire, au remplissage ventriculaire, à la systole ventriculaire et à la diastole ventriculaire.
15. À l'aide d'un diagramme, reliez les événements de la révolution cardiaque et le temps. Qu'est-ce que la période de quiescence?
16. Quelle est l'importance des bruits du cœur? Qu'est-ce qu'un souffle cardiaque?
17. Qu'est-ce que le débit cardiaque? Comment le mesure-t-on?
18. Qu'est-ce que le débit systolique? Comment le volume télédiastolique et le volume télésystolique sont-ils liés au débit systolique?
19. Définissez la loi de Starling. Quelle est l'importance de cette loi?
20. Qu'est-ce que la réserve cardiaque? Quelle importance revêt- elle?
21. Qu'est-ce qui distingue le centre cardio-accélérateur du centre cardio-inhibiteur, quant à la régulation de la fréquence cardiaque?
22. Qu'est-ce qu'un barorécepteur (récepteur de la pression)? Décrivez brièvement le fonctionnement du réflexe sinu-carotidien, du réflexe aortique et du réflexe de MacDowall.
23. Dites en quoi les facteurs suivants influencent la fréquence cardiaque: les substances chimiques, la température, les émotions, le sexe et l'âge.
24. Qu'est-ce qu'un collapsus circulatoire? Quels en sont les symptômes? De quelle façon l'homéostasie est-elle rétablie après un collapsus léger?
25. À l'aide d'un diagramme, décrivez les effets d'un collapsus circulatoire grave.
26. Dites de quelle façon on implate un cœur artificiel et décrivez le fonctionnement de ce dernier.
27. De quelle façon peut-on diagnostiquer les cardiopathies? Expliquez le principe et les applications cliniques du cathétérisme cardiaque et de l'échocardiographie.
28. Décrivez le fonctionnement du cœur-poumon artificiel.
29. Quels sont les facteurs de risque liés aux cardiopathies?
30. Décrivez le développement embryonnaire du cœur.
31. Qu'est-ce que l'insuffisance coronarienne? Quels sont les facteurs favorisant cette affection? Expliquez.
32. Définissez les anomalies cardiaques congénitales qui suivent: la coarctation de l'aorte, la persistance du canal artériel, la perforation du septum, le rétrécissement valvulaire et la tétralogie de Fallot.
33. Qu'est-ce qu'une arythmie? Donnez quelques exemples.
34. Décrivez les symptômes de l'insuffisance cardiaque et du cœur pulmonaire.

21

L'appareil cardio-vasculaire : les vaisseaux et les voies

OBJECTIFS

- Comparer les artères, les artérioles, les capillaires, les veinules et les veines sur les plans de la structure et de la fonction.
- Définir un réservoir sanguin et expliquer l'importance de ce dernier.
- Parler de l'importance du débit cardiaque, du volume sanguin et de la résistance périphérique par rapport à la pression artérielle.
- Expliquer le rôle du centre vasomoteur dans la régulation de la pression artérielle.
- Comparer les rôles des barorécepteurs et des chémorécepteurs dans la régulation de la pression artérielle.
- Décrire les effets de l'adrénaline, de la noradrénaline, de l'hormone antidiurétique, de l'angiotensine II, de l'histamine et des kinines sur la pression artérielle.
- Définir l'autorégulation et expliquer son importance.
- Parler des pressions intervenant dans le mouvement des liquides entre les capillaires et les espaces interstitiels.
- Expliquer de quelle façon les contractions musculaires, les valvules veineuses et la respiration favorisent le retour veineux.
- Définir le pouls ; nommer les artères où l'on peut prendre le pouls.
- Définir la pression artérielle et expliquer une des méthodes cliniques utilisées pour mesurer les pressions artérielles systolique et diastolique.
- Comparer l'importance, sur le plan clinique, des pressions systolique, diastolique et différentielle.
- Nommer les principales artères et veines de la circulation systémique.
- Nommer les principaux vaisseaux sanguins de la circulation pulmonaire.
- Dessiner le trajet suivi par le sang dans le système porte hépatique, et expliquer l'importance de ce système.
- Comparer la circulation fœtale et la circulation adulte.
- Expliquer les changements qui se produisent dans les structures de la circulation fœtale après la naissance.
- Décrire les effets de l'exercice physique sur l'appareil cardio-vasculaire.
- Décrire les effets du vieillissement sur l'appareil cardio-vasculaire.
- Décrire le développement embryonnaire des vaisseaux sanguins et du sang.
- Nommer les causes et les symptômes liés aux anévrismes, à l'insuffisance coronarienne, à l'hypertension artérielle et à la thrombose veineuse profonde.
- Définir les termes médicaux reliés à l'appareil cardio-vasculaire.

Les vaisseaux sanguins forment un réseau de conduits qui transportent le sang loin du cœur, l'acheminent jusqu'aux tissus de l'organisme et le retournent au cœur. Les **artères** sont les vaisseaux qui transportent le sang du cœur aux tissus. Les grosses artères, élastiques, quittent le cœur et se divisent en vaisseaux moyens, musculaires, qui se ramifient dans les différentes régions de l'organisme. Ces artères moyennes se divisent ensuite en petites artères qui, à leur tour, se ramifient en artères encore plus petites, les **artérioles**. À l'endroit où les artérioles pénètrent dans un tissu, elles se ramifient en vaisseaux microscopiques innombrables, les **capillaires**. À travers les parois des capillaires, des substances sont échangées entre le sang et les tissus corporels. Avant de quitter le tissu, des groupes de capillaires s'unissent pour former de petites veines appelées **veinules**. Celles-ci, à leur tour, s'unissent pour former des vaisseaux qui grossissent progressivement, les veines. Les **veines** sont les vaisseaux sanguins qui transportent le sang des tissus au cœur. Puisque les vaisseaux sanguins ont besoin d'oxygène et de nutriments, comme tous les autres tissus de l'organisme, leurs parois sont, elles aussi, dotées de vaisseaux sanguins, les **vasa vasorum**.

Nous présentons le développement embryonnaire des vaisseaux sanguins et du sang plus loin dans ce chapitre.

LES ARTÈRES

Les parois des **artères** sont faites de trois couches, ou tuniques, et d'un centre creux, la *lumière*, dans laquelle le sang circule (figures 21.1 et 21.4). La couche interne de la paroi artérielle, l'**intima**, est composée d'un revêtement d'endothélium (épithélium pavimenteux simple), qui est en contact avec le sang, et d'une couche de tissu élastique appelée limitante élastique interne. La couche intermédiaire, la **media**, est habituellement la plus épaisse. Elle est faite de fibres élastiques et de muscles lisses. La couche externe, l'**adventice**, ou **externa**, est faite principalement de fibres élastiques et collagènes. Une limitante élastique interne peut séparer la media de l'adventice.

À cause, notamment, de la structure de la media, les artères possèdent deux propriétés importantes : l'élasticité et la contractilité. Lorsque les ventricules se contractent et éjectent le sang dans les grosses artères, celles-ci s'agrandissent pour laisser passer un volume accru de sang. Puis, lorsque les ventricules se relâchent, la rétraction élastique des artères pousse le sang plus avant.

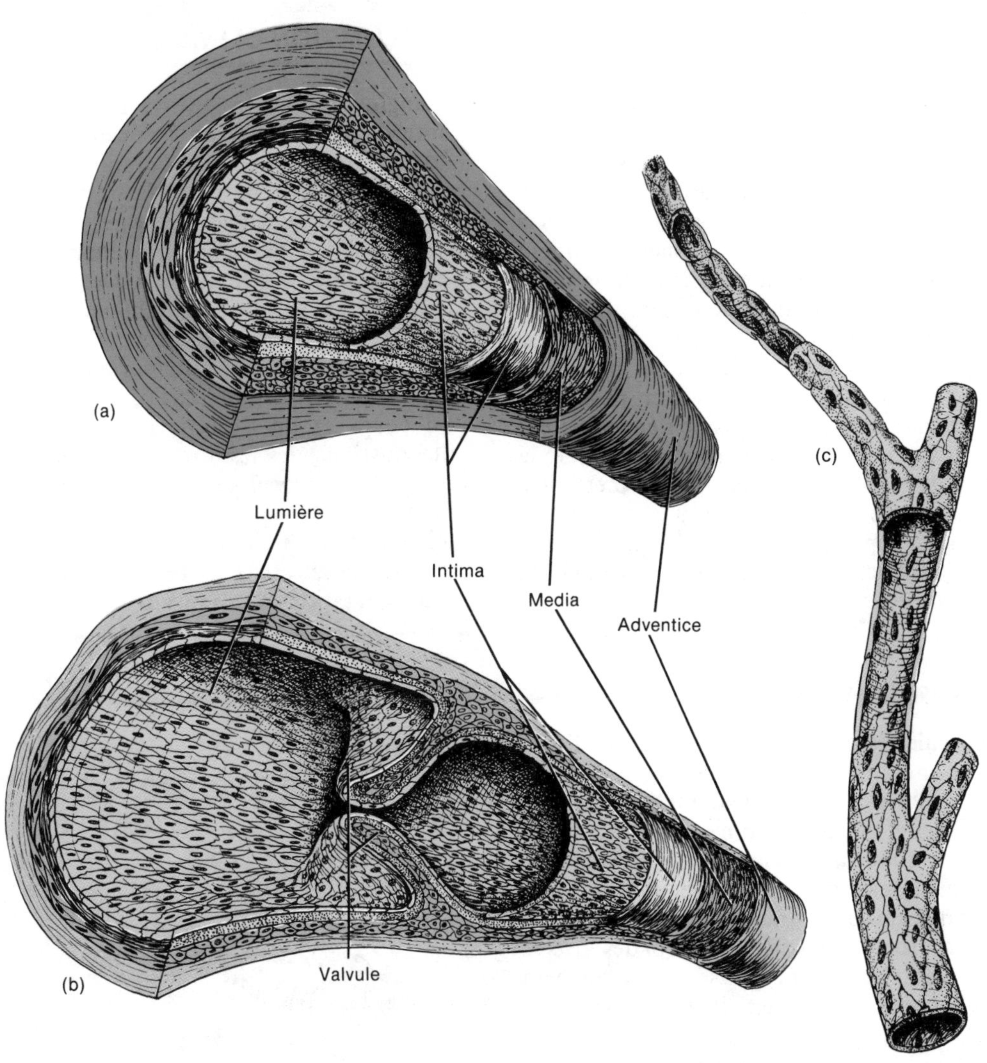

FIGURE 21.1 Structures comparatives (a) d'une artère, (b) d'une veine et (c) d'un capillaire. Les dimensions relatives du capillaire ont été agrandies pour en faciliter l'étude.

La propriété contractile d'une artère est assurée par les muscles lisses qu'elle contient ; ces muscles sont disposés le long et aûtour de la lumière, un peu à la façon d'un beignet, et sont innervés par les branches sympathiques du système nerveux autonome. Lorsqu'une stimulation sympathique se produit, le muscle lisse se contracte, resserre la paroi autour de la lumière et rétrécit ainsi le calibre de celle-ci. Cette réduction du calibre de la lumière est appelée **vasoconstriction**. Inversement, lorsque la stimulation sympathique cesse, les fibres musculaires lisses se relâchent, ce qui augmente le diamètre de la lumière. C'est ce qu'on appelle la **vasodilatation**, qui est habituellement causée par l'inhibition de la vasoconstriction.

La contractilité des artères joue également un rôle dans l'arrêt des saignements. C'est ce que l'on appelle la constriction vasculaire, l'un des trois mécanismes participant à l'hémostase (chapitre 19). Le sang qui circule dans une artère se trouve soumis à une pression importante. Par conséquent, une artère lésée peut entraîner des pertes sanguines considérables. Lorsqu'une artère est sectionnée, sa paroi se resserre afin de ralentir la fuite du sang. Toutefois, il y a des limites au travail que peut effectuer la vasoconstriction.

LES ARTÈRES ÉLASTIQUES

Les **artères élastiques** contiennent surtout des fibres élastiques. Ce sont l'aorte et le tronc artériel brachio-céphalique, la carotide primitive, l'artère sous-clavière, l'artère vertébrale et les artères iliaques primitives. La paroi des artères élastiques est relativement mince si on la compare au diamètre des artères, et leur media contient plus de fibres élastiques que de muscles lisses. Comme le cœur se contracte et se relâche alternativement, la vitesse du flux sanguin est intermittente. Lorsque le cœur se contracte et pousse le sang dans l'aorte, la paroi des artères de gros calibre s'étire pour laisser passer un volume accru de sang et elle emmagasine l'énergie créée par la pression. Au cours du relâchement cardiaque, la paroi des artères de gros calibre se rétracte, permettant le passage régulier du sang vers l'avant. Les artères élastiques sont aussi appelées artères conductrices, parce qu'elles transportent le sang du cœur au système de distribution des artères.

LES ARTÈRES MUSCULAIRES

Les **artères musculaires** contiennent surtout des fibres musculaires. Ce sont les artères axillaires, brachiales, radiales, intercostales, spléniques, mésentériques, fémorales, poplitées et tibiales. Leur media contient plus de tissu musculaire que de fibres élastiques, et est capable d'assurer une meilleure vasoconstriction et une meilleure vasodilatation pour ajuster le volume de sang convenant aux besoins de la structure irriguée. La paroi des artères de moyen calibre est relativement épaisse, principalement à cause de la présence de quantités importantes de muscles lisses. Les artères musculaires sont aussi appelées artères distributrices, parce qu'elles distribuent le sang aux diverses parties de l'organisme.

LES ANASTOMOSES

La plupart des régions de l'organisme reçoivent les branches de plusieurs artères. Dans ces régions, les extrémités distales des vaisseaux s'unissent. La jonction de deux ou de plusieurs vaisseaux qui irriguent la même région est appelée **anastomose**. Des anastomoses peuvent également se produire entre les origines des veines, et entre les artérioles et les veinules. Les anastomoses entre les artères forment des voies alternatives par lesquelles le sang peut atteindre un tissu ou un organe. Par exemple, si un vaisseau est obstrué par suite d'une maladie, d'une blessure ou d'une intervention chirurgicale, la circulation vers la partie de l'organisme alimentée par ce vaisseau n'est pas nécessairement interrompue. Une voie alternative permettant au sang d'atteindre une région de l'organisme au moyen d'une anastomose s'appelle **circulation collatérale**. Une voie sanguine alternative peut également être formée par des vaisseaux non anastomotiques qui irriguent la même région de l'organisme.

Les artères qui ne s'anastomosent pas sont appelées **artères terminales**. L'obstruction d'une telle artère interrompt l'apport sanguin vers un segment entier d'un organe et provoque la nécrose (mort) de ce segment.

APPLICATION CLINIQUE

L'**angiographie par soustraction numérique** est un procédé qui permet au médecin de mieux voir les artères lésées. Ce procédé comprend l'utilisation d'un ordinateur qui permet de comparer une image radiographique d'une même région, avant et après l'introduction, par voie intraveineuse, d'un opacifiant radiologique. Tous les tissus ou les vaisseaux sanguins qui apparaissent dans la première image peuvent être effacés de la deuxième image, ce qui permet une vue parfaite de l'artère. L'angiographie par soustraction numérique permet, au sens figuré, de sortir une artère du corps et de l'étudier isolément. Elle aide à diagnostiquer les lésions des artères carotides qui se rendent à l'encéphale et qui constituent une cause éventuelle d'accident vasculaire cérébral, et à évaluer un sujet avant une intervention chirurgicale et après un pontage coronarien ou lors de certaines transplantations d'organes.

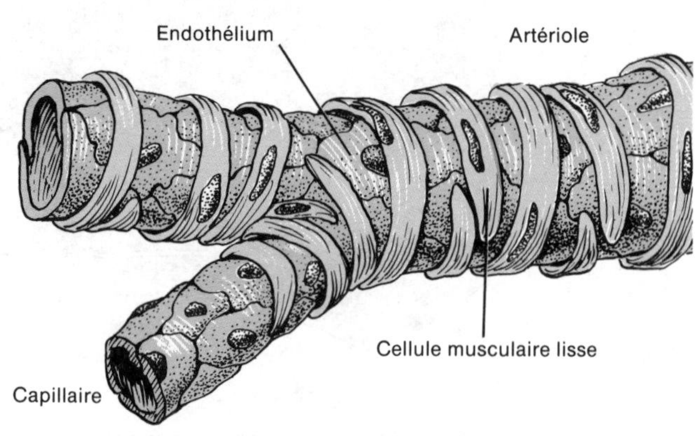

FIGURE 21.2 Structure d'une artériole.

LES ARTÉRIOLES

Une **artériole** est une petite artère qui transporte le sang dans les capillaires. Les artérioles situées près des artères desquelles elles émergent sont dotées d'une intima semblable à celles des artères, d'une media composée de muscles lisses et de très peu de fibres élastiques, et d'une adventice faite principalement de fibres élastiques et collagènes. Plus les artérioles sont petites, plus la tunique est différente ; les artérioles situées le plus près des capillaires ne comprennent qu'une couche d'endothélium entourée de quelques cellules musculaires lisses (figure 21.2).

Les artérioles jouent un rôle clé dans la régulation du flux sanguin depuis les artères jusqu'aux capillaires. Les muscles lisses des artérioles, comme ceux des artères, sont soumis à la vasoconstriction et à la vasodilatation. Au cours de la vasoconstriction, le flux sanguin se rendant vers les capillaires est réduit ; au cours de la vasodilatation, il est augmenté de façon importante. Nous verrons, plus loin dans ce chapitre, le lien qui existe entre les artérioles et le flux sanguin.

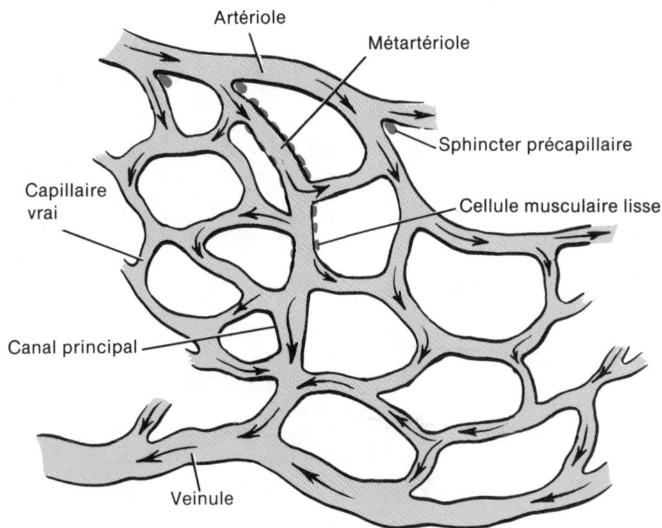

FIGURE 21.3 Détails d'un réseau capillaire.

LES CAPILLAIRES

Les **capillaires** sont des vaisseaux microscopiques qui relient habituellement des artérioles et des veinules (voir la figure 21.1). On les trouve à proximité de presque toutes les cellules de l'organisme. La distribution des capillaires dans l'organisme varie selon l'activité du tissu. Ainsi, dans les endroits où l'activité est intense, comme dans les muscles, le foie, les reins, les poumons et le système nerveux, les capillaires sont abondants. Dans les régions où l'activité est plus faible, comme dans les tendons et les ligaments, les capillaires sont moins nombreux. L'épiderme, la cornée et les cartilages sont dépourvus de capillaires.

Le rôle principal des capillaires est de permettre l'échange des nutriments et des déchets entre le sang et les cellules des tissus. La structure des capillaires convient merveilleusement à ce rôle. Les parois des capillaires sont composées d'une seule couche de cellules (endothélium) et d'une membrane basale (voir la figure 21.4,b). Elles ne possèdent pas de media ni d'adventice. Ainsi, une substance qui se trouve dans le sang ne doit traverser que la membrane cellulaire d'une seule cellule pour atteindre les cellules des tissus. Cet échange vital de substances ne se produit qu'à travers les parois des capillaires (les parois épaisses des artères et des veines constituent un obstacle infranchissable).

Dans certaines régions de l'organisme, les capillaires passent directement des artérioles aux veinules ; dans d'autres endroits, cependant, ils forment de vastes réseaux de ramifications. Ces réseaux augmentent la surface de diffusion et, par conséquent, permettent un échange rapide de grandes quantités de substances. Dans la plupart des tissus, le sang ne circule normalement que dans une petite portion du réseau capillaire lorsque les besoins métaboliques sont peu importants. Par contre, lorsqu'un tissu devient actif, le réseau capillaire entier se remplit de sang.

Le flux sanguin dans les capillaires est réglé par des vaisseaux dont les parois contiennent des muscles lisses. Une **métartériole** (*met* : au-delà) est un vaisseau qui émerge d'une artériole, traverse le réseau capillaire et se déverse dans une veinule (figure 21.3). Les portions proximales des métartérioles sont entourées de cellules musculaires lisses éparpillées, dont la contraction et le relâchement favorisent la régulation du volume et de la force du sang. La portion distale d'une métartériole est dépourvue de cellules musculaires lisses ; on l'appelle *canal principal*. Celui-ci joue le rôle d'un canal de faible résistance qui augmente le flux sanguin. Les **capillaires vrais** émergent des artérioles ou des métartérioles et ne se trouvent pas sur le trajet direct du flux sanguin d'une artériole à une veinule. À leur origine se trouve un anneau de muscles lisses, appelé **sphincter précapillaire**, qui règle le flux sanguin pénétrant dans le capillaire vrai. Nous verrons plus loin les différents facteurs qui règlent la contraction des cellules musculaires lisses et des sphincters précapillaires.

Certains capillaires, comme ceux qui se trouvent dans le tissu musculaire ou ailleurs, sont appelés **capillaires continus**, parce que le cytoplasme de leurs cellules endothéliales, vu en coupe transversale au microscope, est continu ; le cytoplasme apparaît comme un anneau ininterrompu, à l'exception de la jonction endothéliale. D'autres capillaires sont appelés **capillaires fenêtrés**. Ils diffèrent des capillaires continus en ce que leurs cellules endothéliales possèdent de nombreuses fenêtres (pores), où le cytoplasme est très mince, ou même absent. Le diamètre des fenêtres varie entre 70 nm et 100 nm ; les fenêtres sont fermées par un mince diaphragme, sauf dans le cas des capillaires des reins, où elles doivent rester ouvertes. Ces capillaires se trouvent également dans les microvillosités de l'intestin grêle, dans les plexus choroïdes des ventricules cérébraux, dans les procès ciliaires (yeux) et dans les glandes endocrines.

Dans certaines parties de l'organisme (dans le foie, par exemple), on trouve des vaisseaux sanguins microscopiques

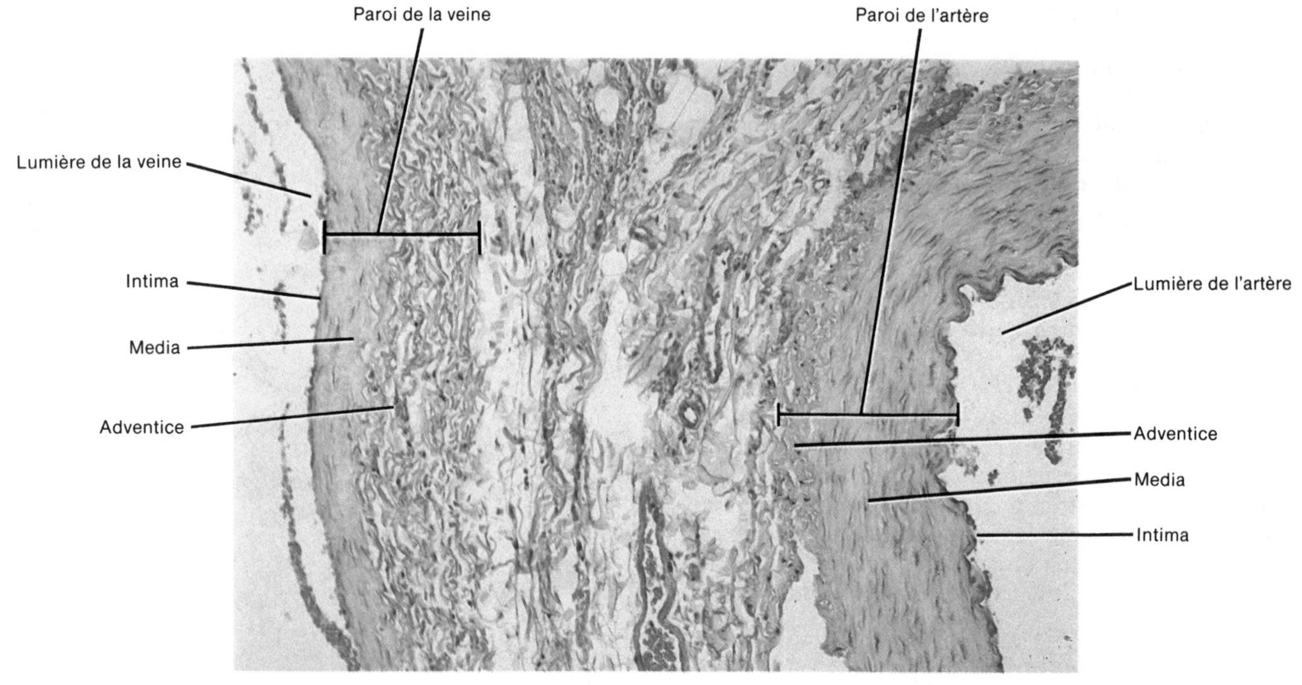

(a)

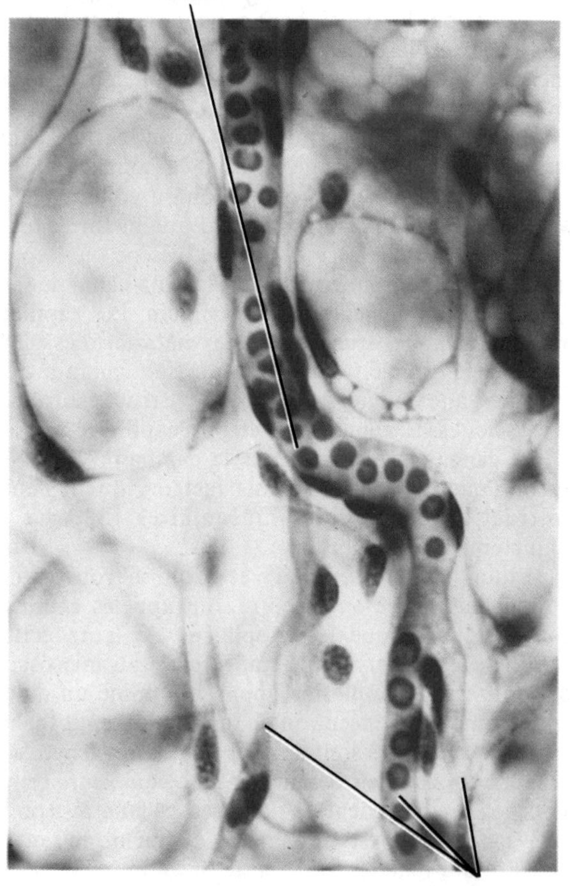

(b)

FIGURE 21.4 Structure histologique des vaisseaux sanguins. (a) Photomicrographie d'une portion de la paroi d'une artère, et de la veine correspondante, agrandie 250 fois. [Copyright © 1983 by Michael H. Ross. Reproduction aurotisée.] (b) Photomicrographie de plusieurs capillaires s'unissant pour former une veinule. À noter : les hématies placées l'une à la suite de l'autre dans le capillaire. [Gracieuseté de Michael H. Ross et Edward J. Reith, *Histology : A text and Atlas*, Copyright © 1985 by Michael H. Ross et Edward J. Reith, Harper & Row, Publishers, Inc., New York.]

appelés **capillaires sinusoïdes**. Ils sont plus gros et plus tortueux que les capillaires. Leur revêtement est constitué principalement de cellules phagocytaires, plutôt que du revêtement endothélial habituel. Dans le foie, ces cellules sont appelées *cellules de Kupffer*. Tout comme les capillaires, les capillaires sinusoïdes transportent le sang des artérioles aux veinules. La rate, l'adénohypophyse, les glandes parathyroïdes et la corticosurrénale contiennent également des capillaires sinusoïdes.

LES VEINULES

Lorsque plusieurs capillaires s'unissent, ils forment de petites veines appelées **veinules**. Celles-ci recueillent le sang en provenance des capillaires et le déversent dans les veines. Les veinules situées près des capillaires comprennent une intima d'endothélium et une adventice de tissu conjonctif. À mesure que les veinules s'approchent des veines, elles contiennent également la media qui caractérise ces dernières.

LES VEINES

Les **veines** sont composées essentiellement des mêmes couches que les artères ; elles contiennent cependant beaucoup moins de tissu élastique et de muscles lisses, et beaucoup plus de tissu fibreux (figures 21.1 et 21.4). Toutefois, elles sont suffisamment extensibles pour s'adapter aux variations de volume et de pression du sang qui y circule.

Lorsque le sang quitte les capillaires et s'engage dans les veines, il a perdu beaucoup de sa pression originale. On peut vérifier cette différence de pression dans un vaisseau sectionné. Dans le cas d'une veine, le sang coule régulièrement, alors que dans le cas d'une artère, il s'écoule en brèves giclées. La plupart des différences structurales entre les artères et les veines reflètent cette différence de pression. Ainsi, les veines n'ont pas besoin de parois aussi fortes que les artères. La basse pression qui règne dans les veines possède cependant ses désavantages. Lorsque nous nous mettons en position verticale, la pression qui pousse le sang dans les veines vers le haut, dans les membres inférieurs, est tout juste suffisante pour contrebalancer la force de gravité qui le pousse vers le bas. C'est pourquoi la plupart des veines, notamment celles qui se trouvent dans les membres, contiennent des valvules qui empêchent le reflux du sang (voir la figure 21.9).

APPLICATION CLINIQUE

Chez les personnes dont les valvules veineuses sont faibles, la gravité pousse un volume important de sang dans les parties distales de la veine. Cette pression surcharge la veine et distend sa paroi. Lorsque la surcharge est prolongée, la paroi perd de son élasticité ; elle s'étire et devient flasque. Ces veines dilatées et tortueuses dues à une insuffisance valvulaire sont appelées **veines variqueuses (varices).** Elles peuvent être causées par l'hérédité, par des facteurs comme une station debout prolongée ou une grossesse, ou par l'âge. Comme la paroi de la veine variqueuse ne peut pas offrir une résistance suffisante au sang, ce dernier a tendance à s'accumuler dans la poche externe ainsi formée, ce qui provoque un œdème et chasse le sang dans les tissus environnants. Les veines situées près de la surface des jambes sont très vulnérables aux varices. Par contre, les veines plus profondes ne sont pas aussi vulnérables, parce que les muscles squelettiques qui les entourent empêchent l'étirement excessif de leurs parois.

Selon la gravité du cas, il existe plusieurs méthodes pour traiter les varices : (1) de fréquentes périodes de repos, les extrémités surélevées ; (2) une pression externe appliquée à l'aide de bas ou de bandages élastiques ; (3) un procédé qui consiste à injecter des produits chimiques sclérosants qui aplatissent les veines et empêchent le sang d'y circuler, ce qui permet d'éliminer la coloration violacée ; et (4) une intervention chirurgicale, qui consiste à ligaturer et à enlever (éveinage) les veines saphènes dont les valvules ne sont pas fonctionnelles.

La **capillarectasie diffuse du membre inférieur** est une forme légère de varices ; dans la plupart des cas, on applique le traitement consistant à injecter des substances chimiques sclérosantes.

Un **sinus vasculaire** est une veine dotée d'une mince paroi d'endothélium, et qui ne possède pas de muscles lisses pouvant modifier son diamètre. Le tissu environnant, en assurant un soutien, remplace la media et l'adventice. Les sinus crâniens, qui sont soutenus par la dure-mère, transportent le liquide céphalo-rachidien de l'encéphale au cœur. Le sinus coronaire du cœur est un autre exemple de sinus vasculaire.

LES RÉSERVOIRS SANGUINS

Le volume sanguin varie de façon considérable d'une région à l'autre de l'appareil cardio-vasculaire. Les veines, les veinules et les sinus vasculaires contiennent environ 59 % du volume total de sang, les artères, environ 13 %, les vaisseaux pulmonaires, environ 12 %, le cœur, environ 9 % et les artérioles et les capillaires, environ 7 %. Comme les veines de la circulation systémique contiennent la plus grande partie du sang, on les appelle les **réservoirs sanguins**. Ceux-ci jouent le rôle d'entrepôts ; le sang qu'ils contiennent peut être transporté rapidement dans d'autres régions de l'organisme lorsque c'est nécessaire. Lorsqu'il se produit une augmentation de l'activité musculaire, le centre vasomoteur envoie des influx sympathiques plus nombreux aux veines qui constituent les réservoirs sanguins. Il se produit alors une vasoconstriction qui permet la distribution du sang des réservoirs veineux aux muscles squelettiques, où le besoin est le plus grand. Dans le cas d'une hémorragie, lorsque le volume sanguin et la pression diminuent, un mécanisme semblable se met en marche. La vasoconstriction des veines situées dans les réservoirs veineux aide à compenser la perte sanguine. Les veines des organes abdominaux (notamment le foie et la rate) et les veines de la peau constituent les principaux réservoirs sanguins.

LA PHYSIOLOGIE DE LA CIRCULATION

LE FLUX SANGUIN ET LA PRESSION SANGUINE

À cause des différences de pression qui existent dans les différentes parties de l'appareil cardio-vasculaire, le sang circule dans un système de vaisseaux fermés. Il s'écoule toujours à partir de régions où la pression est élevée vers des régions où la pression est moins élevée. Dans l'aorte, la pression moyenne est d'environ 100 mm Hg (mercure). Cette pression décroît constamment et rapidement dans le système artériel, et plus lentement dans le système veineux (figure 21.5). À cause de la baisse continuelle de la pression, le sang s'écoule de l'aorte (100 mm Hg) aux artères (de 100mm Hg à 40 mm Hg), aux artérioles (de 40mm Hg à 25 mm Hg), aux capillaires (de 25 mm Hg à 12 mm Hg), aux veinules (de 12 mm Hg à 8 mm Hg), aux veines (de 10 mm Hg à 5 mm Hg), aux veines caves (2 mm Hg). Dans l'oreillette droite, la pression est de 0 mm Hg.

D'autres mécanismes favorisent également l'écoulement sanguin. Lorsque le sang quitte les capillaires, il entre dans les veinules et dans les veines, dont le diamètre est

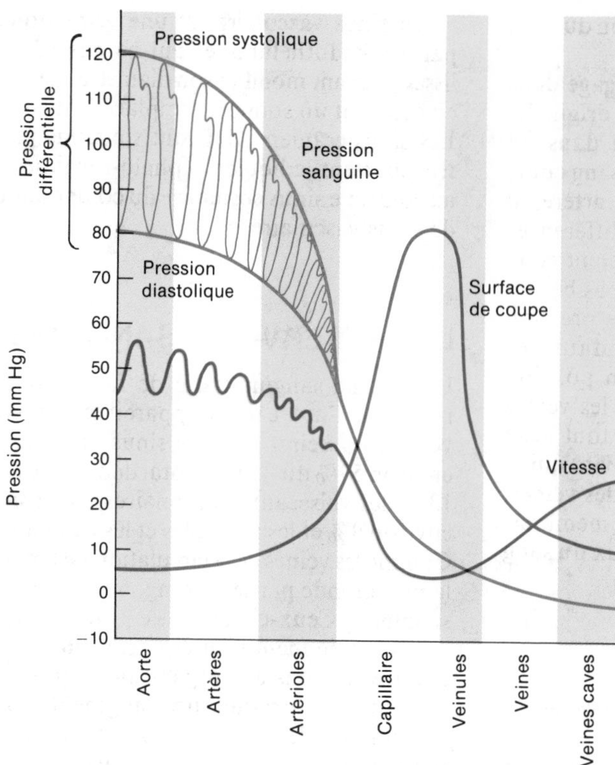

FIGURE 21.5 Liens existant entre la pression sanguine, la vitesse du flux sanguin et la surface de coupe totale dans les vaisseaux de l'appareil cardio-vasculaire. La courbe de vitesse (en vert) et la courbe de la surface de coupe (en bleu) ne sont pas reliées aux pressions exprimées en millimètres de mercure (mm Hg).

plus grand, et qui offrent par conséquent une résistance moindre au flux sanguin. La contraction des muscles squelettiques entourant les veines aide également à pousser le sang vers le cœur.

Les facteurs qui influencent la pression artérielle

Nous avons défini la pression artérielle comme étant la pression exercée par le sang sur les parois des vaisseaux sanguins. En pratique clinique, toutefois, ce terme s'applique à la pression exercée dans les artères. Nous allons maintenant identifier quelques facteurs qui influencent la pression artérielle.

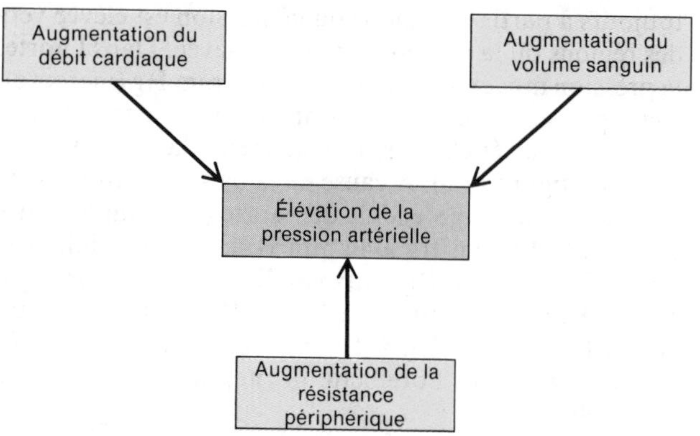

FIGURE 21.6 Résumé des facteurs qui influencent la pression artérielle.

• ***Le débit cardiaque*** Le débit cardiaque (le volume de sang éjecté dans l'aorte, à chaque minute, par le ventricule gauche) constitue le facteur déterminant de la pression artérielle. Comme nous l'avons mentionné au chapitre 20, on mesure le débit cardiaque en multipliant le débit systolique par la fréquence cardiaque. Normalement, chez l'adulte au repos, le débit cardiaque est d'environ 5,25 L/min (70 mL × 75 battements/min). La pression artérielle varie directement avec le débit cardiaque. Lorsque le débit cardiaque augmente à cause d'un accroissement du débit systolique ou de la fréquence cardiaque, la pression artérielle augmente aussi. Une réduction du débit cardiaque entraîne une baisse de la pression artérielle.

• ***Le volume sanguin*** La pression artérielle est directement proportionnelle au volume sanguin présent dans l'appareil cardio-vasculaire. Le volume sanguin normal dans le corps humain est d'environ 5 L. Une réduction de ce volume (consécutive à une hémorragie, par exemple), réduit le volume de sang qui passe, à chaque minute, dans les artères. Par conséquent, la pression artérielle chute. Inversement, tout facteur qui peut augmenter le volume sanguin, comme une consommation excessive de sel et la rétention d'eau qu'elle entraîne, élève la pression artérielle.

• ***La résistance périphérique*** La **résistance périphérique** est la résistance au flux sanguin exercée par la force de friction entre le sang et les parois des vaisseaux sanguins. Elle est liée à la viscosité du sang et au diamètre des vaisseaux sanguins.

La viscosité du sang dépend du ratio entre les hématies et les solutés par rapport au volume de liquide. Tout facteur pouvant augmenter la viscosité du sang, comme la déshydratation ou un nombre excessivement élevé d'hématies, augmente la pression artérielle. Une carence en protéines plasmatiques ou en hématies, consécutive à une anémie ou à une hémorragie, réduit la viscosité du sang et la pression artérielle.

Plus le diamètre d'un vaisseau est petit, plus la résistance offerte au sang par ce vaisseau est grande. Un des rôles principaux des artérioles est de régler la résistance périphérique et, par conséquent, la pression artérielle et le flux sanguin, en modifiant le diamètre des vaisseaux. C'est le centre vasomoteur, situé dans le bulbe rachidien, qui est responsable de cette régulation. Nous décrirons brièvement ce centre un peu plus loin dans ce chapitre.

Nous présentons un résumé des facteurs qui influencent la pression artérielle à la figure 21.6.

La régulation de la pression artérielle

Au chapitre 20, nous avons vu l'augmentation et la réduction de la fréquence cardiaque et de la force de la contraction par le centre cardio-accélérateur et le centre cardio-inhibiteur. Nous avons également étudié la façon dont certaines substances chimiques (adrénaline, potassium, sodium et calcium), la température, les émotions, le sexe et l'âge influençaient la fréquence cardiaque. Par leurs effets sur la fréquence cardiaque et la force de contraction, ces facteurs règlent également la pression artérielle. Une augmentation de la fréquence cardiaque et de la force de contraction augmente la pression artérielle. Inversement, une réduction de la fréquence cardiaque et de la force de contraction entraîne une réduction de la pression artérielle.

Nous allons maintenant aborder les facteurs qui, en agissant sur les vaisseaux sanguins eux-mêmes, aident à régler la pression artérielle.

• ***Le centre vasomoteur*** Le **centre vasomoteur** (*vaso* : vaisseau ; *moteur* : mouvement), situé dans le bulbe rachidien, est composé d'un amas de neurones. Le rôle de ce centre est de régler le diamètre des vaisseaux sanguins, notamment celui des artérioles. Il envoie continuellement des influx aux muscles lisses des parois des artérioles, ce qui entraîne une vasoconstriction modérée et constante. Cet état de contraction tonique, appelé *tonus vasomoteur*, joue un rôle dans le maintien de la résistance périphérique et de la pression artérielle. Le centre vasomoteur provoque la vasodilatation en abaissant sous la normale le nombre d'influx sympathiques. En d'autres termes, dans le cas qui nous occupe, le système sympathique du système nerveux autonome peut provoquer la vasoconstriction et la vasodilatation.

Le centre vasomoteur est affecté par plusieurs facteurs, qui influencent tous la pression artérielle.

• ***Les barorécepteurs*** On se rappelle que, lorsqu'ils sont stimulés, les barorécepteurs situés dans la paroi du sinus carotidien et de l'aorte (ou qui y sont attachés) envoient des influx au centre cardiaque, et que ces influx entraînent une augmentation ou une réduction du débit cardiaque qui favorise la régulation de la pression artérielle (voir la figure 20.9). Ce réflexe agit non seulement sur le cœur, mais aussi sur les artérioles. Par exemple, s'il se produit une élévation de la pression artérielle, les barorécepteurs stimulent le centre cardio-inhibiteur et inhibent le centre cardio-accélérateur. Il s'ensuit une réduction du débit cardiaque et une baisse de la pression artérielle. Les barorécepteurs envoient également des influx au centre vasomoteur. Celui-ci réduit alors la stimulation sympathique vers les artérioles. Par conséquent, il se produit une vasodilatation et une baisse de la pression artérielle (figure 21.7). S'il se produit une baisse de la pression artérielle, les barorécepteurs inhibent le centre cardio-inhibiteur et stimulent le centre cardio-accélérateur. Il s'ensuit une augmentation du débit cardiaque et une élévation de la pression artérielle. De plus, les barorécepteurs envoient des influx au centre vasomoteur, ce qui augmente la stimulation sympathique vers les artérioles. Par conséquent, il se produit une vasoconstriction et une élévation de la pression artérielle.

• ***Les chémorécepteurs*** Les **chémorécepteurs** sont des récepteurs sensibles aux substances chimiques qui se trouvent dans le sang. Les chémorécepteurs situés près du sinus carotidien et de l'aorte (ou sur eux) sont appelés *zones chémoréceptrices aortiques* et *carotidiennes*. Ils sont sensibles aux taux d'oxygène, de dioxyde de carbone et d'hydrogène dans le sang artériel. Lorsqu'il se produit une carence en oxygène (hypoxie), une augmentation de la concentration des ions hydrogène ou un taux excessif de dioxyde de carbone (hypercapnie), les chémorécepteurs sont stimulés et ils envoient des influx au centre vasomoteur. Celui-ci augmente la stimulation sympathique vers les artérioles, ce qui entraîne une vasoconstriction et une élévation de la pression artérielle. Comme nous le verrons au chapitre 23, les chémorécepteurs stimulent également le centre de rythmicité respiratoire en réaction à ces stimuli chimiques afin d'ajuster la fréquence de la respiration.

• ***La régulation par les centres nerveux supérieurs*** Lorsque nous éprouvons des émotions fortes, les **centres nerveux supérieurs**, comme le cortex cérébral, peuvent exercer une influence importante sur la pression artérielle. Ainsi, durant les périodes de colère intense, le cortex cérébral stimule le centre vasomoteur qui envoie des influx sympathiques aux artérioles. Ces influx entraînent une vasoconstriction et une élévation de la pression artérielle. Lorsque nous sommes affectivement perturbés, les influx provenant des centres nerveux

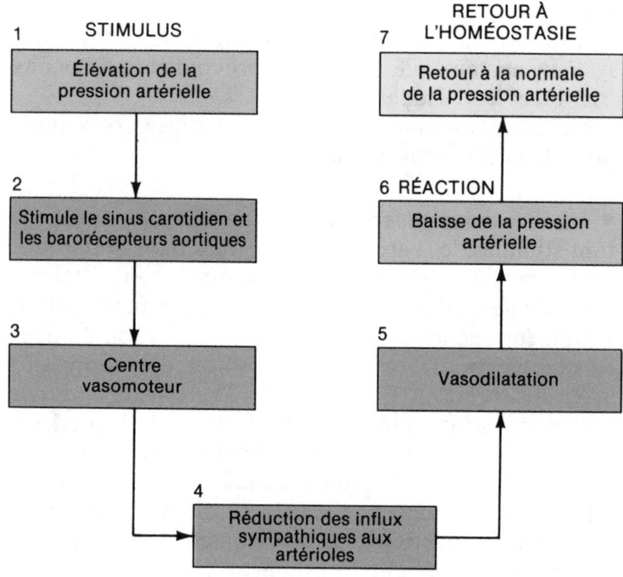

FIGURE 21.7 Régulation de la pression artérielle par le centre vasomoteur (stimulation des barorécepteurs).

supérieurs provoquent une réduction de la stimulation sympathique par le centre vasomoteur, ce qui entraîne une vasodilatation et une baisse de la pression artérielle. Comme le flux sanguin vers l'encéphale est réduit, il s'ensuit souvent un évanouissement.

• ***Les substances chimiques*** Plusieurs **substances chimiques**, en provoquant une vasoconstriction, affectent la pression artérielle. L'adrénaline et la noradrénaline produites par la médullosurrénale augmentent la vitesse et la force des contractions cardiaques, et entraînent la vasoconstriction des artérioles abdominales et cutanées. Elles provoquent également la dilatation des artérioles des muscles cardiaque et squelettiques. L'hormone antidiurétique, produite par l'hypothalamus et libérée par la neurohypophyse, entraîne une vasoconstriction dans le cas d'une perte sanguine importante consécutive à une hémorragie. L'angiotensine II favorise une élévation de la pression artérielle en stimulant la sécrétion d'aldostérone (qui augmente la concentration en ions sodium et la réabsorption d'eau) et en provoquant une vasoconstriction causée par la libération de rénine. L'histamine, produite par les mastocytes, et les kinines, présentes dans le plasma, sont des vasodilatateurs qui jouent un rôle clé au cours de la réaction inflammatoire.

• ***L'autorégulation*** L'**autorégulation** est un ajustement local et automatique du flux sanguin dans une région donnée de l'organisme, en réponse aux besoins particuliers du tissu. Dans la plupart des tissus corporels, l'oxygène constitue le stimulus principal, quoique indirect, de l'autorégulation. On croit que l'autorégulation fonctionne de la façon suivante. En réaction à un apport réduit d'oxygène, les cellules locales produisent et libèrent des **substances vasodilatatrices**. On croit que ces substances pourraient comprendre des ions potassium, des ions hydrogène, du dioxyde de carbone, de l'acide lactique et de l'adénosine. Une fois libérées, les substances vasodilatatrices entraînent une dilatation locale des artérioles et un relâchement des sphincters précapillaires. Il s'ensuit une augmentation du flux sanguin dans le tissu, qui ramène le taux d'oxygène à la normale. Le mécanisme d'autorégulation joue un rôle important lorsqu'il s'agit de répondre aux besoins nutritionnels des tissus actifs, comme le tissu musculaire, où les besoins peuvent être multipliés par dix.

Les échanges capillaires

Pour des raisons que nous verrons bientôt, malgré le fait que la pression sanguine s'abaisse de façon importante entre l'aorte et les veines caves, la vitesse du sang décroît à mesure que ce dernier traverse l'aorte, les artérioles et les capillaires, et s'accroît à mesure qu'il traverse les veinules et les veines. C'est dans les capillaires que la vitesse du flux sanguin est la plus réduite, et cela est important pour permettre les échanges de substances entre le sang et les tissus corporels.

Le sang ne circule généralement pas d'une façon régulière dans les réseaux capillaires. Il coule plutôt de façon intermittente à cause de la contraction et du relâchement des cellules musculaires lisses des métartérioles et des sphincters précapillaires des capillaires vrais. La contraction et le relâchement intermittents, qui peuvent se produire de cinq à dix fois par minute, sont appelés **vasomotricité**. Le facteur le plus important dans la régulation de la modification du calibre d'un vaisseau sanguin est la concentration d'oxygène dans les tissus, un mécanisme semblable à l'autorégulation dans les artérioles.

La diffusion constitue le principal mécanisme par lequel des substances sont échangées entre le sang capillaire et les cellules corporelles. La plupart des substances sont échangées à l'aide de ce processus par l'intermédiaire des jonctions endothéliales des capillaires continus et des fenêtres des capillaires fenêtrés. Certaines molécules, plus grosses, sont échangées par pinocytose.

Le mouvement de l'eau et des substances dissoutes (à l'exception des protéines) à travers les parois capillaires dépend de plusieurs forces ou pressions opposées. Certaines forces poussent le liquide hors des capillaires dans les espaces interstitiels environnants, ce qui permet la filtration du liquide. Afin d'empêcher le liquide de ne se déplacer que dans une direction et de s'accumuler dans les espaces interstitiels, des forces opposées le poussent des espaces interstitiels dans les capillaires sanguins, ce qui permet la réabsorption du liquide. Voyons maintenant de quelle façon ces forces agissent.

Voyons d'abord les pressions hydrostatiques en présence. Ces pressions sont causées par la masse d'eau dans les liquides. La pression sanguine dans les capillaires, appelée **pression hydrostatique du sang (PHS)**, a tendance à déplacer les liquides hors des capillaires et dans le liquide interstitiel. Cette pression est d'environ 30 mm Hg à l'extrémité artérielle d'un capillaire, et d'environ 15 mm Hg à son extrémité veineuse ; toutefois, les pressions peuvent varier de façon considérable, selon l'activité des artérioles et des veinules (figure 21.8). La pression du liquide interstitiel, appelée

pression hydrostatique du liquide interstitiel (PHLI), qui a tendance à déplacer le liquide hors des espaces interstitiels dans les capillaires, s'oppose à la PHS. Comme il est difficile de mesurer la PHLI, les valeurs de celle-ci varient de faibles valeurs positives à de faibles valeurs négatives. Toutefois, pour faciliter notre propos, nous estimerons ici que la valeur de la PHLI est de 0 mm Hg aux deux extrémités des capillaires. Quelle que soit la valeur exacte, les principes de base du mouvement des liquides s'appliquent.

Voyons maintenant les pressions osmotiques en présence dans le mouvement des liquides. Les pressions osmotiques sont causées par la présence, dans le sang et le liquide interstitiel, de protéines non diffusables. La **pression osmotique du sang (POS)**, qui a tendance à déplacer le liquide à partir des espaces interstitiels jusque dans les capillaires, est d'environ 28 mm Hg aux deux extrémités des capillaires. La **pression osmotique du liquide interstitiel (POLI)**, qui a tendance à déplacer le liquide hors des capillaires dans le liquide interstitiel, et qui est d'environ 6 mm Hg aux deux extrémités des capillaires, s'oppose à la POS.

Le fait que les liquides entrent dans les capillaires ou en sortent dépend de la façon dont les pressions sont interreliées. Si les forces qui ont tendance à déplacer le liquide hors des capillaires sont plus grandes que celles qui ont tendance à déplacer le liquide dans les capillaires, le liquide se déplacera depuis les capillaires jusque dans les espaces interstitiels (filtration). Par contre, si les forces qui poussent le liquide hors des espaces interstitiels dans les capillaires sont plus grandes que celles qui poussent le liquide hors des capillaires, le liquide se déplacera depuis les espaces interstitiels jusque dans les capillaires (réabsorption). Pour illustrer la direction du mouvement des liquides, on utilise le terme **pression de filtration efficace (*P* eff)**. On la mesure de la façon suivante :

$$(P\ \text{eff}) = (\text{PHS} + \text{POLI}) - (\text{PHLI} + \text{POS})$$

Valeurs à l'extrémité artérielle d'un capillaire :

$$\begin{aligned}(P\ \text{eff}) &= (30 + 6) - (0 + 28)\\ &= (36) - (28)\\ &= 8\ \text{mm Hg}\end{aligned}$$

Valeurs à l'extrémité veineuse d'un capillaire :

$$\begin{aligned}(P\ \text{eff}) &= (15 + 6) - (0 + 28)\\ &= (21) - (28)\\ &= -7\ \text{mm Hg}\end{aligned}$$

Donc, à l'extrémité artérielle d'un capillaire, il existe une *force nette vers l'extérieur* (8 mm Hg) et le liquide se déplace hors des capillaires (filtration) dans les espaces interstitiels. À l'extrémité veineuse d'un capillaire, la valeur négative (-7 mm Hg) représente une *force nette vers l'intérieur*, et le liquide se déplace dans le capillaire (réabsorption) à partir des espaces interstitiels.

Le liquide filtré à une des extrémités du capillaire n'est pas entièrement réabsorbé à l'autre extrémité. Lorsque nous étudierons plus en détail l'équilibre des liquides au chapitre 27, nous verrons qu'une partie du liquide filtré, ainsi que les protéines qui se sont échappées du sang dans le liquide interstitiel sont retournées à l'appareil cardio-vasculaire par le système lymphatique. Dans des conditions normales, il existe un état de quasi-équilibre aux extrémités artérielle et veineuse d'un capillaire, dans lequel le liquide filtré et le liquide absorbé, en plus de celui qui est retourné au système lymphatique, sont presque égaux. Cet état correspond à la **loi de Starling**.

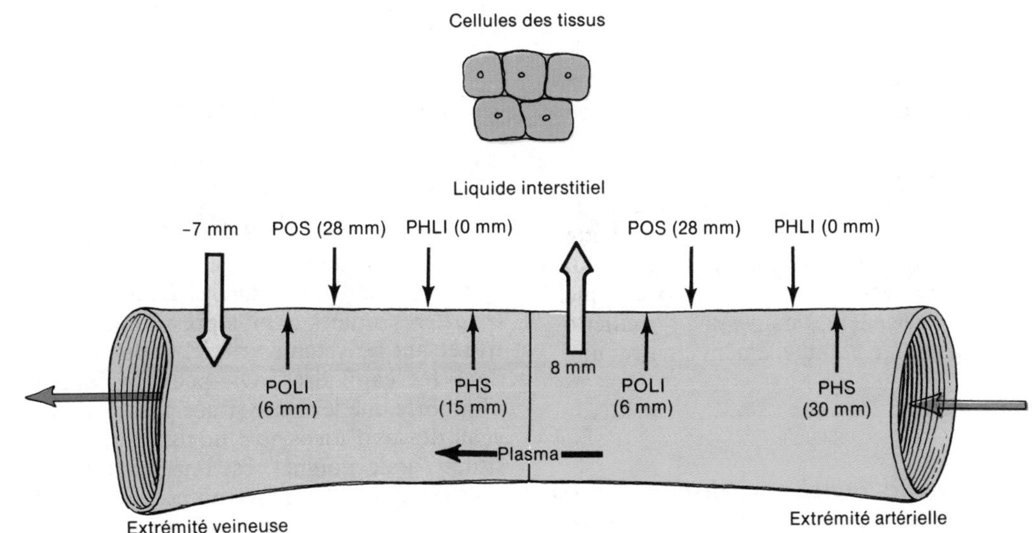

FIGURE 21.8 Pressions hydrostatique et osmotique en présence dans le mouvement des liquides hors des capillaires (filtration) et dans les capillaires (réabsorption).

Les facteurs qui favorisent le retour veineux

L'établissement d'un gradient de pression est la raison principale qui fait que le sang circule. Toutefois, d'autres facteurs aident le sang à retourner au cœur par les veines : les contractions des muscles squelettiques, les valvules et la respiration.

• ***La vitesse du flux sanguin*** La vitesse du flux sanguin est inversement proportionnelle à la surface de coupe des vaisseaux. Le sang circule le plus rapidement là où la surface de coupe est la moindre. Plus la surface de coupe est petite, plus le sang circule rapidement (voir la figure 21.5). À chaque endroit où une artère se ramifie, le total des surfaces de coupe de toutes les branches est supérieur à celui du vaisseau original. Lorsque les branches s'unissent, la surface de coupe qui en résulte est inférieure à celle des branches originales. La surface de l'aorte est de 2,5 cm², et la vitesse du sang y est de 40 cm/s. Les capillaires ont une surface de 2 500 cm², et la vitesse du flux sanguin y est inférieure à 0,1 cm/s. Dans les veines caves, la surface est de 8 cm², et la vitesse du flux sanguin varie entre 5 cm/s et 20 cm/s. Dans le document 21.1, nous énumérons les surfaces et les vitesses reliées aux différents types de vaisseaux sanguins.

Donc, la vitesse du flux sanguin décroît à mesure que le sang s'écoule de l'aorte aux artères, des artères aux artérioles et des artérioles aux capillaires. La vitesse du flux sanguin dans les capillaires est la plus basse de tout l'appareil cardio-vasculaire. Il existe donc un temps de diffusion adéquat entre les capillaires et les tissus adjacents. Aux endroits où les vaisseaux sanguins quittent les capillaires et s'approchent du cœur, leur surface de coupe décroît. Par conséquent, la vitesse du sang augmente à mesure que le sang s'écoule des capillaires aux veinules, des veinules aux veines et des veines au cœur.

APPLICATION CLINIQUE

On mesure le flux sanguin pour diagnostiquer certains troubles circulatoires. Le **temps de circulation** est le temps requis pour que le sang passe de l'oreillette droite, dans la circulation pulmonaire, revienne au ventricule gauche, traverse la circulation systémique jusqu'aux pieds et reviennent à nouveau à l'oreillette droite. Ce « voyage » dure habituellement environ une minute.

• ***Les contractions des muscles squelettiques et les valvules*** La combinaison des contractions des muscles squelettiques et des valvules dans les veines est importante pour le retour du sang veineux jusqu'au cœur. La plupart des veines, notamment celles qui se trouvent dans les membres, contiennent des valvules. Lorsque les muscles squelettiques se contractent, ils se resserrent autour des veines qui les parcourent, et les valvules s'ouvrent. Cette pression dirige le sang en direction du cœur ; c'est ce que l'on appelle la **compression musculaire** (figure 21.9).

DOCUMENT 21.1 LIENS EXISTANT ENTRE LA VITESSE DU FLUX SANGUIN ET LA SURFACE DE COUPE

VAISSEAU	SURFACE DE COUPE (cm²)	VITESSE (cm/s)
Aorte	2,5	40
Artères	20	10 à 40
Artérioles	40	0,1
Capillaires	2 500	inférieure à 0,1
Veinules	250	0,3
Veines	80	0,3 à 5,0
Veines caves	8	5 à 20

Lorsque les muscles se relâchent, les valvules se referment afin d'empêcher le sang de refluer loin du cœur. Les personnes qui sont immobilisées à la suite d'une blessure ou d'une maladie ne peuvent pas bénéficier de ces contractions. Par conséquent, le retour du sang veineux au cœur est plus lent, et le cœur doit travailler plus vigoureusement. C'est pourquoi il est bon d'effectuer périodiquement un massage aux personnes alitées.

• ***La respiration*** La respiration est un autre facteur important dans le maintien de la circulation veineuse. Au cours de l'inspiration, le diaphragme s'abaisse, ce qui entraîne une réduction de la pression dans la cavité thoracique et une augmentation de la pression dans la cavité abdominale. Lorsque la différence de pression est établie, le sang se déplace des veines abdominales aux veines thoraciques. Lorsque les pressions s'inversent durant l'expiration, les valvules empêchent le reflux du sang veineux.

L'ÉVALUATION DE LA CIRCULATION

LE POULS

Le **pouls** est formé par l'alternance de l'expansion et de la rétraction élastique d'une artère, qui accompagne chaque systole du ventricule gauche. Le pouls est plus fort dans les artères situées le plus près du cœur. Il s'affaiblit en traversant le système artériel et disparaît complètement dans les capillaires. On peut prendre le pouls dans n'importe quelle artère située près de la surface du corps et au-dessus d'un os ou d'un tissu ferme. L'artère radiale, située sur le poignet, est l'artère le plus fréquemment utilisée. Les artères suivantes peuvent également être utilisées pour mesurer le pouls :

1. L'artère temporale, au-dessus et vers l'extérieur de l'œil.
2. L'artère faciale, située sur la mâchoire inférieure, vis-à-vis des commissures de la bouche.
3. L'artère carotide primitive, sur le côté du cou.
4. L'artère brachiale, le long de la face interne du muscle biceps brachial.
5. L'artère fémorale, près de l'os iliaque.
6. L'artère poplitée, derrière le genou.

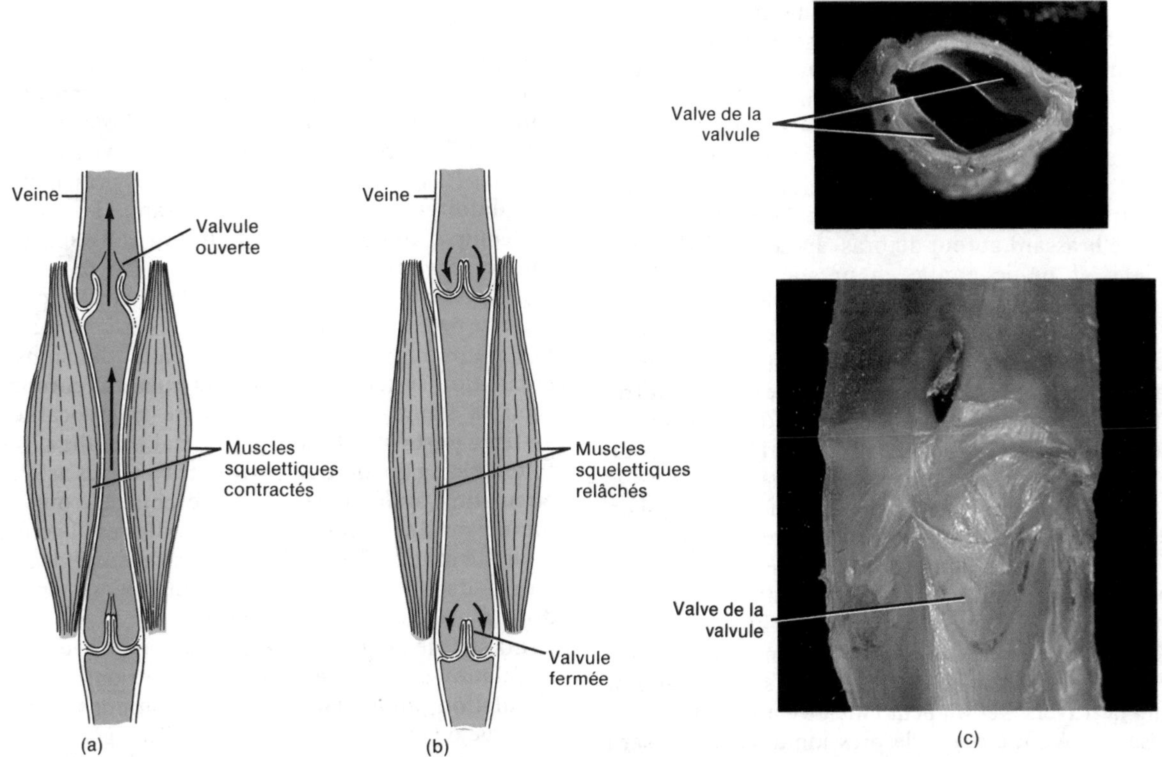

FIGURE 21.9 Rôle des contractions des muscles squelettiques et des valvules veineuses dans le retour veineux. (a) Lorsque les muscles squelettiques se contractent, les valvules s'ouvrent, et le sang est poussé en direction du cœur. (b) Lorsque les muscles squelettiques se relâchent, les valvules se ferment afin de prévenir le reflux du sang provenant du cœur. (c) Photographie d'une valvule unidirectionnelle dans une veine (coupe transversale, en haut, coupe longitudinale, en bas). [Gracieuseté de J. A. Gasling *et al., Atlas of Human Anatomy with Integrated Text*, Copyright © 1985 by Bower Medical Publishing Ltd.]

7. L'artère tibiale postérieure, derrière la malléole interne du tibia.

8. L'artère pédieuse, au-dessus du cou-de-pied.

La fréquence du pouls correspond à la fréquence cardiaque ; elle est en moyenne de 70 à 80 battements par minute, au repos. La **tachycardie** (*tachy* : rapide) est une augmentation de la fréquence du pouls (supérieure à 100 battements/min), alors que la **bradycardie** *(brady* : lent) est un ralentissement de la fréquence du pouls (inférieure à 50 battements/min).

D'autres caractéristiques liées au pouls peuvent fournir des renseignements supplémentaires concernant la circulation. Ainsi, les intervalles entre les battements devraient être de même durée. Si le pouls ne bat pas toujours aux mêmes intervalles, on dit qu'il est irrégulier. De plus, tous les battements devraient être de la même force. Une irrégularité dans la force des battements peut indiquer une faiblesse du tonus musculaire dans le cœur ou les artères.

LA MESURE DE LA PRESSION ARTÉRIELLE

En pratique clinique, le terme **pression artérielle** s'applique à la pression exercée par le ventricule gauche dans les artères durant la systole ventriculaire, et à la pression qui reste dans les artères lorsque le ventricule est

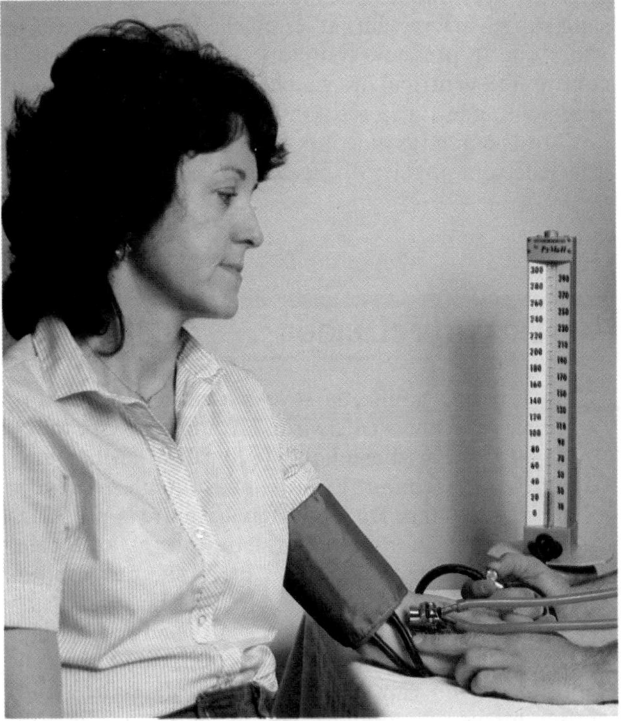

FIGURE 21.10 Mesure de la pression artérielle à l'aide d'un sphygmomanomètre et d'un stéthoscope. [Copyright © 1982 by Gerard J. Tortora. Gracieuseté de Geraldine C. Tortora.]

en diastole. On prend habituellement la pression artérielle dans l'artère brachiale gauche, et on la mesure à l'aide d'un *sphygmomanomètre* (*sphygmo*: pouls). Cet appareil consiste habituellement en un brassard de caoutchouc relié, par un tube également de caoutchouc, à une poire (figure 21.10). Un autre tube est relié au brassard et à une colonne de mercure graduée en millimètres. Cette colonne mesure la pression. On enroule le brassard autour du bras, au-dessus de l'artère brachiale, et on le gonfle en pressant la poire. Le gonflement exerce une pression sur l'artère. On presse la poire jusqu'à ce que la pression du brassard excède la pression de l'artère. À ce moment, les parois de l'artère brachiale sont étroitement resserrées l'une contre l'autre, et le flux sanguin ne peut passer. Il y a deux façons de vérifier que l'artère est bien comprimée. D'abord, si on place un sthéthoscope au-dessus de l'artère, sous le brassard, on n'entend aucun bruit. Deuxièmement, si on place les doigts sur l'artère radiale, au niveau du poignet, on ne peut pas sentir le pouls.

On dégonfle ensuite progressivement le brassard, jusqu'à ce que la pression, dans le brassard, soit légèrement inférieure à la pression maximale dans l'artère brachiale. À ce moment, l'artère s'ouvre, un flot de sang la traverse, et on peut entendre un bruit dans le stéthoscope. À mesure que la pression dans le brassard est abaissée, le bruit devient soudainement faible. Enfin, il disparaît complètement. Lorsqu'on entend le premier bruit, on effectue une lecture de la colonne de mercure. Ce bruit correspond à la **pression artérielle systolique**, c'est-à-dire à la force exercée par le sang sur les parois de l'artère durant la contraction ventriculaire. La pression enregistrée sur la colonne de mercure lorsque le son s'affaiblit soudainement correspond à la **pression artérielle diastolique**. Elle mesure la force exercée par le sang sur les artères durant le relâchement ventriculaire. Alors que la pression systolique indique la force de la contraction ventriculaire gauche, la pression diastolique nous renseigne sur la résistance des vaisseaux sanguins. Les bruits entendus au cours de la mesure de la pression artérielle sont appelés *bruits de Korotkoff*.

APPLICATION CLINIQUE

Chez le jeune adulte de sexe masculin, la pression artérielle moyenne est d'environ 120 mm Hg (systolique) et de 80 mm Hg (diastolique) [120/80]. Chez le jeune adulte de sexe féminin, les pressions sont inférieures de 8 mm Hg à 10 mm Hg. La différence entre la pression systolique et la pression diastolique est appelée **pression différentielle**. Cette pression, qui est en moyenne de 40 mm Hg, fournit des renseignements sur l'état des artères. Ainsi, des affections comme l'athérosclérose et la persistance du canal artériel entraînent une élévation importante de la pression différentielle. Le rapport normal entre la pression systolique, la pression diastolique et la pression différentielle est d'environ 3,2,1.

LES VOIES CIRCULATOIRES

Les artères, les artérioles, les capillaires, les veinules et les veines suivent des voies bien définies qui transportent le sang à travers l'organisme. Nous allons maintenant aborder l'étude des voies principales suivies par le sang.

Dans la figure 21.11, on peut voir les principales **voies circulatoires** empruntées par le sang. La **circulation systémique** comprend la totalité du sang oxygéné qui quitte le ventricule gauche par l'aorte et le sang désoxygéné qui retourne à l'oreillette droite après avoir traversé tous les organes, y compris les artères nourricières des poumons. Les deux principales divisions de la circulation systémique sont la **circulation coronarienne** (voir la figure 20.6), qui alimente le myocarde, et le **système porte hépatique**, qui s'étend du tube digestif au foie. Le sang qui quitte l'aorte et traverse les artères de la circulation systémique est d'une couleur rouge vif. À mesure qu'il se déplace dans les capillaires, il perd de son oxygène et recueille du dioxyde de carbone ; le sang qui circule dans les veines de la circulation systémique est donc d'une couleur rouge foncé.

Lorsque le sang retourne au cœur, en provenance de la circulation systémique, il sort du ventricule droit par la **circulation pulmonaire**. Dans les poumons, il perd son dioxyde de carbone et recueille de l'oxygène. Il reprend alors sa couleur rouge vif. Il retourne à l'oreillette gauche et pénètre de nouveau dans la circulation systémique.

La **circulation fœtale** n'existe (comme son nom l'indique) que chez le fœtus ; elle contient des structures spéciales qui permettent les échanges fœto-maternels (voir la figure 21.24).

Nous présentons la **circulation cérébrale** (ou cercle artériel de Willis) dans le document 21.4.

LA CIRCULATION SYSTÉMIQUE

La **circulation systémique**, ou **circulation générale**, ou **grande circulation**, correspond au flux sanguin qui part du ventricule gauche, circule dans toutes les parties de l'organisme et retourne à l'oreillette droite. Le rôle de la circulation systémique est de transporter de l'oxygène et des nutriments aux tissus corporels et d'éliminer de ces mêmes tissus le dioxyde de carbone et d'autres déchets. Toutes les artères de cette voie partent de *l'aorte*, qui émerge du ventricule gauche.

Lorsque l'aorte émerge du ventricule gauche, elle monte et passe profondément sous l'artère pulmonaire. À cet endroit, elle est appelée *aorte ascendante*. L'aorte ascendante se divise en deux branches coronaires qui se rendent au cœur. Elle se courbe ensuite vers la gauche et forme la *crosse de l'aorte* avant de descendre jusqu'au niveau de la quatrième vertèbre dorsale, où elle porte le nom d'*aorte descendante*. L'aorte descendante se trouve près des corps vertébraux ; elle traverse le diaphragme et, au niveau de la quatrième vertèbre lombaire, se divise pour former les deux *artères iliaques primitives*, qui transportent le sang jusqu'aux membres inférieurs. Le segment de l'aorte descendante situé entre la crosse de l'aorte et le diaphragme est appelé *aorte thoracique*. Le segment qui se trouve entre le diaphragme et les artères iliaques primitives est appelé *aorte abdominale*. Chaque segment de l'aorte forme des artères qui se ramifient en artères distributrices conduisant à différents organes, et, enfin, en artérioles et en capillaires qui traversent les tissus.

Le sang revient au cœur par les veines de la circulation systémique. Toutes ces veines s'écoulent dans les *veines caves supérieure* ou *inférieure* ou dans le *sinus coronaire* qui, eux, se déversent dans l'oreillette droite. Nous décrivons les principales artères et veines de la circulation systémique dans les documents 21.2 à 21.13 et aux figures 21.12 à 21.21.

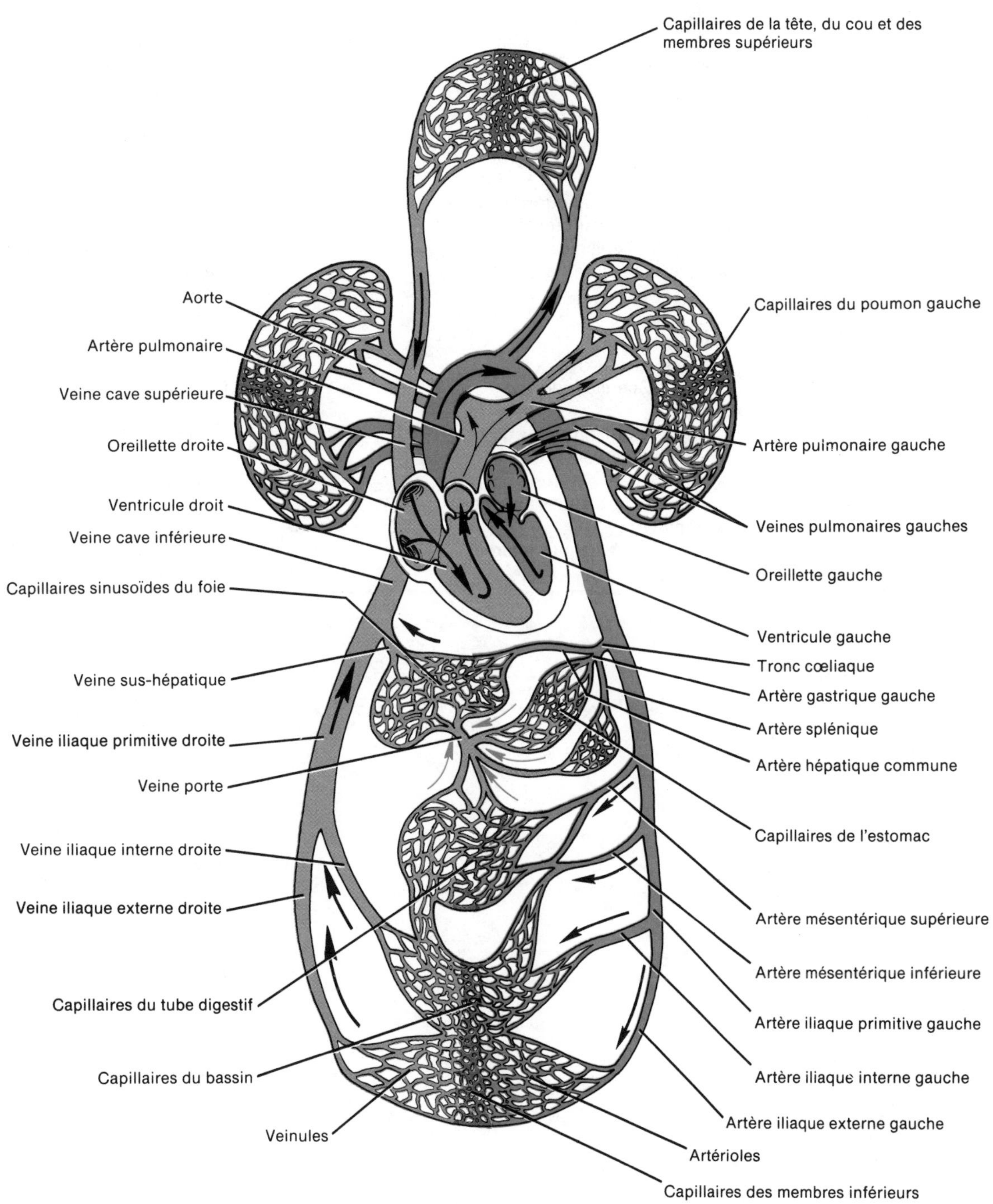

FIGURE 21.11 Voies circulatoires. La circulation systémique est indiquée par de grosses flèches noires, la circulation pulmonaire, par de petites flèches noires dans les vaisseaux sanguins pulmonaires, et le système porte hépatique par de petites flèches de couleur. Voir la figure 20.6 (circulation coronarienne) et la figure 21.24 (circulation fœtale).

DOCUMENT 21.2 AORTE ET SES RAMIFICATIONS (figure 21.12)

DIVISION DE L'AORTE	RAMIFICATION	RÉGION IRRIGUÉE
Aorte ascendante	Artères coronaires droite et gauche	Cœur
Crosse de l'aorte	Tronc artériel brachio-céphalique → Carotide primitive droite	Côté droit de la tête et du cou
	Tronc artériel brachio-céphalique → Sous-clavière droite	Membre supérieur droit
	Carotide primitive gauche	Côté gauche de la tête et du cou
	Sous-clavière gauche	Membre supérieur gauche
Aorte thoracique	Intercostales	Muscles intercostaux, muscles du thorax et plèvres
	Phréniques supérieures	Faces postérieure et supérieure du diaphragme
	Bronchiques	Bronches
	Œsophagiennes	Œsophage
Aorte abdominale	Phréniques inférieures	Face inférieure du diaphragme
	Tronc cœliaque → Hépatique commune	Foie
	Tronc cœliaque → Gastrique gauche	Estomac et œsophage
	Tronc cœliaque → Splénique	Rate, pancréas et estomac
	Mésentérique supérieure	Intestin grêle, cæcum et côlons transverse et ascendant
	Surrénales	Glandes surrénales
	Rénales	Reins
	Gonadiques → Spermatique	Testicules
	Gonadiques → Ovarienne	Ovaires
	Mésentérique inférieure	Côlons transverse, descendant et sigmoïde, et rectum
	Iliaques primitives → Iliaques externes	Membres inférieurs
	Iliaques primitives → Iliaques internes	Utérus, prostate, muscles fessiers et vessie

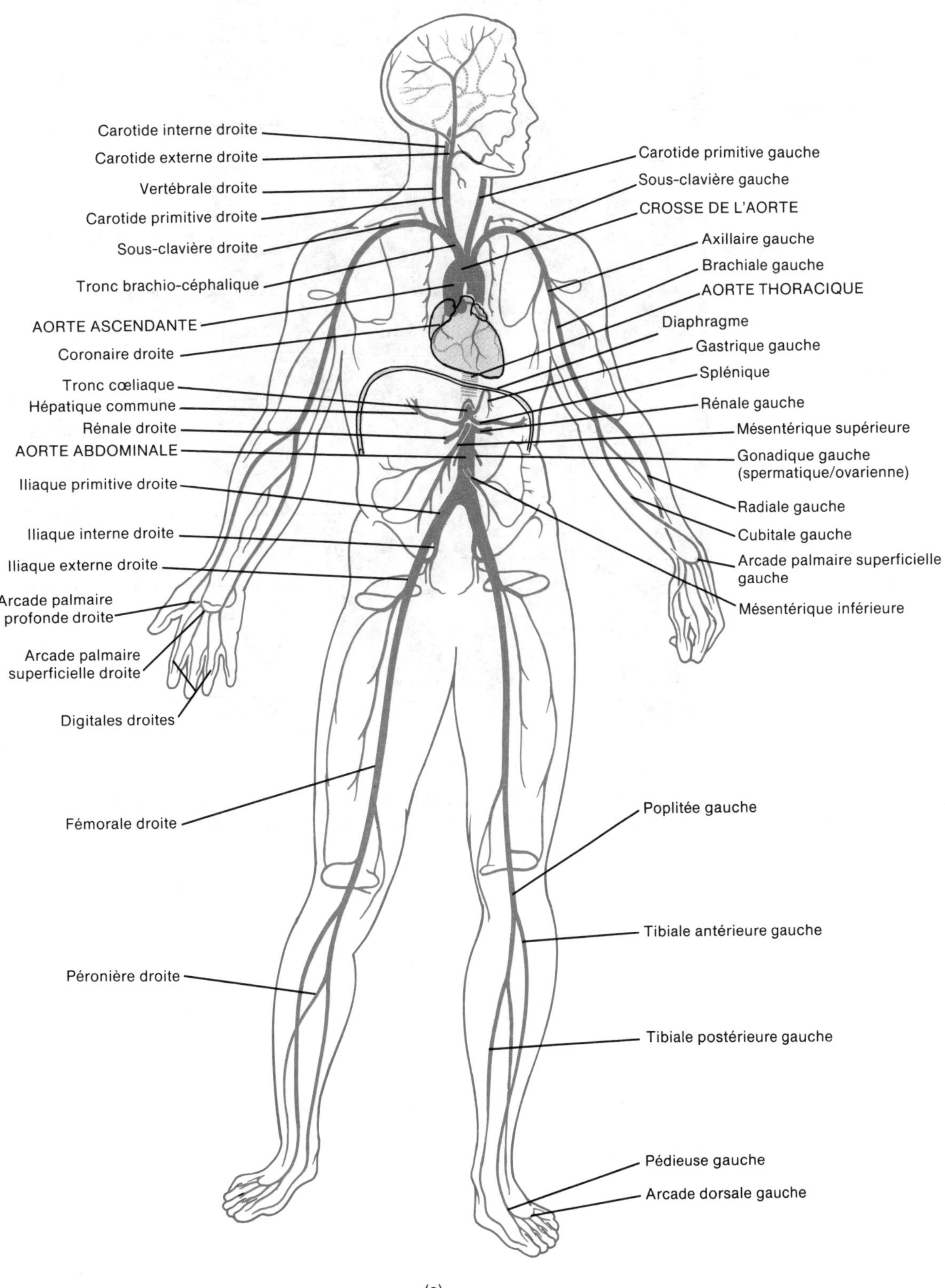

FIGURE 21.12 Vue antérieure de l'aorte et de ses principales ramifications. (a) Diagramme.

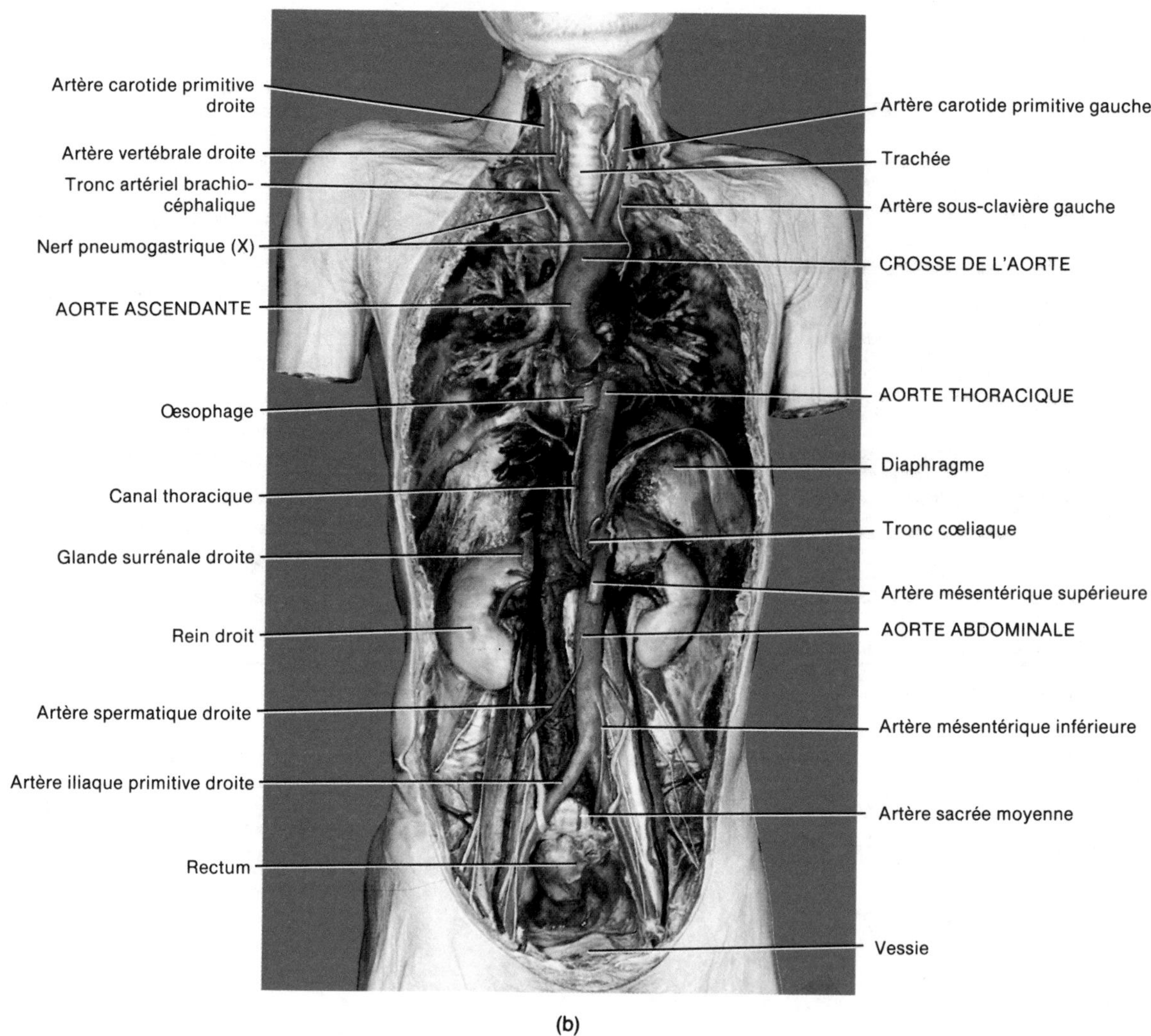

FIGURE 21.12 [*Suite*] (b) Photographie. [Gracieuseté de C. Yokochi et J. W. Rohen, *Photographic Anatomy of the Human Body*, 2e éd., 1978, IGAKU-SHOIN, Ltd., Tokyo, New York.]

DOCUMENT 21.3 AORTE ASCENDANTE (figure 21.13)

RAMIFICATION	DESCRIPTION ET RÉGION IRRIGUÉE
Artères coronaires	Les branches droite et gauche émergent de l'aorte ascendante, au-dessus de la valvule sigmoïde aortique. Elles forment une couronne autour du cœur et envoient des ramifications au myocarde auriculaire et ventriculaire

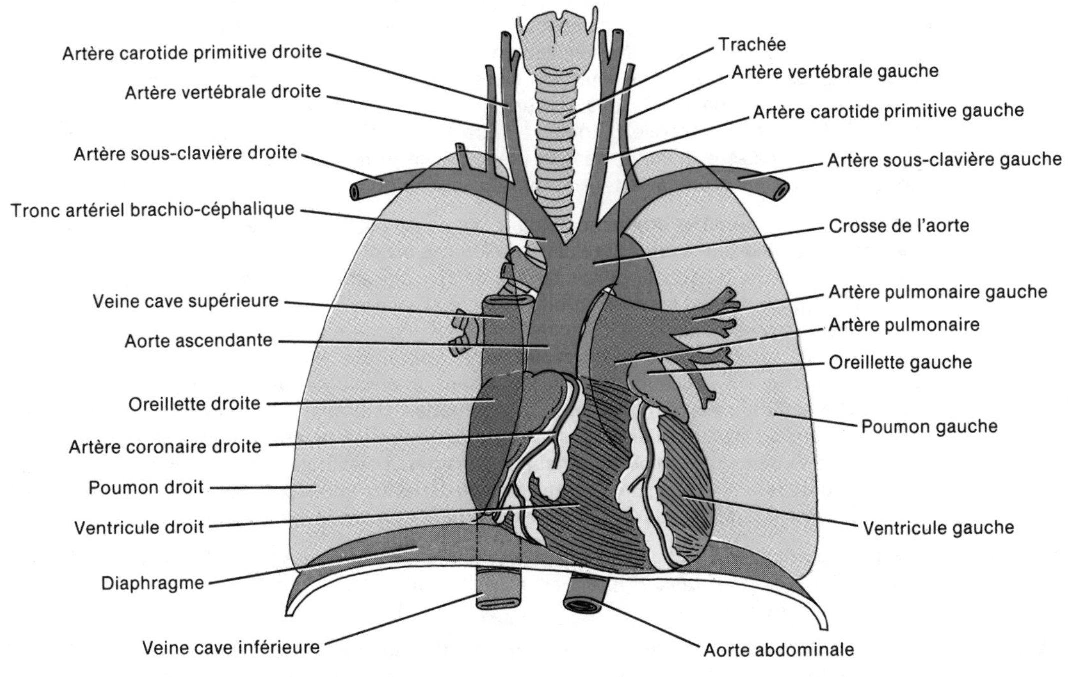

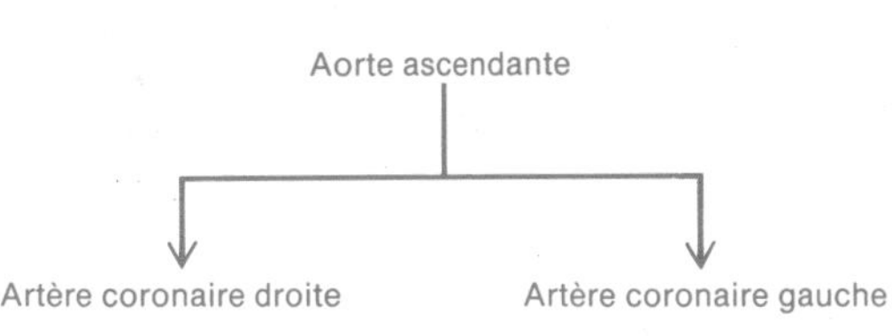

FIGURE 21.13 Vue antérieure de l'aorte ascendante et de ses ramifications. (a) Diagramme. (b) Schéma illustrant la distribution de l'aorte.

DOCUMENT 21.4 CROSSE DE L'AORTE (figure 21.14)

RAMIFICATION	DESCRIPTION ET RÉGION IRRIGUÉE
Tronc artériel brachio-céphalique	Le **tronc artériel brachio-céphalique** est la première ramification de la crosse de l'aorte. Il se divise pour former l'artère sous-clavière droite et l'artère carotide primitive droite. L'**artère sous-clavière droite** s'étend du tronc brachio-céphalique à la première côte, et passe ensuite dans l'aisselle et irrigue le bras, l'avant-bras et la main. Le prolongement de l'artère sous-clavière droite dans l'aisselle est appelé **artère axillaire** * De là, elle se poursuit dans le bras où elle prend le nom d'**artère brachiale**. Au pli du coude, l'artère brachiale se divise pour former l'**artère cubitale** (médiane) et l'**artère radiale** (latérale). Ces vaisseaux descendent jusqu'à la paume de la main, un de chaque côté de l'avant-bras. Dans la paume, les ramifications de deux artères s'anastomosent pour former deux arcades: l'**arcade palmaire superficielle** et l'**arcade palmaire profonde**. Les **artères digitales** émergent de ces arcades et irriguent les doigts et le pouce Avant de passer dans l'aisselle, l'artère sous-clavière droite envoie une ramification importante à l'encéphale, l'**artère vertébrale**. L'artère vertébrale droite traverse les trous des apophyses transverses des vertèbres cervicales et pénètre dans le crâne par le trou occipital pour atteindre la face inférieure de l'encéphale. Là, elle s'unit à l'artère vertébrale gauche pour former le **tronc basilaire** L'**artère carotide primitive droite** monte dans le cou. Au niveau supérieur du larynx, elle se divise en **artère carotide externe droite** et en **artère carotide interne droite**. La carotide externe irrigue le côté droit de la glande thyroïde, la langue, la gorge, la face, le cuir chevelu et la dure-mère. La carotide interne irrigue l'encéphale, l'œil droit et les côtés droits du front et du nez Les anastomoses des artères carotides internes gauche et droite forment, avec le tronc basilaire, un cercle appelé **cercle artériel du cerveau (cercle artériel de Willis)**. De cette anastomose émergent des artères qui irriguent l'encéphale. Essentiellement, le cercle de Willis est formé par l'union des **artères cérébrales antérieures** (ramifications des carotides internes) et les **artères cérébrales postérieures** (ramifications du tronc basilaire). Les artères cérébrales postérieures sont reliées aux carotides internes par les **artères communicantes postérieures**. Les artères cérébrales antérieures sont reliées par les **artères communicantes antérieures**. Le cercle artériel du cerveau règle la pression artérielle vers l'encéphale et, en cas de lésions artérielles, fournit des voies alternatives au sang qui se dirige vers l'encéphale
Carotide primitive gauche	La **carotide primitive gauche** est la deuxième ramification de l'aorte (voir la figure 21.13). Elle correspond à la carotide primitive droite, et forme les mêmes ramifications, portant les mêmes noms (en remplaçant « droite » par « gauche »)
Sous-clavière gauche	L'**artère sous-clavière gauche** est la troisème ramification de l'aorte (voir la figure 21.13). Elle distribue le sang à l'artère vertébrale gauche et aux vaisseaux du membre supérieur gauche. Les artères qui émergent de la sous-clavière gauche portent les mêmes noms que celles qui émergent de la sous-clavière droite

* L'artère sous-clavière droite constitue un bon exemple de la pratique qui consiste à donner à un vaisseau sanguin des noms différents selon la région où il se trouve.

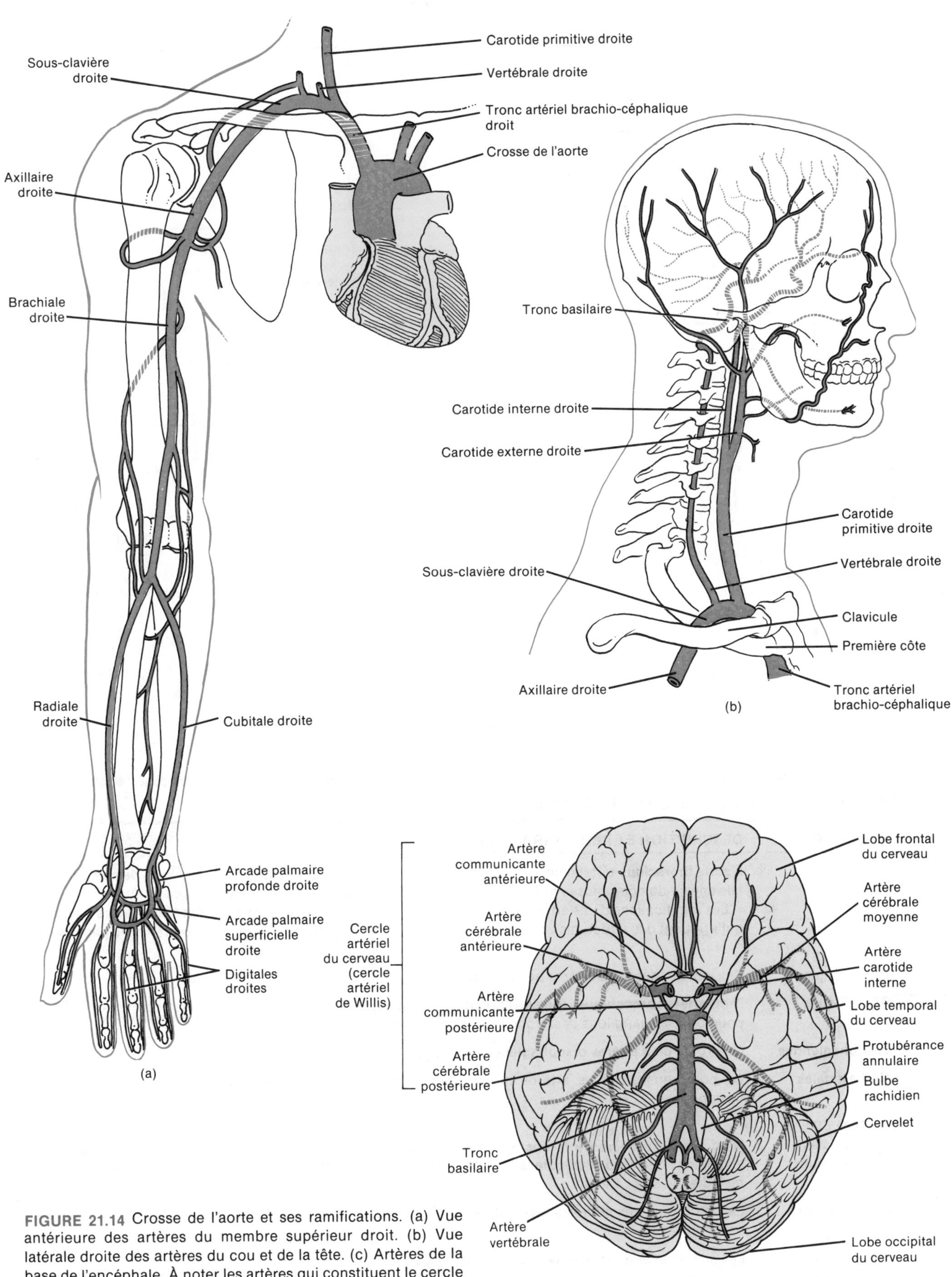

FIGURE 21.14 Crosse de l'aorte et ses ramifications. (a) Vue antérieure des artères du membre supérieur droit. (b) Vue latérale droite des artères du cou et de la tête. (c) Artères de la base de l'encéphale. À noter les artères qui constituent le cercle artériel du cerveau (cercle artériel de Willis).

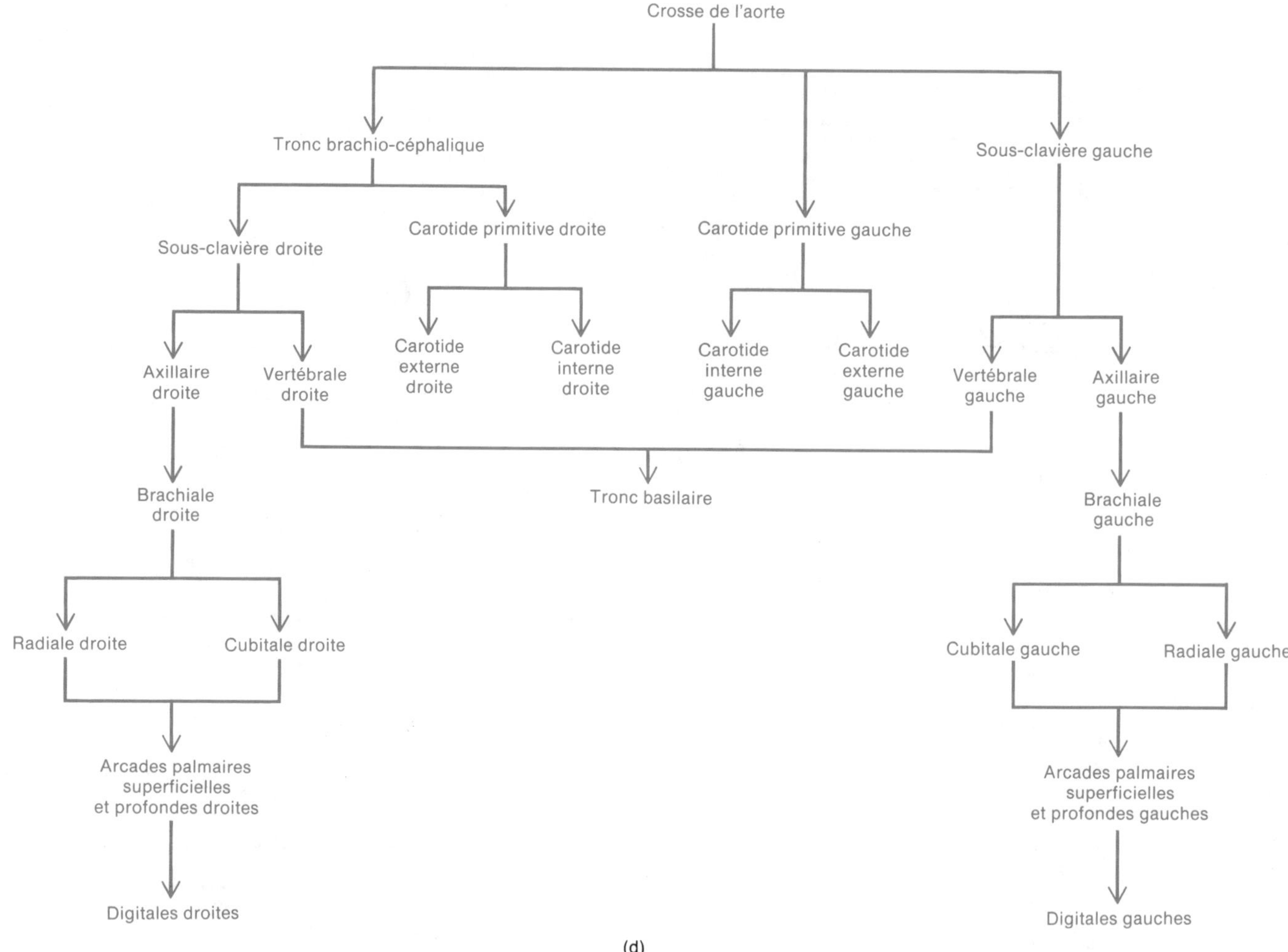

FIGURE 21.14 [*Suite*] (d) Schéma de la distribution de la crosse de l'aorte.

DOCUMENT 21.5 AORTE THORACIQUE (figure 21.15)

RAMIFICATION	DESCRIPTION ET RÉGION IRRIGUÉE
	L'**aorte thoracique** s'étend de la quatrième à la douzième vertèbre dorsale. Tout au long de son parcours, elle envoie de nombreuses petites artères aux viscères et aux muscles squelettiques du thorax Les ramifications d'une artère irriguant des viscères sont appelées **branches viscérales**, alors que celles qui irriguent des structures appartenant à la surface de l'organisme sont appelées **branches pariétales**
VISCÉRALES	
Péricardiques	Plusieurs minuscules **artères péricardiques** irriguent la face dorsale du péricarde
Bronchiques	Trois **artères bronchiques** (une droite et deux gauches) irriguent les bronches, le tissu conjonctif lâche des poumons, les ganglions des bronches et l'œsophage
Œsophagiennes	Quatre ou cinq **artères œsophagiennes** irriguent l'œsophage
Médiastinales	De nombreuses petites **artères médiastinales** irriguent les structures présentes dans le médiastin postérieur
PARIÉTALES	
Intercostales postérieures	Neuf paires d'**artères intercostales postérieures** irriguent les muscles intercostaux, pectoraux et abdominaux, le tissu sous-cutané et la peau qui les recouvrent, les glandes mammaires, ainsi que le canal rachidien et son contenu
Sous-costales	La distribution des **artères sous-costales** gauche et droite est semblable à celle des artères intercostales postérieures
Phréniques supérieures	Les petites **artères phréniques supérieures** irriguent la face postérieure du diaphragme

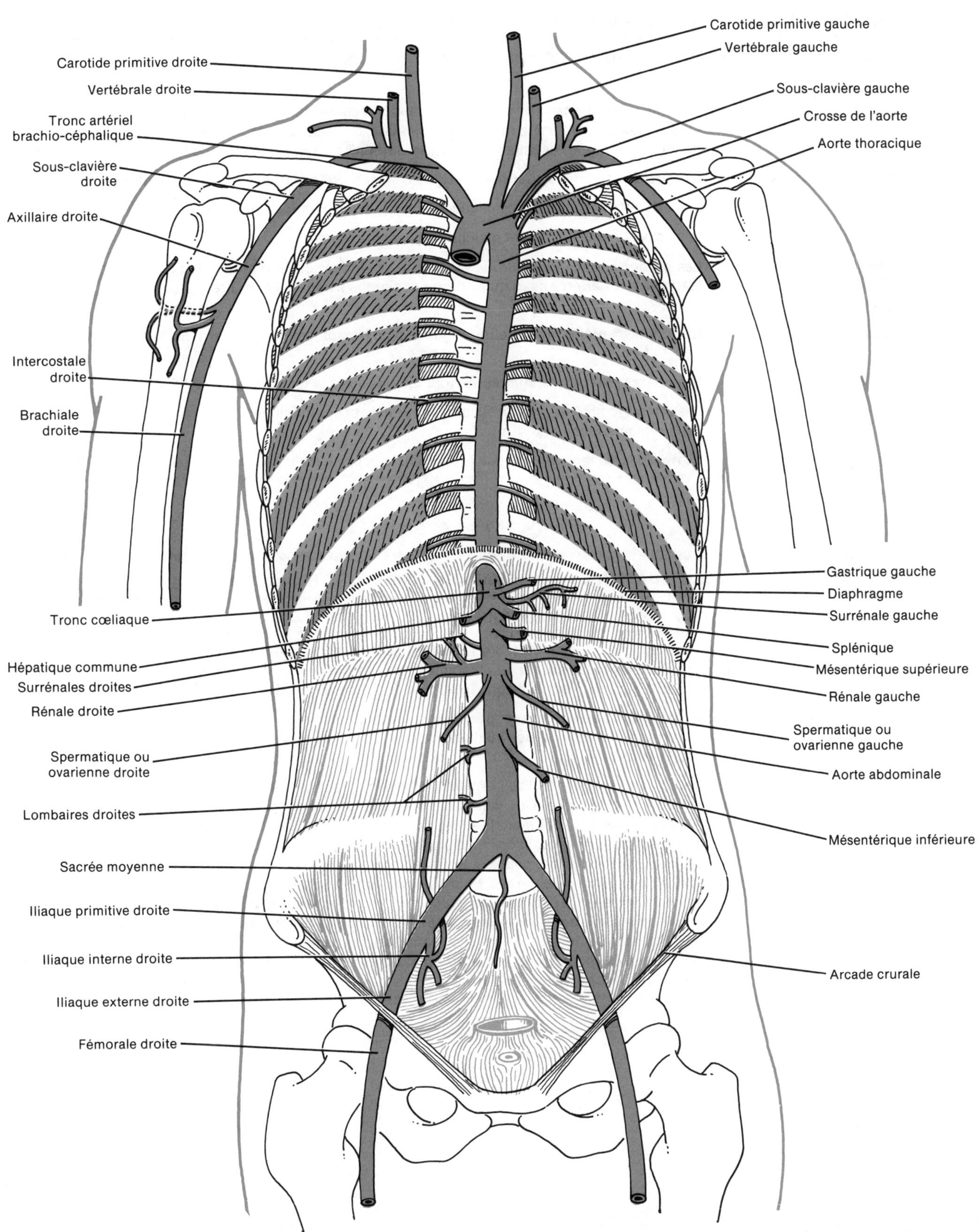

FIGURE 21.15 Vue antérieure de l'aorte thoracique et de l'aorte abdominale, et de leurs principales ramifications.

DOCUMENT 21.6 AORTE ABDOMINALE (figure 21.15)

RAMIFICATION	DESCRIPTION ET RÉGION IRRIGUÉE
VISCÉRALES	
Tronc cœliaque	Le **tronc cœliaque** est la première ramification viscérale de l'aorte sous le diaphragme. Il comprend trois branches : (1) l'**artère hépatique commune**, qui irrigue les tissus du foie ; (2) l'**artère gastrique gauche**, qui irrigue l'estomac ; et (3) l'**artère splénique**, qui irrigue la rate, le pancréas et l'estomac
Mésentérique supérieure	L'**artère mésentérique supérieure** irrigue l'intestin grêle et une partie du gros intestin
Surrénales	Les **artères surrénales** droite et gauche irriguent les glandes surrénales
Rénales	Les **artères rénales** droite et gauche irriguent les reins
Gonadiques (spermatiques et ovariennes)	Les **artères spermatiques** droite et gauche s'étendent dans le scrotum et se terminent dans les testicules ; les **artères ovariennes** droite et gauche irriguent les ovaires
Mésentérique inférieure	L'**artère mésentérique inférieure** irrigue la plus grande partie du gros intestin et du rectum
PARIÉTALES	
Phréniques inférieures	Les **artères phréniques inférieures** sont distribuées à la face inférieure du diaphragme
Lombaires	Les **artères lombaires** irriguent la moelle épinière et ses méninges, ainsi que les muscles et la peau de la région lombaire du dos
Sacrée moyenne	L'**artère sacrée moyenne** irrigue le sacrum, le coccyx, les muscles grands fessiers et le rectum

DOCUMENT 21.7 ARTÈRES DU BASSIN ET DES MEMBRES INFÉRIEURS (figure 21.16)

RAMIFICATION	DESCRIPTION ET RÉGION IRRIGUÉE
Iliaques primitives	Au niveau de la quatrième vertèbre lombaire, l'aorte abdominale se divise pour former les **artères iliaques primitives** droite et gauche. Chacune de ces artères descend sur une longueur d'environ 5 cm et forme deux branches : l'artère iliaque interne et l'artère iliaque externe
Iliaques internes	Les **artères iliaques internes (hypogastriques)** forment des branches qui irriguent le muscle psoas, le muscle carré des lombes, la face médiane de chaque cuisse, la vessie, le rectum, la prostate, le canal déférent, l'utérus et le vagin
Iliaques externes	Les **artères iliaques externes** divergent dans le bassin, pénètrent dans les cuisses et forment les **artères fémorales** droite et gauche. Ces deux artères envoient des ramifications qui atteignent les organes génitaux et la paroi de l'abdomen. D'autres ramifications atteignent les muscles de la cuisse. L'artère fémorale descend le long des faces médiane et postérieure de la cuisse, à l'arrière de l'articulation du genou, où elle devient l'**artère poplitée**. Entre le genou et la cheville, l'artère poplitée descend le long de la jambe, où elle est appelée **artère tibiale postérieure**. Sous le genou, l'**artère péronière** émerge de l'artère tibiale postérieure et irrigue les structures de la face médiane du péroné et du calcanéum. Dans le mollet, l'**artère tibiale antérieure** émerge de l'artère poplitée et descend le long de la face ventrale de la jambe. Au niveau de la cheville, elle devient l'**artère pédieuse**. Au même endroit, l'artère tibiale postérieure se divise pour former les **artères plantaires médiane** et **latérale**. Ces artères s'anastomosent avec l'artère pédieuse et irriguent le pied

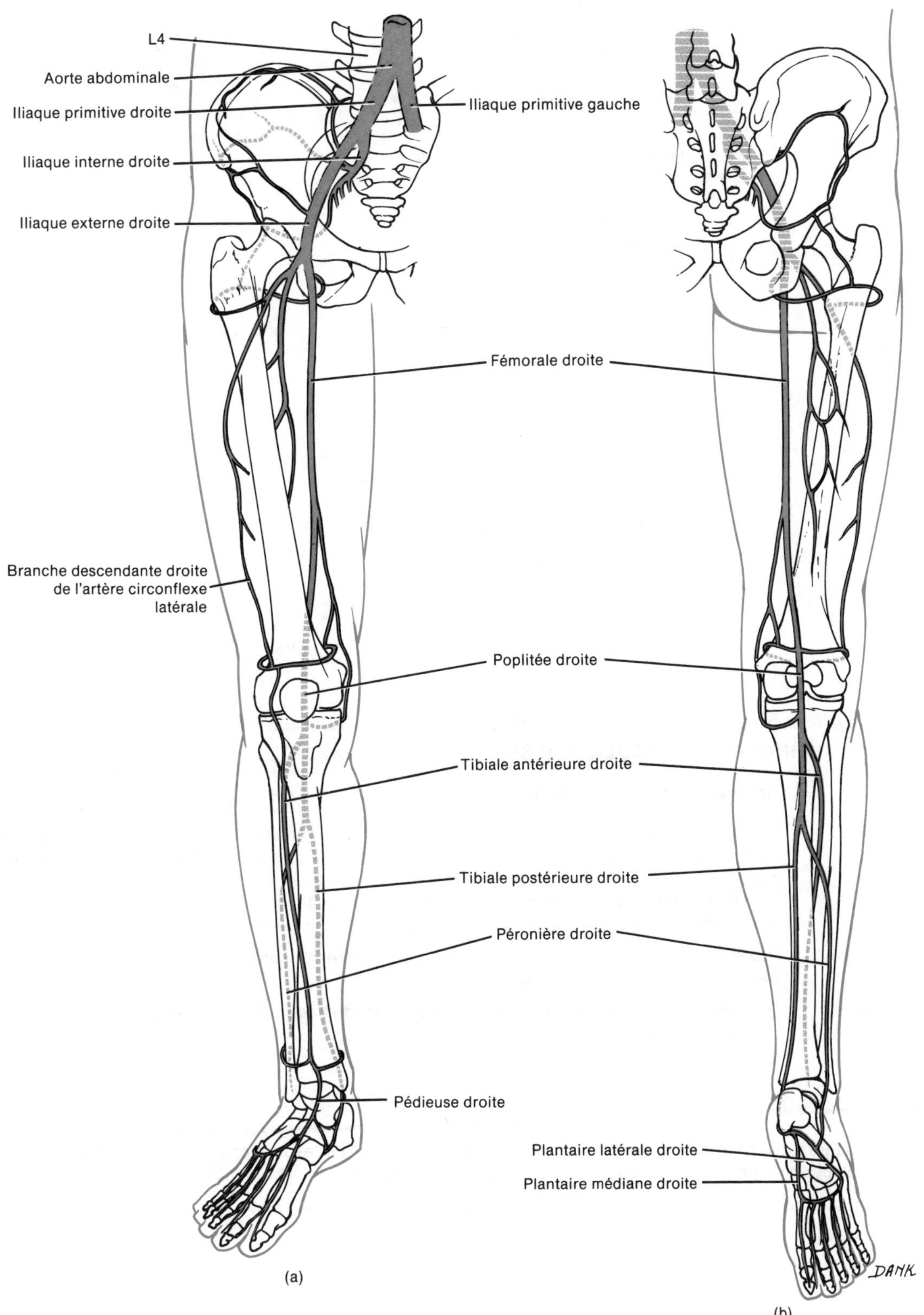

FIGURE 21.16 Artères du bassin et du membre inférieure droit. (a) Vue antérieure. (b) Vue postérieure.

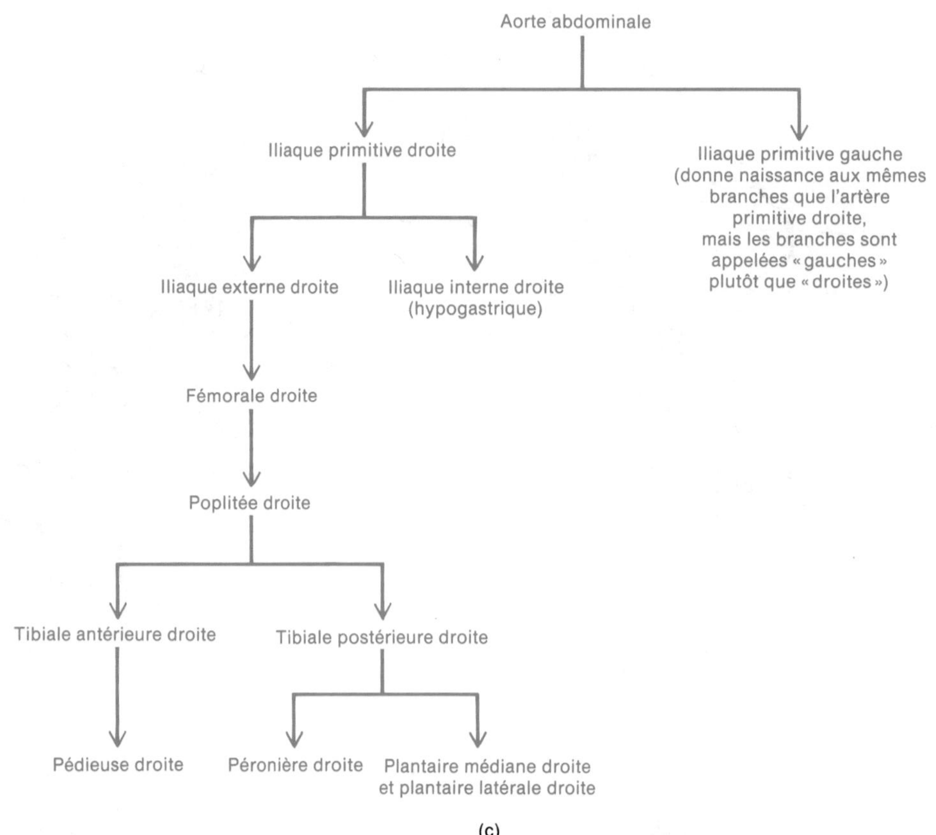

FIGURE 21.16 [*Suite*] (c) Schéma de la distribution.

DOCUMENT 21.8 VEINES DE LA CIRCULATION SYSTÉMIQUE (figure 21.17)

VEINE	DESCRIPTION ET RÉGION DRAINÉE
	Toutes les veines des circulations systémique et coronarienne retournent le sang à l'oreillette droite par un des trois gros vaisseaux qui atteignent cette dernière. Dans la circulation coronarienne, le sang qui retourne au cœur est recueilli par les **veines coronaires**, qui se déversent dans la grosse veine du cœur, le **sinus coronaire**. De là, le sang s'écoule dans l'oreillette droite (voir la figure 20.6). Dans la circulation systémique, le sang qui retourne au cœur s'écoule dans la veine cave supérieure ou inférieure
Veine cave supérieure	Les veines qui se déversent dans la **veine cave supérieure** sont les veines de la tête et du cou, des membres supérieurs et certaines veines du thorax
Veine cave inférieure	Certaines veines du thorax, les veines de l'abdomen, du bassin et des membres inférieurs se déversent dans la **veine cave inférieure**

APPLICATION CLINIQUE

La veine cave inférieure est souvent comprimée vers la fin de la grossesse, à cause de l'expansion de l'utérus. Cette compression entraîne un œdème des chevilles et des pieds ainsi que des varices temporaires

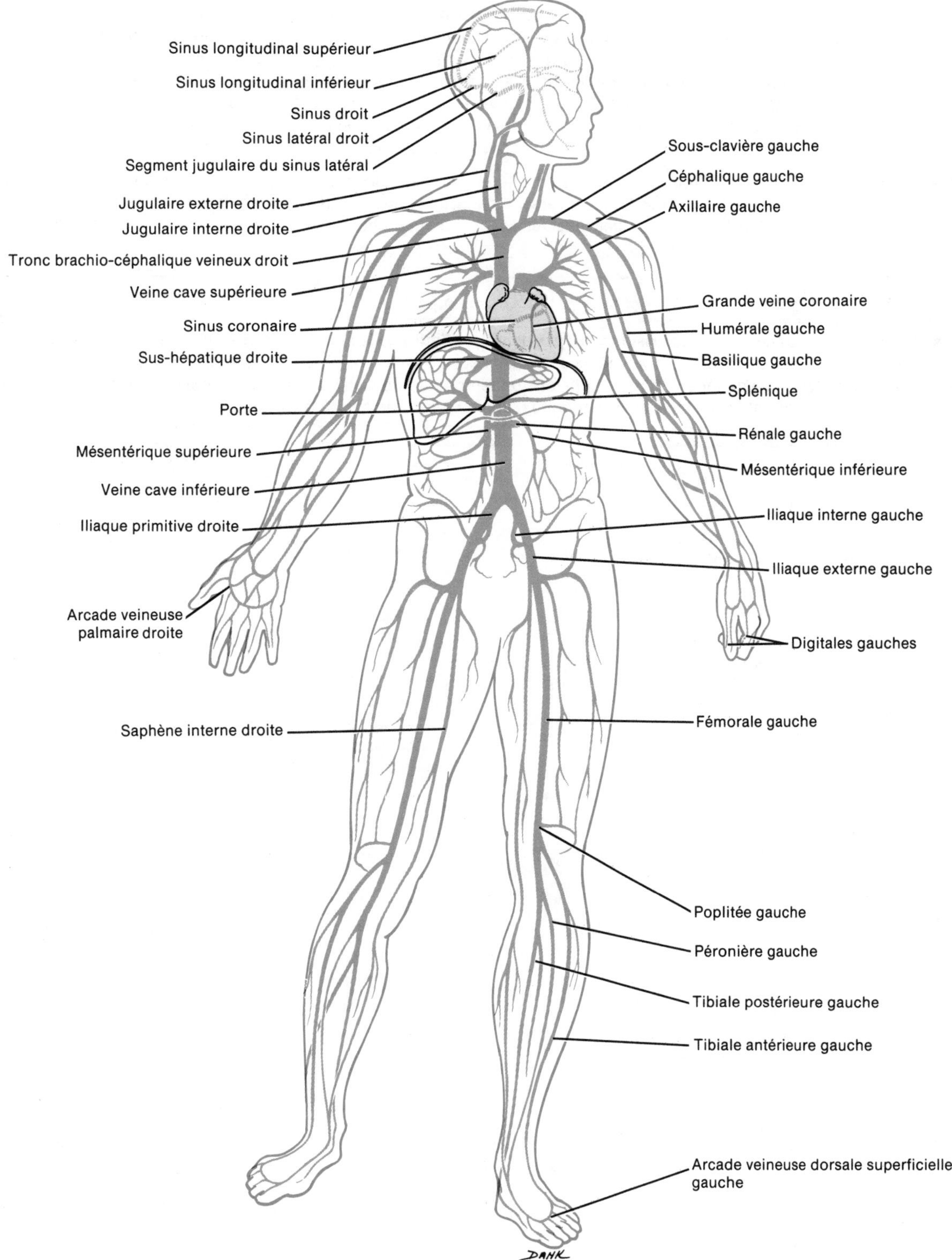

FIGURE 21.17 Vue antérieure des principales veines.

DOCUMENT 21.9 VEINES DE LA TÊTE ET DU COU (figure 21.18)

VEINE	DESCRIPTION ET RÉGION DRAINÉE
Jugulaires internes	Les **veines jugulaires internes** droite et gauche recueillent le sang en provenance de la face et du cou. Elles constituent des prolongements des **segments jugulaires du sinus latéral** situés à la base du crâne. Les sinus crâniens sont situés entre les couches de la dure-mère et reçoivent le sang en provenance de l'encéphale. Les autres sinus qui se déversent dans les jugulaires internes sont le **sinus longitudinal supérieur**, le **sinus longitudinal inférieur**, le **sinus droit** et les **sinus latéraux**. Les veines jugulaires internes descendent de chaque côté du cou et passent derrière les clavicules, où elles s'unissent aux veines sous-clavières droite et gauche. L'union des veines jugulaires internes et des veines sous-clavières forment les troncs brachio-céphaliques veineux droit et gauche. De là, le sang s'écoule dans la veine cave supérieure
Jugulaires externes	Les **veines jugulaires externes** droite et gauche descendent le long du cou, parallèlement aux veines jugulaires internes. Elles déversent dans les veines sous-clavières le sang provenant des glandes parotides (salivaires), des muscles faciaux, du cuir chevelu et d'autres structures superficielles

APPLICATION CLINIQUE

Dans les cas d'insuffisance cardiaque, la pression veineuse dans l'oreillette droite peut s'élever. La pression qui se trouve dans la veine jugulaire externe s'élève ; de cette façon, même si le sujet est en position de repos et reste assis sur une chaise, la veine jugulaire externe est distendue de façon visible. La distension temporaire de la veine est souvent observable chez l'adulte en santé, lorsque la pression intrathoracique s'élève par suite d'une toux ou d'un exercice physique

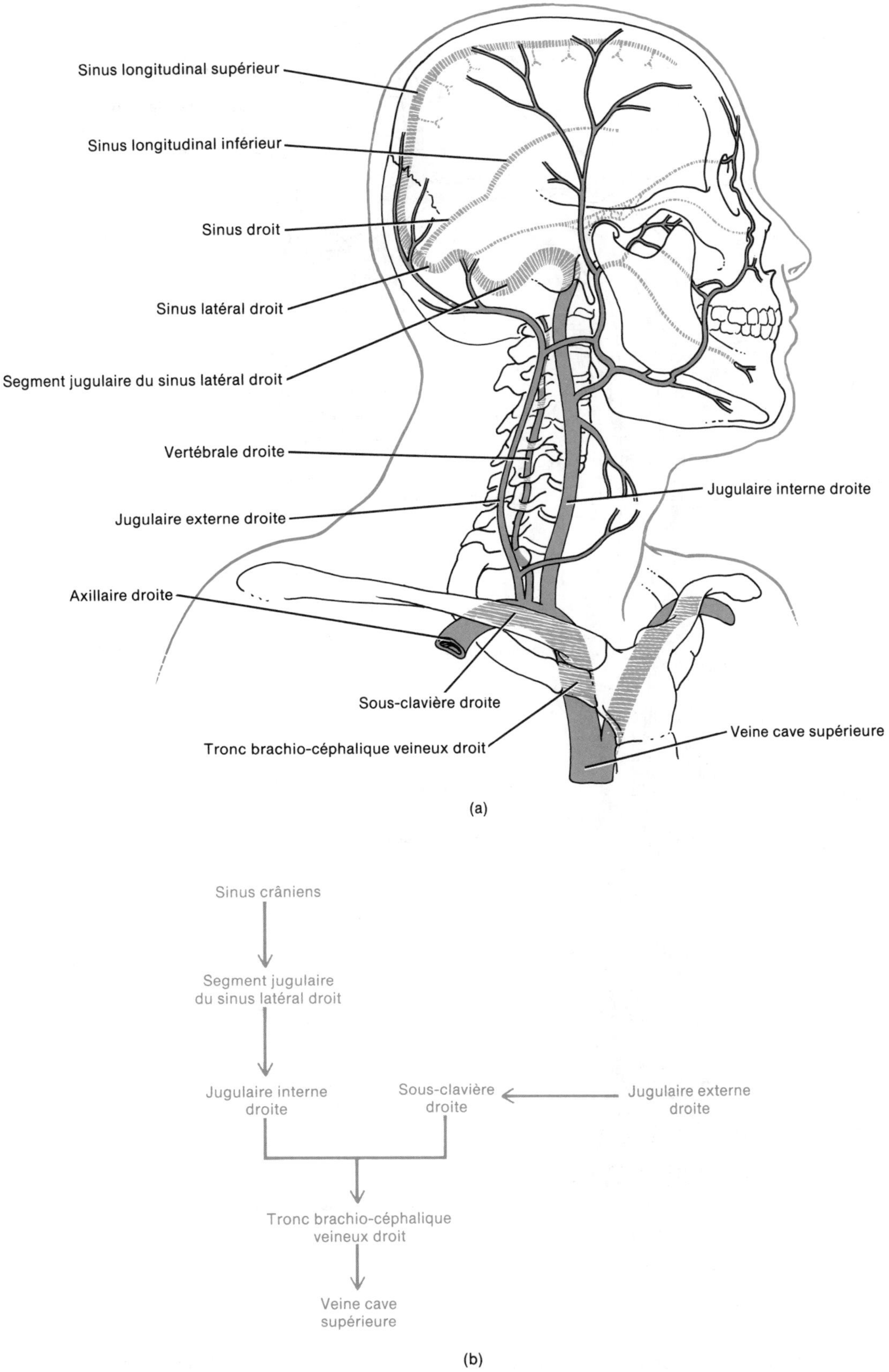

Sinus longitudinal supérieur
Sinus longitudinal inférieur
Sinus droit
Sinus latéral droit
Segment jugulaire du sinus latéral droit
Vertébrale droite
Jugulaire externe droite
Axillaire droite
Jugulaire interne droite
Sous-clavière droite
Tronc brachio-céphalique veineux droit
Veine cave supérieure

(a)

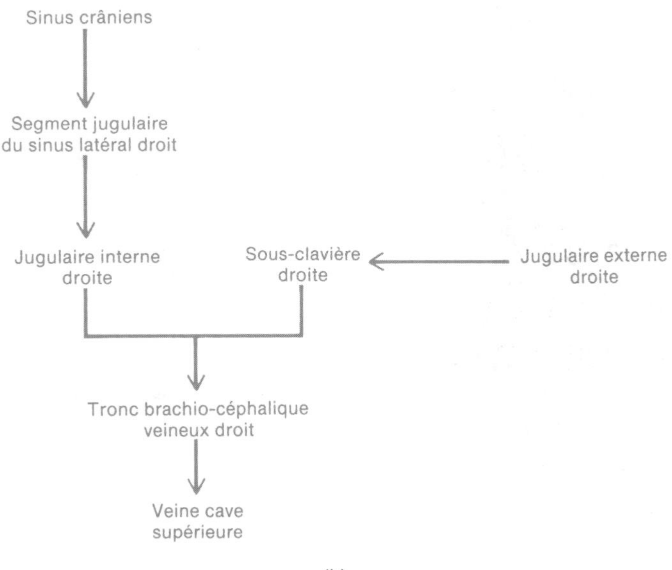

(b)

FIGURE 21.18 Veines de la tête et du cou. (a) Vue latérale droite. (b) Schéma illustrant le drainage des veines.

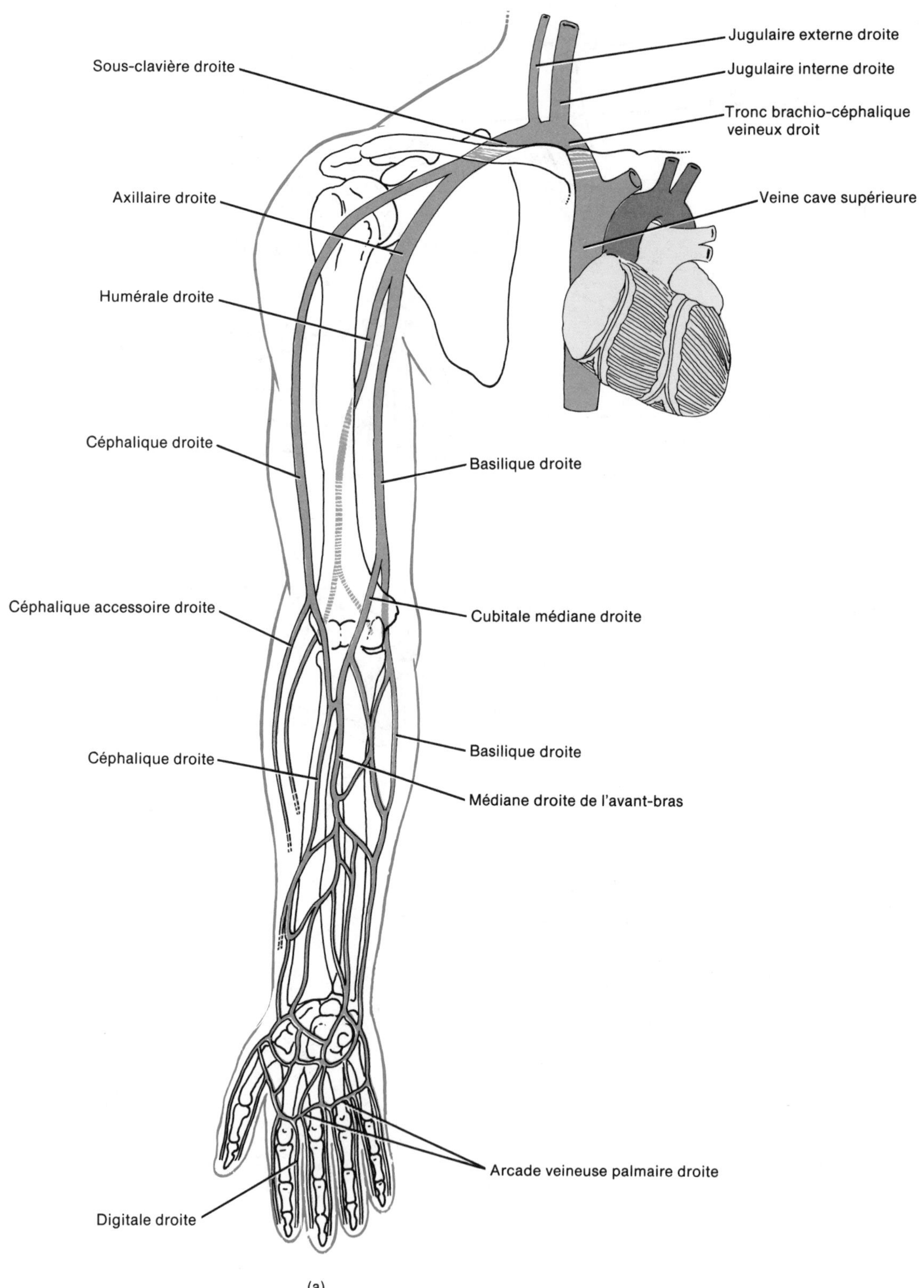

FIGURE 21.19 Vue antérieure des veines du membre supérieur droit. (a) Diagramme.

DOCUMENT 21.10 VEINES DES MEMBRES SUPÉRIEURS (figure 21.19)

VEINE	DESCRIPTION ET RÉGION DRAINÉE
	Le sang qui revient des extrémités supérieures retourne au cœur par les veines profondes et superficielles. Ces deux types de veines contiennent des valvules. Les **veines profondes** sont situées profondément dans l'organisme. Elles accompagnent habituellement des artères, et la plupart d'entre elles portent les noms des artères correspondantes. Les **veines superficielles** se trouvent juste sous la peau et sont souvent visibles. Elles s'anastomosent de façon importante entre elles et avec des veines profondes
SUPERFICIELLES	
Céphaliques	Les **veines céphaliques** (une dans chaque membre supérieur) commencent dans la portion médiane des **arcades veineuses dorsales** et montent en s'enroulant autour des bords radiaux des avant-bras. Dans les parties ventrales des coudes, elles sont reliées aux veines basiliques par les **veines médianes cubitales**. Juste sous les coudes, les veines céphaliques s'unissent aux **veines céphaliques accessoires** et forment les veines céphaliques des membres supérieurs. Enfin, les veines céphaliques se déversent dans les veines axillaires
Basiliques	Les **veines basiliques** (une dans chaque membre supérieur) commencent dans la partie cubitale de l'**arcade veineuse dorsale**. Elles s'étendent le long des faces postérieures des cubitus jusque sous les coudes, où elles reçoivent les **veines médianes cubitales**. Lorsqu'on doit effectuer une injection, une transfusion ou un prélèvement sanguin, ou utilise habituellement ces veines. Les veines médianes cubitales s'unissent aux veines basiliques pour former les veines axillaires
Veines médianes de l'avant-bras	Les **veines médianes de l'avant-bras** drainent les **arcades veineuses palmaires**, remontent du côté cubital des faces antérieures des avant-bras, et se terminent dans les veines médianes cubitales
PROFONDES	
Radiales	Les **veines radiales** reçoivent les **veines interosseuses dorsales de la main**
Cubitales	Les **veines cubitales** reçoivent les tributaires provenant de l'**arcade veineuse palmaire**. Les veines radiales et cubitales s'unissent aux plis des coudes pour former les veines humérales
Humérales	Les **veines humérales**, situées de chaque côté des artères brachiales, s'unissent dans les veines axillaires
Axillaires	Les **veines axillaires** sont un prolongement des veines humérales et basiliques. Elles se terminent au niveau de la première côte, où elles deviennent les veines sous-clavières
Sous-clavières	Les **veines sous-clavières** droite et gauche s'unissent aux veines jugulaires internes pour former les troncs brachio-céphaliques veineux. Le canal thoracique du système lymphatique déverse la lymphe dans les veines sous-clavières, là où elles s'unissent aux jugulaires internes. La grande veine lymphatique déverse la lymphe dans la veine sous-clavière droite à la jonction correspondante

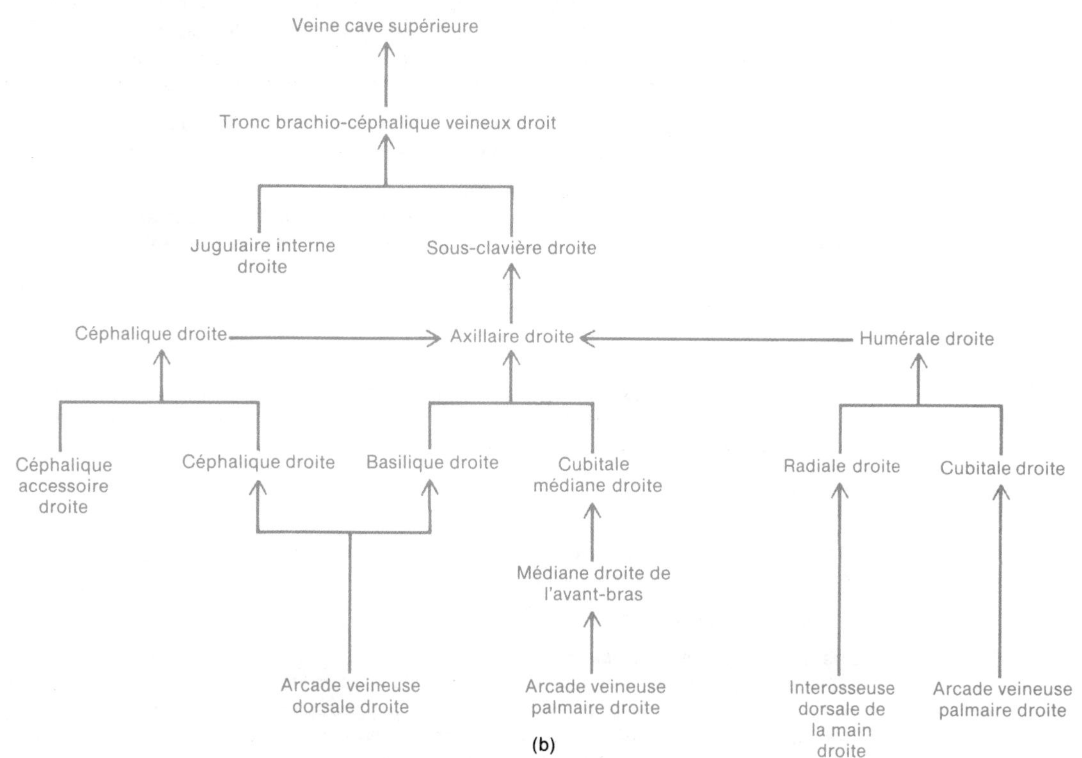

FIGURE 21.19 [*Suite*] (b) Schéma du drainage des veines.

DOCUMENT 21.11 VEINES DU THORAX (figure 21.20)

VEINE	DESCRIPTION ET RÉGION DRAINÉE
Troncs brachio-céphaliques veineux	Les **troncs brachio-céphaliques veineux** gauche et droit, formés par l'union des veines sous-clavières et jugulaires internes, drainent le sang en provenance de la tête, du cou, des membres supérieurs, des glandes mammaires et de la portion supérieure du thorax. Les troncs brachio-céphaliques s'unissent pour former la veine cave supérieure
Veines azygos	Les **veines azygos**, qui recueillent le sang provenant du thorax, peuvent également servir de pont à la veine cave inférieure qui draine le sang provenant de la partie inférieure de l'organisme. Plusieurs petites veines relient directement les veines azygos à la veine cave inférieure. Les grosses veines qui drainent les membres inférieurs et l'abdomen déversent le sang dans les veines azygos. Lorsque la veine cave inférieure ou la veine porte hépatique s'obstrue, les veines azygos peuvent retourner le sang de la partie inférieure du corps à la veine cave supérieure
Grande veine azygos	La **grande veine azygos** se trouve devant la colonne vertébrale, un peu à droite de la ligne médiane. Elle commence comme un prolongement de la veine lombaire ascendante droite. Elle est reliée à la veine cave inférieure, à la veine iliaque primitive droite et aux veines lombaires. La grande veine azygos recueille le sang provenant des **veines intercostales droites**, qui drainent les muscles du thorax, des veines hémiazygos et hémiazygos accessoire, de plusieurs **veines œsophagiennes**, **médiastinales** et **péricardiques**, et de la **veine bronchique** droite. La veine remonte jusqu'à la quatrième vertèbre dorsale, passe au-dessus du poumon droit et se déverse dans la veine cave supérieure
Hémiazygos	La **veine hémiazygos** se trouve devant la colonne vertébrale, un peu à gauche de la ligne médiane. Elle commence comme un prolongement de la veine lombaire ascendante gauche. Elle reçoit le sang en provenance des quatre ou cinq **veines intercostales** inférieures et de certaines **veines œsophagiennes** et **médiastinales**. Au niveau de la neuvième vertèbre dorsale, elle s'unit à la grande veine azygos
Hémiazygos accessoire	La **veine hémiazygos accessoire** est également située devant la colonne vertébrale, et un peu à gauche de celle-ci. Elle reçoit le sang provenant de trois ou quatre **veines intercostales** et de la **veine bronchique** gauche. Elle s'unit à la grande veine azygos au niveau de la huitième vertèbre dorsale

DOCUMENT 21.12 VEINES DE L'ABDOMEN ET DU BASSIN (figure 21.20)

VEINE	DESCRIPTION ET RÉGION DRAINÉE
Veine cave inférieure	La **veine cave inférieure** est la plus grosse veine de l'organisme. Elle est formée par l'union des deux veines iliaques primitives qui drainent les membres inférieurs et l'abdomen. La veine cave inférieure monte à travers l'abdomen et le thorax jusqu'à l'oreillette droite. De nombreuses petites veines pénètrent dans la veine cave inférieure. La plupart d'entre elles retournent le sang provenant des branches de l'aorte abdominale, et leurs noms sont les mêmes que ceux des artères correspondantes
Iliaques primitives	Les **veines iliaques primitives** sont formées par l'union des veines iliaques internes et externes et constituent le prolongement distal de la veine cave inférieure à sa bifurcation
Iliaques internes	En gros, les tributaires des **veines iliaques internes** correspondent aux ramifications des artères iliaques internes. Les veines iliaques internes drainent les muscles fessiers, la face médiane de la cuisse, la vessie, le rectum, la prostate, le canal déférent, l'utérus et le vagin
Iliaques externes	Les **veines iliaques externes** sont des prolongements des veines fémorales et reçoivent le sang provenant des membres inférieurs et de la partie inférieure de la paroi abdominale antérieure
Rénales	Les **veines rénales** drainent les reins
Gonadiques (spermatiques et ovariennes	Les veines **spermatiques** drainent les testicules (la veine spermatique gauche se déverse dans la veine rénale gauche) ; les **veines ovariennes** drainent les ovaires (la veine ovarienne gauche se déverse dans la veine rénale gauche)
Surrénales	Les **veines surrénales** drainent les glandes surrénales (la veine surrénale gauche se déverse dans la veine rénale gauche)
Phréniques inférieures	Les **veines phréniques inférieures** drainent le diaphragme (la veine phrénique inférieure gauche envoie un tributaire à la veine rénale gauche)
Sus-hépatiques	Les **veines sus-hépatiques** drainent le foie
Lombaires	Une série de **veines lombaires** parallèles drainent le sang des deux côtés de la paroi abdominale postérieure. Les veines lombaires sont reliées à angles droits avec les **veines lombaires ascendantes** droite et gauche, qui forment l'origine des veines azygos ou hémiazygos correspondantes. Les veines lombaires drainent le sang dans les veines lombaires ascendantes et déversent ensuite ce qui reste de sang dans la veine cave inférieure

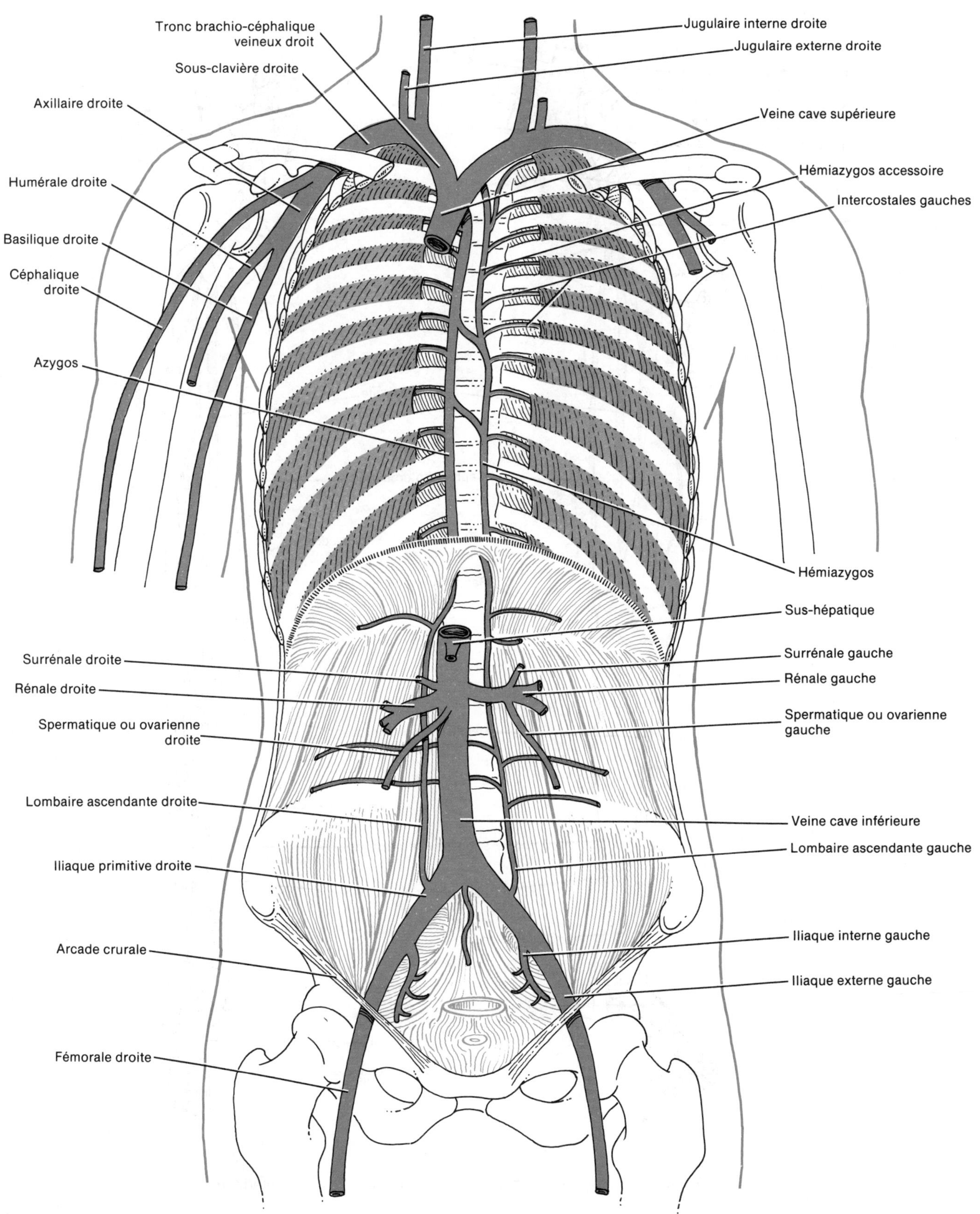

FIGURE 21.20 Vue antérieure des veines du thorax, de l'abdomen et du bassin.

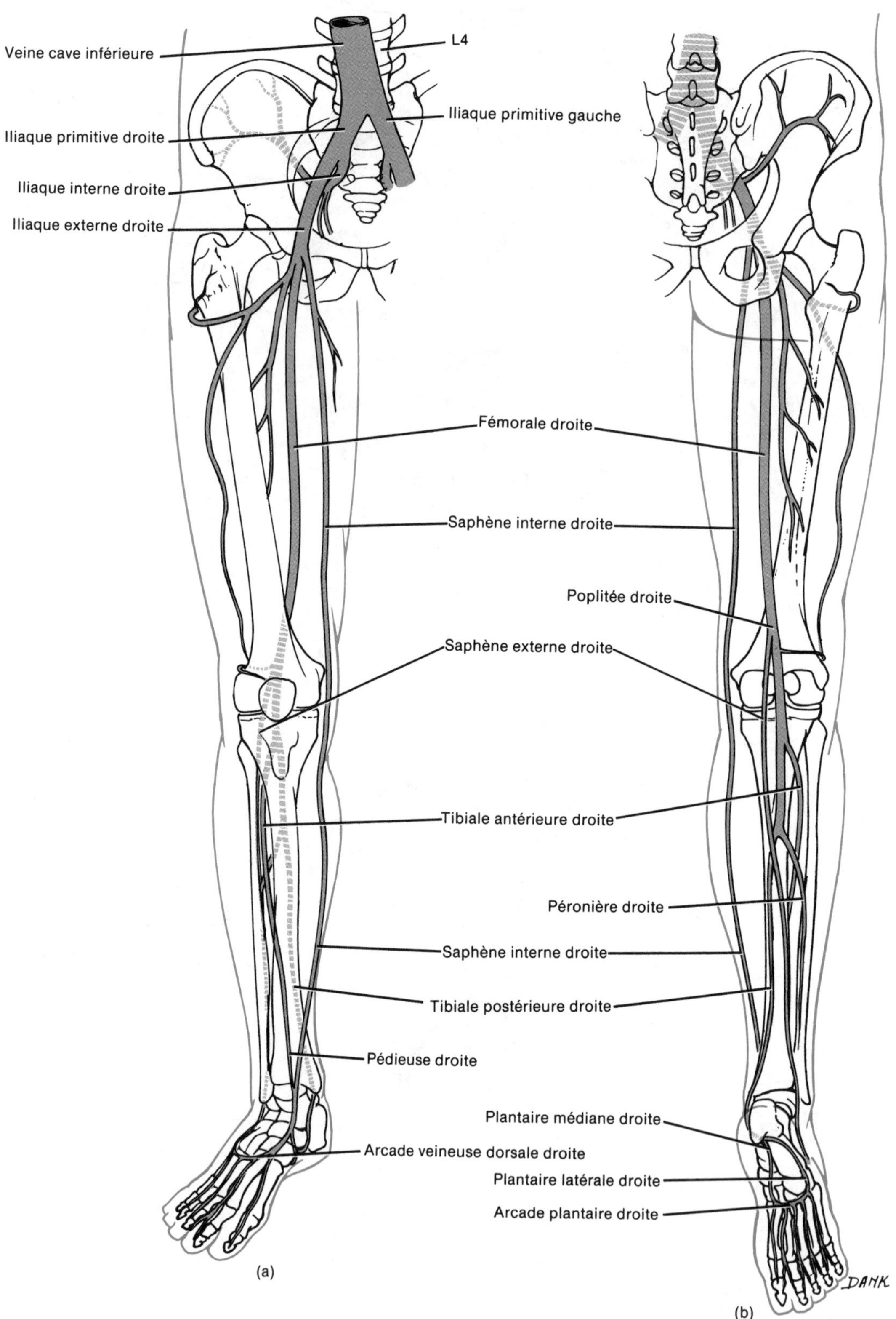

FIGURE 21.21 Veines du bassin et du membre inférieur droit. (a) Vue antérieure. (b) Vue postérieure.

DOCUMENT 21.13 VEINES DES MEMBRES INFÉRIEURS (figure 21.21)

VEINE	DESCRIPTION ET RÉGION DRAINÉE
	Le sang provenant des membres inférieurs est retourné au cœur par des veines superficielles et profondes
VEINES SUPERFICIELLES	
Veine saphène interne	La **veine saphène interne**, la veine la plus longue du corps, commence à l'extrémité médiane de l'**arcade veineuse dorsale** du pied. Elle passe devant la malléole interne, puis remonte le long de la face médiane de la jambe et de la cuisse. Elle reçoit les tributaires provenant des tissus superficiels et est également reliée à des veines profondes. Elle se déverse dans la veine fémorale, dans l'aine

APPLICATION CLINIQUE

La veine saphène interne est située devant la malléole interne. On l'utilise fréquemment pour l'administration prolongée de liquides par voie intraveineuse. Elle est particulièrement importante chez les très jeunes bébés et chez les sujets de tout âge qui sont sous l'effet d'un choc et dont les veines sont affaissées. La veine saphène interne et la veine saphène externe sont vulnérables aux varices

VEINE	DESCRIPTION ET RÉGION DRAINÉE
Veine saphène externe	La **veine saphène externe** commence à l'extrémité latérale de l'arcade veineuse dorsale du pied. Elle passe derrière la malléole externe et remonte sous la peau de la face dorsale de la jambe. Elle reçoit le sang en provenance du pied et de la portion postérieure de la jambe. Elle se déverse dans la veine poplitée, derrière le genou
VEINES PROFONDES	
Tibiale postérieure	La veine **tibiale postérieure** est formée par l'union des **veines plantaires médiane et latérale**, derrière la malléole interne. Elle monte profondément dans le muscle à la face dorsale de la jambe, reçoit le sang provenant de la **veine péronière** et s'unit à la veine tibiale antérieure juste au-dessous du genou
Tibiale antérieure	La **veine tibiale antérieure** est le prolongement vers le haut des **veines pédieuses**. Elle passe entre le tibia et le péroné et s'unit à la veine tibiale postérieure pour former la veine poplitée
Poplitée	La **veine poplitée**, située derrière le genou, reçoit le sang provenant des veines tibiales antérieure et postérieure et de la veine saphène externe
Fémorale	La **veine fémorale** est le prolongement vers le haut de la veine poplitée, juste au-dessus du genou. Les veines fémorales passent dans la face postérieure des cuisses et drainent les structures profondes de ces dernières. Elles reçoivent les veines saphènes externes au niveau de l'aine et forment ensuite les veines iliaques externes droite et gauche

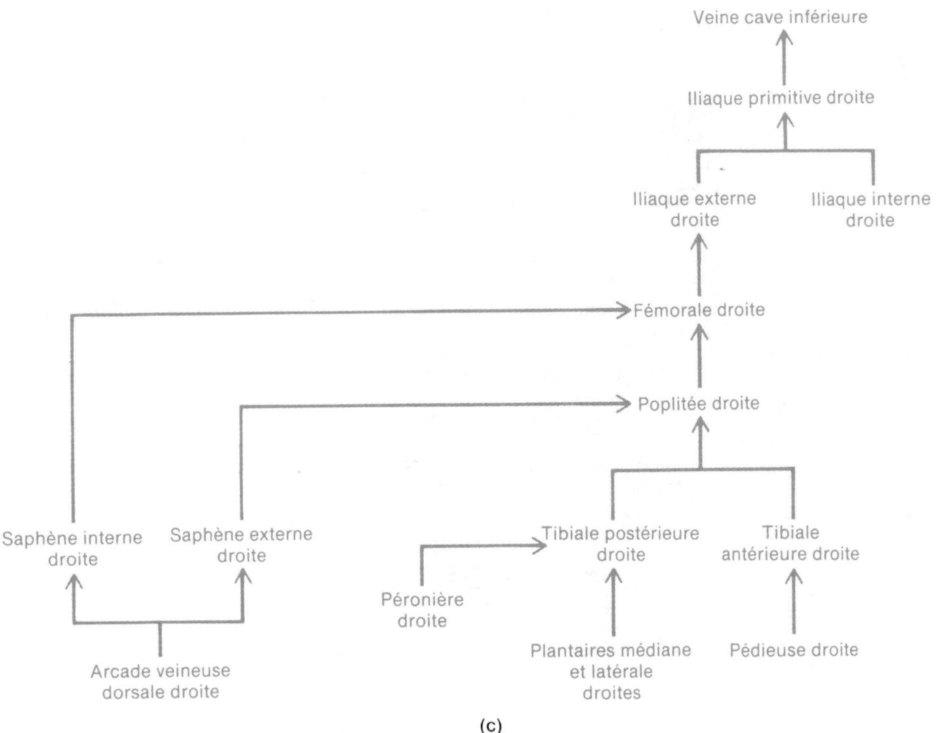

FIGURE 21.21 [*Suite*] (c) Schéma du drainage des veines.

LA CIRCULATION PULMONAIRE

La **circulation pulmonaire**, ou **petite circulation**, correspond au flux de sang désoxygéné qui quitte le ventricule droit et se rend aux poumons, et au flux de sang oxygéné qui revient des poumons pour atteindre l'oreillette gauche (figure 21.22). L'*artère pulmonaire* émerge du ventricule droit et passe vers le haut, vers l'arrière et vers la gauche. Elle se divise ensuite en deux branches: l'*artère pulmonaire droite,* qui se rend au poumon droit, et l'*artère pulmonaire gauche*, qui atteint le poumon gauche. À l'endroit où elles pénètrent dans les poumons, ces artères se divisent et se subdivisent pour former des capillaires autour des alvéoles pulmonaires. Le dioxyde de carbone passe du sang aux alvéoles pulmonaires pour être exhalé des poumons. L'oxygène recueilli par les poumons lors de l'inspiration passe des alvéoles pulmonaires dans le sang. Les capillaires s'unissent, des veinules et des veines se forment, et, enfin, deux *veines pulmonaires* quittent chacun des poumons et transportent le sang oxygéné jusqu'à l'oreillette gauche. Les veines pulmonaires sont les seules veines adultes qui transportent du sang oxygéné. Les contractions du ventricule gauche propulsent ensuite le sang dans la circulation systémique.

LE SYSTÈME PORTE HÉPATIQUE

Le sang qui pénètre dans le foie provient de deux sources. L'artère hépatique apporte du sang oxygéné par la circulation systémique, et la veine porte hépatique apporte du sang désoxygéné provenant des organes digestifs. Le **système porte hépatique** transporte le sang veineux qui provient des organes digestifs et qui se rend au foie avant de retourner au cœur (figure 21.23). Le sang de ce système est rempli des substances absorbées dans le tube digestif. Le foie contrôle ces substances avant de les laisser aller dans la circulation systémique. Ainsi, le foie emmagasine des nutriments comme le glucose. Il modifie également d'autres substances digérées afin qu'elles puissent être utilisées par les cellules, il purifie les substances nocives absorbées par le tube digestif et détruit les bactéries par phagocytose.

Le système porte hépatique comprend les veines qui drainent le sang du pancréas, de la rate, de l'estomac, des intestins et de la vésicule biliaire, et qui le transportent jusqu'à la veine porte du foie. La *veine porte hépatique* est formée par l'union des veines mésentérique supérieure et splénique. La *veine mésentérique supérieure* draine le sang de l'intestin grêle, de certaines parties du gros intestin, et de l'estomac. La *veine splénique* draine la rate et reçoit des tributaires de l'estomac, du pancréas et de certaines parties du côlon. Les tributaires de l'estomac sont les *veines gastriques, pyloriques et gastro-épiploïques.* Les *veines pancréatiques* proviennent du pancréas, et la *veine mésentérique inférieure* provient de certaines parties du côlon. Avant d'entrer dans le foie, la veine porte

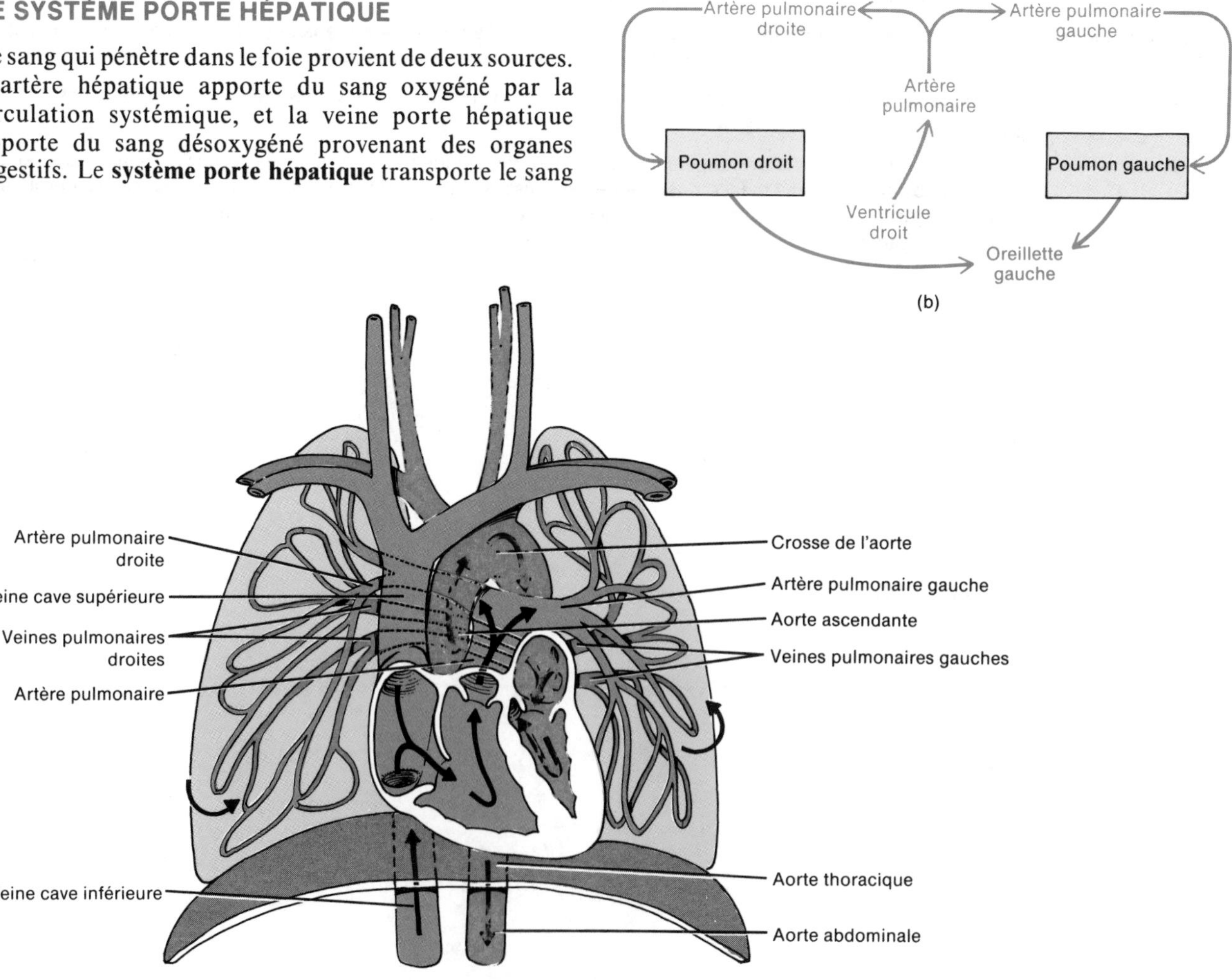

FIGURE 21.22 Circulation pulmonaire. (a) Diagramme. (b) Schéma de la circulation

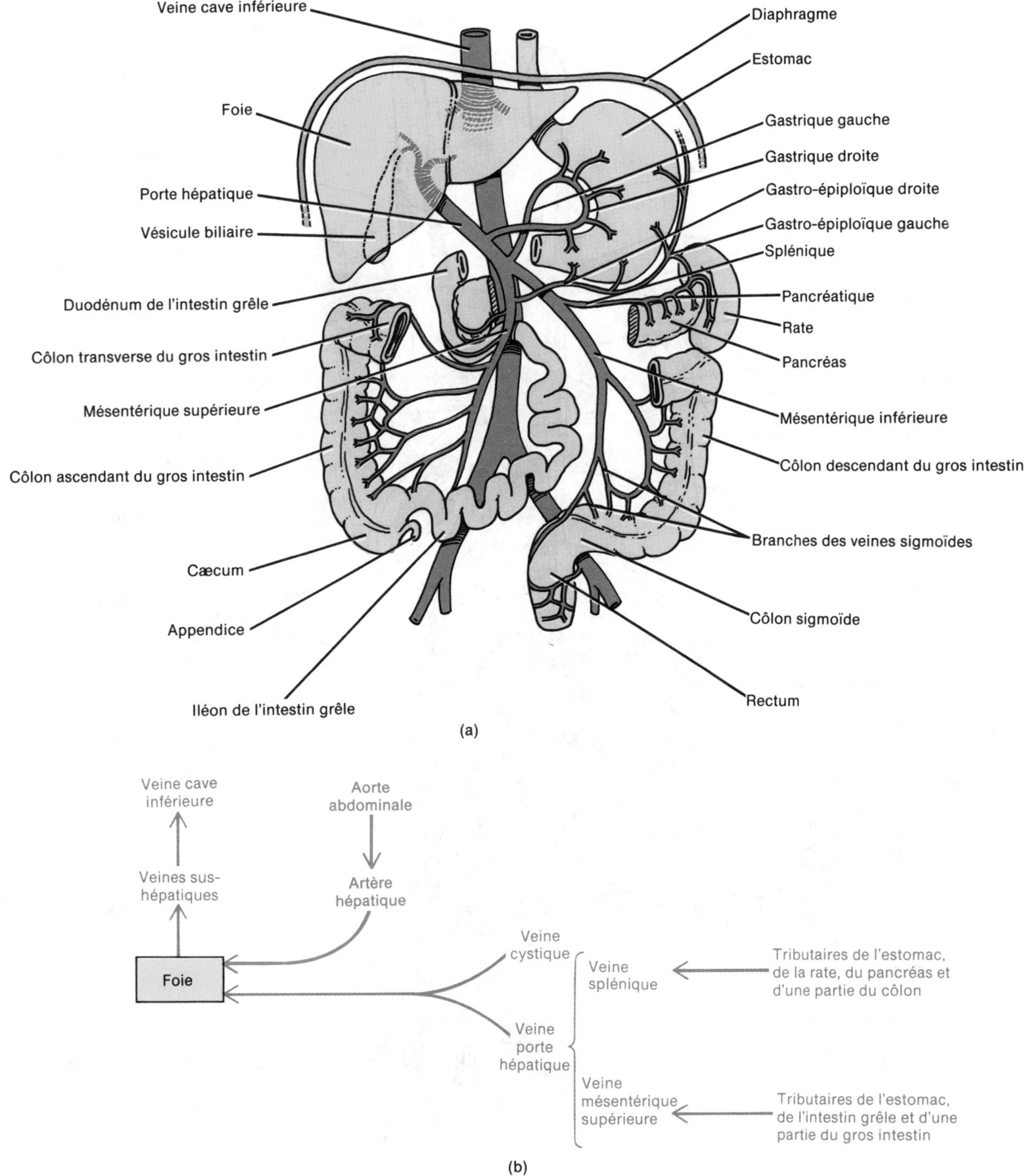

FIGURE 21.23 Système porte hépatique. (a) Diagramme. (b) Schéma du flux sanguin dans le foie, y compris la circulation artérielle. Le sang désoxygéné est indiqué en bleu, et le sang oxygéné, en rouge.

hépatique reçoit la *veine cystique*, qui provient de la vésicule biliaire, ainsi que d'autres veines. Enfin, le sang quitte le foie par les *veines sus-hépatiques*, qui se déversent dans la veine cave inférieure.

LA CIRCULATION FŒTALE

L'appareil circulatoire du fœtus, appelé **circulation fœtale**, diffère de celui de l'adulte en ce que les poumons, les reins et le tube digestif ne sont pas fonctionnels. Le fœtus reçoit son oxygène et ses nutriments du sang maternel, et y élimine son dioxyde de carbone et ses déchets (figure 21.24).

Les échanges fœto-maternels se font par l'intermédiaire d'une structure appelée *placenta*. Celui-ci est relié à l'ombilic du fœtus par le cordon ombilical, et communique avec la mère par d'innombrables vaisseaux sanguins qui émergent de la paroi utérine. Le cordon ombilical

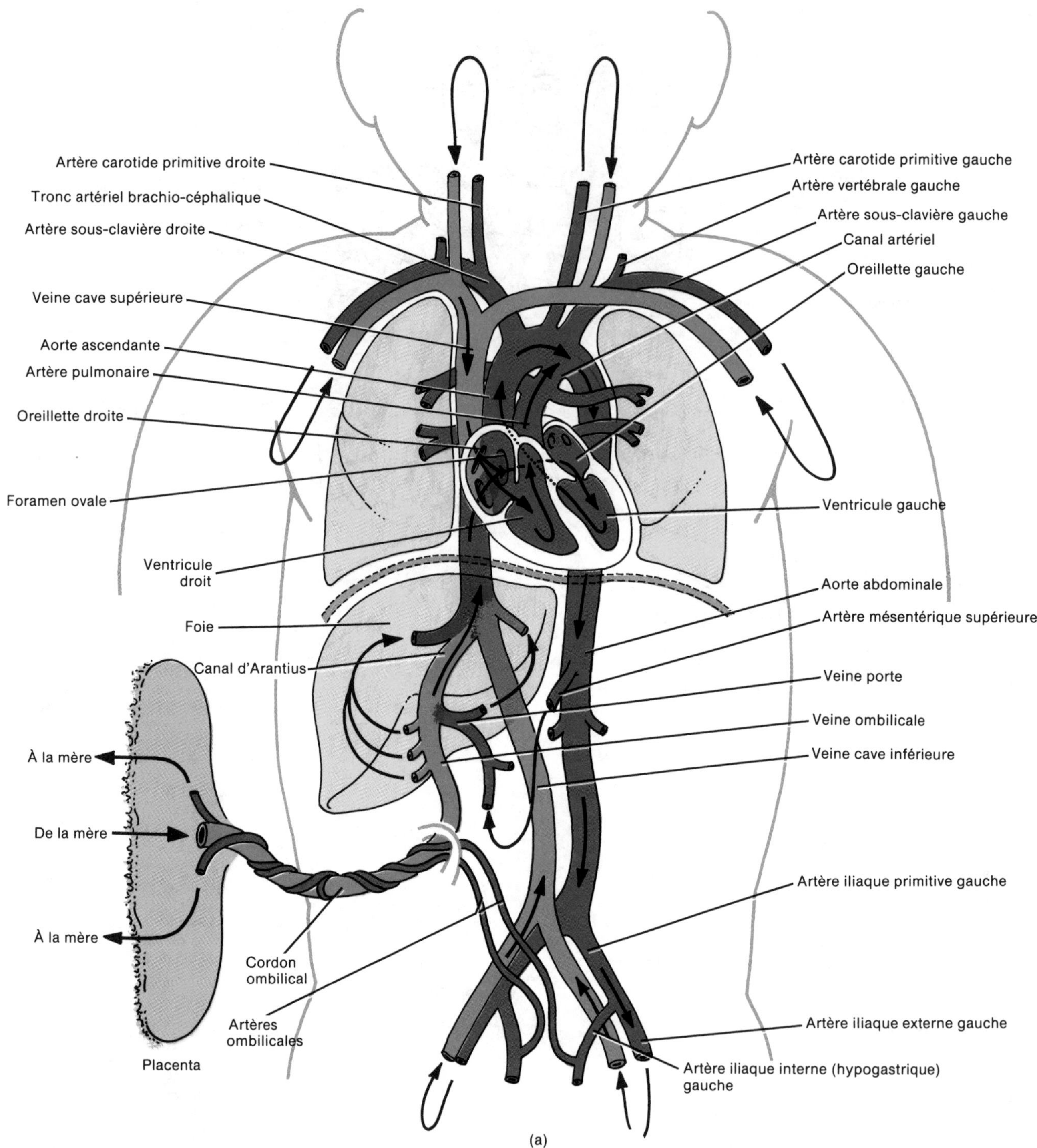

FIGURE 21.24 Circulation fœtale. (a) Diagramme. Les couleurs représentent différents degrés d'oxygénation du sang : degré le plus élevé (rouge), degré intermédiaire (deux tons de violet) et degré le moins élevé (bleu).

contient des vaisseaux sanguins qui se divisent en capillaires dans le placenta. Les déchets provenant du sang fœtal diffusent hors des capillaires, dans des espaces situés dans le placenta et contenant du sang maternel (chambres intervilleuses), et se déversent enfin dans les vaisseaux sanguins de l'utérus de la mère. Les nutriments effectuent le trajet opposé : des vaisseaux sanguins maternels aux chambres intervilleuses aux capillaires fœtaux. Normalement, les sangs de la mère et du fœtus ne se mêlent pas, puisque tous les échanges se font par l'intermédiaire des capillaires.

Le sang passe du fœtus au placenta par deux *artères ombilicales*. Ces ramifications des artères iliaques internes (hypogastriques) se trouvent dans le cordon ombilical. Au niveau du placenta, le sang recueille l'oxygène et les nutriments, et élimine le dioxyde de

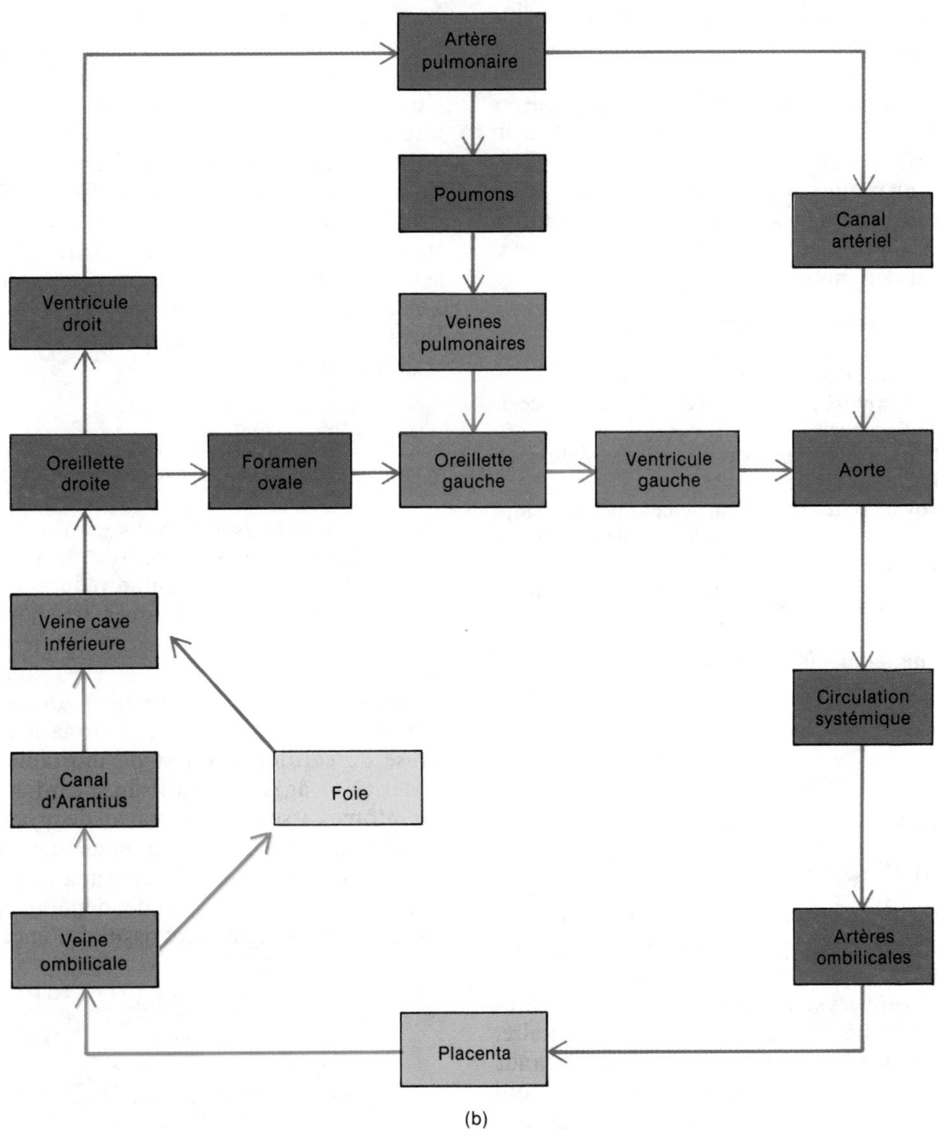

FIGURE 21.24 [*Suite*] (b) Schéma de la circulation fœtale.

carbone et les déchets. Le sang oxygéné revient du placenta par une seule *veine ombilicale*. Cette veine remonte jusqu'au foie du fœtus, où elle se divise en deux branches. Une partie du sang s'écoule dans la branche qui s'unit à la veine porte hépatique et pénètre dans le foie. Bien que le foie du fœtus fabrique des hématies, il n'est pas fonctionnel sur le plan de la digestion. Par conséquent, la plus grande partie du sang s'écoule dans la deuxième branche, le *canal d'Arantius*. Celui-ci déverse ensuite le sang dans la veine cave inférieure, sans passer par le foie.

En règle générale, la circulation dans les autres parties du fœtus ressemble à celle de l'adulte. Le sang désoxygéné qui revient des régions inférieures se mêle au sang oxygéné du canal d'Arantius dans la veine cave inférieure. Ce sang pénètre ensuite dans l'oreillette droite. La circulation sanguine dans la partie supérieure du corps du fœtus est également semblable à celle de l'adulte. Le sang désoxygéné qui revient des régions supérieures est recueilli par la veine cave supérieure et passe également dans l'oreillette droite.

Contrairement à ce qui se passe dans l'organisme de l'adulte, la plus grande partie du sang du fœtus ne traverse pas le ventricule droit pour se rendre aux poumons, puisque les poumons du fœtus ne sont pas fonctionnels. Chez le fœtus, il existe, dans le septum situé entre les oreillettes droite et gauche, une ouverture appelée *foramen ovale*. Une valvule située dans la veine cave inférieure dirige environ un tiers du sang dans le foramen ovale, afin qu'il soit envoyé directement dans la circulation systémique. Le sang qui ne descend pas dans le ventricule droit est propulsé dans l'artère pulmonaire, mais seule une très petite quantité de ce sang atteint les poumons. La plus grande partie du sang présent dans l'artère pulmonaire est envoyée dans le *canal artériel*. Ce petit vaisseau, qui relie l'artère pulmonaire à l'aorte, permet au sang en surplus par rapport aux besoins nutritifs d'éviter les poumons du fœtus. Le sang qui se trouve dans l'aorte est transporté à toutes les parties de l'organisme par les ramifications de la circulation systémique. À l'endroit où les artères iliaques primitives se divisent en artères iliaques externes et internes, une partie du sang s'écoule dans les artères iliaques internes (hypogastriques). Il se rend ensuite dans les artères ombilicales et retourne au placenta où il effectue d'autres échanges de substances. La veine ombilicale est le seul vaisseau qui transporte du sang complètement oxygéné.

À la naissance, au moment où les fonctions pulmonaire, rénale, digestive et hépatique s'établissent, les structures spéciales de la circulation fœtale ne sont plus nécessaires, et les changements suivants se produisent :

1. Les artères ombilicales s'atrophient et forment un *cordon fibreux*.
2. La veine ombilicale devient le *ligament rond* du foie.
3. Le *placenta* est expulsé par la mère ; c'est la délivrance, le troisième temps de l'accouchement.
4. Le canal d'Arantius devient le *ligament veineux*, un cordon fibreux situé dans le foie.
5. Le foramen ovale se referme normalement peu de temps après la naissance et devient la *fosse ovale*, une dépression du septum interauriculaire.
6. Le canal artériel se referme, s'atrophie et devient le *ligament artériel*.

Lorsque ces changements n'ont pas lieu, il en résulte des anomalies congénitales, que nous présentons au chapitre 20.

L'EXERCICE PHYSIQUE ET L'APPAREIL CARDIO-VASCULAIRE

Quelle que soit la condition physique d'une personne, elle peut toujours l'améliorer, quel que soit son âge, en effectuant régulièrement des exercices physiques. Certains types d'exercices sont plus efficaces que d'autres pour améliorer la santé de l'appareil cardio-vasculaire, parce qu'ils impliquent des mouvements des grands muscles. Par exemple, les exercices aérobiques, qui comprennent des mouvements soutenus des grands muscles, augmentent le flux sanguin au cœur. La marche rapide, la course, le cyclisme, le ski de randonnée et la natation sont des exemples d'exercices aérobiques.

La pratique soutenue de l'exercice physique augmente les besoins en oxygène des muscles, et c'est le débit cardiaque, en particulier, qui détermine si ces besoins seront comblés ou non. Chez la personne en santé, le débit cardiaque augmente après quelques semaines d'entraînement, ce qui provoque une augmentation de l'apport d'oxygène aux tissus.

La mise en condition physique exerce également un effet intéressant sur la pression artérielle systémique. Après une période de mise en condition physique, la pression artérielle systolique, chez les sujets hypertendus, baisse en moyenne de 13 mm Hg. La pression artérielle liée à un travail fatigant connaît également une baisse après une période d'entraînement, ce qui aide à réduire les besoins en oxygène du myocarde. Par conséquent, la mise en condition physique peut être utile dans le traitement de l'hypertension systémique.

Une augmentation du taux des lipoprotéines de haute masse volumique, substances qui semblent combattre l'effet du cholestérol dans les cardiopathies, et une réduction des taux de triglycérides sont d'autres bénéfices pouvant dériver de la mise en condition physique. La pratique de l'exercice favorise également la régulation de la masse et augmente la capacité de l'organisme de dissoudre les caillots sanguins en augmentant l'activité fibrinolytique. L'exercice intense permet d'augmenter les taux d'endorphines, les analgésiques naturels de l'organisme. Ce phénomène explique peut-être pourquoi les coureurs ressentent une « euphorie » lorsqu'ils s'entraînent activement, et pourquoi ils se sentent déprimés lorsqu'ils cessent de s'entraîner durant quelque temps. La pratique de l'exercice aide également à fortifier les os, ce qui peut contribuer à prévenir et à traiter l'ostéoporose.

LE VIEILLISSEMENT ET L'APPAREIL CARDIO-VASCULAIRE

Parmi les changements liés au vieillissement et à l'appareil cardio-vasculaire, on trouve une réduction de l'extensibilité de l'aorte, une réduction du volume des cellules musculaires cardiaques, une perte progressive de la force musculaire du cœur, une réduction du débit sanguin par le cœur et une élévation de la pression artérielle. On trouve également une augmentation de l'incidence de l'insuffisance coronarienne, la principale cause de cardiopathies et de mortalité chez les Nord-Américains âgés. L'insuffisance cardiaque, une série de symptômes associés à un travail de propulsion cardiaque inadéquat, peut également se manifester. Des modifications qui surviennent dans les vaisseaux sanguins, comme un durcissement des artères et des dépôts de cholestérol dans les artères qui irriguent les tissus de l'encéphale, réduisent

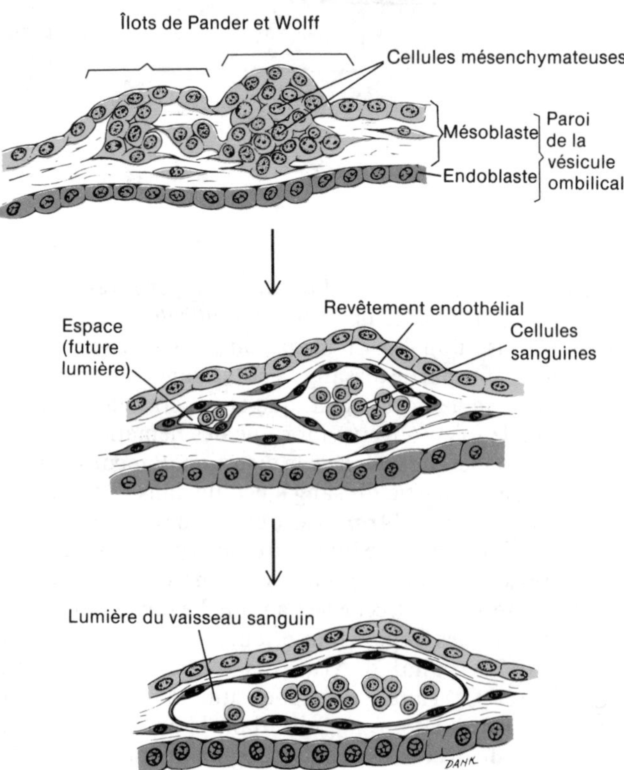

FIGURE 21.25 Développement des vaisseaux et des cellules sanguines à partir des îlots de Pander et Wolff.

l'irrigation de ce dernier et entraînent le dysfonctionnement ou la mort des cellules cérébrales.

LE DÉVELOPPEMENT EMBRYONNAIRE DU SANG ET DES VAISSEAUX SANGUINS

Comme l'ovule et la vésicule ombilicale possèdent très peu de vitellus pour nourrir l'embryon, la formation du sang et des vaisseaux sanguins commence dès la quinzième ou la seizième journée de la grossesse. Cette formation commence dans le **mésoblaste** de la vésicule ombilicale, du chorion et du pédicule embryonnaire.

Les *vaisseaux sanguins* se forment à partir de masses isolées et de cordons de cellules mésenchymateuses du mésoblaste, les **îlots de Pander et Wolff** (figure 21.25). Bientôt, des espaces y apparaissent, qui deviendront les lumières des vaisseaux sanguins. Certaines cellules mésenchymateuses situées immédiatement autour de ces espaces forment le *revêtement endothélial des vaisseaux sanguins*. Les cellules mésenchymateuses qui entourent l'endothélium forment les *tuniques* (intima, media et adventice) des gros vaisseaux sanguins. La croissance et la fusion des îlots de Pander et Wolff entraînent la création d'un vaste réseau de vaisseaux sanguins dans l'organisme de l'embryon.

Le *plasma* et les *cellules sanguines* sont produits par les cellules endothéliales et apparaissent assez tôt dans les vaisseaux sanguins de la vésicule ombilicale et de l'allantoïde. La formation du sang proprement dit commence vers le deuxième mois dans le foie, la rate, la moelle osseuse et les ganglions lymphatiques.

LES AFFECTIONS : DÉSÉQUILIBRES HOMÉOSTATIQUES

L'anévrisme

Dans l'**anévrisme**, une section amincie et affaiblie de la paroi d'une artère ou d'une veine fait saillie vers l'extérieur et forme une tumeur vasculaire. L'athérosclérose, la syphilis, les anomalies congénitales des vaisseaux sanguins et les traumatismes sont parmi les causes les plus fréquentes d'anévrismes. Non traité, l'anévrisme grossit, et la paroi du vaisseau sanguin devient si mince qu'elle peut éclater, ce qui entraîne une hémorragie importante accompagnée d'un choc, de douleurs, d'un accident vasculaire cérébral ou même la mort du sujet, selon le vaisseau atteint. Même s'il ne se rompt pas, l'anévrisme peut provoquer des lésions en interrompant le flux sanguin ou en exerçant une pression sur les vaisseaux sanguins, les organes ou les os adjacents.

Lorsqu'on pratique une intervention chirurgicale, on clampe temporairement l'artère lésée, au-dessus et au-dessous de l'anévrisme, puis on ouvre ce dernier. On suture ensuite un greffon (habituellement en Dacron) aux segments intacts de l'artère, afin de rétablir le flux sanguin.

L'insuffisance coronarienne

Au chapitre 20, nous avons mentionné que les causes les plus fréquentes de cardiopathies étaient reliées à un apport sanguin inadéquat, à des anomalies congénitales et à des arythmies. Dans l'**insuffisance coronarienne**, le muscle cardiaque ne reçoit pas suffisamment de sang à cause d'une interruption de l'apport sanguin. Selon la gravité de l'interruption, les symptômes vont de la douleur légère à la poitrine à la crise cardiaque complète. Les causes sous-jacentes de l'insuffisance coronarienne sont nombreuses et variées. Les deux principales sont l'athérosclérose et le spasme coronarien, que nous avons présentés en détail au chapitre 20.

L'hypertension artérielle

Parmi les maladies affectant le cœur et les vaisseaux sanguins, l'**hypertension artérielle** est la plus courante. Selon les statistiques, l'hypertension atteint un adulte nord-américain sur cinq. On ne s'entend pas exactement sur la définition de l'hypertension ; on s'entend toutefois pour dire qu'une pression artérielle de 120/80 est une pression normale et désirable chez un adulte en santé. On considère généralement qu'une pression de 140/90 constitue le seuil de l'hypertension et que les valeurs plus élevées, notamment si elles sont supérieures à 160/95, correspondent à une hypertension dangereuse.

L'*hypertension primitive* (*hypertension essentielle*) est une hypertension artérielle constante, qui ne peut être attribuée à une cause organique. Environ 85% des cas d'hypertension entrent dans cette catégorie. Les 15% qui restent sont des cas d'*hypertension secondaire*, dont la cause est identifiable. Il peut s'agir d'une athérosclérose, d'une maladie rénale ou d'une hypersécrétion des glandes surrénales. L'athérosclérose élève la pression artérielle en réduisant l'élasticité de la paroi artérielle et en rétrécissant la lumière dans laquelle circule le sang. Les maladies rénales et l'obstruction du flux sanguin peuvent amener les reins à libérer de la rénine dans le sang. Cette enzyme catalyse la formation d'angiotensine II à partir d'une protéine plasmatique. L'angiotensine II est un agent constricteur puissant des vaisseaux sanguins, et aussi l'agent le plus efficace pour élever la pression artérielle. Elle stimule également la libération d'aldostérone. L'hyperaldostéronisme (hypersécrétion d'aldostérone) peut également entraîner une élévation de la pression artérielle. L'aldostérone est une hormone de la corticosurrénale qui favorise la rétention du sel et de l'eau par les reins. Elle a donc tendance à augmenter le volume plasmatique. Le *phéochromocytome* est une tumeur de la médullosurrénale qui produit et libère de grandes quantités de noradrénaline et d'adrénaline dans le sang. Ces hormones provoquent également une élévation de la pression artérielle. L'adrénaline entraîne une augmentation de la fréquence cardiaque, et la noradrénaline provoque une vasoconstriction.

L'hypertension, si elle n'est pas stabilisée, constitue un problème important à cause des lésions qu'elle peut entraîner dans le cœur, l'encéphale et les reins. Dans la plupart des cas, le cœur est touché par l'hypertension. Lorsque la pression est élevée, le cœur dépense plus d'énergie pour effectuer son travail de propulsion. Cette surcharge de travail entraîne un épaississement du muscle cardiaque et une hypertrophie du cœur. Le cœur a également besoin d'un volume accru d'oxygène. S'il ne peut pas répondre à ces besoins, une angine de poitrine ou même un infarctus du myocarde peuvent se produire. L'hypertension joue également un rôle dans le développement de l'athérosclérose. Une hypertension prolongée peut provoquer un accident vasculaire cérébral. Dans ce cas, une surcharge importante a été imposée aux artères cérébrales qui irriguent l'encéphale. Ces artères sont habituellement moins bien protégées par les tissus environnants que les artères de gros calibre situées dans d'autres parties de l'organisme. Ces artères cérébrales affaiblies peuvent se rompre et provoquer une hémorragie cérébrale.

Les reins sont également des cibles fréquentes de l'hypertension. Les lésions se situent principalement dans les artérioles qui irriguent les reins. La pression artérielle constante exercée sur les parois des artérioles provoque un épaississement de celles-ci et, par conséquent, un rétrécissement de la lumière. L'apport sanguin aux reins est donc progressivement réduit. En réaction à ce phénomène, les reins peuvent sécréter de la rénine, ce qui entraîne une élévation encore plus marquée de la pression artérielle et complique le problème. La réduction de l'apport sanguin aux cellules rénales peut entraîner la mort de ces cellules.

On ne peut pas éliminer l'hypertension. Toutefois, dans presque tous les cas, qu'elle soit légère ou grave, on peut la stabiliser. Dans le cas d'une personne obèse, on prescrit un régime alimentaire amaigrissant, puisqu'une perte de masse s'accompagne souvent d'une baisse de la pression artérielle. Le traitement comprend souvent une alimentation pauvre en sodium, ce qui règle la rétention liquidienne par l'organisme, et tend également à réduire le volume sanguin. Selon les résultats de recherches récentes, un régime alimentaire pauvre en graisses et riche en potassium et en calcium peut également entraîner une baisse de la pression artérielle, alors qu'une carence en magnésium peut provoquer une hypertension. Comme la nicotine est un vasoconstricteur, elle provoque une élévation de la pression artérielle. L'abandon de l'usage du tabac peut donc favoriser la baisse de la pression artérielle. Comme nous l'avons mentionné plus haut, la pratique de l'exercice physique peut également aider à réduire l'hypertension. Au cours des dernières années, certains médecins ont conseillé des techniques de relaxation (yoga, méditation et rétroaction biologique) pour traiter l'hypertension. Lorsqu'un traitement médicamenteux s'impose, plusieurs médicaments peuvent être proposés. Dans un grand nombre de cas, on peut administrer des diurétiques, qui éliminent un volume important d'eau et de sodium, ce qui réduit le volume sanguin et, par conséquent, la pression artérielle. On administre souvent des vasodilatateurs en même temps que les diurétiques. Les vasodilatateurs permettent le relâchement des muscles lisses des parois artérielles, ce qui entraîne une vasodilatation et une baisse de la pression artérielle. On prescrit également des agents β-bloquants, souvent en combinaison avec des diurétiques.

La thrombose veineuse profonde

La thrombose veineuse (présence d'un thrombus dans une veine) se produit souvent dans les veines profondes des membres inférieurs. Dans ce cas, on l'appelle **thrombose veineuse profonde**. Les deux complications les plus graves de cette affection sont l'embolie pulmonaire, dans laquelle le thrombus se déloge et atteint le flux artériel de la circulation pulmonaire, et les séquelles de phlébite, qui comprennent un œdème, de la douleur et des changements cutanés causés par la destruction des valvules veineuses. Le traitement consiste à administrer de l'héparine par voie intraveineuse et à surélever les extrémités, à administrer des substances fibrinolytiques (streptokinase ou urokinase) et, dans de rares cas, à pratiquer une thrombectomie.

GLOSSAIRE DES TERMES MÉDICAUX

Angiocardiographie (*angio*: vaisseau; *cardio*: cœur; *graphie*: écriture) Examen radiologique du cœur et des gros vaisseaux sanguins après injection d'un colorant radio-opaque dans le sang.

Aortographie Examen radiologique de l'aorte et de ses principales ramifications après injection d'un colorant radio-opaque.

Artérite (*ite*: inflammation) Inflammation d'une artère, probablement due à une réaction auto-immune.

Claudication intermittente Douleur et boiterie causées par une circulation sanguine déficiente dans les membres.

Cyanose (*cyano* : bleu) Coloration rouge foncé et légèrement bleuâtre de la peau, due à une déficience en oxygène dans le sang de la circulation systémique.

Endartériectomie Ablation du segment obstrué de la lumière d'un vaisseau.

Hypercholestérolémie (*hyper* : au-delà ; *hémie* : sang) Présence d'un taux de cholestérol excessif dans le sang.

Hypotension (*hypo* : au-dessous ; *tension* : pression) Pression artérielle basse. Dans la plupart des cas, on utilise ce terme pour décrire une baisse marquée de la pression artérielle, comme dans le cas d'un collapsus circulatoire.

Hypotension orthostatique Chute de la pression artérielle systémique lors du passage de la position couchée à la position debout; indique généralement la présence d'une affection. Peut être due à des facteurs cardio-vasculaires ou neurogènes.

Maladie de Raynaud Trouble vasculaire, atteignant surtout les femmes, caractérisé par des crises bilatérales d'ischémie, habituellement dans les doigts et, plus rarement, dans les orteils, dans lequel la peau devient pâle, brûlante et douloureuse ; causé par des stimuli liés au froid ou à des émotions. Lorsque l'état pathologique est secondaire à un autre trouble, on l'appelle **phénomène de Raynaud**.

Normotendu(e) Se dit d'une personne dont la pression artérielle est normale.

Occlusion Fermeture ou obstruction de la lumière d'une structure, comme un vaisseau sanguin.

Phlébite (*phleb* : veine) Inflammation d'une veine, souvent d'une veine de la jambe.

Shunt Passage entre deux vaisseaux sanguins ou entre les deux côtés du cœur.

Thrombectomie (*thrombo* ; caillot) Intervention chirurgicale visant à enlever un caillot d'un vaisseau sanguin.

Thrombophlébite Inflammation d'une veine accompagnée de la formation d'un caillot.

RÉSUMÉ

Les artères (page 513)

1. Les artères transportent le sang du cœur aux différentes parties de l'organisme. La paroi d'une artère est faite de trois tuniques : l'intima, la media (qui maintient l'élasticité et la contractilité) et l'adventice (externa).
2. Les artères de gros calibre sont appelées artères élastiques (conductrices), et les artères de moyen calibre sont appelées artères musculaires (distributrices).
3. La plupart des artères s'anastomosent, c'est-à-dire que les extrémités distales de deux ou de plusieurs vaisseaux

s'abouchent. La circulation collatérale est formée par une voie circulatoire alternative créée par une anastomose. Les artères qui ne s'anastomosent pas sont appelées artères terminales.

Les artérioles (page 515)

1. Les artérioles sont de petites artères qui déversent le sang dans les capillaires.
2. Grâce à la constriction et à la dilatation, elles jouent un rôle clé dans la régulation du flux sanguin depuis les artères jusqu'aux capillaires.

Les capillaires (page 515)

1. Les capillaires sont des vaisseaux sanguins microscopiques par lesquels des substances sont échangées entre le sang et les cellules des tissus ; certains capillaires sont continus, d'autres sont fenêtrés.
2. Les capillaires se ramifient pour former un vaste réseau capillaire dans les tissus. Ce réseau augmente la surface formée par ces vaisseaux sanguins, ce qui permet un échange rapide de grandes quantités de substances.
3. Les sphincters précapillaires règlent le flux sanguin dans les capillaires.
4. Les vaisseaux sanguins microscopiques situés dans le foie s'appellent les capillaires sinusoïdes.

Les veinules (page 516)

1. Les veinules sont de petits vaisseaux sanguins qui émergent des capillaires et s'unissent pour former les veines.
2. Elles drainent le sang des capillaires dans les veines.

Les veines (page 516)

1. Les veines comprennent trois tuniques semblables à celles des artères, qui contiennent toutefois moins de fibres élastiques et de muscles lisses.
2. Les veines sont dotées de valvules qui empêchent le reflux du sang.
3. Les varices ou les hémorroïdes sont causées par la faiblesse des valvules veineuses.
4. Les sinus vasculaires sont des veines dotées de parois très minces.

Les réservoirs sanguins (page 517)

1. Les veines de la circulation systémique forment des réservoirs sanguins.
2. Ces veines emmagasinent du sang qui peut se déplacer vers d'autres parties de l'organisme grâce à la vasoconstriction, lorsque le besoin s'en fait sentir.
3. Les principaux réservoirs sont les veines des organes abdominaux (foie et rate) et de la peau.

La physiologie de la circulation (page 517)

Le flux sanguin et la pression sanguine (page 517)

1. Le sang coule à partir de régions où la pression est élevée jusque dans des régions où la pression est moindre. Le gradient de pression normal est le suivant : de l'aorte (100 mm Hg) aux artères (de 100 mm Hg à 40 mm Hg), aux artérioles (de 40 mm Hg à 25 mm Hg), aux capillaires (de 25 mm Hg à 12 mm Hg), aux veinules (de 12 mm Hg à 8 mm Hg), aux veines (de 10 mm Hg à 5 mm Hg), aux veines caves (2mm Hg) à l'oreillette droite (0 mm Hg).
2. Les facteurs qui entraînent une augmentation du débit cardiaque entraînent également une élévation de la pression artérielle.
3. Lorsque le volume sanguin augmente, la pression artérielle s'élève.
4. La résistance périphérique est déterminée par la viscosité du sang et par le diamètre du vaisseau sanguin. Une augmentation de la viscosité et de la vasoconstriction provoque une augmentation de la résistance périphérique et, par conséquent, une élévation de la pression artérielle.
5. Le système nerveux autonome (par l'intermédiaire du centre cardiaque), les substances chimiques, la température, les émotions, le sexe et l'âge sont les facteurs qui déterminent la fréquence cardiaque et la force de la contraction.
6. Le centre vasomoteur (situé dans le bulbe rachidien), les barorécepteurs, les chémorécepteurs, les centres nerveux supérieurs et l'autorégulation sont les facteurs qui règlent la pression sanguine en agissant sur les vaisseaux sanguins.
7. Le mouvement de l'eau et de substances dissoutes (à l'exception des protéines) à travers les parois des capillaires dépend des pressions hydrostatique et osmotique.
8. La loi de Starling est un état de quasi-équilibre aux extrémités artérielle et veineuse d'un capillaire, permettant aux liquides d'entrer dans les capillaires et d'en sortir.
9. Plusieurs facteurs favorisent le retour veineux ; ce sont les contractions des muscles squelettiques, les valvules veineuses (notamment dans les membres) et la respiration.

L'évaluation de la circulation (page 522)

Le pouls (page 522)

1. Le pouls correspond à la dilatation et à la rétraction d'une artère qui accompagnent chaque battement cardiaque. On peut prendre le pouls dans les artères situées près de la surface du corps ou au-dessus d'un tissu ferme.
2. Normalement, la fréquence du pouls varie entre 70 et 80 battements par minute.

La mesure de la pression artérielle (page 523)

1. La pression artérielle est la pression exercée par le sang sur la paroi d'une artère pendant la systole et la diastole ventriculaires. On la mesure à l'aide d'un sphygmomanomètre.
2. La pression artérielle systolique est la force du flux sanguin enregistrée durant la contraction ventriculaire. La pression artérielle diastolique est la force du flux sanguin enregistrée au cours du relâchement ventriculaire. La pression artérielle moyenne est de 120/80 mm Hg.
3. La pression différentielle est la différence entre les pressions systolique et diastolique. Elle est, en moyenne, de 40 mm Hg, et elle nous renseigne sur l'état des artères.

Les voies circulatoires (page 524)

1. La circulation systémique est la voie circulatoire la plus importante.
2. La circulation coronarienne et le système porte hépatique sont deux des divisions de la circulation systémique.
3. La circulation cérébrale, la circulation pulmonaire et la circulation fœtale sont d'autres voies circulatoires.

La circulation systémique (page 524)

1. La circulation systémique recueille le sang oxygéné provenant du ventricule gauche par l'aorte, et le transporte vers toutes les parties de l'organisme, y compris les tissus pulmonaires.
2. L'aorte comprend l'aorte ascendante, la crosse de l'aorte et l'aorte descendante. Chacun de ces segments forme des artères qui se ramifient pour irriguer la totalité de l'organisme.
3. Le sang retourne au cœur par les veines de la circulation systémique. Toutes les veines de la circulation systémique se déversent dans les veines caves supérieure ou inférieure ou

dans le sinus coronaire. Ces derniers se déversent à leur tour dans l'oreillette droite.

La circulation pulmonaire (page 546)

1. La circulation pulmonaire recueille le sang désoxygéné provenant du ventricule droit, le transporte jusqu'aux poumons et retourne le sang oxygéné des poumons à l'oreillette gauche.
2. La circulation pulmonaire permet au sang d'être oxygéné avant de passer dans la circulation systémique.

Le système porte hépatique (page 546)

1. Le système porte hépatique recueille le sang provenant des veines du pancréas, de la rate, de l'estomac, des intestins et de la vésicule biliaire, et le déverse dans la veine porte hépatique.
2. Le système porte hépatique permet au foie d'utiliser les nutriments contenus dans le sang et de purifier ce dernier.

La circulation fœtale (page 547)

1. La circulation fœtale permet les échanges fœto-maternels.
2. Le fœtus prend son oxygène et ses nutriments dans le sang maternel et y déverse son dioxyde de carbone et ses déchets par l'intermédiaire d'une structure appelée placenta.
3. À la naissance, lorsque les fonctions pulmonaire, digestive et hépatique s'établissent, les structures spéciales de la circulation fœtale ne sont plus nécessaires.

L'exercice physique et l'appareil cardio-vasculaire (page 550)

1. Les exercices aérobiques sont bénéfiques à l'appareil cardio-vasculaire.
2. Parmi les bénéfices qu'entraîne l'exercice physique, on trouve une augmentation du débit cardiaque, une augmentation de l'apport d'oxygène aux tissus, une baisse de la pression artérielle systolique, une augmentation du taux de lipoprotéines de haute masse volumique, la régulation de la masse et une capacité accrue de dissoudre les caillots sanguins.

Le vieillissement et l'appareil cardio-vasculaire (page 550)

1. Parmi les changements liés au vieillissement, on trouve une réduction de l'élasticité des vaisseaux sanguins, du volume du muscle cardiaque et du débit cardiaque.
2. L'incidence de l'insuffisance coronarienne, de l'insuffisance cardiaque et de l'athérosclérose augmente avec l'âge.

Le développement embryonnaire du sang et des vaisseaux sanguins (page 551)

1. Les vaisseaux sanguins se développent à partir de masses isolées de cellules mésenchymateuses dans le mésoblaste, appelées îlots de Pander et Wolff.
2. Le sang est produit par l'endothélium des vaisseaux sanguins.

Les affections : déséquilibres homéostatiques (page 551)

1. Un anévrisme est une section mince et affaiblie de la paroi d'une artère ou d'une veine, qui forme une tumeur vasculaire.
2. L'hypertension artérielle peut être primitive (essentielle) ou secondaire.
3. La thrombose veineuse profonde est causée par la formation d'un caillot sanguin dans une veine profonde, notamment dans les veines profondes des membres inférieurs.

RÉVISION

1. Décrivez les différences structurales et fonctionnelles qui existent entre les artères, les artérioles, les capillaires, les veinules et les veines.
2. Quelle est l'importance de l'élasticité et de la contractilité des artères ?
3. Sur les plans de l'emplacement, de l'histologie et de la fonction, qu'est-ce qui distingue les artères élastiques (conductrices) des artères musculaires (distributrices) ?
4. Décrivez la façon dont la structure des capillaires est adaptée à l'échange de substances avec les cellules de l'organisme.
5. Qu'est-ce qu'une veine variqueuse (varice) ? De quelle façon traite-t-on cette affection ?
6. Que sont les réservoirs sanguins ? Pourquoi sont-ils importants ?
7. Pourquoi le sang circule-t-il plus rapidement dans les artères et dans les veines que dans les capillaires ?
8. Décrivez la façon dont chacun des facteurs suivants affecte la pression artérielle : le débit cardiaque, le volume sanguin et la résistance périphérique.
9. Qu'est-ce que le centre vasomoteur ? Quelles sont ses fonctions ?
10. De quelle façon le centre vasomoteur agit-il, en collaboration avec les barorécepteurs, les chémorécepteurs et les centres nerveux supérieurs, pour régler la pression artérielle ?
11. Expliquez les effets de substances chimiques comme l'adrénaline, la noradrénaline, l'hormone antidiurétique, l'angiotensine II, l'histamine et les kinines sur la pression artérielle.
12. Qu'est-ce que l'autorégulation ? Décrivez la façon dont on croit qu'elle fonctionne ?
13. Décrivez la façon dont les pressions hydrostatique et osmotique déterminent le mouvement des liquides à travers les parois des capillaires. Décrivez l'équation servant à mesurer la pression de filtration efficace (*P* eff) afin de justifier votre réponse.
14. Qu'est-ce que la loi de Starling ?
15. Décrivez les facteurs qui favorisent le retour veineux.
16. Qu'est-ce que le pouls ? Où peut-on prendre le pouls ?
17. Qu'est-ce qui distingue la tachycardie, la bradycardie et un pouls irrégulier ?
18. Qu'est-ce que la pression artérielle ? Décrivez la façon dont on mesure les pressions artérielles diastolique et systolique à l'aide d'un sphygmomanomètre.
19. Comparez la signification des pressions systolique et diastolique sur le plan clinique. De quelles façons ces pressions sont-elles exprimées ?
20. Qu'est-ce que la pression différentielle ? Qu'est-ce que cette pression indique ?
21. Qu'entend-on par une voie circulatoire ? Qu'est-ce que la circulation systémique ?
22. Tracez un diagramme des principales divisions de l'aorte, des principales ramifications artérielles de ces dernières et des régions qu'elles irriguent.
23. Dessinez le trajet suivi par une goutte de sang à partir de la crosse de l'aorte dans la circulation systémique jusqu'à l'extrémité du gros orteil du pied gauche et de retour jusqu'au cœur. Rappelez-vous que les principales

ramifications de la crosse de l'aorte sont le tronc artériel brachio-céphalique, l'artère carotide primitive et l'artère sous-clavière gauche. Identifiez les veines qui retournent le sang au cœur.

24. Qu'est-ce que le cercle artériel de Willis ? Pourquoi est-il important ?
25. Que sont les branches viscérales et pariétales d'une artère ?
26. Quels sont les principaux organes irrigués par les branches de l'aorte thoracique ? De quelle façon le sang provenant de ces organes retourne-t-il au cœur ?
27. Quels sont les organes irrigués par le tronc cœliaque, les artères mésentérique supérieure, rénale, mésentérique inférieure, phrénique inférieure et sacrée moyenne ? De quelle façon le sang provenant de ces organes retourne-t-il au cœur ?
28. Tracez le trajet suivi par une goutte de sang à partir du tronc artériel brachio-céphalique jusque dans les doigts de la main droite et de retour à l'oreillette droite.
29. Quels sont les trois principaux types de veines systémiques ?
30. Qu'est-ce que la circulation pulmonaire ? Faites un diagramme pour indiquer le trajet suivi par cette voie. Quel est le rôle de la circulation pulmonaire ?
31. Qu'est-ce que le système porte hépatique ? Faites un diagramme pour illustrer le trajet suivi par ce système. En quoi le système porte hépatique est-il important ?
32. Donnez une description détaillée de l'anatomie et de la physiologie de la circulation fœtale. Veillez à indiquer la fonction des artères ombilicales, de la veine ombilicale, du canal d'Arantius, du foramen ovale et du canal artériel.
33. Quels sont les effets de l'exercice physique sur l'appareil cardio-vasculaire ?
34. Décrivez les effets du vieillissement sur l'appareil cardio-vasculaire.
35. Décrivez le développement embryonnaire des vaisseaux sanguins et du sang.
36. Qu'est-ce qu'un anévrisme ? Pourquoi un anévrisme représente-t-il un problème grave ?
37. Comparez les causes de l'hypertension artérielle primitive (essentielle) et de l'hypertension artérielle secondaire. De quelle façon l'hypertension affecte-t-elle l'organisme ? De quelle façon la traite-t-on ?
38. Qu'est-ce qu'un thrombose veineuse profonde ?

22

Le système lymphatique et l'immunité

OBJECTIFS

- Décrire les éléments constitutifs et les fonctions du système lymphatique.
- Décrire la structure et l'origine des vaisseaux lymphatiques et les comparer aux veines.
- Décrire la structure histologique des ganglions lymphatiques, des amygdales, de la rate et du thymus et expliquer leurs fonctions.
- Décrire la circulation lymphatique depuis les vaisseaux lymphatiques jusqu'au canal thoracique et à la grande veine lymphatique.
- Expliquer la façon dont se développe l'œdème.
- Expliquer la différence entre la résistance spécifique et la résistance non spécifique.
- Décrire les rôles des composants de la résistance non spécifique suivants : la peau, les muqueuses, les substances antimicrobiennes, la phagocytose, l'inflammation et la fièvre.
- Définir l'immunité et préciser la relation antigène-anticorps.
- Comparer les principales caractéristiques des antigènes et des anticorps.
- Comparer le rôle des lymphocytes T dans l'immunité cellulaire avec celui des lymphocytes B dans l'immunité humorale.
- Expliquer le rôle immunitaire de la peau.
- Définir un anticorps monoclonal et expliquer son importance.
- Établir le lien entre l'immunologie et le cancer.
- Décrire le développement embryonnaire du système lymphatique.
- Décrire les symptômes des affections suivantes : l'hypersensibilité (allergie), le rejet d'un greffon, les maladies auto-immunes, le syndrome d'immuno-déficience acquise (SIDA), le déficit immunitaire combiné sévère (DICS) et la maladie de Hodgkin.
- Définir quelques termes médicaux relatifs au système lymphatique.

Le **système lymphatique** est formé d'un liquide, la lymphe, de vaisseaux chargés de son transport, les vaisseaux lymphatiques, et d'un certain nombre d'organes annexes qui contiennent tous du tissu lymphoïde (voir la figure 22.2,b). De façon générale, le tissu lymphoïde est une forme spécialisée de tissu conjonctif réticulé qui contient une importante quantité de lymphocytes. Le stroma (charpente) du tissu lymphoïde est formé de fibres réticulées et de cellules réticulaires entremêlées (fibroblastes et macrophages fixes). Comme nous le verrons dans ce chapitre, seul le stroma du thymus est formé de tissu épithélio-réticulé.

Les tissus lymphoïdes sont formés de diverses manières. On appelle **tissu lymphoïde diffus** les masses de tissu lymphoïde qui ne sont pas enveloppées d'une capsule. C'est la forme la plus simple de tissu lymphoïde ; on la trouve dans le chorion (tissu conjonctif) des muqueuses du tube digestif, des voies respiratoires et urinaires, et de l'appareil reproducteur. On la trouve aussi en petites quantités dans le stroma de la plupart des organes du corps. Les **follicules lymphoïdes** sont des masses ovales de tissu lymphoïde, dépourvues de capsule ; ils présentent une région centrale claire (le *centre germinatif*) renfermant de volumineux lymphocytes, et une région externe sombre (le *cortex*) renfermant des lymphocytes plus petits. La majorité des follicules lymphoïdes sont de taille réduite, isolés et discrets. De tels follicules se trouvent n'importe où dans le chorion des muqueuses du tube digestif, des voies respiratoires et urinaires, et de l'appareil reproducteur. Dans certains endroits particuliers du corps, ces follicules se groupent pour former de volumineux agrégats. Parmi ceux-ci, mentionnons les amygdales pharyngiennes et les plaques de Peyer dans l'iléon de l'intestin grêle (chapitre 24). On trouve aussi ces agrégats dans l'appendice. Les **organes lymphoïdes**, les ganglions lymphatiques, la rate et le thymus, sont formés de tissu lymphoïde enveloppé d'une capsule de tissu conjonctif. La moelle osseuse fait également partie du système lymphatique, car elle produit des lymphocytes.

Le système lymphatique remplit plusieurs fonctions. Les lymphatiques drainent les liquides des espaces tissulaires, qui contiennent des protéines et qui s'échappent des capillaires sanguins. Ces protéines, qui ne peuvent être réabsorbées directement par les vaisseaux sanguins, sont transportées à l'appareil cardio-vasculaire par les vaisseaux lymphatiques. Les lymphatiques transportent aussi les graisses du tube digestif au sang. Le tissu lymphoïde a aussi un rôle de surveillance et de défense, c'est-à-dire que les lymphocytes, avec l'aide des macrophages, protègent l'organisme des cellules étrangères, des microbes et des cellules cancéreuses. Les lymphocytes détectent les cellules et les substances étrangères, les microbes et les cellules cancéreuses, et y réagissent de deux façons. Les lymphocytes T, par leur action directe ou indirecte, détruisent les corps étrangers en libérant diverses substances. Les lymphocytes B se différencient en plasmocytes producteurs d'anticorps chargés d'éliminer les substances étrangères. En résumé, le système lymphatique rassemble les substances étrangères dans certains organes lymphoïdes et transporte les lymphocytes à l'intérieur des organes pour les mettre en contact avec ces substances, les détruire et les élimininer de l'organisme.

Nous étudierons le développement embryonnaire du système lymphatique en fin de chapitre.

LES VAISSEAUX LYMPHATIQUES

Les vaisseaux lymphatiques prennent naissance dans les espaces intercellulaires, sous forme de **capillaires lymphatiques** (figure 22.1,a). Les capillaires lymphatiques peuvent être isolés ou groupés pour former de volumineux plexus. On les trouve dans tout l'organisme, sauf dans les tissus non vascularisés, le système nerveux central, la pulpe splénique et la moelle osseuse. Ils sont plus gros et plus perméables que les capillaires sanguins.

Les capillaires lymphatiques ne conduisent nulle part, alors que les capillaires sanguins sont reliés à une artère ou à une veine. En outre, les capillaires lymphatiques sont conçus pour remettre en circulation les protéines qui s'échappent des capillaires sanguins. L'examen approfondi des capillaires lymphatiques permet de voir le chevauchement des cellules endothéliales qui constituent la paroi du capillaire de façon à former des pores (figure 22.1,b). Ce chevauchement des cellules joue le rôle d'une valvule en permettant l'entrée des liquides, mais en empêchant leur évacuation. Il faut aussi remarquer que la face externe des cellules endothéliales formant la paroi des capillaires est attachée aux tissus adjacents par des *filaments de fixation*. Un œdème est l'accumulation de liquide dans un tissu, qui entraîne une tuméfaction. Quand un œdème se produit, la tuméfaction exerce une traction sur les filaments de fixation ; les pores s'ouvrent largement de façon à faire pénétrer une plus grande quantité de liquide dans les capillaires lymphatiques.

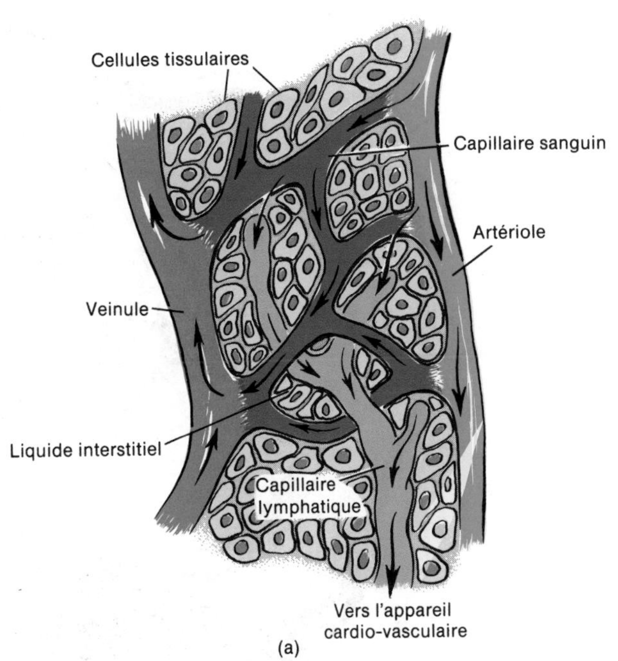

FIGURE 22.1 Capillaires lymphatiques. (a) Relation des capillaires lymphatiques avec les cellules tissulaires et les capillaires sanguins.

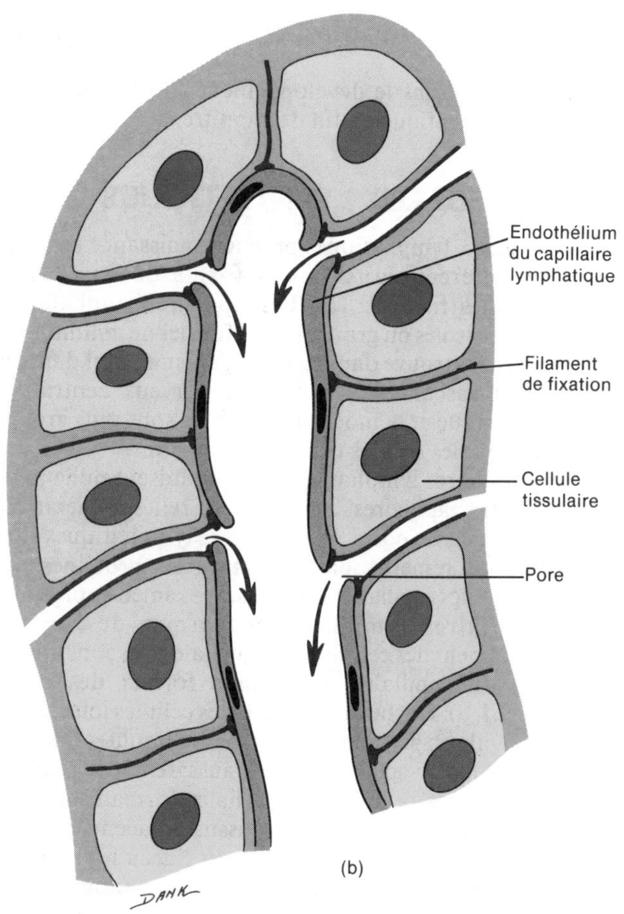

FIGURE 22.1 [*Suite*] (b) Structure détaillée d'un capillaire lymphatique.

À l'instar des capillaires sanguins qui convergent pour former des veinules et des veines, les capillaires lymphatiques se groupent pour former des vaisseaux lymphatiques de taille toujours croissante : les **lymphatiques** (figure 22.2). Les lymphatiques ont une structure semblable à celle des veines, mais leurs parois sont plus minces, et leurs valvules, plus nombreuses ; ils contiennent des ganglions lymphatiques disposés à intervalles irréguliers. Les lymphatiques de la peau, situés dans le tissu sous-cutané lâche, longent généralement les veines. Les lymphatiques des viscères longent habituellement les artères autour desquelles ils forment des plexus. Finalement, les lymphatiques se réunissent pour former deux canaux principaux : le canal thoracique et la grande veine lymphatique, que nous étudierons sous peu.

APPLICATION CLINIQUE

Une **lymphangiographie** est une radiographie des vaisseaux lymphatiques et des organes lymphoïdes après l'injection d'un opacifiant radiologique. Ces radiogrammes sont appelés **lymphangiogrammes**. Les lymphangiogrammes servent surtout à détecter les œdèmes et les carcinomes, et à localiser les ganglions lymphatiques en vue d'un traitement chirurgical ou radiothérapeutique.

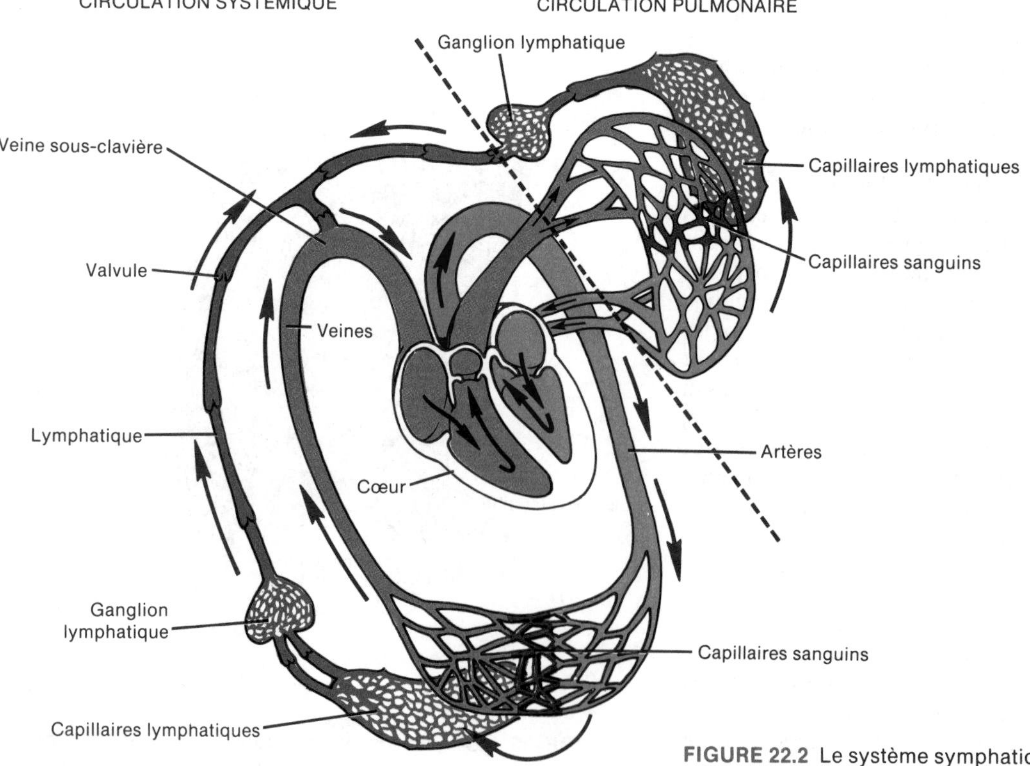

FIGURE 22.2 Le système symphatique. (a) Schéma montrant la relation entre le système lymphatique et l'appareil cardio-vasculaire.

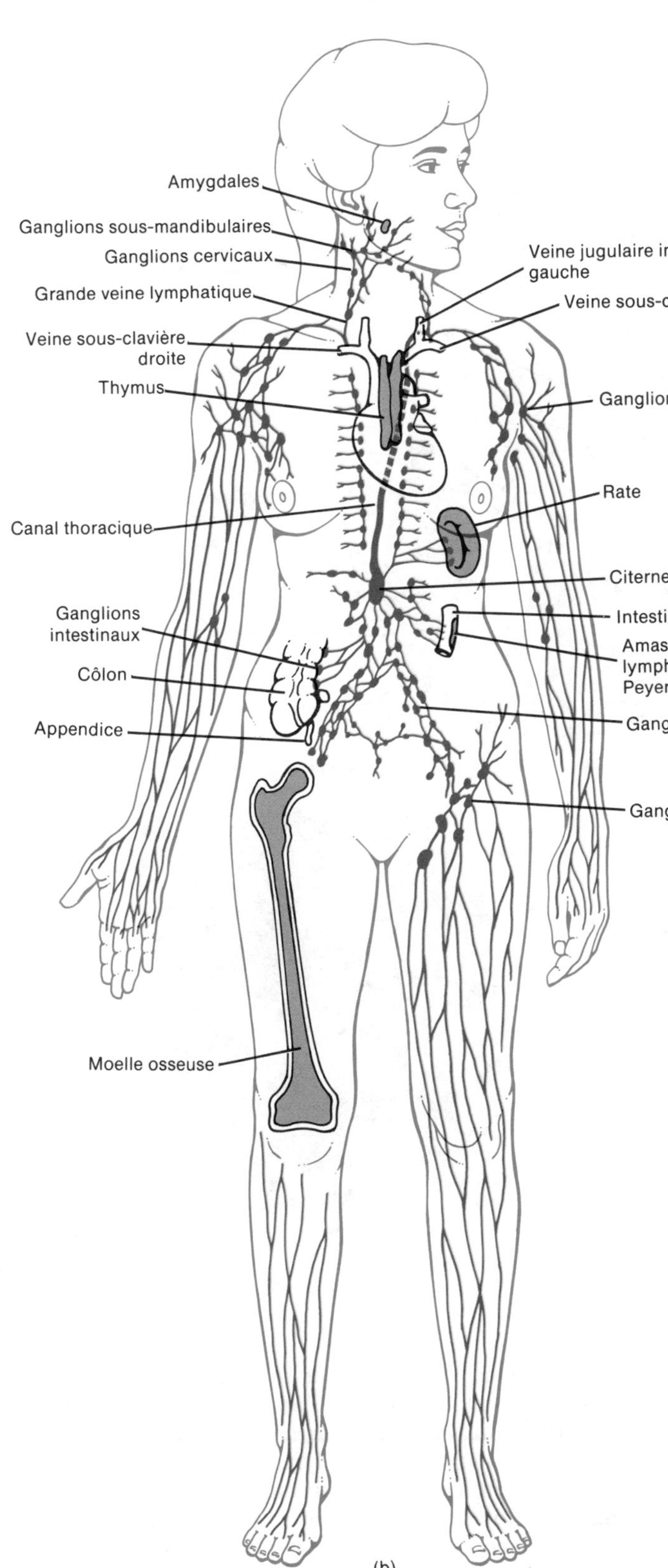

(c)

FIGURE 22.2 [*Suite*] (b) Emplacement des principaux éléments du système lymphatique. (c) La zone de couleur chair indique la partie du corps drainée par la grande veine lymphatique. Toutes les autres parties sont drainées par le canal thoracique.

LE TISSU LYMPHOÏDE

LES GANGLIONS LYMPHATIQUES

On appelle **ganglions lymphatiques** les structures ovales situées le long des lymphatiques. Ils sont répartis dans l'organisme, la plupart du temps en groupes; leur longueur varie de 1 mm à 25 mm. Les ganglions lymphatiques présentent, sur l'un des côtés, une petite dépression, un *hile*, d'où partent les vaisseaux sanguins et les vaisseaux lymphatiques efférents (figure 22.3). Chaque ganglion est enveloppé d'une *capsule* de tissu conjonctif dense qui se prolonge à l'intérieur. Les prolongements capsulaires sont appelés *travées*. La capsule renferme un réseau de fibres réticulées et de cellules réticulaires (fibroblastes et macrophages) qui procurent un soutien. La capsule, les travées, les fibres réticulées et les cellules réticulaires constituent le stroma (la charpente) du ganglion lymphatique. Le parenchyme d'un ganglion lymphatique comporte deux régions spécialisées : le cortex et la medulla. La région externe, le *cortex*, est formée de masses compactes de lymphocytes, les *follicules lymphoïdes*. Ces follicules présentent souvent une région centrale claire, le *centre germinatif*, où sont produits les lymphocytes. La région interne du ganglion lymphatique s'appelle la *medulla*. Dans la medulla, les lymphocytes sont disposés en cordons appelés *cordons médullaires*. Ces cordons renferment aussi des macrophages et des plasmocytes.

La lymphe circule à travers les ganglions lymphatiques par des vaisseaux lymphatiques afférents qui la conduisent vers le centre, des sinus internes et des vaisseaux lymphatiques efférents qui la conduisent vers l'extérieur

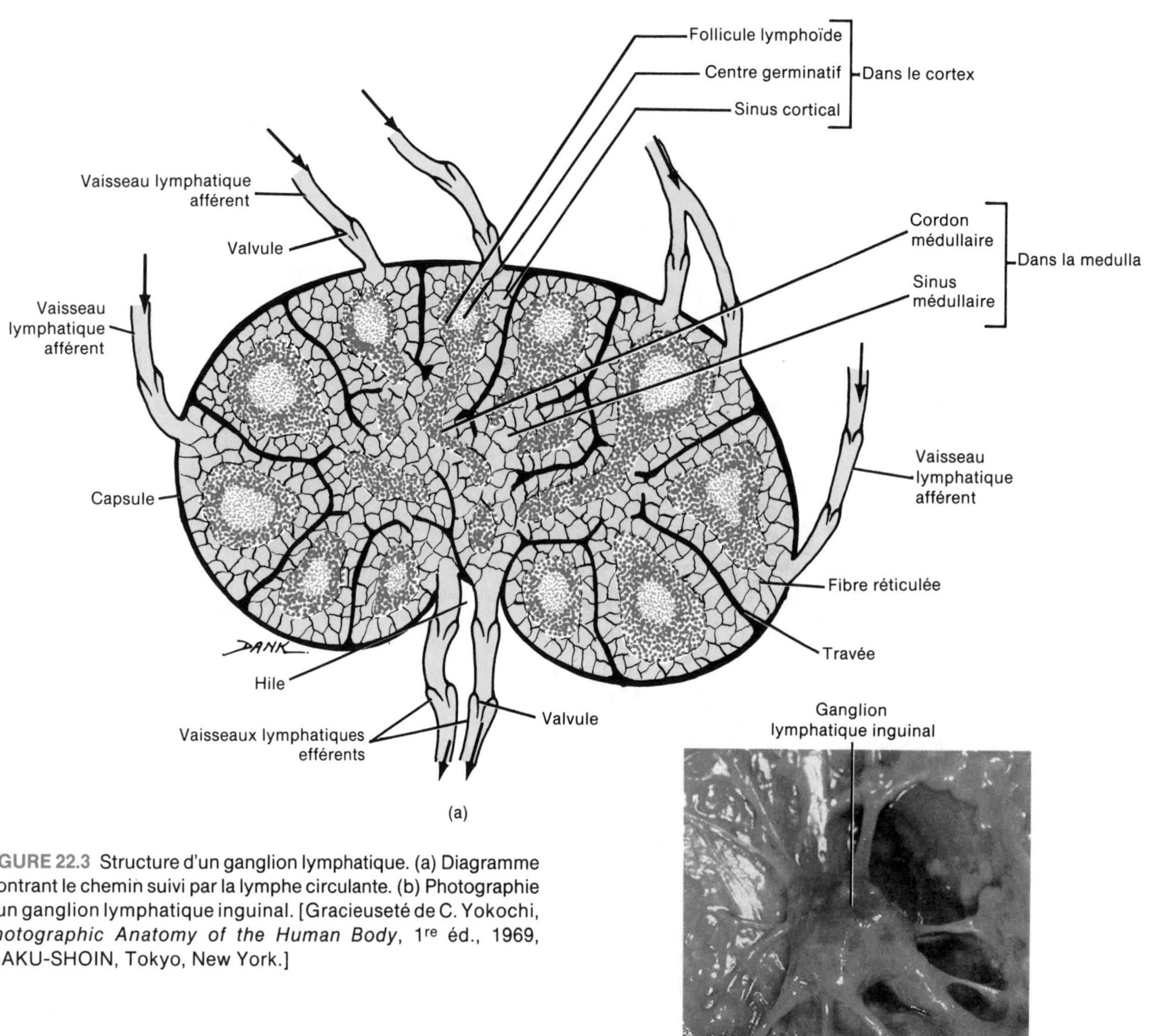

FIGURE 22.3 Structure d'un ganglion lymphatique. (a) Diagramme montrant le chemin suivi par la lymphe circulante. (b) Photographie d'un ganglion lymphatique inguinal. [Gracieuseté de C. Yokochi, *Photographic Anatomy of the Human Body*, 1re éd., 1969, IGAKU-SHOIN, Tokyo, New York.]

du ganglion. Les *vaisseaux lymphatiques afférents* pénètrent la surface convexe du ganglion en plusieurs points. Ils sont pourvus de valvules qui s'ouvrent vers l'intérieur du ganglion pour permettre la pénétration de la lymphe. À l'intérieur du ganglion, la lymphe circule dans les sinus, série de canaux irréguliers. La lymphe provenant des vaisseaux lymphatiques afférents pénètre dans les *sinus corticaux*, immédiatement à l'intérieur de la capsule. Elle circule ensuite dans les *sinus médullaires*, entre les cordons médullaires. La lymphe se dirige enfin vers un ou deux *vaisseaux lymphatiques efférents*. Le vaisseau efférent est situé dans le hile du ganglion lymphatique. Il est plus large que les vaisseaux afférents et est pourvu de valvules s'ouvrant vers l'extérieur pour permettre l'évacuation de la lymphe.

Les ganglions lymphatiques sont dispersés dans l'organisme, le plus souvent en groupes (voir la figure 22.2,b). En règle générale, ces groupes sont de deux types : *superficiels* ou *profonds*.

La **lymphe**, transportée par les lymphatiques depuis les espaces tissulaires jusqu'à l'appareil cardio-vasculaire, est filtrée dans les ganglions lymphatiques. Lorsqu'elle traverse les ganglions, la lymphe est débarrassée des substances étrangères. Ces substances restent emprisonnées dans les fibres réticulées, à l'intérieur du ganglion. Les macrophages se chargent ensuite de les détruire par phagocytose ; les lymphocytes T détruisent ces substances en libérant divers agents, et les lymphocytes B, en produisant des anticorps. L'action de ces deux types de lymphocytes peut être conjointe ou individuelle. Les ganglions lymphatiques produisent également des lymphocytes, dont quelques-uns migrent vers d'autres régions de l'organisme.

Nous présentons la structure des lymphatiques et des ganglions lymphatiques à la figure 22.4.

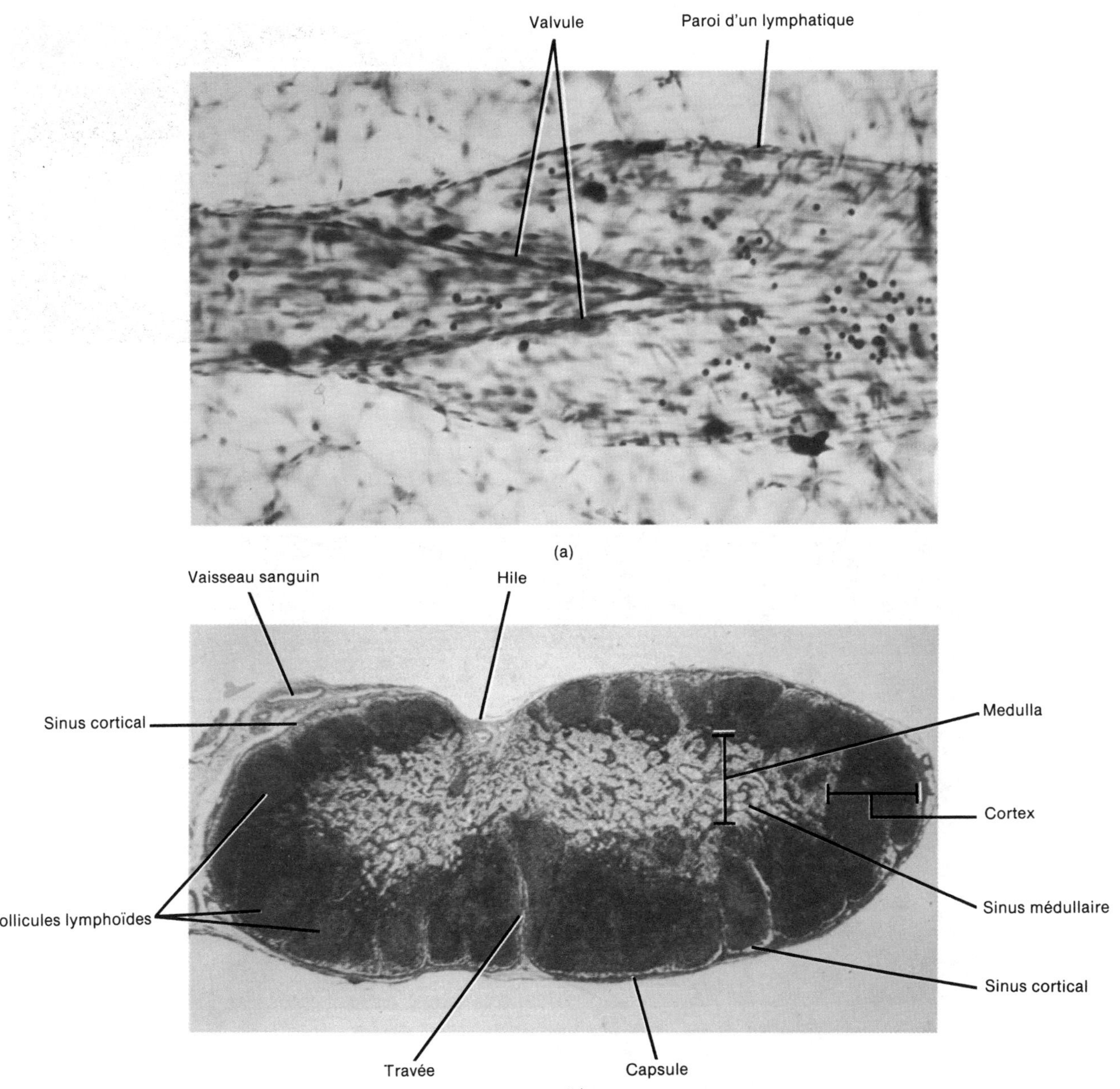

FIGURE 22.4 Structure des lymphatiques et des ganglions lymphatiques. (a) Photomicrographie d'un lymphatique, agrandie 180 fois. (b) Photomicrographie d'un ganglion lymphatique, agrandie 25 fois. [Photomicrographies Copyright © 1983 by Michael H. Ross. Reproduction autorisée.]

APPLICATION CLINIQUE

Il est important de connaître l'emplacement des ganglions lymphatiques et le sens de propagation de la lymphe pour diagnostiquer et pronostiquer la prolifération d'un cancer par métastase. Les cellules cancéreuses sont transportées par le système lymphatique et forment des amas de cellules tumorales à l'endroit où elles se fixent. On parvient à prévoir l'emplacement d'un foyer tumoral secondaire si l'on connaît le sens de propagation de la lymphe à partir d'un organe déjà atteint.

LES AMYGDALES

Les **amygdales** sont des amas de follicules lymphoïdes volumineux encastrés dans une muqueuse. Les amygdales sont des masses annulaires situées à la jonction de la cavité buccale et du pharynx. L'**amygdale pharyngienne**, ou **adénoïde**, est encastrée dans la paroi postérieure du rhinopharynx (voir la figure 23.2,b). Les deux **amygdales palatines** sont situées dans la fosse amygdalienne, entre les piliers antérieur et postérieur du voile du palais (voir la figure 17.2,c). Ces amygdales sont très souvent enlevées par amygdalectomie. Les deux **amygdales linguales** sont situées à la base de la langue et peuvent également être enlevées par amygdalectomie (voir la figure 17.2,c).

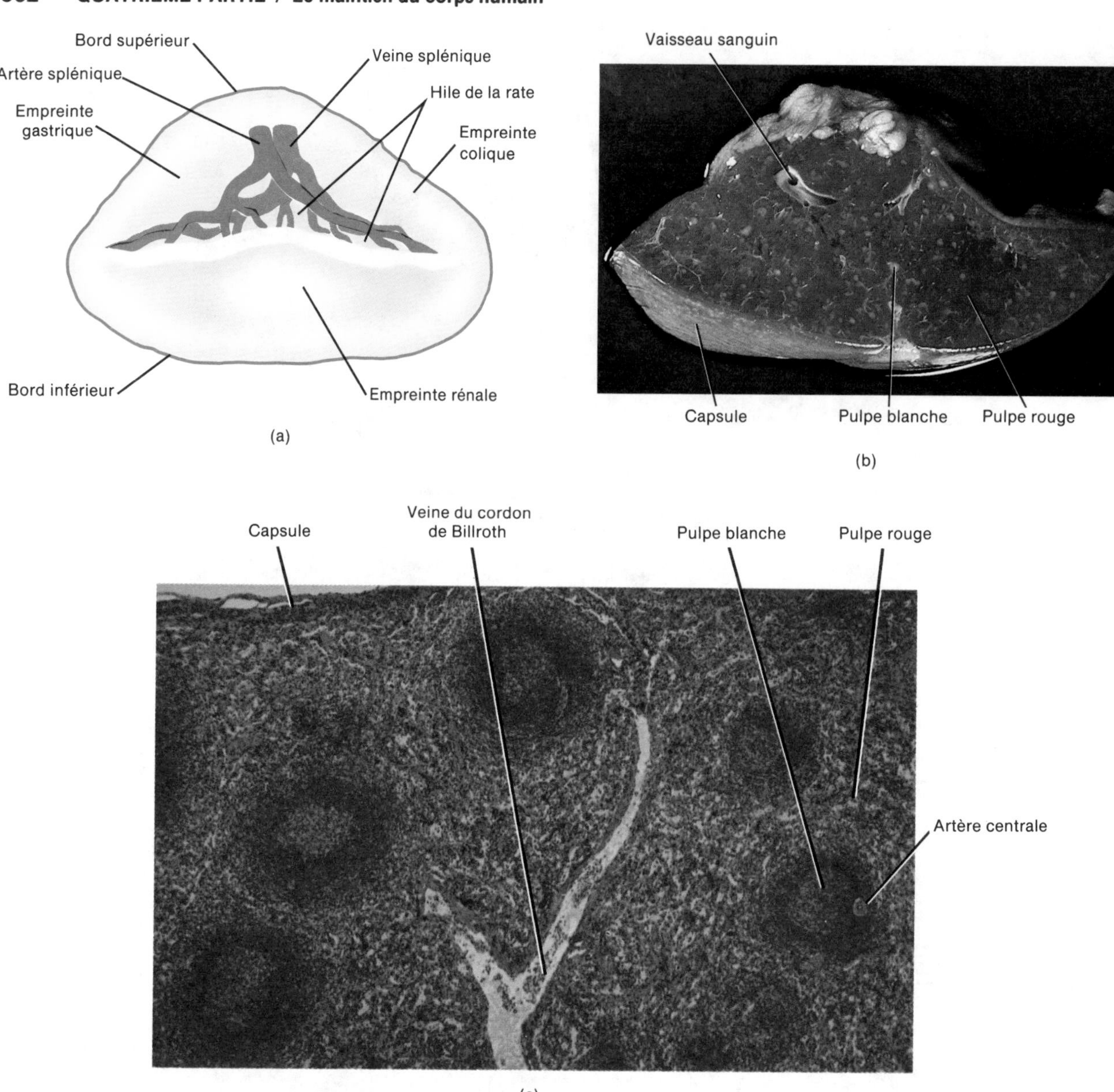

FIGURE 22.5 Structure de la rate. (a) Diagramme de la surface viscérale. (b) Photographie d'une coupe de la rate montrant la pulpe blanche et rouge. [Gracieuseté de C. Yokochi et J. W. Rohen, *Photographic Anatomy of the Human Body*, 2e éd., 1978, IGAKU-SHOIN, Ltd., Tokyo, New York.] (c) Photomicrographie d'une portion de la rate, agrandie 60 fois. [Copyright © 1983 by Michael H. Ross. Reproduction autorisée.]

Les amygdales sont situées aux endroits propices pour arrêter la progression des substances étrangères. Du point de vue fonctionnel, les amygdales produisent des lymphocytes et des anticorps.

LA RATE

La rate, de forme ovale, est l'organe de tissu lymphoïde le plus volumineux ; elle mesure environ 12 cm de longueur. Elle est située dans l'hypocondre gauche, entre la grosse tubérosité de l'estomac et le diaphragme (voir la figure 1.8,d). Sa *surface viscérale* (figure 22.5,a) laisse voir les empreintes des organes adjacents : l'empreinte gastrique (estomac), l'empreinte rénale (rein gauche) et l'empreinte colique (angle gauche du côlon). La *surface diaphragmatique* est lisse, convexe et s'adapte à la surface concave du diaphragme qui lui est adjacente.

La rate est enveloppée d'une capsule de tissu conjonctif dense et de fibres musculaires lisses et éparses (figure 22.5,b). Cette capsule est recouverte d'une membrane séreuse, le péritoine. La rate présente un hile, des cordons de Billroth, des fibres réticulées et des cellules réticulaires. La capsule, les cordons de Billroth, les fibres réticulées et les cellules réticulaires forment le stroma de la rate.

Le parenchyme de la rate est formé de deux différents types de tissu: la pulpe blanche et la pulpe rouge (figure 22.5,b,c). La *pulpe blanche* se compose essentiellement de tissu lymphoïde, lui-même formé principalement de lymphocytes, entourant des artères appelées artères centrales. À divers endroits, les lymphocytes s'épaississent pour former des follicules lymphoïdes; ces follicules sont appelés *follicules spléniques*. La pulpe rouge est formée de sinus veineux remplis de sang et de cordons de tissu splénique appelés *cordons de Billroth*. Les veines sont étroitement reliées à la pulpe rouge. Les cordons de Billroth sont formés d'hématies, de macrophages, de lymphocytes, de plasmocytes et de granulocytes.

L'artère et la veine spléniques de même que les lymphatiques efférents traversent le hile. La rate ne filtre pas la lymphe, car elle ne possède ni vaisseaux lymphatiques afférents ni sinus. La rate remplit toutefois une fonction immunitaire importante; elle produit des lymphocytes B qui se transforment en plasmocytes producteurs d'anticorps. La rate phagocyte les bactéries, les hématies lésées ou vieilles et les plaquettes. De plus, la rate emmagasine le sang et le libère en cas de besoin par l'organisme, pendant une hémorragie, par exemple. Cette libération semble provenir du système sympathique. Les influx nerveux sympathiques provoquent la contraction du muscle lisse de la capsule splénique. Au début de la vie embryonnaire, la rate contribue à la formation de cellules sanguines.

Environ 10% des gens possèdent des *rates accessoires*. Elles sont le plus souvent situées près du hile de la rate primaire ou elles sont encastrées dans la queue du pancréas. De façon générale, les rates accessoires ne mesurent qu'environ 1 cm de diamètre.

APPLICATION CLINIQUE

La rate est l'organe le plus souvent lésé dans les cas de traumatismes abdominaux, en particulier ceux provenant d'un choc traumatique grave dans la région gauche du thorax ou dans la région supérieure de l'abdomen entraînant la fracture des côtes. Un tel choc peut causer une **rupture de la rate** et entraîner une grave hémorragie intrapéritonéale et un choc. L'ablation rapide de la rate, appelée **splénectomie**, est essentielle afin d'empêcher une perte excessive de sang qui entraînerait la mort. Dans ce cas, le rôle de la rate est assumé par d'autres organes, en particulier la moelle osseuse.

LE THYMUS

Le **thymus**, organe lymphoïde comportant habituellement deux lobes, est situé dans le médiastin supérieur, derrière le sternum et entre les poumons (figure 22.6,a). Les deux lobes thymiques sont maintenus très près l'un de l'autre par une couche de tissu conjonctif. Chaque lobe est enveloppé d'une **capsule** de tissu conjonctif. La capsule possède des prolongements internes, les **travées**, qui divisent le lobe en **lobules**. Les lobules sont formés d'un **cortex** externe foncé et d'une **medulla** centrale claire. Le cortex se compose presque entièrement de masses compactes de lymphocytes, de taille variable, maintenus en place par des fibres de tissu réticulé (figure 22.6,b). L'origine et la structure du tissu réticulé diffèrent de celles des autres organes lymphoïdes; c'est pourquoi on lui donne le nom de tissu de soutien **épithélio-réticulé**. La

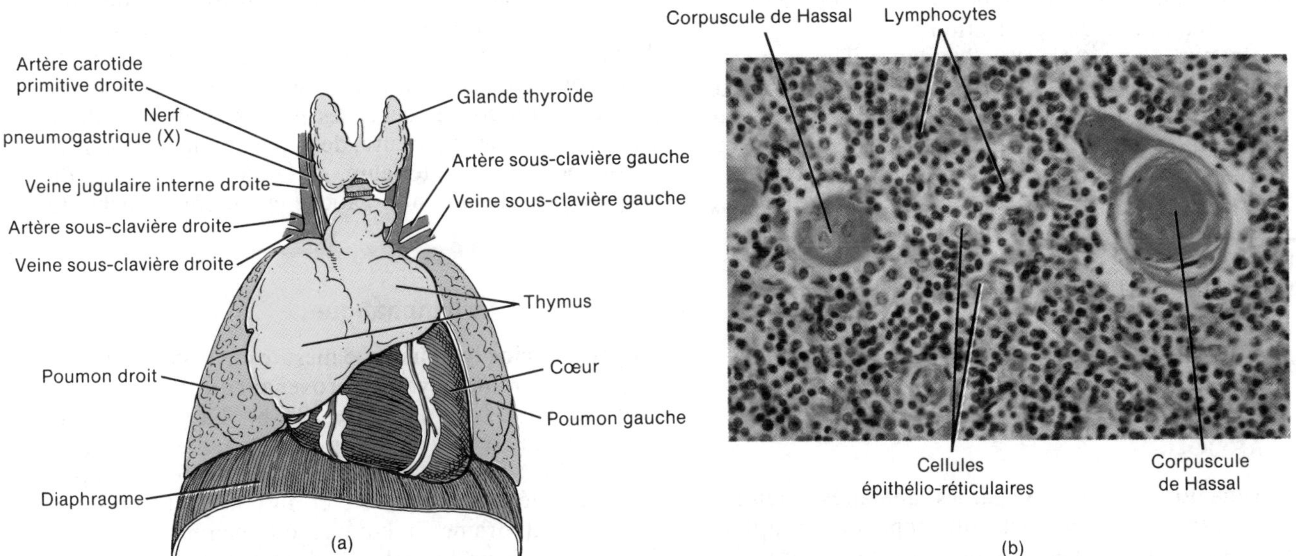

FIGURE 22.6 Thymus. (a) Emplacement du thymus chez un jeune enfant. (b) Photomicrographie d'un corpuscule de Hassal, agrandie 600 fois. [Copyright © 1983 by Michael H. Ross. Reproduction autorisée.]

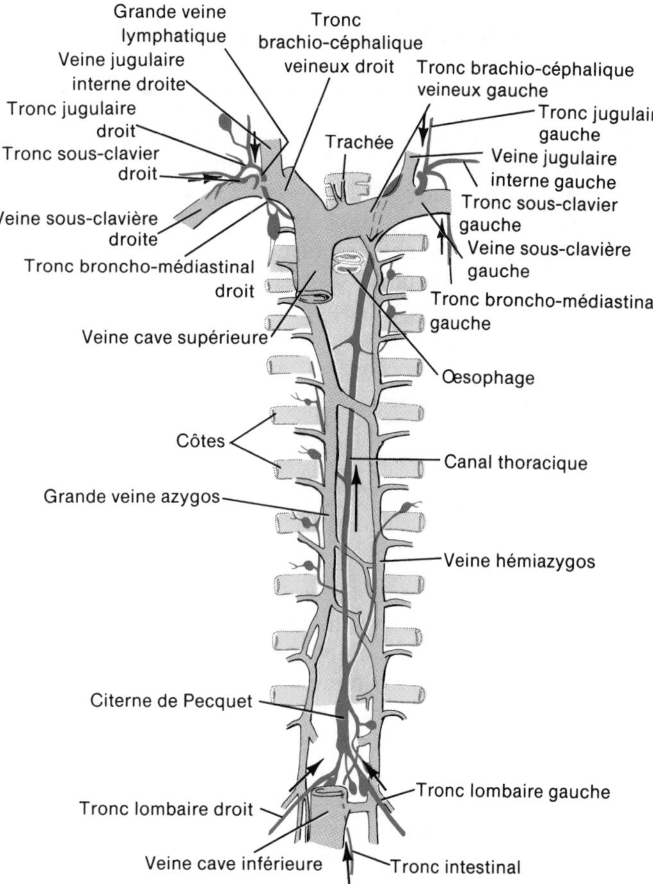

FIGURE 22.7 Schéma montrant la relation entre les troncs lymphatiques, le canal thoracique et la grande veine lymphatique. Voir également la figure 22.2.

medulla se compose principalement de cellules épithéliales et de lymphocytes épars; elle possède un réticulum cellulaire plutôt que fibreux. De plus, la medulla renferme des **corpuscules de Hassal**, ou **corpuscules thymiques**, couches concentriques de cellules épithéliales. On ne connaît pas leur signification.

Le thymus, bien visible chez l'enfant, atteint sa masse maximale d'environ 40 g durant la puberté. Après cette période, presque tout le tissu thymique est remplacé par des graisses et du tissu conjonctif. À la maturité, le thymus s'est considérablement atrophié.

Sa fonction immunitaire, que nous étudierons plus loin, consiste à produire des lymphocytes T chargés de détruire directement ou indirectement les microbes envahisseurs, par l'élaboration de diverses substances.

LA CIRCULATION LYMPHATIQUE

LE PARCOURS

Le plasma, lorsqu'il est filtré par les capillaires sanguins, traverse les espaces interstitiels ; on l'appelle alors liquide interstitiel. Nous avons vu, au chapitre 21, que les échanges de liquides entre les capillaires sanguins et les cellules du corps dépendent des pressions hydrostatique et osmotique. Ce liquide est appelé lymphe quand, à partir des espaces interstitiels, il pénètre dans les capillaires lymphatiques. La lymphe provenant des capillaires lymphatiques est ensuite transportée dans les lymphatiques qui l'acheminent vers les ganglions lymphatiques. Les vaisseaux lymphatiques afférents traversent la capsule en plusieurs points, pénètrent dans le ganglion et déversent la lymphe dans les sinus lymphatiques. Les vaisseaux efférents transportent la lymphe vers un second ganglion du même groupe ou ils la transfèrent vers un autre groupe de ganglions. Les vaisseaux efférents du groupe le plus proximal de chaque chaîne de ganglions se resserrent pour former des **troncs lymphatiques.** Les principaux troncs lymphatiques sont : les *troncs lombaires, intestinal, broncho-médiastinaux, sous-claviers* et *jugulaires* (figure 22.7).

Le canal thoracique

Les troncs déversent la lymphe dans deux principaux canaux : le canal thoracique et la grande veine lymphatique. Le **canal thoracique** mesure de 38 cm à 45 cm de longueur et prend naissance à la *citerne de Pecquet*, dilatation située devant la deuxième vertèbre lombaire (voir la figure 22.2,b). Le canal thoracique est le principal canal collecteur du système lymphatique ; il reçoit la lymphe provenant du côté gauche de la tête, du cou et du thorax, du membre supérieur gauche et de l'ensemble du corps situé sous les côtes.

La citerne de Pecquet reçoit la lymphe provenant des troncs lombaires droit et gauche et du tronc intestinal. Les troncs lombaires drainent la lymphe issue des membres inférieurs, des parois et des viscères du bassin, des reins, des surrénales et des lymphatiques profonds de la plus grande partie de la paroi abdominale. Le tronc intestinal draine la lymphe provenant de l'estomac, des intestins, du pancréas, de la rate et de la surface viscérale du foie. Dans le cou, le canal thoracique reçoit également la lymphe des troncs jugulaire gauche, sous-clavier gauche et broncho-médiastinal gauche. Le tronc jugulaire gauche draine la lymphe provenant du côté gauche de la tête et du cou ; le tronc sous-clavier gauche draine la lymphe issue du membre supérieur gauche ; et le tronc broncho-médiastinal gauche draine la lymphe provenant du côté gauche des parties profondes de la paroi thoracique antérieure, de la partie supérieure de la paroi abdominale antérieure, de la partie antérieure du diaphragme, du poumon gauche et du côté gauche du cœur.

La grande veine lymphatique

La **grande veine lymphatique** mesure environ 1,25 cm de longueur et draine la lymphe provenant du côté supérieur droit du corps (voir la figure 22.2,b). La grande veine lymphatique reçoit la lymphe des troncs suivants (figure 22.7) : le tronc jugulaire droit draine la lymphe issue du côté droit de la tête et du cou ; le tronc sous-clavier droit draine la lymphe du membre supérieur droit ; et le tronc broncho-médiastinal droit draine la lymphe provenant du côté droit du thorax, du poumon droit, du côté droit du cœur et d'une partie de la face convexe du foie.

Enfin, le canal thoracique déverse sa lymphe à l'intersection de la veine jugulaire interne gauche et de la veine sous-clavière gauche, tandis que la grande veine lymphatique déverse sa lymphe à l'intersection de la veine jugulaire interne droite et de la veine sous-clavière droite. La lymphe retourne donc dans le sang, et le cycle se répète indéfiniment.

LES FACTEURS DE SOUTIEN

La circulation de la lymphe, depuis les espaces tissulaires jusqu'aux volumineux canaux lymphatiques et aux veines sous-clavières, est principalement due à l'action des muscles squelettiques. En effet, les muscles squelettiques, en se contractant, exercent une pression sur les vaisseaux lymphatiques et forcent la lymphe à se diriger vers les veines sous-clavières. Les vaisseaux lymphatiques, tout comme les veines, contiennent des valvules qui assurent le mouvement de la lymphe vers les veines sous-clavières (voir la figure 22.4,a).

Les mouvements respiratoires contribuent également à maintenir l'écoulement de la lymphe. Ces mouvements créent un gradient de pression aux extrémités du système lymphatique. La lymphe circule à partir de la région abdominale, où la pression est élevée, vers la région thoracique, de pression moindre.

APPLICATION CLINIQUE

L'**œdème**, accumulation de liquide interstitiel dans les espaces tissulaires, peut être causé par une obstruction, comme un ganglion infecté ou un blocage vasculaire, sur le trajet entre les capillaires lymphatiques et les veines sous-clavières. L'œdème peut aussi provenir d'une production excessive de lymphe ou d'une trop grande perméabilité des parois des capillaires sanguins. L'augmentation de la pression des capillaires sanguins, causée par la formation de liquide interstitiel à un rythme plus rapide que son évacuation dans les lymphatiques, peut également être la cause d'un œdème.

LA RÉSISTANCE NON SPÉCIFIQUE

L'organisme humain s'efforce de maintenir l'homéostasie en annihilant l'action nocive des stimuli présents dans l'environnement. Ces stimuli sont très souvent des organismes pathogènes, appelés *agents pathogènes*, ou leurs toxines. On appelle **résistance** la capacité de repousser les maladies ; la **vulnérabilité** est le manque de résistance. Les mécanismes de défense se classent en deux groupes : la résistance non spécifique et la résistance spécifique. La résistance non spécifique est héréditaire et englobe un grand nombre de réactions, de la part de l'organisme, à une grande variété d'agents pathogènes. La résistance spécifique, ou **immunité**, nécessite la production d'un anticorps spécifique à un agent pathogène particulier ou à sa toxine. L'immunité n'est pas transmise par hérédité et se développe au cours de la vie. Voyons d'abord les mécanismes de résistance non spécifique.

LA PEAU ET LES MUQUEUSES

La peau et les muqueuses de l'organisme sont considérées comme les premières lignes de défense contre les microorganismes pathogènes. Elles possèdent des facteurs mécaniques et chimiques capables de stopper l'attaque initiale des microbes pathogènes.

Les facteurs mécaniques

La **peau intacte**, comme nous l'avons vu au chapitre 5, se compose de deux parties distinctes : le derme et l'épiderme. Quand on examine attentivement la peau, on s'aperçoit que les cellules très compactes de l'épiderme, la stratification continue de celui-ci et la présence de kératine forment une barrière physique interdisant l'entrée des microbes. Dans des conditions normales, la surface intacte de l'épiderme sain est rarement traversée par les bactéries. Mais lorsque la surface épithéliale est lésée, une infection sous-cutanée tend à se développer. Les staphylocoques, qui se trouvent normalement dans les follicules pileux et les glandes sudoripares, sont très souvent à l'origine de ces infections. Quand la température ambiante est très élevée et que la peau devient humide, les infections dermiques, particulièrement les infections fongiques telles que le pied d'athlète, sont très courantes.

Les **muqueuses**, tout comme la peau, se composent également d'une couche épithéliale recouvrant une couche de tissu conjonctif. Mais, contrairement à la peau, les muqueuses tapissent une cavité qui s'ouvre sur l'extérieur. Mentionnons, par exemple, la muqueuse tapissant l'ensemble du tube digestif, des voies respiratoires et urinaires, et de l'appareil reproducteur. Les cellules épithéliales d'une muqueuse sécrètent un liquide, appelé *mucus*, qui empêche les cavités de se dessécher. La consistance légèrement visqueuse du mucus permet l'emprisonnement des microbes lorsqu'ils pénètrent dans les voies respiratoires ou le tube digestif. La muqueuse olfactive renferme des **poils** recouverts de mucus qui filtrent l'air et emprisonnent les microbes, la poussière et les polluants. La muqueuse des voies respiratoires supérieures est pourvue de **cils**, microscopiques éminences ciliaires des cellules épithéliales (voir la figure 23.4,a). Ces cils produisent un mouvement capable de faire remonter vers la gorge les poussières et les microbes qui sont restés emprisonnés dans le mucus. Cet « ascenseur ciliaire » fait remonter la couche de mucus vers la gorge à un rythme de 1 cm/h à 3 cm/h. La toux et les éternuements accélèrent ce mouvement ascensionnel.

Certains agents pathogènes sont capables de croître sur le mucus de la muqueuse et peuvent pénétrer dans la membrane s'ils sont en nombre suffisant. Cette pénétration est sans doute liée aux produits toxiques élaborés par les microbes, aux lésions antérieures causées par des infections virales ou aux irritations de la muqueuse. Les muqueuses protègent l'organisme des nombreux microbes, mais de façon moins efficace que la peau.

Il existe plusieurs autres mécanismes destinés à protéger les couches épithéliales de la peau et des muqueuses. L'**appareil lacrymal**, par exemple, est le mécanisme de protection de l'œil (voir la figure 17.3,a). C'est un groupe d'organes chargés de produire et d'excréter les larmes qui sont étendues à la surface du globe oculaire par le clignement des yeux. Dans des conditions normales, les larmes sont évacuées par évaporation ou se déversent dans le nez à un rythme égal à celui de la production. Les larmes lavent continuellement l'œil et empêchent les microbes de se fixer à la surface du globe oculaire. Lorsqu'une substance irritante ou une grande quantité de microbes entrent en contact avec l'œil, les glandes lacrymales accroissent leur production. Les larmes s'accumulent, car leur évacuation n'est plus assez rapide. Le mécanisme de protection de l'œil consiste donc à diluer et à éliminer les substances irritantes et les microbes.

La **salive**, sécrétée par les glandes salivaires, élimine les microbes qui se déposent sur les dents et la muqueuse buccale, à la façon des larmes sur l'œil.

L'**épiglotte**, petite lame cartilagineuse qui protège le larynx pendant la déglutition, empêche les microbes de pénétrer dans les voies respiratoires inférieures (voir la figure 23.2,b). L'**écoulement de l'urine** nettoie l'urètre et empêche la formation de colonies microbiennes dans l'appareil urinaire.

Les facteurs chimiques

Les facteurs mécaniques, à eux seuls, ne procurent pas à la peau et aux muqueuses un haut degré de résistance aux invasions microbiennes. Certains facteurs chimiques jouent un rôle important. Le **sébum**, sécrété par les glandes sébacées de la peau, forme une pellicule protectrice à la surface de la peau et empêche la croissance de certaines bactéries. La **sueur** chasse quelques microbes de la peau. Le **suc gastrique** est une accumulation d'acide chlorhydrique, d'enzymes et de mucus produits par les glandes gastriques. Le haut taux d'acidité du suc gastrique (pH de 1,2 à 3,0) suffit à préserver la stérilité de l'estomac. L'acidité du suc gastrique détruit les bactéries de même que la plupart des principales toxines bactériennes.

L'**acidité de la peau**, pH variant de 3 à 5, est due en partie aux produits acides du métabolisme bactérien. Cette acidité repousse probablement les microbes qui entrent en contact avec la peau. Les **acides gras non saturés** sont des composants du sébum. Ces acides gras détruisent certaines bactéries pathogènes, telles que *Streptococcus pyogenes*, principal agent causal de la fièvre scarlatine et des maux de gorge d'origine streptococcique. Le **lysozyme** est une enzyme capable de dégrader les parois cellulaires de diverses bactéries, dans certaines conditions. On trouve habituellement les lysozymes dans la sueur, les larmes, la salive, les sécrétions nasales et les liquides interstitiels. Nous aborderons plus loin le rôle immunitaire de la peau.

LES SUBSTANCES ANTIMICROBIENNES

L'organisme, en plus des barrières mécaniques et chimiques protégeant la peau et les muqueuses, produit certaines substances antimicrobiennes. Parmi ces substances, on trouve l'interféron, le complément et la properdine.

L'interféron

Les cellules hôtes infectées par un virus produisent une protéine appelée **interféron**. Il existe trois types d'interférons: les interférons alpha, bêta et gamma. On a déjà prouvé que, chez les humains, l'interféron est produit par les lymphocytes et d'autres leucocytes et fibroblastes. L'interféron libéré par les cellules atteintes d'un virus gagne les cellules adjacentes saines et se fixe aux récepteurs de surface. Ce phénomène amène les cellules saines à synthétiser une autre protéine antivirale capable d'inhiber l'autoreproduction virale à l'intérieur des cellules. L'interféron semble être le premier élément chargé de défendre l'organisme contre un grand nombre de virus pathogènes. On estime qu'il réduit la virulence (pouvoir de causer une maladie) des virus de la varicelle, de l'herpès génital, de la rage, de la rubéole, de l'hépatite chronique, du zona, des infections oculaires, de l'encéphalite et d'au moins un type de rhume.

La relation apparente entre les virus et le cancer a incité les scientifiques à étudier les effets de l'interféron sur les clients atteints d'un cancer. Les données recueillies à la suite d'essais cliniques indiquent que de grandes quantités d'interférons purs fabriqués selon des techniques de génie génétique ont un effet limité contre certains types de tumeurs et sont sans effet contre d'autres types. Parmi les types de cancer réagissant au traitement par les interférons, on trouve le carcinome ostéogène, le myélome multiple et certains types de leucémies et de lymphomes. Deux interférons préparés par recombinant semblent se révéler efficaces pour le traitement de deux états malins, le mélanome et le cancer des cellules rénales, qui restent sans réaction aux autres thérapies.

L'interféron utilisé dans les essais cliniques pour traiter les cancers produit des effets secondaires; certains sont négligeables, mais d'autres mettent en danger la vie du sujet. Il peut produire la fatigue, la perte d'appétit, des malaises, la fièvre, des frissons, un état de confusion aiguë, le ralentissement des fonctions motrices, la désorientation, des crises d'épilepsie ou des complications cardiaques.

On a incorporé une forme d'interféron alpha, appelé interféron alpha-2, à un vaporisateur nasal qui empêcherait la propagation des rhumes parmi les membres d'une même famille.

Le complément

Le complément est une substance antimicrobienne très importante dans la résistance non spécifique et l'immunité. Le **complément** est un ensemble de onze protéines présentes dans le sérum sanguin. Le système est appelé complément, car il complète certaines réactions immunitaires et allergiques dans lesquelles interviennent les anticorps. Nous étudierons brièvement ces réactions. Le rôle de l'anticorps consiste à reconnaître le microbe comme un organisme étranger, à former un complexe antigène-anticorps et à activer le complément. Le complexe antigène-anticorps fixe le complément à la surface du microbe envahisseur. Lorsque le complément est activé, il détruit le microbe de la façon suivante:

1. Quelques protéines du complément amorcent une série de réactions qui percent la membrane plasmique du microbe et entraînent la **lyse de la cellule**.

2. Quelques protéines du complément se fixent aux récepteurs des phagocytes et favorisent la phagocytose. C'est ce qu'on appelle l'**opsonisation** ou l'**immuno-adhérence**.

3. Quelques protéines du complément contribuent au développement de l'inflammation en provoquant la libération d'histamine contenue dans les mastocytes, les leucocytes et les plaquettes. L'histamine augmente la perméabilité des capillaires sanguins, ce qui permet aux leucocytes de pénétrer dans les tissus afin de combattre l'infection ou l'allergie.

4. Quelques protéines du complément servent d'**agents chimiotactiques**; ils attirent vers eux un grand nombre de leucocytes.

La properdine

La **properdine** (*pro*: en faveur de; *perdere*: perdre), tout comme le complément, est une protéine contenue dans le sérum. C'est un composé formé de trois protéines. La properdine, qui agit de concert avec le complément, entraîne la destruction de plusieurs types de bactéries, favorise la phagocytose et déclenche des réactions inflammatoires.

LA PHAGOCYTOSE

Les microbes qui pénètrent dans la peau ou les muqueuses, ou qui évitent les substances antimicrobiennes du sang font face à un autre mécanisme de défense de l'organisme: la phagocytose. La **phagocytose** (*phagho*: manger; *cyte*: cellule) désigne tout simplement le processus d'ingestion et de destruction des microbes ou de toute particule étrangère par des cellules appelées phagocytes.

Les types de phagocytes

Les phagocytes se divisent en deux grandes catégories: les microphages et les macrophages. Les granulocytes du sang sont des **microphages**. Cependant, tous les granulocytes ne possèdent pas les mêmes pouvoirs phagocytaires. L'activité phagocytaire des neutrophiles est la plus importante. Les éosinophiles ont sans doute une certaine activité phagocytaire, mais le rôle des basophiles dans la phagocytose reste à prouver.

Quand une infection se produit, les microphages (particulièrement les neutrophiles) et les monocytes migrent vers le foyer d'infection. C'est au cours de cette migration que les monocytes se dilatent et se transforment en **macrophages**, cellules de haute activité phagocytaire. Ces cellules, qui migrent du sang vers les foyers d'infection, portent le nom de **macrophages libres**. Quelques macrophages, les **macrophages fixes** ou **histiocytes**, pénètrent dans certains tissus et certains organes du corps et s'y installent. On trouve des macrophages fixes dans le foie (les cellules de Kupffer), les poumons (les macrophages alvéolaires), l'encéphale (la microglie), la rate, les ganglions lymphatiques et la moelle osseuse.

Le mécanisme

Nous diviserons la phagocytose en deux étapes: l'immuno-cyto-adhérence et l'ingestion. L'**immuno-cyto-adhérence** est la fixation solide de la membrane plasmique d'un phagocyte à un microbe ou à une substance étrangère. Parfois, l'immuno-cyto-adhérence s'effectue aisément; les microbes sont donc rapidement phagocytés (voir la figure 3.6,a,b). Mais il arrive qu'elle se fasse moins facilement. Le phagocyte emprisonne alors la particule étrangère sur une surface rugueuse, telle que celle d'un vaisseau sanguin, d'un caillot sanguin ou d'une fibre de tissu conjonctif, pour l'empêcher de s'échapper. Ce processus est parfois appelé **phagocytose non immune**. Les bactéries peuvent également être phagocytées si elles sont recouvertes d'un complément ou d'un anticorps destiné à faciliter la fixation du microbe au phagocyte. C'est ce qu'on appelle l'**opsonisation** (**immuno-adhérence**). Le chimiotactisme favorise également l'adhérence. C'est l'attraction des phagocytes vers les microbes par des agents chimiques, tels que des produits microbiens, des composants des leucocytes et des cellules tissulaires, et d'agents chimiques dérivés du complément.

L'étape suivante est l'**ingestion**. L'ingestion est le processus par lequel les prolongements de la membrane cellulaire du phagocyte, les pseudopodes, englobent le

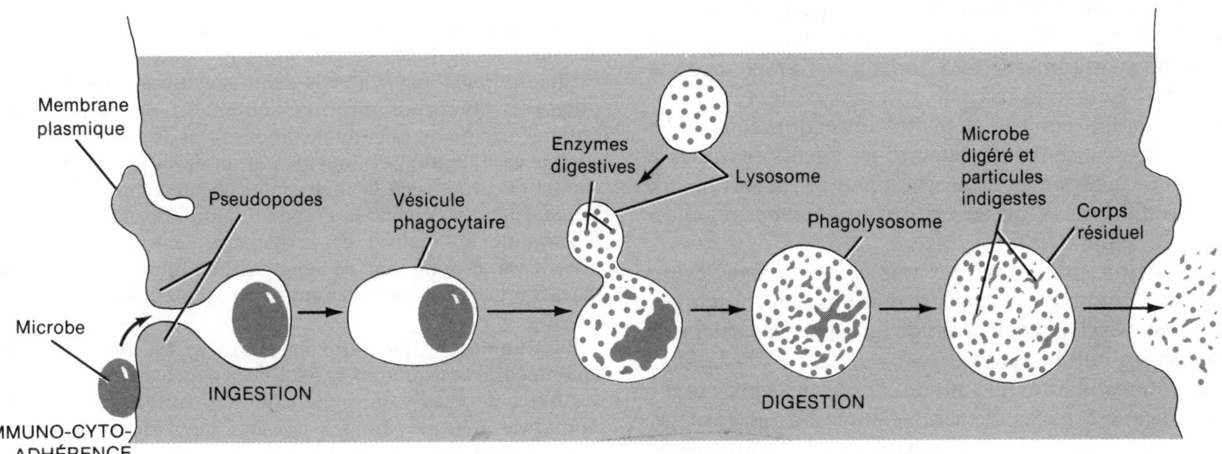

FIGURE 22.8 Phases de la phagocytose.

microbe (figure 22.8). Quand le microbe est entouré, la membrane se replie vers l'intérieur et forme un sac, appelé **vésicule phagocytaire**, autour du microbe. La vésicule s'éloigne de la membrane et pénètre dans le cytoplasme. À l'intérieur du cytoplasme, elle entre en contact avec des lysosomes contenant des enzymes digestives et des substances bactéricides. Au moment du contact, les membranes vésiculaire et lysosomale fusionnent pour former une seule grosse structure, le **phagolysosome (vésicule digestive)**. Les bactéries se trouvant dans le phagolysosome sont détruites dans une période allant de 10 min à 30 min. On explique la destruction par les composants des lysosomes: l'acide lactique (qui abaisse le pH du phagolysosome), la production d'eau oxygénée, le lysozyme et l'activité destuctrice des enzymes capables de dégrader les glucides, les protéines, les lipides et les acides nucléiques. Les matières qui ne peuvent être ni digérées ni dégradées sont contenues dans une structure appelée **corps résiduel**. Le corps résiduel est alors éliminé par exocytose, processus au cours duquel le corps résiduel migre vers la membrane plasmique, fusionne avec elle, se rompt et déverse son contenu.

Quelques microbes, tels que les staphylocoques producteurs de toxine, sont parfois ingérés, mais ne sont pas nécessairement tués. En fait, leur toxine peut même tuer les phagocytes. D'autres microbes, tels que *Mycobacterium tuberculosis*, se multiplient à l'intérieur du phagolysosome et finissent par détruire le phagocyte. D'autres microbes encore, tels que les agents pathogènes de la tularémie et de la brucellose, peuvent rester inactifs dans les phagocytes pendant des mois ou des années.

L'INFLAMMATION

Les cellules lésées par des microbes ou des agents physiques ou chimiques provoquent une **inflammation (réaction inflammatoire)**. La lésion peut être considérée comme une forme d'agression.

Les symptômes

Une inflammation est généralement caractérisée par quatre symptômes fondamentaux: la **rougeur**, la **douleur**, la **chaleur** et la **tuméfaction**. La **perte de fonction** à l'endroit de la lésion pourrait compter comme un cinquième symptôme. C'est l'endroit et l'ampleur de la lésion qui déterminent s'il y a perte de fonction. L'inflammation a un rôle de protection et de défense. Elle tente de neutraliser et de détruire les agents toxiques à l'endroit de la lésion, et de prévenir leur propagation aux organes adjacents. L'inflammation est donc une réaction destinée à rétablir l'homéostasie.

La réaction inflammatoire immédiate à une lésion tissulaire est une suite de transformations physiologiques et anatomiques. Divers éléments de l'organisme participent à la réaction initiale: les vaisseaux sanguins; l'*exsudat*, liquide intercellulaire qui contient des déchets provenant des cellules lésées; les éléments figurés du sang; et les tissus épithéliaux et conjonctifs qui les entourent. Certains facteurs, tels que l'âge et l'état de santé de la personne, influencent la réaction inflammatoire. Tous les types de cicatrisation épuisent considérablement les réserves de nutriments de l'organisme. La nutrition joue donc un rôle essentiel dans la cicatrisation.

Les étapes

L'inflammation est l'un des mécanismes de défense de l'organisme. La réaction provoquée par un clou rouillé dans un tissu est semblable à tous les types de réactions inflammatoires, telles que les angines d'origine bactérienne ou virale. Voici les principales étapes de la réaction.

1. La vasodilatation et l'accroissement de la perméabilité des vaisseaux sanguins. Immédiatement après la lésion du tissu, les vaisseaux se dilatent et la perméabilité des vaisseaux sanguins, à l'endroit de la lésion, augmente. La **vasodilatation** est l'augmentation du diamètre des vaisseaux sanguins. L'**accroissement de la perméabilité** signifie que les substances normalement retenues dans le sang sont évacuées hors des vaisseaux. La vasodilatation permet une augmentation de l'apport sanguin à l'endroit de la lésion, et l'accroissement de la perméabilité permet aux substances protectrices du sang de s'étendre à l'endroit de la lésion. Parmi ces substances protectrices, on trouve les leucocytes et les agents chimiques coagulants. L'accroissement du débit sanguin a également pour effet d'évacuer les produits toxiques et les cellules mortes pour empêcher l'aggravation de la lésion. Parmi les substances toxiques, on trouve les déchets libérés par les micro-organismes envahisseurs. La coagulation du sang empêche les microbes et leurs toxines de se propager dans l'organisme.

La vasodilatation et l'augmentation de la perméabilité sont causées par la libération de certaines substances chimiques par les cellules lésées. L'*histamine* est l'une de ces substances (figure 22.9,a). On la trouve dans de nombreux tissus de l'organisme, particulièrement dans les mastocytes du tissu conjonctif, dans les basophiles circulants (type de leucocyte) et dans les plaquettes du sang. Les cellules libèrent l'histamine lorsqu'elles sont lésées. Les neutrophiles, type de leucocyte attiré vers l'endroit de la lésion, peuvent aussi produire des agents chimiques qui entraînent la libération d'histamine. Les *kinines* jouent également un rôle dans la vasodilatation et l'augmentation de la perméabilité. Elles attirent aussi les neutrophiles vers l'endroit de la lésion. L'inflammation accroît la synthèse des *prostaglandines*, notamment de la prostaglandine E. Les prostaglandines sont elles-mêmes de puissants vasodilatateurs; elles augmentent également l'effet de l'histamine et des kinines. Les prostaglandines accroissent la perméabilité des vaisseaux sanguins.

En plus des réactions directes, l'organisme peut aussi accroître les rythmes métaboliques et accélérer la fréquence cardiaque pour augmenter le débit sanguin à l'endroit de la blessure. Quelques minutes seulement après la lésion, l'augmentation du taux du métabolisme et de la circulation, et surtout la dilatation et l'augmentation de la perméabilité des capillaires produisent la chaleur, la rougeur et la tuméfaction. La chaleur provient de la grande quantité de sang chaud qui s'accumule à l'endroit de la blessure; elle provient aussi, jusqu'à un certain point, de l'énergie thermique dégagée par les réactions métaboliques. La rougeur provient de l'accumulation de sang.

La douleur, immédiate ou retardée, est un symptôme fondamental de l'inflammation. Elle peut provenir d'une lésion des fibres nerveuses ou d'une irritation causée par les agents chimiques toxiques libérés par des micro-organismes. La douleur peut également provenir d'une augmentation de la pression causée par un œdème. Les prostaglandines intensifient et prolongent la douleur reliée à l'inflammation. Les kinines agissent sur les terminaisons nerveuses et sont en grande partie responsables des douleurs reliées à l'inflammation.

2. La migration des phagocytes. De façon générale, les phagocytes, microphages et macrophages, apparaissent à l'endroit de la lésion moins d'une heure après le début du processus inflammatoire. À mesure que la circulation sanguine diminue, les microphages (neutrophiles) tendent à rester près de la surface interne de l'endothélium des vaisseaux sanguins; c'est la **margination**. Les neutrophiles traversent la paroi du vaisseau sanguin et progressent vers l'endroit de la lésion. La migration, qui ressemble au mouvement amiboïde, est appelée **diapédèse**. La diapédèse peut durer à peine 2 min (figure 22.9,b). Le mouvement des neutrophiles dépend du **chimiotactisme** (*chimio*: chimie; *tactisme*: orientation), attraction des neutrophiles par certains agents chimiques. Les neutrophiles sont attirés par les microbes, les kinines et d'autres neutrophiles. Le débit régulier des neutrophiles est assuré par la moelle osseuse chargée de produire et de libérer d'autres neutrophiles. Ce phénomène est provoqué par une substance provenant des tissus enflammés, le **facteur d'activation de la leucocytose**. Les neutrophiles tentent de détruire les microbes envahisseurs par phagocytose. Les neutrophiles contiennent des antibiotiques, les **phagocytines**, ainsi nommés à cause de leur rôle apparent dans la prévention et la guérison des infections. Les phagocytines sont efficaces contre les bactéries, les champignons et les virus, contrairement à d'autres antibiotiques qui ne neutralisent que des microbes particuliers.

C'est ensuite au tour des monocytes d'apparaître à l'endroit de la lésion. Lorsqu'ils sont à l'intérieur du tissu, les monocytes se transforment en macrophages libres qui augmentent la capacité phagocytaire des macrophages fixes. Durant l'inflammation, les macrophages fixes se transforment en macrophages libres et migrent vers l'endroit de la lésion. Les neutrophiles, prédominants durant les phases initiales de l'infection, disparaissent rapidement. Les macrophages entrent en action au cours des phases finales de l'infection. Leur capacité phagocytaire dépasse plusieurs fois celle des neutrophiles; ils sont assez volumineux pour englober les tissus et les neutrophiles qui ont été détruits, ainsi que les microbes envahisseurs.

3. La libération des nutriments. Les nutriments emmagasinés dans l'organisme servent à nourrir les cellules protectrices. Ils sont aussi utilisés dans les nombreuses réactions métaboliques des cellules en cas d'attaque.

4. La formation de fibrine. Le sang contient une protéine soluble appelée **fibrinogène**. L'accroissement de la perméabilité des capillaires entraîne l'écoulement du fibrinogène vers les tissus. Le fibrinogène est alors transformé en un réseau épais et insoluble, la **fibrine**, qui détecte et emprisonne les organismes envahisseurs afin d'empêcher leur propagation. Ce réseau forme finalement un caillot de fibrine qui prévient les hémorragies et isole la région infectée.

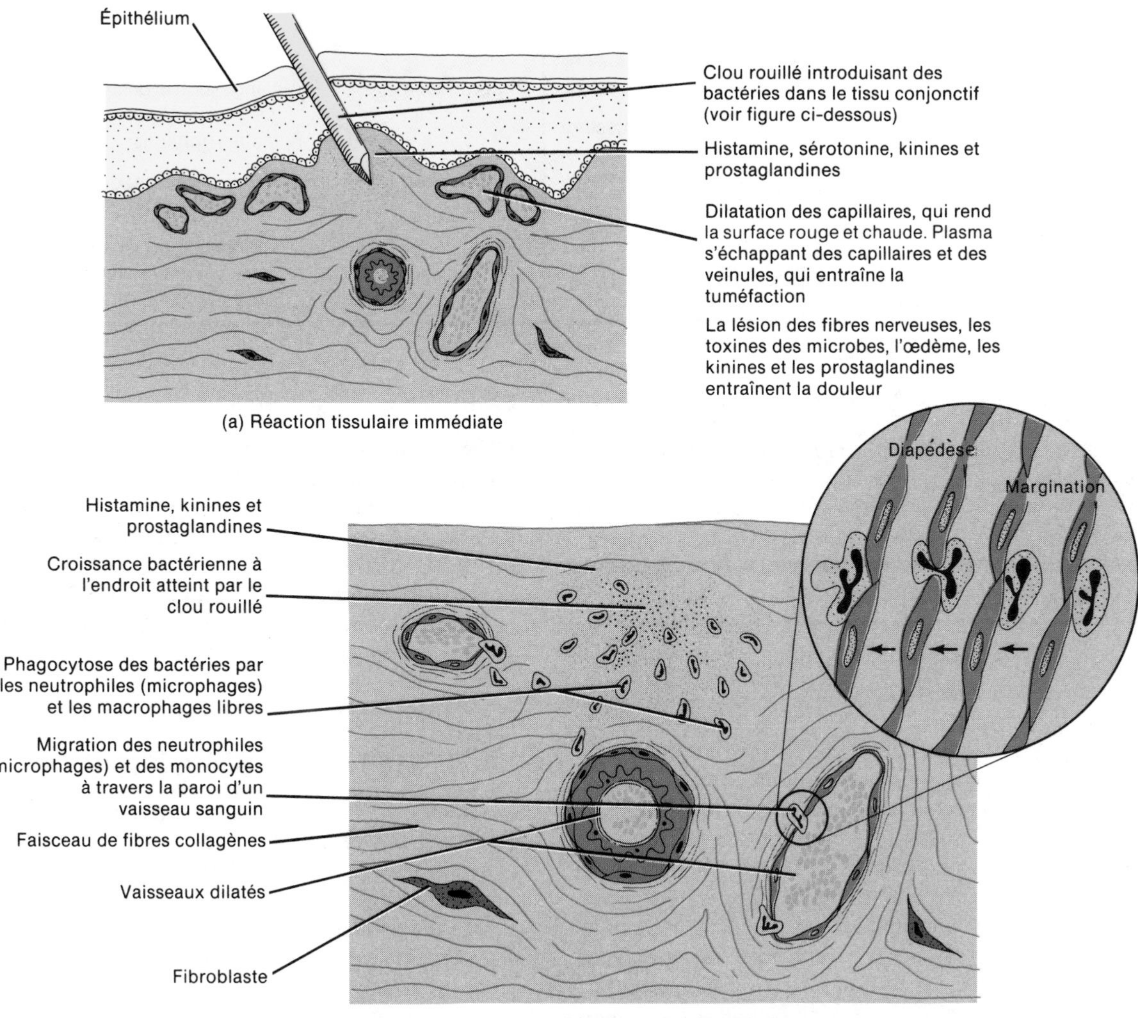

FIGURE 22.9 Réaction d'un tissu et d'une cellule à une lésion. (a) Réaction tissulaire immédiate. (b) Réaction cellulaire spécifique.

DOCUMENT 22.1 RÉSUMÉ DE LA RÉSISTANCE NON SPÉCIFIQUE

COMPOSANT	FONCTIONS
Peau et muqueuses	
Facteurs mécaniques	
Peau intacte	Forme une barrière physique empêchant l'infiltration des microbes
Muqueuses	Empêchent la pénétration d'un grand nombre de microbes, mais de façon moins efficace que la peau intacte
Mucus	Emprisonne les microbes dans les voies respiratoires et le tube digestif
Poils	Filtrent les microbes et la poussière dans le nez
Cils	Conjointement avec le mucus, emprisonnent et évacuent les microbes et la poussière des voies respiratoires supérieures
Appareil lacrymal	Dilution et élimination des substances irritantes et des microbes par les larmes
Salive	Enlève les microbes de la surface des dents et des muqueuses de la bouche
Épiglotte	Empêche les microbes et la poussière de pénétrer dans la trachée
Urine	Élimine les microbes de l'urètre
Facteurs chimiques	
Suc gastrique	Détruit les bactéries et la plupart des toxines dans l'estomac
Acidité de la peau	Empêche la croissance de plusieurs microbes
Acides gras non saturés	Substance antibactérienne contenue dans le sébum
Lysozyme	Substance antimicrobienne contenue dans la sueur, les larmes, la salive, les sécrétions nasales et les liquides interstitiels
Substances antimicrobiennes	
Interféron	Protège les cellules hôtes non infectées contre les infections virales
Complément	Entraîne la lyse des microbes, favorise la phagocytose, joue un rôle dans l'inflammation et sert d'agent chimiotactique
Properdine	Agit avec le complément et entraîne des réactions identiques
Phagocytose	Ingestion et destruction des particules étrangères par les microphages et les macrophages
Inflammation	Emprisonne et détruit les microbes et reconstitue les tissus
Fièvre	Inhibe la croissance microbienne et accélère les réactions de l'organisme qui favorisent la guérison

5. **La formation de pus**. Dans toutes les inflammations, sauf dans les inflammations très légères, il se produit une formation de pus ; c'est la **pyogénie**. Le pus est un liquide épais qui contient des leucocytes, aussi bien vivants que morts, de même que des déchets provenant de tissus morts.

APPLICATION CLINIQUE

Si le pus n'est pas drainé hors de l'organisme, un abcès se forme. Un **abcès** est une accumulation de pus dans une cavité néoformée. Les boutons et les furoncles en sont des exemples courants. Un tissu enflammé qui se desquame plusieurs fois produit une plaie, appelée **ulcère**, à la surface de l'organe ou du tissu. Un ulcère peut provenir de la réaction inflammatoire prolongée d'un tissu qui ne se cicatrise pas. Par exemple, une production excessive d'acides digestifs par l'estomac entraîne l'érosion constante du tissu épithélial qui le tapisse. Des ulcères peuvent apparaître dans le tissu des jambes des personnes dont la circulation sanguine est inadéquate. Les ulcères apparaissent dans les tissus qui ne peuvent se cicatriser à cause d'une diminution d'oxygène ou de nutriments.

LA FIÈVRE

La **fièvre**, élévation anormale de la température du corps, est le plus souvent causée par une infection d'origine bactérienne ou virale. L'élévation de température inhibe quelques croissances microbiennes et accélère les réactions de l'organisme qui favorisent la guérison. La fièvre sera étudiée en détail au chapitre 25.

Dans le document 22.1, nous présentons un résumé des divers composants de la résistance non spécifique.

L'IMMUNITÉ : LA RÉSISTANCE SPÉCIFIQUE

Les mécanismes de résistance non spécifique, malgré leur diversité, ont en commun la protection de l'organisme contre tous les types d'agents pathogènes. Ils ne sont pas conçus pour stopper un type de microbe particulier. La résistance spécifique, appelée **immunité**, est la production d'un type de cellule ou d'un type de molécule (anticorps) bien précis pour détruire un antigène donné. Si un premier antigène s'infiltre dans l'organisme, un premier anticorps est produit pour le contrer. Si un deuxième antigène pénètre dans l'organisme, un deuxième anticorps vient le contrer, et ainsi de suite. L'**immunologie** (*immuno*: exempté) est la branche de la médecine qui étudie les réactions de l'organisme aux antigènes. L'étude des composants de la résistance spécifique portera tout d'abord sur la nature des antigènes et des anticorps.

LES ANTIGÈNES

La définition

Un **antigène** est toute substance chimique qui, lorsqu'elle est introduite dans l'organisme, déclenche la production d'un anticorps spécifique qui réagit avec l'antigène. Les antigènes possèdent deux caractéristiques importantes. La première, l'**immunogénicité**, est la capacité de stimuler la formation d'anticorps spécifiques. La deuxième, la **réactivité**, est la capacité que possède l'antigène de réagir exclusivement avec les anticorps produits. On appelle **antigène complet** l'antigène qui possède ces deux caractéristiques.

Les caractéristiques

Du point de vue chimique, la majorité des antigènes sont des protéines: les nucléoprotéines (acide nucléique et protéines); les lipoprotéines (lipides et protéines); les glycoprotéines (glucides et protéines); et certains gros polyosides. En règle générale, leur masse moléculaire est de l'ordre de 10 000 ou plus.

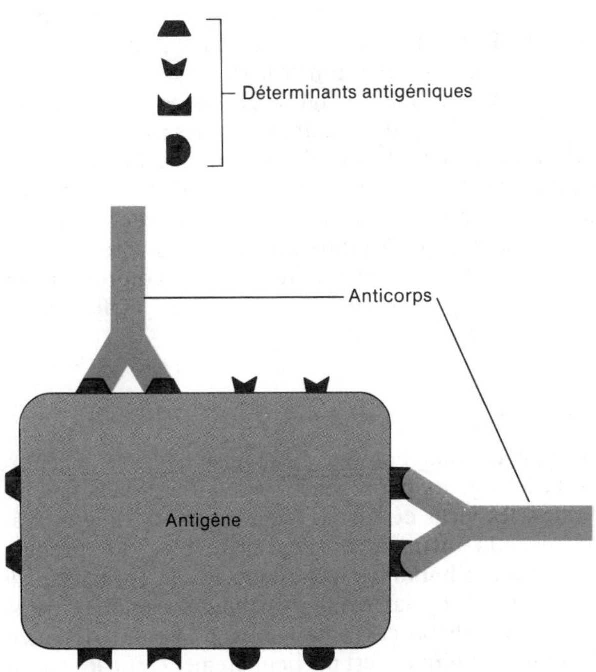

FIGURE 22.10 Relation entre un antigène et des anticorps. La plupart des antigènes sont multivalents, car ils possèdent plus d'un déterminant antigénique. Chez les humains, la majorité des anticorps sont bivalents; ils ont deux sites de réaction qui sont complémentaires des déterminants antigéniques de leur antigène spécifique. Chaque anticorps possède des sites de réaction pour des déterminants antigéniques spécifiques seulement.

Les microbes entiers, tels que les bactéries ou les virus, ou des parties de microbes peuvent agir comme des antigènes. Par exemple, des structures bactériennes telles que les flagelles, les capsules bactériennes et les parois cellulaires sont antigéniques; les toxines bactériennes sont fortement antigéniques. Le pollen, le blanc d'œuf, les cellules sanguines incompatibles, les tissus greffés et les organes transplantés sont des exemples d'antigènes non microbiens. Les quantités immenses d'antigènes présents dans l'environnement sont des sources potentielles capables de déclencher la production d'anticoprs par l'organisme.

Les anticorps ne se fixent pas sur toute la surface de l'antigène. Les anticorps réagissent avec les composés chimiques particuliers de l'antigène en des points précis de la surface de ce dernier: les **déterminants antigéniques** (figure 22.10). La combinaison dépend de la taille et de la forme du déterminant antigénique et de son affinité pour la structure chimique de l'anticorps. L'interaction est semblable à celle d'une clé dans une serrure que nous avons utilisée pour illustrer la combinaison des enzymes et des substrats.

On appelle *valence* le nombre de déterminants antigéniques à la surface de l'antigène. La plupart des antigènes sont *multivalents*, c'est-à-dire qu'ils possèdent plusieurs déterminants antigéniques. On estime qu'un antigène doit avoir au moins deux déterminants antigéniques (*bivalent*) pour être capable de provoquer la formation d'un anticorps. Si on provoque la dégradation d'un antigène, il devient possible d'isoler le déterminant antigénique. Sa masse moléculaire est faible, comparée à celle de l'antigène entier; elle varie de 200 à 1 000. Un déterminant antigénique, lorsqu'il est isolé, ne perd pas sa capacité de réagir avec un anticorps (réactivité), mais ne peut plus stimuler la production d'anticorps (immunogénicité) quand on l'injecte à un animal. Sa faible masse moléculaire l'empêche de jouer le rôle d'un antigène complet. Un déterminant antigénique possédant la propriété de réactivité, mais non celle d'immunogénicité est appelé **haptène** (*haptène*: s'attacher à) ou **partigène**. Un haptène peut stimuler une réaction immunitaire s'il est relié à une grosse molécule porteuse de telle façon que la molécule possède deux déterminants antigéniques. Certains antibiotiques de faible masse moléculaire, comme la pénicilline, se combinent parfois à des protéines de l'organisme de masse moléculaire plus élevée. Cette combinaison donne deux déterminants antigéniques; le complexe ainsi formé est donc antigénique. Les anticorps qui se forment sur le complexe sont responsables des réactions allergiques aux médicaments et à d'autres substances chimiques.

De façon générale, les antigènes sont des substances étrangères. Ils ne font habituellement pas partie de la chimie de l'organisme. Les substances que l'organisme reconnaît comme « siennes » ne sont pas des antigènes; les substances qu'il identifie comme « étrangères » provoquent la production d'anticorps. Il est toutefois possible que, dans certaines conditions, cette définition soit démentie et que l'organisme produise des anticorps qui l'attaqueront. Ces affections, appelées maladies auto-immunes, sont étudiées plus loin.

Voyons maintenant les caractéristiques des anticorps.

LES ANTICORPS

La définition

Un **anticorps** est une protéine produite par l'organisme en réaction à la présence d'un antigène et qui est capable de se combiner de façon spécifique à l'antigène ; c'est la définition complémentaire de l'antigène.

L'ajustement spécifique de l'anticorps avec l'antigène dépend non seulement de la taille et de la forme du déterminant antigénique, mais aussi du site correspondant de l'anticorps (figure 22.10). L'anticorps, tout comme l'antigène, possède une valence. Les antigènes sont presque tous multivalents, mais les anticorps sont soit bivalents, soit multivalents. Chez les humains, la majorité des anticorps sont bivalents.

Les anticorps font partie d'un groupe de protéines appelées globulines ; c'est pourquoi on les appelle aussi **immunoglobulines** ou **Ig**. Cinq classes d'immunoglobulines sont présentes chez les humains : l'IgG, l'IgA, l'IgM, l'IgD et l'IgE. Chacune de ces classes a une structure chimique différente et joue un rôle biologique précis. L'anticorps IgG favorise la phagocytose, neutralise les toxines et protège le fœtus et le nouveau-né. L'anticorps IgA fournit une protection localisée aux surfaces muqueuses. L'anticorps IgM est très efficace contre les microbes en causant l'agglutination et la lyse. L'anticorps IgD joue probablement un rôle dans la stimulation des cellules productrices d'anticorps. L'anticorps IgE joue un rôle dans les réactions allergiques. Il est intéressant de remarquer que, durant les périodes d'agression, le taux d'anticorps IgA diminue. Cette réduction peut entraîner, chez certaines personnes, une diminution de la résistance à l'infection.

La structure

Les anticorps étant des protéines, ils sont formés de chaînes polypeptidiques. La plupart des anticorps sont formés de deux paires de chaînes polypeptidiques (figure 22.11). Deux de ces chaînes sont identiques et portent le nom de *chaînes lourdes*. Elles se composent chacune de plus de 400 acides aminés. Les deux autres chaînes, également identiques, sont appelées *chaînes légères* ; elles se composent chacune de 200 acides aminés. Les anticorps sont donc formés de deux moitiés identiques, reliées par des ponts disulfure. Chaque moitié de l'anticorps se compose d'une chaîne lourde et d'une chaîne légère unies par un pont disulfure. Souvent, la molécule d'anticorps prend la forme d'un Y ; mais il arrive qu'elle ressemble à la lettre T. Nous expliquerons plus loin les raisons de ces différences de formes.

Les chaînes lourdes et légères sont formées de deux régions différentes. La partie supérieure, appelée *partie variable*, contient le site de liaison de l'antigène. La partie variable est différente pour chaque sorte d'anticorps ; c'est elle qui permet aux anticorps de reconnaître les types particuliers d'antigènes et de s'y fixer. La plupart des anticorps sont bivalents, car ils possèdent deux parties variables permettant la liaison de l'antigène. L'autre partie de la chaîne polypeptidique est appelée *partie constante*. La partie constante est la même pour

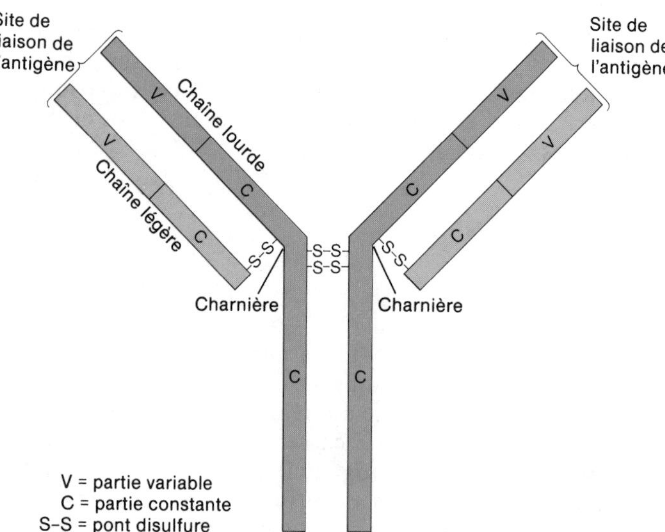

FIGURE 22.11 Diagramme des parties d'une molécule d'anticorps.

tous les anticorps de la même classe et elle détermine le type de réaction antigène-anticorps qui doit se produire. La partie constante diffère d'une classe d'anticorps à l'autre. On détermine les classes d'anticorps selon la structure des parties constantes.

Au cours de sa fonction immunitaire, l'anticorps semble jouer le rôle d'un interrupteur. Lorsqu'on observe un anticorps à l'aide d'un microscope électronique, on s'aperçoit que sa molécule est en forme de T avant sa combinaison à l'antigène. Après la combinaison, la molécule semble rapetisser et adopter la forme de la lettre Y. Il est possible que la liaison de l'antigène provoque une modification de la structure de l'anticorps. Si l'on observe bien la figure 22.11, on remarque une charnière le long des chaînes lourdes ; ces charnières procurent à la molécule d'anticorps sa flexibilité. La combinaison de l'antigène et de l'anticorps peut entraîner le pivotement de la chaîne lourde et lui faire adopter la forme en Y plutôt qu'en T. Ce pivotement peut exposer la partie constante, qui intervient alors dans une réaction antigène-anticorps particulière, telle que la fixation du complément.

L'IMMUNITÉ CELLULAIRE ET HUMORALE

La capacité que possède l'organisme de se défendre contre les agents pathogènes, tels que les bactéries, les toxines, les virus et les tissus étrangers, est due à deux composants intimement liés entre eux. Le premier composant, l'**immunité cellulaire**, est la formation de lymphocytes spécialement sensibilisés capables de se fixer aux substances étrangères et de les détruire. L'immunité cellulaire est particulièrement efficace contre les champignons, les parasites, les infections virales intracellulaires, les cellules cancéreuses et les greffons de tissus étrangers. Dans le second composant, l'**immunité humorale**, l'organisme produit des anticorps circulants capables d'attaquer les agents envahisseurs. L'immunité humorale est particulièrement efficace contre les infections bactériennes et virales.

L'immunité cellulaire et l'immunité humorale sont le produit des tissus lymphoïdes de l'organisme. La majeure partie des tissus lymphoïdes est située dans les ganglions lymphatiques, mais on les trouve également dans la rate, le tube digestif et, en quantité moindre, dans la moelle osseuse. Les tissus lymphoïdes sont situés de telle façon qu'ils sont capables d'intercepter un agent envahisseur et d'empêcher sa propagation dans la circulation systémique.

La formation des lymphocytes T et des lymphocytes B

Les tissus lymphoïdes sont principalement formés de lymphocytes; on en distingue deux types. Les **lymphocytes T** interviennent dans l'immunité cellulaire. Les **lymphocytes B** se transforment en plasmocytes spécialisés qui produisent des anticorps et assurent l'immunité humorale.

Ces deux types de lymphocytes sont issus des lymphocytes souches qui se trouvent dans la moelle osseuse de l'embryon (figure 22.12). Les descendants des cellules souches migrent vers leur position finale, dans les tissus lymphoïdes, en suivant deux parcours différents. La moitié d'entre eux environ migrent vers le thymus, où ils sont transformés en lymphocytes T. Le nom de ces cellules provient du processus de transformation qui se produit dans le thymus. Le thymus procure en quelque sorte aux lymphocytes T ce qu'on appelle la *compétence immunitaire*. Ce qui signifie que les lymphocytes T acquièrent le pouvoir de se différencier en cellules capables de produire des réactions immunitaires spécifiques. Ils quittent ensuite le thymus et viennent s'encastrer dans les tissus lymphoïdes. La compétence immunitaire est conférée par le thymus, peu avant la naissance et pendant quelques mois après la naissance. Si on enlève le thymus d'un animal avant la transformation des lymphocytes T, l'immunité cellulaire ne se développe pas. Même après que les lymphocytes T ont quitté le thymus pour s'établir dans d'autres tissus, les hormones thymiques continuent de les stimuler, ainsi que leurs descendants.

Les autres cellules souches sont transformées dans une partie de l'organisme qu'on ignore; il pourrait s'agir de la moelle osseuse, du foie et de la rate du fœtus ou du tissu lymphoïde lié au tube intestinal. Elles se transforment en lymphocytes B. On leur donne ce nom car, chez les oiseaux, elles sont transformées dans la bourse de Fabricius, petite poche de tissu lymphoïde attachée à l'intestin. Les lymphocytes B se dirigent ensuite vers les tissus lymphoïdes où ils s'installent. Les lymphocytes T et les lymphocytes B se trouvent dans les mêmes tissus lymphoïdes, mais en des endroits différents.

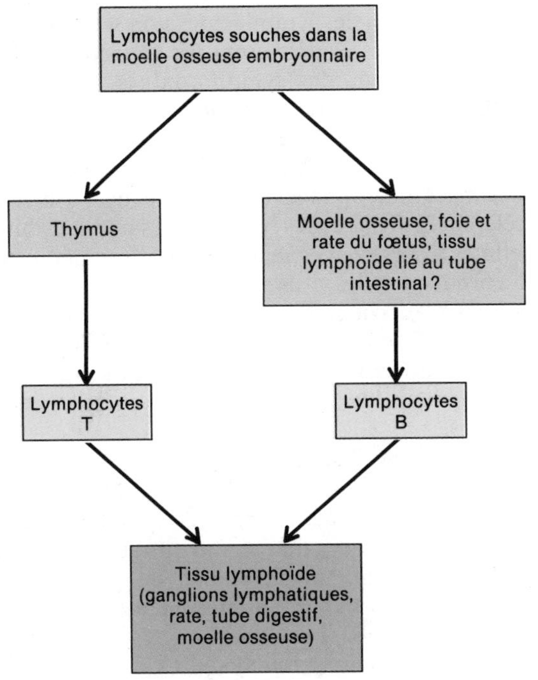

FIGURE 22.12 Origine et différenciation des lymphocytes T et des lymphocytes B.

Les lymphocytes T, les lymphocytes B et les macrophages

Contrairement aux divers mécanismes de résistance non spécifique que nous avons vus, les réactions des lymphocytes T et des lymphocytes B dépendent en grande partie de la capacité qu'ils ont de reconnaître les antigènes spécifiques. La reconnaissance repose sur l'ajustement spécifique des déterminants antigéniques aux parties variables des anticorps. Cependant, pour que les lymphocytes T et B accomplissent leur rôle immunitaire, la présence d'une troisième cellule est indispensable. Cette cellule, que nous avons déjà étudiée, est le macrophage. Les macrophages transforment et présentent les antigènes aux lymphocytes B et T. Cette transformation s'effectue sans doute lorsque les macrophages phagocytent les antigènes; l'antigène partiellement digéré est exposé à la surface du macrophage et est mis en présence des lymphocytes T ou B pour être reconnu. Au cours de la transformation et de la reconnaissance, les macrophages sécrètent une puissante protéine déclenchant la prolifération des lymphocytes T et B, l'*interleukine 1*. Quand ces lymphocytes deviennent actifs, ils favorisent à leur tour la participation des macrophages à la destruction des antigènes.

Les lymphocytes T et l'immunité cellulaire

Il existe des milliers de sortes de lymphocytes T, toutes capables de réagir à un antigène spécifique ou à un groupe d'antigènes; c'est la base sur laquelle repose l'immunité cellulaire. En tout temps, la plupart des lymphocytes T sont inactifs. Lorsqu'un antigène s'infiltre dans l'organisme, seul le lymphocyte T conçu pour réagir avec cet antigène est activé. On dit alors de ce lymphocyte qu'il est sensibilisé. L'activation se déclenche au moment où les macrophages phagocytent l'antigène et le mettent en présence du lymphocyte T. Les lymphocytes T sensibilisés augmentent de volume, se différencient et se divisent; chaque cellule différenciée donne naissance à un *clone*, population de cellules identiques (figure 22.13). Plusieurs sous-populations de la cellule à l'intérieur du

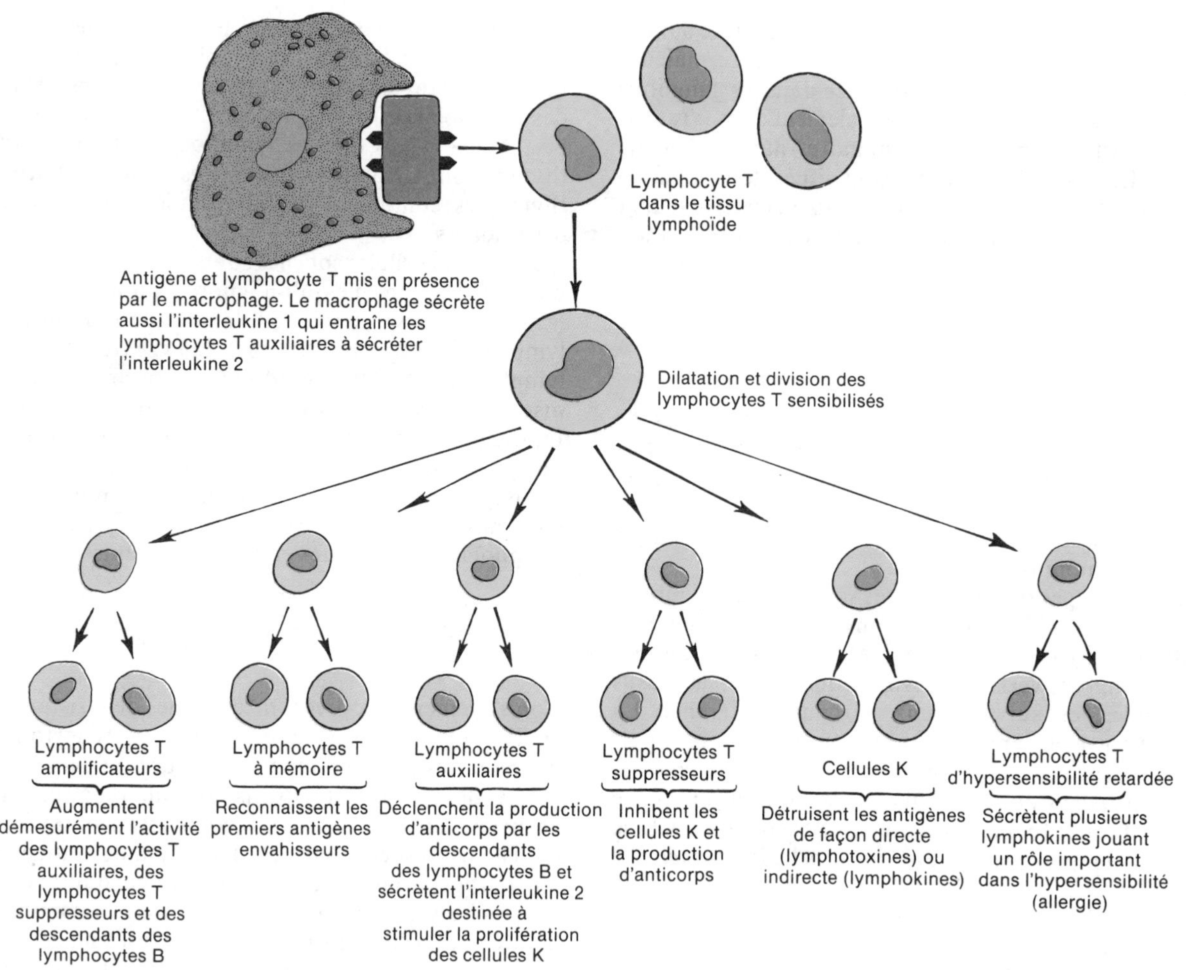

FIGURE 22.13 Rôle des lymphocytes T dans l'immunité cellulaire.

clone peuvent être reconnues: les cellules K, les lymphocytes T auxiliaires, les lymphocytes T suppresseurs, les lymphocytes T d'hypersensibilité retardée, les lymphocytes T amplificateurs et les lymphocytes T à mémoire.

Les **cellules K (lymphocytes T cytotaxiques)** quittent le tissu lymphoïde et migrent vers le lieu d'invasion pour y accomplir plusieurs fonctions. Elles se fixent aux cellules envahisseuses et sécrètent les *lymphotoxines* qui détruisent directement les antigènes. Les lymphotoxines percent la membrane plasmique des cellules envahisseuses, ce qui cause leur lyse. La meilleure protection offerte par les lymphocytes T provient de la sécrétion de protéines très puissantes, les **lymphokines**. Les lymphocytes T sont capables de libérer une lymphokine, le *facteur de transfert*, une substance qui réagit avec les lymphocytes non sensibilisés, au lieu de l'invasion, les chargeant des mêmes caractéristiques que les cellules K sensibilisées. De cette façon, le nombre de lymphocytes sensibilisés s'accroît, et l'effet des cellules K s'intensifie. Les cellules K sécrètent une autre lymphokine, le *facteur chimiotactique des macrophages*, une substance qui attire les macrophages vers le lieu d'invasion afin qu'ils détruisent les antigènes par phagocytose. Une autre lymphokine libérée par les cellules K, le *facteur d'activation des macrophages*, augmente considérablement l'activité phagocytaire des macrophages. Le *facteur d'inhibition de la migration* empêche les macrophages de s'éloigner du foyer d'infection; le *facteur mitogénique* accélère la division des lymphocytes non sensibilisés. En résumé, les cellules K détruisent les antigènes de façon directe, en libérant des lymphotoxines, et de façon indirecte, en sécrétant des lymphokines qui augmentent le nombre de lymphocytes, attirent les macrophages, intensifient l'activité phagocytaire des macrophages, empêchent les macrophages de quitter le foyer d'infection et accélèrent la division des lymphocytes non sensibilisés. Les cellules K sécrètent également l'interféron, qui inhibe l'autoreproduction des virus et stimule l'action destructrice des cellules K elles-mêmes. Les cellules K sont particulièrement efficaces contre les maladies bactériennes lentes, telles que la tuberculose et la brucellose, quelques virus, les champignons, les cellules transplantées et les cellules cancéreuses.

Les **lymphocytes T auxiliaires** s'associent aux lymphocytes B pour accroître la production d'anticorps. Les antigènes interagissent d'abord avec les lymphocytes T auxiliaires, bien que ces derniers ne produisent pas eux-mêmes d'anticorps, avant même de provoquer la production d'anticorps par l'intermédiaire des descendants des lymphocytes B. Les lymphocytes T auxiliaires sécrètent l'*interleukine 2*, une lymphokine qui stimule la prolifération des cellules K. La sécrétion de l'interleukine 2 est stimulée par l'interleukine 1 que libèrent les macrophages. Les lymphocytes T auxiliaires sécrètent aussi des protéines qui amplifient la réaction inflammatoire et l'action destructrice des macrophages.

Les **lymphocytes T suppresseurs** atténuent une partie des réactions immunitaires de l'organisme en interrompant certaines activités pendant plusieurs semaines après le début de l'infection. Ils peuvent inhiber les substances pathogènes sécrétées par les cellules K et empêcher la production d'anticorps par les plasmocytes. Le rapport normal entre les lymphocytes T auxiliaires et les lymphocytes T suppresseurs est de 2/1.

Les **lymphocytes T d'hypersensibilité retardée** produisent plusieurs lymphokines, telles que le facteur d'inhibition de la migration et le facteur d'activation des macrophages, qui jouent un rôle essentiel dans la réaction d'hypersensibilité (allergie).

Les **lymphocytes T amplificateurs** accroissent en quelque sorte l'activité des lymphocytes T auxiliaires, des lymphocytes T suppresseurs et des descendants des lymphocytes B.

Les **lymphocytes T à mémoire** sont programmés pour reconnaître l'antigène envahisseur initial. Si, plus tard, le même agent pathogène s'infiltre dans l'organisme, les lymphocytes T à mémoire réagiront beaucoup plus rapidement que durant la première invasion. En fait, la seconde réaction est si rapide que les agents pathogènes sont détruits avant même que n'apparaissent les symptômes de la maladie.

Les cellules tueuses naturelles

Les **cellules tueuses naturelles (cellules NK)** sont une autre population de lymphocytes de l'organisme dont les caractéristiques s'apparentent à celles des cellules K. Les cellules NK sont capables de tuer spontanément certaines cellules sans interagir avec les lymphocytes ou les antigènes. Tout comme les cellules K, les cellules NK provoquent la lyse des cellules cibles. Les cellules NK, même si elles forment une lignée distincte de lymphocytes T, ne sont pas des cellules K. Elles constituent la première ligne de défense contre les virus, les cellules cancéreuses et peut-être d'autres microbes. Elles élaborent l'interféron destiné à inhiber l'autoreproduction des virus et à stimuler leur propre action destructrice par lyse. On remarque toutefois que le nombre de cellules NK décroît chez les personnes atteintes d'un cancer et que cette diminution dépend de la gravité de la maladie.

Les lymphocytes B et l'immunité humorale

L'organisme renferme non seulement des milliers de lymphocytes T, mais aussi une très grande quantité de lymphocytes B capables de réagir à un antigène spécifique. Les lymphocytes T quittent les tissus lymphoïdes où ils sont emmagasinés pour contrer les antigènes; la réaction des lymphocytes B s'effectue différemment. Ils se différencient en cellules capables de produire des anticorps spécifiques qui circulent dans la lymphe et le sang avant d'atteindre le lieu d'invasion. Après que les macrophages ont mis les antigènes et les lymphocytes B en présence dans les ganglions lymphatiques, la rate et les tissus lymphoïdes du tube digestif, les

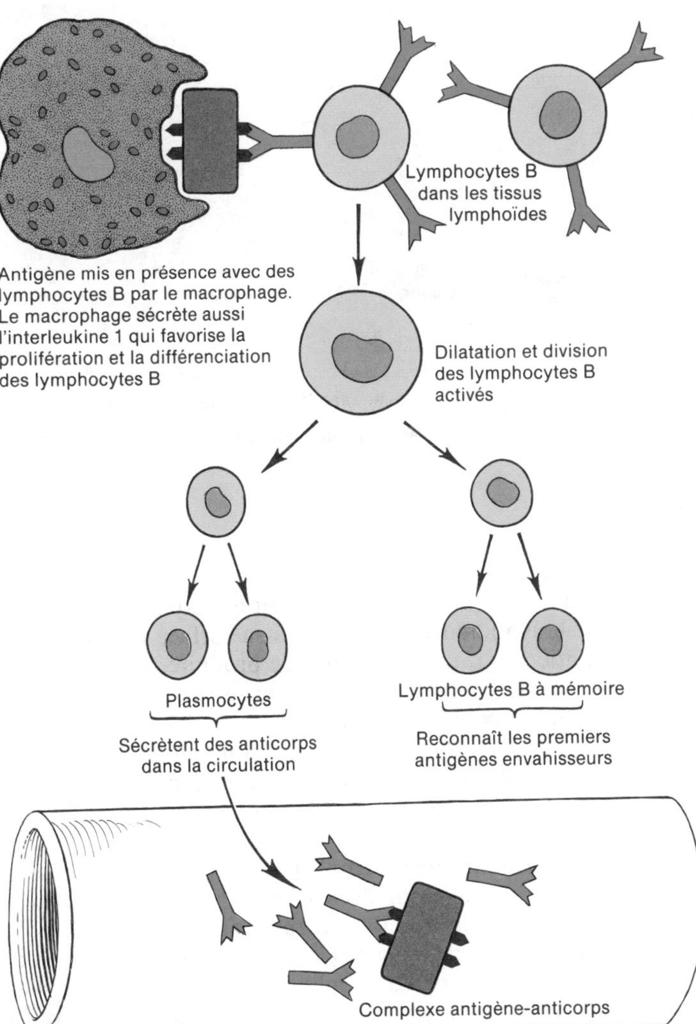

FIGURE 22.14 Rôle des lymphocytes B dans l'immunité humorale. Les lymphocytes T auxiliaires, bien qu'ils ne figurent pas sur le schéma, participent également à la production d'anticorps.

lymphocytes B qui doivent réagir avec un antigène particulier sont activés. Quelques-uns d'entre eux se dilatent, se divisent et se différencient en **plasmocytes**, sous l'action des hormones thymiques, pour former un clone (figure 22.14). Les plasmocytes sécrètent les anticorps. La prolifération des lymphocytes B et leur différenciation en plasmocytes est activée par l'interleukine 1, sécrétée par les macrophages. Chaque cellule sécrète environ 2 000 molécules d'anticorps par seconde; ce rythme se maintient pendant plusieurs jours, tant que le plasmocyte est en vie (4 ou 5 jours). Les lymphocytes B activés qui ne se différencient pas en plasmocytes restent dans l'organisme et sont appelés **lymphocytes B à mémoire**. Ces cellules réagiront plus rapidement et avec plus de puissance en cas d'une nouvelle attaque par le même antigène.

Un antigène ne peut activer la transformation que d'un lymphocyte B particulier en plasmocyte et en lymphocytes B à mémoire, car les lymphocytes B d'un clone donné ne sont en mesure de sécréter qu'un seul type d'anticorps. Un antigène pourra donc activer uniquement

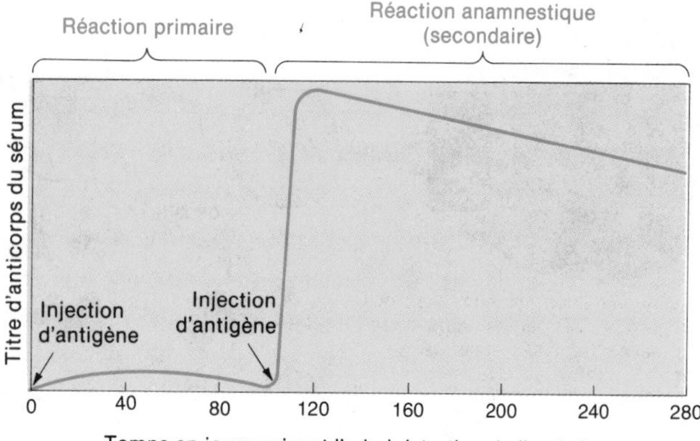

FIGURE 22.15 Réactions primaire et anamnestique (secondaire) à l'injection d'un antigène.

les lymphocytes B conçus pour sécréter l'anticorps destiné à le contrer. Cette sélection s'explique par le fait que le lymphocyte B possède à sa surface les molécules d'anticorps qu'il est capable de produire. Les anticorps de surface servent de sites récepteurs avec lesquels l'antigène peut se combiner.

Quand le complexe antigène-anticorps est formé, l'anticorps active les enzymes du complément destinées à produire une attaque et fixe le complément à la surface de l'antigène.

L'interaction du macrophage et du lymphocyte B suffit le plus souvent pour déclencher la chaîne de réactions destinées à sécréter l'anticorps. Mais il arrive que les lymphocytes T auxiliaires et les lymphocytes T suppresseurs interagissent avec les lymphocytes B. Il faut se rappeler que les lymphocytes T auxiliaires augmentent la production d'anticorps tandis que les lymphocytes T suppresseurs l'inhibent.

APPLICATION CLINIQUE

La réaction immunitaire de l'organisme, qu'elle soit cellulaire ou humorale, est beaucoup plus vive en cas de nouvelles attaques par un antigène que lors de la première invasion. Ce fait peut être prouvé en mesurant la quantité d'anticorps présents dans le sérum, appelée *titre d'anticorps*. Après le premier contact avec un antigène, suit une période de plusieurs jours au cours de laquelle le sérum ne contient aucun anticorps. Le titre d'anticorps augmente ensuite lentement pour diminuer graduellement. Cette réaction de l'organisme est appelée **réaction primaire** (figure 22.15). Pendant la réaction primaire, on dit que l'organisme est amorcé ou sensibilisé ; les lymphocytes immunocompétents prolifèrent. Lorsque le même antigène s'infiltre à nouveau, que ce soit pour la deuxième ou la deux centième fois, la prolifèration des lymphocytes immunocompétents est immédiate, et le titre d'anticorps est beaucoup plus élevé que lors de la réaction primaire. Cette réaction intense et accélérée est appelée **réaction anamnestique** (*anamnèse*: rétablissement de la mémoire), ou **secondaire**. La réaction anamnestique est due au fait que, durant la réaction primaire, un certain nombre de lymphocytes immunocompétents se sont transformés en lymphocytes T à mémoire. Les lymphocytes T à mémoire, en plus de s'ajouter aux cellules capables de réagir avec un antigène, réagissent de façon plus efficace.

Les réactions primaire et anamnestique sont déclenchées par les infections microbiennes. La guérison d'une infection sans l'aide d'antibiotiques est habituellement due à la réaction primaire. Si, par la suite, le même microbe s'infiltre dans l'organisme, la réaction anamnestique est si rapide qu'elle permet la destruction des microbes avant l'apparition des symptômes.

Vous avez sans doute deviné que la réaction anamnestique est la base de l'immunisation contre certaines maladies. L'immunisation initiale sensibilise l'organisme. Si le même agent pathogène est contracté, soit sous forme de microbe infectieux ou de dose de rappel, l'organisme déclenche la réaction anamnestique. La dose de rappel élève le titre d'anticorps à un très haut degré. Mais l'effet des doses de rappel n'est pas permanent ; c'est pourquoi elles doivent être effectuées périodiquement de façon à toujours maintenir un haut titre d'anticorps.

Dans le document 22.2, nous présentons un résumé des diverses cellules intervenant dans les réactions immunitaires.

LA PEAU ET L'IMMUNITÉ

La peau, en plus d'assurer une résistance non spécifique grâce à ses facteurs mécaniques et chimiques, est un composant actif du système immunitaire. Nous avons vu, au chapitre 5, que l'épiderme de la peau est formé de quatre principaux types de cellules : les mélanocytes, les kératinocytes, les cellules de Langerhans et les cellules de Granstein. Les trois derniers types de cellules jouent un rôle immunitaire ; voici le mécanisme qu'elles semblent suivre.

L'antigène qui pénètre les couches superficielles de l'épiderme contenant les cellules kératinisées se lie aux cellules de Langerhans ou de Granstein. Les cellules de Langerhans mettent en présence l'antigène et les lymphocytes T auxiliaires, qui sont aussi présents dans l'épiderme, et activent ces derniers. Les lymphocytes T auxiliaires sont stimulés par l'interleukine 1, sécrétée par les kératinocytes, pour produire l'interleukine 2. Cette substance entraîne la prolifération des lymphocytes T de façon à accroître grandement le nombre de lymphocytes T destinés à réagir avec l'antigène. Les lymphocytes T pénètrent ensuite dans le système lymphatique et se répandent dans l'organisme.

Les cellules de Granstein interagissent avec les lymphocytes T suppresseurs de l'épiderme de la même façon que les cellules de Langerhans interagissent avec les lymphocytes T auxiliaires. C'est toutefois la réaction des lymphocytes T auxiliaires qui prévaut pour détruire les antigènes. Lorsque les cellules de Langerhans sont détruites par des rayonnements ultra-violets ou lorsqu'elles ne parviennent pas à stopper la progression des antigènes

DOCUMENT 22.2 RÉSUMÉ DES CELLULES JOUANT UN RÔLE IMPORTANT DANS LES RÉACTIONS IMMUNITAIRES

CELLULE	FONCTIONS
Macrophages	Phagocytose; préparation et mise en présence des antigènes étrangers et des lymphocytes; sécrétion d'interleukine 1 qui stimule la sécrétion d'interleukine 2 par les lymphocytes T auxiliaires (stimulent la prolifération des cellules K) et déclenche la prolifération des lymphocytes B
Cellules K	Lyse des cellules étrangères par les lymphotoxines et libération de diverses lymphokines qui mobilisent et intensifient l'activité des cellules K (facteur de transfert), attirent les macrophages (facteur chimiotactique des macrophages), augmentent l'activité phagocytaire des macrophages (facteur d'activation des macrophages), empêchent la migration des macrophages (facteur d'inhibition de la migration) et la prolifération de lymphocytes non différenciés ou non sensibilisés (facteur mitogénique). Sécrètent également l'interféron
Lymphocytes T auxiliaires	S'allient aux lymphocytes B pour augmenter la production d'anticorps par les plasmocytes et sécrètent l'interleukine 2 qui stimule la prolifération des cellules K
Lymphocytes T suppresseurs	Empêchent les cellules K de sécréter des substances toxiques et inhibent la production d'anticorps des plasmocytes
Lymphocytes T d'hypersensibilité retardée	Sécrètent le facteur d'activation des macrophages et le facteur d'inhibition de la migration, substances fondamentales liées à l'hypersensibilité (allergie)
Lymphocytes T amplificateurs	Augmentent démesurément l'activité des lymphocytes T auxiliaires, des lymphocytes T suppresseurs et des lymphocytes B
Lymphocytes T à mémoire	Demeurent dans le tissu lymphoïde; ils sont capables de reconnaître des antigènes envahisseurs, même des années après l'infection initiale
Cellules tueuses naturelles	Lymphocytes qui détruisent les cellules étrangères par lyse et qui élaborent l'interféron
Lymphocytes B	Se différencient en plasmocytes producteurs d'anticorps
Plasmocytes	Descendants des lymphocytes B qui produisent des anticorps
Lymphocytes B à mémoire	Réagissent plus rapidement et plus puissamment à la seconde infiltration d'un antigène dans l'organisme

qui réagissent directement avec les lymphocytes T suppresseurs, la réaction de ces derniers prévaut.

LES ANTICORPS MONOCLONAUX

Les scientifiques connaissent depuis longtemps la façon d'amener les sujets d'expérience, animaux ou humains, à produire des anticorps. L'injection d'un antigène particulier déclenche la production d'anticorps par les plasmocytes (descendants des lymphocytes B) pour contrer l'antigène. Mais les anticorps, qui sont produits par différents plasmocytes, n'ont pas une constitution physique et chimique identique; ils ne sont pas purs. Les scientifiques ont appris à isoler un lymphocyte B et à le fusionner avec une cellule tumorale capable de proliférer indéfiniment. La cellule hybride qui en résulte est appelée **hybridome**. Ces cellules renferment une énorme quantité d'anticorps à l'état pur que l'on appelle **anticorps monoclonaux**. De tels anticorps pourront réagir avec un et seulement un antigène.

Les anticorps monoclonaux servent à mesurer la concentration des médicaments dans le sang. On les utilise aussi pour les tests de grossesse et pour diagnostiquer les allergies et les maladies telles que l'hépatite, la rage et certaines maladies transmissibles sexuellement. Comparés aux méthodes diagnostiques conventionnelles, les tests effectués à l'aide d'anticorps monoclonaux sont moins longs et procurent une sensibilité et une spécificité accrues. On les utilise également pour détecter les cancers en phase initiale et pour déterminer l'étendue de la métastase. Mais, par dessus tout, les anticorps monoclonaux servent au traitement des maladies. Les anticorps monoclonaux, seuls ou combinés à des éléments

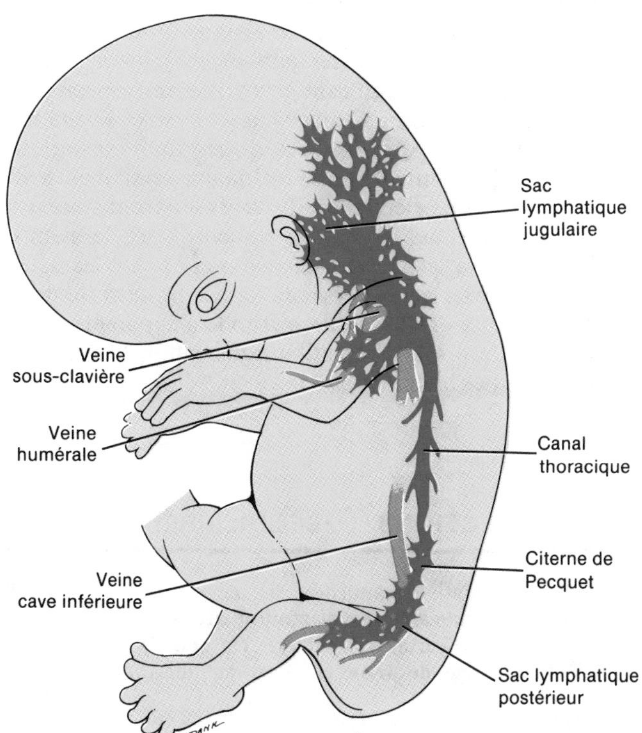

FIGURE 22.16 Développement embryonnaire du système lymphatique.

radioactifs, à des toxines ou à des antibiotiques, ont été utilisés dans des essais cliniques pour traiter le cancer. Ce processus offre l'avantage de détruire les tissus atteints et de laisser intacts les tissus sains, pour ainsi venir à bout des principaux effets secondaires qui s'opposent à la chimiothérapie ou à la radiothérapie. Les anticorps monoclonaux jouent aussi un rôle dans les préparations de vaccins destinés à contrer le rejet d'un greffon ou d'un transplant et dans le traitement des maladies auto-immunes. C'est contre le déficit immunitaire combiné sévère, le type de maladie auto-immune le plus grave, que les médecins ont obtenu le plus de succès. Les victimes du déficit immunitaire combiné sévère n'ont, à la naissance, aucun système de défense. C'est une maladie très rare.

L'IMMUNOLOGIE ET LE CANCER

Lorsqu'une cellule normale se transforme en cellule cancéreuse, il se forme à la surface de celle-ci des **antigènes tumoraux spécifiques**. On estime que le système immunitaire reconnaît les antigènes tumoraux spécifiques comme étrangers et détruit les cellules cancéreuses qui les transportent. Cette réaction immunitaire est appelée **surveillance immunitaire**. La majorité des chercheurs estiment que l'immunité cellulaire est le mécanisme de base de la destruction des tumeurs. On pense que les cellules K sensibilisées réagissent avec les antigènes tumoraux spécifiques et déclenchent la lyse des cellules tumorales. Les macrophages sensibilisés pourraient aussi y jouer un rôle.

Certaines cellules cancéreuses parviennent à échapper à la surveillance immunitaire; ce phénomène est appelé **échappement immunitaire**. On tente d'expliquer ce phénomène par le fait que les cellules tumorales élimineraient leurs antigènes tumoraux spécifiques et échapperaient ainsi à la reconnaissance. On a également émis l'hypothèse que des anticorps élaborés par des plasmocytes se lient aux antigènes tumoraux spécifiques, empêchant la reconnaissance par les cellules K. On peut donc supposer que les techniques immunologiques utilisant des anticorps monoclonaux combinés à des toxines ou à des éléments radioactifs serviront à prévenir le cancer. Il faudrait que les anticorps déterminent de façon précise les cellules cancéreuses et que les agents toxiques ou les substances radioactives les détruisent sans léser les tissus sains. Cette méthode s'apparentera sans doute à l'utilisation d'antibiotiques pour le traitement des maladies infectieuses.

LE DÉVELOPPEMENT EMBRYONNAIRE DU SYSTÈME LYMPHATIQUE

Le développement du système lymphatique s'amorce vers la fin de la cinquième semaine. Les *vaisseaux lymphatiques* sont issus des **sacs lymphatiques** qui naissent des veines en cours de développement. Le système lymphatique est donc dérivé du **mésoblaste**.

Les **sacs lymphatiques jugulaires**, situés à la jonction des veines jugulaire interne et sous-clavière, se forment les premiers (figure 22.16). Des plexus capillaires s'étendent depuis les sacs lymphatiques jugulaires jusqu'au *thorax*, aux *membres supérieurs*, au *cou* et à la *tête*. Quelques plexus se dilatent et forment les lymphatiques dans leurs régions respectives. Tous les sacs lymphatiques jugulaires conservent au moins une liaison avec leur veine jugulaire, la veine jugulaire gauche qui se développe dans la partie supérieure du canal thoracique.

Le **sac lymphatique rétropéritonéal** apparaît en second lieu; il est situé à la racine du mésentère de l'intestin. Il se développe à partir de la veine cave primitive et des veines mésonéphrotiques (rein primitif). Les plexus capillaires et les lymphatiques s'étendent depuis le sac lymphatique rétropéritonéal jusqu'aux *viscères abdominaux* et au *diaphragme*. Ce sac établit des liaisons avec la citerne de Pecquet, mais perd celles qu'il avait avec les veines adjacentes.

La **citerne de Pecquet** se développe presque en même temps que le sac lymphatique rétropéritonéal; elle est située sous le diaphragme, sur la paroi abdominale postérieure. Elle donne naissance à la partie inférieure du *canal thoracique* et de la *citerne de Pecquet* du canal thoracique. Tout comme le sac lymphatique rétropéritonéal, la citerne de Pecquet perd ses liaisons avec les veines adjacentes.

Les sacs lymphatiques postérieurs sont les derniers formés; ils se développent à partir des veines iliaques à l'endroit où elles s'unissent aux veines cardinales postérieures. Les sacs lymphatiques postérieurs élaborent les plexus capillaires et les lymphatiques des *parois abdominales*, du *bassin* et des *membres inférieurs*. Ils se relient à la citerne de Pecquet et perdent leurs liaisons avec les veines adjacentes.

Excepté dans la partie antérieure du sac où se développe la citerne de Pecquet, tous les sacs sont envahis par les **cellules mésenchymateuses** et sont transformés en *ganglions lymphatiques*.

LES AFFECTIONS: DÉSÉQUILIBRES HOMÉOSTATIQUES

La réaction antigène-anticorps est un phénomène vital; elle procure à l'organisme un état immunitaire. Mais elle est parfois à l'origine de certains troubles, tels que l'hypersensibilité (allergie), le rejet des tissus et l'auto-immunisation.

L'hypersensibilité (allergie)

Une personne est **hypersensible**, ou **allergique**, si elle réagit avec excès à un antigène. Une réaction allergique entraîne toujours une lésion des tissus. L'antigène qui provoque une réaction allergique est appelé **allergène**. Pratiquement toutes les substances peuvent être des allergènes. Parmi les plus courantes, mentionnons certains aliments tels que le lait et les œufs, les antibiotiques tels que la pénicilline, des produits de beauté, des substances chimiques contenues dans les plantes telles que le sumac vénéneux, les pollens, la poussière, les moisissures et même les microbes.

Il existe quatre types de réactions d'hypersensibilité: le type I (anaphylaxie), le type II (cytotoxicité), le type III (complexes immuns) et le type IV (à médiation cellulaire). Les trois premiers types font intervenir des anticorps; le dernier, les lymphocytes T. Nous n'étudierons ici que les types I et IV.

Les *réactions anaphylactiques* (type I) se produisent quelques minutes après un second contact avec un allergène, chez une personne sensibilisée. *Anaphylaxie* signifie littéralement «contre la protection». Ce type de réaction résulte de l'interaction des anticorps humoraux (IgE) avec les mastocytes et les basophiles. Plusieurs personnes, en réaction à certains allergènes, produisent des anticorps de type IgE qui se lient à la surface des mastocytes et des basophiles. C'est cette liaison qui cause l'allergie à l'allergène donné. Les basophiles sont en circulation dans le sang, mais les mastocytes sont particulièrement nombreux dans le tissu conjonctif de la peau, des voies respiratoires et de l'endothélium des vaisseaux sanguins. Les cellules, en réaction à la fixation des anticorps de type IgE aux basophiles et aux mastocytes, libèrent des substances chimiques, les médiateurs anaphylactiques, parmi lesquels on trouve l'histamine et les prostaglandines. Ces médiateurs augmentent la perméabilité des capillaires sanguins, les contractions des muscles lisses et la sécrétion de mucus. Ces modifications entraînent la rougeur, la formation d'œdèmes et d'autres réactions inflammatoires, la contraction des bronches qui se traduit par la difficulté à respirer, et l'écoulement nasal, dû à la sécrétion excessive de mucus.

Quelques réactions anaphylactiques, telles que le rhume des foins, l'asthme bronchique, l'urticaire et l'eczéma, sont dites localisées; d'autres sont systémiques. L'anaphylaxie aiguë (choc anaphylactique) en est un bon exemple. Elle a parfois des effets systémiques très dangereux, tels que le collapsus circulatoire et l'asphyxie, qui peuvent causer la mort en quelques minutes. Les effets de l'histamine peuvent être contrés par l'administration d'adrénaline.

Les *réactions à médiation cellulaire* (type IV), qui font intervenir les lymphocytes T, ne sont apparentes qu'après au moins un jour. Ce type de réaction se produit lorsque les allergènes qui se fixent aux cellules tissulaires sont phagocytés par les macrophages et mis en présence des récepteurs à la surface des lymphocytes T. Ce processus entraîne la prolifération des lymphocytes T qui réagissent en détruisant les allergènes. Le test cutané destiné à détecter la tuberculose est un exemple de réaction à médiation cellulaire.

Le rejet d'un greffon

La **transplantation** est le remplacement d'un organe lésé ou malade. La **greffe** est le remplacement d'un tissu ou d'une partie d'organe lésés ou malades. Habituellement, l'organisme reconnaît les protéines du tissu ou de l'organe reçu comme étrangères et produit des anticorps destinés à les contrer. C'est le phénomène de **rejet**. On parvient à réduire les réactions de rejet en faisant correspondre les antigènes HLA (locus d'antigènes d'histocompatibilité) du donneur et du receveur et en administrant des médicaments capables d'inhiber la capacité de l'organisme de produire des anticorps. Nous avons vu, au chapitre 19, que les leucocytes et d'autres cellules nucléées ont à leur surface des antigènes appelés antigènes HLA. Chaque personne possède des antigènes HLA différents, sauf les vrais jumeaux (monozygotes). Plus la similitude des antigènes HLA entre le donneur et le receveur est grande, plus les risques de rejet diminuent.

Les types de greffes

Les deux types de greffes qui ont le plus haut taux de réussite sont les **autogreffes**, prélèvement d'un tissu sur le sujet lui-même pour le greffer sur une autre partie de son corps (greffes cutanées dans le traitement des brûlures et chirurgie plastique), et les **greffes isogéniques**, transplantations dans lesquelles les antécédents génétiques du donneur et du receveur sont identiques.

Une **allogreffe**, ou **homogreffe**, est une greffe entre deux individus de la même espèce, mais d'antécédents génétiques différents. Le succès de ce type de greffe est modeste. On la considère surtout comme une greffe temporaire, en attendant l'autoreconstitution du tissu lésé ou malade. Les greffes cutanées provenant d'un autre individu et les transfusions sanguines sont considérées comme des allogreffes. L'allogreffe du thymus s'effectue avec passablement de succès. Il est désormais possible de transplanter, sur des enfants, un thymus prélevé sur un fœtus avorté. L'enfant qui est dépourvu de thymus à la naissance ne peut rejeter l'organe, car il est incapable de fabriquer des anticorps. Si, plus tard, l'enfant rejette le thymus, cela signifie qu'il est en mesure de fabriquer des anticorps et que le thymus lui est devenu inutile.

La **xénogreffe** est la transplantation entre animaux d'espèces différentes. Ce type de transplantation est principalement utilisé comme pansement physiologique à la suite d'intenses brûlures. Mais en octobre 1984, une xénogreffe a particulièrement retenu l'attention. Baby Fae, bébé prématuré atteint d'une forme de maladie cardiaque congénitale mortelle, reçut le cœur d'un babouin. Vingt jours plus tard, elle mourait par suite de troubles cardiaques et rénaux causés par le rejet.

Le traitement immunosuppresseur

Jusqu'à tout récemment, les **médicaments immunosuppresseurs** supprimaient non seulement la réaction de rejet du receveur, mais également les réactions immunitaires à tous les antigènes. Les clients étaient à la merci des maladies infectieuses. La découverte d'un nouveau médicament dérivé d'un champignon, la cyclosporine, élimine les complications liées aux transplantations du rein, du cœur et du foie. La cyclosporine, médicament immunosuppresseur sélectif, inhibe l'activité des lymphocytes T responsables du rejet, sans perturber de façon significative l'activité des lymphocytes B. Le phénomène de rejet est donc évité, et les mécanismes de défenses sont maintenus.

Les maladies auto-immunes

Dans des conditions normales, le mécanisme de défense de l'organisme est capable de reconnaître ses propres tissus et ses propres agents chimiques. L'organisme ne produit habituellement pas de lymphocytes T ni de lymphocytes B pour contrer ses propres substances. Cette reconnaissance des substances qui lui sont propres est appelée **tolérance immunitaire**. On ne connaît pas encore très bien le mécanisme de la tolérance, mais on croit que les lymphocytes T suppresseurs inhibent soit la différenciation des lymphocytes B en plasmocytes producteurs d'anticorps, soit les lymphocytes T auxiliaires qui s'allient aux lymphocytes B pour accroître la production d'anticorps.

Il arrive parfois que la tolérance immunitaire disparaisse; l'organisme n'est plus en mesure de distinguer ses propres antigènes des antigènes étrangers. Cette perte de la tolérance immunitaire entraîne les **maladies auto-immunes** (**auto-immunisation**). Ces maladies sont des réactions immunitaires à médiation humorale destinées à contrer les antigènes tissulaires de l'organisme. Parmi les maladies auto-immunes figurent la polyarthrite rhumatoïde, le lupus érythémateux systémique, la thyroïdite, le rhumatisme articulaire aigu, la glomérulonéphrite, l'encéphalomyélite, les anémies hémolytique et pernicieuse, la maladie d'Addison, la maladie de Basedow-Grave, probablement quelques formes de diabète, la myasthénie grave et la sclérose en plaques.

Le déficit immunitaire combiné sévère

Le **déficit immunitaire combiné sévère** (**DICS**) est une maladie immuno-déficitaire rare caractérisée par l'absence de lymphocytes B et T ou par la perte de leurs fonctions immunitaires. Le plus célèbre cas de déficit immunitaire combiné sévère est sans doute celui de David, qui passa toute sa vie, sauf 15 jours, dans une chambre de plastique stérile avant de mourir, le 22 février 1984, à l'âge de 12 ans. C'est la victime du DICS qui vécut le plus longtemps sans traitements.

On plaça David en milieu stérile peu après sa naissance pour le protéger des microbes que son organisme ne pouvait combattre. Dans le but de guérir cette maladie, on lui fit une greffe de moelle osseuse prélevée sur sa sœur aînée, le meilleur donneur disponible, mais non parfaitement compatible. Quatre-vingts jours après la greffe, pendant qu'il était toujours en milieu stérile, David présenta certains symptômes de la mononucléose infectieuse, maladie causée par le virus d'Epstein-Barr. On retira l'enfant de sa chambre stérile afin de faciliter le traitement ; on espérait que la greffe lui donnerait la même protection que la chambre stérile. Malheureusement, la greffe ne réussit pas, et David mourut 4 mois après l'opération. On découvrit que la mort avait été causée par un cancer et non par l'échec de la greffe. Le virus d'Epstein-Barr avait entraîné la prolifération des lymphocytes B. Voilà bien la preuve que, chez les humains, un cancer peut être d'origine virale.

La maladie de Hodgkin

La **maladie de Hodgkin** est une affection maligne, d'origine inconnue, qui prend habituellement naissance dans les ganglions lymphatiques. La présence de grosses cellules malignes et multinucléées, les cellules de Sternberg, dans le ganglion lymphatique atteint permet le diagnostic histologique de la maladie. Cette affection est caractérisée par des ganglions lymphatiques indolores et rigides, le plus souvent dans le cou, mais qui peuvent parfois être ressentis dans les régions axillaire, inguinale ou fémorale. De un quart à un tiers des personnes atteintes de cette maladie souffrent soit d'une fièvre persistante, d'origine inconnue, soit de sueurs nocturnes ou même des deux. Elles se plaignent aussi de la fatigue, d'une perte de masse et de démangeaisons. On traite la maladie de Hodgkin par la radiothérapie, la chimiothérapie ou une combinaison des deux. La maladie de Hodgkin est une affection maligne curable.

Le syndrome d'immuno-déficience acquise (SIDA)

C'est la première fois que la science est confrontée à une épidémie dans laquelle la maladie primaire affaiblit le système immunitaire de l'organisme, et une seconde, sans lien avec la première, produit des symptômes qui entraînent la mort. Cette maladie primaire, reconnue pour la première fois en 1981, est appelée **syndrome d'immuno-déficience acquise (SIDA)**.

Le SIDA est causé par le *human immune deficiency virus* (HIV). Un autre type de virus, le HTLV-I, responsable d'une forme de leucémie rare chez les humains, attaque et transforme les lymphocytes T. Le virus du SIDA affaiblit le système immunitaire de l'organisme en s'attaquant aux lymphocytes T auxiliaires. Plusieurs fonctions immunitaires essentielles remplies par ce type de cellule sont donc inhibées. Nous savons déjà que les lymphocytes T auxiliaires s'allient aux lymphocytes B pour augmenter la production d'anticorps. La diminution du nombre de lymphocytes T auxiliaires inhibe la production d'anticorps, par les descendants des lymphocytes B, destinés à contrer le virus du SIDA ou d'autres microbes. Les lymphocytes T auxiliaires sécrètent en outre l'interleukine 2 qui stimule la prolifération des cellules K. Lorsque le nombre de lymphocytes T auxiliaires diminue, celui des cellules K chargées de détruire les divers antigènes diminue également. Chez une personne atteinte du SIDA, le rapport lymphocytes T auxiliaires/lymphocytes T suppresseurs, habituellement de 2/1, est inversé.

Les symptômes du SIDA peuvent se développer pendant des mois ou des années. Parmi ces symptômes, on trouve des malaises, une fièvre légère ou des sueurs nocturnes, la toux, l'essoufflement, les maux de gorge, la fatigue extrême, les douleurs musculaires, les pertes de masses inexpliquées, l'augmentation de volume des ganglions lymphatiques du cou, des aisselles et de l'aine et les taches indigo et brunâtres sur la peau, le plus souvent sur les membres inférieurs.

L'affaiblissement du système de défense de l'hôte ouvre la porte au cancer et aux infections de toutes sortes. La maladie de Kaposi et la pneumonie interstitielle à *Pneumocystis carinii* sont les deux maladies dont meurent le plus souvent les personnes atteintes du SIDA. La maladie de Kaposi est une forme mortelle de cancer de la peau, qui est courante en Afrique équatoriale, mais qui était pratiquement inconnue au Canada. Ce cancer prend naissance dans les cellules endothéliales des vaisseaux sanguins et produit des lésions indolores de couleur pourpre ou brunâtre, ressemblant à des ecchymoses, à la surface de la peau ou à l'intérieur de la bouche, du nez ou du rectum. La pneumonie interstitielle à *Pneumocystis carinii* est une forme rare de pneumonie causée par le protozoaire *Pneumocystis carinii* ; elle entraîne l'essoufflement, une toux sèche et persistante, des douleurs thoraciques aiguës et une difficulté à respirer. Les personnes atteintes du SIDA peuvent également contracter une forme d'herpès qui s'attaque au système nerveux central et une infection bactérienne responsable de la tuberculose chez les poulets et les porcs.

Les homosexuels et les hommes bisexuels, ceux qui abusent des drogues par voie intraveineuse, les partenaires sexuels de ceux qui font partie des groupes à risque élevé et les enfants nés de mères appartenant à ce même groupe sont les plus susceptibles de contracter le SIDA. Font également partie de ce groupe les hémophiles en traitement par des produits du plasma sanguin. Il arrive que les enfants et les autres clients contractent le SIDA par suite d'une transfusion sanguine. (Les tests sanguins modernes ont pratiquement éliminé la contamination possible par transfusion sanguine ou par thérapie.)

Le processus de transmission du SIDA ressemble beaucoup à celui de l'hépatite B, maladie du foie qui frappe surtout les toxicomanes homosexuels qui utilisent des aiguilles contaminées et parfois les clients qui reçoivent une transfusion sanguine. Tout comme l'hépatite B, le SIDA semble se transmettre par contact direct entre les surfaces muqueuses ou par voies parentérales (injection). Les deux liquides considérés comme les plus contagieux sont le sperme et le sang. La transmission par voies aériennes, par la nourriture, l'eau, les insectes et les contacts casuels est improbable.

Le traitement du SIDA se complique selon le mode de vie du virus qui cause la maladie. Lorsque le virus, formé d'un brin unique d'ARN, pénètre dans la cellule, il élabore une enzyme qui permet sa transcription dans l'ADN de la cellule hôte. Cette affection semble durer toute la vie. Les scientifiques tentent aujourd'hui de trouver un vaccin contre le virus du SIDA.

Plusieurs personnes porteuses du virus du SIDA seront atteintes du **complexe lié au SIDA**. Parmi les symptômes de cette maladie, mentionnons la fièvre, la diarrhée, des malaises et le gonflement généralisé des ganglions lymphatiques. Le complexe lié au SIDA peut disparaître de lui-même, persister longtemps ou évoluer vers le SIDA.

GLOSSAIRE DES TERMES MÉDICAUX

Adénite (*adén*: glande; *ite*: inflammation) Augmentation de volume, amollissement et inflammation des ganglions lymphatiques causés par une infection.

Éléphantiasis Forte augmentation de volume d'un membre, particulièrement des membres inférieurs, et du scrotum, causée par un vers parasite entraînant l'obstruction des ganglions ou des vaisseaux lymphatiques.

Hypersplénisme (*hyper*: au-dessus) Fonctionnement anormal de la rate, qui augmente fortement la destruction des cellules sanguines.

Lymphadénectomie (*ectomie*: ablation) Ablation d'un ganglion lymphatique.

Lymphadénopathie (*pathie*: maladie) Augmentation de volume, et parfois amollissement, des ganglions lymphatiques.

Lymphangiome (*angio*: vaisseau; *ome*: tumeur) Tumeur bénigne des vaisseaux lymphatiques.

Lymphangite Inflammation des vaisseaux lymphatiques.

Lymphœdème (*œdème*: gonflement) Accumulation de lymphe produisant la tuméfaction d'un tissu sous-cutané.

Lymphome Toute tumeur formée de tissu lymphoïde.

Lymphostase (*stase*: arrêt) Arrêt de la circulation lymphatique.

Splénomégalie (*méga*: grand) Augmentation de volume de la rate.

RÉSUMÉ

Les vaisseaux lymphatiques (page 557)

1. Le système lymphatique se compose de la lymphe, des vaisseaux lymphatiques, de structures et d'organes contenant du tissu lymphoïde, tissu réticulé spécialisé qui renferme un grand nombre de lymphocytes.
2. Parmi les éléments renfermant du tissu lymphoïde, on trouve le tissu lymphoïde diffus, les follicules lymphoïdes et les organes lymphoïdes (les ganglions lymphatiques, la rate et le thymus).
3. Les vaisseaux lymphatiques prennent naissance dans les espaces tissulaires, entre les cellules, et ne sont reliés à aucun organe.
4. Les capillaires lymphatiques convergent pour former de gros vaisseaux, appelés lymphatiques, qui se groupent à leur tour pour former le canal thoracique et la grande veine lymphatique.
5. Les lymphatiques ont des parois plus fines et un plus grand nombre de valvules que les veines.

Le tissu lymphoïde (page 559)

1. Les ganglions lymphatiques sont des structures ovales situées le long des lymphatiques.
2. La lymphe pénètre dans les ganglions par les vaisseaux lymphatiques afférents et ressort par les vaisseaux lymphatiques efférents.
3. La lymphe qui circule à l'intérieur des ganglions est filtrée. Les ganglions lymphatiques produisent aussi des lymphocytes.
4. Les amygdales sont des amas de gros follicules lymphoïdes encastrés dans les muqueuses. Les amygdales peuvent être pharyngiennes, palatines ou linguales.
5. La rate est la masse de tissu lymphoïde la plus volumineuse de l'organisme; elle produit des lymphocytes et des anticorps, phagocyte les bactéries et les vieilles hématies et emmagasine du sang.
6. Le rôle immunitaire du thymus consiste à élaborer des lymphocytes T.

La circulation lymphatique (page 564)

1. La lymphe circule du liquide interstitiel aux veines sous-clavières en passant par les capillaires, les lymphatiques, les troncs lymphatiques, le canal thoracique et la grande veine lymphatique.
2. La circulation de la lymphe est assurée par les contractions des muscles squelettiques et les mouvements respiratoires. Les valvules des lymphatiques apportent aussi leur contribution.

La résistance non spécifique (page 565)

1. La faculté de repousser les maladies par des mécanismes de défense est appelée résistance. Le manque de résistance est appelé vulnérabilité.
2. La résistance non spécifique englobe une grande variété de réactions de l'organisme contre de nombreux agents pathogènes.
3. La résistance non spécifique se compose de facteurs mécaniques (la peau, les muqueuses, l'appareil lacrymal, la salive, le mucus, les cils, l'épiglotte et l'écoulement de l'urine), de facteurs chimiques (le suc gastrique, l'acidité de la peau, les acides gras non saturés et le lysozyme), de substances antimicrobiennes (l'interféron, le complément et la properdine), de la phagocytose, de l'inflammation et de la fièvre.

L'immunité: la résistance spécifique (page 570)

1. La résistance spécifique est la production d'un lymphocyte ou d'un anticorps particulier pour contrer un antigène spécifique; ce phénomène s'appelle l'immunité.
2. Les antigènes sont des substances chimiques qui, lorsqu'elles sont introduites dans l'organisme, stimulent la production d'anticorps qui réagissent avec l'antigène.
3. Les microbes, les particules microbiennes, le pollen, les cellules sanguines incompatibles, les greffons et les transplants sont des exemples d'antigènes.
4. Les antigènes sont caractérisés par l'immunogénicité, la réactivité et la multivalence.
5. Les anticorps sont des protéines produites en réaction aux antigènes.
6. Les anticorps se divisent en cinq classes différentes selon leur structure chimique (IgG, IgA, IgM, IgD et IgE); chacune de ces classes possède un rôle biologique précis.
7. Les anticorps sont formés de chaînes lourdes et légères et de parties variables et constantes.
8. L'immunité cellulaire est la destruction d'antigènes par les lymphocytes T; l'immunité humorale est la destruction d'antigènes par des anticorps.

9. Les lymphocytes T sont transformés dans le thymus ; les lymphocytes B sont probablement transformés dans la moelle osseuse, le foie et la rate embryonnaires ou le tissu lymphoïde lié au tube intestinal.
10. Les macrophages transforment les antigènes et les mettent en présence des lymphocytes T et B; ils sécrètent l'interleukine 1 qui déclenche la prolifération des lymphocytes T et B.
11. Les lymphocytes T se composent de plusieurs sous-populations. Les cellules K sécrètent des lymphotoxines, qui détruisent directement les antigènes, et des lymphokines, qui les détruisent de façon indirecte. Les lymphocytes T auxiliaires s'allient aux lymphocytes B pour augmenter la production d'anticorps et sécréter l'interleukine 2 qui stimule la prolifération des cellules K. Les lymphocytes T suppresseurs empêchent les cellules K de sécréter des substances toxiques et inhibent la production d'anticorps par les plasmocytes. Les lymphocytes T d'hypersensibilité retardée produisent des lymphokines et jouent un rôle important dans les réactions d'hypersensibilité. Les lymphocytes T amplificateurs augmentent considérablement l'activité des lymphocytes T auxiliaires, des lymphocytes T suppresseurs et des plasmocytes.
12. Les cellules tueuses naturelles (NK) sont des lymphocytes dont les caractéristiques s'apparentent à celles des cellules K.
13. Les lymphocytes B se transforment en plasmocytes producteurs d'anticorps, sous l'effet des hormones thymiques et de l'interleukine 1 ; les lymphocytes B à mémoire reconnaissent l'antigène envahisseur initial.
14. La réaction anamnestique est un mécanisme immunitaire fondamental contre certaines maladies.
15. Les propriétés immunitaires de la peau sont dues aux kératinocytes, aux cellules de Langerhans et aux cellules de Granstein.
16. Les anticorps monoclonaux sont des anticorps purs obtenus par la fusion d'un lymphocyte B et d'une cellule tumorale ; ils jouent un rôle important dans le diagnostic et la détection des maladies, le traitement, la préparation de vaccins destinés à contrer le rejet d'un greffon ou d'un transplant et les maladies auto-immunes.
17. Les cellules cancéreuses, qui contiennent des antigènes tumoraux spécifiques, sont le plus souvent détruites par le système immunitaire de l'organisme (surveillance immunitaire) ; l'échappement immunitaire est le phénomène par lequel les cellules cancéreuses échappent à la détection et à la destruction.

Le développement embryonnaire du système lymphatique (page 578)

1. Les vaisseaux lymphatiques se développent à partir des sacs lymphatiques qui se développent à partir des veines. Ils dérivent donc du mésoblaste.
2. Les ganglions lymphatiques se développent à partir des sacs lymphatiques qui sont envahis par des cellules mésenchymateuses.

Les affections : déséquilibres homéostatiques (page 578)

1. L'hypersensibilité est une réaction exagérée à un antigène. Parmi les réactions anaphylactiques localisées, on trouve le rhume des foins, l'asthme, l'eczéma et l'urticaire ; l'anaphylaxie aiguë est une réaction grave ayant des effets systémiques.
2. Le phénomène de rejet est la formation d'anticorps destinés à contrer les protéines (antigènes) du greffon ou du transplant. On peut vaincre le rejet en administrant des immunosuppresseurs.
3. Les maladies auto-immunes sont causées par l'incapacité de l'organisme de reconnaître ses propres antigènes ; il produit alors des anticorps pour les contrer. Il existe plusieurs maladies auto-immunes : la polyarthrithe rhumatoïde, le lupus érythémateux disséminé, le rhumatisme articulaire aigu, les anémies hémolytique et pernicieuse, la myasthénie grave et la sclérose en plaques.
4. Le déficit immunitaire combiné sévère est une maladie caractérisée par l'absence de lymphocytes B et T ou par la perte de leur activité immunitaire.
5. La maladie de Hodgkin est une affection maligne qui prend généralement naissance dans les ganglions lymphatiques.
6. Le syndrome d'immuno-déficience acquise (SIDA) diminue le pouvoir immunitaire de l'organisme en abaissant le nombre de lymphocytes T auxiliaires et en inversant le taux de ceux-ci par rapport aux lymphocytes T suppresseurs. Les personnes atteintes de SIDA meurent le plus souvent de la maladie de Kaposi ou de la pneumonie interstitielle à *Pneumocystis carinii.*

RÉVISION

1. Nommez les éléments constitutifs du système lymphatique et décrivez leurs fonctions.
2. De quelle façon les vaisseaux lymphatiques prennent-ils naissance ? Comparez les veines et les lymphatiques du point de vue structural.
3. Qu'est-ce qu'un lymphangiogramme ? Quelle est sa valeur diagnostique ?
4. Décrivez la structure et les fonctions d'un ganglion lymphatique.
5. Nommez et situez les amygdales.
6. Situez la rate et décrivez son aspect général, sa structure microscopique et ses fonctions. Qu'est-ce qu'une splénectomie ?
7. Décrivez le rôle immunitaire du thymus.
8. Expliquez la circulation lymphatique à l'aide d'un diagramme.
9. Énumérez et expliquez les divers facteurs chargés d'assurer la circulation lymphatique.
10. Définissez un œdème. Énumérez quelques-unes de ses causes.
11. Décrivez le mécanisme de protection de divers facteurs mécaniques et chimiques intervenant dans la résistance non spécifique.
12. Quelles sont les principales fonctions des substances antimicrobiennes suivantes : l'interféron, le complément et la properdine ?
13. Qu'est-ce que la phagocytose ? Décrivez les étapes de l'immuno-cyto-adhérence et de l'ingestion.
14. Comparez le rôle phagocytaire des microphages et des macrophages.
15. Définissez une inflammation. Décrivez les principaux symptômes d'une inflammation.
16. De quelle façon la vasodilatation et l'accroissement de la perméabilité des vaisseaux sanguins au cours d'une inflammation sont-ils déclenchés ? Expliquez l'importance de ces deux modifications. Quelle est la cause d'un œdème ?
17. Définissez l'immunité. Faites la distinction entre un antigène et un anticorps.
18. Énumérez les diverses caractéristiques des antigènes.

19. Nommez et décrivez les parties d'un anticorps à l'aide d'un diagramme que vous avez dessiné.
20. À quel endroit les lymphocytes B et T sont-ils transformés? En quoi leurs fonctions diffèrent-elles?
21. Quelle est la fonction des macrophages dans l'immunité?
22. Décrivez le rôle des lymphocytes T dans l'immunité cellulaire. Expliquez bien le rôle de chaque type de lymphocytes T.
23. Que sont les cellules tueuses naturelles (NK)? En quoi diffèrent-elles des cellules K?
24. Décrivez le rôle des lymphocytes B dans l'immunité humorale.
25. Expliquez l'importance de la réaction anamnestique (secondaire) de l'organisme à un antigène.
26. Décrivez le rôle de la peau dans l'immunité.
27. Que sont les anticorps monoclonaux? De quelle façon sont-ils élaborés? Pourquoi ont-ils une grande importance clinique?
28. Expliquez le lien entre l'immunologie et le cancer.
29. Décrivez le développement du système lymphatique.
30. Définissez l'hypersensibilité (allergie) et faites la distinction entre les réactions anaphylactique (type I) et à médiation cellulaire (type IV).
31. Pourquoi l'organisme rejette-t-il les greffons ou les transplants? Comment a-t-on résolu le problème?
32. Comment les greffes sont-elles classifiées?
33. Définissez une maladie auto-immune. Donnez-en quelques exemples.
34. Qu'est-ce que le déficit immunitaire combiné sévère?
35. Définissez la maladie de Hodgkin.
36. Décrivez les causes et les symptômes du syndrome d'immuno-déficience acquise (SIDA). Quelles sont les complications de cette maladie?
37. Assurez-vous de pouvoir définir les termes médicaux relatifs au système lymphatique.

23

L'appareil respiratoire

OBJECTIFS

- Identifier les organes de l'appareil respiratoire.
- Comparer la structure et la fonction des parties externe et interne du nez.
- Reconnaître les trois régions qui composent le pharynx et décrire leurs rôles respectifs dans la respiration.
- Décrire la structure du larynx et expliquer le rôle de ce dernier dans la respiration et la phonation.
- Expliquer la structure et la fonction de la trachée.
- Comparer la trachéotomie et l'intubation en tant que méthodes visant à éliminer une obstruction des voies respiratoires.
- Décrire l'emplacement et la structure des conduits qui forment l'arbre bronchique.
- Identifier les revêtements des poumons et la division des poumons en lobes.
- Décrire la composition d'un lobule pulmonaire.
- Expliquer la structure d'une membrane alvéolo-capillaire et son rôle dans la diffusion des gaz respiratoires.
- Nommer les étapes de l'inspiration et de l'expiration.
- Expliquer de quelle façon la compliance pulmonaire et la résistance au courant ventilatoire sont liées à la respiration.
- Définir la toux, l'éternuement, le soupir, le baillement, les sanglots, les pleurs, le rire et le hoquet en tant que mouvements respiratoires modifiés.
- Comparer les volumes pulmonaires et les débits ventilatoires échangés durant la respiration.
- Définir les lois de Boyle, de Dalton et de Henry.
- Expliquer de quelle façon les respirations externe et interne se produisent.
- Décrire la façon dont la capacité du sang de transporter l'oxygène est affectée par la PO_2, la PCO_2, la température et le 2,3-DPG.
- Expliquer la façon dont les gaz respiratoires sont transportés par le sang.
- Nommer les différents types d'hypoxie.
- Expliquer la façon dont le centre respiratoire établit le rythme de base de la respiration.
- Décrire la façon dont différents facteurs nerveux et chimiques peuvent modifier la fréquence respiratoire.
- Décrire les effets du vieillissement sur l'appareil respiratoire.
- Décrire le développement embryonnaire de l'appareil respiratoire.
- Définir : le cancer broncho-pulmonaire, l'asthme bronchique, la bronchite, l'emphysème pulmonaire, la pneumonie, la tuberculose, la détresse respiratoire du nouveau-né, l'insuffisance respiratoire, la mort soudaine du nourrisson, le coryza (rhume), la grippe, l'embolie pulmonaire et l'œdème pulmonaire.
- Définir les termes médicaux associés à l'appareil respiratoire.

Pour effectuer les activités nécessaires à leur survie, les cellules ont besoin d'un apport constant d'oxygène. La plupart de ces activités entraînent la libération de dioxyde de carbone. Comme un surplus de dioxyde de carbone provoque une acidité qui est toxique pour les cellules, ce gaz doit être éliminé rapidement et efficacement. Ce sont l'appareil cardio-vasculaire et l'appareil respiratoire qui assurent l'apport d'oxygène et éliminent le dioxyde de carbone. L'**appareil respiratoire** comprend des organes qui effectuent des échanges gazeux entre l'atmosphère et le sang. Ces organes sont le nez, le pharynx, le larynx, la trachée, les bronches et les poumons (figure 23.1). L'appareil cardio-vasculaire transporte les gaz entre les poumons et les cellules, par l'intermédiaire du sang. Les *voies respiratoires supérieures* comprennent le nez, la gorge et les structures associées à ces parties du corps. Les *voies respiratoires inférieures* comprennent le reste de l'appareil respiratoire.

La **respiration** correspond aux échanges gazeux globaux entre l'atmosphère, le sang et les cellules. Elle comprend trois processus de base. Le premier processus, la **ventilation pulmonaire**, comprend l'inspiration et l'expiration de l'air. Les deuxième et troisième processus comportent des échanges gazeux internes. La **respiration externe** est l'échange de gaz entre les poumons et le sang, et la **respiration interne** est l'échange de gaz entre le sang et les cellules.

Les appareils respiratoire et cardio-vasculaire participent de façon égale à la respiration. Une insuffisance de l'un ou de l'autre appareil entraîne les mêmes effets sur l'organisme: perturbation de l'homéostasie et mort rapide des cellules due au manque d'oxygène.

Nous présentons le développement embryonnaire de l'appareil respiratoire plus loin dans ce chapitre.

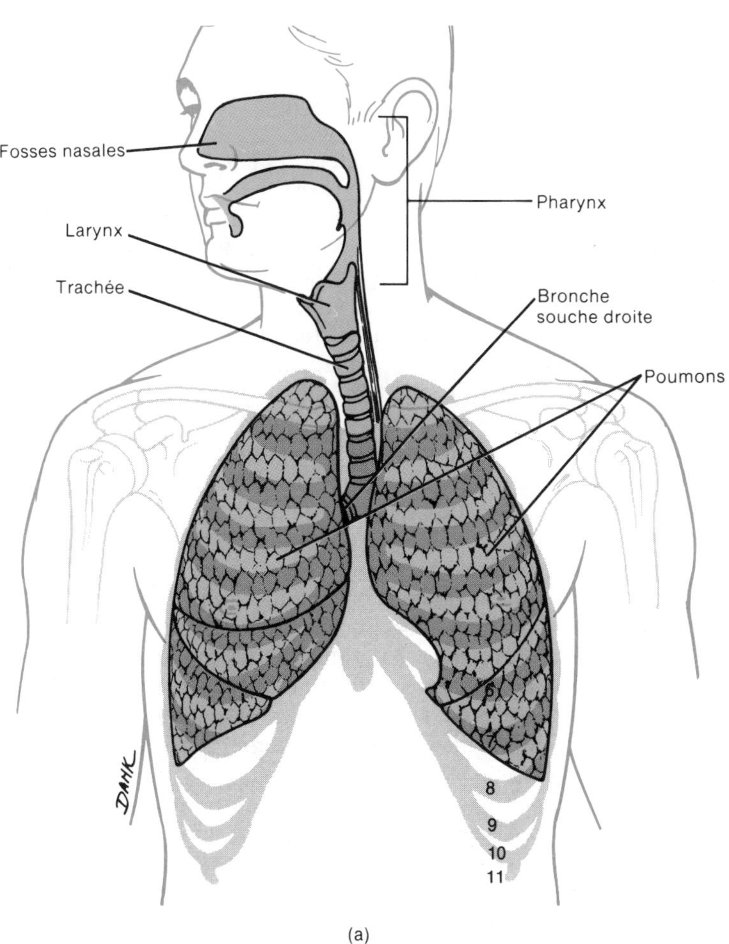

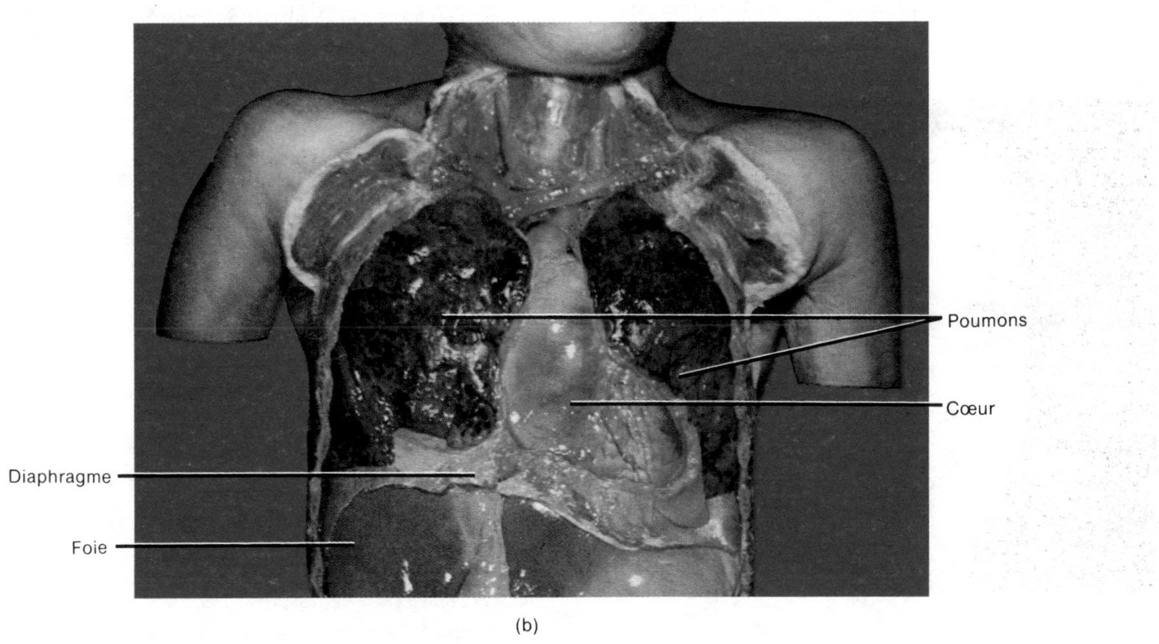

FIGURE 23.1 Organes de l'appreil respiratoire en relation avec les structures qui les entourent. (a) Diagramme. (b) Photographie. [Gracieuseté de C. Yokochi et J.W. Rohen, *Photographic Anatomy of the Human Body*, 2e éd., 1978, IGAKU-SHOIN, Ltd., Tokyo, New York.]

LES ORGANES

LE NEZ

L'anatomie

Le **nez** comprend une partie externe et une partie interne (figure 23.2).La partie externe est faite d'une charpente d'os et de cartilage, recouverte de peau et tapissée d'une muqueuse. L'arête est formée par les os propres du nez, qui maintiennent ce dernier en place. Comme il a une charpente faite de cartilage flexible, le reste de l'organe est également flexible. Sous la surface de la partie externe se trouvent deux ouvertures appelées **narines**. Nous illustrons l'anatomie topographique du nez à la figure 23.2,a..

La partie interne du nez est une grande cavité située sous le crâne et au-dessus de la bouche. Elle communique à l'avant avec la partie externe, et à l'arrière avec la gorge (pharynx), par deux ouvertures appelées **choanes**. Les canaux lacrymo-nasaux et quatre des sinus de la face (frontal, sphénoïdal, maxillaire et ethmoïdal) débouchent également dans la partie interne du nez. Les parois latérales sont formées par l'ethmoïde, les maxillaires et les cornets inférieurs du nez. L'ethmoïde forme également le toit. Le plancher est constitué des os palatins et du procès palatin du maxillaire qui, ensemble, forment la voûte palatine (palais dur).

L'intérieur des parties externe et interne du nez est formé par les **fosses nasales**, divisées en côtés droit et gauche par une structure verticale, la **cloison nasale**. La portion antérieure de la cloison contient surtout du cartilage. Le reste de la cloison comprend le vomer et la lame perpendiculaire de l'ethmoïde (voir la figure 7.7,a). La portion antérieure des fosses nasales, à l'intérieur des narines, est appelée **vestibule** et elle est entourée de cartilage. La portion supérieure des fosses nasales est entourée d'os.

La physiologie

Les structures internes du nez sont spécialisées dans trois fonctions : elles réchauffent, humidifient et filtrent l'air qui pénètre dans le nez, elles reçoivent les stimuli olfactifs et procurent des caisses de résonance grandes et creuses qui permettent la phonation.

Lorsque l'air pénètre dans les narines, il traverse d'abord le vestibule. Ce vestibule est tapissé de peau contenant des poils, appelés vibrisses, qui filtrent les grosses particules de poussière. L'air passe ensuite dans les fosses nasales supérieures. Trois étages, formés par les prolongements des cornets supérieur, moyen et inférieur, s'étendent hors de la paroi latérale des fosses nasales. Les cornets, qui atteignent presque la cloison nasale, divisent chaque côté des fosses nasales en une série de sillons, les **méats supérieur**, **moyen** et **inférieur**. Une membrane muqueuse tapisse les fosses nasales et les étages formés par les cornets. Les récepteurs de l'olfaction se trouvent dans la membrane qui tapisse la région située au-dessus des cornets supérieurs, qu'on appelle également **muqueuse olfactive**. Au-dessous de cette région, la membrane contient des capillaires et des cellules cylindriques ciliées pseudostratifiées et de nombreuses cellules caliciformes. En circulant autour des cornets et des méats, l'air est réchauffé par les capillaires. Le mucus sécrété par les cellules caliciformes humidifie l'air et retient les particules de poussière. L'écoulement des canalicules lacrymaux et, peut-être, les sécrétions provenant des sinus de la face aident également à humidifier l'air. Les cils déplacent les amas de mucus et de poussière le long du pharynx afin qu'ils soient éliminés de l'organisme.

LE PHARYNX

Le **pharynx** est un conduit dont la forme rappelle un peu celle d'un entonnoir, mesurant environ 13 cm de longueur et s'étendant des narines au milieu du cou (figure 23.2,b). Il se trouve juste sous les fosses nasales et

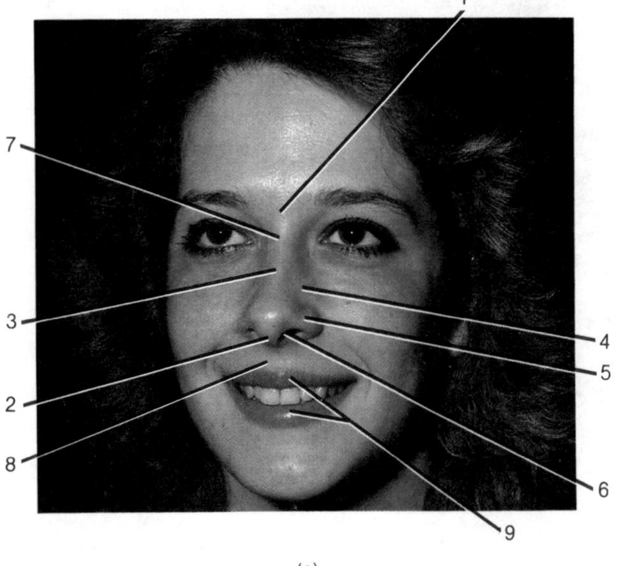

(a)

1. **Racine.** Point d'attache supérieur du nez au front, situé entre les yeux
2. **Pointe.** Bout du nez
3. **Dos du nez.** Bord antérieur arrondi reliant la racine et la pointe ; peut être droit, convexe, concave ou ondulé
4. **Angle naso-facial.** Point où le côté du nez rencontre les tissus de la face
5. **Aile du nez.** Portion évasée convexe de la face latérale inférieure ; se joint à la lèvre supérieure
6. **Narine.** Ouverture externe du nez
7. **Arête du nez.** Portion supérieure du dos du nez, recouvrant les os propres du nez
8. **Sillon sous-nasal.** Sillon vertical situé dans la portion médiane de la lèvre supérieure
9. **Lèvres.** Bords charnus, supérieur et inférieur, de la cavité buccale

FIGURE 23.2 Organes respiratoires de la tête et du cou. (a) Vue antérieure de l'anatomie topographique du nez. [Copyright © 1982 by Gerard J. Tortora. Gracieuseté de Lynne Tortora.]

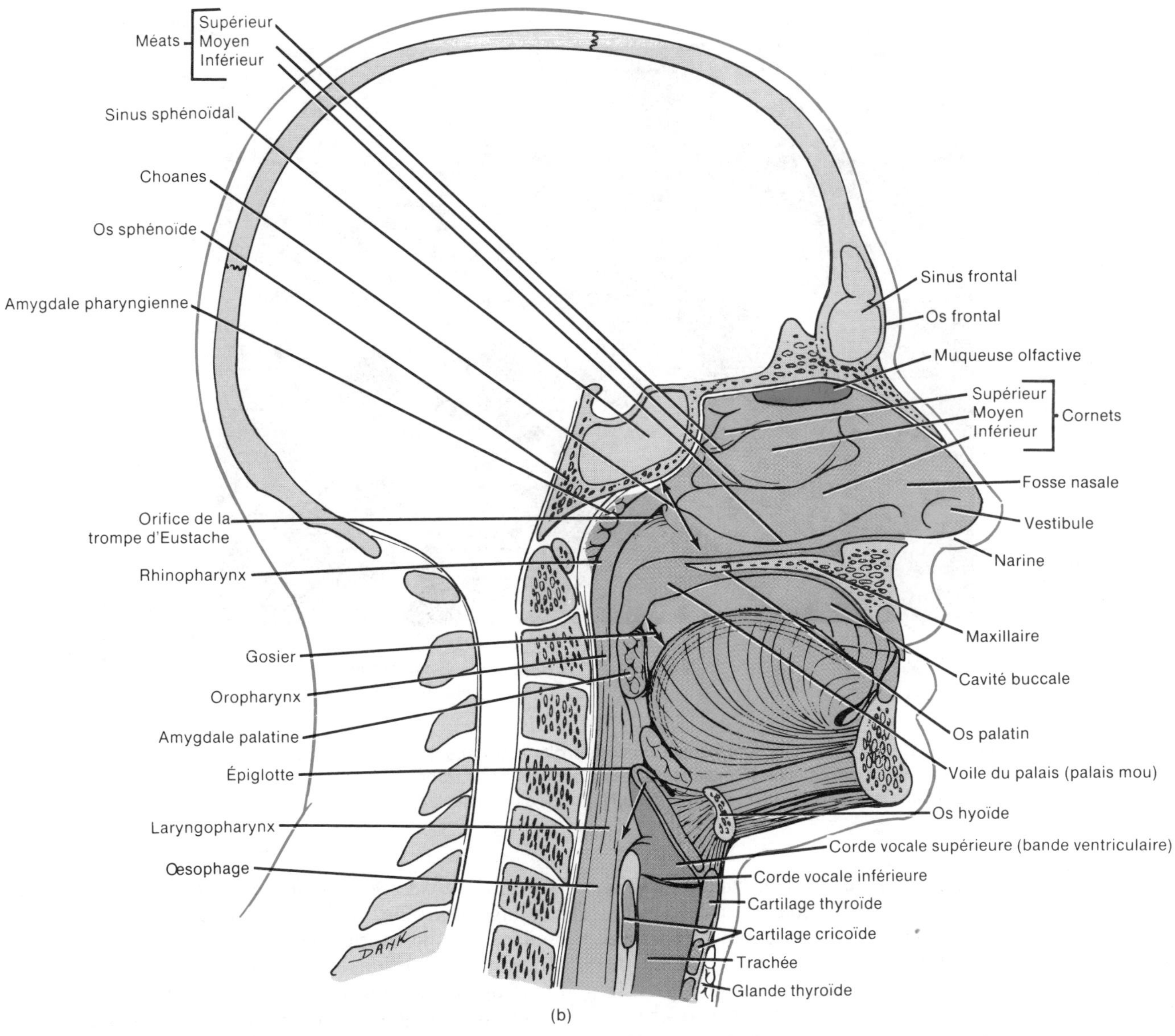

FIGURE 23.2 [*Suite*] (b) Diagramme du côté gauche de la tête et du cou en coupe sagittale ; la cloison nasale n'apparaît pas sur le diagramme.

la cavité buccale, et devant les vertèbres cervicales. Sa paroi est composée de muscles squelettiques et tapissée d'une muqueuse. La pharynx sert de conduit pour l'air et la nourriture et constitue une caisse de résonance permettant la phonation.

L'**oto-rhino-laryngologie** (*oto* : oreille ; *rhino* : nez) est la branche de la médecine reliée au diagnostic et au traitement des maladies des oreilles, du nez et de la gorge.

La partie la plus élevée du pharynx, le **rhinopharynx**, se trouve derrière les fosses nasales et au-dessus du voile du palais (palais mou). Sa paroi comprend quatre ouvertures : deux choanes et deux ouvertures menant aux trompes d'Eustache. La paroi postérieure contient également l'amygdale pharyngienne, ou adénoïde. Par l'intermédiaire des choanes, le rhinopharynx effectue des échanges d'air avec les fosses nasales et reçoit les amas de mucus et de poussière. Il est tapissé d'épithélium pseudostratifié cilié; les cils déplacent le mucus en direction de la bouche. Le rhinopharynx échange également de petites quantités d'air avec les trompes d'Eustache, de façon que la pression de l'air à l'intérieur de l'oreille interne soit égale à la pression de l'air atmosphérique qui circule dans le nez et dans le pharynx.

La portion moyenne du pharynx, l'**oropharynx**, se trouve derrière la cavité buccale, et s'étend à partir du voile du palais jusqu'au niveau de l'os hyoïde. Il ne contient qu'une ouverture, le *gosier* (ouverture de la bouche). Il est tapissé par de l'épithélium pavimenteux stratifié. Cette portion du pharynx joue un rôle à la fois dans la respiration et dans la digestion, puisqu'elle sert de passage à l'air et à la nourriture. Deux paires d'amygdales (palatines et linguales) se trouvent dans l'oropharynx. L'amygdale linguale est située à la base de la langue (voir aussi la figure 17.2,c).

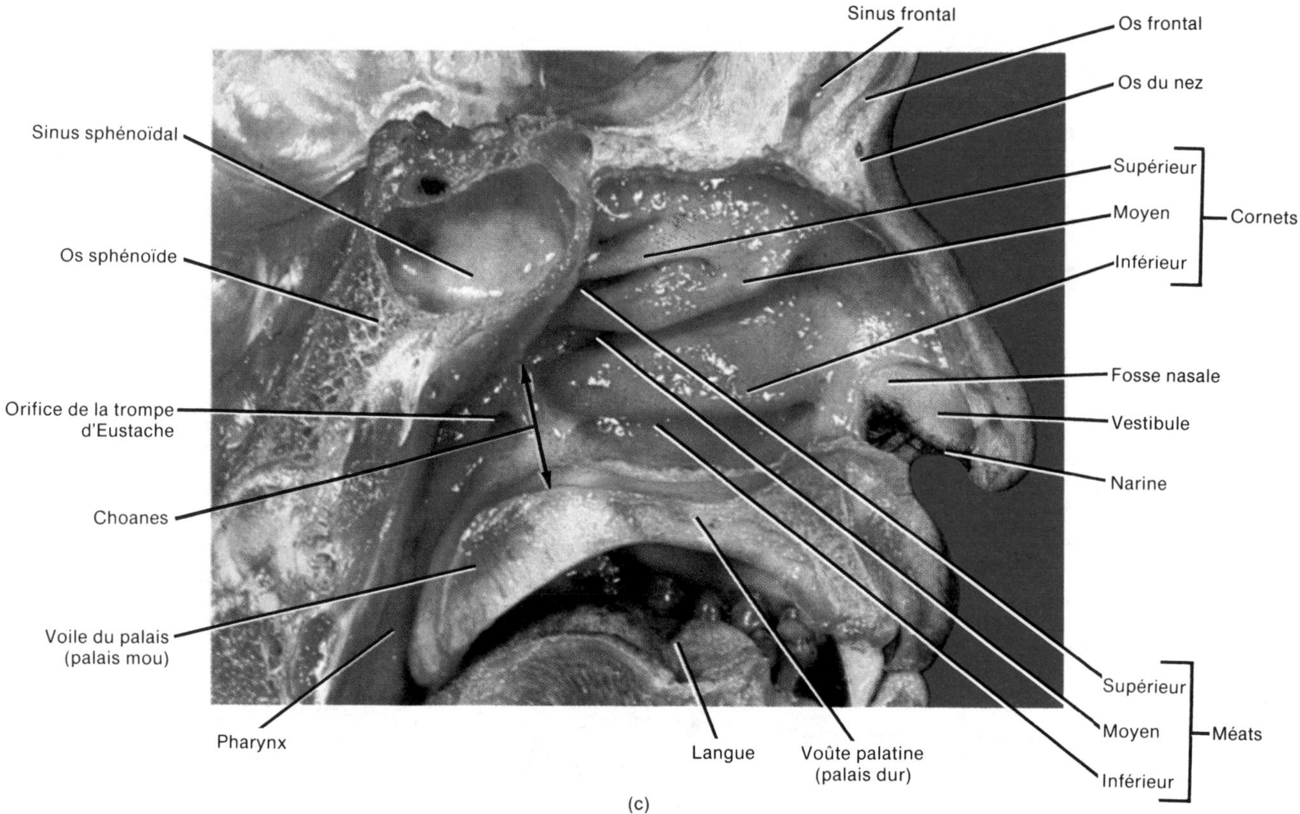

FIGURE 23.2 [*Suite*] (c) Photographie du côté droit des fosses nasales, en coupe sagittale ; la cloison nasale a été enlevée. [Gracieuseté de C. Yokochi et J.W. Rohen, *Photographic Anatomy of the Human Body*, 2e éd., 1978, IGAKU-SHOIN, Ltd., Tokyo, New York.]

La portion inférieure du pharynx, le **laryngopharynx**, s'étend vers le bas à partir de l'os hyoïde et devient un prolongement de l'œsophage (conduit servant au passage des aliments), vers l'arrière, et du larynx (caisse de résonance), vers l'avant. Tout comme l'oropharynx, le laryngopharynx constitue une voie respiratoire et digestive, et est tapissé par de l'épithélium pavimenteux stratifié.

LE LARYNX

L'anatomie

La paroi du larynx est soutenue par neuf pièces cartilagineuses, trois paires et trois impaires (figure 23.3). Les trois pièces impaires sont le cartilage thyroïde, le cartilage épiglottique (épiglotte) et le cartilage cricoïde. Parmi les cartilages qui se présentent par paires, les cartilages aryténoïdes sont les plus importants. Les cartilages corniculés et cunéiformes jouent un rôle moins important.

Le **cartilage thyroïde (pomme d'Adam)** comprend deux plaques soudées qui forment la paroi antérieure du larynx et lui donnent sa forme triangulaire. Il est plus gros chez l'homme que chez la femme.

L'**épiglotte** est une grosse pièce de cartilage, en forme de feuille, située sur le dessus du larynx (voir aussi la figure 23.2,b). La « tige » de l'épiglotte est attachée au cartilage thyroïde, mais la « feuille » est libre de se déplacer vers le haut et vers le bas, comme une trappe. Durant la déglutition, le larynx s'élève ; la partie libre de l'épiglotte forme alors un couvercle au-dessus de la glotte et la ferme. La **glotte** est un espace situé entre les cordes vocales inférieures du larynx. De cette façon, le larynx peut se refermer, les liquides et les aliments sont dirigés dans l'œsophage et ne peuvent pénétrer dans le larynx et dans les voies aérifères situées au-dessous de celui-ci. Lorsque cela se produit, un réflexe de toux se manifeste afin d'expulser le corps étranger.

Le **cartilage cricoïde** est un anneau de cartilage qui forme la paroi inférieure du larynx. Il est attaché au premier anneau du cartilage de la trachée.

Les **cartilages aryténoïdes**, en forme de pyramides, sont situés au niveau du bord supérieur du cartilage cricoïde. Ils relient les cordes vocales inférieures et les muscles pharyngiens et peuvent déplacer les cordes vocales supérieures (bandes ventriculaires).

Les **cartilages corniculés** sont en forme de cône. Ils sont situés à la pointe de chacun des cartilages aryténoïdes. Les **cartilages cunéiformes**, longilignes, relient l'épiglotte aux cartilages aryténoïdes.

L'épithélium qui tapisse le larynx sous les cordes vocales est pseudostratifié. Il comprend des cellules cylindriques ciliées, des cellules caliciformes et des cellules basales, et aide à retenir la poussière qui n'a pas été éliminée dans les voies supérieures.

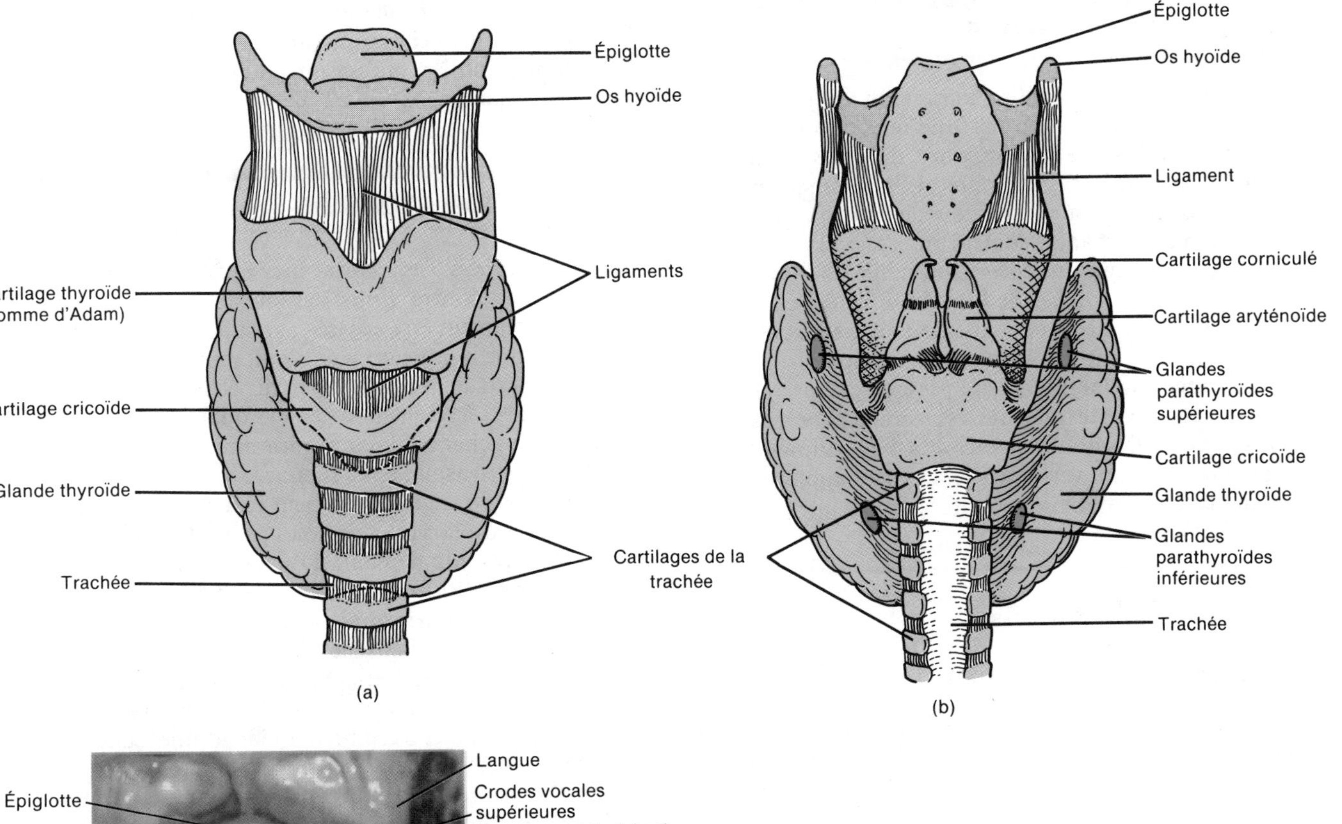

FIGURE 23.3 Larynx. (a) Diagramme d'une vue antérieure. (b) Diagramme d'une vue postérieure. (c) Photographie des cordes vocales inférieures et supérieures, et de la glotte ouverte, vues d'en haut. [Gracieuseté de C. Yokochi et J.W. Rohen, *Photographic Anatomy of the Human Body*, 2e éd., 1978, IGAKU-SHOIN, Ltd., Tokyo, New York.]

La phonation

La membrane muqueuse du larynx comprend deux paires de replis : deux replis supérieurs, les **cordes vocales supérieures (bandes ventriculaires)**, et deux replis inférieurs, les **cordes vocales inférieures** (figure 23.3,c). Lorsque les cordes vocales supérieures sont réunies, elles permettent de retenir la respiration contre la pression qui se trouve dans la cavité thoracique (comme lorsqu'on fait un effort pour soulever un objet lourd). La membrane muqueuse des cordes vocales inférieures est tapissée par de l'épithélium pavimenteux stratifié non kératinisé. Sous la membrane se trouvent des bandes de ligaments élastiques étirées entre des pièces de cartilage rigide, comme les cordes d'une guitare. Les muscles squelettiques du larynx, appelés muscles intrinsèques, sont attachés, à l'intérieur, aux pièces de cartilage rigide et aux cordes vocales inférieures elles-mêmes (voir la figure 11.10). Lorsque les muscles se contractent, ils exercent une traction sur les ligaments élastiques et étirent les cordes vocales inférieures dans les voies aérifères ; la glotte se trouve donc rétrécie. Lorsque l'air se trouve en contact avec les cordes vocales inférieures, celles-ci vibrent et produisent des ondes sonores dans la colonne d'air circulant dans le pharynx, le nez et la bouche. Plus la pression de l'air est forte, plus le son est intense.

La hauteur du son est réglée par la tension des cordes vocales inférieures. Lorsque celles-ci sont tendues par les muscles, elles vibrent plus rapidement et produisent un son plus aigu. Les sons plus graves résultent d'une réduction de la tension musculaire exercée sur les cordes vocales inférieures. Ces dernières sont habituellement plus épaisses et plus longues chez l'homme et, par conséquent, vibrent plus lentement. C'est pourquoi les hommes ont généralement une voix plus grave que les femmes.

Le son est produit par la vibration des cordes vocales ; toutefois, d'autres structures doivent transformer ce son en parole. Le pharynx, la bouche, les fosses nasales et les sinus de la face jouent tous le rôle de caisses de résonance et donnent à la voix humaine ses caractéristiques. En contractant et en relâchant les muscles situés dans la paroi du pharynx, nous produisons les voyelles. Les muscles de la face, de la langue et des lèvres nous permettent de prononcer des mots.

APPLICATION CLINIQUE

Une **laryngite** est une inflammation du larynx causée, dans la plupart des cas, par une infection des voies respiratoires ou par la présence d'agents irritants, comme la fumée de cigarette. L'inflammation des cordes vocales entraîne un enrouement ou une perte de la voix en empêchant la contraction des cordes vocales ou en provoquant un œdème qui inhibe la vibration. Chez un grand nombre de fumeurs invétérés, la voix est enrouée de façon permanente à cause des lésions entraînées par une inflammation chronique.

Le **cancer du larynx** affecte presque exclusivement les fumeurs. Cette maladie est caractérisée par un enrouement, des douleurs liées à la déglutition ou des douleurs irradiant vers l'oreille. On peut appliquer un traitement par irradiation ou effectuer une intervention chirurgicale (ou les deux).

LA TRACHÉE

La **trachée** est un conduit aérifère cylindrique mesurant environ 12 cm de longueur et 2,5 cm de diamètre. Elle est située devant l'œsophage et s'étend du larynx à la cinquième vertèbre dorsale, où elle se divise en bronches souches droite et gauche (voir la figure 23.5,a).

La paroi de la trachée comprend une muqueuse, une sous-muqueuse, une couche cartilagineuse et une adventice. L'épithélium de la muqueuse est pseudostratifié. Il contient des cellules cylindriques ciliées qui atteignent la face luminale, des cellules caliciformes et des cellules basales qui, elles, n'atteignent pas la face luminale (figure 23.4,a). L'épithélium offre la même protection contre la poussière que la membrane qui tapisse le larynx. La sous-muqueuse contient des glandes séromuqueuses et leurs canaux. La couche cartilagineuse comprend de 16 à 20 anneaux horizontaux incomplets de cartilage hyalin, ressemblant à des lettres C empilées les unes sur les autres. La partie ouverte du C fait face à l'œsophage et permet à celui-ci de s'étendre dans la trachée durant la déglutition (figure 23.4,b). Des fibres musculaires lisses transversales, formant le *muscle trachéal*, relient les extrémités ouvertes aux anneaux de cartilage. Les extrémités ouvertes des anneaux de cartilage sont également attachées par du tissu conjonctif élastique. Les parties fermées des anneaux constituent un soutien rigide qui empêche la paroi de la trachée de se déplacer vers l'intérieur et d'obstruer le conduit aérifère.

À l'endroit où la trachée se divise en bronches souches droite et gauche, se trouve une crête interne appelée **éperon trachéal**. Il est formé par un prolongement situé en arrière et un peu au-dessous du dernier cartilage trachéal. La membrane muqueuse de l'éperon est l'une des régions les plus sensibles de l'appareil respiratoire et elle est liée au réflexe de la toux. Un élargissement et une distorsion de l'éperon, visible grâce à la bronchoscopie, constituent un signe prognostique grave, puisqu'ils indiquent habituellement un cancer des ganglions lymphatiques situés autour de la bifurcation de la trachée. Une **bronchoscopie** est un examen des bronches à l'aide d'un **bronchoscope**, un instrument cylindrique muni d'une lumière, qu'on introduit dans la trachée et dans les bronches.

APPLICATION CLINIQUE

Il arrive que les voies respiratoires soient incapables de se protéger contre l'obstruction. Les anneaux de cartilage peuvent être écrasés par suite d'un accident, la membrane muqueuse peut s'enflammer et enfler au point d'obstruer la voie aérifère, et les membranes enflammées sécrètent une grande quantité de mucus qui peut boucher les voies respiratoires inférieures, un objet peut être aspiré pendant que la glotte est ouverte, ou un corps étranger aspiré peut entraîner un spasme des muscles du larynx. Les voies respiratoires doivent être dégagées rapidement. Lorsque l'obstruction se trouve au-dessus du niveau du thorax, on peut pratiquer une **trachéotomie**. On pratique une incision cutanée à la ligne médiane, dans le cou, à partir du dessous du cartilage cricoïde jusqu'à la fourchette sternale. Puis, on incise la trachée, sous la région obstruée. Le sujet respire à l'aide d'une canule à trachéotomie, de métal ou de plastique, introduite dans l'incision. On peut également effectuer une **intubation**. On introduit une sonde, par la bouche ou par le nez, dans le larynx et la trachée. La paroi rigide de la sonde permet de repousser les matières flexibles, et la lumière de la sonde permet de laisser passer l'air. Lorsque du mucus s'agglutine dans la trachée, on peut l'aspirer à l'aide de la sonde.

LES BRONCHES

La trachée prend fin dans le thorax en se divisant, à l'angle sternal, en **bronche souche droite**, qui se rend vers le poumon droit, et en **bronche souche gauche**, qui se dirige vers le poumon gauche (figure 23.5). La bronche souche droite est plus verticale, plus courte et plus large que la gauche. Par conséquent, les corps étrangers qui pénètrent dans les voies aérifères s'introduisent plus souvent dans cette bronche. Tout comme la trachée, les bronches souches contiennent des anneaux incomplets de cartilage et sont tapissées par de l'épithélium pseudostratifié cilié.

À l'endroit où elles pénètrent dans les poumons, les bronches souches se divisent pour former des bronches plus petites : les **bronches lobaires**, une pour chaque lobe du poumon (le poumon droit contient trois lobes et le poumon gauche en a deux). Les bronches lobaires se ramifient à leur tour et forment des bronches encore plus petites, les **bronches segmentaires**, qui se divisent en **bronchioles**. Ces dernières se ramifient et forment les **bronchioles terminales**. Ce réseau de ramifications en provenance de la trachée ressemble aux branches d'un arbre ; on l'appelle fréquemment **arbre bronchique**.

À mesure que le réseau de ramifications devient plus dense dans l'arbre bronchique, on peut observer

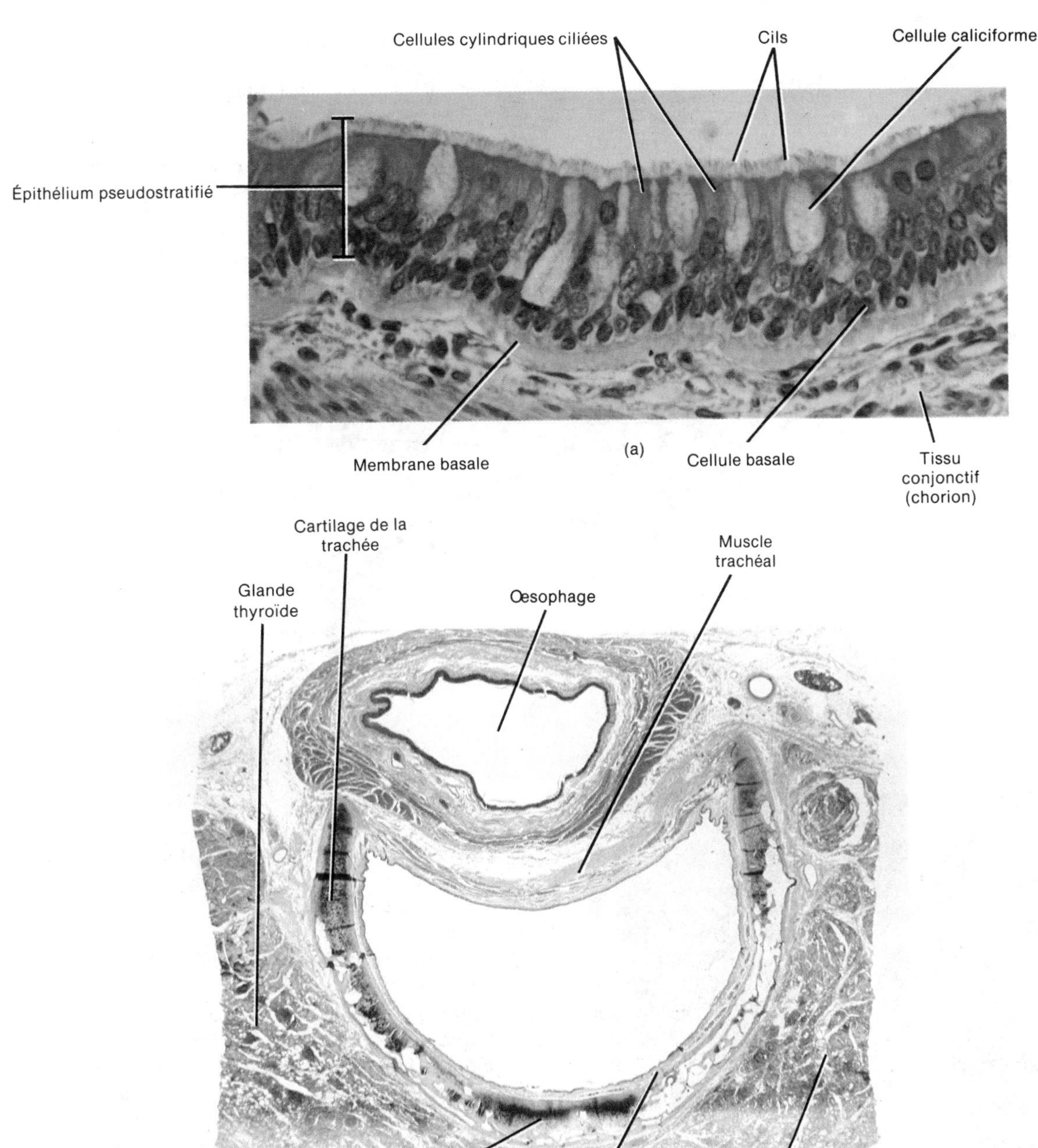

FIGURE 23.4 Trachée. (a) Photomicrographie d'une portion de l'épithélium de la trachée, agrandie 600 fois. [Copyright © 1983 by Michael H. Ross. Reproduction autorisée.] (b) Photomicrographie illustrant le lien entre la trachée et l'œsophage, en coupe transversale, agrandie 3 fois. [Copyright © 1987 by Michael H. Ross. Reproduction autorisée.]

plusieurs changements structuraux. D'abord, les anneaux de cartilage sont remplacés par des plaques de cartilage qui disparaissent dans les bronchioles. Puis, à mesure que la proportion de cartilage décroît, la quantité de muscles lisses augmente. Enfin, l'épithélium pseudostratifié cilié se transforme en épithélium cubique simple dans les bronchioles terminales.

APPLICATION CLINIQUE

Le fait que les parois des bronchioles contiennent une grande quantité de muscles lisses, mais aucun cartilage, revêt de l'importance sur le plan clinique.

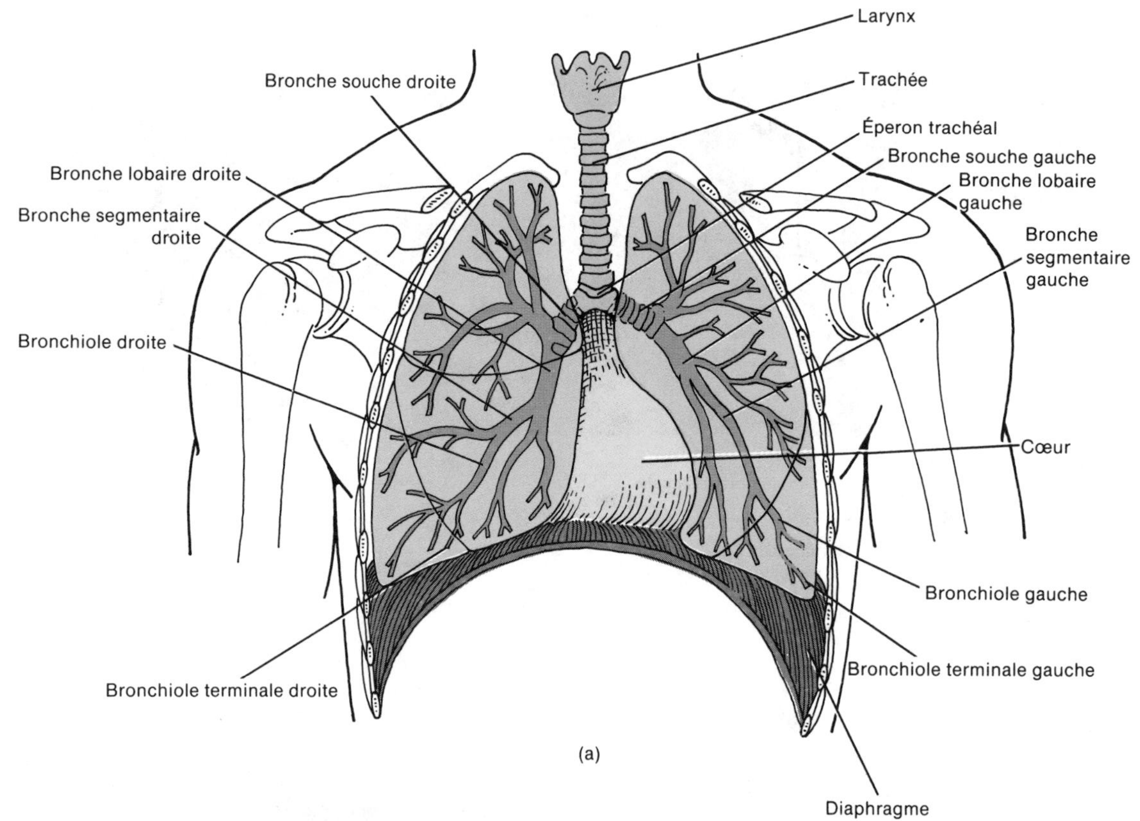

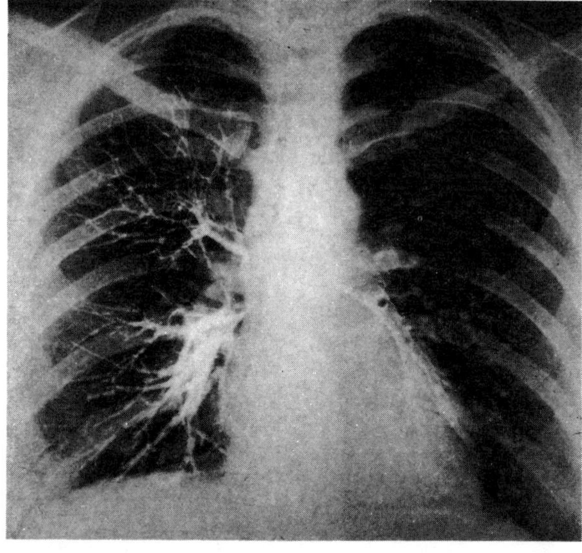

FIGURE 23.5 Arbre bronchique. (a) Diagramme. (b) Bronchogramme antéro-postérieur. [Gracieuseté de John H. Juhl. Tiré de Lester W. Paul et John H. Juhl, *The Essentials of Roentgen Interpretation*, 4e éd., J.B. Lippincott, Philadelphie, 1987.]

Lors d'une **crise d'asthme**, des spasmes musculaires se manifestent. À cause de l'absence de cartilage, les spasmes peuvent entraîner la fermeture des voies aérifères.

La **bronchographie** est une technique permettant d'examiner l'arbre bronchique. On introduit une sonde endotrachéale, par la bouche ou par le nez, à travers la glotte et dans la trachée. Puis, on introduit par gravité un opacifiant radiologique, contenant habituellement de l'iode, dans la trachée ; cet opacifiant se répand dans l'arbre bronchique. On prend des radiographies du thorax, de différents points de vue, et le cliché ainsi obtenu, le **bronchogramme**, fournit une image de l'arbre bronchique.

LES POUMONS

Les **poumons**, au nombre de deux, sont des organes situés dans la cavité thoracique. Ils sont séparés l'un de l'autre par le cœur et d'autres structures du médiastin (voir la figure 20.1). Deux couches de membrane séreuse, les **plèvres**, entourent et protègent chacun des poumons. La couche externe est reliée à la paroi de la cavité thoracique et est appelée **plèvre pariétale**. La couche interne, la **plèvre viscérale** (ou **pulmonaire**), recouvre les poumons eux-mêmes. Entre les plèvres viscérale et pariétale se trouve un petit espace virtuel, la **cavité pleurale**, qui contient un liquide lubrifiant sécrété par les membranes (voir la figure 1.7). Ce liquide prévient la friction entre les membranes et permet à ces dernières de se chevaucher au cours de la respiration.

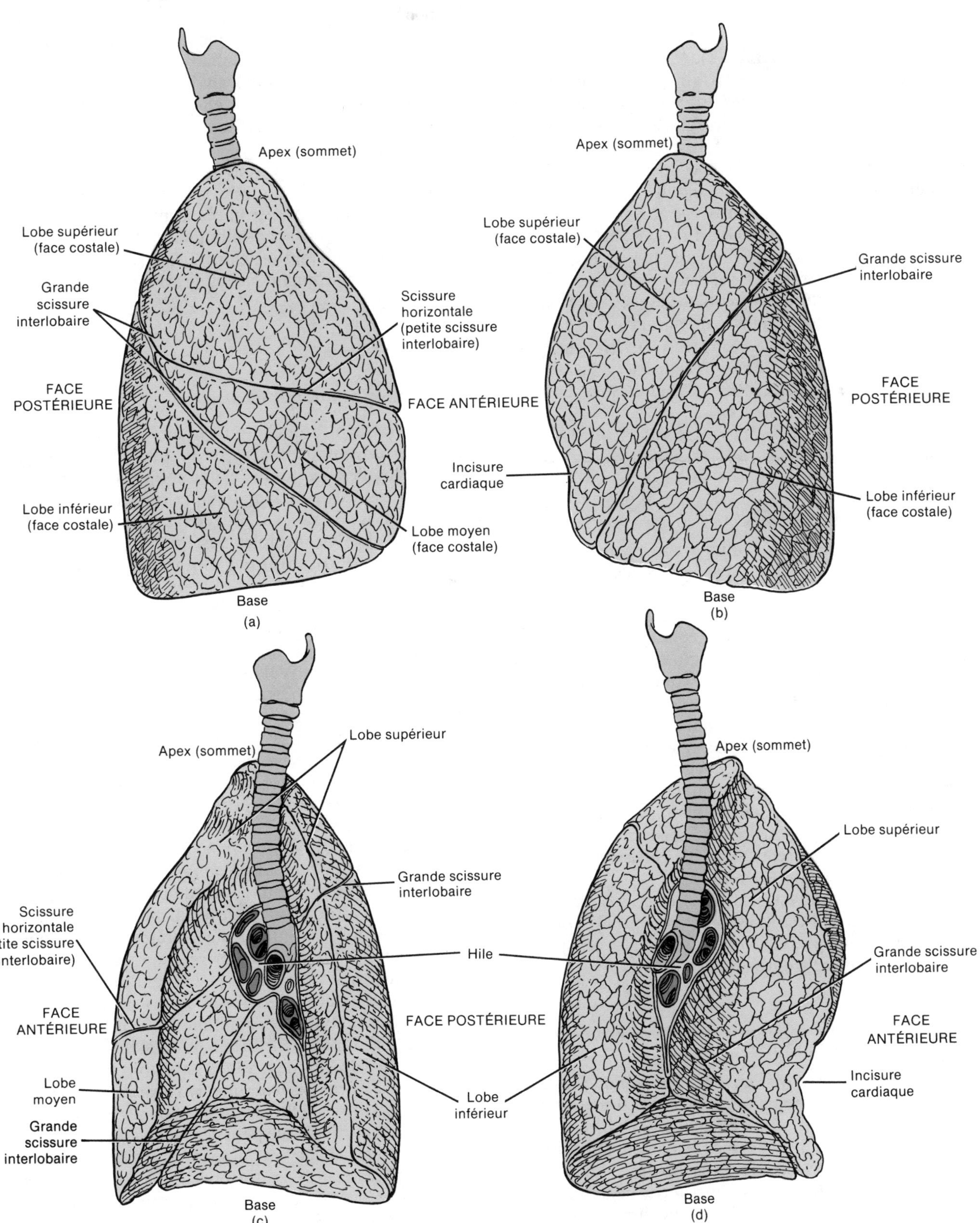

FIGURE 23.6 Poumons. (a) Vue latérale du poumon droit. (b) Vue latérale du poumon gauche. (c) Vue médiane du poumon droit. (d) Vue médiane du poumon gauche.

APPLICATION CLINIQUE

Dans certaines affections, la cavité pleurale peut s'emplir d'air (**pneumothorax**), de sang (**hémothorax**) ou de pus. La présence d'air (ce dernier entre généralement par une ouverture du thorax pratiquée lors d'une intervention chirurgicale) dans la cavité pleurale peut entraîner l'affaissement des alvéoles pulmonaires. Lorsqu'il s'agit d'un liquide, on peut l'éliminer en introduisant une aiguille, habituellement dans la face dorsale du corps par le septième espace intercostal. On passe l'aiguille le long du bord supérieur de la côte inférieure afin de ne pas léser les nerfs intercostaux et les vaisseaux sanguins. Si on introduit l'aiguille sous le septième espace intercostal, on risque de pénétrer dans le diaphragme.

L'inflammation de la plèvre, la **pleurésie**, entraîne une friction liée à la respiration ; cette friction peut être assez douloureuse lorsque les membranes enflées frottent l'une contre l'autre.

L'anatomie macroscopique

Les poumons s'étendent du diaphragme à un point situé de 1,5 cm à 2,5 cm au-dessus des clavicules, les faces antérieure et postérieure se trouvant contre les côtes. La large portion inférieure du poumon, la **base**, est concave et épouse la région convexe du diaphragme (figure 23.6). L'étroite portion supérieure est appelée **apex** (**sommet**). La partie du poumon qui se trouve contre les côtes, la **face costale**, est arrondie pour épouser la courbure des côtes. La **face médiane** de chaque poumon contient une fente verticale, le **hile**, par laquelle les bronches, les vaisseaux pulmonaires et lymphatiques, et les nerfs entrent et sortent. Ces structures sont maintenues ensemble par la plèvre et du tissu conjonctif, et elles constituent le **pédicule pulmonaire**. Sur la face médiane, le poumon gauche contient également une cavité, l'**incisure cardiaque**, dans laquelle se trouve le cœur.

Le poumon droit est plus épais et plus large que le poumon gauche. Il est également un peu plus court, le diaphragme étant plus élevé du côté droit afin de laisser la place au foie qui se trouve au-dessous.

Les lobes et les scissures

Chaque poumon est divisé en lobes par une ou plusieurs scissures. Les deux poumons sont dotés d'une **grande scissure interlobaire**, qui s'étend vers le bas et vers l'avant. Le poumon droit possède également une **scissure horizontale** (**petite scissure interlobaire**). La grande scissure interlobaire du poumon gauche sépare le **lobe supérieur** du **lobe inférieur**. La partie supérieure de la grande scissure interlobaire du poumon droit sépare le lobe supérieur du lobe inférieur, alors que la partie inférieure sépare le lobe inférieur du **lobe moyen**. La scissure horizontale du poumon droit divise le lobe supérieur, formant ainsi un lobe moyen.

Chaque lobe est doté de sa propre bronche lobaire. Ainsi, la bronche souche droite donne naissance à trois bronches lobaires, appelées **bronches lobaires supérieure, moyenne** et **inférieure**. La bronche souche gauche donne naissance à une **bronche lobaire supérieure** et à une **bronche lobaire inférieure**. Dans le poumon, les bronches lobaires forment les **bronches segmentaires**, dont l'origine et la distribution sont les mêmes d'un côté à l'autre. Les segments de tissu pulmonaire alimenté par chacune de ces bronches sont appelés **segments broncho-pulmonaires**. Les affections bronchiques et pulmonaires, comme les tumeurs ou les abcès, peuvent être localisées dans un segment broncho-pulmonaire et être éliminées à l'aide d'une intervention chirurgicale sans que le tissu pulmonaire environnant en soit gravement atteint.

Les lobules pulmonaires

Chaque segment broncho-pulmonaire des poumons est divisé en un grand nombre de **lobules** (figure 23.7,a). Chaque lobule est entouré de tissu conjonctif élastique et contient un vaisseau lymphatique, une artériole, une veinule et une branche provenant d'une bronchiole terminale. Les bronchioles terminales se divisent en branches microscopiques appelées **bronchioles respiratoires**. À mesure que celles-ci s'éloignent de leur origine, le revêtement épithélial, cubique à l'origine, se transforme en épithélium pavimenteux. Les bronchioles respiratoires, à leur tour, se ramifient en plusieurs (de 2 à 11) **canaux alvéolaires.**

Autour du périmètre des canaux alvéolaires se trouvent de nombreux alvéoles et sacs alvéolaires. Un **alvéole** est un sac tapissé d'épithélium et soutenu par une mince membrane basale élastique. Les **sacs alvéolaires** sont faits de deux ou de plusieurs alvéoles qui partagent une même ouverture (figure 23.7,a,b). Les parois alvéolaires sont faites des deux principaux types de cellules épithéliales : les *pneumocytes de type I (ou membraneux)* et les *pneumocytes de type II (ou granuleux)* (figure 23.8,a). Les pneumocytes de type I sont les plus volumineux et forment un revêtement continu sur la paroi de l'alvéole, si l'on excepte la présence de quelques pneumocytes de type II. Ces derniers sont beaucoup plus petits, leur forme rappelle un peu celle d'un cube, et ils sont dispersés parmi les pneumocytes de type I. Les pneumocytes de type II produisent une substance phospholipidique appelée *surfactant*, qui réduit la tension superficielle (décrit plus loin). La paroi des alvéoles contient également des *macrophages alvéolaires (cellules à poussières)* libres, cellules hautement phagocytaires qui éliminent les particules de poussière et les autres déchets ; des monocytes, leucocytes qui se transforment en macrophages alvéolaires ; et des fibroblastes. Entre les cellules qui tapissent la paroi des alvéoles se trouvent également des fibres réticulées et des fibres élastiques. Une membrane basale élastique est enfouie profondément dans la couche de pneumocytes de type I. Au-dessus des alvéoles, l'artériole et la veinule forment un réseau capillaire. Les capillaires sanguins sont faits d'une couche unique de cellules endothéliales et d'une membrane basale.

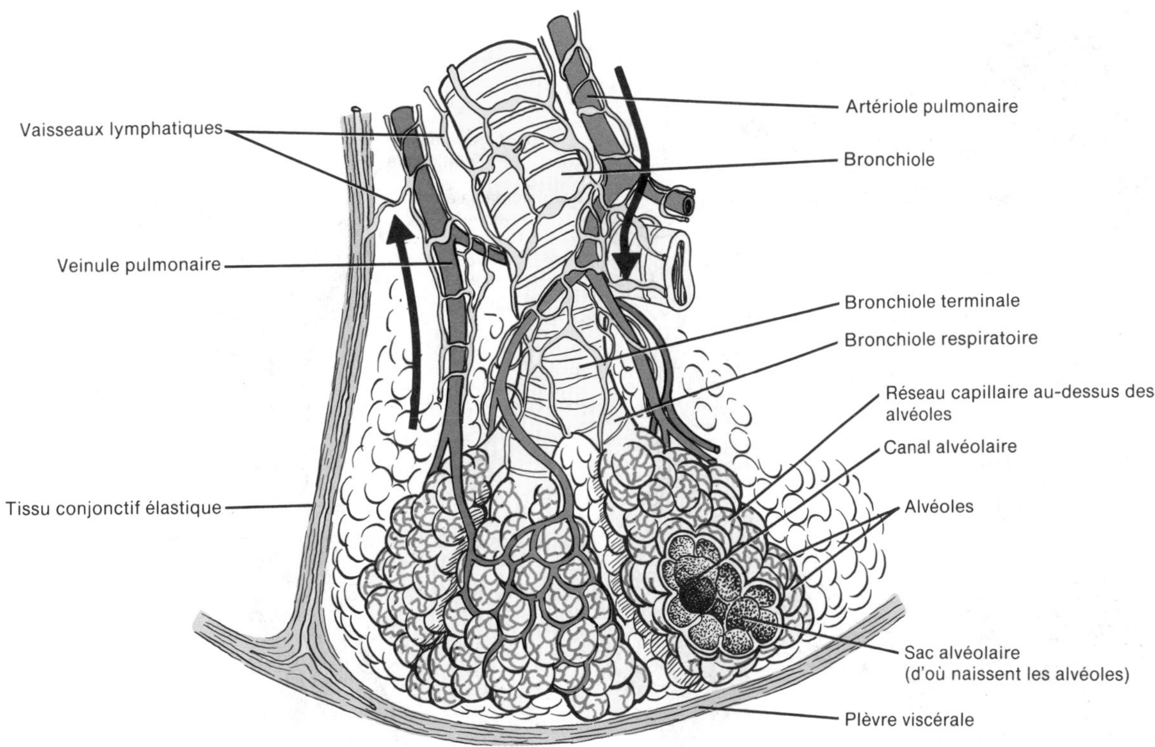

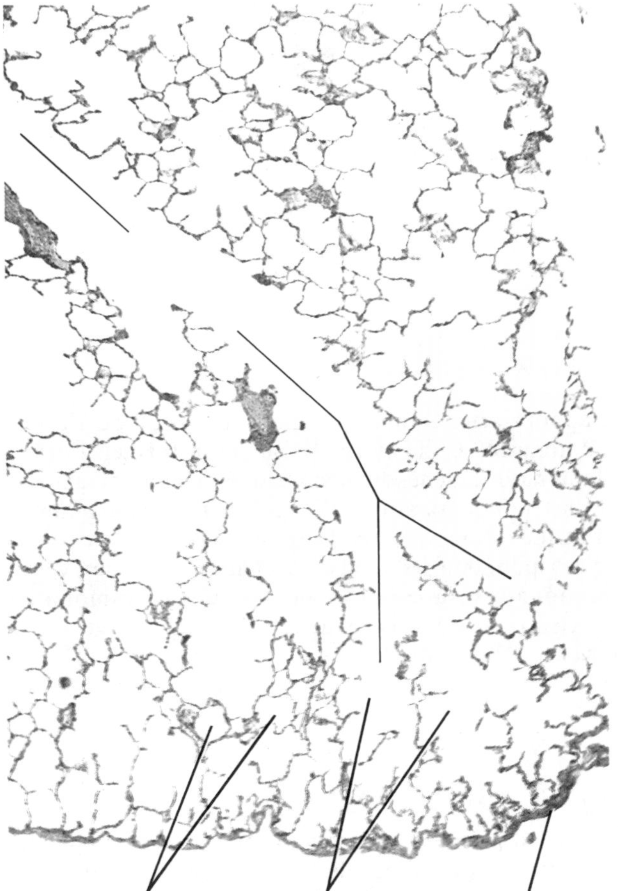

FIGURE 23.7 Structure histologique des poumons. (a) Diagramme illustrant un lobule du poumon. (b) Photomicrographie des canaux alvéolaires, des sacs alvéolaires et des alvéoles, agrandie 55 fois. [Gracieuseté de Michael H. Ross et Edward J. Reith, *Histology : A Text and Atlas*, Copyright © 1985 by Michael H. Ross et Edward J. Reith, Harper & Row, Publishers, Inc., New York.]

APPLICATION CLINIQUE

La **nébulisation** est une technique servant à traiter un grand nombre d'affections respiratoires. Elle consiste à administrer des médicaments, dans des régions particulières de l'appareil respiratoire, sous forme de gouttelettes en suspension dans l'air. Le sujet inspire le médicament, qui se présente sous la forme d'une fine buée. Le nombre de gouttelettes en suspension dans la buée et la région de l'appareil respiratoire atteinte par le médicament dépendent du volume des gouttelettes. Les petites gouttelettes (diamètre d'environ 2 μm) sont plus nombreuses que les grosses gouttelettes, et atteignent les canaux et les sacs alvéolaires. Les grosses gouttelettes (diamètre de 7 μm à 16 μm) se déposent surtout dans les bronches et dans les bronchioles. Les gouttelettes dont le diamètre atteint ou dépasse 40 μm se déposent dans les voies respiratoires supérieures (la bouche, le pharynx, la trachée et les bronches souches). On peut utiliser la nébulisation pour administrer différents types de médicaments, comme des substances chimiques qui favorisent le relâchement des muscles lisses de l'appareil respiratoire, des substances chimiques qui liquéfient le mucus ou des antibiotiques.

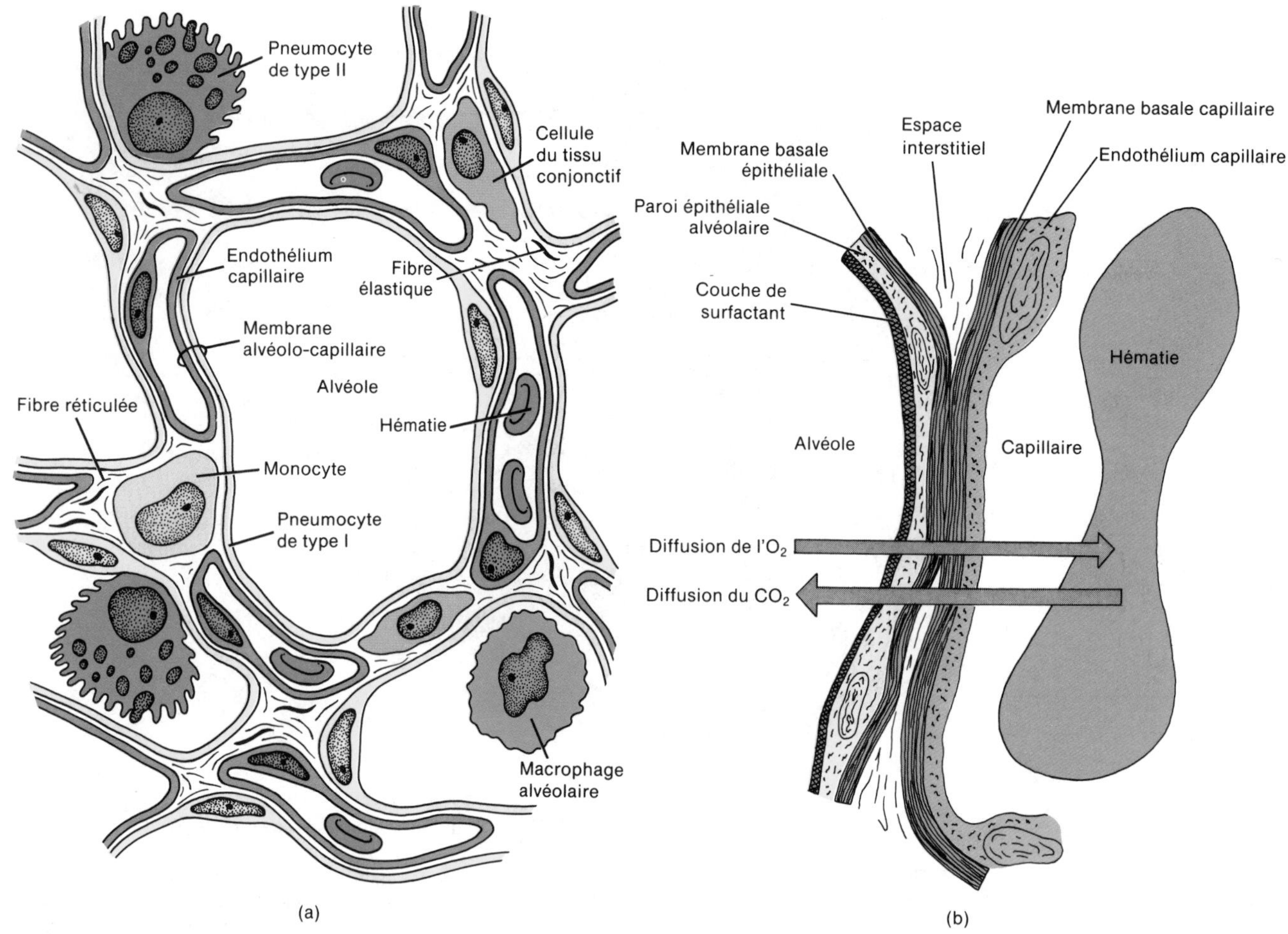

FIGURE 23.8 Structure d'un alvéole. (a) Structure détaillée d'un alvéole. (b) Structure détaillée de la membrane alvéolo-capillaire.

La membrane alvéolo-capillaire

Les échanges gazeux entre les poumons et le sang s'effectuent par diffusion à travers les parois des alvéoles et des capillaires. Cette membrane à travers laquelle se déplacent les gaz respiratoires est appelée **membrane alvéolo-capillaire**. Elle comprend :

1. Une couche de pneumocytes de type I accompagnés de pneumocytes de type II et de macrophages alvéolaires libres qui constituent la paroi alvéolaire épithéliale.
2. Une membrane basale épithéliale située sous la paroi alvéolaire.
3. Une membrane basale capillaire, souvent attachée à la membrane basale épithéliale.
4. Les cellules endothéliales du capillaire.

Même si la membrane alvéolo-capillaire contient un grand nombre de couches, son épaisseur n'est, en moyenne, que de 0,5 µm. La minceur de la membrane joue un rôle considérable dans l'efficacité de la diffusion des gaz respiratoires. De plus, on estime que les poumons contiennent 300 millions d'alvéoles, offrant ainsi une surface de 70 m^2 pour les échanges gazeux.

L'apport sanguin

L'apport artériel aux poumons provient de l'artère pulmonaire. Celle-ci se divise pour former l'artère plumonaire gauche, qui pénètre dans le poumon gauche, et l'artère pulmonaire droite, qui entre dans le poumon droit. Le retour veineux du sang oxygéné se fait par les veines pulmonaires (deux de chaque côté), les veines pulmonaires supérieures et les veines pulmonaires inférieures droites et gauches. Ces quatre veines se déversent dans l'oreillette gauche (voir la figure 21.22).

LA RESPIRATION

L'objectif premier de la **respiration** consiste à alimenter en oxygène les cellules de l'organisme et à éliminer le dioxyde de carbone produit au cours des activités cellulaires. Les trois processus de base de la respiration sont la ventilation pulmonaire, la respiration externe et la respiration interne.

LA VENTILATION PULMONAIRE

La **ventilation pulmonaire** est le processus par lequel s'effectuent des échanges gazeux entre l'atmosphère et les alvéoles pulmonaires. L'air circule entre l'atmosphère et les poumons pour la même raison que le sang circule dans l'organisme: il existe un gradient de pression. Nous inspirons lorsque la pression à l'intérieur des poumons est inférieure à la pression de l'air dans l'atmosphère. Nous expirons lorsque la pression à l'intérieur des poumons est supérieure à la pression de l'air dans l'atmosphère. Nous allons maintenant aborder l'étude des mécanismes de la ventilation pulmonaire, en commençant par l'inspiration.

L'inspiration

L'**inspiration** consiste à faire pénétrer de l'air dans les poumons. Juste avant chaque inspiration, la pression d'air dans les poumons est égale à la pression d'air de l'atmosphère, c'est-à-dire environ 760 mm Hg, ou 101,325 kPa (kilopascal), au niveau de la mer. Pour que l'air puisse entrer dans les poumons, la pression qui règne à l'intérieur des poumons doit devenir plus basse que la pression de l'atmosphère, processus qui est effectué par l'augmentation du volume des poumons.

La pression exercée par un gaz dans un récipient fermé est inversement proportionnelle au volume du récipient. Si le volume du récipient fermé est augmenté, la pression de l'air à l'intérieur du récipient décroît. Si le volume du récipient est réduit, la pression augmente à l'intérieur du récipient. C'est ce qu'on appelle la **loi de Boyle**, qu'on peut démontrer comme suit: Supposons qu'on introduit un gaz dans un cylindre muni d'un piston mobile et d'un manomètre, et que la pression initiale est de 101,325 kP (figure 23.9). Cette pression est créée par les molécules de gaz qui frappent la paroi du cylindre. Si l'on abaisse le piston, le gaz se concentre et occupe un volume plus petit. Le même nombre de molécules de gaz frappent donc un espace plus petit de la paroi du cylindre. Le manomètre indique que la pression est doublée lorsque le gaz est comprimé à la moitié de son volume. En d'autres termes, le même nombre de molécules, dans la moitié de l'espace initial, produit une pression deux fois plus grande. Inversement, si l'on élève le piston pour augmenter le volume du cylindre, la pression décroît. Donc, le volume d'un gaz varie inversement avec la pression (on estime que la température est constante). La loi de Boyle s'applique au fonctionnement d'une pompe de bicyclette et au gonflement d'un ballon. Les différences de pression forcent l'air dans nos poumons lorsque nous inspirons, et l'expulsent hors des poumons lorsque nous expirons.

Pour que nous puissions inspirer, les poumons doivent se dilater. La dilatation des poumons entraîne une augmentation du volume pulmonaire et, par conséquent, une réduction de la pression dans les poumons. La première étape conduisant à l'augmentation du volume pulmonaire nécessite la contraction des principaux muscles inspiratoires: le diaphragme et les muscles intercostaux externes (figure 23.10, voir aussi la figure 11.12). Le diaphragme est une couche de muscle squelettique qui forme le plancher de la cavité thoracique. Lorsque le diaphragme se contracte, il s'aplatit, et son dôme s'abaisse. Ce phénomène augmente le diamètre vertical de la cavité thoracique et est responsable du déplacement de plus des deux tiers de l'air qui pénètre dans les poumons durant l'inspiration. En même temps que le diaphragme se contracte, les muscles intercostaux externes se contractent également. Par conséquent, les côtes se soulèvent, et le sternum est poussé vers l'avant, ce qui augmente la diamètre antéro-postérieur de la cavité thoracique. La grossesse avancée, l'obésité ou le port de vêtements qui compriment l'abdomen peuvent empêcher la descente complète du diaphragme.

L'**eupnée** correspond à la respiration normale. Elle comprend la respiration superficielle, la respiration profonde, ou une combinaison des deux. La respiration superficielle est appelée **respiration costale**. Elle implique un mouvement du thorax vers le haut et vers l'extérieur, créé par la contraction des muscles intercostaux externes. La respiration profonde est appelée **respiration diaphragmatique** et nécessite un mouvement de l'abdomen vers l'extérieur, dû à la contraction et à l'abaissement du diaphragme. Au cours de l'*inspiration forcée*, les muscles inspiratoires accessoires participent également à l'augmentation du volume de la cavité thoracique. La contraction des muscles sterno-cléido-mastoïdiens soulève le sternum, et la contraction des muscles scalènes soulève les côtes supérieures. L'inspiration est considérée comme un processus actif parce qu'elle est déclenchée par une contraction musculaire.

Durant la respiration normale, la pression entre les deux plèvres, appelée **pression intrapleurale**, est toujours inférieure à la pression atmosphérique. (Elle ne peut devenir temporairement positive que durant un mouvement respiratoire modifié, comme pendant une toux ou un effort lié à la défécation.) Juste avant l'inspiration, cette pression est d'environ 756 mm Hg (figure 23.11). L'augmentation totale du volume de la cavité thoracique fait baisser la pression intrapleurale jusqu'à environ 754 mm Hg. Par conséquent, les parois des poumons sont attirées vers l'extérieur par le vide partiel ainsi créé. La dilatation des poumons est également favorisée par le mouvement de la plèvre. Normalement, les plèvres

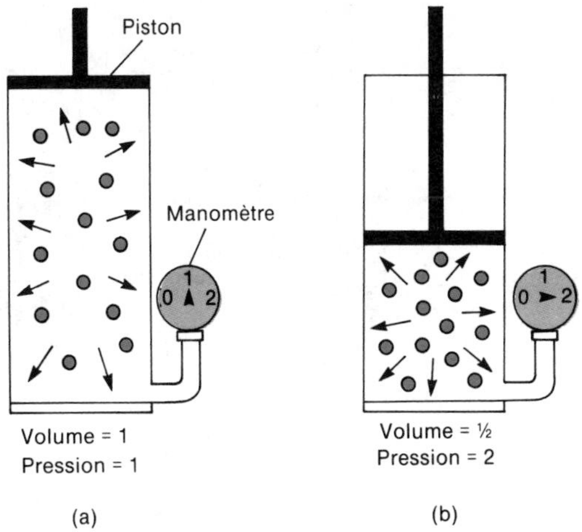

FIGURE 23.9 Loi de Boyle. Le volume d'un gaz est inversement proportionnel à la pression. Si le volume est réduit d'un quart, à quoi correspondra la pression?

pariétale et viscérale sont fermement attachées l'une à l'autre à cause de la tension superficielle créée par leurs parois humides. Lorsque la cavité thoracique se dilate, la plèvre pariétale tapissant la cavité est tirée dans toutes les directions, et la plèvre viscérale suit le mouvement.

Lorsque le volume des poumons augmente, la pression qui se trouve à l'intérieur des poumons, appelée **pression intrapulmonaire**, passe de 760 mm Hg à 758 mm Hg. Un gradient de pression est donc établi entre l'atmosphère et les alvéoles pulmonaires. L'air passe dans les poumons, et une inspiration est effectuée. L'air poursuit son mouvement dans les poumons, jusqu'à ce que la pression intrapulmonaire soit égale à la pression atmosphérique.

On peut résumer comme suit le processus de l'inspiration :

Le diaphragme et les muscles intercostaux externes se contractent

↓

Le volume de la cavité thoracique augmente et les poumons se dilatent

↓

La pression intrapulmonaire baisse jusqu'à 758 mm Hg

↓

Inspiration

L'expiration

L'**expiration**, qui consiste à expulser de l'air des poumons, est également effectuée à l'aide d'un gradient de pression, mais, ici, le gradient est inversé, et la pression des poumons est supérieure à celle de l'atmosphère. Contrairement à l'inspiration, une expiration normale est un processus passif, puisqu'elle ne nécessite pas de

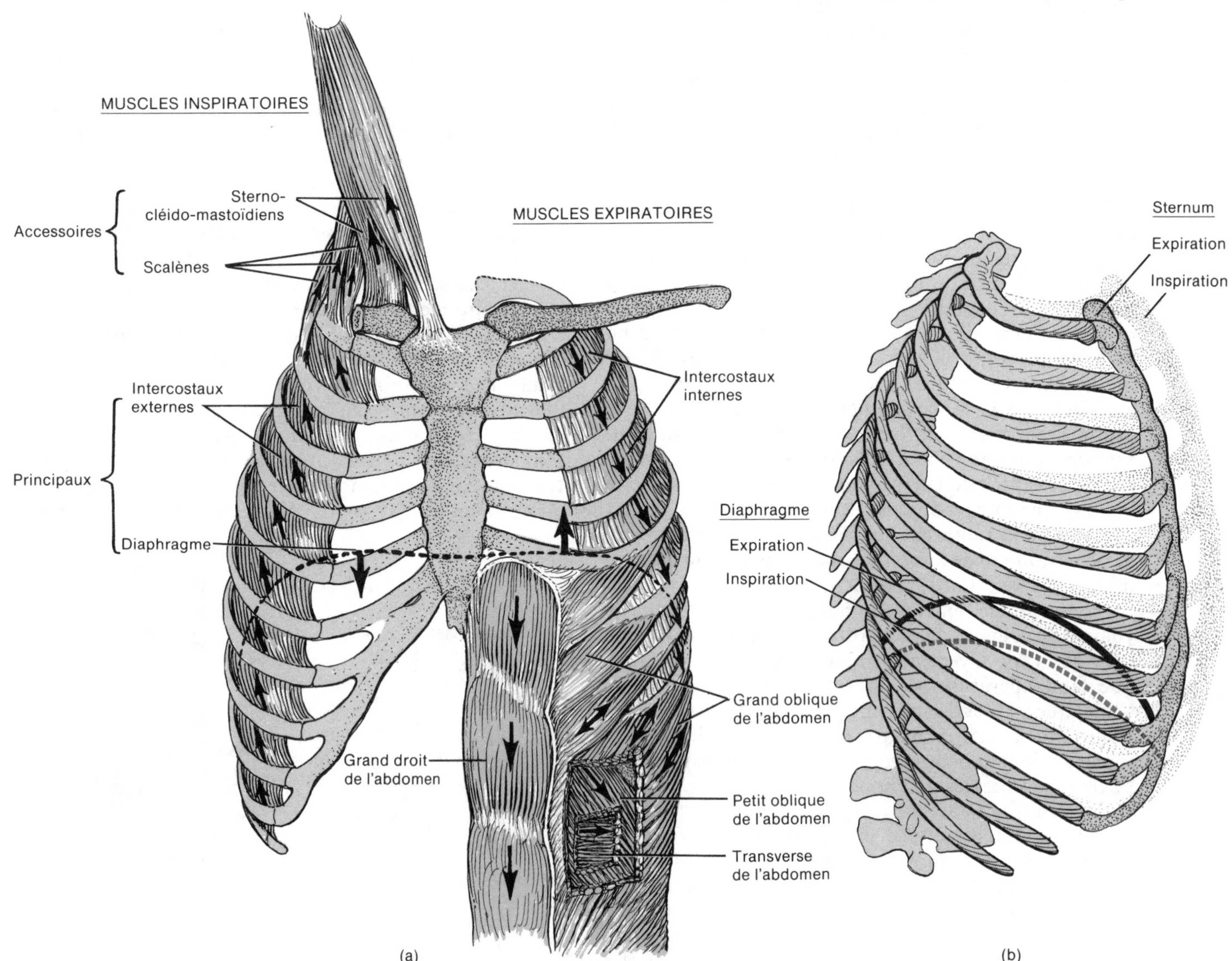

FIGURE 23.10 Ventilation pulmonaire : muscles inspiratoires et expiratoires. (a) Muscles inspiratoires et leurs actions (à gauche), et muscles expiratoires et leurs actions (à droite). (b) Modifications du volume de la cavité thoracique durant l'inspiration (en bleu) et durant l'expiration (en noir).

contractions musculaires. L'expiration commence avec le relâchement des muscles inspiratoires. Lorsque les muscles intercostaux externes se relâchent, les côtes s'abaissent et, lorsque le diaphragme se relâche, son dôme s'élève. Ces mouvements entraînent une réduction des diamètres vertical et antéro-postérieur de la cavité thoracique, qui reprend son volume original au repos (voir la figure 23.10).

L'expiration devient un processus actif durant les stades où la ventilation est plus importante, et lorsque le mouvement de l'air hors des poumons est inhibé. Dans ce cas, la contraction des muscles intercostaux internes

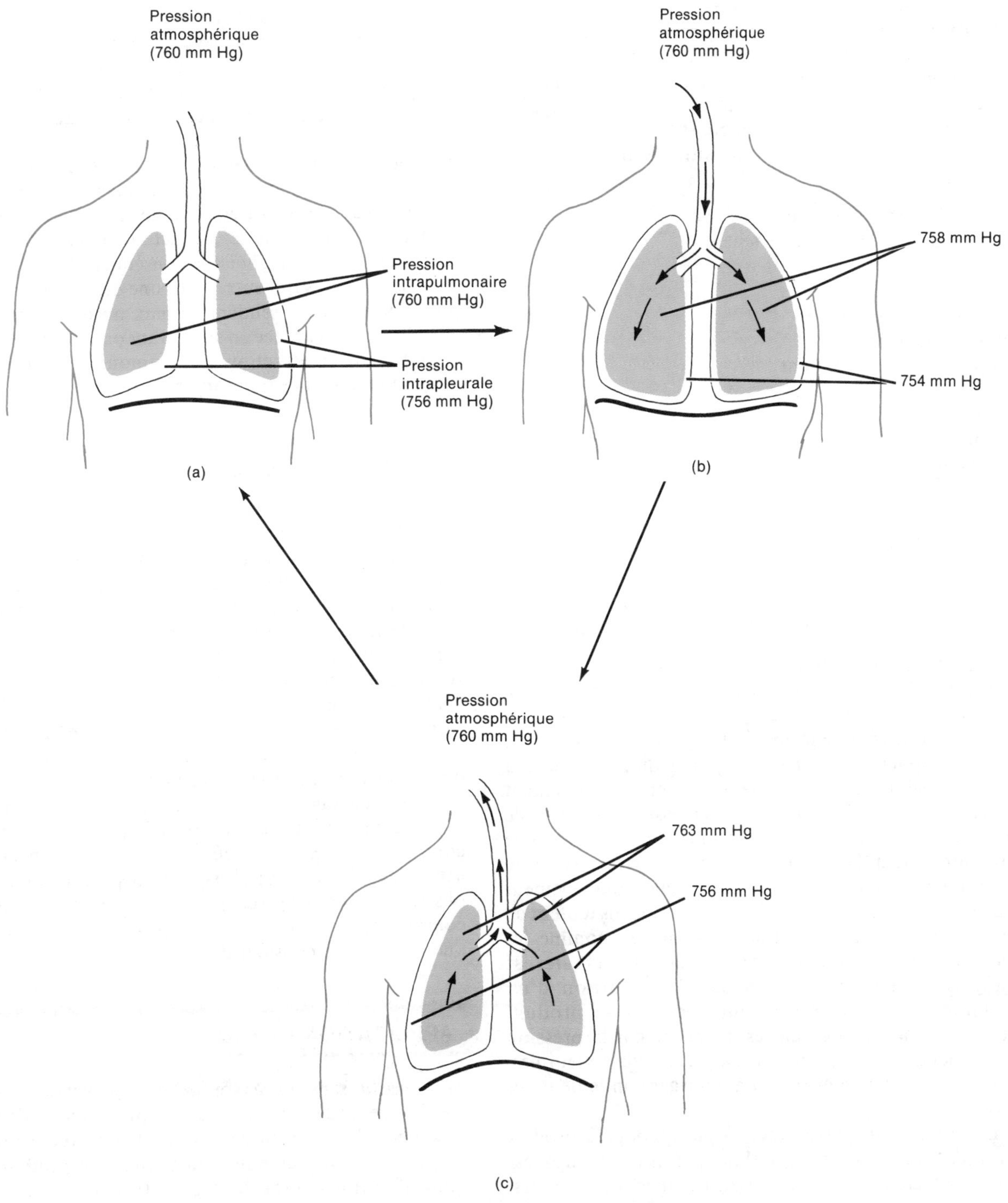

FIGURE 23.11 Ventilation pulmonaire : changements de pression. (a) Poumons et cavité pleurale, juste avant l'inspiration. (b) Le thorax est dilaté et la pression intrapleurale est réduite ; les poumons sont tirés vers l'extérieur et la pression intrapulmonaire est réduite. (c) Le thorax se relâche, la pression intrapleurale s'élève et les poumons se rétractent. La pression intrapulmonaire est plus élevée, expulsant l'air jusqu'à ce que la pression intrapulmonaire soit égale à la pression atmosphérique (a).

abaisse les côtes, et la contraction des muscles abdominaux déplace les côtes inférieures vers le bas et comprime les viscères abdominaux, entraînant ainsi l'élévation du diaphragme.

Lorsque la pression intrapleurale retourne au niveau correspondant à la période qui précède l'inspiration (756 mm Hg), les parois des poumons ne sont plus attirées vers l'extérieur. Les membranes basales élastiques des alvéoles et les fibres élastiques des bronchioles et des canaux alvéolaires se rétractent et reprennent leur forme originale, et le volume des poumons décroît. La pression intrapulmonaire atteint 763 mm Hg, et l'air se déplace de la région de haute pression des alvéoles, jusqu'à la région de basse pression de l'atmosphère (figure 23.11).

On peut résumer comme suit le processus de l'expiration :

Le diaphragme et les muscles
intercostaux externes se relâchent

↓

Le volume de la cavité
thoracique décroît et
les poumons se rétractent

↓

La pression intrapulmonaire
s'élève jusqu'à 763 mm Hg

↓

Expiration

L'atélectasie (affaissement des alvéoles pulmonaires)

Nous avons mentionné plus haut que la pression intrapleurale était normalement inférieure à la pression atmosphérique. Les cavités pleurales sont coupées du milieu extérieur, et leur pression ne peut pas égaler celle de l'atmosphère. De la même façon, le diaphragme et la cage thoracique ne peuvent pas effectuer un mouvement vers l'intérieur suffisant pour que la pression intrapleurale soit égale à la pression atmosphérique. Le maintien d'une pression intrapleurale peu élevée est vitale pour le fonctionnement des poumons. Les alvéoles sont tellement élastiques que, à la fin de chaque expiration, ils tentent de se rétracter et s'affaissent sur eux-mêmes, comme les parois d'un ballon dégonflé. Une **atélectasie** est l'affaissement d'un poumon ou d'une portion d'un poumon. Cet affaissement qui, lorsqu'il se produit, obstrue le passage de l'air, est empêché par la pression légèrement inférieure régnant dans les cavités pleurales, laquelle maintient constamment un léger gonflement des alvéoles.

La présence de **surfactant**, un phospholipide produit par les pneumocytes de type II des parois alvéolaires, est un autre facteur qui empêche l'affaissement des alvéoles. Le surfactant réduit la tension superficielle dans les poumons, c'est-à-dire qu'il forme un mince revêtement sur les parois des alvéoles et les empêche de coller les uns aux autres après l'expiration. Donc, lorsque le volume des alvéoles décroît (après une expiration, par exemple), la tendance des alvéoles à s'affaisser est réduite par le fait que la tension superficielle n'augmente pas. Comme nous le verrons plus loin, une carence en surfactant, chez le nouveau-né, entraîne la détresse respiratoire du nouveau-né.

La compliance pulmonaire

La **compliance pulmonaire** correspond à la facilité avec laquelle les poumons et la paroi thoracique peuvent se dilater. Une compliance élevée signifie que les poumons et la paroi thoracique se dilatent facilement, alors qu'une compliance peu élevée indique qu'ils résistent à la dilatation. La compliance est liée à deux facteurs principaux : l'élasticité et la tension superficielle. La présence de fibres élastiques dans le tissu pulmonaire permet une compliance élevée. Si la tension superficielle dans le tissu pulmonaire était élevée, les tissus résisteraient à la dilatation ; mais le surfactant abaisse la tension superficielle et augmente par conséquent la compliance. Tous les facteurs qui entraînent une destruction du tissu pulmonaire, qui le rendent fibreux ou œdémateux, qui entraînent une carence en surfactant ou qui empêchent la dilatation ou la rétraction des poumons, réduisent également la compliance pulmonaire.

La résistance au courant ventilatoire

Les parois des voies respiratoires, notamment celles des bronches et des bronchioles, offrent une certaine résistance au courant gazeux normal dans les poumons. La contraction musculaire liée à l'inspiration normale permet non seulement la dilatation de la cavité thoracique, mais elle aide également à vaincre la résistance au courant ventilatoire. Tous les facteurs qui obstruent les voies respiratoires augmentent la résistance, et une pression accrue est alors nécessaire. Au cours d'une expiration forcée (toux, effort ou action de jouer d'un instrument à vent), la pression intrapleurale peut augmenter et passer d'une valeur négative à une valeur positive. Ce phénomène entraîne une augmentation considérable de la résistance au courant ventilatoire, parce qu'il provoque la compression des voies aérifères. Chez les personnes atteintes d'une broncho-pneumopathie chronique obstructive, caractérisée par une résistance élevée au courant ventilatoire, même au repos, ce phénomène revêt une importance considérable.

APPLICATION CLINIQUE

L'**apnée** (*a* : sans ; *pnée* : souffle) **du sommeil** correspond à des périodes fréquentes et prolongées durant lesquelles la respiration s'arrête au cours du sommeil. Même chez les personnes en santé, il se produit des modifications dans la respiration et de courtes périodes d'apnée. Toutefois, lorsque l'apnée se manifeste souvent et pour des périodes prolongées, le sommeil est perturbé. Comme l'apnée du sommeil se produit fréquemment au cours du sommeil paradoxal, la personne atteinte se sent fatiguée.

LES MOUVEMENTS RESPIRATOIRES MODIFIÉS

La respiration nous permet également d'exprimer des émotions par le rire, le baillement, les soupirs et les sanglots. De plus, l'air du courant ventilatoire peut être utilisé pour expulser des corps étrangers des voies respiratoires supérieures par des mouvements comme l'éternuement et la toux. Dans le document 23.1, nous énumérons certains des mouvements respiratoires modifiés qui permettent l'expression des émotions ou le dégagement des voies respiratoires. Tous ces mouvements sont des réflexes, mais certains d'entre eux peuvent également être déclenchés volontairement.

DOCUMENT 23.1 MOUVEMENTS RESPIRATOIRES MODIFIÉS

MOUVEMENT	COMMENTAIRES
Toux	Inspiration longue et profonde, suivie d'une fermeture complète de la glotte, entraînant une forte expiration qui ouvre soudainement la glotte et envoie un flot d'air dans les voies respiratoires supérieures. Le stimulus à l'origine de ce réflexe peut être un corps étranger logé dans le larynx, la trachée ou l'épiglotte
Éternuement	Contraction spasmodique des muscles expiratoires, qui expulse l'air avec force par le nez et la bouche. Le stimulus peut être une irritation de la muqueuse nasale
Soupir	Inspiration longue et profonde suivie immédiatement d'une expiration plus brève, mais énergique
Baillement	Profonde inspiration par la bouche grande ouverte produisant un abaissement exagéré de la mâchoire inférieure. Le baillement peut être causé par la somnolence ou la fatigue ; toutefois, la cause précise n'est pas connue
Sanglots	Série d'inspirations convulsives suivies d'une seule expiration prolongée. La glotte se ferme plus tôt qu'en temps normal après chaque inspiration ; il ne pénètre donc qu'un peu d'air dans les poumons à chaque inspiration
Pleurs	Inspiration suivie de plusieurs brèves expirations convulsives, durant laquelle la glotte reste ouverte et les cordes vocales vibrent ; les pleurs sont accompagnés d'expressions faciales caractéristiques
Rire	Mêmes mouvements de base qui s'appliquent aux pleurs ; le rythme des mouvements et les expressions faciales diffèrent cependant. Il est parfois impossible de distinguer les pleurs du rire
Hoquet	Contraction spasmodique du diaphragme, suivie de la fermeture spasmodique de la glotte, produisant un son inspiratoire aigu. Le stimulus est habituellement une irritation des terminaisons nerveuses sensorielles du tube digestif

LES VOLUMES PULMONAIRES ET LES DÉBITS VENTILATOIRES

En pratique clinique, une **respiration** comprend une inspiration et une expiration. L'adulte en santé respire environ 12 fois par minute, au repos. Au cours de chaque respiration, les poumons échangent différentes quantités d'air avec l'atmosphère. Un échange inférieur à la normale indique généralement un dysfonctionnement pulmonaire.

La spirométrie

Le **spirographe** (figure 23.12) est l'appareil habituellement utilisé pour mesurer le volume d'air échangé durant la respiration, ainsi que la vitesse de la ventilation. Un spirographe comprend un cylindre lesté inversé au-dessus d'un contenant d'eau. Le cylindre contient habituellement de l'oxygène ou de l'air. Un tube relie le contenant rempli d'air à la bouche du sujet. Durant l'inspiration, l'air est éliminé du contenant, le cylindre s'abaisse, et une courbe ascendante est enregistrée par un style sur un cylindre enregistreur. Durant l'expiration, on ajoute de l'air, le cylindre s'élève, et une courbe descendante est enregistrée. L'enregistrement ainsi obtenu est appelé **spirogramme** (figure 23.13).

Les volumes pulmonaires

Au cours de la respiration normale, environ 500 mL d'air se déplacent dans les voies respiratoires lors de chaque inspiration. Le même volume d'air est expulsé des voies respiratoires lors de chaque expiration. Ce volume d'air aspiré (ou expiré) est appelé **volume courant** (figure 23.13). Environ 350 mL du volume courant atteignent les alvéoles. Les 150 mL qui restent se trouvent dans les espaces aérifères du nez, du pharynx, du larynx, de la trachée et des bronches, et correspondent au **volume de l'espace mort**. Le volume total d'air aspiré en une minute est appelé **ventilation-minute**. On le mesure en multipliant le volume courant par le taux normal de respiration par minute. Le volume moyen est de 500 mL fois 12 respirations par minute, ou 6 000 mL/min.

Si nous prenons une profonde inspiration, nous pouvons aspirer beaucoup plus que 500 mL d'air. Ce volume en surplus, appelé **volume de réserve inspiratoire**, est en moyenne de 3 100 mL au-dessus des 500 mL du volume courant. Donc, l'appareil respiratoire peut contenir 3 600 mL d'air. En fait, un volume d'air encore plus grand peut être aspiré si l'inspiration suit une expiration forcée.

Lorsque nous inspirons normalement et expirons ensuite aussi longtemps que possible, nous devrions pouvoir exhaler 1 200 mL d'air, en plus des 500 mL du volume courant. Ces 1 200 mL en surplus correspondent au **volume de réserve expiratoire**.

Même après l'expulsion du volume de réserve expiratoire, il reste un volume assez important d'air dans les poumons, parce que la pression intrapleurale peu élevée permet aux alvéoles de retenir un certain volume d'air ; un certain volume d'air reste également dans les voies respiratoires qui ne peuvent s'affaisser. Ce volume, appelé **volume résiduel**, équivaut à environ 1 200 mL.

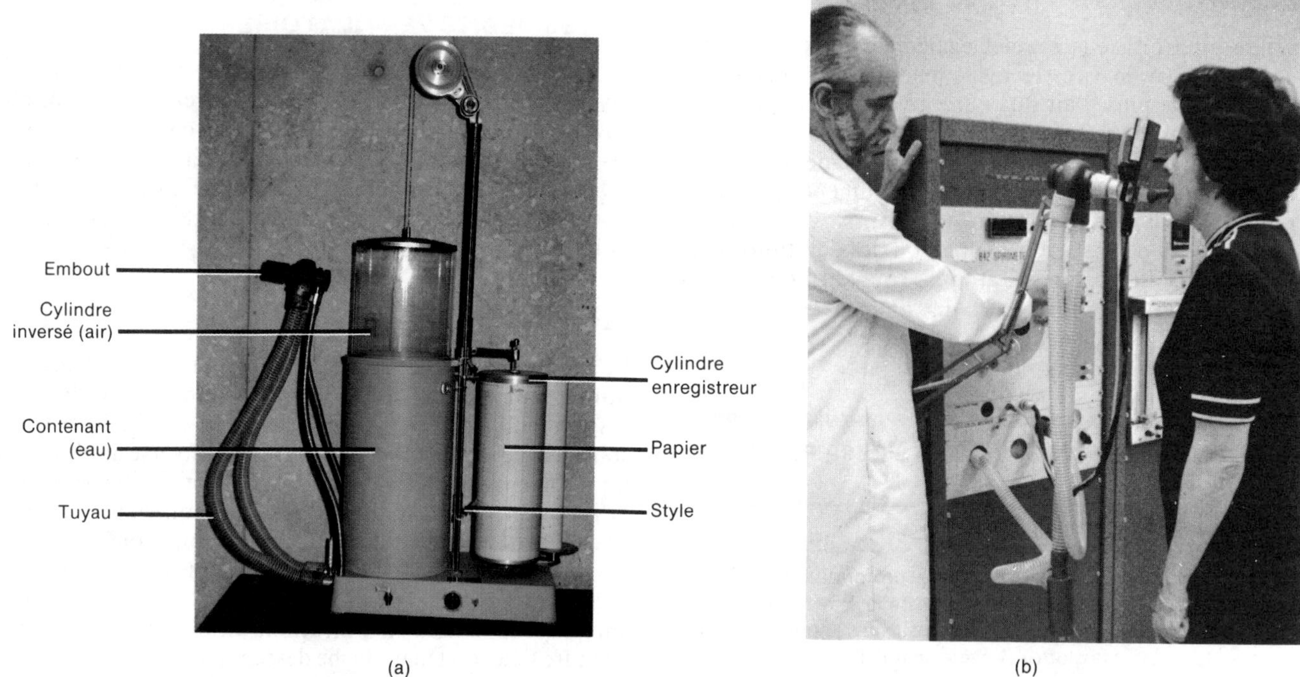

FIGURE 23.12 Spirographes. (a) Spirographe de Collins. Ce type de spirographe est fréquemment utilisé dans les laboratoires de biologie universitaires. [Photographié dans un laboratoire de biologie, au Bergen Community College, par Gerard J. Tortora.] (b) Spiromètre Ohio modèle 842. Cet instrument très sophistiqué permet d'enregistrer les résultats par ordinateur. [Gracieuseté de Lenny Patti.]

L'ouverture de la cavité thoracique permet à la pression intrapleurale d'égaler la pression atmosphérique, en expulsant une partie du volume résiduel. L'air qui reste alors est appelé **volume minimal**. Ce volume constitue un outil médical et juridique permettant de déterminer si un bébé est mort-né ou s'il est décédé après la naissance. On peut démontrer la présence du volume minimal en plaçant un morceau du poumon de l'enfant dans l'eau, et en l'observant. Les poumons du fœtus ne contiennent pas d'air ; par conséquent, les poumons d'un enfant mort-né ne flottent pas.

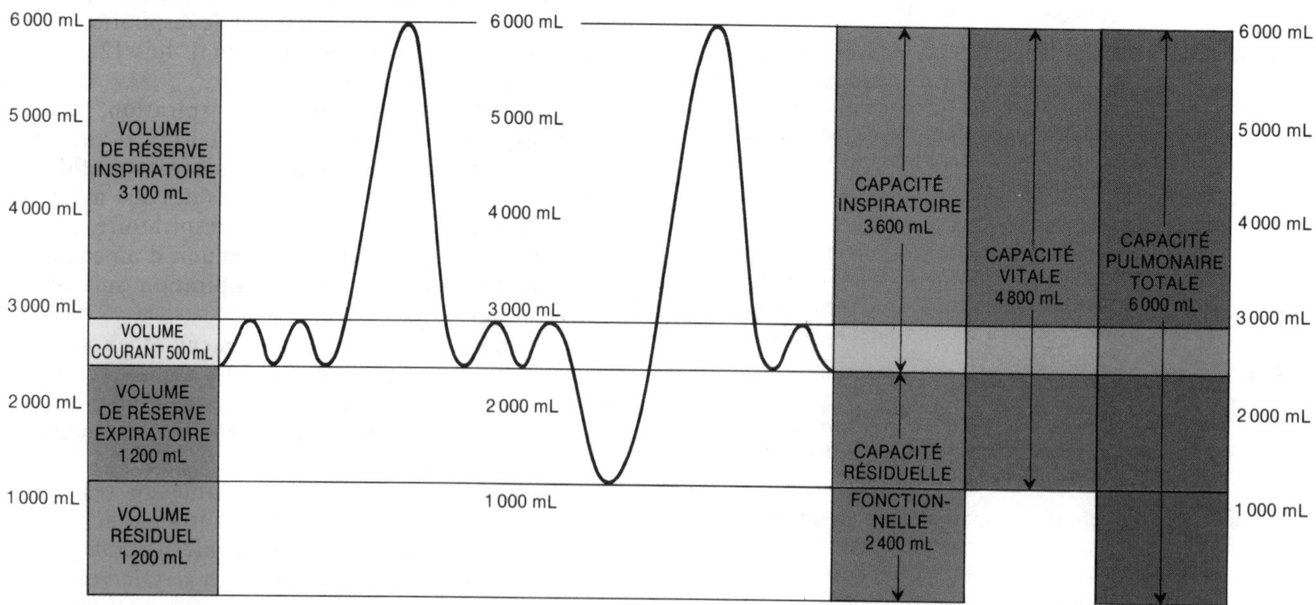

FIGURE 23.13 Spirogramme des volumes pulmonaires et des débits ventilatoires.

Les débits ventilatoires

On peut mesurer les débits ventilatoires en combinant différents volumes pulmonaires. La **capacité inspiratoire**, qui correspond à la capacité inspiratoire totale des poumons, est la somme du volume courant et du volume de réserve inspiratoire (3 600 mL). La **capacité résiduelle fonctionnelle** est la somme du volume résiduel et du volume de réserve expiratoire (2 400 mL). La **capacité vitale** est la somme du volume de réserve inspiratoire, du volume courant et du volume de réserve expiratoire (4 800 mL). Enfin, la **capacité pulmonaire totale** est la somme de tous les volumes (6 000 mL).

APPLICATION CLINIQUE

La **mesure des volumes pulmonaires et des débits ventilatoires** constitue un outil essentiel pour déterminer le fonctionnement des poumons. Chez la personne qui éprouve de la difficulté à respirer, la spirométrie est tout indiquée; on utilise également cette méthode pour diagnostiquer des troubles respiratoires comme l'asthme bronchique et l'emphysème. Ainsi, au cours des premiers stades de l'emphysème, un grand nombre d'alvéoles perdent de leur élasticité. Durant l'expiration, ils ne se rétractent pas et ne peuvent donc pas expulser un volume d'air suffisant. Par conséquent, le volume résiduel est augmenté aux dépens du volume de réserve expiratoire. Les infections pulmonaires peuvent entraîner une inflammation et une accumulation de liquide dans les espaces aérifères des poumons (œdème pulmonaire). Le liquide réduit le nombre d'espaces disponibles pour l'air et, par conséquent, la capacité vitale.

LES ÉCHANGES DE GAZ RESPIRATOIRES

Aussitôt que les poumons s'emplissent d'air, l'oxygène diffuse à partir des alvéoles jusque dans le sang, le liquide interstitiel et, finalement, les cellules. Le dioxyde de carbone diffuse dans la direction opposée: depuis les cellules jusque dans le liquide interstitiel, jusqu'au sang et jusqu'aux alvéoles. Pour comprendre la façon dont les gaz respiratoires sont échangés dans l'organisme, il est nécessaire de connaître certaines lois liées aux gaz.

La loi de Dalton

Selon la **loi de Dalton**, chaque gaz présent dans un mélange de gaz exerce sa propre pression, comme si les autres gaz n'étaient pas présents. Cette *pression partielle* correspond à P. On calcule la pression totale exercée par le mélange de gaz en additionnant la somme des pressions partielles. L'air atmosphérique est un mélange de plusieurs gaz (oxygène, dioxyde de carbone, azote, eau, vapeur, ainsi qu'un certain nombre d'autres gaz, présents en quantités minimes et négligeables). La pression atmosphérique est la somme des pressions de tous ces gaz:

Pression atmosphérique = $PO_2 + PCO_2 + PN_2 + PH_2O$ (760 mm Hg)

Nous pouvons déterminer la pression partielle exercée par chaque composant du mélange en multipliant le pourcentage du mélange constitué par un gaz particulier par la pression totale du mélange. Ainsi, pour connaître la pression partielle de l'oxygène dans l'atmosphère, on multiplie le pourcentage d'air composé d'oxygène (21 %) par la pression atmosphérique totale (760 mm Hg):

PO_2 atmosphérique = 21 % × 760 mm Hg
= 159,60 ou 160 mm Hg

Comme le pourcentage de CO_2 dans l'atmosphère est égal à 0,04,

PCO_2 atmosphérique = 0,04 % × 760 mm Hg
= 0,3040 ou 0,3 mm Hg

Dans le document 23.2, nous présentons les pressions partielles des gaz respiratoires et de l'azote dans l'atmosphère, les alvéoles, le sang et les cellules des tissus. Ces pressions partielles sont importantes pour déterminer le mouvement de l'oxygène et du dioxyde de carbone entre l'atmosphère et les poumons, les poumons et le sang, et le sang et les cellules de l'organisme. Lorsqu'un mélange de gaz diffuse à travers une membrane sélectivement perméable, chaque gaz diffuse à partir de la région où sa pression partielle est la plus élevée vers la région où sa pression partielle est la moins élevée. Chaque gaz agit seul et se comporte comme si les autres gaz n'étaient pas présents.

Les volumes des différents gaz respiratoires varient selon qu'ils se trouvent dans l'air aspiré (atmosphérique), alvéolaire ou expiré (document 23.3). L'air aspiré

DOCUMENT 23.2 PRESSIONS PARTIELLES (mm Hg) DES GAZ RESPIRATOIRES ET DE L'AZOTE DANS L'AIR ATMOSPHÉRIQUE, L'AIR ALVÉOLAIRE, LE SANG ET LES CELLULES DES TISSUS

	AIR ATMOSPHÉRIQUE (NIVEAU DE LA MER)	AIR ALVÉOLAIRE	SANG DÉSOXYGÉNÉ	SANG OXYGÉNÉ	CELLULES DES TISSUS
PO_2	160	105	40	105	40
PCO_2	0,3	40	45	40	45
PN_2	597	569	569	569	569

DOCUMENT 23.3 POURCENTAGES APPROXIMATIFS D'OXYGÈNE ET DE DIOXYDE DE CARBONE DANS L'AIR ASPIRÉ, L'AIR ALVÉOLAIRE ET L'AIR EXPIRÉ

	AIR ASPIRÉ	AIR ALVÉOLAIRE	AIR EXPIRÉ
Oxygène	21	14	16
Dioxyde de carbone	0,04	5,50	4,5

(atmosphérique) contient environ 21% d'oxygène et 0,04% de dioxyde de carbone. L'air expiré contient moins d'oxygène (environ 16%) et plus de dioxyde de carbone (environ 4,5%). Comparativement à l'air présent dans les alvéoles, l'air expiré contient plus d'oxygène (environ 16% par rapport à 14%) et moins de dioxyde de carbone (environ 4,5% par rapport à 5,5%), parce qu'une partie de l'air expiré est constituée du volume de l'espace mort, qui n'a pas participé aux échanges gazeux. L'air expiré est en fait un mélange d'air aspiré et d'air alévolaire.

La loi de Henry

Nous avons tous déjà remarqué qu'une bouteille de soda produit un sifflement lorsqu'on la débouche, et que des bulles montent à la surface pendant les minutes qui suivent l'ouverture de la bouteille. Le gaz dissous dans les boissons gazeuses est du dioxyde de carbone. La capacité d'un gaz de se maintenir en solution dépend de sa pression partielle et de son coefficient de solubilité, c'est-à-dire de son attraction physique ou chimique pour l'eau. Le coefficient de solubilité du dioxyde de carbone est élevé (0,57), celui de l'oxygène est moins élevé (0,024), et celui de l'azote encore moins élevé (0,012). Plus la pression partielle exercée par un gaz sur un liquide est élevée, plus le gaz aura tendance à rester en solution. Comme le soda est embouteillé sous pression et encapsulé, le CO_2 reste dissous aussi longtemps que la bouteille reste fermée. Lorsqu'on enlève la capsule, la pression est libérée et le gaz commence à s'échapper sous forme de bulles. Ce phénomène est expliqué par la **loi de Henry** : la quantité de gaz qui se dissout dans un liquide est proportionnelle à la pression partielle exercée par ce gaz et à son coefficient de solubilité, lorsque la température est constante.

La loi de Henry explique deux phénomènes entraînés par des changements dans la solubilité de l'azote dans les liquides corporels. Même si l'air que nous respirons contient environ 79% d'azote, ce gaz n'a aucun effet connu sur les fonctions corporelles, puisque, à cause du coefficient peu élevé de solubilité de ce gaz, à la pression du niveau de la mer, seule une très petite quantité d'azote se dissout dans le plasma sanguin. Toutefois, lorsqu'un plongeur sous-marin, un scaphandrier ou une personne qui travaille dans un caisson (pour pratiquer un tunnel sous une rivière, par exemple) respire de l'air sous une pression élevée, l'azote présent dans le mélange peut affecter l'organisme. La pression partielle est une fonction de la pression totale et, par conséquent, la pression partielle de tous les composants du mélange augmente à mesure que la pression totale augmente. Comme la pression partielle de l'azote est plus élevée dans un mélange d'air comprimé que dans l'air qui se trouve à la pression du niveau de la mer, un volume considérable d'azote est dissous dans le plasma et le liquide interstitiel. Des quantités excessives d'azote dissous peuvent entraîner une sensation de vertige et d'autres symptômes s'apparentant à ceux de l'intoxication par l'alcool. C'est ce qu'on appelle la **narcose à l'azote**, ou « ivresse des profondeurs ». Plus la profondeur est importante, plus cet état s'aggrave.

Lorsqu'un plongeur remonte lentement à la surface, l'azote dissous peut être éliminé par les poumons. Cependant, si le plongeur remonte trop rapidement, l'azote se sépare de la solution trop rapidement pour être éliminé par la respiration. Il forme alors des bulles de gaz dans les tissus, ce qui entraîne la **maladie des caissons (dysbarisme)**. Les effets de cette maladie résultent de la présence des bulles dans le tissu nerveux ; ils peuvent être légers ou marqués, selon la quantité de bulles produite. Les symptômes comprennent des douleurs articulaires, notamment dans les bras et dans les jambes, des étourdissements, un essoufflement, une fatigue extrême, une paralysie et une perte de connaissance. On peut prévenir la maladie des caissons en remontant lentement à la surface ou en utilisant un réservoir spécial de décompression durant les cinq minutes qui suivent la remontée. L'utilisation de mélanges d'hélium et d'oxygène plutôt que d'air contenant de l'azote peut réduire les dangers de la maladie des caissons, puisque le coefficient de solubilité de l'hélium dans le sang n'est que d'environ 40% de celui de l'azote.

APPLICATION CLINIQUE

L'**oxygénothérapie hyperbare** (*hyper*: au-dessus ; *bare* : pression) est une application clinique importante de la loi de Henry. Le fait d'utiliser la pression pour augmenter la dissolution de l'oxygène dans le sang constitue une technique efficace dans le traitement des personnes infectées par des bactéries anaérobies, comme celles qui provoquent le tétanos et la gangrène. (Ces bactéries ne peuvent survivre en présence d'oxygène libre.) On place la personne atteinte dans un caisson hyperbare qui contient de l'oxygène à une pression de 303,975 kP à 405,300 kP (de 2 280 mm Hg à 3 040 mm Hg). Les tissus corporels assimilent l'oxygène, et les bactéries meurent. On peut également utiliser les caissons hyperbares pour traiter certains troubles cardiaques, les intoxications par l'oxyde de carbone, l'embolie gazeuse, les blessures par écrasement, l'œdème cérébral, certaines infections osseuses difficiles à traiter, l'inhalation de fumée, la noyade, l'asphyxie, les insuffisances vasculaires et les brûlures.

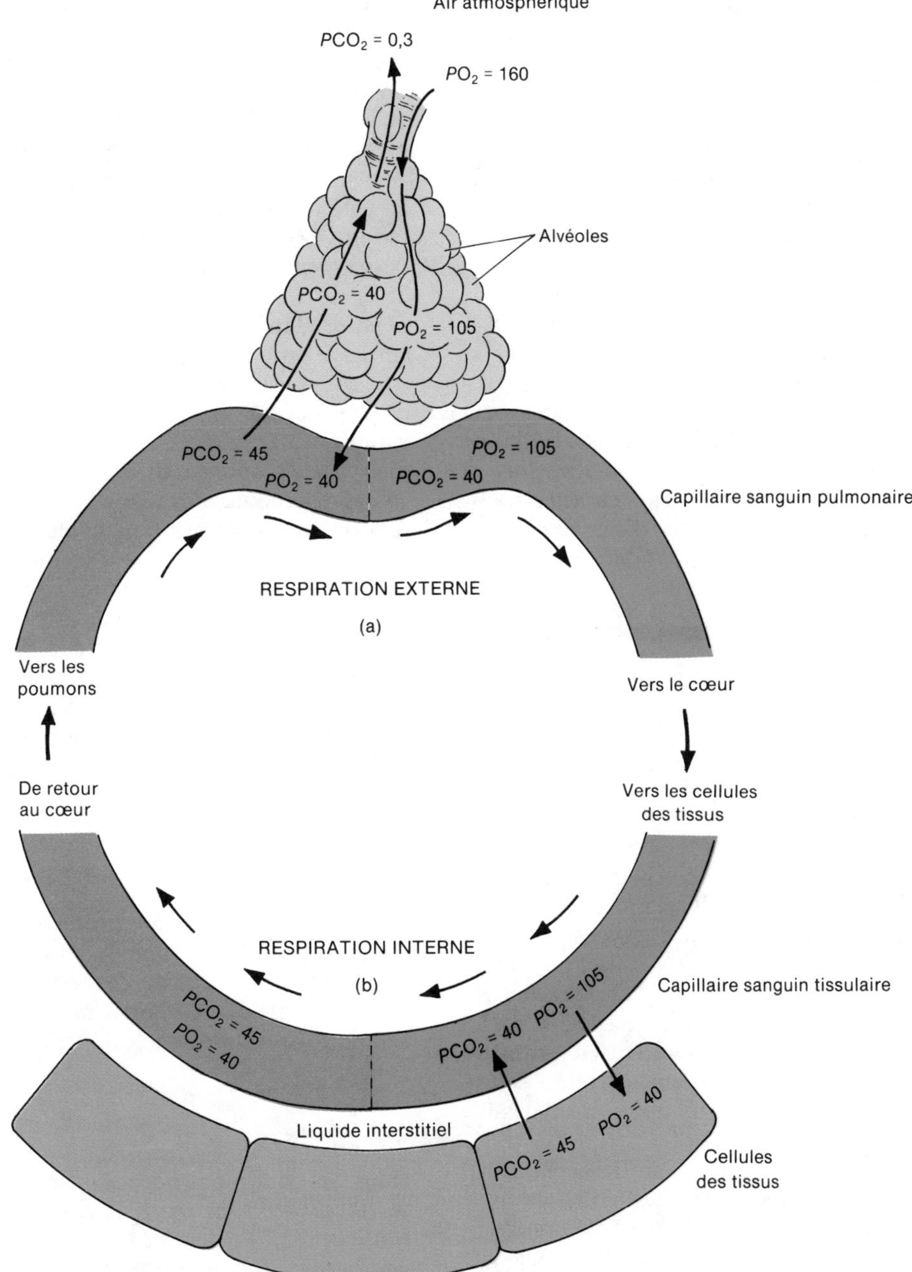

FIGURE 23.14 Pressions partielles liées à la respiration. (a) Respiration externe. (b) Respiration interne. Toutes les pressions sont exprimées en mm Hg.

LA RESPIRATION EXTERNE

La **respiration externe** est l'échange d'oxygène et de dioxyde de carbone entre les alvéoles et les capillaires pulmonaires (figure 23.14,a). Elle entraîne la conversion du *sang désoxygéné* (contenant plus de CO_2 que de O_2) en provenance du cœur en *sang oxygéné* (contenant plus de O_2 que de CO_2) retournant au cœur. Au cours de l'inspiration, l'air atmosphérique contenant de l'oxygène pénètre dans les alvéoles. Le sang désoxygéné est propulsé du ventricule droit par les artères pulmonaires dans les capillaires pulmonaires situés au-dessus des alvéoles. La PO_2 de l'air alvéolaire est de 105 mm Hg. La PO_2 du sang désoxygéné qui pénètre dans les capillaires pulmonaires n'est que de 40 mm Hg. À cause de cette différence, l'oxygène diffuse des alvéoles dans le sang désoxygéné, jusqu'à ce qu'un équilibre soit atteint, et la PO_2 du sang maintenant oxygéné est de 105 mm Hg. Pendant que l'oxygène diffuse à partir des alvéoles dans le sang désoxygéné, le dioxyde de carbone diffuse dans la direction opposée. En arrivant dans les poumons, la PCO_2 du sang pulmonaire désoxygéné est de 45 mm Hg, alors que celle des alvéoles est de 40 mm Hg. À cause de cette différence, le dioxyde de carbone diffuse à partir du sang pulmonaire désoxygéné dans les alvéoles jusqu'à ce que la PCO_2 du sang soit réduite à 40 mm Hg, ce qui correspond à la PCO_2 du sang pulmonaire oxygéné. Par conséquent, la PO_2 et la PCO_2 du sang oxygéné qui quitte les poumons sont égales à celles de l'air alvéolaire. Le dioxyde de carbone qui diffuse dans les alvéoles est éliminé des poumons au cours de l'expiration.

La respiration externe est favorisée par plusieurs caractéristiques anatomiques. L'épaisseur totale des membranes alvéolo-capillaires n'est que de 0,5 µm. Si les membranes étaient plus épaisses, elles entraveraient la diffusion. La surface disponible pour la diffusion est importante. La surface totale des alvéoles équivaut à environ 70 m^2, ce qui est de beaucoup supérieur à la surface totale de la peau. Au-dessus des alvéoles se trouvent d'innombrables capillaires; en fait, ils sont si nombreux qu'un volume de 900 mL de sang peut constamment participer aux échanges gazeux. Enfin, les capillaires sont tellement étroits que les hématies doivent y circuler l'une derrière l'autre. Cette caractéristique permet à chaque hématie de profiter d'une exposition maximale au volume d'oxygène disponible.

APPLICATION CLINIQUE

L'efficacité de la respiration externe dépend de plusieurs facteurs. Un des facteurs les plus importants est l'altitude. Aussi longtemps que la PO_2 des alvéoles est supérieure à celle du sang veineux, l'oxygène diffuse à partir des alvéoles jusque dans le sang. À mesure qu'on prend de l'altitude, cependant, la PO_2 atmosphérique décroît, la PO_2 alvéolaire décroît de la même façon, et un volume réduit d'oxygène diffuse dans le sang. Ainsi, au niveau de la mer, la PO_2 est de 160 mm Hg. À 3 048 m d'altitude, elle descend à 110 mm Hg, à 6 096 m, à 73 mm Hg, et à 15 240 m, à 18 mm Hg. Les symptômes courants du **mal d'altitude**, ou **mal des montagnes** (essoufflement, nausées et étourdissements) sont dus à un taux insuffisant d'oxygène dans le sang.

La surface totale disponible pour les échanges oxygène-dioxyde de carbone est un autre facteur qui affecte la respiration externe. Les **affections pulmonaires** qui réduisent la surface fonctionnelle formée par les membranes alvéolo-capillaires réduisent également l'efficacité de la respiration externe.

La **ventilation-minute** est le troisième facteur important qui influence la respiration externe. Certains médicaments (la morphine, par exemple) ralentissent la fréquence respiratoire, réduisant ainsi le volume d'oxygène et de dioxyde de carbone pouvant être échangé entre les alvéoles et le sang.

LA RESPIRATION INTERNE

Aussitôt que le processus de respiration externe est terminé, le sang oxygéné quitte les poumons par les veines pulmonaires et retourne au cœur. De là, il est propulsé du ventricule gauche dans l'aorte et les artères systémiques jusqu'aux cellules des tissus. L'échange de l'oxygène et du dioxyde de carbone entre les capillaires sanguins des tissus et les cellules des tissus est appelé **respiration interne** (figure 23.14,b). Celle-ci entraîne la conversion du sang oxygéné en sang désoxygéné. La PO_2 du sang oxygéné, dans les capillaires tissulaires, est de 105 mm Hg, alors que celle des cellules des tissus est de 40 mm Hg. À cause de cette différence, l'oxygène diffuse à partir du sang oxygéné dans le liquide interstitiel et dans les cellules des tissus, jusqu'à ce que la PO_2 du sang soit réduite à 40 mm Hg, ce qui correspond à la PO_2 du sang désoxygéné des capillaires tissulaires. Au repos, environ 25% de l'oxygène disponible dans le sang oxygéné pénètre dans les cellules des tissus. Ce volume est suffisant pour répondre aux besoins des cellules au repos. Au cours de l'exercice physique, un volume accru d'oxygène est libéré. Alors que l'oxygène diffuse des capillaires tissulaires dans les cellules des tissus, le dioxyde de carbone diffuse dans la direction opposée. La PCO_2 des cellules des tissus est de 45 mm Hg, alors que celle du sang oxygéné des capillaires est de 40 mm Hg. Par conséquent, le dioxyde de carbone diffuse à partir des cellules des tissus dans le liquide interstitiel et dans le sang oxygéné, jusqu'à ce que la PCO_2 du sang soit de 45 mm Hg, ce qui correspond à la PCO_2 du sang désoxygéné des capillaires tissulaires. Le sang désoxygéné retourne ensuite au cœur. De là, il est propulsé vers les poumons, et un autre cycle de respiration externe est déclenché.

LE TRANSPORT DES GAZ RESPIRATOIRES

Le transport des gaz respiratoires entre les poumons et les tissus corporels est une fonction du sang. Lorsque l'oxygène et le dioxyde de carbone pénètrent dans le sang, il se produit certaines modifications physiques et chimiques qui favorisent le transport et l'échange des gaz.

L'oxygène

Dans des conditions normales de repos, chaque volume de 100 mL de sang oxygéné contient 20 mL d'oxygène. L'oxygène ne se dissout pas facilement dans l'eau; par conséquent, très peu d'oxygène est transporté à l'état dissous dans l'eau contenue dans le plasma sanguin. En fait, 100 mL de sang oxygéné ne contiennent qu'environ 3% d'oxygène dissous dans le plasma. Le reste de l'oxygène, environ 97%, est lié chimiquement à l'hémoglobine et est transporté ainsi dans les hématies (figure 23.15).

L'hémoglobine comprend une partie protéique appelée globine, et une portion constituée d'un pigment, l'hème. La portion hème contient quatre atomes de fer, dont chacun est capable de s'unir à une molécule d'oxygène. L'oxygène et l'hémoglobine s'unissent en une réaction facilement réversible pour former l'**oxyhémoglobine**.

$$\underset{\text{Hémoglobine désoxygénée (hémoglobine non combinée)}}{Hb} + \underset{\text{oxygène}}{O_2} \rightleftharpoons \underset{\text{oxyhémoglobine (hémoglobine combinée)}}{HbO_2}$$

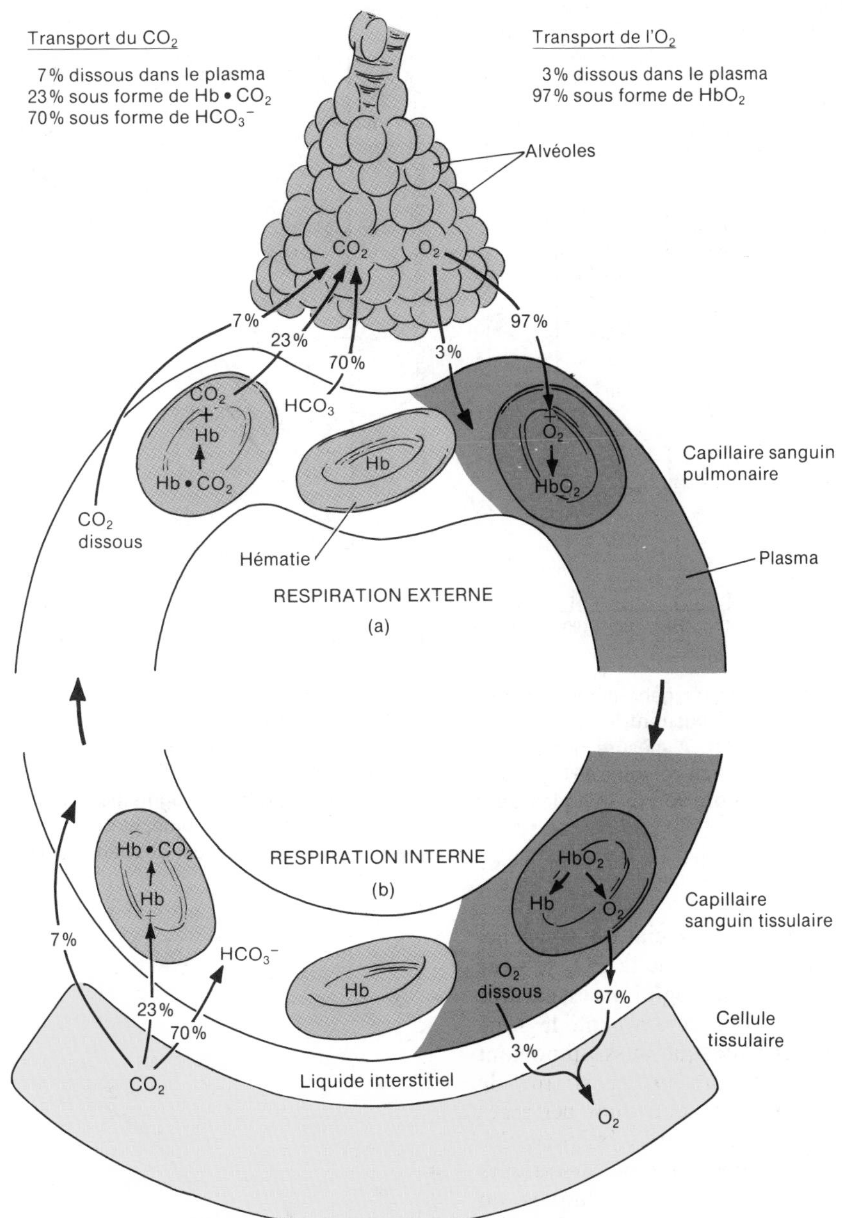

FIGURE 23.15 Transport des gaz respiratoires dans la respiration. (a) Respiration externe. (b) Respiration interne. Nous présentons une version détaillée du rôle des hématies dans le transport du dioxyde de carbone à la figure 23.19.

• ***L'hémoglobine et la PO_2*** Parmi les facteurs qui déterminent quelle quantité d'oxygène s'unira à l'hémoglobine, le plus important est la PO_2. Lorsque l'hémoglobine désoxygénée (Hb) est complètement transformée en oxyhémoglobine, on dit qu'elle est **complètement saturée**. Lorsque l'hémoglobine contient un mélange de Hb et de HbO_2, elle est **partiellement saturée**. Le **pourcentage de saturation de l'hémoglobine** est le pourcentage de HbO_2 dans l'hémoglobine totale. À la figure 23.16, nous illustrons le degré de saturation de l'hémoglobine avec l'oxygène (courbe de dissociation oxygène-hémoglobine). On doit se rappeler que, lorsque la PO_2 est élevée, l'hémoglobine se lie à de grandes quantités d'oxygène et est presque complètement saturée. Lorsque la PO_2 est peu élevée, l'hémoglobine n'est saturée que partiellement et de l'oxygène est libéré de l'hémoglobine. En d'autres termes, plus la PO_2 est élevée, plus le volume d'oxygène qui se combine à l'hémoglobine est important, jusqu'à ce que les molécules d'hémoglobine soient saturées. Par conséquent, dans les capillaires pulmonaires, où la PO_2 est élevée, un volume important d'oxygène se lie à l'hémoglobine; par contre, dans les capillaires tissulaires, où la PO_2 est moins élevée, l'hémoglobine ne retient pas autant d'oxygène, et une certaine quantité de ce dernier est libérée pour être diffusée dans les cellules des tissus. On doit se rappeler que seulement 25%, environ, de l'oxygène disponible se sépare de l'hémoglobine dans des conditions normales de repos.

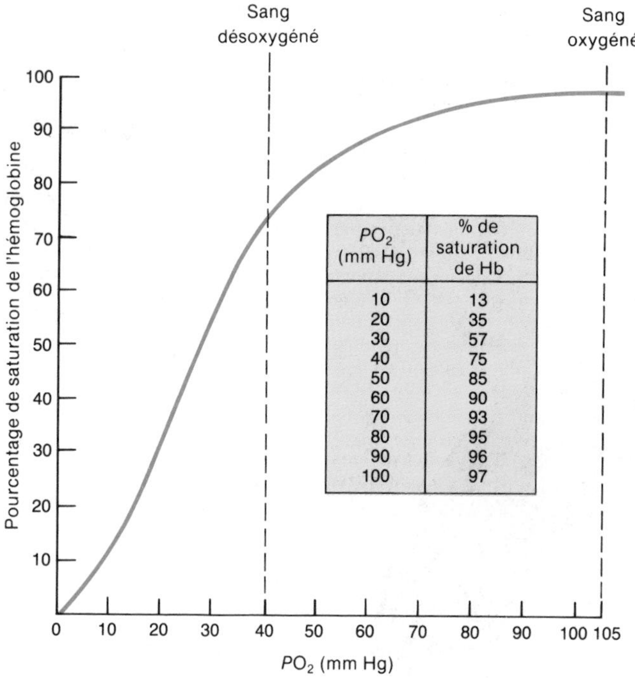

PO_2 (mm Hg)	% de saturation de Hb
10	13
20	35
30	57
40	75
50	85
60	90
70	93
80	95
90	96
100	97

FIGURE 23.16 Courbe de dissociation oxygène-hémoglobine à une température corporelle normale, illustrant le lien entre la saturation de l'hémoglobine et la PO_2. À mesure que la PO_2 augmente, un volume accru d'oxygène se combine à l'hémoglobine. Les pourcentages de saturation de Hb indiqués sont approximatifs.

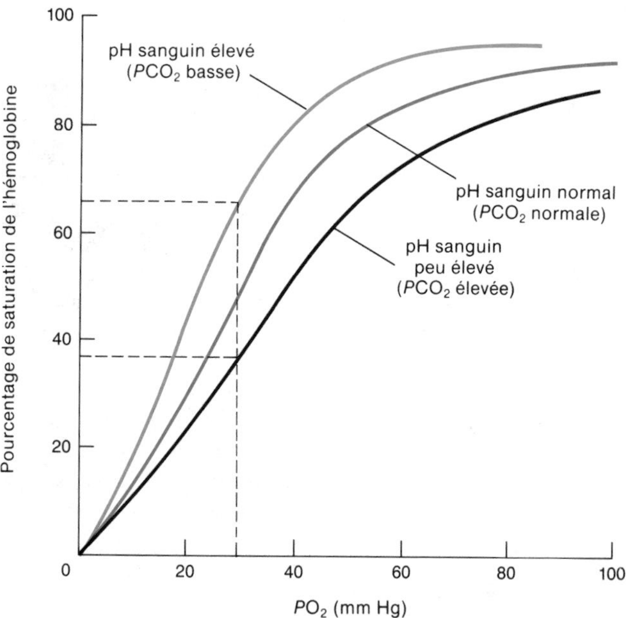

FIGURE 23.17 Courbe de dissociation oxygène-hémoglobine à une température corporelle normale, illustrant le lien entre la saturation de l'hémoglobine et le pH (PCO_2). À mesure que le pH augmente (la PCO_2 diminue), un volume accru d'oxygène se combine à l'hémoglobine et une quantité réduite d'oxygène est disponible pour les tissus. Ou, en d'autres termes, à mesure que le pH diminue (la PCO_2 augmente), un volume réduit d'oxygène se combine à l'hémoglobine, et un volume accru d'oxygène est disponible pour les tissus. Ces liens sont soulignés par les lignes brisées.

Si on regarde la courbe de dissociation oxygène-hémoglobine, on remarque que, lorsque la PO_2 se situe entre 60 mm Hg et 100 mm Hg, l'hémoglobine est saturée d'oxygène à 90% (ou plus). Par conséquent, le sang prélève un volume d'oxygène presque aussi important des poumons, même lorsque la PO_2 n'est que de 60 mm Hg. C'est ce qui explique pourquoi certaines personnes peuvent effectuer des activités normales lorsqu'elles se trouvent en haute altitude où lorsqu'elles sont atteintes de certaines maladies cardiaques ou pulmonaires, même si la PO_2 n'est que de 60 mm Hg. Lorsque la PO_2 est d'environ 250 mm Hg, l'hémoglobine est saturée d'oxygène à 100%. Nous pouvons également remarquer, dans la courbe, que même lorsque la PO_2 descend à 40 mm Hg, l'hémoglobine est saturée d'oxygène à 75%, mais qu'elle n'est saturée qu'à 13% lorsque la PO_2 est de 10 mm Hg. Cela signifie qu'entre 10 mm Hg et 40 mm Hg, des volumes importants d'oxygène sont libérés en réaction à des changements mineurs dans la PO_2. Dans les tissus actifs, comme les muscles en contraction, la PO_2 peut être bien inférieure à 40 mm Hg. Dans ce cas, la presque totalité de l'oxygène est libérée de l'hémoglobine (oxygène nécessaire aux muscles en contraction).

• ***L'hémoglobine et le pH*** En plus de la PO_2, d'autres facteurs déterminent le volume d'oxygène qui sera libéré de l'hémoglobine. Ainsi, dans un milieu acide, l'oxygène se sépare plus facilement de l'hémoglobine (figure 23.17). C'est ce qu'on appelle l'**effet Bohr**, qui est basé sur le fait que, lorsque les ions hydrogène se lient à l'hémoglobine,

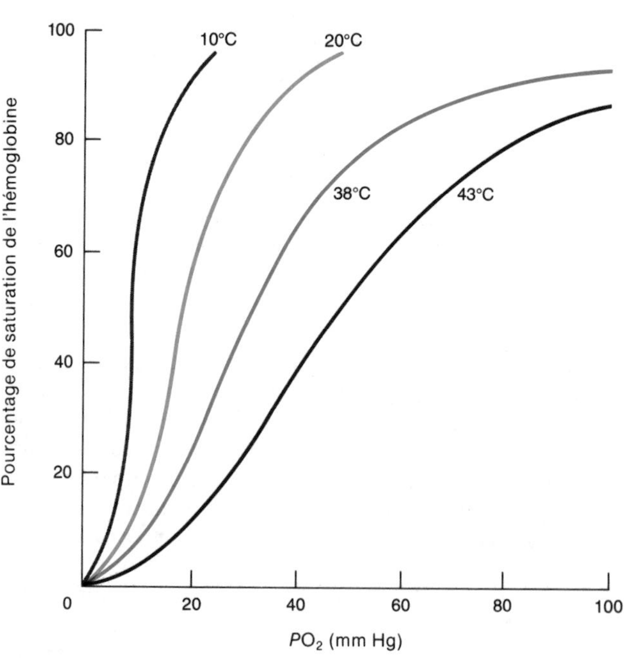

FIGURE 23.18 Courbe de dissociation oxygène-hémoglobine illustrant le lien entre la saturation de l'hémoglobine et la température. À mesure que la température s'élève, un volume réduit d'oxygène se combine à l'hémoglobine.

ils modifient la structure de celle-ci et réduisent par conséquent sa capacité de transporter de l'oxygène.

Un pH sanguin peu élevé (milieu acide) résulte de la présence d'acide lactique (produit par la contraction musculaire) et d'une PCO_2 élevée. Lorsque le sang recueille le dioxyde de carbone, la plus grande partie de celui-ci est temporairement convertie en acide carbonique. Cette conversion est catalysée par une enzyme présente dans les hématies, l'*anhydrase carbonique*.

$$\underset{\text{Dioxyde de carbone}}{CO_2} + \underset{\text{eau}}{H_2O} \xrightleftharpoons{\text{anhydrase carbonique}} \underset{\text{acide carbonique}}{H_2CO_3} \rightleftharpoons \underset{\text{ion hydrogène}}{H^+} + \underset{\text{ion bicarbonate}}{HCO_3^-}$$

L'acide carbonique ainsi formé dans les hématies se dissocie en ions hydrogène et en ions bicarbonates. À mesure que la concentration en ions hydrogène augmente, le pH décroît. Par conséquent, une augmentation de la PCO_2 produit un milieu plus acide qui favorise la séparation de l'oxygène de l'hémoglobine.

• ***L'hémoglobine et la température*** Dans certaines limites, lorsque la température augmente, le volume d'oxygène libéré par l'hémoglobine augmente également (figure 23.18). L'énergie thermique est un sous-produit des réactions métaboliques de toutes les cellules, et les cellules des muscles en contraction libèrent une quantité de chaleur particulièrement importante. La séparation de la molécule d'oxyhémoglobine constitue un autre exemple de la façon dont les mécanismes homéostatiques ajustent les activités corporelles aux besoins cellulaires. Les cellules actives nécessitent plus d'oxygène, et elles libèrent plus d'acide et de chaleur. L'acide et la chaleur, à leur tour, stimulent l'oxyhémoglobine qui libère son oxygène.

• ***L'hémoglobine et le 2,3-DPG*** Un dernier facteur qui favorise la libération de l'oxygène à partir de l'hémoglobine est une substance présente dans les hématies, appelée **2,3-diphosphoglycérate**, ou **2,3-DPG**. Il s'agit d'un composé intermédiaire formé dans les hématies durant la glycolyse (chapitre 25). Ce composé est capable de se combiner de façon réversible à l'hémoglobine et, par conséquent, de modifier la structure de celle-ci pour libérer de l'oxygène. Plus le taux de 2,3-DPG est élevé, plus le volume d'oxygène libéré est important. La production de 2,3-DPG est plus élevée lorsque l'apport d'oxygène aux tissus est réduit. Donc, le 2,3-DPG favorise l'apport d'oxygène aux tissus et aide à maintenir la libération de l'oxygène par l'hémoglobine. Les cellules qui métabolisent activement ont des taux accrus de CO_2 (pH réduit), une température plus élevée et des taux importants de 2,3-DPG. Ces cellules peuvent alors obtenir de l'oxygène plus rapidement.

• ***L'hémoglobine fœtale*** L'hémoglobine fœtale diffère de l'hémoglobine adulte sur les plans de la structure et de l'affinité vis-à-vis de l'oxygène. L'hémoglobine fœtale, dont l'affinité vis-à-vis de l'oxygène est plus élevée, peut transporter jusqu'à 20 % ou 30 % plus d'oxygène que l'hémoglobine maternelle. Ainsi, lorsque le sang maternel pénètre dans le placenta, l'oxygène est immédiatement transmis au sang du fœtus.

APPLICATION CLINIQUE

L'oxyde de carbone est un gaz incolore et inodore présent dans les gaz d'échappement des automobiles et dans la fumée de cigarette. C'est un sous-produit des substances en combustion contenant du carbone, comme le charbon et le bois. Une des caractéristiques intéressantes de l'oxyde de carbone est que, tout comme l'oxygène, il se combine à l'hémoglobine; toutefois, la combinaison de l'oxyde de carbone et de l'hémoglobine est plus de 200 fois aussi tenace que celle de l'oxygène et de l'hémoglobine. De plus, même en concentrations aussi minimes que 0,1 % (PCO = 0,5 mm Hg), l'oxyde de carbone se combine à la moitié des molécules d'hémoglobine. Par conséquent, la capacité du sang de transporter de l'oxygène est réduite de moitié. Un taux élevé d'oxyde de carbone entraîne une hypoxie qui provoque une **intoxication oxycarbonée**. On traite cette affection en administrant de l'oxygène pur (PO_2 = 600 mm Hg), qui remplace lentement l'oxyde de carbone combiné à l'hémoglobine.

• ***La toxicité de l'oxygène*** Les astronautes travaillent dans un espace où l'air est constitué d'oxygène à 100 %, et maintenu à une pression équivalant au tiers de celle de l'atmosphère. Par conséquent, la PO_2 inspirée est d'environ 260 mm Hg, ce qui constitue un surplus de plus de 100 mm Hg par rapport au niveau normal de 160 mm Hg. Il peut être dangereux de respirer de l'oxygène pur. Des expériences effectuées sur des animaux ont démontré que lorsque des cobayes respiraient de l'oxygène pur à 100 %, à la pression atmosphérique, ils développaient un œdème pulmonaire. Chez les personnes hospitalisées auxquelles on a administré de l'oxygène pur à 100 %, on a observé des troubles sur le plan des échanges gazeux. Jusqu'à maintenant, aucun astronaute n'a manifesté de symptômes liés à la toxicité de l'oxygène pur.

Un des dangers liés à l'inhalation d'oxygène pur a été observé chez les prématurés. Certains bébés ont été atteints de cécité. La formation de tissu fibreux derrière le cristallin est déclenchée par une vasoconstriction locale causée par la PO_2 élevée. On élimine ce danger en réduisant en dessous de 40 % le pourcentage d'oxygène dans l'incubateur.

L'hypoxie

L'**hypoxie** correspond à un apport insuffisant d'oxygène. Sur le plan physiologique, ce terme désigne une carence en oxygène au niveau tissulaire. La classification des différents types d'hypoxie, basée sur les causes, se présente comme suit :

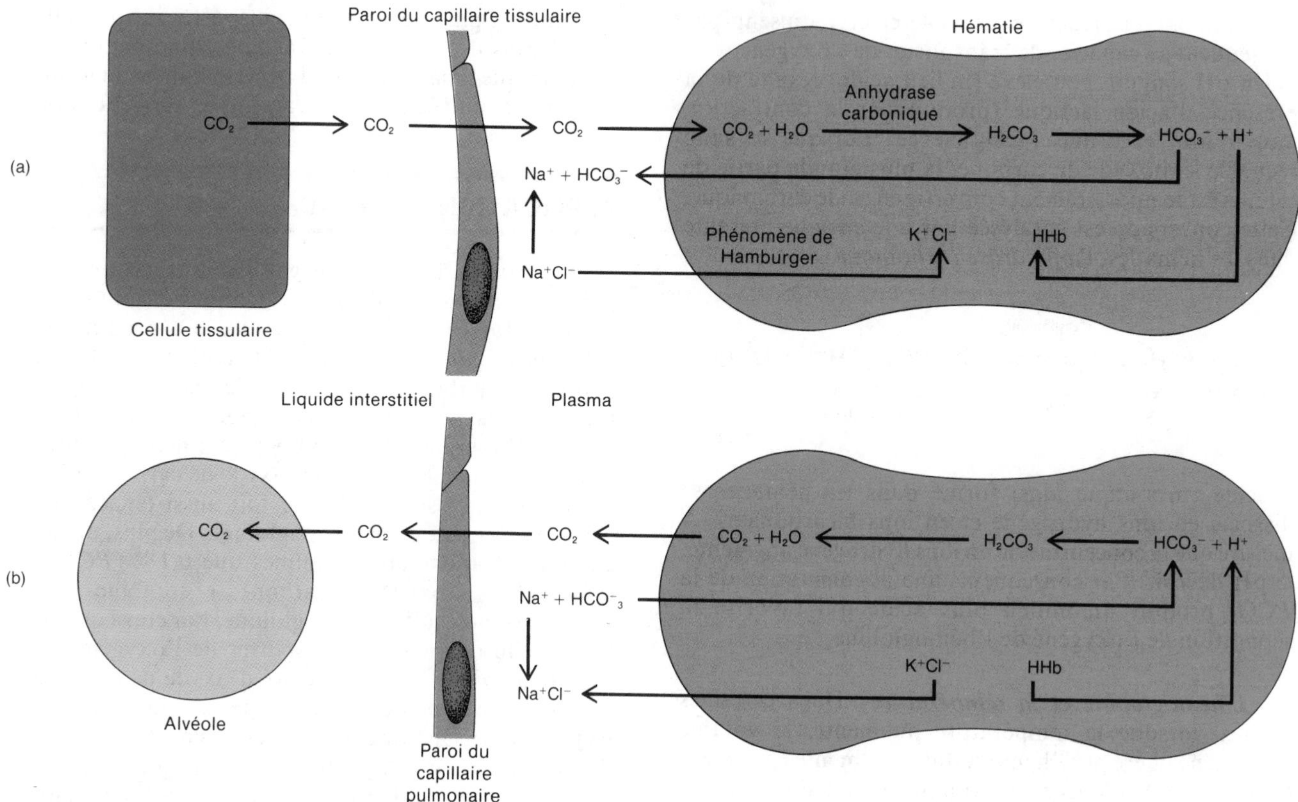

FIGURE 23.19 Transport du dioxyde de carbone. (a) Entre les cellules et les capillaires des tissus. (b) Entre les capillaires et les alvéoles pulmonaires.

1. L'hypoxie hypoxémique. Elle est causée par une PO_2 insuffisamment élevée dans le sang artériel. Cette baisse de la PO_2 peut être due à une haute altitude, à une obstruction des voies respiratoires ou à la présence de liquide dans les poumons.

2. L'hypoxie des anémies. Dans le cas de l'hypoxie des anémies, le sang ne contient pas suffisamment d'hémoglobine fonctionnelle. Parmi les causes, on trouve l'hémorragie, l'anémie, et l'incapacité, pour l'hémoglobine, de transporter suffisamment d'oxygène (comme dans le cas de l'intoxication oxycarbonée).

3. L'hypoxie d'origine circulatoire. Elle est causée par l'incapacité du sang de transporter l'oxygène assez rapidement aux tissus pour répondre aux besoins de ces derniers. Cet état peut être dû à une insuffisance cardiaque ou à un collapsus circulatoire ; dans les deux cas, l'apport d'oxygène aux tissus est insuffisant.

4. L'hypoxie histotoxique. L'apport d'oxygène aux tissus est adéquat, mais les tissus sont incapables de l'utiliser normalement. Une cause fréquente de cette affection est l'intoxication par le cyanure ; dans ce cas, le cyanure bloque les mécanismes métaboliques cellulaires associés à l'utilisation de l'oxygène.

Le dioxyde de carbone

Dans des conditions normales de repos, chaque volume de 100 mL de sang désoxygéné contient 4 mL de dioxyde de carbone. Le CO_2 est transporté par le sang sous différentes formes (voir la figure 23.15). La plus petite portion, équivalant à environ 7%, est dissoute dans le plasma. En atteignant les poumons, elle diffuse dans les alvéoles pulmonaires. Une partie plus importante, équivalant à environ 23%, se combine à la globine contenue dans l'hémoglobine pour former la **carbhémoglobine**.

$$\underset{\text{Hémoglobine}}{Hb} + \underset{\text{dioxyde de carbone}}{CO_2} \rightleftharpoons \underset{\text{carbhémoglobine}}{Hb \cdot CO_2}$$

La formation de la carbhémoglobine est influencée de façon importante par la PCO_2. Ainsi, dans les capillaires tissulaires, la PCO_2 est relativement élevée, ce qui favorise la formation de la carbhémoglobine. Toutefois, dans les capillaires pulmonaires, la PCO_2 est relativement basse, et le CO_2 se sépare facilement de la globine et pénètre dans les alvéoles par diffusion.

La partie la plus importante du CO_2, équivalant à environ 70%, est transportée dans le plasma sous forme d'ions bicarbonates. La réaction qui entraîne cette forme de transport du CO_2 a déjà été mentionnée :

$$\underset{\text{Dioxyde de carbone}}{CO_2} + \underset{\text{eau}}{H_2O} \xrightleftharpoons{\text{anhydrase carbonique}} \underset{\text{acide carbonique}}{H_2CO_3} \rightleftharpoons \underset{\text{ion hydrogène}}{H^+} + \underset{\text{ion bicarbonate}}{HCO_3^-}$$

À mesure que le CO_2 diffuse dans les capillaires tissulaires et pénètre dans les hématies, il réagit avec l'eau, en présence de l'anhydrase carbonique, pour former de l'acide carbonique. Celui-ci se dissocie en ions H^+ et en

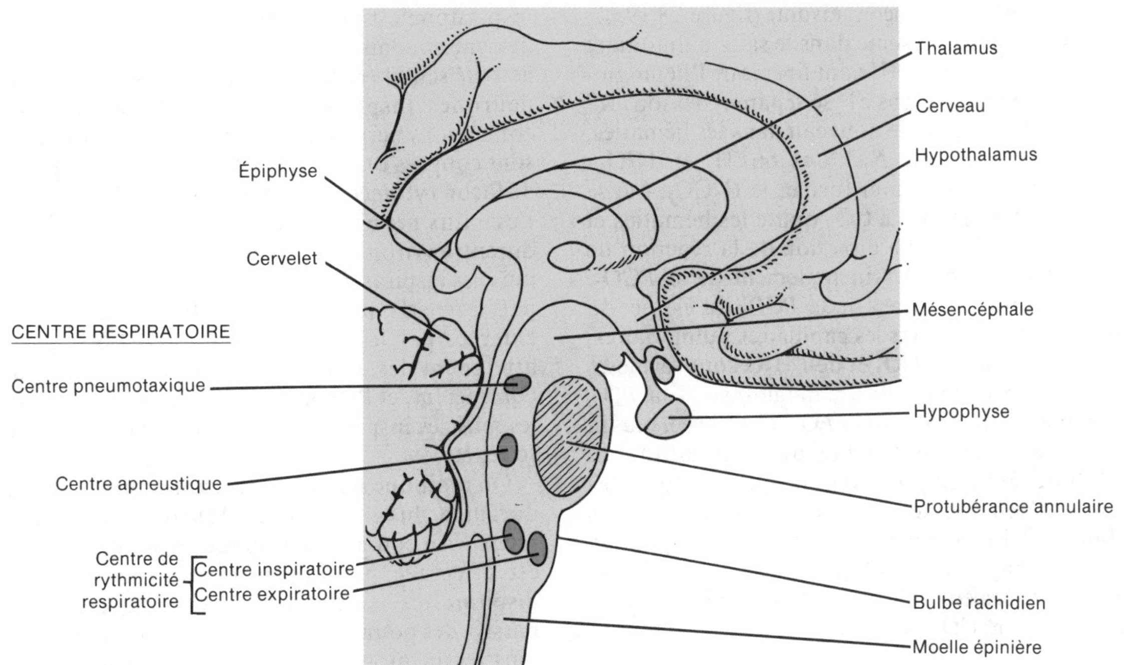

FIGURE 23.20 Emplacement approximatif des régions du centre respiratoire.

ions HCO_3^-. Les ions H^+ se combinent principalement à l'hémoblogine. Les ions HCO_3^- quittent les hématies et pénètrent dans le plasma. Dans l'échange, les ions chlorures (Cl^-) diffusent à partir du plasma jusque dans les hématies. Cet échange d'ions négatifs maintient l'équilibre ionique entre le plasma et les hématies ; il est appelé **phénomène de Hamburger** (figure 23.19,a). Les ions Cl^- qui pénètrent dans les hématies se combinent aux ions potassium (K^+) pour former le chlorure de potassium (KCl), un sel. Les ions HCO_3^- qui pénètrent dans le plasma et proviennent des hématies se combinent au sodium (Na^+), l'ion positif principal du liquide extracellulaire, pour former le bicarbonate de sodium ($NaHCO_3$). L'effet net de ces réactions est que le CO_2 est transporté des cellules des tissus dans le plasma sous forme d'ions bicarbonates.

Le sang désoxygéné qui retourne aux poumons contient du CO_2 dissous dans le plasma, du CO_2 combiné à la globine, sous forme de carbhémoglobine, et du CO_2 transformé en ions bicarbonates. Dans les capillaires pulmonaires, le processus est inversé. Le CO_2 dissous dans le plasma diffuse dans les alvéoles pulmonaires. Le CO_2 combiné à la globine se sépare de celle-ci et diffuse dans les alvéoles. Le CO_2 transporté sous forme de

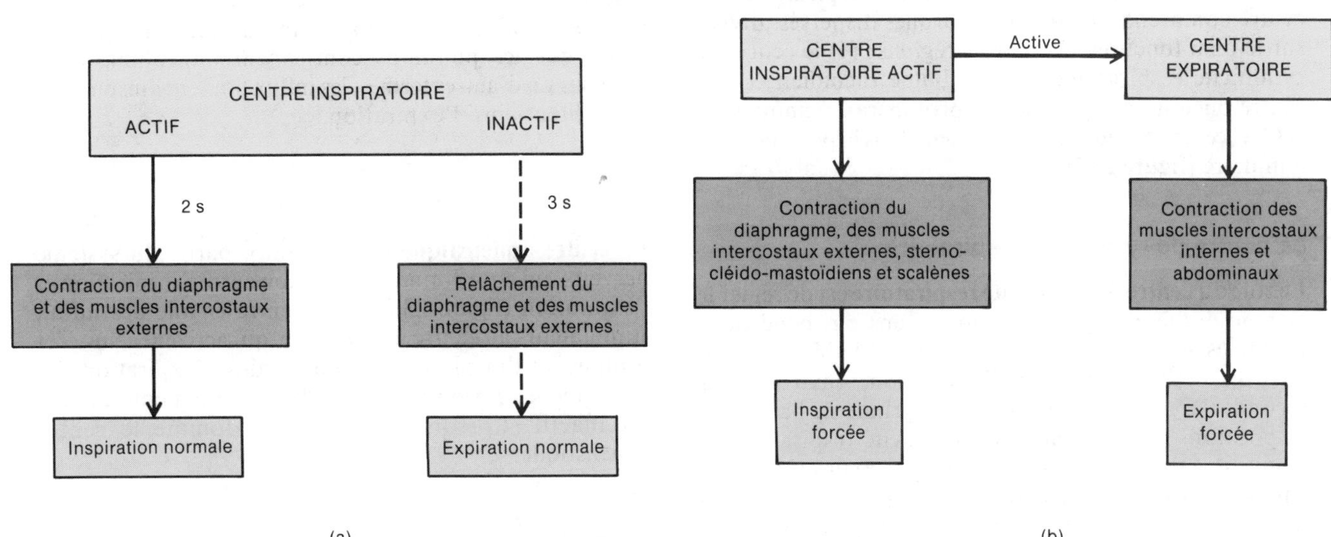

FIGURE 23.21 Rôle présumé du centre de rythmicité respiratoire dans la régulation du rythme de base de la respiration. (a) Durant la respiration normale au repos. (b) Durant les phases intenses de la ventilation.

bicarbonate est libéré de la façon suivante (figure 23.19,b) : lorsque l'hémoglobine présente dans le sang pulmonaire recueille l'oxygène, les ions H^+ sont libérés de l'hémoglobine. En même temps, les ions Cl^- se séparent des ions K^+ et les ions HCO_3^- entrent de nouveau dans les hématies, après s'être séparés des ions Na^+. Les ions H^+ et HCO_3^- se combinent de nouveau pour former le H_2CO_3, qui se sépare en CO_2 et en H_2O. Le CO_2 quitte les hématies et diffuse dans les alvéoles. La direction de la réaction de l'acide carbonique dépend principalement de la PCO_2. Dans les capillaires tissulaires, où la PCO_2 est élevée, du bicarbonate est formé. Dans les capillaires pulmonaires, où la PCO_2 est basse, du CO_2 et de l'H_2O sont formés.

Dans la section portant sur l'hémoglobine et la PO_2, nous avons mentionné que plus la PO_2 était élevée, plus la quantité d'oxygène susceptible de se combiner à l'hémoglobine était importante, jusqu'à ce que les molécules d'hémoglobine disponibles soient saturées (voir la figure 23.16). Toutefois, ce rapport ne s'applique pas au CO_2. Lorsque la PCO_2 augmente, la quantité de CO_2 lié augmente également. C'est pourquoi l'hémoglobine n'est pas saturée de CO_2.

LA RÉGULATION DE LA RESPIRATION

Le rythme de base de la respiration est réglé par certaines parties du système nerveux situées dans le bulbe rachidien et la protubérance annulaire. Selon les besoins de l'organisme, ce rythme peut être modifié. Nous allons d'abord étudier les principaux mécanismes liés à la régulation nerveuse du rythme respiratoire.

LA RÉGULATION PAR LES CENTRES NERVEUX

Les dimensions du thorax sont affectées par l'action des muscles respiratoires. Ces muscles se contractent et se relâchent sous l'effet d'influx transmis par les centres nerveux. La région d'où partent ces influx nerveux est située en position bilatérale dans la formation réticulée du tronc cérébral; on l'appelle **centre respiratoire**. Ce centre comprend un amas de neurones dispersés, divisé, sur le plan fonctionnel, en trois régions : (1) le centre de rythmicité respiratoire, dans le bulbe rachidien; (2) le centre pneumotaxique, dans la protubérance annulaire; et (3) le centre apneustique, également dans la protubérance annulaire (figure 23.20).

Le centre de rythmicité respiratoire

Le rôle du **centre de rythmicité respiratoire** est de régler le rythme de base de la respiration. Dans des conditions normales de repos, l'inspiration dure habituellement environ deux secondes et l'expiration, environ trois secondes. Ces durées constituent le rythme de base de la respiration. Dans la centre de rythmicité respiratoire se trouvent des neurones inspiratoires et expiratoires qui englobent les centres inspiratoire et expiratoire. Voyons d'abord le rôle présumé des neurones inspiratoires dans la respiration.

Le rythme de base de la respiration est déterminé par des influx nerveux produits dans le centre inspiratoire (figure 23.21,a). Au début de l'expiration, le centre inspiratoire est inactif; toutefois, après trois secondes, il devient soudainement et automatiquement actif. Cette activité semble résulter d'une excitabilité intrinsèque des neurones inspiratoires. En fait, lorsque toutes les connexions nerveuses qui arrivent au centre inspiratoire sont coupées ou bloquées, le centre continue à produire, de façon rythmée, des influx qui entraînent l'inspiration. Les influx nerveux provenant du centre inspiratoire actif durent environ deux secondes, et se rendent vers les **muscles inspiratoires. Les influx atteignent le diaphragme** par les nerfs phréniques, et les muscles intercostaux externes par les nerfs intercostaux. Lorsque les influx atteignent les muscles inspiratoires, les muscles se contractent, et l'inspiration a lieu. Après deux secondes, les muscles inspiratoires redeviennent inactifs, et le cycle se répète.

On croit que les neurones expiratoires restent inactifs durant la plus grande partie de la respiration normale (au repos). Au cours de la respiration au repos, l'inspiration est effectuée par la contraction active des muscles inspiratoires, et l'expiration résulte de la rétraction passive des poumons et de la paroi thoracique, lorsque les muscles inspiratoires se relâchent. Toutefois, on croit que, durant les périodes actives de ventilation, les influx provenant du centre inspiratoire activent le centre expiratoire (figure 23.21,b). Les influx produits par le centre expiratoire entraînent la contraction des muscles intercostaux internes et abdominaux, qui réduit le volume de la cavité thoracique.

Le centre pneumotaxique

Le centre de la rythmicité respiratoire règle le rythme de base de la respiration; cependant, d'autres parties du système nerveux aident à coordonner la transition entre l'inspiration et l'expiration. L'une de ces parties est le **centre pneumotaxique**, situé dans la partie supérieure de la protubérance annulaire (figure 23.20). Ce centre transmet constamment des influx inhibiteurs au centre inspiratoire. L'effet principal de ces influx est de favoriser l'inhibition de l'activité du centre inspiratoire avant que les poumons contiennent un volume d'air excessif. En d'autres termes, les influx limitent l'inspiration et facilitent ainsi l'expiration.

Le centre apneustique

Le **centre apneustique** est une autre partie du système nerveux qui coordonne la transition entre l'inspiration et l'expiration (figure 23.20). Ce centre envoie des influx stimulateurs au centre inspiratoire, qui activent celui-ci et prolongent l'inspiration, inhibant ainsi l'expiration. Ce phénomène se produit lorsque le centre pneumotaxique est inactif. Lorsqu'il est actif, il domine le centre apneustique.

LA RÉGULATION DE L'ACTIVITÉ DU CENTRE RESPIRATOIRE

Bien que le rythme de base de la respiration soit établi et coordonné par le centre respiratoire, le rythme peut être

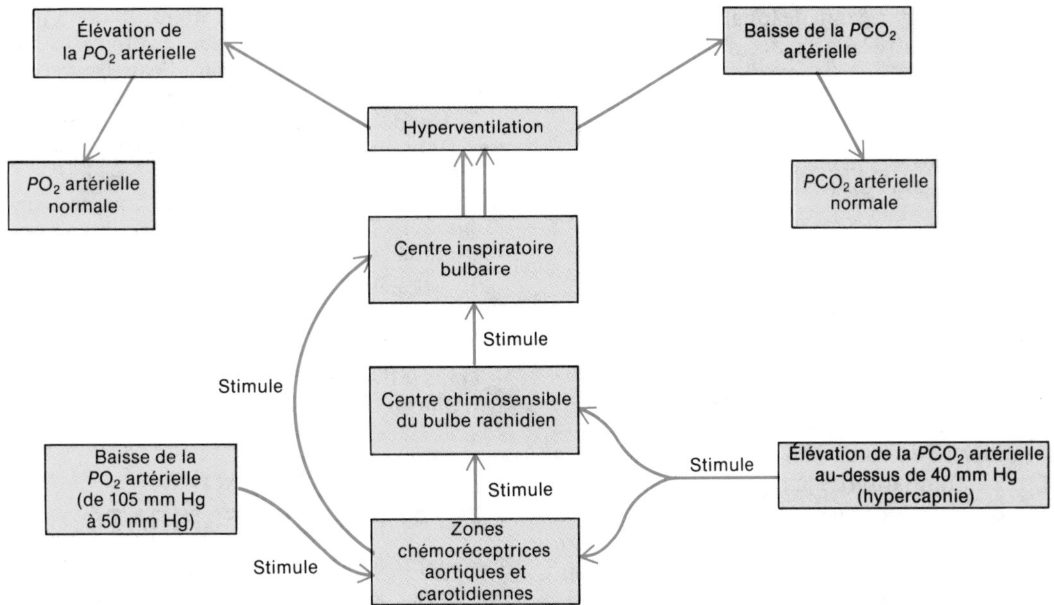

FIGURE 23.22 Effets d'une élévation de la PCO_2 dans le sang (flèches bleues) et d'une baisse de la PO_2 dans le sang jusqu'à 50 mm Hg (flèches rouges).

modifié, selon les besoins de l'organisme, par un apport neural au centre respiratoire.

Les influences corticales

Le centre respiratoire est relié au cortex cérébral; nous pouvons donc modifier volontairement notre respiration. Nous pouvons même nous abstenir de respirer pendant une courte période. La régulation volontaire constitue une protection, parce qu'elle nous permet d'empêcher que de l'eau ou des gaz irritants pénètrent dans nos poumons. Toutefois, cette capacité d'interrompre la respiration est limitée par l'accumulation de CO_2 dans le sang. Lorsque la PCO_2 atteint un certain niveau, le centre inspiratoire est stimulé, des influx sont envoyés aux muscles inspiratoires, et la respiration reprend, que nous le voulions ou non. Il est impossible de provoquer sa propre mort en arrêtant de respirer.

Le réflexe de Hering-Breuer

Dans les parois des bronches et des bronchioles, se trouvent les **mécanorécepteurs pulmonaires**. Lorsque ces récepteurs sont étirés de façon excessive, des influx sont envoyés le long des nerfs pneumogastriques vers le centre inspiratoire et le centre apneustique. Ainsi, le centre inspiratoire est inhibé, et le centre apneustique ne peut activer le centre inspiratoire; une expiration s'ensuit. Lorsque l'air quitte les poumons durant l'expiration, les poumons se dégonflent et les mécanorécepteurs pulmonaires ne sont plus stimulés. Par conséquent, le centre inspiratoire et le centre apneustique ne sont plus inhibés, et une inspiration commence. Ce phénomène est appelé **réflexe de Hering-Breuer**. Certains indices suggèrent que ce réflexe constitue principalement un mécanisme de protection visant à prévenir la dilatation excessive des poumons, plutôt qu'un élément clé de la régulation de la respiration.

Les stimuli chimiques

Certains stimuli chimiques déterminent la fréquence respiratoire. L'objectif ultime de l'appareil respiratoire est de maintenir des taux adéquats de dioxyde de carbone et d'oxygène, et l'appareil respiratoire est très sensible aux changements qui se produisent dans les taux de chacun de ces gaz dans le sang. Bien qu'il soit plus pratique de parler du dioxyde de carbone comme étant le stimulus chimique le plus important dans la régulation de la fréquence respiratoire, ce sont en fait les ions hydrogène qui jouent ce rôle. Ainsi, le dioxyde de carbone (CO_2) dans le sang se combine à l'eau (H_2O) pour former l'acide carbonique (H_2CO_3). Toutefois, l'acide carbonique se dégrade rapidement en ions H^+ et en ions bicarbonates (HCO_3^-). Une augmentation du taux de CO_2 entraîne une augmentation des ions H^+, et une réduction du taux de CO_2 entraîne une réduction des ions H^+. En réalité, ce sont surtout les ions H^+ qui modifient la fréquence respiratoire, et non les molécules de CO_2. Même si la section qui suit porte sur les taux de CO_2 et leurs effets sur la respiration, on doit se rappeler que ce sont les ions H^+ qui, en réalité, provoquent ces effets.

Une région du bulbe rachidien, la **région chimiosensible**, est très sensible aux taux de CO_2 dans le sang. Des **chémorécepteurs**, très sensibles aux changements qui se produisent dans les taux de CO_2 et de O_2 dans le sang, se trouvent hors du système nerveux central. Ils sont situés dans les zones chémoréceptrices aortiques et carotidiennes, situées respectivement près de la crosse de l'aorte et près de la bifurcation des artères carotides primitives. Les *zones chémoréceptrices carotidiennes* sont de petits ganglions ovales de 4 mm à 5 mm de longueur, situés dans l'espace qui se trouve entre les artères carotides interne et externe. Les *zones chémoréceptrices aortiques* sont regroupées dans la région située entre la crosse de l'aorte et la face dorsale de l'artère pulmonaire. Les fibres nerveuses afférentes provenant des zones chémoréceptrices carotidiennes se joignent à celles qui viennent du sinus carotidien pour former le nerf sino-carotidien qui, à son tour, s'unit au nerf glosso-pharyngien. Les fibres afférentes provenant des zones chémoréceptrices aortiques pénètrent dans le nerf pneumogastrique.

Dans des circonstances normales, la PCO_2 du sang artériel est de 40 mm Hg. S'il se produit une augmentation, même légère, de la PCO_2 (**hypercapnie**), la région chimiosensible du bulbe rachidien et les chémorécepteurs du sinus carotidien et du sinus de Valsalva sont stimulés (figure 23.22). La stimulation de la région chimiosensible et des chémorécepteurs entraînent une activation intense de centre inspiratoire, et la fréquence respiratoire augmente. Cette augmentation, appelée **hyperventilation**, permet à l'organisme d'expulser un volume accru de CO_2, jusqu'à ce que la PCO_2 revienne à la normale. Lorsque la PCO_2 du sang artériel est inférieure à 40 mm Hg, la région chimiosensible et les chémorécepteurs ne sont pas stimulés, et aucun influx stimulateur n'est envoyé au centre inspiratoire. Par conséquent, la région établit son propre rythme modéré, jusqu'à ce que le CO_2 s'accumule et que la PCO_2 revienne à 40 mm Hg. L'**hypoventilation** correspond à une réduction de la fréquence respiratoire.

Les chémorécepteurs de l'oxygène ne sont sensibles qu'aux réductions importantes de la PO_2, parce que l'hémoglobine reste saturée à 85% ou plus, lorsque la PO_2 est supérieure ou égale à 50 mm Hg (voir la figure 23.16). Lorsque la PO_2 artérielle passe de 105 mm Hg (niveau normal) à environ 50 mm Hg, les chémorécepteurs de l'oxygène sont stimulés, ils envoient des influx au centre inspiratoire, et la fréquence respiratoire augmente (figure 23.22). Toutefois, si la PO_2 se trouve bien inférieure à 50 mm Hg, les cellules du centre inspiratoire ne sont pas suffisamment alimentées et ne réagissent pas de façon adéquate aux chémorécepteurs. Elles envoient moins d'influx aux muscles inspiratoires, et la fréquence respiratoire décroît ou, encore, la respiration est complètement interrompue.

Les autres influences

Le sinus carotidien et le sinus de Valsalva contiennent également des barorécepteurs (récepteurs de la pression) qui sont stimulés par une élévation de la pression artérielle. Même si ces barorécepteurs sont surtout liés à la régulation de la circulation (voir la figure 20.10), ils aident également à régler la respiration. Par exemple, une élévation soudaine de la pression artérielle entraîne un ralentissement de la fréquence respiratoire, et une baisse de la pression artérielle provoque une élévation de la fréquence respiratoire.

Parmi les autres facteurs qui règlent la respiration, on trouve :

1. Une élévation de la température corporelle (durant une fièvre ou lors d'un exercice musculaire intense, par exemple) augmente la fréquence respiratoire, alors qu'une baisse de la température corporelle la réduit. Un refroidissement soudain, (causé par un plongeon dans l'eau froide, par exemple), provoque une **apnée** (interruption temporaire de la respiration).

2. Une douleur soudaine et intense entraîne une apnée, mais une douleur prolongée déclenche le syndrome général d'adaptation et accélère la fréquence respiratoire.

3. L'étirement des sphincters de l'anus accélère la fréquence respiratoire. Cette technique est parfois utilisée pour stimuler la respiration lors d'une situation d'urgence.

4. L'irritation du pharynx ou du larynx, sous l'effet du toucher ou de substances chimiques, entraîne une interruption immédiate de la respiration, suivie d'une toux.

Dans le document 23.4, nous présentons un résumé des stimuli qui influencent la fréquence respiratoire.

LE VIEILLISSEMENT ET L'APPAREIL RESPIRATOIRE

Les appareils cardio-vasculaire et respiratoire fonctionnent ensemble ; les lésions ou les maladies qui affectent l'un des organes de l'un de ces appareils entraînent souvent des effets secondaires dans l'autre. Dans le cas de l'hypertrophie ventriculaire droite, ou cœur pulmonaire, le côté droit du cœur s'hypertrophie. Avec l'âge, les voies aérifères et les tissus de l'appareil respiratoire, y compris les sacs alvéolaires, perdent de leur élasticité et deviennent plus rigides. La paroi thoracique devient elle aussi plus rigide. Par conséquent, il se produit une réduction de la capacité pulmonaire. En fait, à l'âge de 70 ans, la capacité vitale (le volume d'air déplacé par une inspiration maximale suivie d'une expiration maximale) peut subir

DOCUMENT 23.4 RÉSUMÉ DES STIMULI QUI INFLUENCENT LA FRÉQUENCE RESPIRATOIRE

STIMULI QUI AUGMENTENT LA FRÉQUENCE RESPIRATOIRE	STIMULI QUI RÉDUISENT OU INHIBENT LA FRÉQUENCE RESPIRATOIRE
Augmentation de la PCO_2 du sang artériel au-dessus de 40 mm Hg	Réduction de la PCO_2 du sang artériel au-dessous de 40 mm Hg
Réduction de la PO_2 du sang artériel, qui passe de 105 mm Hg à 50 mm Hg	Réduction de la PO_2 du sang artériel au-dessous de 50 mm Hg
Réduction de la pression artérielle	Élévation de la pression artérielle
Élévation de la température corporelle	Une baisse de la température corporelle entraîne une réduction de la fréquence respiratoire, et un refroidissement soudain provoque l'apnée
Douleur prolongée	Une douleur intense entraîne l'apnée
Étirement des sphincters de l'anus	L'irritation du pharynx ou du larynx par le toucher ou des substances chimiques entraîne l'apnée

une réduction allant jusqu'à 35%. De plus, il se produit une réduction des taux d'oxygène dans le sang, une réduction de l'activité des macrophages alvéolaires et une diminution de l'action ciliaire des revêtements épithéliaux de l'appareil respiratoire. À cause de tous ces facteurs liés au vieillissement, les personnes âgées sont plus vulnérables à la pneumonie, à la bronchite, à l'emphysème et aux autres troubles pulmonaires.

LE DÉVELOPPEMENT EMBRYONNAIRE DE L'APPAREIL RESPIRATOIRE

Nous présentons le développement de la bouche et du pharynx au chapitre 24, qui porte sur l'appareil digestif. Nous allons étudier ici les autres parties de l'appareil respiratoire.

Vers la quatrième semaine de la grossesse, l'appareil respiratoire commence comme un prolongement de l'**endoblaste** de l'intestin antérieur (précurseur de certains organes digestifs), situé derrière le pharynx. Ce prolongement est appelé **bourgeon laryngo-trachéal** (voir la figure 18.24). À mesure que le bourgeon croît, il s'allonge et forme le futur *larynx* et d'autres structures. Son extrémité proximale conserve une ouverture en fente dans le pharynx, la *glotte*. La portion moyenne du bourgeon donne naissance à la *trachée*. La portion distale se divise en deux **bourgeons pulmonaires** qui se développent pour former les *bronches* et les *poumons* (figure 23.23).

À mesure que les bourgeons pulmonaires se développent, ils se ramifient et donnent naissance aux *tubes bronchiques*.

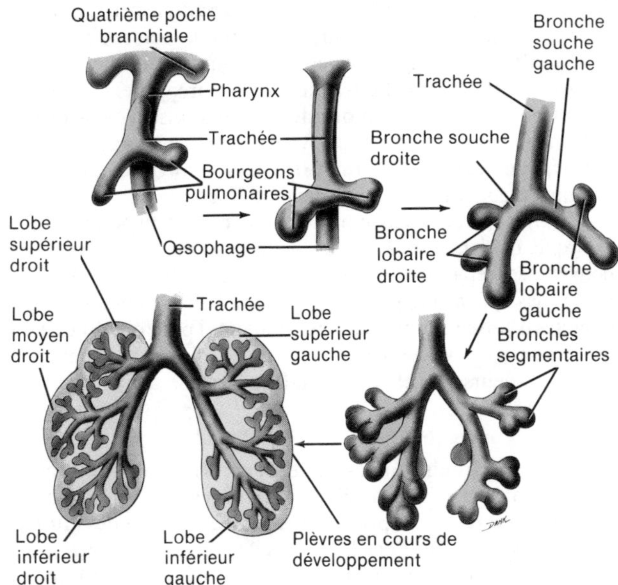

FIGURE 23.23 Développement embryonnaire des bronches et des poumons.

Après le sixième mois de la grossesse, les portions terminales fermées des tubes se dilatent et deviennent les *alvéoles pulmonaires*. Les muscles lisses, le cartilage et les tissus conjonctifs des tubes bronchiques et des cavités pleurales des poumons sont formées par des **cellules mésenchymateuses.**

LES AFFECTIONS : DÉSÉQUILIBRES HOMÉOSTATIQUES

Le cancer broncho-pulmonaire

En respirant, nous inhalons un grand nombre de substances irritantes. Presque tous les polluants, y compris la fumée inhalée, exercent un effet irritant sur les conduits bronchiques et les poumons, et peuvent être considérés comme des facteurs d'agression ou des stimuli irritants. Les effets de l'irritation de l'épithélium bronchique sont importants sur le plan clinique, parce qu'une forme courante du cancer du poumon, le **cancer broncho-pulmonaire**, commence dans les parois des bronches.

L'examen au microscope de l'épithélium pseudostratifié d'un conduit bronchique révèle la présence de trois types de cellules, qui sont tous en contact avec la membrane basale. Les cellules cylindriques contiennent des cils et s'étendent vers le haut à partir de la membrane basale jusqu'à la face luminale. Disposées à intervalles entre les cellules cylindriques ciliées, se trouvent les cellules caliciformes qui sécrètent du mucus. Les cellules basales n'atteignent pas la face luminale. Elles se divisent constamment et remplacent les cellules cylindriques à mesure que celles-ci s'usent et sont éliminées.

L'irritation constante entraînée par la fumée et les polluants provoque une hypertrophie des cellules caliciformes de l'épithélium bronchique. Ces cellules réagissent en sécrétant une quantité excessive de mucus. Les cellules basales réagissent également à l'agression en se divisant si rapidement qu'elles pénètrent dans la région occupée par les cellules caliciformes et cylindriques. Jusqu'à 20 rangées de cellules basales peuvent être ainsi formées. Un grand nombre de chercheurs croient que si l'agression est éliminée à ce stade, l'épithélium peut reprendre son aspect original.

Si l'agression persiste, une quantité de plus en plus importante de mucus est sécrétée, et les cils deviennent moins efficaces. Par conséquent, le mucus n'est pas transporté vers la gorge, mais reste bloqué dans les conduits bronchiques. La personne atteinte développe alors la « toux du fumeur ». De plus, l'irritation constante provoquée par le polluant détruit lentement les alvéoles, qui sont remplacés par du tissu conjonctif épais et non élastique. Le mucus qui s'est accumulé est bloqué dans les sacs alvéolaires. Des millions de sacs se rompent, ce qui réduit la surface de diffusion pour l'échange de l'oxygène et du dioxyde de carbone. Le sujet souffre maintenant d'emphysème. Si l'agression est éliminée à ce stade, il y a peu de chances qu'une amélioration se produise. Cependant, l'élimination de l'agression peut empêcher une destruction encore plus grande des tissus.

Si l'agression persiste toujours, l'emphysème s'aggrave progressivement, et les cellules basales des conduits bronchiques continuent à se diviser et traversent la membrane basale. À ce stade, tous les éléments sont en place pour que s'installe le cancer broncho-pulmonaire. Les cellules cylindriques et caliciformes disparaissent et peuvent être remplacées par des cellules pavimenteuses cancéreuses. Lorsque cela se produit, l'excroissance maligne (tumeur) se répand dans le poumon et peut obstruer un conduit bronchique. Si l'obstruction se produit dans un gros conduit, très peu d'oxygène arrive à pénéter dans le poumon, et des bactéries pathogènes vivent aux dépens des sécrétions mucoïdes. À la fin, la personne atteinte peut souffrir d'un emphysème, d'un cancer et d'une foule de maladies infectieuses. Le traitement comprend l'excision, par voie chirurgicale, du poumon atteint. Toutefois, la métastase de la tumeur dans les vaisseaux lymphatiques ou sanguins peut former de nouvelles tumeurs dans d'autres parties de l'organisme, comme l'encéphale et le foie.

D'autres facteurs peuvent être liés au cancer du poumon. Par exemple, des tumeurs à la poitrine, à l'estomac et à la prostate peuvent se répandre jusqu'aux poumons. Il arrive que des personnes qui n'ont pas été exposées à des polluants soient atteintes d'un cancer broncho-pulmonaire. Toutefois, l'incidence de ce cancer est probablement plus de 20 fois supérieur chez les grands fumeurs que chez les non fumeurs.

L'asthme bronchique

L'**asthme bronchique** est une réaction, habituellement d'origine allergique, caractérisée par une respiration sifflante et difficile. Les crises sont provoquées par des spasmes des muscles lisses qui se trouvent dans les parois des petites bronches et des bronchioles, et qui obstruent partiellement les voies respiratoires. Le sujet expire difficilement, et les alvéoles peuvent rester gonflés durant l'expiration. Habituellement, les muqueuses qui tapissent les voies respiratoires deviennent irritées et sécrètent des quantités excessives de mucus qui peuvent s'accumuler dans les bronches et les bronchioles, et aggraver la crise. Environ trois personnes sur quatre souffrant d'asthme sont allergiques à des substances comestibles ou transportées par l'air, aussi courantes que le blé ou la poussière. D'autres sont hypersensibles aux protéines des bactéries inoffensives qui habitent les sinus de la face, le nez et la gorge. L'asthme peut également être d'origine psychosomatique. (Nous avons présenté la réaction anaphylactique liée à l'asthme bronchique au chapitre 22.)

La bronchite

La **bronchite** est une inflammation des bronches caractérisée par une hypertrophie et une hyperplasie des glandes séromuqueuses et des cellules caliciformes qui tapissent les voies bronchiques. Le symptôme typique est une toux productive qui permet d'éliminer un crachat de couleur vert-jaune. La sécrétion indique la présence d'une infection sous-jacente qui provoque une sécrétion excessive de mucus. L'usage du tabac reste la cause la plus importante de la bronchite chronique (bronchite qui dure au moins trois mois, durant deux années successives). D'autres facteurs qui influencent l'apparition de la bronchite sont: des antécédents familiaux de bronchite ou d'autres maladies pulmonaires, la pollution de l'air, l'oxyde de carbone, les infections des voies respiratoires, et des anticorps déficients (notamment les anticorps IgA).

L'emphysème

Dans le cas de l'**emphysème**, les parois alvéolaires perdent leur élasticité et restent remplies d'air durant l'expiration. Le premier symptôme qui se manifeste est une réduction du volume expiratoire forcé. Plus tard, les alvéoles des autres régions des poumons sont également lésés. Un grand nombre d'alvéoles peuvent s'unir pour former des sacs alvéolaires plus grands, et le volume total est alors réduit. Les poumons deviennent gonflés en permanence, parce qu'ils ont perdu leur élasticité. Le volume de la cage thoracique augmente, pour s'ajuster à l'augmentation du volume des poumons; ce qui entraîne un « thorax en tonneau ». L'expiration ne se fait plus de façon inconsciente. La diffusion de l'oxygène ne se fait plus aussi facilement à travers la membrane alvéolo-capillaire lésée, le taux d'oxygène dans le sang est quelque peu réduit, et les exercices qui entraînent une augmentation des besoins en oxygène des cellules essoufflent la personne atteinte. À mesure que la maladie progresse, les alvéoles sont remplacés par du tissu conjonctif fibreux épais. Même le dioxyde de carbone ne diffuse pas facilement dans le tissu fibreux. Si le sang ne parvient pas à amortir tous les ions hydrogène qui s'accumulent, le pH sanguin baisse, ou des quantités anormalement élevées de dioxyde de carbone peuvent se dissoudre dans le plasma. Un taux élevé de dioxyde de carbone provoque une acidité toxique pour les cellules cérébrales. Par conséquent, le centre inspiratoire devient moins actif, et la fréquence respiratoire ralentit, ce qui aggrave le problème. Les capillaires comprimés et lésés entourant les alvéoles qui se dégradent peuvent être incapables de recevoir le sang. Par conséquent, la résistance au flux sanguin augmente dans l'artère pulmonaire, et le ventricule droit, qui tente de propulser le sang dans les capillaires qui restent, est surchargé de travail.

L'emphysème est généralement causé par une irritation prolongée. La pollution de l'air, l'exposition à la poussière industrielle en milieu de travail et l'usage de la cigarette sont parmi les irritants les plus courants. La fumée de cigarette désactive une protéine qui semble être cruciale pour la prévention de l'emphysème, et elle empêche également la réparation du tissu pulmonaire atteint. L'asthme bronchique chronique peut également causer des lésions alvéolaires. Aux États-Unis, les cas d'emphysème sont de plus en plus fréquents. Ce phénomène est assez troublant quand on sait que la maladie peut être évitée et que la détérioration progressive peut être stoppée par l'élimination des stimuli nocifs.

Des maladies comme l'asthme bronchique, la bronchite et l'emphysème ont en commun un certain degré d'osbtruction des voies aérifères. Le terme **broncho-pneumopathie chronique obstructive** s'applique à ces affections.

La pneumonie

La **pneumonie** est une infection aiguë ou une inflammation des alvéoles pulmonaires. Les sacs alvéolaires se remplissent de liquide et de leucocytes morts, ce qui réduit le volume de l'espace disponible pour l'air dans les poumons. (On doit se rappeler que l'un des signes cardinaux de l'inflammation est l'œdème.) L'oxygène diffuse difficilement à travers les alvéoles enflammés, et le taux de O_2 dans le sang peut être réduit de façon importante. Habituellement, le taux de CO_2 dans le sang reste normal, parce que le dioxyde de carbone diffuse à travers les alvéoles plus facilement que l'oxygène.

La cause la plus fréquente de la pneumonie est le pneumoccoque (*Streptococcus pneumoniae)*; toutefois, d'autres bactéries, des champignons, des protozoires ou des virus peuvent être à l'origine de la maladie.

La tuberculose

Mycobacterium tuberculosis, ou *bacille tuberculeux*, une bactérie, produit une inflammation appelée **tuberculose**. Cette maladie est encore la principale cause de mortalité parmi les maladies transmissibles. La tuberculose affecte le plus souvent les poumons et les plèvres. Les bactéries détruisent des portions du tissu pulmonaire, et ce tissu est remplacé par du tissu conjonctif fibreux. Comme ce tissu est rigide et épais, les régions atteintes ne s'affaissent plus lors de l'expiration, et les poumons retiennent un volume d'air accru. Les gaz ne peuvent plus diffuser facilement à travers le tissu fibreux.

Les bacilles tuberculeux se répandent par l'inhalation. Bien qu'ils soient capables de survivre à l'exposition d'un grand nombre de désinfectants, la lumière solaire les tue rapidement. C'est pourquoi la tuberculose est parfois associée aux maisons surpeuplées et insuffisamment éclairées. Un grand nombre de médicaments sont efficaces dans le traitement de la tuberculose. Le repos, le soleil et un régime alimentaire adéquat constituent des composants vitaux du traitement.

La détresse respiratoire du nouveau-né

La **détresse respiratoire du nouveau-né**, également appelée **maladie des membranes hyalines**, provoque chaque année la mort d'environ 20 000 nouveau-nés aux États-Unis. Avant la naissance, les voies respiratoires sont remplies de liquide. Une partie de ce liquide est constituée du liquide amniotique aspiré durant les mouvements respiratoires in utero. Le reste du liquide est produit par les glandes sous-muqueuses et par les cellules caliciformes de l'épithélium respiratoire.

À la naissance, les voies respiratoires remplies de liquide doivent se remplir d'air, et les alvéoles primitifs (sacs alvéolaires) affaissés doivent se dilater et permettre les échanges gazeux. Le succès de cette opération dépend en grande partie du surfactant, ce phospholipide produit par les cellules alvéolaires, qui réduit la tension superficielle dans la couche liquide qui tapisse les alvéoles primitifs lorsque l'air pénètre dans les poumons. Dès la vingt-troisième semaine de la grossesse, le surfactant est présent dans les poumons du fœtus ; entre la vingt-huitième et la trente-deuxième semaine, la quantité de surfactant est suffisante pour empêcher l'affaissement alvéolaire durant la respiration. Les pneumocytes de type II produisent constamment du surfactant. On peut détecter la présence de cette substance par l'amniocentèse.

Bien que, chez le nouveau-né normal à terme, la deuxième respiration et les suivantes nécessitent un effort moins grand que la première, la respiration ne devient complètement normale qu'environ 40 min après la naissance. Les poumons ne sont pas entièrement gonflés après la première ou la deuxième respiration. En fait, durant les sept ou dix premiers jours, de petites régions des poumons peuvent rester affaissées.

Chez le nouveau-né dont les poumons ne contiennent pas suffisamment de surfactant, l'effort nécessité par la première respiration est le même que chez le nouveau-né normal. Toutefois, la tension superficielle du liquide alvéolaire est de 7 à 14 fois plus élevée que la tension superficielle du liquide alvéolaire doté d'une couche mononucléaire de surfactant. Par conséquent, durant l'expiration qui suit la première inspiration, la tension superficielle des alvéoles augmente à mesure que les alvéoles s'affaissent. Les alvéoles reprennent presque complètement leur forme affaissée originale.

La détresse respiratoire du nouveau-né, qui est idiopathique, se manifeste habituellement quelques heures après la naissance. (Une affection idiopathique est une affection qui apparaît spontanément, et les causes en sont inconnues ou obscures.) La respiration est difficile et accompagnée d'une rétraction des espaces intercostaux et sous-costaux. L'enfant peut mourir peu de temps après le début des difficultés respiratoires, ou après quelques jours ; toutefois, un grand nombre de nouveau-nés survivent à cette affection. À l'autopsie, on constate que les poumons sont insuffisamment gonflés, et que des régions d'atélectasie (affaissement des poumons) sont évidentes. Si l'enfant a survécu quelques heures après le début de la maladie, les alvéoles sont souvent remplis d'un liquide riche en protéines, ressemblant à une membrane hyaline. La détresse respiratoire du nouveau-né se produit fréquemment chez les prématurés et chez les enfants dont la mère est diabétique, notamment si le diabète n'est pas traité de façon adéquate ou s'il n'est pas traité.

On utilise un traitement appelé PEEP (pression positive en fin d'expiration) pour traiter la détresse respiratoire du nouveau-né. Il consiste à introduire une sonde dans les voies respiratoires, jusqu'à l'apex des poumons, afin de fournir l'air riche en oxygène dont l'enfant a besoin, à des pressions constantes allant jusqu'à 14 mm Hg. La pression constante permet de garder les alvéoles ouverts et disponibles pour les échanges gazeux. Lorsqu'on ajoute à l'air riche en oxygène du surfactant d'origine humaine, prélevé à partir de liquide amniotique d'enfants nés par césarienne, on arrive à annuler plus efficacement les effets de la maladie et à réduire les lésions pulmonaires.

L'insuffisance respiratoire

Dans l'**insuffisance respiratoire**, l'appareil respiratoire ne peut fournir suffisamment d'oxygène pour maintenir le métabolisme, ou ne peut pas éliminer suffisamment de dioxyde de carbone pour prévenir l'acidose respiratoire. Plus précisément, l'insuffisance respiratoire se produit lorsque la PO_2 du sang artériel est inférieure à 50 mm Hg, ou lorsque la PCO_2 du sang artériel est supérieure à 50 mm Hg. L'insuffisance respiratoire entraîne toujours le dysfonctionnement d'autres organes.

Parmi les causes de l'insuffisance respiratoire, on trouve des troubles pulmonaires (broncho-pneumopathie chronique obstructive, pneumonie et détresse respiratoire de l'adulte), des troubles physiques qui affectent la paroi thoracique ou la structure neuromusculaire (agents bloquants anesthésiques, traumatismes de la moelle épinière cervicale, myasthénie grave et sclérose latérale amyotrophique), une dépression du centre respiratoire due à des médicaments, à des accidents vasculaires cérébraux ou à des traumatismes, et l'intoxication oxycarbonée.

Les symptômes de l'insuffisance respiratoire comprennent la désorientation, un malaise, des céphalées, de la faiblesse musculaire, des difficultés à dormir, des palpitations, de l'essoufflement, de la toux, de la tachycardie, des dysrythmies, une cyanose, de l'hypertension, un œdème, de la stupeur et le coma. Le traitement consiste à donner une oxygénation adéquate et à inverser le processus de l'acidose respiratoire.

La mort soudaine du nourrisson

La **mort soudaine du nourrisson**, également appelée mort au berceau, tue environ 200 garçons et 130 filles, chaque année, au Canada. Chez les nourrissons âgés d'une semaine à 12 mois, elle est responsable de plus de décès que toute autre maladie. Cette maladie frappe sans avertissement. Bien qu'environ la moitié des victimes aient souffert d'une infection des voies respiratoires durant les deux semaines qui ont précédé la mort, les bébés atteints ont tendance à être parfaitement sains. Deux autres découvertes ont leur importance : la nature apparemment *silencieuse* du décès, et le *désordre* qui règne souvent autour de l'enfant lorsqu'on le découvre.

À cause du désordre mentionné plus haut, il n'est pas étonnant que, pendant des centaines d'années, on ait cru que la mort soudaine du nourrisson était due à la suffocation. Toutefois, la plupart des experts croient qu'un enfant en santé *ne peut pas* s'étouffer dans ses draps et couvertures. La couche de la petite victime est habituellement remplie d'excréments et d'urine, et la vessie est presque toujours vide. L'examen externe ne révèle qu'une écume teintée de sang, qui s'échappe souvent des narines. Ces signes portent tous à croire à une mort soudaine liée à une activité motrice, plutôt qu'à un coma de plus en plus profond se terminant par un décès.

La similitude des découvertes liées à la mort soudaine du nourrisson renforce la théorie voulant qu'il existe une cause sous-jacente. L'incidence saisonnière de la maladie, qui est à son plus bas durant les mois d'été, et à son plus haut à la fin de l'automne et au cours de l'hiver, suggère fortement la présence d'un agent infectieux (très probablement un virus). Dans la plupart des cas, la mort survient à un moment où les taux de gammaglobuline sont bas, et que l'enfant est particulièrement vulnérable.

Un grand nombre d'hypothèses ont été avancées pour expliquer ce phénomène. Bien que les mécanismes pathogènes précis ne soient pas encore clairs, plusieurs observations valables sont ressorties des enquêtes menées durant les dix dernières années. Dans la plupart des cas (sinon dans tous les cas), il semble qu'il existe un mécanisme commun (« voie commune finale »). Ainsi, il s'agit probablement d'une seule entité morbide. Selon une des études effectuées, une des causes possibles de la mort est un laryngospasme, probablement déclenché par une infection virale antérieure, légère et non spécifique, des voies respiratoires supérieures. Un autre facteur possible serait une période d'apnée prolongée consécutive à un dysfonctionnement du centre respiratoire. L'hypoxie pourrait également être un des facteurs déclenchants. Les réactions allergiques, l'intoxication bactérienne, une quantité excessive de dopamine et la chaleur excessive figurent parmi les autres causes possibles.

Le coryza (rhume) et la grippe

Plusieurs virus sont responsables du **coryza (rhume commun)**. Un groupe de virus, appelés rhinovirus, est responsable d'environ 40% des rhumes chez l'adulte. Les symptômes typiques comprennent des éternuements, des sécrétions nasales excessives (rhinorrhée) et de la congestion. En l'absence de complications, le rhume n'est habituellement pas accompagné de fièvre. Parmi les complications possibles, on trouve la sinusite, les infections de l'oreille et la laryngite. Comme les rhumes sont causés par des virus, l'administration d'antibiotiques est inutile. Certains médicaments en vente libre peuvent réduire l'intensité de certains symptômes ; toutefois, ils ne hâtent pas la guérison. Comme nous l'avons mentionné au chapitre 22, un vaporisant nasal antiviral contenant de l'interféron alpha-2 peut prévenir la contagion chez les membres d'une même famille. L'interféron est efficace contre les rhinovirus.

La **grippe** est également causée par un virus. Ses symptômes comprennent des frissons, de la fièvre (habituellement supérieure à 38,5° C), des céphalées et des douleurs musculaires. Des symptômes ressemblant à ceux du rhume apparaissent lorsque la fièvre disparaît. La diarrhée ne fait pas partie des symptômes de la grippe.

L'embolie pulmonaire

L'**embolie pulmonaire** est la présence d'un caillot sanguin ou d'un corps étranger dans un vaisseau artériel pulmonaire, qui obstrue la circulation en direction du tissu pulmonaire. Un embole peut se former dans un point éloigné (dans une veine de la jambe, par exemple) et traverser le côté droit du cœur pour se rendre au poumon par une artère pulmonaire. La conséquence immédiate de l'embolie est une obstruction complète ou partielle du flux artériel au poumon, causant un dysfonctionnement du tissu pulmonaire atteint. Un embole volumineux peut provoquer la mort en quelques minutes. L'embolie pulmonaire se développe rarement chez les sujets qui ne sont pas liés à un facteur de risque (ou plusieurs). Parmi ces facteurs, on trouve l'immobilisation au lit pendant plus de trois jours, les cardiopathies (notamment l'insuffisance cardiaque), les traumatismes (fractures), les cancers, l'obésité, la grossesse, la polyglobulie et l'utilisation de contraceptifs oraux.

Les signes cliniques associés à l'embolie pulmonaire comprennent une dyspnée soudaine et inexpliquée (respiration difficile), une douleur à la poitrine, de l'angoisse, une respiration rapide, des râles, de la toux, une thrombose veineuse profonde, un infarctus pulmonaire caractérisé par une hémoptysie (crachement de sang) et la syncope.

Le traitement de l'embolie pulmonaire consiste à administrer des injections d'héparine (un anticoagulant) par voie intraveineuse, à administrer des anticoagulants, comme la warfarine, par voie orale, et à administrer des enzymes permettant de dissoudre les caillots sanguins, comme la streptokinase et l'urokinase. Dans les cas graves, il est nécessaire de pratiquer une embolectomie pulmonaire.

L'œdème pulmonaire

L'**œdème pulmonaire** est une accumulation anormale de liquide interstitiel dans les espaces interstitiels et les alvéoles pulmonaires. L'œdème peut être causé par une augmentation de la perméabilité des capillaires (origine pulmonaire) ou par une augmentation de la pression capillaire (origine cardiaque). Cette dernière cause peut s'accompagner d'une insuffisance cardiaque. Le symptôme le plus fréquent est la dyspnée. Parmi les autres symptômes possibles, on trouve une respiration sifflante, une thachypnée (respiration rapide), de l'agitation, l'impression de suffoquer, la cyanose, la pâleur et la diaphorèse (transpiration excessive). Le traitement consiste à administrer de l'oxygène, des médicaments qui dilatent les bronchioles et abaissent la pression artérielle, et des médicaments qui rétablissement l'équilibre acido-basique, à aspirer les voies aérifères et à pratiquer une ventilation assistée.

GLOSSAIRE DES TERMES MÉDICAUX

Asphyxie (*sphyxie*: palpitation, pulsation) Carence en oxygène due à un taux peu élevé d'oxygène atmosphérique ou à un trouble de la ventilation, de la respiration externe ou de la respiration interne.

Aspiration Action de respirer, notamment d'inspirer. Administration ou élimination d'une substance par succion.

Bronchiectasie (*ectasie*: dilatation) Dilatation chronique des bronches ou des bronchioles.

Diphtérie (*diphtera*: membrane) Infection bactérienne aiguë dans laquelle le pharynx, le rhinopharynx et le larynx s'hypertrophient et prennent la texture du cuir. Les membranes hypertrophiées peuvent obstruer les voies aérifères et provoquer la mort par asphyxie.

Dyspnée (*dys*: douloureux, difficile; *pnée*: respiration) Respiration difficile.

Heimlich (méthode de) Méthode de premiers soins conçue pour dégager les voies respiratoires. On exerce une pression ascendante rapide, qui entraîne une élévation soudaine du diaphragme et une expulsion rapide et vigoureuse de l'air qui se trouve dans les poumons ; ce geste expulse l'air de la trachée et évacue en même temps le corps étranger.

Hypoxie (*hypo* : sous) Réduction de l'apport d'oxygène aux cellules.

Orthopnée (*ortho* : droit) Incapacité de respirer en position horizontale.

Pneumonectomie (*pneumo*: poumon; *ectomie*: ablation) Excision d'un poumon par une intervention chirurgicale.

Râles Bruits qui se font parfois entendre dans les poumons. Ils peuvent être causés par la présence d'air ou d'une sécrétion anormale dans les poumons.

Réanimation cardio-respiratoire (RCR) Rétablissement de la respiration et de la circulation à la normale ou près de la normale, par des moyens artificiels. La personne qui effectue la réanimation doit d'abord établir une voie aérifère, assurer une ventilation assistée si la respiration est interrompue, et rétablir la circulation si l'activité cardiaque est anormale.

Respirateur Appareil insufflant un volume d'air déterminé ou servant à assurer une respiration artificielle ou une ventilation assistée.

Respiration de Cheyne-Stokes Cycle répété de respirations irrégulières, commençant par des respirations superficielles qui augmentent en profondeur et en rapidité, puis décroissent et cessent complètement pendant une période de 15 s à 20 s. Cette respiration est normale chez les nouveau-nés. Elle est souvent présente durant les moments qui précèdent un décès dû à une maladie pulmonaire, cérébrale, cardiaque ou rénale; on l'appelle « râle d'agonie ».

Rhinite (*rhino* : nez) Inflammation chronique ou aiguë de la muqueuse nasale.

RÉSUMÉ

Les organes (page 586)

1. Les organes respiratoires comprennent le nez, le pharynx, le larynx, la trachée, les bronches et les poumons.
2. Ces organes agissent en collaboration avec l'appareil cardio-vasculaire pour alimenter l'organisme en oxygène et éliminer le dioxyde de carbone du sang.

Le nez (page 586)

1. La portion externe du nez est faite de cartilage et de peau; elle est tapissée d'une muqueuse. Les ouvertures débouchant sur l'extérieur sont les narines.
2. La portion interne du nez communique avec le rhinopharynx, par les choanes et les sinus de la face.
3. Les fosses nasales sont divisées par une cloison. La portion antérieure des fosses nasales est appelée vestibule.
4. Le nez permet le réchauffement, l'humidification et la filtration de l'air, l'olfaction et la phonation.

Le pharynx (page 586)

1. Le pharynx (gorge) est un conduit musculeux tapissé d'une muqueuse.
2. Les régions anatomiques du pharynx sont le rhinopharynx, l'oropharynx et le laryngopharynx.
3. Le rhinopharynx participe à la respiration. L'oropharynx et le laryngopharynx participent à la digestion et à la respiration.

Le larynx (page 588)

1. Le larynx est un conduit reliant le pharynx à la trachée.
2. Il comprend le cartilage thyroïde (pomme d'Adam), l'épiglotte, qui empêche les aliments de pénétrer dans le larynx, le cartilage cricoïde, qui relie le larynx et la trachée, et les cartilages aryténoïdes, corniculés et cunéiformes, qui se présentent par paires.
3. Le larynx contient les cordes vocales, qui produisent la voix. Lorsque les cordes sont tendues, elles produisent des sons aigus, et lorsqu'elles sont relâchées, elles produisent des sons graves.

La trachée (page 590)

1. La trachée s'étend du larynx aux bronches souches.
2. Elle est faite de muscles lisses et d'anneaux de cartilage en forme de C; elle est tapissée d'épithélium pseudostratifié.
3. La trachéotomie et l'intubation sont deux façons de traiter les obstructions des voies respiratoires.

Les bronches (page 590)

1. L'arbre bronchique comprend la trachée, les bronches souches, les bronches lobaires, les bronches segmentaires, les bronchioles et les bronchioles terminales. Les parois des bronches contiennent des anneaux de cartilage alors que les parois des bronchioles n'en contiennent pas.
2. Une bronchographie est une radiographie de l'arbre bronchique effectuée après l'introduction d'un opacifiant radiologique contenant habituellement de l'iode.

Les poumons (page 592)

1. Les poumons, au nombre de deux, sont situés dans la cavité thoracique. Ils sont entourés des plèvres. La plèvre pariétale constitue la couche externe, et la plèvre viscérale, la couche interne.
2. Le poumon droit comprend trois lobes séparés par deux scissures; le poumon gauche contient deux lobes séparés par une scissure et une dépression, l'incisure cardiaque.
3. Les bronches lobaires donnent naissance à des ramifications appelées bronches segmentaires, qui alimentent des segments de tissu pulmonaire, les segments broncho-pulmonaires.
4. Chaque segment broncho-pulmonaire comprend des lobules, qui contiennent des vaisseaux lymphatiques, des artérioles, des veinules, des bronchioles terminales, des bronchioles respiratoires, des canaux alvéolaires, des sacs alvéolaires et des alvéoles.
5. Les échanges gazeux se produisent à travers les membranes alvéolo-capillaires.

La respiration (page 596)

La ventilation pulmonaire (page 597)

1. La ventilation pulmonaire comprend l'inspiration et l'expiration.
2. Le mouvement de l'air dans les poumons et hors des poumons dépend des changements de pression réglés en partie par la loi de Boyle, selon laquelle le volume d'un gaz varie proportionnellement avec la pression, lorsque la température est constante.
3. L'inspiration s'effectue lorsque la pression intrapulmonaire est inférieure à la pression atmosphérique. La contraction du diaphragme et des muscles intercostaux externes augmente le volume du thorax, réduisant ainsi la pression intrapleurale et provoquant la dilatation des poumons. La dilatation des poumons réduit la pression intrapulmonaire; l'air se déplace alors selon le gradient de pression de l'atmosphère jusque dans les poumons.
4. L'expiration s'effectue lorsque la pression intrapulmonaire est supérieure à la pression atmosphérique. Le relâchement du diaphragme et des muscles intercostaux externes augmente la pression intrapleurale, le volume pulmonaire décroît, la pression intrapulmonaire s'accroît, et l'air sort des poumons.
5. Durant l'inspiration forcée, les muscles inspiratoires accessoires (sterno-cléido-mastoïdiens et scalènes) sont également utilisés.
6. L'expiration forcée nécessite la contraction des muscles intercostaux internes et des muscles abdominaux.
7. La compliance pulmonaire est la facilité avec laquelle les poumons et la paroi thoracique peuvent se dilater.
8. Les parois des voies respiratoires offrent souvent une résistance au courant ventilatoire.

Les mouvements respiratoires modifiés (page 601)

1. Les mouvements respiratoires modifiés servent à exprimer les émotions et à dégager les voies respiratoires.

2. La toux, l'éternuement, le soupir, le baillement, les sanglots, les pleurs, le rire et le hoquet sont des formes de mouvements respiratoires modifiés.

Les volumes pulmonaires et les débits ventilatoires (page 601)

1. Les volumes pulmonaires échangés au cours de la respiration et la fréquence de la respiration sont mesurés à l'aide d'un spirographe.
2. Le volume courant, la réserve inspiratoire, la réserve expiratoire, le volume résiduel et le volume minimal figurent parmi les volumes pulmonaires.
3. Les capacités pulmonaires, équivalant à la somme de deux volumes ou plus, comprennent la capacité inspiratoire, la capacité fonctionnelle résiduelle, la capacité vitale et la capacité totale.
4. La ventilation-minute correspond au volume total d'air aspiré durant une minute (le volume courant multiplié par 12 respirations par minute).

Les échanges de gaz respiratoires (page 603)

1. La pression partielle d'un gaz est la pression exercée par ce gaz dans un mélange de gaz. Elle est symbolisée par *P*.
2. Selon la loi de Dalton, chaque gaz présent dans un mélange de gaz exerce sa propre pression, comme si les autres gaz n'étaient pas présents.
3. Selon la loi de Henry, le volume d'un gaz qui se dissout dans un liquide est proportionnel à la pression partielle du gaz et à son coefficient de solubilité, lorsque la température est constante.
4. L'oxygénothérapie hyperbare constitue une application clinique importante de la loi de Henry.

La respiration externe ; la respiration interne (page 605 ; page 606)

1. Au cours des respirations externe et interne, le O_2 et le CO_2 se déplacent à partir de régions où leur pression partielle est élevée jusque dans des régions où elle est moins élevée.
2. La respiration externe est l'échange de gaz entre les alvéoles et les capillaires pulmonaires. Elle est favorisée par une membrane alvéolo-capillaire mince, une surface alvéolaire importante et un apport sanguin riche.
3. La respiration interne est l'échange de gaz entre les capillaires tissulaires et les cellules des tissus.

Le transport des gaz respiratoires (page 606)

1. Pour chaque volume de 100 mL de sang oxygéné, 3% de l'oxygène est dissous dans le plasma, et 97% est transporté avec l'hémoglobine sous forme d'oxyhémoglobine (HbO_2).
2. L'union de l'oxygène et de l'hémoglobine est affectée par la PO_2, la PCO_2, la température et le 2,3-DPG.
3. L'hypoxie est une carence en oxygène au niveau des tissus ; ce peut être une hypoxie hypoxémique, une hypoxie des anémies, une hypoxie d'origine circulatoire ou une hypoxie histotoxique.
4. Pour chaque volume de 100 mL de sang désoxygéné, 7% du CO_2 sont dissous dans le plasma, 23% se combinent à l'hémoglobine sous forme de carbhémoglobine ($Hb{\cdot}CO_2$), et 70% sont transformés en ions bicarbonates (HCO_3^-).
5. L'intoxication oxycarbonée se produit lorsque le CO se combine à l'hémoglobine plutôt qu'à l'oxygène. Le résultat est une hypoxie.

La régulation de la respiration (page 612)

La régulation par les centres nerveux (page 612)

1. Le centre respiratoire comprend un centre de rythmicité respiratoire (les centres inspiratoire et expiratoire), un centre pneumotaxique et un centre apneustique.
2. Le centre inspiratoire est doté d'une excitabilité intrinsèque qui établit le rythme de base de la respiration.
3. Les centres pneumotaxique et apneustique coordonnent la transition entre l'inspiration et l'expiration.

La régulation de l'activité du centre respiratoire (page 612)

1. De nombreux facteurs, à l'intérieur de l'encéphale ou à l'extérieur, peuvent modifier la respiration.
2. Parmi les facteurs qui modifient la respiration, on trouve les influences corticales, le réflexe de Hering-Breuer, les stimuli chimiques (O_2 et CO_2), la pression artérielle, la température, la douleur et l'irritation de la muqueuse respiratoire.

Le vieillissement et l'appareil respiratoire (page 614)

1. Le vieillissement entraîne une réduction de la capacité vitale, une baisse du taux d'oxygène dans le sang et une réduction de l'activité des macrophages alvéolaires.
2. Les personnes âgées sont plus vulnérables à la pneumonie, à l'emphysème pulmonaire, à la bronchite et aux autres troubles pulmonaires.

Le développement embryonnaire de l'appareil respiratoire (page 615)

1. Le développement de l'appareil respiratoire commence par un prolongement de l'endoblaste, appelé bourgeon laryngo-trachéal.
2. Les muscles lisses, le cartilage et le tissu conjonctif des tubes bronchiques et des sacs alvéolaires se développent à partir du mésoblaste.

Les affections : déséquilibres homéostatiques (page 615)

1. Le cancer broncho-pulmonaire est causé par une irritation constante qui perturbe la croissance, la division et la fonction normales des cellules épithéliales, et entraîne le remplacement des cellules bronchiques épithéliales par des cellules cancéreuses.
2. L'asthme bronchique est caractérisé par des spasmes des muscles lisses des conduits bronchiques (qui entraînent la fermeture partielle des voies aérifères),une inflammation, un gonflement des alvéoles et une production excessive de mucus.
3. La bronchite est une inflammation des bronches.
4. L'emphysème pulmonaire est caractérisé par une détérioration des alvéoles, qui perdent alors de leur élasticité. Les symptômes sont une réduction du volume expiratoire, un gonflement pulmonaire persistant en fin d'expiration et une hypertrophie du thorax.
5. La pneumonie est une inflammation ou une infection aiguë des alvéoles pulmonaires.
6. La tuberculose est une inflammation de la plèvre et des poumons, causée par *Mycobacterium tuberculosis*.
7. La détresse respiratoire du nouveau-né est une affection caractérisée par une carence en surfactant et une apparence hyaline des canaux alvéolaires et des alvéoles.
8. Dans l'insuffisance respiratoire, l'appareil respiratoire ne peut pas fournir suffisamment d'oxygène ou éliminer suffisamment de dioxyde de carbone.
9. La mort soudaine du nouveau-né a récemment été liée à un laryngospasme, probablement déclenché par une infection virale des voies respiratoires supérieures.
10. Le coryza (rhume) est causé par des virus et n'est habituellement pas accompagné de fièvre, alors que la grippe est généralement accompagnée d'une fièvre supérieure à 38,5°C.
11. Dans l'embolie pulmonaire, un caillot sanguin ou un autre type de corps étranger se trouve dans un vaisseau artériel pulmonaire et obstrue le flux sanguin en direction du tissu pulmonaire.
12. L'œdème pulmonaire est une accumulation de liquide interstitiel dans les espaces interstitiels et les alvéoles des poumons.

RÉVISION

1. Quels sont les organes qui composent l'appareil respiratoire? Quelle fonction les appareils respiratoire et cardio-vasculaire ont-ils en commun?
2. Décrivez la structure des portions externe et interne du nez, et dites quels sont leurs fonctions dans la filtration, le réchauffement et l'humidification de l'air.
3. Qu'est-ce que le pharynx? Nommez les trois régions du pharynx et décrivez le rôle joué par chacune dans la respiration.
4. Décrivez la structure du larynx et expliquez de quelle façon fonctionne cet organe dans la respiration et la phonation.
5. Décrivez l'emplacement et la structure de la trachée. Qu'est- ce qu'une trachéotomie? Qu'est-ce qu'une intubation?
6. Qu'est-ce que l'arbre bronchique? Décrivez sa structure. Qu'est-ce qu'un bronchogramme?
7. Où sont situés les poumons? Quelle est la différence entre la plèvre pariétale et la plèvre viscérale? Qu'est-ce qu'une pleurésie?
8. Définissez les parties suivantes du poumon: base, apex, face costale, face médiane, hile, racine, incisure cardiaque et lobe.
9. Qu'est-ce qu'un lobule pulmonaire? Décrivez sa composition et sa fonction dans la respiration.
10. Qu'est-ce qu'un segment broncho-pulmonaire?
11. Décrivez la structure histologique de la membrane alvéolo-capillaire.
12. Qu'est-ce que la nébulisation? Quelle est l'application clinique de cette technique?
13. Quelles sont les différences de base qui existent entre la ventilation pulmonaire, la respiration externe et la respiration interne?
14. Décrivez les principales étapes de l'inspiration et de l'expiration. Assurez-vous d'inclure les valeurs de toutes les pressions en jeu.
15. Qu'est-ce qui distingue l'inspiration au repos de l'inspiration forcée? l'expiration au repos de l'expiration forcée?
16. Décrivez la façon dont la compliance pulmonaire et la résistance au courant ventilatoire sont reliées à la ventilation pulmonaire.
17. Définissez les différents types de mouvements respiratoires modifiés.
18. Qu'est-ce qu'un spirographe? Définissez les volumes pulmonaires et les débits ventilatoires. Comment mesure-t-on la ventilation-minute?
19. Qu'est-ce que la pression partielle d'un gaz? Comment la mesure-t-on?
20. Définissez les lois de Boyle, de Dalton et de Henry.
21. Qu'est-ce qui provoque la maladie des caissons (dysbarisme)? Qu'est-ce que l'oxygénothérapie hyperbare?
22. Tracez un diagramme pour illustrer comment et pourquoi les gaz respiratoires se déplacent durant les respirations externe et interne.
23. Quels sont les facteurs qui influencent la respiration externe?
24. Décrivez le lien qui existe entre l'hémoglobine, la PO_2, la PCO_2, la température et le 2,3-DPG.
25. Qu'est-ce que l'hypoxie? Quels sont les principaux types d'hypoxie?
26. Expliquez la façon dont le CO_2 est assimilé par le sang des capillaires tissulaires, puis transmis aux alvéoles.
27. De quelle façon le centre de rythmicité respiratoire fonctionne-t-il dans la régulation de la respiration? Comment les centres apneustique et pneumotaxique sont-ils liés à la régulation de la respiration?
28. Expliquez de quelle façon les facteurs suivants modifient la respiration: cortex cérébral, réflexe de Hering-Breuer, CO_2, O_2, pression artérielle, température, douleur et irritation de la muqueuse respiratoire.
29. De quelle façon la régulation de la respiration démontre-t-elle le principe de l'homéostasie?
30. Décrivez les effets du vieillissement sur l'appareil respiratoire.
31. Décrivez le développement embryonnaire de l'appareil respiratoire.
32. Nommez les principaux symptômes cliniques des affections suivantes: cancer broncho-pulmonaire, asthme bronchique, bronchite, emphysème pulmonaire, pneumonie, tuberculose, détresse respiratoire du nouveau-né, insuffisance respiratoire, mort soudaine du nourrisson, coryza (rhume), grippe, embolie pulmonaire, œdème pulmonaire et intoxication oxycarbonée.
33. Revoyez le glossaire de termes médicaux liés à l'appareil respiratoire. Assurez-vous que vous connaissez la définition de chacun des termes.

24

L'appareil digestif

OBJECTIFS

- Décrire le mécanisme chargé de régler l'apport alimentaire.
- Définir la digestion et comparer les phases chimiques et mécaniques.
- Identifier les organes du tube digestif et les organes annexes de la digestion.
- Décrire la structure des parois du tube digestif.
- Expliquer la structure de la bouche et son rôle dans la digestion mécanique.
- Étudier l'emplacement, la structure histologique et les fonctions des glandes salivaires.
- Identifier les mécanismes qui règlent la sécrétion de salive.
- Identifier les différentes parties d'une dent et comparer les dentures temporaire et permanente.
- Décrire les étapes de la déglutition.
- Expliquer le rôle de l'œsophage dans la digestion.
- Décrire l'anatomie et l'aspect microscopique de l'estomac, et expliquer le lien entre sa structure et la digestion.
- Discuter des facteurs qui règlent la sécrétion du suc gastrique et l'évacuation de l'estomac.
- Décrire l'anatomie et la structure histologique du pancréas, et son rôle dans la digestion.
- Expliquer la régulation des sécrétions pancréatiques.
- Décrire l'anatomie et la structure histologique du foie, et son rôle dans la digestion.
- Expliquer la régulation de la sécrétion biliaire.
- Expliquer le rôle de la vésicule biliaire dans la digestion.
- Décrire les caractéristiques structurales de l'intestin grêle qui lui permettent d'effectuer la digestion et l'absorption.
- Expliquer la régulation des sécrétions de l'intestin grêle.
- Définir l'absorption et expliquer la façon dont sont absorbés les produits finals.
- Décrire l'anatomie et la structure histologique du gros intestin.
- Décrire les processus qui interviennent dans la formation des fèces et la défécation.
- Décrire les effets du vieillissement sur l'appareil digestif.
- Décrire le développement embryonnaire de l'appareil digestif.
- Décrire les symptômes des affections suivantes : caries dentaires, parodontolyse, péritonite, ulcères gastro-duodénaux, appendicite, tumeurs gastro-intestinales, diverticulite, cirrhose, hépatite, calculs biliaires, anorexie mentale et boulimie.
- Définir les termes médicaux relatifs à l'appareil digestif.

La nourriture joue un rôle vital dans l'organisme, car c'est la source d'énergie de toutes les réactions chimiques des cellules. L'énergie est nécessaire à la contraction musculaire, à la conduction des influx nerveux et aux fonctions de sécrétion et d'absorption de nombreuses cellules. La nourriture, telle qu'elle est ingérée, ne peut pas être utilisée comme source d'énergie par les cellules. Elle doit être dégradée en molécules de façon à pouvoir traverser les membranes cellulaires. Cette dégradation de la nourriture en molécules est appelée **digestion**; les organes qui accomplissent cette fonction forment l'**appareil digestif**.

La **gastro-entérologie** (*gastro*: estomac; *entéro*: intestin) est la branche de la médecine qui étudie la structure, les fonctions, le diagnostic et le traitement des maladies de l'estomac et des intestins. Nous verrons le développement embryonnaire de l'appareil digestif en fin de chapitre.

LA RÉGULATION DE L'APPORT ALIMENTAIRE

L'hypothalamus renferme deux centres reliés à l'apport alimentaire. Le **centre de la faim** est un groupe de cellules nerveuses logé dans les noyaux latéraux. Si on stimule le centre de la faim chez un animal, celui-ci commence à manger même si son estomac est déjà plein. Le **centre de la satiété** est un groupe de neurones situé dans les noyaux ventro-médians de l'hypothalamus. Si on stimule le centre de la satiété chez un animal, celui-ci ne s'alimente pas même s'il a été privé de nourriture depuis plusieurs jours. On estime que le centre de la faim fonctionne continuellement, mais qu'il est inhibé par le centre de la satiété. Le tronc cérébral, les noyaux amygdaliens et le système limbique jouent également un rôle dans la faim et la satiété.

Le glucose joue un rôle dans l'apport alimentaire. Selon la *théorie glucostatique*, la faim augmente en cas d'hypoglycémie. On croit que les neurones du centre de la satiété consomment moins de glucose en réaction à une hypoglycémie, et leur activité diminue; ils ne sont donc plus en mesure d'inhiber le centre de la faim, et la personne mange. Inversement, en cas d'hyperglycémie, l'activité des neurones du centre de la satiété est suffisante pour inhiber le centre de la faim, et faire diminuer la faim. Une faible concentration d'acides aminés dans le sang a aussi pour effet d'augmenter la faim, tandis qu'une forte concentration fait diminuer l'alimentation. Ce mécanisme n'est toutefois pas aussi puissant que celui du glucose.

On croit que les lipides jouent aussi un rôle dans la régulation de l'apport alimentaire. On remarque que l'apport alimentaire diminue à mesure qu'augmente la quantité de tissu adipeux dans l'organisme. Selon une théorie, une substance ou plusieurs substances, peut-être les acides gras, se détachent des graisses emmagasinées, en fonction de la teneur en graisse totale de l'organisme. Les substances libérées activent ensuite les neurones du centre de la satiété qui, à leur tour, inhibent le centre de la faim.

La température du corps joue également un rôle dans la régulation de l'apport alimentaire. Une température élevée diminue l'alimentation alors qu'une basse température l'augmente. L'apport alimentaire est aussi réglé par la distension du tube digestif, en particulier celle de l'estomac et du duodénum. La distension de ces organes déclenche un réflexe qui stimule le centre de la satiété et inhibe le centre de la faim. On démontre aussi que l'hormone cholécystokinine (CCK), sécrétée au moment où les graisses pénètrent dans l'intestin grêle, diminue l'apport alimentaire.

LES PROCESSUS DIGESTIFS

L'appareil digestif transforme les aliments destinés aux cellules de l'organisme en cinq étapes fondamentales.

1. L'**ingestion**, introduction des aliments dans le corps.
2. Le **mouvement** de la nourriture le long du tube digestif.
3. La **digestion**, transformation de la nourriture par des processus chimiques et mécaniques.
4. L'**absorption**, passage de la nourriture digérée du tube digestif à l'appareil cardio-vasculaire et au système lymphatique en vue de la distribution aux cellules.
5. La **défécation**, expulsion des substances non digestibles hors de l'organisme.

La **digestion chimique** est une série de réactions cataboliques qui dégradent les grosses molécules de glucides, de lipides et de protéines ingérées en molécules utilisables par les cellules. Ces produits de la digestion sont suffisamment petits pour traverser les parois des organes digestifs, pénétrer dans les capillaires sanguins et lymphatiques puis dans les cellules. On appelle **digestion mécanique** les divers mouvements qui favorisent la digestion chimique. La nourriture est tout d'abord préparée par les dents avant la déglutition. Les muscles lisses de l'estomac et de l'intestin grêle pétrissent ensuite les aliments et les mélangent aux enzymes qui catalysent les réactions.

L'ORGANISATION

Les organes digestifs sont divisés en deux principaux groupes. Le **tube digestif**, ou **canal alimentaire**, est un tube longeant la cavité ventrale du corps et qui s'étend de la bouche à l'anus (figure 24.1). Nous montrons l'emplacement des organes du tube digestif dans les neuf régions de la cavité abdomino-pelvienne à la figure 1.8,b. La longueur du tube digestif, telle qu'elle est mesurée sur un cadavre, est d'environ 9 m. Chez les personnes vivantes, cette longueur diminue quelque peu à cause du tonus des muscles situés dans la paroi du tube. Le tube digestif est formé de plusieurs organes dont la bouche, le pharynx, l'œsophage, l'estomac, l'intestin grêle et le côlon. Les aliments restent dans le tube digestif depuis l'ingestion jusqu'à leur digestion et leur élimination. Les contractions musculaires des parois, qui pétrissent les aliments, sont responsables de la préparation physique. Les transformations chimiques sont effectuées le long du tube digestif par les sécrétions cellulaires.

Les dents, la langue, les glandes salivaires, le foie, la vésicule biliaire et le pancréas font également partie de l'appareil digestif; ce sont les **organes annexes**. Les dents

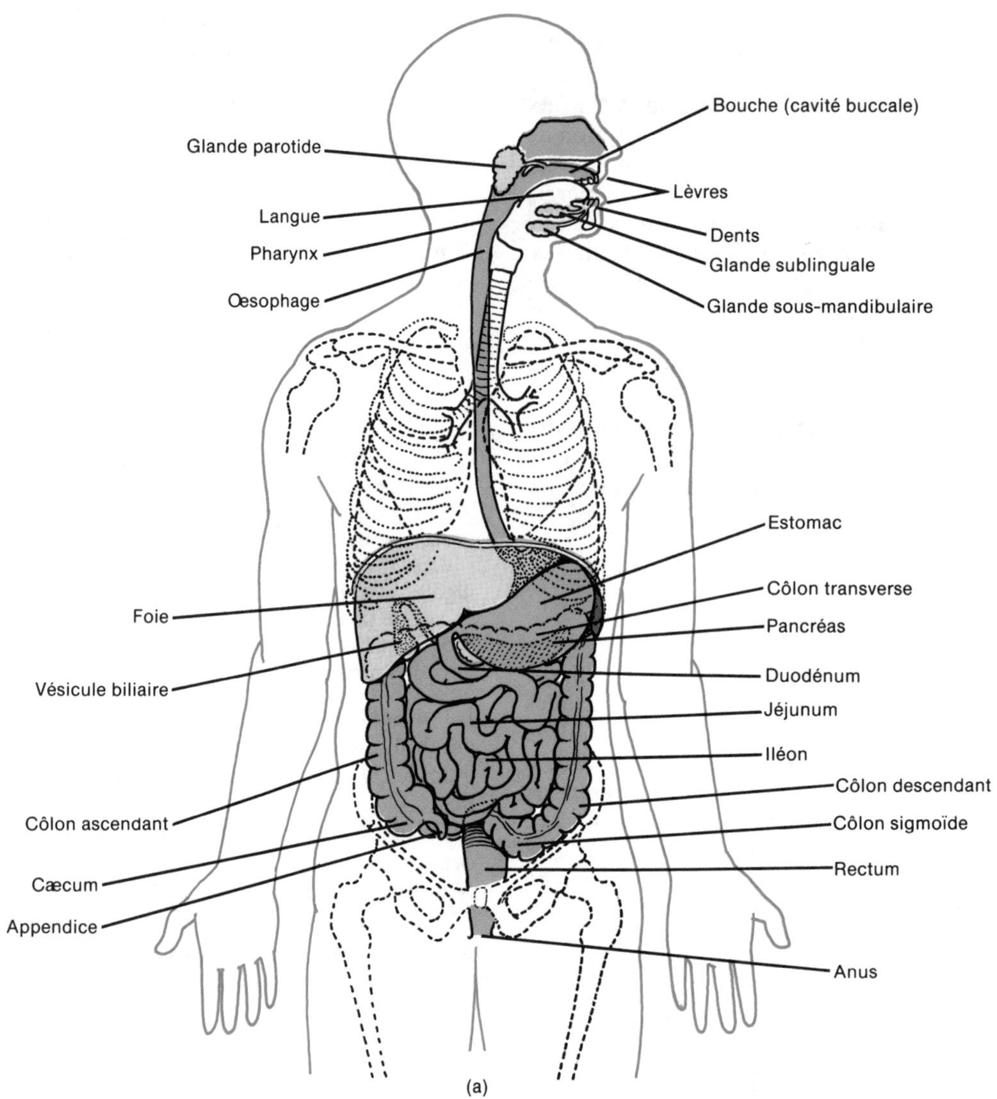

FIGURE 24.1 Organes de l'appareil digestif et organes annexes. (a) Diagramme.

font saillie dans le tube digestif et participent à la transformation physique des aliments. Tous les autres organes, sauf la langue, sont situés à l'extérieur du tube digestif et produisent ou emmagasinent des sécrétions favorisant la transformation chimique. Ces sécrétions sont libérées dans le tube digestif par l'intermédiaire de canaux.

L'HISTOLOGIE GÉNÉRALE

L'organisation des tissus formant les parois du tube digestif est fondamentalement la même, depuis l'œsophage jusqu'au canal anal. Les quatre couches, ou tuniques, du tube digestif, de l'intérieur vers l'extérieur, sont: la muqueuse, la sous-muqueuse, la musculeuse et la séreuse, ou adventice (figure 24.2).

La muqueuse

La **muqueuse**, ou paroi interne du tube digestif, est une membrane muqueuse fixée à une mince couche de muscle viscéral. La tunique muqueuse est formée de deux couches: un *épithélium de revêtement*, directement en contact avec les aliments, et le *chorion*, couche sous-jacente de tissu conjonctif lâche située sous l'épithélium de revêtement. Sous le chorion se trouvent des muscles lisses formant la *musculaire muqueuse*.

La couche épithéliale est formée de cellules non kératinisées. L'épithélium, stratifié dans la bouche et l'œsophage, fait place à un épithélium simple dans le reste du tube digestif. Les fonctions de l'épithélium stratifié sont la protection et la sécrétion des substances. L'épithélium simple est chargé de la sécrétion et de l'absorption.

Le chorion se compose de tissu conjonctif lâche renfermant de nombreux vaisseaux sanguins et lymphatiques, de même que des follicules lymphoïdes épars, masses de tissu lymphoïde qui ne sont pas encapsulées. Le chorion soutient l'épithélium, le rattache à la musculaire muqueuse et contient les vaisseaux qui lui fournissent le sang et la lymphe. Les vaisseaux sanguins et lymphatiques sont les voies qu'empruntent les nutriments du tube digestif pour atteindre les autres tissus de l'organisme. Le tissu lymphoïde offre une

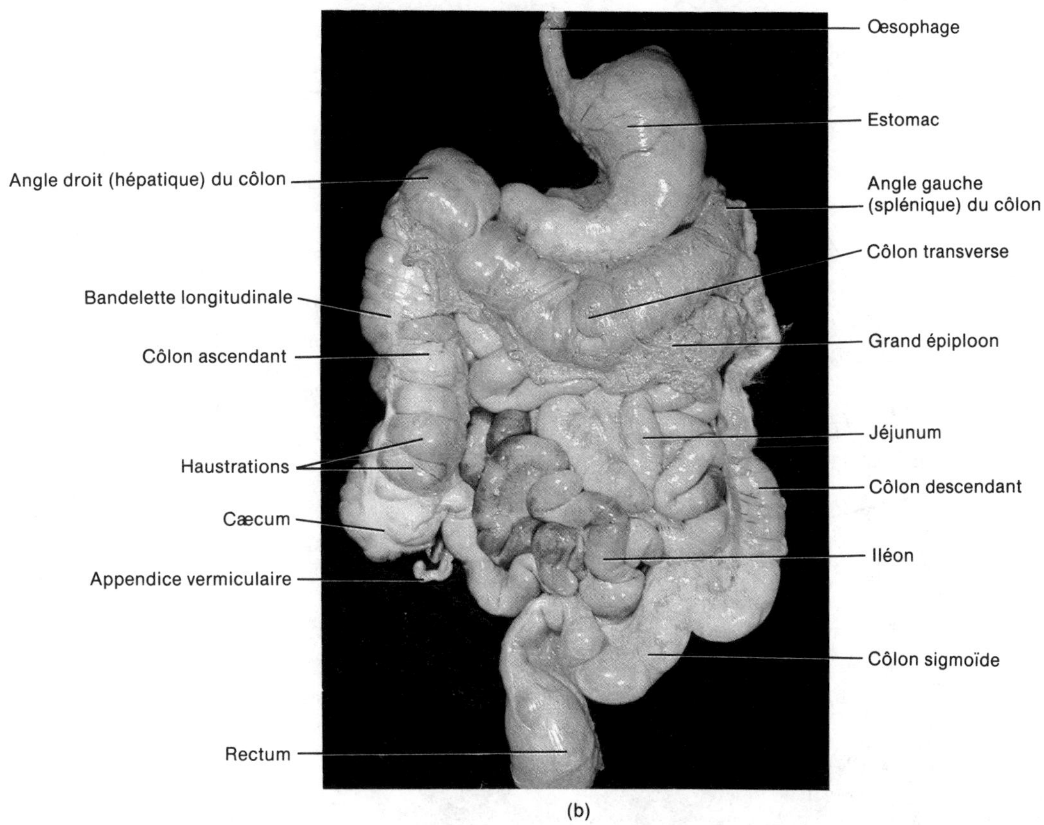

FIGURE 24.1 [*Suite*] (b) Photographie. [Gracieuseté de C. Yokochi et J. W. Rohen, *Photographic Anatomy of the Human Body*, 2e éd., 1978, IGAKU-SHOIN, Ltd., Tokyo, New York.]

protection contre les maladies. Il faut se rappeler que le tube digestif est en contact avec l'extérieur et qu'il contient de la nourriture renfermant souvent des bactéries toxiques. Contrairement à la peau, la muqueuse du tube digestif ne contient pas de kératine pour empêcher la pénétration des bactéries.

La musculaire muqueuse renferme des fibres musculaires lisses qui plissent la muqueuse de l'intestin ; ces petits plis ont pour effet d'augmenter les surfaces de digestion et d'absorption. Une seule des trois autres tuniques de l'intestin contient un épithélium glandulaire.

La sous-muqueuse

La **sous-muqueuse** est formée de tissu conjonctif lâche qui relie la muqueuse à la troisième tunique, la musculeuse. Elle est richement vascularisée et contient une partie du *plexus sous-muqueux (plexus de Meissner)*, fibres du système nerveux autonome qui innerve la musculaire muqueuse. Ce plexus joue un rôle important dans la régulation des sécrétions par le tube digestif.

La musculeuse

La **musculeuse** de la bouche, du pharynx et de l'œsophage est en partie formée de muscles squelettiques qui produisent le mouvement volontaire de la déglutition. Dans le reste du tube digestif, cette tunique est formée de muscles lisses disposés en deux couches : un anneau central de fibres circulaires et une couche externe de fibres longitudinales. Les contractions des muscles lisses sont responsables de la transformation physique des aliments, de leur mélange avec les sécrétions digestives et de leur propulsion dans le tube digestif. La musculeuse renferme également les principaux nerfs du tube digestif, le *plexus myentérique (plexus d'Auerbach)*, formé de fibres appartenant aux deux divisions du système nerveux autonome. Le plexus d'Auerbach règle la motilité du tube digestif.

La séreuse

La **séreuse** est la couche externe de la plupart des parties du tube digestif. C'est une membrane séreuse formée de tissu conjonctif et d'épithélium. Cette tunique, aussi appelée **péritoine viscéral**, forme une partie du péritoine.

LE PÉRITOINE

Le **péritoine** est la plus volumineuse membrane séreuse du corps. Une membrane séreuse recouvre aussi le cœur (péricarde) et les poumons (plèvres). Les membranes séreuses sont formées d'une couche d'épithélium pavimenteux simple, appelée mésothélium, et d'une couche sous-jacente de tissu conjonctif servant de soutien. Le **péritoine pariétal** tapisse les parois de la cavité abdominale. Le **péritoine viscéral** recouvre quelques-uns des organes et forme leur tunique séreuse. La **cavité péritonéale**, espace virtuel compris entre les

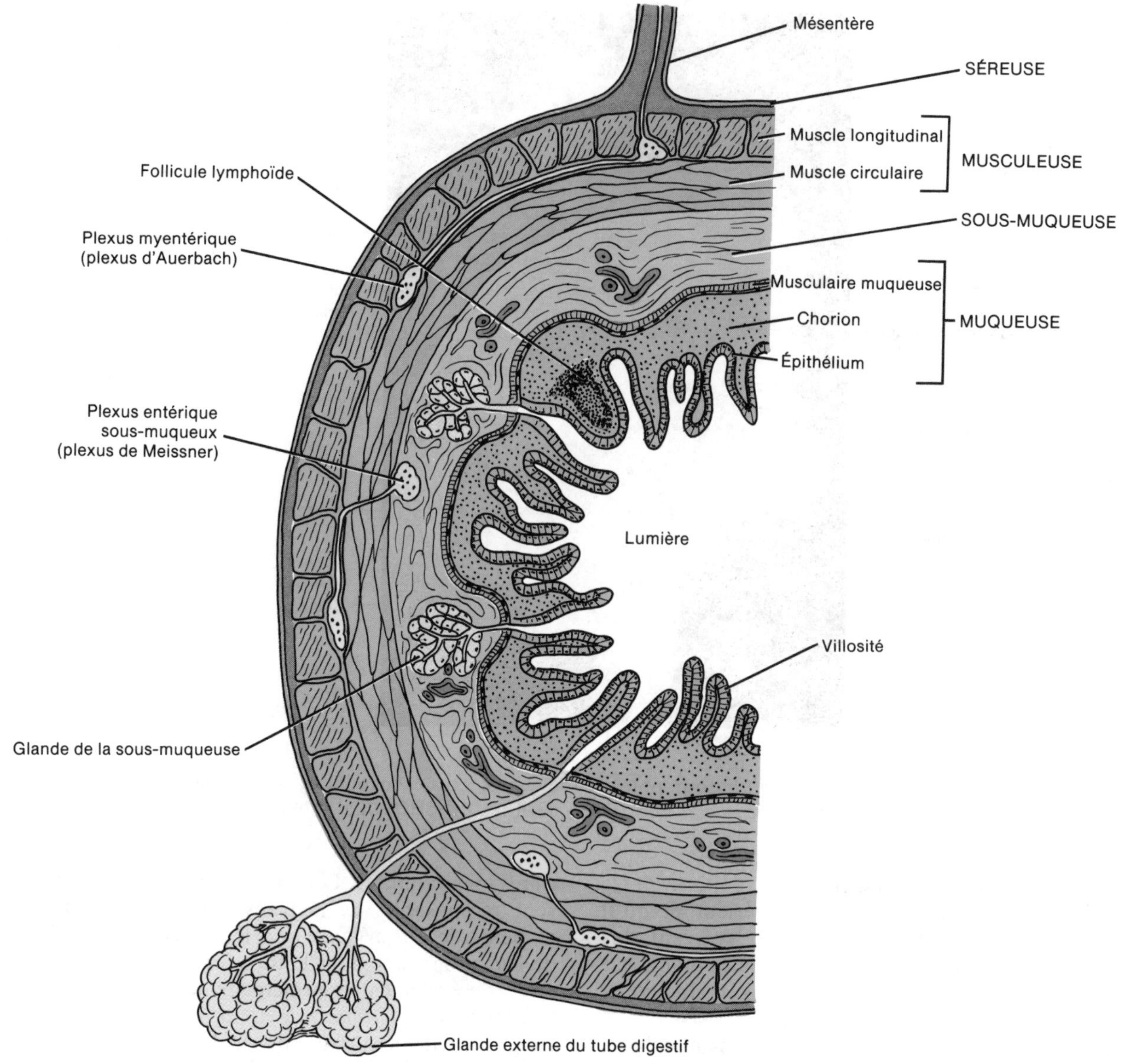

FIGURE 24.2 Coupe transversale d'une partie du tube digestif montrant les diverses couches et les structures annexes.

feuillets pariétal et viscéral du péritoine, contient un liquide séreux. Certaines maladies peuvent être causées par un épanchement de plusieurs litres de liquide séreux dans la cavité péritonéale, de sorte qu'elle forme un véritable espace. Cette accumulation de liquide séreux est appelée **ascite**. Comme nous le verrons plus loin, plusieurs organes sont situés sur la paroi abdominale postérieure, mais seule leur face antérieure est recouverte de péritoine. Ces organes, parmi lesquels on trouve les reins et le pancréas, sont dits **rétropéritonéaux**.

Contrairement au péricarde et aux plèvres, le péritoine présente de grands replis qui s'étendent entre les viscères. Ces replis relient les organes entre eux et à la paroi de la cavité; ils renferment les vaisseaux sanguins et lymphatiques et les nerfs des organes abdominaux. Le **mésentère** est un prolongement du péritoine. C'est une saillie de la tunique séreuse de l'intestin grêle (figure 24.3). L'extrémité du repli est reliée à la paroi abdominale postérieure. Le mésentère relie l'intestin grêle à la paroi. Un repli identique du péritoine pariétal, le **mésocôlon**, relie le côlon à la paroi postérieure du corps. Il renferme également les vaisseaux sanguins et lymphatiques des intestins.

Le ligament falciforme, le petit épiploon et le grand épiploon sont d'autres replis importants du péritoine. Le **ligament falciforme** relie le foie à la paroi abdominale antérieure et au diaphragme. Le **petit épiploon** est un double repli de la séreuse de l'estomac et du duodénum qui suspend ces organes au-dessous du foie. Le **grand épiploon** est un repli de quatre feuillets situé dans la séreuse de l'estomac, qui pend comme un tablier devant les intestins. Il remonte ensuite vers une partie du côlon (le côlon transverse), autour duquel il s'enroule, et se fixe au péritoine pariétal de la paroi postérieure de la cavité abdominale. Le grand épiploon est communément appelé « tablier graisseux », car il contient une quantité

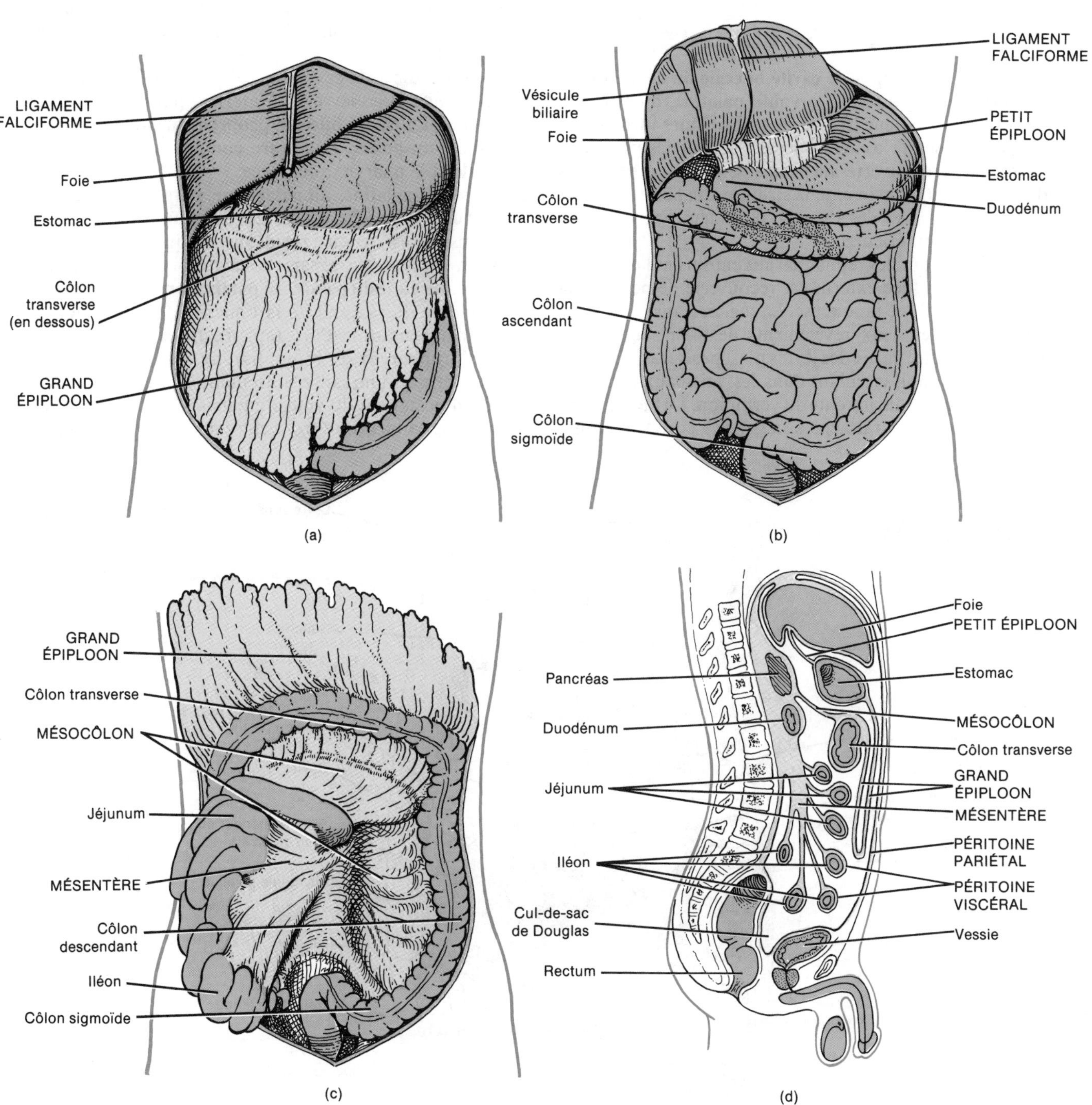

FIGURE 24.3 Prolongements du péritoine. (a) Grand épiploon (voir aussi la figure 24.1,b). (b) Petit épiploon. Le foie et la vésicule biliaire ont été relevés. (c) Mésentère. Le grand épiploon a été relevé. (d) Coupe sagittale de l'abdomen et du bassin montrant la relation entre les prolongements du péritoine.

importante de tissu adipeux. Le grand épiploon contient de nombreux ganglions lymphatiques. Si une infection prend naissance dans les intestins, les plasmocytes formés par les ganglions lymphatiques la combattent et l'empêchent de se propager au péritoine.

LA BOUCHE (CAVITÉ BUCCALE)

La **bouche**, aussi appelée **cavité buccale** ou **cavité orale**, est formée des joues, de la voûte palatine, du voile du palais et de la langue (figure 24.4). Les **joues** forment les parois latérales de la cavité buccale ; ce sont des structures musculaires recouvertes de peau à l'extérieur et tapissées d'un épithélium pavimenteux stratifié non kératinisé. Les parties antérieures des joues se terminent par les lèvres supérieure et inférieure.

Les **lèvres** sont des replis charnus entourant l'orifice de la bouche. La face externe est recouverte de peau, et la face interne, d'une muqueuse. La région transitoire où se rencontrent les deux revêtements de tissu s'appelle le **vermilion**. Cette partie des lèvres n'est pas kératinisée ; on peut voir le sang circulant dans les vaisseaux sanguins sous la couche transparente du vermilion. La face interne de chaque lèvre se rattache à sa gencive correspondante par un repli médian de la muqueuse, appelé **frein de la lèvre**.

Le muscle orbiculaire des lèvres et le tissu conjonctif se trouvent entre l'enveloppe tégumentaire externe et la muqueuse interne. Pendant la mastication, les joues et les lèvres contribuent à maintenir les aliments entre les dents supérieures et inférieures. Elles jouent aussi un rôle dans l'expression orale.

Le **vestibule** de la cavité buccale est limité à l'extérieur par les joues et les lèvres, à l'intérieur par les gencives et les dents. La **cavité buccale proprement dite** s'étend du vestibule au **gosier**, ouverture comprise entre la cavité buccale et le pharynx, ou gorge.

La **voûte palatine**, ou **palais dur**, partie antérieure du plafond de la bouche, est formée des maxillaires et des os palatins, et est recouverte d'une muqueuse ; c'est une cloison osseuse qui sépare la cavité buccale des fosses nasales. Le **voile du palais**, ou **palais mou**, forme la partie postérieure du plafond de la bouche. C'est une cloison musculaire en forme d'arc, tapissée d'une muqueuse, qui isole l'oropharynx du rhinopharynx.

La **luette** est une saillie musculaire conique suspendue au bord postérieur du voile du palais. De chaque côté de la base de la luette, se trouvent deux replis musculaires

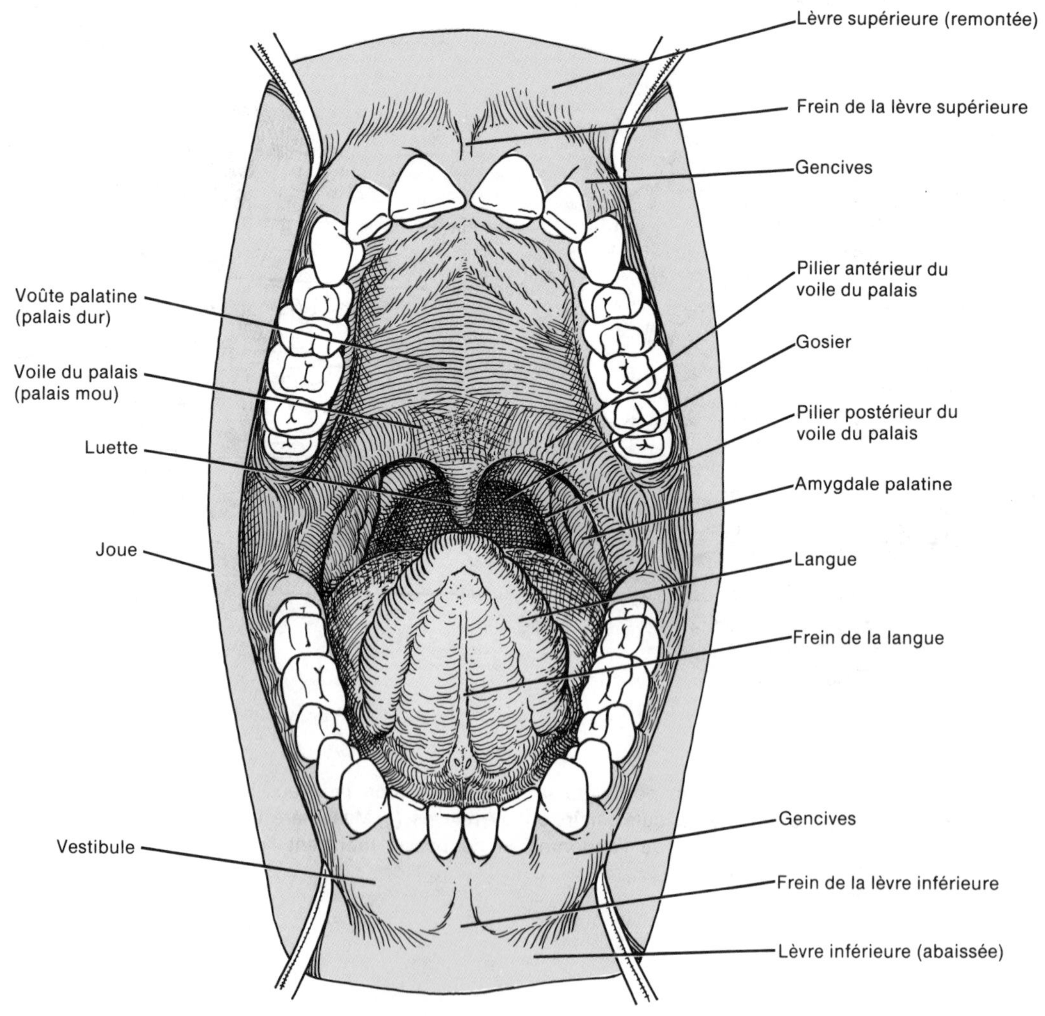

FIGURE 24.4 Bouche (cavité buccale).

qui s'étendent du côté latéral du voile du palais. Le **pilier antérieur du voile du palais** se dirige vers le bas, l'extérieur et l'avant, et se fixe de chaque côté de la base de la langue. Le **pilier postérieur du voile du palais** se dirige vers le bas, l'extérieur et l'arrière pour se fixer de chaque côté du pharynx. Les amygdales palatines sont situées entre ces deux piliers ; les amygdales linguales se trouvent à la base de la langue. La bouche s'ouvre sur l'oropharynx par le gosier, à la hauteur du bord postérieur du voile du palais.

LA LANGUE

La **langue** forme, avec ses muscles, le plancher de la cavité buccale. C'est un organe annexe de l'appareil digestif ; elle est formée de muscles squelettiques recouverts d'une muqueuse (voir la figure 17.2). La langue est divisée dans le sens de la longueur, en deux moitiés symétriques, par un septum fixé à l'os hyoïde. Les deux moitiés de la langue sont formées de muscles extrinsèques et intrinsèques identiques.

Les **muscles extrinsèques** prennent naissance à l'extérieur de la langue et se terminent à l'intérieur de celle-ci. Parmi les muscles extrinsèques, mentionnons l'hyo-glosse, le chondro-glosse, le génio-glosse, le stylo-glosse et le palato-glosse (voir la figure 11.7). Ces muscles assurent les mouvements latéraux de la langue et les mouvements d'avant en arrière. Ces mouvements facilitent la mastication, permettent de modeler les aliments en une masse ronde, appelée **bol alimentaire**, et propulsent les aliments vers l'arrière de la bouche pour y être avalés. Ces muscles forment le plancher de la bouche et maintiennent la langue en place. Les **muscles intrinsèques** prennent naissance et se terminent à l'intérieur de la langue ; ils modifient la forme et la taille de celle-ci, de façon à faciliter la déglutition et l'expression orale. Parmi les muscles intrinsèques, on trouve les muscles lingual supérieur, lingual inférieur, transverse et vertical. Le **frein de la langue**, repli muqueux au milieu de la face inférieure de la langue, contribue à limiter le mouvement arrière de la langue.

APPLICATION CLINIQUE

Si le frein de la langue est trop court, les mouvements de celle-ci sont limités, et la qualité de l'élocution diminue ; on dit que la personne a la « langue liée ». Ce trouble d'origine congénital, appelé **ankyloglossie**, peut être corrigé en coupant le frein de la langue.

La face supérieure et les côtés de la langue sont couverts de papilles, prolongements du chorion recouverts d'épithélium. Les **papilles filiformes** sont des saillies coniques disposées en rangs parallèles sur les deux tiers antérieurs de la langue. Elles sont blanchâtres et ne contiennent aucun bourgeon du goût. Les **papilles fongiformes** sont des éminences en forme de champignons réparties parmi les papilles filiformes ; elles occupent principalement la pointe de la langue. Elles ressemblent à des points rouges à la surface de la langue et la plupart contiennent des bourgeons du goût. Les **papilles caliciformes**, au nombre de 10 à 12, sont disposées en V renversé sur la face postérieure de la langue ; elles contiennent toutes des bourgeons du goût. Les zones de saveurs de la langue sont illustrées à la figure 17.2,c.

LES GLANDES SALIVAIRES

La salive est un liquide qui est continuellement sécrété par des glandes situées dans la bouche ou près de celle-ci. En temps normal, la salive est sécrétée en quantité suffisante pour maintenir humides les muqueuses de la bouche, mais lorsque les aliments pénètrent dans la cavité buccale, les sécrétions salivaires augmentent, afin de lubrifier la nourriture, de la dissoudre et d'amorcer sa transformation chimique. La muqueuse tapissant la bouche contient de nombreuses petites glandes, les **glandes buccales**, qui sécrètent une faible quantité de salive. La salive est presque uniquement sécrétée par les **glandes salivaires**, organes annexes situés à l'extérieur de la bouche, qui déversent leur contenu dans la cavité buccale par des canaux. Les trois paires de glandes salivaires sont : les glandes parotides, les glandes sous-mandibulaires (sous-maxillaires) et les glandes sublinguales (figure 24.5,a).

Les **glandes parotides** sont logées en dessous des oreilles et en avant de celles-ci, entre la peau et le muscle masséter. Ce sont des glandes tubulo-acineuses composées. Les glandes parotides déversent leur sécrétion dans le vestibule de la cavité buccale par un canal, le canal parotidien (canal de Sténon). Le canal parotidien traverse le muscle buccinateur et débouche dans le vestibule, en face de la deuxième molaire supérieure. Les **glandes sous-mandibulaires**, glandes acineuses composées, sont situées sous la base de la langue, dans la partie postérieure du plancher de la bouche (figure 24.5,b). Leurs canaux, les canaux de Wharton, se trouvent immédiatement sous la muqueuse, de part et d'autre de la ligne médiane du plancher de la bouche, et pénètrent dans la cavité buccale proprement dite, juste derrière les incisives centrales. Les **glandes sublinguales** sont également des glandes acineuses composées. Elles sont situées devant les glandes sous-mandibulaires, et leurs canaux, les canaux de Walther, s'ouvrent sur le plancher de la bouche, dans la cavité buccale proprement dite.

APPLICATION CLINIQUE

Les infections rhinopharyngiennes peuvent s'étendre à n'importe quelle glande salivaire, mais les glandes parotides sont la cible préférée du virus des oreillons, *Myxovirus*. Les **oreillons** sont l'inflammation et la dilatation des glandes parotides, qui s'accompagnent de fièvre modérée, de malaises et de vives douleurs de la gorge, particulièrement lorsqu'on avale des aliments aigres ou des jus acides. Il peut se produire une enflure d'un côté ou des deux côtés du visage, immédiatement devant la branche montante de la mandibule. Après la puberté, environ 20 % à 35 % des hommes souffrent d'une inflammation des testicules,

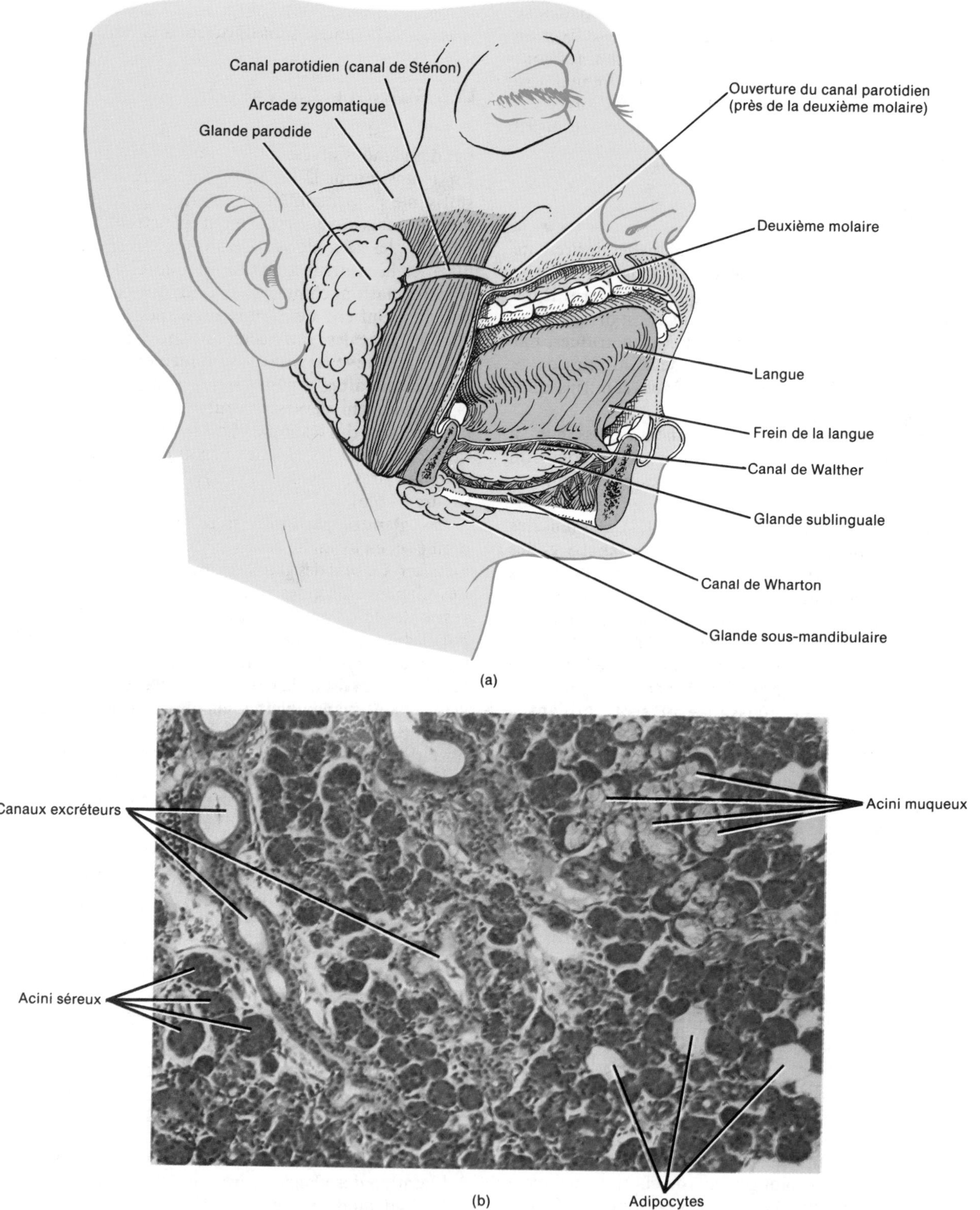

FIGURE 24.5 Glandes salivaires. (a) Position des glandes salivaires. (b) Photomicrographie de la glande sous-mandibulaire montrant un grand nombre d'acini séreux et quelques acini muqueux, agrandie 120 fois. Les glandes parotides sont formées uniquement d'acini séreux, tandis que les glandes sublinguales sont formées principalement d'acini muqueux et de quelques acini séreux. [Copyright © 1983 by Michael H. Ross. Reproduction autorisée.]

et la stérilité reste toujours une conséquence possible, bien que rare. Chez certaines personnes, la méningite amicrobienne, la pancréatite et la perte de l'ouïe figurent parmi les complications.

La composition de la salive

Le liquide sécrété par les glandes buccales et les trois paires de glandes salivaires s'appelle la **salive**. La production quotidienne de salive varie considérablement, mais elle se situe entre 1 000 mL et 1 500 mL. Du point de vue chimique, la salive se compose de 99,5 % d'eau et 0,5 % de solutés. Parmi les solutés, mentionnons les sels : les chlorures, les bicarbonates, le phosphate de sodium et le phosphate de potassium. La salive contient également quelques gaz dissous de même que diverses substances organiques telles que l'urée, l'acide urique, l'albumine sérique, la globuline sérique, la mucine, le lysozyme, une enzyme bactériolytique, et l'amylase salivaire, une enzyme digestive.

Les glandes salivaires et buccales sécrètent des quantités différentes de substances entrant dans la composition de la salive. La glande parotide est formée de cellules qui sécrètent un liquide séreux contenant l'amylase salivaire. La glande sous-mandibulaire contient des cellules semblables à celles de la glande parotide et quelques cellules muqueuses. Elle sécrète donc un liquide épaissi par le mucus, mais qui contient toujours une quantité importante d'enzymes. La glande sublinguale est surtout formée de cellules muqueuses ; le liquide qu'elle sécrète est très épais et ne contient que très peu d'enzymes.

L'eau de la salive dissout les aliments pour que le goût puisse être perçu et elle déclenche les réactions digestives. Les chlorures de la salive activent l'amylase salivaire. Les bicarbonates et les phosphates tamponnent les substances chimiques qui pénètrent dans la bouche et maintiennent l'acidité de la salive à un pH compris entre 6,35 et 6,85. La salive contient de l'urée et de l'acide urique, car les glandes salivaires, comme les glandes sudoripares de la peau, facilitent l'évacuation des déchets par l'organisme. La mucine est une protéine qui, une fois dissoute dans l'eau, forme du mucus. Le mucus lubrifie les aliments pour faciliter leur déplacement dans la bouche, la formation du bol alimentaire et la déglutition. Le lysozyme détruit les bactéries et protège ainsi la muqueuse des infections, et les dents des caries.

La sécrétion salivaire

La salivation est entièrement réglée par le système nerveux. Dans des conditions normales, le système nerveux parasympatique stimule les glandes salivaires et buccales ; celles-ci sécrètent continuellement une quantité modérée de salive qui sert à humidifier les muqueuses et à lubrifier la langue et les lèvres lorsqu'on parle. La salive est ensuite avalée et réabsorbée pour éviter les pertes de liquide. La déshydratation entraîne l'arrêt de l'activité des glandes salivaires et buccales de façon à conserver l'eau. La bouche devient sèche et on perçoit une sensation de soif. Ce phénomène se remarque aussi durant les périodes de peur ou d'anxiété, lorsque la stimulation par le système sympathique prévaut.

Les aliments entraînent une forte sécrétion des glandes. Lorsque la nourriture pénètre dans la bouche, les substances chimiques qu'elle contient stimulent les récepteurs situés dans les bourgeons du goût sur la langue. La friction produite par un objet non digestible qu'on fait rouler à la surface de la langue excite aussi les récepteurs gustatifs. Les influx nerveux sont conduits depuis les récepteurs jusqu'à deux noyaux salivaires du tronc cérébral : les **noyaux salivaires supérieur** et **inférieur**. Ces noyaux sont situés environ à la jonction du bulbe rachidien et de la protubérance annulaire. Les influx nerveux provenant de ces noyaux, conduits par la division parasympathique du système autonome, stimulent la sécrétion salivaire.

L'odeur, la vue, le toucher ou le son de la nourriture durant la préparation stimulent aussi la sécrétion salivaire. Ces stimuli sont des excitations psychologiques qui nécessitent un apprentissage par réflexe conditionné. Le cortex cérébral, qui garde en mémoire la source d'excitation et la nourriture à laquelle elle est associée, reçoit un stimulus. Il envoie des influx nerveux, par les voies extrapyramidales, aux noyaux du tronc cérébral afin d'augmenter l'activité des glandes salivaires. L'avantage de l'activation psychologique des glandes réside dans le fait qu'elle permet à la bouche de commencer la digestion chimique dès que les aliments sont ingérés.

La nausée et l'ingestion d'aliments irritants entraînent aussi la salivation. Des réflexes partant de l'estomac et de la partie supérieure de l'intestin grêle stimulent la salivation. Ce processus contribue probablement à diluer ou à neutraliser la substance irritante.

La sécrétion salivaire abondante se poursuit pendant un certain temps après la déglutition. La salive nettoie la bouche, dilue et tamponne les restes des substances chimiques provenant des substances irritantes.

LES DENTS

Les **dents** sont des organes annexes de l'appareil digestif situés dans les alvéoles des bords alvéolaires de la mandibule ou du maxillaire. Les bords alvéolaires sont recouverts par les gencives, qui pénètrent légèrement à l'intérieur des alvéoles pour former le sillon gingival (figure 24.6). Les alvéoles sont tapissés d'un tissu conjonctif fibreux dense, le **ligament alvéolo-dentaire**, qui s'attache aux parois de l'alvéole et au cément. Il maintient les dents en place et absorbe les chocs causés par la mastication.

Une dent est formée de trois parties principales. La **couronne** est la partie de la dent au-dessus de la gencive. Une, deux ou trois **racines** fixent la dent dans l'alvéole. Le **collet** est une petite constriction entre la couronne et la racine.

Les dents sont principalement formées d'**ivoire**, substance de consistance semblable au tissu osseux qui donne une forme à la dent et lui assure sa solidité. L'ivoire entoure une cavité. La partie la plus grande de cette cavité, appelée **chambre pulpaire**, se trouve dans la couronne ; elle est remplie de pulpe, tissu conjonctif

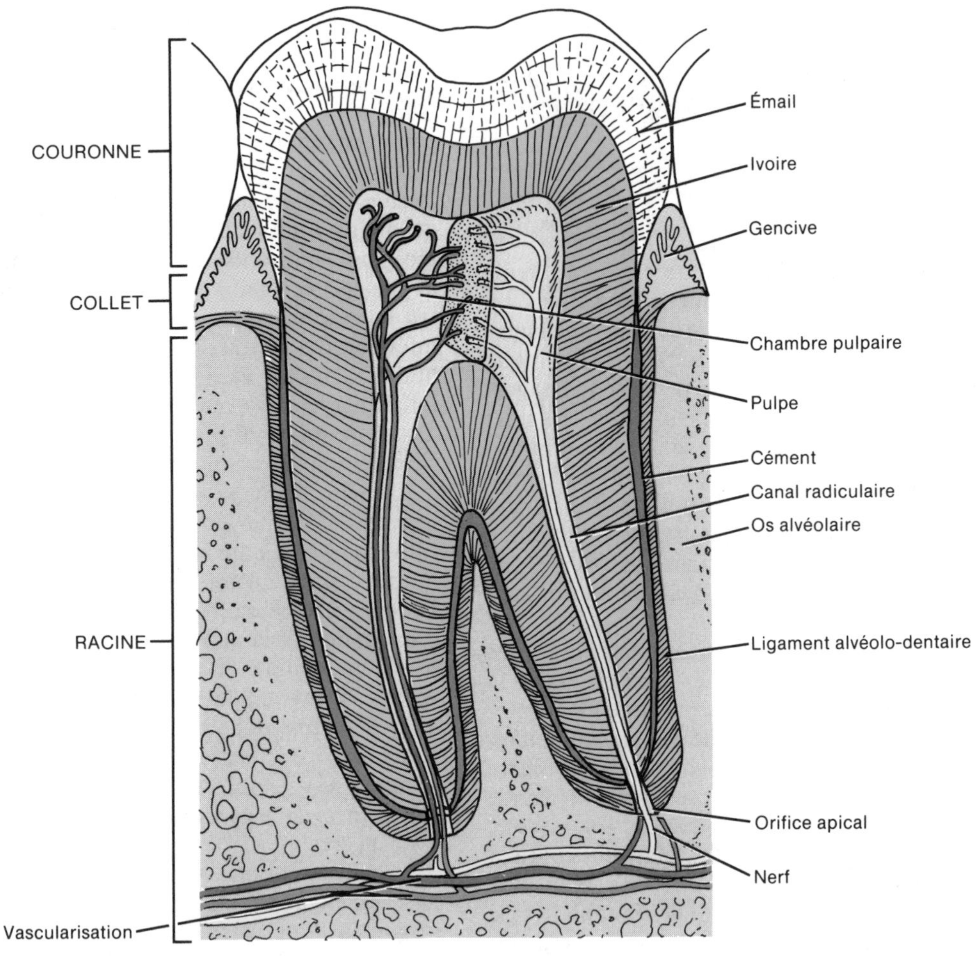

FIGURE 24.6 Coupe d'une molaire montrant les différentes parties d'une dent typique.

contenant des vaisseaux sanguins, des nerfs et des lymphatiques. La chambre pulpaire se prolonge dans la racine par d'étroits canaux, appelés **canaux radiculaires**. Chaque canal possède à sa base une petite ouverture, l'**orifice apical**. C'est par cet orifice que pénètrent les vaisseaux sanguins nourriciers, les lymphatiques, qui offrent une protection, et les nerfs, qui perçoivent les sensations. L'ivoire de la couronne est recouvert d'**émail**, substance formée essentiellement de phosphate de calcium et de carbonate de calcium. L'émail, la plus dure substance du corps, protège la dent contre l'usure due à la mastication. C'est aussi une barrière contre les acides qui dissouderaient facilement l'ivoire. L'ivoire de la racine est recouvert de **cément**, autre substance semblable au tissu osseux, qui fixe la racine au ligament alvéolo-dentaire.

L'**endodontie** (*endo* : en dedans; *odontie* : dent) est la branche de la médecine dentaire qui étudie et traite les maladies qui affectent la pulpe, la racine, le ligament alvéolo-dentaire et l'os alvéolaire.

Les dentures

Il se forme toujours deux **dentures** ou séries de dents au cours d'une vie humaine. La première, la **denture temporaire** (figure 24.7,a), compte 20 dents temporaires, ou dents de lait. Elles commencent à pousser vers l'âge de 6 mois, et une nouvelle paire de dents vient s'ajouter à intervalles mensuels. Les incisives, situées près du centre, sont en forme de biseau et servent à couper les aliments. Selon leur position, elles sont appelées incisives centrales ou latérales. Immédiatement derrière les incisives se trouvent les **canines**, dont la surface pointue est appelée cuspide. Les canines servent à déchirer et à déchiqueter les aliments. Les incisives et les canines n'ont qu'une racine. Derrières elles, se trouvent les **premières** et **deuxièmes molaires**, qui présentent quatre cuspides. Les molaires supérieures possèdent trois racines; les molaires inférieures, deux. Elles servent à écraser et à broyer les aliments.

La denture temporaire disparaît habituellement entre l'âge de 6 ans et 12 ans pour être remplacée par la **denture permanente** (figure 24.7,b). La denture permanente, qui compte 32 dents, se forme entre l'âge de 6 ans et l'âge adulte. Elle ne se différencie de la denture temporaire que par les points suivants. Les molaires temporaires sont remplacées par les **premières** et **secondes prémolaires**; ce sont des dents bicuspides, pourvues d'une seule racine, servant à écraser et à broyer les aliments (les prémolaires supérieures ont deux racines). Les molaires permanentes poussent derrière les prémolaires. Elles ne remplacent aucune dent temporaire et n'apparaissent qu'au moment où la mâchoire grandit : les **premières molaires** apparaissent à l'âge de 6 ans, les **deuxièmes molaires**, à 12 ans, et les

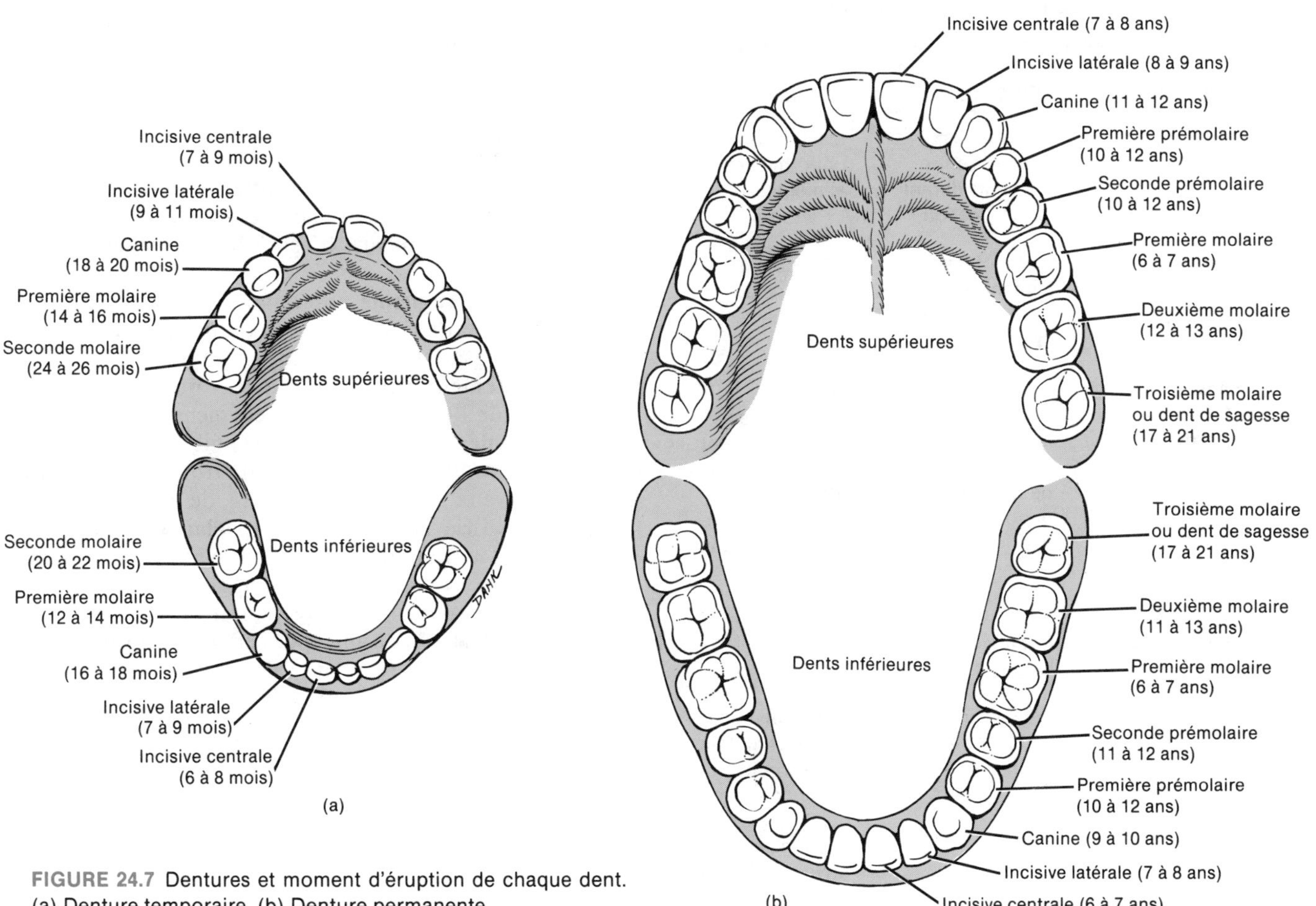

FIGURE 24.7 Dentures et moment d'éruption de chaque dent. (a) Denture temporaire. (b) Denture permanente.

troisièmes molaires (**dents de sagesse**), après 18 ans. Au cours des siècles, la mâchoire humaine s'est rétrécie et il n'y a souvent pas assez de place pour les dents de sagesse derrière les deuxièmes molaires. Les troisièmes molaires restent donc enfouies dans l'os alvéolaire, on dit qu'elles sont « incluses ». La plupart du temps, elles provoquent une pression et une douleur ; une intervention chirurgicale devient nécessaire pour les extraire. Chez certaines personnes, les troisièmes molaires ont une taille considérablement réduite ou ne poussent tout simplement pas.

LA DIGESTION DANS LA BOUCHE

La digestion mécanique

Au cours de la **mastication**, les aliments sont déplacés par la langue, broyés par les dents et mélangés à la salive. Ils sont réduits en un bol alimentaire mou qui est facilement avalé.

La digestion chimique

L'**amylase salivaire**, une enzyme autrefois appelée ptyaline, amorce la transformation de l'amidon. C'est le seul processus de digestion chimique qui a lieu dans la bouche. Les glucides sont soit des oses et des diholosides, soit des polyosides (chapitre 2). La plupart des glucides que nous absorbons sont des polyosides. Les polyosides et les diholosides doivent subir une transformation chimique, car seuls les oses sont absorbés dans le sang. L'amylase salivaire est chargé de briser les liaisons chimiques entre plusieurs oses contenus dans les amidons, pour réduire les polyosides à chaîne longue en maltose, un diholoside. Généralement, les aliments sont avalés trop rapidement pour que tout l'amidon se transforme en diholosides dans la bouche. Mais l'amylase salivaire continue de transformer l'amidon pendant une période de 15 min à 30 min, lorsque les aliments sont dans l'estomac, jusqu'à ce que les acides gastriques viennent l'inactiver.

Dans le document 24.1, nous présentons un résumé du processus de digestion qui a lieu dans la bouche.

LA DÉGLUTITION

La **déglutition** est le mécanisme par lequel les aliments passent de la bouche à l'estomac. La déglutition est facilitée par la salive et le mucus et fait intervenir la bouche, le pharynx et l'œsophage. Le processus de la déglutition se divise en trois étapes : (1) l'étape volontaire, dans laquelle le bol alimentaire est déplacé vers l'oropharynx ; (2) l'étape pharyngienne, le passage

DOCUMENT 24.1 DIGESTION DANS LA BOUCHE

STRUCTURE	FONCTION	RÉSULTAT
Joues	Gardent les aliments entre les dents durant la mastication	Mastication uniforme des aliments
Lèvres	Gardent les aliments entre les dents durant la mastication	Mastication uniforme des aliments
Langue		
Muscles extrinsèques	Font bouger la langue latéralement et de dedans en dehors	Mélange des aliments durant la mastication, formation d'un bol alimentaire et préparation à la déglutition
Muscles intrinsèques	Modifient la forme de la langue	Déglutition et parole
Bourgeons gustatifs	Reçoivent les influx liés à la nourriture	Sécrétion de la salive, stimulée par les influx nerveux qui vont des bourgeons gustatifs aux noyaux salivaires du tronc cérébral, puis aux glandes salivaires
Glandes buccales	Sécrètent la salive	Humidification et lubrification de la paroi interne de la bouche et du pharynx
Glandes salivaires	Sécrètent la salive	Humidification et lubrification de la paroi interne de la bouche et du pharynx. La salive amollit, humidifie et dissout les aliments, les recouvre de mucine et nettoie la bouche et les dents. L'amylase salivaire réduit les polyosides en maltose (diholoside)
Dents	Coupent, déchirent et broient les aliments	Réduction des aliments en petites particules pour faciliter la déglutition

involontaire du bol alimentaire par le pharynx pour atteindre l'œsophage; et (3) l'étape œsophagienne, le passage involontaire du bol alimentaire le long de l'œsophage jusqu'à l'estomac (que nous décrirons durant l'étude de l'œsophage).

La déglutition s'amorce lorsque le bol est poussé vers l'arrière de la cavité buccale, jusque dans l'oropharynx, par les mouvements de la langue vers le haut et vers l'arrière, contre le palais. C'est l'**étape volontaire** de la déglutition.

L'**étape pharyngienne** involontaire commence lorsque le bol pénètre dans l'oropharynx (figure 24.8,b). Les voies respiratoires se ferment, et la respiration est momentanément interrompue. Le bol stimule les récepteurs de l'oropharynx, qui envoient des influx au **centre de la déglutition** situé dans le bulbe rachidien et la base de la protubérance annulaire du tronc cérébral. Les influx nerveux émis par le centre de la déglutition provoquent l'élévation du voile du palais et de la luette pour fermer le rhinopharynx, et le larynx est tiré vers le haut et vers l'avant sous la langue. Le larynx, en remontant, se joint à l'épiglotte pour fermer la glotte. Le mouvement du larynx a aussi pour effet de rapprocher les cordes vocales, pour vraiment sceller les voies respiratoires et élargir l'ouverture entre le laryngopharynx et l'œsophage. Le bol alimentaire traverse le laryngopharynx et atteint l'œsophage en 1 s ou 2 s. Les voies respiratoires s'ouvrent de nouveau, et la respiration reprend.

L'ŒSOPHAGE

L'**œsophage**, troisième organe principal de l'appareil digestif jouant un rôle important dans la déglutition, est un conduit musculo-membraneux souple situé derrière la trachée. Sa longueur est de 23 cm à 25 cm. L'œsophage prend naissance à l'extrémité du laryngopharynx, traverse le médiastin situé devant la colonne vertébrale, traverse également le diaphragme par une ouverture appelée *orifice (hiatus) œsophagien* et se termine dans la partie supérieure de l'estomac.

L'HISTOLOGIE

La *muqueuse* de l'œsophage est formée d'un épithélium pavimenteux stratifié non kératinisé, d'un chorion et d'une musculaire muqueuse (figure 24.9,a,b). La *sous-muqueuse* contient du tissu conjonctif et des vaisseaux sanguins. La *musculeuse* du tiers supérieur est formée de fibres striées, celle du tiers moyen, de fibres striés et lisses, et celle du tiers inférieur, de fibres lisses. La tunique externe est appelée *adventice* et non séreuse, parce que son tissu conjonctif lâche n'est pas recouvert d'épithélium (mésothélium) et qu'il se mêle avec le tissu conjonctif des organes adjacents.

LES FONCTIONS

L'œsophage ne produit pas d'enzymes digestives et ne joue aucun rôle dans l'absorption. Il sécrète du mucus et transporte les aliments dans l'estomac. Le passage de la nourriture du laryngopharynx à l'œsophage est réglé par

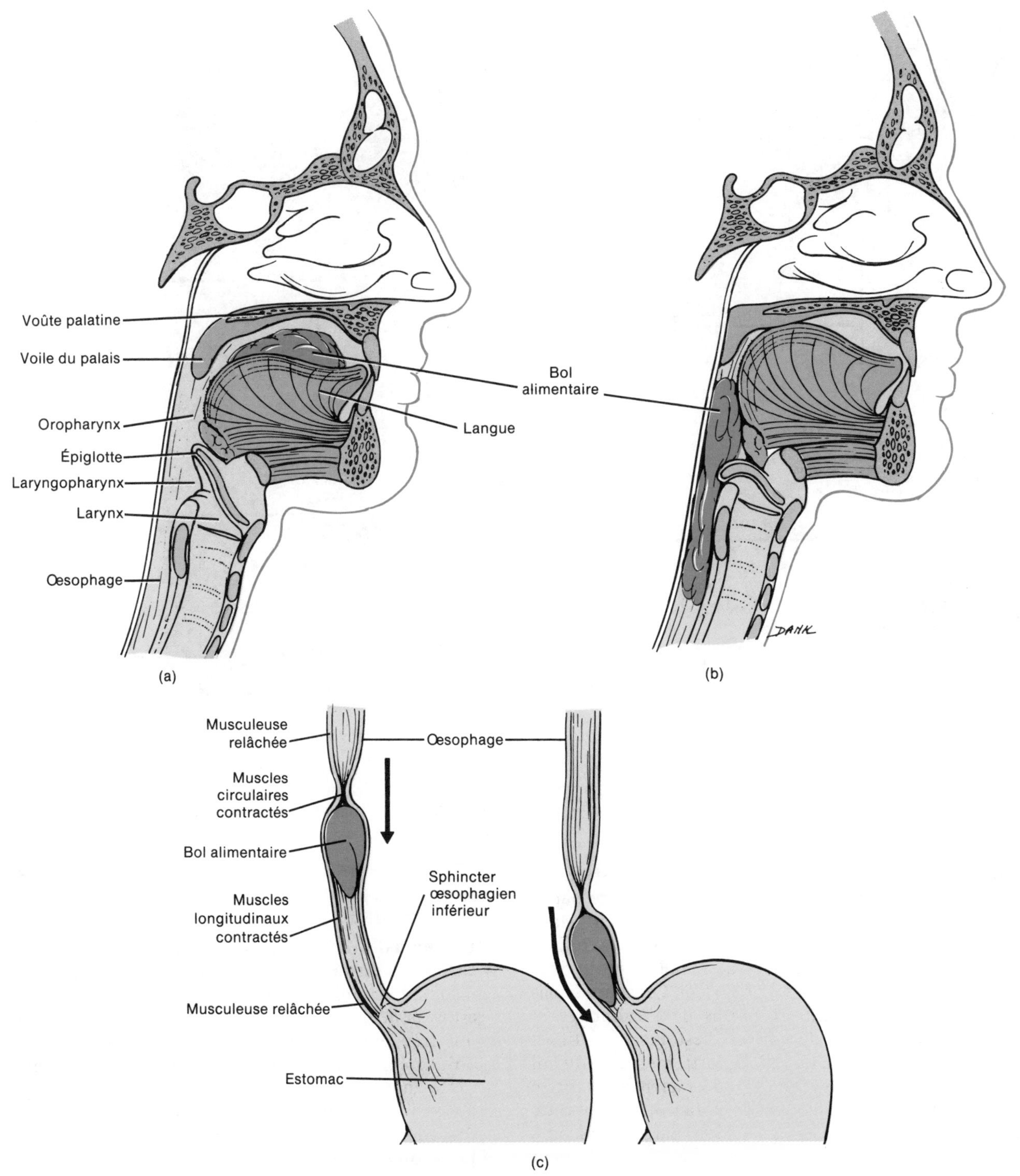

FIGURE 24.8 Déglutition. (a) Position des organes avant la déglutition. (b) Durant l'étape pharyngienne de la déglutition, la langue se pose sur le palais, le nez se ferme, le larynx s'élève, l'épiglotte ferme le larynx et le bol alimentaire est poussé dans l'œsophage. (c) Étape œsophagienne de la déglutition.

un sphincter (épais anneau de muscle autour d'une ouverture) à l'embouchure de l'œsophage, le **sphincter œsophagien supérieur**. Ce sphincter est formé par le muscle crico-pharyngien qui vient se fixer au cartilage cricoïde. L'élévation du larynx durant l'étape pharyngienne de la déglutition entraîne le relâchement du sphincter et permet l'entrée du bol alimentaire dans l'œsophage. Le sphincter se relâche également durant l'expiration.

Durant l'**étape œsophagienne** de la déglutition, les aliments sont conduits le long de l'œsophage par un

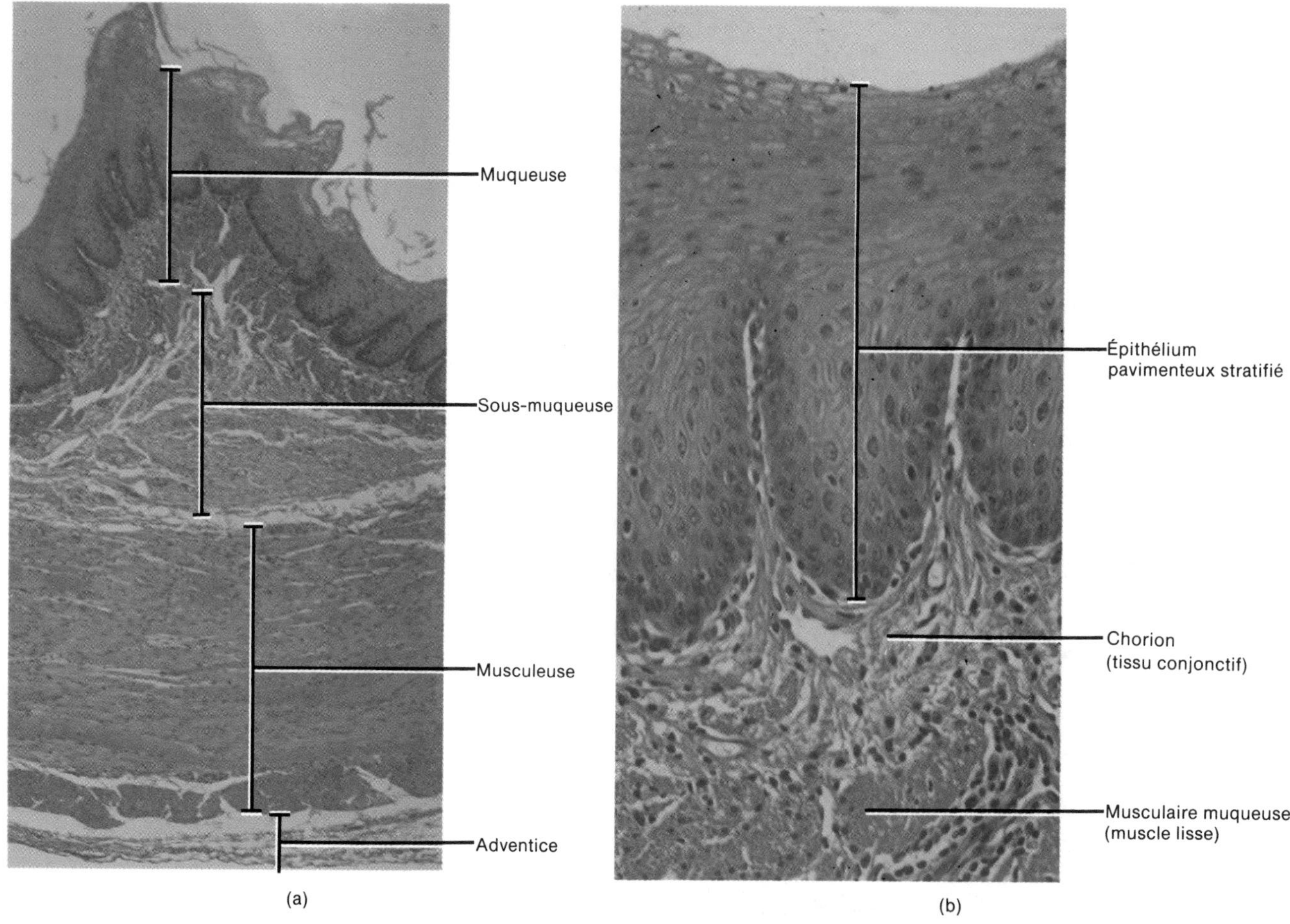

FIGURE 24.9 Structure histologique de l'œsophage. (a) Photomicrographie d'une partie de la paroi œsophagienne, agrandie 60 fois. (b) Photomicrographie de la muqueuse de l'œsophage, agrandie 180 fois. [Photomicrographies Copyright © 1983 by Michael H. Ross. Reproduction autorisée.]

mouvement musculaire involontaire appelé **péristaltisme** (voir la figure 24.8,c). Le péristaltisme est assuré par la musculeuse et est réglé par le bulbe rachidien. Dans l'œsophage, les fibres musculaires circulaires qui se trouvent immédiatement au-dessus du bol et autour de la partie supérieure de celui-ci se contractent. Ces contractions péristaltiques resserrent les parois de l'œsophage et forcent la progression du bol vers l'estomac. Les fibres longitudinales situées autour de la partie inférieure du bol et immédiatement sous celui-ci se contractent aussi. En se contractant, les fibres longitudinales raccourcissent cette partie de l'œsophage et en écartent les parois de façon à permettre le passage du bol. Les contractions se répètent et forment une onde qui force le déplacement du bol vers l'estomac. L'avance du bol est par ailleurs facilitée par les sécrétions muqueuses. Il faut de 4 s à 8 s pour que les aliments solides ou semi-solides passent de la bouche à l'estomac. Les aliments très mous et les liquides atteignent l'estomac en 1 s.

L'œsophage présente un léger étranglement au-dessus du diaphragme. Ce rétrécissement est attribué à un sphincter physiologique, situé dans la partie inférieure de l'œsophage, appelé **sphincter œsophagien inférieur**. Ce sphincter se relâche durant la déglutition et, partant, facilite le passage du bol alimentaire de l'œsophage à l'estomac.

APPLICATION CLINIQUE

L'**achalasie** (*a*: sans; *chalasie*: relâchement) **du cardia**, ou **cardiospasme**, est l'incapacité du sphincter œsophagien inférieur de se relâcher normalement après la déglutition. Les aliments ne pénètrent donc que très lentement dans l'estomac et il est possible qu'un repas complet reste bloqué dans l'œsophage. Cette anomalie entraîne la distension de l'œsophage, qui se traduit par des douleurs thoraciques que l'on confond souvent avec des douleurs d'origine cardiaque. Le cardiospasme est causé par le dysfonctionnement du plexus myentérique.

Si le sphincter œsophagien inférieur ne se referme pas adéquatement après le passage du bol alimentaire, le contenu de l'estomac remonte dans l'œsophage. L'acide chlorhydrique que renferment les aliments irrite alors les parois de l'œsophage et produit une sensation de brûlure, appelée **pyrosis**. Cette sensation est perçue dans la région au-dessus du cœur, mais le pyrosis n'est relié à aucun trouble cardiaque. On soulage le pyrosis par des antiacides qui neutralisent l'acide chlorhydrique et diminuent la sensation de brûlure et le malaise.

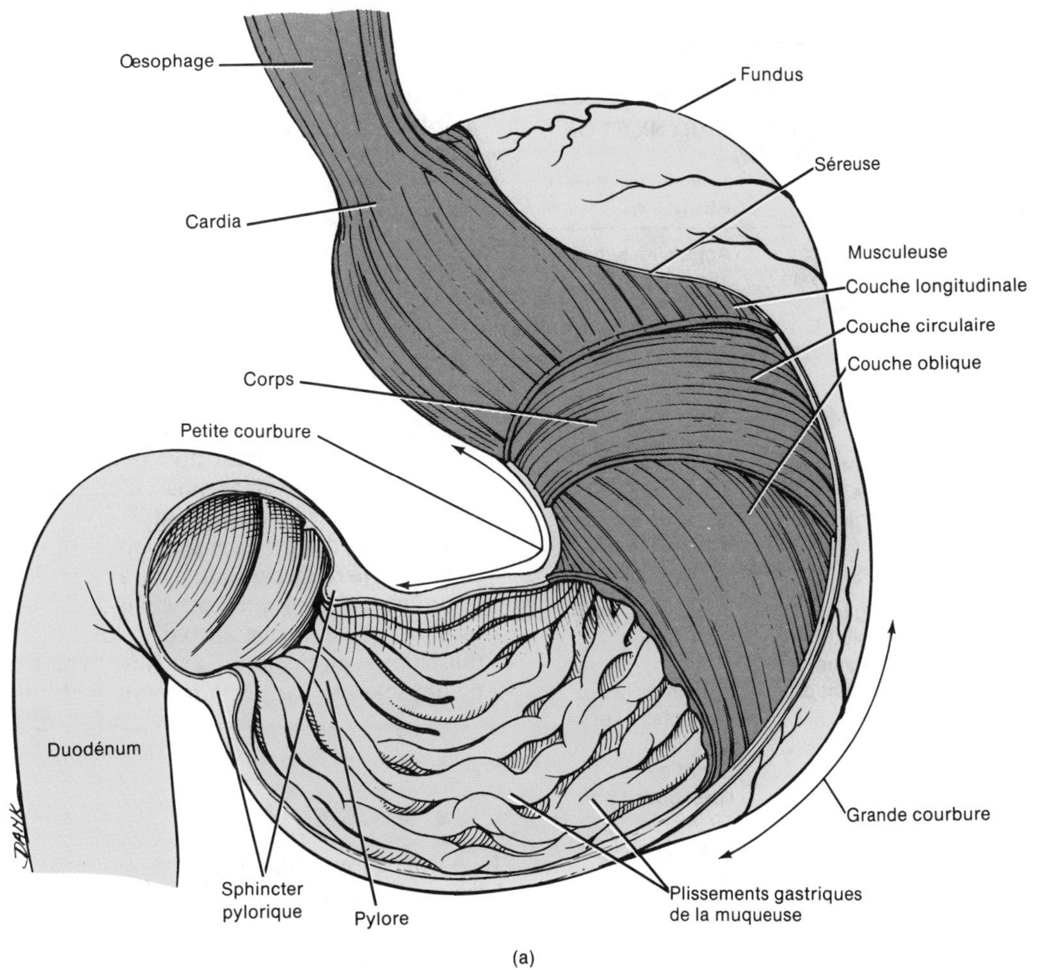

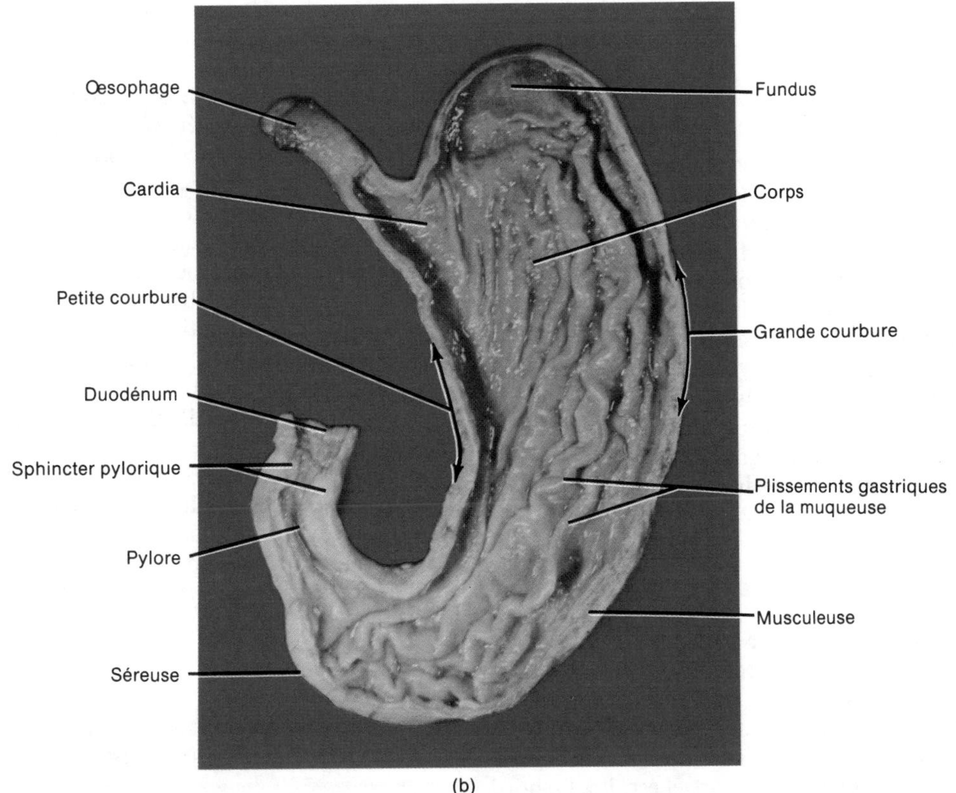

FIGURE 24.10 Structure externe et interne de l'estomac. (a) Diagramme de la vue antérieure. (b) Photographie de la vue antérieure montrant les plissements de la surface interne. [Gracieuseté de C. Yokochi et J. W. Rohen, *Photographic Anatomy of the Human Body*, 2e éd., 1978, IGAKU-SHOIN, Ltd., Tokyo, New York.]

DOCUMENT 24.2 FONCTIONS DU PHARYNX ET DE L'ŒSOPHAGE DANS LA DIGESTION

STRUCTURE	FONCTION	RÉSULTAT
Pharynx	Étape pharyngienne de la déglutition	Achemine le bol alimentaire de l'oropharynx au laryngopharynx, puis à l'œsophage; ferme les voies respiratoires
	Relâchement du sphincter œsophagien supérieur	Achemine le bol alimentaire du laryngopharynx à l'œsophage
Œsophage	Étape œsophagienne de la déglutition (péristaltisme)	Pousse le bol alimentaire vers l'œsophage
	Relâchement du sphincter œsophagien inférieur.	Achemine le bol alimentaire vers l'estomac.
	Sécrétion de mucus	Lubrifie l'œsophage pour faciliter le passage du bol alimentaire

Dans le document 24.2, nous présentons un résumé des fonctions digestives du pharynx et de l'œsophage.

L'ESTOMAC

L'**estomac** est une dilatation en forme de J du tube digestif, située directement au-dessous du diaphragme, dans les régions épigastrique, ombilicale et l'hypochondre gauche de l'abdomen (voir la figure 1.8,b). La partie supérieure de l'estomac est le prolongement de l'œsophage. La partie inférieure s'ouvre sur le duodénum, partie initiale de l'intestin grêle. Chez une même personne, la position et la taille de l'estomac varient continuellement. Par exemple, le diaphragme pousse l'estomac vers le bas durant l'inspiration, et le remonte durant l'expiration. L'estomac vide a la taille d'une grosse saucisse, mais il est capable de se dilater pour recevoir une grande quantité de nourriture.

L'ANATOMIE

L'estomac se divise en quatre régions: le cardia, le fundus, le corps et le pylore (figure 24.10). Le **cardia** entoure le sphincter œsophagien inférieur. Le **fundus** est la partie arrondie au-dessus et à gauche du cardia. La volumineuse partie centrale sous le fundus constitue le **corps**. Le **pylore** est la partie inférieure et étroite. Le bord interne concave de l'estomac est appelé **petite courbure** tandis que le bord externe convexe est appelé **grande courbure**. Le pylore communique avec le duodénum de l'intestin grêle par le **sphincter pylorique**.

APPLICATION CLINIQUE

Deux anomalies du sphincter pylorique peuvent se produire chez les enfants. Le **pylorospasme** est caractérisé par l'incapacité des fibres musculaires entourant l'ouverture de se relâcher normalement. Le pylorospasme peut provenir d'une hypertrophie ou de spasmes continuels du sphincter et se produit généralement entre la deuxième et la douzième semaine après la naissance. Le passage des aliments ingérés, de l'estomac à l'intestin grêle, s'effectue difficilement, et l'enfant doit fréquemment vomir le trop-plein de l'estomac pour diminuer la pression. L'usage de médicaments adrénergiques permet le relâchement des fibres musculaires du sphincter. La **sténose hypertrophique du pylore** est le rétrécissement du sphincter pylorique, causé par une masse d'aspect tumoral qui se formerait par la dilatation des fibres musculaires circulaires. La sténose hypertrophique du pylore se traite par une intervention chirurgicale.

L'HISTOLOGIE

La paroi de l'estomac est formée des mêmes tuniques de base que le reste du tube digestif, mais elles comportent quelques différences. Lorsque l'estomac est vide, la *muqueuse* présente de grands replis visibles à l'œil nu, les **plissements gastriques**. L'examen microscopique de la muqueuse révèle un épithélium prismatique simple, contenant un grand nombre d'étroits espaces qui se prolongent jusqu'au chorion (figure 24.11,b,c). Ces fosses, les **glandes gastriques**, sont tapissées de plusieurs sortes de cellules sécrétrices: les cellules principales, les cellules bordantes, les cellules muqueuses et les cellules G. Les **cellules principales** sécrètent le principal précurseur d'une enzyme gastrique, le pepsinogène. L'acide chlorhydrique, qui intervient dans la conversion du pepsinogène en pepsine, une enzyme active, et le facteur intrinsèque, jouant un rôle dans l'absorption de la vitamine B_{12} qui est utilisée pour la formation d'hématies, sont élaborés par les **cellules bordantes**, ou **pariétales**. Nous avons vu, au chapitre 19, que l'incapacité d'élaborer le facteur intrinsèque peut entraîner l'anémie pernicieuse. Les **cellules muqueuses** sécrètent le mucus. L'ensemble des sécrétions des cellules principales, bordantes et muqueuses est appelé **suc gastrique**. Les **cellules G** sécrètent la gastrine gastrique, hormone qui stimule la sécrétion de l'acide chlorhydrique et du pepsinogène, contracte le sphincter œsophagien inférieur, accroît légèrement la motilité du tube digestif et relâche le sphincter pylorique.

APPLICATION CLINIQUE

L'**endoscopie** est l'examen visuel de toute cavité du corps par l'utilisation de l'endoscope, tube pourvu de lentilles qui projette de la lumière. L'endoscope sert à examiner le tube digestif en entier. On peut même fixer à l'endoscope des dispositifs permettant l'évacuation des objets étrangers hors de l'œsophage et de l'estomac, la dilatation des étranglements dans l'œsophage, le retrait de petits calculs biliaires, l'arrêt temporaire du saignement, la biopsie des lésions et l'excision d'un polype du côlon.

On appelle **gastroscopie** l'examen de l'estomac au moyen de l'endoscope. Durant la gastroscopie, le client est anesthésié; l'endoscope est inséré dans l'estomac que l'on gonfle d'air. On examine la muqueuse gastrique pour détecter toute anomalie et effectuer une biopsie de la muqueuse lorsque c'est nécessaire.

La *sous-muqueuse* de l'estomac est formée de tissu conjonctif lâche, qui relie la muqueuse à la musculeuse.

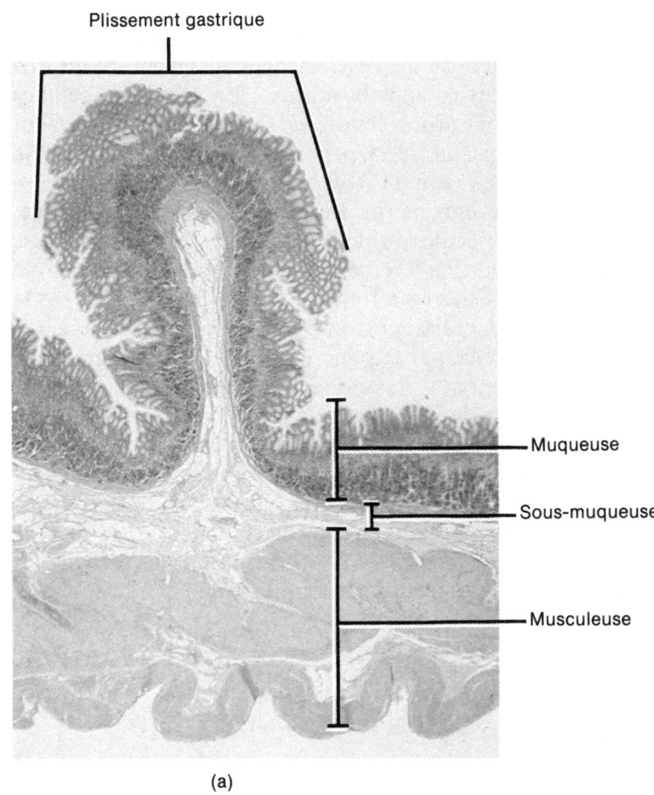

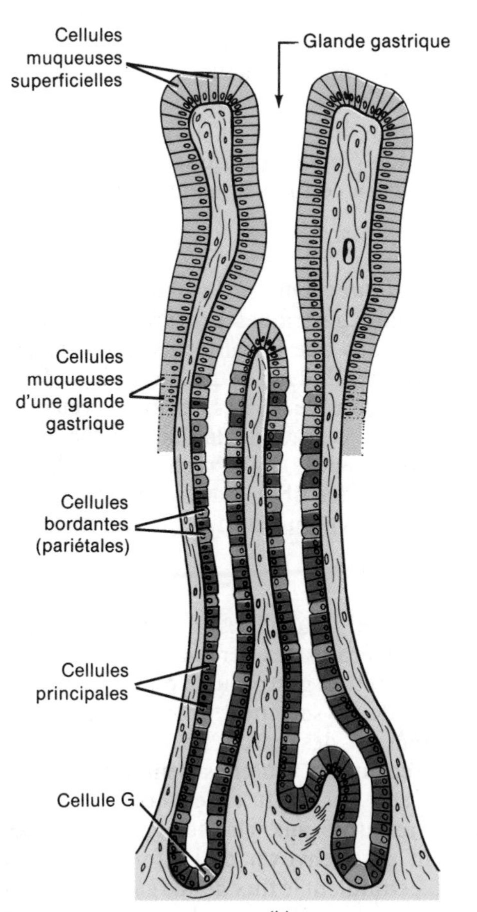

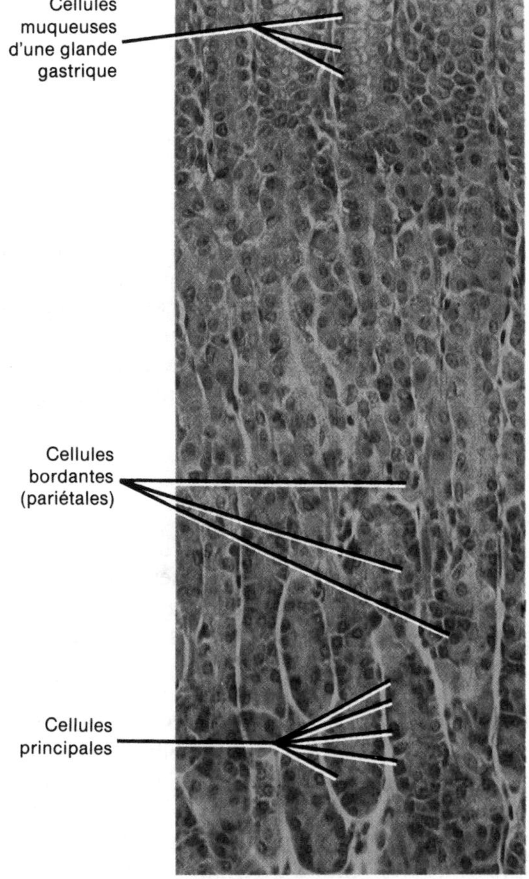

FIGURE 24.11 Structure histologique de l'estomac. (a) Photomicrographie d'une partie de la paroi du fundus de l'estomac, agrandie 18 fois. [Copyright © 1983 by Michael H. Ross. Reproduction autorisée.] (b) Diagramme des glandes gastriques situées sur la paroi du fundus de l'estomac. (c) Photomicrographie de la muqueuse du fundus gastrique, agrandie 180 fois. [Copyright © 1983 by Michael H. Ross. Reproduction autorisée.]

La *musculeuse*, contrairement à celle d'autres régions du tube digestif, possède trois couches de fibres musculaires lisses : une couche externe longitudinale, une couche moyenne circulaire et une couche interne oblique. Cette disposition des fibres permet à l'estomac de se contracter de diverses façons afin de mélanger les aliments, de les transformer en petites particules, de les mélanger avec le suc gastrique et de les pousser vers le duodénum.

La *séreuse* qui enveloppe l'estomac fait partie du péritoine viscéral. Les deux couches de péritoine viscéral se rejoignent au niveau de la petite courbure et se prolongent vers le haut jusqu'au foie pour former le petit épiploon. Au niveau de la grande courbure, le péritoine viscéral se prolonge vers le bas pour former le grand épiploon, suspendu au-dessus des intestins.

LA DIGESTION DANS L'ESTOMAC

La digestion mécanique

Les **ondes de mélange**, légers mouvements péristaltiques, se propagent le long de l'estomac toutes les 15 s à 25 s, quelques minutes après l'entrée des aliments. Ces ondes macèrent les aliments, les mélangent avec les sécrétions des glandes gastriques et les réduisent en une bouillie appelée **chyme**. Peu d'ondes de mélange se propagent le long du fundus, qui sert principalement de lieu de réserve. Les aliments peuvent rester plus d'une heure dans le fundus sans être mélangés au suc gastrique. Durant ce temps, la digestion salivaire se poursuit.

Au cours de la digestion, des ondes de mélange plus fortes commencent dans le corps de l'estomac et s'intensifient près du pylore. Le sphincter pylorique reste normalement entrouvert. Quand les aliments atteignent le pylore, chaque onde de mélange pousse une petite quantité de nourriture dans le duodénum par le sphincter pylorique. La plus grande partie de la nourriture est refoulée dans le corps de l'estomac, où le mélange se poursuit. L'onde suivante pousse une nouvelle fois le contenu de l'estomac vers l'avant pour faire pénétrer un peu plus de nourriture dans le duodénum. Ce mouvement de va-et-vient assure, à lui seul, presque tout le mélange des aliments dans l'estomac.

La digestion chimique

La principale activité chimique de l'estomac consiste à débuter la digestion des protéines. Chez les adultes, la digestion est effectuée par la **pepsine**, une enzyme. La pepsine brise certaines liaisons peptidiques entre les acides aminés qui forment les protéines. Une chaîne protéique formée d'un grand nombre d'acides aminés est donc brisée en petits fragments appelés *peptides*. La pepsine est très efficace dans l'environnement gastrique très acide (pH 2). Elle est inactive dans un environnement alcalin.

Qu'est-ce qui empêche la pepsine de digérer les protéines des cellules gastriques en même temps que les aliments ? La pepsine est sécrétée sous une forme inactive, appelée **pepsinogène**, pour empêcher la digestion des protéines, à l'intérieur même des cellules principales qui les produisent. Le pepsinogène ne se transfome en pepsine active qu'au contact de l'acide chlorhydrique sécrété par les cellules bordantes. En outre, les cellules gastriques sont protégées par un mucus, particulièrement après l'activation de la pepsine. Le mucus recouvre la muqueuse de façon à l'isoler des sucs gastriques.

Une autre enzyme de l'estomac, la **lipase gastrique**, scinde les molécules de beurre présentes dans le lait. Cette enzyme est particulièrement efficace quand le pH est situé entre 5 et 6. Chez les adultes, son rôle est restreint, car la digestion des graisses est presque entièrement due à une enzyme sécrétée par le pancréas dans l'intestin grêle.

Chez les enfants, l'estomac sécrète aussi de la **rennine**, qui joue un rôle important dans la digestion du lait. La rénine et le calcium réagissent avec la caséine du lait pour produire le caillé. Cette coagulation ralentit le passage du lait à partir de l'estomac. Chez les adultes, les sécrétions gastriques ne contiennent pas de rénine.

Dans le document 24.3, nous résumons les principales activités de la digestion gastrique.

LA RÉGULATION DE LA SÉCRÉTION GASTRIQUE

La stimulation

La sécrétion du suc gastrique est liée à des mécanismes nerveux et hormonaux (figure 24.12). Des influx nerveux parasympathiques, provenant de noyaux situés dans le bulbe rachidien, sont transmis par le nerf pneumogastrique (X) et stimulent la sécrétion de pepsinogène, d'acide chlorhydrique, de mucus et de gastrine par les glandes gastriques. Les glandes gastriques sécrètent aussi la gastrine en réaction à certains aliments qui pénètrent dans l'estomac.

• ***La phase céphalique*** Durant la **phase céphalique (réflexe)**, les sécrétions gastriques préparent l'estomac pour la digestion, avant que les aliments ne pénètrent dans l'estomac. La vue, l'odeur, le goût ou l'idée de la nourriture déclenche ce réflexe. Les influx nerveux du cortex cérébral ou du centre de la faim, situé dans l'hypothalamus, atteignent le bulbe rachidien. Le bulbe relaie les influx le long des fibres parasympathiques du nerf pneumogastrique (X) pour stimuler la sécrétion des glandes gastriques.

• ***La phase gastrique*** Quand les aliments pénètrent dans l'estomac, des mécanismes nerveux et hormonaux permettent que la sécrétion gastrique se poursuive ; c'est la **phase gastrique** de la sécrétion. Tous les aliments entraînent la distension des parois de l'estomac et la stimulation des récepteurs qu'elles renferment. Ces récepteurs envoient des influx nerveux au bulbe rachidien qui les retourne aux glandes gastriques ; les récepteurs peuvent aussi envoyer de l'information aux glandes. Ces influx stimulent le flux de suc gastrique. Des émotions, comme la colère, la peur et l'anxiété, peuvent ralentir la digestion dans l'estomac, car elles stimulent le système nerveux sympathique, qui inhibe la transmission des influx nerveux le long des fibres parasympathiques.

Les aliments protéiques et l'alcool favorisent la sécrétion de l'hormone **gastrine** par la muqueuse pylorique. La gastrine est absorbée dans le sang, circule dans l'organisme et, finalement, atteint les cellules cibles, les glandes gastriques, où elles stimulent la sécrétion d'une grande quantité de suc gastrique. La gastrine contracte aussi le sphincter œsophagien, augmente la motilité du tube digestif et relâche le sphincter pylorique et la valvule iléo-cæcale.

• ***La phase intestinale*** Plusieurs chercheurs pensent que les protéines partiellement digérées, quand elles quittent l'estomac pour entrer dans le duodénum, stimulent la muqueuse du duodénum afin qu'elle libère la **gastrine entérique**, une hormone qui stimule les glandes gastriques à poursuivre leur sécrétion ; c'est la **phase intestinale**. Mais ce mécanisme ne produit qu'une petite quantité de suc gastrique.

L'inhibition

Le chyme stimule la sécrétion gastrique durant la phase gastrique, mais il l'inhibe pendant la phase intestinale. Par exemple, la présence de nourriture dans l'intestin grêle pendant la phase intestinale déclenche un **réflexe entéro-gastrique** dans lequel les influx nerveux issus du duodénum atteignent le bulbe et retournent à l'estomac pour inhiber la sécrétion gastrique. Par la suite, ces influx nerveux inhibent la stimulation des fibres parasympathiques et stimulent l'activité des fibres sympathiques. La distension du duodénum, la présence d'acide ou de protéines partiellement digérées dans les aliments se trouvant dans le duodénum et l'irritation de la muqueuse du duodénum déclenchent le réflexe entéro-gastrique.

Plusieurs hormones intestinales inhibent aussi la sécrétion gastrique. En présence d'acide, de protéines

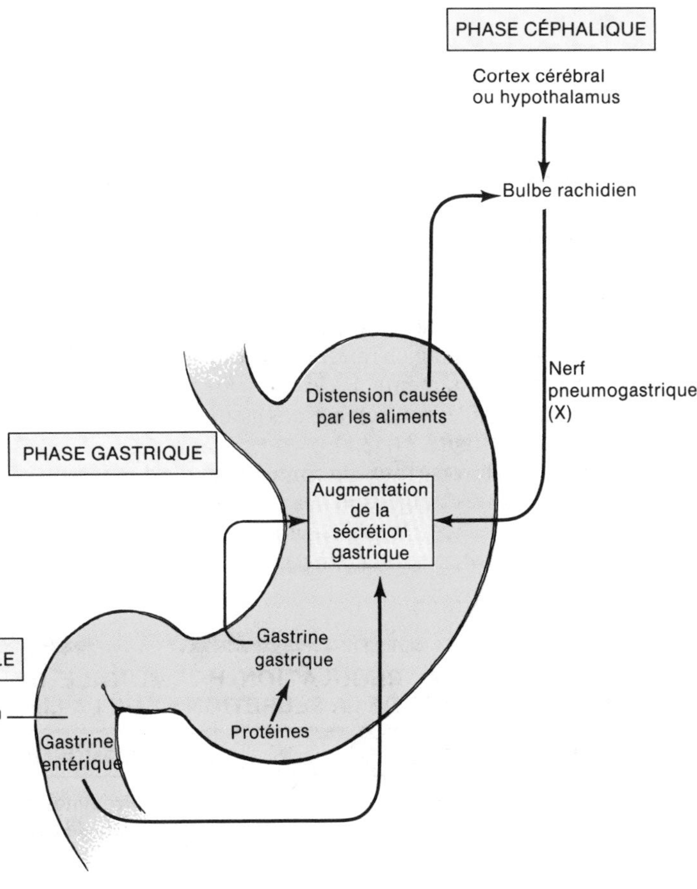

FIGURE 24.12 Schéma montrant les facteurs qui stimulent la sécrétion gastrique.

DOCUMENT 24.3 RÉSUMÉ DE LA DIGESTION GASTRIQUE

STRUCTURE	FONCTION	RÉSULTAT
Muqueuse		
Cellules principales	Sécrétion du pepsinogène	Produit le précurseur de la pepsine
Cellules bordantes (pariétales)	Sécrétion de l'acide chlorhydrique Sécrétion du facteur intrinsèque	Convertit le pepsinogène en pepsine, qui transforme les protéines en peptides Protéine nécessaire à l'absorption de la vitamine B_{12} et à la formation d'hématies
Cellules muqueuses	Sécrétion du mucus	Prévient la digestion des parois de l'estomac
Cellules G	Sécrétion de la gastrine de l'estomac	Stimule la sécrétion gastrique, contracte le sphincter œsophagien inférieur, accroît la motilité de l'estomac et relâche le sphincter pylorique
Musculeuse	Production d'ondes de mélange	Macèrent les aliments, les mélangent au suc gastrique, les réduisent en chyme et poussent le chyme par le sphincter pylorique
Sphincter pylorique	Ouverture pour permettre le passage du chyme dans le duodénum	Prévient le reflux de la nourriture du duodénum à l'estomac

partiellement digérées, de graisses, de liquides hypertoniques ou hypotoniques ou d'une substance irritante contenue dans le chyme, la muqueuse intestinale libère la **sécrétine**, la **cholécystokinine** (**CCK**) et le **polypeptide inhibiteur gastrique** (**GIP**). Ces trois hormones inhibent la sécrétion gastrique et diminuent la motilité du tube digestif (document 24.4). La sécrétine et la cholécystokinine jouent également un rôle important dans la régulation des sécrétions pancréatiques et intestinales ; la cholécystokinine aide à régler la sécrétion biliaire par la vésicule biliaire (voir le document 24.5).

LA RÉGULATION DE L'ÉVACUATION GASTRIQUE

L'**évacuation gastrique** est réglée par deux facteurs principaux : les influx nerveux en réaction à la distension, et la gastrine libérée par la présence de certains types d'aliments. Nous avons vu que, durant la phase gastrique de la sécrétion, la distension et la présence de protéines partiellement digérées et d'alcool stimulent la sécrétion de suc gastrique et de gastrine. En présence de la gastrine, le sphincter œsophagien inférieur se contracte, la motilité de l'estomac augmente et le sphincter pylorique se relâche. Ensemble, ces trois actions assurent l'évacuation de l'estomac (figure 24.13,a).

L'estomac déverse tout son contenu dans le duodénum, de 2 h à 6 h après l'ingestion des aliments. La nourriture riche en glucides reste le moins longtemps dans l'estomac. Les aliments protéiques sont un peu plus lent ; l'évacuation de l'estomac après un repas contenant une grande quantité de graisses est la plus lente.

L'évacuation de l'estomac est inhibée par le réflexe entéro-gastrique et les hormones libérées en réaction à certains constituants du chyme. Le réflexe entéro-gastrique inhibe non seulement la sécrétion gastrique, mais aussi la motilité de l'estomac. La sécrétine, la cholécystokinine (CCK) et le polypeptide inhibiteur gastrique (GIP), des hormones, inhibent aussi la sécrétion gastrique et la motilité de l'estomac (figure 24.13,b). La vitesse d'évacuation de l'estomac dépend de la quantité de chyme que l'intestin grêle peut transformer.

APPLICATION CLINIQUE

Il arrive parfois que l'estomac se vide dans la mauvaise direction. Le **vomissement** est l'expulsion forcée du contenu du tube digestif (estomac et parfois duodénum) par la bouche. Les plus forts stimuli du vomissement sont l'irritation et la distension de l'estomac. Parmi ces stimuli, on trouve aussi les images désagréables et l'étourdissement. Les influx nerveux sont transmis au centre du vomissement, situé dans le bulbe, et les influx issus de ce centre, transmis aux organes supérieurs du tube digestif, au diaphragme et aux muscles abdominaux entraînent le vomissement. Le vomissement est, en gros, le resserrement de l'estomac

DOCUMENT 24.4 RÉGULATION HORMONALE DE LA SÉCRÉTION GASTRIQUE, DE LA SÉCRÉTION PANCRÉATIQUE ET DE LA SÉCRÉTION ET DE LA LIBÉRATION DE BILE

HORMONE	ORIGINE	STIMULANT	EFFETS
Gastrine de l'estomac	Muqueuse du pylore	Protéines partiellement digérées de l'estomac	Stimule la sécrétion de suc gastrique, contracte le sphincter œsophagien inférieur, accroît la motilité du tube digestif et relâche le sphincter pylorique et la valvule iléo-cæcale
Gastrine entérique	Muqueuse intestinale	Protéines partiellement digérées du chyme dans l'intestin grêle	Mêmes effets que la gastrine de l'estomac
Sécrétine	Muqueuse intestinale	Acide, protéines partiellement digérées, graisses, liquides hypertoniques ou hypotoniques ou irritants du chyme dans l'intestin grêle	Inhibe la sécrétion du suc gastrique, diminue la motilité du tube digestif, stimule la sécrétion du suc pancréatique riche en ions bicarbonate de sodium, stimule la sécrétion biliaire par les hépatocytes et stimule la sécrétion du suc intestinal
Cholécystokinine (CCK)	Muqueuse intestinale	Mêmes que ceux de la sécrétine	Inhibe la sécrétion du suc gastrique, diminue la motilité du tube digestif, stimule la sécrétion du suc pancréatique riche en enzymes digestives, entraîne l'éjection de bile hors de la vésicule biliaire et l'ouverture du sphincter d'Oddi, et stimule la sécrétion de suc intestinal
Polypeptide inhibiteur gastrique (GIP)	Muqueuse intestinale	Mêmes que ceux de la sécrétine	Inhibe la sécrétion du suc gastrique et diminue la motilité du tube digestif

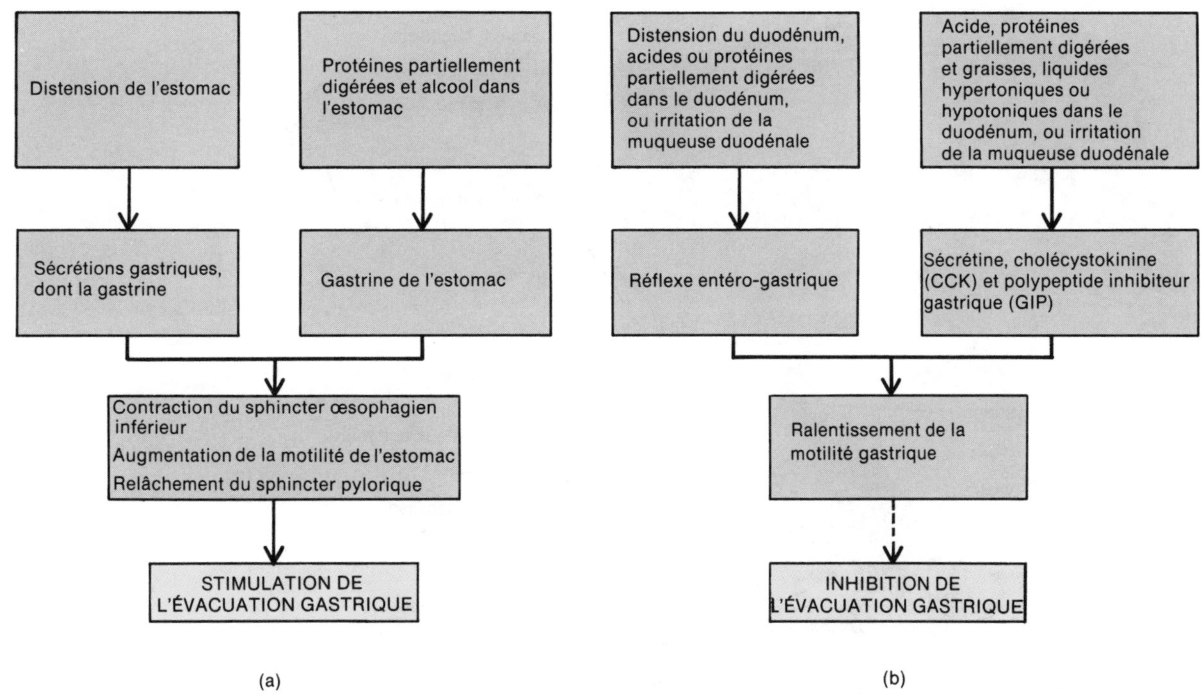

FIGURE 24.13 Facteurs qui (a) stimulent l'évacuation gastrique et (b) inhibent l'évacuation gastrique.

entre le diaphragme et les muscles abdominaux, et l'expulsion du contenu par les sphincters œsophagiens ouverts. Un vomissement prolongé, particulièrement chez les enfants et les personnes âgées, peut devenir grave, car la perte de suc gastrique et de liquides engendre des perturbations du bilan hydrique et de l'équilibre acido-basique.

L'ABSORPTION

La paroi de l'estomac est imperméable au passage de la majorité des substances dans le sang ; la plupart de ces substances ne peuvent donc être absorbées que lorsqu'elles atteignent l'intestin grêle. Cependant, il est vrai que l'estomac joue un rôle dans l'absorption d'une certaine quantité d'eau, d'électrolytes, de certains médicaments (particulièrement l'aspirine) et d'alcool.

LE PANCRÉAS

Le processus de digestion se poursuit ensuite dans l'intestin grêle. La digestion chimique dans l'intestin grêle dépend non seulement de ses propres sécrétions, mais également de l'activité de trois organes annexes situés à l'extérieur du tube digestif : le pancréas, le foie et la vésicule biliaire. Nous étudierons d'abord les activités de ces organes et, ensuite, leur contribution à la digestion dans l'intestin grêle.

L'ANATOMIE

Le **pancréas** est une glande tubulo-acineuse oblongue et lisse, d'environ 12,5 cm de longueur et de 2,5 cm d'épaisseur. Il est situé derrière la grande courbure de l'estomac et est relié au duodénum par un canal, habituellement deux (figure 24.14). Le pancréas est formé d'une tête, d'un corps et d'une queue. La **tête** est la partie élargie près de la courbe en forme de C du duodénum. Le **corps** est la partie centrale située en haut et à gauche de la tête. La **queue** est l'extrémité effilée de l'organe.

Habituellement, le pancréas est relié à l'intestin grêle par deux canaux. Les sécrétions pancréatiques sont transmises des cellules sécrétrices du pancréas à de petits canaux qui convergent pour former les deux canaux chargés d'amener les sécrétions à l'intestin grêle. Le plus gros de ces deux canaux est appelé **canal pancréatique** (**canal de Wirsung**). Chez la plupart des gens, le canal pancréatique s'unit au canal cholédoque provenant du foie et de la vésicule biliaire et pénètre dans le duodénum pour former un canal commun appelé **ampoule de Vater**. L'ampoule s'ouvre sur une éminence de la muqueuse duodénale, la **grande caroncule**, à environ 10 cm sous le pylore de l'estomac. Le plus petit des deux canaux, le **canal pancréatique accessoire** (**canal de Santorini**), prend naissance dans le pancréas et débouche dans le duodénum, à environ 2,5 cm au-dessus de l'ampoule.

L'HISTOLOGIE

Le pancréas est formé de petits groupes de cellules épithéliales glandulaires. Environ 1 % des cellules, les **îlots pancréatiques** (**îlots de Langerhans**), constitue la partie endocrine du pancréas ; ce sont des cellules alpha, bêta et delta qui sécrètent respectivement le glucagon, l'insuline et la somatostatine, des hormones. Vous pouvez revoir les fonctions de ces hormones au chapitre 18. Les 99 % des cellules qui restent, appelées acini, forment

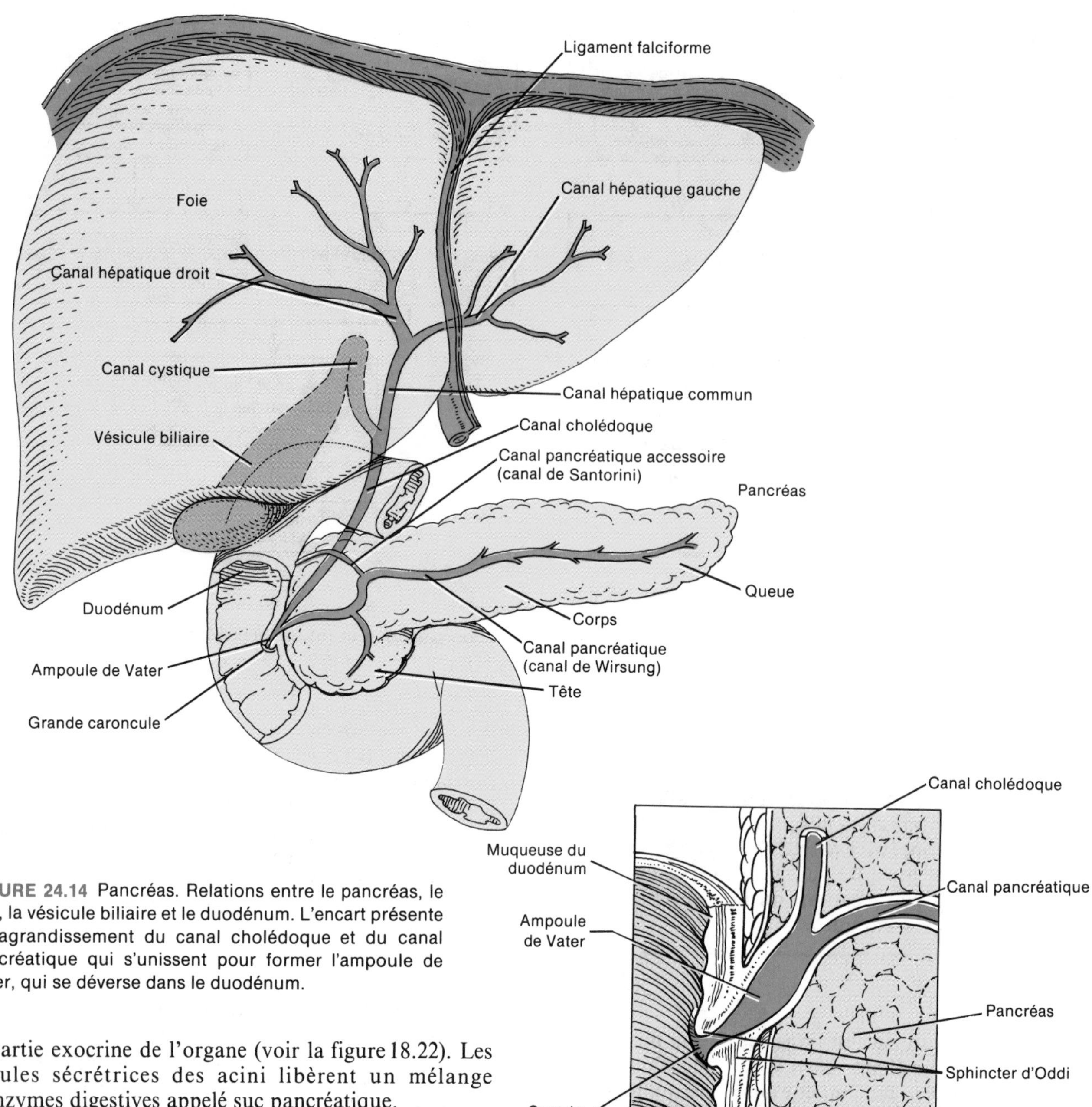

FIGURE 24.14 Pancréas. Relations entre le pancréas, le foie, la vésicule biliaire et le duodénum. L'encart présente un agrandissement du canal cholédoque et du canal pancréatique qui s'unissent pour former l'ampoule de Vater, qui se déverse dans le duodénum.

la partie exocrine de l'organe (voir la figure 18.22). Les cellules sécrétrices des acini libèrent un mélange d'enzymes digestives appelé suc pancréatique.

LE SUC PANCRÉATIQUE

Le pancréas produit quotidiennement de 1 200 mL à 1 500 mL d'un liquide clair et incolore, le **suc pancréatique**. Le suc pancréatique est principalement formé d'eau, de quelques sels, de bicarbonate de sodium et d'enzymes. Le bicarbonate de sodium donne au suc pancréatique un pH légèrement alcalin (de 7,1 à 8,2) qui stoppe l'activité de la pepsine de l'estomac et crée un milieu adéquat pour les enzymes de l'intestin grêle. Les enzymes du suc pancréatique renferment une enzyme capable de digérer les glucides, l'*amylase pancréatique*; quelques enzymes capables de digérer les protéines, la *trypsine*, la *chymotrypsine* et la *carboxypeptidase*; la principale enzyme chargée de digérer les graisses dans l'organisme adulte, la *lipase pancréatique*; et des enzymes capables de digérer les acides nucléiques, la *ribonucléase* et la *désoxyribonucléase*.

Les enzymes pancréatiques capables de digérer les protéines sont produites sous une forme inactive, tout comme le pepsinogène, forme inactive de la pepsine, produit par l'estomac. C'est ce qui empêche les enzymes de digérer les cellules du pancréas. La trypsine, une enzyme active, est sécrétée sous une forme inactive appelée *trypsinogène*. Son activation en trypsine est effectuée dans l'intestin grêle par une enzyme sécrétée par la muqueuse intestinale, lorsque le chyme entre en contact avec la muqueuse. L'enzyme activatrice est appelée *entérokinase*. La chymotrypsine est activée dans l'intestin grêle par la trypsine à partir de sa forme inactive, le *chymotrypsinogène*. La carboxypeptidase est également activée dans l'intestin grêle par la trypsine. Sa forme inactive est appelée *procarboxypeptidase*.

LA RÉGULATION DE LA SÉCRÉTION PANCRÉATIQUE

La sécrétion pancréatique, comme la sécrétion gastrique, est réglée par des mécanismes nerveux et hormonaux (figure 24.15). Durant les phases céphalique et gastrique de la sécrétion, les influx parasympathiques sont transmis simultanément le long du nerf pneumogastrique (X) jusqu'au pancréas pour provoquer la sécrétion d'enzymes pancréatiques.

Lorsque le chyme pénètre dans l'intestin grêle, particulièrement celui qui contient des protéines partiellement digérées, des graisses, des liquides hypertoniques ou hypotoniques ou des substances irritantes, la muqueuse de l'intestin grêle sécrète de la sécrétine et de la cholécystokinine (CCK), hormones qui influencent la sécrétion pancréatique. La sécrétine stimule le pancréas à sécréter le suc pancréatique riche en ions bicarbonate de sodium. La cholécystokinine (CCK) stimule une sécrétion pancréatique riche en enzymes digestives (voir le document 24.4).

LE FOIE

Le foie a une masse d'environ 1,4 kg chez l'adulte moyen. Il est situé sous le diaphragme et occupe la majeure partie de l'hypochondre droit et une partie de l'épigastre (voir la figure 1.8,c).

L'ANATOMIE

Le foie est presque entièrement recouvert par le péritoine; il est enveloppé d'une couche de tissu conjonctif dense située sous le péritoine. Il est divisé en deux lobes principaux, le **lobe droit** et le **lobe gauche**, séparés par le **ligament falciforme** (figure 24.16). Le lobe droit présente le **lobe carré** inférieur et le **lobe caudé (lobe de Spigel)** postérieur. Le ligament falciforme est un repli du péritoine pariétal, qui s'étend de la face inférieure du diaphragme à la face supérieure du foie, entre les deux principaux lobes hépatiques. Dans le bord libre du ligament falciforme se trouve le **ligament rond**. Il s'étend du foie à l'ombilic. Le ligament rond est un cordon fibreux dérivé de la veine ombilicale du fœtus.

La bile, un des produits du foie, pénètre dans des **canalicules biliaires** qui débouchent sur des petits canaux. Ces canaux convergent pour former les volumineux **canaux hépatiques droit** et **gauche**, qui s'unissent, avant de quitter le foie, pour former le **canal hépatique commun** (figures 24.14 et 24.16,b). Le canal hépatique commun s'unit ensuite au **canal cystique** provenant de la vésicule biliaire. Ces deux canaux forment le **canal cholédoque**. Le canal cholédoque et le canal pancréatique pénètrent dans le duodénum par un canal commun appelé **ampoule de Vater**.

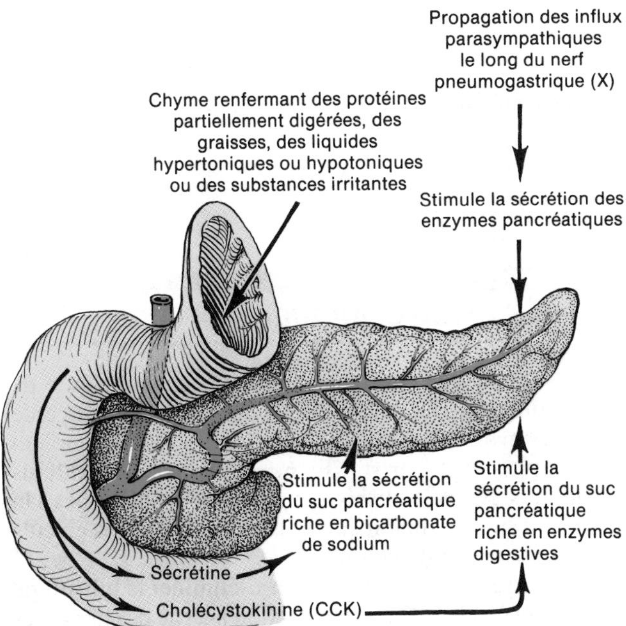

FIGURE 24.15 Régulation de la sécrétion pancréatique.

L'HISTOLOGIE

Les lobes du foie sont formés d'un grand nombre d'unités fonctionnelles, les **lobules**, visibles au microscope (figure 24.17). Un lobule est formé de travées d'**hépatocytes (cellules hépatiques)** disposées en rayons autour d'une **veine centrale**. Ces travées sont séparées par des espaces tapissés d'un endothélium, que l'on appelle **capillaires sinusoïdes**, à travers lesquels circule le sang. Les capillaires sinusoïdes sont aussi en partie tapissés de cellules phagocytaires, les **cellules de Kupffer**, chargées de détruire les leucocytes et les hématies usés, de même que les bactéries. Les capillaires sinusoïdes du foie remplacent les capillaires habituels.

L'APPORT SANGUIN

L'apport sanguin au foie provient de deux sources. L'artère hépatique apporte du sang oxygéné, et la veine porte hépatique, du sang désoxygéné contenant des nutriments récemment absorbés (voir les figures 21.23 et 24.17). Les branches de l'artère hépatique et de la veine porte hépatique apportent le sang aux capillaires sinusoïdes des lobules, où l'oxygène, la majeure partie des nutriments et certains poisons sont extraits par les hépatocytes. Les nutriments sont emmagasinés ou sont utilisés pour la fabrication de nouvelles substances. Les poisons sont emmagasinés ou détoxiqués. Les produits élaborés par les hépatocytes et les nutriments requis par les autres cellules sont sécrétés de nouveau dans le sang. Le sang se déverse ensuite dans la veine centrale, puis dans une veine sus-hépatique. Contrairement aux autres produits du foie, la bile n'est habituellement pas sécrétée dans le sang.

LA BILE

Les hépatocytes sécrètent quotidiennement de 800 mL à 1 000 mL de bile, liquide jaune, brunâtre, ou vert-olive. Son pH est compris entre 7,6 et 8,6. La bile est principalement formée d'eau et de sels biliaires, de cholestérol, d'un phospholipide appelé lécithine, de pigments biliaires et de plusieurs ions.

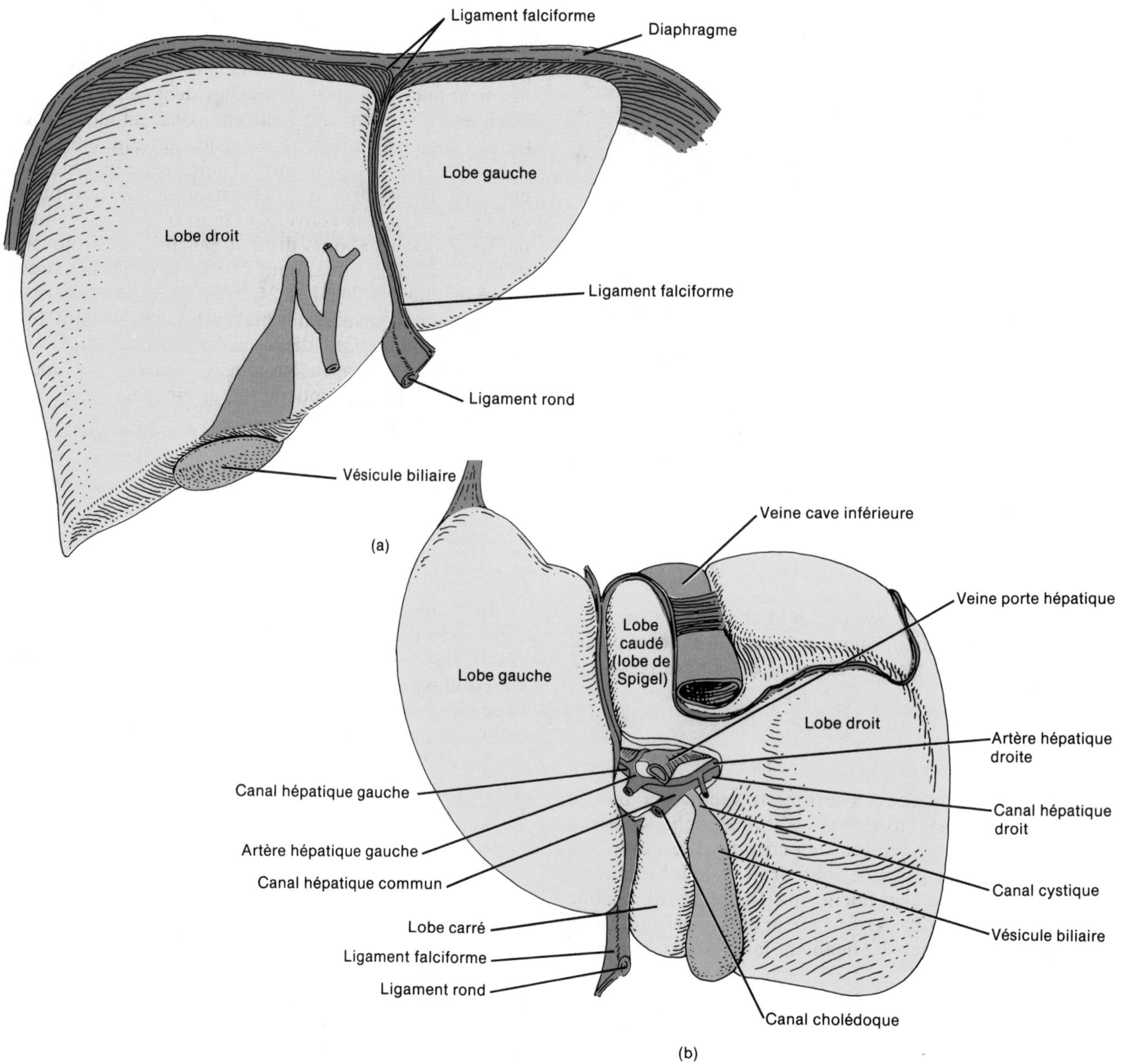

FIGURE 24.16 Structure externe du foie. (a) Vue antérieure. (b) Vue postéro-inférieure.

La bile est à la fois un produit excréteur et une sécrétion digestive. Les sels biliaires jouent un rôle dans l'**émulsion**, la dégradation des globules de graisses en fines gouttelettes graisseuses en suspension, d'environ 1 µm de diamètre, et l'absorption des graisses après la digestion. Le cholestérol est rendu soluble dans la bile par les sels biliaires et la lécithine. Le principal pigment biliaire est la **bilirubine**. Lorsque les hématies se dégradent, le fer, la globine et la bilirubine sont libérés. Le fer et la globine sont recyclés, mais une partie de la bilirubine est excrétée dans les canaux biliaires. La bilirubine est ensuite dégradée dans les intestins ; l'un de ses produits résultant de la dégradation, l'urobilinogène, donne aux fèces leur couleur.

APPLICATION CLINIQUE

Lorsque la bile contient une quantité insuffisante de sels biliaires ou de lécithine, ou lorsque le taux de cholestérol est trop élevé, le cholestérol forme un précipité et se cristalise pour former des **calculs biliaires**. Nous étudierons en détail les troubles liés à la formation, au diagnostic et au traitement des calculs biliaires en fin de chapitre.

Lorsque le foie est incapable d'éliminer la bilirubine du sang à cause d'une destruction accrue des hématies ou d'une obstruction des canaux biliaires, une grande

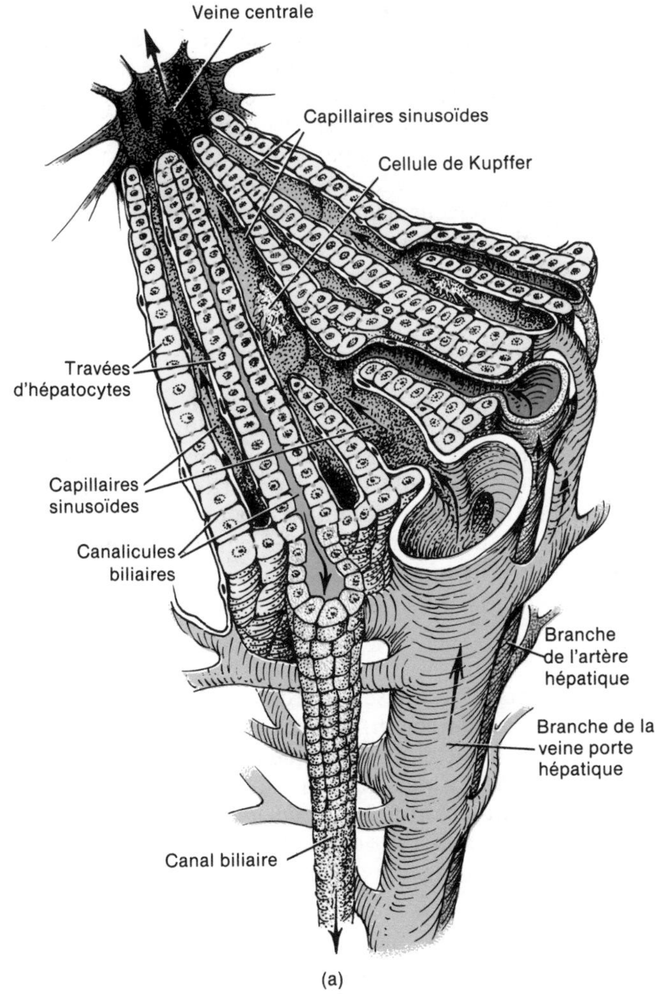

quantité de bilirubine circule dans le sang et s'accumule dans les tissus, et donne à la peau et aux yeux une couleur jaune. Cet état pathologique est appelé **ictère**. L'**ictère hémolytique** est causé par les hématies lésées; l'**ictère obstructif** est dû à l'obstruction du système biliaire. Pendant environ une semaine après la naissance, le foie du nouveau-né est peu actif et une grande quantité de bilirubine est excrétée dans le sang au lieu d'être incorporée dans la bile du foie. Il en résulte un type d'ictère appelé **ictère néo-natal**.

LA RÉGULATION DE LA SÉCRÉTION BILIAIRE

Le taux de la sécrétion biliaire est déterminé par plusieurs facteurs. La stimulation du pneumogastrique peut accroître de plus de 50% le taux normal de production. La **sécrétine**, hormone qui stimule la synthèse du suc pancréatique riche en bicarbonate de sodium, stimule aussi la sécrétion biliaire (voir le document 24.4). L'augmentation du débit sanguin dans le foie entraîne, jusqu'à un certain point, l'accroissement de la sécrétion biliaire. Enfin, la présence d'une grande quantité de sels biliaires dans le sang augmente aussi le taux de sécrétion biliaire.

LES FONCTIONS DU FOIE

Le foie remplit plusieurs fonctions vitales; en voici quelques-unes.

1. Le foie fabrique des sels biliaires, utilisés par l'intestin grêle pour l'émulsion et l'absorption des graisses, du cholestérol, des phospholipides et des lipoprotéines.

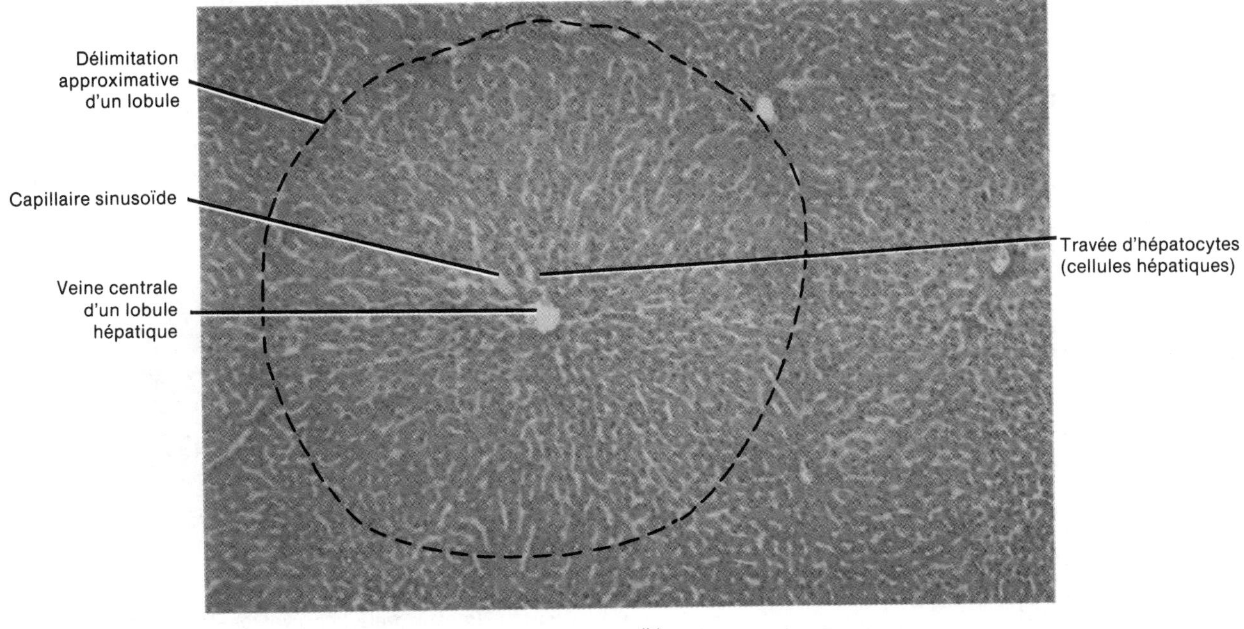

FIGURE 24.17 Structure histologique du foie. (a) Diagramme d'une partie d'un lobule hépatique. (b) Photomicrographie d'un lobule du foie, agrandie 65 fois. [Copyright © 1983 by Michael H. Ross. Reproduction autorisée.]

2. Le foie, de même que les mastocytes, fabrique l'héparine, un anticoagulant, et la plupart des autres protéines plasmatiques, telles que la prothrombine, le fibrinogène et l'albumine.

3. Les cellules de Kupffer du foie phagocytent les hématies et les leucocytes usés, de même que les bactéries.

4. Les hépatocytes contiennent des enzymes capables soit de dégrader les poisons, soit de les transformer en composés moins toxiques. Lorsque les acides aminés brûlent pour libérer de l'énergie, ils laissent des déchets azotés toxiques (ammoniac) qui sont ensuite transformés en urée par les hépatocytes. Une quantité modérée d'urée ne met pas l'organisme en danger ; elle est aisément excrétée par les reins et les glandes sudoripares.

5. Les nutriments nouvellement absorbés s'accumulent dans le foie. Celui-ci peut, selon les besoins de l'organisme, transformer tous les oses excédentaires en glycogène ou en graisse, qui peuvent tous deux être emmagasinés, ou il peut transformer le glycogène, les graisses et les protéines en glucose.

6. Le foie emmagasine le glycogène, le cuivre, le fer et les vitamines A, B_{12}, D, E et K. Il emmagasine également quelques substances toxiques qui ne peuvent être dégradées ou excrétées. On trouve une grande quantité de clofénotane (DDT) dans le foie des animaux, dont celui des humains, qui mangent des fruits et des légumes qui ont été vaporisés à l'aide d'un insecticide.

7. Le foie et les reins participent à l'activation de la vitamine D.

LA VÉSICULE BILIAIRE

La **vésicule biliaire** est une poche en forme de poire de 7 cm à 10 cm de longueur. Elle est située dans la fossette cystique à la face viscérale du foie (voir les figures 24.14,a et 24.16).

L'HISTOLOGIE

La paroi interne de la vésicule biliaire se compose d'une membrane muqueuse formant des replis semblables à ceux de l'estomac. La couche moyenne musculaire de la paroi est formée de fibres musculaires lisses. La contraction de ces fibres par stimulation hormonale expulse le contenu de la vésicule biliaire dans le canal cystique. La couche externe est formée par le péritoine viscéral.

LA FONCTION

La vésicule biliaire emmagasine et concentre la bile (jusqu'à 10 fois) en attendant que celle-ci soit utilisée par l'intestin grêle. Durant le processus de concentration, l'eau et de nombreux ions sont absorbés par la muqueuse de la vésicule biliaire. La bile provenant du foie pénètre dans l'intestin grêle par le canal cholédoque. Lorsque l'intestin grêle est vide, une valvule autour de l'ampoule de Vater, appelée **sphincter d'Oddi**, se ferme et entraîne le reflux de la bile vers le canal cystique jusqu'à la vésicule biliaire pour y être emmagasinée.

L'ÉVACUATION DE LA VÉSICULE BILIAIRE

La musculeuse de la vésicule biliaire doit se contracter pour pousser la bile dans le canal cholédoque, et le sphincter d'Oddi doit se relâcher, afin que la vésicule biliaire puisse éjecter la bile dans l'intestin grêle pour que cette dernière participe au processus de digestion. Le chyme qui pénètre dans le duodénum contient des concentrations particulièrement élevées de graisses ou de protéines partiellement digérées et stimule la sécrétion de la cholécystokinine (CCK) par la muqueuse intestinale. Cette hormone entraîne la contraction de la musculeuse, de même que le relâchement du sphincter d'Oddi, ce qui a pour effet de vider la vésicule biliaire (voir le document 24.4).

L'INTESTIN GRÊLE

La majeure partie de la digestion et de l'absorption s'effectue dans un long tube appelé **intestin grêle**. L'intestin grêle prend naissance au sphincter pylorique de l'estomac, s'enroule dans les parties centrale et inférieure de la cavité abdominale, et s'ouvre sur le gros intestin. Il mesure en moyenne 2,5 cm de diamètre et environ 6,35 m de longueur.

L'ANATOMIE

L'intestin grêle est divisé en trois segments (voir la figure 24.1). Le **duodénum**, la partie la plus courte, prend naissance au sphincter pylorique de l'estomac et s'étend sur environ 25 cm, puis fusionne avec le jéjunum. Le **jéjunum** mesure environ 2,5 m de longueur et s'étend jusqu'à l'iléon. Enfin, l'iléon mesure 3,6 m de longueur et rejoint le gros intestin à la **valvule iléo-cæcale**.

L'HISTOLOGIE

La paroi de l'intestin grêle est formée des quatre mêmes tuniques que le reste du tube digestif. Toutefois, la muqueuse et la sous-muqueuse sont adaptées pour permettre à l'intestin grêle de terminer les processus de digestion et d'absorption (figure 24.18).

La muqueuse contient de nombreuses dépressions tapissées d'un épithélium glandulaire. Ces dépressions, les **glandes intestinales (cryptes de Lieberkühn)**, sécrètent le suc intestinal. La sous-muqueuse du duodénum

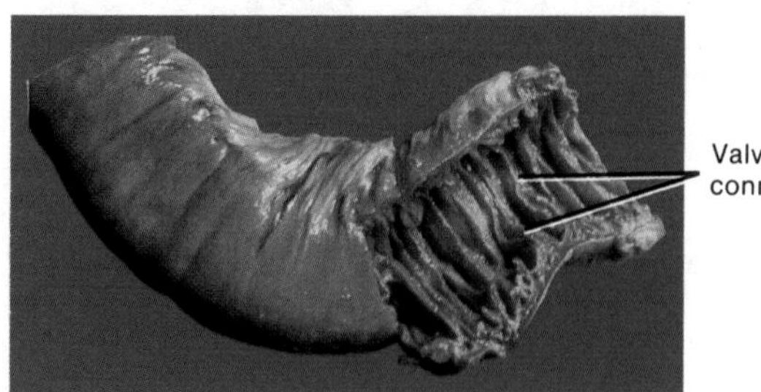

(a)

FIGURE 24.18 Intestin grêle. Les diverses structures de l'intestin grêle lui permettent d'accomplir la digestion et l'absorption. (a) Photographie d'un segment du jéjunum que l'on a ouvert pour montrer les valvules conniventes. [Gracieuseté de C. Yokochi, *Photographic Anatomy of the Human Body*, 1re éd., 1969, IGAKU-SHOIN, Ltd., Tokyo, New York.]

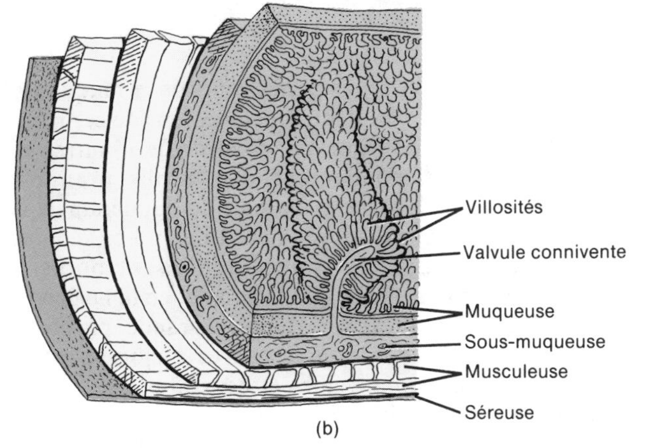

(b)

FIGURE 24.18 [*Suite*] (b) Emplacement des villosités par rapport aux tuniques. (c) Agrandissement de quelques villosités. (d) Micrographie électronique par balayage montrant une coupe de l'intestin grêle, agrandie 30 fois. [Tirée de *Tissues and Organs: A Text-Atlas of Scanning Electron Microscopy* de Richard G. Kessel et Randy H. Kardon, W. H. Freeman and Company. Copyright © 1979.]

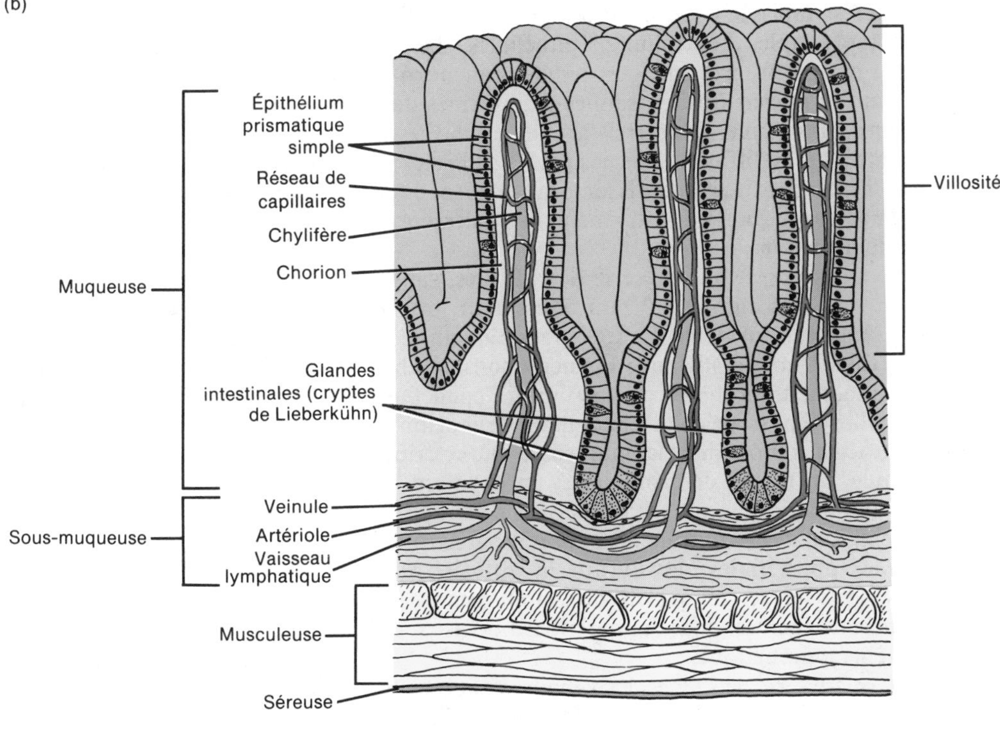

(c)

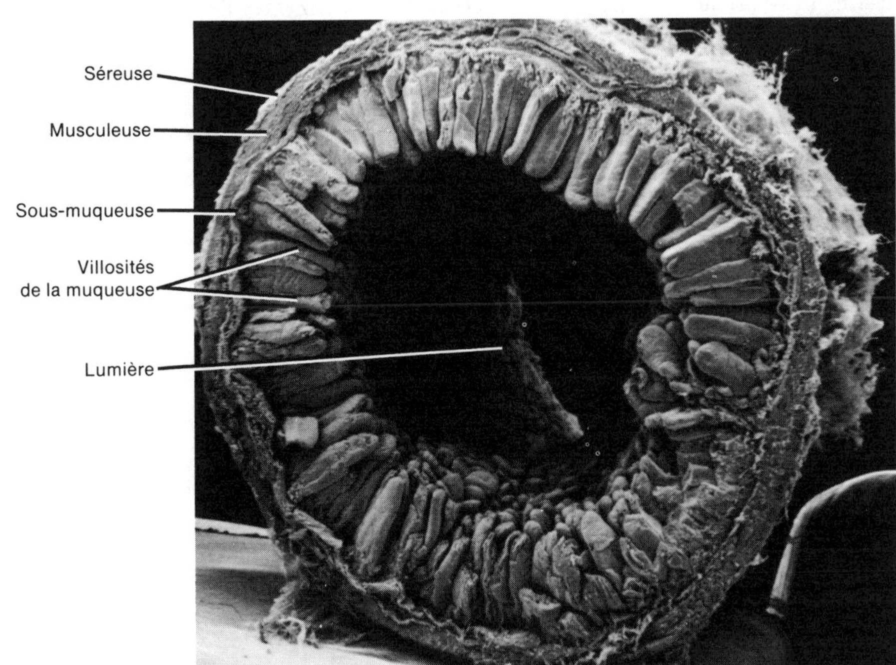

(d)

contient des **glandes de Brunner**, ou **glandes duodénales**, qui sécrètent un mucus alcalin destiné à protéger les parois de l'intestin grêle contre l'action des enzymes et à neutraliser l'acide contenu dans le chyme. Quelques-unes des cellules épithéliales de la muqueuse et de la sous-muqueuse ont été transformées en cellules caliciformes, qui sécrètent, elles aussi, du mucus.

La structure de l'intestin grêle est bien adaptée à l'absorption des nutriments, car c'est dans cet organe que s'effectue la majeure partie de ce processus. Sa longueur procure une vaste surface d'absorption qui est en outre augmentée par la structure particulière de sa paroi. La muqueuse est tapissée et recouverte par un épithélium prismatique simple. Les cellules épithéliales, excepté celles qui ont été transformées en cellules caliciformes, présentent des **microvillosités**, saillies digitiformes de la membrane plasmique. Une très grande quantité de nutriments digérés diffusent dans les parois de l'intestin, car les microvillosités accroissent la surface de la membrane plasmique. Elles augmentent également la surface de digestion.

La muqueuse présente une série de **villosités**, saillies mesurant entre 0,5 mm et 1,0 mm de hauteur, qui lui donne son aspect duveteux. La très grande quantité de villosités (de 10/mm^2 à 40/mm^2) augmente considérablement la surface d'absorption et de digestion de l'épithélium. Chaque villosité possède un cœur composé de chorion, la couche de tissu conjonctif de la muqueuse. Une artériole, une veinule, un réseau de capillaire et un **chylifère**, ou vaisseau lymphatique, sont encastrés dans cette couche de tissu conjonctif. Les nutriments qui diffusent à travers les cellules épithéliales recouvrant la villosité sont capables de traverser les parois des capillaires et des chylifères et de pénétrer dans l'appareil cardio-vasculaire et le système lymphatique.

Une dernière série de saillies, les **valvules conniventes**, viennent s'ajouter aux microvillosités et aux villosités. Les valvules conniventes accroissent encore la surface d'absorption et de digestion de l'intestin. Les valvules conniventes sont des replis permanents de la muqueuse, d'environ 10 mm de hauteur. Quelques-uns de ces replis font tout le tour de l'intestin, tandis que d'autres ne s'étendent que partiellement. Les replis prennent naissance près de la partie proximale du duodénum et se terminent vers la partie moyenne de l'iléon. Les valvules conniventes accroissent l'absorption en faisant tourner le chyme sur lui-même, au lieu de le pousser en ligne droite, le long de l'intestin grêle. La plus grande partie de l'absorption a lieu dans le duodénum et le jéjunum, car la taille des valvules conniventes et des villosités diminue vers l'extrémité distale de l'iléon.

La musculeuse de l'intestin grêle est formée de deux couches de muscle lisse. La couche externe, mince, renferme des fibres longitudinales. La couche interne, épaisse, renferme des fibres circulaires. La séreuse (ou péritoine viscéral) recouvre complètement l'intestin grêle, sauf une grande partie du duodénum. À la figure 24.19, nous présentons d'autres aspects histologiques de l'intestin grêle.

L'intestin contient de nombreux follicules lymphoïdes, masses de tissu lymphoïde non enveloppé d'une capsule. Les **follicules lymphoïdes solitaires** sont très nombreux dans la partie inférieure de l'iléon. L'iléon renferme aussi un grand nombre de groupes de follicules lymphoïdes que l'on appelle **follicules agminés de l'iléon**, ou **plaques de Peyer**.

LE SUC INTESTINAL

Le suc intestinal est un liquide jaune clair sécrété au rythme de 2 L à 3 L par jour ; son pH de 7,6 est légèrement alcalin. Le suc intestinal, qui renferme de l'eau et du mucus, est rapidement réabsorbé par les villosités et sert au transport des substances contenues dans le chyme lorsqu'elles entrent en contact avec les villosités. Les enzymes intestinales sont élaborées dans les cellules épithéliales qui tapissent les villosités, et presque toute la digestion effectuée par les enzymes de l'intestin grêle a

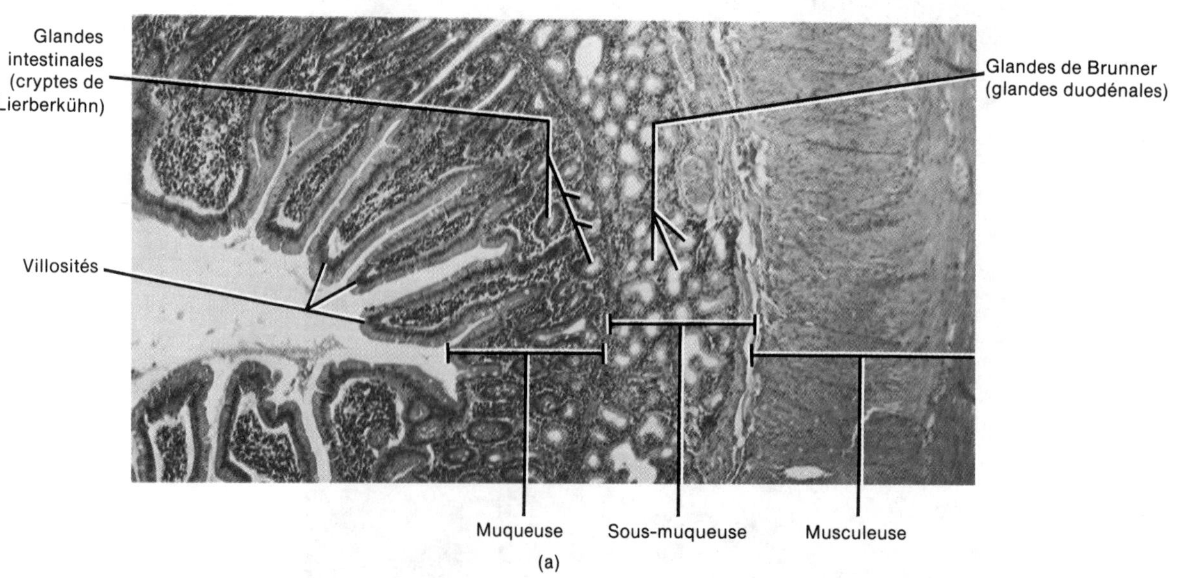

FIGURE 24.19 Structure histologique de l'intestin grêle. (a) Photomicrographie d'une partie de la paroi duodénale, agrandie 40 fois.

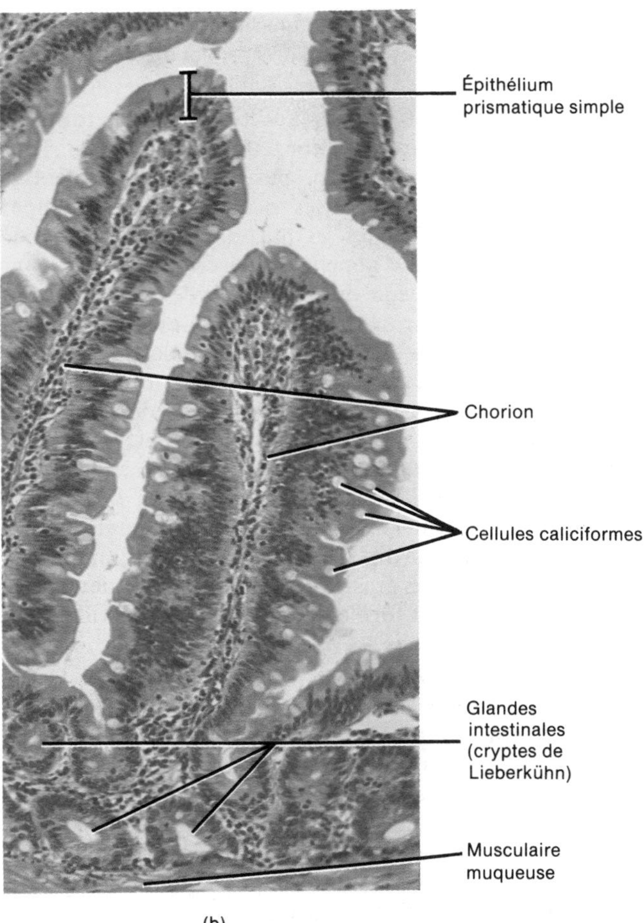

FIGURE 24.19 [*Suite*] (b) Photomicrographie de deux villosités de l'iléon, agrandie 120 fois. [Photomicrographies Copyright © 1983 by Michael H. Ross. Reproduction autorisée.]

lieu à l'intérieur des cellules, à la surface de leurs microvillosités. De plus, lorsque les cellules intestinales contenant des enzymes tombent dans la lumière de l'intestin grêle, elles se détachent et libèrent de petites quantités d'enzymes destinées à digérer une partie de la nourriture contenue dans le chyme. La majeure partie de la digestion par les enzymes de l'intestin grêle s'effectue donc sur les cellules épithéliales qui tapissent les villosités, ou à l'intérieur de celles-ci, plutôt que dans la lumière, comme dans d'autres parties du tube digestif. Parmi les enzymes sécrétées par les petites cellules intestinales, on trouve trois enzymes capables de digérer les glucides, la *maltase*, l'*invertase* et la *lactase* ; plusieurs enzymes capables de digérer les protéines, les *peptidases* ; et deux enzymes capables de digérer les acides nucléiques, la *ribonucléase* et la *désoxyribonucléase*.

LA DIGESTION DANS L'INTESTIN GRÊLE

La digestion mécanique

Les mouvements de l'intestin grêle sont, par convention, divisés en deux types : la segmentation et le péristaltisme. La **segmentation** est le plus important mouvement de l'intestin grêle. C'est strictement une contraction localisée dans les régions contenant de la nourriture. Elle assure le mélange du chyme et des sucs digestifs, et met les particules de nourriture en contact avec la muqueuse pour qu'elles soient absorbées. Elle ne fait pas avancer les aliments dans le tube digestif. Les contractions des fibres musculaires circulaires divisent l'intestin grêle en segments ; c'est le début de la segmentation. Ensuite, les fibres musculaires qui entourent le centre de chaque segment se contractent aussi, divisant de nouveau chaque segment. Enfin, les fibres qui se sont contractées les premières se relâchent et chaque petit segment s'unit au segment voisin pour reformer de grandes surfaces. Ce processus, qui se répète de 12 à 16 fois par minute, permet le mélange du chyme par des mouvements de va-et-vient (figure 24.20). La segmentation dépend principalement de la distension intestinale, qui envoie les influx nerveux au système nerveux central. Les influx parasympathiques qui sont renvoyés accroissent la motilité. Les influx sympathiques diminuent la motilité intestinale à mesure que la distension diminue.

Le **péristaltisme** propulse le chyme vers l'avant le long du tube digestif. Les contractions péristaltiques de l'intestin grêle sont normalement très faibles comparées à celles de l'œsophage ou de l'estomac. Le chyme avance dans l'intestin grêle au rythme de 1 cm/min. Le chyme demeure donc dans l'intestin grêle de 3 h à 5 h. Le péristaltisme, comme la segmentation, est déclenché par la distension et est réglé par le système nerveux autonome.

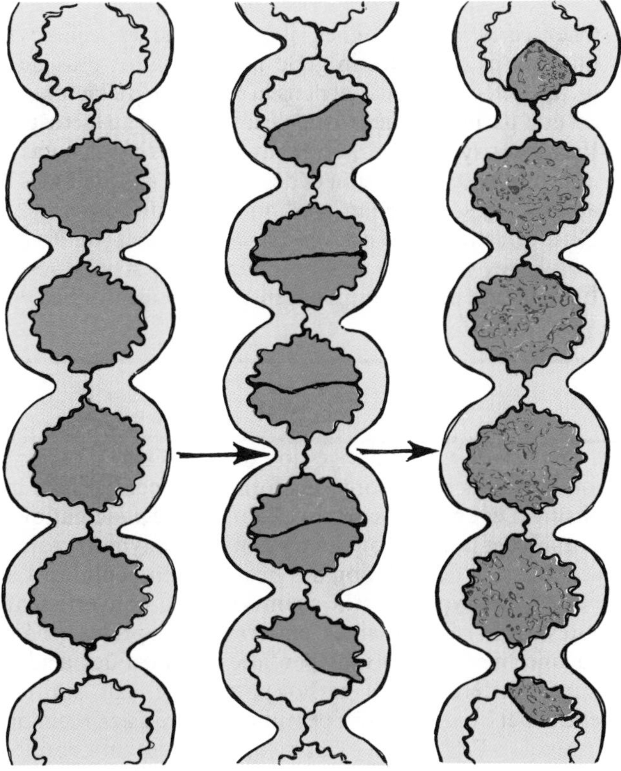

FIGURE 24.20 Segmentation. Les contractions localisées mélangent complètement le contenu de l'intestin grêle.

La digestion chimique

Dans la bouche, l'amylase salivaire transforme l'amidon (polyoside) en maltose (diholoside). Dans l'estomac, la pepsine transforme les protéines en peptides (petites protéines). Le chyme qui pénètre dans l'intestin grêle contient donc des glucides et des protéines partiellement digérés de même que des lipides non digérés. La digestion des glucides, des protéines et des lipides qui restent est assurée par l'action conjugée du suc pancréatique, de la bile et du suc intestinal dans l'intestin grêle.

• ***Les glucides*** L'action de l'amylase salivaire est annihilée par l'acidité de l'estomac quelques minutes après la pénétration des aliments. La quantité d'amidon transformé en maltose est donc très faible, lorsque le chyme quitte l'estomac. Tout l'amidon qui reste est transformé en diholoside par l'amylase pancréatique, enzyme du suc pancréatique active dans l'intestin grêle.

Le saccharose et le lactose, deux diholosides, sont ingérés comme tels et ne sont transformés que dans l'intestin grêle. Trois enzymes du suc intestinal transforment les diholosides en oses. La **maltase** scinde le maltose en deux molécules de glucose. L'**invertase** scinde le saccharose en une molécule de glucose et une molécule de fructose. La **lactase** scinde le lactose en une molécule de glucose et une molécule de galactose. La digestion des glucides est maintenant terminée.

APPLICATION CLINIQUE

Chez certaines personnes, il arrive que les cellules muqueuses de l'intestin grêle ne produisent plus de lactase, élément essentiel dans la digestion du lactose; cet état pathologique est appelé **intolérance au lactose**. Parmi ses symptômes, on trouve la diarrhée, les gaz intestinaux, la distension et des crampes abdominales après l'ingestion de lait ou d'autres produits laitiers. Cette affection touche de 6% à 8 % des Blancs; de 70% à 75% des Noirs; et de 90 % à 95 % des Asiatiques. Elle survient parfois après une intervention chirurgicale à l'estomac.

• ***Les protéines*** La digestion des **protéines** s'amorce dans l'estomac; elles sont transformées en peptides par la **pepsine**. Les enzymes contenues dans le suc pancréatique poursuivent la digestion. La **trypsine** et la **chymotrypsine** continuent la dégradation des protéines en peptides. La pepsine, la trypsine et la chymotrypsine convertissent toutes trois les protéines entières en peptides, mais chacune brise des liaisons peptidiques entre des acides aminés différents. La **carboxypeptidase** agit sur les peptides et brise la liaison peptidique entre l'acide aminé terminal et l'extrémité carboxylique (acide) du peptide. La digestion des protéines est complétée par les **peptidases**. L'**aminopeptidase** agit sur les peptides et brise les liaisons peptidiques entre les acides aminés et l'extrémité aminée du peptide. La **dipeptidase** scinde les dipeptides (deux acides aminés reliés par une liaison peptidique) en acides aminés susceptibles d'être absorbés.

• ***Les lipides*** Chez les adultes, presque toute la digestion des lipides s'effectue dans l'intestin grêle. Tout d'abord, les sels biliaires préparent les graisses neutres (triglycérides). Les graisses neutres, ou simplement graisses, sont les lipides les plus abondants du régime alimentaire. On les appelle triglycérides, car ils sont formés d'une molécule de glycérine et de trois molécules d'acide gras (voir la figure 2.11). Les sels biliaires séparent les globules de graisses en gouttelettes d'environ 1 µm de diamètre; c'est l'**émulsion**. Ce mécanisme est essentiel pour que les enzymes capables de scinder les graisses puissent atteindre les molécules lipidiques. Ensuite, la **lipase pancréatique**, enzyme présente dans le suc pancréatique, hydrolyse les molécules de graisses pour les transformer en acides gras et en monoglycérides, produits finals de la digestion des graisses. La lipase retire deux ou trois acides gras de la glycérine; le troisième reste lié à la glycérine et forme donc des monoglycérides.

• ***Les acides nucléiques*** Le suc intestinal et le suc pancréatique contiennent des **nucléases** qui transforment les nucléotides en pentoses et bases azotées, leurs constituants. La **ribonucléase** agit sur les nucléotides de l'acide ribonucléique et la **désoxyribonucléase** agit sur les nucléotides de l'acide désoxyribonucléique.

Dans le document 24.5, nous présentons un résumé des enzymes digestives, les substrats sur lesquels elles agissent et les produits qu'elles forment.

LA RÉGULATION DE LA SÉCRÉTION INTESTINALE

La régulation de la sécrétion intestinale (entérique) s'effectue principalement par des réflexes locaux en réaction à la présence de chyme. La sécrétine et la cholécystokinine (CCK) stimulent également la production de suc intestinal.

L'ABSORPTION

Toutes les phases chimiques et mécaniques de la digestion, depuis la bouche jusqu'à l'intestin grêle, servent à transformer la nourriture en composés capables de traverser les cellules épithéliales qui tapissent la muqueuse et de pénétrer dans les vaisseaux sanguins et lymphatiques sous-jacents. Ces composés sont: les oses (glucose, fructose et galactose), les acides aminés, les acides gras, la glycérine et les glycérides. Le passage de ces nutriments digérés, du tube digestif au sang et à la lymphe, est appelé **absorption**.

Environ 90% de toute l'absorption a lieu dans l'intestin grêle. Le reste de l'absorption s'effectue dans l'estomac et le gros intestin. Toute substance non digérée ou non absorbée qui demeure dans l'intestin grêle est cédée au gros intestin. L'absorption des substances dans l'intestin grêle se fait essentiellement par les villosités et dépend de la diffusion, de la diffusion facilitée, de l'osmose et du transport actif.

DOCUMENT 24.5 RÉSUMÉ DES ENZYMES DIGESTIVES

ENZYME	ORIGINE	SUBSTRAT	PRODUIT
Amylase salivaire	Glandes salivaires	Amidons (polyosides)	Maltose (diholoside)
Pepsine (activée à partir du pepsinogène par l'acide chlorhydrique)	Estomac (cellules principales)	Protéines	Peptides
Amylase pancréatique	Pancréas	Amidons (polyosides)	Maltose (diholoside)
Trypsine (activée à partir du trypsinogène par l'enrérokinase)	Pancréas	Protéines	Peptides
Chymotrypsine (activée à partir du chymotrypsinogène par la trypsine)	Pancréas	Protéines	Peptides
Carboxypeptidase (activée à partir de la procarboxypeptidase par la trypsine)	Pancréas	Acide aminé terminal à l'extrémité carboxylique (acide) des peptides	Peptides et acides aminés
Lipase pancréatique	Pancréas	Graisses neutres (triglycérides) préalablement émulsionnées par des sels biliaires	Acides gras et monoglycérides
Maltase	Intestin grêle	Maltose	Glucose
Invertase	Intestin grêle	Saccharose	Glucose et fructose
Lactase	Intestin grêle	Lactose	Glucose et galactose
Peptidases			
Aminopeptidase	Intestin grêle	Acides aminés terminaux à l'extrémité aminée des peptides	Acides aminés
Dipeptidase	Intestin grêle	Dipeptides	Acides aminés
Nucléases			
Ribonucléase	Pancréas et intestin grêle	Nucléotides de l'acide ribonucléique	Pentoses et bases azotées
Désoxyribonucléase	Pancréas et intestin grêle	Nucléotides de l'acide désoxyribonucléique	Pentoses et bases azotées

Les glucides

La plus grande partie des glucides est absorbée sous forme d'oses. Le glucose et le galactose sont transportés dans les cellules épithéliales des villosités par un processus actif relié au transport actif du sodium. Il semble que la protéine porteuse possède des sites récepteurs à la fois pour le glucose et le sodium; le transport actif de ces substances ne s'effectue que si les deux sites récepteurs sont simultanément occupés. Le fructose est transporté par diffusion facilitée. Après leur transport, les oses quittent les cellules épithéliales par diffusion et pénètrent dans les capillaires des villosités. Le sang les transporte ensuite au foie par le système porte hépatique. Enfin, les oses quittent le foie, sont transportés dans le cœur et pénètrent dans la circulation générale (figure 24.21).

Les protéines

La plupart des protéines sont absorbées sous forme d'acides aminés; le processus de transformation a lieu surtout dans le duodénum et le jéjunum. Le transport des acides aminés dans les cellules épithéliales des villosités est un transport actif, également relié au transport actif du sodium. On croit distinguer plusieurs (peut-être quatre) systèmes différents pour le transport des acides aminés, soit un pour chaque groupe chimique d'acide aminé. Les acides aminés quittent les cellules épithéliales par diffusion et pénètrent dans la circulation sanguine. Ils suivent le même parcours que les oses. Parfois, des dipeptides et des tripeptides pénètrent dans les cellules épithéliales par transport actif. La plupart de ces substances sont hydrolisées en acides aminés à l'intérieur de la cellule, puis sont transportées vers les capillaires des villosités (figure 24.21).

Les lipides

L'émulsion et la digestion des graisses entraînent la dégradation des graisses neutres (triglycérides) en monoglycérides et en acides gras. Nous avons vu que la lipase retire 2 ou 3 acides gras de la glycérine durant la digestion des graisses, tandis que l'autre acide gras reste

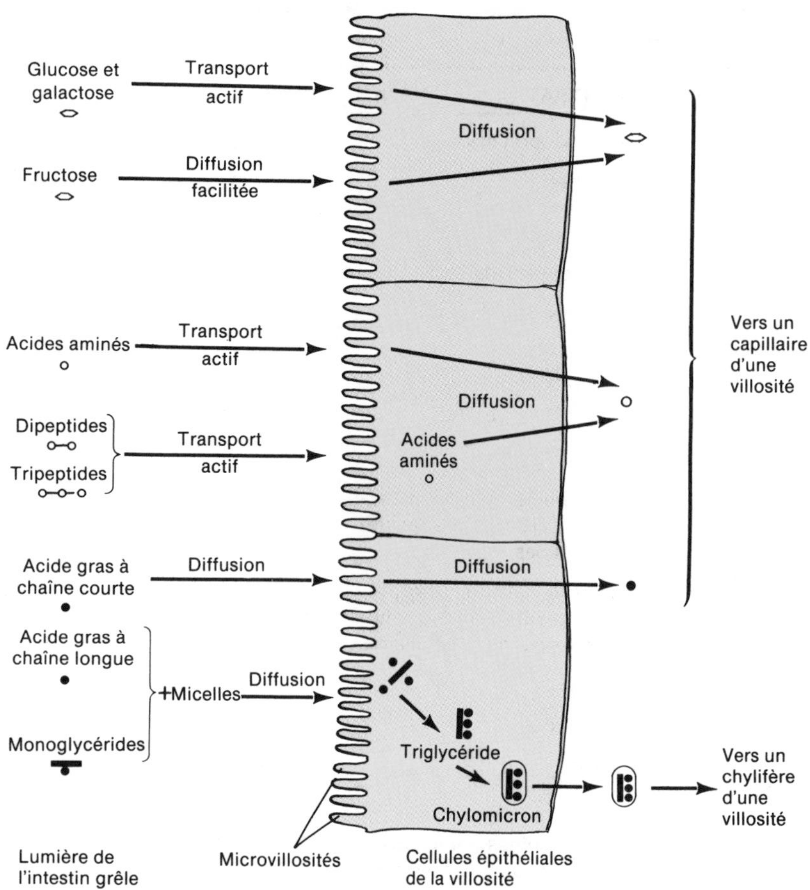

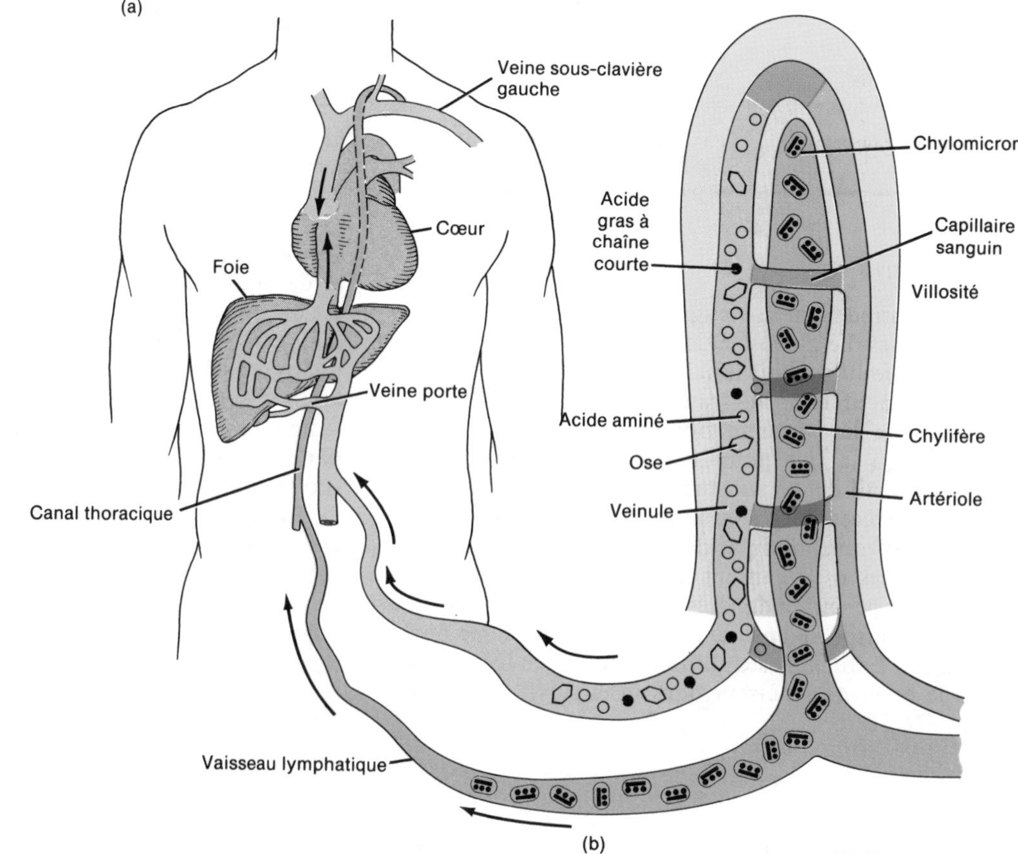

FIGURE 24.21 Absorption. (a) Mouvement des nutriments digérés à travers les cellules muqueuses des villosités. Pour simplifier le schéma, tous les aliments digérés sont rassemblés dans la lumière de l'intestin grêle, bien que la digestion de certains nutriments s'effectue à la surface des cellules épithéliales de l'intestin grêle ou à l'intérieur de celles-ci. (b) Mouvement des nutriments digérés dans l'appareil cardio-vasculaire et le système lymphatique.

lié à la glycérine pour former des monoglycérides. Les acides gras à chaîne courte (moins de 10 à 12 atomes de carbone) pénètrent dans les cellules épithéliales par diffusion et suivent le même parcours que celui des oses et des acides aminés (figure 24.21).

La plupart des acides gras sont des acides gras à chaîne longue. Ces acides gras et les monoglycérides sont transportés différemment. Les sels biliaires forment des agrégats sphériques, les **micelles**. Elles ont un diamètre d'environ 2,5 nm et sont formées de 20 à 50 molécules de sels biliaires. Les micelles, malgré leur grande taille, sont solubles dans l'eau du liquide intestinal. Durant la digestion des graisses, les acides gras et les monoglycérides se dissolvent au centre des micelles avant d'atteindre les cellules épithéliales des villosités. Les acides gras et les monoglycérides, au moment où ils entrent en contact avec les surfaces des cellules épithéliales, diffusent dans ces dernières et laissent les micelles dans le chyme. Les micelles répètent continuellement ce processus de transport. Enfin, la majeure partie des sels biliaires de l'intestin grêle est réabsorbée dans l'iléon, avant d'être transportée par le sang jusqu'au foie pour y être sécrétée de nouveau. Ce cycle est appelé **cycle entéro-hépatique**. L'insuffisance de sels biliaires, provoquée par l'oblitération des canaux biliaires ou l'ablation de la vésicule biliaire, peut entraîner une augmentation de 40% des lipides présents dans les fèces, à cause de l'absorption inadéquate des lipides. De plus, si l'absorption des lipides n'est pas adéquate, celle des vitamines liposolubles (A, D, E et K) ne le sera pas non plus.

De nombreux monoglycérides sont transformés en glycérine et en acides gras par la lipase, à l'intérieur des cellules épithéliales. Les acides gras et la glycérine se combinent de nouveau pour former des triglycérides dans le réticulum endoplasmique lisse des cellules épithéliales. Les triglycérides, qui restent dans le réticulum endoplasmique, se regroupent en globules avec les phospholipides et le cholestérol et sont recouverts d'une couche de protéines. Ces masses sont appelées **chylomicrons.** L'enveloppe protéique garde les chylomicrons en suspension et les empêche de se coller les uns aux autres. Les chylomicrons quittent les cellules épithéliales et pénètrent dans le chylifère d'une villosité. Ils sont ensuite transportés par les vaisseaux lymphatiques jusqu'au canal thoracique et pénètrent dans l'appareil cardiovasculaire au niveau de la veine sous-clavière gauche. Enfin, ils atteignent le foie par l'artère hépatique (figure 24.21).

L'eau

Environ 9 L de liquide pénètrent quotidiennement dans l'intestin grêle. Ce liquide est dérivé de l'ingestion de liquides (environ 1,5 L) et de diverses sécrétions gastro-intestinales (environ 7,5 L). Près de 8,0 L à 8,5 L de liquide sont absorbés dans l'intestin grêle ; la quantité de liquide restant (de 0,5 L à 1,0 L) est cédée au gros intestin, où une grande partie est aussi absorbée.

L'absorption de l'eau dans l'intestin grêle s'effectue par osmose depuis la lumière de l'intestin grêle jusqu'aux

DOCUMENT 24.6 RÉSUMÉ DES FONCTIONS DE DIGESTION ET D'ABSORPTION DANS L'INTESTIN GRÊLE

STRUCTURE	FONCTION
Pancréas	Libère le suc pancréatique dans le duodénum par le canal pancréatique (voir le document 24.5 pour les enzymes pancréatiques et leurs fonctions)
Foie	Produit la bile nécessaire à l'émulsion des graisses
Vésicule biliaire	Emmagasine, concentre et libère la bile dans le duodénum par le canal cholédoque
Intestin grêle	
Muqueuse et sous-muqueuse	
Glandes intestinales	Sécrètent le suc intestinal (voir le document 24.5 pour les enzymes intestinales et leurs fonctions)
Glandes de Brunner (glandes duodénales)	Sécrètent le mucus destiné à la protection et à la lubrification
Microvillosités	Saillies digitiformes des cellules épithéliales, qui augmentent la surface d'absorption et de digestion
Villosités	Saillies de la muqueuse qui servent de lieu d'absorption des aliments digérés et qui augmentent la surface d'absorption et de digestion
Valvules conniventes	Replis circulaires de la muqueuse et de la sous-muqueuse, qui augmentent la surface d'absorption et de digestion
Musculeuse	
Segmentation	Alternance de contractions des fibres circulaires qui produisent la segmentation et la resegmentation des parties de l'intestin grêle ; mélange le chyme aux sucs digestifs et met la nourriture en contact avec la muqueuse pour y être absorbée
Péristaltisme	Faibles ondes de contraction et de relâchement des fibres circulaires et longitudinales qui longent l'intestin grêle ; poussent le chyme vers la valvule iléo-cæcale

capillaires sanguins des villosités, à travers les cellules épithéliales. Le taux normal d'absorption se situe entre 200 mL/h et 400 mL/h. L'eau traverse la muqueuse intestinale dans les deux directions. L'absorption de l'eau depuis l'intestin grêle est liée à l'absorption des électrolytes et des aliments digérés, afin de maintenir l'équilibre osmotique avec le sang.

Les électrolytes

Les électrolytes absorbés par l'intestin grêle sont, pour la plupart, des constituants de sécrétions gastro-intestinales. Certains d'entre eux sont également des composants d'aliments ingérés et de liquides. Le sodium est capable de pénétrer dans les cellules épithéliales et de quitter celles-ci par diffusion. Il est aussi capable de pénétrer dans les cellules muqueuses par transport actif afin de quitter l'intestin grêle. Les ions chlorures, iodures et nitrates peuvent suivre passivement les ions sodium ou être activement transportés. Le mouvement des ions calcium, qui s'effectue également par transport actif, dépend de la parathormone (PTH) et de la vitamine D. Les électrolytes tels que le fer, le potassium, le magnésium et le phosphate sont aussi transportés activement.

Les vitamines

Les vitamines liposolubles, telles que les vitamines A, D, E et K, sont absorbées en même temps que les graisses alimentaires présentes dans les micelles. En fait, ces vitamines ne peuvent être absorbées que si elles sont accompagnées de graisses. La plupart des vitamines hydrosolubles, telles que les vitamines du groupe B et la vitamine C, sont absorbées par diffusion. La vitamine B_{12}, comme nous le savons, doit se combiner à un facteur intrinsèque produit par l'estomac pour être absorbée.

Dans le document 24.6, nous présentons un résumé des fonctions de digestion et d'absorption qui ont lieu dans l'intestin grêle.

LE GROS INTESTIN

Le gros intestin remplit plusieurs fonctions : il termine le processus d'absorption, produit certaines vitamines, forme les fèces et les expulse de l'organisme.

L'ANATOMIE

Le **gros intestin** mesure environ 1,5 m de longueur et 6,5 cm en moyenne de diamètre. Il s'étend de l'iléon à l'anus et est relié à la paroi abdominale postérieure par son **mésocôlon**, formé de péritoine viscéral. Du point de vue structural, le gros intestin se divise en quatre principales régions : le cæcum, le côlon, le rectum et le canal anal (figure 24.22,a).

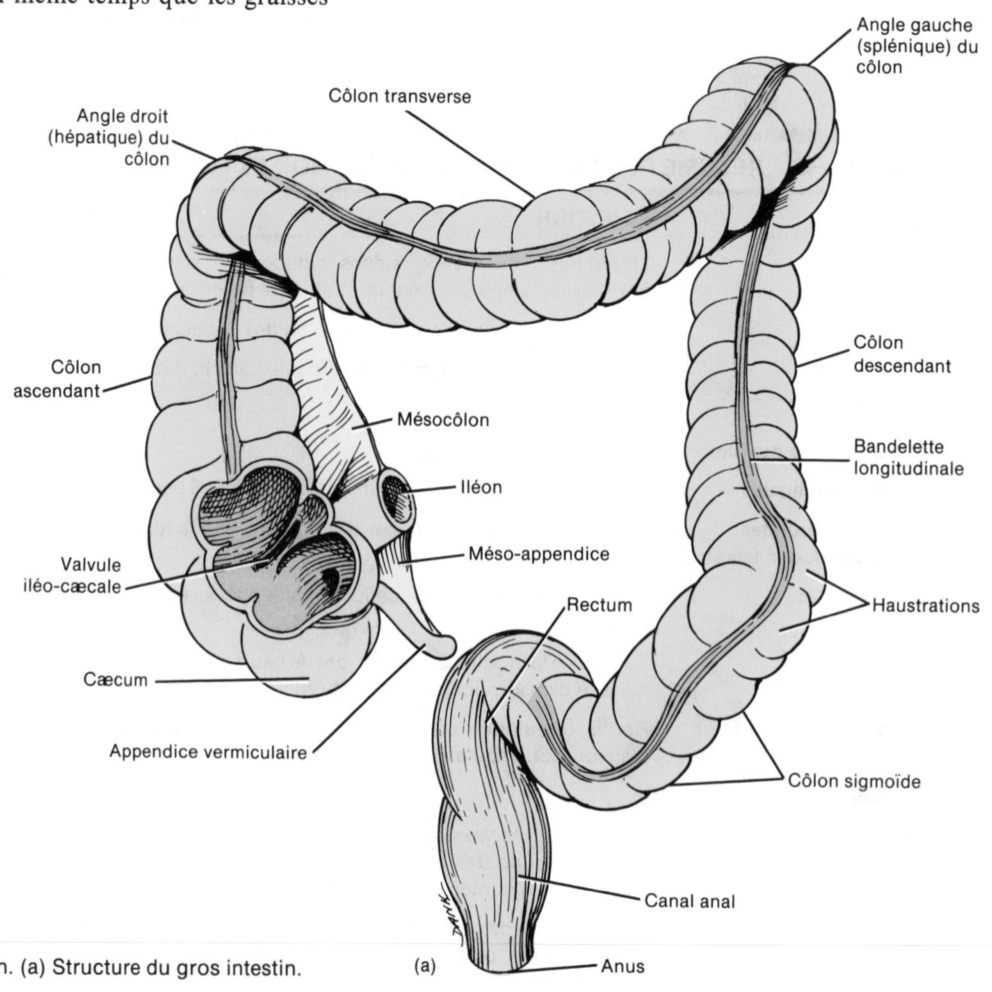

FIGURE 24.22 Gros intestin. (a) Structure du gros intestin.

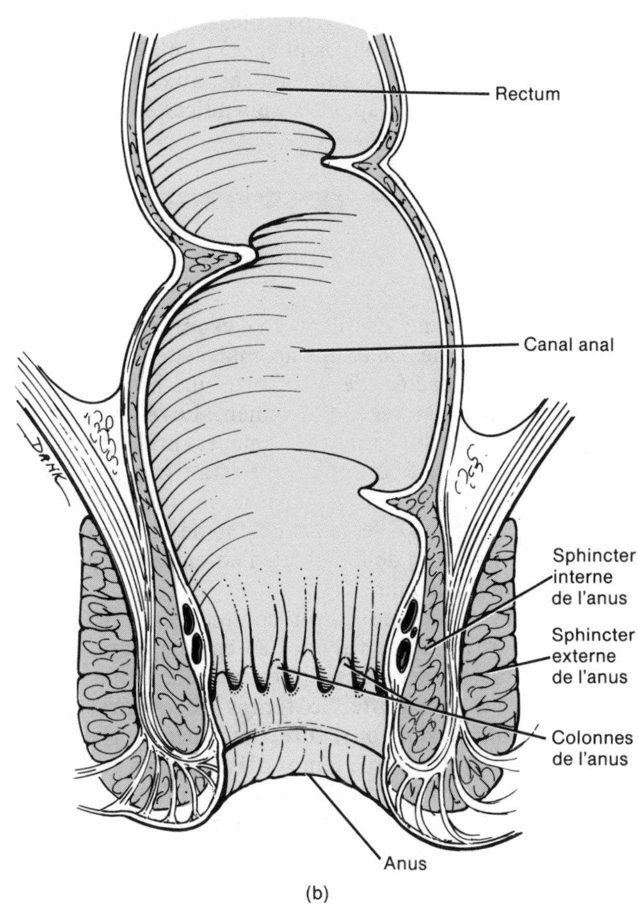

FIGURE 24.22 [*Suite*] (b) Coupe longitudinale du canal anal. (c) Structure histologique du gros intestin. Photomicrographie de la muqueuse du gros intestin, agrandie 140 fois. [Copyright © 1983 by Michael H. Ross. Reproduction autorisée.]

L'ouverture entre l'iléon et le gros intestin est protégée par un repli de la muqueuse, la **valvule iléo-cæcale**. Cette valvule permet le passage des substances de l'intestin grêle au gros intestin. Le **cæcum**, poche borgne d'environ 6 cm de longueur, pend sous la valvule iléo-cæcale. Un tube tordu, enroulé, mesurant environ 8 cm de longueur, est attaché au cæcum; c'est l'**appendice vermiculaire** (*vermis*: vers). Le péritoine viscéral de l'appendice, appelé **méso-appendice**, relie l'appendice à la partie inférieure de l'iléon et à la partie adjacente de la paroi abdominale postérieure.

Le cæcum s'ouvre sur un long tube, le **côlon**. Le côlon se divise en quatre portions: le côlon ascendant, le côlon transverse, le côlon descendant et le côlon sigmoïde. Le côlon ascendant monte le long du côté droit de l'abdomen, continue jusqu'à la face inférieure du foie et tourne subitement à gauche; cette courbure prononcée est appelée **angle droit (hépatique) du côlon**. La partie du côlon qui traverse ensuite du côté gauche de l'abdomen s'appelle le **côlon transverse**. La courbe du côlon transverse située sous l'extrémité inférieure de la rate, du côté gauche, est appelée **angle gauche (splénique) du côlon**. Le côlon descend jusqu'au niveau de la crête iliaque; c'est le **côlon descendant**. Le **côlon sigmoïde** débute à la crête iliaque gauche, fait saillie vers la ligne médiane et se termine vers le niveau de la troisième vertèbre sacrée et forme le rectum.

Le **rectum**, les 20 derniers centimètres du tube digestif, est situé devant le sacrum et le coccyx. Les 2 cm ou 3 cm à l'extrémité du rectum forment le canal anal (figure 24.22,b). La muqueuse du canal anal est disposée en plis longitudinaux appelés **colonnes anales**, qui contiennent un réseau d'artères et de veines. L'ouverture du canal anal à l'extérieur est appelée **anus**. L'anus est protégé par un sphincter interne composé de tissu muculaire lisse (involontaire) et d'un sphincter externe de muscle squelettique (volontaire). Habituellement, l'anus ne s'ouvre que durant l'élimination des déchets de la digestion.

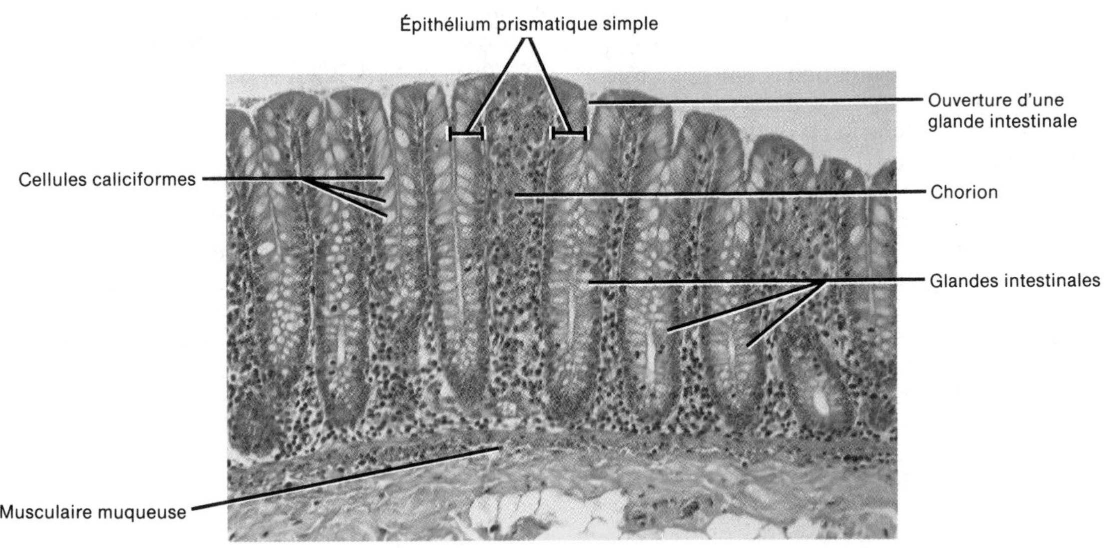

La **proctologie** (*procto* : rectum ; *logie* : étude de) est la branche de la médecine qui étudie et traite les affections du rectum et de l'anus.

APPLICATION CLINIQUE

Nous avons vu, au chapitre 21, que toute varice est accompagnée d'une inflammation et d'une dilatation. Les varices des veines hémorroïdales sont connues sous le nom **d'hémorroïdes.** Les hémorroïdes, qui commencent à l'intérieur de l'anus (premier degré), se dilatent graduellement, s'étendent vers l'extérieur durant la défécation (deuxième degré) et, enfin, font saillie par l'orifice anal (troisième degré). Les hémorroïdes peuvent être causées par la constipation. Les efforts répétés durant la défécation forcent le mouvement du sang vers le plexus hémorroïdal supérieur, ce qui accroît la pression dans ces veines. La constipation est liée à un régime alimentaire pauvre en fibres, particulièrement en Amérique du Nord. Selon une hypothèse, l'augmentation de la pression intra-abdominale, causée par les efforts fournis durant l'évacuation de fèces solides, est directement liée aux hémorroïdes ou aux veines variqueuses. Le traitement le plus répandu, dans le cas des hémorroïdes qui entraînent une hémorragie, une douleur intense et un malaise, consiste à poser une *ligature de caoutchouc* autour de l'hémorroïde pour arrêter la circulation sanguine. En quelques jours, l'hémorroïde sèche et se détache. La *photocoagulation à l'infrarouge* est un tout nouveau traitement qui utilise un faisceau lumineux de haute énergie pour coaguler l'hémorroïde.

L'HISTOLOGIE

La paroi du gros intestin diffère de celle de l'intestin grêle sous plusieurs aspects. La muqueuse du gros intestin ne présente ni villosités ni valvules conniventes permanentes, mais elle est formée d'un épithélium prismatique simple qui renferme de nombreuses cellules caliciformes (figure 24.22,c). Les cellules cylindriques ont pour rôle principal l'absorption de l'eau. Les cellules caliciformes sécrètent le mucus qui sert à lubrifier le contenu colique à mesure qu'il passe dans le côlon. Les cellules cylindriques et muqueuses sont situées dans les glandes intestinales tubulaires, longues et droites, qui s'étendent sur toute l'épaisseur de la muqueuse. Des follicules lymphoïdes solitaires sont aussi présents dans la muqueuse. La sous-muqueuse du gros intestin ressemble à celle du reste du tube digestif. La musculeuse est formée d'une couche externe de muscles longitudinaux et d'une couche interne de muscles circulaires. Contrairement à d'autres parties du tube digestif, des portions des muscles longitudinaux présentent un renflement formant trois bandes bien visibles, que l'on appelle **bandelettes longitudinales**. Chaque bandelette se prolonge sur la majeure partie du gros intestin (figure 24.22,a). Le côlon, sous l'effet des contractions toniques des bandelettes, forme une série de poches appelées **haustrations**, qui lui donnent son aspect bosselé. La séreuse du gros intestin fait partie du péritoine viscéral. De petites poches remplies de graisses du péritoine viscéral sont fixées aux bandelettes longitudinales ; on les appelles **appendices épiploïques**.

LA DIGESTION DANS LE GROS INTESTIN

La digestion mécanique

Le passage du chyme de l'iléon au cæcum est réglé par la valvule iléo-cæcale. En temps normal, cette valvule reste légèrement contractée, de telle sorte que le passage du chyme dans le cæcum se fait lentement. Le **réflexe gastro-iléal**, qui se produit immédiatement après un repas, provoque l'intensification du péristaltisme iléal, qui pousse tout le chyme de l'iléon vers le cæcum. L'hormone gastrine permet aussi le relâchement de la valvule. La force de contraction de la valvule iléo-cæcale dépend de la distension du cæcum.

Les mouvements du côlon commencent quand les substances traversent la valvule iléo-cæcale. Étant donné que le chyme avance dans l'intestin grêle à une vitesse passablement constante, le temps nécessaire à une quantité donnée de nourriture pour pénétrer dans le côlon est déterminé par le temps d'évacuation gastrique. Les aliments qui passent par la valvule iléo-cæcale remplissent le cæcum et s'accumulent dans le côlon ascendant.

Le **brassage haustral** est une série de mouvements caractéristiques du gros intestin. Au cours de ce mécanisme, les haustrations ne se contractent pas et restent lâches pendant leur remplissage. Lorsque la distension atteint un niveau seuil, les parois se contractent et, en se resserrant, poussent le contenu dans l'haustration suivante. Des **ondes péristaltiques** se propagent le long du gros intestin, mais à un rythme moins élevé que dans d'autres parties du tube digestif (de 3 à 12 contractions par minute). Enfin, les **mouvements de masse** sont de fortes ondes péristaltiques qui débutent vers le milieu du côlon transverse et poussent le contenu du côlon vers le rectum. Les aliments contenus dans l'estomac déclenchent ce réflexe dans le côlon. Les mouvements de masse ont donc lieu 3 ou 4 fois par jour, pendant un repas ou immédiatement après.

La digestion chimique

La dernière étape de la digestion est effectuée par des bactéries, et non par des enzymes. Le mucus est sécrété par les glandes du gros intestin, mais aucune enzyme n'est élaborée. Les bactéries préparent le chyme pour l'élimination. Ces bactéries font fermenter tous les glucides restants et libèrent de l'hydrogène, du dioxyde de carbone et du méthane. Ces gaz forment des flatuosités dans le côlon. Il transforment aussi les protéines restantes en acides aminés et dégradent les acides aminés en substances simples : l'indole, le scatole, le sulfure d'hydrogène et les acides gras. Une partie de l'indole et du scatole est évacuée dans les fèces et contribue à leur odeur. Le reste est absorbé et transporté au foie, où il est converti en composés moins toxiques et excrété dans l'urine. Les bactéries décomposent également la bilirubine en pigments simples (urobilinogène), qui donnent aux fèces leur couleur brune. Plusieurs vitamines nécessaires aux réactions métaboliques, dont quelques vitamines du groupe B et la vitamine K, sont synthétisées par des bactéries, puis sont absorbées.

L'absorption et la formation des fèces

Le chyme, après être resté dans le gros intestin pendant environ 3 h à 10 h, forme une masse solide ou semi-solide, à cause de l'absorption, que l'on appelle les **fèces**. Du point de vue chimique, les fèces sont formées d'eau, de sels inorganiques, de débris provenant des cellules épithéliales de la muqueuse du tube digestif, de bactéries, de produits de la décomposition bactérienne et de nourriture non digérée.

Le gros intestin, qui absorbe une bonne quantité d'eau, joue un rôle important dans le maintien de l'équilibre hydrique, même si la plus grande partie de l'absorption est effectuée dans l'intestin grêle. Toute l'eau qui pénètre dans le gros intestin (de 500 mL à 1 000 mL) est absorbée, sauf environ 100 mL. L'absorption est maximale dans le cæcum et le côlon ascendant. Le gros intestin absorbe aussi les électrolytes, dont le sodium et le chlorure.

La défécation

Les mouvements de masse poussent les matières fécales depuis le côlon sigmoïde jusqu'au rectum. La distension de la paroi rectale qui en résulte stimule les récepteurs baro-sensibles qui déclenchent le réflexe de la **défécation**, évacuation du rectum. Le réflexe de la défécation se produit de la façon suivante. Les récepteurs, en réaction à la distension de la paroi du rectum, envoient des influx nerveux à la moelle épinière sacrée. Les influx moteurs provenant de la moelle épinière sont conduits le long des fibres parasympathiques jusqu'au côlon descendant, au côlon sigmoïde, au rectum et à l'anus. La contraction des muscles longitudinaux du rectum raccourcissent celui-ci, ce qui fait augmenter la pression interne. Cette pression, ajoutée aux contractions volontaires du diaphragme et des muscles abdominaux, forcent l'ouverture du sphincter interne et l'expulsion des fèces par l'anus. Les contractions du sphincter externe sont volontaires. Son relâchement volontaire permet la défécation ; sa contraction volontaire empêche l'expulsion des fèces. Les contractions volontaires du diaphragme et des muscles abdominaux facilitent la défécation en augmentant la pression à l'intérieur de l'abdomen, ce qui a pour effet de pousser vers l'intérieur les parois du côlon sigmoïde et du rectum. Si les fèces ne sont pas expulsées, elles reviennent dans le côlon sigmoïde, en attendant que les mouvements de masse suivants stimulent de nouveau les récepteurs baro-sensibles et provoquent l'envie de déféquer.

Chez les enfants, le réflexe de la défécation entraîne l'évacuation automatique du rectum ; le sphincter anal externe n'est pas maîtrisé volontairement. Dans certains cas de lésions de la moelle épinière, le réflexe est absent, et la défécation nécessite l'emploi de substances purgatives, telles que les cathartiques (laxatifs).

APPLICATION CLINIQUE

La **diarrhée** est l'évacuation fréquente de fèces liquides, causée par un accroissement de la motilité des intestins. Le passage du chyme dans l'intestin grêle et celui des fèces dans le gros intestin est trop rapide ; les liquides n'ont pas le temps d'être absorbés. Comme le vomissement, la diarrhée peut entraîner la déshydratation et des déséquilibres électrolytiques. La diarrhée peut être causée par la tension ou des microbes qui irritent la muqueuse gastro-intestinale.

La **constipation** est la difficulté à évacuer les fèces ou l'espacement prolongé des défécations. La constipation est due à une diminution de la motilité des intestins ; les fèces restent donc très longtemps dans le côlon, ce qui a pour effet de les rendre sèches et dures, à cause de la trop grande absorption d'eau. La constipation peut être causée par des habitudes intestinales inappropriées, des spasmes du côlon, une

DOCUMENT 24.7 DIGESTION DANS LE GROS INTESTIN

STRUCTURE	FONCTION	EFFETS
Muqueuse	Sécrète le mucus	Lubrifie le côlon et protège la muqueuse
	Absorbe l'eau et d'autres composants solubles	Maintient l'équilibre hydrique ; solidifie les fèces. Absorbe les vitamines et les électrolytes et envoie les substances toxiques au foie pour y être détoxiquées
	Activité bactérienne	Dégrade les glucides, les protéines et les acides aminés non digérés en produits évacuables dans les fèces ou absorbés et détoxiqués par le foie. Certaines vitamines du groupe B et la vitamine K sont synthétisées
Musculeuse	Brassage haustral	Pousse le contenu d'une haustration à l'autre par des contractions musculaires
	Péristaltisme	Pousse le contenu le long du côlon par les contractions des muscles circulaires et longitudinaux
	Mouvement de masse	Le contenu est poussé dans le côlon sigmoïde et le rectum par de fortes ondes péristaltiques
	Défécation	Les fèces sont éliminées par contractions du côlon sigmoïde et du rectum

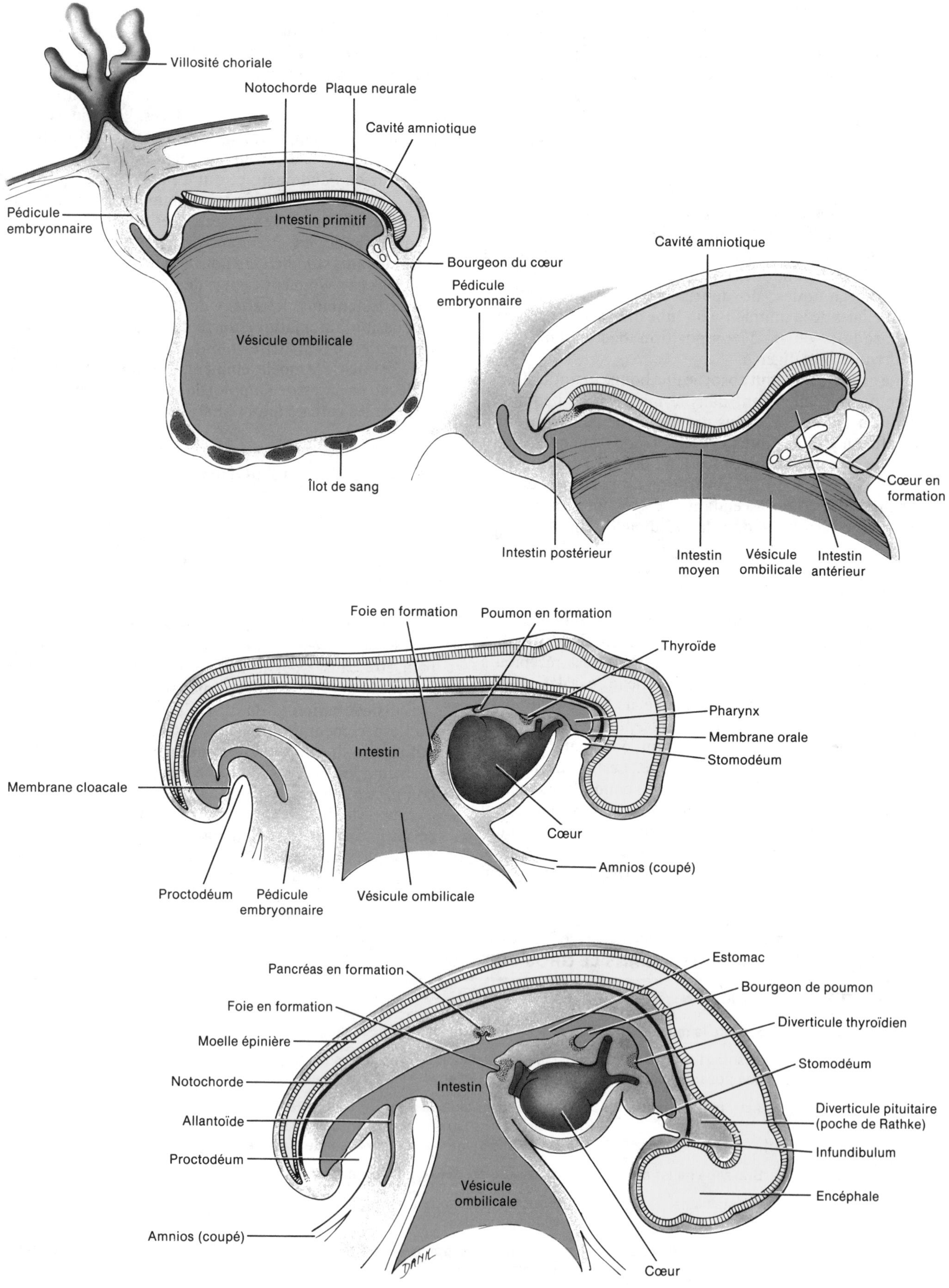

Villosité choriale
Notochorde
Plaque neurale
Cavité amniotique
Pédicule embryonnaire
Intestin primitif
Bourgeon du cœur
Vésicule ombilicale
Îlot de sang
Cavité amniotique
Pédicule embryonnaire
Cœur en formation
Intestin postérieur
Intestin moyen
Vésicule ombilicale
Intestin antérieur
Foie en formation
Poumon en formation
Thyroïde
Pharynx
Membrane orale
Stomodéum
Intestin
Membrane cloacale
Cœur
Amnios (coupé)
Proctodéum
Pédicule embryonnaire
Vésicule ombilicale
Estomac
Pancréas en formation
Bourgeon de poumon
Foie en formation
Diverticule thyroïdien
Moelle épinière
Stomodéum
Notochorde
Intestin
Diverticule pituitaire (poche de Rathke)
Allantoïde
Infundibulum
Proctodéum
Vésicule ombilicale
Encéphale
Amnios (coupé)
Cœur
DANK

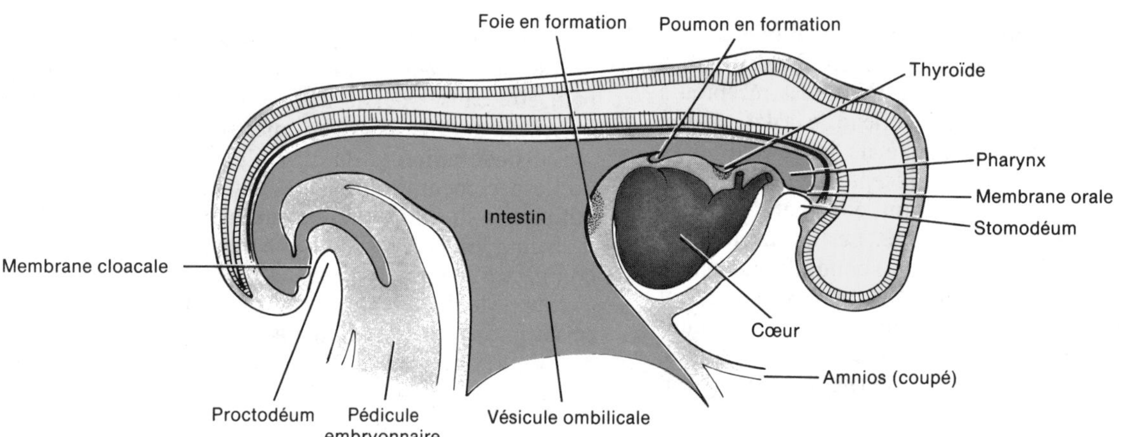

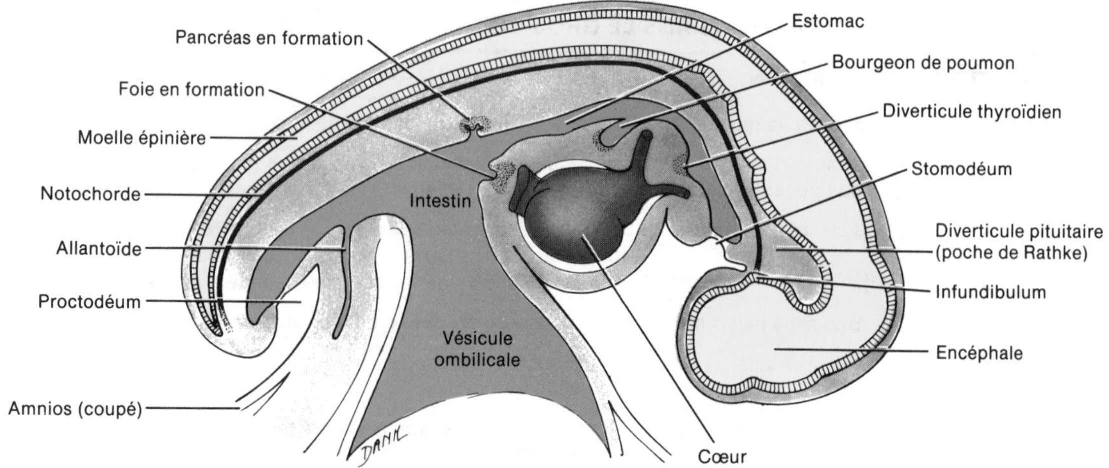

FIGURE 24.23 Développement embryonnaire de l'appareil digestif.

quantité insuffisante de matière inassimilable fibreuse dans le régime alimentaire, le manque d'exercice, et des émotions. On traite habituellement la constipation par un cathartique doux (laxatif) qui favorise la défécation.

Dans le document 24.7, nous présentons un résumé des fonctions du gros intestin.

LE VIEILLISSEMENT ET L'APPAREIL DIGESTIF

Parmi les modifications générales liées au vieillissement de l'appareil digestif, mentionnons la diminution des mécanismes sécréteurs, la réduction de la motilité (mouvements musculaires) des organes digestifs, la perte de la force et du tonus du tissu musculaire et de ses organes de soutien, des transformations dans la rétroaction neurosensitive sur la libération des enzymes et des hormones, et la diminution de la réaction aux sensations douloureuses et aux sensations internes. Parmi les modifications spécifiques, on trouve la réduction de la sensibilité de la bouche aux irritations et à la douleur, la perte du goût, la pyorrhée, la difficulté à avaler, la hernie hiatale, le cancer de l'œsophage, la gastrite, l'ulcère gastro-duodénal et le cancer de l'estomac. Parmi les modifications dans l'intestin grêle, mentionnons les ulcères duodénaux, l'appendicite, la mauvaise absorption et la mauvaise digestion. L'incidence d'autres affections, telles que les troubles de la vésicule biliaire, les ictères, la cirrhose et la pancréatite aiguë, augmente. Le vieillissement entraîne aussi des modifications dans le gros intestin, telles que la constipation, le cancer du côlon ou du rectum, les hémorroïdes et la diverticulose colique.

LE DÉVELOPPEMENT EMBRYONNAIRE DE L'APPAREIL DIGESTIF

Environ 14 jours après la fécondation, les cellules de l'endoblaste forment une cavité appelée intestin primitif (figure 24.23). Peu après, le mésoblaste se forme et se sépare en deux couches (somatique et splanchnique), le mésoblaste splanchnique s'attache à l'endoblaste de l'intestin primitif. L'intestin primitif possède donc une paroi double. La **couche endoblastique** se transforme pour donner l'*épithélium interne* et les *glandes* de la majeure partie du tube digestif, tandis que la **couche mésoblastique** produit les *muscles lisses* et le *tissu conjonctif*.

L'intestin primitif s'allonge et, vers la fin de la troisième semaine, il se divise en trois parties : l'**intestin antérieur**, l'**intestin moyen** et l'**intestin postérieur**. À la cinquième semaine du développement, l'intestin moyen s'ouvre sur la vésicule ombilicale. Ensuite, la vésicule ombilicale se contracte, se détache de l'intestin moyen qui se referme. Dans la région de l'intestin antérieur, une petite dépression formée d'**ectoblaste**, le **stomodéum**, apparaît. Cette dépression se développe pour former la *cavité buccale*. La **membrane buccale** qui sépare l'intestin antérieur du stomodéum se rompt durant la quatrième semaine du développement de sorte que l'intestin antérieur communique avec l'extérieur de l'embryon par la cavité buccale. Une autre dépression, formée d'**ectoblaste**, le **proctodéum**, apparaît dans l'intestin postérieur et se développe pour former l'*anus*. La **membrane cloacale**, qui sépare l'intestin postérieur du proctodéum, se rompt de façon que l'intestin postérieur communique avec l'extérieur de l'embryon par l'anus. Le tube digestif forme donc un tube continu depuis la bouche jusqu'à l'anus.

L'intestin antérieur se développe pour former le *pharynx*, l'*œsophage*, l'*estomac* et *une partie du duodénum*. L'intestin moyen forme *les parties restantes du duodénum*, le *jéjunum*, l'*iléon* et *des parties du gros intestin* (le cæcum, l'appendice, le côlon ascendant et presque tout le côlon transverse). L'intestin postérieur se développe pour former le *reste du gros intestin*, sauf une partie du canal anal, qui est dérivée du proctodéum.

Au cours du développement, l'endoblaste de plusieurs endroits de l'intestin antérieur se transforme en bourgeons creux qui se développent dans le mésoblaste. Ces bourgeons sont à l'origine des *glandes salivaires*, du *foie*, de la *vésicule biliaire* et du *pancréas*. Chacune de ces glandes reste liée au tube digestif par l'intermédiaire d'un canal.

LES AFFECTIONS : DÉSÉQUILIBRES HOMÉOSTATIQUES

Les caries dentaires

La carie dentaire est la déminéralisation graduelle (amollissement) de l'émail et de l'ivoire. Si elle n'est pas traitée, divers microorganismes sont susceptibles d'envahir la pulpe, de causer l'inflammation et l'infection, entraînant la mort (nécrose) de la pulpe et l'apparition d'un abcès de l'os alvéolaire entourant l'apex de la racine. On soigne ces dents par un traitement de canal.

Le processus de la carie dentaire commence lorsque les bactéries agissent sur les sucres, libérant des acides qui causent la déminéralisation de l'émail. Les microbes qui transforment le sucre en acide lactique sont courants dans la cavité buccale. *Streptococcus mutans* est une bactérie cariogène (capable de causer la carie). Le **dextran**, polyoside visqueux élaboré à partir du saccharose, forme une capsule autour de la bactérie qui permet à celle-ci de coller à la dent. Les agglomérats de cellules bactériennes, le dextran et d'autres déchets qui adhèrent à la dent sont appelés **plaque dentaire**. La salive est incapable d'atteindre la surface de la dent pour absorber l'acide, car la dent est recouverte de plaque. Le brossage des dents immédiatement après les repas permet de retirer la plaque des surfaces planes, avant que les bactéries ne commencent leur action destructrice. Les dentistes conseillent aussi de retirer toutes les 24 h la plaque qui se dépose entre les dents, à l'aide d'une soie dentaire ou d'un dispositif d'irrigation d'eau.

Il existe des mesures préventives autres que le brossage des dents, le nettoyage à l'aide de la soie dentaire et l'irrigation. Parmi celles-ci, mentionnons des suppléments alimentaires prénatals (principalement la vitamine D, le calcium et le phosphore), les traitements par le fluorure destinés à protéger les dents contre les acides durant leur période de calcification, et les obturations dentaires. Cette dernière opération consiste à boucher les cavités et les fissures, qui servent de réservoir à la plaque dentaire, par l'application d'un amalgame de matière plastique durable et permanent. L'amalgame est appliqué à la surface des molaires préalablement préparées. Les amalgames dentaires sont utilisés principalement pour les enfants et les adolescents, mais quelques adultes peuvent aussi en bénéficier.

La parodontolyse

La **parodontolyse** est un terme général servant à désigner une variété d'états caractérisés par l'inflammation ou la dégénérescence des gencives, de l'os alvéolaire, du ligament alvéolo-dentaire et du cément. Cet état pathologique est appelé **pyorrhée**. Les premiers symptômes sont la dilatation et l'inflammation des tissus mous et le saignement des gencives. Si le traitement est retardé, les tissus mous se détériorent et l'os alvéolaire peut se résorber, ce qui entraîne le déchaussement des dents et l'atrophie des gencives.

Les parodontolyses sont fréquemment causées par une mauvaise hygiène dentaire; des agents irritants localisés, tels que les bactéries, les particules de nourriture et la fumée de cigarette; ou par un mauvais affrontement des dents antagonistes. Ce dernier facteur demande des efforts de la part des tissus qui soutiennent les dents. Les parodontolyses peuvent aussi provenir d'une allergie, d'une carence en vitamines (particulièrement la vitamine C) et d'un certain nombre de troubles systémiques, surtout ceux qui touchent les os, le tissu conjonctif ou la circulation.

La péritonite

La **péritonite** est une inflammation aiguë de la membrane séreuse tapissant la cavité abdominale et recouvrant les viscères abdominaux. La péritonite peut provenir d'une contamination du péritoine par la pénétration dans l'organisme de bactéries pathogènes. Cette contamination peut être causée par une coupure accidentelle ou chirurgicale de la paroi abdominale ou par la perforation ou la rupture d'organes qui deviennent exposés au milieu extérieur. La péritonite peut aussi provenir de la perforation des parois des organes renfermant des bactéries ou des substances chimiques favorables aux organes, mais toxiques pour le péritoine. Par exemple, le gros intestin renferme des colonies de bactéries qui se nourrissent d'aliments non digérés et qui les transforment pour les éliminer. Lorsque ces bactéries pénètrent dans la cavité péritonéale, elles attaquent alors les cellules du péritoine pour se nourrir et produisent une infection aiguë. Il faut noter que le péritoine ne possède pas de barrière naturelle le protégeant des irritations ou de la digestion par les substances chimiques telles que la bile et les enzymes digestives.

Le péritoine est en contact avec la plupart des organes abdominaux et, bien qu'il renferme une grande quantité de tissu lymphoïde, les infections peuvent se propager, détruire les organes vitaux et entraîner la mort. Voilà pourquoi la perforation du tube digestif par un ulcère est considérée comme dangereuse. Plusieurs jours avant une intervention chirurgicale importante au côlon, on administre au patient de fortes doses d'antibiotiques pour détruire les bactéries intestinales et réduire les risques de contamination du péritoine.

Les ulcères gastro-duodénaux

Un **ulcère** est une lésion en forme de cratère d'une membrane. Les ulcères qui se forment dans les régions du tube digestif exposées à l'acidité du suc gastrique sont appelés **ulcères gastro-duodénaux**. Les ulcères gastro-duodénaux se forment parfois à l'extrémité inférieure de l'œsophage, mais ils apparaissent le plus souvent sur la petite courbure de l'estomac (**ulcères gastriques**) ou dans la première partie du duodénum (**ulcères duodénaux**). Les ulcères duodénaux sont les plus courants. Les ulcères duodénaux semblent être directement causés par l'hypersécrétion de suc gastrique acide. La paroi de l'estomac est bien protégée du suc gastrique par le mucus ; aussi les ulcères gastriques sont-ils causés par l'hyposécrétion de mucus. L'hypersécrétion de pepsine contribue également à la formation d'un ulcère.

Parmi les facteurs susceptibles d'augmenter la quantité de sécrétions acides, mentionnons les émotions, certains aliments ou médicaments (l'alcool, le café, l'aspirine) et la stimulation excessive du nerf pneumogastrique (X). Habituellement, la muqueuse tapissant les parois de l'estomac et du duodénum résiste à l'acide chlorhydrique et à la pepsine. Chez certaines personnes, cependant, cette résistance s'affaiblit et un ulcère apparaît.

L'hémorragie est la complication la plus courante des ulcères gastro-duodénaux. La perforation, érosion de l'ulcère de part en part de la paroi de l'estomac ou du duodénum, en est une autre. La perforation permet aux bactéries et aux aliments partiellement digérés de s'infiltrer dans la cavité péritonéale, ce qui provoque la péritonite. Enfin, les ulcères peuvent entraîner l'obstruction.

L'appendicite

L'**appendicite** est l'inflammation de l'appendice vermiculaire. L'appendicite est précédée par l'obstruction de la lumière de l'appendice par des matières fécales, l'inflammation, un corps étranger, le carcinome du cæcum, la sténose ou l'enroulement de l'organe. L'infection qui s'ensuit peut causer un œdème, une ischémie, la gangrène et la perforation. La rupture de l'appendice entraîne la péritonite. Les anses intestinales, les épiploons et le péritoine pariétal peuvent devenir adhérents et former un abcès soit dans la région de l'appendice, soit ailleurs dans la cavité abdominale.

De façon générale, l'appendicite débute par une douleur dans la région ombilicale, suivie d'une anorexie (perte ou diminution de l'appétit), de nausées et de vomissements. Après quelques heures, la douleur, continue, faible ou intense, qui se limite au quadrant inférieur droit (QID), est intensifiée par la toux, les éternuements et les mouvements du corps.

L'appendicectomie (ablation de l'appendice) immédiate est recommandée lorsqu'on croit détecter une appendicite, car il est plus simple d'opérer que de risquer la gangrène, la rupture et la péritonite. L'appendicectomie est effectuée par une incision pratiquée dans un muscle du quadrant inférieur droit (QID) et dans laquelle on amène le cæcum. On noue l'appendice à sa base, on l'excise, puis on cautérise le tronçon restant avant de l'invaginer dans le caecum.

Les tumeurs

Les **tumeurs** bénignes et malignes peuvent survenir sur toute la longueur du tube digestif. Les tumeurs bénignes sont les plus courantes, mais les tumeurs malignes sont responsables de 30% des décès par cancer aux États-Unis. Le carcinome du côlon et du rectum, une des affections malignes les plus courantes, vient au deuxième rang derrière le carcinome du poumon, chez les hommes, et celui du poumon et du sein, chez les femmes. Plus de la moitié des cancers colo-rectaux se forment dans le rectum et le côlon sigmoïde.

Les tumeurs malignes du rectum peuvent être détectées par un *toucher rectal*. La façon la plus simple de détecter le cancer du côlon consiste à examiner un échantillon de selles afin de déterminer si elles renferment du sang occulte, symptôme d'une tumeur maligne. L'utilisation du *sigmoïdoscope flexible à fibres optiques* permet de visualiser directement le rectum et le côlon. On parvient à examiner la totalité du tube digestif à l'aide de l'*endoscope flexible à fibres optiques*. L'examen endoscopique du côlon est appelée *colonoscopie*. Le sigmoïdoscope et l'endoscope peuvent servir à agrandir, à photographier, à biopsier et à retirer les polypes.

L'examen de routine des intestins consiste aussi à remplir le tube digestif de baryum, introduit par voie buccale ou par voie rectale (lavement). Le baryum est une substance minérale opaque aux rayons X, tout comme le calcium des os. On parvient ainsi à diagnostiquer les tumeurs et les ulcères. Si les carcinomes du tube digestif ne peuvent être retirés au moyen de l'endoscope, on les traite de façon définitive par une intervention chirurgicale.

La diverticulite

Les diverticules sont des poches que forme la paroi du côlon aux endroits où la musculeuse est affaiblie. La formation de diverticules est appelée **diverticulose**. La plupart des personnes atteintes de diverticulose n'ont pas de symptômes et ne présentent aucune complication. Environ 15% des personnes atteintes de diverticulose subiront une inflammation des diverticules, état pathologique appelé **diverticulite**.

Selon des recherches effectuées, la diverticulose s'explique par le manque de matières inassimilables fibreuses dans le côlon durant la segmentation. Les puissantes contractions, qui s'opposent à la quantité insuffisante de matière inassimilable, créent une pression qui entraîne la formation de poches dans les parois du côlon.

L'aggravation de la maladie diverticulaire est attribuée à l'adoption d'un régime alimentaire pauvre en fibres. Les personnes atteintes de diverticulose, à qui l'on a prescrit un régime alimentaire riche en fibres, présentent une remarquable amélioration.

On parvient à traiter la diverticulite par le repos, des lavements et des médicaments destinés à réduire l'infection. Dans les cas graves, il faut parfois procéder à l'excision des parties atteintes du côlon ou pratiquer une colostomie temporaire.

La cirrhose

La **cirrhose** est une affection caractérisée par la déformation du foie et la présence de cicatrices à sa surface par suite d'une inflammation chronique. Les cellules parenchymateuses (fonctionnelles) du foie sont remplacées par du tissu conjonctif fibreux ou adipeux; ce processus est appelé réparation du stroma. Le foie a une très grande faculté de régénérer les cellules parenchymateuses; la réparation du stroma s'effectue dès la mort d'une cellule parenchymateuse ou lorsque ces cellules subissent une lésion prolongée. Parmi les symptômes de la cirrhose, mentionnons l'ictère, l'œdème des jambes, le saignement excessif et l'augmentation de la sensibilité aux médicaments. La cirrhose peut être causée par une hépatite (inflammation du foie), certaines substances chimiques qui détruisent les hépatocytes, les parasites qui envahissent le foie et l'alcoolisme.

L'hépatite

L'**hépatite** est une inflammation du foie causée par des virus, des médicaments et des substances chimiques, dont l'alcool. On reconnaît plusieurs types d'hépatites.

L'**hépatite A** (**hépatite infectieuse**) est causée par le virus de l'hépatite A et se propage par la contamination fécale des aliments, des vêtements, des jouets, des ustensiles, et ainsi de suite (voie fécale-orale). L'hépatie A est une affection bénigne qui atteint généralement les enfants et les jeunes adultes. Elle est caractérisée par de l'anorexie, des malaises, des nausées, des diarrhées, de la fièvre et des frissons. Par la suite, un ictère peut apparaître. Les lésions causées par l'hépatite A ne dure pas longtemps; la guérison demande la plupart du temps entre 4 et 6 semaines.

L'**hépatite B** (**hépatite sérique**) est causée par le virus de l'hépatite B et se propage principalement lorsque les seringues et l'équipement servant aux transfusions sanguines sont contaminés. Elle peut aussi être transmise par une sécrétion ou un liquide de l'organisme (larmes, salive, sperme). L'hépatite B peut produire une inflammation chronique du foie et peut durer des années ou même toute la vie. Les personnes qui hébergent le virus actif de l'hépatite B sont exposées à la cirrhose et deviennent des porteurs du virus.

L'**hépatite non A-non B** est une forme d'hépatite qui ne peut être apparentée ni au virus de l'hépatite A ni à celui de l'hépatite B. L'hépatite non A-non B ressemble à l'hépatite B et elle se propage souvent par transfusions sanguines. On estime qu'elle est responsable d'un plus grand nombre d'hépatites post-transfusionnelles que celles reliées à l'hépatite B.

Les calculs biliaires

Le cholestérol contenu dans la bile peut se cristaliser à n'importe quel endroit entre les canalicules biliaires, où il apparaît pour la première fois, et l'ampoule de Vater, où la bile pénètre dans le duodénum. La fusion de cristaux simples est à l'origine de 95% de tous les **calculs biliaires**. Les calculs biliaires grossissent graduellement et peuvent causer le ralentissement du flux biliaire ou l'arrêt intermittent ou complet de la circulation biliaire entre la vésicule biliaire et le système de canaux. L'obstruction des canaux permettant la libération de la bile empêche l'évacuation normale de la vésicule biliaire après un repas; ce dysfonctionnement entraîne une augmentation de la pression à l'intérieur de la vésicule et la production d'une douleur intense ou d'un malaise (**colique hépatique**). L'arrêt complet du flux biliaire vers le duodénum peut causer la mort.

On traite cette affection par l'emploi de médicaments permettant de dissoudre les calculs ou par une intervention chirurgicale. Le méthyl tert-butyl éther (MTBE) est un solvant du cholestérol que l'on injecte, à l'aide d'un cathéter, dans la vésicule biliaire du client, sous anesthésie locale, pour dissoudre les calculs biliaires. Mais, pour certaines personnes, cette technique est contre-indiquée; on a alors recours à l'ablation de la vésicule biliaire et de son contenu (cholécystectomie).

L'anorexie mentale

L'**anorexie mentale** est un trouble caractérisé par la perte d'appétit et d'étranges habitudes alimentaires. On croit que cet arrêt de l'alimentation que le subconscient impose à l'organisme est causé par des conflits émotionnels au sujet de l'auto-identification et de l'acceptation du rôle sexuel adulte normal. Ce trouble est très fréquent chez les jeunes femmes célibataires. Il a pour conséquence physique l'inanition grave et progressive. L'aménorrhée (absence de menstruations) et la baisse du taux du métabolisme basal sont le reflet des effets dépressifs de l'inanition. Les personnes atteintes d'anorexie maigrissent et peuvent même mourir de faim ou d'une autre complication. De plus, il existe un lien entre cette maladie et l'ostéoporose, la dépression, les anomalies de l'encéphale accompagnées d'une diminution des facultés mentales et une tendance à excréter de grandes quantités d'urine. On traite l'anorexie mentale par la psychothérapie et l'adoption d'un régime alimentaire approprié.

La boulimie

La **boulimie** (*bous*: bœuf: *limos*: faim) est un trouble qui atteint le plus souvent les jeunes femmes blanches, célibataires et de classe moyenne. Cette maladie est caractérisée par l'ingestion excessive d'aliments, suivie de vomissements volontaires ou de l'emploi de doses trop fortes de laxatifs. La boulimie se produit en réaction à la crainte de l'obésité, au stress, à la dépression et à des troubles physiologiques tels que des tumeurs hypothalamiques.

La boulimie peut bouleverser l'équilibre électrolytique de l'organisme et augmenter la vulnérabilité à la grippe, aux infections des glandes salivaires, à la sécheresse de la peau, à l'acné, aux spasmes musculaires, à la perte des cheveux, aux maladies rénales et hépatiques, aux caries dentaires, aux ulcères, aux hernies, à la constipation et aux déséquilibres hormonaux. Le traitement de la boulimie comprend des traitements médicaux, la psychothérapie et les soins de conseillers en nutrition.

Le ballast intestinal et les troubles du tube digestif

Une carence alimentaire retient l'attention depuis peu ; il s'agit du manque de fibres cellulosiques, ou ballast intestinal. Les fibres cellulosiques sont formées de substances non digestibles, telles que la cellulose, la lignine et la pectine, que l'on trouve dans les fruits, les légumes, les grains et les haricots. La majeure partie des aliments que nous ingérons se compose de glucides raffinés à l'excès, surtout de l'amidon et du sucre, et d'une quantité importante de graisses et d'huiles. Ceux qui choisissent un régime alimentaire non raffiné, riche en fibres, réduisent considérablement les risques de souffrir de maladies dues à la suralimentation (obésité, diabète, calcul biliaire et cardiopathie ischémique), de maladies causées par l'inactivité de la bouche (caries et parodontolyse) et des maladies causées par la raréfaction des aliments dans le gros intestin (constipation, veines variqueuses, hémorroïdes, spasmes du côlon, diverticulite, appendicite et cancer du gros intestin). Tous ces états pathologiques sont directement reliés à la digestion et au métabolisme de la nourriture ainsi qu'au fonctionnement de l'appareil digestif. L'ingestion quotidienne d'une petite quantité de son ou d'autres aliments riches en fibres permet de traiter la carence en fibres cellulosiques.

GLOSSAIRE DES TERMES MÉDICAUX

Affection inflammatoire intestinale Affection qui se présente sous deux formes : l'entérite régionale, ou maladie de Crohn (inflammation de l'intestin) et la recto-colite hémorragique, ou colite ulcéreuse (inflammation du côlon caractérisée par des ulcérations et accompagnée d'une hémorragie rectale).

Botulisme (*botulus* : boudin) Type d'intoxication alimentaire causée par l'ingestion de la toxine élaborée par *Clostridium botulinum.* Cette bactérie est introduite dans l'organisme par des aliments insuffisamment cuits et des conserves. La toxine inhibe la conduction des influx nerveux aux synapses en inhibant la libération de l'acétylcholine. Parmi les symptômes, on trouve la paralysie, les nausées, les vomissements, la diplopie (vue brouillée), la difficulté d'élocution et de déglutition, la sécheresse de la bouche et une faiblesse générale.

Cholécystite (*cholé* : bile : *cysti* : vésicule ; *ite* : inflammation) Inflammation de la vésicule biliaire qui entraîne souvent une infection. Dans certains cas, la cholécystite est causée par l'obstruction du canal cystique par des calculs biliaires. Les sels biliaires stagnants irritent la muqueuse. Les cellules muqueuses mortes servent de milieu à la croissance bactérienne.

Cholélithiase (*lithe* : pierre) Présence de calculs biliaires.

Colite Inflammation du côlon et du rectum. L'inflammation de la muqueuse réduit l'absorption d'eau et de sels, ce qui entraîne la formation de fèces composées d'eau et de sang et, dans les cas graves, la déshydratation et la déplétion de sels. Les spasmes de la musculeuse irritée provoque des crampes.

Colostomie (*stomie* : bouche) Création d'une ouverture artificielle en abouchant le côlon à l'extérieur. Cette ouverture est un anus artificiel par lequel sont éliminées les fèces. On peut pratiquer une colostomie temporaire pour soulager un côlon enflammé et lui permettre de se cicatriser. La colostomie est permanente si l'on doit pratiquer l'ablation du rectum à cause d'une affection maligne.

Dysphagie (*dys* : difficulté ; *phagie* : manger) Trouble de la déglutition causé par une inflammation, une paralysie, une obstruction ou un traumatisme.

Entérite (*entéron* : intestin) Inflammation des intestins, et en particulier de l'intestin grêle.

Flatuosité Accumulation d'air (gaz) dans l'estomac ou l'intestin, habituellement expulsé par l'anus. L'expulsion de ces gaz par la bouche est appelée **éructation**. Les flatuosités proviennent des gaz libérés par la dégradation des aliments dans l'estomac ou par l'ingestion d'air ou de substances contenant du gaz, telles que les boissons gazeuses.

Gastrectomie (*gastro* : estomac ; *ectomie* : ablation) Résection totale ou partielle de l'estomac.

Hernie Issue d'un organe ou d'une partie d'organe à travers une membrane ou la paroi d'une cavité, généralement la cavité abdominale. La *hernie diaphragmatique (hernie hiatale)* est l'issue de la partie inférieure de l'œsophage, de l'estomac ou de l'intestin dans la cavité thoracique par l'ouverture du diaphragme, l'hiatus œsophagien, qui permet le passage de l'œsophage. La *hernie ombilicale* est l'issue des organes abdominaux à travers l'ombilic de la paroi abdominale. La *hernie inguinale* est l'issue du sac herniaire contenant les intestins à travers l'ouverture inguinale. Elle peut s'étendre jusqu'à l'intérieur du scrotum, ce qui entraîne l'étranglement de la hernie.

Nausée (*nausea* : mal de mer) Malaise précédant les vomissements. La nausée est probablement causée par la distension ou l'irritation du tube digestif, surtout de l'estomac.

Pancréatite Inflammation du pancréas. Le pancréas sécrète une enzyme active, la trypsine, au lieu du trypsinogène ; la trypsine digère les cellules pancréatiques et les vaisseaux sanguins.

Syndrome d'irritation gastro-intestinale Maladie du tube digestif entier, caractérisée par des contractions musculaires anormales, particulièrement des spasmes du côlon, une accumulation de mucus dans les selles et l'alternance de diarrhée et de constipation.

RÉSUMÉ

La régulation de l'apport alimentaire (page 623)

1. Le centre de la faim et le centre de la satiété sont deux centres situés dans l'hypothalamus et reliés à la régulation de l'apport alimentaire ; le premier est constamment en activité, mais est inhibé par le second.
2. Le glucose, les acides aminés, les lipides, la température du corps, la distension et la cholécystokinine (CCK) sont des stimuli qui influencent les centres de la faim et de la satiété.

Les processus digestifs (page 623)

1. L'appareil digestif transforme les aliments, en vue de leur utilisation par les cellules, en cinq étapes fondamentales : l'ingestion, le mouvement, la digestion mécanique et chimique, l'absorption et la défécation.
2. La digestion chimique est une série de réactions cataboliques qui dégradent les grosses molécules de glucides, de lipides et de protéines des aliments en molécules utilisables par les cellules de l'organisme.
3. La digestion mécanique est une série de mouvements qui facilitent la digestion chimique.
4. L'absorption est le passage des produits finals de la digestion depuis le tube digestif jusqu'au sang ou à la lymphe afin d'être répartis dans les cellules.
5. La défécation est le vidage du rectum.

L'organisation (page 623)

1. Les organes de la digestion sont habituellement classés en deux principaux groupes : ceux qui forment le tube digestif et les organes annexes.
2. Le tube digestif est un tube continu qui traverse la cavité ventrale du corps depuis la bouche jusqu'à l'anus.
3. Parmi les organes annexes, on trouve les dents, la langue, les glandes salivaires, le foie, la vésicule biliaire et le pancréas.
4. La muqueuse, la sous-muqueuse, la musculeuse et la séreuse (péritoine) sont les quatre tuniques tissulaires de base qui composent, de l'intérieur vers l'extérieur, le tube digestif.
5. Parmi les prolongements du péritoine, mentionnons le mésentère, le mésocôlon, le ligament falciforme, le petit épiploon et le grand épiploon.

La bouche [cavité buccale] (page 628)

1. La bouche est formée des joues, du voile du palais et de la voûte palatine, des lèvres et de la langue, qui facilitent la digestion mécanique.
2. Le vestibule est l'espace compris entre les joues et les lèvres, et entre les dents et les gencives.
3. La cavité buccale proprement dite s'étend du vestibule au gosier.

La langue (page 629)

1. La langue, avec ses muscles, forme le plancher de la cavité buccale. Elle est composée de muscles squelettiques recouverts d'une muqueuse.
2. La face supérieure de la langue et les bords sont recouverts de papilles. Quelques papilles renferment des bourgeons du goût.

Les glandes salivaires (page 629)

1. La salive est sécrétée principalement par les glandes salivaires, logées à l'extérieur de la bouche, qui déversent leur contenu dans des canaux débouchant dans la cavité buccale.
2. Il existe trois paires de glandes salivaires : les glandes parotides, sous-mandibulaires (sous-maxillaires) et sublinguales.
3. La salive lubrifie les aliments et amorce la digestion chimique des glucides.
4. La salivation est entièrement réglée par le système nerveux.

Les dents (page 631)

1. Les dents font saillie à l'intérieur de la bouche et sont conçues pour la digestion mécanique.
2. Une dent est normalement formée de trois parties principales : la couronne, la racine et le collet.
3. Les dents se composent principalement d'ivoire recouvert d'émail, la substance la plus dure du corps.
4. Deux dentures se forment : la denture temporaire et la denture permanente.

La digestion dans la bouche (page 633)

1. Durant la mastication, la nourriture est mélangée à la salive et modelée en un bol alimentaire.
2. L'amylase salivaire transforme les polyosides (amidon) en diholosides (maltose).

La déglutition (page 633)

1. Durant la déglutition, le bol alimentaire est poussé de la bouche vers l'estomac.
2. La déglutition comporte les étapes volontaire, pharyngienne (involontaire) et œsophagienne (involontaire).

L'œsophage (page 634)

1. L'œsophage est un conduit musculo-membraneux souple qui relie le pharynx à l'estomac.
2. Il fait avancer le bol alimentaire vers l'estomac par péristaltisme.
3. Il est pourvu de sphincters œsophagiens supérieur et inférieur.

L'estomac (page 638)

L'anatomie ; l'histologie (page 638)

1. L'estomac prend naissance dans la partie inférieure de l'œsophage et se termine au sphincter pylorique.
2. L'estomac compte quatre subdivisions anatomiques : le cardia, le fundus, le corps et le pylore.
3. Parmi les structures qui permettent à l'estomac d'accomplir la digestion, on trouve les plissements gastriques ; les glandes qui produisent le mucus, l'acide chlorhydrique, une enzyme capable de digérer les protéines, un facteur intrinsèque et la gastrine de l'estomac ; et une musculeuse composée de trois couches et destinée aux mouvements mécaniques.

La digestion dans l'estomac (page 640)

1. La digestion mécanique est effectuée par des ondes de mélange.
2. La digestion chimique est la conversion des protéines en peptides par la pepsine.

La régulation de la sécrétion gastrique (page 640)

1. La sécrétion gastrique est réglée par des mécanismes nerveux et hormonaux.
2. La stimulation s'effectue en trois phases : les phases céphalique (réflexe), gastrique et intestinale.

La régulation de l'évacuation gastrique (page 642)

1. L'évacuation gastrique s'effectue en réaction à la distension et à la libération de la gastrine en présence de certains types d'aliments.
2. L'évacuation gastrique est inhibée par le réflexe entéro-gastrique et des hormones (sécrétine, CCK et GIP).

L'absorption (page 643)

1. La paroi de l'estomac est imperméable à la plupart des substances.
2. Parmi les substances qu'elle absorbe, mentionnons l'eau, certains électrolytes et certains médicaments et l'alcool.

Le pancréas (page 643)

1. Le pancréas, formé d'une tête, d'un corps et d'une queue, est relié au duodénum par le canal pancréatique (canal de Wirsung) et le canal pancréatique accessoire (canal de Santorini).
2. Les îlots pancréatiques (îlots de Langerhans) sécrètent des hormones tandis que les acini sécrètent le suc pancréatique.
3. Le suc pancréatique renferme des enzymes capables de digérer l'amidon (amylase pancréatique), les protéines (trypsine, chymotrypsine et carboxypeptidase), les graisses (lipase pancréatique) et les nucléotides (nucléases).
4. La sécrétion pancréatique est réglée par des mécanismes nerveux et hormonaux.

Le foie (page 645)

1. Le foie est formé d'un lobe droit et d'un lobe gauche ; le lobe droit présente le lobe caudé (lobe de Spigel) et le lobe carré.
2. Les lobes du foie se composent de lobules contenant des hépatocytes (cellules hépatiques), des capillaires sinusoïdes, des cellules de Kupffer et d'une veine centrale.
3. Les hépatocytes produisent de la bile qui est transportée, par un système de canaux, vers la vésicule biliaire où elle est emmagasinée.
4. La bile contribue à l'émulsion des graisses neutres.
5. Le foie produit aussi de l'héparine et des protéines plasmatiques, et joue un rôle dans la phagocytose, la détoxication, la transformation des nutriments et l'emmagasinage des sels minéraux, des vitamines et du glycogène.
6. La sécrétion biliaire est réglée par des mécanismes nerveux et hormonaux.

La vésicule biliaire (page 648)

1. La vésicule biliaire est une poche en forme de poire logée dans la fossette cystique à la face viscérale du foie.
2. La vésicule biliaire emmagasine et concentre la bile.
3. La bile est éjectée dans le canal cholédoque sous l'effet de la cholécystokinine (CCK).

L'intestin grêle (page 648)

L'anatomie ; l'histologie (page 648)

1. L'intestin grêle s'étend du sphincter pylorique à la valvule iléo-cæcale.
2. Il se divise en duodénum, jéjunum et iléon.
3. Il est spécialement conçu pour la digestion et l'absorption. Ses glandes produisent des enzymes et du mucus ; les microvillosités, les villosités et les valvules conniventes de sa paroi assurent une grande surface de digestion et d'absorption.
4. Les enzymes intestinales dégradent la nourriture à l'intérieur des cellules épithéliales de la muqueuse.

Le suc intestinal ; la digestion (page 650 ; page 651)

1. Les enzymes intestinales transforment le maltose en glucose (maltase), le saccharose en glucose et en fructose (invertase), le lactose en glucose et en galactose (lactase), les acides aminés terminaux à l'extrémité aminée des peptides (aminopeptidase), les dipeptides en acides aminés (dipeptidase) et les nucléotides en pentoses et en bases azotées (nucléases).
2. La digestion mécanique dans l'intestin grêle est effectuée par la segmentation et le péristaltisme.

La régulation de la sécrétion intestinale (page 652)

1. Les réflexes locaux constituent le mécanisme le plus important.
2. Les hormones y jouent également un rôle.

L'absorption (page 652)

1. L'absorption est le passage des produits finals de la digestion, du tube digestif au sang ou à la lymphe.
2. Les oses, les acides aminés et les acides gras à chaine courte sont absorbés dans les capillaires sanguins.
3. Les acides gras à chaîne longue et les monoglycérides sont absorbés sous forme de micelles, synthétisés de nouveau en triglycérides et transportés sous forme de chylomicrons.
4. Les chylomicrons pénètrent dans les chylifères des villosités.
5. L'intestin grêle absorbe également l'eau, les électrolytes et les vitamines.

Le gros intestin (page 656)

L'anatomie ; l'histologie (page 656 ; page 658)

1. Le gros intestin s'étend de la valvule iléo-caecale à l'anus.
2. Il se subdivise en cæcum, côlon, rectum et canal anal.
3. La muqueuse renferme un grand nombre de cellules caliciformes ; la musculeuse est formée de bandelettes longitudinales.

La digestion dans le gros intestin (page 658)

1. Le brassage haustral, le péristaltisme et le mouvement de masse sont les mouvements mécaniques se produisant dans le gros intestin.
2. Les dernières étapes de la digestion chimique ont lieu dans le gros intestin, par l'action des bactéries plutôt que des enzymes. Les substances sont encore transformées et plusieurs vitamines sont synthétisées.

L'absorption et la formation des fèces (page 659)

1. Le gros intestin absorbe l'eau, les électrolytes et les vitamines.
2. Les fèces sont formées d'eau, de sels inorganiques, de cellules épithéliales, de bactéries et d'aliments non digérés.

La défécation (page 659)

1. La défécation est l'expulsion des fèces du gros intestin.
2. La défécation est un réflexe facilité par les contractions volontaires du diaphragme et des muscles abdominaux.

Le vieillissement et l'appareil digestif (page 661)

1. Parmi les modifications, on remarque un ralentissement des mécanismes sécréteurs, une diminution de la motilité et une perte de tonus.
2. Parmi les modifications spécifiques, mentionnons la perte du goût, la pyorrhée, les hernies, les ulcères, la constipation, les hémorroïdes et la diverticulose colique.

Le développement embryonnaire de l'appareil digestif (page 661)

1. L'ectoblaste de l'intestin primitif forme l'épithélium et les glandes de la majeure partie du tube digestif.
2. Le mésoblaste de l'intestin primitif forme les muscles lisses et le tissu conjonctif du tube digestif.

Les affections : déséquilibres homéostatiques (page 661)

1. Les caries dentaires sont initialement causées par des bactéries qui produisent des acides et qui sont logées dans la plaque dentaire.
2. Les parodontolyses sont caractérisées par une inflammation et une dégénérescence des gencives, de l'os alvéolaire, du ligament alvéolo-dentaire et du cément.
3. La péritonite est l'inflammation du péritoine.
4. Les ulcères gastro-duodénaux sont des lésions en forme de cratère qui se forment sur la muqueuse du tube digestif, aux endroits exposés au suc gastrique.
5. L'appendicite est l'inflammation de l'appendice vermiculaire due à l'obstruction de la lumière par une inflammation, un corps étranger, le carcinome du cæcum, la sténose ou l'enroulement de l'organe.
6. Les tumeurs du tube digestif peuvent être détectées par la sigmoïdoscopie, la colonoscopie et la radiographie après injection de baryum opaque aux rayons X.
7. La diverticulite est l'inflammation des diverticules du côlon.
8. La cirrhose est un état pathologique dans lequel les cellules parenchymateuses du foie, lésées par une inflammation chronique, sont remplacées par du tissu conjonctif fibreux ou adipeux.
9. Une hépatite est une inflammation du foie. Parmi les types d'hépatites, mentionnons l'hépatite A, l'hépatite B et l'hépatite non A-non B.
10. La fusion de cristaux de cholestérol simples est à l'origine de 95% de tous les calculs biliaires. Les calculs biliaires peuvent causer l'arrêt de la circulation biliaire en n'importe quel endroit du système de canaux.
11. L'anorexie mentale est un trouble caractérisé par une perte d'appétit.
12. La boulimie est la suralimentation suivie de vomissements volontaires ou de l'absorption de doses trop fortes de laxatifs.

RÉVISION

1. Décrivez le mécanisme de régulation de l'apport alimentaire.
2. Définissez la digestion. Comparez la digestion chimique et la digestion mécanique.
3. Identifiez dans l'ordre les organes du tube digestif. En quoi le tube digestif diffère-t-il des organes annexes de la digestion ?
4. Décrivez la structure des quatre tuniques du tube digestif.
5. Qu'est-ce que le péritoine ? Situez les organes suivants et précisez leurs fonctions : le mésentère, le mésocôlon, le ligament falciforme, le petit épiploon et le grand épiploon.
6. Quels sont les organes qui forment la cavité buccale ?
7. Dessinez un diagramme simple de la langue. Indiquez l'emplacement des papilles et des quatre zones de saveur. Qu'est-ce que l'ankyloglossie ?
8. Situez les glandes salivaires et leurs canaux. Qu'appelle-t-on glandes buccales ?
9. Du point de vue histologique, qu'est-ce qui différencie les glandes salivaires entre elles ?
10. Décrivez la composition de la salive et le rôle de chacun des composants dans la digestion. Quel est le pH de la salive ?
11. De quelle façon la sécrétion salivaire est-elle réglée ?
12. Quelles sont les principales parties d'une dent ? Quelles sont les fonctions de chacune des parties ?
13. Comparez le nombre et le moment d'éruption des dents formant les dentures temporaire et permanente.
14. Comparez le rôle des incisives, des canines, des prémolaires et des molaires.
15. Qu'est-ce que le bol alimentaire ? De quelle façon se forme-t-il ?
16. Définissez la déglutition. Énumérez la liste des étapes au cours desquelles le bol alimentaire est transporté de la bouche à l'estomac. Décrivez bien les étapes volontaire, pharyngienne et œsophagienne de la déglutition.
17. Situez l'œsophage et précisez sa structure histologique.
18. Expliquez les mouvements des sphincters œsophagiens supérieur et inférieur. En quoi l'achalasie du cardia est-elle liée au pyrosis ?
19. Situez l'estomac. Énumérez et décrivez brièvement les caractéristiques anatomiques de l'estomac.
20. Faites la distinction entre la sténose hypertrophique du pylore et le pylorospasme.
21. Quelle est l'importance des plissements gastriques, des cellules principales, des cellules bordantes, des cellules muqueuses et des cellules G ?
22. Décrivez la digestion mécanique dans l'estomac.
23. Quel est le rôle de la pepsine ? Pourquoi est-elle sécrétée sous une forme inactive ?
24. Relevez les facteurs qui stimulent la sécrétion gastrique et ceux qui l'inhibent. Assurez-vous de décrire les phases céphalique, gastrique et intestinale.
25. De quelle façon l'évacuation gastrique est-elle stimulée ou inhibée ?
26. Expliquez le phénomène du vomissement.
27. Décrivez le rôle de l'estomac dans l'absorption.
28. Situez le pancréas. Décrivez le système de canaux reliant le pancréas au duodénum.
29. Qu'appelle-t-on acini pancréatiques ? Comparez leurs fonctions avec celles des îlots pancréatiques (îlots de Langerhans).
30. Décrivez la composition du suc pancréatique et les fonctions digestives de chacun de ses composants.
31. De quelle façon la sécrétion du suc pancréatique est-elle réglée ?
32. Situez le foie. Quelles sont ses principales fonctions ?
33. Décrivez l'anatomie du foie. Faites le schéma d'un lobule et énumérez ses différentes parties.
34. De quelle façon s'effectue le transport du sang à partir du foie et vers celui-ci ?
35. Une fois la bile formée, de quelle façon est-elle accumulée et transportée dans la vésicule biliaire pour y être emmagasinée ?
36. Quel est le rôle de la bile ?
37. De quelle façon la sécrétion biliaire est-elle réglée ? Définissez un ictère et comparez deux principaux types.
38. Situez la vésicule biliaire. Comment est-elle reliée au duodénum ?
39. Décrivez le rôle de la vésicule biliaire. De quelle façon l'évacuation de la vésicule est-elle réglée ?
40. Quelles sont les subdivisions de l'intestin grêle ? De quelle façon la muqueuse et la sous-muqueuse sont-elles adaptées à la digestion et à l'absorption ?
41. Décrivez les mouvements dans l'intestin grêle.
42. Expliquez la fonction de chaque enzyme du suc intestinal.

43. De quelle façon la sécrétion intestinale est-elle réglée ?
44. Définissez l'absorption. Comment les produits finals de la digestion des glucides et des protéines sont-ils absorbés ? Comment les produits finals de la digestion des graisses sont-ils absorbés ?
45. Quel parcours les nutriments absorbés empruntent-ils pour atteindre le foie ?
46. Décrivez le processus d'absorption de l'eau, des électrolytes et des vitamines par l'intestin grêle.
47. Quelles sont les principales subdivisions du gros intestin ? En quoi la musculeuse du gros intestin diffère-t-elle de celle du reste du tube digestif ? Que sont les haustrations ?
48. Décrivez les mouvements mécaniques se produisant dans le gros intestin.
49. De quelle façon la valvule iléo-cæcale est-elle réglée ?
50. Expliquez les processus qui transforment le contenu du gros intestin en fèces.
51. Définissez la défécation. Comment se produit-elle ?
52. Comparez la diarrhée et la constipation.
53. Décrivez les effets du vieillissement sur l'appareil digestif.
54. Décrivez le développement embryonnaire de l'appareil digestif.
55. Décrivez les causes (si elles sont connues) et les symptômes des affections suivantes : les caries dentaires, la parodontolyse, la péritonite, les ulcères gastro-duodénaux, l'appendicite, les tumeurs, la diverticulite, la cirrhose, l'hépatite, les calculs biliaires, l'anorexie mentale et la boulimie.
56. Revoyez le glossaire des termes médicaux relatifs à l'appareil digestif. Assurez-vous de pouvoir définir chaque terme.

25

Le métabolisme

OBJECTIFS

- Définir un nutriment et nommer les fonctions des six principaux types de nutriments.
- Définir le métabolisme et comparer les rôles de l'anabolisme et du catabolisme.
- Définir l'oxydoréduction et connaître son importance dans le métabolisme.
- Décrire les caractéristiques et l'importance des enzymes dans le métabolisme.
- Expliquer la destinée des glucides absorbés.
- Décrire l'oxydation complète du glucose par la glycolyse, le cycle de Krebs et la chaîne respiratoire.
- Définir la glycogénogenèse, la glycogénolyse et la gluconéogenèse.
- Expliquer la destinée des lipides absorbés.
- Parler de l'entreposage des graisses dans le tissu adipeux.
- Expliquer la façon dont la glycérine peut être convertie en glucose.
- Expliquer le catabolisme des acides gras par la β-oxydation.
- Définir la cétose et nommer ses effets sur l'organisme.
- Expliquer la destinée des protéines absorbées.
- Parler du catabolisme des acides aminés.
- Expliquer le mécanisme de la synthèse protéique.
- Connaître la différence entre le stade de l'absorption et l'état de jeûne.
- Expliquer de quelle façon les différentes hormones règlent le métabolisme.
- Comparer les sources, les fonctions et l'importance des minéraux dans le métabolisme.
- Définir une vitamine et connaître la différence entre les vitamines liposolubles et les vitamines hydrosolubles.
- Comparer les sources et les fonctions des principales vitamines, ainsi que les symptômes et les affections liés aux carences.
- Décrire les anomalies liées à des doses massives de certains minéraux et de certaines vitamines.
- Expliquer la façon dont la valeur énergétique des aliments est déterminée.
- Décrire les différents mécanismes qui produisent de la chaleur corporelle.
- Définir le métabolisme basal et nommer les facteurs qui l'influencent.
- Décrire les différentes façons par lesquelles l'organisme perd de sa chaleur.
- Expliquer la façon dont la température corporelle est maintenue.
- Décrire la fièvre, les crampes de chaleur, l'insolation et le coup de chaleur (affections liées à la thermorégulation).
- Définir l'obésité, l'inanition, la phénylcétonurie, la mucoviscidose, la maladie cœliaque et le kwashiorkor.

Les **nutriments** sont des substances chimiques présentes dans les aliments, qui apportent de l'énergie, forment de nouveaux composants de l'organisme ou favorisent le fonctionnement de différents processus corporels. Il existe six principaux types de nutriments: les glucides, les lipides, les protéines, les minéraux, les vitamines et l'eau. Les glucides, les protéines et les lipides sont digérés par des enzymes dans le tube digestif. Les produits finals qui atteignent les cellules de l'organisme sont les oses, les acides aminés, les acides gras, la glycérine et les monoglycérides. Certains d'entre eux sont utilisés pour synthétiser de nouvelles molécules structurales dans les cellules, ou pour synthétiser de nouvelles molécules régulatrices, comme les hormones et les enzymes. La plupart sont utilisés pour produire l'énergie nécessaire aux processus vitaux. Cette énergie est mise à contribution dans des processus comme le transport actif, la replication de l'ADN, la synthèse des protéines et d'autres molécules, la contraction musculaire et la conduction des influx nerveux. En attendant le moment où l'organisme aura besoin d'énergie, cette dernière est emmagasinée dans l'ATP (adénosine- triphosphate).

Certains minéraux et un grand nombre de vitamines font partie des systèmes enzymatiques qui catalysent les réactions auxquelles sont soumis les glucides, les protéines et les lipides.

L'eau a cinq fonctions principales. Elle constitue un excellent solvant et un milieu de suspension favorable, elle participe à l'hydrolyse, elle joue le rôle d'un agent refroidissant, elle lubrifie et, à cause de sa capacité de libérer et d'absorber lentement la chaleur, elle favorise le maintien d'une température corporelle constante.

LE MÉTABOLISME

Le **métabolisme** correspond à l'ensemble des réactions chimiques qui s'effectuent dans l'organisme. On peut le considérer comme un équilibriste maintenant l'équilibre entre les réactions anaboliques (synthèse) et les réactions cataboliques (dégradation).

L'ANABOLISME

Dans les cellules vivantes, les réactions chimiques qui transforment des substances simples en molécules plus complexes constituent l'**anabolisme**. En gros, un processus anabolique nécessite de l'énergie, qui est fournie par les réactions cataboliques (figure 25.1). La formation de liaisons peptidiques entre des acides aminés, qui transforment les acides aminés en portions protéiques de cytoplasme, d'enzymes, d'hormones et d'anticorps est un exemple de ce processus. Les graisses participent également à l'anabolisme. Ainsi, elles peuvent se transformer en phospholipides qui forment les membranes plasmiques. Elles font également partie intégrante des hormones stéroïdes. Grâce à l'anabolisme, des sucres simples (oses) sont convertis en polyosides.

LE CATABOLISME

Les réactions chimiques qui dégradent des composés organiques complexes en substances simples constituent le **catabolisme**. Les réactions cataboliques libèrent l'énergie chimique contenue dans les molécules organiques. Cette énergie est ensuite emmagasinée dans l'ATP. Les réactions cataboliques libèrent de l'énergie qui peut être utilisée pour conduire les réactions anaboliques. À la figure 25.1, nous illustrons les liens existant entre l'ATP et les réactions cataboliques et anaboliques.

La digestion chimique est un processus catabolique dans lequel la décomposition de liaisons de molécules d'aliments libère de l'énergie. Un autre exemple est l'oxydation (respiration cellulaire), un processus qui nécessite la dégradation de nutriments absorbés entraînant une libération d'énergie.

L'OXYDORÉDUCTION

L'**oxydation** est la perte d'électrons et d'ions hydrogène (atomes d'hydrogène) d'une molécule ou, mais le fait est plus rare, l'addition d'oxygène à une molécule. Dans un grand nombre d'oxydations cellulaires, deux électrons et des ions hydrogène sont éliminés en même temps. Dans la plupart des cas, l'oxydation est en fait une déshydrogénation, c'est-à-dire un processus impliquant la perte d'atomes d'hydrogène. La conversion d'acide lactique en acide pyruvique constitue un exemple d'oxydation:

$$\begin{array}{c} COOH \\ | \\ CHOH \\ | \\ CH_3 \\ \text{Acide lactique} \end{array} \xrightarrow{-2H\ (\text{oxydation})} \begin{array}{c} COOH \\ | \\ C=O \\ | \\ CH_3 \\ \text{Acide pyruvique} \end{array}$$

Comme nous le verrons plus loin, lorsqu'une substance est oxydée, les atomes d'hydrogène libérés sont transmis à un autre composé par des substances appelées

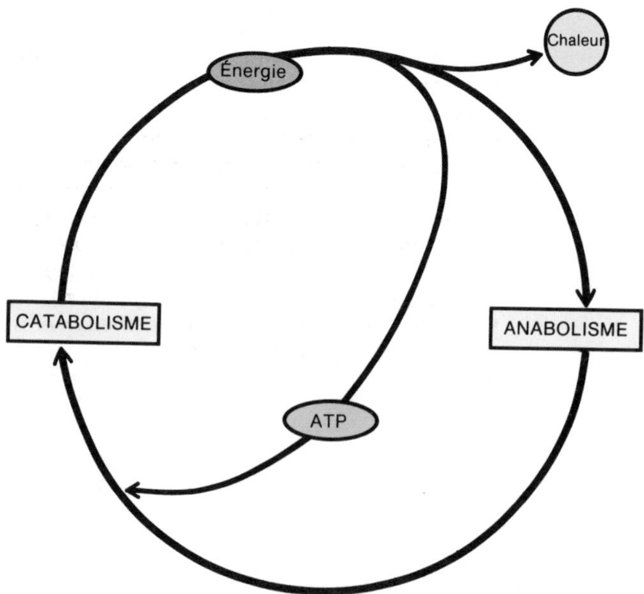

FIGURE 25.1 Liens existant entre l'ATP et le catabolisme et l'anabolisme.

coenzymes, qui travaillent en collaboration avec les enzymes.

La **réduction** est l'addition d'électrons et d'ions hydrogène (atomes d'hydrogène) à une molécule ou, plus rarement, l'élimination d'oxygène d'une molécule. La réduction est le processus inverse de l'oxydation. La conversion d'acide pyruvique en acide lactique constitue un exemple de réduction :

$$\begin{array}{c} COOH \\ | \\ C=O \\ | \\ CH_3 \end{array} \xrightarrow{+2H\ (\text{réduction})} \begin{array}{c} COOH \\ | \\ CHOH \\ | \\ CH_3 \end{array}$$

Acide pyruvique — Acide lactique

Dans une cellule, l'oxydation et la réduction sont toujours couplées, c'est-à-dire que lorsqu'une substance est oxydée, une autre substance est réduite presque simultanément. C'est ce qu'on appelle l'oxydoréduction.

Au sujet de l'oxydoréduction, il faut se rappeler que l'oxydation est habituellement une réaction qui produit de l'énergie. Les cellules assimilent des nutriments (sources d'énergie) et les dégradent à partir de composés très réduits (contenant un grand nombre d'atomes d'hydrogène) en composés très oxydés (contenant un grand nombre d'atomes d'oxygène ou des liaisons multiples). Ainsi, lorsqu'une cellule oxyde une molécule de glucose ($C_6H_{12}O_6$), l'énergie contenue dans les liaisons chimiques de la molécule de glucose est éliminée progressivement et retenue par l'ATP. L'ATP constitue donc une source d'énergie pour les réactions qui nécessitent de l'énergie. Des composés comme le glucose, qui possèdent un grand nombre d'atomes d'hydrogène, sont des composés réduits et contiennent donc plus d'énergie potentielle que les composés oxydés.

LE MÉTABOLISME ET LES ENZYMES

Au chapitre 2, nous avons mentionné que les réactions chimiques se produisaient lorsque des liaisons chimiques étaient formées ou détruites et que, pour que ces réactions puissent se produire, les réactifs devaient se heurter. L'efficacité de la collision dépend de la vitesse des réactifs, de la quantité d'énergie nécessaire pour que la réaction ait lieu (énergie d'activation) et de la configuration spécifique des particules qui se heurtent. Dans les cellules de l'organisme, les enzymes jouent le rôle de catalyseurs qui accélèrent les réactions chimiques en augmentant la fréquence des collisions, en abaissant l'énergie d'activation et en orientant de façon adéquate les molécules en collision. Un *catalyseur* est une substance chimique qui modifie la vitesse d'une réaction chimique sans faire partie des produits de la réaction ou être consommée au cours de celle-ci. Les enzymes accélèrent les réactions chimiques sans élévation de la température ou de la pression, modifications qui pourraient perturber gravement les cellules, ou même les détruire.

Les caractéristiques des enzymes

Comme nous l'avons mentionné au chapitre 2, toutes les enzymes sont des protéines, et leur masse moléculaire varie entre 10 000 et quelques millions. Chacune des quelque mille (ou plus) enzymes connues est dotée d'une forme tridimensionnelle caractéristique et d'une structure superficielle particulière due à son organisation protéique primaire, secondaire et tertiaire.

Les enzymes sont extrêmement efficaces pour catalyser les réactions biochimiques. Elles sont capables de catalyser des réactions qui s'effectuent de 10^8 à 10^{10} fois (jusqu'à 10 milliards de fois) plus rapidement que les réactions qui ont lieu sans l'aide d'enzymes. Le *coefficient de métabolisation*, qui est le nombre de molécules de substrat métabolisées par molécule d'enzyme par seconde, se situe généralement entre 1 et 10 000, et peut aller jusqu'à 500 000.

Les enzymes exercent une action très spécifique sur le plan des réactions qu'elles catalysent et des molécules avec lesquelles elles réagissent. Ces molécules sont appelées **substrats**. L'enzyme doit « trouver » le substrat adéquat parmi les molécules innombrables présentes dans la cellule.

Les enzymes sont également soumises à des régulations par le mécanisme cellulaire. Ainsi, la vitesse de synthèse des enzymes est réglée par les gènes présents dans la cellule, et est influencée par diverses autres molécules de la cellule. Un grand nombre d'enzymes existent à la fois sous forme active et sous forme inactive dans la cellule. La vitesse à laquelle la forme inactive devient active (ou l'inverse) est déterminée par le milieu cellulaire.

Les noms des enzymes se terminent généralement par le suffixe *-ase*. Toutes les enzymes peuvent être classées d'après les types de réactions chimiques qu'elles catalysent. Par exemple, les *oxydoréductases* sont liées à l'oxydoréduction. (Les enzymes qui éliminent l'hydrogène sont appelées *déshydrogénases*, et celles qui ajoutent de l'oxygène sont des *oxydases*.) Les *transférases* assurent le transfert des groupes d'atomes, les *hydrolases* ajoutent de l'eau, les *isomérases* réorganisent les atomes à l'intérieur d'une molécule et les *ligases* unissent deux molécules dans une réaction au cours de laquelle l'ATP est dégradée.

Les parties d'une enzymne

Certaines enzymes sont constituées uniquement de protéines. Dans la plupart des cas, cependant, elles contiennent une protéine, l'**apoenzyme**, qui demeure inactive sans la présence d'un composant non protéique appelé **cofacteur**. Ensemble, l'apoenzyme et le cofacteur constituent une **holoenzyme** activée, ou enzyme complète. Si on élimine le cofacteur, l'apoenzyme ne fonctionne pas. Le cofacteur peut être un ion métallique ou une molécule organique complexe appelée **coenzyme**.

Le fer, le magnésium, le zinc et le calcium sont des exemples d'ions métalliques qui jouent le rôle de cofacteurs. Leur fonction consiste à former un pont entre l'enzyme et le substrat, de façon que l'enzyme puisse effectuer la transformation du substrat. Les coenzymes favorisent l'activité enzymatique en acceptant les atomes éliminés du substrat ou en donnant les atomes dont le substrat a besoin. La plupart des coenzymes sont dérivées de vitamines. Trois coenzymes sont fréquemment utilisées par les cellules vivantes pour transporter les

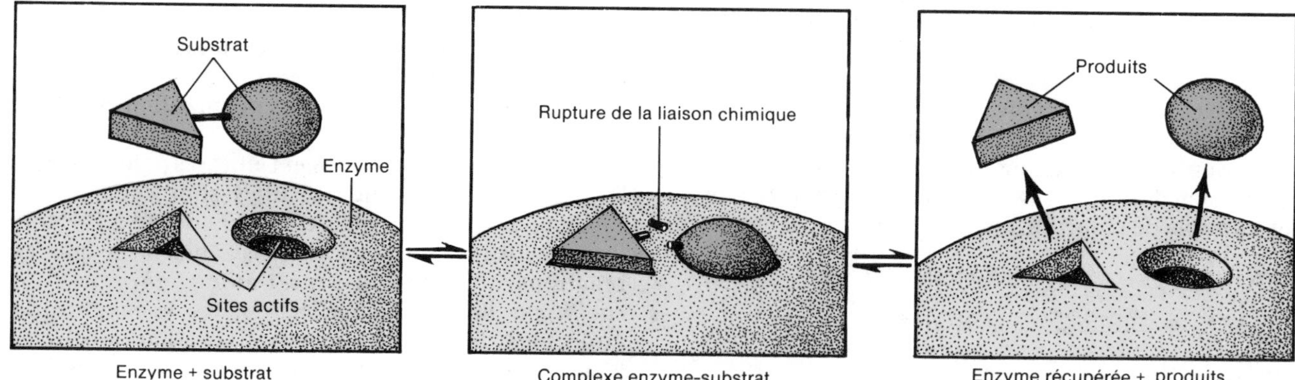

FIGURE 25.2 Action enzymatique dans une réaction de dégradation. Les molécules d'enzyme et de substrat s'unissent pour former un complexe enzyme-substrat. Au cours de l'union, le substrat est transformé en produits. Lorsque les produits sont formés, l'enzyme est récupérée et peut être utilisée à nouveau pour catalyser une réaction semblable.

atomes d'hydrogène; ce sont le nicotinamide-adénine-dinucléotide (NAD) et le nicotinamide-adénine-dinucléotide-phosphate (NADP), tous deux dérivés de l'acide nicotinique (niacine), et la flavine-adénine-dinucléotide (FAD), dérivée de la vitamine B_2 (riboflavine).

Le mécanisme de l'action enzymatique

On ne comprend pas encore entièrement la façon dont les enzymes abaissent l'énergie d'activation. Toutefois, on croit que le mécanisme s'effectue de la façon suivante (figure 25.2). La surface du substrat entre en contact avec une région particulière de la surface de la molécule d'enzyme, appelée **site actif**. Un composé intermédiaire temporaire, le **complexe enzyme-substrat**, se forme. La molécule de substrat est transformée (par la redisposition des atomes existants, la dégradation de la molécule de substrat ou la combinaison de plusieurs molécules de substrat), et les molécules de substrat ainsi transformées, maintenant appelées produits de la réaction, s'éloignent de la molécule d'enzyme. Lorsque la réaction est terminée, les produits s'éloignent de l'enzyme et celle-ci est libre de s'unir à une autre molécule de substrat.

Nous allons maintenant aborder le métabolisme des glucides, des lipides et des protéines dans les cellules de l'organisme.

LE MÉTABOLISME DES GLUCIDES

Au cours de la digestion, des polyosides et des diholosides sont hydrolysés et se transforment en oses (glucose, fructose et galactose) qui sont absorbés par les capillaires des villosités de l'intestin grêle. Ils sont ensuite transportés par la veine porte jusqu'au foie, où le fructose et le galactose sont convertis en glucose. Le foie est le seul organe qui possède les enzymes nécessaires pour effectuer cette conversion. Par conséquent, l'histoire du métabolisme des glucides est en réalité l'histoire du métabolisme du glucose.

LA DESTINÉE DES GLUCIDES

Comme le glucose est la source d'énergie préférée de l'organisme, la destinée du glucose absorbé dépend des besoins énergétiques des cellules. Si les cellules ont un besoin urgent d'énergie, le glucose est oxydé par les cellules. Chaque gramme de glucides produit environ 16,8 kJ (kilojoules). (Le contenu en kilojoules d'un aliment est égal à la chaleur libérée par cet aliment après oxydation. Nous présentons la façon de déterminer la valeur énergétique d'un aliment plus loin dans ce chapitre.) Le glucose dont l'utilisation n'est pas nécessaire dans l'immédiat est traité de plusieurs façons. Premièrement, le foie peut convertir en glycogène le glucose en surplus, et l'emmagasiner. Les cellules des muscles squelettiques peuvent également emmagasiner le glycogène. Deuxièmement, si les régions destinées à l'entreposage du glycogène sont remplies, les cellules hépatiques peuvent transformer le glucose en graisse qui peut être emmagasinée dans le tissu adipeux. Plus tard, lorsque les cellules ont besoin d'énergie, le glycogène et les graisses peuvent être de nouveau convertis en glucose, qui est libéré dans la circulation sanguine afin d'être transporté vers les cellules pour y être oxydé. Troisièmement, le glucose en surplus peut être excrété dans l'urine. Normalement, cela ne se produit qu'après l'ingestion d'aliments ne contenant pas de graisses et comprenant surtout des glucides. En l'absence des effets inhibiteurs des graisses, l'estomac se vide rapidement, et les glucides sont tous digérés en même temps. Par conséquent, un grand nombre d'oses se déversent soudainement dans la circulation sanguine. Comme le foie est incapable de les traiter tous à la fois, le taux de glucose dans le sang s'élève, et une hyperglycémie peut entraîner la présence de glucose dans l'urine (glycosurie).

L'ENTRÉE DU GLUCOSE DANS LES CELLULES

Avant que le glucose puisse être utilisé par les cellules de l'organisme, il doit traverser la membrane cellulaire et pénétrer dans le cytoplasme. Ce processus est appelé diffusion facilitée (chapitre 3), et la vitesse du transport du glucose est accélérée de façon importante par l'insuline (chapitre 18). Aussitôt qu'il pénètre dans les cellules, le glucose s'unit à un groupement phosphate, produit par la dégradation de l'ATP. Cette addition d'un groupement phosphate à une molécule est appelée *phosphorylation*. Le produit de cette réaction catalysée par des enzymes est le glucose-6-phosphate (voir la figure 25.8). Dans la plupart des cellules de l'organisme, la phosphorylation sert à retenir le glucose dans la cellule. Les cellules hépatiques, les cellules des tubules rénaux et les cellules épithéliales intestinales possèdent la phosphatase, une enzyme nécessaire pour éliminer le groupement phosphate et transporter le glucose hors de la cellule (voir la figure 25.8).

LE CATABOLISME DU GLUCOSE

L'**oxydation** du glucose, ou **respiration cellulaire**, s'effectue dans chaque cellule de l'organisme et constitue la principale source d'énergie. L'oxydation complète du glucose en dioxyde de carbone et en eau produit de grandes quantités d'énergie. Ce processus comporte trois étapes successives: la glycolyse, le cycle de Krebs et la chaîne respiratoire, ou chaîne de transfert d'électrons (voir la figure 25.7).

La glycolyse

La **glycolyse** (*glyco*: sucre; *lyse*: dégradation) comprend une série de réactions chimiques au sein du cytoplasme d'une cellule, qui transforment une molécule de glucose à six atomes de carbone en deux molécules d'acide pyruvique à trois atomes de carbone. La réaction simplifiée s'exprime de la façon suivante:

$$\underset{\text{Glucose}}{C-C-C-C-C-C} \longrightarrow \underset{\text{Acide pyruvique}}{2\,C-C-C} + 2\,ATP$$

Nous présentons les détails de la glycolyse à la figure 25.3,a. Les caractéristiques principales du processus sont les suivantes:

1. Chacune des 10 réactions est catalysée par une enzyme particulière. (Les noms des enzymes sont indiqués en rouille.)
2. Toutes les réactions sont réversibles.
3. Les trois premières réactions comportent l'addition d'un groupement phosphate (phosphorylation) au glucose, sa conversion en fructose et l'addition d'un autre groupement phosphate au fructose pour préparer la voie. Ce processus nécessite un apport d'énergie dans lequel deux molécules d'ATP sont converties en ADP.
4. La molécule de fructose diphosphorylée se sépare en deux composés à trois atomes de carbone, 3-phosphoglycéraldéhyde et phosphodihydroxyacétone. Ces composés sont interconvertibles.
5. Chacun des deux composés à trois atomes de carbone est dégradé pour former une molécule d'acide pyruvique. Au cours du processus, chacun des composés produit deux molécules d'ATP.
6. Comme il faut deux molécules d'ATP pour déclencher la glycolyse, et que quatre molécules d'ATP sont produites pour compléter le processus, il y a un *gain net de deux molécules d'ATP pour chaque molécule de glucose oxydée* (figure 25.3,b).
7. La plus grande partie de l'énergie produite durant la glycolyse est utilisée pour produire de l'ATP. Ce qui reste est utilisé sous forme d'énergie thermique, dont une partie aide à maintenir la température corporelle.

La destinée de l'acide pyruvique dépend de la disponibilité de l'oxygène. Lorsque des conditions anaérobies existent dans les cellules (durant un exercice physique épuisant, par exemple), l'acide pyruvique est réduit par l'addition de deux atomes d'hydrogène pour former de l'acide lactique (figure 25.3,a). L'acide lactique peut être transporté au foie, où il est transformé de nouveau en acide pyruvique. Ou encore, il peut rester dans les cellules jusqu'à ce que les conditions aérobies soient établies (rappelons-nous les mécanismes du remboursement de la dette d'oxygène décrite au chapitre 10), et il est alors converti en acide pyruvique dans les cellules.

Dans des conditions aérobies, le processus de l'oxydation complète du glucose se poursuit, et l'acide pyruvique est oxydé pour former du dioxyde de carbone et de l'eau, au cours de deux séries de réactions: le cycle de Krebs et la chaîne respiratoire. C'est ce qu'on appelle la **respiration aérobie**. Toutefois, avant que l'acide pyruvique puisse entrer dans le cycle de Krebs, il doit être préparé. Ce processus de préparation s'effectue dans les mitochondries.

La formation de l'acétyl coenzyme A

Chaque étape de l'oxydation du glucose nécessite une enzyme différente et, souvent, la présence d'une coenzyme. Pour le moment, nous nous limiterons à une coenzyme: une substance appelée **coenzyme A (CoA)**, qui contient un dérivé de l'acide pantothénique, une vitamine du groupe B.

Au cours de l'étape de transition entre la glycolyse et le cycle de Krebs, l'acide pyruvique est préparé à entrer dans le cycle. Essentiellement, l'acide pyruvique est converti en un composé à deux atomes de carbone par la perte du dioxyde de carbone. La perte d'une molécule de CO_2 par une substance est appelée **décarboxylation** (elle est illustrée sur le diagramme par la flèche indiquant CO_2). Ce fragment à deux atomes de carbone, appelé **groupement acétyle**, s'unit à la coenzyme A, et le complexe entier prend le nom de **acétyl coenzyme A** (figure 25.4). Cette substance est maintenant prête à entrer dans le cycle de Krebs.

Le cycle de Krebs

Le **cycle de Krebs** est également appelé **cycle citrique** ou **cycle tricarboxylique**. Il comprend une série de réactions qui ont lieu dans la matrice des mitochondries (figure 25.5). La coenzyme A transporte un groupement acétyle dans une mitochondrie, se détache et retourne dans le cytoplasme pour recueillir un autre fragment. Le groupement acétyle s'unit à l'acide oxalo-acétique pour former de l'acide citrique. À partir de là, le cycle de Krebs est constitué principalement d'une série de réactions de décarboxylation et d'oxydoréduction, toutes réglées par une enzyme différente.

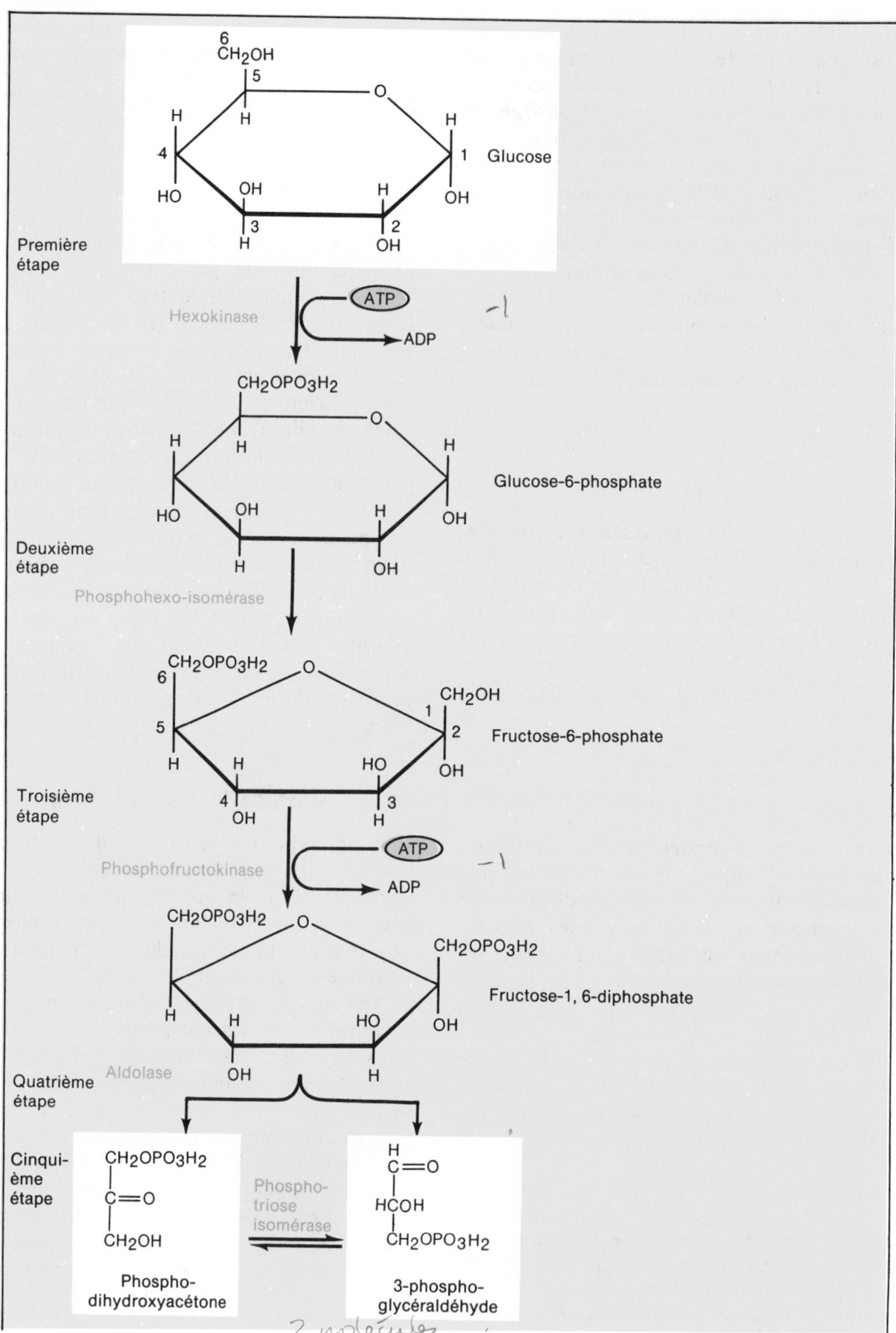

FIGURE 25.3 Glycolyse. Il se produit un gain net de deux molécules d'ATP. (a) Version détaillée.

Regardons d'abord les réactions de décarboxylation. Comme nous l'avons déjà mentionné (figure 25.4), l'acide pyruvique, pour se préparer à entrer dans le cycle de Krebs, est décarboxylé pour former un groupement acétyle. Dans le cycle, l'acide isocitrique perd une molécule de CO_2 pour former l'acide α-cétoglutarique. Au cours de l'étape suivante, l'acide α-cétoglutarique est décarboxylé et recueille une molécule de CoA pour former la succinyl CoA. Donc, chaque fois que l'acide pyruvique entre dans le cycle de Krebs, trois molécules de CO_2 sont libérées par décarboxylation. Les molécules de CO_2 quittent les mitochondries, diffusent à travers le cytoplasme de la cellule jusqu'à la membrane cellulaire, puis diffusent dans le sang par la respiration interne. Par

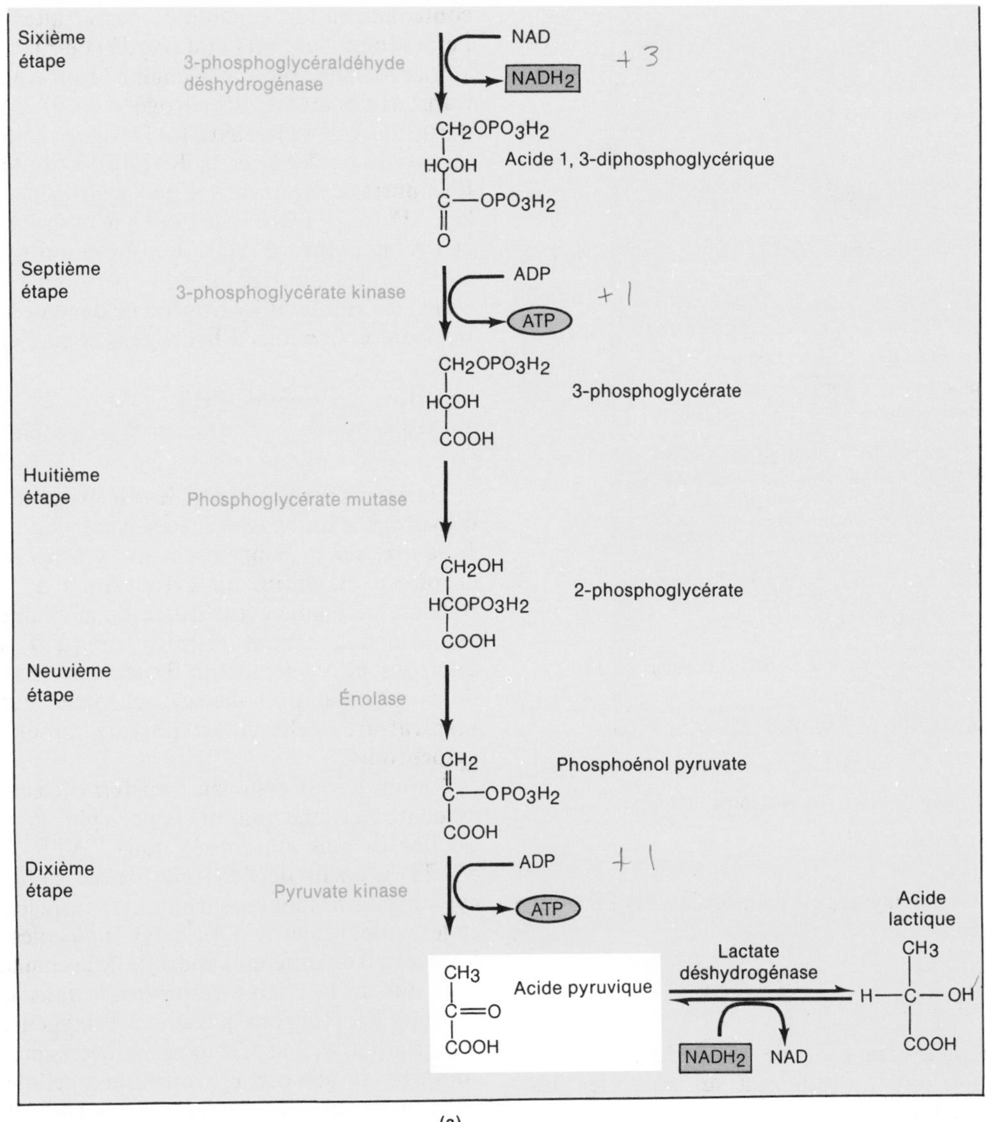

(a)

FIGURE 25.3 [*Suite*]

la suite, le CO_2 est transporté par le sang jusqu'aux poumons par la respiration externe. Une fois dans les poumons, il est exhalé.

Regardons maintenant les réactions d'oxydoréduction. Rappelons-nous que, lorsqu'une molécule est oxydée, elle perd des atomes d'hydrogène (électrons et ions hydrogène). Lorsqu'une molécule est réduite, elle gagne des atomes d'hydrogène. Chaque processus d'oxydation est couplé à une réduction.

1. Dans la conversion de l'acide pyruvique en acétyl CoA (figure 25.4), l'acide pyruvique perd deux atomes d'hydrogène ; il est donc oxydé. Les atomes d'hydrogène sont recueillis par une coenzyme appelée **nicotinamide-adénine-dinucléotide (NAD)**, qui contient deux acides adényliques et est dérivée d'une vitamine du groupe B, la niacine. Comme le NAD recueille les atomes d'hydrogène, il est réduit et représenté par $NADH_2$ (indiqué dans le diagramme par la flèche incurvée qui entre dans la réaction et en sort).

2. L'acide isocitrique est oxydé pour former l'acide α-cétoglutarique. Le NAD est réduit en $NADH_2$.

3. L'acide α-cétoglutarique est oxydé dans la conversion pour former la succinyl CoA. Ici encore, le NAD est réduit en $NADH_2$.

4. L'acide succinique est oxydé et devient de l'acide fumarique. Dans ce cas, la coenzyme qui recueille les deux atomes d'hydrogène est la **flavine-adénine-dinucléotide (FAD)** qui, tout comme le NAD, contient deux acides adényliques, mais est dérivée de la vitamine B_2 (riboflavine). Elle appartient à un type de composés, les **flavoprotéines**. La FAD est réduite en $FADH_2$.

5. L'acide malique est oxydé et devient de l'acide oxalo-acétique. Le NAD est réduit en $NADH_2$.

Ainsi, chaque fois qu'une molécule d'acide pyruvique entre dans le cycle de Krebs, quatre molécules de $NADH_2$ et une molécule de $FADH_2$ sont produites par oxydoréduction. Ces coenzymes réduites sont très importantes, parce qu'elles contiennent maintenant l'énergie emmagasinée à l'origine dans le glucose, puis dans l'acide pyruvique. Durant l'étape suivante de l'oxydation complète du glucose, la chaîne respiratoire, l'énergie

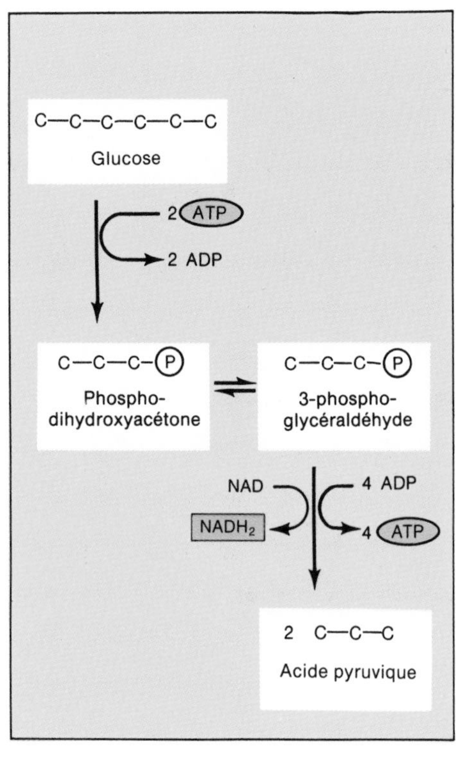

(b)

FIGURE 25.3 [*Suite*] (b) Version simplifiée.

contenue dans les coenzymes est transférée à l'ATP pour y être entreposée.

La chaîne respiratoire

La **chaîne respiratoire** est une série de réactions d'oxydoréduction qui se produisent sur les crêtes des mitochondries, et dans lesquelles l'énergie contenue dans le $NADH_2$ et la $FADH_2$ est libérée et transférée à l'ATP pour y être entreposée. Dans la chaîne respiratoire, trois types de molécules transporteuses sont alternativement oxydées et réduites, et participent à la production d'ATP : (1) la coenzyme **FAD,** (2) une coenzyme appelée **coenzyme Q (ubiquinone)**, et (3) les **cytochromes**, des pigments protéiques rouges, dotés d'un groupement contenant du fer, capable de passer alternativement de l'état réduit (Fe^{2+}) à l'état oxydé (Fe^{3+}).

La première étape de la chaîne respiratoire implique le transfert des atomes d'hydrogène de $NADH_2$ (en grande partie du cycle de Krebs) à FAD (figure 25.6). Le $NADH_2$ est oxydé en NAD et la FAD est réduite en $FADH_2$. L'importance du transfert de l'hydrogène du $NADH_2$ à la FAD est qu'il libère de l'énergie utilisée pour produire de l'ATP à partir d'ADP. Les atomes d'hydrogène sont alors utilisés pour réduire la coenzyme Q. Après cette étape, les atomes d'hydrogène ne demeurent pas intacts. Ils s'ionisent en ions d'hydrogène et en électrons.

$$\underset{\text{Atome d'hydrogène}}{H} \longrightarrow \underset{\text{ion hydrogène}}{H^+} + \underset{\text{électron}}{e^-}$$

Durant l'étape suivante, les électrons (e^-) des atomes d'hydrogène sont passés successivement d'un cytochrome à l'autre, du cytochrome b au cytochrome c au cytochrome a et, enfin, au cytochrome a_3 (cytochrome-oxydase). Chaque cytochrome de la chaîne respiratoire est alternativement réduit, lorsqu'il recueille des électrons, et oxydé, lorsqu'il cède des électrons. À cause de la participation des cytochromes dans la chaîne respiratoire, celle-ci est parfois appelée **système à cytochrome**.

Durant le processus du transfert d'électrons entre les cytochromes, une quantité encore plus grande d'énergie est libérée puis entreposée dans l'ATP. La formation d'ATP à partir de l'énergie libérée s'effectue entre le cytochrome b et le cytochrome c, et entre le cytochrome a et le cytochrome a_3. Donc, les molécules d'ATP sont formées à trois différents endroits de la chaîne respiratoire. À la fin de la chaîne respiratoire dans la respiration aérobie, les électrons passent à l'oxygène, qui devient chargé négativement. Cet oxygène, nécessaire à l'oxydation complète du glucose, est fourni aux cellules corporelles par l'inspiration, la respiration externe et la respiration interne. L'oxygène s'unit aux ions H^+ libérés par la dégradation des atomes d'hydrogène et forme de l'eau.

La production d'ATP

Additionnons maintenant les molécules d'ATP formées au cours de l'oxydation complète du glucose. Durant la

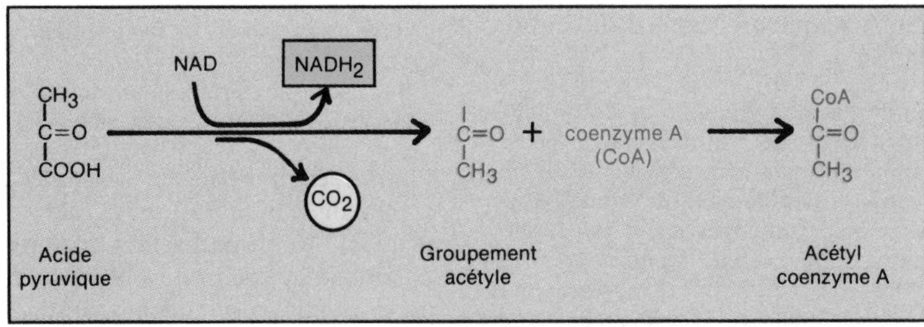

FIGURE 25.4 Transformation de l'acide pyruvique en acétyl coenzyme A avant l'entrée dans le cycle de Krebs.

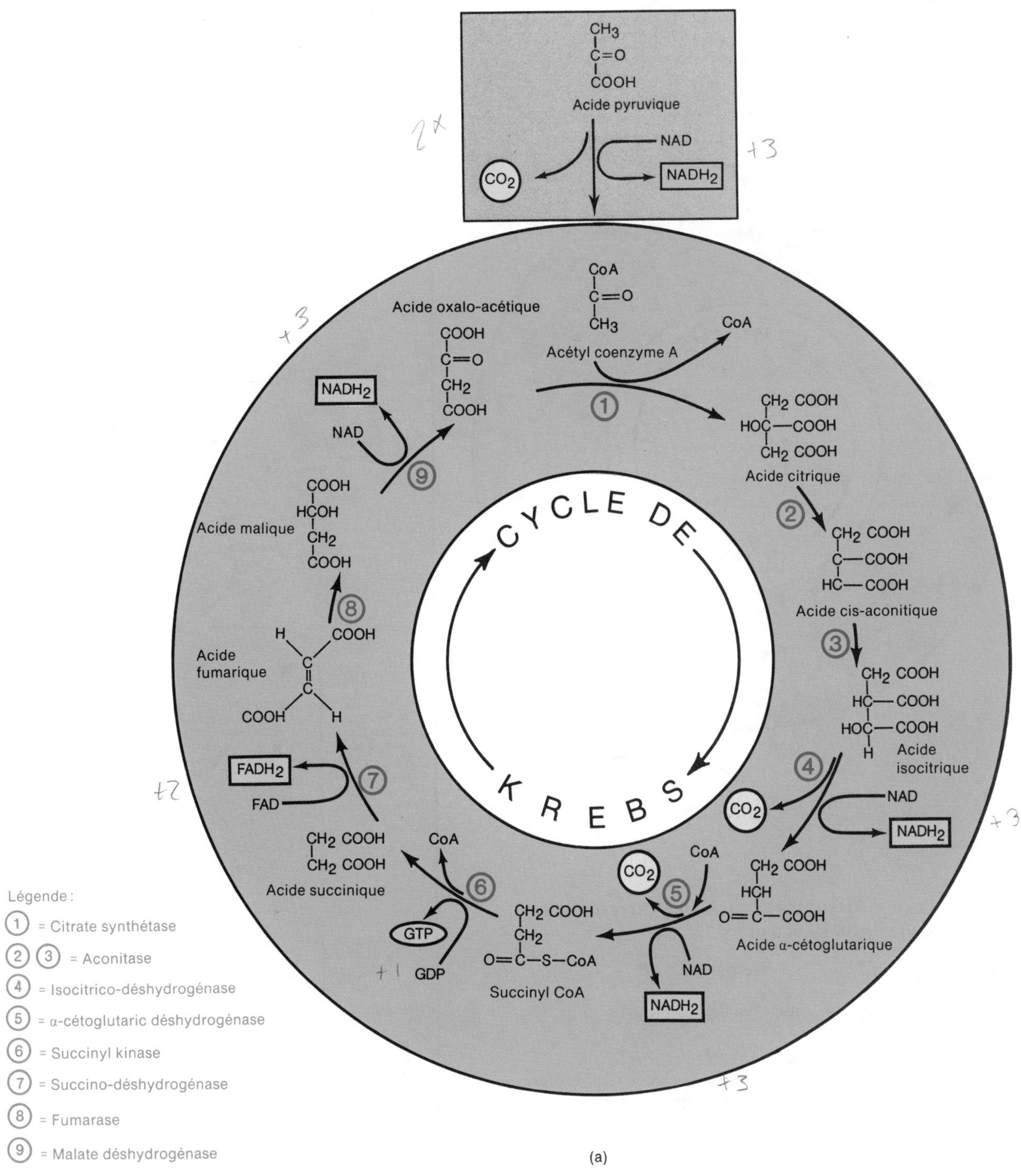

FIGURE 25.5 Cycle de Krebs. Les résultats nets du cycle de Krebs comprennent la production de coenzymes réduites ($NADH_2$ et $FADH_2$), qui contiennent de l'énergie emmagasinée; la production de GTP, un composé hautement énergétique utilisé pour produire de l'ATP; et la formation de CO_2, qui est transporté aux poumons où il est exhalé. (a) Version détaillée.

glycolyse, il se produit un gain de deux molécules d'ATP (voir la figure 25.3). Chaque molécule de glucose oxydée cède deux molécules d'acide pyruvique, qui entrent dans le cycle de Krebs. Bien que ce dernier ne produise pas directement d'ATP, il produit deux molécules d'un composé hautement énergétique, appelé **guanosine-triphosphate (GTP)**. Celle-ci est produite à partir de la guanosine-diphosphate (GDP), en utilisant l'énergie de la succinyl coenzyme A (voir la figure 25.5). À la fin, l'énergie incorporée dans la GTP est utilisée pour produire de l'ATP à partir de l'ADP. Donc, deux molécules d'ATP sont formées indirectement dans le cycle de Krebs. La plus grande partie de l'ATP est produite dans la chaîne respiratoire, où un total de

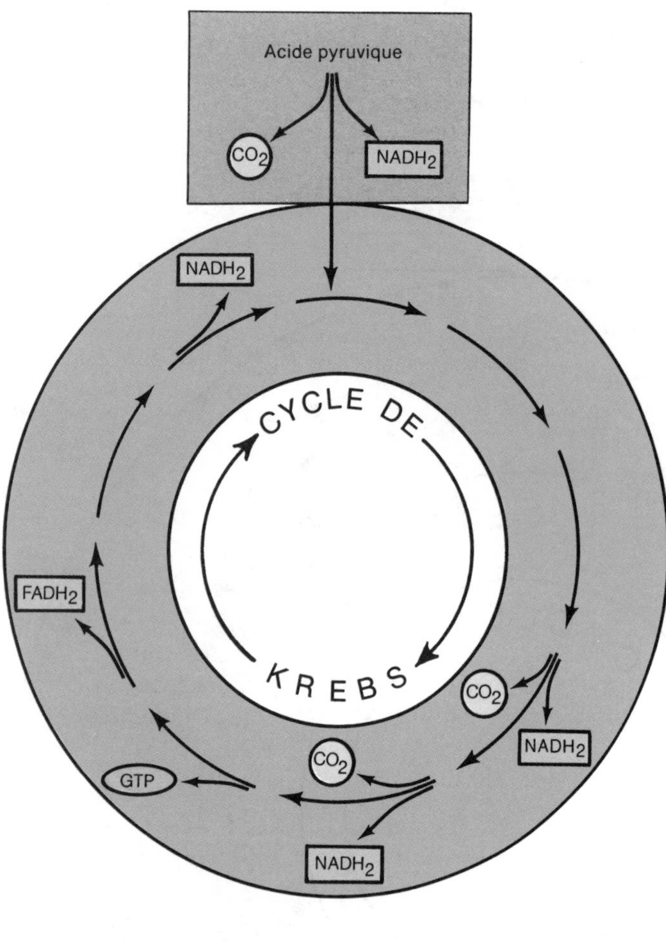

FIGURE 25.5 [*Suite*] (b) Version simplifiée.

34 molécules d'ATP sont produites. On peut résumer ces additions de la façon suivantes :

Processus	***Gain net d'ATP***
Glycolyse	
(1) Oxydation du glucose en acide pyruvique	2 molécules d'ATP
(2) Production de 2 molécules de $NADH_2$	6 molécules d'ATP (dans la chaîne respiratoire)
La formation de l'acétyl CoA produit 2 molécules de $NADH_2$	6 molécules d'ATP (dans la chaîne respiratoire)
Cycle de Krebs	
(1) Oxydation de la succinyl CoA en acide succinique	2 molécules de GTP (équivalent de l'ATP)
(2) Production de 6 molécules de $NADH_2$	18 molécules d'ATP (dans la chaîne respiratoire)
(3) Production de 2 molécules de $FADH_2$	4 molécules d'ATP (dans la chaîne respiratoire)
	TOTAL 38 molécules d'ATP

On peut résumer l'oxydation complète d'une molécule de glucose de la façon suivante (figure 25.7) :

$$\underset{\text{Glucose}}{C_6H_{12}O_6} + \underset{\text{oxygène}}{6\ O_2} \longrightarrow \underset{\text{adénosine-triphosphate}}{38\ ATP} + \underset{\text{dioxyde de carbone}}{6\ CO_2} + \underset{\text{eau}}{6\ H_2O}$$

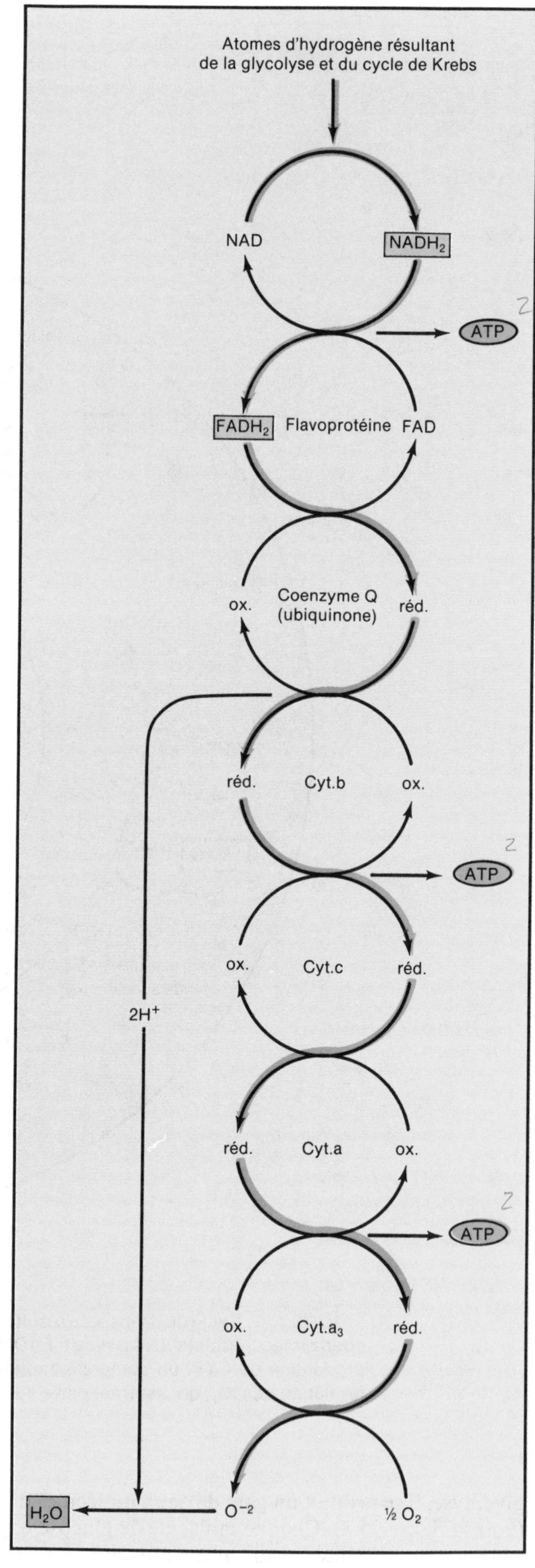

FIGURE 25.6 Chaîne respiratoire. Le transfert successif des atomes d'hydrogène et des électrons entraîne la formation d'ATP à trois endroits différents.

Environ 43 % de l'énergie originalement contenue dans le glucose est capturée par l'ATP ; le reste est libéré sous forme de chaleur. Comparativement aux machines faites par l'homme, ce rendement énergétique est assez efficace.

La glycolyse, le cycle de Krebs et, surtout, la chaîne respiratoire fournissent l'ATP nécessaire aux activités cellulaires. Et, parce que le cycle de Krebs et la chaîne respiratoire sont des processus aérobies, les cellules ne peuvent pas effectuer leurs activités durant de longues périodes lorsqu'elles ne reçoivent pas suffisamment d'oxygène.

L'ANABOLISME DU GLUCOSE

La plus grande partie du glucose contenu dans l'organisme est catabolisée pour répondre aux besoins énergétiques. Toutefois, une partie du glucose participe à certaines réactions anaboliques. L'une de ces réactions est la synthèse du glycogène à partir d'un grand nombre de molécules de glucose. La fabrication de glucose à partir des produits de dégradation des protéines et des lipides en constitue un autre exemple.

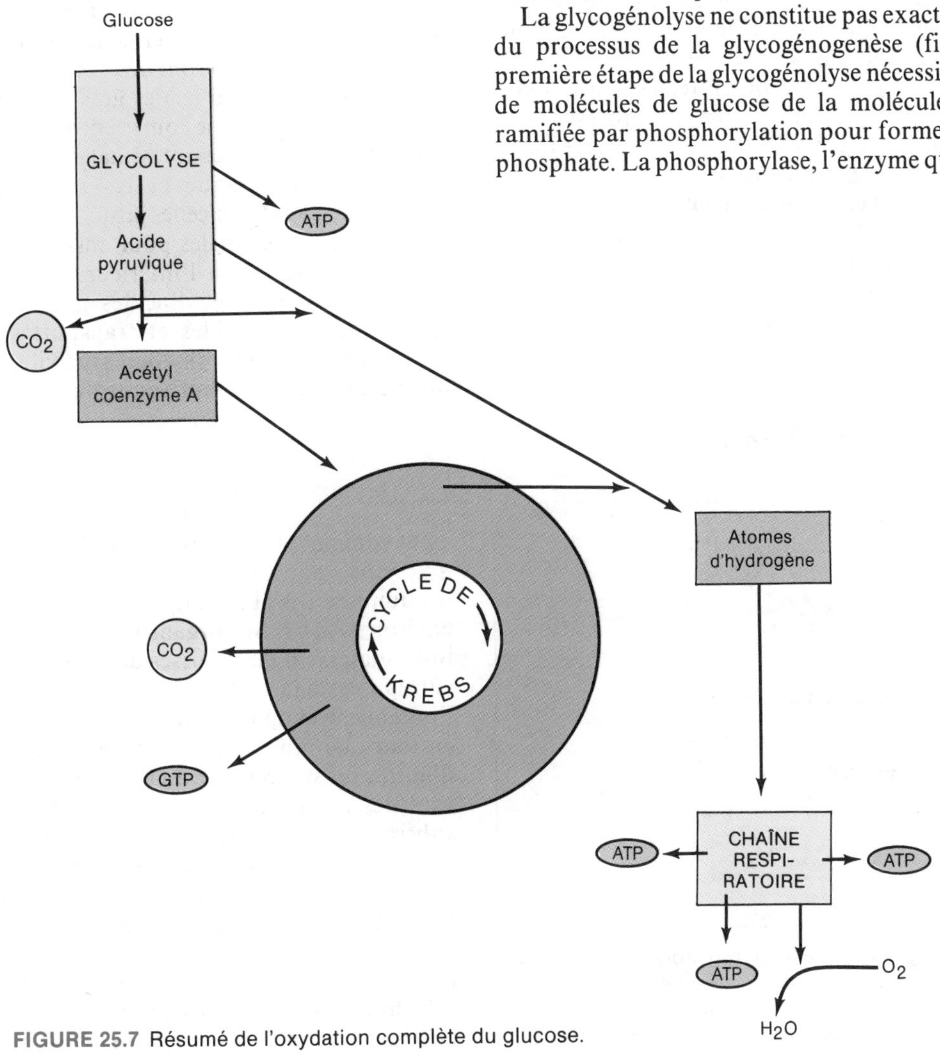

FIGURE 25.7 Résumé de l'oxydation complète du glucose.

L'entreposage du glucose : la glycogénogenèse

Lorsque les besoins en glucose ne sont pas urgents, le glucose est combiné à de nombreuses autres molécules de glucose pour former une molécule à chaîne longue appelée glycogène. Ce processus est la **glycogénogenèse** (*glyco* : sucre ; *genèse* : origine). L'organisme peut emmagasiner environ 500 g de glycogène dans le foie et les cellules des muscles squelettiques. Environ 80 % du glycogène est emmagasiné dans les muscles squelettiques.

Durant le processus de la glycogénogenèse (figure 25.8), le glucose qui pénètre dans les cellules est d'abord phosphorylé en glucose-6-phosphate. Il est ensuite transformé en glucose-1-phosphate, puis en uridine diphosphate-glucose et, enfin, en glycogène. La glycogénogenèse est stimulée par l'insuline provenant du pancréas.

La libération du glucose : la glycogénolyse

Lorsque l'organisme a besoin d'énergie, le glycogène emmagasiné dans le foie est décomposé en glucose et libéré dans la circulation sanguine qui le transporte aux cellules, où il est catabolisé. La **glycogénolyse** (*lyse* : dégradation) est le processus par lequel le glycogène est de nouveau converti en glucose. Elle s'effectue habituellement entre les repas.

La glycogénolyse ne constitue pas exactement l'inverse du processus de la glycogénogenèse (figure 25.8). La première étape de la glycogénolyse nécessite la séparation de molécules de glucose de la molécule de glycogène ramifiée par phosphorylation pour former du glucose-1-phosphate. La phosphorylase, l'enzyme qui catalyse cette réaction, est activée par le glucagon provenant du pancréas et l'adrénaline provenant de la médullosurrénale. Le glucose-1-phosphate est alors converti en glucose-6-phosphate et, finalement, en glucose. La phosphatase, l'enzyme qui convertit le glucose-6-phosphate en glucose et libère le glucose dans le sang, est présente dans les cellules du foie, mais absente des cellules des muscles squelettiques. Dans ces dernières, le glycogène est dégradé en glucose-1-phosphate, qui est ensuite catabolisé pour produire de l'énergie, par la glycolyse et le cycle de Krebs. De plus, l'acide pyruvique et l'acide lactique produits par la glycolyse dans les cellules musculaires peuvent être transformés en glucose dans le foie. De cette façon, le glycogène musculaire constitue une source indirecte de glucose sanguin.

La formation de glucose à partir des protéines et des graisses : la gluconéogenèse

Lorsque notre foie commence à manquer de glycogène, il est temps de manger. Si nous ne mangeons pas, notre organisme commence à cataboliser des graisses et des protéines. En fait, l'organisme catabolise normalement une partie de ses graisses et quelques-unes de ses protéines. Toutefois, le catabolisme des graisses et des protéines, effectué sur une grande échelle, ne se produit que si nous manquons de nourriture, si nous mangeons des aliments contenant très peu de glucides ou si nous souffrons d'un trouble endocrinien.

Les molécules de graisses et de protéines peuvent être transformées en glucose dans le foie. Le processus par lequel du glucose est formé à partir de sources non glucidiques est appelé **gluconéogenèse.**

Dans la gluconéogenèse, des quantités modérées de glucose peuvent être formées à partir d'acides aminés et de la portion glycérine des molécules de graisses (figure 25.9). Environ 60 % des acides aminés de l'organisme peuvent subir cette conversion. Des acides aminés comme l'alanine, la systéine, le glycocolle, la sérine et la thréonine sont transformés en acide pyruvique. Ce dernier peut être synthétisé de nouveau en glucose ou entrer dans le cycle de Krebs. La glycérine peut être transformée en 3-phosphoglycéraldéhyde, qui peut également être reconverti en glucose ou former de l'acide pyruvique. À la figure 25.9, nous illustrons également la façon dont la gluconéogenèse est liée aux autres réactions métaboliques.

La gluconéogenèse est stimulée par le cortisol, une des hormones glucorticoïdes de la corticosurrénale, et par la thyroxine provenant de la glande thyroïde. Le cortisol mobilise les protéines des cellules de l'organisme et les rend disponibles sous forme d'acides aminés, ce qui permet de constituer un pool d'acides aminés pour la gluconéogenèse. La thyroxine mobilise également les protéines et peut mobiliser les graisses de la réserve graisseuse en faisant en sorte que la glycérine soit disponible pour la gluconéogenèse. Celle-ci est également stimulée par l'adrénaline, le glucagon et la somatotrophine (STH).

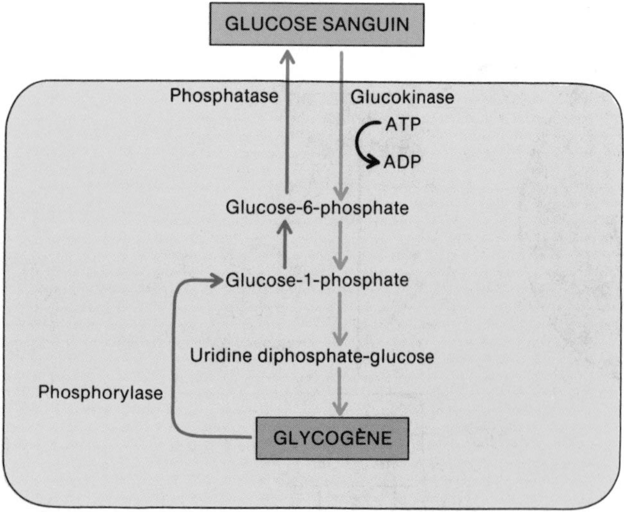

FIGURE 25.8 Glycogénogenèse et glycogénolyse. La glycogénogenèse (la conversion du glucose en glycogène) est indiquée par les flèches rouges. La glycogénolyse (la conversion du glycogène en glucose) est indiquée par les flèches bleues.

LE MÉTABOLISME DES LIPIDES

Après les glucides, qui constituent la principale source d'énergie, viennent les lipides. La plupart du temps, ces derniers sont utilisés comme éléments de base pour former des structures essentielles. Lorsque les graisses neutres (triglycérides) sont ingérées, elles sont finalement digérées sous forme d'acides gras et de monoglycérides. Les acides gras à chaîne courte entrent dans les capillaires sanguins des villosités intestinales, alors que les acides gras à chaîne longue et les monoglycérides sont transportés dans les micelles jusqu'aux cellules épithéliales des villosités intestinales pour ensuite pénétrer dans ces dernières. Une fois à l'intérieur, ils sont digérés sous forme de glycérine et d'acides gras, recombinés pour former des triglycérides et transportés sous forme de chylomicrons dans les chylifères des villosités intestinales jusque dans le canal thoracique, la veine sous-clavière et le foie.

LA DESTINÉE DES LIPIDES

Tout comme les glucides, les lipides (les acides gras et la glycérine, par exemple) peuvent être oxydés pour produire de l'ATP. Chaque gramme de graisse produit environ 37,8 kJ. Si l'organisme n'a pas besoin d'utiliser immédiatement des graisses de cette façon, celles-ci sont entreposées dans le tissu adipeux (réserve graisseuse) de l'organisme et dans le foie. D'autres lipides sont utilisés en tant que molécules structurales ou pour synthétiser d'autres substances essentielles. Ainsi, les phospholipides sont des composants des membranes cellulaires et des substrats pour la synthèse des prostaglandines ; les lipoprotéines sont utilisées pour le transport du cholestérol dans l'organisme ; la thromboplastine est nécessaire à la coagulation du sang ; et les gaines de myéline accélèrent la conduction des influx nerveux. Le cholestérol, un autre lipide, est utilisé dans la synthèse des sels biliaires et des hormones stéroïdes (hormones corticosurrénales et hormones sexuelles). Dans le

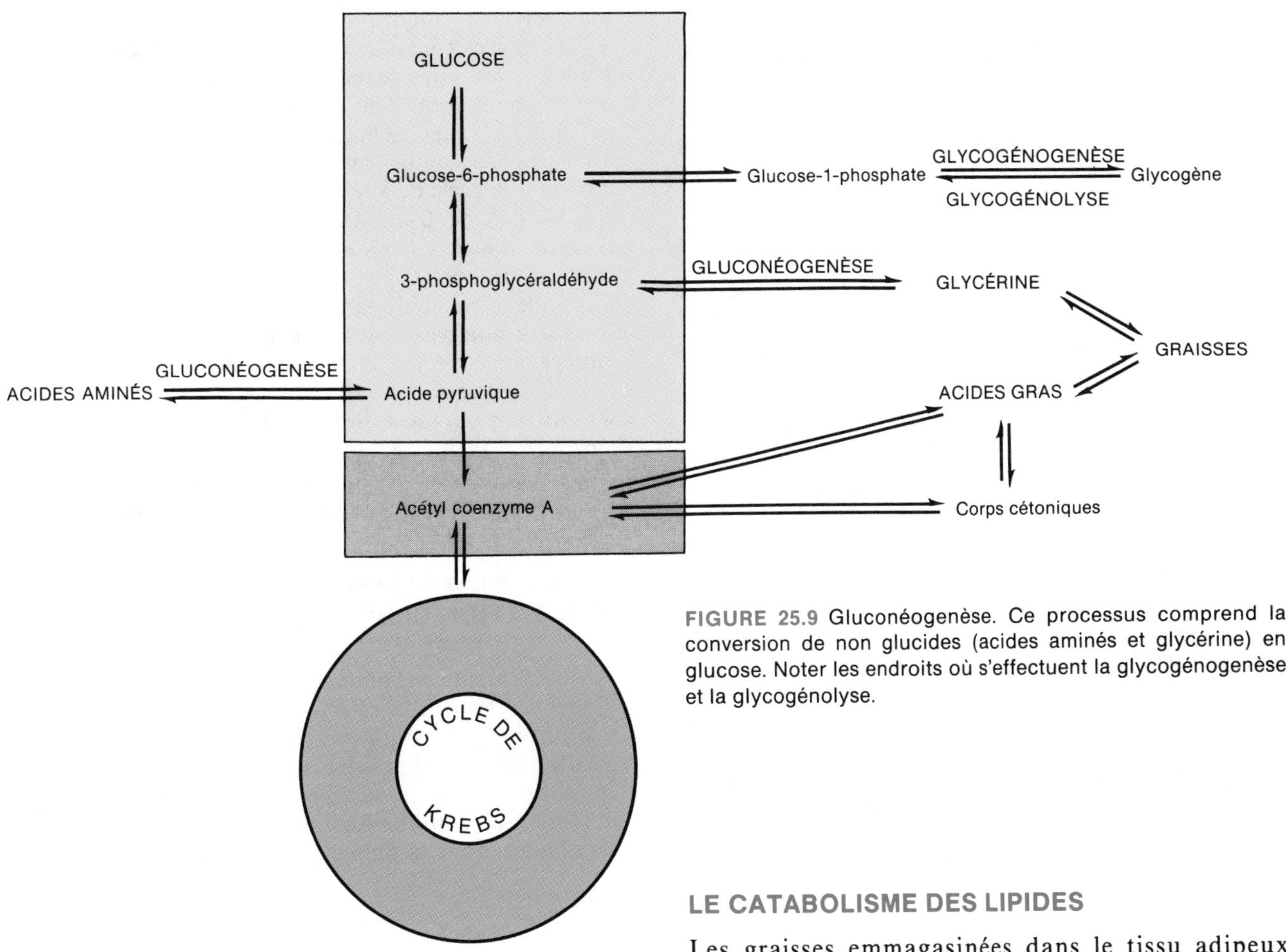

FIGURE 25.9 Gluconéogenèse. Ce processus comprend la conversion de non glucides (acides aminés et glycérine) en glucose. Noter les endroits où s'effectuent la glycogénogenèse et la glycogénolyse.

document 2.4, nous présentons les différentes fonctions des lipides dans l'organisme.

L'ENTREPOSAGE DES GRAISSES

Le rôle principal du tissu adipeux est d'entreposer les graisses jusqu'à ce que les autres parties de l'organisme en aient besoin. Il sert également à isoler et à protéger. Environ 50% des graisses entreposées sont déposées dans le tissu sous-cutané, environ 12% autour des reins, de 10% à 15% dans les épiploons, 20% dans les régions génitales et de 5% à 8% entre les muscles. Les graisses sont également entreposées derrière les yeux, dans les sillons du cœur et dans les replis du gros intestin.

Les cellules adipeuses contiennent des lipases qui catalysent la libération des graisses des chylomicrons et hydrolysent les graisses en acides gras et en glycérine. À cause de la rapidité des échanges d'acides gras, les graisses sont renouvelées environ toutes les deux ou trois semaines. Ainsi, les graisses présentes aujourd'hui dans le tissu adipeux ne sont pas les mêmes qui s'y trouvaient le mois dernier. De plus, les graisses sont continuellement libérées du tissu adipeux, transportées dans le sang et redéposées dans d'autres cellules adipeuses.

LE CATABOLISME DES LIPIDES

Les graisses emmagasinées dans le tissu adipeux constituent la réserve la plus importante d'énergie. L'organisme peut emmagasiner beaucoup plus de graisses que de glycogène. De plus, le rendement énergétique des graisses est plus de deux fois supérieur à celui des glucides. Cependant, parce qu'elles sont plus difficiles à cataboliser que les glucides, les graisses ne constituent que la deuxième source d'énergie de l'organisme.

La glycérine

Avant que les molécules de graisses puissent être métabolisées et devenir une source d'énergie, elles doivent être libérées de la réserve graisseuse et séparées en glycérine et en acides gras. Ces deux processus sont stimulés par la somatotrophine (STH). La glycérine et les acides gras sont alors catabolisés séparément (figure 25.10).

La glycérine est facilement transformée par un grand nombre de cellules de l'organisme en 3-phosphoglycéraldéhyde, un des composés également formés durant le catabolisme du glucose. Les cellules transforment alors le 3-phosphoglycéraldéhyde en glucose, ou poursuivent la séquence catabolique aboutissant à la formation d'acide pyruvique. Ce processus constitue un exemple de gluconéogenèse. Comme le 3-phosphoglycéraldéhyde est un produit intermédiaire dans la conversion de la glycérine en glucose, la glycérine entre donc dans la voie glycolytique pour être utilisée comme source d'énergie.

Les acides gras

Les acides gras sont catabolisés de façon différente, et le processus s'effectue dans la matrice des mitochondries. La première étape du catabolisme des acides gras comprend une série de réactions appelé **β-oxydation**, ou **oxydation de Knoop**. Par une série de réactions complexes comprenant la déshydratation, l'hydratation et le clivage, les enzymes éliminent des paires d'atomes de carbone à la fois de la longue chaîne d'atomes de carbone qui forment un acide gras. La β-oxydation donne une série de fragments à deux atomes de carbone, l'**acétyl coenzyme A (CoA)**. Comme la majorité des acides gras possèdent des nombres égaux d'atomes de carbone, le nombre de molécules d'acétyl CoA produites est facile à calculer ; il suffit de diviser par deux le nombre d'atomes de carbone contenus dans l'acide gras. Ainsi, l'acide palmitique, un acide gras à 16 atomes de carbone, produit des molécules d'acétyl CoA lorsqu'il subit une β-oxydation.

Durant la deuxième étape du catabolisme d'un acide gras, l'acétyl CoA formée par la β-oxydation entre dans le cycle de Krebs (figure 25.10). En termes de rendement énergétique, un acide gras à 16 atomes de carbone, comme l'acide palmitique, peut donner un gain net de 192 ATP après oxydation complète par l'intermédiaire du cycle de Krebs et de la chaîne respiratoire.

Durant le catabolisme normal des acides gras, le foie peut prendre des molécules d'acétyl CoA, deux à la fois, et les condenser pour former une substance appelée **acide acétylacétique**, dont la plus grande partie est convertie en acide β-hydroxybutyrique, et l'autre partie, en **acétone**. Ces substances constituent les **corps cétoniques**, et leur formation est appelée **cétogenèse** (figure 25.10). Ces corps cétoniques quittent ensuite le foie, pénètrent dans la circulation sanguine et diffusent dans d'autres cellules de l'organisme, où ils sont dégradés en acétyl CoA qui entre dans le cycle de Krebs pour y être oxydée. Durant les périodes de β-oxydation excessive, de grandes quantités d'acétyl CoA sont produites. Cela peut se produire après un repas riche en graisses, ou durant une période de jeûne ou d'inanition, parce qu'il n'y a pas de glucides disponibles pour le catabolisme. Ce phénomène peut également se produire chez les personnes souffrant de diabète sucré, parce qu'il n'y a pas d'insuline disponible pour stimuler la glycogénogenèse et le transport du glucose dans les cellules. Lorsqu'une personne diabétique commence à manquer sérieusement d'insuline, un des signes suggestifs est une odeur sucrée d'acétone de l'haleine.

APPLICATION CLINIQUE

Puisque l'organisme préfère le glucose comme source d'énergie, les corps cétoniques sont généralement produits en très petites quantités (de 0,3 mg à 2,0 mg/ 100 mL de sang). Lorsque le nombre de corps cétoniques dans le sang s'élève au-dessus de la normale, syndrome biologique appelé **cétose**, les corps cétoniques, dont la plupart sont des acides, doivent

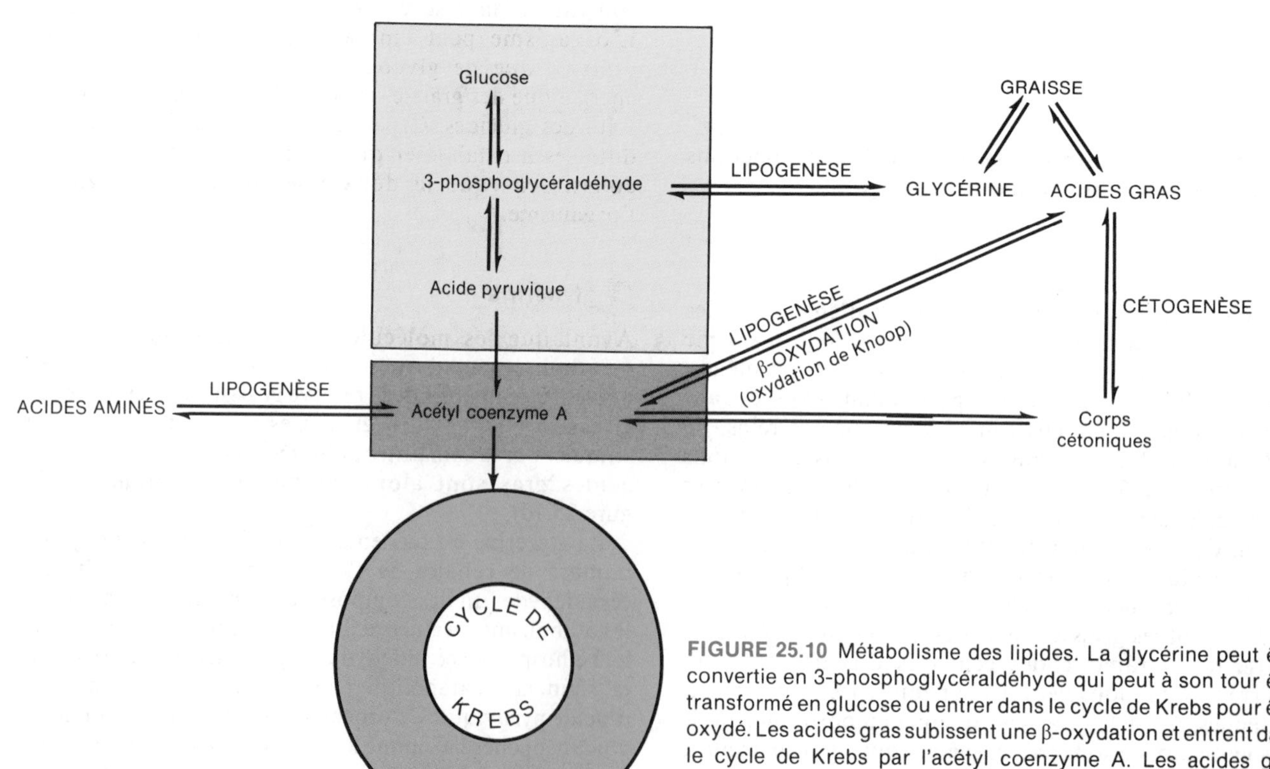

FIGURE 25.10 Métabolisme des lipides. La glycérine peut être convertie en 3-phosphoglycéraldéhyde qui peut à son tour être transformé en glucose ou entrer dans le cycle de Krebs pour être oxydé. Les acides gras subissent une β-oxydation et entrent dans le cycle de Krebs par l'acétyl coenzyme A. Les acides gras peuvent également être transformés en corps cétoniques (cétogenèse). La lipogenèse est la synthèse des lipides à partir de glucose ou d'acides aminés.

être tamponnés par l'organisme. Si un nombre trop important de corps cétoniques s'accumulent, ils épuisent les systèmes tampons disponibles, et le pH sanguin chute. Ainsi, une cétose extrême ou prolongée peut entraîner une **acidose** (pH sanguin anormalement bas).

L'ANABOLISME DES LIPIDES : LA LIPOGENÈSE

La **lipogenèse** est un processus par lequel les cellules du foie peuvent synthétiser des lipides à partir du glucose ou des acides aminés (figure 25.10). La lipogenèse se produit lorsque la quantité de glucides qui pénètre dans l'organisme est trop importante pour être utilisée sous forme d'énergie ou entreposée sous forme de glycogène. Les glucides en surplus sont synthétisés en graisses. Les étapes de la conversion du glucose en lipides sont complexes et comprennent la formation de 3-phosphoglycéraldéhyde, qui peut être converti en glycérine, et d'acétyl CoA, qui peut être transformée en acides gras (voir la figure 25.9). L'insuline favorise ce processus. La glycérine et les acides gras qui en résultent peuvent subir des réactions anaboliques et se transformer en graisses pouvant être emmagasinées, ou traverser une série de réactions anaboliques qui produisent d'autres lipides, comme les lipoprotéines, les phospholipides et le cholestérol.

La plupart des acides aminés peuvent être transformés en acétyl CoA, qui peut à son tour être convertie en graisses (figure 25.10). Lorsque le régime alimentaire comporte plus de protéines que n'en peut utiliser l'organisme, la plus grande partie de ce surplus est transformée en graisses et emmagasinée.

LE MÉTABOLISME DES PROTÉINES

Au cours de la digestion, les protéines sont dégradées en acides aminés. Ceux-ci sont ensuite absorbés par les capillaires sanguins des villosités intestinales et transportés vers le foie par la veine porte.

LA DESTINÉE DES PROTÉINES

Les acides aminés entrent dans les cellules de l'organisme par transport actif. Ce processus est stimulé par la somatotrophine (STH) et l'insuline. Presque immédiatement après avoir pénétré dans les cellules, ils sont synthétisés en protéines. En règle générale, s'il reçoit ou entrepose des quantités suffisantes de glucides et de graisses, l'organisme utilise très peu de protéines sous forme d'énergie. Chaque gramme de protéines produit environ 16,8 kJ. La plupart des protéines fonctionnent comme des enzymes. D'autres participent au transport (hémoglobine), d'autres encore servent d'anticorps, de substances chimiques favorisant la coagulation (fibrinogène), d'hormones (insuline) et d'éléments contractiles dans les cellules musculaires (actine et myosine). Plusieurs protéines constituent des composants structuraux de l'organisme (collagène, élastine, kératine et nucléoprotéines). Dans le document 2.5, nous présentons les différentes fonctions des protéines dans l'organisme.

LE CATABOLISME DES PROTÉINES

Tous les jours, une partie du catabolisme des protéines s'effectue dans l'organisme ; toutefois, il s'agit surtout de catabolisme partiel. Les protéines sont extraites des cellules usées, comme les hématies, et dégradées en acides aminés libres. Certains acides aminés sont transformés en d'autres acides aminés, des liaisons peptidiques se reforment, et de nouvelles protéines sont produites.

Lorsque les autres sources d'énergie sont épuisées ou inadéquates et que l'apport protéique est élevé, le foie peut transformer les protéines en graisses ou en glucose, ou les oxyder en dioxyde de carbone et en eau. Cependant, avant que les acides aminés puissent être catabolisés, ils doivent d'abord être transformés en substances capables de pénétrer dans le cycle de Krebs. Une de ces transformations consiste à éliminer le groupement amine (NH_2) de l'acide aminé ; ce processus est appelé **désamination**. Les cellules du foie transforment ensuite le NH_2 en ammoniac (NH_3) et, enfin, en urée, qui est excrétée dans l'urine. La décarboxylation et l'hydrogénation sont d'autres processus possibles. La destinée des acides aminés qui restent dépend du type auquel ils appartiennent. À la figure 25.11, nous démontrons que les acides aminés entrent dans le cycle de Krebs à des points différents. Ils peuvent être convertis en acide pyruvique, en acétyl CoA, en acide α-cétoglutarique, en succinyl CoA, en acide fumarique, en acide oxaloacétique, ou en acétylacétate-CoA. En fait, les acides aminés peuvent être modifiés de façons différentes pour entrer dans le cycle de Krebs à des endroits différents.

À la figure 25.9, nous illustrons la gluconéogenèse des acides aminés en glucose. Nous illustrons la conversion des acides aminés en acides gras ou en corps cétoniques à la figure 25.10.

L'ANABOLISME DES PROTÉINES

L'anabolisme des protéines comprend la formation de liaisons peptidiques entre des acides aminés, qui produisent de nouvelles protéines. L'anabolisme, ou synthèse, des protéines s'effectue sur les ribosomes de presque toutes les cellules de l'organisme et est réglé par l'ADN et l'ARN de la cellule (voir les figures 3.14 et 3.15). La synthèse protéique est stimulée par la somatotrophine (STH), la thyroxine et l'insuline. Les protéines synthétisées sont les composants principaux d'enzymes, d'anticorps, de substances chimiques coagulantes, d'hormones, de composants cellulaires structuraux, etc. Comme les protéines constituent un élément de base de la plupart des structures cellulaires, un régime alimentaire riche en protéines est important durant la croissance et la grossesse, et dans les cas de lésions tissulaires dues à une maladie ou à un traumatisme.

Parmi les acides aminés naturels, il en existe 10 qu'on appelle les **acides aminés essentiels**. Ces derniers ne peuvent pas être synthétisés par l'organisme humain à partir de molécules présentes dans l'organisme. Ils sont synthétisés par des plantes ou par des bactéries ; les aliments qui contiennent ces acides aminés sont donc « essentiels » à la croissance et doivent faire partie du régime alimentaire. Les **acides aminés non essentiels** peuvent être synthétisés par les cellules de l'organisme

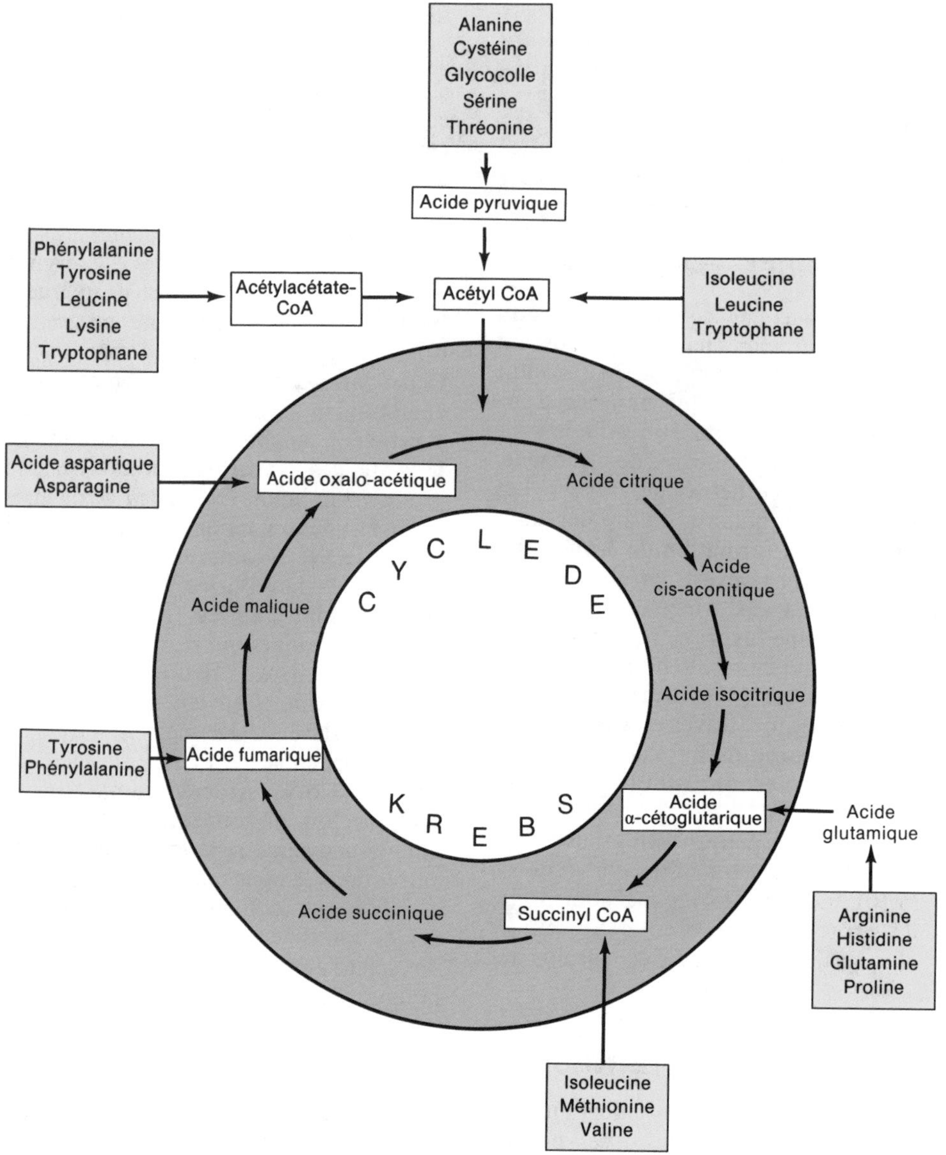

FIGURE 25.11 Différents endroits où les acides aminés (encadrés jaunes) entrent dans le cycle de Krebs pour y être oxydés.

par **transamination** (le transfert d'un groupement amine d'un acide aminé à une substance comme l'acide pyruvique ou un acide du cycle de Krebs). Une fois que les acides aminés essentiels et non essentiels appropriés sont présents dans les cellules, la synthèse protéique s'effectue rapidement.

Nous présentons un résumé du métabolisme des glucides, des lipides et des protéines dans le document 25.1.

LE STADE DE L'ABSORPTION ET L'ÉTAT DE JEÛNE

L'organisme passe constamment d'un stade d'absorption à un état de jeûne. Au cours du **stade de l'absorption**, les nutriments ingérés pénètrent dans l'appareil cardio-vasculaire et le système lymphatique à partir du tube digestif. Durant l'**état de jeûne**, l'absorption est complète et les besoins énergétiques de l'organisme doivent être satisfaits par les nutriments qui se trouvent déjà dans l'organisme. Nous allons aborder l'analyse des principales étapes de ces phénomènes, afin de mieux comprendre la façon dont les voies métaboliques sont interreliées.

LE STADE DE L'ABSORPTION

L'organisme met environ 4 h à absorber complètement un repas moyen. Si l'on prend trois repas par jour, l'organisme passe environ 12 h par jour à absorber des nutriments. Les 12 h qui restent (fin de la matinée, fin de l'après-midi et la plus grande partie de la soirée) correspondent à l'état de jeûne.

Durant le stade de l'absorption, le glucose transporté au foie est, en grande partie, converti en graisses ou en glycogène ; une portion minime est oxydée sous forme d'énergie dans le foie. Une partie des graisses synthétisées

DOCUMENT 25.1 RÉSUMÉ DU MÉTABOLISME

PROCESSUS	COMMENTAIRES
MÉTABOLISME DES GLUCIDES	
Catabolisme du glucose	L'oxydation complète du glucose (ou respiration cellulaire) constitue la principale source d'énergie dans les cellules. Ce processus comprend la glycolyse, le cycle de Krebs et la chaîne respiratoire. L'oxydation complète d'une molécule de glucose entraîne un gain net de 38 molécules d'ATP
Glycolyse	La conversion du glucose en acide pyruvique entraîne la production d'ATP. Les réactions ne nécessitent pas d'oxygène
Cycle de Krebs	Le cycle de Krebs comprend une série de réactions d'oxydoréduction, dans lesquelles des coenzymes (NAD et FAD) captent des atomes d'hydrogène des acides organiques oxydés, et une certaine quantité d'ATP est produite. Le CO_2 et le H_2O constituent les sous-produits. Les réactions sont aérobies
Chaîne respiratoire	La troisième étape du catabolisme du glucose est une autre série de réactions d'oxydoréduction dans lesquelles les électrons passent entre la FAD, la coenzynme Q et les cytochromes, et la plus grande partie de l'ATP est produite. Les réactions sont aérobies
Anabolisme du glucose	Une partie du glucose est transformée en glycogène (glycogénogenèse) pour être entreposée, si l'organisme n'en a pas un besoin urgent. Le glycogène peut être converti en glucose (glycogénolyse) si l'organisme en a besoin. La conversion des graisses et des protéines en glucose est appelée gluconéogenèse
MÉTABOLISME DES LIPIDES	
Catabolisme	La glycérine peut être convertie en glucose (gluconéogenèse) ou catabolisée par glycolyse. Les acides gras sont catabolisés par β-oxydation en acétyl CoA qui est catabolisée dans le cycle de Krebs. L'acétyl CoA peut également être convertie en corps cétoniques
Anabolisme	La synthèse des lipides à partir du glucose et des acides aminés est la lipogenèse. Les graisses sont emmagasinées dans le tissu adipeux
MÉTABOLISME DES PROTÉINES	
Catabolisme	Les acides aminés sont oxydés par le cycle de Krebs après avoir été convertis par des processus comme la désamination. L'ammoniac produit par les conversions est transformé en urée dans le foie et excrété dans l'urine. Les acides aminés peuvent être convertis en glucose (gluconéogenèse) et en acides gras ou en corps cétoniques
Anabolisme	La synthèse protéique est dirigée par l'ADN et utilise l'ARN et les ribosomes des cellules

dans le foie reste là, mais la plus grande partie est libérée dans le sang pour être emmagasinée dans le tissu adipeux. Les cellules adipeuses recueillent le glucose qui n'a pas été capté par le foie et le transforment en graisses qui seront emmagasinées dans l'organisme. Une partie du glucose contenu dans le sang est entreposée sous forme de glycogène dans les muscles squelettiques, et la plus grande partie est utilisée par les cellules de l'organisme qui les oxydent en dioxyde de carbone, en eau et en ATP (figure 25.12).

Au cours du stade de l'absorption, la plus grande partie des graisses est entreposée dans le tissu adipeux; seule une petite portion est utilisée pour la synthèse. Les cellules adipeuses tirent les graisses des chylomicrons, des activités de synthèse du foie et de leurs propres réactions de synthèse (figure 25.12).

Un grand nombre des acides aminés absorbés qui pénètrent dans les cellules du foie sont convertis en acides appelés acides cétoniques. Ceux-ci sont catabolisés en dioxyde de carbone et en eau afin de fournir de l'énergie. Certains sont également synthétisés en acides gras dans les cellules du foie. Ces acides gras peuvent être synthétisés en graisses et entreposés dans le tissu adipeux. Certains acides aminés qui pénètrent dans les cellules du foie sont utilisés pour synthétiser des protéines, comme les protéines plasmatiques. Les acides aminés qui ne sont pas captés par les cellules du foie pénètrent dans d'autres cellules de l'organisme, comme les cellules musculaires, pour y être synthétisés en protéines.

L'ÉTAT DE JEÛNE

Durant l'état de jeûne, le problème majeur de l'organisme est de maintenir un taux normal de glucose dans le sang (de 70 mg à 110 mg/100mL de sang). Le maintien d'un taux normal de glucose dans le sang est particulièrement important pour le fonctionnement du système nerveux, le glucose étant le seul nutriment qu'il puisse utiliser.

En règle générale, les taux de glucose dans le sang sont maintenus par l'utilisation de diverses sources de glucose et par des réactions d'épargne du glucose comme l'utilisation des graisses ou, peut-être, des protéines pour obtenir de l'énergie. Durant l'état de jeûne, une des principales sources de glucose dans le sang est le glycogène produit par le foie, qui peut fournir un apport

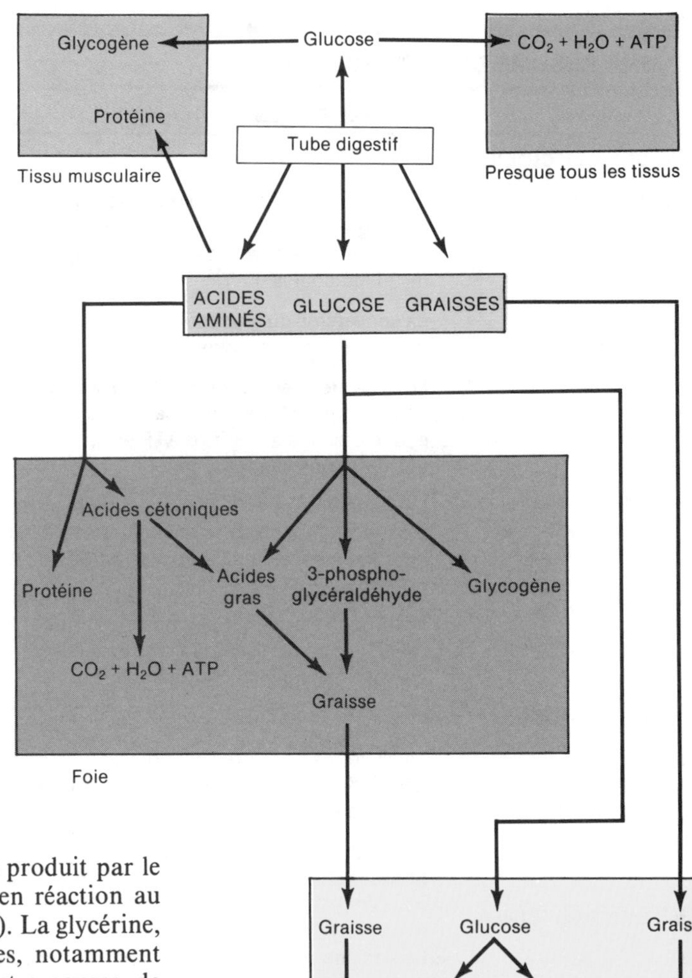

FIGURE 25.12 Principales voies métaboliques correspondant au stade de l'absorption.

d'une durée d'environ 4 h. Le glycogène produit par le foie est constamment formé et dégradé en réaction au taux de glucose dans le sang (figure 25.13). La glycérine, produite par l'hydrolyse des triglycérides, notamment dans le tissu adipeux, constitue une autre source de glucose sanguin. Toutefois, seule la glycérine produite à partir de la dégradation des graisses peut former du glucose; les acides gras ne peuvent pas être utilisés parce que l'acétyl CoA ne peut pas être convertie rapidement en acide pyruvique. Cependant, les acides gras sont oxydés directement en acétyl CoA lorsqu'ils entrent dans le cycle de Krebs, évitant ainsi l'utilisation du glucose. Une troisième source de glucose pourrait être le glycogène contenu dans les muscles durant les périodes d'exercice vigoureux lorsque des quantités importantes d'acide lactique sont produites par la glycolyse anaérobie dans les muscles. L'acide lactique contenu dans les muscles est libéré dans le sang et transporté vers le foie, où il est transformé de nouveau en glucose et libéré dans le sang. Enfin, les protéines tissulaires, notamment celles qui proviennent des muscles squelettiques, peuvent contribuer au maintien du taux de glucose sanguin. Durant l'état de jeûne, de grandes quantités d'acides aminés produits par la dégradation des protéines sont libérées des muscles et transformées en glucose dans le foie, par gluconéogenèse. Ou encore, les acides aminés peuvent être directement oxydés, épargnant ainsi les réserves de glucose dans le sang. Durant l'état de jeûne, les acides aminés des muscles contribuent au maintien du taux de glucose dans le sang lorsque les réserves de glycogène du foie et les sources de graisses sont épuisées.

En dépit de tous ces mécanismes, le taux de glucose dans le sang ne peut être maintenu très longtemps. L'organisme doit donc effectuer un ajustement important durant l'état de jeûne. Bien que le système nerveux continue à utiliser le glucose sanguin de façon normale, tous les autres tissus corporels réduisent leur oxydation de glucose et utilisent les graisses comme source d'énergie. Les graisses contenues dans le tissu adipeux sont donc dégradées, et des acides gras sont libérés dans le sang. Les acides gras sont captés par les cellules de l'organisme, à l'exception du tissu nerveux, et transformés par oxydation en dioxyde de carbone, en eau et en ATP. Le foie transforme les acides gras en corps cétoniques, qui pénètrent dans la plus grande partie des cellules de l'organisme et sont ensuite oxydés en dioxyde de carbone, en eau et en ATP. Grâce à cette épargne de glucose et à l'utilisation des graisses, il est possible de jeûner pendant plusieurs semaines, à condition de boire de l'eau.

LA RÉGULATION DU MÉTABOLISME

Selon les besoins de l'organisme, les nutriments absorbés peuvent être transformés en différentes substances. Ils peuvent être oxydés pour fournir de l'énergie, entreposés

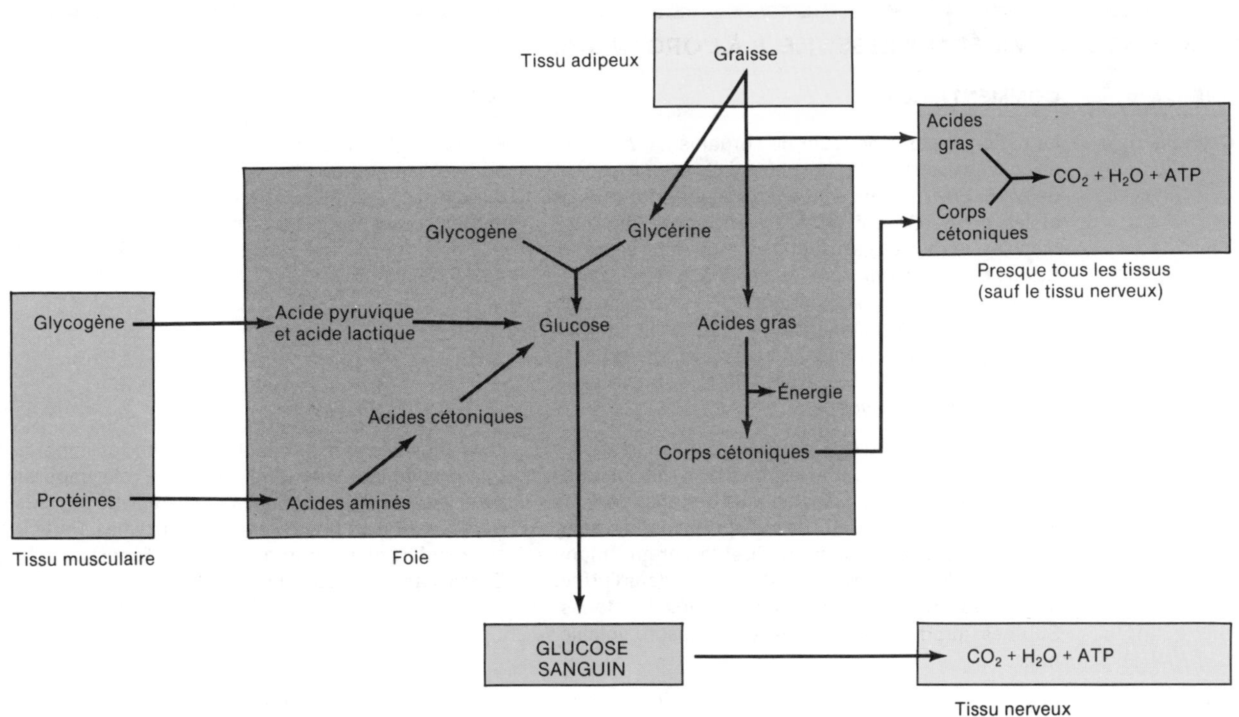

FIGURE 25.13 Principales voies métaboliques correspondant à l'état de jeûne.

DOCUMENT 25.2 RÉSUMÉ DE LA RÉGULATION HORMONALE DU MÉTABOLISME DES GLUCIDES, DES LIPIDES ET DES PROTÉINES

HORMONE	ACTION
Insuline	Augmente la captation du glucose par les cellules, notamment les cellules musculaires et adipeuses Stimule la conversion du glucose en glycogène (glycogénogenèse) Stimule la synthèse des graisses et inhibe la dégradation des graisses Stimule le transport actif des acides aminés dans les cellules, notamment les cellules musculaires Stimule la synthèse protéique
Glucagon	Stimule la conversion du glycogène en glucose (glycogénolyse) Stimule la conversion des composés non glucidiques en glucose (gluconéogenèse) Stimule la dégradation des graisses
Adrénaline	Stimule la conversion du glycogène en glucose (glycogénolyse) Stimule la conversion des composés non glucidiques en glucose (gluconéogenèse) Stimule la dégradation des graisses
Somatotrophine (STH)	Stimule le transport actif des acides aminés dans les cellules, notamment les cellules musculaires Stimule la synthèse protéique Stimule la conversion des composés non glucidiques en glucose (gluconéogenèse) Stimule la dégradation des graisses
Thyroxine	Stimule la synthèse protéique Stimule la conversion des composés non glucidiques en glucose (gluconéogenèse) Stimule la dégradation des graisses
Cortisol	Stimule la conversion des composés non glucidiques en glucose (gluconéogenèse)
Testostérone	Augmente les réserves de protéines dans les cellules, notamment les cellules musculaires

DOCUMENT 25.3 MINÉRAUX ESSENTIELS À L'ORGANISME

MINÉRAL	COMMENTAIRES	IMPORTANCE
Calcium	Le cation le plus abondant de l'organisme. Apparaît en combinaison avec le phosphore dans une proportion de 2/1,5. Environ 99% sont emmagasinés dans les os et les dents. Ce qui reste est entreposé dans les muscles, les autres tissus mous et le plasma sanguin. Le taux de calcium dans le sang est réglé par la calcitonine (CT) et la parathormone (PTH). L'absorption ne s'effectue qu'en présence de vitamine D. La plus grande partie est excrétée dans les fèces, et une petite partie dans l'urine. Sources: lait, jaune d'œuf, crustacés, légumes verts	Formation des os et des dents, coagulation du sang, activité musculaire et nerveuse, endocytose et exocytose, motilité cellulaire, mouvements des chromosomes avant la division cellulaire, métabolisme du glycogène et synthèse et libération des neurotransmetteurs
Phosphore	Environ 80% se trouvent dans les os et les dents. Le reste est distribué dans les muscles, les cellules cérébrales et le sang. Effectue plus de fonctions que tout autre minéral. Le taux de phosphore dans le sang est réglé par la calcitonine (CT) et la parathormone (PTH). La plus grande partie est excrétée dans l'urine, une petite quantité est éliminée dans les fèces. Sources: produits laitiers, viande, poisson, volaille, noix	Formation des os et des dents. Constitue un important système tampon du sang. Joue un rôle important dans la contraction musculaire et l'activité nerveuse. Composant d'un grand nombre d'enzymes. Participe au transfert et à l'entreposaage de l'énergie (ATP). Composant de l'ADN et de l'ARN
Fer	Environ 66% se trouvent dans l'hémoglobine du sang. Le reste est distribué dans les muscles squelettiques, le foie, la rate et les enzymes. Des pertes normales de fer accompagnent la chute des cheveux, des cellules épithéliales et des cellules muqueuses; le fer est également éliminé dans la sueur, l'urine, les fèces et la bile. Sources: viande, foie, crustacés, jaune d'œuf, légumineuses, légumes, fruits secs, noix et céréales	En tant que composant de l'hémoglobine, transporte l'oxygène aux cellules. Composant des cytochromes participant à la formation d'ATP à partir du catabolisme
Iode	Composant essentiel des hormones thyroïdiennes. Excrété dans l'urine. Sources: fruits de mer, huile de foie de morue et légumes poussés dans des sols riches en iode ou sels iodés	Nécessaire à la thyroïde pour synthétiser les hormones thyroïdiennes, hormones qui règlent la vitesse du métabolisme
Cuivre	Une partie est emmagasinée dans le foie et la rate. La plus grande partie est excrétée dans les fèces. Sources: œufs, farine de blé entier, légumineuses, betteraves, foie, poisson, épinards, asperges	Nécessaire avec le fer à la synthèse de l'hémoglobine. Composant de l'enzyme nécessaire à la formation de la mélanine (pigment)
Sodium	La plus grande partie se trouve dans les liquides extracellulaires; une partie dans les os. Excrété dans l'urine et la sueur. Un apport normal de sodium (sel de table) suffit aux besoins de l'organisme	En tant que cation le plus abondant du liquide extracellulaire, influence fortement la distribution de l'eau par l'osmose. Fait partie du système tampon bicarbonate de sodium. Joue un rôle dans la conduction des influx nerveux

ou transformés en d'autres substances. La voie métabolique que prend un nutriment en particulier est réglée par les enzymes et régularisée par les hormones. Dans la section portant sur le métabolisme des glucides, des lipides et des protéines, nous avons mentionné la participation des hormones. Dans le document 25.2, nous résumons les actions des principales hormones liées au métabolisme.

Les hormones constituent les principaux régulateurs du métabolisme. Toutefois, la régulation hormonale ne peut être efficace sans l'apport des minéraux et des vitamines appropriés. Certains minéraux et un grand nombre de vitamines font partie des systèmes enzymatiques qui catalysent les réactions métaboliques.

LES MINÉRAUX

Les **minéraux** sont des substances inorganiques. Ils peuvent se présenter en combinaison les uns avec les autres, ou avec des composés organiques. Les minéraux constituent environ 4% de la masse corporelle totale, et ils sont particulièrement concentrés dans le squelette. Parmi les minéraux qui jouent un rôle essentiel à la vie, on trouve le calcium, le phosphore, le sodium, le manganèse, le cobalt, le cuivre, le zinc, le sélénium et le chrome. D'autres minéraux, l'aluminium, le silicium, l'arsenic et le nickel, sont présents dans l'organisme, mais on ne connaît pas encore leurs fonctions.

DOCUMENT 25.3 MINÉRAUX ESSENTIELS À L'ORGANISME [*Suite*]

MINÉRAL	COMMENTAIRES	IMPORTANCE
Potassium	Principal cation du liquide intracellulaire. La plus grande partie est excrétée dans l'urine. Une ingestion normale suffit aux besoins de l'organisme	Joue un rôle dans la transmission des influx nerveux et la contraction musculaire
Chlore	Présent dans les liquides extracellulaire et intracellulaire. Anion principal du liquide extracellulaire. La plus grande partie est excrétée dans l'urine. Une ingestion normale de NaCl répond aux besoins de l'organisme	Joue un rôle dns l'équilibre acido-basique du sang, l'équilibre hydrique et la formation de HCl dans l'estomac
Magnésium	Composant des tissus mous et des os. Excrété dans l'urine et les fèces. Se trouve en abondance dans divers aliments	Nécessaire au fonctionnement normal des tissus musculaire et nerveux. Participe à la formation des os. Composant d'un grand nombre de coenzymes
Soufre	Composant d'un grand nombre de protéines (comme l'insuline) et de certaines vitamines (thiamine et biotine). Excrété dans l'urine. Sources: bœuf, foie, agneau, poisson, volaille, œufs, fromage, légumineuses	En tant que composant de certaines hormones et vitamines, règle plusieurs activités corporelles
Zinc	Composant important de certaines enzymes. Présent en abondance dans un grand nombre d'aliments, notamment les viandes	En tant que composant de l'anhydrase carbonique, joue un rôle important dans le métabolisme du dioxyde de carbone. Nécessaire à la croissance et à la cicatrisation, au fonctionnement normal de la prostate, à l'appétit et aux sensations gustatives et, chez l'homme, à la numération normale des spermatozoïdes. En tant que composant des peptidases, joue un rôle dans la digestion des protéines
Fluor	Composant des os, des dents et d'autres tissus	Semble améliorer la structure des dents et inhiber la cariogenèse
Manganèse	Une partie est entreposée dans le foie et la rate. La plus grande partie est excrétée dans les fèces	Active plusieurs enzymes. Nécessaire à la synthèse de l'hémoglobine, à la formation de l'urée, à la croissance, à la reproduction et à la lactation
Cobalt	Composant de la vitamine B_{12}	En tant que composant de la vitamine B_{12}, nécessaire à la maturation de l'érythropoïèse
Chrome	Présent en concentrations élevées dans la levure de bière. Présent également dans le vin et certaines marques de bière	Nécessaire à l'utilisation adéquate des sucres alimentaires et d'autres glucides en maximisant la production et les effets de l'insuline. Favorise l'élévation des taux de HDL dans le sang et la baisse des taux de LDL
Sélénium	Présent dans les fruits de mer, la viande, le poulet, les grains de céréales, le jaune d'œuf, le lait, les champignons et l'ail	Un antioxydant. Prévient la fragmentation des chromosones et peut jouer un rôle dans la prévention de certaines anomalies congénitales

Le calcium et le phosphore forment une partie de la structure des os. Toutefois, comme les minéraux ne forment pas de composés à chaîne longue, ils constituent de piètres matériaux de base. Leur rôle principal est de favoriser la régulation des processus corporels. Le calcium, le fer, le magnésium et le manganèse sont des composants de certaines coenzymes. Le magnésium sert également de catalyseur pour la conversion de l'ADP en ATP. Sans ces minéraux, le métabolisme s'arrêterait et la mort s'ensuivrait. Les minéraux comme le sodium et le phosphore participent aux systèmes tampons. Le sodium favorise la régulation de l'osmose de l'eau et, en collaboration avec d'autres ions, participe à la production des influx nerveux. Dans le document 25.3, nous décrivons les fonctions de certains minéraux essentiels à la vie de l'organisme. Il est important de noter que l'organisme utilise généralement les ions des minéraux plutôt que la forme non ionisée. Certains minéraux, comme le chlore, sont toxiques ou même mortels lorsqu'ils sont ingérés sous une forme non ionisée.

LES VITAMINES

Les vitamines sont des nutriments organiques nécessaires, en quantités minimes, au maintien de la croissance et du métabolisme normal. Contrairement aux glucides, aux graisses ou aux protéines, les vitamines ne fournissent pas d'énergie et ne constituent pas des éléments structuraux.

DOCUMENT 25.4 PRINCIPALES VITAMINES

VITAMINE	COMMENTAIRE ET SOURCE	FONCTION	SYMPTÔMES ET TROUBLES LIÉS À LA CARENCE
LIPOSOLUBLES			
A	Formée à partir de la carotène (provitamine) et d'autres provitamines dans l'intestin. Nécessite la présence de sels biliaires pour être absorbée. Entreposée dans le foie. Sources de carotène et d'autres provitamines: légumes verts et jaunes ; sources de vitamine A : huiles de foie de poisson, lait, beurre	Maintient la santé et la vigueur des cellules épithéliales	Une carence entraîne une atrophie et une kératinisation de l'épithélium, qui produisent une sécheresse de la peau et des cheveux, une incidence accrue des otites, des sinusites, des infections des voies respiratoires, urinaires et digestives, une incapacité de prendre de la masse, un assèchement de la cornée accompagné d'une ulcération, (**xérophtalmie**), des troubles nerveux et des lésions cutanées
		Essentielle à la formation de la rhodopsine, une substance chimique photosensible présente dans les bâtonnets rétiniens	**Héméralopie**, ou réduction de la capacité d'adaptation à l'obscurité
		Favorise la croissance des os et des dents en aidant à régler l'activité des ostéoblastes et des ostéoclastes	Développement lent et déficient des os et des dents
D	En présence de la lumière du soleil, le 7-déhydrocholestérol présent dans la peau est converti en cholécalciférol (vitamine D_3). Dans le foie, le cholécalciférol est transformé en 25-hydroxycholécalciférol. Dans les reins, le 25-hydroxycholécalciférol est converti en 1,25-dihydroxycalciférol (forme active de la vitamine D). La vitamine D alimentaire nécessite des quantités modérées de sels biliaires et de graisses pour être absorbée. Emmagasinée en faibles quantités dans les tissus. La plus grande partie est excrétée dans la bile. Sources: huiles de foie de poisson, jaune d'œuf et lait enrichi	Essentielle à l'absorption et à l'utilisation du calcium et du phosphore du tube digestif. Peut collaborer avec la parathormone (PTH) qui règle le métabolisme du calcium	Une utilisation inadéquate du calcium par les os entraîne le **rachitisme** chez l'enfant et l'**ostéomalacie** chez l'adulte. Réduction possible du tonus musculaire

Le rôle essentiel des vitamines est la régulation des processus physiologiques. La plupart des vitamines dont les fonctions sont connues jouent le rôle de coenzymes.

La plupart des vitamines ne peuvent pas être synthétisées par l'organisme. Elles sont ingérées avec les aliments ou en comprimés. D'autres, comme la vitamine K, sont produites par des bactéries présentes dans le tube digestif. En présence d'une matière première, les *provitamines*, l'organisme peut rassembler certaines vitamines. La vitamine A est produite par l'organisme à partir d'une provitamine, la carotène, une substance chimique présente dans les épinards, les carottes, le foie et le lait. Aucun aliment ne contient toutes les vitamines dont l'organisme a besoin; c'est pourquoi il est important d'avoir un régime alimentaire équilibré.

L'**avitaminose** est une carence en vitamines dans le régime alimentaire. L'**hypervitaminose** est un surplus d'une ou de plusieurs vitamines. Nous verrons brièvement les affections liées aux doses massives de certaines vitamines et de certains minéraux.

Sur le plan de la solubilité, les vitamines sont divisées en deux groupes principaux : les vitamines liposolubles et les vitamines hydrosolubles. Les vitamines **liposolubles** sont absorbées par l'intestin grêle, sous forme de micelles, avec les graisses contenues dans le régime alimentaire. En fait, elles ne peuvent être absorbées si elles ne sont pas ingérées avec une certaine quantité de matières grasses. Les vitamines liposolubles sont généralement entreposées dans les cellules, notamment les cellules du foie, et constituent des réserves. Les

DOCUMENT 25.4 PRINCIPALES VITAMINES [*Suite*]

VITAMINE	COMMENTAIRE ET SOURCE	FONCTION	SYMPTÔMES ET TROUBLES LIÉS À LA CARENCE
E (tocophérol)	Entreposée dans le foie, le tissu adipeux et les muscles. Nécessite la présence de sels biliaires et de graisses pour être absorbée. Sources : noix fraîches et germe de blé, huiles végétales, légumes verts feuillus	On croit qu'elle inhibe le catabolisme de certains acides gras qui favorisent la formation des structures cellulaires, surtout des membranes. Participe à la formation de l'ADN, de l'ARN et des hématies. Peut favoriser la cicatrisation, contribuer à la structure et au fonctionnement normaux du système nerveux, prévenir les cicatrices et réduire la gravité de la perte de vision associée à la fibroplasie rétrolentale (rétinopathie des prématurés causée par une oxygénothérapie excessive) en jouant le rôle d'un antioxydant. On croit qu'elle aide à protégéer le foie contre certaines substances chimiques toxiques, comme le tétrachlorure de carbone	Peut entraîner l'oxydation des graisses non saturées, qui provoque une structure et un fonctionnement anormaux des mitochondries, des lysosomes et des membranes cellulaires pouvant causer une anémie hémolytique. Une carence entraîne également la dystrophie musculaire chez les singes, et la stérilité chez les rats
K	Produite en quantités considérables par la flore bactérienne intestinale. Nécessite la présence de sels biliaires et de graisses pour être absorbée. Entreposée dans le foie et dans la rate. Sources : épinards, chou-fleur, chou et foie	On croit que la présence de la coenzyme est essentielle à la synthèse de la prothrombine par le foie et par plusieurs facteurs de coagulation. Également appelée vitamine antihémorragique	Un retard du temps de coagulation entraîne une hémorragie
HYDROSOLULES			
B_1 (thiamine)	Rapidement détruite par la chaleur. N'est pas emmagasinée dans l'organisme. Le surplus est excrété dans l'urine. Sources : grains entiers, œufs, porc, noix, foie et levure	Agit comme coenzyme avec certaines enzymes qui participent au métabolisme des glucides de l'acide pyruvique en CO_2 et H_2O. Essentielle à la synthèse de l'acétylcholine	Une défectuosité du métabolisme des glucides entraîne une accumulation d'acides pyruvique et lactique et une carence énergétique pour les cellules nerveuses et musculaires. Une carence entraîne deux syndromes : (1) le **béribéri**, une paralysie partielle des muscles lisses du tube digestif causant des troubles digestifs, une paralysie des muscles squelettiques et une atrophie des membres ; (2) la **polyneuropathie périphérique**, à cause de la dégénérescence des gaines de myéline, les réflexes liés à la sensibilité proprioceptive sont entravés, détérioration de la sensibilité tactile, réduction de la motilité intestinale, arrêt de la croissance et manque d'appétit
B_2 (riboflavine)	N'est pas entreposée en grandes quantités dans les tissus. La plus grande partie est excrétée dans l'urine. De petites quantités sont apportées par la flore bactérienne du tube digestif. Autres sources : levure, foie, bœuf, veau, agneau, œufs, grains entiers, asperges, pois, betteraves, arachides	Composant de certaines coenzymes (*v.g.*, FAD) associées au métabolisme des glucides et des protéines, notamment dans les cellules des yeux, des téguments, de la muqueuse intestinale et du sang	Une carence peut entraîner une utilisation inadéquate de l'oxygène, ce qui provoque une vision brouillée, des cataractes et des ulcères de la cornée. Une carence peut également provoquer une dermatite et une peau crevassée, des lésions de la muqueuse intestinale et de l'anémie

DOCUMENT 25.4 PRINCIPALES VITAMINES [*Suite*]

VITAMINE	COMMENTAIRE ET SOURCE	FONCTION	SYMPTÔMES ET TROUBLES LIÉS À LA CARENCE
Niacine (acide nicotinique)	Dérivée du tryptophane (acide aminé). Sources : levure, viandes, foie, poisson, grains entiers, pois, légumineuses et noix	Composant essentiel d'une coenzyme (NAD) liée aux réactions énergétiques. Dans le métabolisme des lipides, inhibe la production du cholestérol et favorise la dégradation des graisses	La principale affection liée à la carence est la **pellagre**, caractérisée par une dermatite, une diarrhée, et des troubles psychologiques
B_6 (pyridoxine)	Formée par la flore bactérienne du tube digestif. Entreposée dans le foie, les muscles et l'encéphale. Autres sources : saumon, levure, tomates, maïs, épinards, grains entiers, foie et yogourt	Peut jouer le rôle d'une coenzyme dans le métabolisme des graisses. Coenzyme essentielle au métabolisme normal des acide aminés. Favorise la production des anticorps circulants	Le symptôme le plus fréquent lié à la carence est une dermatite affectant les yeux, le nez et la bouche. Autres symptômes: retard statural et nausées
B_{12} (cyanocobalamine)	La seule vitamine du groupe B qui n'est pas présente dans les légumes et qui contient du cobalt. L'absorption par le tube digestif dépend du HCl et du facteur intrinsèque sécrétés par la muqueuse gastrique. Sources: foie, rognons, lait, œufs, fromage et viande	Coenzyme nécessaire à la formation des hématies et de la méthionine (acide aminé), à l'entrée de certains acides aminés dans le cycle de Krebs et à la fabrication de la choline (substance chimique semblable, sur le plan de la fonction, à l'acétylcholine)	Anémie pernicieuse et dysfonctionnement du système nerveux causés par la dégénérescence des axones de la moelle épinière
Acide pantothénique	Entreposé surtout dans le foie et les reins. Une certaine quantité est produite par la flore bactérienne du tube digestif. Autres sources: rognons, foie, levure, légumes verts et céréales	Composant de la coenzyme A essentielle au transfert de l'acide pyruvique dans le cycle de Krebs, à la conversion des lipides et des acides aminés en glucose et à la synthèse du cholestérol et des hormones stéroïdes	Des épreuves expérimentales associées à la carence ont révélé de la fatigue, des spasmes musculaires, une dégénérescence neuromusculaire et une production insuffisante d'hormones stéroïdes par les surrénales
Acide folique	Synthétisé par la flore bactérienne du tube digestif. Autres sources : légumes verts feuillus et foie	Composant des systèmes enzymatiques qui synthétisent les purines et les pyrimidines formées dans l'ADN et l'ARN. Essentiel à la production normale des hématies et des leucocytes	Production d'hématies excessivement volumineuses (anémie macrocytaire)
Biotine	Synthétisée par la flore bactérienne du tube digestif. Autres sources : levure, foie, jaune d'œuf, rognons	Coenzyme essentielle à la conversion de l'acide pyruvique en acide oxalo-acétique et à la synthèse des acides gras et des purines	Dépression, douleurs musculaires, dermatite, fatigue, nausées
C (acide ascorbique)	Rapidement détruite par la chaleur. Une partie est emmagasinée dans le tissu glandulaire et le plasma. Sources: agrumes, tomates, légumes verts	On ne connaît pas encore le rôle précis joué par cette substance. Favorise un grand nombre de réactions métaboliques, notamment le métabolisme des protéines (y compris la déposition du collagène dans la formation du tissu conjonctif). En tant que coenzyme, peut s'unir à des poisons et les rendre inoffensifs jusqu'à leur excrétion. Agit avec les anticorps. Favorise la cicatrisation	Scorbut, anémie, un grand nombre de symptômes liés à une croissance et à une régénération inadéquates du tissu conjonctif, comprenant des gencives enflées et sensibles, un déchaussement des dents (accompagné d'une détérioration des procès alvéolaires), une mauvaise cicatrisation, une hémorragie (fragilité des parois des vaisseaux due à une dégénérescence du tissu conjonctif) et un retard statural

vitamines A, D, E et K sont des vitamines liposolubles. Les vitamines **hydrosolubles**, elles, sont absorbées avec l'eau dans le tube digestif et se dissolvent dans les liquides corporels. Le surplus est excrété dans l'urine. L'organisme n'entrepose donc pas facilement les vitamines hydrosolubles. Les vitamines du groupe B et la vitamine C constituent des exemples de vitamines hydrosolubles.

Dans le document 25.4, nous énumérons les principales vitamines, leurs sources, leurs fonctions et les troubles qui y sont reliés.

Dans le document 25.5, nous présentons certaines affections liées à des doses massives de certains minéraux et de certaines vitamines.

LE MÉTABOLISME ET LA CHALEUR CORPORELLE

Nous allons maintenant aborder le lien qui existe entre les aliments et la chaleur corporelle, les mécanismes de gain et de déperdition de chaleur et la régulation de la température corporelle.

LA MESURE DE LA CHALEUR

La **chaleur** est une forme d'énergie mesurée par la **température** et exprimée en unités appelées joules. Un **joule (J)** est la quantité d'énergie thermique nécessaire pour élever de 1° C la température de 1 g d'eau (de 14° C à 15° C). Comme le joule est une petite unité et que des quantités importantes d'énergie sont emmagasinées dans les aliments, on utilise alors le **kilojoule (kJ)** comme unité de mesure. Un kilojoule est égal à 1 000 joules et correspond à la quantité de chaleur nécessaire pour élever de 1° C la température de 1 000 g d'eau. Le kilojoule est l'unité que nous utilisons pour exprimer la valeur énergétique des aliments et pour mesurer la vitesse du métabolisme de l'organisme.

Le **calorimètre** est l'appareil utilisé pour déterminer la valeur énergétique des aliments. On brûle complètement un échantillon (préalablement pesé) d'un aliment déshydraté dans un contenant métallique isolé. L'énergie libérée par l'aliment en brûlant est absorbée par le contenant et transférée à un volume d'eau (préalablement mesuré) qui entoure le contenant. Le changement de température de l'eau est directement lié au nombre de kilojoules libérés par l'aliment. Il est important de connaître la valeur énergétique des aliments. Le fait de savoir quelle est la quantité d'énergie utilisée par l'organisme pour différentes activités nous permet d'adapter notre régime alimentaire en conséquence. De cette façon, il nous est possible de régler notre masse corporelle en ne consommant que le nombre de kilojoules nécessaire pour répondre à nos besoins.

LA PRODUCTION DE LA CHALEUR CORPORELLE : LA THERMOGENÈSE

La plus grande partie de la chaleur produite par l'organisme provient de l'oxydation des aliments que nous ingérons. Le taux auquel cette chaleur est produite,

DOCUMENT 25.5 AFFECTIONS LIÉES À L'INGESTION DE DOSES MASSIVES DE CERTAINS MINÉRAUX ET DE CERTAINES VITAMINES *

SUBSTANCE	AFFECTION
MINÉRAUX	
Calcium	Réduit la fonction nerveuse, entraîne de la sommolence, une léthargie extrême, des dépôts de calcium et des calculs rénaux
Fer	Lésions au foie, au cœur et au pancréas
Zinc	Expression fixe, difficulté à marcher, troubles de l'élocution, tremblements des mains, rire involontaire
Cobalt	Goitre, polyglobulie et lésions au cœur
Sélénium	Nausées, vomissements, fatigue, irritabilité et chute des ongles des mains et des pieds
VITAMINES	
A	Vision brouillée, étourdissements, bourdonnements d'oreilles, céphalées, éruptions cutanées, nausées, vomissements, diarrhée, perte des cheveux, irrégularités du cycle menstruel, fatigue, lésions au foie, croissance osseuse anormale et lésions au système nerveux
D	Dépôts de calcium, surdité, nausées, perte de l'appétit, calculs rénaux, faiblesse des os, hypertension, taux élevé de cholestérol
E	Thrombophlébite, embolie pulmonaire, hypertension, fatigue sévère, sensibilité des seins et cicatrisation lente
Niacine	Bouffées vasomotrices, ulcères gastro-duodénaux, troubles hépatiques, goutte, arythmies et hyperglycémie
B_6	Troubles du sens de la position et de la vibration, réduction des réflexes tendineux, engourdissement et perte de la sensibilité dans les mains et les pieds, difficulté à marcher
C	La dépendance aux doses massives peut entraîner, lorsque le stimulus est éliminé, le scorbut, des calculs rénaux, de la diarrhée, l'hémolyse et la coagulation du sang

* Une **dose massive** est de 10 fois (ou plus) supérieure aux taux quotidiens recommandés pour un adulte par le National Research Council

le **taux du métabolisme**, est également mesuré en kilojoules. Parmi les facteurs qui modifient la vitesse du métabolisme, on trouve :

1. **L'exercice physique.** Au cours d'un exercice épuisant, le taux du métabolisme peut être jusqu'à 15 fois supérieur au taux de base (normal). Chez les athlètes entraînés, il peut être jusqu'à 20 fois supérieur.
2. **Le système nerveux.** Dans une situation de stress, le système sympathique est stimulé, et les nerfs libèrent de la noradrénaline, qui augmente le taux du métabolisme des cellules de l'organisme.
3. **Les hormones.** En plus de la noradrénaline, plusieurs autres hormones influencent la vitesse du métabolisme. L'adrénaline est sécrétée durant les situations de stress. Les sécrétions accrues d'hormones thyroïdiennes augmentent le taux du métabolisme. La testostérone et la somatotrophine (STH) l'augmentent également.
4. **La température corporelle.** Plus la température corporelle est élevée, plus le taux du métabolisme est élevé. Chaque élévation de 1° C entraîne une augmentation de la vitesse des réactions biochimiques d'environ 10 %. Le taux du métabolisme peut être augmenté de façon importante lors d'un accès de fièvre.
5. **L'ingestion d'aliments.** L'ingestion d'aliments peut augmenter la vitesse du métabolisme de 10 % à 20 %. Cet effet, appelé **action dynamique spécifique**, est plus intense lorsqu'il s'agit de protéines, et plus faible lorsqu'il s'agit de glucides et de lipides.
6. **L'âge.** Toutes proportions gardées, la vitesse du métabolisme d'un enfant est environ le double de celle d'une personne âgée ; les vitesses élevées des réactions liées à la vitesse du métabolisme de la croissance décroissent avec l'âge.
7. **Autres facteurs.** Les autres facteurs qui modifient la vitesse du métabolisme sont le sexe (moins rapide chez la femme, sauf durant la grossesse et la lactation), le climat (plus rapide dans les régions tropicales), le sommeil (moins rapide) et la malnutrition (moins rapide).

LE MÉTABOLISME BASAL

Comme il existe un grand nombre de facteurs pouvant modifier le taux du métabolisme, on mesure ce dernier dans des conditions standard conçues pour réduire ou éliminer, autant que possible, ces facteurs. Ces conditions de l'organisme sont appelées **conditions basales**, et la mesure obtenue est le **métabolisme basal**. Le sujet ne doit pas effectuer d'exercice physique durant les 30 min à 60 min qui précèdent l'examen. Il doit être au repos, mais éveillé. La température de l'air doit être confortable. Il doit avoir jeûné pendant au moins 12 h. La température corporelle doit être normale. Le métabolisme basal est une mesure du taux de dégradation des aliments par l'organisme (et, par conséquent, de la libération de chaleur). Il est également la mesure de la production de thyroxine par la glande thyroïde, puisque cette hormone règle le taux de dégradation des aliments et ne constitue pas un facteur qui peut être maîtrisé dans des conditions basales.

Dans la plupart des cas, on mesure le métabolisme basal en mesurant la consommation d'oxygène à l'aide d'un respiromètre. Si une quantité donnée de nourriture libère une quantité donnée d'énergie thermique lorsqu'elle est oxydée, elle doit s'unir à un volume donné d'oxygène. Donc, en mesurant la quantité d'oxygène nécessaire au métabolisme des aliments, il est possible de déterminer le nombre de kilojoules produits. La quantité d'énergie thermique libérée lorsque 1 L d'oxygène s'unit à des glucides est de 21,21 kJ ; dans le cas des graisses, la chaleur libérée équivaut à 19,74 kJ, et dans le cas des protéines, à 19,32 kJ. La moyenne des trois valeurs est de 20,09 kJ. Par conséquent, la consommation de 1 L d'oxygène produit 20,09 kJ.

Le métabolisme basal est habituellement exprimé en kilojoules par mètre carré de surface corporelle par heure ($kJ/m^2/h$). Si nous utilisons 1,8 L d'oxygène en 6 min (en nous basant sur le respiromètre), notre consommation d'oxygène par heure est de 18 L (1,8 × 10). Le métabolisme de base serait de 18 × 20,09 kJ ou 361,62 kJ/h. Pour exprimer le nombre de kilojoules par mètre carré de la surface corporelle, on utilise un tableau standardisé. Ce tableau illustre les mètres carrés de la surface corporelle proportionnellement à la taille en centimètres et à la masse en kilogrammes. Si votre masse est de 75 kg et que vous mesurez 1,90 m, votre surface corporelle est de 2 m^2. Votre métabolisme basal est de 361,62 kJ divisé par 2, soit environ 180,81 $kJ/m^2/h$.

Les métabolismes basaux normaux liés aux différents groupes d'âge, selon le sexe, sont également énumérés dans des tableaux standardisés. Si un jeune homme de 27 ans a un métabolisme basal de 191,9 $kJ/m^2/h$, le tableau indique que le métabolisme basal devrait être d'environ 169,3. Qu'est-ce que cela signifie ? Le métabolisme basal enregistré est de 22,6 $kJ/m^2/h$, ou environ 14 % au-dessus de la normale. Comme un métabolisme basal variant entre +15 % et -15 % est considéré comme normal, celui du jeune homme mentionné plus haut est considéré comme normal. Des valeurs au-dessus ou au-dessous de 15 % peuvent indiquer un surplus ou une carence en hormones thyroïdiennes. Lorsque la thyroïde sécrète des quantités très élevées d'hormones thyroïdiennes, le métabolisme basal peut s'élever jusqu'à +100 %. Par contre, si la thyroïde sécrète très peu d'hormones thyroïdiennes, le métabolisme basal peut baisser jusqu'à -50 %.

LA DÉPERDITION DE CHALEUR CORPORELLE : LA THERMOLYSE

La chaleur corporelle est produite par l'oxydation des aliments que nous mangeons. Si cette chaleur n'était pas constamment éliminée, la température corporelle monterait sans cesse. Les principales voies de déperdition de chaleur sont le rayonnement, la conduction, la convection et l'évaporation.

Le rayonnement

Le **rayonnement** est le transfert de chaleur, sous forme de rayons infrarouges, d'un objet à un autre, sans qu'il y ait de contact physique. Notre corps perd de la chaleur par le rayonnement d'ondes de chaleur vers des objets plus frais situés près de nous, comme les plafonds, les planchers et les murs. Si la température de ces objets est plus élevée que celle de notre corps, nous absorbons de la chaleur par rayonnement. La température de l'air n'a aucun lien avec le rayonnement de chaleur en provenance d'un objet ou en direction d'un objet. Le skieur peut enlever sa chemise au soleil, même si la température de l'air est très basse, parce que la chaleur qui rayonne du soleil suffit à le réchauffer. Dans un pièce où la température est de 21° C, environ 60 % de la déperdition de chaleur se fait par rayonnement.

La conduction

La **conduction** permet elle aussi le transfert de la chaleur. Dans ce cas, la chaleur corporelle est transférée à une substance ou à un objet qui se trouve en contact avec le corps, comme des chaises, des vêtements ou des bijoux. Environ 3 % de la déperdition de chaleur corporelle se fait par conduction.

La convection

La **convection** est le transfert de la chaleur par le mouvement d'un liquide ou d'un gaz entre des régions où les températures sont différentes. Lorsque de l'air frais entre en contact avec l'organisme, il est réchauffé et transporté plus loin par des courants de convection. Puis, un autre volume d'air frais entre en contact avec le corps et est tansporté de la même façon. Plus l'air se déplace rapidement, plus la convection est rapide. La convection est à l'origine d'environ 15 % de la déperdition de chaleur corporelle.

L'évaporation

L'**évaporation** est la conversion d'un liquide en vapeur. La chaleur de vaporisation de l'eau est élevée. La *chaleur latente de vaporisation* est la quantité de chaleur nécessaire pour évaporer 1 g d'eau à 30° C. À cause de la chaleur latente de vaporisation élevée de l'eau, chaque gramme d'eau qui s'évapore de la peau emporte une grande quantité de chaleur (environ 2,43 kJ/g d'eau). Dans des conditions normales, environ 22 % de la déperdition de chaleur se fait par évaporation. Il suffit d'évaporer 150 mL d'eau par heure pour éliminer toute la chaleur produite par l'organisme dans des conditions basales. Dans des conditions extrêmes, environ 4 L de sueur sont produits par heure, et ce volume peut éliminer 8 400 kJ de chaleur de l'organisme. Cela équivaut à environ 32 fois le taux basal de production de chaleur. La vitesse de l'évaporation est inversement reliée à l'humidité relative (le rapport entre la quantité réelle d'humidité dans l'air et la quantité maximale qu'il peut retenir à une température donnée). Plus l'humidité relative est élevée, moins l'évaporation est rapide.

Dans le document 25.6, nous présentons un résumé des mécanismes de production et de déperdition de chaleur.

DOCUMENT 25.6 RÉSUMÉ DES MÉCANISMES DE PRODUCTION ET DE DÉPERDITION DE CHALEUR

MÉCANISME	COMMENTAIRES
Production de chaleur	La plus grande partie de la chaleur corporelle est produite par l'oxydation des aliments, et la vitesse à laquelle ce phénomène se produit est appelée taux du métabolisme. Ce dernier est modifié par l'exercice physique, la stimulation sympathique intense, les hormones et la température corporelle
Déperdition de chaleur	
Rayonnement	Transfert de chaleur du corps vers un objet, sans contact physique. Exemple : perte de chaleur vers un objet froid, comme le plancher
Conduction	Transfert de chaleur du corps à un objet qui se trouve en contact physique avec lui. Exemple : des vêtements
Convection	Lorsque de l'air frais entre en contact avec le corps, il est réchauffé et transporté plus loin par des courants de convection
Évaporation	Conversion d'un liquide en vapeur, dans laquelle la substance qui s'évapore (*v.g.*, sueur) élimine la chaleur du corps

LA RÉGULATION DE LA TEMPÉRATURE CORPORELLE

Lorsque la quantité de chaleur produite est égale à la quantité de chaleur perdue, nous maintenons une température corporelle constante de près de 37° C. Si les mécanismes de production de chaleur produisent plus de chaleur que les mécanismes de déperdition de chaleur ne permettent d'en perdre, la température corporelle s'élève (et vice versa).

Le centre thermorégulateur de l'hypothalamus

La température corporelle est réglée par des mécanismes qui tentent d'équilibrer la production et la déperdition de chaleur. Un centre de régulation de ces mécanismes se trouve dans l'hypothalamus, dans un groupe de neurones situés dans la portion antérieure appelée **noyau préoptique**. Si la température du sang augmente, les neurones du noyau préoptique envoient des influx plus rapidement. Si la température du sang s'abaisse, les neurones envoient des influx plus lentement. Le noyau préoptique est conçu pour maintenir une température corporelle normale ; il constitue donc le thermostat de l'organisme.

Les influx en provenance du noyau préoptique sont envoyés à d'autres parties de l'hypothalamus, appelés centre de thermogenèse et centre de thermolyse. Le **centre de thermolyse**, lorsqu'il est stimulé par le noyau préoptique, déclenche une série de réactions qui abaissent la température corporelle. Le **centre de thermogenèse**, lorsqu'il est stimulé par le noyau préoptique, déclenche une série de réactions qui élèvent la température corporelle. La fonction du centre de thermolyse est principalement d'origine parasympathique, alors que celle du centre de thermogenèse est surtout d'origine sympathique.

Les mécanismes de production de chaleur

Supposons que la température extérieure est basse, ou que la température du sang se trouve sous la normale. Ces deux facteurs d'agression stimulent le noyau préoptique qui, à son tour, active le centre de thermogenèse. Celui-ci envoie des influx qui déclenchent automatiquement une série de réactions destinées à élever la production de chaleur et à ramener la température corporelle à la normale.

• ***La vasoconstriction*** Les influx en provenance du centre de thermogenèse stimulent les nerfs sympathiques qui entraînent une constriction des vaisseaux sanguins de la peau. L'effet net de la vasoconstriction est de réduire le flux de sang chaud des organes internes jusqu'à la peau, ce qui réduit le transfert de chaleur des organes internes jusqu'à la peau. Cette réduction de chaleur aide à élever la température corporelle interne.

• ***La stimulation sympathique*** Une autre réaction déclenchée par le centre de thermogenèse est la stimulation sympathique du métabolisme. Le centre stimule les nerfs sympathiques qui mènent à la médullosurrénale. Cette stimulation amène la médullosurrénale à sécréter de l'adrénaline et de la noradrénaline dans le sang. Les hormones, à leur tour, entraînent une augmentation du métabolisme cellulaire, une réaction qui augmente également la production de chaleur. C'est ce qu'on appelle la **thermogenèse chimique**.

• ***Les muscles squelettiques*** La production de chaleur est également augmentée par des réactions des muscles squelettiques. Ainsi, la stimulation du centre de thermogenèse entraîne la stimulation de certaines parties de l'encéphale qui augmentent le tonus musculaire et, par conséquent, la production de chaleur. À mesure que le tonus musculaire augmente, l'étirement des muscles agonistes déclenche le réflexe myotatique, et le muscle se contracte. Cette contraction entraîne l'étirement du muscle antagoniste qui développe, lui aussi, un réflexe myotatique. La répétition de ce cyle, appelé **frisson**, augmente la vitesse de la production de chaleur. Au cours d'un grand frisson, la production de chaleur corporelle peut s'élever jusqu'à quatre fois au-dessus de la normale.

• ***La thyroxine*** La production accrue de thyroxine constitue une autre réaction de l'organisme visant à augmenter la production de chaleur. Une température extérieure élevée entraîne la sécrétion de TRH (hormone de régulation de la thyroxine) produite par le noyau préoptique de l'hypothalamus. La TRH, à son tour, stimule l'adénohypophyse, qui sécrète la thyréostimuline (TSH), qui amène la thyroïde à libérer de la thyroxine dans le sang. Comme les taux accrus de thyroxine augmentent le taux du métabolisme, la température corporelle s'élève.

Les mécanismes de déperdition de chaleur

Supposons maintenant qu'un facteur d'agression entraîne une élévation de la température corporelle au-dessus de la normale. Le facteur d'agression ou la température élevée du sang stimule le noyau préoptique qui, à son tour, stimule le centre de thermolyse et inhibe le centre de thermogenèse. Les vaisseaux sanguins sous-cutanés se dilatent. La peau devient chaude, et le surplus de chaleur est perdu dans le milieu extérieur. En même temps, le taux du métabolisme et le tonus musculaire sont réduits. Ces réactions inversent les effets de production de chaleur et ramènent la température corporelle à la normale.

Lorsque le corps est soumis à des températures extérieures élevées ou à un exercice physique exténuant, la température élevée du sang envoie des signaux à l'hypothalamus, qui active le centre de thermolyse, lequel envoie des influx aux glandes sudoripares qui, elles, entraînent une transpiration plus abondante. À mesure que la sueur s'évapore de la surface de la peau, celle-ci se refroidit.

LES ANOMALIES LIÉES À LA TEMPÉRATURE CORPORELLE

La **fièvre** correspond à une température corporelle anormalement élevée. La cause la plus fréquente est une infection due à des bactéries (et leurs toxines) ou à des virus. Les crises cardiaques, les tumeurs, la destruction des tissus due à des rayons X ou à un traumatisme et les réactions aux vaccins sont d'autres causes. Les substances capables de produire de la fièvre sont appelées **pyrétogènes** (*pyréto* : fièvre ; *gène* : naissance, origine) **exogènes** (*exo* : extérieur) On croit que le mécanisme de la production de la fièvre se déroule comme suit. Les pyrétogènes exogènes amènent certains phagocytes, notamment des monocytes et des macrophages, à synthétiser de petites protéines appelées **pyrétogènes endogènes** (*endo* : à l'intérieur). Ceux-ci se rendent à la partie antérieure de l'hypothalamus et amènent les neurones du noyau préoptique à sécréter des prostaglandines, notamment celles de la série E. Les prostaglandines règlent le thermostat hypothalamique à une température plus élevée. L'aspirine et l'acétaminophène (Tylenol) réduisent la fièvre en inhibant la synthèse des prostaglandines.

Supposons que, par suite de l'action des pyrétogènes exogènes, le thermostat soit réglé à 39,4° C. Les mécanismes de production de chaleur (vasoconstriction, augmentation de la vitesse du métabolisme, frisson) fonctionnent à pleine capacité. Ainsi, même si la température corporelle s'élève au-dessus de la normale, (38,3° C, par exemple), la peau reste froide et le sujet grelotte. Ce phénomène, appelé **frisson**, constitue un signe certain que la température corporelle s'élève. Après quelques heures, la température corporelle atteint le point de réglage du thermostat, et les frissons disparaissent. Toutefois, l'organisme continue à régler la température à 39,4° C, jusqu'à la disparition du facteur d'agression. À ce moment, le thermostat est réglé à la température normale (37° C). Comme la température corporelle reste élevée au début, les mécanismes de déperdition de chaleur (vasodilatation et transpiration) se mettent à l'œuvre pour réduire la température corporelle. La peau devient chaude et le sujet commence à transpirer. Cette phase de la fièvre, appelée **crise**, indique que la température corporelle s'abaisse.

Jusqu'à un certain point, la fièvre est bénéfique pour l'organisme. On croit qu'une température corporelle élevée inhibe la croissance de certaines bactéries et de certains virus. La fièvre augmente également la fréquence cardiaque; les lymphocytes sont donc transportés plus rapidement aux foyers d'infection. De plus, la chaleur accélère la vitesse des réactions chimiques, ce qui peut aider les cellules de l'organisme à se régénérer plus rapidement durant une maladie. Parmi les complications de la fièvre, on trouve la déshydratation, l'acidose et des lésions cérébrales permanentes. En règle générale, une température corporelle variant entre 44,4°C et 45,5°C, ou 21,2°C et 23,9°C entraîne la mort.

Plusieurs autres affections sont liées à une température corporelle anormale:

1. Les crampes de chaleur. Les crampes de chaleur se produisent par suite d'une transpiration abondante qui élimine l'eau et le sel (NaCl) de l'organisme. La perte de sel entraîne des contractions musculaires douloureuses, appelées crampes de chaleur. Ces crampes se produisent surtout dans les muscles utilisés au cours du travail, mais n'apparaissent que lorsque le sujet se détend après le travail. L'ingestion de liquides salés entraîne habituellement une amélioration rapide.

2. L'insolation. L'insolation se produit lorsque la température et l'humidité relative sont élevées, puisqu'il est alors difficile pour l'organisme de perdre de la chaleur par rayonnement ou par évaporation. Par conséquent, le flux sanguin vers la peau est réduit, la transpiration est réduite également, et la température corporelle s'élève de façon marquée. La peau est sèche et chaude (la température peut atteindre 43,3°C). Les cellules cérébrales sont rapidement affectées et peuvent subir des lésions permanentes. Le traitement doit être entrepris immédiatement; il consiste à refroidir le corps en immergeant la victime dans l'eau froide et en administrant des liquides et des électrolytes.

3. Le coup de chaleur. La température corporelle est généralement normale, ou un peu sous la normale, et la peau est froide et moite à cause de la transpiration abondante. Contrairement à l'insolation, le coup de chaleur implique une déficience cardiaque. Le coup de chaleur est normalement caractérisé par une perte de liquides et d'électrolytes, notamment du sel. La perte de sel entraîne des crampes musculaires, des étourdissements, des vomissements et des évanouissements. La perte liquidienne peut entraîner une baisse de la pression artérielle. On recommande le repos complet et l'ingestion de comprimés de sel.

LES AFFECTIONS: DÉSÉQUILIBRES HOMÉOSTATIQUES

L'obésité

Dans les pays prospères comme le nôtre, où la technologie est avancée, les exigences reliées au travail physique vont sans cesse en décroissant. Et ce même milieu offre une grande variété d'aliments riches et appétissants, faciles à obtenir. Une des conséquences de cet état de choses est l'**obésité**, que l'on définit comme une masse corporelle excédant de 10% à 20% la masse normale, par suite d'une accumulation excessive de graisses. On sait que même l'obésité modérée constitue un danger pour la santé. L'obésité est un facteur de risque associé aux maladies cardio-vasculaires, à l'hypertension, aux maladies pulmonaires, au diabète sucré (de type II), à l'arthrite, aux varices et aux maladies de la vésicule biliaire.

La classification

Sur le plan clinique, l'obésité peut être hypertrophique ou hyperplasique. Dans le cas de l'**obésité hypertrophique (de l'adulte)**, il se produit une augmentation de la quantité de graisses dans les adipocytes, mais aucune augmentation du nombre des cellules adipeuses. La personne atteinte de ce type d'obésité a tendance à être mince (ou de masse moyenne) jusqu'à l'âge de 20 ans à 40 ans, puis, un gain de masse commence à se manifester. Ce gain de masse peut être lié à un déséquilibre entre l'apport et la dépense énergétiques. Les graisses ont tendance à être distribuées au centre du corps («embonpoint de l'âge moyen»); ce problème est relativement facile à traiter. Dans le cas de l'**obésité hyperplasique (qui dure toute la vie)**, il se produit une augmentation du nombre des adipocytes et de la quantité de graisses qu'ils contiennent. La personne atteinte de ce type d'obésité a tendance à être obèse dès l'enfance et connaît un gain de masse important au cours de l'adolescence. Après cette période, le nombre des adipocytes reste à peu près constant. Ces personnes sont habituellement très obèses, et la distribution des graisses est à la fois centrale et périphérique. Le traitement est beaucoup plus difficile que dans le cas de l'obésité hypertrophique.

Les causes

Dans un nombre relativement peu élevé de cas, l'obésité peut être causée par un traumatisme ou par la présence de tumeurs dans les centres de la faim et de la satiété de l'hypothalamus. Dans la plupart des cas, cependant, on ne peut identifier de cause particulière. Les facteurs favorisants comprennent les habitudes alimentaires prises dès le plus jeune âge, l'habitude de trop manger pour soulager la tension nerveuse, et les conventions sociales. Récemment, on a relié l'obésité à des facteurs génétiques.

Le traitement

La réduction de la masse corporelle nécessite un apport énergétique très inférieur à la dépense d'énergie. Les objectifs poursuivis durant la période de perte de masse sont les suivants:

1. Une perte de gras corporel accompagnée d'une dégradation minimale du tissu maigre.
2. Le maintien de la forme physique et affective au cours de la période de perte.
3. L'établissement de bonnes habitudes vis-à-vis de l'alimentation et de l'exercice physique, visant à maintenir une masse idéale.

Lorsque les restrictions alimentaires et l'administration de médicaments ne réussissent pas à stabiliser l'obésité, la seule solution possible peut être l'intervention chirurgicale. Les trois types d'interventions chirurgicales qui s'appliquent dans ce cas sont les dérivations jéjuno-iléales (intestinales), la gastroplastie et le baguage gastrique. Ces interventions sont destinées aux personnes dont la masse est supérieure de plus de 45 kg à la masse idéale correspondant à leur taille (ou 100% au-dessus de la masse idéale).

L'inanition

L'**inanition** peut être liée à un apport alimentaire inadéquat ou à une incapacité de digérer, d'absorber ou de métaboliser les aliments. L'inanition peut être volontaire, comme dans le jeûne ou l'anorexie mentale, ou involontaire, comme dans le cas d'une privation ou d'une maladie (*v.g.*, diabète sucré, cancer). Quelle qu'en soit la cause, l'inanition est caractérisée par la perte des réserves d'énergie sous la forme de glycogène, de graisses et de protéines.

Durant la première étape de l'inanition, l'organisme puise d'abord dans ses réserves de glucides. Au cours de la première journée (environ) de l'inanition, les taux peu élevés de glucose stimulent la sécrétion de glucagon par le pancréas. Par conséquent, le glycogène est converti en glucose (glycogénolyse) et libéré par le foie. Ce phénomène ramène les taux de glucose dans le sang à la normale et permet au glucose d'être utilisé par les cellules de l'organisme, y compris les cellules cérébrales.

Une fois que les réserves de glycogène sont épuisées, la deuxième étape de l'inanition commence. Au cours de cette période, la principale source d'énergie pour la plupart des cellules de l'organisme est constituée par les acides gras provenant des réserves de lipides. À mesure que le foie métabolise les acides gras, des corps cétoniques sont produits en grandes quantités et transportés vers les cellules de l'organisme. Même les cellules cérébrales utilisent les corps cétoniques comme source d'énergie. Toutefois, comme les cellules de l'organisme ne peuvent métaboliser qu'un nombre limité de corps cétoniques, le surplus pénètre dans le sang et entraîne une cétose. Celle-ci provoque à son tour une acidose métabolique (une réduction du pH sanguin sous la normale), puisque l'organisme est incapable de neutraliser le surplus de corps cétoniques. Comme nous le verrons au chapitre 27, l'acidose métabolique entraîne une dépression du système nerveux central pouvant provoquer un coma. La cétose et l'acidose métabolique sont souvent associées aux régimes hypoglucidiques, hyperprotéiques et autres régimes à la mode. Durant les premiers stades de l'inanition, de grandes quantités de protéines musculaires non essentielles au fonctionnement des cellules sont dégradées en acides aminés qui sont par la suite convertis en glucose par le foie (gluconéogenèse). Bien que ce glucose soit utilisé pour maintenir un taux de glucose sanguin près de la normale, le tissu musculaire et les autres tissus utilisent les corps cétoniques comme source d'énergie. La durée de la deuxième étape de l'inanition dépend principalement de la quantité de graisses emmagasinée dans l'organisme.

Lorsque les réserves de graisses sont épuisées, la troisième étape de l'inanition commence. Durant cette période, même les protéines nécessaires au maintien des fonctions cellulaires sont dégradées pour devenir une source d'énergie. On estime qu'une fois que les réserves de protéines se trouvent à environ la moitié de leur taux normal, la mort survient. Une fois commencée, la troisième étape de l'inanition se déroule très rapidement et entraîne souvent la mort en 24 h.

La phénylcétonurie

Par définition, la **phénylcétonurie** est une affection héréditaire du métabolisme caractérisée par une élévation du taux de phénylalanine (un acide aminé) dans le sang. Elle est souvent accompagnée d'une arriération mentale. L'ADN de l'enfant atteint de phénylcétonurie ne possède pas le gène qui programme normalement la fabrication de la phénylalanine hydroxylase (une enzyme). Cette enzyme est nécessaire à la conversion de la phénylalanine en tyrosine , un acide aminé qui pénètre dans le cycle de Krebs. Par conséquent, la phénylalanine ne peut pas être métabolisée, et ce qui n'est pas utilisé dans la synthèse protéique s'accumule dans le sang. Un taux élevé de phénylalanine est toxique pour l'encéphale au cours des premières années de la vie, lorsque l'encéphale est en cours de développement. On peut prévenir l'arriération mentale, lorsque la maladie est dépistée assez tôt, en prescrivant un régime alimentaire qui ne fournit que la quantité de phénylalanine nécessaire à la croissance.

La mucoviscidose

La **mucoviscidose**, ou **fibrose kystique du pancréas**, est une maladie héréditaire des glandes exocrines, qui affecte le pancréas, les voies respiratoires et les glandes salivaires et sudoripares. C'est la maladie héréditaire mortelle la plus répandue chez les Blancs (on croit que 5 % de la population sont des porteurs génétiques). On a récemment relié la mucoviscidose à une incapacité des ions chlorures (Cl^-) de traverser les cellules épithéliales dans les régions atteintes de l'organisme.

Les signes et les symptômes les plus courants comprennent une insuffisance pancréatique, une atteinte pulmonaire et une cirrhose du foie. La maladie est caractérisée par la production d'épaisses sécrétions exocrines difficiles à éliminer des voies respiratoires. L'accumulation des sécrétions entraîne une inflammation et le remplacement des cellules lésées par du tissu conjonctif qui bloque ces voies. Une des caractéristiques principales de cette affection est une obstruction des canaux pancréatiques qui empêchent les enzymes digestives d'atteindre l'intestin. Comme le suc pancréatique contient la seule enzyme capable de digérer les graisses, la personne atteinte ne peut absorber les graisses et les vitamines liposolubles, et souffre par conséquent de carence en vitamines A, D et K. Le calcium a besoin de la présence de graisses pour être absorbé ; une tétanie peut donc survenir.

On administre à l'enfant souffrant de mucoviscidose un extrait pancréatique et des doses massives de vitamines A, D et K. Le régime alimentaire est pauvre en graisses et riche en glucides et en protéines, qui peuvent être utilisés comme source d'énergie et peuvent également être transformés par le foie en lipides essentiels aux processus vitaux.

La maladie cœliaque

La **maladie cœliaque** entraîne une malabsorption par la muqueuse intestinale causée par l'ingestion de gluten. Le *gluten* est la fraction protéique non hydrosoluble du blé, du seigle, de l'orge et de l'avoine. Chez la personne vulnérable, l'ingestion de gluten entraîne la destruction des villosités et l'inhibition de la sécrétion enzymatique, accompagnées d'une malabsorption plus ou moins marquée. On traite facilement cette maladie en éliminant du régime alimentaire toutes les céréales de grains, à l'exception du riz et du maïs.

Le kwashiorkor

Certaines protéines alimentaires sont appelées protéines complètes, c'est-à-dire qu'elles contiennent des quantités adéquates d'acides aminés essentiels. Les sources de protéines complètes sont constituées principalement par les produits d'origine animale, comme le lait, la viande, le poisson, la volaille et les œufs. Les protéines incomplètes ne contiennent pas tous les acides aminés essentiels. Ainsi la zéine, une protéine du maïs, ne contient pas de tryptophane et de lysine (des acides aminés essentiels.) En Afrique, le régime alimentaire est constitué principalement de maïs. Par conséquent, un grand nombre d'enfants africains développent un trouble lié à une carence protéique appelé **kwashiorkor**. Cette maladie est caractérisée par un œdème de l'abdomen, lié à une carence protéique, de la léthargie, un arrêt de la croissance et, parfois, l'arriération mentale.

RÉSUMÉ

Le métabolisme (page 670)

1. Les nutriments sont des substances chimiques présentes dans les aliments, qui fournissent de l'énergie, constituent des matériaux de base dans la formation de nouveaux composants corporels, ou favorisent le fonctionnement de divers processus corporels.
2. Il existe six principaux types de nutriments : les glucides, les lipides, les protéines, les minéraux, les vitamines et l'eau.
3. Le métabolisme correspond à l'ensemble des réactions chimiques de l'organisme et comprend deux phases : le catabolisme et l'anabolisme.
4. L'anabolisme est une série de réactions de synthèse par lesquelles de petites molécules sont transformées en molécules plus volumineuses, qui forment les composants structuraux et fonctionnels de l'organisme. Les réactions anaboliques nécessitent de l'énergie.
5. Le catabolisme correspond aux réactions de dégradation qui fournissent de l'énergie.
6. L'oxydation est la perte d'atomes d'hydrogène d'une substance ; la réduction est l'addition d'atomes d'hydrogène à une substance. Les réactions d'oxydation et de réduction sont toujours couplées (oxydoréduction).
7. Les réactions métaboliques sont catalysées par des enzymes, protéines très efficaces, qui ne s'unissent qu'à des substrats particuliers et sont réglées par les cellules. Les noms des enzymes se terminent par *-ase*.
8. Une enzyme complète, comprenant une apoenzyme et un cofacteur, est une holoenzyme.
9. La fonction essentielle d'une enzyme est de catalyser les réactions chimiques.

Le métabolisme des glucides (page 672)

1. Au cours de la digestion, les polyosides et les diholosides sont transformés en oses, qui sont absorbés par les capillaires des villosités et transportés au foie par la veine porte.
2. Le métabolisme des glucides est principalement lié au métabolisme du glucose.

La destinée des glucides (page 672)

1. Une partie du glucose est oxydée par les cellules afin de fournir de l'énergie ; ce glucose pénètre dans les cellules par diffusion facilitée et est phosphorylé en glucose-6-phosphate. L'insuline stimule l'entrée du glucose dans les cellules.
2. Le surplus de glucose peut être emmagasiné par le foie et les muscles squelettiques sous forme de glycogène, ou être transformé en graisse.
3. Le glucose excrété dans l'urine peut entraîner une glycosurie.

Le catabolisme du glucose (page 673)

1. L'oxydation du glucose est également appelé respiration cellulaire.
2. L'oxydation complète du glucose en CO_2 et en H_2O comprend la glycolyse, le cycle de Krebs et la chaîne respiratoire.

La glycolyse (page 673)

1. La glycolyse est la dégradation du glucose en deux molécules d'acide pyruvique.
2. Lorsque l'oxygène n'est pas présent en quantité suffisante, l'acide pyruvique est transformé en acide lactique. Dans des conditions aérobies, l'acide pyruvique entre dans le cycle de Krebs.
3. La glycolyse permet un gain net de deux molécules d'ATP.

Le cycle de Krebs (page 673)

1. La conversion d'un composé à deux atomes de carbone (groupement acétyle) suivie de l'addition de la coenzyme A, qui forme l'acétyl coenzyme A, prépare l'entrée de l'acide pyruvique dans le cycle de Krebs.
2. Le cycle de Krebs comprend la décarboxylation et l'oxydoréduction de divers acides organiques.
3. Chaque molécule d'acide pyruvique qui entre dans le cycle de Krebs produit trois molécules de CO_2, quatre molécules de $NADH_2$, une molécule de $FADH_2$ et une molécule de GTP.
4. L'énergie originellement contenue dans le glucose, puis dans l'acide pyruvique, se trouve notamment dans les coenzymes réduites $NADH_2$ et $FADH_2$.

La chaîne respiratoire (page 676)

1. La chaîne respiratoire est une série de réactions d'oxydoréduction dans lesquelles l'énergie contenue dans le $NADH_2$ et la $FADH_2$ est libérée et transférée à l'ATP où elle est entreposée.
2. Les molécules transporteuses intervenant dans ce processus comprennent la FAD, la coenzyme Q et les cytochromes.
3. La chaîne respiratoire produit un gain net de 34 molécules d'ATP et de H_2O.
4. On peut résumer l'oxydation complète du glucose de la façon suivante :
$$C_6H_{12}O_6 + 6\ O_2 \longrightarrow 38\ ATP + 6\ CO_2 + 6\ H_2O$$

L'anabolisme du glucose (page 679)

1. La glycogénogenèse est la conversion du glucose en glycogène pour fins d'entreposage dans le foie et les muscles squelettiques. Le processus a lieu dans le foie et est stimulé par l'insuline.
2. L'organisme peut emmagasiner environ 500 g de glycogène.
3. La glycogénolyse est la reconversion du glycogène en glucose.
4. La glycogénolyse se produit entre les repas et est stimulée par le glucagon et l'adrénaline.
5. La gluconéogenèse est la conversion des molécules de graisses et de protéines en glucose. Elle est stimulée par le cortisol, la thyroxine, l'adrénaline, le glucagon et la somatotrophine (STH).
6. La glycérine peut être transformée en 3-phosphoglycéraldéhyde, et certains acides aminés peuvent être convertis en acide pyruvique.

Le métabolisme des lipides (page 680)

1. Durant la digestion, les graisses sont finalement dégradées en acides gras et en monoglycérides.
2. Les acides gras à chaîne longue et les monoglycérides sont transportés dans les micelles pour pénétrer ensuite dans les villosités, digérés sous forme de glycérine et d'acides gras dans les cellules épithéliales, recombinés pour former des triglycérides et transportés par les chylomicrons dans les chylifères des villosités intestinales jusque dans le canal thoracique.

La destinée des lipides (page 680)

1. Certaines graisses peuvent être oxydées pour produire de l'ATP.
2. Certaines graisses sont entreposées dans le tissu adipeux.

3. D'autres lipides sont utilisés comme molécules structurales ou aident à synthétiser des molécules essentielles. Exemples : les phospholipides des membranes cellulaires, les lipoprotéines qui transportent le cholestérol, la thromboplastine qui favorise la coagulation sanguine et le cholestérol utilisé pour synthétiser les sels biliaires et les hormones stéroïdes.

L'entreposage des graisses (page 681)

1. Les graisses sont entreposées dans le tissu adipeux, notamment dans la couche sous-cutanée.
2. Les cellules adipeuses contiennent des lipases qui catalysent la libération de la réserve de graisse des chylomicrons et hydrolysent les graisses en acides gras et en glycérine.

Le catabolisme des lipides (page 681)

1. Les graisses sont libérées de la réserve graisseuse et séparées en acides gras et en glycérine, sous l'action de la somatotrophine (STH).
2. La glycérine peut être transformée en 3-phosphoglycéraldéhyde qui est converti en glucose.
3. Dans la β-oxydation, les atomes de carbone sont éliminés par paires des chaînes d'acides gras ; les molécules d'acétyl coenzyme A qui en résultent entrent dans le cycle de Krebs.
4. La formation de corps cétoniques par le foie est une phase normale du catabolisme des acides gras ; toutefois, un surplus de corps cétoniques (cétose) peut entraîner une acidose.

L'anabolisme des lipides : la lipogenèse (page 683)

1. La lipogenèse est la conversion de glucose ou d'acides aminés en lipides. Le processus est stimulé par l'insuline.
2. Les liens intermédiaires de la lipogenèse sont le 3-phosphoglycéraldéhyde et l'acétyl coenzyme A.

Le métabolisme des protéines (page 683)

1. Durant la digestion, les protéines sont hydrolysées en acides aminés.
2. Les acides aminés sont absorbés par les capillaires des villosités intestinales et pénètrent dans le foie par la veine porte.

La destinée des protéines (page 683)

1. Les acides aminés, sous l'action de la somatotrophine (STH) et de l'insuline, entrent dans les cellules de l'organisme par transport actif.
2. À l'intérieur des cellules, les acides aminés sont synthétisés en protéines qui jouent le rôle d'enzymes, d'hormones, d'éléments structuraux, etc. Très peu de protéines sont utilisées comme source d'énergie.

Le catabolisme des protéines (page 683)

1. Avant que les acides aminés puissent être catabolisés, ils doivent être transformés en substances capables d'entrer dans le cycle de Krebs ; ces transformations comprennent la désamination, la décarboxylation et l'hydrogénation.
2. Les acides aminés peuvent également être transformés en glucose, en acides gras et en corps cétoniques.

L'anabolisme des protéines (page 683)

1. La synthèse protéique est stimulée par la somatotrophine (STH), la thyroxine et l'insuline.
2. Le processus est dirigé par l'ADN et l'ARN et s'effectue sur les ribosomes des cellules.

Le stade de l'absorption et l'état de jeûne (page 684)

1. Durant le stade de l'absorption, les nutriments ingérés pénètrent dans le sang et la lymphe à partir du tube digestif.
2. Durant le stade de l'absorption, la plus grande partie du glucose sanguin est utilisée par les cellules de l'organisme pour être oxydée. Le glucose transporté au foie est converti en glycogène ou en graisse. La plus grande partie des graisses est entreposée dans le tissu adipeux. Les acides aminés contenus dans les cellules hépatiques sont transformés en glucides, en graisses et en protéines.
3. Durant l'état de jeûne, l'absorption est complète et les besoins énergétiques sont satisfaits par les nutriments qui se trouvent déjà dans l'organisme.
4. Durant l'état de jeûne, le principal problème de l'organisme est de maintenir un taux normal de glucose dans le sang. Le maintien de ce taux nécessite la conversion du glycogène hépatique et musculaire, de la glycérine et des acides aminés en glucose. L'organisme passe également de l'oxydation du glucose à l'oxydation des acides gras.

La régulation du métabolisme (page 686)

1. Selon les besoins de l'organisme, les nutriments absorbés peuvent être oxydés, entreposés ou transformés.
2. La voie métabolique que prend un nutriment en particulier est réglée par les enzymes et régularisée par les hormones (voir le document 25.2).

Les minéraux (page 688)

1. Les minéraux sont des substances inorganiques qui aident à régler les processus corporels.
2. Les minéraux qui jouent des rôles essentiels sont le calcium, le phosphore, le sodium, le chlore, le potassium, le magnésium, le fer, le soufre, l'iode, le manganèse, le colbalt, le cuivre, le zinc, le sélénium et le chrome. Vous trouverez un résumé des fonctions de ces minéraux dans le document 25.3.

Les vitamines (page 689)

1. Les vitamines sont des nutriments organiques qui maintiennent la croissance et le métabolisme normal. La plupart fonctionnent dans des systèmes enzymatiques.
2. Les vitamines liposolubles sont absorbées avec les graisses. Elles comprennent les vitamines A, D, E et K.
3. Les vitamines hydrosolubles sont absorbées avec l'eau. Elles comprennent les vitamines du groupe B et la vitamine C.
4. Nous présentons un résumé des fonctions et des troubles associés aux principales vitamines dans le document 25.4.
5. Dans le document 25.5, nous présentons les affections liées aux doses massives de certains minéraux et de certaines vitamines.

Le métabolisme et la chaleur corporelle (page 693)

1. Un kilojoule (kJ) est la quantité d'énergie nécessaire pour porter la température de 1 000 g d'eau de 14°C à 15°C.
2. Le kilojoule est l'unité de chaleur utilisée pour exprimer la valeur énergétique des aliments et mesurer le taux du métabolisme.
3. Le calorimètre est un appareil utilisé pour déterminer la valeur énergétique des aliments.

La production de la chaleur corporelle : la thermogenèse (page 693)

1. La plus grande partie de la chaleur corporelle provient de l'oxydation des aliments que nous ingérons. Le taux de production de chaleur correspond au taux du métabolisme.
2. Le taux du métabolisme est modifié par l'exercice physique, le système nerveux, les hormones, la température corporelle, l'ingestion d'aliments, l'âge, le sexe, le climat, le sommeil et la malnutrition.
3. Le métabolisme basal est la mesure du taux du métabolisme dans des conditions basales.

4. Le métabolisme basal est exprimé en kilojoules par mètre carré de surface corporelle par heure (kJ/m²/h).

La déperdition de chaleur corporelle : la thermolyse (page 694)

1. Le rayonnement est le transfert de chaleur, sous forme de rayons infrarouges, d'un objet à un autre, sans qu'il y ait de contact physique.
2. La conduction est le transfert de chaleur corporelle à une substance ou à un objet en contact avec le corps.
3. La convection est le transfert de chaleur corporelle par le mouvement de l'air réchauffé par le corps.
4. L'évaporation est la conversion d'un liquide en vapeur.

La régulation de la température corporelle (page 695)

1. Un équilibre délicat entre les mécanismes de production et de déperdition de chaleur assure le maintien d'une température corporelle normale.
2. Le centre régulateur de l'hypothalamus est constitué par le noyau préoptique.
3. Les mécanismes qui produisent de la chaleur sont la vasoconstriction, la stimulation sympathique, la contraction des muscles squelettiques et la production de thyroxine.
4. Les mécanismes de déperdition de chaleur comprennent la vasodilatation, la réduction du taux du métabolisme, la réduction de la contraction des muscles squelettiques et la transpiration.

Les anomalies liées à la température corporelle (page 696)

1. La fièvre est une élévation anormale de la température corporelle causée par l'action des prostaglandines; les pyrétogènes exogènes et endogènes jouent le rôle de médiateurs.
2. Les crampes de chaleur sont des contractions douloureuses des muscles squelettiques causées par une perte de sel et d'eau.
3. L'insolation entraîne une réduction du flux sanguin vers la peau, une diminution de la transpiration et une élévation de la température corporelle. Le traitement consiste à refroidir le corps et à administrer des liquides.
4. Le coup de chaleur entraîne une température corporelle normale ou sous la normale, une transpiration abondante, des nausées, des crampes et des étourdissements. Le traitement consiste à prendre du repos et à ingérer des comprimés de sel.

Les affections : déséquilibres homéostatiques (page 697)

1. L'obésité correspond à une masse corporelle de 10% à 20% supérieure à la masse idéale, par suite d'une accumulation excessive de graisse. Elle peut être hypertrophique ou hyperplasique.
2. L'inanition comporte trois étapes qui comprennent l'épuisement des réserves de glucides, de protéines et de lipides.
3. La phénylcétonurie est une affection héréditaire du métabolisme caractérisée par une élévation du taux de phénylalanine dans le sang.
4. La mucoviscidose (fibrose kystique du pancréas) est une affection métabolique des glandes exocrines, dans laquelle l'absorption des vitamines A, D et K, et du calcium est inadéquate.
5. La maladie cœliaque est une affection dans laquelle l'ingestion de gluten entraîne des changements morphologiques dans la muqueuse de l'intestin grêle, ce qui provoque une malabsorption.
6. Le kwashiorkor est une carence protéique caractérisée par un œdème de l'abdomen, de la léthargie, un arrêt de la croissance et, parfois, l'arriération mentale.

RÉVISION

1. Qu'est-ce qu'un nutriment? Nommez les six types de nutriments et indiquez la fonction de chacun.
2. Qu'est-ce que le métabolisme? Quelle est la différence entre l'anabolisme et le catabolisme? Donnez des exemples de chacun.
3. Définissez l'oxydation et la réduction et donnez des exemples de chacun.
4. Quel est le rôle des enzymes en tant que catalyseurs dans les réactions biochimiques?
5. Nommez et expliquez les caractéristiques des enzymes. Décrivez les différentes parties d'une enzyme.
6. Décrivez brièvement le mécanisme d'une action enzymatique.
7. De quelle façon les glucides sont-ils absorbés et quelle est leur destinée dans l'organisme? De quelle façon le glucose pénètre-t-il dans les cellules?
8. Qu'est-ce que la glycolyse? Décrivez ses principales étapes et ses résultats.
9. Décrivez la façon dont l'acétyl coenzyme A est formée.
10. Résumez les principaux événements et résultats liés au cycle de Krebs.
11. Expliquez ce qui se passe dans la chaîne respiratoire.
12. Résumez les résultats de l'oxydation complète d'une molécule de glucose.
13. Définissez la glycogénogenèse et la glycogénolyse. Dans quelles circonstances chacun de ces phénomènes se produit-il?
14. Pourquoi la gluconéogenèse est-elle importante? Donnez des exemples précis.
15. Comment les graisses sont-elles absorbées et quelles sont leurs destinées dans l'organisme? Où les graisses sont-elles entreposées dans l'organisme?
16. Expliquez les principaux événements liés au catabolisme de la glycérine et des acides gras.
17. Que sont les corps cétoniques? Qu'est-ce que la cétose?
18. Qu'est-ce que la lipogenèse? Quelle est son importance?
19. Comment les protéines sont-elles absorbées et quelles sont leurs destinées dans l'organisme?
20. Quel lien existe-t-il entre la désamination et le catabolisme des acides aminés?
21. Résumez les principales étapes de la synthèse protéique.
22. Quelle est la différence entre les acides aminés essentiels et les acides aminés non essentiels?
23. Qu'est-ce que le stade de l'absorption? Résumez les principaux événements qui y sont liés.
24. Qu'est-ce que l'état de jeûne? Résumez les principaux événements qui y sont liés.
25. Indiquez les rôles que jouent les hormones suivantes dans la régulation du métabolisme: l'insuline, le glucagon, l'adrénaline, la somatotrophine (STH), la thyroxine, le cortisol et la testostérone.
26. Qu'est-ce qu'un minéral? Décrivez brièvement les rôles que jouent les minéraux suivants: le calcium, le phosphore, le fer, l'iode, le cuivre, le sodium, le potassium, le chlore, le

magnésium, le soufre, le zinc, le fluor, le manganèse, le cobalt, le chrome et le sélénium.

27. Qu'est-ce qu'une vitamine? Expliquez de quelle façon nous assimilons des vitamines. Quelle est la différence entre une vitamine liposoluble et une vitamine hydrosoluble?
28. Qu'est-ce qui distingue l'avitaminose de l'hypervitaminose?
29. Pour chacune des vitamines qui suivent, indiquez la principale fonction et l'effet causé par la carence: A, D, E, K, B_1, B_2, niacine, B_6, B_{12}, acide pantothénique, acide folique, biotine et vitamine C.
30. Décrivez les affections liées à des doses massives de plusieurs minéraux et vitamines.
31. Qu'est-ce qu'un kilojoule? Comment cette unité est-elle utilisée?
32. Comment détermine-t-on la valeur énergétique des aliments?
33. Qu'est-ce que la vitesse du métabolisme? Quels sont les facteurs qui la modifient?
34. Qu'est-ce que le métabolisme basal? De quelle façon le mesure-t-on?
35. Définissez chacun des mécanismes de déperdition de chaleur qui suivent: le rayonnement, la conduction, la convection et l'évaporation.
36. Expliquez de quelle façon la température de l'organisme est réglée en décrivant les mécanismes de production et de déperdition de chaleur.
37. Qu'est-ce qui différencie les anomalies suivantes, liées à la température corporelle: la fièvre, les crampes de chaleur, l'insolation et le coup de chaleur?
38. Qu'est-ce qui cause la fièvre? De quelle façon la fièvre peut-elle être bénéfique?
39. Qu'est-ce que l'obésité? De quelle façon la classe-t-on? De quelle façon la traite-t-on?
40. Décrivez les étapes de l'inanition.
41. Définissez la phénylcétonurie, la mucoviscidose, la maladie cœliaque et le kwashiorkor.

26

L'appareil urinaire

OBJECTIFS

- Identifier les caractéristiques anatomiques générales internes et externes des reins.
- Définir les adaptations structurales du néphron pour l'élaboration de l'urine.
- Décrire l'apport sanguin et nerveux aux reins.
- Décrire la structure et la fonction de l'appareil juxtaglomérulaire.
- Décrire le processus d'élaboration d'urine en expliquant la filtration glomérulaire, la réabsorption tubulaire et la sécrétion tubulaire.
- Décrire les forces qui favorisent la filtration du sang dans les reins et celles qui s'y opposent.
- Expliquer le mécanisme de la réabsorption tubulaire et son importance.
- Comparer les réabsorptions tubulaires obligatoire et facultative.
- Expliquer le mécanisme de la sécrétion tubulaire et son importance.
- Expliquer comment les reins élaborent une urine diluée ou concentrée.
- Discuter du principe de fonctionnement de l'hémodialyse.
- Comparer les effets de la pression artérielle, de la concentration sanguine, de la température, des diurétiques et des émotions sur le volume d'urine.
- Énumérer et décrire les caractéristiques physiques de l'urine.
- Énumérer les composants chimiques normaux de l'urine.
- Définir l'albuminurie, la glycosurie, l'hématurie, la pyurie, la cétose, la bilirubinurie, l'urobilinogénurie, les cylindres urinaires et les calculs rénaux.
- Décrire la structure et la physiologie des uretères.
- Décrire la structure et la physiologie de la vessie.
- Expliquer la physiologie du réflexe de la miction.
- Comparer les causes de l'incontinence et de la rétention.
- Expliquer la structure et la physiologie de l'urètre.
- Décrire les effets du vieillissement sur l'appareil urinaire.
- Décrire le développement embryonnaire de l'appareil urinaire.
- Discuter des causes des affections suivantes : la goutte, la glomérulonéphrite, la pyélite, la pyélonéphrite, la cystite, la néphrose, la maladie polykystique, l'insuffisance rénale et les infections urinaires.
- Définir quelques termes médicaux relatifs à l'appareil urinaire.

Le métabolisme des substances nutritives entraîne la production de déchets par les cellules de l'organisme; parmi ces déchets, on trouve le dioxyde de carbone, l'eau et la chaleur. Le catabolisme des protéines produit des déchets azotés toxiques tels que l'ammoniac et l'urée. En outre, de nombreux ions essentiels, tels que le sodium, le chlorure, le sulfate, le phosphate et l'hydrogène, ont tendance à s'accumuler à l'excès. Toutes les substances toxiques et toutes les substances essentielles excédentaires doivent être éliminées.

Le principal rôle de l'**appareil urinaire** consiste à maintenir l'homéostasie de l'organisme en réglant la composition et le volume du sang. Pour ce faire, l'organisme fait varier les quantités d'eau et de solutés. L'appareil urinaire est formé de deux reins, de deux uretères, d'une vessie et d'un urètre (figure 26.1). Les reins règlent la composition et le volume du sang et évacuent les déchets du sang sous forme d'urine. Ils excrètent une quantité sélective de divers déchets, jouent un rôle dans l'érythropoïèse en élaborant le facteur stimulant l'érythropoïèse, contribuent à la régulation du pH sanguin, contribuent à la régulation de la pression sanguine en sécrétant la rénine (qui active le système rénine-angiotensine) et participent à l'activation de la vitamine D. L'urine est excrétée des reins par les uretères et est emmagasinée dans la vessie avant d'être évacuée hors de l'organisme par l'urètre. Les appareils respiratoire, tégumentaire et digestif contribuent également à l'élimination des déchets (voir le document 26.3).

L'**urologie** (*uro* : urine ; *logie* : étude de) est la branche spécialisée de la médecine qui traite de la structure, de la fonction et des maladies de l'appareil urinaire de l'homme et de la femme, et de l'appareil reproducteur de l'homme.

Le développement embryonnaire de l'appareil urinaire est étudié en fin de chapitre.

LES REINS

Les **reins**, au nombre de deux, sont des organes rougeâtres dont la forme rappelle celle d'un haricot. Les reins sont situés immédiatement au-dessus de la taille, entre le péritoine pariétal et la paroi postérieure de l'abdomen. Puisqu'ils sont situés à l'extérieur du péritoine tapissant la cavité abdominale, on dit qu'ils sont *rétropéritonéaux*. Les uretères et les glandes surrénales sont aussi des organes rétropéritonéaux. Par rapport à la colonne vertébrale, les reins sont situés entre la dernière vertèbre dorsale et la troisième vertèbre lombaire; ils sont aussi partiellement protégés par la onzième et la douzième paire de côtes. Le rein droit est légèrement abaissé par rapport au rein gauche, à cause du grand espace qu'occupe le foie.

L'ANATOMIE EXTERNE

Chez l'adulte, les reins mesurent en moyenne de 10 cm à 12 cm de longueur, de 5,0 cm à 7,5 cm de largeur et 2,5 cm d'épaisseur. Le bord interne concave fait face à la colonne vertébrale. Près du centre de ce bord concave se trouve une échancrure appelée hile, par laquelle l'uretère quitte le rein. Les vaisseaux sanguins et lymphatiques pénètrent dans le rein et le quittent également par le hile (figure 26.2). Le hile s'ouvre sur une cavité dans le rein, appelée **sinus rénal**.

Trois couches de tissu entourent les reins. La couche interne, la **capsule rénale**, est une membrane fibreuse lisse et transparente qui s'enlève facilement; elle est en continuité avec la couche externe de l'uretère à l'endroit du hile. Elle sert de barrière contre les traumatismes et empêche la propagation des infections au rein. La couche moyenne, la **capsule adipeuse**, est une masse de tissu adipeux entourant la capsule rénale. Elle protège aussi le

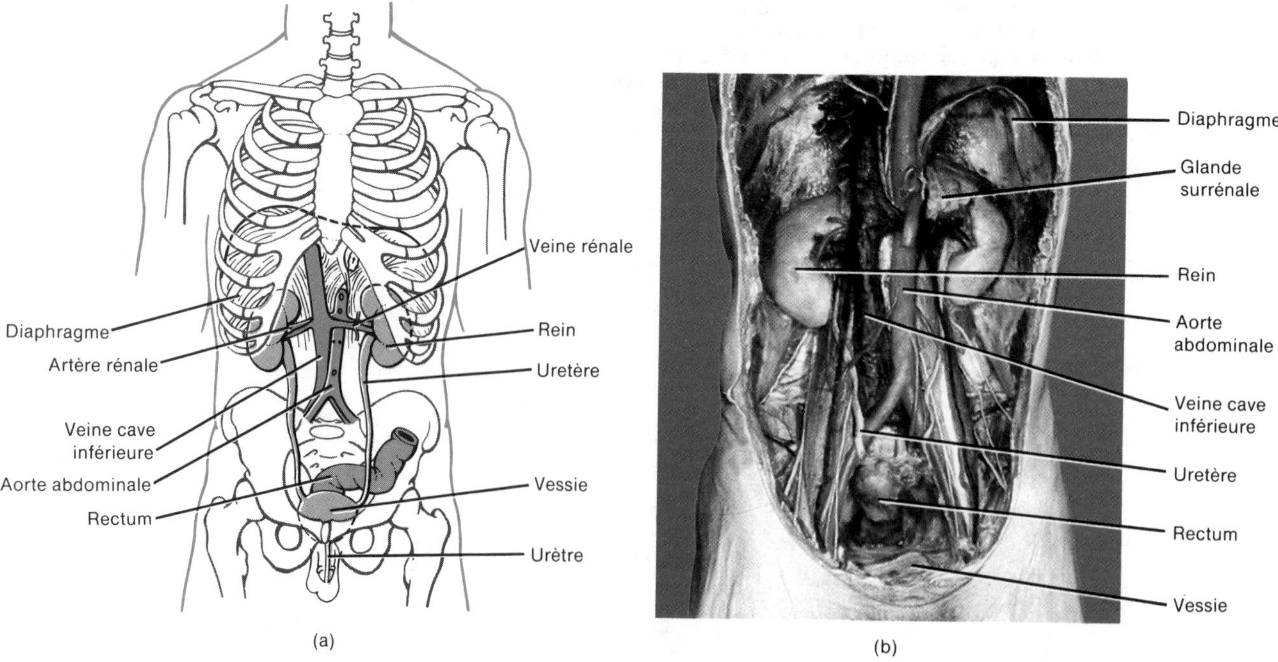

FIGURE 26.1 Emplacement des organes de l'appareil urinaire de l'homme par rapport aux organes adjacents. (a) Diagramme. (b) Photographie. [Gracieuseté de C. Yokochi et J. W. Rohen, *Photographic Anatomy of the Human Body*, 2e éd., 1978, IGAKU-SHOIN, Ltd., Tokyo, New York.]

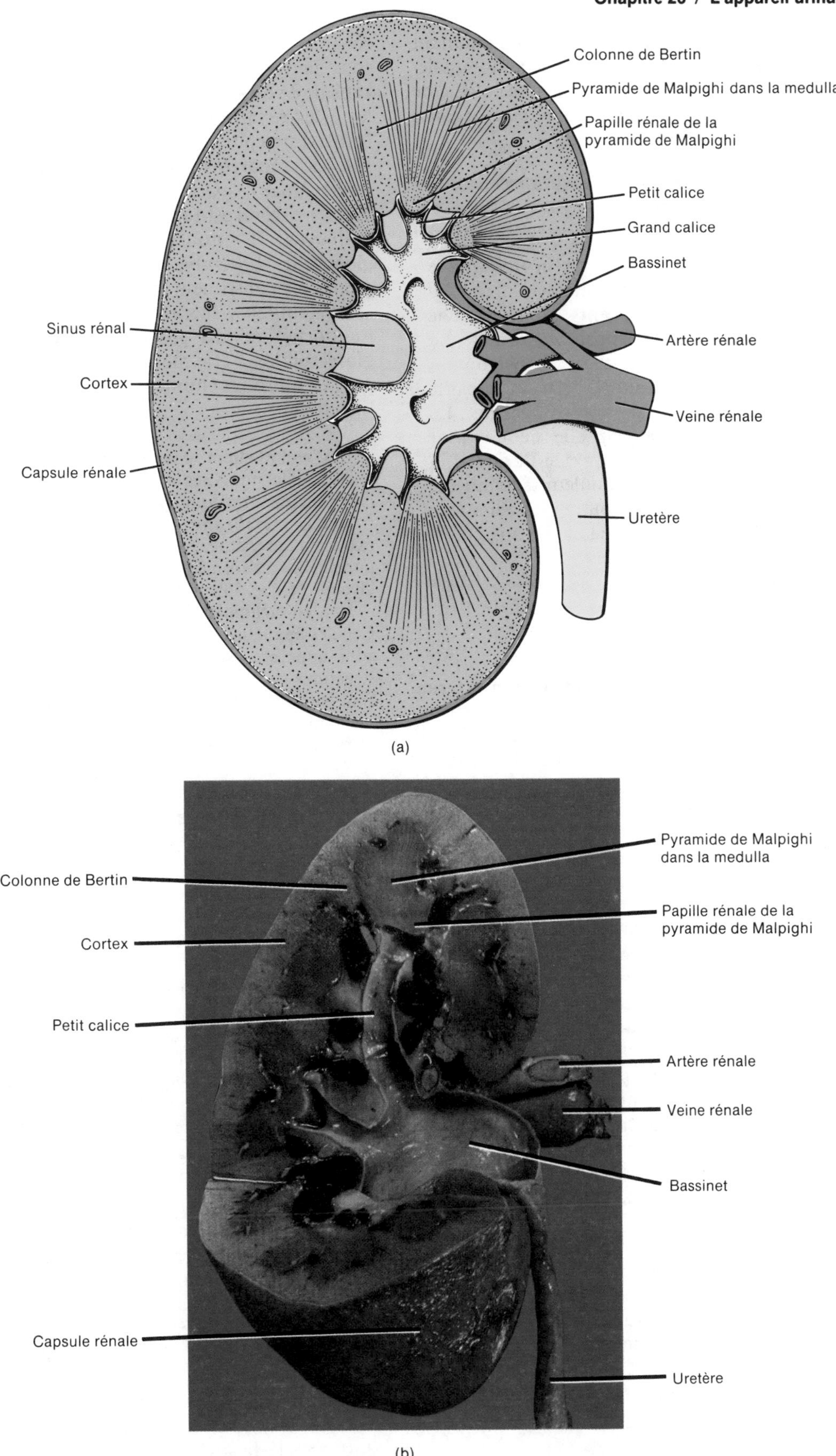

FIGURE 26.2 Rein. (a) Diagramme d'une coupe frontale du rein droit montrant l'anatomie interne. (b) Photographie d'une coupe frontale et transversale du rein droit montrant l'anatomie interne. [Gracieuseté de C. Yokochi et J. W. Rohen, *Photographic Anatomy of the Human Body*, 2e éd., 1978, IGAKU-SHOIN, Ltd., Tokyo, New York.]

rein contre les traumatismes, tout en le maintenant fermement en place à l'intérieur de la cavité abdominale. La couche externe, le **fascia rénal**, est une fine couche de tissu conjonctif fibreux qui fixe le rein aux organes adjacents et à la paroi abdominale.

APPLICATION CLINIQUE

La **néphroptose**, ou **rein mobile**, ou **rein flottant**, se produit lorsque le rein n'est plus fermement maintenu en place par les organes adjacents ou sa couche adipeuse et qu'il glisse hors de sa position normale. La néphroptose peut se produire chez les personnes, surtout celles qui sont maigres, dont la capsule adipeuse ou le fascia rénal présente une déficience. La néphroptose est dangereuse, car elle peut causer l'entortillement de l'uretère, le reflux de l'urine et la rétrogradation de la pression. La douleur se manifeste lorsque l'uretère est tordu. En outre, les reins qui tombent sous la cage thoracique sont sujets aux coups et aux blessures.

L'ANATOMIE INTERNE

Une coupe frontale d'un rein montre une région externe de couleur rougeâtre, appelée **cortex**, et une région brun rougeâtre interne, appelée **medulla** (figure 26.2). À l'intérieur de la medulla, se trouvent de 5 à 14 structures triangulaires striées appelées **pyramides de Malpighi**. Leur aspect strié s'explique par la présence de tubes droits et de vaisseaux sanguins. Les bases des pyramides font face à la région corticale, tandis que leurs sommets, appelés **papilles rénales**, sont orientés vers le centre du rein. Le cortex est la région d'aspect lisse qui s'étend de la capsule rénale aux bases des pyramides et dans les espaces entre celles-ci. Il se divise en deux parties : une région corticale externe et une région juxtamédullaire interne. La substance corticale entre les pyramides de Malpighi forme les **colonnes de Bertin**.

Ensemble, le cortex et les pyramides de Malpighi forment le parenchyme rénal. Du point de vue structural, le parenchyme rénal contient approximativement un million d'unités microscopiques appelés néphrons, des tubes collecteurs et leur réseau vasculaire. Les néphrons sont les unités fonctionnelles du rein. Ils contribuent à la régulation de la composition sanguine et produisent l'urine.

À l'intérieur du sinus rénal se trouve une grande cavité appelée **bassinet**. Le bord du bassinet renferme des prolongements caliciformes appelés **grands calices** et **petits calices**. On trouve 2 ou 3 grands calices et de 8 à 18 petits calices. Chaque petit calice collecte l'urine des tubes collecteurs des pyramides. L'urine s'écoule depuis les grands calices jusqu'au bassinet et est évacuée par l'uretère.

LE NÉPHRON

Le néphron est l'unité fonctionnelle du rein (figure 26.3). Un néphron est principalement constitué d'un tubule rénal et de ses éléments vasculaires. Il prend naissance sous la forme d'une coupe à double paroi, appelée **capsule de Bowman**, ou **capsule glomérulaire**, située dans le cortex rénal. La paroi externe, ou *feuillet pariétal*, est formé d'un épithélium pavimenteux simple (figure 26.4). Elle est séparée de la paroi interne, appelée *feuillet viscéral*, par l'*espace urinaire*, ou *espace de Bowman*. Le feuillet viscéral est formé de cellules épithéliales appelées podocytes. Il entoure un réseau de capillaires appelé **glomérule**. Ensemble, la capsule de Bowman et son glomérule constituent un **corpuscule rénal**.

Le feuillet viscéral de la capsule de Bowman et l'endothélium du glomérule forment la **membrane glomérulaire**. Cette membrane est formée de différentes parties, que nous énumérons dans l'ordre des étapes de la filtration.

1. **L'endothélium glomérulaire**. Couche unique de cellules endothéliales pourvues de pores mesurant de 50 nm à 100 nm de diamètre (endothélium fenestré).
2. **La membrane basale glomérulaire**. Membrane extracellulaire, située sous l'endothélium, qui ne contient pas de pores. Elle est formée de fibrilles à l'intérieur d'une matrice glycoprotéique. Elle joue le rôle d'une membrane dialysante.
3. **L'épithélium du feuillet viscéral de la capsule de Bowman**. Cellules épithéliales qui, en raison de leur forme particulière, sont appelées **podocytes**. Les podocytes renferment des structures en forme de pied appelées **pédicelles**. Les pédicelles sont parallèles à la circonférence du glomérule et recouvrent la membrane basale, sauf les espaces qui les séparent, les **fentes de filtration**, ou **fissures poreuses**.

La membrane glomérulaire filtre l'eau et les solutés du sang. Les molécules volumineuses, telles que les protéines, et les cellules sanguines ne peuvent normalement traverser cette membrane. L'eau et les solutés filtrés hors du sang passent dans l'espace urinaire, entre les feuillets pariétal et viscéral de la capsule de Bowman, puis se déversent dans les tubules rénaux.

La capsule de Bowman s'ouvre sur la première partie du tubule rénal, appelée **tube contourné proximal**, qui se trouve aussi dans le cortex. On l'appelle tube contourné, car il est tordu plutôt que droit ; proximal signifie que la capsule de Bowman constitue l'origine du tube. La paroi du tube contourné proximal est formée d'un épithélium cubique pourvu de microvillosités. Ces prolongements cytoplasmiques, tout comme ceux de l'intestin grêle, augmentent la surface de réabsorption et de sécrétion.

On classe souvent les néphrons en deux types, le néphron sous-cortical et le néphron juxtamédullaire. Le glomérule du **néphron sous-cortical** est situé dans la région corticale externe, tandis que le reste du néphron pénètre rarement dans la medulla. Le glomérule du **néphron juxtamédullaire** est habituellement situé près de la jonction cortico-médullaire, alors que les autres parties du néphron pénètrent profondément dans la medulla (voir la figure 26.3).

Dans le néphron juxtamédullaire, le tubule rénal se redresse, s'amincit et s'enfonce dans la medulla ; il est alors appelé **branche descendante de l'anse de Henlé**. Cette partie se compose d'épithélium pavimenteux. Le diamètre du tubule augmente ensuite, tout en se courbant pour adopter la forme d'un U ; on l'appelle alors l'**anse de Henlé**. Le tubule remonte vers le cortex ; il forme alors la

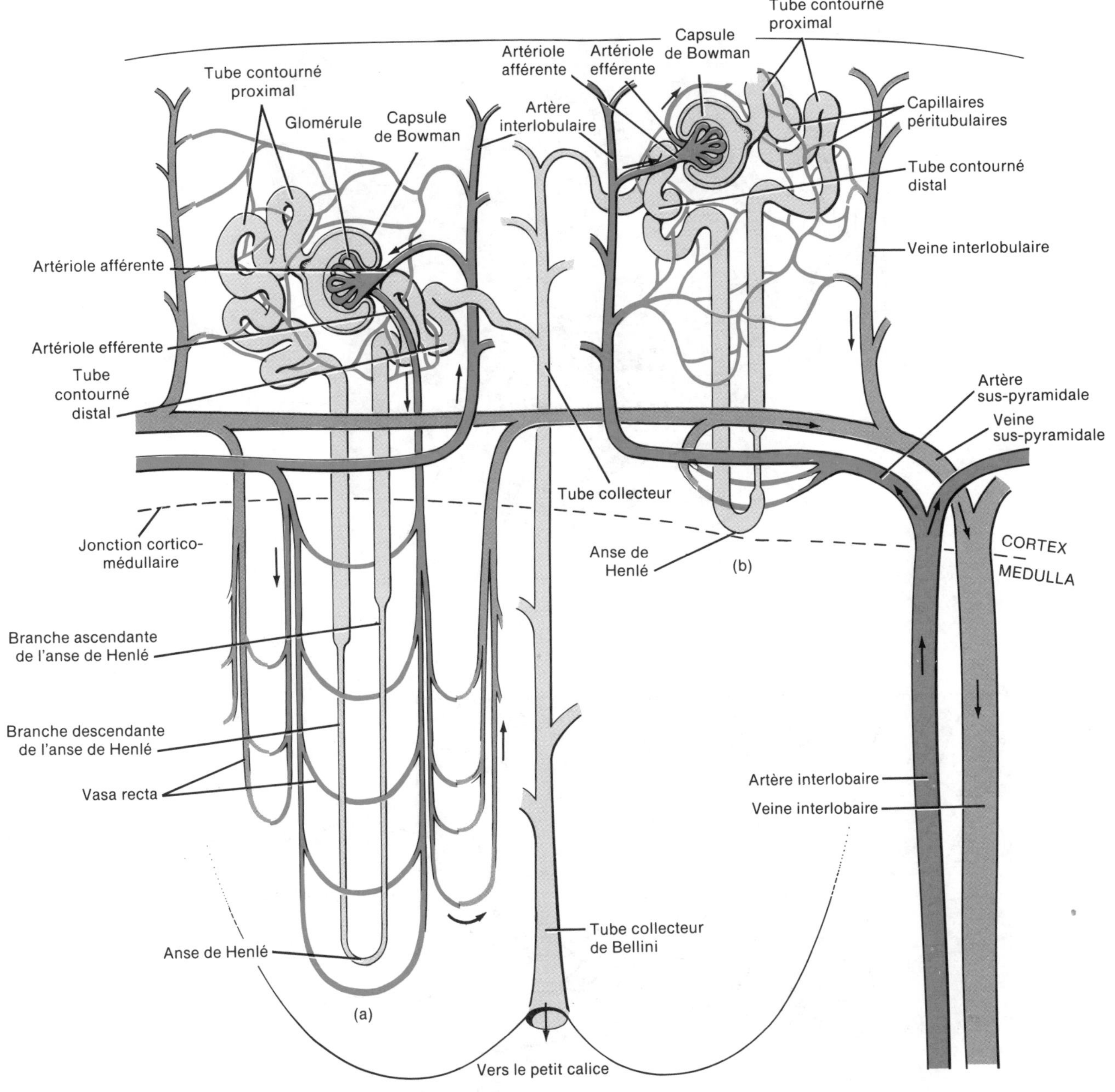

FIGURE 26.3 Néphrons. (a) Néphron juxtamédullaire. (b) Néphron sous-cortical.

branche ascendante de l'anse de Henlé, qui se compose d'un épithélium cubique et d'un épithélium prismatique bas.

Dans le cortex, le tubule redevient tordu. En raison de la distance le séparant de son point d'origine dans la capsule de Bowman, cette partie est appelée **tube contourné distal**. Les cellules du tube distal, comme celles du tube proximal, sont cubiques. Mais contrairement aux cellules du tube proximal, les cellules du tube distal présentent peu de microvillosités. Dans un néphron sous-cortical, il n'existe pas de branches ni d'anse de Henlé pour relier la partie proximale au tube distal. Dans les deux types de néphrons, l'extrémité du tube distal fusionne avec un **tube collecteur** droit.

Dans la medulla, les tubes collecteurs reçoivent les tubes distaux de plusieurs néphrons, traversent les pyramides de Malpighi et s'ouvrent sur les papilles rénales, et se déversent dans les petits calices, par de volumineux **tubes collecteurs de Bellini**. Il y a en moyenne 30 tubes collecteurs de Bellini par papille rénale. Les cellules des tubes collecteurs sont cubiques ; celles des tubes collecteurs de Bellini sont cylindriques.

À la figure 26.5, nous montrons la structure histologique d'un néphron et d'un glomérule.

L'APPORT SANGUIN ET NERVEUX

Les néphrons sont principalement chargés de retirer les déchets du sang et de régler sa teneur en liquides et en électrolytes. Ils renferment donc un grand nombre de vaisseaux sanguins. Les **artères rénales** droite et gauche transportent environ un quart du débit cardiaque total

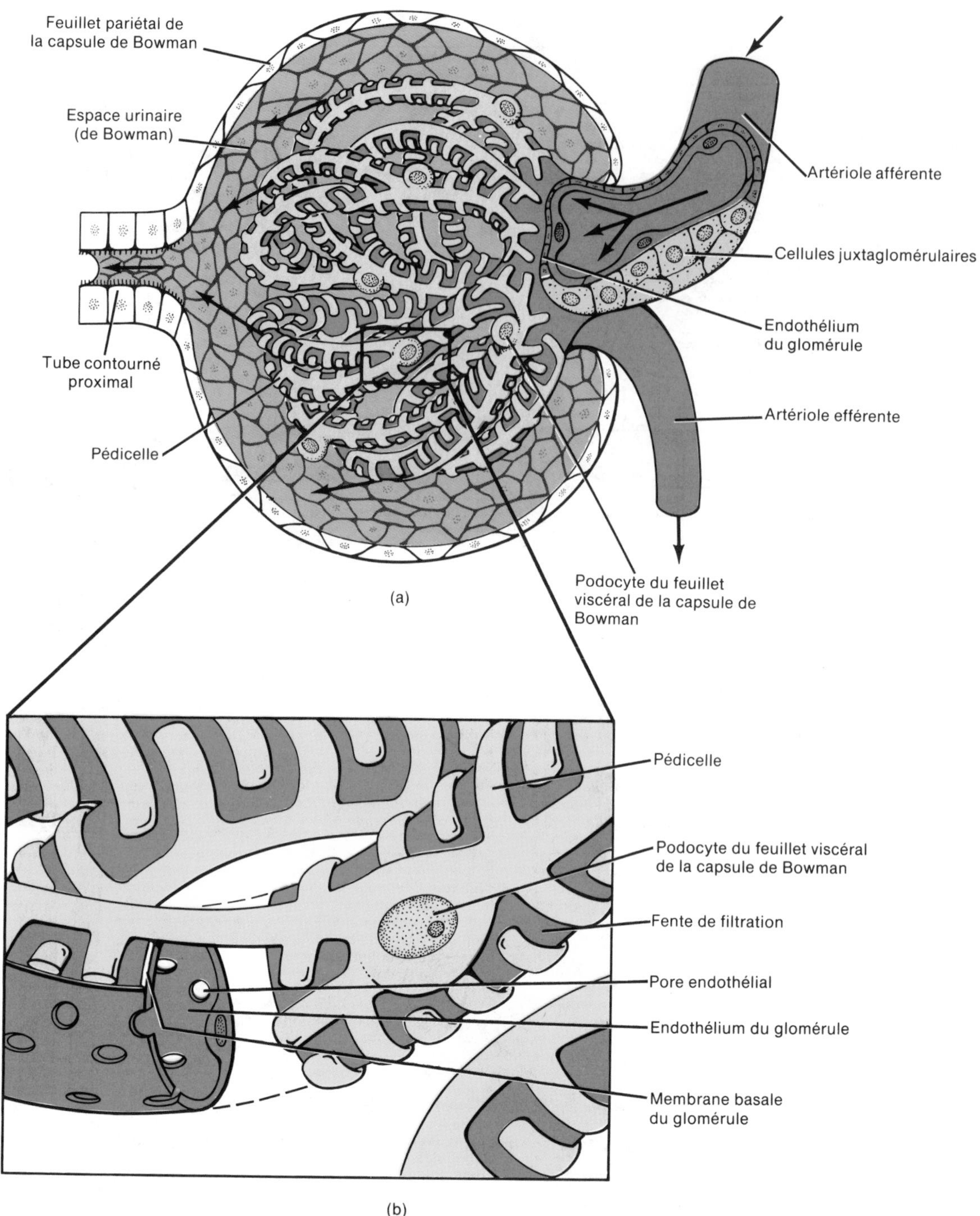

FIGURE 26.4 Membrane glomérulaire. (a) Parties d'un corpuscule rénal. (b) Agrandissement d'une partie de la membrane glomérulaire. Nous avons exagéré la taille des fentes de filtration pour bien les montrer.

vers les reins (figure 26.6). Environ 1 200 mL de sang passe à travers les reins à chaque minute.

Avant d'entrer dans le hile, ou immédiatement après, l'artère rénale se divise en plusieurs branches qui pénètrent dans le parenchyme entre les pyramides de Malpighi et les colonnes de Bertin; ce sont les **artères interlobaires**. À la base des pyramides, les artères interlobaires deviennent arquées, entre la medulla et le cortex; ce sont les **artères sus-pyramidales**. Les artères sus-pyramidales se divisent pour former une série d'**artères interlobulaires**, qui pénètrent dans le cortex et se divisent en **artérioles afférentes** (voir la figure 26.3).

Chaque capsule de Bowman possède une artériole afférente qui forme un réseau enchevêtré de capillaires, appelé **glomérule**. Les capillaires glomérulaires fusionnent ensuite pour former une **artériole efférente**, de diamètre inférieur à l'artériole afférente, qui quitte la capsule. Cette différence de diamètre des artérioles permet d'augmenter la pression glomérulaire. La structure des artérioles afférentes et efférentes est unique, car le sang quitte habituellement les capillaires pour se déverser dans des veinules et non pas dans d'autres artérioles.

Chaque artériole efférente d'un néphron sous-cortical se divise pour former un réseau de capillaires, appelés **capillaires péritubulaires**, autour des tubes contournés. L'artériole efférente d'un néphron juxtamédullaire forme aussi des capillaires péritubulaires. De plus, elle donne naissance à de longs vaisseaux sanguins aux parois minces, les **vasa recta**, qui suivent l'anse de Henlé du néphron et pénètrent dans la région médullaire de la papille.

Les capillaires péritubulaires se réunissent ensuite pour former les **veines interlobulaires**. Le sang se dirige par les **veines sus-pyramidales** jusqu'aux **veines interlobaires**, situées entre les pyramides, et quitte le rein au hile par la veine rénale.

L'apport nerveux aux reins provient du **plexus rénal** de la subdivision sympathique du système nerveux autonome. Les nerfs du plexus accompagnent les artères rénales et leurs branches et sont répartis entre les vaisseaux. Les nerfs étant vasomoteurs, ils règlent la circulation sanguine dans les reins en réglant le diamètre des artérioles.

L'APPAREIL JUXTAGLOMÉRULAIRE

Les cellules musculaires lisses de la tunique moyenne adjacente à une artériole afférente (et parfois adjacente à une artériole efférente) sont transformées de plusieurs

Podocyte du feuillet viscéral de la capsule de Bowman

Pédicelles

Fentes de filtration

(c)

FIGURE 26.4 [*Suite*] (c) Micrographie électronique par balayage d'un podocyte, agrandie 7 800 fois. [Tiré de *Tissues and Organs: A Text-Atlas of Scanning Electron Microscopy* de Richard G. Kessel et Randy H. Kardon, W. H. Freeman and Company. Copyright © 1979.]

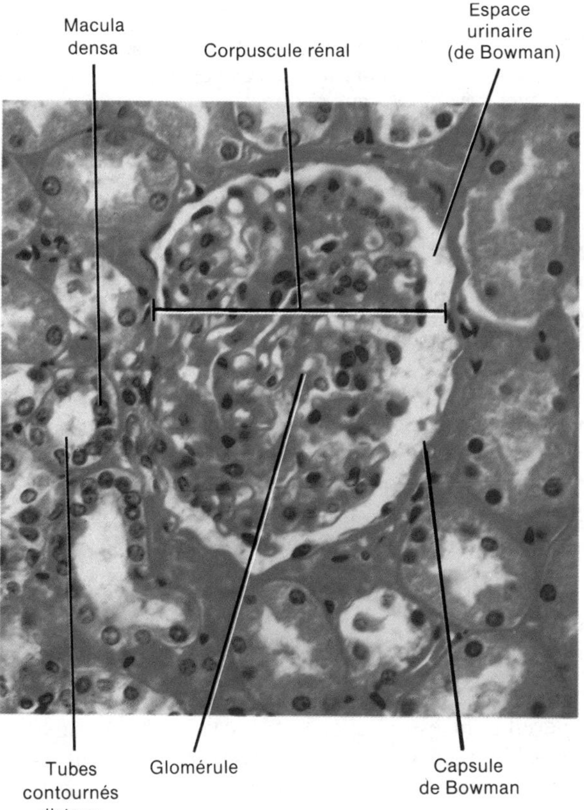

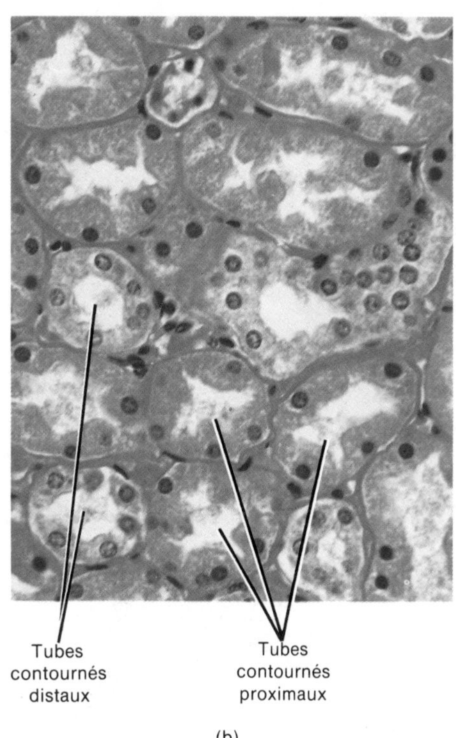

FIGURE 26.5 Structure histologique d'un néphron. (a) Photomicrographie du cortex d'un rein, montrant un corpuscule et les tubules rénaux qui l'entourent, agrandie 400 fois. (b) Photomicrographie du cortex d'un rein, montrant les tubules rénaux, agrandie 400 fois. [Photomicrographies Copyright © 1983 by Michael H. Ross. Reproduction autorisée.]

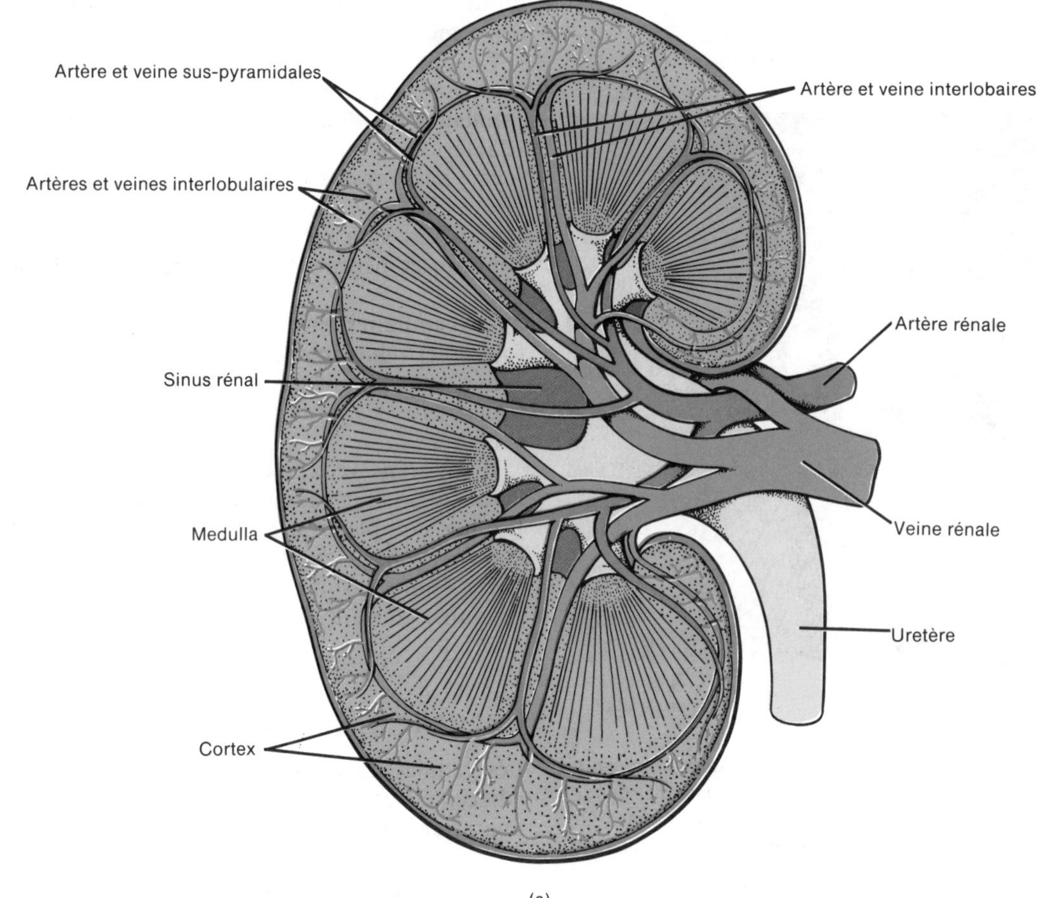

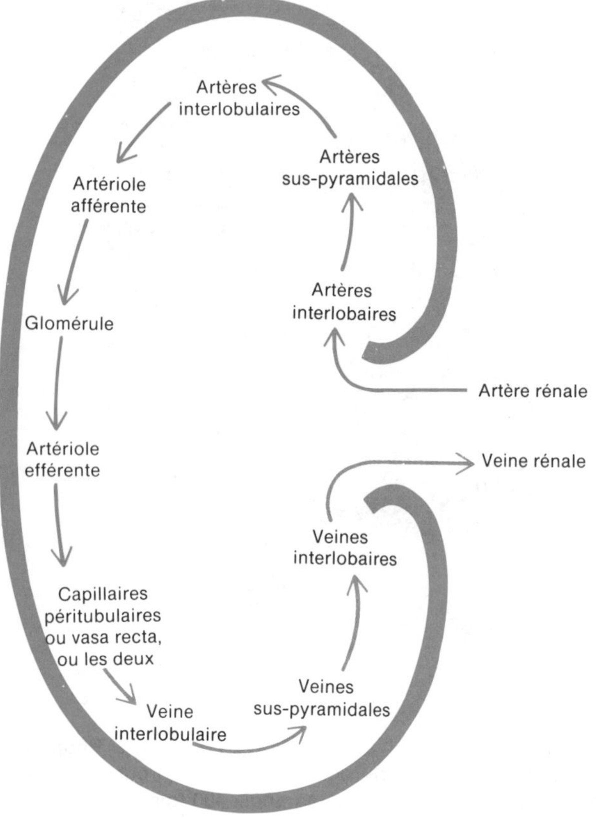

FIGURE 26.6 Apport sanguin du rein droit. (a) Diagramme d'une coupe frontale. (b) Schéma de la circulation. Ce schéma montre le *parcours* suivi par le sang et non l'emplacement anatomique des vaisseaux sanguins ; celui-ci est illustré en (a).

façons. Leur noyau est arrondi (au lieu d'être allongé) et leur cytoplasme contient des granules (au lieu de myofibrilles). Ces cellules modifiées sont appelées **cellules juxtaglomérulaires**. Les cellules du tube contourné distal adjacent à l'artériole afférente ou efférente se rétrécissent et s'allongent considérablement. Ces cellules forment un ensemble que l'on appelle **macula densa**. La macula densa forme, avec les cellules modifiées de l'artériole afférente, l'appareil juxtaglomérulaire (figure 26.7), qui aide à régler la pression sanguine des reins. Nous décrirons ce phénomène plus loin.

LA PHYSIOLOGIE

La principale fonction de l'appareil urinaire est accomplie par les néphrons. Les autres parties de l'appareil sont essentiellement des voies de passage ou servent de réserve. Les néphrons remplissent trois fonctions importantes : (1) ils règlent la concentration et le volume sanguins en évacuant des quantités sélectives d'eau et de solutés ; (2) ils contribuent à régler le pH du sang ; et (3) ils filtrent les déchets toxiques du sang. Dans l'accomplissement de ces activités, les néphrons prélèvent

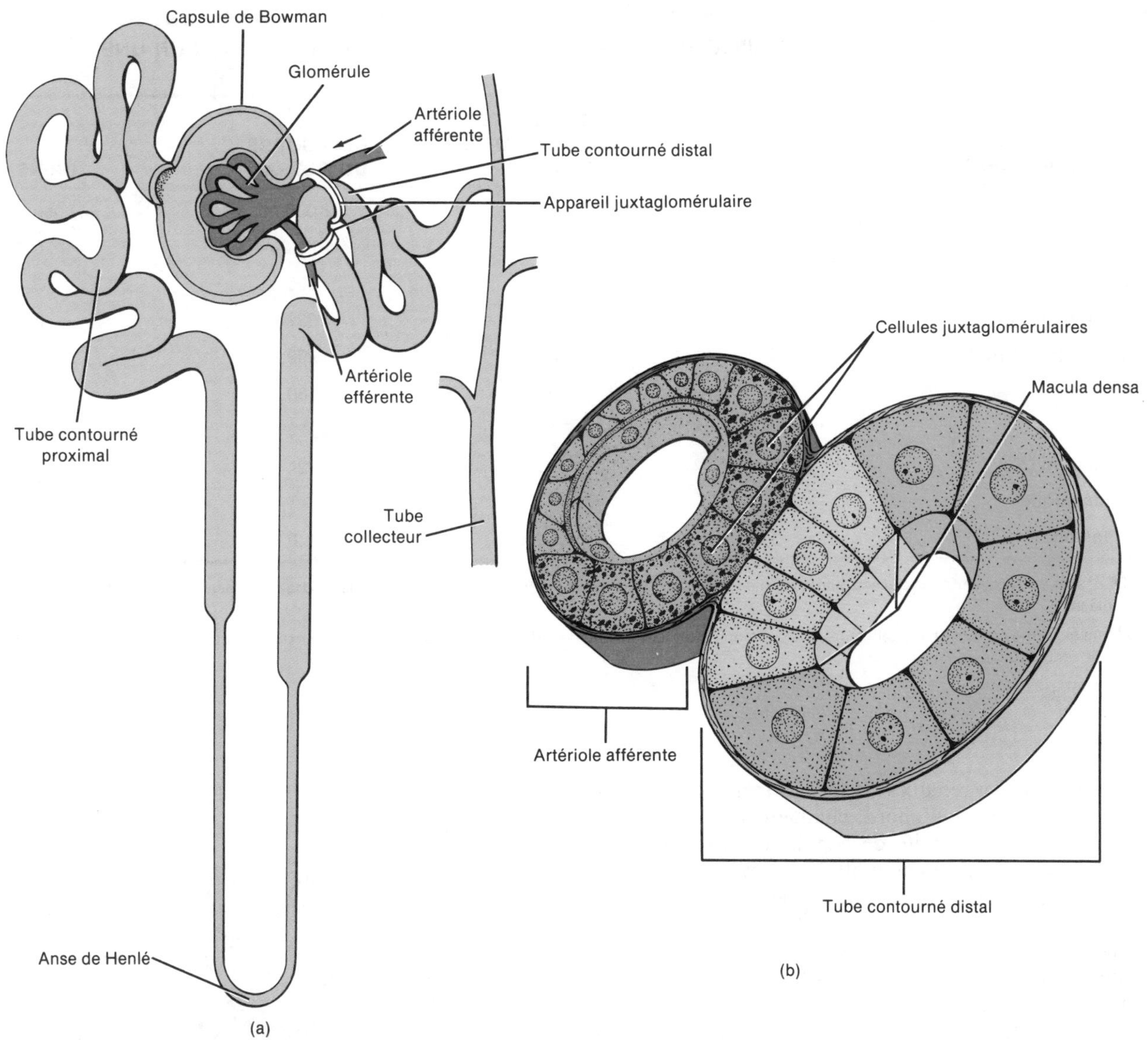

FIGURE 26.7 Appareil juxtaglomérulaire. (a) Vue externe. (b) Coupe transversale montrant des cellules de l'appareil juxtaglomérulaire. La macula densa adjacente à l'artériole efférente n'est pas représentée.

un grand nombre de substances du sang ; ils rendent celles dont l'organisme a besoin et évacuent les autres. Les substances qui sont éliminées constituent l'**urine**. Le volume total de sang de l'organisme est filtré par les reins environ 60 fois par jour. La formation d'urine s'effectue en trois étapes principales : la filtration glomérulaire, la réabsorption tubulaire et la sécrétion tubulaire.

La filtration glomérulaire

La **filtration glomérulaire** est la première étape de l'élaboration de l'urine. La filtration, passage forcé de liquides et de substances dissoutes à travers une membrane sous l'effet de la pression, se produit dans les corpuscules rénaux, à travers la membrane glomérulaire. Lorsque le sang pénètre dans le glomérule, la pression sanguine force l'eau et les éléments dissous du sang (le plasma) à traverser les pores endothéliaux des capillaires, la membrane basale et les fentes de filtration du feuillet viscéral adjacent de la capsule de Bowman (voir la figure 26.4). Le liquide filtré est appelé **filtrat**. Chez une personne saine, le filtrat se compose de tous les matériaux présents dans le sang, à l'exception des éléments figurés et de la plupart des protéines, trop larges pour traverser la membrane glomérulaire. Dans le document 26.1, nous comparons les éléments constitutifs du plasma, du filtrat glomérulaire et de l'urine sur une période de 24 h. Même si les chiffres que nous donnons sont ceux de la majorité, ils peuvent varier considérablement selon le régime alimentaire. Les substances chimiques du plasma sont celles qu'il contient avant la filtration. Les substances chimiques qui figurent dans le filtrat immédiatement après la capsule de Bowman sont celles qui traversent la membrane glomérulaire avant la réabsorption. Les substances chimiques du filtrat sont celles qui ont été filtrées.

DOCUMENT 26.1 SUBSTANCES CHIMIQUES DU PLASMA, DU FILTRAT ET DE L'URINE SUR UNE PÉRIODE DE 24 H *

SUBSTANCE CHIMIQUE	PLASMA	FILTRAT JUSTE APRÈS LA CAPSULE DE BOWMAN	RÉABSORBÉ DU FILTRAT	URINE
Eau	180 000 mL	180 000 mL	178 000 mL	1 000 mL
Protéines	7 000 à 9 000	10 à 20	10 à 20	0 **
Chlorure (Cl^-)	630	630	625	5
Sodium (Na^+)	540	540	537	3
Bicarbonate (HCO_3^-)	300	300	299,7	0,3
Glucose	180	180	180	0
Urée	53	53	28	25
Potassium (K^+)	28	28	24	4
Acide urique	8,5	8,5	7,7	0,8
Créatinine	1,5	1,5	0	1,5

* Toutes les valeurs, sauf celle de l'eau, sont exprimées en grammes. Les substances chimiques sont dans l'ordre décroissant de leur concentration dans le plasma.

** Même si l'urine contient habituellement une certaine quantité de protéines (de 170 mg à 250 mg), nous considérerons, dans ce cas-ci, qu'elles sont toutes réabsorbées du filtrat.

Les corpuscules rénaux sont spécialement conçus pour filtrer le sang. Tout d'abord, chaque capsule renferme une très grande quantité de capillaires glomérulaires, enroulés sur eux-mêmes pour offrir une grande surface de filtration. Ensuite, la membrane glomérulaire est conçue pour la filtration. Bien que les pores endothéliaux n'entravent pas le passage des substances, la membrane basale permet le passage des petites molécules. Par conséquent, l'eau, le glucose, les vitamines, les acides aminés, les petites protéines, les déchets azotés et les ions atteignent la capsule de Bowman. Les grosses protéines et les cellules sanguines ne traversent habituellement pas la membrane basale. Les fentes de filtration ne laissent que rarement passer les très petites protéines plasmatiques, telles que les albumines. De plus, le diamètre de l'artériole efférente étant plus petit que celui de l'artériole afférente, il existe une résistance à l'écoulement sanguin hors du glomérule. Pour cette raison, la pression sanguine est plus élevée dans les capillaires glomérulaires que dans les autres capillaires. La pression sanguine des capillaires glomérulaires est d'environ 60 mm Hg, alors que celle des autres capillaires n'atteint en moyenne que 30 mm Hg. Enfin, la membrane glomérulaire séparant le sang de l'espace urinaire dans la capsule de Bowman est très mince (0,1 µm).

La filtration du sang dépend d'un certain nombre de pressions opposées. La **pression hydrostatique glomérulaire** est la plus importante. La *pression hydrostatique* (*hydro* : eau) est la force qu'un liquide soumis à une pression exerce sur les parois de son contenant. La pression hydrostatique glomérulaire est la pression sanguine dans le glomérule (figure 26.8). Cette pression, qui atteint en moyenne 60 mm Hg, fait sortir le liquide hors des glomérules.

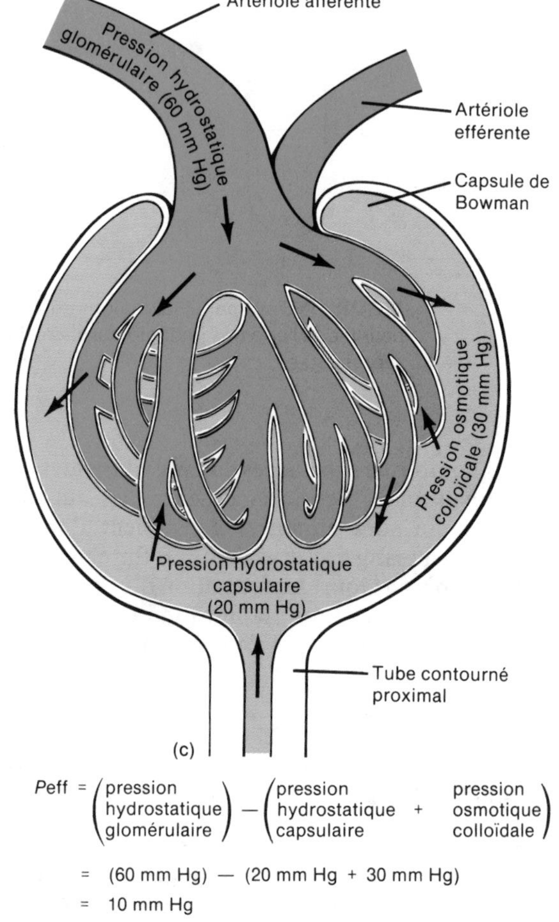

$$Peff = \begin{pmatrix}\text{pression}\\ \text{hydrostatique}\\ \text{glomérulaire}\end{pmatrix} - \begin{pmatrix}\text{pression}\\ \text{hydrostatique}\\ \text{capsulaire}\end{pmatrix} + \begin{pmatrix}\text{pression}\\ \text{osmotique}\\ \text{colloïdale}\end{pmatrix}$$

$$= (60 \text{ mm Hg}) - (20 \text{ mm Hg} + 30 \text{ mm Hg})$$

$$= 10 \text{ mm Hg}$$

FIGURE 26.8 Forces intervenant dans la pression de filtration efficace (*P*eff).

Deux autres forces s'opposent à la pression hydrostatique glomérulaire. La première, la **pression hydrostatique capsulaire**, est créée de la façon suivante. Lorsque le filtrat est poussé dans l'espace urinaire compris entre les parois de la capsule de Bowman, il est soumis à deux formes de résistance : les parois de la capsule et le liquide se trouvant déjà dans le tubule rénal. Une petite quantité de filtrat reflue donc vers le capillaire. Cette « poussée » est la pression hydrostatique capsulaire. Elle mesure environ 20 mm Hg.

La seconde force qui s'oppose à la filtration dans la capsule de Bowman est la **pression osmotique colloïdale**. La *pression osmotique* est la pression nécessaire pour prévenir le mouvement d'eau pure dans une solution contenant des solutés, lorsque les solutions sont séparées par une membrane semi-perméable. Plus la concentration de la solution est forte, plus la pression osmotique est importante. Une force extérieure à la solution crée une pression hydrostatique, tandis que la pression osmotique est liée à la concentration de la solution. Puisque le sang contient une concentration en protéines beaucoup plus élevée que celle du filtrat, l'eau quitte le filtrat pour retourner dans le vaisseau sanguin. La pression osmotique sanguine normale est d'environ 30 mm Hg.

Pour déterminer le taux de la filtration finale, il faut soustraire les forces qui s'opposent à la filtration de la pression hydrostatique glomérulaire. Le résultat que l'on obtient est appelé **pression de filtration efficace** (***P*****eff**).

$$P\text{eff} = \begin{pmatrix}\text{pression}\\ \text{hydrostatique}\\ \text{glomérulaire}\end{pmatrix} - \begin{pmatrix}\text{pression} & & \text{pression}\\ \text{hydrostatique} & + & \text{osmotique}\\ \text{capsulaire} & & \text{colloïdale}\end{pmatrix}$$

Calculons la *P*eff en donnant aux pressions les valeurs que nous venons de voir.

$$\begin{aligned} P\text{eff} &= (60 \text{ mm Hg}) - (20 \text{ mm Hg} + 30 \text{ mm Hg})\\ &= (60 \text{ mm Hg}) - (50 \text{ mm Hg})\\ &= 10 \text{ mm Hg}\end{aligned}$$

Cela signifie qu'une pression d'environ 10 mm Hg provoque la filtration d'une quantité normale de plasma depuis le glomérule jusqu'à la capsule de Bowman. Ce processus produit environ 125 mL de filtrat par minute dans les deux reins. La *fraction de filtration* est le pourcentage de plasma pénétrant dans les néphrons, qui se transforme réellement en filtrat. Bien que la fraction de filtration oscille en moyenne entre 16 % et 20 %, cette valeur varie considérablement durant les périodes de santé et de maladie.

Certains facteurs peuvent modifier ces pressions et, partant, la pression de filtration efficace. Dans certains cas de néphropathie, telle que la glomérulonéphrite, les capillaires glomérulaires deviennent tellement perméables que les protéines plasmatiques peuvent passer du sang au filtrat. En réaction, le filtrat capsulaire exerce une pression osmotique qui a pour effet de retirer l'eau du sang. C'est donc dire que si une pression osmotique capsulaire se crée, la pression de filtration efficace augmente. Au même moment, la pression osmotique colloïdale diminue, augmentant davantage la pression de filtration efficace.

La pression de filtration efficace dépend aussi des modifications de la pression artérielle. Des hémorragies graves entraînent une chute de la pression artérielle de même qu'une réduction de la pression hydrostatique glomérulaire. Si la pression artérielle diminue à un point tel que la pression hydrostatique dans les glomérules ne mesure plus que 50 mm Hg, la filtration est interrompue, car la pression glomérulaire est égale aux pressions opposées. Cet état est appelé **anurie**, un débit urinaire quotidien inférieur à 50 mL. L'anurie peut être causée par une pression insuffisante qui interdit la filtration ou par une inflammation des glomérules, qui a pour effet d'empêcher le plasma de pénétrer dans le glomérule.

Enfin, la régulation de la taille des artérioles afférentes et efférentes peut aussi modifier la pression de filtration efficace. Dans ce cas, la régulation de la pression hydrostatique glomérulaire est indépendante de la pression artérielle globale. Les influx nerveux sympathiques et de petites doses d'adrénaline provoquent la contraction des artérioles afférentes et efférentes. Par contre, de forts influx sympathiques et d'importantes doses d'adrénaline provoquent une plus grande contraction des artérioles afférentes que des artérioles efférentes. Cette forte stimulation entraîne une diminution de la pression hydrostatique glomérulaire, même si la pression artérielle dans d'autres parties du corps est normale ou supérieure à la normale. Les stimulations sympathiques intenses se produisent souvent durant les réactions d'alarme du syndrome général d'adaptation. La circulation sanguine dans les reins peut aussi être déviée durant les hémorragies.

La réabsorption tubulaire

On appelle **taux de filtration glomérulaire** la quantité de filtrat qui quitte les corpuscules rénaux en une minute. Chez un adulte normal, le taux de filtration glomérulaire est d'environ 125 mL/min, soit environ 180 L par jour. Cependant, environ 99 % du filtrat est réabsorbé dans le sang durant son passage dans les tubules rénaux. Seulement environ 1 % de la quantité de filtrat (environ 1 L par jour) est évacué hors de l'organisme. Le mouvement du filtrat qui retourne dans le sang des capillaires péritubulaires ou des vasa recta est appelé **réabsorption tubulaire**.

La réabsorption tubulaire, effectuée par les cellules épithéliales le long des tubules rénaux, est un processus très discriminatoire. Seules des quantités bien précises de substances sont réabsorbées, selon les besoins de l'organisme à un moment donné. On appelle **capacité maximale de réabsorption tubulaire** le volume maximal d'une substance pouvant être absorbé, quelles que soient les conditions. Parmi les matériaux susceptibles d'être réabsorbés, mentionnons l'eau, le glucose, les acides aminés et les ions tels que Na^+, K^+, Ca^{2+}, Cl^-, HCO_3^- et HPO_4^{2-}. La réabsorption tubulaire permet à l'organisme de conserver la plupart de ses nutriments. Les déchets tels que l'urée ne sont que partiellement réabsorbés. Dans le document 26.1, nous comparons la quantité de substances chimiques contenue dans le filtrat immédiatement après la capsule de Bowman et celle qui est absorbée à partir du filtrat. Ce document donne une idée de la quantité des diverses substances que les reins réabsorbent.

La réabsorption est effectuée par des mécanismes de transport actif et passif. On estime que le glucose est réabsorbé par un processus actif dans lequel intervient un système de transport. Le transporteur, probablement une enzyme, se trouve en quantité fixe et limitée dans les membranes des cellules épithéliales tubulaires. En règle générale, tout le glucose filtré par les glomérules (125 mg/100 mL/min) est réabsorbé par les tubes.

APPLICATION CLINIQUE

La capacité du système de transport du glucose est limitée. Si la concentration plasmatique du glucose est supérieure à la normale (de 180 mg/100 mL à 200 mg/100 mL), le mécanisme de transport ne peut réabsorber tout le glucose, et l'excès reste dans l'urine. Lorsque le mécanisme de transport des tubes ne fonctionne pas normalement, le glucose est évacué dans l'urine, même si le taux de sucre dans le sang est normal. Cet état est appelé **glycosurie**. Comme nous le verrons plus loin, la glycosurie est un symptôme du diabète sucré non traité.

La plupart des ions sodium sont activement transportés (réabsorbés) à partir des tubes contournés proximaux et des branches de l'anse de Henlé. La réabsorption des autres ions Na^+ s'effectue dans les tubes contournés distaux et les tubes collecteurs. La réabsorption des ions Na^+ dépend de leur concentration dans le liquide extracellulaire. Lorsque la concentration de Na^+ dans le sang est faible, la pression artérielle chute, et le **système rénine-angiotensine** entre en activité. Les cellules juxtaglomérulaires des reins sécrètent une enzyme, la rénine, qui transforme l'angiotensinogène (synthétisé par le foie) en angiotensine I. Au moment où elle passe dans les poumons, l'angiotensine I est transformée en angiotensine II. L'angiotensine II stimule la zone glomérulaire de la corticosurrénale pour produire de l'aldostérone. L'aldostérone entraîne un accroissement de la réabsorption d'eau et d'ions Na^+ par les tubes contournés distaux et les tubes collecteurs (figure 26.9). Le volume du liquide extracellulaire augmente, et la pression artérielle redevient normale. En l'absence d'aldostérone, les ions Na^+ qui se trouvent dans les tubes contournés distaux et les tubes collecteurs ne sont pas réabsorbés. Ils passent dans l'urine et sont excrétés.

Lorsque les ions Na^+ quittent les tubes pour pénétrer dans le sang péritubulaire, celui-ci devient momentanément plus électropositif que le filtrat. Les ions chlorures, chargés négativement, suivent les ions sodium, chargés positivement, et sortent des tubules par attraction électrostatique. Le mouvement des ions Na^+ influence donc celui des ions Cl^- et d'autres anions du sang.

Les ions Cl^-, mais non les ions Na^+, sont activement transportés à partir de la branche ascendante de l'anse de Henlé. Dans cette partie du néphron, le mouvement des ions Cl^- est actif, alors que celui des ions Na^+ est passif. Mais que le mouvement des ions Na^+ soit actif et celui des ions Cl^- passif, ou que le mouvement des ions Na^+ soit

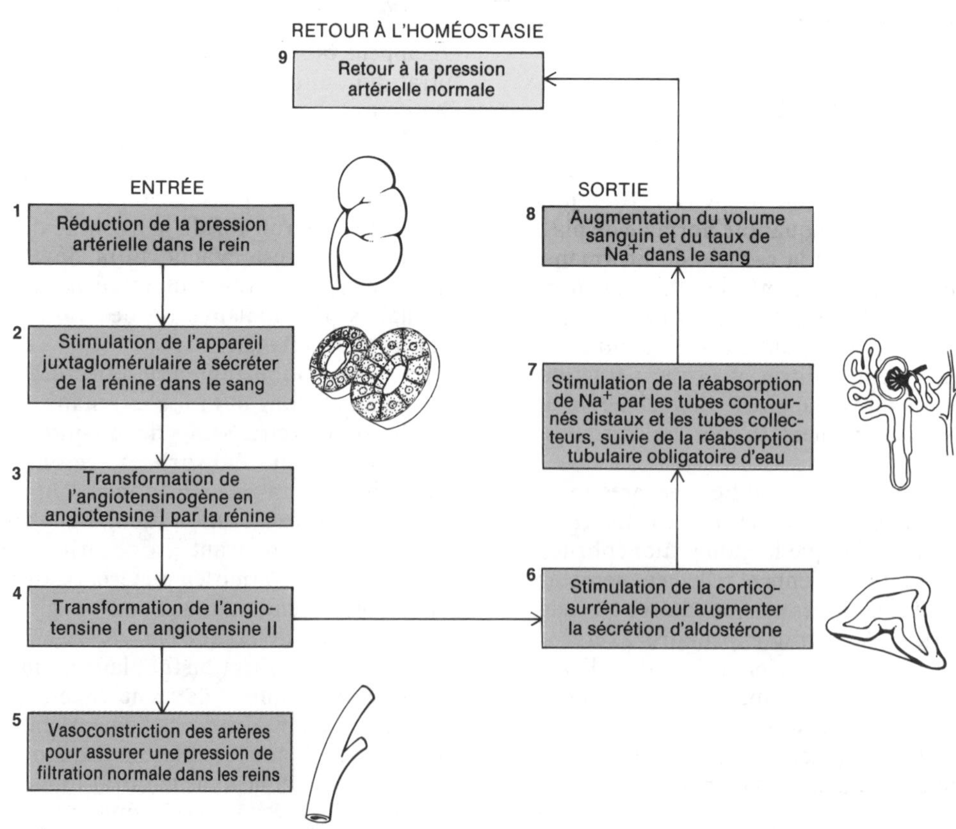

FIGURE 26.9 Rôle de l'appareil juxtaglomérulaire dans le maintien du volume sanguin normal.

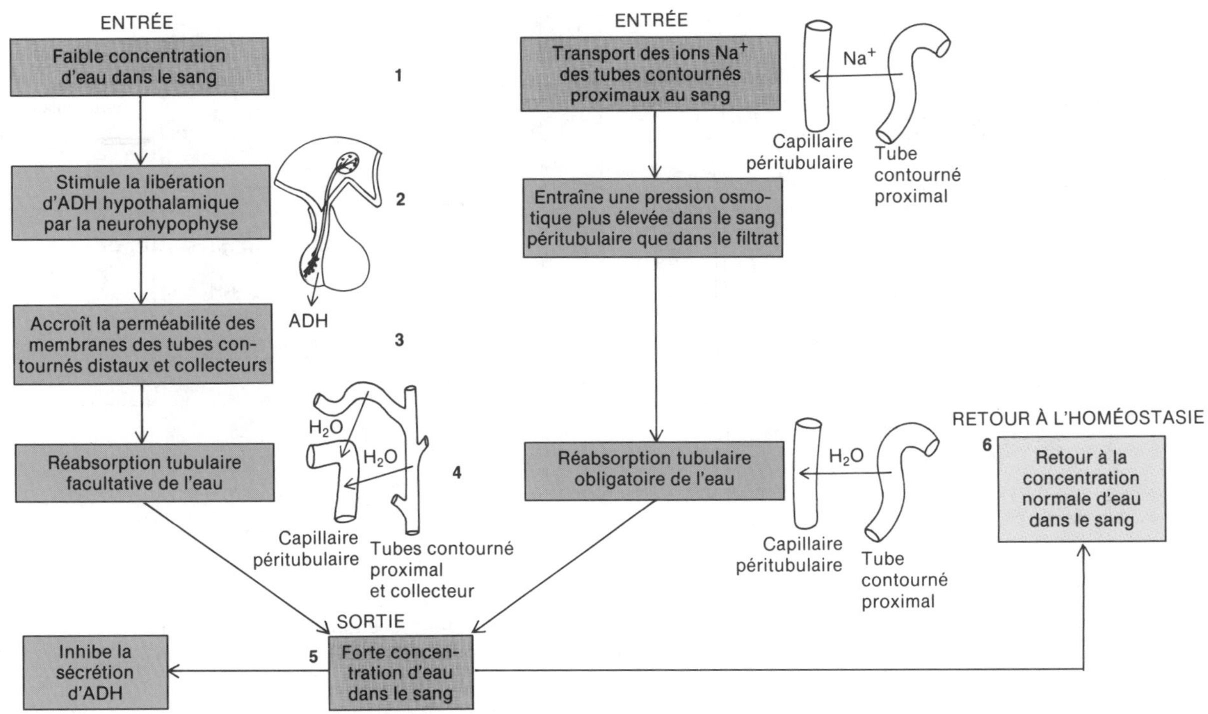

FIGURE 26.10 Facteurs réglant la réabsorption de l'eau.

passif et celui des ions Cl^- actif, le résultat final est le même.

L'absorption de l'eau est réglée par le transport du sodium. Au fur et à mesure que les ions Na^+ passent des tubes contournés proximaux au sang, la pression osmotique de ce dernier s'élève puis dépasse celle du filtrat. L'eau suit les ions Na^+ dans le sang pour rétablir l'équilibre osmotique. Environ 80% de l'eau est réabsorbée de cette façon par les tubes contournés proximaux. Cette partie de l'eau qui est réabsorbée fait partie des fonctions de l'osmose; c'est la **réabsorption obligatoire**. Les tubes contournés proximaux ne peuvent régler l'osmose, car ils sont toujours perméables à l'eau (figure 26.10).

Le passage d'une grande partie du reste de l'eau contenue dans le filtrat peut être réglé. La perméabilité des cellules des tubes distaux et des tubes collecteurs est réglée par l'hormone antidiurétique (ADH), sécrétée par l'hypothalamus. Lorsque la concentration sang-eau est faible, la neurohypophyse libère de l'ADH, hormone qui accroît la perméabilité des membranes plasmiques des cellules des tubes distaux et des tubes collecteurs. À mesure que la perméabilité de la membrane augmente, de plus en plus de molécules d'eau pénètrent dans les cellules puis dans le sang. Ce type d'absorption est appelé *absorption facultative*, ce qui signifie qu'elle n'a lieu que dans certaines conditions précises. La **réabsorption facultative** est responsable de la présence d'environ 20% d'eau dans le filtrat. C'est un mécanisme important de la régulation de la teneur en eau du sang (figure 26.10).

Le taux de filtration glomérulaire reste passablement constant, jusqu'à un certain point, grâce à l'action de deux systèmes de rétroaction négative qui prennent naissance dans l'appareil juxtaglomérulaire. L'un fait intervenir la vasodilatation des artérioles afférentes; l'autre, la vasoconstriction des artérioles efférentes. Lorsque la filtration glomérulaire est faible, il se produit une réabsorption excessive des ions Cl^- du filtrat. En réaction à une diminution du taux de Cl^-, les cellules de la macula densa entraînent la vasodilatation des artérioles afférentes. Cette dilatation accroît le débit sanguin dans le glomérule, et la filtration glomérulaire redevient normale. Une diminution du taux d'ions Cl^- entraîne aussi la libération de rénine par les cellules juxtaglomérulaires. La rénine déclenche une réaction (système rénine-angiotensine) dans laquelle la vasoconstriction des artérioles efférentes entraîne l'augmentation de la pression glomérulaire, et la filtration glomérulaire redevient normale.

La sécrétion tubulaire

La troisième étape de la formation d'urine est la sécrétion tubulaire. Alors que la réabsorption tubulaire retire des substances du filtrat pour les faire pénétrer dans le sang, la sécrétion tubulaire retire des matériaux du sang et les ajoute au filtrat. Parmi ces substances sécrétées, on trouve des ions potassium et hydrogène, de l'ammoniac, de la créatinine, de la pénicilline et de l'acide para-aminohippurique. La sécrétion tubulaire a deux effets principaux. Elle débarrasse l'organisme de certains matériaux et règle le pH.

L'organisme doit maintenir un pH sanguin normal (de 7,35 à 7,45) en dépit du fait qu'un régime alimentaire normal se compose de plus d'aliments producteurs d'acides que d'aliments producteurs d'alcali. Pour

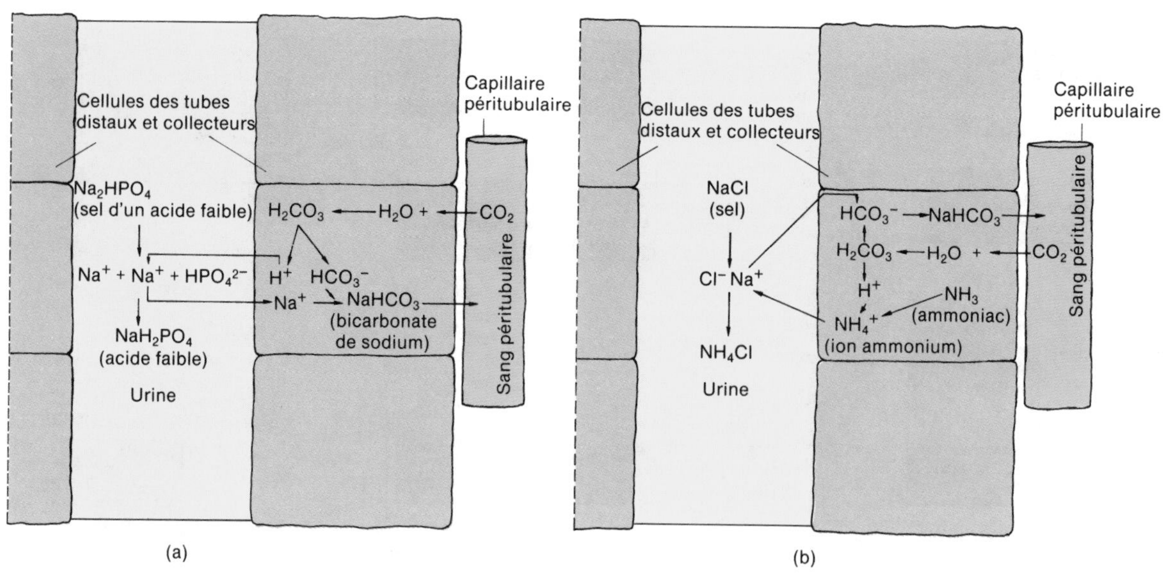

FIGURE 26.11 Rôle des reins dans le maintien du pH sanguin. (a) Acidification de l'urine et conservation du bicarbonate de sodium ($NaHCO_3$) par l'élimination des ions hydrogène (H^+). (b) Acidification de l'urine et conservation du bicarbonate de sodium ($NaHCO_3$) par l'élimination des ions ammonium (NH_4^+).

augmenter le pH du sang, les tubules rénaux sécrètent des ions hydrogène et ammonium dans le filtrat. Ces deux substances sont responsables de l'acidité de l'urine.

La sécrétion des ions hydrogène s'effectue par la formation d'acide carbonique (figure 26.11,a). Une certaine quantité de dioxyde de carbone diffuse normalement du sang péritubulaire dans les cellules des tubes distaux et des tubes collecteurs. Lorsque le CO_2 est à l'intérieur des cellules épithéliales, il s'unit à l'eau pour former de l'acide carbonique (H_2CO_3), qui se dissocie ensuite en ions H^+ et en ions bicarbonates (HCO_3^-). Un pH sanguin faible stimule les cellules à sécréter l'ion H^+ dans l'urine. Lorsque l'ion H^+ pénètre dans l'urine, il déplace un autre ion positif, habituellement le Na^+, et forme un acide faible ou un sel de cet acide qui est éliminé dans l'urine. L'ion Na^+, ou tout autre ion positif, qui est déplacé diffuse de l'urine à la cellule du tubule, où il s'unit

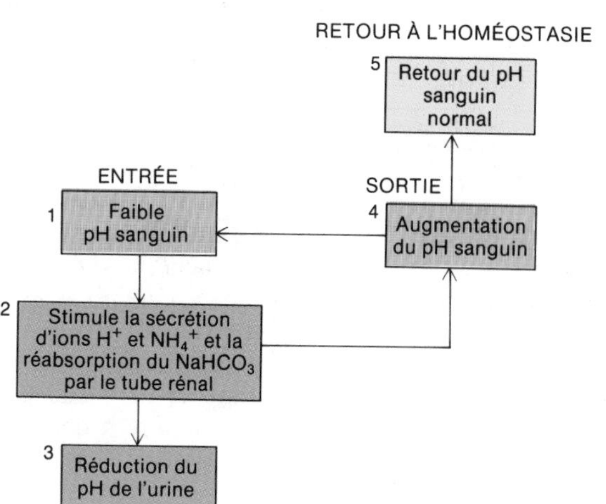

FIGURE 26.12 Résumé des mécanismes rénaux maintenant l'homéostasie du pH sanguin.

à l'ion bicarbonate pour former le bicarbonate de sodium ($NaHCO_3$), qui est ensuite absorbé dans le sang. Non seulement l'organisme élimine-t-il les ions H^+ tout en conservant les ions Na^+, mais les ions Na^+ sont conservés sous la forme de $NaHCO_3$, qui est capable de servir de tampon à d'autres ions H^+ dans le sang.

Un deuxième mécanisme servant à élever le pH est la sécrétion d'ions ammonium (figure 26.11,b). L'ammoniac, à certaines concentrations, est un déchet toxique provenant de la désamination des acides aminés. Le foie transforme la majeure partie de l'ammoniac en un composé moins toxique appelé urée. L'urée et l'ammoniac entrent tous deux dans la composition du filtrat glomérulaire et sont par la suite éliminés de l'organisme. Tout ammoniac produit par la désamination des acides aminés dans les tubules est sécrété dans l'urine. Lorsque l'ammoniac (NH_3) se forme dans les tubes distaux et les tubes collecteurs, il s'unit à l'hydrogène pour former un ion ammonium (NH_4^+). (Les ions H^+ peuvent provenir de la dégradation de H_2CO_3.) Les cellules sécrètent le NH_4^+ dans le filtrat, où il joue le rôle d'un ion positif, habituellement celui de Na^+, dans un sel et est éliminé. L'ion Na^+ déplacé diffuse dans les cellules rénales et s'unit au HCO_3^- pour former $NaHCO_3$.

À cause de la sécrétion d'ions hydrogène et ammonium, l'urine a un pH normal acide de 6. La relation entre l'excrétion ionique par les tubules rénaux et le taux du pH sanguin est résumée à la figure 26.12. Dans le document 26.2, nous présentons un résumé de la filtration, de la réabsorption et de la sécrétion dans les néphrons.

LE MÉCANISME DE LA DILUTION DE L'URINE

Le rythme auquel l'eau est évacuée de l'organisme dépend de l'hormone antidiurétique (ADH). Comme nous l'avons déjà vu, l'ADH règle la perméabilité à l'eau

DOCUMENT 26.2 FILTRATION, RÉABSORPTION ET SÉCRÉTION

PARTIE DU NÉPHRON	FONCTION
Corpuscule rénal (membrane glomérulaire)	Filtration du sang glomérulaire sous l'effet de la pression hydrostatique entraînant l'élaboration du filtrat, dépourvu de protéines plasmatiques et de cellules sanguines
Tube contourné proximal et branches descendante et ascendante de l'anse de Henlé	Réabsorption d'importants solutés physiologiques, tels que les ions Na^+, K^+, Cl^-, HCO_3^- et le glucose. Réabsorption tubulaire obligatoire de l'eau par osmose (tube contourné proximal)
Tube contourné distal	Réabsorption des ions Na^+. Réabsorption tubulaire facultative de l'eau réglée par l'ADH. Sécrétion d'ions H^+, NH_3 et K^+, de la créatinine et de certains médicaments. Conservation de $NaHCO_3$
Tube collecteur	Réabsorption tubulaire facultative de l'eau réglée par l'ADH

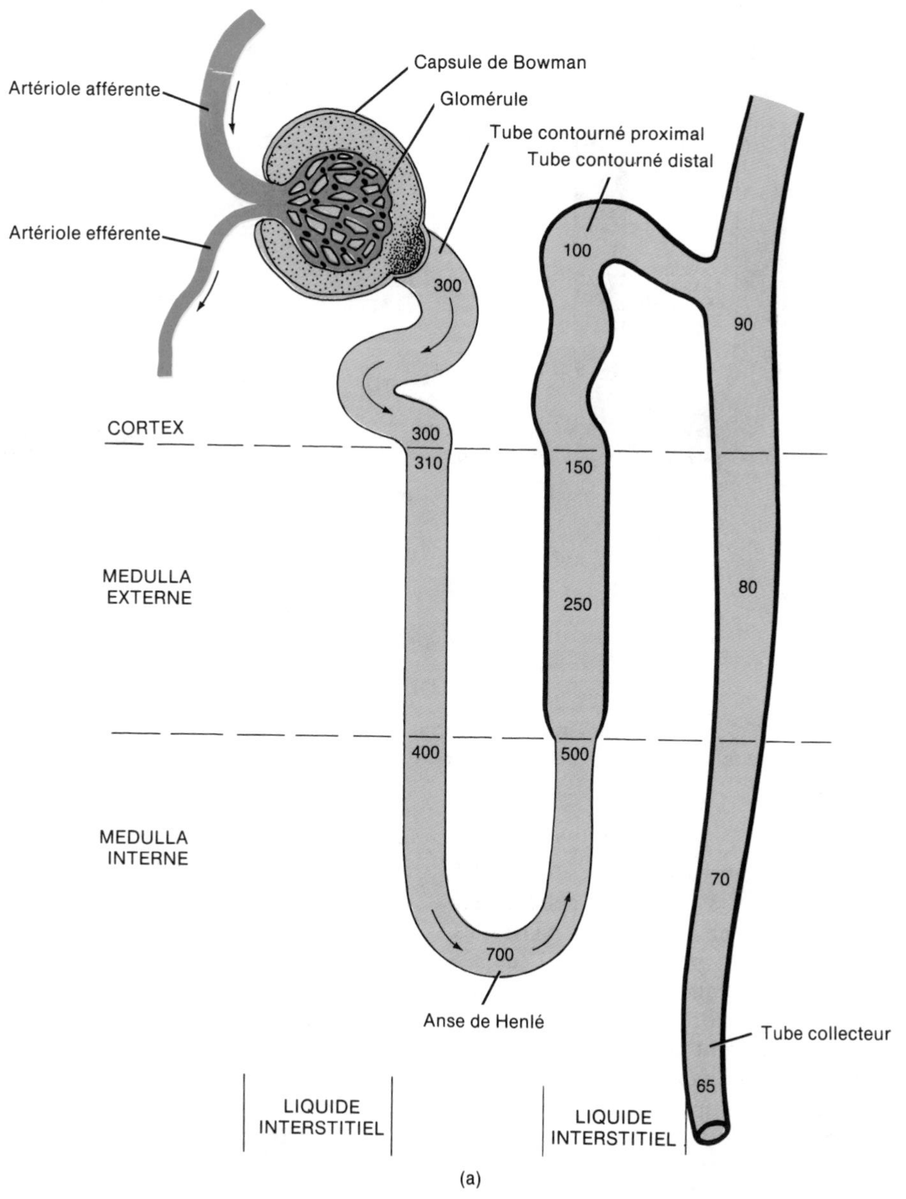

FIGURE 26.13 Mécanisme de la dilution et de la concentration de l'urine : phénomène du contre-courant. Toutes les concentrations sont en milliosmoles (mOsm). (a) Dilution de l'urine. Les parties des tubules rénaux indiquées par les grosses lignes représentent les régions qui sont pratiquement imperméables à l'eau en l'absence d'ADH et où divers ions sont réabsorbés.

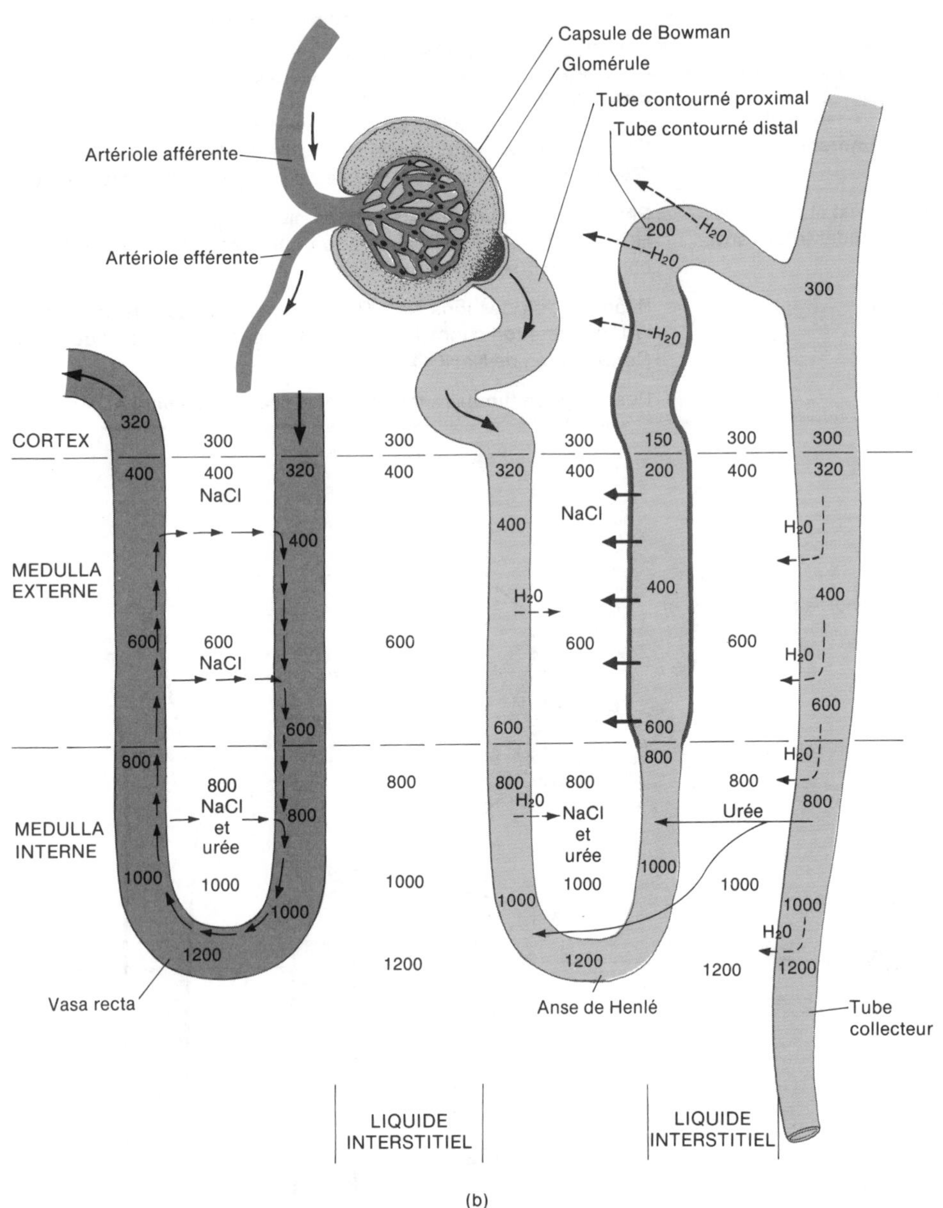

FIGURE 26.13 [*Suite*] (b) Concentration de l'urine. L'illustration de gauche représente l'élément cardio-vasculaire (vasa recta) ; l'illustration de droite représente le néphron.

des tubes collecteurs. En l'absence d'ADH, les tubes sont pratiquement imperméables à l'eau, et celle-ci est éliminée dans l'urine. Mais, en présence d'ADH, les tubes deviennent passablement perméables à l'eau, et celle-ci est réabsorbée de nouveau dans le sang. L'urine élimine donc une quantité moindre d'eau.

Pour que les reins produisent une urine diluée, ils doivent former une urine contenant une quantité d'eau supérieure à la normale, par rapport à la quantité de solutés. Ce mécanisme s'effectue lorsque les tubules rénaux absorbent plus de solutés que d'eau. Les reins produisent une urine diluée de la façon suivante. La concentration normale du filtrat glomérulaire, au moment où il pénètre dans le tube contourné proximal, dans le cortex rénal, est d'environ 300 mOsm (milliosmoles) par litre (figure 26.13,a) *. Une milliosmole représente la concentration des substances du filtrat, principalement NaCl. C'est une mesure des propriétés osmotiques d'une solution. La concentration du filtrat glomérulaire est isotonique au plasma. (Voir le chapitre 3 pour l'étude des solutions isotoniques.) La branche ascendante de l'anse de Henlé est passablement imperméable à l'eau, mais réabsorbe activement les ions chlorures (Cl^-). Ces ions pénètrent dans le liquide interstitiel (liquide présent entre les tubules, les tubes et les capillaires) puis dans les capillaires péritubulaires. Ce transfert d'ions a pour effet

* La milliosmole est une unité de mesure de pression osmotique équivalant à un millième de gramme de la masse moléculaire d'une substance, divisé par le nombre de particules (ou ions) en lesquelles cette substance se dégrade dans un litre de solution.

de rendre le sang péritubulaire plus électronégatif que le filtrat et de causer le retrait passif d'ions positifs, surtout des ions sodium (Na^+). La concentration de ces ions dans le filtrat est donc réduite de 300 mOsm, qui était sa concentration initiale, à environ 100 mOsm, mais la quantité d'eau reste la même. Le filtrat qui quitte la branche ascendante est dilué. À mesure que le filtrat passe dans le tube contourné distal et les tubes collecteurs, d'autres ions sont absorbés, produisant une urine encore plus diluée. Dans ces régions, les ions Na^+ sont activement réabsorbés et les ions négatifs, surtout les ions Cl^-, sont passivement réabsorbés. En l'absence d'ADH, la concentration de l'urine est quatre fois moindre que celle du plasma sanguin et du filtrat glomérulaire. Au moment où le filtrat dilué pénètre dans les tubes collecteurs terminaux, sa concentration peut être très faible et varier entre 65 mOsm et 70 mOsm. L'excrétion de l'urine diluée est donc le résultat de la réabsorption des solutés, sans la rétention de l'eau, en l'absence d'ADH. Cette urine diluée est *hypo-osmotique* (*hypotonique*) par rapport au plasma sanguin.

LE MÉCANISME DE LA CONCENTRATION DE L'URINE

Lorsque l'apport hydrique est faible, les reins doivent continuer d'éliminer les déchets et les ions en excès tout en conservant l'eau. Ce mécanisme s'effectue par une réabsorption accrue du volume d'eau dans le sang, produisant ainsi une urine plus concentrée. Cette urine est *hyperosmotique* (*hypertonique*) par rapport au plasma sanguin. Le mécanisme de la dilution de l'urine peut se résumer à une réabsorption d'une plus grande quantité de solutés que d'eau, mais le phénomène de la concentration de l'urine est un peu plus complexe. La capacité des reins de produire une urine hyperosmotique dépend, en partie, du mécanisme à contre-courant.

L'excrétion de l'urine concentrée s'amorce lorsque la concentration en solutés du liquide interstitiel dans la medulla du rein est très élevée. À la figure 26.13,b, on remarque que la concentration en solutés du liquide interstitiel des reins passe d'environ 300 mOsm dans le cortex à environ 1 200 mOsm dans la medulla interne. La forte concentration dans la medulla interne est maintenue par deux principaux facteurs. Le premier facteur est la réabsorption des solutés à partir de diverses parties des tubules rénaux :

1. Dans la branche ascendante de l'anse de Henlé, les ions Cl^- sont activement transportés du filtrat au liquide interstitiel de la medulla externe. Les ions Na^+, de même que d'autres cations, sont transportés passivement. Tous les ions se concentrent dans le liquide et sont transportés vers la medulla interne par le sang circulant dans les vasa recta (figure 26.13,b).
2. Dans les tubes collecteurs, les ions Na^+ sont activement transportés du filtrat au liquide interstitiel de la medulla interne. Les ions Cl^- sont transportés passivement.
3. En présence d'un taux élevé d'ADH, les tubes collecteurs deviennent très perméables à l'eau. L'eau quitte rapidement les tubes par osmose pour pénétrer dans le liquide interstitiel de la medulla interne, accroissant considérablement la concentration de l'urée dans les tubes collecteurs. L'urée est ensuite passivement transportée par diffusion dans le liquide interstitiel de la medulla. Ce mouvement de l'urée fait passer la concentration de l'urée dans le liquide interstitiel à un degré supérieur à celle du filtrat dans l'anse de Henlé du néphron. À cause de cette différence de concentration, une certaine quantité d'urée diffuse dans le filtrat de l'anse de Henlé du néphron, accroissant ainsi la concentration de l'urée de ce dernier (figure 26.13,b). Lorsque le filtrat avance dans la branche ascendante et le tube contourné distal, qui sont tous deux pratiquement imperméables à l'urée, puis dans le tube collecteur, une quantité supplémentaire d'eau quitte le tube collecteur par osmose, en présence d'ADH. Ce mouvement de l'eau accroît *davantage* la concentration de l'urée dans le tube collecteur, *plus* d'urée diffuse dans le liquide interstitiel de la medulla interne, et le cycle se répète. Donc, en présence d'ADH, le mouvement d'eau à partir du tube collecteur peut entraîner une très forte concentration de l'urée à mesure que le cycle se répète.

Le second facteur qui maintient une forte concentration des solutés (sodium, chlorure et urée) dans la medulla est le **mécanisme à contre-courant**, qui dépend de la disposition anatomique des néphrons juxtamédullaires et des vasa recta.

Si l'on examine la figure 26.13,b, on remarque que la branche descendante de l'anse de Henlé du néphron transporte le filtrat vers le bas depuis le cortex jusqu'à la medulla. La branche ascendante de l'anse de Henlé transporte le filtrat vers le haut depuis la medulla jusqu'au cortex. On obtient donc une situation dans laquelle le liquide d'un tube circule parallèlement et en direction opposée au liquide dans un autre tube. C'est la circulation à contre-courant. La branche descendante est relativement perméable à l'eau et relativement imperméable aux solutés. Puisque le liquide interstitiel à l'extérieur de la branche descendante est plus concentré que le filtrat circulant à l'intérieur, l'eau quitte la branche descendante par osmose. Ce mouvement d'eau entraîne l'augmentation de la concentration du filtrat. À mesure que le filtrat descend dans la branche descendante, plus d'eau quitte cette dernière par osmose, et la concentration du filtrat augmente davantage. En fait, lorsque le filtrat atteint l'anse de Henlé du néphron, sa concentration est de 1 200 mOsm/L. Comme nous l'avons vu précédemment, la branche ascendante est relativement imperméable à l'eau, mais les ions Na^+ et Cl^- passent de la branche au liquide interstitiel de la medulla. Quand le filtrat remonte dans la branche ascendante et que les ions sont évacués, la concentration du filtrat dans la branche ascendante diminue progressivement. Près du cortex, la concentration est réduite à 200 mOsm/L, concentration inférieure à celle du plasma. L'effet net de la circulation à contre-courant est une augmentation progressive de la concentration du filtrat lorsqu'il descend dans la branche descendante, une dilution progressive lorsqu'il monte dans la branche ascendante et une forte concentration de NaCl dans la medulla. Rappelons-nous que, à cet endroit, la concentration de l'urée est aussi très élevée.

Si l'on observe de nouveau la figure 26.13,b, on remarque que les vasa recta sont aussi formés d'une partie descendante et d'une partie ascendante parallèles l'une à l'autre. Les divers solutés restent concentrés dans la medulla, à cause de la position des parties ascendante et descendante des vasa recta. En même temps que le filtrat circule en directions opposées dans les branches du néphron, le sang circule aussi en sens contraires dans les

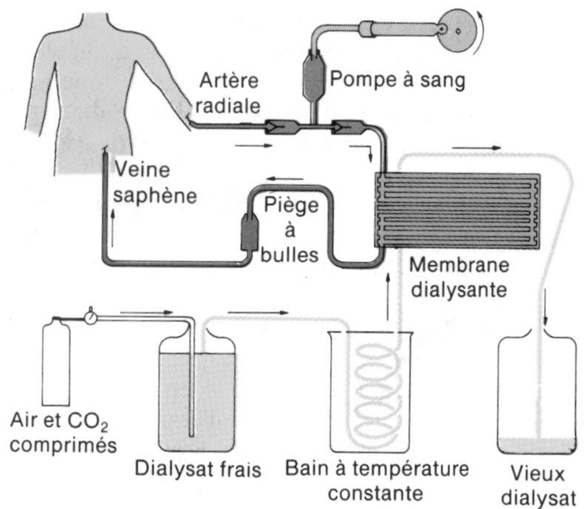

FIGURE 26.14 Fonctionnement du rein artificiel. Le parcours du sang est indiqué en rouge et en bleu ; celui du disalysat est indiqué en or.

parties ascendante et descendante des vasa recta. C'est aussi une circulation à contre-courant. La concentration en solutés du sang pénétrant dans les vasa recta est d'environ 300 mOsm/L. Lorsque le sang circule dans la partie descendante vers la medulla, où la concentration du liquide interstitiel augmente de plus en plus, le NaCl et l'urée diffusent dans le sang. À mesure que la concentration du sang augmente, ce dernier se déplace vers la partie ascendante des vasa recta, où la concentration du liquide interstitiel diminue graduellement. Le NaCl et l'urée diffusent donc du sang au liquide interstitiel de façon que la concentration du sang quittant les vasa recta soit légèrement supérieure à celle du sang qui y pénètre. La principale caractéristique de la circulation à contre-courant dans les vasa recta est le maintien de la forte concentration en solutés de la medulla, étant donné que le sang qui y circule ne retire qu'une très faible quantité de solutés. De plus, le débit sanguin dans les vasa recta est très lent, ce qui contribue à prévenir l'évacuation rapide des solutés de la medulla.

L'excrétion d'urine concentrée dépend de la présence d'ADH. En présence d'ADH, l'eau passe rapidement des tubes collecteurs au liquide interstitiel. Ce mouvement de l'eau entraîne une augmentation progressive de la concentration des solutés dans les tubes collecteurs. L'urine excrétée est donc concentrée, c'est-à-dire qu'elle possède une forte concentration de solutés (jusqu'à 1 200 mOsm) et peu d'eau. La concentration de l'urine peut être quatre fois plus importante que celle du plasma sanguin et du filtrat glomérulaire.

LA THÉRAPIE PAR HÉMODIALYSE

Lorsque les reins sont lésés par une maladie ou une blessure à un point tel qu'ils ne sont plus en mesure d'excréter les déchets azotés, de régler le pH et la concentration électrolytique du plasma, le sang doit être filtré par un appareil artificiel. Une telle méthode de filtration du sang est appelée **hémodialyse**. La *dialyse* signifie l'emploi d'une membrane semi-perméable pour séparer les particules volumineuses non diffusibles des petites particules diffusibles. L'un des appareils les plus connus servant à la dialyse est le rein artificiel (figure 26.14). Un tube relie cet appareil à l'artère radiale du client. Le sang est pompé hors de l'artère et dans les tubes, et est transporté vers un côté de la membrane dialysante semi-perméable, composée d'acétate de cellulose. L'autre côté de la membrane est continuellement baigné à l'aide d'une solution artificielle appelée dialysat. Le sang qui traverse le rein artificiel contient un anticoagulant. L'appareil ne contient environ que 500 mL du sang du client à la fois. Ce volume sanguin est facilement compensé par la vasoconstriction et l'augmentation du débit cardiaque.

Toutes les substances du sang (dont les déchets), sauf les molécules protéiques et les cellules sanguines, diffusent dans un sens et dans l'autre à travers la membrane semi-perméable. Le taux électrolytique du plasma est réglé en maintenant la concentration électrolytique du dialysat au même degré que celle du plasma normal. Tout excès d'électrolytes plasmatiques abaisse le gradient de concentration et est amené dans le dialysat. Lorsque le taux électrolytique du plasma est normal, il est en équilibre avec le dialysat, et aucun électrolyte n'est gagné ni perdu. Puisque le dialysat ne contient pas de déchets, les substances telles que l'urée abaissent le gradient de concentration et sont transportées dans le dialysat. Les déchets sont donc éliminés et l'équilibre électrolytique normal est maintenu.

Un des avantages majeurs du rein artificiel réside dans le fait qu'il peut servir à la nutrition si on inclut de grandes quantités de glucose dans le dialysat. Pendant que le sang est débarrassé de ses déchets, le glucose diffuse dans le sang. Le rein artificiel joue donc admirablement bien le rôle principal de l'unité fonctionnelle du rein, le néphron.

Le rein artificiel comporte toutefois des inconvénients certains. On doit ajouter des anticoagulants au sang durant la dialyse. Une grande quantité du sang du client doit traverser l'appareil pour que le traitement soit efficace, mais comme l'épuration du sang s'effectue très lentement, le processus est très long. Jusqu'à aujourd'hui, aucun rein artificiel n'a été greffé de façon permanente.

Une découverte récente, la **dialyse péritonéale continue ambulatoire**, rend l'hémodialyse plus pratique et plus rapide pour de nombreux clients. Dans cette dialyse péritonéale, le péritoine, et non l'acétate de cellulose, fait fonction de membrane dialysante. Puisque le péritoine est une membrane semi-perméable, il permet le transfert rapide des substances dans les deux directions. On place un cathéter dans la cavité péritonéale du client et on le relie à une réserve de dialysat. La force de gravité fait en sorte que la solution passe du contenant de plastique à la cavité abdominale. Lorsque le processus est terminé, le dialysat est acheminé de la cavité abdominale au contenant de plastique et est ensuite éliminé.

L'HOMÉOSTASIE

L'excrétion est l'une des principales façons par lesquelles le volume, le pH et la chimie des liquides corporels sont maintenus en homéostasie. Les reins accomplissent une grande partie de l'excrétion, mais ils partagent ce travail avec plusieurs autres systèmes d'organes.

DOCUMENT 26.3 ORGANES EXCRÉTEURS ET PRODUITS ÉLIMINÉS

ORGANES EXCRÉTEURS	PRODUITS ÉLIMINÉS	
	PRIMAIRE	**SECONDAIRE**
Reins	Eau, déchets azotés provenant du catabolisme des protéines et sels inorganiques	Chaleur et dioxyde de carbone
Poumons	Dioxyde de carbone	Eau et chaleur
Peau (glandes sudoripares)	Chaleur	Dioxyde de carbone, eau, sels et urée
Tube digestif	Déchets solides et sécrétions	Dioxyde de carbone, eau, sels et chaleur

D'AUTRES ORGANES EXCRÉTEURS

Les poumons, les téguments et le tube digestif remplissent certaines fonctions excrétrices (document 26.3). Les glandes sudoripares de la peau jouent un rôle important dans la régulation de la température corporelle, par l'excrétion d'eau. Les poumons maintiennent l'homéostasie sang-gaz par l'élimination du dioxyde de carbone. L'une des façons par lesquelles les reins concourent au maintien de l'homéostasie est leur pouvoir de coordonner leurs activités avec celles d'autres organes excréteurs. Lorsque les téguments accroissent l'excrétion d'eau, les tubules rénaux augmentent la réabsorption d'eau, maintenant ainsi le volume du sang. Lorsque les poumons n'éliminent pas suffisamment de dioxyde de carbone, les reins tentent d'effectuer une compensation. Ils transforment une partie du dioxyde de carbone en bicarbonate de sodium, qui fait alors partie du système tampon du sang.

L'URINE

Le sous-produit de l'activité rénale est l'**urine**. Le nom provient de l'un de ses composants, l'acide urique. Chez une personne saine, son volume, son pH et sa concentration en solutés varient selon les besoins du milieu interne. Durant certains états pathologiques, les caractéristiques de l'urine peuvent changer radicalement. Une analyse du volume et des propriétés physiques et chimiques de l'urine est une excellente source de renseignements sur l'état de l'organisme.

Le volume

Chez un adulte normal, le volume d'urine éliminé quotidiennement varie entre 1 L et 2 L. Le volume d'urine dépend de nombreux facteurs : la pression artérielle, la concentration sanguine, le régime alimentaire, la température, les diurétiques, l'état mental et l'état de santé général.

• ***La pression artérielle*** Les cellules de l'appareil juxtaglomérulaire sont particulièrement sensibles aux modifications de la pression artérielle. Lorsque la pression artérielle des reins chute sous la normale, l'appareil juxtaglomérulaire sécrète de la rénine, et le système rénine-angiotensine est activé (voir la figure 26.9). Il se produit donc une augmentation de la réabsorption tubulaire facultative de l'eau, un accroissement du volume sanguin et une réduction du volume urinaire. Lorsque l'appareil juxtaglomérulaire augmente la pression artérielle, il fait en sorte que les cellules rénales reçoivent suffisamment d'oxygène et que la pression hydrostatique glomérulaire soit assez élevée pour maintenir une pression de filtration efficace normale. L'appareil juxtaglomérulaire règle aussi la pression artérielle dans tout l'organisme.

• ***La concentration sanguine*** Les concentrations d'eau et de solutés dans le sang modifient également le volume d'urine. Lorsqu'on n'absorbe pas d'eau durant toute une journée et que la concentration hydrique du sang diminue, les récepteurs osmosensibles de l'hypothalamus stimulent la neurohypophyse à libérer de l'ADH. L'hormone stimule les cellules du tube contourné distal et du tube collecteur à laisser l'eau s'échapper du filtrat et retourner dans le sang par réabsorption tubulaire facultative. Le volume d'urine est donc réduit et l'eau est conservée.

Immédiatement après qu'on a absorbé une quantité excessive de liquide, le volume d'urine est accru par deux mécanismes. D'une part, la concentration sang-eau augmente jusqu'à un degré supérieur à la normale. Cela signifie que les récepteurs osmosensibles de l'hypothalamus ne sont plus stimulés pour sécréter de l'ADH, et la réabsorption tubulaire facultative s'interrompt. D'autre part, l'excès d'eau entraîne l'élévation de la pression artérielle. En réaction à cette pression accrue, les vaisseaux rénaux se dilatent, l'apport sanguin aux glomérules augmente et le taux de filtration augmente.

La concentration des ions sodium dans le sang modifie également le volume d'urine. La concentration de sodium influence la sécrétion d'aldostérone qui, à son tour, modifie la réabsorption du sodium et la réabsorption tubulaire obligatoire de l'eau.

• ***La température*** Lorsque la température interne ou externe s'élève au-dessus de la normale, la transpiration augmente, les vaisseaux cutanés se dilatent et le liquide diffuse des capillaires à la surface de la peau. À mesure que le volume d'eau décroît, l'ADH est sécrétée et la réabsorption tubulaire facultative augmente. De plus, l'augmentation de la température stimule les vaisseaux abdominaux à se contracter, décroissant ainsi le débit sanguin dans les glomérules et le taux de filtration. Ces deux mécanismes réduisent le volume d'urine.

Si le corps est soumis à de basses températures, les vaisseaux cutanés se contractent et les vaisseaux abdominaux se dilatent. Le débit sanguin dans les glomérules augmente, la pression hydrostatique glomérulaire s'accroît et le volume d'urine augmente.

• ***Les diurétiques*** Certaines substances chimiques augmentent le volume d'urine en inhibant la réabsorption tubulaire facultative de l'eau. Ces substances chimiques sont appelées **diurétiques**; l'accroissement anormal du débit urinaire est appelé *polyurie*. Plusieurs diurétiques agissent directement sur l'épithélium tubulaire à mesure qu'ils sont transportés à travers les reins. D'autres agissent indirectement, lorsqu'ils circulent dans l'encéphale, en inhibant la sécrétion d'ADH. Le café, le thé et les boissons alcoolisées sont diurétiques.

• ***Les émotions*** Plusieurs états émotionnels peuvent affecter le volume urinaire. La nervosité, par exemple, cause parfois l'excrétion d'une quantité énorme d'urine, car des influx nerveux provenant de l'encéphale entraînent une augmentation de la pression artérielle, provoquant l'accroissement de la filtration glomérulaire.

Les caractéristiques physiques

• ***La couleur*** L'urine est habituellement de couleur jaune ou ambrée et possède une odeur caractéristique. La couleur de l'urine est due à l'urochrome, un pigment qui provient du métabolisme de la bile. Sa couleur varie considérablement selon la proportion de solutés dans l'eau. Plus la quantité d'eau est faible, plus l'urine est sombre. La fièvre, de même que des températures environnementales élevées, fait diminuer le volume d'urine et augmente parfois passablement la concentration de celle-ci. Il n'est pas rare que l'urine d'une personne souffrant de la fièvre soit de couleur jaune foncé ou brune. La couleur de l'urine dépend aussi du régime alimentaire, comme une couleur rougeâtre provenant des bettraves, ou la présence de constituants anormaux, tels que certains médicaments. Une couleur rouge ou brun-noir peut indiquer la présence d'hématies ou d'hémoglobine due à une hémorragie dans l'appareil urinaire.

• ***La turbidité*** L'urine fraîche est habituellement transparente. La turbidité de l'urine n'indique pas nécessairement un état pathologique, car elle peut provenir de la mucine sécrétée par la muqueuse de l'appareil urinaire. Mais la présence d'une quantité de mucine supérieure à un seuil critique indique généralement une anomalie.

• ***L'odeur*** L'odeur de l'urine varie. Par exemple, certaines personnes héritent de la capacité de former du méthylmercaptan à partir de la digestion des asperges. Cette substance donne à l'urine une odeur particulière. Dans les cas de diabète, l'urine a une odeur « douceâtre » à cause de la présence d'acétone. Une odeur d'ammoniac se dégagera d'une vieille urine, à cause de la formation de carbonate d'ammonium provenant de la décomposition de l'urée.

• ***Le pH*** L'urine normale est légèrement acide. Le pH varie entre 4,6 et 8,0. Les variations du pH de l'urine sont étroitement liées au régime alimentaire. Ces variations sont dues à la diversité des produits finals du métabolisme. Un régime alimentaire riche en protéines augmente l'acidité, tandis qu'un régime alimentaire composé principalement de légumes augmente l'alcalinité. L'altitude élevée, le jeûne et l'exercice modifient également le pH de l'urine. Le carbonate d'ammonium se forme dans l'urine ancienne. Puisqu'il peut se dissocier en ions ammonium et former une base forte, la présence de carbonate d'ammonium a tendance à augmenter l'alcalinité de l'urine.

• ***La masse volumique*** La *masse volumique* est le rapport entre la masse du volume d'une substance et la masse d'un volume égal d'eau distillée. L'eau a une masse volumique de 1,000. La masse volumique de l'urine dépend de la quantité d'éléments solides que la solution contient; une masse volumique variant entre 1,001 et 1,035 est normale. Plus la concentration des solutés est élevée, plus la masse volumique est importante. Une masse volumique au-dessus de la normale est parfois causée par la présence de cellules sanguines, de cylindres urinaires ou de bactéries dans l'urine (nous décrirons ce phénomène plus loin).

Dans le document 26.4, nous présentons un résumé des caractéristiques physiques de l'urine.

DOCUMENT 26.4 CARACTÉRISTIQUES PHYSIQUES DE L'URINE NORMALE

CARACTÉRISTIQUE	DESCRIPTION
Volume	De 1 L/24 h à 2 L/24 h, mais varie considérablement
Couleur	Jaune ou ambrée, mais varie selon la concentration et le régime alimentaire
Turbidité	Transparente immédiatement après la miction, mais se trouble après un certain temps
Odeur	Aromatique, mais ressemble à celle de l'ammoniac si elle est mise de côté
pH	De 4,6 à 8,0, mais est en moyenne de 6,0; varie considérablement selon le régime alimentaire
Masse volumique	De 1,001 à 1,035

La composition chimique

L'eau représente environ 95% du volume total d'urine. Les 5 % restants sont formés de solutés provenant du métabolisme cellulaire et de sources extérieures, telles que les médicaments. Dans le document 26.5, nous présentons une description des solutés.

APPLICATION CLINIQUE

Il existe plusieurs **tests de l'exploration fonctionnelle rénale**. Le test le plus souvent demandé, celui de l'*azote uréique du sang* (*BUN*), mesure le taux d'azote uréique dans le sang. L'urée est un produit final du métabolisme des protéines produit par le foie et

DOCUMENT 26.5 PRINCIPAUX SOLUTÉS PRÉSENTS DANS L'URINE DE L'HOMME SUIVANT UNE RÉGIME ALIMENTAIRE COMBINÉ

COMPOSANT	QUANTITÉ (g)*	REMARQUES
ORGANIQUE		
Urée	25,0	Contient de 60% à 90% de toutes les substances azotées. Provient principalement de la désamination des protéines (l'ammoniac s'unit au CO_2 pour former de l'urée)
Créatinine	1,5	Composant alcalin normal du sang. Provient principalement de la créatine (substance azotée dans le tissu musculaire)
Acide urique	0,8	Produit du catabolisme des acides nucléiques provenant de la dégradation des aliments ou des cellules. À cause de son insolubilité, il tend à se cristaliser; il entre souvent dans la composition des calculs rénaux
Acide hippurique	0,7	Forme sous laquelle on estime que l'acide benzoïque (substance toxique des fruits et des légumes) est excrété hors de l'organisme. Les régimes alimentaires à base de légumes augmentent la quantité d'acide hippurique excrétée
Indican	0,01	Sel potassique de l'indole. L'indole provient de la putréfaction des protéines dans le gros intestin et est transporté par le sang au foie, où il est probablement transformé en indican (substance moins toxique)
Corps cétoniques	0,04	Présents généralement en petites quantités. Dans les cas de diabète et d'inanition aiguë, les corps cétoniques apparaissent en fortes concentrations
Autres substances	2,9	Peuvent être présentes en très petites quantités, selon le régime alimentaire et l'état de santé général. Elles comprennent les glucides, les pigments, les acides gras, la mucine, les enzymes et les hormones
INORGANIQUE		
NaCl	15,0	Principal sel organique. La quantité excrétée varie en fonction de la quantité ingérée
K^+	3,3	Présent sous forme de sels: chlorure, sulfate et phosphate
SO_4^{2-}	2,5	Provient des acides aminés
PO_4^{3-}	2,5	Présent sous forme de composés de sodium (monosodium et disodium de phosphate) qui servent de tampons dans le sang
NH_4^+	0,7	Présent sous forme de sels d'ammonium. Provient du catabolisme des protéines et de la glutamine des reins. La quantité élaborée par les reins peut varier en fonction des besoins de l'organisme de conserver les ions Na^+ nécessaires pour réduire l'acidité du sang et du liquide interstitiel
Mg^{2+}	0,1	Présent sous forme de sels: chlorure, sulfate et phosphate
Ca^{2+}	0,3	Présent sous forme de sels: chlorure, sulfate et phosphate

* Ces valeurs s'appliquent à un échantillon d'urine recueilli sur une période de 24 h.

excrété dans l'urine. Même si le test de l'azote uréique du sang est relativement insensible aux dysfonctionnements rénaux bénins, il reste tout de même parfaitement valable pour détecter les lésions rénales majeures.

L'*épreuve de la clearance de la créatinine* sert à mesurer le taux de créatinine dans le sang. La créatinine provient de la transformation de la créatine phosphate dans le tissu musculaire strié. Tout comme dans le test de l'azote uréique, le taux de créatinine ne s'élève que lors des lésions rénales majeures.

L'*épreuve de la clearance rénale* sert à mesurer le volume d'une substance retirée du plasma pendant une période donnée. Cette épreuve sert à évaluer la filtration glomérulaire et le débit sanguin rénal. On a effectué des recherches sur la clearance en utilisant des substances injectées, telles que l'inuline, ou des substances naturelles, comme la créatinine et l'urée.

Les composants anormaux

Lorsque les processus chimiques de l'organisme ne sont pas effectués efficacement, on trouve parfois des traces de substances qui, normalement, sont absentes de l'urine, ou des composants normaux en quantité inhabituelle. L'analyse des propriétés physiques, chimiques et microscopiques de l'urine est une source de renseignements qui aident à établir un diagnostic. Une telle analyse est appelée **analyse d'urine**.

• ***L'albumine*** L'albumine est un composant normal du plasma, mais elle ne se trouve généralement qu'en quantité très faible, car ses particules sont trop volumineuses pour traverser les pores des parois des capillaires. La présence d'une quantité excessive d'albumine dans l'urine, l'**albuminurie**, indique une augmentation de la perméabilité de la membrane glomérulaire. Parmi les états qui entraînent l'albuminurie, mentionnons une lésion de la membrane glomérulaire due à la maladie, un accroissement de la pression artérielle et l'irritation des cellules rénales par des substances telles que les toxines bactériennes, l'éther ou des métaux lourds. D'autres protéines, telles que la globuline et le fibrinogène, peuvent aussi apparaître dans l'urine, dans certaines conditions.

• ***Le glucose*** On appelle **glycosurie** la présence de sucre dans l'urine. L'urine normale contient une quantité si faible de glucose que, du point de vue médical, on la considère comme nulle. La cause de glycosurie la plus fréquente est un taux élevé de sucre dans le sang. Rappelons-nous que le glucose est filtré dans la capsule de Bowman. Plus loin, dans les tubes contournés proximaux, les cellules tubulaires retournent le glucose dans le sang par transport actif. Cependant, le nombre de molécules porteuses de glucose est limité. Lorsqu'on ingère une quantité de glucides supérieure à celle qui peut être utilisée ou emmagasinée sous forme de glycogène ou de graisse, la filtration du sucre dans la capsule de Bowman est plus rapide que son évacuation par les molécules porteuses. Cet état, appelé **glycosurie alimentaire**, n'est pas considéré comme pathologique. Une autre cause non pathologique est la tension. La tension peut entraîner la sécrétion d'une quantité excessive d'adrénaline. L'adrénaline stimule la dégradation du glycogène et la libération du glucose du foie. La **glycosurie pathologique** est causée par le diabète sucré. Dans ce cas, le glucose est fréquemment ou continuellement éliminé, car le pancréas ne produit plus suffisamment d'insuline. La glycosurie se produisant lorsque le taux de sucre du sang est normal s'explique par l'incapacité des cellules tubulaires de réabsorber le glucose.

• ***Les hématies*** On appelle **hématurie** la présence d'hématies dans l'urine. L'hématurie indique généralement un état pathologique. L'une des causes est l'inflammation aiguë des organes de l'appareil urinaire par suite d'une maladie ou d'une irritation causée par des calculs rénaux. Parmi les autres causes, mentionnons les tumeurs, les traumatismes et les maladies rénales. Lorsqu'on découvre des traces de sang dans l'urine, on procède à des tests supplémentaires afin de vérifier de quelle partie des voies urinaires provient l'hémorragie. On doit aussi s'assurer que le sang s'écoulant du vagin, durant les menstruations, ne se mélange pas à l'échantillon d'urine. Plusieurs coureurs de fond peuvent avoir une « urine rouge » qui s'explique par la lésion des vaisseaux sanguins sous les pieds. Ces lésions entraînent l'apparition de sang dans l'urine.

• ***Les leucocytes*** La présence de leucocytes et d'autres composants du pus dans l'urine, appelée **pyurie**, indique une infection des reins ou d'autres organes de l'appareil urinaire. Cette fois encore, la source de pus doit être localisée et traitée afin d'éviter la contamination de l'urine.

• ***Les corps cétoniques*** Les corps cétoniques (acétone) sont présents en petites quantités dans l'urine normale. La présence de grandes quantités de corps cétoniques, un état appelé **cétose (acétonurie)**, peut indiquer des anomalies. Cet état peut être causé par le diabète sucré, l'inanition ou tout simplement un régime alimentaire trop faible en glucides. Quelle que soit la cause, une quantité excessive d'acides gras est oxydée dans le foie, et les corps cétoniques sont filtrés du plasma à la capsule de Bowman.

• ***La bilirubine*** Comme nous l'avons mentionné au chapitre 24, la bilirubine est un produit de l'hémolyse des hématies et de la dégradation de l'hémoglobine par les cellules réticulo-endothéliales. Ce pigment donne à la bile sa principale pigmentation. La bilirubine est transportée dans les hépatocytes par une molécule d'albumine et est appelée **bilirubine libre**. Lorsqu'elle atteint le foie, l'albumine est libérée. La bilirubine s'unit ensuite à d'autres substances contenues dans les hépatocytes (acide glucuronique ou sulfate) et est appelée **bilirubine conjuguée**. Sous cette forme, elle est sécrétée par le foie dans le système biliaire, puis dans l'intestin grêle. Les bactéries intestinales transforment la bilirubine conjuguée en urobilinogène, qui donne aux fèces leur couleur caractéristique. On appelle **bilirubinurie** le taux anormalement élevé de bilirubine dans l'urine. Une analyse d'urine de routine permet de mesurer la quantité totale de bilirubine ; elle ne permet pas de distinguer la bilirubine libre de la bilirubine conjuguée. Un taux global normal de bilirubine écarte systématiquement tout dysfonctionnement majeur du foie et toute hémolyse excessive des hématies. Si le taux est élevé, on a alors recours à des tests permettant de distinguer la bilirubine libre de la bilirubine conjuguée. Une augmentation de bilirubine libre est souvent liée à l'hémolyse excessive des hématies. Une augmentation de bilirubine conjuguée est très souvent causée par le mauvais fonctionnement hépatique ou l'obstruction du système biliaire.

• ***L'urobilinogène*** Une partie de l'urobilinogène formé dans l'intestin est excrétée dans les fèces. Une autre partie est absorbée et renvoyée au foie, où elle est métabolisée et excrétée dans la bile. Un petit pourcentage de l'urobilinogène qui est absorbé s'échappe du foie et pénètre dans la circulation générale. Les reins traitent cette quantité d'urobilinogène comme une substance étrangère, c'est-à-dire que les cellules tubulaires ne réabsorbent pas activement l'urobilinogène qui a été filtré. On appelle **urobilinogénurie** la présence d'urobilinogène dans l'urine. La présence de traces d'urobilinogène dans l'urine est donc normale. Une urobilinogénurie anormalement élevée indique un accroissement de la production de bilirubine et l'incapacité du foie d'éliminer l'urobilinogène qui a été réabsorbé du sang. Les facteurs qui contribuent à l'augmentation du taux d'urobilinogène sont les anémies hémolytique et pernicieuse, l'hépatite infectieuse, l'obstruction biliaire, l'ictère, la cirrhose, l'insuffisance cardiaque et la mononucléose infectieuse.

• ***Les cylindres urinaires*** L'examen microscopique de l'urine peut permettre de découvrir des **cylindres urinaires**, petites masses de matériaux durcis, qui ont pris la forme des lumières des tubules et qui ont été évacuées des tubes par le filtrat accumulé derrière elles. Les cylindres doivent leur nom aux substances qui les composent ou à leur aspect. Il existe des cylindres leucocytaires, des cylindres hématiques, des cylindres épithéliaux, contenant des cellules provenant des parois des tubules, des cylindres granuleux, qui contiennent des cellules décomposées formant des granules, et des cylindres graisseux, provenant de cellules devenues grasses.

• ***Les calculs rénaux*** Parfois, les cristaux de sels présents dans l'urine se solidifient et forment des concrétions insolubles appelées **calculs rénaux** (figure 26.15). Les calculs rénaux peuvent se former dans n'importe quelle partie de l'appareil urinaire, depuis les tubules rénaux jusqu'à l'orifice extérieur. Parmi les états entraînant la formation de calculs rénaux, mentionnons l'ingestion d'une quantité excessive de sels minéraux, une diminution de la quantité d'eau, une urine anormalement alcaline ou acide et la suractivité des glandes parathyroïdes. Les calculs rénaux se composent le plus souvent de cristaux d'oxalate de calcium, d'acide urique et de phosphate de calcium. Les cristaux d'oxalate de calcium sont le type le plus fréquent. Une protéine isolée de l'urine, l'inhibiteur de croissance des cristaux de glycoprotéine (GCI), inhibe la formation de calculs d'oxalate de calcium. Les calculs d'oxalate de calcium se forment chez ceux qui ne peuvent synthétiser le GCI. Les calculs rénaux se forment habituellement dans le bassinet, où il provoquent la douleur, l'hématurie et la pyurie.

Lorsque les calculs rénaux entraînent la douleur ou obstruent les tubules, on les enlève généralement par une intervention chirurgicale. Aujourd'hui, il existe deux nouvelles méthodes de traitement qui ne nécessitent pas d'opération chirurgicale. L'un de ces traitements, la *lithotritie extracorporelle par ondes de choc*, consiste en l'utilisation d'un instrument produisant des ondes ultrasoniques, le lithotriteur. Durant ce traitement, le client prend place dans un bain rempli d'eau et reçoit des ondes ultrasoniques. Quand les calculs sont broyés, les fragments sont éliminés dans l'urine. Le second traitement est appelé *lithotritie ultrasonique percutanée* (*LUP*). On insère dans le rein un tube semblable au cystoscope, par une petite incision pratiquée dans le dos. Le chirurgien enlève ensuite les petits calculs entiers ou retire les calculs volumineux par succion, après les avoir broyés à l'aide d'ondes ultrasoniques.

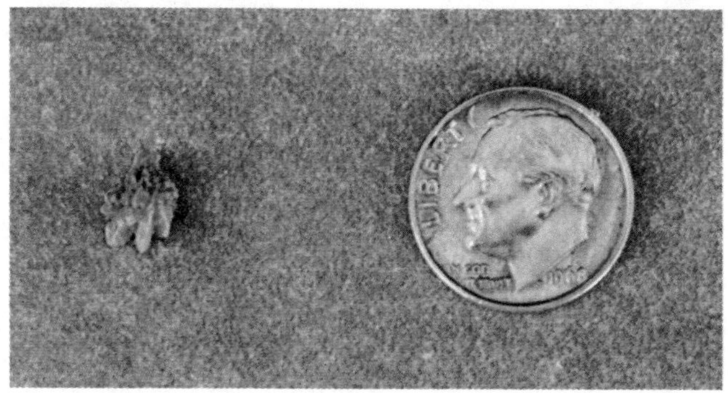

FIGURE 26.15 Calcul rénal photographié à côté d'une pièce de dix cents pour en apprécier la taille. [Gracieuseté de Matt Iacobino.]

• ***Les microbes*** La présence de bactéries dans un échantillon d'urine correctement prélevé et traité peut revêtir une grande importance. Si les bactéries ne sont visibles qu'après une centrifugation de l'urine, cela indique un nombre de bactéries inférieur à 10 000/mL. La présence de bactéries dans un échantillon d'urine non centrifugé indique que le nombre de bactéries est supérieur à 100 000/mL. Les diverses bactéries dans l'urine sont identifiées par différents tests microbiologiques. Le nombre et le type de bactéries varient selon les infections spécifiques le long des voies urinaires. Le champignon que l'on trouve le plus fréquemment dans l'urine est *Candida albicans*, qui entraîne souvent une vaginite. Le protozoaire que l'on trouve le plus fréquemment dans l'urine est *Trichomonas vaginalis*, qui cause la vaginite chez la femme et l'urétrite chez l'homme.

LES URETÈRES

Lorsque la formation de l'urine par les néphrons et les tubes collecteurs est terminée, l'urine traverse les tubes collecteurs de Bellini et se déverse dans les calices entourant les papilles rénales. Les petits calices s'unissent pour former les grands calices, qui s'unissent à leur tour pour former le bassinet. L'urine passe ensuite dans les uretères et est amenée à la vessie par péristaltisme. Enfin, depuis la vessie, l'urine est évacuée hors de l'organisme par un urètre unique.

LA STRUCTURE

L'organisme compte deux **uretères**, un pour chaque rein. Chaque uretère, d'une longueur variant de 25 cm à 30 cm, est un prolongement du bassinet qui s'étend jusqu'à la vessie (voir la figure 26.1). Le diamètre des uretères va en s'accroissant vers la partie inférieure, mais le point le plus large mesure moins de 1,7 cm. Tout comme les reins, les uretères sont des organes rétropéritonéaux. Ils pénètrent à l'angle latéro-supérieur de la base de la vessie.

Les orifices des uretères dans la vessie sont dépourvus de valvules anatomiques, mais ils possèdent une valvule fonctionnelle assez efficace. Étant donné que les uretères passent sous la vessie sur une longueur de plusieurs centimètres, la pression à l'intérieur de cette dernière comprime les uretères et empêche le reflux de l'urine lorsque la pression augmente dans la vessie, durant la miction. Lorsque cette valvule physiologique ne fonctionne pas, une cystite (inflammation de la vessie) peut dégénérer en infection rénale.

L'HISTOLOGIE

Les uretères sont formés de trois couches de tissu. La couche interne, ou muqueuse, est une membrane muqueuse possédant un épithélium transitionnel. La concentration en solutés et le pH de l'urine sont très différents du milieu interne des cellules formant la paroi des uretères. Le mucus sécrété par la muqueuse empêche les cellules d'entrer en contact avec l'urine. La deuxième couche, ou couche moyenne, appelée musculeuse, est, sur la majeure partie des uretères, formée d'une couche interne de tissu musculaire lisse longitudinal et d'une couche externe de tissu musculaire lisse circulaire. La musculeuse du tiers inférieur des uretères contient aussi une couche externe de tissu musculaire longitudinal. La principale fonction de la musculeuse est le péristaltisme. La troisième couche, ou couche externe, des uretères est fibreuse. Les prolongements de la couche fibreuse maintiennent les uretères en place.

LA PHYSIOLOGIE

La principale fonction des uretères est le transport de l'urine depuis le bassinet jusqu'à la vessie. L'urine est conduite dans les uretères principalement par des contractions péristaltiques des parois des uretères, mais la pression hydrostatique et la gravité y contribuent également. Les ondes péristaltiques vont du rein à la vessie et se succèdent à une fréquence de 1/min à 5/min, selon la quantité d'urine élaborée.

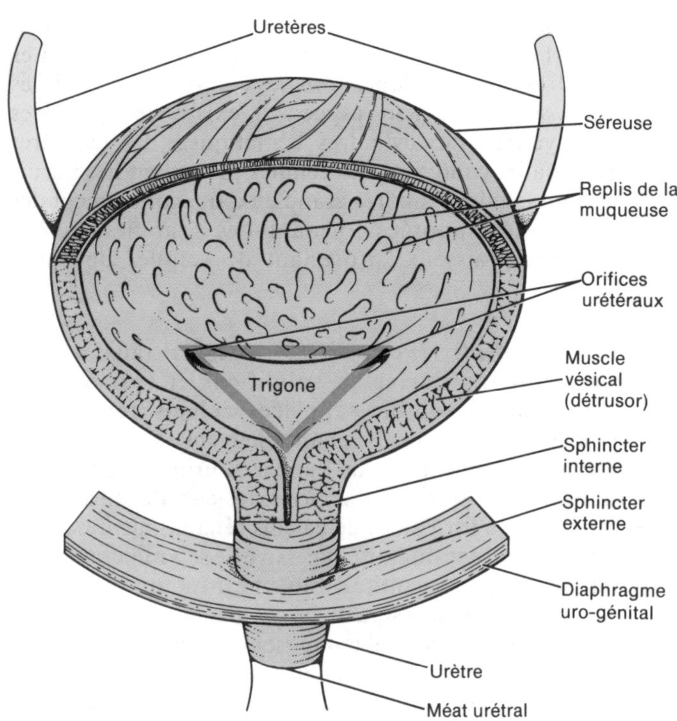

FIGURE 26.16 Vessie et urètre de la femme.

LA VESSIE

La **vessie** est un organe musculaire creux situé dans la cavité pelvienne, derrière la symphyse pubienne. Chez l'homme, la vessie se trouve immédiatement en avant du rectum. Chez la femme, elle est située devant la partie supérieure du vagin et devant l'utérus. C'est un organe libre, maintenu en place par des replis du péritoine. La forme de la vessie dépend de la quantité d'urine qu'elle contient. Lorsqu'elle est vide, elle ressemble à un ballon dégonflé. Elle s'arrondit sous l'effet d'une légère distension. À mesure qu'elle se remplit, elle prend la forme d'une poire et s'élève dans la cavité abdominale.

LA STRUCTURE

La base de la vessie présente une petite région triangulaire pointée vers le bas, le **trigone** (figure 26.16). L'orifice de l'urètre se trouve à l'apex de ce triangle. Les uretères déversent l'urine dans la vessie, aux deux pointes de la base du trigone. On le reconnaît facilement, car la muqueuse est solidement fixée à la musculeuse, et le trigone est habituellement lisse.

L'HISTOLOGIE

La paroi de la vessie se compose de quatre couches (figure 26.17). La muqueuse, ou couche interne, est une membrane muqueuse renfermant un épithélium transitionnel. L'épithélium transitionnel est capable de s'étirer; c'est un avantage important pour un organe soumis à de continuelles variations de taille. La muqueuse présente aussi des replis. La deuxième couche, la sous-muqueuse, se compose de tissu conjonctif qui relie la muqueuse à la musculeuse. La troisième couche, formée de muscles, est appelée **muscle vésical (détrusor)**; elle se compose de trois couches de muscles, une couche interne longitudinale, une couche moyenne circulaire et une couche externe longitudinale. Dans la région entourant l'orifice de l'urètre, les fibres circulaires forment le **sphincter interne**. Sous le sphincter interne se trouve le sphincter externe, formé de muscles striés. La couche externe, ou couche séreuse, est formée par le péritoine et recouvre uniquement la face supérieure de la vessie.

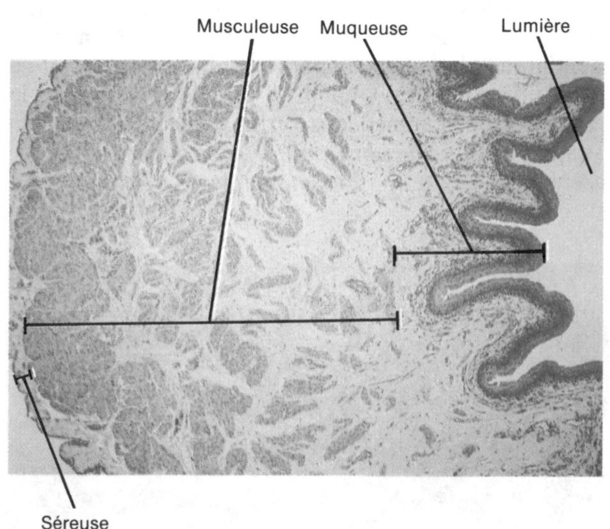

FIGURE 26.17 Structure histologique de la vessie. Photomicrographie d'une partie de la paroi vésicale, agrandie 50 fois. Les détails de la muqueuse vésicale figurent dans le document 4.1, transitionnel stratifié. [Copyright © 1983 by Michael H. Ross. Reproduction autorisée.]

APPLICATION CLINIQUE

La **cystoscopie**, l'examen visuel direct des voies urinaires, est fréquemment employée pour évaluer les divers troubles de la vessie. Pour cet examen, on utilise un **cystoscope** (*cyst*: vessie ; *scope*: examen), un tube métalique creux et étroit, muni de lentilles fibroscopiques et de fibres optiques. La cystoscopie est généralement pratiquée après une anesthésie locale ; le cystoscope est alors doucement introduit dans l'urètre et poussé jusqu'à la vessie. La cystoscopie est une méthode précieuse pour évaluer les étranglements de l'urètre, l'évacuation de la vessie, la présence de calculs rénaux, les tumeurs et la nécessité d'une intervention chirurgicale.

LA PHYSIOLOGIE

L'action d'évacuer l'urine de la vessie est la **miction**, aussi appelée écoulement d'urine. Cette réaction est le résultat d'une combinaison d'influx nerveux involontaires et volontaires. La capacité de la vessie est en moyenne de 700 mL à 800 mL. Lorsque la quantité d'urine dans la vessie dépasse 200 mL à 400 mL, les récepteurs de tension des parois de la vessie transmettent des influx nerveux à la partie inférieure de la moelle épinière. Ces influx déclenchent un besoin conscient d'évacuer l'urine et un réflexe subconscient appelé **réflexe de miction**. Les influx nerveux parasympathiques provenant de la région sacrée de la moelle épinière atteignent la paroi de la vessie et le sphincter interne de l'urètre, provoquant la contraction du muscle vésical et le relâchement du sphincter interne. Ensuite, la région volontaire de l'encéphale envoie des influx nerveux au sphincter externe, qui provoquent le relâchement de ce dernier et la miction. Même si l'évacuation de la vessie est réglée par un réflexe, elle peut être volontairement déclenchée et arrêtée, car l'encéphale règle le sphincter externe.

APPLICATION CLINIQUE

On appelle **incontinence** l'émission involontaire d'urine. Chez les enfants âgés de deux ans ou moins, l'incontinence est normale, car les neurones reliés au sphincter externe ne sont pas complètement développés. Les enfants urinent chaque fois qu'un stimulus réflexe est déclenché par la distension suffisante de la vessie. On parvient, avec de la pratique, à vaincre l'incontinence si elle n'est causée ni par une tension émotionnelle ni par une irritation de la vessie.

La miction involontaire, chez l'adulte, peut se produire par suite d'une perte de connaissance, d'une blessure aux nerfs rachidiens qui règlent l'activité de la vessie, d'une irritation due à la présence de composants anormaux dans l'urine, d'une maladie de la vessie, d'une incapacité du muscle vésical de se relâcher à cause d'une tension émotionnelle.

La **rétention**, incapacité d'évacuer l'urine, est parfois causée par l'obstruction de l'urètre ou du col de la vessie, des contractions nerveuses de l'urètre ou la perte de la sensation de miction.

L'URÈTRE

L'urètre est un petit tube qui part du plancher de la vessie et débouche à l'extérieur de l'organisme (voir la figure 26.16). Chez la femme, il est situé directement derrière la symphyse pubienne et est enfoui dans la paroi antérieure du vagin. Lorsqu'il n'est pas dilaté, son diamètre mesure environ 6 mm et sa longueur, 3,8 cm. L'urètre de la femme est en position oblique se dirigeant vers le bas et vers l'avant. L'orifice de l'urètre sur l'extérieur, le **méat urétral**, est situé entre le clitoris et l'orifice vaginal.

Chez l'homme, l'urètre mesure environ 20 cm de longueur. Situé immédiatement sous la vessie, l'urètre traverse verticalement la prostate, perce le diaphragme uro-génital, puis perce le pénis et longe le corps de ce dernier en s'incurvant (voir les figures 28.1 et 28.10).

L'HISTOLOGIE

Chez la femme, la paroi de l'urètre se compose de trois tuniques : une tunique muqueuse interne, qui est en continuité à l'extérieur avec celle de la vulve, une tunique moyenne, fine, de tissu spongieux renfermant un plexus veineux, et une tunique musculaire externe qui est le prolongement de celle de la vessie et qui est formée de fibres musculaires lisses disposées en anneaux.

Chez l'homme, l'urètre se compose de deux tuniques. Une tunique muqueuse interne forme le prolongement de la muqueuse de la vessie. Une tunique sous-muqueuse externe relie l'urètre aux organes qu'il traverse.

LA PHYSIOLOGIE

L'urètre est la dernière partie de l'appareil urinaire. C'est un passage servant à excréter l'urine hors de l'organisme. L'urètre de l'homme sert aussi à expulser le liquide reproducteur (sperme) hors de l'organisme.

LE VIEILLISSEMENT ET L'APPAREIL URINAIRE

La fonction d'épuration des reins diminue au cours des années ; ainsi, entre l'âge de 40 ans et 70 ans, l'efficacité du mécanisme de filtration est réduite de moitié. L'incontinence et les infections urinaires sont deux troubles majeurs liés au vieillissement de l'appareil urinaire. Parmi les autres états pathologiques, mentionnons la polyurie (production excessive d'urine), la nycturie (miction excessive durant la nuit), l'augmentation du nombre de mictions, la dysurie (miction lente et pénible), la rétention d'urine (incapacité d'évacuer l'urine) et l'hématurie (présence de sang dans l'urine). Parmi les modifications et les maladies des reins, mentionnons les inflammations aiguës et chroniques des reins et la présence de calculs rénaux. La prostate est aussi responsable de divers troubles des voies urinaires; le cancer de la prostate est la tumeur maligne la plus fréquente chez les hommes âgés.

LE DÉVELOPPEMENT EMBRYONNAIRE DE L'APPAREIL URINAIRE

Dès la troisième semaine du développement, la partie du mésoblaste longeant la moitié postérieure du côté dorsal de l'embryon, le **mésoblaste intermédiaire**, se développe pour former les reins. Trois paires de reins se transforment successivement à l'intérieur du mésoblaste intermédiaire : le pronéphros, le mésonéphros et le métanéphros (figure 26.18). Seul le métanéphros formera les reins fonctionnels de l'adulte.

Le premier rein qui apparaît, le **pronéphros**, est le plus haut placé. Il se forme en même temps qu'un tube, le **canal primitif**. Ce canal débouche dans le **cloaque**, une dilatation de l'extrémité caudale de l'intestin provenant de l'**endoblaste**. La dégénérescence du pronéphros s'amorce durant la quatrième semaine; vers la sixième semaine, le pronéphros a complètement disparu. Le canal primitif, par contre, ne disparaît pas.

Le pronéphros est remplacé par le deuxième rein, le **mésonéphros**. Lorsque le mésonéphros se forme, le canal primitif, qui est relié au mésonéphros, est appelé **canal de Wolff**. La dégénérescence du mésonéphros commence

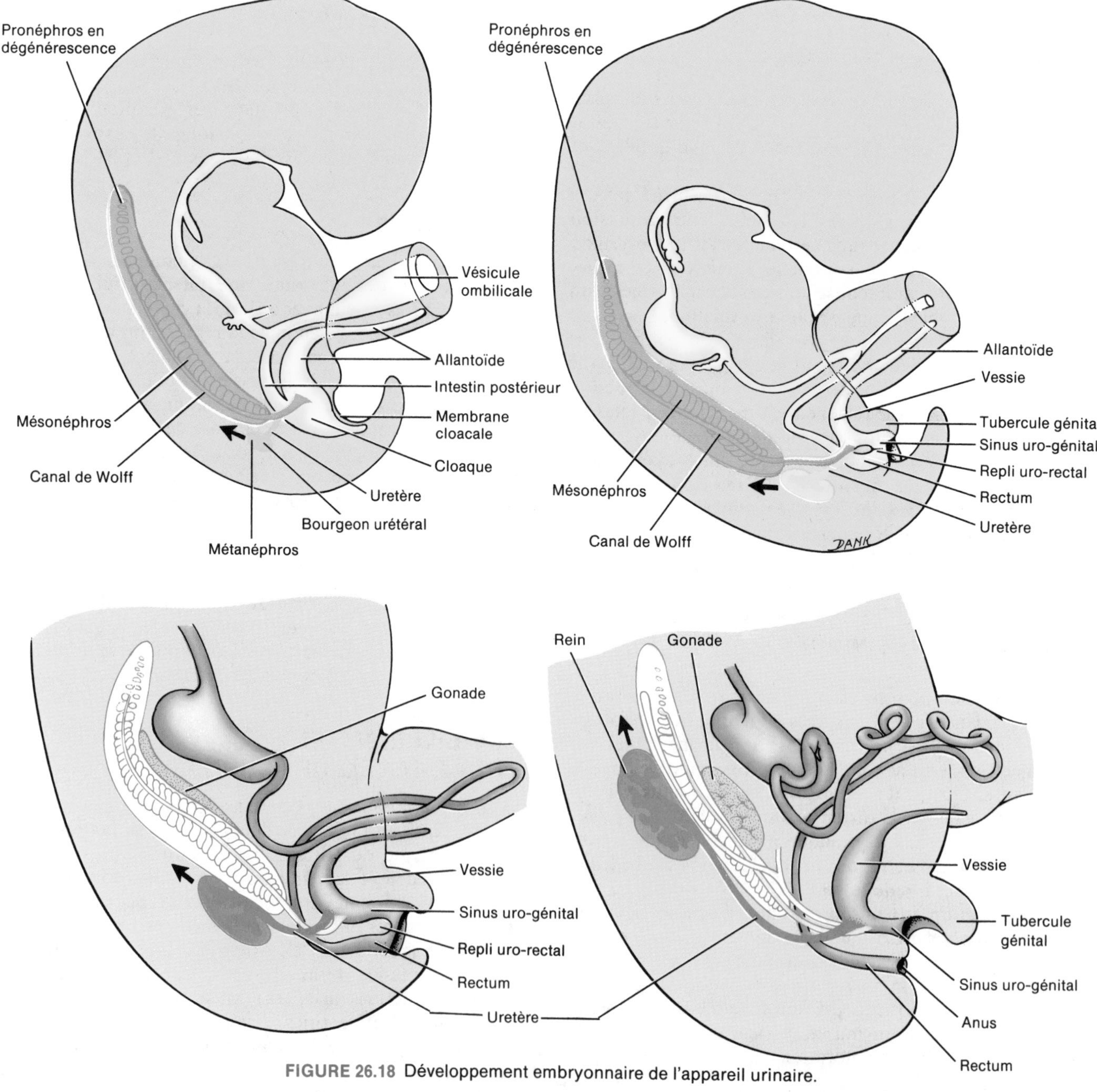

FIGURE 26.18 Développement embryonnaire de l'appareil urinaire.

vers la sixième semaine et est presque terminée vers la huitième semaine.

Vers la cinquième semaine, une excroissance, appelée **bourgeon urétéral**, se développe à partir de l'extrémité distale du canal de Wolff, près du cloaque. Ce bourgeon est le **métanéphros**. À mesure qu'il croît, en se dirigeant vers la tête de l'embryon, son extrémité s'élargit pour former le *bassinet*, ses *calices* et ses *tubes collecteurs*. La partie du bourgeon qui ne s'allonge pas forme l'**uretère**. Les *néphrons*, unités fonctionnelles du rein, prennent naissance à partir du mésoblaste intermédiaire entourant chaque bourgeon urétéral.

Au cours du développement, le cloaque se divise pour former le **sinus uro-génital**, dans lequel se déversent le canal de Wolff et le canal de Müller, et le *rectum*, qui débouche dans le canal anal. La *vessie* se forme à partir du sinus uro-génital. Chez la femme, l'*urètre* est formé par l'élongation du canal court qui s'étend de la vessie au sinus uro-génital. Le *vestibule*, dans lequel se déversent le canal de Wolff et le canal de Müller, provient également du sinus uro-génital. Chez l'homme, l'urètre est considérablement plus long et plus complexe, mais il provient aussi du sinus uro-génital.

LES AFFECTIONS : DÉSÉQUILIBRES HOMÉOSTATIQUES

La goutte

La **goutte** est une affection héréditaire liée à un excès d'acide urique dans le sang. Durant le catabolisme des acides nucléiques, une certaine quantité d'acide urique est produite. Chez plusieurs personnes, la production d'acide urique est excessive, tandis que chez d'autres, l'excrétion de quantités normales est insuffisante. Dans les deux cas, l'acide urique s'accumule dans l'organisme et tend à se solidifier en cristaux qui se déposent dans les articulations et les tissus des reins. Le dépôt de cristaux dans les articulations est appelé arthrite goutteuse. La goutte est aggravée par l'usage excessif de diurétiques, la déshydratation et l'inanition.

La glomérulonéphrite

La **glomérulonéphrite** est une inflammation des reins qui atteint les glomérules. L'une des plus fréquentes causes de la glomérulonéphrite est une allergie aux toxines libérées par le streptocoque après que celui-ci a infecté une autre partie de l'organisme, en particulier la gorge. Les glomérules deviennent tellement enflammés, tuméfiés et gorgés de sang que les membranes des glomérules, rendues très perméables, permettent la pénétration des cellules sanguines et des protéines dans le filtrat. L'urine contient donc de nombreuses hématies et beaucoup de protéines. La perméabilité des glomérules peut être permanente, entraînant une maladie rénale chronique et une insuffisance rénale.

La pyélite et la pyélonéphrite

La **pyélite** est une inflammation du bassinet et de ses calices. La **pyélonéphrite**, inflammation d'un rein ou des deux, atteint les néphrons et le bassinet. Cette affection est généralement une complication d'une infection à une autre partie de l'organisme. Chez la femme, c'est souvent une aggravation des infections des voies urinaires inférieures. Dans 75 % des cas, l'agent pathogène est la bactérie *Escherichia coli*. Si la pyélonéphrite devient chronique, il se forme un tissu cicatriciel dans les reins, réduisant considérablement leur efficacité.

La cystite

La **cystite** est une inflammation de la vessie, qui atteint principalement la muqueuse et la sous-muqueuse. Elle peut être causée par une infection d'origine bactérienne, des substances chimiques ou une blessure.

Le syndrome néphrotique

Le **syndrome néphrotique** est une affection dans laquelle la membrane du glomérule laisse passer de grandes quantités de protéines du sang à l'urine. L'eau et le sodium s'accumulent donc dans l'organisme et créent un œdème surtout autour des chevilles, des pieds, de l'abdomen et des yeux. Le syndrome néphrotique est plus fréquent chez les enfants que chez les adultes, mais il peut se produire à tout âge. Même si la guérison n'est pas toujours assurée, certaines hormones stéroïdes synthétiques, telles que la cortisone et la prednisone, qui ressemblent aux hormones naturelles, sécrétées par les glandes surrénales, peuvent éliminer certaines formes du syndrome néphrotique.

La maladie polykystique

La **maladie polykystique** peut être causée par une anomalie du système tubulaire rénal qui déforme les néphrons et entraîne l'apparition de dilatations kystiques le long de ces derniers. C'est la maladie rénale héréditaire la plus fréquente. Le tissu rénal se couvre de kystes, de petits trous et de bulles remplies de liquides, dont la taille varie de celle d'une tête d'épingle à la grosseur d'un œuf. Ces kystes croissent graduellement, puis remplacent le tissu normal, perturbant la fonction rénale et causant l'urémie. Le principal symptôme est le gain de masse. La masse des reins peut passer de 0,25 kg à 14 kg. Beaucoup de gens vivent normalement sans jamais s'apercevoir qu'ils sont atteints de cette affection ; celle-ci n'est parfois découverte qu'après le décès. Bien que la maladie soit progressive, son avance peut être ralentie par un régime alimentaire, des médicaments et l'ingestion de liquides. L'insuffisance rénale par suite de la maladie polykystique se produit rarement avant l'âge de 45 ans, et est fréquemment repoussée jusque vers l'âge de 60 ans.

L'insuffisance rénale

L'**insuffisance rénale**, diminution ou arrêt de la filtration glomérulaire, est classée en deux types : aiguë ou chronique. L'**insuffisance rénale aiguë** est un syndrome clinique dans lequel les reins cessent brusquement et complètement de fonctionner, ou presque complètement. Le signe d'appel de l'insuffisance rénale aiguë est la diminution du débit urinaire, que l'on classe généralement en *oligurie* (*olig* : peu nombreux), débit urinaire de moins de 500 mL par jour, ou en *anurie*, débit urinaire de moins de 50 mL par jour. L'une des causes de l'insuffisance rénale aiguë est un faible volume sanguin ou une diminution du débit cardiaque. Une nécrose tubulaire aiguë (lésion aux tubules rénaux par l'ischémie ou des toxines) et des calculs rénaux peuvent également causer l'insuffisance rénale aiguë.

L'**insuffisance rénale chronique** est une diminution progressive et généralement irréversible du taux de filtration glomérulaire pouvant provenir, entre autres affections, d'une glomérulonéphrite chronique, de la pyélonéphrite, de la maladie polykystique congénitale et de la perte de tissu rénal causée par un traumatisme. L'insuffisance rénale chronique se développe en trois étapes. Dans la première étape, la diminution des réserves rénales, les néphrons sont détruits dans une proportion pouvant atteindre 75%. À ce stade, il est possible qu'il n'y ait aucun symptôme, car les néphrons restants accomplissent la fonction de ceux qui ont été détruits. Lorsque la destruction des néphrons se poursuit, l'équilibre entre la filtration glomérulaire et la réabsorption tubulaire est rompu ; toute modification du régime alimentaire ou de l'apport liquidien entraîne l'apparition des symptômes. La destruction de 75% des néphrons marque le début de la deuxième étape appelée insuffisance rénale. À ce stade, on note une diminution du taux de filtration glomérulaire et une augmentation des taux de déchets azotés et de créatine dans le sang. Les reins ne sont plus en mesure de concentrer ou de diluer l'urine. La dernière étape, appelée phase finale de l'insuffisance rénale (urémie), se produit lorsqu'environ 90% des néphrons sont détruits. À ce stade, le taux de filtration glomérulaire diminue pour n'atteindre qu'environ 10% de son taux normal, et les taux de déchets azotés et de créatine continuent d'augmenter. La réduction du taux de filtration glomérulaire entraîne l'oligurie. Les personnes atteintes d'insuffisance rénale chronique sont traitées par l'hémodialyse ou par une transplantation rénale.

Parmi les effets causés par une insuffisance rénale, mentionnons l'œdème provenant de la rétention de sel ou d'eau ; l'acidose due à l'incapacité des reins d'excréter les substances acides ; l'augmentation du taux de substances ne contenant pas d'azote non protéique, particulièrement l'urée, en raison d'une mauvaise excrétion rénale des déchets métaboliques ; une augmentation du taux de potassium pouvant provoquer un arrêt cardiaque ; l'anémie, puisque les reins ne peuvent plus élaborer le facteur stimulant l'érythropoïèse, nécessaire à la production d'hématies ; et l'ostéomalacie, car les reins ne sont plus en mesure de transformer la vitamine D en sa forme active nécessaire à l'absorption du calcium dans l'intestin grêle.

Les infections urinaires

On emploie le terme infection urinaire pour désigner soit une infection d'une partie de l'appareil urinaire, soit la présence d'un grand nombre de microbes dans l'urine. Parmi ces infections, on trouve la *bactériurie significative* (présence dans l'urine d'une quantité suffisante de bactéries pour indiquer une infection active), la *bactériurie asymptomatique* (multiplication d'un grand nombre de bactéries dans l'urine, sans produire de symptômes), l'*urétrite* (inflammation de l'urètre), la *cystite* (inflammation de la vessie) et la *pyélonéphrite* (inflammation des reins).

Les infections urinaires aiguës, beaucoup plus fréquentes chez les femmes que chez les hommes, sont souvent causées par des bactéries (*Escherichia coli*). Parmi les personnes les plus susceptibles d'être atteintes d'infections urinaires, mentionnons les femmes enceintes et celles souffrant de néphropathies, d'hypertension ou de diabète. Parmi les symptômes liés aux infections urinaires, on trouve les brûlures ou les douleurs à la miction, le besoin pressant et fréquent d'uriner, les douleurs pubiennes et dorsales, la production d'une urine trouble ou teintée de sang, les refroidissements, la fièvre, les nausées, les vomissements et l'écoulement urétral, habituellement chez l'homme.

GLOSSAIRE DES TERMES MÉDICAUX

Azotémie (*azo* : contenant de l'azote ; *émie* : sang) Présence d'urée ou d'autres éléments azotés dans le sang.

Cystocèle (*cyst* : vessie ; *cèle* : hernie) Hernie de la vessie.

Dysurie (*dys* : difficulté ; *urie* : urine) Miction lente et pénible, mais non douloureuse.

Énurésie (*ourein* : uriner) Incontinence nocture pouvant être causée par une éducation sphinctérienne déficiente, des troubles psychologiques ou affectifs ou, rarement, des lésions physiques.

Étranglement Rétrécissement de la lumière d'un canal ou d'un organe creux tels que l'uretère ou l'urètre.

Néphroblastome (*néphro* : rein ; *blasto* : germe ; *ome* : tumeur) Épithéliosarcome à l'état embryonnaire ; tumeur maligne qui prend naissance dans les tissus épithélial et conjonctif ; aussi appelé **tumeur de Wilms**.

Néphrocèle Hernie du rein.

Polyurie (*poly* : nombreux) Excrétion urinaire abondante.

Pyélogramme intraveineux (*pyélo* : bassinet du rein ; *gramme* : enregistrement ; *intra* : dans ; *veineux* : veine) Radiogramme des reins après l'injection d'une substance colorante.

Urémie (*émie* : sang) Taux dangereusement élevé d'urée dans le sang, causé par une insuffisance rénale grave.

Urétrite Inflammation de l'urètre, causée par une urine très acide, la présence de bactéries ou la contraction du méat urétral.

RÉSUMÉ

1. La principale fonction de l'appareil urinaire est de régler la concentration et le volume du sang en retirant et en rajoutant des quantités déterminées d'eau et de solutés. Il est aussi chargé d'excréter les déchets.
2. Les organes de l'appareil urinaire sont les reins, les uretères, la vessie et l'urètre.

Les reins (page 704)

L'anatomie externe ; l'anatomie interne (page 704 ; page 706)

1. Les reins sont des organes rétropéritonéaux fixés à la paroi postérieure de l'abdomen.
2. Trois couches de tissu enveloppent les reins : la capsule rénale, la capsule adipeuse et le fascia rénal.
3. La structure interne du rein se compose d'un cortex, d'une medulla, de pyramides, de papilles, de colonnes, de calices et d'un bassinet.
4. Le néphron est l'unité fonctionnelle du rein.
5. Les néphrons juxtaglomérulaires sont formés des structures suivantes : une capsule de Bowman (capsule glomérulaire), un glomérule, un tube contourné proximal, une branche descendante de l'anse de Henlé, une anse de Henlé, une branche ascendante de l'anse de Henlé, un tube contourné distal et un tube collecteur. Le néphron sous-cortical ne comporte pas de branches ni d'anse de Henlé.
6. L'unité filtrante du néphron est la membrane glomérulaire. Elle est formée de l'endothélium glomérulaire, de la membrane basale glomérulaire et de l'épithélium (podocytes) du feuillet viscéral de la capsule de Bowman.

7. Le long parcours du sang dans les reins débute à l'artère rénale et se termine dans la veine rénale.
8. L'apport nerveux au rein provient du plexus rénal.
9. L'appareil juxtaglomérulaire est formé de cellules juxtaglomérulaires et de la macula densa du tube contourné distal.

La physiologie (page 710)

1. Les néphrons sont les unités fonctionnelles des reins. Ils contribuent à la formation de l'urine et règlent la composition du sang.
2. Les néphrons élaborent l'urine par filtration glomérulaire, réabsorption tubulaire et sécrétion tubulaire.
3. La principale force responsable de la filtration glomérulaire est la pression hydrostatique.
4. La filtration du sang dépend du rapport entre la force de la pression hydrostatique glomérulaire et les deux autres pressions qui lui sont opposées : la pression hydrostatique capsulaire et la pression osmotique colloïdale. Ce rapport de force est appelé pression de filtration efficace.
5. Si la pression hydrostatique glomérulaire descend à 50 mm Hg, les reins ne filtrent plus, car cette pression devient égale aux pressions opposées.
6. La plupart des substances contenues dans le plasma sont filtrées par la capsule de Bowman. Habituellement, les cellules sanguines et la plupart des protéines ne sont pas filtrées.
7. La réabsorption tubulaire retient les substances dont l'organisme a besoin ; parmi celles-ci, on trouve l'eau, le glucose, les acides aminés et les ions. On appelle capacité maximale de réabsorption tubulaire le volume maximal d'une substance pouvant être absorbé.
8. Environ 80% de l'eau est retenue par réabsorption tubulaire obligatoire, et le reste, par réabsorption tubulaire facultative.
9. Lorsque le taux de filtration glomérulaire est faible, la vasodilatation des artérioles afférentes et la vasoconstriction des artérioles efférentes ramènent ce taux à la normale.
10. Les substances chimiques dont l'organisme n'a pas besoin sont évacuées dans l'urine par sécrétion tubulaire. Parmi ces substances, on trouve les ions, les déchets azotés et certains médicaments.
11. Les reins contribuent à maintenir le pH sanguin en excrétant des ions H^+ et des ions NH_4^+. Par contre, les reins conservent le bicarbonate de sodium.
12. En l'absence d'ADH, les reins élaborent une urine diluée ; les tubules rénaux absorbent plus de solutés que d'eau.
13. En présence d'ADH, les reins sécrètent une urine concentrée ; une grande quantité d'eau est réabsorbée et passe du filtrat au liquide interstitiel, augmentant ainsi la concentration en solutés. Le mécanisme à contre-courant contribue également à la sécrétion d'une urine concentrée.

La thérapie par hémodialyse (page 720)

1. On appelle hémodialyse la filtration artificielle du sang au moyen d'un appareil.
2. Le rein artificiel débarrasse le sang des déchets et lui procure des nutriments. La version récente améliorée de cet appareil est appelée dialyse péritonéale continue ambulatoire.

L'homéostasie (page 720)

1. En plus des reins, les poumons, les téguments et le tube digestif remplissent des fonctions excrétrices.
2. Le volume d'urine est modifié par la pression artérielle, la concentration du sang, la température, les diurétiques et les émotions.
3. Les caractéristiques de l'urine que l'on étudie par une analyse des urines sont la couleur, l'odeur, la turbidité, le pH et la masse volumique.
4. Du point de vue chimique, l'urine normale contient environ 95% d'eau et 5% de solutés. Parmi ces solutés, mentionnons l'urée, la créatinine, l'acide urique, l'acide hippurique, l'indican, les corps cétoniques, les sels et les ions.
5. Parmi les composants anormaux détectés par l'analyse des urines, on trouve l'albumine, le glucose, les hématies, les leucocytes, les corps cétoniques, la bilirubine, l'urobilinogène, les cylindres urinaires, les calculs rénaux et les microbes.

Les uretères (page 725)

1. Les uretères sont des organes rétropéritonéaux et sont formés d'une muqueuse, d'une musculeuse et d'une tunique fibreuse.
2. Les uretères transportent l'urine du bassinet à la vessie, principalement par péristaltisme.

La vessie (page 726)

1. La vessie est située derrière la symphyse pubienne. Elle a pour rôle d'emmagasiner l'urine avant la miction.
2. Du point de vue histologique, la vessie est formée d'une muqueuse (présentant des replis), d'une musculeuse (muscle vésical) et d'une tunique séreuse.
3. L'incontinence est l'émission involontaire de l'urine ; la rétention est l'incapacité d'évacuer l'urine.

L'urètre (page 727)

1. L'urètre est un tube qui part du plancher de la vessie et qui débouche sur l'extérieur.
2. Il a pour rôle d'excréter l'urine hors de l'organisme.

Le vieillissement et l'appareil urinaire (page 727)

1. La fonction des reins diminue avec l'âge.
2. Parmi les problèmes liés au vieillissement, mentionnons l'incontinence, les infections urinaires, les troubles de la prostate et les calculs rénaux.

Le développement embryonnaire de l'appareil urinaire (page 728)

1. Les reins se développent à partir du mésoblaste intermédiaire.
2. Ils se développent dans l'ordre suivant : le pronéphros, le mésonéphros et le métanéphros.

Les affections : déséquilibres homéostatiques (page 729)

1. La goutte est un haut taux d'acide urique dans le sang.
2. La glomérulonéphrite est une inflammation des glomérules rénaux.
3. La pyélite est une inflammation du bassinet et des calices ; la pyélonéphrite est une inflammation interstitielle d'un rein ou des deux.
4. La cystite est une inflammation de la vessie.
5. Le syndrome néphrotique entraîne l'apparition de protéines dans l'urine à cause de la perméabilité de la membrane glomérulaire.
6. La maladie polykystique est une maladie rénale héréditaire dans laquelle les néphrons sont déformés.
7. L'insuffisance rénale est aiguë ou chronique.
8. Le terme infections urinaires désigne soit une infection d'une partie de l'appareil urinaire, soit la présence d'un grand nombre de microbes dans l'urine.

RÉVISION

1. Quelles sont les fonctions de l'appareil urinaire ? Quels sont les organes qui le composent ?
2. Décrivez l'emplacement des reins. Pourquoi dit-on qu'ils sont rétropéritonéaux ?
3. Dessinez un diagramme montrant les principales caractéristiques externes et internes d'un rein et nommez chacune des structures.
4. Qu'est-ce qu'un néphron ? Énumérez et décrivez les parties d'un néphron depuis la capsule de Bowman jusqu'au tube collecteur.
5. Donnez une description détaillée de la membrane glomérulaire.
6. Faites la distinction entre les néphrons sous-corticaux et les néphrons juxtaglomérulaires. De quelle façon s'effectue l'apport sanguin ?
7. Décrivez la structure et l'importance de l'appareil juxtaglomérulaire.
8. Qu'est-ce que la filtration glomérulaire ? Définissez le filtrat.
9. Proposez une équation permettant de calculer la pression de filtration efficace.
10. Quelles sont les différences chimiques principales entre le plasma, le filtrat et l'urine ?
11. Définissez la réabsorption tubulaire. Pourquoi ce processus physiologique est-il important ? Qu'est-ce que le taux de filtration glomérulaire ?
12. Quelles sont les substances chimiques normalement réabsorbées par les reins ? Qu'appelle-t-on capacité maximale de réabsorption tubulaire ?
13. Décrivez la façon dont le glucose et le sodium sont réabsorbés par les reins. Où ce processus a-t-il lieu ?
14. En quoi la réabsorption du chlorure est-elle liée à la réabsorption du sodium ?
15. Comparez la réabsorption tubulaire obligatoire et la réabsorption tubulaire facultative. De quelle façon la réabsorption tubulaire facultative est-elle réglée ?
16. Définissez la sécrétion tubulaire. Précisez son importance. Énumérez quelques substances qui sont sécrétées.
17. Expliquez les mécanismes permettant la régulation du pH corporel par les reins.
18. Décrivez comment les reins élaborent une urine concentrée ou diluée.
19. Définissez le mécanisme à contre-courant et précisez son importance.
20. Qu'est-ce que l'hémodialyse ? Décrivez brièvement le fonctionnement d'un rein artificiel. Qu'est-ce que la dialyse péritonéale continue ambulatoire ?
21. Comparez les fonctions des organes excréteurs suivants : les poumons, les téguments et le tube digestif.
22. Qu'est-ce que l'urine ? Décrivez les effets de la pression artérielle, de la concentration sanguine, de la température, des diurétiques et des émotions sur le volume d'urine élaboré.
23. Décrivez les caractéristiques physiques suivantes d'une urine normale : la couleur, la turbidité, l'odeur, le pH et la masse volumique.
24. Décrivez la composition chimique de l'urine normale.
25. Définissez les termes suivants : albuminurie, glycosurie, hématurie, pyurie, cétose, bilirubinurie, urobilinogénurie, cylindres urinaires et calculs rénaux.
26. Décrivez la structure, l'histologie et la fonction des uretères.
27. Comment la vessie est-elle adaptée pour emmagasiner l'urine ?
28. Qu'est-ce que la miction ? Qu'est-ce que la cystoscopie ?
29. Comparez les causes de l'incontinence et de la rétention.
30. Comparez l'emplacement de l'urètre chez la femme et chez l'homme.
31. Décrivez les effets du vieillissement sur l'appareil urinaire.
32. Décrivez le développement embryonnaire de l'appareil urinaire.
33. Définissez tous les termes suivants : la goutte, la glomérulonéphrite, la pyélite, la pyélonéphrite, la cystite, le syndrome néphrotique, la maladie polykystique, l'insuffisance rénale et les infections urinaires.
34. Reportez-vous au glossaire des termes médicaux relatifs à l'appareil urinaire. Assurez-vous de pouvoir définir chaque terme.

27

L'équilibre hydro-électrolytique et l'équilibre acido-basique

OBJECTIFS

- Définir un liquide corporel.
- Faire la distinction entre le liquide intracellulaire et le liquide extracellulaire.
- Définir les processus par lesquels s'effectuent les entrées et les sorties d'eau.
- Comparer les mécanismes qui régissent les entrées et les sorties d'eau.
- Comparer les effets osmotiques des non-électrolytes et des électrolytes sur les liquides corporels.
- Mesurer la concentration des ions dans un liquide corporel.
- Comparer la concentration électrolytique des trois principaux compartiments liquidiens.
- Expliquer les fonctions et la régulation du sodium, du chlorure, du potassium, du calcium, du phosphate et du magnésium.
- Définir les facteurs en jeu dans le mouvement des liquides entre le plasma et le liquide interstitiel, et entre le liquide interstitiel et le liquide intracellulaire.
- Définir les liens existant entre les déséquilibres électrolytiques et les déséquilibres hydriques.
- Comparer les rôles des tampons, de la respiration et de l'activité excrétoire des reins dans le maintien du pH corporel.
- Définir les déséquilibres acido-basiques et leurs effets sur l'organisme.
- Expliquer les traitements qui s'appliquent dans les cas d'acidose et d'alcalose.

Par **liquide corporel**, on entend l'eau contenue dans l'organisme et les substances qui y sont dissoutes. De 45 % à 75 % de la masse corporelle totale est constituée de liquide.

LES COMPARTIMENTS LIQUIDIENS ET L'ÉQUILIBRE HYDRIQUE

Les deux tiers environ du liquide corporel se trouvent dans les cellules et constituent le **liquide intracellulaire**. L'autre tiers, le **liquide extracellulaire**, comprend le reste des liquides corporels (le liquide interstitiel, le plasma et la lymphe, le liquide céphalo-rachidien, les liquides du tube digestif, le liquide synovial, les liquides des yeux et des oreilles, les liquides des cavités pleurale, péricardique et péritonéale, et le filtrat glomérulaire).

Les liquides corporels sont séparés en compartiments distincts dont les parois sont des membranes sélectivement perméables constituées par les membranes cellulaires. Un compartiment peut être aussi petit que l'intérieur d'une seule cellule, ou aussi grand que les intérieurs réunis du cœur et des vaisseaux sanguins. Les liquides se trouvent dans des compartiments ; il ne faut cependant pas oublier qu'ils se déplacent constamment d'un compartiment à un autre. Chez la personne en santé, le volume de liquide de chaque compartiment reste relativement stable, ce qui constitue un autre exemple d'homéostasie.

L'eau forme la plus grande partie de tous les liquides corporels. Lorsque nous parlons de l'*équilibre hydrique* de l'organisme, nous voulons dire que les volumes d'eau adéquats sont distribués aux différents compartiments selon les besoins de ces derniers.

C'est surtout grâce à l'osmose que l'eau entre dans les différents compartiments et en sort. La concentration de solutés dans les liquides est donc un facteur déterminant de l'équilibre hydrique. La plupart des solutés présents dans les liquides corporels sont des électrolytes (composés qui se dissocient en ions). L'équilibre hydrique signifie donc également équilibre liquidien, mais il implique aussi un équilibre électrolytique. Les deux sont inséparables.

L'EAU

L'**eau** est de loin le composant le plus répandu de l'organisme, puisqu'elle constitue de 45 % à 75 % de la masse corporelle totale. Ce pourcentage varie d'une personne à une autre et dépend surtout de la quantité de graisse présente dans l'organisme et de l'âge de la personne. Comme la graisse ne contient pas d'eau, la proportion d'eau par rapport à la masse corporelle totale est plus élevée chez la personne maigre que chez la personne grasse. La proportion d'eau diminue aussi avec l'âge. Chez l'enfant, le pourcentage d'eau par rapport à la masse corporelle est le plus élevé. Chez l'homme adulte moyen, l'eau constitue environ 65 % de la masse corporelle. Chez la femme, la proportion de graisse sous-cutanée est plus importante que chez l'homme ; chez la femme moyenne, l'eau constitue environ 55 % de la masse corporelle totale.

LES ENTRÉES ET LES SORTIES D'EAU

La principale source de liquide corporel est l'eau dérivée des liquides (1 600 mL) et des aliments (700 mL) ingérés, absorbée à partir du tube digestif. Cette eau, appelée *eau préformée*, équivaut à environ 2 300 mL par jour. L'*eau métabolique*, l'eau produite par le catabolisme, est une autre source de liquide équivalant à environ 200 mL par jour. Par conséquent, l'entrée quotidienne totale d'eau équivaut à environ 2 500 mL.

Les sorties d'eau peuvent se produire de différentes façons. Les reins perdent environ 1 500 mL de liquide par jour, la peau, environ 500 mL, les poumons, environ 300 mL, et le tube digestif, environ 200 mL. Les sorties d'eau totalisent donc 2 500 mL par jour. Dans des circonstances normales, les entrées égalent les sorties, et le volume de liquide corporel demeure constant (document 27.1).

DOCUMENT 27.1 RÉSUMÉ DES ENTRÉES ET DES SORTIES D'EAU PAR JOUR

ENTRÉES		SORTIES	
Liquides ingérés	1 600 mL	Reins	1 500 mL
Aliments ingérés	700 mL	Peau	500 mL
Eau métabolique	200 mL	Poumons	300 mL
		Tube digestif	200 mL
Total	2 500 mL	Total	2 500 mL

LA RÉGULATION DES ENTRÉES

L'ingestion des liquides est réglée par la soif. Selon une théorie, lorsque la perte hydrique est supérieure aux entrées d'eau, la *déshydratation* qui en résulte stimule la soif par des réactions locales et générales. Sur le plan local, elle entraîne une réduction du flux de salive qui assèche les muqueuses de la bouche et du pharynx (figure 27.1). La sécheresse des muqueuses est interprétée par l'encéphale comme une sensation de soif. De plus, la déshydratation entraîne une élévation de la pression osmotique sanguine. Les récepteurs situés dans le centre de régulation de la soif de l'hypothalamus sont stimulés par cette élévation de la pression osmotique sanguine et déclenchent des influx qui sont eux aussi interprétés comme une sensation de soif. La réaction, un désir de boire, permet donc de contrebalancer la perte d'eau.

L'apaisement initial de la soif est dû à l'humidification des muqueuses de la bouche et du pharynx ; toutefois, on croit que le facteur le plus important dans l'inhibition de la soif se produit par suite de la distension de l'estomac ou de l'intestin et d'une réduction de la pression osmotique des liquides de l'hypothalamus. Il semble que les barorécepteurs stimulés dans la paroi de l'intestin envoient des influx qui inhibent le centre de régulation de la soif dans l'hypothalamus.

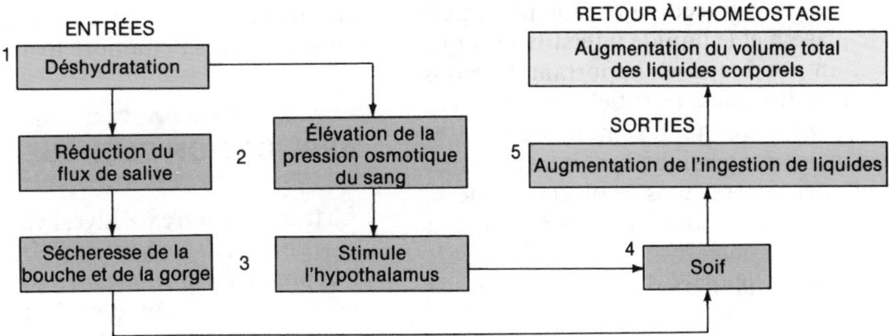

FIGURE 27.1 Régulation du volume liquidien par l'ajustement des entrées et des sorties d'eau.

LA RÉGULATION DES SORTIES

Dans des circonstances normales, les sorties d'eau sont réglées par l'hormone antidiurétique (ADH) et l'aldostérone, qui régularisent toutes deux le débit urinaire (chapitre 26). Dans des conditions anormales, d'autres facteurs peuvent influencer les sorties d'eau de façon importante. Lorsque l'organisme est déshydraté, la pression artérielle s'abaisse, la filtration glomérulaire est réduite de la même façon, et l'eau est conservée par l'organisme. Inversement, un volume excessif de liquide corporel entraîne une élévation de la pression artérielle, de la filtration glomérulaire et des sorties d'eau. L'hypertension produit le même effet. L'hyperventilation entraîne une augmentation des sorties d'eau par la perte de vapeur d'eau par les poumons. Les vomissements et la diarrhée provoquent une perte hydrique par le tube digestif. Enfin, la fièvre et la destruction de régions cutanées importantes consécutive à des brûlures entraîne une déperdition excessive d'eau par la peau.

LES ÉLECTROLYTES

Les liquides corporels contiennent des substances chimiques dissoutes. Certaines de ces substances sont des composés contenant des liaisons covalentes, c'est-à-dire que les atomes qui composent les molécules partagent les électrons et ne forment pas d'ions. Ce sont des **non-électrolytes**. Ils comprennent la plupart des composés organiques, comme le glucose, l'urée et la créatine. D'autres composés, les **électrolytes**, contiennent au moins une liaison ionique. Lorsqu'ils se dissolvent dans un liquide corporel, ils se dissocient en ions positifs et négatifs. Les ions positifs sont des cations, et les ions négatifs, des anions. Les acides, les bases et les sels sont des électrolytes. La plupart des électrolytes sont des composés inorganiques, mais certains d'entre eux sont des composés organiques. Ainsi, certains protéines forment des liaisons ioniques. Lorsque la protéine se trouve en solution, l'ion se détache, et le reste de la molécule transporte la charge opposée.

Les électrolytes jouent un triple rôle dans l'organisme. D'abord, un grand nombre d'entre eux sont des minéraux essentiels. Ensuite, ils règlent l'osmose de l'eau entre les compartiments de l'organisme. Enfin, ils aident à maintenir l'équilibre acido-basique nécessaire aux activités cellulaires normales.

LA CONCENTRATION

Au cours de l'osmose, l'eau se déplace vers la région où les molécules sont les plus nombreuses. Une particule peut être une molécule entière ou un ion. Un électrolyte exerce un effet beaucoup plus important sur l'osmose qu'un non-électrolyte, parce que la molécule d'électrolyte se dissocie en au moins deux parties, qui portent toutes deux une charge électrique. Plaçons du glucose (un non-électrolyte) et deux électrolytes différents en solution.

$$C_6H_{12}O_6 \xrightarrow{H_2O} C_6H_{12}O_6$$
Glucose

$$NaCl \xrightarrow{H_2O} Na^+ + Cl^-$$
Chlorure de sodium

$$CaCl_2 \xrightarrow{H_2O} Ca^{2+} + Cl^- + Cl^-$$
Chlorure de calcium

Comme le glucose ne se décompose pas lorsqu'il est dissous dans l'eau, une molécule de glucose ne constitue qu'une particule de la solution. Par contre, le chlorure de sodium apporte deux ions, ou particules, et le chlorure de calcium en apporte trois. Ainsi, le chlorure de calcium exerce un effet trois fois plus important que le glucose sur la concentration du soluté.

Lorsqu'un électrolyte se dissocie, ses ions peuvent attirer d'autres ions portant une charge opposée. Si l'on place des quantités égales de Ca^{2+} et de Na^+ dans la solution, les ions calcium attirent environ deux fois plus d'ions chlorures que l'ion sodium.

Pour être en mesure de déterminer l'effet d'un électrolyte sur la concentration d'une solution, nous devons regarder les concentrations de ses ions. La concentration d'un ion est habituellement exprimée en **milliéquivalents par litre (mEq/L)**, le nombre de charges électriques de chaque litre de solution. Le mEq/L est égal au nombre d'ions de la solution, multiplié par le nombre de charges transportées par les ions. Dans le document 27.2, nous démontrons la façon de mesurer la concentration des ions.

LA DISTRIBUTION

À la figure 27.2, nous présentons une comparaison des principaux composants chimiques du plasma, du liquide interstitiel et du liquide intracellulaire. La principale différence entre le plasma et le liquide interstitiel est que le plasma contient un nombre assez important d'anions protéine, alors que le liquide interstitiel n'en contient pratiquement aucun. Comme les membranes des capillaires sont normalement pratiquement imperméables aux protéines, celles-ci restent dans le plasma et ne se rendent pas dans le liquide interstitiel. Le plasma contient également plus d'ions Na^+, mais moins d'ions Cl^-, que le liquide interstitiel. Sur la plupart des autres plans, les deux liquides sont semblables.

Toutefois, le liquide intracellulaire varie considérablement du liquide extracellulaire. Dans ce dernier, le cation le plus abondant est le Na^+, et l'anion le plus abondant est le Cl^-. Dans le liquide intracellulaire, le cation le plus abondant est le K^+, et l'anion le plus abondant est le HPO_4^{2-} (phosphate). De plus, il y a plus d'anions protéine dans le liquide intracellulaire que dans le liquide extracellulaire.

LES FONCTIONS ET LA RÉGULATION

Le sodium

Le sodium (Na^+), l'ion le plus abondant du liquide extracellulaire, constitue environ 90% des cations du liquide extracellulaire. Le sodium est nécessaire à la transmission des influx dans les tissus nerveux et musculaire. Son mouvement joue également un rôle important dans l'équilibre hydro-électrolytique.

APPLICATION CLINIQUE

La transpiration excessive, l'effet de certains diurétiques et les brûlures peuvent entraîner une perte de sodium ; l'**hyponatrémie** (*natrium* : sodium) correspond à un taux de sodium sanguin inférieur à la normale. Elle est caractérisée par une faiblesse musculaire, des céphalées, de l'hypotension, de la tachycardie et un collapsus circulatoire. Une perte importante de sodium peut entraîner de la confusion mentale, de la stupeur et un coma.

Le taux de sodium sanguin est réglé principalement par l'aldostérone, une hormone de la corticosurrénale. L'aldostérone agit sur les tubes contournés distaux et les tubes collecteurs des reins, et les amène à augmenter leur réabsorption de sodium. Celui-ci quitte alors le filtrat pour retourner dans le sang et il établit un gradient osmotique. L'aldostérone est sécrétée en réaction à une réduction du volume sanguin ou du débit cardiaque, à une réduction du taux de sodium dans le liquide extracellulaire, à une augmentation du taux de potassium

DOCUMENT 27.2 MESURE DE LA CONCENTRATION DES IONS DANS UNE SOLUTION

Le nombre de milliéquivalents d'un ion dans chaque litre de solution est exprimé par l'équation suivante :

$$\text{mEq/L} = \frac{\text{milligrammes d'ions par litre de solution}}{\text{masse atomique}} \times \text{nombre de charges d'un ion}$$

La masse atomique d'un élément est le nombre de protons et de neutrons contenus dans un atome. Si l'on divise la masse totale d'un soluté par sa masse atomique, on obtient le nombre d'ions présents dans la solution. La masse atomique du calcium est de 40, alors que celle du sodium est de 23. Le calcium est donc un élément plus lourd que le sodium, et 100 g de calcium contiennent moins d'atomes que 100 g de sodium. On peut trouver les masses atomiques des éléments dans un tableau.

En utilisant la formule présentée plus haut, il est possible de mesurer le nombre de milliéquivalents par litre pour le calcium. Dans 1 L de plasma, il y a normalement 100 mg de calcium. Donc, en substituant cette valeur dans la formule, on obtient :

$$\text{mEq/L} = \frac{100}{\text{masse atomique}} \times \text{nombre de charges}$$

La masse atomique du calcium est de 40, et le nombre de charges, 2. En substituant ces valeurs, on obtient :

$$\text{mEq/L} = \frac{100}{40} \times 2 = 5$$

Trouvons maintenant le nombre de milliéquivalents par litre de plasma pour le sodium.

Milligrammes d'ions par litre = 3 300

Nombre de charges = 1

Masse atomique = 23

$$\text{mEq/L} = \frac{3\,300}{23} \times 1 = 143{,}0$$

Même si le calcium contient un plus grand nombre de charges que le sodium, l'organisme retient beaucoup plus d'ions sodium que d'ions calcium. Par conséquent, le taux de milliéquivalents du sodium dans le plasma est plus élevé.

dans le liquide extracellulaire et à une tension d'origine physique.

Le chlorure

Le chlorure (Cl^-) est principalement un anion du liquide extracellulaire. Toutefois, il peut facilement diffuser entre les compartiments extracellulaires et intracellulaires. Grâce à ce mouvement, le chlorure constitue un facteur important dans la régulation des différences de pression osmotique entre les compartiments. Dans les glandes gastriques, le chlorure s'unit à l'hydrogène pour former l'acide chlorhydrique.

APPLICATION CLINIQUE

L'**hypochlorémie**, un taux anormalement bas de chlorure dans le sang, peut être causée par des vomissements abondants, une déshydratation ou l'action de certains diurétiques. Les symptômes comprennent des spasmes musculaires, une alcalose, une réduction de la fréquence respiratoire et même un coma.

Une partie de la régulation du taux de chlorure se trouve sous la dépendance indirecte de l'aldostérone. Celle-ci règle la réabsorption du sodium, et le chlorure suit passivement le mouvement du sodium.

Le potassium

Le potassium (K^+) est le cation le plus abondant du liquide intracellulaire. Il aide à maintenir le volume liquidien dans les cellules et à régler le pH. Il joue également un rôle clé dans le fonctionnement des tissus nerveux et musculaire. Lorsque les ions potassium sortent de la cellule, ils sont remplacés par des ions sodium et des ions hydrogène. Ce mouvement d'ions hydrogène favorise la régulation du pH.

APPLICATION CLINIQUE

L'**hypokaliémie** (*kalium*: potassium), un taux de potassium sous la normale, peut être causée par des vomissements, de la diarrhée, une ingestion excessive de sodium, une maladie rénale ou l'administration de certains diurétiques. Les symptômes comprennent des crampes et de la fatigue, une paralysie flasque, de la confusion mentale, un débit urinaire accru, une respiration superficielle et des changements dans l'électrocardiogramme, comprenant un prolongement de l'intervalle Q-T et un abaissement de l'onde T.

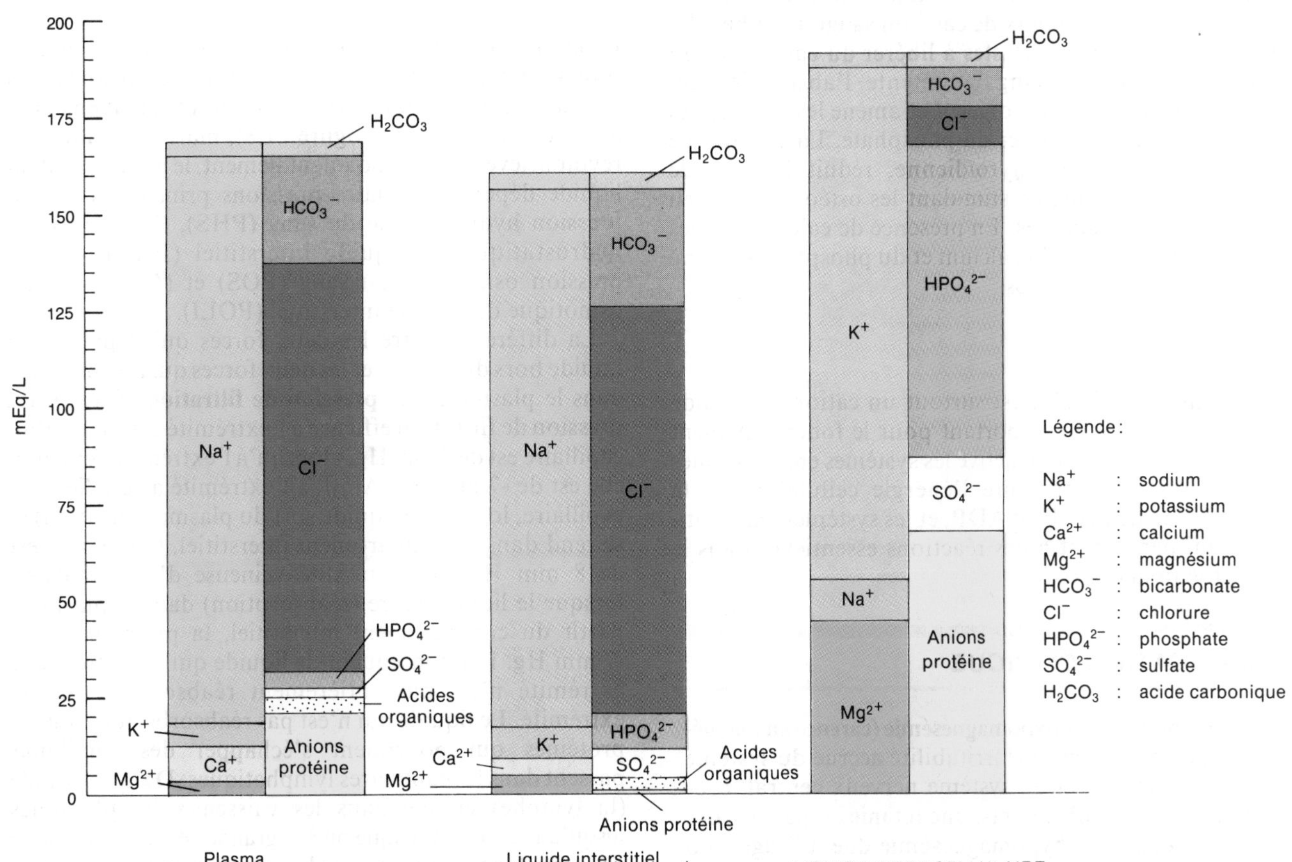

FIGURE 27.2 Comparaison des concentrations des électrolytes dans le plasma, le liquide interstitiel et le liquide intracellulaire. La hauteur de chacune des colonnes représente la concentration totale des électrolytes.

Le taux de potassium dans le sang est réglé par les minéralocorticoïdes, notamment l'aldostérone. Ce mécanisme de régulation est exactement à l'opposé de celui du sodium. Lorsque la concentration de sodium est basse, la sécrétion d'aldostérone augmente, et un volume accru de sodium est réabsorbé. Toutefois, lorsque la concentration de potassium est élevée, une quantité accrue d'aldostérone est sécrétée, et un volume accru de potassium est excrété. Ce processus s'effectue dans les tubes contournés distaux et les tubes collecteurs des reins.

Le calcium et le phosphate

Le calcium (Ca^{2+}) et le phosphate (HPO_4^{2-}) sont entreposés dans les os et les dents, et libérés lorsque l'organisme en a besoin. Le calcium est principalement un électrolyte du liquide extracellulaire. Le phosphate est surtout un électrolyte du liquide intracellulaire. Le calcium constitue un composant structural des os et des dents. Il est également nécessaire à la coagulation du sang, à la libération des neurotransmetteurs, à la contraction musculaire et aux battements cardiaques. Le phosphate est un composant structural important des os et des dents. De plus, il est nécessaire à la formation des acides nucléiques (ADN et ARN), à la synthèse des composés hautement énergétiques (ATP et créatine phosphate) et aux réactions tampons.

Les taux de calcium et de phosphate sanguins sont réglés par plusieurs hormones. La parathormone (PTH) est libérée lorsque le taux de calcium sanguin est bas. La PTH stimule les ostéoclastes à libérer du calcium et du phosphate dans le sang, augmente l'absorption du calcium à partir du tube digestif et amène les cellules des tubules rénaux à excréter du phosphate. La calcitonine (CT), une hormone thyroïdienne, réduit le taux de calcium dans le sang en stimulant les ostéoblastes et en inhibant les ostéoclastes. En présence de calcitonine, les ostéoblastes retirent du calcium et du phosphate du sang et le déposent dans les os.

Le magnésium

Le magnésium (Mg^{2+}) est surtout un cation du liquide intracellulaire. Il est important pour le fonctionnement de la pompe à sodium. Il active les systèmes enzymatiques nécessaires pour produire l'énergie cellulaire par la dégradation de l'ATP en ADP, et les systèmes enzymatiques qui participent à des réactions essentielles dans le foie et le tissu osseux.

APPLICATION CLINIQUE

Les symptômes de l'**hypomagnésémie (carence en magnésium)** comprennent une irritabilité accrue du système neuromusculaire et du système nerveux central, provoquant des tremblements, une tétanie et, parfois, des convulsions. Une hypomagnésémie due à l'ingestion de diurétiques peut provoquer des arythmies cardiaques. L'**hypermagnésémie (surplus de magnésium)** peut entraîner une dépression du système nerveux central, un coma et de l'hypertension.

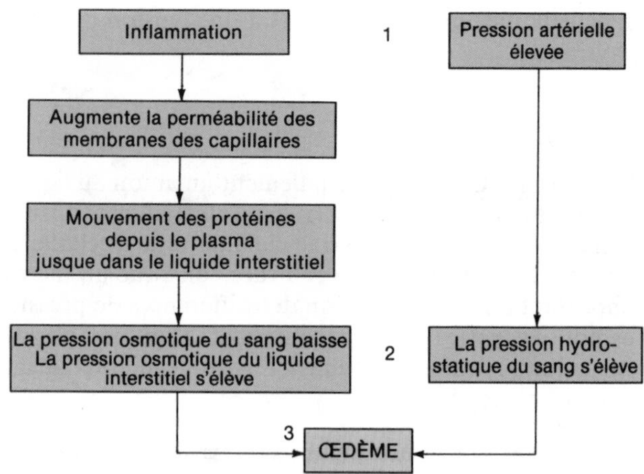

FIGURE 27.3 Conditions qui entraînent un œdème.

Le taux de magnésium est réglé par l'aldostérone. Lorsque la concentration de magnésium est basse, une sécrétion accrue d'aldostérone agit sur les reins, et un volume accru de magnésium est réabsorbé.

LE MOUVEMENT DES LIQUIDES CORPORELS

LE MOUVEMENT ENTRE LE PLASMA ET LE LIQUIDE INTERSTITIEL

Le mouvement des liquides entre le plasma et le liquide interstitiel s'effectue à travers les membranes des capillaires. Nous avons expliqué ce mouvement en détail au chapitre 21 (voir la figure 21.8), mais nous allons le revoir brièvement. Fondamentalement, le mouvement du liquide dépend de quatre pressions principales: (1) la pression hydrostatique du sang (PHS), (2) la pression hydrostatique du liquide interstitiel (PHLI), (3) la pression osmotique du sang (POS) et (4) la pression osmotique du liquide interstitiel (POLI).

La différence entre les deux forces qui déplacent le liquide hors du plasma et les deux forces qui le font entrer dans le plasma est la **pression de filtration efficace**. La pression de filtration efficace à l'extrémité artérielle d'un capillaire est de 8 mm Hg, alors qu'à l'extrémité veineuse, elle est de -7 mm Hg. Ainsi, à l'extrémité artérielle d'un capillaire, lorsque le liquide sort du plasma (filtration) et se rend dans le compartiment interstitiel, la pression est de 8 mm Hg; à l'extrémité veineuse d'un capillaire, lorsque le liquide entre (réabsorption) dans le plasma à partir du compartiment interstitiel, la pression est de -7 mm Hg. Par conséquent, le liquide qui est filtré à une extrémité n'est pas entièrement réabsorbé à l'autre extrémité. Le liquide qui n'est pas réabsorbé ainsi que les protéines qui pourraient s'échapper des capillaires passent dans les capillaires lymphatiques. De là, le liquide (la lymphe) circule dans les vaisseaux lymphatiques jusqu'au canal thoracique ou à la grande veine lymphatique et entre dans l'appareil cardio-vasculaire par les veines sous-clavières. Dans des conditions normales, il se produit un état de quasi-équilibre aux extrémités artérielle et veineuse d'un capillaire, et le liquide filtré et le liquide absorbé, tout comme celui qui est recueilli par le

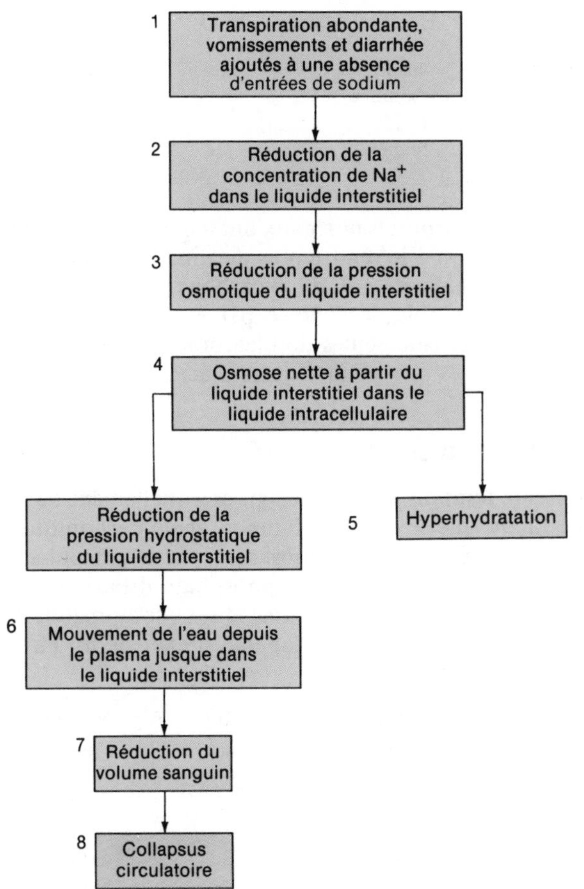

FIGURE 27.4 Interrelations entre le déséquilibre hydrique et le déséquilibre électrolytique.

système lymphatique, sont presque égaux. Cet état de quasi-équilibre est appelé **loi de Starling**.

APPLICATION CLINIQUE

Il arrive que l'équilibre entre le liquide interstitiel et le plasma soit perturbé. **L'œdème**, une augmentation anormale de liquide interstitiel entraînant un gonflement des tissus, constitue un exemple de déséquilibre hydrique (figure 27.3). L'hypertension peut provoquer un œdème en élevant la pression hydrostatique du sang. L'inflammation peut également entraîner un œdème. Au cours de la réaction inflammatoire, les capillaires deviennent perméables et laissent les protéines s'échapper du plasma et entrer dans le liquide interstitiel. Par conséquent, la pression osmotique du sang s'abaisse et la pression osmotique du liquide interstitiel s'élève.

LE MOUVEMENT ENTRE LE LIQUIDE INTERSTITIEL ET LE LIQUIDE INTRACELLULAIRE

La pression osmotique du liquide intracellulaire est plus élevée que celle du liquide interstitiel. De plus, le principal cation intracellulaire est le K^+, alors que le principal cation extérieur est le Na^+ (voir la figure 27.2). Normalement, la pression osmotique intracellulaire, plus élevée, est contrebalancée par des forces qui déplacent l'eau hors de la cellule, de façon que le volume d'eau à l'intérieur de la cellule ne soit pas modifié. Les déséquilibres hydriques entre ces deux compartiments sont habituellement causés par un changement dans la concentration de Na^+ ou de K^+.

L'équilibre sodique de l'organisme est normalement réglé par l'aldostérone et l'hormone antidiurétique (ADH). Cette dernière règle la concentration des électrolytes dans le liquide extracellulaire en ajustant le volume d'eau réabsorbé dans le sang par les tubes contournés distaux et les tubes collecteurs des reins. L'aldostérone règle le volume du liquide extracellulaire en ajustant la quantité de sodium réabsorbé par le sang dans les reins. Toutefois, certaines conditions peuvent entraîner une diminution éventuelle de la concentration de sodium dans le liquide interstitiel. Ainsi, pendant la transpiration, la peau excrète du sodium en même temps que de l'eau. Les vomissements et la diarrhée peuvent également provoquer une perte de sodium. Lorsque, à ces phénomènes, on ajoute une ingestion insuffisante de sodium, une carence en sodium peut rapidement se manifester (figure 27.4). La réduction de la concentration de sodium dans le liquide interstitiel abaisse la pression osmotique du liquide interstitiel et établit un gradient de pression de filtration efficace entre les liquides interstitiel et intracellulaire. L'eau quitte le liquide interstitiel pour entrer dans les cellules, ce qui entraîne deux conséquences qui peuvent être assez graves.

La première conséquence, une augmentation de la concentration d'eau intracellulaire, appelée **hyperhydratation**, est particulièrement nuisible au fonctionnement des cellules nerveuses. En fait, une hyperhydratation, ou **intoxication hydrique**, grave entraîne des symptômes neurologiques variant de la désorientation aux convulsions, au coma et même à la mort. La deuxième conséquence du mouvement liquidien est une perte du volume du liquide interstitiel qui entraîne un baisse de la pression hydrostatique du liquide interstitiel. À mesure que la pression hydrostatique du liquide interstitiel baisse, l'eau s'échappe du plasma, ce qui provoque une réduction du volume sanguin pouvant entraîner un collapsus circulatoire.

L'ÉQUILIBRE ACIDO-BASIQUE

Avant d'aborder la section qui suit, il serait peut-être utile de relire la section portant sur les acides, les bases et le pH, au chapitre 2. Les électrolytes, qui règlent le mouvement de l'eau, aident également à régler l'équilibre acido-basique de l'organisme. L'équilibre acido-basique général est maintenu par la régulation de la concentration des ions hydrogène dans les liquides corporels, notamment dans le liquide extracellulaire. Chez une personne en santé, le pH du liquide extracellulaire se maintient entre 7,35 et 7,45. Le maintien du pH à l'intérieur de cette marge étroite est essentielle à la survie et dépend de trois mécanismes importants: les systèmes tampons, la respiration et l'activité excrétoire des reins.

LES SYSTÈMES TAMPONS

La plupart des **systèmes tampons** de l'organisme comprennent un acide faible et une base faible, et leur fonction est de prévenir des changements importants dans le pH d'un liquide corporel en transformant les bases et les acides forts en bases et en acides faibles. Les systèmes tampons accomplissent leur travail en une fraction de seconde. Il faut se rappeler qu'un acide fort se dissocie plus facilement en ions H^+ qu'un acide faible. Par conséquent, les acides forts abaissent le pH de façon plus importante que les acides faibles, parce qu'ils apportent plus d'ions H^+. De la même façon, les bases fortes élèvent plus facilement le pH que les bases faibles, parce qu'elles se dissocient plus facilement en ions OH^-. Les principaux systèmes tampons des liquides corporels sont le tampon acide carbonique- bicarbonate, le tampon phosphate, le tampon hémoglobine-oxyhémoglobine et le tampon protéine.

Le système tampon acide carbonique-bicarbonate

Le **système tampon acide carbonique-bicarbonate** est un régulateur important du pH sanguin. Il est basé sur un acide faible, l'acide carbonique, et une base faible, principalement le bicarbonate de sodium. Les équations suivantes illustrent le mécanisme de ce système.

HCl	+	$NaHCO_3$	$\rightleftharpoons$	$NaCl$	+	H_2CO_3
Acide chlorhydrique (acide fort)		bicarbonate de sodium (base faible)		chlorure de sodium (sel)		acide carbonique (acide faible)

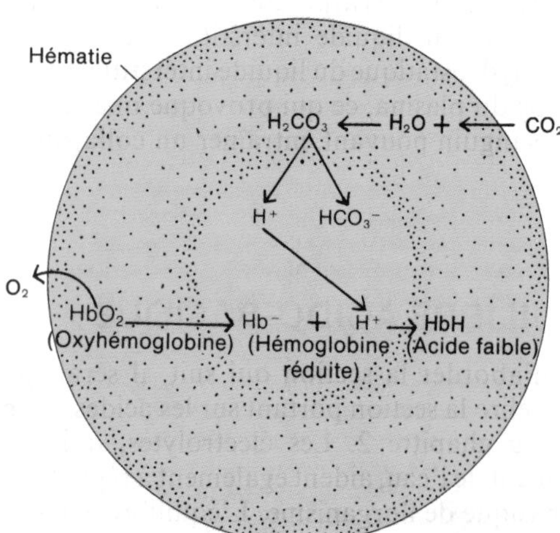

FIGURE 27.5 Système tampon hémoglobine-oxyhémoglobine. L'oxyhémoglobine cède son oxygène dans un milieu acide et élimine l'acide. Le bicarbonate (HCO_3^-) peut rester dans la cellule et s'unir au potassium (K^+), ou il peut sortir de la cellule et s'unir au sodium (Na^+). De cette façon, une grande partie du dioxyde de carbone retourne aux poumons sous forme de bicarbonate de potassium ($KHCO_3$) ou de bicarbonate de sodium ($NaHCO_3$).

$NaOH$	+	H_2CO_3	$\rightleftharpoons$	H_2O	+	$NaHCO_3$
Hydroxyde de sodium (base forte)		acide carbonique (acide faible)		eau		bicarbonate de sodium (base faible)

Les processus corporels normaux ont tendance à acidifier le sang plutôt qu'à le rendre plus alcalin, et l'organisme a besoin de plus de sel de bicarbonate que d'acide carbonique. En fait, lorsque le pH extracellulaire est normal (7,4), les molécules de bicarbonate sont 20 fois plus nombreuses que les molécules d'acide carbonique.

Le système tampon phosphate

Le **système tampon phosphate** agit essentiellement de la même façon que le système tampon acide carbonique-bicarbonate. Ses deux composants sont le phosphate monobasique de sodium et le phosphate dibasique de sodium. L'ion phosphate monobasique de sodium joue le rôle de l'acide faible et est capable d'exercer un effet tampon sur des bases fortes.

$NaOH$	+	NaH_2PO_4	$\rightleftharpoons$	H_2O	+	Na_2HPO_4
Hydroxyde de sodium (base forte)		phosphate monobasique de sodium (acide faible)		eau		phosphate dibasique de sodium (base faible)

L'ion phosphate dibasique de sodium agit comme la base faible et est capable d'exercer un effet tampon sur des acides forts.

HCl	+	Na_2HPO_4	$\rightleftharpoons$	$NaCl$	+	NaH_2PO_4
Acide chlorhydrique (acide fort)		phosphate dibasique de sodium (base faible)		chlorure de sodium (sel)		phosphate monobasique de sodium (acide faible)

Le système tampon phosphate est un régulateur important du pH, à la fois dans les hématies et dans les liquides des tubules rénaux. Le NaH_2PO_4 est formé lorsque les ions H+ en surplus dans les tubules rénaux s'unissent au Na_2HPO_4. Dans cette réaction, le sodium libéré par le Na_2HPO_4 forme du bicarbonate de sodium ($NaHCO_3$) et passe dans le sang. L'ion H^+ qui remplace le sodium devient partie intégrante du NaH_2PO_4 qui passe dans l'urine. Cette réaction est l'un des mécanismes par lesquels les reins aident à maintenir le pH en acidifiant l'urine.

Le système tampon hémoglobine-oxyhémoglobine

Le **système tampon hémoglobine-oxyhémoglobine** constitue un moyen efficace d'exercer une action tampon sur l'acide carbonique dans le sang. Lorsque le sang se déplace de l'extrémité artérielle d'un capillaire à son extrémité veineuse, le dioxyde de carbone cédé par les cellules corporelles entre dans les hématies et s'unit à

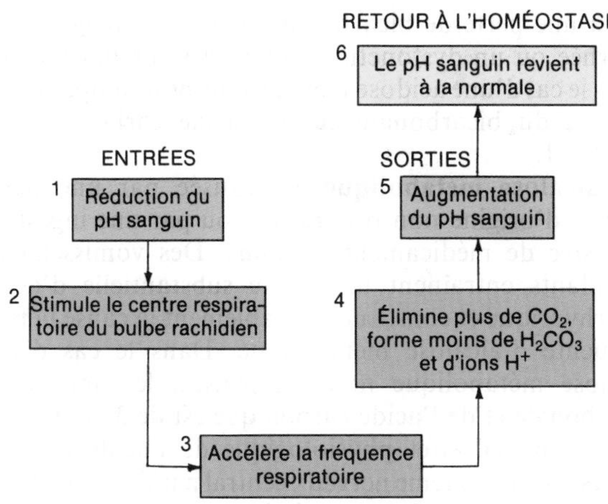

FIGURE 27.6 Liens existant entre le pH et la respiration.

l'eau pour former de l'acide carbonique (figure 27.5). En même temps, l'oxyhémoglobine cède son oxygène aux cellules de l'organisme, et une partie de cet oxygène se transforme en hémoglobine réduite et transporte une charge négative. L'anion hémoglobine attire l'ion hydrogène de l'acide carbonique et devient un acide encore plus faible que l'acide carbonique. Lorsque le système hémoglobine-oxyhémoglobine est actif, la réaction de substitution qui se produit montre pourquoi les hématies ont tendance à céder leur oxygène lorsque la PCO_2 est élevée.

Le système tampon protéine

Le **système tampon protéine** est le tampon le plus abondant dans les cellules corporelles et le plasma. Les protéines sont composées d'acides aminés. Un acide aminé est un composé organique qui contient au moins un groupement carboxyle (COOH) et au moins un groupement amine (NH_2). Le groupement carboxyle joue le rôle d'un acide et peut se dissocier de la façon suivante :

$$NH_2-\overset{\displaystyle R}{\underset{\displaystyle H}{\overset{|}{\underset{|}{C}}}}-COO{-}{-}{-}H^+$$

L'ion hydrogène est alors capable de réagir aux ions hydroxyde en surplus dans la solution pour former de l'eau.

Le groupement amine a tendance à agir comme une base.

$$COOH-\overset{\displaystyle R}{\underset{\displaystyle H}{\overset{|}{\underset{|}{C}}}}-NH_3{}^+$$

Les protéines constituent donc des tampons acides et basiques.

LA RESPIRATION

La respiration joue également un rôle dans le maintien du pH de l'organisme. Une augmentation du taux de dioxyde de carbone dans les liquides corporels, due à la respiration cellulaire, abaisse le pH. L'équation qui suit illustre ce phénomène :

$$CO_2 + H_2O \rightleftharpoons H_2CO_3 \rightleftharpoons H^+ + HCO_3{}^-$$

Inversement, une réduction du taux de dioxyde de carbone des liquides corporels élève le pH.

Le pH des liquides corporels peut être ajusté par un changement de la fréquence respiratoire, un processus qui prend habituellement de une minute à trois minutes. Lorsque la fréquence respiratoire est augmentée, un volume accru de dioxyde de carbone est exhalé, et le pH sanguin s'élève. Un ralentissement de la fréquence respiratoire signifie qu'un volume réduit de dioxyde de carbone est exhalé, et que le pH sanguin baisse. Si la fréquence respiratoire est doublée, le pH augmente d'environ 0,23. Il peut donc passer de 7,4 à 7,63. Une réduction de la fréquence respiratoire équivalant à un quart de la fréquence normale abaisse le pH de 0,4. Celui-ci peut donc passer de 7,4 à 7,0. Si l'on considère que la fréquence respiratoire peut être accélérée ou ralentie jusqu'à huit fois la fréquence normale, il est évident que les modifications du pH des liquides corporels peuvent être influencées de façon importante par la respiration.

Le pH des liquides corporels, à son tour, influence la fréquence respiratoire (figure 27.6). Par exemple, si le sang devient plus acide, l'augmentation des ions hydrogène stimule le centre respiratoire du bulbe rachidien, et la respiration s'accélère. Si la concentration de dioxyde de carbone dans le sang augmente, on obtient le même résultat. Par contre, si le pH sanguin augmente, le centre respiratoire est inhibé, et la respiration ralentit. Une réduction de la concentration de dioxyde de carbone dans le sang entraîne le même résultat. Le mécanisme respiratoire peut normalement éliminer plus d'acide ou de base que tous les systèmes tampons réunis.

L'ACTIVITÉ EXCRÉTRICE DES REINS

Comme le rôle des reins dans le maintien du pH a déjà été présenté au chapitre 26, nous nous contenterons de renvoyer le lecteur à ce chapitre. Il est important de réviser très attentivement la figure 26.11.

Dans le document 27.3, nous présentons un résumé des mécanismes qui maintiennent le pH de l'organisme.

LES DÉSÉQUILIBRES ACIDO-BASIQUES

Le pH sanguin normal varie entre 7,35 et 7,45. Toute déviation importante de ces valeurs entraîne une acidose ou une alcalose. L'**acidose** est une affection caractérisée par un pH sanguin variant entre 7,35 et 6,80. L'**alcalose** correspond à un pH sanguin variant entre 7,45 et 8,00.

L'**acidose respiratoire** est causée par une hypoventilation. Elle est consécutive à toute affection qui réduit le mouvement du dioxyde de carbone du sang aux alvéoles pulmonaires et entraîne par conséquent une accumulation

DOCUMENT 27.3 MÉCANISMES QUI MAINTIENNENT LE pH DE L'ORGANISME

MÉCANISMES	COMMENTAIRES
Systèmes tampons	Comprennent un acide faible et une base faible Préviennent les changements importants du pH liquidien
Acide carbonique-bicarbonate	Régulateur important du pH sanguin
Phosphate	Tampon important dans les hématies et les cellules des tubules rénaux
Hémoglobine-oxyhémoglobine	Exerce une action tampon sur l'acide carbonique dans le sang
Protéine	Tampon le plus abondant dans les cellules corporelles et le plasma
Respiration	Règle le taux de CO_2 des liquides corporels
Accélération	Élévation du pH
Ralentissement	Abaissement du pH
Reins	Excrètent le H^+ et le NH_4^+, et conservent le bicarbonate

de dioxyde de carbone, d'acide carbonique et d'ions hydrogène. Ces affections comprennent l'emphysème, l'œdème pulmonaire, les lésions touchant le centre respiratoire du bulbe rachidien ou les affections des muscles qui participent à la respiration. Lorsque l'acidose respiratoire n'est pas compensée, le rapport normal du bicarbonate et de l'acide carbonique passe de 20/1 à 10/1 ou 8/1, et le pH sanguin décroît.

L'**alcalose respiratoire** est causée par une hyperventilation. Elle est consécutive à toute affection qui stimule le centre respiratoire. Parmi ces affections, on trouve une carence en oxygène due à une altitude élevée, une anxiété marquée et une ingestion excessive d'aspirine. Dans l'alcalose respiratoire non compensée, le rapport normal du bicarbonate et de l'acide carbonique passe de 20/1 à 20/0,5, et le pH sanguin augmente.

L'**acidose métabolique** est causée par une augmentation anormale des produits métaboliques acides autres que le dioxyde de carbone, et par la perte des ions bicarbonates de l'organisme. La cétose constitue un bon exemple d'acidose métabolique causée par une augmentation de la production des produits métaboliques acides. L'acidose due à une perte de bicarbonate peut accompagner une diarrhée ou un dysfonctionnement des tubules rénaux. Dans le cas d'une acidose métabolique non compensée, le rapport du bicarbonate et de l'acide carbonique est de 12,5/1.

L'**alcalose métabolique** est causée par une perte d'acide d'origine non respiratoire ou par une ingestion excessive de médicaments alcalins. Des vomissements abondants entraînent une perte substantielle d'acide chlorhydrique et constitue probablement la cause la plus fréquente d'alcalose métabolique. Dans le cas d'une alcalose métabolique non compensée, le rapport du bicarbonate et de l'acide carbonique est de 31,6/1.

Le principal effet physiologique de l'acidose est la dépression du système nerveux central par l'intermédiaire de la dépression de la transmission synaptique. Lorsque le pH sanguin est inférieur à 7, la dépression du système nerveux est tellement marquée que le sujet devient désorienté et comateux. En fait, les personnes atteintes d'acidose grave meurent habituellement dans un état comateux. Par contre, l'effet physiologique principal de l'alcalose est l'excitabilité excessive du système nerveux, par l'intermédiaire de la facilitation de la transmission synaptique. Cette excitabilité excessive se produit à la fois dans le système nerveux central et dans les nerfs périphériques. À cause de ce phénomène, les nerfs conduisent les influx de façon répétitive, même en l'absence de stimuli normaux, ce qui entraîne de la nervosité, des spasmes musculaires, et même des convulsions.

APPLICATION CLINIQUE

Le **traitement de l'acidose respiratoire** vise d'abord à augmenter l'élimination par exhalation du dioxyde de carbone. On peut aspirer le surplus de sécrétions des voies respiratoires et pratiquer la respiration artificielle. Le **traitement de l'acidose métabolique** consiste à administrer des solutions de bicarbonate de sodium par voie intraveineuse et à éliminer la cause de l'acidose.

Le **traitement de l'alcalose respiratoire** vise à augmenter le taux de dioxyde de carbone dans l'organisme. Une mesure possible consiste à expirer dans un sac de papier, puis à inspirer le mélange de CO_2 et d'oxygène ainsi formé. Le **traitement de l'alcalose métabolique** consiste à administrer des médicaments contenant des ions chlorures et à éliminer la cause de l'alcalose.

RÉSUMÉ

Les compartiments liquidiens et l'équilibre hydrique (page 734)

1. Le liquide corporel est constitué d'eau et de substances dissoutes.
2. Les deux tiers environ du liquide corporel sont situés dans les cellules et forment le liquide intracellulaire.
3. Le tiers qui reste constitue le liquide extracellulaire. Il comprend le liquide interstitiel, le plasma et la lymphe, le liquide céphalo-rachidien, les liquides du tube digestif, le liquide synovial, les liquides des yeux et des oreilles, les liquides des cavités pleurale, péricardique et péritonéale, et le filtrat glomérulaire.
4. L'équilibre hydrique est maintenu lorsque les différents compartiments de l'organisme contiennent les volumes d'eau adéquats.

L'eau (page 734)

1. L'eau constitue le composant le plus abondant de l'organisme ; elle forme de 45% à 75% de la masse corporelle, selon la quantité de graisse présente et l'âge du sujet.
2. Les principales sources d'entrées d'eau sont les liquides et les aliments ingérés, et l'eau produite par le catabolisme.
3. Les reins, la peau, les poumons et le tube digestif sont les voies par lesquelles se produisent les sorties d'eau.
4. La déshydratation est le stimulus qui incite à boire et produit la sensation de soif. Dans des conditions normales, les sorties d'eau sont réglées par l'aldostérone et l'ADH.

Les électrolytes (page 735)

1. Les électrolytes sont des substances chimiques qui se dissolvent dans les liquides corporels et se dissocient en cations (ions positifs) ou en anions (ions négatifs).
2. La concentration électrolytique d'une solution est exprimée en milliéquivalents par litre (mEq/L).
3. Les électrolytes exercent un effet plus important sur l'osmose que les non-électrolytes.
4. Le plasma, le liquide interstitiel et le liquide intracellulaire contiennent des quantités et des formes diverses d'électrolytes.
5. Les électrolytes sont nécessaires au métabolisme normal, au mouvement adéquat des liquides entre les compartiments et à la régulation du pH.
6. Le sodium est l'ion extracellulaire le plus abondant. Il participe à la transmission des influx nerveux, à la contraction musculaire et à l'équilibre hydro-électrolytique. L'aldostérone règle le taux de sodium.
7. Le chlorure est principalement un anion extracellulaire. Il joue un rôle dans la régulation de la pression osmotique et la formation de l'acide chlorhydrique (HCl). L'aldostérone règle indirectement le taux de chlorure dans l'organisme.
8. Le potassium est le cation le plus abondant du liquide intracellulaire. Il participe au maintien du volume liquidien, à la conduction des influx nerveux, à la contraction musculaire et à la régulation du pH. L'aldostérone règle le taux de potassium dans l'organisme.
9. Le calcium est principalement un ion extracellulaire et constitue un composant structural des os et des dents. Il joue également un rôle dans la coagulation du sang, la libération des neurotransmetteurs, la contraction musculaire et les battements cardiaques. La parathormone (PTH) et la calcitonine (CT) règlent le taux de calcium dans l'organisme.
10. Le phosphate est principalement un ion intracellulaire et constitue un composant structural des os et des dents. Il est également nécessaire à la synthèse des acides nucléiques et de l'ATP, et aux réactions tampons. La PTH et la CT règlent le taux de phosphate dans l'organisme.
11. Le magnésium est principalement un électrolyte intracellulaire qui active plusieurs systèmes enzymatiques. L'aldostérone règle le taux de magnésium dans l'organisme.

Le mouvement des liquides corporels (page 738)

1. À l'extrémité artérielle d'un capillaire, le liquide quitte le plasma pour entrer dans le liquide interstitiel ; à l'extrémité veineuse, il se déplace dans la direction opposée.
2. La loi de Starling est le quasi-équilibre atteint aux extrémités artérielle et veineuse d'un capillaire entre le liquide filtré et le liquide réabsorbé, de même que le liquide recueilli par le système lymphatique.
3. Le mouvement des liquides entre le liquide interstitiel et le liquide intracellulaire dépend du mouvement du sodium et du potassium, et de la sécrétion d'aldostérone et d'ADH.
4. Les déséquilibres hydriques peuvent entraîner un œdème ou une hyperhydratation (intoxication hydrique).

L'équilibre acido-basique (page 739)

1. L'équilibre acido-basique général est maintenu par la régulation de la concentration des H^+ dans les liquides corporels, notamment dans le liquide extracellulaire.
2. Le pH normal du liquide extracellulaire varie entre 7,35 et 7,45.
3. L'homéostasie du pH est maintenue par les systèmes tampons, la respiration et l'activité excrétrice des reins.
4. Les systèmes tampons les plus importants comprennent le tampon acide carbonique-bicarbonate, le tampon phosphate, le tampon hémoglobine-oxyhémoblogine et le tampon protéine.
5. Une accélération de la fréquence respiratoire entraîne une élévation du pH ; un ralentissement de la fréquence respiratoire entraîne une baisse du pH.

Les déséquilibres acido-basiques (page 741)

1. L'acidose correspond à un pH sanguin variant entre 7,35 et 6,80. L'effet principal de l'acidose est la dépression du système nerveux central.
2. L'alcalose correspond à un pH sanguin variant entre 7,45 et 8,00. L'effet principal de l'alcalose est une excitabilité excessive du système nerveux central.
3. L'acidose respiratoire est causée par une hypoventilation ; l'acidose métabolique est due à une augmentation anormale des produits métaboliques acides (autres que le CO_2) et une perte de bicarbonate.
4. L'alcalose respiratoire est causée par une hyperventilation ; l'alcalose métabolique est due à une perte d'acide d'origine non respiratoire ou à une ingestion excessive de médicaments alcalins.

RÉVISION

1. Qu'est-ce que le liquide corporel? Nommez quelques compartiments liquidiens et décrivez la façon dont ils sont séparés les uns des autres.
2. Qu'entend-on par équilibre hydrique? De quelle façon l'équilibre hydrique et l'équilibre électrolytique sont-ils liés ?
3. Décrivez les voies par lesquelles s'effectuent les entrées et les sorties d'eau. Assurez-vous d'indiquer le volume de liquide entré ou sorti.
4. Parlez du rôle de la soif dans la régulation de l'ingestion de liquides.
5. Expliquez la façon dont l'aldostérone et l'ADH règlent les sorties normales d'eau. Nommez quelques voies anormales par lesquelles se produisent certaines sorties d'eau.
6. Qu'est-ce qu'un non-électrolyte ? Qu'est-ce qu'un électrolyte ? Donnez des exemples précis pour chacun des cas.
7. Quelle est la différence entre un cation et un anion ? Donnez plusieurs exemples de chacun.
8. Comment exprime-t-on la concentration ionique d'un liquide ? Mesurez la concentration des ions sodium dans un liquide corporel.
9. Décrivez les fonctions des électrolytes dans l'organisme.

10. Décrivez certaines des principales différences dans les concentrations électrolytiques des trois principaux compartiments liquidiens de l'organisme.
11. Nommez trois électrolytes extracellulaires et trois électrolytes intracellulaires importants.
12. Indiquez la fonction et le mode de régulation des électrolytes suivants : le sodium, le chlorure, le potassium, le calcium, le phosphate et le magnésium.
13. Décrivez les effets physiologiques de l'hyponatrémie, de l'hypochlorémie, de l'hypokaliémie, de l'hypomagnésémie et de l'hypermagnésémie.
14. Expliquez les forces en jeu dans le mouvement des liquides entre le plasma et le liquide interstitiel. Résumez ces forces en créant une équation permettant d'exprimer la pression de filtration efficace.
15. Qu'est-ce que la loi de Starling ?
16. Expliquez les facteurs en jeu dans le mouvement des liquides entre le liquide interstitiel et le liquide intracellulaire.
17. Qu'est-ce qu'un œdème ? Nommez certaines de ses causes.
18. Expliquez la façon dont les systèmes tampons suivants aident à maintenir le pH des liquides corporels : le tampon acide carbonique-bicarbonate, le tampon phosphate, le tampon hémoglobine-oxyhémoglobine et le tampon protéine.
19. Décrivez la façon dont la respiration est liée au maintien du pH.
20. Parlez brièvement du rôle des reins dans le maintien du pH.
21. Qu'est-ce que l'acidose et l'alcalose ? Quelle est la différence entre les acidoses et les alcaloses respiratoires et métaboliques ?
22. Quels sont les principaux effets physiologiques de l'acidose et de l'alcalose ?
23. Comment traite-t-on l'acidose et l'alcalose ?

CINQUIÈME PARTIE

La transmission de la vie

Dans cette partie, nous étudions la façon dont l'organisme humain est conçu pour la reproduction. Nous voyons également les événements qui participent à la grossesse. Nous terminons par les principes de l'hérédité et de la régulation des naissances.

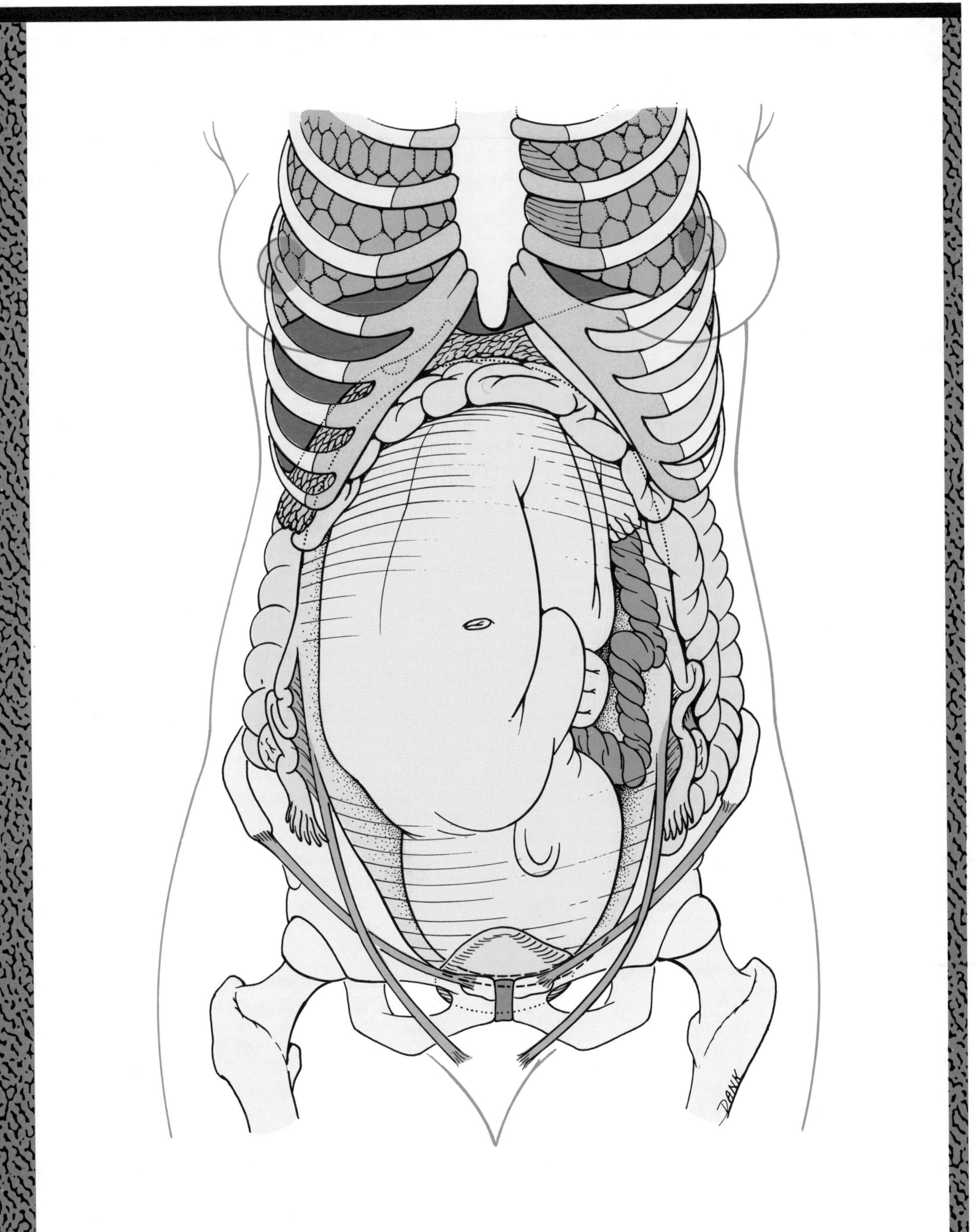

28

Les appareils reproducteurs

OBJECTIFS

- Définir la reproduction et classer les organes de la reproduction d'après leur fonction.
- Expliquer la structure, l'histologie et les fonctions des testicules.
- Définir la méiose et expliquer les principaux événements de la spermatogenèse.
- Décrire les effets physiologiques de la testostérone et de l'inhibine.
- Décrire les tubes séminifères, les tubes droits et le rete testis, en tant que composants du système de canaux des testicules.
- Décrire l'emplacement, la structure, l'histologie et les fonctions du canal épididymaire, du canal déférent et du canal éjaculateur.
- Décrire les trois divisions anatomiques de l'urètre de l'homme.
- Décrire l'emplacement et les fonctions des vésicules séminales, de la prostate et des glandes de Cowper, qui constituent les glandes sexuelles annexes.
- Parler de la composition chimique du sperme.
- Expliquer la structure et les fonctions du pénis.
- Décrire l'emplacement, l'histologie et les fonctions des ovaires.
- Décrire les principaux événements de l'ovogenèse.
- Expliquer l'emplacement, la structure, l'histologie et les fonctions des trompes de Fallope.
- Expliquer l'histologie de l'utérus et son apport sanguin.
- Comparer les principaux événements des cyles menstruel et ovarien.
- Parler des effets physiologiques des œstrogènes, de la progestérone et de la relaxine.
- Décrire l'emplacement, la structure et les fonctions du vagin.
- Décrire les composants de la vulve et expliquer leurs fonctions.
- Expliquer la structure, le développement et l'histologie des glandes mammaires.
- Expliquer les rôles joués par l'homme et par la femme dans la relation sexuelle.
- Comparer les différentes méthodes de régulation des naissances et leur efficacité.
- Décrire les effets du vieillissement sur les appareils reproducteurs.
- Décrire le développement embryonnaire des appareils reproducteurs.
- Expliquer les symptômes et les causes des maladies transmissibles sexuellement (MTS), comme la gonorrhée, la syphilis, l'herpès génital, la trichomonase et l'urétrite non gonococcique.
- Décrire les symptômes et les causes des troubles liés à l'appareil reproducteur de l'homme (troubles de la prostate, impuissance et stérilité) et de la femme (aménorrhée, algoménorrhée, syndrome prémenstruel [SPM], syndrome de choc toxique staphylococcique, kystes de l'ovaire, endométriose, stérilité, tumeurs du sein, cancer du col de l'utérus et pelvipéritonite).
- Définir les termes médicaux associés aux appareils reproducteurs.

La **reproduction** est le processus qui permet le maintien de la vie. Dans un sens, la reproduction est le processus par lequel une cellule reproduit son matériel génétique, ce qui permet à l'organisme de croître et de réparer lui-même ses lésions; par conséquent, la reproduction maintient la vie de l'organisme. Toutefois, la reproduction est également le processus par lequel le matériel génétique est transmis d'une génération à une autre. En ce sens, la reproduction maintient la perpétuation de l'espèce.

On peut regrouper les organes des appareils reproducteurs de l'homme et de la femme d'après leurs fonctions. Les testicules et les ovaires, également appelés **gonades**, produisent des gamètes, les spermatozoïdes et les ovules. Les gonades élaborent également des hormones. La production des gamètes, et leur libération dans des canaux, permet de considérer les gonades comme des glandes exocrines, alors que l'élaboration d'hormones les classe dans la catégorie des glandes endocrines. Les **canaux** transportent, reçoivent et entreposent les gamètes. D'autres organes reproducteurs, les **glandes sexuelles annexes**, produisent des substances qui soutiennent les gamètes.

Nous étudierons, un peu plus loin dans ce chapitre, le développement embryonnaire des appareils reproducteurs.

L'APPAREIL REPRODUCTEUR DE L'HOMME

Les organes de l'appareil reproducteur de l'homme sont les testicules, ou gonades mâles, qui produisent les spermatozoïdes; des canaux, qui entreposent ou transportent les spermatozoïdes à l'extérieur ; les glandes sexuelles annexes, qui élaborent des sécrétions qui constituent le sperme; ainsi que plusieurs structures de soutien, dont le pénis (figure 28.1).

LE SCROTUM

Le **scrotum** est une enveloppe cutanée de l'abdomen, faite de peau lâche et de fascias superficiels (figure 28.1). C'est la structure de soutien des testicules. Vu de l'extérieur, il paraît être un sac de peau séparé en deux portions latérales par une crête médiane, le **raphé**. À l'intérieur, il est divisé en deux sacs par une cloison;

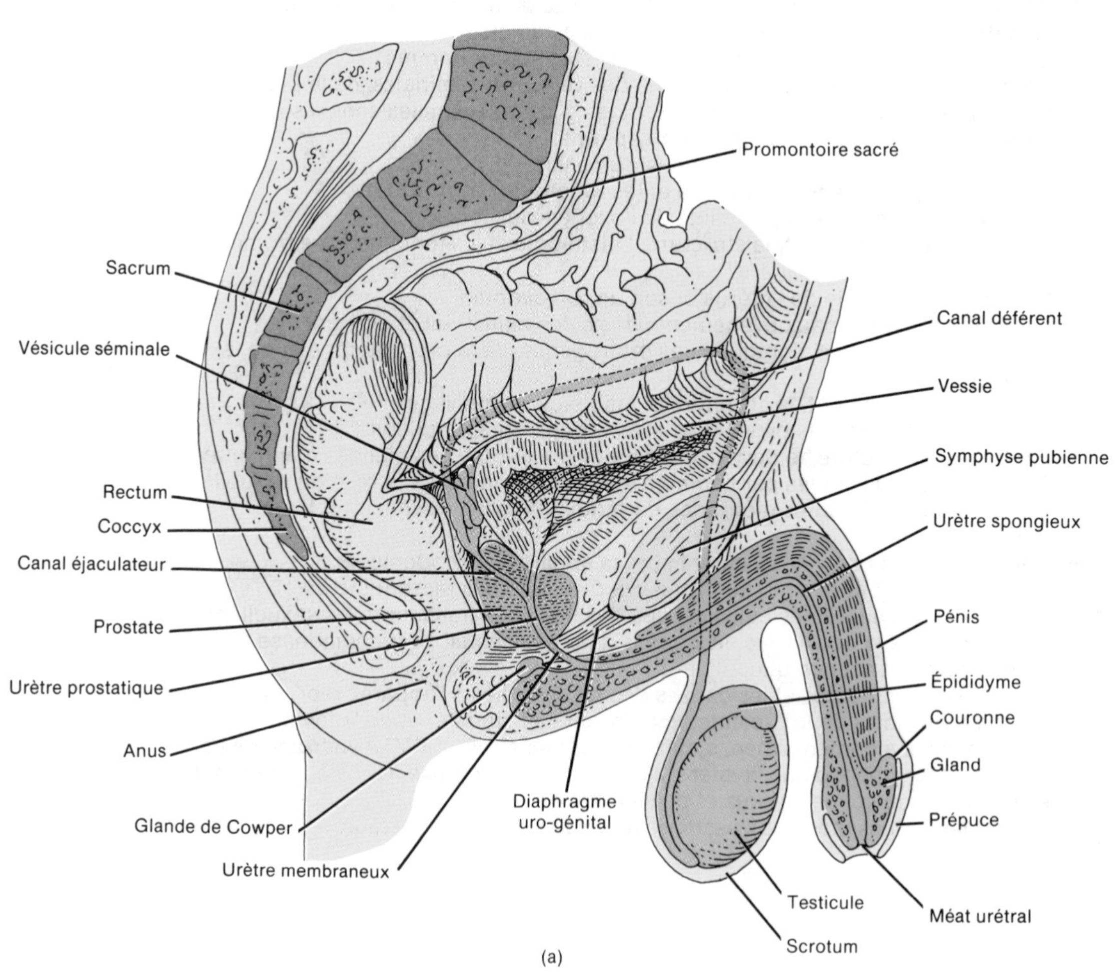

FIGURE 28.1 Coupe sagittale des organes reproducteurs de l'homme et des structures environnantes. (a) Diagramme.

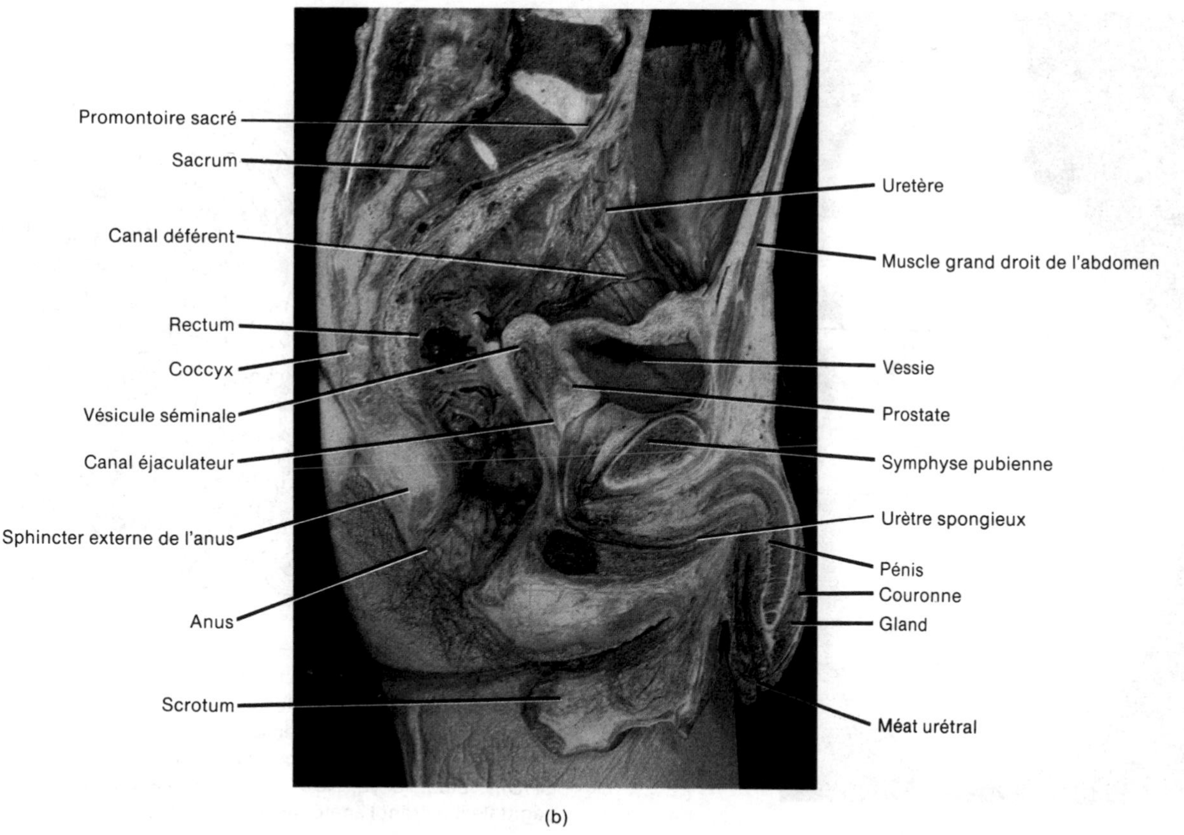

FIGURE 28.1 [*Suite*] (b) Photographie. [Gracieuseté de C. Yokochi et J. W. Rohen, *Photographic Anatomy of the Human Body*, 2e éd., 1978, IGAKU-SHOIN, Ltd., Tokyo, New York.]

chacun de ces sacs contient un testicule. La cloison comprend des fascias superficiels et du tissu contractile, appelé **dartos**, fait de groupes de fibres musculaires lisses. Le dartos est également présent dans le tissu sous-cutané du scrotum, et il constitue le prolongement direct du tissu sous-cutané de la paroi abdominale. C'est le dartos qui est responsable du plissement de la peau du scrotum.

L'emplacement du scrotum et la contraction de ses fibres musculaires règlent la température des testicules. L'élaboration et la survie des spermatozoïdes nécessitent une température inférieure à la température corporelle. Comme le scrotum est situé en dehors des cavités corporelles, il permet une température inférieure à la température corporelle d'environ 3° C. Le **muscle crémaster** (voir la figure 28.8), une petite bande circulaire de muscle squelettique, élève les testicules lors de l'excitation sexuelle et de l'exposition au froid, ce qui les rapproche de la cavité pelvienne, où ils peuvent absorber la chaleur du corps. L'exposition à la chaleur entraîne le processus inverse.

LES TESTICULES

Les **testicules** sont deux glandes ovales, mesurant environ 5 cm de longueur et 2,5 cm de diamètre (figure 28.2). Chaque testicule a une masse de 10 g à 15 g. Ces organes se développent sur un point élevé de la paroi abdominale postérieure de l'embryon et commencent généralement à descendre dans le scrotum, par les canaux inguinaux, au cours de la deuxième moitié du septième mois (voir la figure 28.8).

APPLICATION CLINIQUE

Lorsque les testicules ne descendent pas dans le scrotum, on se trouve en présence d'une **cryptorchidie**. Celle-ci se présente chez environ 3 % des nouveau-nés à terme, et chez environ 30 % des prématurés. La cryptorchidie entraîne la stérilité, parce que les cellules qui participent au développement initial des spermatozoïdes sont détruites par la température corporelle plus élevée qui règne dans la cavité pelvienne. De plus, les risques de cancer des testicules sont de 30 fois à 50 fois plus élevés dans les cas de testicules non descendus. On peut faire descendre les testicules dans le scrotum, sans provoquer de conséquences fâcheuses, en administrant des hormones ou en pratiquant une intervention chirurgicale, avant la puberté. Parfois, les testicules non descendus descendent spontanément.

Les testicules sont recouverts d'une couche dense de tissu fibreux blanc, l'**albuginée**, qui s'étend vers l'intérieur et divise chaque testicule en une série de compartiments internes, les **lobules**. Chacun des 200 à 300 lobules contient de un à trois tubes étroitement enroulés, les **tubes séminifères**, qui élaborent les

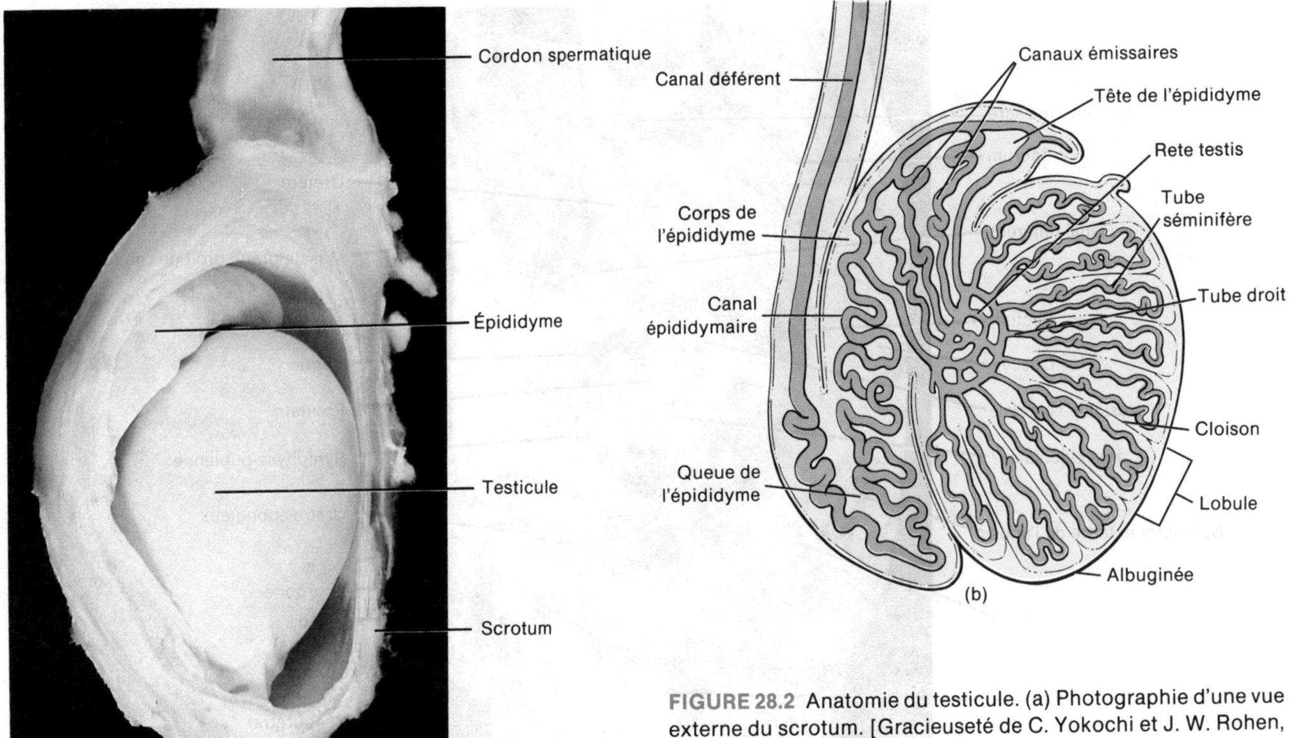

FIGURE 28.2 Anatomie du testicule. (a) Photographie d'une vue externe du scrotum. [Gracieuseté de C. Yokochi et J. W. Rohen, *Photographic Anatomy of the Human Body*, 2e éd., 1978, IGAKU-SHOIN, Ltd., Tokyo, New York.] (b) Diagramme d'une coupe sagittale illustrant l'anatomie interne du testicule.

spermatozoïdes grâce à un processus appelé **spermatogenèse**. Nous allons étudier brièvement ce processus un peu plus loin.

Une coupe transversale pratiquée dans un tube séminifère révèle que ce dernier est tapissé de cellules parvenues à différents stades de développement (figure 28.3). Les cellules les plus immatures, les **spermatogonies**, se trouvent contre la membrane basale. Collectivement, ces cellules constituent l'épithélium germinatif. Près de la lumière du tube, on peut voir des couches de cellules progressivement plus mûres. Par ordre de maturité, ce sont les spermatocytes de premier ordre, les spermatocytes de deuxième ordre et les spermatides. Lorsque le **spermatozoïde** a presque atteint la maturité, il se trouve dans la lumière du tube et commence à être transporté dans une série de canaux. Enfouies entre les spermatozoïdes en cours de développement dans le tube, se trouvent les **cellules de Sertoli**. Près de la membrane basale, à l'intérieur, chaque cellule de Sertoli est reliée à une autre par des points de jonction qui forment une **barrière sang-testicule**. Cette barrière est importante, parce que les spermatozoïdes et les cellules en cours de développement produisent des antigènes d'enveloppe considérés comme des corps étrangers par le système immunitaire, et que la barrière empêche ce dernier de provoquer une réaction immunitaire contre les antigènes en les isolant du sang. On peut observer une réaction immunitaire après une vasectomie (description sommaire), dans laquelle des anticorps dirigés contre les spermatozoïdes, élaborés dans les cellules du système immunitaire, sont exposés aux spermatozoïdes qui ne sont plus isolés dans l'appareil reproducteur. Les cellules de Sertoli soutiennent et protègent les spermatozoïdes en cours de développement ; nourrissent les spermatocytes, les spermatides et les spermatozoïdes ; phagocytent les spermatozoïdes en dégénérescence ; règlent les mouvements des spermatozoïdes et la libération de ces derniers dans la lumière du tube séminifère ; et sécrètent une hormone, l'inhibine, et une protéine fixatrice d'androgène, une hormone nécessaire à l'élaboration des spermatozoïdes, qui concentre la testostérone dans le tube séminifère. Entre les tubes séminifères se trouvent des amas de **cellules interstitielles du testicule (cellules de Leydig)**. Ces cellules sécrètent la testostérone, une hormone mâle, qui constitue l'androgène le plus important.

La spermatogenèse

La **spermatogenèse** est le processus par lequel les testicules produisent des spermatozoïdes par méiose. Avant de lire la section qui suit, il serait souhaitable de revoir les détails de la méiose au chapitre 3 (voir la figure 3.17). À ce stade, on doit garder à l'esprit certains concepts clés.

1. Dans la reproduction sexuée, un nouvel organisme est produit par l'union et la fusion de cellules sexuelles appelées **gamètes**. Les gamètes mâles, produits dans les testicules, sont appelés spermatozoïdes, et les gamètes femelles, produits dans les ovaires, sont appelés ovules.

2. La cellule qui résulte de l'union et de la fusion de gamètes est un zygote, et contient un mélange de chromosomes (ADN)

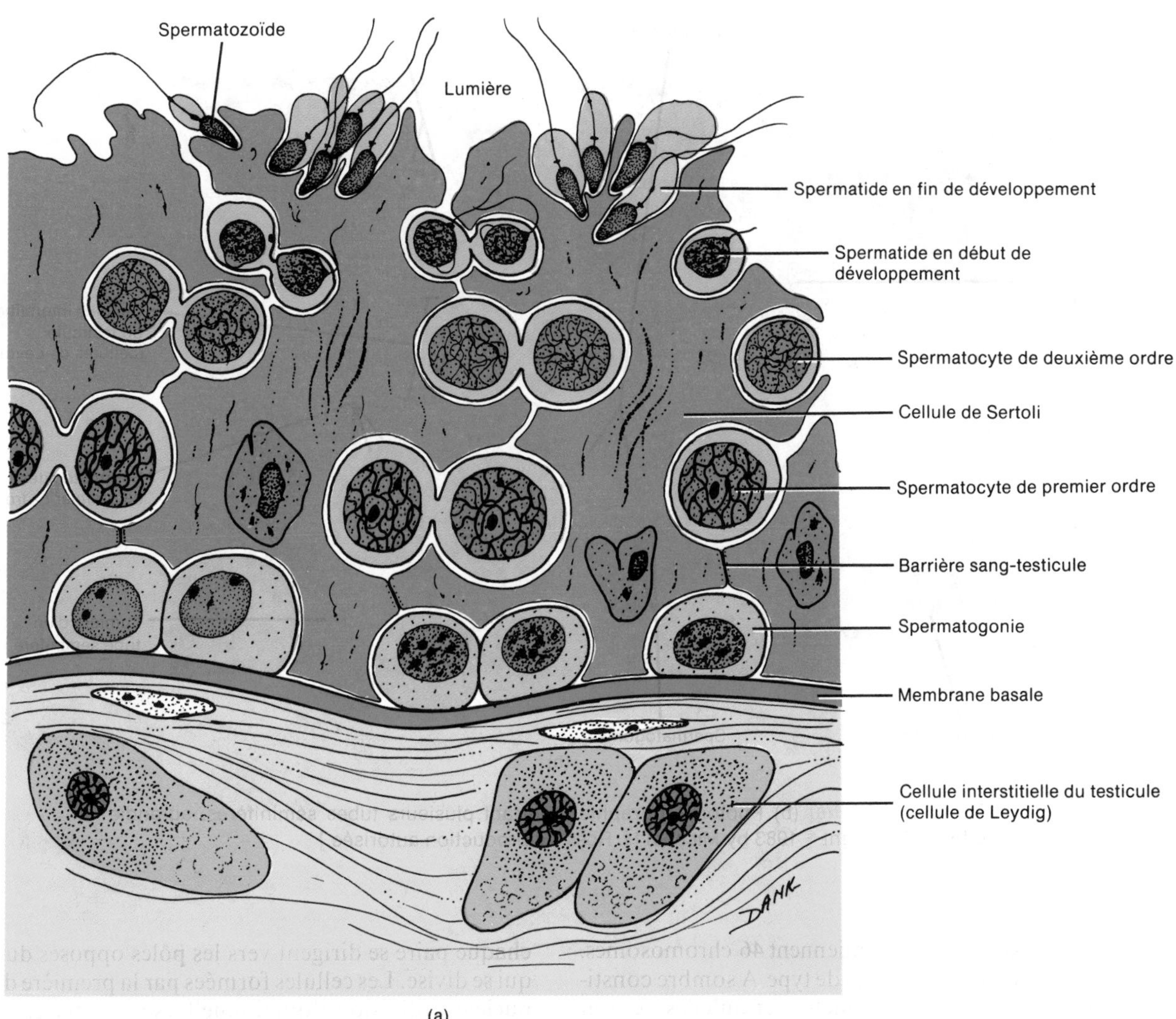

FIGURE 28.3 Histologie du testicule. (a) Diagramme d'une coupe transversale d'une portion d'un tube séminifère, illustrant les stades de la spermatogenèse.

provenant des deux parents. Par l'intermédiaire de mitoses répétées, le zygote se transforme en un nouvel organisme.

3. Les gamètes diffèrent des autres cellules corporelles (cellules somatiques) en ce qu'ils contiennent un **nombre haploïde (la moitié) de chromosomes**, symbolisé par n. Chez l'humain, cela signifie 23 chromosomes (un seul groupe). Les cellules somatiques mononucléées contiennent un nombre diploïde de chromosomes, symbolisé par $2n$. Chez l'humain, cela représente 46 chromosomes (deux groupes).

4. Dans une cellule diploïde, les deux chromosomes appartenant à une même paire sont appelés **chromosomes homologues**.

5. Si les gamètes étaient diploïdes ($2n$) comme les cellules somatiques, le zygote contiendrait deux fois le nombre diploïde ($4n$), et le nombre des chromosomes continuerait à doubler à chaque génération.

6. Grâce à la méiose, un processus de division cellulaire par lequel les gamètes produits dans les testicules et les ovaires reçoivent un nombre haploïde de chromosomes, cette duplication constante du nombre des chromosomes ne se produit pas. Par conséquent, lorsque les gamètes s'unissent, le zygote contient un nombre diploïde de chromosomes ($2n$).

Chez l'humain, la spermatogenèse dure de deux à trois mois. Les tubes séminifères sont tapissés de cellules immatures appelées **spermatogonies** (figures 28.3,a et 28.4). Les spermatogonies contiennent un nombre diploïde de chromosomes et représentent un groupe hétérogène de cellules dans lequel on peut distinguer trois sous-types. Ce sont les types A pâle, A sombre et B ; ils se distinguent les uns des autres par l'apparence de leur chromatine. Les spermatogonies de type A pâle restent relativement indifférenciées et capables de division mitotique élaborée. Après la division, certaines des cellules filles restent indifférenciées et constituent un réservoir de cellules précurseurs afin de prévenir la déplétion de la population des cellules souches. Ces cellules restent près de la membrane basale. Les autres cellules filles se différencient en spermatogonies de type B. Ces cellules perdent contact avec la membrane basale du tube séminifère, subissent certains changements développementaux et deviennent des **spermatocytes de premier ordre**. Les spermatocytes de premier ordre, comme les spermatogonies, sont

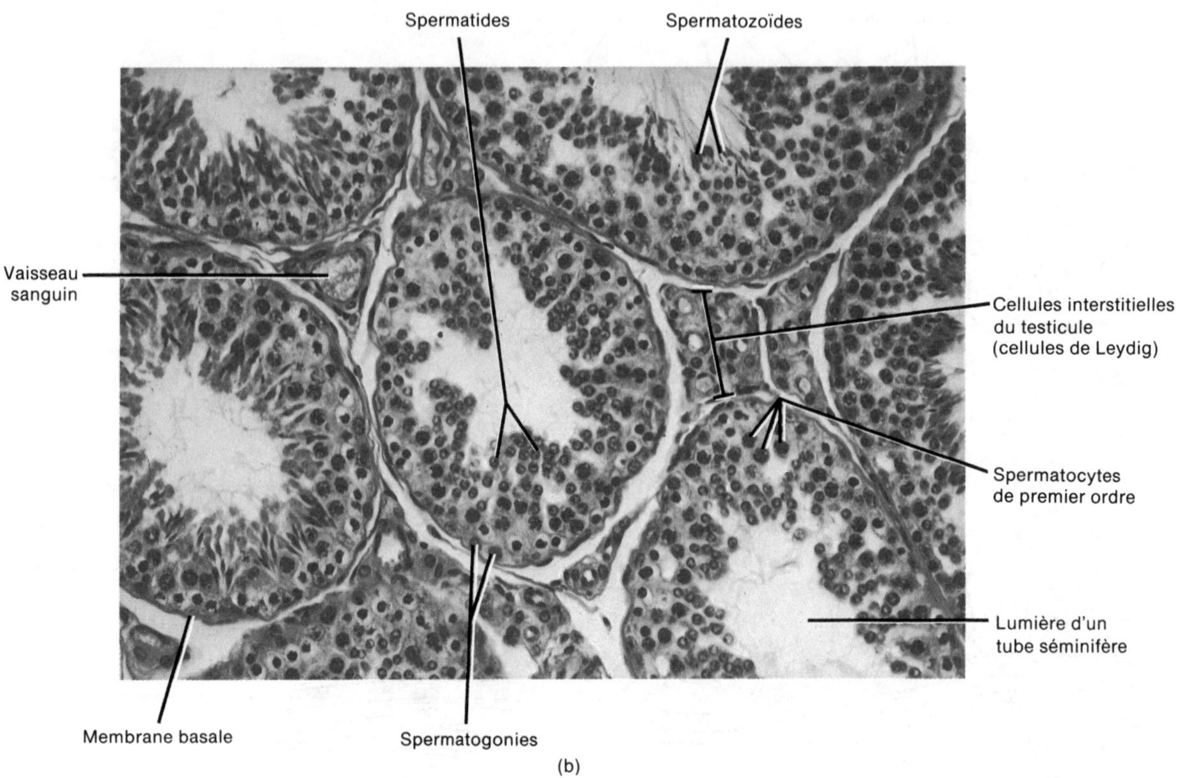

FIGURE 28.3 [*Suite*] (b) Photomicrographie montrant plusieurs tubes séminifères, agrandie 350 fois. [Copyright © 1983 by Michael H. Ross. Reproduction autorisée.]

diploïdes, c'est-à-dire qu'ils contiennent 46 chromosomes. On croit que les spermatogonies de type A sombre constituent une réserve de cellules souches, et qu'elles ne sont activées que si le nombre de cellules de type A pâle atteint un taux dangereusement bas.

• ***La division réductionnelle (méiose I)*** Chaque spermatocyte de premier ordre s'hypertrophie avant de se diviser. Il se produit alors deux divisions nucléaires durant la méiose. Dans la première division, l'ADN est reproduit, et 46 chromosomes (dont chacun comprend deux chromatides) se forment et se dirigent vers la plaque équatoriale du noyau. Là, ils s'alignent par paires homologues de façon qu'il y ait 23 paires de chromosomes reproduites dans le centre du noyau. Cet appariement de chromosomes homologues est appelé **synapsis**. Les quatre chromatides de chaque paire homologue s'enroulent alors les unes autour des autres pour former une **tétrade**. Dans une tétrade, des portions d'une chromatide peuvent être échangées avec des portions d'une autre. Ce processus, appelé **enjambement**, permet un échange de gènes parmi les chromatides (voir la figure 3.18), qui entraîne une recombinaison des gènes. Ainsi, les spermatozoïdes produits par la suite peuvent être, sur le plan génétique, différents les uns des autres et de la cellule qui les a produits, ce qui explique la grande variété qui existe chez les humains. Ensuite, le fuseau achromatique se forme et les microtubules chromosomiques produits par les centromères des chromosomes appariés s'étendent en direction des pôles de la cellule. Les membres de chaque paire se dirigent vers les pôles opposés du noyau qui se divise. Les cellules formées par la première division nucléaire (division réductionnelle) sont appelées **spermatocytes de deuxième ordre**. Chaque cellule est dotée de 23 chromosomes, le nombre haploïde. Toutefois, chaque chromosome des spermatocytes de deuxième ordre comprend deux chromatides. De plus, les gènes des chromosomes des spermatocytes de deuxième ordre peuvent être disposés de façon différente après l'enjambement.

• ***La division équationnelle (méiose II)*** La deuxième division nucléaire de la méiose est la division équationnelle, durant laquelle il ne se produit pas de replication de l'ADN. Les chromosomes (dont chacun est composé de deux chromatides) s'alignent autour de la plaque équatoriale, et les chromatides de chaque chromosome se séparent les unes des autres. Les cellules formées par la division équationnelle sont appelées **spermatides**. Chaque spermatide contient la moitié du nombre original de chromosomes, soit 23 chromosomes, et est haploïde. Par conséquent, chaque spermatocyte de premier ordre produit quatre spermatides par méiose (divisions réductionnelle et équationnelle). Les spermatides sont situées près de la lumière du tube séminifère.

Au cours de la spermatogenèse, un processus unique en son genre se produit. À mesure que les spermatozoïdes prolifèrent, la division cytoplasmique (cytocinèse) reste incomplète, de façon que les cellules filles, à l'exception des spermatogonies les moins différenciées, restent en contact par l'intermédiaire de ponts cytoplasmiques. Ces

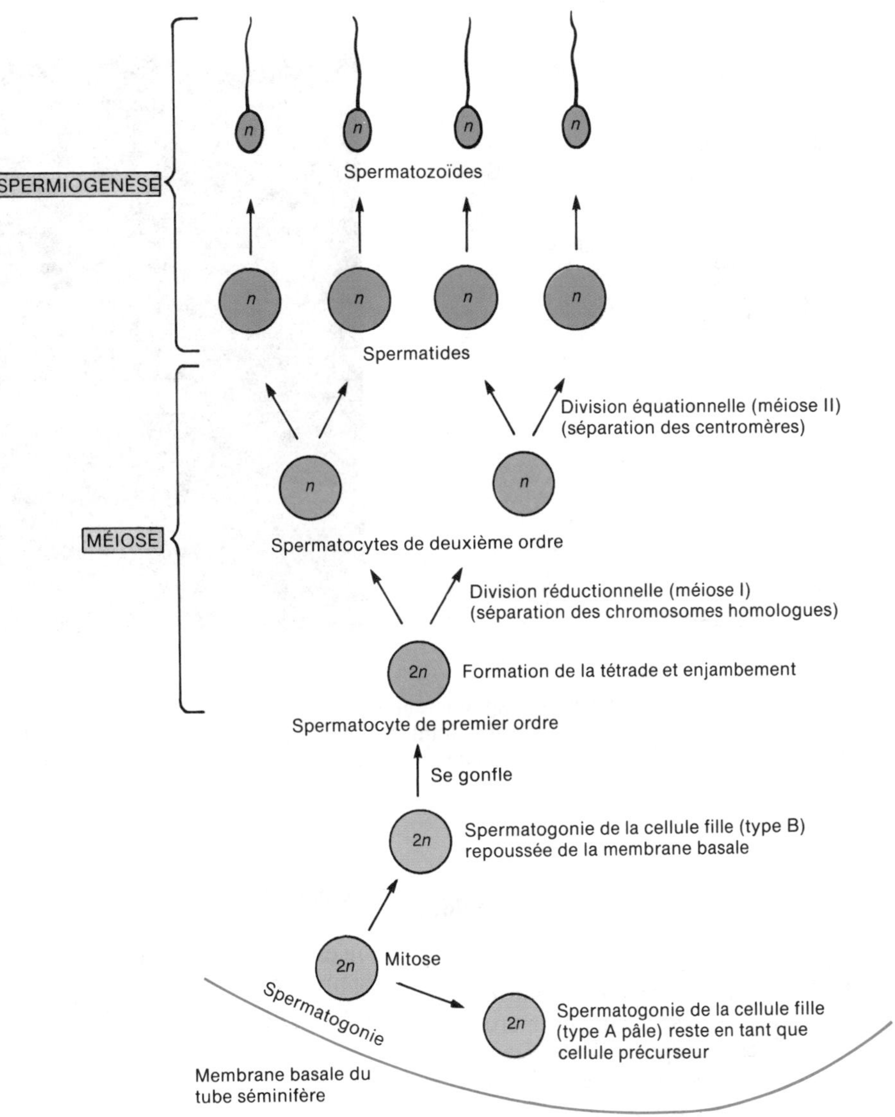

FIGURE 28.4 Spermatogenèse.

ponts cytoplasmiques restent présents jusqu'à ce que le développement des spermatozoïdes soit terminé; à ce moment, ils s'éloignent individuellement dans la lumière d'un tube séminifère. Ainsi, les rejetons d'une spermatogonie restent en contact avec le cytoplasme tout au long de leur développement. La façon dont se déroule le développement explique la production synchronisée de spermatozoïdes dans n'importe quelle région donnée d'un tube séminifère. Ce modèle de développement peut avoir une valeur de survie, en ce sens que la moitié des spermatozoïdes contient un chromosome X et l'autre moitié, un chromosome Y. Le chromosome X transporte probablement un grand nombre de gènes essentiels que ne contient pas le chromosome Y et, s'il n'y avait pas de ponts cytoplasmiques entre les spermatozoïdes en cours de développement, le spermatozoïde contenant le chromosome Y pourrait mourir, ce qui aurait pour conséquence de produire uniquement des filles.

• ***La spermiogenèse*** La dernière étape de la spermatogenèse, la **spermiogenèse**, correspond à la transformation des spermatides en spermatozoïdes. Chaque spermatide s'enchasse dans une cellule de Sertoli et forme une tête munie d'un acrosome (description sommaire) ainsi qu'un flagelle (queue). Les cellules de Sertoli s'étendent de la membrane basale vers l'intérieur du tube séminifère, où elles nourrissent les spermatides en cours de développement. Comme il ne se produit aucune division cellulaire au cours de la spermiogenèse, chaque spermatide se transforme en un seul **spermatozoïde**.

Les spermatozoïdes entrent dans la lumière du tube séminifère et se dirigent vers le canal épididymaire où, durant une période variant entre 18 h et 10 jours, ils terminent leur maturation et deviennent capables de féconder un ovule. Les spermatozoïdes sont alors entreposés dans le canal déférent. Là, ils peuvent demeurer fertiles pendant plusieurs mois.

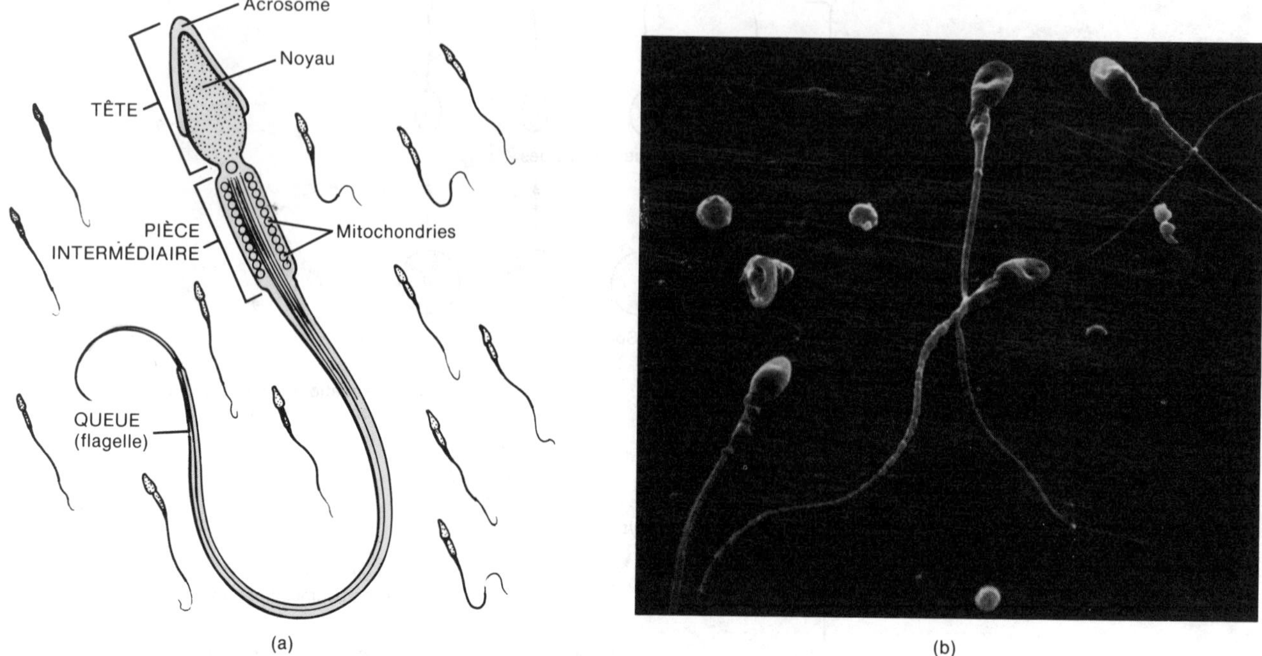

FIGURE 28.5 Spermatozoïdes. (a) Diagramme illustrant les parties d'un spermatozoïde. (b) Micrographie électronique par balayage montrant plusieurs spermatozoïdes, agrandie 2000 fois. [Gracieuseté de Fisher Scientific Company et S.T.E.M. Laboratories, Inc., Copyright © 1975.]

Les spermatozoïdes

Chaque jour, environ 300 millions de **spermatozoïdes** sont produits ou atteignent leur maturité. Lorsqu'ils sont sortis de l'organisme, leur espérance de vie dans l'appareil reproducteur de la femme est d'environ 48 h. Le spermatozoïde est hautement spécialisé pour atteindre l'ovule et y pénétrer. Il est composé d'une tête, d'une pièce intermédiaire et d'une queue (figure 28.5). Dans la **tête** se trouvent le matériel nucléaire et une granule dense, **l'acrosome**, qui se développe à partir de l'appareil de Golgi et qui contient des enzymes (hyaluronidase et protéinases) qui facilitent la pénétration du spermatozoïde dans l'ovule. L'acrosome est essentiellement un lysosome spécialisé. De nombreuses mitochondries, situées dans la **pièce intermédiaire**, effectuent le métabolisme qui fournit l'énergie nécessaire au déplacement. La **queue**, un flagelle typique, propulse le spermatozoïde.

La testostérone et l'inhibine

Les sécrétions de l'adénohypophyse jouent un rôle majeur dans les changements développementaux associés à la puberté. Au début de la puberté, l'adénohypophyse commence à sécréter des gonadotrophines, appelées hormone follicostimulante (FSH) et hormone lutéinisante (LH). La libération de ces hormones est réglée à partir de l'hypothalamus par l'hormone de libération des gonadotrophines (Gn-RH). Une fois sécrétées, les gonadotrophines exercent des effets marqués sur les organes reproducteurs de l'homme. La FSH agit sur les tubes séminifères pour déclencher la spermatogenèse et stimuler les cellules de Sertoli. La LH aide également les tubes séminifères à former des spermatozoïdes mûrs, mais son rôle principal est de stimuler les cellules interstitielles du testicule (cellules de Leydig) à sécréter la testostérone.

La **testostérone** est synthétisée à partir du cholestérol ou de l'acétyl coenzyme A, dans les testicules. Il s'agit de la principale hormone mâle (androgène), et elle exerce de nombreux effets sur l'organisme. Elle règle le développe-

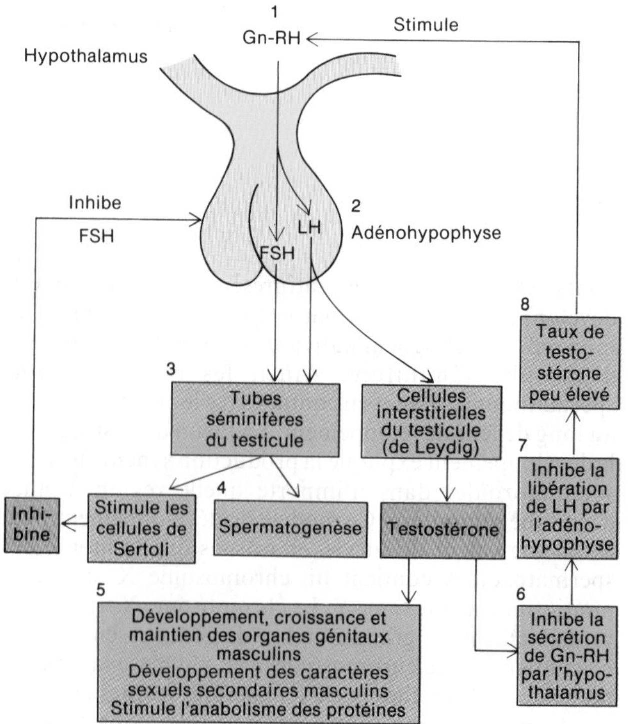

FIGURE 28.6 Sécrétion, effets physiologiques et régulation de la testostérone et de l'inhibine.

ment, la croissance et le maintien des organes génitaux masculins. Elle stimule également la croissance osseuse, l'anabolisme des protéines, le comportement sexuel, la maturation finale des spermatozoïdes et le développement des caractères sexuels secondaires masculins. Ces caractères, qui apparaissent à la puberté, comprennent un développement musculaire et squelettique produisant des épaules larges et des hanches étroites, une distribution de la pilosité comprenant des poils pubiens, des poils sur les aisselles et sur la poitrine (dépendant de l'hérédité), des poils faciaux, une récession temporale de la lisière des cheveux, une hypertrophie du cartilage thyroïde du larynx entraînant une voix plus grave. La testostérone stimule également la descente des testicules, juste avant la naissance.

L'interaction de la LH et de la testostérone illustre un autre système de rétroaction négative (figure 28.6). La LH stimule la production de la testostérone ; cependant, une fois que la concentration de testostérone dans le sang atteint un certain degré, elle inhibe la libération de la Gn-RH par l'hypothalamus. Cette inhibition, à son tour, entraîne l'inhibition de la libération de la LH par l'adénohypophyse. Par conséquent, la production de testostérone est réduite. Cependant, une fois que la concentration de testostérone dans le sang est abaissée jusqu'à un certain degré, la Gn-RH est libérée par l'hypothalamus. Cette libération de Gn-RH stimule la libération de LH par l'adénohypophyse et stimule la production de testostérone. Ainsi, le cycle testostérone-LH est complété.

L'**inhibine** est une hormone protéique qui exerce un effet direct sur l'adénohypophyse en inhibant la sécrétion de FSH. Celle-ci entraîne la spermatogenèse et stimule les cellules de Sertoli. Une fois que la spermatogenèse a atteint le degré nécessaire aux fonctions reproductives mâles, les cellules de Sertoli sécrètent de l'inhibine. Celle-ci exerce un effet de rétroaction négative sur l'adénohypophyse pour inhiber la production de FSH et, par conséquent, pour réduire la spermatogenèse (figure 28.6). Lorsque la spermatogenèse se déroule trop lentement, une production réduite d'inhibine permet la sécrétion de FSH et augmente la vitesse de la spermatogenèse.

LES CANAUX

Les canaux du testicule

Après avoir été produits, les spermatozoïdes sont transportés dans les tubes séminifères contournés jusqu'aux **tubes droits** (voir la figure 28.2,b). Les tubes droits conduisent à un réseau de canaux dans le testicule, le **rete testis**, ou **réseau de Haller**. Certaines des cellules qui tapissent le rete testis sont dotées de cils qui facilitent probablement le mouvement des spermatozoïdes. Ces derniers sont ensuite transportés en dehors du testicule.

L'épididyme

Les spermatozoïdes sont transportés en dehors du testicule par une série de **canaux émissaires** enroulés dans l'épididyme, qui se déversent dans le canal épididymaire. À ce point, les spermatozoïdes sont mûrs, sur le plan morphologique.

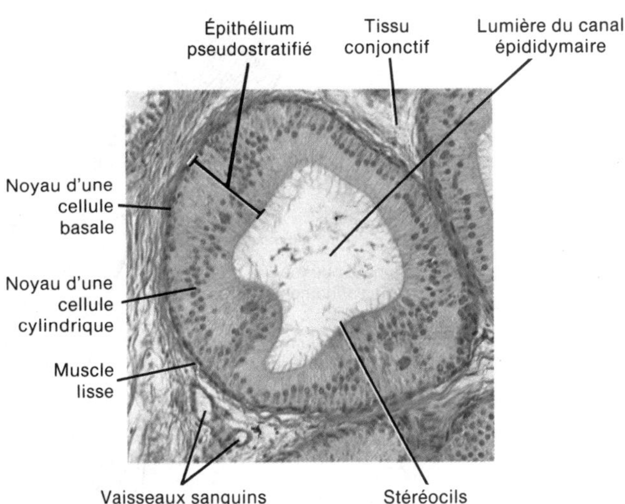

FIGURE 28.7 Histologie du canal épididymaire. Photomicrographie du canal épididymaire vue en coupe transversale, agrandie 160 fois. [Copyright © 1983 by Michael H. Ross. Reproduction autorisée.]

L'**épididyme** est un organe en forme de virgule, situé le long du bord postérieur du testicule (voir les figures 28.1 et 28.2) ; il est fait principalement d'un tube étroitement enroulé, le **canal épididymaire**. La portion supérieure de l'épididyme, plus volumineuse, est appelée **tête**. Elle comprend les canaux émissaires qui se déversent dans le canal épididymaire. Le **corps** de l'épididyme contient le canal épididymaire. La **queue** est la partie inférieure, plus petite. Dans la queue, le canal épididymaire se prolonge en tant que canal déférent.

Le canal épididymaire mesure environ 6 m de longueur et 1 mm de diamètre. Il est étroitement enroulé dans l'épididyme, qui ne mesure qu'environ 3,8 cm. Le canal épididymaire est tapissé d'épithélium prismatique pseudostratifié, et sa paroi contient des muscles lisses. Les faces libres des cellules cylindriques contiennent de longues microvillosités ramifiées, les *stéréocils* (figure 28.7).

Sur le plan fonctionnel, le canal épididymaire est l'endroit où se produit la maturation des spermatozoïdes. Ceux-ci mettent de 18 h à 10 jours à devenir mûrs, c'est-à-dire capables de féconder un ovule. Le canal épididymaire entrepose également les spermatozoïdes et les propulse en direction de l'urètre par des contractions péristaltiques de ses muscles lisses, lors de l'éjaculation. Les spermatozoïdes peuvent rester entreposés dans le canal épididymaire pendant une période allant jusqu'à quatre semaines. Après quoi, ils sont réabsorbés.

Le canal déférent

Dans la queue de l'épididyme, le canal épididymaire devient moins contourné, son diamètre augmente et on l'appelle alors le **canal déférent** (voir la figure 28.2). Le canal déférent, long d'environ 45 cm, monte le long du bord postérieur du testicule, pénètre dans le canal inguinal et entre dans la cavité pelvienne, où il tourne et descend le long de la face postérieure de la vessie (voir la figure 28.1). La portion terminale dilatée du canal déférent est l'**ampoule**. Le canal déférent est tapissé d'épithélium pseudostratifié, et contient un épais

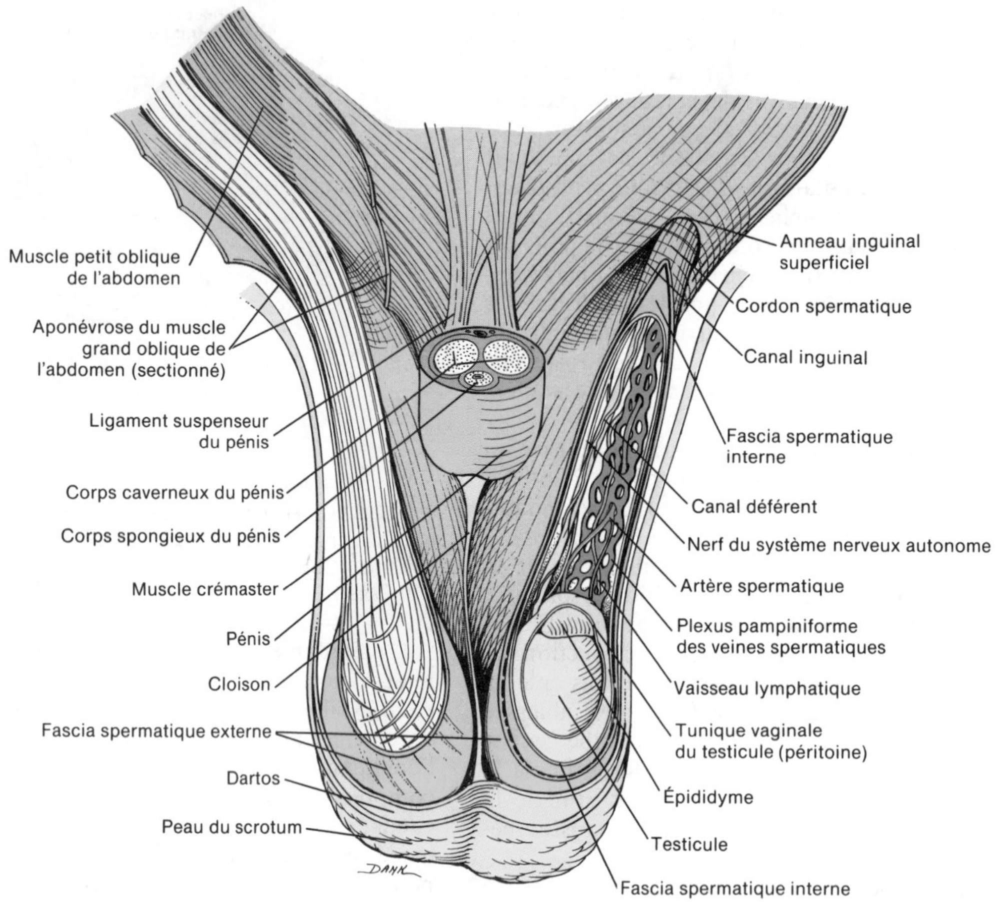

FIGURE 28.8 Cordon spermatique et canal inguinal. Le cordon spermatique gauche est ouvert pour exposer son contenu.

revêtement fait de trois couches de muscles. Sur le plan fonctionnel, le canal déférent entrepose les spermatozoïdes pendant une période pouvant aller jusqu'à plusieurs mois, et les propulse vers l'urètre, durant l'éjaculation, à l'aide de contractions péristaltiques de la couche musculaire.

APPLICATION CLINIQUE

Chez l'homme, une des techniques de stérilisation est la **vasectomie**, un procédé relativement simple, habituellement effectué sous anesthésie locale, et au cours duquel on excise une portion de chaque canal déférent. Au cours du processus, on pratique une incision dans le scrotum, on repère l'emplacement des canaux, on ligature chacun des canaux à deux endroits et on enlève les portions situées entre les ligatures. Bien que la production des spermatozoïdes se poursuive dans les testicules, les spermatozoïdes ne peuvent plus atteindre l'extérieur parce que les canaux sont coupés ; par conséquent, les spermatozoïdes dégénèrent. Les spermatozoïdes sont détruits par phagocytose. La vasectomie n'a aucun effet sur le rendement et le désir sexuels et, lorsqu'elle est pratiquée de façon adéquate, elle est pratiquement efficace à 100 %.

Dans le scrotum, le long du canal déférent, se trouvent l'artère spermatique, des nerfs du système nerveux autonome, des veines qui drainent les testicules (plexus pampiniforme), des vaisseaux lymphatiques et le muscle crémaster. Ces structures constituent le **cordon spermatique**, une structure de soutien de l'appareil reproducteur de l'homme (figure 28.8). Le muscle crémaster, qui entoure également les testicules, élève ceux-ci lors de la stimulation sexuelle et de l'exposition au froid. Le cordon spermatique et le nerf ilio-inguinal passent dans le **canal inguinal**. Ce canal est un passage oblique situé dans la paroi abdominale antérieure, placé en position supérieure et parallèle par rapport à la moitié médiane du ligament inguinal. Il mesure de 4 cm à 5 cm de longueur. Il commence à l'*anneau inguinal profond*, une ouverture dans l'aponévrose du muscle transverse de l'abdomen. Il se termine à l'*anneau inguinal superficiel*, une ouverture triangulaire dans l'aponévrose du muscle grand oblique de l'abdomen. Chez la femme, le ligament rond de l'utérus et le nerf ilio-inguinal passent dans le canal inguinal.

APPLICATION CLINIQUE

Le canal inguinal constitue un point faible dans la paroi abdominale. Il s'y produit fréquemment une

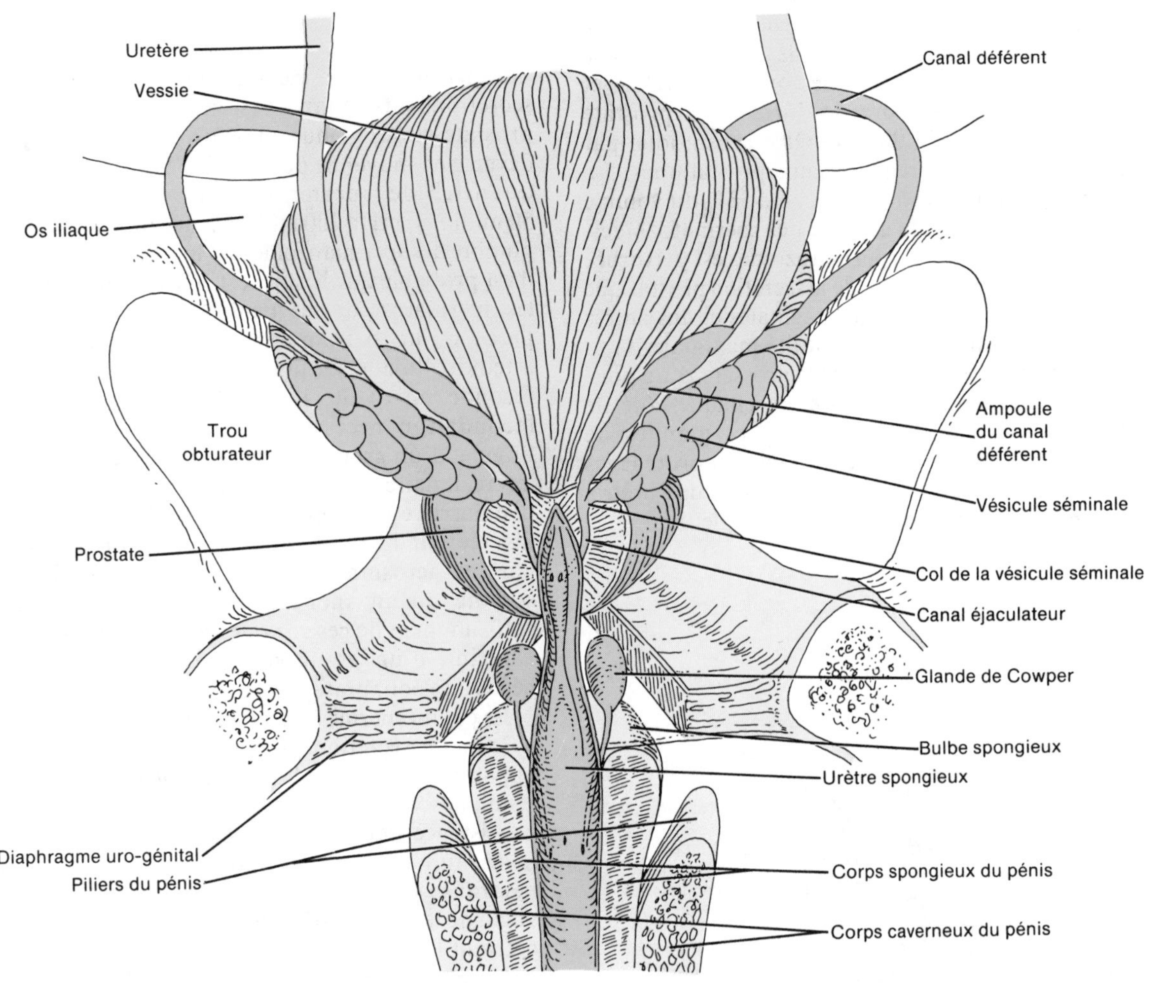

FIGURE 28.9 Vue postérieure des organes génitaux masculins, en relation avec les structures environnantes.

hernie inguinale, une rupture ou une séparation d'une portion de la paroi abdominale, entraînant la protrusion d'une partie d'un organe. Comme le canal inguinal est plus petit chez la femme, les hernies inguinales sont beaucoup moins fréquentes chez elle.

Le canal éjaculateur

Les **canaux éjaculateurs** se trouvent derrière la vessie (figure 28.9). Chaque canal mesure environ 2 cm de longueur et est formé par l'union du canal provenant de la vésicule séminale et du canal déférent. Les canaux éjaculateurs éjectent les spermatozoïdes dans l'urètre prostatique.

L'urètre

L'**urètre** est le canal terminal de l'appareil reproducteur de l'homme ; il sert de passage aux spermatozoïdes ou à l'urine. Chez l'homme, l'urètre passe dans la prostate, le diaphragme uro-génital et le pénis. Il mesure environ 20 cm de longueur et est divisé en trois parties (voir les figures 28.1 et 28.9). L'**urètre prostatique** a de 2 cm à 3 cm de longueur et traverse la prostate. Il poursuit sa course vers le bas et, lorsqu'il traverse le diaphragme uro-génital, une cloison musculaire située entre les deux branches ischio-pubiennes, on l'appelle **urètre membraneux**. La portion membraneuse a une longueur d'environ 1 cm. Lorsqu'il traverse le corps spongieux du pénis, on l'appelle **urètre spongieux**. Cette portion a environ 15 cm de longueur. L'urètre spongieux entre dans le bulbe spongieux et prend fin dans le **méat urétral**.

LES GLANDES SEXUELLES ANNEXES

Alors que les canaux de l'appareil reproducteur de l'homme entreposent et transportent les spermatozoïdes, les **glandes sexuelles annexes** sécrètent la portion liquide du sperme. Les deux **vésicules séminales** sont des poches contournées, d'une longueur d'environ 5 cm, qui sont situées à l'arrière et à la base de la vessie, en avant du rectum (voir la figure 28.9). Elles sécrètent un liquide visqueux et alcalin, riche en fructose, et le déversent dans le canal éjaculateur. Cette sécrétion contribue au maintien de la vie des spermatozoïdes. Elle constitue environ 60 % du volume du sperme.

La **prostate** est une glande en forme de beignet, dont la taille correspond à peu près à celle d'une châtaigne (figure 28.9). Elle se trouve au-dessous de la vessie et entoure la portion supérieure de l'urètre. La prostate sécrète un liquide alcalin dans l'urètre prostatique par l'intermédiaire de nombreux canaux prostatiques. La sécrétion prostatique constitue de 13% à 33% du volume du sperme et contribue à la motilité des spermatozoïdes. On croit que la motilité des spermatozoïdes est perturbée par un milieu acide. L'alcalinité de la sécrétion prostatique neutralise l'acidité des sétrétions vaginales et des autres sécrétions, favorisant ainsi une motilité maximale.

Les deux **glandes de Cowper** ont la grosseur d'un pois. Elles sont situées sous la prostate, de chaque côté de l'urètre membraneux (figure 28.9). Les glandes de Cowper sécrètent une substance alcaline qui protège les spermatozoïdes en neutralisant le milieu acide de l'urètre. Leurs canaux s'ouvrent dans l'urètre spongieux.

LE SPERME

Le **sperme** est un mélange de spermatozoïdes et de sécrétions provenant des vésicules séminales, de la prostate et des glandes de Cowper. Chaque éjaculation déverse en moyenne de 2,5 mL à 5,0 mL de sperme, et la quantité de spermatozoïdes est en moyenne de 50 millions/mL à 100 millions/mL de sperme. Lorsque le nombre des spermatozoïdes est inférieur à 20 millions/mL, il est probable que le sujet est stérile. Il est nécessaire que les spermatozoïdes se trouvent en très grand nombre parce qu'un petit pourcentage seulement parvient à atteindre l'ovule. De plus, bien qu'un seul spermatozoïde féconde un ovule, il semble que le processus de la fécondation nécessite l'action combinée, autour de l'ovule, d'un grand nombre d'entre eux. Les substances intercellulaires des cellules recouvrant l'ovule constituent une barrière pour les spermatozoïdes. Cette barrière est digérée par l'hyaluronidase et les protéinases sécrétées par les acrosomes des spermatozoïdes. Toutefois, il semble qu'un spermatozoïde seul ne produit pas suffisamment de ces enzymes pour dissoudre la barrière. L'action d'un grand nombre de spermatozoïdes est nécessaire pour pratiquer un passage dans cette ouverture.

Le pH du sperme est légèrement alcalin ; il varie de 7,20 à 7,60. La sécrétion prostatique donne au sperme une apparence laiteuse, et les liquides provenant des vésicules séminales et des glandes de Cowper lui donnent sa consistence mucoïde. Le sperme fournit aux spermatozoïdes un moyen de transport et des nutriments. Il neutralise le milieu acide de l'urètre de l'homme et du vagin de la femme. Il contient également des enzymes qui activent les spermatozoïdes après l'éjaculation.

Le sperme contient un antibiotique, la *séminalplasmine*, capable de détruire certaines bactéries. On a décrit son activité antimicrobienne comme étant semblable à celle qui est exercée de façon courante par la pénicilline, la streptomycine et les tétracyclines. Comme le sperme et la partie inférieure de l'appareil reproducteur de la femme contiennent des bactéries, la séminalplasmine peut maîtriser ces bactéries afin de favoriser la fécondation.

Une fois éjaculé dans le vagin, le sperme se coagule rapidement par l'action d'une enzyme coagulante

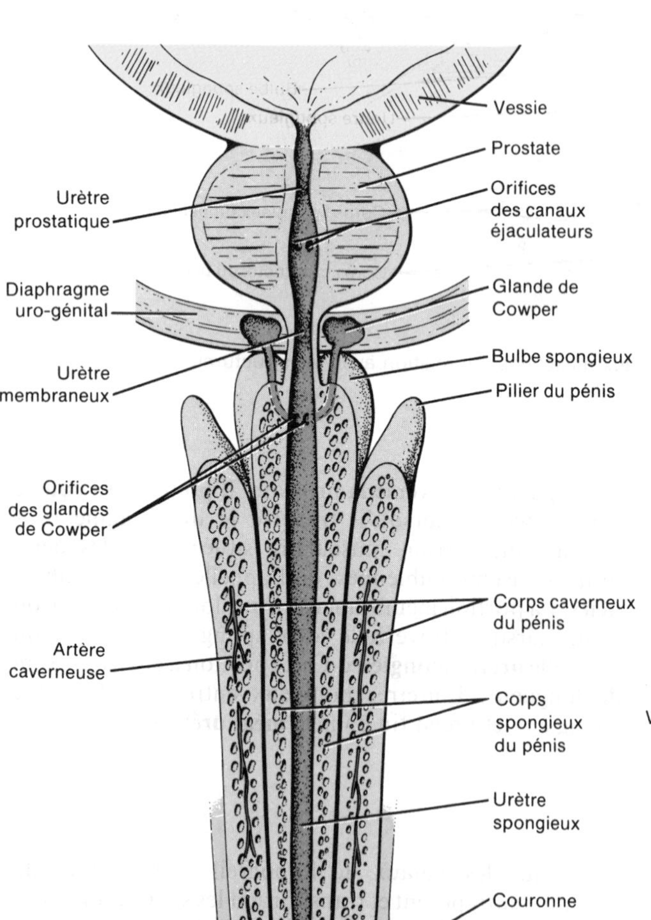

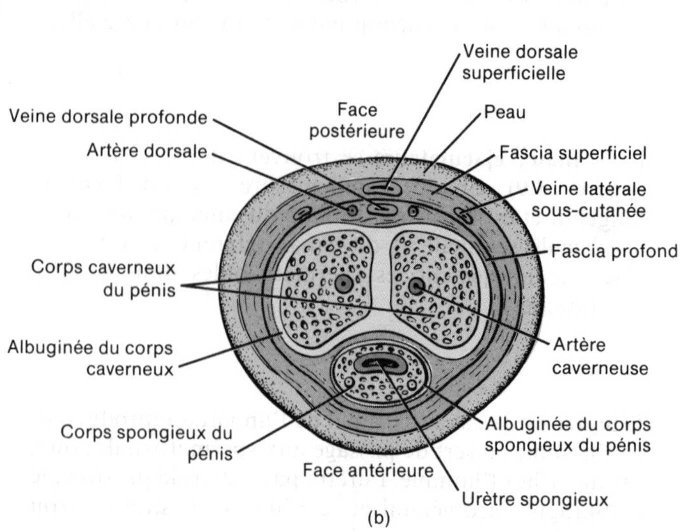

FIGURE 28.10 Structure interne du pénis (a) Coupe frontale. (b) Coupe transversale.

élaborée par la prostate, qui agit sur une substance produite par la vésicule séminale. Ce caillot met de 5 min à 20 min à se liquéfier, grâce à une autre enzyme produite par la prostate. Une liquéfaction anormale ou retardée du sperme coagulé peut entraîner une immobilisation complète ou partielle des spermatozoïdes, ce qui inhibe leur mouvement dans le col de l'utérus.

APPLICATION CLINIQUE

Le **spermogramme** est la meilleure façon d'évaluer la stérilité. Parmi les critères analysés, on trouve :

1. **Le volume.** Un volume faible peut indiquer une destruction d'origine anatomique ou fonctionnelle, ou une inflammation.
2. **La motilité.** La motilité correspond au pourcentage des spermatozoïdes mobiles (de 40 % à 60 %) et à la qualité des mouvements (progressifs et vers l'avant).
3. **La numération.** Une numération inférieure à 20 millions/mL peut indiquer la stérilité.
4. **La liquéfaction.** Une liquéfaction retardée de plus de quelques heures suggère une inflammation des glandes sexuelles annexes, ou des anomalies enzymatiques dans les glandes.
5. **La morphologie.** Le pourcentage de spermatozoïdes ayant une morphologie anormale ne devrait pas dépasser 35 %.
6. **L'auto-agglutination.** L'agglutination ne se produit pas normalement.
7. **Le pH.** Une élévation du pH peut indiquer une prostatite.
8. **Le fructose.** Ce sucre est présent dans un éjaculat normal. Son absence indique une obstruction ou une absence congénitale des canaux éjaculateurs ou des vésicules séminales.

Un spermogramme normal ne permet pas d'affirmer que le sujet est fertile ; l'absence de spermatozoïdes ou une motilité nulle sont les seuls signes définitifs de stérilité.

LE PÉNIS

Le **pénis** permet d'introduire les spermatozoïdes dans le vagin (figure 28.10). Il est de forme cylindrique et comprend un corps, une racine et un gland. Le **corps** du pénis est fait de trois masses cylindriques de tissu, dont chacune est limitée par du tissu fibreux (**albuginée**). Les deux masses dorso-latérales sont appelées **corps caverneux**. La masse médio-ventrale, plus petite, appelée **corps spongieux**, contient l'urètre spongieux. Ces trois masses sont entourées par des fascias et de la peau lâche, et sont faites de tissu érectile constitué par un réseau complexe de sinus. Sous l'action de la stimulation sexuelle, les artères qui alimentent le pénis se dilatent, et de grandes quantités de sang pénètrent dans les sinus sanguins. La dilatation de ces espaces comprime les veines qui drainent le pénis ; par conséquent, la plus grande partie du sang qui y entre est retenue. Ces changements vasculaires entraînent une **érection**, un réflexe parasympathique. Le pénis reprend son état flasque lorsque les artères se resserrent et que la pression imposée aux veines disparaît. L'érection est expliquée plus en détail un peu plus loin dans ce chapitre. Au cours de l'éjaculation, qui est un réflexe sympathique, le sphincter de muscles lisses situé à la base de la vessie est fermé à cause de la pression plus élevée dans l'urètre causée par la dilatation du corps spongieux. Par conséquent, il n'y a pas de miction durant l'éjaculation, et le sperme ne peut pénétrer dans la vessie.

La **racine** du pénis est la portion attachée au tronc ; elle comprend le **bulbe spongieux**, la portion élargie de la base du corps spongieux, et les **piliers du pénis**, la portion séparée et effilée des corps caverneux. Le bulbe spongieux est attaché à la face inférieure du diaphragme uro-génital, et entouré par le muscle bulbo-caverneux. Chaque pilier du pénis est attaché aux branches du pubis et de l'ischion et entouré par le muscle ischio-caverneux (voir la figure 11.14).

L'extrémité distale du corps spongieux est une région légèrement élargie appelée **gland**. Le rebord du gland est appelé **couronne**. Le **prépuce**, fait de peau lâche, recouvre le gland.

APPLICATION CLINIQUE

La **circoncision** (*circumcido* : découper autour) est un procédé chirurgical dans lequel on enlève une partie ou la totalité du prépuce. On la pratique habituellement vers le troisième ou quatrième jour après la naissance (ou au huitième jour, dans la religion juive).

L'APPAREIL REPRODUCTEUR DE LA FEMME

Les organes reproducteurs de la femme comprennent les ovaires, qui produisent les ovules (œufs) ainsi que la progestérone, les œstrogènes et la relaxine ; les trompes de Fallope, qui transportent les ovules jusque dans l'utérus ; le vagin ; et les organes externes qui forment la vulve (figure 28.11). Les glandes mammaires sont également considérées comme faisant partie de l'appareil reproducteur féminin.

La **gynécologie** (*gynéco* : femme) est la branche de la médecine qui traite du diagnostic et du traitement des maladies de l'appareil reproducteur de la femme.

LES OVAIRES

Les **ovaires**, ou gonades femelles, sont deux glandes ressemblant, sur le plan du volume et de la taille, à des amandes écalées. Ils sont les équivalents des testicules. Ils descendent jusqu'au bord supérieur du bassin durant le troisième mois du développement embryonnaire. Les ovaires sont situés dans la partie supérieure de la cavité pelvienne, un de chaque côté de l'utérus. Ils sont maintenus en position par une série de ligaments (figure 28.12). Ils sont attachés au ligament large de l'utérus, qui fait lui-même partie du péritoine pariétal, par un repli de péritoine à double couche, le **mésovarium**, qui entoure l'ovaire et le ligament utéro-ovarien. Les ovaires sont retenus à l'utérus par le **ligament utéro-**

ovarien et sont attachés à la paroi pelvienne par le **ligament suspenseur**. Chaque ovaire contient également un **hile**, le point d'entrée des vaisseaux sanguins et des nerfs.

Au microscope, on peut voir que chaque ovaire comprend les parties suivantes (figure 28.13).

1. **L'épithélium germinatif.** Une couche d'épithélium cubique simple recouvrant la surface libre de l'ovaire.
2. **L'albuginée.** Une capsule de tissu conjonctif collagène située immédiatement sous l'épithélium germinatif.
3. **Le stroma.** Une région de tissu conjonctif située sous l'albuginée et composée d'une couche externe dense, le *cortex*, et d'une couche interne lâche, la *medulla*. Le cortex contient des follicules ovariens.
4. **Les follicules ovariens.** Les ovocytes (ovules immatures) et les tissus qui les entourent au cours des différents stades du développement.
5. **Le follicule de De Graaf.** Un follicule relativement volumineux, rempli de liquide, contenant un ovule immature et ses tissus environnants. Ce follicule sécrète des hormones appelées œstrogènes.
6. **Le corps jaune.** Un corps cellulaire qui se développe à partir d'un follicule de De Graaf après l'expulsion d'un ovule (ovulation). Le corps jaune produit la progestérone, les œstrogènes et la relaxine, des hormones.

L'ovogenèse

L'ovogenèse est la formation d'un ovule haploïde, par méiose, dans l'ovaire. À certaines exceptions près, l'ovogenèse se produit de la même manière que la spermatogenèse. Elle comporte une méiose et une maturation.

- ***La division réductionnelle (méiose I)*** Dans l'ovogenèse, la cellule précurseur est une cellule diploïde appelée **ovogonie** (figure 28.14). Tout au début du développement embryonnaire des ovaires, les ovogonies prolifèrent par mitose. Toutefois, à mesure que le développement se poursuit, les ovogonies situées dans les follicules primaires perdent leur capacité d'effectuer la mitose. Vers le troisième mois du développement embryonnaire, les ovogonies se transforment en cellules plus volumineuses, qui contiennent également un nombre diploïde de chromosomes, et sont appelées **ovocytes de premier ordre**. Elles restent ainsi jusqu'à ce que leurs cellules folliculaires réagissent à la FSH en provenance de l'adénohypophyse, qui a elle-même réagi à la Gn-RH sécrétée par l'hypothalamus.

À partir de la puberté, plusieurs follicules réagissent, à chaque mois, à l'élévation du taux de FSH. À mesure que la phase préovulatoire du cycle menstruel se déroule et que la LH est sécrétée par l'adénohypophyse, un des follicules atteint un stade dans lequel l'ovocyte diploïde de premier ordre subit une division réductionnelle. Une synapsis, la formation d'une tétrade et un enjambement se produisent, et deux cellules de volumes inégaux, possédant toutes deux 23 chromosomes de deux chromatides chacun, sont produites. La plus petite des

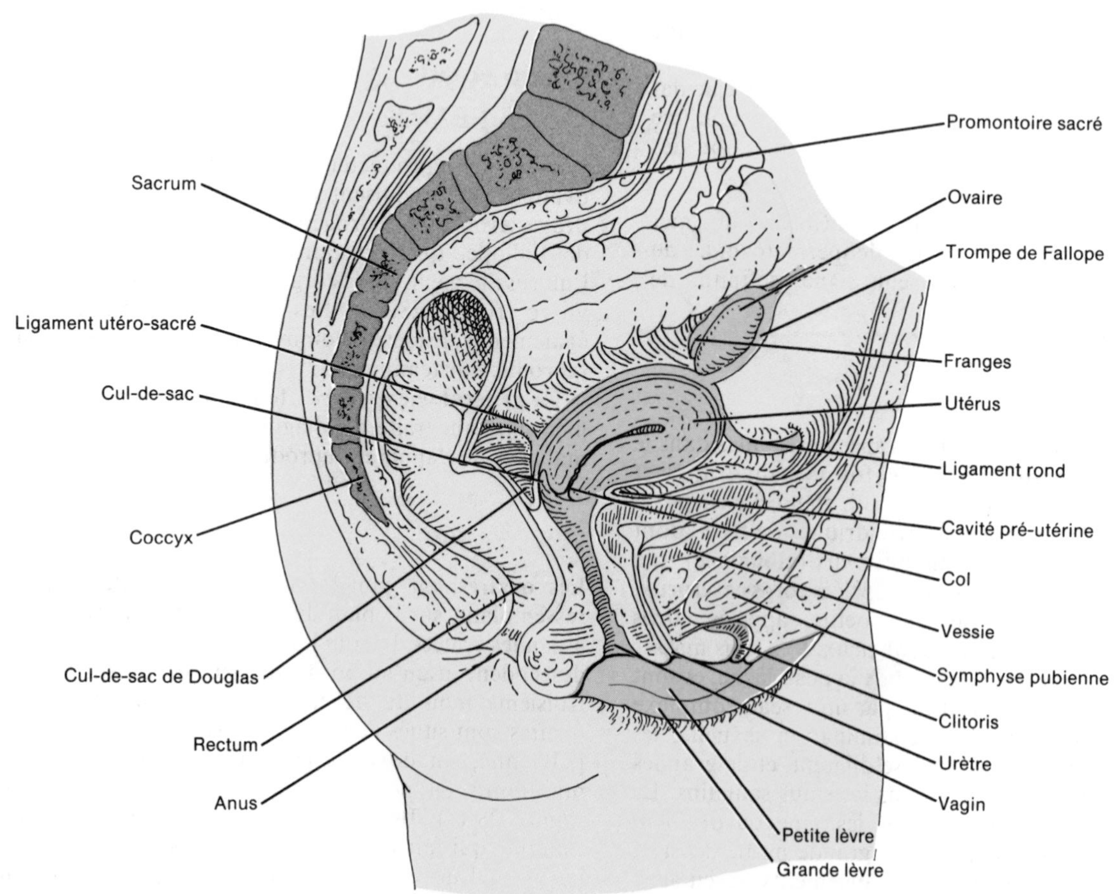

FIGURE 28.11 Coupe sagittale des organes génitaux féminins et des structures environnantes.

deux, appelée **premier globule polaire**, est essentiellement un amas de matériel nucléaire rejeté. La plus grosse, appelée **ovocyte de deuxième ordre**, reçoit la plus grande partie du cytoplasme.

• ***La division équationnelle (méiose II)*** Lors de l'ovulation, l'ovocyte de deuxième ordre, ainsi que son globule polaire et les cellules de soutien environnantes sont déversés. L'ovocyte de deuxième ordre pénètre dans la trompe de Fallope et, si des spermatozoïdes s'y trouvent et qu'une fécondation a lieu, la deuxième division, la division équationnelle, s'effectue.

• ***La maturation*** L'ovocyte de deuxième ordre produit deux cellules de volumes inégaux, toutes deux haploïdes. La plus volumineuse des deux est appelée **ovotide** et se transforme par la suite en un **ovule**, ou œuf mûr ; la plus petite constitue le **deuxième globule polaire**.

Le premier globule polaire peut subir une autre division et produire deux globules polaires. Si c'est le cas, la méiose de l'ovocyte de premier ordre produit un seul ovule haploïde et trois globules polaires. Dans tous les cas, tous les globules polaires se désintègrent. Par conséquent, chaque ovogonie produit un seul ovule, alors que chaque spermatocyte produit quatre spermatozoïdes.

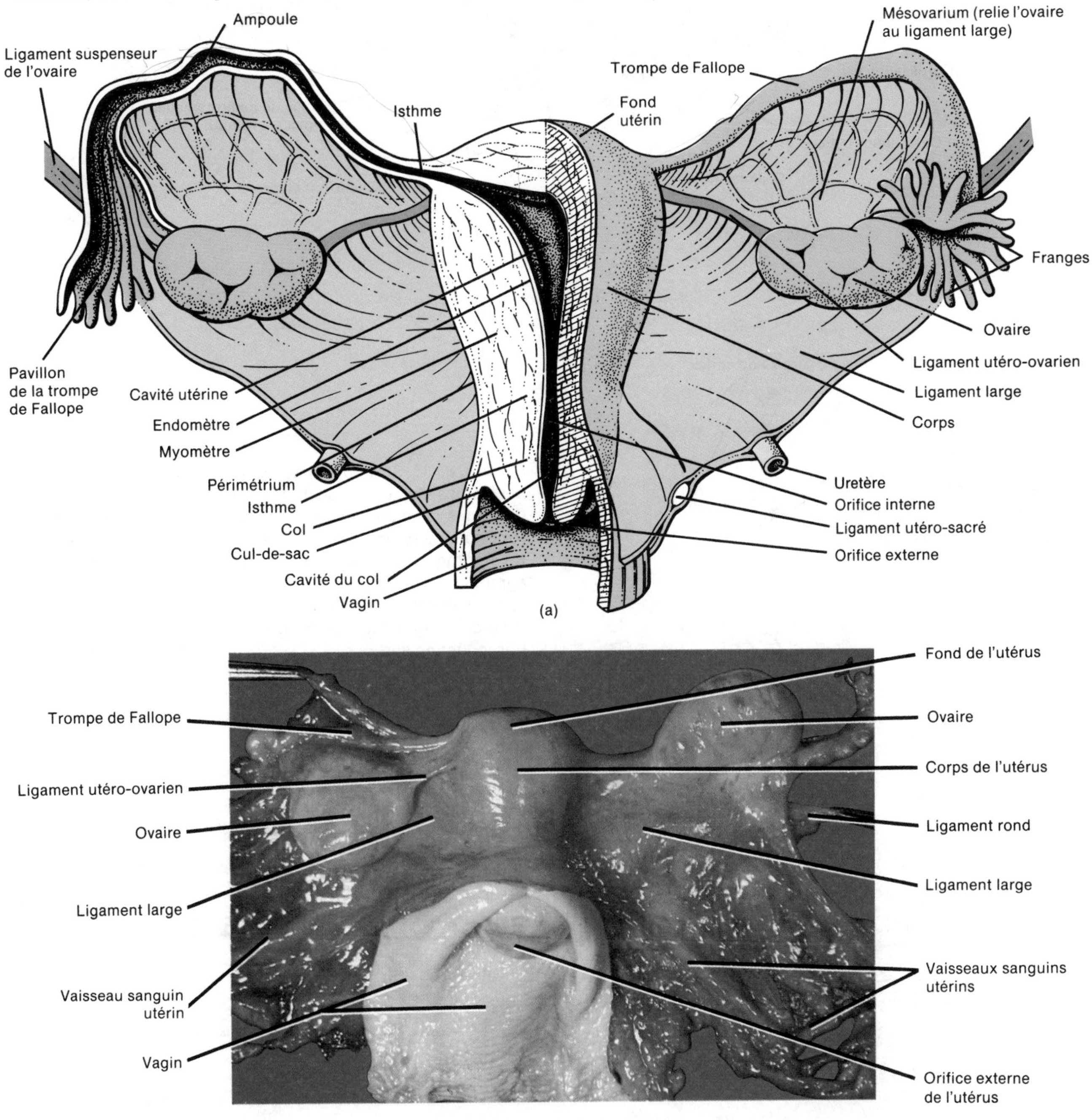

FIGURE 28.12 Vue antérieure de l'utérus et des structures associées. (a) Diagramme. Le côté gauche de la figure a été sectionné afin d'exposer les structures internes. (b) Photographie. [Gracieuseté de C. Yokochi, *Photographic Anatomy of the Human Body*, 1re éd., 1969, IGAKU-SHOIN, Ltd., Tokyo, New York.]

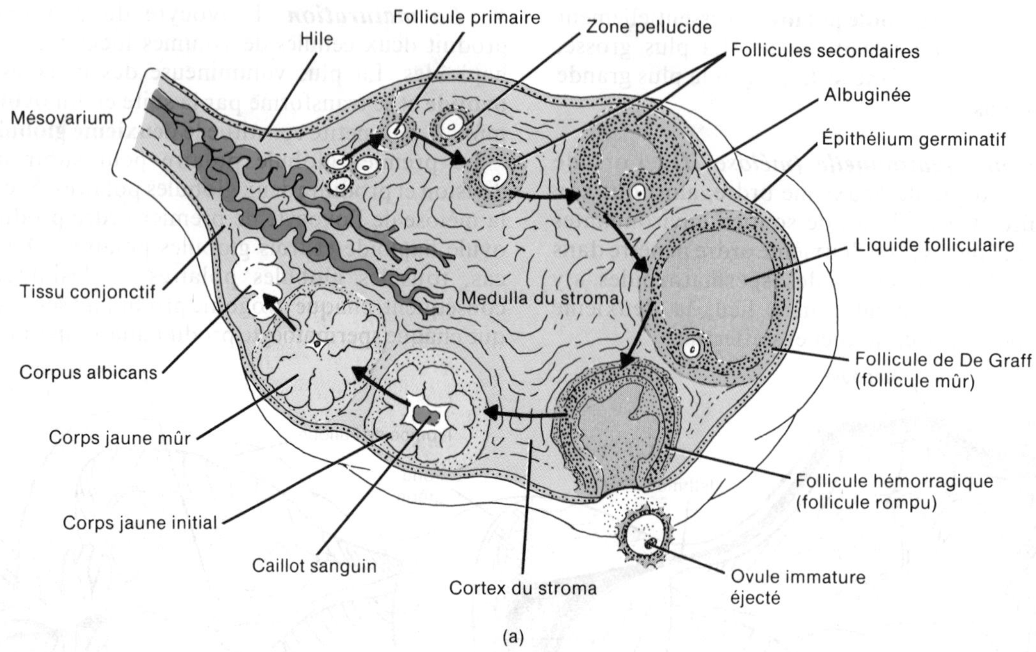

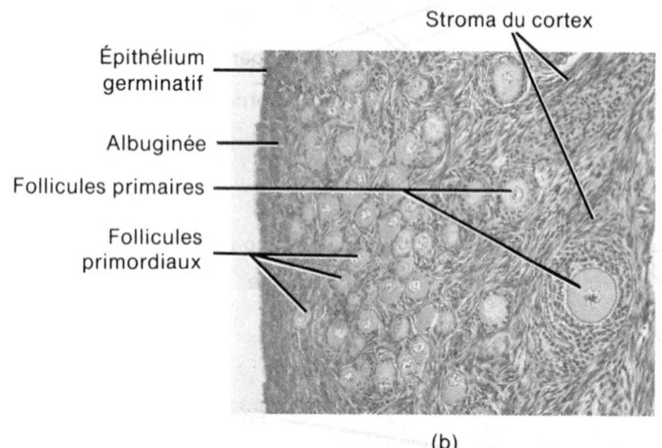

FIGURE 28.13 Structure histologique de l'ovaire. (a) Diagramme des parties d'un ovaire sectionné. Les flèches indiquent la série de stades développementaux qui participent au cycle ovarien. (b) Photomicrographie du cortex d'un ovaire, agrandie 60 fois. (c) Photomicrographie d'une partie d'un follicule secondaire, agrandie 160 fois. Les thèques interne et externe sont des revêtements de tissu conjonctif entourant le follicule secondaire. [Photomicrographies Copyright © 1983 by Michael H. Ross. Reproduction autorisée.]

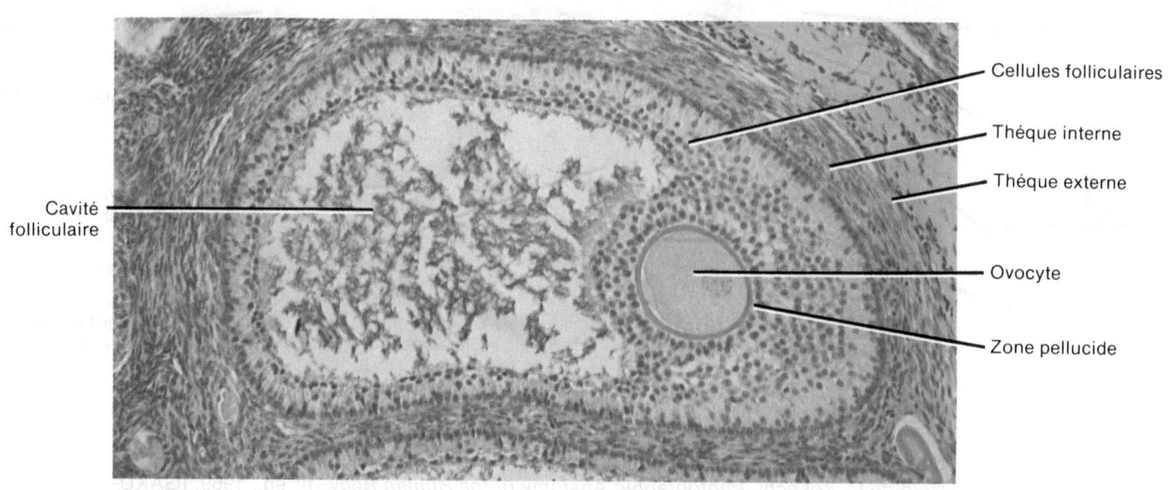

LES TROMPES DE FALLOPE

L'organisme de la femme contient deux **trompes de Fallope**, également appelées **trompes utérines**, qui s'étendent latéralement à partir de l'utérus et transportent les ovules, depuis les ovaires jusqu'à l'utérus (voir la figure 28.12). Ces trompes, qui mesurent environ 10 cm de longueur, sont situées entre les replis des ligaments larges de l'utérus. L'extrémité distale ouverte, en forme d'entonnoir, de chaque trompe, est appelée **pavillon** ; elle est située près de l'ovaire sans y être attachée, et est entourée de prolongements digitiformes, les **franges**. À partir du pavillon, la trompe de Fallope s'étend vers le côté et vers le bas et s'attache à l'angle latéral supérieur de l'utérus. L'**ampoule** de la trompe de Fallope constitue la portion la plus large et la plus longue de cet organe, représentant environ les deux tiers de sa longueur. L'**isthme** est la partie courte, étroite, à paroi épaisse, qui est reliée à l'utérus.

Sur le plan histologique, les trompes de Fallope comprennent trois couches. La **muqueuse**, interne, contient des cellules cylindriques ciliées et des cellules sécrétrices; on croit que ces dernières favorisent le mouvement et la nutrition de l'ovule. La couche intermédiaire, la **musculeuse**, est faite d'une région circulaire épaisse de muscles lisses et d'une région externe, mince et longitudinale, de muscles lisses. Les contractions péristaltiques de la musculeuse et l'action des cils de la muqueuse facilitent le mouvement de l'ovule vers l'utérus. La couche externe de la trompe est une **séreuse**.

Environ une fois par mois, un ovule immature se détache de la surface de l'ovaire, près du pavillon de la trompe de Fallope; ce processus constitue l'**ovulation**. L'ovule est balayé dans la trompe grâce à l'action des cils de l'épithélium du pavillon. Il est ensuite transporté le long de la trompe par l'action des cils et les contractions péristaltiques de la musculeuse. Lorsque l'ovule est fécondé par un spermatozoïde, cela se produit habituellement dans l'ampoule de la trompe de Fallope. La fécondation peut se produire jusqu'à environ 24 h après l'ovulation. L'ovule fécondé (zygote), qu'on appelle maintenant blastocyste, descend dans l'utérus en moins de sept jours. Lorsque l'ovule n'est pas fécondé, il se désintègre.

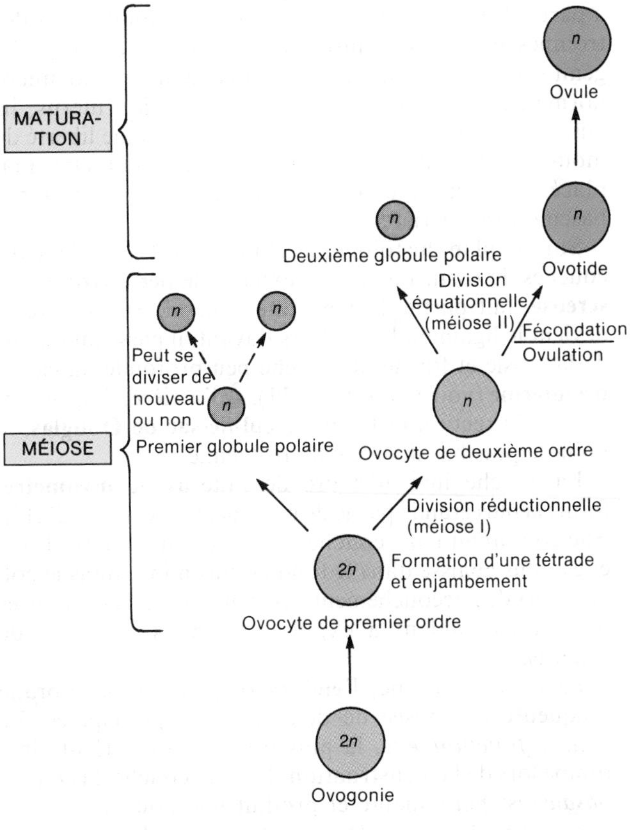

FIGURE 28.14 Ovogenèse.

APPLICATION CLINIQUE

Une **grossesse ectopique** (*ectopie* : éloigné de sa place) se produit lorsque l'embryon ou le fœtus se développe à l'extérieur de la cavité utérine. Dans la majorité des cas, le développement se produit dans la trompe de Fallope, habituellement dans les portions de l'ampoule et du pavillon. Il arrive que le développement se produise dans les ovaires, dans l'abdomen, dans le col utérin ou dans les ligaments larges. La principale cause d'une grossesse tubaire est que l'ovule fécondé ne peut se rendre jusqu'à l'utérus à cause de facteurs comme une pelvipéritonite, une intervention chirurgicale antérieure effectuée sur les trompes de Fallope, une grossesse ectopique antérieure, des avortements thérapeutiques répétés, des tumeurs pelviennes ou des anomalies liées au développement. La grossesse ectopique peut être caractérisée par l'absence de menstruations pendant un ou deux mois, suivie par des hémorragies vaginales et une douleur pelvienne aiguë.

L'UTÉRUS

L'**utérus** est le site de la menstruation, de la nidation de l'ovule fécondé, du développement du fœtus durant la grossesse, ainsi que du travail. Situé entre la vessie et le rectum, il a la forme d'une poire renversée (voir les figures 28.11 et 28.12). Avant la première grossesse, l'utérus adulte mesure environ 7,5 cm de longueur, 5 cm de largeur et 2,5 cm d'épaisseur.

Les divisions anatomiques de l'utérus sont le **fond**, la portion en forme de dôme située au-dessus des trompes de Fallope, le **corps**, la portion centrale et principale, et le **col**, la portion inférieure étroite s'ouvrant sur le vagin. Entre le corps et le col se trouve l'**isthme**, une région comprimée d'environ 1 cm de longueur. L'intérieur du corps de l'utérus est la **cavité utérine**, et l'intérieur du col constitue la **cavité du col**. La jonction de l'isthme et de la cavité du col constitue l'**orifice interne**. L'**orifice externe** est l'endroit où le col débouche dans le vagin.

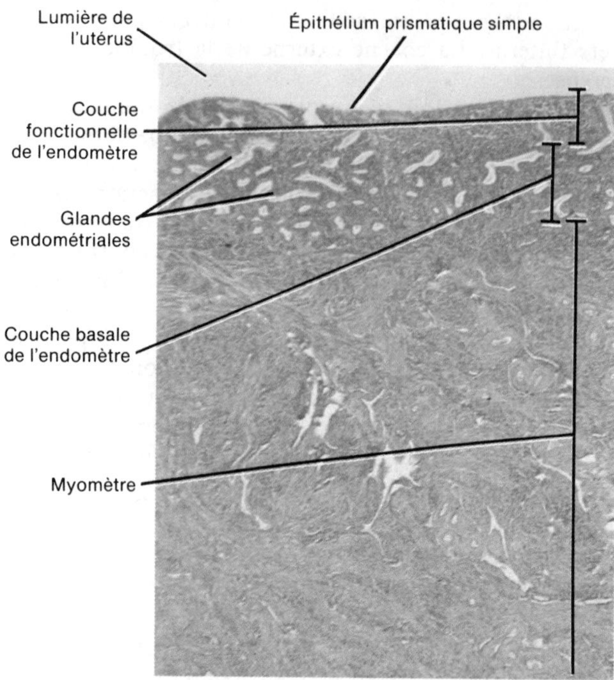

FIGURE 28.15 Histologie de l'utérus. Photomicrographie d'une portion de la paroi utérine, dans laquelle la couche fonctionnelle se trouve au stade initial de la prolifération, agrandie 25 fois. [Copyright© 1983 by Michael H. Ross. Reproduction autorisée.]

APPLICATION CLINIQUE

Le *test de Papanicolaou* permet d'effectuer un diagnostic précoce du **cancer de l'utérus**. Il s'agit en général d'un procédé indolore. À l'aide d'une spatule, on prélève quelques cellules du col et de la partie du vagin qui entoure le col, et on les examine au microscope. Les cellules malignes ont une apparence caractéristique et permettent de diagnostiquer un cancer très tôt, même avant l'apparition des symptômes. Certaines estimations indiquent que le test de Papanicolaou est efficace à plus de 90% dans la détection du cancer du col de l'utérus.

Pour vérifier la présence d'un cancer invasif, on effectue une *conisation* du col de l'utérus. Il s'agit d'un procédé effectué en centre hospitalier, durant lequel on excise un fragment conique de tissu. La cliente doit être sous anesthésie; on pratique habituellement cet examen lorsque des cellules anormales ont été décelées. Dans un autre procédé, on combine une *biopsie à l'emporte-pièce* et un *curetage endocervical*; le fait de combiner les deux examens permet d'obtenir un diagnostic plus précis. Durant une biopsie à l'emporte-pièce, on excise un disque ou un fragment du tissu. Durant le curetage, on dilate le col de l'utérus, et on gratte l'endomètre (muqueuse) de l'utérus à l'aide d'un instrument en forme de cuiller appelé curette. Ce procédé est couramment appelé *dilatation et curetage,* ou *D et C*. Si le cancer s'est infiltré au-delà de l'endomètre, le traitement peut comprendre une excision complète ou partielle de l'utérus, applée *hystérectomie*, ou un traitement par radiations.

Normalement, l'utérus est fléchi entre le corps et le col. C'est ce qu'on appelle l'**antéversion**. Dans cette position, le corps de l'utérus se projette vers l'avant et légèrement vers le haut au-dessus de la vessie, et le col se projette vers le bas et vers l'arrière et entre dans la paroi antérieure du vagin à un angle presque droit. Plusieurs structures, appelées ligaments, qui sont soit des prolongements du péritoine pariétal ou des cordons fibro-musculaires, maintiennent la position de l'utérus. Les deux **ligaments larges** sont des doubles replis de péritoine pariétal reliant l'utérus à chaque côté de la cavité pelvienne. Les vaisseaux sanguins et les nerfs de l'utérus traversent les ligaments larges. Les deux **ligaments utéro-sacrés**, qui sont également des prolongements du péritoine, sont situés de chaque côté du rectum et relient l'utérus au sacrum. Les **ligaments cervicaux latéraux** s'étendent sous les bases des ligaments larges, entre la paroi pelvienne et le col et le vagin. Ces ligaments contiennent des muscles lisses, des vaisseaux sanguins utérins et des nerfs ; ce sont les principaux ligaments qui maintiennent la position de l'utérus et l'empêchent de basculer dans le vagin. Les **ligaments ronds** sont des bandes de tissu conjonctif fibreux entre les couches du ligament large. Ils s'étendent à partir d'un point de l'utérus situé juste au-dessous des trompes de Fallope, jusqu'à une portion des organes génitaux externes. Bien que les ligaments maintiennent normalement la position d'antéversion de l'utérus, ils laissent également au corps utérin une certaine liberté de mouvement. Par conséquent, l'utérus peut être mal placé. Une **rétroversion** se produit lorsque l'utérus bascule vers l'arrière.

Sur le plan histologique, l'utérus est fait de trois couches de tissu. La couche externe, le **périmétrium**, ou **séreuse**, fait partie du péritoine viscéral. Sur le côté, il devient le ligament large. Vers l'avant, il passe au-dessus de la vessie et forme une poche peu profonde, la **cavité pré-utérine** (voir la figure 28.11). À l'arrière, il passe au-dessus du rectum et forme le **cul-de-sac de Douglas**, le point le plus bas de la cavité pelvienne.

La couche intermédiaire de l'utérus, le **myomètre**, forme la plus grande partie de la paroi utérine (figure 28.15). Elle comprend trois couches de fibres musculaires lisses et est plus épaisse dans le fond et plus mince dans le col. Au cours de l'accouchement, les contractions coordonnées des muscles aident à expulser le fœtus du corps de l'utérus.

La couche interne, l'**endomètre**, est une membrane muqueuse composée de deux couches principales. Le *couche fonctionnelle*, la plus près de la cavité utérine, tombe lors de la menstruation. L'autre couche, la *couche basale*, est permanente et produit une nouvelle couche fonctionnelle après la menstruation. L'endomètre contient de nombreuses glandes.

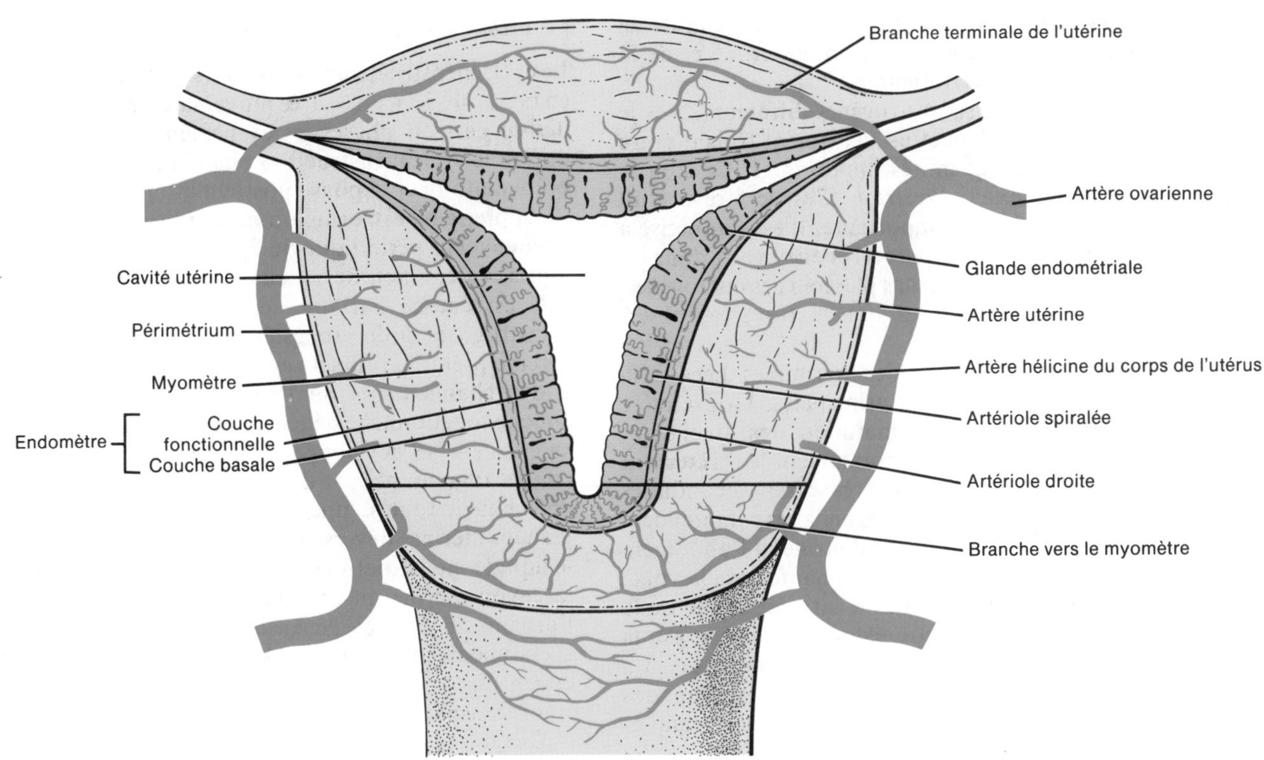

FIGURE 28.16 Apport sanguin à l'utérus.

APPLICATION CLINIQUE

De plus en plus de médecins utilisent la **colposcopie** pour évaluer l'état de la muqueuse du vagin et du col de l'utérus. La colposcopie est un examen direct de la muqueuse vaginale et cervicale à l'aide d'un appareil grossissant, un colposcope, semblable à un microscope binoculaire de faible grossissement. Il existe sur le marché différents instruments pouvant agrandir la membrane muqueuse de 6 fois à 40 fois sa dimension réelle. L'application d'une solution à 3% d'acide acétique élimine le mucus et permet de mieux voir l'épithélium prismatique de la muqueuse.

L'apport sanguin à l'utérus est assuré par des branches de l'artère iliaque interne, les *artères utérines*. Des branches appelées *branches terminales de l'utérine* sont disposées en cercle dans le myomètre et donnent naissance aux *artères hélicines du corps de l'utérus* qui pénètrent profondément dans le myomètre (figure 28.16). Avant d'entrer dans l'endomètre, ces branches se divisent en deux types d'artérioles. L'*artériole droite* se termine dans la couche basale et fournit à celle-ci les substances nécessaires pour régénérer la couche fonctionnelle. L'*artériole spiralée* pénètre dans la couche fonctionnelle et change de façon marquée durant le cycle menstruel. L'utérus est drainé par les *veines utérines*.

LES LIENS ENDOCRINIENS : LES CYCLES MENSTRUEL ET OVARIEN

On peut relier les principaux événements du cycle menstruel à ceux du cycle ovarien et aux changements qui se produisent dans l'endomètre. Tous ces événements sont réglés par les hormones.

Le **cycle menstruel** comprend une série de changements dans l'endomètre de la femme non enceinte. Chaque mois, l'endomètre se prépare à recevoir un ovule fécondé qui se transforme normalement en embryon et, par la suite, en fœtus, jusqu'à l'accouchement. Lorsque la fécondation n'a pas lieu, la couche fonctionnelle de l'endomètre est éliminée. Le **cycle ovarien** est une série d'événements mensuels associés à la maturation d'un ovule.

La régulation hormonale

Le cycle menstruel, le cycle ovarien et les autres changements associés à la puberté chez la femme sont réglés par une hormone régulatrice de l'hypothalamus, l'hormone de libération des gonadotrophines (Gn-RH). Nous démontrons l'influence de cette dernière à la figure 28.17. La Gn-RH stimule la libération de l'hormone folliculostimulante (FSH) de l'adénohypophyse. La FSH stimule le développement initial des follicules ovariens et la sécrétion des œstrogènes par les follicules. La Gn-RH stimule également la libération d'une autre hormone de l'adénohypophyse, l'hormone lutéinisante (LH), qui stimule le développement plus poussé des follicules ovariens, entraîne l'ovulation et stimule la production des œstrogènes, de la progestérone et de la relaxine par les cellules ovariennes.

On a isolé au moins six œstrogènes différents dans le plasma de la femme. Toutefois, seulement trois d'entre eux sont présents en quantités importantes. Ce sont le β-*œstradiol*, l'*œstrone* et l'*œstriol*. C'est le β-œstradiol qui exerce l'action la plus importante. Il est synthétisé à partir du cholestérol ou de l'acétyl coenzyme A dans les ovaires. Comme nous reparlerons plus loin des œstrogènes, il serait utile de se rappeler que le β-œstradiol est l'œstrogène le plus important.

Les **œstrogènes**, qui sont des hormones liées à la croissance, ont trois fonctions principales. La première est le développement et le maintien des structures reproductrices chez la femme, notamment le revêtement endométrial de l'utérus, les caractères sexuels secondaires et les seins. Les caractères sexuels secondaires comprennent une distribution des graisses à la poitrine, à l'abdomen, au mont de Vénus et aux hanches ; la hauteur de la voix ; un bassin large et une distribution caractéristique de la pilosité. La deuxième fonction des œstrogènes est la régulation de l'équilibre hydro-électrolytique. La troisième est l'augmentation de l'anabolisme des protéines. En ce sens, les œstrogènes sont synergiques avec la somatotrophine (STH). Un taux élevé d'œstrogènes dans le sang inhibe la libération de Gn-RH par l'hypophalamus, ce qui inhibe la sécrétion de FSH par l'adénohypophyse. Cette inhibition est à la base de l'action d'un des types de contraceptifs oraux actuellement sur le marché.

La **progestérone**, l'hormone de la maturation, collabore avec les œstrogènes pour préparer l'endomètre à la nidation de l'ovule fécondé, et les glandes mammaires à la sécrétion lactée. Un taux élevé de progestérone inhibe également la libération de Gn-RH et de prolactine (PRL). La progestérone, comme les œstrogènes, est synthétisée à partir du cholestérol ou de l'acétyl coenzyme A dans les ovaires.

La **relaxine** exerce son action vers la fin de la grossesse. Elle permet le relâchement de la symphyse pubienne et favorise la dilatation du col utérin pour faciliter l'accouchement. Cette hormone joue également un rôle dans l'augmentation de la motilité des spermatozoïdes.

La phase menstruelle (menstruation)

Le cycle menstruel dure de 24 jours à 35 jours. Nous nous en tiendrons ici à une durée moyenne de 28 jours. On peut diviser en trois phases les événements qui se déroulent durant le cycle menstruel : la phase menstruelle, la phase préovulatoire et la phase postovulatoire (figure 28.18).

La **phase menstruelle**, ou **menstruation**, correspond à l'écoulement périodique de 25 mL à 65 mL de sang, de liquide interstitiel, de mucus et de cellules épithéliales. Elle est causée par une réduction soudaine du taux d'œstrogènes et de progestérone, et s'étend environ sur les cinq premiers jours du cycle. L'écoulement est associé à des changements de l'endomètre dans lesquels la couche fonctionnelle dégénère et des régions inégales de saignement se développent. De petites portions de la couche fonctionnelle se détachent, une à la fois (si elles se détachaient toutes, une hémorragie se produirait), les glandes utérines déversent leur contenu et s'affaissent, et le liquide interstitiel s'écoule. Le flux menstruel passe de la cavité utérine au col, dans le vagin, puis il sort de l'organisme. En règle générale, l'écoulement s'arrête vers le cinquième jour du cycle. À ce moment, la totalité de la couche fonctionnelle a été éliminée, et l'endomètre est très mince parce que seule la couche basale reste en place.

Durant la phase menstruelle, le cycle ovarien est également en cours. Des follicules ovariens, appelés **follicules primaires**, commencent à se développer. À la naissance, chaque ovaire contient environ 200 000 de ces follicules, dont chacun comprend un ovule en puissance entouré d'une couche de cellules. Au cours de la première partie de chaque phase menstruelle, de 20 à 25 follicules primaires commencent à produire des taux très bas d'œstrogènes. Une membrane transparente, la **zone**

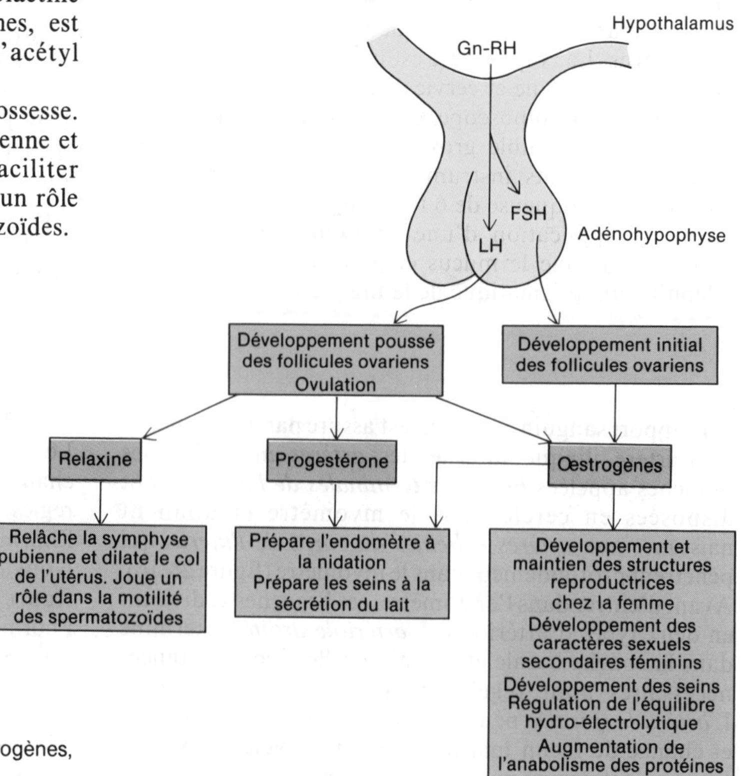

FIGURE 28.17 Sécrétion et effets physiologiques des œstrogènes, de la progestérone et de la relaxine.

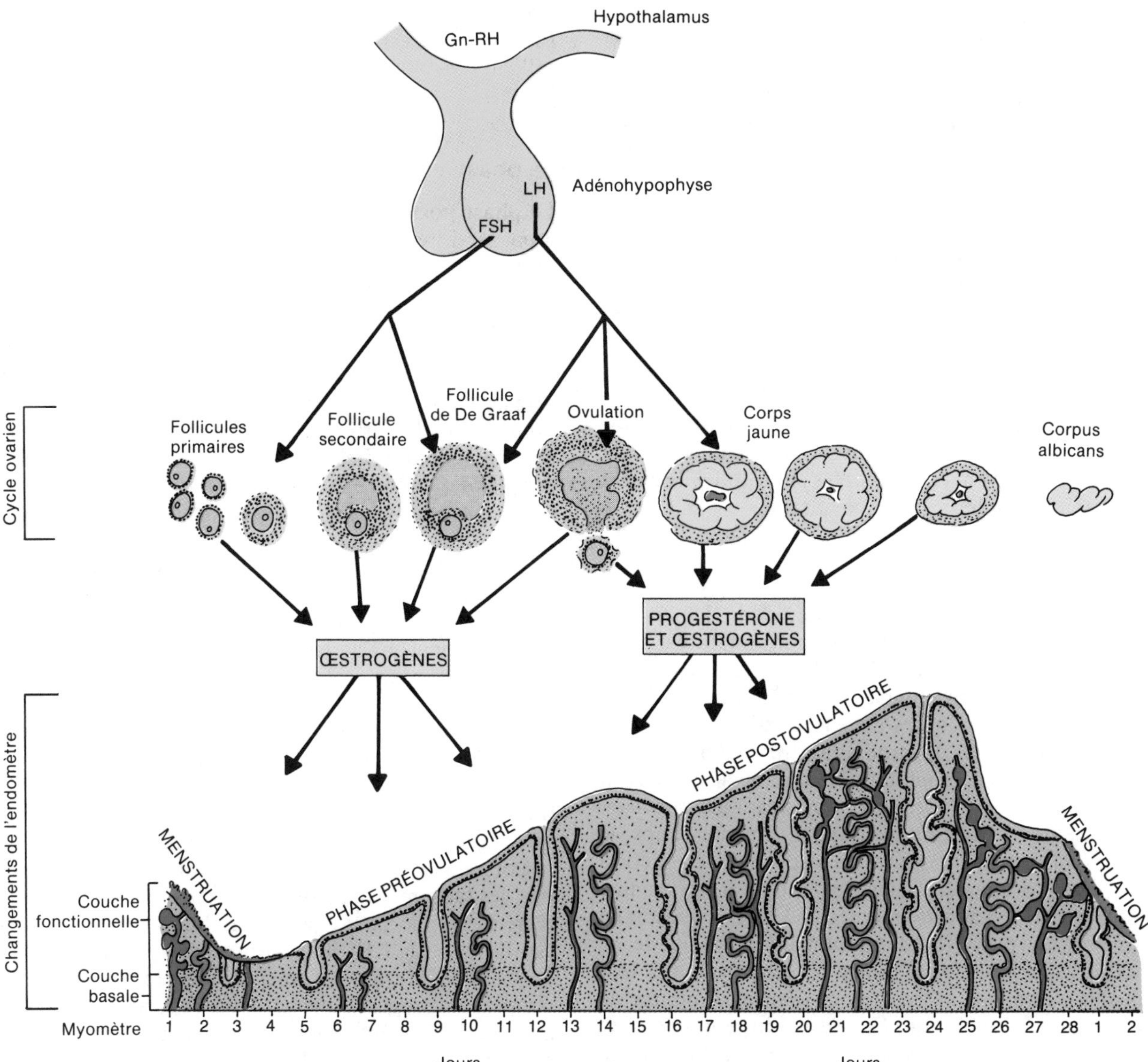

FIGURE 28.18 Interrelation des cycles menstruel et ovarien avec les hormones de l'adénohypophyse et de l'hypothalamus. Dans le cycle illustré, il n'y a pas eu de fécondation ni de nidation.

pellucide, se développe également autour de l'ovule en puissance. Vers la fin de la phase menstruelle (quatrième ou cinquième jour), environ 20 des follicules primaires se transforment en **follicules secondaires**, à mesure que les cellules de la couche environnante augmentent en nombre et se différencient, sécrétant du liquide folliculaire. Ce liquide déplace un ovule immature sur le rebord du follicule secondaire et remplit la cavité folliculaire. La production d'œstrogènes par les follicules secondaires élève légèrement le taux d'œstrogènes dans le sang. Le développement du follicule ovarien est entraîné par la sécrétion de Gn-RH par l'hypothalamus, ce qui stimule la production de FSH par l'adénohypophyse. Durant cette partie du cycle, la sécrétion de FSH est relativement élevée. Bien que plusieurs follicules commencent à se développer durant chaque cycle, un seul d'entre eux atteint la maturité. Les autres meurent.

La phase préovulatoire

La **phase préovulatoire**, la deuxième phase du cycle menstruel, est la période entre la menstruation et l'ovulation. Cette phase du cycle menstruel est plus variable, sur le plan de la durée, que les autres phases. Elle dure du sixième jour au treizième jour, à l'intérieur d'un cycle de 28 jours.

La FSH et la LH stimulent les follicules ovariens à produire plus d'œstrogènes, et cette élévation du taux d'œstrogènes stimule la réparation de l'endomètre. Les cellules de la couche basale subissent une mitose et produisent une nouvelle couche fonctionnelle. À mesure que l'endomètre s'épaissit, les glandes endométriales, droites et courtes, se développent, et les artérioles s'enroulent et s'allongent à mesure qu'elles pénètrent dans la couche fonctionnelle. L'épaisseur de l'endomètre passe de 4 mm à 6 mm. À cause de la prolifération des cellules endométriales, la phase préovulatoire est également appelée **phase proliférative**. On l'appelle aussi **phase folliculaire**, à cause de l'augmentation de la sécrétion des œstrogènes par le follicule en cours de développement. Sur le plan fonctionnel, les œstrogènes sont les hormones ovariennes les plus importantes au cours de cette phase (figure 28.19).

Au cours de la phase préovulatoire, un des follicules secondaires de l'ovaire mûrit et se transforme en un **follicule de De Graff**, un follicule prêt à l'ovulation. Durant le processus de maturation, le follicule augmente sa production d'œstrogènes. Au début de la phase préovulatoire, la FSH est l'hormone dominante de l'adénohypophyse, mais lorsque l'ovulation est sur le point de se produire, la LH est sécrétée en quantités croissantes (figure 28.19). De plus, de petites quantités de progestérone peuvent être élaborées par le follicule de De Graff, un jour ou deux avant l'ovulation.

L'ovulation

L'**ovulation**, la rupture du follicule de De Graff, accompagnée de la libération de l'ovule immature dans la cavité pelvienne, se produit habituellement le quatorzième jour dans un cycle de 28 jours. Juste avant l'ovulation, le taux d'œstrogènes, qui s'est élevé durant la phase préovulatoire, inhibe la production de la Gn-RH par l'hypothalamus. Cette inhibition empêche à son tour la sécrétion de FSH par l'adénohypophyse par l'intermédiaire d'un cycle de rétroaction négative. En même temps, le taux élevé d'œstrogènes agit dans un cycle de rétroaction positive afin d'amener l'adénohypophyse à libérer une montée de LH. Sans cette montée de LH, l'ovulation ne se produirait pas. (Il est maintenant possible de se procurer sur le marché, sans prescription, un test utilisable à domicile permettant de déceler la montée de LH associée à l'ovulation. Ce test prédit le moment de l'ovulation un jour à l'avance.) Après l'ovulation, le follicule de De Graff s'affaisse, et le sang qui se trouve à l'intérieur forme un caillot appelé **follicule hémorrhagique**.

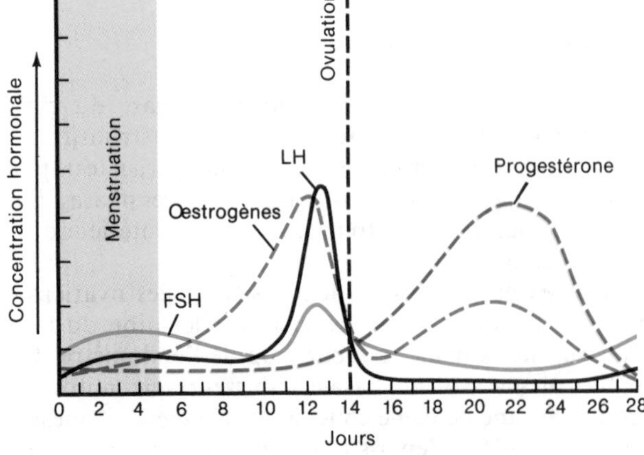

FIGURE 28.19 Concentrations relatives d'hormones de l'adénohypophyse (FSH et LH) et d'hormones ovariennes (œstrogènes et progestérone) au cours d'un cycle menstruel normal.

Ce caillot est finalement absorbé par les cellules folliculaires qui restent. Par la suite, les cellules folliculaires s'hypertrophient et se transforment en **corps jaune**.

La phase postovulatoire

La **phase postovulatoire** du cycle menstruel est la phase dont la durée est la plus constante; elle s'étend du quinzième jour au vingt-huitième jour, dans un cycle de 28 jours. Elle représente la période entre l'ovulation et le début de la menstruation suivante. Après l'ovulation, la sécrétion de LH stimule le développement du corps jaune. Celui-ci sécrète alors des quantités croissantes d'œstrogènes et de progestérone. La progestérone prépare l'endomètre à recevoir un ovule fécondé. Les activités préparatoires comprennent une activité sécrétrice des glandes endométriales qui leur donne une apparence contournée, la vascularisation de l'endomètre superficiel, l'épaississement de l'endomètre, l'entreposage de glycogène et une augmentation du volume du liquide interstitiel. Ces changements préparatoires atteignent un maximum environ une semaine après l'ovulation, et ils correspondent à l'arrivée anticipée de l'ovule fécondé. Durant la phase postovulatoire, la sécrétion de FSH augmente progressivement, une fois encore, et la sécrétion de LH décroît. L'hormone ovarienne dominante sur le plan fonctionnel, durant cette phase, est la progestérone (voir la figure 28.19). Nous étudierons, à la fin de ce chapitre, le lien entre la progestérone et les prostaglandines dans les douleurs menstruelles.

Lorsque la fécondation et la nidation ne se produisent pas, les taux montants de progestérone et d'œstrogènes sécrétés par le corps jaune inhibitent la sécrétion de Gn-RH et de LH. Par conséquent, le corps jaune dégénère et devient le **corpus albicans**. La sécrétion réduite de progestérone et d'œstrogènes par le corps jaune en dégénérescence déclenche ensuite une autre période menstruelle. De plus, les taux réduits de progestérone et d'œstrogènes dans le sang entraînent une nouvelle participation des hormones de l'adénohypophyse, notamment de la FSH, en réaction à une sécrétion accrue de Gn-RH par l'hypothalamus. Ainsi, un nouveau cycle ovarien commence. À la figure 28.20, nous présentons un résumé de ces interactions hormonales.

Toutefois, lorsque la fécondation et la nidation ont lieu, le corps jaune est maintenu pendant les trois ou quatre premiers mois de la grossesse ; pendant ce temps, il sécrète des œstrogènes et de la progestérone. Le corps jaune est maintenu par l'**hormone chorionique gonadotrophique (hCG)**, une hormone produite par le placenta en cours de développement. Le placenta lui-même sécrète des œstrogènes pour soutenir la grossesse, et de la progestérone pour soutenir la grossesse et le développement des seins en vue de la lactation. Une fois que le placenta commence à sécréter, le rôle du corps jaune devient moins important.

La ménarche et la ménopause

Normalement, le cycle menstruel se produit une fois par mois à partir de la **ménarche**, la première menstruation,

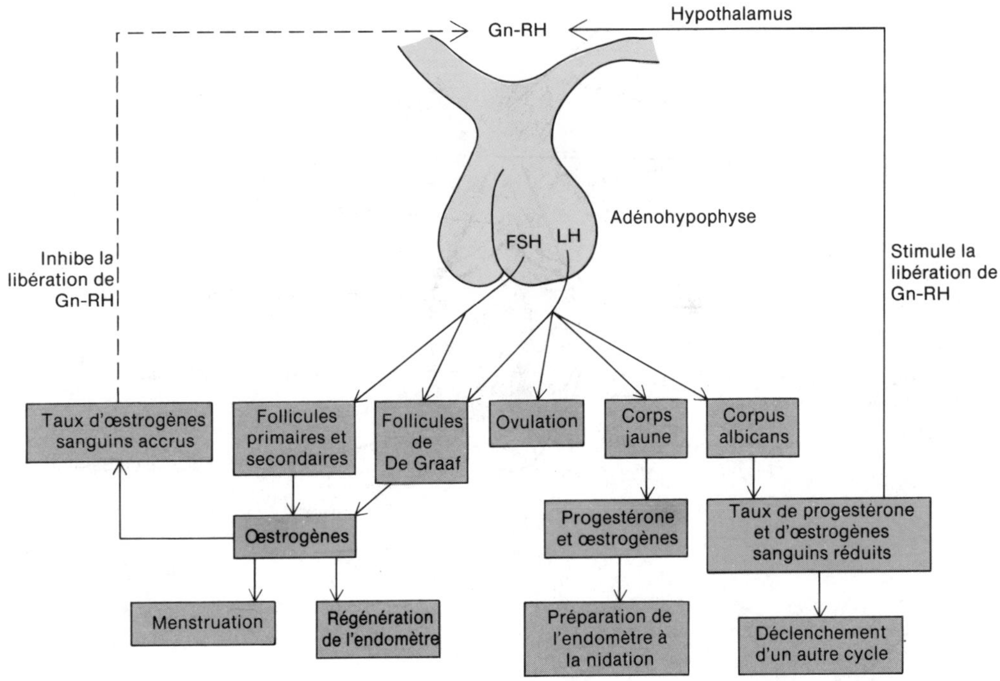

FIGURE 28.20 Résumé des interactions hormonales dans les cycles menstruel et ovarien.

jusqu'à la **ménopause**, la dernière menstruation. L'arrivée de la ménopause est signalée par le **climatère** ; le cycle menstruel devient moins fréquent. Le climatère, qui commence habituellement entre 40 ans et 50 ans, résulte du fait que les ovaires ne réagissent plus à la stimulation des gonadotrophines de l'adénohypophyse. Chez certaines femmes, les symptômes comprennent des bouffées de chaleur, une transpiration abondante, des céphalées, une perte de cheveux, des douleurs musculaires et une instabilité affective. Chez la femme postménopausée, il se produit une certaine atrophie des ovaires, des trompes de Fallope, de l'utérus, du vagin, des organes génitaux externes et des seins.

La ménopause est liée à la capacité réduite des ovaires de réagir à la FSH et à la LH. Par conséquent, il se produit une réduction de la production des œstrogènes par les ovaires. Tout au long de la vie sexuelle de la femme, certains des follicules ovariens primaires deviennent des follicules de De Graff durant chaque cycle sexuel ; par la suite, la plupart d'entre eux dégénèrent. À mesure que le nombre des follicules primaires diminue, la production d'œstrogènes par l'ovaire décroît.

LE VAGIN

Le **vagin** sert de passage au flux menstruel. Il reçoit également le pénis lors du coït, ou relation sexuelle, et constitue la partie inférieure du canal génital. C'est un organe musculeux tubulaire, tapissé d'une membrane muqueuse, mesurant environ 10 cm de longueur, et s'étendant du col au vestibule (voir les figures 28.11 et 28.12,a). Situé entre la vessie et le rectum, il est dirigé vers le haut et vers l'arrière, où il s'attache à l'utérus. Le **cul-de-sac de Douglas** entoure le point d'attache du vagin au col. Le cul-de-sac postérieur est plus profond que le cul-de-sac antérieur et les deux culs-de-sac latéraux. Les culs-de-sac permettent l'utilisation du diaphragme.

Sur le plan histologique, la muqueuse du vagin prolonge celle de l'utérus et est faite d'épithélium pavimenteux stratifié et de tissu conjonctif qui se trouvent dans une série de replis transversaux, les **crêtes du vagin**. La lubrification du vagin durant les rapports sexuels est due, en grande partie, à une sécrétion mucoïde produite par l'épithélium vaginal. La musculeuse est composée de muscles lisses longitudinaux qui peuvent s'étirer considérablement. Cette distension est importante parce que le vagin reçoit le pénis lors du coït et constitue la partie inférieure du canal génital. À l'extrémité inférieure de l'ouverture du vagin, l'**orifice vaginal**, se trouve un mince repli de membrance muqueuse vascularisée, appelé **hymen**, qui forme un rebord autour de l'orifice et le ferme partiellement (voir la figure 28.21).

APPLICATION CLINIQUE

Il arrive que l'hymen recouvre complètement l'orifice vaginal ; c'est ce que l'on appelle une **imperforation de l'hymen**. On doit pratiquer une intervention chirurgicale pour ouvrir l'orifice et permettre l'écoulement du flux menstruel.

La muqueuse vaginale contient de grandes quantités de glycogène qui, en se décomposant, produisent des acides organiques. Ces acides créent un milieu où le pH est peu élevé, ce qui retarde la croissance des microbes. Toutefois, l'acidité est également nuisible aux spermatozoïdes. Le sperme neutralise l'acidité du vagin afin d'assurer la survie des spermatozoïdes.

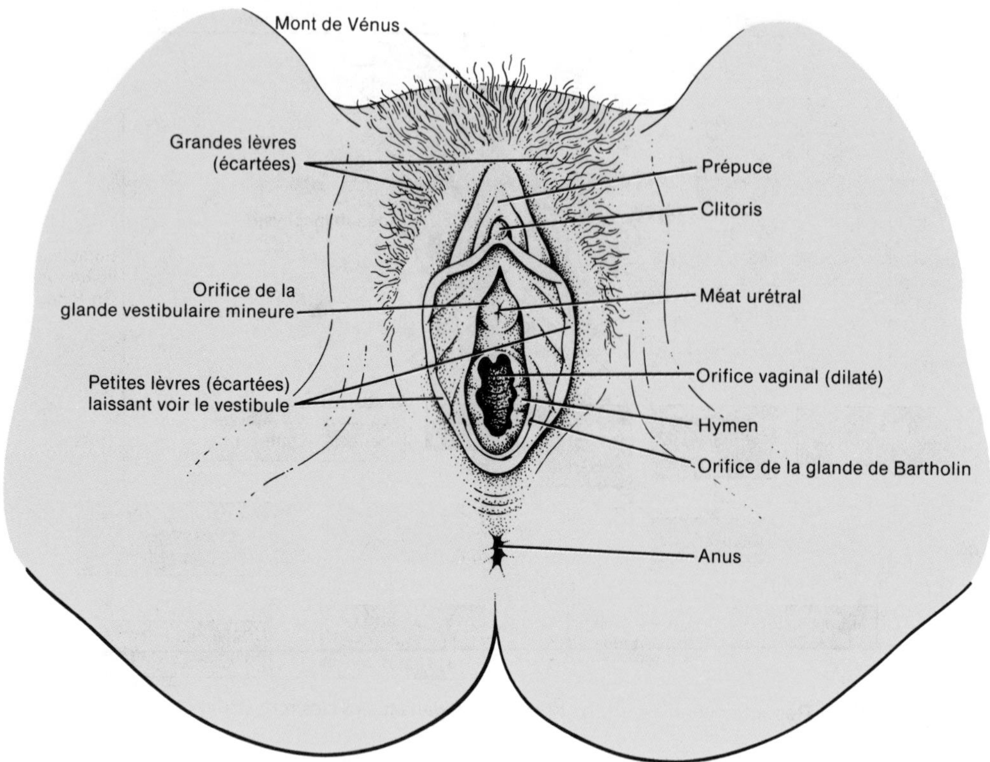

FIGURE 28.21 Vulve.

LA VULVE

La **vulve** comprend les organes génitaux externes de la femme (figure 28.21). Elle contient les éléments suivants.

Le **mont de Vénus**, une élévation de tissu adipeux recouverte de poils pubiens épais, est situé au-dessus de la symphyse pubienne. Il se trouve à l'avant de l'orifice vaginal et du méat urétral. Deux replis cutanés longitudinaux, les **grandes lèvres**, s'étendent vers le bas et vers l'arrière à partir du mont de Vénus. Les grandes lèvres, les homologues féminins du scrotum, contiennent une grande quantité de tissu adipeux et de glandes sébacées et sudoripares; leurs faces supérieures extérieures sont couvertes de poils pubiens. Situées médialement par rapport aux grandes lèvres se trouvent deux replis cutanés, les **petites lèvres**. Contrairement aux grandes lèvres, les petites lèvres sont dépourvues de poils pubiens et de tissu adipeux, et comportent peu de glandes sudoripares. Elles contiennent cependant de nombreuses glandes sébacées.

Le **clitoris** est une petite masse cylindrique de tissu érectile et de nerfs. Il est situé à la jonction antérieure des petites lèvres. Le **prépuce du clitoris**, une couche cutanée, se trouve au point de rencontre des petites lèvres et recouvre le corps du clitoris. La partie exposée du clitoris est le **gland du clitoris**. Le clitoris est l'homologue féminin du pénis. Le terme homologue signifie que deux organes ont la même structure, la même position et la même origine. Tout comme le pénis, le clitoris est capable de se gonfler à la suite d'une stimulation tactile, et il joue un rôle dans l'excitation sexuelle chez la femme.

La fente située entre les petites lèvres est appelée **vestibule**. Dans le vestibule se trouvent l'hymen, l'orifice vaginal, le méat urétral et les ouvertures de plusieurs canaux. L'**orifice vaginal** occupe la plus grande partie du vestibule, et est limité par l'hymen. Devant l'orifice vaginal, et derrière le clitoris, se trouve le **méat urétral**. De chaque côté du méat urétral se trouvent les ouvertures des canaux des **glandes de Skene**, ou **glandes para-urétrales**. Ces glandes sont enfouies dans la paroi de l'urètre et sécrètent du mucus. De chaque côté de l'orifice vaginal se trouvent les **glandes de Bartholin**. Ces glandes s'ouvrent par des canaux sur un sillon situé entre l'hymen et les petites lèvres, et elles produisent une sécrétion mucoïde qui augmente la lubrification lors des rapports sexuels. Des **glandes vestibulaires mineures**, dont les orifices sont microscopiques, débouchent dans le vestibule. Les glandes de Skene sont les homologues de la prostate. Les glandes de Bartholin sont les homologues des glandes de Cowper.

APPLICATION CLINIQUE

Un des signes importants, lors du **diagnostic de la grossesse**, est une coloration bleuâtre de la vulve et du vagin, due à la congestion veineuse. Cette coloration apparaît entre la huitième et la douzième semaine, et son intensité augmente à mesure que la grossesse évolue.

LE PÉRINÉE

Le **périnée** est la région en forme de losange située à l'extrémité inférieure du tronc, entre les cuisses et les fesses, chez l'homme et chez la femme. Il est limité à l'avant par la symphyse pubienne, sur les côtés par les tubérosités ischiatiques, et à l'arrière par le coccyx. Une ligne transversale tracée entre les tubérosités ischiatiques divise le périnée en un **diaphragme uro-génital** antérieur, qui contient les organes génitaux externes, et en un **triangle anal**, qui contient l'anus (figure 28.22).

APPLICATION CLINIQUE

Chez la femme, la région située entre le vagin et l'anus est appelée **périnée clinique**. Lorsque le vagin est trop petit pour laisser passer la tête du fœtus, la peau, l'épithélium vaginal, le tissu adipeux sous-cutané et le muscle transverse superficiel du périnée clinique peuvent se déchirer. De plus, les tissus du rectum peuvent être lésés. Afin d'éviter ces lésions, on pratique une petite incision, appelée **épisiotomie**, dans la peau du périnée et dans les tissus sous-jacents, juste avant l'accouchement. Après la naissance de l'enfant, on suture l'épisiotomie, une couche après l'autre.

LES GLANDES MAMMAIRES

Les **glandes mammaires** sont des glandes sudoripares modifiées (tubulo-acineuses ramifiées), situées au-dessus des muscles grand pectoral et grand dentelé, et qui sont reliées à ceux-ci par une couche de tissu conjonctif (figure 28.23). À l'intérieur, chaque glande mammaire comprend de 15 à 20 **lobes**, ou compartiments, séparés par du tissu adipeux. La quantité de tissu adipeux détermine le volume des seins. Toutefois, le volume des seins n'est aucunement relié à la quantité de lait produite. Dans chaque lobe se trouvent plusieurs compartiments plus petits, appelés **lobules**, composés de tissu conjonctif, dans lequel les cellules qui sécrètent le lait, les **alvéoles**, sont enfouies (figure 28.24). Les alvéoles sont disposées comme des raisins sur une grappe. Entre les lobules, se trouvent des bandes de tissu conjonctif, les **ligaments de Cooper**. Ces ligaments se trouvent entre la peau et les fascias profonds et soutiennent les seins. Les alvéoles amènent le lait dans une série de **tubules secondaires**. De là, le lait passe dans les **canaux intralobaires**. Près du mamelon, ces canaux s'élargissent pour former des sinus appelés **ampoules**, où le lait peut être entreposé. Les ampoules se poursuivent sous la forme de **canaux galactaphores** qui prennent fin dans le **mamelon**. Chaque canal galactophore transporte le lait à partir d'un des lobes jusqu'à l'extérieur ; toutefois, certains d'entre eux peuvent se rejoindre avant d'atteindre la surface. La région cutanée pigmentée circulaire entourant le mamelon est appelée **aréole**. Elle paraît rugueuse parce qu'elle contient des glandes sébacées modifiées.

À la naissance, les glandes mammaires, chez les deux sexes, ne sont pas développées et ne forment que de légères élévations sur la poitrine. Au début de la puberté, les seins de la fille commencent à se développer : le système de canaux se développe, une réserve graisseuse importante se forme, et les aréoles et les mamelons croissent et se pigmentent. Ces changements sont accompagnés d'une sécrétion accrue d'œstrogènes par les ovaires. Le développement mammaire se poursuit au moment de la maturité sexuelle, avec le début de l'ovulation et la formation du corps jaune. Durant l'adolescence, le taux accru de progestérone fait que les alvéoles deviennent plus nombreuses, s'hypertrophient et commencent à sécréter. De plus, la formation de la réserve graisseuse se poursuit, ce qui augmente le volume des glandes. Bien que les changements liés au développement des glandes mammaires soient associés à la sécrétion d'œstrogènes et de progestérone par les ovaires, la sécrétion ovarienne est finalement réglée par la FSH, qui est sécrétée en réaction à la Gn-RH par l'hypophalamus.

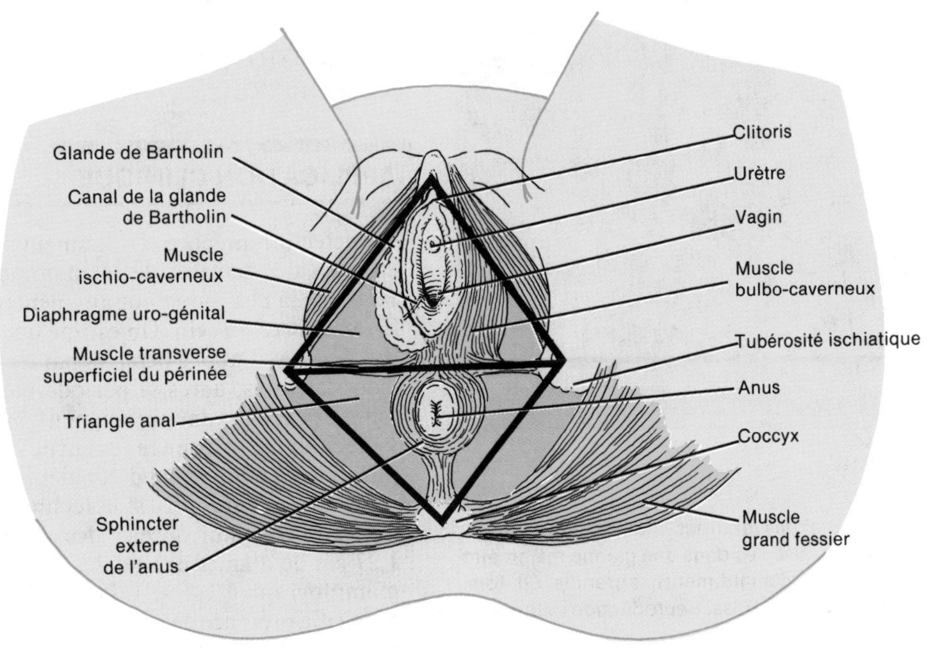

FIGURE 28.22 Périnée de la femme.

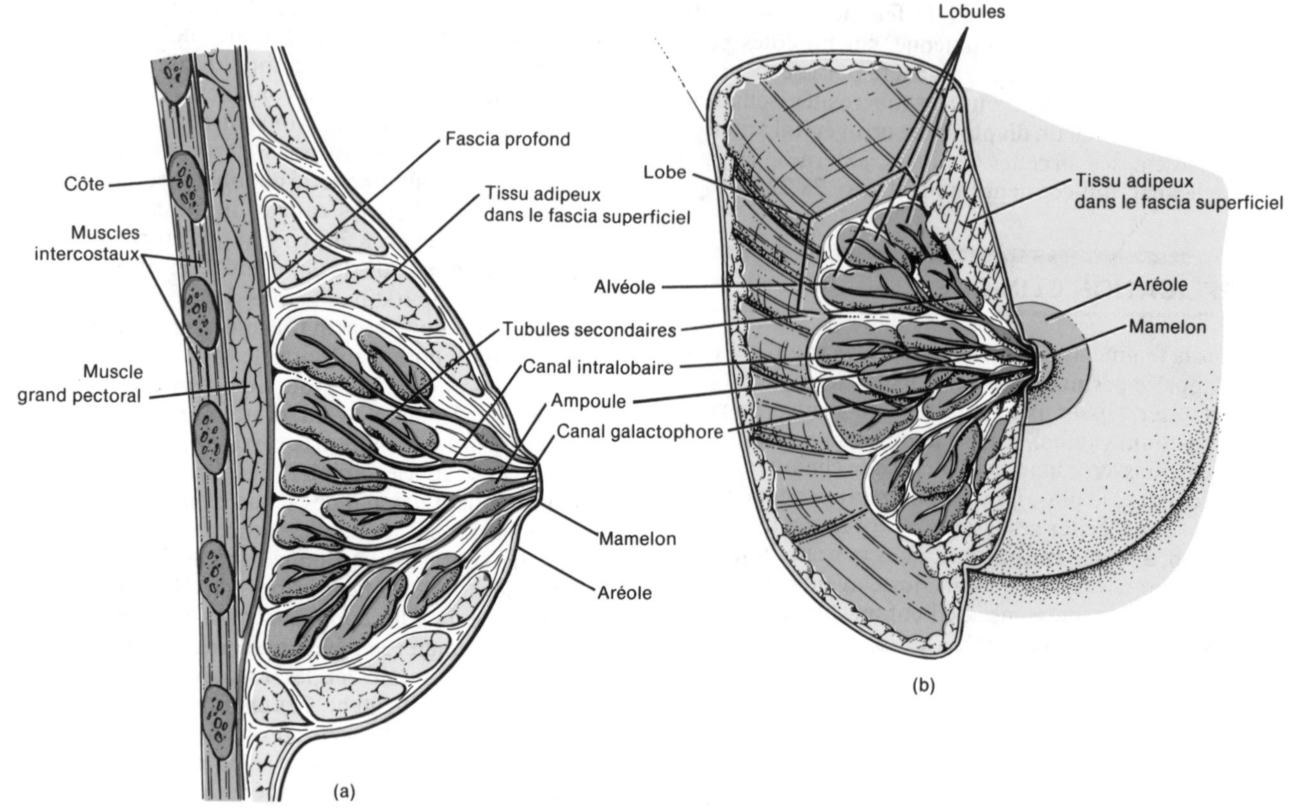

FIGURE 28.23 Glandes mammaires. (a) Coupe sagittale. (b) Vue antérieure, partiellement sectionnée.

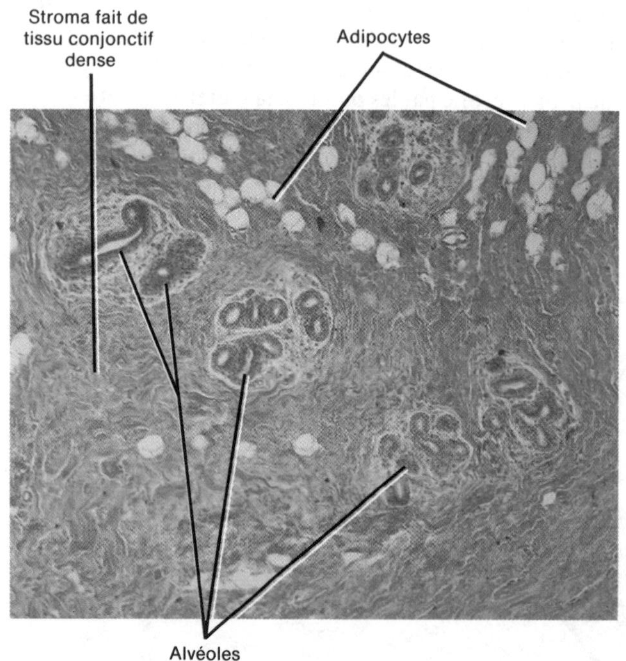

FIGURE 28.24 Histologie des glandes mammaires. Photomicrographie de plusieurs alvéoles dans une glande mammaire (qui n'est pas en période d'allaitement), agrandie 60 fois. [Copyright © 1983 by Michael H. Ross. Reproduction autorisée.]

La fonction essentielle des glandes mammaires est la sécrétion et l'éjection du lait; ces deux phénomènes constituent la **lactation**. La sécrétion du lait est due en grande partie à la prolactine (PRL), une hormone, et, dans une moindre mesure, à la progestérone et aux œstrogènes. L'éjection du lait se produit en présence d'ocytocine (OT). Nous présentons la lactation en détail au chapitre 29.

APPLICATION CLINIQUE

La détection précoce, notamment à l'aide de l'auto-examen des seins et de la mammographie, reste le méthode la plus sûre pour augmenter le taux de survie lié au **cancer du sein**. On estime que 95 % des cancers du sein sont d'abord détectés par les femmes atteintes. Tous les mois, après la période menstruelle, chaque femme devrait examiner soigneusement ses seins, pour y déceler la présence éventuelle de masses, de plissements cutanés ou d'écoulements.

La *mammographie* est la technique de dépistage la plus efficace pour déceler des tumeurs de moins de 1,27 cm de diamètre. Une des raisons qui font que la mammographie est si utile est le fait qu'elle peut déceler la présence de petits dépôts de calcium, appelés microcalcifications, dans les tissus mammaires. Ces calcifications indiquent souvent la présence d'une tumeur. On peut obtenir une image mammographique, ou mammogramme, de deux façons. Dans la première technique, on dirige des rayons X sur une plaque métallique dotée d'un revêtement spécial; l'image obtenue (bleu sur blanc) renseigne le médecin sur les parties plus minces ou plus épaisses du sein. Ce procédé est appelé *xéroradiographie*. Dans l'autre procédé, appelé *mammographie sur film-écran*, les rayons X sont dirigés sur un écran fluorescent, qui expose un film se trouvant en contact avec lui. Il utilise une très faible dose de radiations, et peut être adapté pour mettre l'accent sur différents types de tissus dans le sein.

Un des procédés de dépistage les plus récents du cancer du sein est *l'échographie*. On effectue ce procédé pendant que la cliente est étendue sur le ventre sur un lit spécial, les seins immergés dans un réservoir d'eau. L'échographie produit des images par l'intermédiaire d'un appareil qui émet d'abord une pulsation sonore de haute fréquence, puis enregistre l'écho sur un moniteur. Bien que l'échographie ne puisse déceler les microcalcifications ou les tumeurs dont le diamètre est inférieur à 1 cm, on peut l'utiliser afin de déterminer si une masse est bénigne ou maligne.

Une autre technique combine la tomographie axiale assistée par ordinateur et la mammographie, et semble surmonter certains obstacles imposés par la mammographie. Ce procédé est basé sur le fait que le cancer du sein a une affinité anormale pour l'iode. On produit des scintigrammes avant et après une injection intraveineuse rapide d'une substance opacifiante iodée. On compare la masse volumique initiale de la lésion soupçonnée avec la masse volumique qui suit l'injection d'iode, et on obtient des renseignements concernant l'état de la tumeur. Ce procédé offre une aide diagnostique précieuse dans les cas où les examens mammographiques et physiques ne permettent pas de tirer de conclusions définitives; il semble s'agir d'une amélioration importante dans les méthodes de dépistage du cancer du sein.

Des études à longue échéance sont actuellement en cours en vue de déterminer l'efficacité d'un appareil expérimental utilisé à domicile pour déceler le cancer du sein. On l'appelle **détecteur pour dépistage du cancer du sein**. Il est fait de deux disques de plastique contenant des substances chimiques très sensibles à la chaleur. Le sujet porte les disques à l'intérieur de son soutien-gorge durant 45 min par mois, ce qui permet d'observer les changements éventuels de coloration pouvant indiquer une anomalie. Cet appareil peut déceler des tumeurs dont le diamètre ne dépasse pas 2 mm, ce qui correspond au volume d'une tumeur durant la période de deux ans à dix ans qui précède le moment où on peut les détecter par la palpation ou par la mammographie.

LA RELATION SEXUELLE

La **relation sexuelle**, ou **copulation** (chez l'humain, on l'appelle **coït**), est le processus par lequel les spermatozoïdes sont déposés dans le vagin.

APPLICATION CLINIQUE

L'**insémination artificielle** (*in* : dans ; *semen* : semence) consiste à déposer du sperme dans le vagin ou le col de l'utérus par des moyens artificiels. Lorsqu'on utilise le sperme du conjoint de la femme, le procédé est appelé **insémination homologue**. On peut effectuer ce procédé dans les cas d'anomalies liées au développement, qui empêchent la pénétration du vagin par le pénis ou l'éjaculation normale. Un volume insuffisant de sperme peut également être une indication pour une insémination homologue. Lorsqu'on utilise le sperme d'un donneur, le procédé est appelé **insémination hétérologue**. Dans ces cas, on choisit un donneur anonyme en se basant sur sa race, son groupe sanguin, son apparence physique, son état général de santé et ses antécédents génétiques.

LA RELATION SEXUELLE CHEZ L'HOMME

L'érection

Le rôle de l'homme dans la relation sexuelle commence avec l'**érection**, l'augmentation de volume et le durcissement du pénis. Une érection peut être déclenchée dans le cerveau par des stimuli comme l'anticipation, la mémoire et les sensations visuelles, ou elle peut être un réflexe déclenché par la stimulation des récepteurs tactiles dans le pénis, notamment dans le gland. Dans tous les cas, les influx parasympathiques qui partent de la portion sacrée de la moelle épinière et se rendent au pénis entraînent une dilatation des artères du pénis, ce qui permet au sang de remplir les espaces caverneux des corps spongieux.

La lubrification

Les influx parasympathiques provenant de la portion sacrée de la moelle épinière amènent également les glandes de Cowper à sécréter du mucus, ce qui assure une certaine **lubrification** nécessaire au rapport sexuel. Le mucus s'écoule par l'urètre. La plus grande partie du liquide lubrifiant est produite par la femme. Lorsque la lubrification est insuffisante, le relation sexuelle est dificile pour l'homme, puisqu'une lubrification insuffisante entraîne des influx douloureux qui inhibent le coït plutôt que de le favoriser.

L'orgasme

La stimulation tactile du pénis entraîne l'émission et l'éjaculation. Lorsque la stimulation sexuelle devient intense, des influx sympathiques rythmiques quittent la moelle épinière aux niveaux des première et deuxième vertèbres lombaires, et se rendent dans les organes génitaux. Ces influx provoquent des contractions péristaltiques des canaux situés dans les testicules, dans l'épididyme et dans le canal déférent, qui propulsent les spermatozoïdes dans l'urètre; ce processus est appelé **émission**. Simultanément, les contractions péristaltiques des vésicules séminales et de la prostate expulsent du liquide séminal et prostatique en même temps que des spermatozoïdes. Ces liquides se mêlent au mucus des glandes de Cowper et forment le sperme. D'autres influx rythmiques envoyés à partir de la moelle épinière aux niveaux des première et deuxième vertèbres sacrées atteignent les muscles squelettiques à la base du pénis, et celui-ci expulse le sperme depuis l'urètre jusqu'à l'extérieur, ce qui constitue l'**éjaculation**. Un certain nombre d'activités sensorielles et motrices accompagnent l'éjaculation, dont une fréquence cardiaque rapide, une élévation de la pression artérielle, une élévation de la fréquence respiratoire, ainsi que des sensations agréables. Ces activités, ainsi que les événements musculaires qui participent à l'éjaculation, constituent l'**orgasme**.

Au cours de la relation sexuelle, l'éjaculation fait entrer des millions de spermatozoïdes dans le vagin. Par la suite, les spermatozoïdes se rendent dans le col utérin, où les contractions musculaires favorisent leur mouvement dans l'utérus. Dans l'utérus, des contractions rythmiques de la paroi musculaire favorisent considérablement la progression des spermatozoïdes qui nagent en direction des trompes de Fallope. Certaines études ont démontré que de l'ocytocine (OT) peut être libérée de la neurohypophyse durant l'orgasme ou que les prostaglandines présentes dans le sperme entraînent les contractions utérines, ou les deux à la fois. Parmi les spermatozoïdes qui pénètrent dans le vagin, moins de 1% atteignent la proximité de l'ovule.

LA RELATION SEXUELLE CHEZ LA FEMME

L'érection

Chez la femme, comme chez l'homme, la relation sexuelle implique une érection, une lubrification et un orgasme. La stimulation de la femme, comme celle de l'homme, dépend de réactions psychiques et tactiles. Dans des conditions appropriées, la stimulation des organes génitaux de la femme, notamment du clitoris, entraîne une érection et une excitation sexuelle généralisée. Cette réaction est réglée par les influx parasympathiques partant de la partie sacrée de la moelle épinière et allant jusqu'aux organes génitaux externes.

La lubrification

Les influx parasympathiques provenant de la partie sacrée de la moelle épinière sont également à l'origine, en grande partie, de la **lubrification** du vagin. Les influx entraînent la production d'un liquide mucoïde par l'épithélium de la muqueuse vaginale. Les glandes de Bartholin produisent également une certaine quantité de mucus. Comme nous l'avons mentionné plus haut, un manque de lubrification entraîne des influx douloureux qui inhibent le coït plutôt que de le favoriser.

L'orgasme

Lorsque la stimulation tactile des organes génitaux atteint une intensité maximale, des réflexes qui entraînent l'**orgasme** sont déclenchés. L'orgasme de la femme est analogue à l'éjaculation de l'homme, et peut jouer un rôle dans la fécondation de l'ovule. Les muscles périnéaux se contractent de façon rythmée par l'intermédiaire de réflexes spinaux semblables à ceux qui participent à l'éjaculation.

LA RÉGULATION DES NAISSANCES

Les méthodes de **régulation des naissances** comprennent l'ablation des gonades et de l'utérus, la stérilisation et les moyens de contraception mécaniques et chimiques.

L'ABLATION DES GONADES ET DE L'UTÉRUS

La **castration** (ablation des testicules), l'**hystérectomie** (ablation de l'utérus) et l'**ovariectomie** (ablation des ovaires) sont toutes des méthodes préventives entièrement efficaces. Ces interventions sont irréversibles et empêchent la grossesse de façon absolue. Toutefois, parce que ces organes jouent un rôle important dans le système endocrinien, l'ablation des testicules ou des ovaires entraîne des conséquences fâcheuses. En règle générale, on ne pratique ces interventions qu'en cas de maladie de ces organes. La castration effectuée avant la puberté empêche le développement des caractères sexuels secondaires.

LA STÉRILISATION

La **vasectomie** (dont nous avons déjà parlé dans ce chapitre) est une forme de **stérilisation** chez l'homme. Chez la femme, l'équivalent de cette opération est la **ligature des trompes**. On pratique une incision dans la cavité abdominale, on comprime les trompes de Fallope et on forme une petite boucle appelée anse. On fait une suture serrée à la base de l'anse, puis on coupe cette dernière. Après quatre ou cinq jours, la suture est digérée par les liquides corporels, et les deux extrémités coupées des trompes se séparent. L'ovule ne peut donc plus se rendre dans l'utérus, et les spermatozoïdes ne peuvent plus atteindre l'ovule. Normalement, la stérilisation n'affecte pas le rendement et le plaisir sexuels.

La **laparoscopie** est une autre technique de stérilisation chez la femme. Après avoir administré une anesthésie locale ou générale, on introduit un gaz inoffensif dans l'abdomen afin de créer une bulle gazeuse. La bulle agrandit la cavité abdominale et éloigne les intestins des organes pelviens, ce qui permet un accès sûr et facile aux trompes de Fallope. Le médecin pratique une petite incision à la bordure inférieure de l'ombilic et introduit un laparoscope pour voir l'intérieur de la cavité abdominale et les trompes de Fallope. Il peut alors refermer les trompes à l'aide du laparoscope ou pratiquer une deuxième incision au niveau de la ligne des poils pubiens afin d'y introduire une pince à cautériser. Une fois que les trompes sont scellées, on enlève l'instrument, on élimine le gaz et on recouvre l'incision à l'aide d'un pansement. La cliente peut habituellement quitter le centre hospitalier après quelques heures.

LA CONTRACEPTION

La **contraception** consiste à prévenir la fécondation, sans nuire à la fertilité, à l'aide de moyens naturels, mécaniques ou chimiques.

Les moyens naturels

Les **moyens naturels** comprennent l'abstinence complète ou périodique. Un exemple d'abstinence périodique est illustré par la méthode d'Ogino-Knauss, basée sur le principe que l'ovule ne peut être fécondé que durant une période de trois à cinq jours à l'intérieur du cycle menstruel. Durant cette période, le couple s'abstient de relations sexuelles. L'efficacité de cette méthode est limitée par le fait que peu de femmes ont un cycle absolument régulier. De plus, chez certaines femmes, l'ovulation peut avoir lieu durant la période dite « sûre », comme pendant la menstruation.

Les moyens mécaniques

Les **moyens mécaniques** comprennent l'utilisation du condom par l'homme et du diaphragme par la femme. Un **condom** est un petit manchon imperméable et élastique (fait de caoutchouc ou de matériel semblable) dont on recouvre le pénis et qui empêche la pénétration des spermatozoïdes dans l'appareil reproducteur de la femme. Le **diaphragme** est un petit objet arrondi qui recouvre le col ; on l'utilise généralement en même temps qu'un spermicide. Le diaphragme empêche les spermatozoïdes de pénétrer dans le col de l'utérus. Quant au spermicide, il détruit les spermatozoïdes. Chez certaines femmes, l'utilisation du diaphragme est liée au syndrome de choc toxique staphylococcique et à des infections récurrentes de l'appareil urinaire.

Le **stérilet** est un autre moyen de contraception mécanique. Il s'agit d'un petit objet de plastique, de cuivre ou d'acier inoxydable que l'on introduit dans la cavité de l'utérus. On ne sait pas exactement de quelle façon le stérilet opère. Certains croient que le stérilet entraîne des changements dans la muqueuse utérine ; ces changements, à leur tour, produiraient une substance capable de détruire soit les spermatozoïdes, soit l'ovule fécondé. Certains stérilets libèrent des agents contraceptifs en quantités minimes ; l'un d'entre eux sécrète de la progestérone. La pelvipéritonite et la stérilité sont parmi les dangers associés à l'utilisation du stérilet, chez certaines femmes. À cause de ces risques, la popularité du stérilet est en baisse rapide. Aux États-Unis, des poursuites judiciaires, entraînées par des demandes d'indemnités, ont obligé certains fabricants de stérilets de cuivre à arrêter la production et les ventes.

Les moyens chimiques

Les **moyens chimiques** de contraception comprennent les méthodes spermicides et hormonales. Des mousses, des crèmes, des gelées, des suppositoires et des douches font du vagin et du col de l'utérus des milieux défavorables à la survie des spermatozoïdes. L'**éponge spermicide**, un moyen chimique récemment mis sur le marché, est vendue sous le nom commercial de Today®. Il s'agit d'une éponge de polyuréthane, en vente libre, contenant un spermicide appelé nonoxynol-9, également utilisé dans certaines mousses et gelées contraceptives. On place l'éponge dans le vagin, où elle libère un spermicide pendant une période allant jusqu'à 24 h ; elle agit également comme une barrière physique aux spermatozoïdes. L'efficacité de l'éponge est égale à celle du diaphragme. Certains cas de syndrome de choc toxique staphylococcique ont été signalés parmi les utilisatrices de l'éponge spermicide.

L'hormone chorionique gonadotrophique (hCG) modifiée, une hormone produite par le placenta, s'est révélée prometteuse en laboratoire, comme méthode chimique de contraception, lors de tests effectués sur des animaux. Sous sa forme modifiée, la hCG empêche la nidation de l'ovule fécondé, ou met fin à une grossesse déjà commencée. On est actuellement à vérifier l'efficacité de certaines versions modifiées de la Gn-RH comme contraceptifs pouvant inhiber l'ovulation.

Dès son apparition sur le marché, la méthode hormonale, représentée par le **contraceptif oral** (la « pilule »), a rapidement été utilisée sur une grande échelle. Il existe plusieurs types de pilules contraceptives sur le marché ; toutefois, celle dont l'usage est le plus répandu contient une forte concentration de progestérone et une faible concentration d'œstrogènes. Ces deux hormones agissent sur l'adénohypophyse afin de réduire la sécrétion de FSH et de LH en inhibant la libération de Gn-RH par l'hypothalamus. Les taux peu élevés de FSH et de LH ne sont pas suffisants pour déclencher la maturation du follicule et l'ovulation. En l'absence d'un ovule mûr, il ne peut y avoir de grossesse.

Parmi les femmes pour qui les contraceptifs oraux sont contre-indiqués, on trouve celles qui ont des antédédents de troubles thrombo-emboliques (prédisposition à la coagulation sanguine), de lésions aux vaisseaux sanguins cérébraux, d'hypertension, de troubles hépatiques, de cardiopathies, ou de cancer du sein ou de l'appareil reproducteur. Des rapports récents relient l'utilisation de la pilule à une augmentation des risques de stérilité. Environ 40 % des femmes qui prennent des contraceptifs oraux subissent des effets secondaires ; il s'agit habituellement de problèmes mineurs, comme des nausées, un gain de masse, des céphalées, des menstruations irrégulières, des pertes peu importantes entre les menstruations et de l'aménorrhée. Les statistiques portant sur les affections éventuellement mortelles comme les caillots sanguins, les crises cardiaques, les tumeurs du foie et les maladies de la vésicule biliaire sont un peu plus rassurantes. En ce qui concerne l'ensemble des problèmes, il se produit moins de 3 décès pour 100 000 utilisatrices âgées de moins de 30 ans, 4 décès parmi les femmes de 30 ans à 35 ans, 10 parmi les femmes âgées de 35 ans à 39 ans, et 18 parmi les femmes âgées de plus de 40 ans. L'exception majeure à cette règle est que, chez les fumeuses qui utilisent des contraceptifs oraux, les risques de crise cardiaque et d'accident vasculaire cérébral sont beaucoup plus élevés que chez les non fumeuses.

Dans le document 28.1, nous présentons un résumé des méthodes de régulation des naissances.

DOCUMENT 28.1 MÉTHODES DE RÉGULATION DES NAISSANCES

MÉTHODE	COMMENTAIRES
Ablation des gonades et de l'utérus	Stérilité irréversible. À cause de l'importance des hormones élaborées par les gonades, est habituellement pratiquée en cas de maladies des organes plutôt que comme méthode contraceptive
Stérilisation	Procédé consistant à sectionner le canal déférent, chez l'homme (vasectomie), et les trompes de Fallope, chez la femme (ligature des trompes et technique laparoscopique)
Contraception naturelle	Abstinence sexuelle durant la période du mois pendant laquelle la femme est fertile. Dans des circonstances idéales, le taux d'efficacité de cette méthode, chez les femmes dont le cycle menstruel est régulier, peut s'approcher de celui des contraceptifs mécaniques et chimiques. Il est très difficile de déterminer avec exactitude la période de fertilité. On peut augmenter le taux d'efficacité en prenant la température corporelle tous les matins, avant le lever; une légère élévation de la température indique que l'ovulation a eu lieu un ou deux jours avant, et que l'ovule ne peut plus être fécondé
Contraception mécanique	
Condom	Manchon de caoutchouc ou d'une substance semblable, mince et solide, recouvrant le pénis et visant à empêcher les spermatozoïdes de pénétrer dans le vagin. Les échecs peuvent être causés par le fait que le condom est déchiré, qu'il a glissé après l'orgasme ou qu'il n'a pas été appliqué à temps. Utilisé de façon régulière et adéquate, le condom est aussi efficace que le diaphragme
Diaphragme	Petit objet arrondi de caoutchouc souple introduit dans le vagin pour recouvrir le col, et empêchant les spermatozoïdes de pénétrer plus loin. Est habituellement utilisé en même temps qu'une crème ou une gelée spermicide. Doit rester en place au moins six heures après la relation sexuelle, et peut rester en place jusqu'à 24 h. Doit être ajusté par un médecin ou une autre personne compétente, et réajusté tous les deux ans et après chaque grossesse. Offre un taux élevé de protection lorsqu'il est utilisé avec un spermicide; taux d'échec: de deux à trois grossesses sur 100 femmes, par année, pour les utilisatrices régulières. Lorsqu'il n'est pas utilisé régulièrement, il offre un taux d'efficacité beaucoup moins élevé. Des échecs peuvent survenir lorsque le diaphragme est mal placé, ou qu'il se déplace durant la relation sexuelle
Stérilet	Petit objet (en boucle, enroulé, en forme de T ou de 7) de plastique, de cuivre ou d'acier inoxydable, introduit dans l'utérus par le médecin. Peut rester en place durant de longues périodes (certains doivent être changés après deux ou trois ans). L'utilisatrice n'a pas à s'en préoccuper constamment. Chez certaines femmes, le port du stérilet entraîne l'expulsion du stérilet, des saignements ou de l'inconfort. N'est pas recommandé pour les femmes qui n'ont pas eu d'enfants, parce que l'utérus est trop petit, et la cavité pré-utérine trop étroite. À cause de problèmes éventuellement liés au port du stérilet, comme la pelvipéritonite et la stérilité, la popularité de celui-ci a baissé au cours des dernières années. On n'en fabrique plus aux États-Unis
Contraception chimique	
Mousses, crèmes, gelées, suppositoires, douches vaginales, éponge spermicide	Spermicides chimiques que l'on introduit dans le vagin pour recouvrir les surfaces vaginales et l'ouverture du col. Assure une protection d'environ 1 h. Efficaces lorsqu'on les utilise seuls, mais beaucoup plus efficaces lorsqu'on les utilise en même temps qu'un diaphragme ou un condom. L'éponge spermicide est faite de polyuréthane et libère un spermicide pendant une période allant jusqu'à 24 h. Aussi efficace que le diaphragme. Quelques cas de syndrome de choc toxique staphylococcique ont été rapportés parmi les utilisatrices de l'éponge spermicide
Contraceptifs oraux	Constitue la méthode contraceptive la plus sûre, exception faite de l'abstinence totale et de la stérilisation. Les effets secondaires comprennent des nausées, des saignements légers occasionnels entre les périodes menstruelles, une sensibilité ou un gonflement des seins, une rétention liquidienne et un gain de masse. Les femmes qui fument ou qui sont atteintes de maladies cardio-vasculaires (troubles thrombo-emboliques, accidents vasculaires cérébraux, cardiopathies, hypertension), de troubles hépatiques, de cancer ou de néoplasie des seins ou des organes reproducteurs, ne devraient pas utiliser cette méthode. Les risques de stérilité peuvent être plus grands chez les femmes qui prennent des contraceptifs oraux

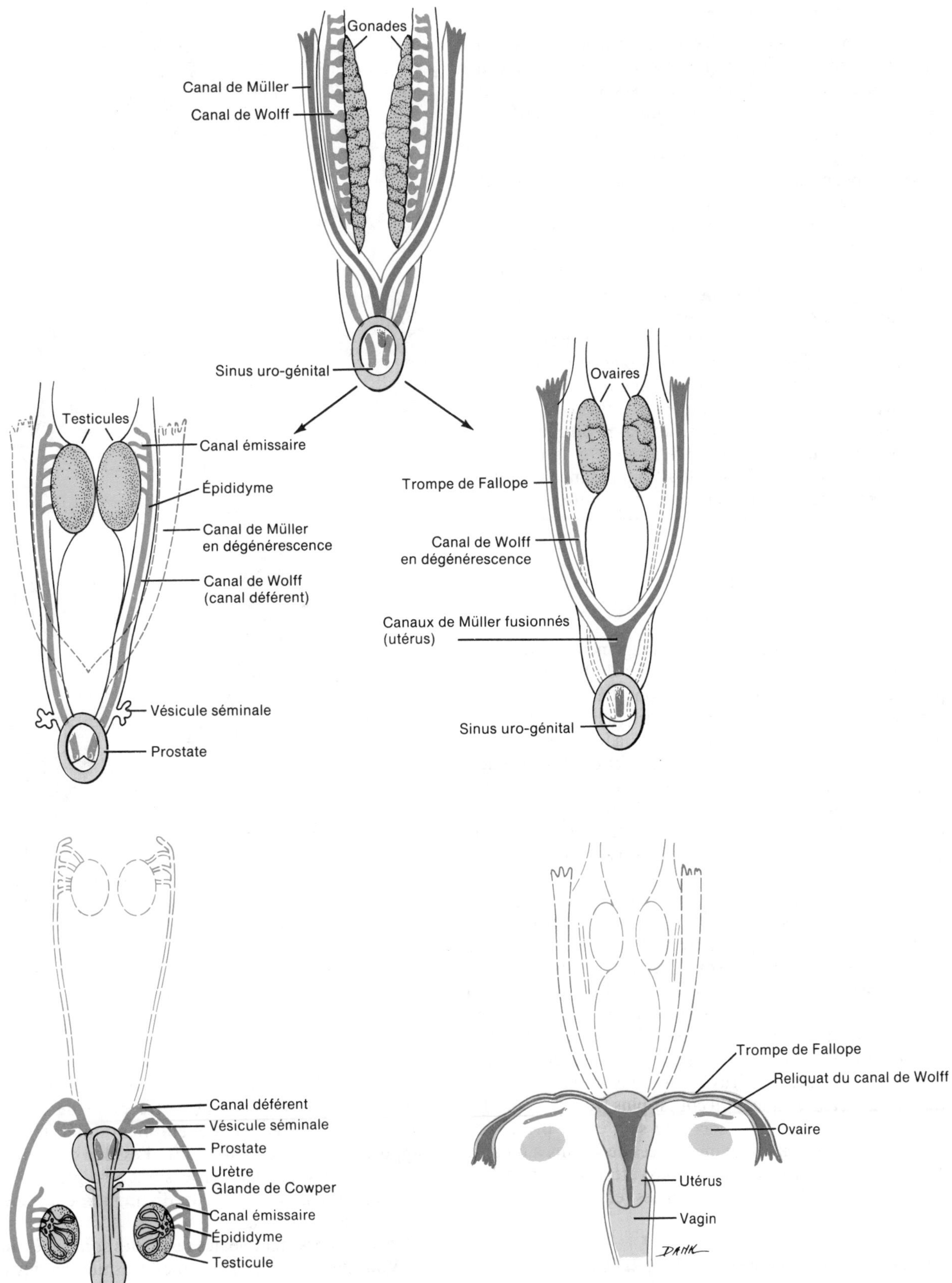

FIGURE 28.25 Développement embryonnaire des organes génitaux internes.

APPLICATION CLINIQUE

Jusqu'à tout récemment, les recherches portant sur un contraceptif oral efficace pour les hommes ont été peu fructueuses. En Chine, des tests cliniques ont démontré que le **gossypol**, un contraceptif oral dérivé de l'huile de coton, présentait un taux d'efficacité de 99,9%. Le gossypol inhibe une enzyme nécessaire à la spermatogenèse. Les taux d'hormone lutéinisante et de testostérone dans le sang n'ont pas changé, et la puissance sexuelle n'a subi aucune baisse. Trois mois après la cessation du traitement, chez la plupart des sujets qui participaient à l'expérience, le nombre et la forme des spermatozoïdes, ainsi que le taux de fécondité sont progressivement revenus à la normale. Dans certains cas, l'individu ne redevient pas fécond après la cessation du traitement. Le gossypol abaisse également le taux de potassium sanguin.

On a également démontré que des versions modifiées de Gn-RH pouvaient inhiber la production de testostérone, ce qui réduisait le nombre et la motilité des spermatozoïdes. Toutefois, l'impuissance sexuelle liée à cette méthode l'a rendue impopulaire.

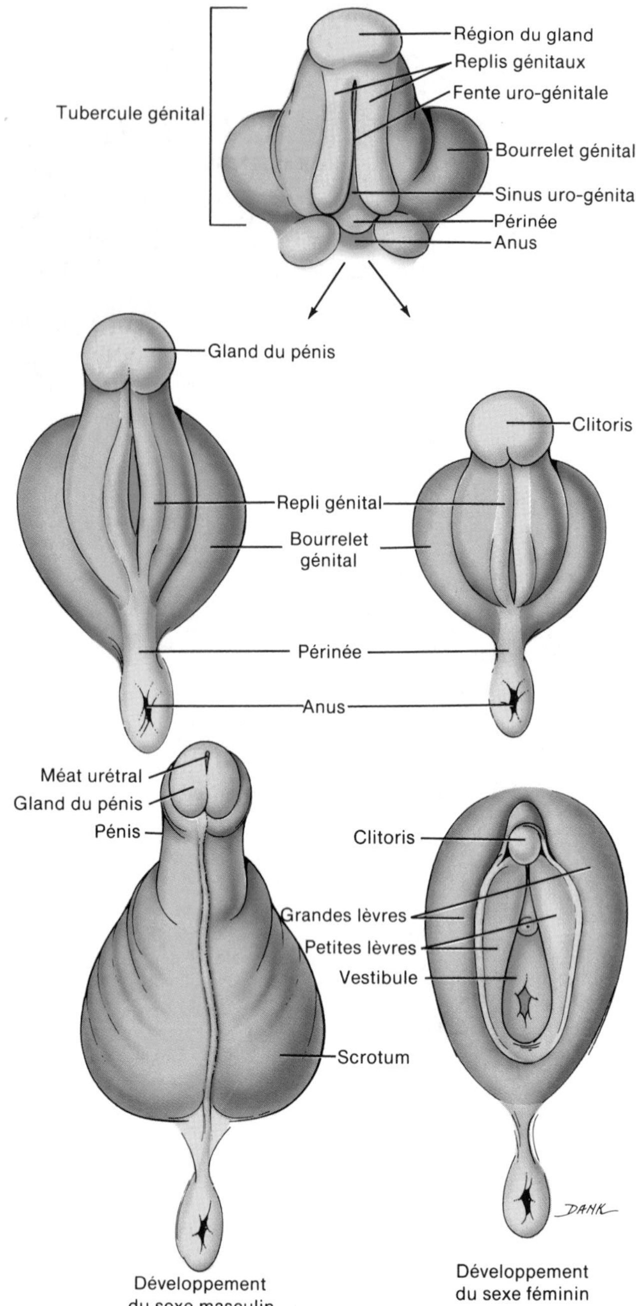

FIGURE 28.26 Développement des organes génitaux externes.

LE VIEILLISSEMENT ET LES APPAREILS REPRODUCTEURS

Le vieillissement entraîne des changements physiques majeurs sur le plan de la structure et de la fonction ; il provoque toutefois peu d'affections liées à l'appareil reproducteur. Chez l'homme, la production réduite de testostérone entraîne une réduction de la force musculaire, du nombre de spermatozoïdes viables et du désir sexuel. Cependant, certains hommes âgés peuvent posséder un grand nombre de spermatozoïdes. Dans la plupart des pathologies liées à l'âge, la guérison se déroule facilement, sauf dans les cas de problèmes de la prostate, qui peuvent être graves et même mortels.

L'appareil reproducteur de la femme devient moins efficace, peut-être à cause de l'ovulation moins fréquente et de la capacité réduite des trompes de Fallope et pour l'utérus de soutenir l'embryon. Il se produit une réduction dans la production de progestérone et d'œstrogènes. La ménopause n'est qu'une des phases menant à une réduction de la fertilité, à des menstruations irrégulières ou absentes, et à un grand nombre de changements physiques. L'incidence du cancer de l'utérus atteint un sommet vers l'âge de 65 ans, mais le cancer du col est plus fréquent chez les femmes plus jeunes ; le cancer du sein est la principale cause de décès chez les femmes âgées de 40 ans à 60 ans. Le prolapsus (glissement vers le bas) utérin est sans doute le problème le plus fréquent chez les femmes âgées.

LE DÉVELOPPEMENT EMBRYONNAIRE DES APPAREILS REPRODUCTEURS

Les *gonades* se développent à partir du **mésoblaste intermédiaire**. Vers la sixième semaine, elles ressemblent à des bosses qui font saillie dans la cavité ventrale (figure 28.25). Les gonades se développent à proximité des canaux de Wolff. Une autre paire de canaux, les **canaux de Müller**, se développent latéralement par rapport aux canaux de Wolff. Les deux ensembles de canaux se déversent dans le sinus uro-génital. Vers la huitième semaine, on peut distinguer clairement les ovaires des testicules.

Chez l'embryon mâle, les **testicules** sont reliés au canal de Wolff par une série de tubules. Ces tubules deviennent par la suite les *tubes séminifères*. Le développement des canaux de Wolff produit les *canaux émissaires*, le *canal épididymaire*, le *canal déférent*, les *canaux éjaculateurs* et la *vésicule séminale*. La *prostate* et les *glandes de Cowper* proviennent d'excroissances **endoblastiques** de l'urètre.

Peu après que les gonades se sont différenciées en testicules, les canaux de Müller dégénèrent sans produire de structures fonctionnelles dans l'appareil reproducteur masculin.

Chez l'embryon femelle, les gonades se transforment en *ovaires*. Vers la même période, les extrémités distales des canaux de Müller fusionnent pour former l'*utérus* et le *vagin*. Les portions non fusionnées deviennent les *trompes de Fallope*. Les *glandes de Bartholin* et les *glandes vestibulaires mineures* se développent à partir d'excroissances **endoblastiques** du vestibule. Les canaux de Wolff dégénèrent sans laisser de structures fonctionnelles dans l'appareil reproducteur féminin.

Les *organes génitaux externes*, chez les deux sexes, ne se différencient que vers la huitième semaine. Avant la différenciation, tous les embryons possèdent une région surélevée, le **tubercule génital**, situé entre la queue (qui deviendra le coccyx) et le cordon ombilical, où les canaux de Wolff et de Müller débouchent sur l'extérieur (figure 28.26). Ce tubercule comprend une **fente uro-génitale** (ouverture dans le sinus uro-génital), une paire de **replis génitaux** et une paire de **bourrelets génitaux**.

Chez l'embryon mâle, le tubercule génital s'allonge et forme le **pénis**. La fusion des replis génitaux forme l'*urètre spongieux* et ne laisse une ouverture qu'à l'extrémité distale du pénis, le **méat urétral**. Les bourrelets génitaux se transforment en *testicules*. Chez l'embryon femelle, le tubercule génital donne naissance au *clitoris*. Les replis génitaux restent ouverts sous la forme des *petites lèvres*, et les bourrelets génitaux deviennent les *grandes lèvres*. La fente uro-génitale devient le *vestibule*.

LES AFFECTIONS : DÉSÉQUILIBRES HOMÉOSTATIQUES

Les maladies transmissibles sexuellement (MTS)

Les **maladies transmissibles sexuellement (MTS)** comprennent toutes les maladies pouvant être transmises par contact sexuel. Ces maladies comprennent des pathologies traditionnellement appelées **maladies vénériennes** (d'après Vénus, la déesse de l'amour) comme la gonorrhée, la syphilis, l'herpès génital et plusieurs autres, qui sont transmises par contact sexuel, ou d'une autre façon, mais qui sont alors transmises à un partenaire sexuel.

La gonorrhée

La **gonorrhée** est une maladie transmise sexuellement, affectant principalement la membrane muqueuse de l'appareil génito-urinaire, le rectum et, parfois, les yeux. Cette maladie est causée par la bactérie *Neisseria gonorrhoeae*. Des écoulements provenant des membranes muqueuses atteintes sont la source de l'infection, et les bactéries sont transmises par contact direct, habituellement un contact sexuel, ou durant le passage du fœtus dans le canal génital.

Chez l'homme, il se produit habituellement une inflammation de l'urètre, accompagnée de pus et d'une miction douloureuse. Une fibrose apparaît parfois durant le stade avancé, ce qui entraîne une sténose de l'urètre. L'épididyme et la prostate peuvent également être atteints. Chez la femme, l'infection peut se manifester dans l'urètre, le vagin et le col, et il peut se produire un écoulement de pus. Toutefois, chez les femmes infectées, il arrive souvent que les symptômes n'apparaissent que lorsque la maladie a atteint un stade plus avancé. Lorsque les trompes de Fallope sont atteintes, une inflammation pelvienne peut s'ensuivre. La péritonite, une inflammation du péritoine, est un problème très grave. On doit traiter et maîtriser immédiatement l'infection, car, si elle est négligée, elle peut entraîner la stérilité ou même la mort. Bien que les antibiotiques aient considérablement réduit le taux de mortalité due à la péritonite aiguë, on estime que de 50 000 à 80 000 femmes deviennent stériles chaque année, par suite de la gonorrhée, à cause de la formation de tissu cicatriciel qui obstrue les trompes de Fallope. Lorsque les bactéries sont transmises aux yeux d'un nouveau-né, dans le canal génital, l'enfant peut devenir aveugle.

L'administration d'une solution de nitrate d'argent à 1 % ou de pénicilline dans les yeux du nouveau-né peut prévenir l'infection. Chez l'adulte, les médicaments de choix pour le traitement de la gonorrhée sont la pénicilline et la tétracycline.

La syphilis

La **syphilis** est une maladie transmise sexuellement, causée par la bactérie *Treponema pallidum*. Elle est transmise par contact sexuel direct, ou au fœtus, par l'intermédiaire du placenta. La maladie traverse plusieurs stades : les stades primaire, secondaire, sérologique et, parfois, tertiaire. Au cours du *stade primaire*, le principal symptôme est une plaie ouverte, appelée *chancre*, qui se développe au point de contact. Le chancre guérit dans une période allant de 1 semaine à 5 semaines. De 6 semaines à 24 semaines plus tard, des symptômes comme un érythème cutané, de la fièvre et des douleurs articulaires et musculaires accompagnent l'apparition du *stade secondaire*. Ces symptômes disparaissent eux aussi, après une période allant de 4 semaines à 12 semaines, et la maladie cesse d'être infectieuse. Habituellement, toutefois, l'analyse sanguine révèle toujours la présence de bactéries. Au cours de cette période, appelée *stade sérologique*, les bactéries peuvent envahir les organes. Lorsque les signes de dégénérescence organique apparaissent, la maladie est entrée dans le *stade tertiaire*.

Lorsque les bactéries de la syphilis attaquent les organes du système nerveux, le stade tertiaire est appelé *neurosyphilis*. Celle-ci peut se présenter sous différentes formes, selon le tissu atteint. Ainsi, environ deux ans après le début de la maladie, les bactéries peuvent atteindre les méninges, ce qui entraîne une méningite. Les vaisseaux sanguins qui alimentent l'encéphale peuvent également être infectés. Dans ce cas, les symptômes dépendent des parties de l'encéphale détruites par le manque d'oxygène et de glucose. Les lésions au cervelet se manifestent par une incoordination des mouvements dans des activités comme l'écriture. À mesure que les aires motrices deviennent lésées de façon importante, la personne atteinte peut être incapable de maîtriser la miction et la défécation. Par la suite, elle doit garder le lit et elle est incapable de se nourrir seule. Les lésions au cortex cérébral entraînent une perte de mémoire et des changements de la personnalité, allant de l'irritabilité aux hallucinations.

Le fœtus peut être infecté après le cinquième mois de grossesse. Une mère infectée ne transmet pas nécessairement la maladie au fœtus, si le placenta reste intact. Cependant, une fois que les bactéries ont accès à la circulation fœtale, il est impossible de les empêcher de croître et de se multiplier. Jusqu'à 80 % des enfants nés de mères syphilitiques non traitées sont infectés dans l'utérus, si le fœtus est exposé au début ou durant les premiers stades de la maladie. Environ 25% des fœtus meurent dans l'utérus. La plupart de ceux qui survivent naissent prématurément; toutefois, 30% d'entre eux meurent peu de temps après la naissance. Parmi les enfants infectés et non traités qui survivent, environ 40% présentent une syphilis symptomatique durant leur vie.

On peut traiter la syphilis à l'aide d'antibiotiques (pénicilline) durant les stades primaire, secondaire et sérologique. On peut également traiter, avec succès, certaines formes de neurosyphilis; toutefois, dans les autres cas, le prognostic est très défavorable. Les symptômes n'apparaissent pas toujours durant les deux premiers stades de la maladie. Cependant, on peut habituellement établir le diagnostic par une analyse sanguine, que les symptômes soient apparents ou non. On n'insistera jamais trop sur l'importance de ces analyses sanguines et des traitements postcure.

L'herpès génital

L'**herpès génital**, une autre maladie transmissible sexuellement, est maintenant répandu aux États-Unis. Il est maintenant clair que cette maladie est transmise par contact sexuel. Contrairement à la syphilis et à la gonorrhée, l'herpès génital est incurable. Le virus de l'herpès simplex de type I est le virus responsable de la majorité des infections situées au-dessus de la ceinture, comme l'herpès labial. Le virus de l'herpès simplex de type II provoque la plus grande partie des infections situées sous la ceinture, comme les boutons douloureux sur le prépuce, le gland et le corps du pénis chez l'homme, et sur la vulve ou, parfois, dans le vagin, chez la femme. Dans la plupart des cas, les boutons disparaissent et réapparaissent, mais la maladie elle-même n'est pas éliminée.

L'infection virale causée par l'herpès génital entraîne un malaise considérable; l'incidence de la récurrence de la maladie est très élevée. L'infection est habituellement caractérisée par de la fièvre, une lymphadénopathie et de nombreux amas de boutons génitaux. Dans le cas d'une femme enceinte présentant des symptômes d'herpès génital au moment de l'accouchement, une césarienne parvient habituellement à prévenir les complications chez l'enfant. Les complications vont de la légère infection asymptomatique aux lésions du SNC et à la mort.

Le traitement comprend des médicaments pour soulager la douleur, l'application de compresses salines, l'abstinence sexuelle pour la durée de l'éruption, ainsi que l'administration d'un médicament, l'acyclovir. Ce médicament empêche la replication de l'ADN viral, mais non celle de la cellule hôte d'ADN. L'acyclovir accélère la guérison et réduit parfois la douleur des infections initiales, et abrège la durée des lésions chez les personnes atteintes d'infections récurrentes.

La trichomonase

Trichomonas vaginalis, un protozoaire flagellé (animal monocellulaire), provoque la **trichomonase**, une inflammation de la membrane muqueuse du vagin chez la femme, et de l'urètre chez l'homme. Les symptômes comprennent un écoulement vaginal et des démangeaisons vaginales marquées chez la femme. Chez l'homme, la maladie peut ne pas présenter de symptômes, mais peut quand même être transmise à une femme. On doit traiter les partenaires sexuels simultanément.

L'urétrite non gonococcique

L'**urétrite non gonococcique** est une inflammation de l'urètre qui n'est pas causée par la bactérie *Neisseria gonorrhoeae*. On sait que la bactérie *Chlamydia trachomatis* est à l'origine de certains cas d'urétrite non gonococcique. Cette maladie atteint les hommes et les femmes. L'urètre gonfle et rétrécit, ce qui empêche l'écoulement de l'urine. La miction et le besoin d'uriner augmentent. La miction est accompagnée de sensations de brûlure, et il peut se produire un écoulement purulent (contenant du pus).

Bien que certains facteurs d'origine non microbienne, comme un traumatisme (le passage d'une sonde) ou l'action de substances chimiques (l'alcool et certains agents chimiothérapeutiques) peuvent être à l'origine de cette maladie, on estime qu'au moins 40% des cas sont transmis par contact sexuel. En fait, l'urétrite non gonococcique est peut-être la maladie transmisible sexuellement la plus courante aux États-Unis aujourd'hui. Il n'est pas obligatoire de signaler les cas aux Services de santé et on ne possède pas les données exactes concernant cette maladie; toutefois, on estime que de quatre à neuf millions d'Américains en sont atteints. Comme les symptômes sont souvent légers chez l'homme, et habituellement absents chez la femme, un grande nombre de cas ne sont pas traités. Les complications ne sont pas fréquentes, mais peuvent être graves. Chez l'homme, une inflammation de l'épididyme peut se déclarer. Chez la femme, l'inflammation peut entraîner la stérilité en obstruant le col de l'utérus ou les trompes de Fallope. Comme dans le cas de la gonorrhée, les bactéries peuvent être transmises de la mère à l'enfant au moment de la naissance, et infecter les yeux de l'enfant. L'urétrite non gonococcique causée par *Chlamydia* réagit au traitement par la tétracycline.

Les affections chez l'homme

La prostate

La prostate est vulnérable à l'infection, à l'hypertrophie et aux tumeurs bénignes et malignes. Comme la prostate entoure l'urètre, ces troubles peuvent empêcher l'écoulement de l'urine. Une obstruction prolongée peut provoquer des changements importants dans la vessie, les uretères et les reins, et peuvent perpétuer des infections de l'appareil urinaire. Par conséquent, lorsqu'il est impossible d'éliminer l'obstruction par d'autres moyens, il est nécessaire d'enlever une partie de la prostate, ou la glande entière, à l'aide d'une intervention chirurgicale appelée **prostatectomie**.

Les infections aiguës et chroniques de la prostate sont fréquentes chez l'homme adulte, et elles sont souvent accompagnées d'une inflammation de l'urètre. Dans le cas de la **prostatite aiguë**, la prostate devient tuméfiée et sensible. L'administration des antibiotiques appropriés, le repos au lit et une ingestion liquidienne supérieure à la normale constituent des traitements efficaces.

La **prostatite chronique** est l'une des infections chroniques les plus courantes chez l'homme d'âge moyen et chez l'homme plus âgé. Lors de l'examen, on constate que la prostate est hypertrophiée, molle et extrêmement sensible. Les contours de la glande sont irréguliers et peuvent être durs. Il arrive souvent que cette maladie ne soit accompagnée d'aucun symptôme; toutefois, on croit que la prostate abrite des micro-organismes infectieux responsables de certaines allergies, de certaines formes d'arthrite et d'une inflammation des nerfs (névrite), des muscles (myosite) et de l'iris (iritis).

Une **hypertrophie de la prostate**, dont le volume est augmenté de deux à quatre fois par rapport à la normale, se présente chez environ un tiers de tous les hommes âgés de plus de 60 ans. On ne connaît pas la cause de ce phénomène; on peut habituellement déceler l'hypertrophie à l'aide d'un toucher rectal.

Les **tumeurs** de l'appareil reproducteur de l'homme atteignent habituellement la prostate. Le cancer de la prostate constitue la deuxième cause de mortalité liée au cancer chez l'homme, aux États-Unis, et il est responsable d'environ 19 000 décès chaque année. Son incidence est reliée à l'âge, à la race, à la profession, à la géographie et à l'origine ethnique. Les excroissances bénignes et malignes sont fréquentes chez l'homme âgé. Les deux types de tumeurs exercent une pression sur l'urètre, ce qui rend la miction douloureuse et difficile. Quelquefois, la pression dorsale détruit le tissu rénal et entraîne une vulnérabilité accrue à l'infection. Par conséquent, même dans le cas d'une tumeur bénigne, il est nécessaire de recourir à l'intervention chirurgicale.

Les anomalies sexuelles fonctionnelles

L'**impuissance** est l'incapacité, chez un homme adulte, d'atteindre ou de maintenir une érection assez longtemps pour obtenir une relation sexuelle normale. L'impuissance peut résulter d'anomalies physiques du pénis, de troubles systémiques comme la syphilis, de troubles vasculaires ou neurologiques, d'une carence en testostérone, ou de facteurs psychiques comme la crainte de la grossesse, la peur des maladies transmissibles sexuellement, les inhibitions d'origine religieuse et le manque de maturité affective.

La **stérilité** est l'incapacité de féconder un ovule. Elle n'implique pas l'impuissance sexuelle. La fertilité, chez l'homme, nécessite la production de quantités appropriées de spermatozoïdes viables et normaux par les testicules, le transport des spermatozoïdes dans les tubes séminifères et la pénétration de ceux-ci dans le vagin. Les canaux des testicules sont sensibles à un grand nombre de facteurs (rayons X, infections, toxines, malnutrition) qui peuvent entraîner des changements dégénératifs et provoquer la stérilité. Lorsqu'on soupçonne que la production des spermatozoïdes est inadéquate, on devrait effectuer un spermogramme. Il est possible d'améliorer au moins un des types de stérilité en administrant de la vitamine C.

Les affections chez la femme

Les troubles liés au cycle menstruel

Comme la menstruation reflète non seulement la santé de l'utérus, mais également la santé des glandes endocrines qui règlent ce dernier, c'est-à-dire les ovaires et l'hypophyse, les troubles de l'appareil reproducteur de la femme comportent fréquemment des troubles menstruels.

L'**aménorrhée** est l'absence de menstruation. Lorsqu'une femme n'a jamais été menstruée, il s'agit d'une **aménorrhée primaire**. L'aménorrhée primaire peut être due à des troubles endocriniens, le plus souvent dans l'hypophyse et l'hypothalamus, ou à un développement héréditaire anormal des ovaires ou de l'utérus. L'**aménorrhée secondaire**, l'absence sporadique de menstruation, se manifeste souvent chez la femme à un moment ou l'autre de sa vie. Les changements de masse corporelle, qu'il s'agisse de gain ou de perte, entraînent souvent une aménorrhée. L'obésité peut perturber la fonction ovarienne et, de la même façon, la perte extrême de masse qui caractérise l'anorexie mentale entraîne souvent un arrêt temporaire du flux menstruel. Lorsque l'aménorrhée n'est pas liée à la masse corporelle, une analyse du taux d'œstrogènes révèle souvent des carences en hormones hypophysaires et ovariennes. L'aménorrhée peut également être causée par un entraînement athlétique rigoureux et régulier.

L'**algoménorrhée** est une menstruation douloureuse causée par les contractions vigoureuses de l'utérus. Elle est souvent accompagnée de nausées, de vomissements, de diarrhée, de céphalées, de fatigue et de nervosité. Dans certains cas, elle est causée par des affections comme des tumeurs de l'utérus, des kystes des ovaires, une endométriose et une pelvipéritonite. Toutefois, dans d'autres cas, l'algoménorrhée n'est pas liée à une maladie. On ne connaît pas la cause de ce type d'algoménorrhée; il semble toutefois qu'elle soit déclenchée par une surproduction de prostaglandines par l'utérus. On sait que les prostaglandines stimulent les contractions utérines, mais qu'elles ne peuvent pas le faire en présence d'un taux élevé de progestérone. Comme nous l'avons déjà mentionné, le taux de progestérone est élevé durant la deuxième moitié du cycle menstruel. Durant cette période, il semble que la progestérone empêche les prostaglandines de provoquer des contractions utérines. Cependant, en l'absence de grossesse, le taux de progestérone chute rapidement, et la production de prostaglandines augmente, ce qui amène l'utérus à se contracter et à éliminer son revêtement, ce qui peut entraîner une algoménorrhée. Les autres symptômes de l'algoménorrhée, les nausées, les vomissements, la diarrhée et les céphalées, peuvent être causés par les contractions stimulées par les prostaglandines du muscle lisse de l'estomac, des intestins et des vaisseaux sanguins de l'encéphale. Pour traiter l'algoménorrhée, on administre des médicaments qui inhibent la synthèse des prostaglandines (naproxène et ibuprofène).

Les **hémorragies utérines anormales** comprennent une menstruation excessivement longue et abondante, une menstruation trop fréquente, des hémorragies intermenstruelles et des hémorragies postménopausiques. Ces anomalies peuvent être dues à une perturbation de la régulation hormonale, à des facteurs affectifs, à des tumeurs fibreuses de l'utérus et à des maladies systémiques.

Le **syndrome prémenstruel (SPM)** s'applique habituellement à des perturbations physiques et affectives importantes se produisant à la fin de la phase postovulatoire du cycle menstruel et empiétant parfois sur la menstruation. Les signes et les symptômes comprennent un oedème, un gonflement et une sensibilité des seins, une distension abdominale, des maux de dos, des douleurs articulaires, de la constipation, des éruptions cutanées, de la fatigue et de la léthargie, un besoin accru de sommeil, de la dépression ou de l'anxiété, de l'irritabilité, des céphalées, une mauvaise coordination et de la gaucherie, et une envie d'aliments sucrés ou salés. On ne connaît pas la cause fondamentale du SPM. Une des théories avancées suggère la présence de taux excessifs d'œstrogènes ou des taux inadéquats de progestérone ou de dopamine (DA). D'autres croient que le syndrome pourrait être causé par une carence en vitamine B_6 ou à une modification du métabolisme du glucose (hypoglycémie).

Le syndrome de choc toxique staphylococcique

Le **syndrome de choc toxique staphylococcique** est d'abord une affection atteignant la femme jeune et en santé, en âge d'être menstruée, qui utilise des tampons. Elle se manifeste également chez l'homme, chez l'enfant et chez la femme non menstruée. Sur le plan clinique, le syndrome de choc toxique staphylococcique est caractérisé par une fièvre élevée allant jusqu'à 40,6° C, des maux de gorge ou une sensibilité extrême de la bouche, des céphalées, de la fatigue, de l'irritabilité, de la sensibilité et des douleurs musculaires, une conjonctivite, de la diarrhée et des vomissements, des douleurs abdominales, une irritation vaginale et une éruption cutanée. D'autres symptômes comprennent de la léthargie, un manque de réactions, une perte de mémoire, de l'hypotension, une vasoconstriction périphérique, un syndrome de détresse respiratoire, une coagulation intravasculaire, une baisse de la numération plaquettaire, une insuffisance rénale, un collapsus circulatoire et une atteinte du foie.

On sait maintenant avec certitude que la présence de souches de la bactérie *Staphylococcus aureus*, qui produisent des toxines, sont nécessaires au développement de cette maladie. En fait, il semble qu'un virus se soit incorporé à *S. aureus* et ait amené la bactérie à produire ces toxines. Certains tampons très absorbants constitueraient un substrat sur lequel les bactéries croîtraient et produiraient des toxines. Le traitement initial consiste à corriger les déséquilibres homéostatiques aussi tôt que possible. On administre également des antibiotiques antistaphylococciques, comme de la pénicilline ou de la clindamycine. Dans les cas graves, on administre des doses massives de corticostéroïdes.

Les kystes de l'ovaire

Les **kystes de l'ovaire** sont des tumeurs contenant du liquide, qui se développent dans les ovaires. Des kystes folliculaires peuvent se présenter dans les ovaires de la femme âgée, dans des ovaires atteints de maladies inflammatoires et chez la femme menstruée. Ces kystes ont des parois minces et contiennent une substance séreuse albumineuse. Les kystes peuvent également prendre naissance dans le corps jaune ou dans l'endomètre.

L'endométriose

L'**endométriose** est la croissance de tissu endométrial à l'extérieur de l'utérus. Le tissu entre dans la cavité pelvienne par les trompes de Fallope, et peut se retrouver à plusieurs endroits, sur les ovaires, sur le cul-de-sac de Douglas, sur la surface de l'utérus, sur le côlon sigmoïde, sur les ganglions lymphatiques pelviens et abdominaux, sur le col de l'utérus, sur la paroi abdominale, sur les reins ou sur la vessie. Une des théories liées au développement de l'endométriose suggère qu'il se produit une régurgitation du flux menstruel dans les trompes de Fallope. L'endométriose est fréquente chez les femmes âgées de 30 ans à 40 ans. Les symptômes comprennent des douleurs prémenstruelles ou des douleurs menstruelles inhabituelles. Ces douleurs inhabituelles sont causées par le déplacement du tissu qui s'écoule en même temps que l'endomètre utérin normal est éliminé durant la menstruation. Cette maladie peut entraîner la stérilité. Le traitement consiste habituellement à administrer des hormones ou à pratiquer une intervention chirurgicale. L'endométriose disparaît lors de la ménopause ou lors de l'ablation des ovaires.

La stérilité

La **stérilité féminine**, ou l'incapacité de concevoir, atteint, aux États-Unis, environ 10% des femmes qui vivent en couple. On s'assure d'abord que l'ovulation se produit régulièrement, puis on examine l'appareil reproducteur à la recherche de troubles fonctionnels et anatomiques afin de déterminer la possibilité d'une union des spermatozoïdes et de l'ovule dans la trompe de Fallope.

Les troubles affectant les seins

Les seins de la femme sont très vulnérables aux kystes et aux tumeurs. L'homme est également vulnérable aux tumeurs du sein; toutefois, certains cancers du sein sont 100 fois plus fréquents chez la femme.

Chez la femme, l'**adénofibrome du sein** est une tumeur bénigne fréquente. Il atteint surtout la femme jeune. L'adénofibrome a la consistance d'un caoutchouc ferme et il est facile de le déplacer à l'intérieur du tissu mammaire. Habituellement, le traitement consiste à exciser la tumeur. On n'enlève pas le sein.

Parmi les types de cancer qui atteignent la femme, le **cancer du sein** a l'un des taux de mortalité les plus élevés; il se manifeste rarement chez l'homme. Chez la femme, le cancer du sein apparaît rarement avant l'âge de 30 ans, et son incidence augmente rapidement après la ménopause. Le cancer du sein n'est habituellement pas douloureux avant d'avoir atteint un stade assez avancé; il arrive donc souvent qu'on ne le découvre pas de façon précoce ou, si on le découvre, on l'ignore. En présence d'une masse, quel que soit le volume de celle-ci, on devrait consulter son médecin aussi tôt que possible. Le traitement peut comprendre un traitement hormonal, une chimiothérapie, une exérèse locale de la tumeur et du tissu environnant, une mastectomie modifiée ou radicale, ou il peut consister en une combinaison de ces traitements. Une *mastectomie radicale* comprend l'ablation du sein atteint, des muscles pectoraux sous-jacents et des glanglions lymphatiques axillaires. La métastase des cellules cancéreuses se fait habituellement par les vaisseaux lymphatiques ou sanguins. On peut administrer une radiothérapie et une chimiothérapie après l'intervention chirurgicale pour assurer la destruction des cellules cancéreuses qui pourraient être encore présentes.

Parmi les facteurs qui augmentent de façon certaine les risques d'un cancer du sein, on trouve: (1) des antécédents familiaux de cancer du sein, notamment chez la mère ou une sœur; (2) le fait de ne pas avoir eu d'enfant ou d'avoir eu son premier enfant après l'âge de 34 ans; (3) un cancer antérieur dans un sein; (4) l'exposition aux rayonnements ionisants; et (5) un mammogramme anormal.

Le cancer du col de l'utérus

Le **cancer du col de l'utérus** est une autre affection fréquente de l'appareil reproducteur de la femme. Ce cancer commence par une *dysplasie cervicale*, un changement de la forme, de la croissance et du nombre des cellules du col. Lorsque la maladie est légère, les cellules peuvent redevenir normales. Si la maladie est grave, elle peut dégénérer en cancer. Dans la plupart des cas, on peut déceler la présence du cancer du col de l'utérus durant les stades initiaux, à l'aide du test de Papanicolaou. Selon la progression de la maladie, le traitement consiste à exciser les lésions, à administrer une radiothérapie, une chimiothérapie ou à pratiquer une hystérectomie.

La pelvipéritonite

Le terme **pelvipéritonite** s'applique à toutes les infections bactériennes importantes des organes pelviens, notamment de l'utérus, des trompes de Fallope ou des ovaires. Une infection vaginale ou utérine peut envahir les trompes de Fallope (*salpingite*) ou peut même se rendre plus loin dans la cavité abdominale, où elle infecte le péritoine (*péritonite*). Dans la plupart des cas, la pelvipéritonite est causée par la gonorrhée; toutefois, n'importe quelle bactérie peut déclencher l'infection. Il arrive souvent que les premiers symptômes de la pelvipéritonite, qui comprennent une augmentation de l'écoulement vaginal et des douleurs pelviennes, se manifestent tout de suite après la menstruation. Dans les cas avancés, à mesure que l'infection se répand, une fièvre peut se manifester, accompagnée d'abcès douleureux des organes génitaux. L'administration rapide d'antibiotiques (tétracycline ou pénicilline) peut arrêter la progression de la maladie.

GLOSSAIRE DES TERMES MÉDICAUX

Leucorrhée (*leuco*: blanc; *rrhée*: écoulement) Un écoulement vaginal ne contenant pas de sang, pouvant se produire à tout âge et qui atteint la plupart des femmes, à un moment de leur vie.

Néoplasie (*néo*: nouveau; *plasie*: croissance) Une affection caractérisée par la présence de nouvelles croissances (tumeurs).

Ovariectomie (*ectomie*: ablation) L'ablation d'un ovaire. Une ovariectomie bilatérale implique l'ablation des deux ovaires.

Prurit Démangeaisons.

Salpingectomie (*salpingo*: trompe) Ablation d'une trompe de Fallope.

Smegma (*smegma*: savon) Une sécrétion, consistant notamment en cellules épithéliales desquamées, présente surtout autour des organes génitaux externes, et notamment sous le prépuce de l'homme.

Vaginite Inflammation du vagin.

RÉSUMÉ

L'appareil reproducteur de l'homme (page 750)

1. La reproduction est le processus par lequel le matériel génétique est transmis d'une génération à une autre.
2. On regroupe les organes de la reproduction de la façon suivante : les gonades, qui produisent les gamètes, les canaux, qui transportent et entreposent les gamètes, et les glandes sexuelles annexes, qui produisent des substances qui soutiennent les gamètes.
3. Chez l'homme, les structures de la reproduction comprennent les testicules, le canal épididymaire, le canal déférent, le canal éjaculateur, l'urètre, les vésicules séminales, la prostate, les glandes de Cowper et le pénis.

Le scrotum (page 750)

1. Le scrotum est un sac cutané abdominal qui soutient les testicules.
2. Il règle la température des testicules grâce au dartos qui, en se contractant, les élève et les rapproche de la cavité pelvienne.

Les testicules (page 751)

1. Les testicules sont des glandes ovales (gonades), situées dans le scrotum, et contenant les tubes séminifères dans lesquels les spermatozoïdes sont produits ; les cellules de Sertoli, qui nourrissent les spermatozoïdes ; et les cellules interstitielles des testicules (de Leydig), qui élaborent la testostérone, une hormone sexuelle mâle.
2. Lorsque les testicules ne sont pas descendus, on se trouve en présence d'une cryptorchidie.
3. Les ovules et les spermatozoïdes sont appelés gamètes, ou cellules sexuelles, et sont produits dans les gonades.
4. Les cellules somatiques mononucléées se divisent par mitose, le processus dans lequel chaque cellule fille reçoit 23 paires de chromosomes (46 chromosomes). Les cellules somatiques sont diploïdes ($2n$).
5. Les gamètes immatures se divisent par méiose, un processus durant lequel les paires de chromosomes se séparent de façon que le gamète mûr ne possède que 23 chromosomes. Ce gamète est haploïde (n).
6. La spermatogenèse se produit dans les testicules. Elle entraîne la formation de quatre spermatozoïdes haploïdes.
7. La spermatogenèse comprent une division réductionnelle, une division équationnelle et une spermiogenèse.
8. Le spermatozoïde mûr comprend une tête, une pièce intermédiaire et une queue. Son rôle est de féconder un ovule.
9. À la puberté, la Gn-RH stimule la sécrétion de FSH et de LH à partir de l'adénohypophyse. La FSH déclenche la spermatogenèse, et la LH favorise la spermatogenèse et stimule l'élaboration de la testostérone.
10. La testostérone règle la croissance, le développement et le maintien des organes génitaux ; stimule la croissance osseuse, l'anabolisme des protéines et la maturation des spermatozoïdes ; et stimule le développement des caractères sexuels secondaires masculins.
11. L'inhibine est élaborée par les cellules de Sertoli. Son action inhibitrice sur la FSH aide à régler la vitesse de la spermatogenèse.

Les canaux (page 757)

1. Les canaux des testicules comprennent les tubes séminifères, les tubes droits et le rete testis.
2. Les spermatozoïdes sont transportés en dehors des testicules par les canaux émissaires.
3. Le canal épididymaire est tapissé de stéréocils et constitue le site de la maturation et de l'entreposage des spermatozoïdes.
4. Le canal déférent entrepose les spermatozoïdes et les propulse vers l'urètre au cours de l'éjaculation.
5. Une vasectomie est une altération du canal déférent visant à empêcher la fécondation.
6. Les canaux éjaculateurs sont formés par l'union des canaux provenant des vésicules séminales et des canaux déférents, et éjectent les spermatozoïdes dans l'urètre prostatique.
7. Chez l'homme, l'urètre est divisé en trois parties : l'urètre prostatique, l'urètre membraneux et l'urètre spongieux.

Les glandes sexuelles annexes (page 759)

1. Les vésicules séminales sécrètent un liquide visqueux et alcalin qui constitue environ 60 % du volume du sperme et contribue au maintien de la vie des spermatozoïdes.
2. La prostate sécrète un liquide alcalin qui constitue de 13 % à 33 % du volume du sperme et contribue à la motilité des spermatozoïdes.
3. La glande de Cowper sécrète du mucus servant à la lubrification, et une substance qui neutralise l'acidité de l'urine.
4. Le sperme est un mélange de spermatozoïdes et de sécrétions des glandes sexuelles annexes, qui constituent le liquide dans lequel les spermatozoïdes sont transportés, fournissent des nutriments et neutralisent l'acidité de l'urètre de l'homme et du vagin.

Le pénis (page 761)

1. Le pénis est l'organe de la copulation chez l'homme. Il comprend une racine, un corps et un gland.
2. La dilatation des sinus sanguins du pénis, sous l'action de l'excitation sexuelle, entraîne une érection.

L'appareil reproducteur de la femme (page 761)

1. Chez la femme, les organes de la reproduction comprennent les ovaires (gonades), les trompes de Fallope, l'utérus, le vagin et la vulve.
2. Les glandes mammaires font partie de l'appareil reproducteur.

Les ovaires (page 761)

1. Les ovaires sont des gonades femelles, situés dans la cavité pelvienne supérieure, de chaque côté de l'utérus.
2. Ils produisent les ovules, éjectent les ovules (ovulation) et sécrètent des œstrogènes, de la progestérone et de la relaxine.
3. L'ovogenèse a lieu dans les ovaires. Elle entraîne la formation d'un ovule haploïde.
4. L'ovogenèse comprend une division réductionnelle, une division équationnelle et une maturation.

Les trompes de Fallope (page 765)

1. Les trompes de Fallope transportent les ovules depuis les ovaires jusqu'à l'utérus, et constituent l'emplacement où se produit normalement la fécondation.
2. Lorsque la nidation a lieu en dehors de l'utérus (elle est alors pelvienne ou tubaire), on se trouve en présence d'une grossesse ectopique.

L'utérus (page 765)

1. L'utérus est un organe en forme de poire renversée, qui joue un rôle dans la menstruation, dans la nidation de l'ovule fécondé, dans le développement du fœtus durant la grossesse et dans le travail.

2. Normalement, l'utérus est maintenu en place par des ligaments.
3. Sur le plan histologique, l'utérus comprend un périmétrium externe, un myomètre intermédiaire et un endomètre interne.

Les liens endocriniens : les cycles menstruel et ovarien (page 767)

1. Le rôle du cycle menstruel est de préparer l'endomètre, à chaque mois, à la réception d'un ovule fécondé. Le cycle ovarien est associé à la maturation d'un ovule, à chaque mois.
2. Les cycles menstruel et ovarien sont régis par la Gn-RH, qui stimule la libération de FSH et de LH.
3. La FSH stimule le développement initial des follicules ovariens et la sécrétion d'œstrogènes par les ovaires. La LH stimule le développement plus poussé des follicules ovariens, l'ovulation et la sécrétion d'œstrogènes et de progestérone par les ovaires.
4. Les œstrogènes stimulent la croissance, le développement et le maintien des structures reproductrices chez la femme ; stimulent le développement des caractères sexuels secondaires ; règlent l'équilibre hydro-électrolytique ; et stimulent l'anabolisme des protéines.
5. La progestérone collabore avec les œstrogènes pour préparer l'endomètre à la nidation, et les glandes mammaires à la sécrétion lactée.
6. La relaxine permet le relâchement de la symphyse pubienne et favorise la dilatation du col utérin pour faciliter l'accouchement ; elle favorise également la motilité des spermatozoïdes.
7. Au cours de la phase menstruelle, la couche fonctionelle de l'endomètre est éliminée en même temps que du sang, du liquide interstitiel, du mucus et des cellules épithéliales. Les follicules primaires se transforment en follicules secondaires.
8. Au cours de la phase préovulatoire, l'endomètre se régénère. Un follicule secondaire se transforme en follicule de De Graaf. Durant cette phase, les œstrogènes constituent les hormones ovariennes les plus importantes.
9. L'ovulation est la rupture d'un follicule de De Graaf et la libération d'un ovule immature dans la cavité pelvienne, provoquée par une inhibition de la libération de FSH et une montée de LH.
10. Durant la phase postovulatoire, l'endomètre s'épaissit en vue de la nidation. La progestérone est alors l'hormone ovarienne la plus importante.
11. Lorsque la fécondation et la nidation n'ont pas lieu, le corps jaune dégénère, et des taux peu élevés d'œstrogènes et de progestérone déclenchent un autre cycle menstruel et un autre cycle ovarien.
12. Lorsque la fécondation et la nidation ont lieu, le corps jaune est maintenu par l'hCG placentaire, et le corps jaune et le placenta sécrètent des œstrogènes et de la progestérone pour maintenir la grossesse et le développement des seins en vue de la lactation.
13. Chez la femme, le climatère est la période qui précède immédiatement la ménopause, qui correspond à l'arrêt des cycles sexuels.

Le vagin (page 771)

1. Le vagin est un conduit permettant l'écoulement menstruel et un réceptacle recevant le pénis durant la relation sexuelle ; il constitue également la partie inférieure du canal génital.
2. Le vagin peut se dilater considérablement pour accomplir ses fonctions.

La vulve (page 772)

1. La vulve comprend les organes génitaux externes de la femme.
2. Elle comprend le mont de Vénus, les grandes lèvres, les petites lèvres, le clitoris, le vestibule, l'orifice vaginal et le méat urétral, les glandes de Skene, les glandes de Bartholin et les glandes vestibulaires mineures.

Le périnée (page 772)

1. Le périnée est une région en forme de losange située à l'extrémité inférieure du tronc, entre les cuisses et les fesses.
2. Une épisiotomie est une incision pratiquée dans la peau du périnée avant l'accouchement.

Les glandes mammaires (page 773)

1. Les glandes mammaires sont des glandes sudoripares modifiées (tubulo-acineuses ramifiées) situées au-dessus des muscles grands pectoraux. Leur rôle est de sécréter et d'éjecter le lait (lactation).
2. Le développement des glandes mammaires est régi par les œstrogènes et la progestérone.
3. La sécrétion du lait résulte principalement de la PRL, et l'éjection du lait est stimulée par l'OT.

La relation sexuelle (page 775)

1. Chez l'homme, la relation sexuelle comprend une érection, une lubrification et un orgasme.
2. Chez la femme, la relation sexuelle comprend également une érection, une lubrification et un orgasme.

La régulation des naissances (page 776)

1. Les méthodes de régulation des naissances comprennent l'ablation des gonades et de l'utérus, la stérilisation (vasectomie, ligature des trompes, technique laparoscopique) et la contraception (naturelle, mécanique et chimique).
2. Les pilules contraceptives de type combiné contiennent des concentrations d'œstrogènes et de progestérone qui réduisent la sécrétion de FSH et de LH et, par conséquent, inhibent l'ovulation.

Le vieillissement et les appareils reproducteurs (page 780)

1. Chez l'homme, un taux abaissé de testostérone réduit la force musculaire, le désir sexuel et la viabilité des spermatozoïdes ; les troubles de la prostate sont fréquents.
2. Chez la femme, les taux de progestérone et d'œstrogènes sont réduits, ce qui entraîne des changements dans la menstruation ; l'incidence des cancers de l'utérus et du sein augmente.

Le développement embryonnaire des appareils reproducteurs (page 780)

1. Les gonades se développent à partir du mésoblaste intermédiaire et se différencient en ovaires ou en testicules vers la huitième semaine de la grossesse.
2. Les organes génitaux externes se développent à partir du tubercule génital.

Les affections : déséquilibres homéostatiques (page 781)

1. Les maladies transmissibles sexuellement (MTS) sont des maladies transmises par contact sexuel, et comprennent la gonorrhée, la syphilis, l'herpès génital, la trichomonase et l'urétrite non gonococcique.
2. La prostatite, l'hypertrophie de la prostate et les tumeurs de la prostate sont des troubles de la prostate.
3. L'impuissance est l'incapacité de l'homme d'atteindre ou de maintenir une érection assez longtemps pour avoir une relation sexuelle normale.

4. La stérilité est l'incapacité des spermatozoïdes de féconder un ovule.
5. Les troubles liés à la menstruation comprennent l'aménorrhée, l'algoménorrhée, les hémorragies anormales et le syndrome prémenstruel (SPM).
6. Le syndrome de choc toxique staphylococcique comprend des déséquilibres homéostatiques généralisés, et constitue une réaction aux toxines produites par *Staphylococcus aureus*.
7. Les kystes de l'ovaire sont des tumeurs contenant du liquide.
8. L'endométriose est la croissance de tissu utérin en dehors de l'utérus.
9. Chez la femme, la stérilité est l'incapacité de concevoir.
10. Les glandes mammaires sont vulnérables aux adénofibromes bénins et aux tumeurs malignes. Une mastectomie radicale est l'ablation d'un sein contenant une tumeur maligne, des muscles pectoraux et des glanglions lymphatiques.
11. On peut diagnostiquer le cancer du col de l'utérus grâce au test de Papanicolaou.
12. La pelvipéritonite est une infection bactérienne des organes pelviens.

RÉVISION

1. Qu'est-ce que la reproduction ? Décrivez la façon dont les organes reproducteurs sont classés, et nommez les organes reproducteurs de l'homme et de la femme.
2. Décrivez le rôle du scrotum dans la protection des testicules lors des changements de température. Qu'est-ce que la cryptorchidie ?
3. Décrivez la structure interne d'un testicule. Où les spermatozoïdes sont-ils produits ?
4. Décrivez les principaux événements de la spermatogenèse. Pourquoi la méiose est-elle importante ? Qu'est-ce qui distingue les cellules haploïdes des cellules diploïdes ?
5. Identifiez les principales parties d'un spermatozoïde. Nommez les fonctions de chacune.
6. Expliquez les effets de la FSH et de la LH sur l'appareil reproducteur de l'homme. De quelle façon ces hormones sont- elles régies par la Gn-RH ?
7. Décrivez les effets physiologiques de la testostérone et de l'inhibine sur l'appareil reproducteur de l'homme. De quelle façon le taux de testostérone est-il réglé ?
8. Quels sont les canaux qui transportent les spermatozoïdes à l'intérieur des testicules ?
9. Décrivez l'emplacement, la structure et les fonctions du canal épididymaire, du canal déférent et du canal éjaculateur.
10. Qu'est-ce qu'une vasectomie ?
11. Qu'est-ce que le cordon spermatique ? Qu'est-ce qu'une hernie inguinale ?
12. Où sont situées les trois divisions de l'urètre, chez l'homme ?
13. Décrivez le trajet suivi par les spermatozoïdes dans les différents canaux, à partir des tubes séminifères jusque dans l'urètre.
14. Expliquez brièvement l'emplacement et les fonctions des vésicules séminales, de la prostate et des glandes de Cowper.
15. Qu'est-ce que le sperme ? Quel est son rôle ? Quels critères évalue-t-on dans un spermogramme ?
16. De quelle façon le pénis est-il adapté, sur le plan de la structure, en tant qu'organe du coït ? Qu'est-ce que la circoncision ?
17. De quelle façon l'érection se produit-elle ?
18. De quelle façon les ovaires sont-ils maintenus en place dans la cavité pelvienne ? Décrivez la structure microscopique d'un ovaire.
19. Quelles sont les fonctions des ovaires ?
20. Décrivez les principaux événements de l'ovogenèse.
21. Où sont situées les trompes de Fallope ? Quelle est leur fonction ? Qu'est-ce qu'une grossesse ectopique ?
22. Tracez un diagramme illustrant les principales parties de l'utérus.
23. Décrivez la disposition des ligaments qui maintiennent l'utérus en place. Qu'est-ce que la rétroversion ?
24. Parlez de l'apport sanguin à l'utérus. Pourquoi un apport sanguin abondant est-il important ?
25. Décrivez la structure histologique de l'utérus.
26. Définissez les cycles menstruel et ovarien. Quelle est la fonction de chacun ?
27. Quel est le rôle des hormones suivantes dans les cycles menstruel et ovarien : Gn-RH, FSH, LH, œstrogènes, progestérone et relaxine ?
28. Décrivez brièvement les principaux événements associés à chaque phase du cycle menstruel et reliez-les aux événements du cycle ovarien.
29. Tracez un diagramme des principales interactions hormonales liées aux cycles menstruel et ovarien.
30. Qu'est-ce que la ménarche ? Définissez le climatère et la ménopause.
31. Quelle est le rôle du vagin ? Décrivez la structure histologique de ce dernier.
32. Nommez les parties de la vulve et les fonctions de chacune.
33. Qu'est-ce que le périnée ? Qu'est-ce qu'une épisiotomie ?
34. Décrivez la structure des glandes mammaires. De quelles façons ces glandes sont-elles soutenues ?
35. Décrivez le passage du lait à partir des cellules aréolaires de la glande mammaire jusqu'au mamelon.
36. Expliquez le rôle des œstrogènes et de la progestérone dans le développement des glandes mammaires.
37. Qu'est-ce que la lactation ? Comment est-elle régie ?
38. Comment décèle-t-on le cancer du sein ?
39. Expliquez le rôle de l'érection, de la lubrification et de l'orgasme dans la relation sexuelle chez l'homme. De quelle façon l'érection, la lubrification et l'orgasme, chez la femme, contribuent-ils à la relation sexuelle ?
40. Décrivez brièvement les différentes méthodes de régulation des naissances et l'efficacité de chacune.
41. Expliquez les effets du vieillissement sur les appareils reproducteurs.
42. Décrivez le développement embryonnaire des appareils reproducteurs.
43. Qu'est-ce qu'une maladie transmissible sexuellement (MTS) ? Décrivez la cause, les symptômes cliniques et le traitement de la gonorrhée, de la syphilis, de l'herpès génital, de la trichomonase et de l'urétrite non gonococcique.
44. Décrivez plusieurs troubles de la prostate.
45. Nommez quelques-unes des causes de l'aménorrhée, de l'algoménorrhée et des hémorragies utérines anormales.
46. Décrivez les symptômes cliniques du syndrome prémenstruel (SPM) et du syndrome de choc toxique staphylococcique.
47. Qu'est-ce qu'un kyste de l'ovaire ? Qu'est-ce que l'endométriose ?
48. De quelle façon traite-t-on le cancer du sein ?
49. Qu'est-ce qu'un cancer du col de l'utérus ? Quel lien existe-t-il entre le cancer du col de l'utérus et la dysplasie cervicale ?
50. Qu'est-ce qu'une pelvipéritonite ?
51. Revoyez le glossaire de termes médicaux à la fin de ce chapitre. Assurez-vous que vous pouvez définir chacun d'eux.

29

Le développement embryonnaire et l'hérédité

OBJECTIFS

- Expliquer les activités associées à la fécondation, à la formation de la morula, au développement du blastocyste et à la nidation.
- Décrire la façon dont la fécondation in vitro chez l'être humain, le transfert d'embryon, le transfert intratubaire de gamètes et la récupération transvaginale d'ovocytes sont effectués.
- Parler de la formation des feuillets embryonnaires, des membranes embryonnaires, du placenta et du cordon ombilical, qui sont les principaux événements de la période embryonnaire.
- Nommer les structures corporelles caractéristiques produites par les feuillets embryonnaires.
- Parler de la fonction des membranes embryonnaires.
- Comparer les rôles du placenta et du cordon ombilical durant la croissance de l'embryon et du fœtus.
- Parler des principaux changements corporels associés à la croissance du fœtus.
- Comparer les sources et les fonctions des hormones sécrétées durant la grossesse.
- Décrire certains des changements anatomiques et physiologiques liés à la gestation.
- Expliquer l'amniocentèse et le prélèvement d'échantillons de villosités choriales, qui sont des techniques diagnostiques prénatales.
- Expliquer les événements associés aux trois étapes du travail.
- Expliquer les ajustements qui s'effectuent dans les appareils respiratoire et cardio-vasculaire du nouveau-né à la naissance.
- Parler des risques encourus par l'embryon et le fœtus, risques liés aux substances chimiques et aux médicaments, à l'irradiation, à l'ingestion d'alcool et à l'usage du tabac.
- Parler de la physiologie et de la régulation de la lactation.
- Définir l'hérédité et décrire la façon dont sont transmis la phénylcétonurie, le sexe, le daltonisme et l'hémophilie.
- Définir les termes médicaux associés au développement et à l'hérédité.

L'**anatomie du développement** est l'étude de la succession des événements allant de la fécondation d'un ovule jusqu'à la formation d'un organisme adulte. Cette succession d'événements comprend la fécondation, la nidation, le développement embryonnaire, la croissance du fœtus, la gestation, la parturition et le travail.

LE DÉVELOPPEMENT AU COURS DE LA GROSSESSE

La grossesse peut survenir une fois que les spermatozoïdes et les ovules se sont développés par méiose et par maturation, et que les spermatozoïdes ont été déposés dans le vagin. La **grossesse** correspond à une suite d'événements comprenant normalement la fécondation, la nidation, la croissance de l'embryon et la croissance du fœtus qui se termine par la naissance.

LA FÉCONDATION ET LA NIDATION

La fécondation

La **fécondation** correspond à la pénétration de l'ovule par un spermatozoïde et à l'union subséquente du noyau du spermatozoïde et du noyau de l'ovule. Parmi les centaines de millions de spermatozoïdes qui pénètrent dans le vagin, très peu, peut-être seulement quelques centaines ou quelques milliers, atteignent la proximité de l'ovule. La fécondation s'effectue normalement dans la trompe de Fallope, au moment où l'ovule a effectué environ un tiers du trajet le long de la trompe, généralement au cours des 24 h qui suivent l'ovulation. Des contractions péristaltiques et l'action des cils transportent l'ovule le long de la trompe. Il semble que le mécanisme par lequel les spermatozoïdes atteignent la trompe de Fallope soit lié à plusieurs facteurs. Les spermatozoïdes remontent probablement la trompe en s'aidant des mouvements de leurs flagelles. De plus, l'acrosome des spermatozoïdes produit une enzyme appelée *acrosine*, qui stimule la motilité et la migration des spermatozoïdes dans les voies génitales de la femme. Enfin, les spermatozoïdes sont probablement aussi transportés à l'aide des contractions musculaires utérines.

Les voies génitales de la femme, tout en favorisant le transport des spermatozoïdes, permettent également à ces derniers de féconder un ovule. Bien que les spermatozoïdes subissent une maturation dans l'épididyme, ils ne peuvent pas féconder un ovule avant d'avoir séjourné dans les voies génitales féminines pendant plusieurs heures. La **capacitation** correspond aux changements que subissent les spermatozoïdes dans les voies génitales féminines, qui leur permettent de féconder un ovule. On croit que, au cours de ce processus, les acrosomes sécrètent de l'hyaluronidase et des protéinases (des enzymes). Ces enzymes aident à dissoudre les substances intercellulaires qui recouvrent l'ovule, un revêtement gélatineux appelé **zone pellucide**, et plusieurs couches de cellules, dont la couche la plus interne est constituée de cellules folliculaires formant la **corona radiata** (figure 29.1,a). Lorsque ce phénomène est accompli, un seul spermatozoïde peut entrer dans l'ovule et le fertiliser, car, une fois l'union complétée, les changements électriques qui s'effectuent à la surface de l'ovule empêchent l'entrée des autres spermatozoïdes, et les enzymes produites par l'ovule fécondé modifient les sites récepteurs ; par conséquent, les spermatozoïdes qui sont déjà fixés sont détachés, et les autres ne peuvent se fixer. C'est ainsi que la polyspermie, ou la fécondation d'un ovule par plus d'un spermatozoïde, est évitée.

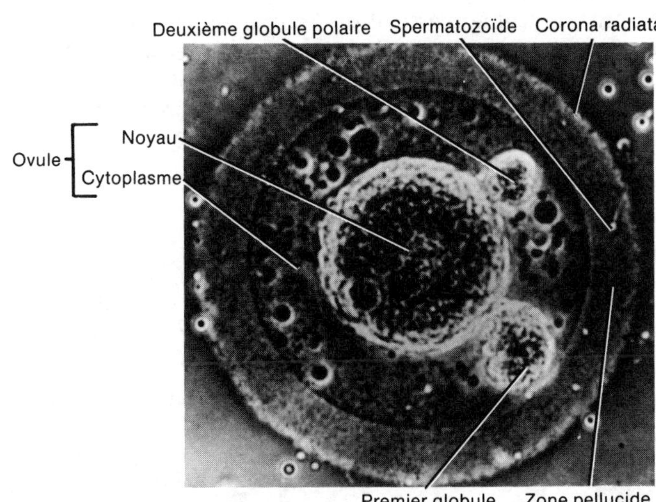

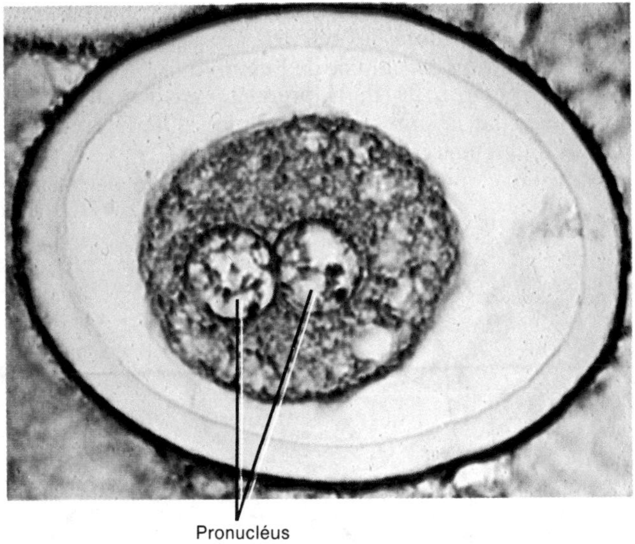

FIGURE 29.1 Fécondation et nidation. (a) Photomicrographie d'un spermatozoïde traversant la zone pellucide et s'apprêtant à atteindre le noyau de l'ovule. [Gracieuseté de Popperfoto.] (b) Photomicrographie montrant les pronucléus mâle et femelle. [Gracieuseté de Carolina Biological Supply Company.]

Lorsqu'un spermatozoïde a pénétré dans l'ovule, sa queue tombe et le noyau situé dans la tête forme une structure appelée **pronucléus mâle**. Le noyau de l'ovule se développe en un **pronucléus femelle** (figure 29.1,b). Lorsque les pronucléus sont formés, ils s'unissent pour produire un **noyau de segmentation**. Ce noyau contient 23 chromosomes provenant du pronucléus mâle et 23 chromosomes provenant du pronucléus femelle. Par conséquent, la fusion des pronucléus haploïdes rétablit le nombre diploïde. L'ovule fécondé, comprenant un noyau de segmentation, un cytoplasme et une membrane protectrice, est appelé **zygote**.

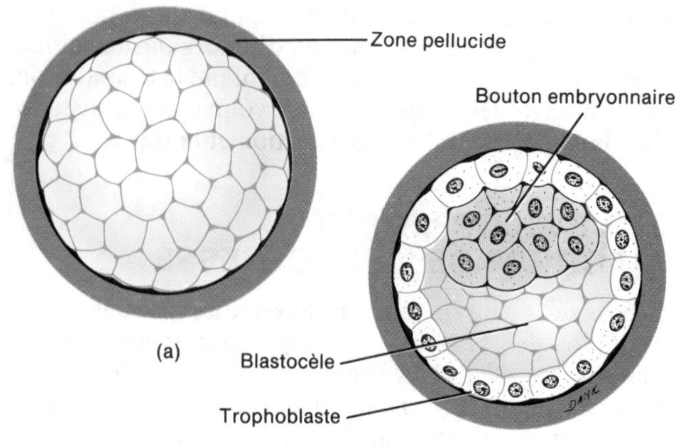

FIGURE 29.3 Blastocyste. (a) Vue externe. (b) Vue interne.

APPLICATION CLINIQUE

Les **jumeaux bivitellins**, ou **dizygotes**, sont produits par la libération indépendante de deux ovules et par la fécondation subséquente de chacun des ovules par deux spermatozoïdes différents. Ils ont le même âge et se trouvent dans l'utérus au même moment ; toutefois, sur le plan génétique, ils sont aussi différents que les frères et sœurs nés à des moments différents. Ils peuvent, ou non, appartenir au même sexe. Les **jumeaux univitellins**, ou **monozygotes**, cependant, proviennent d'un seul ovule fécondé qui se sépare en deux au début du développement embryonnaire. Ils possèdent le même matériel génétique et appartiennent toujours au même sexe.

La formation de la morula

Immédiatement après la fécondation, il se produit une division cellulaire rapide du zygote. Ces premières divisions du zygote sont appelées **segmentation**. Au cours de cette période, les cellules qui se divisent sont contenues dans la zone pellucide. Bien que la segmentation augmente le nombre des cellules, elle ne provoque pas d'augmentation du volume de l'embryon.

Après environ 36 h, la première segmentation est terminée ; par la suite, chaque division dure légèrement moins longtemps que la précédente (figure 29.2). Durant le deuxième jour suivant la conception, la deuxième segmentation est terminée. À la fin de la troisième journée, il y a 16 cellules. Les cellules progressivement plus petites ainsi produites sont appelées **blastomères**. Quelques jours après la fécondation, les segmentations successives ont produit une masse solide de cellules, la **morula**, dont le volume est sensiblement le même que celui du zygote original.

Le développement du blastocyste

À mesure que le nombre des cellules de la morula augmente, celle-ci quitte le site original de la fécondation et traverse la trompe de Fallope pour pénétrer dans la cavité utérine. À ce moment, l'amas dense de cellules s'est creusé. Cette masse prend maintenant le nom de **blastocyste** (figure 29.3).

Le blastocyste est composé d'un revêtement cellulaire externe, le **trophoblaste**, d'un **bouton embryonnaire**, et d'une cavité interne remplie de liquide, appelée **blastocèle**. Le trophoblaste devient finalement partie intégrante des membranes composant la portion fœtale du placenta ; le bouton embryonnaire se développe pour former l'embryon.

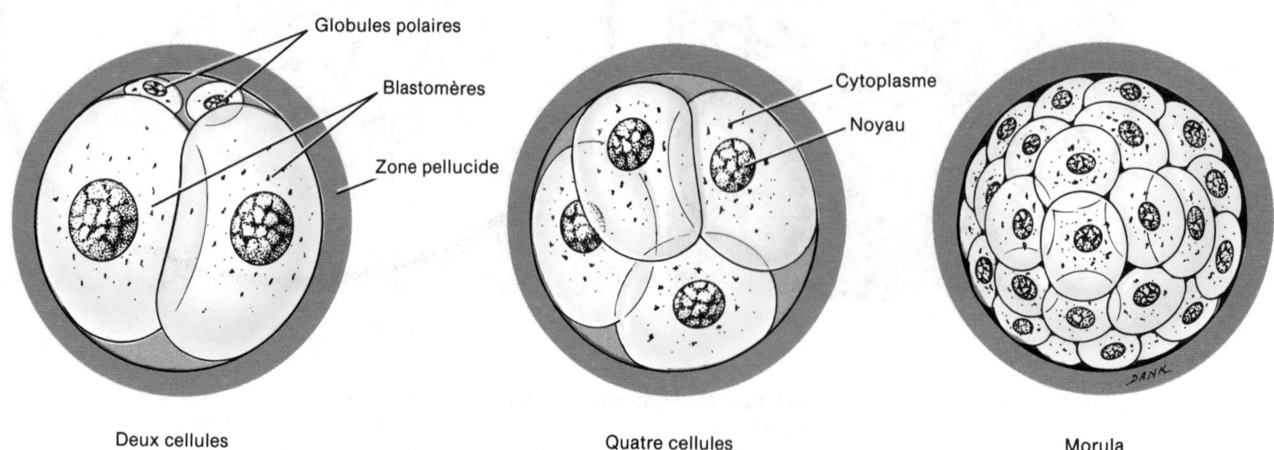

FIGURE 29.2 Formation de la morula.

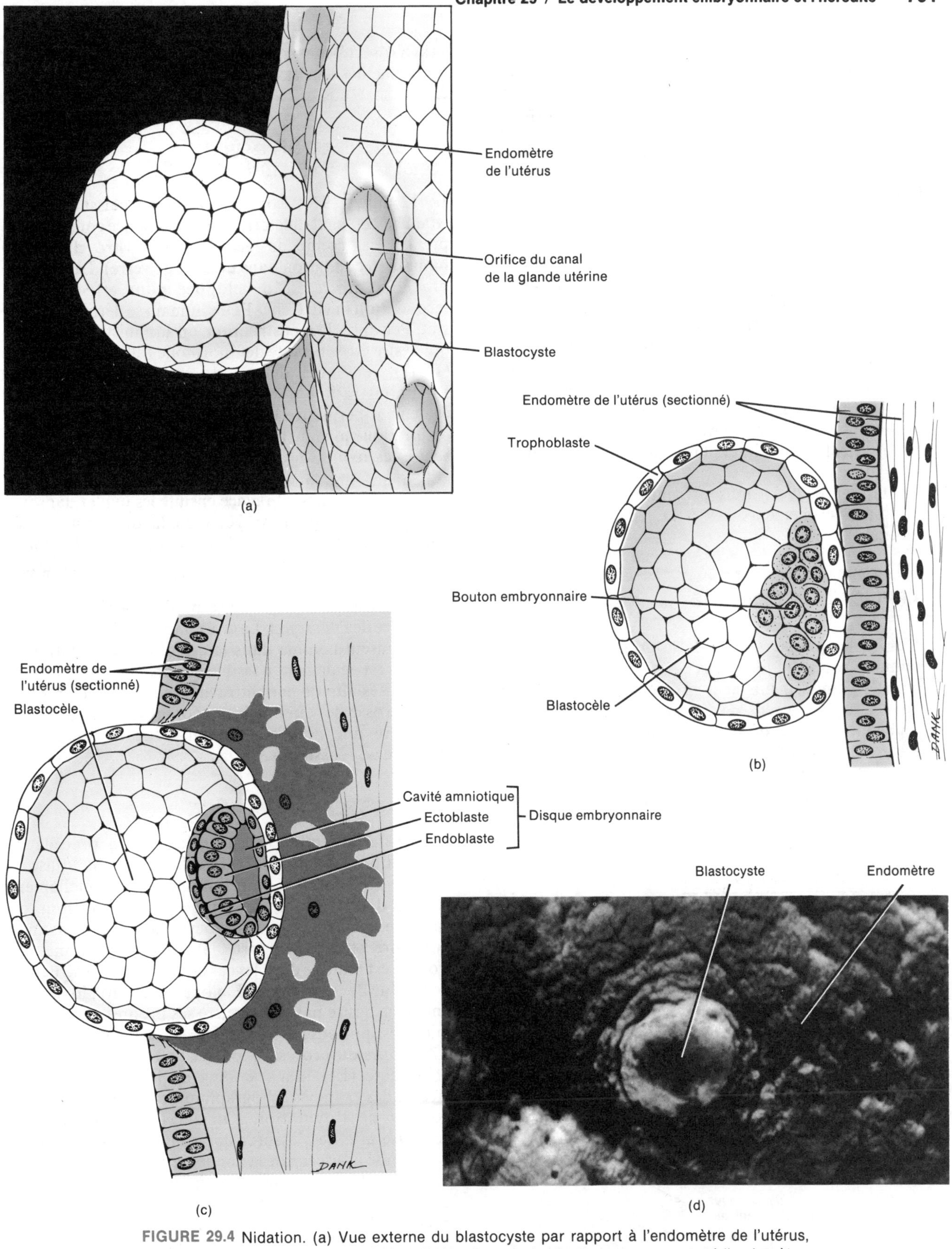

Endomètre de l'utérus
Orifice du canal de la glande utérine
Blastocyste

(a)

Endomètre de l'utérus (sectionné)
Trophoblaste
Bouton embryonnaire
Blastocèle

(b)

Endomètre de l'utérus (sectionné)
Blastocèle
Cavité amniotique
Ectoblaste
Endoblaste
Disque embryonnaire

(c)

Blastocyste
Endomètre

(d)

FIGURE 29.4 Nidation. (a) Vue externe du blastocyste par rapport à l'endomètre de l'utérus, environ cinq jours après la fécondation. (b) Vue interne du blastocyste par rapport à l'endomètre, environ six jours après la fécondation. (c) Vue interne du blastocyste au moment de la nidation, environ sept jours après la fécondation. (d) Photomicrographie illustrant la nidation. [Tiré de *From Conception to Birth: The Drama of Life's Beginnings* de Roberts Rugh, Landrum B. Shettles et Richard Einhorn. Copyright © 1971 by Roberts Rugh et Landrum B. Shettles. Reproduction autorisée par Harper & Row, Publishers, Inc.]

La nidation

Le blastocyste reste libre dans la cavité utérine pendant une période de deux à quatre jours avant de se fixer à la paroi utérine. Durant cette période, il est alimenté par les sécrétions de l'endomètre, parfois appelées lait utérin. La fixation du blastocyste à l'endomètre se produit de sept à huit jours après la fécondation et est appelée **nidation** (figure 29.4). À ce moment, l'endomètre se trouve en phase postovulatoire. Au cours de la nidation, les cellules du trophoblaste sécrètent des enzymes qui permettent au blastocyste de pénétrer dans la muqueuse utérine. La libération d'enzymes par le trophoblaste entraîne la digestion et la liquéfaction des cellules endométriales. Le liquide et les nutriments nourrissent le blastocyste pendant environ une semaine après la nidation. Par la suite, le blastocyste est enfoui dans l'endomètre, habituellement sur la paroi postérieure du fond ou du corps de l'utérus. Le blastocyste se place de façon que le bouton embryonnaire se trouve en direction de l'endomètre. Par la suite, l'embryon (et plus tard, le fœtus) est nourri par le placenta.

À la figure 29.5, nous présentons un résumé des principaux événements liés à la fécondation et à la nidation.

APPLICATION CLINIQUE

Durant les premiers mois de la grossesse, certaines femmes souffrent de nausées et de vomissements appelés **vomissements de la grossesse**. On ne connaît pas la cause exacte de ce phénomène; on croit cependant que les déchets produits par les portions digérées de l'endomètre au cours de la nidation pourraient être à l'origine de ces malaises. Les taux élevés d'hormone chorionique gonadotrophique (hCG) sécrétés par le placenta pourraient également être une des causes de ces vomissements.

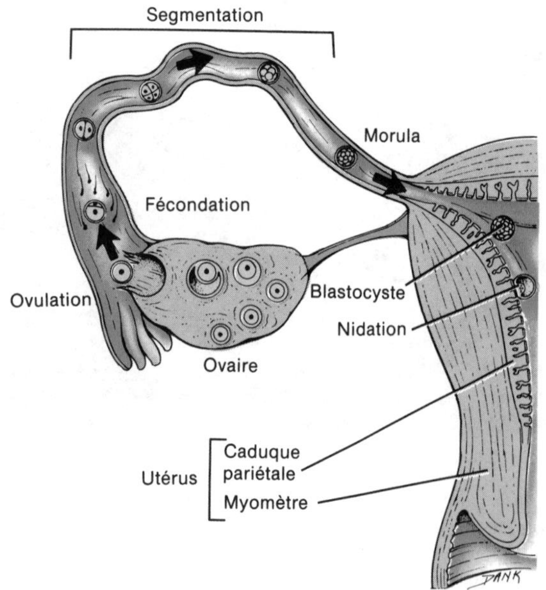

FIGURE 29.5 Résumé des événements associés à la fécondation et à la nidation.

LA FÉCONDATION IN VITRO CHEZ L'ÊTRE HUMAIN

Le 12 juillet 1978, Louise Joy Brown naissait près de Manchester, en Angleterre. Cette naissance constituait le premier cas connu de **fécondation in vitro chez l'être humain** (fécondation dans un tube de verre). La façon de procéder qui a été développée pour effectuer une fécondation in vitro chez l'être humain se déroule comme suit. Peu après la menstruation, on administre à la femme qui désire être enceinte de l'hormone folliculostimulante (FSH), en vue de produire plusieurs ovules. L'administration d'hormone lutéinisante (LH) peut également permettre la maturation des ovules. Ensuite, on pratique une petite incision près de l'ombilic, on aspire les ovules des follicules et on les place dans un milieu qui simule les liquides présents dans les voies génitales féminines. On place ensuite les ovules dans une solution contenant des spermatozoïdes de l'homme. Une fois que la fécondation a eu lieu, on place l'ovule fécondé dans un autre milieu et on surveille la segmentation. Lorsque l'ovule fécondé atteint 8 ou 16 cellules, on l'introduit dans l'utérus où se produit la nidation et la croissance de l'embryon. La croissance et le développement se produisent comme dans le cas d'une fécondation in utero. Il est également possible de congeler les embryons non utilisés afin de permettre aux parents d'obtenir une autre grossesse quelques années plus tard ou pour permettre une deuxième tentative de nidation si la première ne réussit pas.

LE TRANSFERT D'EMBRYON

Le **transfert d'embryon** est également un procédé de fécondation externe chez l'être humain. On utilise le sperme du conjoint pour inséminer artificiellement l'ovule d'une donneuse; après la fécondation, on transfère la morula ou le blastocyste de la donneuse à la partenaire stérile qui porte la grossesse à terme. Ce procédé est indiqué dans les cas de stérilité, d'obstruction inopérable des trompes de Fallope ou, encore, lorsque la femme ne désire pas transmettre ses propres gènes parce qu'elle est porteuse d'un trouble génétique grave.

Au cours du processus, on vérifie le taux d'hormone lutéinisante (LH) dans le sang de la donneuse et on effectue des examens échographiques afin de s'assurer du moment de l'ovulation. On surveille également la receveuse afin de s'assurer que son cycle menstruel est synchronisé avec celui de la donneuse. Lorsque l'ovulation se produit chez la donneuse, on insémine artificiellement cette dernière à l'aide du sperme du conjoint. Quatre jours plus tard, on extrait une morula ou un blastocyste de l'utérus de la donneuse à l'aide d'une sonde de plastique souple, et on transfère l'embryon dans l'utérus de la receveuse, où il croît et se développe jusqu'à la naissance. Le transfert d'embryon est une intervention mineure qui ne nécessite aucune anesthésie et peut être effectuée dans le bureau du médecin en quelques minutes.

LE TRANSFERT INTRATUBAIRE DE GAMÈTES ET LA RÉCUPÉRATION TRANSVAGINALE D'OVOCYTES

Récemment, on a mis au point deux autres techniques de fécondation externe chez l'être humain et de transfert d'embryon. La première est le **transfert intratubaire de gamètes**. Cette technique vise essentiellement à imiter le processus normal de la conception en unissant le spermatozoïde et l'ovule dans les trompes de Fallope de la mère. Au cours du processus, on donne à la femme de l'hormone folliculostimulante (FSH) et de l'hormone lutéinisante (LH) pour stimuler la production de plusieurs ovules. On aspire ensuite les ovules à l'aide d'un laparoscope doté d'un appareil de succion, on les mêle à une solution contenant des spermatozoïdes de l'homme, à l'extérieur de l'organisme, et on les réintroduit immédiatement dans les trompes de Fallope.

La deuxième technique est appelée **récupération transvaginale d'ovocytes**. On administre à la future mère des hormones permettant de produire plusieurs ovules, puis on introduit dans la paroi vaginale une aiguille qu'on dirige jusqu'aux ovaires à l'aide de l'échographie ; on fait ensuite une succion, on prélève les ovules et on les place dans une solution à l'extérieur de l'organisme. On ajoute les spermatozoïdes à la solution et on implante les ovules fécondés dans l'utérus.

LE DÉVELOPPEMENT EMBRYONNAIRE

On considère généralement les deux premiers mois du développement comme étant la **période embryonnaire**. Durant cette période, l'organisme en cours de développement est appelé **embryon**. L'**embryologie** est l'étude du développement de l'organisme à partir de l'œuf fécondé jusqu'à la huitième semaine de vie intra-utérine. Les mois qui suivent cette période constituent la **période fœtale**, durant laquelle l'organisme en cours de développement est appelé **fœtus**. À la fin de la période embryonnaire, les ébauches de tous les principaux organes adultes sont présents, les membranes embryonnaires sont développées et le placenta est fonctionnel.

LES DÉBUTS DES SYSTÈMES ET DES APPAREILS ORGANIQUES

Après la nidation, le bouton embryonnaire du blastocyste commence à se différencier en trois **feuillets embryonnaires** : l'ectoblaste, l'endoblaste et le mésoblaste. Ce sont les tissus embryonnaires à partir desquels tous les tissus et organes de l'organisme se développent. La **gastrulation** correspond aux divers mouvements des groupes de cellules aboutissant à l'établissement des feuillets embryonnaires.

Chez l'être humain, les feuillets embryonnaires se forment tellement rapidement qu'il est difficile de suivre la succession exacte des événements. Avant la nidation, une couche d'**ectoblaste** (le trophoblaste) s'est déjà formée autour du blastocèle (figure 29.4,b). Le trophoblaste deviendra partie intégrante du chorion, une des membranes fœtales. Au cours des huits jours qui suivent la fécondation, la couche cellulaire supérieure du bouton embryonnaire prolifère et forme l'amnios, une autre membrane fœtale, ainsi qu'un espace, la **cavité amniotique**, au-dessus du bouton embryonnaire. La couche inférieure du bouton embryonnaire se développe pour former l'**endoblaste**.

DOCUMENT 29.1 STRUCTURES PRODUITES PAR LES TROIS FEUILLETS EMBRYONNAIRES

ENDOBLASTE	MÉSOBLASTE	ECTOBLASTE
L'épithélium du tube digestif (sauf la cavité buccale et le canal anal) et l'épithélium des glandes du tube digestif	Tous les muscles squelettiques, la plupart des muscles lisses et tout le muscle cardiaque	La totalité du tissu nerveux
L'épithélium de la vessie, de la vésicule biliaire et du foie	Le cartilage, les os et les autres tissus conjonctifs	L'épiderme
L'épithélium du pharynx, de la trompe d'Eustache, des amygdales, du larynx, de la trachée, des bronches et des poumons	Le sang, la moelle osseuse et le tissu lymphoïde	Les follicules pileux, les muscles arrecteurs des poils, les ongles et l'épithélium des glandes cutanées (sébacées et sudoripares)
L'épithélium de la thyroïde, de la parathyroïde, du pancréas et du thymus	L'endothélium des vaisseaux sanguins et lymphatiques	Le cristallin, la cornée et le nerf optique (II), et les muscles internes de l'œil
L'épithélium de la prostate, de la glande de Cowper, du vagin, du vestibule, de l'urètre et des glandes associées comme la glande de Bartholin et la glande vestibulaire mineure	Le derme	L'oreille interne et l'oreille externe
	Les tuniques fibreuse et vasculaire de l'œil	Le neuro-épithélium des organes sensoriels
	L'oreille moyenne	L'épithélium de la cavité buccale, des fosses nasales, des sinus de la face, des glandes salivaires et du canal anal
	Le mésothélium des cavités ventrales et articulaires	L'épithélium de l'épiphyse, de l'hypophyse et de la médullosurrénale
	L'épithélium des reins et des uretères	
	L'épithélium de la corticosurrénale	
	L'épithélium des gonades et des canaux génitaux	

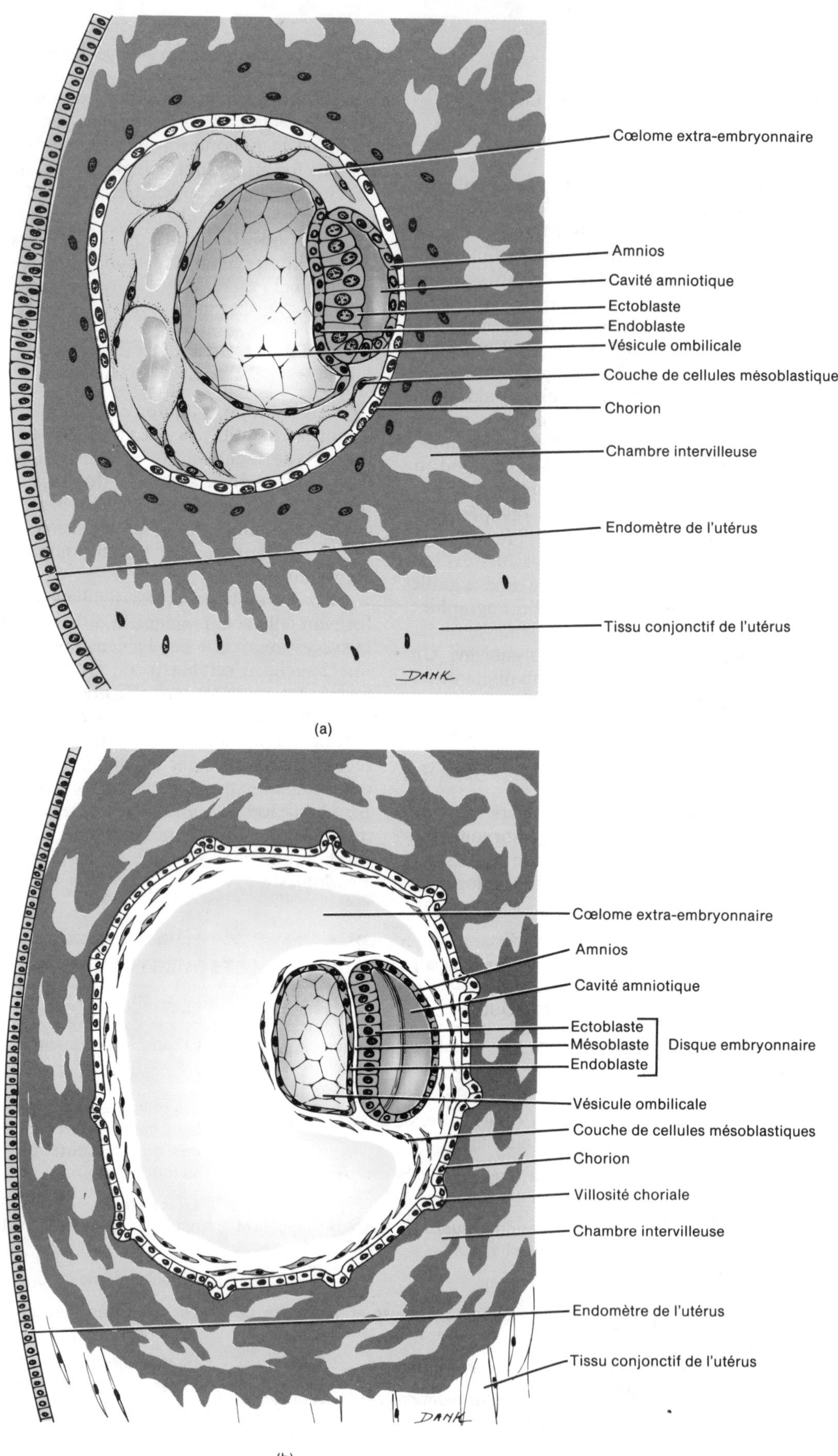

FIGURE 29.6 Formation des feuillets embryonnaires et des structures qui y sont associées. (a) Vue interne de l'embryon, environ 12 jours après la fécondation. (b) Vue interne de l'embryon, environ 14 jours après la fécondation.

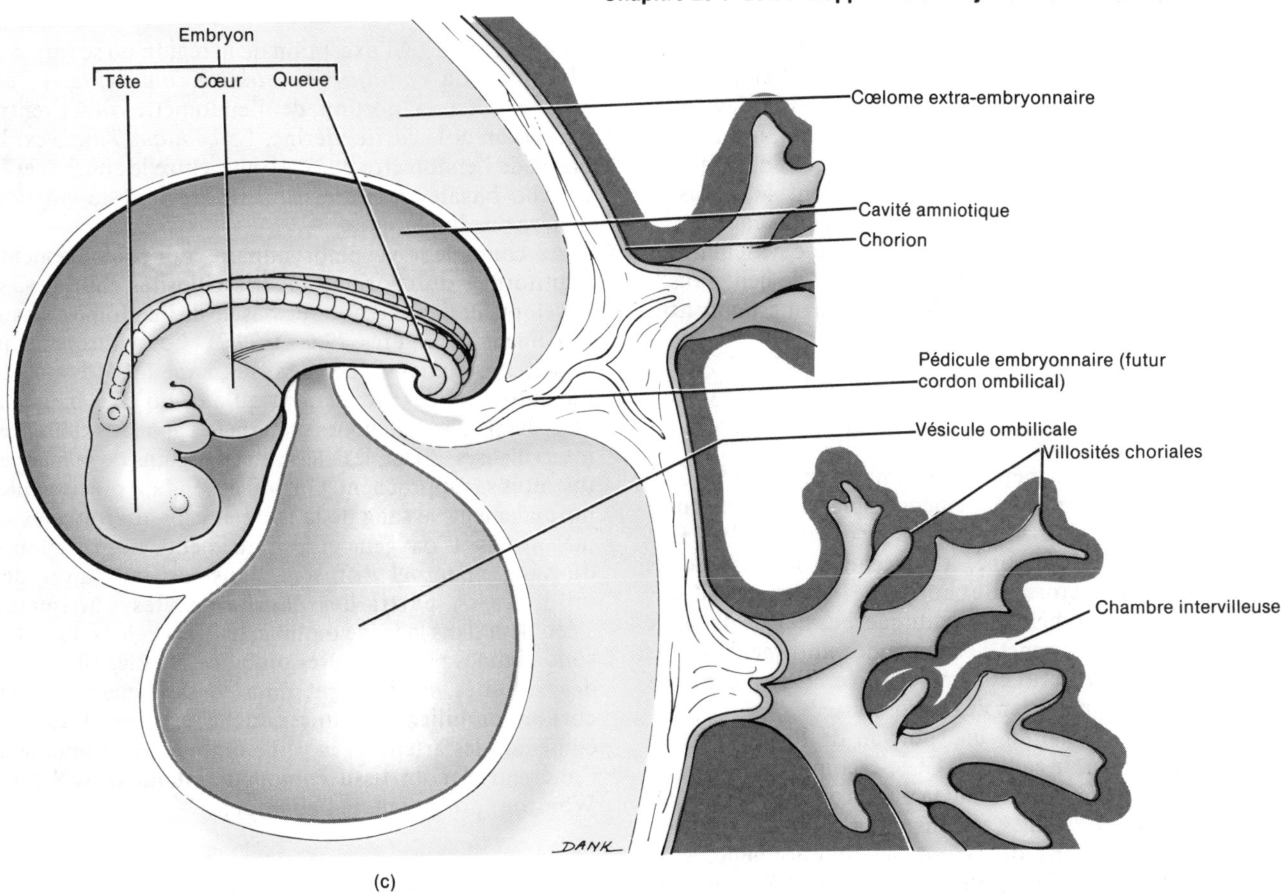

FIGURE 29.6 [*Suite*] (c) Vue externe de l'embryon, environ 25 jours après la fécondation.

Environ douze jours après la fécondation, des changements spectaculaires apparaissent (figure 29.6,a). Les cellules situées sous la cavité amniotique constituent le **disque embryonnaire**. Elles formeront l'embryon. À ce stade, le disque embryonnaire contient des cellules ectoblastiques et endoblastiques ; les cellules mésoblastiques sont éparpillées à l'extérieur du disque. Les cellules de la couche endoblastique se sont divisées rapidement, et des groupes de ces cellules s'étendent maintenant vers le bas en formant un cercle qui constitue la vésicule ombilicale, une autre membrane fœtale. Les cellules du **mésoblaste**, qui se développent entre les couches ectoblastique et endoblastique, se sont également divisées, et un grand nombre d'entre elles ont quitté la région du disque embryonnaire et se trouvent autour des structures qui deviendront les membranes fœtales.

Vers le quatorzième jour, les cellules du disque embryonnaire se différencient en trois couches distinctes : l'ectoblaste supérieur, le mésoblaste intermédiaire et l'endoblaste inférieur (figure 29.6,b). Le mésoblaste à l'intérieur du disque se sépare bientôt en deux couches, et l'espace créé entre les couches devient le **cœlome extra-embryonnaire**.

À mesure que l'embryon se développe (figure 29.6,c), l'endoblaste forme progressivement le revêtement épithélial du tube digestif, de l'appareil respiratoire et de certains autres organes. Le mésoblaste forme le péritoine, les muscles, les os et d'autres tissus conjonctifs. L'ectoblaste forme la peau et le système nerveux. Dans le document 29.1, nous présentons les structures produites par les feuillets embryonnaires.

Les membranes embryonnaires

Au cours de la période embryonnaire, les **membranes embryonnaires** se forment (figure 29.7). Ces membranes sont situées à l'extérieur de l'embryon et elles le protègent et le nourrissent; plus tard, elles protègeront et nourriront le fœtus. Les membranes comprennent la vésicule ombilicale, l'amnios, le chorion et l'allantoïde.

La **vésicule ombilicale** est une membrane tapissée d'endoblaste qui, chez un grand nombre d'espèces, constitue le nutriment principal ou même exclusif de l'embryon (figure 29.8; voir aussi les figures 29.6,c et 29.7). Toutefois, l'embryon humain est alimenté par l'endomètre, et la vésicule ombilicale ne grossit pas. Au cours des premières étapes du développement, elle devient une partie non fonctionnelle du cordon ombilical.

L'**amnios** est une mince membrane protectrice qui est formée huit jours après la fécondation et, au début, surplombe le disque embryonnaire. À mesure que l'embryon croît, l'amnios entoure entièrement l'embryon et se remplit de **liquide amniotique** (figure 29.8). Le liquide amniotique protège le fœtus contre les chocs. L'amnios se rompt habituellement juste avant la naissance ; l'amnios et le liquide qu'il contient forment la « poche des eaux ».

Le **chorion** est dérivé du trophoblaste du blastocyste et du mésoblaste qui y est associé. Il entoure l'embryon et, plus tard, le fœtus. Par la suite, le chorion devient la principale partie embryonnaire du placenta, la structure à travers laquelle s'effectuent les échanges fœto-maternels. L'amnios entoure également le fœtus et fusionne plus tard avec la couche interne du chorion.

L'**allantoïde** est une petite membrane vascularisée. Plus tard, ses vaisseaux sanguins servent de lien, dans le placenta, entre la mère et le fœtus. Ce lien est constitué par le cordon ombilical.

Le placenta et le cordon ombilical

Le troisième événement le plus important de la période embryonnaire, le développement du placenta, est terminé vers le troisième mois de la grossesse. Une fois complètement développé, le **placenta** a la forme d'un gâteau plat et est formé du chorion de l'embryon et d'une partie de l'endomètre (la caduque basale) de la mère (figure 29.9). Il permet l'échange des nutriments et des déchets entre le fœtus et la mère, et sécrète les hormones nécessaires au maintien de la grossesse.

Lors de la nidation, une portion de l'endomètre se modifie et forme la **caduque**. Celle-ci comprend toutes les couches de l'endomètre, sauf la plus profonde, et tombe à la naissance. Certaines régions de la caduque, qui sont toutes des régions de la couche fonctionnelle, sont nommées d'après leur position par rapport à la position de l'ovule fécondé (figure 29.10). La *caduque pariétale* est la portion modifiée de l'endomètre qui tapisse entièrement l'utérus gravide, à l'exception de la région où se forme le placenta. La *caduque capsulaire*, ou *ovulaire*, ou *réfléchie*, est la portion de l'endomètre située entre l'embryon et la cavité utérine. La *caduque basale* est la partie de l'endomètre qui se trouve entre le chorion et la couche basale de l'utérus. Elle devient la portion maternelle du placenta.

Au cours de la vie embryonnaire, des prolongements digitiformes du chorion, appelés **villosités choriales**, se développent dans la caduque basale de l'endomètre (voir également les figures 29.6 et 29.7). Ces villosités sont appelées à contenir les vaisseaux sanguins fœtaux de l'allantoïde. Elles croissent jusqu'à ce qu'elles baignent dans des lacunes sanguines maternelles appelées **chambres intervilleuses**. Ainsi, les vaisseaux sanguins de la mère et du fœtus se rapprochent. On doit cependant préciser que, normalement, le sang de la mère et celui du fœtus ne se mêlent pas. L'oxygène et les nutriments en provenance du sang maternel diffusent dans les capillaires des villosités. À partir des capillaires, les nutriments s'écoulent dans la veine ombilicale. Les déchets du fœtus sont éliminés par les artères ombilicales et les capillaires des villosités, et diffusent dans le sang maternel. Le **cordon ombilical** est une couche externe d'amnios contenant les artères et la veine ombilicales, soutenue à l'intérieur par du tissu conjonctif muqueux (gelée de Wharton) provenant de l'allantoïde.

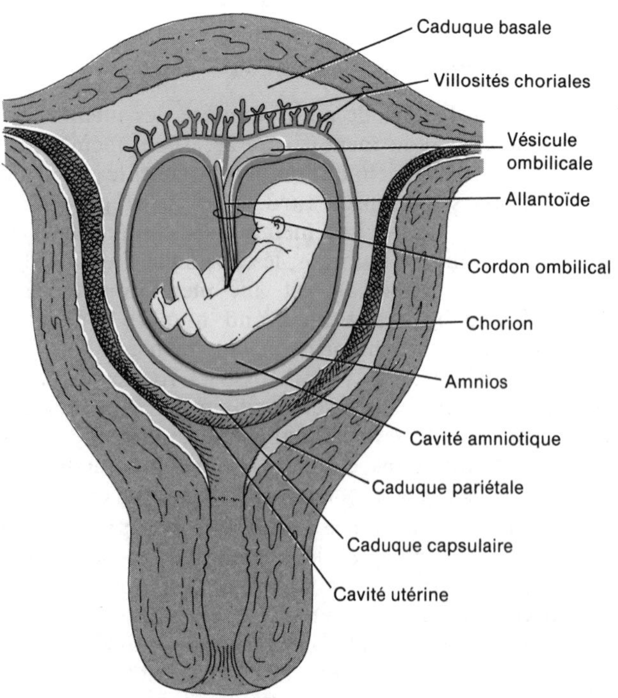

FIGURE 29.7 Membranes embryonnaires.

APPLICATION CLINIQUE

À la naissance, le placenta se détache de l'utérus (on l'appelle alors **délivre**). À ce moment, on sectionne le cordon ombilical, et l'enfant devient indépendant de sa mère. L'**ombilic** (nombril) est la cicatrice qui marque l'emplacement de l'entrée du cordon ombilical dans l'abdomen.

Certaines sociétés pharmaceutiques utilisent le placenta humain pour fabriquer des hormones, des médicaments et du sang. On utilise également certaines portions du placenta pour recouvrir les brûlures. Les veines du placenta et du cordon ombilical servent à effectuer des greffes de vaisseaux sanguins.

LA CROISSANCE DU FŒTUS

Au cours de la **période fœtale**, les organes formés par les feuillets embryonnaires se développent rapidement. Le fœtus prend une apparence humaine. Dans le document 29.2, nous présentons un résumé des changements liés à cette période.

LES HORMONES DE LA GROSSESSE

Le corps jaune est maintenu pendant au moins les trois ou quatre premiers mois de la grossesse ; pendant ce temps, il continue à sécréter des **œstrogènes** et de la **progestérone**. Ces hormones maintiennent la muqueuse utérine durant

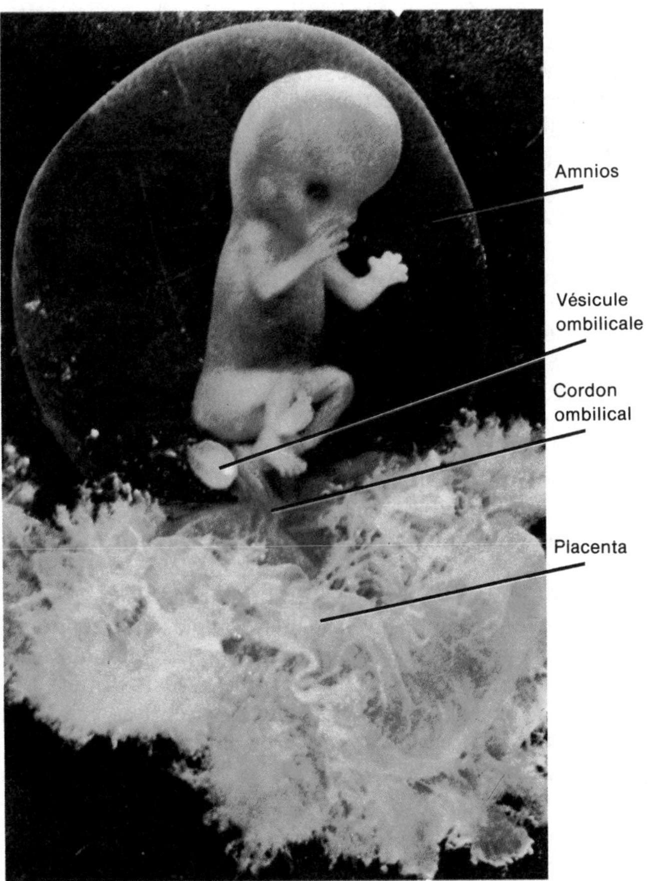

FIGURE 29.8 Fœtus âgé de dix semaines; l'amnios, la vésicule ombilicale et le cordon ombilical sont clairement visibles. [Tiré de *From Conception to Birth: The Drama of Life's Beginnings* de Roberts Rugh, Landrum B. Shettles et Richard Einhorn. Copyright © 1971 by Roberts Rugh et Landrum B. Shettles. Reproduction autorisée par Harper & Row, Publishers, Inc.]

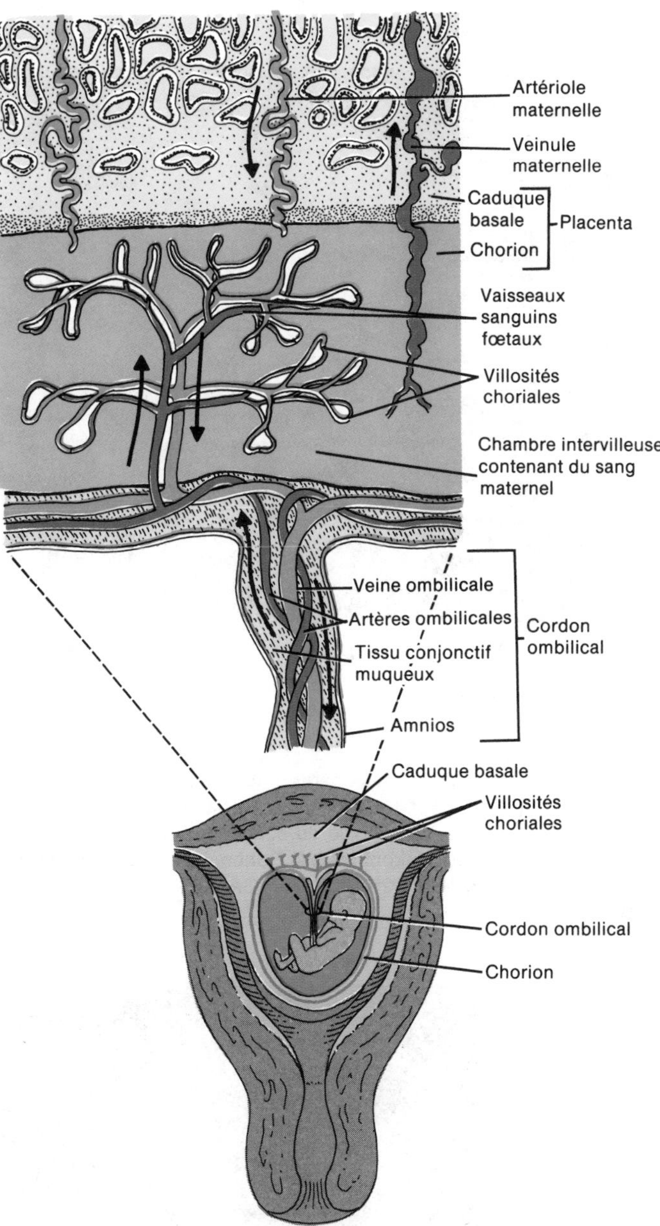

FIGURE 29.9 Placenta et cordon ombilical. (a) Diagramme de la structure du placenta et du cordon ombilical.

la grossesse et préparent les glandes mammaires à sécréter du lait. Toutefois, la quantité d'hormones sécrétée par le corps jaune n'est que légèrement supérieure à celle qui est produite après l'ovulation au cours d'un cycle menstruel normal. C'est le placenta qui sécrète les taux élevés d'œstrogènes et de progestérone nécessaires au maintien de la grossesse et au développement des glandes mammaires en vue de la lactation.

Le chorion du placenta sécrète de l'**hormone chorionique gonadotrophique (hCG)**. Le rôle principal de l'hCG semble être de maintenir l'activité du corps jaune, notamment en ce qui concerne la sécrétion constante de progestérone, une activité nécessaire pour que le fœtus reste fixé à la muqueuse utérine (figure 29.11).

APPLICATION CLINIQUE

L'hormone chorionique gonadotrophique est excrétée dans l'urine de la femme enceinte à partir du huitième jour de la grossesse, environ, et l'excrétion atteint un sommet vers la huitième semaine. Le taux d'hCG décroît de façon marquée durant les quatrième et cinquième mois, puis se stabilise jusqu'à la naissance. L'excrétion d'hCG dans l'urine sert de base à la plupart des **diagnostics biologiques de la grossesse** effectués à domicile. On peut déceler la présence d'hCG dans le sang, à l'aide d'une épreuve de laboratoire, avant même qu'un retard de la menstruation se soit manifesté.

Le placenta commence à sécréter des œstrogènes et de la progestérone vers le sixième jour de la grossesse. Ces hormones sont sécrétées en quantités croissantes jusqu'à la naissance. Vers le quatrième mois, lorsque le placenta est entièrement formé, la sécrétion d'hCG est considérablement réduite, parce que les sécrétions du

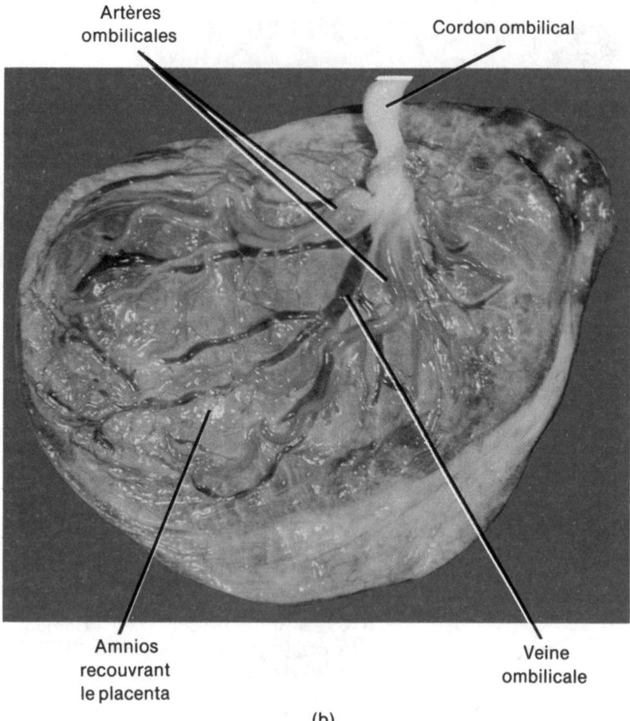

FIGURE 29.9 [*Suite*] (b) Photographie illustrant la face fœtale du placenta. Bien que les artères ombilicales soient rouges, elles transportent du sang désoxygéné. De la même façon, la veine ombilicale bleue transporte du sang oxygéné. [Photographie, gracieuseté de C. Yokochi et J.W. Rohen, *Photographic Anatomy of the Human Body*, 2e éd., 1978, IGAKU-SHOIN, Ltd., Tokyo, New York.]

corps jaune ne sont plus nécessaires. Le placenta sécrète les taux d'œstrogènes et de progestérone nécessaires au maintien de la grossesse. Les hormones du placenta prennent donc la direction de l'organisme de la mère en vue de l'accouchement et de la lactation. Après l'accouchement, les taux d'œstrogènes et de progestérone dans le sang reviennent à la normale.

On a récemment découvert que le placenta produisait une hormone appelée **hormone de libération lutéotrope du placenta (pL-RH)**. Cette dernière est semblable, sur le plan de la composition chimique, à l'hormone de libération des gonadotrophines (Gn-RH) produite par l'hypothalamus, qui entraîne la synthèse et la libération de l'hormone lutéinisante (LH) par l'adénohypophyse. On croit que la fonction de la pL-RH est de stimuler la sécrétion d'hCG par le placenta.

L'**hormone chorionique somatoamniotrophique (hCS)** est une autre hormone produite par le chorion du placenta. Elle commence à être sécrétée environ au même moment que l'hCG, mais suit un modèle de sécrétion assez différent. Le taux de sécrétion de la hCS augmente proportionnellement avec la masse du placenta, et atteint un maximum après 32 semaines, après quoi il reste relativement constant. On croit que la hCS stimule, en partie, le développement du tissu mammaire en vue de la lactation, favorise la croissance en entraînant des dépôts de protéines dans les tissus et règle certains aspects du métabolisme. Ainsi, la hCS entraîne une utilisation réduite du glucose par la mère, ce qui laisse une plus grande quantité de glucose disponible pour le métabolisme

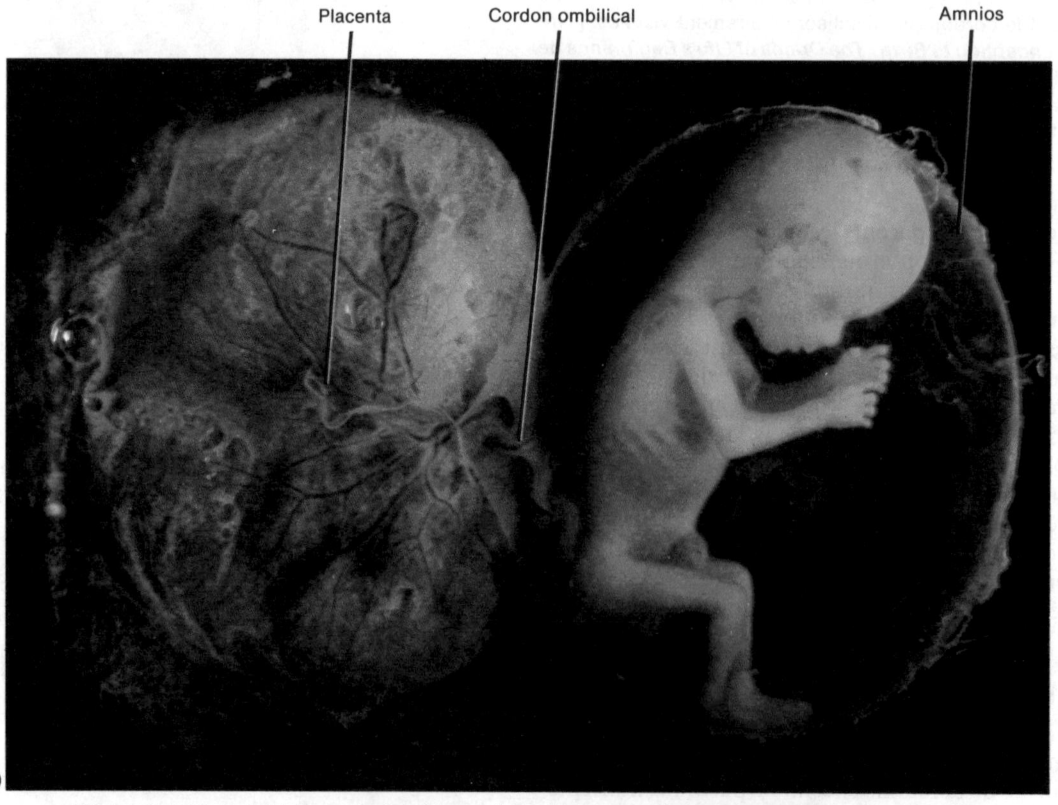

FIGURE 29.9 [*Suite*] (c) Fœtus âgé de 12 semaines, illustrant le lien existant entre le placenta et le cordon ombilical. [Tiré de *From Conception to Birth : The Drama of Life's Beginnings* de Roberts Rugh, Landrum B. Shettles et Richard Einhorn. Copyright © 1971 by Roberts Rugh et Landrum B. Shettles. Reproduction autorisée par Harper & Row, Publishers, Inc.]

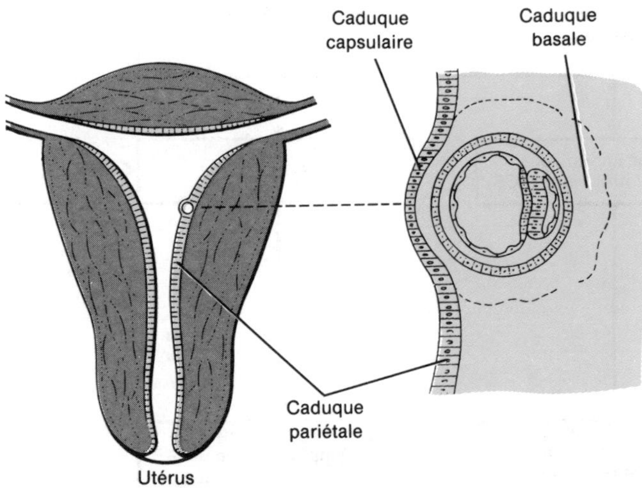

FIGURE 29.10 Régions de la caduque.

du fœtus. De plus, la hCS favorise la libération d'acides gras à partir de la réserve graisseuse, ce qui constitue une source supplémentaire d'énergie pour le métabolisme de la mère.

La **relaxine** est une hormone produite par le placenta et les ovaires. Son rôle, sur le plan physiologique, est de permettre le relâchement de la symphyse pubienne et des ligaments des articulations sacro-iliaque et sacro-coccygienne, et de favoriser la dilatation du col de l'utérus vers la fin de la grossesse. Ces deux actions favorisent l'accouchement. La relaxine aide également à augmenter la motilité des spermatozoïdes.

LA GESTATION

La **gestation** est la période pendant laquelle le zygote, l'embryon ou le fœtus est porté dans l'appareil reproducteur féminin. La période de gestation, chez l'humain, dure environ 280 jours, à partir du début de la dernière menstruation. L'**obstétrique** (*obstetrix*: sage-femme) est la branche de la médecine qui traite de la grossesse, du travail et de la période qui suit immédiatement l'accouchement.

Vers la fin du troisième mois de la gestation, l'utérus occupe la plus grande partie de la cavité pelvienne et, à mesure que le fœtus se développe, l'utérus s'étend de plus en plus haut dans la cavité abdominale. En fait, vers la fin d'une grossesse à terme, l'utérus occupe pratiquement toute la cavité abdominale, s'étendant, sous l'arc costal, presque jusqu'à l'appendice xiphoïde du sternum (figure 29.12). L'augmentation de volume de l'utérus

DOCUMENT 29.2 CHANGEMENTS LIÉS À LA CROISSANCE DU FŒTUS

FIN DU MOIS	TAILLE ET MASSE (APPROXIMATIVES)	CHANGEMENTS REPRÉSENTATIFS
1	0,6 cm	Les yeux, le nez et les oreilles ne sont pas encore apparents. La colonne vertébrale et le canal rachidien se forment. De petits bourgeons (les futurs bras et jambes) se forment. Le cœur se développe et commence à battre. Les systèmes et les appareils corporels commencent à se former
2	3 cm 1 g	Les yeux sont éloignés l'un de l'autre, les paupières sont fusionnées et le nez est aplati. L'ossification commence. Les membres ressemblent distinctement à des bras et à des jambes. Les doigts sont bien formés. Les principaux vaisseaux sanguins se forment. Un grande nombre d'organes internes poursuivent leur développement
3	7,5 cm 28 g	Les yeux sont presque complètement développés, mais les paupières sont encore fusionnées. L'arête du nez se développe et les oreilles externes sont présentes. L'ossification se poursuit. Les appendices sont entièrement formés et les ongles se développent. Les battements cardiaques sont audibles. Les systèmes et les appareils corporels poursuivent leur développement
4	18 cm 113 g	La tête est volumineuse par rapport au reste du corps. Le visage prend des traits humains et des cheveux apparaissent sur la tête. La peau est brillante et rosée. La plupart des os sont ossifiés et les articulations commencent à se former. Les systèmes et les appareils corporels poursuivent leur développement
5	25 cm à 30 cm 227 g à 454 g	La tête est moins disproportionnée par rapport au reste du corps. Un fin duvet (lanugo) recouvre le corps. La peau est toujours brillante et rosée. Développement rapide des systèmes et des appareils corporels
6	27 cm à 35 cm 567 g à 781 g	La tête est de moins en moins disproportionnée par rapport au reste du corps. Les paupières se séparent et les cils se forment. La peau est plissée et rosée
7	32 cm à 42 cm 1 135 g à 1 362 g	La tête et le corps sont mieux proportionnés l'une par rapport à l'autre. La peau est plissée et rosée. Le fœtus âgé de sept mois (prématuré) est viable
8	41 cm à 45 cm 2 043 g à 2 270 g	Des dépôts de gras sous-cutané se forment. La peau est moins plissée. Les testicules descendent dans le scrotum. Les os de la tête sont mous. Les chances de survie sont beaucoup plus élevées à la fin du huitième mois
9	50 cm 3 178 g à 3 405 g	D'autre gras sous-cutané s'accumule. Le lanugo tombe. Les ongles atteignent les bouts des doigts et peuvent même les dépasser

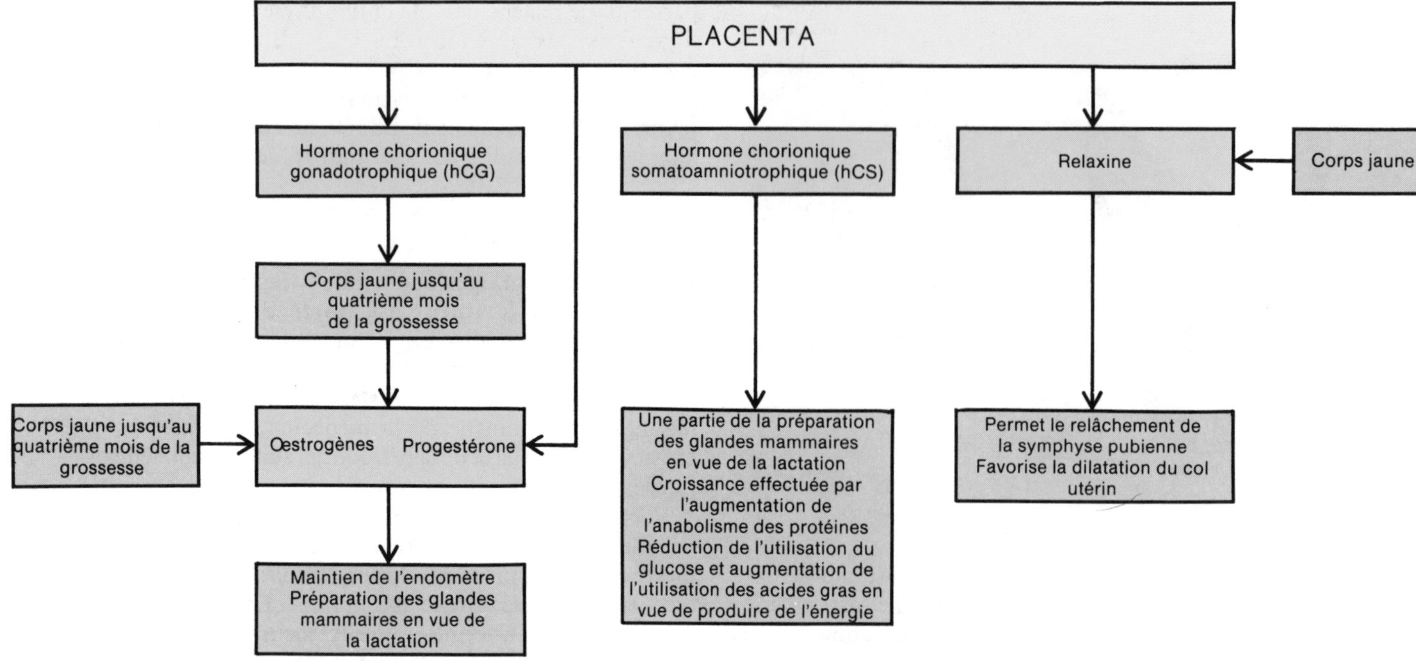

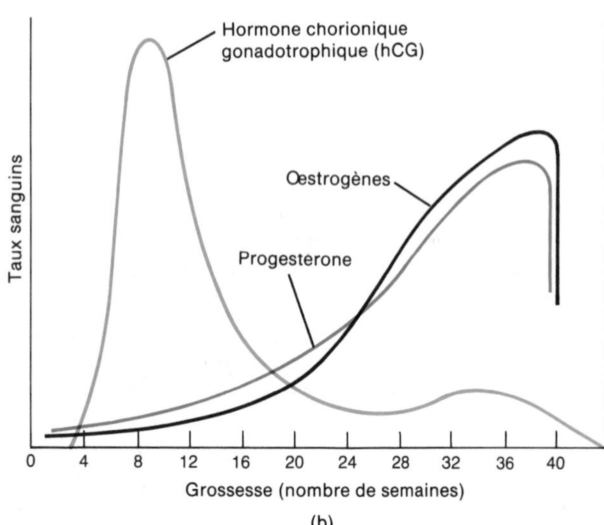

FIGURE 29.11 Hormones de la grossesse. (a) Résumé des sources et des fonctions hormonales. (b) Taux d'hCG, d'œstrogènes et de progestérone dans le sang.

entraîne le déplacement des intestins, du foie et de l'estomac de la mère vers le haut, une élévation du diaphragme et un élargissement de la cavité thoracique. Dans la cavité pelvienne, les uretères et la vessie sont comprimés. De plus, les seins se gonflent en vue de la lactation, et les aréoles entourant les mamelons prennent une coloration foncée.

En plus des changements anatomiques, il se produit également certains changements physiologiques liés à la grossesse. Ainsi, vers la vingt-septième semaine, il se produit une augmentation du débit cardiaque variant de 30% à 40%, causée par une augmentation du flux sanguin maternel vers le placenta et une élévation du métabolisme; il se produit également une augmentation de la fréquence du pouls d'environ 15 battements par minute, ainsi qu'une augmentation du volume sanguin variant entre 30% et 50%, surtout durant la deuxième moitié de la grossesse. Lorsque la mère est allongée sur le dos, l'utérus peut comprimer l'aorte, ce qui entraîne une réduction du flux sanguin vers l'utérus. Des changements hormonaux associés à la grossesse et la compression de la veine cave inférieure peuvent également entraîner l'apparition de varices. La fonction pulmonaire est également modifiée au cours de la grossesse; la capacité résiduelle fonctionnelle est réduite et le volume courant est augmenté. L'augmentation du volume courant est causée par une hypocapnie et une alcalose respiratoire compensée. Dans l'appareil digestif, il se produit une réduction générale de la motilité pouvant entraîner de la constipation et un retard du temps d'évacuation gastrique. La pression exercée par l'utérus sur la vessie peut provoquer des problèmes liés à la miction (besoin fréquent et impérieux d'uriner, incontinence urinaire).

APPLICATION CLINIQUE

Il est possible, pour le médecin traitant, d'examiner l'intérieur de l'utérus d'une femme enceinte sans exposer celle-ci aux dangers des rayons X et sans douleur ni invasion. Une des techniques utilisées pour ce faire, l'**échographie**, aussi appelée **ultrasonographie**,utilise des ondes sonores à haute fréquence, inaudibles, dirigées dans l'abdomen de la future mère, puis réfléchies sur un récepteur. Les ondes réfléchies donnent un «écho» visuel de l'intérieur de l'utérus. Cet écho est transformé électroniquement en image sur un écran. On étudie présentement les risques éventuels de l'échographie, comme une réduction de la réaction immunitaire, des changements dans les fonctions de la membrane cellulaire et la dégradation de macromolécules. Le **détecteur Doppler** est un moniteur fœtal qui enregistre la fréquence cardiaque du fœtus. Dans un grand nombre de centres hospitaliers, on l'utilise couramment au cours du travail.

Aujourd'hui, au Canada, la plupart des obstétriciens ne prescrivent des examens échographiques que lorsqu'il se présente un doute ou un problème concernant l'évolution normale de la grossesse. L'échographie est surtout utilisée pour déterminer l'âge du fœtus lorsqu'on ignore la date de la

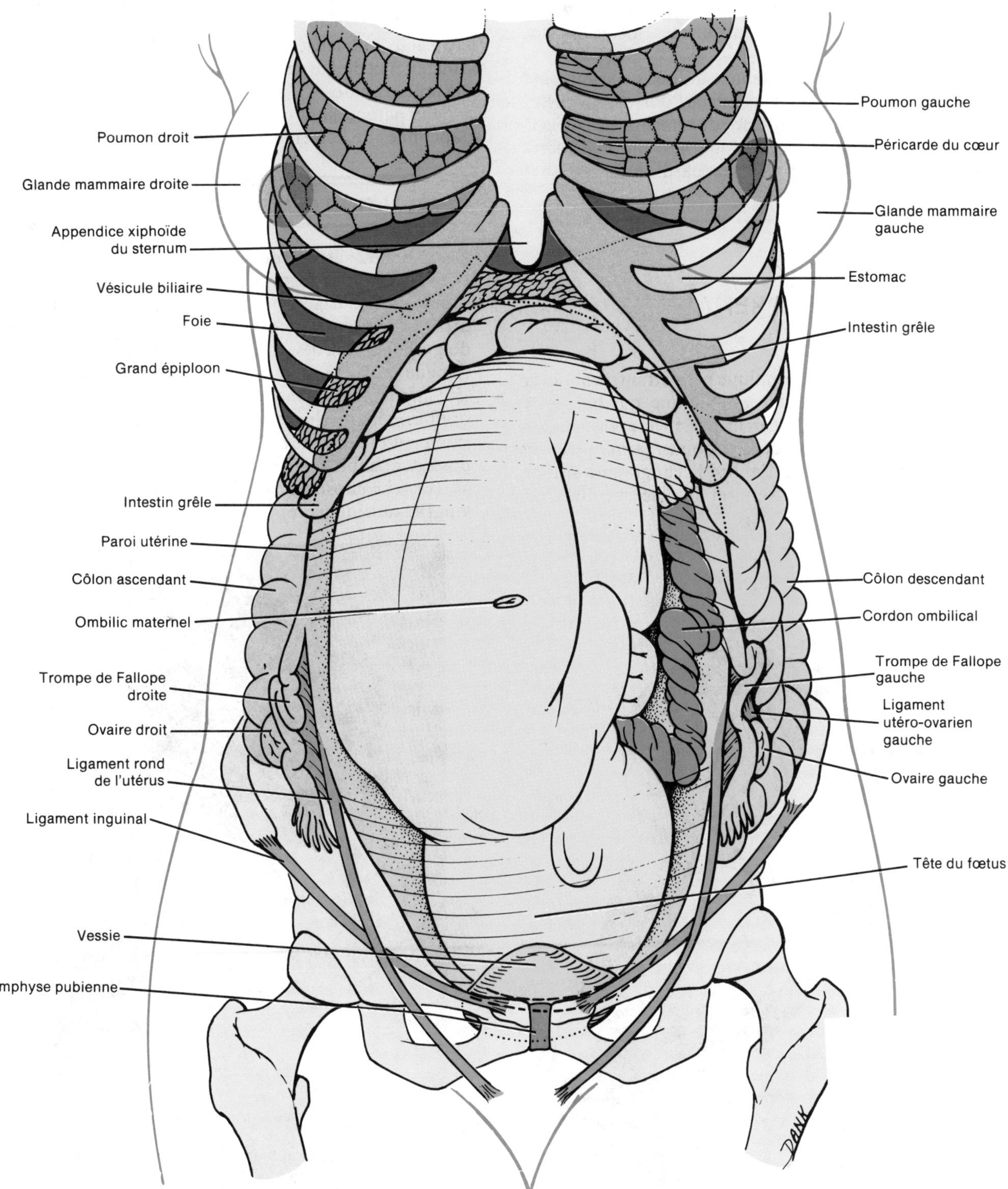

FIGURE 29.12 Position normale du fœtus durant une grossesse à terme.

conception. On l'utilise également pour évaluer la croissance du fœtus, pour déterminer sa position, pour s'assurer du moment de l'ovulation chez les femmes stériles afin d'augmenter les chances de grossesse, pour vérifier la cause d'un saignement vaginal, pour diagnostiquer une grossesse extra-utérine ou multiple, et comme complément à des procédés spéciaux comme l'amniocentèse. On n'utilise pas l'échographie de façon systématique pour déterminer le sexe du fœtus ; on ne s'en sert que dans certains cas précis où des problèmes médicaux se posent.

L'échographie est maintenant utilisée couramment dans d'autres domaines que celui de l'obstétrique ; elle peut servir à déceler la présence de tumeurs, de calculs biliaires ou d'autres masses internes anormales, et pour détecter des problèmes cardiaques et des hémorragies cérébrales.

LES TECHNIQUES DIAGNOSTIQUES PRÉNATALES

L'AMNIOCENTÈSE

L'**amniocentèse** est une technique permettant de prélever un petit volume du liquide amniotique qui baigne le fœtus, afin de diagnostiquer la présence éventuelle de maladies héréditaires ou de déterminer la maturité ou l'état du fœtus. On utilise d'abord l'échographie afin de déterminer la position du fœtus et du placenta. Puis, on retire de 10 mL à 20 mL de liquide, par une ponction de l'utérus, à l'aide d'une aiguille hypodermique, habituellement de 16 à 20 semaines après la conception (figure 29.13). On examine les cellules et le liquide au microscope et on leur fait subir des épreuves biochimiques en vue de déceler des anomalies chromosomiques numériques ou structurales éventuelles, ou des défauts biochimiques. L'amniocentèse permet de déceler près de 300 types d'anomalies chromosomiques et plus de 50 défauts biochimiques héréditaires dont l'hémophilie, certaines types de dystrophies musculaires, la maladie de Tay-Sachs, la leucémie myéloïde, les syndromes de Klinefelter et de Turner, la drépanocytose, la thalassémie et la mucoviscidose. L'amniocentèse est indiquée lorsque les deux parents sont porteurs d'une de ces maladies (ou soupçonnés de l'être) ou que la mère a près de 40 ans.

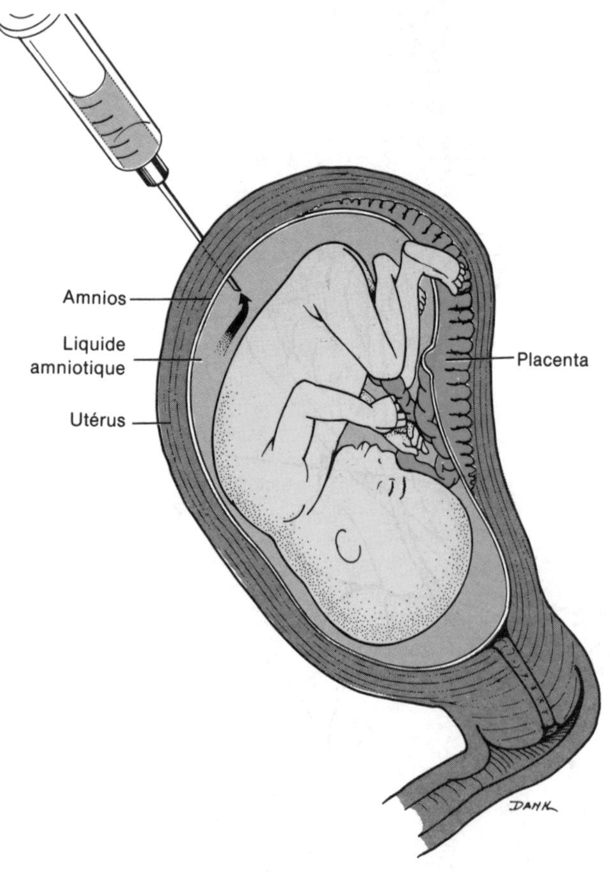

FIGURE 29.13 Amniocentèse.

APPLICATION CLINIQUE

La **trisomie 21** est une des anomalies chromosomiques pouvant être diagnostiquées à l'aide de l'amniocentèse (figure 29.14). Cette anomalie est caractérisée par une arriération mentale, un retard statural (petite taille et doigts boudinés), des structures faciales caractéristiques (langue large, profil plat, crâne élargi, yeux bridés et tête arrondie) et une malformation du cœur, des oreilles, des mains et des pieds. Le sujet atteint rarement la maturité sexuelle. Les personnes atteintes possèdent habituellement 47 chromosomes plutôt que 46 (un chromosome surnuméraire se trouve sur la vingt et unième paire).

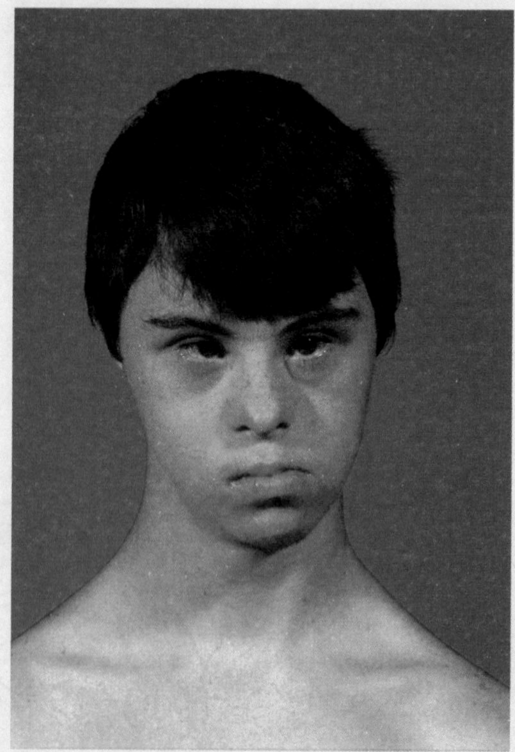

FIGURE 29.14 Photographie montrant une personne atteinte de trisomie 21. [Gracieuseté de Lester V. Bergman & Associates, Inc.]

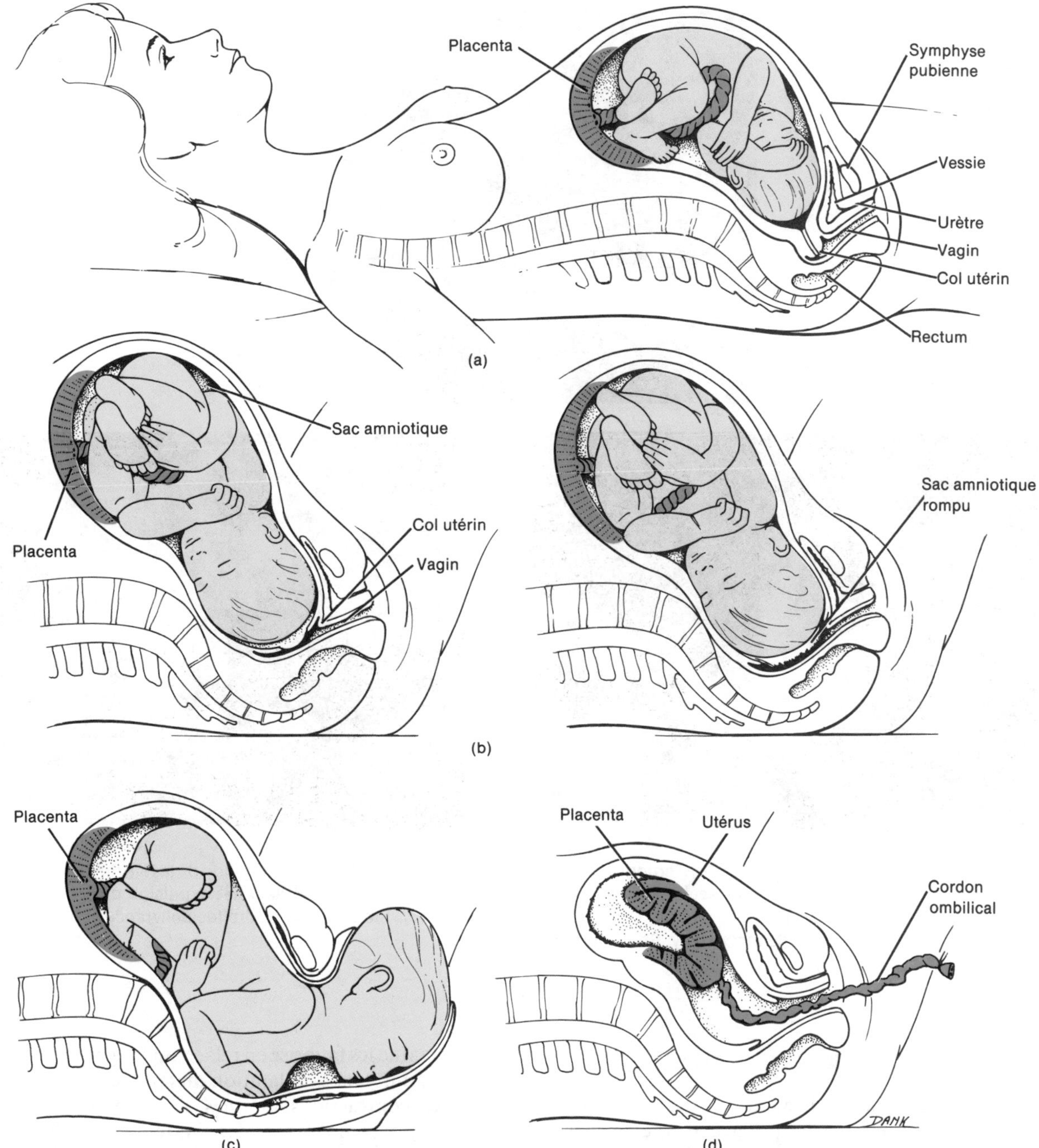

FIGURE 29.15 Parturition. (a) Position du fœtus avant la naissance. (b) Dilatation. Protrusion du sac amniotique par le col partiellement dilaté (à gauche). Sac amniotique rompu et dilatation complète du col (à droite). (c) Expulsion. (d) Délivrance.

LE PRÉLÈVEMENT D'ÉCHANTILLONS DE VILLOSITÉS CHORIALES

Le **prélèvement d'échantillons de villosités choriales** est une nouvelle épreuve diagnostique visant à déceler la présence de troubles héréditaires avant la naissance. Cette épreuve, qui permet de déceler les mêmes problèmes que l'amniocentèse, possède toutefois certains avantages supplémentaires. D'abord, il est possible de l'effectuer au cours des trois premiers mois de la grossesse, habituellement de 8 à 10 semaines après la conception. Ensuite, on peut obtenir les résultats de cette épreuve en moins de 24 h. Enfin, ce procédé ne nécessite pas la pénétration de la paroi abdominale, de la paroi utérine ou de la cavité amniotique.

Le procédé est effectué de la façon suivante. On place une sonde dans le vagin et on la dirige jusque dans l'utérus ; puis, à l'aide de l'échographie, on dirige la sonde dans les villosités choriales. On aspire environ 30 mg de tissu et on le prépare en vue d'effectuer une analyse chromosomique. Les cellules du chorion et du fœtus contiennent des renseignements génétiques identiques. On croit que ce procédé ne comporte pas plus de risques que l'amniocentèse.

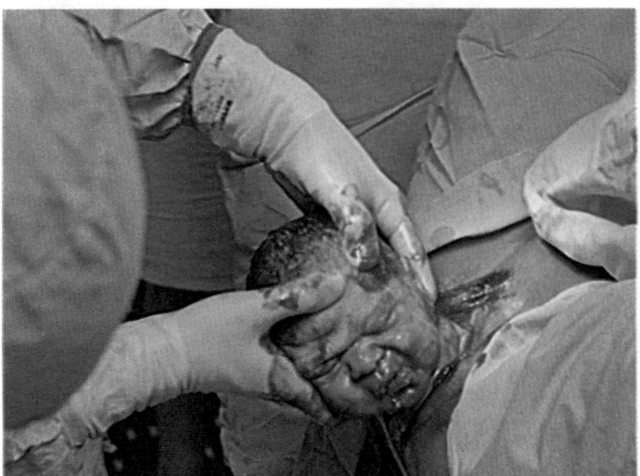

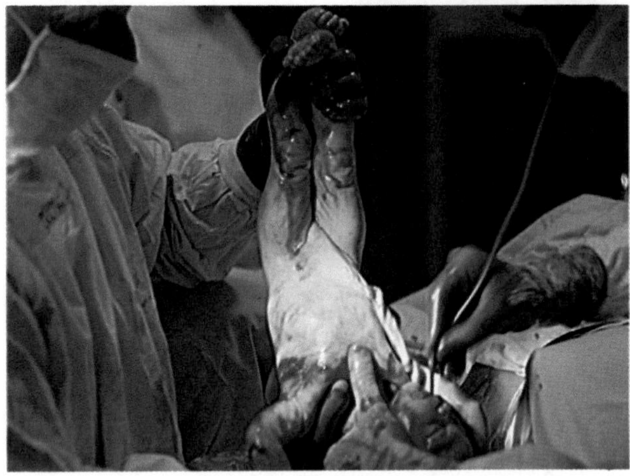

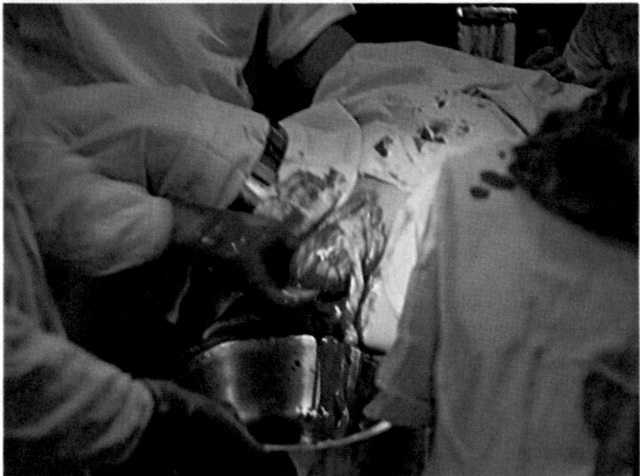

(e)

FIGURE 29.15 [*Suite*] (e) Photographies illustrant la parturition. En haut : apparition de la tête du nouveau-né. [Gracieuseté de Kinne, Photo Researchers, Inc.] En bas, à gauche : expulsion du nouveau-né. [Gracieuseté de Thomas, Photo Researchers, Inc.] En bas, à droite : délivrance. [Gracieuseté de McCartney, Photo Researchers, Inc.]

LA PARTURITION ET LE TRAVAIL

La **parturition**, ou **accouchement naturel**, correspond à la naissance. Elle est accompagnée d'une succession d'événements qui constituent le **travail**. Il semble que le début du travail soit lié à l'interaction complexe d'un grand nombre de facteurs. Juste avant la naissance, les muscles de l'utérus se contractent de façon rythmique et vigoureuse. Les hormones placentaires et ovariennes semblent jouer un rôle dans ces contractions. Comme la progestérone inhibe les contractions utérines, le travail ne peut commencer avant que les effets de cette hormone soient réduits. À la fin de la grossesse, le taux d'œstrogènes dans le sang de la mère est suffisant pour vaincre les effets inhibiteurs de la progestérone, et le travail commence. On a suggéré qu'une certaine hormone libérée par le placenta, le fœtus ou la mère pourrait vaincre soudainement les effets inhibiteurs de la progestérone, de façon que les œstrogènes puissent exercer leur action. Les prostaglandines pourraient également jouer un rôle dans le travail. L'ocytocine sécrétée par la neurohypophyse stimule également les contractions utérines (voir la figure 18.9), et la relaxine les favorise en relâchant la symphyse pubienne et en stimulant la dilatation du col utérin.

Les contractions utérines se présentent comme des ondes, semblables à des ondes péristaltiques, qui commencent au sommet de l'utérus et se déplacent vers le bas. Ces ondes permettent l'expulsion du fœtus. Le **vrai travail** commence lorsque les douleurs sont ressenties à intervalles réguliers. Les douleurs correspondent aux contractions utérines. À mesure que les intervalles entre les contractions raccourcissent, les contractions s'intensifient. Chez certaines femmes, un autre signe que le travail est commencé est la localisation de la douleur dans le dos, douleur qui est intensifiée par la marche. L'expulsion du « bouchon muqueux » et la dilatation du col utérin sont des signes que le travail est réellement commencé. Le « bouchon muqueux » est un amas de sang contenant du mucus qui s'accumule dans le canal cervical durant le travail. Dans le cas d'un **faux travail**, la douleur est ressentie dans l'abdomen, à intervalles irréguliers. La douleur ne s'accentue pas et n'est pas modifiée par la marche. Il n'y a pas d'éjection de « bouchon muqueux » ni de dilatation du col.

On peut diviser le travail en trois étapes (figure 29.15).

1. L'**étape de la dilatation** s'étend du début du travail à la dilatation complète du col de l'utérus (figure. 29.15). Au cours de cette étape, les contractions de l'utérus sont régulières, le sac amniotique se rompt (rupture des membranes) et le col de l'utérus se dilate complètement (10 cm). Lorsque le sac amniotique ne se rompt pas spontanément, on le rompt manuellement.

2. L'**étape de l'expulsion** s'étend de la dilatation complète du col utérin à la naissance de l'enfant.

3. La **délivrance** commence immédiatement après l'accouchement et dure jusqu'à l'expulsion du placenta par des contractions utérines puissantes. Ces contractions entraînent également la compression des vaisseaux sanguins qui ont été déchirés au cours de l'accouchement, ce qui réduit les risques d'hémorragie.

APPLICATION CLINIQUE

On effectue une **anesthésie par bloquage du nerf honteux** pour pratiquer certains procédés (l'épisiotomie, par exemple). L'innervation principale de la peau et des muscles du périnée est assurée par le nerf honteux. Dans le cas d'une approche transvaginale, on introduit une aiguille dans la paroi vaginale latérale, dans un point situé médialement par rapport à l'épine ischiatique. L'anesthésie entraîne la perte du réflexe anal, le relâchement des muscles du plancher pelvien, et la perte de sensibilité de la vulve et du tiers inférieur du vagin.

La **dystocie** (ou accouchement difficile) peut être causée par différentes anomalies du bassin de la mère. Les anomalies du bassin peuvent être congénitales ou acquises par suite d'une maladie, d'une fracture ou d'une mauvaise posture. Parmi les autres conditions associées à la dystocie, on trouve une mauvaise position ou une mauvaise présentation du fœtus, et une rupture prématurée des membranes fœtales.

APPLICATION CLINIQUE

Dans le cas d'une dystocie ou d'un travail prolongé, il peut être nécessaire d'effectuer une **césarienne** (*caedere* : couper). On pratique une incision horizontale dans la partie inférieure de la paroi abdominale et de l'utérus, et on retire l'enfant et le placenta par l'ouverture ainsi créée.

LES AJUSTEMENTS DU NOUVEAU-NÉ À LA NAISSANCE

Au cours de la grossesse, l'embryon, et plus tard le fœtus, est totalement dépendant de la mère. Cette dernière alimente le fœtus en oxygène et en nutriments, élimine son dioxyde de carbone et ses autres déchets, et le protège contre les chocs, les changements de température et certains microbes nocifs. Toutefois, la naissance d'un enfant physiologiquement immature comporte certains risques.

Un **prématuré** a habituellement une masse de moins de 2 500 g à la naissance. Il semble que lorsque les soins prénatals ont été insuffisants, qu'il existe des antécédents de naissances de prématurés ou que la mère est âgée de moins de 16 ans ou de plus de 35 ans, les risques d'une naissance avant terme soient augmentés. Les problèmes liés à la survie des prématurés, notamment ceux qui sont liés à la respiration et à la digestion, sont dus au fait que l'enfant n'est pas encore prêt à assumer les fonctions que l'organisme de la mère devrait effectuer à sa place. Le principal problème relié à la naissance d'un enfant de moins de 36 semaines de gestation est la détresse respiratoire du nouveau-né, qu'on peut compenser à l'aide d'un ventilateur qui administre de l'oxygène jusqu'à ce que les poumons deviennent capables de fonctionner par eux-mêmes. Il est également possible d'alimenter l'enfant par voie intraveineuse jusqu'à ce que l'appareil digestif soit prêt à assumer cette fonction.

À la naissance, l'enfant à terme doit devenir autonome, et les systèmes et les appareils de l'organisme du nouveau-né doivent procéder à certains ajustements. Les sections qui suivent portent sur certains changements qui se produisent dans les appareils respiratoire et cardio-vasculaire.

L'APPAREIL RESPIRATOIRE

Au moins deux mois avant la naissance, l'appareil respiratoire est assez bien développé, comme l'indique le fait que les prématurés nés après sept mois de grossesse sont capables de respirer et de pleurer. Le fœtus dépend entièrement de la mère pour s'alimenter en oxygène et éliminer le dioxyde de carbone. Les poumons du fœtus sont soit affaissés ou partiellement remplis de liquide amniotique, lequel est absorbé à la naissance. Après l'accouchement, l'enfant n'est plus alimenté en oxygène par sa mère. La circulation continue à s'effectuer dans l'organisme de l'enfant et, comme le taux de dioxyde de carbone dans le sang augmente, le centre respiratoire du bulbe rachidien est stimulé, ce qui entraîne une contraction des muscles respiratoires et la première respiration de l'enfant. Comme la première inspiration est anormalement profonde parce que les poumons ne contiennent pas d'air, l'enfant exhale vigoureusement et se met à pleurer. Un enfant à terme peut respirer 45 fois par minute durant les deux premières semaines. Cette fréquence diminue progressivement pour atteindre la normale.

L'APPAREIL CARDIO-VASCULAIRE

Après la première inspiration, l'appareil cardio-vasculaire doit effectuer plusieurs ajustements. Le foramen ovale du cœur fœtal, situé entre les oreillettes, se referme au moment de la naissance, ce qui détourne, pour la première fois, le sang désoxygéné vers les poumons. Le foramen ovale est fermé par deux lambeaux de tissu cardiaque qui se replient l'un sur l'autre et fusionnent de façon permanente. La fosse ovale est le reliquat du foramen ovale. Une fois que les poumons ont commencé à fonctionner, le canal artériel est fermé par les contractions des muscles contenus dans sa paroi. Généralement, le canal artériel ne se referme complètement et de façon irréversible qu'environ trois mois après la naissance. Comme nous l'avons déjà vu, une fermeture incomplète entraîne une persistance du canal artériel.

Le canal d'Arantius de la circulation fœtale relie directement la veine ombilicale à la veine cave inférieure. Il propulse ce qui reste de sang directement dans le foie fœtal et, de là, jusqu'au cœur. Lorsque le cordon ombilical est sectionné, tout le sang viscéral du fœtus se rend directement au cœur par la veine cave inférieure. Cette dérivation s'effectue habituellement quelques minutes après la naissance, mais il peut s'écouler d'une à deux semaines avant qu'elle soit terminée. Le ligament veineux, le reliquat du canal d'Arantius, est bien établi vers la huitième semaine après la naissance.

À la naissance, le pouls de l'enfant peut varier entre 120 et 160 pulsations par minute, et peut atteindre 180 pulsations par minute après une période d'excitation. Quelques jours après la naissance, les besoins en oxygène augmentent, ce qui accélère la production des hématies et de l'hémoglobine. Ce phénomène ne dure habituellement que quelques jours. De plus, le nombre des leucocytes à la naissance est très élevé; il peut atteindre 45 000 / mm^3, mais décroît rapidement à partir du septième jour.

Enfin, le foie du nouveau-né peut ne pas être prêt dès la naissance à régler la production de pigment biliaire. Par conséquent, et par suite d'autres complications, un ictère temporaire peut se manifester chez 50% des nouveau-nés normaux vers les troisième ou quatrième jours après la naissance.

LES RISQUES ENCOURUS PAR L'EMBRYON ET LE FŒTUS

Le fœtus est soumis à certains risques pouvant être transmis par la mère: microbes infectieux, substances chimiques, ingestion de médicaments, de drogues ou d'alcool et usage du tabac. De plus, certaines conditions extérieures et certains polluants peuvent entraîner des lésions chez le fœtus ou même provoquer sa mort.

LES SUSBTANCES CHIMIQUES ET LES MÉDICAMENTS

Comme le placenta ne constitue pas une barrière efficace entre les circulations maternelle et fœtale, toutes les drogues ou substances chimiques pouvant présenter un danger pour le nouveau-né doivent être considérées comme dangereuses pour le fœtus lorsqu'elles sont administrées à la mère. Un grand nombre de substances chimiques et de médicaments se sont révélés toxiques et tératogènes pour l'embryon et le fœtus. Un **agent tératogène** (*térato*: monstre) est un facteur qui entraîne des anomalies physiques chez l'embryon. Ainsi les pesticides, les défoliants, les substances chimiques industrielles, certaines hormones, les antibiotiques, les anticoagulants oraux, les anticonvulsants, les agents antinéoplasiques, les extraits thyroïdiens, la thalidomide, le diéthylstilbœstrol (DES), le LSD et la marijuana sont des agents tératogènes. De plus, on croit de plus en plus qu'un grand nombre d'agents considérés comme non tératogènes peuvent entraîner des effets secondaires fâcheux à longue échéance sur la capacité de reproduction et le développement neuro-comportemental.

L'IRRADIATION

Les rayonnements ionisants sont des agents tératogènes puissants. L'administration de doses massives de rayons X et de radium durant le développement de l'embryon peut entraîner une microcéphalie (petitesse de la tête par rapport au reste du corps), une arriération mentale et des malformations des os. On suggère d'éviter, autant que possible, les épreuves diagnostiques à l'aide de rayons X au cours des trois premiers mois de la grossesse.

L'ALCOOL

Depuis des centaines d'années, on croit que l'alcool constitue un agent tératogène; toutefois, ce n'est que récemment qu'on a établi un lien entre l'ingestion d'alcool de la femme enceinte et un modèle caractéristique de malformations chez le fœtus. Le **syndrome d'alcoolisme fœtal** est le terme utilisé pour indiquer les effets de l'exposition du fœtus à l'alcool. Jusqu'à maintenant, les études effectuées sur le sujet ont indiqué que, dans la population générale, l'incidence de ce syndrome peut dépasser une naissance sur 1 000 et pourrait constituer de loin l'agent tératogène numéro un en ce qui concerne le fœtus. Les symptômes peuvent comprendre un retard de croissance avant et après la naissance, une petitesse de la tête, des irrégularités faciales comme des yeux bridés et une dépression du dos du nez, des lésions du cœur et d'autres organes, des malformations des bras et des jambes, des anomalies des organes génitaux et de l'arriération mentale. Le syndrome d'alcoolisme fœtal entraîne également des problèmes de comportement, comme une hyperactivité, une nervosité excessive et une capacité d'attention réduite.

L'USAGE DU TABAC

Les dernières études ont indiqué que non seulement il existait un lien de cause à effet entre l'usage du tabac durant la grossesse et la masse réduite de l'enfant à la naissance, mais ont suggéré également une forte probabilité de lien entre l'usage de la cigarette et un taux de mortalité plus élevé chez le fœtus et le nouveau-né. Les enfants allaités naturellement par des mères fumeuses démontrent également une incidence plus élevée de problèmes gastro-intestinaux. Parmi les autres pathologies associées aux nouveau-nés de mères fumeuses, on trouve une incidence plus élevée de problèmes respiratoires, dont la bronchite et la pneumonie, au cours de la première année. L'usage du tabac peut constituer un agent tératogène et entraîner des anomalies cardiaques et une anencéphalie, une anomalie du développement liée à l'absence de tissu nerveux dans le crâne. L'usage du tabac par la mère semble également constituer un facteur important dans le développement des fentes palatines et des fissures labiales, et a parfois été lié à la mort soudaine du nourrisson.

LA LACTATION

La **lactation** est la sécrétion et l'éjection du lait par les glandes mammaires. La **prolactine (PRL)**, sécrétée par l'adénohypophyse, est la principale hormone favorisant la lactation. Elle est libérée en réaction à l'hormone de libération de la prolactine (PRH) de l'hypothalamus. Même si les taux de PRL augmentent à mesure que la grossesse évolue, il ne se produit aucune sécrétion lactée parce que les œstrogènes et la progestérone amènent l'hypothalamus à libérer l'hormone d'inhibition de la prolactine (PIH). Après la naissance, les taux d'œstrogènes et de progestérone dans le sang de la mère décroissent, et la sécrétion du lait a lieu.

Le stimulus le plus important dans le maintien de la sécrétion de prolactine durant la lactation est l'action de succion exercée par le nouveau-né. La succion déclenche des influx à partir des récepteurs situés dans les mamelons, jusqu'à l'hypothalamus. Les influx inhibent la production de PIH et l'adénohypophyse libère de la prolactine. La succion déclenche également des influx à partir de la neurohypophyse en passant par l'hypothalamus. Ces influx stimulent la libération d'**ocytocine (OT)**, une hormone, par la neurohypophyse. Cette hormone entraîne la contraction de certaines cellules entourant les parois extérieures des alévoles et, par conséquent, la compression des alvéoles. La compression provoque le déplacement du lait à partir des alvéoles jusqu'aux canaux des glandes mammaires, où il peut être consommé. Ce processus est appelé **évacuation du lait**.

Vers la fin de la grossesse et durant les jours qui suivent la naissance, les glandes mammaires sécrètent un liquide trouble, le **colostrum**. Bien qu'il ne soit pas aussi nourrissant que le lait, puisqu'il contient moins de lactose et pratiquement aucune graisse, il suffit à alimenter l'enfant jusqu'à l'apparition du lait, vers le quatrième jour. On croit que le colostrum et le lait maternel contiennent des anticorps qui protègent l'enfant durant les premiers mois de sa vie.

Après la naissance, le taux de prolactine commence à revenir à la normale; toutefois, chaque fois que la mère allaite son enfant, des influx nerveux provenant des mamelons et se rendant à l'hypothalamus entraînent la libération de PRH et la sécrétion, durant environ une heure, d'une quantité dix fois plus importante de PRL par l'adénohypophyse. La prolactine agit sur les glandes mammaires pour assurer la production du lait pour la prochaine séance d'allaitement. Lorsque cette montée de prolactine est inhibée par un traumatisme ou une maladie, ou si la mère cesse d'allaiter, les glandes mammaires perdent, en quelques jours, leur capacité de sécréter du lait. Cependant, la sécrétion du lait peut se poursuivre pendant plusieurs années si l'enfant continue à téter. Normalement, la sécrétion décroît considérablement après une période variant entre sept et neuf mois.

La lactation empêche souvent le rétablissement du cycle menstruel durant les premiers mois qui suivent la naissance; on ne peut cependant en être sûr. L'ovulation précède normalement le retour de la menstruation; il existe toujours un facteur inconnu. L'allaitement maternel ne constitue donc pas une méthode contraceptive très sûre. Toutefois, on croit que la suppression de l'ovulation durant la lactation se produit comme suit: au cours de la période d'allaitement, les influx nerveux provenant des mamelons atteignent l'hypothalamus et l'amènent à produire de la β-endorphine, ce qui supprime la libération de l'hormone de libération des gonadotrophines (Gn-RH). Par conséquent, la production de LH est réduite et l'ovulation est inhibée.

APPLICATION CLINIQUE

Les partisans de l'**allaitement maternel** croient que celui-ci offre les avantages suivants:

1. Il permet un contact précoce et prolongé entre la mère et le nouveau-né.

2. Le nouveau-né est mieux en mesure de régler son alimentation selon ses besoins.

3. Les graisses et le fer contenus dans le lait humain sont mieux absorbés que ceux qui se trouvent dans le lait de vache; les acides aminés du lait humain sont métabolisés plus rapidement. De plus, le lait humain est moins riche en sodium, ce qui répond mieux aux besoins du nouveau-né.

4. L'allaitement maternel assure la présence d'anticorps importants qui préviennent la gastro-entérite. Il assure aussi une meilleure protection immunitaire contre les infections des voies respiratoires et la méningite.

5. Dans le cas d'un prématuré, le lait produit par la mère semble être précisément adapté aux besoins du nouveau-né; il est plus riche en protéines que le lait produit par la mère d'un enfant né à terme.

6. L'enfant risque moins de manifester une réaction allergique au lait maternel qu'au lait de vache.

7. La succion favorise le développement de la mâchoire, des muscles faciaux et des dents.

L'HÉRÉDITÉ

L'**hérédité** est la transmission de caractères héréditaires d'une génération à l'autre. C'est par l'hérédité que nous avons acquis certaines caractéristiques de nos parents, et que nous les transmettons à nos enfants. La **génétique** est la branche de la biologie qui traite de l'hérédité.

LE GÉNOTYPE ET LE PHÉNOTYPE

Les noyaux de toutes les cellules humaines, à l'exception des gamètes, contiennent 23 paires de chromosomes (nombre diploïde). Un chromosome de chaque paire provient de la mère, et l'autre provient du père. Les deux chromosomes d'une même paire, appelés chromosomes homologues, contiennent des gènes qui commandent les mêmes caractères. Si un chromosome contient un gène lié à la taille, son homologue contient un gène lié à la taille.

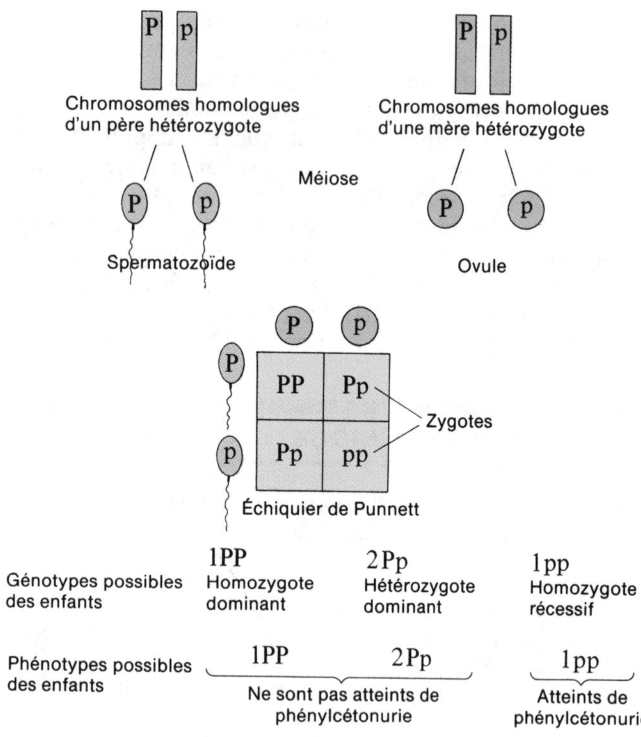

FIGURE 29.16 Transmission de la phénylcétonurie.

La phénylcétonurie illustre le lien qui existe entre les gènes et l'hérédité (figure 29.16). La personne atteinte de cette affection est incapable de fabriquer la phényalalanine hydroxylase, une enzyme. On croit que la phénylcétonurie est causée par un gène anormal, qu'on peut désigner par p. Le gène normal est symbolisé par P. Le chromosome qui reçoit les directives concernant la production de phényalalanine hydroxylase est doté de p ou de P; la même chose s'applique à son homologue. Ainsi, chaque individu est porteur du matériel génétique, ou **génotype**, suivant : PP, Pp ou pp. Les personnes dotées du génotype Pp sont porteuses du gène anormal ; cependant, seules les personnes dotées du génotype pp sont atteintes de la maladie, parce que le gène normal domine l'autre et l'inhibe. Un **gène dominant** est un gène qui domine l'autre; il exprime un caractère dominant. Le **gène récessif** est le gène inhibé ; il exprime un caractère récessif.

Traditionnellement, le gène dominant est exprimé à l'aide d'une lettre majuscule, et le gène récessif par une lettre minuscule. Lorsqu'une personne possède les mêmes gènes sur des chromosomes homologues (par exemple, PP ou pp), on dit qu'elle est **homozygote** par rapport à ce caractère. La personne dont les chromosomes homologues sont dotés de gènes différents (par exemple, Pp), est **hétérozygote** par rapport à ce caractère. Le **phénotype** correspond à la façon dont le matériel génétique est exprimé dans l'organisme. Une personne dotée de chromosomes homologues Pp possède un génotype différent de celle qui est dotée de chromosomes PP ; toutefois, toutes deux possèdent le même phénotype (lequel, dans le cas qui nous occupe, est une production normale de phényalalanine hydroxylase).

Pour déterminer la façon dont les gamètes contenant des chromosomes haploïdes s'unissent pour former des ovules fécondés diploïdes, on utilise des tableaux spéciaux, appelés **échiquiers de Punnett**. Habituellement, les gamètes mâles (spermatozoïdes) sont placés sur le côté du tableau et les gamètes femelles (ovules), en haut du tableau (figure 29.16). Les quatre espaces présents sur le tableau représentent les combinaisons possibles de gamètes mâles et femelles pouvant former des ovules fécondés.

Dans le document 29.3, nous énumérons certains des caractères héréditaires structuraux et fonctionnels chez l'être humain. Cette façon de classer les caractères est plutôt arbitraire et parfois artificielle puisque la structure et la fonction sont étroitement liées. Toutefois, il est nécessaire d'établir un schéma afin d'illustrer l'éventail étendu des caractères héréditaires chez l'être humain. On a cru, dans le passé, qu'un grand nombre de caractères étaient transmis d'une simple façon mendélienne et étaient classés comme étant « dominants » ou « récessifs ». Plus tard, des recherches ont révélé que certains caractères étaient très complexes et que leur base génétique l'était également. Il n'est donc pas étonnant que les personnes qui étudient la génétique humaine préfèrent travailler avec des enzymes et des antigènes, où la voie allant du gène à son produit est beaucoup plus courte, plus directe, et moins influencée par les autres gènes et par le milieu extérieur. (*Mendelian Inheritance in Man*, 1975, de McKusick, constitue un bon manuel de référence portant sur la transmission de certains caractères.)

DOCUMENT 29.3 CERTAINS CARACTÈRES HÉRÉDITAIRES CHEZ L'ÊTRE HUMAIN

DOMINANT	RÉCESSIF
Cheveux ondulés	Cheveux raides
Cheveux brun foncé	Toutes les autres couleurs
Poils raides	Poils fins
Calvitie (dominant chez l'homme)	Calvitie (récessif chez la femme)
Pigmentation normale de la peau	Albinisme
Yeux bruns	Yeux bleus ou gris
Myopie ou hypermétropie	Vision normale
Audition normale	Surdité
Vision colorée normale	Daltonisme
Lèvres épaisses	Lèvres minces
Yeux grands	Yeux petits
Polydactylisme (doigts supplémentaires)	Nombre normal de doigts
Brachidactylisme (doigts courts)	Longueur normale des doigts
Syndactylisme (doigts palmés)	Doigts normaux
Hypertension	Pression artérielle normale
Diabète insipide	Excrétion normale
Chorée de Huntington	Système nerveux normal
Santé mentale	Schizophrénie
Migraines	Absence de migraines
Résistance normale à la maladie	Vulnérabilité à la maladie
Rate hypertrophiée	Rate normale
Côlon hypertrophié	Côlon normal
Groupe sanguin A ou B	Groupe sanguin O
Rh positif	Rh négatif

Les caractères normaux ne dominent pas toujours les caractères anormaux; toutefois, les gènes liés à des troubles graves ont tendance à être plus souvent récessifs que dominants. Souvent, les personnes atteintes de troubles graves ne vivent pas assez longtemps pour transmettre le gène anormal à la génération suivante.

APPLICATION CLINIQUE

La **chorée de Huntingdon**, une affection grave causée par un gène dominant et caractérisée par une dégénérescence du tissu nerveux entraînant habituellement des troubles mentaux et la mort, fait exception à la règle. Les premiers signes de la chorée de Huntingdon ne se manifestent pas avant l'âge adulte; il arrive souvent qu'ils apparaissent après que la personne atteinte a déjà eu un ou plusieurs enfants.

LA TRANSMISSION DU SEXE

L'examen au microscope des chromosomes révèle qu'une des paires est différente chez l'homme et chez la femme (figure 29.17,a). Chez la femme, la paire contient deux chromosomes appelés chromosomes X. Chez l'homme, il y a un chromosome X et un chromosome Y. La paire XX chez la femme et la paire XY chez l'homme sont des **gonosomes (chromosomes sexuels)**. Tous les autres chromosomes sont appelés **autosomes**.

Les gonosomes sont responsables du sexe d'un individu (figure 29.17,b). Lorsqu'un spermatocyte subit une méiose pour réduire le nombre de ses chromosomes, une des cellules filles contient le chromosome X et l'autre, le chromosome Y. Les ovocytes n'ont pas de chromosomes Y et ne produisent que des ovules contenant le chromosome X. Lorsque cet ovule est fécondé par un spermatozoïde X, l'enfant conçu est normalement de sexe féminin (XX). La fécondation par un spermatozoïde Y produit normalement un enfant de sexe masculin (XY). Ainsi, le sexe est déterminé au moment de la fécondation. Bien que les spermatozoïdes X et Y soient produits en quantités égales, il naît plus de garçons que de filles. On croit que le spermatozoïde Y se déplace plus rapidement que le spermatozoïde X, ce dernier contenant un matériel génétique plus abondant.

LE DALTONISME ET LES CARACTÈRES HÉRÉDITAIRES LIÉS AU CHROMOSOME X

Les gonosomes sont également responsables de la transmission de certains caractères non sexuels. Les gènes liés à ces caractères apparaissent sur des chromosomes X, mais ils sont souvent absents des chromosomes Y. Ce phénomène entraîne un modèle d'hérédité différent du modèle décrit plus haut. Prenons, par exemple, le cas du daltonisme. Le gène lié au **daltonisme** est un gène récessif, appelé c. Le gène lié à la vision colorée normale, appelé C, est dominant. Les

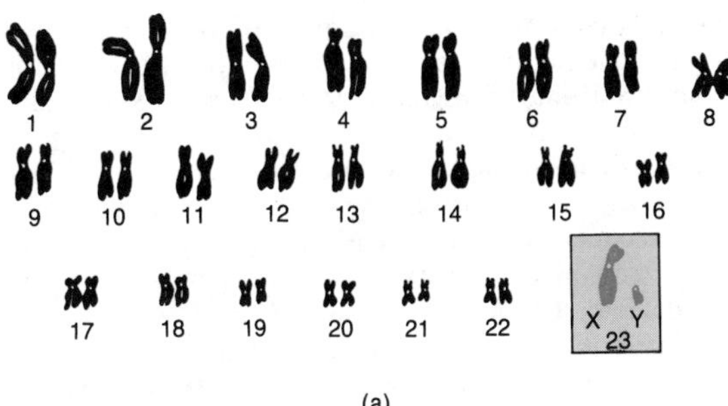

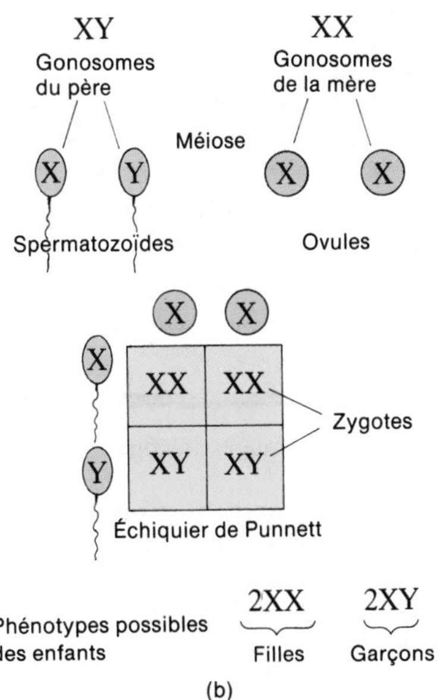

FIGURE 29.17 Transmission du sexe. (a) Chromosomes humains mâles normaux. Les gonosomes (chromosomes sexuels) constituent la vingt-troisième paire, indiquée par l'encadré en bleu. (b) Détermination du sexe.

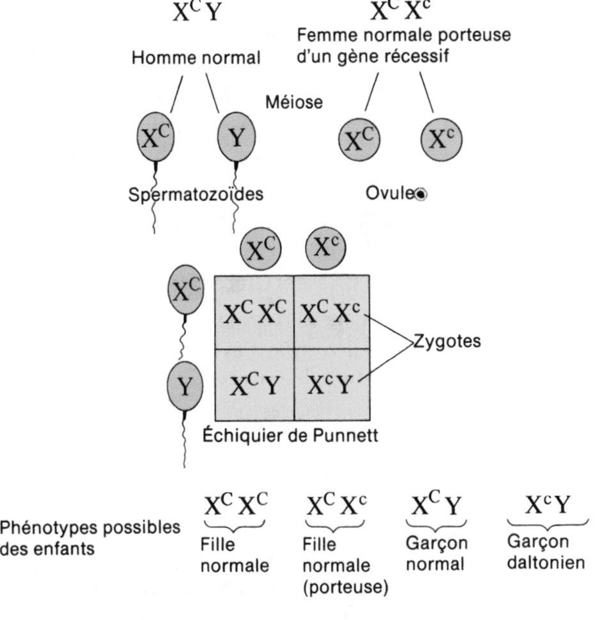

FIGURE 29.18 Transmission du daltonisme.

gènes C/c sont situés sur le chromosome X. Le chromosome Y ne contient pas le segment d'ADN qui programme cet aspect de la vision. Ainsi, la capacité de percevoir les couleurs dépend entièrement des chromosomes X. Les combinaisons génétiques possibles sont les suivantes :

X^CX^C	Sujet féminin normal
X^CX^c	Sujet féminin normal porteur du gène récessif
X^cX^c	Sujet féminin daltonien
X^CY	Sujet masculin normal
X^cY	Sujet masculin daltonien

Seuls les sujets féminins dotés de deux chromosomes X^c sont daltoniens. Chez le sujet féminin porteur du chromosome X^CX^c, le caractère est inhibé par le gène dominant normal. Par contre, le sujet masculin ne possède pas de deuxième chromosome X capable d'inhiber le caractère. Par conséquent, tous les sujets masculins dotés d'un chromosome X^c sont daltoniens. Nous illustrons la transmission du daltonisme à la figure 29.18.

Les caractères transmis de la manière décrite plus haut sont appelés **caractères liés au chromosome X.** L'**hémophilie**, une affection dans laquelle le sang ne se coagule pas ou se coagule très lentement après un traumatisme (chapitre 19), est une autre affection liée au chromosome X. Tout comme le daltonisme, l'hémophilie est causée par un gène récessif. Si l'on considère que H représente une coagulation normale et h, une coagulation anormale, les sujets féminins X^hX^h seront atteints de la maladie. Les sujets masculins X^HY en seront exempts, mais ceux qui sont dotés de X^hY seront hémophiles. En fait, le temps de coagulation n'est pas le même chez tous les hémophiles ; la maladie peut donc être influencée par d'autres gènes.

Le dysfonctionnement des glandes sudoripares, certaines formes de diabète, certains types de surdité, le roulement irrépressible des globes oculaires, l'absence d'incisives centrales, l'héméralopie (cécité nocturne), une forme de cataracte, le glaucome infantile et la dystrophie musculaire infantile sont d'autres affections liées au chromosome X.

GLOSSAIRE DES TERMES MÉDICAUX

Avortement Expulsion prématurée du produit de la conception (embryon ou fœtus non viable).

Caryotype (*caryo* : noyau) Les éléments chromosomiques typiques d'une cellule, dessinés selon leur grandeur nature, basés sur les mesures moyennes déterminées dans un certain nombre de cellules. Utile pour déterminer si le nombre et la structure des chromosomes sont normaux.

Cautérisation Application d'une substance ignée ou d'un instrument visant à détruire un tissu.

Colpotomie (*colp* : vagin ; *tomie* : couper) Incision du vagin.

Culdoscopie (*scopie* : examiner) Procédé au cours duquel on utilise un culdoscope (endoscope) pour examiner la cavité pelvienne, par voie vaginale.

Fièvre puerpérale (*puer* : enfant ; *parere* : donner naissance) Maladie liée à l'accouchement, également appelée infection puerpérale. La maladie est causée par une affection prenant naissance dans le canal génital et elle affecte l'endomètre. Elle peut envahir d'autres structures pelviennes et provoquer une septicémie.

Gène létal (*létal* : mortel) Gène qui entraîne la mort durant la période embryonnaire ou peu de temps après la naissance.

Hermaphrodisme Présence d'organes génitaux masculins et féminins chez une même personne.

Lochies Écoulements vaginaux comprenant d'abord du sang et, plus tard, du liquide séreux, se produisant après l'accouchement. L'écoulement provient de l'endroit où se trouvait le placenta et peut durer pendant une période de deux à quatre semaines.

Mutation (*mutare* : changement) Changement héréditaire permanent dans un gène, qui entraîne ce dernier à avoir un effet différent de celui qu'il avait auparavant.

Prééclampsie Syndrome caractérisé par une hypertension soudaine, de grandes quantités de protéines dans l'urine et un œdème généralisé ; peut être lié à une réaction auto-immune ou allergique entraînée par la présence d'un fœtus ; lorsque la prééclampsie est également accompagnée de convulsions et de coma, on l'appelle **éclampsie**. Cette affection est dangereuse et, non traitée, elle peut entraîner la mort du fœtus et de la mère.

RÉSUMÉ

Le développement au cours de la grossesse (page 789)

1. La grossesse est une succession d'événements comprenant la fécondation, la nidation, la croissance de l'embryon et du fœtus et la naissance.
2. Les événements de la grossesse sont réglés par des hormones.

La fécondation et la nidation (page 789)

1. La fécondation est la pénétration d'un ovule par un spermatozoïde, et l'union subséquente des noyaux du spermatozoïde et de l'ovule en vue de former un zygote.
2. La pénétration de l'ovule est facilitée par la production d'hyaluronidase et de protéinases par les spermatozoïdes.
3. Normalement, l'ovule est fécondé par un seul spermatozoïde.
4. La segmentation correspond aux premières divisions rapides du zygote ; les cellules produites par la segmentation sont appelées blastomères.
5. Une morula est une masse solide de cellules produite par la segmentation.
6. La morula se transforme en blastocyste, une masse cellulaire creuse comprenant un trophoblaste (qui formera les membranes embryonnaires) et un bouton embryonnaire (qui formera l'embryon).
7. La nidation est la fixation du blastocyste à l'endomètre ; elle s'effectue par dégradation enzymatique de l'endomètre.

8. La fécondation in vitro chez l'être humain consiste à féconder un ovule à l'extérieur de l'organisme et à implanter le zygote par la suite.
9. Dans le cas du transfert d'embryon, on utilise le sperme du conjoint pour inséminer artificiellement l'ovule fertile d'une donneuse ; après la fécondation, on transfère la morula ou le blastocyste dans l'utérus de la partenaire stérile.
10. Le transfert intratubaire de gamètes et la récupération transvaginale d'ovocytes constituent d'autres méthodes de fécondation externe chez l'être humain.

Le développement embryonnaire (page 793)

1. Au cours de la croissance de l'embryon, les feuillets et les membranes embryonnaires sont formés, et le placenta est fonctionnel.
2. Les feuillets embryonnaires, l'ectoblaste, le mésoblaste et l'endoblaste, sont à l'origine de tous les tissus de l'organisme.
3. Les membranes embryonnaires comprennent la vésicule ombilicale, l'amnios, le chorion et l'allantoïde.
4. Les échanges fœto-maternels s'effectuent à travers le placenta.

La croissance du fœtus (page 796)

1. Au cours de la période fœtale, les organes ébauchés par les feuillets embryonnaires croissent rapidement.
2. Dans le document 29.2, nous présentons les principaux changements liés à la croissance du fœtus.

Les hormones de la grossesse (page 796)

1. La grossesse est maintenue par l'hormone chorionique gonadotrophique (hCG), les œstrogènes et la progestérone.
2. L'hormone de libération de l'hormone lutéotrope du placenta (pL-RH) stimule la sécrétion de l'hCG.
3. L'hormone chorionique somatoamniotrophique (hCS) joue un rôle dans le développement des seins, l'anabolisme des protéines et le catabolisme du glucose et des acides gras.
4. La relaxine permet le relâchement de la symphyse pubienne et favorise la dilatation du col utérin vers la fin de la grossesse.

La gestation (page 799)

1. La gestation correspond à la période durant laquelle l'embryon ou le fœtus est porté dans l'utérus.
2. Chez l'être humain, la gestation dure environ 280 jours, à partir du début de la dernière menstruation.
3. Au cours de la gestation, plusieurs changements anatomiques et physiologiques se produisent.

Les techniques diagnostiques prénatales (page 802)

1. L'amniocentèse est le prélèvement de liquide amniotique. On peut l'utiliser pour diagnostiquer la présence éventuelle de défauts biochimiques héréditaires et d'anomalies chromosomiques, comme l'hémophilie, la maladie de Tay-Sachs, la drépanocytose et la trisomie 21.
2. La trisomie 21 est une anomalie chromosomique caractérisée par une arriération mentale et un retard du développement physique.
3. Le prélèvement d'échantillons de villosités choriales permet d'effectuer une analyse chromosomique.
4. Le prélèvement d'échantillons de villosités choriales peut être effectué à un stade plus précoce de la grossesse que l'amniocentèse et permet d'obtenir des résultats plus rapidement.

La parturition et le travail (page 804)

1. La parturition, ou accouchement naturel, correspond à la naissance ; elle est accompagnée d'une succession d'événements constituant le travail.
2. La naissance comprend la dilatation du col de l'utérus, l'expulsion du fœtus et la délivrance.

Les ajustements du nouveau-né à la naissance (page 805)

1. Le fœtus est dépendant de la mère sur le plan de l'alimentation en oxygène et en nutriments, de l'élimination des déchets et de la protection.
2. Après la naissance, les appareils respiratoire et cardio-vasculaire subissent des changements permettant au nouveau-né de mener une existence autonome sur le plan physiologique.

Les risques encourus par l'embryon et le fœtus (page 806)

1. L'embryon et le fœtus sont soumis à des risques qui peuvent être transmis par la mère.
2. Exemples : infections, microbes, substances chimiques et médicaments, ingestion d'alcool et usage du tabac.

La lactation (page 807)

1. La lactation correspond à la sécrétion et à l'éjection de lait par les glandes mammaires.
2. La sécrétion du lait est influencée par la prolactine (PRL), les œstrogènes et la progestérone.
3. L'éjection du lait est influencée par l'ocytocine (OT).

L'hérédité (page 807)

1. L'hérédité est la transmission de caractères héréditaires d'une génération à l'autre.
2. Le génotype est constitué par le matériel génétique d'un organisme. Le phénotype est constitué par les caractères exprimés.
3. Les gènes dominants commandent un caractère particulier ; ils inhibent l'expression des gènes récessifs.
4. Le sexe du fœtus est déterminé au moment de la fécondation par le chromosome Y de l'homme.
5. Le daltonisme et l'hémophilie touchent principalement les sujets masculins, parce que les chromosomes Y ne contiennent pas de gènes dominants pouvant inhiber les gènes porteurs de ces affections.

RÉVISION

1. Qu'est-ce que l'anatomie du développement ?
2. Qu'est-ce que la fécondation ? Où la fécondation s'effectue-t-elle normalement ? De quelle façon la morula est-elle formée ?
3. Expliquez la façon dont les jumeaux bivitellins (dizygotes) et univitellins (monozygotes) sont produits.
4. Décrivez les composants d'un blastocyste.
5. Qu'est-ce que la nidation ? De quelle façon l'ovule fertilisé se fixe-t-il à la paroi de l'utérus ? Qu'est-ce qui cause les vomissements de la grossesse ?
6. Décrivez le procédé utilisé pour effectuer une fécondation in vitro chez l'être humain, un transfert d'embryon, un transfert intratubaire de gamètes et une récupération transvaginale d'ovocytes.
7. Définissez la période embryonnaire et la période fœtale.
8. Énumérez certaines structures corporelles formées par l'endoblaste, le mésoblaste et l'ectoblaste.
9. Qu'est-ce qu'une membrane embryonnaire ? Décrivez les fonctions des quatre membranes embryonnaires.

10. Expliquez l'importance du placenta et du cordon ombilical dans la croissance du fœtus.
11. Résumez quelques-uns des principaux changements développementaux qui se produisent au cours de la croissance fœtale.
12. Énumérez les hormones qui participent à la grossesse et décrivez les fonctions de chacune.
13. Qu'est-ce que la gestation? la parturition?
14. Décrivez quelques changements anatomiques et physiologiques qui se produisent au cours de la gestation.
15. Qu'est-ce que l'amniocentèse? À quoi sert-elle?
16. Décrivez la technique du prélèvement d'échantillons de villosités choriales. Quels sont les avantages de cette méthode par raport à l'amniocentèse?
17. Quelle différence y a-t-il entre le faux travail et le vrai travail? Décrivez les événements qui se produisent durant l'étape de la dilatation, de l'expulsion et de la délivrance.
18. Parlez des principaux ajustements que les appareils respiratoire et cardio-vasculaire du nouveau-né doivent effectuer à la naissance.
19. Expliquez en détail certains des risques encourus par l'embryon et le fœtus.
20. Qu'est-ce que la lactation? Nommez les hormones qui participent à la lactation et indiquez leurs fonctions.
21. Qu'est-ce que l'hérédité? Qu'est-ce que la génétique?
22. Définissez les termes suivants: génotype, phénotype, dominant, récessif, homozygote, hétérozygote.
23. Qu'est-ce qu'un échiquier de Punnett?
24. Nommez plusieurs caractères dominants et récessifs transmissibles chez l'être humain.
25. Tracez des échiquiers de Punnett illustrant la transmission des caractères suivants: le sexe, le daltonisme et l'hémophilie.
26. Qu'est-ce que l'hérédité liée au chromosome X?
27. Revoyez le glossaire de termes médicaux liés au développement et à l'hérédité. Assurez-vous que vous pouvez définir chacun des termes.

Annexe

Valeurs normales liées à certaines analyses de sang et d'urine

LÉGENDE

dL=	décilitre
g =	gramme
kg =	kilogramme
L =	litre
µg =	microgramme
mEq/L =	milliéquivalent par litre
mg =	milligramme
mL =	millilitre
mm =	millimètre
mm^3 =	millimètre cube
mm Hg =	millimètre de mercure
mmol =	millimole
mOsm =	milliosmole
> =	plus grand que
< =	plus petit que
% =	pourcentage
U =	unité
UI =	unité internationale

DOCUMENT A.1 ANALYSES DU SANG ENTIER [SE], DU SÉRUM [S] ET DU PLASMA [P]

ANALYSE (ÉCHANTILLON)	VALEURS NORMALES	IMPLICATIONS SUR LE PLAN CLINIQUE
Acide lactique ($CH_3 \cdot CHOH \cdot COOH$) [SE]	Artères : 3 mg/dL à 7 mg/dL Veines : 5 mg/dL à 20 mg/dL	Les valeurs augmentent dans les cas d'activité musculaire, d'insuffisance cardiaque, de choc et d'hémorragie importante
Acide urique [S]	Homme : 4,0 mg/dL à 8,5 mg/dL Femme : 2,7 mg/dL à 7,3 mg/dL	Les valeurs augmentent dans les cas de troubles de la fonction rénale, de goutte, de cancer accompagné de métastases, de choc et d'inanition ; elles diminuent chez les personnes qui prennent des médicaments uricosuriques
Albumine [S]	3,5 g/dL à 5,5 g/dL	Les valeurs augmentent dans les cas de néphrite, de fièvre, de traumatisme, d'anémie grave et de leucémie ; elles diminuent après des brûlures graves
Alcool éthylique (CH_3CH_2OH) [S, P ou SE]	Subclinique : < 10 mg/dL $< 0{,}005\,\%$ Taux toxique : $> 0{,}45\,\%$	Des taux variant entre 50 mg/dL et 150 mg/dL exercent des effets évidents sur le comportement, notamment sur la conduite d'une voiture
Ammoniac [P]	56 µg/dL à 150 µg/dL	Les valeurs augmentent dans les cas d'affections hépatiques, d'insuffisance cardiaque, d'emphysème pulmonaire, de pneumonie, de cœur pulmonaire et de maladie hémolytique du nouveau-né (érythroblastose fœtale)
Amylase [S]	60 U Somogyi/dL à 180 U Somogyi/dL	Les valeurs augmentent dans les cas de pancréatite aiguë, d'oreillons et d'obstruction du canal pancréatique ; elles diminuent dans les cas d'hépatite, de cirrhose, de brûlures et de toxémie de la grossesse
Antigène carcino-embryonnaire [P]	0 mg/mL à 25 mg/mL	Les valeurs augmentent dans les cas de cancer du foie et du pancréas, d'affections intestinales inflammatoires, de cirrhose et d'usage régulier du tabac
Azote uréique sanguin (BUN) [S]	8 mg/dL à 23 mg/dL	Les valeurs augmentent dans les cas de maladies rénales, de chocs, de déshydratation, de diabète et d'infarctus aigu du myocarde ; elles diminuent dans les cas d'insuffisance hépatique, de malabsorption et d'hyperhydratation
β-carotène [S]	40 µg/dL à 200 µg/dL (varie selon le régime alimentaire)	Les valeurs augmentent dans les cas de myxœdème, de diabète sucré et de suralimentation ; elles diminuent dans les cas de malabsorption des graisses, d'affections hépatiques et d'alimentation inadéquate
Bilirubine [S]	Directe : 0,1 mg/dL à 0,4 mg/dL Indirecte : 0,2 mg/dL à 1,0 mg/dL Totale : 0,3 mg/dL à 1,4 mg/dL Enfants : 0,2 mg/dL à 0,8 mg/dL Nouveau-nés : 1,0 mg/dL à 12,0 mg/dL	Les valeurs augmentent dans les cas d'ictère d'origine hépatique, obstructive ou hémolytique
Calcium (Ca^{2+}) [S]	Adultes : 4,3 mEq/L à 5,3 mEq/L Enfants : 6 mEq/L	Les valeurs augmentent dans les cas de cancer, d'hyperparathyroïdie, de maladie d'Addison, d'hyperthyroïdie et de maladie de Paget ; elles diminuent dans les cas d'hypoparathyroïdie, d'insuffisance rénale chronique, d'ostéomalacie, de rachitisme et de diarrhée
Chlorure (Cl^-) [S]	95 mEq/L à 108 mEq/L	Les valeurs augmentent dans les cas de déshydratation, de syndrome de Cushing et d'anémie ; elles diminuent dans les cas de vomissements importants, de brûlures graves, d'acidose diabétique et de fièvre
Cholestérol [S] **Total [S]**	150 mg/dL à 250 mg/dL (varie selon le régime alimentaire, l'âge et le sexe)	Les valeurs augmentent dans les cas de diabète sucré, de maladies cardio-vasculaires, de néphrose et d'hypothyroïdie ; elles diminuent dans les cas d'affections hépatiques, d'hyperthyroïdie, de malabsorption des graisses, d'anémie pernicieuse, d'infections graves et de cancers en phase terminale
Cholestérol HDL [P]	29 mg/dL à 77 mg/dL	

DOCUMENT A.1 ANALYSES DU SANG ENTIER [SE], DU SÉRUM [S] ET DU PLASMA [P] [*Suite*]

ANALYSE (ÉCHANTILLON)	VALEURS NORMALES	IMPLICATIONS SUR LE PLAN CLINIQUE
Cholestérol LDL [P]	62 mg/dL à 185 mg/dL	
Cholestérol VLDL [P]	0 mg/dL à 40 mg/dL	
Corps cétoniques [S ou P]	Négatives : 0,3 mg/dL à 2,0 mg/dL Taux toxique : 20 mg/dL	Les valeurs augmentent dans les cas d'acidocétose, de fièvre, d'anorexie, de jeûne, d'inanition, de régime alimentaire riche en matières grasses et après les vomissements
Cortisol (hydrocortisone) [P]	8 h à 10 h : 5 µg/dL à 25 µg/dL 16 h à 18 h : 3 µg/dL à 13 µg/dL	Les valeurs augmentent dans les cas d'hyperthyroïdie, de stress, d'obésité et du syndrome de Cushing ; elles diminuent dans les cas d'hypothyroïdie, d'affections hépatiques et de maladie d'Addison
Créatine [S ou P]	Homme : 0,2 mg/dL à 0,6 mg/dL Femme : 0,6 mg/dL à 1,0 mg/dL	Les valeurs augmentent dans les cas de néphrite, de dystrophie musculaire, de lésions au tissu musculaire et de grossesse
Créatine kinase (CK) [S]	Homme : 5 U/mL à 35 U/mL Femme : 5 U/mL à 25 U/mL	Les valeurs augmentent dans les cas d'infarctus du myocarde, de dystrophie musculaire progressive, de myxœdème, de convulsions, d'hypothyroïdie et d'œdème pulmonaire
Créatinine [S]	0,6 mg/dL à 1,5 mg/dL	Les valeurs augmentent dans les cas de troubles de la fonction rénale, de gigantisme et d'acromégalie ; elles diminuent dans les cas de dystrophie musculaire
Dioxyde de carbone, pression partielle (PCO_2) [SE]	Artères : 40 mm Hg Veines : 45 mm Hg	Les valeurs augmentent dans les cas d'hypoventilation, de troubles ventilatoires obstructifs et d'emphysème pulmonaire ; elles diminuent dans les cas d'hyperventilation, d'hypoxie et de grossesse
Dioxyde de carbone (CO_2) total [S]	Artères : 19 mmol à 24 mmol Veines : 22 mmol à 26 mmol	Les valeurs augmentent dans les cas de vomissements importants, d'emphysème pulmonaire et d'hyperaldostéronisme ; elles diminuent dans les cas de diarrhée importante, d'inanition et d'insuffisance rénale aiguë
Fer total [S]	60 µg/dL à 150 µg/dL	Les valeurs augmentent dans les cas d'affections hépatiques et de divers types d'anémie ; elles diminuent dans les cas d'anémie ferriprive
Formule leucocytaire [SE]		
Neutrophiles	60 % à 70 %	Le nombre des neutrophiles augmente dans les cas d'infection aiguë ; le nombre des éosinophiles et des basophiles augmente dans les cas de réactions allergiques ; le nombre des lymphocytes augmente durant les réactions antigène-anticorps ; le nombre des monocytes augmente dans les cas d'infections chroniques
Éosinophiles	2 % à 4 %	
Basophiles	0,5 % à 1,0 %	
Lymphocytes	20 % à 25 %	
Monocytes	3 % à 8 %	
Gamma-glutamyl transférase (GGT) [S]	Homme : 4 UI/L à 23 UI/L Femme : 3 UI/L à 13 UI/L	Les valeurs augmentent dans les cas de cirrhose du foie, de cancer du foie accompagné de métastases, de cholélithiase, d'insuffisance cardiaque et d'alcoolisme
Globuline fixant la thyroxine (TBG) [S]	10 µg/dL à 26 µg/dL	Les valeurs augmentent dans les cas d'hypothyroïdie ; elles diminuent dans les cas d'hyperthyroïdie
Globulines [S]	2,3 g/dL à 3,5 g/dL	Les valeurs augmentent dans les cas d'infections chroniques
Glucose [S]	70 mg/dL à 110 mg/dL	Les valeurs augmentent dans les cas de diabète sucré, de stress marqué, d'hyperthyroïdie, d'affections hépatiques chroniques et de néphrite ; elles diminuent dans les cas de maladie d'Addison, d'hypothyroïdie et de cancer du pancréas
Hématocrite (Ht) [SE]	Homme : 40 % à 54 % Femme : 38 % à 47 %	Les valeurs augmentent dans les cas de polyglobulie, de déshydratation importante et de choc ; elles diminuent dans les cas d'anémie, de leucémie, de cirrhose et d'hyperthyroïdie

DOCUMENT A.1 ANALYSES DU SANG ENTIER [SE], DU SÉRUM [S] ET DU PLASMA [P] [*Suite*]

ANALYSE (ÉCHANTILLON)	VALEURS NORMALES	IMPLICATIONS SUR LE PLAN CLINIQUE
Hémoglobine (Hb) [S ou P]	Homme: 14 g/100 mL à 16,5 g/100 mL Femme: 12 g/100 mL à 15 g/100 mL Nouveau-nés: 14 g/100 mL à 20 g/100 mL	Les valeurs augmentent dans les cas de polyglobulie, d'insuffisance cardiaque, de broncho-pneumopathie chronique obstructive et en altitude; elles diminuent dans les cas d'anémie, d'hyperthyroïdie, de cirrhose du foie et d'hémorragies importantes
Hémoglobine fœtale [SE]	Nouveau-nés: 60% à 90% Moins de 2 ans: 0% à 4% Adultes: 0% à 2%	Les valeurs augmentent dans les cas de thalassémie, de drépanocytose et d'infiltration du sang fœtal dans la circulation sanguine de la mère
Immuno-globulines [S] **IgG** **IgA** **IgM** **IgD** **IgE**	 800 mg/dL à 1 801 mg/dL 113 mg/dL à 563 mg/dL 54 mg/dL à 222 mg/dL 0,5 mg/dL à 3,0 mg/dL 0,01 mg/dL à 0,04 mg/dL	Les valeurs IgG augmentent dans les cas d'infections, d'affections hépatiques et de malnutrition grave; les valeurs IgA augmentent dans les cas de cirrhose du foie, d'infections chroniques et de troubles auto-immuns, et elles diminuent dans les cas de déficience immunitaire; les valeurs IgM augmentent dans les cas de trypanosomiase et diminuent dans les cas d'aplasie lymphoïde; les valeurs IgD augmentent dans les cas d'infections chroniques et de myélomes; les valeurs IgE augmentent dans les cas de rhume des foins, d'asthme et de choc anaphylactique
Iode lié aux protéines (PBI) [S]	4,0 µ/dL à 8,0 µ/dL	Les valeurs augmentent dans les cas d'hyperthyroïdie et de thyroïdite aiguë; elles diminuent dans les cas d'hypothyroïdie, de thyroïdite chronique, de myxœdème et de néphrose
Lactate déshydrogénase (LDL) [S]	150 U Wroblewski à 450 U Wroblewski 71 UI/L à 207 UI/L	Les valeurs augmentent dans les cas d'infarctus du myocarde, d'affections hépatiques, de nécrose des muscles squelettiques et de cancer généralisé
Leucocytose [SE]	5 000/mm³ à 9 000/mm³	Les valeurs augmentent dans les cas d'infections aiguës, de traumatisme, de cancers et d'affections cardio-vasculaires; elles diminuent dans les cas de diabète sucré et d'anémie, et après une chimiothérapie
Lipides [S] **Totaux** **Cholestérol** **Triglycérides** **Phospholipides** **Acides gras (libres)**	 400 mg/dL à 800 mg/dL 150 mg/dL à 250 mg/dL 10 mg/dL à 190 mg/dL 150 mg/dL à 380 mg/dL 9 mg/dL à 15 mg/dL	Les valeurs augmentent dans les cas d'hyperlipidémie, de diabète sucré et d'hypothyroïdie; elles diminuent dans les cas de malabsorption des graisses
Mucoïde [S]	80 mg/dL à 200 mg/dL	Les valeurs augmentent dans les cas de cancer, d'infections et de polyarthrite rhumatoïde; elles diminuent dans les cas d'hépatite A (infectieuse) et de cirrhose
Numération des hématies [SE]	Homme: 5,4 millions/mm³ Femme: 4,8 millions/mm³	Les valeurs augmentent après une hémorragie et dans les cas de polyglobulie et de déshydratation; elles diminuent dans les cas de lupus érythémateux disséminé, d'anémie et de maladie d'Addison
Numération des réticulocytes [SE]	0,5% à 1,5%	Les valeurs augmentent dans les cas d'anémie hémolytique, de cancer accompagné de métastases et de leucémie; elles diminuent dans les cas d'anémies pernicieuse et ferriprive, et durant les traitements par irradiation
Numération plaquettaire [SE]	250 000/mm³ à 400 000/mm³	Les valeurs augmentent dans les cas de cancer, de traumatismes, de cardiopathies et de cirrhose; elles diminuent dans les cas d'anémie et d'allergies, et durant la chimiothérapie
Osmolalité [S]	275 mOsm/kg à 300 mOsm/kg	Les valeurs augmentent dans les cas de cirrhose, d'insuffisance cardiaque et de régime alimentaire riche en protéines; elles diminuent dans les cas d'hyperaldostéronisme, de diabète insipide et d'hypercalcémie
Oxygène, pression partielle (PO_2) [SE]	Artères: 105 mm Hg	Les valeurs augmentent dans les cas de polyglobulie et d'hyperventilation; elles diminuent dans les cas d'anémie, d'insuffisance d'oxygène atmosphérique et d'hypoventilation

DOCUMENT A.1 ANALYSES DU SANG ENTIER [SE], DU SÉRUM [S] ET DU PLASMA [P] [*Suite*]

ANALYSE (ÉCHANTILLON)	VALEURS NORMALES	IMPLICATIONS SUR LE PLAN CLINIQUE
Oxygène (O_2) total [SE]	Artères : 15 mL/dL à 23 mL/dL	Les valeurs augmentent dans les cas de polyglobulie ; elles diminuent dans les cas de broncho-pneumopathie chronique obstructive
pH [SE]	Artères : 7,35 à 7,45	Les valeurs augmentent dans les cas de vomissements, d'hyperventilation, de taux excessifs de bicarbonate et de carence en oxygène ; elles diminuent dans les cas d'insuffisance rénale, d'acidocétose diabétique, d'hypoxie, d'obstruction des voies aérifères et de choc
Phosphatase [S]		
acide	4 U/dL à 13 U/dL (King-Armstrong)	Les valeurs augmentent dans les cas de cancer de la prostate, de certaines affections hépatiques, d'hyperparathyroïdie, d'infarctus du myocarde et d'embolie pulmonaire
alcaline	4 U/dL à 13 U/dL (King-Armstrong)	Les valeurs augmentent dans les cas de certaines affections hépatiques, d'hyperparathyroïdie et de grossesse
Phosphore inorganique [S]	Adultes : 1,8 mEq/L à 4,1 mEq/L Enfants : 2,3 mEq/L à 4,1 mEq/L	Les valeurs augmentent dans les cas d'affections rénales, d'hypoparathyroïdie, d'hypocalcémie, de tumeurs des os, de maladie d'Addison et d'acromégalie ; elles diminuent dans les cas d'hyperparathyroïdie, de rachitisme, d'ostéomalacie et de coma diabétique
Protéines [S]		
Totales **Albumine** **Globulines** **Rapport A/G**	6,0 g/dL à 7,8 g/dL 3,2 g/dL à 4,5 g/dL 2,3 g/dL à 3,5 g/dL 1,5/1 à 2,5/1	Les valeurs liées aux protéines totales augmentent dans les cas de déshydratation, de choc, de lupus érythémateux disséminé, de polyarthrite rhumatoïde, d'infections chroniques et d'affections hépatiques chroniques ; elles diminuent dans les cas de carence protéique, d'hémorragie, de malabsorption, de diarrhée et de brûlures graves
Sodium (Na^+) [S]	136 mEq/L à 142 mEq/L	Les valeurs augmentent dans les cas de déshydratation, d'hyperaldostéronisme, de coma, de syndrome de Cushing et de diabète insipide ; elles diminuent dans les cas de brûlures graves, de vomissements, de diarrhée, de maladie d'Addison, de néphrite, de transpiration excessive et d'œdème
Temps de coagulation [SE]	5 min à 10 min (Lee-White)	Les valeurs augmentent dans les cas d'afibrinogénémie et d'hyperhéparinémie
Temps de Quick [SE]	11 s à 15 s (selon la concentration de réactif de thrombine utilisée)	Les valeurs augmentent dans les cas de carence en prothrombine et en vitamine K, d'affections hépatiques et d'hypervitaminose (A)
Temps de saignement [SE]	4 min à 8 min (Simplate)	Les valeurs augmentent dans les cas de thrombopénie, d'affections hépatiques graves, de leucémie et d'anémie aplasique
Thyroxine (T_4) [S]	2,9 μg/dL à 6,4 μg/dL	Les valeurs augmentent dans les cas d'hyperthyroïdie ; elles diminuent dans les cas d'hypothyroïdie
Transaminases [S]		
Aspartate amino-transférase (AST)	3 UI/L à 21 UI/L 5 U à 25 U Reitman-Frankel	Les valeurs augmentent dans les cas d'infarctus du myocarde, d'affections hépatiques, de traumatismes aux muscles squelettiques et de brûlures graves ; elles diminuent dans les cas de béribéri et de diabète sucré non équilibré accompagné d'acidose
Alanine amino-transférase (ALT)	5 UI/L à 24 UI/L 5 U à 35 U Reitman-Frankel	Les valeurs augmentent dans les cas d'affections hépatiques
Vitesse de sédimentation des hématies (VS) [SE]	(Westergren) Homme : moins de 50 ans, 15 mm/h plus de 50 ans, 20 mm/h Femme : moins de 50 ans, 20 mm/h plus de 50 ans, 30 mm/h	Les valeurs augmentent dans les cas d'infection, de cancer, de destruction des tissus et de néphrite ; elles diminuent dans les cas de drépanocytose et d'insuffisance cardiaque

DOCUMENT A.2 ANALYSES D'URINE

ANALYSE	ÉCHANTILLON	VALEURS NORMALES	IMPLICATIONS SUR LE PLAN CLINIQUE
Acide phénylpyruvique	Urines fraîchement émises	Négatives	Les valeurs augmentent dans les cas de phénylcétonurie
Acide urique	24 h	0,4 g/24 h à 1,0 g/24 h	Les valeurs augmentent dans les cas de goutte, de leucémie et d'affections hépatiques ; elles diminuent dans les cas d'affections rénales
Amylase	2 h	35 U Somogyi/h à 260 U Somogyi/h	Les valeurs augmentent dans les cas de pancréatite et de cholédocolithiase
Azote ammoniacal	24 h	20 mEq/L à 70 mEq/L	Les valeurs augmentent dans les cas de diabète sucré ; elles diminuent dans les cas d'affections hépatiques
Bilirubine	Urines fraîchement émises	Négatives à 0,002 mg/dL	Les valeurs augmentent dans les cas d'affections hépatiques et d'affections biliaires obstructives
Calcium (Ca^{2+})	Urines fraîchement émises	10 mg/dL	Les valeurs augmentent dans les cas d'hyperparathyroïdie, de tumeurs malignes accompagnées de métastases, et de cancer du sein et des poumons en phase primaire ; elles diminuent dans les cas d'hypoparathyroïdie et de carence en vitamine D
	24 h		
	Régime alimentaire moyen	100 mg/24 h à 240 mg/24 h	
	Régime alimentaire pauvre en Ca^{2+}	150 mg/24 h	
	Régime alimentaire riche en Ca^{2+}	240 mg/24 h à 300 mg/24 h	
Chlorure (Cl^-)	24 h	110 mEq/24 h à 254 mEq/24 h	Les valeurs augmentent dans les cas de maladie d'Addison, de déshydratation et d'inanition ; elles diminuent dans les cas d'obstruction du pylore, de diarrhée et d'emphysème pulmonaire
Concentration	Urines fraîchement émises et après restriction	Masse volumique : 1,025 Osmolalité : 850 mOsm/L	Les valeurs diminuent dans les cas d'affections rénales, d'hyperparathyroïdie et de maladies des os
Corps cétoniques	Urines fraîchement émises	Négatives	Les valeurs augmentent dans les cas d'acidose diabétique, de fièvre, d'anorexie, de jeûne et d'inanition
Couleur	Urines fraîchement émises	Jaune, paille, ambre	Varie selon les affections, l'hydratation et le régime alimentaire
Créatinine	24 h	Homme : 1,0 g/24 h à 2,0 g/24 h Femme : 0,8 g/24 h à 1,8 g/24 h	Les valeurs augmentent dans les cas d'infections ; elles diminuent dans les cas d'atrophie musculaire, d'anémie et d'affections rénales
Créatinine, clearance de la	24 h	115 mL/min à 120 mL/min	Les valeurs augmentent dans les cas d'affections rénales
Cylindres			
Épithéliaux	24 h	Occasionnelles	Les valeurs augmentent dans les cas de néphrose et d'intoxication par les métaux lourds
Granuleux	24 h	Occasionnelles	Les valeurs augmentent dans les cas de néphrite et de pyélonéphrite
Hyalins	24 h	Occasionnelles	Les valeurs augmentent dans les cas de lésions de la membrane glomérulaire et de fièvre
Hématiques	24 h	Occasionnelles	Les valeurs augmentent dans les cas de pyélonéphrite, de calculs rénaux et de cystite
Leucocytaires	24 h	Occasionnelles	Les valeurs augmentent dans les cas d'infections rénales

DOCUMENT A.2 ANALYSES D'URINE [*Suite*]

ANALYSE	ÉCHANTILLON	VALEURS NORMALES	IMPLICATIONS SUR LE PLAN CLINIQUE
Glucose	Urines fraîchement émises	Négatives	Les valeurs augmentent dans les cas de diabète sucré, de lésions cérébrales et d'infarctus du myocarde
Masse volumique	Urines fraîchement émises	1,016 à 1,022 (entrées d'eau normales) 1,001 à 1,035 (moyenne)	Les valeurs augmentent dans les cas de diabète sucré et de pertes hydriques excessives; elles diminuent dans les cas d'absence de l'hormone antidiurétique (ADH) et de lésions rénales graves
Odeur	Urines fraîchement émises	Aromatique	Odeur d'acétone dans les cas de cétose diabétique
Osmolalité	24 h	500 mOsm/kg d'eau à 800 mOsm/kg d'eau	Les valeurs augmentent dans les cas de cirrhose, d'insuffisance cardiaque et de régime alimentaire riche en protéines; elles diminuent dans les cas d'hyperaldostéronisme, de diabète insipide et d'hypokaliémie
pH	Urines fraîchement émises	4,6 à 8,0	Les valeurs augmentent dans les cas d'infections de l'appareil urinaire et d'alcalose grave; elles diminuent dans les cas d'acidose, d'emphysème pulmonaire, d'inanition et de déshydratation
Potassium (K^+)	24 h	25 mEq/L à 100 mEq/L	Les valeurs augmentent dans les cas d'insuffisance rénale chronique, de déshydratation, d'inanition et de syndrome de Cushing; elles diminuent dans les cas de diarrhée, de syndrome de malabsorption et d'insuffisance corticosurrénalienne
Protéines (albumine)	Urines fraîchement émises	Négatives	Les valeurs augmentent dans les cas de néphrite, de fièvre, d'anémie grave, de traumatisme et d'hyperthyroïdie
Sang occulte	Urines fraîchement émises	Négatives	Les valeurs augmentent dans les cas d'affections rénales, de brûlures étendues, de réactions post-transfusionnelles et d'anémie hémolytique
Sodium (Na^+)	24 h	75 mg/24 h à 200 mg/24 h	Les valeurs augmentent dans les cas de désydratation, d'inanition et d'acidose diabétique; elles diminuent dans les cas de diarrhée, d'insuffisance rénale aiguë, d'emphysème pulmonaire et de syndrome de Cushing
Stéroïdes			
17-hydroxy-corticostéroïdes	24 h	Homme: 5 mg/24 h à 15 mg/24 h Femme: 2 mg/24 h à 13 mg/24 h	Les valeurs augmentent dans les cas de syndrome de Cushing, de brûlures et d'infections; elles diminuent dans les cas de maladie d'Addison
17-cétostéroïdes	24 h	Homme: 8 mg/24 h à 25 mg/24 h Femme: 5 mg/24 h à 15 mg/24 h	Les valeurs diminuent dans les cas d'interventions chirurgicales, de brûlures, d'infections, de syndrome d'Apert-Gallais et de syndrome de Cushing
Urée	Urines fraîchement émises	25 g/24 h à 35 g/24 h	Les valeurs augmentent en réaction à une ingestion accrue de protéines; elles diminuent dans le cas de troubles de la fonction rénale
Urée, clearance de l'	24 h	64 mL/min à 99 mL/min (maximum) 41 mL/min à 65 mL/min (standard) ou supérieures à 75% de la clearance normale	Les valeurs augmentent dans les cas d'affections rénales
Urobilinogène	2 h	0,3 U Ehrlich à 1,0 U Ehrlich	Les valeurs augmentent dans les cas d'anémie, d'hépatite A (infectieuse), d'affections des voies biliaires et de cirrhose; elles diminuent dans les cas de cholélithiase et d'insuffisance rénale
Volume total	24 h	1 000 mL/24 h à 2 000 mL/24 h	Varie selon un grand nombre de facteurs

Les valeurs normales ont été fournies par le professeur John Lo Russo, Bergen Community College, Division of Allied Health Sciences. Les valeurs contenues dans ce document ne sont pas définitives, puisqu'elles peuvent varier selon les laboratoires.

Glossaire des préfixes, des suffixes et des formes combinées

Un grand nombre de termes médicaux sont des termes « composés », c'est-à-dire qu'ils sont formés d'une ou de plusieurs racines, ou de formes combinées de racines liées à des préfixes ou à des suffixes. Ainsi, le terme *leucocyte* (globule blanc) est une combinaison de *leuco*, la forme combinée de la racine signifiant « blanc » et de *cyte*, la racine signifiant « cellule ». L'apprentissage de l'étymologie des termes aidera le lecteur à analyser des termes longs et complexes.

Le glossaire qui suit comprend certains des préfixes, des suffixes, des racines et des formes combinées le plus couramment utilisés dans la fabrication des termes médicaux, ainsi qu'un exemple de chacun.

RACINES ET FORMES COMBINÉES

Acou- audition Acoustique : science qui traite des sons et des ondes sonores.

Acro- extrémité Acromégalie : hyperplasie du nez, des mâchoires, des doigts et des orteils.

Adéno- glande Adénome : tumeur qui se développe aux dépens d'une glande.

Alg-, algie- douleur Névralgie : douleur le long du trajet d'un nerf.

Angio- vaisseau Angiocardiographie : radiographie des gros vaisseaux sanguins et du cœur après injection intraveineuse d'un opacifiant radiologique.

Arthr-,arthro- articulation Arthropathie : affection articulaire.

Auto- soi Autolyse : destruction de cellules de l'organisme par leurs propres enzymes, même après la mort.

Bio- vie Biopsie : examen de tissu prélevé sur un organisme vivant.

Blaste- germe, bourgeon Blastocyte : cellule embryonnaire ou indifférenciée.

Bléphar- paupière Blépharite : inflammation de la paupière.

Brachi- bras Muscle brachial : qui fléchit l'avant-bras.

Bronch-, broncho-, bronche, bronchiole Bronchoscopie : examen visuel direct de la trachée et de l'arbre bronchique.

Bucc-, bucco- joue Bucco-cervical : relatif à la joue et au cou.

Cancéro- cancer Cancérogène : capable de causer un cancer.

Capit- tête Décapiter : couper la tête.

Cardi-, cardio- cœur Cardiogramme : tracé obtenu en enregistrant la force et la forme des mouvements cardiaques.

Céphal-, céphalo- tête Hydrocéphalie : hypertrophie de la tête causée par une accumulation anormale de liquide céphalo-rachidien.

Cérébro- cerveau Cérébro-cupréine : protéine cérébrale de couleur verte, fixant le cuivre.

Chéil, chéilo- lèvre Chéilite : lésion inflammatoire de la lèvre.

Chole- bile, vésicule biliaire Cholécystogramme : radiogramme de la vésicule biliaire.

Chondr-, chondro- cartilage Chondrocyte : cellule de tissu cartilagineux.

Chrom-, chromo- couleur Hyperchromatique : très coloré.

Cranio- crâne Craniotomie : ouverture chirurgicale de la boîte crânienne.

Cryo- froid Cryochirurgie : technique chirurgicale utilisant une sonde réfrigérante.

Cutané- peau Sous-cutané : sous la peau.

Cysti-, cysto- vessie Cystoscope : instrument servant à examiner l'intérieur de la vessie.

Cyt-, cyte-, cyto- cellule Cytologie : étude des cellules.

Dactyl-, dactylo- doigts (des mains ou des pieds) Polydactylie : existence d'un ou de plusieurs doigts supplémentaires.

Derma-, dermato- peau Dermatose : affection de la peau.

Entéro- intestin Entérite : inflammation de l'intestin.

Érythro- rouge Érythrocyte : globule rouge.

Galacto- lait Galactogène : qui favorise la sécrétion du lait.

Gastr- estomac Gastro-intestinal : relatif à l'estomac et à l'intestin.

Gloss-, glosso- langue Glossalgie : douleur dans la langue.

Gluco-, glyco- sucre Glycosurie; présence de sucre dans l'urine.

Gyn-, gyné-, gynéco- femme Gynécologie : branche de la médecine traitant des affections chez la femme.

Hém-, hémato-, hémo- sang Hématome : collection de sang enkystée dans les tissus.

Hépat- foie Hépatite : inflammation du foie.

Hist-, histio-, histo- tissu Histologie : étude des tissus.

Hydr-, hydro- eau Hydrocèle : accumulation de liquide dans une cavité.

Hyster- utérus Hystérectomie : intervention chirurgicale consistant à enlever l'utérus.

Iléo- iléon Valvule iléo-cæcale : valvule dans l'orifice situé entre l'iléon et le cæcum.

Ilio- ilion Ilio-sacré : relatif à l'ilion et au sacrum.

Lacry- larmes Lacrymo-nasal : relatif à l'appareil lacrymal et au nez.

Laparo- lombes, flanc, abdomen Laparoscopie : examen de l'intérieur de l'abdomen à l'aide d'un laparoscope.

Leuco- blanc Leucocyte : globule blanc.

Lip-, lipo- gras Lipome : tumeur bénigne du tissu adipeux.

Mamm-, mammo- mamelle, seins Mammographie : radiographie des glandes mammaires.

Mast- seins, mamelle Mastite : inflammation de la glande mammaire.

Méningo- membrane Méningite : inflammation des membranes (méninges) de la moelle épinière et de l'encéphale.

Métra- utérus Endomètre : tunique muqueuse interne de l'utérus.

Morpho- forme Morphologie : étude de la forme et de la structure.

Myélo- moelle, moelle épinière Poliomyélite : inflammation de la substance grise de la moelle épinière.

Myo- muscle Myocarde : muscle cardiaque.

Nécro- cadavre, mort Nécrose : mort de tissus entourés de tissus sains.

Néphro- rein Néphrose : dégénérescence du tissu rénal.

Neuro- nerf Neuroblastome : tumeur maligne du système nerveux, faite de cellules nerveuses embryonnaires.

Oculaire- œil Binoculaire : relatif aux deux yeux.

Odont- dents Orthodontie : art de prévenir et de corriger les malocclusions et les malpositions dentaires.

Ophtalm-, ophtalmo- œil Ophtalmologie : étude de l'œil et des pathologies qui y sont associées.

Oss-, ossi-, ostéo- os Ostéome : tumeur osseuse.

Ot- oto- oreille Otospongiose : formation de tissu osseux dans le labyrinthe de l'oreille.

Ovo- œuf Ovocyte : gamète femelle immature.

Patho- maladie Pathogène : qui cause des maladies.

Péd- enfant Pédiatrie : médecine des enfants.

Phag-, phago- manger Phagocytose : processus par lequel les cellules ingèrent des particules de matière.

Phile-, philo- aimer, avoir une affinité pour Hydrophile : qui a une affinité pour l'eau.

Phleb- veine Phlébite : inflammation des veines.

Pneumo- poumon, air Pneumothorax : épanchement gazeux dans la cavité thoracique.

Pod- pied Podologie : étude de la physiologie et de la pathologie du pied.

Procto- anus, rectum Proctoscopie : examen du rectum à l'aide d'un instrument.

Psych- psycho- âme, caractère Psychiatrie : branche de la médecine consacrée à l'étude et au traitement des troubles mentaux.

Pyo- pus Pyurie : présence de pus dans l'urine.

Rhin-, rhino- nez Rhinite : inflammation de la muqueuse nasale.

Sclér-, scléro- durcissement Athérosclérose : durcissement des artères.

Sep-, septic- toxicité due à la présence de micro-organismes Septicémie : présence de toxines bactériennes dans le sang (intoxication du sang).

Soma-, somato- corps Somatotrophique : qui a un effet stimulant sur la croissance du corps.

Stasie- état, constitution Homéostasie : accession à un état d'équilibre.

Stén- étroit Sténose : rétrécissement d'un conduit ou d'un canal.

Therm- chaleur Thermogène : qui engendre de la chaleur.

Tox-, toxic- poison Toxémie : présence de poisons dans le sang.

Trich-, tricho- cheveu, poil Trichosis : affection liée à la pousse des poils.

Viscer- organe Viscéral : relatif aux organes abdominaux.

Zoo- animal Zoologie : étude des animaux.

PRÉFIXES

A-, an- privé de, sans Anesthésie : privation de la sensibilité.

Ab- éloigné de Abduction : mouvement qui écarte un organe, un membre ou une partie d'un membre du plan sagittal médian.

Ad- rapproché de Adduction : mouvement qui rapproche un organe, un membre ou une partie d'un membre du plan sagittal médian.

Ambi- des deux côtés Ambidextre : capable d'utiliser l'une ou l'autre main.

Ante- avant Antepartum : avant la naissance.

Anti- contre Anticoagulant : substance qui prévient la coagulation du sang.

Bi- deux, double Biceps : muscle comprenant deux chefs.

Brachy- court Brachy-œsophage : brièveté excessive de l'œsophage.

Brady- lent Bradycardie : battements cardiaques anormalement lents.

Cata- en dessous, en arrière Catabolisme : processus de dégradation des composés organiques.

Circum- autour Circumpolaire : qui est ou qui a lieu autour d'un pôle.

Con- avec Congénital : qui existe à la naissance.

Contra- contre, opposé à Contraception : prévention de la conception.

Crypt- caché Cryptorchidie : testicules non descendus.

Dés- séparé, éloigné de Désarticuler : séparer au niveau d'une articulation.

Di-, diplo- deux Diploïde : qui possède deux fois le nombre haploïde de chromosomes.

Dys- douloureux, difficile Dyspnée : respiration difficile.

Ecto- à l'extérieur Grossesse ectopique : développement de l'embryon à l'extérieur de la cavité utérine.

Emp- dans, sur Empyème : collection purulente dans une cavité corporelle.

Endo- à l'intérieur Endocarde : membrane tapissant la surface interne du cœur.

Épi- sur, au-dessus Épiderme : couche externe de la peau.

Eu- bien, normal Eupnée : respiration normale.

Ex- à l'extérieur Excentrique : qui est situé en dehors du centre.

Ex-, exo- hors de, à l'extérieur Exogène : dont l'origine est à l'extérieur de l'organisme.

Extra- à l'extérieur Extracellulaire : à l'extérieur de la cellule.

Hémi- la moitié Hémiplégie : paralysie de la moitié du corps.

Hétéro- différent Hétérogène : composé de différentes substances.

Homéo-, homo- stable, pareil Homéostasie : accession à un état d'équilibre.

Hyper- au-delà Hyperglycémie : présence d'une quantité excessive de glucose dans le sang.

Hypo- au-dessous, carence Hypodermique : sous la peau ou le derme.

Idio- à soi, particulier Idiopathique : se dit d'une affection qui n'a pas de cause reconnue.

Inter- entre Intercostal : entre les côtes.

Intra- à l'intérieur Intracellulaire : à l'intérieur de la cellule.

Iso- égal, pareil Isogénique : pareil sur le plan du développement morphologique.

Macro- gros, grand Macrophage : grosse cellule phagocytaire.

Mal- mauvais, anormal Malnutrition : carence en substances alimentaires nécessaires.

Méga-, mégalo- gros, grand Mégacaryocyte : cellule géante de la moelle osseuse.

Méta- après, au-delà Métacarpe : partie de la main entre le poignet et les doigts.

Micro- petit Microtome : appareil pouvant couper un tissu en lames suffisamment minces pour être examinées au microscope par transparence.

Néo- nouveau Néonatal : relatif aux quatre semaines qui suivent la naissance.

Oligo- petit, déficient Oligurie : quantité d'urine anormalement peu abondante.

Ortho- droit, normal Orthopnée : incapacité de respirer autrement qu'en position debout ou droite.

Para- près, au-delà, éloigné de, à côté de Paragenèse : évolution de tout ou partie d'un être en cours de développement d'une manière non conforme à la normale.

Per- à travers Percutané : à travers la peau.

Péri- autour Péricarde : membrane qui enveloppe le cœur.

Poly- plusieurs Polyglobulie : présence d'une quantité excessive d'hématies.

Post- après Post-natal : après la naissance.

Pré- avant Prénatal : avant la naissance.

Pseudo- faux Pseudo-angine : fausse angine.

Rétro- derrière Rétropéritonéal : situé derrière le péritoine.

Semi- la moitié Canaux semi-circulaires : canaux ayant la forme de demi-cercles.

Sous- sous, au-dessous Sous-muqueuse : couche de tissu sous une muqueuse.

Super- au-dessus, au-delà Superficiel : à la surface.

Supra- au-dessus Supra-alvéolie : excès de développement d'un os alvéolaire dans le sens vertical.

Syn- avec Syndrome : symptômes d'une maladie, considérés comme un tout.

Tachy- rapide Tachycardie : battements cardiaques rapides.

Trans- à travers, au-delà Transsudat : liquide séreux ou albumineux qui suinte d'une surface en raison de phénomènes de stase sous-jacents.

Tri- trois Trigone : espace triangulaire, comme la base de la vessie.

SUFFIXES

-able capable de Viable : capable de survivre.

-aire relié à Ciliaire : ressemblant à une structure chevelue.

-aque,-ique relatif à Cardiaque : relatif au cœur.

-ase état de Hémostase : arrêt d'un saignement ou de la circulation sanguine.

-cèle hernie Méningocèle : hernie des méninges.

-cide détruire, tuer Germicide : substance qui tue les microbes.

-ectasie dilatation Bronchiectasie : dilatation d'une ou de plusieurs bronches.

-ectomie ablation Thyroïdectomie : intervention chirurgicale consistant à enlever la glande thyroïde.

-émie état du sang Lipémie : concentration anormalement élevée de gras dans le sang.

-férent transporter Efférent : transporter loin d'un centre.

-forme forme Fusiforme : ayant la forme d'un fuseau.

-gène agent causal Pathogène : micro-organisme ou substance capable de causer une maladie.

-gramme enregistrer, tracé Électrocardiogramme : tracé de l'action cardiaque.

-graphe instrument servant à enregistrer Électro- encéphalographe : instrument servant à enregistrer l'activité électrique de l'encéphale.

-iatrie spécialité médicale Pédiatrie : branche de la médecine spécialisée dans les soins des enfants et le traitement des affections qui y sont associées.

-ie état Emmétropie : état de l'œil normal.

-isme état Rhumatisme : inflammation, notamment des muscles et des articulations.

-ite inflammation Névrite : inflammation d'un ou de plusieurs nerfs.

-logie étude ou science de Physiologie : étude du fonctionnement des parties du corps.

-lyse dissolution, destruction, dégradation Hémolyse : destruction des hématies.

-malacie ramollissement Ostéomalacie : ramollissement du tissu osseux.

-ome tumeur Fibrome : tumeur composée surtout de tissu fibreux.

-oriel relatif à Sensoriel : relatif aux sensations.

-ose plein Adipose : caractérisé par la présence de gras.

-pathie affection Neuropathie : affection du système nerveux périphérique.

-pénie carence Thrombopénie : carence en plaquettes (thrombocytes) dans le sang.

-phobie peur de Hydrophobie : peur de l'eau.

-plastie développement, formation Rhinoplastie : reconstruction du nez par une intervention chirurgicale.

-plexie attaque, paralysie Apoplexie : perte soudaine de conscience et paralysie.

-pnée respirer Apnée : interruption du cycle ventilatoire.

-poïèse production Hématopoïèse : formation et développement des hématies.

-rrhée écoulement Diarrhée : évacuation anormalement fréquente de fèces ayant une consistence plus ou moins liquide.

-scope instrument servant à voir Bronchoscope : instrument utilisé pour examiner l'intérieur des bronches.

-stomie création d'un orifice Trachéostomie : intervention chirurgicale consistant à aboucher la trachée à la peau.

-tomie couper, inciser Trachéotomie : intervention chirurgicale consistant à pratiquer une ouverture de la trachée.

-trophie relatif à la nutrition ou à la croissance Hypertrophie : croissance exagérée d'un organe ou d'une partie du corps.

-trophique influencer, changer Gonadotrophique : qui influence les gonades.

-urie urine Polyurie : sécrétion excessive d'urine.

Glossaire des termes

Abaissement Mouvement par lequel une partie du corps se déplace vers le bas.

Abcès Amas localisé de pus et de tissus liquéfiés dans une cavité néoformée.

Abdomen Région située entre le diaphragme et le bassin.

Abduction Mouvement qui éloigne de la ligne médiane du corps ou d'une de ses parties.

Absorption Assimilation de liquides par des solides ou de gaz par des solides ou des liquides; passage de liquides ou d'autres substances à travers des cellules de la peau ou des membranes muqueuses; passage des aliments digérés du tube digestif dans le sang ou la lymphe.

Accès Retour périodique soudain ou récurrence des symptômes d'une maladie.

Accident vasculaire cérébral [Syn. accident cérébro-vasculaire (ACV)] Destruction du tissu cérébral (infarcissement), causée par une affection des vaisseaux sanguins qui irriguent l'encéphale.

Accommodation Changement qui se produit dans la courbure du cristallin afin que celui-ci s'adapte à la vision d'objets placés à différentes distances; focalisation.

Acétabulum Cavité arrondie sur la face externe de l'os iliaque, dans laquelle s'articule la tête du fémur.

Acétylcholine (ACh) Neurotransmetteur libéré aux synapses du système nerveux central, qui stimule la contraction des muscles squelettiques.

Achille (tendon d') Tendon des muscles soléaire et jumeaux du triceps (gastrocnemius), situé à l'arrière du talon.

Acide Donneur de proton, ou substance qui se dissocie en ions hydrogène (H^+) et en anions, caractérisé par un surplus d'ions hydrogène et un pH inférieur à 7.

Acide aminé Acide organique, contenant un groupement acide, habituellement carboxylique (COOH), et un groupement amine (NH_2), qui constitue l'unité de base pour la formation des protéines.

Acide aminé non essentiel [Syn. acide aminé non indispensable] Acide aminé qui peut être synthétisé par des cellules corporelles par la transamination (transfert d'un groupe amine d'un acide aminé à une autre substance).

Acide désoxyribonucléique (ADN) Molécule de haute masse moléculaire ayant la forme d'une double hélice, formée de mononucléotides et comprenant une base purique ou pyrimidique (adénine, cytosine, guanine ou thymine), un sucre et un groupement phosphate; les mononucléotides contiennent des informations génétiques.

Acide hyaluronique Substance fondamentale amorphe présente en dehors de la cellule.

Acide nucléique Composé organique consistant en un long polymère de nucléotides, chacun de ces derniers contenant un pentose, un groupement phosphate et une des quatre bases azotées possibles (adénine, cytosine, guanine, thymine ou uracile).

Acide ribonucléique Acide nucléique composé de nucléotides comprenant une des quatre bases azotées possibles (adénine, cytosine, guanine ou uracile), du ribose et un groupement phosphate; il en existe trois types: ARN messager (ARNm), ARN de transfert (ARNt) et ARN ribosomique (ARNr), chacun d'entre eux collaborant avec l'ADN pour la synthèse protéique.

Acides aminés essentiels Les 10 acides aminés qui ne peuvent pas être synthétisés par le corps humain à une vitesse suffisante pour répondre aux besoins de ce dernier, et qui doivent par conséquent être obtenus par l'alimentation.

Acidose État dans lequel le pH sanguin se situe entre 7,35 et 6,80.

Acini pancréatiques Masses de cellules pancréatiques sécrétant des enzymes digestives.

Acné Inflammation des glances sébacées, qui apparaît généralement lors de la puberté; les lésions occasionnées par l'acné sont, par ordre croissant d'importance, les comédons, les papules, les pustules et les kystes.

Acouphène Bourdonnement ou tintement d'oreilles.

Acoustique Relatif aux sons ou à l'audition.

Acromégalie Affection liée à une hypersécrétion de somatotrophine (STH) chez l'adulte; elle est caractérisée par un épaississement des os et une hypertrophie de certains tissus.

Acrosome Granule dense dans la tête du spermatozoïde, contenant des enzymes qui facilitent la pénétration de l'ovule par le spermatozoïde.

Actine Protéine contractile qui entre dans la constitution des myofilaments fins dans une fibre musculaire.

Activateur tissulaire du plasminogène Enzyme qui dissout les petits caillots sanguins en déclenchant un processus qui transforme le plasminogène en plasmine, laquelle dégrade la fibrine contenue dans le caillot.

Acuité Pouvoir de discrimination, s'appliquant généralement à la vision et à l'audition.

Acupuncture Ancienne méthode thérapeutique chinoise consistant à introduire des aiguilles très fines dans des points cutanés précis.

Adam (pomme d') Voir **cartilage thyroïde**.

Adaptation (1) Accoutumance de la pupille de l'œil aux changements de niveaux de luminance. (2) Propriété que possède un neurone de transmettre des potentiels d'action à une fréquence décroissante, même si l'intensité du stimulus demeure constante. (3) Intensité décroissante de la perception d'une sensation, même si le stimulus est toujours présent.

Addison (maladie d') Maladie causée par une hyposécrétion des hormones glucocorticoïdes, caractérisée par une faiblesse musculaire, une léthargie intellectuelle, une perte de masse, une hypotension artérielle et une déshydratation.

Adduction Mouvement qui rapproche de la ligne médiane du corps ou d'une de ses parties.

Adénohypophyse Partie antérieure de l'hypophyse.

Adénosine monophosphate- 3',5' cyclique (AMP cyclique) Molécule tirée de l'ATP sous l'effet de l'enzyme adénylcyclase, qui joue le rôle de messager intracellulaire pour certaines hormones.

Adénosine-triphosphate (ATP) Molécule transporteuse d'énergie, produite par toutes les cellules vivantes comme moyen de capter et de conserver l'énergie. Elle est constituée d'une base purique, l'*adénine*, et d'un sucre à cinq atomes de carbone, le *ribose*, auxquels s'ajoutent, en chaîne linéaire, trois groupements *phosphate*.

Adénylcyclase Enzyme présente dans la membrane postsynaptique, activée lorsque certains neurotransmetteurs se lient à leurs récepteurs, elle transforme l'ATP en AMP cyclique.

Adhérence Accolement anormal de deux surfaces l'une à l'autre.

Adipocyte Cellule adipeuse dérivée d'un fibroblaste.

ADN de recombinaison Obtention d'ADN synthétique à partir de l'union de deux fragments d'ADN provenant de deux sources différentes.

Adrénaline [Syn. épinéphrine] Hormone sécrétée par la médullosurrénale, qui exerce une action semblable à celle qui résulte d'une stimulation sympathique.

Adrénoglomérulotrophine Hormone sécrétée par l'épiphyse, qui peut stimuler la sécrétion d'aldostérone.

Adventice [Syn. externa] Couche externe d'un vaisseau ou d'un organe.

Aérobie Qui ne peut vivre ou se développer qu'en présence d'oxygène.

Agent stressant Facteur de stress extrême, inhabituel ou de longue durée, qui provoque le syndrome général d'adaptation.

Agglutination Réunion en amas de micro-organismes ou de cellules sanguines ; réaction antigène-anticorps.

Agglutinine Anticorps du sérum sanguin capable de provoquer l'agglutination de bactéries, de cellules sanguines ou de particules.

Agglutinogène Antigène génétiquement déterminé, situé à la surface des hématies ; base pour les systèmes ABO et Rh de classification des groupes sanguins.

Agnosie Perte de la capacité de reconnaître la signification de stimuli sensoriels (vision, audition, toucher).

Agnosie tactile Incapacité de reconnaître les objets ou les formes par la palpation.

Agoniste Se dit d'un muscle qui participe directement à la contraction, par opposition aux muscles qui se relâchent au même moment.

Agraphie Incapacité d'écrire.

Aigu Qui survient rapidement, dont les symptômes sont graves et de brève durée ; non chronique.

Aine Zone située entre la cuisse et le tronc ; la région inguinale.

Aire Région de l'encéphale comportant une fonction particulière.

Aire commune de la gnosie Aire sensorielle du cortex cérébral, qui reçoit et intègre les influx sensitifs en provenance des diverses parties de l'encéphale, de façon à permettre la formation d'une pensée commune.

Aire d'association Portion du cortex cérébral liée par un grand nombre de fibres motrices et sensitives à d'autres parties du cortex. Les aires d'association sont reliées aux activités motrices, à la mémoire, à la parole et à la lecture, au raisonnement, à la volonté, au jugement ainsi qu'aux traits de personnalité.

Aire motrice Région du cortex cérébral, notamment la circonvolution frontale ascendante, qui régit le mouvement musculaire.

Aire motrice primaire Région du cortex cérébral, située dans la circonvolution frontale ascendante, qui commande un muscle particulier ou un groupe de muscles.

Aire sensitive Région du cortex cérébral liée à l'interprétation des influx sensitifs.

Aire somesthésique primaire Région du cortex cérébral, située derrière la scissure de Rolando, dans la circonvolution pariétale ascendante, déterminant avec exactitude les points du corps d'où proviennent les sensations.

Aisselle Cavité située au-dessous de la jonction du bras et de l'épaule.

Albinisme Absence totale ou partielle anormale, non pathologique, du pigment de la peau, des cheveux et des yeux.

Albuginée Membrane blanchâtre et dense de tissu fibreux recouvrant un testicule ou située dans la partie interne de la surface d'un ovaire.

Albumine La plus petite et la plus répandue des protéines plasmatiques (60 %), dont la fonction principale est de régulariser la pression osmotique du plasma.

Albuminurie Présence d'albumine dans l'urine.

Alcalin Qui contient plus d'ions hydroxyle que d'ions hydrogène, ce qui produit un pH supérieur à 7.

Alcalose État dans lequel le pH sanguin se situe entre 7,45 et 8,00.

Aldostérone Hormone minéralocorticoïde sécrétée par la corticosurrénale, qui joue un rôle dans la réabsorption de l'eau et du sodium, et dans l'excrétion du potassium.

Algo-hallucinose Sensation de douleur provenant d'un membre amputé (membre fantôme).

Allantoïde Petite membrane vascularisée, située entre le chorion et l'amnios du fœtus.

Allergène Antigène qui provoque une réaction d'hypersensibilité.

Allergique Qui se rapporte à l'allergie ; sensible à une allergie, un individu présentant des réactions allergiques.

Alvéole (1) Petit creux ou cavité. (2) Sac d'air dans les poumons. (3) Partie de la glande mammaire qui sécrète le lait.

Alzheimer (maladie d') Affection neurologique invalidante caractérisée par le dysfonctionnement et la mort de certains neurones cérébraux, entraînant un affaiblissement intellectuel généralisé, des changements de la personnalité et des fluctuations sur le plan de l'attention.

Aménorrhée Absence de menstruation.

Amnésie Perte ou affaiblissement de la mémoire.

Amniocentèse Prélèvement de liquide amniotique par l'introduction transabdominale d'une aiguille dans la cavité amniotique.

Amnios Membrane interne du fœtus ; mince sac transparent qui maintient le fœtus suspendu dans le liquide amniotique.

Amphiarthrose Articulation située à mi-chemin entre la diarthrose et la synarthrose, dans laquelle les surfaces articulaires osseuses sont séparées par une substance élastique à laquelle toutes deux sont attachées, de façon à assurer une mobilité limitée, mais pouvant être exercée dans toutes les directions.

Ampoule Dilatation, en forme de sac, d'un canal.

Amygdale Masse de tissu lymphoïde entourée d'une membrane muqueuse.

Amylase salivaire [Syn. ptyaline] Enzyme contenue dans la salive, provoquant la dégradation de l'amidon.

Anabolisme Réactions endothermiques de synthèse permettant de transformer des molécules simples en molécules complexes.

Anaérobie Qui ne peut vivre ou se développer qu'en l'absence d'oxygène.

Analgésie Absence de la perception douloureuse normale.

Anaphase Troisième phase de la mitose, au cours de laquelle les chromatides qui se sont séparées au centromère se dirigent vers des pôles opposés.

Anaphylaxie Réaction d'hypersensibilité dans laquelle des anticorps du type IgE s'attachent à des mastocytes et à des basophiles, amenant ces derniers à produire des médiateurs de l'anaphylaxie (histamine et prostaglandines) qui entraînent une perméabilité accrue du sang, une augmentation des contractions des muscles lisses et une production accrue de mucus (exemples: rhume des foins, asthme bronchique, urticaire et choc anaphylactique).

Anastomose Abouchement ou mise en communication de conduits, de vaisseaux sanguins ou lymphatiques, ou de nerfs.

Anatomie Structure ou étude de la structure du corps humain et des liens existant entre chacune de ses parties.

Anatomie du développement Étude du développement de l'organisme humain, de la fécondation à l'âge adulte.

Anatomie macroscopique Branche de l'anatomie qui s'intéresse aux structures pouvant être étudiées sans l'aide d'un microscope.

Anatomie pathologique Étude des modifications structurales engendrées par les maladies.

Anatomie radiologique Branche diagnostique de l'anatomie, qui comprend l'utilisation des rayons X.

Anatomie régionale Branche de l'anatomie étudiant une région particulière du corps, comme la tête, le cou, le thorax ou l'abdomen.

Anatomie systémique Étude des systèmes et des appareils de l'organisme, comme les systèmes osseux, musculaire ou nerveux, les appareils cardio-vasculaire ou urinaire.

Anatomie topographique Étude des structures extérieures de l'organisme.

Androgène Substance qui provoque ou stimule l'apparition des caractères sexuels secondaires masculins, comme la testostérone.

Anémie Diminution, au-dessous de la normale, du nombre d'hématies fonctionnelles ou de leur teneur en hémoglobine.

Anesthésie Perte totale ou partielle de sensibilité, généralement liée à une perte de perception de la douleur.

Anévrisme Tumeur vasculaire se développant sur le trajet d'une artère et causée par un affaiblissement et une dilatation de la paroi.

Angine de poitrine Douleur rétrosternale liée à une diminution de la circulation coronarienne qui peut ou non être liée à une maladie du cœur ou des artères.

Angiographie Examen radiologique des vaisseaux sanguins après l'injection d'un opacifiant radiologique dans l'artère carotide primitive ou l'artère vertébrale; utilisé pour mettre en évidence les vaisseaux sanguins cérébraux; peut permettre de détecter des tumeurs cérébrales se conformant à des modèles vasculaires précis.

Angiotensine Une des deux formes de protéines liées à la régulation de la pression artérielle. L'angiotensine I est produite par l'action de la rénine sur l'angiotensinogène et elle est transformée par l'action d'une enzyme plasmatique en angiotensine II, qui règle la sécrétion d'aldostérone par la corticosurrénale.

Anion Ion chargé négativement (exemple: Cl^-).

Ankyloglossie Restriction des mouvements de la langue, due à un frein trop court.

Anneau fibreux Anneau de tissu fibreux et de fibrocartilage entourant le nucleus pulposus d'un disque intervertébral.

Anneau inguinal profond Fente dans l'aponévrose du muscle transverse de l'abdomen, qui constitue l'origine du canal inguinal.

Anomalie Défaut grave, congénital (difformité), ou modification anormale, non congénitale (déformation), d'une partie du corps ou d'un organe; écart par rapport à la normale.

Anopsie Trouble de la vision.

Anorexie mentale Trouble caractérisé par la perte de l'appétit et par des habitudes alimentaires inhabituelles.

Anosmie Perte du sens de l'odorat.

Anoxie Interruption de l'apport d'oxygène aux tissus.

Antagoniste Se dit d'un muscle dont l'action s'oppose à celle de l'agoniste et cède au mouvement de ce dernier.

Antepartum Avant l'accouchement; qui affecte la mère avant la naissance de l'enfant.

Antérieur Près de la face ventrale du corps.

Antibiotique Substance issue de micro-organismes, capable d'entraver la multiplication d'autres micro-organismes ou de les détruire.

Anticoagulant Substance capable de retarder, de supprimer ou de prévenir la coagulation du sang.

Anticorps Substance produite par certaines cellules en présence d'un antigène spécifique, qui se joint à cet antigène pour le neutraliser, l'empêcher de se multiplier ou le détruire.

Anticorps monoclonaux Anticorps homologues, produits par des clones in vitro de lymphocytes B fusionnés avec des cellules tumorales.

Antidiurétique Substance qui inhibe la formation de l'urine.

Antigène Substance qui, lorsqu'elle est introduite dans les tissus ou dans le sang, provoque la formation d'anticorps ou réagit avec eux.

Antigènes HLA (locus d'antigènes d'histocompatibilité) Protéines de surface présentes sur les leucocytes et d'autres cellules nucléées, qui sont uniques pour chaque individu (sauf pour les jumeaux univitellins) et qui sont utilisées pour identifier les tissus et prévenir ainsi le rejet.

Anurie Sécrétion urinaire quotidienne inférieure à 50 mL.

Anus Partie distale et orifice du rectum.

Aorte Tronc d'origine des artères de la grande circulation, qui naît du ventricule gauche.

Aphasie Perte de la capacité de s'exprimer oralement ou perte de la compréhension du langage verbal.

Aphérèse Processus par lequel on prélève une certaine quantité de sang de l'organisme, on sépare ses composants de façon sélective, on élimine le composant indésirable et on retourne le sang qui reste dans l'organisme.

Apnée Interruption temporaire de la respiration.

Aponévrose Membrane blanche formée de fibres conjonctives entrecroisées, reliant un muscle à un autre muscle ou à un os.

Aponévrose d'enveloppe Couche de tissu conjonctif et adipeux, située entre le derme et les aponévroses d'insertion des muscles.

Apophyse Éminence ou saillie.

Apophyse épineuse Lamelle osseuse implantée sagittalement au point de rencontre des deux lames d'une vertèbre.

Appareil Ensemble d'organes concourant à la même fonction (exemples: appareils cardio-vasculaire, digestif, respiratoire).

Appareil juxtaglomérulaire Comprend la macula densa (cellules du tube contourné distal adjacent à l'artériole afférente et à l'artériole efférente) et les cellules juxtaglomérulaires (cellules modifiées de l'artériole afférente et parfois de l'artériole efférente); sécrète de la rénine lorsque la pression sanguine commence à baisser.

Appareil mitotique Ensemble formé par les microtubules continus et chromosomiques, et les centrioles; participe à la division cellulaire.

Appendice vermiculaire Petit prolongement attaché au cæcum.

Appendice xiphoïde La partie inférieure du sternum.

Appendicite Inflammation de l'appendice vermiculaire.

Arachnoïde Membrane moyenne de l'encéphale (méninge).

Arbre bronchique Comprend la trachée, les bronches et leurs ramifications.

Arbre de vie Apparence que prennent les faisceaux de substance blanche du cervelet en coupe sagittale.

Arc réflexe Trajet de base des influx dans le système nerveux, reliant un récepteur et un effecteur, et comprenant un récepteur, un neurone sensitif, un centre moteur dans le système nerveux central servant à la synapse, un neurone moteur et un effecteur.

Aréflexie Absence de réflexes.

Aréole Anneau pigmenté entourant le mamelon.

Artère Vaisseau sanguin qui transporte le sang du cœur aux autres parties de l'organisme.

Artériogramme Radiogramme d'une artère après l'injection d'un opacifiant radiologique dans le sang.

Artériole Petite ramification artérielle qui conduit le sang aux capillaires.

Artériole afférente Vaisseau sanguin du rein qui forme un réseau capillaire appelé glomérule ; chaque glomérule possède une artériole afférente.

Artériole efférente Vaisseau de l'appareil vasculaire rénal, qui transporte le sang du glomérule au capillaire péritubulaire.

Arthrite Inflammation d'une articulation.

Arthrite goutteuse Maladie héréditaire liée à une hyperuricémie ; l'acide forme des cristaux et se dépose dans les articulations et les reins.

Arthrodie [Syn. articulation plane] Articulation du genre des diarthroses dont les surfaces sont planes, ne permettant que des mouvements latéraux et d'avant en arrière (exemples : articulations des os carpiens, des os tarsiens, ou de l'omoplate et de la clavicule).

Arthrologie Étude des articulations.

Arthroscopie Technique chirurgicale qui consiste à introduire un arthroscope par une petite incision, habituellement dans le genou, en vue de réparer un cartilage déchiré.

Articulation à charnière [Syn. articulation trochléenne] Articulation du genre des diarthroses, dans laquelle la surface convexe d'un os s'emboîte dans la surface concave d'un autre os (exemples : coude, genou, cheville et phalanges).

Articulation à pivot [Syn. articulation trochoïde] Articulation du genre des diarthroses, dans laquelle la surface arrondie, pointue ou conique d'un des os s'articule dans la cavité de l'autre os (exemples : l'articulation entre l'atlas et l'axis, et l'articulation entre les extrémités proximales du radius et du cubitus.

Articulation cartilagineuse Articulation dépourvue de cavité articulaire, où les surfaces articulaires osseuses sont retenues fermement par du cartilage, permettant peu de mouvement ou n'en permettant pas du tout.

Articulation ellipsoïdale [Syn. articulation condylienne] Articulation du genre des diarthroses, structurée de façon que l'extrémité concave de l'un des os s'ajuste dans la cavité convexe de l'autre os, permettant des mouvements latéraux et d'avant en arrière (exemple : articulation entre le radius et les os du carpe).

Articulation en selle [Syn. articulation par emboîtement réciproque] Articulation du genre des diarthroses, dans laquelle les surfaces articulaires des deux os sont en forme de selle, concave dans une direction et convexe dans l'autre (exemple : articulation carpo-métacarpienne du pouce).

Articulation fibreuse Articulation immobile (sutures et syndesmoses).

Articulation scapulo-humérale Articulation du genre des diarthroses, unissant la tête humérale à la cavité glénoïde de l'omoplate.

Articulation synoviale Articulation mobile dans laquelle une cavité articulaire se trouve entre les deux surfaces osseuses.

Arythmie Irrégularité du rythme cardiaque.

Aschoff-Tawara (nœud d') [Syn. nœud auriculo-ventriculaire] Portion du système conducteur du cœur, composée d'une masse compacte de cellules conductrices, située près de l'orifice du sinus coronaire dans la paroi de l'oreillette droite.

Ascite Accumulation de liquide séreux dans la cavité péritonéale.

Aseptique Exempt d'organismes infectieux ou septiques.

Asphyxie Perte de connaissance causée par une interruption de l'apport d'oxygène au sang.

Aspirer Extraire par succion.

Asthénie Affaiblissement généralisé.

Asthme bronchique Il s'agit habituellement d'une réaction allergique caractérisée par des spasmes des muscles lisses dans les bronches et produisant une respiration sifflante et difficile.

Astigmatisme [Syn. astigmie] Défaut de courbure du cristallin ou de la cornée, donnant une image hors foyer et entraînant une vision floue ou déformée.

Astrocyte Cellule gliale de forme étoilée, qui soutient les neurones dans le cerveau et la moelle épinière, et qui attache les neurones aux vaisseaux sanguins.

Ataxie Trouble de la coordination musculaire ; manque de précision.

Atélectasie État caractérisé par un aplatissement d'une ou de toutes les parties du poumon, qui peut être aigu ou chronique.

Athérosclérose Processus par lequel des dépôts lipidiques (cholestérol et triglycérides) sont accumulés sur les parois des grosses et des moyennes artères en réaction à certains stimuli (hypertension artérielle, oxyde de carbone, présence de cholestérol due à l'alimentation). Lorsque l'endothélium est atteint, des monocytes s'attachent à l'intima, se transforment en macrophages et assimilent le cholestérol et les lipoprotéines de faible masse volumique. Les cellules des muscles lisses dans la media ingèrent le cholestérol. Il se forme une plaque athéroscléreuse qui réduit la dimension de la lumière artérielle.

Atome Unité de matière comprenant un élément chimique ; constituée d'un noyau et d'électrons.

Atrésie Occlusion d'un conduit ou absence d'un orifice corporel naturel.

Atrophie Diminution de volume d'une partie du corps (organe, tissu, cellule), liée à un trouble fonctionnel, à un apport alimentaire inadéquat ou à une utilisation insuffisante.

Auricule (1) Prolongement de chacune des oreillettes du cœur. (2) Pavillon de l'oreille.

Auscultation Examen consistant à écouter les bruits qui prennent naissance à l'intérieur de l'organisme.

Auto-immunité Réaction immunitaire d'un sujet vis-à-vis de ses propres antigènes.

Autolyse Autodestruction spontanée de cellules lésées ou mortes par leurs propres enzymes digestives.

Autopsie [Syn. nécropsie] Examen d'un cadavre.

Autorégulation Ajustement local et automatique du flux sanguin dans une région donnée de l'organisme en réaction aux besoins des tissus.

Autosome Tout chromosome, à l'exeption de la paire de chromosomes sexuels.

Avant-bras Portion du membre supérieur comprise entre le coude et le poignet.

Avant-coureur [Syn. prémonitoire] Relatif à un avertissement, comme dans le cas de symptômes prémonitoires.

Avitaminose Carence vitaminique liée à l'alimentation.

Avortement Expulsion prématurée de l'embryon ou du fœtus avant la date de sa viabilité ; interruption du processus normal de développement ou de maturation.

Axone Prolongement d'une cellule nerveuse, qui transporte les influx nerveux loin du corps cellulaire.

Babinski (signe de) Extension du gros orteil, avec ou sans abduction des autres orteils, en réaction à une stimulation de la région externe de la plante du pied ; réflexe normal jusqu'à l'âge de 18 mois.

Bainbridge (réflexe de) Accélération de la fréquence cardiaque, consécutive à une augmentation de la pression dans l'oreillette droite ou à une distension de l'oreillette droite.

Bandelette optique Faisceau d'axones qui transmet les influx de la rétine entre le chiasma optique et le thalamus.

Bandelettes longitudinales du côlon Trois bandelettes musculaires parcourant le côlon dans toute sa longueur.

Barorécepteur [Syn. récepteur de la pression] Neurone capable de réagir aux changements de la pression artérielle.

Barrière hémato-encéphalique Mécanisme empêchant le passage de substances depuis le sang jusqu'au liquide céphalo-rachidien et à l'encéphale.

Barrière sang-testicule Barrière formée par les cellules de Sertoli, qui empêche une réaction immunitaire contre les antigènes produits par les spermatozoïdes et les cellules en cours de développement en isolant les cellules du sang.

Bartholin (glandes de) [Syn. glandes vulvo-vaginales] Glandes situées de part et d'autre de l'orifice vaginal, qui débouchent par un conduit dans l'espace situé entre l'hymen et les petites lèvres.

Base (1) Partie la plus large d'une structure pyramidale. (2) Accepteur de protons, caractérisé par un surplus d'ions hydroxyle et un pH supérieur à 7. (3) Molécule organique en forme d'anneau, contenant de l'azote, qui est l'un des composants d'un mononucléotide (exemples : adénine, guanine, cytosine, thymine et uracile).

Basedow (maladie de) État pathologique causé par l'hypersécrétion d'hormones thyroïdiennes et caractérisé par une saillie anormale des globes oculaires et une augmentation du volume de la thyroïde.

Basophile Leucocyte caractérisé par un noyau pâle et des granulations relativement grosses qui se colorent rapidement sous l'effet de colorants basiques.

Bassin Structure formée par les deux os iliaques, le sacrum et le coccyx.

Bassinet (du rein) Cavité dans le centre du rein, formée par la portion proximale dilatée de l'uretère, située dans le rein et formée par la réunion des grands calices.

Bâtonnet rétinien Récepteur visuel de la rétine, pouvant réagir à de faibles intensités lumineuses.

Bénin Qui ne forme pas de métastases. Sans gravité.

Bilatéral Qui se rapporte à deux côtés du corps.

Bile Sécrétion du foie, qui émulsionne les graisses.

Bilirubine Pigment jaunâtre qui est l'un des produits finals de la dégradation de l'hémoglobine dans les cellules hépatiques, et qui est excrété dans la bile.

Bilirubinurie Présence de bilirubine dans l'urine.

Biliverdine Pigment biliaire verdâtre qui est l'un des premiers produits de la dégradation de l'hémoglobine dans les cellules hépatiques, et qui est transformé en bilirubine ou est excrété dans la bile.

Biopsie Prélèvement, in vivo, d'un fragment de tissu ou d'autre type de matériel en vue de le soumettre à un examen microscopique.

Blastocèle Cavité remplie de liquide à l'intérieur du blastocyste.

Blastocyste Dans le développement de l'embryon, une masse cellulaire creuse constituée du blastocèle (la cavité interne), du trophoblaste (l'enveloppe externe) et d'une masse cellulaire interne (le bouton embryonnaire).

Blastomère Cellule résultant de la segmentation de l'ovule fécondé.

Blastula Stage précoce du développement du zygote.

Blépharospasme Contraction spasmodique des paupières.

Bloc cardiaque Arythmie cardiaque entraînant une contraction indépendante des oreillettes et des ventricules, due à un ralentissement ou à une interruption de la propagation de l'activation électrique du cœur à un certain point du système de conduction du cœur.

Boîte crânienne Cavité délimitée par les os crâniens et contenant l'encéphale.

Bol alimentaire Masse molle et arrondie, habituellement constituée d'aliments, prête à être déglutie.

Boulimie Trouble caractérisé par l'ingestion de quantités anormalement élevées de nourriture, suivie de tentatives de se faire vomir ou de l'ingestion de doses excessives de laxatifs.

Bourgeon laryngo-trachéal Excroissance de l'endoblaste de l'intestin antérieur, qui donne naissance à l'appareil respiratoire.

Bourgeon neurohypophysaire Excroissance de l'ectoblaste située sur le plancher de l'hypothalamus, qui donne naissance à la neurohypophyse.

Bourse séreuse Sac de liquide synovial situé aux points de friction, notamment aux articulations.

Bouton synaptique [Syn. bouton terminal] Extrémité distale d'une terminaison axonale contenant des vésicules synaptiques.

Bowman (capsule de) Globe à double paroi situé à l'extrémité proximale d'un néphron, et renfermant le glomérule.

Bradycardie Ralentissement de la fréquence cardiaque ou de la fréquence du pouls (inférieure à 60 battements par minute).

Branche du faisceau de His Une des deux branches du faisceau de His, comprenant des fibres musculaires spécialisées qui transmettent des impulsions électriques aux ventricules.

Bras Partie du membre supérieur s'étendant de l'épaule au coude.

Broca (centre moteur de) [Syn. centre moteur du langage] Centre moteur de l'encéphale situé dans le lobe frontal, qui traduit les pensées en langage parlé.

Bronchectasie Affection chronique entraînant une perte du tissu normal et une expansion des passages aérifères pulmonaires ; caractérisée par une respiration difficile, de la toux, une expectoration de pus et une mauvaise haleine.

Bronches Branches de bifurcation de la trachée comprenant les bronches primaires (divisions droite et gauche de la trachée), les bronches secondaires (divisions des bronches primaires distribuées à chacun des lobes pulmonaires) et les bronches tertiaires (divisions des bronches secondaires distribuées aux segments broncho-pulmonaires des poumons).

Bronchiole Ramification d'une bronche tertiaire, se divisant par la suite en bronchioles terminales (distribuées aux lobules pulmonaires), qui se divisent en bronchioles respiratoires (distribuées aux sacs alvéolaires).

Bronchite Inflammation des bronches, caractérisée par une hypertrophie et une hyperplasie des glandes séro-muqueuses et des cellules caliciformes qui tapissent les bronches, et entraînant une toux productive.

Bronchogramme Cliché des poumons et des bronches.

Bronchoscope Instrument utilisé pour examiner l'intérieur des bronches et des poumons.

Brûlure Lésion causée par la chaleur (feu, vapeur), des produits chimiques, l'électricité ou les rayons ultra-violets du soleil.

Brunner (glande de) [Syn. glande duodénale] Glande située dans la sous-muqueuse du duodénum, qui sécrète un mucus alcalin afin de protéger la muqueuse de l'intestin grêle de l'action des enzymes et de neutraliser l'acide contenu dans le chyme.

Buccal Qui se rapporte aux joues ou à la bouche.

Bulbe olfactif Masse de substance grise à l'extrémité du nerf olfactif (I), située sous le lobe frontal du cerveau, de chaque côté de la lame criblée de l'ethmoïde.

Bulbe rachidien Partie la plus inférieure du tronc cérébral.

Bulbe spongieux (du pénis) Portion élargie de la base du corps spongieux.

Bulles Vésicules qui se trouvent dans l'épiderme ou sous l'épiderme.

Bursite Inflammation d'une bourse séreuse.

Cachexie État caractérisé par une mauvaise santé, une malnutrition et une perte de masse.

Caduque [Syn. caduque utérine, déciduale] Partie de l'endomètre (sauf la couche la plus profonde) de l'utérus, qui subit des modifications durant la grossesse et qui est éliminée après l'accouchement.

Cæcum Cul-de-sac situé à l'extrémité proximale du côlon au point de jonction de l'iléon.

Caillot Aboutissement d'une série de réactions biochimiques qui transforment le plasma liquide en une masse gélatineuse ; plus précisément, la transformation du fibrinogène en fibrine.

Caissons (maladie des) [Syn. dysbarisme] État caractérisé par des douleurs articulaires et des symptômes neurologiques, causé par une réduction trop rapide de la pression ambiante ou une décompression ; par conséquent, l'azote dissous dans les liquides organiques sous l'action de la pression forme des bulles gazeuses qui obstruent les vaisseaux sanguins importants.

Cal (1) Croissance de nouveau tissu osseux au sein et autour d'un foyer de fracture, et finalement remplacé par du tissu osseux adulte. (2) Épaississement localisé de la peau.

Calcitonine (CT) [Syn. thyrocalcitonine (TCT)] Hormone produite par la glande thyroïde, qui abaisse les taux de calcium et de phosphate dans le sang en inhibant la résorption ostéoclastique et en accélérant l'absorption du calcium par les os.

Calcul Pierre ou masse insoluble de sels cristallisés ou d'autres substances, se formant à l'intérieur de l'organisme, comme dans la vésicule biliaire, les reins ou la vessie.

Calcul biliaire Concrétion, habituellement composée de cholestérol, pouvant se former à n'importe quel endroit entre les canalicules biliaires du foie et l'ampoule de Vater, où la bile pénètre dans le duodénum.

Calcul rénal Concrétion, habituellement composée de cristaux d'oxalate de calcium, d'acide urique et de phosphate de calcium, pouvant se former dans n'importe quelle partie de l'appareil urinaire.

Calice Division en forme de coupe du bassinet du rein.

Canal alvéolaire Branche d'une bronchiole respiratoire autour de laquelle sont disposés les alvéoles et les sacs alvéolaires.

Canal anal Constitue les deux ou trois derniers centimètres du rectum ; débouche à l'extérieur par l'anus.

Canal artériel [Syn. canal de Botal] Petit vaisseau reliant l'artère pulmonaire à l'aorte ; n'existe que chez le fœtus.

Canal cholédoque Canal formé par la réunion du canal hépatique et du canal cystique, qui déverse la bile dans le duodénum au niveau de l'ampoule de Vater.

Canal cochléaire [Syn. limaçon membraneux] Portion membraneuse de la cochlée composée d'un tube en forme de spirale compris dans le limaçon osseux et situé le long de la paroi externe de ce dernier.

Canal cystique Canal qui transporte la bile de la vésicule biliaire au canal cholédoque.

Canal d'Arantius Chez le fœtus, petit vaisseau qui permet au sang circulant de se rendre au-delà du foie.

Canal déférent Canal conduisant le sperme depuis l'épididyme jusqu'au canal éjaculateur.

Canal de l'épendyme [Syn. canal épendymaire] Conduit microscopique le long de la moelle épinière dans la commissure grise.

Canal éjaculateur Canal qui conduit les spermatozoïdes depuis le canal déférent jusqu'à l'urètre prostatique.

Canal épididymaire Tube étroitement enroulé, situé à l'intérieur de l'épididyme, comprenant une tête, un corps et une queue, et dans lequel se produit la maturation des spermatozoïdes.

Canal hépatique Canal qui reçoit la bile des canalicules biliaires. De petits canaux hépatiques fusionnent pour former les canaux hépatiques droit et gauche qui s'unissent à la sortie du foie.

Canal inguinal Passage oblique situé dans la paroi abdominale antérieure, placé en position supérieure et parallèle par rapport à la moitié médiane du ligament inguinal ; chez l'homme, il sert de passage au cordon spermatique et au nerf ilio-inguinal, et chez la femme, il contient le ligament rond de l'utérus et le nerf ilio-inguinal.

Canal lacrymo-nasal Canal qui transporte les larmes depuis le sac lacrymal jusqu'aux fosses nasales.

Canal médullaire Espace présent dans la diaphyse d'un os, contenant de la moelle jaune.

Canal pancréatique [Syn. canal de Wirsung] Canal volumineux qui s'unit au canal cholédoque provenant du foie et de la vésicule biliaire, et qui conduit le suc pancréatique dans le duodénum, au niveau de l'ampoule de Vater.

Canal pancréatique accessoire [Syn. canal de Santorini] Canal du pancréas, qui se déverse dans le duodénum, à environ 2,5 cm au-dessus de l'ampoule de Vater.

Canal rachidien [Syn. canal vertébral] Cavité à l'intérieur de la colonne vertébrale, formée par les trous vertébraux de l'ensemble des vertèbres, et contenant la moelle épinière.

Canal radiculaire Prolongement étroit de la chambre pulpaire, situé dans la racine de la dent.

Canal thoracique Vaisseau lymphatique qui provient de la citerne de Pecquet, reçoit la lymphe du côté gauche de la tête, du cou, du thorax, du bras gauche et de toute la partie sous-diaphragmatique, et la déverse dans la veine sous-clavière gauche.

Canalicule Petit canal (exemple : les canalicules des os qui relient les ostéoplastes entre eux).

Canalicule lacrymal [Syn. conduit lacrymal] Canal commençant au point lacrymal de chaque paupière et conduisant les larmes dans le sac lacrymal.

Canaux émissaires Ensemble de conduits enroulés sur eux-mêmes qui transportent les spermatozoïdes depuis le rete testis, ou réseau de Haller, jusqu'à l'épididyme.

Canaux semi-circulaires Trois canaux osseux situés dans le vestibule de l'oreille interne, remplis de périlymphe, dans lesquels se trouvent les canaux semi-circulaires membraneux remplis d'endolymphe. Ils contiennent des récepteurs liés à l'équilibre.

Canaux semi-circulaires membraneux Conduits membraneux remplis d'endolymphe, contenus dans les canaux semi-circulaires osseux dont ils sont séparés par la périlymphe. Ils contiennent les crêtes ampullaires et ils sont liés à l'équilibre dynamique.

Cancer Tumeur maligne d'origine épithéliale ayant tendance à s'infiltrer et à favoriser la prolifération de métastases.

Cancer broncho-pulmonaire Cancer ayant les bronches pour point d'origine.

Cancérogène Capable de causer un cancer.

Cancérologie [Syn. oncologie, carcinologie] Étude des tumeurs.

Canthus [Syn. commissure des paupières] Jonction angulaire des paupières aux coins des yeux.

Capacitation Changements fonctionnels que subissent les spermatozoïdes dans les voies génitales féminines, qui leur permettent de féconder un ovule.

Capacité inspiratoire Capacité inspiratoire pulmonaire totale ; la somme du volume courant et du volume de la réserve inspiratoire ; environ 3 600 mL.

Capacité maximale de réabsorption tubulaire (TM) Volume maximal de substance pouvant être réabsorbé par les tubules rénaux, quelles que soient les conditions.

Capacité pulmonaire totale La somme du volume courant, du volume de réserve inspiratoire, du volume de réserve expiratoire et du volume résiduel; environ 6 000 mL.

Capacité résiduelle fonctionnelle Somme du volume résiduel et du volume de réserve expiratoire; environ 2 400 mL.

Capacité vitale Somme du volume de réserve inspiratoire, du volume courant et du volume de réserve expiratoire; environ 4 800 mL.

Capillaire [Syn. capillaire sanguin] Vaisseau sanguin microscopique situé entre une artériole et une veinule, et au niveau duquel s'effectuent les échanges respiratoires et nutritifs entre le sang et les cellules corporelles.

Capillaire sinusoïde [Syn. capillaire discontinu] Passage microscopique laissant circuler le sang dans certains organes, comme le foie ou la rate.

Capillaires lymphatiques Vaisseaux lymphatiques microscopiques fermés qui commencent dans les espaces intercellulaires et qui s'unissent pour former des vaisseaux lymphatiques.

Capsule articulaire Manchon entourant une diarthrose, composé d'une capsule fibreuse et d'une synoviale.

Capsule interne Couche épaisse de substance blanche faite de fibres myéliniques, reliant différentes parties du cortex cérébral et située entre le thalamus et les noyaux caudé et lenticulaire des noyaux gris centraux.

Caractère sexuel secondaire Caractère du corps humain se développant lors de la puberté par stimulation des hormones sexuelles, mais qui n'est pas directement lié à la reproduction, comme la distribution du système pileux, la hauteur de la voix et le développement musculaire.

Cardiologie Branche de la médecine spécialisée dans l'étude du cœur et des cardiopathies.

Cardiopathie ischémique Affection causée par une irrigation sanguine inadéquate du muscle cardiaque, due à une interruption de l'apport sanguin.

Carie dentaire Déminéralisation progressive de l'émail et de l'ivoire d'une dent, pouvant envahir la pulpe et l'os alvéolaire.

Carpe Massif osseux comprenant les huit petits os du poignet.

Cartilage Variété de tissu conjonctif comprenant des chondrocytes dans des chondroplastes creusés dans un dense réseau de fibres collagènes et élastiques et une matrice de chondroïtine-sulfate.

Cartilage articulaire Cartilage hyalin attaché aux surfaces articulaires des os.

Cartilage costal Cartilage hyalin reliant les côtes au sternum.

Cartilage de conjugaison [Syn. cartilage conjugal, cartilage de croissance, cartilage diaphyso-épiphysaire] Bande située entre l'épiphyse et la diaphyse.

Cartilage thyroïde Le plus gros cartilage impair du larynx, constitué de deux lames dont la réunion sur la ligne médiane forme une saillie appelée pomme d'Adam.

Cartilages aryténoïdes Paire de petits cartilages du larynx, qui s'articulent avec le cartilage cricoïde.

Cartographie de l'activité électrique cérébrale Procédé non sanglant qui permet de mesurer et de démontrer l'activité électrique de l'encéphale; utilisé surtout pour le diagnostic de l'épilepsie.

Caryotype Caractéristiques chromosomiques d'une cellule ou d'un groupe de cellules.

Castration Exérèse des testicules.

Catabolisme Réactions chimiques qui dégradent des composés organiques complexes en composés simples et qui libèrent de l'énergie.

Cataracte Perte de transparence du cristallin ou de sa capsule, ou des deux.

Cathéter [Syn. sonde, tube] Tube pouvant être introduit dans une cavité corporelle par un conduit, ou dans un vaisseau sanguin; on l'utilise pour prélever (ou enlever) des liquides, comme de l'urine ou du sang, et pour introduire dans l'organisme des substances diagnostiques ou des médicaments.

Cathétérisme cardiaque Méthode invasive dans laquelle on introduit un cathéter dans une veine ou une artère, et on le pousse, à l'aide d'un fluoroscope, dans les vaisseaux sanguins qui mènent au cœur.

Cation Ion chargé positivement (exemple: Na^+).

Cavité abdominale Partie supérieure de la cavité abdomino-pelvienne contenant l'estomac, la rate, le foie, la vessie, le pancréas, l'instestin grêle et la plus grande partie du côlon.

Cavité abdomino-pelvienne Partie inférieure de la cavité ventrale, qui se divise en cavité abdominale supérieure et en cavité pelvienne inférieure.

Cavité articulaire Espace situé entre les surfaces osseuses d'une diarthrose, rempli de liquide synovial.

Cavité corporelle Espace, à l'intérieur de l'organisme, contenant des organes internes.

Cavité dorsale Cavité située près de la face dorsale du corps, comprenant la boîte crânienne et le canal rachidien.

Cavité orbitaire [Syn. orbite] Cavité osseuse, en forme de pyramide, contenant le globe oculaire.

Cavité pelvienne Portion inférieure de la cavité abdomino-pelvienne, contenant la vessie, le côlon sigmoïde, le rectum et les organes reproducteurs internes.

Cavité péricardique Petite cavité virtuelle située entre le péricarde viscéral et le péricarde pariétal.

Cavité pleurale Cavité virtuelle située entre les feuillets viscéral et pariétal de la plèvre.

Cavité pré-utérine Poche peu profonde formée par le péritoine à partir de la face antérieure de l'utérus, à la jonction du col et du corps de l'utérus, jusqu'à la face postérieure de la vessie.

Cavité thoracique Partie supérieure de la cavité ventrale du corps, contenant les deux cavités pleurales, le médiastin et la cavité péricardique.

Cavité ventrale Cavité située près de la face antérieure du corps, contenant les viscères et comprenant la cavité thoracique supérieure et la cavité abdomino-pelvienne inférieure.

Cellule Unité structurale fonctionnelle fondamentale de tous les organismes vivants; la plus petite structure capable d'effectuer toutes les activités vitales.

Cellule acidophile Cellule présente dans les glandes parathyroïdes, qui sécrète la parathormone (PTH).

Cellule alpha Cellule des îlots de Langerhans du pancréas, qui sécrète le glucagon.

Cellule bêta Cellule des îlots de Langerhans du pancréas qui secrète l'insuline.

Cellule bordante [Syn. cellule pariétale] Cellule sécrétrice de l'estomac, qui produit l'acide chlorhydrique et le facteur intrinsèque.

Cellule caliciforme [Syn. cellule muqueuse] Glande unicellulaire qui sécrète du mucus.

Cellule chromaffine [Syn. cellule phéochrome] Cellule dont le cytoplasme contient des granulations qui brunissent au contact du bichromate de potassium; cette réaction est due en partie à la présence des précurseurs de l'adrénaline; on la trouve, entre autres endroits, dans la médullosurrénale.

Cellule cible Cellule dont l'activité est modifiée par une hormone.

Cellule delta Cellule située dans les îlots de Langerhans du pancréas, qui sécrète la somatostatine.

Cellule épithéliale des glandes parathyroïdes Cellule présente dans les glandes parathyroïdes, sécrétant la parathormone (PTH).

Cellule G Cellule de l'estomac, qui sécrète la gastrine.

Cellule interstitielle du testicule [Syn. cellule de Leydig] Cellule située dans le tissu conjonctif entre les tubes séminifères dans un testicule adulte, qui sécrète la testostérone.

Cellule neurosécrétrice Cellule présente dans certains noyaux de l'hypothalamus, qui produit de l'ocytocine ou de la vasopressine (hormone antidiurétique [ADH]), hormones qui sont entreposées dans la neurohypophyse.

Cellule olfactive Neurone bipolaire dont le corps cellulaire s'insère entre les cellules de soutien situées dans la muqueuse tapissant la partie supérieure des fosses nasales.

Cellule principale Une des cellules d'une glande gastrique, qui sécrète le précurseur principal d'une enzyme gastrique, le pepsinogène.

Cellules épendymaires [Syn. épendymocytes] Cellules gliales qui tapissent les ventricules cérébraux et qui aident probablement à la circulation du liquide céphalo-rachidien.

Cément Tissu calcifié recouvrant la racine des dents.

Centre apneustique Portion du centre respiratoire situé dans la partie inférieure de la protubérance annulaire, dont le rôle consiste à favoriser la coordination de la transition entre l'inspiration et l'expiration.

Centre cardio-accélérateur Groupe de neurones situé dans le bulbe rachidien, duquel émergent les nerfs cardiaques (sympathiques); des influx le long des nerfs libèrent de l'adrénaline qui augmente la fréquence et l'intensité des battements cardiaques.

Centre cardio-inhibiteur [Syn. centre cardio-modérateur] Groupe de neurones situé dans le bulbe rachidien, duquel émergent des fibres parasympathiques qui atteignent le cœur par le nerf vague, ou pneumogastrique (X) ; des influx le long des nerfs libèrent de l'acétylcholine qui réduit la fréquence et l'intensité des battements cardiaques.

Centre de la faim Amas de neurones présent dans les noyaux latéraux de l'hypothalamus, qui, lorsqu'il est stimulé, entraîne l'action de s'alimenter.

Centre de la satiété Amas de neurones situé dans les noyaux ventro-médians de l'hypothalamus, qui, lorsqu'il est stimulé, inhibe le centre de la faim.

Centre de rythmicité respiratoire Portion du centre respiratoire situé dans le bulbe rachidien, qui règle le rythme respiratoire.

Centre d'ossification Région de l'ébauche cartilagineuse des futurs os, où les chrondocytes s'hypertrophient, puis sécrètent des enzymes qui provoquent la calcification de leur matrice, ce qui cause la destruction des chrondocytes, qui est suivie de l'invasion de la région par les ostéoblastes qui produisent du tissu osseux.

Centre pneumotaxique Portion du centre respiratoire de la protubérance annulaire, qui envoie continuellement des influx inhibiteurs au centre inspiratoire, lesquels limitent l'inspiration et facilitent l'expiration.

Centre respiratoire Groupe de neurones de la formation réticulée du tronc cérébral, qui règle la fréquence de la respiration.

Centre vasomoteur Masse de neurones du bulbe rachidien, qui régit le diamètre des vaisseaux sanguins, notamment celui des artères.

Centrioles Organites cellulaires cylindriques pairs à l'intérieur d'un centrosome, composés d'un anneau de microtubules et disposés à angle droit les uns par rapport aux autres ; jouent un rôle dans la division cellulaire.

Centromère Portion d'un chromosome qui maintient les chromatides accolées ; sert de point d'attache aux microtubules chromosomiques.

Centrosome Région plutôt dense du cytoplasme, près du noyau d'une cellule, contenant une paire de centrioles.

Céphalique Relatif à la tête ; occupant une position supérieure.

Cerveau Les deux hémisphères du prosencéphale, formant la plus grande partie de l'encéphale.

Cervelet Portion du rhombencéphale située derrière le bulbe rachidien et la protubérance annulaire, liée à la coordination des mouvements.

Césarienne Intervention chirurgicale consistant à pratiquer une incision horizontale dans la partie inférieure de la paroi abdominale et de l'utérus, et à retirer l'enfant et le placenta de l'utérus.

Cétose État pathologique caractérisé par une production excessive de corps cétoniques.

Chaîne respiratoire [Syn. système de transfert d'électrons] Suite de réactions d'oxydoréduction dans le catabolisme du glucose, dans lesquelles l'énergie est libérée et transférée à l'ATP pour y être entreposée.

Chambre pulpaire Cavité située entre la couronne et le collet d'une dent, remplie de pulpe, un tissu conjonctif contenant des vaisseaux sanguins, des nerfs et des vaisseaux lymphatiques.

Champs électromagnétiques pulsatoires Procédé utilisant l'électrothérapie pour traiter les fractures mal consolidées.

Chémorécepteur Récepteur situé à l'extérieur du système nerveux central, sur les zones chémoréceptrices aortiques et carotidiennes, ou près de celles-ci, qui décèle la présence de substances chimiques.

Chiasma optique Croisement partiel des nerfs optiques (II), situé devant l'hypophyse.

Chimionucléolyse Dissolution du nucleus pulposus d'un disque intervébral par l'injection d'une enzyme protéolytique, la chymopapaïne, pour soulager la pression et la douleur associées à la hernie discale.

Chimiotactisme Attraction des neutrophiles par certains agents chimiques.

Chimiothérapie Traitement utilisant des agents chimiques.

Chiropraxie Méthode thérapeutique reposant sur la manipulation du corps, notamment de la colonne vertébrale.

Choanes Deux orifices postérieurs des fosses nasales, communiquant avec le nasopharynx.

Choc spinal Période consécutive à une section de la moelle épinière, pouvant durer de quelques jours à plusieurs semaines, et caractérisée par l'absence de toute activité réflexe.

Cholécystectomie Ablation de la vésicule biliaire.

Cholestérol Classé comme un lipide, le stéroïde le plus répandu dans les tissus animaux ; situé dans les membranes cellulaires et utilisé pour la synthèse des hormones stéroïdes et des sels biliaires.

Cholinestérase Enzyme qui hydrolyse l'acétylcholine.

Chondrocyte Cellule du tissu cartilagineux.

Chondroïtine-sulfate Substance fondamentale amorphe, présente à l'extérieur de la cellule.

Chorion Membrane externe du fœtus, qui joue un rôle de protection et de nutrition.

Choroïde Une des tuniques vasculaires du globe oculaire.

Chromatide Un d'une paire de brins de nucléoprotéines identiques liés au centromère et se séparant au cours de la division cellulaire, chacun devenant un chromosome de l'une des deux cellules filles.

Chromatine Masse filiforme de matériel génétique, composée principalement d'ADN, présente dans le noyau d'une cellule durant l'interphase.

Chromatolyse Dégradation du corps de Nissl en masses de fines granules, réaction caractéristique de la dégénérescence rétrograde d'une lésion d'un nerf périphérique.

Chromosome Chacun des 46 éléments apparaissant dans le noyau d'une cellule diploïde au cours de la division cellulaire.

Chromosomes sexuels [Syn. hétérochromosomes] La vingt-troisième paire de chromosomes, appelée X et Y, qui détermine le sexe génétique d'un individu ; chez l'homme, XY, chez la femme, XX.

Chronique Se dit d'une maladie de longue durée ou récurrente, ou d'une maladie qui ne se présente pas sous une forme aiguë.

Chylifères Capillaires lymphatiques situés dans les villosités de l'intestin, qui absorbent les produits de digestion des graisses.

Chylomicron Agrégat de triglycérides, de phospholipides et de cholestérol, recouvert d'une protéine qui pénètre dans le chylifère d'une villosité durant l'absorption.

Chyme Bouillie semi-liquide composée d'aliments partiellement digérés et de sécrétions digestives, présente dans l'estomac et l'intestin grêle durant la digestion.

Cicatrice Marque laissée par une plaie après guérison.

Cil [Syn. cil vibratile] Prolongement filamenteux d'une cellule, qui peut déplacer la cellule entière ou des substances qui se trouvent à la surface de la cellule.

Circoncision [Syn. posthectomie] Résection du prépuce.

Circonvolution Un des replis du cortex cérébral.

Circonvolution frontale ascendante Circonvolution située devant la scissure de Rolando, qui contient l'aire motrice primaire du cortex cérébral.

Circonvolution pariétale ascendante Circonvolution située derrière la scissure de Rolando, qui contient les aires sensitives du cortex cérébral.

Circulation collatérale Trajet suivi par le sang dans une anastomose.

Circulation coronarienne Trajet que suit le sang à partir de l'aorte ascendante, dans les vaisseaux sanguins irriguant le cœur et retournant dans l'oreillette droite.

Circulation fœtale Appareil circulatoire du fœtus, comprenant le placenta et les vaisseaux sanguins spéciaux qui interviennent dans les échanges mère-enfant.

Circulation pulmonaire [Syn. petite circulation] Circulation de sang non oxygéné provenant du ventricule droit et se rendant aux poumons, et retour du sang oxygéné depuis les poumons jusqu'à l'oreillette gauche.

Circulation systémique [Syn. grande circulation, circulation générale] Trajet que suit le sang oxygéné depuis le ventricule gauche, par l'aorte, jusqu'aux différents organes du corps, et retour du sang non oxygéné à l'oreillette droite, par les veines caves supérieure et inférieure.

Circumduction Mouvement effectué au niveau d'une diarthrose, au cours duquel l'extrémité distale d'un os décrit un cône pendant que l'extrémité proximale reste relativement stable.

Cirrhose Affection du foie, dans laquelle les cellules du parenchyme sont détruites et remplacées par du tissu conjonctif.

Climatère Interruption de la fonction reproductive chez la femme, ou diminution de l'activité testiculaire chez l'homme.

Clitoris Organe érectile de l'appareil génital féminin, comparable au pénis.

Cloison des fosses nasales Cloison verticale osseuse et cartilagineuse, recouverte d'une muqueuse, séparant les fosses nasales en parties gauche et droite.

Clou plaquettaire [Syn. thrombus blanc, clou hémostatique] Agrégation de plaquettes au niveau d'une brèche vasculaire, prévenant l'hémorragie.

Coagulation Formation d'un caillot de sang.

Coarctation de l'aorte Anomalie congénitale dans laquelle l'aorte est rétrécie, et qui entraîne une réduction de l'apport sanguin, une augmentation de l'action de pompage du ventricule et une élévation de la pression artérielle.

Coccyx Vertèbres soudées à l'extrémité inférieure de la colonne vertébrale.

Cochlée Tube enroulé sur lui-même, en forme de cornet, faisant partie de l'oreille interne et contenant l'organe de Corti.

Coenzyme Molécule organique non protéique qui s'associe à une enzyme et la stimule ; plusieurs sont dérivées des vitamines (exemple : nicotinamide-adénine-dinucléotide [NAD], dérivé de la niacine, une vitamine du complexe B).

Cœur Organe musculaire creux situé légèrement à la gauche de la ligne médiane du thorax, qui propulse le sang dans l'appareil cardio-vasculaire.

Cœur-poumon artificiel Appareil qui propulse le sang, comme le cœur, et élimine le dioxyde de carbone du sang et fournit de l'oxygène, comme les poumons ; utilisé durant les transplantations cardiaques, les interventions chirurgicales à cœur ouvert et les pontages coronariens.

Cœur pulmonaire Hypertrophie ventriculaire droite consécutive à une affection, qui entraîne une hypertension dans la circulation pulmonaire.

Coït [Syn. copulation] Accouplement de l'homme et de la femme.

Col Partie étroite d'un organe (exemples : col du fémur, col de l'utérus).

Collagène Protéine qui constitue le composant essentiel du tissu conjonctif.

Collapsus circulatoire État dans lequel les tissus corporels, y compris les organes importants, reçoivent un apport sanguin insuffisant à cause de la diminution du débit cardiaque ou du volume sanguin ; les signes comprennent un abaissement de la pression artérielle, un pouls faible et rapide, une respiration superficielle et rapide, de la pâleur ou de la cyanose, et la confusion mentale ou l'inconscience.

Côlon Segment du gros intestin, comprenant le côlon ascendant, le côlon transverse, le côlon descendant et le côlon sigmoïde.

Côlon ascendant Segment du côlon s'étendant du cæcum à la partie inférieure du foie, où il s'incurve à l'angle colique droit (hépatique) pour devenir le côlon transverse.

Côlon descendant Segment du côlon s'étendant depuis l'angle colique gauche (splénique) jusqu'au niveau de l'épine iliaque gauche.

Côlon sigmoïde Segment en forme de S du côlon, qui commence au niveau de la crête iliaque gauche, s'étend vers l'intérieur jusqu'à la ligne médiane, et se termine au rectum, au niveau de la troisième vertèbre sacrée.

Côlon transverse Segment du côlon s'étendant dans l'abdomen depuis l'angle hépatique jusqu'à l'angle splénique.

Colonne vertébrale [Syn. rachis] Les 26 vertèbres ; renferme et protège la moelle épinière et sert de point d'attache aux côtes et aux muscles dorsaux.

Colonnes anales Replis longitudinaux de la muqueuse du canal anal, contenant un réseau d'artères et de veines.

Colonnes charnues Crêtes et replis du myocarde dans les ventricules.

Colostomie [Syn. anus artificiel] Intervention chirurgicale visant à créer un abouchement du côlon à la peau.

Colostrum Liquide brouillé sécrété par les glandes mammaires quelques jours avant ou après l'accouchement, avant la montée laiteuse.

Colposcopie Examen direct du vagin et du col utérin au moyen d'une loupe binoculaire (colposcope).

Columelle Axe osseux de la cochlée.

Coma État d'inconscience profonde, duquel le sujet ne peut être réveillé, même par une forte stimulation.

Commissure grise Étroite bande de substance grise reliant les deux cornes latérales dans la moelle épinière.

Commotion cérébrale Ébranlement du cerveau, ne laissant aucune trace visible, mais pouvant provoquer une perte de connaissance immédiate et temporaire.

Communication interauriculaire ou interventriculaire Ouverture dans la cloison qui sépare les côtés gauche et droit du cœur.

Complément Ensemble de protéines plasmatiques, activé par certaines réactions antigène-anticorps, qui suit une séquence précise de réactions à la surface d'une cellule sur laquelle l'anticorps est fixé de façon que la membrane soit lysée.

Complexe QRS Ensemble d'ondes de l'électrocardiogramme qui correspond à la dépolarisation ventriculaire.

Compliance pulmonaire Facilité avec laquelle les poumons et la paroi thoracique peuvent se dilater.

Composé Substance qui peut être dégradée en deux autres substances, ou plus, par des moyens chimiques.

Compression musculaire Contractions des muscles squelettiques autour des veines, entraînant l'ouverture des valvules des veines et facilitant le retour veineux du sang au cœur.

Conduction saltatoire Propagation d'un potentiel d'action le long des portions exposées d'une fibre nerveuse myélinique. Le potentiel d'action semble sauter d'un nœud de Ranvier à un autre, d'où son nom.

Conduit auditif externe Canal situé dans l'os temporal, menant à l'oreille moyenne.

Cône médullaire Extrémité effilée du renflement lombaire de la moelle épinière.

Cône rétinien Récepteur sensible à la lumière, situé dans la rétine, qui est à l'origine de la vision des couleurs.

Congénital [Syn. inné] Présent à la naissance.

Conjonctive Membrane délicate recouvrant le globe oculaire et tapissant les paupières.

Conjonctivite Inflammation de la conjonctive.

Constipation Défécation difficile ou irrégulière, causée par une réduction de la motilité intestinale.

Constriction vasculaire Contraction d'un muscle lisse dans la paroi d'un vaisseau sanguin lésé pour prévenir l'hémorragie.

Contraceptif oral Substance hormonale administrée par voie orale, qui empêche l'ovulation et, par conséquent, la grossesse.

Contraception Moyens destinés à empêcher la fécondation sans entraîner la stérilité.

Contractilité Propriété d'une fibre musculaire de se contracter.

Contraction isovolumétrique Période d'une durée d'environ 0,05 s, entre le début de la systole ventriculaire et l'ouverture des valvules sigmoïdes ; les ventricules se contractent, mais ne se vident pas, et il se produit une élévation rapide de la pression ventriculaire.

Contraction musculaire anisométrique [Syn. contraction musculaire isotonique ou dynamique] Contraction musculaire entraînant un raccourcissement du muscle et un mouvement, sans que la tension soit modifiée.

Contraction musculaire isométrique [Syn. contraction statique] Contraction musculaire entraînant une augmentation de la tension du muscle, mais un raccourcissement minimal du muscle, de sorte qu'il n'y a aucun mouvement.

Controlatéral Situé sur le côté opposé ; affectant le côté opposé du corps.

Convergence (1) Phénomène par lequel les boutons synaptiques de plusieurs neurones présynaptiques s'accolent à un seul neurone postsynaptique. (2) Mouvement médian des globes oculaires de façon que les deux soient dirigés vers un objet rapproché afin de permettre la vision d'une seule image.

Convulsion Contraction violente, involontaire et tétanique d'un groupe de muscles.

Cordages tendineux Cordons qui relient les valvules cardiaques aux muscles papillaires.

Cordes vocales inférieures Replis muqueux situés sous les bandes ventriculaires (ou cordes vocales supérieures), qui jouent un rôle dans la phonation.

Cordon ombilical Long cordon contenant les artères et la veine ombilicales, reliant le fœtus au placenta.

Cordon spermatique Structure de soutien de l'appareil reproducteur de l'homme, s'étendant de l'épididyme à l'anneau inguinal profond ; comprend les canaux déférents, des artères, des veines, des vaisseaux lymphatiques, des nerfs, le crémaster et du tissu conjonctif.

Cornée Tunique fibreuse et transparente qui recouvre l'iris.

Cornet Lame osseuse recourbée située dans le crâne.

Corona radiata Couche interne de cellules folliculaires entourant un ovule.

Corps calleux Grande commissure située entre les deux hémisphères cérébraux.

Corps cellulaire [Syn. péricaryon] Partie de la cellule nerveuse contenant le noyau, le cytoplasme et la membrane cellulaire.

Corps cétoniques Substances (acétone, acide acétylacétique et acide β-hydroxybutyrique) produites surtout durant le métabolisme d'un surplus de graisses.

Corps ciliaire [Syn. zone ciliaire] Une des trois portions de la tunique vasculaire du globe oculaire, les autres étant la chroïde et l'iris ; comprend le muscle ciliaire et les procès ciliaires.

Corps jaune Glande endocrine jaunâtre formée dans l'ovaire après l'ovulation, qui sécrète les œstrogènes, la progestérone et la relaxine.

Corps strié [Syn. corpus striatum] Région à l'intérieur de chaque hémisphère cérébral, comprenant le noyau caudé et le noyau lenticulaire des noyaux gris centraux et la substance blanche de la capsule interne, disposée en stries.

Corps vitré Substance gélatineuse qui remplit la cavité postérieure du globe oculaire, présente entre le cristallin et la rétine.

Corpus albicans [Syn. corps blanc] Cicatrice fibreuse qui se forme dans l'ovaire après la disparition du corps jaune.

Corpuscule rénal Ensemble formé par la capsule de Bowman et son glomérule.

Cortex Couche externe d'un organe.

Cortex cérébral [Syn. écorce cérébrale, manteau, pallium] La surface des hémisphères cérébraux, de 2 mm à 4 mm d'épaisseur, comprenant six couches de substance grise sur la plus grande partie de sa superficie.

Corti (membrane de) Membrane gélatineuse surplombant et touchant les cellules ciliées de l'organe de Corti dans le canal cochléaire.

Corti (organe de) [Syn. papille spirale de Huschke ; organe de l'audition] Organe de l'audition, constitué de cellules de soutien de de cellules ciliées, qui repose sur la membrane basilaire et se prolonge dans l'endolymphe du canal cochléaire.

Corticosurrénale [Syn. cortex surrénal] Partie extérieure d'une glande surrénale, divisée en trois zones, chacune d'elles possédant un agencement cellulaire différent et sécrétant des hormones différentes.

Corticotrophine (ACTH) [Syn. adréno-corticotrophine] Hormone de l'adénohypophyse, qui influence l'élaboration et la sécrétion de certaines hormones de la corticosurrénale.

Cou Partie du corps reliant la tête au tronc.

Couche basale de l'endomètre Couche sous-jacente à la couche fonctionnelle de l'endomètre, adjacente au myomètre, qui est maintenue au cours de la menstruation et de la grossesse, et qui produit une nouvelle couche fonctionnelle après la menstruation ou l'accouchement.

Couche fonctionnelle de l'endomètre Couche superficielle de l'endomètre, adjacente à la cavité utérine, qui est expulsée au cours de la menstruation et qui entre dans la formation du placenta au cours de la grossesse.

Couche ostéogénique Couche interne du périoste, contenant les cellules qui fabriquent du tissu osseux durant la croissance ou la guérison.

Coup de chaleur État caractérisé par une peau froide et moite, une transpiration abondante, et une perte de liquide et d'électrolytes (surtout de sodium), qui provoque des crampes musculaires, des étourdissements, des vomissements et des évanouissements.

Courbure Déviation d'une ligne droite, comme la grande et la petite courbure de l'estomac. Parmi les courbures anormales de la colonne vertébrale, on trouve l'hypercyphose, l'hyperlordose et la scoliose.

Cowper (glande de) [Syn. glande bulbo-urétrale] Chacune des deux glandes situées sous la prostate, de chaque côté de l'urètre, qui sécrète un liquide alcalin dans le bulbe de l'urètre.

Crachat Substance contenant du mucus et de la salive, expulsée par la bouche.

Crampe Contraction spastique, habituellement tonique, d'un ou de plusieurs muscles ; généralement douloureuse.

Crâne Boîte osseuse constituant la partie postéro-supérieure du squelette de la tête, qui protège l'encéphale et les organes de la vision, de l'audition et de l'équilibre ; comprend les os frontal, pariétaux, temporaux, occipital, sphénoïde et ethmoïde.

Craniotomie Ouverture de la boîte crânienne, comme dans le cas d'une intervention chirurgicale sur l'encéphale.

Créatine-phosphate Molécule hautement énergétique, présente dans les fibres musculaires, capable de se décomposer en phosphate et en créatine ; l'énergie ainsi libérée est utilisée pour produire de l'ATP à partir de l'ADP.

Crénelure Transformation des hématies en échinocytes, lorsqu'elles sont placées dans une solution hypertonique.

Crête ampullaire Petite éminence à l'intérieur de l'ampoule de chacun des canaux semi-circulaires, jouant le rôle de récepteur pour l'équilibre dynamique.

Crétinisme Hypothyroïdie de l'enfance provoquant une arriération physique et mentale.

Cristallin Organe transparent situé derrière la pupille et l'iris, et devant le corps vitré.

Croissance par apposition [Syn. croissance exogène] Croissance causée par un dépôt de substance en surface, comme dans l'augmentation du diamètre du cartilage et des os.

Crosse de l'aorte Partie supérieure de l'aorte, située entre les segments ascendant et descendant de celle-ci.

Cryochirurgie Technique chirurgicale utilisant le froid pour détruire les tissus.

Cryptorchidie Migration incomplète des testicules.

Cuisse Portion du membre inférieur, comprise entre la hanche et le genou.

Cupule Masse de substance gélatineuse recouvrant les cellules ciliées d'une crête ampullaire, un récepteur de l'ampoule d'un canal semi-circulaire stimulé par les mouvements de la tête.

Cushing (syndrome de) Manifestations cliniques et biologiques causées par une hypersécrétion des hormones glucocorticoïdes, et caractérisées par des jambes grêles, un faciès lunaire, un cou de bison, un abdomen pendant, des rougeurs du visage et une cicatrisation difficile.

Cutané Relatif à la peau.

Cyanose Coloration légèrement bleuâtre ou violette de la peau et de la membrane muqueuse, causée par une carence en oxygène.

Cycle menstruel Ensemble de phénomènes physiologiques affectant l'endomètre de la femme non enceinte, qui prépare la muqueuse utérine à recevoir un ovule fécondé.

Cycle ovarien Ensemble des phénomènes mensuels ovariens destinés à produire un ovule mûr.

Cylindre Petite masse de substance durcie formée à l'intérieur d'une cavité corporelle, puis excrétée ; peut prendre naissance dans différents endroits et être composée de différentes substances.

Cyphose Incurvation du rachis dorsal à convexité postérieure.

Cystite Inflammation de la vessie.

Cystoscope Instrument utilisé pour examiner l'intérieur de la vessie.

Cytochrome Protéine contenant du fer capable de passer alternativement de l'état de ferroporphyrine (fer ferreux) à l'état de ferriporphyrine (fer ferrique).

Cytocinèse Division cytoplasmique.

Cytologie Étude des cellules.

Cytoplasme Substance située à l'intérieur de la membrane cellulaire et à l'extérieur de son noyau.

Cytosquelette Structure interne complexe du cytoplasme constituée de microfilaments, de microtubules et de filaments intermédiaires.

Daltonisme Troubles de la perception des couleurs, causés par une déficience d'un ou de plusieurs pigments photosensibles des cônes.

Dartos Tissu contractile sous la peau du scrotum.

Débilité État de faiblesse d'un organe.

Débit cardiaque Volume effectif de sang éjecté par chaque ventricule (habituellement mesuré à partir du ventricule gauche) en une minute ; équivaut à environ 5,2 L/min dans des conditions normales de repos.

Débit systolique Volume de sang expulsé par l'un ou l'autre ventricule durant une systole ; environ 70 mL.

Déchirure du ménisque [Syn. déplacement interne du genou] Déchirure d'un disque articulaire, ou ménisque, dans le genou.

Décibel (dB) Unité qui sert à mesurer l'intensité du son.

Décussation Le fait de traverser en s'entrecroisant. S'applique habituellement, pour la plupart des fibres des voies motrices importantes, au fait de se rendre aux côtés opposés à leur point d'origine dans les pyramides bulbaires.

Dédoublé, fourchu Qui a deux branches.

Défécation [Syn. exonération] Évacuation des fèces par l'anus.

Défibrillation Application d'un choc électrique violent au cœur pour interrompre une fibrillation ventriculaire.

Dégénérescence maculaire sénile Affection caractérisée par la formation de vaisseaux sanguins sur la macula.

Dégénérescence wallérienne Désintégration de la portion distale de l'axone et de la gaine de myéline.

Déglutition Action d'avaler.

De Graaf (follicule de) Follicule relativement volumineux, rempli de liquide, contenant un ovule immature et ses tissus environnants, qui sécrète des œstrogènes.

Délai synaptique Période entre l'arrivée d'un potentiel d'action à la terminaison axonale et le changement de potentiel de membrane sur la membrane postsynaptique ; dure habituellement environ 0,5 ms.

Déminéralisation Perte de calcium et de phosphore dans les os.

Dendrite Prolongement d'un neurone conduisant un influx nerveux au corps cellulaire.

Dentition Formation et éruption des dents.

Denture Terme qui se rapporte au nombre, à la forme et à la disposition des dents.

Dépolarisation Terme utilisé en neurophysiologie pour décrire la réduction de voltage à travers une membrane cellulaire ; mouvement vers un voltage moins négatif (plus positif) à l'intérieur d'une membrane cellulaire.

Dermatologie Branche de la médecine qui traite des maladies de la peau.

Dermatome (1) Instrument chirurgical destiné à inciser la peau ou à prélever un fragment cutané. (2) Territoire cutané formé à partir d'un segment embryonnaire de la moelle épinière, et dont l'innervation est assurée par un nerf rachidien.

Derme Couche de tissu conjonctif dense située au-dessous de l'épiderme.

Déshydratation Perte excessive d'eau ; se dit de l'organisme ou de ses parties.

Détresse respiratoire du nouveau-né [Syn. maladie des membranes hyalines] Maladie des nouveau-nés, notamment des prématurés, caractérisée par une production insuffisante de surfactant et par une respiration laborieuse.

Détritus Tissu ou matière dégradée ou en dégénérescence.

Détrusor [Syn. muscle vésical] Muscle de la paroi de la vessie.

Diabète insipide État pathologique causé par une hyposécrétion d'hormone antidiurétique (ADH) et caractérisé par une soif intense (polydipsie) et des urines abondantes (polyurie).

Diabète sucré Affection chronique causée par une hyposécrétion d'insuline et caractérisée par une hyperglycémie, une polyurie, une polydipsie et une polyphagie (appétit insatiable).

Diagnostic Processus d'identification d'une maladie au moyen de l'examen, de la palpation, d'examens de laboratoire, etc.

Dialyse Séparation des cristalloïdes (petites particules) et des colloïdes (grosses particules), basée sur la différence entre leurs taux de diffusion à travers une membrane semi-perméable.

Diapédèse Passage des éléments figurés du sang à travers les parois intactes des capillaires.

Diaphragme Muscle squelettique en forme de dôme séparant le thorax de l'abdomen.

Diaphyse Corps d'un os long.

Diarrhée Émission fréquente de selles liquides, causée par une augmentation de la motilité intestinale.

Diarthrose Articulation permettant aux os de se mouvoir librement (exemples : articulations de la hanche, du coude, du poignet).

Diastole Dans la révolution cardiaque, phase de relaxation ou de dilatation du muscle cardiaque, notamment des ventricules.

Diencéphale Partie de l'encéphale constituée principalement du thalamus et de l'hypothalamus.

Différenciation Acquisition de fonctions particulières différentes de celles du type original.

Diffusion Processus passif caractérisé par un mouvement net des molécules ou des ions d'une région de forte concentration vers une région de faible concentration, jusqu'à ce que l'équilibre soit atteint.

Diffusion facilitée Processus de diffusion dans lequel une substance insoluble dans un lipide est transportée à travers une membrane semi-perméable en s'unissant à un transporteur.

Digestion Dégradation mécanique et chimique des aliments en simples molécules qui peuvent être absorbées par l'organisme.

Dilacération Déchirure d'un tissu ou d'un organe, causée par un traumatisme.

Dilater Augmenter le volume de quelque chose, gonfler, agrandir.

Diploïde Possédant le nombre de chromosomes habituellement présents dans les cellules somatiques d'un organisme.

Diplopie Trouble de la vision dans lequel le sujet perçoit deux images d'un seul objet.

Disque articulaire [Syn. ménisque] Lame fibrocartilagineuse entre les surfaces articulaires des os de certaines diarthroses.

Disques intervertébraux Fibrocartilages entre deux vertèbres.

Dissection Action d'isoler les tissus et les parties d'un cadavre ou d'un organe pour en faciliter l'étude anatomique.

Distal Éloigné de l'origine ; éloigné du point d'attache d'un membre au tronc ou d'une structure.

Diurétique Substance chimique qui augmente le volume d'urine en empêchant la réabsorption tubulaire facultative de l'eau.

Divergence Phénomène par lequel les boutons synaptiques d'un neurone présynaptique s'accolent à plusieurs neurones postsynaptiques.

Diverticule Sac ou poche dans la paroi d'un canal ou d'un organe, notamment dans le côlon.

Diverticulite Inflammation d'un diverticule, cavité en forme de sac qui se forme dans la paroi du côlon lorsque la musculeuse s'affaiblit.

Dorsiflexion Flexion du pied au niveau de la cheville.

Dos Face postérieure du tronc.

Douglas (cul-de-sac de) Cul-de-sac entourant le point d'attache du vagin au col de l'utérus.

Douleur projetée [Syn. irradiation douloureuse, propagation douloureuse] Douleur irradiant dans une région éloignée de son point d'origine.

Duodénum Segment initial de l'intestin grêle.

Dure-mère Membrane externe (méninge) recouvrant l'encéphale et la moelle épinière.

Dysfonctionnement Perturbation du fonctionnement.

Dyslexie Troubles de l'apprentissage de la lecture.

Dysménorrhée Menstruation difficile et douloureuse.

Dysplasie cervicale Changement dans la forme, la croissance et le nombre des cellules de l'utérus ; lorsque la maladie est grave, elle peut dégénérer en cancer.

Dystrophie Affaiblissement progressif d'un muscle.

Dystrophie musculaire Myopathie héréditaire caractérisée par la dégénérescence des cellules musculaires, aboutissant progressivement à l'atrophie.

Ectoblaste [Syn. ectoderme] Feuillet superficiel de l'embryon, d'où proviennent le système nerveux ainsi que l'épiderme et ses composés.

Ectopique Situé en dehors de son emplacement normal.

Eczéma Affection cutanée caractérisée par du prurit, de la tuméfaction, des vésicules, du suintement et une desquamation de la peau.

Effecteur Organe du corps (muscle ou glande), capable de réagir à un influx d'un neurone moteur.

Effecteur viscéral Muscle cardiaque, muscle lisse et épithélium glandulaire.

Efférences parasympathiques cranio-sacrées Fibres des neurones parasympathiques préganglionnaires, dont les corps cellulaires sont situés dans des noyaux du tronc cérébral et dans la substance grise latérale de la portion sacrée de la moelle épinière.

Efférences sympathiques thoraco-lombaires Fibres des neurones préganglionnaires sympathiques, dont les corps cellulaires se trouvent dans les cornes latérales de la substance grise du segment thoracique et des deux ou trois premiers segments lombaires de la moelle épinière.

Éjaculation Expulsion du sperme par le pénis.

Éjection du lait Contraction des cellules alvéolaires en vue de faire passer le lait dans les canaux des glandes mammaires, stimulée par l'ocytocine qui est libérée par la neurohypophyse en réaction à la succion.

Élasticité Propriété que possède un tissu de reprendre sa forme après avoir été contracté ou étiré.

Électrocardiogramme (ECG) Tracé enregistrant les variations électriques qui accompagnent la révolution cardiaque.

Électro-encéphalogramme (EEG) Tracé de l'activité électrique cérébrale.

Électrolyte Substance qui se dissocie en ions lorsqu'elle est dissoute dans l'eau, et qui permet le passage d'un courant électrique.

Éléidine Substance translucide présente dans la peau.

Élévation Mouvement par lequel une partie du corps se déplace vers le haut.

Émail Tissu dur, minéralisé, recouvrant la couronne dentaire.

Embole Corps étranger (caillot de sang, bulle d'air, gras provenant d'un os fracturé, amas de bactéries, etc), transporté dans le sang.

Embolie Obstruction d'un vaisseau par un embole.

Embolie pulmonaire Présence d'un caillot sanguin ou d'un corps étranger dans un vaisseau artériel pulmonaire, qui obstrue la circulation en direction du tissu pulmonaire.

Embryologie Branche de l'anatomie étudiant le développement de l'œuf et de l'embryon, depuis la fécondation jusqu'à la huitième semaine de vie intra-utérine.

Embryon (1) Tout être vivant durant les premiers stades du développement. (2) Nom donné à l'être humain, de la fécondation à la huitième semaine de vie intra-utérine.

Emmétropie État de l'œil normal.

Emphysème pulmonaire Gonflement ou distension des voies respiratoires, causé par une perte d'élasticité dans les alvéoles.

Émulsion Procédé qui consiste à disperser de gros globules de gras en particules plus petites distribuées uniformément.

Énarthrose [Syn. articulation à surface sphérique] Articulation du genre des diarthroses, dans laquelle la surface arrondie de l'un des os s'insère dans une cavité de l'autre os (exemples : articulations de l'épaule ou de la hanche).

Encéphale Masse de tissu nerveux, située dans la boîte crânienne.

Endoblaste [Syn. entoblaste, endoderme] Feuillet embryonnaire interne qui donne naissance au tube digestif, à la vessie, à l'urètre et à l'appareil respiratoire.

Endocarde Tunique de la paroi du cœur, composée d'endothélium et de muscles lisses, qui tapisse l'intérieur du cœur et recouvre les valvules et les tendons qui maintiennent l'ouverture des valvules.

Endocrinologie Science qui traite de la structure et des fonctions des glandes endocrines, ainsi que du diagnostic et du traitement des troubles du système endocrinien.

Endocytose Capture, par une cellule, de grosses molécules et particules, dans laquelle la membrane s'invagine et entoure une portion du milieu ambiant ; comprend la phagocytose, la pinocytose et l'endocytose par récepteur interposé.

Endocytose par récepteur interposé Processus très sélectif dans lequel les cellules peuvent assimiler de grosses molécules ou particules (coordinats). Durant le processus, des compartiments, appelés vésicules, des endosomes et des compartiments de découplage du récepteur et du coordinat se forment successivement. Les coordinats sont par la suite dégradés dans les lysosomes par des enzymes.

Endodontie Branche de la médecine dentaire qui s'occupe de prévention, qui étudie et qui traite les maladies affectant la pulpe, la racine, le ligament alvéolo-dentaire et l'os alvéolaire.

Endogène Qui prend naissance à l'intérieur de l'organisme.

Endolymphe Liquide remplissant le labyrinthe membraneux de l'oreille interne.

Endomètre Membrane muqueuse tapissant l'utérus.

Endométriose Croissance de tissu endométrial en dehors de l'utérus.

Endomysium Invagination du périmysium séparant chaque fibre musculaire.

Endonèvre [Syn. endoneurium, gaine de Key et Retzius, gaine de Henle, tissu conjonctif intrafasciculaire de Ranvier] Tissu conjonctif entourant les fibres nerveuses.

Endorphine Substance polypeptidique présente dans le système nerveux central, possédant la propriété de calmer la douleur.

Endoscopie Examen visuel d'une cavité de l'organisme à l'aide d'un endoscope, un tube pourvu de lentilles, qui projette de la lumière.

Endoste Membrane qui tapisse le canal médullaire de certains os.

Endothélium Couche d'épithélium pavimenteux simple qui tapisse la face interne des parois du cœur et des vaisseaux sanguins et lymphatiques.

Enképhaline Susbtance polypeptidique présente dans le système nerveux central, possédant la propriété de calmer la douleur.

Entorse Lésion ligamentaire, par étirement ou par rupture, causée par un traumatisme articulaire, sans luxation.

Énurésie Incontinence urinaire involontaire, complète ou partielle, après l'âge de trois ans.

Enzyme Substance qui modifie la vitesse des réactions chimiques ; un catalyseur organique, habituellement une protéine.

Éosinophile Type de leucocyte caractérisé par un cytoplasme granuleux facilement coloré par l'éosine.

Épanchement Fuite de liquide des vaisseaux lymphatiques ou des vaisseaux sanguins dans une cavité ou dans un tissu.

Épidémiologie Science qui étudie l'occurrence et la distribution des maladies dans les populations humaines.

Épiderme Couche superficielle de la peau, composée d'épithélium pavimenteux stratifié.

Épididyme Organe en forme de virgule, situé le long du bord postérieur du testicule, qui contient des spermatozoïdes.

Épiglotte Cartilage ayant la forme d'une feuille, situé au-dessus du larynx, le « pédoncule » étant attaché au cartilage thyroïde, et la « feuille », libre de se mouvoir de haut en bas pour couvrir la glotte.

Épilepsie Affection neurologique caractérisée par des crises périodiques courtes, modifiant les fonctions motrices, sensorielles ou psychologiques.

Épimysium Tissu conjonctif fibreux entourant les muscles.

Épinèvre [Syn. épineurium] Couche externe d'un nerf.

Épiphyse (1) Extrémité d'un os long, dont le diamètre est habituellement plus grand que celui du corps de l'os (la diaphyse). (2) [Syn. glande pinéale] Glande en forme de cône située à la jonction des faces postérieure et supérieure du troisième ventricule.

Épisiotomie Section chirurgicale du périnée à la fin du deuxième stade du travail, pratiquée pour éviter une déchirure des tissus.

Épistaxis Hémorragie provenant des fosses nasales et s'écoulant par les narines.

Épithélium germinatif Couche de cellules épithéliales, qui recouvre les ovaires et les tubes séminifères.

Éponichium [Syn. cuticule] Étroite bande d'épiderme, située sur le bord proximal de l'ongle, qui s'étend à partir du bord latéral de l'ongle et y adhère.

Épreuve de compatibilité croisée Épreuve effectuée avant une transfusion sanguine, en vue de vérifier la compatibilité des groupes sanguins. On mêle des hématies du donneur avec un échantillon du sérum du receveur, et on mêle ensuite des hématies du receveur avec un échantillon du sérum du donneur. S'il n'y a pas d'agglutination, les deux types de sang sont considérés comme compatibles.

Équilibre dynamique Maintien de la position du corps, notamment de celle de la tête, en réaction à des mouvements soudains (rotation, accélération et décélération).

Équilibre statique Maintien de la posture en réaction à des modifications de l'orientation corporelle, notamment de la tête, par rapport au sol.

Érection État du pénis, ou du clitoris, qui devient raide, dur et gonflé, par afflux de sang dans le tissu érectile spongieux.

Éructation Expulsion violente, par la bouche, de gaz d'origine gastrique.

Érythémateux Relatif à la rougeur de la peau.

Érythème Rougeur de la peau, habituellement causée par l'engorgement des capillaires dans les couches profondes de la peau.

Érythrogénine Enzyme libérée par les reins et le foie sous l'effet de l'hypoxie, qui agit sur une protéine plasmatique pour amener la production de l'érythropoïétine, laquelle stimule la production des hématies.

Érythropoïèse Processus par lequel se forment les hématies.

Érythropoïétine [Syn. hémopoïétine] Hormone formée à partir d'une protéine plasmatique, qui stimule la production des hématies.

Escarre de décubitus Nécrose tissulaire due à une carence constante de sang dans les tissus qui recouvrent une saillie osseuse ayant été soumise à une compression prolongée contre un plan dur (lit, plâtre ou atelle).

Espace épidural Espace situé entre la dure-mère et la paroi du canal rachidien, rempli de graisse, de tissu conjonctif lâche et de vaisseaux sanguins.

Espace sous-arachnoïdien Espace situé entre l'arachnoïde et la pie-mère, qui entoure l'encéphale et la moelle épinière, et dans lequel circule le liquide céphalo-rachidien.

Espace sous-dural Espace situé entre la dure-mère et l'arachnoïde, contenant une petite quantité de liquide séreux.

Estomac Élargissement en forme de J du tube digestif, situé directement sous le diaphragme dans les régions épigastrique, ombilicale et hypochondriaque gauche de l'abdomen, entre l'œsophage et l'intestin grêle.

Étiologie Étude des causes des maladies.

Euphorie Sensation de bien-être, accompagnée d'un sentiment de confiance en soi et d'assurance.

Eupnée Respiration normale.

Eustache (trompe d') Conduit reliant l'oreille moyenne aux fosses nasales et au nasopharynx.

Euthanasie Pratique consistant à hâter la mort d'un malade incurable.

Éversion Mouvement du pied, la plante du pied tournée vers l'extérieur, à partir de l'articulation de la cheville.

Exacerbation Augmentation de l'intensité des symptômes ou d'une maladie.

Examen des urines Analyse physique, chimique et microscopique des urines.

Excitabilité (1) Propriété d'un tissu musculaire de recevoir des stimuli et d'y réagir. (2) Propriété des cellules nerveuses de réagir aux stimuli et de les convertir en influx nerveux.

Excréments Ensemble des matières excrétées par l'organisme, notamment les fèces.

Excrétion Processus par lequel les déchets sont éliminés d'une cellule, d'un tissu ou de l'organisme tout entier ; les déchets ainsi éliminés.

Exocytose Processus d'élimination des produits cellulaires trop gros pour traverser la membrane cellulaire. Les particules destinées à être déversées à l'extérieur sont entourées par des membranes lorsqu'elles sont synthétisées. Les vésicules sont excrétées de l'appareil de Golgi et transportent les particules qu'elles entourent à la surface intérieure de la membrane cellulaire, où la membrane de la vésicule et la membrane cellulaire s'unissent et excrètent le contenu de la vésicule.

Exogène Qui prend naissance à l'extérieur d'un organe ou d'une partie de l'organisme.

Expiration Action de vider les poumons de l'air qu'ils contiennent.

Exsudat Substance liquide ou semi-liquide, qui suinte d'une surface enflammée, pouvant contenir du sérum, du pus et des déchets cellulaires.

Extensibilité Propriété d'un tissu de s'étirer.

Extension Augmentation de l'angle antérieur entre deux os adjacents, sauf dans le cas de l'extension des genoux et des orteils, où c'est l'angle postérieur qui est augmenté ; le retour d'un membre à sa position anatomique après un mouvement de flexion.

Extérorécepteur Récepteur adapté pour recevoir les stimuli en provenance de l'extérieur.

Extravasation Fuite de liquide d'un vaisseau dans les tissus, notamment de sang, de lymphe ou de sérum.

Extrinsèque D'origine externe.

Face Partie antérieure de la tête.

Facilitation Processus par lequel la membrane d'une cellule nerveuse est partiellement dépolarisée par un stimulus subliminal, de façon qu'un autre stimulus subliminal puisse dépolariser davantage la membrane, en vue d'atteindre le seuil d'excitation.

Facteur intrinsèque Glycoprotéine synthétisée et sécrétée par la muqueuse gastrique, qui facilite l'absorption intestinale de la vitamine B_{12}.

Facteur Rh Antigène inné à la surface des hématies.

Faim Désir de nourriture provoqué par un besoin nutritionnel ou énergétique, contrairement à l'appétit, qui répond à un besoin psychologique.

Faisceau Bouquet de fibres nerveuses, musculaires ou tendineuses réunies, et séparées les unes des autres par du tissu conjonctif.

Faisceau hypothalamo-hypophysaire Faisceau d'axones composé de fibres dont le corps cellulaire se trouve dans l'hypothalamus, mais qui libèrent leurs neurosécrétions dans la neurohypophyse.

Fallope (trompe de) [Syn. trompe utérine] Conduit qui transporte l'ovule depuis l'ovaire jusqu'à l'utérus.

Fallot (tétralogie de) [Syn. tétrade de Fallot] Ensemble de quatre anomalies cardiaques congénitales : (1) rétrécissement de la valvule sigmoïde pulmonaire ; (2) communication interventriculaire ; (3) émergence de l'aorte à partir des deux ventricules, plutôt que du ventricule gauche seulement ; et (4) hypertrophie du ventricule droit.

Fascia Membrane fibreuse qui recouvre, supporte et sépare les muscles.

Fascia profond Membrane formée de tissu conjonctif entourant un muscle pour le maintenir en place.

Faux du cerveau Pli de la dure-mère situé dans la scissure interhémisphérique entre les deux hémisphères cérébraux.

Faux du cervelet Petite expansion triangulaire de la dure-mère, liée à l'os occipital dans la fosse cérébrale postérieure et se projetant entre les deux hémisphères cérébelleux.

Fébrile Fiévreux ; relatif à une fièvre.

Fèces [Syn. excréments, selles] Matières évacuées par le rectum et faites de bactéries, d'excrétions et de résidus alimentaires.

Fécondation Pénétration d'un spermatozoïde dans un ovule et union subséquente des noyaux cellulaires.

Fenêtre ovale Petite ouverture entre l'oreille moyenne et l'oreille interne, dans laquelle s'ajuste la base de l'étrier.

Fenêtre ronde Petite ouverture entre l'oreille moyenne et l'oreille interne, située sous la fenêtre ovale et recouverte d'une membrane appelée tympan secondaire.

Fente palatine Défaut de soudure des processus palatins des deux bourgeons maxillaires supérieurs entre eux, avant la naissance ; la cheilodisraphie, une fente de la lèvre supérieure, est souvent associée à la fente palatine.

Fente synaptique Espace étroit qui sépare la terminaison axonale d'un neurone d'un autre neurone ou d'une fibre musculaire, et à travers lequel le neurotransmetteur diffuse pour affecter le neurone postsynaptique.

Fesses Les deux masses charnues situées sur la face dorsale de la partie inférieure du tronc, formées par les muscles fessiers.

Feuillet embryonnaire Un des trois feuillets du tissu embryonnaire, appelés ectoblaste, mésoblaste et endoblaste, d'où sont issus tous les tissus et les organes de l'organisme.

Fibre adrénergique Fibre nerveuse qui, lorsqu'elle est stimulée, libère de l'adrénaline et de la noradrénaline à une synapse.

Fibre cholinergique Terminaison nerveuse qui libère de l'acétylcholine à une synapse.

Fibres intrafusales De trois à dix fibres musculaires striées spécialisées, partiellement entourées d'une capsule de tissu conjonctif remplie de lymphe ; les fibres forment des fuseaux neuromusculaires.

Fibrillation Contraction irrégulière de fibres musculaires ou de petits groupes de fibres musculaires, empêchant l'action efficace d'un organe ou d'un muscle.

Fibrillation auriculaire Contractions auriculaires asynchrones provoquant l'arrêt de l'activité auriculaire.

Fibrillation ventriculaire Contractions ventriculaires incoordonnées provoquant un arrêt cardiaque.

Fibrine Protéine insoluble, essentielle à la coagulation du sang; formée à partir du fibrinogène sous l'action de la thrombine.

Fibrinogène [Syn. facteur I de la coagulation] Protéine plasmatique de masse moléculaire élevée, transformée en fibrine par l'action de la thrombine.

Fibrinolyse Dissolution d'un caillot sanguin par l'action d'une enzyme protéolytique qui transforme la fibrine insoluble en substance soluble.

Fibroblaste Cellule volumineuse et aplatie qui forme les fibres collagènes et élastiques ainsi que la substance visqueuse fondamentale du tissu conjonctif lâche.

Fibrocyte Fibroblaste adulte qui ne produit plus de fibres dans le tissu conjonctif.

Fibromyosite Ensemble de symptômes comprenant de la douleur, de la sensibilité et de la raideur dans les articulations, les muscles ou les structures adjacentes. Appelée **foulure du muscle quadriceps crural** lorsqu'elle touche la cuisse.

Fibrose Formation anormale de tissu fibreux.

Fièvre Élévation de la température corporelle au-dessus de la normale (37° C).

Filtration Passage d'un liquide à travers un filtre ou une membrane qui agit comme un filtre.

Filtration glomérulaire Première étape de la formation de l'urine ; certaines substances du plasma sanguin sont filtrées par la membrane glomérulaire, et le filtrat pénètre dans le tube contourné proximal du néphron.

Filum terminale Tissu fibreux non innervé de la moelle épinière, qui s'étend du cône médullaire au coccyx.

Fissure Sillon, repli ou fente, pouvant être normal ou anormal.

Fistule Passage anormal entre deux organes ou entre une cavité organique et l'extérieur.

Fixateur Muscle qui stabilise l'origine du muscle agoniste, de façon que l'action de celui-ci soit plus efficace.

Flagelles Prolongements filamenteux et mobiles, situés à l'extrémité d'une bactérie ou d'un protozoaire.

Flasque Mou ; ayant une tonicité faible.

Flatuosité Présence de gaz ou d'air dans le tube digestif; terme couramment utilisé pour désigner le passage d'un gaz par le rectum.

Flexion Mouvement vers l'avant par lequel l'angle antérieur entre deux os adjacents est réduit, sauf dans le cas de la flexion des genoux et des orteils, où le membre est fléchi vers l'arrière.

Flexion plantaire Mouvement du pied vers le bas, à partir de l'articulation de la cheville.

Fluoroscope Appareil utilisé pour examiner l'intérieur de l'organisme au moyen des rayons X.

Fœtus (1) Nom donné à l'embryon après le troisième mois de la grossesse. (2) Derniers stades du développement du petit d'un animal.

Foie Glande volumineuse située sous le diaphragme, qui occupe la plus grande partie de l'hypocondre droit et une partie de l'épigastre; il produit les sels biliaires, l'héparine et les protéines plasmatiques ; il transforme les nutriments ; il joue un rôle de désintoxication; il entrepose du glycogène, des minéraux et des vitamines; il effectue la phagocytose des cellules sanguines et des bactéries ; et il favorise l'activation de la vitamine D.

Follicule ovarien Nom générique donné aux ovocytes (ovules immatures) et aux cellules épithéliales qui les accompagnent à tous les stades du développement.

Follicule pileux Structure composée de l'épithélium entourant la racine d'un poil, à partir duquel le poil se développe.

Follicules agminés de l'iléon [Syn. plaques de Peyer] Groupes de follicules lymphoïdes très nombreux dans l'iléon.

Fond Partie la plus éloignée de l'ouverture d'un organe creux (exemple : fond de l'utérus).

Fontanelle Espace membraneux où l'ossification n'est pas encore terminée, notamment entre les os crâniens du nouveau-né.

Foramen Passage ou ouverture ; passage entre deux cavités d'un organe ou conduit laissant passer les vaisseaux ou les nerfs dans les os.

Foramen ovale [Syn. trou de Botal] Chez le fœtus, orifice traversant le septum entre l'oreillette droite et l'oreillette gauche.

Formation réticulée [Syn. système réticulé, substance réticulée] Réseau de petits groupes de cellules nerveuses dispersées parmi des faisceaux de fibres commençant dans le bulbe rachidien comme un prolongement de la moelle épinière et s'étendant vers le haut à travers la partie centrale du tronc cérébral.

Formule leucocytaire [Syn. formule hémoleucocytaire] Détermination, exprimée en pourcentage, de chaque type de leucocytes, d'après un échantillon de 100 cellules, à des fins diagnostiques.

Fosse Dépression en forme de sillon ou de creux.

Fosses nasales Cavités tapissées d'une muqueuse, situées de chaque côté de la cloison nasale, qui débouchent dans la face par les narines et dans le nasopharynx par les choanes.

Foudroyer Survenir de façon soudaine et très intense.

Foveola centralis [Syn. fovea] Partie de la rétine représentant le centre de la macula, ne contenant que des cônes ; centre de l'acuité visuelle.

Fraction de filtration Pourcentage de plasma pénétrant dans les néphrons, qui se transforme réellement en filtrat.

Fracture Rupture de la continuité d'un os.

Franges (du pavillon) Appendices filamenteux, notamment aux extrémités des trompes de Fallope.

Frein de la langue Repli muqueux reliant la langue au plancher de la bouche.

Frein de la lèvre Repli muqueux médian situé entre les gencives et la face interne de la lèvre.

Furoncle Nodule douloureux causé par une infection bactérienne ou l'inflammation d'un follicule pileux ou d'une glande sébacée.

Fuseau achromatique Ensemble formé par les microtubules continus et chromosomiques, participant au mouvement des chromosomes durant la mitose.

Fuseau neuromusculaire Récepteur encapsulé au sein du muscle squelettique, constitué de cellules musculaires spécialisées et de terminaisons nerveuses, stimulé par des modifications de la longueur ou de la tension des cellules musculaires ; un propriocepteur.

Gaine de myéline Membrane blanche, phospholipidique et segmentée, formée par les cellules de Schwann, autour des axones et des dendrites d'un grand nombre de neurones périphériques.

Gamète [Syn. cellule sexuelle] Cellule reproductrice sexuée, mâle ou femelle ; le spermatozoïde ou l'ovule.

Ganglion Groupe de corps cellulaires situé en dehors du système nerveux central.

Ganglion lymphatique Structure ovale située sur le trajet des vaisseaux lymphatiques.

Ganglion prévertébral Amas de corps cellulaires de neurones postganglionnaires sympathiques, situé devant la colonne vertébrale et près des grosses artères abdominales.

Ganglion spinal Groupe de corps cellulaires des neurones sensitifs (afférents) accompagnés de leurs cellules de soutien, situé le long de la racine postérieure d'un nerf rachidien.

Ganglions cervicaux Amas de corps cellulaires de neurones sympathiques postganglionnaires, situés dans le cou, près de la colonne vertébrale.

Ganglions sympathiques Masses de cellules sympathiques ou parasympathiques situées en dehors du système nerveux central.

Gangrène Nécrose d'une masse considérable de tissu, habituellement causée par une interruption de l'apport sanguin et suivie d'une invasion bactérienne (*Clostridium*).

Gastro-entérologie Branche de la médecine qui traite de la structure, de la fonction, du diagnostic et du traitement des maladies de l'estomac et des intestins.

Gavage Technique d'alimentation au moyen d'un tube passé dans l'œsophage jusque dans l'estomac.

Gencives Muqueuse recouvrant les bords alvéolaires du maxillaire supérieur et de la mandibule, et pénétrant légèrement dans les alvéoles.

Gène Unité biologique de l'hérédité; particule ultramicroscopique, autoreproductrice de l'ADN, située sur une partie définie d'un chromosome.

Gène dominant Gène qui est capable de surpasser l'influence du gène (allèle) complémentaire du chromosome homologue; l'allèle qui est exprimé.

Gène récessif Gène qui n'est pas exprimé en présence d'un gène dominant sur le chromosome homologue.

Génétique Science de l'hérédité.

Génotype Ensemble de l'information génétique portée par un individu; la constitution génétique d'un organisme.

Gériatrie Branche de la médecine traitant des maladies et des soins liés aux personnes âgées.

Gigantisme [Syn. macrosomie] État causé par une hypersécrétion de somatotrophine au cours de l'enfance, et caractérisé par un accroissement statural exagéré.

Gingivite Inflammation des gencives.

Gland Extrémité distale du pénis.

Glande Cellules épithéliales spécialisées dans la sécrétion de substances spécifiques.

Glande apocrine Glande dont les sécrétions s'accumulent au pôle apical de la cellule glandulaire, lequel se détache en emportant le produit de sécrétion, comme dans le cas des glandes mammaires.

Glande cérumineuse Glande sudoripare modifiée, située dans le conduit auditif externe, qui sécrète le cérumen.

Glande endocrine Glande dont le produit de sécrétion est déversé directement dans le sang; glande dépourvue de canal excréteur.

Glande exocrine Glande qui sécrète des substances dans un conduit qui déverse son contenu dans l'épithélium ou directement sur une surface libre.

Glande holocrine Type de glande exocrine où la cellule est éliminée tout entière avec son produit de sécrétion, comme dans le cas des glandes sébacées.

Glande intestinale [Syn. crypte de Lieberkühn] Glande tubulaire simple qui s'ouvre sur la surface de la muqueuse intestinale et sécrète des enzymes digestives.

Glande mammaire Chez la femme, glande sudoripare modifiée qui sécrète le lait destiné à nourrir le nouveau-né.

Glande mérocrine Glande qui reste intacte durant le processus de formation et de libération des sécrétions, comme dans le cas des glandes salivaires et des glandes du pancréas.

Glande parathyroïde Une des quatre petites glandes endocrines nichées sur la face dorsale des lobes latéraux de la glande thyroïde.

Glande parotide Une des glandes salivaires, située sous le lobe de l'oreille, vers l'avant, reliée à la cavité buccale par un canal qui débouche sur l'intérieur de la joue, en face de la deuxième molaire supérieure.

Glande sébacée Glande exocrine du derme, presque toujours liée à un follicule pileux, qui sécrète le sébum.

Glande sous-mandibulaire [Syn. glande sous-maxillaire] Glande salivaire située à la base de la langue sous la muqueuse, dans la partie postérieure du plancher de la cavité buccale, derrière les glandes sublinguales, munie d'un canal débouchant à la base du frein de la langue.

Glande sublinguale Une des glandes salivaires située dans le plancher de la cavité buccale, sous la muqueuse et à côté du frein de la langue, munie d'un canal qui s'ouvre dans le plancher buccal.

Glande thyroïde Glande endocrine formée de lobes gauche et droit situés de chaque côté de la trachée, reliés par un isthme situé devant la trachée, juste en dessous du cartilage cricoïde.

Glandes lacrymales Glandes situées dans la partie supérieure des orbites, qui sécrètent les larmes dans les canaux excréteurs qui s'ouvrent à la surface de la conjonctive.

Glandes salivaires Trois paires de glandes situées à l'extérieur de la bouche et déversant leur sécrétion (la salive) dans des canaux qui se jettent dans la cavité buccale; les glandes parotides, sublinguales et sous-mandibulaires.

Glandes sudoripares Glandes apocrines ou mérocrines situées dans le derme ou l'hypoderme, qui produisent la sueur.

Glandes surrénales [Syn. capsules surrénales] Deux glandes situées au sommet des deux reins.

Glandes vestibulaires mineures Glandes faisant partie de l'appareil génital féminin, sécrétant du mucus, dont les canaux excréteurs s'ouvrent sur le vestibule de part et d'autre du méat urétral.

Glaucome Affection oculaire caractérisée par une élévation de la pression intra-oculaire due à un excès de liquide à l'intérieur de l'œil.

Globule polaire Petite cellule résultant de la division inégale du cytoplasme durant la méiose d'un ovocyte. Le globule polaire ne joue aucun rôle et il est résorbé.

Glomérule Bouquet de nerfs ou de vaisseaux sanguins; désigne notamment le bouquet microscopique de capillaires qui est enfermé dans la capsule de Bowman de chaque tubule rénal.

Glomérulonéphrite Inflammation des glomérules rénaux.

Glomus carotidien Récepteur situé dans le sinus carotidien, ou près de celui-ci, qui réagit aux changements de concentrations de l'oxygène, du dioxyde de carbone et des ions hydrogène dans le sang.

Glotte Passage aérifère situé entre les cordes vocales dans le larynx.

Glucagon [Syn. glucagonum] Hormone élaborée par le pancréas, qui augmente le taux de glucose dans le sang.

Glucide [Syn. sucre] Composé organique contenant du carbone, de l'hydrogène et de l'oxygène, souvent présents selon un rapport particulier, et comprenant des sous-unités; la formule est habituellement $(CH_2O)n$.

Glucocorticoïdes [Syn. hormones glucocorticostéroïdes] Groupe d'hormones sécrétées par la corticosurrénale.

Gluconéogenèse [Syn. glyconéogenèse, néoglucogenèse] Conversion en glucose d'une substance non glucidique.

Glucose Sucre à six atomes de carbone ($C_6H_{12}O_6$), qui constitue la principale source d'énergie pour tous les types de cellules corporelles. Toutes les cellules vivantes peuvent s'en servir pour la formation d'ATP.

Glycogène Polymère du glucose de masse moléculaire élevée, contenant des milliers de sous-unités; sert à entreposer les molécules de glucose dans les cellules du foie et des muscles.

Glycogénogenèse Processus par lequel un grand nombre de molécules de glucose s'unissent pour former une molécule appelée glycogène.

Glycogénolyse Transformation du glycogène en glucose.

Glycolyse [Syn. voie d'Embden-Meyerhof] Ensemble de réactions chimiques aboutissant à la dégradation du glucose et à la formation de pyruvate, et permettant de fournir à la cellule deux molécules d'ATP.

Glycosurie Présence de glucose dans l'urine.

Gnosique Relatif à la perception et à la connaissance élémentaire.

Goitre Hypertrophie du corps thyroïde.

Golgi (appareil de) Organite cytoplasmique de la cellule comprenant de quatre à huit canaux aplatis, empilés les uns sur les autres et élargis à leurs extrémités ; cet appareil sert à envelopper des protéines sécrétées, à sécréter des lipides et à synthétiser les glucides.

Golgi (organe tendineux de) Propriocepteur, sensible aux changements de tension musculaire, présent surtout près de la jonction des tendons et des muscles.

Gomphose Articulation du genre des synarthroses, dans laquelle une surface osseuse conique s'enfonce dans une surface creuse.

Gonade Glande qui produit des gamètes et des hormones ; ovaires et testicules.

Gonadocorticoïdes Hormones sexuelles sécrétées par la corticosurrénale.

Gonadotrophine [Syn. gonadostimuline, hormone gonadotrope] Hormone qui régularise les fonctions des gonades.

Gonorrhée [Syn. blennorragie] Maladie transmissible sexuellement, due au gonocoque *Neisseria gonorrheae*, et caractérisée par l'inflammation de la muqueuse génito-urinaire, la présence de pus et une miction douloureuse.

Gosier Ouverture entre la bouche et le pharynx.

Gouttière synaptique Invagination du sarcolemme sous la terminaison axonale.

Graisse (1) Composé lipidique formé d'une molécule de glycérine et de trois molécules d'acides gras ; la source d'énergie corporelle la plus concentrée. (2) Tissu adipeux composé de tissu conjonctif lâche et de cellules spécialisées dans l'entreposage des graisses, présent sous la forme de coussins moelleux entre les différents organes et jouant un rôle de soutien, de protection et d'isolation.

Graisse non saturée Graisse qui contient une ou plusieurs liaisons covalentes doubles entre ses atomes de carbone (exemples : huile d'olive, huile d'arachide).

Graisse poly-non saturée Graisse qui possède plusieurs doubles liaisons entre ses atomes de carbone ; présente à l'état naturel dans les huiles végétales.

Graisse saturée Graisse qui ne contient pas de liaisons doubles entre ses atomes de carbone, qui ont tous des liaisons simples et sont tous liés à un nombre maximal d'atomes d'hydrogène ; présente à l'état naturel dans les aliments d'origine animale, comme la viande, le lait, les produits laitiers et les œufs.

Grand épiploon Repli de la tunique séreuse de l'estomac, qui pend comme un tablier sur le bord antérieur du côlon transverse.

Grande caroncule Éminence située sur la muqueuse duodénale, qui reçoit l'ampoule de Vater.

Grande veine lymphatique Vaisseau du système lymphatique qui transporte la lymphe du côté supérieur droit de l'organisme et la déverse dans la veine sous-clavière droite.

Grandes lèvres Deux replis cutanés, s'étendant vers l'arrière à partir du mont de Vénus.

Greffe Remplacement de tissus ou de parties d'organes lésés ou malades.

Gros intestin Segment du tube digestif s'étendant de l'iléon à l'anus et comprenant le cæcum, le côlon, le rectum et le canal anal.

Grossesse Ensemble de phénomènes comprenant la fécondation, la nidation, la croissance de l'embryon et du fœtus, et se terminant normalement par la naissance.

Gustatif Relatif au goût.

Gynécologie Branche de la médecine qui étudie l'anatomie, la physiologie et la pathologie des organes génitaux de la femme.

Hallucination Perception sensorielle d'une chose qui n'existe pas ; expérience sensorielle ayant son origine dans l'encéphale.

Hallux valgus [Syn. oignon] Déviation latérale du gros orteil entraînant une inflammation et un épaississement de la bourse séreuse, des bavures osseuses et des callosités.

Hamburger (phénomène de) [Syn. échange érythroplasmatique du chlore] Diffusion des ions bicarbonates des hématies dans le plasma et des ions chlorures du plasma dans les hématies, qui maintient l'équilibre ionique entre les hématies et le plasma.

Haploïde [Syn. monoploïde] Qui ne possède que la moitié du nombre de chromosomes habituellement présents dans les cellules somatiques d'un organisme ; caractéristique des gamètes adultes.

Haustrations Proéminences sacculiformes du côlon apparaissant sur un cliché radiologique.

Havers (canal de) Canal circulaire au centre d'un ostéon d'un os compact adulte, contenant des vaisseaux sanguins et lymphatiques, et des nerfs.

Heimlich (méthode de) Méthode utilisée en cas de suffocation. On exerce une forte et rapide pression abdominale en poussant le diaphragme vers le haut ; ce mouvement comprime l'air des poumons, permettant l'expulsion du corps étranger.

Hématie [Syn. érythrocyte] Globule rouge.

Hématocrite (Ht) Expression du pourcentage du volume sanguin occupé par les hématies ; habituellement mesuré par centrifugation d'un échantillon de sang dans un tube gradué, puis par la lecture du volume des hématies et du sang total.

Hématologie Branche de la médecine qui étudie le sang.

Hématome Accumulation de sang dans les tissus.

Hématopoïèse Formation des cellules sanguines dans la moelle osseuse rouge.

Hématurie Présence de sang dans l'urine.

Héméralopie Inaptitude à percevoir les faibles quantités de lumière ou défaut d'adaptation à l'obscurité, chez un sujet dont la vision est bonne dans des conditions d'éclairage normales ; état souvent causé par une carence en vitamine A.

Hémiballisme [Syn. biballisme, ballisme] Mouvements involontaires brusques et violents de tout le corps ou de la moitié du corps, notamment de la moitié supérieure.

Hémiplégie Paralysie du membre supérieur, du tronc et du membre inférieur d'un côté du corps.

Hémocytoblaste Cellule souche immature de la moelle osseuse, qui, en se multipliant, fournit différentes lignées de cellules, et chacune aboutit à une sorte de cellule sanguine à maturité.

Hémodialyse Filtration du sang à l'aide d'un appareil, permettant d'éliminer certaines substances grâce à la différence qui existe entre leurs taux de diffusion à travers une membrane semi-perméable pendant que le sang circule à l'extérieur de l'organisme.

Hémodynamique Étude des facteurs et des forces qui régissent la circulation sanguine dans les vaisseaux.

Hémoglobine (Hb) Substance contenue dans les hématies, comprenant de la protéine globine et de l'hème (pigment rouge contenant du fer), et constituant environ 33% du volume de la cellule ; joue un rôle dans le transport de l'oxygène et du dioxyde de carbone.

Hémolyse Échappement de l'hémoglobine contenue à l'intérieur de l'hématie dans le milieu environnant ; due à la destruction de la membrane cellulaire par des toxines ou des médicaments, par la congélation ou le dégel, ou par des solutions hypotoniques.

Hémophilie Affection sanguine héréditaire liée à une production insuffisante de certains facteurs associés à la coagulation du sang, ce qui provoque des hémorragies dans les articulations, les tissus profonds, et ailleurs.

Hémorragie Saignement ; issue de sang hors des vaisseaux, notamment lorsqu'elle est abondante.

Hémorroïde Dilatation variqueuse de vaisseaux sanguins (habituellement des veines) dans la région anale.

Hémostase Arrêt d'une hémorragie.

Hépatique Qui se rapporte au foie.

Hépatite Inflammation du foie, causée par un virus ou par l'ingestion de drogues ou de produits chimiques.

Hérédité Acquisition de caractères par transmission d'informations génétiques des parents à l'enfant.

Hering-Breuer (réflexe de) [Syn. réflexe de distension pulmonaire] Réflexe qui prévient la dilatation excessive des poumons.

Hernie Issue spontanée d'un organe ou d'une partie d'organe hors de sa cavité.

Hernie discale Rupture d'un disque intervertébral de façon que le nucleus pulposus pénètre dans la cavité vertébrale.

Herpès génital Maladie transmise sexuellement, causée par le virus de l'herpès simplex de type II.

Hétérozygote Se dit d'un sujet qui possède deux gènes différents sur des chromosomes homologues, déterminant ainsi un caractère héréditaire particulier.

Hiatus sacré Entrée inférieure dans le canal rachidien, formée lorsque les lames de la cinquième vertèbre sacrée et, parfois, de la quatrième, ne se rejoignent pas.

Hile Une région, une dépression ou une élévation, où des vaisseaux sanguins et des nerfs entrent dans un organe ou en sortent.

Hirsutisme État caractérisé, chez la femme et l'enfant, par une pilosité qu'on retrouve habituellement chez l'homme ; cet état est causé par la transformation de duvet en poils drus, en réaction à des taux d'androgènes supérieurs à la normale.

His (faisceau de) [Syn. faisceau auriculo-ventriculaire] Portion du système conducteur du cœur qui prend son origine au nœud d'Aschoff-Tawara, traverse la charpente fibreuse du cœur séparant les oreillettes et les ventricules, parcourt une courte distance le long du septum interventriculaire avant de se séparer en branches gauche et droite.

Histamine Substance présente dans un grand nombre de cellules, notamment les mastocytes, les basophiles et les plaquettes, libérée en cas de lésion de la cellule ; provoque une vasodilatation, une plus grande perméabilité des vaisseaux sanguins et la constriction des bronchioles.

Histologie Science étudiant la structure microscopique des tissus.

Hodgkin (maladie de) Affection maligne prenant habituellement naissance dans les ganglions lymphatiques.

Holter (système de) Électrocardiographe que le sujet porte sur lui tout en vaquant à ses activités quotidiennes.

Homéostasie État dans lequel le milieu corporel interne reste relativement constant, à l'intérieur de certaines limites.

Homologue Similaire aux points de vue de la structure et de l'origine, mais pas nécessairement à celui de la fonction.

Homozygote Se dit d'un sujet qui possède deux gènes identiques sur des chromosomes homologues, déterminant un caractère héréditaire particulier.

Hormone Sécrétion d'une glande endocrine, qui affecte l'activité physiologique des cellules cibles du corps.

Hormone antidiurétique (ADH) [Syn. pitressine, vasopressine] Hormone élaborée par les cellules neurosécrétrices situées dans les noyaux paraventriculaires de l'hypothalamus, qui favorise la réabsorption de l'eau par les cellules rénales et la vasoconstriction des artérioles.

Hormone chorionique gonadotrophique (hCG) Hormone sécrétée par le placenta, qui maintient les activités du corps jaune.

Hormone chorionique somatoamniotrophique (hCS) Hormone sécrétée par le chorion du placenta, qui peut stimuler les tissus mammaires en vue de la lactation, favoriser la croissance corporelle et régulariser le métabolisme.

Hormone folliculostimulante (FSH) Hormone sécrétée par l'adénohypophyse, qui amorce le développement de l'ovule et stimule les ovaires à sécréter les œstrogènes chez la femme, et déclenche la production du sperme chez l'homme.

Hormone lutéinisante (LH) Hormone sécrétée par l'adénohypophyse, qui stimule l'ovulation, la sécrétion de progestérone par le corps jaune, qui prépare les glandes mammaires pour la sécrétion du lait et qui stimule la sécrétion de testostérone par les testicules.

Hormone mélanotrope (MSH) [Syn. hormone mélanostimulante] Hormone sécrétée par l'adénohypophyse, qui stimule la dispersion des granules de mélanine dans les mélanocytes.

Hormones de libération et d'inhibition Sécrétion chimique de l'hypothalamus qui peut soit stimuler ou inhiber la sécrétion des hormones adénohypophysaires.

Humeur aqueuse Liquide aqueux qui remplit la chambre antérieure de l'œil.

Hyaluronidase Enzyme qui dégrade l'acide hyaluronique, augmentant ainsi la perméabilité des tissus conjonctifs en dissolvant les substances qui maintiennent les cellules soudées les unes aux autres.

Hydrocèle vaginale Sac ou tumeur contenant du liquide. Plus précisément, liquide accumulé dans l'espace situé le long du cordon spermatique, et dans le scrotum.

Hydrocéphalie Accumulation anormale de liquide céphalo-rachidien à l'intérieur des ventricules cérébraux.

Hydrophobie Affection ; la personne atteinte subit des spasmes musculaires importants lorsqu'elle essaie de boire de l'eau. Également, une peur anormale de l'eau.

Hymen Membrane muqueuse vascularisée située dans l'orifice vaginal.

Hyperaldostéronisme État causé par une hypersécrétion d'aldostérone et caractérisé par une paralysie musculaire, une hypertension artérielle et un œdème.

Hypercalcémie Taux de calcium anormalement élevé dans le sang.

Hypercapnie Augmentation anormale du taux de dioxyde de carbone dans le sang.

Hypercyphose Courbure thoracique postérieure excessive de la colonne vertébrale, produisant un affaissement des épaules.

Hyperémie [Syn. hyperhémie] Présence d'une quantité excessive de sang dans une partie du corps.

Hyperextension Mouvement qui dépasse l'extension au-delà de la position anatomique, comme le fait de pencher la tête vers l'arrière.

Hyperglycémie Augmentation du taux de glucose dans le sang.

Hyperleucocytose Très forte élévation du nombre des leucocytes dans le sang, caractérisant certaines affections et infections.

Hyperlordose Courbure lombaire excessive de la colonne vertébrale.

Hypermétropie [Syn. hyperopie] État caractérisé par la focalisation des images derrière la rétine, ce qui entraîne une vision floue des objets situés à faible distance.

Hyperplasie Augmentation anormale du nombre de cellules normales d'un tissu ou d'un organe, entraînant une augmentation du volume de celui-ci.

Hypersécrétion Suractivité glandulaire produisant une sécrétion excessive.

Hypersensibilité [Syn. allergie] Réaction à un antigène provoquant des changements pathologiques.

Hypertension artérielle Élévation de la pression artérielle au repos.

Hyperthermie Élévation de la température corporelle.

Hypertonique Solution ayant une pression osmotique plus élevée que celle de la solution de comparaison.

Hypertrophie Augmentation du volume d'un tissu en l'absence de division cellulaire.

Hyperventilation Fréquence respiratoire supérieure à celle nécessaire pour maintenir un niveau normal de PCO_2 plasmatique.

Hypervitaminose Surplus d'une ou de plusieurs vitamines.

Hypocalcémie Taux de calcium anormalement bas dans le sang.

Hypochlorémie Carence en chlorure dans le sang.

Hypoglycémie Taux anormalement bas de glucose dans le sang; peut résulter d'un excès d'insuline (injectée ou sécrétée).

Hypokaliémie Carence en potassium dans le sang.

Hypomagnésémie Carence en magnésium dans le sang.

Hyponatrémie Carence en sodium dans le sang.

Hyponichium Bord libre de l'ongle.

Hypophyse Petite glande endocrine logée dans la selle turcique et reliée à l'hypothalamus par la tige pituitaire.

Hyposécrétion Abaissement de l'activité glandulaire, produisant une sécrétion insuffisante.

Hypothalamus Portion du diencéphale, située sous le thalamus et formant le plancher et une partie de la paroi du troisième ventricule.

Hypothermie Abaissement de la température corporelle; durant une intervention chirurgicale, on refroidit délibérément le corps afin de ralentir le métabolisme et de réduire les besoins d'oxygène des tissus.

Hypotonique Solution ayant une pression osmotique moins élevée que celle de la solution de comparaison.

Hypoventilation Fréquence respiratoire inférieure à celle nécessaire pour maintenir un niveau normal de PCO_2 plasmatique.

Hypoxie Carence en oxygène dans les tissus.

Hystérectomie Ablation de l'utérus.

Ictère État caractérisé par une coloration jaune de la peau, de la sclérotique, des membranes muqueuses et des liquides corporels.

Iléon Extrémité de l'intestin grêle.

Image consécutive [Syn. postimage] Persistance d'une sensation après la disparition du stimulus.

Imagerie par résonance magnétique (IRM) Technique diagnostique mettant l'accent sur les noyaux des atomes d'un seul élément présent dans un tissu, habituellement l'hydrogène, afin de déterminer si les noyaux se comportent normalement en présence d'une force magnétique extérieure; utilisée pour déceler l'activité biochimique d'un tissu. Nouvelle dénomination pour la **résonance magnétique nucléaire**.

Immunité Propriété que possède un organisme de résister aux agressions, notamment par des poisons, des corps étrangers ou des parasites, grâce à la présence d'anticorps.

Immunité cellulaire [Syn. immunité à médiation cellulaire] Composante de l'immunité par laquelle des lymphocytes T s'attachent à certains antigènes afin de les détruire.

Immunité humorale Le composant immunitaire dans lequel les lymphocytes B se transforment en plasmocytes producteurs d'anticorps qui détruisent les antigènes.

Immuno-cyto-adhérence Adhérence de la membrane cellulaire d'un phagocyte à un antigène.

Immunogénicité Capacité d'un antigène de stimuler la production d'anticorps.

Immunoglobuline (Ig) Anticorps synthétisé par les lymphocytes spéciaux (plasmocytes) en réaction à l'introduction d'un antigène. Les immunoglobulines sont divisées en cinq types (IgG, IgM, IgA, IgD, IgE); cette division est basée surtout sur la composante protéique la plus importante de l'immunoglobuline.

Immunologie Branche de la science qui traite des réactions de l'organisme aux antigènes.

Immunosuppression [Syn. immunodépression] Inhibition de la réaction immunitaire.

Impétigo Affection cutanée contagieuse caractérisée par des lésions pustuleuses.

Implantation Introduction d'un tissu ou d'un appareil dans l'organisme.

Impuissance Chez l'homme, incapacité de maintenir une érection.

Inanition Perte des réserves énergétiques sous la forme de glycogène, de graisses et de protéines, due à un régime alimentaire inadéquat ou à une incapacité de digérer, d'absorber ou de métaboliser les aliments.

Incisure cardiaque du poumon gauche Incisure angulaire dans le rebord antérieur du poumon gauche.

Inclusion cellulaire Composant chimique et souvent temporaire du cytoplasme d'une cellule, par opposition à un organite.

Incontinence Incapacité de retenir l'urine, le sperme ou les fèces à cause d'une perte de maîtrise des sphincters.

Infarcissement Nécrose localisée du tissu, due à une oxygénation inadéquate de ce dernier.

Infarctus du myocarde Nécrose marquée du tissu myocardique, due à une interruption de l'apport sanguin.

Infection urinaire Infection d'une partie de l'appareil urinaire, ou présence d'un grand nombre de microbes dans l'urine.

Inférieur Loin de la tête ou vers la partie la plus basse d'une structure.

Infirmité motrice cérébrale Troubles moteurs de nature non évolutive, causés par une lésion des centres moteurs cérébraux (cortex cérébral, noyaux gris centraux et cervelet) survenant durant la vie intra-utérine, à la naissance ou chez le nouveau-né.

Inflammation Réaction localisée à une lésion tissulaire, destinée à détruire, à diluer ou à éliminer l'agent infectieux ou le tissu lésé; caractérisée par de la rougeur, de la douleur, de la chaleur, de la tuméfaction et, parfois, une perte de fonction.

Infundibulum Structure en forme d'entonnoir.

Infundibulum tubérien Structure en forme d'entonnoir qui relie l'hypophyse à l'hypothalamus.

Ingestion Prise de nourriture, de liquides ou de médicaments par voie orale.

Inhibine Hormone sexuelle mâle sécrétée par les cellules de Sertoli, qui inhibe la libération de l'hormone folliculo-stimulante (FSH) par l'adénohypophyse et, par conséquent, la spermatogenèse.

Inhibition de contact Phénomène par lequel la migration d'une cellule libre est interrompue lorsque celle-ci entre en contact avec une autre cellule du même type.

Innervation réciproque Phénomène par lequel les influx nerveux stimulent la contraction d'un muscle et inhibent simultanément la contraction des muscles antagonistes.

Insémination artificielle Introduction de sperme, dans le vagin ou le col de l'urétus, par des moyens artificiels. L'insémination peut être homologue (sperme du conjoint) ou hétérologue (sperme d'un donneur).

Insertion Point d'attache d'un muscle à l'os dont il assure la motilité.

Insolation État qui se produit lorsque l'organisme ne peut pas perdre facilement de la chaleur, et caractérisé par une réduction de la transpiration et une élévation de la température corporelle.

Insomnie État caractérisé par une difficulté à trouver le sommeil et, habituellement, par des réveils fréquents.

Inspiration Action d'inspirer de l'air dans les poumons.

Insuffisance cardiaque État chronique ou aigu qui survient lorsque le cœur est incapable de répondre aux besoins en oxygène de l'organisme.

Insuffisance rénale Incapacité des reins de fonctionner adéquatement, causée par une insuffisance rapide (aiguë) ou progressive (chronique).

Insula Lobe cérébral de forme triangulaire, situé au fond de la scissure de Sylvius, sous les lobes pariétaux, frontaux et temporaux, qui ne peut pas être vu de l'extérieur.

Insuline Hormone sécrétée par le pancréas, qui abaisse le taux de glucose dans le sang.

Interféron Trois principaux types de protéines (alpha, bêta, gamma) élaborées naturellement par des cellules infectées par un virus, qui inhibent la reproduction virale à l'intérieur des cellules saines; synthétisé artificiellement à l'aide de techniques de l'ADN de recombinaison.

Intermédiaire Situé entre deux structures, dont l'une est médiane, et l'autre latérale.

Interne Éloigné de la surface du corps.

Interphase [Syn. intercinèse] Période entre deux divisions mitotiques. Période du cycle de vie d'une cellule, durant laquelle cette dernière effectue tous les processus vitaux, à l'exception de la division cellulaire.

Intestin grêle Longue partie du tube digestif qui commence au sphincter pylorique de l'estomac, serpente à travers les parties centrale et inférieure de la cavité abdominale, et se termine au gros intestin; divisé en trois segments: le duodénum, le jéjunum et l'iléon.

Intestin primitif Structure embryonnaire composée d'endoblaste et de mésoblaste, qui donne naissance à la plus grande partie du tube digestif.

Intima Tunique interne de la paroi des artères et des veines, composée d'un endothélium reposant sur un tissu conjonctif.

Intoxication oxycarbonée [Syn. oxycarbonisme] Hypoxie causée par une augmentation du taux d'oxyde de carbone, résultant de l'affinité qui existe entre ce dernier et l'hémoglobine, comparée à celle qui existe entre l'hémoglobine et l'oxygène.

Intracellulaire À l'intérieur des cellules.

Intubation Introduction, par la bouche ou par le nez, d'un tube dans le larynx et la trachée, pour permettre le passage de l'air ou pour dilater un rétrécissement.

In utero Dans l'utérus.

Invagination Pénétration de la paroi d'une cavité dans la cavité elle-même.

Inversion Mouvement du pied, la plante du pied tournée vers l'intérieur, à partir de l'articulation de la cheville.

In vitro Qui a lieu à l'extérieur de l'organisme et dans un milieu artificiel, comme dans un tube à essai.

In vivo Dans l'organisme vivant.

Ion Atome, ou molécule, chargé; est habituellement formé lorsqu'une substance, comme le sel, se dissout et se dissocie.

Ionisation Séparation des acides, des bases et des sels inorganiques en ions lorsqu'ils sont dissous dans l'eau.

Ipsilatéral [Syn. homolatéral] Situé du même côté; affectant le même côté du corps.

Ischémie Diminution de la circulation artérielle dans un territoire localisé, due à une osbtruction.

Isotonique (1) Se dit de deux solutions, ou de deux éléments dans une solution, ayant une pression osmotique identique. (2) Qui a une tension ou un tonus identique.

Isotope Éléments chimiques ayant une masse atomique différente, mais le même numéro atomique qu'un autre élément. Les isotopes radioactifs se transforment en d'autres éléments et émettent des radiations.

Isthme Étroite bande de tissu ou passage étroit reliant deux parties plus volumineuses.

Ivoire [Syn. dentine] Tissu osseux d'une dent entourant la chambre pulpaire.

Jambe Portion du membre inférieur comprise entre le genou et la cheville.

Jéjunum Segment intermédiaire de l'intestin grêle.

Jeûne (état de) État métabolique durant lequel l'absorption est complète et les besoins énergétiques de l'organisme doivent être satisfaits par les nutriments déjà présents dans l'organisme.

Jonction neuroglandulaire Point de contact entre un neurone moteur et une glande.

Jonctions neuro-effectrices Terme désignant les jonctions neuromusculaire et neuroglandulaire.

Joule Unité d'énergie. Un joule (J) correspond à la quantité d'énergie thermique nécessaire pour élever la température de 1 g d'eau de 1°C, de 14°C à 15°C.

Keith et Flack (nœud de) [Syn. nœud sinusal] Masse compacte de cellules musculaires cardiaques spécialisées dans la conduction, située dans l'oreillette droite, sous l'orifice de la veine cave supérieure.

Kératine Protéine insoluble qu'on trouve dans les poils, les ongles et d'autres tissus kératinisés de l'épiderme.

Kératinocyte Cellule épidermique la plus abondante à jouer un rôle dans la production de la kératine.

Kératohyaline Composé participant à la formation de la kératine.

Kilojoule (kJ) Quantité de chaleur requise pour élever la température de 1 000 g d'eau de 1°C; unité utilisée pour exprimer la valeur énergétique des aliments et pour mesurer la vitesse du métabolisme.

Kinésiologie Étude du mouvement des parties du corps.

Kinesthésie [Syn. sensibilité proprioceptive] Capacité de percevoir l'étendue, la direction ou la masse d'un mouvement; sensibilité musculaire.

Korotkoff (bruits de) Bruits qu'on peut entendre en prenant la mesure de la pression artérielle.

Krebs (cycle de) [Syn. cycle tricarboxylique, cycle citrique] Ensemble de réactions chimiques libérant de l'énergie, entraînant la formation de dioxyde de carbone et le transfert d'énergie à des molécules transporteuses en vue d'une libération subséquente.

Kupffer (cellules de) Cellules phagocytaires tapissant les capillaires sinusoïdes du foie.

Labyrinthe membraneux Portion du labyrinthe osseux, séparée de ce dernier par la périlymphe, et constituée par les canaux semi-circulaires membraneux, l'utricule, le saccule et le canal cochléaire.

Labyrinthe osseux Ensemble de cavités creusées dans le rocher de l'os temporal, formant le vestibule, la cochlée et les canaux semi-circulaires de l'oreille interne.

Lactation Sécrétion et excrétion du lait par les glandes mammaires.

Lame Membrane mince et aplatie (exemple: la lame vertébrale, située entre l'apophyse transverse et l'apophyse épineuse).

Lamelles Anneaux concentriques présents dans l'os compact.

Langerhans (îlot de) Petit amas de cellules de glandes endocrines dans le pancréas, qui sécrètent l'insuline, le glucagon et de la somatostatine.

Langue Gros muscle squelettique situé sur le plancher de la cavité buccale.

Lanugo Fin duvet recouvrant le corps du fœtus.

Laryngite Inflammation de la muqueuse laryngée.

Laryngopharynx Portion inférieure du pharynx, s'étendant vers le bas à partir du niveau de l'os hyoïde, pour se diviser postérieurement dans l'œsophage et antérieurement dans le larynx.

Laryngoscope Appareil servant à examiner le larynx.

Larynx Organe de la phonation, reliant le pharynx et la trachée.

Latéral Éloigné de la ligne médiane du corps ou d'une structure.

Lésion Toute altération anormale localisée d'un tissu.

Leucémie Maladie cancéreuse des organes hématopoïétiques, caractérisée par une production irrépressible et une accumulation de leucocytes immatures, dont plusieurs n'atteignent jamais la maturité (aiguë), ou une accumulation de leucocytes adultes dans le sang, parce qu'ils ne meurent pas à la fin de leur cycle de vie normal (chronique).

Leucocyte Globule blanc.

Leucocytose Nombre de leucocytes dans le sang circulant, supérieur à 10 000/mm^3.

Leucopénie Baisse du nombre des leucocytes dans le sang circulant, au-dessous de 5 000/mm^3.

Leucoplasie Affection caractérisée par la présence de taches blanches sur les membranes muqueuses de la langue, des gencives et des joues.

Libido Énergie de la pulsion sexuelle, consciente ou inconsciente.

Ligament Bandelette de tissu conjonctif reliant les os.

Ligament alvéolo-dentaire Tissu conjonctif fibreux dense qui s'attache aux parois de l'alvéole et au cément.

Ligament falciforme Repli du péritoine pariétal, entre les deux principaux lobes hépatiques. Le ligament rond, reliquat de la veine ombilicale du fœtus, se trouve dans le bord libre du ligament falciforme.

Ligament suspenseur Repli péritonéal s'étendant vers les côtés, de la surface de l'ovaire à la paroi pelvienne.

Ligament utéro-ovarien Cordon arrondi de tissu conjonctif qui relie l'ovaire à l'utérus.

Ligaments cervico-latéraux Ligaments de l'utérus, s'étendant sur les côtés à partir du col de l'utérus et du vagin, constituant le prolongement des ligaments larges.

Ligaments ronds Bandes de tissu conjonctif fibreux entre les couches de ligaments larges, qui prennent naissance à un point de l'utérus situé juste au-dessous des trompes de Fallope, s'étendent vers les côtés le long de la paroi pelvienne, pénètrent dans la paroi abdominale à travers l'anneau inguinal profond et se terminent dans les grandes lèvres.

Ligaments utéro-sacrés Bandes de tissu fibreux, situées de chaque côté du rectum, qui relient l'utérus au sacrum.

Ligne épiphysaire Reliquat du cartilage de conjugaison dans un os long.

Lipase Enzyme hydrolisant les lipides.

Lipide Composé organique constitué de carbone, d'hydrogène et d'oxygène, qui est habituellement insoluble dans l'eau, mais soluble dans l'alcool, l'éther et le chloroforme (exemples : graisses, phospholipides, stéroïdes et prostaglandines).

Lipogenèse Synthèse des lipides par les cellules hépatiques, à partir de glucose ou d'acides aminés.

Lipome Tumeur du tissu adipeux, habituellement bénigne.

Liquide céphalo-rachidien Liquide produit dans les plexus choroïdes des ventricules de l'encéphale, qui circule dans les ventricules et dans l'espace sous-arachnoïdien autour de l'encéphale et de la moelle épinière.

Liquide extracellulaire Liquide extérieur aux cellules, comme le liquide interstitiel et le plasma.

Liquide interstitiel Liquide contenu dans les espaces microscopiques entre les cellules des tissus.

Liquide synovial [Syn. synovie] Produit de sécrétion des synoviales, qui lubrifie les articulations et nourrit le cartilage articulaire.

Lobule pulmonaire Chacune des plus petites divisions d'un lobe pulmonaire, alimentée par ses propres ramifications d'une bronche.

Local Concernant une partie précise de l'organisme.

Locus coeruleus Groupe de neurones situé dans le tronc cérébral, où la noradrénaline est concentrée.

Loi du tout-ou-rien (1) En physiologie musculaire, les fibres musculaires d'une unité motrice se contractent au maximum ou pas du tout. (2) En physiologie neurologique, si un stimulus est assez fort pour provoquer un potentiel d'action, une impulsion d'une intensité constante et maximale est transmise le long du neurone entier.

Lordose Incurvation rachidienne à convexité antérieure : il existe normalement une lordose lombaire et cervicale.

Luette Masse molle et charnue, notamment en ce qui concerne l'appendice en forme de V, descendant du palais mou.

Lumière Espace libre central d'un canal anatomique.

Lunule Petit croissant blanc à la base de l'ongle.

Lupus érythémateux disséminé [Syn. lupus érythémateux systémique] Maladie inflammatoire, auto-immune, qui peut atteindre tous les tissus de l'organisme.

Luxation Déplacement d'un os de son articulation, accompagné de déchirure des ligaments, des tendons et des capsules articulaires.

Lymphangiographie Technique qui consiste à injecter un opacifiant radiologique dans les vaisseaux et les ganglions lymphatiques afin de les radiographier.

Lymphatique Relatif à la lymphe.

Lymphe Liquide des vaisseaux lymphatiques, qui circule dans le système lymphatique avant de retourner dans le sang.

Lymphocyte Type de leucocyte, présent dans les ganglions lymphatiques, lié au système immunitaire.

Lymphocyte B Lymphocyte qui se transforme en plasmocyte produisant des anticorps ou en cellule « à mémoire ».

Lymphocyte T Lymphocyte qui peut se différencier en un des six types suivants : lymphocytes T cytotoxiques (cellules K), suppresseurs, auxiliaires, d'hypersensibilité retardée, amplificateurs ou à mémoire ; tous ces types de cellules jouent un rôle dans l'immunité cellulaire.

Lysosome Organite cytoplasmique, limité par une membrane double, qui contient des enzymes digestives puissantes.

Lysozyme Enzyme bactéricide contenue dans les larmes, la salive et la sueur.

MacDowall (réflexe de) [Syn. réflexe de l'oreillette droite] Réflexe lié au maintien de la pression veineuse normale.

Macrophage Cellule phagocytaire dérivée d'un monocyte. Peut être fixe ou libre.

Macrophage alvéolaire [Syn. cellule à poussière] Cellule phagocytaire située dans les parois alvéolaires des poumons.

Macrophage fixe [Syn. histiocyte] Cellule phagocytaire du système réticulo-endothélial, qu'on trouve dans le foie, les poumons, l'encéphale, la rate, les ganglions lymphatiques, le tissu sous-cutané et la moelle osseuse.

Macrophage libre Cellule phagocytaire qui se développe à partir d'un monocyte, quitte la circulation sanguine et se rend dans les tissus infectés.

Macula lutea [Syn. fovea, area centralis, aire maculaire périfovéolaire] Tache jaune située au centre de la rétine.

Macule (1) Tache rougeâtre sur la peau. (2) Petite région sur la paroi de l'utricule et du saccule, servant de récepteur pour l'équilibre statique.

Main Extrémité du membre supérieur, comprenant le carpe, le métacarpe et les phalanges.

Mal d'altitude Troubles causés par l'abaissement de la PO_2 alvéolaire lors d'un passage plus ou moins rapide à une altitude élevée, et caractérisés par un essoufflement, des nausées et des étourdissements.

Maladie hémolytique du nouveau-né [Syn. érythroblastose fœtale] Anémie hémolytique d'un nouveau-né, causée par la destruction des hématies de ce dernier par les anticorps maternels ; habituellement, la production des anticorps est due à une incompatibilité Rhésus.

Maladie transmissible sexuellement Terme générique désignant toutes les maladies transmises par contact sexuel.

Malaise Sensation désagréable d'inconfort, signifiant souvent une infection.

Malignité Terme relatif aux maladies qui évoluent de façon anormale et qui provoquent la mort ; s'applique particulièrement aux cancers.

Malpighi (pyramides de) Structure triangulaire de la médullaire rénale, constituée des segments droits des tubules rénaux.

Mamelon Saillie pigmentée et ridée à la surface de la glande mammaire, où se trouvent les orifices des canaux galactophores.

Margination Accumulation de neutrophiles et adhérence de ces derniers à l'endothélium des vaisseaux sanguins sur le siège d'une blessure au cours des premiers stades d'une inflammation.

Mariotte (tache de) [Syn. tache aveugle] Région de la rétine à l'extrémité du nerf optique (II), où il n'y a pas d'éléments de perception de la lumière.

Masse atomique Nombre total de protons et de neutrons dans un atome.

Mastectomie Ablation de tissu mammaire.

Mastication Action de mâcher les aliments à l'aide des dents.

Mastocyte Cellule qu'on trouve dans le tissu conjonctif lâche le long des vaisseaux sanguins, et qui produit l'héparine, un anticoagulant. Nom donné à un basophile après qu'il a quitté la circulation sanguine et a pénétré dans les tissus.

Matrice de l'ongle Partie de l'ongle située sous le corps et la racine, à partir de laquelle l'ongle se forme.

Méat Passage ou orifice, notamment la portion externe d'un canal.

Mécanisme à contre-courant Mécanisme intervenant dans la capacité des reins d'excréter soit de l'urine hypertonique, soit de l'urine hypotonique.

Mécanisme extrinsèque de la coagulation Suite de réactions aboutissant à la coagulation du sang, provoquée par la libération d'une substance *à l'extérieur* du sang, provenant des vaisseaux sanguins ou des tissus environnants lésés.

Mécanisme intrinsèque de la coagulation Ensemble des réactions provoquant la coagulation qui est amorcée par la libération d'une substance présente *à l'intérieur* du sang.

Mécanorécepteur Récepteur sensible aux déformations mécaniques du récepteur lui-même ou des cellules adjacentes; les stimuli ainsi détectés comprennent le toucher, la pression, la vibration, la proprioception, l'ouïe, l'équilibre et la pression sanguine.

Mécanorécepteur pulmonaire Récepteur situé dans les parois des bronches, des bronchioles et des poumons, qui envoie des influx au centre respiratoire afin de prévenir la distension excessive des poumons.

Médecine nucléaire Branche de la médecine liée à l'utilisation des radio-isotopes dans le diagnostic et le traitement des maladies.

Media Tunique moyenne de la paroi des artères et des veines, composée de muscles lisses et de fibres élastiques.

Médian Situé près de la ligne médiane du corps ou d'une structure.

Médiastin Région située entre les deux cavités pleurales, s'étendant du sternum à la colonne vertébrale.

Medulla Partie centrale interne d'un organe, comme la medulla du rein.

Médullosurrénale [Syn. substance médullaire] Partie interne d'une glande surrénale, constituée de cellules sécrétant les catécholamines, principalement l'adrénaline et la noradrénaline, en réaction à la stimulation exercée par les neurones préganglionnaires sympathiques.

Meibomius (glande de) [Syn. glande tarsienne] Glande sébacée qui s'ouvre sur le bord de la paupière.

Méiose Type de division cellulaire, limité à la production de cellules sexuelles, comprenant deux divisions nucléaires successives qui produisent des cellules haploïdes.

Meissner (corpuscule de) [Syn. corpuscule de Wagner-Meissner] Récepteur de la sensibilité tactile, présent dans les papilles dermiques, notamment dans les paumes des mains et les plantes des pieds.

Mélanine Pigment foncé (noir, brun ou jaune) se trouvant dans certaines parties du corps, comme la peau.

Mélanocyte [Syn. cellule claire de Masson] Cellule pigmentée située entre les cellules de la couche la plus profonde de l'épiderme, qui synthétise la mélanine.

Mélanome malin Tumeur maligne de la peau, habituellement foncée, contenant de la mélanine.

Mélatonine Hormone sécrétée par l'épiphyse, qui peut inhiber certaines fonctions reproductrices.

Membrane Couche de tissu mince et flexible, composée d'une couche épithéliale et d'une couche sous-jacente de tissu conjonctif (membrane basale), ou de tissu conjonctif lâche (membrane synoviale).

Membrane alvéolo-capillaire [Syn. membrane respiratoire] Structure pulmonaire constituée de la paroi alvéolaire et de sa membrane basale, ainsi que de l'endothélium capillaire et de sa membrane basale, à travers laquelle s'effectue la diffusion des gaz respiratoires.

Membrane basale Mince tunique extracellulaire, constituée de la lame basale sécrétée par des cellules épithéliales et de la lame réticulaire sécrétée par les cellules du tissu conjonctif.

Membrane basilaire Membrane située dans la cochlée de l'oreille interne, séparant le canal cochléaire de la rampe tympanique, et sur laquelle repose l'organe de Corti.

Membrane cellulaire [Syn. membrane plasmique] Membrane externe qui sépare la partie interne de la cellule du liquide extracellulaire et du milieu extérieur.

Membrane du tympan Membrane mince et semi-transparente faite de tissu conjonctif fibreux, située entre le conduit auditif externe et l'oreille moyenne.

Membrane glomérulaire Membrane de filtration située dans un néphron, comprenant l'endothélium et la membrane basale du glomérule, et l'épithélium du feuillet viscéral de la capsule de Bowman.

Membrane otolithique Membrane glycoprotéique épaisse et gélatineuse, située directement sur les cellules ciliées de la macule de l'utricule et du saccule de l'oreille interne.

Membrane semi-perméable Membrane qui permet le passage de certaines substances, mais qui refuse d'en laisser passer certaines autres.

Membrane vestibulaire [Syn. membrane de Reissner] Membrane séparant le canal cochléaire de la rampe vestibulaire.

Membre inférieur Appendice du tronc, rattaché à la ceinture pelvienne, comprenant la cuisse, le genou, la jambe, le pied et les orteils.

Membre supérieur Appendice attaché à la ceinture scapulaire, comprenant le bras, l'avant-bras, le poignet, la main et les doigts.

Mémoire Possibilité de se remémorer des expériences antérieures; on en reconnaît habituellement deux types: la mémoire à court terme et la mémoire à long terme.

Ménarche Établissement de la menstruation.

Ménière (syndrome de) [Syn. oticodynie, surdité apoplectiforme, vertige auriculaire] Maladie caractérisée par une déficience auditive variable, des vertiges et des acouphènes.

Méninges Les trois membranes qui recouvrent l'encéphale et la moelle épinière : la dure-mère, l'arachnoïde et la pie-mère.

Méningite Inflammation des méninges, notamment de la pie-mère et de l'arachnoïde.

Ménopause Période caractérisée par la disparition de la menstruation.

Menstruation Écoulement périodique de sang, de déchets tissulaires liquides, de mucus et de cellules épithéliales, qui dure habituellement cinq jours; causé par une diminution soudaine des taux d'œstrogènes et de progestérone.

Merkel (disque de) Récepteur cutané encapsulé, lié au toucher, situé dans les couches profondes de l'épiderme.

Mésencéphale [Syn. cerveau moyen] Portion de l'encéphale située entre la protubérance annulaire et le diencéphale.

Mésenchyme Tissu conjonctif embryonnaire dont tous les autres tissus conjonctifs sont issus.

Mésentère Repli péritonéal reliant l'intestin grêle à la paroi abdominale postérieure.

Mésoblaste [Syn. mésoderme] Feuillet embryonnaire moyen, d'où dérivent les tissus conjonctifs, le sang, les vaisseaux sanguins et les muscles.

Mésocôlon Repli péritonéal reliant le côlon à la paroi abdominale postérieure.

Mésothélium Couche d'épithélium pavimenteux simple tapissant les cavités séreuses.

Mésovarium Repli du péritoine qui relie l'ovaire au ligament large de l'utérus.

Métabolisme Ensemble des réactions biochimiques se produisant dans l'organisme, comprenant les réactions anaboliques et cataboliques.

Métabolisme basal Taux du métabolisme mesuré dans des conditions standard.

Métacarpe Ensemble osseux comprenant les cinq os qui constituent la paume de la main.

Métaphase Deuxième phase de la mitose, durant laquelle les paires de chromatides s'alignent sur la plaque équatoriale de la cellule.

Métaphyse Portion de l'os qui continue de croître.

Métartériole Vaisseau sanguin qui émerge d'une artériole, traverse un réseau capillaire et déverse le sang dans une veinule.

Métastase Transport de produits pathologiques d'un point de l'organisme à un autre.

Métatarse Ensemble osseux comprenant les cinq os situés dans le pied entre le tarse et les phalanges.

Micelle Agrégat sphérique de sels biliaires qui dissout les acides gras et les monoglycérides, de façon qu'ils puissent être transportés dans les petites cellules épithéliales de l'intestin.

Microcéphalie Petitesse anormale du crâne; fermeture prématurée de la fontanelle antérieure, provoquant l'arriération mentale à cause du peu d'espace dont dispose l'encéphale pour se développer.

Microfilament Fibrilles cytoplasmiques, dont le diamètre se situe entre 3 nm et 12 nm; comprend les unités contractiles des cellules musculaires et assure le soutien, la forme et le mouvement des cellules non musculaires.

Microglie Cellules gliales qui effectuent la phagocytose.

Micro-organisme Cellule vivante qu'on ne peut voir qu'au microscope.

Microphage Granulocyte, notamment les neutrophiles et les éosinophiles, qui effectue la phagocytose.

Microtomographie Procédé qui unit les principes de la microscopie électronique et de la tomographie axiale assistée par ordinateur, et permet d'obtenir des images très agrandies et tridimensionnelles de cellules vivantes.

Microtubule Structure cytoplasmique cylindrique, dont le diamètre se situe entre 18 nm et 30 nm, composée d'une protéine, la tubuline; joue un rôle de soutien, de structuration et de transport.

Microtubule chromosomique Microtubule formé durant la prophase de la mitose, prenant naissance dans les centromères et s'étendant d'un centromère à un des pôles de la cellule, et favorisant le mouvement des chromosomes; fait partie du fuseau achromatique.

Microtubules continus Microtubules formés durant la prophase de la mitose, qui prennent naissance dans le voisinage des centrioles, croissent les uns en direction des autres, s'étendent d'un pôle de la cellule à l'autre, et favorisent le mouvement des chromosomes; font partie du fuseau achromatique.

Microvillosités Saillies filiformes microscopiques des membranes cellulaires des cellules de l'intestin grêle, qui augmentent la surface d'absorption.

Miction Émission d'urine en provenance de la vessie.

Minéral Élément inorganique homogène solide qui peut jouer un rôle vital (exemples: calcium, sodium, potassium, fer, phosphore et chlore).

Minéralocorticoïdes [Syn. hormones minéralocorticostéroïdes] Groupe d'hormones de la corticosurrénale.

Mitochondrie [Syn. chondriosome, sarcosome de Retzius, bioblaste d'Altmann] Organite à membrane double qui joue un rôle important dans la production de l'ATP; appelée la « centrale énergétique » de la cellule.

Mitose Division du noyau d'une cellule qui permet que chaque cellule fille ait le même nombre et le même type de chromosomes que la cellule mère. Le processus comprend la duplication des chromosomes et la distribution des deux groupes de chromosomes en deux noyaux séparés et égaux.

Modalité Toute entité sensorielle spécifique, comme la vision, l'odorat ou le goût.

Moelle épinière Masse de tissu nerveux située dans le canal rachidien, d'où émergent les 31 paires de nerfs rachidiens.

Moelle osseuse Tissu mou et spongieux localisé dans les cavités osseuses. La moelle rouge produit les cellules sanguines, et la moelle jaune, constituée surtout de tissu adipeux, n'a pas de fonction hématopoïétique.

Mole Masse, exprimée en grammes, de la somme des masses atomiques des atomes compris dans une molécule d'une substance.

Molécule Combinaison chimique de deux atomes ou plus.

Monocyte Type de leucocyte caractérisé par un cytoplasme non granuleux; le plus volumineux des leucocytes.

Mononucléose infectieuse Maladie contagieuse causée par le virus d'Epstein-Barr et caractérisée par une augmentation du nombre des mononucléocytes et des lymphocytes, de la fièvre, des maux de gorge, des raideurs de la nuque, de la toux et une sensation de malaise.

Morbide Malade; relatif à la maladie.

Morula Masse solide de cellules, produite par les segmentations successives d'un ovule fécondé, quelques jours après la fécondation.

Mucus Sécrétion liquide à consistance épaisse élaborée par les muqueuses et les glandes muqueuses.

Muqueuse Membrane tapissant une cavité corporelle débouchant sur l'extérieur.

Muscle Organe composé d'un des trois types de tissus musculaires (squelettique, cardiaque ou viscéral), permettant des contractions qui provoquent des mouvements volontaires ou involontaires des différentes parties du corps.

Muscle arrecteur du poil [Syn. muscle horripilateur du poil] Muscle lisse attaché au poil; la contraction musculaire soulève les poils en position verticale, produisant la « chair de poule ».

Muscle cardiaque Muscle composé de cellules musculaires striées, formant les parois du cœur, et stimulé par le système conducteur intrinsèque du cœur et des neurones moteurs viscéraux.

Muscle lisse Organe spécialisé dans la contraction, composé de fibres musculaires lisses, situé dans les parois des structures internes creuses, et innervé par un neurone viscéral efférent.

Muscle squelettique [Syn. muscle strié] Organe spécialisé dans la contraction, composé de fibres musculaires striées, soutenu par du tissu conjonctif, attaché à l'os par un tendon ou une aponévrose, et stimulé par des neurones moteurs somatiques.

Muscle viscéral Organe spécialisé dans la contraction, composé de fibres musculaires lisses, situé dans les parois des structures internes creuses, et stimulé par les neurones moteurs viscéraux.

Muscles pectinés du cœur Saillies musculaires présentes sur les parois antérieures des oreillettes et le revêtement des auricules.

Musculaire muqueuse Mince couche de cellules musculaires lisses, située dans la couche externe de la muqueuse du tube digestif, sous le chorion de la muqueuse.

Musculeuse Couche de fibres musculaires ou tunique d'un organe.

Mutation Modification du matériel génétique, modifiant de façon permanente certains caractères héréditaires.

Myasthénie grave Faiblesse des muscles squelettiques, causée par des anticorps antirécepteurs de l'acétylcholine, qui inhibent la contraction musculaire.

Myocarde Tunique musculaire moyenne du cœur, formée du muscle cardiaque, constituant la plus grande partie du cœur et située entre l'épicarde et l'endocarde.

Myofibrille Structure filamenteuse, traversant longitudinalement la cellule musculaire, composée principalement de myofilaments épais (myosine) et de myofilaments fins (actine).

Myoglobine Protéine conjuguée se liant à l'oxygène, contenant du fer, présente dans le sarcoplasme des cellules musculaires, qui contribue à la coloration rouge du muscle.

Myogramme Tracé obtenu par le myographe, un appareil qui mesure et enregistre les effets des contractions musculaires.

Myologie Étude des muscles.

Myomètre Tunique musculaire lisse de l'utérus.

Myopie Défaut optique dans lequel l'œil ne peut distinguer que les objets rapprochés.

Myosine Protéine contractile entrant dans la composition des myofilaments épais des cellules musculaires.

Myotonie Contraction musculaire continue; augmentation de l'irritabilité musculaire, tendance à contracter et diminution de la capacité de relaxer.

Myxœdème État causé par un hypothyroïdisme chez l'adulte, caractérisé par un œdème des tissus faciaux.

Nanisme hypophysaire État causé par une hyposécrétion de somatotrophine durant la croissance et caractérisé par des traits physiques enfantins chez un adulte.

Narines Ouvertures menant aux fosses nasales.

Nasopharynx Portion supérieure du pharynx, située derrière les fosses nasales et s'étendant jusqu'au voile du palais.

Nébulisation Traitement médicamenteux appliqué à l'aide d'un nébuliseur.

Nécrose Destruction d'une cellule ou d'un groupe de cellules, consécutive à une maladie ou à un traumatisme.

Néonatal Relatif aux quatre premières semaines qui suivent la naissance.

Néoplasme Masse de tissu anormal; tumeur.

Néphrite Inflammation du rein.

Néphron Unité fonctionnelle du rein.

Nerf Faisceau de fibres nerveuses maintenues par du tissu conjonctif, situé en dehors du système nerveux central.

Nerf crânien Nerf faisant partie des 12 paires de nerfs qui partent de l'encéphale, traversent les orifices du crâne et innervent la tête, le cou et une partie du tronc; chacun d'eux porte un nom et est désigné par un chiffre romain.

Nerf rachidien Nerf faisant partie des 31 paires de nerfs qui prennent naissance dans la moelle épinière à partir des racines postérieure et antérieure.

Neurofibrille Un des fils délicats qui forment un réseau complexe dans le cytoplasme d'un corps cellulaire et les prolongements d'un neurone.

Neurohypophyse Lobe postérieur de l'hypophyse.

Neurologie Branche de la science qui traite du fonctionnement normal et des affections du système nerveux.

Neurone [Syn. cellule nerveuse] Cellule nerveuse comprenant un corps cellulaire, des dendrites et un axone.

Neurone d'association [Syn. interneurone] Cellule nerveuse située dans le système nerveux central, qui transporte les influx nerveux des neurones sensitifs aux neurones moteurs.

Neurone moteur [Syn. neurone efférent] Neurone qui conduit les influx nerveux depuis l'encéphale et la moelle épinière jusqu'aux effecteurs, qui peuvent être des muscles ou des glandes.

Neurone postganglionnaire Deuxième neurone moteur (efférent) d'une voie efférente du système nerveux autonome, dont le corps cellulaire et les dendrites sont situés dans un ganglion sympathique et dont l'axone amyélinique se rend dans le muscle cardiaque, un muscle lisse ou une glande.

Neurone postsynaptique Cellule nerveuse qui est activée par la libération d'un neurotransmetteur d'un autre neurone, et qui transporte un potentiel d'action loin d'une synapse.

Neurone préganglionnaire Premier neurone moteur d'une voie efférente du système nerveux autonome, dont le corps cellulaire et les dendrites sont situés dans l'encéphale ou la moelle épinière et dont l'axone myélinique se rend jusqu'à un ganglion sympathique où il fait synapse avec un neurone postganglionnaire.

Neurone présynaptique Cellule nerveuse qui transporte un potentiel d'action vers une synapse.

Neurone sensitif (afférent) Neurone qui transporte un influx nerveux vers le système nerveux central.

Neurophysine Petite protéine qui favorise l'entreposage de l'ocytocine (OT) et de l'hormone antidiurétique (ADH) dans la neurohypophyse, et leur libération ultérieure.

Neurosyphilis Stade tertiaire de la syphilis, durant lequel divers types de tissus nerveux sont atteints par les bactéries et dégénèrent.

Neurotransmetteur [Syn. médiateur chimique] Variété de molécules synthétisées dans les terminaisons axonales, libérées dans la fente synaptique en réaction à un potentiel d'action, et modifiant le potentiel de membrane du neurone postsynaptique.

Neutrophile [Syn. polynucléaire neutrophile, granulocyte neutrophile] Leucocyte caractérisé par un cytoplasme granuleux qui se colore aussi rapidement au contact d'un colorant acide qu'à celui d'un colorant basique.

Névralgie essentielle du trijumeau [Syn. névralgie faciale, tic douloureux de la face, maladie de Trousseau] Douleur affectant une ou plusieurs branches du nerf trijumeau (V).

Névrite Inflammation d'un nerf.

Névroglie [Syn. tissu glial, glie, cellules gliales] Cellules du système nerveux, assumant les fonctions du tissu conjonctif. La névroglie du système nerveux central comprend les astrocytes, les oligodendrocytes, la microglie et les cellules épendymaires; la névroglie du système nerveux périphérique comprend les cellules de Schwann et les cellules satellites ganglionnaires .

Nidation [Syn. implantation] Fixation de l'œuf sur la muqueuse utérine, de sept jours à huit jours après la fécondation.

Nissl (corps de) Réticulum endoplasmique granuleux des corps cellulaires des neurones, qui joue un rôle dans la synthèse des protéines.

Nocicepteur Récepteur qui détecte la douleur.

Noradrénaline [Syn. norépinéphrine, lévartérénol] Hormone sécrétée par la médullosurrénale, qui produit un effet semblable à celui de la stimulation sympathique.

Notochorde [Syn. chorde dorsale] Cordon flexible du tissu embryonnaire qui occupe la place de la future colonne vertébrale.

Noyau (1) Organite sphérique ou ovale d'une cellule, contenant les facteurs héréditaires de la cellule, les gènes. (2) Masse de corps cellulaires nerveux dans le système nerveux central. (3) Partie centrale d'un atome, chargée positivement, constituée de protons et de neutrons.

Noyau cunéiforme [Syn. noyau de Burdach] Groupe de neurones de la partie inférieure du bulbe rachidien, dans lequel les fibres du faisceau cunéiforme prennent fin.

Noyau gracile [Syn. noyau de Goll] Groupe de neurones du bulbe rachidien, dans lequel les fibres du faisceau gracile prennent fin.

Noyau rouge Masse de corps cellulaires, située dans le mésencéphale, occupant une grande partie de la calotte du tronc cérébral d'où émergent des fibres formant les faisceaux rubro-spinal et réticulo-spinal.

Noyaux gris centraux Masses paires de corps cellulaires composant la substance grise de chacun des hémisphères cérébraux, comprenant le noyau caudé, le noyau lenticulaire, le claustrum et le noyau amygdalien.

Nucléase Enzyme qui dégrade les nucléotides en pentoses et en bases azotées (exemples : ribonucléase et désoxyribonucléase).

Nucléole Corps sphérique non membraneux au sein du noyau, composé de protéines, d'ADN et d'ARN, qui participe à la synthèse et à l'entreposage de l'ARN ribosomique.

Nucléosome Sous-unité structurale élémentaire d'un chromosome, constituée d'histones et d'ADN.

Nucleus pulposus [Syn. noyau gélatineux, noyaux pulpeux] Substance molle, pulpeuse et très élastique présente dans le centre d'un disque intervertébral ; constitue un reliquat de la notochorde.

Numération globulaire [Syn. hémogramme] Épreuve hématologique comprenant généralement la détermination de l'hémoglobine et de l'hématocrite, une numération érythrocytaire et leucocytaire et des commentaires concernant la morphologie des hématies, des leucocytes et des plaquettes.

Nystagmus Mouvements rythmiques et involontaires (horizontaux, verticaux ou rotatoires) des globes oculaires.

Obésité Masse corporelle supérieure de 10 % à 20 % à la masse normale, due à une accumulation excessive de graisse.

Obstétrique Branche spécialisée de la médecine qui traite de la grossesse, du travail et de la période qui suit immédiatement l'accouchement.

Occlusion Action de fermer ou fait d'être fermé.

Ocytocyne (OT) Hormone sécrétée par les cellules neurosécrétrices des noyaux paraventriculaires de l'hypothalamus, qui stimule la contraction des muscles lisses de l'utérus gravide et des cellules contractiles entourant les alvéoles des glandes mammaires.

Oddi (sphincter d') Muscle circulaire situé à l'ouverture du canal cholédoque et du canal pancréatique dans le duodénum.

Œdème Accumulation anormale de liquide dans les tissus.

Œdème pulmonaire Accumulation anormale de liquide interstitiel dans les espaces tissulaires et les alvéoles pulmonaires, causée par une augmentation de la perméabilité des capillaires pulmonaires, ou par une augmentation de la pression capillaire pulmonaire.

Œsophage Tube musculaire creux reliant le pharynx à l'estomac.

Œstrogènes Hormones sexuelles femelles produites par les ovaires et liées au développement et au maintien des structures reproductrices féminines et aux caractères sexuels secondaires, à l'équilibre hydro-électrolytique ainsi qu'à l'anabolisme des protéines (exemples : œstradiol, œstrone et œstriol).

Olfactif Relatif à l'olfaction.

Oligodendrocyte [Syn. oligodendroglie] Cellule gliale qui supporte les neurones et produit une gaine de myéline phospholipidique autour des axones des neurones du système nerveux central.

Oligospermie Insuffisance de concentration des spermatozoïdes dans le sperme.

Olive Saillie ovale située sur chaque face latérale de la partie supérieure du bulbe rachidien.

Ombilic [Syn. nombril] Petite cicatrice située sur l'abdomen, laissée par la chute du cordon ombilical, qui marque l'emplacement où le fœtus était relié au placenta.

Oncogène Qui peut transformer une cellule normale en une cellule cancéreuse.

Onde P Première onde de l'électrocardiogramme, correspondant à la dépolarisation auriculaire.

Onde T Onde de l'électrocardiogramme, correspondant à la repolarisation ventriculaire.

Ongle Plaque dure, composée principalement de kératine, se développant à partir de l'épiderme pour former une couche protectrice sur la face dorsale de la phalange distale des doigts et des orteils.

Ophtalmologie Étude de la structure, de la fonction et des affections de l'œil.

Opsonisation Action de certains anticorps qui rend les micro-organismes et d'autres substances étrangères plus vulnérables à la phagocytose.

Optique Relatif à l'œil, à la vision ou aux propriétés de la lumière.

Ora serrata Ligne brisée qui borde la rétine, située en position interne et légèrement postérieure à la jonction de la choroïde et du corps ciliaire.

Oreille externe Partie extérieure de l'oreille, comprenant le pavillon, le conduit auditif externe et la membrane tympanique.

Oreille interne Portion de l'oreille, située à l'intérieur de l'os temporal, et contenant les organes de l'ouïe et de l'équilibre.

Oreille moyenne Petite cavité tapissée de tissu épithélial, située dans l'os temporal, séparée de l'oreille externe par le tympan et de l'oreille interne par une mince paroi osseuse contenant les fenêtres ronde et ovale ; traversée par la chaîne des osselets.

Oreillette Cavité supérieure du cœur.

Oreillons Inflammation et hypertrophie des glandes parotides, accompagnées de fièvre et de douleur intense lors de la déglutition.

Organe Structure anatomique du corps humain exerçant une fonction déterminée, et constituée de deux types (ou plus) de tissus différents.

Organes génitaux Organes reproducteurs.

Organisme Toute forme vivante.

Organite Composante ou structure cytoplasmique jouant un rôle particulier dans l'activité cellulaire.

Orgasme Phénomènes sensoriels et moteurs liés à l'éjaculation chez l'homme, et à des contractions involontaires des muscles périnéaux chez la femme, lors du point le plus intense du coït.

Orifice Ouverture.

Origine Point d'attache d'un muscle à l'os le plus fixe, ou l'extrémité opposée à l'insertion.

Oropharynx Partie moyenne du pharynx, située derrière la cavité buccale, et s'étendant depuis le voile du palais jusqu'à l'os hyoïde.

Orthopédie Branche de la médecine qui traite de la préservation et de la restauration du système osseux, des articulations et des structures qui y sont associées.

Os compact Tissu osseux sans espaces apparents, dans lequel les couches de lamelles s'ajustent parfaitement. Le tissu osseux compact se trouve immédiatement sous le périoste et à l'extérieur du tissu osseux spongieux.

Os sésamoïdes Petits os se trouvant habituellement dans les tendons.

Os wormiens Petits os situés entre certains os crâniens.

Osmose Mouvement net de molécules d'eau à travers une membrane semi-perméable, d'une région de forte concentration d'eau à une région de faible concentration d'eau jusqu'à ce qu'un équilibre soit atteint.

Osselets Les trois petits os de l'oreille moyenne : le marteau, l'enclume et l'étrier.
Ossification Élaboration du tissu osseux.
Ossification endochondrale [Syn. ossification endocartilagineuse] Remplacement du cartilage par du tissu osseux.
Ossification endomembraneuse [Syn. ossification dermique] Formation osseuse directe par transformation du mésenchyme en tissu osseux.
Ostéoblaste Cellule qui participe à l'élaboration des os.
Ostéoclaste [Syn. myéloplaxe] Cellule géante multinucléée qui détruit ou résorbe le tissu osseux.
Ostéocyte Ostéoblaste adulte qui a perdu la propriété d'élaborer du tissu osseux.
Ostéologie Étude des os.
Ostéomalacie Carence en vitamine D, chez l'adulte, provoquant la déminéralisation et l'amollissement des os.
Ostéomyélite Inflammation de la moelle osseuse ou de l'os et de la moelle.
Ostéon [Syn. système de Havers] Unité structurale de base de l'os compact adulte, comprenant le canal de Havers entouré des lamelles concentriques, ainsi que des ostéoplastes, des ostéocytes et des canalicules.
Ostéoplaste Petite cavité, comme celles qui se trouvent dans les os et qui renferment les ostéoblastes.
Ostéoporose Affection liée à l'âge, caractérisée par une diminution de la masse osseuse et une augmentation de la vulnérabilité aux fractures.
Otique Relatif à l'oreille.
Otite moyenne Infection aiguë de l'oreille moyenne, caractérisée par une inflammation du tympan qui risque de se déchirer.
Otolithe [Syn. statoconie] Particule de carbonate de calcium enfouie dans la macule de l'utricule et du saccule, qui maintient l'équilibre statique.
Oto-rhino-laryngologie Branche de la médecine qui traite du diagnostic et du traitement des affections des oreilles, du nez et de la gorge.
Ovaire Gonade femelle qui produit les ovules ainsi que les œstrogènes, la progestérone et la relaxine.
Ovariectomie Ablation des ovaires.
Ovogenèse [Syn. oogenèse] Formation et développement de l'ovule.
Ovulation Rupture du follicule de De Graaf libérant un ovule dans la cavité pelvienne.
Ovule Cellule reproductrice femelle.
Oxydation Perte d'électrons et d'ions hydrogène (atomes d'hydrogène) d'une molécule ou, plus rarement, gain d'oxygène d'une molécule. L'oxydation du glucose dans l'organisme est aussi appelée respiration interne, ou cellulaire, ou tissulaire.
Oxygène (dette d') Volume d'oxygène requis pour oxyder l'acide lactique produite lors de l'exercice physique.
Oxygénothérapie hyperbare Utilisation de la pression, fournie par un caisson hyperbare, pour augmenter la dissolution de l'oxygène dans le sang, dans le traitement des sujets infectés par des bactéries anaérobies (tétanos et gangrène). Également utilisée pour traiter l'intoxication par l'oxyde de carbone, l'asphyxie, l'inhalation de fumée et certaines cardiopathies.
Oxyhémoglobine (HbO_2) Molécule d'hémoglobine liée à l'oxygène.
Pacini (corpuscule de) [Syn. corpuscule lamellaire] Récepteur ovale de la pression, situé dans le tissu sous-cutané, comprenant des couches concentriques de tissu conjonctif enroulées autour d'une fibre nerveuse afférente.
Paget (maladie de) Affection caractérisée par un épaississement et un amollissement irréguliers des os. La cause en est inconnue ; cependant, il semble qu'elle soit due à un processus de remaniement osseux très accéléré au cours duquel les ostéoclastes effectuent une résorption massive du tissu osseux, et les ostéoblastes, une formation importante de nouveau tissu osseux.
Palais Structure horizontale séparant la cavité buccale des fosses nasales ; la partie supérieure de la cavité buccale.
Palliatif Pouvant soulager, mais non guérir.
Palpation Examen par exploration manuelle du corps au moyen du toucher.
Pancréas Organe oblong et moelleux situé le long de la grande courbure de l'estomac, et habituellement relié au duodénum par deux canaux. Glande à la fois exocrine (sécrétant le suc pancréatique) et endocrine (sécrétant l'insuline, le glucagon et la somatostatine).
Pander et Wolff (îlots de) Masses isolées et cordons de cellules mésenchymateuses du mésoblaste, à partir desquels les vaisseaux sanguins se développent.
Papanicolaou (test de) [Syn. cytologie vaginale, colpocytologie] Examen destiné à détecter et à diagnostiquer des tumeurs dans l'appareil génital de la femme. On prélève des cellules de l'épithélium génital, on les étale sur une lame, on les fixe, on les colore et on les examine au microscope.
Papille optique Petite région de la rétine, pourvue d'ouvertures par lesquelles les fibres des neurones ganglionnaires quittent l'œil et forment le nerf optique (II).
Papilles caliciformes Prolongements circulaires disposés en forme de V renversé sur la partie postérieure de la langue ; il s'agit de la plus grosse élévation à la surface de la langue, et elle contient les bourgeons gustatifs.
Papilles dermiques Éminences digitiformes de la région papillaire du derme, pouvant contenir des capillaires sanguins ou des corpuscules de Meissner qui sont des terminaisons nerveuses sensibles au toucher.
Papilles filiformes Petites éminences coniques disposées en rangées parallèles sur les deux tiers antérieurs de la langue, et ne contenant pas de bourgeons gustatifs.
Papilles fongiformes Papilles ayant la forme de champignons aplatis, situées à la surface de la langue et apparaissant sous la forme de points rouges ; la plupart contiennent des bourgeons gustatifs.
Paralysie Perte ou déficience de la motricité, due à une lésion d'origine nerveuse ou musculaire.
Paraplégie Paralysie affectant les deux membres inférieurs.
Parathormone (PTH) [Syn. hormone parathyroïdienne] Hormone sécrétée par les glandes parathyroïdes, qui diminue le taux de phosphate dans le sang et augmente le taux de calcium.
Parenchyme Ensemble des tissus fonctionnels d'un organe, par opposition au tissu qui forme sa substance fondamentale, ou stroma.
Parentéral Situé ou se produisant à l'extérieur des intestins ; relatif à l'introduction de substances dans le corps par une autre voie que les intestins (exemples : par voies intradermique, sous-cutanée, intramusculaire, intraveineuse ou intrarachidienne).
Pariétal Relatif à une paroi ou formant la paroi externe d'une cavité corporelle.
Parkinson (maladie de) Dégénérescence progressive des noyaux gris centraux et du locus niger de l'encéphale, qui provoque une déplétion en dopamine, entraînant des tremblements, un ralentissement des mouvements volontaires et une faiblesse musculaire.
Parodontolyse Terme générique désignant les affections caractérisées par la dégénérescence des gencives, de l'os alvéolaire, du ligament alvéolo-dentaire et du cément.
Pars intermedia Petite zone non vascularisée séparant les portions antérieure et postérieure de l'hypophyse.
Parturition Accouchement.

Pathogène Qui peut causer une maladie.

Pathogénie Développement d'une maladie, ou état pathologique.

Pavillon (1) Partie extérieure de l'oreille externe, composée de cartilage élastique et recouverte de peau. (2) Extrémité distale ouverte, en forme d'entonnoir, de la trompe de Fallope.

Pecquet (citerne de) Point d'origine du canal thoracique.

Pectoral Relatif à la poitrine ou au thorax.

Pédiatre Médecin spécialisé dans la physiologie, la psychologie et la pathologie de l'enfant.

Pédicelle [Syn. pied de podocyte] Structure rappelant la forme d'un pied, comme les podocytes d'un glomérule.

Pédicule Saillie courte et épaisse présente sur une vertèbre.

Pédoncule cérébelleux Faisceau de fibres nerveuses reliant le cervelet au tronc cérébral.

Pédoncule cérébral Partie d'une paire de faisceaux de fibres nerveuses, situés sur la face ventrale du mésencéphale, conduisant des influx nerveux entre la protubérance annulaire et les hémisphères cérébraux.

Pédoncule olfactif Faisceau d'axones s'étendant vers l'arrière, depuis le bulbe olfactif jusqu'à la portion olfactive du cortex.

Pelvimétrie Mensuration des dimensions du bassin obstétrical, ou pelvis.

Pelvipéritonite Terme générique désignant toute infection bactérienne des organes pelviens, notamment de l'utérus, des trompes de Fallope et des ovaires.

Pénis Organe de la miction et de la copulation chez l'homme, qui introduit le sperme dans le vagin.

Pepsine Enzyme protéolytique du suc gastrique, sécrétée par les cellules principales de l'estomac en tant que forme inactive du pepsinogène, lequel est converti en pepsine active au contact de l'acide chlorhydrique.

Péricarde Membrane séreuse lâche entourant le cœur, comprenant une couche externe fibreuse et une couche interne séreuse.

Périchondre Membrane entourant les cartilages.

Périlymphe Liquide contenu entre les labyrinthes osseux et membraneux de l'oreille interne.

Périmétrium Tunique séreuse de l'utérus.

Périmysium Invagination de l'épimysium qui divise les muscles en faisceaux.

Périnée Le plancher pelvien; espace situé entre l'anus et le scrotum chez l'homme, et entre l'anus et la vulve chez la femme.

Périnèvre Tissu conjonctif enveloppant chaque faisceau nerveux.

Période réfractaire Période durant laquelle une cellule excitable ne peut pas réagir à un stimulus habituellement capable de provoquer un potentiel d'action.

Périoste Membrane qui recouvre les os et qui est nécessaire à la croissance, à la régénération et à la nutrition des os.

Périphérique Situé dans les régions externes du corps ou d'un organe.

Péristaltisme Contractions musculaires successives le long de la paroi d'une structure musculaire creuse.

Péritoine La membrane séreuse la plus importante de l'organisme, qui tapisse la cavité abdominale et recouvre les viscères.

Péritonite Inflammation du péritoine.

Peroxysome Organite dont la structure est semblable à celle d'un lysosome, contenant des enzymes liées au métabolisme de l'eau oxygénée ; présent en grand nombre dans les cellules du foie.

Persistance du canal artériel Anomalie cardiaque congénitale dans laquelle le conduit reliant l'aorte et l'artère pulmonaire au cours de la vie fœtale ne se ferme pas après la naissance.

Petit épiploon [Syn. épiploon gastro-duodéno-hépatique] Repli péritonéal s'étendant du foie à la petite courbure gastrique et au début du duodénum.

Petites lèvres Deux petits replis muqueux situés dans les grandes lèvres.

pH Symbole de mesure de la concentration des ions hydrogène dans une solution. L'échelle du pH est graduée de 0 à 14 ; un pH de 7 exprime la neutralité, un pH inférieur à 7 signifie une augmentation de l'acidité, et un pH supérieur à 7 indique une alcalinité accrue.

Phagocytose Processus par lequel une cellule capture et ingère des particules. Se rapporte notamment à l'ingestion et à la destruction de microbes, de débris cellulaires et d'autres substances étrangères.

Phalange Os du doigt ou de l'orteil.

Pharmacologie Science qui traite des effets et des utilisations des médicaments dans le traitement des maladies.

Pharynx La gorge; conduit faisant communiquer les fosses nasales avec le larynx, en avant, et la bouche avec l'œsophage, en arrière.

Phénomène de l'escalier Augmentation graduelle de la force de contractions musculaires causées par une succession rapide de stimuli d'intensité égale.

Phénotype Caractères apparents d'un génotype ; caractéristiques physiques d'un organisme, déterminées par le génotype et influencées par l'interaction des gènes et des facteurs environnementaux internes et externes.

Phénylcétonurie [Syn. oligophrénie phénylpyruvique] Affection caractérisée par une élévation du taux de l'acide aminé phénylalanine dans le sang.

Phéochromocytome [Syn. tumeur chromaffine] Tumeur des cellules chromaffines de la médullosurrénale, entraînant une hypersécrétion de catécholamines.

Photorécepteur Récepteur sensible à la lumière sur la rétine.

Physiologie Science qui étudie le fonctionnement d'un organisme ou de ses composants.

Pièce intercalaire Épaississement transverse irrégulier du sarcolemme, qui sépare les cellules musculaires cardiaques.

Pied Extrémité du membre inférieur.

Pie-mère Membrane interne (méninge) recouvrant l'encéphale et la moelle épinière.

Pigment photosensible Substance capable d'absorber la lumière et de traverser des changements structuraux entraînant le développement d'un potentiel générateur (exemple: rhodopsine).

Piliers du pénis Portion séparée et effilée des corps caverneux.

Pilonidal Qui contient des poils formant une touffe à l'intérieur d'un kyste ou d'un sinus.

Pinéalocyte Cellule sécrétrice de l'épiphyse, qui produit des hormones.

Pinocytose Processus par lequel les cellules capturent et absorbent les liquides.

Pituicyte Cellule de soutien du lobe postérieur de l'hypophyse.

Placenta Organe assurant les échanges fœto-maternels durant la grossesse.

Plan frontal Plan traversant à angle droit le plan sagittal médian et divisant le corps ou les organes en portions antérieure et postérieure.

Plan médian (1) Plan vertical qui divise le corps en moitiés droite et gauche. (2) Situé au centre.

Plan sagittal Plan parallèle à un plan sagittal médian, qui divise le corps ou les organes en deux parties *inégales*, gauche et droite.

Plan sagittal médian Plan vertical traversant la ligne médiane du corps et partageant le corps en deux parties *égales*, droite et gauche.

Plan transversal Plan parallèle au sol, divisant le corps ou un organe en portions supérieure et inférieure.

Plaque d'athérome Masse contenant du cholestérol, présente dans la tunique moyenne d'une artère.

Plaque dentaire Amas de cellules bactériennes et d'autres déchets, qui adhère à la dent.

Plaque motrice [Syn. jonction neuromusculaire, jonction myoneurale] Région de contact entre la terminaison axonale d'un neurone moteur et une partie du sarcolemme d'une fibre musculaire.

Plaque neurale Épaississement de l'ectoblaste qui se forme au début de la troisième semaine de la vie embryonnaire et qui représente le début du développement du système nerveux.

Plaquette [Syn. thrombocyte] Fragment cytoplasmique dans une membrane cellulaire, dépourvu de noyau ; présent dans le sang circulant ; joue un rôle dans la coagulation du sang.

Plasma Liquide extracellulaire présent dans les vaisseaux sanguins ; le sang, à l'exception de ses éléments figurés.

Plasmocyte Cellule qui produit des anticorps et qui se développe à partir d'un lymphocyte B.

Platypodie [Syn. pied plat] État dans lequel les ligaments et les tendons de la voûte plantaire sont affaiblis, et la hauteur de la voûte longitudinale, réduite.

Plèvre Membrane séreuse qui enveloppe les poumons et tapisse les parois de la cavité thoracique et le diaphragme.

Plèvre pariétale Feuillet externe de la plèvre, qui recouvre et protège les poumons ; feuillet relié à la paroi de la cavité pleurale.

Plèvre viscérale Feuillet interne de la membrane séreuse qui recouvre les poumons.

Plexus Réseau de nerfs, de veines ou de vaisseaux lymphatiques.

Plexus brachial Réseau de fibres nerveuses des branches ventrales des nerfs rachidiens C5 à C8 et D1. Les nerfs qui émergent du plexus brachial innervent le membre supérieur.

Plexus cervical Réseau de fibres neuronales, formé par les branches ventrales des quatre premiers nerfs cervicaux.

Plexus choroïdes Structure vasculaire située dans le toit de chacun des quatre ventricules de l'encéphale, qui produit le liquide céphalo-rachidien.

Plexus du follicule pileux Réseau de dendrites, disposé autour de la racine d'un poil, jouant le rôle de terminaisons nerveuses libres qui sont stimulées lorsque le corps du poil est déplacé.

Plexus lombaire Réseau formé par les branches ventrales des nerfs rachidiens L1 à L4.

Plexus myentérique [Syn. plexus d'Auerbach] Réseau de fibres nerveuses appartenant aux deux divisions du système nerveux autonome, situé dans la musculeuse de l'intestin grêle.

Plexus nerveux végétatif Réseau étendu de fibres sympathiques et parasympathiques ; les plexus cardiaque, solaire et hypogastrique inférieur sont situés respectivement dans le thorax, l'abdomen et le bassin.

Plexus sacré Réseau formé par les branches ventrales des nerfs rachidiens L4 à S3.

Plexus sacro-coccygien Réseau de nerfs formé par les branches ventrales des nerfs coccygiens et des quatrième et cinquième nerfs sacrés. Les fibres de ce plexus innervent la peau de la région du coccyx.

Plexus sous-muqueux [Syn. plexus de Meissner] Réseau de fibres du système nerveux autonome, situé dans la portion externe de la sous-muqueuse de l'intestin grêle.

Pneumonie Infection aiguë ou inflammation des alvéoles pulmonaires.

Podologie Étude de la physiologie et de la pathologie du pied.

Poils Structures filiformes produites par des follicules pileux, qui se développent dans le derme.

Polarisé Se dit lorsque des états ou des effets opposés coexistent. Électricité : ayant un côté positif et un côté négatif. Par exemple : la membrane d'une cellule nerveuse polarisée est chargée positivement à l'extérieur et négativement à l'intérieur.

Poliomyélite Infection virale caractérisée par de la fièvre, des maux de tête, une raideur de la nuque et du dos, des douleurs et de la faiblesse musculaires, ainsi que par la perte de certains réflexes somatiques ; une forme grave de la maladie, la poliomyélite bulbaire, provoque la destruction de neurones moteurs dans les cornes antérieures de la moelle épinière, provoquant une paralysie.

Polycithémie Augmentation du nombre d'hématies sur l'hémogramme.

Polyglobulie Augmentation de la masse totale des hématies de l'organisme.

Polyosides Trois oses, ou plus, unis par déshydratation.

Polypeptide Chaîne de 2 à 40 acides aminés, qui se trouve naturellement dans l'encéphale, dont la fonction principale est de modérer la réaction d'un neurotransmetteur ou la réaction à ce dernier (exemples : enképhalines et endorphines).

Polyurie Augmentation du volume des urines émises par 24 h ; ordinairement plus de 2 L/24 h.

Pompe à sodium Système de transport actif situé dans une membrane cellulaire, qui permet le transport des ions sodium à l'extérieur de la cellule et des ions potassium à l'intérieur de la cellule aux dépens de l'ATP. Son rôle est de garder les concentrations ioniques de ces éléments à des taux physiologiques.

Ponction Introduction d'une aiguille dans un tissu en vue de prélever un liquide ou de soulager une douleur.

Ponction lombaire Prélèvement de liquide céphalo-rachidien dans l'espace sous-arachnoïdien de la région lombaire.

Ponction sternale Introduction d'une aiguille de gros calibre dans la cavité médullaire du sternum en vue de prélever un échantillon de moelle osseuse rouge.

Position anatomique Position corporelle utilisée universellement pour les descriptions anatomiques ; le sujet est debout, face à l'observateur, les membres supérieurs sont de chaque côté du corps et les paumes des mains sont tournées vers l'avant.

Postérieur Situé près de la face dorsale du corps ou sur celle-ci.

Post-partum Période qui suit immédiatement l'accouchement.

Potentiel d'action Onde négative qui se propage d'elle-même le long de la face externe de la membrane de certaines cellules.

Potentiel de membrane Voltage constamment présent à travers la membrane cellulaire ; mesuré à l'aide de micro-électrodes à l'intérieur et à l'extérieur de la cellule, il enregistre habituellement des valeurs de repos d'environ –70 mV.

Potentiel de repos Voltage présent entre l'intérieur et l'extérieur d'une membrane cellulaire lorsque la cellule n'est pas stimulée ; varie entre -70 mV et -90 mV, lorsque l'intérieur du neurone est négatif.

Potentiel générateur Dépolarisation graduée survenant dans la région d'un neurone sensitif adjacent à une cellule réceptrice.

Potentiel postsynaptique excitateur Légère réduction du voltage négatif sur la membrane postsynaptique lorsqu'elle est stimulée par une terminaison présynaptique. Il s'agit d'un phénomène localisé dont l'intensité diminue à partir du point d'excitation.

Potentiel postsynaptique inhibiteur Augmentation de la négativité interne d'un potentiel de membrane, amenant le voltage à dépasser le seuil d'excitation.

Pouls Expansion et rétraction rythmique des artères causées par l'éjection de sang du ventricule gauche. La fréquence du pouls correspond à la fréquence cardiaque.

Poumons Organes de la respiration, situés dans la cage thoracique, de chaque côté du cœur.

Prééclampsie Syndrome caractérisé par une hypertension soudaine, de grandes quantités de protéines dans les urines et un œdème généralisé; peut être lié à une réaction auto-immune ou allergique entraînée par la présence d'un fœtus.

Prélèvement d'échantillons de villosités choriales Prélèvement d'un échantillon de villosités choriales à l'aide d'une sonde, pour fins d'analyse permettant de déceler des anomalies génétiques éventuelles chez le fœtus.

Prépuce Peau recouvrant le gland du pénis et du clitoris.

Presbyopie [Syn. presbytie] Diminution de l'élasticité du cristallin, liée à l'âge et provoquant l'incapacité de distinguer clairement les objets rapprochés.

Pression artérielle Pression exercée par le sang sur les parois des vaisseaux sanguins, notamment les artères; du point de vue clinique, mesure de la pression dans les artères au cours de la systole et de la diastole ventriculaires.

Pression artérielle diastolique Force exercée par le sang sur les parois artérielles durant la relaxation ventriculaire; pression minimale mesurée dans les grandes artères; pour un jeune homme adulte, dans des conditions normales, elle est d'environ 80 mm Hg.

Pression artérielle systolique Force exercée par le sang sur les parois des artères durant la contraction ventriculaire; la pression la plus élevée mesurée dans les grosses artères, environ 120 mm Hg, dans des conditions normales, pour un jeune homme adulte.

Pression différentielle Différence entre la pression maximale (systolique) et la pression minimale (diastolique); équivaut habituellement à environ 40 mm Hg.

Pression intra-oculaire [Syn. tension oculaire, tonus oculaire, ophtalmotonus] Pression régnant à l'intérieur du globe oculaire, exercée en grande partie par l'humeur aqueuse.

Pression intrapleurale [Syn. pression intrathoracique] Pression d'air entre les deux feuillets de la plèvre pulmonaire; habituellement inférieure à la pression atmosphérique.

Pression intrapulmonaire Pression d'air sur les parois internes des poumons.

Pression osmotique Force qui amène un solvant (eau) à se déplacer d'une solution à forte concentration d'eau vers une solution à faible concentration lorsque les solutions sont séparées par une membrane semi-perméable.

Primigeste Se dit d'une femme qui est enceinte pour la première fois.

Primipare Se dit d'une femme qui accouche pour la première fois.

Proctologie Branche de la médecine qui étudie l'anatomie et la pathologie du rectum.

Profond Éloigné de la surface du corps.

Progéniture Relatif aux descendants.

Progestérone [Syn. progesteronum] Hormone sexuelle sécrétée par les ovaires, qui participe à la préparation de l'endomètre pour la nidation d'un ovule fécondé, et des glandes mammaires pour la lactogenèse.

Projection Processus par lequel l'encéphale projette les sensations à leur point de stimulation.

Prolactine Hormone sécrétée par l'adénohypophyse, qui amorce et maintient la lactogenèse.

Prolapsus Glissement d'un organe, notamment de l'utérus ou du rectum, vers le bas.

Prolifération Reproduction rapide, notamment de cellules.

Promontoire sacré Face supérieure du corps de la première vertèbre sacrée, s'étendant, vers l'avant, dans la cavité pelvienne; une ligne allant du promontoire sacré jusqu'au rebord supérieur de la symphyse pubienne divise les cavités abdominale et pelvienne.

Pronation Mouvement de l'avant-bras, la paume de la main tournée vers le bas.

Pronostic Prévision de l'évolution probable d'une maladie.

Properdine Protéine présente dans le sérum, capable de détruire les bactéries et les virus.

Prophase Première phase de la mitose, durant laquelle les paires de chromatides se forment et se rassemblent près de la région de la plaque équatoriale de la cellule.

Propriocepteur Récepteur situé dans les muscles, les tendons ou les articulations, qui fournit des renseignements concernant la position et les mouvements du corps.

Propriocepteur articulaire Propriocepteur situé dans une articulation, et stimulé par les mouvements de cette dernière.

Proprioception Action des propriocepteurs qui reçoivent des renseignements en provenance des muscles, des tendons et du labyrinthe, permettant à l'encéphale de déterminer les mouvements et la position du corps et de ses différentes parties.

Prostaglandines Lipides composés d'acides gras à 20 atomes de carbone et de 5 atomes de carbone s'unissant pour former un noyau cyclopentanique; synthétisées en petites quantités, leur rôle est semblable à celui des hormones.

Prostate Glande musculaire située sous la vessie, et entourant la portion supérieure de l'urètre, chez l'homme; sécrète un liquide alcalin.

Prostatectomie Ablation, totale ou partielle, de la prostate.

Protéine Composé organique contenant du carbone, de l'hydrogène, de l'oxygène, de l'azote, et quelquefois du soufre et du phosphore, et formé d'acides aminés liés par des liaisons peptidiques.

Prothèse Appareil destiné à remplacer une partie manquante du corps humain.

Prothrombine [Syn. facteur II] Protéine inactive synthétisée par le foie, libérée dans le sang et transformée en thrombine active durant la coagulation.

Protraction Mouvement horizontal de la mandibule ou de la clavicule vers l'avant, sur un plan parallèle au sol.

Protubérance annulaire [Syn. pont de Varole] Portion du tronc cérébral formant un pont entre le bulbe rachidien et le mésencéphale, devant le cervelet.

Proximal Situé près du point d'attache d'un membre au tronc ou d'une structure; près du point d'origine.

Prurit Démangeaisons.

Pseudopode Prolongement cytoplasmique temporaire.

Psoriasis Affection cutanée chronique, caractérisée par des plaques rougeâtres ou des papules couvertes de squames.

Psychosomatique Relatif au lien existant entre l'esprit et le corps. Terme souvent utilisé pour décrire les troubles physiologiques entièrement ou partiellement attribuables à des troubles affectifs et émotionnels.

Ptose Déplacement d'un organe vers le bas (paupière ou rein, par exemple).

Puberté Période de la vie durant laquelle apparaissent les caractères sexuels secondaires, et la reproduction devient possible; survient généralement entre 10 ans et 15 ans.

Pulmonaire Relatif aux poumons.

Pupille Orifice situé au centre de l'iris, par où la lumière pénètre dans la cavité postérieure du globe oculaire.

Purkinje (réseau de) [Syn. myofibrilles de conduction] Fibres musculaires présentes dans le tissu sous-endocardique, spécialisées dans la conduction des influx au myocarde; fait partie du système de conduction du cœur.

Pus Liquide résultant de l'inflammation et contenant des leucocytes et des débris de cellules mortes.

Pyogénie Formation de pus.

Pyramide (1) Structure conique. (2) Une des deux structures triangulaires sur la face ventrale du bulbe rachidien, composée des plus gros faisceaux moteurs qui vont du cortex cérébral à la moelle épinière. (3) Structure triangulaire de la substance médullaire du rein, composée des segments droits des tubules rénaux.

Pyrexie État fébrile.

Pyurie Présence de leucocytes et d'autres éléments du pus dans l'urine.

Quadrant Chacune des quatre parties d'un plan.

Quatrième ventricule Cavité cérébrale située entre le cervelet, le bulbe rachidien et la protubérance annulaire.

Queue de cheval Ensemble formé par les racines des nerfs rachidiens, situé à l'extrémité inférieure du canal rachidien.

Quick (temps de) Épreuve visant à déterminer la quantité de prothrombine présente dans le sang, basée sur le temps que met un échantillon sanguin à se coaguler après avoir été traité avec un anticoagulant et des facteurs de coagulation; le temps normal est de 11 s à 15 s.

Rachitisme Maladie atteignant les enfants, caractérisée par un défaut de minéralisation des os dû à un métabolisme inadéquat du calcium, lequel est causé par une carence en vitamine D.

Racine antérieure Structure composée d'axones de fibres motrices, ou efférentes, émergeant de la face antérieure de la moelle épinière et s'étendant latéralement pour rejoindre une racine postérieure et former un nerf rachidien.

Racine du pénis Portion du pénis attachée au tronc, comprenant le bulbe spongieux et les piliers du pénis.

Racine postérieure Structure composée de fibres sensitives, ou afférentes, située entre un nerf rachidien et la face dorso-latérale de la moelle épinière.

Radiogramme Cliché radiologique.

Rameau communicant blanc Portion d'une fibre préganglionnaire sympathique, qui se détache de la branche ventrale d'un nerf rachidien et pénètre dans le ganglion sympathique latéro-vertébral le plus près.

Rameaux communicants Ramifications d'un nerf rachidien.

Rameaux communicants gris Courts nerfs contenant des fibres sympathiques postganglionnaires; les corps cellulaires des fibres se trouvent dans un ganglion de la chaîne sympathique, et les axones amyéliniques parcourent les rameaux communicants gris jusqu'à un nerf rachidien, puis vers la périphérie, où ils sont distribués aux muscles lisses des vaisseaux sanguins, aux muscles arrecteurs des poils et aux glandes sudoripares.

Rampe tympanique Canal inférieur spiralé de la cochlée, rempli de périlymphe.

Rampe vestibulaire Canal supérieur spiralé de la cochlée, rempli de périlymphe.

Ranvier (nœuds de) Étranglements le long d'une fibre nerveuse myélinique, entre les cellules de Schwann qui forment la gaine de myéline et la gaine de Schwann.

Rate Masse volumineuse de tissu lymphoïde, située entre le fundus et le diaphragme, qui participe à la phagocytose, à la production des lymphocytes et à la mise en réserve de sang.

Rathke (poche de) Excroissance de l'ectoblaste à partir du toit du stomodéum (bouche), d'où prend naissance l'adéno-hypophyse.

Réabsorption tubulaire Mouvement du filtrat glomérulaire qui part des tubules rénaux et retourne dans le sang, en réponse aux besoins spécifiques de l'organisme.

Réabsorption tubulaire facultative Absorption de l'eau des tubes contournés distaux et des tubes collecteurs des néphrons, en réaction à l'hormone antidiurétique (ADH).

Réabsorption tubulaire obligatoire Absorption d'eau par les tubes contournés proximaux des néphrons, faisant partie d'un processus osmotique.

Réaction de lutte ou de fuite Effet de la stimulation du système sympathique.

Réaction immunitaire anamnestique [Syn. réaction secondaire] Production intensifiée et accélérée d'anticorps après l'administration d'un antigène chez un sujet ayant déjà reçu cet antigène.

Réactivité Propriété que possède un antigène de réagir spécifiquement avec l'anticorps dont il a provoqué la formation.

Réanimation Action de ranimer une personne inconsciente.

Réanimation cardio-respiratoire Technique utilisée pour ranimer un sujet apparemment mort ou mourant; comprend la ventilation artificielle par le bouche-à-bouche et un massage cardiaque externe.

Récepteur (1) Cellule spécialisée ou terminaison nerveuse modifiée afin de réagir à une modalité sensorielle précise, comme le toucher, la pression, le froid, la lumière ou le bruit. (2) Une molécule particulière ou un agencement de molécules conçus de façon à n'accepter que des molécules ayant une forme complémentaire.

Récepteur alpha (α) Récepteur présent dans les effecteurs viscéraux, innervé par la plupart des axones postganglionnaires sympathiques; en règle générale, la stimulation des récepteurs alpha entraîne une excitation.

Récepteur bêta (β) Récepteur présent sur les effecteurs viscéraux innervés par la plupart des axones postganglionnaires sympathiques; en règle générale, la stimulation des récepteurs bêta entraîne une inhibition.

Récepteur muscarinique Récepteur présent sur tous les effecteurs innervés par des axones postganglionnaires parasympathiques et certains effecteurs innervés par des axones postganglionnaires sympathiques; ils sont ainsi nommés parce que l'acétylcholine (ACh) exerce sur eux des effets semblables à ceux que produit la muscarine.

Récepteur nicotinique Récepteur présent sur les neurones postganglionnaires sympathiques et parasympathiques; ils sont ainsi appelés parce que l'acétylcholine (ACh) exerce sur eux des effets semblables à ceux que produit la nicotine.

Rechute Reprise, après quelques semaines ou quelques mois, d'une maladie apparemment en voie de guérison.

Reconstructeur spatial dynamique Appareil radiographique capable de produire une image mobile, tridimensionnelle et de grandeur nature d'un organe interne ou d'une de ses parties, sous tous les angles possibles.

Recrutement Processus consistant à augmenter le nombre des unités motrices actives.

Rectum Portion terminale du tube digestif, s'étendant du côlon sigmoïde à l'anus.

Récupération transvaginale d'ovocyte Procédé qui consiste à mêler des ovules préalablement aspirés à une solution contenant des spermatozoïdes, à l'extérieur de l'organisme, et à réimplanter les ovules fécondés dans l'utérus.

Réduction Addition d'électrons et d'ions hydrogène à une molécule, ou, moins fréquemment, retrait d'oxygène d'une molécule.

Réflexe Réaction rapide à un changement survenant dans le milieu externe ou interne, dans le but de rétablir l'homéostasie; passe par un arc réflexe.

Réflexe aortique Réflexe relatif au maintien de la pression artérielle générale normale.

Réflexe entéro-gastrique Réflexe qui inhibe la sécrétion gastrique; provoqué par la présence d'aliments dans l'intestin grêle.

Réflexe myotatique Réflexe monosynaptique provoqué par un étirement soudain d'un muscle et se terminant par la contraction de ce muscle.

Réflexe nociceptif Arc réflexe polysynaptique, qui provoque l'éloignement d'une partie du corps d'un stimulus dangereux.

Réflexe rotulien [Syn. réflexe patellaire] Contraction du muscle quadriceps crural après percussion du ligament rotulien, provoquant une extension de la jambe.

Réflexe sinu-carotidien Réflexe relié au maintien de la pression artérielle normale dans l'encéphale.

Réflexe tendineux Réflexe polysynaptique ipsilatéral, ayant pour tâche de protéger les tendons, et les muscles qui y sont associés, des lésions que pourrait provoquer une tension excessive. Les récepteurs qui participent à ce réflexe sont les organes tendineux de Golgi.

Réfraction Déviation de la lumière lorsqu'elle passe d'un milieu à un autre.

Régime Modèle d'alimentation, d'exercices ou d'activités, appliqué en vue d'atteindre certains objectifs.

Région lombaire Région postérieure du tronc, située entre les côtes et le bassin ; lombes.

Régression des symptômes Diminution de la gravité d'une maladie et des symptômes qui l'accompagnent.

Régurgitation (1) Retour, de l'estomac jusque dans la bouche, de solides ou de liquides. (2) Reflux de sang par des valvules du cœur qui ne sont pas fermées hermétiquement.

Rein Organe rougeâtre pair situé dans la région lombaire, qui régularise la composition et le volume du sang, et qui élabore l'urine.

Rejet d'un greffon Phénomène par lequel l'organisme reconnaît comme étrangères les protéines antigènes HLA dans un greffon, et produit des anticorps pour les combattre.

Relaxation isovolumétrique Période d'une durée d'environ 0,05 s, entre l'ouverture des valvules auriculo-ventriculaires et la fermeture des valvules sigmoïdes ; il se produit une baisse importante de la pression ventriculaire, mais aucun changement dans le volume ventriculaire.

Relaxine Hormone femelle élaborée par les ovaires, qui contribue à la relaxation de la symphyse pubienne, favorise la dilatation du col utérin en vue de l'accouchement et joue un rôle dans l'accroissement de la motilité des spermatozoïdes.

Remaniement osseux Modification du tissu osseux, le tissu neuf remplaçant l'ancien.

Rénal Relatif au rein.

Rénine Enzyme libérée par le rein dans le plasma, où elle transforme l'angiotensinogène en angiotensine I.

Replis muqueux Élévations dans la muqueuse d'un organe creux.

Réserve cardiaque Différence entre le volume maximal de sang que le cœur peut déplacer, et celui qu'il déplace au repos.

Réservoir sanguin Veines de la circulation systémique, qui contiennent de grandes quantités de sang pouvant être transporté rapidement à d'autres régions de l'organisme qui en ont besoin.

Résistance (1) Capacité de lutter contre une maladie. (2) Opposition rencontrée par une charge électrique lorsqu'elle passe à travers une substance d'un point à un autre. (3) Opposition rencontrée par le sang lorsqu'il circule dans le système vasculaire, ou opposition rencontrée par l'air lorsqu'il circule dans les voies respiratoires.

Résistance périphérique Résistance opposée à l'écoulement du sang, due à la friction entre le sang et les vaisseaux sanguins ; liée à la viscosité du sang, ainsi qu'au diamètre et à la longueur des vaisseaux sanguins.

Respiration Ensemble des échanges gazeux entre le milieu ambiant, le sang et les cellules corporelles, comprenant la ventilation pulmonaire, la respiration externe et la respiration interne.

Respiration externe Échange de gaz respiratoires entre les poumons et le sang.

Respiration interne Échange de gaz respiratoires entre le sang et les cellules de l'organisme.

Rétention urinaire Absence totale ou partielle de miction, causée par une obstruction ou une contraction nerveuse de l'urètre ; absence de l'envie d'uriner.

Rete testis [Syn. réseau de Haller] Réseau de canaux dans les testicules.

Réticulocyte Jeune hématie.

Réticulum endoplasmique Réseau de canalicules parcourant le cytoplasme, jouant un rôle dans le transport intracellulaire, le soutien, l'entreposage, la synthèse et la concentration des molécules. On parle de réticulum endoplasmique granuleux lorsque des ribosomes sont accolés à la face externe de la membrane, et de réticulum endoplasmique lisse lorsqu'il n'y a pas de ribosomes.

Réticulum sarcoplasmique Réseau de saccules et de tubes entourant les myofibrilles d'une fibre musculaire, comparable au réticulum endoplasmique ; sert à réabsorber les ions calcium durant la relaxation et à les libérer durant la contraction.

Rétine Tunique interne du globe oculaire, tapissant seulement la portion postérieure de l'œil et comprenant du tissu nerveux et une couche pigmentée, formée de cellules épithéliales, accolée à la choroïde.

Rétinène Portion pigmentée de la rhodopsine (ou pourpre rétinien).

Rétraction Mouvement horizontal d'une partie protractée vers l'arrière (exemple : retour de la mandibule protractée à sa position normale).

Rétraction du caillot Consolidation d'un caillot de fibrine qui réunit les tissus lésés.

Rétrécissement valvulaire [Syn. sténose valvulaire] Diminution du calibre d'une valvule du cœur, habituellement la valvule mitrale.

Rétroaction biologique Processus permettant à un sujet de recevoir des renseignements concernant les différentes fonctions corporelles.

Rétroaction négative Principe régissant la plupart des systèmes de régulation ; mécanisme de réaction où un stimulus amorce une action qui inhibe ou réduit le stimulus.

Rétropéritonéal Situé à l'extérieur de la paroi péritonéale de la cavité abdominale.

Rétroversion de l'utérus Mauvaise position de l'utérus, dans laquelle le corps utérin est basculé en arrière.

Révolution cardiaque Battement cardiaque complet, comprenant la systole et la diastole des deux oreillettes, et la systole et la diastole des deux ventricules.

Rhinologie Étude du nez et des troubles qui y sont associés.

Rhodopsine [Syn. pourpre rétinien] Pigment rougeâtre et photosensible des bâtonnets de la rétine, formé par l'union de la scotopsine et du rétinène, sensible aux lumières de faible intensité.

Rhumatisme Terme recouvrant toutes les douleurs des structures de soutien du corps : os, ligaments, articulations, tendons ou muscles.

Ribosome [Syn. grain de Palade] Organite cytoplasmique composé d'ARN ribosomique et de protéines, servant à la synthèse des protéines.

Rigidité cadavérique Rigidité musculaire partielle après la mort, due à un manque d'ATP, de sorte que les ponts d'union des myofilaments épais restent attachés aux myofilaments fins, empêchant ainsi la relaxation musculaire.

Rotation Action de faire tourner un os autour de son axe.

Ruban de Reil médian [Syn. lemniscus médian] Bande de fibres nerveuses myéliniques s'étendant à travers le bulbe rachidien, la protubérance annulaire et le mésencéphale, et se terminant du côté opposé dans le thalamus. Des neurones sensitifs de deuxième ordre transmettent les influx nerveux qui discriminent le toucher, la pression et les sensations vibratoires.

Ruffini (corpuscule de) Récepteur enfoui profondément dans le derme et dans les tissus profonds de l'organisme, qui détecte les sensations tactiles intenses et constantes.

Rythme circadien [Syn. variation nycthémérale] Cycle de périodes actives et non actives se produisant dans un organisme, déterminé par des mécanismes internes et se répétant environ toutes les 24 h.

Sable cérébral Dépôts de calcium dans l'épiphyse, qui commencent à s'accumuler vers la puberté.

Sac alvéolaire Groupe d'alvéoles partageant une ouverture commune.

Sac lacrymal Portion supérieure du canal lacrymo-nasal, qui reçoit les larmes provenant des canalicules lacrymaux.

Saccule Renflement le plus petit et le plus bas du labyrinthe membraneux dans le vestibule de l'oreille interne, contenant un organe récepteur lié à l'équilibre statique.

Salive Sécrétion transparente, alcaline et un peu visqueuse, élaborée par les trois paires de glandes salivaires; contient divers sels, de la mucine, du lysozyme et de l'amylase.

Salpingite Inflammation d'une ou des deux trompes de Fallope ou d'Eustache.

Sang Liquide circulant dans le cœur, les artères, les capillaires et les veines, et qui constitue le principal moyen de transport à l'intérieur de l'organisme.

Sarcolemme Enveloppe d'une fibre musculaire, notamment d'une fibre musculaire striée.

Sarcome Tumeur composée de tissu conjonctif, souvent maligne.

Sarcomère [Syn. case musculaire] Unité de contraction d'une fibre musculaire striée, comprise entre deux stries Z.

Sarcoplasme Cytoplasme d'une fibre musculaire.

Satiété Suppression de la sensation de faim ou de soif, après ingestion d'aliments ou de liquides.

Schlemm (canal de) [Syn. sinus scléral] Sinus veineux circulaire situé à la jonction de la sclérotique et de la cornée, par lequel l'humeur aqueuse est drainée de la chambre antérieure du globe oculaire jusque dans le sang.

Schwann (cellule de) Cellule gliale du système nerveux périphérique, qui forme la gaine de myéline et la gaine de Schwann d'une fibre nerveuse en s'enroulant autour de cette dernière.

Schwann (gaine de) [Syn. neurilemme] Couche cytoplasmique périphérique et nucléee de la cellule de Schwann.

Sciatique Inflammation et douleur le long du nerf sciatique; la douleur se fait sentir au niveau postérieur de la cuisse et descend vers l'intérieur de la jambe.

Scissure Dépression ou sillon profond entre deux parties, notamment entre les circonvolutions de l'encéphale.

Scissure transverse Scissure profonde qui sépare le cerveau du cervelet.

Sclérose Durcissement des tissus, accompagné d'une perte d'élasticité.

Sclérose en plaques Affection du système nerveux central, caractérisée par la destruction progressive de la gaine de myéline des neurones, aboutissant à l'interruption de la transmission de l'influx nerveux.

Sclérose latérale amyotrophique [Syn. maladie de Charcot] Affection neuromusculaire progressive, caractérisée par une dégénérescence des neurones moteurs de la moelle épinière, entraînant un affaiblissement musculaire.

Sclérotique [Syn. sclère] Couche blanche de tissu fibreux qui forme la tunique protectrice externe du globe oculaire, sauf dans la région antérieure occupée par la cornée; portion postérieure de la tunique fibreuse.

Scoliose Incurvation latérale anormale de la colonne vertébrale.

Scotome Dans le champ visuel, tache aveugle ou région où la vision est réduite.

Scotopsine Protéine contenue dans la rhodopsine des bâtonnets rétiniens.

Scrotum Enveloppe cutanée contenant les testicules.

Sébum Produit de sécrétion des glandes sébacées.

Secousse musculaire Contraction musculaire rapide en réaction à un seul stimulus.

Sécrétion Élaboration et libération, par une glande, d'une substance spécifique, habituellement un produit utile plutôt qu'un produit de déchet.

Sécrétion tubulaire Mouvement de substances contenues dans le sang, qui retournent dans le filtrat glomérulaire en réponse aux besoins spécifiques de l'organisme.

Segmentation Mitoses rapides consécutives à la fécondation de l'ovule, provoquant un nombre plus élevé de cellules progressivement plus petites, appelées blastomères, de façon que le volume du zygote reste le même.

Selle turcique Dépression présente sur la face supérieure de l'os sphénoïde, abritant l'hypophyse.

Sénescence Vieillissement.

Sénilité Affaiblissement des capacités physiques ou mentales, dû au vieillissement.

Sensation État de conscience des conditions existant à l'extérieur et à l'intérieur de l'organisme.

Septicopyohémie Infection du sang, accompagnée d'abcès multiples, causée par des micro-organismes producteurs de pus.

Septum Cloison séparant deux cavités.

Séreuse [Syn. membrane séreuse] Membrane tapissant les cavités closes de l'organisme (exemples : membranes tapissant les cavités pleurale, péricardique et péritonéale).

Sertoli (cellule de) Cellule des tubes séminifères, qui joue un rôle de soutien et de nutrition des spermatozoïdes, et qui sécrète l'inhibine.

Sérum Plasma sans fibrinogène.

Seuil d'excitation Voltage qui doit être atteint dans une membrane pour provoquer un potentiel d'action.

Signe Manifestation objective d'une maladie, comme une lésion, un œdème ou une fièvre.

Sinus (1) Cavité creusée dans du tissu osseux ou autre. (2) Conduit laissant passer le sang. (3) Toute cavité dont l'ouverture est étroite.

Sinus carotidien Dilatation de l'artère carotide interne, située juste sous la bifurcation de l'artère carotide primitive, contenant des récepteurs qui surveillent la pression artérielle.

Sinus coronaire Conduit veineux élargi, situé sur la face postérieure du cœur, qui recueille le sang de la circulation coronarienne et le ramène à l'oreillette droite.

Sinus de la face Cavités creusées dans les os de la face et tapissées d'une muqueuse, communiquant avec les fosses nasales. Les sinus de la face sont situés dans l'os frontal, le maxillaire supérieur, l'ethmoïde et le sphénoïde.

Sinus vasculaire Veine dotée d'une mince paroi endothéliale, ne possédant pas de media ni d'adventice, et qui est soutenue par le tissu environnant.

Sinusite Inflammation de la muqueuse d'un sinus de la face.

Skene (glande de) [Syn. glande para-urétrale] Glande enfouie dans la paroi de l'urètre, dont le canal s'ouvre de chaque côté du méat urétral et sécrète du mucus.

Solution Mélange homogène de deux substances (solutés) ou plus, dans une substance habituellement liquide (solvant).

Somatotrophine (STH) [Syn. hormone somatotrope, hormone de croissance] Hormone sécrétée par l'adénohypophyse, qui permet la croissance des tissus corporels, notamment des tissus squelettiques et musculaires.

Somesthésique Relatif aux sensations et aux structures sensorielles de l'organisme.

Somite Bloc de cellules mésoblastiques dans un embryon en cours de développement, qui se différencie en myotome (qui forme la plupart des muscles squelettiques), en dermatome (qui forme les tissus conjonctifs) et en sclérotome (qui forme les vertèbres).

Sommation (1) Addition des effets excitateurs et inhibiteurs d'un grand nombre de stimuli appliqués au corps d'un neurone. (2) Intensité accrue d'une contraction musculaire lorsque les stimuli se suivent à un rythme rapide.
Sommeil paradoxal (REM) Niveau de sommeil caractérisé par des mouvements symétriques des yeux et des paupières, ainsi que par une activité corticale semblable à celle qui correspond à l'état d'éveil.
Souffle Bruit cardiaque anormal ; peut indiquer un mauvais fonctionnement de la valvule mitrale, ou n'avoir aucune signification clinique.
Sourcil Éminence arquée et garnie de poils au-dessus de l'œil.
Sous-cutané [Syn. hypodermique] Sous la peau.
Sous-muqueuse [Syn. membrane sous-muqueuse] Couche de tissu conjonctif située sous une muqueuse, comme dans le tube digestif ou la vessie, où une sous-muqueuse relie la muqueuse à la musculeuse.
Spasme Contraction musculaire involontaire.
Spasme coronarien Contraction soudaine du muscle lisse d'une artère coronaire, provoquant une vasoconstriction.
Spermatogenèse Formation et développement des spermatozoïdes.
Spermatozoïde [Syn. gamète mâle] Cellule reproductrice adulte.
Sperme Liquide blanchâtre émis par éjaculation, composé de spermatozoïdes et de sécrétions des vésicules séminales, de la prostate et des glandes de Cowper.
Spermicide Agent qui détruit les spermatozoïdes.
Spermiogenèse Maturation des spermatides qui deviennent des spermatozoïdes.
Sphincter Muscle circulaire resserrant un orifice.
Sphincter pylorique Anneau épais de muscles lisses par lequel le pylore communique avec le duodénum.
Sphygmomanomètre Instrument servant à mesurer la pression artérielle.
Spina bifida Anomalie congénitale de la colonne vertébrale, caractérisée par un défaut de fusion des deux moitiés de l'arc neural d'une vertèbre à la ligne médiane.
Spirographe Appareil utilisé pour mesurer la capacité pulmonaire.
Stade de l'absorption Stade du métabolisme durant lequel les nutriments ingérés passent du tube digestif dans le sang ou la lymphe.
Starling (loi de) La force d'une contraction musculaire est déterminée par la longueur des fibres musculaires cardiaques ; plus la longueur des fibres étirées est grande, plus la contraction est forte.
Starling (phénomène de) Le mouvement des liquides entre le plasma et le liquide interstitiel atteint un état de quasi-équilibre aux extrémités artérielle et veineuse d'un capillaire, c'est-à-dire que le volume du liquide filtré et celui du liquide absorbé, en plus de celui qui retourne vers le système lymphatique, sont presque égaux.
Stase Ralentissement ou arrêt de la circulation normale d'un liquide, comme le sang ou l'urine, ou du mécanisme intestinal.
Sténose [Syn. rétrécissement] Rétrécissement anormal du calibre d'un orifice ou d'un canal.
Stéréocils Groupes de microvillosités très longues, minces et non mobiles, situées sur les cellules épithéliales qui tapissent l'épididyme.
Stéréognosie Capacité de reconnaître, à la palpation, les dimensions, la forme et la texture d'un objet.
Stérile (1) Exempt d'agents pathogènes. (2)Incapable de procréer.
Stérilet [Syn. dispositif intra-utérin] Petit objet de métal ou de plastique, introduit dans l'utérus comme moyen contraceptif.
Stérilisation (1) Destruction des agents pathogènes. (2) Suppression définitive de la capacité de reproduction d'un individu (exemples : castration, vasectomie, hystérectomie).
Stérilité Impossibilité de procréer.
Stimulateur cardiaque Appareil qui produit des charges électriques et les envoie au cœur afin de maintenir un rythme cardiaque régulier.
Stimuline Hormone dont la cible est une autre glande endocrine.
Stimulus Tout changement survenant dans le milieu ambiant, capable de modifier le potentiel de membrane.
Stimulus liminal Tout stimulus suffisamment fort pour déclencher un potentiel d'action.
Stimulus subliminal Stimulus très faible qui ne peut déclencher un potentiel d'action (influx nerveux).
Strabisme Défaut de parallélisme des axes optiques, les deux yeux ne regardent pas le même objet.
Stratum germinativum Couche de l'épiderme d'où naissent de nouvelles cellules.
Stroma Tissu qui forme la substance fondamentale d'un organe, par opposition à ses composants fonctionnels.
Substance blanche Amas ou faisceaux d'axones myéliniques, situés dans l'encéphale et la moelle épinière.
Substance colloïde Substance ayant l'aspect de la colle (exemple : substance située dans les vésicules thyroïdiennes, contenant la thyroglobuline et les hormones thyroïdiennes).
Substance grise Partie du système nerveux central, composée de tissu nerveux amyélinique.
Substrat Substance sur laquelle agit une enzyme.
Sueur Substance élaborée par les glandes sudoripares, contenant de l'eau, des sels, de l'urée, de l'acide urique, des acides aminés, de l'ammoniac, du glucose, de l'acide lactique et de l'acide ascorbique ; aide à maintenir la température corporelle et permet d'éliminer les déchets.
Superficiel Situé à la surface du corps ou près de la surface du corps.
Supérieur En direction de la tête ou de la partie supérieure d'une structure.
Supination Mouvement de l'avant-bras dans lequel la paume de la main effectue une rotation externe de 180° pour regarder vers le haut.
Suppuration Formation et écoulement de pus.
Surdité Perte de l'audition ou déficience auditive importante.
Surfactant Substance phospholipidique élaborée par les poumons, qui réduit la tension de surface.
Surpolarisation Augmentation de la négativité interne à travers une membrane cellulaire, entraînant une augmentation du voltage et un éloignement du seuil d'excitation.
Suture [Syn. synfibrose] Articulation du genre des synarthroses, présente surtout dans le crâne, dans laquelle les surfaces osseuses sont unies étroitement.
Suture lambdoïde Ligne située entre les os pariétaux et l'os occipital.
Sylvius (aqueduc de) Canal reliant la partie postérieure du troisième ventricule à la partie supérieure du quatrième ventricule, et contenant du liquide céphalo-rachidien.
Sympathomimétique [Syn. sympathicomimétique] Qui produit des effets qui miment ceux du système sympathique.
Symphyse Articulation cartilagineuse du genre des amphiarthroses, légèrement mobile, comme la symphyse pubienne, située entre les surfaces antérieures des os du pubis.
Symphyse pubienne Articulation cartilagineuse légèrement mobile, située entre les faces antérieures des os iliaques.
Symptôme Manifestation morbide subjective, indiquant la présence d'une maladie ou d'un trouble dans l'organisme.

Synapse Aire de jonction entre les prolongements de deux neurones adjacents; région de contact où l'activité d'un neurone affecte l'activité d'un autre neurone.

Synarthrose Articulation immobile.

Synchondrose Synarthrose dans laquelle le cartilage hyalin constitue le lien.

Syncope Perte de connaissance temporaire causée, dans la plupart des cas, par une ischémie cérébrale ; évanouissement.

Syndesmose Synarthrose dans laquelle les os sont unis par du tissu conjonctif fibreux dense.

Syndrome Ensemble de signes et de symptômes qui se présentent selon un modèle caractéristique d'une maladie particulière ou d'un état anormal.

Syndrome d'alcoolisme fœtal Terme s'appliquant aux effets de l'exposition du fœtus à l'alcool (retard de croissance, anomalies organiques et arriétation mentale).

Syndrome de choc toxique staphylococcique Affection causée par *Staphylococcus aureus*, survenant chez la femme menstruée qui utilise des tampons, et caractérisée par une fièvre élevée, des maux de gorge, des maux de tête, de la fatigue, de l'irritabilité et des douleurs abdominales.

Syndrome de la loge tibiale antérieure Douleur localisée le long du tibia, probablement causée par une inflammation du périoste due à des secousses répétées infligées aux muscles et aux tendons attachés au périoste.

Syndrome d'immuno-déficience acquise (SIDA) Affection caractérisée par un déficit en lymphocytes T auxiliaires et un rapport lymphocytes T auxiliaires/lymphocytes T suppresseurs inversé, entraînant une fièvre ou des sueurs nocturnes, de la toux, des maux de gorge, de la fatigue, des douleurs musculaires, une perte de masse et une hypertrophie des ganglions lymphatiques. Causé par un virus appelé *human immune deficiency virus (HIV).*

Syndrome général d'adaptation Ensemble des changements corporels provoqués par un agent stressant, qui préparent l'organisme à faire face à une urgence.

Syndrome labyrinthique Trouble de l'oreille interne, caractérisé par de la surdité, de l'acouphène, des vertiges, des nausées et des vomissements.

Syndrome néphrotique Maladie dégénérative du rein, dans laquelle les lésions glomérulaires provoquent une protéinurie.

Syndrome prémenstruel Tension physique et affective marquée apparaissant durant la phase postovulatoire du cycle menstruel et se poursuivant quelquefois durant la menstruation.

Synérèse Processus de rétraction du caillot.

Synergique Muscle qui participe à l'action de l'agoniste en réduisant les mouvements inutiles.

Synostose Articulation dans laquelle le tissu conjonctif fibreux qui unit les os d'une suture a été remplacé par du tissu osseux, ce qui produit une fusion complète le long de la ligne de suture.

Synoviale Membrane interne de la capsule articulaire d'une articulation synoviale, composée de tissu conjonctif lâche non recouvert d'un épithélium, qui sécrète du liquide synovial dans la cavité articulaire.

Syphilis Maladie transmissible sexuellement, causée par le tréponème pâle de Schaudinn-Hoffmann.

Système Ensemble d'organes ayant une structure analogue (exemples : systèmes vasculaire, nerveux).

Système d'activation réticulé Réseau complexe de ramifications nerveuses parcourant la partie centrale du tronc cérébral. L'activation de ces cellules provoque une alerte générale ou un comportement vigilant.

Système limbique [Syn. rhinencéphale] Partie du prosencéphale liée aux divers aspects des émotions et du comportement, comprenant le lobe limbique (l'hippocampe et les portions associées de substance grise ainsi que la circonvolution du corps calleux), certaines parties du cortex frontal et temporal, certains noyaux thalamiques et hypothalamiques, et certaines parties des noyaux gris centraux.

Système nerveux autonome [Syn. système nerveux végétatif] Neurones moteurs viscéraux, sympathiques et parasympathiques, qui transmettent l'influx nerveux du système nerveux central aux muscles lisses, au muscle cardiaque et aux glandes. Ainsi appelé parce qu'on a d'abord cru que cette portion du système nerveux était autonome.

Système nerveux central Comprend l'encéphale et la moelle épinière.

Système nerveux périphérique Partie du système nerveux située en dehors du système nerveux central (nerfs et ganglions).

Système nerveux somatique Portion du système nerveux périphérique, composée de neurones moteurs somatiques, qui se trouve entre le système nerveux central et les muscles squelettiques et la peau.

Système parasympathique Une des deux divisions du système nerveux autonome, ayant des corps cellulaires de neurones préganglionnaires dans les noyaux du tronc cérébral et dans la substance grise latérale de la portion sacrée de la moelle épinière ; joue un rôle dans les activités liées à la restauration et à la conservation de l'énergie corporelle.

Système porte hépatique Circulation sanguine provenant des organes digestifs et se dirigeant vers le foie, avant de retourner au cœur.

Système rénine-angiotensine Mécanisme de régulation de la sécrétion d'aldostérone par l'angiotensine II, amorcé par la sécrétion de rénine par le rein en réaction à une baisse de la pression artérielle.

Système sympathique Une des deux divisions du système nerveux autonome, ayant des corps cellulaires de neurones préganglionnaires dans les cornes latérales de la substance grise du segment thoracique et dans les deux ou trois premiers segments lombaires de la colonne vertébrale ; associé surtout aux processus impliquant une dépense d'énergie.

Système tampon Deux solutions chimiques, l'une acide et l'autre basique, qui préviennent les changements du pH.

Systémique Qui affecte tout l'organisme.

Systole Dans la révolution cardiaque, phase de contraction du muscle cardiaque, notamment des ventricules.

Tachycardie Accélération de la fréquence cardiaque ou de la fréquence du pouls.

Tactile Relatif au toucher.

Tamponade cardiaque Compression du cœur, due à une accumulation de liquide ou de sang dans le péricarde, pouvant entraîner une insuffisance cardiaque.

Tarse Massif osseux comprenant les sept os de la cheville et du talon.

Taux de filtration glomérulaire Volume total de liquide qui entre dans les capsules de Bowman en une minute ; environ 125 mL.

Tay-Sachs (maladie de) Maladie héréditaire caractérisée par la dégénérescence des neurones du système nerveux central, due à une déficience des enzymes lysosomiales, entraînant des accumulations excessives d'un lipide, le ganglioside.

Tégumentaire Relatif à la peau.

Télophase Quatrième et dernière phase de la mitose, au cours de laquelle les noyaux fils s'individualisent.

Temporaire (1) Qui est éliminé régulièrement ou lors d'une phase particulière du développement. (2) Relatif aux premières dents.

Temps de circulation Temps requis pour que le sang passe de l'oreillette droite dans la circulation pulmonaire, revienne au ventricule gauche, traverse la circulation générale jusqu'au pied et revienne à l'oreillette droite ; le processus dure environ une minute.

Temps de coagulation Temps requis pour la coagulation du sang par suite de la désagrégation des plaquettes, lorsque ces dernières viennent en contact avec le verre ; dure de 5 min à 15 min dans des tubes de verre sans enduit.

Temps de saignement Temps nécessaire à l'arrêt d'un saignement cutané provoqué par une incision et résultant de la désagrégation plaquettaire et de la constriction des vaisseaux sanguins ; dure de 4 min à 8 min.

Tendinite [Syn. ténosite] Inflammation d'un tendon.

Tendon Cordon fibreux blanc, composé de tissu conjonctif dense disposé de façon régulière, qui attache le muscle à l'os.

Ténosynovite Inflammation de la synoviale d'une articulation.

Tente du cervelet Expansion transversale de la dure-mère, qui sépare la partie occipitale des hémisphères cérébraux du cervelet, et qui recouvre ce dernier.

Tératogène Se dit d'un agent ou d'un facteur qui provoque des anomalies physiques au cours du développement de l'embryon.

Terminaison axonale Branche terminale d'un axone et de sa collatérale.

Testicule Gonade mâle qui produit les spermatozoïdes et sécrète la testostérone et l'inhibine.

Testostérone Hormone sexuelle mâle (androgène) sécrétée par les cellules interstitielles du testicule (cellules de Leydig) ; règle la croissance et le développement des organes sexuels de l'homme, les caractères sexuels secondaires, les spermatozoïdes et la croissance corporelle.

Tétanie Syndrome neuromusculaire causé par une hypoparathyroïdie et caractérisé par des contractures musculaires, intermittentes ou continues, des membres.

Tétanos Maladie infectieuse due à *Clostridium tetani*, caractérisée par des spasmes toniques et des réflexes exagérés, un trismus et un dos arqué.

Tête (1) Extrémité supérieure du corps humain, s'étendant du cou au sommet du crâne. (2) Partie supérieure ou proximale d'une structure.

Tétraplégie [Syn. quadriplégie] Paralysie des quatre membres.

Thalamus [Syn. couche optique] Structure ovale située au-dessus du mésencéphale, formée de deux masses de substance grise recouvertes par une mince couche de substance blanche.

Thalassémie Groupe d'anémies hémolytiques héréditaires.

Théorie des collisions [Syn. théorie des impacts] Théorie qui explique la façon dont les réactions chimiques se produisent. Selon cette théorie, tous les atomes, les ions et les molécules sont constamment en mouvement et se heurtent les uns les autres, et l'énergie transférée par les particules dans la collision pourrait perturber suffisamment leurs structures électroniques pour que les liaisons chimiques soient rompues ou que de nouvelles liaisons soient formées.

Théorie du glissement des filaments Théorie la plus répandue concernant la contraction musculaire, selon laquelle les myofilaments d'actine et de myosine s'emboîtent les uns dans les autres, réduisant ainsi la longueur des sarcomères.

Thérapie Synonyme de traitement.

Thermorécepteur Récepteur qui détecte les changements de température.

Thorax Portion du tronc comprise entre le cou et le diaphragme.

Thrombine Enzyme active formée à partie de la prothrombine, qui transforme le fibrinogène en fibrine.

Thrombophlébite Affection caractérisée par l'inflammation de la paroi d'une veine et la formation d'un caillot sanguin (thrombus).

Thromboplastine [Syn. prothrombinase] Facteur ou ensemble de facteurs qui amorcent le processus de coagulation.

Thrombose Formation d'un caillot dans un vaisseau sanguin intact.

Thrombus Caillot formé dans un vaisseau sanguin intact.

Thymus Organe à deux lobes, situé dans le médiastin supérieur, derrière le sternum, et entre les poumons, qui joue un rôle immunitaire.

Thyréostimuline (TSH) [Syn. hormone thyréotrope, thyrotrophine] Hormone sécrétée par l'adénohypophyse, qui stimule la synthèse et la sécrétion des hormones thyroïdiennes.

Thyroglobuline (TGB) Grosse molécule glycoprotéique sécrétée par les cellules folliculaires de la thyroïde, dans laquelle l'iode est combinée à la tyrosine pour former les hormones thyroïdiennes.

Thyroxine (T_4) [Syn. tétraiodothyronine] Hormone sécrétée par la thyroïde, qui régularise le métabolisme, la croissance et le développement, ainsi que l'activité du système nerveux.

Tic Mouvement involontaire et spasmodique produit par des muscles habituellement volontaires.

Tissu Ensemble de cellules semblables et de leur substance fondamentale liées pour accomplir une fonction spécifique.

Tissu conjonctif Le plus abondant des quatre types de tissus corporels, servant à lier et à soutenir ; contient un nombre relativement peu important de cellules et une grande quantité de substance fondamentale.

Tissu épithélial Tissu qui forme les glandes, recouvre la couche superficielle de la peau et tapisse les vaisseaux sanguins, les organes creux et les canaux qui débouchent à l'extérieur de l'organisme.

Tissu lymphoïde Forme spécialisée de tissu conjonctif réticulé, contenant de nombreux lymphocytes.

Tissu musculaire Tissu spécialisé dans la production du mouvement en réaction aux influx nerveux, grâce à sa contractilité, à son extensibilité, à son élasticité et à son excitabilité.

Tissu nerveux Tissu qui amorce et transmet les influx nerveux en vue d'assurer le maintien de l'homéostasie.

Tolérance immunitaire État de non sensibilité spécifique à un antigène, comme à son propre antigène, après une exposition à l'antigène.

Tomographie axiale assistée par ordinateur Technique radiologique permettant d'obtenir sur un cliché un plan de coupe de n'importe quelle partie du corps.

Tomographie par émission de positons (TEP) Technique de balayage radioactif basée sur la libération de rayons gamma au moment où des positons se heurtent à des électrons chargés négativement dans les tissus corporels ; indique les endroits où les radio-isotopes sont utilisés dans l'organisme.

Tonus musculaire Contraction soutenue et partielle de certaines parties d'un muscle squelettique en réaction à l'activation des récepteurs de tension.

Toxique Relatif à un poison ; contenant du poison.

Trachée Conduit aérifère, s'étendant depuis le larynx jusqu'à la cinquième vertèbre dorsale.

Trachéotomie Intervention chirurgicale consistant à créer une ouverture dans la trachée, au niveau de la région cervicale antérieure, et à introduire une canule pour faciliter le passage de l'air, ou un tube pour l'évacuation des sécrétions.

Trachome [Syn. conjonctivite granuleuse] Maladie infectieuse chronique de la conjonctive et de la cornée, causée par les agents TRIC.

Traduction Formation d'une nouvelle protéine sur le ribosome d'une cellule, comme le spécifie l'ordre des codons dans l'ARN messager.

Transcription Première étape du transfert de l'information génétique, dans laquelle un brin unique d'une molécule d'ADN sert de modèle pour la formation d'une molécule d'ARN.

Transfert d'embryon Procédé dans lequel on utilise le sperme du conjoint pour inséminer artificiellement un ovule fertile d'une donneuse, et on transfère ensuite la morula ou le blastocyste de la donneuse à la conjointe stérile qui mène la grossesse à terme.

Transfert intratubaire de gamètes Procédé qui consiste à aspirer les ovules, à les mêler à une solution contenant des spermatozoïdes, à l'extérieur de l'organisme, et à les réintroduire immédiatement dans les trompes de Fallope.

Transplantation Remplacement d'organes lésés ou malades.

Transport actif Mouvement de substances, habituellement des ions, à travers des membranes cellulaires, à l'encontre d'un gradient de concentration, et nécessitant une dépense d'énergie.

Trauma Blessure, physique ou psychique, causée par un agent externe, comme un coup ou un choc affectif; agent ou facteur qui cause la blessure.

Travée (1) Mince plaque d'os spongieux en forme de treillis inégal. (2) Cordon fibreux de tissu conjonctif jouant le rôle de fibre de soutien en formant une cloison qui pénètre à l'intérieur d'un organe à partir de la capsule.

Triade Ensemble comprenant trois unités, situé dans une cellule musculaire, composé d'un tubule T et de segments de réticulum sarcoplasmique de chaque côté de ce tubule.

Triangle anal Partie du périnée contenant l'anus.

Triangle uro-génital Région du plancher pelvien située sous la symphyse pubienne, délimitée par la symphyse pubienne et les tubérisotés ischiatiques, et contenant les organes génitaux externes.

Trigone vésical [Syn. trigone de Lieutaud] Région triangulaire à la base de la vessie.

Triiodothyronine (T_3) Hormone élaborée par la glande thyroïde, qui régularise le métabolisme, la croissance et le développement, ainsi que l'activité du système nerveux.

Trisomie 21 [Syn. syndrome de Down] État pathologique dû à la présence d'un chromosome surnuméraire sur la 21ᵉ paire. Les symptômes comprennent l'arriération mentale, un crâne petit et aplati, un nez court et aplati, des doigts courts et la présence d'un espace entre les deux premiers doigts de la main et du pied.

Troisième ventricule Cavité située entre les côtés gauche et droit du thalamus et les ventricules latéraux.

Trompes (ligature des) [Syn. stérilisation tubaire] Processus consistant à couper, à cautériser et à lier les trompes de Fallope, de façon à assurer la stérilité.

Tronc Partie du corps à laquelle sont attachés les membres inférieurs et supérieurs.

Tronc cérébral Portion de l'encéphale située juste au-dessus de la moelle épinière, comprenant le bulbe rachidien, la protubérance annulaire et le mésencéphale.

Trophoblaste [Syn. trophectoderme] Couche périphérique du blastocyste.

Trou ovale Trou de la grande aile du sphénoïde qui livre passage à la branche mandibulaire du nerf trijumeau (V).

Tube digestif Canal continu parcourant la cavité ventrale, s'étendant de la bouche à l'anus.

Tube droit Conduit du testicule s'étendant depuis un tube séminifère jusqu'au rete testis.

Tubercules quadrijumeaux Quatre petites éminences situées sur la face postérieure du mésencéphale, qui jouent un rôle dans la vision et l'audition.

Tuberculose Inflammation des poumons et de la plèvre, due à *Mycobacterium tuberculosis*, provoquant la destruction du tissu pulmonaire et son remplacement par du tissu conjonctif fibreux.

Tubes endothéliaux [Syn. tubes endocardiques] Structure dérivée du mésoblaste, qui se développe sous l'intestin antérieur de l'embryon avant la fin de la troisième semaine, pour former ensuite le tube cardiaque primitif et, enfin, le cœur.

Tubes séminifères Canaux contournés sur eux-mêmes, situés dans les lobules spermatiques, où sont élaborés les spermatozoïdes.

Tubule transverse [Syn. tubule T] Invagination cylindrique minuscule de la membrane cellulaire musculaire, qui transporte les potentiels d'action à l'intérieur de la cellule musculaire.

Tumeur Augmentation du volume d'un tissu, due à une division cellulaire anormalement rapide.

Tunique fibreuse Couche externe du globe oculaire, comprenant la sclérotique postérieure et la cornée antérieure.

Tunique vasculaire Tunique moyenne du globe oculaire, composée de la choroïde, du corps ciliaire et de l'iris.

Ulcère Lésion ouverte de la peau ou d'une muqueuse, accompagnée d'une perte de substance et d'une nécrose tissulaire.

Ulcère gastro-duodénal Ulcère qui se développe dans les régions du tube digestif exposées à l'acide chlorhydrique; l'ulcère est dit gastrique s'il est situé dans la petite courbure gastrique, et duodénal s'il se trouve dans la première partie du duodénum.

Unité motrice Un neurone moteur et les cellules musculaires qu'il stimule.

Urémie Accumulation de taux toxiques d'urée et d'autres déchets de l'azote dans le sang, habituellement causée par une insuffisance rénale grave.

Uretère Un des deux conduits reliant le rein à la vessie.

Urètre Conduit partant de la vessie et débouchant à l'extérieur du corps, qui transporte l'urine, chez la femme, et l'urine et le sperme, chez l'homme.

Urétrite non gonococcique Maladie transmise sexuellement, caractérisée par une inflammation de l'urètre causée par un autre micro-organisme que *Neisseria gonorrhoeae* ou par des agents d'origine non microbienne.

Urine Liquide élaboré par les reins, excrété par l'urètre et contenant des déchets.

Urobilinogénurie Présence d'urobilinogène dans l'urine.

Urologie Branche spécialisée de la médecine qui traite de la structure, de la fonction et des affections des appareils urinaires de l'homme et de la femme, et de l'appareil reproducteur de l'homme.

Utérus Organe musculaire creux de l'appareil génital de la femme, où ont lieu la menstruation, la nidation et le développement de l'embryon et du fœtus, ainsi que le travail.

Utricule La plus grosse des deux divisions du labyrinthe membraneux, située dans le vestibule de l'oreille interne, et contenant un organe récepteur lié à l'équilibre statique.

Uvée [Syn. tractus uvéal] Ensemble des trois structures qui forment la tunique vasculaire de l'œil.

Vagin Organe musculaire tubulaire qui s'étend de l'utérus au vestibule, situé entre la vessie et le rectum, chez la femme.

Vaisseau lymphatique Gros vaisseau qui recueille la lymphe des capillaires lymphatiques et qui s'unit à d'autres vaisseaux lymphatiques pour former le canal thoracique et la grande veine lymphatique.

Valvule auriculo-ventriculaire Structure formée de valves membraneuses qui ne permettent la circulation du sang que dans une direction, d'une oreillette à un ventricule.

Valvule bicuspide [Syn. valvule mitrale] Valvule auriculo-ventriculaire située du côté gauche du cœur.

Valvule iléo-cæcale Repli muqueux situé à l'entrée de l'iléon dans le côlon.

Valvule tricuspide [Syn. valvule auriculo-ventriculaire droite] Valvule auriculo-ventriculaire située du côté droit du cœur.

Valvules conniventes Replis permanents, profonds et transversaux de la muqueuse et de la sous-muqueuse de l'intestin grêle, qui permettent une plus grande surface d'absorption.

Valvules sigmoïdes [Syn. valvules semi-lunaires] Valvules obturant les orifices aortique et pulmonaire, et empêchant le sang de retourner aux ventricules.

Variqueux Qui se rapporte à une dilatation anormale, comme dans le cas d'une veine variqueuse.

Vasa vasorum Vaisseaux sanguins assurant la nutrition des artères et des veines de gros calibre.

Vasculaire Relatif à un vaisseau sanguin ou contenant plusieurs vaisseaux sanguins.

Vasectomie Mode de stérilisation de l'homme, qui consiste à enlever une partie de chacun des canaux déférents.

Vasoconstriction Réduction du calibre de la lumière d'un vaisseau sanguin, causée par la contraction du muscle lisse situé dans la paroi de ce vaisseau.

Vasodilatation Augmentation du calibre de la lumière d'un vaisseau sanguin, causée par le relâchement du muscle lisse situé dans la paroi de ce vaisseau.

Vasomotricité Contraction et relâchement intermittents du muscle lisse des métartérioles et des sphincters précapillaires, provoquant un flux sanguin irrégulier.

Vater (ampoule de) Petite région surélevée dans le duodénum où le canal cholédoque et le canal pancréatique se déversent dans le duodénum.

Végétations adénoïdes Amygdales pharyngiennes.

Veine Vaisseau sanguin qui transporte le sang depuis les tissus jusqu'au cœur.

Veine cave inférieure Grosse veine qui recueille le sang sous-diaphragmatique et qui le renvoie à l'oreillette droite.

Veine cave supérieure Grosse veine qui reçoit le sang provenant des parties de l'organisme situées au-dessus du cœur et qui le ramène à l'oreillette droite.

Veines caves Paire de grosses veines qui se déversent dans l'oreillette droite et retournent au cœur le sang désoxygéné provenant de la circulation systémique, à l'exception de la circulation coronarienne.

Veinule Petite veine qui recueille le sang en provenance des capillaires et le déverse dans une veine.

Ventilation-minute Volume total d'air qui entre dans les poumons en une minute ; environ 6 000 mL.

Ventilation pulmonaire Entrée (inspiration) de l'air dans les poumons et sortie (expiration) de l'air des poumons.

Ventral Relatif à la face ventrale ou antérieure du corps ; opposé à dorsal, ou postérieur.

Ventre du muscle Partie charnue d'un muscle squelettique.

Ventricule (1) Cavité située dans le cerveau. (2) Cavité inférieure du cœur.

Ventricule latéral Cavité creusée à l'intérieur d'un hémisphère cérébral, communiquant avec le ventricule latéral de l'autre hémisphère et le troisième ventricule par le trou de Monro.

Vénus (mont de) Saillie ronde et adipeuse, située sur la symphyse pubienne et recouverte de poils.

Vermilion Région transitoire de la bouche où se rencontrent la peau et la membrane muqueuse.

Vermis Partie centrale du cervelet, séparant les deux hémisphères cérébelleux.

Verrue Tumeur généralement bénigne des cellules épithéliales cutanées, causée par un virus.

Vertige Sensation d'étourdissement.

Vésicule biliaire Réservoir situé à la face inférieure du foie et dans lequel la bile s'accumule entre les repas ; il se remplit et se vide par l'intermédiaire du canal cystique.

Vésicule ombilicale [Syn. vésicule vitelline, sac vitellin] Membrane extra-embryonnaire qui est reliée à l'intestin moyen au début du développement de l'embryon, mais qui n'est pas fonctionnelle chez l'être humain.

Vésicule séminale Structure glandulaire paire, en forme de sac, située derrière et sous la vessie, devant le rectum, qui sécrète un composant du sperme dans les canaux éjaculateurs.

Vésicule synaptique [Syn. synaptosome] Sac membraneux d'un bouton synaptique, qui entrepose les neurotransmetteurs.

Vésicule thyroïdienne [Syn. follicule thyroïdien] Sac sphérique formant le parenchyme de la thyroïde, composé de cellules folliculaires qui produisent la thyroxine (T_4) et la triiodothyronine (T_3), et de cellules parafolliculaires qui produisent la calcitonine (CT).

Vessie Organe musculaire creux, situé dans la cavité pelvienne, derrière la symphyse pubienne.

Vestibule Petit espace, ou cavité, situé au commencement d'un canal, notamment de l'oreille interne, du larynx, de la bouche, du nez et du vagin.

Vieillissement Affaiblissement progressif des mécanismes d'homéostasie.

Villosité choriale Prolongement digitiforme du chorion, qui croît dans la couche basale de l'endomètre et qui contient les vaisseaux sanguins du fœtus.

Villosités arachnoïdiennes [Syn. granulations de Pacchioni] Touffes de petites élevures filiformes qui font saillie dans le sinus longitudinal supérieur et à travers lesquelles le liquide céphalo-rachidien pénètre dans la circulation sanguine.

Villosités intestinales Saillies de la muqueuse intestinale contenant du tissu conjonctif, des vaisseaux sanguins et un vaisseau lymphatique ; jouent un rôle dans l'absorption des aliments.

Viscéral Relatif aux organes ou à leur recouvrement.

Viscères Organes contenus dans la cavité ventrale.

Viscérocepteur Récepteur qui fournit des renseignements relatifs au milieu interne de l'organisme.

Viscosité État de ce qui est collant ou épais.

Vitamine Molécule organique indispensable à la vie en quantités minimes, qui joue le rôle d'un catalyseur dans le métabolisme normal de l'organisme.

Vitiligo Absence partielle ou complète de mélanocytes dans les régions cutanées, qui entraîne la formation de taches blanches.

Voies pyramidales Faisceaux de fibres nerveuses motrices sortant de l'encéphale et traversant la moelle épinière pour se rendre aux cellules motrices dans les cornes antérieures.

Voile du palais [Syn. palais mou] Portion postérieure du plafond de la cavité buccale, s'étendant des os palatins à la luette ; repli musculo-membraneux.

Volkmann (canal de) Conduit minuscule par lequel les vaisseaux sanguins et les nerfs du périoste pénètrent dans l'os compact.

Volume courant Volume d'air qui entre dans les poumons et qui en sort durant une respiration normale ; environ 500 mL, dans des conditions de repos.

Volume de l'espace mort respiratoire Volume d'air inhalé qui reste dans les voies respiratoires supérieures et n'atteint pas les alvéoles pour participer aux échanges gazeux ; environ 150 mL.

Volume de réserve expiratoire Volume d'air supplémentaire (en plus du volume courant) qui peut être expulsé lors d'une expiration forcée ; environ 1 200 mL.

Volume de réserve inspiratoire Volume d'air (en plus du volume courant) qui peut être inhalé lors d'une inspiration forcée ; environ 3 100 mL.

Volume minimal Volume d'air qui reste dans les poumons après qu'une partie du volume résiduel a été évacuée de la cavité thoracique.

Volume résiduel Volume d'air qui reste dans les poumons après une expiration forcée ; environ 1 200 mL.

Volume télédiastolique Volume de sang, de 120 mL à 130 mL, qui entre dans un ventricule au cours de la diastole.

Volume télésystolique Volume de sang, de 50 mL à 60 mL, qui reste dans le ventricule après la systole (contraction).

Vomissement Expulsion forcée du contenu gastrique par la bouche.

Voûte palatine [Syn. palais dur] Partie antérieure de la paroi supérieure de la cavité buccale, formée par les apophyses palatines des maxillaires supérieurs et les os palatins, et tapissée d'une membrane muqueuse.

Vulnérabilité Manque de résistance d'un organisme aux agents pathogènes.

Vulve Terme désignant l'ensemble des organes génitaux externes de la femme.

Zona Infection aiguë du système nerveux périphérique, causée par un virus.

Zone chémoréceptrice aortique Région située sur la crosse de l'aorte ou près de celle-ci, qui réagit aux changements des taux d'oxygène, de dioxyde de carbone et d'ions hydrogène dans le sang.

Zone fasciculée Portion moyenne de la corticosurrénale, qui comprend des cellules disposées en cordons longs et droits, et qui sécrète les hormones glucocorticoïdes.

Zone glomérulée Portion externe de la corticosurrénale, juste sous la tunique de tissu conjonctif, comprenant des cellules disposées en amas ovoïdes et qui sécrète les hormones minéralocorticoïdes.

Zone pellucide [Syn. membrane pellucide] Membrane gélatineuse qui entoure l'ovule.

Zone reticulée Portion interne de la corticosurrénale, comprenant des cordons de cellules qui se ramifient librement, qui sécrète les hormones sexuelles, notamment les androgènes.

Zygote Cellule résultant de la fusion des gamètes mâle et femelle ; ovule fécondé.

Index